# Inhaltsverzeichnis

## 1 Allgemeine Grundlagen

| | | |
|---|---|---|
| TB 1-1 | Stahlauswahl für den allgemeinen Maschinenbau . . . . . . . . . . | 1 |
| TB 1-2 | Eisenkohlenstoff-Gusswerkstoffe . . . . . . . . . . . . . . . . | 5 |
| TB 1-3 | Nichteisenmetalle . . . . . . . . . . . . . . . . . . . . . | 8 |
| TB 1-4 | Kunststoffe . . . . . . . . . . . . . . . . . . . . . . . . | 10 |
| TB 1-5 | Warmgewalzter Flachstahl für allgemeine Verwendung nach DIN 1017-1 . . . | 12 |
| TB 1-6 | Rundstahl. . . . . . . . . . . . . . . . . . . . . . . . . | 12 |
| TB 1-7 | Flacherzeugnisse aus Stahl (Auszug). . . . . . . . . . . . . . . | 13 |
| TB 1-8 | Warmgewalzte gleichschenklige Winkel aus Stahl nach EN 10056-1 . . . . | 14 |
| TB 1-9 | Warmgewalzte ungleichschenklige Winkel aus Stahl nach EN 10056-1 . . . | 15 |
| TB 1-10 | Warmgewalzter rundkantiger U-Stahl nach DIN 1026 . . . . . . . . | 16 |
| TB 1-11 | Warmgewalzte I-Träger nach DIN 1025 (Auszug). . . . . . . . . . | 17 |
| TB 1-12 | Warmgewalzter gleichschenkliger T-Stahl mit gerundeten Kanten und Übergängen nach DIN EN 10055 . . . . . . . . . . . . . . . . . | 18 |
| TB 1-13 | Hohlprofile . . . . . . . . . . . . . . . . . . . . . . . | 18 |
| TB 1-14 | Reibungszahlen . . . . . . . . . . . . . . . . . . . . . . | 20 |
| TB 1-15 | Maßstäbe in Abhängigkeit vom Längenmaßstab, Stufensprünge und Reihen zur Typung. . . . . . . . . . . . . . . . . . . . . | 21 |
| TB 1-16 | Normzahlen nach DIN 323 . . . . . . . . . . . . . . . . . | 22 |

## 2 Toleranzen, Passungen, Oberflächenbeschaffenheit

| | | |
|---|---|---|
| TB 2-1 | Grundtoleranzen IT in Anlehnung an DIN ISO 286 T1 . . . . . . . . | 23 |
| TB 2-2 | Zahlenwerte der Grundabmaße von Außenflächen (Wellen) in µm nach DIN ISO 286 T1 (Auszug). . . . . . . . . . . . . . . . | 24 |
| TB 2-3 | Zahlenwerte der Grundabmaße von Innenpassflächen (Bohrungen) in µm nach DIN 286 T1 (Auszug). . . . . . . . . . . . . . . | 25 |
| TB 2-4 | Passungen für das System Einheitsbohrung nach DIN ISO 286 T2 (Auszug) . . . . . . . . . . . . . . . . . . . . . . . . | 26 |
| TB 2-5 | Passungen für das System Einheitswelle nach DIN ISO 286 T2 (Auszug) . . . | 28 |
| TB 2-6 | Allgemeintoleranzen in mm nach DIN ISO 2768 T1. . . . . . . . . | 30 |
| TB 2-7 | Formtoleranzen nach DIN ISO 1101 (Auszug) . . . . . . . . . . . | 31 |
| TB 2-8 | Lagetoleranzen nach DIN ISO 1101 (Auszug) . . . . . . . . . . . | 32 |
| TB 2-9 | Anwendungsbeispiele für Passungen . . . . . . . . . . . . . . | 33 |
| TB 2-10 | Zuordnung von $R_z$ und $R_a$ für spanend gefertigte Oberflächen nach DIN 4768, T1, Beiblatt 1 . . . . . . . . . . . . . . . . . . | 34 |
| TB 2-11 | Empfehlung für Rautiefe $R_z$ in Abhängigkeit von Nennmaß, Toleranzklasse und Flächenfunktion (nach Rochusch) . . . . . . . . | 34 |
| TB 2-12 | Rauheit von Oberflächen in Abhängigkeit vom Herstellverfahren nach DIN 4766 T1 und T2 (Auszug). . . . . . . . . . . . . . | 35 |

## 3 Festigkeitsberechnung 36

| | | |
|---|---|---|
| TB 3-1 | Dauerfestigkeitsschaubilder. . . . . . . . . . . . . . . . . | 36 |
| TB 3-2 | Faktoren zur Berechnung der Werkstoff-Festigkeitswerte und plastische Formzahlen . . . . . . . . . . . . . . . . . . . . . . . . | 39 |
| TB 3-3 | Zulässige Spannungen im Kranbau nach DIN 15018 beim Allgemeinen Spannungsnachweis. . . . . . . . . . . . . . . . . . . . . . | 39 |
| TB 3-4 | Zulässige Spannungen für Aluminiumkonstruktionen unter vorwiegend ruhender Belastung nach DIN 4113 T1 (Auszug) . . . . . . . . . | 40 |
| TB 3-5 | Anwendungs- bzw. Betriebsfaktor $K_A$ . . . . . . . . . . . . . | 41 |
| TB 3-6 | Kerbformzahlen $\alpha_k$ . . . . . . . . . . . . . . . . . . . | 42 |

| | | |
|---|---|---:|
| TB 3-7 | Stützzahl | 44 |
| TB 3-8 | Kerbwirkungszahlen (Anhaltswerte) | 45 |
| TB 3-9 | Kerbwirkungszahlen | 46 |
| TB 3-10 | Einflussfaktor der Oberflächenrauheit $K_0$ | 48 |
| TB 3-11 | Faktoren $K$ für den Größeneinfluss | 48 |
| TB 3-12 | Einflussfaktor der Oberflächenverfestigung $K_V$-Richtwerte für Stahl | 50 |
| TB 3-13 | Faktoren zur Berechnung der Mittelspannungsempfindlichkeit | 50 |
| TB 3-14 | Sicherheitswerte, Mindestwerte | 51 |

## 4 Klebverbindungen

| | | |
|---|---|---:|
| TB 4-1 | Oberflächenbehandlungsverfahren | 52 |
| TB 4-2 | Klebstoffe (Auszug aus VDI-Richtlinie 2229) | 53 |

## 5 Lötverbindungen

| | | |
|---|---|---:|
| TB 5-1 | Lote (Auswahl) und ihre Anwendung | 54 |
| TB 5-2 | Richtwerte für Lötspaltbreiten | 55 |
| TB 5-3 | Zug- und Scherfestigkeit von Hartlötverbindungen nach DIN 8525 (nach Degussa) | 55 |

## 6 Schweißverbindungen

| | | |
|---|---|---:|
| TB 6-1 | Zeichnerische Darstellung von Schweißnähten nach DIN EN 22553 | 56 |
| TB 6-2 | Empfehlungen für die Auswahl von Bewertungsgruppen nach DIN EN 25817 für Stumpf- und Kehlnähte bei vorwiegend ruhender Beanspruchung (Merkblatt DVS 0705) | 58 |
| TB 6-3 | Allgemeintoleranzen für Schweißkonstruktionen nach DIN EN ISO 13920 | 59 |
| TB 6-4 | Zulässige Abstände von Schweißpunkten nach DIN 18801 | 59 |
| TB 6-5 | Festgelegte Rechenwerte (charakteristische Werte) im Stahlbau für Walzstahl und Stahlguss nach DIN 18800-1 | 60 |
| TB 6-6 | Zulässige Spannungen für Schweißnähte im Stahlbau $\sigma_{w\,zul}$ ($\tau_{w\,zul}$) in N/mm² nach DIN 18800-1 (Grenzschweißnahtspannungen) | 60 |
| TB 6-7 | Grenzwerte $(b/t)_{grenz}$ von ein- und zweiseitig gelagerten Plattenstreifen für volles Mittragen unter Druckspannungen | 61 |
| TB 6-8 | Zuordnung der Druckstabquerschnitte zu den Knickspannungslinien nach TB 6-9 (DIN 18800-1) | 62 |
| TB 6-9 | Abminderungsfaktoren κ für Biegeknicken (Knickspannungslinien $a$, $b$, $c$ und $d$ für Querschnitte nach TB 6-8) | 62 |
| TB 6-10 | Momentenbeiwerte $\beta_m$ für Biegeknicken (DIN 18800-1, Auszug) | 63 |
| TB 6-11 | Zulässige Spannungen in N/mm² für Schweißnähte beim allgemeinen Spannungsnachweis im Kranbau nach DIN 15018-1 | 63 |
| TB 6-12 | Beispiele für die Ausführung von Schweißverbindungen im Maschinenbau nach DS 952 01 | 64 |
| TB 6-13 | Zulässige Spannungen für Schweißverbindungen im Maschinenbau nach DS 952 01 | 66 |
| TB 6-14 | Dickenbeiwert für geschweißte Bauteile im Maschinenbau nach DS 952 01 | 66 |
| TB 6-15 | Festigkeitskennwerte $K$ im Druckbehälterbau bei erhöhten Temperaturen | 67 |
| TB 6-16 | Berechnungstemperatur für Druckbehälter nach AD-Merkblatt B0 | 69 |
| TB 6-17 | Sicherheitsbeiwerte für Druckbehälter nach AD-Merkblatt B0 (Auszug) | 69 |
| TB 6-18 | Berechnungsbeiwerte $C$ für ebene Platten und Böden nach AD-Merkblatt B5 (Auszug) | 69 |

## 7 Nietverbindungen

| | | |
|---|---|---:|
| TB 7-1 | Symbole für eingebaute Niete und Schrauben im Metallbau nach DIN ISO 5261 | 70 |
| TB 7-2 | Zulässige Rand- und Lochabstände von Nieten und Schrauben | 70 |
| TB 7-3 | Blindniete mit Sollbruchdorn nach DIN 7337 | 71 |

| | | |
|---|---|---|
| TB 7-4 | Richtwerte für Nietverbindungen im Stahl- und Kranbau | 72 |
| TB 7-5 | Zulässige Wechselspannungen $\sigma_{w\,zul}$ in N/mm² für gelochte Bauteile aus S235 (S355) nach DIN 15018-1 | 73 |
| TB 7-6 | Zulässige Spannungen in N/mm² für Nietverbindungen aus thermoplastischen Kunststoffen (nach Erhard/Strickle) | 73 |

## 8 Schraubenverbindungen

| | | |
|---|---|---|
| TB 8-1 | Metrisches ISO-Gewinde (Regelgewinde) nach DIN 13 T1 (Auszug) | 74 |
| TB 8-2 | Metrisches ISO-Feingewinde; Auswahl nach DIN 13 T12 | 75 |
| TB 8-3 | Metrisches ISO-Trapezgewinde nach DIN 103 (Auszug) | 76 |
| TB 8-4 | Festigkeitsklassen, Werkstoffe und mechanische Eigenschaften von Schrauben nach DIN EN 20898 (Auszug) | 77 |
| TB 8-5 | Genormte Schrauben (Auswahl). Einteilung nach DIN ISO 1891 | 78 |
| TB 8-6 | Genormte Muttern (Auswahl). Einteilung nach DIN ISO 1891 | 79 |
| TB 8-8 | Konstruktionsmaße für Verbindungen mit Sechskantschrauben (Auswahl aus DIN-Normen) | 80 |
| TB 8-9 | Konstruktionsmaße für Verbindungen mit Zylinder- und Senkschrauben (Auswahl aus DIN-Normen) | 82 |
| TB 8-7 | Mitverspannte Zubehörteile für Schraubenverbindungen nach DIN (Auswahl). Einteilung nach DIN ISO 1891 | 84 |
| TB 8-10 | Richtwerte für die Grenzflächenpressung $p_G$ an den Auflageflächen verschraubter Teile (nach VDI 2230) | 85 |
| TB 8-11 | Richtwerte für den Anziehfaktor $k_A$ (nach Bauer & Schaurte Karcher) | 85 |
| TB 8-12 | Reibungszahlen für Schraubenverbindungen bei verschiedenen Oberflächen- und Schmierzuständen | 86 |
| TB 8-13 | Richtwerte zur Vorwahl der Schrauben | 87 |
| TB 8-14 | Spannkräfte $F_{sp}$ und Spannmomente $M_{sp}$ für Schaft- und Dehnschrauben bei verschiedenen Gesamtreibungszahlen $\mu_{ges}$ | 88 |
| TB 8-15 | Einschraublängen $l_e$ für Grundlochgewinde | 89 |
| TB 8-16 | Wirksamkeit von Schraubensicherungen (nach Bauer & Schaurte Karcher) | 89 |
| TB 8-17 | Vorspannkräfte und Anziehdrehmomente für hochfeste Schrauben im Stahlbau nach DIN 18800 T7 | 90 |
| TB 8-18 | Richtwerte für die zulässige Flächenpressung $p_{zul}$ bei Bewegungsschrauben | 90 |

## 9 Bolzen-, Stiftverbindungen und Sicherungselemente

| | | |
|---|---|---|
| TB 9-1 | Richtwerte für die zulässige mittlere Flächenpressung (Lagerdruck) $p_{zul}$ bei niedrigen Gleitgeschwindigkeiten (z.B. Gelenke, Drehpunkte) | 91 |
| Tb 9-2 | Bolzen nach DIN EN 22340 (ISO 2340), DIN EN 22341 (ISO 2341) und DIN 1445 (Auswahl) | 91 |
| TB 9-7 | Sicherungsringe (Halteringe) DIN 471 und DIN 472 (Regelausführung, Auswahl) | 92 |
| TB 9-3 | Abmessungen in mm von ungehärteten Zylinderstiften DIN EN 22338 (ISO 2338), (Auswahl) | 94 |
| TB 9-4 | Mindest-Abscherkraft pro Scherfläche für Stifte in kN (Auswahl) | 94 |
| TB 9-5 | Abmessungen in mm von Pass- und Stützscheiben DIN 988 (Auswahl) | 94 |
| TB 9-6 | Stellringe DIN 705 – Abmessungen in mm (Auswahl) | 94 |

## 10 Elastische Federn

| | | |
|---|---|---|
| TB 10-1 | Festigkeitsrichtwerte von Federwerkstoffen in N/mm (Auswahl) | 95 |
| TB 10-2 | Runder Federstahldraht | 96 |
| TB 10-3 | Zulässige Biegespannung für kaltgeformte Drehfedern aus Federdraht A, B, C, D, FD bei überwiegend ruhender Beanspruchung | 97 |
| TB 10-4 | Spannungsbeiwert $q$ für Drehfedern | 97 |
| TB 10-5 | Dauerfestigkeits-Schaubild für zylindrische Drehfedern aus patentiert-gezogenem Federdraht C | 97 |

| | | |
|---|---|---|
| TB 10-6 | Tellerfedern nach DIN 2093 (Auszug) | 97 |
| TB 10-7 | Reibungsfaktor $w_M$ ($w_R$) zur Abschätzung der Paketfederkräfte | 99 |
| TB 10-8 | Tellerfedern; Kennwerte und Bezugsgrößen | 99 |
| TB 10-9 | Dauer- und Zeitfestigkeitsschaubilder für Tellerfedern aus 50CrV4 | 100 |
| TB 10-10 | Drehstabfedern mit Kreisquerschnitt | 100 |
| TB 10-11 | Zulässige Spannungen für Druckfedern aus Werkstoffen nach DIN 17223 bzw. DIN 17221 bei statischer Beanspruchung | 101 |
| TB 10-12 | Theoretische Knickgrenze von Schraubendruckfedern nach DIN 2089 T1 | 101 |
| TB 10-13 | Dauerfestigkeitsschaubilder für kaltgeformte Schraubendruckfedern aus patentiert-gezogenem Federstahldraht der Klasse C und D nach DIN 17223 T1 | 102 |
| TB 10-14 | Dauerfestigkeitsschaubilder für kaltgeformte Schraubendruckfedern aus vergütetem Federstahldraht (FD) nach DIN 17223 T2 | 102 |
| TB 10-15 | Dauerfestigkeitsschaubilder für kaltgeformte Schraubendruckfedern aus vergütetem Ventilfederstahldraht (VD) nach DIN 17223 T2 | 102 |
| TB 10-16 | Zeit- und Dauerfestigkeitsschaubild für warmgeformte Schraubendruckfedern aus Edelstahl nach DIN 17221 mit geschliffener oder geschälter Oberfläche; kugelgestrahlt | 103 |
| TB 10-17 | Abhängigkeit des E- und G-Moduls von der Arbeitstemperatur | 103 |
| TB 10-18 | Relaxation nach 48 Stunden von warmgeformten Druckfedern bei Betriebstemperaturen (als Anhaltswerte) für $R_m = 1500$ N/mm$^2$ | 103 |
| TB 10-19 | Zulässige Spannungen für Zugfedern aus Werkstoffen nach DIN 17223 bzw. DIN 17221 bei statischer Beanspruchung | 103 |

## 11 Achsen, Wellen und Zapfen

| | | |
|---|---|---|
| TB 11-1 | Zylindrische Wellenenden nach DIN 748, T1 (Auszug) | 104 |
| TB 11-2 | Kegelige Wellenenden mit Außengewinde nach DIN 1448, T1 (Auswahl) | 104 |
| TB 11-3 | Flächenmomente 2. Grades und Widerstandsmomente für häufig vorkommende Wellenquerschnitte (ca.-Werte) | 105 |
| TB 11-6 | Stützkräfte und Durchbiegungen bei Achsen und Wellen von gleichbleibendem Querschnitt | 106 |
| TB 11-4 | Freistiche nach DIN 509 (Auszug) | 108 |
| TB 11-5 | Richtwerte für zulässige Verformungen | 108 |

## 12 Elemente zum Verbinden von Wellen und Naben

| | | |
|---|---|---|
| TB 12-1 | Welle-Nabe-Verbindungen (Richtwerte für den Entwurf) | 109 |
| TB 12-2 | Angaben für Passfederverbindungen | 110 |
| TB 12-3 | Keilwellen-Verbindungen | 111 |
| TB 12-4 | Zahnwellenverbindungen | 112 |
| TB 12-5 | Abmessungen der Polygonprofile | 113 |
| TB 12-6 | Haftbeiwert, Querdehnzahl und Längenausdehnungskoeffizient, max. Fügetemperatur | 113 |
| TB 12-7 | Bestimmung der Hilfsgröße $K$ für Vollwellen aus Stahl | 114 |
| TB 12-8 | Kegel nach DIN 254 (Auszug) | 115 |
| TB 12-9 | Kegel-Spannelemente (Auszüge aus Werksnormen) | 115 |
| TB 12-10 | Schrumpfscheiben (Auszug aus der Werksnorm) | 116 |

## 13 Kupplungen und Bremsen

| | | |
|---|---|---|
| TB 13-1 | Scheibenkupplungen nach DIN 116, Formen A, B und C | 117 |
| TB 13-2 | Biegenachgiebige Ganzmetallkupplung (Thomas-Kupplung, Bauform 923, nach Werknorm) | 117 |
| TB 13-3 | Elastische Klauenkupplung (N-Eupex-Kupplung, Bauform B, nach Werknorm) | 118 |
| TB 13-4 | Elastische Klauenkupplung (Hadeflex-Kupplung, Bauform XW1, nach Werknorm) | 118 |
| TB 13-5 | Hochelastische Wulstkupplung (Radaflex-Kupplung, Bauform 300, nach Werknorm) | 119 |

| | | |
|---|---|---|
| TB 13-6 | Mechanisch betätigte BSD-Lamellenkupplungen (Bauformen 493 und 491, nach Werknorm). | 119 |
| TB 13-7 | Elektromagnetisch betätigte BSD-Lamellenkupplung (Bauform 100, nach Werknorm). | 120 |
| TB 13-8 | Faktoren zur Auslegung drehnachgiebiger Kupplungen nach DIN 740 T2 | 120 |
| TB 13-9 | Positionierbremse ROBA-stopp (nach Werknorm) | 121 |

## 14 Wälzlager

| | | |
|---|---|---|
| TB 14-1 | Maßpläne für Wälzlager | 122 |
| TB 14-2 | Dynamische Tragzahlen $C$ und statische Tragzahlen $C_0$ in kN (nach FAG-Angaben Ausg. 1995) | 125 |
| TB 14-3 | Richtwerte für Radial- und Axialfaktoren $X$, $Y$ bzw. $X_0$, $Y_0$ (Auszug aus DIN 622) | 128 |
| TB 14-4 | Drehzahlfaktor $f_n$ für Wälzlager | 129 |
| TB 14-5 | Lebensdauerfaktor $f_L$ für Wälzlager | 129 |
| TB 14-6 | Härteeinflussfaktor $f_H$ | 129 |
| TB 14-7 | Richtwerte für anzustrebende $f_L$-Werte (nach FAG) und zugeordnete nominelle Lebensdauerwerte für Wälzlagerungen | 129 |
| TB 14-8 | Toleranzklassen für Wellen und Gehäuse bei Wälzlagerungen – allgemeine Richtlinien nach DIN 5425 (Auszug) | 130 |
| TB 14-9 | Wälzlager-Anschlussmaße, Auszug aus DIN 5418 | 131 |
| TB 14-10 | Viskositätsverhältnis $\varkappa = \nu/\nu_1$ | 132 |
| TB 14-11 | Bestimmungsgröße $K = K_1 + K_2$ | 132 |
| TB 14-12 | Basiswert $a_{23\mathrm{II}}$ | 133 |
| TB 14-13 | Sauberkeitsfaktor $s$ | 133 |

## 15 Gleitlager

| | | |
|---|---|---|
| TB 15-1 | Genormte Radial-Gleitlager (Auszüge) | 134 |
| TB 15-2 | Buchsen für Gleitlager (Auszüge) | 136 |
| TB 15-3 | Lagerschalen DIN 7473, 7474, mit Schmiertaschen DIN 7477 (Auszug) | 137 |
| TB 15-4 | Abmessungen für lose Schmierringe in mm nach DIN 322 (Auszug) | 137 |
| TB 15-5 | Schmierlöcher, Schmiernuten, Schmiertaschen nach DIN 1591 (Auszug) | 138 |
| TB 15-6 | Lagerwerkstoffe (Auswahl) | 139 |
| TB 15-7 | Höchstzulässige spezifische Lagerbelastung nach DIN 31652-1 (Erfahrungsrichtwerte) | 140 |
| TB 15-8 | Vergleich und Eigenschaften von Lager-Schmierstoffen (Auswahl) | 140 |
| TB 15-9 | Effektive dynamische Viskosität $\eta_{\mathrm{eff}}$ in Abhängigkeit von der effektiven Schmierfilmtemperatur $\vartheta_{\mathrm{eff}}$ für Normöle | 142 |
| TB 15-10 | Relative Lagerspiele $\psi_E$ bzw. $\psi_B$ in ‰ | 143 |
| TB 15-11 | Passungen für Gleitlager nach DIN 31698 (Auswahl) | 144 |
| TB 15-12 | Streuungen von Toleranzklassen für ISO-Passungen bei relativen Einbau-Lagerspielen $\psi_E$ in ‰ abhängig von $d_L$ (nach VDI 2201) | 145 |
| TB 15-13 | Sommerfeld-Zahl $So = f(\varepsilon, b/d_L)$ bei reiner Drehung | 146 |
| TB 15-14 | Reibungskennzahl $\mu/\psi_B = f(\varepsilon, b/d_L)$ bei reiner Drehung | 147 |
| TB 15-15 | Verlagerungswinkel $\beta = f(\varepsilon, b/d_L)$ bei reiner Drehung | 148 |
| TB 15-16 | Erfahrungswerte für die zulässige kleinste Spalthöhe $h_{0\,\mathrm{zul}}$ nach DIN 31652, wenn Wellen- $R_{zW} \leq 4$ μm und Lagergleitflächen $R_{zL} \leq 1$ μm | 148 |
| TB 15-17 | Grenzrichtwerte für die maximal zulässige Lagertemperatur $\vartheta_{L\,\mathrm{zul}}$ nach DIN 31652-3 | 148 |
| TB 15-18 | Bezogener bzw. relativer Schmierstoffdurchsatz | 149 |

## 16 Riementriebe

| | | |
|---|---|---|
| TB 16-1 | Mechanische und physikalische Kennwerte von Flachriemen-Werkstoffen (Anhaltswerte) | 150 |
| TB 16-2 | Keilriemen, Eigenschaften und Anwendungsbeispiele | 150 |

| | | |
|---|---|---|
| TB 16-3 | Synchronriemen, Eigenschaften und Anwendungen. | 151 |
| TB 16-4 | Trumkraftverhältnis $m$; Ausbeute $\varkappa$ | 151 |
| TB 16-5 | Faktor $k$ zur Ermittlung der Wellenbelastung für Flachriementriebe | 151 |
| TB 16-6 | Ausführungen und Eigenschaften der Mehrschichtflachriemen Extremultus (Bauart 80/85*, nach Werknorm) | 152 |
| TB 16-7 | Ermittlung des kleinsten Scheibendurchmessers (nach Fa. Siegling, Hannover) | 152 |
| TB 16-8 | Diagramme zur Ermittlung von $F'_t$, $\varepsilon_1$, Riementyp für Extremultus-Riemen (nach Fa. Siegling, Hannover) | 153 |
| TB 16-9 | Flachriemenscheiben, Hauptmaße, nach DIN 111 (Auszug) | 154 |
| TB 16-10 | Fliehkraft-Dehnung $\varepsilon_2$ in % für Extremultus-Mehrschichtriemen | 154 |
| TB 16-11 | Wahl des Profils der Keil- und Keilrippenriemen | 155 |
| TB 16-12 | Keilriemenabmessungen (in Anlehnung an DIN 2215, ISO 4184, DIN 7753 sowie Werksangaben; Auszug) | 156 |
| TB 16-13 | Abmessungen der Keilriemenscheiben (nach DIN 2211; Auszug) | 157 |
| TB 16-14 | Keilrippenriemen und Keilrippenscheiben nach DIN 7867 | 158 |
| TB 16-15 | Nennleistung der Keil- und Keilrippenriemen | 159 |
| TB 16-16 | Leistungs-Übersetzungszuschlag $Ü_z$ in kW | 162 |
| TB 16-17 | Korrekturfaktoren zur Berechnung der Keil- und Keilrippenriemen | 163 |
| TB 16-18 | Wahl des Profils von Synchronriemen | 164 |
| TB 16-19 | Daten von Synchroflex-Zahnriemen nach Werknorm | 165 |
| TB 16-20 | Zahntragfähigkeit – spezifische Riemenzahnbelastbarkeit von Synchroflex-Zahnriemen (nach Werknorm) | 166 |
| TB 16-21 | Oberflächengekühlte Drehstrommotoren mit Käfigläufer nach DIN 42673 T1 (Bauform IM B3 mit Wälzlagern). | 167 |

## 17 Kettentriebe

| | | |
|---|---|---|
| TB 17-1 | Rollenketten nach DIN 8187 (Auszug) | 168 |
| TB 17-2 | Haupt-Profilabmessungen der Kettenräder nach DIN 8196 | 168 |
| TB 17-3 | Leistungsdiagramm nach DIN 8195 für Rollenketten nach DIN 8187 | 169 |
| TB 17-4 | Spezifischer Stützzug | 169 |
| TB 17-5 | Faktor $f_1$ zur Berücksichtigung der Zähnezahl nach DIN 8195 | 169 |
| TB 17-6 | Wellenabstandsfaktor $f_2$ | 170 |
| TB 17-7 | Umweltfaktor $f_6$ (nach Niemann) | 170 |
| TB 17-8 | Schmierbereiche nach DIN 8195 | 170 |

## 18 Elemente zur Führung von Fluiden (Rohrleitungen)

| | | |
|---|---|---|
| TB 18-1 | Rohre, Übersicht nach DIN 2410-1 und -2 | 171 |
| TB 18-2 | Anschlussmaße für runde Flansche PN 6, PN 40 und PN 63 nach DIN EN 1092-2 (Auszug DN 20 bis DN 600) | 172 |
| TB 18-3 | Druckstufen der Nenndrücke nach DIN 2401 | 172 |
| TB 18-4 | Nennweiten für Rohrleitungen nach DIN 2402 (DN 1000 bis DN 4000 s. Normblatt) | 172 |
| TB 18-5 | Wirtschaftliche Strömungsgeschwindigkeiten in Rohrleitungen für verschiedene Medien in m/s (Richtwerte) bezogen auf den Zustand in der Leitung | 173 |
| TB 18-6 | Mittlere Rauigkeitshöhe $k$ von Rohren (Anhaltswerte) | 173 |
| TB 18-7 | Widerstandszahl $\zeta$ von Rohrleitungselementen (Richtwerte) | 174 |
| TB 18-8 | Rohrreibungszahl $\lambda$ | 175 |
| TB 18-9 | Dichte und Viskosität verschiedener Flüssigkeiten und Gase | 176 |
| TB 18-10 | Schwellfestigkeit nahtloser und hochfrequenzgeschweißter Rohre (HF) nach DIN 2413-1 | 177 |
| TB 18-11 | Rohrleitungen und Rohrverschraubungen für ölhydraulische Anlagen | 177 |

## 19 Dichtungen

| | | |
|---|---|---|
| TB 19-1 | Dichtungskennwerte für vorgeformte Feststoffdichtungen | 178 |
| TB 19-2 | O-Ringe nach DIN 3771 (Auswahl) und Ringnutabmessungen | 179 |
| TB 19-3 | Zulässige Spaltweiten für O-Ringe | 180 |

| | | |
|---|---|---|
| TB 19-4 | Radial-Wellendichtringe nach DIN 3760 (Auszug) | 181 |
| TB 19-5 | Filzringe und Ringnuten nach DIN 5419 (Auszug) | 182 |
| TB 19-6 | V-Ringdichtung (Auszug aus Werksnorm) | 183 |
| TB 19-7 | Nilos-Ringe (Auszug aus Werksnorm) | 183 |
| TB 19-8 | Stopfbuchsen | 184 |
| TB 19-9 | Konstruktionsrichtlinien für Lagerdichtungen (nach Halliger) | 185 |

## 20 Zahnräder und Zahnradgetriebe (Grundlagen)

| | | |
|---|---|---|
| TB 20-1 | Festigkeitsrichtwerte der üblichen Zahnradwerkstoffe | 187 |
| TB 20-2 | Übersicht zur Dauerfestigkeit für Zahnfußbeanspruchungen der Prüfräder nach DIN 3990 | 188 |
| TB 20-3 | Werkstoffauswahl für Schneckengetriebe | 189 |
| TB 20-4 | Festigkeitswerte für Schneckenradwerkstoffe | 190 |
| TB 20-5 | Schmierölauswahl (nach DIN 51509) | 190 |
| TB 20-6 | Richtwerte für den Einsatz von Schmierstoffarten und Art der Schmierung bei Wälz- und Schraubenwälzgetrieben | 191 |
| TB 20-7 | Viskositätsauswahl von Getriebeölen (DIN 51509) gültig für eine Umgebungstemperatur von etwa 20 °C | 191 |
| TB 20-8 | Reibungswerte bei Schneckenradsätzen (Schnecke aus St, Radkranz aus Bronze, gefräst) | 192 |
| TB 20-9 | Wirkungsgrade für Schneckengetriebe, Richtwerte für Überschlagsrechnungen | 192 |
| TB 20-10 | Zeichnungsangaben für Stirnräder nach DIN 3966 T1 | 192 |
| TB 20-11 | Zeichnungsangaben für Kegelräder nach DIN 3966 T2 | 193 |
| TB 20-12 | Zeichnungsangaben für Schnecken nach DIN 3966 T3 | 194 |
| TB 20-13 | Zeichnungsangaben für Schneckenräder nach DIN 3966 T3 | 195 |

## 21 Außenverzahnte Stirnräder

| | | |
|---|---|---|
| TB 21-1 | Modulreihe für Zahnräder nach DIN 780 (Auszug) | 196 |
| TB 21-2a | Profilüberdeckung $\varepsilon_\alpha$ bei Null- und V-Null-Getrieben (überschlägige Ermittlung) | 196 |
| TB 21-2b | Profilüberdeckung $\varepsilon_\alpha$ bei V-Getrieben (überschlägige Ermittlung) | 196 |
| TB 21-3 | Betriebseingriffswinkel $\alpha_w$ (überschlägige Ermittlung) | 196 |
| TB 21-4 | Evolventenfunktion inv $\alpha$ = tan $\alpha$ − ($\pi/180$) · $\alpha$ (Wertetabelle) | 197 |
| TB 21-5 | Wahl der Summe der Profilverschiebungsfaktoren $\Sigma x = (x_1 + x_2)$ | 197 |
| TB 21-6 | Aufteilung von $\Sigma x = (x_1 + x_2)$ mit Ablesebeispiel | 198 |
| TB 21-7 | Verzahnungsqualität (Anhaltswerte) | 198 |
| TB 21-8 | Zahndickenabmaße, Zahndickentoleranzen | 199 |
| TB 21-9 | Achsabstandsmaße $A_{ae}$, $A_{ai}$ von Gehäusen für Stirnradgetriebe nach DIN 3964 (Auszug) | 200 |
| TB 21-10 | Messzähnezahl $k$ für Stirnräder | 201 |
| TB 21-11 | Empfehlung zur Aufteilung von $i$ für zwei- und dreistufige Stirnradgetriebe | 201 |
| TB 21-12 | Bereich der ausführbaren Evolventenverzahnungen für Außenräder mit Bezugsprofil nach DIN 867, Stirnräder nach DIN 3960 | 201 |
| TB 21-13 | Ritzelzähnezahl $z_1$ (Richtwerte) | 202 |
| TB 21-14 | Ritzelbreite, Verhältniszahlen (Richtwerte) | 202 |
| TB 21-15 | Berechnungsfaktoren | 203 |
| TB 21-16 | Flankenlinienabweichungen | 203 |
| TB 21-17 | Einlaufbeträge für Flankenlinien $y_\beta$ (nach DIN 3990) | 204 |
| TB 21-18 | Breitenfaktor $K_{H\beta}$, $K_{F\beta}$, Anhaltswerte (nach DIN 3990) | 205 |
| TB 21-19 | Stirnfaktoren $K_{F\alpha}$, $K_{H\alpha}$ | 205 |
| TB 21-20 | Korrekturfaktoren zur Ermittlung der Zahnfußspannung für Außenverzahnung (nach DIN 3990) | 207 |
| TB 21-21 | Korrekturfaktoren zur Ermittlung der zulässigen Zahnfußspannung für Außenverzahnung (nach DIN 3990) | 208 |
| TB 21-22 | Korrekturfaktoren zur Ermittlung der Flankenpressung für Außenverzahnung (nach DIN 3990) | 209 |
| TB 21-23 | Korrekturfaktoren zur Ermittlung der zulässigen Außenverzahnung (nach DIN 3990) | 210 |

## 22 Kegelräder und Kegelradgetriebe

| | | |
|---|---|---|
| TB 22-1 | Richtwerte zur Vorwahl der Abmessungen | 212 |
| TB 22-2 | Werte zur Ermittlung des Dynamikfaktors $K_v$ (nach DIN 3991 T1) | 212 |
| TB 22-3 | Überdeckungsfaktor (Zahnfuß) $Y_\varepsilon$ für $\alpha_n = 20$ (nach DIN 3991 T3) | 212 |

## 23 Schraubrad- und Schneckengetriebe

| | | |
|---|---|---|
| TB 23-1 | Richtwerte zur Bemessung von Schraubradgetrieben | 213 |
| TB 23-2 | Belastungskennwerte für Schraubradgetriebe | 213 |
| TB 23-3 | Richtwerte für die Zähnezahl der Schnecke | 213 |
| TB 23-4 | Moduln für Zylinderschneckengetriebe nach DIN 780 T2 (Auszug) | 213 |
| TB 23-5 | Lebensdauerfunktion $Z_h$ | 213 |
| TB 23-6 | Lastwechselfaktor $Z_N$ | 213 |
| TB 23-7 | Kontaktfaktor $Z_p$ für Schnecken mit $\alpha_0 = 20$ | 213 |
| TB 23-8 | Kühlbeiwert $q_1$ zur Berücksichtigung der Art der Kühlung | 214 |
| TB 23-9 | Übersetzungsbeiwert $q_2$ bei treibender Schnecke | 214 |
| TB 23-10 | Werkstoff-Paarungsbeiwert $q_3$ für $Z_A$-, $Z_N$-, $Z_K$–$Z_I$-Schnecken | 214 |
| TB 23-11 | Bauartbeiwert $q_4$ | 214 |

# 1 Allgemeine und konstruktive Grundlagen

**TB 1-1** Stahlauswahl für den allgemeinen Maschinenbau
Festigkeitskennwerte in N/mm² für die Normabmessung $d_N$
Schwingfestigkeitswerte nach DIN 743-2[1)2)] (Richtwerte)
Elastizitätsmodul $E = 210\,000$ N/mm², Schubmodul $G = 81\,000$ N/mm²

| Kurzname | Stahlsorte Werkstoff-nummer | $A$ % min. | $R_{mN}$ min. | $R_{eN}$ $R_{p0,2N}$ min. | $\sigma_{zdWN}$ ($\sigma_{zd\,Sch\,N}$) | $\sigma_{bWN}$ ($\sigma_{b\,Sch\,N}$) | $\tau_{tWN}$ ($\tau_{t\,Sch\,N}$) | relative Werkstoff-kosten[3)] | Eigenschaften und Verwendungsbeispiele |
|---|---|---|---|---|---|---|---|---|---|
| a) Unlegierte Baustähle, warmgewalzt, nach DIN EN 10025 | | | | | | | | | Warmgewalzte, unlegierte Grund- und Qualitätsstähle ohne Eignung zur Wärmebehandlung, die durch Zugfestigkeit und Streckgrenze gekennzeichnet und für die Verwendung bei Umgebungstemperatur in geschweißten, genieteten und geschraubten Bauteilen bestimmt sind |
| Normabmessung $d_N = 16$ mm | | | | | | | | | |
| S185 | 1.0035 | 18 | 310 | 185 | | | | | untergeordnete Bauteile bei geringer Beanspruchung; Geländer, Treppen u. dgl.; Schweißeignung nicht gewährleistet |
| S235JR<br>S235JRG1<br>S235JRG2<br>S235JO<br>S235J2G3<br>S235J2G4 | 1.0037<br>1.0036<br>1.0038<br>1.0114<br>1.0116<br>1.0117 | 26 | 360 | 235 | 140 (225) | 180 (270) | 105 (160) | 1 | üblicher Stahl im Maschinen- und Stahlbau bei mäßiger Beanspruchung; Flacherzeugnisse, Stab- und Formstähle; gut bearbeitbar; Schweißeignung und Zähigkeit verbessern sich stetig von der Gütegruppe JR bis zur Gütegruppe J2G4 |
| S275JR<br>S275JO<br>S275J2G3<br>S275J2G4 | 1.0044<br>1.0143<br>1.0144<br>1.0145 | 22 | 430 | 275 | 170 (270) | 215 (320) | 125 (190) | 1,05 | mäßig beanspruchte Bauteile; Wellen, Achsen, Hebel; gut bearbeitbar, gute Schweißeignung |
| S355JR<br>S355JO<br>S355J2G3<br>S355J2G4<br>S355K2G3<br>S355K2G4 | 1.0045<br>1.0553<br>1.0570<br>1.0577<br>1.0595<br>1.0596 | 22 | 510 | 355 | 205 (325) | 255 (380) | 150 (245) | | hoch beanspruchte Tragwerke im Stahl-, Kran- und Brückenbau; hohe Streckgrenze durch Si- und Mn-Gehalte; Schweißeignung und Sprödbruchsicherheit verbessern sich stetig von der Gütegruppe JR bis zur Gütegruppe K2G4 |
| E295 | 1.0050 | 20 | 490 | 295 | 195 (295) | 245 (355) | 145 (205) | 1,1 | gut bearbeitbar; meist verwendeter Stahl bei mittlerer Beanspruchung; Wellen, Achsen, Bolzen |
| E335 | 1.0060 | 16 | 590 | 335 | 235 (335) | 290 (400) | 180 (230) | 1,7 | für höher beanspruchte verschleißfeste Teile; Wellen, Ritzel, Spindeln |
| E360 | 1.0070 | 11 | 690 | 360 | 275 (360) | 345 (430) | 205 (250) | | höchst beanspruchte verschleißfeste Teile in naturhartem Zustand; Nocken, Walzen, Gesenke, Steuerungsteile |
| b) Schweißgeeignete Feinkornbaustähle, normalgeglüht/normalisierend gewalzt, nach DIN EN 10113-2 | | | | | | | | | zähe, sprödbruch- und alterungsunempfindliche Stähle mit geringem C-Gehalt und feinem Korn, gekennzeichnet durch hohe Streckgrenze und gute Schweißbarkeit |
| Normabmessung $d_N = 16$ mm | | | | | | | | | |
| S275N<br>S275NL | 1.0490<br>1.0491 | 24 | 370 | 275 | 150 (240) | 185 (275) | 110 (185) | | optimaler Einsatz bei hoher Zugbeanspruchung im Zeitfestigkeitsgebiet mit nur geringen dynamischen Spannungsamplituden; z. B. Leichtbau von Untergestellen, Fahrzeugrahmen, Druckbehältern, Förderanlagen (warmfeste, kaltzähe und ultrahochfeste Feinkornbaustähle s. Normen) |
| S355N<br>S355NL | 1.0545<br>1.0546 | 22 | 470 | 355 | 190 (305) | 235 (350) | 140 (240) | | |
| S420N<br>S420NL | 1.8902<br>1.8912 | 19 | 520 | 420 | 210 (335) | 260 (390) | 155 (265) | | |
| S460N<br>S460NL | 1.8901<br>1.8903 | 17 | 550 | 460 | 220 (350) | 275 (410) | 165 (280) | | |

Die Spalte "relative Werkstoffkosten" enthält für E335/E360 den Hinweis: Maschinenbaustahl ohne besondere Anforderungen an Schweißeignung und Zähigkeit.

**TB 1-1** Fortsetzung

| Kurzname | Stahlsorte Werkstoff-nummer | $A$ % min. | $R_{mN}$ min. | $R_{eN}$ $R_{p0,2N}$ min. | $\sigma_{zdWN}$ ($\sigma_{zdSchN}$) | $\sigma_{bWN}$ ($\sigma_{bSchN}$) | $\tau_{tWN}$ ($\tau_{tSchN}$) | relative Werkstoff-kosten[3] | Eigenschaften und Verwendungsbeispiele | |
|---|---|---|---|---|---|---|---|---|---|---|
| c) Vergütungsstähle nach DIN EN 10083-1 im vergüteten Zustand (+QT)[4] | | | | | | | | | unlegierte oder legierte Maschinenbaustähle, die sich aufgrund ihrer chemischen Zusammensetzung zum Härten eignen und die in vergütetem Zustand hohe Festigkeit bei gleichzeitig guter Zähigkeit aufweisen; zum Schweißen Vorwärmen erforderlich | |
| Normabmessung $d_N = 16$ mm | | | | | | | | | | |
| C22E | 1.1151 | 20 | 500 | 340 | 200 (320) | 250 (375) | 150 (235) | | gering beanspruchte Teile mit gleichmäßigem Gefüge und guter Oberflächenqualität; Hebel, Flansche, Scheiben, Wellen, Treibstangen; Oberflächenhärtung | geringer beanspruchte Bauteile mit kleinen Vergütungsdurchmessern (< 100 mm) |
| C25E | 1.1158 | 19 | 550 | 370 | 220 (350) | 275 (410) | 165 (255) | | | |
| C30E | 1.1178 | 18 | 600 | 400 | 240 (385) | 300 (450) | 180 (275) | | | |
| C35E | 1.1181 | 17 | 630 | 430 | 250 (400) | 315 (470) | 190 (300) | 1,6 | | |
| C40E | 1.1186 | 16 | 650 | 460 | 260 (415) | 325 (490) | 200 (320) | | Triebwerkteile mit besonderer Gleichmäßigkeit und Reinheit; auf Verschleiß beanspruchte Teile; Oberflächenhärtung; Getriebewellen, Zahnräder, Radreifen, Kurbelwellen, Kurbelzapfen | |
| C45E | 1.1191 | 14 | 700 | 490 | 280 (450) | 350 (525) | 210 (340) | | | |
| C50E | 1.1206 | 13 | 750 | 520 | 300 (480) | 375 (560) | 220 (360) | | | |
| C55E | 1.1203 | 12 | 800 | 550 | 320 (510) | 400 (600) | 240 (380) | 1,7 | | |
| C60E | 1.1221 | 11 | 850 | 580 | 340 (545) | 425 (635) | 250 (400) | | | |
| 28Mn6 | 1.1170 | 13 | 800 | 590 | 320 (510) | 400 (600) | 240 (410) | | | |
| 38Cr2 | 1.7003 | 14 | 800 | 550 | 320 (510) | 400 (600) | 240 (380) | | Hebel, Wellen, Bolzen, Zahnräder, Schrauben, Schnecken, Schmiedeteile | höher beanspruchte Bauteile mit größeren Vergütungsdurchmessern |
| 46Cr2 | 1.7006 | 12 | 900 | 650 | 360 (575) | 450 (675) | 270 (450) | | | |
| 34Cr4 | 1.7033 | 12 | 900 | 700 | 360 (575) | 450 (675) | 270 (460) | 1,7 | | |
| 37Cr4 | 1.7034 | 11 | 950 | 750 | 380 (610) | 475 (710) | 285 (485) | | | |
| 41Cr4 | 1.7035 | 11 | 1000 | 800 | 400 (640) | 500 (750) | 300 (510) | | | |
| 25CrMo4 | 1.7218 | 12 | 900 | 700 | 360 (575) | 450 (675) | 270 (460) | | Einlassventile, Wellen, Fräsdorne, Keilwellen, Kurbelwellen, Kurbelbolzen, große Getriebewellen | |
| 34CrMo4 | 1.7220 | 11 | 1000 | 800 | 400 (640) | 500 (750) | 300 (510) | | | |
| 42CrMo4 | 1.7225 | 10 | 1100 | 900 | 440 (705) | 550 (825) | 330 (560) | | | |
| 50CrMo4 | 1.7228 | 9 | 1100 | 900 | 440 (705) | 550 (825) | 330 (560) | | | |
| 36CrNiMo4 | 1.6511 | 10 | 1100 | 900 | 440 (705) | 550 (825) | 330 (560) | | höchstbeanspruchte Bauteile im Fahrzeug- und Maschinenbau; große Getriebewellen, Turbinenläufer, Zahnräder | Bauteile mit höchster Beanspruchung; große Vergütungsdurchmesser |
| 34CrNiMo6 | 1.6582 | 9 | 1200 | 1000 | 480 (770) | 600 (900) | 360 (610) | 2,4 | | |
| 30CrNiMo8 | 1.6580 | 9 | 1250 | 1050 | 500 (800) | 625 (935) | 375 (635) | | | |
| 36NiCrMo16 | 1.6773 | 9 | 1250 | 1050 | 500 (800) | 625 (935) | 375 (635) | 2,7 | | |
| 51CrV4 | 1.8159 | 9 | 1100 | 900 | 440 (705) | 550 (825) | 330 (560) | | | |
| d) Einsatzstähle in blindgehärtetem Zustand[5] (Festigkeitskennwerte nach DIN 743-3 und FKM-Richtlinie) | | | | | | | | | unlegierte und legierte Maschinenbaustähle mit niedrigem C-Gehalt, die an der Oberfläche aufgekohlt oder carbonitriert und dann gehärtet werden; für dauerfeste Bauteile mit verschleißfester, harter Oberfläche; für Abbrennstumpf- und Schmelzschweißen geeignet | |
| Normabmessung $d_N = 11$ mm | | | | | | | | | | |
| C10 | 1.0301 | 16 | 650 | 380 | 260 (380) | 325 (455) | 195 (265) | 1,1 | direkt härtbare kleine Teile mit niedriger Kernfestigkeit; Bolzen, Buchsen, Zapfen, Hebel, Gelenke, Mitnehmer, Spindeln | |
| C15 | 1.0401 | 14 | 750 | 430 | 300 (430) | 375 (515) | 225 (300) | | | |
| 17Cr3 | 1.7016 | 11 | 1050 | 750 | 420 (670) | 525 (785) | 315 (520) | | Teile mit hoher Beanspruchung; kleinere Zahnräder und Wellen, Bolzen, Nockenwellen, Rollen, Spindeln, Messzeuge | |
| 20CrR4 | 1.7027 | 10 | 900 | 630 | 360 (575) | 450 (675) | 270 (435) | 1,7 | | |
| 16MnCr5 | 1.7131 | 10 | 900 | 630 | 360 (575) | 450 (675) | 270 (435) | | | |
| 20MnCr5 | 1.7147 | 8 | 1100 | 730 | 440 (705) | 550 (825) | 330 (505) | | direkt härtbare Teile mit hoher Kernfestigkeit; mittlere Zahnräder und Wellen im Getriebe- und Fahrzeugbau | |
| 20MoCr4 | 1.7321 | 10 | 900 | 630 | 360 (575) | 450 (675) | 270 (435) | | | |
| 22CrMoS3-5 | 1.7333 | 8 | 1100 | 730 | 440 (705) | 550 (825) | 330 (505) | | hochbeanspruchte Getriebeteile mit sehr guter Zähigkeit; Direkthärtung | |
| 21NiCrMo2 | 1.6523 | 10 | 900 | 630 | 360 (575) | 450 (675) | 270 (435) | | | |
| 15CrNi6 | 1.5919 | 9 | 1000 | 680 | 400 (640) | 500 (750) | 300 (470) | 2,1 | Teile mit höchster Beanspruchung; Ritzel, Nocken, Wellen, Kegel-Tellerräder, Kettenglieder | |
| 17CrNiMo6 | 1.6587 | 8 | 1150 | 830 | 460 (735) | 575 (860) | 345 (575) | | | |
| e) Nitrierstähle nach DIN 17211 im vergüteten Zustand (+QT) | | | | | | | | | legierte Vergütungsstähle, die durch Nitridbildner (Cr, Al, Mo, V) für das Nitrieren und Nitrocarburieren besonders geeignet sind; die sehr harte Randschicht verleiht den Bauteilen hohen Verschleißwiderstand, hohe Dauerfestigkeit, Rostträgheit, Wärmebeständigkeit und geringe Fressneigung; verzugsarm | |
| Normabmessung $d_N = 100$ mm | | | | | | | | | | |
| 31CrMo12 | 1.8515 | 11 | 1000 | 800 | 400 (640) | 500 (750) | 300 (510) | | verschleißbeanspruchte Bauteile bis 250 mm Dicke; Stangen, Schmiedestücke | |
| 31CrMoV9 | 1.8519 | 11 | 1000 | 800 | 400 (640) | 500 (750) | 300 (510) | | warmfeste Verschleißteile bis 100 mm Dicke; Ventilspindeln, Schleifmaschinenspindeln | |
| 15CrMoV5-9 | 1.8521 | 10 | 900 | 750 | 360 (575) | 450 (675) | 270 (460) | 2,6 | verschleißbeanspruchte Teile bis 250 mm Dicke; Bolzen, Spindeln | |
| 34CrAlMo5 | 1.8507 | 14 | 800 | 600 | 320 (510) | 400 (600) | 240 (410) | | dauerstandfeste Verschleißteile bis über 450 °C und 70 mm Dicke; Heißdampfarmaturenteile | |
| 34CrAlNi7 | 1.8550 | 12 | 850 | 650 | 340 (545) | 425 (635) | 255 (435) | | für große verschleißbeanspruchte Bauteile; schwere Tauchkolben, Kolbenstangen | |

**TB 1-1** Fortsetzung

| Kurzname | Stahlsorte Werkstoff-nummer | $A$ % min. | $R_{mN}$ min. | $R_{eN}$ $R_{p0,2N}$ min. | $\sigma_{zdWN}$ ($\sigma_{zdSchN}$) | $\sigma_{bWN}$ ($\sigma_{bSchN}$) | $\tau_{tWN}$ ($\tau_{tSchN}$) | relative Werkstoff-kosten[3)] | Eigenschaften und Verwendungsbeispiele |
|---|---|---|---|---|---|---|---|---|---|
| f) Stähle für Flamm- und Induktionshärten nach DIN 17212 im vergüteten Zustand (+QT) | | | | | | | | | vergütete Stähle, die sich durch örtliches Erhitzen und Abschrecken in der Randzone härten lassen; für Bauteile deren Oberflächen hohem Verschleiß oder großer Flächenpressung ausgesetzt sind; geeignet für Abbrennstumpfschweißung |
| Normabmessung $d_N = 16$ mm | | | | | | | | | |
| Cf35 | 1.1183 | 17 | 620 | 420 | 250 (400) | 310 (465) | 185 (290) | | geringer beanspruchte Bauteile mit besonderer Gleichmäßigkeit und Reinheit |
| Cf45 | 1.1193 | 14 | 700 | 480 | 280 (450) | 350 (525) | 210 (330) | | Triebwerksteile mit besonderer Gleichmäßigkeit und Reinheit; Ritzel, Wellen |
| Cf53 | 1.1213 | 12 | 740 | 510 | 295 (470) | 370 (555) | 220 (355) | | Getriebewellen, Nockenwellen, Kolbenbolzen, Zylinderbüchsen |
| Cf70 | 1.1249 | 11 | 780 | 560 | 310 (495) | 390 (585) | 235 (390) | | dünnwandige Teile zur Schalenhärtung; kleine Zahnräder, Spindeln, Armwellen |
| 45Cr2 | 1.7005 | 12 | 880 | 640 | 350 (560) | 440 (660) | 265 (445) | | dickere Bauteile des Maschinen- und Fahrzeugbaus mit höherer Kernfestigkeit; Kurbelwellen, Getriebewellen, Kugelbolzen, Keilwellen, Zahnräder |
| 38Cr4 | 1.7043 | 11 | 930 | 740 | 370 (590) | 465 (700) | 280 (475) | | |
| 42Cr4 | 1.7045 | 11 | 980 | 780 | 390 (625) | 490 (735) | 295 (500) | | |
| 41CrMo4 | 1.7223 | 10 | 1080 | 880 | 430 (690) | 540 (810) | 325 (550) | | |
| g) Automatenstähle nach DIN 1651 im kaltgezogenen Zustand (+C) | | | | | | | | | unlegierte Stähle mit guter Zerspanbarkeit und Spanbrüchigkeit durch Schwefelzusatz; bleilegierte Sorten ermöglichen höhere Schnittgeschwindigkeit, doppelte Standzeit und verbesserte Oberfläche; durch hohen S- und P-Gehalt nur bedingt schweißgeeignet |
| Normabmessung $d_N = 16$ mm | | | | | | | | | |
| 9SMn28 9SMnPb28 | 1.0715 1.0718 | 7 | 510 | 410 | 205 (325) | 255 (380) | 150 (255) | 1,8 | für Kleinteile mit geringer Beanspruchung; Verschraubungsteile, kaltgezogene Wellen, Schrauben, Stifte, Bolzen, Formteile aller Art |
| 9SMn36 9SMnPb36 | 1.0736 1.0737 | 7 | 540 | 430 | 215 (345) | 270 (405) | 160 (270) | | |
| 15S10 10S20 10SPb20 | 1.0710 1.0721 1.0722 | 7 8 | 500 490 | 400 390 | 200 (320) 195 (310) | 250 (375) 245 (365) | 150 (255) 145 (245) | 1,9 | zum Einsatzhärten geeignet; verschleißfeste Kleinteile; Bolzen, Stifte, Formteile |
| 35S20 35SPb20 | 1.0726 1.0756 | 7 | 590 | 400 | 235 (375) | 295 (440) | 175 (275) | | zum Vergüten geeignet; größere Bauteile mit höherer Beanspruchung; Wellen, Gewindeteile, Spindeln |
| 45S20 45SPb20 | 1.0727 1.0757 | 6 | 690 | 470 | 275 (440) | 345 (515) | 205 (325) | 2,0 | |
| 60S20 60SPb20 | 1.0728 1.0758 | 6 | 780 | 540 | 310 (495) | 390 (585) | 235 (375) | 2,1 | |
| h) Unlegierte Blankstähle nach DIN 1652 im kaltgezogenen Zustand (+C) | | | | | | | | | kaltverfestigter Stabstahl mit blanker, glatter Oberfläche und großer Maßgenauigkeit; hergestellt durch Ziehen, Schälen und Richtpolieren und ggf. zusätzliches Schleifen |
| Normabmessung $d_N = 16$ mm | | | | | | | | | |
| S235JR | 1.0037 | 9 | 440 | 300 | 175 (280) | 220 (330) | 130 (210) | 1,6 | Blankstahl aus Baustählen; Bolzen, Achsen, Stifte, Befestigungselemente, Aufspannplatten |
| S275JR | 1.0044 | 8 | 530 | 380 | 210 (335) | 265 (395) | 160 (265) | | |
| S355J2G3 | 1.0570 | 7 | 600 | 450 | 240 (385) | 300 (450) | 180 (305) | | |
| E295 | 1.0050 | 7 | 580 | 420 | 230 (370) | 290 (435) | 175 (290) | 1,7 | |
| E335 | 1.0060 | 6 | 680 | 490 | 270 (430) | 340 (510) | 205 (340) | | |
| E360 | 1.0070 | 6 | 780 | 560 | 310 (495) | 390 (585) | 235 (390) | | kostenreduzierte Herstellung von Maschinenteilen ohne weitere Oberflächenbearbeitung |
| C10 | 1.0301 | 9 | 450 | 300 | 180 (290) | 225 (335) | 135 (210) | | Blankstahl aus Einsatzstählen; Bolzen, Spindeln, Kleinteile |
| C15 | 1.0401 | 8 | 480 | 340 | 190 (305) | 240 (360) | 145 (235) | | |
| C22E | 1.1151 | 7 | 500 | 350 | 200 (320) | 250 (375) | 150 (245) | 1,7 | Blankstahl aus Vergütungsstählen; Wellen, Stangen, Schienen, Hebel, Druckstücke, Grundplatten |
| C35E | 1.1181 | 8 | 550 | 370 | 220 (350) | 275 (410) | 165 (255) | | |
| C45E | 1.1191 | 6 | 630 | 430 | 250 (400) | 315 (470) | 190 (300) | 1,8 | |
| C60E | 1.1221 | 6 | 750 | 520 | 300 (480) | 375 (560) | 225 (360) | | |

**TB 1-1** Fortsetzung

| Kurzname | Stahlsorte Werkstoffnummer | $A$ % min. | $R_{mN}$ min. | $R_{eN}$ $R_{p0,2N}$ min. | $\sigma_{zdWN}$ ($\sigma_{zdSchN}$) | $\sigma_{bWN}$ ($\sigma_{bSchN}$) | $\tau_{tWN}$ ($\tau_{tSchN}$) | relative Werkstoffkosten[3] | Eigenschaften und Verwendungsbeispiele | |
|---|---|---|---|---|---|---|---|---|---|---|
| i) Nichtrostende Stähle nach DIN EN 10088 und SEW 400  Behandlungszustand: Ferritische und austenitische Stähle: geglüht (+A)  Martensitische Stähle: vergütet (+QT)  Praktisch kein technologischer Größeneinfluss | | | | | | | | | zeichnen sich durch besondere Beständigkeit gegen chemisch angreifende Stoffe aus; enthalten mindestens 12 % Cr und höchstens 1,2 % C; Beständigkeit beruht auf der Bildung von Deckschichten durch den chemischen Angriff | |
| X3CrNb17 | 1.4511 | 23 | 420 | 230 | 170 (230) | 210 (275) | 125 (160) | | Bauwesen; Beschläge, Regale, Bekleidungen | **Ferritische Stähle** gute Schweißeignung, warmfest, besondere magnetische Eigenschaften, schlecht zerspanbar, kaltumformbar $E=220000\,\text{N/mm}^2$ |
| X6CrMoS17 | 1.4105 | 20 | 430 | 250 | 170 (250) | 215 (300) | 130 (175) | | Automatenstahl; Bolzen, Befestigungselemente | |
| X6Cr13 | 1.4000 | 19 | 400 | 240 | 160 (240) | 200 (290) | 120 (165) | | Chips-Träger, Bestecke, Innenausbau | |
| X6Cr17 | 1.4016 | 20 | 450 | 240 | 180 (240) | 225 (290) | 135 (165) | | Verbindungselemente, tiefgezogene Formteile | |
| X20Cr13 | 1.4021 | 10 | 750 | 550 | 300 (480) | 375 (560) | 225 (380) | 3,2 | Armaturen, Flansche, Federn, Turbinenteile | **Martensitische Stähle** härtbar, gut zerspanbar, hohe Festigkeit, magnetisch, bedingt schweißbar $E=216000\,\text{N/mm}^2$ |
| X39CrMo17-1 | 1.4122 | 12 | 750 | 500 | 300 (480) | 375 (560) | 225 (345) | | Rohre, Wellen, Spindeln, Verschleißteile | |
| X14CrMoS17 | 1.4102 | 11 | 640 | 450 | 255 (410) | 320 (480) | 190 (310) | | Automatenstahl; Drehteile, Apparatebau | |
| X50CrMoV15 | 1.4116 | 8 | 850 | – | 340 (545) | 425 (635) | 255 (410) | | Fleischverarbeitung: Wellen, Muffen, Schneidwerkzeuge | |
| X12Cr13 | 1.4006 | 12 | 650 | 450 | 260 (415) | 325 (485) | 195 (310) | | Verbindungselemente, Schneidwerkzeug, verschleißbeanspruchte Bauteile | |
| X3CrNiMo13-4 | 1.4313 | 11 | 900 | 800 | 360 (575) | 450 (675) | 270 (460) | | | |
| X17CrNi16-2 | 1.4057 | 14 | 750 | 550 | 300 (480) | 375 (560) | 225 (380) | 4,0 | | |
| X5CrNi18-10 | 1.4301 | 40 | 520 | 210 | 210 (210) | 250 (250) | 145 (145) | | universeller Einsatz; Bauwesen, Fahrzeugbau, Lebensmittelindustrie | **Austenitische Stähle** gute Schweißeignung, gut kaltumformbar, schwer zerspanbar, unmagnetisch $E=200000\,\text{N/mm}^2$ |
| X8CrNiS18-9 | 1.4305 | 35 | 500 | 190 | 190 (190) | 230 (230) | 130 (130) | | Automatenstahl; Maschinen- und Verbindungselemente | |
| X6CrNiTi18-10 | 1.4541 | 40 | 500 | 200 | 200 (200) | 240 (240) | 140 (140) | 5,8 | Schienenfahrzeugbau, Baugruppen Sanitärbereich | |
| X2CrNiMo17-12-2  X2CrNiMoN17-13-3 | 1.4404  1.4429 | 40  35 | 520  580 | 220  295 | 220 (220)  230 (295) | 260 (260)  290 (355) | 150 (150)  175 (205) | | Offshore-Technik, geschweißte Konstruktionsteile, Achsen, Wellen, Wärmetauscher | |
| X5CrNiMo17-12-2 | 1.4401 | 40 | 520 | 220 | 220 (220) | 260 (260) | 150 (150) | | Bleichereien, Lebensmittelindustrie, Außenfassaden | |
| X6CrNiMoTi17-12-2 | 1.4571 | 40 | 520 | 220 | 220 (220) | 260 (260) | 150 (150) | | Behälter (Tankwagen), Heizkessel, Dacheindeckungen | |
| X2CrNiN24-4  X3CrNiMoN27-5-2  X2CrNiMoN22-5-3 | 1.4362  1.4460  1.4462 | 25  20  30 | 600  600  640 | 400  450  450 | 240 (385)  240 (385)  255 (410) | 300 (450)  300 (450)  320 (480) | 180 (275)  180 (305)  190 (310) | | Textilindustrie, Apparatebau; geschweißte Bauteile mit hoher Beanspruchung | **Austenitisch-ferritische Stähle** (Duplex-Stähle) beständig gegen Spannungsrisskorrosion $E=200000\,\text{N/mm}^2$ |

[1] Richtwerte: $\sigma_{bW} \approx 0,5 \cdot R_m$, $\sigma_{zdW} \approx 0,4 \cdot R_m$, $\tau_{tW} \approx 0,3 \cdot R_m$

[2] $A$ Bruchdehnung; $d_N$ Bezugsabmessung (Durchmesser, Dicke) des Halbzeugs nach der jeweiligen Werkstoffnorm; $R_{mN}$ Normwert der Zugfestigkeit für $d_N$; $R_{eN}$ Normwert der Streckgrenze für $d_N$; $R_{p0,2}$ Normwert der 0,2%-Dehngrenze für $d_N$; $\sigma_{zdWN}$ Wechselfestigkeit Zug/Druck für $d_N$; $\sigma_{bWN}$ Biegewechselfestigkeit für $d_N$; $\tau_{tWN}$ Torsionswechselfestigkeit für $d_N$; $\sigma_{zdSchN}$ Schwellfestigkeit Zug/Druck für $d_N$; $\sigma_{bSchN}$ Biegeschwellfestigkeit für $d_N$; $\tau_{tSchN}$ Torsionsschwellfestigkeit für $d_N$.
Für die Schwellfestigkeit gilt: $\sigma_{Sch} = 2 \cdot \sigma_W[1 - \sigma_W/(2 \cdot R_m)]$. Sie wird nach oben begrenzt durch die Fließgrenzen $R_e$, $\sigma_{bF} = 1,2 \cdot R_e$ und $\tau_{tF} = 1,2 \cdot R_e/\sqrt{3}$. Die Gleichung gilt für Zug/Druck und Biegung, aber auch für Torsion, wenn $\sigma$ durch $\tau$ ersetzt wird.

[3] Sie sind auf das Volumen bezogen und geben an, um wieviel ein Werkstoff (Rundstahl mittlerer Abmessung bei Bezug von 1000 kg ab Werk) teurer ist als ein gewalzter Rundstahl aus S235JRG1. Bei Bezug kleiner Mengen und kleiner Abmessungen muss mit höheren Kosten gerechnet werden.

[4] Bei den unlegierten Vergütungsstählen weisen die Edelstähle mit vorgeschriebenem max. S-Gehalt (z. B. C22E) bzw. vorgeschriebenem Bereich des S-Gehaltes (z. B. C22R) und die entsprechenden Qualitätsstähle (z. B. C22) die gleichen Festigkeitseigenschaften auf.

[5] Mindestzugfestigkeit der Einsatzstähle nach DIN EN 10084 in vergütetem Zustand s. Umschlagseite 3.

**TB 1-2** Eisenkohlenstoff-Gusswerkstoffe
Festigkeitskennwerte in N/mm²

| Werkstoffbezeichnung | | $A$ % min. | $R_{mN}$ min. | $R_{p0,2N}$ min. | $\sigma_{bWN}$ | $E$ kN/mm² | relative Werkstoffkosten[1] | Eigenschaften und Verwendungsbeispiele |
|---|---|---|---|---|---|---|---|---|
| Kurzzeichen | Nummer | | | | | | | |
| a) Gusseisen mit Lamellengraphit nach DIN EN 1561 | | | | | | | | am meisten verwendeter Gusswerkstoff mit gutem Formfüllungsvermögen; für verwickelte und relativ dünnwandige Teile; spröde, hohe Druckfestigkeit [ca. (3 ... 4) $R_m$], günstige Gleiteigenschaften, große innere Dämpfung, kerbunempfindlich, sehr gut zerspanbar, bedingt schweißgeeignet |
| Normabmessung des Probestückes (gleichwertiger Rohgussdurchmesser): $d_N = 20$ mm | | | | | | | | |
| EN-GJL-100 | EN-JL1010 | | 100 | $R_{p0,1N}$ — | — | — | | nicht für tragende Teile; bei besonderen Anforderungen an Wärmeleitfähigkeit, Dämpfung und Bearbeitbarkeit; Bauguss, Handelsguss |
| EN-GJL-150 | EN-JL1020 | | 150 | 98 | 70 | 78 bis 103 | | für höher beanspruchte dünnwandige Teile; leichter Maschinenguss; Gehäuse, Ständer, Steuerscheiben |
| EN-GJL-200 | EN-JL1030 | 0,8 bis 0,3 | 200 | 130 | 90 | 88 bis 113 | 3 | übliche Sorte im Maschinenbau; mittlerer Maschinenguss: Lagerböcke, Hebel, Riemenscheiben |
| EN-GJL-250 | EN-JL1040 | | 250 | 165 | 120 | 103 bis 118 | | druckdichter und wärmebeständiger Guss (bis ca. 400 °C); Zylinder, Armaturen, Pumpengehäuse |
| EN-GJL-300 | EN-JL1050 | | 300 | 195 | 140 | 108 bis 137 | | für hochbeanspruchte Teile; Motorständer, Lagerschalen, Bremsscheiben |
| EN-GJL-350 | EN-JL1060 | | 350 | 228 | 145 | 123 bis 143 | | für Ausnahmefälle (bei höchster Beanspruchung), Teile mit gleichmäßiger Wanddicke; Turbinengehäuse, Pressenständer |
| b) Gusseisen mit Kugelgraphit nach DIN EN 1563 | | | | | | | | hochwertiger Gusswerkstoff, welcher die jeweiligen Vorteile von G und GJL auf sich vereinigt; stahlähnliche Eigenschaften, gut gieß- und bearbeitbar; ferritische Sorten EN-GJS-350-22 und EN-GJS-400-18 auch mit gewährleisteter Kerbschlagarbeit |
| Normabmessung des Probestückes (gleichwertiger Rohgussdurchmesser): $d_N = 60$ mm | | | | | | | | |
| EN-GJS-350-22 | EN-JS1010 | 22 | 350 | 220 | 180 | 169 | | Gefüge vorwiegend Ferrit; gut bearbeitbar, hohe Zähigkeit, geringe Verschleißfestigkeit; Pumpen- und Getriebegehäuse, Achsschenkel, Vorderachsbrücken, Absperrklappen, Schwenklager |
| EN-GJS-400-18 | EN-JS1020 | 18 | 400 | 250 | 195 | 169 | | |
| EN-GJS-450-10 | EN-JS1040 | 10 | 450 | 310 | 210 | 169 | | Gefüge vorwiegend Ferrit; kostengünstige Sorte zwischen EN-GJS-400-18 und EN-GJS-500-7; Schleuderguss |
| EN-GJS-500-7 | EN-JS1050 | 7 | 500 | 320 | 224 | 169 | | Gefüge vorwiegend Ferrit-Perlit bzw. Perlit-Ferrit; gut bearbeitbar, mittlere Verschleißfestigkeit, mittlere Festigkeit und Zähigkeit; Bremsenteile, Lagerböcke, Pleuelstangen, Kurbelwellen, Pressenständer |
| EN-GJS-600-3 | EN-JS1060 | 3 | 600 | 370 | 248 | 174 | 4,5 | |
| EN-GJS-700-2 | EN-JS1070 | 2 | 700 | 420 | 280 | 176 | | Gefüge vorwiegend Perlit; hohe Verschleißfestigkeit; Seiltrommeln, Turbinenschaufeln, Zahnkränze |
| EN-GJS-800-2 | EN-JS1080 | 2 | 800 | 480 | 304 | 176 | | Gefüge Perlit bzw. wärmebehandelter Martensit; gute Oberflächenhärtbarkeit u. Verschleißfestigkeit; dickwandige Gussstücke |
| EN-GJS-900-2 | EN-JS1090 | 2 | 900 | 600 | 317 | 176 | | Gefüge meist wärmebehandelter Martensit; sehr gute Verschleißfestigkeit, ausreichende Bearbeitbarkeit; Zahnkränze, Umformwerkzeuge |
| c) Bainitisches Gusseisen nach DIN EN 1564 | | | | | | | | bainitisches Gusseisen mit Kugelgraphit ADI (Austempered Ductile Iron) wird durch eine Vergütungsbehandlung von Gussstücken aus GJS hergestellt, es entsteht ein Mikrogefüge aus nadligem Ferrit und Restaustenit ohne Karbide; hochfester Konstruktionswerkstoff mit hoher Plastizität und Zähigkeit |
| Normabmessung des Probestückes (gleichwertiger Rohgussdurchmesser): $d_N = 60$ mm | | | | | | | | |
| EN-GJS-800-8 | EN-JS1100 | 8 | 800 | 500 | 450 | 163 | (7) | ermöglicht Leichtbau insbesondere von Fahrzeugteilen durch Fähigkeit zur Kaltverfestigung, große Gestaltungsfreiheit, geringe Geräuschemission von Konstruktionselementen und gute Dämpfungseigenschaften; Zahnkränze, Radnaben, Achsgehäuse, Gleitplatten, Federsättel, Blattfederlagerungen, Pickelarme für Gleisbaumaschinen |
| EN-GJS-1000-5 | EN-JS1110 | 5 | 1000 | 700 | 485 | 160 | | |
| EN-GJS-1200-2 | EN-JS1120 | 2 | 1200 | 850 | 415 | 158 | | |
| EN-GJS-1400-1 | EN-JS1130 | 1 | 1400 | 1100 | | 156 | | |
| d) Gusseisen mit Vermiculargraphit | | | | | | | | Gusseisen mit wurmförmigem Graphit, dessen Eigenschaften zwischen GJL und GJS liegen; bessere Festigkeit, Zähigkeit, Steifigkeit, Oxidations- und Temperaturwechselbeständigkeit als GJL; bessere Gießeigenschaften, Bearbeitbarkeit und Dämpfungsfähigkeit als GJS |
| Normabmessung des Probestückes (gleichwertiger Rohgussdurchmesser): $d_N = 20$ mm | | | | | | | | |
| GGV-30 | | 2 | 300 | 240 | 160 | 130 bis 160 | (4) | Gefüge vorwiegend Ferrit bzw. Perlit; für durch erhöhte Temperatur und Temperaturwechsel beanspruchte Bauteile; Zylinderköpfe, Turboladergehäuse, Abgasdome und -krümmer, Riemenscheiben, Schwungräder, Stahlwerkskokillen |
| GGV-40 | | 1...2,5 | 400 | 280 | 190 | 150 bis 160 | | |

**TB 1-2** Fortsetzung

| Werkstoffbezeichnung | | $A$ % min. | $R_{mN}$ min. | $R_{p0,2N}$ min. | $\sigma_{bWN}$ | $E$ kN/mm² | relative Werkstoff-kosten[1] | Eigenschaften und Verwendungsbeispiele |
|---|---|---|---|---|---|---|---|---|
| Kurzzeichen | Nummer | | | | | | | |
| e) Temperguss nach DIN EN 1562 | | | | | | | | erhält durch Glühen stahlähnliche Eigenschaften; für Stückgewichte bis 100 kg in der Serienfertigung sehr wirtschaftlich; gut zerspanbar, Fertigungs- und Konstruktionsschweißung möglich, geeignet zum Randschichthärten; oft im Wettbewerb mit GJS und Schmiedeteilen |
| Normabmessung des Probestückes (gleichwertiger Rohgussdurchmesser): $d_N = 15$ mm | | | | | | | | |
| EN-GJMW-350-4 | EN-JM1010 | 4 | 350 | — | 150 | | | **entkohlend geglühter (weißer) Temperguss für dünnwandige Gussstücke ($\leq 8$ mm)** gering beanspruchte Teile, kostengünstig; Beschlagteile, Fittings, Förderkettenglieder |
| EN-GJMW-360-12 | EN-JM1020 | 12 | 360 | 190 | 155 | | | für Festigkeitsschweißung geeignet; Ventil- und Lenkgehäuse, Flansche, Verbundkonstruktionen mit Walzstahl |
| EN-GJMW-400-5 | EN-JM1030 | 5 | 400 | 220 | 170 | | | Standardsorte, gut schweißbar, für dünnwandige Teile; Tretlagergehäuse, Fittings, Gerüstteile, Griffe, Keilschlösser |
| EN-GJMW-450-7 | EN-JM1040 | 7 | 450 | 260 | 190 | | | gut zerspanbar, schlagfest; Rohrleitungsarmaturen, Trägerklemmen, Gerüstteile, Schalungsteile, Isolatorenkappen, Fahrwerksteile |
| EN-GJMW-550-4 | EN-JM1050 | 4 | 550 | 340 | 230 | | | |
| EN-GJMB-300-6 | EN-JM1110 | 6 | 300 | — | 130 | 175 bis 195 | 5 | **nicht entkohlend geglühter (schwarzer) Temperguss** für druckdichte Teile; Hydraulikguss, Steuerblöcke, Ventilkörper |
| EN-GJMB-350-10 | EN-JM1130 | 10 | 350 | 200 | 150 | | | gut zerspanbar, zäh; Kettenglieder, Gehäuse, Beschläge, Fittings, Lkw-Bremsträger, Kupplungsteile, Klemmbacken, Steckschlüssel |
| EN-GJMB-450-6 | EN-JM1140 | 6 | 450 | 270 | 190 | | | |
| EN-GJMB-500-5 | EN-JM1150 | 5 | 500 | 300 | 210 | | | |
| EN-GJMB-550-4 | EN-JM1160 | 4 | 550 | 340 | 230 | | | Alternative zu Schmiedeteilen, ideal für Randschichthärtung; Kurbelwellen, Bremsträger, Gehäuse, Nockenwellen, Hebel, Radnaben, Gelenkgabeln, Schaltgabeln |
| EN-GJMB-600-3 | EN-JM1170 | 3 | 600 | 390 | 250 | | | |
| EN-GJMB-650-2 | EN-JM1180 | 2 | 650 | 430 | 265 | | | hohe Festigkeit bei ausreichender Zerspanbarkeit, gute Alternativen zu Schmiedestählen; Kreiskolben, Gabelköpfe, Pleuel, Schaltgabeln, Tellerräder, Geräteträger |
| EN-GJMB-700-2 | EN-JM1190 | 2 | 700 | 530 | 285 | | | |
| EN-GJMB-800-1 | EN-JM1200 | 1 | 800 | 600 | 320 | | | |
| f) Austenitisches Gusseisen nach DIN 1694 (Handelsname Ni-Resist) | | | | | | | | vielseitig verwendbarer hoch legierter Gusseisenwerkstoff mit 12 bis 36 % Nickelgehalt; die genormten Sorten – acht mit Lamellen – und 14 mit Kugelgraphit – sind gut gieß- und bearbeitbar; je nach Zusammensetzung und Graphitausbildung weisen sie eine Vielzahl häufig geforderter Eigenschaften auf |
| kein technologischer Größeneinfluss innerhalb der Abmessungsbereiche der Norm | | | | | | | | |
| GGL-NiCuCr15 6 2 (EN-GJLA-XNiCuCr15-6-2) | 0.6655 | 2 | 170 | — | 75 | 85 bis 105 | | korrosionsbeständig gegen Alkalien, verdünnte Säuren und Seewasser, hitzebeständig, gute Gleiteigenschaften, nicht magnetisierbar; für Pumpen, Armaturen, Ofenbauteile, Laufbuchsen, Kolbenringträger |
| GGL-NiCr30 3 (EN-GJLA-XNiCr30-3) | 0.6676 | 1 bis 3 | 190 | — | 85 | 98 bis 113 | | bis 800 °C hitze- und wärmeschockbeständig, korrosions- und erosionsbeständig; für Pumpen, Filterteile, Turboladergehäuse, Abgasleitungen |
| GGG-NiCr20 2 (EN-GJSA-XNiCr20-2) | 0.7660 | 7 bis 20 | 370 | 210 | 160 | 112 bis 130 | (6) | ähnlich wie GGL-NiCuCr15 6 2, jedoch bessere mechanische Eigenschaften; für Pumpen, Ventile, Laufbüchsen, Turboladergehäuse, nicht magnetisierbare Gussstücke |
| GGG-Ni22 (EN-GJSA-XNi22) | 0.7670 | 20 bis 40 | 370 | 170 | 160 | 85 bis 112 | | hohe Dehnung, bis −100 °C kaltzäh, nicht magnetisierbar; für Pumpen, Kompressoren, Laufbüchsen, nicht magnetisierbare Gussstücke |
| GGG-NiMn23 4 (EN-GJSA-XNiMn23-4) | 0.7673 | 25 bis 45 | 440 | 210 | 200 | 120 bis 140 | | besonders hohe Dehnung, kaltzäh bis −196 °C, nicht magnetisierbar; für Gussstücke der Kältetechnik |
| g) Stahlguss für allgemeine Verwendungszwecke nach DIN 1681 | | | | | | | | direkt in Formen vergossener Stahl, schlechter vergießbar als Gusseisen, durch Wärmebehandlung (Normalglühen) Eigenschaften wie entsprechende Walzstähle, schmiedbar, heute häufig durch Gusseisen mit Kugelgraphit ersetzt |
| Normabmessung des Probestückes (gleichwertiger Rohgussdurchmesser): $d_N = 100$ mm | | | | | | | | |
| GS-38 (G200) | 1.0420 | 25 | 380 | 200 | 150 | 210 | 6 | wird vorwiegend im Temperaturbereich zwischen −10 °C und +300 °C für Bauteile verwendet, die mittleren dynamischen und stoßartigen Beanspruchungen ausgesetzt sind und sich durch andere Formgebungsverfahren nicht oder nicht wirtschaftlich herstellen lassen, außer GS-60 gut schweißgeeignet; Maschinenständer, Pumpengehäuse, Hebel, Zahnräder, Pleuelstangen, Bremsscheiben |
| GS-45 (G230) | 1.0446 | 22 | 450 | 230 | 180 | | | |
| GS-52 (G260) | 1.0552 | 18 | 520 | 260 | 205 | | | |
| GS-60 (G300) | 1.0558 | 15 | 600 | 300 | 235 | | | |

**TB 1-2** Fortsetzung

| Werkstoffbezeichnung | | $A$ % min. | $R_{mN}$ min. | $R_{p0.2N}$ min. | $\sigma_{bWN}$ | $E$ kN/mm² | relative Werkstoff-kosten[1] | Eigenschaften und Verwendungsbeispiele | |
|---|---|---|---|---|---|---|---|---|---|
| Kurzzeichen | Nummer | | | | | | | | |
| h) Vergütungsstahlguss für allgemeine Verwendungszwecke nach DIN 17205 in flüssigvergütetem Zustand obere Werte: Festigkeitsstufe I, untere Werte: Festigkeitsstufe II Normabmessung des Probestückes (gleichwertiger Rohgussdurchmesser): $d_N = 100, 200$ bzw. 500 mm, s. Spalte Eigenschaften | | | | | | | | niedrig legierte Stahlgusssorten in flüssig vergütetem Zustand mit hoher Streckgrenze; die Festigkeitswerte für den luftvergüteten Zustand liegen niedriger, s. Normblatt | |
| GS-30Mn5 (G30Mn5) | 1.1165 | 14 10 | 520 700 | 400 550 | 205 270 | | | $d_N$ 100 mm | |
| GS-25CrMo4 (G25CrMo4) | 1.7215 | 18 10 | 600 750 | 450 600 | 220 285 | | | 200 mm | |
| GS-34CrMo4 (G34CrMo4) | 1.7230 | 14 10 | 750 850 | 600 700 | 285 320 | | | 100 mm | Einsatz bis +300 °C für dynamisch hoch beanspruchte Bauteile, Gussverbundschweißung möglich; Zahnkränze Zylinderköpfe Turbinenteile Walzenständer Schlaghauben Offshore-Elemente Kettenräder Gelenkteile Ventil- und Schiebergehäuse und -elemente |
| GS-42CrMo4 (G42CrMo4) | 1.7231 | 14 10 | 780 900 | 650 800 | 295 340 | 210 | (8) | 100 mm | |
| GS-30CrMoV6 4 (G30CrMoV6-4) | 1.7725 | 14 12 | 850 900 | 700 750 | 320 340 | | | 200 mm | |
| GS-35CrMoV10 4 (G35CrMoV10-4) | 1.7755 | 15 10 | 850 1050 | 700 850 | 320 390 | | | 200 mm | |
| GS-25CrNiMo4 (G25CrNiMo4) | 1.6515 | 15 10 | 700 800 | 550 650 | 270 305 | | | 500 mm | |
| GS-34CrNiMo6 (G34CrNiMo6) | 1.6582 | 12 10 | 850 900 | 700 800 | 320 370 | | | 200 mm | |
| GS-30NiCrMo8 5 (G30NiCrMo8-5) | 1.6570 | 16 10 | 850 1050 | 700 950 | 320 390 | | | 500 mm | |
| GS-33NiCrMo7 4 4 (G33NiCrMo7-4-4) | 1.6740 | 16 10 | 850 1050 | 700 950 | 320 390 | | | 500 mm | |
| i) Nicht rostender Stahlguss nach DIN 17445 | | | | | | | | weist durch einen Chromgehalt von mindestens 12 % eine besondere Beständigkeit gegenüber chemischer Beanspruchung auf; geliefert werden die ferritischen Stahlgusssorten im vergüteten und die austenitischen im abgeschreckten Zustand | |
| kein technologischer Größeneinfluss innerhalb der Abmessungsbereiche der Norm | | | | | | | | | |
| G-X8CrNi13 (GX8CrNi13) | 1.4008 | 15 | 590 | 440 | 230 | | | martensitische (ferritische) Stahlgusssorten konventioneller, vergütbarer Chromstahlguss ohne besondere Anforderungen an Schweißeignung und Zähigkeit; Wasserturbinen, Dampfturbinen, Armaturen, Ventile, Verdichter | |
| G-X20Cr14 (GX20Cr14) | 1.4027 | 12 | 590 | 440 | 230 | | | | |
| G-X22CrNi17 (GX22CrNi17) | 1.4059 | 4 | 780 | 600 | 310 | | | | |
| G-X5CrNi13 4 (GX5CrNi13-4) | 1.4313 | 12 | 900 | 830 | 360 | | | guter Widerstand gegen Kavitation und atmosphärische Korrosion; Wasserturbinenbau, Kompressoren- und Pumpenlaufräder, Lasthaken | |
| G-X6CrNi18 9 (GX6CrNi18-9) | 1.4308 | | | 175 | | 200 | (9) | austenitische Stahlgusssorten Gussstücke mit hoher Zähigkeit und Korrosionsbeständigkeit, an denen nach dem Schweißen keine Wärmebehandlung erforderlich ist; Pumpengehäuse, Kneterteile, Rotoren, Schiffsschrauben, Pressschnecken, chem. Industrie | |
| G-X5CrNiNb18 9 (GX5CrNiNb18-9) | 1.4552 | | | | | | | | |
| G-X6CrNiMo18 10 (GX6CrNiMo18-10) | 1.4408 | 20 | 440 | 185 | 170 | | | | |
| G-X5CrNiMoNb 18 10 (GX5CrNiMoNb 18-10) | 1.4581 | | | | | | | hoch beanspruchte Gussstücke für Zellstoff-, Farben-, Textil- und Gummiindustrie; Zentrifugentrommeln, druckbeanspruchte Gehäuse und Apparateteile | |
| G-X3CrNiMoN 17 13 5 (GX3CrNiMoN 17-13-5) | 1.4439 | | 490 | 210 | 190 | | | | |

[1] Siehe Fußnote 3) zu TB 1-1
  Bei Gussstücken gelten die angegebenen Vergleichswerte unter folgenden Voraussetzungen: Hohlguss (Kernguss) mit einfachen Rippen und Aussparungen, Richtstückzahl etwa 50, Stückgewichte 5 bis 10 kg.

**TB 1-3** Nichteisenmetalle
Auswahl für den allgemeinen Maschinenbau
Festigkeitskennwerte in N/mm² [1)]

| Werkstoffbezeichnung | | $A$ % min. | $R_m$ min. | $R_{p0,2}$ min. | $\sigma_{bW}$ | $E$ kN/mm² | relative Werkstoff-kosten[2)] | Eigenschaften und Verwendungsbeispiele |
|---|---|---|---|---|---|---|---|---|
| Kurzzeichen | Nummer | | | | | | | |
| a) Kupferlegierungen[3)] | | | | | | | | zeichnen sich durch hohe Korrosionsbeständigkeit, beste Gleiteigenschaften und hohe Verschleißfestigkeit, hohe elektrische und thermische Leitfähigkeit und gute Bearbeitbarkeit aus |
| CuPb1P F26 | 2.1160.26 | 7 | 260 | 200 | 100 | 130 | | 1. Niedrig legierte Kupfer-Knetlegierungen nach DIN 17666 |
| CuFe2P F39 | 2.1310.30 | 6 | 390 | 360 | 120 | 125 | | **nicht aushärtbar:** hohe elektr. Leitfähigkeit, sehr gut zerspanbar und kalt umformbar; Drehteile Bolzen gut löt- und schweißbar, korrosionsbeständig; Kontakte, Schaltelemente, Bremsleitungsrohre |
| CuBe2Pb F130 | 2.1248.75 | – | 1300 | 1150 | 250 | 135 | | **ausgehärtet:** hohe Festigkeit, erhöhte Temperaturbeständigkeit, gut zerspanbar; Federn, Membranen, nicht funkende Werkzeuge |
| CuNi2Si F64 | 2.0855.73 | 10 | 640 | 590 | 150 | 130 | 17 | mittlere elektr. Leitfähigkeit; Befestigungsteile, Nieten, Leitungsklemmen, Lagerbuchsen |
| CuZn37 F37 | 2.0321.26 | 27 | 370 | 250 | 120 | 110 | 8,0 | 2. Kupfer-Zink-Knetlegierungen nach DIN 17660 (DIN EN 12163) Hauptlegierung für Kaltumformen, gut löt- und schweißbar; Schrauben, Druckwalzen, Blattfedern, Reißverschlüsse |
| CuZn38Pb1,5 F47 | 2.0371.30 | 12 | 470 | 350 | 160 | 102 | 7,1 | warm und kalt umformbar, gut zerspanbar; Formdrehteile, Strangpressprofile |
| CuZn39Pb3 F43 | 2.0401.26 | 15 | 430 | 250 | 150 | 96 | 6,8 | Konstruktionswerkstoff, witterungsbeständig, gute Gleiteigenschaften; Gesenkschmiedestücke, Strangpressprofile, Gleitelemente |
| CuZn40Al1 F49 | 2.0561.31 | 15 | 490 | 270 | 160 | 93 | | |
| CuSn4 F47 | 2.1016.30 | 12 | 470 | 440 | 150 | 120 | | 3. Kupfer-Zinn-Knetlegierungen nach DIN 17662 (DIN EN 12164) gut kalt umformbar, korrosionsfest, gut löt- und schweißbar; Stecker- und Schalterteile, Federn, Schrauben |
| CuSn8 F54 | 2.1030.30 | 25 | 540 | 470 | 200 | 115 | 17,3 | hohe Abriebfestigkeit und Korrosionsbeständigkeit; Gleitelemente, Federn, Membranen, Zahnräder, Lagerbuchsen |
| CuSn6Zn6 F61 | 2.1080.30 | 15 | 610 | 570 | – | – | | zäh, witterungsbeständig; verschleißbeanspruchte Bauteile, Federn, Schalterteile |
| CuNi10Fe1Mn F28 | 2.0872.10 | 30 | 280 | 100 | 150 | 132 | | 4. Kupfer-Nickel- und Kupfer-Nickel-Zink-Knetlegierungen nach DIN 17664 (DIN EN 12163) (Neusilber) |
| CuNi30Mn1Fe F34 | 2.0882.10 | 35 | 340 | 120 | 150 | 152 | | ausgezeichneter Widerstand gegen Erosion, Kavitation und Korrosion, meerwasserbeständig, gut schweißbar; Apparatebau, Rohrleitungen, Bremsleitungen, Kondensatoren |
| CuNi12Zn24 F54 | 2.0730.30 | 8 | 540 | 440 | 160 | 125 | | gut kalt umformbar, gut löt- und schweißbar; Tiefzieh- und Prägeteile, Tafelgeräte, Bauwesen, Kontaktfedern |
| CuNi7Zn39Mn5Pb3 F51 | 2.0771.26 | 12 | 510 | 370 | | 120 | | gut warm formbar, sehr gut zerspanbar; Dreh- und Frästeile für Feinmechanik und Apparatebau |
| CuAl10Fe3Mn2 F59 | 2.0936.97 | 12 | 590 | 250 | 200 | 120 | | 5. Kupfer-Aluminium-Knetlegierungen nach DIN 17665 (DIN EN 12163) |
| CuAl11Ni6Fe5 F73 | 2.0978.97 | 5 | 730 | 440 | 220 | 125 | | hohe Dauerwechselfestigkeit, gute Beständigkeit gegen Verzunderung, Erosion und Kavitation, kaltzäh, warm- und verschleißfest; Konstruktionsteile höchster Festigkeit, zunderbeständige Teile, Wellen, Schrauben, Verschleißteile, Schmiedeteile |
| G-CuSn12 | 2.1052.01 | 12 | 260 | 140 | | 95 | 13,5 | 6. Kupfer-Zinn- und Kupfer-Zinn-Zink-Gusslegierungen nach DIN 1705 |
| GZ-CuSn12 | 2.1052.03 | 5 | 280 | 150 | | | | gute Verschleißfestigkeit, korrosions- und meerwasserbeständig, zähhart; hochbeanspruchte Kuppelstücke, Schnecken- und Schraubenräder, Spindelmuttern |
| GC-CuSn12 | 2.1052.04 | 8 | 280 | 140 | | | | |
| G-CuSn10 | 2.1050.01 | 18 | 270 | 130 | | 100 | 13,5 | zäh, hohe Dehnung, korrosions- und kavitationsbeständig; hoch beanspruchte Pumpengehäuse, Leit- und Schaufelräder, Zentrifugenteile |
| G-CuSn7ZnPb | 2.1090.01 | 15 | 240 | 120 | | 93 | 12,4 | gute Notlaufeigenschaften, meerwasserbeständig, mittelhart, verschleißfest; Achslagerschalen, Kolbenbolzen-Buchsen, Friktionsringe, Stellleisten, Zahnradkränze |
| GZ-CuSn7ZnPb | 2.1090.03 | 13 | 270 | 130 | | | | |
| GC-CuSn7ZnPb | 2.1090.04 | 16 | 270 | 120 | | | | |
| GD-CuZn37Pb | 2.0340.05 | 4 | 280 | 120 | | 98 | | 7. Kupfer-Zink-Gusslegierungen nach DIN 1709 |
| GK-CuZn37Pb | 2.0340.02 | 20 | 280 | 90 | | | 7,4 | gut zerspanbar, gute Löteigung; Kokillen- und Druckgussteile mit metallisch blanker Oberfläche, Gehäuse, Beschlagteile |
| G-CuZn35Al1 | 2.0592.01 | 20 | 450 | 170 | | 100 | 12,4 | zähhart, hohe Festigkeit und Dehnung, meerwasserbeständig, mäßige Gleiteigenschaften; Druckmuttern, Gleit- und Gelenksteine, Schiffsschrauben, Schneckenräder |
| GZ-CuZn35Al1 | 2.0592.03 | 18 | 500 | 200 | | | | |
| GK-CuZn15Si4 | 2.0492.02 | 10 | 500 | 300 | | 100 | | dünnwandig vergießbar, korrosions- und meerwasserbeständig, schweißbar; hoch beanspruchte verwickelte Konstruktionsteile |

## TB 1-3 Fortsetzung

| Werkstoffbezeichnung Kurzzeichen | Nummer | A % min. | $R_m$ min. | $R_{p0,2}$ min. | $\sigma_{bW}$ | E kN/mm² | relative Werkstoff-kosten[2] | Eigenschaften und Verwendungsbeispiele |
|---|---|---|---|---|---|---|---|---|
| | | | | | | | | **8. Kupfer-Aluminium-Gusslegierungen nach DIN 1714** |
| G-CuAl10Ni | 2.0975.01 | 12 | 600 | 270 | | 115 | 13,5 | hoher Widerstand gegen Kavitation und Erosion, sehr gute Dauerschwingfestigkeit bei guter Meerwasser- und Säurebe- |
| GK-CuAl10Ni | 2.0975.02 | 14 | 600 | 300 | | | | ständigkeit; hoch beanspruchte Teile: Laufräder, Pumpenge- |
| GC-CuAl10Ni | 2.0975.04 | 13 | 700 | 300 | | | | häuse, Zylinderlaufbuchsen, Schneckenräder, Kegelräder, Schiffsschrauben |
| G-CuAl10Fe | 2.0940.01 | 15 | 500 | 180 | | 121 | 13,5 | meerwasser- und korrosionsbeständig, verschleißfest, Festig-keit zwischen −200 °C und +200 °C nur gering temperatur- |
| GK-CuAl10Fe | 2.0940.02 | 25 | 550 | 200 | | | | abhängig; für mechanisch beanspruchte Bauteile: Hebel, Gehäuse, Ritzel, Kegelräder, Synchronringe, Steuerkolben |
| **b) Aluminiumlegierungen[4]** | | | | | | | | lassen sich oft technisch und wirtschaftlich vorteilhaft einset-zen, da durch Variieren der Legierungszusätze (Cu, Si, Mg, Zn, Mn) fast jede gewünschte Kombination von mechanischen, physikalischen und chemischen Eigenschaften („leicht, fest, beständig") erreichbar ist |
| | | | | | | | | **1. Knetlegierungen nach DIN EN 754-2, 755-2** |
| ENAW-AlMg3-H111 | ENAW-5754 | 14 | 180 | 80 | 70 | 70 | | hohe chemische Beständigkeit, besonders gegen Meerwas- |
| ENAW-AlMg3-H14 | ENAW-5754 | 4 | 240 | 180 | 90 | 70 | 3,4 | ser. hohe Festigkeit, gute Zähigkeit bei tiefen Temperaturen, |
| ENAW-AlMg5-H111 | ENAW-5019 | 16 | 250 | 110 | 80 | 72 | | Schiff-, Fahrzeug-, Behälter- und Hochbau, Befestigungsele- |
| ENAW-AlMg5-H14 | ENAW-5019 | 4 | 300 | 210 | 100 | 72 | 3,9 | mente, Optikteile |
| ENAW-AlMg4,5 Mn0,7-H111 | ENAW-5083 | 16 | 270 | 110 | 100 | 70 | | hoch beanspruchte Schweißkonstruktionen im Schiff-, Fahr-zeug-, Behälter- und Apparatebau, Einsatz bei tiefen Tem-peraturen |
| ENAW-AlCu4 PbMgMn-T3 | ENAW-2007 | 7 | 370 | 240 | | 70 | 2,9 | gut zerspanbar, aushärtbare Automatenlegierung; Dreh- und Frästeile |
| ENAW-AlCu4 Mg1-T3 | ENAW-2024 | 9 | 425 | 290 | | 73 | | zäh, gut umformbar, mittlere Korrosionsbeständigkeit; aus-härtbarer Konstruktionswerkstoff für hoch beanspruchte Bauteile im Maschinen-, Fahrzeug- und Flugzeugbau |
| ENAW-AlSi1Mg Mn-T6 | ENAW-6082 | 10 | 310 | 255 | 110 | 70 | 3 | witterungs- und korrosionsbeständig, gut umformbar und schweißbar; aushärtbarer Konstruktionswerkstoff für Bau-teile im Fahrzeug-, Schiff- und Maschinenbau |
| ENAW-AlZn5 Mg3Cu-T6 | ENAW-7022 | 10 | 350 | 280 | 120 | 72 | | mittlere Korrosionsbeständigkeit, gut schweiß- und schmied-bar, selbstaushärtend; Schweißkonstruktionen, Tank- und Silofahrzeuge, Waggonkästen |
| | | | | | | | | **2. Gusslegierungen nach DIN 1725 (DIN EN 11706)** |
| G-AlSi12 | 3.2581.01 | 5 | 150 | 70 | 50 | 75 | 3,3 | Universallegierung mit hoher Dehnung und Schlagzähigkeit, |
| GK-AlSi12 | 3.2581.02 | 6 | 170 | 80 | 70 | 75 | 3,3 | ausgezeichnet gießbar und schweißbar, sehr gute Korros-i-onsbeständigkeit; für verwickelte, dünnwandige, druckdichte |
| GD-AlSi12 | 3.2582.05 | 1 | 220 | 140 | 60 | 75 | 4,2 | und schwingungsfeste Gussstücke; Motorengehäuse, Schei-benräder, Statoren, Laufräder |
| G-AlMg5Si | 3.3261.01 | 2 | 160 | 110 | 60 | 69 | | gute Beständigkeit gegen Meerwasser und schwach alkali- |
| GK-AlMg5Si | 3.3261.02 | 2 | 180 | 110 | 60 | 69 | | sche Lösungen, gut zerspanbar, polierbar; für verwickelte Gussstücke, Chemie- und Nahrungsmittelindustrie, Bau-wesen, Apparatebau |
| G-AlCu4TiMgka | 3.1371.41 | 5 | 300 | 220 | 80 | 72 | | Korrosionsbeständigkeit durch hohen Cu-Gehalt einge- |
| GK-AlCu4TiMgka | 3.1371.42 | 8 | 320 | 220 | 90 | 72 | | schränkt, gut zerspanbar, polierbar; für einfache Gussstücke mit höchster Festigkeit (warm ausgehärtet) oder höchster |
| GF-AlCu4TiMgka | 3.1371.45 | 5 | 300 | 220 | 80 | 72 | | Zähigkeit (kalt ausgehärtet); Fahrzeugbau, verschleißbean-spruchte Bauteile, Gebläseräder; als Feinguss (GF) auch für verwickelte Gussstücke |
| G-AlZn10Si8Mg | – | 1 | 220 | 200 | | 75 | | selbstaushärtend, gut gieß-, zerspan- und schweißbar, polier- |
| GD-AlZn10Si8Mg | – | 2 | 300 | 230 | | 75 | | bar; Maschinenbau, Fahrzeugbau, Haushaltsgeräte, Hydrau-likguss |
| **c) Magnesiumlegierungen nach DIN 1729 und DIN 9715** | | | | | | | | geringste Dichte aller metallischen Werkstoffe bei mittlerer Festigkeit, hervorragend zerspanbar, kerbempfindlich, durch niedrigen E-Modul schlagfest und geräuschdämpfend, besondere Schutzmaßnahmen gegen Selbstzündung (beim Schmelzen, Gießen, Zerspanen) und Korrosion erforderlich |
| MgMn2 F20 | 3.5200.08 | 1,5 | 200 | 145 | | 45 | | korrosionsbeständig, gut schweißbar; Kraftstoffbehälter |
| MgAl3Zn F24 | 3.5312.08 | 10 | 240 | 155 | | 45 | | schweißbar, verformbar; Verkleidungen |
| MgAl6Zn F27 | 3.5612.08 | 8 | 270 | 175 | | 44 | | Bauteile mit hoher mechanischer Beanspruchung |
| MgAl8Zn F29 | 3.5812.08 | 10 | 290 | 205 | | 44 | | |
| G-MgAl8Zn1 | 3.5812.01 | 2 | 160 | 90 | 70 | 44 | | hohe Dehnung, gute Gleiteigenschaften, schweißbar, gut |
| G-MgAl8Zn1ho | 3.5812.43 | 8 | 240 | 90 | 80 | 44 | 3,3 | gießbar; stoß- und schwingungsbeanspruchte Bauteile, Ge- |
| GD-MgAl8Zn1 | 3.5812.05 | 1 | 200 | 140 | 50 | 44 | | bläsegehäuse, Behälter |
| G-MgAl9Zn1 | 3.5912.01 | 2 | 160 | 90 | 70 | 44 | | gute Gleiteigenschaften, schweißbar, nicht druckdicht; ho- |
| G-MgAl9Zn1ho | 3.5912.43 | 6 | 240 | 110 | 80 | 44 | 3,5 | mogenisiert und warm ausgehärtet für Gussstücke hoher |
| GD-MgAl9Zn1 | 3.5912.05 | 0,5 | 200 | 150 | 50 | 44 | | Gestaltfestigkeit und Zähigkeit, Fahrgestelle, Motorgehäuse |
| GK-MgAl9Zn1wa | 3.5912.61 | 2 | 240 | 150 | 80 | 44 | | |

[1] Die mechanischen und physikalischen Eigenschaften der Werkstoffe werden stark beeinflusst von Schwankungen in der Legierungszusammen-setzung und vom Gefügezustand. Die angegebenen Festigkeitskennwerte sind nur für bestimmte Abmessungsbereiche gewährleistet (s. DIN-Gütenormen). Die Festigkeitskennwerte gelten bei Knetlegierungen für gezogenes Stangenmaterial mit mittleren Abmessungen; Kupfer-Guss-legierungen für Wanddicken bis 50 mm; bei Aluminium-Gusslegierungen für Wanddicken bis 20 mm

[2] Siehe auch Fußnote 3) zu TB 1-1.
Die angegebenen relativen Werkstoffkosten gelten bei Knetlegierungen für gezogene (gepresste) Rundstangen mit mittleren Abmessungen; Sandguss im Gewichtsbereich von 1 bis 5 kg, mittlerem Schwierigkeitsgrad und mindestens 10 Abgüssen; Kokillen- und Druckguss im Ge-wichtsbereich 0,25 bis 0,5 kg, mittlerem Schwierigkeitsgrad und mindestens 5000 Stück

[3] Weitere Werkstoffdaten über Kupferlegierungen siehe unter Gleitlager, TB 15-2.

[4] Zustandsbezeichnungen nach DIN EN 515 bzw. DIN 1725 für Knet- bzw. Gusslegierungen:
H 111 = geglüht und geringfügig kalt verfestigt; H 14 = kalt verfestigt − 1/2hart;
T3 = lösungsgeglüht, kalt umgeformt und kalt ausgelagert; T6 = lösungsgeglüht und warm ausgelagert; ho = homogenisiert;
ka = kalt ausgehärtet; ta = teilausgehärtet; wa = warm ausgehärtet

**TB 1-4** Kunststoffe
Auswahl für den allgemeinen Maschinenbau
Festigkeitskennwerte bei Raumtemperatur in N/mm²
Allgemeine Kenndaten: Relativ niedrige Festigkeit, geringe Steifigkeit durch niedrigen Elastizitätsmodul, mechanische Eigenschaften stark zeit- und temperaturabhängig, geringe Wärmeleitfähigkeit, gute elektrische Isoliereigenschaften, gute Beständigkeit, große Typenvielfalt

| Werkstoff Kurzzeichen Handelsnamen | Dichte $\varrho$ g/cm³ | Dehnung[1] $\varepsilon_M$ ($\varepsilon_B$) % min. | Festigkeit[2] $\sigma_M$ ($\sigma_{bW}$) min. | Zeitdehnspannung $\sigma_{1/1000}$ min. | Elastizitätsmodul $E$ mittel | Gebrauchstemperatur dauernd °C max. / min. | relative Werkstoffkosten[3] | Eigenschaften und Verwendungsbeispiele |
|---|---|---|---|---|---|---|---|---|
| **a) Thermoplaste** | | | | | | | | lassen sich ohne chemische Veränderung reversibel zu einem plastischen Zustand erwärmen und dann leicht verformen; sie sind schmelzbar, schweißbar, quellbar und löslich; je nach Molekülanordnung sind sie spröde und glasklar (amorph) oder trübe, zäh und fest (teilkristallin) |
| Polyethylen PE-HD PE-LD Hostalen, Vestolen, Baylon | 0,96 0,92 | 12 (400) 8 (600) | 20 (16) 8 | 2 1 | 1000 300 | 80 / −50 60 / −50 | 0,6 (0,3) (0,25) | PE mit hoher Dichte (PE-HD) mit höherer Festigkeit als PE mit niedriger Dichte (PE-LD), hohe Zähigkeit und Reißdehnung, sehr geringe Wasseraufnahme, hohe chem. Beständigkeit; Wasserrohre, Fittinge, Flaschenkästen, Kraftstofftanks, Folien, Dichtungen, Mülltonnen |
| Polypropylen PP (isotaktisch) Novolen, Ultralen, Vestolen P | 0,9 | 10 (800) | 35 (20) | 6 | 1200 | 100 / 0 | 0,6 (0,35) | günstigere mechanische und thermische Eigenschaften gegenüber PE, geringe Zähigkeit in der Kälte, neigt kaum zur Bildung von Spannungsrissen; Formteile mit Filmscharnieren, Innenausstattung von Pkw's, Gehäuse von Haushaltsmaschinen, Scheinwerfer- und Pumpengehäuse |
| Polystyrol PS Vestyron, Styron, Polystyrol | 1,05 | 3 | 45 (20) | 18 | 3300 | 60 / −10 | 0,6 (0,35) | amorphes Gefüge, glasklar; steif, hart und spröde; brillante Oberfläche, hohe Maßbeständigkeit, sehr gute elektrische Eigenschaften, Neigung zur Spannungsrissbildung, geringe Beständigkeit gegenüber organischen Produkten; Einwegverpackungen, Schaugläser, Zeichengeräte, Geschirr, Formteile für Fernsehgeräte |
| Acrylnitril-Polybutadien-Styrol-Pfropfpolymere ABS Novodur, Terluran, Cycolac | 1,05 | 2 (20) | 32 (15) | 9 | 2300 | 75 / −40 | | schlagzäh, kratzfest, hohe Formbeständigkeit und Temperaturwechselfestigkeit, hohe Chemikalienbeständigkeit, nicht witterungsbeständig, galvanisierbar; Gehäuse, Möbelteile und Behälter aller Art, Ausstattungsteile für Kfz und Flugzeuge, Sicherheitshelme, Sanitärinstallationsteile |
| Polyvinylchlorid hart PVC-U Hostalit, Mipolam, Trovidur | 1,38 | 4 (10) | 50 | 20 | 3000 | 65 / −5 | | amorphes Gefüge, durchscheinend bis transparent, steif, hart, schlagempfindlich in der Kälte, gute chemische Widerstandsfähigkeit, hohe dielektrische Verluste, schwer entflammbar; Behälter in Chemie und Galvanik, säurefeste Gehäuse- und Apparateteile, Rohre, Tonbandträger, Fensterrahmen |
| Polytetraflourethylen PTFE Hostaflon TF, Teflon, Fluon | 2,15 | 10 (350) | 12 (30) | 1 | 410 | 250 / −200 | 15,5 | flexibel, starkes Kriechen, geringes Adhäsionsvermögen, niedrigste Reibungszahl aller festen Stoffe, nahezu universelle Chemikalienbeständigkeit, sehr gute elektrische Isoliereigenschaften, hohe Thermostabilität, teuer; Antihaftbeschichtungen, Transportbänder (kein Kleben), Gleitlager, Schläuche, Dichtungen, plattenförmige Auflager, Kolbenringe |
| Polyoxymethylen POM Delrin, Hostaform, Ultraform | 1,41 | 8 (25) | 65 (27) | 12 | 2800 | 90 / −60 | | zähhart, steif, gute Federungseigenschaften, günstiges Gleit- und Verschleißverhalten, beständig gegen Lösungsmittel und Chemikalien, keine Wasseraufnahme; bevorzugter Konstruktionswerkstoff: Gleitlager, Gehäuse, Beschläge, Schnapp- und Federelemente, Zahnräder |
| Polyamid PA66 Durethan A, Ultramid A, Minlon obere Werte: trocken untere Werte: konditioniert (feucht) | 1,13 1,14 | 5 (20) 15 (150) | 80 55 (30) | 7 6 | 2800 1600 | 100 / −30 100 / −30 | 2,2 (1,2) | PA-Typ mit der größten Härte, Steifigkeit, Abriebfestigkeit und Formbeständigkeit in der Wärme; mechanische Eigenschaften, Formteilabmessungen und elektrische Isoliereigenschaften hängen stark vom Feuchtegehalt ab, meist Anreichern mit Wasser erforderlich (Konditionieren), gute Gleit- und Notlaufeigenschaften, beständig gegen Kraftstoffe und Öle; Gleitelemente, Zahnräder, Laufrollen, Gehäuse, Seile, Lagerbuchsen, Dübel |

**TB 1-4** Fortsetzung

| Werkstoff Kurzzeichen Handelsnamen | Dichte $\varrho$ g/cm³ | Dehnung[1] $\varepsilon_M$ ($\varepsilon_B$) % min. | Festigkeit[2] $\sigma_M$ ($\sigma_{bW}$) min. | Zeitdehnspannung $\sigma_{1/1000}$ min. | Elastizitätsmodul $E$ mittel | Gebrauchstemperatur dauernd °C max. | min. | relative Werkstoffkosten[3] | Eigenschaften und Verwendungsbeispiele |
|---|---|---|---|---|---|---|---|---|---|
| b) Duroplaste | | | | | | | | | engmaschig räumlich vernetzte Polymer-Werkstoffe, die nach der Formgebung (Härtung) nur noch spanend bearbeitet werden können; nicht schmelzbar, nicht schweißbar, unlöslich und nur schwach quellbar, werden meist mit Verstärkungsstoffen verarbeitet |
| Phenolharz-Hartgewebe DIN 7735 Hgw 2081 (Füllstoff: Baumwollgewebe) Resofil, Resitex, Novotex | 1,3 | – | 50 (25) | | 7000 | 110 | | | hohe Zähigkeit, Festigkeit, Steifheit und Härte, unbeständig gegen starke Säuren und Laugen; mechanisch hoch beanspruchbare Schichtpressstoffe für Zahnräder (geräuscharm), Lagerbuchsen, Gleitbahnen, Laufrollen, Ziehwerkzeuge |
| Polyesterharz UP DIN 16946 Typ 1110 Vestopal, Palatal | 1,2 | (0,6) | 40 | | 3500 | 100 | | | hart, spröde, transparent; meist als Gießharz für die Herstellung verstärkter Formteile, Vergussmassen, Überzüge, Beschichtungen |
| GFK-Laminate UP-Harz – Glasfasergewebe 55% – Glas-Rovinggewebe 65% Alpolit, Leguval, Sonoglas | 1,65 1,8 | – (2) | 250 (50) 650 | 50 | 16000 35000 | 100 100 | | 6 | sehr hohe Festigkeit, gute chemische Beständigkeit, auch für Außenanwendungen, günstige elektrische Isoliereigenschaften, durchscheinend, laden sich elektrostatisch auf; Laminate für großflächige Konstruktionsteile wie Maschinengehäuse, Karosserien, Behälter, Lüfter, Rohrleitungen, Lichtdächer |
| PUR-Integral-Hartschaumstoff RIM-Verfahren Baypreg, Elastopor, Elastolit | 0,40 0,60 | (7) (7) | 8 18 (8) | 3 | 350 600 | 100 100 | | | gute mechanische Steifigkeit bei geringem Gewicht; Gehäuse für Kopier- und Rechengeräte, Möbel, Ladeneinrichtungen, Karosserieteile, Schuhsohlen |
| c) Elastomere | | | | | | | | | lassen sich reversibel mindestens auf das Doppelte bis Mehrfache ihrer Ausgangslänge dehnen, kleiner Elastizitätsmodul, flexibel |
| Thermoplastische Polyurethan-Elastomere TPU Typ 385 Desmopan, Caprolan, Cytor | 1,20 | (400) | 35 (6) | | 50 | 80 | – 60 | | hohe Reißdehnung, günstiges Reibungs- und Verschleißverhalten, hohe Beständigkeit, hohes Dämpfungsvermögen; Lager, Dämpfungselemente, Membranen, Zahnriemen, Dichtungen, Herzklappen, Infusionsschläuche, Schlauchpumpen, Kupplungselemente |
| Acrylnitril-Butadien-Kautschuk (Nitrilkautschuk) NBR Perbunan N, Europrene N, Butacril | 1,0 | (450) | 6 | | 50 | 100 | – 30 | | beständig gegen Öle, Fette und Kraftstoffe, alterungsbeständig, abriebfest, wenig kälteflexibel, geringe Gasdurchlässigkeit; Standard-Dichtungswerkstoff, O-Ringe, Nutringe, Wellendichtringe, Benzinschläuche, Membranen |
| Ethylen-Propylen-Kautschuk EPDM Buna AP, Vistalon, Keltan | 0,86 | (500) | 4 | | 200 | 120 | – 50 | | gute Witterungs-, Ozon- und Chemikalienbeständigkeit (außer gegen Öl und Kraftstoff), heißwasserbeständig (Waschlaugen), gute elektrische Isoliereigenschaften, energieabsorbierende Kfz-Außenteile (Spoiler, Stoßfänger), Dichtungen, Kühlwasserschläuche, Kabelummantelungen |
| Silikonkautschuk MVQ Silopren, Silastic, Elastosil | 1,25 | (250) | 1 | | 200 | 180 | – 80 | | schwer benetzbar, ausgezeichnete Wärme-, Kälte-, Licht- und Ozonbeständigkeit, sehr gute elektrische Isoliereigenschaften, unbeständig gegen Kraftstoff und Wasserdampf, physiologisch unbedenklich; ruhende und bewegte Dichtungen, dauerelastische Fugendichtungen, Vergussmassen, Transportbänder (nicht haftend bzw. heißes Gut), Schläuche |

[1] Dehnung bei der Zugfestigkeit. Klammerwerte gelten für die Bruchdehnung.
[2] Maximalspannung (Zugfestigkeit), die ein Probekörper während eines Zugversuchs trägt. Klammerwerte gelten für die Biegewechselfestigkeit.
[3] Siehe Fußnote 3) zu TB 1-1
Die relativen Werkstoffkosten gelten für mittlere Abmessungen von Kunststoff-Halbzeugen. Die Klammerwerte erfassen nur die reinen Werkstoffkosten (Granulat).

## TB 1-5 Warmgewalzter Flachstahl für allgemeine Verwendung nach DIN 1017-1

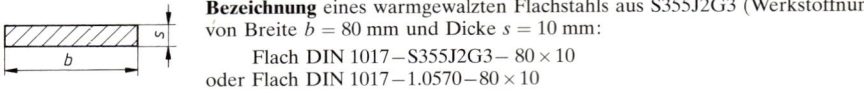

**Bezeichnung** eines warmgewalzten Flachstahls aus S355J2G3 (Werkstoffnummer 1.0570), von Breite $b = 80$ mm und Dicke $s = 10$ mm:

Flach DIN 1017−S355J2G3− $80 \times 10$
oder Flach DIN 1017−1.0570−$80 \times 10$

| Dicke $s$: 5 6 6,5 7 8 usw. bis 18, dann 20 22 25 30 35 40 50 60 |
|---|

Breite **b** und Bereich der zugeordneten Dicken $s$:
**10** × 5; **11** × 5 6; **12** × 5 6; **13** × 5…9; **14** × 5 6 7 8; **15** × 5 6 7 8 10; **16** × 5…11; **17** × 5 6 7 8 11; **18** × 5…11; **19** × 5 6 7 8 9 11 13; **20** × 5…10 12 13 15; **22** × 5…8 10…15 17; **25** × 5…8 10 12…16; **26** × 5…8 10 12…16 18 20; **28** × 5…8 10 12 13 14 16 18; **30** × 5…10 12…16 18…25; **32** × 5 6 6,5 8 10 12…16 20 22 25; **35** × 5…8 10 12…16 18…25; **38** × 5 6 6,5 8 10 12…16 20 22 25; **40** × 5…10 12…16 18…30; **45** × 5…8 10 12…16 20…30; **50** × 5…10 12…16 18…30 40; **55** × 5 6 6,5 8 10 12…16 18…30; **60** × 5…10 12 13 15 16 18…50; **65** × 5 6 6,5 8 9 10 12 13 15 16 20…30 40; **70** × 5…8 10 12 13 15 16 18…50; **75** × 5 6 6,5 8 10 12 13 15 16 20 25…40 60; **80** × 5…8 10…13 15 16 20 25…60; **90** × 5 6 6,5 8…13 15 16 18 20 25 30 40 50 60; **100** × 5 6 6,5 8 10…16 20 25 30 40 50 60; **110** × 8…16 20 25 30 40 50; **120** × 8 10…13 15 16 20 25 30 40 50 60; **130** × 8…16 20 25 30 40 50; **140** × 8 10 12 15 16 20 25…50; **150** × 8 10…16 20 25 30 40 50 60

Vorzugsweise Stahlsorten nach DIN EN 10025, DIN EN 10083, DIN EN 10084 und DIN 1651
**Herstelllängen:** 3 bis 12 m

## TB 1-6 Rundstahl

| Art (übliche Ausführung) | zulässige Abweichung | Stahlsorte | Nenndurchmesser $d$ in mm |
|---|---|---|---|
| warmgewalzter Rundstahl für allgemeine Verwendung nach DIN 1013-1 | $\pm 0{,}4 : d = 8…15$<br>$\pm 0{,}5 : d = 16…25$<br>$\pm 0{,}6 : d = 26…35$<br>$\pm 0{,}8 : d = 36…50$<br>usw.<br>$\pm 2{,}5 : d = 170…200$ | alle warmgewalzten Stähle | 8 10 12 (13) 14 (15) 16 (17) 18 (19) 20 (21) 22 (23) 24 25 (26) 27 28 30 31 32 (34) 35 (36) 37 38 40 42 44 45 (47) (48) 50 52 (53) 55 60 (63) 65 70 75 80 (85) 90 (95) 100 110 120 (130) 140 150 160 (170) 180 (190) 200<br>Durchmesser in ( ) (Reihe B) möglichst vermeiden |
| blanker Rundstahl nach DIN 668 (kaltgezogen (K) bei $d < 45$, geschält (SH) bei $d \geq 45$) | h11 | DIN 1651<br>DIN 1652<br>DIN 1654<br>DIN EN 10025<br>DIN EN 10083<br>DIN EN 10084<br>DIN EN 10088 | 1 1,5 2 2,5 usw. bis 10, dann 11 12 13 usw. bis 30, dann 32 34 35 36 38 40 42 45 48 50 52 55 58 60 63 65 70 75 80 85 90 100 110 120 125 130 140 150 160 180 200 |
| blanke Stahlwellen nach DIN 669 (kaltgezogen (K) und poliert bei $d < 45$, geschält (SH) und poliert bei $d \geq 45$) | h9 | DIN 1651<br>DIN 1652<br>DIN EN 10025<br>DIN EN 10083<br>DIN EN 10084<br>DIN EN 10088 | 5 5,5 6 6,5 usw. bis 200, mit Nenndurchmessern wie DIN 668 |
| blanker Rundstahl nach DIN 670 (kaltgezogen (K) und geschliffen bei $d < 45$, geschält (SH) und geschliffen bei $d \geq 45$) | h8 | wie DIN 669 | 1 bis 150, mit Nenndurchmessern wie DIN 668 |
| blanker Rundstahl nach DIN 671 (kaltgezogen (K) bei $d < 45$, geschält (SH) bei $d \geq 45$) | h9 | wie DIN 668 | 1 bis 150, mit Nenndurchmessern wie DIN 668 |
| geschliffen-polierter blanker Rundstahl nach DIN 59360 bzw. DIN 59361 (kaltgezogen (K) und geschliffen-poliert bei $d < 45$, geschält (SH) und geschliffen-poliert bei $d \geq 45$) | h7 bzw. h6 | wie DIN 669 | 1 bis 150, mit Nenndurchmessern wie DIN 668 |

**Herstelllängen von Blankstahl:** 3 bis 12 m (bei Edelstahl 2 bis 12 m)
*Anmerkung.* Schälen ist ein spitzenloser Drehvorgang, bei dem die Staboberfläche mit mehreren Messern spanend bearbeitet wird ($Rz = 2$ bis 10 µm).
**Bezeichnung** von blankem Rundstahl nach DIN 668 aus Stahl E295+C (Werkstoffnummer 1.0050) nach DIN 1652 mit $d = 30$ mm:

Rund DIN 668−E295+C−30
oder Rund DIN 668−1.0050−30

**Bestellbeispiel:** 1000 kg blanke Stahlwellen aus Stahl C35E+SH (geschält und poliert) von Durchmesser $d = 50$ mm in Genaulängen von 2800 mm mit einer zulässigen Längenabweichung von ±5 mm: 1000 kg Rund DIN 669−C35E+SH−$50 \times 2800 \pm 5$

**TB 1-7** Flacherzeugnisse aus Stahl (Auszug)

| Art | Lieferart und Behandlungszustand (wenn nichts anderes vereinbart)[1] | Werkstoff | zulässige Dickenabweichung[2] in mm | Abmessungen in mm Breite | Abmessungen in mm Länge | Abmessungen in mm Nenndicke |
|---|---|---|---|---|---|---|
| kontinuierlich warmgewalztes Blech und Band ohne Überzug nach DIN EN 10051 | Naturwalzkanten oder geschnittene Kanten (GK) | unlegierte und legierte Stähle Stahlsorten nach: EN 10025 EN 10028 EN 10113 u. a. | Klasse A: ±0,17…±0,5 | Blech, Breitband: 600…2200 längsgeteiltes Band: <600 | <20000 | bis 25 |
| warmgewalztes Stahlblech von 3 mm Dicke an nach DIN EN 10029 | Naturwalzkanten (NK), mechanisch geschnitten, brenngeschnitten, zum Schweißen vorbereitet | unlegierte und legierte Stähle (einschließlich nichtrostende) mit $R_e \leq 700$ N/mm² | Klassen A bis D[3] | ≥ 600 | <20000 | 3 bis 250 mm |
| kaltgewalzte Flacherzeugnisse ohne Überzug nach DIN EN 10 131 | Blech, Breitband, längsgeteiltes Breitband, Stäbe; Kanten unbearbeitet oder beschnitten | weiche Stähle ($R_e < 280$ N/mm²), Stähle mit höherer Streckgrenze | ±0,04…±0,17 | ≥ 600 | Bänder auf Rollen | 0,35 bis 3 mm |

[1] Andere Lieferarten und Behandlungszustände siehe Normblätter.
[2] Mit zunehmender Dicke und Breite steigend.
[3] Klasse A: Unteres Grenzabmaß abhängig von der Nenndicke (−0,4: <8, −0,5: 8…<15, −0,6: 15…<25, −0,8: 25…<40, −1,0: 40…<150, −1,2: 150…<250)
Klasse B: Konstantes unteres Abmaß von 0,3 mm
Klasse C: Unteres Grenzabmaß null, oberes Grenzabmaß abhängig von der Nenndicke
Klasse D: Symmetrisch zum Nennwert verteilte Grenzabmaße in Abhängigkeit von der Nenndicke (±0,6: <5, ±0,75: 5…<8, ±0,85: 8…<15, ±0,95: 15…<25, ±1,1: 25…<40, ±1,4: 40…<80 usw.)

**Bezeichnungsbeispiel:**
Blech EN 10029−20B×2000×4000
Stahl EN 10025−S235JRG2

**TB 1-8** Warmgewalzte gleichschenklige Winkel aus Stahl nach EN 10056-1

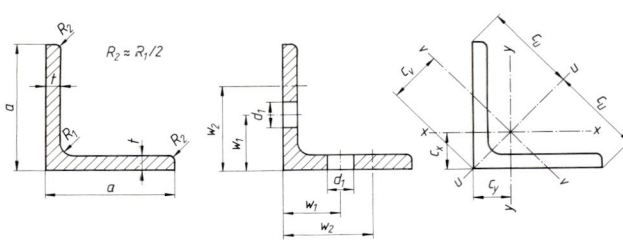

**Bezeichnung** eines warmgewalzten gleichschenkligen Winkels mit Schenkelbreite $a = 80$ mm und Schenkeldicke $t = 10$ mm:
L EN 10056-1-80 × 80 × 10

| Kurzzeichen | Maße | | | längenbezogene Masse | Querschnitt | Abstände der Achsen | | | statische Werte für die Biegeachse | | | | | | | | | | Schenkellöcher nach DIN 997 | | |
|---|---|---|---|---|---|---|---|---|---|---|---|---|---|---|---|---|---|---|---|---|---|
| | | | | | | | | | $x-x = y-y$ | | | $u-u$ | | $v-v$ | | | | | | | |
| | $a$ mm | $t$ mm | $R_1$ mm | $m'$ kg/m | $A$ cm² | $c_x=c_y$ cm | $c_u$ cm | $c_v$ cm | $I_x=I_y$ cm⁴ | $i_x=i_y$ cm | $W_x=W_y$ cm³ | $I_u$ cm⁴ | $i_u$ cm | $I_v$ cm⁴ | $i_v$ cm | $W_v$ cm³ | $d_1$ max[1] mm | $w_1$ mm | $w_2$ mm |
| 20 × 20 × 3 | 20 | 3 | 3,5 | 0,882 | 1,12 | 0,598 | 1,41 | 0,846 | 0,392 | 0,59 | 0,279 | 0,618 | 0,742 | 0,165 | 0,383 | 0,195 | 4,3 | 12 | |
| 25 × 25 × 3 | 25 | 3 | 3,5 | 1,12 | 1,42 | 0,723 | 1,77 | 1,02 | 0,803 | 0,751 | 0,452 | 1,27 | 0,945 | 0,334 | 0,484 | 0,326 | 6,4 | 15 | |
| 25 × 25 × 4 | 25 | 4 | 3,5 | 1,45 | 1,85 | 0,762 | 1,77 | 1,08 | 1,02 | 0,741 | 0,586 | 1,61 | 0,931 | 0,430 | 0,482 | 0,399 | 6,4 | 15 | |
| 30 × 30 × 3 | 30 | 3 | 5 | 1,36 | 1,74 | 0,835 | 2,12 | 1,18 | 1,40 | 0,899 | 0,649 | 2,22 | 1,13 | 0,585 | 0,581 | 0,496 | 8,4 | 17 | |
| 30 × 30 × 4 | 30 | 4 | 5 | 1,78 | 2,27 | 0,878 | 2,12 | 1,24 | 1,80 | 0,892 | 0,850 | 2,85 | 1,12 | 0,754 | 0,577 | 0,607 | 8,4 | 17 | |
| 35 × 35 × 4 | 35 | 4 | 5 | 2,09 | 2,67 | 1,00 | 2,47 | 1,42 | 2,95 | 1,05 | 1,18 | 4,86 | 1,32 | 1,23 | 0,678 | 0,865 | 11 | 18 | |
| 40 × 40 × 4 | 40 | 4 | 6 | 2,42 | 3,08 | 1,12 | 2,83 | 1,58 | 4,47 | 1,21 | 1,55 | 7,09 | 1,52 | 1,86 | 0,777 | 1,17 | 11 | 22 | |
| 40 × 40 × 5 | 40 | 5 | 6 | 2,97 | 3,79 | 1,16 | 2,83 | 1,64 | 5,43 | 1,20 | 1,91 | 8,60 | 1,51 | 2,26 | 0,773 | 1,38 | 11 | 22 | |
| 45 × 45 × 4,5 | 45 | 4,5 | 7 | 3,06 | 3,90 | 1,25 | 3,18 | 1,78 | 7,14 | 1,35 | 2,20 | 11,4 | 1,71 | 2,94 | 0,870 | 1,65 | 13 | 25 | |
| 50 × 50 × 4 | 50 | 4 | 7 | 3,06 | 3,89 | 1,36 | 3,54 | 1,92 | 8,97 | 1,52 | 2,46 | 14,2 | 1,91 | 3,73 | 0,979 | 1,94 | 13 | 30 | |
| 50 × 50 × 5 | 50 | 5 | 7 | 3,77 | 4,80 | 1,40 | 3,54 | 1,99 | 11,0 | 1,51 | 3,05 | 17,4 | 1,90 | 4,55 | 0,973 | 2,29 | 13 | 30 | |
| 50 × 50 × 6 | 50 | 6 | 7 | 4,47 | 5,69 | 1,45 | 3,54 | 2,04 | 12,8 | 1,50 | 3,61 | 20,3 | 1,89 | 5,34 | 0,968 | 2,61 | 13 | 30 | |
| 60 × 60 × 5 | 60 | 5 | 8 | 4,57 | 5,82 | 1,64 | 4,24 | 2,32 | 19,4 | 1,82 | 4,45 | 30,7 | 2,30 | 8,03 | 1,17 | 3,46 | 17 | 35 | |
| 60 × 60 × 6 | 60 | 6 | 8 | 5,42 | 6,91 | 1,69 | 4,24 | 2,39 | 22,8 | 1,82 | 5,29 | 36,1 | 2,29 | 9,44 | 1,17 | 3,96 | 17 | 35 | |
| 60 × 60 × 8 | 60 | 8 | 8 | 7,09 | 9,03 | 1,77 | 4,24 | 2,50 | 29,2 | 1,80 | 6,89 | 46,1 | 2,26 | 12,2 | 1,16 | 4,86 | 17 | 35 | |
| 65 × 65 × 7 | 65 | 7 | 9 | 6,83 | 8,70 | 1,85 | 4,60 | 2,62 | 33,4 | 1,96 | 7,18 | 53,0 | 2,47 | 13,8 | 1,26 | 5,27 | 21 | 35 | |
| 70 × 70 × 6 | 70 | 6 | 9 | 6,38 | 8,13 | 1,93 | 4,95 | 2,73 | 36,9 | 2,13 | 7,27 | 58,5 | 2,68 | 15,3 | 1,37 | 5,60 | 21 | 40 | |
| 70 × 70 × 7 | 70 | 7 | 9 | 7,38 | 9,40 | 1,97 | 4,95 | 2,79 | 42,3 | 2,12 | 8,41 | 67,1 | 2,67 | 17,5 | 1,36 | 6,28 | 21 | 40 | |
| 75 × 75 × 6 | 75 | 6 | 9 | 6,85 | 8,73 | 2,05 | 5,30 | 2,90 | 45,8 | 2,29 | 8,41 | 72,7 | 2,89 | 18,9 | 1,47 | 6,53 | 23 | 40 | |
| 75 × 75 × 8 | 75 | 8 | 9 | 8,99 | 11,4 | 2,14 | 5,30 | 3,02 | 59,1 | 2,27 | 11,0 | 93,8 | 2,86 | 24,5 | 1,46 | 8,09 | 23 | 40 | |
| 80 × 80 × 8 | 80 | 8 | 10 | 9,63 | 12,3 | 2,26 | 5,66 | 3,19 | 72,2 | 2,43 | 12,6 | 115 | 3,06 | 29,9 | 1,56 | 9,37 | 23 | 45 | |
| 80 × 80 × 10 | 80 | 10 | 10 | 11,9 | 15,1 | 2,34 | 5,66 | 3,30 | 87,5 | 2,41 | 15,4 | 139 | 3,03 | 36,4 | 1,55 | 11,0 | 23 | 45 | |
| 90 × 90 × 7 | 90 | 7 | 11 | 9,61 | 12,2 | 2,45 | 6,36 | 3,47 | 92,6 | 2,75 | 14,1 | 147 | 3,46 | 38,3 | 1,77 | 11,0 | 25 | 50 | |
| 90 × 90 × 8 | 90 | 8 | 11 | 10,9 | 13,9 | 2,50 | 6,36 | 3,53 | 104 | 2,74 | 16,1 | 166 | 3,45 | 43,1 | 1,76 | 12,2 | 25 | 50 | |
| 90 × 90 × 9 | 90 | 9 | 11 | 12,2 | 15,5 | 2,54 | 6,36 | 3,59 | 116 | 2,73 | 17,9 | 184 | 3,44 | 47,9 | 1,76 | 13,3 | 25 | 50 | |
| 90 × 90 × 10 | 90 | 10 | 11 | 13,4 | 17,1 | 2,58 | 6,36 | 3,65 | 127 | 2,72 | 19,8 | 201 | 3,42 | 52,6 | 1,75 | 14,4 | 25 | 50 | |
| 100 × 100 × 8 | 100 | 8 | 12 | 12,2 | 15,5 | 2,74 | 7,07 | 3,87 | 145 | 3,06 | 19,9 | 230 | 3,85 | 59,9 | 1,96 | 18,3 | 25 | 55 | |
| 100 × 100 × 10 | 100 | 10 | 12 | 15,0 | 19,2 | 2,82 | 7,07 | 3,99 | 177 | 3,04 | 24,6 | 280 | 3,83 | 73,0 | 1,95 | 18,3 | 25 | 55 | |
| 100 × 100 × 12 | 100 | 12 | 12 | 17,8 | 22,7 | 2,90 | 7,07 | 4,11 | 207 | 3,02 | 29,1 | 328 | 3,80 | 85,7 | 1,94 | 20,9 | 25 | 55 | |
| 120 × 120 × 10 | 120 | 10 | 13 | 18,2 | 23,2 | 3,31 | 8,49 | 4,69 | 313 | 3,67 | 36,0 | 497 | 4,63 | 129 | 2,36 | 27,5 | 25 | 50 | 8 |
| 120 × 120 × 12 | 120 | 12 | 13 | 21,6 | 27,5 | 3,40 | 8,49 | 4,80 | 368 | 3,65 | 42,7 | 584 | 4,60 | 152 | 2,35 | 31,6 | 25 | 50 | 8 |
| 130 × 130 × 12 | 130 | 12 | 14 | 23,6 | 30,0 | 3,64 | 9,19 | 5,15 | 472 | 3,97 | 50,4 | 750 | 5,00 | 194 | 2,54 | 37,7 | 25 | 50 | |
| 150 × 150 × 10 | 150 | 10 | 16 | 23,0 | 29,3 | 4,03 | 10,6 | 5,71 | 624 | 4,62 | 56,9 | 990 | 5,82 | 258 | 2,97 | 45,1 | 28 | 60 | 10 |
| 150 × 150 × 12 | 150 | 12 | 16 | 27,3 | 34,8 | 4,12 | 10,6 | 5,83 | 737 | 4,60 | 67,7 | 1170 | 5,80 | 303 | 2,95 | 52,0 | 28 | 60 | 10 |
| 150 × 150 × 15 | 150 | 15 | 16 | 33,8 | 43,0 | 4,25 | 10,6 | 6,01 | 898 | 4,57 | 83,5 | 1430 | 5,76 | 370 | 2,93 | 61,6 | 28 | 60 | 10 |
| 160 × 160 × 15 | 160 | 15 | 17 | 36,2 | 46,1 | 4,49 | 11,3 | 6,35 | 1100 | 4,88 | 95,6 | 1750 | 6,15 | 453 | 3,14 | 71,3 | 28 | 60 | 11 |
| 180 × 180 × 16 | 180 | 16 | 18 | 43,5 | 55,4 | 5,02 | 12,7 | 7,11 | 1680 | 5,51 | 130 | 2690 | 6,96 | 679 | 3,50 | 95,5 | 28 | 60 | 13 |
| 180 × 180 × 18 | 180 | 18 | 18 | 48,6 | 61,9 | 5,10 | 12,7 | 7,22 | 1870 | 5,49 | 145 | 2960 | 6,92 | 768 | 3,52 | 106 | 28 | 60 | 13 |
| 200 × 200 × 16 | 200 | 16 | 18 | 48,5 | 61,8 | 5,52 | 14,1 | 7,81 | 2340 | 6,16 | 162 | 3720 | 7,76 | 960 | 3,94 | 123 | 28 | 65 | 15 |
| 200 × 200 × 18 | 200 | 18 | 18 | 54,3 | 69,1 | 5,60 | 14,1 | 7,92 | 2600 | 6,13 | 181 | 4150 | 7,75 | 1050 | 3,90 | 133 | 28 | 65 | 15 |
| 200 × 200 × 20 | 200 | 20 | 18 | 59,9 | 76,3 | 5,68 | 14,1 | 8,04 | 2850 | 6,11 | 199 | 4530 | 7,70 | 1170 | 3,92 | 146 | 28 | 65 | 15 |
| 200 × 200 × 24 | 200 | 24 | 18 | 71,1 | 90,6 | 5,84 | 14,1 | 8,26 | 3330 | 6,06 | 235 | 5280 | 7,64 | 1380 | 3,90 | 167 | 28 | 70 | 15 |
| 250 × 250 × 28 | 250 | 28 | 18 | 104 | 133 | 7,24 | 17,7 | 10,2 | 7700 | 7,62 | 433 | 12200 | 9,61 | 3170 | 4,89 | 309 | 28 | 75 | 20 |
| 250 × 250 × 35 | 250 | 35 | 18 | 128 | 163 | 7,50 | 17,7 | 10,6 | 9260 | 7,54 | 529 | 14700 | 9,48 | 3860 | 4,87 | 364 | 28 | 80 | 20 |

[1] Für Nieten und Schrauben von kleineren als den hier angegebenen Größtdurchmessern können die gleichen Anreißmaße angewendet werden.

**TB 1-9** Warmgewalzte ungleichschenklige Winkel aus Stahl nach EN 10056-1

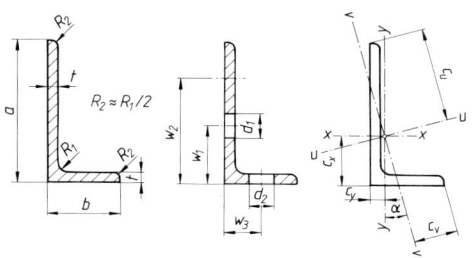

**Bezeichnung** eines warmgewalzten ungleichschenkligen Winkels mit Schenkelbreite $a = 100$ mm und $b = 50$ mm, Schenkeldicke $t = 8$ mm:
L EN 10056-1-100 × 50 × 8

| Kurzzeichen | Maße | | | | längenbezogene Masse | Querschnitt | Abstände der Achsen | | | | Neigung der Achse | statische Werte für die Biegeachse | | | | | | Schenkellöcher nach DIN 997 | | | | |
|---|---|---|---|---|---|---|---|---|---|---|---|---|---|---|---|---|---|---|---|---|---|---|
| | | | | | | | | | | | | $x-x$ | | $y-y$ | | $u-u$ | $v-v$ | 1) | 2) | | | |
| | $a$ | $b$ | $t$ | $R_1$ | $m'$ | $A$ | $c_x$ | $c_y$ | $c_u$ | $c_v$ | $v-v$ | $I_x$ | $W_x$ | $I_y$ | $W_y$ | $I_u$ | $I_v$ | $d_1$ max | $d_2$ max | $w_1$ | $w_2$ | $w_3$ |
| | mm | mm | mm | mm | kg/m | cm² | cm | cm | cm | cm | tan α | cm⁴ | cm³ | cm⁴ | cm³ | cm⁴ | cm⁴ | mm | mm | mm | mm | mm |
| 30 × 20 × 3 | 30 | 20 | 3 | 4 | 1,12 | 1,43 | 0,990 | 0,502 | 2,05 | 1,04 | 0,427 | 1,25 | 0,621 | 0,437 | 0,292 | 1,43 | 0,256 | 8,4 | 4,3 | 17 | | 12 |
| 30 × 20 × 4 | 30 | 20 | 4 | 4 | 1,46 | 1,86 | 1,03 | 0,541 | 2,02 | 1,04 | 0,421 | 1,59 | 0,807 | 0,553 | 0,379 | 1,81 | 0,330 | 8,4 | 4,3 | 17 | | 12 |
| 40 × 20 × 4 | 40 | 20 | 4 | 4 | 1,77 | 2,26 | 1,47 | 0,48 | 2,58 | 1,17 | 0,252 | 3,59 | 1,42 | 0,600 | 0,393 | 3,80 | 0,393 | 11 | 4,3 | 22 | | 12 |
| 40 × 25 × 4 | 40 | 25 | 4 | 4 | 1,93 | 2,46 | 1,36 | 0,623 | 2,69 | 1,35 | 0,380 | 3,89 | 1,47 | 1,16 | 0,619 | 4,35 | 0,700 | 11 | 6,4 | 22 | | 15 |
| 45 × 30 × 4 | 45 | 30 | 4 | 4,5 | 2,25 | 2,87 | 1,48 | 0,74 | 3,07 | 1,58 | 0,436 | 5,78 | 1,91 | 2,05 | 0,91 | 6,65 | 1,18 | 13 | 8,4 | 25 | | 17 |
| 50 × 30 × 5 | 50 | 30 | 5 | 5 | 2,96 | 3,78 | 1,73 | 0,741 | 3,33 | 1,65 | 0,352 | 9,36 | 2,86 | 2,51 | 1,11 | 10,3 | 1,54 | 13 | 8,4 | 30 | | 17 |
| 60 × 30 × 5 | 60 | 30 | 5 | 5 | 3,36 | 4,28 | 2,17 | 0,684 | 3,88 | 1,77 | 0,257 | 15,6 | 4,07 | 2,63 | 1,14 | 16,5 | 1,71 | 17 | 8,4 | 35 | | 17 |
| 60 × 40 × 5 | 60 | 40 | 5 | 6 | 3,76 | 4,79 | 1,96 | 0,972 | 4,10 | 2,11 | 0,434 | 17,2 | 4,25 | 6,11 | 2,02 | 19,7 | 3,54 | 17 | 11 | 35 | | 22 |
| 60 × 40 × 6 | 60 | 40 | 6 | 6 | 4,46 | 5,68 | 2,00 | 1,01 | 4,08 | 2,10 | 0,431 | 20,1 | 5,03 | 7,12 | 2,38 | 23,1 | 4,16 | 17 | 11 | 35 | | 22 |
| 65 × 50 × 5 | 65 | 50 | 5 | 6 | 4,35 | 5,54 | 1,99 | 1,25 | 4,53 | 2,39 | 0,577 | 23,2 | 5,14 | 11,9 | 3,19 | 28,8 | 6,32 | 21 | 13 | 35 | | 30 |
| 70 × 50 × 6 | 70 | 50 | 6 | 7 | 5,41 | 6,89 | 2,23 | 1,25 | 4,83 | 2,52 | 0,500 | 33,4 | 7,01 | 14,2 | 3,78 | 39,7 | 7,92 | 21 | 13 | 40 | | 30 |
| 75 × 50 × 6 | 75 | 50 | 6 | 7 | 5,65 | 7,19 | 2,44 | 1,21 | 5,12 | 2,64 | 0,435 | 40,5 | 8,01 | 14,4 | 3,81 | 46,6 | 8,36 | 23 | 13 | 40 | | 30 |
| 75 × 50 × 8 | 75 | 50 | 8 | 7 | 7,39 | 9,41 | 2,52 | 1,29 | 5,08 | 2,62 | 0,430 | 52,0 | 10,4 | 18,4 | 4,95 | 59,6 | 10,8 | 23 | 13 | 40 | | 30 |
| 80 × 40 × 6 | 80 | 40 | 6 | 7 | 5,41 | 6,89 | 2,85 | 0,884 | 5,20 | 2,38 | 0,258 | 44,9 | 8,73 | 7,59 | 2,44 | 47,6 | 4,93 | 23 | 11 | 45 | | 22 |
| 80 × 40 × 8 | 80 | 40 | 8 | 7 | 7,07 | 9,01 | 2,94 | 0,963 | 5,14 | 2,34 | 0,253 | 57,6 | 11,4 | 9,61 | 3,16 | 60,9 | 6,34 | 23 | 11 | 45 | | 22 |
| 80 × 60 × 7 | 80 | 60 | 7 | 8 | 7,36 | 9,38 | 2,51 | 1,52 | 5,55 | 2,92 | 0,546 | 59,0 | 10,7 | 28,4 | 6,34 | 72,0 | 15,4 | 23 | 17 | 45 | | 35 |
| 100 × 50 × 6 | 100 | 50 | 6 | 8 | 6,84 | 8,71 | 3,51 | 1,05 | 6,55 | 3,00 | 0,262 | 89,9 | 13,8 | 15,4 | 3,89 | 95,4 | 9,92 | 25 | 13 | 55 | | 30 |
| 100 × 50 × 8 | 100 | 50 | 8 | 8 | 8,97 | 11,4 | 3,60 | 1,13 | 6,48 | 2,96 | 0,258 | 116 | 18,2 | 19,7 | 5 08 | 123 | 12,8 | 25 | 13 | 55 | | 30 |
| 100 × 65 × 7 | 100 | 65 | 7 | 10 | 8,77 | 11,2 | 3,23 | 1,51 | 6,83 | 3,49 | 0,415 | 113 | 16,6 | 37,6 | 7 53 | 128 | 22,0 | 25 | 21 | 55 | | 35 |
| 100 × 65 × 8 | 100 | 65 | 8 | 10 | 9,94 | 12,7 | 3,27 | 1,55 | 6,81 | 3,47 | 0,413 | 127 | 18,9 | 42,2 | 8,54 | 144 | 24,8 | 25 | 21 | 55 | | 35 |
| 100 × 65 × 10 | 100 | 65 | 10 | 10 | 12,3 | 15,6 | 3,36 | 1,63 | 6,76 | 3,45 | 0,410 | 154 | 23,2 | 51,0 | 10,5 | 175 | 30,1 | 25 | 21 | 55 | | 35 |
| 100 × 75 × 8 | 100 | 75 | 8 | 10 | 10,6 | 13,5 | 3,10 | 1,87 | 6,95 | 3,65 | 0,547 | 133 | 19,3 | 64,1 | 11,4 | 162 | 34,6 | 25 | 23 | 55 | | 40 |
| 100 × 75 × 10 | 100 | 75 | 10 | 10 | 13,0 | 16,6 | 3,19 | 1,95 | 6,92 | 3,65 | 0,544 | 162 | 23,8 | 77,6 | 14,0 | 197 | 42,2 | 25 | 23 | 55 | | 40 |
| 100 × 75 × 12 | 100 | 75 | 12 | 10 | 15,4 | 19,7 | 3,27 | 2,03 | 6,89 | 3,65 | 0,540 | 189 | 28,0 | 90,2 | 16,5 | 230 | 49,5 | 25 | 23 | 55 | | 40 |
| 120 × 80 × 8 | 120 | 80 | 8 | 11 | 12,2 | 15,5 | 3,83 | 1,87 | 8,23 | 4,23 | 0,437 | 226 | 27,6 | 80,8 | 13,2 | 260 | 46,6 | 25 | 23 | 50 | 80 | 45 |
| 120 × 80 × 10 | 120 | 80 | 10 | 11 | 15,0 | 19,1 | 3,92 | 1,95 | 8,19 | 4,21 | 0,435 | 276 | 34,1 | 98,1 | 16,2 | 317 | 58,8 | 25 | 23 | 50 | 80 | 45 |
| 120 × 80 × 12 | 120 | 80 | 12 | 11 | 17,8 | 22,7 | 4,00 | 2,03 | 8,15 | 4,20 | 0,431 | 323 | 40,4 | 114 | 19,1 | 371 | 66,7 | 25 | 23 | 50 | 80 | 45 |
| 125 × 75 × 8 | 125 | 75 | 8 | 11 | 12,2 | 15,5 | 4,14 | 1,68 | 8,44 | 4,20 | 0,360 | 247 | 29,6 | 67,6 | 11,6 | 274 | 40,9 | 25 | 23 | 50 | 85 | 40 |
| 125 × 75 × 10 | 125 | 75 | 10 | 11 | 15,0 | 19,1 | 4,23 | 1,76 | 8,39 | 4,17 | 0,357 | 302 | 36,5 | 82,1 | 14,3 | 334 | 49,9 | 25 | 23 | 50 | 85 | 40 |
| 125 × 75 × 12 | 125 | 75 | 12 | 11 | 17,8 | 22,7 | 4,31 | 1,84 | 8,33 | 4,15 | 0,354 | 354 | 43,2 | 95,5 | 16,9 | 391 | 58,5 | 25 | 23 | 50 | 85 | 40 |
| 135 × 65 × 8 | 135 | 65 | 8 | 11 | 12,2 | 15,5 | 4,78 | 1,34 | 8,79 | 3,95 | 0,245 | 291 | 33,4 | 45,2 | 8,75 | 307 | 29,4 | 25 | 21 | 50 | 85 | 35 |
| 135 × 65 × 10 | 135 | 65 | 10 | 11 | 15,0 | 19,1 | 4,88 | 1,42 | 8,72 | 3,91 | 0,243 | 356 | 41,3 | 54,7 | 10,8 | 375 | 35,9 | 25 | 21 | 50 | 85 | 35 |
| 150 × 75 × 9 | 150 | 75 | 9 | 12 | 15,4 | 19,6 | 5,26 | 1,57 | 9,82 | 4,50 | 0,261 | 455 | 46,7 | 77,9 | 15,1 | 483 | 50,2 | 28 | 23 | 60 | 105 | 40 |
| 150 × 75 × 10 | 150 | 75 | 10 | 12 | 17,0 | 21,7 | 5,31 | 1,61 | 9,79 | 4,48 | 0,261 | 501 | 51,6 | 85,6 | 16,5 | 531 | 55,1 | 28 | 23 | 60 | 105 | 40 |
| 150 × 75 × 12 | 150 | 75 | 12 | 12 | 20,2 | 25,7 | 5,40 | 1,69 | 9,72 | 4,44 | 0,258 | 588 | 61,3 | 99,6 | 17,1 | 623 | 64,7 | 28 | 23 | 60 | 105 | 40 |
| 150 × 75 × 15 | 150 | 75 | 15 | 12 | 24,8 | 31,7 | 5,52 | 1,81 | 9,63 | 4,40 | 0,253 | 713 | 75,2 | 119 | 22,2 | 753 | 78,6 | 28 | 23 | 60 | 105 | 40 |
| 150 × 90 × 10 | 150 | 90 | 10 | 12 | 18,2 | 28,2 | 5,00 | 2,04 | 10,1 | 5,03 | 0,360 | 533 | 53,3 | 146 | 2 ,0 | 591 | 88,3 | 28 | 25 | 60 | 105 | 45 |
| 150 × 90 × 12 | 150 | 90 | 12 | 12 | 21,6 | 27,5 | 5,08 | 2,12 | 10,1 | 5,00 | 0,358 | 627 | 63,3 | 171 | 24,8 | 694 | 104 | 28 | 25 | 60 | 105 | 45 |
| 150 × 90 × 15 | 150 | 90 | 15 | 12 | 26,6 | 33,9 | 5,21 | 2,23 | 9,98 | 4,90 | 0,354 | 761 | 77,7 | 205 | 30,4 | 841 | 126 | 28 | 25 | 60 | 105 | 45 |
| 150 × 100 × 10 | 150 | 100 | 10 | 12 | 19,0 | 24,2 | 4,81 | 2,34 | 10,3 | 5,29 | 0,438 | 553 | 54,2 | 199 | 25,9 | 637 | 114 | 28 | 25 | 60 | 105 | 55 |
| 150 × 100 × 12 | 150 | 100 | 12 | 12 | 22,5 | 28,7 | 4,89 | 2,42 | 10,2 | 5,28 | 0,436 | 651 | 64,4 | 233 | 30,7 | 749 | 134 | 28 | 25 | 60 | 105 | 55 |
| 200 × 100 × 10 | 200 | 100 | 10 | 15 | 23,0 | 29,2 | 6,93 | 2,01 | 13,2 | 6,05 | 0,263 | 1220 | 93,2 | 210 | 25,3 | 1290 | 135 | 28 | 25 | 60 | 150 | 55 |
| 200 × 100 × 12 | 200 | 100 | 12 | 15 | 27,3 | 34,8 | 7,03 | 2,10 | 13,1 | 6,0 | 0,262 | 1440 | 111 | 247 | 31,3 | 1530 | 159 | 28 | 25 | 60 | 150 | 55 |
| 200 × 100 × 15 | 200 | 100 | 15 | 15 | 33,75 | 43,0 | 7,16 | 2,22 | 13,0 | 5,84 | 0,260 | 1758 | 137 | 299 | 33,5 | 1864 | 193 | 28 | 25 | 60 | 150 | 55 |
| 200 × 150 × 12 | 200 | 150 | 12 | 15 | 32,0 | 40,8 | 6,08 | 3,61 | 13,9 | 7,34 | 0,552 | 1650 | 119 | 803 | 73,5 | 2030 | 430 | 28 | 28 | 60 | 150 | 60/105 |
| 200 × 150 × 15 | 200 | 150 | 15 | 15 | 39,6 | 50,5 | 6,21 | 3,73 | 13,9 | 7,33 | 0,551 | 2022 | 147 | 979 | 85,9 | 2476 | 526 | 28 | 28 | 60 | 150 | 60/105 |

1) Trägheitsradius $i = \sqrt{\dfrac{I}{A}}$

2) Für Nieten und Schrauben von kleineren als den hier angegebenen Größtdurchmessern können die gleichen Anreißmaße angewendet werden.

**TB 1-10** Warmgewalzter rundkantiger U-Stahl nach DIN 1026

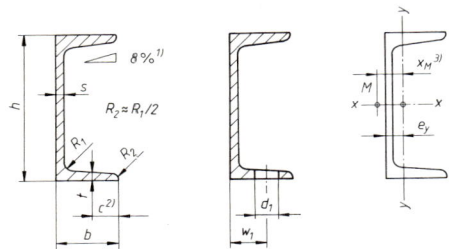

**Bezeichnung** eines warmgewalzten U-Stahls von Höhe $h = 200$ mm aus S235JR (Werkstoffnummer 1.0037):
  U-Profil DIN 1026−S235JR−U200
oder U-Profil DIN 1026−1.0037−U200

**Bestellbeispiel:** 10 t warmgewalzter U-Stahl mit obiger Norm-Bezeichnung in Festlängen von 5500 mm:
  10 t U-Profil DIN 1026−S235JR−U200×5500

**Herstelllängen:** 3 bis 15 m

| Kurz-zeichen U | Maße für | | | | Quer-schnitt | längen-bezogene Masse | für die Biegeachse | | | | | | Abstand der Achse $y-y$ | | Flanschenlöcher nach DIN 997 | |
|---|---|---|---|---|---|---|---|---|---|---|---|---|---|---|---|---|
| | | | | | | | $x-x$ | | | $y-y$ | | | | | | |
| | $h$ | $b$ | $s$ | $t=R_1$ | $A$ | $m'$ | $I_x$ | $W_x$ | $i_x$ | $I_y$ | $W_y$ | $i_y$ | $e_y$ | $x_M$ [3)] | $d_1$ [4)5)6)] max | $w_1$ |
| | mm | mm | mm | mm | cm² | kg/m | cm⁴ | cm³ | cm | cm⁴ | cm³ | cm | cm | cm | mm | mm |
| 30×15 | 30 | 15 | 4 | 4,5 | 2,21 | 1,74 | 2,53 | 1,69 | 1,07 | 0,38 | 0,39 | 0,42 | 0,52 | 0,74 | 4,3 | 10 |
| 30 | 30 | 33 | 5 | 7 | 5,44 | 4,27 | 6,39 | 4,26 | 1,08 | 5,33 | 2,68 | 0,99 | 1,31 | 2,22 | 8,4 | 20 |
| 40×20 | 40 | 20 | 5 | 5,5 | 3,66 | 2,87 | 7,58 | 3,79 | 1,44 | 1,14 | 0,86 | 0,56 | 0,67 | 1,01 | 6,4 | 11 |
| 40 | 40 | 35 | 5 | 7 | 6,21 | 4,87 | 14,1 | 7,05 | 1,50 | 6,68 | 3,08 | 1,04 | 1,33 | 2,32 | 8,4 | 20 |
| 50×25 | 50 | 25 | 5 | 6 | 4,92 | 3,86 | 16,8 | 6,73 | 1,85 | 2,49 | 1,48 | 0,71 | 0,81 | 1,34 | 8,4 | 16 |
| 50 | 50 | 38 | 5 | 7 | 7,12 | 5,59 | 26,4 | 10,6 | 1,92 | 9,12 | 3,75 | 1,13 | 1,37 | 2,47 | 11 | 20 |
| 60 | 60 | 30 | 6 | 6 | 6,46 | 5,07 | 31,6 | 10,5 | 2,21 | 4,51 | 2,16 | 0,84 | 0,91 | 1,50 | 8,4 | 18 |
| 65 | 65 | 42 | 5,5 | 7,5 | 9,03 | 7,09 | 57,5 | 17,7 | 2,52 | 14,1 | 5,07 | 1,25 | 1,42 | 2,60 | 11 | 25 |
| 80 | 80 | 45 | 6 | 8 | 11,0 | 8,64 | 106 | 26,5 | 3,10 | 19,4 | 6,36 | 1,33 | 1,45 | 2,67 | 13 | 25 |
| 100 | 100 | 50 | 6 | 8,5 | 13,5 | 10,6 | 206 | 41,2 | 3,91 | 29,3 | 8,49 | 1,47 | 1,55 | 2,93 | 13 | 30 |
| 120 | 120 | 55 | 7 | 9 | 17,0 | 13,4 | 364 | 60,7 | 4,62 | 43,2 | 11,1 | 1,59 | 1,60 | 3,03 | 17 | 30 |
| 140 | 140 | 60 | 7 | 10 | 20,4 | 16,0 | 605 | 86,4 | 5,45 | 62,7 | 14,8 | 1,75 | 1,75 | 3,37 | 17 | 35 |
| 160 | 160 | 65 | 7,5 | 10,5 | 24,0 | 18,8 | 925 | 116 | 6,21 | 85,3 | 18,3 | 1,89 | 1,84 | 3,56 | 21 | 35 |
| 180 | 180 | 70 | 8 | 11 | 28,0 | 22,0 | 1 350 | 150 | 6,95 | 114 | 22,4 | 2,02 | 1,92 | 3,75 | 21 | 40 |
| 200 | 200 | 75 | 8,5 | 11,5 | 32,2 | 25,3 | 1 910 | 191 | 7,70 | 148 | 27,0 | 2,14 | 2,01 | 3,94 | 23 | 40 |
| 220 | 220 | 80 | 9 | 12,5 | 37,4 | 29,4 | 2 690 | 245 | 8,48 | 197 | 33,6 | 2,30 | 2,14 | 4,20 | 23 | 45 |
| 240 | 240 | 85 | 9,5 | 13 | 42,3 | 33,2 | 3 600 | 300 | 9,22 | 248 | 29,6 | 2,42 | 2,23 | 4,39 | 25 | 45 |
| 260 | 260 | 90 | 10 | 14 | 48,3 | 37,9 | 4 820 | 371 | 9,99 | 317 | 47,7 | 2,56 | 2,36 | 4,66 | 25 | 50 |
| 280 | 280 | 95 | 10 | 15 | 53,3 | 41,8 | 6 280 | 448 | 10,9 | 399 | 57,2 | 2,74 | 2,53 | 5,02 | 25 | 50 |
| 300 | 300 | 100 | 10 | 16 | 58,8 | 46,2 | 8 030 | 535 | 11,7 | 495 | 67,8 | 2,90 | 2,70 | 5,41 | 28 | 55 |
| 320 | 320 | 100 | 14 | 17,5 | 75,8 | 59,5 | 10 870 | 679 | 12,1 | 597 | 80,6 | 2,81 | 2,60 | 4,82 | 28 | 58 |
| 350 | 350 | 100 | 14 | 16 | 77,3 | 60,6 | 12 840 | 734 | 12,9 | 570 | 75,0 | 2,72 | 2,40 | 4,45 | 28 | 58 |
| 380 | 380 | 102 | 13,5 | 16 | 80,4 | 63,1 | 15 760 | 829 | 14,0 | 615 | 78,7 | 2,77 | 2,38 | 4,58 | 28 | 60 |
| 400 | 400 | 110 | 14 | 18 | 91,5 | 71,8 | 20 350 | 1020 | 14,9 | 846 | 102 | 3,04 | 2,65 | 5,11 | 28 | 60 |

[1)] $h > 300$ mm: 5 %
[2)] $h \leq 300$ mm: $c = 0,5b$, $h > 300$ mm: $c = 0,5(b-s)$
[3)] $x_M$ = Abstand des Schubmittelpunktes $M$ von der y-y-Achse
[4)] Für hochfeste Schrauben (DIN 6914 und DIN 7999) gilt bei U120, U160, U200 und U240 der nächst kleinere Lochdurchmesser.
[5)] Abweichend hiervon gelten nach DIN 101 für Nietverbindungen folgende Lochdurchmesser $d_7$: 4,2  6,3  10,5
[6)] Für Nieten und Schrauben von kleineren als den hier angegebenen Größtdurchmessern können die gleichen Anreißmaße angewendet werden.

*Beachte:* Bei der lotrechten Belastung eines U-Trägers (unsymmetrisches Profil) gilt die Spannungsformel $\sigma = M/W$ nur, wenn
a) die Wirkungslinie der Last $F$ durch den Schubmittelpunkt $M$ geht,
b) zwei U-Profile ]︀[ oder [︀] mit Querverbindung zu einem symmetrischen Trägerprofil zusammengesetzt werden.
Geht bei einem einzelnen U-Profil die Lastebene nicht durch $M$, so biegen sich die Flansche seitlich aus (Bild) und es treten zusätzliche Biege- und Verdrehspannungen auf.

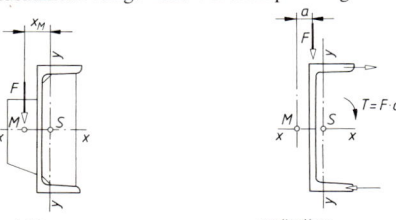

U-Träger sind im Schubmittelpunkt $M$ und wenn dies nicht möglich ist, in der Stegebene zu belasten

richtiger Lastangriff in M

ungünstiger Lastangriff

**TB 1-11** Warmgewalzte I-Träger nach DIN 1025 (Auszug)

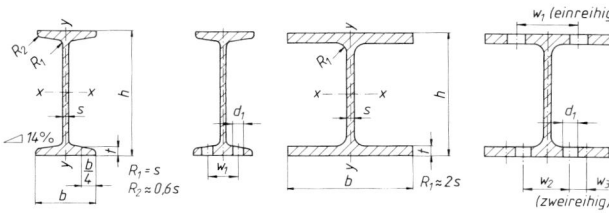

schmale I-Träger mit geneigten inneren Flanschflächen (I-Reihe) nach DIN 1025-1

breite I-Träger mit parallelen Flanschflächen (IPB-Reihe) nach DIN 1025-2

**Bezeichnung** eines warmgewalzten schmalen I-Trägers von Höhe $h = 200$ mm aus S235JR (Werkstoffnummer 1.0037):

I-Profil DIN 1025 – S235JR – I200
oder I-Profil DIN 1025 – 1.0037 – I200

**Bestellbeispiel:** 10 t warmgewalzter I-Träger mit parallelen Flanschflächen (IPB) von Höhe $h = 200$ mm aus S235JR in Genaulängen von 5000 mm mit einer gewünschten zulässigen Längenabweichung von ±10 mm:

10 t I-Profil DIN 1025 – S235JR – IPB 200 × 5000 ± 10

| Kurz-zeichen | Maße für | | | | Quer-schnitt | längen-bezogene Masse | für die Biegeachse | | | | | | Flanschenlöcher nach DIN 997 | | |
|---|---|---|---|---|---|---|---|---|---|---|---|---|---|---|---|
| | | | | | | | $x-x$ | | | $y-y$ | | | | | |
| | $h$ | $b$ | $s$ | $t$ | $A$ | $m'$ | $I_x$ | $W_x$ | $i_x$ | $I_y$ | $W_y$ | $i_y$ | $d_1$ [1)2)3)] max | $w_1$ $w_2$ | $w_3$ |
| | mm | mm | mm | mm | cm² | kg/m | cm⁴ | cm³ | cm | cm⁴ | cm³ | cm | mm | mm | mm |
| I | Schmale I-Träger (I-Reihe) nach DIN 1025-1 | | | | | | | | | | | | | | |
| 80 | 80 | 42 | 3,9 | 5,9 | 7,57 | 5,94 | 77,8 | 19,5 | 3,20 | 6,29 | 3,00 | 0,91 | 6,4 | 22 | |
| 100 | 100 | 50 | 4,5 | 6,8 | 10,6 | 8,34 | 171 | 34,2 | 4,01 | 12,2 | 4,88 | 1,07 | 6,4 | 28 | |
| 120 | 120 | 58 | 5,1 | 7,7 | 14,2 | 11,1 | 328 | 54,7 | 4,81 | 21,5 | 7,41 | 1,23 | 8,4 | 32 | |
| 140 | 140 | 66 | 5,7 | 8,6 | 18,2 | 14,3 | 573 | 81,9 | 5,61 | 35,2 | 10,7 | 1,40 | 11 | 34 | |
| 160 | 160 | 74 | 6,3 | 9,5 | 22,8 | 17,9 | 935 | 117 | 6,40 | 54,7 | 14,8 | 1,55 | 11 | 40 | |
| 180 | 180 | 82 | 6,9 | 10,4 | 27,9 | 21,9 | 1450 | 161 | 7,20 | 81,3 | 19,8 | 1,71 | 13 | 44 | |
| 200 | 200 | 90 | 7,5 | 11,3 | 33,4 | 26,2 | 2140 | 214 | 8,00 | 117 | 26,0 | 1,87 | 13 | 48 | |
| 220 | 220 | 98 | 8,1 | 12,2 | 39,5 | 31,1 | 3060 | 278 | 8,80 | 162 | 33,1 | 2,02 | 13 | 52 | |
| 240 | 240 | 106 | 8,7 | 13,1 | 46,1 | 36,2 | 4250 | 354 | 9,59 | 221 | 41,7 | 2,20 | 17 (13) | 56 | |
| 260 | 260 | 113 | 9,4 | 14,1 | 53,3 | 41,9 | 5740 | 442 | 10,4 | 288 | 51,0 | 2,32 | 17 | 60 | |
| 280 | 280 | 119 | 10,1 | 15,2 | 61,0 | 47,9 | 7590 | 542 | 11,1 | 364 | 61,2 | 2,45 | 17 | 60 | |
| 300 | 300 | 125 | 10,8 | 16,2 | 69,0 | 54,2 | 9800 | 653 | 11,9 | 451 | 72,2 | 2,56 | 21 (17) | 64 | |
| 320 | 320 | 131 | 11,5 | 17,3 | 77,7 | 61,0 | 12510 | 782 | 12,7 | 555 | 84,7 | 2,67 | 21 (17) | 70 | |
| 340 | 340 | 137 | 12,2 | 18,3 | 86,7 | 68,0 | 15700 | 923 | 13,5 | 674 | 98,4 | 2,80 | 21 | 74 | |
| 360 | 360 | 143 | 13,0 | 19,5 | 97,0 | 76,1 | 19610 | 1090 | 14,2 | 818 | 114 | 2,9 | 23 (21) | 76 | |
| 380 | 380 | 149 | 13,7 | 20,5 | 107 | 84,0 | 24010 | 1260 | 15,0 | 975 | 131 | 3,02 | 23 (21) | 82 | |
| 400 | 400 | 155 | 14,4 | 21,6 | 118 | 92,4 | 29210 | 1460 | 15,7 | 1160 | 149 | 3,13 | 23 | 86 | |
| 450 | 450 | 170 | 16,2 | 24,3 | 147 | 115 | 45850 | 2040 | 17,7 | 1730 | 203 | 3,43 | 25 (23) | 94 | |
| 500 | 500 | 185 | 18,0 | 27,0 | 179 | 141 | 68740 | 2750 | 19,6 | 2480 | 268 | 3,72 | 28 | 100 | |
| 550 | 550 | 200 | 19,0 | 30,0 | 212 | 166 | 99180 | 3610 | 21,6 | 3490 | 349 | 4,02 | 28 | 110 | |
| IPB | Breite I-Träger (IPB-Reihe) nach DIN 1025-2 | | | | | | | | | | | | | | |
| 100 | 100 | 100 | 6 | 10 | 26,0 | 20,4 | 450 | 89,9 | 4,16 | 167 | 33,5 | 2,53 | 13 | 56 | – |
| 120 | 120 | 120 | 6,5 | 11 | 34,0 | 26,7 | 864 | 144 | 5,04 | 318 | 52,9 | 3,06 | 17 | 66 | – |
| 140 | 140 | 140 | 7 | 12 | 43,0 | 33,7 | 1510 | 216 | 5,93 | 550 | 78,5 | 3,58 | 21 | 76 | – |
| 160 | 160 | 160 | 8 | 13 | 54,3 | 42,6 | 2490 | 311 | 6,78 | 889 | 111 | 4,05 | 23 | 86 | – |
| 180 | 180 | 180 | 8,5 | 14 | 65,3 | 51,2 | 3830 | 426 | 7,66 | 1360 | 151 | 4,57 | 25 | 100 | – |
| 200 | 200 | 200 | 9 | 15 | 78,1 | 61,3 | 5700 | 570 | 8,54 | 2000 | 200 | 5,07 | 25 | 110 | – |
| 220 | 220 | 220 | 9,5 | 16 | 91,0 | 71,5 | 8090 | 736 | 9,43 | 2840 | 258 | 5,59 | 25 | 120 | – |
| 240 | 240 | 240 | 10 | 17 | 106 | 83,2 | 11260 | 938 | 10,3 | 3920 | 327 | 6,08 | 25 | 96 | 35 |
| 260 | 260 | 260 | 10 | 17,5 | 118 | 93,0 | 14920 | 1150 | 11,2 | 5130 | 395 | 6,58 | 25 | 106 | 40 |
| 280 | 280 | 280 | 10,5 | 18 | 131 | 103 | 19270 | 1380 | 12,1 | 6590 | 471 | 7,09 | 25 | 110 | 45 |
| 300 | 300 | 300 | 11 | 19 | 149 | 117 | 25170 | 1680 | 13,0 | 8560 | 571 | 7,58 | 28 | 120 | 45 |
| 320 | 320 | 300 | 11,5 | 20,5 | 161 | 127 | 30820 | 1930 | 13,8 | 9240 | 616 | 7,57 | 28 | 120 | 45 |
| 340 | 340 | 300 | 12 | 21,5 | 171 | 134 | 36660 | 2160 | 14,6 | 9690 | 646 | 7,53 | 28 | 120 | 45 |
| 360 | 360 | 300 | 12,5 | 22,5 | 181 | 142 | 43190 | 2400 | 15,5 | 10140 | 676 | 7,49 | 28 | 120 | 45 |
| 400 | 400 | 300 | 13,5 | 24 | 198 | 155 | 57680 | 2880 | 17,1 | 10820 | 721 | 7,40 | 28 | 120 | 45 |
| 450 | 450 | 300 | 14 | 26 | 218 | 171 | 79890 | 3550 | 19,1 | 11720 | 781 | 7,33 | 28 | 120 | 45 |
| 500 | 500 | 300 | 14,5 | 28 | 239 | 187 | 107200 | 4290 | 21,2 | 12620 | 842 | 7,27 | 28 | 120 | 45 |
| 550 | 550 | 300 | 15 | 29 | 254 | 199 | 136700 | 4970 | 23,2 | 13080 | 872 | 7,17 | 28 | 120 | 45 |
| 600 | 600 | 300 | 15,5 | 30 | 270 | 212 | 171000 | 5700 | 25,2 | 13530 | 902 | 7,08 | 28 | 120 | 45 |

[1)] Werte in ( ) gelten für hochfeste Schrauben (DIN 6914 und DIN 7999).
[2)] Abweichend hiervon gelten nach DIN 101 für Nietverbindungen folgende Lochdurchmesser $d_7$: 6,3 10,5.
[3)] Für Nieten und Schrauben von kleineren als den hier angegebenen Größtdurchmessern können die gleichen Anreißmaße angewendet werden.

**TB 1-12** Warmgewalzter gleichschenkliger T-Stahl mit gerundeten Kanten und Übergängen nach DIN EN 10055

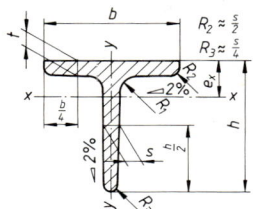
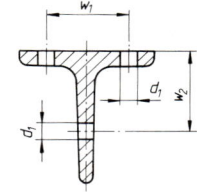

**Bezeichnung** eines T-Stahls mit 80 mm Höhe aus S235JR nach DIN EN 10025:
T-Profil EN 10055 – T80
Stahl EN 10025 – S235JR

| Kurz-zeichen T | Maße für | | Quer-schnitt | längen-bezogene Masse | für die Biegeachse | | | | | | Anreißmaße nach DIN 997 | | |
|---|---|---|---|---|---|---|---|---|---|---|---|---|---|
| | | | | | | $x-x$ | | | $y-y$ | | | | |
| | $b=h$ | $s=t=R_1$ | $A$ | $m'$ | $e_x$ | $I_x$ | $W_x$ | $i_x$ | $I_y$ | $W_y$ | $i_y$ | $d_1$ [1)2)] max. | $w_1$ | $w_2$ |
| mm | mm | mm | cm² | kg/m | cm | cm⁴ | cm³ | cm | cm⁴ | cm³ | cm | mm | mm | mm |
| 30 | 30 | 4 | 2,26 | 1,77 | 0,85 | 1,72 | 0,80 | 0,87 | 0,87 | 0,58 | 0,62 | 4,3 | 17 | 17 |
| 35 | 35 | 4,5 | 2,97 | 2,33 | 0,99 | 3,10 | 1,23 | 1,04 | 1,57 | 0,90 | 0,73 | 4,3 | 19 | 19 |
| 40 | 40 | 5 | 3,77 | 2,96 | 1,12 | 5,28 | 1,84 | 1,18 | 2,58 | 1,29 | 0,83 | 6,4 | 21 | 22 |
| 50 | 50 | 6 | 5,66 | 4,44 | 1,39 | 12,1 | 3,36 | 1,46 | 6,60 | 2,42 | 1,03 | 6,4 | 30 | 30 |
| 60 | 60 | 7 | 7,94 | 6,23 | 1,66 | 23,8 | 5,48 | 1,73 | 12,2 | 4,07 | 1,24 | 8,4 | 34 | 35 |
| 70 | 70 | 8 | 10,6 | 8,32 | 1,94 | 44,5 | 8,79 | 2,05 | 22,1 | 6,32 | 1,44 | 11 | 38 | 40 |
| 80 | 80 | 9 | 13,6 | 10,7 | 2,22 | 73,7 | 12,8 | 2,33 | 37,0 | 9,25 | 1,65 | 11 | 45 | 45 |
| 100 | 100 | 11 | 20,9 | 16,4 | 2,74 | 179 | 24,6 | 2,92 | 88,3 | 17,7 | 2,05 | 13 | 60 | 60 |
| 120 | 120 | 13 | 29,6 | 23,2 | 3,28 | 366 | 42,0 | 3,51 | 178 | 29,7 | 2,45 | 17 | 70 | 70 |
| 140 | 140 | 15 | 39,9 | 31,3 | 3,80 | 660 | 64,7 | 4,07 | 330 | 47,2 | 2,88 | 21 | 80 | 75 |

[1)] Abweichend hiervon gelten nach DIN 101 für Nietverbindungen folgende Lochdurchmesser $d_7$: 4,2  6,3  10,5.
[2)] Für Nieten und Schrauben von kleineren als den hier angegebenen Größtdurchmessern können die gleichen Anreißmaße angewendet werden.

**TB 1-13** Hohlprofile

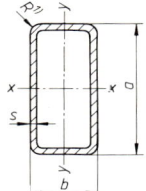
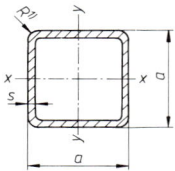
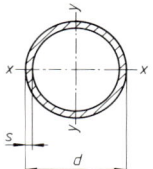

warmgefertigte rechteckige Stahl-Hohlprofile nach DIN EN 10210-2

warmgefertigte quadratische Stahl-Hohlprofile nach DIN EN 10210-2

nahtlose Stahlrohre nach DIN 2448

Herstelllängen für Stahlhohlprofile: 4 bis 16 m

| Größe | Wanddicke | Quer-schnitts-fläche | längen-bezogene Masse | für die Biegeachse | | | | | | für die Verdrehung[4)] | |
|---|---|---|---|---|---|---|---|---|---|---|---|
| | | | | $x-x$ | | | $y-y$ | | | | |
| $a \times b$ mm | $s$ [2)] mm | $A$ cm² | $m'$ kg/m | $I_x$ cm⁴ | $W_x$ cm³ | $i_x$ cm | $I_y$ cm⁴ | $W_y$ cm³ | $i_y$ cm | $I_t$ cm⁴ | $W_t$ cm³ |
| **warmgefertigte rechteckige Stahl-Hohlprofile nach DIN EN 10210-2 (Auszug)** | | | | | | | | | | | |
| 50 × 30 | 2,5 (3 4 5) | 3,68 | 2,89 | 11,8 | 4,73 | 1,79 | 5,22 | 3,48 | 1,19 | 11,7 | 5,73 |
| 60 × 40 | 2,5 (3 4 5 6 6,3) | 4,68 | 3,68 | 22,8 | 7,61 | 2,21 | 12,1 | 6,03 | 1,60 | 25,1 | 9,73 |
| 80 × 40 | 3 (4 5 6 6,3 8) | 6,74 | 5,29 | 54,2 | 13,6 | 2,84 | 18,0 | 9,00 | 1,63 | 43,8 | 15,3 |
| 90 × 50 | 3 (4 5 6 6,3 8) | 7,94 | 6,24 | 84,4 | 18,8 | 3,26 | 33,5 | 13,4 | 2,05 | 76,5 | 22,4 |
| 100 × 50 | 3 (4 5 6 6,3 8) | 8,54 | 6,71 | 110 | 21,9 | 3,58 | 36,8 | 14,7 | 2,08 | 88,4 | 25,0 |
| 120 × 60 | 4 (5 6 6,3 8 10) | 13,6 | 10,7 | 249 | 41,5 | 4,28 | 83,1 | 27,7 | 2,47 | 201 | 47,1 |
| 140 × 80 | 4 (5 6 6,3 8 10) | 16,8 | 13,2 | 441 | 62,9 | 5,12 | 184 | 46,0 | 3,31 | 411 | 76,5 |
| 150 × 100 | 4 (5 6 6,3 8 10 12 12,5) | 19,2 | 15,1 | 607 | 81,0 | 5,63 | 324 | 64,8 | 4,41 | 660 | 105 |
| 180 × 100 | 4 (5 6 6,3 8 10 12 12,5) | 21,6 | 16,9 | 945 | 105 | 6,61 | 379 | 75,9 | 4,19 | 852 | 127 |
| 200 × 120 | 6 (6,3 8 10 12 12,5) | 36,6 | 28,7 | 1980 | 198 | 7,36 | 892 | 149 | 4,94 | 1942 | 245 |
| 250 × 150 | 6 (6,3 8 10 12 12,5 16) | 46,2 | 36,2 | 3965 | 317 | 9,27 | 1796 | 239 | 6,24 | 3877 | 396 |
| 300 × 200 | 6 (6,3 8 10 12 12,5 16) | 58,2 | 45,7 | 7486 | 499 | 11,3 | 4013 | 401 | 8,31 | 8100 | 651 |
| 350 × 250 | 6 (6,3 8 10 12 12,5 16) | 70,2 | 55,1 | 12616 | 721 | 13,4 | 7538 | 603 | 10,4 | 14529 | 967 |
| 400 × 200 | 8 (10 12 12,5 16) | 92,8 | 72,8 | 19562 | 978 | 14,5 | 6660 | 666 | 8,47 | 15735 | 1135 |
| 500 × 300 | 10 (12 12,5 16 20) | 155 | 122 | 53762 | 2150 | 18,6 | 24439 | 1629 | 12,6 | 52450 | 2696 |

**TB 1-13** Fortsetzung

| Größe bzw. Außendurchmesser mm | Wanddicke $s^{2)}$ mm | Querschnittsfläche $A$ cm² | längenbezogene Masse $m'$ kg/m | für die Biegeachse $x-x=y-y$ $I$ cm⁴ | $W$ cm³ | $i$ cm | für die Verdrehung[4] $I_t$ cm⁴ | $W_t$ cm³ |
|---|---|---|---|---|---|---|---|---|
| | **warmgefertigte quadratische Stahl-Hohlprofile nach DIN EN 10 210-2 (Auszug)** | | | | | | | |
| 25 | 2 (2,5 3) | 1,80 | 1,41 | 1,56 | 1,25 | 0,932 | 2,52 | 1,81 |
| 30 | 2 (2,5 3) | 2,20 | 1,72 | 2,84 | 1,89 | 1,14 | 4,53 | 2,75 |
| 40 | 2,5 (3 4 5) | 3,68 | 2,89 | 8,54 | 4,27 | 1,52 | 13,6 | 6,22 |
| 50 | 2,5 (3 4 5 6 6,3) | 4,68 | 3,68 | 17,5 | 6,99 | 1,93 | 27,5 | 10,2 |
| 60 | 2,5 (3 4 5 6 6,3 8) | 5,68 | 4,46 | 31,1 | 10,4 | 2,34 | 48,5 | 15,2 |
| 70 | 3 (4 5 6 6,3 8) | 7,94 | 6,24 | 59,0 | 16,9 | 2,73 | 92,2 | 24,8 |
| 80 | 3 (4 5 6 6,3 8) | 9,14 | 7,18 | 89,8 | 22,5 | 3,13 | 140 | 33,0 |
| 100 | 4 (5 6 6,3 8 10) | 15,2 | 11,9 | 232 | 46,4 | 3,91 | 361 | 68,2 |
| 120 | 5 (6 6,3 8 10 12 12,5) | 22,7 | 17,8 | 498 | 83,0 | 4,68 | 777 | 122 |
| 140 | 5 (6 6,3 8 10 12 12,5) | 26,7 | 21,0 | 807 | 115 | 5,50 | 1253 | 170 |
| 160 | 5 (6 6,3 8 10 12 12,5 16) | 30,7 | 24,1 | 1225 | 153 | 6,31 | 1892 | 226 |
| 200 | 5 (6 6,3 8 10 12 12,5 16) | 38,7 | 30,4 | 2445 | 245 | 7,95 | 3756 | 362 |
| 250 | 6 (6,3 8 10 12 12,5 16) | 58,2 | 45,7 | 5752 | 460 | 9,94 | 8825 | 681 |
| 300 | 6 (6,3 8 10 12 12,5 16) | 70,2 | 55,1 | 10080 | 672 | 12,0 | 15407 | 997 |
| $d^{3)}$ | | **nahtlose Stahlrohre nach DIN 2448 (Auszug)** | | | | | | |
| 10,2 | 1,6 (…2,6) | 0,432 | 0,339 | 0,041 | 0,081 | 0,309 | 0,083 | 0,162 |
| 13,5 | 1,8 (…3,6) | 0,662 | 0,519 | 0,116 | 0,172 | 0,419 | 0,232 | 0,343 |
| 17,2 | 1,8 (…4,5) | 0,871 | 0,684 | 0,262 | 0,304 | 0,548 | 0,523 | 0,609 |
| 21,3 | 2 (…5) | 1,21 | 0,952 | 0,571 | 0,536 | 0,686 | 1,14 | 1,07 |
| 26,9 | 2,3 (…7,1) | 1,78 | 1,40 | 1,36 | 1,01 | 0,874 | 2,71 | 2,02 |
| 33,7 | 2,6 (…8) | 2,54 | 1,99 | 3,09 | 1,84 | 1,10 | 6,19 | 3,67 |
| 42,4 | 2,6 (…10) | 3,25 | 2,55 | 6,46 | 3,05 | 1,41 | 12,9 | 6,10 |
| 48,3 | 2,6 (…12,5) | 3,73 | 2,93 | 9,78 | 4,05 | 1,62 | 19,6 | 8,10 |
| 60,3 | 2,9 (…16) | 5,23 | 4,11 | 21,6 | 7,16 | 2,03 | 43,2 | 14,3 |
| 76,1 | 2,9 (…20) | 6,67 | 5,24 | 44,7 | 11,8 | 2,59 | 89,5 | 23,5 |
| 88,9 | 3,2 (…25) | 8,62 | 6,76 | 79,2 | 17,8 | 3,03 | 158 | 35,6 |
| 114,3 | 3,6 (…32) | 12,5 | 9,83 | 192 | 33,6 | 3,92 | 384 | 67,2 |
| 139,7 | 4 (…36) | 17,1 | 13,4 | 393 | 56,2 | 4,80 | 786 | 112 |
| 168,3 | 4,5 (…45) | 32,2 | 18,2 | 777 | 92,4 | 5,79 | 1554 | 185 |
| 219,1 | 6,3 (…60) | 42,1 | 33,1 | 2386 | 218 | 7,53 | 4772 | 436 |
| 273 | 6,3 (…65) | 52,8 | 41,4 | 4696 | 344 | 9,43 | 9392 | 688 |
| 323,9 | 7,1 (…65) | 70,7 | 55,5 | 8869 | 548 | 11,2 | 17739 | 1095 |
| 355,6 | 8 (…65) | 87,4 | 68,6 | 13201 | 742 | 12,3 | 26402 | 1485 |
| 406,4 | 8,8 (…65) | 110 | 86,3 | 21732 | 1069 | 14,1 | 43463 | 2139 |
| 457 | 10 (…65) | 140 | 110 | 35091 | 1536 | 15,8 | 70182 | 3071 |
| 508 | 11 (…65) | 172 | 135 | 53056 | 2089 | 17,6 | 106112 | 4178 |
| 610 | 12,5 (…65) | 235 | 184 | 104752 | 3435 | 21,1 | 209505 | 6869 |
| $d^{3)}$ | | **geschweißte Stahlrohre nach DIN 2458 (Auszug)** | | | | | | |
| 10,2 | 1,6 (1,4…2,6) | 0,432 | 0,339 | 0,041 | 0,081 | 0,309 | 0,083 | 0,162 |
| 13,5 | 1,8 (1,4…3,6) | 0,662 | 0,519 | 0,116 | 0,172 | 0,419 | 0,232 | 0,343 |
| 17,2 | 1,8 (1,4…4) | 0,871 | 0,684 | 0,262 | 0,304 | 0,548 | 0,523 | 0,609 |
| 21,3 | 2 (1,4…4,5) | 1,21 | 0,952 | 0,571 | 0,536 | 0,686 | 1,14 | 1,07 |
| 26,9 | 2 (1,4…5) | 1,57 | 1,23 | 1,22 | 0,907 | 0,883 | 2,44 | 1,81 |
| 33,7 | 2 (1,4…8) | 1,99 | 1,56 | 2,51 | 1,49 | 1,12 | 5,02 | 2,98 |
| 42,4 | 2,3 (1,4…8,8) | 2,90 | 2,28 | 5,84 | 2,76 | 1,42 | 11,7 | 5,51 |
| 48,3 | 2,3 (1,4…8,8) | 3,32 | 2,61 | 8,81 | 3,65 | 1,63 | 17,6 | 7,30 |
| 60,3 | 2,3 (1,4…10) | 4,19 | 3,29 | 17,6 | 5,85 | 2,05 | 35,3 | 11,7 |
| 76,1 | 2,6 (1,6…10) | 6,00 | 4,71 | 40,5 | 10,7 | 2,60 | 81,2 | 21,3 |
| 88,9 | 2,9 (1,6…10) | 7,84 | 6,15 | 72,5 | 16,3 | 3,04 | 145 | 32,6 |
| 114,3 | 3,2 (2 …11) | 11,2 | 8,77 | 172 | 30,2 | 3,93 | 345 | 60,4 |
| 139,7 | 3,6 (2 …11) | 15,4 | 12,1 | 357 | 51,1 | 4,81 | 713 | 102 |
| 168,3 | 4 (2,9…11) | 20,6 | 16,2 | 697 | 82,8 | 5,81 | 1394 | 166 |
| 219,1 | 4,5 (3,2…12,5) | 30,3 | 23,8 | 1747 | 159 | 7,59 | 3494 | 319 |
| 273 | 5 (3,2…12,5) | 42,1 | 33,0 | 3781 | 277 | 9,48 | 7562 | 554 |
| 323,9 | 5,6 (3,2…12,5) | 56,0 | 44,0 | 7094 | 438 | 11,3 | 14188 | 876 |
| 355,6 | 5,6 (3,2…12,5) | 61,6 | 48,3 | 9431 | 530 | 12,4 | 18861 | 1061 |
| 406,4 | 6,3 (3,6…12,5) | 79,2 | 62,2 | 15850 | 780 | 14,2 | 31699 | 1560 |
| 457 | 6,3 (3,6…11) | 89,2 | 70,0 | 22654 | 991 | 15,9 | 45309 | 1983 |
| 508 | 6,3 (3,6…16) | 99,3 | 77,9 | 31247 | 1230 | 17,7 | 62493 | 2460 |

**TB 1-13** Fortsetzung

| Größe bzw. Außendurchmesser mm | Wanddicke $s^{2)}$ mm | Querschnittsfläche $A$ cm² | längenbezogene Masse $m'$ kg/m | für die Biegeachse $x-x = y-y$ | | | für die Verdrehung[4] | |
|---|---|---|---|---|---|---|---|---|
| | | | | $I$ cm⁴ | $W$ cm³ | $i$ cm | $I_t$ cm⁴ | $W_t$ cm³ |
| 610 | 6,3 (4,5...28) | 119 | 93,8 | 54 440 | 1785 | 21,3 | 108 876 | 3570 |
| 711 | 7,1 (4,5...32) | 157 | 123 | 97 253 | 2736 | 24,9 | 194 494 | 5471 |
| 813 | 8 (4,5...40) | 202 | 159 | 163 900 | 4032 | 28,5 | 327 806 | 8064 |
| 914 | 10 (4,5...40) | 284 | 223 | 290 147 | 6349 | 32 | 580 291 | 12 698 |
| 1016 | 10 (4,5...40) | 316 | 248 | 399 850 | 7871 | 35,6 | 799 673 | 15 742 |

[1] Zulässige Rundung: $R \leq 3s$.
[2] Maße und statische Werte nur für die kleinste Wanddicke (Hohlprofile) bzw. zugeordnete Normalwanddicke (Stahlrohre). Sonstige Wanddicken in ( ). Stufung der Rohrwanddicken: 1,4 1,6 1,8 2 2,3 2,6 2,9 3,2 3,6 4 4,5 5 5,6 6,3 7,1 8 8,8 10 11 12,5 14,2 16 17,5 20 22,2 25 28 30 32 36 40 45 50 55 60 65.
[3] Rohr-Außendurchmesser der Reihe 1, für die alles zum Bau einer Rohrleitung nötige Zubehör genormt ist bzw. genormt werden soll. Reihe 2 und 3 siehe Normblatt.
[4] $I_t$ = Torsionsflächenmoment, $W_t$ = Torsionswiderstandsmoment

**Bestellbeispiel:** 1000 m nahtlose Stahlrohre aus St44.0 mit dem Rohr-Außendurchmesser $d = 168{,}3$ mm und der Wanddicke $s = 4{,}5$ mm nach der Technischen Lieferbedingung DIN 1629 mit Abnahmezeugnis 3.1B nach EN 10204:

1000 m Rohr DIN 2448−St44.0−168,3 × 4,5−DIN 1629−3.1B

**TB 1-14** Reibungszahlen
a) Reibungszahlen bei verschiedenen Reibungsarten und Reibungszuständen (Anhaltswerte)

| Reibungsart | Reibungszustand | Zwischenstoff | Reibungszahl |
|---|---|---|---|
| Gleitreibung | Festkörperreibung<br>− Metall/Metall<br>− Keramik/Keramik<br>− Kunststoff/Metall | ohne<br>(trocken) | 0,3 ...1,5<br>0,2 ...1,5<br>0,1 ...1,5 |
| | Grenzreibung | molekularer Schmierstofffilm | 0,01 ...0,2 |
| | Mischreibung | partieller Schmierstofffilm | 0,01 ...0,1 |
| | Flüssigkeitsreibung | Schmierstoff | ca. $10^{-3}$ |
| | Gasreibung | Gas | ca. $10^{-4}$ |
| Rollreibung | | Wälzkörper | 0,001 ...0,005 |
| Haftreibung (Ruhereibung) | | ohne | ca. 0,5 |

**TB 1-14** Fortsetzung
b) Haft- und Gleitreibungszahlen
   Anhaltswerte für den Maschinenbau

| Werkstoffpaarung | Haftreibungszahl $\mu_0$ [1] | | Gleitreibungszahl $\mu$ | |
|---|---|---|---|---|
| | trocken | geschmiert | trocken | geschmiert |
| Stahl auf Stahl | 0,5 … 0,8 | 0,10 | 0,4 … 0,7 | 0,10 |
| Kupfer auf Kupfer | – | – | 0,6 … 1,0 | 0,10 |
| Stahl auf Gusseisen | 0,2 | 0,10 | 0,20 | 0,05 |
| Gusseisen auf Gusseisen | 0,25 | 0,15 | 0,20 | 0,10 |
| Gusseisen auf Cu-Legierung | 0,25 | 0,15 | 0,20 | 0,10 |
| Bremsbelag auf Stahl | – | – | 0,5 … 0,6 | – |
| Stahl auf Eis | 0,03 | – | 0,015 | – |
| Stahl auf Holz | 0,5 … 0,6 | 0,10 | 0,2 … 0,5 | 0,05 |
| Holz auf Holz | 0,4 … 0,6 | 0,15 … 0,20 | 0,2 … 0,4 | 0,10 |
| Leder auf Metall | 0,60 | 0,20 | 0,2 … 0,25 | 0,12 |
| Gummi auf Metall | – | – | 0,50 | – |
| Kunststoff auf Metall | 0,25 … 0,4 | – | 0,1 … 0,3 | 0,04 … 0,1 |
| Kunststoff auf Kunststoff | 0,3 … 0,4 | – | 0,2 … 0,4 | 0,04 … 0,1 |

[1] Die Haftreibungszahl $\mu_0$ einer Werkstoffpaarung ist meist geringfügig größer als die Gleitreibungszahl $\mu$. Sie ist nur für den Grenzfall des Übergangs in die Bewegung definiert.

c) Gleitreibungszahlen $\mu$ bei Festkörperreibung (nach Versuchen)

   Hinweis: Die Reibungszahl ist keine Werkstoffeigenschaft, sondern die Kenngröße eines tribologischen Systems. Entsprechend den Einflussgrößen Werkstoffart, Oberflächenbeschaffenheit, Temperatur, Gleitgeschwindigkeit und Flächenpressung kann sie in bestimmten Grenzen schwanken. Verlässliche Reibungszahlen müssen unter anwendungsnahen Bedingungen experimentell ermittelt werden.

| Werkstoff | Gleitreibungszahl $\mu$ | |
|---|---|---|
| | Paarung mit gleichem Werkstoff | Paarung mit gehärtetem Stahl |
| Aluminium | 1,3 | 0,5 |
| Chrom | 1,5 | 1,2 |
| Nickel | 0,7 | 0,5 |
| Gusseisen | 0,4 | 0,4 |
| Stahl, gehärtet | 0,6 | 0,6 |
| Lagermetall (PbSb) | – | 0,5 |
| CuZn-Legierung | – | 0,5 |
| $Al_2O_3$-Keramik | 0,4 | 0,7 |
| Polyamid (Nylon) | 1,2 | 0,4 |
| Polyethylen PE-HD | 0,4 | 0,1 |
| Polytetrafluorethylen | 0,12 | 0,05 |
| Polystyrol und Polyvinylchlorid PVC-U | – | 0,5 |
| Polyoxymethylen | – | 0,4 |

**TB 1-15** Maßstäbe in Abhängigkeit vom Längenmaßstab, Stufensprünge und Reihen zur Typung

| Kenngröße | Maßstab | Stufensprung | Reihe |
|---|---|---|---|
| 1. Länge $L$ | $q_L = L_1/L_0$ | $q_{r/p}$ | Rr/p |
| 2. Fläche $A$ | $q_A = A_1/A_0 = q_L^2$ | $q_{r/2p}$ | Rr/2p |
| 3. Volumen $V$ | $q_V = V_1/V_0 = q_L^3$ | $q_{r/3p}$ | Rr/3p |
| Masse $m$ | $q_m = m_1/m_0 = q_L^3$ | $q_{r/3p}$ | Rr/3p |
| 4. Dichte $\varrho$ | $q_\varrho = \varrho_1/\varrho_0 = 1$ | – | – |
| 5. Kraft $F$ | $q_F = F_1/F_0 = q_L^2$ | $q_{r/2p}$ | Rr/2p |
| 6. Spannung $\sigma$ | $q_\sigma = \sigma_1/\sigma_0 = 1$ | – | – |
| Druck $p$ | $q_p = p_1/p_0 = 1$ | – | – |
| 7. Zeit $t$ | $q_t = t_1/t_0 = q_L$ | $q_{r/p}$ | Rr/p |
| 8. Geschwindigkeit $v$ | $q_v = v_1/v_0 = 1$ | – | – |
| 9. Beschleunigung $a$ | $q_a = a_1/a_0 = q_L^{-1}$ | $q_{r/-p}$ | Rr/–p (fallend) |
| Drehzahl $n$ | $q_n = n_1/n_0 = q_L^{-1}$ | $q_{r/-p}$ | Rr/–p (fallend) |
| 10. Winkelbeschleunigung $\alpha$ | $q_\alpha = \alpha_1/\alpha_0 = q_L^{-2}$ | $q_{r/-2p}$ | Rr/–2p (fallend) |
| 11. Leistung $P$ | $q_P = P_1/P_0 = q_L^2$ | $q_{r/2p}$ | Rr/2p |
| 12. Moment $M$ bzw. $T$ | $q_M = M_1/M_0 = q_L^3 = T_1/T_0$ | $q_{r/3p}$ | Rr/3p |
| 13. Widerstandsmoment $W$ Arbeit $W$ | $q_W = W_1/W_0 = q_L^3$ | $q_{r/3p}$ | Rr/3p |
| 14. Flächenmoment 2. Grades $I$ | $q_I = I_1/I_0 = q_L^4$ | $q_{r/4p}$ | Rr/4p |
| 15. Massenmoment 2. Grades $J$ | $q_J = J_1/J_0 = q_L^5$ | $q_{r/5p}$ | Rr/5p |

**TB 1-16** Normzahlen nach DIN 323

| Hauptwerte | | | | Rundwerte | | | | | | nahe liegende Werte |
|---|---|---|---|---|---|---|---|---|---|---|
| Grundreihen | | | | Rundwertreihen | | | | | | |
| R5 | R10 | R20 | R40 | R″5 | R′10 | R″10 | R′20 | R″20 | R′40 | |
| 1,00 | 1,00 | 1,00 | 1,00<br>1,06 | 1,00 | 1,00 | 1,00 | 1,00 | 1,00 | 1,00<br>1,05 | |
|  |  | 1,12 | 1,12<br>1,18 |  |  |  | 1,10 | 1,10 | 1,10<br>1,20 | |
|  | 1,25 | 1,25 | 1,25<br>1,32 |  | 1,25 | (1,20) | 1,25 | (1,20) | 1,25<br>1,30 | $\sqrt[3]{2}$ |
|  |  | 1,40 | 1,40<br>1,50 |  |  |  | 1,40 | 1,40 | 1,40<br>1,50 | $\sqrt{2}$ |
| 1,60 | 1,60 | 1,60 | 1,60<br>1,70 | (1,50) | 1,60 | (1,50) | 1,60 | 1,60 | 1,60<br>1,70 | $\sqrt[3]{4}$ |
|  |  | 1,80 | 1,80<br>1,90 |  |  |  | 1,80 | 1,80 | 1,80<br>1,90 | |
|  | 2,00 | 2,00 | 2,00<br>2,12 |  | 2,00 | 2,00 | 2,00 | 2,00 | 2,00<br>2,10 | |
|  |  | 2,24 | 2,24<br>2,36 |  |  |  | 2,20 | 2,20 | 2,20<br>2,40 | |
| 2,50 | 2,50 | 2,50 | 2,50<br>2,65 | 2,50 | 2,50 | 2,50 | 2,50 | 2,50 | 2,50<br>2,60 | $\dfrac{mm}{Inch} \approx 25$ |
|  |  | 2,80 | 2,80<br>3,00 |  |  |  | 2,80 | 2,80 | 2,80<br>3,00 | |
|  | 3,15 | 3,15 | 3,15<br>3,35 |  | 3,20 | (3,00) | 3,20 | (3,00) | 3,20<br>3,40 | $\pi, \sqrt{10}$ |
|  |  | 3,55 | 3,55<br>3,75 |  |  |  | 3,50 | (3,50) | 3,60<br>3,80 | |
| 4,00 | 4,00 | 4,00 | 4,00<br>4,25 | 4,00 | 4,00 | 4,00 | 4,00 | 4,00 | 4,00<br>4,20 | $\dfrac{\pi}{8} \approx 0{,}4$ |
|  |  | 4,50 | 4,50<br>4,75 |  |  |  | 4,50 | 4,50 | 4,50<br>4,80 | |
|  | 5,00 | 5,00 | 5,00<br>5,30 |  | 5,00 | 5,00 | 5,00 | 5,00 | 5,00<br>5,30 | |
|  |  | 5,60 | 5,60<br>6,00 |  |  |  | 5,60 | (5,50) | 5,60<br>6,00 | |
| 6,30 | 6,30 | 6,30 | 6,30<br>6,70 | (6,00) | 6,30 | (6,00) | 6,30 | (6,00) | 6,30<br>6,70 | $2\pi$ |
|  |  | 7,10 | 7,10<br>7,50 |  |  |  | 7,10 | (7,00) | 7,10<br>7,50 | |
|  | 8,00 | 8,00 | 8,00<br>8,50 |  | 8,00 | 8,00 | 8,00 | 8,00 | 8,00<br>8,50 | $\dfrac{\pi}{4} \approx 0{,}8$ |
|  |  | 9,00 | 9,00<br>9,50 |  |  |  | 9,00 | 9,00 | 9,00<br>9,50 | |
| 10,00 | 10,00 | 10,00 | 10,00 | 10,00 | 10,00 | 10,00 | 10,00 | 10,00 | 10,00 | $\pi^2, g$ |

Die in Klammern ( ) gesetzten Werte von R″5, R″10, R″20, insbesondere der Wert 1,5, sollten möglichst vermieden werden.

# 2 Toleranzen, Passungen, Oberflächenbeschaffenheit

**TB 2-1** Grundtoleranzen IT in Anlehnung an DIN ISO 286 T1

| K | 1 | 2 | 3 | 4 | 5 | 6 | 7 | 8 | 9 | 10 | 11 | 12 | 13 | 14 | 15 | 16 | 17 | 18 |
|---|---|---|---|---|---|---|---|---|---|---|---|---|---|---|---|---|---|---|
| | – | – | – | – | 7 | 10 | 16 | 25 | 40 | 64 | 100 | 160 | 250 | 400 | 640 | 1000 | 1600 | 2500 |
| Nennmaß-bereich (mm) | Grundtoleranz IT = $K \cdot i$ bzw. IT = $K \cdot I$; Toleranzfaktor $i(I)$ nach Gl. (2.4) | | | | | | | | | | | | | | | | | |
| | µm | | | | | | | | | | | mm | | | | | | |
| bis 3 | 0,8 | 1,2 | 2 | – | 4 | 6 | 10 | 14 | 25 | 40 | 60 | 0,1 | 0,14 | 0,25 | 0,4 | 0,6 | 1 | 1,4 |
| > 3– 6 | 1 | 1,5 | 2,5 | 4 | 5 | 8 | 12 | 18 | 30 | 48 | 75 | 0,12 | 0,18 | 0,3 | 0,48 | 0,75 | 1,2 | 1,8 |
| > 6– 10 | 1 | 1,5 | 2,5 | 4 | 6 | 9 | 15 | 22 | 36 | 58 | 90 | 0,15 | 0,22 | 0,36 | 0,58 | 0,9 | 1,5 | 2,2 |
| > 10– 18 | 1,2 | 2 | 3 | 5 | 8 | 11 | 18 | 27 | 43 | 70 | 110 | 0,18 | 0,27 | 0,43 | 0,7 | 1,1 | 1,8 | 2,7 |
| > 18– 30 | 1,5 | 2,5 | 4 | 6 | 9 | 13 | 21 | 33 | 52 | 84 | 130 | 0,21 | 0,33 | 0,52 | 0,84 | 1,3 | 2,1 | 3,3 |
| > 30– 50 | 1,5 | 2,5 | 4 | 7 | 11 | 16 | 25 | 39 | 62 | 100 | 160 | 0,25 | 0,39 | 0,62 | 1 | 1,6 | 2,5 | 3,9 |
| > 50– 80 | 2 | 3 | 5 | 8 | 13 | 19 | 30 | 46 | 74 | 120 | 190 | 0,3 | 0,46 | 0,74 | 1,2 | 1,9 | 3 | 4,6 |
| > 80– 120 | 2,5 | 4 | 6 | 10 | 15 | 22 | 35 | 54 | 87 | 140 | 220 | 0,35 | 0,54 | 0,87 | 1,4 | 2,2 | 3,5 | 5,4 |
| > 120– 180 | 3,5 | 5 | 8 | 12 | 18 | 25 | 40 | 63 | 100 | 160 | 250 | 0,4 | 0,63 | 1 | 1,6 | 2,5 | 4 | 6,3 |
| > 180– 250 | 4,5 | 7 | 10 | 14 | 20 | 29 | 46 | 72 | 115 | 185 | 290 | 0,46 | 0,72 | 1,15 | 1,85 | 2,9 | 4,6 | 7,2 |
| > 250– 315 | 6 | 8 | 12 | 16 | 23 | 32 | 52 | 81 | 130 | 210 | 320 | 0,52 | 0,81 | 1,3 | 2,1 | 3,2 | 5,2 | 8,1 |
| > 315– 400 | 7 | 9 | 13 | 18 | 25 | 36 | 57 | 89 | 140 | 230 | 360 | 0,57 | 0,89 | 1,4 | 2,3 | 3,6 | 5,7 | 8,9 |
| > 400– 500 | 8 | 10 | 15 | 20 | 27 | 40 | 63 | 97 | 155 | 250 | 400 | 0,63 | 0,97 | 1,55 | 2,5 | 4 | 6,3 | 9,7 |
| > 500– 630 | 9 | 11 | 16 | 22 | 32 | 44 | 70 | 110 | 175 | 280 | 440 | 0,7 | 1,1 | 1,75 | 2,8 | 4,4 | 7 | 11 |
| > 630– 800 | 10 | 13 | 18 | 25 | 36 | 50 | 80 | 125 | 200 | 320 | 500 | 0,8 | 1,25 | 2 | 3,2 | 5 | 8 | 12,5 |
| > 800–1000 | 11 | 15 | 21 | 28 | 40 | 56 | 90 | 140 | 230 | 360 | 560 | 0,9 | 1,4 | 2,3 | 3,6 | 5,6 | 9 | 14 |
| >1000–1250 | 13 | 18 | 24 | 33 | 47 | 66 | 105 | 165 | 260 | 420 | 660 | 1,05 | 1,65 | 2,6 | 4,2 | 6,6 | 10,5 | 16,5 |
| >1250–1600 | 15 | 21 | 29 | 39 | 55 | 78 | 125 | 195 | 310 | 500 | 780 | 1,25 | 1,95 | 3,1 | 5 | 7,8 | 12,5 | 19,5 |
| >1600–2000 | 18 | 25 | 35 | 46 | 65 | 92 | 150 | 230 | 370 | 600 | 920 | 1,5 | 2,3 | 3,7 | 6 | 9,2 | 15 | 23 |
| >2000–2500 | 22 | 30 | 41 | 55 | 78 | 110 | 175 | 280 | 440 | 700 | 1100 | 1,75 | 2,8 | 4,4 | 7 | 11 | 17,5 | 28 |
| >2500–3150 | 26 | 36 | 50 | 68 | 96 | 135 | 210 | 330 | 540 | 860 | 1350 | 2,1 | 3,3 | 5,4 | 8,6 | 13,5 | 21 | 33 |

**TB 2-2** Zahlenwerte der Grundabmaße von Außenflächen (Wellen) in µm nach DIN ISO 286 T1 (Auszug)

| Nennmaß in mm | oberes Abmaß $es$ [1] | | | | | | | | unteres Abmaß $ei$ [2] | | | | | | | | | | | | | |
|---|---|---|---|---|---|---|---|---|---|---|---|---|---|---|---|---|---|---|---|---|---|---|
| | c | d | e | f | g | h | js | j (IT 5 und IT 6) | j (IT 7) | k (IT 4 bis IT 7) | k (über IT 7) | m | n | p | r | s | t | u | x | z | za | zb | zc |
| | alle Grundtoleranzgrade | | | | | | | | | | | alle Grundtoleranzgrade | | | | | | | | | | | |
| > 3 – 6 | −70 | −30 | −20 | −10 | −4 | 0 | Abmaße = ±(IT/2) mit IT nach TB 2-1 | −2 | −4 | +1 | 0 | +4 | +8 | +12 | +15 | +19 | — | +23 | +28 | +35 | +42 | +50 | +80 |
| > 6 – 10 | −80 | −40 | −25 | −13 | −5 | 0 | | −2 | −5 | +1 | 0 | +6 | +10 | +15 | +19 | +23 | — | +28 | +34 | +42 | +52 | +67 | +97 |
| > 10 – 14 | −95 | −50 | −32 | −16 | −6 | 0 | | −3 | −6 | +1 | 0 | +7 | +12 | +18 | +23 | +28 | — | +33 | +40 | +50 | +64 | +90 | +130 |
| > 14 – 18 | −95 | −50 | −32 | −16 | −6 | 0 | | −3 | −6 | +1 | 0 | +7 | +12 | +18 | +23 | +28 | — | +33 | +45 | +60 | +77 | +108 | +150 |
| > 18 – 24 | −110 | −65 | −40 | −20 | −7 | 0 | | −4 | −8 | +2 | 0 | +8 | +15 | +22 | +28 | +35 | — | +41 | +54 | +73 | +98 | +136 | +188 |
| > 24 – 30 | −110 | −65 | −40 | −20 | −7 | 0 | | −4 | −8 | +2 | 0 | +8 | +15 | +22 | +28 | +35 | +41 | +48 | +64 | +88 | +118 | +160 | +218 |
| > 30 – 40 | −120 | −80 | −50 | −25 | −9 | 0 | | −5 | −10 | +2 | 0 | +9 | +17 | +26 | +34 | +43 | +48 | +60 | +80 | +112 | +148 | +200 | +274 |
| > 40 – 50 | −130 | −80 | −50 | −25 | −9 | 0 | | −5 | −10 | +2 | 0 | +9 | +17 | +26 | +34 | +43 | +54 | +70 | +97 | +136 | +180 | +242 | +325 |
| > 50 – 65 | −140 | −100 | −60 | −30 | −10 | 0 | | −7 | −12 | +2 | 0 | +11 | +20 | +32 | +41 | +53 | +66 | +87 | +122 | +172 | +226 | +300 | +405 |
| > 65 – 80 | −150 | −100 | −60 | −30 | −10 | 0 | | −7 | −12 | +2 | 0 | +11 | +20 | +32 | +43 | +59 | +75 | +102 | +146 | +210 | +274 | +360 | +480 |
| > 80 – 100 | −170 | −120 | −72 | −36 | −12 | 0 | | −9 | −15 | +3 | 0 | +13 | +23 | +37 | +51 | +71 | +91 | +124 | +178 | +258 | +335 | +445 | +585 |
| > 100 – 120 | −180 | −120 | −72 | −36 | −12 | 0 | | −9 | −15 | +3 | 0 | +13 | +23 | +37 | +54 | +79 | +104 | +144 | +210 | +310 | +400 | +525 | +690 |
| > 120 – 140 | −200 | −145 | −85 | −43 | −14 | 0 | | −11 | −18 | +3 | 0 | +15 | +27 | +43 | +63 | +92 | +122 | +170 | +248 | +365 | +470 | +620 | +800 |
| > 140 – 160 | −210 | −145 | −85 | −43 | −14 | 0 | | −11 | −18 | +3 | 0 | +15 | +27 | +43 | +65 | +100 | +134 | +190 | +280 | +415 | +535 | +700 | +900 |
| > 160 – 180 | −230 | −145 | −85 | −43 | −14 | 0 | | −11 | −18 | +3 | 0 | +15 | +27 | +43 | +68 | +108 | +146 | +210 | +310 | +465 | +600 | +780 | +1000 |
| > 180 – 200 | −240 | −170 | −100 | −50 | −15 | 0 | | −13 | −21 | +4 | 0 | +17 | +31 | +50 | +77 | +122 | +166 | +236 | +350 | +520 | +670 | +880 | +1150 |
| > 200 – 225 | −260 | −170 | −100 | −50 | −15 | 0 | | −13 | −21 | +4 | 0 | +17 | +31 | +50 | +80 | +130 | +180 | +258 | +385 | +575 | +740 | +960 | +1250 |
| > 225 – 250 | −280 | −170 | −100 | −50 | −15 | 0 | | −13 | −21 | +4 | 0 | +17 | +31 | +50 | +84 | +140 | +196 | +284 | +425 | +640 | +820 | +1050 | +1350 |
| > 250 – 280 | −300 | −190 | −110 | −56 | −17 | 0 | | −16 | −26 | +4 | 0 | +20 | +34 | +56 | +94 | +158 | +218 | +315 | +475 | +710 | +920 | +1200 | +1550 |
| > 280 – 315 | −330 | −190 | −110 | −56 | −17 | 0 | | −16 | −26 | +4 | 0 | +20 | +34 | +56 | +98 | +170 | +240 | +350 | +525 | +790 | +1000 | +1300 | +1700 |
| > 315 – 355 | −360 | −210 | −125 | −62 | −18 | 0 | | −18 | −28 | +4 | 0 | +21 | +37 | +62 | +108 | +190 | +268 | +390 | +590 | +900 | +1150 | +1500 | +1900 |
| > 355 – 400 | −400 | −210 | −125 | −62 | −18 | 0 | | −18 | −28 | +4 | 0 | +21 | +37 | +62 | +114 | +208 | +294 | +435 | +660 | +1000 | +1300 | +1650 | +2100 |
| > 400 – 450 | −440 | −230 | −135 | −68 | −20 | 0 | | −20 | −32 | +5 | 0 | +23 | +40 | +68 | +126 | +232 | +330 | +490 | +740 | +1100 | +1450 | +1850 | +2400 |
| > 450 – 500 | −480 | −230 | −135 | −68 | −20 | 0 | | −20 | −32 | +5 | 0 | +23 | +40 | +68 | +132 | +252 | +360 | +540 | +820 | +1250 | +1600 | +2100 | +2600 |

[1] $i = es − $ IT (Grundtoleranz IT nach TB 2-1)
[2] $es = ei + $ IT

**TB 2-3** Zahlenwerte der Grundabmaße von Innenpassflächen (Bohrungen) in µm nach DIN ISO 286 T1 (Auszug)

| Nennmaß in mm | unteres Abmaß $EI$[1] | | | | | | | oberes Abmaß $ES$[2] | | | | | | | | | | | | | | | | | | | | | | $\delta$ in µm | | | | | |
|---|---|---|---|---|---|---|---|---|---|---|---|---|---|---|---|---|---|---|---|---|---|---|---|---|---|---|---|---|---|---|---|---|---|---|---|
| | C | D | E | F | G | H | JS | J | | | K | M | N | P...ZC | P | R | S | T | U | X | Z | ZA | ZB | ZC | | | | | | | | | | | |
| | | | | | | | | IT6 | IT7 | IT8 | bis IT8 | bis IT8 | bis IT8 | bis IT7 | | | | | Grundtoleranzgrade über IT7 | | | | | | IT3 | IT4 | IT5 | IT6 | IT7 | IT8 |
| | alle Grundtoleranzgrade | | | | | | | | | | | | | Werte wie für Grundtoleranzgrade über IT7, um $\delta$ zu erhöhen | | | | | | | | | | | | | | | | | |
| > 3– 6 | +70 | +30 | +20 | +10 | +4 | 0 | | +5 | +6 | +10 | −1+δ | −4+δ | −8+δ | | −12 | −15 | −19 | — | −23 | −28 | −35 | −42 | −50 | −80 | 1 | 1,5 | 1 | 3 | 4 | 6 |
| > 6– 10 | +80 | +40 | +25 | +13 | +5 | 0 | | +5 | +8 | +12 | −1+δ | −6+δ | −10+δ | | −15 | −19 | −23 | — | −28 | −34 | −42 | −52 | −67 | −97 | 1 | 1,5 | 2 | 3 | 6 | 7 |
| > 10– 14 | +95 | +50 | +32 | +16 | +6 | 0 | | +6 | +10 | +15 | −1+δ | −7+δ | −12+δ | | −18 | −23 | −28 | — | −33 | −40 | −50 | −64 | −90 | −130 | 1 | 2 | 3 | 3 | 7 | 9 |
| > 14– 18 | | | | | | | | | | | | | | | | | | | | −45 | | −77 | −108 | −150 | | | | | | |
| > 18– 24 | +110 | +65 | +40 | +20 | +7 | 0 | | +8 | +12 | +20 | −2+δ | −8+δ | −15+δ | | −22 | −28 | −35 | — | −41 | −54 | −73 | −98 | −136 | −188 | 1,5 | 2 | 3 | 4 | 8 | 12 |
| > 24– 30 | | | | | | | | | | | | | | | | | | −41 | −48 | −64 | −88 | −118 | −160 | −218 | | | | | | |
| > 30– 40 | +120 | +80 | +50 | +25 | +9 | 0 | | +10 | +14 | +24 | −2+δ | −9+δ | −17+δ | | −26 | −34 | −43 | −48 | −60 | −80 | −112 | −148 | −200 | −274 | 1,5 | 3 | 4 | 5 | 9 | 14 |
| > 40– 50 | +130 | | | | | | | | | | | | | | | | | −54 | −70 | −97 | −136 | −180 | −242 | −325 | | | | | | |
| > 50– 65 | +140 | +100 | +60 | +30 | +10 | 0 | | +13 | +18 | +28 | −2+δ | −11+δ | −20+δ | | −32 | −41 | −53 | −66 | −87 | −122 | −172 | −226 | −300 | −405 | 2 | 3 | 5 | 6 | 11 | 16 |
| > 65– 80 | +150 | | | | | | | | | | | | | | | −43 | −59 | −75 | −102 | −146 | −210 | −274 | −360 | −480 | | | | | | |
| > 80–100 | +170 | +120 | +72 | +36 | +12 | 0 | | +16 | +22 | +34 | −3+δ | −13+δ | −23+δ | | −37 | −51 | −71 | −91 | −124 | −178 | −258 | −335 | −445 | −585 | 2 | 4 | 5 | 7 | 13 | 19 |
| >100–120 | +180 | | | | | | | | | | | | | | | −54 | −79 | −104 | −144 | −210 | −310 | −400 | −525 | −690 | | | | | | |
| >120–140 | +200 | +145 | +85 | +43 | +14 | 0 | | +18 | +26 | +41 | −3+δ | −15+δ | −27+δ | | −43 | −63 | −92 | −122 | −170 | −248 | −365 | −470 | −620 | −800 | 3 | 4 | 6 | 7 | 15 | 23 |
| >140–160 | +210 | | | | | | | | | | | | | | | −65 | −100 | −134 | −190 | −280 | −415 | −535 | −700 | −900 | | | | | | |
| >160–180 | +230 | | | | | | | | | | | | | | | −68 | −108 | −146 | −210 | −310 | −465 | −600 | −780 | −1000 | | | | | | |
| >180–200 | +240 | +170 | +100 | +50 | +15 | 0 | | +22 | +30 | +47 | −4+δ | −17+δ | −31+δ | | −50 | −77 | −122 | −166 | −236 | −350 | −520 | −670 | −880 | −1150 | 3 | 4 | 6 | 9 | 17 | 26 |
| >200–225 | +260 | | | | | | | | | | | | | | | −80 | −130 | −180 | −258 | −385 | −575 | −740 | −960 | −1250 | | | | | | |
| >225–250 | +280 | | | | | | | | | | | | | | | −84 | −140 | −196 | −284 | −425 | −640 | −820 | −1050 | −1350 | | | | | | |
| >250–280 | +300 | +190 | +110 | +56 | +17 | 0 | | +25 | +36 | +55 | −4+δ | −20+δ | −34+δ | | −56 | −94 | −158 | −218 | −315 | −475 | −710 | −920 | −1200 | −1550 | 4 | 4 | 7 | 9 | 20 | 29 |
| >280–315 | +330 | | | | | | | | | | | | | | | −98 | −170 | −240 | −350 | −525 | −790 | −1000 | −1300 | −1700 | | | | | | |
| >315–355 | +360 | +210 | +125 | +62 | +18 | 0 | | +29 | +39 | +60 | −4+δ | −21+δ | −37+δ | | −62 | −108 | −190 | −268 | −390 | −590 | −900 | −1150 | −1500 | −1900 | 4 | 5 | 7 | 11 | 21 | 32 |
| >355–400 | +400 | | | | | | | | | | | | | | | −114 | −208 | −294 | −435 | −660 | −1000 | −1300 | −1650 | −2100 | | | | | | |
| >400–450 | +440 | +230 | +135 | +68 | +20 | 0 | | +33 | +43 | +66 | −5+δ | −23+δ | −40+δ | | −68 | −126 | −232 | −330 | −490 | −740 | −1100 | −1450 | −1850 | −2400 | 5 | 5 | 7 | 13 | 23 | 34 |
| >450–500 | +480 | | | | | | | | | | | | | | | −132 | −252 | −360 | −540 | −820 | −1250 | −1600 | −2100 | −2600 | | | | | | |

Abmaße = ±(IT/2) mit IT nach TB 2-1

[1] $ES = EI + IT$ (Grundtoleranz IT nach TB 2-1)
[2] $EI = ES − IT$

**TB 2-4** Passungen für das System Einheitsbohrung nach DIN ISO 286 T2 (Auszug)
Abmaße in µm

| Nennmaß in mm | Spiel-Passungen | | Übergangs-Passungen | | Übermaß-Passungen | | Spiel-Passungen | | | Übergangs-Passungen | | | Übermaß-Passungen | |
|---|---|---|---|---|---|---|---|---|---|---|---|---|---|---|
| | H6 | h5 | j6 | k6 | n5 | r5 | H7 | f7 | g6 | h6 | k6 | m6 | n6 | r6 | s6 |
| <3 | + 6 / 0 | 0 / − 4 | + 4 / − 2 | + 6 / 0 | + 8 / + 4 | + 14 / + 10 | +10 / 0 | − 6 / − 16 | − 2 / − 8 | 0 / − 6 | + 6 / 0 | + 8 / + 2 | +10 / + 4 | + 16 / + 10 | + 20 / + 14 |
| > 3– 6 | + 8 / 0 | 0 / − 5 | + 6 / − 2 | + 9 / + 1 | +13 / + 8 | + 20 / + 15 | +12 / 0 | − 10 / − 22 | − 4 / − 12 | 0 / − 8 | + 9 / + 1 | +12 / + 4 | +16 / + 8 | + 23 / + 15 | + 27 / + 19 |
| > 6– 10 | + 9 / 0 | 0 / − 6 | + 7 / − 2 | +10 / + 1 | +16 / +10 | + 25 / + 19 | +15 / 0 | − 13 / − 28 | − 5 / − 14 | 0 / − 9 | +10 / + 1 | +15 / + 6 | +19 / +10 | + 28 / + 19 | + 32 / + 23 |
| > 10– 18 | +11 / 0 | 0 / − 8 | + 8 / − 3 | +12 / + 1 | +20 / +12 | + 31 / + 23 | +18 / 0 | − 16 / − 34 | − 6 / − 17 | 0 / − 11 | +12 / + 1 | +18 / + 7 | +23 / +12 | + 34 / + 23 | + 39 / + 28 |
| > 18– 30 | +13 / 0 | 0 / − 9 | + 9 / − 4 | +15 / + 2 | +24 / +15 | + 37 / + 28 | +21 / 0 | − 20 / − 41 | − 7 / − 20 | 0 / − 13 | +15 / + 2 | +21 / + 8 | +28 / +15 | + 41 / + 28 | + 48 / + 35 |
| > 30– 50 | +16 / 0 | 0 / −11 | +11 / − 5 | +18 / + 2 | +28 / +17 | + 45 / + 34 | +25 / 0 | − 25 / − 50 | − 9 / − 25 | 0 / − 16 | +18 / + 2 | +25 / + 9 | +33 / +17 | + 50 / + 34 | + 59 / + 43 |
| > 50– 65 | +19 / 0 | 0 / −13 | +12 / − 7 | +21 / + 2 | +33 / +20 | + 54 / + 41 | +30 / 0 | − 30 / − 60 | −10 / −29 | 0 / −19 | +21 / + 2 | +30 / +11 | +39 / +20 | + 60 / + 41 | + 72 / + 53 |
| > 65– 80 | | | | | | + 56 / + 43 | | | | | | | | + 62 / + 43 | + 78 / + 59 |
| > 80–100 | +22 / 0 | 0 / −15 | +13 / − 9 | +25 / + 3 | +38 / +23 | + 66 / + 51 | +35 / 0 | − 36 / − 71 | −12 / −34 | 0 / −22 | +25 / + 3 | +35 / +13 | +45 / +23 | + 73 / + 51 | + 93 / + 71 |
| >100–120 | | | | | | + 69 / + 54 | | | | | | | | + 76 / + 54 | +101 / + 79 |
| >120–140 | +25 / 0 | 0 / −18 | +14 / −11 | +28 / + 3 | +45 / +27 | + 81 / + 63 | +40 / 0 | − 43 / − 83 | −14 / −39 | 0 / −25 | +28 / + 3 | +40 / +15 | +52 / +27 | + 88 / + 63 | +117 / + 92 |
| >140–160 | | | | | | + 83 / + 65 | | | | | | | | + 90 / + 65 | +125 / +100 |
| >160–180 | | | | | | + 86 / + 68 | | | | | | | | + 93 / + 68 | +133 / +108 |
| >180–200 | +29 / 0 | 0 / −20 | +16 / −13 | +33 / + 4 | +51 / +31 | + 97 / + 77 | +46 / 0 | − 50 / − 96 | −15 / −44 | 0 / −29 | +33 / + 4 | +46 / +17 | +60 / +31 | +106 / + 77 | +151 / +122 |
| >200–225 | | | | | | +100 / + 80 | | | | | | | | +109 / + 80 | +159 / +130 |
| >225–250 | | | | | | +104 / + 84 | | | | | | | | +113 / + 84 | +169 / +140 |
| >250–280 | +32 / 0 | 0 / −23 | +16 / −16 | +36 / + 4 | +57 / +34 | +117 / + 94 | +52 / 0 | − 56 / −108 | −17 / −49 | 0 / −32 | +36 / + 4 | +52 / +20 | +66 / +34 | +126 / + 94 | +190 / +158 |
| >280–315 | | | | | | +121 / + 98 | | | | | | | | +130 / + 98 | +202 / +170 |
| >315–355 | +36 / 0 | 0 / −25 | +18 / −18 | +40 / + 4 | +62 / +37 | +133 / +108 | +57 / 0 | − 62 / −119 | −18 / −54 | 0 / −36 | +40 / + 4 | +57 / +21 | +73 / +37 | +144 / +108 | +226 / +190 |
| >355–400 | | | | | | +139 / +114 | | | | | | | | +150 / +114 | +244 / +208 |
| >400–450 | +40 / 0 | 0 / −27 | +20 / −20 | +45 / + 5 | +67 / +40 | +153 / +126 | +63 / 0 | − 68 / −131 | −20 / −60 | 0 / −40 | +45 / + 5 | +63 / +23 | +80 / +40 | +166 / +126 | +272 / +232 |
| >450–500 | | | | | | +159 / +132 | | | | | | | | +172 / +132 | +292 / +252 |

**TB 2-4** Fortsetzung

| Nennmaß in mm | Spiel- Passungen | | | | | Übermaß- Passungen | | | Spiel- Passungen | | | | | Übermaß-[1] |
|---|---|---|---|---|---|---|---|---|---|---|---|---|---|---|
| | H8 | d9 | e8 | f8 | h9 | s8 | u8 | x8 | H11 | a11 | c11 | d9 | h11 | z11 |
| < 3 | +14 0 | − 20 − 45 | − 14 − 28 | − 6 − 20 | 0 − 25 | + 28 + 14 | + 32 + 18 | + 34 + 20 | + 60 0 | −270 −330 | − 60 −120 | − 20 − 45 | 0 − 60 | + 86 + 26 |
| > 3− 6 | +18 0 | − 30 − 60 | − 20 − 38 | − 10 − 28 | 0 − 30 | + 37 + 19 | + 41 + 23 | + 46 + 28 | + 75 0 | −270 −345 | − 70 −145 | − 30 − 60 | 0 − 75 | + 110 + 35 |
| > 6− 10 | +22 0 | − 40 − 76 | − 25 − 47 | − 13 − 35 | 0 − 36 | + 45 + 23 | + 50 + 28 | + 56 + 34 | + 90 0 | −280 −370 | − 80 −170 | − 40 − 76 | 0 − 90 | + 132 + 42 |
| > 10− 14 | +27 0 | − 50 − 93 | − 32 − 59 | − 16 − 43 | 0 − 43 | + 55 + 28 | + 60 + 33 | + 67 + 40 | +110 0 | −290 −400 | − 95 −205 | − 50 − 93 | 0 −110 | + 160 + 50 |
| > 14− 18 | | | | | | | | + 72 + 45 | | | | | | + 170 + 60 |
| > 18− 24 | +33 0 | − 65 −117 | − 40 − 73 | − 20 − 53 | 0 − 52 | + 68 + 35 | + 74 + 41 | + 87 + 54 | +130 0 | − 300 − 430 | −110 −240 | − 65 −117 | 0 −130 | + 203 + 73 |
| > 24− 30 | | | | | | | + 81 + 48 | + 97 + 64 | | | | | | + 218 + 88 |
| > 30− 40 | +39 0 | − 80 −142 | − 50 − 89 | − 25 − 64 | 0 − 62 | + 82 + 43 | + 99 + 60 | +119 + 80 | +160 0 | − 310 − 470 | −120 −280 | − 80 −142 | 0 −160 | + 272 + 112 |
| > 40− 50 | | | | | | | +109 + 70 | +136 + 97 | | − 320 − 480 | −130 −290 | | | + 296 + 136 |
| > 50− 65 | +46 0 | −100 −174 | − 60 −106 | − 30 − 76 | 0 − 74 | + 99 + 53 | +133 + 87 | +168 +122 | +190 0 | − 340 − 530 | −140 −330 | −100 −174 | 0 −190 | + 362 + 172 |
| > 65− 80 | | | | | | +105 + 59 | +148 +102 | +192 +146 | | − 360 − 550 | −150 −340 | | | + 408 + 210 |
| > 80−100 | +54 0 | −120 −207 | − 72 −126 | − 36 − 90 | 0 − 87 | +125 + 71 | +178 +124 | +232 +178 | +220 0 | − 380 − 600 | −170 −390 | −120 −207 | 0 −220 | + 478 + 258 |
| >100−120 | | | | | | +133 + 79 | +198 +144 | +264 +210 | | − 410 − 630 | −180 −400 | | | + 530 + 310 |
| >120−140 | +63 0 | −145 −245 | − 85 −148 | − 43 −106 | 0 −100 | +155 + 92 | +233 +170 | +311 +248 | +250 0 | − 460 − 710 | −200 −450 | −145 −245 | 0 −250 | + 615 + 365 |
| >140−160 | | | | | | +163 +100 | +253 +190 | +343 +280 | | − 520 − 770 | −210 −460 | | | + 665 + 415 |
| >160−180 | | | | | | +171 +108 | +273 +210 | +373 +310 | | − 580 − 830 | −230 −480 | | | + 715 + 465 |
| >180−200 | +72 0 | −170 −285 | −100 −172 | − 50 −122 | 0 −115 | +194 +122 | +308 +236 | +422 +350 | +290 0 | − 660 − 950 | −240 −530 | −170 −285 | 0 −290 | + 810 + 520 |
| >200−225 | | | | | | +202 +130 | +330 +258 | +457 +385 | | − 740 −1030 | −260 −550 | | | + 865 + 575 |
| >225−250 | | | | | | +212 +140 | +356 +284 | +497 +425 | | − 820 −1110 | −280 −570 | | | + 930 + 640 |
| >250−280 | +81 0 | −190 −320 | −110 −191 | − 56 −137 | 0 −130 | +239 +158 | +396 +315 | +556 +475 | +320 0 | − 920 −1240 | −300 −620 | −190 −320 | 0 −320 | +1030 + 710 |
| >280−315 | | | | | | +251 +170 | +431 +350 | +606 +525 | | −1050 −1370 | −330 −650 | | | +1110 + 790 |
| >315−355 | +89 0 | −210 −350 | −125 −214 | − 62 −151 | 0 −140 | +279 +190 | +479 +390 | +679 +590 | +360 0 | −1200 −1560 | −360 −720 | −210 −350 | 0 −360 | +1260 + 900 |
| >355−400 | | | | | | +297 +208 | +524 +435 | +749 +660 | | −1350 −1710 | −400 −760 | | | +1360 +1000 |
| >400−450 | +97 0 | −230 −385 | −135 −232 | − 68 −165 | 0 −155 | +329 +232 | +587 +490 | +837 +740 | +400 0 | −1500 −1900 | −440 −840 | −230 −385 | 0 −400 | +1500 +1100 |
| >450−500 | | | | | | +349 +252 | +637 +540 | +917 +820 | | −1650 −2050 | −480 −880 | | | +1650 +1250 |

[1] für N > 65 mm Übermaßpassung
bis N = 65 mm Übergangspassung

**TB 2-5** Passungen für das System Einheitswelle nach DIN ISO 286 T2 (Auszug)
Grenzabmaße in μm

| Nennmaß in mm | Spiel- | Übergangs- | | Übermaß- | | Spiel- | | | Übergangs- | | | Übermaß- | |
| --- | --- | --- | --- | --- | --- | --- | --- | --- | --- | --- | --- | --- | --- |
| | Passungen | | | | | Passungen | | | | | | | |
| | h5 | G6 | J6 | M6 | N6 | P6 | h6 | F7 | G7 | J7 | K7 | M7 | N7 | R7 | S7 |
| <3 | 0<br>−4 | +8<br>+2 | +2<br>−4 | −2<br>−8 | −4<br>−10 | −6<br>−12 | 0<br>−6 | +16<br>+6 | +12<br>+2 | +4<br>−6 | 0<br>−10 | −2<br>−12 | −4<br>−14 | −10<br>−20 | −14<br>−24 |
| > 3– 6 | 0<br>−5 | +12<br>+4 | +5<br>−3 | −1<br>−9 | −5<br>−13 | −9<br>−17 | 0<br>−8 | +22<br>+10 | +16<br>+4 | +6<br>−6 | +3<br>−9 | 0<br>−12 | −4<br>−16 | −11<br>−23 | −15<br>−27 |
| > 6– 10 | 0<br>−6 | +14<br>+5 | +5<br>−4 | −3<br>−12 | −7<br>−16 | −12<br>−21 | 0<br>−9 | +28<br>+13 | +20<br>+5 | +8<br>−7 | +5<br>−10 | 0<br>−15 | −4<br>−19 | −13<br>−28 | −17<br>−32 |
| > 10– 18 | 0<br>−8 | +17<br>+6 | +6<br>−5 | −4<br>−15 | −9<br>−20 | −15<br>−26 | 0<br>−11 | +34<br>+16 | +24<br>+6 | +10<br>−8 | +6<br>−12 | 0<br>−18 | −5<br>−23 | −16<br>−34 | −21<br>−39 |
| > 18– 30 | 0<br>−9 | +20<br>+7 | +8<br>−5 | −4<br>−17 | −11<br>−24 | −18<br>−31 | 0<br>−13 | +41<br>+20 | +28<br>+7 | +12<br>−9 | +6<br>−15 | 0<br>−21 | −7<br>−28 | −20<br>−41 | −27<br>−48 |
| > 30– 50 | 0<br>−11 | +25<br>+9 | +10<br>−6 | −4<br>−20 | −12<br>−28 | −21<br>−37 | 0<br>−16 | +50<br>+25 | +34<br>+9 | +14<br>−11 | +7<br>−18 | 0<br>−25 | −8<br>−33 | −25<br>−50 | −34<br>−59 |
| > 50– 65 | 0<br>−13 | +29<br>+10 | +13<br>−6 | −5<br>−24 | −14<br>−33 | −26<br>−45 | 0<br>−19 | +60<br>+30 | +40<br>+10 | +18<br>−12 | +9<br>−21 | 0<br>−30 | −9<br>−39 | −30<br>−60 | −42<br>−72 |
| > 65– 80 | | | | | | | | | | | | | | −32<br>−62 | −48<br>−78 |
| > 80–100 | 0<br>−15 | +34<br>+12 | +16<br>−6 | −6<br>−28 | −16<br>−38 | −30<br>−52 | 0<br>−22 | +71<br>+36 | +47<br>+12 | +22<br>−13 | +10<br>−25 | 0<br>−35 | −10<br>−45 | −38<br>−73 | −58<br>−93 |
| >100–120 | | | | | | | | | | | | | | −41<br>−76 | −66<br>−101 |
| >120–140 | | | | | | | | | | | | | | −48<br>−88 | −77<br>−117 |
| >140–160 | 0<br>−18 | +39<br>+14 | +18<br>−7 | −8<br>−33 | −20<br>−45 | −36<br>−61 | 0<br>−25 | +83<br>+43 | +54<br>+14 | +26<br>−14 | +12<br>−28 | 0<br>−40 | −12<br>−52 | −50<br>−90 | −85<br>−125 |
| >160–180 | | | | | | | | | | | | | | −53<br>−93 | −93<br>−133 |
| >180–200 | | | | | | | | | | | | | | −60<br>−106 | −105<br>−151 |
| >200–225 | 0<br>−20 | +44<br>+15 | +22<br>−7 | −8<br>−37 | −22<br>−51 | −41<br>−70 | 0<br>−29 | +96<br>+50 | +61<br>+15 | +30<br>−16 | +13<br>−33 | 0<br>−46 | −14<br>−60 | −63<br>−109 | −113<br>−159 |
| >225–250 | | | | | | | | | | | | | | −67<br>−113 | −123<br>−169 |
| >250–280 | 0<br>−23 | +49<br>+17 | +25<br>−7 | −9<br>−41 | −25<br>−57 | −47<br>−79 | 0<br>−32 | +108<br>+56 | +69<br>+17 | +36<br>−16 | +16<br>−36 | 0<br>−52 | −14<br>−66 | −74<br>−126 | −138<br>−190 |
| >280–315 | | | | | | | | | | | | | | −78<br>−130 | −150<br>−202 |
| >315–355 | 0<br>−25 | +54<br>+18 | +29<br>−7 | −10<br>−46 | −26<br>−62 | −51<br>−87 | 0<br>−36 | +119<br>+62 | +75<br>+18 | +39<br>−18 | +17<br>−40 | 0<br>−57 | −16<br>−73 | −87<br>−144 | −169<br>−226 |
| >355–400 | | | | | | | | | | | | | | −93<br>−150 | −187<br>−244 |
| >400–450 | 0<br>−27 | +60<br>+20 | +33<br>−7 | −10<br>−50 | −27<br>−67 | −55<br>−95 | 0<br>−40 | +131<br>+68 | +83<br>+20 | +43<br>−20 | +18<br>−45 | 0<br>−63 | −17<br>−80 | −103<br>−166 | −209<br>−272 |
| 450–500 | | | | | | | | | | | | | | −109<br>−172 | −229<br>−292 |

**TB 2-5** Fortsetzung

| Nennmaß in mm | Spiel-Passungen | | | | | | Über-maß-Passungen | Spiel-Passungen | | | | Über-maß-[1)] |
|---|---|---|---|---|---|---|---|---|---|---|---|---|
| | h9 | C11 | D10 | E9 | F8 | H8 | H11 | X9 | h11 | A11 | C11 | D10 | Z11 |
| <3 | 0<br>− 25 | +120<br>+ 60 | + 60<br>+ 20 | + 39<br>+ 14 | + 20<br>+ 6 | +14<br>0 | + 60<br>0 | − 20<br>− 45 | 0<br>− 60 | + 330<br>+ 270 | +120<br>+ 60 | + 60<br>+ 20 | − 26<br>− 86 |
| > 3− 6 | 0<br>− 30 | +145<br>+ 70 | + 78<br>+ 30 | + 50<br>+ 20 | + 28<br>+ 10 | +18<br>0 | + 75<br>0 | − 28<br>− 58 | 0<br>− 75 | + 345<br>+ 270 | +145<br>+ 70 | + 78<br>+ 30 | − 35<br>− 110 |
| > 6− 10 | 0<br>− 36 | +170<br>+ 80 | + 98<br>+ 40 | + 61<br>+ 25 | + 35<br>+ 13 | +22<br>0 | + 90<br>0 | − 34<br>− 70 | 0<br>− 90 | + 370<br>+ 280 | +170<br>+ 80 | + 98<br>+ 40 | − 42<br>− 132 |
| > 10− 14 | 0<br>− 43 | +205<br>+ 95 | +120<br>+ 50 | + 75<br>+ 32 | + 43<br>+ 16 | +27<br>0 | +110<br>0 | − 40<br>− 83 | 0<br>−110 | + 400<br>+ 290 | +205<br>+ 95 | +120<br>+ 50 | − 50<br>− 160 |
| > 14− 18 | | | | | | | | − 45<br>− 88 | | | | | − 60<br>− 170 |
| > 18− 24 | 0<br>− 52 | +240<br>+110 | +149<br>+ 65 | + 92<br>+ 40 | + 53<br>+ 20 | +33<br>0 | +130<br>0 | − 54<br>−106 | 0<br>−130 | + 430<br>+ 300 | +240<br>+110 | +149<br>+ 65 | − 73<br>− 203 |
| > 24− 30 | | | | | | | | − 64<br>−116 | | | | | − 88<br>− 218 |
| > 30− 40 | 0<br>− 62 | +280<br>+120 | +180<br>+ 80 | +112<br>+ 50 | + 64<br>+ 25 | +39<br>0 | +160<br>0 | − 80<br>−142 | 0<br>−160 | + 470<br>+ 310 | +280<br>+120 | +180<br>+ 80 | − 112<br>− 272 |
| > 40− 50 | | +290<br>+130 | | | | | | − 97<br>−159 | | + 480<br>+ 320 | +290<br>+130 | | − 136<br>− 296 |
| > 50− 65 | 0<br>− 74 | +330<br>+140 | +220<br>+100 | +134<br>+ 60 | + 76<br>+ 30 | +46<br>0 | +190<br>0 | −122<br>−196 | 0<br>−190 | + 530<br>+ 340 | +330<br>+140 | +220<br>+100 | − 172<br>− 362 |
| > 65− 80 | | +340<br>+150 | | | | | | −146<br>−220 | | + 550<br>+ 360 | +340<br>+150 | | − 210<br>− 400 |
| > 80−100 | 0<br>− 87 | +390<br>+170 | +260<br>+120 | +159<br>+ 72 | + 90<br>+ 36 | +54<br>0 | +220<br>0 | −178<br>−265 | 0<br>−220 | + 600<br>+ 380 | +390<br>+170 | +260<br>+120 | − 258<br>− 478 |
| >100−120 | | +400<br>+180 | | | | | | −210<br>−297 | | + 630<br>+ 410 | +400<br>+180 | | − 310<br>− 530 |
| >120−140 | | +450<br>+200 | | | | | | −248<br>−348 | | + 710<br>+ 460 | +450<br>+200 | | − 365<br>− 615 |
| >140−160 | 0<br>−100 | +460<br>+210 | +305<br>+145 | +185<br>+ 85 | +106<br>+ 43 | +63<br>0 | +250<br>0 | −280<br>−380 | 0<br>−250 | + 770<br>+ 520 | +460<br>+210 | +305<br>+145 | − 415<br>− 665 |
| >160−180 | | +480<br>+230 | | | | | | −310<br>−410 | | + 830<br>+ 580 | +480<br>+230 | | − 465<br>− 715 |
| >180−200 | | +530<br>+240 | | | | | | −350<br>−465 | | + 950<br>+ 660 | +530<br>+240 | | − 520<br>− 810 |
| >200−225 | 0<br>−115 | +550<br>+260 | +355<br>+170 | +215<br>+100 | +122<br>+ 50 | +72<br>0 | +290<br>0 | −385<br>−500 | 0<br>−290 | +1030<br>+ 740 | +550<br>+260 | +335<br>+170 | − 575<br>− 865 |
| >225−250 | | +570<br>+280 | | | | | | −425<br>−540 | | +1110<br>+ 820 | +570<br>+280 | | − 640<br>− 930 |
| >250−280 | 0<br>−130 | +620<br>+300 | +400<br>+190 | +240<br>+110 | +137<br>+ 56 | +81<br>0 | +320<br>0 | −475<br>−605 | 0<br>−320 | +1240<br>+ 920 | +620<br>+300 | +400<br>+190 | − 710<br>−1030 |
| >280−315 | | +650<br>+330 | | | | | | −525<br>−655 | | +1370<br>+1050 | +650<br>+330 | | − 790<br>−1110 |
| >315−355 | 0<br>−140 | +720<br>+360 | +440<br>+210 | +265<br>+125 | +151<br>+ 62 | +89<br>0 | +360<br>0 | −590<br>−730 | 0<br>−360 | +1560<br>+1200 | +720<br>+360 | +440<br>+210 | − 900<br>−1260 |
| >355−400 | | +760<br>+400 | | | | | | −660<br>−800 | | +1710<br>+1350 | +760<br>+400 | | −1000<br>−1360 |
| >400−450 | 0<br>−155 | +840<br>+440 | +480<br>+230 | +290<br>+135 | +165<br>+ 68 | +97<br>0 | +400<br>0 | −740<br>−895 | 0<br>−400 | +1900<br>+1500 | +840<br>+440 | +480<br>+230 | −1100<br>−1500 |
| >450−500 | | +880<br>+480 | | | | | | −820<br>−975 | | +2050<br>+1650 | +880<br>+480 | | −1250<br>−1650 |

[1)] für $N > 65$ mm Übermaßpassung
bis $N = 65$ mm Übergangspassung

**TB 2-6** Allgemeintoleranzen in mm nach DIN ISO 2768 T1

a) Grenzabmaße für Längenmaße

| Nennmaßbereich in mm | Toleranzklasse | | | |
|---|---|---|---|---|
| | f (fein) | m (mittel) | c (grob) | v (sehr grob) |
| >  0,5–   3 | ±0,05 | ±0,1 | ±0,2 | – |
| >  3–   6 | ±0,05 | ±0,1 | ±0,3 | ±0,5 |
| >  6–  30 | ±0,1 | ±0,2 | ±0,5 | ±1 |
| >  30– 120 | ±0,15 | ±0,3 | ±0,8 | ±1,5 |
| > 120– 400 | ±0,2 | ±0,5 | ±1,2 | ±2,5 |
| > 400–1000 | ±0,3 | ±0,8 | ±2 | ±4 |
| >1000–2000 | ±0,5 | ±1,2 | ±3 | ±6 |
| >2000–4000 | – | ±2 | ±4 | ±8 |

b) Grenzabmaße für Rundungshalbmesser

| Nennmaßbereich in mm | Toleranzklasse | | | |
|---|---|---|---|---|
| | f (fein) | m (mittel) | c (grob) | v (sehr grob) |
| >0,5–3 | ±0,2 | | ±0,4 | |
| >3 – 6 | ±0,5 | | ±1 | |
| >6 | ±1 | | ±2 | |

c) Grenzabmaße für Winkelmaße[1]

| Nennmaßbereich in mm | Toleranzklasse | | | |
|---|---|---|---|---|
| | f (fein) | m (mittel) | c (grob) | v (sehr grob) |
| ≤ 10 | ±1° | | ±1°30′ | ±3° |
| > 10– 50 | ±0°30′ | | ±1° | ±2° |
| > 50–120 | ±0°20′ | | ±0°30′ | ±1° |
| >120–400 | ±0°10′ | | ±0°15′ | ±0°30′ |
| >400 | ±0°5′ | | ±0°10′ | ±0°20′ |

[1] Länge des kürzeren Schenkels

**TB 2-7** Formtoleranzen nach DIN ISO 1101 (Auszug)

| Symbol und tolerierte Eigenschaft | | Toleranzzone | Anwendungsbeispiele | |
|---|---|---|---|---|
| | | | Zeichnungsangabe | Erklärung |
| — | Geradheit | | ⌀0,03 | Die Achse des zylindrischen Teiles des Bolzens muss innerhalb eines Zylinders vom Durchmesser $t = 0{,}03$ mm liegen. |
| ▱ | Ebenheit | | ▱ 0,05 | Die tolerierte Fläche muss zwischen zwei parallelen Ebenen vom Abstand $t = 0{,}05$ mm liegen. |
| ○ | Rundheit | | ○ 0,02 | Die Umfangslinie jedes Querschnittes muss in einem Kreisring von der Breite $t = 0{,}02$ mm enthalten sein. |
| ⌭ | Zylinderform | | ⌭ 0,05 | Die tolerierte Fläche muss zwischen zwei koaxialen Zylindern liegen, die einen radialen Abstand von $t = 0{,}05$ mm haben. |
| ⌒ | Linienform | | ⌒ 0,08 | Das tolerierte Profil muss zwischen zwei Hüll-Linien liegen, deren Abstand durch Kreise vom Durchmesser $t = 0{,}08$ mm begrenzt wird. Die Mittelpunkte dieser Kreise liegen auf der geometrisch idealen Linie. |
| ⌓ | Flächenform | Kugel ⌀ t | ⌓ 0,04 | Die tolerierte Fläche muss zwischen zwei Hüll-Flächen liegen, deren Abstand durch Kugeln vom Durchmesser $t = 0{,}03$ mm begrenzt wird. Die Mittelpunkte dieser Kugeln liegen auf der geometrisch idealen Fläche. |

**TB 2-8** Lagetoleranzen nach DIN ISO 1101 (Auszug)

| Symbol und tolerierte Eigenschaft | | Toleranzzone | Anwendungsbeispiele | |
|---|---|---|---|---|
| | | | Zeichnungsangabe | Erklärung |
| ∥ | Parallelität | | | Die tolerierte Achse muss innerhalb eines zur Bezugsachse parallel liegenden Zylinders vom Durchmesser $t = 0,1$ mm liegen. |
| | | | | Die tolerierte Fläche muss zwischen zwei zur Bezugsfläche parallelen Ebenen vom Abstand $t = 0,01$ mm ligen. |
| ⊥ | Rechtwinkligkeit | | | Die tolerierte Achse muss zwischen zwei parallelen zur Bezugsfläche und zur Pfeilrichtung senkrechten Ebenen vom Abstand $t = 0,05$ mm liegen. |
| ∠ | Neigung (Winkligkeit) | | | Die Achse der Bohrung muss zwischen zwei zur Bezugsfläche im Winkel von 60° geneigten und zueinander parallelen Ebenen vom Abstand $t = 0,1$ mm liegen. |
| ⊕ | Position | | | Die Achse der Bohrung muss innerhalb eines Zylinders vom Durchmesser $t = 0,05$ mm liegen, dessen Achse sich am geometrisch idealen Ort (mit eingerahmten Maßen) befindet. |
| ≡ | Symmetrie | | | Die Mittelebene der Nut muss zwischen zwei parallelen Ebenen liegen, die einen Abstand von $t = 0,08$ mm haben und symmetrisch zur Mittelebene des Bezugselementes liegen. |
| ◎ | Koaxialität Konzentrizität | | | Die Achse des tolerierten Teiles der Welle muss innerhalb eines Zylinders vom Durchmesser $t = 0,03$ mm liegen, dessen Achse mit der Achse des Bezugselementes fluchtet. |
| ↗ | Rundlauf | | | Bei einer Umdrehung um die Bezugsachse $A–B$ darf die Rundlaufabweichung in jeder Messebene 0,1 mm nicht überschreiten. |
| | Planlauf | | | Bei einer Umdrehung um die Bezugsachse $D$ darf die Planlaufabweichung an jeder beliebigen Messposition nicht größer als 0,1 mm sein. |

**TB 2-9** Anwendungsbeispiele für Passungen

| System Einheitsbohrung | Passtoleranzfeldlage | System Einheitswelle | Montagehinweise, Passcharakter und Anwendungsbeispiele |
|---|---|---|---|
| | Übermaßpassungen | | |
| H8/x8<br>H8/u8 | | X7/h6<br>U7/h6 | *Nur durch Erwärmen bzw. Kühlen fügbar.* Auf Wellen feststitzende Zahnräder, Kupplungen, Schwungräder; Schrumpfringe. Zusätzliche Sicherung gegen Verdrehen nicht erforderlich. |
| H7/s6<br>H7/r6 | | S7/h6<br>R7/h6 | *Teile unter größerem Druck oder Erwärmen bzw. Kühlen fügbar.* Lagerbuchsen in Gehäusen, Buchsen in Radnaben; Flansche auf Wellenenden. Zusätzliche Sicherung gegen Verdrehen nicht erforderlich. |
| | Übergangspassungen | | |
| H7/n6 | | N7/h6 | *Teile unter Druck fügbar.* Radkränze auf Radkörpern; Lagerbuchsen in Gehäusen und Radnaben; Kupplungen auf Wellenenden. Gegen Verdrehen zusätzlich sichern. |
| H7/k6 | | K7/h6 | *Teile mit Hammerschlägen fügbar.* Zahnräder, Riemenscheiben, Kupplungen, Bremsscheiben auf längeren Wellen bzw. Wellenenden. Gegen Verdrehen zusätzlich sichern. |
| H7/j6 | | J7/h6 | *Teile mit leichten Hammerschlägen oder von Hand fügbar.* Für leicht ein- und auszubauende Zahnräder, Riemenscheiben; Buchsen. Gegen Verdrehen zusätzlich sichern. |
| | Spielpassungen | | |
| H7/h6<br>H8/h9<br>H11/h9 | | H7/h6<br>H8/h9<br>H9/h11 | *Teile von Hand noch verschiebbar.* Für gleitende Teile und Führungen; Zentrierflansche; Reitstockpinole; Stell- und Distanzringe. |
| H7/g6 | | G7/h6 | *Teile ohne merkliches Spiel verschiebbar.* Gleitlager für Arbeitsspindeln, verschiebbare Räder und Kupplungen. |
| H7/f7<br>H8/f7 | | F8/h6<br>F8/h9 | *Teile mit geringem Spiel beweglich.* Gleitlager allgemein; Gleitbuchsen auf Wellen; Steuerkolben in Zylindern. |
| H8/e8 | | E9/h9 | *Teile mit merklichem Spiel beweglich.* Mehrfach gelagerte Welle; Kurbelwellen- und Schneckenwellenlagerung; Hebellagerungen. |
| H8/d9<br>H11/d9 | | D10/h9<br>D10/h11 | *Teile mit reichlichem Spiel beweglich.* Für die Lagerungen an Bau- und Landmaschinen; Förderanlagen. Grobmaschinenbau allgemein. |
| H11/c11<br>H11/a11 | | C11/h9<br>C11/h11<br>A11/h11 | *Teile mit sehr großem Spiel beweglich.* Lager mit hoher Verschmutzungsgefahr und bei mangelhafter Schmierung; Gelenkverbindungen. |

**TB 2-10** Zuordnung von $R_z$ und $R_a$ für spanend gefertigte Oberflächen nach DIN 4768, T1, Beiblatt 1

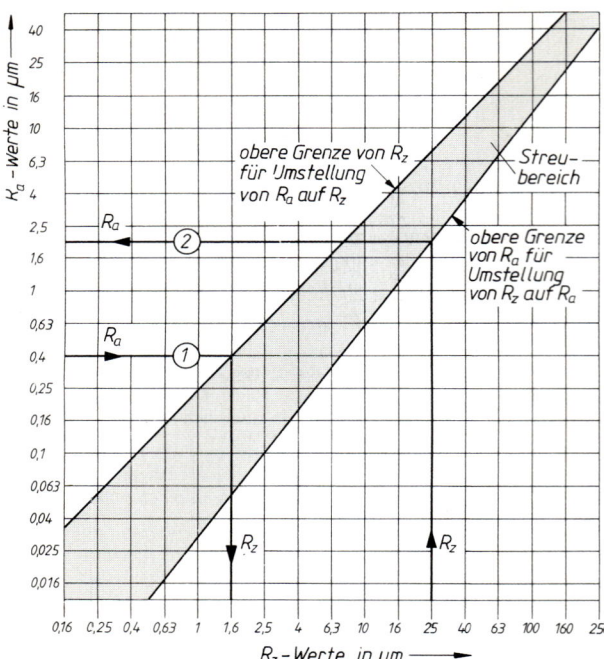

*Ablesebeispiele:*
① Soll der Mittenrauwert $R_a = 0{,}4$ µm in eine vergleichbare gemittelte Rautiefe $R_z$ umgewandelt werden, so kann angenommen werden, dass $R_z = 1{,}6$ µm dem Wert $R_a = 0{,}4$ µm entspricht.

② Soll dagegen die gemittelte Rautiefe $R_z = 25$ µm in einen vergleichbaren Mittenrauwert $R_a$ umgewandelt werden, so kann davon ausgegangen werden, dass $R_a = 2$ µm dem Wert $R_z = 25$ µm entspricht.

**TB 2-11** Empfehlung für Rautiefe $R_z$ in Abhängigkeit von Nennmaß, Toleranzklasse und Flächenfunktion (nach Rochusch)

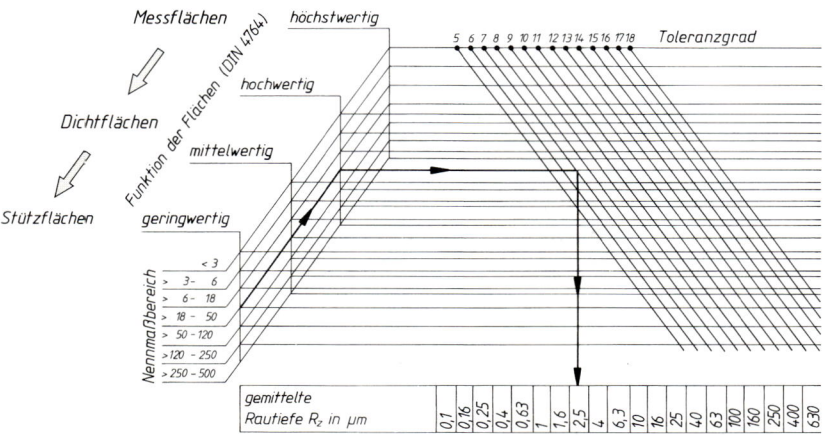

*Ablesebeispiel:* Die zu empfehlende gemittelte Rautiefe $R_z$ ergibt sich für den Werkstückdurchmesser $d = 40$ mm einer vorgegebenen Toleranzklasse r7 bei einer hochwertigen Flächenfunktion (z. B. Pressverband) zu $R_z = 2{,}5$ µm.

**TB 2-12** Rauheit von Oberflächen in Abhängigkeit vom Herstellverfahren nach DIN 4766 T1 und T2 (Auszug)

a) erreichbare gemittelte Rautiefe $R_z$ [1]

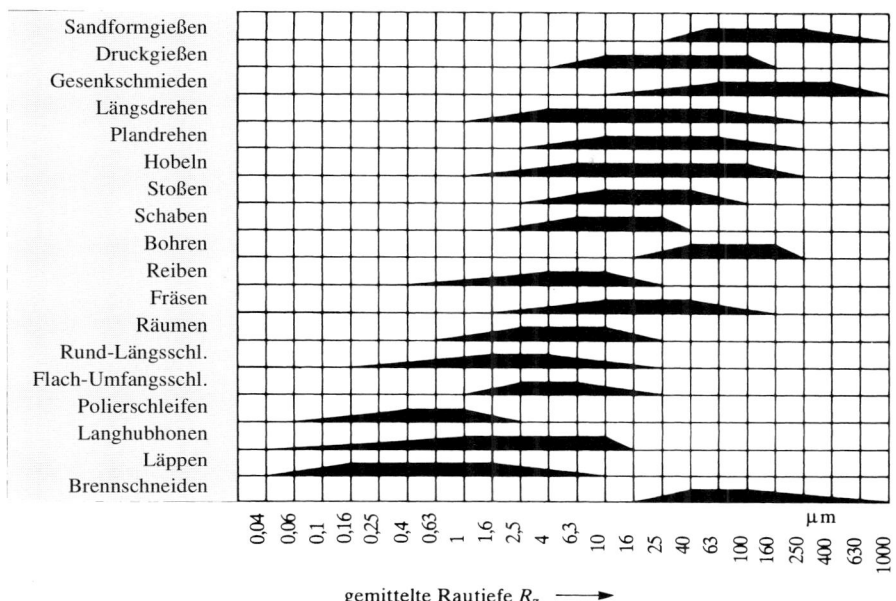

gemittelte Rautiefe $R_z$ ⟶

b) ereichbare Mittenrauwerte $R_a$ [1]

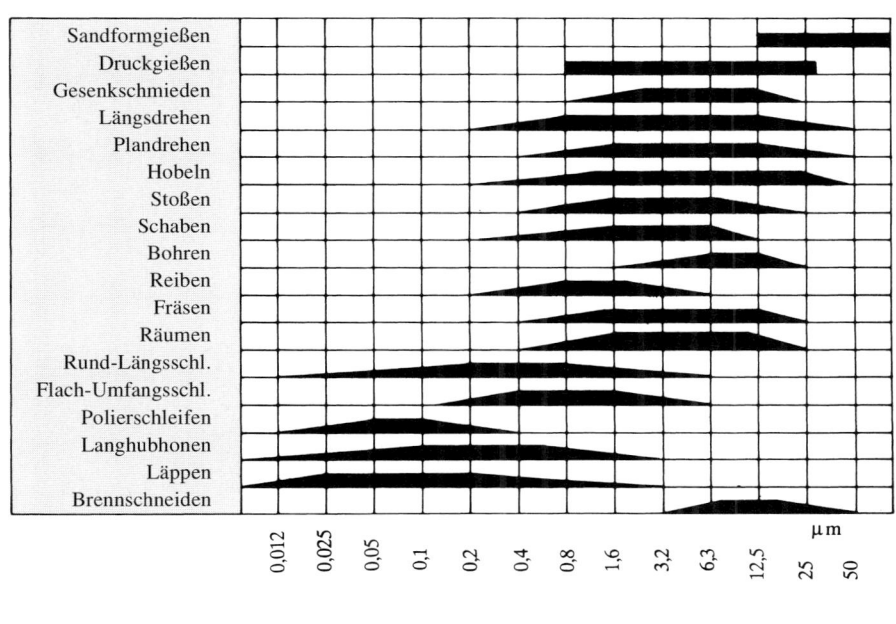

Mittenrauwert $R_a$ ⟶

[1] Ansteigender Balken gibt Rauwerte an, die nur durch besondere Maßnahmen erreichbar sind; abfallende Balken bei besonders grober Fertigung.

# 3 Festigkeitsberechnung

**TB 3-1** Dauerfestigkeitsschaubilder

a) **Dauerfestigkeitsschaubilder der** *Baustähle*
nach DIN EN 10025
Werte gerechnet, s. TB 1-1

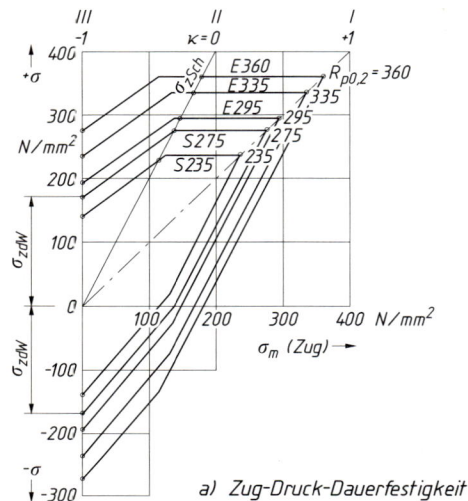

a) Zug-Druck-Dauerfestigkeit

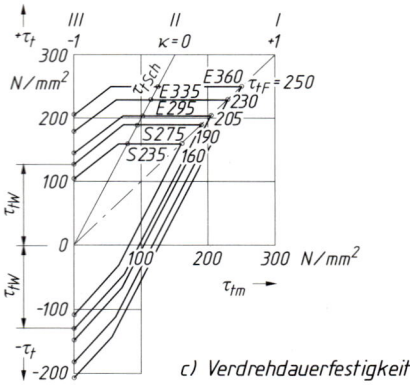

c) Verdrehdauerfestigkeit

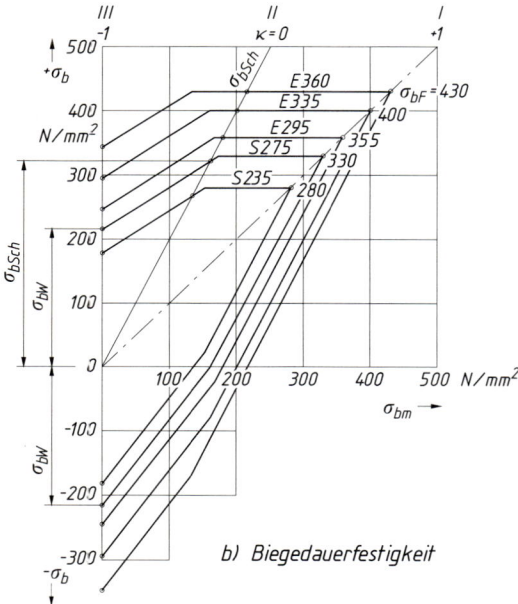

b) Biegedauerfestigkeit

**TB 3-1** Fortsetzung

b) **Dauerfestigkeitsschaubilder der *Vergütungsstähle***
nach DIN EN 10083
(im vergüteten Zustand; Werte gerechnet, s. TB 1-1)

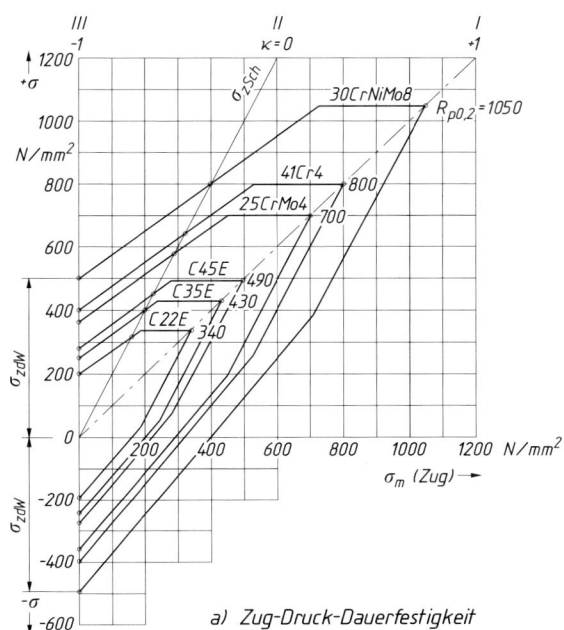

a) Zug-Druck-Dauerfestigkeit

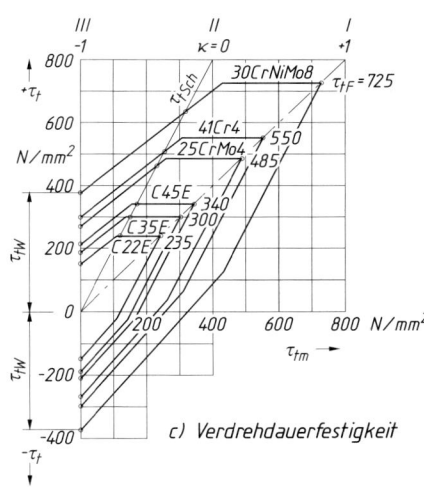

c) Verdrehdauerfestigkeit

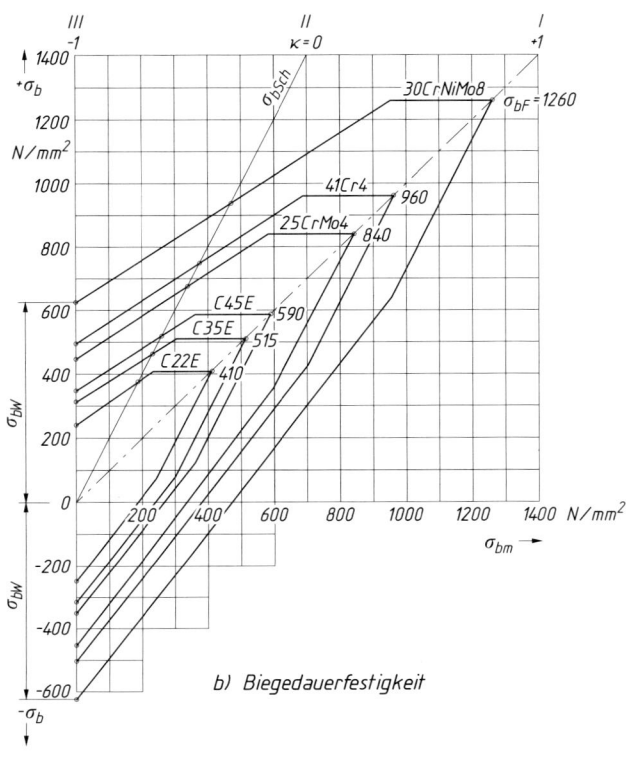

b) Biegedauerfestigkeit

**TB 3-1** Fortsetzung

c) **Dauerfestigkeitsschaubilder der** *Einsatzstähle*
nach DIN 17210 (DIN EN 10084)
(im blindgehärteten Zustand; Werte gerechnet, s. TB 1-1)

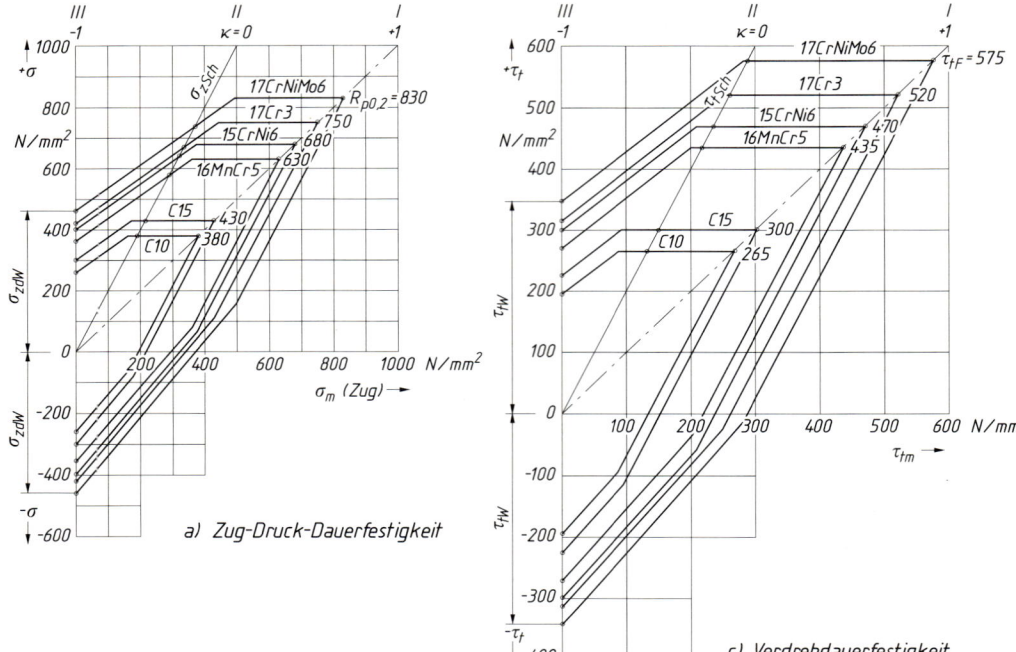

a) Zug-Druck-Dauerfestigkeit

c) Verdrehdauerfestigkeit

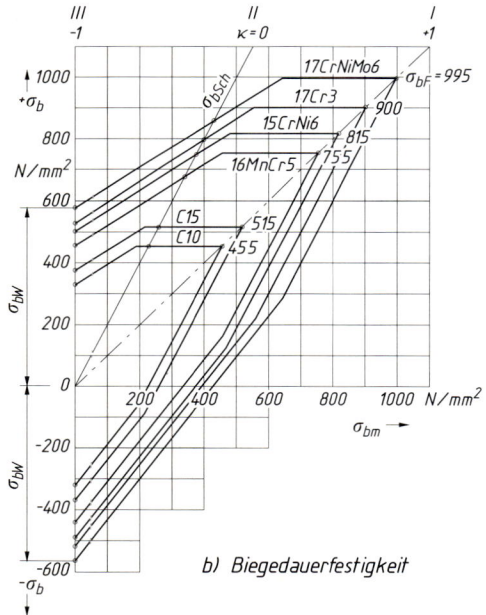

b) Biegedauerfestigkeit

**TB 3-2** Faktoren zur Berechnung der Werkstoff-Festigkeitswerte und plastische Formzahlen

a) Umrechnungsfaktoren für Zugdruck-, Schub- und Wechselfestigkeit (nach FKM-Richtlinie)

| Werkstoffgruppe | Einsatzstahl Schmiedestahl nichtrost. Stahl | Stahl außer diesen | GS | GJS | GJM | GJL |
|---|---|---|---|---|---|---|
| Zugdruckfestigkeit $f_\sigma$ | 1 | 1 | 1 | 1 (1,3)[1] | 1 (1,5)[1)2] | 1 (2,5)[1)2] |
| Schubfestigkeit $f_\tau$ | 0,58 | 0,58 | 0,58 | 0,65 | 0,75[2] | 0,85[2] |
| Wechselfestigkeit $f_{W\sigma}$ | 0,40 | 0,45[3] | 0,34 | 0,34 | 0,30 | 0,30 |
| Wechselfestigkeit $f_{W\tau}$ | 0,58 | 0,58 | 0,58 | 0,65 | 0,75 | 0,85 |

[1] Klammerwert gilt für Druck
[2] gültig für Nachweis mit örtlichen Spannungen
[3] nach DIN 743 $f_{W\sigma} = 0,40$

b) Plastische Formzahlen $\alpha_p$

| Querschnittsform | Rechteck | Kreis | Kreisring (dünnwandig) | Doppel-T oder Kasten |
|---|---|---|---|---|
| Biegung $\alpha_{bp}$ | 1,5 | 1,70 | 1,27 | $\alpha_{bp} = 1,5 \cdot \dfrac{1-(b/B)\cdot(h/H)^2}{1-(b/B)\cdot(h/H)^3}$ [1] |
| Torsion $\alpha_{tp}$ | – | 1,33 | 1 | – |

[1] $b$, $B$ innere bzw. äußere Breite; $h$, $H$ innere bzw. äußere Höhe

**TB 3-3** Zulässige Spannungen im Kranbau nach DIN 15018 beim Allgemeinen Spannungsnachweis in N/mm²

a) für Bauteile

| Spalte | a | b | c | d | e |
|---|---|---|---|---|---|
| Zeile | Spannungsart | \multicolumn{4}{c}{Werkstoff} |
| | | S235 | | S355 | |
| | | \multicolumn{4}{c}{Lastfall} |
| | | H | HZ | H | HZ |
| 1 | Zug- und Vergleichsspannung $\sigma_{zul}$ | 160 | 180 | 240 | 270 |
| 2 | Druck, Nachweis auf Knicken $\sigma_{d\,zul}$ | 140 | 160 | 210 | 240 |
| 3 | Schub $\tau_{zul}$ | 92 | 104 | 138 | 156 |

Außer dem Allgemeinen Spannungsnachweis auf Sicherheit gegen Erreichen der Fließgrenze ist für Krane mit mehr als 20000 Spannungsspielen noch ein *Betriebsfestigkeitsnachweis* auf Sicherheit gegen Bruch bei zeitlich veränderlichen, häufig wiederholten Spannungen für die Lastfälle H zu führen. Zulässige Spannungen beim Betriebsfestigkeitsnachweis siehe Normblatt.

b) für Verbindungsmittel

| Spalte | a | b | c | d | e | f | g | h | i | k | l | m | n |
|---|---|---|---|---|---|---|---|---|---|---|---|---|---|
| Zeile | Spannungsart | \multicolumn{4}{c}{Niete (DIN 124 und DIN 302)} | \multicolumn{4}{c}{Passschrauben (DIN 7968)} | \multicolumn{4}{c}{Rohe Schrauben (DIN 7990)} |
| | | \multicolumn{2}{c}{USt 36 für Bauteile aus S235} | \multicolumn{2}{c}{RSt 44[2] für Bauteile aus S355} | \multicolumn{2}{c}{4.6 für Bauteile aus S235} | \multicolumn{2}{c}{5.6 für Bauteile aus S355} | \multicolumn{2}{c}{4.6 für Bauteile aus S235} | \multicolumn{2}{c}{5.6 für Bauteile aus S355} |
| | | \multicolumn{12}{c}{Lastfälle} |
| | | H | HZ | H | HZ | H | HZ | H | HZ | H | HZ | H | HZ |
| 1 | Abscheren $\tau_{a\,zul}$ einschnittig / mehrschnittig | 84 / 113 | 96 / 128 | 126 / 168 | 144 / 192 | 84 / 112 | 96 / 128 | 126 / 168 | 144 / 192 | 70 | 80 | 70 | 80 |
| 2 | Lochleibungsdruck $\sigma_{l\,zul}$ einschnittig / mehrschnittig | 210 / 280 | 240 / 320 | 315 / 420 | 360 / 480 | 210 / 280 | 240 / 320 | 315 / 420 | 360 / 480 | 160 | 180 | 160 | 180 |
| 3 | Zug $\sigma_{zul}$ | 30[1] | 30[1] | 45[1] | 45[1] | 100 | 110 | 140 | 154 | 100 | 110 | 140 | 154 |

[1] nur in Ausnahmefällen zulässig
[2] in DIN 17111 nicht mehr enthalten

**TB 3-4** Zulässige Spannungen für Aluminiumkonstruktionen unter vorwiegend ruhender Belastung nach DIN 4113 T1 (Auszug) in N/mm$^2$

a) für Bauteile[1]

| Spalte | a | | | b | c | d | e | f | g | h | i | k | l | m | n | o | p |
|---|---|---|---|---|---|---|---|---|---|---|---|---|---|---|---|---|---|
| Zeile | Spannungsart | | | \multicolumn{14}{c}{Bauteil-Werkstoffe} |
| | | | | \multicolumn{2}{c}{AlZn4,5Mg1 F35 (F34) Bleche, Rohre, Profile} | \multicolumn{2}{c}{AlMgSi1 F32/F31 (F30) Bleche, Rohre, Profile} | \multicolumn{2}{c}{AlMgSi1 F28 Bleche, Rohre, Profile} | \multicolumn{2}{c}{AlMgSi0,5 F22 Rohre, Profile} | \multicolumn{2}{c}{AlMg4,5Mn F27 Rohre, Profile} | \multicolumn{2}{c}{AlMg2Mn0,8 F24, F25, G24 AlMg3F24, F25, G24 Bleche, Rohre} | \multicolumn{2}{c}{AlMg2Mn0,8 W18, W/F19 AlMg3W/F18, W/F19 Bleche, Rohre} |
| | | | | H | HZ | H | HZ | H | HZ | H | HZ | H | HZ | H | HZ | H | HZ |
| 1 | Zug und Druck $\sigma_{zul}$ | | | 160 | 180 | 145 | 165 | 115 | 130 | 95 | 105 | 80 | 90 | 95 | 105 | 45 | 50 |
| 2 | Schub $\tau_{zul}$ | | | 95 | 110 | 90 | 100 | 70 | 80 | 55 | 60 | 50 | 55 | 55 | 60 | 30 | 35 |
| 3 | Lochleibungsdruck $\sigma_{l,zul}$ bei | | | | | | | | | | | | | | | | |
| | Vorspannung | Lochspiel $\Delta d$ in mm | Verbindungsmittel | | | | | | | | | | | | | | |
| 3.1 | ohne | 1 | Schrauben, hochfeste Schrauben | 190 | 215 | 170 | 190 | 130 | 145 | 120 | 135 | 100 | 115 | 120 | 135 | 65 | 75 |
| 3.2 | ohne | ≤0,3 | Niete, Passschrauben, hochfeste Schrauben | 240 | 270 | 210 | 240 | 160 | 180 | 145 | 165 | 125 | 140 | 145 | 165 | 80 | 90 |
| 3.3 | halbe | 1 | hochfeste Schrauben | 210 | 235 | 180 | 205 | 145 | 165 | 125 | 140 | 105 | 120 | 125 | 140 | 70 | 80 |
| 3.4 | halbe | ≤0,3 | | 265 | 300 | 235 | 265 | 185 | 210 | 160 | 180 | 135 | 155 | 160 | 180 | 90 | 100 |
| 3.5 | volle | 1 | hochfeste Schrauben, | 265 | 300 | 235 | 265 | 185 | 210 | 160 | 180 | 135 | 155 | 160 | 180 | 90 | 100 |
| 3.6 | volle | ≤0,3 | hochfeste Schließringbolzen | 345 | 390 | 295 | 335 | 230 | 260 | 205 | 230 | 175 | 195 | 205 | 230 | 120 | 135 |

b) für Verbindungsmittel aus Aluminium[1) 2)]

| Spalte | a | b | c | d | e | f | g | h | i | k | l | m | n | o | p | q | r | s |
|---|---|---|---|---|---|---|---|---|---|---|---|---|---|---|---|---|---|---|
| Zeile | Verbindungsmittel | Spannungsart | \multicolumn{16}{c}{Niet- bzw. Schraubenwerkstoffe} |
| | | | \multicolumn{2}{c}{AlMgSi1 F20/F21} | \multicolumn{2}{c}{AlMgSi1 F25} | \multicolumn{2}{c}{AlMg5 W27} | \multicolumn{2}{c}{AlMg5 F31} | \multicolumn{2}{c}{AlMgSi1 F31/F32} | \multicolumn{2}{c}{AlCuMg1 F38} | \multicolumn{2}{c}{AlCuMg1 F42} | \multicolumn{2}{c}{AlZnMgCu0,5 F46} |
| | | | H | HZ | H | HZ | H | HZ | H | HZ | H | HZ | H | HZ | H | HZ | H | HZ |
| 1 | Niete | Abscheren $\tau_{a\,zul}$ | 50 | 55 | 60 | 70 | 65 | 75 | 75 | 85 | – | – | – | – | – | – | – | – |
| 2 | Schrauben | Abscheren $\tau_{a\,zul}$ | – | – | – | – | – | – | – | – | 75 | 85 | 85 | 95 | 100 | 110 | 115 | 130 |
| 3 | | Zug $\sigma_{z\,zul}$ | – | – | – | – | – | – | – | – | 125 | 140 | 125 | 140 | 145 | 160 | 185 | 210 |
| 4 | Passschrauben | Abscheren $\tau_{a\,zul}$ | – | – | – | – | – | – | – | – | 90 | 105 | 105 | 120 | 120 | 140 | 140 | 160 |
| 5 | | Zug $\sigma_{z\,zul}$ | – | – | – | – | – | – | – | – | 125 | 140 | 125 | 140 | 145 | 160 | 185 | 210 |

c) für Verbindungsmittel aus Stahl[2)]

| Spalte | a | | b | c | d | e | f | g | h | i | k | l | m | n | o | p |
|---|---|---|---|---|---|---|---|---|---|---|---|---|---|---|---|---|
| Zeile | Spannungsart | | \multicolumn{14}{c}{Verbindungsmittel} |
| | | | \multicolumn{4}{c}{Niete} | \multicolumn{6}{c}{Schrauben} | | | | |
| | | | \multicolumn{2}{c}{QSt 36} | \multicolumn{2}{c}{RSt 44[4)]} | \multicolumn{2}{c}{4.6} | \multicolumn{2}{c}{5.6} | \multicolumn{2}{c}{aus nicht rostenden Stählen A2 und A4} | \multicolumn{2}{c}{hochfeste Schrauben 10.9} | \multicolumn{2}{c}{Schließringbolzen mindestens 8.8} |
| | | | H | HZ | H | HZ | H | HZ | H | HZ | H | HZ | H | HZ | H | HZ |
| 1 | Abscheren | Lochspiel $\Delta d = 1$ mm | – | – | – | – | 110 | 125 | 165 | 185 | 145 | 165 | 240 | 270 | 200 | 220 |
| 2 | $\tau_{a\,zul}$ | Lochspiel $\Delta d \leq 0{,}3$ mm | 140 | 160 | 210 | 240 | 140 | 160 | 210 | 240 | 210 | 235 | 280 | 320 | 220 | 250 |
| 3 | Zug | $\sigma_{z\,zul}$ | 48 | 54 | 72 | 81 | 112 | 112 | 150 | 150 | 150 | 170 | \multicolumn{4}{l}{bei voller Vorspannung zusätzlich bis 70% der Vorspannkraft[3)]} |

[1)] Die zulässigen Spannungen gelten nur für die üblichen Dickenbereiche. Grenzdicken siehe Normblatt.
[2)] $\sigma_{l\,zul}$ nach Tabelle a).
[3)] $\sigma_{l\,zul}$ dann nach Tabelle a), Zeile 3.3 bzw. 3.4. Im Übrigen siehe DASt-Richtlinien 001 und 010.
[4)] In DIN 17111 nicht mehr enthalten.

**TB 3-5** Anwendungs- bzw. Betriebsfaktor $K_A$

a) nach DIN 3990 T1 (Anhaltswerte)[1]

| Arbeitsweise getriebene Maschine | Antriebsmaschine | | | |
|---|---|---|---|---|
| | gleichmäßig z. B. Elektromotor Dampfturbine, Gasturbine | leichte Stöße z. B. wie gleichmäßig, aber größere, häufig auftretende Anfahrmomente | mäßige Stöße z. B. Mehrzylinder-Verbrennungsmotor | starke Stöße z. B. Einzylinder-Verbrennungsmotor |
| gleichmäßig z. B. Stromerzeuger, Gurtförderer, Plattenbänder, Förderschnecken, leichte Aufzüge, Elektrozüge, Vorschubantriebe von Werkzeugmaschinen, Lüfter, Turbogebläse, Turboverdichter, Rührer und Mischer für Stoffe mit gleichmäßiger Dichte, Scheren, Pressen, Stanzen bei Auslegung nach maximalem Schnittmoment | 1,0 | 1,1 | 1,25 | 1,5 |
| mäßige Stöße z. B. ungleichmäßig beschickte Gurtförderer, Hauptantrieb von Werkzeugmaschinen, schwere Aufzüge, Drehwerke von Kränen, Industrie- und Grubenlüfter, Kreiselpumpen, Rührer und Mischer für Stoffe mit unregelmäßiger Dichte, Kolbenpumpen mit mehreren Zylindern, Zuteilpumpen | 1,25 | 1,35 | 1,5 | 1,75 |
| mittlere Stöße z. B. Extruder für Gummi, Mischer mit unterbrochenem Betrieb (Gummi, Kunststoffe), Holzbearbeitung, Hubwerke, Einzylinder-Kolbenpumpen, Kugelmühlen | 1,5 | 1,6 | 1,75 | 2,0 oder höher |
| starke Stöße z. B. Bagger, schwere Kugelmühlen, Gummikneter, Brecher (Stein, Erz), Hüttenmaschinen, Ziegelpressen, Brikettpressen, Schälmaschinen, Rotary-Bohranlagen, Kaltbandwalzwerke | 1,75 | 1,85 | 2,0 | 2,25 oder höher |

[1] Gültig für das Nennmoment der Arbeitsmaschine, ersatzweise für das Nennmoment der Antriebsmaschine, wenn es der Arbeitsmaschine entspricht. Die Werte gelten nur bei gleichmäßigem Leistungsbedarf. Bei hohen Anlaufmomenten, Aussetzbetrieb und bei extremen, wiederholten Stoßbelastungen sind Getriebe auf Sicherheit gegen statische Festigkeit und Zeitfestigkeit zu prüfen. Sind besondere Anwendungsfaktoren $K_A$ aus Messungen bzw. Erfahrungen bekannt, so sind diese zu verwenden.

b) für Zahnrad-, Reibrad-, Riemen- und Kettentriebe (nach *Richter-Ohlendorf*)

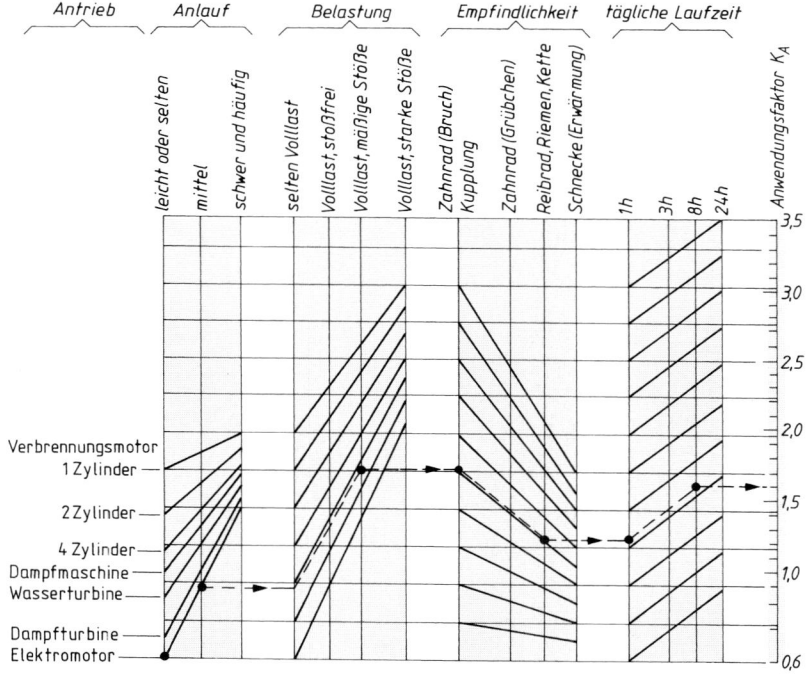

*Ablesebeispiel:* Antrieb durch Elektromotor; mittlere Anlaufverhältnisse; Volllast, mäßige Stöße; 8 h tägliche Laufzeit. Hierfür wird bei einem Kettentrieb der Anwendungsfaktor $K_A = 1,6$.

**TB 3-6** Kerbformzahlen $\alpha_k$

a) Flachstab mit symmetrischer Außenkerbe

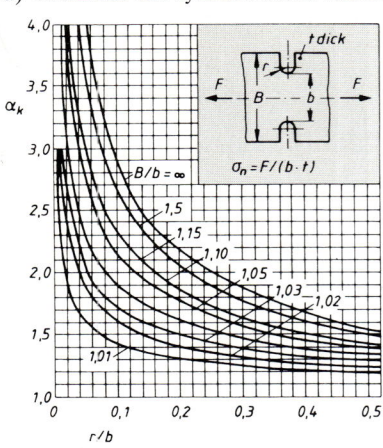
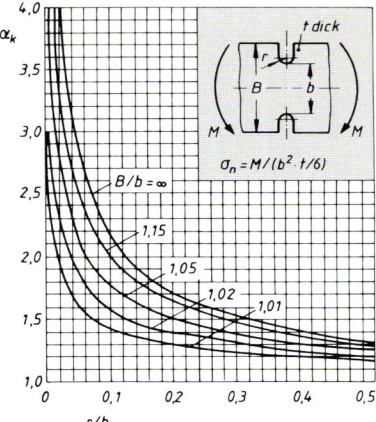

b) symmetrisch abgesetzter Flachstab

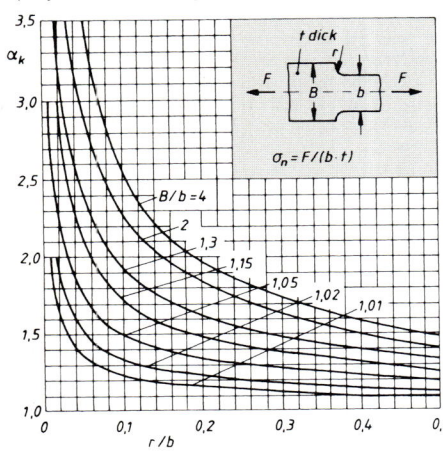
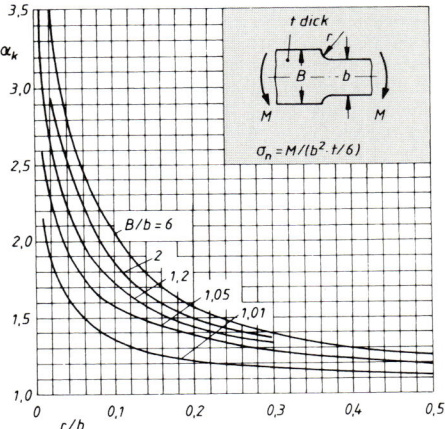

**TB 3-6** Fortsetzung

c) Rundstab mit Ringnut

d) abgesetzter Rundstab

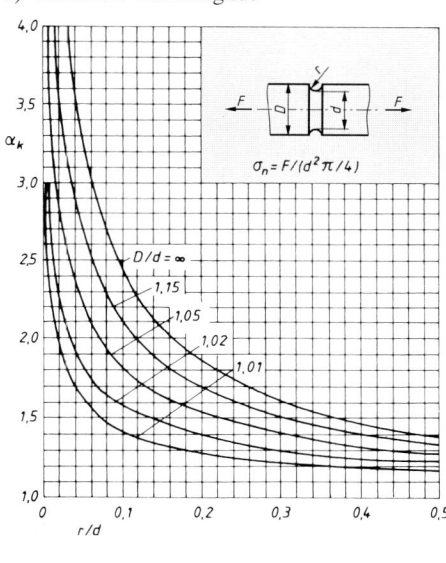
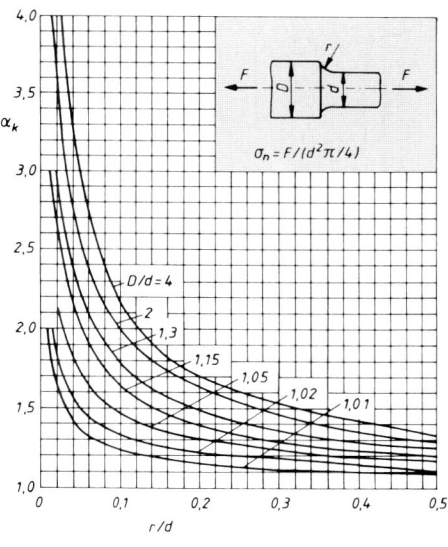
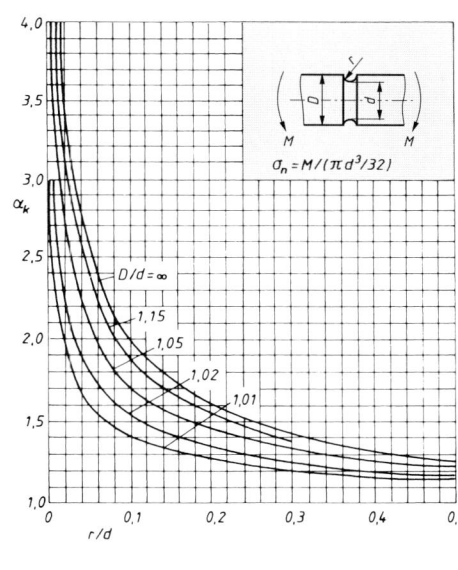
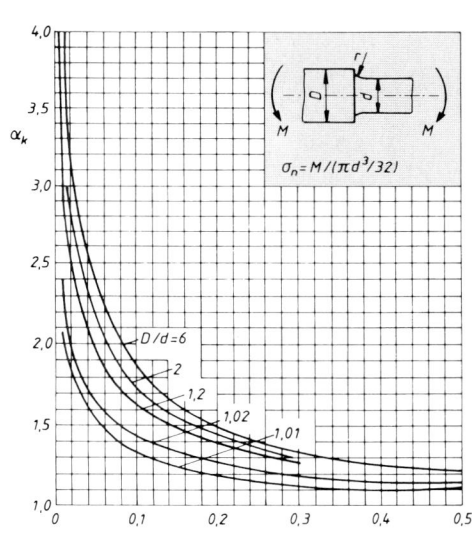
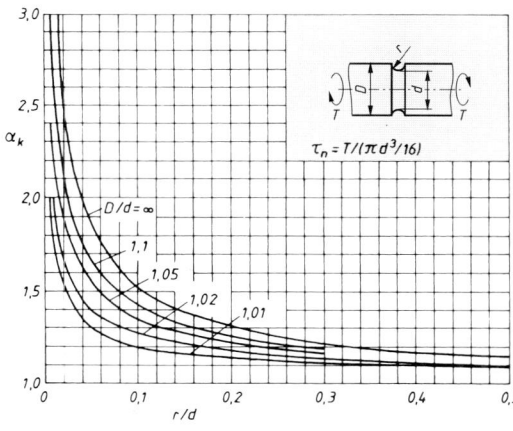
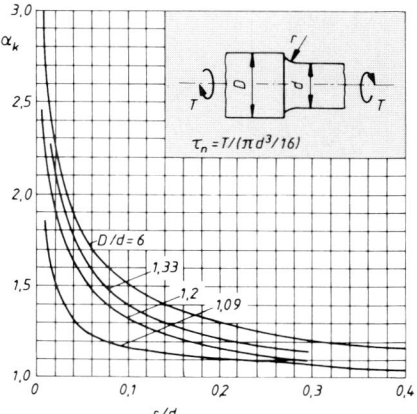

**TB 3-6** Fortsetzung

e) Rundstab mit Querbohrung

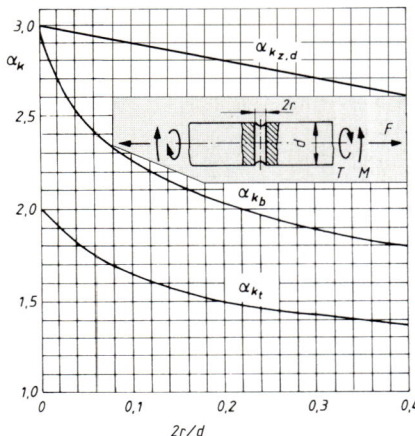

| Zug | $\sigma_n = F/(\pi d^2/4 - 2r \cdot d)$ | $G' = 2{,}3/r$ |
|---|---|---|
| Biegung | $\sigma_n = M/(\pi d^3/32 - 2r \cdot d^2/6)$ | $G' = 2{,}3/r + 2/d$ |
| Torsion | $\tau_n = T/(\pi d^3/16 - 2r \cdot d^2/6)$ | $G' = 1{,}15/r + 2/d$ |

f) Absatz mit Freistich

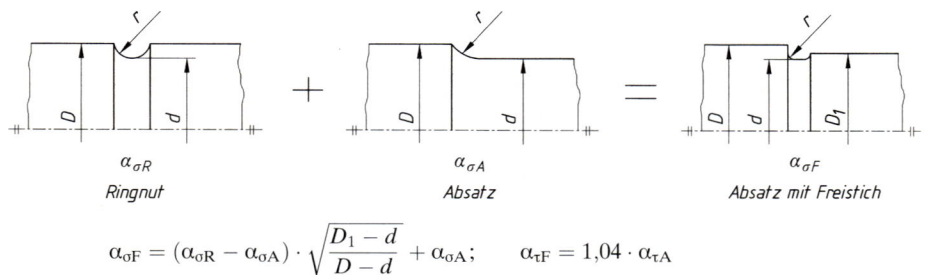

$$\alpha_{\sigma F} = (\alpha_{\sigma R} - \alpha_{\sigma A}) \cdot \sqrt{\frac{D_1 - d}{D - d}} + \alpha_{\sigma A}; \qquad \alpha_{\tau F} = 1{,}04 \cdot \alpha_{\tau A}$$

*Hinweis:* Die Kerbwirkungszahl $\beta_k$ ist mit $G'$ für Absatz nach TB 3-7 zu ermitteln.

**TB 3-7** Stützzahl

a) Stützzahl für Walzstähle (nach DIN 743)

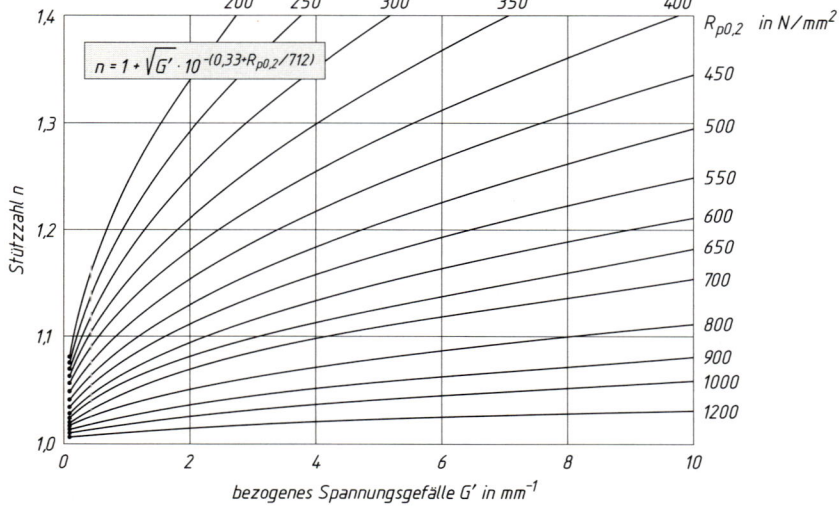

**TB 3-7** Fortsetzung

b) Stützzahl für Gusswerkstoffe (nach FKM)

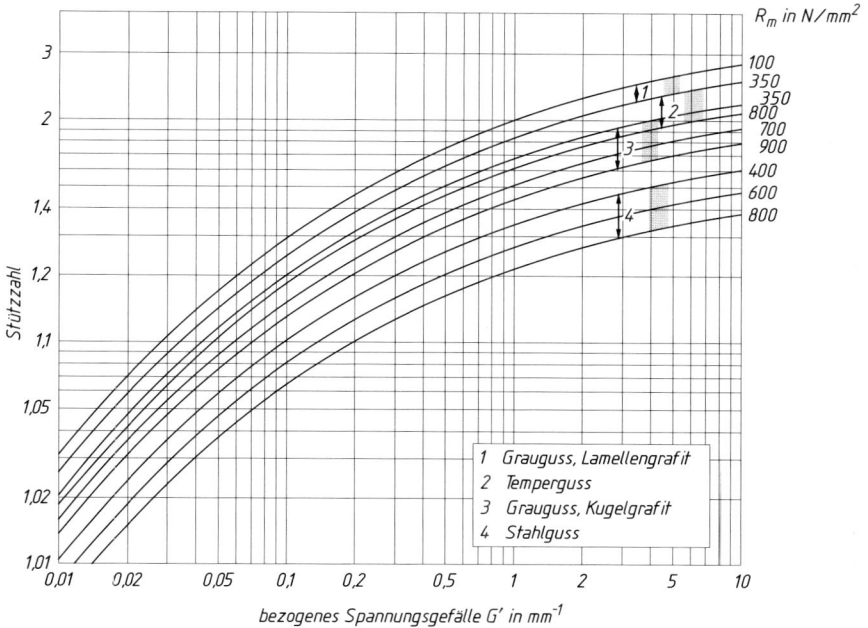

Anmerkung: Bei Torsion ist $R_m$ durch $f_{W\tau} \cdot R_m$ zu ersetzen ($f_{W\tau}$ aus TB 3-2)

c) bezogenes Spannungsgefälle $G'$

| Form des Bauteil | | | | | |
|---|---|---|---|---|---|
| | | | | | ungekerbt |
| Zug/Druck Biegung | $G' = \dfrac{2{,}3}{r}(1+\varphi)$ | $G' = \dfrac{2}{r}(1+\varphi)$ | $G' = \dfrac{2{,}3}{r}(1+\varphi)$ | $G' = \dfrac{2}{r}(1+\varphi)$ | $G' = \dfrac{2}{d}$ |
| Torsion | $G' = \dfrac{1{,}15}{r}$ | $G' = \dfrac{1}{r}$ | – | – | $G' = \dfrac{2}{d}$ |

Für $(D-d)/d \le 0{,}5$ ist $\varphi = 1/(\sqrt{8(D-d)/r}+2)$ bzw. für $(B-b)/b \le 0{,}5$ ist $\varphi = 1/(\sqrt{8(B-b)/r}+2)$; sonst ist $\varphi = 0$
Rundstäbe mit Längsbohrung können näherungsweise wie volle Rundstäbe berechnet werden.

**TB 3-8** Kerbwirkungszahlen (Anhaltswerte)[1]

| | Kerbform | $R_m$ (N/mm²) | $\beta_{kb}$ | $\beta_{kt}$ |
|---|---|---|---|---|
| 1. | Hinterdrehung in Welle (Rundkerbe)[2] | 300– 800 | 1,2–2,0 | 1,1–2,0 |
| 2. | Eindrehung für Sicherungsring in Welle[2] | 300– 800 | 2,0–3,5 | 2,2–3,0 |
| 3. | Abgesetzte Welle (Lagerzapfen)[2] | 300–1200 | 1,1–3,0 | 1,1–2,0 |
| 4. | Querbohrung (Rundstab, $2r/d \approx 0{,}15 \ldots 0{,}25$)[2] | 400–1200 | 1,7–2,0 | 1,7–2,0 |
| 5. | Passfedernut in Welle (Schaftfräser)[2] | 400–1200 | 1,7–2,6 | 1,2–2,4 |
| 6. | Passfedernut in Welle (Scheibenfräser)[2] | 400–1200 | 1,5–1,8 | 1,2–2,4 |
| 7. | Keilwelle (parallele Flanken)[2] | 400–1200 | 1,4–2,3 | 1,9–3,1 |
| 8. | Keilwelle (Evolventen-Flanken) | 400–1200 | 1,3–2,0 | 1,7–2,6 |
| 9. | Kerbzahnwellen[2] | 400–1200 | 1,6–2,6 | 1,9–3,1 |
| 10. | Pressverband[2] | 400–1200 | 1,7–2,9 | 1,2–1,9 |
| 11. | Kegelspannringe | 600 | 1,6 | 1,4 |

[1] Werte auf kleinsten Durchmesser bezogen; größere Werte mit zunehmender Kerbschärfe und Zugfestigkeit
[2] genauere Werte nach TB 3-9

**TB 3-9** Kerbwirkungszahlen für

a) abgesetzte Rundstäbe

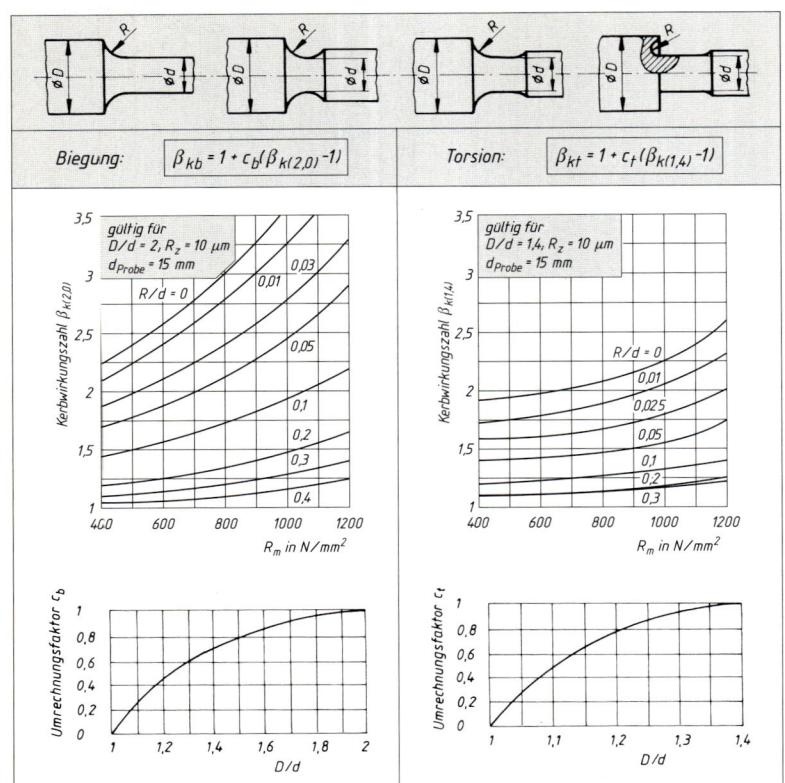

| Biegung | $\sigma_n = M/(\pi d^3/32)$ |
|---|---|
| Torsion | $\tau_n = T/(\pi d^3/16)$ |

**TB 3-9** Fortsetzung

b) Welle-Nabe-Verbindungen und Spitzkerbe

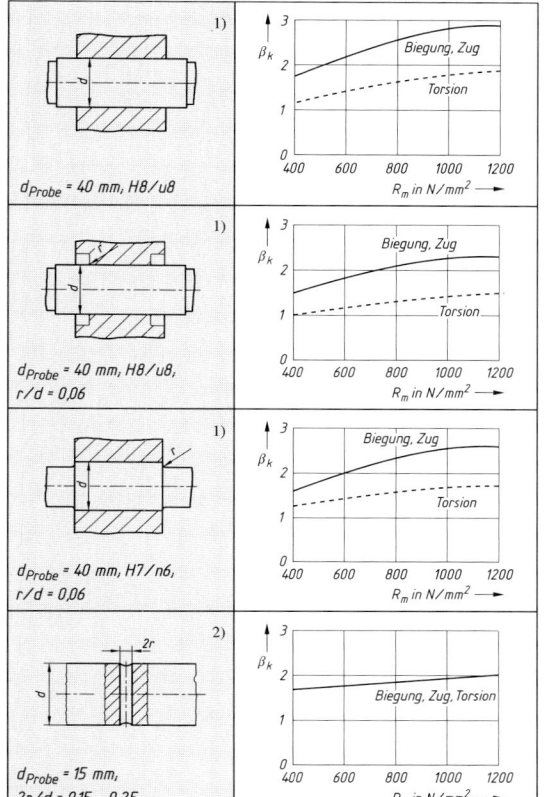
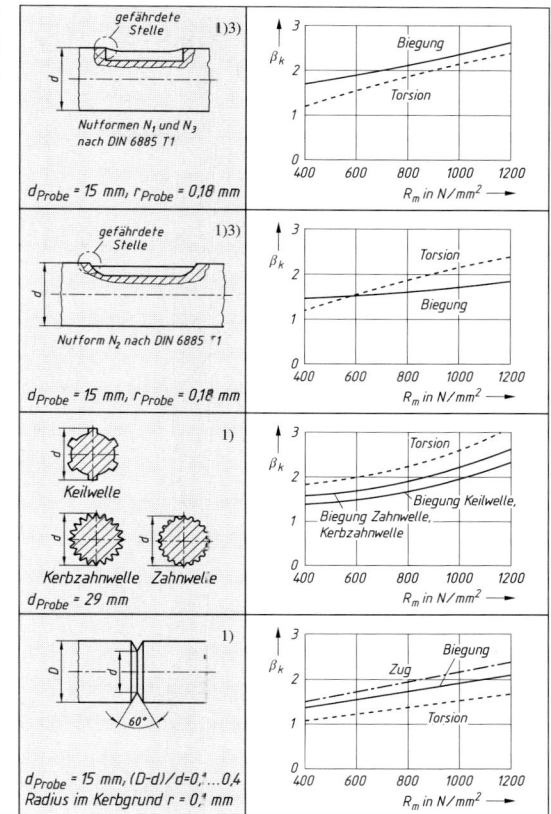

| 1) | | | 2) | | |
|---|---|---|---|---|---|
| Zug | $\sigma_n = F/(\pi d^2/4)$ | | Zug | $\sigma_n = F/(\pi d^2/4 - 2r \cdot d)$ | |
| Biegung | $\sigma_n = M/(\pi d^3/32)$ | | Biegung | $\sigma_n = M/(\pi d^3/32 - r \cdot d^2/3)$ | |
| Torsion | $\tau_n = T/(\pi d^3/16)$ | | Torsion | $\tau_n = T/(\pi d^3/16 - r \cdot d^2/3)$ | |

[3]) Bei zwei Passfedern ist der $\beta_k$-Wert mit 1,15 zu multiplizieren

c) umlaufende Rechtecknut nach DIN 471 für Wellen

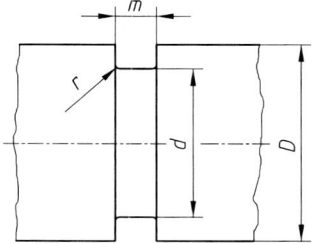

Zug/Druck: $\beta_\sigma = 0{,}9 \cdot (1{,}27 + 1{,}17 \sqrt{(D-d)/(2 \cdot r_f)}\,) \leq 4$
Biegung: $\beta_\sigma = 0{,}9 \cdot (1{,}14 + 1{,}08 \sqrt{(D-d)/(2 \cdot r_f)}\,) \leq 4$
Torsion: $\beta_\tau = 1{,}48 + 0{,}45 \sqrt{(D-d)/(2 \cdot r_f)} \leq 2{,}5$

$r_f = r + 2{,}9 \cdot \varrho^*$ mit $\varrho^* \approx 0{,}1$ mm für Walzstahl, $R_m \leq 500$ N/mm²
$\varrho^* \approx 0{,}05$ mm für Walzstahl, $R_m > 500$ N/mm²
$\varrho^* \approx 0{,}4$ mm für Stahlguss und Gusseisen mit Kugelgrafit

| Zug | $\sigma_n = F/(\pi d^2/4)$ |
|---|---|
| Biegung | $\sigma_n = M/(\pi d^3/32)$ |
| Torsion | $\tau_n = T/(\pi d^3/16)$ |

**TB 3-10** Einflussfaktor der Oberflächenrauheit $K_0$ [1]

a) Walzstahl

b) Gusswerkstoffe

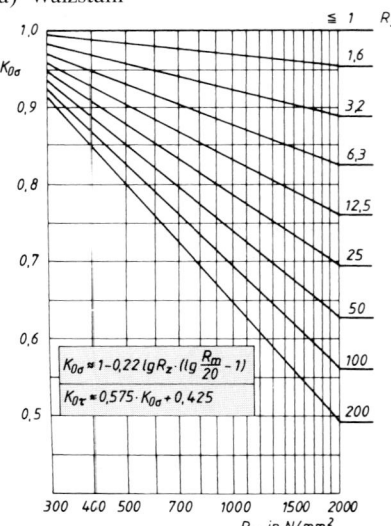

| | | |
|---|---|---|
| Stahlguss | $K_{0\sigma} = 1 - 0{,}20 \lg R_z \left( \lg \dfrac{R_m}{20} - 1 \right)$ | $K_{0\tau} = 0{,}575 \cdot K_{0\sigma} + 0{,}425$ |
| Grauguss, Kugelgrafit | $K_{0\sigma} = 1 - 0{,}16 \lg R_z \left( \lg \dfrac{R_m}{20} - 1 \right)$ | $K_{0\tau} = 0{,}35 \cdot K_{0\sigma} + 0{,}65$ |
| Temperguss | $K_{0\sigma} = 1 - 0{,}12 \lg R_z \left( \lg \dfrac{R_m}{17{,}5} - 1 \right)$ | $K_{0\tau} = 0{,}25 \cdot K_{0\sigma} + 0{,}75$ |
| Grauguss, Lamellengrafit | $K_{0\sigma} = 1 - 0{,}06 \lg R_z \left( \lg \dfrac{R_m}{5} - 1 \right)$ | $K_{0\tau} = 0{,}15 \cdot K_{0\sigma} + 0{,}85$ |

[1] Rautiefe $R_z$ entsprechend dem Herstellverfahren nach TB 2-12
Allgemein kann gesetzt werden:
Guss-, Schmiede- und Walzhautoberflächen    $R_z \approx 200\,\mu\text{m}$
schruppbearbeitete Oberflächen    $R_z = 40 \ldots 200\,\mu\text{m}$
schlichtbearbeitete Oberflächen    $R_z = 6{,}3 \ldots 100\,\mu\text{m}$
feinbearbeitete Oberflächen    $R_z = 1 \ldots 12{,}5\,\mu\text{m}$
feinstbearbeitete Oberflächen    $R_z = {<}1 \ldots 1{,}6\,\mu\text{m}$

**TB 3-11** Faktoren $K$ für den Größeneinfluss

a) Technologischer Größeneinflussfaktor $K_t$ für Walzstahl

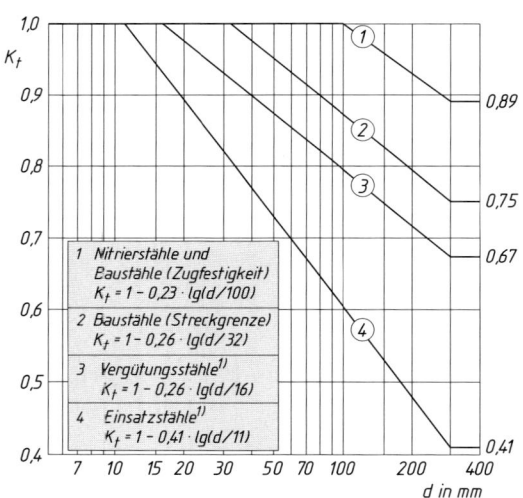

Bei Nitrier-, Vergütungs- und Einsatzstählen ist $K_t$ für Zugfestigkeit und Streckgrenze gleich
[1] für Cr-Ni-Mo-Einsatzstähle gelten die Werte der Vergütungsstähle

**TB 3-11** Fortsetzung

b) Technologischer Größeneinflussfaktor $K_t$ für Gusswerkstoffe

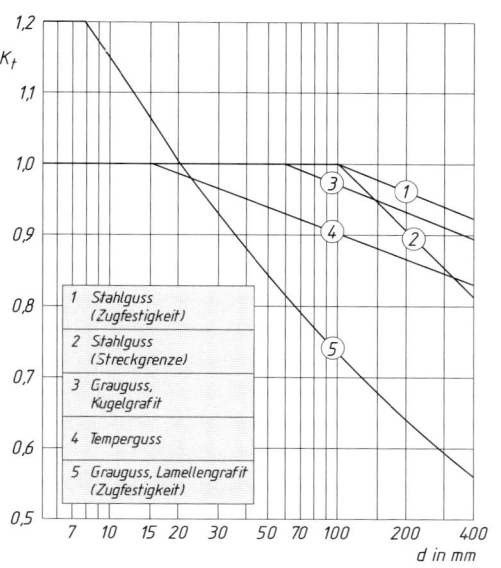

Bei Grauguss mit Kugelgrafit und Temperguss ist $K_t$ für Zugfestigkeit und Streckgrenze gleich

1 Stahlguss (Zugfestigkeit)
2 Stahlguss (Streckgrenze)
3 Grauguss, Kugelgrafit
4 Temperguss
5 Grauguss, Lamellengrafit (Zugfestigkeit)

c) Geometrischer Größeneinflussfaktor $K_g$

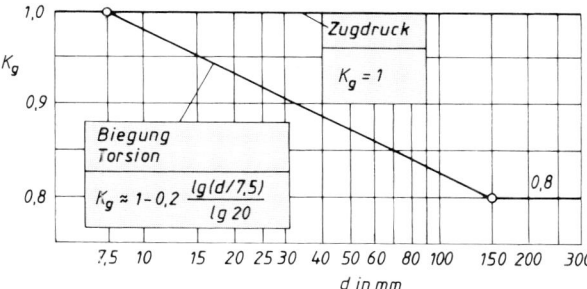

d) Formzahlabhängiger Größeneinflussfaktor $K_\alpha$

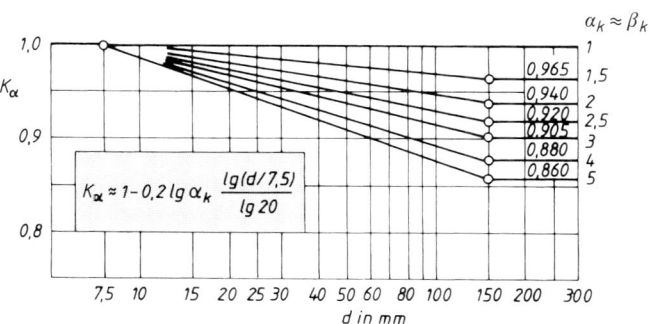

**TB 3-11** Fortsetzung

e) gleichwertiger Durchmesser für andere Bauteilquerschnitte

| Form des Querschnitts | ⌀ $d$ | ⌀ $t$ (Rohr) | $t$ (Platte) | $b \times b$ | $b \times t$ |
|---|---|---|---|---|---|
| $d =$ | $d$ | $2t^{1)}$ | $2t^{1)}$ | $b$ | $\dfrac{2b \cdot t}{b+t}$ $^{1)}$ |

[1)] Für unlegierte Baustähle, Feinkornstähle, normalgeglühte Vergütungsstähle und Stahlguss gilt mit der Bauteildicke $t$: $d = t$

**TB 3-12** Einflussfaktor der Oberflächenverfestigung $K_V$; Richtwerte für Stahl

| Verfahren | Probe Art | d in mm | $K_V^{1)}$ | Verfahren | Probe Art | d in mm | $K_V^{1)}$ |
|---|---|---|---|---|---|---|---|
| **Chemisch-thermische Verfahren** | | | | **Mechanische Verfahren** | | | |
| **Nitrieren** Nitrierhärtetiefe: 0,1 bis 0,4 mm | u | 8 … 25  25 … 40 | 1,15 (1,25)  1,10 (1,15) | **Festwalzen** | u | 7 … 25  25 … 40 | 1,2 (1,4)  1,1 (1,25) |
| Oberflächenhärte: 700 bis 1000 HV10 | g | 8 … 25  25 … 40 | 1,5 (2,5)  1,2 (2,0) | | g | 7 … 25  25 … 40 | 1,5 (2,2)  1,3 (1,8) |
| **Einsatzhärten** Einsatzhärtetiefe: 0,2 bis 0,8 mm | u | 8 … 25  25 … 40 | 1,2 (2,1)  1,1 (1,5) | **Kugelstrahlen** | u | 7 … 25  25 … 40 | 1,1 (1,3)  1,1 (1,2) |
| Oberflächenhärte: 670 bis 750 HV10 | g | 8 … 25  25 … 40 | 1,5 (2,5)  1,2 (2,0) | | g | 7 … 25  25 … 40 | 1,4 (2,5)  1,1 (1,5) |
| **Karbonierhärten** Härtetiefe: 0,2 bis 0,4 mm | u | 8 … 25  25 … 40 | 1,1 (1,9)  1 (1,4) | **Thermische Verfahren** **Induktivhärten Flammhärten** Härtetiefe: 0,9 bis 1,5 mm | u | 7 … 25  25 … 40 | 1,2 (1,6)  1,1 (1,4) |
| Oberflächenhärte: mind. 670 HV10 | g | 8 … 25  25 … 40 | 1,4 (2,25)  1,1 (1,8) | Oberflächenhärte: 51 bis 64 HRC | g | 7 … 25  25 … 40 | 1,4 (2,0)  1,2 (1,8) |
| **Alle Verfahren** | u | >40 | 1,0 | **Alle Verfahren** | g | 40 … 250  >250 | 1,1  1,0 |

[1)] Wert in ( ) dient zur Orientierung und muss experimentell bestätigt werden.
Für ungekerbte Wellen ist bei Zug/Druck $K_V = 1$. Erfolgt die Berechnung über Stützzahlen, die für verfestigte Werkstoffe gelten oder mit experimentell bestimmten Kerbwirkungszahlen, gültig für den verfestigten Zustand, ist ebenfalls $K_V = 1$ zu setzen.
u ungekerbt    g gekerbt

**TB 3-13** Faktoren zur Berechnung der Mittelspannungsempfindlichkeit

| Werkstoffgruppe | Walzstahl | GS | GJS | GJM | GJL |
|---|---|---|---|---|---|
| $a_M$  mm²/N | 0,00035 | 0,00035 | 0,00035 | 0,00035 | 0 |
| $b_M$ | −0,1 | 0,05 | 0,08 | 0,13 | 0,5 |

**TB 3-14** Sicherheitswerte, Mindestwerte

a) Allgemeine Sicherheitswerte

|  | Walz- und Schmiedestähle | duktile Eisengusswerkstoffe | |
|---|---|---|---|
|  |  | nicht geprüft | zerstörungsfrei geprüft |
| $S_F$ | 1,5 | 2,1 | 1,9 |
| $S_B$ | 2,0 | 2,8 | 2,5 |
| $S_D$ | 1,5 | 2,1 | 1,9 |

b) Spezifizierte Sicherheitswerte

| $S_F$ ($S_B$) | | | Walz- und Schmiedestähle | | duktile Eisengusswerkstoffe | | | |
|---|---|---|---|---|---|---|---|---|
| | | | Schadensfolgen | | nicht geprüft Schadensfolgen | | zerstörungsfrei geprüft Schadensfolgen | |
| | | | groß | gering | groß | gering | groß | gering |
| Wahrscheinlichkeit des Auftretens der größten Spannungen oder der ungünstigsten Spannungskombination | groß | | 1,5 | 1,3 | 2,1 | 1,8 | 1,9 | 1,65 |
| | | | (2,0) | (1,75) | (2,8) | (2,45) | (2,5) | (2,2) |
| | gering | | 1,35 | 1,2 | 1,9 | 1,65 | 1,7 | 1,5 |
| | | | (1,8) | (1,6) | (2,55) | (2,2) | (2,25) | (2,0) |
| $S_D$ | | | | | | | | |
| regelmäßige Inspektion | nein | | 1,5 | 1,3 | 2,1 | 1,8 | 1,9 | 1,65 |
| | ja | | 1,35 | 1,2 | 1,9 | 1,7 | 1,7 | 1,5 |

c) Sicherheitsfaktor $S_z$ (für den vereinfachten dynamischen Festigkeitsnachweis)

| Bedingung | $S_z$ |
|---|---|
| Biegung und Torsion rein wechselnd | 1,0 |
| Biegung wechselnd, Torsion statisch oder schwellend | 1,2 |
| nur Biegung schwellend bzw. nur Torsion schwellend | 1,2 |
| Torsionsmittelspannung größer Biegeausschlagspannung | 1,4 |
| Biegung und Torsion mit hohen statischen Anteilen (Mittelspannungen) | 1,4 |

*Hinweis:* Beim vereinfachten dynamischen Festigkeitsnachweis werden nur die Ausschlagspannungen von Biegung und Torsion (nicht die Mittelspannungen) berücksichtigt, was zu höheren Sicherheiten als bei der genaueren Berechnung führt.
Sie sollte nur für Überschlagsrechnungen verwendet werden. Bei Berücksichtigung von $S_z$ liegt sie in der Regel auf der sicheren Seite.

# 4 Klebverbindungen

**TB 4-1** Oberflächenbehandlungsverfahren

| Werkstoff | Behandlungsfolge[1] für | | |
|---|---|---|---|
| | niedrige[2] Beanspruchung | mittlere[2] Beanspruchung | hohe[2] Beanspruchung |
| Stähle | a–b–f–g | a–h–b–f–g | a–i–b–f–g |
| Stähle, verzinkt | a–b–f–g | a–b–f–g | a–b–f–g |
| Stähle, brüniert | a–c–f–g | a–c–f–g | a–i–b–f–g |
| Titan | a–b–f–g | a–h–b–f–g | a–i–b–f–g |
| Gusseisen | k | h | i |
| Al-Legierungen | a–b–f–g | a–c–h–f–g | a–i–c–f–g |
| Magnesium | a–b–f–g | a–b–h–f–g | a–i–b–e–f–g |
| Kupfer, -Legierungen | a–b–f–g | a–h–b–f–g | a–i–b–f–g |

[1] **a** Reinigen von Schmutz, Farbresten, Zunder, Rost o.ä.; **b** Entfetten mit organischen Lösungsmitteln (gesetzliche Schutzvorschriften beachten!) oder mit wässrigen Reinigungsmitteln; **c** Beiz-Entfetten; **d** Beizen in wässriger Lösung von 27,5 % konz. Schwefelsäure und 7,5 % Natriumdichromat (30 min bei 60 °C); **e** Beizen in einer Lösung von 20 % Salpetersäure und 15 % Kaliumdichromat in Wasser (1 min bei 20 °C); **f** Spülen mit vollentsalztem oder destilliertem Wasser; **g** Trocknen in Warmluft; **h** mechanisches Aufrauhen der Fügeflächen (Schleifen, Bürsten); **i** mechanisches Aufrauhen der Fügeflächen durch Strahlen; **k** Gusshaut entfernen.

[2] *niedrig:* Zugscherfestigkeit bis 5 N/mm$^2$; Klima in geschlossenen Räumen; für Feinwerktechnik, Elektrotechnik, Modellbau, Schmuckindustrie, Möbelbau, einfache Reparaturen.
*mittel:* Zugscherfestigkeit bis 10 N/mm$^2$; gemäßigtes Klima; Kontakt mit Ölen und Treibstoffen; für Maschinen- und Fahrzeugbau, Reparaturen.
*hoch:* Zugscherfestigkeit über 10 N/mm$^2$; sämtliche Klimate; direkte Berührung mit wässrigen Lösungen, Ölen, Treibstoffen; für Fahrzeug-, Flugzeug-, Schiff- und Behälterbau.

**TB 4-2** Klebstoffe (Auszug aus VDI-Richtlinie 2229)

| Handelsname | | Hersteller[1] | chemische Basis[2] | Abbinde-temperatur °C | Abbinde-druck (bar)[3] | Zugscherfestigkeit $\tau_{kB}$ (N/mm²) bei °C | | | | | | vorzugsweise zu verkleben[4] |
|---|---|---|---|---|---|---|---|---|---|---|---|---|
| | | | | | | −25 | +20 | +55 | +80 | +105 | +155 | |
| *überwiegend kalt abbindende Klebstoffe* | | | | | | | | | | | | |
| Agomet | P76 | A | 4 | 20…50 | Kd | 20 | 21 | 19 | 6 | – | – | ME, HK, HO, GL |
| | M | A | 6 | 20 | Kd | 32,5 | 37,5 | 32,8 | 22,5 | – | – | AL, ST, HK |
| Araldit | AW2101/HW2951 | B | 4, 2 | 20 | Kd | 17 | 20 | 17 | 5 | 3 | – | ME, KE, HO, KU |
| | Ay103/Hy991 | B | 4, 9 | 20 | >10 | 13 | 17 | 14 | 6 | 0,3 | – | ME, (KU), TP |
| Pattex | | C | 1 | 20 | Kd | 8 | 7 | 3 | 1 | – | – | ME, KU |
| Stabilit-Express | | C | | 20 | Kd | – | 6 | – | – | – | – | ME, GL, KU, KE, PO |
| Sicomet | 85 | D | 3 | 23 | Kd | 15,2 | 25,8 | 16 | 18 | 15,2 | 5,2 | ME, KU, EL |
| | 50 | D | 3 | 23 | Kd | 15,8 | 25,2 | 14 | 13,8 | 10,6 | 1,3 | ME, KU, EL |
| | 8300 | D | 3 | 23 | Kd | 20,4 | 26 | 13,6 | 12 | 9,4 | 0,9 | ME, KU, EL |
| Technicoll | 8202 | E | 3 | 20 | Kd | 12 | 19 | 6 | 6 | 3 | – | ME, (KU), KE |
| | 8258/59 | E | 4 | 20 | Kd | 28 | 33 | 30 | 8 | 7 | 2 | ME und andere |
| Loctite | 638 | F | 5 | 20 | Kd | – | 12 | 11 | 9 | 7 | – | ME, KU |
| | 648 | F | 5 | 20 | Kd | – | 20 | 20 | 20 | 18 | 14 | ME, KU |
| *warmbindende Klebstoffe* | | | | | | | | | | | | |
| Araldit | AT1 | B | 4 | 150…200 | Kd | 32 | 32 | 32 | 30 | 17 | 2 | ME, KE |
| | AW142 | B | 4 | 150…200 | Kd | 23 | 23 | 25 | 25 | 23 | 3 | ME, KE |
| Metallon | E2701 | C | 4 | 180 | Kd | 20 | 31 | 30 | 29 | 28 | 9 | ME |
| | E2706 | C | 4 | 150…200 | Kd | 30 | 32 | 31 | 30 | 23 | 6 | ME |
| Kd Kontaktdruck. | | | | | | | | | | | | |
| Technicoll | 8280 | E | 4 | 150…200 | Kd | 36 | 39 | 41 | 42 | 36 | 15 | ME und andere |
| | 8282 | E | 4 | 120…150 | Kd | – | 40 | 39 | 27 | 11 | – | ME und andere |
| Loctite | 307 | F | 5 | 20…120 | Kd | – | 23 | 22 | 18 | 14 | 5 | ME |
| | 317 | F | 5 | 20…120 | Kd | – | 35 | 29 | 19 | 12 | 7 | GL, ME |
| *Klebfilme (Klebfolien), bei erhöhten Temperaturen abbindend* | | | | | | | | | | | | |
| Redux | 609 | B | 4 | 100…170 | Kd | 30 | 34 | 30 | 22 | 12 | – | ME, KE, BM |
| Technicoll | 8401 | E | 8, 11 | 120…200 | 5 | – | 32 | 16 | 12 | 9 | – | ME, WK |
| Tegofilm | EP375 | G | 4 | ≥100 | >1 | 21 | 23 | 22 | 17 | 10 | – | AL, ST, CU, KU, HO |
| | M12B | G | 11 | 130…165 | 4…15 | 31 | 33 | 24 | 13 | 7 | – | AL, ST, RB |
| FM-73 | | H | 7 | 120 | 1…5 | 40 | 40 | – | 28 | – | – | AL, TI, ST |
| FM-1000 | | H | 10 | 175 | 1…3 | 50 | 48 | – | 25 | – | – | AL, TI, ST |

[1] **A** Degussa GB Chemie, Postfach 602, Hanau; **B** CIBA-GEIGY GmbH, Postfach, Wehr/Baden; **C** HENKEL, KGaA, Postfach 1100, Düsseldorf; **D** Sichel-Werke GmbH, Postfach 911380, Hannover; **E** Beiersdorf AG, Unnastraße 48, Hamburg; **F** Loctite Deutschland GmbH, Postfach 810580, München; **G** Th. Goldschmidt AG, Postfach 17, Essen; **H** Cyanamid B.V. P.O. Box 1523, NL-BM Rotterdam.

[2] **1** Acrylharz; **2** Amin; **3** Cyanacrylat; **4** Epoxidharz; **5** Methacrylat; **6** Methylmethacrylat; **7** Nitrilepoxid; **8** Nitrikautschuk; **9** Polyaminoamid; **10** Polyamidepoxid; **11** Phenolharz.

[3] **Kd** Kontaktdruck.

[4] **AL** Aluminium; **BM** Buntmetalle; **CU** Kupfer; **EL** Elastomere; **GL** Glas; **HK** Hartkunststoff; **HO** Holz; **KE** Keramik; **KU** Kunststoff; **ME** Metalle; **PO** Porzellan; **RB** Reibbeläge; **ST** Stahl; **TI** Titan; **TP** Thermoplaste; **VB** Verbundwerkstoffe; **WK** wärmefeste Kunststoffe; ( ) bedingt zu verkleben.

# 5 Lötverbindungen

**TB 5-1** Lote (Auswahl) und ihre Anwendung

| Lotart | Lotgruppe | Typische Lote Kurzzeichen | Wesentliche Bestandteile | Arbeits-temperatur °C | Flussmittel nach DIN 8511 (Beispiele) | Bevorzugte Lötverfahren | Lötbare Werkstoffe ||||||||||| Anwendungs-beispiel |
|---|---|---|---|---|---|---|---|---|---|---|---|---|---|---|---|---|---|
| | | | | | | | Bau-stähle | Hochleg.-Stähle | Guss-eisen | Temper-guss | Hart-metall | Al und Al-Leg. | Cu und Cu-Leg. | Ni und Ni-Leg. | Molybdän Wolfram | Gas Keramik | Sonder-metalle | |
| Hartlote nach DIN 8513 T1 bis T4 | Kupferbasislote[1] | L-SFCu | Cu (sauerstofffrei) | 1100 | ohne | Ofenlöten im Vakuum, mit Schutzgas | × | | | | | | | × | | | | Gerätebau |
| | | L-CuSn12 | Cu, Sn | 990 | ohne | Flammlöten | × | | × | | | | | | | | | Gerätebau Rohrleitungs- und Fahrzeugbau Verschleißfeste Auftragsschichten Flussmittelfreies Löten |
| | | L-CuZn39Sn | Cu, Zn, Sn | 900 | F-SH2 | Flammlöten | × | | × | | | | | | | | | |
| | | L-CuNi10Zn42 | Cu, Ni, Zn | 910 | F-SH2 | Flammlöten | | | | | | | × | × | | | | |
| | | L-CuP7 | Cu, P | 720 | ohne | Flammlöten | | | | | | | × | | | | | |
| | silberhaltige Lote | L-Ag12 | Ag, Cu, Zn | 830 | F-SH2 | Flammlöten | × | × | × | × | × | | × | × | | | | Wärmeunempfindliche Werkstücke Flussmittelfreies Löten von Cu Mengenfertigung auf Lötanlagen, niedrigschmelzend cadmiumfrei Auflöten von Hartmetallen Turbinenteile |
| | | L-Ag5P | Ag, P, Cu | 710 | ohne | Flammlöten | | | | | | | × | | | | | |
| | | L-Ag40Cd | Ag, Cd, Cu, Zn | 610 | F-SH1 | Induktionslöten | × | × | × | × | × | | × | × | | | | |
| | | L-Ag45Sn | Ag, Cu, Sn, Zn | 670 | F-SH1 | Induktionslöten Flammlöten | × | × | × | × | | | × | × | | | | |
| | | L-Ag49 | Ag, Cu, Mn, Ni | 690 | F-SH1 | Induktionslöten | × | × | | | | | × | × | × | | | |
| | | L-Ag72 | Ag, Cu | 780 | ohne | Ofenlöten (Schutzgas) | × | × | | | × | | × | × | | | | |
| | Aluminium-basislote | L-AlSi12 | Al, Si | 590 | F-LH1 | Ofenlöten Salzbadlöten | | | | | | × | | | | | | Verdampfer, Behälter |
| Hochtempe-raturlote | Nickelbasislote (DIN 8513 T5) | L-Ni1 bis L-Ni8 | Ni, Cr, Fe, Si, B Ni, Mn, Si, Cu | ca. 1000 ca. 1000 | ohne | Ofenlöten, im Vakuum, mit Schutzgas | × × | × × | | | | | | × × | × × | × × | × × | Luft- und Raumfahrt, Reaktortechnik, Gasturbinen Metall-Keramik Düsengehäuse |
| | Palladiumhaltige Lote[2] | L-PdNi40 | Pd, Ni | 1250 | F-SH3 | Flammlöten | | | | | | | | | | | | |
| | | L-AgPd18 | Ag, Pd | 1095 | | | × | × | | | | | | × | × | × | × | |
| Weichlote nach DIN 1707 | Ah (antimonhaltig) | L-PbSn20Sb | Pb, Sn, Sb | 270 | F-SW12 | Flammlöten | × | | | | | | × | × | | × | | Kühlerbau Klempnerarbeiten Feinblechpackungen Elektrogerätebau Glas-Metall-Lötungen Metallwaren Feinlötungen |
| | Aa (antimonarm) | L-PbSn40 (Sb) | Pb, Sn, Sb | 235 | F-SW21 | Lotbadlöten | × | | | | | | × | × | | × | × | |
| | Af (antimonfrei) | L-PbSn40 | Pb, Sn | 235 | F-SW23 | Kolbenlöten | × | × | | | | | × | × | | × | × | |
| | B (Sn-Pb-Lote) | L-Sn50PbCu | Sn, Pb, Cu | 215 | F-SW23 | Kolbenlöten | × | × | | | | | × | × | | × | × | |
| | C (Sonderlote) | L-SnIn50 | Sn, In | 125 | F-SW12 | Flammlöten | × | | | | | × | × | × | | × | × | |
| | | L-SnCu3 | Sn, Cu | 250 | ohne | | × | | | | | | × | × | | | | |
| | D (für Al) | L-SnZn10 | Sn, Zn | 250 | F-SW23 | Ultraschalllöten | × | | | | | × | | | | | | |

[1] teilweise Hochtemperaturlote
[2] nicht genormt

**TB 5-2** Richtwerte für Lötspaltbreiten

| Art der Lötstelle | günstiger Spaltbreitenbereich mm | Lötverfahren |
|---|---|---|
| Spaltlöten | 0,01 ... 0,05 | Ofenlöten im Hochvakuum (ohne Flussmittel) |
| | 0,01 ... 0,1 | Ofenlöten in Schutzgas oder im Vakuum (ohne Flussmittel) |
| | 0,05 ... 0,2 | Löten mit Flussmittel, mechanisiert bzw. automatisiert |
| | 0,05 ... 0,5 | Löten mit Flussmittel, manuell |
| Fugenlöten | > 0,5 (Fuge) | Löten mit Flussmittel, manuell |

**TB 5-3** Zug- und Scherfestigkeit von Hartlötverbindungen nach DIN 8525 (nach Degussa)

| Hartlot nach DIN 8513 | Arbeits- temperatur des Lotes °C | Zugfestigkeit $\sigma_{lB}$ in N/mm² [1] bei Grundwerkstoff | | | | | Scherfestigkeit $\tau_{lB}$ N/mm² [1] [2] bei Grundwerkstoff | |
|---|---|---|---|---|---|---|---|---|
| | | S235 | E295 | E335 | X10CrNi188 | CuZn37 | S235 | E335 |
| L-Ag40Cd | 610 | 410 | 540 | 640 | 520 | 230 | 170 | 250 |
| L-Ag30Cd | 680 | 380 | 470 | 480 | 510 | 250 | 200 | 240 |
| L-Ag44 | 730 | 390 | 480 | 520 | 530 | 280 | 205 | 280 |
| L-Ag20Cd | 750 | 370 | 420 | 440 | 500 | 260 | 170 | 260 |
| L-Ag12 | 830 | 370 | 460 | 460 | 440 | 210 | 170 | 200 |

[1] Mittelwerte bei Spaltbreite 0,1 mm
[2] Einstecktiefe 4 mm

# 6 Schweißverbindungen

**TB 6-1** Zeichnerische Darstellung von Schweißnähten nach DIN EN 22 553
a) Grundsymbole für Nahtarten (Auszug)

| Nr. | Benennung | Darstellung | Symbol |
|---|---|---|---|
| 1 | Bördelnaht | | ⟑ |
| 2 | I-Naht | | ∥ |
| 3 | V-Naht | | V |
| 4 | HV-Naht | | V |
| 5 | Y-Naht | | Y |
| 6 | HY-Naht | | Y |
| 7 | U-Naht | | U |
| 8 | HU-Naht (Jot-Naht) | | |
| 9 | Gegennaht (Gegenlage) | | ⌣ |
| 10 | Kehlnaht | | ◺ |

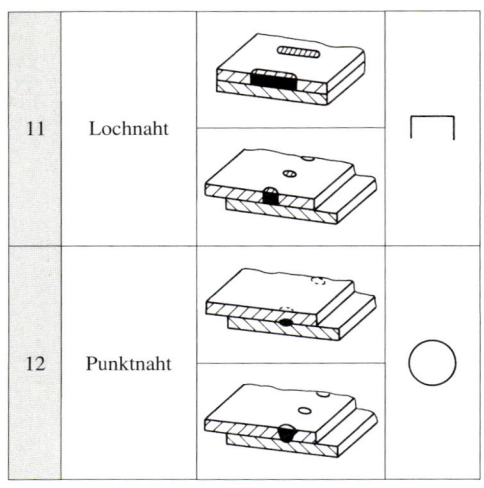

| Nr. | Benennung | Darstellung | Symbol |
|---|---|---|---|
| 11 | Lochnaht | | ⊓ |
| 12 | Punktnaht | | ○ |

b) Zusammengesetzte Symbole (Beispiele)

| Nummern nach TB 6-1a | Benennung | Darstellung | Symbol |
|---|---|---|---|
| 3-3 | D(oppel)-V-Naht (X-Naht) | | X |
| 4-4 | D(oppel)-HV-Naht (K-Naht) | | K |
| 5-5 | D(oppel)-Y-Naht | | X |
| 6-6 | D(oppel)-HY-Naht (K-Stegnaht) | | K |

**TB 6-1** Fortsetzung

| Nummern nach TB 6-1a | Benennung | Darstellung | Symbol |
|---|---|---|---|
| 7-7 | D(oppel)-U-Naht | 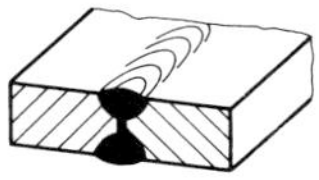 |  )( |
| 3-7 | V-U-Naht | 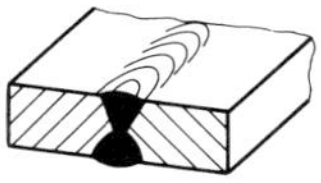 |  Y |
| 3-9 | V-Naht mit Gegennaht | 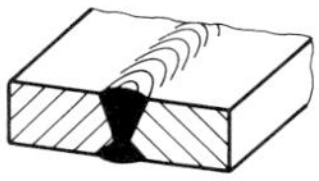 |  V̰ |
| 10-10 | Doppel-Kehlnaht | 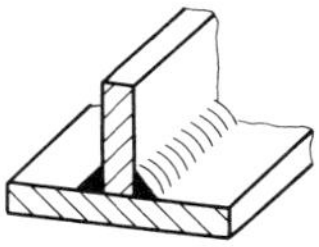 |  ▷ |

d) Ergänzungssymbole

| Bedeutung | Symbol |
|---|---|
| ringsumverlaufende Naht | ○ |
| Baustellennaht | ▐ |

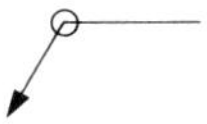

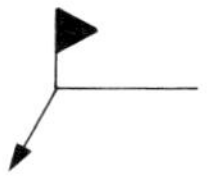

c) Zusatzsymbole

| Nr. | Oberflächenform der Naht | Symbol |
|---|---|---|
| 1 | flach | — |
| 2 | gewölbt (konvex) | ⌒ |
| 3 | hohl (konkav) | ⌣ |
| | Nahtausführung | |
| 4 | Wurzel ausgearbeitet und Gegennaht ausgeführt | ⬤ [1] |
| 5 | Naht eingeebnet durch zusätzliche Bearbeitung | ▽ [1] |
| 6 | Nahtübergänge kerbfrei gegebenenfalls bearbeitet | ⌓ |
| 7 | verbleibende Beilage benutzt | M |
| 8 | Unterlage benutzt | MR |

[1] Nicht mehr genormt

e) Anwendungsbeispiele für Zusatzsymbole

| Benennung | Darstellung | Symbol |
|---|---|---|
| Flache V-Naht mit flacher Gegennaht |  | |
| Y-Naht mit ausgearbeiteter Wurzel und Gegennaht |  | Y |
| Kehlnaht mit hohler Oberfläche | 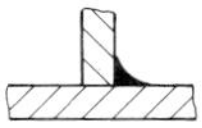 | |
| Kehlnaht mit kerbfreiem Nahtübergang (ggf. bearbeitet) | 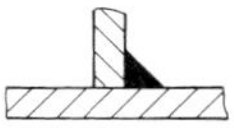 | |
| Flache V-Naht von der oberen Werkstückfläche durch zusätzliche Bearbeitung eingeebnet |  | 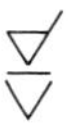 |

**TB 6-2** Empfehlungen für die Auswahl von Bewertungsgruppen nach DIN EN 25817 für Stumpf- und Kehlnähte bei vorwiegend ruhender Beanspruchung (Merkblatt DVS 0705)

| Nr. | Unregelmäßigkeit Benennung | Bewertungsgruppe bei Ausnutzung der zulässigen Spannungen | | |
|---|---|---|---|---|
| | | etwa 50 % | etwa 75 % | etwa 100 % |
| 1 | Risse | nicht zulässig | nicht zulässig | nicht zulässig |
| 2 | Endkraterriss | D | nicht zulässig | nicht zulässig |
| 3 | Porosität und Poren | D | C | B |
| 4 | Porennest | D | C | B |
| 5 | Gaskanal, Schlauchporen | D | C | B |
| 6 | Feste Einschlüsse (außer Kupfer) | D | C | B |
| 7 | Kupfer-Einschlüsse | nicht zulässig | nicht zulässig | nicht zulässig |
| 8 | Bindefehler | D | nicht zulässig | nicht zulässig |
| 9 | Ungenügende Durchschweißung | D | C | B |
| 10 | Schlechte Passung, Kehlnaht | D | C | B |
| 11 | Einbrandkerbe | C | C | B |
| 12 | Zu große Nahtüberhöhung, Stumpfnaht | D | D | D |
| 13 | Zu große Nahtüberhöhung, Kehlnaht | D | D | D |
| 14 | Nahtdickenüberschreitung, Kehlnaht | D | D | D |
| 15 | Nahtdickenunterschreitung, Kehlnaht | D | C | B |
| 16 | Zu große Wurzelüberhöhung | D | D | D |
| 17 | Örtlicher Vorsprung | D | C | B |
| 18 | Kantenversatz | D | C | B |
| 19 | Decklagenunterwölbung – Verlaufenes Schweißgut | D | C | B |
| 20 | Übermäßige Ungleichschenkligkeit bei Kehlnähten | D | C | C |
| 21 | Wurzelrückfall; Wurzelkerbe | D | C | B |
| 22 | Schweißgutüberlauf | D | nicht zulässig | nicht zulässig |
| 23 | Ansatzfehler | D | nicht zulässig | nicht zulässig |
| 24 | Zündstelle | ×) | ×) | ×) |
| 25 | Schweißspritzer | ×) | ×) | ×) |
| 26 | Mehrfachunregelmäßigkeiten im Querschnitt | D | C | B |
| Vorschlag für die Auswahl einer einheitlichen Bewertungsgruppe für Unregelmäßigkeiten | ohne Sonderbestimmungen | C | C | B |
| | mit Sonderbestimmungen | D* | C | B |

×) Zulässigkeit hängt von Anwendung ab (z. B. von Werkstoff, Korrosionsschutz oder Funktion).
Sonderbestimmung für D*: bei Unregelmäßigkeit Nr. 11 (Einbrandkerbe) ist bei Ausnutzung von etwa 50 % die Bewertungsgruppe C zu wählen.

**TB 6-3** Allgemeintoleranzen für Schweißkonstruktionen nach DIN EN ISO 13920

a) Grenzabmaße für Längen- und Winkelmaße

| Toleranz-klasse | Nennmaßbereich in mm | | | | | | | | | | |
|---|---|---|---|---|---|---|---|---|---|---|---|
| | 2 bis 30 | über 30 bis 120 | über 120 bis 400 | über 400 bis 1000 | über 1000 bis 2000 | über 2000 bis 4000 | über 4000 bis 8000 | über 8000 bis 12 000 | bis 400[2] | über 400 bis 1000[2] | über 1000[2] |
| | Grenzabmaße für *Längenmaße*[1] in mm | | | | | | | | Grenzabmaße für *Winkelmaße*[3] in Grad und Minuten | | |
| A | ±1 | ±1 | ±1 | ±2 | ± 3 | ± 4 | ± 5 | ± 6 | ±20′ | ±15′ | ±10′ |
| B | | ±2 | ±2 | ±3 | ± 4 | ± 6 | ± 8 | ±10 | ±45′ | ±30′ | ±20′ |
| C | | ±3 | ±4 | ±6 | ± 8 | ±11 | ±14 | ±18 | ± 1° | ±45′ | ±30′ |
| D | | ±4 | ±7 | ±9 | ±12 | ±16 | ±21 | ±27 | ±1°30′ | ±1°15′ | ±1° |

[1] Nennmaßbereiche bis über 20 000 mm s. Normblatt.
[2] Länge des kürzeren Schenkels.
[3] Gelten auch für nicht eingetragene Winkel von 90° oder Winkel regelmäßiger Vielecke.

b) Geradheits-, Ebenheits- und Parallelitätstoleranzen (Maße in mm)

| Toleranz-klasse | Nennmaßbereich (größere Seitenlänge der Fläche) | | | | | | | | | |
|---|---|---|---|---|---|---|---|---|---|---|
| | über 30 bis 120 | über 120 bis 400 | über 400 bis 1000 | über 1000 bis 2000 | über 2000 bis 4000 | über 4000 bis 8000 | über 8000 bis 12 000 | über 12 000 bis 16 000 | über 16 000 bis 20 000 | über 20 000 |
| E | 0,5 | 1 | 1,5 | 2 | 3 | 4 | 5 | 6 | 7 | 8 |
| F | 1 | 1,5 | 3 | 4,5 | 6 | 8 | 10 | 12 | 14 | 16 |
| G | 1,5 | 3 | 5,5 | 9 | 11 | 16 | 20 | 22 | 25 | 25 |
| H | 2,5 | 5 | 9 | 14 | 18 | 26 | 32 | 36 | 40 | 40 |

**TB 6-4** Zulässige Abstände von Schweißpunkten nach DIN 18 801

| Abstand | | Bezeichnung (Bild 6-30) | Kraft-verbindung | Heftverbindung außenliegende Bauteile: nicht umgebördelt, Beanspruchung auf Druck | nicht umgebördelt, Zug | umgebördelt, Beanspruchung auf Druck | umgebördelt, Zug |
|---|---|---|---|---|---|---|---|
| Abstand der Schweißpunkte untereinander | | $e_1$ | (3 ... 6) $d$ | max. 8 $d$ oder 20 $t$ | max. 12 $d$ oder 30 $t$ | max. 12 $d$ oder 30 $t$ | max. 18 $d$ oder 45 $t$ |
| Rand-abstand[1] | in Kraftrichtung | $e_2$ | (2,5 ... 5) $d$ | max. 4 $d$ oder 10 $t$ | max. 6 $d$ oder 15 $t$ | max. 6 $d$ oder 15 $t$ | max. 9 $d$ oder 22,5 $t$ |
| | rechtwinklig zur Kraftrichtung | $e_3$ | (2 ... 4) $d$ | | | | |

$d$ Schweißpunktdurchmesser
$t$ Dicke des dünnsten außen liegenden Teils
[1] Das Merkblatt DVS 2902 T3 empfiehlt für den Randabstand nur $e_2 = e_3 = 1{,}25d$.

**TB 6-5** Festgelegte Rechenwerte (charakteristische Werte) im Stahlbau für Walzstahl und Stahlguss nach DIN 18800-1

| Zu verwendende Stahlsorten | | Erzeugnisdicke $t$ mm | Streckgrenze $R_e$ N/mm² | Zugfestigkeit $R_m$ N/mm² |
|---|---|---|---|---|
| Baustahl | S235JR S235JRG1 S235JRG2 S235J2G2 | $t \leq 40$ | 240 | 360 |
| | | $40 < t \leq 80$ | 215 | |
| Baustahl | S355J2G3 | $t \leq 40$ | 360 | 510 |
| | | $40 < t \leq 80$ | 325 | |
| Feinkorn-baustahl | S355N S355NH S355NL1 S355NL2 | $t \leq 40$ | 360 | 510 |
| | | $40 < t \leq 80$ | 325 | |
| Stahlguss (Sonderbauteile) | GS-52 | | 260 | 520 |
| | GS-20Mn5 | $t \leq 100$ | 260 | 500 |
| Vergütungsstahl (Lager, Gelenke) | C35N | $t \leq 16$ | 300 | 480 |
| | | $16 < t \leq 80$ | 270 | |

Für alle genannten Stahlsorten gilt: E-Modul $E = 210\,000$ N/mm², Schubmodul $G = 81\,000$ N/mm², Temperaturdehnzahl $\alpha_T = 12 \cdot 10^{-6}$ K$^{-1}$.

**TB 6-6** Zulässige Spannungen für Schweißnähte im Stahlbau $\sigma_{w\,zul}(\tau_{w\,zul})$ in N/mm² nach DIN 18800-1 (Grenzschweißnahtspannungen)

| Nahtarten | Nahtgüte (Ausführung nach DIN 18800-7, Abschnitt 3.4.3) | Bean-spruchungsart | Stahlsorten | |
|---|---|---|---|---|
| | | | S235JR S235JRG1 S235JRG2 S235J2G2 | S355J2G3 S355N |
| Durch- oder gegengeschweißte Nähte (Stumpf- und HV-Nähte) | alle Nahtgüten | Druck | 218[1] | 327[1] |
| | nachgewiesen | Zug | | |
| | nicht nachgewiesen | | | |
| nicht durchgeschweißte Nähte (z. B. HY-, DHY-, Kehl- und Dreiblechnähte) Bild 6-12 und 6-13 | alle Nahtgüten | Zug Druck | 207[2] | 262 |
| alle Nahtarten | | Schub | | |

[1] Diese Nähte müssen nicht nachgewiesen werden. Maßgebend ist die Bauteilfestigkeit.
[2] Bei Stumpfstößen von Formstahl aus S235JR und S235JRG1 mit $t \geq 16$ mm ist bei Zugbeanspruchung $\alpha_w = 0{,}55$ und somit $\sigma_{w\,zul} = 120$ N/mm².

Hinweis: $\sigma_{w\,zul} = \alpha_w \cdot R_e / S_M$; mit $\alpha_w = 0{,}95$ bzw. $0{,}8$ für S235 bzw. S355, $R_e$ nach TB 6-5 und $S_M = 1{,}1$.
Diese für Erzeugnisdicken $t \leq 40$ mm gültigen Werte sind auch anzusetzen bei Schweißnähten in Bauteilen mit $t > 40$ mm.

**TB 6-7** Grenzwerte $(b/t)_{grenz}$[1] von ein- und zweiseitig gelagerten Plattenstreifen für volles Mittragen unter Druckspannungen

| Lagerung | Spannungsverlauf[2] − Druck + Zug | $(b/t)_{grenz}$ allgemein | Beulwert $k_\sigma$ bzw. $k_\tau$ | $(b/t)_{grenz}$[3] für Stahlsorte S235 | S355 |
|---|---|---|---|---|---|
| beidseitig gelagerter Plattenstreifen | | $133\sqrt{\dfrac{240}{R_e}}$ | 23,9 | 133 | 109 |
| | | $75,8\sqrt{\dfrac{240}{R_e}}$ | 7,81 | 76 | 62 |
| | | $37,8\sqrt{\dfrac{240}{R_e}}$ | 4,0 | 38 | 31 |
| | | $0,506\sqrt{k_\tau \dfrac{E}{\tau}}$ | 5,34 | 47 | 39 |
| einseitig gelagerter Plattenstreifen freier Rand | | $305\sqrt{\dfrac{k_\sigma}{R_e}}$ | 23,8 | 96 | 78 |
| | | | 1,70 | 26 | 21 |
| | | | 0,43 | 13 | 11 |
| | | | 0,57 | 15 | 12 |
| | | | 0,85 | 18 | 15 |

[1] Für Nachweisverfahren Elastisch–Elastisch
[2] $(b/t)_{grenz}$-Werte für beliebigen Spannungsverlauf s. DIN 18800-1
[3] Mit $\sigma \cdot 1{,}1 = \tau \cdot 1{,}1 \cdot \sqrt{3} = R_e$

**TB 6-8** Zuordnung der Druckstabquerschnitte zu den Knickspannungslinien nach TB 6-9 (DIN 18800-1)

| Querschnitt | | Ausweichen rechtwinklig zur Achse | Knick-spannungslinie |
|---|---|---|---|
| Hohlprofile | warm gefertigt | $x-x$ $y-y$ | $a$ |
| | kalt gefertigt | $x-x$ $y-y$ | $b$ |
| geschweißte Kastenquerschnitte | | $x-x$ $y-y$ | $b$ |
| | dicke Schweißnaht[1]) und $h_x/t_x < 30$ $h_y/t_y < 30$ | $x-x$ $y-y$ | $c$ |
| gewalzte I-Profile | $h/b > 1{,}2;\ t \leq 40$ mm | $x-x$ $y-y$ | $a$ $b$ |
| | $h/b > 1{,}2;\ 40 < t \leq 80$ mm $h/b \leq 1{,}2;\ t \leq 80$ mm | $x-x$ $y-y$ | $b$ $c$ |
| | $t > 80$ mm | $x-x$ $y-y$ | $d$ |
| geschweißte I-Querschnitte | $t_i \leq 40$ mm | $x-x$ $y-y$ | $b$ $c$ |
| | $t_i > 40$ mm | $x-x$ $y-y$ | $c$ $d$ |
| U-, L-, T- und Vollquerschnitte und mehrteilige Stäbe nach 6.3.1-3.3 | | $x-x$ $y-y$ | $c$ |

[1]) Als dicke Schweißnähte sind solche mit einer vorhandenen Nahtdicke $a \geq t_{min}$ zu verstehen.

Hinweis: Hier nicht aufgeführte Profile sind sinngemäß einzuordnen. Die Einordnung soll dabei nach den möglichen Eigenspannungen und Blechdicken erfolgen.

**TB 6-9** Abminderungsfaktoren $\kappa$ für Biegeknicken (Knickspannungslinien $a$, $b$, $c$ und $d$ für Querschnitte nach TB 6-8)

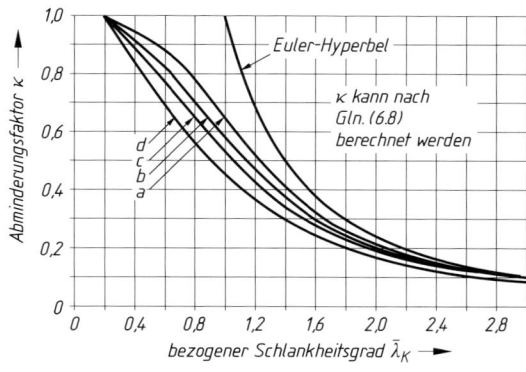

**TB 6-10** Momentenbeiwerte $\beta_m$ für Biegeknicken (DIN 18800-1, Auszug)

| Momentenverlauf | $\beta_m$ |
|---|---|
| Stabendmomente<br>$M_1$ ... $\psi \cdot M_1$<br>$-1 \leq \psi \leq 1$ | $\beta_{m\psi} = 0{,}66 + 0{,}44\psi$<br>jedoch $\beta_{m\psi} \geq 1 - \dfrac{1}{\eta_{ki}}$ [1)]<br>und $\beta_{m\psi} \geq 0{,}44$ [2)] |
| Momente aus Querlast<br>$M$<br>$M$ | $\beta_m = 1{,}0$ |

[1)] Verzweigungslastfaktor des Systems $\eta_{ki} = F_{ki}/F$, mit Eulerscher Knicklast $F_{ki} = \pi^2 \cdot E \cdot I/(l_k^2 \cdot S_M)$ und einwirkender Druckkraft $F$.
[2)] $\beta_m \leq 1$ ist nur zulässig bei Stäben mit unverschieblicher Lagerung der Stabenden, gleichbleibendem Querschnitt, konstanter Druckkraft und ohne Querlast.


**TB 6-11** Zulässige Spannungen in N/mm² für Schweißnähte beim allgemeinen Spannungsnachweis[1)] im Kranbau nach DIN 15018-1

| Spalte | a | | b | c | | d | e | f | g |
|---|---|---|---|---|---|---|---|---|---|
| Zeile | Nahtart | | Nahtgüte[2)] | Spannungsart[3)] | | \multicolumn{4}{c}{Werkstoff} |
| | | | | | | S235JRG2 | | S355J2G3 | |
| | | | | | | \multicolumn{4}{c}{Lastfall[5)]} |
| | | Bild | | | | H | HZ | H | HZ |
| 1 | Stumpfnaht | 6–11 | alle Nahtgüten | Zug<br>Druck | $\sigma_{\perp z\,zul}$<br>$\sigma_{\perp d\,zul}$ | 160 | 180 | 240 | 270 |
| 2 | DHV-Naht (K-Naht) | 6–14a | Sondergüte | Zug[4)] | $\sigma_{\perp z\,zul}$ | | | | |
| 3 | | | alle Nahtgüten | Druck | $\sigma_{\perp d\,zul}$ | | | | |
| 4 | alle Nähte | | | Vergleichswert | $\sigma_{wv\,zul}$ | | | | |
| 5 | DHY-Naht (K-Stegnaht) | 6–14d | Normalgüte | Zug[4)] | $\sigma_{\perp z\,zul}$ | 140 | 160 | 210 | 240 |
| 6 | Kehlnaht | 6–13 | | Druck | $\sigma_{\perp d\,zul}$ | 130 | 145 | 195 | 220 |
| 7 | | | alle Nahtgüten | Zug[4)] | $\sigma_{\perp z\,zul}$ | 113 | 127 | 170 | 191 |
| 8 | alle Nähte | | | Schub in Nahtrichtung | $\tau_{w\,zul}$ | | | | |

[1)] Außer dem allgemeinen Spannungsnachweis auf Sicherheit gegen Erreichen der Fließgrenze ist für Krane mit mehr als 20000 Spannungsspielen noch ein Betriebsfestigkeitsnachweis auf Sicherheit gegen Bruch bei zeitlich veränderlichen, häufig wiederholten Spannungen für die Lastfälle H zu führen. Zulässige Spannungen beim Betriebsfestigkeitsnachweis s. Normblatt.
[2)] Neben Schweißnähten mit den im Stahlbau üblichen Anforderungen sind im Kranbau Schweißnähte mit weitergehenden Güteeigenschaften festgelegt, s. DIN 15018-1 und DIN 18800-7. So muss bei der DHV-Naht-Sondergüte zusätzlich die Wurzel ausgeräumt und durchgeschweißt und der Nahtübergang kerbfrei, erforderlichenfalls bearbeitet, sein.
[3)] Gilt für Spannungen senkrecht zur Nahtrichtung (außer Zeilen 4 und 8). Für Spannungen in der Nahtrichtung gelten die Werte für Bauteile nach TB 3-3a.
[4)] Zerstörungsfreie Prüfung des quer zu seiner Ebene auf Zug beanspruchten Bleches auf Doppelung und Strukturfehler im Nahtbereich (z. B. Durchschallung) erforderlich.
[5)] Für die Lastfälle HS sind die 1,1fachen Spannungen des Lastfalles HZ zulässig.

**TB 6-12** Beispiele für die Ausführung von Schweißverbindungen im Maschinenbau nach DS 952 01 zugehörige Spannungslinien siehe TB 6-13

| Linie nach TB 6-13 | Anordnung, Stoß- und Nahtform, Belastung, Prüfung | |
|---|---|---|
| | Darstellung | Beschreibung |
| A | | Auf Biegung oder durch Längskraft beanspruchte *nicht geschweißte Bauteile* (Vollstab). |
| B | | 1. *Bauteil mit* quer zur Kraftrichtung beanspruchter *Stumpfnaht*. Wurzel gegengeschweißt, Schweißnaht kerbfrei bearbeitet und 100 % durchstrahlt. <br> 2. *Bauteile verschiedener Dicke mit* quer zur Kraftrichtung beanspruchter *Stumpfnaht*. Wurzel gegengeschweißt, Schweißnaht kerbfrei bearbeitet und 100 % durchstrahlt. <br> 3. *Trägerstegblech*: Querkraft-Biegung mit überlagerter Längskraft. Wurzel gegengeschweißt, Schweißnaht kerbfrei bearbeitet und 100 % durchstrahlt. <br> 4. *Bauteile mit* längs zur Kraftrichtung beanspruchter *Stumpfnaht*. Wurzel gegengeschweißt, Schweißnaht kerbfrei bearbeitet und 100 % durchstrahlt. <br> 5. *Bauteile mit* längs zur Kraftrichtung beanspruchten *DHV-(K-) oder Kehlnähten*. Schweißnahtübergänge ggf. bearbeitet und auf Risse geprüft. <br> 6. *Blechkonstruktionen* mit Gurtstößen ($R \geq 0{,}5\,b$). Wurzeln gegengeschweißt, Schweißnähte in Kraftrichtung bearbeitet und 100 % durchstrahlt. |
| C | | 1. *Durchlaufendes Bauteil* mit nicht belasteten Querversteifungen. DHV-(K-) Nähte kerbfrei bearbeitet und auf Risse geprüft. <br> 2. *Durchlaufendes Bauteil* mit angeschweißten Scheiben. DHV-(K-) Nähte kerbfrei bearbeitet und auf Risse geprüft. |
| D | | 1. *Bauteile mit* quer zur Kraftrichtung beanspruchter *Stumpfnaht*. Wurzel gegengeschweißt. Schweißnaht stichprobenweise (mindestens 10 %) durchstrahlt. <br> 2. *Bauteile mit* längs zur Kraftrichtung beanspruchter *Stumpfnaht*. Wurzel gegengeschweißt. Schweißnaht stichprobenweise (mindestens 10 %) durchstrahlt. <br> 3. *Trägerstegbleche*: Querkraftbiegung mit überlagerter Längskraft. Wurzel gegengeschweißt. Schweißnaht stichprobenweise (mindestens 10 %) durchstrahlt. <br> 4. *Rohrverbindungen* mit unterlegten Stumpfnähten. Schweißnähte stichprobenweise (mindestens 10 %) durchstrahlt. <br> 5. *Blechkonstruktionen* mit Stumpfstößen in Eckverbindungen ($R \geq 0{,}5\,b$). Wurzeln gegengeschweißt. Schweißnähte stichprobenweise (mindestens 10 %) durchstrahlt. |

**TB 6-12** Fortsetzung

| Linie nach TB 6-13 | Anordnung, Stoß- und Nahtform, Belastung, Prüfung | |
|---|---|---|
| | Darstellung | Beschreibung |
| E1 | | 1. *Bauteil mit* quer zur Kraftrichtung beanspruchter *Stumpfnaht*. Abhängig von den Anforderungen: Wurzel gegengeschweißt, nicht gegengeschweißt. Schweißnähte nicht bearbeitet.<br>2. *Bauteile mit* längs zur Kraftrichtung beanspruchter *Stumpfnaht*. Schweißnaht nicht bearbeitet.<br>3. *Trägerstegbleche*: Querkraftbiegung mit überlagerter Längskraft. Abhängig von den Anforderungen: Wurzel gegengeschweißt, nicht gegengeschweißt. Schweißnaht nicht bearbeitet.<br>4. *Eckverbindungen* mit Stumpfstößen und Eckblechen. Schweißnähte nicht bearbeitet.<br>5. *Rohrverbindung* (auch mit Vollstab) mit quer zur Kraftrichtung beanspruchter *Stumpfnaht*. Schweißnaht nicht bearbeitet.<br>6. *Verbindung verschiedener Werkstoffdicken* durch eine Stumpfnaht. Wurzel gegengeschweißt. Schweißnaht nicht bearbeitet.<br>7. Durch *Kreuzstoß* mittels DHV-(K-) Nähten verbundene Bauteile. Schweißnähte bearbeitet. (Nicht bearbeitete Nähte: Linie E5)<br>8. Durch DHV-(K-) Nähte verbundene, auf *Biegung und Schub* beanspruchte Bauteile. Schweißnähte bearbeitet. (Nicht bearbeitete Nähte: Linie E5). |
| E5 | | 9. *Durchlaufendes Bauteil*, an das quer zur Kraftrichtung Teile mit bearbeiteten DHV-(K-) Nähten angeschweißt sind.<br>10. *Bauteil mit* aufgeschweißter *Gurtplatte*. Die Kehlnähte sind an den Stirnflächen bearbeitet. (Nicht bearbeitete Nähte: Linie F). |
| F | | 1. *Stumpfstöße von Profilen* ohne Eckbleche. Schweißnähte nicht bearbeitet.<br>2. *Durchlaufendes Bauteil* mit einem durch nichtbearbeitete Kehlnähte aufgeschweißtem Bauteil.<br>3. *Durchlaufendes Bauteil* mit einem durchgesteckten, durch Kehlnähte verbundenen Bauteil. Die Schweißnähte sind nicht bearbeitet.<br>4. Durch *Kreuzstoß* mittels Kehlnähten verbundene Bauteile. Die Schweißnähte sind nicht bearbeitet.<br>5. Auf *Schub und Biegung* durch nicht bearbeitete Kehlnähte verbundene Bauteile. |
| G | | *Stegblechquerstoß*, maximale Schubbeanspruchung in Trägernulllinie. Die Linie gilt auch für auf *Torsion* beanspruchte, *nicht geschweißte* Bauteile. |
| H | | *Schubverbindung* mit DHV-(K-) oder Kehlnähten zwischen Stegblech und Gurt bei Biegeträgern (Halsnähte). |

**TB 6-13** Zulässige Spannungen für Schweißverbindungen im Maschinenbau nach DS 95201 (Werkstückdicke ≤ 10 mm)
Erläuterung der Spannungslinien A bis H siehe TB 6-12

a) für Bauteile aus S235JRG2     b) für Bauteile aus S355J2G3

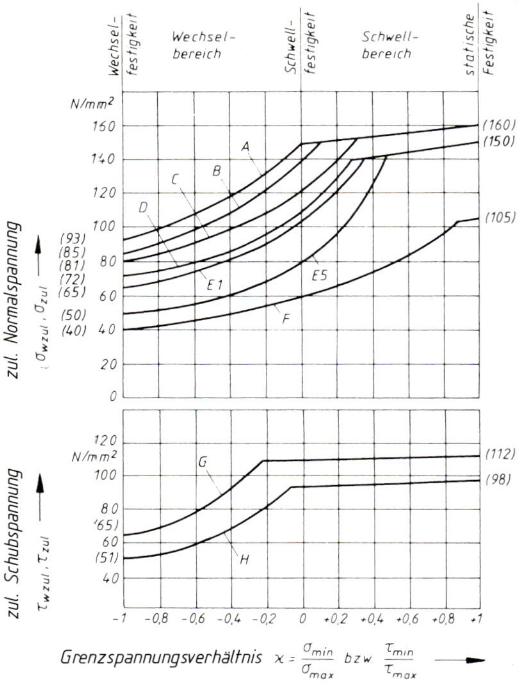

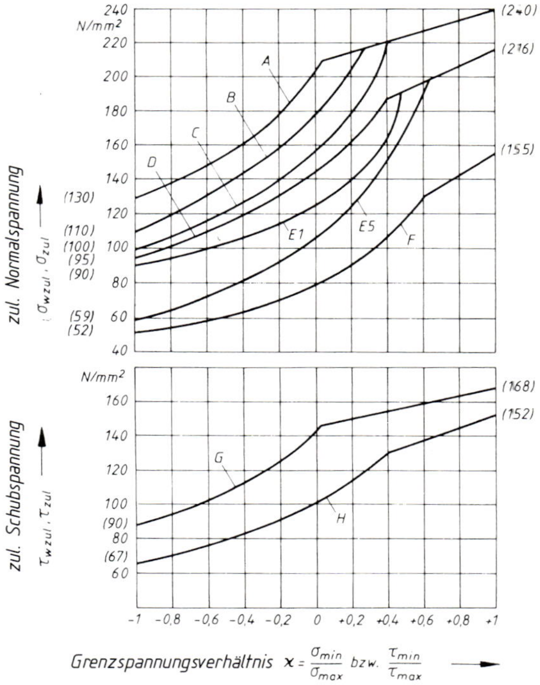

c) für Bauteile aus AlMgSi1 und AlMg3 (AlMgMn)
Grundwerkstoff mit Walzhaut, Schweißraupe nicht bearbeitet

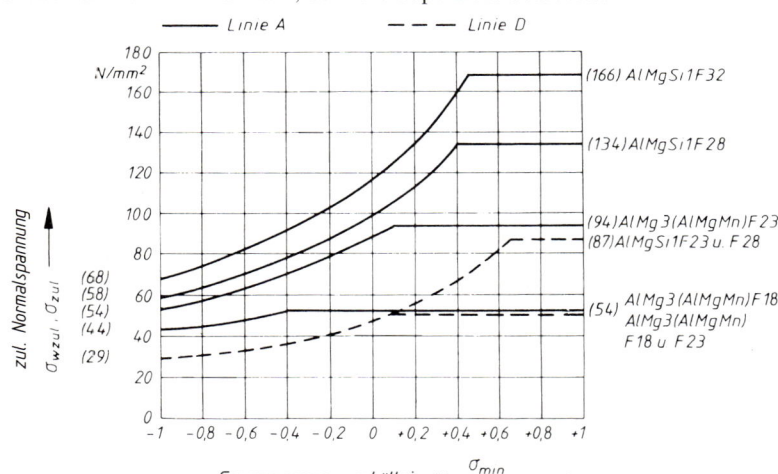

*Beachte:* Bei Vollquerschnitten sind die Festigkeitswerte bei Biegung mit 1,2 und bei Schub mit 0,65 zu multiplizieren

**TB 6-14** Dickenbeiwert für geschweißte Bauteile im Maschinenbau nach DS 95201

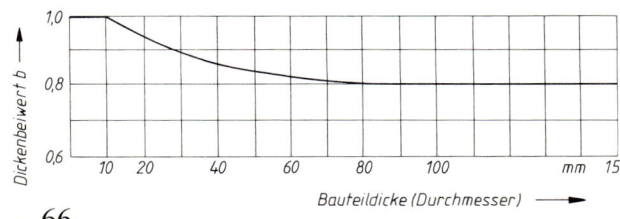

**TB 6-15** Festigkeitskennwerte $K$ im Druckbehälterbau bei erhöhten Temperaturen

a) für Flacherzeugnisse aus Druckbehälterstählen (warmfeste Stähle) nach DIN EN 10028-2

1. 0,2%-Dehngrenze bei erhöhten Temperaturen (Mindestwerte)[1]

| Stahlsorte Kurzname | Werkstoffnummer | Erzeugnisdicke[2] mm über | Erzeugnisdicke[2] mm bis | Zugfestigkeit N/mm² | Streckgrenze $R_{eH}$ (bzw. $R_{p0,2}$) N/mm² | Festigkeitskennwert $K$[1] in N/mm² bei der Berechnungstemperatur in °C 0,2%-Dehngrenze $R_{p0,2/\vartheta}$ | | | | | | | | | |
|---|---|---|---|---|---|---|---|---|---|---|---|---|---|---|---|
| | | | | | | 50 | 100 | 150 | 200 | 250 | 300 | 350 | 400 | 450 | 500 |
| P235GH | 1.0345 | 16 40 | 16 40 60 | 360 bis 480 | 235 225 215 | 206 | 190 | 180 | 170 | 150 | 130 | 120 | 110 | – | – |
| P265GH | 1.0425 | 16 40 | 16 40 60 | 410 bis 530 | 265 255 245 | 234 | 215 | 205 | 195 | 175 | 155 | 140 | 130 | – | – |
| P295GH | 1.0481 | 16 40 | 16 40 60 | 460 bis 580 | 295 290 285 | 272 | 250 | 235 | 225 | 205 | 185 | 170 | 155 | – | – |
| P355GH | 1.0473 | 16 40 | 16 40 60 | 510 bis 650 | 355 345 335 | 318 | 290 | 270 | 255 | 235 | 215 | 200 | 180 | – | – |
| 16Mo3 | 1.5415 | 16 40 | 16 40 60 | 440 bis 590 | 275 270 260 | – | – | – | 215 | 200 | 170 | 160 | 150 | 145 | 140 |
| 13CrMo4-5 | 1.7335 | 16 | 16 60 | 450 bis 600 | 300 295 | – | – | – | 230 | 220 | 205 | 190 | 180 | 170 | 165 |
| 10CrMo9-10 | 1.7380 | 16 40 | 16 40 60 | 480 bis 630 | 310 300 290 | – | – | – | 245 | 230 | 220 | 210 | 200 | 190 | 180 |
| 11CrMo9-10 | 1.7383 | | 60 | 520 bis 670 | 310 | – | – | – | 255 | 235 | 225 | 215 | 205 | 195 |

2. Langzeitwarmfestigkeitswerte (Mittelwerte)[3]

| Berechnungstemperatur °C | Festigkeitskennwerte $K$ in N/mm² für Stahlsorte | | | | | | | | | | | |
|---|---|---|---|---|---|---|---|---|---|---|---|---|
| | 1%-Zeitdehngrenze für 100 000 h[4] $R_{p1,0/10^5/\vartheta}$ | | | | | | Zeitstandfestigkeit für 100 000 h[5] $R_{m/10^5/\vartheta}$ | | | | | |
| | P235GH P265GH | P295GH P355GH | 16Mo3 | 13CrMo4-5 | 10CrMo9-10 | 11CrMo9-10 | P235GH P265GH | P295GH P355GH | 16Mo3 | 13CrMo4-5 | 10CrMo9-10 | 11CrMo9-10 |
| 380 390 400 | 118 106 95 | 153 137 118 | | | | | 165 148 132 | 227 203 179 | | | | |
| 410 420 430 | 84 73 65 | 105 92 80 | | | | | 118 103 91 | 157 136 117 | | | | |
| 440 450 460 | 57 49 42 | 69 59 51 | 167 146 | 191 172 | 166 155 | keine | 79 69 59 | 100 85 73 | 239 208 | 285 251 | 221 205 | 221 205 |
| 470 480 490 | 35 30 | 44 38 33 | 126 107 89 | 152 133 116 | 145 130 116 | Angaben | 50 42 | 63 55 47 | 178 148 123 | 220 190 163 | 188 170 152 | 188 170 152 |
| 500 510 520 | | 29 | 73 59 46 | 98 83 70 | 103 90 78 | | | 41 | 101 81 66 | 137 116 94 | 135 118 103 | 135 118 103 |
| 530 540 550 | | | 36 | 57 46 36 | 68 58 49 | | | | 53 | 78 61 49 | 90 78 68 | |
| 560 570 580 | | | | 30 24 | 41 35 30 | | | | | 40 33 | 58 51 44 | |
| 590 600 | | | | | 26 22 | | | | | | 38 34 | |

[1] Für Temperaturen zwischen 20 und 50 °C ist linear zwischen den für Raumtemperatur und 50 °C angegebenen Werten zu interpolieren; dabei ist von der Raumtemperatur auszugehen, und zwar von dem für die jeweilige Erzeugnisdicke angegebenen Streckgrenzenwert.
[2] Festigkeitskennwerte für Erzeugnisdicken > 60 mm s. Normblatt.
[3] Die Angaben von Festigkeitskennwerten bis zu den aufgeführten Temperaturen bedeuten nicht, dass die Stähle im Dauerbetrieb bis zu diesen Temperaturen eingesetzt werden können. Maßgebend dafür sind die Gesamtbeanspruchung im Betrieb, besonders die Verzunderungsbedingungen.
[4] Beanspruchung, bei welcher nach 100 000 h eine bleibende Dehnung von 1% gemessen wird. Anhaltswerte für 10 000 h s. Normblatt.
[5] Beanspruchung, bei welcher ein Bruch nach 100 000 h eintritt. Anhaltswerte für 10 000 h und 200 000 h s. Normblatt.

**TB 6-15** Fortsetzung

b) für sonstige Stähle, Gusswerkstoffe und NE-Metalle (Auswahl nach AD-Merkblätter Reihe W)

| Werkstoff Art Verwendung | Kurzname | Kennwert | zulässig bis Produktwert[7] | Festigkeitskennwerte $K$[6] in N/mm² bei der Berechnungstemperatur in °C | | | | | | | | | | |
|---|---|---|---|---|---|---|---|---|---|---|---|---|---|---|
| | | | | 20 | 100 | 150 | 200 | 250 | 300 | 350 | 400 | 450 | 500 | 550 |
| Allgemeine Baustähle nach DIN EN 10025 Bleche, Bänder, warmgewalzte Teile, Schmiedestücke | S235JRG1, S235JRG2, S235J2G3 | $R_{eH}$ | $D_i \cdot p_e$ $\leq 20000$ | 235 | 187 | – | 161 | 143 | 122 | – | – | – | – | – |
| | S275JR, S275J2G3 | | | 275 | 220 | – | 190 | 180 | 150 | – | – | – | – | – |
| | S355J2G3, S355K2G3 | | | 355 | 254 | – | 226 | 206 | 186 | – | – | – | – | – |
| Nahtlose und geschweißte Rohre aus unlegierten Stählen nach DIN 1626 1628, 1629 und 1630 und warmfesten Stählen nach DIN 17175 | St37.0, St37.4 | $R_{p0.2}$ | [8] | 235 | – | – | 185 | 165 | 140 | – | – | – | – | – |
| | St44.0, St44.4 | | | 275 | – | – | 215 | 195 | 165 | – | – | – | – | – |
| | St52.0, St52.4 | | | 355 | – | – | 245 | 225 | 195 | – | – | – | – | – |
| | St35.8 | | | 235 | – | – | 185 | 165 | 140 | 120 | 110 | 105 | – | – |
| | St45.8 | | | 255 | – | – | 205 | 185 | 160 | 140 | 130 | 125 | – | – |
| | 15Mo3 | | | 270 | – | – | 225 | 205 | 180 | 170 | 160 | 155 | 150 | – |
| | 13CrMo4-4 | | | 290 | – | – | 240 | 230 | 215 | 200 | 190 | 180 | 175 | – |
| Nicht rostende (austenitische) Stähle nach DIN 17440, 17441, 17457 und 17458 Bleche, Rohre, Stäbe, Schmiedestücke | X5CrNi8-10 | $R_{p1.0}$ | | 230 | 191 | 172 | 157 | 145 | 135 | 129 | 125 | 122 | 120 | 120 |
| | X5CrNiMo17-12-2 | | | 240 | 211 | 191 | 177 | 167 | 156 | 150 | 144 | 141 | 139 | 137 |
| | X6CrNiMoTi17-12-2 | | | 245 | 218 | 206 | 196 | 186 | 175 | 169 | 164 | 160 | 158 | 157 |
| | X2CrNiMoN17-13-3 | | | 330 | 260 | 227 | 208 | 195 | 185 | 180 | 175 | 170 | 168 | 166 |
| Stahlguss ferritisch, warmfest, ferritisch, nicht rostend und kaltzäh nach DIN 1681, 17245, 17182, 17445 und SEW 685 | GS-38 | $R_{p0.2}$ | | 200 | 181 | 167 | 157 | 137 | 118 | – | – | – | – | – |
| | GS-45 | | | 230 | 216 | 196 | 176 | 157 | 137 | – | – | – | – | – |
| | GS-C25N | | | 245 | – | – | 175 | – | 145 | 135 | 130 | 125 | – | – |
| | GS-20Mn5N | | | 300 | 216 | 205 | 197 | 193 | 186 | 178 | – | – | – | – |
| | GS-20Mn5V | | | 360 | 264 | 253 | 246 | 241 | 234 | 226 | – | – | – | – |
| | G-X5CrNi 13-4 | | | 550 | 515 | 500 | 485 | 470 | 455 | 440 | – | – | – | – |
| | GS-26CrMo 4 | | | 340 | 220 | 200 | 195 | 190 | 180 | – | – | – | – | – |
| | G-X6CrNi 18-10 | | | 180 | 130 | 115 | 105 | 95 | 90 | – | – | – | – | – |
| Gusseisen mit Kugelgraphit nach DIN EN 1563 | EN-GJS-350-22-LT | $R_{p0.2}$ | $l \cdot p_e$ $\leq (100000)$ $\leq 80000$ $\leq 65000$ $\leq 65000$ | 220 | 210 | 200 | 180 | 170 | 150 | 140 | – | – | – | – |
| | EN-GJS-400-18-LT | | | 250 | 240 | 230 | 210 | 200 | 180 | 160 | – | – | – | – |
| | EN-GJS-500-7 | | | 320 | 300 | 290 | 270 | 250 | 230 | 200 | – | – | – | – |
| | EN-GJS-600-3 | | | 380 | 360 | 350 | 330 | 310 | 280 | 230 | – | – | – | – |
| | EN-GJS-700-2 | | | 440 | 420 | 410 | 390 | 370 | 340 | 300 | – | – | – | – |
| Aluminium und Aluminiumlegierungen (Knetwerkstoffe)[9] Bleche, nahtlose Rohre, Profile, Stangen | Al99,8W6 und F6 | $R_{p1.0}$ | | 22 | 18 | – | – | – | – | – | – | – | – | – |
| | Al99,5W7, F7 und F8 | $R_{p1.0}$ | | 30 | 27 | – | – | – | – | – | – | – | – | – |
| | AlMg2Mn0,8F20 | $R_{m/10^5}$ | | – | (120) | – | 60 | 25 | 20 | – | – | – | – | – |
| | AlMg4,5MnF27, W28 | $R_{p0.2}$ | | 125 | (120) | – | – | – | – | – | – | – | – | – |
| | AlMg2Mn0,8W18, F19 | $R_{m/10^5}$ | | – | (100) | – | 48 | 22 | 16 | – | – | – | – | – |
| Kupfer und Kupferlegierungen[10] | SF-Cu F20 | $R_m$ | | 200 | 200 | 175 | 150 | 125 | – | – | – | – | – | – |
| | SF-Cu F20 | $R_{p1.0}$ | | 60 | 55 | – | – | – | – | – | – | – | – | – |
| | CuZn40 F34 | $R_{p1.0}$ | | 140 | 137 | 137 | 132 | – | – | – | – | – | – | – |
| | CuZn28Sn1 F36 | $R_{p1.0}$ | | 150 | 144 | 140 | 135 | – | – | – | – | – | – | – |

Für Gusseisen mit Lamellengraphit nach DIN EN 1561 und austenitisches Gusseisen nach DIN 1694 darf bis zu einer Wandtemperatur von 300 °C bzw. 350 °C für $K$ die Zugfestigkeit bei Raumtemperatur eingesetzt werden (Wanddickeneinfluss berücksichtigen!)

[6] Die für 20 °C angegebenen Werte gelten bis 50 °C, die bis 100 °C angegebenen Werte bis 120 °C (außer bei Al und Cu). In den übrigen Bereichen ist zwischen den angegebenen Werten linear zu interpolieren, wobei eine Aufrundung nicht zulässig ist. Die angegebenen Festigkeitswerte sind abhängig von der Erzeugnisdicke. Für Dicken bei St über 16 mm und bei GJS und GS über 40 mm s. AD-Merkblätter.

[7] Die Zeichen bedeuten: $p_e$ innerer Überdruck in bar, $D_i$ innerer Durchmesser des Behälters in mm, $l$ Behälterinhalt in Liter.

[8] s. AD-Merkblätter W4 und W12.

[9] Die für 20 °C angegebenen Werte gelten im Temperaturbereich von –270 °C bis +20 °C.

[10] Zeitdehngrenzwerte und zulässige Spannungen $K/S$ in Abhängigkeit von Temperatur und Auslegungsdauer s AD-Merkblatt W6/2.

**TB 6-16** Berechnungstemperatur für Druckbehälter nach AD-Merkblatt B0

| Beheizung | Berechnungstemperatur |
|---|---|
| keine | höchste Temperatur des Beschickungsgutes |
| durch Gase, Dämpfe oder Flüssigkeiten | höchste Temperatur des Heizmittels |
| Feuer-, Abgas- oder elektrische Beheizung | höchste Temperatur des Beschickungsgutes $+20\,°C$ bei abgedeckter Wand $+50\,°C$ bei unmittelbar berührter Wand |

**TB 6-17** Sicherheitsbeiwerte[1] für Druckbehälter nach AD-Merkblatt B0 (Auszug)

| Sicherheit gegen | Werkstoff und Ausführung | Sicherheitsbeiwert $S$ für den Werkstoff bei Berechnungstemperatur | Sicherheitsbeiwert $S'$ beim Prüfdruck $p'$ $p' = 1{,}3 \cdot p$ |
|---|---|---|---|
| Streck-, Dehngrenze oder Zeitstandfestigkeit ($R_e$, $R_{p\,0,2/\vartheta}$ oder $R_{m/10^5/\vartheta}$) | Walz- und Schmiedestähle | 1,5 | 1,1 |
| | Stahlguss | 2,0 | 1,5 |
| | Gusseisen mit Kugelgraphit nach DIN EN 1563 EN-GJS-700-2 EN-GJS-600-3 EN-GJS-500-7 EN-GJS-400-15 EN-GJS-400-18-LT EN-GJS-350-22-LT | 5,0 4,0 3,5 2,4 | 2,5 2,0 1,7 1,2 |
| | Aluminium und Aluminium-legierungen (Knetwerkstoffe) | 1,5 | 1,1 |
| Zugfestigkeit ($R_m$) | Gusseisen (Grauguss) nach DIN EN 1561 — ungeglüht — geglüht oder emailliert | 9,0[2] 7,0[3] | 3,5 3,5 |
| | Kupfer und Kupferlegierungen einschließlich Walz- und Gussbronze — bei nahtlosen und geschweißten Behältern — bei gelöteten Behältern | 3,5 4,0 | 2,5 2,5 |

[1] Bei allen Nachweisen für äußeren Überdruck gelten um 20 % höhere Werte (ausgenommen Grauguss und Gussbronze).
[2] Für gewölbte Böden 7,0.
[3] Für gewölbte Böden 6,0.

**TB 6-18** Berechnungsbeiwerte $C$ für ebene Platten und Böden nach AD-Merkblatt B5 (Auszug)

| Ausführungsform | Bild | Voraussetzungen | | | | | | $C$ |
|---|---|---|---|---|---|---|---|---|
| Gekrempter ebener Boden | 6-50a | Krempenhalbmesser $r \geq 1{,}3t$ bzw. | | | | | | 0,30 |
| | | bei $D_a$ mm | bis 500 | > 500 ≤ 1400 | > 1400 ≤ 1600 | > 1600 ≤ 1900 | über 1900 | |
| | | $r$ mind. mm | 30 | 35 | 40 | 45 | 50 | |
| | | Bordhöhe: $h \geq 3{,}5t$ | | | | | | |
| Beidseitig eingeschweißte Platte | 6-50b | Plattenwanddicke: $\quad t \leq 3t_1$ $\quad\quad\quad\quad\quad\quad\quad\quad\ \ t > 3t_1$ | | | | | | 0,35 0,40 |
| Ebene Platte mit Entlastungsnut | 6-50c | $t_R \geq p_e\,(0{,}5\,D - r)\dfrac{1{,}3 \cdot S}{K}$, mindestens 5 mm; wenn $D_a > 1{,}2D$: $t_R \leq 0{,}77\,t_1$ $r \geq 0{,}2t$, mindestens 5 mm | | | | | | 0,40 |
| Platte an einer Flanschverbindung mit durchgehender Dichtung | 6-50d | $D \geq D_i$ | | | | | | 0,35 |

# 7 Nietverbindungen

**TB 7-1** Vereinfachte Darstellung von Verbindungselementen für den Zusammenbau nach DIN ISO 5845-1

| Darstellung in der Zeichenebene parallel zur Achse der Verbindungselemente | | | | |
|---|---|---|---|---|
| Loch | ohne Senkung | Loch Senkung auf einer Seite | Senkung auf beiden Seiten | Schraube mit Lageangabe der Mutter |
| in der Werkstatt gebohrt |  |  |  | — |
| auf der Baustelle gebohrt |  |  |  | — |
| Schraube oder Niet | | | | |
| in der Werkstatt eingebaut |  |  |  |  |
| auf der Baustelle eingebaut |  |  |  |  |
| Loch auf der Baustelle gebohrt und Schraube oder Niet auf der Baustelle eingebaut |  |  |  |  |
| Darstellung in der Zeichenebene senkrecht zur Achse der Verbindungselemente | | | | |
| Loch und Schraube oder Niet | ohne Senkung | Loch Senkung auf der Vorderseite | Senkung auf der Rückseite | Senkung auf beiden Seiten |
| in der Werkstatt gebohrt und eingebaut |  |  |  |  |
| in der Werkstatt gebohrt und auf der Baustelle eingebaut |  |  |  |  |
| auf der Baustelle gebohrt und eingebaut |  |  |  |  |

Anwendungsbeispiel:

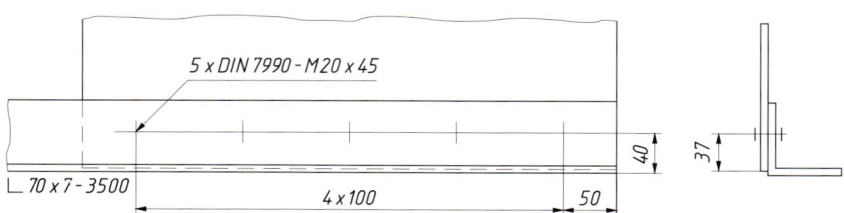

**TB 7-2** Zulässige Rand- und Lochabstände von Nieten und Schrauben

| Abstand | | Bezeichnung (Bild 7-13) | $d$ = Lochdurchmesser, $t$ = Dicke des dünnsten außenliegenden Teiles | | |
|---|---|---|---|---|---|
| | | | **Stahlbau[4])**<br>DIN 18800-1 | **Kranbau**<br>DIN 15018-2 | **Aluminiumkonstruktionen**<br>DIN 4113-1 |
| kleinster Randabstand | in Kraftrichtung | $e_1$ | $1,2\,d$ $(3\,d)$ | $2\,d$ | |
| | senkrecht zur Kraftrichtung | $e_2$ | $1,2\,d$ $(1,5\,d)$ | $1,5\,d$ | |
| größter Randabstand[1)2)] | | $e_1$<br>$e_2$ | $3\,d$ oder $6\,t$ $(8\,t)$ | $4\,d$ oder $8\,t$ $(10\,t)$ | $10\,t$ $(15\,t)$ |
| kleinster Lochabstand | in Kraftrichtung | $e$ | $2,2\,d$ $(3,5\,d)$ | $3\,d$ | |
| | senkrecht zur Kraftrichtung | $e_3$ | $2,4\,d$ $(3\,d)$ | | |
| größter Lochabstand[1)] | im Druckbereich | $e$ bzw. $e_3$ | $6\,d$ oder $12\,t$ | $6\,d$ oder $12\,t^{3)}$ | $15\,t$ |
| | im Zugbereich Heftverbindungen | | $10\,d$ oder $20\,t$ | | $40\,t$ |

[1)] Der jeweils kleinere Wert ist maßgebend.
[2)] Größere Werte in ( ) gelten für Stab- und Formstähle am ausreichend versteiften Rand (s. Bild 7-13).
[3)] In untergeordneten Bauteilen oder wenn die Spannungen in den Schrauben und Nieten unter 50% der zulässigen Werte liegen, sind größere Lochabstände zugelassen (s. DIN 15018-2).
[4)] Der größtmögliche rechnerisch nutzbare Lochleibungsdruck wird mit den in ( ) angegebenen Rand- und Lochabständen erreicht.

**TB 7-3** Blindniete mit Sollbruchdorn nach DIN 7337, Bild 7-2

Maße in mm

| Nenndurchmesser $d_1$ | | Kopfdurchmesser $d_2$ Form | | Kopfhöhe $k$ Form | | Mindest-Scherkraft (einschnittig) in N darunter Mindest-Zugkraft in N für Niethülse aus | | | | | |
|---|---|---|---|---|---|---|---|---|---|---|---|
| Reihe 1 | Reihe 2 | A[1)] | B[1)] | A[1)] | B[1)] | Al | St | A2 | NiCu | CuNi | Cu |
| – | 2,4 | 5 | – | 0,55 | – | 300<br>300 | – | – | – | – | – |
| 3 | – | 6,5 | 6 | 0,8 | 0,9 | 500<br>400 | 800<br>900 | 1600<br>2000 | – | 800<br>900 | 600<br>700 |
| – | 3,2 | 6,5 | 6 | 0,8 | 0,9 | 600<br>500 | 1000<br>1100 | 1800<br>2300 | 1400<br>2000 | 1000<br>1100 | 700<br>800 |
| 4 | – | 8 | 7,5 | 1 | 1 | 800<br>800 | 1500<br>2000 | 2500<br>3500 | 2000<br>2800 | 1500<br>2000 | 1000<br>1500 |
| – | 4,8 | 9,5 | 9 | 1,1 | 1,2 | 1400<br>1200 | 2400<br>3000 | 3800<br>4500 | 3300<br>3500 | 2300<br>3000 | – |
| 5 | – | 9,5 | 9 | 1,1 | 1,2 | 1600<br>1300 | 2600<br>3200 | 4200<br>5000 | – | – | – |
| 6 | – | 12 | 11 | 1,5 | 1,5 | 2500<br>2000 | 3300<br>3800 | – | – | – | – |
| – | 6,4 | 13 | 12 | 1,8 | 1,6 | 2800<br>2100 | 3600<br>4000 | – | – | – | – |

[1)] Form A: Flachkopf     Form B: Senkkopf mit Senkwinkel 120°

Stufung der Länge $l$: 4 6 8 10 12 16 20 25 30 35 40 45 50
Klemmlängenbereiche für handelsübliche Längen $l$ siehe Normblatt. Faustregel: erforderliche Nietlänge $l \approx \Sigma t + d_1$.
Nietlochdurchmesser $d = d_1 + 0{,}1$ mm.

**TB 7-4** Richtwerte für Nietverbindungen im Stahl- und Kranbau

| Rohnietdurchmesser $d_1$ | mm | 10 | 12 | (14) | 16 | (18) | 20 | (22) | 24 | (27) | 30 | (33) | 36 |
|---|---|---|---|---|---|---|---|---|---|---|---|---|---|
| Nietlänge $l^{1)}$ (DIN 124 und DIN 302) | mm | 16 (10) bis 50 (52) | 18 (14) bis 60 | 20 (18) bis 70 | 24 bis 80 | 26 bis 90 | 30 bis 100 | 34 (32) bis 110 | 38 (36) bis 120 | 42 (40) bis 135 | 50 (45) bis 150 | 55 (50) bis 160 | 62 (55) bis 160 |
| Durchmesser des geschlagenen Nietes Nietlochdurchmesser $d$ | mm | 10,5 | 13 | 15 | 17 | 19 | 21 | 23 | 25 | 28 | 31 | 34 | 37 |
| Niet-(Loch-)Querschnitt $A = \dfrac{d^2 \cdot \pi}{4}$ | mm² | 87 | 133 | 177 | 227 | 284 | 346 | 415 | 491 | 616 | 755 | 908 | 1075 |
| Grenzwerte der Blechdicke $t_{lim}$ mm | Stahlbau³⁾ einschnittig zweischnittig | (2,3) 4,5 | (2,8) 5,6 | 3,2 6,5 | 3,7 7,3 | 4,1 8,2 | 4,5 9,1 | 5,0 9,9 | 5,4 10,8 | 6,0 12,1 | 6,7 13,4 | 7,3 14,7 | 8,0 16,0 |
| | Kranbau einschnittig zweischnittig | 3,3 6,6 | 4,1 8,2 | 4,7 9,4 | 5,3 10,7 | 6,0 11,9 | 6,6 13,2 | 7,2 14,4 | 7,9 15,7 | 8,8 17,6 | 9,7 19,5 | 10,7 21,4 | 11,6 23,2 |
| Kleinste zu verbindende Blechdicke $t$ mm | konstruktiv gut möglich | 4 … 5 | 4 … 6 4 … 7 | | 6 … 8 5 … 10 | | 8 … 11 6 … 13 | 10 … 14 8 … 17 | 13 … 17 11 … 20 | 16 … 21 14 … 24 | | 20 … 18 … | |
| zugehörige Schraubendurchmesser | | – | M12 | – | M16 | – | M20 | M22 | M24 | M27 | M30 | – | M36 |

Eingeklammerte Größen möglichst vermeiden.

[1] Stufung der Nietlänge $l$: 10 12 14 usw. bis 40, dann 42 45 48 50 usw. bis 80, dann 85 90 95 usw. bis 160 mm. Werte in ( ) für Senkniete nach DIN 302.
[2] Bei ausgeführten Blechdicken $t_{min} > t_{lim}$ sind die Niete auf Abscheren und bei $t_{min} < t_{lim}$ auf Lochleibungsdruck zu berechnen.
[3] Für Bauteile aus S235, Niete aus USt36 und Loch- und Randabständen für größte Lochleibungstragfähigkeit nach TB 7-2.

**TB 7-5** Zulässige Wechselspannungen $\sigma_{W\,zul}$ in N/mm² für gelochte Bauteile aus S235 (S355) nach DIN 15018-1

| Häufigkeit der Höchstlast | Gesamte Anzahl der vorgesehenen Spannungsspiele | | | |
|---|---|---|---|---|
| | über $2 \cdot 10^4$ bis $2 \cdot 10^5$ | über $2 \cdot 10^5$ bis $6 \cdot 10^5$ | über $6 \cdot 10^5$ bis $2 \cdot 10^6$ | über $2 \cdot 10^6$ |
| | Gelegentliche nicht regelmäßige Benutzung mit langen Ruhezeiten | Regelmäßige Benutzung bei unterbrochenem Betrieb | Regelmäßige Benutzung im Dauerbetrieb | Regelmäßige Benutzung im angestrengten Dauerbetrieb |
| selten | 168 (199) | 141 (161) | 118 (129) | 100 (104) |
| mittel | 141 (160) | 119 (129) | 100 (104) | 84 (84) |
| ständig | 119 (129) | 100 (104) | 84 (84) | 84 (84) |

Für schwellende Beanspruchung auf Zug gelten die 1,6-fachen Werte.
Die zulässigen Spannungen entsprechen bei einer Sicherheit $S_D = 4/3$ den ertragbaren Spannungen bei 90 % Überlebenswahrscheinlichkeit.

**TB 7-6** Zulässige Spannungen in N/mm² für Nietverbindungen aus thermoplastischen Kunststoffen (nach Erhard/Strickle)

| Spannungsart | Bauteile und Niete aus | | | |
|---|---|---|---|---|
| | Polyoxymethylen Polyamid POM, PA66 | Polyamid mit Glasfaserzusatz GF-PA | Polycarbonat PC | Acrylnitril-Butadien-Styrol ABS |
| Abscheren $\tau_{a\,zul}$ | 8 | 12 | 7 | 3 |
| Lochleibungsdruck $\sigma_{l\,zul}$ | 20 | 30 | 17 | 8 |

Werte gelten für spitzgegossene Niete. Beim Warmstauchen gelten die 0,8-fachen und beim Ultraschall-Nieten die 0,9-fachen Werte.

# 8 Schraubenverbindungen

**TB 8-1** Metrisches ISO-Gewinde (Regelgewinde) nach DIN 13 T1 (Auszug)

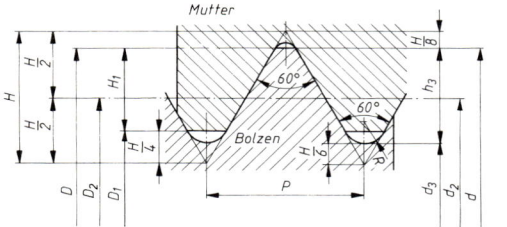

$H = 0{,}86603P$
$h_3 = 0{,}61343P$
$H_1 = 0{,}54127P$
$R = \dfrac{H}{6} = 0{,}14434P$

Maße in mm

| Gewinde-Nenndurchmesser $d = D$ | | Steigung | Flankendurchmesser | Kerndurchmesser | | Gewindetiefe | | Spannungsquerschnitt[1] $A_s$ | Kernquerschnitt[1] $A_3$ | Steigungswinkel[1] $\varphi$ |
|---|---|---|---|---|---|---|---|---|---|---|
| Reihe 1 | Reihe 2 | $P$ | $d_2 = D_2$ | $d_3$ | $D_1$ | $h_3$ | $H_1$ | mm² | mm² | Grad |
| 1 | | 0,25 | 0,838 | 0,693 | 0,729 | 0,153 | 0,135 | 0,460 | 0,377 | 5,43 |
| 1,2 | | 0,25 | 1,038 | 0,893 | 0,929 | 0,153 | 0,135 | 0,732 | 0,626 | 4,38 |
| 1,6 | | 0,35 | 1,373 | 1,170 | 1,221 | 0,215 | 0,189 | 1,27 | 1,075 | 4,64 |
| 2 | | 0,4 | 1,740 | 1,509 | 1,567 | 0,245 | 0,217 | 2,07 | 1,788 | 4,19 |
| 2,5 | | 0,45 | 2,208 | 1,948 | 2,013 | 0,276 | 0,244 | 3,39 | 2,980 | 3,71 |
| 3 | | 0,5 | 2,675 | 2,387 | 2,459 | 0,307 | 0,271 | 5,03 | 4,475 | 3,41 |
| | 3,5 | 0,6 | 3,110 | 2,765 | 2,850 | 0,368 | 0,325 | 6,78 | 6,000 | 3,51 |
| 4 | | 0,7 | 3,545 | 3,141 | 3,242 | 0,429 | 0,379 | 8,78 | 7,749 | 3,60 |
| | 4,5 | 0,75 | 4,013 | 3,580 | 3,688 | 0,460 | 0,406 | 11,3 | 10,07 | 3,41 |
| 5 | | 0,8 | 4,480 | 4,019 | 4,134 | 0,491 | 0,433 | 14,2 | 12,69 | 3,25 |
| 6 | | 1 | 5,350 | 4,773 | 4,917 | 0,613 | 0,541 | 20,1 | 17,89 | 3,41 |
| 8 | | 1,25 | 7,188 | 6,466 | 6,647 | 0,767 | 0,677 | 36,6 | 32,84 | 3,17 |
| | (9) | 1,25 | 8,188 | 7,466 | 7,647 | 0,767 | 0,677 | 48,1 | 43,78 | 2,78 |
| 10 | | 1,5 | 9,026 | 8,160 | 8,376 | 0,920 | 0,812 | 58,0 | 52,30 | 3,03 |
| | (11) | 1,5 | 10,026 | 9,160 | 9,376 | 0,920 | 0,812 | 72,3 | 65,90 | 2,73 |
| 12 | | 1,75 | 10,863 | 9,853 | 10,106 | 1,074 | 0,947 | 84,3 | 76,25 | 2,94 |
| | 14 | 2 | 12,701 | 11,546 | 11,835 | 1,227 | 1,083 | 115 | 104,7 | 2,87 |
| 16 | | 2 | 14,701 | 13,546 | 13,835 | 1,227 | 1,083 | 157 | 144,1 | 2,48 |
| | 18 | 2,5 | 16,376 | 14,933 | 15,294 | 1,534 | 1,353 | 193 | 175,1 | 2,78 |
| 20 | | 2,5 | 18,376 | 16,933 | 17,294 | 1,534 | 1,353 | 245 | 225,2 | 2,48 |
| | 22 | 2,5 | 20,376 | 18,933 | 19,294 | 1,534 | 1,353 | 303 | 281,5 | 2,24 |
| 24 | | 3 | 22,051 | 20,319 | 20,752 | 1,840 | 1,624 | 353 | 324,3 | 2,48 |
| | 27 | 3 | 25,051 | 23,319 | 23,752 | 1,840 | 1,624 | 459 | 427,1 | 2,18 |
| 30 | | 3,5 | 27,727 | 25,706 | 26,211 | 2,147 | 1,894 | 561 | 519,0 | 2,30 |
| | 33 | 3,5 | 30,727 | 28,706 | 29,211 | 2,147 | 1,894 | 694 | 647,2 | 2,08 |
| 36 | | 4 | 33,402 | 31,093 | 31,670 | 2,454 | 2,165 | 817 | 759,3 | 2,19 |
| | 39 | 4 | 36,402 | 34,093 | 34,670 | 2,454 | 2,165 | 976 | 913,0 | 2,00 |
| 42 | | 4,5 | 39,077 | 36,477 | 37,129 | 2,760 | 2,436 | 1121 | 1045 | 2,10 |
| | 45 | 4,5 | 42,077 | 39,479 | 40,129 | 2,760 | 2,436 | 1306 | 1224 | 1,95 |
| 48 | | 5 | 44,752 | 41,866 | 42,587 | 3,067 | 2,706 | 1473 | 1377 | 2,04 |
| | 52 | 5 | 48,752 | 45,866 | 46,587 | 3,067 | 2,706 | 1758 | 1652 | 1,87 |
| 56 | | 5,5 | 52,428 | 49,252 | 50,046 | 3,374 | 2,977 | 2030 | 1905 | 1,91 |
| | 60 | 5,5 | 56,428 | 53,252 | 54,046 | 3,374 | 2,977 | 2362 | 2227 | 1,78 |
| 64 | | 6 | 60,103 | 56,639 | 57,505 | 3,681 | 3,248 | 2676 | 2520 | 1,82 |
| | 68 | 6 | 64,103 | 60,639 | 61,505 | 3,681 | 3,248 | 3055 | 2888 | 1,71 |

Die Gewindedurchmesser der Reihe 1 sind zu bevorzugen. Die Gewinde in ( ) gehören zu der hier nicht aufgeführten Reihe 3 und sind möglichst zu vermeiden.
[1] Nach DIN 13 T28

**TB 8-2** Metrisches ISO-Feingewinde; Auswahl nach DIN 13 T12
Maße in mm (s. Bild zu TB 8-1)

| Bezeichnung (Nenndurchmesser $d$ × Steigung $P$) | Flankendurchmesser $d_2$ | Kerndurchmesser $d_3$ | Gewinde-Tiefe $h_3$ | Spannungsquerschnitt[1] $A_s$ mm² | Kernquerschnitt[1] $A_3$ mm² | Steigungswinkel[1] $\varphi$ Grad |
|---|---|---|---|---|---|---|
| M   8 × 1 | 7,35 | 6,773 | 0,613 | 39,2 | 36,0 | 2,48 |
| M 12 × 1 | 11,35 | 10,773 | 0,613 | 96,1 | 91,1 | 1,61 |
| M 16 × 1 | 15,35 | 14,773 | 0,613 | 178 | 171,4 | 1,19 |
| M 20 × 1 | 19,35 | 18,773 | 0,613 | 285 | 276,8 | 0,942 |
| M 10 × 1,25 | 9,188 | 8,466 | 0,767 | 61,2 | 56,3 | 2,48 |
| M 12 × 1,25 | 11,188 | 10,466 | 0,767 | 92,1 | 86,0 | 2,04 |
| M 16 × 1,5 | 15,026 | 14,16 | 0,92 | 167 | 157,5 | 1,82 |
| M 20 × 1,5 | 19,026 | 18,16 | 0,92 | 272 | 259,0 | 1,44 |
| M 24 × 1,5 | 23,026 | 22,16 | 0,92 | 401 | 385,7 | 1,19 |
| M 30 × 1,5 | 29,026 | 28,16 | 0,92 | 642 | 622,8 | 0,942 |
| M 36 × 1,5 | 35,026 | 34,16 | 0,92 | 940 | 916,5 | 0,781 |
| M 42 × 1,5 | 41,026 | 40,16 | 0,92 | 1294 | 1267 | 0,667 |
| M 48 × 1,5 | 47,026 | 46,16 | 0,92 | 1705 | 1674 | 0,582 |
| M 24 × 2 | 22,701 | 21,546 | 1,227 | 384 | 364,6 | 1,61 |
| M 30 × 2 | 28,701 | 27,546 | 1,227 | 621 | 596,0 | 1,27 |
| M 56 × 2 | 54,701 | 53,546 | 1,227 | 2301 | 2252 | 0,667 |
| M 64 × 2 | 62,701 | 61,546 | 1,227 | 3031 | 2975 | 0,582 |
| M 72 × 2 | 70,701 | 69,546 | 1,227 | 3862 | 3799 | 0,516 |
| M 80 × 2 | 78,701 | 77,546 | 1,227 | 4794 | 4723 | 0,463 |
| M 90 × 2 | 88,701 | 87,546 | 1,227 | 6100 | 6020 | 0,411 |
| M100 × 2 | 98,701 | 97,546 | 1,227 | 7560 | 7473 | 0,370 |
| M110 × 2 | 108,701 | 107,546 | 1,227 | 9180 | 9084 | 0,336 |
| M125 × 2 | 123,701 | 122,546 | 1,227 | 11900 | 11795 | 0,295 |
| M 36 × 3 | 34,051 | 32,319 | 1,840 | 865 | 820,4 | 1,61 |
| M 42 × 3 | 40,051 | 38,319 | 1,840 | 1206 | 1153 | 1,37 |
| M 48 × 3 | 46,051 | 44,319 | 1,840 | 1604 | 1543 | 1,19 |
| M160 × 3 | 158,051 | 156,319 | 1,840 | 19400 | 19192 | 0,346 |
| M 56 × 4 | 53,402 | 51,093 | 2,454 | 2144 | 2050 | 1,37 |
| M 64 × 4 | 61,402 | 59,093 | 2,454 | 2851 | 2743 | 1,19 |
| M 72 × 4 | 69,402 | 67,093 | 2,454 | 3658 | 3536 | 1,05 |
| M 80 × 4 | 77,402 | 75,093 | 2,454 | 4566 | 4429 | 0,942 |
| M 90 × 4 | 87,402 | 85,093 | 2,454 | 5840 | 5687 | 0,835 |
| M100 × 4 | 97,402 | 95,093 | 2,454 | 7280 | 7102 | 0,749 |
| M125 × 4 | 122,402 | 120,093 | 2,454 | 11500 | 11327 | 0,596 |
| M140 × 4 | 137,402 | 135,093 | 2,454 | 14600 | 14334 | 0.531 |
| M 80 × 6 | 76,103 | 72,639 | 3,681 | 4344 | 4144 | 1,44 |
| M 90 × 6 | 86,103 | 82,639 | 3,681 | 5590 | 5364 | 1,271 |
| M100 × 6 | 96,103 | 92,639 | 3,681 | 7000 | 6740 | 1,139 |
| M125 × 6 | 121,103 | 117,639 | 3,681 | 11200 | 10869 | 0,904 |

[1] Nach DIN 13 T28

**TB 8-3** Metrisches ISO-Trapezgewinde nach DIN 103 (Auszug)

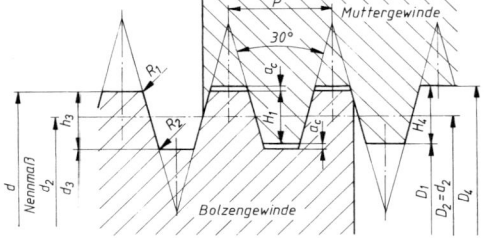

$D_1 = d - 2H_1 = d - P$
$D_4 = d + 2a_c$
$d_2 = D_2 = d - 0{,}5P$
$R_1 = \max 0{,}5 \cdot a_c$
$R_2 = \max a_c$

Maße in mm

| Steigung $P$ | 1,5 | 2 | 3 | 4 | 5 | 6 | 7 | 8 | 9 | 10 | 12 | 14 | 16 | 18 | 20 |
|---|---|---|---|---|---|---|---|---|---|---|---|---|---|---|---|
| Gewindetiefe $H_4 = h_3$ | 0,9 | 1,25 | 1,75 | 2,25 | 2,75 | 3,5 | 4 | 4,5 | 5 | 5,5 | 6,5 | 8 | 9 | 10 | 11 |
| Spiel $a_c$ | 0,15 | 0,25 | 0,25 | 0,25 | 0,25 | 0,5 | 0,5 | 0,5 | 0,5 | 0,5 | 0,5 | 1 | 1 | 1 | 1 |

Hauptabmessungen in mm

| Gewinde-Nenndurchmesser $d$ | Steigung [2] $P$ | Flankendurchmesser[3] $d_2 = D_2$ | Kerndurchmesser[3] $d_3$ | Flanken-Überdeckung[3] $H_1 = 0{,}5 \cdot P$ | Kernquerschnitt[3] $A_3$ in mm² |
|---|---|---|---|---|---|
| 8  | 1,5     | 7,25 | 6,2  | 0,75 | 30,2 |
| 10 | (1,5) 2 | 9    | 7,5  | 1    | 44,2 |
| 12 | (2) 3   | 10,5 | 8,5  | 1,5  | 56,7 |
| 16 | (2) 4   | 14   | 11,5 | 2    | 104  |
| 20 | (2) 4   | 18   | 15,5 | 2    | 189  |
| 24 | (3) 5 (8) | 21,5 | 18,5 | 2,5 | 269  |
| 28 | (3) 5 (8) | 25,5 | 22,5 | 2,5 | 398  |
| 32 | (3) 6 (10) | 29  | 25   | 3    | 491  |
| 36 | (3) 6 (10) | 33  | 29   | 3    | 661  |
| 40 | (3) 7 (10) | 36,5 | 32  | 3,5  | 804  |
| 44 | (3) 7 (12) | 40,5 | 36  | 3,5  | 1018 |
| 48 | (3) 8 (12) | 44  | 39   | 4    | 1195 |
| 52 | (3) 8 (12) | 48  | 43   | 4    | 1452 |
| 60 | (3) 9 (14) | 55,5 | 50  | 4,5  | 1963 |
| 65[1] | (4) 10 (16) | 60 | 54 | 5   | 2290 |
| 70 | (4) 10 (16) | 65  | 59  | 5    | 2734 |
| 75[1] | (4) 10 (16) | 70 | 64 | 5    | 3217 |
| 80 | (4) 10 (16) | 75  | 69  | 5    | 3739 |
| 85[1] | (4) 12 (18) | 79 | 72 | 6    | 4071 |
| 90 | (4) 12 (18) | 84  | 77  | 6    | 4656 |
| 95[1] | (4) 12 (18) | 89 | 82 | 6    | 5281 |
| 100 | (4) 12 (20) | 94 | 87  | 6    | 5945 |
| 110[1] | (4) 12 (20) | 104 | 97 | 6  | 7390 |
| 120 | (6) 14 (22) | 113 | 104 | 7   | 8495 |

[1] Diese Nenndurchmesser (Reihe 2, DIN 103) nur wählen, wenn unbedingt notwendig.
[2] Die nicht in ( ) stehenden Steigungen bevorzugen.
[3] Die angegebenen Werte gelten für die Gewinde mit den zu bevorzugenden Steigungen $P$.

**TB 8-4** Festigkeitsklassen, Werkstoffe und mechanische Eigenschaften von Schrauben nach DIN EN 20898 (Auszug)

| Festigkeits-klasse (Kennzeichen) | | Werkstoff und Wärmebehandlung | Zug-festigkeit[2] $R_m$ N/mm² | Streckgrenze[2] bzw. 0,2%-Dehngrenze $R_{eL}$ bzw. $R_{p0,2}$ N/mm² | Bruch-dehnung $A_5$ % min |
|---|---|---|---|---|---|
| 3.6[3] | | Stahl mit niedrigem C-Gehalt (z. B. QSt 36-2) | 300 (330) | 180 (190) | 25 |
| 4.6[3] | | Stahl mit niedrigem oder mittlerem C-Gehalt (z. B. UQSt 38-2) | 400 | 240 | 22 |
| 4.8[3] | | | 400 (420) | 320 (340) | 14 |
| 5.6 | | Stahl mit niedrigem oder mittlerem C-Gehalt (z. B. Cq22, Cq35) | 500 | 300 | 20 |
| 5.8[3] | | | 500 (520) | 400 (420) | 10 |
| 6.8[3] | | | 600 | 480 | 8 |
| 8.8 | ≤M16 | Stahl mit niedrigem C-Gehalt und Zusätzen (z. B. Bor, Mn, Cr) oder mit mittlerem C-Gehalt, jeweils abgeschreckt und angelassen (z. B. 22B2, Cq45) | 800 | 640 | 12 |
| 8.8 | >M16 | | 800 (830) | 640 (660) | 12 |
| 9.8[4] | | | 900 | 720 | 10 |
| 10.9 | | Stahl mit niedrigem C-Gehalt und Zusätzen[1] (z. B. Bor, Mn, Cr) bzw. mittlerem C-Gehalt, abgeschreckt und angelassen; oder mit mittlerem C-Gehalt mit Zusätzen oder legierter Stahl (z. B. 35B2, 34Cr4) | 1000 (1040) | 900 (940) | 9 |
| 12.9 | | legierter Stahl, abgeschreckt und angelassen (z. B. 34CrMo4) | 1200 (1220) | 1080 (1100) | 8 |

[1] Schrauben aus niedrig kohlenstoffhaltigen borlegierten Stählen müssen zusätzlich mit einem Strich unter dem Kennzeichen der Festigkeitsklasse versehen sein (z. B. 10.9).
[2] In ( ) Mindestwerte der Norm, wenn vom berechneten Nennwert abweichend.
[3] Automatenstahl zulässig mit S ≤ 0,34 %, P ≤ 0,11 %, Pb ≤ 0,35 %.

**TB 8-5** Genormte Schrauben (Auswahl). Einteilung nach DIN ISO 1891 (zu den Bildern sind die Nummern der betreffenden DIN-Normen gesetzt)

|  | | | | |
|---|---|---|---|---|
| Sechskantschrauben | ISO 4014 / ISO 4016 / ISO 8765 — mit Schaft | ISO 4017 / ISO 4018 / ISO 8676 — mit Gewinde bis Kopf | 609 / 610 — Passschraube | 561 — mit Zapfen |
| Innensechskantschrauben (Zylinder- u. Senkschrauben) | ISO 4762 | 7984 — mit niedrigem Kopf | 6912 — mit Schlüsselführung | 7991 |
| Vierkantschrauben Dreikantschrauben | 478 — mit Bund | 479 — mit Kernansatz | 480 — mit Bund u. Ansatzkup. | 22424 |
| Hammerschrauben | 186 — mit Vierkant | 188 — mit Nase | 261 | 7992 — mit großem Kopf |
| Rundkopfschrauben (Flachrund- und Halbrundschrauben) | 603 — mit Vierkantansatz | 607 — mit Nase | 21547 — mit Ovalansatz | |
| Senkschrauben | 605 / 608 — mit Vierkantansatz | 7969 — mit Schlitz | 604 — mit Nase | 11014 / 25195 — mit 2 Nasen |
| Schlitzschrauben | ISO 1207 — Zylinderschrauben | ISO 1580 — Flachkopfschrauben | ISO 2009 / 63 / 87 — Senkschrauben | ISO 2010 / 88 / 91 — Linsensenkschrauben |
| Kreuzschlitzschrauben | ISO 7046 / 7987 — Senkschrauben | ISO 7047 / 7988 — Linsensenkschrauben | 7985 — Linsenschrauben | |
| Schrauben mit unverlierbaren Unterlegteilen (Kombi-Schr.) | 6900 | 6900 | 6900 | 6900 |
| Schrauben verschiedener Formen | 316 — Flügelschrauben | 444 — Augenschrauben | 580 — Ringschrauben | 529 — Steinschrauben |
| Verschlussschrauben (Stopfen) | 906 | 908 | 909 | 910 |
| Stiftschrauben (Schraubenbolzen) | 835 / 938 / 939 / 940 | 2509 | 2510 — mit Dehnschaft | 976 — Gewindebolzen |
| Gewindestifte | 427 — Schaftschraube | ISO 7435 / 926 — mit Schlitz u. Zapfen | ISO 7434 — mit Schlitz u. Spitze | 913 — mit Kegelkuppe |
| Blechschrauben (Schraubenende mit Spitze oder Zapfen) | 7976 | 7971 | 7972 | 7973 |
| Holzschrauben | 571 | 96 | 97 | 95 |
| Gewinde-Schneidschrauben | 7513 Form A | 7513 Form B | 7513 Form F | 7516 Form A |
| Gewindefurchende Schrauben | 7500 Form A | 7500 Form C | 7500 Form D | 7500 Form E |
| Gewindebohrende Schrauben (Bohrschrauben) | 7504 Form L | 7504 Form N | 7504 Form P | 7504 Form Q |

**TB 8-6** Genormte Muttern (Auswahl). Einteilung nach DIN ISO 1891 (zu den Bildern sind die Nummern der betreffenden DIN-Normen gesetzt)

| | | | | |
|---|---|---|---|---|
| Sechskantmuttern | 30386 / 70615 / ISO 4032 / ISO 4034 / ISO 8673 | ISO 4035 / ISO 4036 / ISO 8675 / 30389 / 70616 / niedrige Form | 1142 / 6331 / 74361 / mit Bund | 6923 / mit Flansch |
| | 2510 / 30387 / mit Ansatz | 929 / Schweißmutter | 431 / 2950 / 46320 / 80705 / niedrige Form | 6330 / 6923 / 1,5d hoch |
| Vierkantmuttern | 557 | 562 / niedrige Form | 928 / Schweißmuttern | |
| Sicherungsmuttern | ISO 7040 / ISO 7042 / ISO 10511 / Klemmteil aus Metall bzw. Polyamid | 986 / mit Polyamidring | Klemmteil 6924 / 6925 / Klemmteil aus Metall bzw. Polyamid | Klemmteil 6926 / 6927 / Klemmteil aus Metall bzw. Polyamid |
| | 7967 | Anwendungsbeispiel | 987 / Annietmuttern | |
| Kronenmuttern | 935 / 30389 | 935 / 70618 | 979 / (937) / niedrige Form | 979 / 937 / 70618 / niedrige Form |
| Hutmuttern | 1587 / hohe Form | 917 / niedrige Form | | |
| Rundmuttern | 466 / 6303 / hohe Rändelmuttern | 467 / flache Rändelmuttern | 546 / 64032 / Schlitzmuttern | 981 / 1804 / 70851 / 70852 / Nutmuttern |
| | 1816 / 548 / Kreuzlochmuttern | 547 / Zweilochmuttern | | |
| Muttern verschiedener Formen | 315 / Flügelmuttern | 582 / Ringmuttern | 1480 / Spannschlösser | 28129 / Bügelmuttern |

**TB 8-8** Konstruktionsmaße für Verbindungen mit Sechskantschrauben (Auswahl aus DIN-Normen) Gewindemaße s. TB 8-1

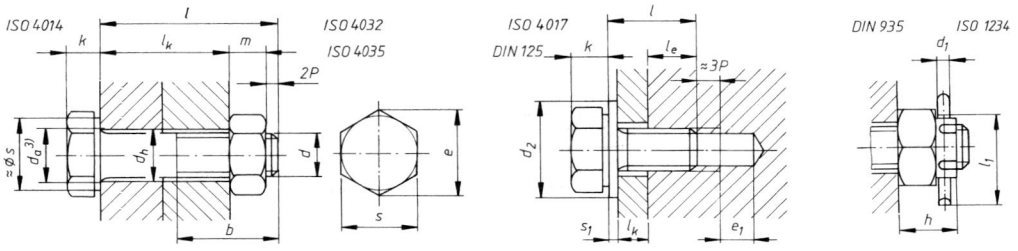

Maße in mm

| 1 | 2 | 3 | 4 | 5 | 6 | 7 | 8 | 9 | 10 | 11 | 12 | 13 | 14 |
|---|---|---|---|---|---|---|---|---|---|---|---|---|---|
| ISO DIN EN DIN | 272, 4014, 4032 u.a. 24014, 24032 u.a. 475 | | 4014 24014 | 4014 24017 | 4017 24017 | 4014 24014 | 4014 24014 | 4032 24032 | 4035 24035 | 935 | ISO 1234 | 125 | |
| Gewinde | Schlüsselweite SW | Eckenmaß | Kopfhöhe | Nennlängenbereich | Nennlängenbereich | Gewindelänge für $l \leq 125$ mm | Gewindelänge für $l \leq 125$ bis 200 mm | Mutterhöhe Typ 1 | Mutterhöhe niedrige Form | Kronenmutter | Splint | Scheiben | |
| $d$ | $s$ | $e$ | $k$ | $l^{1)}$ | $l^{1)}$ | $b$ | $b$ | $m^{2)}$ | $m$ | $h$ | $d_1 \times l_1$ | $d_2$ | $s_1$ |
| M 3 | 5,5 | 6,01 | 2 | 20 … 30 | 6 … 30 | 12 | — | 2,4 | 1,8 | — | — | 7 | 0,5 |
| M 4 | 7 | 7,66 | 2,8 | 25 … 40 | 8 … 40 | 14 | — | 3,2 | 2,2 | 5 | 1 × 10 | 9 | 0,8 |
| M 5 | 8 | 8,79 | 3,5 | 25 … 50 | 10 … 50 | 16 | — | 4,7 | 2,7 | 6 | 1,2 × 12 | 10 | 1 |
| M 6 | 10 | 11,05 | 4 | 30 … 60 | 12 … 60 | 18 | — | 5,2 | 3,2 | 7,5 | 1,6 × 14 | 12 | 1,6 |
| M 8 | 13 | 14,38 | 5,3 | 40 … 80 | 16 … 80 | 22 | — | 6,8 | 4 | 9,5 | 2 × 16 | 16 | 1,6 |
| M10 | 16 | 17,77 | 6,4 | 45 … 100 | 20 … 100 | 26 | — | 8,4 | 5 | 12 | 2,5 × 20 | 20 | 2 |
| M12 | 18 | 20,03 | 7,5 | 50 … 120 | 25 … 120 | 30 | — | 10,8 | 6 | 15 | 3,2 × 22 | 24 | 2,5 |
| M14 | 21 | 23,38 | 8,8 | 60 … 140 | 30 … 140 | 34 | 40 | 12,8 | 7 | 16 | 3,2 × 25 | 28 | 2,5 |
| M16 | 24 | 26,75 | 10 | 65 … 160 | 30 … 200 | 38 | 44 | 14,8 | 8 | 19 | 4 × 28 | 30 | 3 |
| M20 | 30 | 33,53 | 12,5 | 80 … 200 | 40 … 200 | 46 | 52 | 18 | 10 | 22 | 4 × 36 | 37 | 3 |
| M24 | 36 | 39,98 | 15 | 90 … 240 | 50 … 200 | 54 | 60 | 21,5 | 12 | 27 | 5 × 40 | 44 | 4 |
| M30 | 46 | 51,28 | 18,7 | 110 … 300 | 60 … 200 | 66 | 72 | 25,6 | 15 | 33 | 6,3 × 50 | 56 | 4 |
| M36 | 55 | 61,31 | 22,5 | 140 … 360 | 70 … 200 | — | 84 | 31 | 18 | 38 | 6,3 × 63 | 66 | 5 |

[1)] Stufung der Längen $l$: … 6 8 10 12  16 20 25 30 35 40 45 50 55 60 65 70 80 90 100 110 120 130 140 150 160 180 200 220 240 260 280 300 320 340 … 500.
[2)] Höhere Abstreiffestigkeit durch größere Mutterhöhen nach DIN EN 24033 mit $m/d \approx 1$.
[3)] Übergangsdurchmesser $d_a$ begrenzt den max. Übergang des Radius in die ebene Kopfauflage. Nach DIN 267 T2 gilt allgemein für die Produktklassen $A(m)$ und $B(mg)$ bis M18: $d_a$ = Durchgangsloch „mittel" + 0,2 mm und für M20 bis M39: $d_a$ = Durchgangsloch „mittel" + 0,4 mm. Für die Produktklasse $C(g)$ gelten die gleichen Formeln mit Durchgangsloch „grob".
[4)] Für Schrauben der hauptsächlich verwendeten Produktklasse $A(m)$ Reihe „mittel" ausführen, damit $d_h \approx d_a$.

**TB 8-8** Fortsetzung

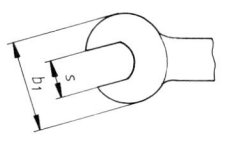

DIN 3110

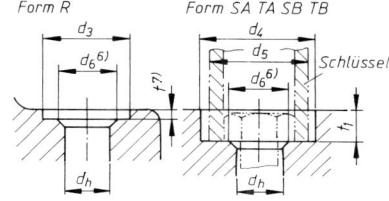

Senkungen für normale Sechskantschrauben und -muttern nach DIN 74 T3

Form R    Form SA TA SB TB

| 15 | 16 | 17 | 18 | 19 | 20 | 21 | 22 | 23 | 24 | 25 | 26 |
|---|---|---|---|---|---|---|---|---|---|---|---|
| 273 20273 | | | | 76 | 3129 | 3110 | | 74T3 (974T2) | | | ISO DIN EN DIN |
| Durchgangsloch[4] Reihe | | | | | | | Form R | Form SA TA | Form SB TB | Form SA SB | Form TA TB | |
| fein | mittel | grob | Kopf- bzw. Mutterauflagefläche in mm² | Grundlochüberhang (Regel) | Steckschlüsseleinsatz Außendurchmesser | Maulschlüsselbreite | Ansenkung für rohe Flächen | für Steckschlüssel, Steckschlüsseleinsätze nach DIN 3124 | für gekröpfte Ringschlüssel Steckschlüsseleinsätze nach DIN 3129 | für Schraubenköpfe ohne Unterlegteile | für Muttern ohne Unterlegteile | Gewinde |
| $d_h$ | $d_h$ | $d_h$ | $A_p$[5] | $e_1$ | $d_5$ | $b_1$ | $d_3$ | $d_4$ | $d_4$ | $t_1$ | $t_1$ | $d$ |
| 3,2 | 3,4 | 3,6 | 7,5 | 2,8 | 9,7 | 19 | 9 | 11 | 11 | 2,4 | 2,8 | M 3 |
| 4,3 | 4,5 | 4,8 | 11,4 | 3,8 | 12,8 | 20 | 10 | 13 | 15 | 3,4 | 3,8 | M 4 |
| 5,3 | 5,5 | 5,8 | 13,6 | 4,2 | 15,3 | 22 | 11 | 15 | 18 | 4,2 | 4,7 | M 5 |
| 6,4 | 6,6 | 7 | 28 | 5,1 | 17,8 | 27 | 13 | 18 | 20 | 4,8 | 5,8 | M 6 |
| 8,4 | 9 | 10 | 42 | 6,2 | 21,5 | 34 | 18 | 24 | 26 | 6,5 | 7,5 | M 8 |
| 10,5 | 11 | 12 | 72,3 | 7,3 | 27,5 | 38 | 22 | 28 | 33 | 8 | 9 | M10 |
| 13 | 13,5 | 14,5 | 73,2 | 8,3 | 32,4 | 44 | 26 | 33 | 36 | 9 | 11 | M12 |
| 15 | 15,5 | 16,5 | 113 | 9,3 | 36,1 | 49 | 30 | 36 | 43 | 10 | 12 | M14 |
| 17 | 17,5 | 18,5 | 157 | 9,3 | 42,9 | 56 | 33 | 40 | 46 | 11,5 | 14,5 | M16 |
| 21 | 22 | 24 | 244 | 11,2 | 50,4 | 66 | 40 | 46 | 53 | 14,5 | 17,5 | M20 |
| 25 | 26 | 28 | 356 | 13,1 | 64,2 | 80 | 48 | 57 | 71 | 16,5 | 20,5 | M24 |
| 31 | 33 | 35 | 576 | 15,2 | 76,7 | 96 | 61 | 71 | 82 | 21 | 26 | M30 |
| 37 | 39 | 42 | 856 | 16,8 | 87,9 | — | 71 | 82 | 92 | 25 | 31 | M36 |

[5] Ringförmige Auflagefläche ermittelt mit dem Mindestdurchmesser $d_w$ der Auflagefläche und dem Durchgangsloch Reihe „mittel". Evtl. Anfasung des Durchgangsloches abziehen!

[6] Ansenkung im Regelfall (Schraube der Produktklasse $A(m)$, Durchgangsloch Reihe „mittel") bei konzentrischem Sitz der Schraube und bei Verwendung von Unterlegteilen nicht erforderlich. Bei hochbeanspruchten Schraubenverbindungen Ansenkung wegen des Verlustes an Auflagefläche vermeiden. Nach DIN 74 T2 und T3 gilt: 90°-Senkung oder gerundet, unter 12 mm Gewindedurchmesser nur entgratet: für $d = 12$ bis $16$: $d_6 = d + 3,5$ mm, $d = 18$ bis $24$: $d_6 = d + 4$ mm und für $d = 27$ bis $45$: $d_6 = d + 6$ mm.

[7] $t$ braucht nicht größer zu sein, als zur Herstellung einer spanend erzeugten und rechtwinklig zur Achse des Durchgangsloches stehenden Kreisfläche notwendig ist.

**TB 8-9** Konstruktionsmaße für Verbindungen mit Zylinder- und Senkschrauben (Auswahl aus DIN-Normen) Gewindemaße s. TB 8-1. Maße für Sechskantmuttern, Scheiben und Durchgangslöcher s. TB 8-8

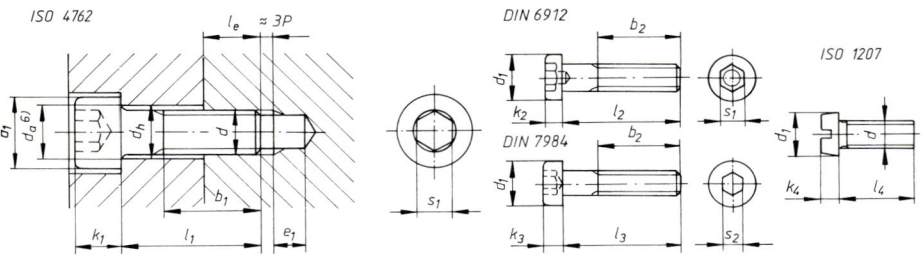

Maße in mm

| 1 | 2 | 3 | 4 | 5 | 6 | 7 | 8 | 9 | 10 | 11 | 12 | 13 | 14 | 15 |
|---|---|---|---|---|---|---|---|---|---|---|---|---|---|---|
| DIN EN ISO | | 4762 | | | 1207 | 4762 | | 4762 | | | 1207 | 4762 | | 4762 |
| DIN | | | 6912 | 7984 | | | 6912 | 7984 | | 6912 | 7984 | | | 6912 | 7984 | 6912 |
| Gewinde | | | Kopfhöhe | | | Schlüsselweite | | Nennlängenbereich[1] | | | | Gewindelänge | Gewindelänge für $l \leq 125$ | Kopfauflagefläche in mm² |
| $d$ | $d_1$ | $k_1$ | $k_2$ | $k_3$ | $k_4$ | $s_1$ | $s_2$ | $l_1$ | $l_2$ | $l_3$ | $l_4$ | $b_1$ | $b_2$[2] | $A_p$[3] |
| M 3 | 5,5 | 3 | | 2 | 2 | 2,5 | 2 | 5 … 30 | | 5 … 20 | 4 … 30 | 18 | 12 | 11,1 |
| M 4 | 7 | 4 | 2,8 | 2,8 | 2,6 | 3 | 2,5 | 6 … 40 | 10 … 50 | 6 … 25 | 5 … 40 | 20 | 14 | 17,6 |
| M 5 | 8,5 | 5 | 3,5 | 3,5 | 3,3 | 4 | 3 | 8 … 50 | 10 … 60 | 8 … 30 | 6 … 50 | 22 | 16 | 26,9 |
| M 6 | 10 | 6 | 4 | 4 | 3,9 | 5 | 4 | 10 … 60 | 10 … 70 | 10 … 40 | 8 … 60 | 24 | 18 | 34,9 |
| M 8 | 13 | 8 | 5 | 5 | 5 | 6 | 5 | 12 … 80 | 12 … 80 | 12 … 60 | 10 … 80 | 28 | 22 | 55,8 |
| M10 | 16 | 10 | 6,5 | 6 | 6 | 8 | 7 | 16 … 100 | 16 … 90 | 16 … 70 | 12 … 80 | 32 | 26 | 89,5 |
| M12 | 18 | 12 | 7,5 | 7 | — | 10 | 8 | 20 … 120 | 16 … 100 | 20 … 80 | — | 36 | 30 | 90 |
| M14 | 21 | 14 | 8,5 | 8 | — | 12 | 10 | 25 … 140 | 20 … 120 | 30 … 80 | — | 40 | 34 | 131 |
| M16 | 24 | 16 | 10 | 9 | — | 14 | 12 | 25 … 160 | 20 … 140 | 30 … 80 | — | 44 | 38 | 181 |
| M20 | 30 | 20 | 12 | 11 | — | 17 | 14 | 30 … 200 | 30 … 180 | 40 … 100 | — | 52 | 46 | 274 |
| M24 | 36 | 24 | 14 | 13 | — | 19 | 17 | 40 … 200 | 60 … 200 | 50 … 100 | — | 60 | 54 | 421 |
| M30 | 45 | 30 | 17,5 | — | — | 22 | — | 45 … 200 | 70 … 200 | — | — | 72 | 66 | 638 |

**TB 8-9** Fortsetzung

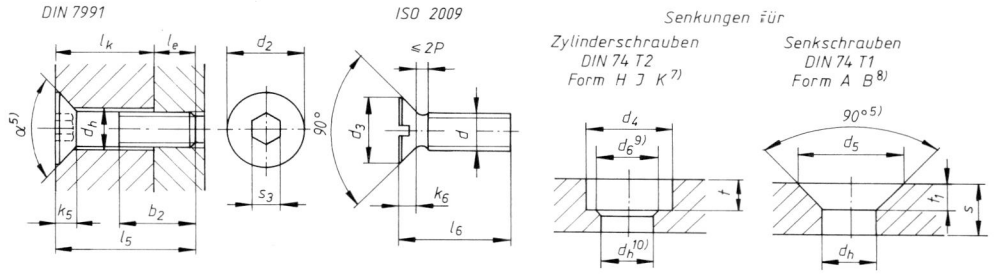

| 16 | 17 | 18 | 19 | 20 | 21 | 22 | 23 | 24 | 25 | 26 | 27 | 28 | 29 | 30 | |
|---|---|---|---|---|---|---|---|---|---|---|---|---|---|---|---|
| | | | | 2009 | | 2009 | | | | | | | | | DIN EN ISO |
| 7991 | 963 | 7991 | | 7991 | | 7991 | | | 74T2 | | | | 74T1 | | DIN |
| Kopf-durch-messer | Kopf-Höhe | | | | Nennlängenbereich[1) 4)] | | Form HJK | Form H | Form J | Form K | Form A | Form B | Form A | Form B | Gewinde |
| | | | | | | | | für DIN EN ISO 1207 und DIN 7984 | für DIN 6912 | für DIN EN ISO 4762 | für DIN 963 | für DIN 7991 | für DIN 963 | für DIN 7991 | |
| | | | | Schlüsselweite | | | | | | | | | | | |
| $d_2$ | $d_3$ | $k_5$ | $k_6$ | $s_3$ | $l_5$ | $l_6$ | $d_4$ | $t$ | $t$ | $t$ | $d_5$ | $d_5$ | $\approx t_1$ | $\approx t_1$ | $d$ |
| 6 | 5,6 | 1,7 | 1,65 | 2 | 8 … 30 (20) | 4 … 30 (22) | 6 | 2,4 | – | 3,4 | 6,5 | 6,6 | 1,6 | 1,6 | M 3 |
| 8 | 7,5 | 2,3 | 2,2 | 2,5 | 8 … 40 (25) | 5 … 40 (25) | 8 | 3,2 | 3,4 | 4,6 | 8,6 | 9 | 2,1 | 2,3 | M 4 |
| 10 | 9,2 | 2,8 | 2,5 | 3 | 8 … 50 (30) | 6 … 50 (30) | 10 | 4 | 4,2 | 5,7 | 10,4 | 11 | 2,5 | 2,8 | M 5 |
| 12 | 11 | 3,3 | 3 | 4 | 8 … 50 (35) | 8 … 50 (35) | 11 | 4,7 | 4,8 | 6,8 | 12,4 | 13 | 2,9 | 3,2 | M 6 |
| 16 | 14,5 | 4,4 | 4 | 5 | 10 … 60 (40) | 10 … 55 (40) | 15 | 6 | 6 | 9 | 16,4 | 17,5 | 3,7 | 4,1 | M 8 |
| 20 | 18 | 5,5 | 5 | 6 | 12 … 70 (40) | 12 … 60 (50) | 18 | 7 | 7,5 | 11 | 20,4 | 21,5 | 4,7 | 5,3 | M10 |
| 24 | 22 | 6,5 | 6 | 8 | 20 … 70 (50) | 20 … 80 (60) | 20 | 8 | 8,5 | 13 | 23,9 | 25,5 | 5,2 | 6 | M12 |
| 27 | 25 | 7 | 7 | 10 | 25 … 80 (50) | 22 … 80 (60) | 24 | 9 | 9,5 | 15 | 26,9 | 28,5 | 5,7 | 6,5 | M14 |
| 30 | 29 | 7,5 | 8 | 10 | 30 … 90 (60) | 25 … 100 (70) | 26 | 10,5 | 11,5 | 17,5 | 31,9 | 31,5 | 7,2 | 7 | M16 |
| 36 | 36 | 8,5 | 10 | 12 | 35 … 100 (70) | 30 … 100 (80) | 33 | 12,5 | 13,5 | 21,5 | 40,4 | 38 | 9,2 | 8 | M20 |
| 39 | – | 14 | – | 14 | 50 … 100 (90) | – | 40 | 14,5 | 15,5 | 25,5 | – | 41 | – | 13,5 | M24 |
| – | – | – | – | – | – | – | 48 | – | 19,5 | 32 | – | – | – | – | M30 |

[1)] Stufung der zu bevorzugenden Längen, in ( ) nur für DIN EN ISO 4762, DIN 7984, DIN EN ISO 1207 und DIN EN ISO 2009: 3 4 5 6 8 10 12 16 20 25 30 35 40 (45) 50 (55) 60 (65 nur für DIN EN ISO 4762) 70 80 90 100 110 120 130 140 150 160 180 200, über $l = 200$ mm dann weiter von 20 zu 20.
[2)] Für $l > 125$ bis 200: $b_2 = 2d + 12$, für $l > 200$: $b_2 = 2d + 25$.
[3)] Ringförmige Auflagefläche ermittelt mit dem Mindestauflagedurchmesser des Kopfes und Durchgangsloch Reihe „mittel". Lochanfasung ggf. abziehen!
[4)] Bis zu den Längen in ( ) werden die Senkschrauben mit Gewinde bis Kopf gefertigt.
[5)] $\alpha = 90°$ bis M20, darüber $\alpha = 60°$.
[6)] s. TB 8-8 unter [3)]
[7)] Für Schrauben ohne Unterlegteile, Durchgangslöcher Reihe „mittel" oder „fein".
[8)] Ausführung „mittel" (m) für Durchgangslöcher Reihe „mittel", für $s \leq t_1$ ist das Anschlussteil ggf. nachzusenken.
[9)] s. TB 8-8 unter [6)]
[10)] s. TB 8-8 unter [4)]

**TB 8-7** Mitverspannte Zubehörteile für Schraubenverbindungen nach DIN (Auswahl). Einteilung nach DIN ISO 1891 (zu den Bildern sind die Nummern der betreffenden DIN-Normen gesetzt)

| Scheiben | 9021 6902 6903 7349 | 125 126 433 440 1440 1441 | | 125 6916 | | 436 | | 440 Rundloch (Form R) Vierkantloch (Form V) für Holzkonstruktionen |
|---|---|---|---|---|---|---|---|---|
| | U-Scheibe (⊿8%) | 434 6918 | I-Scheibe (⊿14%) | 435 6917 | U-Stahl Anwendungsbeispiel | | | |
| Federringe | gewellt (Form B) | 128 | gewölbt (Form A) | 128 6905 | | | | |
| Federscheiben | gewölbt (Form A) | 137 | gewellt (Form B) | 137 6904 | Spannscheibe | 6796 6908 | Zahnscheibe (Form A) | 6797 6906 |
| | Zahnscheibe (Form J) | 6797 | Zahnscheibe (Form V) | 6797 6906 | Fächerscheibe (Form A) | 6798 6907 | Fächerscheibe (Form J) | 6798 |
| Scheiben mit Lappen oder Nasen | mit Lappen | 93 | Anwendungsbeispiel | | mit Außennase | 432 | Anwendungsbeispiel | |
| | Sicherungsblech für Nutmuttern | 462 | mit 2 Lappen | 463 | | | | |

**TB 8-10** Richtwerte für Setzbetrag und Grenzflächenpressung (nach VDI-2230)

a) Richtwerte für Setzbeträge bei massiven Schraubenverbindungen

| | | Längskraft | | | Querkraft | | |
|---|---|---|---|---|---|---|---|
| Rautiefe der Oberfläche $R_z$ in µm | | <10 | 10...<40 | 40...<160 | <10 | 10...<40 | 40...<160 |
| $f_z$ in µm | im Gewinde | 3 | 3 | 3 | 3 | 3 | 3 |
| | je Kopf- oder Mutterauflage | 2,5 | 3 | 4 | 3 | 4,5 | 6,5 |
| | je innere Trennfuge | 1,5 | 2 | 3 | 2 | 2,5 | 3,5 |
| | Summe[1] | 9,5 | 11 | 14 | 11 | 14,5 | 19,5 |

[1] Setzbetrag für Durchsteckschraube mit einer inneren Trennfuge

**TB 8-10** Fortsetzung

b) Richtwerte für die Grenzflächenpressung $p_G$ an den Auflageflächen verschraubter Teile

| Werkstoff der gedrückten Teile | Zugfestigkeit $R_m$ N/mm² | Grenzflächen-pressung[1] $p_G$ N/mm² |
|---|---|---|
| S235 | 370 | 260 |
| E295 | 500 | 420 |
| C45 | 800 | 700 |
| 42CrMo4 | 1000 | 850 |
| 30CrNiMo8 | 1200 | 750 |
| X5CrNiMo18 10 | 500 … 700 | 210 |
| X10CrNiMo18 9 | 500 … 750 | 220 |
| Rostfreie, ausscheidungshärtende Werkstoffe | 1200 … 1500 | 1000 … 1250 |
| C15 einsatzgehärtet (Eht 0,6) | – | 1400 |
| 16MnCr5 einsatzgehärtet (Eht 1) | – | 1800 |
| Titan, unlegiert | 390 … 540 | 300 |
| TiAl6V4 | 1100 | 1000 |
| EN-GJL-150 | 150 | 600 |
| EN-GJL-250 | 250 | 800 |
| EN-GJL-350 | 350 | 900 |
| EN-GJS-350-LT | 350 | 480 |
| EN-GJMB-450-G | 450 | 500 |
| GD-MgA19 | 300 (200) | 220 (140) |
| GK-MgA19 | 200 (300) | 140 (220) |
| GK-AlSi6Cu4 | – | 200 |
| AlZnMgCu0,5 | 450 | 370 |
| Al99 | 160 | 140 |
| GFK-Verbundwerkstoff | – | 120 |
| CfK-Verbundwerkstoff | – | 140 |

[1] Beim motorischen Anziehen können die Werte der Grenzflächenpressung bis zu 25 % kleiner sein.

**TB 8-11** Richtwerte für den Anziehfaktor $k_A$ (nach Bauer & Schaurte Karcher)

| Anziehverfahren | Streuung der Vorspannkräfte | vorzuschreibendes Anziehdrehmoment | Anziehfaktor $k_A$ |
|---|---|---|---|
| *Streckgrenzgesteuertes* oder *drehwinkelgesteuertes Anziehen* von Hand oder motorisch | entspricht der Streckgrenze der Schraube | entfällt | 1,0 |
| *Drehmomentgesteuertes Anziehen* mit *Drehmomentschlüssel* ohne oder mit Vormontage durch Schlagschrauber, oder *Drehschrauber* mit Einstellen über Verlängerungsmessungen der montierten Schrauben oder über das Nachziehmoment sowie stetiger Nachkontrolle | ±20 % | 0,9 $M_{sp}$ | 1,6 |
| *Impulsgesteuertes Anziehen* mit *Schlagschrauber*. Einstellung über Verlängerungsmessungen der montierten Schrauben oder über jeweils 10 Versuche (pro Los bzw. Tag), d. h. *Kontrolle* durch Drehmomentschlüssel | ±40 % | 0,85 $M_{sp}$ | 2,5 |
| *Impulsgesteuertes Anziehen* mit *Schlagschrauber* ohne Einstellkontrollen oder *Anziehen von Hand* ohne Messung des Anziehmomentes | ±60 % | entfällt | 4,0 |

**TB 8-12** Reibungszahlen für Schraubenverbindungen bei verschiedenen Oberflächen- und Schmierzuständen

a) Gesamtreibungszahl $\mu_{ges} = \mu_G = \mu_K$ bei Normalausführung
(nach Bauer & Schaurte Karcher)

| schwarz oder phosphatiert | | galvanisch verzinkt 6...12 µm | galvanisch verkadmet 6...10 µm | mikroverkapselter Klebstoff (VERBUS-PLUS)[1] |
|---|---|---|---|---|
| leicht geölt | MoS$_2$ geschmiert | | | |
| 0,12...0,18 | 0,08...12 | 0,12...0,18 | 0,08...0,12 | 0,14...0,20 |

[1] Für andere Klebstoffe $\mu_{ges} = 0,2...0,3$.

Die Berechnung erfolgt mit der niedrigsten Reibungszahl. Die Streuung der Reibwerte wird durch den Anziehfaktor berücksichtigt.

b) Reibungszahl $\mu_G$ im Gewinde (nach Strelow bzw. VDI 2230)

| Gewinde | | | | | Außengewinde (Schraube) | | | | | | | |
|---|---|---|---|---|---|---|---|---|---|---|---|---|
| | Werkstoff | | | | Stahl | | | | | | | |
| | | Oberfläche | | | schwarzvergütet oder phosphatiert | | | | galvanisch verzinkt (Zn6) | | galvanisch cadmiert (Cd6) | Klebstoff |
| | | | Gewindefertigung | | gewalzt | | | geschnitten | geschnitten oder gewalzt | | | |
| | | | | Schmierung | trocken | geölt | MoS$_2$ | geölt | trocken | geölt | trocken | geölt | trocken |
| Innengewinde (Mutter) | Stahl | blank | geschnitten | trocken | 0,12 bis 0,18 | 0,10 bis 0,16 | 0,08 bis 0,12 | 0,10 bis 0,16 | — | 0,10 bis 0,18 | — | 0,08 bis 0,14 | 0,16 bis 0,25 |
| | | galvanisch verzinkt | | | 0,10 bis 0,16 | — | — | — | 0,12 bis 0,20 | 0,10 bis 0,18 | — | — | 0,14 bis 0,25 |
| | | galvanisch cadmiert | | | 0,08 bis 0,14 | — | — | — | — | — | 0,12 bis 0,16 | 0,12 bis 0,14 | — |
| | Grauguss/ Temperguss | blank | | | — | 0,10 bis 0,18 | — | 0,10 bis 0,18 | — | 0,10 bis 0,18 | — | 0,08 bis 0,16 | — |
| | AlMg | blank | | | — | 0,08 bis 0,20 | — | — | — | — | — | — | — |

**TB 8-12** Fortsetzung

c) Reibungszahl $\mu_K$ in der Kopf- bzw. Mutterauflage (nach Strelow bzw. VDI 2230)

| Auflagefläche | | | | Schraubenkopf | | | | | | | | |
|---|---|---|---|---|---|---|---|---|---|---|---|---|
| | Werkstoff | | | Stahl | | | | | | | | |
| | | Oberfläche | | schwarz oder phosphatiert | | | | | galvanisch verzinkt (Zn6) | | galvanisch cadmiert (Cd6) | |
| | | | Fertigung | gepresst | | | gedreht | | geschliffen | gepresst | | |
| Auflagefläche Werkstoff | Oberfläche | Fertigung | Schmierung | trocken | geölt | MoS$_2$ | geölt | MoS$_2$ | geölt | trocken | geölt | trocken | geölt |
| Gegenlage | Stahl | blank | geschliffen | – | 0,16 bis 0,22 | – | 0,10 bis 0,18 | – | 0,16 bis 0,22 | 0,10 bis 0,18 | – | 0,08 bis 0,16 | – |
| | | | spanend bearbeitet | 0,12 bis 0,18 | 0,10 bis 0,18 | 0,08 bis 0,12 | 0,10 bis 0,18 | 0,08 bis 0,12 | – | 0,10 bis 0,18 | | 0,08 bis 0,16 | 0,08 bis 0,14 |
| | | galvanisch verzinkt | spanend bearbeitet trocken | 0,10 bis 0,16 | | – | 0,10 bis 0,16 | – | 0,10 bis 0,18 | 0,16 bis 0,20 | 0,10 bis 0,18 | – | – |
| | | galvanisch cadmiert | | 0,08 bis 0,16 | | | | | | – | – | 0,12 bis 0,20 | 0,12 bis 0,14 |
| | Grauguss/Temperguss | blank | geschliffen | – | 0,10 bis 0,18 | – | – | – | 0,10 bis 0,18 | | | 0,08 bis 0,18 | – |
| | | | spanend bearbeitet | – | 0,14 bis 0,20 | – | 0,10 bis 0,18 | – | 0,14 bis 0,22 | 0,10 bis 0,18 | 0,10 bis 0,16 | 0,08 bis 0,16 | – |
| | AlMg | | spanend bearbeitet | – | 0,08 bis 0,20 | | | | | – | – | – | – |

**TB 8-13** Richtwerte zur Vorwahl der Schrauben

| Festigkeitsklasse | | Nenndurchmesser in mm für Schaftschrauben bei Kraft je Schraube[1] $F_B$ bzw. $F_Q$ in kN bis | | | | | | | | | | |
|---|---|---|---|---|---|---|---|---|---|---|---|---|
| | stat. axial | 1,6 | 2,5 | 4 | 6,3 | 10 | 16 | 25 | 40 | 63 | 100 | 160 | 250 |
| | dyn. axial | 1 | 1,6 | 2,5 | 4,0 | 6,3 | 10 | 16 | 25 | 40 | 63 | 100 | 160 |
| | quer | 0,32 | 0,5 | 0,8 | 1,25 | 2 | 3,15 | 5 | 8 | 12,5 | 20 | 31,5 | 50 |
| 4.6 | | 6 | 8 | 10 | 12 | 16 | 20 | 24 | 27 | 33 | – | – | – |
| 4.8, 5.6 | | 5 | 6 | 8 | 10 | 12 | 16 | 20 | 24 | 30 | – | – | – |
| 5.8, 6.8 | | 4 | 5 | 6 | 8 | 10 | 12 | 14 | 18 | 22 | 27 | – | – |
| 8.8 | | 4 | 5 | 6 | 8 | 8 | 10 | 14 | 16 | 20 | 24 | 30 | – |
| 10.9 | | – | 4 | 5 | 6 | 8 | 10 | 12 | 14 | 16 | 20 | 27 | 30 |
| 12.9 | | – | 4 | 5 | 5 | 8 | 8 | 10 | 12 | 16 | 20 | 24 | 30 |

[1] Für Dehnschrauben oder bei exzentrisch angreifender Betriebskraft $F_B$ sind die Durchmesser der nächsthöheren Laststufe zu wählen.

**TB 8-14** Spannkräfte $F_{sp}$ und Spannmomente $M_{sp}$ für Schaft- und Dehnschrauben bei verschiedenen Gesamtreibungszahlen $\mu_{ges}$

| Regel- bzw. Feingewinde | $\mu_{ges}$ $=\mu_G$ $=\mu_K$ | Schaftschrauben | | | | | | Dehnschrauben ($d_T \approx 0{,}9\,d_3$) | | | | | |
|---|---|---|---|---|---|---|---|---|---|---|---|---|---|
| | | Spannkraft $F_{sp}$ in kN bei Festigkeitsklasse[1] | | | Spannmoment $M_{sp}$ in Nm bei Festigkeitsklasse[1] | | | Spannkraft $F_{sp}$ in kN bei Festigkeitsklasse[1] | | | Spannmoment $M_{sp}$ in Nm bei Festigkeitsklasse[1] | | |
| | | 8.8 | 10.9 | 12.9 | 8.8 | 10.9 | 12.9 | 8.8 | 10.9 | 12.9 | 8.8 | 10.9 | 12.9 |
| M5 | 0,08 | 7,16 | 10,5 | 12,3 | 4,3 | 6,3 | 7,3 | 4,98 | 7,31 | 8,55 | 3,0 | 4,4 | 5,1 |
| | 0,10 | 6,90 | 10,1 | 11,9 | 4,9 | 7,2 | 8,5 | 4,75 | 6,97 | 8,16 | 3,4 | 5,0 | 5,8 |
| | 0,12 | 6,63 | 9,74 | 11,4 | 5,5 | 8,1 | 9,5 | 4,52 | 6,64 | 7,77 | 3,8 | 5,5 | 6,5 |
| | 0,14 | 6,36 | 9,34 | 10,9 | 6,0 | 8,9 | 10,4 | 4,30 | 6,31 | 7,39 | 4,1 | 6,0 | 7,0 |
| M6 | 0,08 | 10,1 | 14,9 | 17,4 | 7,4 | 10,9 | 12,7 | 6,97 | 10,2 | 12,0 | 5,1 | 7,5 | 8,8 |
| | 0,10 | 9,74 | 14,3 | 16,7 | 8,5 | 12,5 | 14,7 | 6,65 | 9,76 | 11,4 | 5,8 | 8,6 | 10 |
| | 0,12 | 9,35 | 13,7 | 16,1 | 9,5 | 14 | 16,4 | 6,32 | 9,29 | 10,9 | 6,4 | 9,5 | 11,1 |
| | 0,14 | 8,97 | 13,2 | 15,4 | 10,4 | 15,3 | 17,9 | 6,01 | 8,83 | 10,3 | 7,0 | 10,3 | 12 |
| M8 | 0,08 | 18,5 | 27,2 | 31,9 | 17,9 | 26,2 | 30,7 | 12,9 | 19 | 22,2 | 12,5 | 18,3 | 21,4 |
| | 0,10 | 17,9 | 26,2 | 30,7 | 20,6 | 30,3 | 35,5 | 12,3 | 18,1 | 21,2 | 14,2 | 20,9 | 24,5 |
| | 0,12 | 17,2 | 25,2 | 29,5 | 23,1 | 34 | 39,7 | 11,8 | 17,3 | 20,2 | 15,8 | 23,2 | 27,2 |
| | 0,14 | 16,5 | 24,2 | 28,3 | 25,3 | 37,2 | 43,6 | 11,2 | 16,4 | 19,2 | 17,2 | 25,3 | 29,6 |
| M8 × 1 | 0,08 | 20,3 | 29,7 | 34,8 | 18,8 | 27,7 | 32,4 | 14,6 | 21,5 | 25,1 | 13,6 | 20 | 23,4 |
| | 0,10 | 19,6 | 28,7 | 33,6 | 22 | 32,3 | 37,7 | 14 | 20,5 | 24 | 15,7 | 23,1 | 27 |
| | 0,12 | 18,8 | 27,7 | 32,4 | 24,8 | 36,4 | 42,6 | 13,4 | 19,6 | 23 | 17,6 | 25,8 | 30,2 |
| | 0,14 | 18,1 | 26,6 | 31,1 | 27,3 | 40,1 | 47 | 12,7 | 18,7 | 21,9 | 19,2 | 28,2 | 33 |
| M10 | 0,08 | 29,5 | 43,3 | 50,7 | 36 | 53 | 61 | 20,7 | 30,4 | 35,6 | 25 | 37 | 43 |
| | 0,10 | 28,4 | 41,8 | 48,9 | 41 | 61 | 71 | 19,8 | 29,1 | 34 | 29 | 42 | 50 |
| | 0,12 | 27,3 | 40,2 | 47 | 46 | 68 | 80 | 18,9 | 27,7 | 32,4 | 32 | 47 | 55 |
| | 0,14 | 26,2 | 38,5 | 45,1 | 51 | 75 | 88 | 17,9 | 26,4 | 30,8 | 35 | 51 | 60 |
| M10 × 1,25 | 0,08 | 31,6 | 46,5 | 54,4 | 37 | 55 | 64 | 22,8 | 33,5 | 39,2 | 27 | 40 | 46 |
| | 0,10 | 30,6 | 44,9 | 52,5 | 44 | 64 | 75 | 21,9 | 32,1 | 37,6 | 31 | 46 | 53 |
| | 0,12 | 29,4 | 43,2 | 50,6 | 49 | 72 | 84 | 20,9 | 30,6 | 35,9 | 35 | 51 | 60 |
| | 0,14 | 28,3 | 41,5 | 48,6 | 54 | 80 | 93 | 19,9 | 29,2 | 34,2 | 38 | 56 | 65 |
| M12 | 0,08 | 43 | 63,1 | 73,9 | 61 | 90 | 105 | 30,3 | 44,6 | 52,1 | 43 | 63 | 74 |
| | 0,10 | 41,4 | 60,9 | 71,2 | 71 | 104 | 122 | 29 | 42,6 | 49,8 | 50 | 73 | 85 |
| | 0,12 | 39,9 | 58,5 | 68,5 | 80 | 117 | 137 | 27,6 | 40,6 | 47,5 | 55 | 81 | 95 |
| | 0,14 | 38,3 | 56,2 | 65,8 | 87 | 128 | 150 | 26,3 | 38,6 | 45,2 | 60 | 88 | 103 |
| M12 × 1,25 | 0,08 | 48,2 | 70,8 | 82,8 | 65 | 96 | 112 | 35,5 | 52,1 | 61 | 48 | 71 | 83 |
| | 0,10 | 46,6 | 68.4 | 80,1 | 77 | 113 | 132 | 34,1 | 50 | 58,5 | 56 | 82 | 96 |
| | 0,12 | 44,9 | 66 | 77,2 | 87 | 128 | 150 | 32,6 | 47,8 | 56 | 63 | 93 | 108 |
| | 0,14 | 43,2 | 63,5 | 74,3 | 96 | 141 | 165 | 31,1 | 45,7 | 53,4 | 69 | 102 | 119 |
| M14 | 0,08 | 59 | 86,7 | 101 | 97 | 143 | 167 | 41,8 | 61,4 | 71,8 | 69 | 101 | 118 |
| | 0,10 | 56,9 | 83,6 | 97,8 | 113 | 165 | 194 | 39,9 | 58,6 | 68,6 | 79 | 116 | 136 |
| | 0,12 | 54,7 | 80,4 | 94,1 | 127 | 186 | 218 | 38,1 | 55,9 | 65,4 | 88 | 129 | 151 |
| | 0,14 | 52,6 | 77,2 | 90,3 | 139 | 205 | 239 | 36,2 | 53,2 | 62,3 | 96 | 141 | 165 |
| M16 | 0,08 | 81 | 119 | 139 | 147 | 216 | 253 | 58,4 | 85,8 | 100 | 106 | 156 | 183 |
| | 0,10 | 78,2 | 115 | 134 | 172 | 252 | 295 | 55,9 | 82,2 | 96,2 | 123 | 180 | 211 |
| | 0,12 | 75,3 | 111 | 130 | 194 | 285 | 333 | 53,4 | 78,5 | 91,8 | 137 | 202 | 236 |
| | 0,14 | 72,4 | 106 | 124 | 214 | 314 | 367 | 50,9 | 74,8 | 87,5 | 150 | 221 | 258 |
| M16 × 1,5 | 0,08 | 88 | 129 | 151 | 154 | 227 | 265 | 65,5 | 96,2 | 113 | 115 | 169 | 197 |
| | 0,10 | 85,2 | 125 | 147 | 182 | 267 | 313 | 62,9 | 92,4 | 108 | 134 | 197 | 231 |
| | 0,12 | 82,2 | 121 | 141 | 207 | 304 | 355 | 60,2 | 88,4 | 104 | 151 | 222 | 260 |
| | 0,14 | 79,2 | 116 | 136 | 229 | 336 | 394 | 57,5 | 84,5 | 98,9 | 166 | 244 | 286 |
| M20 | 0,08 | 131 | 186 | 218 | 298 | 424 | 496 | 94,2 | 134 | 157 | 215 | 306 | 358 |
| | 0,10 | 126 | 180 | 210 | 347 | 494 | 578 | 90,2 | 128 | 150 | 248 | 354 | 414 |
| | 0,12 | 121 | 173 | 202 | 392 | 558 | 653 | 86,1 | 123 | 144 | 278 | 396 | 463 |
| | 0,14 | 117 | 166 | 194 | 431 | 615 | 719 | 82,1 | 117 | 137 | 304 | 432 | 506 |
| M20 × 1,5 | 0,08 | 149 | 212 | 248 | 320 | 456 | 533 | 113 | 160 | 188 | 242 | 345 | 403 |
| | 0,10 | 144 | 206 | 240 | 379 | 540 | 632 | 108 | 154 | 181 | 285 | 406 | 475 |
| | 0,12 | 139 | 199 | 232 | 433 | 617 | 722 | 104 | 148 | 173 | 323 | 460 | 538 |
| | 0,14 | 134 | 191 | 224 | 482 | 686 | 803 | 99,4 | 142 | 166 | 356 | 508 | 594 |
| M24 | 0,08 | 188 | 268 | 313 | 512 | 730 | 854 | 136 | 193 | 226 | 370 | 566 | 616 |
| | 0,10 | 182 | 259 | 303 | 597 | 850 | 995 | 130 | 185 | 216 | 427 | 608 | 712 |
| | 0,12 | 175 | 249 | 291 | 673 | 959 | 1122 | 124 | 177 | 207 | 478 | 680 | 796 |
| | 0,14 | 168 | 239 | 280 | 742 | 1057 | 1237 | 118 | 168 | 197 | 522 | 743 | 870 |
| M24 × 2 | 0,08 | 210 | 299 | 350 | 544 | 775 | 907 | 158 | 224 | 263 | 409 | 582 | 681 |
| | 0,10 | 203 | 290 | 339 | 643 | 916 | 1072 | 152 | 216 | 253 | 479 | 683 | 799 |
| | 0,12 | 196 | 280 | 327 | 733 | 1044 | 1222 | 145 | 207 | 242 | 542 | 772 | 904 |
| | 0,14 | 189 | 269 | 315 | 814 | 1159 | 1357 | 139 | 198 | 231 | 598 | 851 | 966 |

[1] Für Schrauben anderer Festigkeitsklassen sind die Tabellenwerte im Verhältnis der Streck- bzw. 0,2 %-Dehngrenzen proportional umzurechnen.

**TB 8-15** Einschraublängen $l_e$ für Grundlochgewinde

| Werkstoff der Bauteile | | Einschraublänge $l_e$[2] bei Festigkeitsklasse der Schrauben | | | |
|---|---|---|---|---|---|
| | | 3.6  4.6 | 4.8 ... 6.8 | 8.8 | 10.9 |
| Stahl mit $R_m$ N/mm² | ≤ 400 | $0,8 \cdot d$ | $1,2 \cdot d$ | – | – |
| | 400 ... 600 | $0,8 \cdot d$ | $1,2 \cdot d$ | $1,2 \cdot d$ | – |
| | > 600 ... 800 | $0,8 \cdot d$ | $1,2 \cdot d$ | $1,2 \cdot d$ | $1,2 \cdot d$ |
| | > 800 | $0,8 \cdot d$ | $1,2 \cdot d$ | $1,0 \cdot d$ | $1,0 \cdot d$ |
| Gusseisen | | $1,3 \cdot d$ | $1,5 \cdot d$ | $1,5 \cdot d$ | – |
| Kupferlegierungen | | $1,3 \cdot d$ | $1,3 \cdot d$ | – | – |
| Leichtmetalle[1] | Al-Gusslegierungen | $1,6 \cdot d$ | $2,2 \cdot d$ | – | – |
| | Rein-Aluminium | $1,6 \cdot d$ | – | – | – |
| | Al-Leg. ausgehärtet | $0,8 \cdot d$ | $1,2 \cdot d$ | $1,6 \cdot d$ | – |
| | nicht ausgehärtet | $1,2 \cdot d$ | $1,6 \cdot d$ | – | – |
| Weichmetalle, Kunststoffe | | $2,5 \cdot d$ | – | – | – |

[1] Bei dynamischer Belastung ist hierfür $l_e$ um etwa 20 % zu erhöhen.
[2] Feingewinde erfordern eine um etwa 25 % größere Einschraublänge.

**TB 8-16** Wirksamkeit von Schraubensicherungen (nach Bauer & Schaurte Karcher)

| Element bzw. Methode | Beispiel (TB 8-6, TB 8-7) | | Wirksamkeit | Wiederverwendbarkeit |
|---|---|---|---|---|
| Mitverspannte federnde Elemente | Federring<br>Federscheibe<br>Zahnscheibe<br>Fächerscheibe | DIN 128<br>DIN 137<br>DIN 6797<br>DIN 6798 | **unwirksam** ab Festigkeitsklasse 8.8 | entfällt |
| Formschlüssige Elemente | Sicherungsblech | DIN 432<br>einseitig aufgebogen<br>zweiseitig aufgebogen | **unwirksam** ab Festigkeitsklasse 8.8 | keine |
| | Kronenmutter | DIN 935<br>Schraube mit Bohrung<br>Bohren nach dem<br>Verspannen | **unwirksam** über Festigkeitsklasse 8.8 aber undefinierte Vorspannkraft, sonst Verliersicherung | ja, mit neuem Splint |
| | Drahtsicherung | | **unwirksam** über Festigkeitsklasse 8.8 sonst Verliersicherung | ja, mit neuem Draht |
| | Wendelförmiger Gewindeeinsatz | | Losdrehsicherung | ja |
| Kraftschlüssige (klemmende) Elemente | Mutter mit Polyamidstopfen [1] | | **unwirksam** | entfällt |
| | Muttern mit Klemmteil DIN EN ISO 7040, 7042 und 10511, DIN 6924 und 6925 | | Verliersicherung | ja |
| | Schraube mit Kunststoffbeschichtung im Gewinde | | Verliersicherung | ja |
| | Kontermutter | | **unwirksam** Losdrehen möglich | entfällt |
| | Sicherungsmutter DIN 7967 | | **unwirksam** Losdrehen möglich | entfällt |
| sperrende Elemente | Schraube/Mutter mit Verzahnung | | Losdrehsicherung Ausnahme: gehärtete Oberfläche | ja |
| | Schraube/Mutter mit Rippen | | Losdrehsicherung bis 60 HRC | ja |
| Stoffschlüssige Elemente | Mikroverkapselter Klebstoff<br>Flüssigkeitsklebstoff<br>Silikonpaste im Gewinde | | Losdrehsicherung[1]<br>Losdrehsicherung[1]<br>Verliersicherung[1] | ja, 3mal<br>nein<br>ja |

[1] Temperaturabhängigkeit beachten

**TB 8-17** Vorspannkräfte und Anziehdrehmomente für hochfeste Schrauben im Stahlbau nach DIN 18800 T7

| Schraubengröße | | M12 | M16 | M20 | M22 | M24 | M27 | M30 | M36 |
|---|---|---|---|---|---|---|---|---|---|
| Vorspannkraft $F_V$ in kN | | 50 | 100 | 160 | 190 | 220 | 290 | 350 | 510 |
| Anziehdrehmoment $M_A$[1)] in Nm | $MoS_2$ geschmiert | 100 | 250 | 450 | 650 | 800 | 1250 | 1650 | 2800 |
| | leicht geölt | 120 | 350 | 600 | 900 | 1100 | 1650 | 2200 | 3800 |

[1)] Aufzubringende Vorspannkraft bzw. Voranziehmoment und Drehwinkel beim Vorspannen nach dem Drehimpuls- bzw. Drehwinkel-Verfahren s. Normblatt

**TB 8-18** Richtwerte für die zulässige Flächenpressung $p_{zul}$ bei Bewegungsschrauben

| Gleitpartner (Werkstoff) | | $p_{zul}$ in N/mm² |
|---|---|---|
| Schraube (Spindel) | Mutter | |
| Stahl (z. B. C15, 9SMn28K, E295) | Gusseisen<br>GS, GJMW<br>CuSn- und CuAl-Leg.<br>Stahl (z. B. C35)<br>Kunststoff „Turcite-A"[1)]<br>Kunststoff „Nylatron"[2)] | 3 ... 7<br>5 ... 10<br>10 ... 20<br>10 ... 15<br>5 ... 15<br>... 55 |
| CuSn- und CuAl-Legierung | Stahl (z. B. C35) | 10 ... 20 |

Hohe Werte bei aussetzendem Betrieb, hoher Festigkeit der Gleitpartner und niedriger Gleitgeschwindigkeit. Bei seltener Betätigung (z. B. Schieber) bis doppelte Werte.

[1)] Hersteller: Busak + Luyken, Stuttgart-Vaihingen
[2)] Gusspolyamid mit $MoS_2$. Hersteller: Neff Gewindespindeln GmbH, Waldenbuch

[1) 2)] wartungs- und geräuscharm, kein Spindelverschleiß, stick-slip-frei

# 9 Bolzen-, Stiftverbindungen und Sicherungselemente

**TB 9-1** Richtwerte für die zulässige mittlere Flächenpressung (Lagerdruck) $p_{zul}$ bei niedrigen Gleitgeschwindigkeiten (z. B. Gelenke, Drehpunkte)

$p_{zul}$ wird durch die Verschleißrate des Lagerwerkstoffes bestimmt. ( )-Werte gelten für kurzzeitige Lastspitzen
Bei Schwellbelastung gelten die 0,7-fachen Werte.

| Zeile | Gleitpartner (Lager-/Bolzenwerkstoff)[1] | $p_{zul}$ in N/mm² |
|---|---|---|
|   | bei Trockenlauf (wartungsfrei): |   |
| 1 | Bifo-Lager[2]/St | 150 (600) |
| 2 | iglidur X[3]/St gehärtet | 150 |
| 3 | iglidur G[13]/St gehärtet | 80 |
| 4 | DU-Lager[4]/St | 60 (140) |
| 5 | Sinterbronze mit Festschmierstoff/St | 80 |
| 6 | Verbundlager (Laufschicht PTFE)/St | 30 (150) |
| 7 | PA oder POM/St | 20 |
| 8 | PE/St | 10 |
| 9 | Sintereisen, ölgetränkt (Sint-B20)/St | 8 |
|   | bei Fremdschmierung: |   |
| 10 | Tokatbronze[5]/St | 100 |
| 11 | St gehärtet/St gehärtet | 25 |
| 12 | Cu-Sn-Pb-Legierung/St gehärtet | 40 (100) |
| 13 | Cu-Sn-Pb-Legierung/St | 20 |
| 14 | GG/St | 5 |
| 15 | Pb-Sn-Legierung/St | 3 (20) |

[1] Harte und geschliffene Bolzenoberfläche ($R_a \approx 0,4\,\mu m$) günstig.
[2] Kunststoffbeschichtetes Stahlfolienlager der SKF, Schweinfurt.
[3] Thermoplastische Legierung mit Fasern und Festschmierstoffen. Hersteller: igus GmbH, Bergisch Gladbach
[4] Auf Stahlrücken (Buchse, Band) aufgesinterte Zinnbronzeschicht, deren Hohlräume mit PTFE und Pb gefüllt sind. Hersteller: Karl Schmidt GmbH, Neckarsulm
[5] Mit Bleibronze beschichteter Stahl Hersteller: Kugler Bimetal, Le Lignon/Genf.

**TB 9-2** Bolzen nach DIN EN 22340 (ISO 2340), DIN EN 22341 (ISO 2341) und DIN 1445, Lehrbuch Bild 9-1 (Auswahl)

Maße in mm

| $d_1$ | h11 | 5 | 6 | 8 | 10 | 12 | 16 | 20 | 24 | 30 | 36 | 40 | 50 | 60 |
|---|---|---|---|---|---|---|---|---|---|---|---|---|---|---|
| $d_2$ | h14 | 8 | 10 | 14 | 18 | 20 | 25 | 30 | 36 | 44 | 50 | 55 | 66 | 78 |
| $d_3$ | H13 | 1,2 | 1,6 | 2 | 3,2 | 3,2 | 4 | 5 | 6,3 | 8 | 8 | 8 | 10 | 10 |
| $d_4$ |   | – | – | M6 | M8 | M10 | M12 | M16 | M20 | M24 | M27 | M30 | M36 | M42 |
| $b$ min. |   | – | – | 11 | 14 | 17 | 20 | 25 | 29 | 36 | 39 | 42 | 49 | 58 |
| $k$ | js14 | 1,6 | 2 | 3 | 4 | 4 | 4,5 | 5 | 6 | 8 | 8 | 8 | 9 | 12 |
| $w$ |   | 2,9 | 3,2 | 3,5 | 4,5 | 5,5 | 6 | 8 | 9 | 10 | 10 | 10 | 12 | 14 |
| $z_1$ max. |   | 2 | 2 | 2 | 2 | 3 | 3 | 4 | 4 | 4 | 4 | 4 | 4 | 6 |
| SW |   | – | – | 11 | 13 | 17 | 22 | 27 | 32 | 36 | 46 | 50 | 60 | 70 |
| Splint DIN EN ISO 1234 |   | 1,2×10 | 1,6×12 | 2×14 | 3,2×18 | 3,2×20 | 4×25 | 5×32 | 6,3×36 | 8×45 | 8×50 | 8×56 | 10×71 | 10×80 |
| Scheibe DIN EN 28738 | $s$ | 1 | 1,6 | 2 | 2,5 | 3 | 3 | 4 | 4 | 5 | 6 | 6 | 8 | 10 |
|   | $d_5$ | 10 | 12 | 15 | 18 | 20 | 24 | 30 | 37 | 44 | 50 | 56 | 66 | 78 |
| Federstecker $d_4$ DIN 11024 |   | – | – | 2,5 | 3,2 | 4 | 5 | 5 | 6 | 7 | 7 | 8 | – |   |

Bolzen mit $d_1$ 3 4 14 18 22 27 33 45 55 70 80 90 100 siehe Normen.
Die handelsüblichen Längen $l_1$ liegen zwischen $2d_1$ und $10d_1$.
Längen über 200 mm sind von 20 mm zu 20 mm zu stufen.
Stufung der Länge $l_1$: 6 8 10 12 14 16 18 20 22 24 26 28 30 32 35 40 45 50 55 60 65 70 75 80 85 90 95 100 120 140 160 180 200
Kopfanfasung $z_2 \times 45°$ mit $z_2 \approx z_1/2$. Übergangsradius $r$: 0,6 mm bis $d_1 = 16$ mm, 1 mm ab $d_1 = 18$ mm.
Bei Bolzen der Form B mit Splintlöchern errechnet sich die Gesamtlänge aus der Klemmlänge $l_K$ z. B. nach Bild 9-1b: $l_1 = l_k + 2(s + w) + d_3$. Das so errechnete Kleinstmaß $l_1$ ist möglichst auf die nächstgrößere Länge $l_1$ der Tabelle aufzurunden. Sollte sich hierdurch eine konstruktiv nicht vertretbare zu große Klemmlänge $l_k$ ergeben, so ist der erforderliche Splintabstand $l_2 = l_k + 2s + d_3$ in der Bezeichnung anzugeben.
*Bezeichnung* eines Bolzens ohne Kopf, Form B, mit Nenndurchmesser $d_1 = 16$ mm und Nennlänge $l_1 = 55$ mm, mit verringertem Splintlochabstand $l_2 = 40$ mm, aus Automatenstahl (St):
Bolzen ISO 2340 – B – 16 × 55 × 40 – St.
Bei Bolzen mit Gewindezapfen errechnet sich die Länge $l_1$ aus der Klemmlänge $l_3$ plus Zapfenlänge $b$. Die so ermittelte Länge $l_1$ ist auf den nächstgrößeren Tabellenwert aufzurunden.
*Bezeichnung* eines Bolzens mit Kopf und Gewindezapfen DIN 1445 von Durchmesser $d_1 = 30$ mm, mit Toleranzfeld h11, Klemmlänge $l_3 = 63$ mm und (genormter) Länge $l_1 = 100$ mm, aus 9SMnPb28+C (St):
Bolzen DIN 1445 – 30h11 × 63 × 100 – St.

**TB 9-7** Sicherungsringe (Halteringe) DIN 471 und DIN 472 (Regelausführung, Auswahl)

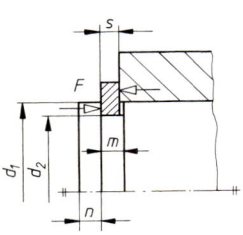
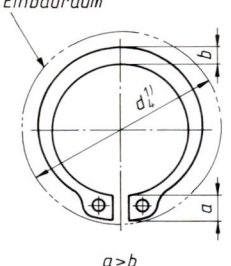

$a > b$

Maße in mm

| Wellen-durch-messer $d_1$ | Ring $s^{3)}$ | Ring $a$ max | Nut[8] $d_2{}^{4)}$ | Nut[8] $m$ H13 | Nut[8] $n$ min | Tragfähigkeit Nut $F_N{}^{6)}$ kN | Tragfähigkeit Ring $F_R{}^{7)}$ kN |
|---|---|---|---|---|---|---|---|
| | | | DIN 471 für Wellen | | | | |
| 6 | 0,7 | 2,7 | 5,7 | 0,8 | 0,5 | 0,46 | 1,45 |
| 8 | 0,8 | 3,2 | 7,6 | 0,9 | 0,6 | 0,81 | 3,0 |
| 10 | 1 | 3,3 | 9,6 | 1,1 | 0,6 | 1,01 | 4,0 |
| 12 | 1 | 3,3 | 11,5 | 1,1 | 0,8 | 1,53 | 5,0 |
| 15 | 1 | 3,6 | 14,3 | 1,1 | 1,1 | 2,66 | 6,9 |
| 17 | 1 | 3,8 | 16,2 | 1,1 | 1,2 | 3,46 | 8 |
| 20 | 1,2 | 4 | 19 | 1,3 | 1,5 | 5,06 | 17,1 |
| 25 | 1,2 | 4,4 | 23,9 | 1,3 | 1,7 | 7,05 | 16,2 |
| 30 | 1,5 | 5 | 28,6 | 1,6 | 2,1 | 10,73 | 32,1 |
| 35 | 1,5 | 5,6 | 33 | 1,6 | 3 | 17,8 | 30,8 |
| 40 | 1,75 | 6 | 37,5 | 1,85 | 3,8 | 25,3 | 51,0 |
| 45 | 1,75 | 6,7 | 42,5 | 1,85 | 3,8 | 28,6 | 49,0 |
| 50 | 2 | 6,9 | 47 | 2,15 | 4,5 | 38,0 | 73,3 |
| 55 | 2 | 7,2 | 52 | 2,15 | 4,5 | 42,0 | 71,4 |
| 60 | 2 | 7,4 | 57 | 2,15 | 4,5 | 46,0 | 69,2 |
| 65 | 2,5 | 7,8 | 62 | 2,65 | 4,5 | 49,8 | 135,6 |
| 70 | 2,5 | 8,1 | 67 | 2,65 | 4,5 | 53,8 | 134,2 |
| 75 | 2,5 | 8,4 | 72 | 2,65 | 4,5 | 57,6 | 130,0 |
| 80 | 2,5 | 8,6 | 76,5 | 2,65 | 5,3 | 71,6 | 128,4 |
| 85 | 3 | 8,7 | 81,5 | 3,15 | 5,3 | 76,2 | 215,4 |
| 90 | 3 | 8,8 | 86,5 | 3,15 | 5,3 | 80,8 | 217,2 |
| 95 | 3 | 9,4 | 91,5 | 3,15 | 5,3 | 85,5 | 212,2 |
| 100 | 3 | 9,6 | 96,5 | 3,15 | 5,3 | 90,0 | 206,4 |
| 105 | 4 | 9,9 | 101 | 4,15 | 6 | 107,6 | 471,8 |
| 110 | 4 | 10,1 | 106 | 4,15 | 6 | 113,0 | 457,0 |
| 120 | 4 | 11 | 116 | 4,15 | 6 | 123,5 | 424,6 |
| 130 | 4 | 11,6 | 126 | 4,15 | 6 | 134,0 | 395,5 |
| 140 | 4 | 12 | 136 | 4,15 | 6 | 144,5 | 376,5 |
| 150 | 4 | 13 | 145 | 4,15 | 7,5 | 193,0 | 357,5 |

Weitere Größen bis $d_1 = 300$ mm sowie Zwischengrößen siehe Normen.
Bei Umfangsgeschwindigkeiten der Wellen bis ⌀ 100 mm ≤ 22 m/s und ⌀ >100 mm ≤ 15 m/s ist das Aufspreizen der Ringe für Wellen nicht zu befürchten. Genaue Ablösedrehzahlen siehe Norm.

[1] $d_4 = d_1 + 2,1a$     [2] $d_4 = d_1 - 2,1a$

[3] 
| Dicke $s$ | ≤0,8 | 1 … 1,75 | 2 … 2,5 | 3 | 4 |
|---|---|---|---|---|---|
| zul. Abw. | −0,05 | −0,06 | −0,07 | −0,08 | −0,1 |

[4] 
| Nutdurchm. $d_2$ | ≤9,6 | 10,5 … 21 | 22,9 … 96,5 | ≥101 |
|---|---|---|---|---|
| Toleranzklasse | h10 | h11 | h12 | h13 |

[5] 
| Nutdurchm. $d_2$ | ≤23 | 25,2 … 103,5 | ≥106 |
|---|---|---|---|
| Toleranzklasse | | | |

**TB 9-7** Fortsetzung

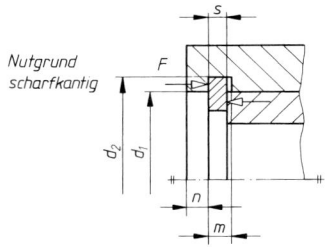
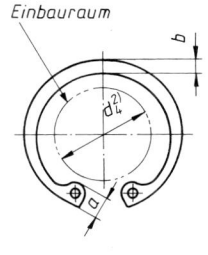

$a > b$

| DIN 472 für Bohrungen ||||||||
|---|---|---|---|---|---|---|---|
| Wellen-durch-messer $d_1$ | Ring || Nut[8] ||| Tragfähigkeit ||
| | $s^{3)}$ | $a$ max | $d_2^{5)}$ | $m$ H13 | $n$ min | Nut $F_N^{6)}$ kN | Ring $F_R^{7)}$ kN |
| 16 | 1 | 3,8 | 16,8 | 1,1 | 1,2 | 3,4 | 5,5 |
| 19 | 1 | 4,1 | 20 | 1,1 | 1,5 | 5,1 | 6,8 |
| 22 | 1 | 4,2 | 23 | 1,1 | 1,5 | 5,9 | 8,0 |
| 24 | 1,2 | 4,4 | 25,2 | 1,3 | 1,8 | 7,7 | 13,9 |
| 26 | 1,2 | 4,7 | 27,2 | 1,3 | 1,8 | 8,4 | 13,85 |
| 28 | 1,2 | 4,8 | 29,4 | 1,3 | 2,1 | 10,5 | 13,3 |
| 32 | 1,2 | 5,4 | 33,7 | 1,3 | 2,6 | 14,6 | 13,8 |
| 35 | 1,5 | 5,4 | 37 | 1,6 | 3 | 18,8 | 26,9 |
| 40 | 1,75 | 5,8 | 42,5 | 1,85 | 3,8 | 27,0 | 44,6 |
| 42 | 1,75 | 5,9 | 44,5 | 1,85 | 3,8 | 28,4 | 44,7 |
| 47 | 1,75 | 6,4 | 49,5 | 1,85 | 3,8 | 31,4 | 43,5 |
| 52 | 2 | 6,7 | 55 | 2,15 | 4,5 | 42,0 | 60,3 |
| 55 | 2 | 6,8 | 58 | 2,15 | 4,5 | 44,4 | 60,3 |
| 62 | 2 | 7,3 | 65 | 2,15 | 4,5 | 49,8 | 60,9 |
| 68 | 2,5 | 7,8 | 71 | 2,65 | 4,5 | 54,5 | 121,5 |
| 72 | 2,5 | 7,8 | 75 | 2,65 | 4,5 | 58 | 119,2 |
| 75 | 2,5 | 7,8 | 78 | 2,65 | 4,5 | 60 | 118 |
| 80 | 2,5 | 8,5 | 83,5 | 2,65 | 5,3 | 74,6 | 120,9 |
| 85 | 3 | 8,6 | 88,5 | 3,15 | 5,3 | 79,5 | 201,4 |
| 90 | 3 | 8,6 | 93,5 | 3,15 | 5,3 | 84 | 199 |
| 95 | 3 | 8,8 | 98,5 | 3,15 | 5,3 | 88,6 | 195 |
| 100 | 3 | 9,2 | 103,5 | 3,15 | 5,3 | 93,1 | 188 |
| 110 | 4 | 10,4 | 114 | 4,15 | 6 | 117 | 415 |
| 120 | 4 | 11 | 124 | 4,15 | 6 | 127 | 396 |
| 130 | 4 | 11 | 134 | 4,15 | 6 | 138 | 374 |
| 140 | 4 | 11,2 | 144 | 4,15 | 6 | 148 | 350 |
| 150 | 4 | 12 | 155 | 4,15 | 7,5 | 191 | 326 |
| 160 | 4 | 13 | 165 | 4,15 | 7,5 | 212 | 321 |
| 170 | 4 | 13,5 | 175 | 4,15 | 7,5 | 225 | 349 |

[6] Tragfähigkeit der Nut bei $R_{eL} = 200$ N/mm² ohne Sicherheit gegen Fließen und Dauerbruch. Bei stat. Belastung 2fache Sicherheit gegen Bruch. Für abweichende Nuttiefen $t'$ und Streckgrenzen $R'_{eL}$ gilt:

$$F'_N = F_N \cdot \frac{t'}{t} \cdot \frac{R'_{eL}}{200}.$$

[7] Tragfähigkeit des Sicherungsringes bei scharfkantiger Anlage der andrückenden Teile. Stark verringerte Tragfähigkeit bei Kantenabstand (Fase) siehe Norm.

[8] Die Ausrundung $r$ des Nutgrundes darf auf der Lastseite maximal 0,1s betragen. Bewährte Nutausführungen s. Bild 9-12.

*Bezeichnung* eines Sicherungsringes für Wellendurchmesser $d_1 = 30$ mm und Ringdicke $s = 1,5$ mm: Sicherungsring DIN 471 – 30 × 1,5

**TB 9-3** Abmessungen in mm von ungehärteten Zylinderstiften DIN EN 22338 (ISO 2238), Lehrbuch Bild 9-6a bis c (Auswahl)

| $d$ | 1,5 | 2 | 2,5 | 3 | 4 | 5 | 6 | 8 | 10 | 12 | 16 | 20 | 25 | 30 | 40 | 50 |
|---|---|---|---|---|---|---|---|---|---|---|---|---|---|---|---|---|
| $a$ | 0,2 | 0,25 | 0,3 | 0,4 | 0,5 | 0,63 | 0,8 | 1 | 1,2 | 1,6 | 2 | 2,5 | 3 | 4 | 5 | 6,3 |
| $c$ | 0,3 | 0,35 | 0,4 | 0,5 | 0,63 | 0,8 | 1,2 | 1,6 | 2 | 2,5 | 3 | 3,5 | 4 | 5 | 6,3 | 8 |
| $l$ von | 4 | 6 | 6 | 8 | 8 | 10 | 12 | 14 | 18 | 22 | 26 | 35 | 50 | 60 | 80 | 95 |
| $l$ bis | 16 | 20 | 24 | 30 | 40 | 50 | 60 | 80 | 95 | 140 | 180 | 200 | 200 | 200 | 200 | 200 |

Stufung der handelsüblichen Längen: 2 3 4 5 6 8 10 12 14 16 18 20 22 24 26 28 30 32 35 40 45 50 55 60 65 70 75 80 85 90 95 100 120 140 160 180 200 (Längen über 200 mm sind von 20 mm zu 20 mm zu stufen).
Werkstoff: St = Automatenstahl (Härte 125 bis 245 HV, z. B. 9SMnPb28+C).
*Bezeichnung* eines ungehärteten Zylinderstiftes aus Stahl, Form A, mit Nenndurchmesser $d = 8$ mm und Nennlänge $l = 32$ mm:
Zylinderstift ISO 2338 – A – 8 × 32 – St.

**TB 9-4** Mindest-Abscherkraft pro Scherfläche für Stifte in kN (Auswahl)

| Zeile | Stiftart | Stiftdurchmesser d in mm | | | | | | | | |
|---|---|---|---|---|---|---|---|---|---|---|
| | | 2 | 3 | 4 | 5 | 6 | 8 | 10 | 12 | 16 | 20 |
| 1 | Zylinderkerbstifte DIN EN 28740 aus Automatenstahl | 1,42 | 3,2 | 5,65 | 8,8 | 12,7 | 22,6 | 35,2 | 50,9 | 90,5 | 141,5 |
| 2 | Spannstifte (schwer) DIN EN 28752 | 1,41 | 3,16 | 5,62 | 8,77 | 13,02 | 21,38 | 35,08 | 52,07 | 85,51 | 140,32 |
| 3 | Spannstifte (leicht) DIN 7346 aus 55Si7V | 0,75 | 1,75 | 4 | 5,2 | 9 | 12 | 20 | 24 | 49 | 79 |
| 4 | Spiralspannstifte Regelausführung DIN EN 28750 | 1,25 | 2,75 | 4,8 | 7,5 | 11 | 19,5 | 31 | 44,5 | 77,5 | 125 |

**TB 9-5** Abmessungen in mm von Pass- und Stützscheiben DIN 988 (Auswahl), Lehrbuch Bild 9-11c

| $d_1$ | D12 | 13 | 16 | 17 | 20 | 22 | 25 | 30 | 37 | 40 | 45 | 50 | 55 | 60 | 65 | 70 | 75 | 80 | 85 | 90 | 95 | 100 |
|---|---|---|---|---|---|---|---|---|---|---|---|---|---|---|---|---|---|---|---|---|---|---|
| $d_2$ | d12 | 19 | 22 | 24 | 28 | 32 | 35 | 42 | 47 | 50 | 55 | 62 | 68 | 75 | 85 | 90 | 95 | 100 | 105 | 110 | 115 | 120 |
| Dicke s Stützscheibe | | $1,5^{\;0}_{-0,05}$ | | | $2^{\;0}_{-0,05}$ | | | $2,5^{\;0}_{-0,05}$ | | | $3^{\;0}_{-0,06}$ | | | | $3,5^{\;0}_{-0,06}$ | | | | | | | |
| Dicke s Pass-Scheibe (für alle Durchmesser) | | 0,1  0,15 $^{\;0}_{-0,03}$ | | | 0,2 $^{\;0}_{-0,04}$ | | | 0,3 | 0,5 | 1 | 1,1 | 1,2 | 1,3 | 1,4 | 1,5 $^{\;0}_{-0,05}$ | 1,6 | 1,7 | 1,8 | 1,9 | 2 | | |

Weitere Größen siehe Norm.
*Bezeichnung* einer Pass-Scheibe von Innendurchmesser $d_1 = 30$ mm, Außendurchmesser $d_2 = 42$ mm und Dicke $s = 1,2$ mm:
Pass-Scheibe DIN 988 – 30 × 42 × 1,2
*Bezeichnung* einer Stützscheibe (S) von Innendurchmesser $d_1 = 40$ mm und Außendurchmesser $d_2 = 50$ mm:
Stützscheibe DIN 988 – S40 × 50

**TB 9-6** Stellringe DIN 705 – Abmessungen in mm (Auswahl), Lehrbuch Bild 9-15

| $d_1$ | H8 | 10 | 12 | 14 | 16 | 18 | 20 | 22 | 25 | 28 | 32 | 36 | 40 | 45 | 50 | 60 | 70 | 80 | 90 | 100 |
|---|---|---|---|---|---|---|---|---|---|---|---|---|---|---|---|---|---|---|---|---|
| $D$ | h13 | 20 | 22 | 25 | 28 | 32 | 32 | 36 | 40 | 45 | 50 | 56 | 63 | 70 | 80 | 90 | 100 | 110 | 125 | 140 |
| $b$ | js14 | 10 | 12 | 12 | 12 | 14 | 14 | 14 | 16 | 16 | 16 | 16 | 18 | 18 | 18 | 20 | 20 | 22 | 22 | 25 |
| $d_2$ | | M5 | M6 | | | | | | M8 | | | | M10 | | | M12 | | | | |
| $d_3$ | | 3 | 4 | | | | | | 5 | | | | 6 | | | 8 | | | 10 | 12 |

Weitere Größen sowie Längen der Gewinde-, Kerb- bzw. Kegelstifte siehe Norm.
Die Gewindestifte, nicht aber die Kerb- bzw. Kegelstifte, sind Lieferbestandteil der Stellringe.
*Bezeichnung* eines Stellringes, Form A (mit Gewindestift), $d_1 = 25$ mm; Stellring DIN 705 – A25.

# 10 Elastische Federn

**TB 10-1** Festigkeitsrichtwerte von Federwerkstoffen in N/mm² (Auswahl)

| Federart | Werkstoff und Behandlungszustand | E-Modul G-Modul | statische Festigkeitswerte | dynamische Festigkeitswerte |
|---|---|---|---|---|
| Blattfedern | Federstahl, DIN 17221 vergütet 60CrSi7 50CrV4 | $E = 200000$ $G = 80000$ | $R_m$ $R_{p0,2}$ 1320...1570   1130 1370...1670   1180 | $\sigma_{bD} = \sigma_m \pm \sigma_A$ |
| | Stahlbänder DIN 17222 kaltgewalzt (H + A)[1] 71Si7 50CrV4 Walzhaut Walzhaut entfernt, vergütet geschliffen | $E = 206000$ $G = 78000$ | 1500...2200 1400...2000 | $\sigma_{bD} \approx 500 \pm 120...200$ $\sigma_{bD} \approx 500 \pm 300$ $\sigma_{bD} \approx 500 \pm 400$ |
| | | | $\sigma_{b\,zul} \approx 0{,}7 \cdot R_m$ | $\sigma_{b\,zul} \approx \sigma_m + 0{,}75 \cdot \sigma_A$ |
| Drehfedern | Federstahldraht DIN 17223 T1 Drahtsorten A, B, C, D | $E = 206000$ $G = 81500$ | abhängig von $d$ $\sigma_{zul}$ s. TB 10-3 | $\sigma_H$ nach TB 10-5 |
| | DIN 17224 nichtrostend X12CrNi177 K | $E = 185000$ $G = 70000$ | | |
| Spiralfedern | Stahlbänder DIN 17222 C67, Ck67, 67SiCr5, 50CrV4 | $E = 206000$ $G = 78000$ | Banddicke bis 1 mm $\sigma_{zul} \approx 1100$ 1...3 mm $\approx 950$ > 3 mm $\approx 800$ | nach Herstellerangaben |
| Tellerfedern | DIN 17221, 17222 Ck67, 50CrV4 | $E = 206000$ $G = 78000$ | bei $s_c = h_0$ $\sigma_{Ic} = -3400$ bei $R_e = 1400...1600$; $\sigma_{OM}$ nach TB 10-6 | $\sigma_O = f(\sigma_u)$ nach TB 10-9 |
| Drehstabfedern | Warmgewalzte Stähle DIN 17221 vergütet 55Cr3, meist 50CrV4, Oberfläche geschliffen und kugelgestrahlt | $E = 200000$ $G = 80000$ | Rundstäbe nicht vorgesetzt $\tau_{t\,zul} = 700$ vorgesetzt $\tau_{t\,zul} = 1020$ für $R_m = 1600...1800$ | $\tau_m \pm \tau_A$ gesetzt $\tau_m \approx 600$ nach TB 10-10b |
| zylindrische Schraubenfedern (Druck- und Zugfedern aus rundem Federdraht) | runder Federstahldraht patentiert-gezogen DIN 17223 T1 z. B. Draht A, B, C, D | $E = 206000$ $G = 81500$ | $\tau_{t\,zul} \approx 0{,}5 \cdot R_m$ nach TB 10-11 bzw. $\tau_{t\,zul} \approx 0{,}45 \cdot R_m$ nach TB 10-19 entsprechend für $R_m = 1370...1670$ für $d = 0{,}2...6$ mm | s. TB 10-13 bis TB 10-16 |
| | vergütet DIN 17223 T2 z. B. Draht FD, VD | $E = 206000$ $G = 81500$ | | |
| | warmgewalzt DIN 17221 z. B. 55Cr3, 50CrV4 | $E = 200000$ $G = 80000$ | | |
| | nicht rostend DIN 17224 X7CrNiAl177 K + A | $E = 195000$ $G = 73000$ | $R_m = 2250...1300$ ($d \leq 0{,}2...6$ mm) $R_m = 1900...1050$ ($d \leq 0{,}2...8$ mm) | |
| | X5CrNiMo1810 K | $E = 180000$ $G = 68000$ | | |
| | aus Cu-Knetlegierung DIN 17682, kaltverfestigt, angelassen z. B. CuZn36F70 (CuSn6F95) | $E = 110000$ (115000) $G = 39000$ (42000) | für $d \leq 3$ mm $R_m \approx 930...700$ ($\approx 900...1180$) | nach Herstellerangaben |
| | aushärtbar (ausgehärtet) z. B. CuBe2 F95 (CuBe2 F140) | $E = 120000$ (135000) $G = 47000$ (47000) | für $d \leq 3$ mm $R_m \approx 950...1150$ ($\approx 1400...1550$) | |
| Gummifedern | Weichgummi Shore-Härte 40...70 | $E = 2...8$ $G = 0{,}4...1{,}4$ | $\sigma_{z\,zul} \approx 1...2$ $\sigma_{d\,zul} \approx 3...5$ $\tau_{zul} \approx 1...2$ | $\sigma_{z\,zul} \approx 0{,}5...1$ $\sigma_{d\,zul} \approx 1...1{,}5$ $\tau_{zul} \approx 0{,}3...0{,}8$ |

[1] kaltgewalzt + gehärtet + angelassen

**TB 10-2** Runder Federstahldraht

a) Federdraht nach DIN 2076 (Auszug)

| Nenn-maß mm | Durchmesser $d$ Zulässige Abweichung für Maßgenauigkeit | |
|---|---|---|
| | B bei Drahtsorten A, B, FD mm | C bei Drahtsorten C, D, VD u. a. mm |
| 0,07 ⋮ | | |
| 0,85 0,90 0,95 1,00 1,05 1,10 1,20 1,25 1,30 1,40 | ±0,025 | ±0,015 |
| 1,50 1,60 1,70 1,80 1,90 2,00 2,10 2,25 2,40 2,50 2,60 2,80 3,00 3,20 | ±0,035 | ±0,020 |

| | | |
|---|---|---|
| 3,40 3,60 3,80 4,00 4,25 4,50 4,75 5,00 5,30 5,60 | +0,045 | ±0,025 |
| 6,00 6,30 6,50 7,00 7,50 8,00 8,50 | ±0,060 | ±0,035 |
| 9,00 9,50 10,00 | ±0,070 | ±0,050 |
| 10,50 11,00 12,00 12,50 13,00 14,00 15,00 | ±0,090 | ±0,070 |
| 16,00 17,00 | ±0,12 | ±0,080 |
| 18,00 19,00 20,00 | ±0,15 | ±0,100 |

*Bezeichnungsbeispiel:* Dr(aht) DIN 2076-A4
d. h. Draht oder Dr der Sorte A mit $d = 4$ mm ($d_{max} = 4,045$ mm)

b) Federdraht, warmgewalzt nach DIN 2077 (Auszug)

| Durchmesser $d$ | | Stufung der bestellbaren Durchmesser | Zulässige Abweichungen von $d$ |
|---|---|---|---|
| ≥ | ≤ | | |
| 7 | 11,5 | 0,5 | +0,15 |
| 12 | 21,5 | 0,5 | ±0,2 |
| 22 | 29,5 | 0,5 | ±0,25 |
| 30 | 39 | 1,0 | ±0,3 |
| 40 | 50 | 2,0 | ±0,4 |
| 52 | 60 | 2,0 | ±0,5 |
| 65[1] | 80 | 5,0 | ±0,01 · $d$[1] |

[1] Für den Durchmesser 65 mm beträgt die zulässige Abweichung ±0,5 mm

*Bezeichnungsbeispiel:* Rund (bzw. Rd) DIN 2077-50CrV4G25 d. h. warmgewalzter, runder Federstahl aus 50CrV4, geglüht mit Nenndurchmesser $d = 25$ mm ($d_{max} = 25,25$ mm; $d_{min} = 24,75$ mm)

c) Hinweise zur Wahl der Drahtsorten

| Draht-Sorte | Verwendung für | Durchmesser $d$ mm | Mindestzugfestigkeit[1] $R_m$ N/mm² |
|---|---|---|---|
| A | Zug-, Druck-, Dreh- und Formfedern mit geringer statischer oder selten dynamischer Beanspruchung | 1…10 | $R_m \approx 1720 - 660 \cdot \lg d$ |
| B | Zug-, Druck-, Dreh- und Formfedern mit mittlerer statischer und geringer dynamischer Beanspruchung | 0,3…20 | $R_m \approx 1980 - 740 \cdot \lg d$ |
| C | Zug-, Druck-, Dreh- und Formfedern mit hoher statischer und geringer dynamischer Beanspruchung | 2…20 | $R_m \approx 2220 - 820 \cdot \lg d$ |
| D | Zug- und Druckfedern mit hoher statischer und mittlerer dynamischer Beanspruchung sowie bei Dreh- und Formfedern mit hoher statischer und hoher dynamischer Beanspruchung | 0,2…20 | $R_m \approx 2220 - 820 \cdot \lg d$ |
| FD | Federstahldraht (unlegiert) für statische Beanspruchung | 0,5…17 | $R_m \approx 1846 - 480 \cdot \lg d$ |
| VD | Ventilfederdraht (unlegiert) für hohe dynamische Torsionsbeanspruchung bei Raumtemperatur | 0,5…10 | $R_m \approx 1800 - 415 \cdot \lg d$ |

[1] Für Draht im angegebenen Durchmesserbereich (ca. Werte)

**TB 10-3** Zulässige Biegespannung für kaltgeformte Drehfedern aus Federdraht A, B, C, D, FD bei überwiegend ruhender Beanspruchung

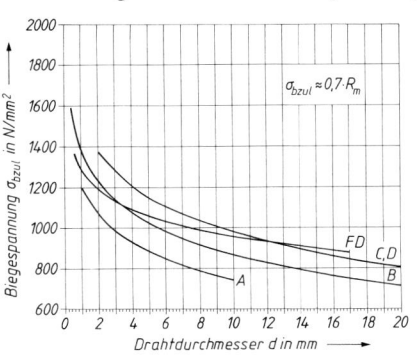

**TB 10-4** Spannungsbeiwert $q$ für Drehfedern

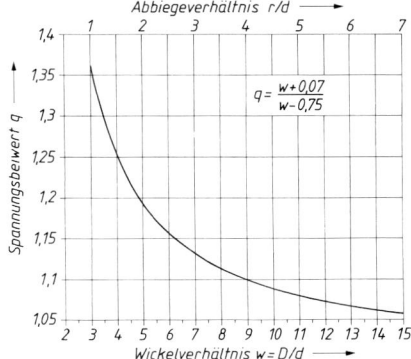

**TB 10-5** Dauerfestigkeits-Schaubild für zylindrische Drehfedern aus patentiert-gezogenem Federdraht $C$ (Grenzlastspielzahl $N = 10^7$). Durch Kugelstrahlen der fertigen Federn ist eine Steigerung der Dauerhubfestigkeit $\sigma_H$ bis etwa 30 % möglich (Herstelleranfrage).

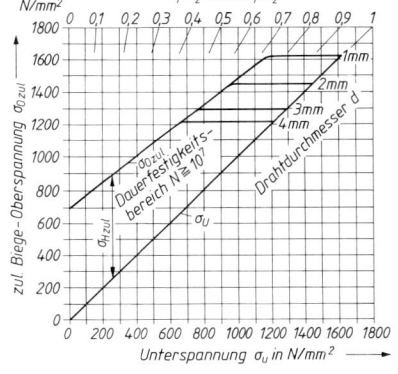

**TB 10-6** Tellerfedern nach DIN 2093 (Auszug)

*Hinweis:* Für Federn der Reihe A kann eine angenähert gerade Kennlinie angenommen werden; für die Reihen B, C ergibt sich ein degressiver Kennlinienverlauf, der sich mit $F_{0,25}$, $F_{0,5}$, $F_{0,75}$ bzw. $\sigma_{0,25}$, $\sigma_{0,5}$, $\sigma_{0,75}$ bei $s_{0,25}$, $s_{0,5}$, $s_{0,75}$ genügend genau darstellen lässt. Die Tabellenwerte sind teilweise gerundet. Werte der rechnerischen Zugspannungen mit * entsprechen $\sigma_{II} = \sigma_{0,75}$ (Stelle II), ohne * entsprechen $\sigma_{III} = \sigma_{0,75}$ (Stelle III). Rechnerische Druckspannung $\sigma_{OM}$ am oberen Mantelpunkt des Einzeltellers (s. Lehrbuch Bild 10-19).

a) Tellerfedern der Reihe A mit $D_e/t \approx 18$, $h_0/t \approx 0{,}4$

| Gruppe | $D_e$ h12 mm | $D_i$ H12 mm | $t$ bzw. $(t')$ $l_0 = t + h_0$ mm | $h_0$ mm | $F_{0,75}$ N | $\sigma_{OM}$ bei $s_{0,75} = 0{,}75\,h_0$ N/mm² | $\sigma_{II}, \sigma_{III}$ N/mm² |
|---|---|---|---|---|---|---|---|
| 1 | 8    | 4,2  | 0,4   | 0,2  | 210    | −1200 | 1220* |
|   | 10   | 5,2  | 0,5   | 0,25 | 329    | −1210 | 1240* |
|   | 12,5 | 6,2  | 0,7   | 0,3  | 673    | −1280 | 1420* |
|   | 14   | 7,2  | 0,8   | 0,3  | 813    | −1190 | 1340* |
|   | 16   | 8,2  | 0,9   | 0,35 | 1000   | −1160 | 1290* |
|   | 18   | 9,2  | 1     | 0,4  | 1250   | −1170 | 1300* |
|   | 20   | 10,2 | 1,1   | 0,45 | 1530   | −1180 | 1300* |
| 2 | 22,5 | 11,2 | 1,25  | 0,5  | 1950   | −1170 | 1320* |
|   | 25   | 12,2 | 1,5   | 0,55 | 2910   | −1210 | 1410* |
|   | 28   | 14,2 | 1,5   | 0,65 | 2850   | −1180 | 1280* |
|   | 31,5 | 16,3 | 1,75  | 0,7  | 3900   | −1190 | 1310* |
|   | 35,5 | 18,3 | 2     | 0,8  | 5190   | −1210 | 1330* |
|   | 40   | 20,4 | 2,25  | 0,9  | 6540   | −1210 | 1340* |
|   | 45   | 22,4 | 2,5   | 1    | 7720   | −1150 | 1300* |
|   | 50   | 25,4 | 3     | 1,1  | 12000  | −1250 | 1430* |
|   | 56   | 28,5 | 3     | 1,3  | 11400  | −1180 | 1280* |
|   | 63   | 31   | 3,5   | 1,4  | 15000  | −1140 | 1300* |
|   | 71   | 36   | 4     | 1,6  | 20500  | −1200 | 1330* |
|   | 80   | 41   | 5     | 1,7  | 33700  | −1260 | 1460* |
|   | 90   | 46   | 5     | 2    | 31400  | −1170 | 1300* |
|   | 100  | 51   | 6     | 2,2  | 48000  | −1250 | 1420* |
|   | 112  | 57   | 6     | 2,5  | 43800  | −1130 | 1240* |
| 3 | 125  | 64   | 8 (7,5)    | 2,6  | 85900  | −1280 | 1330* |
|   | 140  | 72   | 8 (7,5)    | 3,2  | 85300  | −1260 | 1280* |
|   | 160  | 82   | 10 (9,4)   | 3,5  | 139000 | −1320 | 1340* |
|   | 180  | 92   | 10 (9,4)   | 4    | 125000 | −1180 | 1200  |
|   | 200  | 102  | 12 (11,25) | 4,2  | 183000 | −1210 | 1230* |
|   | 225  | 112  | 12 (11,25) | 5    | 171000 | −1120 | 1140  |
|   | 250  | 127  | 14 (13,1)  | 5,6  | 249000 | −1200 | 1220  |

**TB 10-6** Fortsetzung

b) Tellerfedern der Reihe B mit $D_e/t \approx 28$, $h_0/t \approx 0,75$

| Gruppe | $D_e$ h12 mm | $D_i$ H12 mm | $t$ bzw. ($t'$) mm | $h_0$ $l_0 = t + h_0$ mm | $F_{0,75}$ bei $s_{0,75} = 0,75 \cdot h_0$ N | $\sigma_{OM}$ N/mm² | $\sigma_{II}, \sigma_{III}$ N/mm² | $F_{0,5}$ bei $s_{0,5} = 0,5 \cdot h_0$ N | $\sigma_{0,5}$ N/mm² | $F_{0,25}$ bei $s_{0,25} = 0,25 \cdot h_0$ N | $\sigma_{0,25}$ N/mm² |
|---|---|---|---|---|---|---|---|---|---|---|---|
| 1 | 8    | 4,2  | 0,3  | 0,25 | 119   | −1140 | 1330 | 89    | 945 | 52    | 505 |
|   | 10   | 5,2  | 0,4  | 0,3  | 213   | −1170 | 1300 | 155   | 919 | 88    | 489 |
|   | 12,5 | 6,2  | 0,5  | 0,35 | 291   | −1000 | 1110 | 215   | 798 | 120   | 423 |
|   | 14   | 7,2  | 0,5  | 0,4  | 279   | − 970 | 1100 | 210   | 792 | 120   | 423 |
|   | 16   | 8,2  | 0,6  | 0,45 | 412   | −1010 | 1120 | 304   | 796 | 172   | 423 |
|   | 18   | 9,2  | 0,7  | 0,5  | 572   | −1040 | 1130 | 417   | 798 | 233   | 424 |
|   | 20   | 10,2 | 0,8  | 0,55 | 745   | −1030 | 1110 | 547   | 799 | 304   | 424 |
|   | 22,5 | 11,2 | 0,8  | 0,65 | 710   | − 962 | 1080 | 533   | 778 | 306   | 415 |
|   | 25   | 12,2 | 0,9  | 0,7  | 868   | − 938 | 1030 | 644   | 736 | 367   | 392 |
|   | 28   | 14,2 | 1    | 0,8  | 1110  | − 961 | 1090 | 832   | 781 | 476   | 417 |
| 2 | 31,5 | 16,3 | 1,25 | 0,9  | 1920  | −1090 | 1190 | 1410  | 850 | 791   | 452 |
|   | 35,5 | 18,3 | 1,25 | 1    | 1700  | − 944 | 1070 | 1280  | 772 | 731   | 412 |
|   | 40   | 20,4 | 1,5  | 1,15 | 2620  | −1020 | 1130 | 1950  | 816 | 1110  | 435 |
|   | 45   | 22,4 | 1,75 | 1,3  | 3660  | −1050 | 1150 | 2700  | 821 | 1520  | 437 |
|   | 50   | 25,4 | 2    | 1,4  | 4760  | −1060 | 1140 | 3490  | 816 | 1950  | 433 |
|   | 56   | 28,5 | 2    | 1,6  | 4440  | − 963 | 1090 | 3340  | 784 | 1910  | 418 |
|   | 63   | 31   | 2,5  | 1,75 | 7180  | −1020 | 1090 | 5270  | 779 | 2940  | 414 |
|   | 71   | 36   | 2,5  | 2    | 6730  | − 934 | 1060 | 5050  | 759 | 2890  | 405 |
|   | 80   | 41   | 3    | 2,3  | 10500 | −1030 | 1140 | 7840  | 820 | 4450  | 437 |
|   | 90   | 46   | 3,5  | 2,5  | 14200 | −1030 | 1120 | 10400 | 798 | 5840  | 424 |
|   | 100  | 51   | 3,5  | 2,8  | 13100 | − 926 | 1050 | 9820  | 901 | 5620  | 402 |
|   | 112  | 57   | 4    | 3,2  | 17800 | − 963 | 1090 | 13300 | 784 | 7640  | 418 |
|   | 125  | 64   | 5    | 3,5  | 30000 | −1060 | 1150 | 21900 | 823 | 12200 | 437 |
|   | 140  | 72   | 5    | 4    | 27900 | − 970 | 1110 | 21000 | 792 | 12000 | 423 |
|   | 160  | 82   | 6    | 4,5  | 41100 | −1000 | 1110 | 30400 | 828 | 17200 | 445 |
|   | 180  | 92   | 6    | 5,1  | 37500 | − 895 | 1040 | 28600 | 776 | 16600 | 419 |
| 3 | 200  | 102  | 8 (7,5)  | 5,6 | 76400  | −1060 | 1250 | 58000 | 892 | 33400 | 475 |
|   | 225  | 112  | 8 (7,5)  | 6,5 | 70800  | − 951 | 1180 | 55400 | 842 | 32900 | 450 |
|   | 250  | 127  | 10 (9,4) | 7   | 119000 | −1050 | 1240 | 90200 | 886 | 52000 | 470 |

c) Tellerfedern der Reihe C mit $D_e/t \approx 40$, $h_0/t \approx 1,3$

| Gruppe | $D_e$ h12 mm | $D_i$ H12 mm | $t$ bzw. ($t'$) mm | $h_0$ $l_0 = t + h_0$ mm | $F_{0,75}$ bei $s_{0,75} = 0,75 \cdot h_0$ N | $\sigma_{OM}$ N/mm² | $\sigma_{II}, \sigma_{III}$ N/mm² | $F_{0,5}$ bei $s_{0,5} = 0,5 \cdot h_0$ N | $\sigma_{0,5}$ N/mm² | $F_{0,25}$ bei $s_{0,25} = 0,25 \cdot h_0$ N | $\sigma_{0,25}$ N/mm² |
|---|---|---|---|---|---|---|---|---|---|---|---|
| 1 | 8    | 4,2  | 0,2  | 0,25 | 39    | −762 | 1040 | 33    | 759 | 21    | 411 |
|   | 10   | 5,2  | 0,25 | 0,3  | 58    | −734 | 980  | 48    | 706 | 30    | 383 |
|   | 12,5 | 6,2  | 0,35 | 0,45 | 152   | −944 | 1280 | 130   | 940 | 84    | 511 |
|   | 14   | 7,2  | 0,35 | 0,45 | 123   | −769 | 1060 | 106   | 775 | 68    | 421 |
|   | 16   | 8,2  | 0,4  | 0,5  | 155   | −751 | 1020 | 131   | 740 | 84    | 402 |
|   | 18   | 9,2  | 0,45 | 0,6  | 214   | −789 | 1110 | 186   | 815 | 121   | 443 |
|   | 20   | 10,2 | 0,5  | 0,65 | 254   | −772 | 1070 | 219   | 782 | 141   | 425 |
|   | 22,5 | 11,2 | 0,6  | 0,8  | 425   | −883 | 1230 | 370   | 904 | 240   | 492 |
|   | 25   | 12,2 | 0,7  | 0,9  | 601   | −936 | 1270 | 515   | 926 | 331   | 503 |
|   | 28   | 14,2 | 0,8  | 1    | 801   | −961 | 1300 | 681   | 957 | 435   | 519 |
|   | 31,5 | 16,3 | 0,8  | 1,05 | 687   | −810 | 1130 | 594   | 831 | 384   | 451 |
|   | 35,5 | 18,3 | 0,9  | 1,15 | 831   | −779 | 1080 | 712   | 792 | 548   | 430 |
|   | 40   | 20,4 | 1    | 1,3  | 1020  | −772 | 1070 | 876   | 782 | 565   | 425 |
| 2 | 45   | 22,4 | 1,25 | 1,6  | 1890  | −920 | 1250 | 1620  | 922 | 1040  | 501 |
|   | 50   | 25,4 | 1,25 | 1,6  | 1550  | −754 | 1040 | 1330  | 761 | 854   | 413 |
|   | 56   | 28,5 | 1,5  | 1,95 | 2620  | −879 | 1220 | 2260  | 896 | 1460  | 487 |
|   | 63   | 31   | 1,8  | 2,35 | 4240  | −985 | 1350 | 3660  | 995 | 2360  | 541 |
|   | 71   | 36   | 2    | 2,6  | 5140  | −971 | 1340 | 4430  | 987 | 2860  | 537 |
|   | 80   | 41   | 2,25 | 2,95 | 6610  | −982 | 1370 | 5720  | 1010 | 3700 | 548 |
|   | 90   | 46   | 2,5  | 3,2  | 7680  | −935 | 1290 | 6580  | 945 | 4230  | 513 |
|   | 100  | 51   | 2,7  | 3,5  | 8610  | −895 | 1240 | 7410  | 908 | 4780  | 493 |
|   | 112  | 57   | 3    | 3,9  | 10500 | −882 | 1220 | 9040  | 896 | 5830  | 487 |
|   | 125  | 64   | 3,5  | 4,5  | 15400 | −956 | 1320 | 13200 | 968 | 8510  | 526 |
|   | 140  | 72   | 3,8  | 4,9  | 17200 | −904 | 1250 | 14800 | 918 | 9510  | 499 |
|   | 160  | 82   | 4,3  | 5,6  | 21800 | −892 | 1240 | 18800 | 911 | 12200 | 495 |
|   | 180  | 92   | 4,8  | 6,2  | 26400 | −869 | 1200 | 22700 | 883 | 14600 | 480 |
|   | 200  | 102  | 5,5  | 7    | 36100 | −910 | 1250 | 30980 | 916 | 19800 | 498 |
| 3 | 225  | 112  | 6,5 (6,2) | 7,1 | 44600 | −840 | 1140 | 36300 | 816 | 22300 | 443 |
|   | 250  | 127  | 7 (6,7)   | 7,8 | 50500 | −814 | 1120 | 41300 | 805 | 25600 | 437 |

**TB 10-7** Reibungsfaktor $w_M$ ($w_R$) zur Abschätzung der Paketfederkräfte (Randreibung) in $1 \cdot 10^{-3}$

| Schmierung | Öl | Fett | Molykote + Öl (1:1) |
|---|---|---|---|
| Reihe A | 15...32 (27...40) | 12...27 (24...37) | 5...22 (27...33) |
| Reihe B | 10...22 (17...26) | 8...19 (16...24) | 3...15 (17...21) |
| Reihe C | 8...17 (12...18) | 7...15 (11...17) | 3...12 (12...15) |

**TB 10-8** Tellerfedern; Kennwerte und Bezugsgrößen

a) Kennwert $K_1$

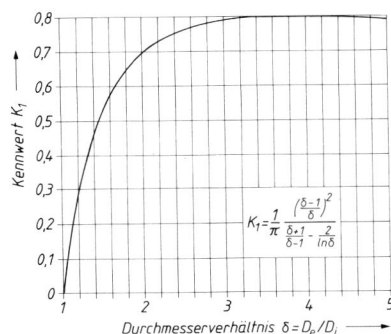

b) Kennwerte $K_2$ und $K_3$

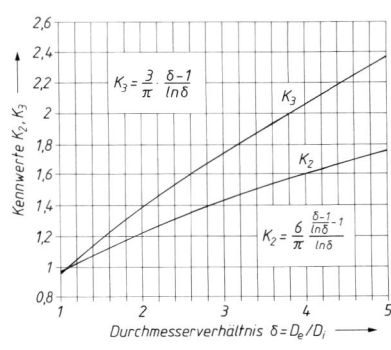

c) Bezogener rechnerischer Kennlinienverlauf des Einzeltellers bei unterschiedlichem $h_0/t$ bzw. $h_0'/t'$, für $F/F_c$ und Federwegverhältnis $s/h_0$ bzw. $s/h_0'$

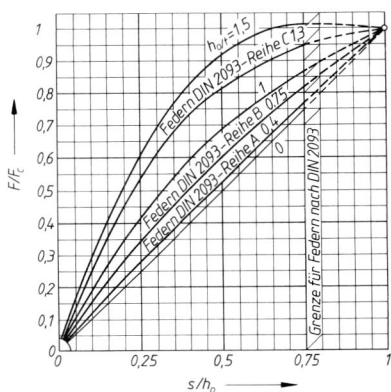

d) Bezogene rechnerische Spannungen an den Querschnittsecken I...IV und OM für Federn der Gruppen 1 und 2 (nach Mubea)

*Beispiel:* Für eine Feder der Reihe B wird bei einem Federweg $s = 0{,}6 \cdot h_0$ die bezogene Spannung an der Querschnittsecke III $\sigma_{III}/\sigma_c \approx 0{,}35$ abgelesen. Mit der nach Gl. (10.30) mit $s = h_0$ ermittelten Spannung $\sigma_c$ (Planlage) wird bei dem o.a. Federweg $s$ die Spannung $\sigma_{III} = 0{,}35 \cdot \sigma_c$ ermittelt.

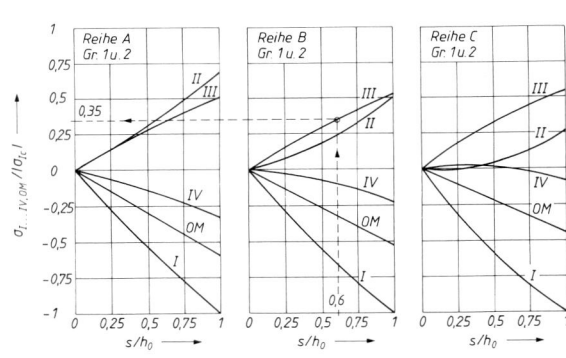

**TB 10-9** Dauer- und Zeitfestigkeitsschaubilder für Tellerfedern aus 50CrV4

a) für $N = 10^5$ Lastspiele (nach Mubea)

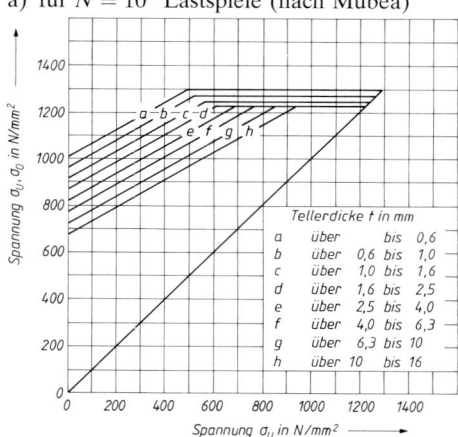

b) für $N = 5 \cdot 10^5$ Lastspiele (nach Mubea)

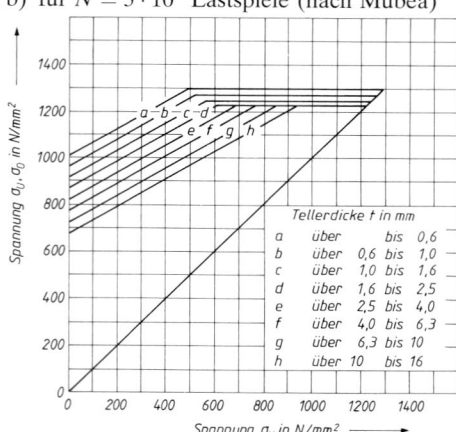

c) für $N = 2 \cdot 10^6$ Lastspiele (nach Mubea)

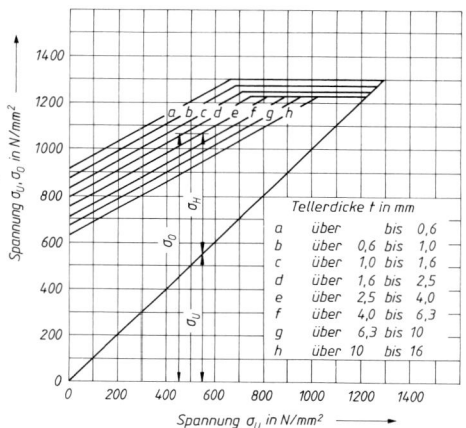

d) Wöhlerlinien für $N < 2 \cdot 10^6$ Lastspiele bei $\sigma_{Sch} = \sigma_O - 0{,}57 \cdot \sigma_U$, womit $N$ bestimmt wird

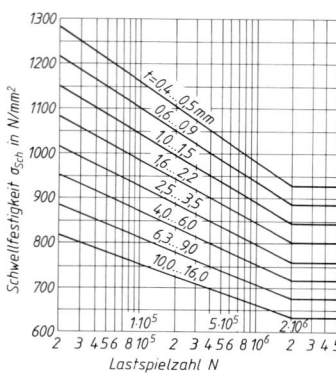

**TB 10-10** Drehstabfedern mit Kreisquerschnitt

a) Kurven zur Ermittlung der Ersatzlänge $l_e$

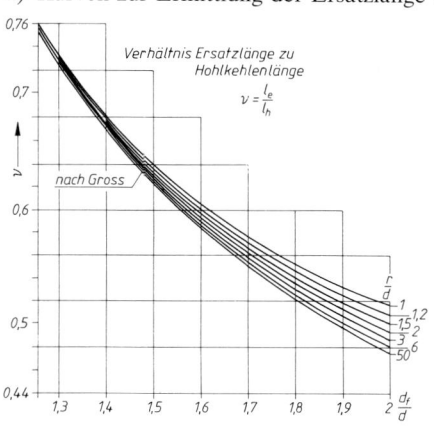

b) Dauerfestigkeitsschaubild für Drehstabfedern aus warmgewalztem Stahl nach DIN 17221 mit geschliffener und kugelgestrahlter Oberfläche (Vorsetzgrad 2 %)

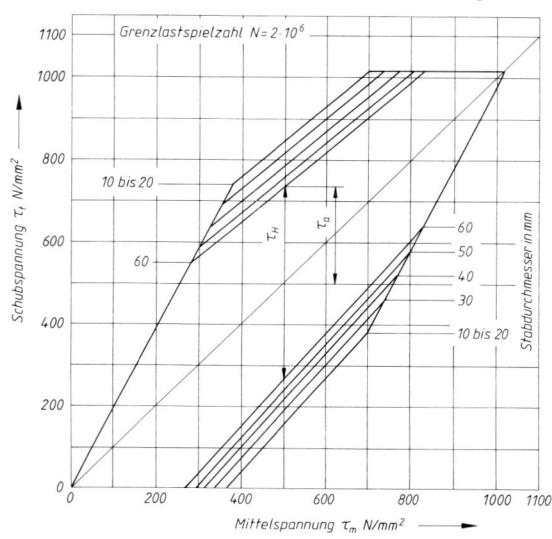

**TB 10-11** Zulässige Spannungen für Druckfedern aus Werkstoffen nach DIN 17 223 bzw. DIN 17 221 bei statischer Beanspruchung

a) Zulässige Schubspannung $\tau_{zul} = f(d)$

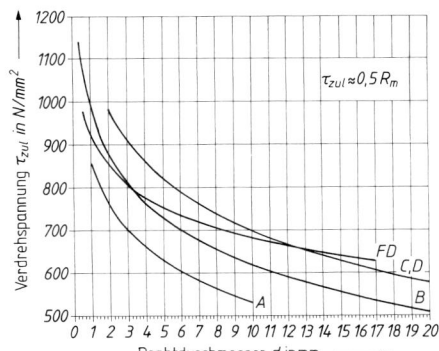

b) Zulässige Schubspannung bei Blocklänge $\tau_{c\,zul} = f(d)$

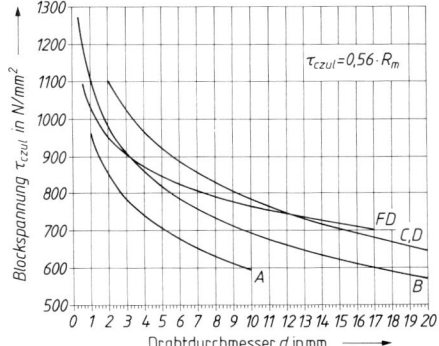

c) Zulässige Schubspannung bei Blocklänge für *warmgeformte* Druckfedern aus Edelstahl nach DIN 17 221; $\tau_{c\,zul} = f(d)$

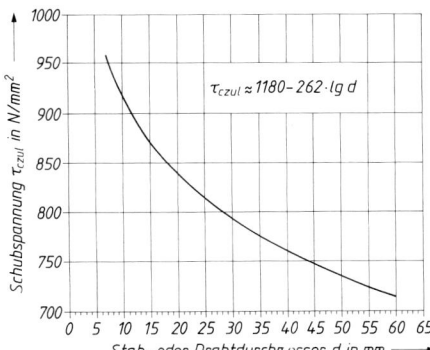

d) Spannungsbeiwert $k$

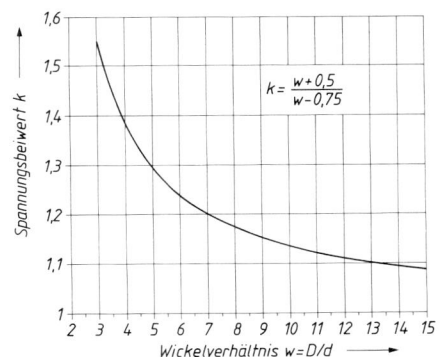

**TB 10-12** Theoretische Knickgrenze von Schraubendruckfedern nach DIN 2089 T1

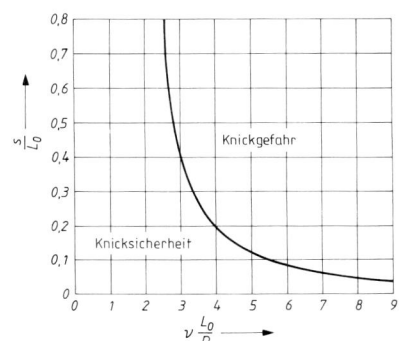
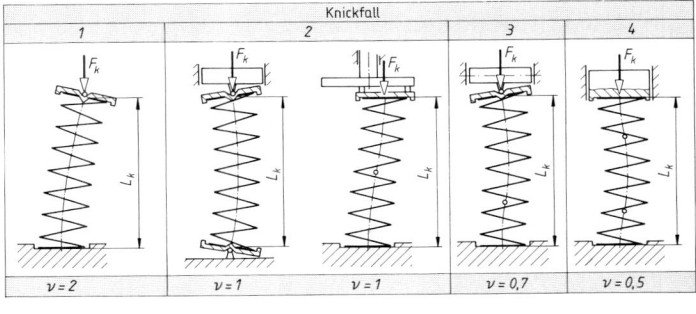

Für Federn aus Federdraht nach DIN 17 223 ($E = 206\,000$ N/mm², $G = 81\,500$ N/mm²) wird mit $G/E \approx 0{,}396$ die Knicklänge $L_k = L_0 - s_k$ mit $s_k = 0{,}827 \cdot L_0 \cdot \left\{ 1 - \sqrt{1 - 6{,}66[D/(\nu \cdot L_0)]^2} \right\}$.

**TB 10-13** Dauerfestigkeitsschaubilder für kaltgeformte Schraubendruckfedern aus patentiert-gezogenem Federstahldraht der Klasse C und D nach DIN 17223 T1; Grenzlastspielzahl $N = 10^7$

a) kugelgestrahlt

b) nicht kugelgestrahlt

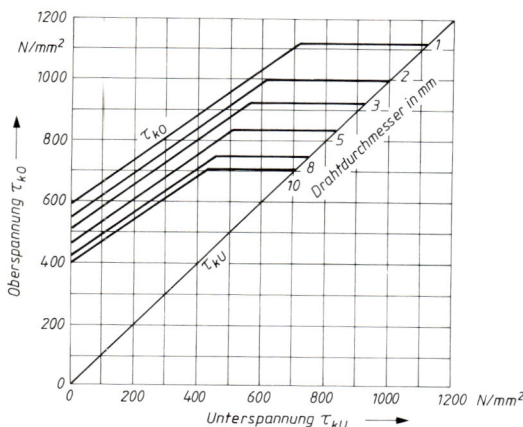
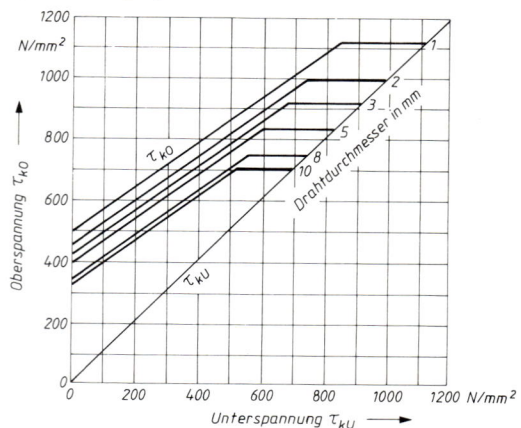

**TB 10-14** Dauerfestigkeitsschaubilder für kaltgeformte Schraubendruckfedern aus vergütetem Federstahldraht (FD) nach DIN 17223 T2; Grenzlastspielzahl $N = 10^7$

a) kugelgestrahlt

b) nicht kugelgestrahlt

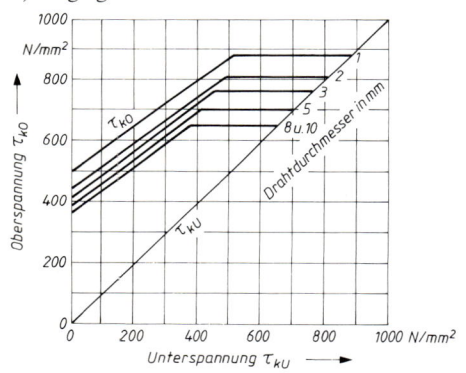
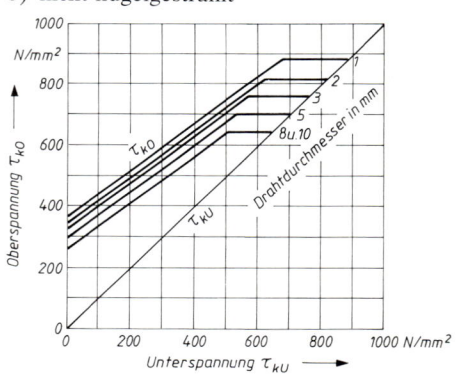

**TB 10-15** Dauerfestigkeitsschaubilder für kaltgeformte Schraubendruckfedern aus vergütetem Ventilfederstahldraht (VD) nach DIN 17223 T2; Grenzlastspielzahl $N = 10^7$

a) kugelgestrahlt

b) nicht kugelgestrahlt

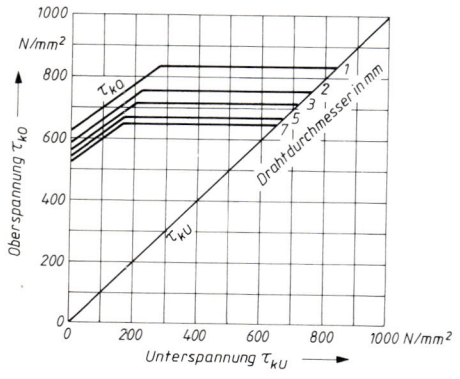
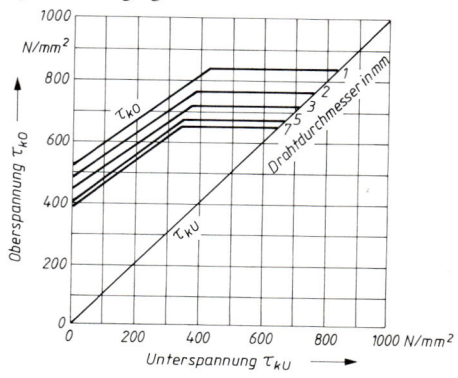

**Tb 10-16** Zeit- und Dauerfestigkeitsschaubild für warmgeformte Schraubendruckfedern aus Edelstahl nach DIN 17221 mit geschliffener oder geschälter Oberfläche; kugelgestrahlt

a) Bruchlastspielzahl $N = 10^5$

b) Grenzlastspielzahl $N = 2 \cdot 10^6$

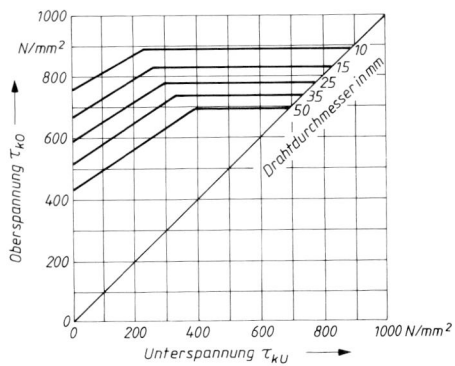
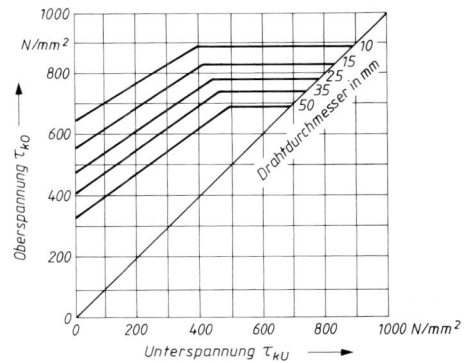

**TB 10-17** Abhängigkeit des E- und G-Moduls von der Arbeitstemperatur

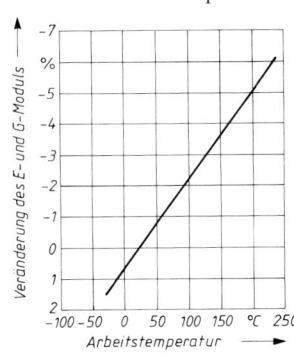

**TB 10-18** Relaxation nach 48 Stunden von warmgeformten Druckfedern bei Betriebstemperaturen (als Anhaltswerte) für $R_m = 1500$ N/mm²

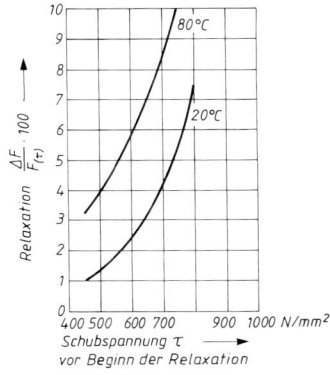

**TB 10-19** Zulässige Spannungen für Zugfedern aus Werkstoffen nach DIN 17223 bzw. DIN 17221 bei statischer Beanspruchung

a) Zulässige Schubspannung

b) Korrekturfaktoren zur Ermittlung der inneren Schubspannung
  $\alpha_1$ Wickeln auf Wickelbank
  $\alpha_2$ Winden auf Federwindeautomat

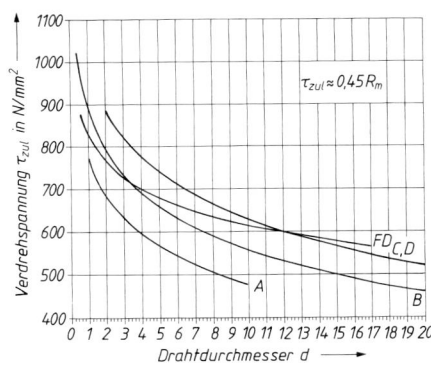
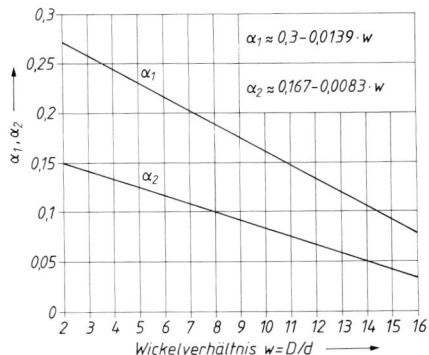

# 11 Achsen, Wellen und Zapfen

**TB 11-1** Zylindrische Wellenenden nach DIN 748, T1 (Auszug)

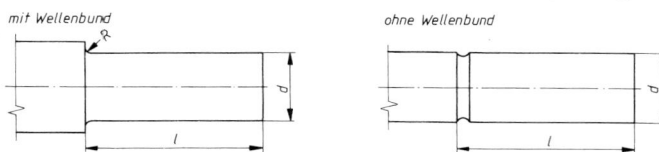

Maße in mm

| Durchmesser $d$ | | 6 | 7 | 8 | 9 | 10 | 11 | 12 | 14 | 16 | 19 | 20 | 22 | 24 | 25 | 28 |
|---|---|---|---|---|---|---|---|---|---|---|---|---|---|---|---|---|
| Länge $l$ | lang | 16 | | 20 | | 23 | | 30 | | 40 | | 50 | | | 60 | |
| | kurz | — | | — | | 15 | | 18 | | 28 | | 36 | | | 42 | |
| Toleranzklasse[1] | | k6 | | | | | | | | | | | | | | |
| Rundungsradius $R$[2] | | 0,6 | | | | | | | | | | | | | 1 | |
| Durchmesser $d$ | | 30 | 32 | 35 | 38 | 40 | 42 | 45 | 48 | 50 | 55 | 60 | 65 | 70 | 75 | 80 |
| Länge $l$ | lang | 80 | | | | 110 | | | | 140 | | | | | 170 | |
| | kurz | 58 | | | | 82 | | | | 105 | | | | | 130 | |
| Toleranzklasse[1] | | k6 | | | | | | | | m6 | | | | | | |
| Rundungsradius $R$[1] | | 1 | | | | | | | | 1,6 | | | | | | |

[1]) Andere Toleranzen sind in der Bezeichnung anzugeben.
[2]) Die rundungsradien sind max. Werte: an Stelle der Rundungen können auch Freistiche nach DIN 509 (siehe TB 11-3) vorgesehen werden.
Bezeichnung eines Wellenendes mit $d = 40$ mm Durchmesser und $l = 110$ mm Länge:
Wellenende DIN 748 – 40k6 × 110

**TB 11-2** Kegelige Wellenenden mit Außengewinde nach DIN 1448, T1 (Auszug)

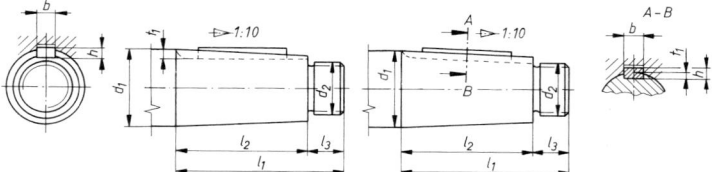

Maße in mm

| Durchmesser $d_1$ | | 6 | 7 | 8 | 9 | 10 | 11 | 12 | 14 | 16 | 19 | 20 | 22 | 24 | 25 | 28 |
|---|---|---|---|---|---|---|---|---|---|---|---|---|---|---|---|---|
| Kegel- lang | | 10 | | 12 | | 15 | | 18 | | 28 | | 36 | | | 42 | |
| länge $l_2$ kurz | | — | | — | | — | | — | | 16 | | 22 | | | 24 | |
| Gewindelänge $l_3$ | | 6 | | 8 | | 8 | | 12 | | 14 | | 18 | | | | |
| Gewinde $d_2$ | | M4 | | M6 | | | | M8 × 1 | | M10 × 1,25 | | M12 × 1,25 | | | M16 × 1,5 | |
| Passfeder[1] $b \times h$ | | | | | | | | 2 × 2 | | 3 × 3 | | 4 × 4 | | | 5 × 5 | |
| Nut- lang | | — | | — | | — | | 1,6 | | 2,5 | | 3,4 | | 3,9 | 4,1 | |
| tiefe $t_1$ kurz | | — | | — | | — | | 1,7 | | 2,3 | | 3,2 | | | | |
| | | | | | | | | | | 2,2 | | 2,9 | | 3,1 | 3,6 | 3,6 |
| Durchmesser $d_1$ | | 30 | 32 | 35 | 38 | 40 | 42 | 45 | 48 | 50 | 55 | 60 | 65 | 70 | 75 | 80 |
| Kegel- lang | | 58 | | | | 82 | | | | 105 | | | | | 130 | |
| länge $l_2$ kurz | | 36 | | | | 54 | | | | 70 | | | | | 90 | |
| Gewindelänge $l_3$ | | 22 | | | | 28 | | | | 35 | | | | | 40 | |
| Gewinde $d_2$ | | M20 × 1,5 | | | | M24 × 2 | | M30 × 2 | M36 × 3 | M42 × 3 | | M48 × 3 | | | [2]) | |
| Passfeder $b \times h$ | | 5 × 5 | | 6 × 6 | | 10 × 8 | | 12 × 8 | | 14 × 9 | | 16 × 10 | | 18 × 11 | 20 × 12 | |
| Nut- lang | | 4,5 | | 5 | | 7,1 | | 7,6 | | 8,6 | | 9,6 | 10,8 | |
| tiefe $t_1$ kurz | | 3,9 | | 4,4 | | 6,4 | | 6,9 | | 7,8 | | 8,8 | 9,8 | |

[1]) Passfeder nach DIN 6885, Blatt 1    [2]) Gewinde M56 × 4
Bezeichnung eines langen kegeligen Wellenendes mit Passfeder und Durchmesser $d_1 = 40$ mm:
Wellenende DIN 1448 – 40 × 82

**TB 11-3** Flächenmomente 2. Grades und Widerstandsmomente für häufig vorkommende Wellenquerschnitte (ca.-Werte)

| | Biegung | | Torsion | |
|---|---|---|---|---|
| | $I_b$ | $W_b$ | $I_t \, \widehat{=} \, I_p$ | $W_t \, \widehat{=} \, W_p$ |
| | $\dfrac{\pi}{64} \cdot d^4$ | $\dfrac{\pi}{32} \cdot d^3$ | $\dfrac{\pi}{32} \cdot d^4$ | $\dfrac{\pi}{16} \cdot d^3$ |
| | $\dfrac{\pi}{64} \cdot (D^4 - d^4)$ | $\dfrac{\pi}{32} \cdot \dfrac{D^4 - d^4}{D}$ | $\dfrac{\pi}{32} \cdot (D^4 - d^4)$ | $\dfrac{\pi}{16} \cdot \dfrac{D^4 - d^4}{D}$ |
| | $0{,}003 \cdot (D+d)^4$ | $0{,}012 \cdot (D+d)^3$ | $0{,}1 \cdot d^4$ | $0{,}2 \cdot d^3$ |
| | | | $0{,}006 \cdot (D+d)^4$ | $0{,}024 \cdot (D+d)^3$ |
| | $0{,}01 \cdot D^3 \cdot (5 \cdot D - 8{,}5 \cdot d)$ | $0{,}1 \cdot D^2 \cdot (D - 1{,}7 \cdot d)$ | $0{,}02 \cdot D^3 \cdot (5 \cdot D - 8{,}5 \cdot d)$ | $0{,}2 \cdot D^2 \cdot (D - 1{,}7 \cdot d)$ |
| | $0{,}05 \cdot d_1^2 \cdot (d_1^2 - 24 \cdot e_1^2)$ | $0{,}1 \cdot \dfrac{d_1^2}{d_2} (d_1^2 - 24 \cdot e_1^2)$ | $0{,}1 \cdot d_1^2 \cdot (d_1^2 - 24 \cdot e_1^2)$ | $0{,}162 \cdot d_1^3$ |
| | $0{,}075 \cdot d_2^4$ | $0{,}15 \cdot d_2^3$ | $0{,}15 \cdot d_2^4$ | $0{,}2 \cdot d_2^3$ |

**TB 11-6** Stützkräfte und Durchbiegungen bei Achsen und Wellen von gleichbleibendem Querschnitt

| | Belastungsfall | Auflagerkräfte | Biegemomente |
|---|---|---|---|
| 1 | | $F_A = F_B = \dfrac{F}{2}$ | $0 \leq x \leq \dfrac{l}{2}$ : <br> $M(x) = \dfrac{F}{2} \cdot x$ <br> $M_{max} = \dfrac{F \cdot l}{4}$ |
| 2 | | $F_A = \dfrac{F \cdot b}{l}$ <br> $F_B = \dfrac{F \cdot a}{l}$ | $0 \leq x \leq a$: <br> $M(x) = \dfrac{F \cdot b \cdot x}{l}$ <br> $a \leq x \leq l$: <br> $M(x) = F \cdot \left(\dfrac{b \cdot x}{l} - x + a\right)$ <br> $M_{max} = \dfrac{F \cdot b \cdot a}{l}$ |
| 3 | | $F_A = F_B = \dfrac{M}{l}$ | $0 \leq x_1 \leq a$: <br> $M_{(x_1)} = \dfrac{M}{l} \cdot x_1$ <br> $0 \leq x_2 \leq b$: <br> $M_{(x_2)} = \dfrac{M}{l} \cdot x_2$ |
| 4 | | $F_A = F_B = \dfrac{F' \cdot l}{2}$ | $M(x) = \dfrac{F' \cdot x}{2} \cdot (l - x)$ <br> $M_{max} = \dfrac{F' \cdot l^2}{8}$ |
| 5 | | $F_A = \dfrac{F \cdot a}{l}$ <br> $F_B = \dfrac{F \cdot (a+l)}{l}$ | $0 \leq x \leq l$: <br> $M(x) = -\dfrac{F \cdot a \cdot x}{l}$ <br> $M_{(B)} = -F \cdot a$ <br> $0 \leq x_1 \leq a$: <br> $M(x_1) = F \cdot (a - x_1)$ <br> $M_{max} = F \cdot a$ |
| 6 | | $F_A = \dfrac{F' \cdot a^2}{2 \cdot l}$ <br> $F_B = F' \cdot a \cdot \left(1 + \dfrac{a}{2 \cdot l}\right)$ | $0 \leq x \leq l$: <br> $M(x) = -\dfrac{F' \cdot a^2 \cdot x}{2 \cdot l}$ <br> $M_{(B)} = -\dfrac{F' \cdot a^2}{2}$ <br> $0 \leq x_1 \leq a$: <br> $M(x_1) = -\dfrac{F' \cdot x_1^2}{2}$ <br> $M_{max} = \dfrac{F' \cdot a^2}{2}$ |

**TB 11-6** Fortsetzung

| Gleichung der Biegelinie | Durchbiegung | Neigungswinkel |
|---|---|---|
| $0 \leq x \leq \dfrac{l}{2}$: <br> $f(x) = \dfrac{F \cdot l^3}{16 \cdot E \cdot I} \cdot \dfrac{x}{l} \cdot \left[1 - \dfrac{4}{3} \cdot \left(\dfrac{x}{l}\right)^2\right]$ | $f_m = \dfrac{F \cdot l^3}{48 \cdot E \cdot I}$ | $\tan \alpha_A = \dfrac{F \cdot l^2}{16 \cdot E \cdot I}$ <br> $\tan \alpha_B = \tan \alpha_A$ |
| $0 \leq x \leq a$: <br> $f(x) = \dfrac{F \cdot a \cdot b^2}{6 \cdot E \cdot I} \cdot \left[\left(1 + \dfrac{l}{b}\right) \cdot \dfrac{x}{l} - \dfrac{x^3}{a \cdot b \cdot l}\right]$ <br> $a \leq x \leq l$: <br> $f(x) = \dfrac{F \cdot a^2 \cdot b}{6 \cdot E \cdot I} \cdot \left[\left(1 + \dfrac{l}{a}\right) \cdot \dfrac{l-x}{l} - \dfrac{(l-x)^3}{a \cdot b \cdot l}\right]$ | $f = \dfrac{F \cdot a^2 \cdot b^2}{3 \cdot E \cdot I \cdot l}$ <br> $a > b: f_m = \dfrac{F \cdot b \cdot \sqrt{(l^2 - b^2)^3}}{9 \cdot \sqrt{3} \cdot E \cdot I \cdot l}$ <br> in $x_m = \sqrt{(l^2 - b^2)/3}$ <br> $a < b: f_m = \dfrac{F \cdot a \cdot \sqrt{(l^2 - a^2)^3}}{9 \cdot \sqrt{3} \cdot E \cdot I \cdot l}$ <br> in $x_m = l - \sqrt{(l^2 - a^2)/3}$ | $\tan \alpha_A = \dfrac{F \cdot a \cdot b \cdot (l+b)}{6 \cdot E \cdot I \cdot l}$ <br> $\tan \alpha_B = \dfrac{F \cdot a \cdot b \cdot (l+a)}{6 \cdot E \cdot I \cdot l}$ |
| $0 \leq x_1 \leq a$: <br> $f_{(x_1)} = \dfrac{-M}{6 \cdot E \cdot I \cdot l} \cdot x_1 \cdot (l^2 - 3 \cdot b^2 - x_1^2)$ <br> $0 \leq x_2 \leq b$: <br> $f_{(x_2)} = \dfrac{M}{6 \cdot E \cdot I \cdot l} \cdot x_2 \cdot (l^2 - 3 \cdot a^2 - x_2^2)$ | $f_{mC} = \dfrac{M}{3 \cdot E \cdot I} \cdot \dfrac{a \cdot b}{l} \cdot (a - b)$ <br> (negativ für $a > b$) | $\tan \alpha_A = \dfrac{M}{6 \cdot E \cdot I \cdot l} \cdot (l^2 - 3 \cdot b^2)$ <br> $\tan \alpha_B = \dfrac{M}{6 \cdot E \cdot I \cdot l} \cdot (l^2 - 3 \cdot a^2)$ |
| $f(x) = \dfrac{F' \cdot l^4}{24 \cdot E \cdot I} \cdot \left[\dfrac{x}{l} - 2 \cdot \left(\dfrac{x}{l}\right)^3 + \left(\dfrac{x}{l}\right)^4\right]$ | $f_m = \dfrac{5 \cdot F' \cdot l^4}{384 \cdot E \cdot I}$ | $\tan \alpha_A = \dfrac{F' \cdot l^3}{24 \cdot E \cdot I}$ <br> $\tan \alpha_B = \tan \alpha_A$ |
| $0 \leq x \leq l$: <br> $f(x) = -\dfrac{F \cdot a \cdot l^2}{6 \cdot E \cdot I} \cdot \left[\dfrac{x}{l} - \left(\dfrac{x}{l}\right)^3\right]$ <br> $0 \leq x_1 \leq a$: <br> $f(x_1) = \dfrac{F \cdot a^3}{6 \cdot E \cdot I} \cdot \left[2 \cdot \dfrac{l \cdot x_1}{a^2} + 3 \cdot \left(\dfrac{x_1}{a}\right)^2 - \left(\dfrac{x_1}{a}\right)^3\right]$ | $f = \dfrac{F \cdot a^2 \cdot (l+a)}{3 \cdot E \cdot I}$ <br> $f_m = \dfrac{F \cdot a \cdot l^2}{9 \cdot \sqrt{3} \cdot E \cdot I}$ <br> in $x_m = \dfrac{l}{\sqrt{3}}$ | $\tan \alpha = \dfrac{F \cdot a \cdot (2 \cdot l + 3 \cdot a)}{6 \cdot E \cdot I}$ <br> $\tan \alpha_A = \dfrac{F \cdot a \cdot l}{6 \cdot E \cdot I}$ <br> $\tan \alpha_B = \dfrac{F \cdot a \cdot l}{3 \cdot E \cdot I}$ |
| $0 \leq x \leq l$: <br> $f(x) = -\dfrac{F' \cdot a^2 \cdot l^2}{12 \cdot E \cdot I} \cdot \left[\dfrac{x}{l} - \left(\dfrac{x}{l}\right)^3\right]$ <br> $0 \leq x_1 \leq a$: <br> $f(x_1) = \dfrac{F' \cdot a^4}{24 \cdot E \cdot I} \cdot \left[\dfrac{4 \cdot l \cdot x_1}{a^2} + 6 \cdot \left(\dfrac{x_1}{a}\right)^2 - 4 \cdot \left(\dfrac{x_1}{a}\right)^3 + \left(\dfrac{x_1}{a}\right)^4\right]$ | $f = \dfrac{F' \cdot a^3 \cdot (4 \cdot l + 3 \cdot a)}{24 \cdot E \cdot I}$ <br> $f_m = \dfrac{F' \cdot a^2 \cdot l^2}{18 \cdot \sqrt{3} \cdot E \cdot I}$ <br> in $x_m = \dfrac{l}{\sqrt{3}}$ | $\tan \alpha = \dfrac{F' \cdot a^2 \cdot (l+a)}{24 \cdot E \cdot I}$ <br> $\tan \alpha_A = \dfrac{F' \cdot a^2 \cdot l}{12 \cdot E \cdot I}$ <br> $\tan \alpha_B = \dfrac{F' \cdot a^2 \cdot l}{6 \cdot E \cdot I}$ |

**TB 11-4** Freistiche nach DIN 509 (Auszug)

Form E für Werkstücke mit *einer* Bearbeitungsfläche

Form F für Werkstücke mit *zwei* rechtwinklig zueinander stehenden Bearbeitungsflächen

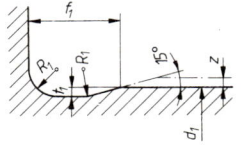
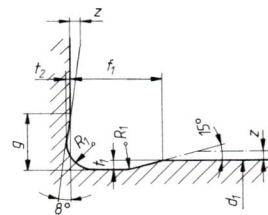

$z$ Bearbeitungszugabe
$d_1$ Fertigmaß

Maße in mm

| $d_1$ | ≤1,6 | >1,6 ≤3 | >3 ≤10 | >10 ≤18 | >18 ≤80 | >80 | >18 ≤50 | >50 ≤80 | >80 ≤125 | >125 |
|---|---|---|---|---|---|---|---|---|---|---|
| | | | | empfohlene Zuordnung zum Durchmesser $d_1$ | | | | | | |
| | | übliche Beanspruchung | | | | | mit erhöhter Wechselfestigkeit | | | |
| $R_1$ | 0,1 | 0,2 | 0,4 | 0,6 | | 1 | 1,6 | 2,5 | 4 | |
| $t_1$ | 0,1 | | 0,2 | | 0,3 | 0,4 | 0,2 | 0,3 | 0,4 | 0,5 |
| $f_1$ | 0,5 | 1 | 2 | 2,5 | 4 | 2,5 | 4 | 5 | 7 | |
| ≈ $g$ | 0,8 | 0,9 | 1,1 | 1,4 | 2,1 | 3,2 | 1,8 | 3,1 | 4,8 | 6,4 |
| $t_2$ | 0,1 | | | | 0,2 | 0,3 | 0,1 | 0,2 | 0,3 | |

Bezeichnung eines Freistiches Form E von Halbmesser $R_1 = 0,4$ mm und Tiefe $t_1 = 0,2$ mm:
Freistich DIN 509 – E0,4 × 0,2

**TB 11-5** Richtwerte für zulässige Verformungen

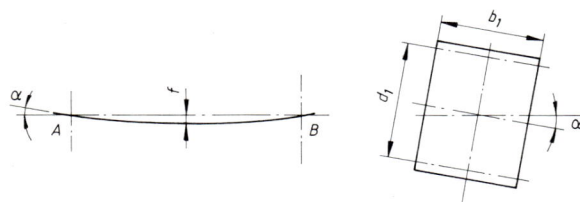

a) zulässige Neigungen

| Anwendungsfall | tan $\alpha_{zul}$ |
|---|---|
| Gleitlager mit feststehenden Schalen | $3 \cdot 10^{-4}$ |
| Gleitlager mit beweglichen Schalen und starre Wälzlager | $10 \cdot 10^{-4}$ |
| unsymmetrische oder fliegende Anordnung von Zahnrädern | $d_1/(b_1/2) \cdot 10^{-4}$ |

b) zulässige Durchbiegungen

| Anwendungsfall | $f_{zul}$ |
|---|---|
| Allgemeiner Maschinenbau | $l/3000$ |
| Werkzeugmaschinenbau | $l/5000$ |
| Zahnradwellen (unterhalb des Zahnrades) | $m_n/100$ |
| Schneckenwellen, Schnecke vergütet | $m_n/100$ |
| Schnecke gehärtet | $m_n/250$ |

# 12 Elemente zum Verbinden von Wellen und Naben

**TB 12-1** Welle-Nabe-Verbindungen (Richtwerte für den Entwurf)

a) Nabenabmessungen $D$ und $L$ ($d$ = Wellendurchmesser)

| Verbindungsart | Nabendurchmesser $D$ | | Nabenlänge $L$ | |
|---|---|---|---|---|
| | Grauguss | Stahl, GS | Grauguss | Stahl, GS |
| Passfederverbindung | $(2{,}0 \ldots 2{,}2)\,d$ | $(1{,}8 \ldots 2{,}0)\,d$ | $(1{,}6 \ldots 2{,}1)\,d$ | $(1{,}1 \ldots 1{,}4)\,d$ |
| Keilwelle, Zahnwelle | $(1{,}8 \ldots 2{,}0)\,d_1$ | $(1{,}8 \ldots 2{,}0)\,d_1$ | $(1{,}0 \ldots 1{,}3)\,d_1$ | $(0{,}6 \ldots 0{,}9)\,d_1$ |
| längsbewegliche Nabe | $(1{,}8 \ldots 2{,}0)\,d$ | $(1{,}6 \ldots 1{,}8)\,d$ | $(2{,}0 \ldots 2{,}2)\,d$ | $(1{,}8 \ldots 2{,}0)\,d$ |
| Polygonverbindung | $(1{,}6 \ldots 1{,}8)\,d$ | $(1{,}3 \ldots 1{,}6)\,d$ | $(1{,}8 \ldots 2{,}0)\,d$ | $(1{,}6 \ldots 1{,}8)\,d$ |
| zylindr. Pressverband, Kegelpressverband | $(2{,}2 \ldots 2{,}6)\,d$ | $(2{,}0 \ldots 2{,}5)\,d$ | $(1{,}2 \ldots 1{,}5)\,d$ | $(0{,}8 \ldots 1{,}0)\,d$ |
| Spannverbindung, Klemm-, Keilverbindung | $(2{,}0 \ldots 2{,}2)\,d$ | $(1{,}8 \ldots 2{,}0)\,d$ | $(1{,}6 \ldots 2{,}0)\,d$ | $(1{,}2 \ldots 1{,}5)\,d$ |

Die Werte für Keilwelle und Kerbverzahnung gelten bei einseitig wirkendem $T$ für leichte Reihe, bei mittlerer Reihe $\approx 70\,\%$, bei schwerer Reihe $\approx 45\,\%$ der Werte annehmen ($d_1$ = „Kerndurchmesser").
Bei größeren Scheiben oder Rädern mit seitlichen Kippkräften ist die Nabenlänge noch zu vergrößern.
Allgemein gelten die größeren Werte bei Werkstoffen geringerer Festigkeit, die kleineren Werte bei Werkstoffen mit höherer Festigkeit.

b) Zulässige Fugenpressung $p_{F\,zul}$

| Verbindungsart | | Nabenwerkstoff | |
|---|---|---|---|
| | | Stahl, GS $p_{F\,zul} = R_e/S_F$ | Grauguss $p_{F\,zul} = R_m/S_B$ |
| Passfeder[1] | | $S_F \approx 1{,}1 \ldots 1{,}5$ | $S_B \approx 1{,}5 \ldots 2{,}0$ |
| Gleitfeder[2] und Keile | | $3{,}0 \ldots 4{,}0$ | $3{,}0 \ldots 4{,}0$ |
| Polygonverbindung | | $1{,}5 \ldots 2{,}0$ | $2{,}0 \ldots 3{,}0$ |
| Profilwelle[2] | einseitig, stoßfrei | $1{,}3 \ldots 1{,}5$ | $1{,}7 \ldots 1{,}8$ |
| | wechselnd, stoßhaft | $2{,}7 \ldots 3{,}6$ | $3{,}4 \ldots 4{,}0$ |
| Pressverband[3] | | $2{,}5 \ldots 3{,}0$ | $2{,}5 \ldots 3{,}0$ |
| Kegelpressverband[4] | | $2{,}5 \ldots 3{,}0$ | $2{,}5 \ldots 3{,}0$ |
| Spannverbindung, Keilverbindung | | $1{,}5 \ldots 3{,}0$ | $2{,}0 \ldots 3{,}0$ |

[1] für einseitig wirkendes Moment
[2] $S_F(S_B)$ sind zu erhöhen
    für unbelastet verschiebbare Radnabe um Faktor $\geq 3(3)$
    für unter Last verschiebbare Nabe um Faktor $\geq 6(12)$
[3] für $Q_A = D_F/D_{Aa} \approx 0{,}6(0{,}4)$ für Stahl (Grauguss) mit oben angegebenen Werten für $d \,\hat{=}\, D_F$
[4] für $Q_A = D_{mF}/D_{Aa} \approx 0{,}6(0{,}4)$ für Stahl (Grauguss) mit oben angegebenen Werten für $d \,\hat{=}\, D_{mF}$

**TB 12-2** Angaben für Passfederverbindungen

a) Abmessungen und Nuttiefen für Federn und Keile (Auszug)

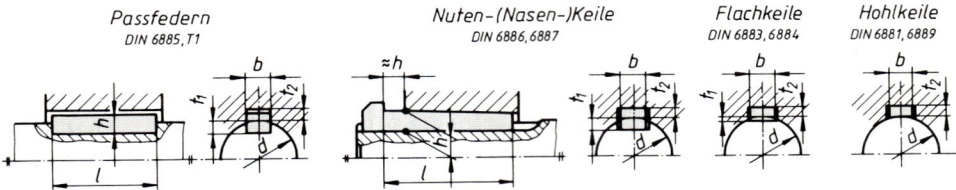

Passfedern DIN 6885,T1 — Nuten-(Nasen-)Keile DIN 6886, 6887 — Flachkeile DIN 6883, 6884 — Hohlkeile DIN 6881, 6889

Maße in mm

| Wellen-durch-messer $d$ über ... bis | Nutenkeile und Federn ||| Flach- und Hohlkeile ||||
|---|---|---|---|---|---|---|---|
| | Breite × Höhe $b \times h$ | Wellen-Nuttiefe $t_1$ | Nabennuttiefe für ||Flachkeile Breite × Höhe $b \times h$ | Hohlkeile Breite × Höhe $b \times h$ | Wellen-abflachung $t_1$ | Naben-nuttiefe $t_2$ |
| | | | Keile $t_2$ | Federn $t_2$ | | | | |
| 10 ... 12 | 4 × 4 | 2,5 | 1,2 | 1,8 | – | – | – | – |
| 12 ... 17 | 5 × 5 | 3 | 1,7 | 2,3 | – | – | – | – |
| 17 ... 22 | 6 es 6 | 3,5 | 2,2 | 2,8 | – | – | – | – |
| 22 ... 30 | 8 × 7 | 4 | 2,4 | 3,3 | 8 × 5 | 8 × 3,5 | 1,3 | 3,2 |
| 30 ... 38 | 10 × 8 | 5 | 2,4 | 3,3 | 10 × 6 | 10 × 4 | 1,8 | 3,7 |
| 38 ... 44 | 12 × 8 | 5 | 2,4 | 3,3 | 12 × 6 | 12 × 4 | 1,8 | 3,7 |
| 44 ... 50 | 14 × 9 | 5,5 | 2,9 | 3,8 | 14 × 6 | 14 × 4,5 | 1,4 | 4,0 |
| 50 ... 58 | 16 × 10 | 6 | 3,4 | 4,3 | 16 × 7 | 16 × 5 | 1,9 | 4,3 |
| 58 ... 65 | 18 × 11 | 7 | 3,4 | 4,4 | 18 × 7 | 18 × 5 | 1,9 | 4,5 |
| 65 ... 75 | 20 × 12 | 7,5 | 3,9 | 4,9 | 20 × 8 | 20 × 6 | 1,9 | 5,5 |
| 75 ... 85 | 22 × 14 | 9 | 4,4 | 5,4 | 22 × 9 | 22 × 7 | 1,8 | 6,5 |
| 85 ... 95 | 25 × 14 | 9 | 4,4 | 5,4 | 25 × 9 | 25 × 7 | 1,9 | 6,4 |
| 95 ... 110 | 28 × 16 | 10 | 5,4 | 6,4 | 28 × 10 | 28 × 7,5 | 2,4 | 6,9 |
| 110 ... 130 | 32 × 18 | 11 | 6,4 | 7,4 | 32 × 11 | 32 × 8,5 | 2,3 | 7,9 |
| 130 ... 150 | 36 × 20 | 12 | 7,1 | 8,4 | 36 × 12 | 36 × 9 | 2,8 | 8,4 |
| 150 ... 170 | 40 × 22 | 13 | 8,1 | 9,4 | 40 × 14 | – | 4,0 | 9,1 |
| 170 ... 200 | 45 × 25 | 15 | 9,1 | 10,4 | 45 × 16 | – | 4,7 | 10,4 |

| Passfeder- und Keillängen $l$ | 8 36 125 | 10 40 140 | 12 45 160 | 14 50 180 | 16 56 200 | 18 63 220 | 20 70 250 | 22 80 280 | 25 90 320 | 28 100 360 | 32 110 400 |
|---|---|---|---|---|---|---|---|---|---|---|---|

Bezeichnung einer Passfeder Form A mit Breite $b = 10$ mm, Höhe $h = 8$ mm und Länge $l = 50$ mm nach DIN 6885:
**Passfeder DIN 6885 – A10 × 8 × 50**

b) Empfohlene Passungen bzw. Toleranzen
b1 Passung Wellen- und Nabendurchmesser

| Anordnung der Nabe | Passung bei ||
|---|---|---|
| | Einheitsbohrung | Einheitswelle |
| auf längeren Wellen, fest | H7/j6 | J7/h6, h8, h9 |
| auf Wellenenden, fest | H7/k6, m6 | K7, M7/h6, N7/h6 |
| auf Wellen, verschiebbar | H7/h6, j6 | H7, J7/h6, h8 |

b2 Toleranzfelder für Nutenbreite

| Sitzcharakter | Nutenbreite || Passungscharakter |
|---|---|---|---|
| | Welle | Nabe | |
| beweglich | H9 | D10 | Gleitsitz |
| leicht montierbar | N9 | JS9 | Übergangssitz |
| für wechselseitiges Drehmoment | P9 | P9 | Festsitz |

c) Lastverteilungsfaktor $K_\lambda$ (Richtwerte)[1]

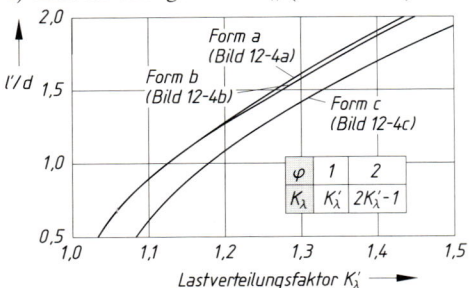

d) Stützfaktor $f_S$ und Härteeinflussfaktor $f_H$

| | Passfeder | Welle | Nabe |
|---|---|---|---|
| $f_S$ | 1,0 | 1,2[1] | 1,5[1] |
| $f_H$ | 1,0[2] | 1,0[2] | 1,0[2] |

[1] Bei Gusseisen mit Lamellengrafit ist $f_S = 1,0$ (Welle) bzw. $f_S = 2,0$ (Nabe).
[2] Bei Einsatzstahl (einsatzgehärtet) ist $f_H = 1,15$

[1] für $D/d = 1,6 ... 3,0$, bei dünneren Naben gelten größere Werte bei Form a, kleinere Werte bei Form b und c

**TB 12-3** Keilwellen-Verbindungen

a) Abmessungen ($n$ = Anzahl der Keile)

Maße in mm

| Leichte Reihe DIN ISO 14 (Auszug) | | | | | Mittlere Reihe DIN ISO 14 (Auszug) | | | | | Schwere Reihe DIN 5464 (Auszug) | | | | |
|---|---|---|---|---|---|---|---|---|---|---|---|---|---|---|
| Zentrierung | n | d | D | b | Zentrierung | n | d | D | b | Zentrierung | n | d | D | b |
| Innen-Zentrierung | 6 | 23<br>26<br>28 | 26<br>30<br>32 | 6<br>6<br>7 | Innen-zentrierung | 6 | 11<br>13<br>16<br>18<br>21<br>23<br>26<br>28 | 14<br>16<br>20<br>22<br>25<br>28<br>32<br>34 | 3<br>3,5<br>4<br>5<br>5<br>6<br>6<br>7 | Innen- oder Flanken-zentrierung | 10 | 16<br>18<br>21<br>23<br>26<br>28<br>32<br>36<br>42<br>46 | 20<br>23<br>26<br>29<br>32<br>35<br>40<br>45<br>52<br>56 | 2,5<br>3<br>3<br>4<br>4<br>4<br>5<br>5<br>6<br>7 |
| Innen- oder Flanken zentrierung | 8 | 32<br>36<br>42<br>46<br>52<br>56<br>62 | 36<br>40<br>46<br>50<br>58<br>62<br>68 | 6<br>7<br>8<br>9<br>10<br>10<br>12 | Innen- oder Flanken-zentrierung | 8 | 32<br>36<br>42<br>46<br>52<br>56<br>62 | 38<br>42<br>48<br>54<br>60<br>65<br>72 | 6<br>7<br>8<br>9<br>10<br>10<br>12 | Flanken-zentrierung | 16 | 52<br>56<br>62<br>72 | 60<br>65<br>72<br>82 | 5<br>5<br>6<br>7 |
|  | 10 | 72<br>82<br>92<br>102<br>112 | 78<br>88<br>98<br>108<br>120 | 12<br>12<br>14<br>16<br>18 |  | 10 | 72<br>82<br>92<br>102<br>112 | 82<br>92<br>102<br>112<br>125 | 12<br>12<br>14<br>16<br>18 |  | 20 | 82<br>92<br>102<br>112 | 92<br>102<br>115<br>125 | 6<br>7<br>8<br>9 |

Bezeichnungsbeispiel Nabe:
**Keilnaben-Profil DIN ISO 14-8 × 62 × 72**
Bezeichnungsbeispiel Welle:
**Keilwellen-Profil DIN ISO 14-8 × 62 × 72**

b) Toleranzen für Nabe und Welle (Profil nach DIN ISO 14)

| Toleranzen für die Nabe | | | | | | | Toleranzen für die Welle | | | |
|---|---|---|---|---|---|---|---|---|---|---|
| Nach dem Räumen nicht behandelt | | | Nach dem Räumen behandelt | | | | | | | |
| b | d | D | b | d | D | b | d | D | Einbauart |
| H9 | H7 | H10 | H11 | H7 | H10 | d10<br>f9<br>h10 | f7<br>g7<br>h7 | a11<br>a11<br>a11 | Gleitsitz<br>Übergangssitz<br>Festsitz |

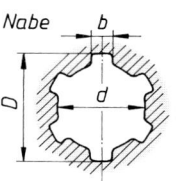
Nabe

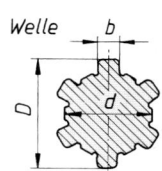
Welle

c) Toleranzen für Nabe und Welle (Profil nach DIN 5464)

| Bauteil | Art der Zentrierung | | b | | d | D |
|---|---|---|---|---|---|---|
|  |  |  | unge-härtet D9 | gehärtet F10 | H7 | H11 |
| Nabe | Innen- und Flankenzentrierung | | | | | |
| Welle | Innen-zentrierung | in Nabe beweglich | h8 | e8 | f7 | a11 |
|  |  | in Nabe fest | p6 | h6 | f6 |  |
|  | Flanken-zentrierung | in Nabe beweglich | h8 | e8 | – |  |
|  |  | in Nabe fest | u6 | k6 | – |  |

**TB 12-4** Zahnwellenverbindungen

a) Kerbverzahnung nach DIN 5481 (Auszug)

Maße in mm

| Nenn-durch-messer $d_1 \times d_2$ | Nenn-maß $d_1$ A11 | er-rechnet $d_2$ | Nenn-maß $d_3$ a11 | er-rechnet $d_4$ | $d_5$ | Teilung errechnet für $d_5$ $t$ | Zähne-zahl $z$ |
|---|---|---|---|---|---|---|---|
| 8 × 10  | 8,1  | 9,9   | 10,1 | 8,26  | 9    | 1,010 | 28 |
| 10 × 12 | 10,1 | 12    | 12   | 10,2  | 11   | 1,152 | 30 |
| 12 × 14 | 12   | 14,18 | 14,2 | 12,06 | 13   | 1,317 | 31 |
| 15 × 17 | 14,9 | 17,28 | 17,2 | 14,91 | 16   | 1,571 | 32 |
| 17 × 20 | 17,3 | 20    | 20   | 17,37 | 18,5 | 1,761 | 33 |
| 21 × 24 | 20,8 | 23,76 | 23,9 | 20,76 | 22   | 2,033 | 34 |
| 26 × 30 | 26,5 | 30,06 | 30   | 26,40 | 28   | 2,513 | 35 |
| 30 × 34 | 30,5 | 34,17 | 34   | 30,38 | 32   | 2,792 | 36 |
| 36 × 40 | 36   | 40,16 | 39,9 | 35,95 | 38   | 3,226 | 37 |
| 40 × 44 | 40   | 44,42 | 44   | 39,72 | 42   | 3,472 | 38 |
| 45 × 50 | 45   | 50,2  | 50   | 44,97 | 47,5 | 3,826 | 39 |
| 50 × 55 | 50   | 55,25 | 54,9 | 49,72 | 52,5 | 4,123 | 40 |
| 55 × 60 | 55   | 60,39 | 60   | 54,76 | 57,5 | 4,301 | 42 |

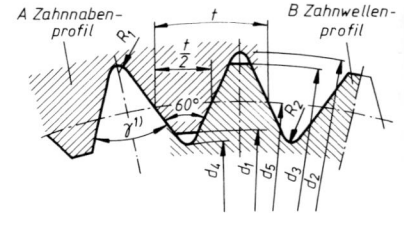

[1] Flankenwinkel $\gamma \approx 47\ldots51°$ mit wachsendem Nenndurchmesser

b) Zahnwellen mit Evolventenflanken (Eingriffswinkel 30°) nach DIN 5480 (Auszug)

Maße in mm

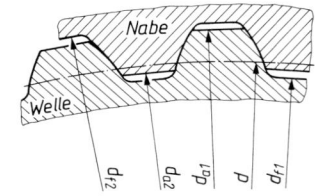

| Bezugs-durch-messer $d_B$ | Zähne-zahl $z$ | Modul $m$ | Teil-kreis $d$ | Welle Kopfkreis $d_{a1}$ | Welle Fußkreis $d_{f1}$ | Nabe Kopfkreis $d_{a2}$ | Nabe Fußkreis $d_{f2}$ |
|---|---|---|---|---|---|---|---|
| 20 | 14 | 1,25 | 17,5  | 19,75 | 17,25 | 17,5 | 20 |
| 22 | 16 | 1,25 | 20    | 21,75 | 19,25 | 19,5 | 22 |
| 25 | 18 | 1,25 | 22,5  | 24,75 | 22,25 | 22,5 | 25 |
| 26 | 19 | 1,25 | 23,75 | 25,75 | 23,25 | 23,5 | 26 |
| 28 | 21 | 1,25 | 26,25 | 27,75 | 25,25 | 25,5 | 28 |
| 30 | 22 | 1,25 | 27,5  | 29,75 | 27,25 | 27,5 | 30 |
| 32 | 24 | 1,25 | 30    | 31,25 | 29,25 | 29,5 | 32 |
| 35 | 16 | 2 | 32 | 34,6 | 30,6 | 31 | 35 |
| 37 | 17 | 2 | 34 | 36,6 | 32,6 | 33 | 37 |
| 40 | 18 | 2 | 36 | 39,6 | 35,6 | 36 | 40 |
| 42 | 20 | 2 | 40 | 41,6 | 37,6 | 38 | 42 |
| 45 | 21 | 2 | 42 | 44,6 | 40,6 | 41 | 45 |
| 48 | 22 | 2 | 44 | 47,6 | 43,6 | 44 | 48 |
| 50 | 24 | 2 | 48 | 49,6 | 45,6 | 46 | 50 |
| 55 | 17 | 3 | 51 | 54,4 | 48,4 | 49 | 55 |
| 60 | 18 | 3 | 54 | 59,4 | 53,4 | 54 | 60 |
| 65 | 20 | 3 | 60 | 64,4 | 58,4 | 59 | 65 |
| 70 | 22 | 3 | 66 | 69,4 | 63,4 | 64 | 70 |
| 75 | 24 | 3 | 72 | 74,4 | 68,4 | 69 | 75 |
| 80 | 25 | 3 | 75 | 79,4 | 73,4 | 74 | 80 |
| 90  | 16 | 5 | 80 | 89 | 79 | 80 | 90  |
| 100 | 18 | 5 | 90 | 99 | 89 | 90 | 100 |

**TB 12-5** Abmessungen der Polygonprofile in mm

a) A Polygonwellen-Profil P3G
   B Polygonnaben-Profil P3G
   (DIN 32711, Auszug)

| Welle | $d_1$[1)] | $d_2$ | $d_3$ | $e_1$ |
|---|---|---|---|---|
| Nabe  | $d_4$[2)] | $d_5$ | $d_6$ | $e_2$ |
| 14 | 14,88 | 13,12 | 0,44 |
| 16 | 17    | 15    | 0,5  |
| 18 | 19,12 | 16,88 | 0,56 |
| 20 | 21,26 | 18,74 | 0,63 |
| 22 | 23,4  | 20,6  | 0,7  |
| 25 | 26,6  | 23,4  | 0,8  |
| 28 | 29,8  | 26,2  | 0,9  |
| 30 | 32    | 28    | 1    |
| 32 | 34,24 | 29,76 | 1,12 |
| 35 | 37,5  | 32,5  | 1,25 |
| 40 | 42,8  | 37,2  | 1,4  |
| 45 | 48,2  | 41,8  | 1,6  |
| 50 | 53,6  | 46,4  | 1,8  |
| 55 | 59    | 51    | 2    |
| 60 | 64,5  | 55,5  | 2,25 |
| 65 | 69,9  | 60,1  | 2,45 |
| 70 | 75,6  | 64,4  | 2,8  |
| 75 | 81,3  | 68,7  | 3,15 |
| 80 | 86,7  | 73,3  | 3,35 |
| 85 | 92,1  | 77,9  | 3,55 |
| 90 | 98    | 82    | 4    |
| 95 | 103,5 | 86,5  | 4,25 |
| 100| 109   | 91    | 4,5  |

[1)] für nicht unter Drehmoment längsverschiebbare
Verbindungen: g6
für ruhende Verbindungen: k6
[2)] H7

Bezeichnung eines Polygonwellen-Profils P3G mit
$d_1 = 20$ und $d_2 = 21{,}26$ k6:
**Profil DIN 32711 – AP3G20k6**

b) A Polygonwellen-Profil P4C
   B Polygonnaben-Profil P4C
   (DIN 32712, Auszug)

| Welle | $d_1$[1)] | $d_2$[2)] | $e_1$ |
|---|---|---|---|
| Nabe  | $d_3$[3)] | $d_4$[4)] | $e_2$ |
| 14  | 11 | 1,6 |
| 16  | 13 | 2   |
| 18  | 15 | 2   |
| 20  | 17 | 3   |
| 22  | 18 | 3   |
| 25  | 21 | 5   |
| 28  | 24 | 5   |
| 30  | 25 | 5   |
| 32  | 27 | 5   |
| 35  | 30 | 5   |
| 40  | 35 | 6   |
| 45  | 40 | 6   |
| 50  | 43 | 6   |
| 55  | 48 | 6   |
| 60  | 53 | 6   |
| 65  | 58 | 6   |
| 70  | 60 | 6   |
| 75  | 65 | 6   |
| 80  | 70 | 8   |
| 85  | 75 | 8   |
| 90  | 80 | 8   |
| 95  | 85 | 8   |
| 100 | 90 | 8   |

[1)] e9
[2)] s. Fußnote [1)] zu a)
[3)] H11
[4)] H7

Bezeichnung eines Polygonnaben-Profils P4C
mit $d_3 = 80$ und $d_4 = 70$ H7;
**Profil DIN 32712 – BP4C40H7**


**TB 12-6** Haftbeiwert, Querdehnzahl und Längenausdehnungskoeffizient, max. Fügetemperatur

a) Haftbeiwert für Längs- und Umfangsbelastung (Richtwerte)

| Innenteil Stahl | | Längspresspassung – Haftbeiwert | | Querpresspassung – Haftbeiwert $\mu$ |
|---|---|---|---|---|
| Außenteil | Schmierung | bei Lösen $\mu_e$ | bei Rutschen $\mu$ | (Schrumpfpassung) |
| Stahl, GS | Öl       | 0,07 … 0,08 | 0,06 … 0,07 | 0,12 |
|           | trocken  | 0,1  … 0,11 | 0,08 … 0,09 | 0,18 … 0,2 |
| Grauguss  | Öl       | 0,06        | 0,05        | 0,1 |
|           | trocken  | 0,10 … 0,12 | 0,09 … 0,11 | 0,16 |
| Cu-Leg. u. a. | Öl   | –           | –           | – |
|           | trocken  | 0,07        | 0,06        | 0,17 … 0,25 |
| Al-Leg. u. a. | Öl   | 0,05        | 0,04        | – |
|           | trocken  | 0,07        | 0,06        | 0,1 … 0,15 |

**TB 12-6** Fortsetzung

b) Querdehnzahl, E-Modul, Längenausdehnungskoeffizient

| Werkstoff | Querdehnzahl $\nu =$ | E-Modul in N/mm² | Längenausdehnungskoeffizient $\alpha$ in $K^{-1}$ | | Dichte $\varrho \approx$ in kg/m³ |
|---|---|---|---|---|---|
| | | | Erwärmen | Unterkühlen | |
| Stahl | 0,3 | s. TB 1-1 bis TB 1-3 | $11 \cdot 10^{-6}$ | $-8,5 \cdot 10^{-6}$ | 7800 |
| Grauguss | 0,24 ... 0,26 | | $10 \cdot 10^{-6}$ | $-8 \cdot 10^{-6}$ | 7200 |
| Cu-Leg. | 0,35 ... 0,37 | | $(16...18) \cdot 10^{-6}$ | $(-14...-16) \cdot 10^{-6}$ | ≤8900[1] |
| Al-Leg. | 0,3 ... 0,34 | | $23 \cdot 10^{-6}$ | $-18 \cdot 10^{-6}$ | ≥2700[1] |

[1] je nach Legierungsbestandteilen

c) maximale Fügetemperatur

| Werkstoff der Nabe | Fügetemperatur °C |
|---|---|
| Baustahl niedriger Festigkeit Stahlguss Gusseisen mit Kugelgrafit | 350 |
| Stahl oder Stahlguss vergütet | 300 |
| Stahl randschichtgehärtet | 250 |
| Stahl einsatzgehärtet oder hochvergüteter Baustahl | 200 |

**TB 12-7** Bestimmung der Hilfsgröße $K$ für Vollwellen aus Stahl

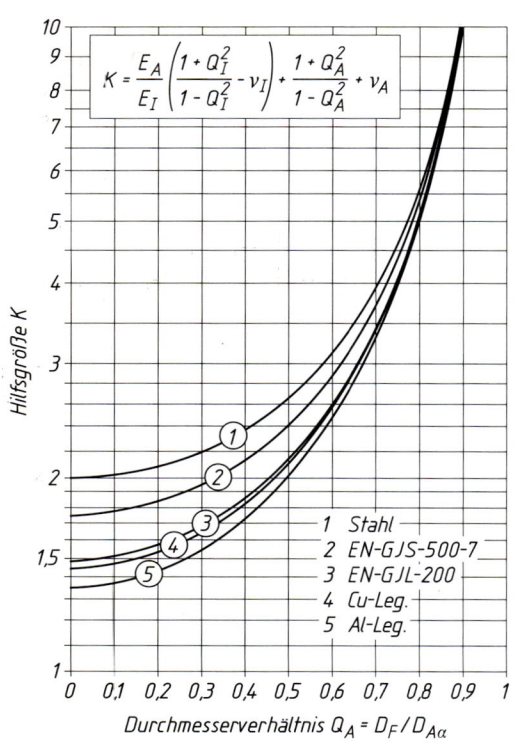

$$K = \frac{E_A}{E_I}\left(\frac{1+Q_I^2}{1-Q_I^2} - \nu_I\right) + \frac{1+Q_A^2}{1-Q_A^2} + \nu_A$$

1 Stahl
2 EN-GJS-500-7
3 EN-GJL-200
4 Cu-Leg.
5 Al-Leg.

Durchmesserverhältnis $Q_A = D_F/D_{A\alpha}$

**TB 12-8** Kegel nach DIN 254 (Auszug)

| Kegel-verhältnis C | Kegel-winkel α | Einstell-winkel (α/2) | Beispiele und Verwendung |
|---|---|---|---|
| 1 : 0,2887 | 120° | 60° | Schutzsenkungen für Zentrierbohrungen |
| 1 : 0,5000 | 90° | 45° | Ventilkegel, Kegelsenker, Senkschrauben |
| 1 : 0,8660 | 60° | 30° | Dichtungskegel für leichte Rohrverschraubung, V-Nuten, Zentrierspitzen, Spannzangen |
| 1 : 3,429 | 16°35′40″ | 8°17′50″ | Steilkegel für Frässpindelköpfe, Fräsdorne |
| 1 : 5 | 11°25′16″ | 5°42′38″ | Spurzapfen, Reibungskupplungen, leicht abnehmbare Maschinenteile bei Beanspruchung quer zur Achse und bei Verdrehbeanspruchung |
| 1 : 6 | 9°31′38″ | 4°45′49″ | Dichtungskegel an Armaturen |
| 1 : 10 | 5°43′30″ | 2°51′45″ | Kupplungsbolzen, nachstellbare Lagerbuchsen, Maschinenteile bei Beanspruchung quer zur Achse, auf Verdrehung und längs der Achse, Wellenenden |
| 1 : 12 | 4°46′18″ | 2°23′9″ | Wälzlager (Spannhülsen), Bohrstangenkegel |
| 1 : 20 | 2°51′22″ | 1°25′56″ | metrischer Kegel, Schäfte von Werkzeugen und Aufnahmekegel der Werkzeugmaschinenspindeln |
| 1 : 30 | 1°54′34″ | 57′17″ | Bohrungen der Aufsteckreibahlen und Aufstecksenker |
| 1 : 50 | 1°8′46″ | 34′23″ | Kegelstifte, Reibahlen |

Bezeichnung eines Kegels mit dem Kegelwinkel α = 60°: **Kegel 60°**
Bezeichnung eines Kegels mit dem Kegelverhältnis C = 1 : 10: **Kegel 1 : 10**

**TB 12-9** Kegel-Spannelemente (Auszüge aus Werksnormen)

| | a) Ringfeder Spannelement RfN 8006 | | | | | | b) Tollok-Konus-Spannelement RLK 250 | | | | | | | |
|---|---|---|---|---|---|---|---|---|---|---|---|---|---|---|
| | Abmessungen | | | über-tragbar | | Pressung Welle Nabe | Spannkraft $F_S = F_o + F_{So}$ | | Abmessungen | | | | über-tragbar | | Pressung Welle Nabe | |
| $D_F$ | D | B | L | T | $F_a$ | $p_W$ $p_N$ | $F_o$ | $F_{So}$ | D | $D_1$ | B | $L_1$ | $L_2$ | T | $F_a$ | $p_W$ $p_N$ | $M_s$ |
| mm | mm | mm | mm | Nm | kN | N/mm² | kN | kN | mm | mm | mm | mm | mm | Nm | kN | N/mm² | Nm |
| 15 | 19 | 6,3 | 5,3 | 22,5 | 3 | 100 | 78,9 | 10,5 | 13,5 | 25 | 32 | 16,5 | 6,5 | 9,5 | 29 | 4 | 120 72 | 46 |
| 16 | 20 | 6,3 | 5,3 | 25,5 | 3,19 | 100 | 80,0 | 10,1 | 14,4 | 25 | 32 | 16,5 | 6,5 | 9,5 | 33 | 4 | 120 76 | 49 |
| 17 | 21 | 6,3 | 5,3 | 28,9 | 3,4 | 100 | 81,0 | 9,55 | 15,3 | — | — | — | — | — | — | — | — | — |
| 18 | 22 | 6,3 | 5,3 | 32,4 | 3,6 | 100 | 81,8 | 9,1 | 16,2 | — | — | — | — | — | — | — | — | — |
| 19 | 24 | 6,3 | 5,3 | 36 | 3,79 | 100 | 79,2 | 12,6 | 17,1 | 30 | 38 | 18 | 6,5 | 10 | 46 | 5 | 120 76 | 72 |
| 20 | 25 | 6,3 | 5,3 | 40 | 4 | 100 | 80,0 | 12,1 | 18 | 30 | 38 | 18 | 6,5 | 10 | 51 | 5 | 120 80 | 75 |
| 22 | 26 | 6,3 | 5,3 | 48 | 4,4 | 100 | 84,6 | 9,05 | 19,5 | — | — | — | — | — | — | — | — | — |
| 24 | 28 | 6,3 | 5,3 | 58 | 4,8 | 100 | 85,7 | 8,35 | 21,6 | 35 | 45 | 18 | 6,5 | 10 | 73 | 6 | 120 82 | 106 |
| 25 | 30 | 6,3 | 5,3 | 62 | 5 | 100 | 83,3 | 9,9 | 22,5 | 35 | 45 | 18 | 6,5 | 10 | 79 | 6 | 120 85 | 111 |
| 28 | 32 | 6,3 | 5,3 | 78 | 5,6 | 100 | 87,5 | 7,4 | 25,2 | — | — | — | — | — | — | — | — | — |
| 30 | 35 | 6,3 | 5,3 | 90 | 6 | 100 | 85,7 | 8,5 | 27 | 40 | 52 | 19,5 | 7 | 10,5 | 123 | 8 | 120 90 | 164 |
| 32 | 36 | 6,3 | 5,3 | 102 | 6,4 | 100 | 88,9 | 7,85 | 28,8 | — | — | — | — | — | — | — | — | — |
| 35 | 40 | 7 | 6 | 138 | 7,9 | 100 | 87,5 | 10,1 | 35,6 | 45 | 58 | 21,5 | 8 | 10,5 | 191 | 11 | 120 93 | 247 |
| 36 | 42 | 7 | 6 | 147 | 8,2 | 100 | 85,7 | 11,6 | 36,6 | 45 | 58 | 21,5 | 8 | 10,5 | 202 | 11 | 120 96 | 254 |
| 38 | 44 | 7 | 6 | 163 | 8,5 | 100 | 86,4 | 11 | 38,7 | — | — | — | — | — | — | — | — | — |
| 40 | 45 | 8 | 6,6 | 199 | 9,95 | 100 | 88,9 | 13,8 | 45 | 52 | 65 | 24,5 | 10 | 12,5 | 312 | 16 | 120 92 | 401 |
| 42 | 48 | 8 | 6,6 | 219 | 10,4 | 100 | 87,5 | 15,6 | 47 | — | — | — | — | — | — | — | — | — |
| 45 | 52 | 10 | 8,6 | 328 | 14,6 | 100 | 86,5 | 26,2 | 66 | 57 | 70 | 25,5 | 10 | 12,5 | 395 | 18 | 119 94 | 496 |
| 48 | 55 | 10 | 8,6 | 373 | 15,6 | 100 | 87,3 | 24,6 | 70 | 62 | 75 | 25,5 | 10 | 12,5 | 450 | 19 | 120 92 | 583 |
| 50 | 57 | 10 | 8,6 | 405 | 16,2 | 100 | 87,7 | 23,5 | 73 | 62 | 75 | 25,5 | 10 | 12,5 | 488 | 20 | 120 96 | 607 |
| 55 | 62 | 10 | 8,6 | 490 | 17,8 | 100 | 87,5 | 21,8 | 80 | 68 | 80 | 27,5 | 12 | 15 | 618 | 23 | 104 84 | 762 |
| 56 | 64 | 12 | 10,4 | 615 | 22 | 100 | 87,5 | 29,4 | 99 | 68 | 80 | 27,5 | 12 | 15 | 629 | 23 | 102 84 | 762 |
| 60 | 68 | 12 | 10,4 | 705 | 23,5 | 100 | 88,2 | 27,4 | 109 | 73 | 85 | 28,5 | 12 | 16,5 | 727 | 24 | 103 85 | 886 |
| 63 | 71 | 12 | 10,4 | 780 | 24,8 | 100 | 88,7 | 26,3 | 111 | 79 | 92 | 30,5 | 14 | 17 | 892 | 28 | 98 78 | 1115 |
| 65 | 73 | 12 | 10,4 | 830 | 25,6 | 100 | 89,0 | 25,4 | 115 | 79 | 92 | 30,5 | 14 | 17 | 920 | 28 | 95 78 | 1115 |
| 70 | 79 | 14 | 12,2 | 1120 | 32 | 100 | 88,6 | 31 | 145 | 84 | 98 | 31,5 | 14 | 17 | 1075 | 31 | 96 80 | 1290 |
| 71 | 80 | 14 | 12,2 | 1160 | 32,6 | 100 | 88,8 | 31 | 147 | — | — | — | — | — | — | — | — | — |
| 75 | 84 | 14 | 12,2 | 1290 | 34,4 | 100 | 89,3 | 34,6 | 155 | — | — | — | — | — | — | — | — | — |
| 80 | 91 | 17 | 15 | 1810 | 45 | 100 | 87,9 | 48 | 203 | — | — | — | — | — | — | — | — | — |
| 85 | 96 | 17 | 15 | 2040 | 48 | 100 | 88,5 | 45,6 | 216 | — | — | — | — | — | — | — | — | — |
| 90 | 101 | 17 | 15 | 2290 | 51 | 100 | 89,1 | 43,4 | 229 | — | — | — | — | — | — | — | — | — |
| 95 | 106 | 17 | 15 | 2550 | 54 | 100 | 89,6 | 41,2 | 242 | — | — | — | — | — | — | — | — | — |
| 100 | 114 | 21 | 18,5 | 3520 | 70 | 100 | 87,7 | 60,7 | 317 | — | — | — | — | — | — | — | — | — |

**TB 12-10** Schrumpfscheiben (Auszug aus der Werksnorm)

**Schrumpfscheiben HSD** Baureihe 22

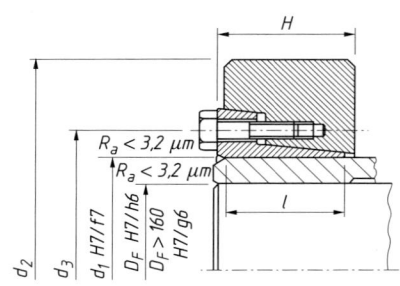

| $d_1$ | $D_F$ | \multicolumn{5}{c}{Abmessungen} | \multicolumn{2}{c}{übertragbar} | Spannschrauben | Gewicht |
|---|---|---|---|---|---|---|---|---|---|
| | | $d_2$ | $l$ | $H$ | $d_3$ | $T$ | $F_a$ | $M_A$ | $m$ |
| mm | mm | mm | mm | mm | mm | Nm | kN | Nm | kg |
| 24 | 19 20 22 | 50 | 14 | 18 | 36 | 160 210 280 | 17 20 25 | M6 | 12 | 0,2 |
| 30 | 24 25 26 | 60 | 16 | 20 | 44 | 270 320 360 | 23 25 28 | M6 | 12 | 0,3 |
| 36 38 | 27 30 33 | 72 | 18 | 22 | 52 | 440 610 820 | 32 41 50 | M8 | 29 | 0,5 |
| 44 40 | 34 35 37 | 80 | 20 | 24 | 61 | 690 770 920 | 41 44 50 | M8 | 29 | 0,6 |
| 50 | 38 40 42 | 90 | 22 | 26 | 68 | 1110 1290 1510 | 58 65 71 | M8 | 29 | 0,8 |
| 55 | 42 45 48 | 100 | 23 | 29 | 72 | 1230 1530 1860 | 59 68 78 | M8 | 29 | 1,1 |
| 62 60 | 48 50 52 | 110 | 23 | 29 | 80 | 1670 1890 2120 | 70 76 81 | M8 | 29 | 1,3 |
| 68 | 50 55 60 | 115 | 23 | 29 | 86 | 1870 2450 3120 | 75 89 104 | M8 | 29 | 1,3 |
| 75 | 55 60 65 | 138 | 25 | 31 | 100 | 2330 3020 3810 | 85 101 117 | M10 | 58 | 2,3 |
| 80 | 60 65 70 | 141 | 25 | 31 | 104 | 3190 4060 4910 | 106 123 140 | M10 | 58 | 2,3 |
| 90 85 | 65 70 75 | 155 | 30 | 38 | 114 | 5400 6500 7800 | 166 187 208 | M10 | 58 | 3,2 |
| 100 95 | 70 75 80 | 170 | 34 | 43 | 124 | 6000 7200 8500 | 171 192 213 | M10 | 58 | 4,3 |
| 110 105 | 80 85 90 | 185 | 39 | 49 | 138 | 10000 11700 13600 | 149 275 302 | M12 | 100 | 5,8 |
| 120 115 | 85 90 95 | 197 | 42 | 53 | 147 | 11900 13800 15900 | 280 307 334 | M12 | 100 | 6,9 |

# 13 Kupplungen und Bremsen

**TB 13-1** Scheibenkupplungen nach DIN 116, Lehrbuch Bild 13-9, Formen A, B und C
Hauptmaße und Auslegungsdaten

| Bau-größe $d_1$ N7 | Maße in mm | | | | | | Passschrauben DIN 609, 8.8 | | max. Drehzahl $n_{max}$ min$^{-1}$ | Drehmoment $T_k$ Nm | axiale Tragkraft[1] Form C kN | Trägheitsmoment[1] Form B $J$ kg m$^2$ | Gewicht[1] Form B $m$ kg |
|---|---|---|---|---|---|---|---|---|---|---|---|---|---|
| | $d_2$ | $d_3$ | $l_1$ | $l_3$ | $l_4$ | $l_6$ | Anzahl | Größe Form B | | | | | |
| 25 | 58 | 125 | 101 | 117 | 50 | 31 | 3 | M10 × 60 | 2120 | 46,2 | 3 | 0,0104 | 5,5 |
| 30 | 58 | 125 | 101 | 117 | 50 | 31 | 3 | M10 × 60 | 2120 | 87,5 | 5 | 0,0104 | 5,3 |
| 35 | 72 | 140 | 121 | 141 | 60 | 31 | 3 | M10 × 60 | 2000 | 150 | 7,5 | 0,0167 | 7,3 |
| 40 | 72 | 140 | 121 | 141 | 60 | 31 | 3 | M10 × 60 | 2000 | 236 | 7,5 | 0,0167 | 7 |
| 45 | 95 | 160 | 141 | 169 | 70 | 34 | 3 | M10 × 65 | 1900 | 355 | 14 | 0,0297 | 11,4 |
| 50 | 95 | 160 | 141 | 169 | 70 | 34 | 3 | M10 × 65 | 1900 | 515 | 14 | 0,0323 | 11 |
| 55 | 110 | 180 | 171 | 203 | 85 | 37 | 4 | M12 × 70 | 1800 | 730 | 22 | 0,0572 | 16 |
| 60 | 110 | 180 | 171 | 203 | 85 | 37 | 4 | M12 × 70 | 1800 | 975 | 22 | 0,0569 | 15,4 |
| 70 | 130 | 200 | 201 | 233 | 100 | 41 | 6 | M12 × 80 | 1700 | 1700 | 22 | 0,108 | 23,6 |
| 80 | 145 | 224 | 221 | 261 | 110 | 41 | 8 | M12 × 80 | 1600 | 2650 | 32 | 0,179 | 31,2 |
| 90 | 164 | 250 | 281 | 281 | 120 | 54 | 8 | M16 × 100 | 1500 | 4120 | 32 | 0,332 | 45 |
| 100 | 180 | 280 | 261 | 301 | 130 | 54 | 8 | M16 × 100 | 1400 | 5800 | 32 | 0,516 | 57,5 |
| 110 | 200 | 300 | 281 | 329 | 140 | 60 | 8 | M16 × 105 | 1320 | 8250 | 50 | 0,760 | 72,9 |
| 120 | 225 | 335 | 311 | 359 | 155 | 60 | 10 | M16 × 105 | 1250 | 12500 | 50 | 1,254 | 99,5 |
| 140 | 250 | 375 | 341 | 397 | 170 | 70 | 10 | M20 × 125 | 1180 | 19000 | 75 | 2,181 | 135 |
| 160 | 290 | 425 | 401 | 457 | 200 | 75 | 10 | M24 × 125 | 1120 | 30700 | 75 | 4,036 | 199 |
| 180 | 325 | 450 | 451 | – | 225 | 80 | 12 | M24 × 140 | 1060 | 45000 | – | 6,115 | 262 |
| 200 | 360 | 500 | 501 | – | 250 | 80 | 16 | M24 × 140 | 1000 | 61500 | – | 9,870 | 348 |
| 220 | 400 | 560 | 541 | – | 270 | 95 | 14 | M30 × 160 | 950 | 82500 | – | 17,00 | 478 |
| 250 | 450 | 630 | 601 | – | 300 | 95 | 16 | M30 × 160 | 900 | 118000 | – | 28,47 | 645 |

Bezeichnung einer vollständigen Scheibenkupplung Form A von Durchmesser $d_1 = 80$ mm: Scheibenkupplung DIN 116 – A80
[1] nach Desch KG, Arnsberg
$l_7$ und $t_1$ in ( ) für $d_1 = 25...60$: 16 (3); 70...160: 18 (4); 180...250: 20 (5)
$l_2 = l_1 + 9$    $d_7$: M10 bis $d_1 = 120$, darüber M12
Passschraubenlänge bei Form A und C um 15 mm bzw. 20 mm (bei $d_1 > 50$) kürzer als bei Form B

**TB 13-2** Biegenachgiebige Ganzmetallkupplung, Lehrbuch Bild 13-14b
(Thomas-Kupplung, Bauform 923, nach Werknorm)
Hauptmaße und Auslegungsdaten

| Bau-größe | Maße in mm | | | | | max. Drehzahl $n_{max}$ min$^{-1}$ | Nenndrehmoment[1] $T_{KN}$ Nm | Nachgiebigkeiten | | | Federsteifen | | | | Trägheitsmoment $J$ kg m$^2$ | Gewicht $m$ kg |
|---|---|---|---|---|---|---|---|---|---|---|---|---|---|---|---|---|
| | $d_1$ H7 max | $d_2$ | $d_3$ | $l_1$ | $l_3$ | | | $\pm \Delta K_a$ mm | $\Delta K_r$[2] mm | $\Delta K_w$ ° | $C_a$ N/mm | $C_r$ N/mm | $C_w$ Nm/rad | $C_{Tdyn}$ Nm/rad | | |
| 10 | 28 | 42,5 | 80 | 40 | 95 | 36000 | 200 | 1,4 | 1,2 | | 83 | 250 | 5155 | 24150 | 0,0022 | 2,51 |
| 16 | 35 | 51 | 95 | 45 | 97 | 29000 | 320 | 1,6 | 1,3 | | 105 | 531 | 5730 | 42250 | 0,0040 | 3,43 |
| 25 | 50 | 70 | 110 | 50 | 102 | 23000 | 500 | 1,8 | 1,3 | | 130 | 650 | 6015 | 80100 | 0,0086 | 4,81 |
| 40 | 65 | 90 | 140 | 55 | 120 | 18600 | 800 | 2,4 | 1,6 | | 245 | 1100 | 6100 | 169550 | 0,0265 | 9,29 |
| 63 | 70 | 98 | 147 | 70 | 128 | 17600 | 1260 | 2,6 | 1,7 | | 475 | 475 | 7735 | 285000 | 0,0385 | 11,9 |
| 100 | 80 | 109 | 173 | 75 | 153 | 14700 | 2000 | 3,0 | 2,0 | | 590 | 520 | 8020 | 438500 | 0,0818 | 18,5 |
| 160 | 100 | 134 | 200 | 80 | 179 | 13100 | 3200 | 3,4 | 2,4 | 2 | 670 | 625 | 8310 | 858000 | 0,1634 | 26,1 |
| 250 | 110 | 148 | 225 | 90 | 195 | 11300 | 5000 | 3,8 | 2,6 | | 660 | 810 | 12605 | 1247500 | 0,3029 | 37,8 |
| 400 | 125 | 165 | 250 | 125 | 219 | 10300 | 8000 | 4,2 | 2,9 | | 985 | 1300 | 16615 | 1725000 | 0,5739 | 58,0 |
| 630 | 145 | 190 | 290 | 150 | 245 | 9000 | 12600 | 5,0 | 3,2 | | 1270 | 2000 | 21485 | 2614000 | 1,1980 | 94,2 |
| 1000 | 160 | 210 | 330 | 185 | 278 | 8200 | 20000 | 5,6 | 3,6 | | 1515 | 3100 | 28650 | 4107000 | 1,9720 | 126 |
| 1600 | 180 | 238 | 370 | 190 | 296 | 7700 | 32000 | 6,4 | 3,8 | | 2390 | 4700 | 37245 | 5789500 | 3,3280 | 167 |
| 2500 | 200 | 262 | 410 | 240 | 315 | 6800 | 50000 | 7,0 | 4,1 | | 2475 | 6500 | 57295 | 7585000 | 5,8200 | 242 |

[1] Maximaldrehmoment $T_{Kmax} = 2,5 T_{KN}$, Dauerwechseldrehmoment $T_{KW} = 0,25 T_{KN}$
[2] $\Delta K_r = l_3 \cdot \tan \Delta K_w / 2$, mit dem zul. Beugungswinkel eines Lamellenpaketes $\Delta K_w / 2 = 1°$ bei $\Delta K_a = 0$ (vgl. Beispiel 13.2)

**TB 13-3** Elastische Klauenkupplung, Lehrbuch Bild 13-26 (N-Eupex-Kupplung, Bauform B, nach Werknorm)

Hauptmaße und Auslegungsdaten

| Bau-größe | Maße in mm | | | | | | | | max. Dreh-zahl $n_{max}$ min$^{-1}$ | Nenn-dreh-moment $T_{KN}$ Nm | Träg-heits-moment $J$ kg m$^2$ | Gewicht $m$ kg |
|---|---|---|---|---|---|---|---|---|---|---|---|---|
| | $d_1$ H7 max | $d_2$ H7 max | $d_3$ | $d_4$ | $d_5$ | $l_1$ | $l_2$ | $l_3$ | $s$ | | | |
| B 58 | 19 | 24 | – | 40 | 58 | 20 | 20 | 8 | 2…4 | 5000 | 19 | 0,0002 | 0,45 |
| B 68 | 24 | 28 | – | 46 | 68 | 20 | 20 | 8 | 2…4 | 5000 | 34 | 0,0003 | 0,63 |
| B 80 | 30 | 38 | – | 68 | 80 | 30 | 20 | 10 | 2…4 | 5000 | 60 | 0,0012 | 2,51 |
| B 95 | 42 | 42 | 76 | 76 | 95 | 35 | 30 | 12 | 2…4 | 5000 | 100 | 0,0027 | 2,6 |
| B110 | 48 | 48 | 86 | 86 | 110 | 40 | 34 | 14 | 2…4 | 5000 | 160 | 0,0055 | 3,9 |
| B125 | 55 | 55 | 100 | 100 | 125 | 50 | 36 | 18 | 2…4 | 5000 | 240 | 0,0107 | 6,2 |
| B140 | 60 | 60 | 100 | 100 | 140 | 55 | 34 | 20 | 2…4 | 4900 | 360 | 0,014 | 6,9 |
| B160 | 65 | 65 | 108 | 108 | 160 | 60 | 39 | 20 | 2…6 | 4250 | 560 | 0,025 | 9,4 |
| B180 | 75 | 75 | 125 | 125 | 180 | 70 | 42 | 20 | 2…6 | 3800 | 880 | 0,045 | 14 |
| B200 | 85 | 85 | 140 | 140 | 200 | 80 | 47 | 24 | 2…6 | 3400 | 1340 | 0,08 | 20 |
| B225 | 90 | 90 | 150 | 150 | 225 | 90 | 52 | 18 | 2…6 | 3000 | 2000 | 0,135 | 24,5 |
| B250 | 100 | 100 | 165 | 165 | 250 | 100 | 60 | 18 | 3…8 | 2750 | 2800 | 0,23 | 34 |
| B280 | 110 | 110 | 180 | 180 | 280 | 110 | 65 | 20 | 3…8 | 2450 | 3900 | 0,37 | 45 |

Elastische Elemente (Pakete) aus Perbunan

**TB 13-4** Elastische Klauenkupplung, Lehrbuch Bild 13-27 (Hadeflex-Kupplung, Bauform XW1, nach Werknorm)

Hauptmaße und Auslegungsdaten

| Bau-größe | Maße in mm | | | | | | | max. Dreh-zahl $n_{max}$ min$^{-1}$ | Nenn-dreh-moment[1] $T_{KN}$ Nm | Nach-giebigkeiten | | | Drehfedersteife $C_{T\,dyn}$ Nm/rad bei | | Träg-heits-moment[2] $J$ kg m$^2$ | Ge-wicht[2] $m$ kg |
|---|---|---|---|---|---|---|---|---|---|---|---|---|---|---|---|---|
| | $d_1$ H7 min | $d_1$ H7 max | $d_2$ | $d_3$ | $l$ | $l_1$ | $l_2$ | $s$ | | | $\pm\Delta K_a$ mm | $\Delta K_r$ mm | $\Delta K_w$ ° | $1/2 T_{KN}$ | $T_{KN}$ | | |
| 24 | – | 24 | 55 | 55 | 66 | 24 | – | 18 | 12500 | 30 | 1,2 | 0,3 | 0,7 | 2750 | 4200 | 0,0001 | 0,55 |
| 28 | – | 28 | 62 | 62 | 76 | 28 | – | 20 | 11100 | 50 | 1,2 | 0,3 | 0,7 | 3700 | 6400 | 0,0002 | 0,76 |
| 32 | – | 32 | 52 | 70 | 86 | 32 | 22 | 22 | 9800 | 70 | 1,2 | 0,3 | 0,7 | 4600 | 8000 | 0,0003 | 1,09 |
| 38 | 16 | 38 | 60 | 84 | 100 | 38 | 27 | 24 | 8100 | 120 | 1,5 | 0,4 | 0,7 | 7300 | 12600 | 0,0007 | 1,76 |
| 42 | 16 | 42 | 68 | 92 | 110 | 42 | 31 | 26 | 7400 | 160 | 1,5 | 0,4 | 0,7 | 9450 | 16800 | 0,001 | 2,38 |
| 48 | 19 | 48 | 76 | 105 | 124 | 48 | 36 | 28 | 6500 | 240 | 1,5 | 0,4 | 0,7 | 13350 | 24800 | 0,002 | 3,38 |
| 55 | 19 | 55 | 88 | 120 | 140 | 55 | 43 | 30 | 5700 | 360 | 1,8 | 0,5 | 0,7 | 19500 | 36350 | 0,004 | 4,89 |
| 60 | 24 | 60 | 96 | 130 | 152 | 60 | 47 | 32 | 5200 | 460 | 1,8 | 0,5 | 0,7 | 24700 | 45850 | 0,006 | 6,29 |
| 65 | 26 | 65 | 104 | 142 | 165 | 65 | 51 | 35 | 4800 | 600 | 1,8 | 0,5 | 0,7 | 34800 | 59900 | 0,009 | 8,15 |
| 75 | 32 | 75 | 120 | 165 | 190 | 75 | 59 | 40 | 4100 | 900 | 2,1 | 0,6 | 0,7 | 54150 | 93650 | 0,019 | 12,6 |
| 85 | 42 | 85 | 136 | 185 | 214 | 85 | 68 | 44 | 3700 | 1350 | 2,1 | 0,7 | 0,7 | 74350 | 135450 | 0,034 | 17,9 |
| 100 | 60 | 100 | 160 | 220 | 250 | 100 | 80 | 50 | 3100 | 2250 | 2,4 | 0,8 | 0,7 | 138800 | 220400 | 0,078 | 29,3 |
| 110 | 70 | 110 | 176 | 240 | 275 | 110 | 88 | 55 | 2800 | 3000 | 2,4 | 0,9 | 0,7 | 171000 | 309500 | 0,123 | 38,5 |
| 125 | 70 | 125 | 200 | 275 | 310 | 125 | 100 | 60 | 2500 | 4400 | 3,0 | 1,0 | 0,7 | 284900 | 463400 | 0,235 | 56,7 |
| 140 | 80 | 140 | 224 | 310 | 345 | 140 | 113 | 65 | 2200 | 6000 | 3,0 | 1,1 | 0,7 | 356000 | 602400 | 0,412 | 79,0 |
| 160 | 90 | 160 | 255 | 360 | 395 | 160 | 130 | 75 | 1900 | 9000 | 3,0 | 1,2 | 0,7 | 409000 | 823000 | 0,827 | 119,0 |

[1] Maximaldrehmoment $T_{K\,max} = 3 T_{KN}$, Dauerwechseldrehmoment $T_{KW} = 0{,}5 T_{KN}$
Resonanzfaktor $V_R = 6$, Elastisches Element (einteiliger Stern) aus Vulkollan
Passfedernuten nach DIN 6886

[2] Gewichte und Massenträgheitsmomente beziehen sich auf die max. Bohrungen $d_1$ ohne Nut

**TB 13-5** Hochelastische Wulstkupplung, Lehrbuch Bild 13-29 (Radaflex-Kupplung, Bauform 300, nach Werknorm)

Hauptmaße und Auslegungsdaten

| Bau-größe | Maße in mm | | | | | | max. Dreh-zahl | Nenn-dreh-moment[1] | Nachgiebigkeiten | | | Federstreifen | | | $C_{T\,dyn}$ Nm/rad bei | | Träg-heits-moment | Ge-wicht |
|---|---|---|---|---|---|---|---|---|---|---|---|---|---|---|---|---|---|---|
| | $d_1$ H7 max | $d_2$ | $d_3$ | $l_1$ | $l_2$ | $l_3$ | $n_{max}$ min$^{-1}$ | $T_{KN}$ Nm | $\pm\Delta K_a$ mm | $\Delta K_r$ mm | $\Delta K_w$ ° | $C_a$ N/mm | $C_r$ N/mm | $C_w$ Nm/rad | $0{,}5 T_{KN}$ | $T_{KN}$ | $J$ kg m² | $m$ kg |
| 1,6 | 25 | 40 | 85 | 28 | 60 | 64 | 4000 | 16 | 0,5 | 0,5 | 0,5 | 180 | 120 | 85 | 352 | 305 | 0,0014 | 1,7 |
| 4 | 30 | 50 | 110 | 35 | 75 | 85 | 4000 | 40 | 1 | 1 | 1 | 185 | 130 | 138 | 573 | 573 | 0,0042 | 2,9 |
| 10 | 50 | 75 | 150 | 55 | 88 | 125 | 3000 | 100 | 1,5 | 1,5 | 1,5 | 300 | 210 | 535 | 1146 | 917 | 0,0156 | 7 |
| 16 | 55 | 85 | 175 | 60 | 106 | 135 | 3000 | 160 | 2 | 2 | 2 | 330 | 215 | 600 | 1117 | 1146 | 0,0366 | 10 |
| 25 | 60 | 100 | 205 | 65 | 120 | 150 | 2000 | 250 | 2,5 | 2,5 | 2,5 | 340 | 240 | 900 | 1432 | 1364 | 0,0795 | 16 |
| 40 | 70 | 115 | 240 | 75 | 140 | 170 | 2000 | 400 | 3 | 3 | 3 | 345 | 270 | 1500 | 2292 | 2578 | 0,1750 | 26 |
| 63 | 80 | 130 | 275 | 85 | 156 | 195 | 2000 | 630 | 3,5 | 3,5 | 3,5 | 440 | 280 | 1800 | 4985 | 4584 | 0,3090 | 37 |
| 100 | 90 | 150 | 325 | 100 | 188 | 225 | 1500 | 1000 | 4 | 4 | 4 | 510 | 290 | 2200 | 5959 | 6016 | 0,7780 | 60 |

[1] Maximaldrehmoment $T_{K\,max} = 3 T_{KN}$, Dauerwechseldrehmoment $T_{KW} = 0{,}4 T_{KN}$
Verhältnismäßige Dämpfung $\psi = 1{,}2$
Elastisches Element (Reifen) aus Vollgummi

**TB 13-6** Mechanisch betätigte BSD-Lamellenkupplungen, Lehrbuch Bild 13-37a und b (Bauformen 493 und 491, nach Werknorm)

Hauptmaße und Auslegungsdaten

| Bau-größe | Maße in mm | | | | | | | | | | | max. Dreh-zahl[2] | Schalt-kraft Ein/Aus | | Dreh-moment[3] Nasslauf | | Trägheitsmoment $J$ in kg m² | | | zul. Schalt-arbeit/ Schal-tung[4] | Gewicht $m$ in kg Bauform | |
|---|---|---|---|---|---|---|---|---|---|---|---|---|---|---|---|---|---|---|---|---|---|---|
| | | | | | | | | | | | | | | | | | | innen | außen Bauform | | | |
| | $d_1$ H7[1] max | $d_2$ | $d_3$ | $d_4$ | $d_5$ H7 | $l_1$ | $l_2$ | $l_3$ | $l_4$ | $s$ | $h$ | Hub | $n_{max}$ min$^{-1}$ | $F_1$ N | $F_2$ N | $T_{KN\ddot{u}}$ Nm | $T_{KNs}$ Nm | | 493 | 491 | $W_{zul}$ Nm | 493 | 491 |
| 4 | 30 | 70 | 82 | 55 | 50 | 60 | 35 | 29 | 47,5 | 10 | 8,5 | 3000 | 100 | 50 | 55 | 40 | 0,0006 | 0,00098 | 0,00045 | 7·10³ | 1,6 | 1,2 |
| 6,3 | 35 | 80 | 92 | 60 | 60 | 60 | 40 | 34 | 47,5 | 10 | 8,5 | 3000 | 120 | 50 | 90 | 63 | 0,00083 | 0,00185 | 0,00075 | 11·10³ | 1,8 | 1,4 |
| 10 | 40 | 90 | 110 | 70 | 65 | 70 | 40 | 34 | 56 | 10 | 11 | 3000 | 150 | 60 | 140 | 100 | 0,0025 | 0,00375 | 0,00213 | 15,5·10³ | 3,5 | 3,1 |
| 16 | 45 | 90 | 120 | 85 | 75 | 75 | 50 | 44 | 58 | 15 | 11 | 2500 | 300 | 100 | 220 | 160 | 0,00375 | 0,0050 | 0,00275 | 20,5·10³ | 5,0 | 4,0 |
| 25 | 50 | 100 | 130 | 85 | 85 | 78 | 50 | 42 | 61 | 15 | 12 | 2200 | 400 | 120 | 350 | 250 | 0,0050 | 0,0075 | 0,00425 | 27·10³ | 6,5 | 4,3 |
| 40 | 65 | 120 | 160 | 105 | 110 | 97 | 50 | 52 | 79 | 15 | 14 | 2000 | 500 | 160 | 550 | 400 | 0,015 | 0,0208 | 0,0125 | 39·10³ | 15 | 8,5 |
| 63 | 70 | 140 | 180 | 130 | 120 | 111 | 70 | 60 | 91 | 18 | 14 | 1800 | 700 | 200 | 900 | 630 | 0,025 | 0,0378 | 0,020 | 49·10³ | 19 | 11 |

Reibpaarung: Stahl – Sinterbronze

[1] Innenmitnehmer und Nabengehäuse auf ca. $0{,}5 d_{1\,max}$ vorgebohrt.
[2] Von den Schmierungsverhältnissen am Schaltring abhängig. Im Trockenlauf niedrigere Drehzahlen oder Kugellagerschaltringe verwenden.
[3] Im Trockenlauf gelten ungefähr für $T_{KN\ddot{u}}$ die 1,6fachen und für $T_{KNs}$ die 1,8fachen Werte.
[4] Für Nass- und Trockenlauf. Die bei Dauerschaltungen pro Stunde zulässige Schaltarbeit $W_{h\,zul}$ beträgt bei Trockenlauf $20 W_{zul}$ und bei Nasslauf $40 W_{zul}$.

**TB 13-7** Elektromagnetisch betätigte BSD-Lamellenkupplung, Lehrbuch Bild 13-41 (Bauform 100, nach Werknorm)

Hauptmaße und Auslegungsdaten

| Bau-größe | Maße in mm | | | | | | | | | | max. Dreh-zahl | Dreh-moment[2] Nasslauf | | Trägheits-moment $J$ | | Leis-tung[3] | zul. Schalt-arbeit/ Schaltung[4] | Ge-wicht |
|---|---|---|---|---|---|---|---|---|---|---|---|---|---|---|---|---|---|---|
| | $d_1$ H7 max | $d_2$ H7 | $d_3$ | $d_4$ | $d_6$[1] | $l_1$ | $l_2$ | $l_3$ | $l_4$ | $l_5$ | $l_6$ | $n_{max}$ min$^{-1}$ | $T_{KNü}$ Nm | $T_{KNs}$ Nm | innen kg m² | außen kg m² | $P$ W | $W_{zul}$ Nm | $m$ kg |
| 2,5 | 22 | 58 | 82 | 106 | 6 × M6 | 59 | 55 | 6 | 6 | 8,5 | 4,5 | 3000 | 35 | 25 | 0,003 | 0,001 | 25 | 30·10³ | 2,0 |
| 4 | 30 | 85 | 100 | 124 | 6 × M6 | 63 | 59 | 6 | 6 | 8,5 | 4,5 | 3000 | 55 | 40 | 0,004 | 0,002 | 24 | 40·10³ | 3,8 |
| 6,3 | 36 | 90 | 110 | 138 | 6 × M8 | 68 | 64 | 7 | 6 | 8,5 | 4,5 | 3000 | 90 | 63 | 0,006 | 0,004 | 23,6 | 50·10³ | 4,7 |
| 10 | 42 | 105 | 122 | 154 | 6 × M8 | 69 | 65 | 8 | 6 | 8,5 | 5 | 2500 | 140 | 100 | 0,010 | 0,005 | 26,1 | 60·10³ | 6,2 |
| 16 | 48 | 115 | 135 | 170 | 6 × M8 | 75 | 70 | 8 | 6 | 9 | 5,5 | 2500 | 220 | 160 | 0,017 | 0,008 | 38,7 | 70·10³ | 8,3 |
| 25 | 55 | 135 | 155 | 190 | 6 × M10 | 80 | 72 | 9 | 6 | 9 | 5,5 | 2000 | 350 | 250 | 0,03 | 0,013 | 40,0 | 90·10³ | 10,5 |
| 40 | 62 | 140 | 170 | 212 | 6 × M10 | 90 | 80 | 10 | 7 | 11 | 6,5 | 2000 | 550 | 400 | 0,06 | 0,03 | 59,4 | 0,11·10⁶ | 16 |
| 63 | 72 | 170 | 200 | 254 | 6 × M12 | 97 | 87 | 12 | 7 | 11,5 | 6,5 | 1500 | 900 | 630 | 0,11 | 0,05 | 62,5 | 0,27·10⁶ | 23 |
| 100 | 82 | 190 | 235 | 280 | 6 × M12 | 110 | 99 | 13 | 7 | 11,5 | 7 | 1500 | 1400 | 1000 | 0,21 | 0,09 | 74,5 | 0,32·10⁶ | 34 |
| 160 | 95 | 230 | 260 | 324 | 6 × M16 | 120 | 109 | 15 | 8 | 13,5 | 7,5 | 1250 | 2200 | 1600 | 0,41 | 0,19 | 100 | 0,38·10⁶ | 50 |
| 250 | 110 | 270 | 305 | 370 | 6 × M16 | 148 | 133 | 17 | 9 | 14 | 9 | 1250 | 3500 | 2500 | 0,88 | 0,38 | 142 | 0,54·10⁶ | 75 |
| 400 | 130 | 310 | 350 | 420 | 12 × M20 | 204 | 185 | 20 | 9 | 14 | 7,5 | 1000 | 5500 | 4000 | 2,25 | 0,88 | 144 | 0,67·10⁶ | 135 |
| 630 | 135 | 350 | 400 | 480 | 12 × M24 | 260 | 237 | 25 | 9 | 14 | 7,5 | 900 | 9000 | 6300 | 4,50 | 2,38 | 130 | 0,76·10⁶ | 220 |
| 1000 | 170 | 420 | 475 | 560 | 12 × M24 | 280 | 252 | 25 | 9 | 14 | 7,5 | 750 | 14000 | 10000 | 10,4 | 4,00 | 133 | 0,98·10⁶ | 340 |

Reibpaarung: Stahl − Sinterbronze
$d_5 = d_4 − 1$ bis Größe 16 bzw. $d_4 − 2$ ab Größe 25, $d_5 = 252$ mm ab Größe 400

[1] Bei Montage gebohrt.
[2] Im Trockenlauf gelten ungefähr für $T_{KNü}$ die 1,6-fachen und für $T_{KNs}$ die 1,8-fachen Werte.
[3] Gleichspannung 24 V.
[4] Für Nass- und Trockenlauf. Die bei Dauerschaltungen pro Stunde zulässige Schaltarbeit $W_{h\,zul}$ beträgt bei Trockenlauf $10 W_{zul}$ und bei Nasslauf $20 W_{zul}$.

**TB 13-8** Faktoren zur Auslegung drehnachgiebiger Kupplungen nach DIN 740 T2

a) Anlauffaktor $S_z$

| Anläufe je Stunde $z$[1] | ≤120 | 120…240 | >240 |
|---|---|---|---|
| $S_z$ | 1,0 | 1,3 | Rückfrage beim Hersteller erforderlich |

[1] Bei Anläufen und Bremsungen oder bei Reversieren ist $z$ zu verdoppeln.

b) Temperaturfaktor $S_t$

| Werkstoffmischung | Umgebungstemperatur $t$ in °C[1] | | | |
|---|---|---|---|---|
| | über −20 bis +30 | über +30 bis +40 | über +40 bis +60 | über +60 bis +80 |
| Naturgummi (NR) | 1,0 | 1,1 | 1,4 | 1,8 |
| Polyurethan Elastomere (PUR) | 1,0 | 1,2 | 1,5 | nicht zulässig |
| Acrylnitril-Budatienkautschuk (NBR) (Perbunan N) | 1,0 | 1,0 | 1,0 | 1,2 |

[1] Einwirkende Strahlungswärme ist besonders zu berücksichtigen für Stahl bis +270 °C: $S_1 = 1,0$

*Anmerkung:* Vulkollan ist ein Urethan-Kautschuk (UR)
Temperaturfaktor ungefähr wie für NR bzw. PUR.

c) Frequenzfaktor $S_f$ (für gummielastische Kupplungen)

bei $\omega \leq 36\,\text{s}^{-1}$: $S_f = 1$
bei $\omega > 63\,\text{s}^{-1}$: $S_f = \sqrt{\dfrac{\omega}{63}}$, mit $\omega$ in s$^{-1}$

**TB 13-9** Positionierbremse ROBA-stopp, Lehrbuch Bild 13-64b (nach Werknorm)
Hauptmaße und Auslegungsdaten

| Bau-größe | Maße in mm | | | | | | | | max. Drehzahl $n_{max}$ min$^{-1}$ | Brems-moment $T_{Br}$ Nm | Träg-heits-moment[1] $J_{Br}$ kg m$^2 \times 10^{-4}$ | zul. Reibarbeit pro Bremsung $W_{zul}$ | | zul. Reib-leistung $P_{zul}$ W | Ge-wicht[1] $m$ kg |
|---|---|---|---|---|---|---|---|---|---|---|---|---|---|---|---|
| | $d_1$ H7 min | $d_1$ H7 max | $d_2$ H7 | $d_3$ | $d_4$ | $d_5$ | $l_1$ | $l_2$ | | | | bei Schalt-betrieb Nm | bei Einzel-bremsung Nm | | |
| 3 | 8 | 12 | 21,9 | 58 | 79 | 3 × M4 | 30,2 | 15 | 6000 | 3 | 0,077 | 250 | 500 | 50 | 0,6 |
| 4 | 10 | 15 | 26,9 | 72 | 98 | 3 × M4 | 32,2 | 20 | 5000 | 6 | 0,23 | 500 | 900 | 70 | 0,95 |
| 5 | 10 | 20 | 30,9 | 90 | 114 | 3 × M5 | 39,3 | 20 | 4800 | 12 | 0,68 | 1000 | 1800 | 105 | 1,8 |
| 6 | 15 | 25 | 38,9 | 112 | 142 | 3 × M6 | 43,2 | 25 | 4000 | 26 | 1,99 | 2000 | 3500 | 155 | 3,1 |
| 7 | 20 | 32 | 50,9 | 124 | 165 | 3 × M6 | 58,2 | 30 | 3800 | 50 | 4,02 | 2800 | 5000 | 250 | 5,4 |
| 8 | 25 | 45 | 73,9 | 156 | 199 | 3 × M8 | 66,7 | 35 | 3400 | 100 | 13,2 | 5300 | 10000 | 300 | 9,4 |
| 9 | 30 | 50 | 80,4 | 175 | 220 | 6 × M8 | 74,3 | 35 | 3000 | 200 | 24,2 | 8000 | 20000 | 370 | 15,5 |
| 10 | 30 | 60 | 90 | 215 | 275 | 6 × M8 | 96,3 | 50 | 3000 | 400 | 56,4 | 13800 | 30000 | 450 | 30 |
| 11 | 30 | 80 | 129 | 280 | 360 | 6 × M12 | 116,3 | 60 | 3000 | 800 | 242 | 27700 | 50000 | 900 | 55 |

[1] Gewichte und Massenträgheitsmomente beziehen sich auf die max. Bohrungen $d_1$ ohne Nut.

# 14 Wälzlager

**TB 14-1** Maßpläne für Wälzlager

a) Maßplan für Radiallager (ausgenommen Kegelrollenlager), Auszug aus DIN 616
   Lagerart s. TB 14-2 (Lagerreihe)

Vgl. Lehrbuch Bilder 14-7, 14-8, 14-9, 14-14 und TB 14-2: alle Maße in mm
DR Durchmesserreihe. MR Maßreihe $r_{1s}$ Kantenabstand. Abstandmaße $a$ für Schrägkugellager (s. Lehrbuch Bilder 14-8b und 14-23)

| $d$ | Kenn-zahl | DR | 0 | | | 2 | | | | | 3 | | | | | 4 | | | Schrägkugellager Reihe[1] | | | | |
|---|---|---|---|---|---|---|---|---|---|---|---|---|---|---|---|---|---|---|---|---|---|---|---|
| | | MR | 10 | | | 02 | | | 22 | 32 | 03 | | | 23 | 33 | 04 | | | 72 | 73 | 32 | 33 | 03[4] |
| | | | $D$ | $B$ | $r_{1s}$[2] | $D$ | $B$ | $r_{1s}$[2] | $B$[3] | $B$[3] | $D$ | $B$ | $r_{1s}$[2] | $B$[3] | $B$[3] | $D$ | $B$ | $r_{1s}$[2] | $a$ | $a$ | $a$ | $a$ | $a$ |
| 10 | 00 | | 26 | 8 | 0,3 | 30 | 9 | 0,6 | 14 | 14,3 | 35 | 11 | 0,6 | 17 | 19 | – | – | – | 13 | 15 | 20 | – | – |
| 12 | 01 | | 28 | 8 | 0,3 | 32 | 10 | 0,6 | 14 | 15,9 | 37 | 12 | 1,6 | 17 | 19 | – | – | – | 14 | 16 | 22 | – | – |
| 15 | 02 | | 32 | 9 | 0,3 | 35 | 11 | 0,6 | 14 | 15,9 | 42 | 13 | 1,0 | 17 | 19 | – | – | – | 16 | 18 | 23 | 30 | – |
| 17 | 03 | | 35 | 10 | 0,3 | 40 | 12 | 0,6 | 16 | 17,5 | 47 | 14 | 1,0 | 19 | 22,2 | 62 | 17 | 1,0 | 18 | 20 | 25 | 34 | – |
| 20 | 04 | | 42 | 12 | 0,6 | 47 | 14 | 1,0 | 18 | 20,6 | 52 | 15 | 1,1 | 21 | 22,2 | 72 | 19 | 1,1 | 21 | 23 | 30 | 36 | 26 |
| 25 | 05 | | 47 | 12 | 0,6 | 52 | 15 | 1,0 | 18 | 20,6 | 62 | 17 | 1,1 | 24 | 25,4 | 80 | 21 | 1,5 | 24 | 27 | 33 | 43 | 31 |
| 30 | 06 | | 55 | 13 | 1,0 | 62 | 16 | 1,0 | 20 | 23,8 | 72 | 19 | 1,1 | 27 | 30,2 | 90 | 23 | 1,5 | 27 | 31 | 44 | 51 | 36 |
| 35 | 07 | | 62 | 14 | 1,0 | 72 | 17 | 1,1 | 23 | 27 | 80 | 21 | 1,5 | 31 | 34,9 | 100 | 25 | 1,5 | 31 | 35 | 44 | 57 | 41 |
| 40 | 08 | | 68 | 15 | 1,0 | 80 | 18 | 1,1 | 23 | 30,2 | 90 | 23 | 1,5 | 33 | 36,5 | 110 | 27 | 2,0 | 34 | 39 | 57 | 64 | 46 |
| 45 | 09 | | 75 | 16 | 1,0 | 85 | 19 | 1,1 | 23 | 30,2 | 100 | 25 | 1,5 | 36 | 39,7 | 120 | 29 | 2,0 | 37 | 43 | 53 | 72 | 51 |
| 50 | 10 | | 80 | 16 | 1,0 | 90 | 20 | 1,1 | 23 | 30,2 | 110 | 27 | 2,0 | 40 | 44,4 | 130 | 31 | 2,1 | 39 | 47 | 56 | 79 | 56 |
| 55 | 11 | | 90 | 18 | 1,1 | 100 | 21 | 1,5 | 25 | 33,3 | 120 | 29 | 2,0 | 43 | 49,2 | 140 | 33 | 2,1 | 43 | 51 | 71 | 87 | 61 |
| 60 | 12 | | 95 | 18 | 1,1 | 110 | 22 | 1,5 | 28 | 36,5 | 130 | 31 | 2,5 | 46 | 54 | 150 | 35 | 2,1 | 47 | 55 | 78 | 96 | 67 |
| 65 | 13 | | 100 | 18 | 1,1 | 120 | 23 | 1,5 | 31 | 38,1 | 140 | 33 | 2,5 | 48 | 58,7 | 160 | 37 | 2,1 | 50,5 | 60 | 84 | 102 | 72 |
| 70 | 14 | | 110 | 20 | 1,1 | 125 | 24 | 1,5 | 31 | 39,7 | 150 | 35 | 2,1 | 51 | 63,5 | 180 | 42 | 3,0 | 53 | 64 | 88 | 109 | 77 |
| 75 | 15 | | 115 | 20 | 1,1 | 130 | 25 | 1,5 | 31 | 41,3 | 160 | 37 | 2,1 | 54 | 68,3 | 190 | 45 | 3,0 | 56 | 68 | 92 | 117 | 82 |
| 80 | 16 | | 125 | 22 | 1,1 | 140 | 26 | 2,0 | 33 | 44,4 | 170 | 39 | 2,1 | 58 | 68,3 | 200 | 48 | 3,0 | 59 | 72 | 99 | 123 | 88 |
| 85 | 17 | | 130 | 22 | 1,1 | 150 | 28 | 2,0 | 36 | 49,2 | 180 | 41 | 3,0 | 60 | 73 | 210 | 52 | 4,0 | 63 | 76 | 106 | 131 | 93 |
| 90 | 18 | | 140 | 24 | 1,5 | 160 | 30 | 2,0 | 40 | 52,4 | 190 | 43 | 3,0 | 64 | 73 | 225 | 54 | 4,0 | 67 | 80 | 113 | 136 | 98 |
| 95 | 19 | | 145 | 24 | 1,5 | 170 | 32 | 2,1 | 43 | 55,6 | 200 | 45 | 3,0 | 67 | 77,8 | – | – | – | 72 | 84 | 120 | 143 | 103 |
| 100 | 20 | | 150 | 24 | 1,5 | 180 | 34 | 2,1 | 46 | 60,3 | 215 | 47 | 3,0 | 73 | 82,6 | – | – | – | 76 | 90 | 127 | 153 | 110 |
| 105 | 21 | | 160 | 26 | 2,0 | 190 | 36 | 2,1 | 50 | 65,1 | 225 | 49 | 3,0 | 77 | 87,3 | – | – | – | 80 | 94 | 135 | – | 103 |
| 110 | 22 | | 170 | 28 | 2,0 | 200 | 38 | 2,1 | 53 | 69,8 | 240 | 50 | 3,0 | 80 | 92,1 | – | – | – | 84 | 98 | 144 | 171 | 123 |
| 120 | 24 | | 180 | 28 | 2,0 | 215 | 40 | 2,1 | 58 | 76 | 260 | 55 | 3,0 | 86 | 106 | – | – | – | 90 | 107 | – | – | 133 |

[1] siehe TB 14-2   [2] $r_{1s}$ min nach FAG   [3] $D$, $r_{1s}$ wie für 02 bzw. 03   [4] Vierpunktlager

b) Maßplan für Kegelrollenlager, Auszug aus DIN 616
   Lagerart s. TB 14-2 (Lagerreihe)

Vgl. Lehrbuch Bild 14-13 und TB 14-2: alle Maße in mm
Abstandsmaße $a$ und Kantenabstand min, $r_{1s}$, $r_{2s}$ nach FAG

| $d$ | Kenn-zahl | DR | 2 | | | | | | 3 | | | | | | 2 | | | | 3 | | | | 2 | | |
|---|---|---|---|---|---|---|---|---|---|---|---|---|---|---|---|---|---|---|---|---|---|---|---|---|---|
| | | MR | 02 | | | | | | 03 | | | | | | 22 | | | | 23 | | | | 32 | | |
| | | | $D$ | $B$ | $C$ | $T$ | $r_{1s}$ | $r_{2s}$ | $\approx a$ | $D$ | $B$ | $C$ | $T$ | $r_{1s}$ | $r_{2s}$ | $\approx a$ | $B$[1] | $C$ | $T$ | $\approx a$ | $B$[2] | $C$ | $T$ | $\approx a$ | $B/T$[1] | $C$ | $\approx a$ |
| 15 | 02 | | 35 | 11 | 10 | 11,75 | 0,6 | 0,6 | 10 | 42 | 13 | 11 | 14,25 | 1,0 | 1,0 | 10 | – | – | – | – | – | – | – | – | – | – | – |
| 17 | 03 | | 40 | 12 | 11 | 13,25 | 1,0 | 1,0 | 10 | 47 | 14 | 12 | 15,25 | 1,0 | 1,0 | 10 | – | – | – | – | 19 | 16 | 20,25 | 12 | – | – | – |
| 20 | 04 | | 47 | 14 | 12 | 15,25 | 1,0 | 1,0 | 11 | 52 | 15 | 13 | 16,25 | 1,5 | 1,5 | 11 | – | – | – | – | 21 | 18 | 22,25 | 14 | – | – | – |
| 25 | 05 | | 52 | 15 | 13 | 16,25 | 1,0 | 1,0 | 13 | 62 | 17 | 15 | 18,25 | 1,5 | 1,5 | 13 | 18 | 15 | 19,25 | 13 | 24 | 20 | 25,25 | 16 | 22 | 18 | 14 |
| 30 | 06 | | 62 | 16 | 14 | 17,25 | 1,0 | 1,0 | 14 | 72 | 19 | 16 | 20,75 | 1,5 | 1,5 | 15 | 20 | 17 | 21,25 | 16 | 27 | 23 | 28,75 | 18 | 25 | 19,5 | 16 |
| 35 | 07 | | 72 | 17 | 15 | 18,25 | 1,5 | 1,5 | 15 | 80 | 21 | 18 | 22,75 | 2,0 | 1,5 | 16 | 23 | 19 | 24,25 | 18 | 31 | 25 | 32,75 | 20 | 28 | 22 | 18 |
| 40 | 08 | | 80 | 18 | 16 | 19,75 | 1,5 | 1,5 | 17 | 90 | 23 | 20 | 25,25 | 2,0 | 1,5 | 18 | 23 | 19 | 24,75 | 19 | 33 | 27 | 35,25 | 23 | 32 | 25 | 18 |
| 45 | 09 | | 85 | 19 | 16 | 20,75 | 1,5 | 1,5 | 18 | 100 | 25 | 22 | 27,25 | 2,0 | 1,5 | 21 | 23 | 19 | 24,75 | 20 | 35 | 30 | 38,25 | 25 | 32 | 25 | 22 |
| 50 | 10 | | 90 | 20 | 17 | 21,75 | 1,5 | 1,5 | 20 | 110 | 27 | 23 | 29,25 | 2,5 | 2,0 | 23 | 23 | 19 | 24,75 | 20 | 40 | 33 | 42,25 | 28 | 32 | 24,5 | 23 |
| 55 | 11 | | 100 | 21 | 18 | 22,75 | 2,0 | 1,5 | 21 | 120 | 29 | 25 | 31,5 | 2,5 | 2,0 | 25 | 25 | 21 | 26,75 | 23 | 43 | 35 | 45,5 | 30 | 35 | 27 | 23 |
| 60 | 12 | | 110 | 22 | 19 | 23,75 | 2,0 | 1,5 | 22 | 130 | 31 | 26 | 33,5 | 3,0 | 2,5 | 26 | 28 | 24 | 29,75 | 24 | 46 | 37 | 48,5 | 32 | 38 | 29 | 28 |
| 65 | 13 | | 120 | 23 | 20 | 24,75 | 2,0 | 1,5 | 23 | 140 | 33 | 28 | 36 | 3,0 | 2,5 | 30 | 31 | 27 | 32,75 | 27 | 48 | 39 | 51 | 34 | 41 | 32 | 30 |
| 70 | 14 | | 125 | 24 | 21 | 26,75 | 1,5 | 1,5 | 25 | 150 | 35 | 30 | 38 | 3,0 | 2,5 | 30 | 31 | 27 | 33,25 | 28 | 51 | 42 | 54 | 37 | 41 | 32 | 31 |
| 75 | 15 | | 130 | 25 | 22 | 27,75 | 1,5 | 1,5 | 27 | 160 | 37 | 31 | 40 | 3,0 | 2,5 | 31 | 31 | 27 | 33,25 | 29 | 55 | 45 | 58 | 39 | 41 | 31 | 32 |
| 80 | 16 | | 140 | 26 | 22 | 28,75 | 2,5 | 2,0 | 28 | 170 | 39 | 33 | 42,5 | 4,0 | 3,0 | 34 | 33 | 28 | 35,25 | 31 | 58 | 48 | 61,5 | 42 | 46 | 35 | 33 |
| 85 | 17 | | 145 | 28 | 24 | 30,5 | 2,5 | 2,0 | 30 | 180 | 41 | 34 | 44,5 | 4,0 | 3,0 | 36 | 36 | 30 | 38,5 | 34 | 60 | 49 | 63,5 | 44 | 49 | 37 | 37 |
| 90 | 18 | | 160 | 30 | 26 | 32,5 | 2,5 | 2,0 | 32 | 190 | 43 | 36 | 46,5 | 4,0 | 3,0 | 40 | 36 | 30 | 38 | 36 | 64 | 53 | 67,5 | 47 | – | – | – |
| 95 | 19 | | 170 | 32 | 27 | 34,5 | 3,0 | 2,5 | 34 | 200 | 45 | 38 | 49,5 | 4,0 | 3,0 | 43 | 37 | 30 | 39,5 | 39 | 67 | 55 | 71,5 | 49 | – | – | – |
| 100 | 20 | | 180 | 34 | 29 | 37 | 3,0 | 2,5 | 36 | 215 | 47 | 39 | 51,5 | 4,0 | 3,0 | 42 | 46 | 39 | 49 | 42 | 73 | 60 | 77,5 | 53 | 63 | 48 | 46 |
| 105 | 21 | | 190 | 36 | 30 | 39 | 3,0 | 2,5 | 38 | – | – | – | – | 4,0 | 3,0 | – | 50 | 43 | 53 | 44 | 77 | 63 | 81,5 | 56 | – | – | – |
| 110 | 22 | | 200 | 38 | 32 | 41 | 3,0 | 2,5 | 39 | 240 | 50 | 42 | 54,5 | 4,0 | 3,0 | 45 | 53 | 46 | 56 | 46 | 80 | 65 | 84,5 | 58 | – | – | – |
| 120 | 24 | | 215 | 40 | 34 | 43,5 | 3,0 | 2,5 | 43 | 260 | 55 | 46 | 59,5 | 4,0 | 3,0 | 48 | 58 | 50 | 61,5 | 51 | 86 | 69 | 90,5 | 65 | – | – | – |

[1] $D$, $r_{1s}$, $r_{2s}$ wie bei MR 02   [2] $D$, $r_{1s}$, $r_{2s}$ wie bei MR 03

**TB 14-1** Fortsetzung

c) Maßplan für einseitig und zweiseitig wirkende Axiallager mit ebenen Gehäusescheiben (vgl. Lehrbuch Bild 14-11a, b) bzw. kugeliger Gehäuse- und Unterlagscheibe U (vgl. Lehrbuch Bild 14-11c). Auszug aus DIN 616 und FAG, s. auch TB 14-2; alle Maße in mm (erste Ziffer von MR: Höhenreihe ≙ Breitenreihe), Lagerart s. TB 14-2 (Lagerreihe)

| $d_w$ | Kennzahl | DRI MR 11 | | | einseitig wirkend 2 / 12 | | | | einseitig wirkend 3 / 13 | | | | 2 mit U2 | | | | | | Kennzahl | zweiseitig wirkend 2 / 22 | | | | | zweiseitig wirkend 3 / 23 | | | | |
|---|---|---|---|---|---|---|---|---|---|---|---|---|---|---|---|---|---|---|---|---|---|---|---|---|---|---|---|---|---|
| | | $D_g=D_w$ | $H$ | $r_{1s}$ | $d_g$ | $D_g=D_w$ | $H$ | $r_{1s}$ | $d_g$ | $D_g=D_w$ | $H$ | $r_{1s}$ | $R/A$ | $d_u$ | $D_u$ | $s_u$ | $H_u$ | | $d_g$ | $D_g$ | $H$ | $s_w$ | $r_{1s}/r_{2s}$ | $d_g$ | $D_g$ | $H$ | $s_w$ | $r_{1s}/r_{2s}$ |
| 10 | 00 | 24 | 9 | 0,3 | 11 | 26 | 11 | 0,6 | – | – | – | – | – | – | – | – | – | 02 | 17 | 32 | 22 | 5 | 0,6/0,3 | – | – | – | – | – |
| 12 | 01 | 26 | 9 | 0,3 | 13 | 28 | 11 | 0,6 | – | – | – | – | – | – | – | – | – | – | – | – | – | – | – | – | – | – | – | – |
| 15 | 02 | 28 | 9 | 0,3 | 16 | 32 | 12 | 0,6 | – | – | – | – | – | – | – | – | – | 04 | 22 | 40 | 26 | 6 | 0,6/0,3 | – | – | – | – | – |
| 17 | 03 | 30 | 9 | 0,3 | 17 | 35 | 12 | 0,6 | – | – | – | – | – | – | – | – | – | – | – | – | – | – | – | – | – | – | – | – |
| 20 | 04 | 35 | 10 | 0,3 | 21 | 40 | 14 | 0,6 | – | – | – | – | – | – | – | – | – | 05 | 27 | 47 | 28 | 7 | 0,6/0,3 | – | – | – | – | 1/0,3 |
| 25 | 05 | 42 | 11 | 0,6 | 27 | 47 | 15 | 0,6 | 27 | 52 | 18 | 1 | 32/16 | 26 | 38 | 4 | 15 | 06 | 32 | 52 | 29 | 7 | 0,6/0,3 | 27 | 52 | 34 | 8 | 1/0,3 |
| 30 | 06 | 47 | 11 | 0,6 | 32 | 52 | 16 | 0,6 | 32 | 60 | 21 | 1 | 36/18 | 30 | 42 | 5 | 17 | 07[2] | 37 | 62 | 34 | 8 | 1/0,3 | 32 | 60 | 38 | 9 | 1/0,3 |
| 35 | 07 | 52 | 12 | 0,6 | 37 | 62 | 18 | 1 | 37 | 68 | 24 | 1 | 40/19 | 36 | 50 | 5,5 | 19 | 09 | 47 | 73 | 37 | 8 | 1/0,3 | 37 | 68 | 44 | 10 | 1/0,3 |
| 40 | 08 | 60 | 13 | 0,6 | 42 | 68 | 19 | 1 | 42 | 78 | 26 | 1 | 45/22 | 42 | 55 | 5,5 | 20 | 10 | 52 | 78 | 39 | 9 | 1/0,3 | 47 | 85 | 52 | 12 | 1/0,6 |
| 45 | 09 | 65 | 14 | 0,6 | 47 | 73 | 20 | 1 | 47 | 85 | 28 | 1 | 50/24 | 48 | 65 | 7 | 22 | 11 | 57 | 90 | 45 | 9 | 1/0,6 | 52 | 95 | 58 | 14 | 1,1/0,6 |
| 50 | 10 | 70 | 14 | 0,6 | 52 | 78 | 22 | 1 | 52 | 95 | 31 | 1 | 56/28,5 | 52 | 72 | 7 | 23 | 12 | 62 | 95 | 46 | 10 | 1/0,6 | 57 | 105 | 64 | 15 | 1,1/0,6 |
| 55 | 11 | 78 | 16 | 0,6 | 57 | 90 | 25 | 1 | 57 | 105 | 35 | 1,1 | 64/32,5 | 60 | 78 | 7,5 | 24 | 13[3] | 67 | 100 | 47 | 10 | 1/0,6 | 62 | 110 | 64 | 15 | 1,1/0,6 |
| 60 | 12 | 85 | 17 | 1 | 62 | 95 | 26 | 1 | 62 | 110 | 35 | 1,1 | 72/35 | 62 | 82 | 7,5 | 26 | 15 | 77 | 110 | 47 | 10 | 1/0,6 | 65 | 115 | 65 | 15 | 1,1/0,6 |
| 65 | 13 | 90 | 18 | 1 | 67 | 100 | 27 | 1 | 67 | 115 | 36 | 1,1 | 72/32,5 | 72 | 95 | 9 | 30 | 16 | 82 | 115 | 48 | 10 | 1/1 | 77 | 135 | 79 | 18 | 1,5/1 |
| 70 | 14 | 95 | 18 | 1 | 72 | 105 | 27 | 1 | 72 | 125 | 40 | 1,1 | 80/40 | 78 | 100 | 9 | 31 | 17 | 88 | 125 | 55 | 12 | 1/1 | 82 | 140 | 79 | 18 | 1,5/1 |
| 75 | 15 | 100 | 19 | 1 | 77 | 110 | 27 | 1 | 77 | 135 | 44 | 1,5 | 80/38 | 82 | 105 | 9 | 32 | 18 | 93 | 135 | 62 | 14 | 1/1 | 88 | 150 | 87 | 19 | 1,5/1 |
| 80 | 16 | 105 | 19 | 1 | 82 | 115 | 28 | 1 | 82 | 140 | 44 | 1,5 | 90/38 | 88 | 110 | 9 | 32 | – | – | – | – | – | – | 93 | 155 | 88 | 19 | 1,5/1 |
| 85 | 17 | 110 | 19 | 1 | 87 | 125 | 31 | 1 | 88 | 150 | 49 | 1,5 | 90/49 | 92 | 115 | 9,5 | 33 | – | – | – | – | – | – | – | – | – | – | – |
| 90 | 18 | 120 | 22 | 1 | 92 | 135 | 35 | 1 | 93 | 155 | 50 | 1,5 | 100/52 | 98 | 120 | 10 | 37 | 20 | 103 | 150 | 67 | 15 | 1,1/1 | 97 | 170 | 97 | 21 | 1,5/1 |
| 100 | 20 | 135 | 25 | 1,1 | 102 | 150 | 38 | 1,1 | 103 | 170 | 55 | 1,5 | 100/45 | 105 | 130 | 11 | 37 | 22[3] | 113 | 160 | 67 | 15 | 1,1/1 | 110 | 190 | 110 | 24 | 2/1 |
| 110 | 22 | 145 | 25 | 1,1 | 112 | 160 | 38 | 1,1 | 113 | 187/190 | 63 | 2 | 112/52 | 110 | 140 | 13,5 | 42 | 24 | 123 | 170 | 68 | 15 | 1,1/1,1 | 123 | 210 | 123 | 27 | 2,1/1,1 |
| 120 | 24 | 155 | 25 | 1,1 | 123 | 170 | 39 | 1,1 | 123 | 205/210 | 70 | 2,1 | 125/61 | 135 | 165 | 14 | 45 | 26 | 133 | 190 | 80 | 18 | 1,5/1,1 | 134 | 225 | 130 | 30 | 2,1/1,1 |
| | | | | | | | | | | | | | 125/65 | 125 | 155 | 14 | 45 | 28 | 143 | 200 | 81 | 18 | 1,5/1,1 | 144 | 240 | 140 | 31 | 2,1/1,1 |

[1] Beachte für $d_w$ die entsprechenden Kennzahlen der zweiseitig wirkenden Axiallager.
[2] Kennzahl 08 auch für $d_w = 30$ mm: MR 22
$d_g = 42$; $D_g = 68$; $H = 36$; $s_w = 9$; $r_{1s}/r_{2s} = 1/0,6$
MR 23
$d_g = 42$; $D_g = 78$; $H = 49$; $s_w = 12$; $r_{1s}/r_{2s} = 1/0,6$
[3] Kennzahl 14 auch für $d_w = 55$ mm: MR 22
$d_g = 72$; $D_g = 105$; $H = 47$; $s_w = 10$; $r_{1s}/r_{2s} = 1/1$
MR 23
$d_g = 72$; $D_g = 125$; $H = 72$; $s_w = 16$; $r_{1s}/r_{2s} = 1,1/1$
[4] Kennzahl 22 für $d_w = 95$ mm

**TB 14-1** Fortsetzung

d) Spannhülsen mit Mutter und Sicherung (Auszug aus DIN 5415)

Maße in mm

$d_1$ Nennmaß der Spannhülsenbohrung = Nennmaß des Wellendurchmessers

Die Spannhülsen sind einmal durchgehend geschlitzt.
Spannhülsen mit Mutter und Sicherungsblech sind nur als Ganzes austauschbar.
Einzelteile verschiedener Herkunft sind nicht untereinander austauschbar.

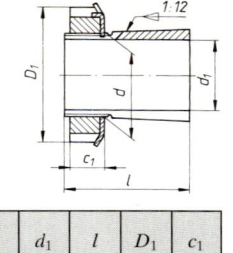

| Kurz-zeichen | $d$ | $d_1$ | $l$ | $D_1$ | $c_1$ | Kurz-zeichen | $d$ | $d_1$ | $l$ | $D_1$ | $c_1$ | Kurz-zeichen | $d$ | $d_1$ | $l$ | $D_1$ | $c_1$ |
|---|---|---|---|---|---|---|---|---|---|---|---|---|---|---|---|---|---|
| Reihe H 2[1] | | | | | | Reihe H 3[2] | | | | | | Reihe H 23[3] | | | | | |
| H 204 | 20 | 17 | 24 | 32 | 7 | H 304 | 20 | 17 | 28 | 32 | 7 | H 2304 | 20 | 17 | 31 | 32 | 7 |
| H 205 | 25 | 20 | 26 | 38 | 8 | H 305 | 25 | 20 | 29 | 38 | 8 | H 2305 | 25 | 20 | 35 | 38 | 8 |
| H 206 | 30 | 25 | 27 | 45 | 8 | H 306 | 30 | 25 | 31 | 45 | 8 | H 2306 | 30 | 25 | 38 | 45 | 8 |
| H 207 | 35 | 30 | 29 | 52 | 9 | H 307 | 35 | 30 | 35 | 52 | 9 | H 2307 | 35 | 30 | 43 | 52 | 9 |
| H 208 | 40 | 35 | 31 | 58 | 10 | H 308 | 40 | 35 | 36 | 58 | 10 | H 2308 | 40 | 35 | 46 | 58 | 10 |
| H 209 | 45 | 40 | 33 | 65 | 11 | H 309 | 45 | 40 | 39 | 65 | 11 | H 2309 | 45 | 40 | 50 | 65 | 11 |
| H 210 | 50 | 45 | 35 | 70 | 12 | H 310 | 50 | 45 | 42 | 70 | 12 | H 2310 | 50 | 45 | 55 | 70 | 12 |
| H 211 | 55 | 50 | 37 | 75 | 12 | H 311 | 55 | 50 | 45 | 75 | 12 | H 2311 | 55 | 50 | 59 | 75 | 12 |
| H 212 | 60 | 55 | 38 | 80 | 13 | H 312 | 60 | 55 | 47 | 80 | 13 | H 2312 | 60 | 55 | 62 | 80 | 13 |
| H 213 | 65 | 60 | 40 | 85 | 14 | H 313 | 65 | 60 | 50 | 85 | 14 | H 2313 | 65 | 60 | 65 | 85 | 14 |
| H 214 | 70 | 60 | 41 | 92 | 15 | H 314 | 70 | 60 | 52 | 92 | 15 | H 2314 | 70 | 60 | 68 | 92 | 15 |
| H 215 | 75 | 65 | 43 | 98 | 15 | H315 | 75 | 65 | 55 | 98 | 15 | H 2315 | 75 | 65 | 73 | 98 | 15 |
| H 216 | 80 | 70 | 46 | 105 | 17 | H 316 | 80 | 70 | 59 | 105 | 17 | H 2316 | 80 | 70 | 78 | 105 | 17 |
| H 217 | 85 | 75 | 50 | 110 | 18 | H 317 | 85 | 75 | 63 | 110 | 18 | H 2317 | 85 | 75 | 82 | 110 | 18 |
| H 218 | 90 | 80 | 52 | 120 | 18 | H 318 | 90 | 80 | 65 | 120 | 18 | H 2318 | 90 | 80 | 86 | 120 | 18 |
| H 219 | 95 | 85 | 55 | 125 | 19 | H 319 | 95 | 85 | 68 | 125 | 19 | H 2319 | 95 | 85 | 90 | 125 | 19 |
| H 220 | 100 | 90 | 58 | 130 | 20 | H 320 | 100 | 90 | 71 | 130 | 20 | H 2320 | 100 | 90 | 97 | 130 | 20 |
| H 222 | 110 | 100 | 63 | 145 | 21 | H 322 | 110 | 100 | 77 | 145 | 21 | H 2322 | 110 | 100 | 105 | 145 | 21 |

passend für Wälzlager [1] MR 02, [2] MR 03 und 22, [3] MR 23

e) Abziehhülsen (Auszug aus DIN 5416)

Maße in mm

$d_1$ Nennmaß der Spannhülsenbohrung = Nennmaß des Wellendurchmessers

Abdrückmuttern müssen eigens bestellt werden.
Zeichen X wegen Angleichung an ISO-Empfehlung R 113.
Abstand $a$ vor dem Einpressen der Abziehhülse.

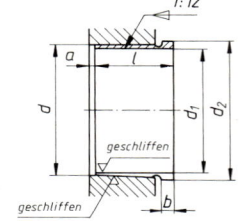

| Kurz-zeichen | $d$ | $d_1$ | Gewinde $d_2$ | $l$ | $a$ | $b$ | Kurz-zeichen | $d$ | $d_1$ | Gewinde $d_2$ | $l$ | $a$ | $b$ | Kurz-zeichen | $d$ | $d_1$ | Gewinde $d_2$ | $l$ | $a$ | $b$ |
|---|---|---|---|---|---|---|---|---|---|---|---|---|---|---|---|---|---|---|---|---|
| Reihe AH 2[1] | | | | | | | Reihe AH 3[2] | | | | | | | Reihe AH 23[3] | | | | | | |
| AH 208 | 40 | 35 | M 45 × 1,5 | 25 | 2 | 6 | AH 308 | 40 | 35 | M 45 × 1,5 | 29 | 3 | 6 | AH 2308 | 40 | 35 | M 45 × 1,5 | 40 | 3 | 7 |
| AH 209 | 45 | 40 | M 50 × 1,5 | 26 | 3 | 6 | AH 309 | 45 | 40 | M 50 × 1,5 | 31 | 3 | 6 | AH 2309 | 45 | 40 | M 50 × 1,5 | 44 | 3 | 7 |
| AH 210 | 50 | 45 | M 55 × 2 | 28 | 3 | 7 | AHX 310 | 50 | 45 | M 55 × 2 | 35 | 3 | 7 | AHX 2310 | 50 | 45 | M 55 × 2 | 50 | 3 | 9 |
| AH 211 | 55 | 50 | M 60 × 2 | 29 | 3 | 7 | AHX 311 | 55 | 50 | M 60 × 2 | 37 | 3 | 7 | AHX 2311 | 55 | 50 | M 60 × 2 | 54 | 3 | 10 |
| AH 212 | 60 | 55 | M 65 × 2 | 32 | 3 | 8 | AHX 312 | 60 | 55 | M 65 × 2 | 40 | 3 | 8 | AHX 2312 | 60 | 55 | M 65 × 2 | 58 | 3 | 11 |
| AH 213 | 65 | 60 | M 75 × 2 | 32,5 | 3,5 | 8 | AH 313 | 65 | 60 | M 75 × 2 | 42 | 3 | 8 | AH 2313 | 65 | 60 | M 75 × 2 | 61 | 3 | 12 |
| AH 214 | 70 | 65 | M 80 × 2 | 33,5 | 3,5 | 8 | AH 314 | 70 | 65 | M 80 × 2 | 43 | 4 | 8 | AHX 2314 | 70 | 65 | M 80 × 2 | 64 | 4 | 12 |
| AH 215 | 75 | 70 | M 85 × 2 | 34,5 | 3,5 | 8 | AH 315 | 75 | 70 | M 85 × 2 | 45 | 4 | 8 | AHX 2315 | 75 | 70 | M 85 × 2 | 68 | 4 | 12 |
| AH 216 | 80 | 75 | M 90 × 2 | 35,5 | 3,5 | 8 | AH 316 | 80 | 75 | M 90 × 2 | 48 | 4 | 8 | AHX 2316 | 80 | 75 | M 90 × 2 | 71 | 4 | 12 |
| AH 217 | 85 | 80 | M 95 × 2 | 38,5 | 3,5 | 9 | AHX 317 | 85 | 80 | M 95 × 2 | 52 | 4 | 9 | AHX 2317 | 85 | 80 | M 95 × 2 | 74 | 4 | 13 |
| AH 218 | 90 | 85 | M 100 × 2 | 40 | 4 | 9 | AHX 318 | 90 | 85 | M 100 × 2 | 53 | 4 | 9 | AHX 2318 | 90 | 85 | M 100 × 2 | 79 | 4 | 14 |
| AH 219 | 95 | 90 | M 105 × 2 | 43 | 4 | 10 | AHX 319 | 95 | 90 | M 105 × 2 | 57 | 4 | 10 | AHX 2319 | 95 | 90 | M 105 × 2 | 85 | 4 | 16 |
| AH 220 | 100 | 95 | M 110 × 2 | 45 | 4 | 10 | AHX 320 | 100 | 95 | M 110 × 2 | 59 | 4 | 10 | AHX 2320 | 100 | 95 | M 110 × 2 | 90 | 4 | 16 |
| AH 222 | 110 | 105 | M 120 × 2 | 50 | 4 | 11 | AHX 322 | 110 | 105 | M 120 × 2 | 63 | 4 | 12 | AHX 2322 | 110 | 105 | M 125 × 2 | 95 | 4 | 16 |

passend für Wälzlager [1] MR 02, [2] MR 03 und 22, [3] MR 23

**TB 14-2** Dynamische Tragzahlen $C$ und statische Tragzahlen $C_0$ in kN (nach FAG-Angaben Ausg. 1995)
Maße s. TB 14-1a, b, c; $d$ Bohrungskennzahl s. TB 14-1

| Lagerart | Rillenkugellager | | | | | | | | Schrägkugellager einreihig | | | | Schrägkugellager zweireihig | | | | Vierpunktlager | |
|---|---|---|---|---|---|---|---|---|---|---|---|---|---|---|---|---|---|---|
| Lagerreihe | 60 | | 62 | | 63 | | 64 | | 72…B[1] | | 73…B[1] | | 32…B[2] | | 33…B[3] | | QJ3[4] | |
| Maßreihe | 10 | | 02 | | 03 | | 04 | | 02 | | 03 | | 32 | | 33 | | 03 | |
| Tragzahlen | $C$ | $C_0$ | $C$ | $C_0$ | $C$ | $C_0$ | $C$ | $C_0$ | $C$ | $C_0$ | $C$ | $C_0$ | $C$ | $C_0$ | $C$ | $C_0$ | $C$ | $C_0$ |
| 00 | 4,55 | 1,96 | 6 | 2,6 | 8,15 | 3,45 | – | – | 5 | 2,5 | – | – | 7,8 | 4,55 | – | – | – | – |
| 01 | 5,1 | 2,36 | 6,95 | 3,1 | 9,65 | 4,15 | – | – | 6,95 | 3,4 | 10,6 | 5 | 10,6 | 5,85 | – | – | – | – |
| 02 | 5,6 | 2,85 | 7,8 | 3,75 | 11,4 | 5,4 | – | – | 8 | 4,3 | 12,9 | 6,55 | 11,8 | 7,1 | 16,3 | 10 | – | – |
| 03 | 6 | 3,25 | 9,5 | 4,75 | 13,4 | 6,55 | 23,6 | 11 | 10 | 5,5 | 16 | 8,3 | 14,6 | 9 | 20,8 | 12,5 | – | – |
| 04 | 9,3 | 5 | 12,7 | 6,55 | 16 | 7,8 | 30,5 | 15 | 13,4 | 7,65 | 19 | 10,4 | 19,6 | 12,5 | 23,2 | 15 | 30 | 19,6 |
| 05 | 10 | 5,85 | 14 | 7,8 | 22,4 | 11,4 | 36 | 19,3 | 14,6 | 9,3 | 26 | 15 | 21,2 | 14,6 | 30 | 20 | 44 | 31,5 |
| 06 | 12,7 | 8 | 19,3 | 11,2 | 29 | 16,3 | 42,5 | 23,2 | 20,4 | 13,4 | 32,5 | 20 | 30 | 21,2 | 41,5 | 28,5 | 58,5 | 43 |
| 07 | 16,3 | 10,4 | 25,5 | 15,3 | 33,5 | 19 | 55 | 31 | 27 | 18,3 | 39 | 25 | 39 | 28,5 | 51 | 34,5 | 62 | 51 |
| 08 | 17 | 11,8 | 29 | 18 | 42,5 | 25 | 63 | 36,5 | 32 | 23,2 | 50 | 32,5 | 48 | 36,5 | 62 | 45 | 86,5 | 68 |
| 09 | 20 | 14,3 | 31 | 20,4 | 53 | 32 | 76,5 | 45 | 36 | 26,5 | 60 | 40 | 48 | 37,5 | 68 | 51 | 102 | 83 |
| 10 | 20,8 | 15,6 | 36,5 | 24 | 62 | 38 | 86,5 | 52 | 37,5 | 28,5 | 69,5 | 47,5 | 51 | 42,5 | 81,5 | 62 | 110 | 91,5 |
| 11 | 28,5 | 21,2 | 43 | 29 | 76,5 | 47,5 | 100 | 62 | 46,5 | 36 | 78 | 56 | 58,5 | 49 | 102 | 78 | 127 | 108 |
| 12 | 29 | 23,2 | 52 | 36 | 81,5 | 52 | 110 | 69,5 | 56 | 44 | 90 | 65,5 | 72 | 61 | 125 | 98 | 146 | 127 |
| 13 | 30,5 | 25 | 60 | 41,5 | 93 | 60 | 118 | 78 | 64 | 53 | 102 | 75 | 80 | 73,5 | 150 | 118 | 163 | 146 |
| 14 | 39 | 31,5 | 62 | 44 | 104 | 68 | 143 | 104 | 69,5 | 58,5 | 114 | 86,5 | 83 | 76,5 | 143 | 166 | 183 | 166 |
| 15 | 40 | 34 | 65,5 | 49 | 114 | 76,5 | 153 | 114 | 68 | 58,5 | 127 | 100 | 91,5 | 85 | 163 | 193 | 212 | 204 |
| 16 | 47,5 | 40 | 72 | 53 | 122 | 86,5 | 163 | 125 | 80 | 69,5 | 140 | 114 | 98 | 93 | 176 | 212 | 220 | 216 |
| 17 | 50 | 43 | 83 | 64 | 125 | 88 | 173 | 137 | 90 | 80 | 150 | 127 | 112 | 150 | 190 | 228 | 245 | 255 |
| 18 | 58,5 | 50 | 96,5 | 72 | 134 | 102 | 196 | 163 | 106 | 93 | 160 | 140 | 125 | 170 | 216 | 275 | 255 | 265 |
| 19 | 60 | 54 | 108 | 81,5 | 143 | 112 | – | – | 116 | 110 | 173 | 153 | 140 | 186 | 220 | 285 | 285 | 310 |
| 20 | 60 | 54 | 122 | 93 | 163 | 134 | – | – | 129 | 114 | 193 | 180 | 160 | 224 | 240 | 320 | 325 | 365 |
| 21 | 71 | 64 | 132 | 104 | 173 | 146 | – | – | 143 | 129 | 208 | 200 | 176 | 240 | – | – | – | – |
| 22 | 80 | 71 | 143 | 116 | 190 | 166 | – | – | 153 | 143 | 224 | 224 | 190 | 260 | 280 | 400 | 345 | 415 |
| 24 | 83 | 78 | 146 | 122 | 212 | 190 | – | – | 166 | 160 | 250 | 260 | – | – | – | – | 380 | 480 |

[1]) Druckwinkel $\alpha = 40°$, Tragzahlen für Lagerpaare: $C = 1,625 \cdot C_{\text{Einzellager}}$; $C_0 = 2 \cdot C_{0\,\text{Einzellager}}$.
[2]) bis Kennzahl 13 mit Druckwinkel $\alpha = 25°$, Zusatzzeichen …B; ab Kennzahl 14 Druckwinkel $\alpha = 35°$, ohne Zusatzzeichen
[3]) bis Kennzahl 16 mit Druckwinkel $\alpha = 25°$, Zusatzzeichen …B; ab Kennzahl 17 Druckwinkel $\alpha = 35°$, ohne Zusatzzeichen
[4]) Druckwinkel $\alpha = 35°$, ab Kennzahl 15 mit zwei Haltenuten, Zusatzzeichen …N2

**TB 14-2** Fortsetzung

| Lagerart | Pendelkugellager | | | | | | | | | | | | | | | | | |
|---|---|---|---|---|---|---|---|---|---|---|---|---|---|---|---|---|---|---|
| Lagerreihe | 12; 12…K[1], TV[5] | | | | | | 13; 13…K[2], TV[5] | | | | | | 22; 22…K[3], TV[5] | | | | | |
| Maßreihe | 02 | | | | | | 03 | | | | | | 22 | | | | | |
| | $C$ | $e$ | $Y_1$[4] | $Y_2$[4] | $C_0$ | $Y_0$ | $C$ | $e$ | $Y_1$[4] | $Y_2$[4] | $C_0$ | $Y_0$ | $C$ | $e$ | $Y_1$[4] | $Y_2$[4] | $C_0$ | $Y_0$ |
| 00 | 5,5 | 0,32 | 1,95 | 3,02 | 1,2 | 2,05 | – | – | – | – | – | – | 8,3 | 0,58 | 1,09 | 1,69 | 1,73 | 1,14 |
| 01 | 5,6 | 0,37 | 1,69 | 2,62 | 1,27 | 1,77 | – | – | – | – | – | – | 9 | 0,53 | 1,2 | 1,85 | 1,96 | 1,25 |
| 02 | 7,5 | 0,34 | 1,86 | 2,88 | 1,91 | 1,95 | – | – | – | – | – | – | 9,15 | 0,46 | 1,37 | 2,13 | 2,08 | 1,44 |
| 03 | 8 | 0,33 | 1,93 | 2,99 | 2,04 | 2,03 | 12,5 | 0,32 | 1,94 | 3 | 3,2 | 2,03 | 11,4 | 0,46 | 1,37 | 2,12 | 2,75 | 1,43 |
| 04 | 10 | 0,28 | 2,24 | 3,46 | 2,65 | 2,34 | 12,5 | 0,29 | 2,17 | 3,35 | 3,35 | 2,27 | 14,3 | 0,44 | 1,45 | 2,24 | 3,55 | 1,51 |
| 05 | 12,2 | 0,27 | 2,37 | 3,66 | 3,35 | 2,48 | 18 | 0,28 | 2,29 | 3,54 | 5 | 2,4 | 17 | 0,35 | 1,78 | 2,75 | 4,4 | 1,86 |
| 06 | 15,6 | 0,25 | 2,53 | 3,91 | 4,65 | 2,65 | 21,2 | 0,26 | 2,39 | 3,71 | 6,3 | 2,51 | 25,5 | 0,3 | 2,13 | 3,29 | 6,95 | 2,23 |
| 07 | 16 | 0,22 | 2,8 | 4,34 | 5,2 | 2,94 | 25 | 0,26 | 2,47 | 3,82 | 8 | 2,59 | 32 | 0,3 | 2,13 | 3,29 | 9 | 2,23 |
| 08 | 19,3 | 0,22 | 2,9 | 4,49 | 6,55 | 3,04 | 29 | 0,25 | 2,52 | 3,9 | 9,65 | 2,64 | 31,5 | 0,26 | 2,43 | 3,76 | 9,5 | 2,54 |
| 09 | 22 | 0,21 | 3,04 | 4,7 | 7,35 | 3,18 | 38 | 0,25 | 2,5 | 3,87 | 12,9 | 2,62 | 28 | 0,26 | 2,43 | 3,76 | 9 | 2,54 |
| 10 | 22,8 | 0,2 | 3,17 | 4,9 | 8,15 | 3,32 | 41,5 | 0,24 | 2,6 | 4,03 | 14,3 | 2,73 | 28 | 0,24 | 2,61 | 4,05 | 9,5 | 2,74 |
| 11 | 27 | 0,19 | 3,31 | 5,12 | 10 | 3,47 | 51 | 0,24 | 2,66 | 4,12 | 18 | 2,79 | 39 | 0,22 | 2,92 | 4,52 | 12,7 | 3,06 |
| 12 | 30 | 0,18 | 3,47 | 5,37 | 11,6 | 3,64 | 57 | 0,23 | 2,77 | 4,28 | 20,8 | 2,9 | 47,5 | 0,23 | 2,69 | 4,16 | 16,6 | 2,82 |
| 13 | 31 | 0,18 | 3,57 | 5,52 | 12,5 | 3,74 | 62 | 0,23 | 2,75 | 4,26 | 22,8 | 2,88 | 57 | 0,27 | 2,78 | 4,31 | 19,3 | 2,92 |
| 14 | 34,5 | 0,18 | 3,36 | 5,21 | 13,7 | 3,52 | 75 | 0,23 | 2,79 | 4,32 | 27,5 | 2,93 | 44 | 0,27 | 2,34 | 3,62 | 17 | 2,45 |
| 15 | 39 | 0,19 | 3,32 | 5,15 | 15,6 | 3,48 | 80 | 0,23 | 2,77 | 4,29 | 30 | 2,9 | 44 | 0,24 | 2,47 | 3,83 | 18 | 2,59 |
| 16 | 40 | 0,16 | 3,9 | 6,03 | 17 | 4,08 | 88 | 0,22 | 2,87 | 4,44 | 32,5 | 3 | 49 | 0,25 | 2,48 | 3,84 | 20 | 2,6 |
| 17 | 49 | 0,17 | 3,73 | 5,78 | 20,4 | 3,91 | 98 | 0,22 | 2,88 | 4,46 | 38 | 3,02 | 58,5 | 0,26 | 2,46 | 3,81 | 23,6 | 2,58 |
| 18 | 57 | 0,17 | 3,74 | 5,79 | 23,6 | 3,92 | 108 | 0,22 | 2,83 | 4,38 | 43 | 2,97 | 71 | 0,27 | 2,33 | 3,61 | 28,5 | 2,44 |
| 19 | 64 | 0,17 | 3,73 | 5,78 | 27 | 3,91 | 132 | 0,23 | 2,73 | 4,23 | 51 | 2,86 | 83 | 0,27 | 2,32 | 3,59 | 34 | 2,43 |
| 20 | 69,5 | 0,18 | 3,58 | 5,53 | 29 | 3,75 | 143 | 0,23 | 2,68 | 4,15 | 58,5 | 2,87 | 98 | 0,27 | 2,68 | 3,61 | 40,5 | 2,44 |
| 21 | 75 | 0,18 | 3,54 | 5,48 | 32 | 3,71 | 156 | 0,23 | 2,75 | 4,23 | 65,5 | 2,88 | – | – | – | – | – | – |
| 22 | 88 | 0,17 | 3,61 | 5,59 | 38 | 3,78 | – | – | – | – | – | – | 125 | 0,28 | 2,23 | 3,45 | 52 | 2,33 |
| 24 | 120 | 0,2 | 3,11 | 4,01 | 53 | 3,25 | – | – | – | – | – | – | – | – | – | – | – | – |

[1]) ab 1205 außer 1214, 1219, 1221, 1224 auch Ausführung K
[2]) ab 1306 außer 1314, 1319, 1321 auch Ausführung K
[3]) ab 2206 außer 2214 auch Ausführung K
[4]) Es gilt $Y = Y_1$, wenn $F_a/F_r \leq e$, $Y = Y_2$, wenn $F_a/F_r > e$.
[5]) TV Käfig aus glasfaserverstärktem Polyamid 66

**TB 14-2** Fortsetzung

| Lagerart | Pendelkugellager (Fortsetzung) | | | | | | Zylinderrollenlager[2)3)] | | | | | | | | | |
|---|---|---|---|---|---|---|---|---|---|---|---|---|---|---|---|---|
| Lagerreihe | 23; 23 … K[1)5)] | | | | | | NU 10 | | N2; NJ2; NU2; NUP2 | | N3; NJ3; NU3; NUP3 | | NJ22; NU22; NUP22 | | NJ23; NU23; NUP23 | |
| Maßreihe | 23 | | | | | | 10 | | 02 | | 03 | | 22 | | 23 | |
| Bohrungskennzahl | $C$ | $e$ | $Y_1$[4)] | $Y_2$[4)] | $C_0$ | $Y_0$ | $C$ | $C_0$ | $C$ | $C_0$ | $C$ | $C_0$ | $C$ | $C_0$ | $C$ | $C_0$ |
| 02 | 16 | 0,51 | 1,23 | 1,91 | 3,75 | 1,29 | – | – | 12,7 | 10,4 | – | – | – | – | – | – |
| 03 | 13,4 | 0,53 | 1,19 | 1,85 | 3,2 | 1,25 | – | – | 17,6 | 14,6 | 25,5 | 21,2 | 24 | 22 | – | – |
| 04 | 18 | 0,51 | 1,23 | 1,9 | 4,65 | 1,29 | – | – | 27,5 | 24,5 | 31,5 | 27 | 32,5 | 31 | 41,5 | 39 |
| 05 | 24,5 | 0,48 | 1,32 | 2,04 | 6,55 | 1,38 | 13,4 | 12 | 29 | 27,5 | 41,5 | 37,5 | 34,5 | 34,5 | 57 | 56 |
| 06 | 31,5 | 0,45 | 1,4 | 2,17 | 8,65 | 1,47 | 16,6 | 16 | 39 | 37,5 | 51 | 48 | 49 | 50 | 73,5 | 75 |
| 07 | 39 | 0,47 | 1,35 | 2,1 | 11,2 | 1,42 | 24,5 | 26 | 50 | 50 | 64 | 63 | 62 | 65,5 | 91,5 | 98 |
| 08 | 45 | 0,43 | 1,45 | 2,25 | 13,4 | 1,52 | 29 | 32 | 53 | 53 | 81,5 | 78 | 71 | 75 | 112 | 120 |
| 09 | 54 | 0,43 | 1,48 | 2,29 | 16,3 | 1,55 | 34,5 | 39 | 61 | 63 | 98 | 100 | 73,5 | 81,5 | 137 | 153 |
| 10 | 64 | 0,43 | 1,47 | 2,27 | 20 | 1,54 | 36 | 41,5 | 64 | 68 | 110 | 114 | 78 | 88 | 163 | 186 |
| 11 | 75 | 0,42 | 1,51 | 2,33 | 23,6 | 1,58 | 41,5 | 50 | 83 | 95 | 134 | 140 | 98 | 118 | 200 | 228 |
| 12 | 86,5 | 0,41 | 1,55 | 2,4 | 28 | 1,62 | 44 | 55 | 95 | 104 | 150 | 156 | 129 | 153 | 224 | 260 |
| 13 | 95 | 0,39 | 1,62 | 2,51 | 32,5 | 1,7 | 45 | 58,5 | 108 | 120 | 180 | 190 | 150 | 183 | 245 | 285 |
| 14 | 110 | 0,38 | 1,65 | 2,55 | 37,5 | 1,73 | 64 | 81,5 | 120 | 137 | 204 | 220 | 156 | 196 | 275 | 325 |
| 15 | 122 | 0,38 | 1,64 | 2,54 | 42,5 | 1,74 | 65,5 | 85 | 132 | 156 | 240 | 265 | 163 | 208 | 325 | 390 |
| 16 | 137 | 0,37 | 1,7 | 2,62 | 48 | 1,78 | 76,5 | 98 | 140 | 170 | 255 | 275 | 186 | 245 | 355 | 425 |
| 17 | 140 | 0,37 | 1,68 | 2,61 | 51 | 1,76 | 78 | 104 | 163 | 193 | 270 | 300 | 216 | 275 | 365 | 450 |
| 18 | 153 | 0,39 | 1,63 | 2,53 | 57 | 1,71 | 93 | 125 | 183 | 216 | 315 | 345 | 240 | 315 | 430 | 530 |
| 19 | 163 | 0,38 | 1,66 | 2,57 | 64 | 1,74 | 96,5 | 129 | 220 | 265 | 335 | 380 | 285 | 375 | 455 | 585 |
| 20 | 193 | 0,38 | 1,67 | 2,58 | 78 | 1,75 | 98 | 134 | 250 | 305 | 380 | 425 | 335 | 440 | 570 | 720 |
| 21 | – | – | – | – | – | – | 112 | 153 | 260 | 320 | – | – | – | – | – | – |
| 22 | 216 | 0,37 | 1,69 | 2,62 | 95 | 1,77 | 140 | 190 | 290 | 365 | 415 | 475 | 380 | 520 | 630 | 800 |
| 24 | – | – | – | – | – | – | 150 | 208 | 335 | 415 | 520 | 600 | 450 | 610 | 780 | 1020 |

[1)] ab 2307 auch Ausführung K
[2)] Lager mit Borden am Innen- und Außenring auch axial belastbar, wenn $v \geq v_1$ (vgl. Lehrbuch 14.2.4-2. Ölschmierung) gilt: $F_a = 0{,}025 \cdot C$ für Lagerreihe 10, 2, 3; $F_a = 0{,}015 \cdot C$ für 2E, 3E
$F_a = 0{,}007 \cdot C$ für Lagerreihe 22E; 23E
[3)] Lagerreihe 2, 3, 22, 23 verstärkte Ausführung, Zusatzkennbuchstabe E (z. B. NJ 2205 E)
[4)] Es gilt: $Y = Y_1$, wenn $F_a/F_r \leq e$
$Y = Y_2$, wenn $F_a/F_r > e$
[5)] Bis Bohrungskennzahl 13 Käfig aus glasfaserverstärktem Polyamid 66 (Zusatzkennbuchstaben TV), darüber Massivkäfig aus Messing (Zusatzkennbuchstaben M) (z. B. 2305 TV bzw. 2316 M)

**TB 14-2** Fortsetzung

| Lagerart | Kegelrollenlager[1)] | | | | | | | | | | | | | | | | | | | | | | | |
|---|---|---|---|---|---|---|---|---|---|---|---|---|---|---|---|---|---|---|---|---|---|---|---|---|
| Lagerreihe | 302 A[2)] | | | | 303 A[2)] | | | | 322 A[2)] | | | | 323 A[2)] | | | | 332 | | | | | | | |
| Maßreihe | 02 | | | | 03 | | | | 22 | | | | 23 | | | | 32 | | | | | | | |
| Bohrungskennzahl | $C$ | $e$ | $Y$ | $C_0$ | $Y_0$ | $C$ | $e$ | $Y$ | $C_0$ | $Y_0$ | $C$ | $e$ | $Y$ | $C_0$ | $Y_0$ | $C$ | $e$ | $Y$ | $C_0$ | $Y_0$ | $C$ | $e$ | $Y$ | $C_0$ | $Y_0$ |

| Bohrungskennzahl | $C$ | $e$ | $Y$ | $C_0$ | $Y_0$ | $C$ | $e$ | $Y$ | $C_0$ | $Y_0$ | $C$ | $e$ | $Y$ | $C_0$ | $Y_0$ | $C$ | $e$ | $Y$ | $C_0$ | $Y_0$ | $C$ | $e$ | $Y$ | $C_0$ | $Y_0$ |
|---|---|---|---|---|---|---|---|---|---|---|---|---|---|---|---|---|---|---|---|---|---|---|---|---|---|
| 02 | 12,5* | 0,46 | 1,31 | 11,8* | 0,72 | 23,2 | 0,29 | 2,11 | 20,8 | 1,16 | – | – | – | – | – | – | – | – | – | – | – | – | – | – | – |
| 03 | 15,3 | 0,35 | 1,74 | 19 | 0,96 | 28 | 0,29 | 2,11 | 25 | 1,16 | 29 | 0,31 | 1,92 | 30 | 1,06 | 36,5 | 0,29 | 2,11 | 36,5 | 1,16 | – | – | – | – | – |
| 04 | 27,5 | 0,35 | 1,74 | 27,5 | 0,96 | 34,5 | 0,3 | 2 | 33,5 | 1,1 | – | – | – | – | – | 46,5 | 0,3 | 2 | 48 | 1,1 | – | – | – | – | – |
| 05 | 32,5 | 0,37 | 1,6 | 35,5 | 0,88 | 47,5 | 0,3 | 2 | 46,5 | 1,1 | 32,5* | 0,33 | 1,81 | 36* | 1 | 65,5 | 0,3 | 2 | 65,5 | 1,1 | 49 | 0,35 | 1,71 | 58,6 | 0,94 |
| 06 | 42 | 0,37 | 1,6 | 49 | 0,88 | 60 | 0,31 | 1,9 | 61 | 1,05 | 54 | 0,37 | 1,6 | 63 | 0,9 | 81,5 | 0,31 | 1,9 | 90 | 1,05 | 65,5 | 0,34 | 1,76 | 78 | 0,97 |
| 07 | 54 | 0,37 | 1,6 | 60 | 0,88 | 73,5 | 0,31 | 1,9 | 76,5 | 1,05 | 71 | 0,37 | 1,6 | 85 | 0,9 | 100 | 0,31 | 1,9 | 114 | 1,05 | 86,5 | 0,35 | 1,7 | 106 | 0,93 |
| 08 | 62 | 0,37 | 1,6 | 68 | 0,88 | 91,5 | 0,35 | 1,74 | 102 | 0,96 | 80 | 0,37 | 1,6 | 95 | 0,9 | 120 | 0,35 | 1,74 | 146 | 0,96 | 106 | 0,35 | 1,68 | 134 | 0,92 |
| 09 | 71 | 0,4 | 1,48 | 83 | 0,81 | 112 | 0,35 | 1,74 | 127 | 0,96 | 83 | 0,4 | 1,48 | 100 | 0,8 | 156 | 0,35 | 1,74 | 193 | 0,96 | 108 | 0,39 | 1,56 | 146 | 0,9 |
| 10 | 80 | 0,42 | 1,43 | 96,5 | 0,79 | 132 | 0,35 | 1,74 | 150 | 0,96 | 88 | 0,42 | 1,43 | 110 | 0,8 | 186 | 0,35 | 1,74 | 236 | 0,96 | 114 | 0,41 | 1,54 | 163 | 0,8 |
| 11 | 91,5 | 0,4 | 1,48 | 108 | 0,81 | 153 | 0,35 | 1,74 | 170 | 0,96 | 110 | 0,4 | 1,48 | 137 | 0,8 | 212 | 0,35 | 1,74 | 270 | 0,96 | 137 | 0,4 | 1,5 | 196 | 0,83 |
| 12 | 104 | 0,4 | 1,48 | 122 | 0,81 | 176 | 0,35 | 1,74 | 204 | 0,96 | 134 | 0,4 | 1,48 | 170 | 0,8 | 245 | 0,35 | 1,74 | 310 | 0,96 | 170 | 0,4 | 1,48 | 240 | 0,82 |
| 13 | 120 | 0,4 | 1,48 | 143 | 0,81 | 196 | 0,35 | 1,74 | 228 | 0,96 | 156 | 0,4 | 1,48 | 200 | 0,8 | 270 | 0,35 | 1,74 | 345 | 0,96 | 204 | 0,39 | 1,54 | 285 | 0,85 |
| 14 | 132 | 0,42 | 1,43 | 163 | 0,79 | 224 | 0,35 | 1,74 | 265 | 0,96 | 163 | 0,42 | 1,43 | 216 | 0,8 | 310 | 0,35 | 1,74 | 405 | 0,96 | 212 | 0,41 | 1,47 | 300 | 0,81 |
| 15 | 137 | 0,44 | 1,32 | 173 | 0,76 | 250 | 0,35 | 1,74 | 300 | 0,96 | 173 | 0,44 | 1,38 | 232 | 0,8 | 360 | 0,35 | 1,74 | 475 | 0,96 | 208 | 0,43 | 1,4 | 310 | 0,77 |
| 16 | 156 | 0,42 | 1,43 | 193 | 0,79 | 290 | 0,35 | 1,74 | 345 | 0,96 | 200 | 0,42 | 1,43 | 265 | 0,8 | 400 | 0,35 | 1,74 | 540 | 0,96 | 250 | 0,43 | 1,41 | 380 | 0,78 |
| 17 | 180 | 0,42 | 1,43 | 228 | 0,79 | 310 | 0,35 | 1,74 | 375 | 0,96 | 228 | 0,42 | 1,43 | 305 | 0,8 | 430 | 0,35 | 1,74 | 585 | 0,96 | 290 | 0,42 | 1,43 | 440 | 0,79 |
| 18 | 204 | 0,42 | 1,43 | 260 | 0,79 | 335 | 0,35 | 1,74 | 400 | 0,96 | 260 | 0,42 | 1,43 | 360 | 0,8 | 490 | 0,35 | 1,74 | 655 | 0,96 | – | – | – | – | – |
| 19 | 224 | 0,42 | 1,43 | 285 | 0,79 | 365 | 0,35 | 1,74 | 440 | 0,96 | 300 | 0,42 | 1,43 | 415 | 0,8 | 530 | 0,35 | 1,74 | 710 | 0,96 | – | – | – | – | – |
| 20 | 250 | 0,42 | 1,43 | 325 | 0,79 | 415 | 0,35 | 1,74 | 510 | 0,96 | 335 | 0,42 | 1,43 | 475 | 0,8 | 610 | 0,35 | 1,74 | 850 | 0,96 | – | – | – | – | – |
| 21 | 280 | 0,42 | 1,43 | 365 | 0,79 | – | – | – | – | – | 380 | 0,42 | 1,43 | 550 | 0,8 | 670 | 0,35 | 1,74 | 930 | 0,96 | – | – | – | – | – |
| 22 | 315 | 0,42 | 1,43 | 415 | 0,79 | 480 | 0,35 | 1,74 | 585 | 0,96 | 415 | 0,42 | 1,43 | 600 | 0,8 | 735 | 0,35 | 1,74 | 1020 | 0,96 | – | – | – | – | – |
| 24 | 340 | 0,44 | 1,38 | 455 | 0,76 | 560 | 0,35 | 1,74 | 710 | 0,96 | 480 | 0,44 | 1,38 | 735 | 0,8 | 670* | 0,39 | 1,53 | 965* | 0,84 | – | – | – | – | – |

[1)] Lagerpaar in O- oder X-Anordnung $C = 1{,}715 \cdot C_{Einzel}$; $P = F_r + 1{,}12 Y \cdot F_a$ für $F_a/F_r \leq e$ und $P = 0{,}67 \cdot F_r + 1{,}68 \cdot Y \cdot F_a$ für $F_a/F_r > e$; $C_0 = 2 \cdot C_{0\,Einzel}$; $P_0 = F_r + 2 \cdot Y_0 \cdot F_a$
[2)] Nachsetzzeichen A – Lager mit geänderter Innenkonstruktion; Tragzahlen mit * Normalausführung (ohne A)

**TB 14-2** Fortsetzung

| Lagerart | Tonnenlager[1)4)] | | | | Pendelrollenlager[1)] | | | | | | | | | | | | | | | | | |
|---|---|---|---|---|---|---|---|---|---|---|---|---|---|---|---|---|---|---|---|---|---|---|
| Lagerreihe | 202; 202 K | | 203; 203 K | | 213 ... E[2)]; 213 ... EK[2] | | | | | | 213 ... E[2)]; 213 ... EK[2] | | | | | | 213 ... E[2)]; 213 ... EK[2] | | | | | |
| Maßreihe | 02 | | 03 | | 13 | | | | | | 22 | | | | | | 23 | | | | | |
| Bohrungskennzahl | $C$ | $C_0$ | $C$ | $C_0$ | $C$ | $e$ | $Y_1$[3)] | $Y_2$[3)] | $C_0$ | $Y_0$ | $C$ | $e$ | $Y_1$[3)] | $Y_2$[3)] | $C_0$ | $Y_0$ | $C$ | $e$ | $Y_1$[3)] | $Y_2$[3)] | $C_0$ | $Y_0$ |
| 04 | 20,4 | 19,3 | 27 | 24,5 | 34,5 | 0,3 | 2,25 | 3,34 | 33,5 | 2,2 | – | – | – | – | – | – | – | – | – | – | – | – |
| 05 | 24 | 25 | 36 | 34,5 | 44 | 0,28 | 2,43 | 3,61 | 43 | 2,37 | 42,5 | 0,34 | 1,98 | 2,94 | 44 | 1,93 | – | – | – | – | – | – |
| 06 | 27,5 | 28,5 | 49 | 49 | 62 | 0,27 | 2,49 | 3,71 | 63 | 2,43 | 58,5 | 0,31 | 2,15 | 3,2 | 62 | 2,1 | – | – | – | – | – | – |
| 07 | 40,5 | 43 | 58,5 | 61 | 71 | 0,26 | 2,55 | 3,8 | 73,5 | 2,5 | 78 | 0,31 | 2,16 | 3,22 | 83 | 2,12 | – | – | – | – | – | – |
| 08 | 49 | 53 | 76,5 | 81,5 | 91,5 | 0,26 | 2,62 | 3,9 | 100 | 2,56 | 90 | 0,28 | 2,41 | 3,59 | 96,5 | 2,85 | 129 | 0,36 | 1,86 | 2,77 | 143 | 1,82 |
| 09 | 52 | 57 | 86,5 | 95 | 108 | 0,26 | 2,62 | 3,9 | 120 | 2,56 | 95 | 0,26 | 2,62 | 3,9 | 108 | 2,56 | 156 | 0,36 | 1,9 | 2,83 | 176 | 1,86 |
| 10 | 58,5 | 68 | 108 | 118 | 122 | 0,24 | 2,79 | 4,15 | 137 | 2,73 | 100 | 0,24 | 2,81 | 4,19 | 116 | 2,75 | 196 | 0,36 | 1,86 | 2,77 | 216 | 1,82 |
| 11 | 73,5 | 85 | 120 | 134 | 146 | 0,24 | 2,76 | 4,11 | 166 | 2,7 | 116 | 0,23 | 2,92 | 4,35 | 140 | 2,86 | 224 | 0,36 | 1,89 | 2,81 | 265 | 1,84 |
| 12 | 85 | 100 | 146 | 170 | 166 | 0,24 | 2,87 | 4,27 | 193 | 2,8 | 146 | 0,24 | 2,84 | 4,23 | 173 | 2,78 | 260 | 0,35 | 1,91 | 2,85 | 300 | 1,87 |
| 13 | 95 | 116 | 170 | 193 | 196 | 0,24 | 2,84 | 4,23 | 228 | 2,78 | 173 | 0,24 | 2,82 | 4,19 | 208 | 2,75 | 290 | 0,34 | 2 | 2,98 | 355 | 1,96 |
| 14 | 106 | 134 | 183 | 216 | 220 | 0,23 | 2,92 | 4,35 | 265 | 2,86 | 173 | 0,23 | 2,95 | 4,4 | 216 | 2,89 | 325 | 0,34 | 2 | 2,90 | 375 | 1,96 |
| 15 | 112 | 143 | 216 | 255 | 250 | 0,23 | 2,95 | 4,4 | 305 | 2,89 | 176 | 0,22 | 3,1 | 4,62 | 224 | 3,03 | 375 | 0,34 | 1,99 | 2,96 | 440 | 1,94 |
| 16 | 125 | 163 | 245 | 285 | 275 | 0,23 | 2,92 | 4,35 | 340 | 2,86 | 216 | 0,22 | 3,11 | 4,67 | 275 | 3,07 | 415 | 0,34 | 1,99 | 2,96 | 500 | 1,94 |
| 17 | 156 | 200 | 270 | 320 | 305 | 0,22 | 3,01 | 4,48 | 375 | 2,94 | 260 | 0,22 | 3,04 | 4,53 | 325 | 2,97 | 455 | 0,33 | 2,04 | 3,04 | 540 | 2 |
| 18 | 173 | 220 | 300 | 360 | 335 | 0,22 | 3,01 | 4,48 | 415 | 2,94 | 285 | 0,23 | 2,9 | 4,31 | 360 | 2,83 | 510 | 0,33 | 2,03 | 3,02 | 620 | 1,98 |
| 19 | 208 | 265 | 335 | 400 | 360 | 0,22 | 3,04 | 4,3 | 450 | 2,97 | 315 | 0,24 | 2,87 | 4,27 | 400 | 2,8 | 560 | 0,33 | 2,03 | 3,02 | 680 | 1,98 |
| 20 | 224 | 290 | 365 | 440 | 425 | 0,22 | 3,14 | 4,67 | 530 | 3,07 | 360 | 0,24 | 2,84 | 4,23 | 465 | 2,78 | 655 | 0,34 | 2 | 2,98 | 815 | 1,96 |
| 21 | 245 | 315 | – | – | – | – | – | – | – | – | – | – | – | – | – | – | – | – | – | – | – | – |
| 22 | 285 | 375 | 430 | 520 | 510 | 0,21 | 3,24 | 4,82 | 640 | 3,16 | 455 | 0,25 | 2,71 | 4,04 | 585 | 2,65 | 800 | 0,33 | 2,07 | 3,09 | 1060 | 2,03 |
| 24 | 305 | 415 | 490 | 630 | – | – | – | – | – | – | 540 | 0,25 | 2,71 | 4,04 | 720 | 2,65 | 900 | 0,33 | 2,06 | 3,06 | 2240 | 2,01 |

[1)] K kegelige Bohrung 1:12 oder 1:30 (K30)
[2)] E verstärkte Ausführung; mit Schmiernut und Schmierbohrungen im Außenring (Nachsetzzeichen ES); z. B. Pendelrollenlager DIN 635 – 22316 ES
[3)] Es gilt: $Y = Y_1$, wenn $F_a/F_r \leq e$
  $Y = Y_2$, wenn $F_a/F_r > e$.
[4)] oberhalb der Stufenlinie: Käfige aus glasfaserverstärktem Polyamid 66 (Nachsetzzeichen T)
unterhalb der Stufenlinie: Massivkäfig aus Messing (Nachsetzzeichen MB)

**TB 14-2** Fortsetzung

| Lagerart | Axial-Rillenkugellager einseitig wirkend[1)] | | | | | | Lagerart | Axial-Rillenkugellager zweiseitig wirkend | | | |
|---|---|---|---|---|---|---|---|---|---|---|---|
| Lagerreihe | 511 | | 512, 532 U2 | | 513, 533 U3 | | Lagerreihe | 522, 542 U2 | | 523, 543 U3 | |
| Maßreihe | 11 | | 12, 32 | | 13, 33 | | Maßreihe | 22, 42 | | 23, 43 | |
| Bohrungskennzahl | $C$ | $C_0$ | $C$ | $C_0$ | $C$ | $C_0$ | Bohrungskennzahl[2)] | $C$ | $C_0$ | $C$ | $C_0$ |
| 00 | 10 | 14 | 12,7 | 17 | – | – | 02 | 16,6[3)] | 25[3)] | – | – |
| 01 | 10,4 | 15,3 | 13,2 | 19 | – | – | 04 | 22,4[3)] | 37,5[3)] | – | – |
| 02 | 10,4 | 15,3 | 16,6 | 25 | – | – | 05 | 28 | 50 | 34,5 | 55 |
| 03 | 9,65 | 15,3 | 17,3 | 27,5 | – | – | 06 | 25,5 | 47,5 | 38 | 65,5 |
| 04 | 12,7 | 20,8 | 22,4 | 37,5 | – | – | 07 | 35,5 | 67 | 50 | 88 |
| 05 | 15,6 | 29 | 28 | 50 | 34,5 | 55 | 08 | 46,5 | 98 | 61[4)] | 112[4)] |
| 06 | 16,6 | 33,5 | 25,5 | 47,5 | 38 | 65,5 | 09 | 39 | 80 | 75 | 140 |
| 07 | 17,6 | 37,5 | 35,5 | 67 | 50 | 88 | 10 | 50 | 106 | 88 | 173 |
| 08 | 23,2 | 50 | 46,5 | 98 | 61 | 112 | 11 | 61 | 134 | 102 | 208 |
| 09 | 24,5 | 57 | 39 | 80 | 75 | 140 | 12 | 62 | 140 | 102 | 208 |
| 10 | 25,5 | 60 | 50 | 106 | 88 | 173 | 13 | 64[3)] | 150[3)] | 106[4)] | 220[4)] |
| 11 | 31 | 78 | 61 | 134 | 102 | 208 | 14 | 65,5[3)] | 160[3)] | 137 | 300 |
| 12 | 36,5 | 93 | 62 | 140 | 102 | 208 | 15 | 67 | 170 | 163 | 360 |
| 13 | 37,5 | 98 | 64 | 150 | 106 | 220 | 16 | 75 | 180 | 160 | 360 |
| 14 | 37,5 | 104 | 65,5 | 160 | 137 | 300 | 17 | 98 | 250 | 190 | 425 |
| 15 | 44 | 137 | 67 | 170 | 163 | 360 | 18 | 120 | 300 | 196 | 465 |
| 16 | 45 | 140 | 75 | 190 | 160 | 360 | 20 | 122 | 320 | 232 | 560 |
| 17 | 45,5 | 150 | 98 | 250 | 190 | 425 | 22 | 129[3)] | 360[3)] | 275 | 720 |
| 18 | 60 | 190 | 120 | 300 | 196 | 465 | 24 | 140[3)] | 400[3)] | 325[4)] | 915[4)] |
| 20 | 85 | 270 | 122 | 320 | 232 | 560 | 26 | 183[3)] | 540[3)] | 360[4)] | 1060[4)] |
| 22 | 85,5 | 290 | 129 | 360 | 275 | 720 | 28 | 190[3)] | 570[3)] | 400[4)] | 1220[4)] |
| 24 | 90 | 310 | 140 | 400 | 325 | 915 | – | – | – | – | – |

[1)] vgl. TB 14-1c
[2)] Bohrungskennzahl für $d_w$ siehe TB14-1c zweiseitig wirkend
[3)] nur Lagerreihe 522
[4)] nur Lagerreihe 523

**TB 14-3** Richtwerte für Radial- und Axialfaktoren $X$, $Y$ bzw. $X_0$, $Y_0$

a) bei dynamisch äquivalenter Beanspruchung

| Lagerart | $e$ | $\frac{F_a}{F_r} \leq e$ | | $\frac{F_a}{F_r} > e$ | |
|---|---|---|---|---|---|
| | | $X$ | $Y$ | $X$ | $Y$ |
| Rillenkugellager[1])<br>ein- und zweireihig<br>mit Radialluft normal<br>übliche Passung<br>k5 ... j5 und J6 | $F_a/C_0$<br>0,025<br>0,04<br>0,07<br>0,13<br>0,25<br>0,50 | 0,22<br>0,24<br>0,27<br>0,31<br>0,37<br>0,44 | 1 | 0 | 0,56 | 2,0<br>1,8<br>1,6<br>1,4<br>1,2<br>1,0 |
| Schrägkugellager $\alpha = 40°$<br>Reihe 72, 73 Einzellager und Tandem-Anordnung<br>O- oder X-Anordnung<br>Reihe 32 B, 33 B $\alpha = 25°$ ohne Füllnuten<br>Reihe 32, 33 $\alpha = 35°$ mit Füllnuten<br>desgl. Vierpunktlager QJ, wenn $F_a \leq 1,2 \cdot F_r$ | 1,14<br>1,14<br>0,68<br>0,95<br>0,95 | 1<br>1<br>1<br>1<br>1 | 0<br>0,55<br>0,92<br>0,66<br>0,66 | 0,35<br>0,57<br>0,67<br>0,6<br>0,6 | 0,57<br>0,93<br>1,41<br>1,07<br>1,07 |
| Pendelkugellager | s. TB 14-2 | 1 | s. TB 14-2 | 0,65 | s. TB 14-2 |
| Kegelrollenlager | s. TB 14-2 | 1 | 0 | 0,4 | s. TB 14-2 |
| Tonnenlager | – | 1 | 9,5 | 1 | 9,5 |
| Pendelrollenlager | s. TB 14-2 | 1 | s. TB 14-2 | 0,67 | s. TB 14-2 |

[1]) für $0,02 < F_a/C_0 \leq 0,5$, $e \approx 0,51 \cdot (F_a/C_0)^{0,233}$, $Y \approx 0,866 (F_a/C_0)^{-0,229}$ bei $F_a/F_r > e$

b) bei statisch äquivalenter Beanspruchung

| Lagerart | $e$ | einreihige Lager[1]) | | | | zweireihige Lager | | | |
|---|---|---|---|---|---|---|---|---|---|
| | | $F_a/F_r \leq e$ | | $F_a/F_r > e$ | | $F_a/F_r \leq e$ | | $F_a/F_r > e$ | |
| | | $X_0$ | $Y_0$ | $X_0$ | $Y_0$ | $X_0$ | $Y_0$ | $X_0$ | $Y_0$ |
| Rillenkugellager[1]) | 0,8 | 1 | 0 | 0,6 | 0,5 | 1 | 0 | 0,6 | 0,5 |
| Schrägkugellager $\alpha = 40°$<br>Reihe 72, 73 und Tandem<br>O- und X-Anordnung<br>Reihe 32 B, 33 B $\alpha = 25°$<br>Reihe 32, 33 $\alpha = 35°$<br>desgl. Vierpunktlager | 1,9<br>–<br>–<br>–<br>– | 1<br>1<br>–<br>–<br>1 | 0<br>0,52<br>–<br>–<br>0,58 | 0,5<br>1<br>–<br>–<br>1 | 0,26<br>0,52<br>–<br>–<br>0,58 | –<br>–<br>1<br>1<br>– | –<br>–<br>0,76<br>0,58<br>– | –<br>–<br>1<br>1<br>– | –<br>–<br>0,76<br>0,58<br>– |
| Pendelkugellager | – | – | – | – | – | 1 | s. TB 14-2 | 1 | s. TB 14-2 |
| Kegelrollenlager | $\frac{1}{2Y_0}$ | 1 | 0 | 0,5 | s. TB 14-2 | – | – | – | – |
| Tonnenlager | – | 1 | 5 | 1 | 5 | – | – | – | – |
| Pendelrollenlager | – | – | – | – | – | 1 | s. TB 14-2 | 1 | s. TB 14-2 |

[1]) Es muss stets $P_0 \leq F_r$ sein.

**TB 14-4** Drehzahlfaktor $f_n$ für Wälzlager

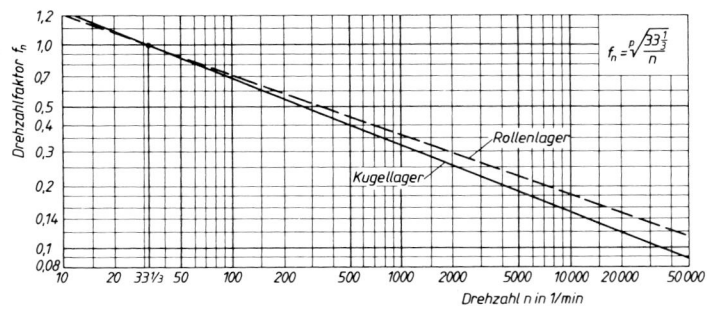

**TB 14-6** Härteeinflussfaktor $f_H$

a) bei verminderter Härte der Laufbahnoberfläche

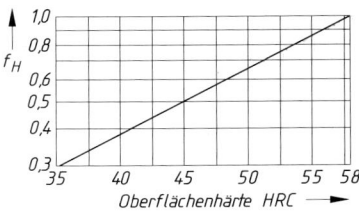

b) bei maßstabilisierten Lagern (S1 bis S4) und höheren Temperaturen

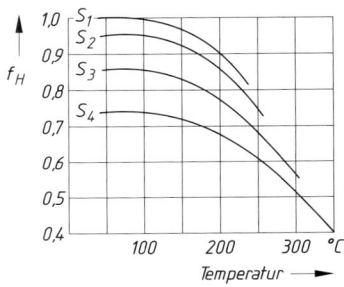

**TB 14-5** Lebensdauerfaktor $f_L$ für Wälzlager

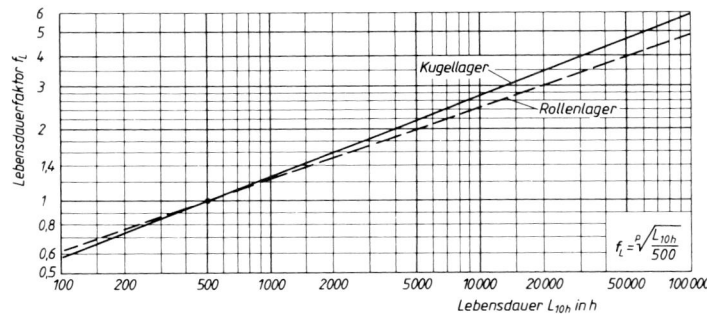

**TB 14-7** Richtwerte für anzustrebende $f_L$-Werte (nach FAG) und zugeordnete nominelle Lebensdauerwerte für Wälzlagerungen

| Nr. | Einsatzgebiet | anzustrebender $f_L$-Wert | Lebensdauer $L_{10h}$ in h[1] |
|---|---|---|---|
| 1 | Haushaltsmaschinen | 1,4 … 2 | 1400 … 5000 |
| 2 | Landmaschinen | 1,4 … 2 | 1400 … 5000 |
| 3 | Werkzeugmaschinen | 3 … 4 | 13500 … 50000 |
| 4 | Hebezeuge, Fördermaschinen | 3 … 4,5 | 13500 … 75000 |
| 5 | Universalgetriebe (mittel) | 2 … 3 | 4000 … 20000 |
| 6 | Walzwerkgetriebe | 3 … 4 | 13500 … 50000 |
| 7 | Zentrifugen | 2,5 … 3 | 8000 … 20000 |
| 8 | kleine Elektromotoren (≤4 kW) | 3 … 4 | 13500 … 50000 |
| 9 | mittlere Elektromotoren | 3,5 … 4,5 | 21500 … 75000 |
| 10 | große Elektromotoren (>10 kW), Generatoren | 4 … 5 | 32000 … 100000 |
| 11 | elektrische Fahrmotoren | 3 … 3,5 | 13500 … 32500 |
| 12 | Motorräder, leichte Pkw | 1 … 1,5 | 500 … 2000 |
| 13 | schwere Pkw, leichte Lkw, Schlepper | 1,6 … 2,2 | 2000 … 7000 |
| 14 | schwere Lkw, Omnibusse | 1,8 … 2,8 | 3000 … 15500 |
| 15 | Achslager von Straßenbahnen | 3,5 … 4 | 21500 … 50000 |
| 16 | Achslager von Eisenbahnwagen | 3 … 3,5 | 13500 … 32500 |
| 17 | Achslager von Förderwagen | 2,5 … 3,5 | 8000 … 32500 |
| 18 | kleine Ventilatoren | 3,5 … 4,5 | 21500 … 75000 |
| 19 | Förderseilscheiben (Bergwerke) | 4 … 4,5 | 32000 … 75000 |
| 20 | Spinnereimaschinen | 3 … 4 | 13500 … 50000 |
| 21 | Papiermaschinen | 5 … 5,5 | 62500 … 145000 |
| 22 | Schiffswellenlager | 4 … 6 | 32000 … 200000 |
| 23 | Holzbearbeitungsmaschinen | 3 … 4 | 13500 … 50000 |
| 24 | Druckereimaschinen | 4 … 4,5 | 32000 … 75000 |
| 25 | Kreiselpumpen | 3 … 4,5 | 13500 … 75000 |

[1] Zu beachten sind die, abhängig von $f_L$, unterschiedlichen Lebensdauerwerte bei Kugel- und Rollenlager (s. TB 14-5).

**TB 14-8** Toleranzklassen für Wellen und Gehäuse bei Wälzlagerungen – allgemeine Richtlinien n. DIN 5425 (Auszug)

a) Toleranzklassen für Vollwellen

| Voraussetzungen | | Zylindrische Lagerbohrung | | | | | | | | Kegelige Lagerbohrung mit Spannhülse nach DIN 5415 und Abziehhülse nach DIN 5416 |
|---|---|---|---|---|---|---|---|---|---|---|
| | | Reine Axialbeanspruchung | Punktbeanspruchung | | Umfangsbeanspruchung | | | | | Größe und Richtung der Beanspruchung beliebig |
| | | | Verschiebbarkeit des Innenringes | | Mittlere Beanspruchungen und Betriebsverhältnisse | | | | | |
| | | | erforderlich | nicht unbedingt erforderlich | | | | | | |
| Beispiele | | – | Laufräder mit stillstehender Achse | Spannrollen, Seilrollen | Allgemeiner Maschinenbau Elektrische Maschinen, Turbinen, Pumpen, Zahnradgetriebe | | | | | Allgemeiner Maschinenbau |
| Wellendurchmesser mm | Radial-Kugellager | alle Durchmesser | – | – | bis 18 | über 18 bis 100 | über 100 bis 140 | über 140 bis 200 | – | – | alle Durchmesser |
| | Radial-Zylinder- und Kegelrollenlager | | | | – | bis 40 | über 40 bis 100 | über 100 bis 140 | über 140 bis 200 | – | |
| | Radial-Pendelrollenlager | | | | – | bis 40 | über 40 bis 65 | über 65 bis 100 | über 100 bis 140 | über 140 bis 200 | |
| Toleranzklasse | | j6 | g6[1] | h6[1] | h5 | k5[2),3)] | m5[2),3)] | m6[1] | n6[4] | p6 | h9/IT 5[5] |

[1] Für Lagerungen mit erhöhter Laufgenauigkeit Qualität 5 verwenden.
[2] Wird für zweireihige Schrägkugellager eine Toleranzklasse verwendet, die ein größeres oberes Abmaß als j5 hat, so sind Lager mit größerer Radialluft erforderlich.
[3] Für Radial-Kegelrollenlager kann in der Regel k6 bzw. m6 verwendet werden, weil Rücksichtnahme auf Verminderung der Lagerluft entfällt.
[4] Für Achslagerungen von Schienenfahrzeugen mit Zylinderrollenlagern bereits ab 100 mm Achsschenkeldurchmesser n6 bis p6.
[5] h9/IT 5 bedeutet, dass außer der Maßtoleranz der Qualität 9 eine Zylinderformtoleranz der Qualität 5 vorgeschrieben ist.

b) Toleranzklassen für Gehäuse

| Voraussetzung | Reine Axialbeanspruchung | Punktbeanspruchung | | | Unbestimmte Richtung der Beanspruchung | | Umfangsbeanspruchung | | |
|---|---|---|---|---|---|---|---|---|---|
| | | Wärmezufuhr durch die Welle | Beliebige Beanspruchungen | Stoßbeanspruchung Möglichkeit vollkommener Entlastung | Mittlere Beanspruchungen | Große Stoßbeanspruchungen | Niedrige Beanspruchung $P \leq 0{,}07C$ | Mittlere Beanspruchung $P \approx 0{,}1C$ | Hohe Beanspruchung, dünnwandige Gehäuse $P > 0{,}15C$ |
| | | | | | Verschiebbarkeit des Außenringes | | | | |
| | | | | | erwünscht | nicht erforderlich | | | |
| | Außenring leicht verschiebbar | | | | Außenring in der Regel noch verschiebbar | Außenring in der Regel nicht verschiebbar | Außenring nicht verschiebbar | | |
| Beispiele | Alle Lager | Trockenzylinder | Allgemeiner Maschinenbau | Achslager für Schienenfahrzeuge ungeteilt / geteilt | Elektrische Maschinen | Kurbelwellenhauptlager | Förderband- und Seilrollen, Riemenspannrollen | Dickwandige Radnaben, Pleuellager | Dünnwandige Radnaben |
| Toleranzklasse[6] | H8 ... E8 | G7 | H7 | J7 / J6 | J6 | K7 | M7 | N7 | P7 |

[6] Gilt für Gehäuse aus Grauguss und Stahl; für Gehäuse aus Leichtmetall in der Regel Toleranzklassen verwenden, die festere Passungen ergeben. Für genaue Lagerungen wird Qualität 6 empfohlen. Bei Schulterkugellagern, deren Mantel das obere Abmaß + 10 μm hat, ist die nächstweitere Toleranzklasse anzuwenden, z. B. H7 an Stelle von J7.

**TB 14-9** Wälzlager-Anschlussmaße, Auszug aus DIN 5418
Maße in mm

a) Rundungen und Schulterhöhen der Anschlussbauteile bei Radial- und Axiallager (ausgenommen Kegelrollenlager)

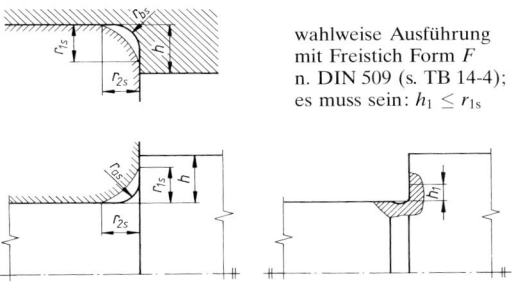

wahlweise Ausführung mit Freistich Form $F$ n. DIN 509 (s. TB 14-4); es muss sein: $h_1 \leq r_{1s}$

| $r_{1s}, r_{2s}$ | | $r_{as}, r_{bs}$ | $h$ min Durchmesserreihe nach DIN 616 | | |
|---|---|---|---|---|---|
| min | max | | 8, 9, 0 | 1, 2, 3 | 4 |
| 0,15 | 0,15 | | 0,4 | 0,7 | – |
| 0,2 | 0,2 | | 0,7 | 0,9 | – |
| 0,3 | 0,3 | | 1 | 1,2 | – |
| 0,6 | 0,6 | | 1,6 | 2,1 | – |
| 1 | 1 | | 2,3 | 2,8 | – |
| 1,1 | 1 | | 3 | 3,5 | 4,5 |
| 1,5 | 1,6[1] | | 3,5 | 4,5 | 5,5 |
| 2 | 2 | | 4,4 | 5,5 | 6,5 |
| 2,1 | 2,1 | | 5,1 | 6 | 7 |
| 3 | 2,5 | | 6,2 | 7 | 8 |
| 4 | 3 | | 7,3 | 8,5 | 10 |
| 5 | 4 | | 9 | 10 | 12 |
| 6 | 5 | | 11,5 | 13 | 15 |

$h$ Schulterhöhe bei Welle und Gehäuse; $h_{max} = h_{min}$
$h_1$ Einstichmaß
$r_{as}$ Hohlkehlmaß an der Welle
$r_{bs}$ Hohlkehlmaß am Gehäuse
$r_{1s}$ Kantenabstand in radialer Richtung
$r_{2s}$ Kantenabstand in axialer Richtung

Bei Axiallagern soll die Schulter mindestens bis zur Mitte der Wellen- bzw. Gehäusescheibe reichen

[1] Nur bei Freistichen nach DIN 509 (siehe TB 11-4); andernfalls nicht über 1,5 mm

b) Durchmessermaße der Anschlussbauteile bei Zylinderrollenlagern ($D$ und $d$ sind Nennwerte)

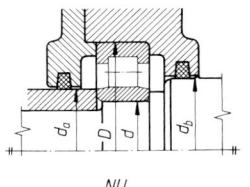
NU

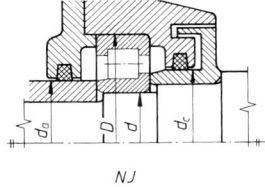
NJ

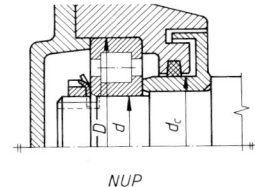
NUP

Mit verstärkter Ausführung, Nachsetzzeichen E (erhöhte Tragfähigkeit)

| Lagerbohrung $d$ | Lagerreihen | | | | | | | | | | | | |
|---|---|---|---|---|---|---|---|---|---|---|---|---|---|
| | NU 10 NU 20 E | | | NU 2 NJ 2 NUP 2 | NU 2 E NJ 2 E NUP 2 E | NU 22 NJ 22 NUP 22 | NU 22 E NJ 22 E NUP 22 E | NU 3 NJ 3 NUP 3 | NU 3 E NJ 3 E NUP 3 E | NU 23 NJ 23 NUP 23 | NU 23 E NJ 23 E NUP 23 E | NU 4 NJ 4 NUP 4 | | |
| | $D$ | $d_a$ max | $d_b$ min | $D$ | $d_a$ max | $d_b$ min | $d_c$ min | $D$ | $d_a$ max | $d_b$ min | $d_c$ min | $D$ | $d_a$ max | $d_b$ min | $d_c$ min |
| 17 | – | – | – | 40 | 21 | 25 | 27 | – | – | – | – | – | – | – | – |
| 20 | 42 | 25 | 27 | 47 | 26 | 29 | 32 | 52 | 27 | 30 | 33 | – | – | – | – |
| 25 | 47 | 30 | 32 | 52 | 31 | 34 | 37 | 62 | 33 | 37 | 40 | – | – | – | – |
| 30 | 55 | 35 | 38 | 62 | 37 | 40 | 44 | 72 | 40 | 44 | 48 | 90 | 44 | 47 | 52 |
| 35 | 62 | 41 | 44 | 72 | 43 | 48 | 50 | 80 | 45 | 48 | 53 | 100 | 52 | 55 | 61 |
| 40 | 68 | 46 | 49 | 80 | 49 | 52 | 56 | 90 | 51 | 55 | 60 | 110 | 57 | 60 | 67 |
| 45 | 75 | 52 | 54 | 85 | 54 | 57 | 61 | 100 | 57 | 60 | 66 | 120 | 63 | 66 | 74 |
| 50 | 80 | 57 | 59 | 90 | 58 | 62 | 67 | 110 | 63 | 67 | 73 | 130 | 69 | 73 | 81 |
| 55 | 90 | 63 | 66 | 100 | 65 | 68 | 73 | 120 | 69 | 72 | 80 | 140 | 76 | 79 | 87 |
| 60 | 95 | 68 | 71 | 110 | 71 | 75 | 80 | 130 | 75 | 79 | 86 | 150 | 82 | 85 | 94 |
| 65 | 100 | 73 | 76 | 120 | 77 | 81 | 87 | 140 | 81 | 85 | 93 | 160 | 88 | 91 | 100 |
| 70 | 110 | 78 | 82 | 125 | 82 | 86 | 92 | 150 | 87 | 92 | 100 | 180 | 99 | 102 | 112 |
| 75 | 115 | 83 | 87 | 130 | 87 | 90 | 96 | 160 | 93 | 97 | 106 | 190 | 103 | 107 | 118 |
| 80 | 125 | 90 | 94 | 140 | 94 | 97 | 104 | 170 | 99 | 105 | 114 | 200 | 109 | 112 | 124 |
| 85 | 130 | 95 | 99 | 150 | 99 | 104 | 110 | 180 | 106 | 110 | 119 | 210 | 111 | 115 | 128 |
| 90 | 140 | 101 | 106 | 160 | 105 | 109 | 116 | 190 | 111 | 117 | 127 | 225 | 122 | 125 | 139 |
| 95 | 145 | 106 | 111 | 170 | 111 | 116 | 123 | 200 | 119 | 124 | 134 | 240 | 132 | 136 | 149 |
| 100 | 150 | 111 | 116 | 180 | 117 | 122 | 130 | 215 | 125 | 132 | 143 | 250 | 137 | 141 | 156 |
| 105 | 160 | 118 | 122 | 190 | 124 | 129 | 137 | 226 | 132 | 137 | 149 | 260 | 143 | 147 | 162 |
| 110 | 170 | 124 | 128 | 200 | 130 | 135 | 144 | 240 | 140 | 145 | 158 | 280 | 158 | 157 | 173 |
| 120 | 180 | 134 | 138 | 215 | 141 | 146 | 156 | 260 | 151 | 156 | 171 | 310 | 168 | 172 | 190 |
| 130 | 200 | 146 | 151 | 230 | 151 | 158 | 168 | 280 | 164 | 169 | 184 | 340 | 183 | 187 | 208 |

**TB 14-10** Viskositätsverhältnis $\kappa = \nu/\nu_1$

a) Betriebsviskosität $\nu$

b) Bezugsviskosität $\nu_1$

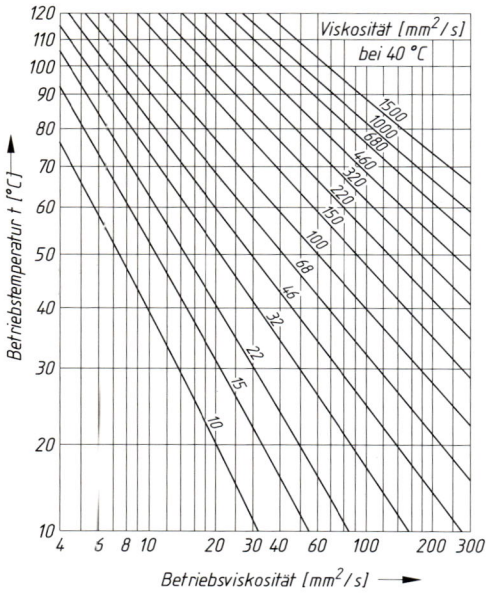
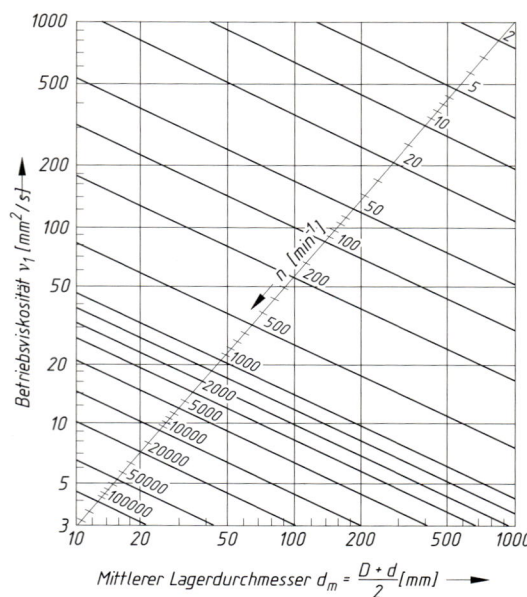

**TB 14-11** Bestimmungsgröße $K = K_1 + K_2$

a) $K_1$ in Abhängigkeit von der Kennzahl $f_s^*$ und der Lagerbauart

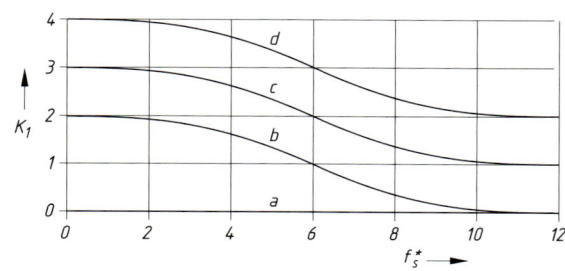

a Kugellager
b Kegelrollenlager, Zylinderrollenlager
c Pendelrollenlager, Axial-Pendelrollenlager[1]
d vollrollige Zylinderrollenlager[2,3]

[1] Mindestbelastung beachten.
[2] Nur in Verbindung mit Feinfilterung des Schmierstoffs entsprechend $V < 1$ erreichbar, sonst $K_1 \geq 6$ annehmen.
[3] Beachte bei der Bestimmung von $V$: Die Reibung ist mindestens doppelt so hoch wie bei Lagern mit Käfigen.

b) $K_2$ in Abhängigkeit von der Kennzahl $f_s^*$ für nicht additivierte Schmierstoffe und für Schmierstoffe mit Additiven, deren Wirksamkeit in Wälzlagern nicht geprüft wurde

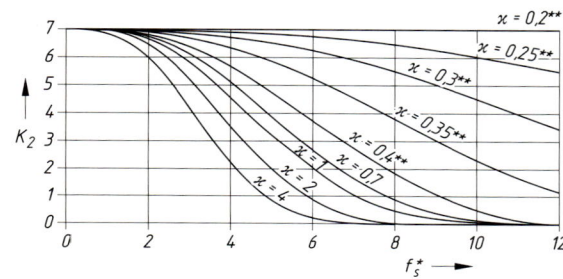

$K_2$ wird 0 bei Schmierstoffen mit Additiven, für die ein entsprechender Nachweis der Wirksamkeit in Wälzlagern vorliegt.

\*\* Bei $\kappa \leq 0{,}4$ dominiert der Verschleiß im Lager, wenn er nicht durch geeignete Additive unterbunden wird.

**TB 14-12** Basiswert $a_{23II}$

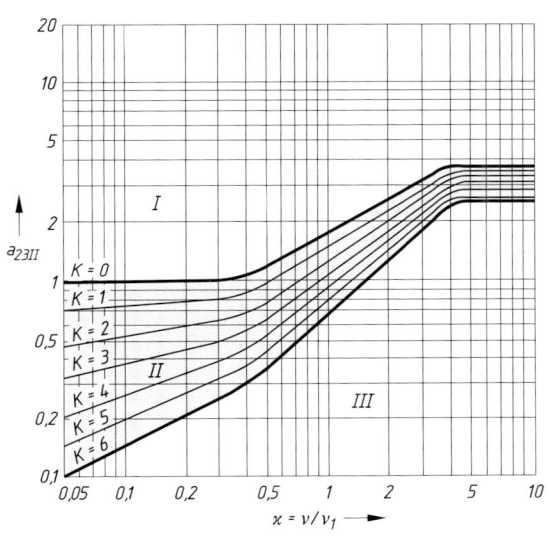

Bereich
I: Übergang zu Dauerfestigkeit
Voraussetzung: höchste Sauberkeit im Schmierspalt und nicht zu hohe Belastung, geeigneter Schmierstoff

II: Normale Sauberkeit im Schmierspalt (bei wirksamen, in Wälzlagern geprüften Additiven sind auch bei $\kappa < 0{,}4$ $a_{23II}$-Werte $>1$ möglich).

III: Ungünstige Schmierbedingungen
Verunreinigungen im Schmierstoff
Ungeeignete Schmierstoffe

**TB 14-13** Sauberkeitsfaktor $s$

a) Sauberkeitsfaktor $s$ für erhöhte ($V = 0{,}5$) bis höchste ($V = 0{,}3$) Sauberkeit

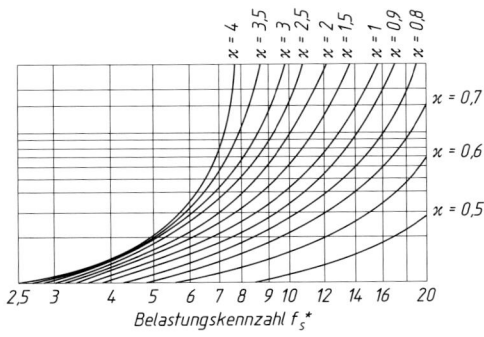
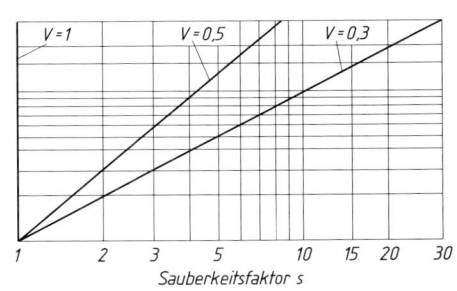

b) Sauberkeitsfaktor $s$ für mäßig verunreinigten ($V = 2$) und stark verunreinigten ($V = 3$) Schmierstoff

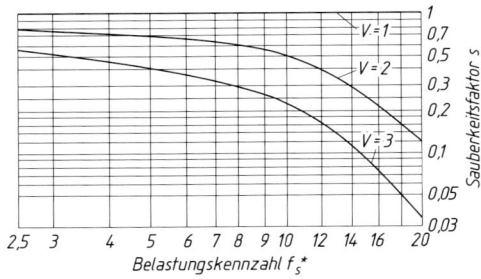

Ein Sauberkeitsfaktor $s > 1$ ist für vollrollige Lager nur erreichbar, wenn durch hochviskosen Schmierstoff und äußerste Sauberkeit (Ölreinheit nach ISO 4406 mindestens 11/7) Verschleiß in den Kontakten Rolle/Rolle ausgeschlossen ist.

# 15 Gleitlager

**TB 15-1** Genormte Radial-Gleitlager (Auszüge)
Maße in mm zu Bild 15-25 im Lehrbuch
a) Flanschlager DIN 502

| $d_1$[1] D10 Form A | $d_1$[1] D10 Form B | $a$ | $b$ | $c$ | $d_2$ D7 | $d_3$ h9 | $d_5$ | $d_6$ | $d_7$ | $f$ | $h$ | $m$ ±1 |
|---|---|---|---|---|---|---|---|---|---|---|---|---|
| – | 25 | 135 | 60 | 20 | – | 50 | 35 | 14 | M12 | 20 | 60 | 100 |
| – | 30 | | | | | | | | | | | |
| 25 | 35 | 155 | 60 | 20 | 35 | 65 | 35 | 14 | M12 | 20 | 75 | 120 |
| 30 | 40 | | | | 40 | | | | | | | |
| 35 | 45 | 180 | 70 | 25 | 45 | 80 | 40 | 18 | M16 | 20 | 90 | 140 |
| 40 | 50 | | | | 50 | | | | | | | |
| 45 | 55 | 210 | 80 | 30 | 55 | 90 | 50 | 22 | M20 | 20 | 100 | 160 |
| 50 | 60 | | | | 60 | | | | | | | |
| 55 | (65) | 240 | 90 | 30 | 65 | 110 | 50 | 22 | M20 | 25 | 120 | 190 |
| 60 | 70 | | | | 70 | | | | | | | |
| (65) | (75) | 275 | 100 | 35 | 75 | 130 | 55 | 26 | M24 | 25 | 140 | 220 |
| 70 | 80 | | | | 80 | | | | | | | |

[1] eingeklammerte Größen möglichst vermeiden
Gussallgemeintoleranzen GTB18 nach DIN 1686

b) Flanschlager DIN 503

| $d_1$[1] D10 Form B | $d_1$[1] D10 Form D | $a$ | $b$ | $c$ | $d_2$ D7 | $d_3$ h9 | $d_4$ | $d_5$ | $d_6$ | $d_7$ | $f$ | $h$ | $m$ ±1 | $n$ ±1 | $t$ |
|---|---|---|---|---|---|---|---|---|---|---|---|---|---|---|---|
| 35 | 45 | 145 | 70 | 20 | 45 | 80 | | 35 | 14 | M12 | 20 | 85 | 110 | 50 | |
| 40 | 50 | | | | 50 | | | | | | | | | | |
| 45 | 55 | 175 | 80 | 25 | 55 | 100 | | 45 | 18 | M16 | 20 | 105 | 130 | 60 | |
| 50 | 60 | | | | 60 | | | | | | | | | | |
| 55 | (65) | 195 | 90 | 25 | 65 | 120 | $R\frac{1}{4}$ | 45 | 18 | M16 | 25 | 125 | 150 | 80 | 12 |
| 60 | 70 | | | | 70 | | | | | | | | | | |
| (65) | (75) | 220 | 100 | 30 | 75 | 140 | | 50 | 22 | M20 | 25 | 150 | 170 | 100 | |
| 70 | 80 | | | | 80 | | | | | | | | | | |
| (75) | 90 | 240 | 100 | 30 | 85 | 160 | | 50 | 22 | M20 | 30 | 170 | 190 | 120 | |
| 80 | | | | | 90 | | | | | | | | | | |
| 90 | 100 | 260 | 120 | 30 | 100 | 180 | | 50 | 22 | M20 | 30 | 190 | 210 | 140 | |
| | 110 | | | | | | | | | | | | | | |

[1] eingeklammerte Größen möglichst vermeiden
Gussallgemeintoleranzen GTB18 nach DIN 1686

c) Augenlager, DIN 504

| $d_1$[1] D10 Form A | B | $a$ | $b_1$ | $b_2$ | $c$ | $d_2$ D7 | $d_3$ max | $d_4$ | $d_6$ | $d_7$ | $h_1$ +0.2 | $h_2$ max | $m$ GTB16[2] | $t$ |
|---|---|---|---|---|---|---|---|---|---|---|---|---|---|---|
| — | 20 | 110 | 50 | 35 | 18 | — | 45 | | 12 | M10 | 30 | 56 | 75 | |
| — | 25/30 | 140 | 60 | 40 | 25 | — | 60 | | 15 | M12 | 40 | 75 | 100 | |
| 25/30 | 35/40 | 160 | 60 | 45 | 25 | 35/40 | 80 | | 15 | M12 | 50 | 95 | 120 | |
| 35/40 | 45/50 | 190 | 70 | 50 | 30 | 45/50 | 90 | | 19 | M16 | 60 | 110 | 140 | |
| 45/50 | 55/60 | 220 | 80 | 55 | 35 | 55/60 | 100 | $R\frac{1}{4}$ | 24 | M20 | 70 | 125 | 160 | 10 |
| 55/60 | (65)/70 | 240 | 90 | 60 | 35 | 65/70 | 120 | | 24 | M20 | 80 | 145 | 180 | |
| (65)/70 | (75)/80 | 270 | 100 | 70 | 45 | 75/80 | 140 | | 28 | M24 | 90 | 165 | 210 | |
| (75)/80 | 90 | 300 | 100 | 80 | 45 | 85/90 | 160 | | 28 | M24 | 100 | 185 | 240 | |
| 90 | 100/110 | 330 | 120 | 90 | 45 | 100 | 180 | | 28 | M24 | 100 | 195 | 270 | |

[1] eingeklammerte Größen möglichst vermeiden,  [2] Gussallgemeintoleranzen GTB18 nach DIN 1686

d) Deckellager, DIN 505

| $d_1$[1] D10 | $a$ | $b_1$ 0 −0,2 | $b_2$[2] | $b_3$ | $c$ | $d_2$ K7/h8 | $d_3$ | $d_6$ | $d_7$ | $d_8$ | $h_1$ ±0,2 | $h_2$ max | $m_1$ GTB16[3] | $m_2$ |
|---|---|---|---|---|---|---|---|---|---|---|---|---|---|---|
| 25/30 | 165 | 45 | 35 | 40 | 22 | 35/40 | 45/50 | 15 | M12 | M10 | 40 | 85 | 125 | 65 |
| 35/40 | 180 | 50 | 40 | 45 | 25 | 45/50 | 55/60 | 15 | M12 | M10 | 50 | 100 | 140 | 75 |
| 45/50 | 210 | 55 | 45 | 50 | 30 | 55/60 | 65/70 | 19 | M16 | M12 | 60 | 120 | 160 | 90 |
| 55/60 | 225 | 60 | 50 | 55 | 35 | 65/70 | 75/80 | 19 | M16 | M12 | 70 | 140 | 175 | 100 |
| (65)/70 | 270 | 65 | 53 | 60 | 40 | 80/85 | 95/100 | 24 | M20 | M16 | 80 | 160 | 210 | 120 |
| (75)/80 | 290 | 75 | 63 | 70 | 45 | 90/95 | 105/110 | 24 | M20 | M16 | 90 | 160 | 230 | 130 |
| 90 | 330 | 85 | 73 | 80 | 50 | 105 | 120 | 28 | M24 | M20 | 100 | 200 | 265 | 150 |
| 100/110 | 355 | 95 | 81 | 90 | 55 | 115/125 | 130/140 | 28 | M24 | M20 | 110 | 220 | 290 | 170 |

[1] eingeklammerte Größen möglichst vermeiden
[2] Toleranzen: Lagerkörper 0/−0,1; Lagerschale +0,1/0
[3] Gussallgemeintoleranzen nach DIN 1686

e) Steh-Gleitlager DIN 118 (Hauptmaße nach Bild 15-26a)

| Wellendurchmesser $d_1$ D9 Form G | K | $b_1$ max | $b_2$ max | $c$ | $d_2$[1] | $d_3$ | $h_1$ 0 −0,2 | $h_2$ max | $l_1$ max | $l_2$ | zugehörige Sohlplatte DIN 189 $l_1$ |
|---|---|---|---|---|---|---|---|---|---|---|---|
| 25/30 | | 45 | 100 | 20 | M10 | 13 | 60 | 130 | 180 | 140 | 290 |
| 35/40 | 25/30 | 55 | 110 | 25 | M12 | 15 | 65 | 140 | 200 | 150 | 330 |
| 45/50 | 35/40 | 65 | 125 | 25 | M12 | 15 | 75 | 160 | 220 | 170 | 360 |
| 55/60 | 45/50 | 75 | 140 | 30 | M16 | 20 | 90 | 190 | 260 | 200 | 410 |
| 70 | 55/60 | 85 | 160 | 30 | M16 | 20 | 100 | 210 | 290 | 230 | 450 |
| 80/90 | 70/80 | 95/110 | 180/200 | 35/35 | M20/M20 | 25/25 | 110/125 | 230/260 | 330/370 | 260/290 | 510/570 |
| 100/110 | 90 | 125 | 224 | 50 | M24 | 30 | 140 | 290 | 410 | 320 | 650 |

[1] Befestigung Hammerschrauben mit Nase (DIN 188)

**TB 15-2** Buchsen für Gleitlager (Auszüge)

a) nach DIN ISO 4379-1, Form C und F, aus Kupferlegierungen, Maße in mm nach Lehrbuch Bild 15-23a und b

Bezeichnungsbeispiel: Buchse Form C von $d_1 = 40$ mm, $d_2 = 48$ mm, $b_1 = 30$ mm, aus CuSn8P nach ISO 4382-2: Buchse ISO 4379 – C40 × 48 × 30 – CuSn8P

Form C

| $d_1$ [1] E6 | $d_2$ s6 | | | $b_1$ h13 | | | $C_1, C_2$ [2] 45° max |
|---|---|---|---|---|---|---|---|
| 6 | 8 | 10 | 12 | 6 | 10 | – | 0,3 |
| 8 | 10 | 12 | 14 | 6 | 10 | – | 0,3 |
| 10 | 12 | 14 | 16 | 6 | 10 | – | 0,3 |
| 12 | 14 | 16 | 18 | 10 | 15 | 20 | 0,5 |
| 14 | 16 | 18 | 20 | 10 | 15 | 20 | 0,5 |
| 15 | 17 | 19 | 21 | 10 | 15 | 20 | 0,5 |
| 16 | 18 | 20 | 22 | 12 | 15 | 20 | 0,5 |
| 18 | 20 | 22 | 24 | 12 | 20 | 30 | 0,5 |
| 20 | 23 | 24 | 26 | 15 | 20 | 30 | 0,5 |
| 22 | 25 | 26 | 28 | 15 | 20 | 30 | 0,5 |
| (24) | 27 | 28 | 30 | 15 | 20 | 30 | 0,5 |
| 25 | 28 | 30 | 32 | 20 | 30 | 40 | 0,5 |
| (27) | 30 | 32 | 34 | 20 | 30 | 40 | 0,5 |
| 28 | 32 | 34 | 36 | 20 | 30 | 40 | 0,5 |
| 30 | 34 | 36 | 38 | 20 | 30 | 40 | 0,5 |
| 32 | 36 | 38 | 40 | 20 | 30 | 40 | 0,8 |
| (33) | 37 | 40 | 42 | 20 | 30 | 40 | 0,8 |
| 35 | 39 | 41 | 45 | 30 | 40 | 50 | 0,8 |
| (36) | 40 | 42 | 46 | 30 | 40 | 50 | 0,8 |
| 38 | 42 | 45 | 48 | 30 | 40 | 50 | 0,8 |
| 40 | 44 | 48 | 50 | 30 | 40 | 60 | 0,8 |
| 42 | 46 | 50 | 52 | 30 | 40 | 60 | 0,8 |
| 45 | 50 | 53 | 55 | 30 | 40 | 60 | 0,8 |
| 48 | 53 | 56 | 58 | 40 | 50 | 60 | 0,8 |
| 50 | 55 | 58 | 60 | 40 | 50 | 60 | 0,8 |
| 55 | 60 | 63 | 65 | 40 | 50 | 70 | 0,8 |
| 60 | 65 | 70 | 75 | 40 | 60 | 80 | 0,8 |
| 65 | 70 | 75 | 80 | 50 | 60 | 80 | 1 |
| 70 | 75 | 80 | 85 | 50 | 70 | 90 | 1 |
| 75 | 80 | 85 | 90 | 50 | 70 | 90 | 1 |
| 80 | 85 | 90 | 95 | 60 | 80 | 100 | 1 |
| 85 | 90 | 95 | 100 | 60 | 80 | 100 | 1 |
| 90 | 100 | 105 | 110 | 60 | 80 | 120 | 1 |
| 95 | 105 | 110 | 115 | 60 | 100 | 120 | 1 |
| 100 | 110 | 115 | 120 | 80 | 100 | 120 | 1 |

Form F

| $d_1$ [1] E6 | $d_2$ s6 | $d_3$ d11 | $b_1$ h13 | | | $b_2$ | $C_1, C_2$ [2] 45° max |
|---|---|---|---|---|---|---|---|
| 6 | 12 | 14 | – | 10 | – | 3 | 0,3 |
| 8 | 14 | 18 | – | 10 | – | 3 | 0,3 |
| 10 | 16 | 20 | – | 10 | – | 3 | 0,3 |
| 12 | 18 | 22 | 10 | 15 | 20 | 3 | 0,5 |
| 14 | 20 | 25 | 10 | 15 | 20 | 3 | 0,5 |
| 15 | 21 | 27 | 10 | 15 | 20 | 3 | 0,5 |
| 16 | 22 | 28 | 12 | 15 | 20 | 3 | 0,5 |
| 18 | 24 | 30 | 12 | 20 | 30 | 3 | 0,5 |
| 20 | 26 | 32 | 15 | 20 | 30 | 3 | 0,5 |
| 22 | 28 | 34 | 15 | 20 | 30 | 3 | 0,5 |
| (24) | 30 | 36 | 15 | 20 | 30 | 3 | 0,5 |
| 25 | 32 | 38 | 20 | 30 | 40 | 4 | 0,5 |
| (27) | 34 | 40 | 20 | 30 | 40 | 4 | 0,5 |
| 28 | 36 | 42 | 20 | 30 | 40 | 4 | 0,5 |
| 30 | 38 | 44 | 20 | 30 | 40 | 4 | 0,5 |
| 32 | 40 | 46 | 20 | 30 | 40 | 4 | 0,8 |
| (33) | 42 | 48 | 20 | 30 | 40 | 5 | 0,8 |
| 35 | 45 | 50 | 30 | 40 | 50 | 5 | 0,8 |
| (36) | 46 | 52 | 30 | 40 | 50 | 5 | 0,8 |
| 38 | 48 | 54 | 30 | 40 | 50 | 5 | 0,8 |
| 40 | 50 | 58 | 30 | 40 | 60 | 5 | 0,8 |
| 42 | 52 | 60 | 30 | 40 | 60 | 5 | 0,8 |
| 45 | 55 | 63 | 30 | 40 | 60 | 5 | 0,8 |
| 48 | 58 | 66 | 40 | 50 | 60 | 5 | 0,8 |
| 50 | 60 | 68 | 40 | 50 | 60 | 5 | 0,8 |
| 55 | 65 | 73 | 40 | 50 | 70 | 5 | 0,8 |
| 60 | 75 | 83 | 40 | 60 | 80 | 7,5 | 0,8 |
| 65 | 80 | 88 | 50 | 60 | 80 | 7,5 | 1 |
| 70 | 85 | 95 | 50 | 70 | 90 | 7,5 | 1 |
| 75 | 90 | 100 | 50 | 70 | 90 | 7,5 | 1 |
| 80 | 95 | 105 | 60 | 80 | 100 | 7,5 | 1 |
| 85 | 100 | 110 | 60 | 80 | 100 | 7,5 | 1 |
| 90 | 110 | 120 | 60 | 80 | 120 | 10 | 1 |
| 95 | 115 | 125 | 60 | 100 | 120 | 10 | 1 |
| 100 | 120 | 130 | 80 | 100 | 120 | 10 | 1 |

[1] vor dem Einpressen, Aufnahmebohrung H7; nach dem Einpressen etwa H8

[2] Einpressfase $C_2$ von 15°: $Y$ in der Bezeichnung angeben. Eingeklammerte Werte möglichst vermeiden.

b) nach DIN 8221, Maße nach Lehrbuch Bild 15-23c aus Cu-Legierung DIN 1705

verwendbar

für Lager  DIN 502, Form A $d_1 = 25 \ldots 70$ mm
DIN 503, Form B $d_1 = 35 \ldots 180$ mm
DIN 504, Form A $d_1 = 25 \ldots 150$ mm

Bezeichnung einer Lagerbuchse mit Bohrung $d_1 = 80$ mm:
Lagerbuchse DIN 8221 – 80

| $d_1$ B8 [1] | $b$ | $d_2$ ×8 [1] | $f$ |
|---|---|---|---|
| 25 / 30 | 60 ± 0,2 | 35 / 40 | 0,6 |
| 35 / 40 | 70 ± 0,3 | 45 / 50 | 0,6 |
| 45 / 50 | 80 ± 0,3 | 55 / 60 | 0,8 |
| 55 / 60 | 90 ± 0,3 | 65 / 70 | 0,8 |
| (65) / 70 | 100 ± 0,3 | 75 / 80 | 0,8 / 1 |
| (75) / 80 | 100 ± 0,3 | 85 / 90 | 1 |
| 90 / 100 / 110 | 120 ± 0,3 | 100 / 115 / 125 | 1 |
| (120) / 125 / (130) | 140 ± 0,3 | 135 / 140 / 145 | 1 / 1,2 |
| 140 / (150) | 160 ± 0,3 | 155 / 165 | 1,2 |
| 160 / 180 | 180 ± 0,3 | 175 / 195 | 1,2 / 1,6 |

[1] vor dem Einpressen
Eingeklammerte $d_1$ möglichst vermeiden.

**TB 15-3** Lagerschalen DIN 7473, 7474, mit Schmiertaschen DIN 7477 (Auszug)

Maße in mm nach Lehrbuch Bild 15-24 a, b, c. Bezeichnung: Gleitlager DIN 7474−A80 × 80−2K. (Form A für $d_1 = 80$ mm, $b_1 = 80$ mm mit 2 Schmiertaschen DIN 7477−K80)

| $d_1$ Nennmaß | $b_1$ Bauform kurz | $b_1$ Bauform lang | $b_2$ Bauform kurz | $b_2$ Bauform lang | $b_3$ | $b_4$ Bauform kurz | $b_4$ Bauform lang | $c$ | $d_2$ | Toleranzfeld | $d_3$ | $d_4$ | $d_5$ | $d_6$ | $d_7$ | $s$ | $t_1$ | $t_2$ | Schmiertaschen[1] DIN 7477 $\approx c$ Form K $a$ | Form L | $d$ | $t$ |
|---|---|---|---|---|---|---|---|---|---|---|---|---|---|---|---|---|---|---|---|---|---|---|
| 50  | 35  | 50  | 25  | 35  | 10 | 29  | 44  | 10 | 65  | m6 | 70  | 59  | 57  | 4  | −   | 1,5 | 3  | −  | 4  | 10 | 25  | 5  | 2   |
| 56  | 40  | 56  | 30  | 40  | 10 | 33  | 49  | 10 | 70  | m6 | 75  | 64  | 63  | 4  | −   | 1,5 | 3  | −  | 4  | 11 | 30  | 5  | 2   |
| 60  | 45  | 60  | 30  | 40  | 12 | 38  | 53  | 10 | 80  | m6 | 85  | 74  | 67  | 4  | −   | 1,5 | 4  | −  | 4  | 12 | 30  | 5  | 2   |
| 63  | 45  | 63  | 30  | 40  | 12 | 38  | 56  | 10 | 80  | m6 | 85  | 74  | 70  | 4  | −   | 1,5 | 4  | −  | 4  | 12 | 30  | 5  | 2   |
| 70  | 50  | 70  | 35  | 50  | 12 | 42  | 62  | 12 | 90  | m6 | 95  | 84  | 78  | 5  | −   | 1,5 | 4  | −  | 4  | 14 | 35  | 5  | 2   |
| 75  | 55  | 75  | 40  | 50  | 15 | 47  | 67  | 12 | 95  | m6 | 101 | 87  | 83  | 5  | −   | 2   | 4  | −  | 4  | 15 | 35  | 5  | 2,8 |
| 80  | 60  | 80  | 40  | 55  | 15 | 52  | 72  | 15 | 105 | m6 | 112 | 97  | 88  | 5  | −   | 2   | 5  | −  | 4  | 16 | 40  | 5  | 2,8 |
| 85  | 65  | 85  | 45  | 60  | 15 | 56  | 76  | 15 | 110 | m6 | 117 | 102 | 93  | 6  | −   | 2   | 5  | −  | 5  | 17 | 45  | 8  | 2,8 |
| 90  | 65  | 90  | 45  | 65  | 15 | 56  | 81  | 15 | 115 | m6 | 123 | 107 | 99  | 6  | −   | 2   | 5  | −  | 5  | 18 | 45  | 8  | 2,8 |
| 100 | 75  | 100 | 50  | 70  | 15 | 65  | 90  | 20 | 130 | m6 | 138 | 122 | 110 | 7  | −   | 2,5 | 6  | −  | 5  | 20 | 50  | 8  | 2,8 |
| 110 | 80  | 110 | 55  | 75  | 20 | 69  | 99  | 20 | 140 | k6 | 150 | 130 | 121 | 7  | −   | 2,5 | 6  | −  | 5  | 22 | 55  | 8  | 3,5 |
| 125 | 95  | 125 | 65  | 90  | 20 | 83  | 113 | 20 | 160 | k6 | 170 | 150 | 137 | 9  | −   | 2,5 | 8  | −  | 6  | 25 | 60  | 8  | 3,5 |
| 130 | 100 | 130 | 70  | 90  | 20 | 88  | 118 | 25 | 170 | k6 | 180 | 160 | 142 | 9  | −   | 2,5 | 8  | −  | 6  | 26 | 65  | 8  | 3,5 |
| 140 | 105 | 140 | 75  | 100 | 20 | 93  | 128 | 25 | 180 | k6 | 190 | 170 | 152 | 9  | −   | 2,5 | 8  | −  | 6  | 28 | 70  | 8  | 3,5 |
| 150 | 115 | 150 | 80  | 105 | 20 | 102 | 137 | 32 | 195 | k6 | 205 | 185 | 163 | 11 | M8  | 2,5 | 10 | 15 | 6  | 30 | 75  | 12 | 3,5 |
| 160 | 120 | 160 | 85  | 110 | 25 | 106 | 146 | 32 | 205 | k6 | 215 | 193 | 174 | 11 | M8  | 2,5 | 10 | 15 | 6  | 32 | 80  | 12 | 3,5 |
| 170 | 130 | 170 | 90  | 120 | 25 | 115 | 155 | 32 | 220 | k6 | 232 | 208 | 185 | 11 | M8  | 2,5 | 10 | 15 | 10 | 34 | 85  | 12 | 3,5 |
| 180 | 135 | 180 | 95  | 125 | 25 | 119 | 164 | 32 | 230 | k6 | 245 | 218 | 196 | 11 | M8  | 2,5 | 10 | 15 | 10 | 36 | 90  | 12 | 3,5 |
| 190 | 145 | 190 | 100 | 135 | 25 | 129 | 174 | 40 | 245 | k6 | 260 | 233 | 206 | 13 | M8  | 3   | 15 | 15 | 10 | 38 | 95  | 12 | 3,5 |
| 200 | 150 | 200 | 105 | 140 | 25 | 134 | 184 | 40 | 260 | k6 | 275 | 248 | 216 | 13 | M8  | 3   | 15 | 15 | 10 | 40 | 100 | 12 | 3,5 |
| 225 | 170 | 225 | 120 | 160 | 32 | 152 | 207 | 40 | 290 | k6 | 305 | 274 | 243 | 13 | M10 | 3   | 15 | 20 | 12 | 45 | 110 | 12 | 4,2 |
| 250 | 190 | 250 | 130 | 175 | 32 | 170 | 230 | 50 | 325 | k6 | 345 | 309 | 270 | 15 | M10 | 3   | 18 | 20 | 15 | 50 | 125 | 12 | 4,2 |
| 265 | 200 | 265 | 140 | 185 | 32 | 180 | 245 | 50 | 345 | j6 | 365 | 329 | 285 | 15 | M10 | 3   | 18 | 20 | 15 | 53 | 130 | 15 | 4,2 |
| 280 | 210 | 280 | 145 | 195 | 32 | 190 | 260 | 60 | 360 | j6 | 380 | 344 | 300 | 15 | M10 | 3   | 20 | 20 | 15 | 56 | 140 | 15 | 4,2 |

Toleranzklasse für $d_1$: H7 vor Einbau: $b_1$: f7 Form B; $b_2$: E9 Form A, H7 Form B; Gleitflächen: $R_z = 6{,}3$ μm, Passflächen: $R_z = 25$ μm

[1] Schmiertaschen kreisförmig oder tangential verlaufend (Tiefe $t$, vgl. auch Lehrbuch Bild 15-22c). Ölzulaufbohrungen ($d$) an tiefster Stelle.

**TB 15-4** Abmessungen für lose Schmierringe in mm nach DIN 322 (Auszug)

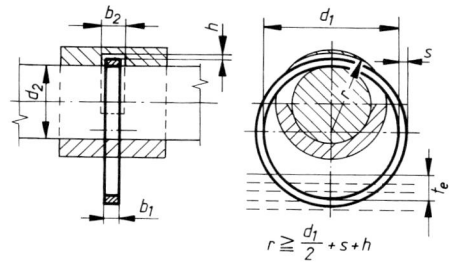

U ungeteilt
G geteilt
Werkstoff: St
           CuZn
Innenflächen    $R_z = 6{,}3$ μm
übrige Flächen  $R_z = 25$ μm
Eintauchtiefe   $t_e \approx 0{,}1 \ldots 0{,}4 \cdot d_1$

Bezeichnung z. B. ungeteilter Schmierring (U), $d_1 = 120$: Schmierring DIN 322−U120−Stahl

| Wellendurchmesser $d_2$ über | bis | Schmierring $d_1$ | $b_1$ | $s$ | Schlitz $b_2$ | $h$ min |
|---|---|---|---|---|---|---|
| 20  | 23  | 45  | 6  | 2 | 8  |    |
| 23  | 28  | 50  | 8  | 3 | 10 | 2  |
| 28  | 30  | 55  | 8  | 3 | 10 |    |
| 30  | 34  | 60  | 8  | 3 | 10 |    |
| 34  | 36  | 65  | 10 | 3 | 12 |    |
| 36  | 40  | 70  | 10 | 3 | 12 |    |
| 40  | 44  | 75  | 10 | 3 | 12 |    |
| 44  | 48  | 80  | 10 | 3 | 12 |    |
| 48  | 55  | 90  | 12 | 4 | 15 | 3  |
| 55  | 60  | 100 | 12 | 4 | 15 |    |
| 60  | 68  | 110 | 12 | 4 | 15 |    |
| 68  | 75  | 120 | 12 | 4 | 15 |    |
| 75  | 80  | 130 | 12 | 4 | 15 |    |
| 80  | 85  | 140 | 15 | 5 | 18 |    |
| 85  | 90  | 150 | 15 | 5 | 18 |    |
| 90  | 100 | 160 | 15 | 5 | 18 |    |
| 100 | 105 | 170 | 15 | 5 | 18 |    |
| 105 | 110 | 180 | 15 | 5 | 18 |    |
| 110 | 120 | 200 | 15 | 5 | 18 | 4  |
| 120 | 130 | 210 | 18 | 6 | 22 |    |
| 130 | 140 | 235 | 18 | 6 | 22 |    |
| 140 | 160 | 150 | 18 | 6 | 22 |    |
| 160 | 170 | 265 | 18 | 6 | 22 |    |
| 170 | 180 | 280 | 18 | 6 | 22 |    |
| 180 | 190 | 300 | 20 | 8 | 24 | 8  |
| 190 | 200 | 315 | 20 | 8 | 24 |    |

**TB 15-5** Schmierlöcher, Schmiernuten, Schmiertaschen nach DIN 1591 (Auszug)

a) Schmierlöcher

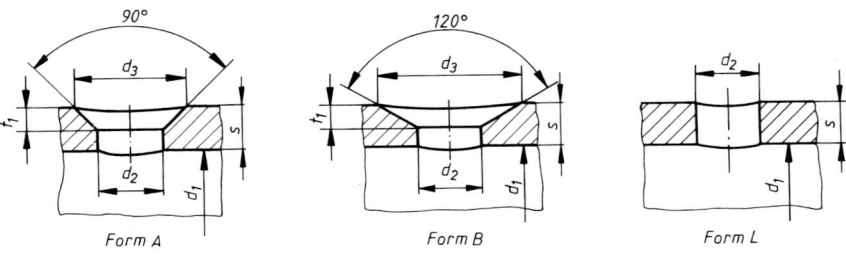

Form A    Form B    Form L

Bezeichnung eines Schmierloches Form B mit $d_2 = 4$ mm Bohrung: Schmierloch DIN 1591 – B4

| $d_1$ | | >14…25 | >25…36 | >36…56 | >56…70 | >70…100 | >100…160 | >160…200 | >200…250 |
|---|---|---|---|---|---|---|---|---|---|
| $d_2$ | | 2,5 | 3 | 4 | 5 | 6 | 8 | 10 | 12 |
| $t_1$ | | 1 | 1,5 | 2 | 2,5 | 3 | 4 | 5 | 6 |
| $d_3 \approx$ | Form A | 4,5 | 6 | 8 | 10 | 12 | 16 | 20 | 24 |
| | Form B | 6 | 8,2 | 10,8 | 13,6 | 16,2 | 21,8 | 27,2 | 32,6 |
| $s$ | | ≤2 | >2…2,5 | >2,5…3 | >3…4 | >4…5 | >5…7,5 | >7,5…10 | >10 |

b) Schmiernuten

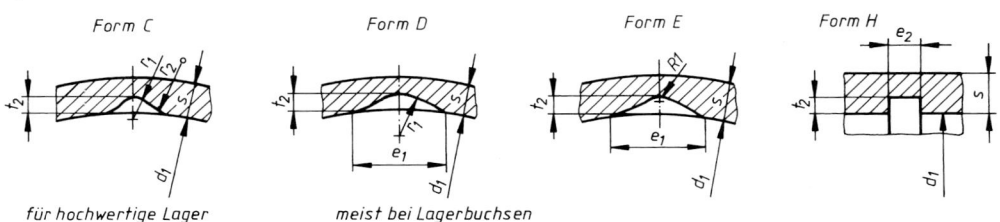

Form C — für hochwertige Lager  
Form D — meist bei Lagerbuchsen  
Form E  
Form H

Bezeichnung einer Schmiernut Form C mit $t_2 = 1,2$ mm Nuttiefe: Schmiernut DIN 1591 – C1,2

| $d_1$ | $t_2$ | $e_1$ | $e_2$ | Form C $r_1$ | Form D $r_1$ | $r_2$ | $s$ |
|---|---|---|---|---|---|---|---|
| 14…25   | 0,8 | 5   | 3  | 1,5 | 2,5 | 3   | >1,5…2 |
| 25…36   | 1   | 8   | 4  | 2   | 4   | 4,5 | >2…2,5 |
| 36…56   | 1,2 | 10,5| 5  | 2,5 | 6   | 6   | >2,5…3 |
| 56…70   | 1,6 | 14  | 6  | 3   | 8   | 9   | >3…4 |
| 70…100  | 2   | 19  | 8  | 4   | 12  | 12  | >4…5 |
| 100…160 | 2,5 | 28  | 10 | 5   | 20  | 15  | >5…7,5 |
| 160…200 | 3,2 | 38  | 12 | 7   | 28  | 21  | >7,5…10 |
| 200…250 | 4   | 49  | 15 | 9   | 35  | 27  | >10 |

c) Schmiertaschen

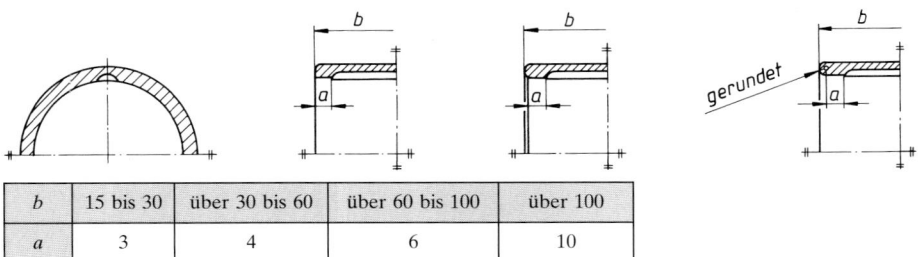

| $b$ | 15 bis 30 | über 30 bis 60 | über 60 bis 100 | über 100 |
|---|---|---|---|---|
| $a$ | 3 | 4 | 6 | 10 |

Schmiertaschen als in Gleitflächen eingearbeitete Vertiefungen sollen in Umfangsrichtung möglichst kurz sein (vgl. auch TB 15-3) und in Achsrichtung eine Breite $b_T \leq 0{,}7 \cdot b$ haben (vgl. TB 15-18b, Nr. 2, 4, 6).

**TB 15-6** Lagerwerkstoffe (Auswahl)

| Werkstoff | | | | | | | | |
|---|---|---|---|---|---|---|---|---|
| Norm | Kurzzeichen Werkstoffnummer | 0,2 %-Dehngrenze $R_{p0,2}$ N/mm² min. | Elastizitätsmodul $E$ kN/mm² | Brinellhärte min. | Längenausdehnungskoeffizient $\alpha$ $10^{-6}$/K | spezifische Lagerbelastung[1] $p_L$ N/mm² | Mindesthärte der Welle | Merkmale und Hinweise für die Verwendung |
| Blei-Gusslegierungen DIN ISO 4381 | PbSb15Sn10 2.3391 | 43 | 31 | HB 10/250/180 21 | 24 | 7,2 | 160 HB | Geeignet bei mittleren Belastungen und mittleren Gleitgeschwindigkeiten ($u = 1\ldots4$ m/s); für Gleitlager, Gleitschuhe, Kreuzköpfe |
| Zinn-Gusslegierungen DIN ISO 4381 | SnSb12Cu6Pb 2.3790 | 61 | 56 | HB 10/250/180 25 | 22,7 | 10,2 | 160 HB | Geeignet bei mittleren Belastungen und hohen bis niedrigen Gleitgeschwindigkeiten ($u < 1$ bis $>5$ m/s), hoher Verschleißwiderstand bei rauen Zapfen; für Gleitlager in Turbinen, Verdichtern, Elektromaschinen |
| Kupfer-Blei-Zinn-Gusslegierungen DIN ISO 4382-1 | G-CuPb10Sn10 2.1816 | 80 | 90 | HB 10/1000/10 65 | 18 | 18,3 | 250 HB | Geeignet für mittlere Belastungen und mittlere bis hohe Gleitgeschwindigkeiten, zunehmender Pb-Gehalt vermindert die Empfindlichkeit gegen Fluchtungsfehler und kurzzeitigen Schmierstoffmangel, brauchbar für Wasserschmierung |
| | G-CuPb15Sn8 2.1817 | 80 | 85 | 60 | 18 | 15 | 200 HB | |
| | G-CuPb20Sn5 2.1818 | 60 | 75 | 45 | 19 | 11,7 | 150 HB | |
| Kupfer-Zinn-Gusslegierungen DIN ISO 4382-1 | G-CuSn8Pb2 2.1810 | 130 | 75 | HB 10/1000/10 60 | 18 | 21,7 | 280 HB | Geeignet bei geringen bis mäßigen Belastungen, ausreichende Schmierung |
| | G-CuSn10P 2.1811 | 130 | 95 | 70 | 18 | 50 | 300 HB | |
| Kupfer-Knetlegierungen DIN ISO 4382-2 | CuSn8P 2.1830 | 200 300 400 480 | 115 | HB 2,5/62,5/10 80 120 140 160 | 17 | 56,7 | 55 HRC | Für gehärtete Wellen, bei einer Kombination von hoher Belastung, hoher Gleitgeschwindigkeit, Schlag- oder Stoßbeanspruchung; ausreichende Schmierung und gute Fluchtung erforderlich |
| | CuZn31Si1 2.1831 | 250 350 450 | 105 | 100 135 160 | 18 | 58,3 | | |
| Gusseisen mit Lamellengraphit DIN EN 1561 | EN-GJL-200 EN-JL 1030 EN-GJL-300 EN-JL 1050 | (100) $\sigma_{d0,1} \approx 260$ (200) $\sigma_{d0,1} \approx 390$ | 78 bis 103 108 bis 137 | HB 30 150 200 | 11,7 11,7 | (3) (5) | 55 HRC | Geeignet bei geringen Ansprüchen, Wellen gehärtet und geschliffen, für Hebezeuge, Landmaschinen |
| Thermoplastische Kunststoffe für Gleitlager DIN ISO 6691 | Polyamid (PA6) | $\sigma_s \approx 50$ | 2,6 | | 85 | 12 | 50 HRC | Schlagzäher Werkstoff, besonders stoß- und verschleißfest, empfohlener nichtmetallischer Gleitpartner: POM; für stoß- und schwingungsbeanspruchte Lager, Gelenksteine, Landmaschinen, Bremsgestänge |
| | Polyoxymethylen (POM) | $\sigma_s \approx 65$ | 2,8 | | 120 | 18 | | Im Vergleich zu PA härter, stoßempfindlicher, weniger verschleißfest, kleinerer Reibwert; empfohlener nichtmetallischer Gleitpartner: PA; gut bei Trockenlauf- oder Mangelschmierung; Gleitlager für die Feinwerktechnik, Elektromechanik und Haushaltsgeräte |

[1] nach VDI 2204-1

**Bezeichnung** eines thermoplastischen Kunststoffes für Gleitlager nach DIN ISO 6691, z. B. Polyamid 6 (PA6) für Spritzgussverarbeitung (M) mit Entformungshilfsmittel (R), der Viskositätszahl 140 ml/g (14), einem Elastizitätsmodul 2600 N/mm² (030) und schnell erstarrend (N): Thermoplast ISO 6691–PA6, M R, 14–030 N

**Bezeichnung** eines Lagermetalls mit dem Kurzzeichen CuSn8P und einer Mindest-Brinell-Härte von 120: Lagermetall ISO 4382–CuSn8P–HB120

**TB 15-7** Höchstzulässige spezifische Lagerbelastung nach DIN 31 652-1 (Erfahrungsrichtwerte)

| Lagerwerkstoff-Gruppe[1] | Grenzrichtwerte $p_{L zul}$ in N/mm² [2] max. |
|---|---|
| Sn- und Pb-Legierungen | 5 (15) |
| Cu-Pb-Legierungen | 7 (20) |
| Cu-Sn-Legierungen | 7 (25) |
| Al-Sn-Legierungen | 7 (18) |
| Al-Zn-Legierungen | 7 (20) |

[1] s. DIN ISO 4381, 4382, 4383
[2] Klammerwerte nur in Einzelfällen verwirklicht, zugelassen aufgrund besonderer Betriebsbedingungen, z. B. bei sehr niedriger $u$.

**TB 15-8** Vergleich und Eigenschaften von Lager-Schmierstoffen (Auswahl)

a) Schmieröle[1] (vgl. Lehrbuch 15.1.4)

| ISO-Viskositätsklasse DIN 51 519 | DIN 51 501[2] $v$ in mm²/s früher $v_{50}$ | DIN 51 517[3] $v_{40}$ in mm²/s heute $v_{40}$ | C | CL | CLP | Flammpunkt ≥ °C nach Cleveland für AN | C | CL | CLP | Pourpoint ≤ °C AN | C | CL | CLP |
|---|---|---|---|---|---|---|---|---|---|---|---|---|---|
| ISO VG 2 | – | – | – | – | – | – | – | – | – | – | – | – | – |
| ISO VG 3 | N2 | – | – | – | – | – | – | – | – | – | – | – | – |
| ISO VG 5 | N2 (4) | AN5 | – | 5 | – | 80 | – | 105 | – | –12 | – | –21 | – |
| ISO VG 7 | N4 | AN7 | 7 | – | – | 100 | 105 | – | – | –12 | –21 | – | – |
| ISO VG 10 | N9 | AN10 | 10 | 10 | – | 120 | 125 | 125 | – | –18 | –21 | –21 | – |
| ISO VG 15 | – | – | – | – | – | – | – | – | – | – | – | – | – |
| ISO VG 22 | N16 | AN22 | 22 | 22 | – | 145 | 165 | 165 | – | –15 | –15 | –15 | – |
| ISO VG 32 | N25 (6) | – | – | 32 | – | – | – | 170 | – | – | – | –15 | – |
| ISO VG 46 | N36 (25) | AN46 | 46 | 46 | 46 | 145 | 175 | 175 | 175 | 15 | –15 | –15 | –15 |
| ISO VG 68 | N49 (36) | AN68 | 68 | 68 | 68 | 145 | 185 | 185 | 185 | –12 | –15 | –15 | –15 |
| ISO VG 100 | N68 | AN100 | 100 | 100 | 100 | 170 | 200 | 200 | 200 | – 9 | –12 | –12 | –12 |
| ISO VG 150 | N92 | AN150 | 150 | 150 | 150 | 170 | 210 | 210 | 200 | – 9 | – 9 | – 9 | – 9 |
| ISO VG 220 | N114 (144) | AN220 | 220 | 220 | 220 | 200 | 220 | 220 | 200 | – 6 | – 6 | – 6 | – 6 |
| ISO VG 320 | N169 | AN320 | 320 | – | 320 | 200 | 230 | – | 200 | – 6 | – 6 | – | – 6 |
| ISO VG 460 | N225 | – | 460 | 460 | 460 | – | 240 | 240 | 200 | – 6 | – 6 | – | – 6 |
| ISO VG 680 | N324 | AN680 | 680 | – | 680 | 250 | 250 | – | 200 | – 3 | – 3 | – | – 3 |
| ISO VG 1000 | N660 | – | – | – | – | – | – | – | – | – | – | – | – |
| ISO VG 1500 | (660) | – | – | – | – | – | – | – | – | – | – | – | – |

[1] Allgemein gilt: Je größer $p_L$ und je geringer $u$, desto höher $v$ bzw. $\eta$; bei großer $u$ ist eine geringere $v$ bzw. $\eta$ erwünscht (Lagerspiel)
[2] Bezeichnung eines Schmieröles L-AN vom Typ AN22:
Schmieröl DIN 51 501 – L-AN22
[3] Bezeichnung eines Schmieröles C vom Typ C68:
Schmieröl DIN 51 517 – C68

**TB 15-8** Fortsetzung

b) Schmierfette K[1)] nach DIN 51825
   (vgl. Lehrbuch 14.2.4-1 und 15.3.3-1)

| Zusatzkennzahlen | | Zusatz-Kennbuchstaben | | | Zusatzkennzahlen | |
|---|---|---|---|---|---|---|
| Konsistenz-kennzahl (NLGI-Klassen nach DIN 51818) | Walkpenetration nach DIN ISO 2137 (0,1 mm) | Zusatz-Kennbuch-stabe nach DIN 51502 | Obere Gebrauchs-temperatur | Verhalten gegenüber Wasser[2)] nach DIN 51807-1 | Zusatzkennzahl nach DIN 51502 | Untere Gebrauchs-temperatur |
| 0 | 355 bis 385 | | | | | |
| 1 | 310 bis 340 (sehr weich) | C D | +60 °C | 0 oder 1 2 oder 3 | −10 −20 | −10 °C −20 °C |
| 2 | 265 bis 295 (mittelfest) | E F | +80 °C | 0 oder 1 2 oder 3 | −30 −40 −50 | −30 °C −40 °C −50 °C |
| 4 | 175 bis 205 (fest) | G H | +100 °C | 0 oder 1 2 oder 3 | −60 | −60 °C |
| | | K M | +120 °C | 0 oder 1 2 oder 3 | | |
| | | N P R S T U | +140 °C +160 °C +180 °C +200 °C +220 °C über +220 °C | nach Verein-barung | | |

[1)] Zusätze von Wirkstoffen (P) und/oder Festschmierstoffen (F) sind zulässig:
**Schmierfette KP** mit Wirkstoffen, **Schmierfette KF** mit Festschmierstoff-Zusätzen und **Schmierfette KPF** mit Wirkstoffen und Festschmierstoff-Zusätzen.
[2)] Die Bewertungsstufen 0 bis 3 bedeuten: keine, geringe, mäßige und starke Veränderung.
**Bezeichnung** eines Schmierfettes (K) mit Wirkstoff-Zusätzen (P), Konsistenzkennzahl (NLGI-Klasse) (2), Zusatzkennzahl (−20): Schmierfett DIN 51825 − KP 2 H − 20

c) spezifische Wärmekapazität $c$ von Mineralölen (Mittelwerte) in Abhängigkeit von Temperatur und Dichte

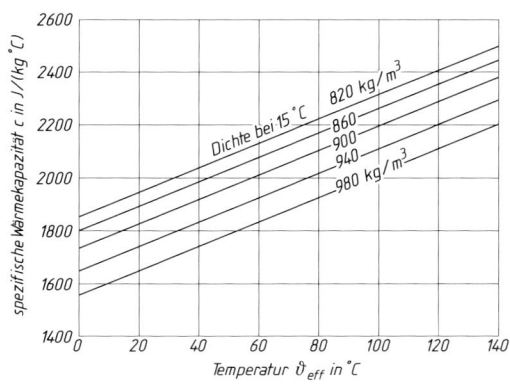

**TB 15-9** Effektive dynamische Viskosität $\eta_{eff}$ in Abhängigkeit von der effektiven Schmierfilmtemperatur $\vartheta_{eff}$ für Normöle (Dichte $\varrho = 900$ kg/m$^3$)

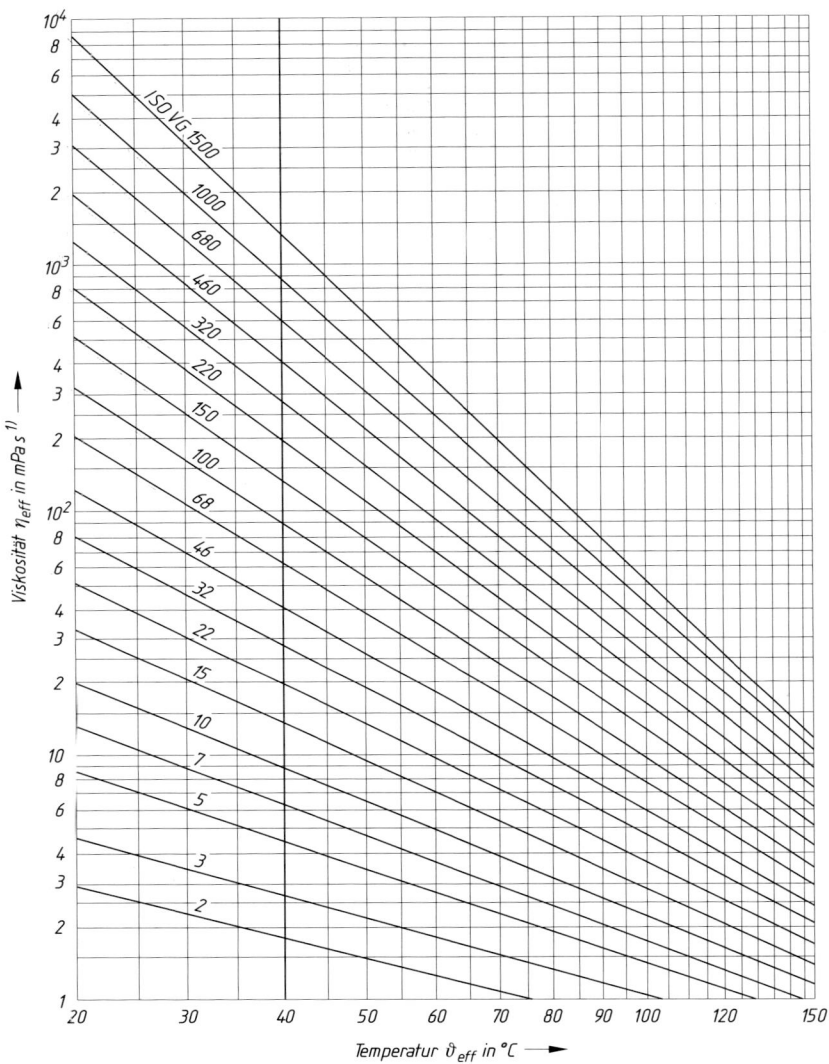

[1]) DIN 1342-2: 1 Pa s = 1 N s m$^{-2}$ = 1 kg m$^{-1}$ s$^{-1}$ = 10$^3$ m Pa s = 10$^{-6}$ N s mm$^{-2}$

**TB 15-10** Relative Lagerspiele $\psi_E$ bzw. $\psi_B$ in ‰

a) Richtwerte abhängig von der Gleitgeschwindigkeit $u_w$ (vgl. Lehrbuch Gl. 15.6)

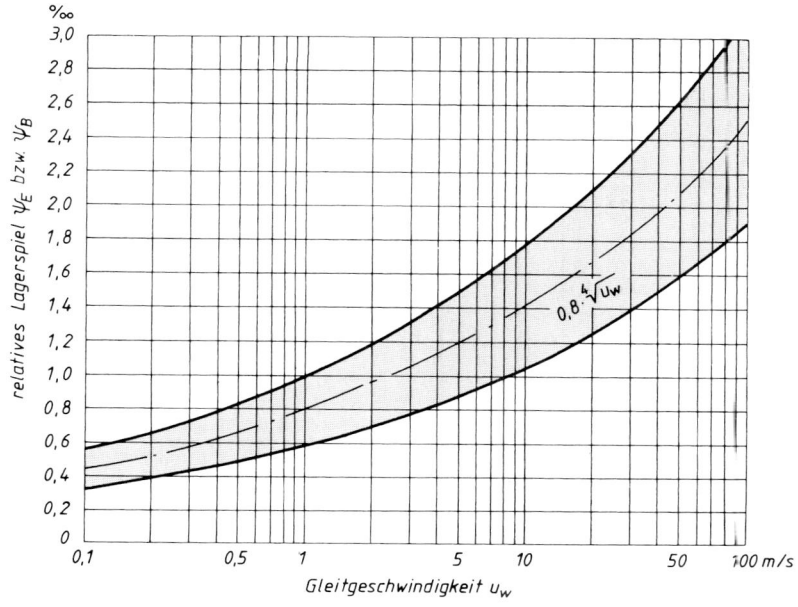

b) Richtwerte abhängig vom $d_w$ und $u_w$

| $d_w$ mm | | $u_w$ m/s | | | | |
|---|---|---|---|---|---|---|
| > | ≤ | – | 3 | 10 | 25 | 50 |
|   |   | 3 | 10 | 25 | 50 | 125 |
| – | 100 | 1,32 | 1,6 | 1,9 | 2,24 | 2,24 |
| 100 | 250 | 1,12 | 1,32 | 1,6 | 2,0 | 2,24 |
| 250 | – | 1,12 | 1,12 | 1,32 | 1,6 | 1,9 |

c) Richtwerte abhängig von $u_w$ und $p_L$

| $u_w$ in m/s | $p_L < 2$ | $> 2 \ldots 10$ | $> 10$ N/mm² |
|---|---|---|---|
| <20 | 0,3 … 0,6 | 0,6 … 1,2 | 1,2 … 2 |
| >20 … 100 | 0,6 … 1,2 | 1,2 … 2 | 2 … 3 |
| >100 | 1,2 … 2 | 2 … 3 | 3 … 4,5 |

d) Richtwerte abhängig von Lagerwerkstoff

| | |
|---|---|
| Sn- und Pb-Legierungen | 0,4 … 1,0 |
| Cu-Pb-Legierungen<br>Cu-Sn-Legierungen } | 0,5 … 2,5 |
| Al-Legierungen | 1,0 … 2,5 |
| Gusseisen | 1,0 … 3,0 |
| Sinterwerkstoffe | 1,0 … 2,5 |

**TB 15-11** Passungen für Gleitlager nach DIN 31 698 (Auswahl)

Für das Höchst- und Mindestspiel ergibt sich das mittlere absolute Einbau-Lagerspiel $s_E = 0{,}5\,(s_{max} + s_{min})$ in μm und mit dem arithmetischen Mittel des Nennmaßbereiches $d_m$ in mm wird das mittlere relative Einbau-Lagerspiel $\psi_E \approx s_E/d_m$ in ‰

| Nennmaß-bereich mm | | Abmaße der Welle[1] in μm für $\psi_E$ in ‰ | | | | | | | Größt- und Kleinstspiel zwischen Welle und Lagerbohrung[2] in μm für $\psi_E$ in ‰ | | | | | | | |
|---|---|---|---|---|---|---|---|---|---|---|---|---|---|---|---|---|
| über | bis | 0,56 | 0,8 | 1,12 | 1,32 | 1,6 | 1,9 | 2,24 | 3,15 | 0,56 | 0,8 | 1,12 | 1,32 | 1,6 | 1,9 | 2,24 | 3,15 |
| 25 | 30 | − | −15 / −21 | −23 / −29 | −29 / −35 | −37 / −43 | −45 / −51 | −51 / −60 | −76 / −85 | − | 30 / 15 | 38 / 23 | 44 / 29 | 52 / 37 | 60 / 45 | 73 / 51 | 98 / 76 |
| 30 | 35 | − | −17 / −24 | −27 / −34 | −34 / −41 | −43 / −50 | −48 / −59 | −59 / −70 | −89 / −100 | − | 35 / 17 | 45 / 27 | 52 / 34 | 61 / 43 | 75 / 48 | 86 / 59 | 116 / 89 |
| 35 | 40 | −12 / −19 | −21 / −28 | −33 / −40 | −36 / −47 | −47 / −58 | −58 / −69 | −71 / −82 | −105 / −116 | 30 / 12 | 39 / 21 | 51 / 33 | 63 / 36 | 74 / 47 | 85 / 58 | 98 / 71 | 132 / 105 |
| 40 | 45 | −14 / −21 | −25 / −32 | −34 / −45 | −43 / −54 | −55 / −66 | −67 / −78 | −82 / −93 | −120 / −131 | 31 / 14 | 43 / 25 | 61 / 34 | 70 / 43 | 82 / 55 | 94 / 67 | 109 / 82 | 147 / 120 |
| 45 | 50 | −18 / −25 | −25 / −36 | −40 / −51 | −50 / −60 | −63 / −74 | −77 / −88 | −93 / −104 | −136 / −147 | 36 / 18 | 52 / 25 | 67 / 40 | 76 / 49 | 90 / 63 | 104 / 77 | 120 / 93 | 163 / 136 |
| 50 | 55 | −19 / −27 | −26 / −39 | −43 / −56 | −53 / −66 | −68 / −81 | −84 / −97 | −102 / −115 | −149 / −162 | 40 / 19 | 58 / 26 | 75 / 43 | 85 / 53 | 100 / 68 | 116 / 84 | 144 / 102 | 181 / 149 |
| 55 | 60 | −22 / −30 | −30 / −43 | −48 / −61 | −60 / −73 | −76 / −89 | −93 / −106 | −113 / −126 | −165 / −178 | 43 / 22 | 62 / 30 | 80 / 48 | 92 / 60 | 108 / 76 | 125 / 93 | 145 / 113 | 197 / 165 |
| 60 | 70 | −20 / −33 | −36 / −49 | −57 / −70 | −70 / −83 | −80 / −99 | −99 / −118 | −121 / −140 | −180 / −199 | 53 / 20 | 68 / 36 | 90 / 57 | 102 / 70 | 129 / 80 | 148 / 99 | 170 / 121 | 229 / 180 |
| 70 | 80 | −26 / −39 | −44 / −57 | −60 / −79 | −75 / −94 | −96 / −115 | −118 / −137 | −144 / −162 | −212 / −231 | 58 / 26 | 76 / 44 | 109 / 60 | 124 / 75 | 145 / 96 | 167 / 118 | 193 / 144 | 261 / 212 |
| 80 | 90 | −29 / −44 | −50 / −65 | −67 / −89 | −84 / −106 | −108 / −130 | −133 / −155 | −162 / −184 | −239 / −261 | 66 / 29 | 87 / 50 | 124 / 67 | 141 / 84 | 165 / 108 | 190 / 133 | 219 / 162 | 296 / 239 |
| 90 | 100 | −35 / −50 | −58 / −73 | −78 / −100 | −97 / −119 | −124 / −146 | −152 / −174 | −184 / −206 | −271 / −293 | 72 / 35 | 95 / 58 | 135 / 78 | 154 / 97 | 181 / 124 | 209 / 152 | 241 / 184 | 328 / 271 |
| 100 | 110 | −40 / −55 | −56 / −78 | −89 / −111 | −110 / −132 | −140 / −162 | −171 / −193 | −207 / −229 | −302 / −324 | 77 / 40 | 113 / 56 | 146 / 89 | 167 / 110 | 197 / 140 | 228 / 171 | 264 / 207 | 359 / 302 |
| 110 | 120 | −36 / −60 | −64 / −86 | −100 / −122 | −122 / −145 | −156 / −178 | −190 / −212 | −229 / −251 | −334 / −356 | 93 / 36 | 121 / 64 | 157 / 100 | 180 / 122 | 213 / 156 | 247 / 190 | 286 / 229 | 391 / 334 |
| 120 | 140 | −40 / −65 | −72 / −97 | −113 / −138 | −139 / −164 | −176 / −201 | −215 / −240 | −259 / −284 | −377 / −402 | 105 / 40 | 137 / 72 | 178 / 113 | 204 / 139 | 241 / 176 | 280 / 215 | 324 / 259 | 442 / 377 |
| 140 | 160 | −52 / −77 | −88 / −113 | −136 / −161 | −166 / −191 | −208 / −233 | −253 / −278 | −304 / −329 | −440 / −465 | 117 / 52 | 153 / 88 | 201 / 136 | 231 / 166 | 273 / 208 | 318 / 253 | 369 / 304 | 505 / 440 |
| 160 | 180 | −63 / −88 | −104 / −129 | −158 / −183 | −192 / −218 | −240 / −265 | −291 / −316 | −348 / −373 | −503 / −528 | 128 / 63 | 179 / 104 | 223 / 158 | 257 / 192 | 305 / 240 | 356 / 291 | 413 / 348 | 568 / 503 |
| 180 | 200 | −69 / −98 | −115 / −144 | −175 / −204 | −213 / −242 | −267 / −296 | −324 / −353 | −388 / −417 | −561 / −590 | 144 / 69 | 190 / 115 | 250 / 175 | 288 / 213 | 342 / 267 | 399 / 324 | 463 / 388 | 636 / 581 |

[1] Die Abmaße der Welle entsprechen oberhalb der Stufenlinie IT4, zwischen den Stufenlinien IT5 und unterhalb der Stufenlinie IT6.
[2] Das Höchst- und Mindestspiel entspricht für die Passung Welle/Lagerbohrung oberhalb der Stufenlinie IT4/H5, zwischen den Stufenlinien IT5/H6 und unterhalb der Stufenlinie IT6/H7.

**TB 15-12** Streuungen von Toleranzklassen für ISO-Passungen bei relativen Einbau-Lagerspielen $\psi_E$ in ‰ abhängig von $d_L$ (nach VDI 2201)

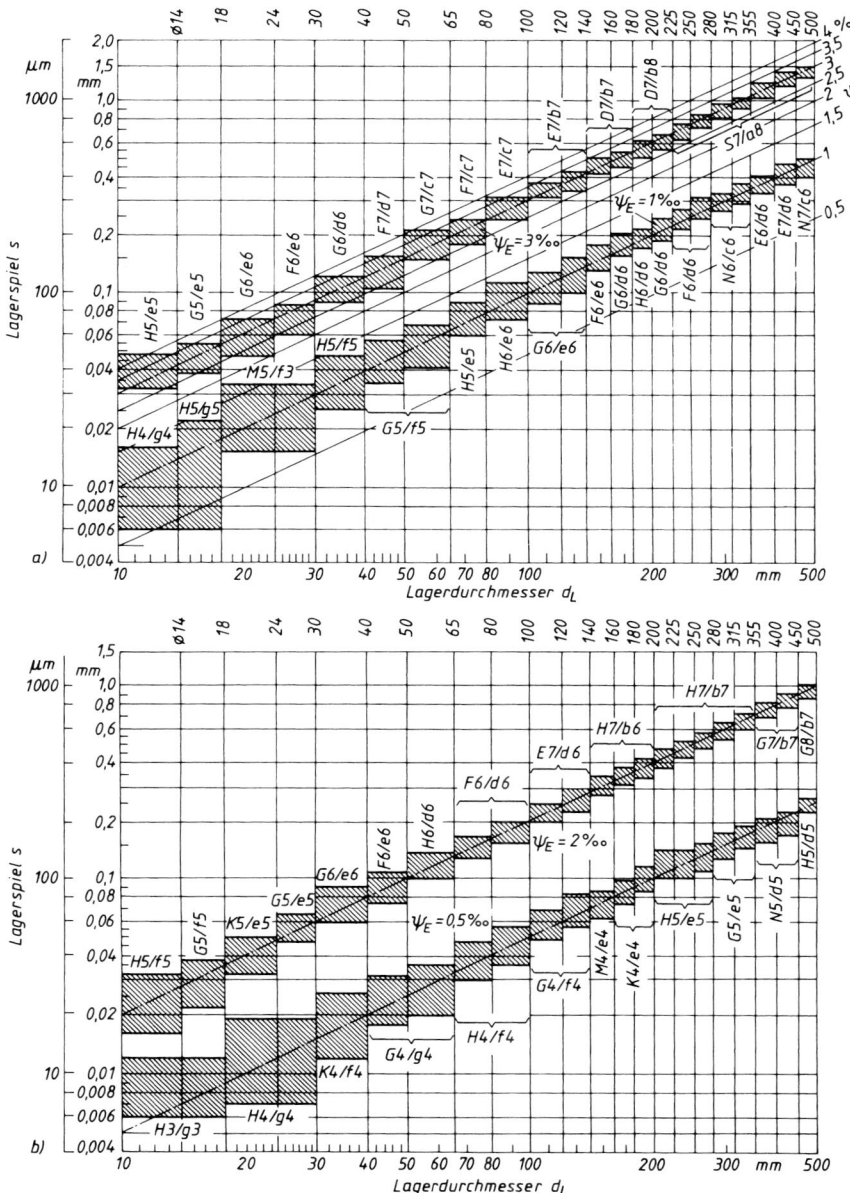

**TB 15-13** Sommerfeld-Zahl $So = f(\varepsilon, b/d_L)$ bei reiner Drehung

a) für vollumschließende (360°)-Lager

$$So = \left(\frac{b}{d_L}\right)^2 \cdot \frac{\varepsilon}{2(1-\varepsilon^2)^2} \cdot \sqrt{\pi^2 \cdot (1-\varepsilon^2) + 16 \cdot \varepsilon^2} \cdot \frac{a_1 \cdot (\varepsilon - 1)}{a_2 + \varepsilon}$$

wenn $a_1 = 1{,}1642 - 1{,}9456 \cdot \left(\frac{b}{d_L}\right) + 7{,}1161 \cdot \left(\frac{b}{d_L}\right)^2 - 10{,}1073 \cdot \left(\frac{b}{d_L}\right)^3 + 5{,}0141 \cdot \left(\frac{b}{d_L}\right)^4$

$a_2 = -1{,}000\,026 - 0{,}023\,634 \cdot \left(\frac{b}{d_L}\right) - 0{,}4215 \cdot \left(\frac{b}{d_L}\right)^2 - 0{,}038\,817 \cdot \left(\frac{b}{d_L}\right)^3 - 0{,}090\,551 \cdot \left(\frac{b}{d_L}\right)^4$

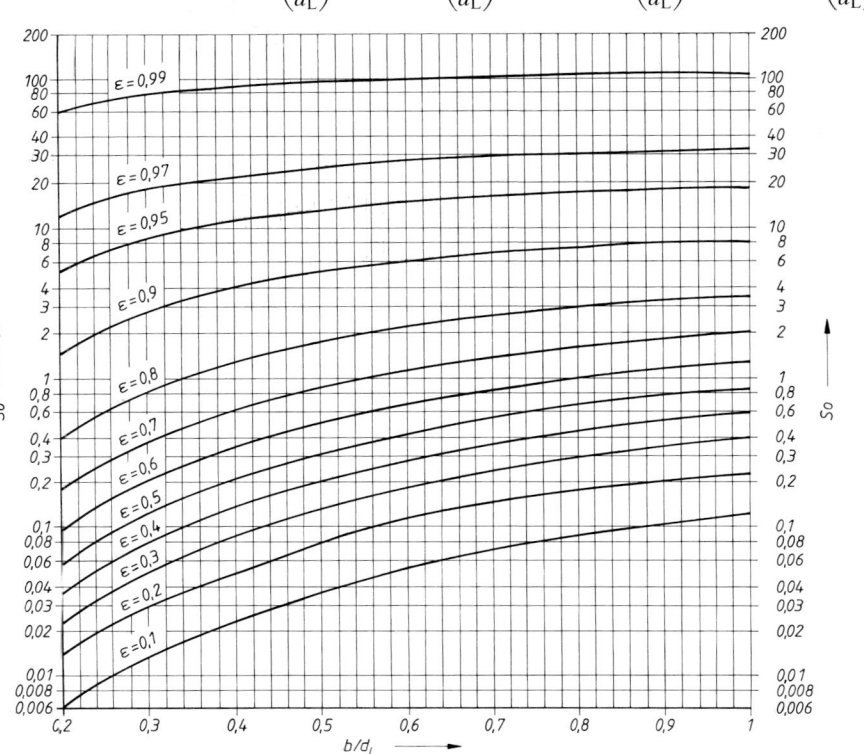

b) Verlagerungsbereiche $A$, $B$, $C$ für 360°-Lager (s. Lehrbuch 15.4.1-1c unter Hinweis)

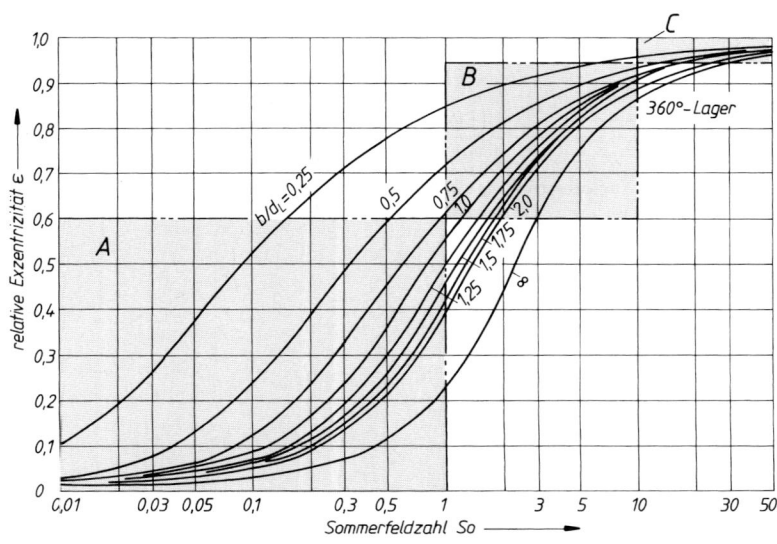

**TB 15-14** Reibungskennzahl $\mu/\psi_B = f(\varepsilon, b/d_L)$ bei reiner Drehung

a) für vollumschließende Lager

b) für halbumschließende Lager

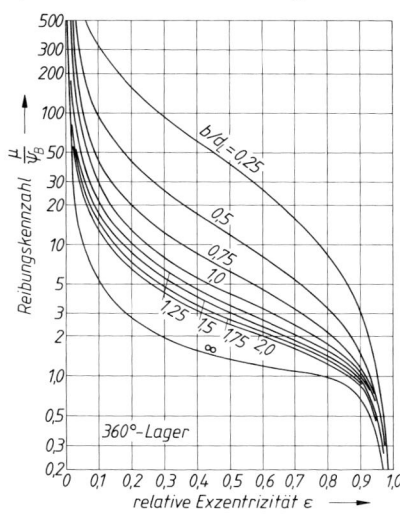
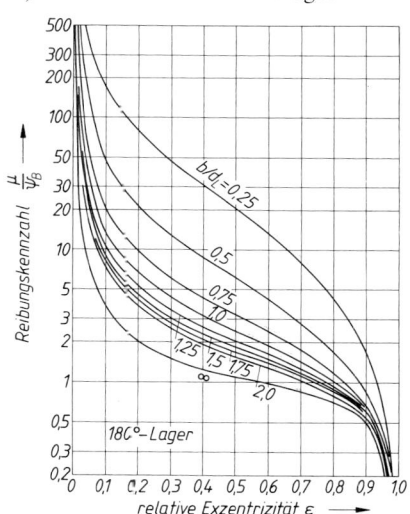

c) für vollumschließende Lager $\mu/\psi_B = f(So, b/d_L)$

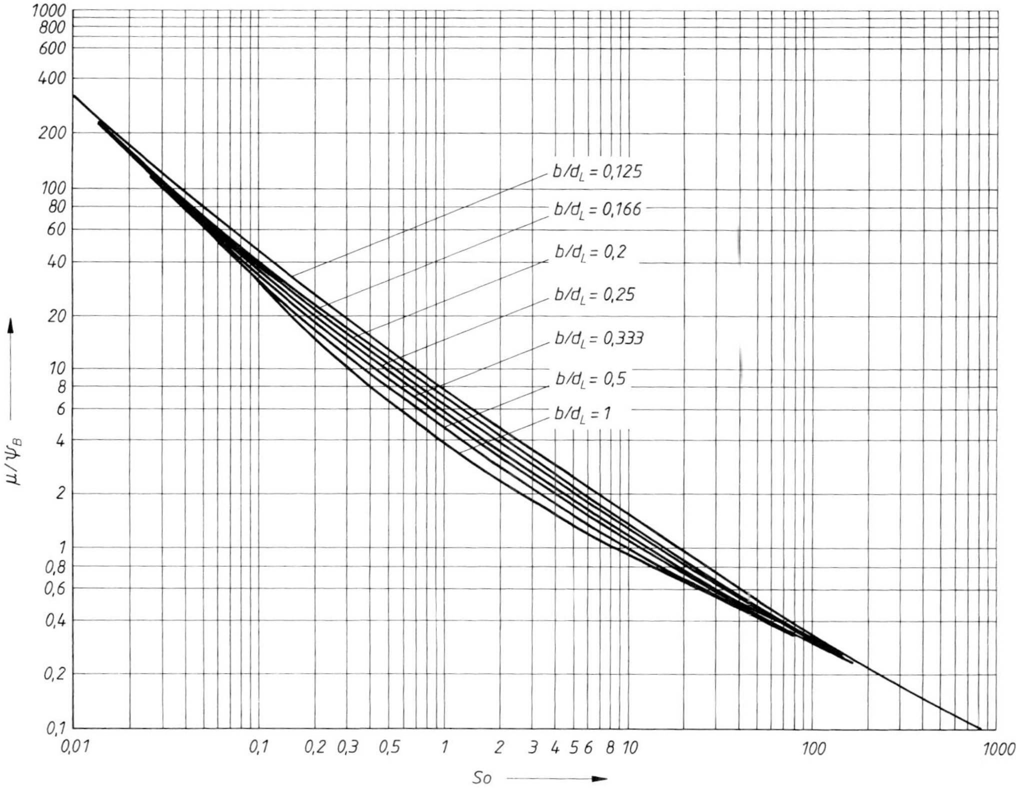

**TB 15-15** Verlagerungswinkel $\beta = f(\varepsilon, b/d_L)$ bei reiner Drehung
(s. Lehrbuch unter Gl. 15.8)

a) für das vollumschließende Radiallager

b) für das halbumschließende Radiallager

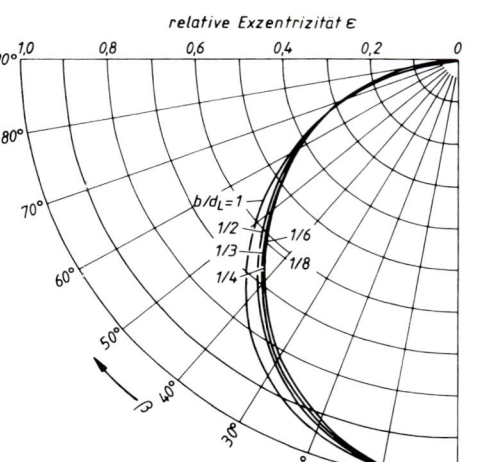
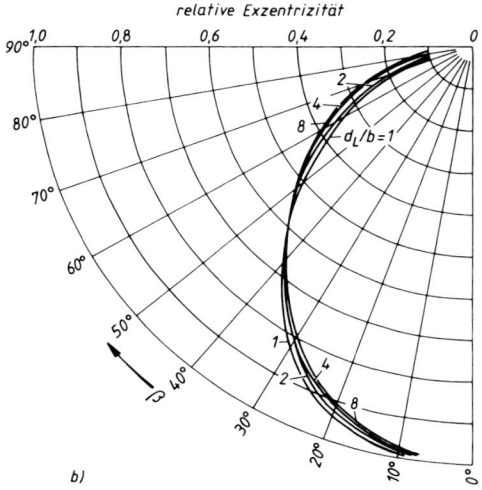

**TB 15-16** Erfahrungswerte für die zulässige kleinste Spalthöhe $h_{0\,zul}$ nach DIN 31652, wenn Wellen-$R_{zW} \leq 4$ µm und Lagergleitflächen-$R_{zL} \leq 1$ µm

| Wellen-durchmesser $d_w$ in mm | | Grenzrichtwerte $h_{0\,zul}$ in µm | | | | |
|---|---|---|---|---|---|---|
| | | Wellenumfangsgeschwindigkeit $u_w$ in m/s | | | | |
| über | bis | 0 bis 1 | über 1 bis 3 | über 3 bis 10 | über 10 bis 30 | über 30 |
| 25[1] | 63 | 3 | 4 | 5 | 7 | 10 |
| 63 | 160 | 4 | 5 | 7 | 9 | 12 |
| 160 | 400 | 6 | 7 | 9 | 11 | 14 |
| 400 | 1000 | 8 | 9 | 11 | 13 | 16 |
| 1000 | 2500 | 10 | 12 | 14 | 16 | 18 |

[1] einschließlich

**TB 15-17** Grenzrichtwerte für die maximal zulässige Lagertemperatur $\vartheta_{L\,zul}$ nach DIN 31652-3

| Art der Lagerschmierung | $\vartheta_{L\,zul}$ in °C[2] |
|---|---|
| Druckschmierung[1] (Umlaufschmierung) | 100 (115) |
| drucklose Schmierung (Eigenschmierung) | 90 (110) |

[1] Beträgt das Verhältnis von Gesamtschmierstoffvolumen zu Schmierstoffvolumen je Minute (Schmierstoffdurchsatz) über 5, so kann $\vartheta_{L\,zul}$ auf 110 (125) °C erhöht werden.
[2] Die in Klammern gesetzten Temperaturen können nur ausnahmsweise – z. B. aufgrund besonderer Betriebsbedingungen – zugelassen werden.
Hinweis: Die Lagertemperatur sollte einen Grenzwert $\vartheta_{L\,zul} = 80$ °C nicht überschreiten, da sonst eine verstärkte Alterung bei Schmierstoffen auf Mineralölbasis eintritt.

**TB 15-18** Bezogener bzw. relativer Schmierstoffdurchsatz

a) $\dot{V}_{D\,rel}$ für halbumschließende (180°)-Lager infolge Eigendruckentwicklung zu Gl. (15.16)

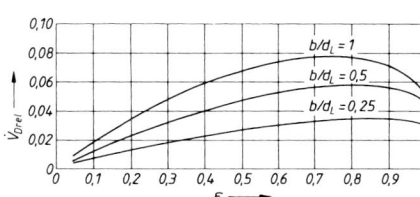

$\dot{V}_{D\,rel} = 0{,}125 \cdot (a_1 \cdot \varepsilon + a_2 \cdot \varepsilon^2 + a_3 \cdot \varepsilon^3 + a_4 \cdot \varepsilon^4)$ mit
$a_1 = 2{,}2346 \cdot (b/d_L) + 0{,}1084 \cdot (b/d_L)^2 - 0{,}5641 \cdot (b/d_L)^3$
$a_2 = -1{,}5421 \cdot (b/d_L) - 2{,}8215 \cdot (b/d_L)^2 + 1{,}955 \cdot (b/d_L)^3$
$a_3 = 2{,}2351 \cdot (b/d_L) + 4{,}2087 \cdot (b/d_L)^2 - 3{,}4813 \cdot (b/d_L)^3$
$a_4 = -1{,}751 \cdot (b/d_L) - 2{,}5113 \cdot (b/d_L)^2 + 2{,}3426 \cdot (b/d_L)^3$

b) $\dot{V}_{pZ\,rel}$ infolge des Zuführdrucks (nach DIN 31 652-2, vgl. Lehrbuch 15.4.1-3, Gl. (15.17))

| Schmierlöcher mit $q_L = 1{,}204 + 0{,}368 \cdot (d_0/b) - 1{,}046 \cdot (d_0/b)^2 + 1{,}942 \cdot (d_0/b)^3$ | | Schmiertaschen gültig für $0{,}05 \leq (b_T/b) \leq 0{,}7$ mit $q_T = 1{,}188 + 1{,}582 \cdot (b_T/b) - 2{,}585 \cdot (b_T/b)^2 + 5{,}563 \cdot (b_T/b)^3$ | |
|---|---|---|---|
| entgegengesetzt zur Lastrichtung | | | |
| 1. | | 2. | |
| 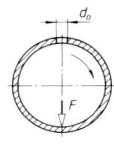 |  $\dot{V}_{pZrel} = \dfrac{\pi}{48} \cdot \dfrac{(1+\varepsilon)^3}{\ln(b/d_0) \cdot q_L}$ | 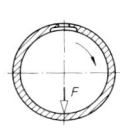 | 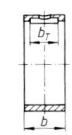 $\dot{V}_{pZrel} = \dfrac{\pi}{48} \cdot \dfrac{(1+\varepsilon)^3}{\ln(b/b_T) \cdot q_T}$ |
| um 90° gedreht zur Lastrichtung | | | |
| 3. | | 4. | |
| 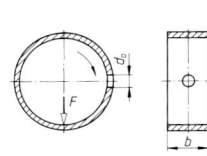 | 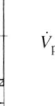 $\dot{V}_{pZrel} = \dfrac{\pi}{48} \cdot \dfrac{1}{\ln(b/d_0) \cdot q_L}$ | 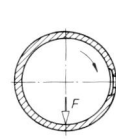 | 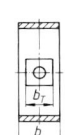 $\dot{V}_{pZrel} = \dfrac{\pi}{48} \cdot \dfrac{1}{\ln(b/b_T) \cdot q_T}$ |
| 2 Schmierlöcher | senkrecht zur Lastrichtung | | 2 Schmiertaschen |
| 5. | | 6. | |
| 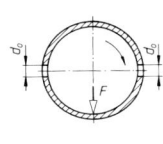 | 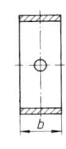 $\dot{V}_{pZrel} = \dfrac{\pi}{48} \cdot \dfrac{2}{\ln(b/d_0) \cdot q_L}$ | 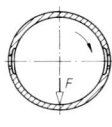 | 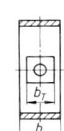 $\dot{V}_{pZrel} = \dfrac{\pi}{48} \cdot \dfrac{2}{\ln(b/b_T) \cdot q_T}$ |
| Ringnut (360°-Nut) | | 180°-Nut | |
| 7. | | 8. | |
| 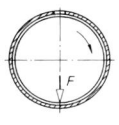 |  $\dot{V}_{pZrel} = \dfrac{\pi}{24} \cdot \dfrac{1 + 1{,}5 \cdot \varepsilon^2}{(b/d_L)} \cdot \dfrac{b}{(b - b_{Nut})}$ | $\dot{V}_{pZrel} = \dfrac{1}{48} \cdot \dfrac{\pi(1 + 1{,}5 \cdot \varepsilon^2) + 6 \cdot \varepsilon + 1{,}33 \cdot \varepsilon^3}{(b - b_{Nut})/d_L}$ | |

# 16 Riementriebe

**TB 16-1** Mechanische und physikalische Kennwerte von Flachriemen-Werkstoffen (Anhaltswerte)

| Riemenwerkstoff Riemensorte | | Elastizitätsmodul $E_z$ \| $E_b$ N/mm² | | Dichte $\varrho$ kg/dm³ | zul. Riemenspannung $\sigma_{z\,zul}$ N/mm² | max. Verhältnis $t/d$ — | max. Biegehäufigkeit $f_{B\,max}$ [5] 1/s | max. Nennumfangskraft $F'_{t\,max}$ N/mm | zul. Riemengeschwindigkeit $v_{max}$ [5] m/s | Reibungszahl $\mu$ [6] — | Temperatur $\vartheta_{max}$ °C |
|---|---|---|---|---|---|---|---|---|---|---|---|
| Leder | Standard S | 250 | 50...90 | 1,0 | 3,6...4,1 | 0,033 | 5 | — | 30 | Fleischseite $(0{,}25 + 0{,}02\sqrt{v})$ Haarseite $(0{,}33 + 0{,}02\sqrt{v})$ | 35 |
| | Geschmeidig G | 350 | 40...80 | 0,95 | 4,3...5 | 0,04 | 10 | — | 40 | | |
| | Hochgeschmeidig HGL | 450 | 30...70 | 0,9 | 4,3...6,5 | 0,05 | 25 | — | 50 | | 45 |
| | HGC | | | | 4,3...7,5 | | | | | | 70 |
| Gewebe | einlagig: Gummi-Polyamid- bzw. Polyesterfasern | 350...1200 | | 1,1...1,4 | 3,3...5,4 | 0,35 | 10...50 | 100 | 80 | (0,5) | −20...100 |
| | mehrlagig: Gummi-, Polyamid- bzw. Polyester- oder Baumwollfasern | 900...1500 | | | | | 10...20 | 300 | 20...50 | | |
| Textil | Baumwolle | 500...1400 | | 1,3 | 2,3...5 | 0,05 | — | — | (0,3) | — | |
| | Kunstseide (imprägniert) | — | | 1,0 | 3,3...5 | 0,04 | 40 | — | 50 | (0,35) | |
| | Nylon, Perlon | 500...1400 | | 1,1 | 9 | 0,07 | 80 | — | 60 | (0,3) | 70 |
| Mehrschicht | Kordfäden aus Polyamid oder Polyester in Gummi gebettet [3] [1] | 600...700 | 300 | 1,1...1,4 | 14...25 | 0,008... 0,025 | 100 | 200 | 60...120 | (0,7) | −20...100 |
| | [2] | 500...600 | 250 | | 4...12 | 0,01... 0,035 | | 400 | | (0,6) | |
| | ein oder mehrere Polyamidbänder geschichtet und vorgereckt [4] [1] | 500...600 | 250 | | 6...18 | 0,008... 0,025 | | 800 | 60 (80) | (0,7) | |
| | [2] | 400...500 | 200 | | 4...15 | 0,01... 0,035 | | | | (0,6) | |

[1] Laufschicht Gummi
[2] Laufschicht Leder
[3] z. B. Extremultus 81 der Fa. Siegling, Hannover
[4] z. B. Extremultus 85/80 der Fa. Siegling, Hannover
[5] nur unter günstigen Verhältnissen erreichbar; von den Anwendungsbedingungen abhängig
[6] μ-Werte sind von vielen Einflussgrößen abhängig (z. B. Alter bzw. Laufzeit des Riemens, Umwelteinflüsse, Riemengeschwindigkeit).

**TB 16-2** Keilriemen, Eigenschaften und Anwendungsbeispiele

| Bauart | $P'_{max}$ kW/Riemen | $v_{max}$ [1] m/s | $f_{B\,max}$ [1] 1/s | $i_{max}$ — | Eigenschaften, Anwendungsbeispiele |
|---|---|---|---|---|---|
| Normalkeilriemen (DIN 2215) | 70 | 30 | 80 | 15 | $b_0/h \approx 1{,}6$; universeller Einsatz im Maschinenbau (Größen 13...22); Größen 25...40 für Schwermaschinenbau und bei rauem Betrieb; Riemenwirklängen bis 18000 mm (Größen 22...40) |
| Schmalkeilriemen (DIN 7753) | 70 | 42 | 100 | 10 | $b_0/h \approx 1{,}2$; für raumsparende Antriebe, meist verwendeter Riementyp; größere Leistungsfähigkeit als Normalkeilriemen bei gleicher Riemenbreite; größere Scheibendurchmesser gegenüber Normalkeilriemen; Riemenrichtlängen bis 12500 mm (Größe SPC) |
| flankenoffene Keilriemen | 70 | 50 | 120 | 20 | $b_0/h \approx 1{,}2$; für raumsparende Antriebe; kleinere Scheibendurchmesser gegenüber Normalkeilriemen möglich; kostengünstig; höchste Leistungsübertragung |
| Verbundkeilriemen | 65 | 30 | 60 | 15 | Schwingungs- und stoßunempfindlich; kein Verdrehen in den (Keil)scheiben; Anwendung für Stoßbetrieb und große Trumlängen |
| Doppelkeilriemen | 30 | 30 | 80 | 5 | $b_0/h \approx 1{,}25$; für Vielwellenantriebe mit gegenläufigen Scheiben; übertragbare Leistung ca. 10 % geringer gegenüber den Normalkeilriemen |
| Keilrippenriemen | 20 [2] | 60 | 200 | 35 | bis zu 75 Rippen möglich ($P_{max} \approx 350$ kW); kleine Biegeradien; für große Übersetzungen; Spezialscheiben erforderlich |
| Breitkeilriemen | 70 | 25 | 40 | 9 [3] | $b_0/h \approx 2...5$; Spezialriemen für stufenlos verstellbare Getriebe |

[1] nur unter günstigen Verhältnissen erreichbar; von den Anwendungsbedingungen abhängig,  [2] kW/Rippe,  [3] Stellbereich

**TB 16-3** Synchronriemen, Eigenschaften und Anwendung

| $P_{max}$ kW/cm Riemenbreite | $v_{max}$ [1] m/s | $f_{B\,max}$ [1] $s^{-1}$ | $i_{max}$ — | Eigenschaften und Anwendung |
|---|---|---|---|---|
| 60 | 80 | 200 | 10 | universeller Einsatz im Maschinen-, Geräte- und Fahrzeugbau, besonders bei Umkehrantrieben (Lineartechnik), wenn Schlupffreiheit gefordert wird; Synchronriemen und Zahnscheiben teurer als andere Riemen und Riemenscheiben; Geräuschminderung durch bogenverzahnte Synchronriemen und Zahnscheiben, jedoch noch teurer |

[1] nur unter günstigen Verhältnissen erreichbar; von den Anwendungsbedingungen abhängig

**TB 16-4** Trumkraftverhältnis $m$; Ausbeute $\varkappa$ (bei Keil- und Keilrippenriemen gilt $\mu = \mu'$)

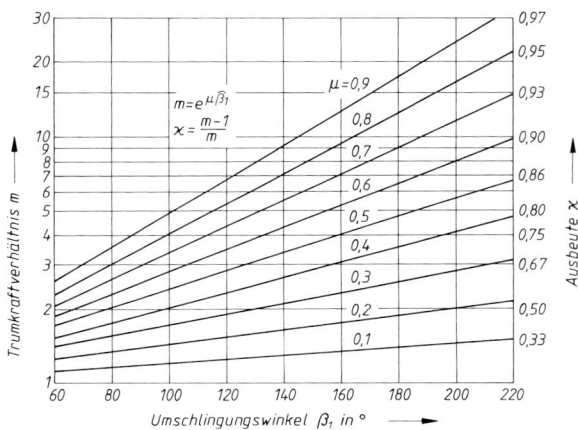

**TB 16-5** Faktor $k$ zur Ermittlung der Wellenbelastung für Flachriementriebe
Gilt näherungsweise auch für Keil- und Keilrippenriemen ($\mu$ entspricht dann $\mu'$)

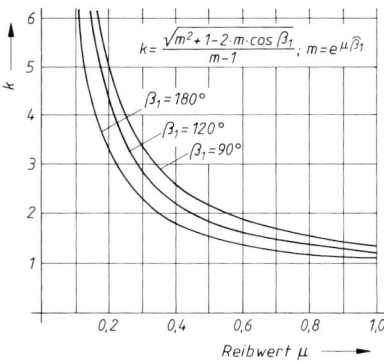

**TB 16-6** Ausführungen und Eigenschaften der Mehrschichtflachriemen Extremultus (Bauart 80/85*, nach Werknorm)

\* Für Antriebe mit höchsten Geschwindigkeiten wird noch die Bauart 81 angeboten

a) Ausführung

| Extremultus Bauart | Aufbau | | | Einsatzfall | |
|---|---|---|---|---|---|
| | Zugschicht | Reibschicht | Deckschicht | | |
| 80 LT | Polyamidband | Ch | Pg | für Mehrscheibenantrieb mit einseitiger Leistungsübertragung | für normale sowie erschwerte Betriebsbedingungen und wenn starker Einfluss von Öl und Fett zu erwarten ist |
| 80 LL | Polyamidband | Ch | CH | für Mehrscheibenantrieb mit beidseitiger Leistungsübertragung | |
| 85 GT | Polyamidband | E | Pg | für Mehrscheibenantrieb mit einseitiger Leistungsübertragung | normal, staubig, feucht, Einfluss von Öl und Fett nicht zu erwarten bzw. unbedeutend gering |
| 85 GG | Polyamidband | E | E | für Mehrscheibenantrieb mit beidseitiger Leistungsübertragung | |

Ch Chromleder, E Elastomer, Pg Polyamidgewebe

b) Eigenschaften

| Riementyp ($\hat{=} k_1$) | | 10 | 14 | 20 | 28 | 40 | 54[1)] | 80[1)] |
|---|---|---|---|---|---|---|---|---|
| Zugfestigkeit in N/mm Riemenbreite | | 225 | 315 | 450 | 630 | 900 | 1200 | 1800 |
| spezifische Umfangskraft $F'_t$[2)] in N/mm Riemenbreite | | 12,5 | 17,5 | 25 | 35 | 48 | 67,5 | 110 |
| Nenndurchmesser $d_{1N}$ in mm | | 100 | 140 | 200 | 280 | 400 | 540 | 800 |
| Bruchdehnung $\varepsilon_B$ in % | | 22 | | | | | | |
| Riemendicke $t$ in mm | 80 LT | 2,2 | 2,6 | 2,9 | 3,6 | 4,4 | 5,6 | 6,3 |
| | 80 LL | 3,2 | 3,6 | 4,1 | 5,0 | 6,2 | 6,5 | – |
| | 85 GT | 1,6 | 1,8 | 2,5 | 2,9 | 3,7 | 4,5 | 6,0 |
| | 85 GG[3)] | 1,9 | 2,1 | 2,6 | 3,1 | – | – | – |

[1)] nur in den Ausführungen LT und GT
[2)] die zulässige Spannung kann als fiktiver Wert ermittelt werden aus $\sigma_{z\,zul} \approx F'_t/t$ mit $F'_t = f(d_1, \beta_1,$ Riementyp) nach TB 16-8
[3)] bei der Bauart 85 GG ist hinter der Zahl des Riementyps noch ein N anzufügen, z. B. 14 N

**TB 16-7** Ermittlung des kleinsten Scheibendurchmessers (nach Fa. Siegling, Hannover)

| $P/n$ kW·min | $d$ mm | $P/n$ kW·min | $d$ mm | $P/n$ kW·min | $d$ mm |
|---|---|---|---|---|---|
| 0,00075 | 63 | 0,008 | 140 | 0,14 | 315 |
| 0,0009 | 71 | 0,01 | 160 | 0,17 | 355 |
| 0,001 | 80 | 0,015 | 180 | 0,2 | 400 |
| 0,0016 | 90 | 0,04 | 200 | 0,25 | 450 |
| 0,0018 | 100 | 0,06 | 224 | 0,3 | 500 |
| 0,003 | 112 | 0,1 | 250 | 0,4 | 560 |
| 0,0045 | 125 | 0,12 | 280 | 0,44 | 630 |

**TB 16-8** Diagramme zur Ermittlung von $F'_t$, $\varepsilon_1$, Riementyp für Extremultus-Riemen (nach Fa. Siegling, Hannover)

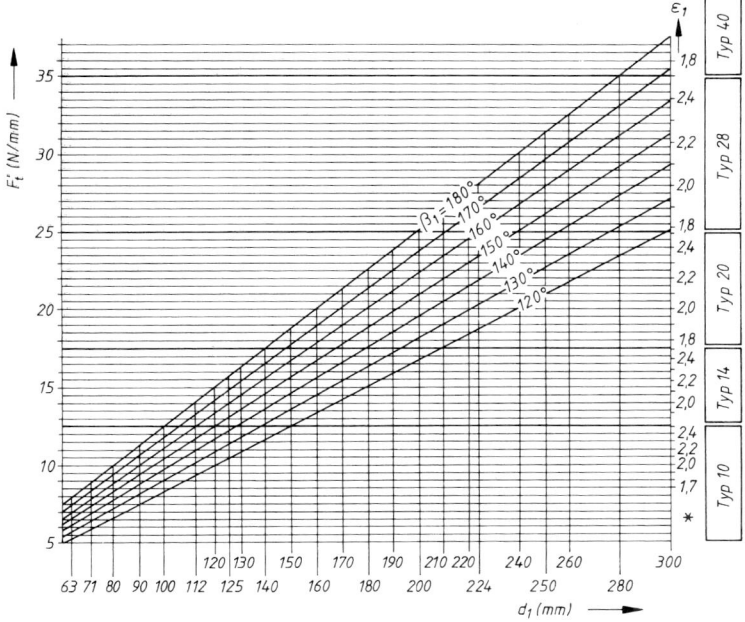

* bei $\varepsilon_1 < 1{,}7$ Rückfrage beim Hersteller

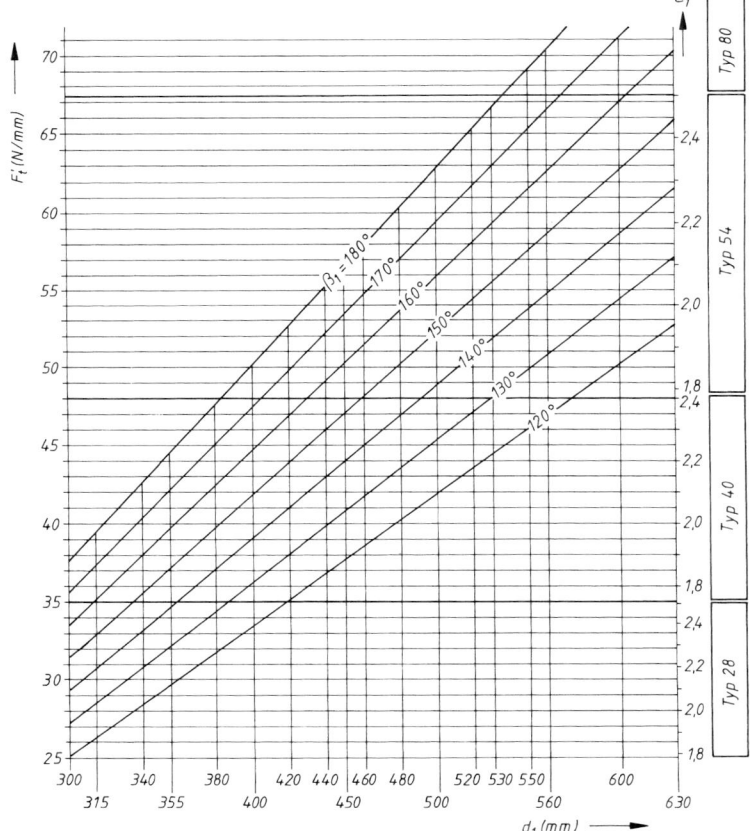

**TB 16-9** Flachriemenscheiben, Hauptmaße, nach DIN 111 (Auszug)

a) Hauptmaße in mm

| $d$ | 40 | 50 | 63 | 71 | 80 | 90 | 100 | 112 | 125 | 140 |
|---|---|---|---|---|---|---|---|---|---|---|
| $B$ min | 25 | 32 | | 40 | | 50 | | | 63 | |
| $B$ max | 50 | 100 | | | 140 | | | 200 | | |
| $h$ | 0,3 | | | | | | | | 0,4 | |
| $d$ | 160 | 180 | 200 | 224 | 250 | 280 | 315 | 355 | 400 | 450 |
| $B$ min | 63 | | | | | | | | | |
| $B$ max | 200 | | | 315 | | | | | | 400 |
| $h$ | 0,5 | | 0,6 | | 0,8 | | | 1,0 | | |
| $d$ | 500 | 560 | 630 | 710 | 800 | 900 | 1000 | 1120 | 1250 | 1400 |
| $B$ min | 63 | | | | 100 | | | 125 | | |
| $B$ max | 400 | | | | | | | | | |
| $h$ | 1,0 | | 1,2 | | 1,2* | | | 1,5** | | |

* bei Kranzbreiten > 250: $h = 1,5$,   ** bei Kranzbreiten > 250: $h = 2$

b) Zuordnung Riemenbreite $b$ – kleinste Scheibenkranzbreite $B$

| $b$ | 20 | 25 | 32 | 40 | 50 | 71 | 90 | 112 | 125 |
|---|---|---|---|---|---|---|---|---|---|
| $B$ | 25 | 32 | 40 | 50 | 63 | 80 | 100 | 125 | 140 |
| $b$ | 140 | 160 | 180 | 200 | 224 | 250 | 280 | 315 | 355 |
| $B$ | 160 | 180 | 200 | 224 | 250 | 280 | 315 | 355 | 400 |

**TB 16-10** Fliehkraft-Dehnung $\varepsilon_2$ in % für Extremultus-Mehrschichtriemen (nach Fa. Siegling, Hannover)

| Riemen-bezeichnung | | Riemengeschwindigkeit $v$ in m/s | | | | | | |
|---|---|---|---|---|---|---|---|---|
| | | 10 | 20 | 30 | 40 | 50 | 60 | 70 |
| GT | 10 | | 0,2 | 0,3 | 0,6 | 0,9 | | |
| GG | 10N | | | | | | | |
| LL | 10 | | | | | | | |
| LT | 10 | | | 0,4 | 0,8 | 1,1 | | |
| GT | 14 | | | 0,3 | 0,5 | 0,8 | | |
| GG | 14N | | | | | | | |
| LL | 14 | | | | | | | |
| LT | 14 | | | 0,4 | 0,7 | 1,0 | | |
| GT | 20 | < 0,1* | | 0,2 | 0,4 | 0,7 | | |
| GG | 20N | | | | | | | |
| LL | 20 | | | | | | | |
| LT | 20 | | | 0,3 | 0,6 | 0,9 | | |
| GT | 28 | | 0,1 | 0,2 | 0,4 | 0,6 | 0,8 | |
| GG | 28N | | | | | | | |
| LL | 28 | | | | | | | |
| LT | 28 | | | 0,3 | 0,6 | 0,8 | 1,0 | |
| GT | 40 | | | 0,2 | 0,3 | 0,5 | 0,7 | |
| GG | 40N | | | | | | | |
| LL | 40 | | | | | | | |
| LT | 40 | | | 0,3 | 0,5 | 0,7 | 0,9 | |
| GT | 54 | | | 0,2 | 0,3 | 0,5 | 0,7 | 0,9 |
| LT | 54 | | | 0,3 | 0,5 | 0,7 | 0,9 | 1,0 |
| GT | 80 | | | 0,2 | 0,3 | 0,5 | 0,7 | 0,9 |
| LT | 80 | | | 0,3 | 0,5 | 0,7 | 0,9 | 1,0 |

* ohne nennenswerten Einfluss

**TB 16-11** Wahl des Profils der Keil- und Keilrippenriemen

a) Normalkeilriemen

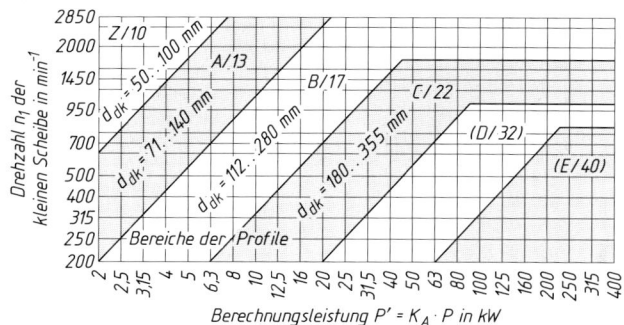

b) Schmalkeilriemen

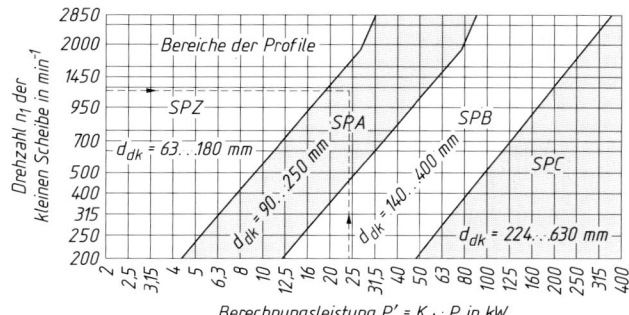

Beispiel: Für die Berechnungsleistung $P' = 24$ kW und $n_1 = 1200$ min$^{-1}$ wird gewählt: Schmalkeilriemen **SPA**

c) Keilrippenriemen

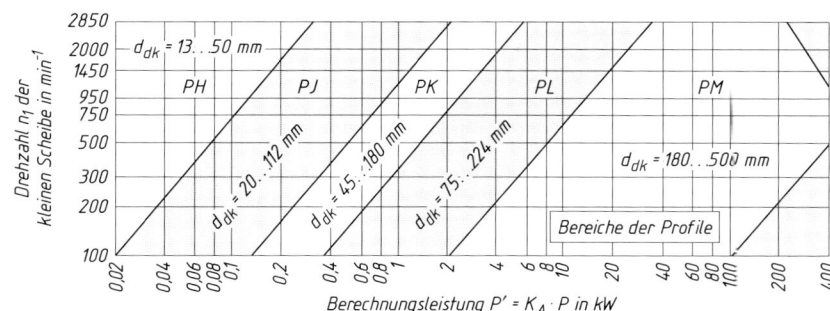

**TB 16-12** Keilriemenabmessungen (in Anlehnung an DIN 2215, ISO 4184, DIN 7753 sowie Werksangaben; Auszug)

| Normalkeilriemen | | | | | | | | |
|---|---|---|---|---|---|---|---|---|
| Profilkurzzeichen nach | DIN 2215 | 6 | 10 | 13 | 17 | 22 | 32 | 40 |
| | ISO 4184 | Y | Z | A | B | C | D | E |
| obere Riemenbreite | $b_0 \approx$ | 6 | 10 | 13 | 17 | 22 | 32 | 40 |
| Richtbreite | $b_d \approx$ | 5,3 | 8,5 | 11 | 14 | 19 | 27 | 32 |
| Riemenhöhe | $h \approx$ | 4 | 6 | 8 | 11 | 14 | 20 | 25 |
| Abstand | $h_d \approx$ | 1,6 | 2,5 | 3,3 | 4,2 | 5,7 | 8,1 | 12 |
| Mindestscheibenrichtdurchmesser | $d_{d\,min} \approx$ | 28 | 50 | 71 | 112 | 180 | 355 | 500 |
| Innenlängen[1] (= Bestelllänge) Richtlänge $L_d = L_i + \Delta l$ | $L_i$ | 185 bis 850 | 300 bis 2800 | 560 bis 5300 | 670 bis 7100 | 1180 bis 18000 | 2000 bis 18000 | 3000 bis 18000 |
| Längendifferenz $\Delta L$ | | | 15 | 22 | 30 | 40 | 58 | 75 | 80 |
| Biegewechsel (s$^{-1}$) | $f_{B\,max} \approx$ | 80 | | | | | | |
| Riemengeschwindigkeit (m/s) | $v_{max}$ | 30 | | | | | | |
| Schmalkeilriemen | | | | | | | | |
| Profilkurzzeichen nach DIN 7753 T1 | | – | SPZ | SPA | SPB | SPC | – | – |
| obere Riemenbreite | $b_0 \approx$ | – | 9,7 | 12,7 | 16,3 | 22 | – | – |
| Richtbreite | $b_d \approx$ | – | 8,5 | 11 | 14 | 19 | – | – |
| Riemenhöhe | $h \approx$ | – | 8 | 10 | 13 | 18 | – | – |
| Abstand | $h_d \approx$ | – | 2 | 2,8 | 3,5 | 4,8 | – | – |
| Mindestscheibenrichtdurchmesser | $d_{d\,min} \approx$ | – | 63 | 90 | 140 | 224 | – | – |
| Richtlängen[1] (= Bestelllänge) | $L_d$ | – | 587 bis 3550 | 732 bis 3550 | 1250 bis 3550 | 2000 bis 3550 | – | – |
| Biegewechsel (s$^{-1}$) | $f_{B\,max} \approx$ | 100 | | | | | | |
| Riemengeschwindigkeit (m/s) | $v_{max}$ | 42 | | | | | | |

[1] Herstellerangaben beachten (vorzugsweise nach DIN 323, R40)

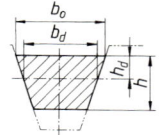

**TB 16-13** Abmessungen der Keilriemenscheiben (nach DIN 2211; Auszug)

| | Nennabmessungen der Riemenscheiben | | | | | | | |
|---|---|---|---|---|---|---|---|---|
| für Keilriemen nach | DIN 2215 | 6 | 10 | 13 | 17 | 22 | 32 | 40 |
| | ISO 4184 | Y | Z | A | B | C | D | E |
| für Schmalkeilriemen nach DIN 7753 T1 | | — | SPZ | SPA | SPB | SPC | — | — |
| Rillenbreite | $b_1 \approx$ | 6,3 | 9,7 | 12,7 | 16,3 | 22 | 32 | 40 |
| Rillenprofil | $c \approx$ | 1,6 | 2 | 2,8 | 3,5 | 4,8 | 8,1 | 12 |
| | $e \approx$ | 8 | 12 | 15 | 19 | 25,5 | 37 | 44,5 |
| | $f \approx$ | 6 | 8 | 10 | 12,5 | 17 | 24 | 29 |
| | $t \approx$ | 7 | 11 | 14 | 18 | 24 | 33 | 38 |
| Mindestscheibendurchmesser Normalkeilriemen | $d_{d\,min} \approx$ | 28 | 50 | 71 | 112 | 180 | 355 | 500 |
| Schmalkeilriemen | | — | 63 | 90 | 140 | 224 | — | — |
| Keilwinkel α bei Richtdurchmesser $d_d$ | 32° | ≤63 | — | — | — | — | — | — |
| | 34° | — | ≤80 | ≤118 | ≤190 | ≤315 | — | — |
| | 36° | >63 | — | — | — | — | ≤500 | ≤630 |
| | 38° | — | >80 | >118 | >190 | >315 | >500 | >630 |

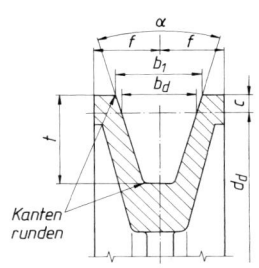
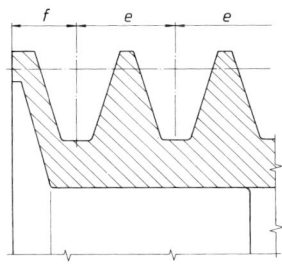

**TB 16-14** Keilrippenriemen und Keilrippenscheiben nach DIN 7867
(Tabellenwerte in Anlehnung an DIN 7867 und Werksangaben)

| | Profil-Kurzzeichen | | PH | PJ | PK | PL | PM |
|---|---|---|---|---|---|---|---|
| Keilrippenriemen nach DIN 7867 | Rippenabstand | $s$ | $1{,}60 \pm 0{,}2$ | $2{,}34 \pm 0{,}2$ | $3{,}56 \pm 0{,}2$ | $4{,}70 \pm 0{,}2$ | $9{,}40 \pm 0{,}2$ |
| | Riemenhöhe | $h$ max[1] | 3 | 4 | 6 | 10 | 17 |
| | Anzahl der Rippen | $z$ [2] | 2…31 | 2…50 | 2…50 | 2…60 | 2…45 |
| | Riemenbreite | $b$ | \multicolumn{5}{c}{$b = s \cdot z$} | | | | |
| | Rippengrundradius | $r_g$ max | 0,15 | 0,20 | 0,25 | 0,40 | 0,75 |
| | Rippenkopfradius | $r_k$ min | 0,30 | 0,40 | 0,50 | 0,40 | 0,75 |
| | Standard-Richtlänge $L_d$ [2] min | | 559 | 330 | 559 | 954 | 2286 |
| | Standard-Richtlänge $L_d$ [2] max | | 2155 | 2489 | 3492 | 6096 | 15266 |
| | zul. Riemengeschwindigkeit | $v$ max[2] | 60 m/s | 50 m/s | 50 m/s | 40 m/s | 30 m/s |
| Keilrippenscheiben nach DIN 7867 | Profil-Kurzzeichen | | H | J | K | L | M |
| | Rillenabstand | $e$ | $1{,}60 \pm 0{,}03$ | $2{,}34 \pm 0{,}03$ | $3{,}56 \pm 0{,}05$ | $4{,}70 \pm 0{,}05$ | $9{,}40 \pm 0{,}08$ |
| | Gesamtabstand | $c$ | \multicolumn{5}{l}{$c = $ (Rippenanzahl $n-1$) $e$   Toleranz für $c$: $\pm 0{,}30$} | | | | |
| | Richtdurchmesser | $d_{d\,min}$ | 13 | 20 | 45 | 75 | 180 |
| | Richtdurchmesser | Stufung | \multicolumn{5}{l}{nach DIN 323 Normzahlreihe R20 (s. TB 1-16)} | | | | |
| | Innenradius | $r_{i\,max}$ | 0,30 | 0,40 | 0,50 | 0,40 | 0,75 |
| | Außenradius | $r_{a\,min}$ | 0,15 | 0,20 | 0,25 | 0,40 | 0,75 |
| | Profiltiefe | $t_{min}$ [2] | 1,33 | 2,06 | 3,45 | 4,92 | 10,03 |
| | Randabstand | $f_{min}$ | 1,3 | 1,8 | 2,5 | 3,3 | 6,4 |
| | Wirkdurchmesser | $d_w$ | \multicolumn{5}{c}{$d_w = d_d + 2h_b$} | | | | |
| | Bezugshöhe | $h_b$ | 0,8 | 1,25 | 1,6 | 3,5 | 5,0 |

[1] Maße nach Wahl des Herstellers
[2] Hersteller-Angaben; vorzugsweise nach DIN 323 R'40

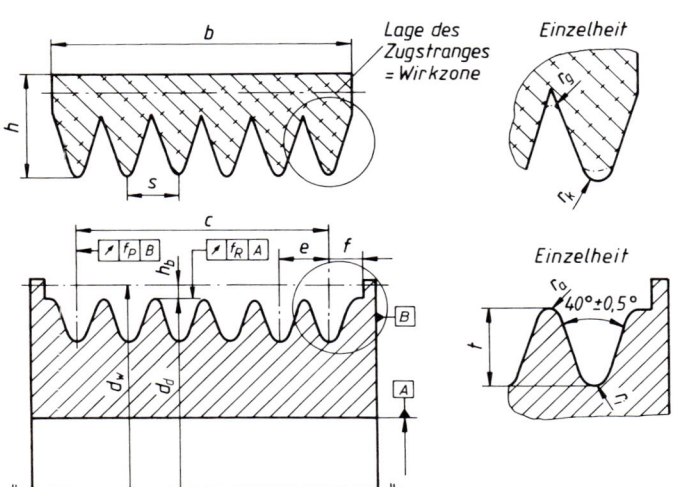

$d_d \ldots 74$ mm: $f_R = 0{,}13$ mm
$d_d > 74 \ldots 250$ mm: $f_R = 0{,}25$ mm
$d_d > 250$ mm: $f_R = 0{,}25$ mm $+ 0{,}004$
   je mm Bezugs-⌀ über 250 mm
$f_p = 0{,}0002 \cdot d_d$

**TB 16-15** Nennleistung der Keil- und Keilrippenriemen

a) Nennleistung je Riemen für Normalkeilriemen

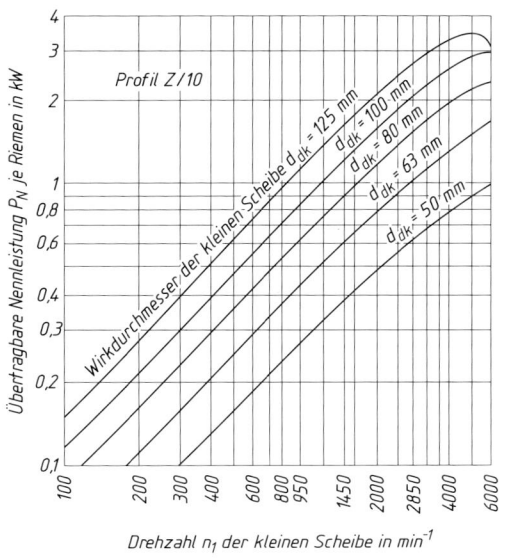

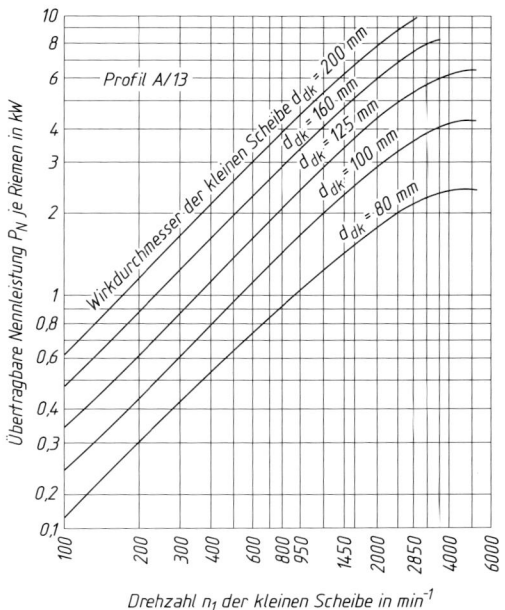

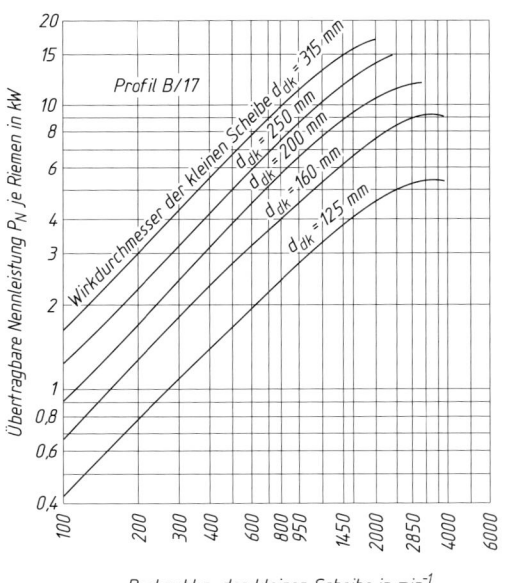

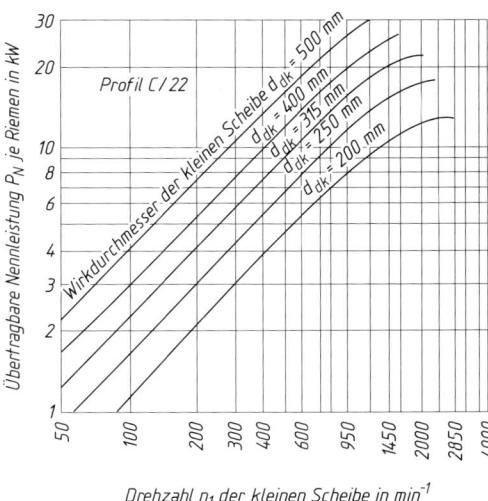

**TB 16-15** Fortsetzung

b) Nennleistung je Riemen für Schmalkeilriemen

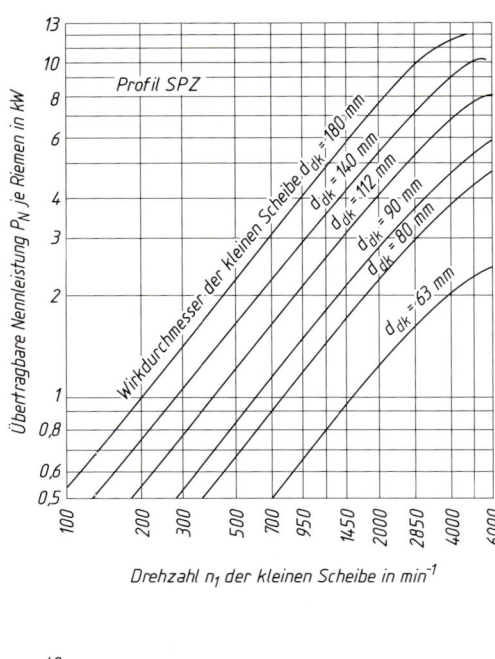
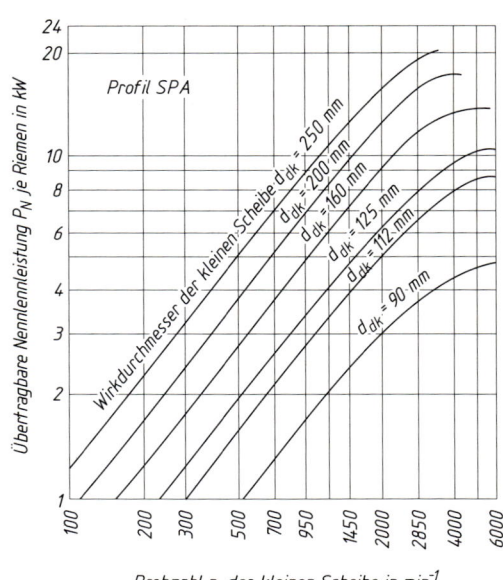
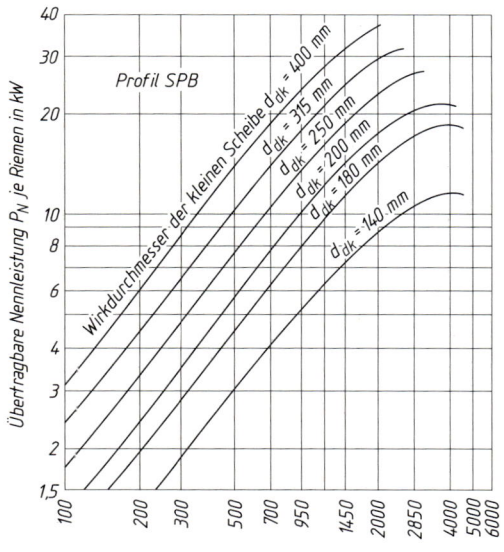
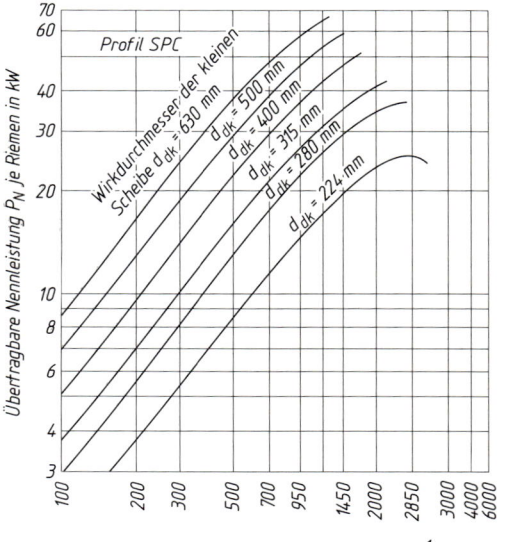

**TB 16-15** Fortsetzung

c) Nennleistung je Rippe für Keilrippenriemen

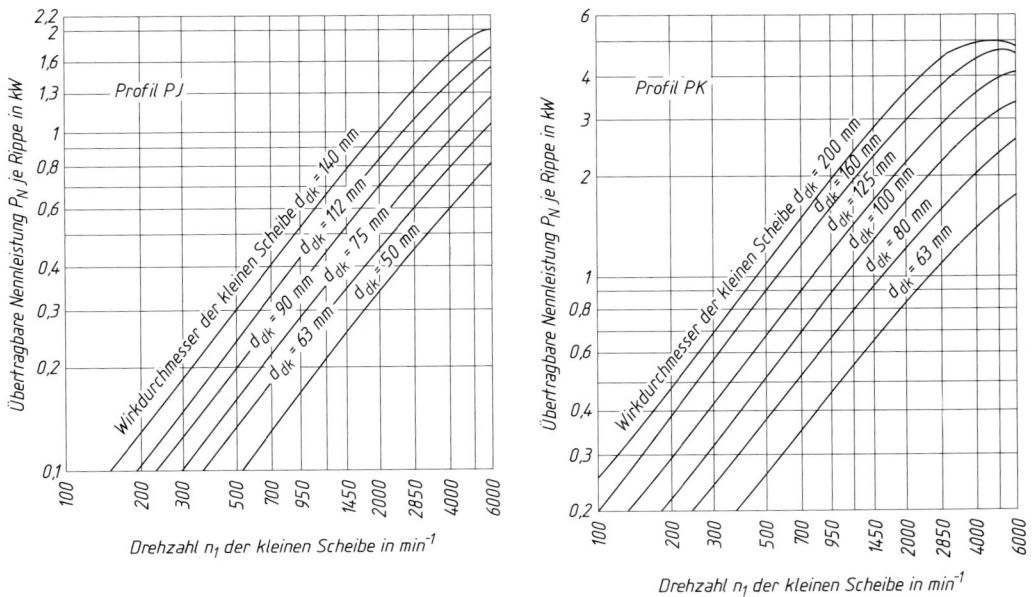

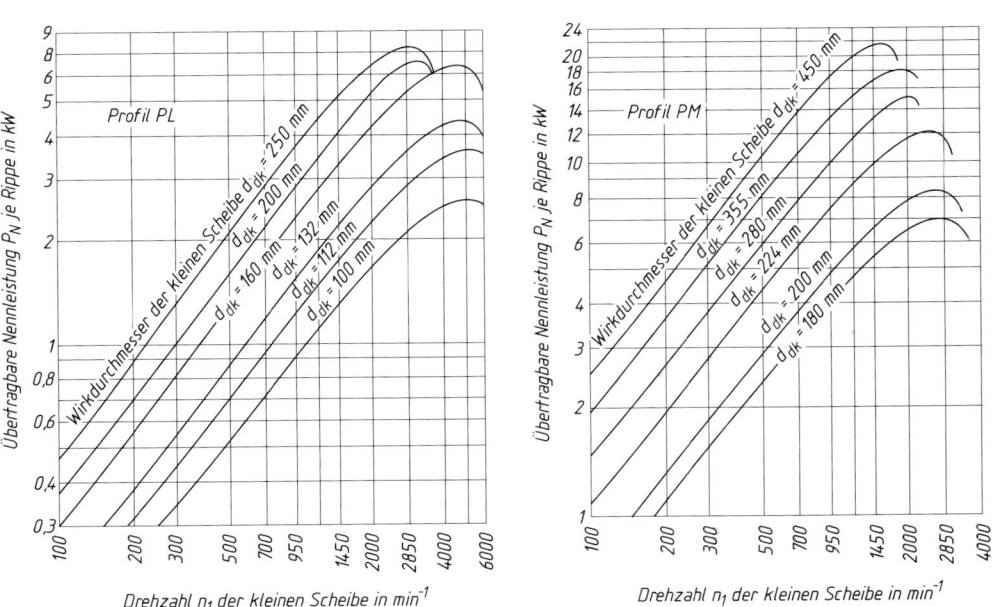

**TB 16-16** Leistungs-Übersetzungszuschlag $\ddot{U}_z$ in kW (bei $i < 1$ wird $\ddot{U}_z = 1$)

a) je Riemen für Normalkeilriemen

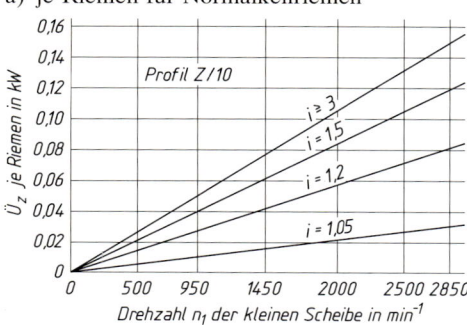
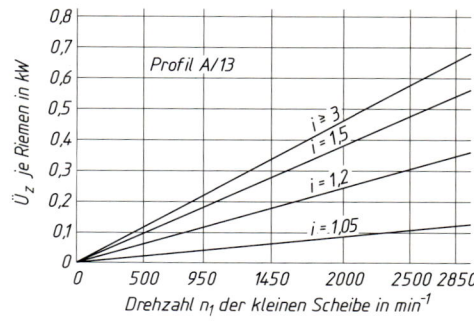
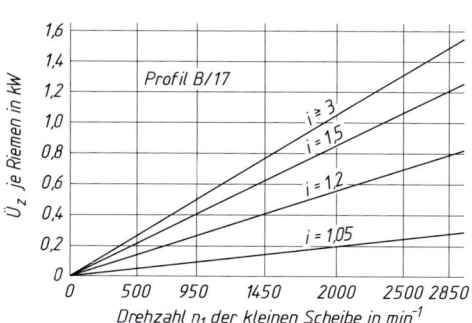
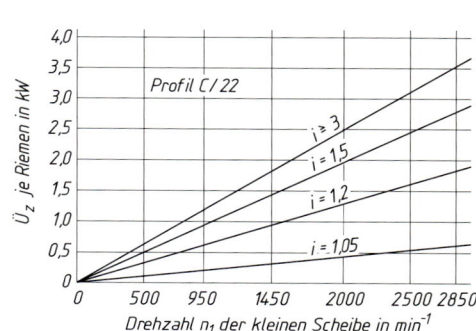

b) je Riemen für Schmalkeilriemen

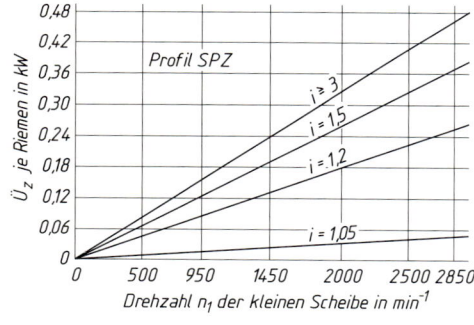
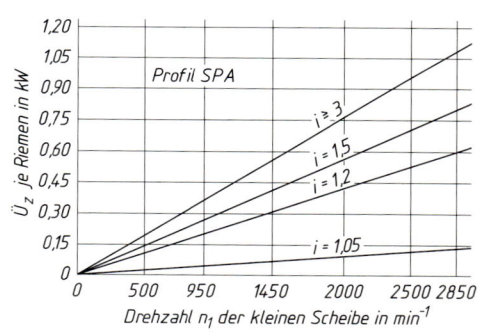
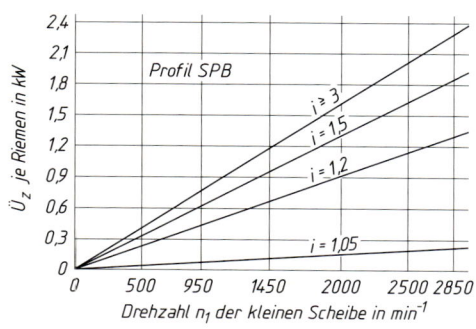
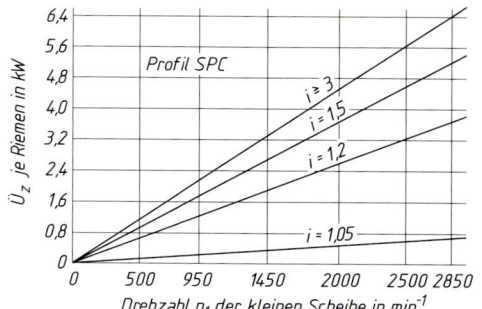

**TB 16-16** Fortsetzung

c) je Rippe für Keilrippenriemen

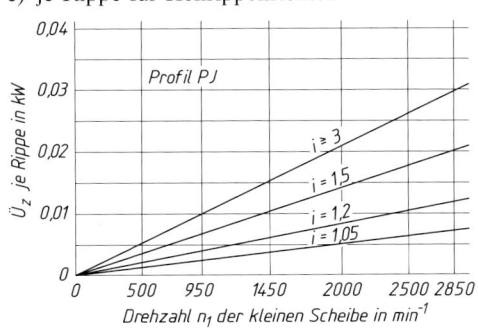
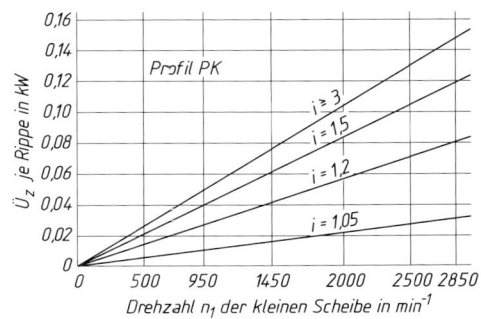
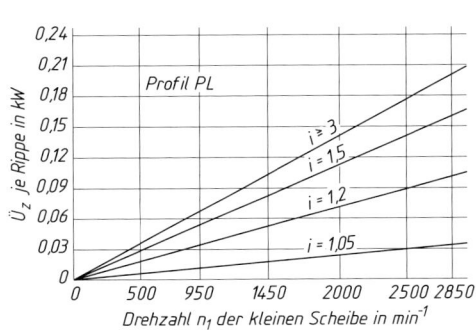
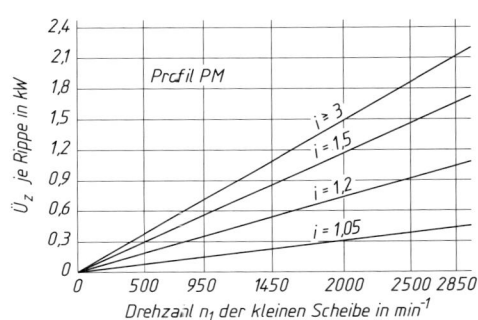

**TB 16-17** Korrekturfaktoren zur Berechnung der Keil- und Keilrippenriemen

a) Winkelfaktor $c_1$

b) Längenfaktor $c_2$ für Normalkeilriemen

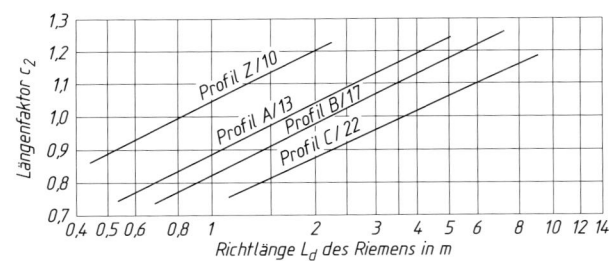

**TB 16-17** Fortsetzung

c) Längenfaktor $c_2$ für Schmalkeilriemen

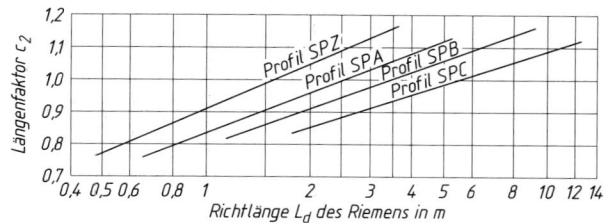

d) Längenfaktor $c_2$ für Keilrippenriemen

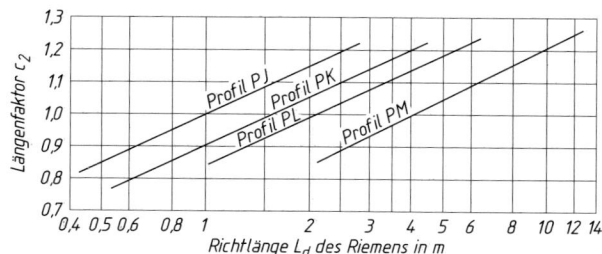

**TB 16-18** Wahl des Profils von Synchronriemen

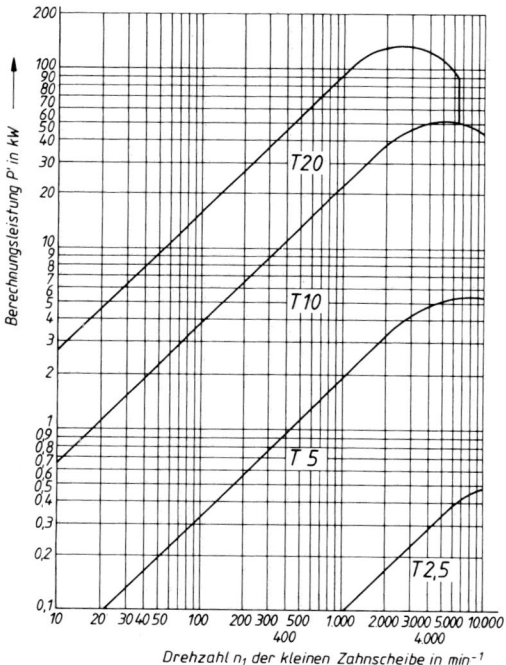

**TB 16-19** Daten von Synchroflex-Zahnriemen nach Werknorm

a) Einsatzbereiche

| Riemen-profil | $P_{max}$ kW | $n_{max}$ 1/min | $v_{max}$ m/s | typische Anwendungsbereiche |
|---|---|---|---|---|
| T 2,5 | 0,5 | 20 000 | 80 | Feinwerkantriebe, Filmkameraantriebe, Steuerantriebe |
| T 5 | 5 | 10 000 | 80 | Büromaschinenantriebe, Küchenmaschinenantriebe, Tachoantriebe, Steuer- und Regelantriebe |
| T 10 | 30 | 10 000 | 60 | Werkzeugmaschinen (Haupt- und Nebenantriebe), Textilmaschinen- und Druckereimaschinenantriebe |
| T 20 | 100 | 6 500 | 40 | schwere Baumaschinen, Papiermaschinen, Textilmaschinen, Pumpen, Verdichter |

b) Scheibenzähnezahl

| Riemen-profil | Teilung $p$ mm | Zahnhöhe $h_z$ mm | Länge $L_d$ mm | Scheibenzähnezahl $z_{min}$ | Scheibenzähnezahl $z_{max}$ | Mindestzähnezahl bei Gegenbiegung |
|---|---|---|---|---|---|---|
| T 2,5 | 2,5 | 0,7 | 120 … 1475 | 10 | 114 | 11 |
| T 5 | 5 | 1,2 | 100 … 1500 | 10 | 114 | 12 |
| T 10 | 10 | 2,5 | 260 … 4780 | 12 | 114 | 15 |
| T 20 | 20 | 5,0 | 1260 … 3620 | 15 | 114 | 20 |

c) Riemenbreiten und zulässige Umfangskraft

| Riemen-profil | zulässige Umfangskraft $F_{t\,zul}$ in N bei der Riemenbreite $b$ in mm | | | | | | | | | |
|---|---|---|---|---|---|---|---|---|---|---|
| | 4 | 6 | 10 | 16 | 25 | 32 | 50 | 75 | 100 | 150 |
| T 2,5 | 39 | 65 | 117 | 195 | 312 | 403 | – | – | – | – |
| T 5 | – | 150 | 300 | 510 | 870 | 1110 | 1800 | 2730 | 3660 | – |
| T 10 | – | – | – | 1200 | 2000 | 2700 | 4300 | 6600 | 8800 | 13 400 |
| T 20 | – | – | – | – | – | 4750 | 7750 | 12 000 | 16 000 | 24 500 |

d) Riemen-Zähnezahlen $z_R$ (Auszug)

| Profil T 2,5 | 64 71 72 73 80 84 90 92 98 106 114 116 122 127 132 152 168 192 200 216 240 248 260 312 380 520 590 |
|---|---|
| Profil T 5 | 66 68 71 73 78 80 82 84 91 92 96 100 101 102 105 109 110 112 115 118 122 124 126 130 138 140 144 145 150 153 156 160 163 168 180 184 185 188 198 215 220 232 243 263 276 300 |
| Profil T 10 | 66 68 69 70 72 73 75 76 78 80 81 84 85 88 89 92 96 97 98 101 108 111 114 115 121 124 125 130 132 135 139 140 142 145 146 150 156 161 175 178 188 196 225 310 478 |
| Profil T 20 | 63 73 89 94 118 130 155 181 |

**TB 16-20** Zahntragfähigkeit – spezifische Riemenzahnbelastbarkeit von Synchroflex-Zahnriemen (nach Werknorm)

Riemenprofil T 2,5

Riemenprofil T 5

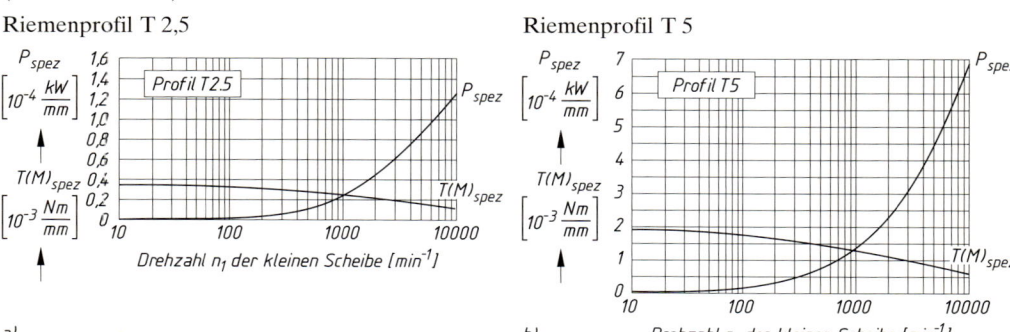

a) b)

Riemenprofil T 10

Riemenprofil T 20

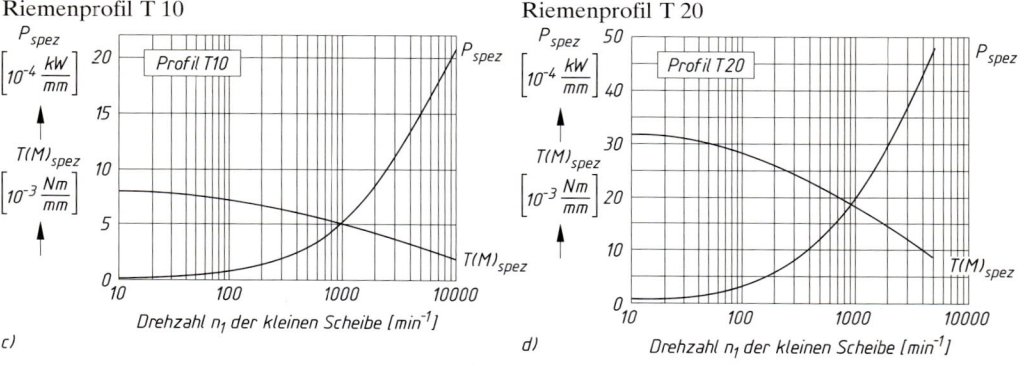

c) d)

**TB 16-21** Oberflächengekühlte Drehstrommotoren mit Käfigläufer nach DIN 42673 T1 (Bauform IM B3 mit Wälzlagern)

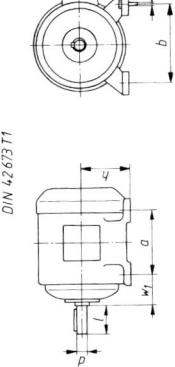

*DIN 42673 T1*

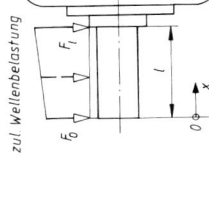

*DIN 2211T3*

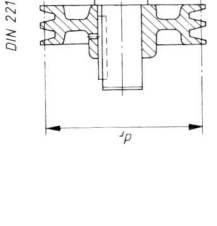

*zul Wellenbelastung*

Bezeichnung eines Drehstrommotors Bauform IM B3, Baugröße 112M, Leistung 4 kW bei einer Drehzahl von etwa 1500 min⁻¹:
Motor DIN 42673 – IM B3–4–1500

Maße in mm

| Bau-größe | Anbaumaße in mm | | | | s | Wellenende $d \times l^{1)}$ bei $n_s$ in min⁻¹ | | Leistung $P$ in kW bei Synchrondrehzahl $n_s$ in min⁻¹ | | | | Läufer-Trägheitsmoment $J$ in kg m² bei $n_s$ in min⁻¹ | | Kipp- zu Nenn- drehmoment $T_K/T_N^{4),5)}$ bei $n_s$ in min⁻¹ | | zul. Wellenbelastung⁶⁾ für $n_s = 1500$ min⁻¹, wenn Kraftangriff bei | | Schmalkeilriemenscheibe DIN 2211⁷⁾ bei $n_s = 1500$ min⁻¹ | | | Kupplung bei $n_s = 1500$ min⁻¹ z. B. Bauart | |
|---|---|---|---|---|---|---|---|---|---|---|---|---|---|---|---|---|---|---|---|---|---|---|
| | $h$ | $a$ | $b$ | $w_1$ | | 3000 | ≤1500 | 3000 | 1500 | 1000 | 750 | 3000 | 1500 | 3000 | 1500 | $x = 0$ $F_0$ in kN | $x = 1$ $F_1$ in kN | Profil | $d_{dk}$ mm | Rillen $z$ | Periflex Größe⁷⁾ | Hadeflex XW Größe⁷⁾ |
| 71 | 71 | 90 | 112 | 45 | M6 | 14 × 30 | 14 × 30 | 0,37 | 0,25 | — | — | 0,00034 | 0,00054 | 2,0 | 1,9 | 0,45 | 0,53 | — | — | — | 1 | 24 |
| 71 | 71 | 90 | 112 | 45 | M6 | 14 × 30 | 14 × 30 | 0,55 | 0,37 | 0,18 | — | 0,00039 | 0,00068 | 2,4 | 2,25 | 0,45 | 0,53 | — | — | — | 1 | 24 |
| 80 | 80 | 100 | 125 | 50 | M8 | 19 × 40 | 19 × 40 | 0,75 | 0,55 | 0,37 | — | 0,00089 | 0,00134 | 2,2 | 2,0 | 0,52 | 0,63 | SPZ | 63 | 1 | 1 | 24 |
| 80 | 80 | 100 | 125 | 50 | M8 | 19 × 40 | 19 × 40 | 1,1 | 0,75 | 0,55 | — | 0,00120 | 0,00182 | 2,4 | 2,3 | 0,52 | 0,63 | SPZ | 63 | 1 | 1 | 24 |
| 90S | 90 | 100 | 140 | 56 | M8 | 24 × 50 | 24 × 50 | 1,5 | 1,1 | 0,75 | — | 0,00210 | 0,00316 | 2,6 | 2,2 | 0,78 | 0,92 | SPZ | 71 | 2 | 2 | 24 |
| 90L | 90 | 125 | 140 | 56 | M8 | 24 × 50 | 24 × 50 | 2,2 | 1,5 | 1,1 | — | 0,00250 | 0,00383 | 3,0 | 2,6 | 0,78 | 0,92 | SPZ | 71 | 2 | 2 | 24 |
| 100L | 100 | 140 | 160 | 63 | M10 | 28 × 60 | 28 × 60 | 3 | 2,2³⁾ | 1,5 | 0,75³⁾ | 0,00325 | 0,00488 | 2,8 | 2,4 | 1,06 | 1,31 | SPZ | 90 | 2 | 2 | 28 |
| 112M | 112 | 140 | 190 | 70 | M10 | 28 × 60 | 28 × 60 | 4 | 4 | 2,2 | 1,5 | 0,0055 | 0,0094 | 3,3 | 2,5 | 1,04 | 1,27 | SPZ | 112 | 2 | 2 | 28 |
| 132S | 132 | 140 | 216 | 89 | M10 | 38 × 80 | 38 × 80 | 5,5³⁾ | 5,5 | 3 | 1,5 | 0,0080 | 0,0180 | 3,4 | 3,1 | 1,53 | 1,94 | SPZ | 125 | 2 | 6 | 38 |
| 132M | 132 | 178 | 216 | 89 | M10 | 38 × 80 | 38 × 80 | — | 7,5 | 4³⁾ | 2,2 | — | 0,0318 | — | 3,6 | 1,53 | 1,94 | SPZ | 140 | 3 | 6 | 38 |
| 160M | 160 | 210 | 254 | 108 | M12 | 42 × 110 | 42 × 110 | 11³⁾ | 11 | 7,5 | 4³⁾ | 0,0230 | 0,045 | 4,0 | 2,7 | 1,59 | 2,04 | SPZ | 140 | 4 | 16 | 42 |
| 160L | 160 | 254 | 254 | 108 | M12 | 42 × 110 | 42 × 110 | 18,5 | 15 | 11 | 7,5 | 0,0615 | 0,101 | 2,9 | 2,9 | 1,59 | 2,04 | SPZ | 140 | 5 | 16 | 48 |
| 180M | 180 | 241 | 279 | 121 | M12 | 48 × 110 | 48 × 110 | 22 | 18,5 | 15 | 11 | 0,0753 | 0,118 | 3,0 | 3,0 | 1,95 | 2,35 | SPZ | 160 | 5 | 16 | 48 |
| 180L | 180 | 279 | 279 | 121 | M12 | 48 × 110 | 48 × 110 | — | 22 | — | 15 | — | 0,141 | — | 2,7 | 1,95 | 2,35 | SPA | 180 | 4 | 16 | 55 |
| 200L | 200 | 305 | 318 | 133 | M16 | 55 × 110 | 55 × 110 | 30³⁾ | 30 | 18,5³⁾ | 18,5 | 0,142 | 0,222 | 2,6 | 2,8 | 2,75 | 3,35 | SPA | 180 | 5 | 40 | 55 |
| 225S | 225 | 286 | 356 | 149 | M16 | 55 × 110 | 60 × 140 | — | 37 | — | 15 | — | 0,356 | — | 2,8 | 2,95 | 3,75 | SPA | 200 | 5 | 40 | 60 |
| 225M | 225 | 311 | 356 | 149 | M16 | 55 × 110 | 60 × 140 | 45 | 45 | 30 | 22 | 0,270 | 0,461 | 3,0 | 2,8 | 2,95 | 3,75 | SPB | 224 | 4 | 40 | 65 |
| 250M | 250 | 349 | 406 | 168 | M20 | 60 × 140 | 65 × 140 | 55 | 55 | 37 | 30 | 0,424 | 0,677 | 2,7 | 2,7 | 3,60 | 4,40 | SPB | 224 | 4 | 40 | 75 |
| 280S | 280 | 368 | 457 | 190 | M20 | 65 × 140 | 75 × 140 | 75 | 75 | 45 | 37 | 0,816 | 1,06 | 3,2 | 2,7 | 7,20 | 8,70 | — | — | — | 63 | 75 |
| 280M | 280 | 419 | 457 | 190 | M20 | 65 × 140 | 75 × 140 | 90 | 90 | 55 | 45 | 0,957 | 1,26 | 3,2 | 2,7 | 7,20 | 8,70 | — | — | — | 63 | 85 |
| 315S | 315 | 406 | 508 | 216 | M24 | 65 × 140 | 80 × 170 | 110 | 110 | 75 | 55 | 1,19 | 2,00 | 3,2 | 2,8 | 8,10 | 9,90 | — | — | — | 125 | 85 |
| 315M | 315 | 457 | 508 | 216 | M24 | 65 × 140 | 80 × 170 | 132 | 132 | 90 | 75 | 1,45 | 2,35 | 3,2 | 2,8 | 8,10 | 9,90 | — | — | — | 125 | 100 |

1) Toleranzklassen: $d \leq 48$: k6, $d \geq 55$: m6
2) Nenndrehzahl bei asynchronen Drehstrommotoren etwa 0,5 … 10 % (bei großen … kleinen Leistungen) niedriger
3) oder nächsthöhere Leistung
4) nach AEG
5) bei direkter Einschaltung
6) nach Siemens. Bei Kraftangriff innerhalb des Wellenendes gilt: $F_{zul} \approx F_0 + (F_1 - F_0) \, x/l$
7) für normale Betriebsbedingungen

# 17 Kettentriebe

**TB 17-1** Rollenketten nach DIN 8187 (Auszug)

Bezeichnung einer Einfach-Rollenkette nach DIN 8187 mit Ketten-Nr. 16 B mit 92 Gliedern:

Rollenkette DIN 8187 – 16 B – 1 × 92

Bezeichnung einer Zweifach-Rollenkette nach DIN 8187 mit Ketten-Nr. 08 B mit 120 Gliedern:

Rollenkette DIN 8187 – 08 B – 2 × 120

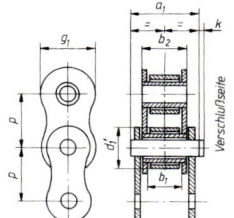 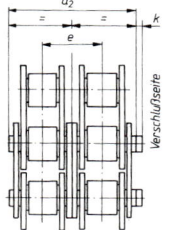 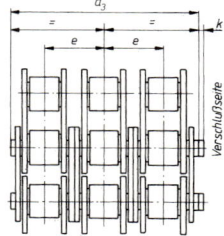

Maße in mm

| Ketten-Nr. Reihe | | $p$ | $b_1$ | $b_2$ | $d'_1$ | $e$ | $g_1$ | $k$ | Einfach-Rollenkette (1)[2] | | | | Zweifach-Rollenkette (2)[2] | | | | Dreifach-Rollenkette (3)[2] | | | |
|---|---|---|---|---|---|---|---|---|---|---|---|---|---|---|---|---|---|---|---|---|
| | | | | | | | | | $a_1$ | Bruch-kraft[1] $N$ | Gelenk-fläche $cm^2$ | Ge-wicht kg/m | $a_2$ | Bruch-kraft[1] $N$ | Gelenk-fläche $cm^2$ | Ge-wicht kg/m | $a_3$ | Bruch-kraft[1] $N$ | Gelenk-fläche $cm^2$ | Ge-wicht kg/m |
| 1 | 2 | | min | max | max | | max | max | max | min | ≈ | ≈ | max | min | ≈ | ≈ | max | min | ≈ | ≈ |
| | 03 | 5 | 2,5 | 4,15 | 3,2 | – | 4,1 | 2,5 | 7,4 | 2200 | 0,06 | 0,08 | – | – | – | – | – | – | – | – |
| | 04 | 6 | 2,8 | 4,1 | 4 | – | 5 | 2,9 | 7,4 | 3000 | 0,07 | 0,12 | – | – | – | – | – | – | – | – |
| 05 B | | 8 | 3 | 4,77 | 5 | 5,64 | 7,1 | 3,1 | 8,6 | 5000 | 0,11 | 0,18 | 14,3 | 9000 | 0,22 | 0,36 | 19,9 | 13200 | 0,33 | 0,54 |
| 06 B | | 9,525 | 5,72 | 8,53 | 6,35 | 10,24 | 8,2 | 3,3 | 13,5 | 9100 | 0,28 | 0,41 | 23,8 | 17300 | 0,55 | 0,78 | 34 | 25400 | 0,83 | 1,18 |
| 08 B | | 12,7 | 7,75 | 11,3 | 8,51 | 13,92 | 11,8 | 3,9 | 17 | 19000 | 0,50 | 0,70 | 31 | 32000 | 1,00 | 1,35 | 44,9 | 47500 | 1,50 | 2,0 |
| 10 B | | 15,875 | 9,65 | 13,28 | 10,16 | 16,59 | 14,7 | 4,1 | 19,6 | 24000 | 0,67 | 0,95 | 36,2 | 46800 | 1,34 | 1,85 | 52,8 | 70200 | 2,02 | 2,8 |
| 12 B | | 19,05 | 11,68 | 15,62 | 12,07 | 19,46 | 16,1 | 4,6 | 22,7 | 30500 | 0,89 | 1,25 | 42,2 | 59000 | 1,78 | 2,5 | 61,7 | 88500 | 2,68 | 3,8 |
| | 16 B | 25,4 | 17,02 | 25,45 | 15,88 | 31,88 | 21,0 | 5,4 | 36,1 | 65000 | 2,10 | 2,7 | 68 | 110000 | 4,21 | 5,4 | 99,9 | 165000 | 6,32 | 8 |
| | 20 B | 31,75 | 19,56 | 29,01 | 19,05 | 36,45 | 26,4 | 6,1 | 43,2 | 95000 | 2,95 | 3,6 | 79,8 | 180000 | 5,91 | 7,2 | 116 | 270000 | 8,86 | 11 |
| | 24 B | 38,1 | 25,4 | 37,92 | 25,4 | 48,36 | 33,4 | 6,6 | 53,4 | 160000 | 5,54 | 6,7 | 101 | 280000 | 11,09 | 13,5 | 150 | 425000 | 16,64 | 21 |
| | 28 B | 44,45 | 30,99 | 46,58 | 27,94 | 59,56 | 37,0 | 7,4 | 65,1 | 200000 | 7,40 | 8,6 | 124 | 360000 | 14,81 | 16,6 | 184 | 530000 | 22,21 | 25 |
| | 32 B | 50,3 | 30,99 | 45,57 | 29,21 | 58,55 | 42,2 | 7,9 | 67,4 | 250000 | 8,11 | 10,5 | 126 | 450000 | 16,23 | 21 | 184 | 670000 | 24.34 | 32 |
| | 40 B | 63,5 | 38,1 | 55,75 | 39,37 | 72,29 | 52,9 | 10 | 82,6 | 355000 | 12,76 | 16 | 154 | 630000 | 25,52 | 32 | 227 | 950000 | 38,28 | 48 |
| | 48 B | 76,2 | 45,72 | 70,56 | 48,26 | 91,21 | 63,8 | 10 | 99,1 | 400350 | 20,63 | 25 | 190 | 800700 | 41,26 | 50 | 281 | 1201000 | 61,89 | 75 |
| | 56 B | 88,9 | 53,34 | 81,33 | 53,98 | 106,6 | 77,8 | 11 | 114 | 578250 | 27,91 | 35 | 221 | 1112050 | 55,82 | 70 | – | – | – | – |
| | 64 B | 101,6 | 60,96 | 92,02 | 63,5 | 119,98 | 90,1 | 13 | 130 | 711800 | 36,25 | 60 | 250 | 1423420 | 72,5 | 120 | – | – | – | – |
| | 72 B | 114.3 | 68,58 | 103,81 | 72,39 | – | 103,6 | 14 | 147 | 1000900 | 46,17 | 80 | – | – | – | – | – | – | – | – |

[1] Bei gekröpften Gliedern (möglichst vermeiden) darf nur mit 80% der Bruchkraft gerechnet werden.
[2] Wert für Bruchkraft, Gelenkfläche und Gewicht nach Antriebstechnik Arnold & Stolzenberg, Einbeck.
Hinweis: Für diese Größen geben die Kettenhersteller meist abweichende Daten an. Im Praxisfall sind deshab die Werksangaben zu nutzen.

**TB 17-2** Haupt-Profilabmessungen der Kettenräder nach DIN 8196, s. Hierzu Lehrbuch, Bild 17-12

Maße in mm

| Ketten-Nr. | $B_1$ (h14) | | $B_2$ | $B_3$ | $e$ | $A$ min | $F$ min | $r_4$ | |
|---|---|---|---|---|---|---|---|---|---|
| | einfach | mehrfach | | | | | | min | max |
| 03 | 2,3 | – | – | – | – | 9 | 3,5 | | |
| 04 | 2,6 | 2,5 | 8,0 | – | 5,5 | 9 | 3,5 | 0,2 | 1 |
| 05 B | 2,8 | 2,7 | 8,3 | 14,0 | 5,65 | 10 | 5 | | |
| 06 B | 5,3 | 5,2 | 15,4 | 25,7 | 10,24 | 15 | 6 | | |
| 08 B | 7,2 | 7,0 | 21,0 | 34,8 | 13,92 | 20 | 8 | | |
| 10 B | 9,1 | 9,0 | 25,6 | 42,2 | 16,59 | 23 | 10 | 0,3 | 1,6 |
| 12 B | 11,1 | 10,8 | 30,3 | 49,7 | 19,46 | 27 | 11 | | |
| 16 B | 16,2 | 15,8 | 47,7 | 79,6 | 31,88 | 42 | 15 | | |
| 20 B | 18,5 | 18,2 | 54,6 | 91,1 | 36,45 | 50 | 18 | | |
| 24 B | 24,1 | 23,6 | 72,0 | 120,3 | 48,36 | 63 | 23 | 0,4 | 2,5 |
| 28 B | 29,4 | 28,8 | 88,4 | 147,9 | 59,56 | 76 | 25 | | |
| 32 B | 29,4 | 28,8 | 87,4 | 145,9 | 58,55 | 79 | 29 | | |
| 40 B | 36,2 | 35,4 | 107,7 | 180,0 | 72,19 | 97 | 36 | | |
| 48 B | 43,4 | 42,5 | 133,7 | 224,9 | 91,21 | 116 | 43 | 0,5 | 6 |

**TB 17-3** Leistungsdiagramm nach DIN 8195 für Rollenketten nach DIN 8187

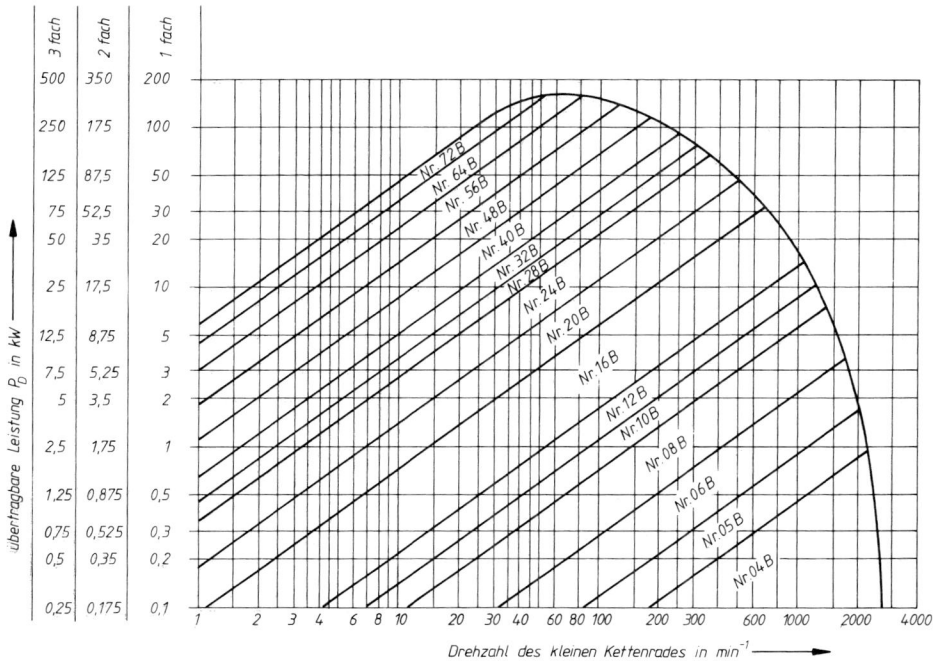

Anmerkung: Die oberen Begrenzungslinien gelten für Kettentriebe mit $z_1 = 19$ Zähnen, $X = 100$ Gliedern, Übersetzung $i = 3$ und $t_h = 15000$ Betriebsstunden.

**TB 17-4** Spezifischer Stützzug

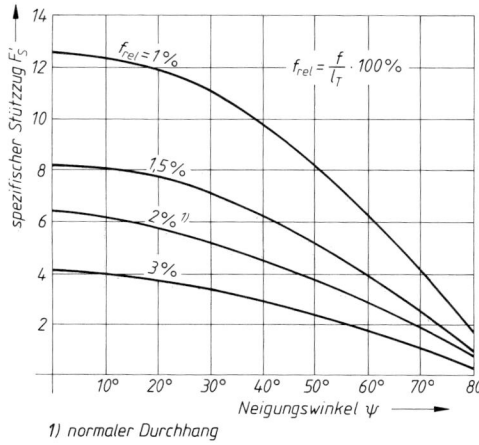

1) normaler Durchhang

**TB 17-5** Faktor $f_1$ zur Berücksichtigung der Zähnezahl nach DIN 8195

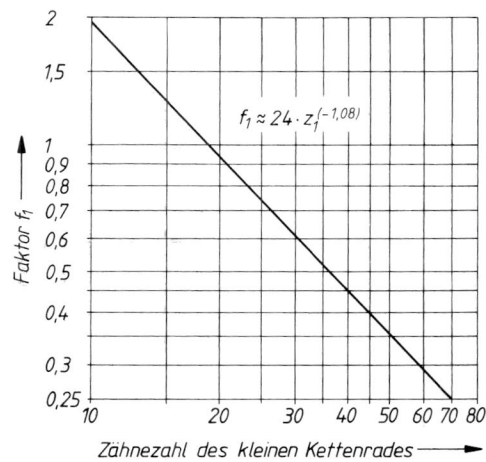

$f_1 \approx 24 \cdot z_1^{(-1,08)}$

**TB 17-6** Wellenabstandsfaktor $f_2$

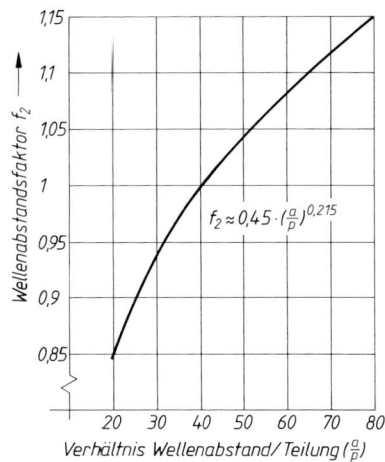

**TB 17-7** Umweltfaktor $f_6$ (nach Niemann)

| Umweltbedingungen | $f_6$ |
|---|---|
| Staubfrei und beste Schmierung | 1 |
| Staubfrei und ausreichende Schmierung | 0,9 |
| Nicht staubfrei und ausreichende Schmierung | 0,7 |
| Nicht staubfrei und Mangelschmierung | 0,5 für $v \leq 4$ m/s |
|  | 0,3 für $v = 4\ldots 7$ m/s |
| Schmutzig und Mangelschmierung | 0,3 für $v \leq 4$ m/s |
|  | 0,15 für $v = 4\ldots 7$ m/s |
| Schmutzig und Trockenlauf | 0,15 für $v \leq 4$ m/s |

**TB 17-8** Schmierbereiche nach DIN 8195

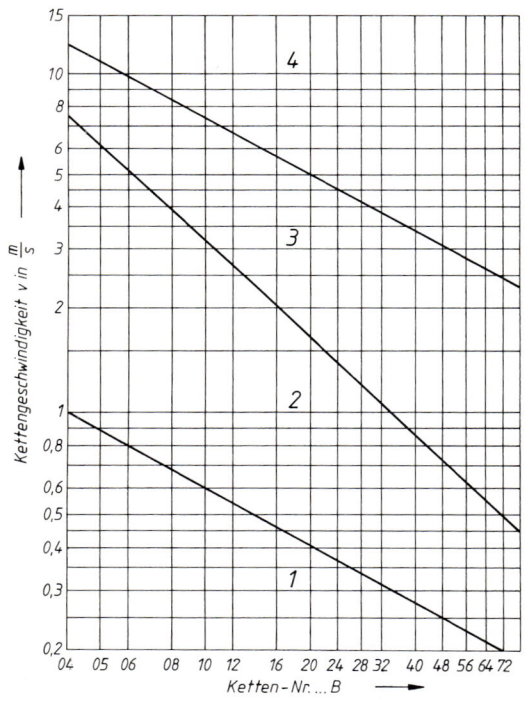

1 Ölzufuhr durch Ölkanne oder Pinsel
2 Tropfschmierung
3 Ölbad oder Schleuderscheibe
4 Druckumlaufschmierung, gegebenenfalls mit Filter und Ölkühler

# 18 Elemente zur Führung von Fluiden (Rohrleitungen)

**TB 18-1** Rohre, Übersicht nach DIN 2410-1 und -2

| | Rohrart | | Nenndruckbereich in bar Wasser bis / Gas bis | Außendurchmesserbereich in mm bzw. Nennweitenbereich | Werkstoff | Norm[2] |
|---|---|---|---|---|---|---|
| **Stahlrohre** | nahtlose Präzisionsstahlrohre | | alle Drücke | 4 bis 260 | DIN 2391 (z. B. S235G2T, S255GT) | DIN 2391 |
| | geschweißte Präzisionsstahlrohre mit bes. Maßgenauigkeit | | | 4 bis 150 | DIN 2393 (z. B. S205G2T, S275JR) | DIN 2393 |
| | geschweißte maßgewalzte Präzisionsstahlrohre | | | 4 bis 159 | DIN 2394 (z. B. S235JRG2, S355J2G3) | DIN 2394 |
| | Gewinderohre | mittelschwer | 25 / 10 | 10,2 bis 165,1 | St 33-2 | DIN 2440 |
| | | schwer | | | St 33-2 | DIN 2441 |
| | | mit Gütevorschrift | 100 | | St 35 / St 37-2 | DIN 2442 |
| | nahtlose Rohre | | 160 | 10,2 bis 660 | DIN 1629 | DIN 2448 |
| | | | alle Drücke | | DIN 1630 | |
| | | | 25 | 10,2 bis 508 | St 00 | DIN 2449 |
| | | | 100 | | St 35 | DIN 2450 |
| | | | | | St 45 | DIN 2451 |
| | | | | | St 55 | DIN 2456 |
| | | | | | St 52 | DIN 2457 |
| | geschweißte Stahlrohre | | 160 | 10,2 bis 2220 | DIN 1626 | DIN 2458 |
| | | | alle Drücke | | DIN 1628 | |
| | Stahlrohre für Wasserleitungen | nahtlos | 80 | 88,9 bis 508 | DIN 1629 | DIN 2460 |
| | | geschweißt | 80 | 88,9 bis 2020 | DIN 1626 | DIN 2460 |
| | Stahlrohre für Rohrleitungen für brennbare Medien | | alle Drücke | 33,7 bis 1626 | DIN EN 10208-1 und -2 (z. B. L235GA, L450QB) | DIN EN 10208-1 und -2 |
| **Druckrohre aus duktilem Gusseisen** | mit Muffe[1] für Gas- und Wasserleitungen (Zementmörtelauskleidung) | Klasse K10 $t = 10\,(0{,}5 + 0{,}001\,DN)$ | 25 / 32 / 40 | 700 bis 1000 (350) bis 600 80 bis 300 | DIN 28600: $R_m \geq 400\,N/mm^2$ $R_{p0{,}2} \geq 300\,N/mm^2$ | DIN 28610-1[3] |
| | | Klasse K9 $t = 9\,(0{,}5 + 0{,}001\,DN)$ | 20 / 25 / 32 / 40 | 900 bis 2000 400 bis 800 250 bis (350) 80 bis 200 | | |
| | | Klasse K8 $t = 8\,(0{,}5 + 0{,}001\,DN)$ | 16 / 20 / 25 / 32 / 40 | 1400 bis 2000 500 bis 1200 250 bis 400 200 80 bis 150 | | |
| | mit Muffe[1] für Gasleitungen | | 16 | 80 bis 600 | | DIN 28610-2[4] |
| | mit angegossenen Flanschen (FFG-Rohre) | | 16 / 25 / 40 / 1 | 80 bis 1200 80 bis 600 80 bis 300 | | DIN 28614[3] |
| | Flansche vorgeschweißt oder aufgeschraubt (FFS-Rohre) | | 25 / 40 / 1 | 80 bis 600 80 bis 300 | | DIN 28615-1[3] und -2 |

(Bei Klasse K9: 4 bar bis DN 600)

[1] Ausführung der Muffen:
   Schraubmuffe nach DIN 28601 für DN 40 bis DN 400
   Steckmuffe (Formen A, B und C) nach DIN 28603 für DN 80 bis DN 2000
   Stopfbuchsenmuffe nach DIN 28602 für DN 500 bis DN 1200

[2] Technische Lieferbedingungen:
   DIN 1626 und DIN 1628 für geschweißte Rohre aus unlegierten Stählen für besondere und besonders hohe Anforderungen.
   DIN 1629 und DIN 1630 für nahtlose Rohre aus unlegierten Stählen für besondere und besonders hohe Anforderungen.
   DIN 28600 für Druckrohre und Formstücke aus duktilem Gusseisen.
   DIN 2391-2, DIN 2393-2 und DIN 2394-2 für Präzisionsstahlrohre.

[3] Ersetzt durch DIN EN 545 und DIN EN 969.

[4] Ersetzt durch DIN EN 969.

**TB18-2** Anschlussmaße für runde Flansche PN 6, PN 40 und PN 63 nach DIN EN 1092-2[1] (Auszug DN 20 bis DN 600)

Maße in mm

| Nennweite | PN 6[2] | | | | Schrauben | | PN 40[3] | | | | Schrauben | | PN 63 | | | | Schrauben | |
|---|---|---|---|---|---|---|---|---|---|---|---|---|---|---|---|---|---|---|
| | Außendurchmesser | Dichtleiste | Lochkreisdurchmesser | Lochdurchmesser | Anzahl | Nenngröße | Außendurchmesser | Dichtleiste | Lochkreisdurchmesser | Lochdurchmesser | Anzahl | Nenngröße | Außendurchmesser | Dichtleiste | Lochkreisdurchmesser | Lochdurchmesser | Anzahl | Nenngröße |
| DN | $D$ | $d$ | $K$ | $d_h$ | | | $D$ | $d$ | $K$ | $d_h$ | | | $D$ | $d$ | $K$ | $d_h$ | | |
| 20  |  90 |  48 |  65 | 11 |  4 | M10 | 105 |  56 |  75 | 14 |  4 | M12 |  –  |  – |  – |  – |  – |  –  |
| 25  | 100 |  58 |  75 | 11 |  4 | M10 | 115 |  65 |  85 | 14 |  4 | M12 |  –  |  – |  – |  – |  – |  –  |
| 32  | 120 |  69 |  90 | 14 |  4 | M12 | 140 |  76 | 100 | 19 |  4 | M16 |  –  |  – |  – |  – |  – |  –  |
| 40  | 130 |  78 | 100 | 14 |  4 | M12 | 150 |  84 | 110 | 19 |  4 | M16 | 170 |  84 | 125 | 23 |  4 | M20 |
| 50  | 140 |  88 | 110 | 14 |  4 | M12 | 165 |  99 | 125 | 19 |  4 | M16 | 180 |  99 | 135 | 23 |  4 | M20 |
| 60  | 150 |  98 | 120 | 14 |  4 | M12 | 175 | 108 | 135 | 19 |  8 | M16 | 190 | 108 | 145 | 23 |  8 | M20 |
| 65  | 160 | 108 | 130 | 14 |  4 | M12 | 185 | 118 | 145 | 19 |  8 | M16 | 205 | 118 | 160 | 23 |  8 | M20 |
| 80  | 190 | 124 | 150 | 19 |  4 | M16 | 200 | 132 | 160 | 19 |  8 | M16 | 215 | 132 | 170 | 23 |  8 | M20 |
| 100 | 210 | 144 | 170 | 19 |  4 | M16 | 235 | 156 | 190 | 23 |  8 | M20 | 250 | 156 | 200 | 28 |  8 | M24 |
| 125 | 240 | 174 | 200 | 19 |  8 | M16 | 270 | 184 | 220 | 28 |  8 | M24 | 295 | 184 | 240 | 31 |  8 | M27 |
| 150 | 265 | 199 | 225 | 19 |  8 | M16 | 300 | 211 | 250 | 28 |  8 | M24 | 345 | 211 | 280 | 34 |  8 | M30 |
| 200 | 320 | 254 | 280 | 19 |  8 | M16 | 375 | 284 | 320 | 31 | 12 | M27 | 415 | 284 | 345 | 37 | 12 | M33 |
| 250 | 375 | 309 | 335 | 19 | 12 | M16 | 450 | 345 | 385 | 34 | 12 | M30 | 470 | 345 | 400 | 37 | 12 | M33 |
| 300 | 440 | 363 | 395 | 23 | 12 | M20 | 515 | 409 | 450 | 34 | 16 | M30 | 530 | 409 | 460 | 37 | 16 | M33 |
| 350 | 490 | 413 | 445 | 23 | 12 | M20 | 580 | 465 | 510 | 37 | 16 | M33 | 600 | 465 | 525 | 41 | 16 | M36 |
| 400 | 540 | 463 | 495 | 23 | 16 | M20 | 660 | 535 | 585 | 41 | 16 | M36 | 670 | 535 | 585 | 44 | 16 | M39 |
| 450 | 595 | 518 | 550 | 23 | 16 | M20 | 685 | 560 | 610 | 41 | 20 | M36 |  –  |  – |  – |  – |  – |  –  |
| 500 | 645 | 568 | 600 | 23 | 20 | M20 | 755 | 615 | 670 | 44 | 20 | M39 |  –  |  – |  – |  – |  – |  –  |
| 600 | 755 | 676 | 705 | 28 | 20 | M24 | 890 | 735 | 795 | 50 | 20 | M45 |  –  |  – |  – |  – |  – |  –  |

[1] Teil 1: Stahlflansche, Teil 2: Gusseisenflansche, Teil 3: Flansche für Kupferlegierungen, Teile 4 bis 6: Flansche aus Al-Legierungen, anderen metallischen und nichtmetallischen Werkstoffen.
Die Anschlußmaße der Flansche nach dieser Norm sind mit Flanschen aus anderen Werkstoffen kompatibel.
[2] Die Anschlussmaße gelten bis DN 100 auch für PN 2,5.
[3] Die Anschlussmaße gelten bis DN 100 auch für PN 25.

**TB 18-3** Druckstufen der Nenndrücke nach DIN 2401[1]

|  |  |  |  |  |  |  | 0,5 |  |  |
|---|---|---|---|---|---|---|---|---|---|
| 1 |  | 1,6 | 2 | **2,5** | 3,2 | 4 | 5 | **6** | 8 |
| **10** | 12,5 | **16** | 20 | **25** | 32 | **40** | 50 | **63** | 80 |
| **100** | 125 | 160 | 200 | 250 | 315 | 400 | 500 | 630 | 700 | 800 |
| 1000 | 1250 | 1600 | 2000 | 2500 |  | 4000 |  | 6300 |  |

[1] Nach DIN EN 1333 müssen die PN-Stufen ausgewählt werden aus: PN 2,5, PN 6, PN 10, PN 16, PN 25, PN 40, PN 63, PN 100.
Der Zahlenwert des Nenndruckes gibt den zulässigen Betriebsdruck in bar bei 20 °C an.
Benennung „Nenndruck" wird durch Benennung „PN" ersetzt.

**TB 18-4** Nennweiten für Rohrleitungen nach DIN 2402 (DN 1000 bis DN 4000 s. Normblatt)[1]

|  |  |  |  |  | 3 |  | 4 |  | 5 |  | 6 |  | 8 |  |
|---|---|---|---|---|---|---|---|---|---|---|---|---|---|---|
| **10** | 12 | **15** | 16 | **20** | **25** | **32** | **40** | **50** | **60** | 65 | **80** |
| **100** | **125** | **150** | (175) | **200** | **250** | **300** | **350** | **400** | **450** | **500** | **600** | **700** | **800** | 900 |

Bezeichnung z. B. für Nennweite 200: DN 200.
Fettgedruckte DN-Stufen sind zu bevorzugen.
[1] Bis auf die Nennweiten DN 3, DN 4, DN 5, DN 6 und DN 8 ersetzt durch EN ISO 6708.

**TB 18-5** Wirtschaftliche Strömungsgeschwindigkeiten in Rohrleitungen für verschiedene Medien in m/s (Richtwerte) bezogen auf den Zustand in der Leitung

| | |
|---|---|
| Wasserleitungen | |
|   Allgemein | 1 … 3 |
|   Hauptleitungen | 1 … 2 |
|   Nebenleitungen | 0,5 … 0,7 |
|   Fernleitungen | 1,5 … 3 |
|   Saugleitungen von Pumpen | 0,5 … 1 |
|   Druckleitungen von Pumpen | 1,5 … 3 |
|   Presswasserdruckleitungen | 15 … 20 |
|   Wasserturbinen | 2 … 6 |
| Luftleitungen | |
|   Pressluftleitungen | 2 … 10 |
|   Luft (bezogen auf Normzustand) | 10 … 40 |
| Gasleitungen | |
|   Hochdrucknetze | 5 … 15 |
|   Niederdrucknetz, Hauptleitungen | 3 … 10 |
|   Hausleitungen | 0,5 … 1 |
| Dampfleitungen | |
|   Sattdampf | 15 … 25 |
|   Heißdampf | 30 … 60 |
| Ölleitungen | |
|   viskose Flüssigkeiten allgemein | 1 … 2 |
|   Schmierölleitungen in Kraftmaschinen | 0,5 … 1 |
|   Brennstoffleitungen in Kraftmaschinen | 20 |
| Ölhydraulik | |
|   Saugleitungen ($v$ groß … klein) | 0,6 … 1,3 |
|   Druckleitungen ($p$ klein … groß) | 3 … 6 |
|   Rückleitungen | 2 … 4 |

**TB 18-6** Mittlere Rauigkeitshöhe $k$ von Rohren (Anhaltswerte)

| Rohrart | Zustand der Rohrinnenwand | $k$ in mm |
|---|---|---|
| neue gezogene und gepresste Rohre aus Kupfer, Cu-Legierungen, Al-Legierungen, Glas, Kunststoff | technisch glatt (auch Rohre mit Metallüberzug) | 0,001 … 0,002 |
| nahtlose Stahlrohre | neu, mit Walzhaut<br>gebeizt<br>gleichmäßige Rostnarben<br>mäßig verrostet und leicht verkrustet<br>starke Verkrustung | 0,02 … 0,06<br>0,03 … 0,04<br>0,15<br>0,15 … 0,4<br>2 … 4 |
| neue Stahlrohre mit Überzug | Metallspritzüberzug<br>verzinkt, handelsüblich<br>bitumiert<br>zementiert | 0,08 … 0,09<br>0,10 … 0,16<br>0,01 … 0,05<br>ca. 0,18 |
| neue geschweißte Stahlrohre | mit Walzhaut | 0,04 … 0,10 |
| gusseiserne Rohre | neu, typische Gusshaut<br>neu, bitumiert<br>gebraucht, angerostet<br>verkrustet | 0,2 … 0,6<br>0,1<br>1 … 1,5<br>1,5 … 4 |
| Stahlrohre nach mehrjährigem Betrieb | Mittelwert für Erdgasleitungen<br>Mittelwert für Ferngasleitungen<br>Mittelwert für Wasserleitungen | 0,2 … 0,4<br>0,5 … 1<br>0,4 … 1,2 |
| Betonrohre, Holzrohre | neu | 0,2 … 1 |
| Rohre aus Asbestzement | neu, glatt | 0,03 … 0,1 |

**TB 18-7** Widerstandszahl $\zeta$ von Rohrleitungselementen (Richtwerte)

| Element | | Parameter | $\zeta$ |
|---|---|---|---|
| Kreiskrümmer 90°[1] (Rohrbogen), glatt (rau) | | $R/d = 1$ | 0,21 (0,51) |
| | | $R/d = 2$ | 0,14 (0,30) |
| | | $R/d = 4$ | 0,11 (0,23) |
| | | $R/d = 10$ | 0,11 (0,20) |
| Kniestücke, glatt (rau), Abknickwinkel | | 22,5° | 0,07 (0,11) |
| | | 30° | 0,11 (0,17) |
| | | 60° | 0,47 (0,68) |
| | | 90° | 1,13 (1,27) |
| Gusskrümmer 90° | | DN 50 | 1,3 |
| | | DN 200 | 1,8 |
| | | DN 500 | 2,2 |
| Abzweigstücke (T-Stücke), rechtwinklig (strömungsgerecht) | | Strom-Trennung | 1,3 (0,9) |
| | | Strom-Vereinigung | 0,9 (0,4) |
| Rohrerweiterung | plötzlich von $A_1$ nach $A_2$ | | $\zeta_1 = (1 - A_1/A_2)^2$ |
| | stetig, Erweiterungswinkel $\beta$ | 10° | 0,20 |
| | | 20° | 0,45 |
| | | 30° | 0,60 |
| Ausströmung | | | 1,0 |
| Rohrverengung | stetig | | ca. 0,05 |
| | plötzlich, scharfkantig | | 0,5 |
| | Kante gebrochen | | 0,25 |
| Rohreinläufe | kantig, scharfkantig (gebrochen) | | 0,5 (0,25) |
| | vorstehendes Rohrstück, scharfkantig | | 3 |
| | Saugkorb mit Fußventil | | ca. 2,5 |
| Durchgangsventil | DIN | | 4 ... 5 |
| | Freifluss | | 0,6 ... 2 |
| Eckventil | DIN | | 2 ... 4 |
| | Bauart Boa | | 1,3 ... 2 |
| Schieber ohne Leitrohr | | | 0,2 ... 0,3 |
| Rückschlagklappen | | DN 50 | 1,4 |
| | | DN 200 | 0,8 |
| Hähne mit vollem Durchgang | | | 0,1 ... 0,15 |

[1] $\delta \neq 90°$: $\zeta = k \cdot \zeta_{90°}$, wobei

| $\delta$ | 30° | 60° | 120° | 180° |
|---|---|---|---|---|
| $k$ | 0,4 | 0,7 | 1,25 | 1,7 |

**TB 18-8** Rohrreibungszahl $\lambda$

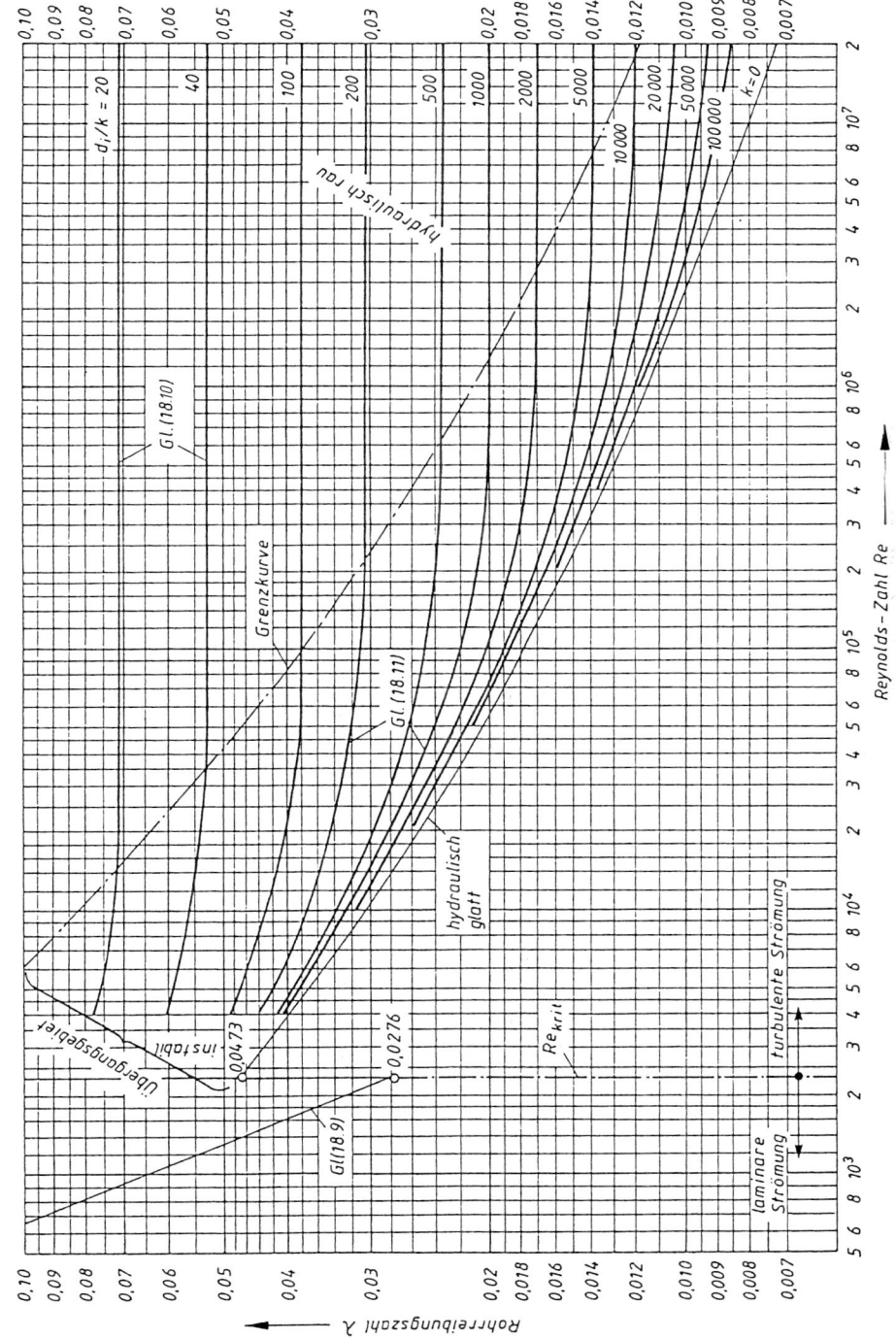

**TB 18-9** Dichte und Viskosität verschiedener Flüssigkeiten und Gase

a) Flüssigkeiten (bei ca. 1 bar)

| Medium | Temperatur $t$ in °C | Dichte $\varrho$ in kg/m³ | kinematische Viskosität $\nu$ in m²/s |
|---|---|---|---|
| Wasser | 0 | 999,8 | $1{,}792 \cdot 10^{-6}$ |
|  | 10 | 999,7 | $1{,}307 \cdot 10^{-6}$ |
|  | 20 | 998,2 | $1{,}004 \cdot 10^{-6}$ |
|  | 40 | 992,2 | $0{,}658 \cdot 10^{-6}$ |
|  | 60 | 983,2 | $0{,}475 \cdot 10^{-6}$ |
|  | 100 | 958,4 | $0{,}295 \cdot 10^{-6}$ |
| Erdöl roh (Persien) | 10 | 895 | $700 \cdot 10^{-6}$ |
|  | 30 | 880 | $25 \cdot 10^{-6}$ |
|  | 50 | 868 | $12 \cdot 10^{-6}$ |
| Spindelöl | 20 | 871 | $15 \cdot 10^{-6}$ |
|  | 60 | 845 | $4{,}95 \cdot 10^{-6}$ |
|  | 100 | 820 | $2{,}44 \cdot 10^{-6}$ |
| Dieselkraftstoff | 20 | 850 | $4{,}14 \cdot 10^{-6}$ |
| Heizöl | 20 | 930 | $51{,}8 \cdot 10^{-6}$ |
| Benzin | 15 | 720 | $0{,}78 \cdot 10^{-6}$ |
| $MgCl_2$-Sole (20 %) | −20 | 1184 | $10{,}94 \cdot 10^{-6}$ |
|  | 0 | 1184 | $4{,}64 \cdot 10^{-6}$ |
|  | 20 | 1184 | $2{,}41 \cdot 10^{-6}$ |
| Frigen 11 | 0 | 1536 | $0{,}357 \cdot 10^{-6}$ |
| Spiritus (90 %) | 15 | 823 | $2{,}19 \cdot 10^{-6}$ |
| Glyzerin | 20 | 1255 | $680 \cdot 10^{-6}$ |
| Bier | 15 | 1030 | $1{,}15 \cdot 10^{-6}$ |
| Milch | 15 | 1030 | $2{,}9 \cdot 10^{-6}$ |
| Wein | 15 | 1000 | $1{,}15 \cdot 10^{-6}$ |

b) Gase (Normzustand)[1]

| Medium | Dichte $\varrho_n$ [2] in kg/m³ | dynamische Viskosität $\eta_n$ [3] in Pa s | Konstante $C$ | Gaskonstante $R$ in J/(kg K) |
|---|---|---|---|---|
| Luft | 1,293 | $17{,}16 \cdot 10^{-6}$ | 110,4 | 287,06 |
| Sauerstoff ($O_2$) | 1,429 | $19{,}19 \cdot 10^{-6}$ | 138 | 259,8 |
| Stickstoff ($N_2$) | 1,251 | $16{,}62 \cdot 10^{-6}$ | 103 | 296,8 |
| Kohlenoxid (CO) | 1,250 | $16{,}57 \cdot 10^{-6}$ | 101 | 296,8 |
| Kohlendioxid ($CO_2$) | 1,977 | $13{,}70 \cdot 10^{-6}$ | 274 | 188,9 |
| Wasserstoff ($H_2$) | 0,0899 | $8{,}41 \cdot 10^{-6}$ | 83 | 4124 |
| Methan ($CH_4$) | 0,717 | $10{,}01 \cdot 10^{-6}$ | 198 | 518,3 |
| Propan ($C_3H_8$) | 2,019 | $7{,}50 \cdot 10^{-6}$ |  | 188,6 |
| Stadtgas | 0,585 | $12{,}70 \cdot 10^{-6}$ | 120 |  |
| Erdgas | 0,78 | $10{,}40 \cdot 10^{-6}$ | 165 |  |

[1] Durch Normtemperatur $T_n = 273{,}15$ K bzw. $t_n = 0$ °C und Normdruck $p_n = 101\,325$ Pa $= 1{,}013$ bar festgelegter Zustand eines Stoffes.
[2] Bei der Betriebstemperatur $T$ und dem Betriebsdruck $p$ gilt

$$\varrho = \varrho_n \frac{p}{p_n} \frac{T_n}{T} = \frac{p}{RT}$$

[3] Für die dynamische Viskosität bei der Betriebstemperatur gilt näherungsweise

$$\eta = \eta_n \sqrt{\frac{T}{T_n}} \frac{1 + C/T_n}{1 + C/T}$$

Statt $T_n$ und $\eta_n$ können auch andere zusammengehörende Werte von $T$ und $\eta$ eingesetzt werden.

Es bedeuten:
- $C$   Konstante
- $p$   Druck im Betriebszustand (Absolutdruck)
- $p_n$   Normdruck (101 325 Pa = 1,013 bar)
- $R$   individuelle Gaskonstante
- $T$   absolute Temperatur im Betriebszustand
- $T_n$   Normtemperatur (273,15 K)
- $\eta_n$   dynamische Viskosität im Normzustand
- $\varrho$   Dichte im Betriebszustand
- $\varrho_n$   Dichte im Normzustand

**TB 18-10** Schwellfestigkeit nahtloser und hochfrequenzgeschweißter Rohre (HF) nach DIN 2413-1 (Erhöhte Schwellfestigkeitswerte für Rohre mit besonders hohen Güteeigenschaften und $d_a \leq 114{,}3$ mm s. Norm)

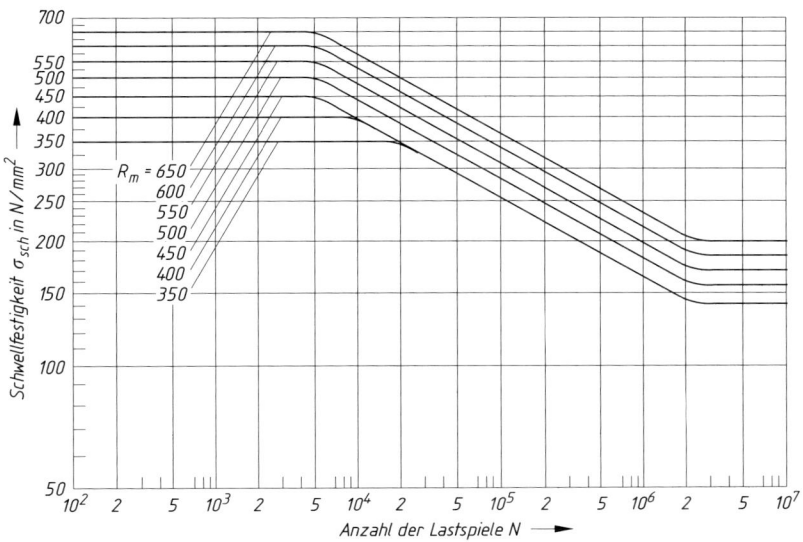

**TB 18-11** Rohrleitungen und Rohrverschraubungen für ölhydraulische Anlagen

Auslegung für schwellend beanspruchte Hochdruckanlagen als nahtlose Präzisionsstahlrohre nach DIN 2445-2. Rohraußendurchmesser und Wanddicken nach DIN 2331-1. Werkstoff S235G2T (St35.4)

| Volumenstrom $\dot V$ | Rohrabmessungen in mm | | | | | | Einschraubgewinde nach DIN 3852 Reihe S (schwer) | |
|---|---|---|---|---|---|---|---|---|
| | Außendurchmesser | Wanddicke bei zulässigem Betriebsdruck bar | | | | | metrisches Feingewinde | Whitworth-Rohrgewinde |
| l/min | | 63, 100 | 160 | 250 | 320 | 400 | | |
| 2,5 | 8 | 1 | 1 | 1,5 | 1,5 | 2 | M14 × 1,5 | G 1/4 |
| 6,3 | 10 | 1 | 1 | 1,5 | 1,5 | 2 | M16 × 1,5 | G 1/4 |
| 16 | 12 | 1 | 1,5 | 2 | 2 | 2,5 | M18 × 1,5 | G 3/8 |
| 40 | 16 | 1,5 | 1,5 | 2 | 2,5 | 3[1] | M22 × 1,5 | G 1/2 |
| 63 | 20 | 1,5 | 2 | 2,5 | 3 | 4[1] | M27 × 2 | G 3/4 |
| 100 | 25 | 2 | 2,5 | 3 | 4 | 5[1] | M33 × 2 | G 1 |
| 160 | 30 | 2,5 | 3 | 4 | 5 | 6[1] | M42 × 2 | G 1 1/4 |
| 250 | 38 | 3 | 4 | 5 | 6 | 8[1] | M48 × 2 | G 1 1/2 |

[1] Richtwerte für Strömungsgeschwindigkeiten in Druckleitungen werden überschritten. Nächstgrößeren Rohraußendurchmesser (ungefähr Reihe R20) mit größerer Wanddicke wählen.

Bezeichnungsbeispiel: Präzisionsstahlrohr von 25 mm Außendurchmesser, 20 mm Innendurchmesser, Gütegrad C, aus S235G2T (St35.4) im Lieferzustand NBK, in Genaulängen von 3000 mm, mit Abnahmeprüfzeugnis 3.1B nach DIN EN 10204:
Rohr DIN 2391 − C − S235G2T NBK − 25 × ID20 × 3000 − 3.1B

# 19 Dichtungen

**TB 19-1** Dichtungskennwerte für vorgeformte Feststoffdichtungen
a) Dichtungskennwerte nach DIN 2505

| Dichtungs-art | Dichtungsform | Werkstoff | Vorverformung $k_0$ mm | Betriebs-zustand $k_0 \cdot K_D$ N/mm | Betriebs-zustand $k_1$ mm | Grenz-last-faktor $V$ | Vorverformung $k_0$ mm | Betriebs-zustand $k_0 \cdot K_D$ N/mm | Betriebs-zustand $k_1$ mm | Grenz-last-faktor $V$ |
|---|---|---|---|---|---|---|---|---|---|---|
| | | | \multicolumn{4}{c}{für Flüssigkeiten} | \multicolumn{4}{c}{für Gase und Dämpfe} |
| Weich-stoff-dichtungen | Flachdichtung | Gummi | – | $b_D$ | 0,5 $b_D$ | 40 | – | 2 $b_D$ | 0,5 $b_D$ | 20 |
| | | Teflon | – | 20 $b_D$ | 1,1 $b_D$ | 2,5 | – | 25 $b_D$ | 1,1 $b_D$ | 2 |
| | | It [1] | – | 15 $b_D$ | $b_D$ | 30 | – | $200\sqrt{\dfrac{b_D}{h_D}}$ | 1,3 $b_D$ | 6 |
| Metall-weich-stoff-dichtungen | Spiraldichtung | unlegierter Stahl | – | 15 $b_D$ | $b_D$ | 6,5 | – | 50 $b_D$ | 1,3 $b_D$ | 2 |
| | Welldichtung | Al | – | 8 $b_D$ | 0,6 $b_D$ | 7,5 | – | 30 $b_D$ | 0,6 $b_D$ | 2 |
| | | Cu, Ms | – | 9 $b_D$ | 0,6 $b_D$ | 7,5 | – | 35 $b_D$ | 0,7 $b_D$ | 2 |
| | | weicher Stahl | – | 10 $b_D$ | 0,6 $b_D$ | 7,5 | – | 45 $b_D$ | $b_D$ | 2 |
| | Blechummantelte Dichtung | Al | – | 10 $b_D$ | $b_D$ | 10 | – | 50 $b_D$ | 1,4 $b_D$ | 2 |
| | | Cu, Ms | – | 20 $b_D$ | $b_D$ | 10 | – | 60 $b_D$ | 1,6 $b_D$ | 2 |
| | | weicher Stahl | – | 40 $b_D$ | $b_D$ | 10 | – | 70 $b_D$ | 1,8 $b_D$ | 2 |
| Metall-dichtungen | Flachdichtung | | – | 0,8 $b_D$ | – | $b_D + 5$ | 1,9 | $b_D$ | – | $b_D + 5$ | 1,5 |
| | Spießkantdichtung | | – | 0,8 | – | 5 | 3,8 | 1 | – | 5 | 3 |
| | Runddichtung | | – | 1,2 | – | 6 | 2,5 | 1,5 | – | 6 | 2 |
| | Ring-Joint-Dichtung | | – | 1,6 | – | 6 | 3,1 | 2 | – | 6 | 2,5 |
| | Linsendichtung | | – | 1,6 | – | 6 | 5 | 2 | – | 6 | 4 |
| | Kammprofildichtung $Z$ = Anzahl d. Kämme | | – | $0,4\sqrt{Z}$ | – | $9 + 0,2 Z$ | 2,5 | $0,5\sqrt{Z}$ | – | $9 + 0,2 Z$ | 2 |

[1] It-Dichtungen bestehen aus einem Asbest-Skelett und Kautschuk (Elastomere).

**TB 19-1** Fortsetzung

b) Faktor $B_2$ zum Berücksichtigen des Kriechens

| Dichtungs-form | Werk-stoff | $B_2$ 20 °C | $B_2$ 200 °C | $B_2$ 300 °C |
|---|---|---|---|---|
| Flachdichtung | It | 1,1 | 1,6 | 2 |
| Welldichtring | Al | 1,0 | – | 2,5 |
|  | Cu | 1,0 | – | 2,0 |
|  | Stahl | 1,0 | – | 2,0 |
| Blech-ummantelte Dichtung | Al | 1,0 | – | 2,3 |
|  | Cu | 1,0 | – | 2,0 |
|  | Stahl | 1,0 | – | 1,7 |

c) Formänderungswiderstand $K_D$ metallischer Dichtungswerkstoffe

| Werkstoff | $K_D$ in N/mm² | | | |
|---|---|---|---|---|
|  | 20 °C | 100 °C | 200 °C | 300 °C |
| Al, weich | 100 | 40 | 20 | (5) |
| Cu | 200 | 180 | 130 | 100 |
| Weicheisen | 350 | 310 | 260 | 210 |
| unleg. Stahl | 400 | 380 | 330 | 260 |
| legierter Stahl | 450 | 450 | 420 | 390 |
| austenit. Stahl | 500 | 480 | 450 | 420 |

**TB 19-2** O-Ringe nach DIN 3771 (Auswahl) und Ringnutabmessungen

a) O-Ringe nach DIN 3771

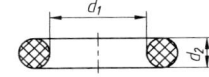

Maße in mm

| $d_1$ | $d_2$ | $d_1$ | $d_2$ | $d_1$ | $d_2$ | $d_1$ | $d_2$ |
|---|---|---|---|---|---|---|---|
| 5 |  | 22,4 |  | 80 |  | 212 |  |
| 5,3 |  | 25 |  | 85 |  | 224 |  |
| 5,6 |  | 26,5 |  | 90 |  | 230 |  |
| 6 |  | 28 |  | 95 |  | 236 |  |
| 6,3 |  | 30 | 2,65 | 3,55 | 100 |  | 343 |  |
| 6,7 |  | 32,5 |  | 106 |  | 250 |  |
| 6,9 |  | 34,5 |  | 109 |  | 265 |  |
| 7,1 |  | 37,5 |  | 112 |  | 280 |  |
| 7,5 | 1,8 | 40 |  | 115 |  | 290 |  |
| 8 |  | 42,5 |  | 118 |  | 300 | 5,3 | 7 |
| 8,5 |  | 45 |  | 125 | 3,55 | 5,3 | 315 |  |
| 9 |  | 47,5 |  | 132 |  | 325 |  |
| 9,5 |  | 50 |  | 136 |  | 335 |  |
| 10 |  | 53 |  | 140 |  | 345 |  |
| 10,6 |  | 56 |  | 145 |  | 355 |  |
| 11,2 |  | 60 | 3,55 | 5,3 | 150 |  | 365 |  |
| 12,5 |  | 63 |  | 155 |  | 375 |  |
| 14 |  | 65 |  | 160 |  | 400 |  |
| 15 | 1,8 | 2,65 | 67 |  | 170 |  | 425 |  |
| 16 |  | 69 |  | 180 |  | 450 | 7 |
| 18 | 2,65 | 3,55 | 71 |  | 190 |  | 475 |  |
| 20 |  | 75 |  | 200 |  | 500 |  |

*Bezeichnung* eines O-Ringes von Innendurchmesser $d_1 = 20$ mm, Ringdicke $d_2 = 2,65$ mm, Sortenmerkmal S, Werkstoff NBR (Acrilnitril-Butadien-Kautschuk) mit 70 IRHD (International Rubber Hardness Degree (entspr. etwa Shore-A-Härte)): O-Ring DIN 3771−20×2,65−S−NBR70.

**TB 19-2** Fortsetzung

b) Richtwerte für Nutabmessungen

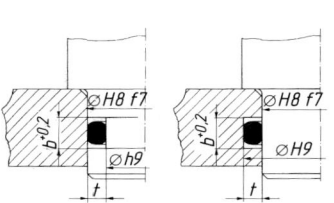

radialer Einbau

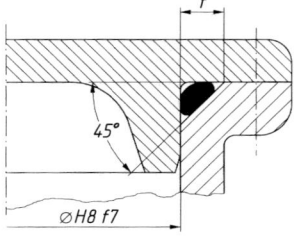

Dreiecknut

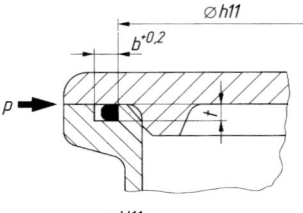

axialer Einbau

|  |  | Tiefe $t/d_2$ | Breite $b/d_2$ $(M/d_2)$ |
|---|---|---|---|
| statisch | radialer Einbau | 0,75 ... 0,8 | 1,3 |
|  | axialer Einbau | 0,75 ... 0,8 | 1,3 |
|  | Dreiecknut | 1,37 |  |
|  | Trapeznut | 0,8 ... 0,85 | (0,9 ... 0,95) |
| dynamisch | Längsbewegung |  |  |
|  | – bei Hydraulik | 0,9 | 1,2 |
|  | – bei Pneumatik | 0,92 | 1,2 |
|  | Drehbewegung | 0,95 | 1,1 |

Nutgrund abgerundet mit $R = 0,3 ... 0,5$ mm, Nutkanten $R = 0,1 ... 0,2$ mm
Oberflächengenauigkeit: Nutgrund $R_a = 3,2$ (1,6) μm,
Nutflanken $R_a = 6,3$ μm, Gegenfläche $R_a = 3,2$ (0,8) μm,
Klammerwerte für dyn. Dichtfall

Trapeznut

**TB 19-3** Zulässige Spaltweiten für O-Ringe

a) ruhende Dichtung

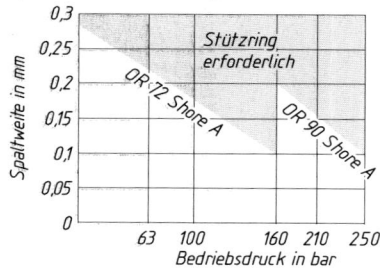

b) axial bewegte Dichtung

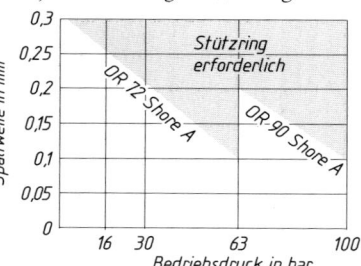

**TB 19-4** Radial-Wellendichtringe nach DIN 3760 (Auszug)

a) Abmessungen der Radial-Wellendichtringe

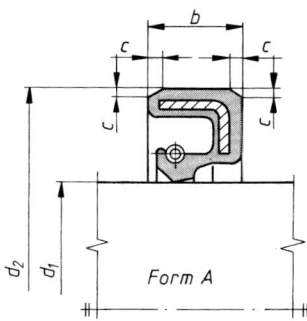

Form A

Maße in mm

| Wellen-Ø $d_1$ | $d_2$ | $b$ ±0,2 | $c$ min |
|---|---|---|---|
| 6 | 16<br>22 | 7 | 0,3 |
| 7 | 22 | 7 | 0,3 |
| 8 | 22<br>24 | 7 | 0,3 |
| 9 | 22 | 7 | 0,3 |
| 10 | 22<br>24<br>26 | 7 | 0,3 |
| 12 | 22<br>25<br>30 | 7 | 0,3 |
| 14 | 24<br>30 | 7 | 0,3 |
| 15 | 26<br>30<br>35 | 7 | 0,3 |
| 16 | 30<br>35 | 7 | 0,3 |
| 18 | 30<br>35 | 7 | 0,3 |
| 20 | 30<br>35<br>40 | 7 | 0,3 |
| 22 | 35<br>40<br>47 | 7 | 0,3 |
| 25 | 35<br>40<br>47<br>52 | 7 | 0,3 |
| 28 | 40<br>47<br>52 | 7 | 0,4 |
| 30 | 40<br>42<br>47<br>52 | 7 | 0,4 |
| 32 | 45<br>47<br>52 | 8 | 0,4 |
| 35 | 47<br>50<br>52<br>55 | 8 | 0,4 |
| 38 | 55<br>62 | 8 | 0,4 |
| 40 | 52<br>55<br>62 | 8 | 0,4 |
| 42 | 55<br>62 | 8 | 0,4 |
| 45 | 60<br>62<br>65 | 8 | 0,4 |
| 48 | 62 | 8 | 0,4 |
| 50 | 65<br>68<br>72 | 8 | 0,4 |
| 55 | 70<br>72<br>80 | 8 | 0,4 |
| 60 | 75<br>80<br>85 | 8 | 0,4 |
| 65 | 85<br>90 | 10 | 0,5 |
| 70 | 90<br>95 | 10 | 0,5 |
| 75 | 90<br>95 | 10 | 0,5 |
| 80 | 100<br>110 | 10 | 0,5 |
| 85 | 110<br>120 | 12 | 0,8 |
| 90 | 110<br>120 | 12 | 0,8 |
| 95 | 120<br>125 | 12 | 0,8 |
| 100 | 120<br>125<br>130 | 12 | 0,8 |
| 105 | 130 | 12 | 0,8 |
| 110 | 130<br>140 | 12 | 0,8 |
| 115 | 140 | 12 | 0,8 |
| 120 | 150 | 12 | 0,8 |
| 125 | 150 | 12 | 0,8 |
| 130 | 160 | 12 | 0,8 |
| 135 | 170 | 12 | 0,8 |
| 140<br>145 | 170<br>175 | 15 | 1 |
| 150<br>160<br>170 | 180<br>190<br>200 | 15 | 1 |
| 180<br>190<br>200 | 210<br>220<br>230 | 15 | 1 |
| 210<br>220<br>230 | 240<br>250<br>260 | 15 | 1 |
| 240<br>250 | 270<br>280 | 15 | 1 |
| 260<br>280<br>300 | 300<br>320<br>340 | 20 | 1 |
| 320<br>340<br>360 | 360<br>380<br>400 | 20 | 1 |
| 380<br>400<br>420 | 420<br>440<br>460 | 20 | 1 |
| 440<br>460<br>480<br>500 | 480<br>500<br>520<br>540 | 20 | 1 |

*Bezeichnung* eines Radial-Wellendichtringes Form A für Wellendurchmesser $d_1 = 30$ mm, Außendurchmesser $d_2 = 42$ mm und Breite $b = 7$ mm, Elastomerteil aus FKM (Fluor-Kauschuk): RWDR DIN 3760-A30 × 42 × 7-FKM

**TB 19-4** Fortsetzung

b) Maximal zulässige Drehzahlen bei drucklosem Betrieb

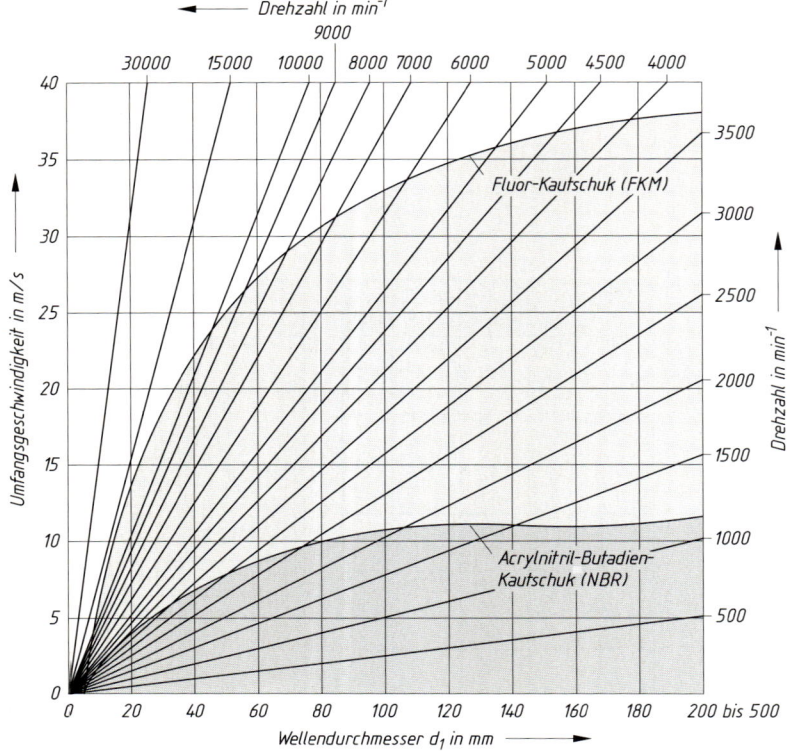

**TB 19-5** Filzringe und Ringnuten nach DIN 5419 (Auszug)

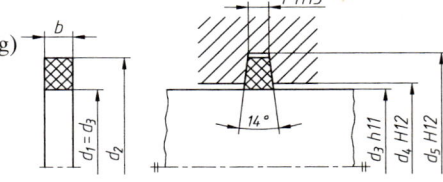

Maße in mm

| Wellen-Ø $d_3$ | Filzring | | Ringnut | | |
|---|---|---|---|---|---|
| | $b$ | $d_2$ | $d_4$ | $d_5$ | $f$ |
| 17 | 4 | 27 | 18 | 28 | 3 |
| 20 | | 30 | 21 | 31 | |
| 25 | | 37 | 26 | 38 | |
| 26 | | 38 | 27 | 39 | |
| 28 | | 40 | 29 | 41 | |
| 30 | | 42 | 31 | 43 | |
| 32 | | 44 | 33 | 45 | |
| 35 | 5 | 47 | 36 | 48 | 4 |
| 36 | | 48 | 37 | 49 | |
| 38 | | 50 | 39 | 51 | |
| 40 | | 52 | 41 | 53 | |
| 42 | | 54 | 43 | 55 | |
| 45 | | 57 | 46 | 58 | |
| 48 | | 64 | 49 | 65 | |
| 50 | | 66 | 51 | 67 | |
| 52 | | 68 | 53 | 69 | |
| 55 | 6,5 | 71 | 56 | 72 | 5 |
| 58 | | 74 | 59 | 75 | |
| 60 | | 76 | 61,5 | 77 | |
| 65 | | 81 | 66,5 | 82 | |

| Wellen-Ø $d_3$ | Filzring | | Ringnut | | |
|---|---|---|---|---|---|
| | $b$ | $d_2$ | $d_4$ | $d_5$ | $f$ |
| 70 | | 88 | 71,5 | 89 | |
| 72 | | 90 | 73,5 | 91 | |
| 75 | | 93 | 76,5 | 94 | |
| 78 | 7,5 | 96 | 79,5 | 97 | 6 |
| 80 | | 98 | 81,5 | 99 | |
| 82 | | 100 | 83,5 | 101 | |
| 85 | | 103 | 86,5 | 104 | |
| 88 | | 108 | 89,5 | 109 | |
| 90 | 8,5 | 110 | 92 | 111 | 7 |
| 95 | | 115 | 97 | 116 | |
| 100 | | 124 | 102 | 125 | |
| 105 | 10 | 129 | 107 | 130 | 8 |
| 110 | | 134 | 112 | 135 | |
| 115 | | 139 | 117 | 140 | |
| 120 | | 144 | 122 | 145 | |
| 125 | | 153 | 127 | 154 | |
| 130 | 11 | 158 | 132 | 159 | 9 |
| 135 | | 163 | 137 | 164 | |
| 140 | 12 | 172 | 142 | 173 | 10 |
| 145 | | 177 | 147 | 178 | |

*Bezeichnung* eines Filzringes für Innendurchmesser $d_1$ = 35 mm, Filzhärte M5: Filzring DIN 5419 M5-35

**TB 19-6** V-Ringdichtung (Auszug aus Werksnorm)

Maße in mm

| Wellen-durchmesser $d$ | $d_0$ [1] | $c$ | $d_1$ | V-Ring A | | V-Ring S | |
|---|---|---|---|---|---|---|---|
| | | | | $a$ | $b$ [2] | $a$ | $b$ [2] |
| 19– 21 | 18 | 4 | $d+12$ | 4,7 | 6,0 ± 0,8 | 7,9 | 9,0 ± 0,8 |
| 21– 24 | 20 | | | | | | |
| 24– 27 | 22 | | | | | | |
| 27– 29 | 25 | | | | | | |
| 29– 31 | 27 | | | | | | |
| 31– 33 | 29 | | | | | | |
| 33– 36 | 31 | | | | | | |
| 36– 38 | 34 | | | | | | |
| 38– 43 | 36 | 5 | $d+15$ | 5,5 | 7,0 ± 1,0 | 9,5 | 11,0 ± 1,0 |
| 43– 48 | 40 | | | | | | |
| 48– 53 | 45 | | | | | | |
| 53– 58 | 49 | | | | | | |
| 58– 63 | 54 | | | | | | |
| 63– 68 | 58 | | | | | | |
| 68– 73 | 63 | 6 | $d+18$ | 6,8 | 9,0 ± 1,2 | 11,3 | 13,5 ± 1,2 |
| 73– 78 | 67 | | | | | | |
| 78– 83 | 72 | | | | | | |
| 83– 88 | 76 | | | | | | |
| 88– 93 | 81 | | | | | | |
| 93– 98 | 85 | | | | | | |
| 98–105 | 90 | | | | | | |
| 105–115 | 99 | 7 | $d+21$ | 7,9 | 10,5 ± 1,5 | 13,1 | 15,5 ± 1,5 |
| 115–125 | 108 | | | | | | |
| 125–135 | 117 | | | | | | |
| 135–145 | 126 | | | | | | |
| 145–155 | 135 | | | | | | |
| 155–165 | 144 | 8 | $d+24$ | 9,0 | 12,0 ± 1,8 | 15,0 | 18,0 ± 1,8 |
| 165–175 | 153 | | | | | | |
| 175–185 | 162 | | | | | | |
| 185–195 | 171 | | | | | | |
| 195–210 | 180 | | | | | | |

V-Ring A

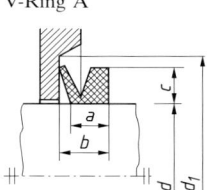

V-Ring S

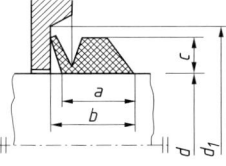

[1] Ringdurchmesser vor Einbau
[2] Maß in eingebautem Zustand

**TB 19-7** Nilos-Ringe (Auszug aus Werksnorm)

a) außen dichtend

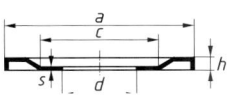

Lagerreihe 60, 62, 63          Lagerreihe 320X

| Wellen-durchmesser $d$ | Rillenkugellager Lagerreihe 60 | | | | Rillenkugellager Lagerreihe 62 | | | | Rillenkugellager Lagerreihe 63 | | | | Kegelrollenlager Lagerreihe 320X | | | |
|---|---|---|---|---|---|---|---|---|---|---|---|---|---|---|---|---|
| | $a$ | $c$ | $s$ | $h$ | $a$ | $c$ | $s$ | $h$ | $a$ | $c$ | $s$ | $h$ | $a$ | $c$ | $s$ | $h$ |
| 25 | 43,7 | 34 | | | 47 | 36 | | | 54,8 | 40 | | | 46 | 39 | | 3,7 |
| 30 | 50 | 40 | | | 56,2 | 44 | 2,5 | | 64,8 | 48 | 2,5 | | 53,8 | 44 | | |
| 35 | 56,2 | 44 | | | 64,8 | 48 | | | 70,7 | 54 | | | 60 | 53 | | 4,2 |
| 40 | 62,2 | 51 | | 2,5 | 72,7 | 57 | | | 80,5 | 60 | | | 66,5 | 56 | 0,3 | |
| 45 | 69,7 | 56 | | | 77,8 | 61 | 0,3 | 3 | 90,8 | 75 | 0,3 | 3 | 73,5 | 63 | | 4,7 |
| 50 | 74,6 | 61 | | | 82,8 | 67 | | | 98,9 | 80 | | | 78,6 | 68 | | 5,0 |
| 55 | 83,5 | 67 | 0,3 | | 90,8 | 75 | | | 108 | 89 | | | 88,4 | 76 | | |
| 60 | 88 | 71 | | | 100,8 | 85 | | | 117,5 | 95 | | | 93,2 | 80 | | 5,7 |
| 65 | 93,5 | 78 | | | 110,5 | 90 | | | 127,5 | 100 | | | 98,4 | 86 | | 6,0 |
| 70 | 103 | 83 | | 3 | 115,8 | 95 | | | 137 | 110 | | | 107,5 | 92 | | |
| 75 | 108 | 89 | | | 120,5 | 100 | 3,5 | | 147 | 110 | | 3,5 | 113 | 98 | | 6,2 |
| 80 | 117,5 | 95 | | | 129 | 106 | | | 157,5 | 130 | | | 122,5 | 105 | | |
| 85 | 123 | 104 | | | 138,5 | 115 | | | 164 | 135 | 0,5 | | 128 | 110 | 0,5 | 7,2 |
| 90 | 129 | 106 | | | 148 | 124 | 0,5 | | 174 | 140 | | | 137 | 116 | | |
| 95 | 137 | 110 | 0,5 | 3,5 | 157,5 | 130 | | | 184 | 150 | | 4 | 142 | 122 | | 8,5 |
| 100 | 142 | 117 | | | 167 | 135 | | 4 | 199 | 165 | | | 147 | 127 | | 8,2 |

**TB 19-7** Fortsetzung

b) innen dichtend

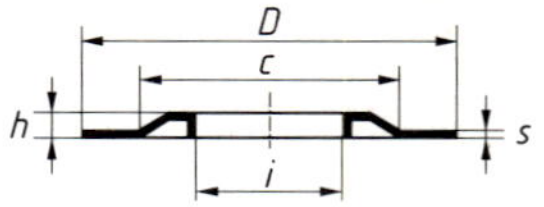


Lagerreihe 60, 62, 63, 320X

| Bohrungs-durchmesser | Rillenkugellager Lagerreihe 60 | | | | Rillenkugellager Lagerreihe 62 | | | | | Rillenkugellager Lagerreihe 63 | | | | | Kegelrollenlager Lagerreihe 320X | | | | |
|---|---|---|---|---|---|---|---|---|---|---|---|---|---|---|---|---|---|---|---|
| *D* | *i* | *c* | *s* | *h* | *D* | *i* | *c* | *s* | *h* | *D* | *i* | *c* | *s* | *h* | *D* | *i* | *c* | *s* | *h* |
| 47 | 29 | 38 | | | 52 | 31,5 | 42 | | | 62 | 32,2 | 47 | | | 47 | 28,1 | 38 | | |
| 55 | 35 | 46 | | | 62 | 36,3 | 47 | | 2,5 | 72 | 37,2 | 56 | | 2,5 | 55 | 32,2 | 47 | | 2,5 |
| 62 | 40,2 | 52 | | | 72 | 43 | 56 | | | 80 | 45 | 65 | | | 62 | 37 | 51 | | |
| 68 | 46 | 57 | | 2,5 | 80 | 48 | 62 | | | 90 | 51 | 70 | | | 68 | 43 | 58 | | |
| 75 | 51 | 63 | | | 85 | 53 | 68 | | | 100 | 56 | 80 | 0,3 | | 75 | 48 | 64 | | |
| 80 | 56 | 67 | | | 90 | 57,5 | 73 | 0,3 | 3 | 110 | 62 | 86 | | 3 | 80 | 53 | 68 | 0,3 | 3 |
| 90 | 61,5 | 74 | 0,3 | | 100 | 64,5 | 80 | | | 120 | 67 | 93 | | | 90 | 60 | 80 | | |
| 95 | 67 | 80 | | | 110 | 70 | 85 | | | 130 | 73 | 102 | | | 95 | 63 | 82 | | |
| 100 | 74 | 86,5 | | | 120 | 74,5 | 95 | | | 140 | 77,5 | 110 | | | 100 | 70 | 88 | | |
| 110 | 77 | 90 | | 3 | 125 | 79,5 | 102 | | | 150 | 82,6 | 120 | | | 110 | 74,5 | 95 | | |
| 115 | 82 | 95 | | | 130 | 85 | 105 | | | 160 | 87,2 | 125 | | 3,5 | 115 | 79,5 | 102 | | |
| 125 | 86,5 | 105 | | | 140 | 92 | 112 | | | 170 | 95 | 138 | | | 125 | 85 | 112 | | 3,5 |
| 130 | 91,5 | 110 | | | 150 | 98 | 125 | | 3,5 | 180 | 100 | 140 | 0,5 | | 130 | 90 | 114 | | |
| 140 | 98 | 118 | | | 160 | 103 | 125 | 0,5 | | 190 | 106 | 150 | | | 140 | 95 | 122 | 0,5 | |
| 145 | 103 | 123 | 0,5 | 3,5 | 170 | 110 | 137 | | | 200 | 115 | 160 | | 4 | 145 | 97,8 | 130 | | |
| 150 | 108 | 128 | | | 180 | 115 | 145 | | 4 | 215 | 118 | 170 | | | 150 | 105 | 132 | | 4 |

**TB 19-8** Stopfbuchsen

a) Empfohlene Abmaße für Packungen nach DIN 3780

Maße in mm

| Innendurchmesser *d* | 4...4,5 | 5...7 | 8...11 | 12...18 | 20...26 | 28...36 | 38...50 | 53...75 | 80...120 | 125...200 |
|---|---|---|---|---|---|---|---|---|---|---|
| Ringdicke | 2,5 | 3,0 | 4,0 | 5,0 | 6,0 | 8,0 | 10,0 | 12,5 | 16,0 | 20,0 |

b) Empfohlene Packungslängen $L$ in Abhängigkeit von Druck $p$ und Innendurchmesser $d$ bei üblichen Querschnitten

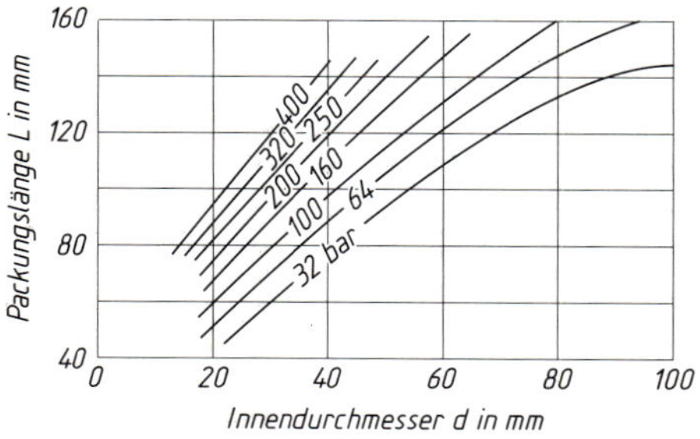

**TB 19-9** Konstruktionsrichtlinien für Lagerdichtungen (nach Halliger)

a) Berührende Lagerdichtungen

| Art der Dichtung | Beispiel | Einsatzbereich | Anforderungen an die Lauffläche | Dichtungsvermögen Nach innen (Schmierstoff) | Dichtungsvermögen Nach außen | Vorteile | Nachteile | Bemerkungen |
|---|---|---|---|---|---|---|---|---|
| Filzring | | $u \leq 4$ m/s $t \leq 100$ °C größere Drücke möglich | Toleranz h11 Rauheit $R_a \leq 0{,}8$ | Fett | Geringe Verunreinigung, wenig Feuchtigkeit | Preiswerte Dichtung, geringe Bearbeitungskosten, einfache Montage | Elastizität des Filzes lässt nach (Spaltbildung), Reibungswärme | Filz muss mit Öl getränkt sein; bei $t > 100$ °C Ringe mit PTFE-, Graphit-, Kunststoff- oder Glasfasern |
| Radial-Wellendichtring | | $u \leq 12$ m/s $p \leq 0{,}5$ bar | Toleranz h11 Rundheit IT8 Rauheit $R_a = 0{,}2$–$0{,}8^{1)}$ Härte 45–55 HRC (größerer Wert bei $u > 4$ m/s) | Öl Fett | Mäßige Verunreinigung, Spritzwasser | Gute Abdichtung, solange Lippe und Gleitfläche unbeschädigt | Hohe Forderungen an die Lauffläche und Montage, Verschleiß der Lauffläche | Viele Bauformen, bei großen Durchmessern auch geteilt; $u$ abhängig vom Werkstoff und Wellendurchmesser (s. TB 19-4b) und Druck (Sonderformen bis 100 bar); bei erhöhtem Schmutzanfall Ausführung mit Staublippe verwenden, auf Schmierung der Dichtlippe achten |
| O-Ring | | $u \leq 0{,}5$ m/s größere $p$ möglich | Toleranz f7 Rauheit $R_a \leq 0{,}8^{1)}$ Härte 60 HRC | Öl Fett | Schlamm | Geringes Einbauvolumen | Starke Schwankung des Reibmomentes, altert | $u$ bis 4 m/s bei Sonderquerschnitten, z. B. Quad-ring; empfindlich gegen mechanische Beschädigung |
| V-Ring | | $u \leq 12$ m/s mit Haltering $u \leq 30$ m/s $p \leq 0{,}3$ bar | Rauheit Lauffläche $R_a \leq 2{,}5$ Welle: $R_a = 12{,}5$ Rundheit IT 14 … 15 Schiefstellung 1…4° | Fett Öl | Geringe Verunreinigung, Spritzwasser | Preiswerte Dichtung, geringe Bearbeitungskosten, einfache Montage, klein bauend | Begrenzte Dichtwirkung, nicht unter Flüssigkeitsspiegel verwenden | Bei Fluchtungsfehlern seitlich abstützen, bei $u > 15$ m/s hebt sich die Dichtlippe ab; vielfach als Vordichtung und Spritzscheibe eingesetzt; bei Öl im Lagerraum V-Ring gegen Innenwand schleifen lassen |
| Axial-Gleitring-dichtung (mit Dichtbalg) | | $u \leq 10$ m/s $p \leq 5$ bar | Toleranz h7 Rauheit $R_a \leq 1{,}0^{2)}$ | Öl Fett | Geringe Verunreinigung, flüssige Medien unter Druck | Hohe Betriebssicherheit und Lebensdauer, selbstnachstellend | Teuer, größerer Platzbedarf | Leckverluste verringern sich während Einlaufvorgang; andere Bauformen auch für höchste Anforderungen an Drehzahl, Druck und Temperatur |
| Laufwerk-dichtung | | $u \leq 10$ m/s bei Ölschmierung $u \leq 3$ m/s bei Fettschmierung $p \leq 3$ bar | — | Öl Fett | Sehr starke Verunreinigung, Spritzwasser | Hohe Betriebssicherheit und Lebensdauer | Relativ teuer | Geringe Anforderungen an den Einbauraum (große axiale, radiale und winklige Abweichungen zulässig), selbsttätiger Verschleißausgleich |
| Nilos-Ring | | | | | | | | Siehe berührungsfreie Dichtungen |

$u$ zulässige Umfangsgeschwindigkeit (Standardtypen), $p$ zul. Druckdifferenz zwischen Lagerraum und Umgebung, $t$ zul. Temperatur an der Dichtung
[1]) Drallfrei, vorzugsweise im Einstich geschliffen   [2]) Richtwerte für die Wellenoberfläche, die Gleitfläche liegt in der Dichtung und hat sehr hohe Anforderungen

**TB 19.9** Fortsetzung
b) Berührungsfreie Lagerdichtungen

| Art der Dichtung | Beispiel | Einsatzbereich | Dichtungsvermögen | | Vorteile | Nachteile | Bemerkungen |
|---|---|---|---|---|---|---|---|
| | | | Nach innen (Schmierstoff) | Nach außen | | | |
| einfacher Spalt | | $p = 0$ bar $u$ unbegrenzt | Fett | Geringe Verunreinigung | kostengünstig | Schmutz und Feuchtigkeit kann im Lagerraum durch Spalt kriechen | Spaltbreite 0,1 ... 0,3 mm, Spalt möglichst lang wählen, Rillen im Gehäuse oder in der Welle sowie Fettfüllung im Spalt erhöhen die Schutzwirkung |
| Spalt mit Spritzring | | $p = 0$ bar $u$ unbegrenzt | Öl (Fett) | – | Größere Spaltbreite als bei einfachem Spalt möglich | | Spritzring schleudert Öl in Auffangraum (nicht immer erforderlich), Ölrückflussbohrung zum Lagerraum unter Ölniveau legen, da sonst Schaum Ölrückfluss behindern kann |
| *Gewindeförmige* Rillen | | Kleiner Druck möglich $u \leq 5$ m/s | Öl | – | In radialer Richtung geringer Platzbedarf | Nur eine Drehrichtung zulässig, fördert Staub in Lagerraum, nur im Betrieb wirksam | Rillen, im Gehäuse oder auf der Welle angeordnet, fördern das Öl in Lagerraum zurück |
| Labyrinth | | $p = 0$ bar $u$ unbegrenzt $u \leq 5$ m/s bei Fettfüllung | Fett (Öl) | Starke Verunreinigung, Feuchtigkeit | Sehr gute Abdichtung, wenn mit steifem Fett gefüllt | Im allgemeinen teuer, bei mehreren Stegen platzaufwendig | Nachschmierung der Labyrinthe erhöht Dichtwirkung, Spalte klein halten (s. einfacher Spalt), bei größerer Durchbiegung der Welle abgeschrägte Stege verwenden (sonst wird Schmutz nach innen gepumpt), radiales Labyrinth wegen Montage geteilt ausführen |
| Labyrinth als Kaufteil | | $p = 0$ bar $u$ unbegrenzt | Fett (Öl) | Starke Verunreinigung, Feuchtigkeit | Kleiner bauend, kostengünstiger | | Neben den abgebildeten Z-Lamellen können die Labyrinthe aus federnden Lamellenringen, Kolbenringen, Kunststoffteilen etc. aufgebaut sein |
| Nilosring | | $p = 0$ bar $u \leq 5$ m/s | Fett | Mäßige Verunreinigung, Spritzwasser | Kostengünstig, raumsparend, gleitet i. R. an der hochwertigen Lager-Seitenfläche | Schleift in der Einlaufase bis sich infolge Abnutzung ein Spalt bildet (Reibungswärme) | Sonderform auch berührungsfrei, für höhere Drehzahlen; bei stärkerem Schutzanfall und Spritzwasser 2 Nilosringe mit Fettfüllung im Zwischenraum anordnen |

c) Dichtungswerkstoff (Auswahl)

| Werkstoff | Acrylnitril-Butadien-Kautschuk NBR | Acrylat-Kautschuk ACM | Silikon-Kautschuk MVQ | Fluor-Kautschuk FPM | Polytetrafluorethylen PTFE |
|---|---|---|---|---|---|
| Betriebstemperatur $t$ in °C | –40 ... 100 | –30 ... 150 | –60 ... 160 | –30 ... 200 | –70 ... 200 (260) |
| Relative Kosten | 1,0 | 3,0 | 5,0 | 25,0 | >25,0 |

# 20 Zahnräder und Zahnradgetriebe (Grundlagen)

**TB 20-1** Festigkeitsrichtwerte der üblichen Zahnradwerkstoffe (in Anlehnung an Dubbel, Taschenbuch für den Maschinenbau; Niemann, Maschinenelemente II)

| Nr. | Art, Norm, Behandlung | Bezeichnung | Flankenhärte[1] | $\sigma_{F\,lim}$ [2] (N/mm²) | $\sigma_{H\,lim}$ [2] (N/mm²) |
|---|---|---|---|---|---|
| 1 | Gusseisen mit Lamellengraphit DIN EN 1561 | GJL-200 | 180 HB | 40 | 300 |
| 2 |  | GJL-250 | 220 HB | 55 | 360 |
| 3 | Schwarzer Temperguss DIN EN 1562 | GJMB-350 | 150 HB | 165 | 320 |
| 4 |  | GJMB-650 | 220 HB | 205 | 460 |
| 5 | Gusseisen mit Kugelgraphit DIN EN 1563 | GJS-400 | 180 HB | 185 | 370 |
| 6 |  | GJS-600 | 250 HB | 225 | 490 |
| 7 |  | GJS-900 | 350 HB | 250* | 650* |
| 8 | unlegierter Stahlguss DIN 1681 | GS 52.1 | 160 HB | 140 | 320 |
| 9 |  | GS 60.1 | 180 HB | 160 | 380 |
| 10 | Allgemeine Baustähle DIN EN 10025 | E 295 | 160 HB | 160 | 370 |
| 11 |  | E 335 | 190 HB | 175 | 430 |
| 12 |  | E 360 | 210 HB | 205 | 460 |
| 13 | Vergütungsstähle DIN EN 10083 (auch als GS, dann $\sigma_{H\,lim}$ um rd. 80 N/mm² $\sigma_{F\,lim}$ um rd. 40 N/mm² niedriger) | C45E N | 190 HB | 155...200 | 470...530 |
| 14 |  | 34CrMo4 QT | 270 HB | 220...290 | 630...710 |
| 15 |  | 42CrMo4 QT | 300 HB | 225...310 | 680...760 |
| 16 |  | 34CrNiMo6 QT | 310 HB | 225...315 | 680...770 |
| 17 |  | 30CrNiMo8 QT | 320 HB | 230...320 | 700...780 |
| 18 |  | 34CrNiMo16 QT | 350 HB | 240...325 | 750...830 |
| 19 | Vergütungsstahl flamm- oder induktionsgehärtet | C45E (Umlaufhärtung, $b < 20$ mm) | 50...55 HRC | Fuß mitgehärtet 250...375 Fuß nicht mitgehärtet 150...225 | 1000...1230 |
| 20 |  | 34CrMo4 (Umlauf- oder Einzelzahnhärtung) |  |  |  |
| 21 |  | 42CrMo4 (Umlaufhärtung) |  |  |  |
| 22 |  | 34CrNiMo6 (Einzelzahnhärtung) |  |  |  |
| 23 | Vergütungsstahl und Einsatzstahl langzeit-gasnitriert | 42CrMo4 QT (Nitrierhärtetiefe < 0,6 mm, $R_m > 800$ N/mm², $m < 16$ mm) | 48...57 HRC | 260...370 | 780...1000 |
| 24 |  | 16MnCr5 QT (Nitrierhärtetiefe < 0,6 mm, $R_m > 700$ N/mm², $m < 10$ mm) |  |  |  |
| 25 | Vergütungs- und Einsatzstähle nitrocarboriert | C45E N für $d < 300$ mm, $m < 6$ mm | 42...45 HRC | 230...300 | 650...760 |
| 26 |  | 16MnCr5N für $d < 300$ mm, $m < 6$ mm | 52...55 HRC | 230...320 | 650...800 |
| 27 |  | 42CrMo4 QT $d < 600$ mm, $m < 10$ mm |  |  |  |
| 28 | carbonitriert | 34CrV4 QT Kernfestigkeit bis 45 HRC, Kfz-Getriebe | 55...60 HRC | 300...450 | 1100...1350 |
| 29 | Einsatzstähle DIN 17210, DIN EN 10084 einsatzgehärtet | 16MnCr5 Standardstahl, normal bis $m = 20$ mm | 58...62 HRC | 310...500 | 1300...1500 |
| 30 |  | 15CrNi6, für über $m = 16$ mm bei Stoßbelastung über $m = 5$ mm |  |  |  |
| 31 |  | 17CrNiMo8, für über $m = 16$ mm bei Stoßbelastung über $m = 5$ mm |  |  |  |

[1] HB Brinell-Härtewert, HRC Rockwell-Härtewert C.
[2] Untere Grenzwerte eines Streubereiches sicher erreichbar, obere Werte bei umfassender Kontrolle.
* genaue Werte liegen noch nicht vor

**TB 20-2** Übersicht zur Dauerfestigkeit für Zahnfußbeanspruchung der Prüfräder nach DIN 3990 (Härtewerte nach Brinell HB, Rockwell HRC und Vickers HV1, HV10) gültig für Prüfradabmessungen: $m = 3...10$ ($Y_x = 1$) mm, $R_z = 10$ μm $Y_{R\,\text{relT}} = 1$), $v = 10$ m/s, $b = 10...50$ mm, Geradverzahnung mit Verzahnungsqualität 4 bis 7, $q_s = 2{,}5$ ($Y_{\delta\,\text{relT}} = 1$), $Y_{ST} = 2$, Schrägungswinkel $\beta = 0°$ ($Y_\beta = 1$), $K_A = K_{F\beta} = K_{F\alpha} = 1$. $\sigma_{FE} = Y_{ST} \cdot \sigma_{F\,\text{lim}} = 2 \cdot \sigma_{F\,\text{lim}}$

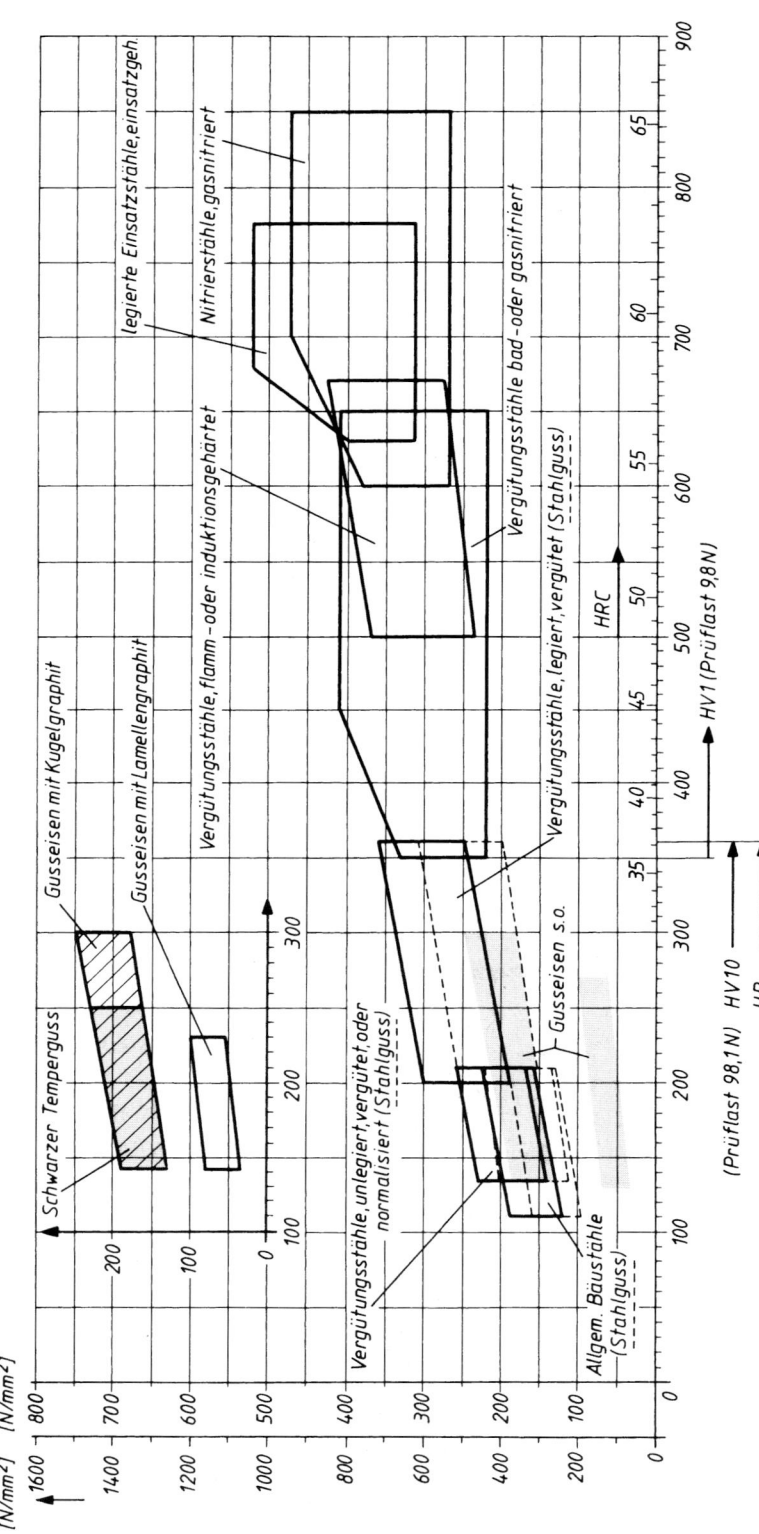

Normalerweise werden Werte aus dem mittleren Bereich gewählt. Für bestimmte Werkstoffe s. TB 20-1.

**TB 20-3** Werkstoffauswahl für Schneckengetriebe

a) Werkstoffe für Schnecke und Schneckenrad (Auswahl)

| | Schnecke | | | | Schneckenrad | |
|---|---|---|---|---|---|---|
| A | allgemeiner Baustahl DIN EN 10025 | E335 | gehärtet und vergütet | 1 | Gusseisen DIN EN 1561 | GJL-150, GJL-200, GJL-250, GJL-300, GJL-350 |
| | | E360 | | | | |
| | Vergütungsstahl DIN EN 10083 | C45 | | 2 | Gusseisen DIN EN 1563 | GJS-500, GJS-600, GJS-700 |
| | | C60 | | | | |
| | | 34CrMo4 | | 3 | Kupfer-Zinn-Legierung (Bronze) | G-CuSn12 (Formguss) G-CuSn10Zn (Formguss) |
| | | 42CrMo4 | | | | |
| B | Einsatzstahl DIN 17210 | C15 | einsatz-gehärtet | 4 | | GZ-CuSn12 (Schleuderguss) GC-CuSn12 (Strangguss) |
| | | 17Cr3 | | 5 | Aluminium-Legierung | GK-AlCu4TiMg Kokillenguss |
| | | 16MnCr5 | | 6 | Kunststoff | Polyamide |

b) geeignete Werkstoffpaarungen

| Werkstoffkennzeichen nach a) | | Eigenschaften und Verwendungsbeispiele | |
|---|---|---|---|
| Schnecke | Schneckenrad | | |
| A | 1 | geringe Gleitgeschwindigkeit und mäßige Belastung; Hebezeuge, Werkzeugmaschinen, allgemeiner Maschinenbau | |
| | 2 | bei mittleren Belastungen und Drehzahlen | bevorzugte Paarung für Getriebe aller Art |
| | 3 | | |
| | 4 | bei hohen Belastungen und mittleren Drehzahlen | Universalgetriebe, Fahrzeuggetriebe |
| B | 1...4 | wie bei Paarung A mit 1...4, jedoch bei hohen Drehzahlen | |
| | 5 und 6 | korrosionsbeständig, für geringe Belastungen, Leichtbau, Apparatebau | |

**TB 20-4** Festigkeitswerte für Schneckenradwerkstoffe (in Anlehnung an Niemann)

| Nr. | Schneckenrad-werkstoff | Norm | Flanken-härte | $U_{\lim}$ [1] N/mm² | $\sigma_{H\lim}$ [2] N/mm² | E-Modul N/mm² | $Z_E$ [3] $\sqrt{\text{N/mm}^2}$ |
|---|---|---|---|---|---|---|---|
| 1 | G-CuSn12 | DIN 1705 | 80 HB | 115 | 265 | 88 300 | 147 |
| 2 | GZ-CuSn12 | | 95 HB | 190 | 425 | | |
| 3 | G-CuSn12Ni | | 90 HB | 140 | 310 | 98 100 | 152 |
| 4 | GZ-CuSn12Ni | | 100 HB | 225 | 520 | | |
| 5 | G-CuSn10Zn | | 75 HB | 165 | 350 | | |
| 6 | GZ-CuSn10Zn | | 85 HB | 190 | 430 | | |
| 7 | G-CuZn25Al5 | DIN 1709 | 180 HB | 565 | 500 | 107 900 | 157 |
| 8 | GZ-CuZn25Al5 | | 190 HB | 605 | 550 | | |
| 9 | GZ-CuAl10Ni | DIN 1714 | 160 HB | 377 | 660 | 122 600 | 164 |
| 10 | GJL-250 [4] | DIN EN 1561 | 250 HB | 150 | 350 | 98 100 | 152 |
| 11 | GJS-700 [4] | DIN EN 1563 | 260 HB | 628 | 490 | 175 000 | 182 |

[1] gilt für $\alpha_n = 20°$; bei Wechselbeanspruchung Werte mit 0,7 multiplizieren
[2] für Schnecken aus St, einsatzgehärtet und geschliffen: $\sigma_{H\lim}$ (Tabellenwerte)
 für Schnecken aus St, vergütet, ungeschliffen: $0{,}72 \cdot \sigma_{H\lim}$
 für Schnecken aus GJL: $0{,}5 \cdot \sigma_{H\lim}$
[3] für Schnecken aus St: $Z_E$ (Tabellenwerte)
 für Schnecken aus GJL: $Z_E = \sqrt{(E_1 \cdot E_2)/[2{,}86 \cdot (E_1 + E_2)]}$ mit $E_1$ für GJL; $E$ nach Tabelle
[4] für $v_g \leq 2$ m/s (Handbetrieb)

**TB 20-5** Schmierölauswahl (nach DIN 51 509)

| Viskosität der Schmieröle | | | | Schmieröle ohne verschleißverringernde Wirkstoffe | | | | Schmieröle mit verschleißverringernden Wirkstoffen | |
|---|---|---|---|---|---|---|---|---|---|
| ISO-Viskositätsklassen nach DIN 51519 (($\nu_{40}$ in mm²/s)) | Kennzahl ($\nu_{50}$ in mm²/s) | SAE-Viskositätsklassen nach DIN 51511 (Motoren) | SAE-Viskositätsklassen nach DIN 51512 (Kfz-Getriebe) | Schmieröle C und C–T nach DIN 51517 und Schmieröle C–L (alterungsbeständig) | Schmieröle N nach DIN 51501 (ohne bes. Anforderung) | Schmieröle TD–L nach DIN 51515 (Turbinen-, Pumpen- und Generatoren) | Schmieröle C–LP (Norm in Vorbereitung) | Kraftfahrzeug-Getriebeöle (nach DIN 51502) |
| 22/32 | 16 | 10 W | | × | × | × | × | |
| 32/46 | 25 | | 75 | × | × | × | × | × |
| 46/68 | 36 | 20 W 20 | | × | × | × | × | |
| 68 | 49 | | 80 | × | × | × | × | × |
| 100 | 68 | 30 | | × | × | × | × | |
| 150 | 92 | 40 | | × | × | × | × | |
| 220 | 114 | | 90 | × | × | × | × | × |
| 220 | 144 | 50 | | × | × | × | × | |
| 320 | 169 | | | × | | × | × | |
| 460 | 225 | | 149 | × | × | | × | |
| 680 | 324 | | | | × | | | × |

**TB 20-6** Richtwerte für den Einsatz von Schmierstoffarten und Art der Schmierung, abhängig von der Umfangsgeschwindigkeit bei Wälz- und Schraubwälzgetrieben

| | Umfangs-geschwindigkeit | Schmierstoff | Art der Schmierung |
|---|---|---|---|
| Stirn- und Kegelradgetriebe | bis 1/ms<br>bis 4 m/s<br><br>bis 15 m/s<br>über 15 m/s | Haftschmierstoffe<br>Schmierfette<br>Haftschmierstoffe<br>Schmieröle<br>Schmieröle | Sprüh- oder Auftragschmierung<br>Tauchschmierung<br>Sprühschmierung<br>Tauchschmierung<br>Druckumlauf- oder Spritzschmierung |
| Schneckengetriebe Schnecke (Schnecken-rad) eintauchend | bis 4 m/s (bis 1 m/s)<br>bis 10 m/s (bis 4 m/s)<br>über 10 m/s (über 4 m/s) | Schmierfette<br>Schmieröle<br>Schmieröle | Tauchschmierung<br>Tauchschmierung<br>Spritzschmierung in Eingriffsrichtung |

**TB 20-7** Viskositätsauswahl von Getriebeölen (DIN 51509) gültig für eine Umgebungstemperatur von etwa 20 °C

a) für Stirnrad- und Kegelradgetriebe

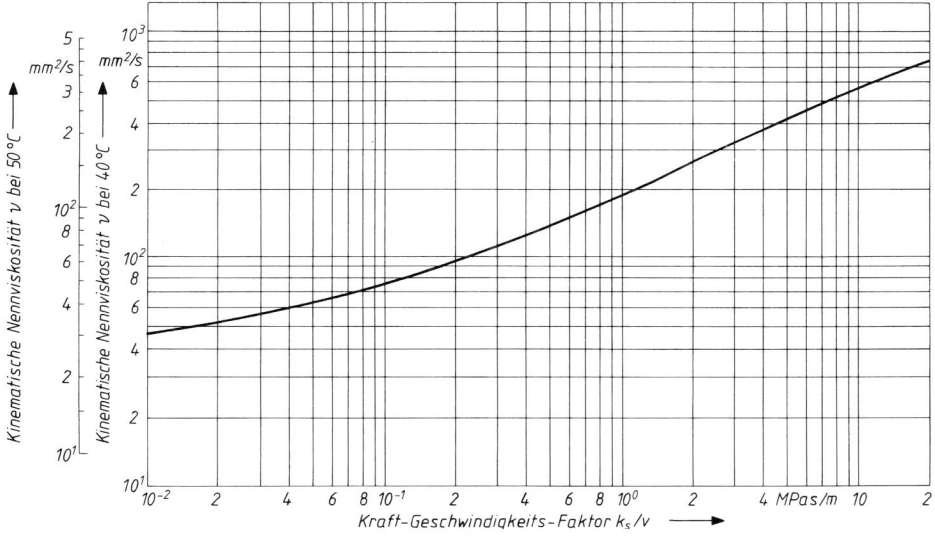

b) für Schneckengetriebe

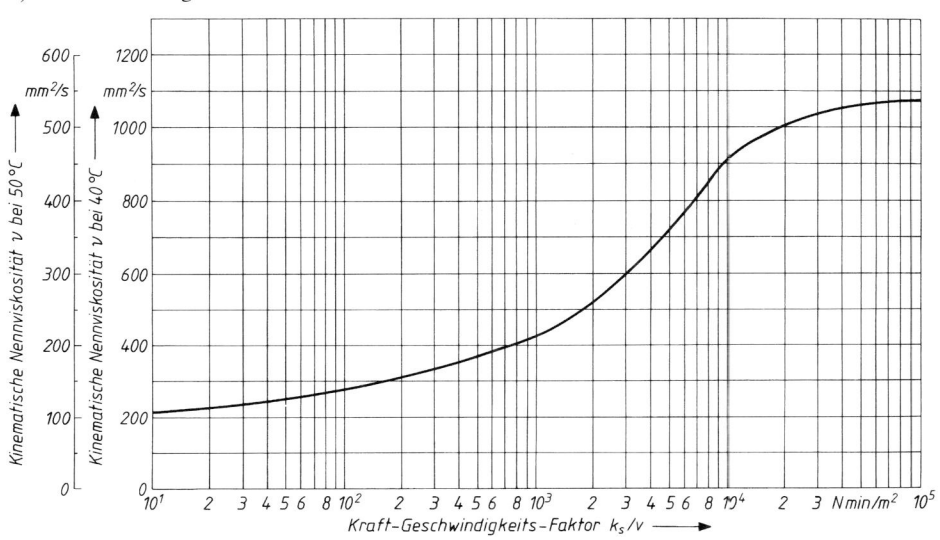

**TB 20-8** Reibungswerte bei Schneckenradsätzen (Schnecke aus St, Radkranz aus Bronze, gefräst)

| Gleitgeschwindigkeit | $v_g$ (m/s) | <0,5 | 1 | 2 | 4 | 6 | >10 |
|---|---|---|---|---|---|---|---|
| Schnecke gedreht oder gefräst, vergütet | $\mu \approx$ | 0,09 | 0,08 | 0,065 | 0,055 | 0,045 | 0,04 |
| | $\varrho \approx (°)$ | 4,3 | 4,5 | 3,7 | 3,1 | 2,6 | 2,3 |
| Schnecke gehärtet, Flanken geschliffen | $\mu \approx$ | 0,05 | 0,04 | 0,035 | 0,025 | 0,02 | 0,015 |
| | $\varrho \approx (°)$ | 3 | 2,3 | 2 | 1,4 | 1,15 | 1 |

**TB 20-9** Wirkungsgrade für Schneckengetriebe, Richtwerte für Überschlagsrechnungen

| Zähnezahl der Schnecke | $z_1$ | 1 | 2 | 3 | 4 |
|---|---|---|---|---|---|
| Gesamtwirkungsgrad | $\eta_{ges} \approx$ | 0,7 | 0,8 | 0,85 | 0,9 |

**TB 20-10** Zeichnungsangaben für Stirnräder nach DIN 3966 T1

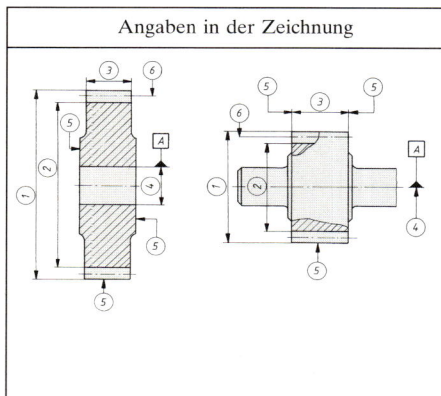

Angaben in der Zeichnung:

1 Kopfkreisdurchmesser $d_a$
2 Fußkreisdurchmesser $d_f$ (bei Bedarf), wenn in der Tabelle keine Zahnhöhe angegeben ist oder wenn ein bestimmtes Maß eingehalten werden soll.
3 Zahnbreite $b$
4 Kennzeichen der Bezugselemente. Für Rundlauf- und Planlauftolerierung ist die Radachse Bezugselement.
5 Rundlauf- und Planlauftoleranz (z. B. ⟋ 0,01 A bzw. ⊥ 0,01 A). Diese Toleranzen sind anzugeben, wenn der Hinweis auf die Allgemeintoleranzen nach DIN ISO 2768 nicht genügt. Rund- und Planlauftoleranzen nach DIN ISO 1101
6 Oberflächen-Kennzeichnung für die Zahnflanken nach DIN ISO 1302 (z. B. $\sqrt{\dfrac{\text{geschliffen}}{R_z\,6,3}}$ oder $\overset{0,8}{\nabla}\ \dfrac{\text{geschliffen}}{}$, vgl. Lehrbuch 2.3)

Angaben sind neben den Angaben in der Zeichnung für die Herstellung des Zahnrades unbedingt erforderlich.

zusätzliche Angaben:

| Stirnrad | | außenverzahnt |
|---|---|---|
| Modul | $m_n$ | |
| Zähnezahl | $z$ | |
| Bezugsprofil | Verzahnung Werkzeug | |
| Schrägungswinkel | $\beta$ | |
| Flankenrichtung | | |
| Teilkreisdurchmesser | $d$ | |
| Grundkreisdurchmesser | $d_b$ | |
| Profilverschiebungsfaktor [2] | $x$ | |
| Zahnhöhe | $h$ | |
| Kopfhöhenänderung | $k \cdot m_n$ | |
| Verzahnungsqualität, Toleranzfeld Prüfgruppe nach DIN 3961 [1] | | |
| Zahndicke mit Abmaßen | $s_n$ | |
| Prüfmaße der Zahndicke [1]: Zahndickensehne und Höhe über der Sehne | $\bar{s}$ / $\bar{h}$ | |
| Zahnweite über $k$ Zähne | $W_k$ / $k=$ | |
| Radiales bzw. diametrales Prüfmaß und Messkugel bzw. Messrollendurchmesser | $M_r$ bzw. $M_d$ / $D_M$ | |
| Zweiflanken-Wälzabstand | $a''$ | |
| Zusätzliche Verzahnungstoleranzen und Prüfangaben: | | |
| Gegenrad | Sachnummer | |
| | Zähnezahl | $z$ |
| Achsabstand im Gehäuse mit Abmaßen | $a \pm$ | |
| Wälzlängen oder Eingriffsstrecke | $L_a, L_f$ / $g_\alpha$ | |
| Ergänzende Angaben (bei Bedarf): | | |

[1] Diese Prüfungen sind dem Hersteller freigestellt, wenn keine Angaben erfolgen.
[2] Vorzeichen nach DIN 3960

**TB 20-11** Zeichnungsangaben für Kegelräder nach DIN 3966 T2

| Angaben in der Zeichnung | zusätzliche Angaben | | |
|---|---|---|---|
| (Zeichnung Kegelrad mit Maßangaben 1–9) | Geradzahn-Kegelrad | | |
| | Modul | $m_P$ | |
| | Zähnezahl | $z$ | |
| | Teilkegelwinkel | $\delta$ | |
| | Äußerer Teilkreisdurchmesser | $d_e$ | |
| | Äußere Teilkegellänge | $R_e$ | |
| | Planradzähnezahl | $z_P$ | |
| | Zahndicken-Halbwinkel | $\psi_P$ | |
| | Fußwinkel oder Fußkegelwinkel | $\vartheta_f$ $\delta_f$ | |
| | Profilwinkel | $\alpha_P$ | |
| | Verzahnungsqualität | | |
| | Prüfmaße der Zahndicke | Zahndickensehne im Rückenkegel | $\bar{s}$ | |
| | | Höhe über der Sehne | $\bar{h}$ | |
| | Zusätzliche Verzahnungstoleranzen und Prüfangaben: | | |
| | Gegenrad | Sachnummer | |
| | | Zähnezahl | $z$ | |
| | Achsenwinkel im Gehäuse mit Abmaßen | $\Sigma$ | |
| | Ergänzende Angaben (bei Bedarf): | | |
| | Verzahnungs-Bezugsprofil | | |

1 Kopfkreisdurchmesser $d_{ae}$
2 Zahnbreite $b$
3 Kopfkegelwinkel $\delta_a$
4 Komplementwinkel des Rückenkegelwinkels = $\delta$
6 Kennzeichen des Bezugselementes. Für die Rundlauf- und Planlauftolerierung ist das Bezugselement die Radachse
7 Rundlauftoleranz (z. B. ⌐ 0,02 A ) und Planlauftoleranz (z. B. ⊥ 0,01 A ) nach DIN ISO 1101. Angaben sind erforderlich, wenn Hinweis auf Allgemeintoleranzen nach DIN ISO 2768 nicht genügt.
8.1 Einbaumaß (wird allgemein am fertigen Werkstück festgestellt und auf dem Werkstück angegeben)
8.2 Äußerer Kopfkreisabstand
8.3 Innerer Kopfkreisabstand
8.4 Hilfsebenenabstand
9 Oberflächenkennzeichen für die Zahnflanken nach DIN ISO 1302 (vgl. Lehrbuch 2.3)

Angaben sind neben den Angaben in der Zeichnung für die Herstellung des Kegelrades erforderlich.

**TB 20-12** Zeichnungsangaben für Schnecken nach DIN 3966 T3

| Angaben in der Zeichnung | zusätzliche Angaben | | |
|---|---|---|---|
| 1 Kopfkreisdurchmesser $d_{a1}$<br>2 Fußkreisdurchmesser $d_{f1}$ (bei Bedarf)<br>3 Zahnbreite $b_1$<br>4 Kennzeichen der Bezugselemente.<br>  Für die Rundlauftolerierung sind die Lager-<br>  flächen der Schnecke Bezugselemente.<br>5 Rundlauftoleranz des Schneckenkörpers<br>  (z. B. ⌝ 0,05 AB) nach DIN ISO 1101.<br>  Angaben sind erforderlich, wenn Hinweis auf<br>  Allgemeintoleranzen nach DIN ISO 2768 nicht<br>  genügt<br>6 Oberflächenkennzeichen für die Zahnflanken<br>  nach DIN ISO 1302 (vgl. Kapitel 2.3)<br><br>Angaben sind neben den Angaben in der Zeichnung zur Herstellung unbedingt erforderlich. | **Schnecke** | | |
| | Zähnezahl | $z_1$ | |
| | Mittenkreisdurchmesser | $z_{m1}$ | |
| | Modul (Axialmodul) | $m$ | |
| | Zahnhöhe | $h_1$ | |
| | Flankenrichtung | | rechtssteigend<br>linkssteigend |
| | Steigungshöhe | $p_{z1}$ | |
| | Mittensteigungswinkel | $\gamma_m$ | |
| | Flankenform nach DIN 3975 | | A, N, I, K |
| | Axialleitung | $p_x$ | |
| | Sachnummer des Schneckenrades | | |
| | Verzahnungsqualität | | |
| | Zahndicke mit Abmaßen | $s_{mn}$ | |
| | Prüfmaße der Zahndicke[1]: Zahndickensehne bei Meßhöhe | | |
| | Prüfmaß | $M$ | |
| | bei Messrollendurchmesser | $D_M$ | |
| | Erzeugungswinkel | $\alpha_0$ | |
| | Flankenform I: Grundkreisdurchmesser | $d_{b1}$ | |
| | Grundsteigungswinkel | $\gamma_b$ | |
| | Zusätzliche Verzahnungstoleranzen und Prüfangaben: | | |
| | Ergänzende Angaben (bei Bedarf): | | |
| | [1] Diese Prüfungen sind dem Hersteller freigestellt, wenn keine Angaben erfolgen. | | |

**TB 20-13** Zeichnungsangaben für Schneckenräder nach DIN 3966 T3

| Angaben in der Zeichnung | zusätzliche Angaben | | |
|---|---|---|---|
| (Zeichnung des Schneckenrades mit Bezugsnummern 1–9) | Schneckenrad ||| 
| | Zähnezahl | $z_2$ | |
| | Modul (Stirnmodul) | $m$ | |
| | Teilkreisdurchmesser | $d_2$ | |
| | Profilverschiebungsfaktor | $x_2$ | |
| | Zahnhöhe | $h_2$ | |
| | Flankenrichtung | rechtssteigend linkssteigend | |
| | Verzahnungsqualität | | |
| | Flankenspiel (bei Bedarf) | | |
| | Zusätzliche Verzahnungstoleranzen und Prüfangaben: | | |
| 1 Außendurchmesser $d_{e2}$ | Schnecke | Sachnummer | |
| 2 Kopfkreisdurchmesser $d_{a2}$ | | Zähnezahl | $z_1$ |
| 3 Kopfkehlhalbmesser $r_k = a - \dfrac{d_{a2}}{2}$ | Achsabstand im Gehäuse mit Abmaßen | $a \pm$ | |
| 4 Kehlkreis-Mittenabstand gleich Achsabstand $a$ | Ergänzende Angaben (bei Bedarf): | | |
| 5 Fußkreisdurchmesser $d_f$ (bei Bedarf) | | | |
| 6 Zahnbreite $b_2$ | | | |
| 7 Kennzeichen der Bezugselemente Bezugselement für die Rundlauf- und Planlauftoleranz ist die Radachse | | | |
| 8 Rundlauftoleranz und Planlauftoleranz des Radkörpers | Angaben sind neben den Angaben in der Zeichnung für die Herstellung des Schneckenrades unbedingt erforderlich. | | |
| 9 Oberflächenkennzeichen nach DIN ISO 1302 (vgl. Lehrbuch 2.3) | | | |

# 21 Außenverzahnte Stirnräder

**TB 21-1** Modulreihe für Zahnräder nach DIN 780 (Auszug)

Moduln $m$ für *Stirn-* und *Kegelräder* in mm

| Reihe 1 | 0,1  | 0,12  | 0,16  | 0,20 | 0,25 | 0,3  | 0,4  | 0,5  | 0,6  | 0,7 | 0,8 |
|---------|------|-------|-------|------|------|------|------|------|------|-----|-----|
|         | 0,9  | 1     | 1,25  | 1,5  | 2    | 2,5  | 3    | 4    | 5    | 6   | 8   |
|         | 10   | 12    | 16    | 20   | 25   | 32   | 40   | 50   | 60   |     |     |
| Reihe 2 | 0,11 | 0,14  | 0,18  | 0,22 | 0,28 | 0,35 | 0,45 | 0,55 | 0,65 | 0,75| 0,85|
|         | 0,95 | 1,125 | 1,375 | 1,75 | 2,25 | 2,75 | 3,5  | 4,5  | 5,5  | 7   | 9   |
|         | 11   | 14    | 18    | 22   | 28   | 36   | 45   | 55   | 70   |     |     |

Die Moduln gelten im Normalschnitt; Reihe 1 ist gegenüber Reihe 2 zu bevorzugen.

**TB 21-2a** Profilüberdeckung $\varepsilon_\alpha$ bei Null- und V-Null-Getrieben (überschlägige Ermittlung)

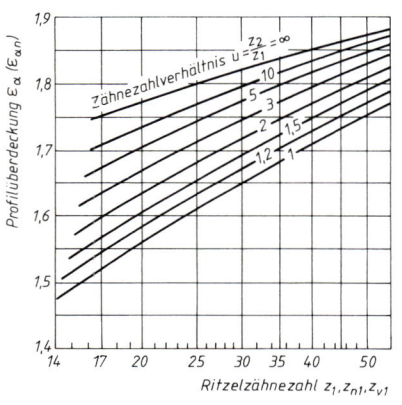

**TB 21-2b** Profilüberdeckung $\varepsilon_\alpha$ bei V-Getrieben (überschlägige Ermittlung)

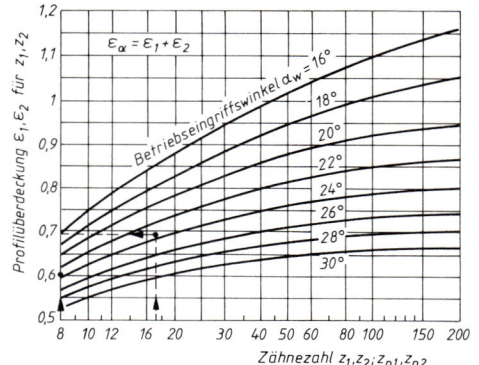

das eingezeichnete Ablesebeispiel *Geradstirnrad-Getriebe* bei $\alpha_W = 23{,}7°$ für $z_1 = 8$ wird $\varepsilon_1 \approx 0{,}6$; für $z_2 = 17$ wird $\varepsilon_2 \approx 0{,}69$; somit $\varepsilon_\alpha = \varepsilon_1 + \varepsilon_2 \approx 1{,}3$

**TB 21-3** Betriebseingriffswinkel $\alpha_W$ (überschlägige Ermittlung)

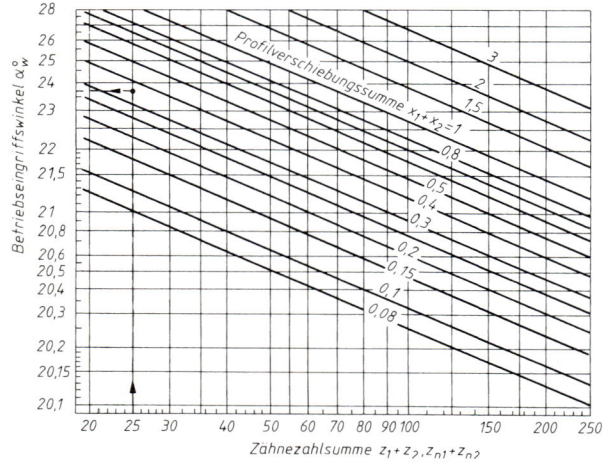

(das eingezeichnete Ablesebeispiel mit $z_1 + z_2 = 8 + 17 = 25$; $x_1 + x_2 = 0{,}36$ ergibt $\alpha_W \approx 23{,}7°$; s. TB 21-2b)

**TB 21-4** Evolventenfunktion inv $\alpha = \tan \alpha - (\pi/180) \cdot \alpha$ (Wertetabelle)

| $\alpha°$ | ,0 | ,1 | ,2 | ,3 | ,4 | ,5 | ,6 | ,7 | ,8 | ,9 |
|---|---|---|---|---|---|---|---|---|---|---|
| 10 | 0,0017941 | 0,0018489 | 0,0019048 | 0,0019619 | 0,0020201 | 0,0020795 | 0,0021400 | 0,0022017 | 0,0022646 | 0,0023288 |
| 11 | 0,0023941 | 0,0024607 | 0,0025285 | 0,0025975 | 0,0026678 | 0,0027394 | 0,0028123 | 0,0028865 | 0,0029620 | 0,0030389 |
| 12 | 0,0031171 | 0,0031966 | 0,0032775 | 0,0033598 | 0,0034434 | 0,0035285 | 0,0036150 | 0,0037029 | 0,0037923 | 0,0038831 |
| 13 | 0,0039754 | 0,0040692 | 0,0041644 | 0,0042612 | 0,0043595 | 0,0044593 | 0,0045607 | 0,0046636 | 0,0047681 | 0,0048742 |
| 14 | 0,0049819 | 0,0050912 | 0,0052022 | 0,0053147 | 0,0054290 | 0,0055448 | 0,0056624 | 0,0057817 | 0,0059027 | 0,0060254 |
| 15 | 0,0061498 | 0,0062760 | 0,0064039 | 0,0065337 | 0,0066652 | 0,0067985 | 0,0069337 | 0,0070706 | 0,0072095 | 0,0073501 |
| 16 | 0,0074927 | 0,0076372 | 0,0077835 | 0,0079318 | 0,0080820 | 0,0082342 | 0,0083883 | 0,0085444 | 0,0087025 | 0,0088626 |
| 17 | 0,0090247 | 0,0091889 | 0,0093551 | 0,0095234 | 0,0096937 | 0,0098662 | 0,0100407 | 0,0102174 | 0,0103963 | 0,0105573 |
| 18 | 0,010760 | 0,010946 | 0,011133 | 0,011323 | 0,011515 | 0,011709 | 0,011906 | 0,012105 | 0,012306 | 0,012509 |
| 19 | 0,012715 | 0,012923 | 0,013134 | 0,013346 | 0,013562 | 0,013779 | 0,013999 | 0,014222 | 0,014447 | 0,014674 |
| 20 | 0,014904 | 0,015137 | 0,015372 | 0,015609 | 0,015849 | 0,016092 | 0,016337 | 0,016585 | 0,016836 | 0,017089 |
| 21 | 0,017345 | 0,017603 | 0,017865 | 0,018129 | 0,018395 | 0,018665 | 0,018937 | 0,019212 | 0,019490 | 0,019770 |
| 22 | 0,020054 | 0,020340 | 0,020629 | 0,020921 | 0,021217 | 0,021514 | 0,021815 | 0,022119 | 0,022426 | 0,022736 |
| 23 | 0,023049 | 0,023365 | 0,023684 | 0,024006 | 0,024332 | 0,024660 | 0,024992 | 0,025326 | 0,025664 | 0,026005 |
| 24 | 0,026350 | 0,026697 | 0,027048 | 0,027402 | 0,027760 | 0,028121 | 0,028484 | 0,028852 | 0,029223 | 0,029600 |
| 25 | 0,029975 | 0,030357 | 0,030741 | 0,031129 | 0,031521 | 0,031916 | 0,032315 | 0,032718 | 0,033124 | 0,033534 |
| 26 | 0,033947 | 0,034364 | 0,034785 | 0,035209 | 0,035637 | 0,036069 | 0,036505 | 0,036945 | 0,037388 | 0,037835 |
| 27 | 0,038286 | 0,038742 | 0,039201 | 0,039664 | 0,040131 | 0,040602 | 0,041076 | 0,041556 | 0,042039 | 0,042526 |
| 28 | 0,043017 | 0,043513 | 0,044012 | 0,044516 | 0,045024 | 0,045537 | 0,046054 | 0,046575 | 0,047100 | 0,047630 |
| 29 | 0,048164 | 0,048702 | 0,049245 | 0,049792 | 0,050344 | 0,050901 | 0,051462 | 0,052027 | 0,052597 | 0,053172 |
| 30 | 0,053751 | 0,054336 | 0,054924 | 0,055518 | 0,056116 | 0,056720 | 0,057328 | 0,057940 | 0,058558 | 0,059181 |
| 31 | 0,059808 | 0,060441 | 0,061079 | 0,061721 | 0,062369 | 0,063022 | 0,063680 | 0,064343 | 0,065012 | 0,065685 |
| 32 | 0,066364 | 0,067048 | 0,067738 | 0,068432 | 0,069133 | 0,069838 | 0,070549 | 0,071266 | 0,071988 | 0,072716 |
| 33 | 0,073449 | 0,074188 | 0,074932 | 0,076683 | 0,076439 | 0,077200 | 0,077968 | 0,078741 | 0,079520 | 0,080306 |
| 34 | 0,081097 | 0,081894 | 0,082697 | 0,083506 | 0,084321 | 0,085142 | 0,085970 | 0,086804 | 0,087644 | 0,088490 |
| 35 | 0,089342 | 0,090201 | 0,091067 | 0,091938 | 0,092816 | 0,093701 | 0,094592 | 0,095490 | 0,096395 | 0,097306 |
| 36 | 0,098224 | 0,099149 | 0,100080 | 0,101019 | 0,101964 | 0,102916 | 0,103875 | 0,104841 | 0,105814 | 0,106795 |
| 37 | 0,107782 | 0,108777 | 0,109779 | 0,110788 | 0,111805 | 0,112829 | 0,113860 | 0,114899 | 0,115945 | 0,116999 |
| 38 | 0,118061 | 0,119130 | 0,120207 | 0,121291 | 0,122384 | 0,123484 | 0,124592 | 0,125709 | 0,126833 | 0,127965 |
| 39 | 0,129106 | 0,130254 | 0,131411 | 0,132576 | 0,133750 | 0,134931 | 0,136122 | 0,137320 | 0,138528 | 0,139743 |
| 40 | 0,140968 | 0,142201 | 0,143443 | 0,144694 | 0,145954 | 0,147222 | 0,148500 | 0,149787 | 0,151083 | 0,152388 |
| 41 | 0,153702 | 0,155025 | 0,156348 | 0,157700 | 0,159052 | 0,160414 | 0,161785 | 0,163165 | 0,164556 | 0,165956 |
| 42 | 0,167366 | 0,168786 | 0,170216 | 0,171656 | 0,173106 | 0,174566 | 0,176037 | 0,177518 | 0,179009 | 0,180511 |
| 43 | 0,182024 | 0,183547 | 0,185080 | 0,186625 | 0,188180 | 0,189746 | 0,191324 | 0,192912 | 0,194511 | 0,196122 |
| 44 | 0,197744 | 0,199377 | 0,201022 | 0,202678 | 0,204346 | 0,206026 | 0,207717 | 0,209420 | 0,211135 | 0,212863 |

**TB 21-5** Wahl der Summe der Profilverschiebungsfaktoren $\Sigma x = (x_1 + x_2)$

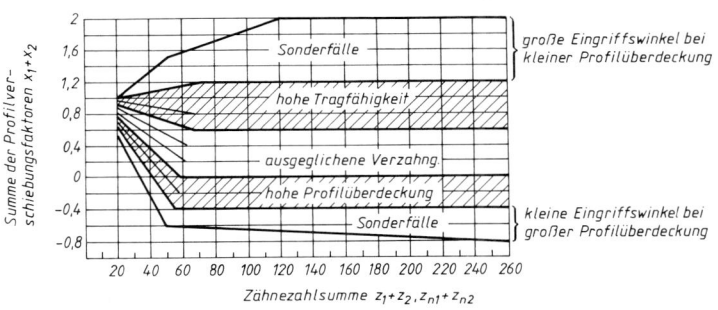

**TB 21-6** Aufteilung von $\Sigma x = (x_1 + x_2)$ mit Ablesebeispiel

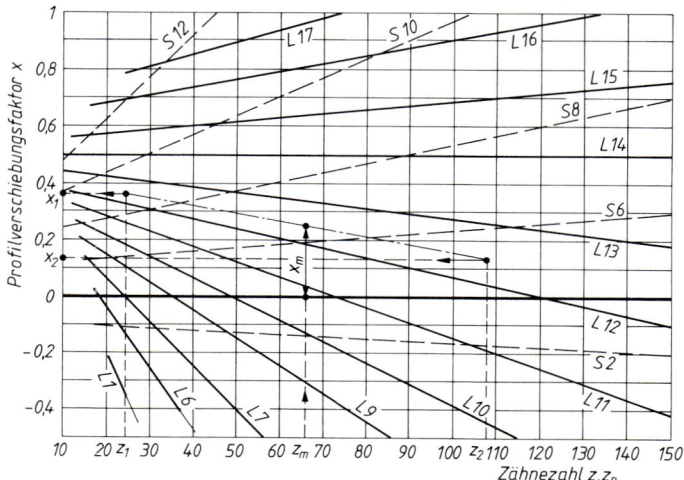

*Ablesebeispiel:* Gegeben seien $z_1 = 24$, $z_2 = 108$, damit $i = 4{,}5$, Summe der Profilverschiebungsfaktoren $x_1 + x_2 = +0{,}5$ (ausgeglichene Verzahnung mit höherer Tragfähigkeit nach TB 21-5). Man trage über der mittleren Zähnezahl $z_m = (z_1 + z_2)/2 = (24 + 108)/2 = 66$ den Mittelwert der Summe der Profilverschiebungsfaktoren $x_m = (x_1 + x_2)/2 = 0{,}25$ von der 0-Linie auf. Durch diesen Punkt ziehe man eine den benachbarten $L$-Linien ($i > 1$!) angepasste Gerade. Diese gibt dann über $z_1$ und $z_2$ die zugehörigen Werte $x_1 = +0{,}36$ und $x_2 = +0{,}14$ an. Dabei ist zu beachten, dass die Summe der gefundenen Werte $x_1$ und $x_2$ mit der vorgegebenen Summe der Profilverschiebungsfaktoren genau übereinstimmt.

**TB 21-7** Verzahnungsqualität (Anhaltswerte)

a) nach Verwendungsgebieten
b) nach Umfangsgeschwindigkeiten am Teilkreis
c) nach Herstellungsverfahren

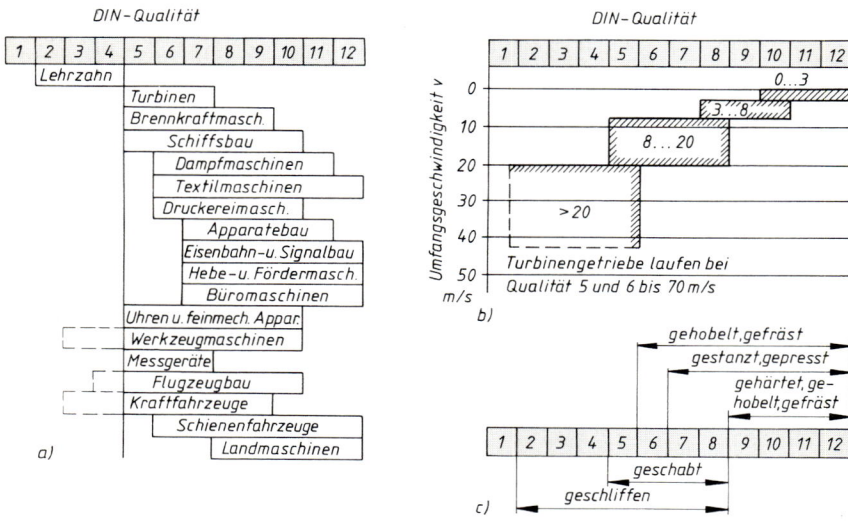

Bei gehärteten Schräg- oder Doppelschrägverzahnungen Qualität 8 oder feiner, sonst Zahnbruchgefahr.

**TB 21-8** Zahndickenabmaße, Zahndickentoleranzen

a) oberes Zahndickenabmaß $A_{sne}$ in μm nach DIN 3967 (Auszug)

| Teilkreisdurchmesser (mm) | | Abmaßreihe | | | | | | | | | | |
|---|---|---|---|---|---|---|---|---|---|---|---|---|
| über | bis | a | ab | b | bc | c | cd | d | e | f | g | h |
| – | 10 | –100 | – 85 | – 70 | – 58 | – 48 | – 40 | – 33 | – 22 | –10 | – 5 | 0 |
| 10 | 50 | –135 | –110 | – 95 | – 75 | – 65 | – 54 | – 44 | – 30 | –14 | – 7 | 0 |
| 50 | 125 | –180 | –150 | –125 | –105 | – 85 | – 70 | – 60 | – 40 | –19 | – 9 | 0 |
| 125 | 280 | –250 | –200 | –170 | –140 | –115 | – 95 | – 80 | – 56 | –26 | –12 | 0 |
| 280 | 560 | –330 | –280 | –230 | –190 | –155 | –130 | –110 | – 75 | –35 | –17 | 0 |
| 560 | 1000 | –450 | –370 | –310 | –260 | –210 | –175 | –145 | –100 | –48 | –22 | 0 |

b) Zahndickentoleranzen $T_{sn}$ in μm nach DIN 3967 (Auszug)

| Teilkreisdurchmesser (mm) | | Toleranzreihe | | | | | | | | | |
|---|---|---|---|---|---|---|---|---|---|---|---|
| über | bis | 21 | 22 | 23 | 24 | 25 | 26 | 27 | 28 | 29 | 30 |
| – | 10 | 3 | 5 | 8 | 12 | 20 | 30 | 50 | 80 | 130 | 200 |
| 10 | 50 | 5 | 8 | 12 | 20 | 30 | 50 | 80 | 130 | 200 | 300 |
| 50 | 125 | 6 | 10 | 16 | 25 | 40 | 60 | 100 | 160 | 250 | 400 |
| 125 | 280 | 8 | 12 | 20 | 30 | 50 | 80 | 130 | 200 | 300 | 500 |
| 280 | 560 | 10 | 16 | 25 | 40 | 60 | 100 | 160 | 250 | 400 | 600 |
| 560 | 1000 | 12 | 20 | 30 | 50 | 80 | 130 | 200 | 300 | 500 | 800 |

c) zulässige Zahndickenschwankung $R_s$ in μm nach DIN 3962 T1 (Auszug)

| Verzahnungs-qualität | | $m (m_n)$ von 1 bis 2 mm $R_s$ | | | | | | $m (m_n)$ von 2 bis 3,55 mm $R_s$ | | | | | | $m (m_n)$ von 3,55 bis 6 mm $R_s$ | | | | | |
|---|---|---|---|---|---|---|---|---|---|---|---|---|---|---|---|---|---|---|---|
| | | 6 | 7 | 8 | 9 | 10 | 11 | 12 | 6 | 7 | 8 | 9 | 10 | 11 | 12 | 6 | 7 | 8 | 9 | 10 | 11 | 12 |
| über 10 bis 50 | | 8 | 12 | 16 | 22 | 32 | 45 | 63 | 10 | 14 | 20 | 28 | 36 | 56 | 71 | 11 | 16 | 22 | 32 | 45 | 63 | 90 |
| über 50 bis 125 | | 10 | 14 | 20 | 28 | 40 | 56 | 80 | 12 | 16 | 22 | 32 | 45 | 63 | 90 | 14 | 20 | 28 | 36 | 50 | 71 | 100 |
| über 125 bis 280 | | 12 | 16 | 22 | 32 | 45 | 63 | 90 | 14 | 20 | 28 | 36 | 50 | 71 | 100 | 16 | 22 | 32 | 45 | 63 | 80 | 110 |
| über 280 bis 560 | | 14 | 18 | 25 | 36 | 50 | 71 | 100 | 16 | 22 | 32 | 40 | 56 | 80 | 110 | 18 | 25 | 36 | 50 | 71 | 90 | 125 |
| über 560 bis 1000 | | 14 | 20 | 28 | 40 | 56 | 80 | 110 | 18 | 25 | 36 | 45 | 63 | 90 | 125 | 20 | 28 | 36 | 56 | 80 | 100 | 140 |

| Verzahnungs-qualität | | $m (m_n)$ von 6 bis 10 mm $R_s$ | | | | | | | $m (m_n)$ von 10 bis 16 mm $R_s$ | | | | | | | $m (m_n)$ von 16 bis 25 mm $R_s$ | | | | | | |
|---|---|---|---|---|---|---|---|---|---|---|---|---|---|---|---|---|---|---|---|---|---|---|
| | | 6 | 7 | 8 | 9 | 10 | 11 | 12 | 6 | 7 | 8 | 9 | 10 | 11 | 12 | 6 | 7 | 8 | 9 | 10 | 11 | 12 |
| über 10 bis 50 | | 14 | 18 | 25 | 36 | 50 | 71 | 100 | – | – | – | – | – | – | – | – | – | – | – | – | – | – |
| über 50 bis 125 | | 16 | 22 | 32 | 45 | 63 | 80 | 110 | 18 | 25 | 36 | 50 | 71 | 100 | 140 | – | – | – | – | – | – | – |
| über 125 bis 280 | | 18 | 25 | 36 | 50 | 71 | 90 | 125 | 20 | 28 | 40 | 56 | 80 | 110 | 160 | 22 | 32 | 45 | 63 | 90 | 125 | 160 |
| über 280 bis 560 | | 20 | 28 | 40 | 56 | 80 | 110 | 140 | 22 | 32 | 45 | 63 | 90 | 125 | 180 | 25 | 36 | 50 | 71 | 100 | 140 | 180 |
| über 560 bis 1000 | | 22 | 32 | 45 | 63 | 80 | 125 | 160 | 25 | 36 | 50 | 71 | 100 | 140 | 180 | 28 | 40 | 56 | 80 | 110 | 140 | 200 |

($d$ in mm)

**TB 21-8** Fortsetzung

d) Empfehlungen zu TB 21-8 und TB 21-9

| Anwendungsbereich | $A_{sne}$-Reihe | $T_{sn}$-Reihe | Achsabstand/Achsabmaße |
|---|---|---|---|
| Allgemeiner Maschinenbau | b | 26 | js7 |
| dsgl. reversierend, Scheren, Fahrwerke | c | 25 | js6 |
| Werkzeugmaschinen | f | 24/25 | js6 |
| Landmaschinen | e | 27/28 | js8 |
| Kraftfahrzeuge | d | 26 | js7 |
| Kunststoffmaschinen, Lok-Antriebe | c, cd | 25 | js7 |

**TB 21-9** Achsabstandsabmaße $A_{ae}$, $A_{ai}$ von Gehäusen für Stirnradgetriebe nach DIN 3964 (Auszug)

| Achsabstand $a$ (Nennmaß) in mm | | Achslage-Genauigkeitsklasse 1 bis 3 ISO-Symbol js | | Achslage-Genauigkeitsklasse 4 bis 6 | Achslage-Genauigkeitsklasse 7 bis 9 | | Achslage-Genauigkeitsklasse 10 bis 12 | |
|---|---|---|---|---|---|---|---|---|
| | | 5 | 6 | 7 | 8 | 9 | 10 | 11 |
| über | 10 | +4 | +5,5 | +9 | +13,5 | +21,5 | +35 | +55 |
| bis | 18 | −4 | −5,5 | −9 | −13,5 | −21,5 | −35 | −55 |
| über | 18 | +4,5 | +6,5 | +10,5 | +16,5 | +26 | +42 | +65 |
| bis | 30 | −4,5 | −6,5 | −10,5 | −16,5 | −26 | −42 | −65 |
| über | 30 | +5,5 | +8 | +12,5 | +19,5 | +31 | +50 | +80 |
| bis | 50 | −5,5 | −8 | −12,5 | −19,5 | −31 | −50 | −80 |
| über | 50 | +6,5 | +9,5 | +15 | +23 | +37 | +60 | +95 |
| bis | 80 | −6,5 | −9,5 | −15 | −23 | −37 | −60 | −95 |
| über | 80 | +7,5 | +11 | +17,5 | +27 | +43,5 | +70 | +110 |
| bis | 120 | −7,5 | −11 | −17,5 | −27 | −43,5 | −70 | −110 |
| über | 120 | +9 | +12,5 | +20 | +31,5 | +50 | +80 | +125 |
| bis | 180 | −9 | −12,5 | −20 | −31,5 | −50 | −80 | −125 |
| über | 180 | +10 | +14,5 | +23 | +36 | +57,5 | +92,5 | +145 |
| bis | 250 | −10 | −14,5 | −23 | −36 | −57,5 | −92,5 | −145 |
| über | 250 | +11,5 | +16 | +26 | +40,5 | +65 | +105 | +160 |
| bis | 315 | −11,5 | −16 | −26 | −40,5 | −65 | −105 | −160 |
| über | 315 | +12,5 | +18 | +28,5 | +44,5 | +70 | +115 | +180 |
| bis | 400 | −12,5 | −18 | −28,5 | −44,5 | −70 | −115 | −180 |
| über | 400 | +13,5 | +20 | +31,5 | +48,5 | +77,5 | +125 | +200 |
| bis | 500 | −13,5 | −20 | −31,5 | −48,5 | −77,5 | −125 | −200 |
| über | 500 | +14 | +22 | +35 | +55 | +87 | +140 | +220 |
| bis | 630 | −14 | −22 | −35 | −55 | −87 | −140 | −220 |
| über | 630 | +16 | +25 | +40 | +62 | +100 | +160 | +250 |
| bis | 800 | −16 | −25 | −40 | −62 | −100 | −160 | −250 |
| über | 800 | +18 | +28 | +45 | +70 | +115 | +180 | +280 |
| bis | 1000 | −18 | −28 | −45 | −70 | −115 | −180 | −280 |

**TB 21-10** Messzähnezahl $k$ für Stirnräder

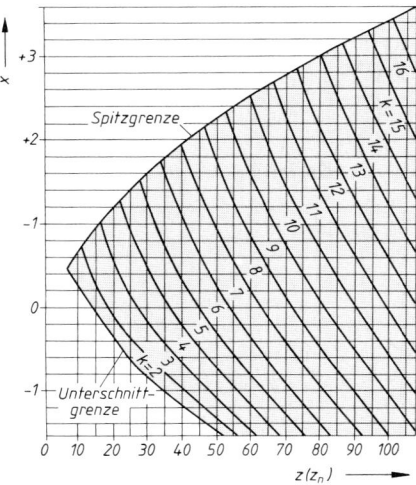

**TB 21-11** Empfehlungen zur Aufteilung von $i$ für zwei- und dreistufige Stirnradgetriebe

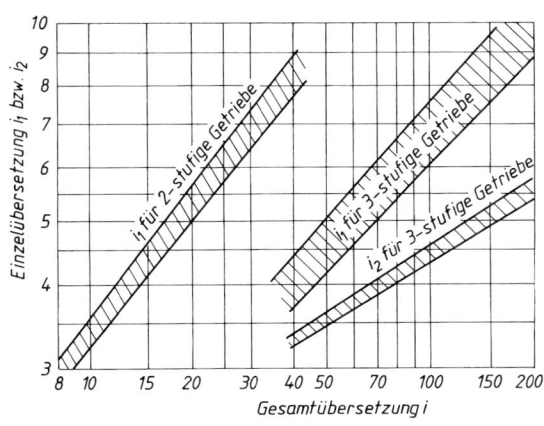

**TB 21-12** (schraffierter) Bereich der ausführbaren Evolventenverzahnungen für Außenräder mit Bezugsprofil nach DIN 867, Stirnräder nach DIN 3960

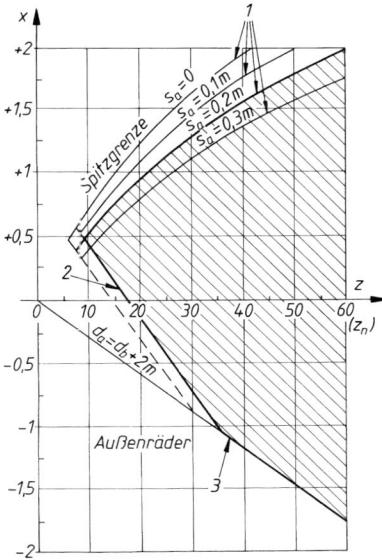

**TB 21-13** Ritzelzähnezahl $z_1$ (Richtwerte) [1]

a) abhängig von den Anforderungen an das Getriebe

| Anforderungen an das Getriebe | Anwendungsbeispiele | Günstige Ritzelzähnezahl $z_1$ |
|---|---|---|
| Zahnfußtragfähigkeit und Grübchentragfähigkeit ausgeglichen | Getriebe für den allgemeinen Maschinenbau (kleine bis mittlere Drehzahl) | $z_1 \approx 20 \ldots 30$ |
| Zahnfußtragfähigkeit wichtiger als die Grübchentragfähigkeit | Hubwerkgetriebe, teilweise Fahrzeuggetriebe | $z_1 \approx 14 \ldots 20$ |
| Grübchentragfähigkeit wichtiger als die Zahnfußtragfähigkeit | hochbelastete schnelllaufende Getriebe im Dauerbetrieb | $z_1 > 35$ |
| Hohe Laufruhe | schnelllaufende Getriebe | |

b) abhängig von der Wärmebehandlung und der Übersetzung

| Wärmebehandlung der Zahnräder bzw. deren Werkstoff | | Zähnezahl $z_1$ bei einem Zähnezahlverhältnis $u$ | | | |
|---|---|---|---|---|---|
| | | 1 | 2 | 4 | 8 |
| vergütet oder oberflächengehärtet gegen vergütet | <230 HB | 32 … 60 | 29 … 55 | 25 … 50 | 22 … 45 |
| | ≥230 HB | 30 … 50 | 27 … 45 | 23 … 40 | 20 … 35 |
| nitriert | | 24 … 40 | 21 … 35 | 19 … 31 | 16 … 26 |
| einsatzgehärtet | | 21 … 32 | 19 … 29 | 16 … 25 | 14 … 22 |
| Gusseisen, (GJS) | | 26 … 45 | 23 … 40 | 21 … 35 | 18 … 30 |

$z = 12$ praktisch kleinste Zähnezahl für Leistungsgetriebe (Gegenzähnezahl ≥ 23)

[1] unterer Bereich für $n < 1000$ min$^{-1}$
 oberer Bereich für $n > 3000$ min$^{-1}$

**TB 21-14** Ritzelbreite, Verhältniszahlen (Richtwerte)

a) Durchmesser-Breitenverhältnis $\psi_d = b_1/d_1$

| Art der Lagerung | Wärmebehandlung | | | |
|---|---|---|---|---|
| | normal geglüht HB < 180 | vergütet HB > 200 | einsatz-, flammen- oder induktionsgehärtet | nitriert |
| | $\psi_d$ | | | |
| symmetrisch | ≤1,6 | ≤1,4 | ≤1,1 | ≤0,8 |
| unsymmetrisch | ≤1,3 | ≤1,1 | ≤0,9 | ≤0,6 |
| fliegend | ≤0,8 | ≤0,7 | ≤0,6 | ≤0,4 |

b) Modulbreitenverhältnis $\psi_m = b_1/m$

| Lagerung | Verzahnungsqualität | $\psi_m$ |
|---|---|---|
| Stahlkonstruktion, leichtes Gehäuse | 11 … 12 | 10 … 15 |
| Stahlkonstruktion oder fliegendes Ritzel | 8 … 9 | 15 … 25 |
| gute Lagerung im Gehäuse | 6 … 7 | 20 … 30 |
| genau parallele, starre Lagerung | 6 … 7 | 25 … 35 |
| $b/d_1 \leq 1$, genau parallele, starre Lagerung | 5 … 6 | 40 … 60 |

**TB 21-15** Berechnungsfaktoren

| | | Verzahnungsqualität | | | | | | |
|---|---|---|---|---|---|---|---|---|
| | | 6 | 7 | 8 | 9 | 10 | 11 | 12 |
| | $q_H$ | 1,32 | 1,85 | 2,59 | 4,01 | 6,22 | 9,63 | 14,9 |
| Geradverzahnung | $K_1$ | 9,6 | 15,3 | 24,5 | 34,5 | 53,6 | 76,6 | 122,5 |
| | $K_2$ | 1,123 | | | | | | |
| | $K_3$ | 0,0193 | | | | | | |
| Schrägverzahnung | $K_1$ | 8,5 | 13,6 | 21,8 | 30,7 | 47,7 | 68,2 | 109,1 |
| | $K_2$ | 1 | | | | | | |
| | $K_3$ | 0,0087 | | | | | | |

**TB 21-16** Flankenlinienabweichung

a) durch Verformung $f_{sh}$ in µm, abhängig von $b$ je Radpaar; Erfahrungswerte

| Zahnbreite $b$[1] in mm | bis 20 | über 20 bis 40 | über 40 bis 100 | über 100 bis 260 | über 260 bis 315 | über 315 bis 560 | über 560 |
|---|---|---|---|---|---|---|---|
| sehr steife Getriebe und/oder $F_t/b < 200$ N/mm z. B. stationäre Turbogetriebe | 5 | 6,5 | 7 | 8 | 10 | 12 | 16 |
| mittlere Steifigkeit und/oder $F_t/b \approx 200 \ldots 1000$ N/mm (meist Industriegetriebe) | 6 | 7 | 8 | 11 | 14 | 18 | 24 |
| nachgiebige Getriebe und/oder $F_t/b > 1000$ N/mm | 10 | 13 | 18 | 25 | 30 | 38 | 50 |

[1] Bei ungleichen $b$ ist die kleinere Breite einzusetzen.

b) Faktor $K'$ zur Berücksichtigung der Ritzellage zu den Lagern (nach DIN 3990)

$T$  Einleitung oder Abnahme des Drehmoments
$d_{sh}$  Durchmesser der Ritzelwelle
$d_1$  Teilkreisdurchmesser des Ritzels

[1] mit Stützwirkung des Ritzelkörpers, wenn Ritzel mit Welle aus einem Stück, wobei $d_1/d_{sh} \geq 1,15$,
ohne Stützwirkung bei $d_1/d_{sh} < 1,15$, ferner bei aufgestecktem Ritzel mit Passfederverbindung o. ä. sowie bei üblichen Pressverbänden.

Für andere Anordnungen und $s/l$-Grenzen sowie bei zusätzlichen Wellenbelastungen durch Riemen, Ketten u. ä. wird eine eingehende Analyse empfohlen.

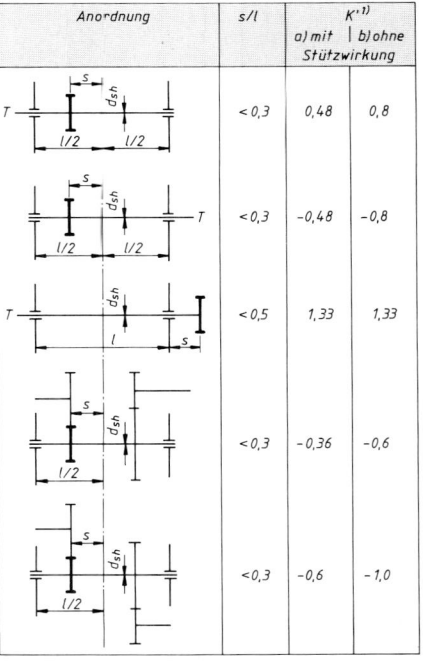

**TB 21-16** Fortsetzung

c) zulässige Flankenlinien-Winkel-Abweichungen $f_{H\beta}$ in μm nach DIN 3962

| DIN-Qualität | | bis 20 | >20 bis 40 | >40 bis 100 | >100 [1)] |
|---|---|---|---|---|---|
| 6 | geschliffen geschabt | 8 | 9 | 10 | 11 |
| 7 | oder feinst-wälzgefräst | 11 | 13 | 14 | 16 |
| 8 | steife Radkörper geschabt wälzgefräst | 16 | 18 | 20 | 22 |
| 9 | | 25 | 28 | 28 | 32 |
| 10 | | 36 | 40 | 45 | 50 |
| 11 | | 56 | 63 | 71 | 80 |
| 12 | | 90 | 100 | 110 | 125 |

[1)] statt der angegebenen Werte können für $b > 160$ mm auch andere Sondertoleranzen vereinbart werden.

**TB 21-17** Einlaufbeträge für Flankenlinien $y_\beta$ (nach DIN 3990)
(bei unterschiedlichen Werkstoffen für Ritzel 1 und Rad 2 gilt $y_\beta = (y_{\beta 1} + y_{\beta 2})/2$

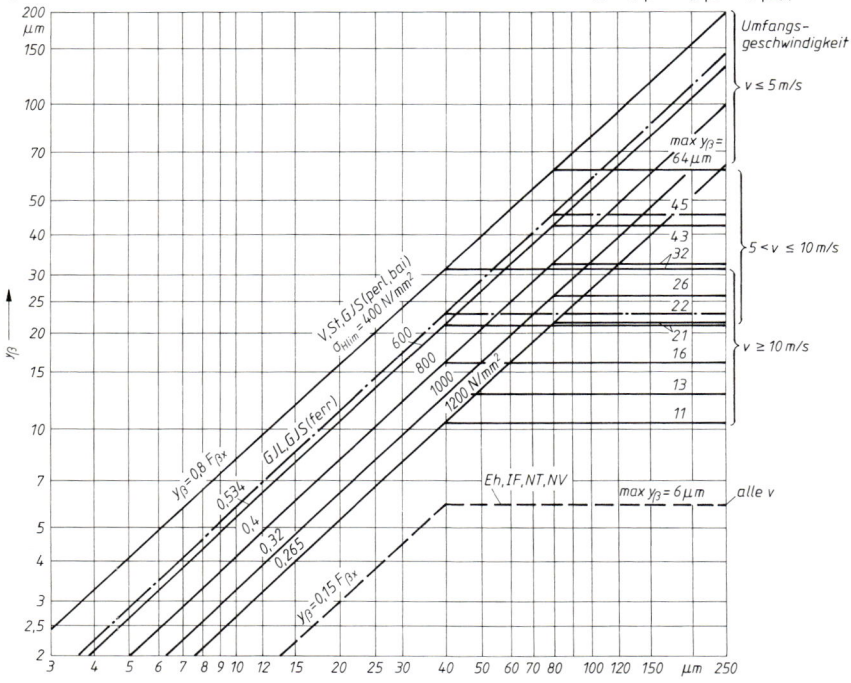

Vergütungsstahl, Baustahl (V: $R_m \geq 800$ N/mm², St: $R_m < 800$ N/mm²) sowie GJS (perl, bai)

$y_\beta = (320 \text{ N/mmm}^2/\sigma_{H\lim}) \cdot F_{\beta x} \leq \max y_\beta$

Grauguss (GJL) und GJS (ferr)

$y_\beta = 0{,}55 \cdot F_{\beta x} \leq \max y_\beta$

Einsatzgeh. oder nitrierter Stahl

$y_\beta = 0{,}15 \cdot F_{\beta x} \leq 6$ μm

GJS (perl), (bai)    Gusseisen mit Kugelgraphit, mit perlitischem, ferritischem, bainitischem Gefüge
Eh    Einsatzstahl, einsatzgehärtet
IF    Stahl und GJS, induktions- oder flammgehärtet
NT    Nitrierstahl, langzeit-gasnitriert
NV    Vergütungs- und Einsatzstahl, langzeit-gasnitriert

**TB 21-18** Breitenfaktor $K_{H\beta}$, $K_{F\beta}$, Anhaltswerte (nach DIN 3990)
Gültig für $F_m/b = K_A \cdot F_t/b \geq 100$ N/mm, d. h. gerasterter Bereich nicht zugelassen

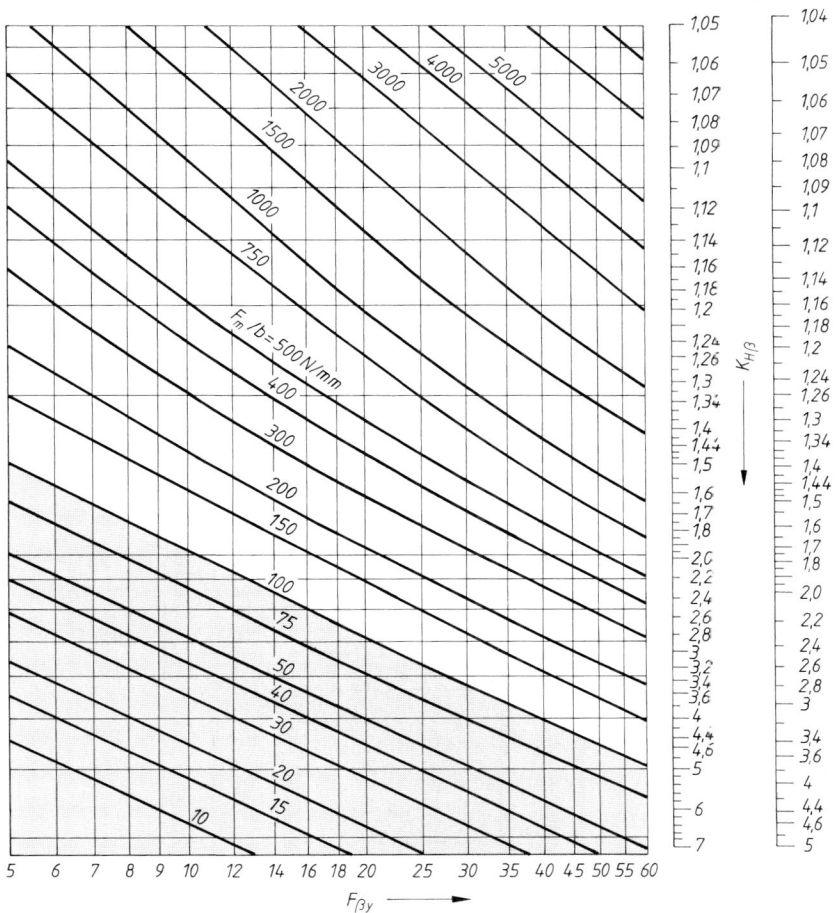

Bei $K_{H\beta} > 2$ ($K_{Fb} > 1{,}8$) liegen die Werte erheblich über den tatsächlichen Verhältnissen, d. h. auf der sicheren Seite; bei $K_{H\beta} > 1{,}5$ ($K_{F\beta} > 1{,}4$), wenn möglich, Konstruktion steifer ausführen.

**TB 21-19** Stirnfaktoren $K_{F\alpha}$, $K_{H\alpha}$
a) vereinfachte Festlegung (nach DIN 3990)
Bei Paarung eines gehärteten Rades mit einem nicht gehärteten Gegenrad ist der Mittelwert einzusetzen. Bei unterschiedlicher Verzahnungsqualität ist von der gröberen auszugehen.

| | | | Linienbelastung $K_A \cdot F_t/b$ | | | | | | |
|---|---|---|---|---|---|---|---|---|---|
| | | | $\geq 100$ N/mm | | | | | | $<100$ N/mm |
| Verzahnungsqualität DIN 3961 (ISO 1328) | | | 6 (5) | 7 | 8 | 9 | 10 | 11 | 12 | 6 (5) und gröber |
| gehärtet [1] | Geradverzahnung $\beta = 0°$ | $K_{F\alpha}$ | | 1,0 | 1,1 | 1,2 | $1/Y_\varepsilon \geq 1{,}2$ | | | [2] |
| | | $K_{H\alpha}$ | | | | | $1/Z_\varepsilon^2 \geq 1{,}2$ | | | [3] |
| | Schrägverzahnung $\beta = 0°$ | $K_{F\alpha}$ | 1,0 | 1,1 | 1,2 | 1,4 | $\varepsilon_{\alpha n} = \varepsilon_\alpha/\cos^2\beta_b \geq 1{,}4$ | | | [4] |
| | | $K_{H\alpha}$ | | | | | | | | |
| nicht gehärtet | Geradverzahnung $\beta = 0°$ | $K_{F\alpha}$ | | | 1,0 | 1,1 | 1,2 | $1/Y_\varepsilon \geq 1{,}2$ | | [2] |
| | | $K_{H\alpha}$ | | | | | | $1/Z_\varepsilon^2 \geq 1{,}2$ | | [3] |
| | Schrägverzahnung $\beta = 0°$ | $K_{F\alpha}$ | | 1,0 | 1,1 | 1,2 | 1,4 | $\varepsilon_{\alpha n} = \varepsilon_\alpha/\cos^2\beta_b \geq 1{,}4$ | | [4] |
| | | $K_{H\alpha}$ | | | | | | | | |

[1] Einsatz- oder randschichtgehärtet, nitriert oder nitrokarburiert
[2] s. zu Gl. (21.82)   [3] s. zu Gl. (21.88)   [4] s. zu Gl. (21.36)

**TB 21-19** Fortsetzung

b) Faktor $q'_H$ zur Ermittlung der Eingriffsteilungsabweichung $f_{pe}$

| Verzahnungsqualität nach DIN 3962 T1 ... T3 | | | | | | | | |
|---|---|---|---|---|---|---|---|---|
| | 5 | 6 | 7 | 8 | 9 | 10 | 11 | 12 |
| $q'_H$ | 1 | 1,4 | 1,96 | 2,75 | 3,85 | 6,15 | 9,83 | 15,75 |

c) Einlaufbetrag $y_\alpha$ (nach DIN 3990); bei unterschiedlichen Werkstoffen für Ritzel (1) und Rad (2) gilt $y_\alpha = (y_{\alpha 1} = (y_{\alpha 1} + y_{\alpha 2})/2$

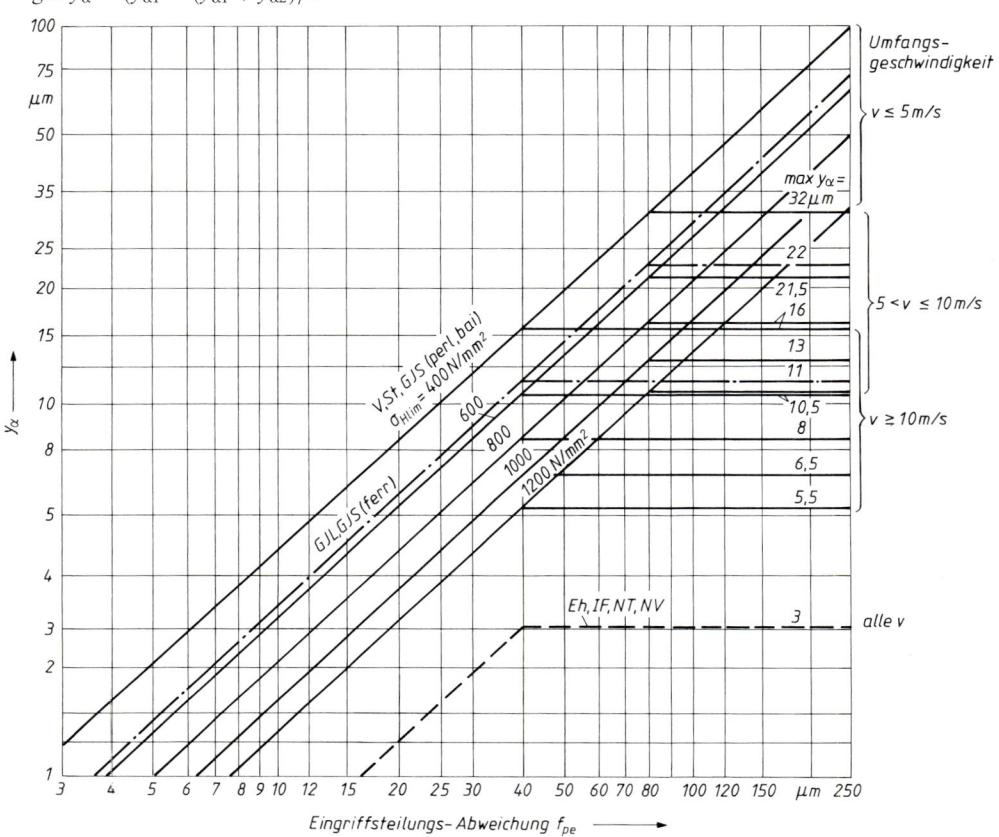

Vergütungsstahl, Gusseisen mit Kugelgraphit (perlitisch, bainitisch)
Grauguss, Gusseisen mit Kugelgraphit (ferritisch)
Stahl, einsatzgehärtet, nitriert, randschichtgehärtet oder nitrokarburiert;
Gusseisen mit Kugelgraphit, randschichtgehärtet

**TB 21-20** Korrekturfaktoren zur Ermittlung der Zahnfußspannung für Außenverzahnung (nach DIN 3990)

a) Formfaktor $Y_{Fa}$
Bezugsprofil $\alpha = 20°$, $h_a = m$, $h_{a0} = 1{,}25 \cdot m$, $\varrho_{a0} = 0{,}25 \cdot m$

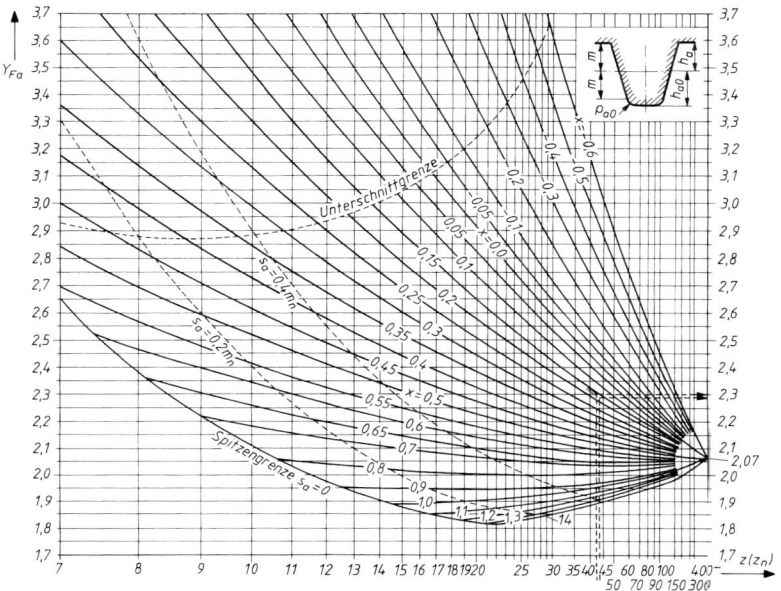

b) Spannungskorrekturfaktor $Y_{Sa}$
Bezugsprofil $\alpha = 20°$, $h_a = m$, $h_{a0} = 1{,}25 \cdot m$, $\varrho_{a0} = 0{,}25 \cdot m$

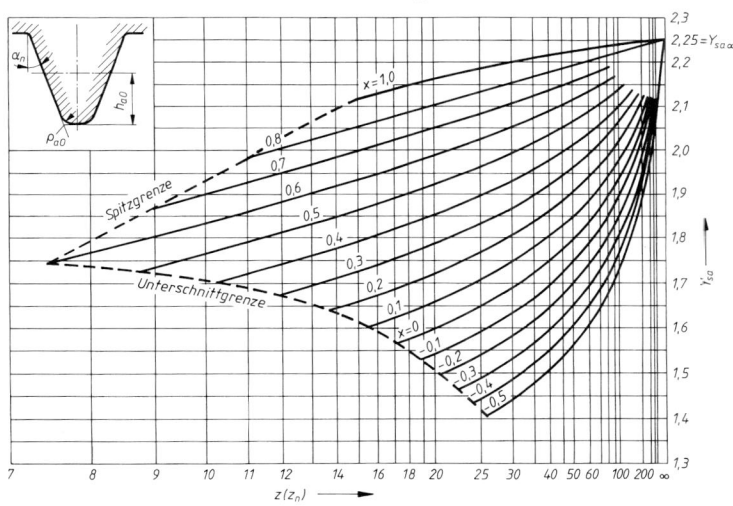

c) Schrägenfaktor $Y_\beta$

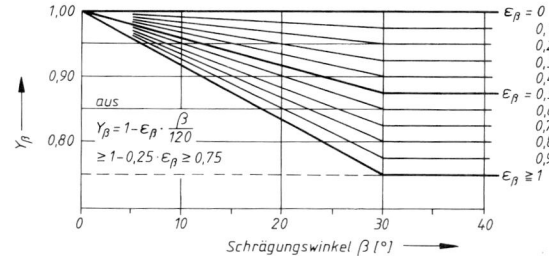

**TB 21-21** Korrekturfaktoren zur Ermittlung der zulässigen Zahnfußspannung für Außenverzahnung (nach DIN 3990)

a) Lebensdauerfaktor $Y_{NT}$

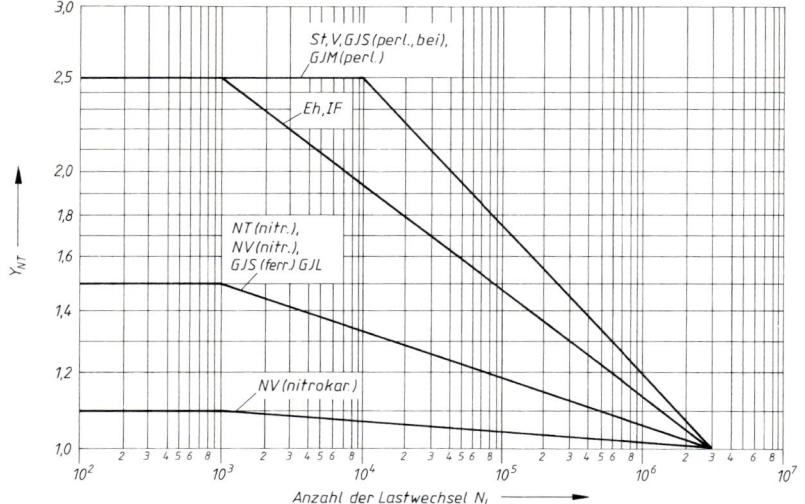

b) relative Stützziffer $Y_{\delta\,rel\,T}$

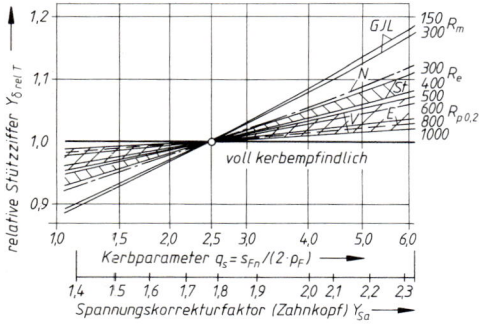

c) relativer Oberflächenfaktor $Y_{R\,rel\,T}$

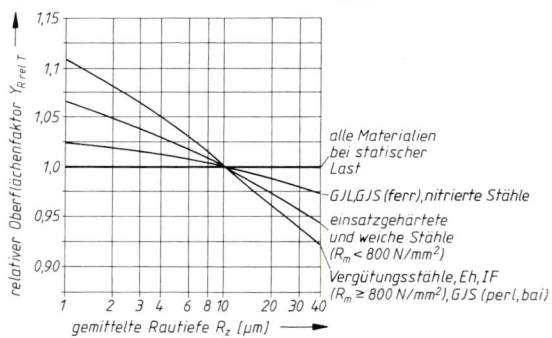

Bei $R_z < 1$ für Vergütungsstähle: $Y_{R\,rel\,T} = 1{,}12$
einsatzgehärtet und weiche Stähle: $Y_{R\,rel\,T} = 1{,}07$
GJL, GJS (ferr) und nitrierte Stähle: $Y_{R\,rel\,T} = 1{,}025$

Bei $1\,\mu m \leq R_z \leq 40\,\mu m$ für V-Stähle: $1{,}674 - 0{,}529\,(R_z + 1)^{0{,}1}$
Eh und weiche Stähle: $5{,}306 - 4{,}203\,(R_z + 1)^{0{,}01}$
GJL, GJS (ferr) und nitr. Stähle: $4{,}299 - 3{,}259\,(R_z + 1)^{0{,}005}$

d) Größenfaktor $Y_X$ (Zahnfußspannung): $Z_X$ (Flankenpressung)

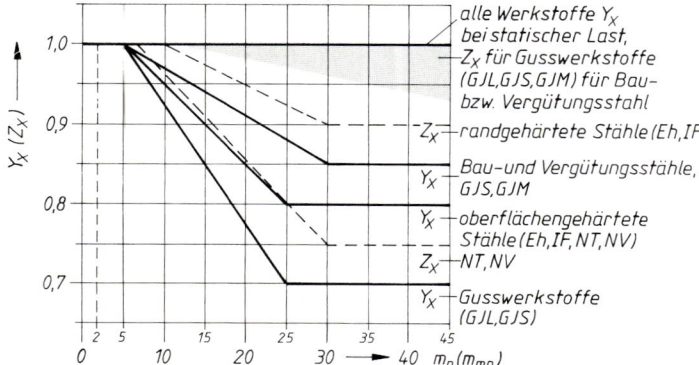

**TB21-22** Korrekturfaktoren zur Ermittlung der Flankenpressung für Außenverzahnung (nach DIN 3990)

a) Zonenfaktor $Z_H$

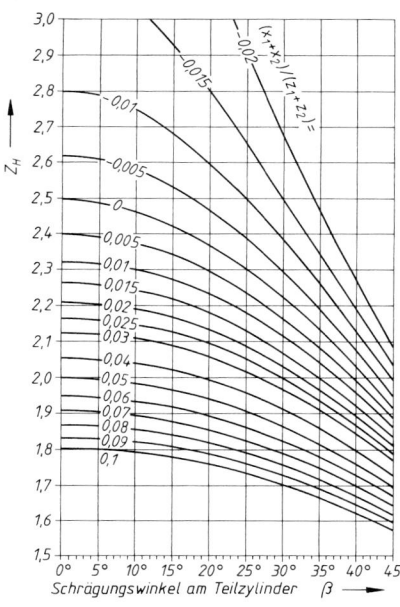
Schrägungswinkel am Teilzylinder $\beta$ →

c) Überdeckungsfaktor $Z_\varepsilon$

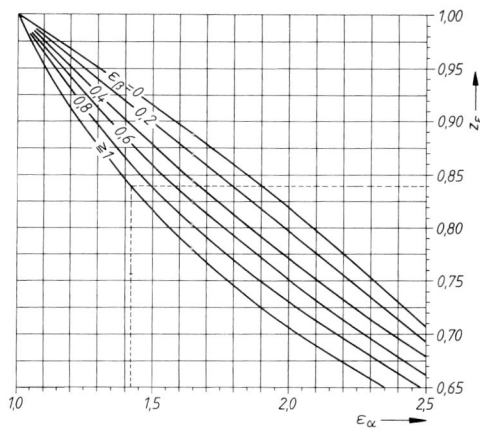

b) Elastizitätsfaktor $Z_E$
wenn nicht ausdrücklich angegeben Poisson-Zahl $\nu = 0{,}3$

| Rad 1 | | Rad 2 | | $Z_E$ |
| --- | --- | --- | --- | --- |
| Werkstoff | Elastizitätsmodul N/mm² | Werkstoff | Elastizitätsmodul N/mm² | $\sqrt{\text{N/mm}^2}$ |
| Stahl | 206 000 | Stahl | 206 000 | 189,8 |
| | | Stahlguss | 202 000 | 188,9 |
| | | Gusseisen mit Kugelgraphit | 173 000 | 181,4 |
| | | Guss-Zinnbronze | 103 000 | 155,0 |
| | | Zinnbronze | 113 000 | 159,8 |
| | | Gusseisen mit Lamellengraphit (Grauguss) | 126 000 bis 118 000 | 165,4 bis 162,0 |
| Stahlguss | 202 000 | Stahlguss | 202 000 | 188,0 |
| | | Gusseisen mit Kugelgraphit | 173 000 | 180,5 |
| | | Gusseisen mit Lamellengraphit (Grauguss) | 118 000 | 161,4 |
| Gusseisen mit Kugelgraphit | 173 000 | Gusseisen mit Kugelgraphit | 173 000 | 173,9 |
| | | Gusseisen mit Lamellengraphit (Grauguss) | 118 000 | 156,6 |
| Gusseisen mit Lamellengraphit (Grauguss) | 126 000 bis 118 000 | Gusseisen mit Lamellengraphit (Grauguss) | 118 000 | 146,0 bis 143,7 |
| Stahl | 206 000 | Hartgewebe $\nu = 0{,}5$ | 7850 i. M. | 56,4 |

**TB 21-23** Korrekturfaktoren zur Ermittlung der zulässigen Flankenpressung für Außenverzahnung (nach DIN 3990); gerasterte Bereich = Streubereich

a) Schmierstofffaktor $Z_L$

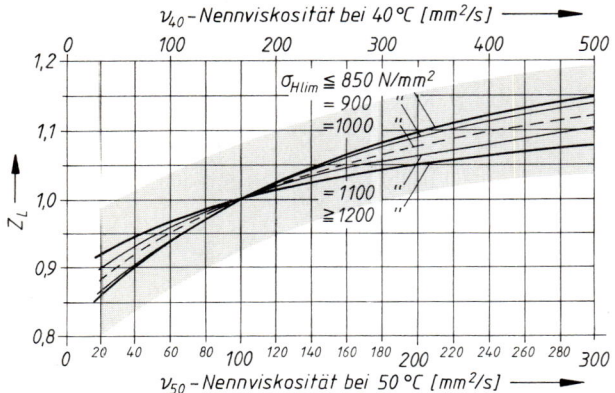

$$Z_L = C_{CL} + \frac{4 \cdot (1 - C_{ZL})}{\left(1{,}2 + \dfrac{134}{\nu_{40}}\right)^2}$$

mit $C_{ZL} = \dfrac{\sigma_{H\,lim}}{4375} + 0{,}6357$

für $850\,\dfrac{N}{mm^2} \leq \sigma_{H\,lim} \leq 1200\,\dfrac{N}{mm^2}$

$C_{ZL} = 0{,}83$ für $\sigma_{H\,lim} < 850\,\dfrac{N}{mm^2}$

$C_{ZL} = 0{,}91$ für $\sigma_{H\,lim} > 1200\,\dfrac{N}{mm^2}$

$\sigma_{H\,lim}$ für weicheren Werkstoff der Radpaarung

b) Geschwindigkeitsfaktor $Z_v$

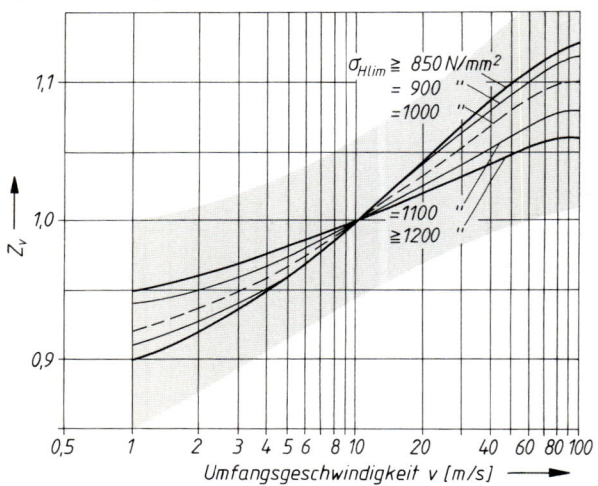

$$Z_v = C_{Zv} + \frac{2 \cdot (1 - C_{Zv})}{\sqrt{0{,}8 + \dfrac{32}{v}}}$$

mit $C_{Zv} = C_{ZL} + 0{,}02$

c) Rauigkeitsfaktor $Z_R$

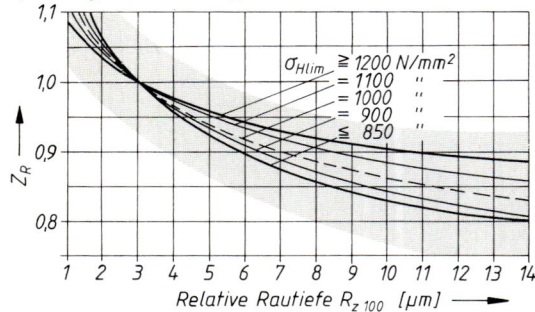

$$Z_R = \left(\frac{3}{R_{Z\,100}}\right)^{C_{ZR}}$$

mit $C_{ZR} = 0{,}32 - 0{,}0002 \cdot \sigma_{H\,lim}$

für $850\,\dfrac{N}{mm^2} \leq \sigma_{H\,lim} \leq 1200\,\dfrac{N}{mm^2}$

$C_{ZR} = 0{,}15$ für $\sigma_{H\,lim} < 850\,\dfrac{N}{mm^2}$

$C_{ZR} = 0{,}08$ für $\sigma_{H\,lim} > 1200\,\dfrac{N}{mm^2}$

$R_{Z\,100} = 0{,}5 \cdot (R_{Z1} + R_{Z2}) \cdot \sqrt[3]{100/a}$

d) Lebensdauerfaktor $Z_{NT}$

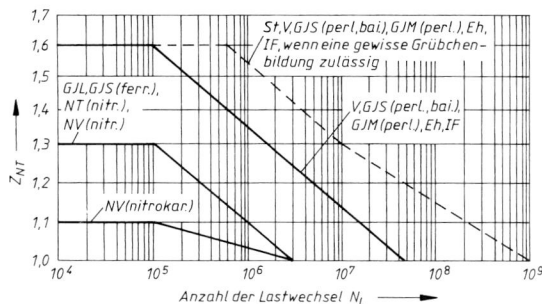

e) Werkstoffpaarungsfaktor $Z_W$

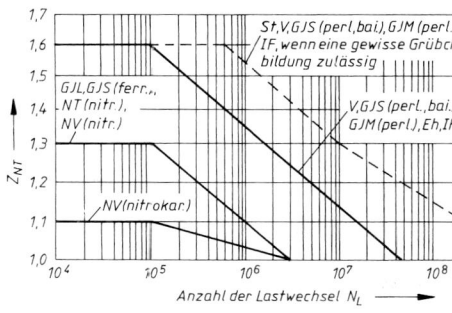

# 22 Kegelräder und Kegelradgetriebe

**TB 22-1** Richtwerte zur Vorwahl der Abmessungen (Kegelräder)

| Übersetzung $i$<br>Zähnezahlverhältnis $u$ | 1 | 1,25 | 1,6 | 2 | 2,5 | 3,2 | 4 | 5 | 6 |
|---|---|---|---|---|---|---|---|---|---|
| Zähnezahl des Ritzels $z_1$ | 40…18 | 36…17 | 34…16 | 30…15 | 26…13 | 23…12 | 18…10 | 14…8 | 11…7 |
| Breitenverhältnis $\psi_d = \dfrac{b}{d_{m1}}$ | 0,21 | 0,24 | 0,28 | 0,34 | 0,4 | 0,5 | 0,6 | 0,76 | 0,9 |

**TB 22-2** Werte zur Ermittlung des Dynamikfaktors $K_v$ für Kegelräder (nach DIN 3991 T1)
a) für Geradverzahnung; b) für Schrägverzahnung

| Qualität | 6 | 7 | 8 | 9 | 10 | 11 | 12 |
|---|---|---|---|---|---|---|---|
| $K_1$ | 9,5 | 15,34 | 27,02 | 58,43 | 106,64 | 146,08 | 219,12 |
| $K_2$ a)<br>b) | \multicolumn{7}{c}{1,0645<br>1,0000} |
| $K_3$ a)<br>b) | \multicolumn{7}{c}{0,0193<br>0,0100} |

**TB 22-3** Überdeckungsfaktor (Zahnfuß) $Y_\varepsilon$ für $\alpha_n = 20°$ (nach DIN 3991 T3)

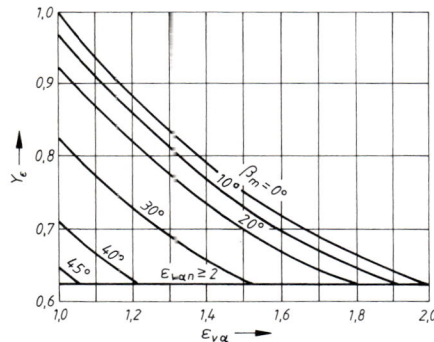

# 23 Schraubrad- und Schneckengetriebe

**TB 23-1** Richtwerte zur Bemessung von Schraubradgetrieben

| Übersetzung $i$ | 1…2 | 2…3 | 3…4 | 4…5 |
|---|---|---|---|---|
| Zähnezahl $z_1$ | 20…16 | 15…12 | 12…10 | 10…8 |
| Verhältnis $y = d_1/a$ | 1…0,7 | 0,7…0,55 | 0,55…0,5 | |

**TB 23-2** Belastungskennwerte für Schraubradgetriebe

| Werkstoffpaarung: $\frac{\text{treibendes Rad}}{\text{getriebenes Rad}}$ | $\frac{\text{St gehärtet}}{\text{St gehärtet}}$ | $\frac{\text{St gehärtet}}{\text{Cu-Sn-Leg.}}$ | $\frac{\text{St}}{\text{Cu-Sn-Leg.}}$ | $\frac{\text{St, GJL}}{\text{GJL}}$ |
|---|---|---|---|---|
| Belastungskennwert $C$ in N/mm² | 6 | 5 | 4 | 3 |

**TB 23-3** Richtwerte für die Zähnezahl der Schnecke

| Übersetzung $i$ | <5 | 5…10 | >10…15 | >15…30 | >30 |
|---|---|---|---|---|---|
| Zähnezahl der Schnecke $z_1$ | 6 | 4 | 3 | 2 | 1 |

**TB 23-4** Moduln für Zylinderschneckengetriebe nach DIN 780 T2 (Auszug)

| $m(m_x)$ in mm | 1 | 1,25 | 1,6 | 2 | 2,5 | 3,15 | 4 | 5 | 6,3 | 8 | 10 | 12,5 | 16 | 20 |
|---|---|---|---|---|---|---|---|---|---|---|---|---|---|---|

**TB 23-5** Lebensdauerfaktor $Z_h$

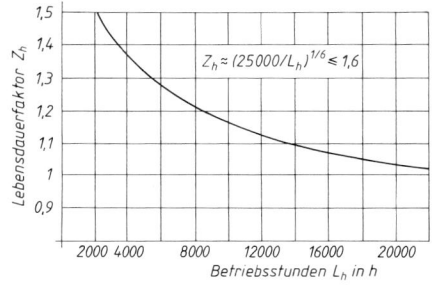

$Z_h \approx (25000/L_h)^{1/6} \leq 1,6$

**TB 23-6** Lastwechselfaktor $Z_N$

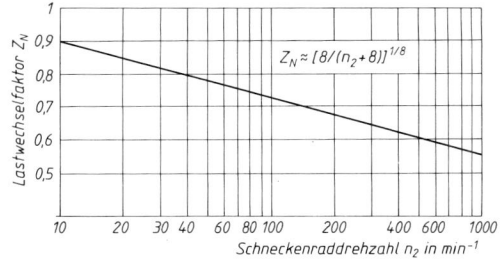

$Z_N \approx [8/(n_2+8)]^{1/8}$

**TB 23-7** Kontaktfaktor $Z_P$ für Schnecken mit $\alpha_0 = 20°$

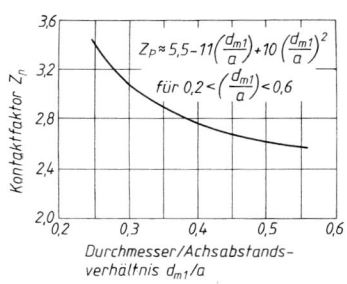

$Z_P \approx 5,5 - 11\left(\frac{d_{m1}}{a}\right) + 10\left(\frac{d_{m1}}{a}\right)^2$

für $0,2 < \left(\frac{d_{m1}}{a}\right) < 0,6$

**TB 23-8** Kühlbeiwert $q_1$ zur Berücksichtigung der Art der Kühlung mit ED in % und $n_1$ in 1/min wird für $200 < n_1 < 2000$; $q_1 = [1 + y/(1+y)] \cdot (100/ED + y)$

a) ohne zusätzliche Kühlung

b) mit zusätzlicher Kühlung

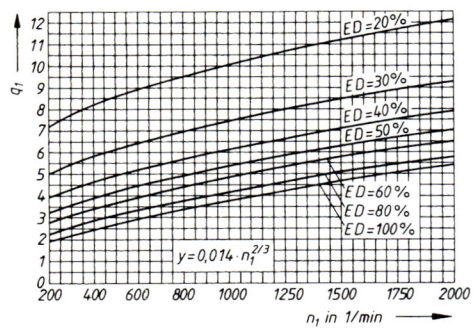
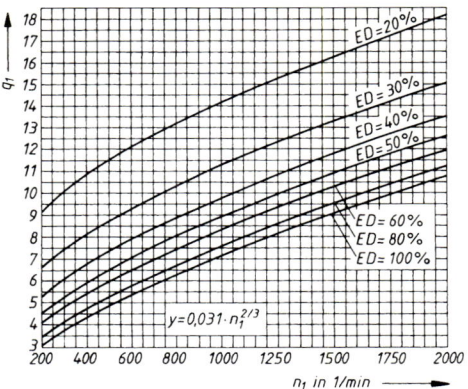

**TB 23-9** Übersetzungsbeiwert $q_2$ bei treibender Schnecke

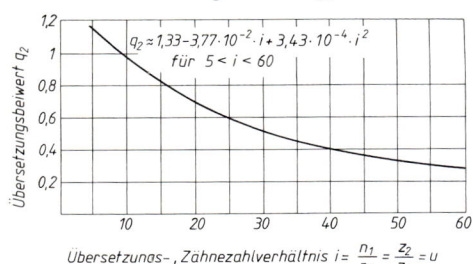

**TB 23-10** Werkstoff-Paarungsbeiwert $q_3$ für $Z_A$-, $Z_N$-, $Z_K$-, $Z_I$-Schnecken

| Werkstoff | | Beiwert $q_3$ |
|---|---|---|
| Schnecke | Schneckenrad | |
| Stahl, gehärtet und geschliffen | Cu-Sn-Schleuderbronze | 1 |
| | Al-Legierung | 0,87 |
| | Grauguss | 0,8 |
| Stahl, vergütet nicht geschliffen | Cu-Sn-Bronze, Zn-Legierung | 0,67 |
| | Al-Legierung | 0,58 |
| | Grauguss | 0,55 |
| Grauguss, nicht geschliffen | Cu-Sn-Schleuderbronze | 0,87 |
| | Grauguss | 0,8 |

**TB 23-11** Bauartbeiwert $q_4$

| Bauart | $q_4$ |
|---|---|
| unten liegende Schnecke (Schnecke fördert Öl) | 1 |
| anders liegende Schnecke (Rad fördert Öl) | 0,8 |
| zusätzliche Ölkühlung (Strahlschmierung) | >1 |

# Sachwortverzeichnis

**A**

Abmaße, Achsabstand Getriebegehäuse $A_a$ 198
–, Zahndicke $A_s$ 197
Abmessungen für lose Schmierringe 137
–, Kegelräder, Vorwahl 210
Abminderungsfaktoren $\kappa$ für Biegeknicken 62
Abscherkräfte für Stifte 94
Abziehhülsen 124
Allgemeintoleranz, Grenzabmaße für Längenmaße 30
–, Grenzabmaße für Rundungshalbmesser 30
–, – – Winkelmaße 30
– für Schweißkonstruktionen 59
Anschlussmaße für runde Flansche 172
Anwendungsfaktor $K_A$ 41
Augenlager, DIN 504 135
Ausbeute $\kappa$ 151
Ausführung von Schweißverbindungen im Maschinenbau 64
Außenpassflächen, Grundabmaße 24
Axialfaktoren, Wälzlager 128
Axiallager 123

**B**

Basiswert $\alpha_{23II}$ 133
Bauartbeiwert $q_4$ Schneckengetriebe 212
Baustahl 1, 36
Belastungskennwert $C$ Schraubradgetriebe 211
Berechnungsbeiwerte $C$ für ebene Platten und Böden, Druckbehälter 69
Berechnungstemperatur für Druckbehälter 69
Bestimmungsgröße $K$, Wälzlager 132
Betriebseingriffswinkel $\alpha_w$, Ermittlung 194
Betriebsfaktor 41
Betriebsviskosität $\nu$ 132
Bewegungsschrauben, zulässige Flächenpressung 90
Bewertungsgruppen für Stumpf- und Kehlnähte 58
Bezugsviskosität $\nu_1$ 132
Biegeknicken, Abminderungsfaktor $\kappa$ 62
Blindniete mit Sollbruchdorn 71
Bolzen 91
Bolzenverbindungen; mittlere Flächenpressung 91
Breitfaktor $K_{H\beta}$, $K_{F\beta}$ für Stirnräder 203

Breitenverhältnis, Kegelräder 210
Buchsen für Gleitlager 136

**D**

Dauerfestigkeit, Zahnfußbeanspruchung 186
Dauerfestigkeits-Schaubild, Baustähle 36
–, Drehstabfedern 100
–, Einsatzstähle 38
–, Schraubendruckfedern 102 f.
–, Tellerfedern 100
–, Vergütungsstähle 37
Deckellager DIN 505 135
Dichte und Viskosität verschiedener Flüssigkeiten und Gase 176
– von Metallen 114
Dichtungskennwerte für Feststoffdichtungen 178
Dickenbeiwert für geschweißte Bauteile 66
Drehfeder, Dauerfestigkeitsschaubild 97
–, Spannungsbeiwert 97
–, zulässige Biegespannung 97
Drehstabfeder, Dauerfestigkeits-Schaubild 100
–, Ersatzlänge 100
Drehstrommotoren 167
Drehzahlfaktor $f_n$ für Wälzlager 129
Druckfeder, Dauerfestigkeits-Schaubild 102 f.
–, Relaxion nach 48 Stunden 103
–, Spannungsbeiwert 101
–, theoretische Knickgrenze 101
–, zulässige Schubspannung 101
Druckstabquerschnitte 62
Druckstufen der Nenndrücke 172
Durchbiegungen; Achsen, Wellen 106
Durchmesser-Breitenverhältnis $\psi_d$ 200
Dynamische Viskosität für Normöle 142

**E**

E-Modul 1 ff.
–, Federn 95
Einflussfaktor der Oberflächenrauheit 48
– – Oberflächenverfestigung 50
Eingriffsteilungsabweichung $f_{pe}$ 204
Einheitsbohrung, Passungsauswahl 26 f.
Einheitswelle, Passungsauswahl 28 f.
Einlaufbetrag $y_\alpha$ Stirnräder 204
Einsatzstahl 2
Elastizitätsfaktor $Z_E$ 207

215

Ergänzungssymbole, Schweißnaht 57
Evolventenfunktionswerte $inv\ \alpha$ 195
Extremultus-Mehrschichtflachriemen, Ausführung und Eigenschaften 152
–, Ermittlung des Riementyps 153
–, Fliehkraft-Dehnung 154
–, kleinster Scheibendurchmesser 152

# F

Federringe 84
Federscheiben 84
Federstahldraht, Durchmesserauswahl 96
–, Wahl der Drahtsorte 96
Federwerkstoffe, Festigkeitsrichtwerte 95
Feinkornbaustahl 1
Festigkeitskennwerte $K$ im Druckbehälterbau 67
Festigkeitsklasse von Schrauben 77
Festigkeitsrichtwerte, Federwerkstoffe 95
–, Zahnradwerkstoffe 185 f.
–, Umrechnungsfaktoren 39
Festigkeitskennwerte, Stahl 1 ff.
–, Gusswerkstoffe 5 ff.
–, Nichteisenmetalle 8 f.
–, Kunststoffe 10 f.
Filzringe 182
Flächenmomente 2.Grades für Wellenquerschnitte 105
Flachriemenscheiben, Hauptmaße 154
Flachriementrieb, Faktor $k$ der Wellenbelastung 151
Flachriemen-Werkstoffe, Kennwerte 150
Flammpunkt, Schmieröl 140
Flankenlinien Einlaufbeträge $y_\beta$ 202
Flankenlinienabweichung $f_{sh}$ 201 f.
Flankenlinienwinkelabweichung $f_{H\beta}$ 202
Flanschlager DIN 502 134
Fliehkraft-Dehnung bei Riemen 154
Formfaktor $Y_{F\alpha}$ 205
Formtoleranzen 31
Formzahlen 42
–, plastische 39
Freistiche nach DIN 509 108

# G

Ganzmetallkupplung, biegenachgiebig 117
gemittelte Rautiefe, nach Herstellverfahren 35
Geschwindigkeitsfaktor $Z_v$ 208
Getriebeöl, Kegelradgetriebe 188 f.
–, Schneckengetriebe 188 f.
–, Stirnradgetriebe 188 f.
–, Viskositätsauswahl 188 f.
Gewinde, ISO-Feingewinde 75
–, – -Regelgewinde 74
–, – -Trapezgewinde 76
G-Modul 1 ff.
–, Federn 95
Gleitlager, Buchsen 136
–, Grenzrichtwerte für Lagertemperatur 148
–, Lagerwerkstoffe 139
–, Passungen 144
–, relatives Lagerspiel 143
–, Schmiernuten 138
–, Schmierstoffdurchsatz 149
–, Sommerfeld-Zahl $So$ 146
–, Toleranzklassen 145
–, zulässige spezifische Belastung 140
Grenzschweißnahtspannungen 60
Grenzwerte $(b/t)_{grenz}$ 61
Größeneinflussfaktor für Hohlwellen 50
–, formzahlenabhängiger 49
–, geometrischer 49
–, technologischer 48 f.
Größenfaktor $Y_X$ 206
Grundabmaße, Außenpassflächen 24
–, Innenpassflächen 25
Grundsymbole für Nahtarten 56
Grundtoleranzen 23
Gusswerkstoffe, Festigkeitskennwerte, Eigenschaften, Verwendung 5 f.

# H

Haftreibungszahl 20, 113
Härteeinflussfaktor $f_H$ 129
Hartlötverbindungen, Zug- und Scherfestigkeit 55
Höchstzulässige spezifische Lagerbelastung 140

# I

Innenpassflächen, Grundabmaße 25

# K

Kegel nach DIN 254 115
Kegelige Wellenenden 104
Kegelräder, Breitenverhältnis 210
–, Überdeckungsfaktor $Y_E$ 210
–, Vorwahl der Abmessungen 210
–, Zeichnungsangaben 191
Kegelrollenlager 122
Kegel-Spannelemente 115
Kehlnähte, Bewertungsgruppen 58
Keile, Maße 110
Keilriemen, Eigenschaften und Anwendungsbeispiele 150
Keilriemenabmessungen 156

Keilriemenscheiben 157
Keilrippenriemen 158
Keilwellen-Verbindungen, Abmessungen 111
Kerbformzahlen 42
Kerbwirkungszahlen 45 ff.
Kettenräder, Haupt-Profilabmessungen 168
Klauenkupplung, elastisch 118
Klebstoffe 53
Klebverbindungen 52
Knickgrenze, Druckfeder 101
Knickspannungslinien 62
Konstruktionsmaße für Schraubenverbindungen 81 ff.
Konstruktionsrichtlinien für Lagerdichtungen 185 f.
Kontaktfaktor $Z_p$ Schneckengetriebe 211
Korrekturfaktoren Keil- und Keilrippenriemen 163
Kranbau, zulässige Spannungen 39, 63
Kühlbeiwert $q_1$ Schneckengetriebe 212
Kunststoff, Eigenschaften, Festigkeitskennwerte, Verwendung 10 f.
Kupplungen, Anlauffaktor $S_z$ 120
–, Frequenzfaktor $S_f$ 120
–, Temperaturfaktor $S_t$ 120

## L

Lagerdichtung, Konstruktionsrichtlinien 185 f.
Lagerschalen 137
Lagerwerkstoffe 139
Lagetoleranzen 32
Lamellenkupplung 119
Längenausdehnungskoeffizient 114, 139
Längenfaktor $c_2$, Riementrieb 163 f.
Längenmaße, Allgemeintoleranz, Grenzabmaße 30
Langzeitwarmfestigkeitswerte 67
Lastwechselfaktor $Z_N$ Schneckengetriebe 211
Lebensdauer, nominelle; Richtwerte 129
Lebensdauerfaktor, $Z_h$ Schneckengetriebe 211
–, $f_L$ Wälzlager 129
–, $Y_{NT}$ 206
–, $Z_{NT}$ 209
Leistungsdiagramm Rollenketten 169
Leistungs-Übersetzungszuschlag $Ü_z$ 162
Lote 54
Lötspaltbreiten Richtwerte 55

## M

Maßpläne für Wälzlager 122 ff.
Mehrschichtflachriemen, Ausführungen und Eigenschaften 152
Messzähnezahl $k$ für Stirnräder 199
Mindest-Scherkraft, Blindniete 71
Mittelspannungsempfindlichkeit, Faktoren 50
Mittenrauwert, nach Herstellverfahren 35
Mittlere Rauigkeitshöhe $k$ von Rohren 173
Modul-Breitenverhältnis $\psi_m$ 200
Modulreihe, $m$ für Zahnräder 194
–, $m_x$ für Schneckengetriebe 211
Momentenbeiwerte für Biegeknicken 63
Muttern, Abmaße 80
–, genormte 79

## N

Nahtarten, Grundsymbole 56
Nennleistung für Keilrippenriemen 161
–, – Normalkeilriemen 159
–, – Schmalkeilriemen 160
Nennweiten für Rohrleitungen 172
Nilos-Ringe 183
Nitrierstahl 2

## O

Oberflächen Zuordnung von $R_a$ und $R_z$ 34
Oberflächenbehandlungsverfahren beim Kleben 52
O-Ringe 179

## P

Passfedern, Maße 110
Passfederverbindungen, Abmessungen 110
Passscheiben, Abmessungen 94
Passungen für Gleitlager 144
Passungsauswahl, Anwendungsbeispiele 33
–, Einheitsbohrung 26 f.
–, Einheitswelle 28 f.
Passungssystem, Einheitsbohrung Passungsauswahl 26 f.
–, Einheitswelle Passungsauswahl 28 f.
Polygonprofile, Abmessungen 113
Positionierbremse 121
Pourpoint bei Schmieröl 140
Pressverband, Haftbeiwert 113
–, Hilfsgröße $K$ 114
–, maximale Fügetemperatur 114
Profilüberdeckung $\varepsilon_\alpha$ bei Zahnrädern 194
Profilverschiebung, Aufteilung von $\Sigma x$ 196
–, ausführbarer Bereich 199
–, Wahl von $\Sigma x$ 195

## Q

Querdehnzahl 114

# R

Radialfaktoren, Wälzlager 128
Radial-Wellendichtringe 181
Rauigkeitsfaktor $Z_R$ 210
Rautiefe, Empfehlung 34
–, gemittelte, nach Herstellverfahren 35
–, Mittenrauhwert, nach Herstellverfahren 35
–, Zuordnung von $R_a$ und $R_z$ 34
Rechenwerte im Stahlbau 60
Reibungsfaktoren Tellerfeder 99
Reibungskennzahl $\mu/\psi_B$ 147
Reibungswerte Schneckenradsätze 190
Reibungszahlen 20
– bei Schraubenverbindungen 86
relative Lagerspiele 143
relative Stützziffer $Y_{\delta\,\mathrm{rel}\,T}$ 206
relativer Oberflächenfaktor $Y_{r\,\mathrm{rel}\,T}$ 206
– Schmierstoffdurchsatz 149
Relaxion von Druckfedern 103
Richtwerte für Nietverbindungen 72
–, nominelle Lebensdauer 129
–, Ritzelzähnezahl $z_1$ 200
–, Schneckenzähnezahl 211
–, Schraubradgetriebe 211
–, zulässige Verformungen von Wellen 106
Riementyp, Ermittlung 153
Ritzelbreite $b_1$ Stirnräder 200
Ritzelzähnezahl $z_1$ Richtwerte 200, 211
Rohre, Übersicht 171
Rohrleitungen und Rohrverschraubungen für ölhydraulische Anlagen 177
Rohrreibungszahl $\lambda$ 175
Rollenketten; Abmessungen, Bruchkräfte 168
–, Leistungsdiagramm 169
Rollenkettentriebe, Faktor $f_1$ 169
–, Schmierbereiche 170
–, spezifischer Stützzug 169
–, Umweltfaktor $f_6$ 170
–, Wellenabstandsfaktor $f_2$ 170
Rundungshalbmesser, Allgemeintoleranz, Grenzabmaße 30

# S

Sauberkeitsfaktor $s$, Wälzlager 133
Scheiben 84
Scheibenkupplungen 117
Schmierfette $K$ 141
Schmierlöcher 138
Schmiernuten 138
Schmierölauswahl Zahnradgetriebe 188f
Schmieröle 140
–, dynamische Viskosität $\eta$ 142
–, kinematische Viskosität $\nu$ 132
–, spezifische Wärmekapazität 141
Schmierstofffaktor $Z_L$ 208

Schmiertaschen 138
Schnecken, Zeichnungsangaben 192
Schneckengetriebe, Bauartbeiwert $q_4$ 212
–, Kontaktfaktor $Z_p$ 211
–, Kühlbeiwert $q_1$ 212
–, Lastwechselfaktor $Z_N$ 211
–, Lebensdauerfaktor $Z_h$ 211
–, Modulwahl 211
–, Übersetzungsfaktor $q_2$ 212
–, Werkstoffauswahl 187
–, Werkstofffestigkeit 188
–, Werkstoffpaarung 187
–, Werkstoffpaarungsbeiwert $q_3$ 212
–, Wirkungsgrade 190
Schneckenräder Zeichnungsangaben 192
Schneckenradsätze Reibungswerte 190
Schneckenzähnezahl Richtwerte 211
Schrägenfaktor $Y_\beta$ 205
Schrauben, genormte 78
–, Festigkeitsklassen 77
Schraubendruckfeder, s. u. Druckfeder 211
Schraubensicherungen 84, 89
Schraubenverbindungen, Anziehfaktor 85
–, Anziehmomente im Stahlbau 90
–, Anziehverfahren 85
–, Einschraublängen 89
–, Grenzflächenpressung 85
–, Konstruktionsmaße 81ff.
–, Reibungszahlen 86
–, Spannkräfte und Spannmomente 88
–, Vorwahl der Schrauben 87
Schraubradgetriebe, Richtwerte 211
–, Belastungskennwert $C$ 211
Schrumpfscheiben 116
Schweißkonstruktionen, Allgemeintoleranzen 59
Schweißnähte im Stahlbau, zulässige Spannungen 60
–, zeichnerische Darstellung 56
Schweißpunkte, zulässige Abstände 59
Schwellfestigkeit nahtloser und hochfrequenzgeschweißter Rohre 177
Sechskantschrauben, Abmaße 80
Senkschrauben, Abmaße 82
Sicherheitsbeiwerte für Druckbehälter 69
Sicherheitswerte, Maschinenbau 51
Sicherungsringe 92
Sommerfeld-Zahl $So$ 146
Spannhülsen für Wälzlager 124
Spannungsgefälle, bezogenes 44, 45
Spannungskorrekturfaktor $Y_{sa}$ 205
Spezifische Riemenzahnbelastbarkeit 166
– Wärmekapazität von Mineralölen 141
Stahl, Festigkeitskennwerte, Eigenschaften, Verwendung 1ff., 36ff.
Stahlbau, Rechenwerte 60
Steh-Gleitlager DIN 118 135
Stellring 94

Stirnfaktor $K_{H\alpha}$, $K_{F\alpha}$ Stirnräder 203
Stirnräder, Breitenfaktor $K_{H\beta}$, $K_{F\beta}$ 203
–, Eingriffsteilungsabweichung $f_{pe}$ 204
–, Einlaufbetrag $y_\alpha$ 204
–, Einlaufbeträge $y_\beta$ Flankenlinien 202
–, Elastizitätsfaktor $Z_E$ 207
–, Flankenlinienabweichung $f_{sh}$ 201 f.
–, Formfaktor $Y_{Fa}$ 205
–, Geschwindigkeitsfaktor $Z_v$ 208
–, Größenfaktor $Y_X$ 206
–, Lebensdauerfaktor $Y_{NT}$ 206
–, Lebensdauerfaktor $Z_{NT}$ 209
–, Messzähnezahl $k$ 199
–, Rauigkeitsfaktor $Z_R$ 208
–, relative Stützziffer $Y_{\delta rel T}$ 206
–, relativer Oberflächenfaktor $Y_{r rel T}$ 206
–, Richtwerte für Ritzelbreite $b_1$ 200
–, Schmierstofffaktor $Z_L$ 208
–, Schrägenfaktor $Y_\beta$ 205
–, Spannungskorrekturfaktor $Y_{sa}$ 205
–, Stirnfaktor $K_{H\alpha}$, $K_{F\alpha}$ 203
–, Überdeckungsfaktor $Z_\varepsilon$ 207
–, Wahl der Ritzelzähnezahl $z_1$ 200
–, Werkstoffpaarungsfaktor $Z_W$ 209
–, Zeichnungsangaben 190
–, Zonenfaktor $Z_H$ 207
Stirnradgetriebe, Achsabstandsabmaße $A_a$ 198
–, Aufteilung der Übersetzung $i$ 199
Stopfbuchsen 184
Stumpfnähte, Bewertungsgruppen 58
Stützkräfte; Achsen, Wellen 106
Stützscheiben, Abmessungen 94
Stützzahl 44, 45
Symbole für Niete und Schrauben 70
–, zusammengesetzte 56
Synchroflex-Zahnriemen 165, 166
Synchronriemen, Eigenschaften und Anwendungen 151

## T

Tellerfeder, bezogene Spannung 99
–, bezogener Kennlinienverlauf 99
–, Dauerfestigkeits-Schaubild 100
–, Kennwerte und Bezugsgrößen 99
–, Reibungsfaktoren 99
–, Reihe A, B, C Abmessungen 97 f.
Toleranzen 23, 30 ff.
–, Zahndicke $T_{sn}$ 196
Toleranzklassen, Wälzlager 130
–, Gleitlager 145
Trumkraftverhältnis $m$, Riemen 151

## U

Überdeckungsfaktor $Y_\varepsilon$ Kegelräder 210
–, $Z_\varepsilon$ 207

Übersetzung $i$ Stirnradgetriebe, Aufteilung 199
Übersetzungsfaktor $q_2$ Schneckengetriebe 212
Umweltfaktor $f_6$; Ketten 170

## V

Verformungen zulässige, Wellen 108
Vergütungsstahl 2
Verlagerungsbereiche für 360°-Lager 146
Verlagerungswinkel β für Radiallager 148
Verzahnungsqualität Wahl 196
Viskositätsverhältnis κ 132
V-Ringdichtung 183

## W

Wahl des Profils Keilrippenriemen 155
– – – Normalkeilriemen 155
– – – Schmalkeilriemen 155
– – – Synchronriemen 164
Wälzlager, Axial- u. Radialfaktoren 128
–, Anschlussmaße 131
–, Tragzahlen $C$ und $C_0$ 125
–, Maßpläne 122
Wälzlagerungen, Toleranzklassen für Wellen und Gehäuse 130
–, nominelle Lebensdauer, Richtwerte 129
Welle-Nabe-Verbindungen, Nabenabmessungen 109
– – – zulässige Fugenpressung 109
Wellenabstandsfaktor $f_2$; Ketten 170
Wellenbelastung, Riementrieb 151
Wellendichtring 181
Wellenenden, kegelig 104
–, zylindrisch 104
Werkstoffauswahl Schneckengetriebe 187
Werkstoffe von Schrauben 77
Werkstoffpaarungsbeiwert $q_3$ Schneckengetriebe 212
Werkstoffpaarungsfaktor $Z_W$ 209
Widerstandsmomente für Wellenquerschnitte 105
Widerstandszahl ζ von Rohrleitungselementen 174
Winkelfaktor $c_1$ 163
Winkelmaße, Allgemeintoleranz, Grenzabmaße für 30
Wirkungsgrade Schneckengetriebe 190
Wirtschaftliche Strömungsgeschwindigkeiten in Rohrleitungen 173
Wulstkupplung, hochelastisch 119

## Z

Zahndicke, zulässige Dickenschwankung $R_s$ 197
Zahndickenabmaß $A_s$ 196

Zahndickentoleranzen $T_{sn}$ 196
Zahnfußbeanspruchung der Prüfräder 186
Zahnräder, Modul $m$ 194
–, Profilüberdeckung $\varepsilon_\alpha$ 194
Zahnradgetriebe, Schmierölauswahl 188
Zahnradwerkstoffe, Festigkeitsrichtwerte 185 f.
Zahnwellenverbindungen, Abmessungen 112
Zeichnerische Darstellung von Schweißnähten 56
Zeichnungsangaben, für Kegelräder 191
–, – Schnecken 192
–, – Schneckenräder 192
–, – Stirnräder 190
Zonenfaktor $Z_H$ 207
Zugfeder, Korrekturfaktoren 103
–, zulässige Schubspannung 103
Zulässige Abstände von Schweißpunkten 59
– kleinste Spalthöhe 148

– Rand- und Lochabstände von Nieten und Schrauben 70
– Schubspannung Zugfeder 103
– Spannungen für Nietverbindungen aus thermoplastischen Kunststoffen 73
– – – Aluminiumkonstruktionen 40
– – – Schweißnähte 63
– – – – im Stahlbau 60
– – – Schweißverbindungen im Maschinenbau 66
– – im Kranbau 39
– Wechselspannungen für gelochte Bauteile 73
Zusammengesetzte Symbole, Schweißnähte 56
Zusatzsymbole, Schweißnähte 57
Zylinderschrauben, Abmaße 82
Zylinderstifte 94
Zylindrische Wellenenden 104

| | | |
|---|---|---|
| 1 | **Allgemeine und konstruktive Grundlagen** | 1–20 |
| 2 | **Toleranzen, Passungen, Oberflächenbeschaffenheit** | 21–36 |
| 3 | **Festigkeitsberechnung** | 37–69 |
| 4 | **Klebverbindungen** | 70–81 |
| 5 | **Lötverbindungen** | 82–92 |
| 6 | **Schweißverbindungen** | 93–166 |
| 7 | **Nietverbindungen** | 167–193 |
| 8 | **Schraubenverbindungen** | 194–250 |
| 9 | **Bolzen-, Stiftverbindungen und Sicherungselemente** | 251–275 |
| 10 | **Elastische Federn** | 276–317 |
| 11 | **Achsen, Wellen und Zapfen** | 318–348 |
| 12 | **Elemente zum Verbinden von Wellen und Naben** | 349–384 |
| 13 | **Kupplungen und Bremsen** | 385–449 |
| 14 | **Wälzlager und Wälzlagerungen** | 450–496 |
| 15 | **Gleitlager** | 497–551 |
| 16 | **Riementriebe** | 552–581 |
| 17 | **Kettentriebe** | 582–599 |
| 18 | **Elemente zur Führung von Fluiden (Rohrleitungen)** | 600–623 |
| 19 | **Dichtungen** | 624–642 |
| 20 | **Zahnräder und Zahnradgetriebe (Grundlagen)** | 643–666 |
| 21 | **Außenverzahnte Stirnräder** | 667–712 |
| 22 | **Kegelräder und Kegelradgetriebe** | 713–733 |
| 23 | **Schraubrad- und Schneckengetriebe** | 734–753 |

# FASZINATION

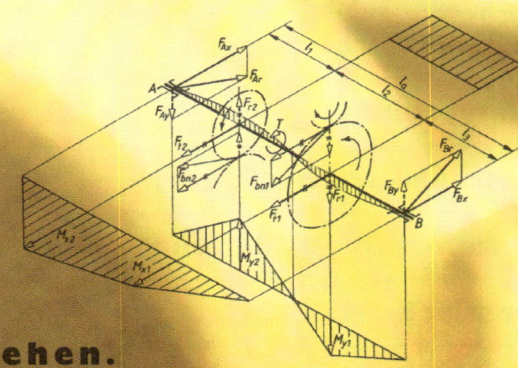

...erleben

...verstehen.

...kreieren:

Als künftiger Ingenieur im Bereich Konstruktion und Entwicklung haben Sie Ihre Ziele klar gesteckt: Sie wollen an die Spitze. Dort sind wir. iks zählt mit rund 450 Mitarbeitern, derzeit 13 Regionalsitzen und über 2.000 Auftraggebern zu den führenden Engineering-Dienstleistern in Deutschland. Wenn Sie Außergewöhnliches leisten und erwarten, fordern Sie gleich unsere Absolventen-Broschüre »Begegnungen« an: Telefon 0711 - 726 25 66 – oder besuchen Sie uns im Web

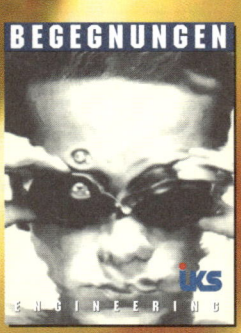

Ingenieur Konstruktions Service GmbH
Tel. 0711/726 25 66 · hv-stuttgart@iks-engineering.de

www.iks-engineering.de – mit eigener Jobbörse!

Wilhelm Matek
Dieter Muhs
Herbert Wittel
Manfred Becker
Dieter Jannasch

**Roloff / Matek
Maschinenelemente**

# VDI

## Karrieren beginnen hier

Zukunft mitgestalten, neue Möglichkeiten und Wege entdecken – als Ingenieurin oder Ingenieur ist das Berufsfeld gigantisch groß.

Um immer auf dem Laufenden zu sein, Kontakte zu knüpfen und die Karriere in richtige Bahnen zu lenken, braucht man ein weltweit funktionierendes Netzwerk. Den VDI. Denn hier findet jeder den Support, den er braucht. Im Studium, im Beruf und auch im Alltag.

### www.vdi.de/aksj/
Die VDI-Arbeitskreise Studenten und Jungingenieure stehen an über 70 Hochschulstandorten mit Rat und Tat zur Seite – ob es um Theorie oder Praxis geht.

### www.vdi.de/hg/bas/
gibt der Karriere den Kick! Volle Unterstützung und wertvolle Tipps für alle, die mehr wollen!

### www.think-ing.de
Für den global view! Denn Ingenieure werden überall gebraucht! Mehr Infos auch unter der hotline: 01805-thinking!

### www.vdi-nachrichten.com
Die Wochenzeitung für Technik, Wirtschaft und Gesellschaft - Abo im VDI-Mitgliedsbeitrag enthalten. Lesen und durchstarten – jeden Freitag neu.

Verein Deutscher Ingenieure e.V. · Graf-Recke-Straße 84 · 40239 Düsseldorf · Postfach 10 11 39 40002 Düsseldorf · Telefon +49 (0) 211 62 14-0 · Telefax +49 (0) 211 62 14-5 75 · www.vdi.de

Wilhelm Matek
Dieter Muhs
Herbert Wittel
Manfred Becker
Dieter Jannasch

# Roloff / Matek Maschinenelemente

**Normung**
**Berechnung**
**Gestaltung**

Mit 684 Abbildungen,
74 vollständig durchgerechneten Beispielen
und einem Tabellenbuch

15., durchgesehene Auflage

Die Deutsche Bibliothek – CIP-Einheitsaufnahme
Ein Titeldatensatz für diese Publikation ist bei
der Deutschen Bibliothek erhältlich.

1. Auflage 1963
2., überarbeitete und erweiterte Auflage 1966
3., durchgesehene und verbesserte Auflage 1968
4., überarbeitete und ergänzte Auflage 1970
5., durchgesehene Auflage 1972
6., völlig überarbeitete und erweiterte Auflage 1974
7., durchgesehene und verbesserte Auflage 1976
   11 Nachdrucke
8., vollständig neubearbeitete Auflage 1983
9., durchgesehene und verbesserte Auflage 1984
   3 Nachdrucke
10., neubearbeitete Auflage 1986
11., durchgesehene Auflage 1987
   5 Nachdrucke
12., neubearbeitete Auflage 1992
13., überarbeitete Auflage 1994
   korrigierter Nachdruck 1995
14., vollständig überarbeitete und erweiterte Auflage 2000
15., durchgesehene Auflage August 2001

Alle Rechte vorbehalten
© Friedr. Vieweg & Sohn Verlagsgesellschaft mbH, Braunschweig/Wiesbaden, 2001

Der Verlag Vieweg ist ein Unternehmen der Fachverlagsgruppe BertelsmannSpringer.
www.vieweg.de
vieweg@bertelsmann.de

Das Werk einschließlich aller seiner Teile ist urheberrechtlich geschützt.
Jede Verwertung außerhalb der engen Grenzen des Urheberrechtsgesetzes
ist ohne Zustimmung des Verlags unzulässig und strafbar. Das gilt insbesondere für Vervielfältigungen, Übersetzungen, Mikroverfilmungen und
die Einspeicherung und Verarbeitung in elektronischen Systemen.

Gedruckt auf säurefreiem und chlorfrei gebleichtem Papier

Technische Redaktion: Hartmut Kühn von Burgsdorff
Konzeption und Layout des Umschlags: Ulrike Weigel, www.CorporateDesignGroup.de
Bilder: Graphik & Text Studio, Dr. Wolfgang Zettlmeier, Barbing
Gesamtherstellung: Druckhaus „Thomas Müntzer", Bad Langensalza
Printed in Germany

ISBN 3-528-94028-X                                          **Lehrbuch** und Tabellenbuch

# Vorwort zur 15. Auflage

Das „Lehr- und Lernsystem Maschinenelemente" ist sowohl für den *Unterricht* und das *Studium* als auch für die *Praxis* konzipiert. Die wichtigsten *Maschinenelemente* werden in ausführlicher und übersichtlicher Form in 23 einzelnen, in sich abgeschlossenen Kapiteln dargestellt und können somit unabhängig voneinander erarbeitet werden. Die Struktur des Lehrbuches wurde beibehalten.

Die bereits in der 14. Auflage eingearbeiteten neuen Berechnungsvorschriften (DIN 743 *Tragfähigkeitsberechnung von Achsen und Wellen* und FKM-Richtlinie *Rechnerischer Festigkeitsnachweis für Maschinenbauteile*) mit Auswirkungen auf das Kapitel 11 Achsen und Wellen, wurden von den Lesern positiv aufgenommen, ebenso die Möglichkeit der Auslegung der vorwiegend ruhend beanspruchten Schrauben-, Niet- und Schweißverbindungen nach dem neuen Sicherheitskonzept des Stahlbaus (*DIN 18800* und *Eurocode 3*). Da der Berechnungsaufwand mit den modernen Berechnungskonzepten erheblich steigt, wurde für das Kapitel 11 *Achsen und Wellen* eine Vereinfachung getroffen, die durch einen etwas höheren Mindestsicherheitswert abgesichert wird.

Durchgehend werden einheitliche Bezeichnungen vorgesehen, so z. B. $S$ (Sicherheit), $K_A$ (Anwendungsfaktor). Gleichungen von untergeordneter Bedeutung werden nicht mehr besonders hervorgehoben; die Zählnummern dagegen bleiben zugunsten der Verweismöglichkeit erhalten.

Dem Benutzer des Buches werden bei den Berechnungen nach Möglichkeit keine fertigen Gleichungen vorgestellt, sondern es wird versucht, durch entsprechende Ableitung der Gleichungen unter Berücksichtigung der Einflussgrößen die Folgerichtigkeit der Berechnungsmethoden begreiflich zu machen. Auf Zahlenwertgleichungen wurde möglichst verzichtet; jedoch wurden praxisgerechte „Gebrauchsformeln" dort vorgesehen, wo es sinnvoll erschien. Zum besseren Verständnis des logischen Zusammenwirkens einzelner Beziehungen zueinander werden für die Berechnung einzelner Elemente teilweise Ablaufpläne angegeben, die wiederum Grundlage für die Erstellung eigener Programme darstellen können.

Die für Berechnung und Konstruktion erforderlichen Zahlenunterlagen, Diagramme, Normenauszüge und Erfahrungsangaben sind in einem beigelegten umfangreichen *Tabellenbuch* in kompakter, übersichtlicher Form für einen schnellen und sicheren Zugriff zusammengestellt. Im Lehrbuch selbst sind nur solche Angaben und Diagramme aufgeführt, die unmittelbar mit dem Text verbunden und deshalb zum Verständnis notwendig sind.

Eine Reihe vollständig durchgerechneter Beispiele, die den einzelnen Kapiteln oder Abschnitten zugeordnet sind, sollen dem Lernenden helfen, den erarbeiteten Stoff gezielt anwenden zu können und ihm eine Richtlinie für eigene Berechnungen geben.

Jedes Kapitel schließt ab mit Literaturhinweisen, die Möglichkeiten zum Weiterstudium zeigen. Ein ausführliches Sachwortverzeichnis am Ende des Lehrbuches gestattet es, gesuchte Begriffe schnell aufzufinden.

Die bereits in der 14. Auflage des Lehrbuches beigelegte *CD mit Arbeitsblättern zur Berechnung von Maschinenelementen* auf der Grundlage des Tabellenkalkulationsprogramms EXCEL wurde von den Lesern positiv bewertet und für die vorliegende 15. Auflage entsprechend aktualisiert. Mit den übersichtlich gestalteten Berechnungsformularen können in kurzer Zeit mehrere Varianten durchgerechnet und gegenübergestellt werden. Viele sinnvolle Grafiken und Hinweise erleichtern die Eingabe und sind somit auch eine wertvolle Hilfe zur Festigung des Lehrstoffes. Eine auf das Lehrbuch abgestimmte Aufgabensammlung sowie eine interaktive Formelsammlung ergänzen das Lehr- und Lernsystem Roloff/Matek Maschinenelemente.

Für das Arbeiten in der Praxis mit dem vorliegenden Lehrbuch einschließlich der CD wird darauf hingewiesen, dass es zwingend erforderlich ist, die jeweils *aktuelle* und vor allem *vollständige* Ausgabe der entsprechenden DIN-Normen und der anderen maßgebenden Regelwerke der Berechnung der Bauteile zugrundezulegen. Für die praktische Auslegung von Kaufteilen, wie z. B. *Kupplungen, Spannelemente, Lager, Ketten-* und *Riementriebe* usw. sind jeweils die aktuellen Berechnungsunterlagen und Leistungsdaten der Lieferfirmen maßgebend, die vielfach von denen im Lehrbuch abweichen können. Gleiches gilt sinngemäß auch für solche Güter der Zulieferindustrie, die als Sekundärgut aufzufassen und keine Maschinenelemente im eigentlichen Sinne sind, wie z. B. *Klebstoffe* und *Lote*. Trotz sorgfältigster Recherchen kann bei direkter und indirekter Bezugnahme auf Vorschriften, Regelwerke, Firmenschriften u. a. keine Gewähr für die Richtigkeit übernommen werden.

Abschließend möchten wir den Firmen danken, die u. a. durch Überlassung von Zeichnungen und anderen Unterlagen sowie durch wertvolle Hinweise und Anregungen unsere Arbeit wesentlich unterstützt haben. Ebenso sei den Lesern für die vielen konstruktiven Zuschriften gedankt, zugleich in der Hoffnung, dass sie auch weiterhin durch konstruktive Kritik zur Verbesserung des Buches beitragen werden sowie dem Verlag für die gute Zusammenarbeit bei der Herstellung des Buches.

Braunschweig, Reutlingen, Augsburg im Frühjahr 2001

*Dieter Muhs*
*Herbert Wittel*
*Dr. Dieter Jannasch*

# Für noch höhere Leistungskraft Ihrer Hochdruck-Hydraulik:
# Drei zukunftsweisende Verschraubungs-Systeme von Parker-Ermeto

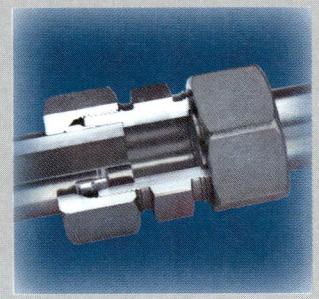

**EO-Plus:**

mit multifunktionalem Ring, metallisch dichtend

**EO2-Plus:**

führende Weichdichtungs-Technologie, jetzt noch stärker

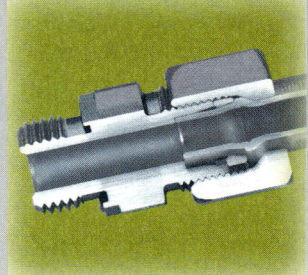

**EO2-FORM:**

kalt verformtes Rohr und millionenfach bewährte EO-2 Weichdichtungs-Technologie

**Fordern Sie Ihren Gesamt-Katalog kostenlos an!**

Parker Hannifin GmbH
Geschäftsbereich **ERMETO**
Am Metallwerk 9 · 33659 Bielefeld
Telefon 0521/4048-0 · Telefax 0521/4048-4280
E-Mail: Parker-Ermeto@t-online.de
http://www.parker.com/de

# Sempell

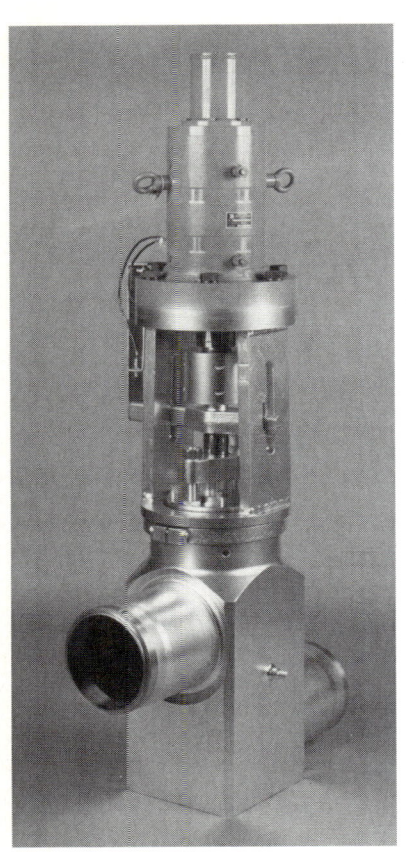

Absperr-, Sicherheits- und
Regelarmaturen für hohe Drücke,
extreme Temperaturen und
kritische Medien

Isolation-, safety- and
control valves for high pressures,
extreme temperatures
and critical media

**Sempell AG**
Werner-von-Siemens-Straße
41352 Korschenbroich, Germany
Tel: +49 21 61 6 15-0
Fax: +49 21 61 6 47 61
eMail: seminfo@sempell.com
Web: www.sempell.com

# Inhaltsverzeichnis

## 1 Allgemeine und konstruktive Grundlagen

- 1.1 Arten und Einteilung der Maschinenelemente (ME) ..... 1
- 1.2 Grundlagen des Normenwesens ..... 1
  - 1.2.1 Nationale und internationale Normen, Technische Regelwerke ..... 2
  - 1.2.2 Werdegang einer DIN-Norm ..... 2
  - 1.2.3 Dezimalklassifikation (DK) ..... 3
- 1.3 Normzahlen (Vorzugszahlen und -maße) ..... 3
  - 1.3.1 Bedeutung der Normzahlen ..... 3
  - 1.3.2 Aufbau der Normzahlreihen ..... 3
    Grundreihen – Abgeleitete Reihen – Zusammengesetzte Reihen – Rundwertreihen
  - 1.3.3 Anwendung der Normzahlen ..... 5
    Ermittlung der Maßstäbe – Darstellung der Beziehungen im NZ-Diagramm – Rechnen mit NZ
  - 1.3.4 Berechnungsbeispiele ..... 7
- 1.4 Allgemeine konstruktive Grundlagen ..... 8
  - 1.4.1 Konstruktionsgrundsätze ..... 8
  - 1.4.2 Konstruktionsmethodik ..... 11
    Lösungsweg zur Schaffung neuer Produkte – Bewertungsverfahren
  - 1.4.3 Rechnereinsatz in der Konstruktion ..... 17
- 1.5 Literatur ..... 19

## 2 Toleranzen, Passungen, Oberflächenbeschaffenheit

- 2.1 Toleranzen ..... 21
  - 2.1.1 Maßtoleranzen
    Grundbegriffe – Größe der Maßtoleranz – Anwendungsbereiche für die Grundtoleranzgrade – Lage der Toleranzfelder – Direkte Angabe von Maßtoleranzen – Maße ohne Toleranzangabe
  - 2.1.2 Formtoleranzen ..... 24
  - 2.1.3 Lagetoleranzen ..... 25
  - 2.1.4 Toleranzangaben in Zeichnungen ..... 25
    Maßtoleranzen – Form- und Lagetoleranzen
- 2.2 Passungen ..... 26
  - 2.2.1 Grundbegriffe ..... 26
  - 2.2.2 ISO-Passsysteme ..... 28
    System Einheitsbohrung (*EB*) – System Einheitswelle (*EW*)
  - 2.2.3 Passungsauswahl ..... 28
- 2.3 Oberflächenbeschaffenheit ..... 29
  - 2.3.1 Gestaltabweichung ..... 29
  - 2.3.2 Oberflächenangaben in Zeichnungen ..... 32
- 2.4 Berechnungsbeispiele ..... 33
- 2.5 Literatur ..... 36

# 3 Festigkeitsberechnung

- 3.1 Allgemeines ... 37
- 3.2 Beanspruchungs- und Belastungsarten ... 37
- 3.3 Werkstoffverhalten, Festigkeitskenngrößen ... 42
  - 3.3.1 Statische Festigkeitswerte (Werkstoffkennwerte) ... 42
  - 3.3.2 Dynamische Festigkeitswerte (Werkstoffkennwerte) ... 45
    Grenzspannungslinie (Wöhlerlinie) – Dauerfestigkeitsschaubilder (DFS) – Dauerfestigkeitskennwerte
- 3.4 Statische Bauteilfestigkeit ... 50
- 3.5 Gestaltfestigkeit (dynamische Bauteilfestigkeit) ... 51
  - 3.5.1 Konstruktionskennwerte ... 51
    Kerbwirkung und Stützwirkung – Oberflächengüte – Bauteilgröße – Oberflächenverfestigung – Sonstige Einflüsse – Konstruktionsfaktor (Gesamteinflussfaktor)
  - 3.5.2 Ermittlung der Gestaltfestigkeit (Bauteilfestigkeit) ... 57
    Gestaltwechselfestigkeit (Bauteilwechselfestigkeit) – Gestaltdauerfestigkeit (Bauteildauerfestigkeit) je nach Mittelspannung
- 3.6 Sicherheiten ... 60
- 3.7 Praktische Festigkeitsberechnung ... 61
  - 3.7.1 Überschlägige Berechnung ... 61
    Statisch belastete Bauteile – Dynamisch belastete Bauteile
  - 3.7.2 Statischer Festigkeitsnachweis ... 62
  - 3.7.3 Dynamischer Festigkeitsnachweis (Ermüdungsfestigkeitsnachweis) ... 63
  - 3.7.4 Festigkeitsnachweis im Stahlbau ... 64
- • 3.8 Berechnungsbeispiele ... 65
- 3.9 Literatur ... 69

# 4 Klebverbindungen

- 4.1 Funktion und Wirkung ... 70
  - 4.1.1 Aufgaben und Einsatz ... 70
  - 4.1.2 Das Wirken der physikalischen Kräfte in der Klebverbindung (Haftmechanismus) ... 70
  - 4.1.3 Klebstoffarten ... 72
    Physikalisch abbindende Klebstoffe (Lösungsmittel- und Dispersionsklebstoffe) – Chemisch abbindende Klebstoffe (Reaktionsklebstoffe)
  - 4.1.4 Herstellen der Klebverbindungen ... 73
- 4.2 Gestalten und Entwerfen ... 74
  - 4.2.1 Beanspruchung und Festigkeit ... 74
    Beanspruchung und Spannungsverlauf – Festigkeitswerte der Verbindung
  - 4.2.2 Einflüsse auf die Festigkeit ... 76
    Korrosionsbeständigkeit (Verhalten gegen Flüssigkeiten) – Alterungsbeständigkeit – Warmfestigkeit
  - 4.2.3 Gestalten der Klebverbindung ... 78
- 4.3 Berechnungsgrundlagen ... 79
- • 4.4 Berechnungsbeispiele ... 80
- 4.5 Literatur ... 80

# 5 Lötverbindungen

- 5.1 Funktion und Wirkung ... 82
  - 5.1.1 Aufgaben und Einsatz ... 82
  - 5.1.2 Das Wirken der physikalischen Kräfte in der Lötverbindung ... 83

|  |  | 5.1.3 | Lotarten und Flussmittel | 84 |
|---|---|---|---|---|
|  |  | 5.1.4 | Lötbarkeit | 85 |
|  |  | 5.1.5 | Herstellen der Lötverbindungen | 86 |
|  | 5.2 | | Gestalten und Entwerfen | 86 |
|  | 5.3 | | Berechnungsgrundlagen | 89 |
|  |  | 5.3.1 | Festigkeitsberechnungen | 89 |
|  |  | 5.3.2 | Zulässige Beanspruchung der Lötverbindungen | 90 |
| • | 5.4 | | Berechnungsbeispiel | 91 |
|  | 5.5 | | Literatur | 92 |

# 6 Schweißverbindungen

|  | 6.1 | | Funktion und Wirkung | 93 |
|---|---|---|---|---|
|  |  | 6.1.1 | Wirkprinzip und Anwendung | 93 |
|  |  | 6.1.2 | Schweißverfahren | 95 |
|  |  |  | Schmelzschweißen – Pressschweißen – Wahl des Schweißverfahrens | |
|  |  | 6.1.3 | Auswirkungen des Schweißvorganges | 95 |
|  |  |  | Entstehung der Schrumpfungen und Spannungen – Auswirkungen der Schweißschrumpfung – Zusammenwirken von Eigen- und Lastspannungen | |
|  | 6.2 | | Gestalten und Entwerfen | 99 |
|  |  | 6.2.1 | Schweißbarkeit der Bauteile | 99 |
|  |  |  | Schweißeignung der Werkstoffe – Konstruktionsbedingte Schweißsicherheit – Fertigungsbedingte Schweißsicherheit (Schweißmöglichkeit) – Schweißzusatzwerkstoffe | |
|  |  | 6.2.2 | Stoß- und Nahtarten | 104 |
|  |  |  | Begriffe – Stumpfnaht – Kehlnaht – Sonstige Nähte – Fugenvorbereitung | |
|  |  | 6.2.3 | Gütesicherung | 109 |
|  |  |  | Bewertungsgruppen für Lichtbogenschweißverbindungen an Stahl nach DIN EN 25817 – Allgemeintoleranzen für Schweißkonstruktionen nach DIN EN ISO 13920 | |
|  |  | 6.2.4 | Zeichnerische Darstellung der Schweißnähte nach DIN EN 22553 | 110 |
|  |  |  | Symbole – Lage der Symbole in Zeichnungen – Bemaßung der Nähte – Arbeitspositionen nach DIN EN ISO 6947 und DIN 1912-2 – Ergänzende Angaben – Beispiel | |
|  |  | 6.2.5 | Schweißgerechtes Gestalten | 114 |
|  |  |  | Allgemeine Konstruktionsrichtlinien – Gestaltungsbeispiele – Vorwiegend ruhend beanspruchte Stahlbauten – Geschweißte Maschinenteile – Druckbehälter – Punktschweißverbindungen | |
|  | 6.3 | | Berechnung von Schweißkonstruktionen | 127 |
|  |  | 6.3.1 | Schweißverbindungen im Stahlbau | 127 |
|  |  |  | Berechnung der Beanspruchungen (z. B. Schnittgrößen, Spannungen, Durchbiegungen) aus den Einwirkungen (Lasten) – Berechnungsbeispiel – Nachweisverfahren – Berechnung der Bauteile – Berechnung der Schweißnähte im Stahlbau – Berechnung der Punktschweißverbindungen | |
|  |  | 6.3.2 | Schweißverbindungen im Kranbau | 147 |
|  |  | 6.3.3 | Berechnung der Schweißverbindungen im Maschinenbau | 148 |
|  |  |  | Ermittlung der angreifenden Belastung – Beanspruchung auf Zug, Druck, Schub oder Biegung – Beanspruchung auf Verdrehen (Torsion) – Zusammengesetzte Beanspruchung – Zulässige Spannungen im Maschinenbau | |
|  |  | 6.3.4 | Berechnung geschweißter Druckbehälter | 151 |
|  |  |  | Zylindrische Mäntel und Kugeln – Gewölbte Böden – Ebene Platten und Böden – Ausschnitte in der Behälterwand | |
| • | 6.4 | | Berechnungsbeispiele | 157 |
|  | 6.5 | | Literatur | 164 |

## 7 Nietverbindungen

- 7.1 Allgemeines .................................................. 167
- 7.2 Die Niete .................................................... 168
  - 7.2.1 Nietformen ............................................. 168
  - 7.2.2 Nietwerkstoffe ......................................... 172
  - 7.2.3 Bezeichnung der Niete ................................. 172
- 7.3 Herstellung der Nietverbindungen ........................... 173
  - 7.3.1 Allgemeine Hinweise ................................... 173
  - 7.3.2 Warmnietung ........................................... 174
  - 7.3.3 Kaltnietung ........................................... 174
- 7.4 Verbindungsarten, Schnittigkeit ............................ 174
- 7.5 Nietverbindungen im Stahl- und Kranbau ..................... 175
  - 7.5.1 Allgemeine Richtlinien ................................ 175
  - 7.5.2 Berechnung der Bauteile ............................... 175
  - 7.5.3 Berechnung der Niete und Nietverbindungen ............. 176
    Niet- und Nietlochdurchmesser – Nietlänge – Tragfähigkeit der Niete – Maßgebende Beanspruchungsart, optimale Nietausnutzung – Erforderliche Nietzahl – Stabanschlüsse und Stöße – Momentbelastete Nietanschlüsse
  - 7.5.4 Gestaltung der Nietverbindungen ....................... 181
- 7.6 Nietverbindungen im Leichtmetallbau ........................ 182
  - 7.6.1 Allgemeines ........................................... 182
  - 7.6.2 Aluminiumniete ........................................ 183
  - 7.6.3 Werkstoffe ............................................ 184
  - 7.6.4 Berechnung der Bauteile und Niete ..................... 184
    Allgemeine Richtlinien – Niet- und Nietlochdurchmesser – Nietlänge
  - 7.6.5 Bauliche Durchbildung ................................. 185
  - 7.6.6 Korrosionsschutz ...................................... 186
- 7.7 Nietverbindungen im Maschinen- und Gerätebau ............... 186
  - 7.7.1 Anwendungsbeispiele ................................... 186
  - 7.7.2 Maßnahmen zur Erhöhung der Dauerfestigkeit ............ 187
  - 7.7.3 Festigkeitsnachweise .................................. 187
- 7.8 Berechnungsbeispiele ....................................... 188
- 7.9 Literatur und Bildquellenverzeichnis ....................... 192

## 8 Schraubenverbindungen

- 8.1 Funktion und Wirkung ....................................... 194
  - 8.1.1 Aufgaben und Wirkprinzip .............................. 194
  - 8.1.2 Gewinde ............................................... 194
    Gewindearten – Gewindebezeichnungen – Geometrische Beziehungen
  - 8.1.3 Schrauben- und Mutternarten ........................... 197
    Schraubenarten – Mutternarten – Sonderformen von Schrauben, Muttern und Gewindeteilen – Bezeichnung genormter Schrauben und Muttern
  - 8.1.4 Scheiben und Schraubensicherungen ..................... 200
    Scheiben – Schraubensicherungen
  - 8.1.5 Herstellung, Werkstoffe und Festigkeiten der Schrauben und Muttern 201
    Herstellung – Werkstoffe und Festigkeiten
- 8.2 Gestalten und Entwerfen .................................... 202
  - 8.2.1 Gestaltung der Gewindeteile ........................... 202
  - 8.2.2 Gestaltung der Schraubenverbindungen .................. 205

|        |       |                                                                                          |     |
|--------|-------|------------------------------------------------------------------------------------------|-----|
|        | 8.2.3 | Vorauslegung der Schraubenverbindung ........................                            | 208 |
| 8.3    |       | Berechnung von Befestigungsschrauben ................................                    | 210 |
|        | 8.3.1 | Kraft- und Verformungsverhältnisse bei vorgespannten Schraubenverbindungen               | 210 |
|        |       | Kräfte und Verformungen im Montagezustand – Kräfte und Verformungen bei statischer Betriebskraft als Längskraft – Kräfte und Verformungen bei dynamischer Betriebskraft als Längskraft – Einfluss der Krafteinleitung in die Verbindung – Kraftverhältnisse bei statischer oder dynamischer Querkraft |     |
|        | 8.3.2 | Setzverhalten der Schraubenverbindungen .......................                          | 216 |
|        | 8.3.3 | Dauerhaltbarkeit der Schraubenverbindungen ...................                           | 217 |
|        | 8.3.4 | Anziehen (Festdrehen) der Schraubenverbindung, Anziehdrehmoment                          | 218 |
|        |       | Kräfte am Gewinde, Gewindemoment – Anziehdrehmoment                                      |     |
|        | 8.3.5 | Montagevorspannkraft, Anziehfaktor und -verfahren .............                          | 221 |
|        | 8.3.6 | Beanspruchung der Schraube beim Anziehen..................                               | 223 |
|        | 8.3.7 | Einhaltung der maximal zulässigen Schraubenkraft................                         | 224 |
|        | 8.3.8 | Flächenpressung an den Auflageflächen .......................                            | 225 |
|        | 8.3.9 | Praktische Berechnung der Befestigungsschrauben im Maschinenbau                          | 225 |
|        |       | Nicht vorgespannte Schrauben – Vorgespannte Schrauben, Rechnungsgang                     |     |
|        | 8.3.10| Lösen der Schraubenverbindung, Sicherungsmaßnahmen .........                             | 227 |
|        |       | Losdrehmoment – Selbsttätiges Losdrehen, Lockern der Verbindung – Sicherungsmaßnahmen, Anwendung und Wirksamkeit der Sicherungselemente |     |
| 8.4    |       | Schraubenverbindungen im Stahlbau ..................................                     | 229 |
|        | 8.4.1 | Anwendung .................................................                              | 229 |
|        | 8.4.2 | Schraubenarten..............................................                             | 229 |
|        | 8.4.3 | Zug- und Druckstabanschlüsse .................................                           | 230 |
|        |       | Gestaltung der Verbindungen – Scher-Lochleibungsverbindungen – Verbindungen mit hochfesten Schrauben (HV-Schrauben) – Berechnung der Bauteile |     |
|        | 8.4.4 | Moment(schub)belastete Anschlüsse ..........................                             | 233 |
|        | 8.4.5 | Konsolanschlüsse ............................................                            | 235 |
| 8.5    |       | Bewegungsschrauben...............................................                        | 236 |
|        | 8.5.1 | Entwurf ....................................................                             | 237 |
|        | 8.5.2 | Nachprüfung auf Festigkeit ...................................                           | 237 |
|        | 8.5.3 | Nachprüfung auf Knickung ...................................                             | 239 |
|        | 8.5.4 | Nachprüfung des Muttergewindes (Führungsgewinde) ............                            | 240 |
|        | 8.5.5 | Wirkungsgrad der Bewegungsschrauben, Selbsthemmung .........                             | 241 |
| • 8.6  |       | Berechnungsbeispiele ..............................................                      | 241 |
| 8.7    |       | Literatur .......................................................                        | 249 |

# 9 Bolzen-, Stiftverbindungen und Sicherungselemente

|     |       |                                                                                          |     |
|-----|-------|------------------------------------------------------------------------------------------|-----|
| 9.1 |       | Funktion und Wirkung ..............................................                      | 251 |
| 9.2 |       | Bolzen .........................................................                         | 251 |
|     | 9.2.1 | Formen und Verwendung.....................................                               | 251 |
|     | 9.2.2 | Gestalten und Entwerfen der Bolzenverbindungen im Maschinenbau                           | 252 |
|     |       | Einbaufälle und Biegemomente – Festlegen der Bauteilabmessungen                          |     |
|     | 9.2.3 | Berechnen der Bolzenverbindungen im Maschinenbau ............                            | 254 |
|     | 9.2.4 | Gestalten und Entwerfen von Bolzenverbindungen nach Stahlbau-Richtlinien                 | 255 |
|     |       | Gestaltung – Festlegen der Bauteilabmessungen                                            |     |
|     | 9.2.5 | Berechnen der Bolzenverbindungen nach Stahlbau-Richtlinien .....                         | 256 |

| | 9.3 | Stifte und Spannbuchsen .................................................. | 257 |
|---|---|---|---|
| | | 9.3.1 Formen und Verwendung ......................................... | 257 |
| | | Kegelstifte – Zylinderstifte – Kerbstifte und Kerbnägel – Spannstifte (Spannhülsen) – Spannbuchsen für Lagerungen | 260 |
| | | 9.3.2 Berechnung der Stiftverbindungen ............................... | 261 |
| | | Querstift-Verbindungen – Steckstift-Verbindungen – Längsstift-(Rundkeil-)Verbindungen | |
| | 9.4 | Sicherungselemente ...................................................... | 263 |
| | | 9.4.1 Sicherungsringe (Halteringe) ..................................... | 263 |
| | | 9.4.2 Splinte und Federstecker ......................................... | 265 |
| | | 9.4.3 Stellringe ......................................................... | 266 |
| | | 9.4.4 Achshalter ....................................................... | 266 |
| | 9.5 | Gestaltungs- und Anwendungsbeispiele ................................... | 267 |
| • | 9.6 | Berechnungsbeispiele ..................................................... | 270 |
| | 9.7 | Literatur .................................................................. | 275 |

## 10 Elastische Federn

| | 10.1 | Funktion und Wirkung ................................................... | 276 |
|---|---|---|---|
| | | 10.1.1 Federrate, Federkennlinie ........................................ | 276 |
| | | Federn mit linearer Kennlinie – Federn mit gekrümmter Kennlinie – Federsysteme | |
| | | 10.1.2 Federungsarbeit .................................................. | 278 |
| | | 10.1.3 Schwingungsverhalten, Federwirkungsgrad und Dämpfung ......... | 278 |
| | 10.2 | Gestalten und Entwerfen ................................................. | 280 |
| | | 10.2.1 Federarten ....................................................... | 280 |
| | | 10.2.2 Federwerkstoffe .................................................. | 280 |
| | | Federstahl – Nichteisenmetalle – Nichtmetallische Werkstoffe | |
| | | 10.2.3 Federgröße (Optimierungsgrundsätze) ............................ | 281 |
| | 10.3 | Berechnungsgrundlagen und Eigenschaften der Einzelfedern ............... | 281 |
| | | 10.3.1 Zug- und druckbeanspruchte Federn ............................. | 281 |
| | | Zugstab – Ringfeder | |
| | | 10.3.2 Biegebeanspruchte Federn ........................................ | 283 |
| | | Einfache Blattfeder – Geschichtete Blattfeder – Drehfeder – Spiralfeder – Tellerfeder | |
| | | 10.3.3 Drehbeanspruchte Federn aus Metall ............................ | 297 |
| | | Drehstabfedern – Zylindrische Schraubenfedern mit Kreisquerschnitt – Zylindrische Schraubenfedern mit Rechteckquerschnitt – Kegelige Schraubendruckfedern | |
| | | 10.3.4 Federn aus Gummi ............................................... | 307 |
| | | Eigenschaften – Ausführung, Anwendung – Berechnung | |
| • | 10.4 | Berechnungsbeispiele ..................................................... | 310 |
| | 10.5 | Literatur .................................................................. | 316 |

## 11 Achsen, Wellen und Zapfen

| | 11.1 | Funktion und Wirkung ................................................... | 318 |
|---|---|---|---|
| | 11.2 | Gestalten und Entwerfen ................................................. | 319 |
| | | 11.2.1 Gestaltungsgrundsätze ........................................... | 319 |
| | | Gestaltungsrichtlinien hinsichtlich der Festigkeit – Gestaltungsrichtlinien hinsichtlich des elastischen Verhaltens | |
| | | 11.2.2 Entwurfsberechnung ............................................. | 322 |
| | | Werkstoffe und Halbzeuge – Berechnungsgrundlagen – Ermittlung des Entwurfsdurchmessers | |

Inhaltsverzeichnis                                                                                           XIII

- 11.3 Kontrollberechnungen ........................................................ 333
  - 11.3.1 Festigkeitsnachweis ................................................. 333
  - 11.3.2 Elastisches Verhalten ............................................... 333
    - Verformung bei Torsionsbeanspruchung – Verformung bei Biegebeanspruchung
  - 11.3.3 Kritische Drehzahl .................................................. 338
    - Schwingungen, Resonanz – Biegekritische Drehzahl – Verdrehkritische Drehzahl
- • 11.4 Berechnungsbeispiele ....................................................... 342
- 11.5 Literatur ...................................................................... 348

# 12 Elemente zum Verbinden von Wellen und Naben

- 12.1 Funktion und Wirkung ...................................................... 349
- 12.2 Formschlüssige Welle-Nabe-Verbindungen ................................. 349
  - 12.2.1 Pass- und Scheibenfederverbindungen ............................. 349
    - Gestalten und Entwerfen – Berechnung
  - 12.2.2 Keil- und Zahnwellenverbindungen ................................. 353
    - Gestalten und Entwerfen – Berechnung
  - 12.2.3 Polygonverbindungen ............................................... 355
    - Gestalten und Entwerfen – Berechnung
  - 12.2.4 Stirnzahnverbindungen ............................................. 356
  - 12.2.5 Stiftverbindungen .................................................. 356
- 12.3 Kraftschlüssige Welle-Nabe-Verbindungen ................................. 357
  - 12.3.1 Zylindrische Pressverbände ........................................ 357
    - Gestalten und Entwerfen – Berechnung – Angaben zur Herstellung von Pressverbänden – Drehzahleinfluss bei Pressverbänden
  - 12.3.2 Kegelpressverbände ................................................ 365
    - Gestalten und Entwerfen – Berechnung
  - 12.3.3 Spannelement-Verbindungen ....................................... 368
    - Kegelspannelemente – Schrumpfscheiben und Außen-Spannsätze – Sternscheiben – Druckhülsen – Hydraulische Spannbuchsen – Toleranzring
  - 12.3.4 Klemmverbindung .................................................. 375
    - Gestalten und Entwerfen – Berechnung
  - 12.3.5 Keilverbindungen .................................................. 377
    - Gestalten und Entwerfen – Berechnung
  - 12.3.6 Kreiskeil-Verbindung ............................................... 379
    - Gestalten und Entwerfen – Berechnung
- 12.4 Stoffschlüssige Welle-Nabe-Verbindungen ................................. 380
- • 12.5 Berechnungsbeispiele ....................................................... 380
- 12.6 Literatur und Bildquellennachweis ......................................... 384

# 13 Kupplungen und Bremsen

- 13.1 Funktion und Wirkung von Kupplungen .................................. 385
- 13.2 Berechnungsgrundlagen zur Kupplungsauswahl ........................... 386
  - 13.2.1 Anlaufdrehmoment, zu übertragendes Kupplungsmoment ......... 386
  - 13.2.2 Beschleunigungsdrehmoment, Trägheitsmoment .................. 388
  - 13.2.3 Betriebsverhalten von Antriebs- und Arbeitsmaschinen .......... 390
  - 13.2.4 Kupplungsdrehmoment ............................................. 391
    - Stoßfreies Anfahren mit konstantem Drehmoment – Drehmomentstoß – Geschwindigkeitsstoß – Periodisches Wechseldrehmoment
  - 13.2.5 Auslegung nachgiebiger Wellenkupplungen ....................... 394
    - Nach Herstellerangaben – Mit Hilfe von Anwendungsfaktoren – Nach der ungünstigsten Lastart (DIN 740 T2)

|  |  | 13.2.6 | Auslegung von schaltbaren Reibkupplungen  .................... | 397 |
|---|---|---|---|---|
|  |  |  | Anlaufvorgang – Drehmomente bei Reibkupplungen – Bestimmung der Kupplungsgröße |  |
|  | 13.3 |  | Nicht schaltbare Kupplungen ............................................. | 400 |
|  |  | 13.3.1 | Starre Kupplungen ................................................. | 400 |
|  |  | 13.3.2 | Nachgiebige Kupplungen (Ausgleichskupplungen) ................ | 401 |
|  |  |  | Getriebebewegliche (drehstarre) Kupplungen – Drehnachgiebige Kupplungen |  |
|  | 13.4 |  | Schaltbare Kupplungen .................................................. | 411 |
|  |  | 13.4.1 | Fremdbetätigte Kupplungen (Schaltkupplungen) .................. | 411 |
|  |  |  | Formschlüssige Schaltkupplungen – Kraft-(Reib-)schlüssige Schaltkupplungen |  |
|  |  | 13.4.2 | Momentbetätigte Kupplungen (Sicherheitskupplungen) ............ | 421 |
|  |  | 13.4.3 | Drehzahlbetätigte Kupplungen (Fliehkraftkupplungen) ............ | 423 |
|  |  | 13.4.4 | Richtungsbetätigte Kupplungen (Freilaufkupplungen) ............. | 424 |
|  |  | 13.4.5 | Induktionskupplungen ............................................ | 426 |
|  |  |  | Synchronkupplung – Asynchron- und Wirbelstromkupplung |  |
|  |  | 13.4.6 | Hydrodynamische Kupplungen.................................... | 428 |
|  |  |  | Mit konstanter Füllung – Mit veränderlicher Füllung |  |
|  | 13.5 |  | Hinweise für Einsatz und Auswahl von Kupplungen ..................... | 430 |
|  | 13.6 |  | Bremsen ................................................................ | 433 |
|  |  | 13.6.1 | Funktion und Wirkung............................................. | 433 |
|  |  | 13.6.2 | Berechnung ....................................................... | 434 |
|  |  | 13.6.3 | Bauformen........................................................ | 434 |
| • | 13.7 |  | Berechnungsbeispiele ................................................... | 438 |
|  | 13.8 |  | Literatur und Bildquellennachweis ...................................... | 448 |

# 14 Wälzlager und Wälzlagerungen

|  | 14.1 |  | Funktion und Wirkung .................................................. | 450 |
|---|---|---|---|---|
|  |  | 14.1.1 | Aufgaben und Wirkprinzip ........................................ | 450 |
|  |  | 14.1.2 | Einteilung der Lager .............................................. | 451 |
|  |  | 14.1.3 | Richtlinien zur Anwendung von Wälzlagern ....................... | 451 |
|  |  | 14.1.4 | Ordnung der Wälzlager ........................................... | 452 |
|  |  |  | Aufbau der Wälzlager, Wälzkörperformen, Werkstoffe – Grundformen der Wälzlager, Druckwinkel, Lastwinkel – Standardbauformen der Wälzlager, ihre Eigenschaften und Verwendung – Weitere Bauformen – Baumaße und Kurzzeichen der Wälzlager |  |
|  | 14.2 |  | Gestalten und Entwerfen von Wälzlagerungen .......................... | 462 |
|  |  | 14.2.1 | Lageranordnung .................................................. | 462 |
|  |  |  | Fest-Los-Lagerung – Stützlagerung – Lagerkombinationen – Mehrfache Lagerung |  |
|  |  | 14.2.2 | Lagerauswahl .................................................... | 464 |
|  |  | 14.2.3 | Gestaltung der Lagerungen ....................................... | 465 |
|  |  |  | Tolerierung der Anschlussbauteile – Konstruktive Gestaltung der Lagerstelle |  |
|  |  | 14.2.4 | Schmierung der Wälzlager ........................................ | 468 |
|  |  |  | Fettschmierung – Ölschmierung – Feststoffschmierung |  |
|  |  | 14.2.5 | Lagerabdichtungen................................................ | 472 |
|  |  | 14.2.6 | Vorauswahl der Lagergröße ....................................... | 473 |
|  | 14.3 |  | Berechnung der Wälzlager .............................................. | 473 |
|  |  | 14.3.1 | Statische Tragfähigkeit ............................................ | 473 |
|  |  |  | Statische Tragzahl $C_0$ – Statisch äquivalente Belastung |  |
|  |  | 14.3.2 | Dynamische Tragfähigkeit......................................... | 474 |

Inhaltsverzeichnis XV

      Bestimmungsgrößen nach DIN ISO 281 – Lebensdauergleichung nach DIN ISO 281 – Bestimmen der dynamisch äquivalenten Lagerbelastung ($P$ und $n$ = konstant) – Bestimmen der dynamisch äquivalenten Lagerbelastung ($P$ und $n \neq$ konstant)
  14.3.3 Minderung der Lagertragzahlen $C$ und $C_0$ ....................... 479
  14.3.4 Erreichbare Lebensdauer – modifizierte Lebensdauerberechnung... 479
  14.3.5 Gebrauchsdauer ........................................................ 480
  14.3.6 Höchstdrehzahlen ...................................................... 481
 14.4 Gestaltungsbeispiele für Wälzlagerungen ................................... 481
 14.5 Wälzgelagerte Bauelemente ................................................... 484
      Lagergehäuseeinheiten – Laufrollen – Drehverbindungen – Kugelhülsen – Linearwälzführungen – Linearantriebseinheiten – Kugelgewindetrieb
• 14.6 Berechnungsbeispiele ........................................................... 488
 14.7 Literatur und Bildquellennachweis ............................................ 496

# 15 Gleitlager

 15.1 Funktion und Wirkung ........................................................... 497
  15.1.1 Wirkprinzip ............................................................. 497
  15.1.2 Anordnung der Gleitflächen ......................................... 497
  15.1.3 Reibungszustände ..................................................... 498
  15.1.4 Schmierstoffeinflüsse ................................................. 499
  15.1.5 Hydrodynamische Schmierung ..................................... 502
      Schmierkeil – Druckverteilung und Tragfähigkeit
 15.2 Anwendung ....................................................................... 505
 15.3 Gestalten und Entwerfen ....................................................... 506
  15.3.1 Gleitlagerwerkstoffe .................................................. 506
      Tribologisches Verhalten – Lagerwerkstoffe
  15.3.2 Gestaltungs- und Betriebseinflüsse ................................. 509
  15.3.3 Schmierstoffversorgung der Gleitlager ............................ 513
      Schmierungsarten – Schmierverfahren und Schmiervorrichtungen – Schmierstoffzuführung
  15.3.4 Gestaltung der Radial-Gleitlager .................................... 517
      Lagerbuchsen, Lagerschalen – Gestaltungsbeispiele
  15.3.5 Gestaltung der Axial-Gleitlager ..................................... 522
  15.3.6 Lagerdichtungen ...................................................... 525
 15.4 Berechnungsgrundlagen ........................................................ 528
  15.4.1 Berechnung der Radialgleitlager ................................... 528
      Betriebskennwerte (Relativwerte) – Wärmebilanz – Schmierstoffdurchsatz – Berechnungsgang
  15.4.2 Berechnung der Axialgleitlager .................................... 538
      Spurlager mit ebenen Spurplatten – Einscheiben- und Segment-Spurlager
• 15.5 Berechnungsbeispiele ........................................................... 544
 15.6 Literatur ........................................................................... 550

# 16 Riementriebe

 16.1 Funktion und Wirkung ........................................................... 552
  16.1.1 Aufgaben und Wirkprinzip .......................................... 552
  16.1.2 Riemenaufbau und Riemenwerkstoffe ............................ 552
      Flachriemen – Keilriemen – Keilrippenriemen – Synchronriemen (Zahnriemen)

| | 16.2 | Gestalten und Entwerfen .................................................. | 556 |
|---|---|---|---|
| | | 16.2.1 Bauarten und Verwendung............................................ | 556 |
| | | Wahl der Riemenart – Riemenführung – Vorspannmöglichkeiten – Verstell- bzw. Schaltgetriebe | |
| | | 16.2.2 Ausführung der Riementriebe ........................................ | 559 |
| | | Allgemeine Gesichtspunkte – Hauptabmessungen der Riemenscheiben – Werkstoffe und Ausführung der Riemenscheiben | |
| | 16.3 | Auslegung der Riementriebe .............................................. | 562 |
| | | 16.3.1 Theoretische Grundlagen zur Berechnung der Riementriebe ........ | 563 |
| | | Kräfte am Riementrieb – Dehn- und Gleitschlupf, Übersetzung – Spannungen, elastisches Verhalten – Übertragbare Leistung, optimale Riemengeschwindigkeit | |
| | | 16.3.2 Praktische Berechnung der Riementriebe ........................... | 568 |
| | | Riemenwahl – Geometrische und kinematische Beziehungen – Leistungsberechnung – Vorspannung; Wellenbelastung – Kontrollabfragen | |
| • | 16.4 | Berechnungsbeispiele ..................................................... | 577 |
| | 16.5 | Literatur................................................................. | 581 |

# 17 Kettentriebe

| | 17.1 | Funktion und Wirkung..................................................... | 582 |
|---|---|---|---|
| | | 17.1.1 Aufgaben und Einsatz ................................................ | 582 |
| | | 17.1.2 Kettenarten, Ausführung und Anwendung......................... | 582 |
| | | Bolzenketten – Buchsenketten – Rollenketten – Sonderbauformen | |
| | | 17.1.3 Kettenräder .......................................................... | 586 |
| | | 17.1.4 Verbindungsglieder für Rollenketten................................ | 586 |
| | | 17.1.5 Mechanik der Kettentriebe .......................................... | 587 |
| | 17.2 | Gestalten und Entwerfen von Rollenkettentrieben ........................ | 588 |
| | | 17.2.1 Verzahnungsangaben................................................. | 588 |
| | | 17.2.2 Festlegen der Zähnezahlen für die Kettenräder .................... | 589 |
| | | 17.2.3 Gestalten der Kettenräder........................................... | 589 |
| | | 17.2.4 Kettenauswahl....................................................... | 590 |
| | | 17.2.5 Gliederzahl, Wellenabstand.......................................... | 591 |
| | | 17.2.6 Anordnung der Kettentriebe ........................................ | 593 |
| | | 17.2.7 Durchhang des Kettentrums ........................................ | 593 |
| | | 17.2.8 Hilfseinrichtungen................................................... | 593 |
| | | 17.2.9 Schmierung und Wartung der Kettentriebe ........................ | 595 |
| | 17.3 | Berechnung der Kräfte am Kettentrieb ................................... | 596 |
| • | 17.4 | Berechnungsbeispiele ..................................................... | 597 |
| | 17.5 | Literatur................................................................. | 599 |

# 18 Elemente zur Führung von Fluiden (Rohrleitungen)

| | 18.1 | Funktionen, Wirkungen und Einsatz....................................... | 600 |
|---|---|---|---|
| | 18.2 | Bauformen................................................................ | 600 |
| | | 18.2.1 Rohre ................................................................ | 600 |
| | | 18.2.2 Schläuche ............................................................ | 602 |
| | | 18.2.3 Formstücke ......................................................... | 602 |
| | | 18.2.4 Armaturen.......................................................... | 602 |
| | | Ventile – Schieber – Hähne – Klappen | |
| | 18.3 | Gestalten und Entwerfen.................................................. | 606 |
| | | 18.3.1 Nenndruck und Nennweite........................................ | 606 |

# Sitzt, passt, wackelt und *hält Druck.*

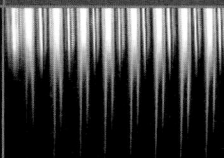

| Industrie | Luft- und Raumfahrt | Fahrzeugtechnik | Technische Gebäudeausrüstung | Medizintechnik |

Manchmal sind sogar wir absolut unnachgiebig: beispielsweise was die optimale Auslegung unserer Produkte angeht. Und natürlich, was die konsequente Umsetzung unserer Engineeringkompetenz betrifft, die Ihnen bestmögliche Lösungen für die Zukunft garantiert. Deshalb passen sich unsere flexiblen Metallschläuche und Kompensatoren nahtlos in Ihre Leitungssysteme ein. Im Maschinenbau, in der metallverarbeitenden, chemischen und der Lebensmittelindustrie. Aus Edelstahl oder PTFE. Für Wasser, Gas und aggressive Medien. Marktführer-Know-how flexibel im Einsatz.

**WITZENMANN**
managing flexibility

HYDRA

# Achtung *Aufnahme.*

- Weltweit breiteste Produktpalette für die Industrie.
- Anschlussarten von standardisiert bis spezialisiert.
- Große Werkstoffvielfalt von Edelstahl bis PTFE.
- Für jeden Anwendungsfall von DN 15 bis DN 12.000.
- Hohe Beratungskompetenz in Engineering und Entwicklung.

| Industrie | Luft- und Raumfahrt | Fahrzeugtechnik | Technische Gebäudeausrüstung | Medizintechnik |

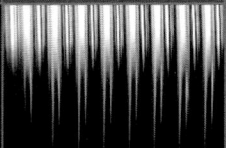

Als Begründer der Metallschlauch- und Kompensatorenindustrie und als Marktführer verfügen wir über das weltweit breiteste Produktprogramm von Metallschläuchen, Kompensatoren, Metallbälgen und Rohrhalterungen. Dass bei Witzenmann die Produktqualität über alles geht, zeigen die Zulassungen und Zertifizierungen aller wichtigen Unternehmen und Gesellschaften. Damit werden wir zum Ansprechpartner für alle Industriebereiche.

Weitere Information: Tel. ++49-(0)7231-581-0, wi@witzenmann.com, www.witzenmann.com

| | 18.3.2 | Rohrverbindungen | 607 |
|---|---|---|---|
| | | Schweißverbindungen für Stahlrohre – Flanschverbindungen – Rohrverschraubungen – Muffenverbindungen | |
| | 18.3.3 | Dehnungsausgleicher | 611 |
| | 18.3.4 | Rohrhalterungen | 613 |
| | 18.3.5 | Gestaltungsrichtlinien für Rohrleitungsanlagen | 614 |
| | 18.3.6 | Darstellung der Rohrleitungen | 614 |
| 18.4 | Berechnungsgrundlagen | | 614 |
| | 18.4.1 | Rohrquerschnitt und Druckverlust | 614 |
| | 18.4.2 | Berechnung der Wanddicke gegen Innendruck | 617 |
| | | Stahlrohre – Gussrohre – Berücksichtigung von Druckstößen | |
| 18.5 | Berechnungsbeispiele | | 619 |
| 18.6 | Literatur | | 622 |

# 19 Dichtungen

| 19.1 | Funktion und Wirkung | | 624 |
|---|---|---|---|
| 19.2 | Berührungsdichtungen zwischen ruhenden Bauteilen (Statische Dichtungen) | | 626 |
| | 19.2.1 | Unlösbare Berührungsdichtungen | 626 |
| | 19.2.2 | Lösbare Dichtungen | 627 |
| 19.3 | Berührungsdichtungen zwischen relativ bewegten Bauteilen (Dynamische Dichtungen) | | 633 |
| | 19.3.1 | Dichtungen für Drehbewegungen | 633 |
| | 19.3.2 | Dichtungen für Längsbewegung ohne oder mit Drehbewegung | 638 |
| 19.4 | Berührungsfreie Dichtungen zwischen relativ bewegten Bauteilen | | 640 |
| 19.5 | Literatur und Bildquellennachweis | | 642 |

# 20 Zahnräder und Zahnradgetriebe (Grundlagen)

| 20.1 | Funktion und Wirkung | | 643 |
|---|---|---|---|
| | 20.1.1 | Zahnräder und Getriebearten | 644 |
| | 20.1.2 | Verzahnungsgesetz | 647 |
| | 20.1.3 | Flankenprofile und Verzahnungsarten | 649 |
| | | Zykloidverzahnung – Triebstockverzahnung – Evolventenverzahnung | |
| | 20.1.4 | Bezugsprofil, Herstellung der Evolventenverzahnung | 653 |
| 20.2 | Zahnradwerkstoffe | | 655 |
| 20.3 | Schmierung der Zahnradgetriebe | | 656 |
| 20.4 | Getriebewirkungsgrad | | 658 |
| 20.5 | Konstruktionshinweise für Zahnräder und Getriebegehäuse | | 660 |
| | 20.5.1 | Gestaltungsvorschläge | 660 |
| | | Stirnräder – Kegelräder – Schnecken und Schneckenräder – Getriebegehäuse | |
| | 20.5.2 | Darstellung, Maßeintragung | 663 |
| | | Zeichnerische Darstellung – Maßeintragung | |
| 20.6 | Literatur | | 665 |

# 21 Außenverzahnte Stirnräder

21.1 Geometrie der Geradstirnräder mit Evolventenverzahnung ............... 667
    21.1.1 Begriffe und Bestimmungsgrößen ............................ 667
    21.1.2 Verzahnungsmaße der Nullräder ............................ 668
    21.1.3 Eingriffsstrecke, Profilüberdeckung ......................... 670
    21.1.4 Profilverschiebung (Geradverzahnung)....................... 670
        Anwendung – Zahnunterschnitt, Grenzzähnezahl – Spitzgrenze und Mindestzahndicke am Kopfkreis – Paarung der Zahnräder, Getriebearten – Rad- und Getriebeabmessungen bei $V$-Außenradpaaren
    21.1.5 Evolventenfunktion und ihre Anwendung bei $V$-Getrieben ........ 677
        Anwendung der Evolventenfunktion – Summe der Profilverschiebungsfaktoren und ihre Aufteilung – 0,5-Verzahnung
•   21.1.6 Berechnungsbeispiele (Geometrie der Geradverzahnung) ......... 679
21.2 Geometrie der Schrägstirnräder mit Evolventenverzahnung ................ 681
    21.2.1 Grundformen, Schrägungswinkel ............................ 681
    21.2.2 Verzahnungsmaße ........................................ 682
    21.2.3 Eingriffsverhältnisse, Gesamtüberdeckung .................... 684
    21.2.4 Profilverschiebung (Schrägverzahnung) ...................... 685
        Ersatzzähnezahl, Grenzzähnezahl – Profilverschiebungsfaktoren – Rad- und Getriebeabmessungen für $V$-Radpaarungen
•   21.2.5 Berechnungsbeispiele (Geometrie der Schrägverzahnung) ........ 687
21.3 Toleranzen, Verzahnungsqualität ................................... 689
    21.3.1 Flankenspiele und Zahndickenabmaße ....................... 689
    21.3.2 Prüfmaße für die Zahndicke ................................ 691
•   21.3.3 Berechnungsbeispiele (Toleranzen, Verzahnungsqualität) ......... 692
21.4 Entwurfsberechnung ............................................ 693
    21.4.1 Vorwahl der Hauptabmessungen ............................ 693
        Wellendurchmesser $d_{sh}$ zur Aufnahme des Ritzels – Übersetzung $i$, Zähnezahlverhältnis $u$ – Ritzelzähnezahl $z_1$ – Zahnradbreite $b$ – Schrägungswinkel β, Steigungsrichtung der Zahnflanken – Modul
    21.4.2 Vorgehensweise zur Ermittlung der Verzahnungsgeometrie ........ 696
21.5 Tragfähigkeitsnachweis .......................................... 697
    21.5.1 Schadensmöglichkeiten an Zahnrädern ....................... 697
        Zahnbruch – Ermüdungserscheinungen an den Zahnflanken – Fressen
    21.5.2 Kraftverhältnisse ......................................... 699
        Kräfte am Gerad-Stirnradpaar – Kräfte am Schräg-Stirnradpaar
    21.5.3 Belastungseinflussfaktoren ................................. 701
    21.5.4 Nachweis der Zahnfußtragfähigkeit .......................... 704
        Auftretende Zahnfußspannung – Zulässige Zahnfußspannung $\sigma_{FP}$
    21.5.5 Nachweis der Grübchentragfähigkeit ......................... 706
        Auftretende Flankenpressung – Zulässige Flankenpressung $\sigma_{HP}$
•   21.5.6 Berechnungsbeispiele (Tragfähigkeitsnachweis) ................. 709

# 22 Kegelräder und Kegelradgetriebe

22.1 Grundformen, Funktion und Verwendung ............................ 713
22.2 Geometrie der Kegelräder ........................................ 713
    22.2.1 Geradverzahnte Kegelräder ................................ 713
        Übersetzung, Zähnezahlverhältnis, Teilkegelwinkel – Allgemeine Radabmessungen – Eingriffsverhältnisse – Grenzzähnezahl und Profilverschiebung
    22.2.2 Schrägverzahnte Kegelräder ................................ 718
        Übersetzung, Zähnezahlverhältnis – Radabmessungen – Eingriffsverhältnisse – Grenzzähnezahl und Profilverschiebung

| | | | |
|---|---|---|---|
| | 22.3 | Entwurfsberechnung ................................... | 721 |
| | | Wellendurchmesser $d_{sh}$ zur Aufnahme des Ritzels – Übersetzung, Zähnezahlverhältnis – Zähnezahl – Schrägungswinkel – Zahnbreite – Zahnradwerkstoffe und Verzahnungsqualität – Modul | |
| | 22.4 | Tragfähigkeitsnachweis ................................. | 723 |
| | | 22.4.1 Kraftverhältnisse................................ | 723 |
| | | 22.4.2 Nachweis der Zahnfußtragfähigkeit ................ | 725 |
| | | 22.4.3 Nachweis der Grübchentragfähigkeit ............... | 726 |
| • | 22.5 | Berechnungsbeispiele für Kegelradgetriebe............... | 727 |

# 23 Schraubrad- und Schneckengetriebe

| | | | |
|---|---|---|---|
| | 23.1 | Schraubradgetriebe .................................... | 734 |
| | | 23.1.1 Funktion und Wirkung ........................... | 734 |
| | | 23.1.2 Geometrische Beziehungen ....................... | 734 |
| | | Übersetzungen – Schrägungswinkel – Geschwindigkeitsverhältnisse – Radabmessungen, Achsabstand | |
| | | 23.1.3 Eingriffsverhältnisse ............................ | 735 |
| | | 23.1.4 Kraftverhältnisse (Null-Verzahnung) ............... | 736 |
| | | 23.1.5 Berechnung der Getriebeabmessungen (Null-Verzahnung) | 738 |
| | 23.2 | Schneckengetriebe ..................................... | 738 |
| | | 23.2.1 Funktion und Wirkung ........................... | 738 |
| | | Ausführungsformen und Herstellung – Verwendung | |
| | | 23.2.2 Geometrische Beziehungen bei Zylinderschneckengetrieben mit $\Sigma = 90°$ Achsenwinkel............... | 740 |
| | | Übersetzung – Abmessungen der Schnecke – Abmessungen des Schneckenrades – Achsabstand | |
| | | 23.2.3 Eingriffsverhältnisse ............................ | 743 |
| | | 23.2.4 Kraftverhältnisse ............................... | 744 |
| | | Kräfte an der Schnecke – Kräfte am Schneckenrad | |
| | | 23.2.5 Entwurfsberechnung für Schneckengetriebe ......... | 745 |
| | | Vorwahl der Hauptabmessungen – Werkstoffvorwahl | |
| | | 23.2.6 Tragfähigkeitsnachweis .......................... | 746 |
| | | Flanken-Tragfähigkeit – Zahnfuß-Tragfähigkeit – Kontrolle auf Erwärmen – Durchbiegung der Schneckenwelle | |
| • | | 23.2.7 Berechnungsbeispiele ........................... | 748 |

# Sachwortverzeichnis ....................................... 754

# WIE SOLL'S MIT IHRER LAUFBAHN WEITERGEHEN?

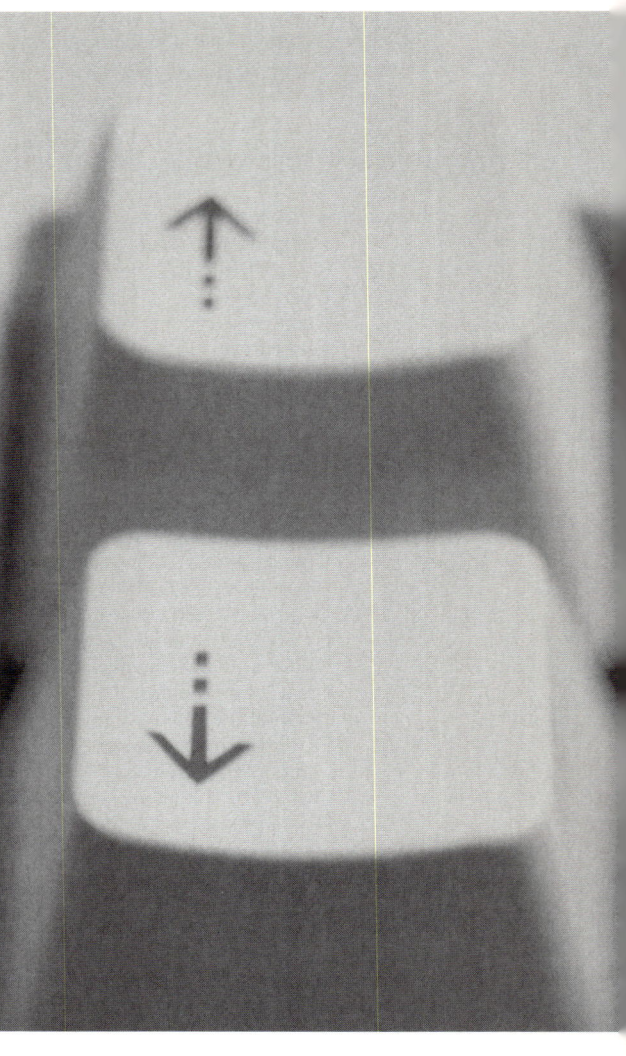

**Wir bieten Aufstiegschancen.**

Sie sind Ingenieur/ -in, Techniker /-in oder technische/-r Zeichner/-in? Sie arbeiten motiviert und zielstrebig? Dann sind Sie bei FERCHAU, dem Marktführer für Ingenieurdienstleistungen, am Drücker. Denn qualifizierte, engagierte Mitarbeiter unterstützen wir durch individuelle berufliche und persönliche Förderung, laufende Weiterbildung und gute Auftstiegsmöglichkeiten. So haben bereits viele der mehr als 1.800 Mitarbeiter bei FERCHAU Karriere gemacht und sind in neue Verantwortungsfelder hineingewachsen, z. B. als Projektleiter oder Leiter der Konstruktion. Ihr Beitrag? Sie bringen Ihr Können und Ihre Kreativität in unsere Projektarbeit für Top-Unternehmen verschiedenster Branchen ein. Wir wollen weiter wachsen! Sie auch? Dann drücken Sie jetzt die richtigen Tasten und überzeugen Sie uns mit Ihrer Bewerbung.

FERCHAU Konstruktion GmbH
Zentrale
Schützenstraße 13
51643 Gummersbach
Fon 0 22 61 / 30 06-0
Fax 0 22 61 / 6 43 63
www.ferchau.de
bewerber@ferchau.de

# 1 Allgemeine und konstruktive Grundlagen

## 1.1 Arten und Einteilung der Maschinenelemente (ME)

Vergleichend mit der Definition des Begriffes *Element* in der Chemie kann das *Maschinenelement* im weitesten Sinne verstanden werden als *das kleinste, nicht mehr sinnvoll zu zerlegendes und in gleicher oder ähnlicher Form immer wieder verwendetes Bauteil im technischen Anwendungsbereich*. Hierunter sind sowohl Einzelbauteile wie Schrauben, Stifte, Wellen, Zahnräder usw. zu verstehen als auch Bauteile, die zwar aus mehreren Einzelbauteilen bestehen, aber hinsichtlich ihres Einsatzes als ein einheitliches Bauteil (Element) verwendet werden, z. B. Wälzlager, Kupplungen, Ventile usw.

Jede technische Apparatur besteht entsprechend ihrer Komplexität u. a. aus mehreren ME, deren Art des *logischen* und *sinnvollen* Zusammenwirkens zur Erfüllung der an das Gerät gestellten Aufgabe vom Konstrukteur während des Konstruktionsprozesses *zielgerichtet* erdacht und erarbeitet wird. Dazu sind grundlegende Kenntnisse, z. B. hinsichtlich der Passungen, der Festigkeit und zulässigen Spannungen usw. für die Dimensionierung und Gestaltung sowie für die Auswahl der in den Normen festgelegten ME einerseits, als auch für die Festlegung der zur Erfüllung der Funktion notwendigen Oberflächenabweichungen andererseits erforderlich.

Obwohl einige ME hinsichtlich ihrer Funktionserfüllung unterschiedlich eingesetzt werden können (z. B. Kupplungen als Verbindungs- und Übertragungselement), so lassen sich die ME dennoch ganz allgemein entsprechend ihrem Verwendungszweck unterscheiden in:

— *Verbindungselemente*, z. B. Niete, Schrauben, Federn, Stifte, Bolzen; ferner Schweiß-, Löt- und Klebverbindungen;
— *Lagerungs- und Übertragungselemente*, z. B. Gleit- und Wälzlager, Achsen und Wellen, Zahnräder und Getriebe, Riemen- und Kettentriebe;
— *Elemente zur Fortleitung von Flüssigkeiten und Gasen*, z. B. Rohre und Zubehörteile, Armaturen wie Ventile, Schieber und Hähne.

## 1.2 Grundlagen des Normenwesens

Die Normung ist eine planmäßig durchgeführte Vereinheitlichung von Gegenständen zum Nutzen der Allgemeinheit. Je größer die Gemeinschaften und je enger die Grenzen des räumlichen Zusammenlebens sind, desto wichtiger sind ordnende Spielregeln zwischen den Partnern, dem Produkthersteller und dem Anwender. Technische Normen fördern allgemein die *Rationalisierung* (durch z. B. Festlegung einheitlicher Bezeichnungen und Begriffe, Abmessungen, Toleranzen und Anschlussmaße zum Zwecke der Austauschbarkeit, Verringerung der Typenzahlen), die *Qualitätssicherung* (z. B. Messtechnik, Verfahren für Stichprobenprüfung, statistische Auswertungsverfahren), die *Humanisierung der Arbeitswelt* (z. B. Mindestanforderungen bei Büromöbeln, Schutzkleidungen, Innenraumbeleuchtungen, Bildschirmarbeitsplätzen, Festlegung der Gefahrensignale an Arbeitsstätten). DIN-Normen können somit zum Schutze des Menschen als Sicherheitsnormen eine *Sicherheitsfunktion* ausüben, ebenso als Grundlage für Gesetze eine *Rechtsfunktion*. DIN-Normen bilden einen Maßstab für einwandfreies technisches Verhalten, was auch in der Rechtsordnung von Bedeutung sein kann. Eine generelle Anwendungspflicht besteht nicht, kann sich aber u. U. aus Rechts- oder Verwaltungsvorschriften, Vereinbarungen oder aus sonstigen Rechtsgrundlagen ergeben. Durch das Anwenden der DIN-Normen entzieht sich niemand der Verantwortung für eigenes Handeln!

### 1.2.1 Nationale und internationale Normen, Technische Regelwerke

In Deutschland wurden zu Beginn des 20. Jahrhunderts für den Bereich der Elektrotechnik der VDE (Verband Deutscher Elektrotechniker e. V.) und für den nichtelektrischen Bereich der Normenausschuß der Deutschen Industrie, Herausgeber von „Deutsche Industrie Normen" (DIN) als private Vereine gegründet. 1926 erfolgte die Umbenennung des DIN in „Deutscher Normen Ausschuß" (DNA), 1975 wiederum umbenannt in „DIN Deutsches Institut für Normung e. V." mit Sitz in Berlin.

Neben den Normen und Regelwerken dieser Vereinigungen werden andere Regelwerke ebenso von privatrechtlichen Organisationen, öffentlich-rechtlichen Körperschaften, technischen Ausschüssen u. a. herausgegeben; so z. B. die *VDI-Richtlinien* (Verein Deutscher Ingenieure[1]), *VDG-Merkblätter* (Verein Deutscher Gießereifachleute), *ATV-Arbeitsblätter* (Abwassertechnische Vereinigung), *DVS-Merkblätter und -Richtlinien* (Deutscher Verband für Schweißtechnik), *AD-Merkblätter* (Vereinigung der Technischen Überwachungs-Vereine, Arbeitsgemeinschaft Druckbehäter), *DVGW-Merkblätter* (Deutscher Verein des Gas- und Wasserfaches).

Die von diesen Institutionen herausgegebenen Arbeitsblätter und Richtlinien sind „Empfehlungen" und stehen als anerkannte Regeln der Technik jedermann zur Anwendung frei.

Auf internationaler Ebene bilden die „International Organisation for Standardization" (ISO) und die „Electrotechnical Commission" (IEC) mit Sitz in Genf gemeinsam das *System der internationalen Normung*. Jedes Land kann mit einem nationalen Normungsinstitut in diesem Gremium Mitglied sein. So nimmt das DIN in der ISO und der VDE, sowie die Deutsche Elektrotechnische Kommission im DIN in der IEC die Interessen Deutschlands wahr. Internationale Normen werden als *DIN-ISO-Normen* in das Deutsche Normenwerk aufgenommen. Für den Bereich der Europäischen Gemeinschaft bilden das Europäische Komitee für Normung (CEN) und das Europäische Komitee für Elektrotechnische Normung (CENELEC) die *Gemeinsame Europäische Normeninstitution*, deren Mitglieder die jeweiligen nationalen Normungsinstitute der Mitgliedsländer der Europäischen Gemeinschaft und der Europäischen Freihandelszone sind. Eine Europäische Norm muss von allen Mitgliedsländern in das jeweilige nationale Normenwerk übernommen werden, selbst wenn das Mitgliedsland gegen die Norm gestimmt hat. Wie bei den DIN-EN-Normen auf europäischer Ebene werden die internationalen Normen als *DIN-ISO-Normen* in das Normenwerk übernommen.

### 1.2.2 Werdegang einer DIN-Norm

DIN-Normen werden in einem nach DIN 820 festgelegten Verfahren erarbeitet und herausgeben. Die Erstellung einer Norm kann von jedermann beantragt werden. Die Normungsarbeit beginnt in den *Fachnormenausschüssen* (FNA), deren ehrenamtliche Mitarbeiter sich aus den interessierten Fachkreisen (Industrie, Hochschulen, Behörden, Verbänden u. a.) rekrutieren. Vor einer endgültigen Festlegung einer DIN-Norm muss die vorgesehene Fassung als Entwurf (Gelbdruck) der Öffentlichkeit zur Stellungnahme vorgelegt werden. Das Erscheinen des Entwurfs wird im „DIN-Anzeiger für technische Regeln" bekannt gegeben. Einsprüche und Änderungswünsche sind bis zum Ablauf der angegebenen Einspruchsfrist (in der Regel 4 bis 6 Monate) möglich. Über die eingegangenen Anregungen und Änderungswünsche wird von dem FNA nach Anhörung des Einwenders entschieden (Einsprüche können u. U. auch die Zurückziehung des Entwurfs bewirken). Gegen die Entscheidung des FNA kann ein *Schlichtungs-* oder ein *Schiedsverfahren* beantragt werden. Der FNA schließt seine Arbeit ab mit der Erstellung des endgültigen oder neuen Entwurfs und seine Weiterleitung an die Normenprüfstelle,

---

[1] Bereits 1869 Herausgabe der Schrift „Normalprofil-Buch für Walzeisen" und 1881 „Lieferbedingungen für Eisen und Stahl".

die nach Überprüfung der Vorlage hinsichtlich der Einhaltung der Grundsätze und Regeln der Normungsarbeit, der Widerspruchsfreiheit, der Eindeutigkeit und inhaltlichen Abstimmung mit anderen Normen die Aufnahme des Entwurfs als *DIN-Norm* in das Deutsche Normenwerk veranlasst. Das Erscheinen der DIN-Norm wird im „DIN-Anzeiger für technische Regeln" bekannt gegeben. Normen, bei denen in einigen Abschnitten noch Vorbehalte bestehen, werden als *Vornorm* herausgegeben, nach denen versuchsweise gearbeitet werden soll.
Die Gesamtlaufzeit eines Normen-Vorhabens von der Antragstellung bis zur Veröffentlichung kann mehrere Jahre betragen (Vornorm <3 Jahre, Norm 5 Jahre).

### 1.2.3 Dezimalklassifikation (DK)

Die DK bildet ein Ordnungsschema, welches das Wissen der Menschheit in einer nach dem Prinzip der Dezimalreihen gegliederten Zehnerklassifikation übersichtlich und zugriffsbereit in 10 Hauptabteilungen 0 ... 9 zusammenfaßt[1]: **0** (Allgemeines. Bibliografie. Bibliothekswesen); **1** (Philosophie. Psychologie); **2** (Religion. Theologie); **3** (Sozialwissenschaften. Recht. Verwaltung); **4** (unbesetzt); **5** (Mathematik. Naturwissenschaften); **6** (Angewandte Wissenschaften. Medizin. Technik); **7** (Kunst. Kunstgewerbe. Spiel. Sport); **8** (Sprachwissenschaft. Schöne Literatur. Literaturwissenschaften); **9** (Geografie. Geschichte). Diese Hauptabteilungen sind in bis zu 9 Unterabteilungen und diese wiederum in bis zu 9 Abschnitte unterteilt; so die Hauptabteilung 6 mit der Unterteilung 62 (Ingenieurwesen, Technik) und diese mit dem Abschnitt 621 (Maschinenbau). So werden beispielsweise „Nahtlose Stahlrohre nach DIN 2448" unter *DK 621.643.23* und Zahnräder unter *DK 621.833.05* eingeordnet.

## 1.3 Normzahlen (Vorzugszahlen und -maße)

### 1.3.1 Bedeutung der Normzahlen

Normzahlen (NZ) nach DIN 323 sind ein durch internationale Normen (ISO 3, ISO 17, ISO 497) vereinbartes, allgemeingültiges Zahlensystem, das einer umfassenden Ordnung und Vereinfachung im technischen und wirtschaftlichen Schaffen dient. NZ sind Vorzugszahlen für die Wahl bzw. Stufung von Größen beliebiger Art (z. B. Längen, Flächen, Volumina, Kräfte, Drücke, Momente, Spannungen, Drehzahlen, Leistungen) mit dem Ziel, eine praktisch erforderliche Zahlenmenge auf ein notwendiges Minimum zu beschränken. Es ist anzustreben, die Zahlenwerte von Größen nach NZ zu wählen, soweit nicht besondere Gründe, z. B. bestimmte physikalische Voraussetzungen, die Wahl anderer Zahlen erfordern. Ist es nicht möglich, alle festzulegenden Werte nach NZ zu wählen, sollten in erster Linie für Hauptkenngrößen NZ benutzt werden. NZ-gestufte Größenreihen zeigen ein durchsichtiges Aufbaugesetz, so dass ein rationelles Planen möglich ist.

### 1.3.2 Aufbau der Normzahlreihen

#### 1. Grundreihen

NZ sind vereinbarte gerundete Glieder dezimal-geometrischer Reihen, die die ganzzahligen Potenzen von 10 enthalten, also ... 0,01 0,1 1 10 100 1000 ..., s. TB 1-16.
Diese NZ-Reihen werden allgemein mit *Rr* bezeichnet, wobei *r* die Anzahl der Stufen je Dezimalbereich angibt. Jede Reihe beginnt mit eins (oder dem 10-, 100- usw. -fachen oder dem 10., 100. usw. Teil des Wertes) und jede folgende Zahl entsteht durch Multiplikation mit einem bestimmten Stufensprung $q_r = \sqrt[r]{10}$, d. i. das Verhältnis eines Gliedes der Reihe zum Vorhergehenden.

---

[1] Die Verwendung von Zahlen macht die DK unabhängig von Sprache und Schrift und damit geeignet für den internationalen Gebrauch.

Nach DIN 323 sind folgende *Grundreihen Rr* mit dem zugehörigen mit *Stufensprung* $q_r$ vorgesehen (vgl. TB 1-16):

Grundreihe R5   mit dem Stufensprung   $q_5 = \sqrt[5]{10} \approx 1{,}60$
Grundreihe R10 mit dem Stufensprung   $q_{10} = \sqrt[10]{10} \approx 1{,}25$
Grundreihe R20 mit dem Stufensprung   $q_{20} = \sqrt[20]{10} \approx 1{,}12$
Grundreihe R40 mit dem Stufensprung   $q_{40} = \sqrt[40]{10} \approx 1{,}06$

Die Ausnahmereihe R80 mit $q_{80} = \sqrt[80]{10} \approx 1{,}03$ sollte nur in Sonderfällen verwendet werden. Bei der Stufung von Größen sind die Grundreihen in der Rangfolge R5, R10, R20, R40 zu bevorzugen, da eine grobe Stufung Vorteile hinsichtlich einer Ersparnis an Aufwand für Werkzeuge, Vorrichtungen, Messgeräten in der Fertigung sowie geringe Lagermengen an Fertig- und Ersatzteilen ergeben kann.

### 2. Abgeleitete Reihen

Ist keine Grundreihe anwendbar, z. B. wenn eine bestimmte Ausgangsgröße gegeben bzw. gefordert ist oder ein Stufensprung dem einer Grundreihe nicht entspricht, können aus den genannten vollständigen Reihen durch Weglassen von Gliedern *Auswahlreihen* gebildet werden. Wird die Auswahl so getroffen, dass nur jedes *p*-te Glied einer Grundreihe (auch einer Rundwertreihe) benutzt werden soll, entsteht eine *abgeleitete Reihe Rr/p* mit konstantem Stufensprung $q_{r/p} = q_r^p$. So ergibt sich für eine nach unten begrenzte abgeleitete Reihe R20/3 (2 ...) eine steigende Zahlenfolge aus jedem 3. Glied ($p = 3$) der Reihe R20, beginnend mit dem Wert 2, durch Abzählen der Glieder bzw. mit dem Stufensprung

$q_{(20/3)} = q_{20}^3 = 1{,}12^3 = 1{,}4$:   **2  2,8  4  5,6  8  11,2** usw.

Eine nach oben begrenzte fallende abgeleitete Reihe Rr/−p, z. B. R20/−3 (4 ...) ergibt sich für den Stufensprung

$q_{r/-p} = q_{20/-3} = q_{20}^{-3} = 1/1{,}12^3 = 1/1{,}4$:   **4  2,8  2  1,4** usw.

Die von R40 abgeleiteten Reihen sollten möglichst vermieden werden und die von R80 abgeleiteten Reihen sind höchstens bei sehr feiner Stufung oder als Nebenreihen zu verwenden, z. B. für Rohmaße, wenn die Fertigmaße einer Vorzugsreihe folgen.

### 3. Zusammengesetzte Reihen

Ist ein durchgängig einheitlicher Stufensprung beim Aufbau einer Größenreihe nicht möglich, so kann auch aus zwei oder mehreren Teilreihen eine *zusammengesetzte Reihe* gebildet werden. Mit derartigen Größenreihen kann der Häufungsverteilung des Bedarfs besonders Rechnung getragen werden, ohne dass das Prinzip des wachsenden Abstandes aufgegeben wird. Zum Beispiel eine Reihe wird im Bereich von 10 bis 25 nach R5, im Bereich von 25 bis 35,5 nach R20/3, sowie im Bereich von 35,5 bis 63 nach R40/5 und im Bereich von 63 bis 125 nach R10 gestuft, so dass die abgewandelte Reihe **10  16  25  35,5  57,5  63  80  100  125** ist.
Besondere Bedeutung unter diesen zusammengesetzten Reihen haben *gruppengeometrische Reihen*, deren Stufensprung sich im Größenbereich periodisch ändert. Sie werden gelegentlich mit *Rar* bezeichnet, z. R. Ra10: **3  4  5  6  8  10  12  16  20** mit dem periodisch auftretenden Stufensprüngen 1,33  1,25  1,2, also im Mittel 1,25 entsprechend R10. Diese Reihe aus ganzen Zahlen entspricht auch R″20/2 (vgl. TB 1-16).

### 4. Rundwertreihen

Wo die Anwendung der Hauptwerte in der Praxis aus zwingenden Gründen nicht möglich ist (z. B. 36 Zähne für ein Zahnrad statt 35,5) oder handelsübliche Größen zu übernehmen sind, können Rundwerte verwendet werden. Man unterscheidet *Rundwertreihen* mit schwächer gerundeten Werten R′10, R′20, R′40 und solche mit stärker gerundeten Werten R″5, R″10, R″20 (s. TB 1-16). Wegen der größeren Abweichung von den Genauwerten ergeben sie jedoch eine ungleichmäßigere Stufung.

## 1.3.3 Anwendung der Normzahlen

In der Praxis haben die Normzahlen vor allem bei der sinnvollen Planung der Größenabstufung (Typung) von Bauteilen und Maschinen besondere Bedeutung, da hiermit sparsame Größenreihen bei lückenloser Überspannung eines bestimmten Bedarfsfeldes erreicht werden können. Für die Wahl der Anzahl der Größen innerhalb eines Bedarfsfeldes, z. B. für die Anzahl der Getriebegrößen innerhalb eines bestimmten Leistungs-, Drehzahl- und Übersetzungsbereiches, sind sowohl technische als auch wirtschaftliche Gesichtspunkte maßgebend.
Ändern sich in einer Größenreihe von Erzeugnissen alle Abmessungen mit demselben Stufensprung, dann sind die Erzeugnisse der Reihe einander geometrisch ähnlich. Werden die Zahlenwerte der Abmessungen einer Ausgangsgröße und der Stufensprung als NZ gewählt, dann werden die Abmessungen der Folgegrößen ebenfalls NZ. Solche geometrisch ähnliche Konstruktionen sind auch mechanisch ähnlich, wenn am Modell (Ausgangsgröße) und an den Folgegrößen statische oder dynamische Kräfte wirken, die nur elastische Formänderungen hervorrufen, und wenn für denselben Werkstoff im entsprechenden Querschnitt aller Größen gleich große Spannung herrscht.
Soll in einer Größenreihe von Bauteilen oder Maschinen die Beanspruchung im gleichen Querschnitt gleich groß bleiben, muss das Hookesche Gesetz gelten: $\sigma = \varepsilon \cdot E =$ konstant.
Dieses Modellgesetz ermöglicht, dass mit einer Größe, mit einem Modell, eine ganze Größenreihe entwickelt werden kann, und die Betriebserfahrungen am Modell auf alle abgeleiteten Größen übertragen werden können s. Bild 1-1.

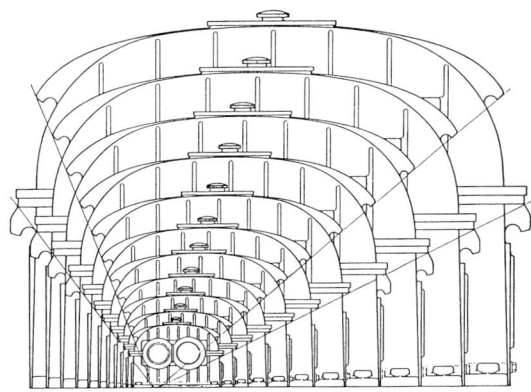

**Bild 1-1**
Beispiel einer Getriebebaureihe
(Werkbild Flender)

### 1. Ermittlung der Maßstäbe

Der *Längenmaßstab* $q_L$, entsprechend dem Stufensprung $q_{r/p}$, ist am einfachsten zu bilden, und zwar durch das Verhältnis einer Länge $L_1$ der ersten abgeleiteten Konstruktion (Folgeentwurf) zur Länge $L_0$ der Ausgangskonstruktion (Grundentwurf bzw. Modell): $q_L = L_1/L_0 \cong q_{r/p}$.
Die für weitere Berechnungen bzw. Festlegungen notwendigen geometrischen, statischen und dynamischen Kenngrößen für Flächen (Querschnitte), Volumina, Kräfte, Leistungen usw. werden durch aus dem Längenmaßstab abgeleitete Maßstäbe ausgedrückt, z. B.:

*Flächenmaßstab* $\quad q_A = A_1/A_0 = L_1^2/L_0^2 \cong q_L^2$

bzw.

*Volumenmaßstab* $\quad q_V = V_1/V_0 = L_1^3/L_0^3 \cong q_L^3$,

d. h. werden Längen mit $q_L$ nach der Reihe $Rr/p = R10/2$ (r = 10, p = 2), also mit dem Stufensprung

$$q_{r/p} = q_{10/2} = q_{10}^2 = 1{,}25^2 \approx 1{,}6$$

gestuft, dann sind die Flächen (Querschnitte) mit $q_{A'} = q_L^2$ nach der Reihe Rr/2p = R10/4, also mit dem Stufensprung

$$q_{r/2p} = q_{10/4} = q_{10}^4 = 1{,}25^4 \approx 2{,}5$$

zu stufen und die Volumina $q_V \triangleq q_L^3$ nach der Reihe Rr/3p = R10/6, also mit dem Stufensprung

$$q_{r/3p} = q_{10/6} = q_{10}^6 = 1{,}25^6 \approx 4 \,.$$

Der *Kraftmaßstab* $q_F = F_1/F_0$ lässt sich für eine statische Kraft z. B. aus der Zug-Hauptgleichung herleiten. Mit der Querschnittsfläche $A'$ gilt allgemein $F = \sigma_z \cdot A'$. Unter der Voraussetzung, dass die Spannung $\sigma_z$ gleich bleiben soll, ist $F$ nur von $A'$ abhängig und muss dann auch wie die Querschnittsfläche $A'$ gestuft werden, also mit dem Stufensprung $q_F \triangleq q_{A'} \triangleq q_L^2$ für die Reihe Rr/2p.

Für eine dynamische Kraft, z. B. Beschleunigungskraft, gilt allgemein $F = m \cdot a$. Ist für die Beschleunigung $a$ in m/s², die Masse $m = \varrho \cdot V$ und für gleichen Werkstoff die Dichte $\varrho$ = konstant, dann gilt für den Kraftmaßstab

$$q_F = F_1/F_0 = (m_1 \cdot a_1)/(m_0 \cdot a_0) = (V_1 \cdot a_1)/(V_0 \cdot a_0) \triangleq q_m \cdot q_a = q_L^3 \cdot q_L/q_t^2 = q_L^4/q_t^2\,,$$

wenn der Zeitmaßstab $q_t = t_1/t_0$ ist. Da geometrische Ähnlichkeit nur zu erreichen ist, wenn ein konstantes Verhältnis zwischen statischen und dynamischen Kräften besteht, gilt

$$q_F = q_L^2 = q_L^4/q_t^2 \quad \text{bzw.} \quad q_L^2/q_t^2 = 1\,,$$

also $q_L = q_t$ (Längenmaßstab gleich Zeitmaßstab); ebenso wird $q_\sigma = q_F/q_{A'} = q_L^2/q_L^2 = 1$ und $q_v = q_L/q_t = 1$.

Für andere wichtige Kenngrößen lassen sich unter der Bedingung, dass $q_L = q_t$ und Spannungsmaßstab $q_\sigma$ gleich Geschwindigkeitsmaßstab $q_v$ ist, entsprechende Maßstäbe bilden, die in Abhängigkeit von der Längenstufung für Stufensprung und Reihen in der Tabelle TB 1-15 enthalten sind.

## 2. Darstellung der Beziehungen im NZ-Diagramm

Da sich fast alle technischen Beziehungen durch die Gleichung $y = k \cdot x^p$ mit ihrer logarithmischen Form $\lg(y) = \lg(k) + p \cdot \lg(x)$ ausdrücken lassen, kann damit jede Beziehung in einem doppellogarithmischen Diagramm durch eine Gerade mit der Steigung $p$ dargestellt werden, s. Bild 1-2.

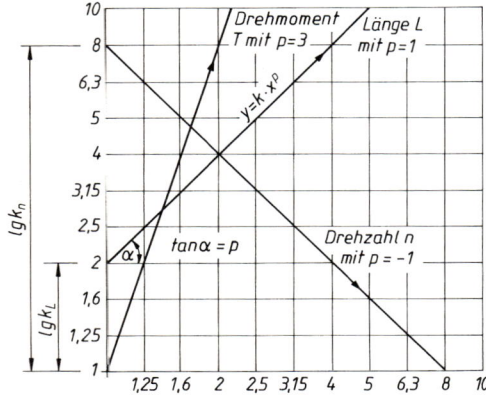

**Bild 1-2**
Beispiele für Beziehungen im NZ-Diagramm (schematische Darstellung mit jeweils angenommenen Ausgangsgrößen $\lg(k)$: *Länge L* mit $p = 1$; *Drehmoment T* mit $p = 3$; *Drehzahl n* mit $p = -1$

## 3. Rechnen mit NZ

Werden Größen als NZ gewählt, dann können Berechnungs- und andere Vorgänge vereinfacht ausgeführt werden, denn zahlreiche mathematische, physikalische usw. Zahlenwerte lassen sich durch *naheliegende Werte* vertreten, so dass die Ergebnisse wieder NZ sind (vgl. TB 1-16).

## 1.3 Normzahlen

Das Rechnen mit NZ entspricht trotz Rundung der Hauptwerte in seiner Genauigkeit im Allgemeinen den Anforderungen bei technischen Berechnungen. Besonders vorteilhaft ist das Multiplizieren und Dividieren, desgl. das Potenzieren mit ganzzahligen Potenzen von NZ, da die Ergebnisse wieder NZ sind (z. B. $3{,}15 \cdot 1{,}6 = 5$ bzw. $3{,}15/1{,}25 = 2{,}5$ bzw. $1{,}25^4 = 2{,}5$). Dagegen ist beim Addieren und Subtrahieren von NZ das Ergebnis nur selten wieder eine NZ, ebenso beim Radizieren, d. h. beim Rechnen mit gebrochenen Potenzen. Auch machen sich bei höheren Potenzen von Rundwerten erhebliche Ungenauigkeiten bemerkbar, die Rechenfehler ergeben.

### 1.3.4 Berechnungsbeispiele

■ **Beispiel 1:** Eine Fördermaschine soll für eine Leistung $P_1 = 160$ kW und eine Drehzahl $n_1 = 200$ min$^{-1}$ entwickelt werden. Zur Erprobung und zum Sammeln von Erfahrungen soll zunächst ein Modell aus gleichen Werkstoffen mit einem Abmessungsverhältnis 1/8 gebaut werden.
Die Leistung $P_0$ und die Drehzahl $n_0$ für das Modell sind zu ermitteln.

▶ **Lösung:** Der Längenmaßstab ergibt sich entsprechend der Definition aus $q_L = L_1/L_0 = 8/1 = 8$; also ergeben sich die Längen für das Modell (abgeleitete Konstruktion):

$$L_0 = \frac{L_1}{q_L} = \frac{L_1}{8}.$$

Nach TB 1-15, Zeile 11, ist der Leistungsmaßstab

$$q_P = \frac{P_1}{P_0} = q_L^2 = 8^2 = 64$$

damit wird die Modell-Leistung $P_0 = P_1/q_P = 160$ kW$/64 = 2{,}5$ kW.
Für den Drehzahlmaßstab gilt nach TB 1-15, Zeile 9

$$q_n = \frac{n_1}{n_0} = \frac{1}{q_L} = \frac{1}{8}.$$

Damit wird die Modell-Drehzahl $n_0 = n_1/q_n = n_1 \cdot 8 = 1600$ min$^{-1}$.
**Ergebnis:** Die Modell-Leistung beträgt $P_0 = 2{,}5$ kW, die Modell-Drehzahl $n_0 = 1600$ min$^{-1}$.

■ **Beispiel 2:** Für die Typung und Aufnahme in die Werksnorm sollen kastenförmige Träger aus GS in fünf Größen, gestuft nach der NZ-Reihe R20, nach Ähnlichkeitsbeziehungen entwickelt werden, Bild 1-3. Die Querschnittsabmessungen des kleinsten Trägers sind mit folgenden NZ festgelegt:

$h_1 = 125$ mm, $b_1 = 80$ mm, $h_2 = 90$ mm, $b_2 = 63$ mm.

Die Querschnittsabmessungen, Widerstandsmomente und die von den Trägern aufzunehmenden maximalen Biegemomente in Nm für eine zulässige Biegespannung von $\sigma_{b\,zul} = 120$ N/mm$^2$ sind zu ermitteln und in einem NZ-Diagramm darzustellen.

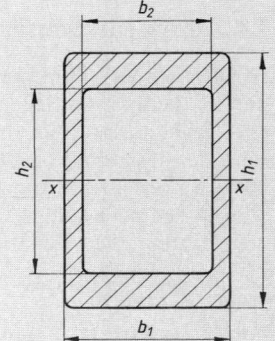

**Bild 1-3** Querschnitt eines kastenförmigen Trägers

▶ **Lösung:**
*Querschnittsabmessungen:*
Die Querschnittsabmessungen werden nach TB 1-16 festgelegt. Danach ergeben sich nach Reihe R20 z. B. für die Trägerhöhe $H_1$, beginnend mit dem Maß 125 mm, folgende Werte:
  125, 140, 160, 180 und 200 mm.
Entsprechend werden die anderen Abmessungen festgelegt.

Der Längenmaßstab, entsprechend dem Stufensprung der Abmessungen, ist nach Reihe R20:
  $q_L \triangleq q_{r/p} = q_{20} = 1{,}12$ für $p = 1$.
Diese Stufung ergibt sich auch nach der abgeleiteten Reihe R40/2 für $p = 2$ mit $q_{40/2} = 1{,}06^2 = 1{,}12$.

*Widerstandsmomente $W_x$:*
Zunächst wird das Widerstandsmoment $W_{x1}$ für die kleinste Querschnittsfläche ermittelt. Für einen kastenförmigen Querschnitt ergibt sich dieses unter Vernachlässigung der Rundungen aus

$$W_{x1} = (b_1 \cdot h_1^3 - b_2 \cdot h_2^3)/(6 \cdot h_1) = \ldots = 147{,}1 \text{ cm}^3 .$$

Die diesem Wert naheliegende NZ nach Reihe R20, TB 1-16, ist 140, nach Reihe R40 nächstliegend 150. Unter Berücksichtigung der Rundungen wird festgelegt für $W_{x1} = 140 \text{ cm}^3$. Die Widerstandsmomente für die anderen Trägergrößen können nun ohne weitere Berechnung nach TB 1-16 festgelegt werden. In Abhängigkeit vom Längenstufensprung $q_{r/p} = q_{20/1}$, entsprechend der Reihe $R_{r/p} = R_{20/1}$, stufen die Widerstandsmomente mit dem Faktor $q_{r/3p} = q_{20/3}$, entsprechend Reihe $R_{r/3p} = R_{20/3}$, also mit jedem 3. Glied der Reihe R20. Beginnend mit dem Wert $W_{x1} = 140 \text{ cm}^3$ ergeben sich damit nach TB 1-16 folgende Werte für $W_x$: 140, 200, 280, 400 cm³.

*Biegemomente $M_{max}$:*
Wie bei $W_x$ wird auch das Biegemoment $M_{max}$ zunächst für den kleinsten Träger ermittelt. Aus der Biegehauptgleichung $\sigma_b = M/W \leq \sigma_{b\,zul}$ ergibt sich das Biegemoment, vorerst mit dem Genauwert für $W_{x1}$:

$$M_1 = 10^3 \cdot 147{,}1 \text{ mm}^3 \cdot 120 \text{ N/mm}^2 = 17\,652 \cdot 10^3 \text{ Nmm} .$$

Sicherheitshalber wird die nächstkleinere NZ 17 nach Reihe R40 gewählt, also $M_1 = 17 \cdot 10^3$ Nm. In Abhängigkeit vom Längenstufensprung $q_{r/3p} = q_{40/2}$, entsprechend Reihe R 40/2, stufen die Momente mit $q_{r/3p} = q_{40/6}$, entsprechend Reihe 40/6, also mit jedem 6. Glied der Reihe R40. Beginnend mit $M_1 = 17 \cdot 10^3$ Nm ergeben sich entsprechend der Trägergröße damit folgende Werte für $M_{max}$:

$$17 \cdot 10^3,\ 23{,}6 \cdot 10^3,\ 33{,}5 \cdot 10^3,\ 47{,}5 \cdot 10^3,\ 67 \cdot 10^3 \text{ Nm} .$$

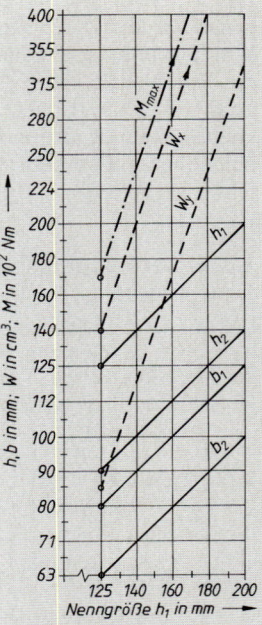

**Bild 1-4** NZ-Diagramm für den Träger nach Bild 1-3

## 1.4 Allgemeine konstruktive Grundlagen

### 1.4.1 Konstruktionsgrundsätze

Hinsichtlich der Funktion, der Wirtschaftlichkeit, der Fertigung, des Transportes, der Wartung und Bedienung sowie anderer Gesichtspunkte werden an die zu konstruierenden Maschinen und Teilaggregate die unterschiedlichsten Anforderungen gestellt, die vom Konstrukteur während des Konstruktionsprozesses zu berücksichtigen sind. Wenn auch diese Anforderungen inhaltlich noch so unterschiedlich sein können, so lassen sich für die Konstruktionsarbeit dennoch einige allgemein gültige Grundsätze aufstellen, deren Berücksichtigung für eine annähernd optimale Lösung der Aufgabe Voraussetzung ist. Die nachfolgend aufgeführten Gesichtspunkte sollen Anregungen für den Konstrukteur sein, wobei im Einzelfall weitere Punkte die Aufzählung ergänzen können.

**Funktionalität:** Die Hauptanforderung, die an ein technisches Gebilde (Maschinen, Geräte, Bauteile, Baugruppen u. a.) gestellt werden kann, ist die Erfüllung der ihm zugewiesenen Aufgabe (Funktion). Alle anderen nachfolgend aufgeführten Grundsätze müssen gegenüber diesem zurücktreten.

**Sicherheit:** Neben der Funktionalität (Sicherheit zur Erfüllung der Gesamtfunktion) ist die Sicherheit allgemein zur Vermeidung von Gefahren für Mensch und Maschine durch Fehlbedienung, Überlastung u. a. ebenfalls eine Hauptforderung an die Konstruktion. Durch entsprechende Vorkehrungen (festigkeitsgerechte Auslegung, Überlastschutz durch Einbinden von Sollbruchstellen, ergonomische Gestaltung der Bedienelemente usw.) können von der Maschine ausgehende Gefahren vermieden werden.

## 1.4 Allgemeine konstruktive Grundlagen

**Wirtschaftlichkeit:** Neben der Funktionalität und Sicherheit ist die Wirtschaftlichkeit die wichtigste Forderung. Ein gutes Verhältnis Nutzen/Aufwand bestimmt neben anderen Einflüssen den Verkaufserfolg ganz entscheidend. Die Verwendung von Halbzeugen, wie Profilstäbe, Bleche, Rohre usw. sowie genormter Teile und Kaufteile beeinflusst die Herstellkosten positiv. Hinsichtlich des technischen Vollendungsgrads sind übertriebene Anstrengungen zu vermeiden, da der Gebrauchswert einer Konstruktion sich im Verhältnis zu den damit verbundenen Aufwendungen (Kosten) meistens nur unwesentlich vergrößert, s. Bild 1-5.

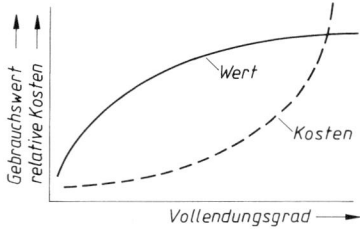

**Bild 1-5**
Gebrauchswert-Kosten-Diagramm

**Werkstoffwahl:** Die unterschiedlichsten technologischen Eigenschaften der verschiedenen Werkstoffe (Festigkeit, Dichte, elastisches Verhalten, Härte usw.) zwingen zum kritischen Auswählen. Werkstoffe mit geringerer Festigkeit haben größere Querschnitte zur Folge, wodurch sich neben den Abmessungen auch die Masse der Gesamtkonstruktion vergrößert. Durch den Einsatz hochfester Werkstoffe können zwar kleinere Querschnitte erreicht werden, jedoch werden dadurch vielfach die Werkstoffkosten insgesamt höher (s. TB 1-1 „relative Werkstoffkosten"). Die Forderung nach hoher Verschleißfestigkeit, guter Schweißbarkeit, hoher Elastizität, Korrosionsbeständigkeit, guter Dämpfung u. a. bestimmen ebenfalls die Wahl geeigneter Werkstoffe.

**Fertigungsverfahren:** Die möglichen unterschiedlichen Fertigungsverfahren (z. B. Gießen, Schmieden, Schweißen, Kleben) mit ihren jeweiligen Vor- und Nachteilen beeinflussen die Gestaltung des Teiles entscheidend und müssen vom Konstrukteur berücksichtigt und festgelegt werden. Das setzt gute Kenntnisse hinsichtlich der Fertigungsmöglichkeiten innerhalb des Werkes sowie eine gute Zusammenarbeit mit den Fertigungsbetrieben voraus. Ebenfalls von entscheidender Bedeutung ist für die Wahl der geeigneten Fertigungsverfahren die zu erwartende Stückzahl (Einzel-, Serien- oder Massenfertigung). Wie aus Bild 1-6 ersichtlich, ist bis zur *Grenzstückzahl* $n_x$ das Verfahren 1, bei $n > n_x$ das Verfahren 2 kostengünstiger.

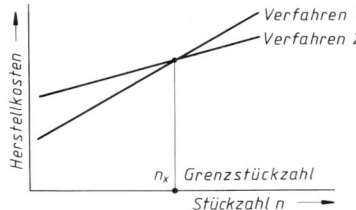

**Bild 1-6**
Wahl des Fertigungsverfahrens in Abhängigkeit von der Stückzahl

**Bearbeitung:** Es ist zu klären, ob z. B. bei Gussstücken die Oberfläche roh bleiben kann oder aus funktionalen Gründen bearbeitet werden muss, welche Oberflächenbeschaffenheit dann vorzusehen ist und wie sie erreicht werden kann. Vielfach können durch geringfügige Konstruktionsänderungen zunächst hohe Anforderungen an eine bestimmte Oberfläche reduziert und dadurch die Kosten insgesamt gesenkt werden. Gleiches gilt auch beim Festlegen der notwendigen Toleranzen. Hier sollte der Grundsatz beachtet werden: *So grob wie möglich, so fein wie nötig*, da mit kleineren Toleranzen die Fertigungskosten exponentiell ansteigen, s. Bild 1-7.

**Formgebung:** Von den technischen Erzeugnissen wird heutzutage immer mehr verlangt, dass sie neben der Erfüllung ihrer technischen Funktion auch ästhetisch schön wirken. Daraus ergibt sich für den Konstrukteur, gefällige äußere Formen und evtl. Farbgebungen vorzusehen. Dies

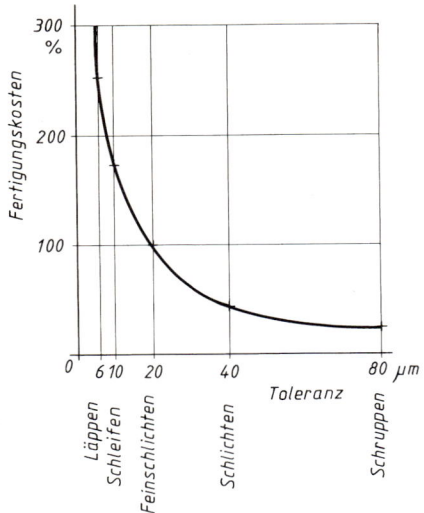

**Bild 1-7**
Abhängigkeit der relativen Fertigungskosten von der Toleranz (nach *Bronner*)

ist besonders wichtig für Erzeugnisse der Konsumgüterindustrie. Darüber hinaus soll unter Formgebung aber auch verstanden werden, dass Teile z. B. gussgerecht gestaltet werden und ein möglichst glatter Kraftfluss zur Vermeidung von Kerbstellen angestrebt wird.

**Montage:** Alle Einzelteile und Baugruppen sollen konstruktiv so ausgelegt sein, dass ihr Zusammenbau einfach und damit kostengünstig ist. Sollte die Montage u. U. nur in einer ganz bestimmten Reihenfolge möglich sein, so ist diese vom Konstrukteur in Form eines Einbauplanes anzugeben. Bei Massenfertigungen ist auf die Automatisierbarkeit der Montage zu achten. Ebenso soll durch eine gute Zugänglichkeit der Verschleißteile ein schnelles Auswechseln dieser ohne großen Zeit- und Kostenaufwand möglich sein. *Sollbruchstellen* sind an gut zugänglichen Stellen vorzusehen.

**Versand:** Die unterschiedlichen Transportmöglichkeiten sind zu beachten: Eisenbahn, Lastkraftwagen, Schiff (Ladeprofile, zulässige Abmessungen, lichte Höhen bei Unterführungen auf dem Transportweg). Keine sperrigen und schwere Konstruktionen vorsehen, andernfalls geteilte, raumsparende Ausführungen, besonders bei Schifftransporten (die BRT – ein Raummaß – muss bezahlt werden) anstreben. Tragösen o. ä. zum Transport anbringen.

**Bedienung:** Die Bedienung des technischen Gebildes soll möglichst einfach und übersichtlich sein. Alle Bedienungseinrichtungen müssen gut erreichbar und evtl. durch entsprechende logische Symbole gekennzeichnet sein. Eingebaute Sperren zur Verhinderung evtl. Fehlbedienung sind vorzusehen. Der Arbeitsplatz für das Bedienungspersonal sollte nach ergonomischen Gesichtspunkten optimal gestaltet werden. *Jede Anlage ist nur so gut, wie es ihre Bedienung zulässt!*

**Wartung:** In den meisten Fällen bedeutet die Wartung einer Anlage gleichzeitig ihre vorübergehende Stilllegung. Die zwangsweise Unterbrechung des Betriebes sollte aus Kostengründen auf ein Mindestmaß reduziert werden. Daraus ergibt sich die Notwendigkeit, dass alle zu wartenden Stellen der Anlage schnell zugänglich und einzelne Verschleißteile in kurzer Zeit austauschbar sein müssen. Gute Zugänglichkeit aller Wartungsstellen gewährleistet auch ihre Beachtung (schlecht zugängliche Schmierstellen werden leicht „übersehen"). Eine vorbeugende Instandhaltung macht die Betriebsunterbrechung der Anlage kalkulierbar.

**Umweltgerecht:** Konstruktionen so auslegen, dass von ihnen keine Schädigungen für den Menschen und die Natur (Umwelt) ausgehen und möglichst viele Teile einer späteren Verwendung erneut zugeführt (recyclinggerecht) oder aber umweltgerecht entsorgt werden können.

Da die Werkstatt ausführt, was in den Konstruktionsunterlagen (Fertigungszeichnung und Stückliste) angegeben ist, werden die Kosten des Erzeugnisses schon weitgehend durch die

## 1.4 Allgemeine konstruktive Grundlagen

Konstruktion selbst festgelegt. Der große Einfluss auf die Preisgestaltung bei der Entwicklung und Planung von konstruktiven Gebilden ist in Bild 1-8 dargestellt.

Die Einflussnahme auf die Herstellkosten ist somit zu Beginn des Entwicklungsprozesses am größten, während mit zunehmendem Arbeitsfortschritt mögliche Kostensenkungen relativ gering sind (*Kurve a*); ebenso lassen sich Änderungen in der Konstruktionsphase ohne großen Kostenaufwand realisieren (*Kurve b*).

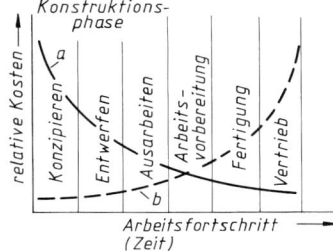

**Bild 1-8**
Möglichkeiten der Kostenbeeinflussung

### 1.4.2 Konstruktionsmethodik

Im Gegensatz zur herkömmlichen Konstruktionsweise, bei der vom geistig-schöpferisch tätigen Konstrukteur neben der persönlichen Erfahrung ein hohes Maß an intuitiver[1] Begabung – die *zufallsabhängige Lösungen hervorbrachte* – vorausgesetzt wird, ist man heutzutage bemüht, durch methodisches Vorgehen eine annähernd optimale Lösung der Aufgabenstellung anzustreben. Geht man beispielsweise davon aus, dass ein zu konstruierendes Aggregat aus $n$ verschiedenen Einzelteilen besteht, wobei jedes dieser Einzelteile wiederum in $m$ Varianten ausgeführt werden kann, so ergeben sich daraus $z = m^n$ verschiedene Kombinations- bzw. Lösungsmöglichkeiten (z. B. wird für $n = 6$ und $m = 4$, $z = 4^6 = 4096$). Von diesen $z$ Lösungsmöglichkeiten kann sicherlich nur eine die beste sein, die wiederum wohl kaum zufällig gefunden werden kann. Das Ziel der Konstruktionsmethodik wird es somit sein, für eine gestellte Konstruktionsaufgabe mit einem geringen Kosten- und Zeitaufwand mit annähernder Sicherheit die günstigste konstruktive Lösung zu finden.

Nachfolgend soll das Grundsätzliche der Konstruktionsmethodik dargestellt werden unter besonderer Berücksichtigung der in den VDI-Richtlinien 2221 „Methodik zum Entwickeln und Konstruieren technischer Systeme und Produkte", 2222 „Konzipieren technischer Produkte" und 2225 „Technisch-wirtschaftliches Konstruieren" zusammengetragenen Erfahrungen, wobei darauf hingewiesen wird, dass diese hier in vereinfachter Form dargestellte Methode nur eine von mehreren ist.

**1. Lösungsweg zur Schaffung neuer Produkte**

Für das Erstellen neuer Produkte kann allgemein von dem in dem Bild 1-9 dargestellten Arbeitsplan nach VDI-Richtlinie 2222, Blatt 1 ausgegangen werden, der sich in die vier Hauptbereiche *Planen–Konzipieren–Entwerfen–Ausarbeiten* gliedert. Der eigentliche Konstruktionsprozess erfolgt nach dem Festlegen des Entwicklungsauftrages mit dem *Konzipieren*, wobei zunächst alle die Konstruktionsaufgabe betreffenden Fragen zu klären und die Resultate schriftlich zu fixieren sind. Alle Forderungen und Wünsche, die an die Konstruktion gestellt werden, z. B. Angaben über Abmessungen, Leistung, Montage, Bedienung und Wartung, Kosten und Termine usw. sind in einer *Anforderungsliste* niederzulegen, wobei die Forderungen für die spätere Bewertung der Lösungsvarianten und zur Erleichterung von Entscheidungen zweckmäßig noch zu unterscheiden sind in *Festforderungen* und *Mindestforderungen*, s. Bild 1-10.

Der allgemeine Lösungsprozess kann nach Bild 1-11 für die Lösung von Aufgaben aus den unterschiedlichsten Anwendungsgebieten auch für die Suche nach einer befriedigenden Konstruktionslösung eingesetzt werden.

---

[1] Intuition = Eingebung, gefühlsbedingt

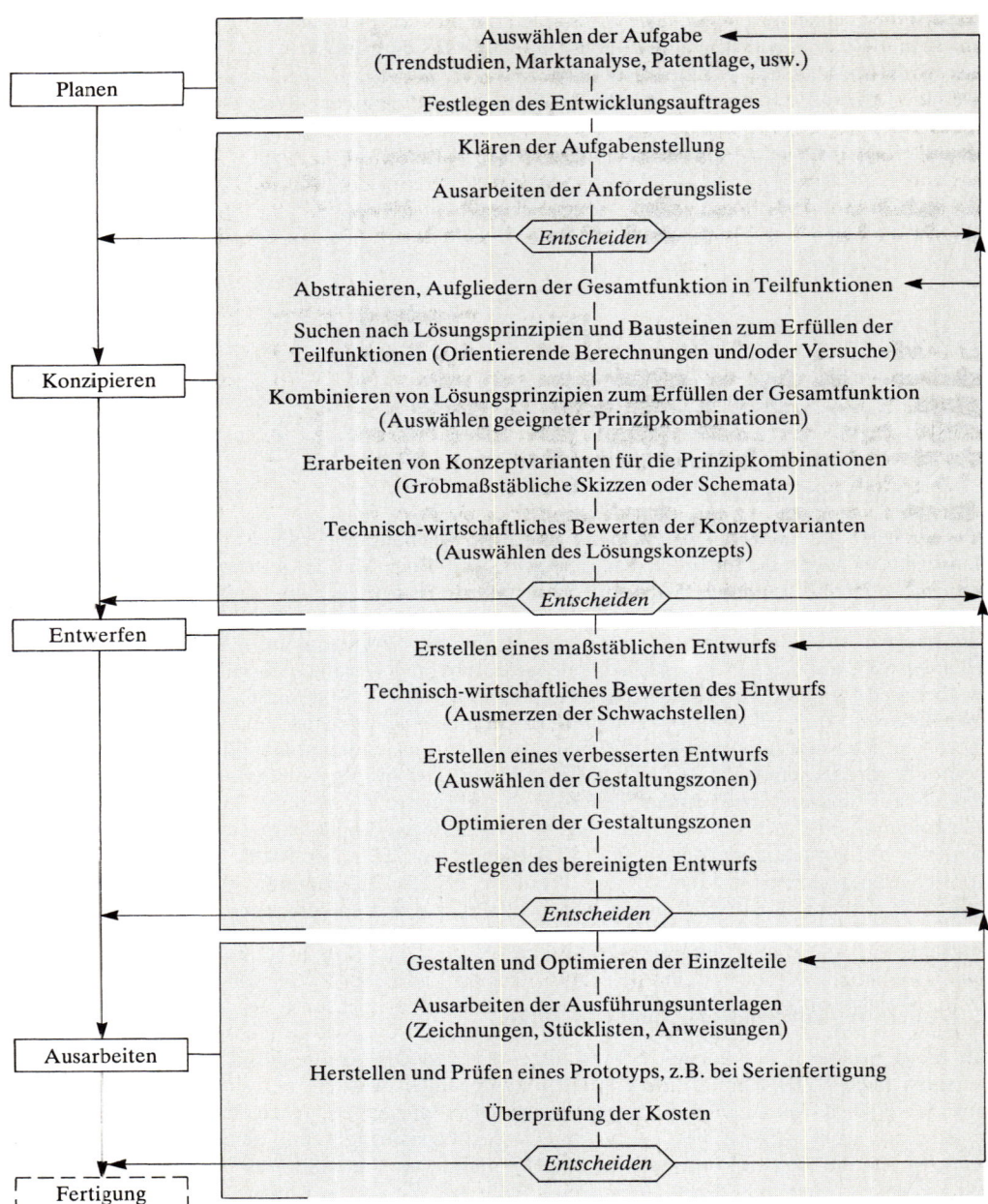

**Bild 1-9** Vorgehensplan zur Schaffung neuer Produkte nach VDI-Richtlinie 2222, Bl. 1

Nach Genehmigung der Anforderungsliste durch die zuständige Stelle beginnt die analysierende Phase der Konstruktionsarbeit. Obwohl die zu lösende Aufgabe in der Anforderungsliste bereits klar umrissen niedergelegt ist, gibt es erfahrungsgemäß oft für ein und dieselbe Aufgabe unzählige, mitunter stark voneinander abweichende Lösungen. Um zu erreichen, dass von der Vielzahl der Lösungsmöglichkeiten die beste gefunden wird, sollte der Konstrukteur sich bei der Lösungssuche von Vorfixierungen freimachen, d. h. er sollte möglichst vermeiden, sich an bereits ausgeführten

## 1.4 Allgemeine konstruktive Grundlagen

| Forderungen | *Festforderungen*, gekennzeichnet durch quantitative Angaben (z.B. Getriebeübersetzung ($i = 12$) oder beschreibende Angaben (z.B. aussetzender Betrieb) | Festforderungen müssen erfüllt werden. Eine Überschreitung ändert den Wert des Produktes nicht. |
|---|---|---|
| | *Mindestanforderungen*, die jeweils zur günstigen Seite hin über- oder unterschritten werden dürfen (z.B. größerer Verstellbereich, kleinerer Energieverbrauch, höhere Lebensdauer) | Mindestanforderungen müssen erfüllt werden. Bei Überschreitung zur günstigen Seite wird der Wert des Produktes erhöht. |
| Wünsche | *Wünsche*, die nach Möglichkeit ohne Mehraufwand berücksichtigt werden sollen (z.B. gutes Design, Baukastenprinzip, zentrale Bedienung) | Wünsche müssen nicht erfüllt werden. Erfüllung der Wünsche erhöht den Wert des Produktes |

**Bild 1-10** Forderungen, Wünsche

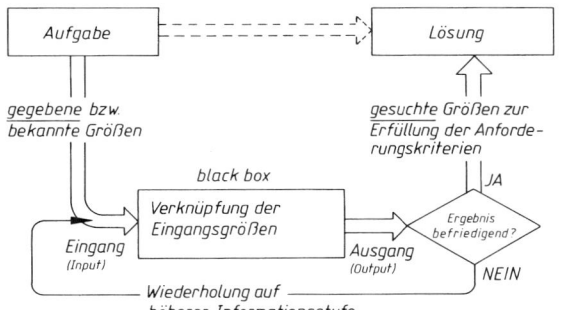

**Bild 1-11**
Schematische Darstellung zur allgemeinen Lösung von Aufgaben

ähnlichen Konstruktionen zu orientieren, es sei denn, dass die bereits ausgeführten Konstruktionen in den analysierenden Prozess der Lösungsfindung mit einbezogen werden. Ein sicherer Weg, *alle* möglichen Lösungsvarianten zu erfassen, ergibt sich, wenn für die aus der Anforderungsliste ersichtliche Aufgabe zunächst prinzipielle Lösungsvorstellungen für die Gesamtfunktion entwickelt werden, wobei der Einfachheit halber die Gesamtfunktion hinsichtlich des Stoff-, Energie- und Signalflusses jeweils in Teilfunktionen geringerer Komplexität zerlegt wird (s. Bild 1-12) und für diese Teilfunktionen entsprechende Lösungsprinzipien gesucht werden.

Dabei ist zu beachten, dass bei der schriftlichen Formulierung der Funktionen eine einfache und abstrakte Form gewählt wird. So lässt sich z. B. für den Stofffluss die Gesamtfunktion *Dosen verschließen* zerlegen in die Teilfunktionen *Dosen zuführen – Deckel speichern – Deckel zuführen – Deckel positionieren – Deckel auffalzen – Dose abführen.*

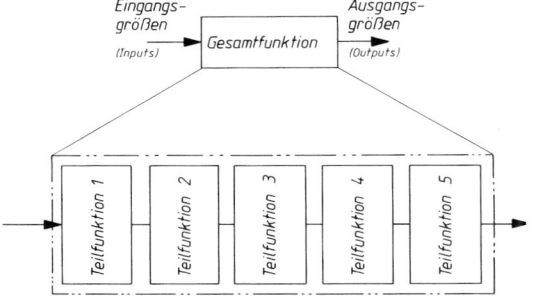

**Bild 1-12**
Aufteilung der Gesamtfunktion in mehrere Teilfunktionen

Bei einer solchen Zerlegung der Gesamtfunktion in Teilfunktionen und der abstrakten Formulierung ist darauf zu achten, dass nur das Notwendige und Wesentliche herausgehoben wird, damit nicht von vornherein ganz bestimmte Lösungsvarianten ausgeschlossen werden. So sollte beispielsweise die Aufgabenstellung der *Konstruktion eines Förderbandes zum Transportieren von Getreide* besser allgemein formuliert werden, z. B. *Konstruktion einer Einrichtung zum Weiterleiten von Schüttgut*. Bei dieser Formulierung der Aufgabe ist man konstruktiv nicht an das Förderband gebunden, wohl aber schließt diese Formulierung das Förderband neben anderen Möglichkeiten ein.

Nach dem Abstrahieren der Aufgabe und der Zerlegung der Gesamtfunktion in Teilfunktionen erfolgt die Suche nach Lösungsprinzipien für die einzelnen Teilfunktionen. Hierbei können *Lösungskataloge* (*Konstruktionskataloge*) von Nutzen sein, darunter sind Zusammenstellungen von Lösungsprinzipien zur Erfüllung der verschiedenartigsten Teilfunktionen zu verstehen.

Wenn die Gesamtfunktion in $n$ Teilfunktionen aufgegliedert wird und sich für jede dieser Teilfunktionen $m$ *sinnvolle* Lösungsprinzipien ergeben, dann wären zur Erfüllung der Gesamtfunktion somit $z = m^n$ Lösungskombinationen möglich (s. o.). In den meisten Fällen lässt sich durch Analysieren dieser verschiedenen Lösungskombinationen sowie durch Abwägen ihrer jeweiligen Vor- und Nachteile eine grobe Rangordnung festlegen, so dass es nicht erforderlich sein wird, alle $z$ möglichen Lösungskombinationen weiter zu verfolgen, da sich in den $z$ Möglichkeiten auch Kombinationen bfinden, die zum einen technisch unverträglich zum anderen vom Aufwand her ungeeignet sind. Zum gezielten Auffinden geeigneter Lösungen zur Erfüllung der jeweiligen Gesamtfunktion ist es sinnvoll, die für jedes System, das aus einer Gesamtfunktion und $n$-Teilfunktionen besteht, anwendbare *Methode des morphologischen*[1] *Kastens* zu wählen. Hierbei handelt es sich um eine (meist unvollständige) Matrix[2], in deren erster Spalte die $n$ Teilfunktionen und in deren Zeilen die jeder Teilfunktion zugehörigen Lösungsvarianten aufgeführt werden, s. Bild 1-13.

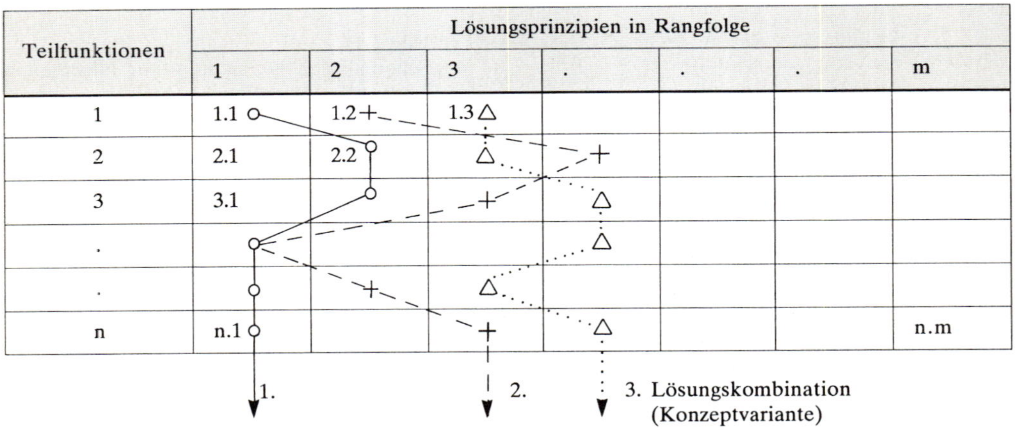

| Teilfunktionen | Lösungsprinzipien in Rangfolge | | | | | | |
|---|---|---|---|---|---|---|---|
| | 1 | 2 | 3 | . | . | . | m |
| 1 | 1.1 | 1.2 | 1.3 | | | | |
| 2 | 2.1 | 2.2 | | | | | |
| 3 | 3.1 | | | | | | |
| . | | | | | | | |
| . | | | | | | | |
| n | n.1 | | | | | | n.m |

1. Lösungskombination  2. Lösungskombination  3. Lösungskombination (Konzeptvariante)

**Bild 1-13** Morphologischer Kasten zur Ermittlung der Lösungskombinationen

Wählt man aus jeder Zeile der Matrix ein Lösungsprinzip aus und verbindet diese miteinander, so ergibt dieser Linienzug eine *Lösungskombination* der verschiedenen Teilfunktionen zur Erfüllung der geforderten Gesamtfunktion. Dabei ist von vornherein jede Kombination ungeeigneter und unter sich unverträglicher Lösungsprinzipien zu vermeiden, um aus der Fülle der theoretisch möglichen nur eine *sinnvolle* Anzahl möglicher Lösungskombinationen zu erhalten.

Für die so ausgewählten Lösungskombinationen werden in Form von grobmaßstäblichen Skizzen und Schaltschemata entsprechende *Konzeptvarianten* erarbeitet, aus denen schließlich nach

---
[1] morphologisch: die äußere Gestalt betreffend
[2] Matrix: rechteckiges Schema von Zahlen, Funktionen oder dgl.

## 1.4 Allgemeine konstruktive Grundlagen

einer entsprechenden Bewertung der einzelnen Varianten (s. weiter unten) das *Lösungskonzept* ausgewählt wird. Dieses Lösungskonzept bildet die Grundlage für mindestens einen ersten maßstäblichen *Entwurf*. Durch eine bewertende Gegenüberstellung mehrerer Entwürfe lassen sich einerseits Schwachstellen in den einzelnen Entwürfen erkennen, andererseits wird sich ein Entwurf herauskristallisieren, in dem sowohl die in der Aufgabe gestellten Mindestanforderungen im günstigen Sinn erfüllt als auch möglichst viele Wünsche realisiert werden können (s. Bild 1-10).

Nach dem Erkennen der Schwachstellen des der Ideallösung naheliegenden Entwurfs wird ein *verbesserter Entwurf* erarbeitet, der nach der Optimierung besonders ausgewählter Gestaltungszonen zur Entscheidung vorgelegt wird.

Die letzte Phase des Konstruktionsprozesses, die *Ausarbeitungsphase*, basiert somit auf einem Entwurf, der hinsichtlich der Funktionserfüllung, der Gestalt und der Kosten bereits weitgehend frei von Mängeln ist. Im einzelnen umfasst die Ausarbeitsphase die Gestaltung und Optimierung der Einzelteile (Detaillierung) sowie das Erstellen verbindlicher Herstellungsunterlagen in Form von Zeichnungen (Einzel-, Baugruppen- und Gesamtzeichnungen). Stücklisten, Montageanweisungen, Schaltplänen usw. Bei kleineren Geräten und Maschinen, die für die Serienfertigung bestimmt sind, empfiehlt es sich, nach diesen Herstellungsunterlagen einen Prototyp zu erstellen bzw. eine Nullserie aufzulegen, bevor nach einer abschließenden Überprüfung sowohl der Kosten als auch des technischen Wertes die Fertigungsfreigabe erfolgt.

## 2. Bewertungsverfahren

Sowohl in der Konzeptions- als auch in der Entwurfsphase ist es mehrfach erforderlich, mit Hilfe eines Bewertungsverfahrens aus der Summe der jeweils möglichen Lösungen die beste herauszufinden. Geht man von der Überlegung aus, dass nur *die* Konstruktion die optimale Lösung darstellt, die mit dem geringsten wirtschaftlichen Aufwand hergestellt werden kann und dabei neben der Erfüllung der Gesamtfunktion noch die in der Aufgabe gestellten Mindestforderungen im günstigen Sinne und auch die Wünsche weitgehend erfüllt, so ist dies in der Regel nur dann denkbar, wenn auch die einzelnen Teilfunktionen mit geringem Aufwand verwirklicht werden können. Daraus ergibt sich, dass die erste Bewertung bereits in der Konzeptionsphase für die einzelnen Lösungsprinzipien erfolgen sollte. Wenn auch in diesem Entwicklungsstadium noch keine exakten Angaben über die Herstellkosten für die Bewertung gemacht werden können, so ist es vielfach doch möglich, eine grobe Rangordnung der Lösungsprinzipien zum Erfüllen ihrer Teilfunktionen anzugeben.

Trägt man in der Reihenfolge dieser Rangordnung die Lösungsprinzipien in den *morphologischen Kasten* ein (s. Bild 1-13), so werden mit Sicherheit die vorderen Kombinationen zum Erfüllen der Gesamtfunktionen am interessantesten sein.

Bei der Bewertung der einzelnen Konzeptvarianten zur Lösungsfindung des besten Entwurfs ist zweckmäßig die *Punktbewertung* durchzuführen, die davon ausgeht, dass es für die in der Anforderungsliste aufgestellten Eigenschaften des Produktes (Fest-, Mindestforderungen, Wünsche) insgesamt sowohl eine technische als auch eine wirtschaftliche Ideallösung gibt, die alle Anforderungen erfüllt, die aber nicht in *einer* Konstruktion vereinbar sind. Die zu beurteilenden Konzeptvarianten werden bezüglich der in der Anforderungsliste aufgeführten Eigenschaften (Beurteilungskriterien) jeweils mit der Ideallösung verglichen und der jeweilige Grad der Annäherung an diese durch eine Punktzahl nach Bild 1-14 ausgedrückt.

| Grad der Annäherung | Punktzahl |
|---|---|
| sehr gut (ideal) | 4 |
| gut | 3 |
| ausreichend | 2 |
| gerade noch tragbar | 1 |
| unbefriedigend | 0 |

**Bild 1-14**
Punktbewertungsskala

| technische Anforderung | Faktor | a | a* | b | b* | c | c* | d | d* | Ideallösung * |
|---|---|---|---|---|---|---|---|---|---|---|
| A1 |   | 3 |   | [2] |   | 2 |   | 4 |   | 4 |
|    | 2 |   | 6 |   | 4 |   | 4 |   | 8 | 8 |
| A2 |   | 3 |   | 3 |   | 2 |   | 2 |   | 4 |
|    | 1 |   | 3 |   | 3 |   | 2 |   | 2 | 4 |
| A3 |   | 2 |   | 4 |   | 2 |   | 2 |   | 4 |
|    | 4 |   | 8 |   | 16 |   | 8 |   | 8 | 15 |
| A4 |   | 1 |   | [2] |   | 3 |   | 3 |   | 4 |
|    | 5 |   | 5 |   | 10 |   | 15 |   | 15 | 20 |
| A5 |   | 4 |   | 3 |   | 4 |   | 1 |   | 4 |
|    | 2 |   | 8 |   | 6 |   | 8 |   | 2 | 8 |
| A6 |   | 2 |   | 3 |   | 1 |   | 4 |   | 4 |
|    | 3 |   | 6 |   | 9 |   | 3 |   | 12 | 12 |
| A7 |   | 2 |   | 4 |   | 2 |   | 1 |   | 4 |
|    | 1 |   | 2 |   | 4 |   | 2 |   | 1 | 4 |
| Summe |   |   | 38 |   | 52 |   | 42 |   | 48 | 72 |
| technischer Wert |   |   | 0,53 |   | 0,72 |   | 0,58 |   | 0,67 | 1,0 |

**Bild 1-15** Beispiel einer technischen Bewertung von Konzeptvarianten

Da nicht alle Beurteilungskriterien in ihrer Bedeutung gleich sein werden, ist eine entsprechende Gewichtung durch den Bewertungsfaktor (z. B. 1 ... ≥ 5) vorzunehmen. Bild 1-15 zeigt ein Beispiel, in dem 4 Konzeptvarianten hinsichtlich der technischen Anforderungskriterien A1 bis A7 beurteilt wurden. Bei der Addition der erreichten Punkte ergab sich für die Lösung $b$ die beste Wertung mit 52 von 72 erreichbaren Punkten. Das Verhältnis der erreichten zur erreichbaren Punktzahl drückt den technischen Wert der zu beurteilenden Variante aus, der im Idealfall 1,0 beträgt. Im vorliegenden Beispiel ergibt sich für die Lösung $b$ der technische Wert $x = 52/72 = 0,72$. Dieser Wert kann erhöht werden, wenn die durch Einrahmung besonders hervorgehobenen *Schwachstellen* der Lösung $b$ noch verbessert werden können.

Das gleiche Verfahren ist prinzipiell auch in der Entwurfsphase anwendbar, wenn es darum geht, aus mehreren Entwürfen den besten herauszufinden und dessen Schwachstellen zu erkennen.

Neben dieser technischen Bewertung ist noch eine wirtschaftliche Bewertung durchzuführen, bei der ausschließlich der wirtschaftliche Aufwand für die Herstellung des Erzeugnisses berücksichtigt wird, s. hierzu die VDI-Richtlinie 2225. Der wirtschaftliche Wert $y$ einer Lösungsvariante lässt sich ähnlich dem technischen Wert $x$ ermitteln. Trägt man für jede Lösungsvariante die ermittelten Werte $x$ und $y$ in das Stärke-Diagramm ($s$-Diagramm) ein, so erkennt man sofort die jeweils beste Lösung. Im Bild 1-16 sind beispielhaft für obige $x$-Werte und angenommene $y$-Werte die Bewertungen der 3 Konzeptvarianten angegeben.

Mit Hilfe des $s$-Diagramms lassen sich auch die einzelnen Verbesserungen vom ersten bis zum endgültigen Entwurf hinsichtlich des technischen als auch des wirtschaftlichen Wertes bildlich darstellen. Im Bild 1-17 ist das Vorgehen in der Entwurfsphase zu verfolgen. Diese Vorgehensweise ist im übertragenen Sinne einschränkungslos anwendbar und entspricht der Lösung mathematischer Aufgaben durch konvergierende[1] Näherungsverfahren.

---

[1] konvergieren: sich nähern, zusammenlaufen

1.4 Allgemeine konstruktive Grundlagen

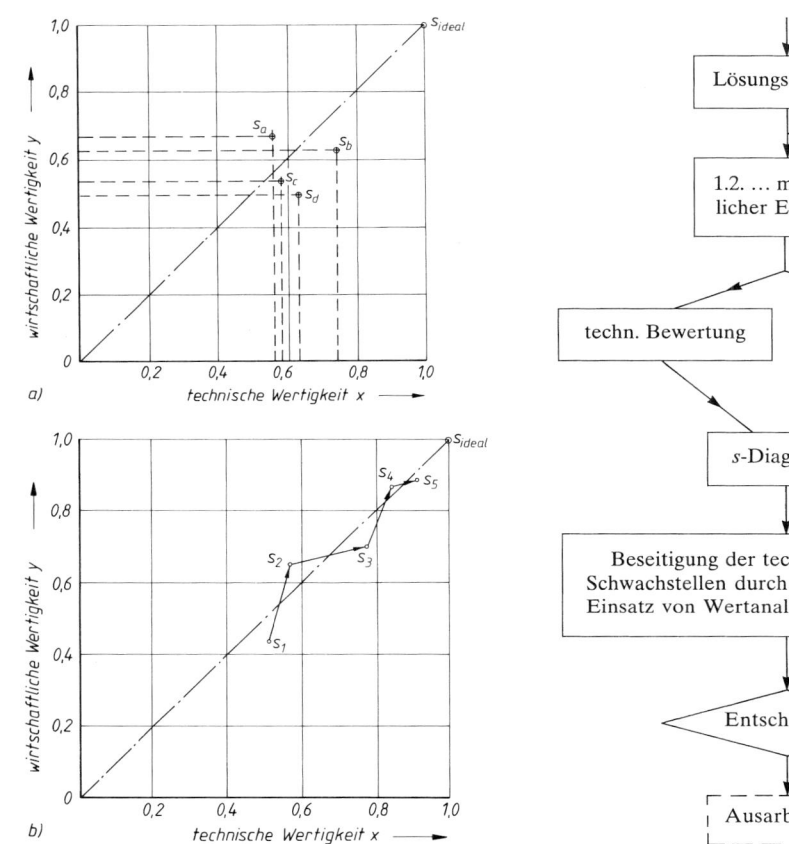

**Bild 1-16** Stärke-Diagramm ($s$-Diagramm) zur Bewertung von Konstruktionen, a) für das Beispiel nach Bild 1-15, b) Entwicklungsverlauf eines technischen Produktes bei mehrfacher Verbesserung

**Bild 1-17** Flussdiagramm für die Entwurfsphase

### 1.4.3 Rechnereinsatz in der Konstruktion

Rechner können keine schöpferischen Arbeiten ausführen. Aus diesem Grunde sind Datenverarbeitungsanlagen (DVA) nur dort einsetzbar, wo die zu verrichtenden Tätigkeiten nach bestimmten Schemata ablaufen (algorithmierbar sind) und dem Rechner die Befehlsfolge vorgegeben (programmiert) werden kann. Darüber hinaus kann die DVA durch Bereitstellen von Informationen (z. B. über Lösungsprinzipien für einzelne Teilfunktionen, Normteile, Werkstoffe, Datenbanken aller Art), durch Ausführung von Berechnungs- und Optimierungsprogrammen für einfache und komplizierte Problemstellungen, durch die konstruktive Zuordnung bestimmter, voneinander abhängiger Bauelemente, in allen Phasen des Konstruktionsbereiches zum Einsatz kommen. Durch die Unterstützung einer DVA kann der zeitliche Ablauf der Konstruktionsphase wesentlich beschleunigt und damit die Entwicklungskosten positiv beeinflusst werden. Da die algorithmierbaren Tätigkeiten mit dem Arbeitsfortschritt der Konstruktion zunehmen, wird der Rechner hauptsächlich in der Entwurfs- und Ausarbeitungsphase einzusetzen sein, s. Bild 1-18.
Ein weiterer wesentlicher Vorteil des Einsatzes einer DVA im Konstruktionsbereich besteht darin, dass mit den jeweils einmal gespeicherten Informationen in Verbindung mit den ent-

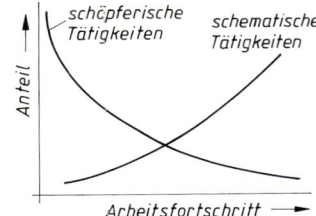

**Bild 1-18**
Anteil der schöpferischen (heuristischen) und schematischen (algorithmischen) Tätigkeiten während des Konstruktionsprozesses

sprechenden Verarbeitungsprogrammen (Software) nicht nur Zeichnungen in jedem gewünschten Maßstab und jeder Darstellungsform neu erstellt und weiterbearbeitet werden können (*Computer-Aided-Design*, kurz *CAD* genannt), sondern darüber hinaus die Daten als Informationsträger für die Fertigung (Erstellung von Steuerlochstreifen, Arbeitsplänen usw.) zur Unterstützung des Fertigungsablaufes (*Computer-Aided-Manufacturing*, kurz *CAM* wie auch *Computerized-Numerical-Control*, kurz *CNC* genannt) abgerufen werden können. Der Aufbau einer DVA mit ihren Komponenten ist im Bild 1-19 dargestellt.

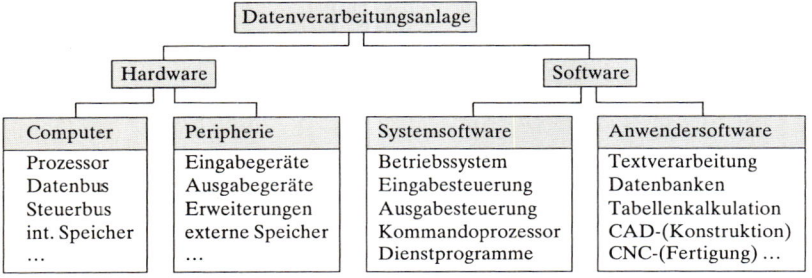

**Bild 1-19** Basiselemente der DVA

Je nach Art des darzustellenden Teiles bzw. der darzustellenden Konstruktion werden entsprechend der Komplexität mehrere Methoden in der Vorgehensweise unterschieden, von denen hier vereinfacht die zwei grundsätzlichen dargestellt werden sollen:

*1. Das geschlossene Programm:* Für Teile, die sich zu sogenannten *Gestaltfamilien* zusammenfassen und programmieren lassen, z. B. Radkörper wie Zahn- und Kettenräder, Riemenscheiben und dgl. können vielfach alle denkbaren Ausführungsvarianten *allgemein* ausgedrückt und im Programm festgehalten werden, s. Bild 1-20. Nach Aufrufen des Programms und Einlesen

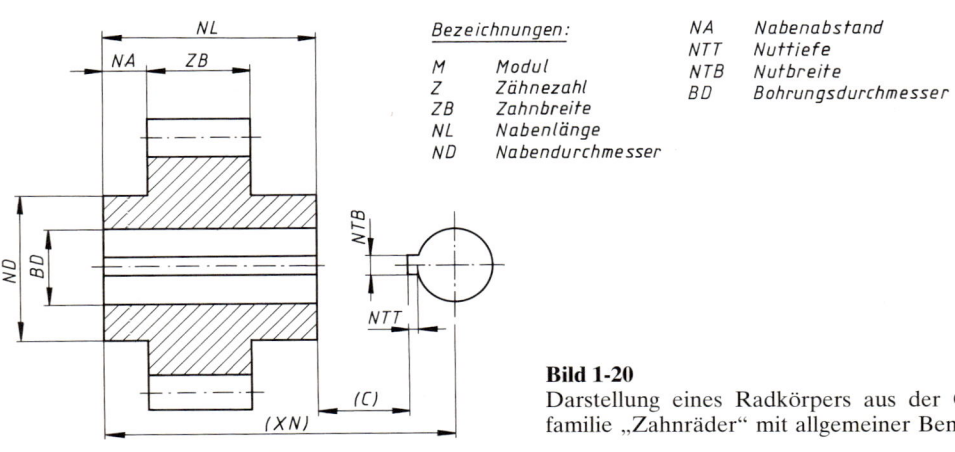

**Bild 1-20**
Darstellung eines Radkörpers aus der Gestaltfamilie „Zahnräder" mit allgemeiner Bemaßung

der variablen Eingabedaten erfolgt die Zeichnungserstellung im ununterbrochenen (*geschlossenen*) Ablauf, wobei während des Ablaufs keinerlei Einflussnahme von außen, z. B. Korrektur, möglich ist.

2. *Das interaktive Programm:* Bei dieser Methode stehen Benutzer und die DVA in einem ständigen Dialog. Dies kann einerseits mit Hilfe eines Leitprogrammes erfolgen, das an bestimmten Stellen unterbrochen ist und vom Benutzer dann mit weiteren Zwischenergebnissen versehen werden kann, andererseits aber ohne Steuerprogramm durch Eingabe und Verknüpfungen ausgewählter Programmbausteine (z. B. Wellenenden, Wellenabsätze, Wälzlager usw.).

Während das geschlossene Programm bei sich häufig wiederholenden Teilen aus einer Gestaltfamilie anzuwenden ist, bietet die interaktive Arbeitsweise u. a. die Möglichkeit, Konstruktionen von größerer Komplexität unter Verwendung von programmierten Bausteinen am Bildschirm zu „konstruieren".

Eine weitere Möglichkeit der Rationalisierung besteht bei dem Einsatz von DVA u. a. darin, dass auch die *Dimensionierung* der einzelnen Bauteile (Wellendurchmesser, Lagergröße usw.) über ein entsprechendes Programm erfolgen und in den Prozess integriert werden kann. Hier wären dann nur die entsprechenden Funktionsparameter (Leistung, Drehzahl, Werkstoff u. a.) einzugeben.

Weiterhin können mit Hilfe von Analog-Rechnern zur Steuerung der Zeichenmaschine aus zweidimensionalen Zeichnungen räumliche Darstellungen der Objekte erstellt werden, z. B. axonometrische Ansichten (isometrisch, dimetrisch u. a.) sowie *Explosionszeichnungen*. Dadurch, dass in einer zweidimensionalen Zeichnung für jeden Punkt des Werkstückes die $x$-, $y$- und $z$-Koordinaten erfasst sind, kann durch Drehen und Neigen des Koordinatensystems jede gewünschte Ansicht dargestellt werden.

## 1.5 Literatur

*Bahrmann, H.:* Einführung in das methodische Konstruieren. Braunschweig: Friedr. Vieweg & Sohn, 1977
*Beitz, W.:* Methodische Lösungsfindung bei der Konstruktion. Konstruktion 23 (1971), S. 161
*Bischoff, W.* und *Hansen, F.:* Rationelles Konstruieren. Berlin: Verlag Technik, 1953 (Konstruktionsbücher Bd. 5)
*Brankamp, K.* u. a.: Rechnergestütztes Konstruieren. Berlin/Köln/Frankfurt: Beuth-Vertrieb, 1971
*Bronner, A.:* Zukunft und Entwicklung der Betriebe im Zwang der Kostengesetze. Werkstattechnik 56 (1966), Heft 2
*Clausen, U.:* Konstruieren mit Rechnern. Berlin/Heidelberg/New York: Springer 1971 (Konstruktionsbücher Bd. 29)
DIN Deutsches Institut für Normung (Hrsg.): Handbuch der Normung. Berlin: Beuth 1985
DIN Deutsches Institut für Normung (Hrsg.): Vorlesungsunterlagen zur Normung. Berlin/Köln: Beuth, 1981
*Dubbel:* Taschenbuch für den Maschinenbau. Berlin/Heidelberg/New York: Springer, 1995
*Ehrlenspiel, K.:* Kostengünstig konstruieren. Berlin/Heidelberg/New York: Springer, 1985 (Konstruktionsbücher Band 35
*Hansen, F.:* Konstruktionssystematik. Berlin: Verlag Technik, 1968
*Hansen, F.:* Konstruktionswissenschaft. Grundlagen und Methoden. München/Wien: Hanser, 1974
*Hintzen, H.* u. a.: Konstruieren und Gestalten. Braunschweig/Wiesbaden: Vieweg, 1987
*Hintzen, H.* u. a.: Konstruieren, Gestalten, Entwerfen. Braunschweig/Wiesbaden: Vieweg, 2000
*Hubka, V.:* Theorie technischer Systeme. Berlin/Heidelberg/New York: Springer, 1984
*Kesselring, F.:* Technische Kompositionslehre. Berlin/Heidelberg/New York: Springer, 1954
*Klein:* Einführung in die DIN-Normen. Berlin/Köln: Beuth, 1989
*Koller, R.:* Konstruktionslehre für den Maschinenbau. Berlin/Heidelberg/New York: Springer, 1985
*Krause, W.:* Grundlagen der Konstruktion. Berlin: Verlag Technik, 1980
*Leyer, A.:* Maschinenkonstruktionslehre. Basel: Birkhäuser, 1963–1971 (Technica-Reihe 1–6)
*Linder, W.:* Feinwerktechnik. Würzburg: Vogel, 1974
*Matousek, R.:* Konstruktionslehre des allgemeinen Maschinenbaues. Berlin/Göttingen/Heidelberg: Springer, 1957

*Nachtigall, W.* und *Blüchel, G.:* Bionik; Neue Technologien nach dem Vorbild der Natur. Stuttgart München: Deutsche Verlags-Anstalt, 2000
*Neudörfer, A.:* Konstruieren sicherheitsgerechter Produkte. Methoden und systematische Lösungssammlungen. Berlin/Heidelberg/New York u. a.: Springer, 1997
*Pahl, G.* und *W. Beitz:* Konstruktionslehre. Berlin/Heidelberg/New York: Springer, 1993
*Rodenacker, W. G.:* Methodisches Konstruieren. Berlin/Heidelberg/New York: Springer, 1984 (Konstruktionsbücher Bd. 27)
*Roth, K.:* Konstruieren mit Konstruktionskatalogen. Berlin/Heidelberg/New York: Springer, 1982
*Sattler, K.:* Umweltschutz, Entsorgungstechnik. Würzburg: Vogel, 1982
*Steinwachs, H. O.:* Praktische Konstruktionsmethode. Würzburg: Vogel, 1976
VDI-Richtlinie 2211 Bl. 1: Datenverarbeitung in der Konstruktion. Düsseldorf: VDI, 1980
VDI-Richtlinie 2211 Bl. 2: Datenverarbeitung in der Konstruktion – Berechnungen in der Konstruktion. Düsseldorf: VDI, 1999
VDI-Richtlinie 2212: Systematisches Suchen und Optimieren konstruktiver Lösungen. Düsseldorf: VDI, 1981
VDI-Richtlinie 2214: Programmentwicklung. Düsseldorf: VDI, 1980
VDI-Richtlinie 2221: Methodik zum Entwickeln und Konstruieren technischer Systeme. Düsseldorf: VDI, 1980
VDI-Richtlinie 2222 Bl. 1: Konstruktionsmethodik. Düsseldorf: VDI, 1997
VDI-Richtlinie 2222 Bl. 2: Konstruktionsmethodik; Erstellung und Anwendung von Konstruktionskatalogen. Düsseldorf: VDI, 1982
VDI-Richtlinie 2225 Bl. 1: Technisch-wirtschaftliches Konstruieren, Anleitung und Beispiele. Düsseldorf: VDI, 1977
VDI-Richtlinie 2244: Konstruieren sicherheitsgerechter Erzeugnisse. Düsseldorf: VDI, 1988
VDI-Richtlinie 2802: Wertanalyse, Vergleichsrechnung. Düsseldorf: VDI, 1971
*Wögebauer, H.:* Die Technik des Konstruierens. München/Berlin: Oldenbourg, 1943
*Zwicky, F.:* Entdecken, Erfinden, Forschen im morphologischen Weltbild. München/Zürich: Droemer/Knaur, 1966

# 2 Toleranzen, Passungen, Oberflächenbeschaffenheit

## 2.1 Toleranzen

Für das einwandfreie Funktionieren des Bauteiles, das reibungslose Zusammenarbeiten von Bauteilen und Bauteilgruppen sowie die Möglichkeit des problemlosen Austauschens einzelner Verschleißteile müssen alle funktionsbedingten Eigenschaften der Bauteile (z. B. die Maß-, Form-, Lagegenauigkeit und auch die Oberflächengüte) aufeinander abgestimmt sein. Ein genaues Einhalten der angegebenen Maße sowie der vorgeschriebenen *ideal-geometrischen Form* des Werkstückes ist infolge der Unzulänglichkeit der Fertigungsverfahren praktisch unmöglich und häufig aus Funktionsgründen auch gar nicht sinnvoll. Aus fertigungstechnischen Gründen müssen Abweichungen von den Nenngrößen zugelassen werden. Somit sind zur Herstellung eines bestimmten Werkstückes obere und untere Grenzwerte hinsichtlich der Abmessungen, der Form und der Oberflächenbeschaffenheit anzugeben. Hieraus ergeben sich u. a. vier Toleranzarten: *Maßtoleranzen, Form-* und *Lagetoleranzen* sowie *Rauheitstoleranzen*.

Für eine hohe Betriebssicherheit einerseits und eine kostengünstige Fertigung andererseits sollte die Wahl der sinnvollen zulässigen Abweichungen – *der Toleranzen* – allgemein nach dem Grundsatz erfolgen:

> *So grob wie möglich, so fein wie nötig!*

### 2.1.1 Maßtoleranzen

**1. Grundbegriffe**

In Anlehnung an die DIN 286 T1 werden für die Maße, Abmaße und Toleranzen u. a. folgende Grundbegriffe festgelegt, s. Bild 2-1:

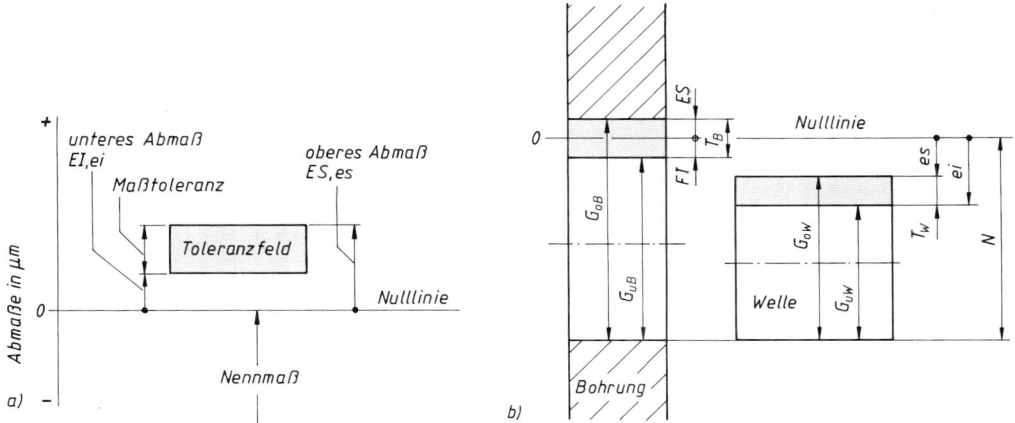

**Bild 2-1** Toleranzbegriffe. a) allgemein, b) dargestellt für Bohrung und Welle

**Nulllinie:** in der graphischen Darstellung die dem Nennmaß entsprechende Bezugslinie für die Abmaße und Toleranzen;

**Nennmaß (N):** das zur Größenangabe genannte Maß, auf das die Abmaße bezogen werden (z. B. 30 mm oder 6,5 mm);

**Istmaß (I):** das durch Messen festgestellte Maß (z. B. 30,08 mm), das jedoch stets mit einer Messunsicherheit behaftet ist;

**Abmaß (E, e)**[1]**:** allgemein die algebraische Differenz zwischen einem Maß (z. B. Istmaß oder Grenzmaß) und dem zugehörigen Nennmaß. Abmaße für Wellen werden mit Kleinbuchstaben (*es*, *ei*), Abmaße für Bohrungen mit Großbuchstaben (*ES*, *EI*) gekennzeichnet.

**oberes Abmaß (ES, es):** Grenzabmaß als algebraische Differenz zwischen dem Höchstmaß und dem zugehörigen Nennmaß (bisher $A_o$);

**unteres Abmaß (EI, ei):** Grenzabmaß als algebraische Differenz zwischen dem Mindestmaß und dem zugehörigen Nennmaß (bisher $A_u$);

**Grundabmaß:** für Grenzmaße und Passungen das Abmaß, das die Lage des Toleranzfeldes in Bezug zur Nulllinie festlegt (oberes oder unteres Abmaß, das der Nulllinie am nächsten liegt);

**Grenzmaße (G):** zulässige Maße, zwischen denen das Istmaß liegen soll (z. B. zwischen 29,9 mm und 30,1 mm);

**Höchstmaß ($G_o$):** größtes zugelassenes Grenzmaß (z. B. 30,1 mm)

$$\boxed{\begin{aligned}&\text{Bohrung:} \quad G_{oB} = N + ES \\ &\text{Welle:} \quad\;\; G_{oW} = N + es\end{aligned}} \qquad (2.1)$$

**Mindestmaß ($G_u$):** kleinstes zugelassenes Grenzmaß (z. B. 29,9 mm);

$$\boxed{\begin{aligned}&\text{Bohrung:} \quad G_{uB} = N + EI \\ &\text{Welle:} \quad\;\; G_{uW} = N + ei\end{aligned}} \qquad (2.2)$$

**Maßtoleranz (T):** algebraische Differenz zwischen Höchstmaß und Mindestmaß (z. B. 30,1 mm − 29,9 mm = 0,2 mm). Die Toleranz ist ein absoluter Wert ohne Vorzeichen;

$$\boxed{\begin{aligned}&\text{Allgemein:} \quad T = G_o - G_u \\ &\text{Bohrung:} \quad T_B = G_{oB} - G_{uB} = ES - EI \\ &\text{Welle:} \quad\;\; T_W = G_{oW} - G_{uW} = es - ei\end{aligned}} \qquad (2.3)$$

**Toleranzfeld:** in der grafischen Darstellung das Feld, welches durch das obere und untere Abmaß begrenzt wird. Das Toleranzfeld wird durch die *Größe* der Toleranz und deren *Lage zur Nulllinie* festgelegt;

**Grundtoleranz (IT):** jede zu diesem System gehörende Toleranz für Grenzmaße und Passungen (IT = internationale Toleranz);

**Grundtoleranzgrade (IT 1 bis IT 18):** für Grenzmaße und Passungen eine Gruppe von Toleranzen (z. B. IT 7), die dem gleichen Genauigkeitsniveau für alle Nennmaße zugeordnet werden. Die Grade IT 0 und IT 01 sind nicht für die allgemeine Anwendung vorgesehen;

**Toleranzfaktor (*i*, *I*):** als Funktion des Nennmaßbereiches festgelegter Faktor zur Errechnung einer Grundtoleranz IT (*i* gilt für $N \leq 500$ mm, *I* für $N > 500$ mm);

**Toleranzklasse:** Angabe, bestehend aus dem Buchstaben für das Grundabmaß sowie der Zahl des Grundtoleranzgrades (z. B. H7, k6).

---

[1] abgeleitet aus der französischen Bezeichnung: **E** „écart" (Abstand); **ES** „écart supérieur" (oberer Abstand), **EI** „écart inférieur" (unterer Abstand).

## 2. Größe der Maßtoleranz

Da bei der Fertigung Abweichungen vom absoluten Nennmaß unvermeidbar sind, ist es notwendig, die Grenzen der Abweichungen sinnvoll festzulegen, wobei sich die Größe der Toleranz nach der Größe des Nennmaßes und dem Verwendungszweck des Bauteiles richten muss. Die Grundlage für die Festlegung dieser Toleranzgröße ist der *Toleranzfaktor I* bzw. *i*. So wird für den Nennmaßbereich $D_1 \ldots D_2$ mit dem geometrischen Mittel $D = \sqrt{D_1 \cdot D_2}$ der *Toleranzfaktor* für

$$\begin{array}{|ll|} \hline 0 < N \leq 500: & i = 0{,}45 \cdot \sqrt[3]{D} + 0{,}001 \cdot D \\ 500 < N \leq 3150: & I = 0{,}004 \cdot D + 2{,}1 \\ \hline \end{array} \quad \begin{array}{c|c} i, I & D, N \\ \hline \mu m & mm \end{array} \tag{2.4}$$

z. B. wird für den Nennmaßbereich 18 mm ... 30 mm mit $D = \sqrt{18 \cdot 30} = 23{,}24$ mm der Toleranzfaktor: $i = 0{,}45 \cdot \sqrt[3]{23{,}24} + 0{,}001 \cdot 23{,}24 \approx 1{,}3$ μm

Je nach dem Verwendungszweck und entsprechend der geforderten Feinheit der Toleranz werden zur Ermittlung der Grundtoleranzen IT insgesamt 20 Grundtoleranzgrade (01 0 1 2 ... 18) vorgesehen: 01 ist der feinste, 18 der gröbste Toleranzgrad.
Innerhalb eines Nennmaßbereiches unterscheiden sich die Grundtoleranzen der einzelnen Toleranzgrade durch den Faktor $K$, der ein Vielfaches des Toleranzfaktors $i$ ist und ab Grundtoleranzgrad 5 geometrisch mit dem Stufensprung $q_5 = \sqrt[5]{10} \approx 1{,}6$ wächst, s. TB 2-1.

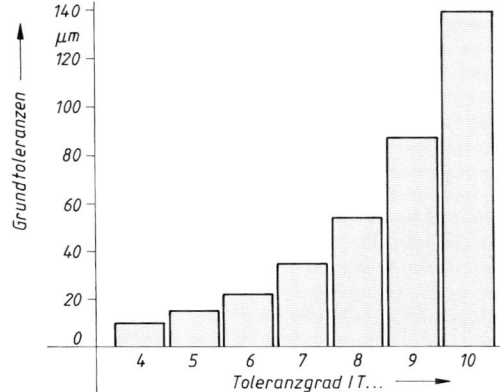

**Bild 2-2**
Größe der Toleranzfelder für die Grundtoleranzgrade IT 4 ... IT 10, dargestellt für den Nennmaßbereich 80 ... 120 mm

## 3. Anwendungsbereiche für die Grundtoleranzgrade:

IT 01 ... 4    überwiegend für Messzeuge bzw. Lehren,
IT 5 ... 11    allgemein für Passungen in der Fertigung des allgemeinen Maschinenbaus und der Feinmechanik,
IT 12 ... 18   für gröbere Funktionsanforderungen sowie in der spanlosen Formung, z. B. bei Walzwerkserzeugnissen, Schmiedeteilen, Ziehteilen.

## 4. Lage der Toleranzfelder

Zur eindeutigen Festlegung der Grenzmaße $G$ (Höchst- und Mindestmaß) muss neben der Ermittlung der Toleranzgröße noch die Lage des Toleranzfeldes zur Nulllinie angegeben werden. Sie wird entweder durch direkte Angabe der Abmaße *ES* (*es*) und *EI* (*ei*) oder durch Buchstaben gekennzeichnet, und zwar für Bohrungen (Innenmaße) durch große, für Wellen (Außenmaße) durch kleine Buchstaben, s. Bild 2-3. Vorgesehen sind nach DIN ISO 286 T1 für

*Bohrungen (Innenmaße):*    A B C CD D E EF F FG G H J JS K M N P R S T U V X Y Z ZA ZB ZC
*Wellen (Außenmaße):*       a b c cd d e ef f fg g h j js k m n p r s t u v x y z za zb zc

Jeder Buchstabe kennzeichnet somit eine bestimmte Lage des Toleranzfeldes zur Nulllinie. Die Abstände der Toleranzfelder von der Nulllinie – und zwar stets die Abstände der zu dieser nächstliegenden Grenze des Feldes – sind mathematisch definiert. Mit dem geometrischen Mittelwert $D$ in mm – s. zu Gl. (2.4) – wird z. B. für das

$d$-($D$-)Feld: $es(EI) = 16{,}0 \cdot D^{0,44}$ in µm
$e$-($E$-)Feld: $es(EI) = 11{,}0 \cdot D^{0,41}$ in µm
$f$-($F$-)Feld: $es(EI) = \phantom{0}5{,}5 \cdot D^{0,41}$ in µm
$g$-($G$-)Feld: $es(EI) = \phantom{0}2{,}5 \cdot D^{0,34}$ in µm

In TB 2-2 und TB 2-3 sind die zur Nulllinie nächstliegenden Grundabmaße für die Außen- (Wellen) und Innenmaße (Bohrungen) angegeben. Das zweite Grenzabmaß ergibt sich mit der Grundtoleranz IT nach TB 2-1, s. Fußnote zu TB 2-2 und TB 2-3.

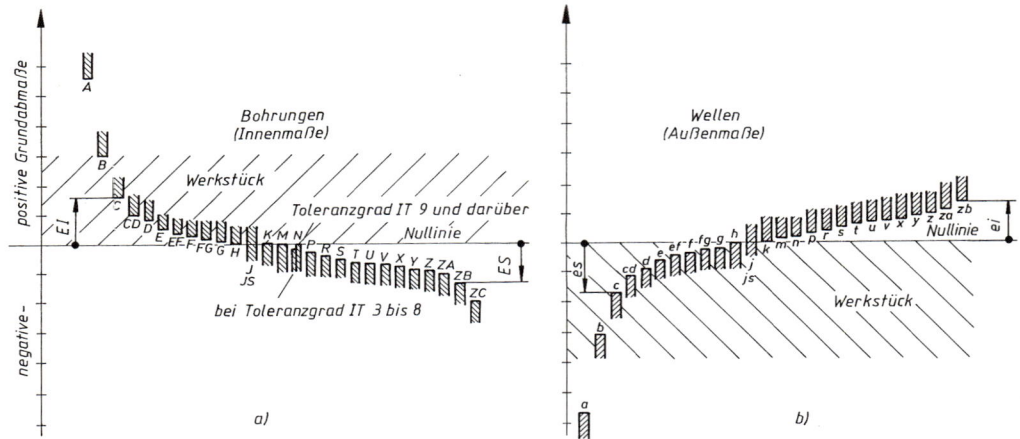

**Bild 2-3** Lage der Toleranzfelder für gleichen Nennmaßbereich (schematisch) a) bei Bohrungen (Innenmaß), b) bei Wellen (Außenmaß)

Die exakte *Lage* des Toleranzfeldes kann somit durch Buchstaben (Grundabmaß), die *Größe* durch die Kennzahl des Toleranzgrades angegeben werden. Grundabmaß und Toleranzgrad bilden zusammen im ISO-Toleranzsystem die *Toleranzklasse*, z. B. H7.

**5. Direkte Angabe von Maßtoleranzen**

Die Angabe von Toleranzklassen ist nur sinnvoll, wenn zum Prüfen des Maßes Lehren vorhanden sind, anderenfalls ist zur Vermeidung von Umrechnungen die direkte Angabe der Abmaße zweckmäßiger. Zum Nennmaß werden die Grenzabmaße $ES$ ($es$) und $EI$ ($ei$) in mm hinzugefügt. Die Abmaße stehen hinter dem Nennmaß über der Maßlinie, s. 2.1.4.

**6. Maße ohne Toleranzangabe**

Vielfach bedürfen Fertigungsmaße keiner Tolerierung, weil sie für die Funktionssicherheit und auch für die Gewährleistung der Austauschbarkeit des Teiles ohne Bedeutung sind (z. B. äußere Abmessungen für Guss- und Schmiedeteile oder für Teile, die keine besondere Genauigkeit erfordern bzw. bei denen kleinere Maßabweichungen belanglos sind). Für nichttolerierte Maße gelten die durch eine allgemeingültige Eintragung in eine Zeichnung angegebenen *Allgemeintoleranzen* nach DIN ISO 2768 T1 (s. TB 2-6).

## 2.1.2 Formtoleranzen

Da die Maßtoleranzen nur die örtlichen Istmaße eines Formelements erfassen, nicht aber seine Formabweichungen, sind vielfach zusätzliche *Formtoleranzen* zur genauen Erfassung des Formelements erforderlich. Nach DIN ISO 1101 begrenzen Formtoleranzen die zulässigen Abweichungen eines Elementes von seiner geometrisch idealen Form (z. B. *Geradheit* einer Welle, *Ebenheit* einer Passfläche, *Rundheit* eines Drehteiles). Formtoleranzen sind immer dann anzugeben, wenn z. B. aus fertigungstechnischen Gründen nicht ohne weiteres zu erwarten ist, dass die durch Maßangaben bestimmte geometrische Form des Werkstückes durch das gewählte Fertigungsverfahren eingehalten wird, s. TB 2-7.

### 2.1.3 Lagetoleranzen

Unter Lagetoleranzen sind nach DIN ISO 1101 *Richtungs-*, *Orts-* oder *Lauftoleranzen* zu verstehen, welche die zulässigen Abweichungen von der geometrisch idealen Lage zweier oder mehrerer Elemente zueinander begrenzen (z. B. *Parallelität* zweier Flächen, *Koaxialität* von gegenüberliegenden Bohrungen, *Position* bestimmter Passflächen zu einem Bezugselement, *Rund-* und *Planlauf* bei Drehteilen). Wie bereits bei den Formtoleranzen erwähnt, sind auch Lagetoleranzen immer dann anzugeben, wenn z. B. aus fertigungstechnischen Gründen nicht ohne weiteres zu erwarten ist, dass die Teile so in der geforderten Beziehung zueinander stehen, wie es die Bemaßung und Toleranzangabe vorsieht und es für die Funktion erforderlich ist, s. TB 2-8.

### 2.1.4 Toleranzangaben in Zeichnungen

#### 1. Maßtoleranzen

Die Eintragung von Maßtoleranzen und Toleranzkurzzeichen in Zeichnungen ist nach DIN 406 T2 vorzunehmen. Die wichtigsten Eintragungsregeln sind:
— Abmaße oder Toleranzklasse sind hinter der Maßzahl des Nennmaßes einzutragen;
— Bei Abmaßen stehen das obere *und* das untere Grenzabmaß über der Maßlinie hinter dem Nennmaß, s. Bild 2-4:
— Toleranzklassen für Bohrungen (Innenmaße) mit Großbuchstaben und Zahl (z. B. H7) sowie für Wellen (Außenmaße) mit Kleinbuchstaben und Zahl (z. B. k6) stehen über der Maßlinie hinter dem Nennmaß, s. Bild 2-5.

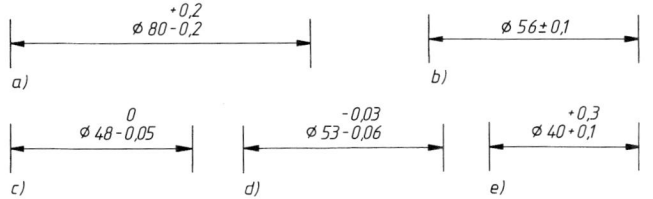
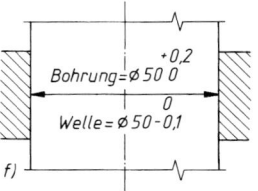

**Bild 2-4** Eintragung von Maßtoleranzen (Beispiele)

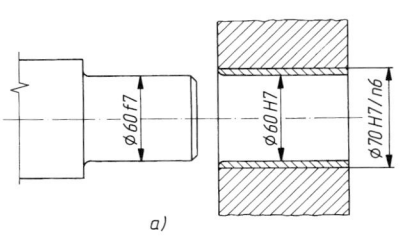
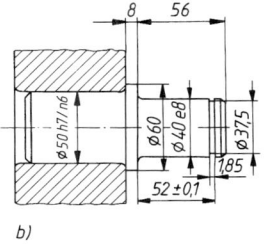
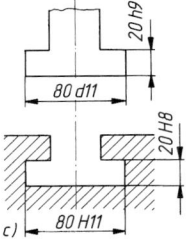

**Bild 2-5** Eintragung von Toleranzklassen (Beispiele)

Für Maßeintragungen, für welche die Allgemeintoleranz nach DIN ISO 2768 T1 (für Längen-, Winkelmaße und Rundungshalbmesser) gelten soll, ist in das dafür vorgesehene Feld der Zeichnung für die gewählte Toleranzklasse (**f** − fein, **m** − mittel, **c** − grob, **v** − sehr grob) z. B. folgende Eintragung zu machen: *ISO 2768-m* bzw. *ISO 2768-mittel*.

**2. Form- und Lagetoleranzen**

Die Eintragung von Form- und Lagetoleranzen in Zeichnungen erfolgt nach DIN ISO 1101 (s. Bild 2-6 und Bild 2-7 sowie TB 2-7 und TB 2-8). Dabei sind in einem unterteilten Rahmen in folgender Reihenfolge einzutragen:

− im ersten Feld das *Symbol* für die Toleranzart,
− im zweiten Feld der *Toleranzwert* in mm,
− im dritten Feld bei Bedarf der *Bezugsbuchstabe* des Basis- bzw. Bezugselementes.

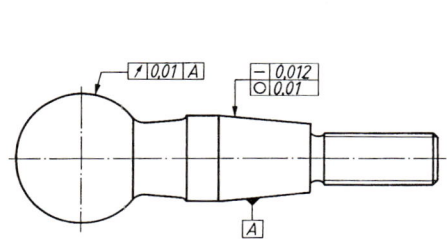
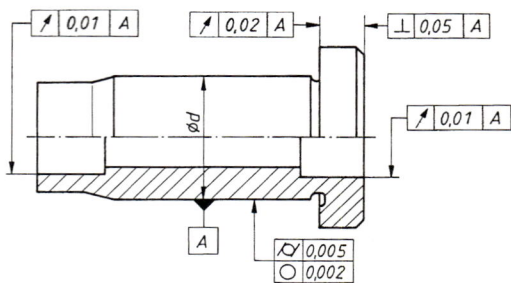

**Bild 2-6**
Angabe von Formtoleranzen (Beispiele)

**Bild 2-7**
Angabe von Lagetoleranzen (Beispiele)

Die Eintragung der Allgemeintoleranzen für Form und Lage erfolgt nach DIN ISO 2768 T2. In das entsprechende Feld ist für die gewählte Toleranzklasse (**H** − fein, **K** − mittel, **L** − grob) z. B. einzutragen: ISO 2768-K.

## 2.2 Passungen

Unter *Passung* ist allgemein die Beziehung zwischen gefügten und mit bestimmten Fertigungstoleranzen versehenen Teilen zu verstehen, die sich aus den Maßunterschieden der Passflächen ergibt (z. B. zwischen der Innenpassfläche $30^{+0,05}$ und der Außenpassfläche $30_{-0,1}$ bzw. zwischen Bohrung 50H7 und Welle 50h6). Zur eindeutigen Bestimmung der Passung ist somit das *gemeinsame* Nennmaß, das Grenzmaß bzw. das Kurzzeichen der *Toleranzklasse* für die Bohrung und das Grenzmaß bzw. Kurzzeichen der Toleranzklasse für die Welle anzugeben. Das Passsystem ist ausgerichtet auf die Funktion der Teile (z. B. Gleitlagerung zwischen Welle/Lager, Klemmverbindung zwischen Hebel/Nabe) sowie ihre Austauschbarkeit.

### 2.2.1 Grundbegriffe

**Passung (P):** die Beziehung, die sich aus der Differenz zwischen den Ist-Maßen $I$ von zwei zu fügenden Einzelteilen − z. B. Bohrung ($I_B$) und Welle ($I_W$) − ergibt. Beim Fügen tolerierter Teile ergeben sich somit die Grenzpassungen $P_o$ und $P_u$. Bei $P \geq 0$ ist ein Spiel vorhanden, bei $P < 0$ dagegen ein Übermaß.

$$\begin{aligned}
\text{Allgemein:} \quad & P = I_B - I_W \\
\text{Höchstpassung:} \quad & P_o = G_{oB} - G_{uW} = ES - ei \\
\text{Mindestpassung:} \quad & P_u = G_{uB} - G_{oW} = EI - es
\end{aligned} \tag{2.5}$$

## 2.2 Passungen

**Spiel S:** positive Differenz der Maße von Bohrung und Welle, wenn das Maß der Bohrung größer ist als das Maß der Welle ($P \geq 0$); es wird unterschieden zwischen dem *Höchstspiel* $S_o$ und dem *Mindestspiel* $S_u$.

**Übermaß Ü:** negative Differenz der Maße von Bohrung und Welle, wenn vor dem Fügen der Teile das Maß der Bohrung kleiner ist als das Maß der Welle ($P < 0$); es wird unterschieden zwischen dem *Höchstübermaß* $Ü_o$ und dem *Mindestübermaß* $Ü_u$.

**Spielpassung ($P_S$):** Passung, bei der beim Fügen von Bohrung und Welle immer ein Spiel $S$ entsteht. Eine Spielpassung liegt vor, wenn $P_o > 0$ *und* $P_u \geq 0$ ist (s. Bild 2-8a);

**Übermaßpassung ($P_Ü$):** Passung, bei der vor dem Fügen der Teile ein Übermaß $Ü$ vorhanden ist. Eine Übermaßpassung liegt vor, wenn $P_o \leq 0$ *und* $P_u < 0$ ist (s. Bild 2-8b);

**Übergangspassung:** Passung, bei der beim Fügen der Teile entweder ein Spiel $S$ oder ein Übermaß $Ü$ möglich ist. Eine Übergangspassung liegt vor, wenn $P_o \geq 0$ *und* $P_u < 0$ ist;

**Passtoleranz ($P_T$):** algebraische Differenz zwischen den Grenzpassungen bzw. arithmetische Summe der Maßtoleranzen der beiden Formelemente, die zu einer Passung gehören. Die Passtoleranz ist ein absoluter Wert ohne Vorzeichen.

$$\begin{aligned} P_T &= P_o - P_u = (G_{oB} - G_{uW}) - (G_{uB} - G_{oW}) \\ P_T &= T_B + T_W = (ES - EI) + (es - ei) \end{aligned} \quad (2.6)$$

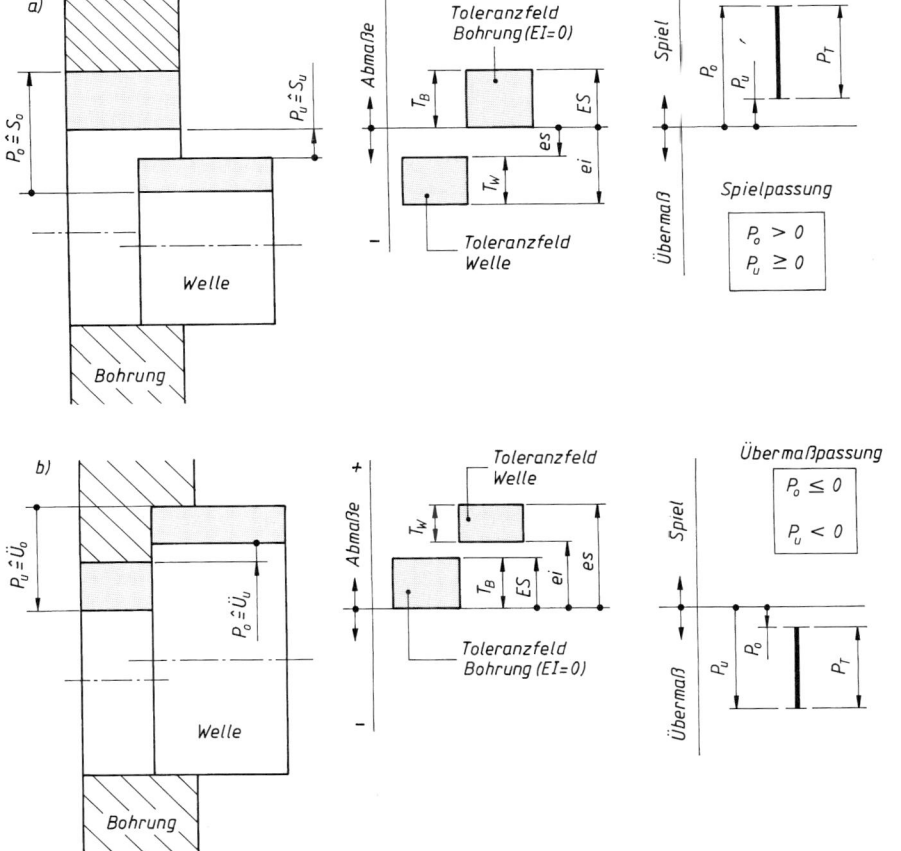

**Bild 2-8** Passungen im System Einheitsbohrung mit $EI = 0$. a) Spielpassung, b) Übermaßpassung

## 2.2.2 ISO-Passsysteme

### 1. System Einheitsbohrung (*EB*)

Bei diesem Passsystem wird grundsätzlich die Bohrung als einheitliches Bezugselement gewählt s. Bild 2-9a. Da für die Bohrung hierbei das Nennmaß als Mindestmaß festgelegt ist, wird das Toleranzfeld des Systems *EB* das *H*-Feld ($EI = 0$). Anwendung findet dieses System beispielsweise bei geringen Stückzahlen, im allgemeinen Maschinenbau, im Kraftfahrzeug-, Werkzeugmaschinen-, Elektromaschinen- und Kraftmaschinenbau. Das System *EB* ist oftmals wirtschaftlicher als das System Einheitswelle, da hier weniger empfindliche und teure Herstellungswerkzeuge und Messgeräte benötigt werden.

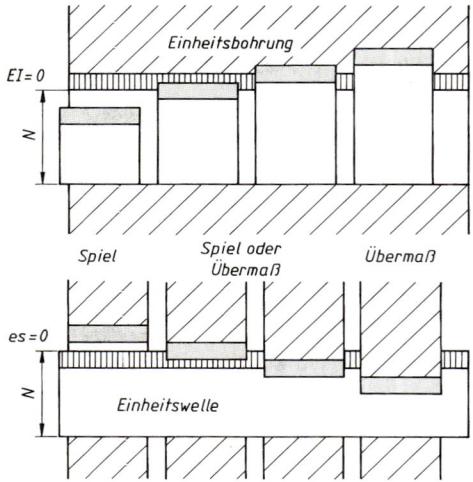

**Bild 2-9**
Schematische Darstellung der ISO-Passsysteme.
a) System Einheitsbohrung, b) System Einheitswelle

### 2. System Einheitswelle (*EW*)

Hier ist die Welle einheitliches Bezugselement, d. h. die Welle hat für jedes Nennmaß das einheitlich gleichbleibende Maß, und das Passmaß der Bohrung wird je nach Passcharakter größer oder kleiner ausgeführt, s. Bild 2-9b. Da beim System *EW* für die Welle das Nennmaß als Höchstmaß festgelegt wurde, ist das Toleranzfeld für das System *EW* das *h*-Feld ($es = 0$).

Eine exakte Abgrenzung des Anwendungsbereiches beider Systeme gibt es nicht, ebenso keine klare Überlegenheit eines Systems. Die Wahl hängt von den vorhandenen Fertigungseinrichtungen, den zu fertigenden Stückzahlen und vor allem auch von konstruktiven Überlegungen ab. Eine gemischte Anwendung beider Passsysteme kann vielfach zweckmäßig sein.

## 2.2.3 Passungsauswahl

Um die Anzahl der Herstellungs- und Spannwerkzeuge sowie die der Prüfmittel zu beschränken, also aus Gründen der Wirtschaftlichkeit und einer möglichst einheitlichen Fertigung, wurde aus der Vielzahl der möglichen Paarungen von Passteilen mit gleichem oder ähnlichem Passcharakter eine Passungsauswahl getroffen. Eine nach den Erfahrungen aus der Praxis in DIN 7154, DIN 7155 und DIN 7157 aufgestellte Auswahl ist im Bild 2-10 dargestellt sowie in TB 2-4 und TB 2-5 angegeben.

*Hinweis:* Bei der Auswahl der Passungen ist der Konstrukteur häufig an die in den betreffenden Werknormen festgelegte Passungsauswahl gebunden. Hierin sind für bestimmte Passteile erfahrungsgemäß gewählte geeignete Paarungen angegeben, für die auch die zugehörigen Herstellungswerkzeuge und Prüfmittel vorhanden sind.

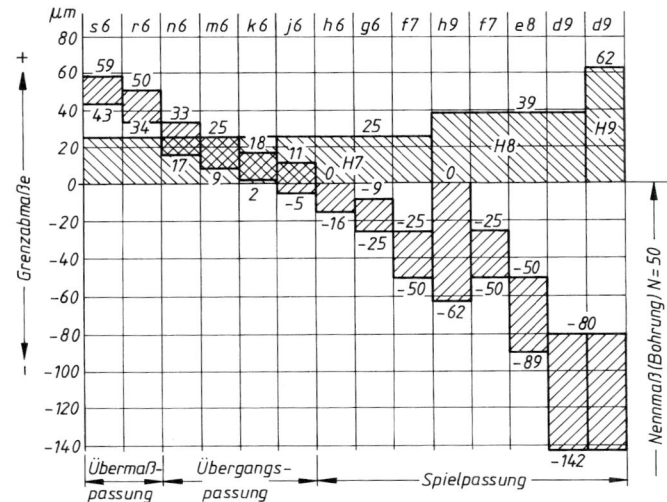

**Bild 2-10**
Passungsauswahl für das System
*EB*, dargestellt für das Nennmaß $N = 50$ mm

Für in der Praxis häufig vorkommende Anwendungsfälle sind in TB 2-9 geeignete Passungen zusammengestellt, die jedoch nur als allgemeine Richtlinien zu betrachten sind. In besonderen Fällen, z. B. bei Preßverbänden oder Gleitlagerungen, müssen die Passtoleranzen und daraus die Grenzmaße des Außen- und des Innenteils individuell errechnet werden.

## 2.3 Oberflächenbeschaffenheit

### 2.3.1 Gestaltabweichung

Es ist fertigungstechnisch nicht möglich, Werkstücke mit einer geometrisch idealen Oberfläche herzustellen. Die durch die Bearbeitungsverfahren bedingten regelmäßigen oder unregelmäßigen Unebenheiten werden als Gestaltabweichungen bezeichnet (Gesamtheit aller Abweichungen der Istoberfläche von der geometrisch-idealen Oberfläche). Die Gestaltabweichungen werden je nach Art der Abweichung in 6 Ordnungen (Gruppen) zusammengefaßt, s. Bild 2-11.

Die Gestaltabweichungen 3. bis 5. Ordnung werden als Rauheit bezeichnet; sie sind den Gestaltabweichungen der 1. und 2. Ordnung überlagert.

Um die Gestaltabweichung der Oberfläche genau erfassen zu können, müßte die Oberfläche als Ganzes betrachtet werden. Die hierzu erforderlichen Verfahren sind recht aufwendig, so dass man sich in der betrieblichen Oberflächenmeßtechnik mit dem Erfassen von Oberflächenschnitten begnügt, wobei diese Messwerte jedoch statistisch repräsentativ sein müssen. Diese Oberflächenschnitte werden, je nach Lage der Schnittfläche zur geometrisch-idealen Oberfläche, unterschieden in *Profilschnitte* (senkrecht oder schräg zur geometrisch-idealen Oberfläche) und *Tangentialschnitte* (parallel zur geometrisch-idealen Oberfläche), s. Bild 2-12.

Als Hauptmaße werden für die Erfassung der Gestaltabweichungen der 3. bis 5. Ordnung allgemein die Rautiefen $R_a$, $R_z$ und $R_{max}$ in µm angegeben. Rauheiten sind regelmäßig oder unregelmäßig wiederkehrende Gestaltsabweichungen, deren Abstände nur ein geringes Vielfaches ihrer Tiefe betragen. Während die *Rautiefe* $R_{max}$ den Abstand zwischen Bezugs- und Grundprofil (höchster und tiefster Punkt des Profilstückes) angibt, gibt die *gemittelte Rautiefe* $R_z$ anstelle der maximalen Rautiefe $R_{max}$ das arithmetische Mittel einer Anzahl (meistens 5) Einzelrautiefen innerhalb einer Bezugsstrecke und der *Mittenrauwert* $R_a$ das arithmetische Mittel der absoluten Beträge der Ordinatenwerte $h_i$ des Istprofils zum mittleren Profil an, s. Bild 2-13.

| Gestaltabweichung (als Profilschnitt überhöht dargestellt) | | Beispiele für die Art der Abweichung | Beispiele für die Entstehungsursache |
|---|---|---|---|
| 1. Ordnung: Formabweichungen | | Unebenheit Unrundheit | Fehler in den Führungen der Werkzeugmaschine, Durchbiegung der Maschine oder des Werkstückes, falsche Einspannung des Werkstückes, Härteverzug, Verschleiß |
| 2. Ordnung: Welligkeit | | Wellen | Außermittige Einspannung oder Formfehler eines Fräsers, Schwingungen der Werkzeugmaschine oder des Werkzeuges |
| 3. Ordnung:  | Rauheit | Rillen | Form der Werkzeugschneide, Vorschub oder Zustellung des Werkzeuges |
| 4. Ordnung: | | Riefen Schuppen Kuppen | Vorgang der Spanbildung (Reißspan, Scherspan, Aufbauschneide), Werkstoffverformung beim Sandstrahlen, Knospenbildung bei galvanischer Behandlung |
| 5. Ordnung: nicht mehr in einfacher Weise bildlich darstellbar | | Gefügestruktur | Kristallisationsvorgänge, Veränderung der Oberfläche durch chemische Einwirkung (z.B. Beizen), Korrosionsvorgänge |
| 5. Ordnung: nicht mehr in einfacher Weise bildlich darstellbar | | Gitteraufbau des Werkstoffes | Physikalische und chemische Vorgänge im Aufbau der Materie, Spannungen und Gleichungen im Kristallgitter |
| Überlagerung der Gestaltabweichungen 1. bis 4. Ordnung | | | |

**Bild 2-11** Beispiele für Gestaltabweichungen (nach DIN 4760)

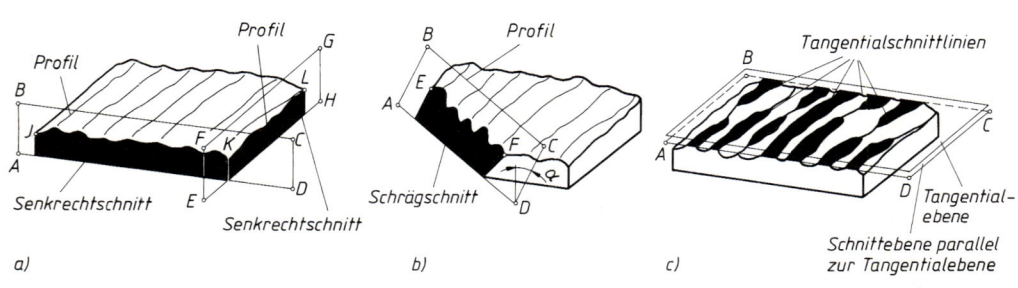

**Bild 2-12** Oberflächenschnitte. a) Senkrechtschnitt, b) Schrägschnitt, c) Tangentialschnitt

## 2.3 Oberflächenbeschaffenheit

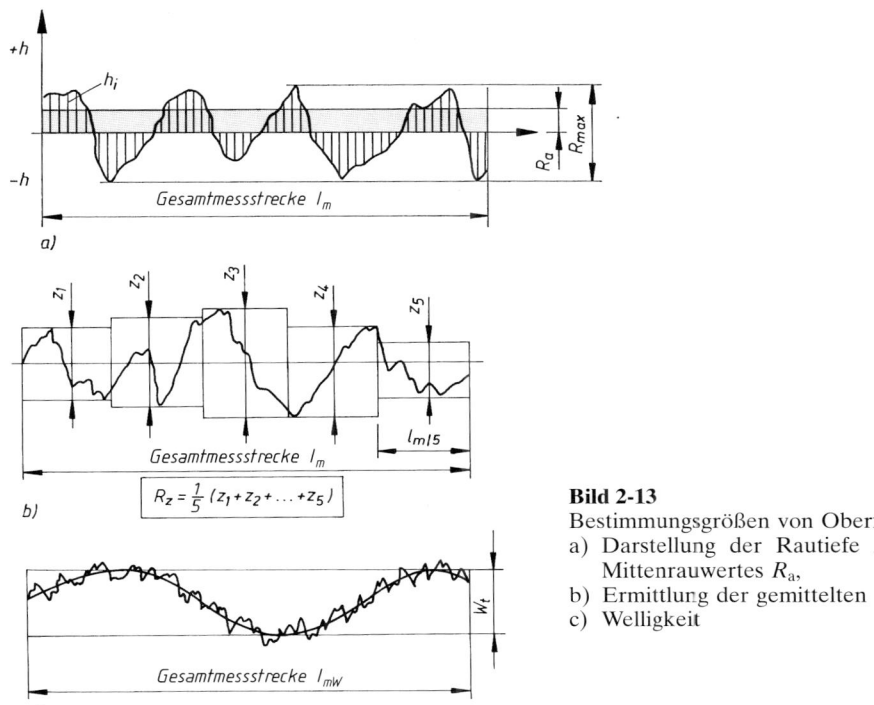

**Bild 2-13**
Bestimmungsgrößen von Oberflächen.
a) Darstellung der Rautiefe $R_{max}$ und des Mittenrauwertes $R_a$,
b) Ermittlung der gemittelten Rautiefe $R_z$,
c) Welligkeit

Eine mathematische Beziehung zwischen $R_{max}$ und $R_a$ sowie $R_z$ und $R_a$ besteht nicht. Dem Zuordnungsdiagramm von $R_a$ in $R_z$ und umgekehrt (s. TB 2-10) liegen Vergleichsmessungen von spanend gefertigten Oberflächen zugrunde. Die z. T. noch gebräuchliche Rautiefenangabe $R_t$ sollte vermieden werden, da $R_t$ nur unzureichend Aufschluss über die Oberflächenrauheit des Bauteiles gibt.

Neben der Angabe der Oberflächenrauheit können zur Festlegung einer bestimmten Oberflächenstruktur weitere Angaben, wie z. B. *Flächentraganteil* $t_f$ (in %) als das Verhältnis der tragenden Fläche zum Bezugsbereich, *Welligkeit* $W_t$ (Höhe des Profils innerhalb der Welligkeitsmessstrecke $l_{mw}$ nach dem Ausfiltern der Rauigkeit) s. Bild 2-13c, *Rillenrichtung* usw. erforderlich werden, wenn höhere Anforderungen an die Oberfläche vorliegen, wie z. B. hohe spezifische Belastung, hohe Dichtheit, gleichmäßige und geringe Reibung usw. In Fällen ohne besondere Ansprüche genügt zur Tolerierung der Rauheit meistens die Angabe der zulässigen Rautiefe. Je nach Fertigungsverfahren lassen sich unterschiedliche Grenzwerte für die Rautiefen, s. TB 2-12, als auch für die Profiltraganteile erreichen.

Die Oberflächengüte und der gewählte Toleranzgrad stehen in einem engen Verhältnis zueinander. Beide müssen sinnvoll aufeinander abgestimmt sein. Erfahrungswerte für fertigungstechnisch erreichbare Rautiefen sowie die größtzulässigen Rautiefen in Abhängigkeit von dem Toleranzgrad und dem Nennmaß siehe TB 2-11. Wenn auch kein ursächlicher und funktionaler zahlenmäßiger Zusammenhang zwischen der Maßtoleranz $T$ und der Oberflächenrautiefe $R_z$ besteht, so sollte doch sichergestellt sein, dass

$$R_z \leq 0{,}5 \cdot T \tag{2.7}$$

beträgt, damit nach dem Fügen der Passteile und der dann teilweisen Plastifizierung der Oberflächenrauheiten das Istmaß des Bauteiles noch innerhalb des Toleranzfeldes liegt (s. hierzu auch die VDI/VDE-Richtlinie 2601).

## 2.3.2 Oberflächenangaben in Zeichnungen

Die Kennzeichnung des Endzustandes einer technischen Oberfläche erfolgt nach DIN ISO 1302 durch Oberflächensymbole in Verbindung mit der Rauheitsangabe $R_a$ bzw. $R_z$. Zusätzliche Angaben hinsichtlich der Rillenrichtung und dem Bearbeitungsverfahren sind, falls erforderlich, möglich und können somit die Oberflächenbeschaffenheit der Passfläche exakt festlegen, s. Bild 2-14.

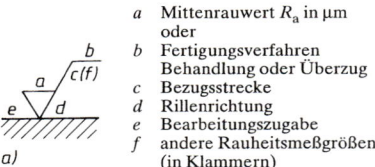
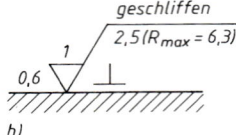

a Mittenrauwert $R_a$ in µm oder
b Fertigungsverfahren Behandlung oder Überzug
c Bezugsstrecke
d Rillenrichtung
e Bearbeitungszugabe
f andere Rauheitsmeßgrößen (in Klammern)

**Bild 2-14**
Lage der Oberflächenangabe am Symbol.
a) allgemein
b) Beispiel

In der praktischen Anwendung der Oberflächenkennzeichnung in Zeichnungen sind zwei Grundfälle zu unterscheiden;

a) Für alle Oberflächen eines Bauteiles ist die gleiche Oberflächenangabe vorgesehen. Die Kennzeichnung erfolgt entweder durch eine allgemeine Wortangabe oder wird auf der Zeichnung hinter die Positionsnummer des Bauteiles gesetzt, s. Bild 2-15a.
b) Wird an die Mehrzahl der Oberflächen die gleiche Anforderung gestellt, so können die Symbole für die Oberflächenbeschaffenheiten, die Ausnahmen gegenüber der allgemeinen Oberflächenbeschaffenheit festlegen, als Klammerwerte neben das Grundsymbol gesetzt werden. Die Ausnahmen werden auf der Zeichnung am Werkstück direkt angegeben, s. Bild 2-15b und c.

Die gesicherte Wiederholbarkeit einer als funktionstauglich erkannten Oberfläche wird in der Fertigung vielfach durch Oberflächen-Vergleichsmuster nach DIN 4769 erreicht.

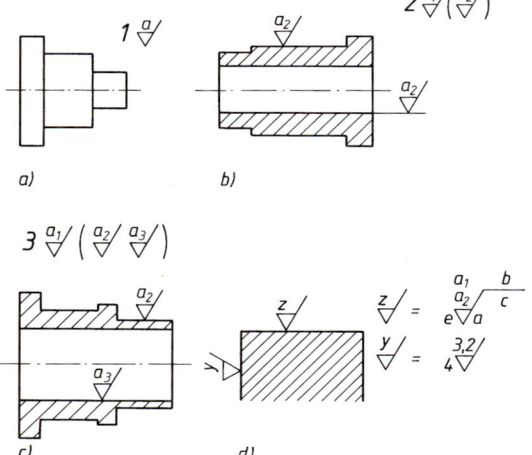

**Bild 2-15**
Möglichkeiten der Oberflächenkennzeichnung. a) Angabe gilt für alle Oberflächen, b) und c) Angabe von unterschiedlichen Oberflächen, d) vereinfachte Darstellung komplizierter Oberflächenangaben; $a_1$ oberer, $a_2$ unterer Grenzwert der Rautiefe in µm

## 2.4 Berechnungsbeispiele

■ **Beispiel 2.1:** Für die Toleranzklasse g8 sind mit den Werten der Tabellen TB 2-1 und TB 2-2 für das Nennmaß $N = 40$ mm die Grenzabmaße $es$ und $ei$ zu ermitteln. Das Toleranzfeld ist maßstabsgerecht darzustellen.

▶ **Lösung:** Nach TB 2-2 wird für die Toleranzfeldlage „g" das obere Grenzabmaß

$$es = -9\,\mu m$$

ermittelt. Das untere Grenzabmaß errechnet sich aus der Beziehung

$$ei = es - \text{IT}$$

(s. TB 2-2, Fußnote). Mit der Grundtoleranz IT $= 39\,\mu m$ nach TB 2-1 (Toleranzgrad 8, Nennmaß $N = 40$ mm) wird somit das untere Grenzabmaß

$$ei = -9\,\mu m - 39\,\mu m = -48\,\mu m\,.$$

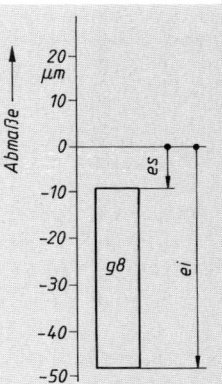

**Bild 2-16** Darstellung des Toleranzfeldes g8 für das Nennmaß. $N = 40$ mm

■ **Beispiel 2.2:** Für die Passung H7/k6 sind mit den Werten der Tabellen TB 2-1 bis TB 2-3 für das Nennmaß $N = 140$ mm die Grenzpassungen $P_o$ und $P_u$ sowie die Passtoleranz $P_T$ zu ermitteln und maßstabsgerecht darzustellen.

▶ **Lösung:** Die Grenzpassung $P_o$ wird mit Gl. (2.5) $P_o = ES - ei$. Das Grenzabmaß der Bohrung wird errechnet aus $ES = EI + \text{IT}$ (s. Fußnote 1 zu TB 2-3). Mit dem unteren Abmaß der Bohrung $EI = 0$ (Toleranzfeldlage $H$) nach TB 2-3 und IT $= 40\,\mu m$ (Toleranzgrad IT 7, Nennmaßbereich 120 bis 180 mm) nach TB 2-1 wird somit das obere Abmaß für die Bohrung $ES = 0 + 40\,\mu m = 40\,\mu m$; das maßgebende Grenzabmaß der Welle wird für die Toleranzfeldlage $k$ nach TB 2-2 $ei = 3\,\mu m$, so dass sich die Grenzpassung aus $P_o = 40\,\mu m - 3\,\mu m = 37\,\mu m$ ergibt. Darstellung der Toleranzfeldlagen für Welle und Bohrung der Passung H7/k6 s. Bild 2-17a.
Die Grenzpassung $P_u$ wird nach Gl. (2.5) $P_u = EI - es$. Mit $EI = 0$, $ei = 3\,\mu m$ (s. o.) und IT $= 25\,\mu m$ nach TB 2-1 (Toleranzgrad IT 6, Nennmaßbereich 120…180 mm) wird nach der Fußnote zu TB 2-2 das obere Abmaß der Welle $es = ei + \text{IT} = 3\,\mu m + 25\,\mu m = 28\,\mu m$ und damit $P_u = 0 - 28\,\mu m = -28\,\mu m$. Mit den Grenzpassungen $P_o = 37\,\mu m$ und $P_u = -28\,\mu m$ ergibt sich die Passtoleranz nach Gl. (2.6) aus

$$P_T = P_o - P_u = 37\,\mu m - (-28\,\mu m) = 65\,\mu m$$

(s. Bild 2-17b).

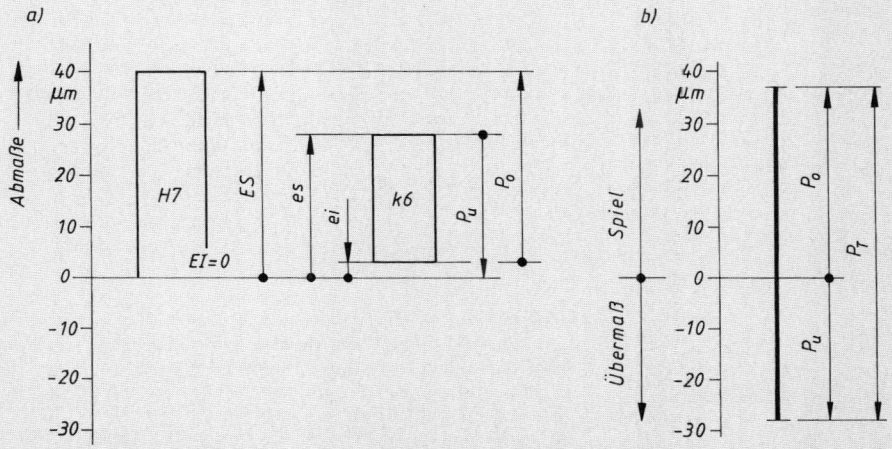

**Bild 2-17** a) Toleranzfeldlage der Passung H7/k6. b) Darstellung der Passung H7/k6 für das Nennmaß $N = 140$ mm

**Ergebnis:** Die Grenzpassungen betragen $P_o = 37$ µm und $P_u = -28$ µm; die Passtoleranz $P_T = 65$ µm. Da $P_o > 0$ und $P_u < 0$, ist beim Fügen der Teile sowohl Spiel als auch Übermaß möglich. Die Passung H7/k6 ist also eine *Übergangspassung*.

*Anmerkung:* Die Abmaße für Bohrung und Welle können auch TB 2-4 entnommen werden.

**Beispiel 2.3:** Für die gelenkartige Verbindung zwischen Hebel $A$ und Gabel $B$ (Bild 2-18) ist ein Zylinderstift 16 m6 × 50 vorgesehen. Der mit einer Lagerbuchse versehene Hebel soll sich um den in der Gabel festsitzenden Stift mit einem, etwa der Spielpassung H7/f7 entsprechenden Spiel drehen. Das seitliche Spiel des Hebels in der Gabel darf 0,1 ... 0,2 mm betragen.

Nennmaße: $d_1 = 25$ mm, $l = 30$ mm.

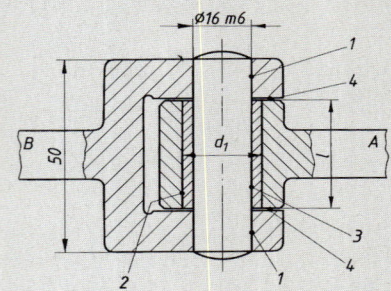

Zu ermitteln sind:
a) eine geeignete Toleranz für die Gabelbohrungen (Stellen 1),
b) eine geeignete Passung zwischen Buchse und Hebelbohrung (Stelle 2),
c) die Toleranz für die Buchsenbohrung (Stelle 3),
d) die Maßtoleranzen für Nabenlänge und Gabelweite (Stellen 4).

**Bild 2-18** Hebelgelenk

▶ **Lösung a):** Entsprechend der zu erfüllenden Funktion wird die Toleranzklasse für die Gabelbohrung aus TB 2-9 festgelegt mit H7 (festsitzende Zylinderstifte).

▶ **Lösung b):** Die Buchse muß in der Hebelbohrung festsitzen. Eine geeignete Passung ergibt sich ebenfalls aus TB 2-9; gewählt wird für das System Einheitsbohrung H7/r6.

▶ **Lösung c):** Die festzulegende Toleranz für die Buchsenbohrung wird zweckmäßig anhand einer Arbeitsskizze ermittelt (Bild 2-19). Zunächst werden die Abmaße und das sich hieraus ergebende Spiel der möglichst einzuhaltenden Passung H7/f7 für das Nennmaß 16 mm ermittelt und dargestellt (Bild 2-19a).

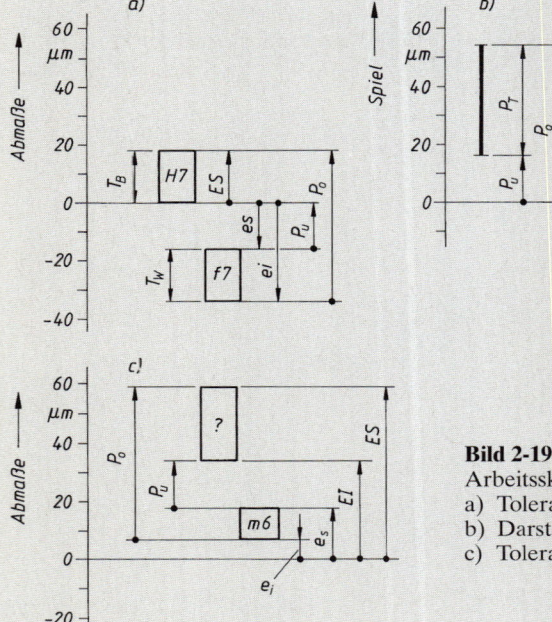

**Bild 2-19**
Arbeitsskizze zur Lösung c des Beispiels 2.3.
a) Toleranzfeldlage der Passung H7/f7
b) Darstellung der Passung H7/f7
c) Toleranzfeldlage der gesuchten Passung

## 2.4 Berechnungsbeispiele

Die Abmaße für die Bohrung werden nach TB 2-1 und TB 2-3 ermittelt. Für den Nennmaßbereich über 10 bis 18 mm für H7 wird $ES = 18\,\mu m$ und $EI = 0$, für f7 wird $es = -16\,\mu m$ und $ei = es - IT_w = -16\,\mu m - 18\,\mu m = -34\,\mu m$ (siehe hierzu auch die Berechnungsbeispiele 2.1 und 2.2). Damit ergeben sich nach Gl. (2.5) die Grenzpassungen

$$P_o = G_{oB} - G_{uW} = ES - ei = 18\,\mu m - (-34\,\mu m) = 52\,\mu m$$
$$P_u = G_{uB} - G_{oW} = EI - es = 0 - (-16\,\mu m) = 16\,\mu m\,.$$

Mit $P_o$ und $P_u$ (aus $\varnothing$ 16 h7/f7) wird eine entsprechende Skizze zusammen mit dem Toleranzfeld des Stiftes (Toleranzklasse m6 mit $ei = 7\,\mu m$ und $es = 18\,\mu m$) angefertigt (Bild 2-19c) und daraus die sich für die Bohrung (Buchse) ergebenden Abmaße „abgelesen". So ergibt sich für die Bohrung das obere und untere Abmaß aus

$$ES = ei + P_o = 7\,\mu m + 52\,\mu m = 59\,\mu m$$
$$EI = es + P_u = 18\,\mu m + 16\,\mu m = 34\,\mu m\,.$$

Für $EI = +34\,\mu m$ (Soll) kann aus TB 2-3 für den entsprechenden Nennmaßbereich die Lage $E$ mit dem Grundabmaß $EI' = 32\,\mu m$ (Ist) als nächstliegender Wert festgestellt werden und mit der Grundtoleranz für die Bohrung

$$IT_B = ES - EI' = +59\,\mu m - 32\,\mu m = +27\,\mu m$$

wird nach TB 2-1 der Toleranzgrad IT 8 festgelegt (zufällig stimmen für $IT_B$ der Sollwert und Istwert überein).

**Ergebnis:** Die Buchsenbohrung erhält die **Toleranzklasse E8**.

▶ **Lösung d):** Auch hier werden die Maßtoleranzen zweckmäßig wieder anhand einer Skizze (Bild 2-20) ermittelt. Zunächst werden (willkürlich) festgelegt: Nennmaß $N$ gleich Höchstmaß $G_{oH}$ (Nabenlänge des Hebels); ferner sollen die Toleranzfelder für Hebel und Gabel gleich groß sein: $T_H = T_G = P_{T/2}$.
Mit $P_T = P_o - P_u = 200\,\mu m - 100\,\mu m = 100\,\mu m$ wird $T_H = T_G = 50\,\mu m$.
Danach werden in die Skizze (Bild 2-20) alle bekannten Daten eingetragen. Abgelesen werden kann jetzt für die Hebelnabe:

$$es = 0,$$
$$ei = es - T_H = 0 - 50\,\mu m = -50\,\mu m$$

und für die Gabel:

$$ES = P_u + T_G = 100\,\mu m + 50\,\mu m = 150\,\mu m,$$
$$EI = P_u = 100\,\mu m\,.$$

**Ergebnis:** Es ergeben sich die Abmaße

a) für den Hebel: $es = 0$ mm, $ei = -0,05$ mm;
b) für die Gabel: $ES = 0,15$ mm, $EI = 0,1$ mm,

*Anmerkung:* Die Lösung wurde bewusst unter Einbeziehung der Tabellen TB 2-1 bis TB 2-3 gemacht, um einen allgemeinen Lösungsgang aufzuzeigen. Alternativ könnten die Abmaße auch den Tabellen TB 2-4 und TB 2-5 entnommen werden.

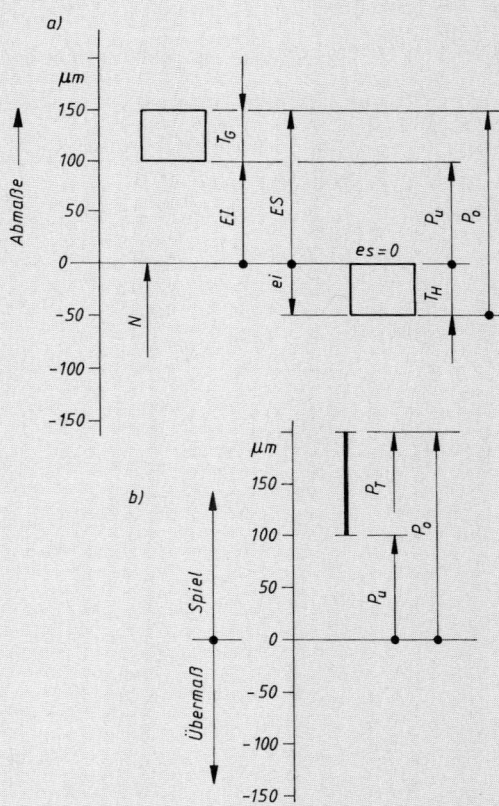

**Bild 2-20** Abmaßskizze für Hebel und Gabel

## 2.5 Literatur

*Berg, S.:* Angewandte Normzahl. Gesammelte Aufsätze. Berlin: Beuth-Vertrieb GmbH, 1949
DIN Deutsches Institut für Normung (Hrsg.): DIN-Taschenbücher. Berlin: Beuth
  Zeichnungswesen 1, 12. Auflage 2000 (DIN-Taschenbuch 2)
  Zeichnungswesen 2, 6. Auflage 2000 (DIN-Taschenbuch 148)
DIN Deutsches Institut für Normung (Hrsg.): Technische Oberflächen. Berlin: Beuth, 1981
DIN Deutsches Institut für Normung (Hrsg.): Technisches Zeichnen. Berlin: Beuth, 1998
*Felber/Felber:* Toleranzen und Passungen. Leipzig: Fachbuchverlag, 1986
*Hoischen, H.:* Technisches Zeichnen. Grundlagen, Normen, Beispiele; Darstellende Geometrie. Berlin: Cornelsen, 1998
*Jorden, W.:* Form- und Lagetoleranzen. München Wien: Hanser, 1998
*Klein, M.:* Einführung in die DIN-Normen. Stuttgart: Teubner, 1989
*Rochusch, F.:* ISA-Toleranzen, Oberflächengüte und Bearbeitungsverfahren; in: Konstruktion 9 (1957) Heft 10
*Szyminski, S.:* Toleranzen und Passungen: Grundlagen und Anwendungen. Braunschweig/Wiesbaden: Vieweg, 1993
*Tschochner:* Toleranzen. Füssen: Wintersche Verlagsbuchhandlung, 1952
*Weingraber, H. v., Abou-Aly, M.:* Handbuch Technische Oberflächen. Braunschweig/Wiesbaden: Vieweg, 1989
VDI/VDE Richtlinie 2601: Anforderungen an die Oberflächengestalt zur Sicherung der Funktionstauglichkeit spanend hergestellter Flächen; Zusammenstellung der Kenngrößen. Düsseldorf: VDI, 1991
VDI/VDE Richtlinie 2602: Rauheitsmessung mit elektrischen Tastschnittgeräten. Düsseldorf: VDI, 1983
VDI/VDE Richtlinie 2603: Oberflächen-Messverfahren; Messung des Tragflächenanteils. Düsseldorf: VDI, 1991
VDI/VDE Richtlinie 2604: Oberflächenmessverfahren; Rauheitsuntersuchung mittels Interferenzmikroskopie. Düsseldorf: VDI, 1991

# 3 Festigkeitsberechnung

## 3.1 Allgemeines

Bei der Berechnung und Nachprüfung der Bauteilabmessungen muss gewährleistet sein, dass die Kraftwirkungen, die sich aus den äußeren Belastungen ergeben, mit ausreichender Sicherheit gegen Versagen des Bauteiles aufgenommen werden können. Die im jeweiligen gefährdeten Bauteilquerschnitt auftretende größte Spannung darf den für diese Stelle maßgebenden zulässigen Wert nicht überschreiten. Diese zulässige Spannung ist im Wesentlichen abhängig vom Werkstoff, von der Beanspruchungs- und Belastungsart sowie der geometrischen Form des Bauteiles und anderer Einflüsse, wie z. B. Bauteiltemperatur, Eigenspannungen, Werkstofffehler, korrodierend wirkende Umgebungsmedien. Die Dimensionierung eines Bauteiles richtet sich vor allem nach der Art seines möglichen Versagens (das Bauteil kann seine Funktion nicht mehr erfüllen), das in den meisten Fällen hervorgerufen wird durch

– unzulässig große Verformungen,
– Gewaltbruch,
– Zeit- oder Dauerbruch,
– Rissfortschreiten (Bruchmechanik),
– Instabilwerden (z. B. Knicken, Beulen),
– mechanische Abnutzung (z. B. Verschleiß, Abrieb),
– chemische Angriffe (z. B. Korrosion).

Kommen mehrere dieser Fälle für das Versagen eines Bauteiles in Frage, so sollte der Nachweis für jede dieser Möglichkeiten erfolgen. Die ungünstigsten Verhältnisse sind dann der konstruktiven Auslegung des Bauteiles zugrunde zu legen. Der reine Festigkeitsnachweis (Gewalt-, Zeit- und Dauerbruch) kann in Anlehnung an Bild 3-1 durchgeführt werden.

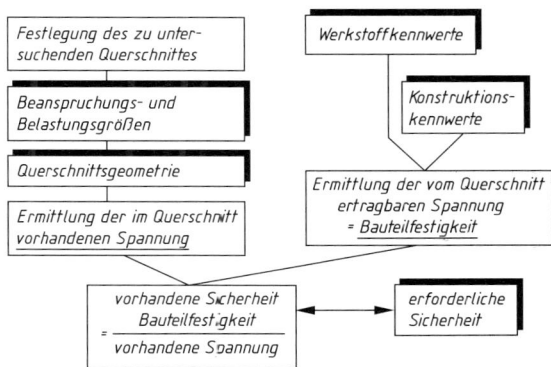

**Bild 3-1** Allgemeiner Festigkeitsnachweis (Berechnungsalgorithmus)

## 3.2 Beanspruchungs- und Belastungsarten[1)]

Während des Betriebes wirken auf das Bauteil gewollte und ungewollte Belastungen ein. Gewollte Belastungen sind funktionsbedingt, während die ungewollten Belastungen meistens aus unerwünschten Vorgängen (ungewollte Schwingungen, Belastungsstöße, Eigenspannungen u. a.) resultieren. Je nach Wirkung der an einem Bauteil angreifenden äußeren Kräfte werden die im Bauteilquerschnitt verursachten inneren Kraftwirkungen unterschieden in Normalkräfte $F_N$ und

---

[1)] Eine klare Trennung der Begriffe ist nicht gegeben, jedoch sollte der Begriff Belastung auf die Beschreibung der Lasten und der Begriff Beanspruchung auf die Inanspruchnahme der Festigkeits- und Elastizitätseigenschaften unter Einschluss des Spannungsbegriffes orientiert sein.

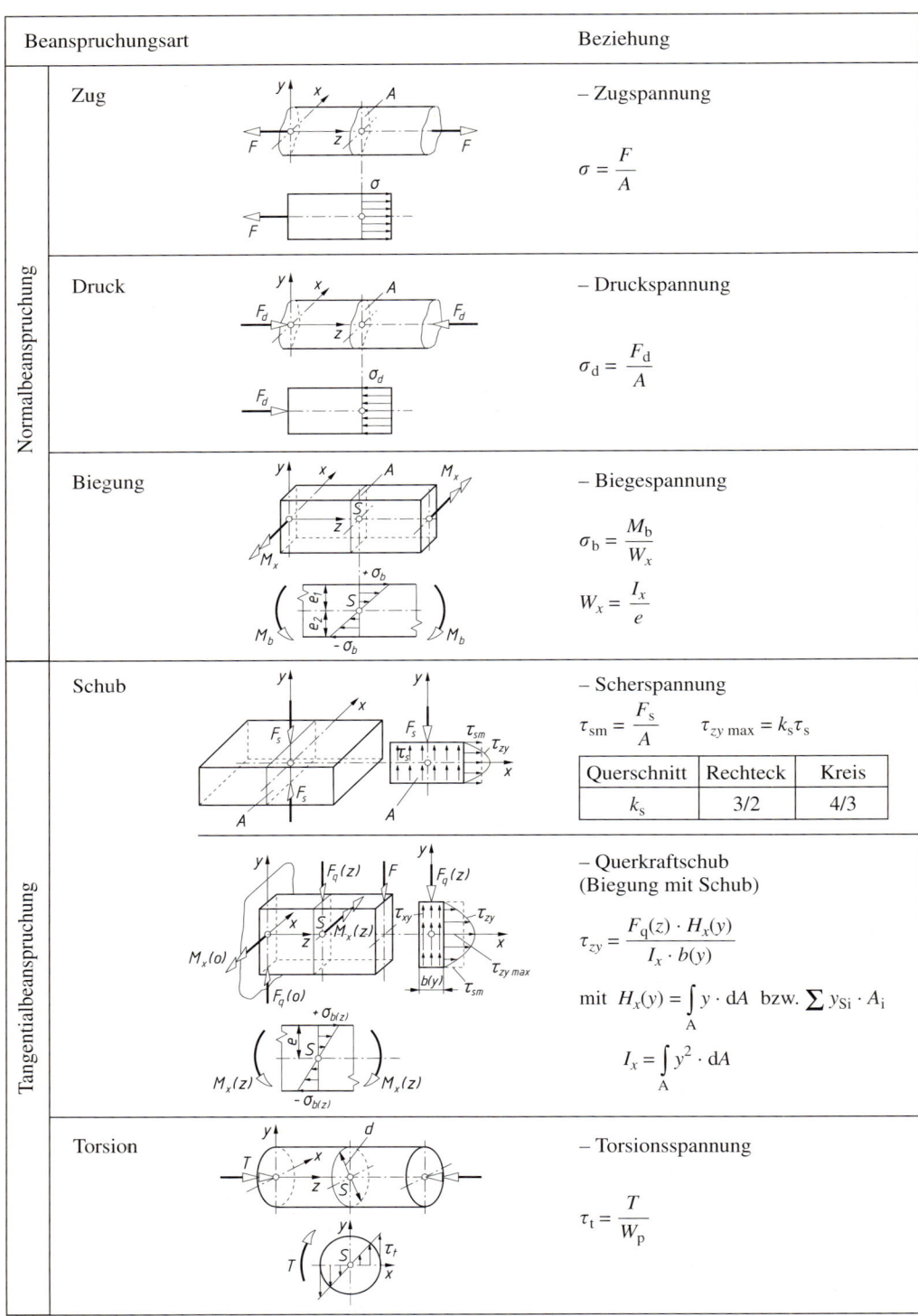

**Bild 3-2** Grundbeanspruchungsarten und daraus resultierende Nennspannungen

## 3.2 Beanspruchungs- und Belastungsarten

Schubkräfte $F_Q$, Biegemomente $M$ und Torsionsmomente $T$. Daraus resultieren die Beanspruchungsarten Zug, Druck, Abscheren (Schub), Biegung und Torsion mit den entsprechenden Nennspannungen, Bild 3-2. Nennspannungen senkrecht zum Bauteilquerschnitt werden als Normalspannung (Zug-, Druck- und Biegespannung), in der Querschnittsebene liegend als Tangentialspannung (Scher-, Torsionsspannung) bezeichnet.

Außer den Grundbeanspruchungsarten wird noch das Beulen, Kippen und Knicken als Sonderfall der Druckbeanspruchung und die Flächenpressung als Beanspruchung der Berührungsflächen zweier gedrückter Körper unterschieden. Treten zwei oder mehrere Beanspruchungsarten gleichzeitig auf, z. B. Zug und Biegung oder Biegung und Verdrehung, so liegt eine *zusammengesetzte Beanspruchung* vor. Bei gleichartigen Spannungen (nur Normal- oder Schubspannungen, s. Bild 3-2) kann aus den Einzelspannungen eine *resultierende Spannung* $\sigma_{res}$ bzw. $\tau_{res}$ ((Gl. 3.1) in Bild 3-3) und bei ungleicher Spannungsart eine *Vergleichsspannung* $\sigma_v$[1] je nach maßgebender Festigkeitshypothese für duktilen[2] (zähen) oder spröden[3] Werkstoff gebildet werden. Aus der Vielzahl der Festigkeitshypothesen haben sich für praktische Festigkeitsberechnungen bewährt (ohne die Gesamtheit aller bisher bekannt gewordenen Versuchsergebnisse bei allgemeiner Schwingbeanspruchung ausreichend genau zu beschreiben):

— die *Normalspannungshypothese (NH)* für spröde Werkstoffe ($\sigma_{grenz}/\tau_{grenz} = 1$)[4]. Sie setzt voraus, dass der Bruch senkrecht zur Richtung der größten Normalspannung erfolgt. Überschreitet diese den Festigkeitskennwert des Werkstoffes ($R_m$), tritt der Bruch ein;
— die *Gestaltänderungsenergiehypothese (GEH)* für duktile Werkstoffe ($\sigma_{grenz}/\tau_{grenz} = 1,73$). Hier ist die bei Verformung eines elastischen Körperelements gespeicherte Energie das Kriterium. Überschreitet diese den werkstoffabhängigen Grenzwert, versagt das Bauteil infolge der plastischen Formänderung. Diese Hypothese zeigt beste Übereinstimmung mit den Versuchsergebnissen;
— die *Schubspannungshypothese (SH)* für duktile Werkstoffe mit ausgeprägter Streckgrenze (zähe Stähle, $\sigma_{grenz}/\tau_{grenz} = 2$). Nach dieser Hypothese ist das Überschreiten der Gleitfestigkeit durch die größte wirkende Schubspannung für das Werkstoffversagen maßgebend.

Für den im Maschinenbau häufigen Fall einer Biege- (bzw. Zug/Druck-) und Torsionsbeanspruchung nehmen die Hypothesen die Form der Gln. (3.2) bis (3.3) an, s. Bild 3-3.

Neben der Beanspruchungsart ist der *zeitliche Verlauf* der jeweiligen Beanspruchung von Bedeutung. Je nach Art der zeitlichen Belastungsschwankung wird grundsätzlich unterschieden zwischen dem statischen und dem dynamischen Beanspruchungs-Zeit-Verlauf. Während der statische Verlauf idealisiert ein zeitlich unveränderlicher Vorgang ist, s. Bild 3-4, ist der dynamische Verlauf allgemein zeitabhängig. Sonderfall des dynamischen Verlaufes ist der schwingende Beanspruchungs-Zeit-Verlauf (schwingende Beanspruchung), gekennzeichnet durch eine periodische Wiederholung nach einer endlichen Zeit, der Periodenzeit, s. Bild 3-5.

Für die Beschreibung der Beanspruchungs-Zeit-Verläufe wird von einem *Schwingspiel* ausgegangen, das durch folgende Kenngrößen beschrieben wird, s. Bild 3-6: Mittelspannung $\sigma_m$, Oberspannung $\sigma_o$ (Maximalspannung $\sigma_{max}$), Unterspannung $\sigma_u$ (Minimalspannung $\sigma_{min}$), Spannungsamplitude $\sigma_a$. Zwei dieser Kenngößen genügen, um den dynamischen Vorgang zu kennzeichnen (s. Bild 3-6). So bestehen folgende Zusammenhänge:

$$\begin{aligned}\text{\textit{Spannungsamplitude}} \quad &\sigma_a = \sigma_o - \sigma_m \\ &\sigma_a = (\sigma_o - \sigma_u)/2 \\ \text{\textit{Mittelspannung}} \quad &\sigma_m = (\sigma_o + \sigma_u)/2 \\ \text{\textit{Spannungsverhältnis}} \quad &\kappa = \sigma_u/\sigma_o\end{aligned} \quad (3.4)$$

---

[1] Vergleichbare Normalspannung mit gleicher Wirkung wie Normal- und Schubspannung gemeinsam.
[2] Duktile Werkstoffe zeichnen sich neben der elastischen vor allem durch eine große plastische Verformung vor dem Bruch aus (z. B. Baustahl).
[3] Spröde Werkstoffe verformen sich bis zum Bruch nur elastisch (z. B. Glas, Grauguss).
[4] $\sigma_{grenz}$ Normalspannung ($\tau_{grenz}$ Scherspannung), bei der ein Werkstoff bei einachsigem Spannungszustand (einachsigem Scherversuch) versagt; Werkstoffkennwert.

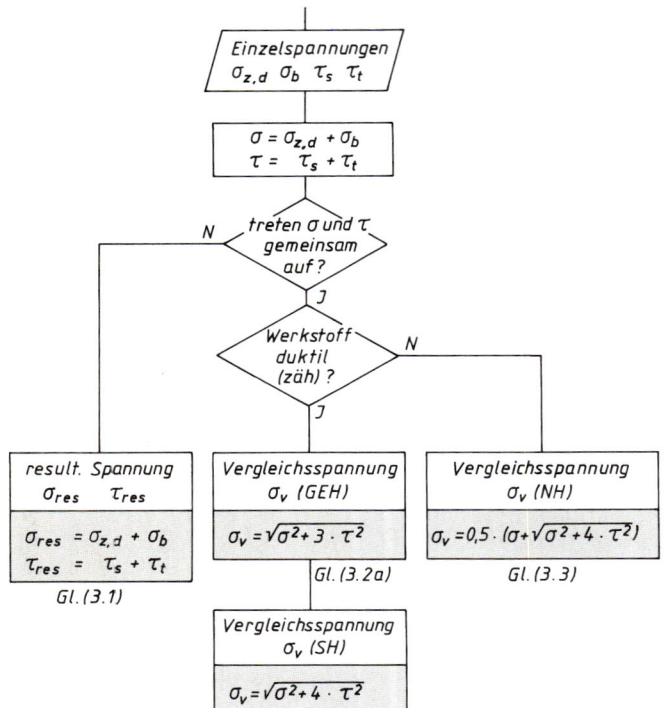

**Bild 3-3** Bildung zusammengesetzter Spannungen bei stabförmigen Bauteilen

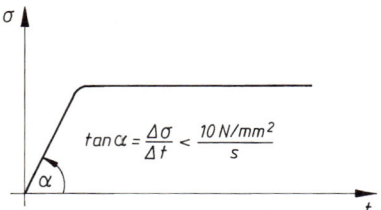

**Bild 3-4** Zeitlicher Verlauf der statischen Beanspruchung

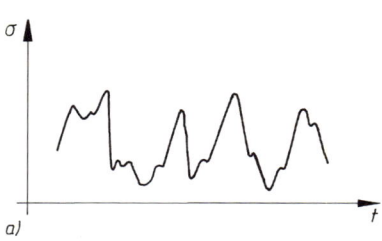

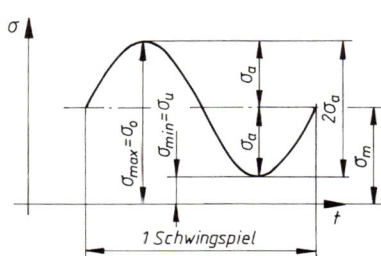

**Bild 3-6** Kenngrößen eines Schwingspiels

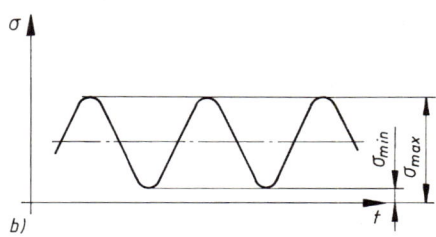

**Bild 3-5** Zeitlicher Verlauf der dynamischen Beanspruchung.
a) allgemein dynamische Beanspruchung,
b) idealisierte dynamische Beanspruchung

## 3.2 Beanspruchungs- und Belastungsarten

| Beanspruchungsart | | | | | |
|---|---|---|---|---|---|
| statisch | dynamisch schwellend | | | dynamisch wechselnd | |
| Fall I | allgemein | Fall II | allgemein | | Fall III |
| $\varkappa = 1$ | $1 > \varkappa \geq 0$ | $\varkappa = 0$ | $0 > \varkappa \geq -1$ | | $\varkappa = -1$ |
| Kenngrößen | | | | | |
| $\sigma_a = 0$ | $\sigma_u > 0$ | $\sigma_u = 0$ | $\sigma_m > 0$ | | $\sigma_m = 0$ |
| $\sigma_o = \sigma_u = \sigma_m$ | $\sigma_o = \sigma_u + 2\sigma_a$ | $\sigma_o = 2\sigma_a$ | $\sigma_o = \sigma_m + \sigma_a$ | | $|\sigma_o| = |\sigma_u| = |\sigma_a|$ |
| $\sigma = konst.$ | $\sigma_m = \sigma_u + \sigma_a$ | $\sigma_m = \sigma_a = \sigma_o/2$ | $\sigma_u = \sigma_m - \sigma_a$ | | $\sigma_u = -\sigma_a$ |

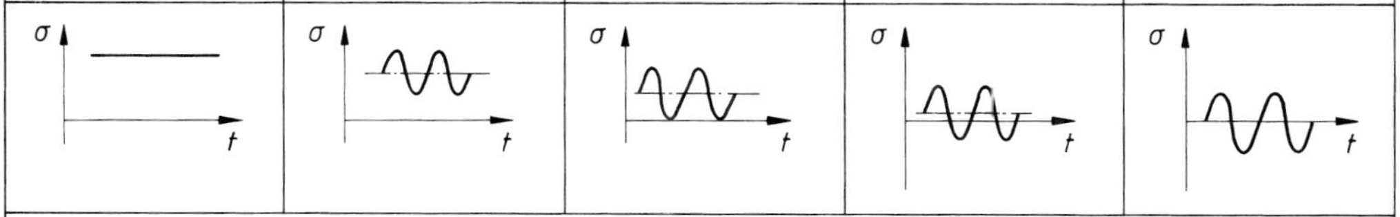

**Bild 3-7** Beanspruchungsbereiche[1]

Auch die Lage der Schwingspiele bezüglich der Beanspruchungs-Nulllinie ist für eine eindeutige Aussage hinsichtlich des Beanspruchungs-Zeit-Verlaufes von Bedeutung, s. Bild 3-7. Beanspruchungen, deren Amplituden durch die Nulllinie verlaufen ($0 > \varkappa > -1$), werden als *Wechselbeanspruchung* bezeichnet (die reine Wechselbeanspruchung ist durch $\sigma_m = 0$ bzw. $\varkappa = -1$ gekennzeichnet); Beanspruchungen, die sich ausschließlich im positiven oder negativen Bereich bewegen ($1 > \varkappa \geq 0$), werden als *Schwellbeanspruchung* bezeichnet (die reine Schwellbeanspruchung ist im Zugbereich durch $\sigma_m = \sigma_o/2$ bzw. $\varkappa = 0$ gekennzeichnet).

Da bei zusammengesetzter Beanspruchung $\sigma$ und $\tau$ vielfach in unterschiedlicher Art vorliegen (z. B. $\sigma_b$ im Fall III und $\tau_t$ im Fall II), s. Bild 3-7, kann für einfachere Berechnungen mit dem Anstrengungsverhältnis $\alpha_0$ die Torsionsbeanspruchung $\tau_t$ auf den Fall von $\sigma_b$ „umgerechnet" werden. Das Anstrengungsverhältnis $\alpha_0$ ist hierbei

$$\alpha_0 = \sigma_{grenz}/(\varphi \cdot \tau_{grenz}) = \sigma_{zul}/(\varphi \cdot \tau_{zul})$$

Damit ergeben sich die Vergleichsspannungen (s. auch Gl. (3.2) und (3.3)) zu

$$\begin{aligned} GEH \quad & \sigma_v = \sqrt{\sigma_b^2 + 3(\alpha_0 \cdot \tau_t)^2} = \sqrt{\sigma_b^2 + 3\left(\frac{\sigma_{zul}}{\varphi \cdot \tau_{zul}} \cdot \tau_t\right)^2} \\ NH \quad & \sigma_v = 0{,}5 \cdot \left[\sigma_b + \sqrt{\sigma_b^2 + 4(\alpha_0 \cdot \tau_t)^2}\right] = 0{,}5 \cdot \left[\sigma_b + \sqrt{\sigma_b^2 + 4\left(\frac{\sigma_{zul}}{\varphi \cdot \tau_{zul}} \cdot \tau_t\right)^2}\right] \end{aligned} \quad (3.5)$$

Für den häufigsten Beanspruchungsfall der gleichzeitigen Biegung und Torsion wird für Stahl

$\alpha_0 = \sigma_{zul}/\varphi \cdot \tau_{zul} \approx 0{,}7$ bei Biegung III, Torsion I (II)
$\alpha_0 = \sigma_{zul}/\varphi \cdot \tau_{zul} \approx 1{,}0$ bei Biegung III, Torsion III
$\alpha_0 = \sigma_{zul}/\varphi \cdot \tau_{zul} \approx 1{,}5$ bei Biegung I (II), Torsion III

Für eine wirklichkeitsnahe Berechnung der aus den äußeren Belastungen resultierenden Spannungen im Bauteil ist neben dem idealisierten statischen und dynamischen Verlauf das Erfassen der unregelmäßigen Schwankungen der äußeren Belastung erforderlich, insbesondere Verlauf und Betrag der Höchstlast, die bei dynamischer Belastung häufig ein Vielfaches der Nennbelastung betragen können. Hervorgerufen werden diese Belastungsspitzen durch die dynamischen Vorgänge bei der Kraft- bzw. Leistungsübertragung, wie z. B. durch das Beschleunigen und Ab-

---

[1] Bach, Julius v. (1847–1931), führte zur Kennzeichnung der Beanspruchung die Fälle I, II und III ein.

bremsen rotierender Massen oder durch auftretende Stöße, die sich aus der Art des Antriebes (z. B. Verbrennungsmotor, Elektromotor) bzw. der Arbeitsmaschine (z. B. Turbine, Presse, Steinbrecher) ergeben. Die Erfassung dieser dynamischen Vorgänge ist sehr schwierig und die Einflussgrößen können in der Regel nur erfahrungsgemäß durch einen *Betriebs- oder Anwendungsfaktor* $K_A$ erfasst werden. Dieser sollte so groß gewählt werden, dass er mit dem Nenndrehmoment (der Nennkraft) multipliziert ein *äquivalentes Drehmoment* $T_{eq}$ (*äquivalente Kraft* $F_{eq}$) ergibt, das (die) die gleiche Sicherheit gegen Schäden gewährleistet wie das (die) tatsächlich wirksame zeitlich veränderliche Moment (Kraft)

$$T_{eq} = K_A \cdot T_{nenn} \quad \text{bzw.} \quad F_{eq} = K_A \cdot F_{nenn} \tag{3.6}$$

$T_{eq}(F_{eq})$ ist beim dynamischen Bauteilnachweis anzuwenden (Werte für $K_A$ s. TB 3-5[1]). Es unterscheidet sich vom *maximalen Spitzenmoment* $T_{max}$ (analog *maximale Spitzenkraft* $F_{max}$), das auch die nur einzeln oder einmalig im Verlauf der Betriebsdauer auftretende Lastspitze voll berücksichtigt (z. B. Anfahrstöße, Kurzschlussmomente, Notbremsmoment), s. Bild 3-8 und Grundlage für den statischen Nachweis sein muss.[2]

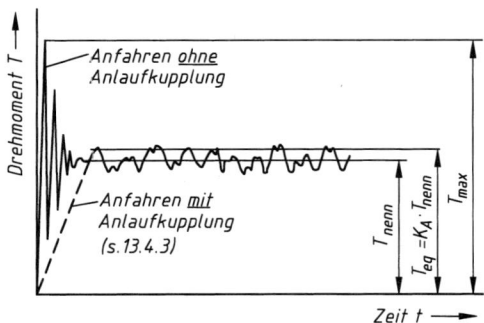

**Bild 3-8**
Zeitlicher Verlauf des Drehmomentes der Antriebswelle einer Arbeitsmaschine (schematisch)

## 3.3 Werkstoffverhalten, Festigkeitskenngrößen

### 3.3.1 Statische Festigkeitswerte (Werkstoffkennwerte)

Grundlage für die Ermittlung des Werkstoffgrenzwertes und auch der Bauteilsicherheit ist die Kenntnis über das Werkstoffverhalten bei Belastung. Die statische Kurzzeitbeanspruchung kann anhand des Zugversuches beschrieben werden. Im Bild 3-9 ist das Verhalten des belasteten glatten Probestabes hinsichtlich der elastischen und der plastischen Formänderung sowie des statischen Gewaltbruches dargestellt.
Rein elastische Verformungen des Probestabes sind bis zum Erreichen der Elastizitätsgrenze $\sigma_E$ unterhalb der Streckgrenze $R_e$ (bzw. für Werkstoffe mit nicht ausgeprägter Fließgrenze unterhalb der 0,2-Dehngrenze $R_{p0,2}$) festzustellen (Gültigkeitsbereich des Hooke'schen Gesetzes). Oberhalb der $\sigma_E$-Grenze treten neben elastischen auch plastische Formänderungen auf. Mit zunehmender Dehnung erreicht die Spannung den Maximalwert $R_m$, danach sinkt mit wachsender Einschnürung die auf den Ausgangsquerschnitt bezogene Spannung, bis der statische Ge-

---

[1] Anwendungsfaktoren streuen in der Literatur stark und können aufgrund des Fehlens einer einheitlichen Definition nicht ohne weiteres verglichen werden. Ihre Größe kann bei den einzelnen Maschinenelementen unterschiedlich sein aufgrund unterschiedlicher Schädigungsmechanismen. Die Werte in TB 3-5a sind für Getriebe gültig. Bei Fehlen geeigneter anderer Werte z. B. aus Messungen können sie für überschlägige Berechnungen auch bei anderen Maschinenelementen angewendet werden.

[2] Einzelne Lastspitzen führen zu keinem Dauerbruch. Sie müssen deshalb nur beim statischen Nachweis berücksichtigt werden.

## 3.3 Werkstoffverhalten, Festigkeitskenngrößen

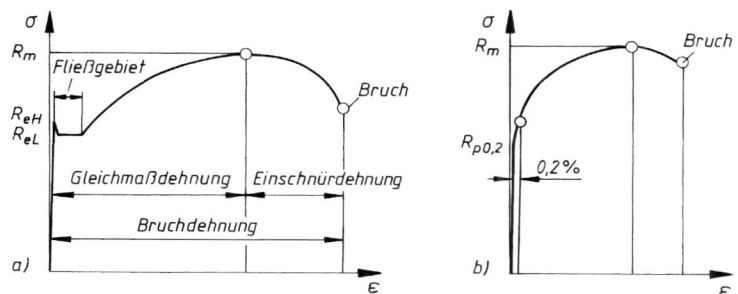

**Bild 3-9** Spannungs-Dehnungs-Diagramm (schematisch).
a) für Stähle mit ausgeprägter Fließgrenze,
b) für Stähle mit nicht ausgeprägter Fließgrenze

**Bild 3-10** Gewaltbruch einer Keilwelle

waltbruch eintritt. Der Gewaltbruch an Bauteilen lässt sich bei den meisten Werkstoffen an den rauen, fein- bis grobkörnigen, ungleichmäßigen und teilweise zerklüfteten Bruchflächen erkennen, s. Bild 3-10.
Im Anwendungsbereich Maschinenbau sind die Zugfestigkeit $R_{mN}$ und die Fließgrenze $R_{eN}$ bzw. die $R_{p0,2N}$-Grenze (im folgenden $R_{pN}$ genannt) des glatten Probestabes als Bemessungsgrößen am bekanntesten, auf die wiederum die zugehörigen Festigkeitswerte für Zug/Druck und Schub bezogen werden. Normwerte für $R_{mN}$ und $R_{pN}$ siehe TB 1-1 bis TB 1-2[1].
Bei von den Normabmessungen abweichenden Bauteilen müssen die Festigkeitswerte $R_{mN}$ bzw. $R_{pN}$ mit dem Größeneinflussfaktor $K_t$ umgerechnet werden (der Größeneinflussfaktor berück-

---

[1] Der Index N steht für Normwert. Für die Normwerte gilt eine mittlere Überlebenswahrscheinlichkeit von 97,5 %.

sichtigt den technologisch bedingten Festigkeitsabfall mit zunehmender Bauteilgröße, s. a. 3.5.1-3.).
Für das Bauteil gilt somit

$$\boxed{\begin{aligned} R_m &= K_t \cdot R_{mN} \\ R_p &= K_t \cdot R_{pN} \end{aligned}}$$

(3.7)

$K_t$   technologischer Größeneinflussfaktor für Zugfestigkeit bzw. Streckgrenze, Werte aus TB 3-11a und b
*Beachte:* Bei einigen Werkstoffen ist $K_t$ für Zugfestigkeit und Streckgrenze unterschiedlich!

$R_{mN}$, $R_{pN}$   für den Normdurchmesser (Durchmesser $d_N$) gültige Zugfestigkeit bzw. Streckgrenze (Normwerte); Werte nach TB 1-1 bis TB 1-2

Neben der Bauteilgröße hat die äußere Form des Probestabes auf das Spannungs-Dehnungs-Verhalten Einfluss. So sind bei einem gekerbten runden Probestab unter sonst gleichen Bedingungen bei Zug/Druck und Biegung Festigkeitssteigerungen bei gleichzeitigem Dehnungsverlust messbar (s. Bild 3-11), die sich mit dem im Kerbgrund aufbauenden mehrachsigen Spannungszustand erklären lassen.

Für eine exakte Aussage über das Werkstoffverhalten bei statischer Beanspruchung sind weitere Einflussgrößen, so z. B. die *Beanspruchungsgeschwindigkeit*, die *Temperatur*, die *Anisotropie*[1] und die *Beanspruchungsdauer* zu beachten. Versuche haben beispielsweise ergeben, dass mit zunehmender Beanspruchungsgeschwindigkeit sowohl die Zugfestigkeits- als auch die Fließgrenzwerte zunehmen, s. Bild 3-12. Bei erhöhten Temperaturen nimmt die Dehnung zu (Kriechneigung), Zugfestigkeit, Fließgrenze und Wechselfestigkeit nehmen ab, s. Bild 3-13. Bei

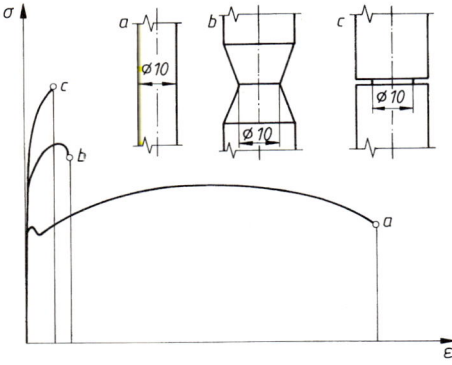

**Bild 3-11**
Spannungs-Dehnungs-Verlauf für unterschiedlich scharf gekerbte Probestäbe (schematisch)

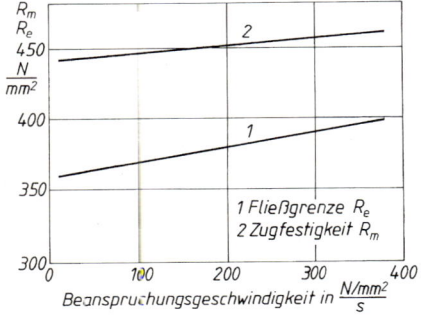

**Bild 3-12**
Abhängigkeit der Fließgrenze und der Zugfestigkeit eines Stahles von der Beanspruchungsgeschwindigkeit $\Delta\sigma/\Delta t$ (schematisch)

---

[1] Unter Anisotropie wird die Abhängigkeit der Festigkeitswerte bei gewalzten und geschmiedeten Bauteilen von der Walz- bzw. Fließrichtung verstanden.

## 3.3 Werkstoffverhalten, Festigkeitskenngrößen

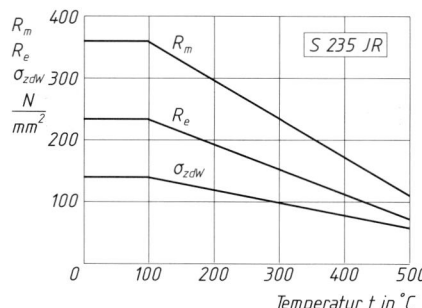

**Bild 3-13**
Abhängigkeit der Fließgrenze, Zugfestigkeit und Zug-Wechselfestigkeit eines unlegierten Stahles von der Temperatur bei kurzzeitig wirkenden Beanspruchungen

tiefen Temperaturen sind $R_m$ und $R_p$ größer als bei Raumtemperatur, das Verformungsvermögen dagegen ist bei vielen Werkstoffen merklich geringer.
Bei statischer Langzeitbeanspruchung treten als Werkstoffreaktionen die elastische und plastische Formänderung sowie der statische Gewaltbruch auf. Statische Festigkeitswerte s. Bild 3-14.

| Art der Beanspruchung | Bezeichnung | Zeichen | Ersatzwert bei Stahlwerkstoffen | Berechnung gegen |
|---|---|---|---|---|
| Zug | Streckgrenze (Fließgrenze) | $R_e$ | — | Verformung |
|  | 0,2%-Dehngrenze | $R_{p0,2}$ | — | Verformung |
|  | Zugfestigkeit | $R_m$ [1] | — | Bruch |
| Druck | Quetschgrenze (Druckfließgrenze) | $R_{ed}$ | $= f_\sigma \cdot R_e$ [2] | Verformung |
|  | 0,2%-Stauchgrenze | $\sigma_{d0,2}$ | $= f_\sigma \cdot R_{p\beta,0,2}$ | Verformung |
|  | Druckfestigkeit | $\sigma_{dB}$ | $= f_\sigma \cdot R_m$ | Bruch |
| Biegung | Biegefließgrenze | $\sigma_{bF}$ | $\approx (1 \ldots 1,3)\, R_e$ [3] | Verformung |
|  | 0,2%-Biegedehngrenze | $\sigma_{b0,2}$ | $\approx (1 \ldots 1,3)\, R_{p0,2}$ | Verformung |
|  | Biegefestigkeit | $\sigma_{bB}$ | $\approx R_m$ | Bruch |
| Torsion | Torsionsfließgrenze | $\tau_{tF}$ | $\approx (1 \ldots 1,2) f_\tau \cdot R_e$ [2)3)] | Verformung |
|  | 0,4%-Tors.-Dehngrenze | $\tau_{t0,4}$ | $\approx (1 \ldots 1,2) f_\tau \cdot R_{p0,2}$ | Verformung |
|  | Torsionsfestigkeit | $\tau_{tB}$ | $\approx f_\tau \cdot R_m$ | Bruch |
| Abscherung | Scherfließgrenze | $\tau_{aF}$ | $= f_\tau \cdot R_e$ [2] | Verformung |
|  | Scherfestigkeit | $\tau_{aB}$ | $= f_\tau \cdot R_m$ | Bruch |

[1] Ist nur die Brinellhärte $H_{HB}$ bekannt, kann $R_m \approx 3,6 H_{HB}$ bei C-Stahl und C-Stahlguss (gültig für $R_m \leq 1300\,\text{N/mm}^2$), $R_m \approx 1,0 H_{HB}$ bei Grauguss gesetzt werden.
[2] Die Faktoren $f_\sigma$ und $f_\tau$ können TB 3-2a entnommen werden.
[3] Die Festigkeitswerte für Biegung und Torsion sind vom Spannungsgefälle abhängig und damit keine eigentlichen Festigkeitswerte. Bei kleinen Bauteildurchmessern ergeben sich größere Festigkeitswerte, da das Spannungsgefälle und damit die statische Stützwirkung größer ist. Näherungsweise kann nach DIN 743 für Stahl gesetzt werden: $\sigma_{bF} \approx 1{,}2(1{,}2) \cdot R_p$; $\tau_{tF} \approx 1{,}2(1{,}1) \cdot R_p/\sqrt{3}$ (Klammerwert gilt für Werkstoffe mit harter Randschicht).

**Bild 3-14** Statische Werkstoffkennwerte bei Raumtemperatur

### 3.3.2 Dynamische Festigkeitswerte (Werkstoffkennwerte)

Das Werkstoffverhalten bei der Schwingbeanspruchung wird durch die *tatsächliche* Spannungsverteilung in einem Bauteilquerschnitt bestimmt. Durch dauernde, zu starke Spannungserhöhungen infolge geometrischer oder/und metallurgischer Kerben kommt es aufgrund ungleichmäßiger

Spannungsverteilung an den inneren oder äußeren Kerbstellen zu einem allmählichen Ermüden des Werkstoffes. Der Trennwiderstand des Werkstoffes ist den Spannungsspitzen nicht mehr gewachsen; es kommt zu Mikrorissen, die schließlich Ursache des Dauerbruches (Ermüdungsbruch) sind. Dieser Vorgang lässt sich häufig an den sogenannten Rastlinien auf der Dauerbruchfläche erkennen, denn ausgehend von den Mikrorissen pflanzt sich das Einreißen mit jeder höheren Belastungsspitze weiter fort. Der endgültige Bruch erfolgt dann schließlich als Gewaltbruch des Restquerschnitts. Im Gegensatz zum Gewaltbruch lässt sich ein Dauerbruch an der meist ebenen, blanken und mit Rastlinien versehenen Bruchfläche erkennen, s. Bild 3-15.

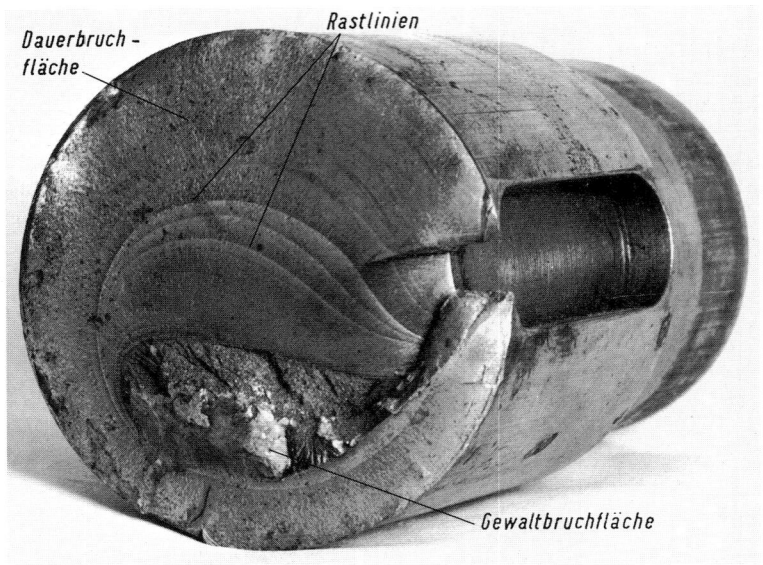

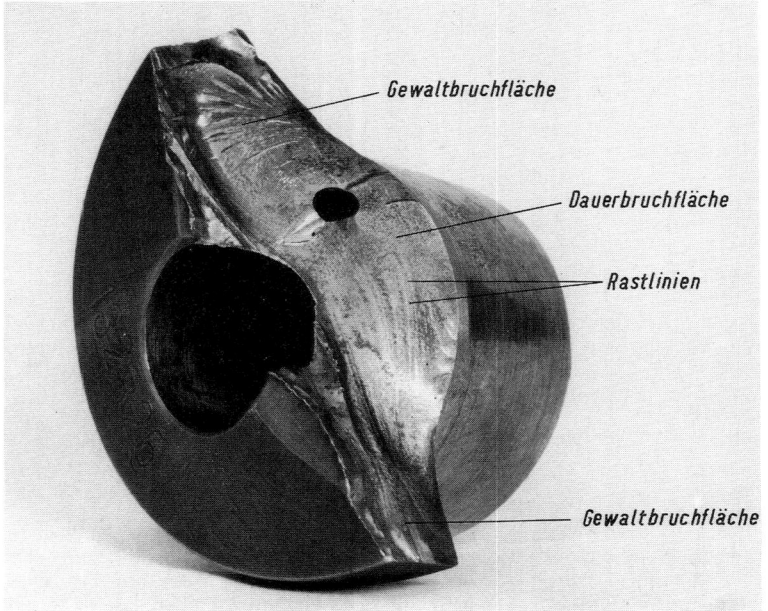

**Bild 3-15**
Dauerbrüche.
a) einer Ritzelwelle,
b) einer Kurbelwelle

## 3.3 Werkstoffverhalten, Festigkeitskenngrößen

Zur Vermeidung von Dauerbrüchen sind für genauere Berechnungen Kenntnisse über die Schwingfestigkeit des Konstruktionswerkstoffes erforderlich. Je nach Beanspruchungsintensität und erreichter Schwingspielzahl wird unterschieden zwischen *Dauer-, Zeit-* und *Betriebsfestigkeit.*

### 1. Grenzspannungslinie (Wöhlerlinie)[1]

*Dauerfestigkeit:* Wird ein Probestab einer hohen Schwingbelastung, z. B. Biegewechselbelastung, unterworfen, so tritt nach einer bestimmten Schwingspielzahl $N$ der Bruch ein. Wird dieser Versuch mit weiteren Probestäben gleicher Art mit immer kleinerer Belastung wiederholt, wird bis zum Einsetzen des Bruches eine immer höhere Schwingspielzahl erreicht. Bei genügend kleiner Belastung tritt schließlich nach Erreichen einer Grenzschwingspielzahl $N_{gr}$ (bei Stahl etwa $10^7$ Schwingspiele), auch bei Fortsetzung dieser Belastung, kein Bruch mehr ein. Die dieser Belastung entsprechende Spannung wird als *Dauerfestigkeit* $\sigma_D(\tau_D)$ des Werkstoffes bezeichnet, s. Bild 3-16.
Je nach Belastungsart, für die die Dauerfestigkeitswerte ermittelt sind, werden als die wichtigsten Dauerfestigkeitsbegriffe die *Schwellfestigkeit* (*Sch*) für das Spannungsverhältnis $\kappa = \sigma_u/\sigma_o = 0$, die *Wechselfestigkeit* (*W*) für $\kappa = -1$ und weiter nach Art der vorliegenden Beanspruchung die Zugschwellfestigkeit $\sigma_{zSch}$, die Biegewechselfestigkeit $\sigma_{bW}$ usw. unterschieden, s. Bild 3-17.

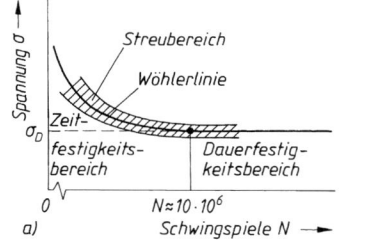 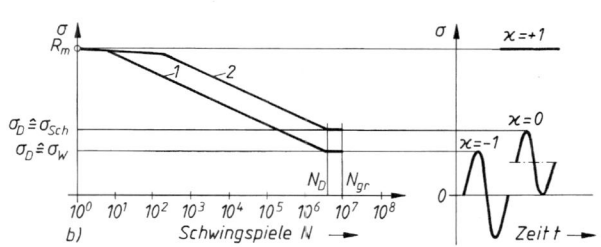

**Bild 3-16** Wöhlerlinie (Grenzspannungslinie) für Stahl (schematisch).
a) in linear-, b) in logarithmisch geteilter Darstellung: **1** Wechsel-, **2** Schwellfestigkeit

| Spannung | Dauerfestigkeit, unterschieden nach Art der ... | | | | | | |
|---|---|---|---|---|---|---|---|
| Spannung | $\sigma_D$ | | | | $\tau_D$ | | |
| Beanspruchung | $\sigma_{zD}$ | | $\sigma_{dD}$ | $\sigma_{bD}$ | | $\tau_{tD}$ | |
| Belastung | $\sigma_{zSch}$ | $\sigma_{z,dW}$ | $\sigma_{dSch}$ | $\sigma_{bSch}$ | $\sigma_{bW}$ | $\tau_{tSch}$ | $\tau_{tW}$ |

**Bild 3-17** Dauerfestigkeitsarten

*Allgemein kann die Dauerfestigkeit eines Werkstoffes für $-1 \leq \kappa \leq +1$ auch verstanden werden als diejenige höchste Ausschlagspannung $\sigma_A$, die ein glatter, polierter Probestab bei schwingender Beanspruchung um eine ruhend gedachte Mittelspannung $\sigma_m$ nach beiden Seiten gerade noch beliebig lange ohne Bruch bzw. ohne schädigende Verformung ertragen kann.*
Zwischen den Dauerfestigkeitswerten und den statischen Festigkeitswerten $R_m$ und $R_{p0,2}$ besteht kein allgemein gültiger Zusammenhang, jedoch können je nach Werkstoffart bestimmte Verhältniswerte (Ungefährwerte) festgestellt werden, s. Gl. (3.8).
*Zeitfestigkeit:* Die Grenzspannungen bei $N < 10^7$ annähernd gleichen, periodisch auftretenden Schwingspielen werden mit *Zeitfestigkeit* bezeichnet, da sie nur für eine bestimmte Zeit, der

---
[1] Wöhler, August (1819–1914); erarbeitete 1876 Festigkeitsvorschriften für Stahl und Eisen.

zugehörigen Schwingspielzahl entsprechend, keinen Ermüdungsbruch hervorrufen. Je nach geforderter Lebensdauer können dabei die zulässigen Spannungsamplituden mehr oder weniger oberhalb der Dauerfestigkeit liegen. Dauerfestigkeits- und Zeitfestigkeitswerte werden mit einer bestimmten *Überlebenswahrscheinlichkeit*, z. B. $P_{ü} = 97,5\%$, angegeben.

*Betriebsfestigkeit:* Da im praktischen Einsatz die Belastung der Bauteile selten mit gleichbleibender Intensität auftritt, sondern vielmehr die Belastungsfrequenz und auch die Spannungsamplituden stark schwanken können, ist mit den allgemeinen Belastungsangaben eine genaue Berechnung der zu erwartenden Lebensdauer nicht möglich. Hierzu wären exakte Vorhersagen der tatsächlichen Betriebsbedingungen erforderlich, die durch entsprechende Lastkollektive[1] gekennzeichnet sind und entweder durch Simulation oder mit Hilfe von Erfahrungswerten nur annähernd geschätzt bzw. an bereits ausgeführten Bauteilen unter Betriebsbedingungen ermittelt werden können, s. Bild 3-18. Dynamisch belastete Bauteile werden daher überwiegend auf Dauerfestigkeit ausgelegt.

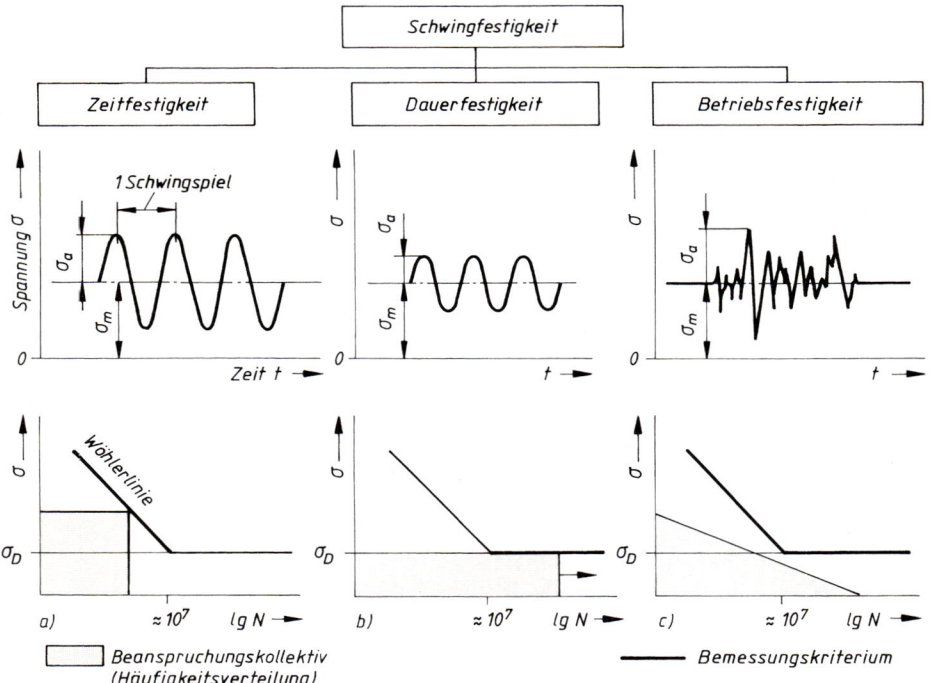

**Bild 3-18** Arten der Schwingfestigkeit.
a) Zeitfestigkeit, b) Dauerfestigkeit, c) Betriebsfestigkeit

## 2. Dauerfestigkeitsschaubilder (DFS)

Für die verschiedenen Beanspruchungsarten wie Zug/Druck, Biegung und Torsion werden die ermittelten Dauerfestigkeitswerte in Dauerfestigkeitsschaubildern für alle denkbaren statischen Vorspannungen $\sigma_m$ eingetragen. Eine genaue Darstellung solcher Schaubilder setzt eine Vielzahl statistisch abgesicherter Wöhlerlinien und somit einen großen experimentellen Aufwand voraus. Mit ausreichender Genauigkeit jedoch lässt sich ein DFS aus wenigen charakteristischen Werkstoffkennwerten näherungsweise „konstruieren". In der Praxis wird – je nach Anwen-

---

[1] Beschreibung der Schwingspiele des Belastungs-Zeit-Verlaufes nach der Größe und Häufigkeit. Der Begriff wird vielfach auf die graphische Darstellung der Häufigkeitsfolge angewendet.

dungsgebiet – mit unterschiedlich dargestellten DFSn gearbeitet:

**DFS nach Smith:** Bei gleichem Maßstab von Abszisse und Ordinate werden die zu einer bestimmten Mittelspannung $\sigma_m$ gehörenden Werte von $\sigma_O$ und $\sigma_U$ für die jeweils gefundene Ausschlagfestigkeit $\sigma_A$ aufgetragen. Bei $\sigma_m = 0$ ($\kappa = -1$) wird die Wechselfestigkeit $\sigma_W$ und bei $\sigma_U = 0$ ($\kappa = 0$) die Schwellfestigkeit $\sigma_{Sch}$ abgelesen. In Höhe der Fließgrenze wird das DFS meist begrenzt, s. Bild 3-19a. Das Smith-Diagramm findet neben dem Haigh-Diagramm im Bereich des allgemeinen Maschinenbaus bevorzugt Verwendung.

**DFS nach Haigh:** Bei gleichem Maßstab von Abszisse und Ordinate wird die Mittelspannung $\sigma_m$ auf der Abszisse und die dazugehörige Amplitude $\sigma_A$ der Dauerfestigkeit auf der Ordinate aufgetragen. Die Fließgrenze $R_e$ begrenzt das DFS unter 45° nach links geneigt, s. Bild 3-19b. Das Haigh-Diagramm wird vielfach im Bereich des allgemeinen Maschinenbaues verwendet.

**DFS nach Moore-Kommers-Jasper:** Die Dauerfestigkeitswerte werden über dem Spannungsverhältnis $\kappa = \sigma_U/\sigma_O$ aufgetragen. Bei $\kappa = -1$ wird die Wechselfestigkeit und bei $\kappa = 0$ die Schwellfestigkeit abgelesen. Bei $\kappa = +1$ liegt statische Beanspruchung vor, s. Bild 3-19c. Das DFS nach Moore-Kommers-Jasper wird bevorzugt bei dynamisch beanspruchten Schweißverbindungen der Berechnung zugrunde gelegt, s. Kapitel 6.

**DFS nach Goodman:** Gegenüber dem DFS nach Smith werden auf der Abszisse anstelle der Mittelspannung die Werte von $\sigma_U$ aufgetragen. Das Goodman-Diagramm wird bei der Federberechnung verwendet, s. Kapitel 10.

### 3. Dauerfestigkeitskennwerte

Die für die Dauerfestigkeitsberechnung erforderlichen Werte der *Wechselfestigkeit* können für Zug/Druck und Scheren mit hinreichender Genauigkeit berechnet werden mit

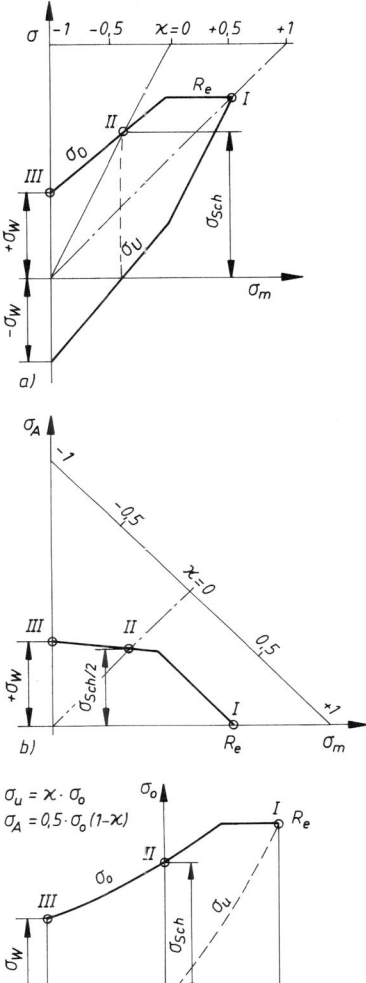

**Bild 3-19** Dauerfestigkeits-Schaubilder (DFS).
a) DFS nach Smith,
b) DFS nach Haigh,
c) DFS nach Moore-Kommers-Jasper

| | | |
|---|---|---|
| *Zug/Druck* | $\sigma_{zdW} \approx f_{W\sigma} \cdot K_t \cdot R_{mN}$ | |
| *Scheren* | $\tau_{sW} \approx f_{W\tau} \cdot f_{W\sigma} \cdot K_t \cdot R_{mN}$ | (3.8) |

$f_{W\sigma}, f_{W\tau}$    Faktoren zur Berechnung der Werkstoff-Festigkeitswerte, Werte s. TB 3-2a
$K_t$    technologischer Größeneinflussfaktor für Zugfestigkeit, Werte s. TB 3-11a und b
$R_{mN}$    für den Normdurchmesser (Durchmesser $d_N$) gültige Zugfestigkeit; Werte s. TB 1-1 bis TB 1-2

Die Wechselfestigkeitswerte für Biegung $\sigma_{\text{WN}}$ und Torsion $\tau_{\text{WN}}$ können direkt TB 1-1 bis TB 1-2 entnommen werden und sind dann mit dem technologischen Größeneinflussfaktor $K_t$ analog Gl. (3.7) umzurechnen

$$\sigma_{\text{bW}} = K_t \cdot \sigma_{\text{bWN}} \quad \text{bzw.} \quad \tau_{\text{tW}} = K_t \cdot \tau_{\text{tWN}} \quad {}^{1)} \tag{3.9a}$$

oder sie werden aus den Werten für Zug/Druck und Scheren über die Stützzahl berechnet

$$\sigma_{\text{bW}} = K_t \cdot n_0 \cdot \sigma_{\text{zdWN}} \quad \text{bzw.} \quad \tau_{\text{tW}} = K_t \cdot n_0 \cdot \tau_{\text{sWN}} \tag{3.9b}$$

$K_t$      technologischer Größeneinflussfaktor für Zugfestigkeit, Werte aus TB 3-11a und b
$n_0$      Stützzahl des ungekerbten Probestabes, siehe 3.5.1-1; Werte aus TB 3-7
$\sigma_{\text{zdWN}}, \tau_{\text{sWN}}$      für den Normdurchmesser (Durchmeser $d_N$) gültige Wechselfestigkeitswerte für Zug/Druck bzw. Schub; Werte s. TB 1-1 bis TB 1-2

Für genauere Berechnungen sind statistisch abgesicherte Dauerfestigkeitswerte bzw. Wöhlerlinien[2] maßgebend.

## 3.4 Statische Bauteilfestigkeit

Die für den statischen Sicherheitsnachweis notwendige *Bauteilfestigkeit gegen Fließen bzw. Bruch* berechnet sich zu

$$\begin{aligned} \text{Fließen} \quad & \sigma_F = f_\sigma \cdot R_p / K_B \quad \text{bzw.} \quad \tau_F = f_\tau \cdot R_p / K_B \\ \text{Bruch} \quad & \sigma_B = f_\sigma \cdot R_m / K_B \quad \text{bzw.} \quad \tau_B = f_\tau \cdot R_m / K_B \end{aligned} \tag{3.10}$$

$f_\sigma, f_\tau$      Faktoren zur Berechnung der Werkstofffestigkeitswerte, Werte s. TB 3-2a
$R_p, R_m$      Fließgrenze bzw. Zugfestigkeit
$K_B$      statischer Konstruktionsfaktor

Der statische *Konstruktionsfaktor* $K_B$ kann aus der plastischen Stützzahl $n_{\text{pl}} > 1$ ermittelt werden zu

$$K_B = 1/n_{\text{pl}} \tag{3.11}$$

Die plastische Stützzahl berücksichtigt, dass Spannungsspitzen in Bauteilen aus zähen Werkstoffen, wie sie bei Biegung und Torsion sowie bei Kerben auftreten, die Fließgrenze ohne Zerstörung des Bauteils örtlich überschreiten dürfen (plastische Verformung), Bild 3.20. Mit der plastischen Stützzahl können also „Tragreserven" genutzt werden, die das Bauteil nach Überschreiten der Fließgrenze noch besitzt.

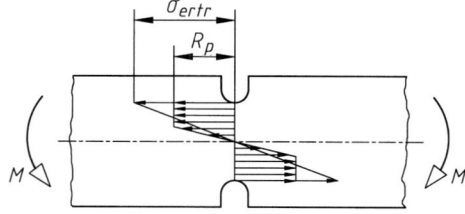

**Bild 3-20**
Bildung der plastischen Stützzahl bei biegebeanspruchtem Kerbstab

---

[1] Nach DIN 743 gilt angenähert: $\sigma_{\text{bW}} \approx 0{,}5 R_m$; $\sigma_{\text{zdW}} \approx 0{,}4 R_m$; $\tau_{\text{tW}} \approx 0{,}3 R_m$.
[2] Die Werkstoffnormen enthalten meist nur die Mindestwerte von $R_{\text{mN}}$ und $R_{\text{pN}}$. Aus Versuchen ermittelte Dauerfestigkeitswerte sind selten und streuen oft beträchtlich!

## 3.5 Gestaltfestigkeit (dynamische Bauteilfestigkeit)

Mit dem Ansatz nach *Neuber* kann die *plastische Stützzahl* als Verhältnis von ertragbarer Spannung $\sigma_{ertr}$ zur Fließgrenze $R_p$ berechnet werden zu $n_{bpl} = \dfrac{\sigma_{ertr}}{R_p} = \dfrac{1}{\alpha_{bk}} \sqrt{\dfrac{E \cdot \varepsilon_{ertr}}{R_p}} \leq \alpha_{bp}$.

Diese Gleichung gilt für die Berechnung mit örtlichen Spannungen. Mit einer angenommenen ertragbaren Dehnung für ein gekerbtes Bauteil $\varepsilon_{ertr} = \alpha_k^2 \cdot R_{p\,max}/E$ kann die plastische Stützzahl für den Nachweis mit Nennspannungen ermittelt werden aus

$$n_{bpl} = \sqrt{\dfrac{R_{p\,max}}{R_p}} \leq \alpha_{bp} \tag{3.12}$$

$E$    Elastizitätsmodul, Werte aus TB 1-1 bis TB 1-2
$\varepsilon_{ertr}$    ertragbare Gesamtdehnung; $\varepsilon_{ertr} = 5\%$ für Stahl und GS; $\varepsilon_{ertr} = 2\%$ für EN-GJS und EN-GJM
$R_p$    Fließgrenze, Werte mit Gl. (3.7) berechnen
$\alpha_{bk}$    Kerbformzahl für Biegung, s. 3.5.1; Werte nach TB 3-6
$\alpha_{bp}$    plastische Formzahl für das Bauteil ohne Kerbe; Werte nach TB 3-2b
$R_{p\,max}$    maximale Streckgrenze; $R_{p\,max} = 1050$ N/mm$^2$ für Stahl und GS, $R_{p\,max} = 320$ N/mm$^2$ für EN-GJS

*Hinweise:* — Gl. (3.12) gilt für Biegung; bei Torsion ist der Index b durch t zu ersetzen. Für Zug, Druck und Schub ist aufgrund der gleichmäßigen Spannungsverteilung $n_{pl} = 1$.
— Für EN-GJL- sowie EN-GJM- und EN-GJS-Werkstoffe mit Bruchdehnungen $A_3 < 8\%$ bzw. $A_5 < 8\%$ ist wegen des spröden Werkstoffverhaltens $n_{pl} = 1$ zu setzen. Dies gilt auch für randschichtgehärtete Bauteile.
— Aufgrund der hohen zulässigen plastischen Verformung kann ein Verformungsnachweis des Bauteils erforderlich werden[1].

In der Regel ist ein einfacher Nachweis gegen Überschreiten der Fließgrenze (bei spröden Werkstoffen gegen die Bruchgrenze) ausreichend mit

$$\begin{array}{ll} \text{Zug/Druck} & \sigma_F = R_p \\ \text{Biegung} & \sigma_F = \sigma_{bF} \\ \text{Torsion} & \tau_F = \tau_{tF} \end{array} \tag{3.13}$$

$\sigma_{bF}$, $\tau_{tF}$    Biege- bzw. Torsionsfließgrenze. Für den vereinfachten Nachweis können die Werte der DIN 743 verwendet werden, s. Bild 3-14 Legende.

## 3.5 Gestaltfestigkeit (dynamische Bauteilfestigkeit)

Die im Abschnitt 3.3 aufgeführten statischen und dynamischen Werkstoffkennwerte werden in der Regel mit Hilfe des idealen Probestabes ermittelt. In der Praxis weichen die zu berechnenden Bauteile jedoch von diesen idealen Gegebenheiten des Probestabes (glatt, poliert, meist 7,5 oder 10 mm ⌀) ab, sodass die „Dauerfestigkeit des Bauteiles", seine *Gestaltfestigkeit* $\sigma_G$, erst auf der Grundlage der Dauerfestigkeit $\sigma_D$ des Probestabes berechnet oder experimentell ermittelt werden muss. Alle Abweichungen, die das Bauteil von dem Probestab unterscheiden, müssen durch entsprechende Korrekturbeiwerte, den *Konstruktionskennwerten*, berücksichtigt werden.

### 3.5.1 Konstruktionskennwerte

**1. Kerbwirkung und Stützwirkung**

Die Höhe der Spannung und ihre Verteilung im Bauteilquerschnitt hängt nicht nur von den äußeren Belastungen und der Beanspruchungsart ab, sondern vor allem von den Querschnitts-

---

[1] Es werden örtlich 5 % plastische Dehnung zugelassen gegenüber 0,2 % bei der $R_{p0,2}$-Grenze, was zu bleibenden Verformungen des Bauteils führen kann.

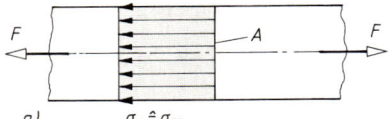

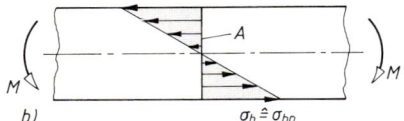

**Bild 3-21**
Spannungsverteilung im nicht gekerbten Bauteil.
a) Nennspannung bei Zugbeanspruchung,
b) Nennspannung bei Biegebeanspruchung

veränderungen (Übergänge, Einstiche, Bohrungen, Nuten u. a.). Neben diesen äußeren konstruktiven Kerben wirken sich – wenn auch normalerweise nur im geringeren Maße – innere Kerbstellen, wie Lunker, Seigerungen, Schlackeneinschlüsse u. dgl. festigkeitsmindernd aus. Während bei nicht gekerbten Bauteilen ein störungsfreier Kraftfluss und damit auch eine über dem Querschnitt gleichmäßig verteilte Spannung (Nennspannung) zu erkennen ist, s. Bild 3-21, stören äußere und innere Kerben den gleichmäßigen Kraftfluss, es kommt zu Verdichtungen der Kraftlinien und somit zu Spannungserhöhungen im Bereich der Kerbe, s. Bild 3-22. Das Verhältnis der Spannungsspitze $\sigma_{max}$ zur Nennspannung $\sigma_n$ kann als Kennwert für die festigkeitsmindernde Wirkung der Kerbe aufgefasst werden. Der wirkliche Spannungsverlauf im Kerbbereich ist äußerst schwierig zu bestimmen und eine genauere rechnerische oder experimentelle Ermittlung des Spannungszustandes erfordert aufwendige Methoden (z. B. spannungsoptische Versuche, Dehnungsmessungen, Finite-Elemente-Berechnung u. ä.).

Neben der Kenntnis von $\sigma_{max}$ ist für die Kerbwirkung der Anstieg der Spannung, als *Spannungsgefälle* bezeichnet, von Bedeutung. Beim ungekerbten Bauteil ist ein Spannungsgefälle nur bei Biegung und Torsion vorhanden (Bild 3-21), welches mit zunehmender Bauteilgröße kleiner wird (Biegung geht in Zug/Druck über). Bei gekerbten Bauteilen überlagert sich das Spannungsgefälle im Kerbgrund, s. Bild 3-22.

**Kerbform**
Die festigkeitsmindernde Wirkung einer Kerbe wird in erster Linie von der *Kerbform* beeinflusst, s. Bild 3-23. Je schärfer die Kerbe, umso größer wird die hierdurch hervorgerufene Span-

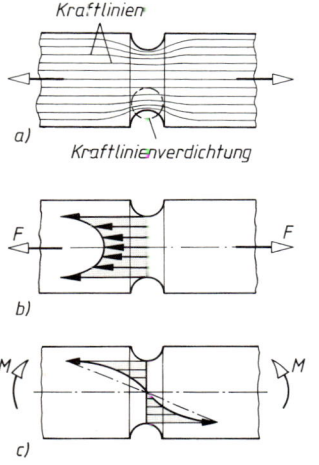

**Bild 3-22** Spannungsverteilung im gekerbten Bauteil.
a) Kraftlinienverlauf im Zugstab, b) Spannungsverteilung im Zugstab c) Spannungsverteilung im Biegestab

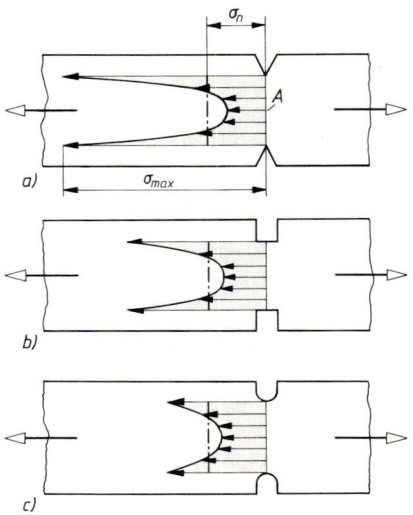

**Bild 3-23** Einfluss der Kerbform

## 3.5 Gestaltfestigkeit (dynamische Bauteilfestigkeit)

nungsspitze $\sigma_{max}$, deren Höhe gegenüber der elementar errechneten Nennspannung $\sigma_n$ durch die in Versuchen bzw. durch Berechnung ermittelte *Formzahl* $\alpha_k \geq 1$ angenähert erfasst wird:

$$\boxed{\begin{aligned} \alpha_k &= \sigma_{max}/\sigma_n \\ \alpha_{k\sigma} &= \sigma_{\sigma max}/\sigma_{n\sigma} \\ \alpha_{k\tau} &= \tau_{\tau max}/\tau_{n\tau} \end{aligned}} \quad {}^{1)} \tag{3.14}$$

Solange $\sigma_{max} < \sigma_E$ (Gültigkeitsbereich des Hooke'schen Gesetzes) ist, ist die Kerbformzahl $\alpha_k$ nur von der Kerbgeometrie und der Beanspruchungsart abhängig und somit eine vom Werkstoff unabhängige Größe. Bei $\sigma_{max} > \sigma_E$ ist das duktile Verhalten des Werkstoffes von Bedeutung; mit zunehmender Duktilität (Zähigkeit) wird der Kerbeinfluss geringer.
Für die in Bild 3-23 dargestellten Kerbformen ergeben sich mit zunehmender Kerbschärfe höhere Spannungsspitzen $\sigma$ und somit größere $\alpha_k$-Werte (Näheres aus einschlägiger Literatur). Vorstehendes gilt sinngemäß auch für $\tau$ anstelle von $\sigma$. Kerbformzahlen für konstruktiv bedingte und häufig vorkommende Kerben sind in TB 3-6 aufgeführt.

**Kerbempfindlichkeit**
Gleichartige Kerben wirken sich in Bauteilen aus spröden Werkstoffen wesentlich ungünstiger aus als in Bauteilen aus Werkstoffen mit hoher Duktilität, die sich neben der elastischen vor allem durch die große plastische Verformung vor dem Bruch auszeichnen. Daher können die Spannungsspitzen bei duktilen Werkstoffen weitgehend abgebaut werden, wenn der Beginn des Fließens auf den engen Bereich der Kerbe begrenzt wird. Die Querschnittsbereiche, die weiter von der Kerbe entfernt und somit vor dem Fließen im Kerbbereich wesentlich geringer „angestrengt" sind, werden dann stärker belastet und übernehmen für den Bereich um die Kerbe eine *Stützfunktion*. Wird z. B. bei statischer Belastung eine geringe plastische Verformung an den höchstbeanspruchten Stellen (unmittelbarer Kerbbereich) zugelassen, so kann eine höhere Fließgrenze festgestellt werden, s. auch Bild 3-11. Für einen gekerbten Probestab zeigt Bild 3-24 neben der u. U. beträchtlichen Verringerung der Festigkeitswerte im dynamischen Bereich (Empfindlichkeit gegenüber konstruktiv bedingten Kerben) vor allem die Zunahme des statischen Wertes über die eigentliche Fließgrenze hinaus. Ein geringes Überschreiten der Dauerfestigkeit im unmittelbaren Kerbbereich schadet – im Gegensatz zu den spröden Werkstoffen – bei duktilen Werkstoffen somit nicht.

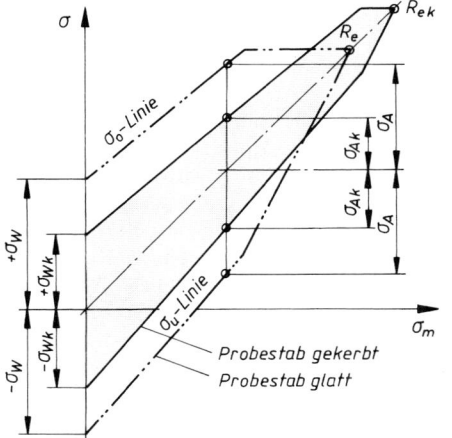

**Bild 3-24**
DFS eines gekerbten Probestabes (schematisch)

---

[1)] Für den Index $\sigma$ ist bei Zug/Druck zd, bei Biegung b und analog für $\tau$ bei Schub s, bei Torsion t zu setzen.

### Kerbwirkungszahl

Wird das Verhältnis der dauerhaft ertragbaren Wechselfestigkeit $\sigma_W$ des ungekerbten, polierten Stabes zur dauerhaft ertragbaren Wechselfestigkeit $\sigma_{Wk}$ des gekerbten Stabes als Kerbwirkungszahl $\beta_k$ definiert, so ist neben der Kerbgeometrie auch das Werkstoffverhalten durch diesen Wert erfasst.

$$\boxed{\beta_k = \sigma_W / \sigma_{Wk}} \tag{3.15a}$$

*Die Kerbwirkungszahl $\beta_k$ ist das Verhältnis der Wechselfestigkeit des glatten, polierten Probestabes zur Wechselfestigkeit des gekerbten Probestabes unter jeweils gleichen Bedingungen.*

Durch die bei der Kerbempfindlichkeit beschriebene Stützfunktion ist $1 \leq \beta_k \leq \alpha_k$; $\beta_k$ kennzeichnet somit die für die Werkstoffbeanspruchung maßgebende Spannungsspitze und erreicht nur bei vollkommen kerbempfindlichen (spröden) Werkstoffen den Wert der Kerbformzahl $\alpha_k$. Mit der *Stützzahl n* aus TB 3-7 wird nach *Stieler* die *Kerbwirkungszahl*

$$\boxed{\beta_k = \frac{\alpha_k}{n_0 \cdot n}} \tag{3.15b}$$

$n_0, n$    Stützzahl für das ungekerbte bzw. für das gekerbte Bauteil; Werte nach TB 3-7
$\alpha_k$    Kerbformzahl; Werte nach TB 3-6
*Hinweis:* Es gilt $n_0 = 1$, wenn die Stützwirkung bei Biegung und Torsion über den geometrischen Größeneinflussfaktor $K_g$ berücksichtigt wird!

wobei die Stützzahl vom bezogenen Spannungsgefälle $G'$ (Spannungsgefälle bezogen auf die Nennspannung – s. auch 3.5.1) sowie von Werkstoffart und Werkstofffestigkeit abhängig ist.
Werden experimentell ermittelte $\beta_k$-Werte verwendet, deren Probendurchmesser vom vorhandenen Bauteildurchmesser abweicht, sind diese wegen der Größenabhängigkeit der Kerbwirkung auf den vorhandenen Bauteildurchmesser umzurechnen:

$$\boxed{\beta_k = \beta_{k\,\text{Probe}} \frac{K_{\alpha\,\text{Probe}}}{K_\alpha}} \tag{3.15c}$$

$\beta_{k\,\text{Probe}}$    experimentell bestimmte Kerbwirkungszahl, gültig für den Probendurchmesser
$K_\alpha, K_{\alpha\,\text{Probe}}$    formzahlabhängiger Größeneinflussfaktor des Bauteils bzw. des Probestabes (s. 3.5.1-3.), Werte nach TB 3-11d

Für konstruktiv bedingte Kerben liegen die Werte für $\beta_k$ etwa zwischen 1,2 (z. B. sanft gerundete Wellenübergänge) und 3 (z. B. Nuten für Sicherungsringe). Eine Zusammenstellung von Richtwerten für $\alpha_k$ und $\beta_k$ der häufigsten Kerbfälle enthalten TB 3-8 und TB 3-9. Das Zusammentreffen mehrerer Kerben in einer Querschnittsebene, z. B. Wellenübergang und Nut in Bild 3-25a, ergibt eine rechnerisch schwer erfassbare Erhöhung der Kerbwirkung. Solche *Durchdringungskerben* sind möglichst zu vermeiden, z. B. durch Zurücksetzen der Nut, wodurch die überlagerten Kerbebenen getrennt werden (der Abstand zwischen den Kerben sollte mindestens $2r$ betragen, wobei $r$ der größere beider Kerbradien ist). Eine genaue Ermittlung der *Gesamtkerbwirkungszahl* aus den *Einzelkerbwirkungszahlen* ist kaum möglich. Auf jeden Fall wird in solchen Fällen $\beta_k$ mindestens den Wert des ungünstigsten Einzelfalles annehmen, im ungünstigsten Fall wird

$$\boxed{\beta_k \leq 1 + (\beta_{k1} - 1) + (\beta_{k2} - 1)} \tag{3.15d}$$

### Entlastungskerben

Durch günstige Gestaltung der Bauteile kann die Kerbwirkung wesentlich beeinflusst werden. Konstruktiv nicht zu vermeidende „Hauptkerben" können in ihrer Wirkung durch zusätzliche Kerben als *Entlastungskerben* gemindert werden. Entlastungskerben haben die Aufgabe, den

Kraftfluss sanfter umzulenken, wie beim Wellenabsatz nach Bild 3-25b, oder auch die Bauteile elastischer und nachgiebiger zu gestalten, wie beim (festen) Nabensitz, Bild 3-25c, wodurch die schmale Kerbebene zu einer breiteren Kerbzone wird. In allen diesen Fällen werden die Spannungsspitzen abgebaut und damit die Kerbwirkungen vermindert. Diese Maßnahmen lohnen sich vor allem bei hoch beanspruchten Bauteilen, die möglichst kleine Abmessungen erhalten sollen.

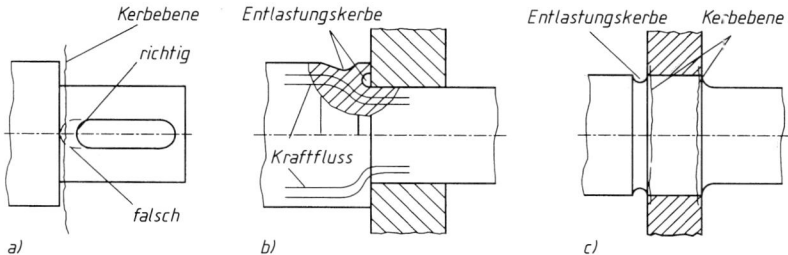

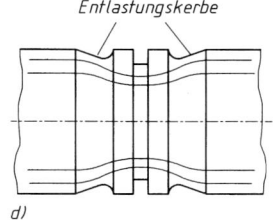

**Bild 3-25**
Gestaltung und Kerbwirkung.
a) Überlagerung von Kerbebenen,
b) Entlastungskerben am Wellenabsatz,
c) Entlastungskerben bei Presssitz der Nabe,
d) Entlastungskerben bei Nuten

## 2. Oberflächengüte

Die höchste Spannung tritt bei schwingend beanspruchten Bauteilen fast immer an ihrer Oberfläche auf, sodass ein Dauerbruch dort seinen Anfang hat. Der Oberflächenzustand hat somit einen erheblichen Einfluss auf die Dauerschwingfestigkeit des Bauteiles. Oberflächenrauheiten stellen eine Reihe von kleinen Kerben dar, die Spannungsspitzen hervorrufen und die Dauerfestigkeit des Bauteiles mindern. Der Einfluss der Rauheiten nimmt mit zunehmender Festigkeit des Werkstoffes zu und wird durch den *Einflussfaktor der Oberflächenrauheit* $K_O$ berücksichtigt, siehe TB 3-10.
$K_{O\sigma}(K_{O\tau})$ kann unter ungünstigen Verhältnissen den Wert <0,5 annehmen, was eine Minderung der Dauerfestigkeit allein durch den Oberflächeneinfluss von >50% bedeuten kann[1].

## 3. Bauteilgröße

Die Festigkeitswerte der Werkstoffe werden überwiegend an zylindrischen Probestäben mit kleinem Durchmesser (Durchmesser $d_N$) ermittelt. Bei größeren Bauteildurchmessern wird ein möglicher Festigkeitsabfall näherungsweise durch die Faktoren $K_t$, $K_g$ und $K_\alpha$ erfasst.
Der *technologische Größeneinflussfaktor* $K_t$ berücksichtigt den Abfall der Härtbarkeit (Vergütbarkeit) und damit der erreichbaren Festigkeitswerte mit zunehmendem Bauteildurchmesser, siehe Gl. (3.7) und (3.9) sowie TB 3-11a und b.
Der *geometrische Größeneinflussfaktor* $K_g$ resultiert aus dem unterschiedlichen Spannungsverlauf bei Zug/Druck und Biegung (siehe Bild 3-21). Bild 3-26 zeigt zwei verschieden große biegebeanspruchte Rundstäbe mit unterschiedlichem Spannungsgefälle bei gleicher Randfaserspannung $\sigma_b$. Beim Überschreiten einer bestimmten Grenzspannung (z. B. Fließgrenze) ist ein Spannungsausgleich aufgrund der Stützwirkung der weniger belasteten Nachbarzonen beim kleineren Stab

---

[1] $K_O$ ist in geringem Maße auch noch von der Beanspruchungsart und der Bauteilgeometrie abhängig.

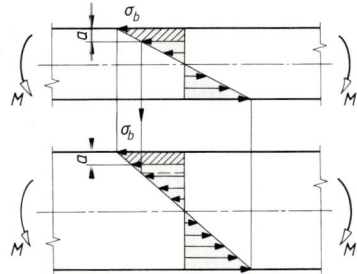

**Bild 3-26**
Spannungsgefälle bei biegebeanspruchten Rundstäben mit verschiedenen Durchmessern

leichter möglich als beim größeren. Da die Stützwirkung bei Zug/Druck nicht vorhanden und bei Scheren sehr klein ist, ist hier $K_g = 1$; bei Biegung und Torsion siehe TB 3-11c.
Der *formzahlabhängige Größeneinflussfaktor* $K_\alpha$ ist werkstoffunabhängig und berücksichtigt die Abhängigkeit der Kerbwirkung vom Bauteildurchmesser. $K_\alpha$ ist nur zu berücksichtigen, wenn experimentell ermittelte Kerbwirkungszahlen verwendet werden und deren Probendurchmesser vom Bauteildurchmesser abweicht; s. TB 3-11d.

### 4. Oberflächenverfestigung

Durch die mit einer Oberflächenverfestigung (z. B. Härten, Rollen, Kugelstrahlen, Nachpressen der Bohrungsränder u. a.) aufgebrachten Druckeigenspannungen in der Randzone erhöht sich die Dauerfestigkeit des Bauteiles. Der Einfluss ist vor allem von der Dicke und Härte der verfestigten Schicht abhängig, nimmt bei Bauteildurchmessern größer 25 mm stark ab und ist für gekerbte Bauteile größer als für ungekerbte. Bei gekerbten Bauteilen ist darauf zu achten, dass die oberflächenverfestigende Zone über den Rand der Kerbe hinausgehen muss und nicht vor oder in der Kerbe enden darf. In günstigen Fällen kann eine örtliche Erhöhung der Dauerfestigkeit von über 100% erreicht werden (Werte für den Oberflächenverfestigungsfaktor $K_V$ s. TB 3-12).

### 5. Sonstige Einflüsse

Neben den beschriebenen Einflüssen hat auf die Größe der Bauteil-Wechselfestigkeit Einfluss:
— die Form des Bauteils (Rechteck, Rundstab ...). Sie ist in der Formzahl enthalten.
— die Temperatur. Höhere Temperaturen vermindern, niedrigere Temperaturen erhöhen die Wechselfestigkeit (bei zunehmender Sprödbruchgefahr).
— das umgebende Medium und die Belastungsfrequenz. Sehr hohe und sehr niedrige Frequenzen sowie aggressive Medien (z. B. Salzwasser) verringern die Wechselfestigkeit.
— bei Grauguss das nicht linearelastische Spannungs-Dehnungsverhalten bei Zug/Druck und Biegung (es bewirkt im Zugbereich eine günstige Stützwirkung, d. h. höhere Festigkeitswerte, im Druckbereich eine ungünstige Wirkung).

### 6. Konstruktionsfaktor (Gesamteinflussfaktor)

Die verschiedenen Einflüsse der Dauerfestigkeitsminderung werden im *Konstruktionsfaktor K* zusammengefasst (Bild 3-27):

$$\boxed{\begin{aligned} K_\sigma &= \left( \frac{\beta_{k\sigma}}{K_g} + \frac{1}{K_{O\sigma}} - 1 \right) \cdot \frac{1}{K_V} \\ K_\tau &= \left( \frac{\beta_{k\tau}}{K_g} + \frac{1}{K_{O\tau}} - 1 \right) \cdot \frac{1}{K_V} \end{aligned}} \tag{3.16}$$

$K_g$ geometrischer Größeneinflussfaktor, Werte nach TB 3-11c
$K_{O\sigma}, K_{O\tau}$ Oberflächeneinflussfaktor; Werte nach TB 3-10
$K_V$ Einflussfaktor der Oberflächenverfestigung; Werte nach TB 3-12
$\beta_{k\sigma}, \beta_{k\tau}$ Kerbwirkungszahl; Werte nach TB 3-9 oder über die Kerbformzahl $\alpha_k$

## 3.5 Gestaltfestigkeit (dynamische Bauteilfestigkeit)

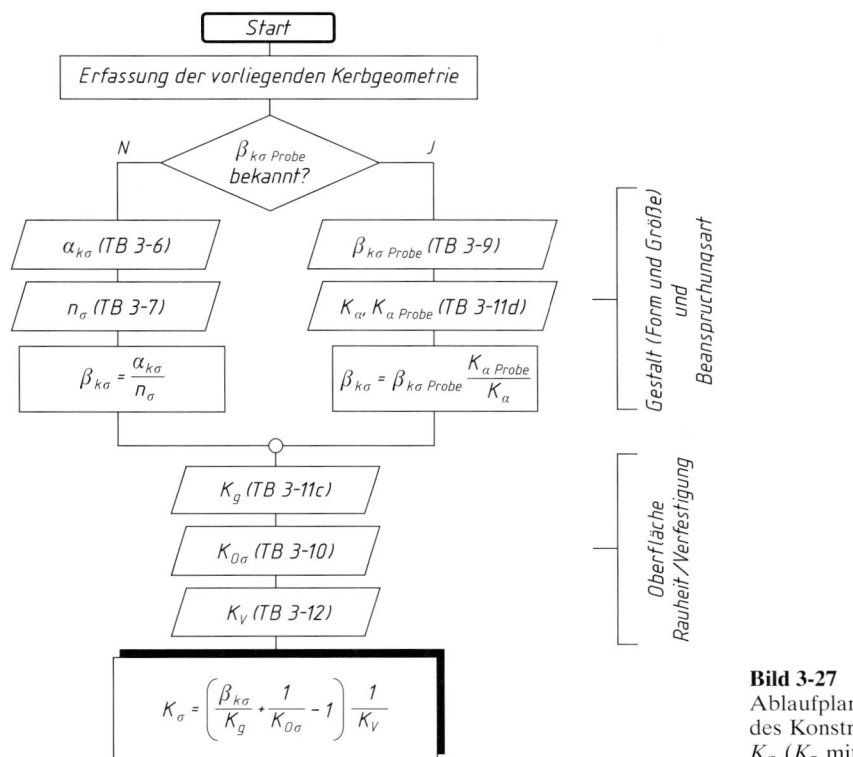

**Bild 3-27**
Ablaufplan zur Berechnung des Konstruktionsfaktors $K_\sigma$ ($K_\tau$ mit $\tau$ anstelle $\sigma$)

### 3.5.2 Ermittlung der Gestaltfestigkeit (Bauteilfestigkeit)

Bei einem Bauteil beliebiger Gestalt ist nicht mehr die Dauerfestigkeit des „idealen" Probestabes, sondern die um alle Einflussgrößen verminderte Dauerfestigkeit, die Gestaltdauerfestigkeit (Bauteildauerfestigkeit) $\sigma_G(\tau_G)$ für die Festigkeitsberechnung bei dynamischer Beanspruchung maßgebend, s. Bild 3-28.

*Unter Gestaltdauerfestigkeit versteht man die Dauerfestigkeit eines beliebig gestalteten Bauteils bei Berücksichtigung aller festigkeitsmindernden Einflüsse.*

Weiterhin ist von Einfluss, wie sich die Kenngrößen des Schwingspiels ändern, wenn das Bauteil über die Nennlast hinaus belastet wird (zulässige Überlastung des Bauteils), und bei Überlagerung von Normal- und Schubspannungen deren gegenseitige Beeinflussung (über Vergleichsmittelspannungen berücksichtigt).

### 1. Gestaltwechselfestigkeit (Bauteilwechselfestigkeit)

Mit dem Konstruktionsfaktor $K$ kann zunächst die *Gestaltwechselfestigkeit des gekerbten Bauteils* berechnet werden zu

$$\sigma_{GW} = \frac{\sigma_W}{K_\sigma} \quad \text{bzw.} \quad \tau_{GW} = \frac{\tau_W}{K_\tau} \tag{3.17}$$

$\sigma_W, \tau_W$    Dauerwechselfestigkeitswerte für Zug/Druck $\sigma_{zdW}$ oder Biegung $\sigma_{bW}$ bzw. Scheren $\tau_{sW}$ oder Torsion $\tau_{tW}$ aus TB 1-1 oder nach Gl. (3.8) und (3.9)

$K_\sigma, K_\tau$    Konstruktionsfaktor für Zug/Druck oder Biegung bzw. Scheren oder Torsion nach Bild 3-27 bzw. Gl. (3.16)

## 2. Gestaltdauerfestigkeit (Bauteildauerfestigkeit) je nach Mittelspannung

Für den Festigkeitsnachweis gegen Dauerbruch ist die jeweilige Gestaltausschlagfestigkeit ($\sigma_{GA}$, $\tau_{GA}$) entscheidend (sie kennzeichnet die Grenzspannung, bei der das Versagen des Bauteils durch Schwingbruch eintritt). Sie wird beeinflusst von der Vergleichsmittelspannung ($\sigma_{mv}$, $\tau_{mv}$), und der Art der Änderung der maßgebenden Spannung bei betrieblicher Überbeanspruchung bis zur Versagensgrenze (Überlastungsfall).

### Überlastungsfälle

Im Dauerfestigkeitsdiagramm können mit verschiedenen Annahmen unterschiedliche Gestaltausschlagfestigkeiten $\sigma_{GA}$ ermittelt werden. Im Bild 3-28 ergibt sich bei Annahme von $\sigma_m$ = konst ein größeres $\sigma_{GA}$ als bei $\kappa$ = konst. Ursache ist, dass die Grenzlinien im Smith-Diagramm unter einem Winkel < 45° ansteigen (als *Mittelspannungsempfindlichkeit* $\psi$ bezeichnet). Welche Annahme zutrifft ist abhängig von der zu erwartenden Änderung der Spannungen im Bauteil bei (zulässiger) dynamischer Überlastung im Betrieb[1]). Die Wahl des Überlastungsfalles kann also entscheiden, ob das Bauteil rechnerisch ausreichend bemessen ist oder nicht.

*Überlastungsfall 1* ($\sigma_m$ = konst): Bei konstanter Mittelspannung vergrößert sich die Ausschlagspannung mit Vergrößerung der maßgebenden Betriebslast (Bild 3-28 oben). Dieser Fall kann z. B. bei der feststehenden Achse einer Seil-Umlenkscheibe angenommen werden, wobei sich $\sigma_m$ aus der Seilspannung ergibt.

*Überlastungsfall 2* ($\kappa$ = konst): Bei Vergrößerung der Betriebslast bleibt das Verhältnis von maximaler zu minimaler Spannung gleich (Bild 3-28 Mitte). Dieser Überlastungsfall liegt z. B. bei Getriebewellen vor und wird bei der Schweißberechnung häufig verwendet. Er sollte auch angewendet werden, wenn die Belastung keinem Überlastungsfall eindeutig zugeordnet werden kann, da sich in der Regel größere Sicherheiten ergeben.

*Überlastungsfall 3* ($\sigma_u$ = konst): Bei Vergrößerung der dynamischen Betriebslast bleibt die minimale Belastung des Bauteils gleich (Bild 3-28 unten). Dieser Überlastungsfall wird z. B. bei der Federberechnung verwendet.

Die dem jeweiligen Überlastungsfall entsprechenden Festigkeitswerte können den DFS (TB 3-1), wie in Bild 3-28 gezeigt, entnommen oder nach folgenden Formeln berechnet werden:

Überlastungsfall 1 ($\sigma_m$ = konst):

$$\boxed{\begin{aligned}\sigma_{GA} &= \sigma_{GW} - \psi_\sigma \cdot \sigma_{mv} \\ \tau_{GA} &= \tau_{GW} - \psi_\tau \cdot \tau_{mv}\end{aligned}}$$ (3.18a)

Überlastungsfall 2 ($\kappa$ = konst):

$$\boxed{\begin{aligned}\sigma_{GA} &= \frac{\sigma_{GW}}{1 + \psi_\sigma \cdot \sigma_{mv}/\sigma_{ba}} \\ \tau_{GA} &= \frac{\tau_{GW}}{1 + \psi_\tau \cdot \tau_{mv}/\tau_{ta}}\end{aligned}}$$ (3.18b)

Überlastungsfall 3 ($\sigma_u$ = konst):

$$\boxed{\begin{aligned}\sigma_{GA} &= \frac{\sigma_{GW} - \psi_\sigma \cdot (\sigma_{mv} - \sigma_{ba})}{1 + \psi_\sigma} \\ \tau_{GA} &= \frac{\tau_{GW} - \psi_\tau \cdot (\tau_{mv} - \tau_{ta})}{1 + \psi_\tau}\end{aligned}}$$ [2]) (3.18c)

---

[1]) Entscheidend für die Festlegung der Ausschlagfestigkeit ist, wie die Änderung der Belastung des Bauteils über die Nennbelastung hinaus erfolgt.
[2]) Die Gln. (3.18) gelten vereinfacht für $0 \geq \kappa \geq -1$. Bei $\kappa > 0$ kommt es bei vielen Werkstoffen zu einem Knick in der Grenzlinie des DFS. Bei duktilen Werkstoffen kann dieser i. Allg. vernachlässigt werden, sodass die Gleichungen bis $\kappa = +1$ gelten.
Genauere Berechnungen nach FKM-Richtlinie

## 3.5 Gestaltfestigkeit (dynamische Bauteilfestigkeit)

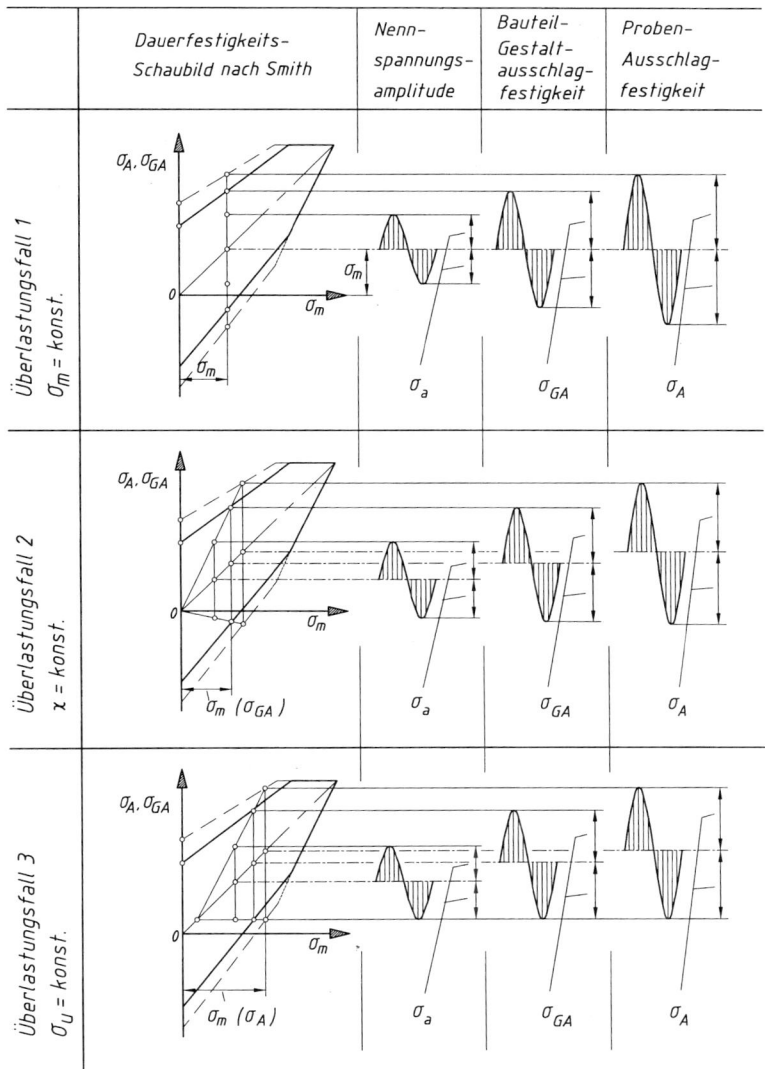

**Bild 3-28** Bestimmung der Gestaltausschlagfestigkeit im Smith-Diagramm für die Überlastungsfälle 1 bis 3

*Hinweis:* Die statischen Festigkeitswerte $R_p$, $\sigma_{bF}$ bzw. $\tau_{tF}$ dürfen durch $\sigma_{GA} + \sigma_m$ bzw. $\tau_{GA} + \tau_m$ nicht überschritten werden. Um dies zu gewährleisten, ist zwingend ein statischer Festigkeitsnachweis durchzuführen.

Die *Mittelspannungsempfindlichkeit* $\psi_\sigma$ bzw. $\psi_\tau$ in den Gleichungen ergibt sich allgemein zu

$$\psi_\sigma = a_M \cdot R_m + b_M$$
$$\psi_\tau = f_\tau \cdot \psi_\sigma$$
(3.19)

$\sigma_{GW}, \tau_{GW}$    Gestaltwechselfestigkeit; siehe Gl. (3.17)
$\sigma_{mv}, \tau_{mv}$    Vergleichsmittelspannung; siehe Gl. (3.20)
$a_M, b_M$    Faktoren zur Berechnung der Mittelspannungsempfindlichkeit, Werte s. TB 3-13
$f_\tau$    Faktor zur Berechnung der Schubfestigkeit, Werte s. TB 3-2
$R_m$    Zugfestigkeit; Werte nach TB 1-1 bis TB 1-2

**Vergleichsmittelspannung**
Mit der Vergleichsmittelspannung wird die bei gleichzeitigem Auftreten von Normal- und Schubspannungen auftretende gegenseitige Beeinflussung der Mittelspannungen berücksichtigt. Die Vergleichsmittelspannung ergibt sich je nach zutreffender Festigkeitshypothese (s. a. 3.2) zu

$$
\begin{aligned}
\text{GEH} \quad & \sigma_{mv} = \sqrt{(\sigma_{zdm} + \sigma_{bm})^2 + 3 \cdot \tau_{tm}^2} \\
& \tau_{mv} = f_\tau \cdot \sigma_{mv} \\
\text{NH} \quad & \sigma_{mv} = 0{,}5 \cdot \left[ (\sigma_{zdm} + \sigma_{bm}) + \sqrt{(\sigma_{zdm} + \sigma_{bm})^2 + 4 \cdot \tau_{tm}^2} \right] \\
& \tau_{mv} = f_\tau \cdot \sigma_{mv}
\end{aligned}
\tag{3.20}
$$

$\sigma, \tau$    Normalspannungen (resultierende Spannung aus Zug/Druck und Biegung), Torsionsspannung
$f_\tau$    s. Gl. (3.19)

## 3.6 Sicherheiten

Beim statischen und dynamischen Festigkeitsnachweis sind die im Bauteil vorhandenen Spannungen mit den ertragbaren Spannungen (Bauteilfestigkeitswerte) zu vergleichen, s. auch Bild 3-1. Die hierbei ermittelten Sicherheiten (vorhandene Sicherheiten) müssen größer oder gleich der erforderlichen Mindestsicherheiten sein.
Aufgrund der vorhandenen Unsicherheiten bei den Werkstoffkennwerten und der Vereinfachung beim Berechnungsansatz kann als *erforderlicher Sicherheitswert* (Mindestwert) $S_{B\,min} = 2{,}0$ gegen Bruch und $S_{F\,min} = 1{,}5$ gegen Fließen bzw. $S_{D\,min}$ gegen Dauerbruch angenommen werden. Diese Werte können bei Vorliegen günstiger Voraussetzungen (geringe Wahrscheinlichkeit des Auftretens der größten Spannungen oder der ungünstigsten Spannungskombination, geringe Schadensfolgen, regelmäßige Inspektion und gute Zugänglichkeit) vermindert werden. Bei Eisengusswerkstoffen sind wegen unvermeidbarer Gussfehler höhere Werte anzunehmen. Unsicherheiten bei der Belastungsannahme erfordern ebenfalls höhere Sicherheitswerte; Werte s. TB 3-14.
In der Regel ist für jede Spannungsart ein getrennter Sicherheitsnachweis durchzuführen. Treten mehrere Spannungsarten auf, z. B. Biegung und Torsion ist zusätzlich ein Gesamtsicherheitsnachweis erforderlich.
Der Faktor zur Berechnung des Anstrengungsverhältnisses ist hierbei $\varphi = 1{,}73$ für GEH und $\varphi = 1$ für NH.
Werden in die Gln. (3.5) für die zulässigen Spannungen die Biegewechselfestigkeiten $\sigma_{zul} = \sigma_{bW}$ bzw. $\tau_{zul} = \tau_{tW}$ eingesetzt und danach die Gleichungen durch $\sigma_{bW}$ als Vergleichs-Werkstoffkennwert dividiert, ergeben sich für die im Bauteil *vorhandene Sicherheit* die Beziehungen

$$
\begin{aligned}
\text{GEH} \quad & \frac{\sigma_{va}}{\sigma_{bW}} = \sqrt{\left(\frac{\sigma_{ba}}{\sigma_{bW}}\right)^2 + \left(\frac{\tau_{ta}}{\tau_{tW}}\right)^2} = \frac{1}{S} \\
\text{NH} \quad & \frac{\sigma_{va}}{\sigma_{bW}} = 0{,}5 \cdot \left( \frac{\sigma_{ba}}{\sigma_{bW}} + \sqrt{\left(\frac{\sigma_{ba}}{\sigma_{bW}}\right)^2 + 4 \cdot \left(\frac{\tau_{ta}}{\tau_{tW}}\right)^2} \right) = \frac{1}{S}
\end{aligned}
\tag{3.21}
$$

Mit der Versagensbedingung Sicherheit $S=1$ (Versagensgrenzkurve) ergeben sich aus Gl. (3.21) für die GEH ein Ellipsenbogen und für die NH ein Parabelbogen

$$\boxed{\begin{aligned} GEH \quad & \left(\frac{\sigma_{ba}}{\sigma_{bW}}\right)^2 + \left(\frac{\tau_{ta}}{\tau_{tW}}\right)^2 = 1 \\ NH \quad & \frac{\sigma_{ba}}{\sigma_{bW}} + \left(\frac{\tau_{ta}}{\tau_{tW}}\right)^2 = 1 \end{aligned}}$$
(3.22)

Zur Berechnung einer im Bauteil vorhandenen Gesamtsicherheit bei Biegung und Torsion, erweitert um Zug/Druck, kann Gl. (3.21) in der Form beschrieben werden

$$\boxed{\begin{aligned} GEH \quad & S = \frac{1}{\sqrt{\left(\frac{\sigma_{zda}}{\sigma_{zdGA}} + \frac{\sigma_{ba}}{\sigma_{bGA}}\right)^2 + \left(\frac{\tau_{ta}}{\tau_{tGA}}\right)^2}} \\ NH \quad & S = \frac{1}{0{,}5 \left[\left(\frac{\sigma_{zda}}{\sigma_{zdGA}} + \frac{\sigma_{ba}}{\sigma_{bGA}}\right) + \sqrt{\left(\frac{\sigma_{zda}}{\sigma_{zdGA}} + \frac{\sigma_{ba}}{\sigma_{bGA}}\right)^2 + 4 \cdot \left(\frac{\tau_{ta}}{\tau_{tGA}}\right)^2}\right]} \end{aligned}}$$
(3.23)

Neben den Sicherheiten wird auch mit Auslastungsgraden $a = S_{min}/S$ (FKM-Richtlinie) gerechnet.

## 3.7 Praktische Festigkeitsberechnung

### 3.7.1 Überschlägige Berechnung

Die Kontrolle der Bauteilsicherheit (s. Bild 3-1) setzt eine bereits vorhandene konstruktive Lösung des Bauteiles voraus, da nur dann die o. g. Einflussgrößen ermittelt und somit die vorliegende Sicherheit festgestellt werden kann. Innerhalb des Konstruktionsprozesses ist daher vielfach eine überschlägige Ermittlung des Bauteilquerschnittes erforderlich, der dann nach Festlegung des Konstruktionsumfeldes die eigentliche Grundlage des Sicherheitsnachweises ist.

#### 1. Statisch belastete Bauteile

Für statisch oder überwiegend statisch belastete Bauteile ist bei duktilen Werkstoffen (Stahl, Stahlguss, Aluminium, Al-Legierungen, Kupfer und Cu-Legierungen u. ä.) die Fließgrenze (bzw. die 0,2-Dehngrenze) und bei spröden Werkstoffen (Grauguss, Holz, Keramik u. ä.) die jeweilige Bruchfestigkeit als bekannter Werkstoffgrenzwert für den überschlägigen Entwurfsansatz maßgebend (s. Bild 3-29). Allgemein gilt:

$$\text{vorhandene Spannung} \leq \text{zulässige Spannung} = \frac{\text{Werkstoffgrenzwert}}{\text{Sicherheit}}$$

und damit für duktile Werkstoffe bei Zug:

$$\boxed{\sigma_z \leq \sigma_{z\,zul} = R_{eN}(R_{p0,2N})/S_{F\,min}}$$
(3.24)

sowie für spröde Werkstoffe bei Zug:

$$\boxed{\sigma_z \leq \sigma_{z\,zul} = R_{mN}/S_{B\,min}}$$
(3.25)

$S_{F\,min} = 1{,}2 \ldots 1{,}8$  erforderliche Mindestsicherheit gegen Fließen
$S_{B\,min} = 1{,}5 \ldots 3$   erforderliche Mindestsicherheit gegen Bruch
Werte für $R_{pN}$ und $R_{mN}$ aus TB 1-1 bis TB 1-2 bzw. Werkstoffnormen
*Hinweis:* Bei großen Durchmessern ist der mögliche starke Abfall der Festigkeitswerte zu beachten.

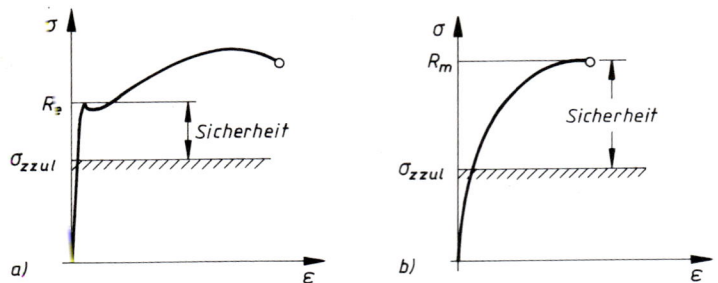

**Bild 3-29** Zulässige Spannung bei statischer Beanspruchung (für Entwurfsberechnungen).
a) duktile Werkstoffe, b) spröde Werkstoffe

| Beanspruchungsart | | | duktil (zäh) | | spröde | | |
|---|---|---|---|---|---|---|---|
| | | | Stahl, GS, Cu-Leg. | Al, Al-Leg. | Grauguss | Temperguss weiß | Temperguss schwarz |
| Zug | | | $\sigma_{z\,zul} = \dfrac{R_e\,(R_{p0,2})}{S_F}$ | | $\sigma_{z\,zul} = \dfrac{R_m}{S_B}$ | | |
| Druck | $\sigma_{d\,zul}$ | $\approx$ | $\sigma_{z\,zul}$ | $1{,}2 \cdot \sigma_{z\,zul}$ | $2{,}5 \cdot \sigma_{z\,zul}$ | $1{,}5 \cdot \sigma_{z\,zul}$ | $2 \cdot \sigma_{z\,zul}$ |
| Biegung | $\sigma_{b\,zul}$ | $\approx$ | $\sigma_{z\,zul}$ | $\sigma_{z\,zul}$ | $\sigma_{z\,zul}$ | $\sigma_{z\,zul}$ | $\sigma_{z\,zul}$ |
| Abscheren | $\tau_{s\,zul}$ | $\approx$ | $0{,}8 \cdot \sigma_{z\,zul}$ | $0{,}8 \cdot \sigma_{z\,zul}$ | $1{,}2 \cdot \sigma_{z\,zul}$ | $1{,}2 \cdot \sigma_{z\,zul}$ | $1{,}2 \cdot \sigma_{z\,zul}$ |
| Torsion | $\tau_{t\,zul}$ | $\approx$ | $0{,}65 \cdot \sigma_{z\,zul}$ | $0{,}7 \cdot \sigma_{z\,zul}$ | – | – | – |

**Bild 3-30** Zulässige Spannungen bei statischer Beanspruchung für Überschlagsrechnungen (Näherungswerte)

Da vielfach nur die Werkstoffkennwerte des statischen Zugversuchs vorliegen, kann bei Überschlagsrechnungen für die anderen Beanspruchungsarten die jeweils maßgebende *zulässige Spannung* nach Bild 3-30 gewählt werden.

### 2. Dynamisch belastete Bauteile

Bei dynamischer Belastung kann für Bauteile, deren Kerbwirkung, Größe, ggf. auch Oberfläche zunächst nicht bekannt oder noch nicht erfassbar sind, die vorhandene Spannung für die Entwurfsberechnung unter Annahme hoher Sicherheiten mit den entsprechnden Dauerfestigkeitswerten verglichen werden

$$\sigma \leq \sigma_{zul} = \sigma_D / S_{D\,min} \quad \text{bzw.} \quad \tau \leq \tau_{zul} = \tau_D / S_{D\,min} \tag{3.26}$$

$S_{D\,min} = 3\ldots4$      erforderliche Mindestsicherheit gegen Dauerbruch
$\sigma_D, \tau_D$      Dauerfestigkeitswerte aus TB 1-1

*Hinweis:* Die mit $\sigma_{zul}(\tau_{zul})$ überschlägig berechneten Bauteilabmessungen beziehen sich auf die von Kerben geschwächten Querschnittsflächen. So entspricht z. B. bei Eindrehungen in Wellen der berechnete Durchmesser gleich dem Kerndurchmesser. Die Werte für $\sigma_{zul}(\tau_{zul})$ sind sinnvoll zu runden.

### 3.7.2 Statischer Festigkeitsnachweis

Der statische Festigkeitsnachweis wird zum Vermeiden von bleibenden Verformungen, Anriss oder Gewaltbruch geführt. Da bei duktilen Werkstoffen (z. B. Bau- und Vergütungsstähle) auch bei gehärteten Randschichten keine Anrisse und kein Gewaltbruch vor einer bleibenden Ver-

## 3.7 Praktische Festigkeitsberechnung

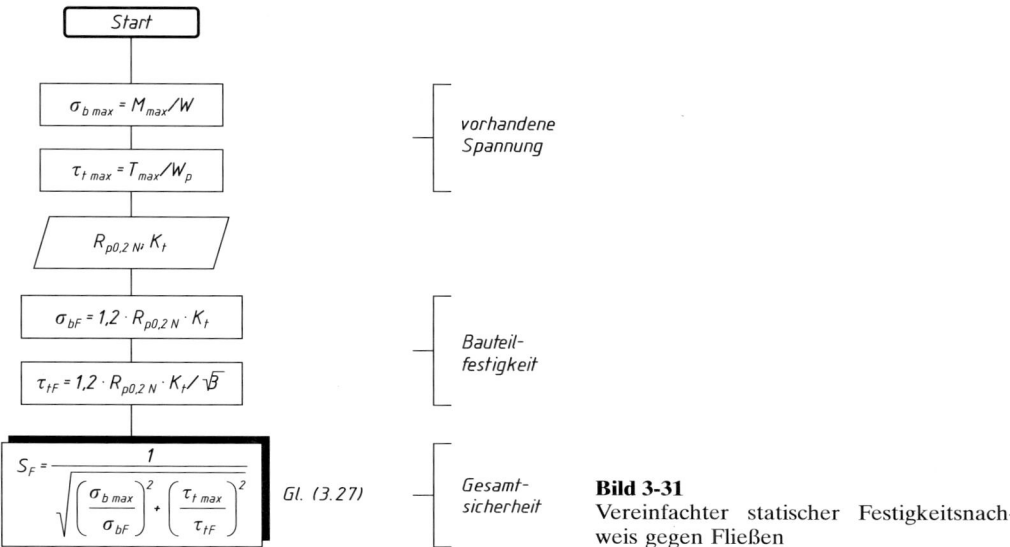

**Bild 3-31** Vereinfachter statischer Festigkeitsnachweis gegen Fließen

formung zu erwarten ist, ist der statische Nachweis als Grundnachweis zu betrachten. Er erfolgt zweckmäßig nach Bild 3-31.
Bei spröden Werkstoffen ist die Vergleichssicherheit mit der Normalspannungshypothese analog Gl. (3.23) zu bilden, wobei anstelle der Fließ- die Bruchgrenze einzusetzen ist. Soll der Nachweis unter Ausnutzung der vollen „Tragreserven" des Bauteils erfolgen (Verformung in den plastischen Bereich, s. 3.4), so ist der Nachweis gegen Fließen und gegen Bruch nach Gl. (3.10) durchzuführen. Der ungünstigste Fall ist maßgebend.
Für die Sicherheiten gilt:

$$S_F \geq S_{F\,min} \quad \text{bzw.} \quad S_B \geq S_{B\,min} \tag{3.28}$$

$S_{F\,min}, S_{B\,min}$    erforderliche Mindestsicherheit gegen Fließen bzw. Bruch, Werte s. TB 3-14

*Hinweis:* Der statische Festigkeitsnachweis sollte mit den Maximalwerten $T_{max}$ und $M_{max}$ geführt werden.

### 3.7.3 Dynamischer Festigkeitsnachweis (Ermüdungsfestigkeitsnachweis)

Der prinzipielle Ablauf des dynamischen Festigkeitsnachweises ist in Bild 3-32 für den Überlastungsfall 1 dargestellt.
Bei spröden Werkstoffen ist wie beim statischen Nachweis die Vergleichssicherheit mit der Normalspannungshypothese analog Gl. (3.23) zu bilden. Für die Gesamtsicherheit gilt

$$S_D \geq S_{D\,min} \tag{3.30}$$

$S_{D\,min}$    erforderliche Mindestsicherheit gegen Dauerbruch, Werte s. TB 3-14

Werden im Ablaufplan von Bild 3-32 die statischen Anteile der Momente $M_{m\,nenn} = 0$ bzw. $T_{m\,nenn} = 0$ gesetzt, ergibt sich ein wesentlich vereinfachter Berechnungsalgorithmus, da die Berechnung der Mittelspannungsempfindlichkeit und Vergleichsmittelspannung entfallen und damit die Gestaltwechselfestigkeit gleich der Gestaltausschlagfestigkeit wird. Diese Vereinfachung wird der dynamischen Berechnung der Achsen und Wellen in Kapitel 11 zugrunde gelegt. Die Ergebnisse werden damit unsicherer. Aus diesem Grund wird in Kapitel 11 ein höherer erfor-

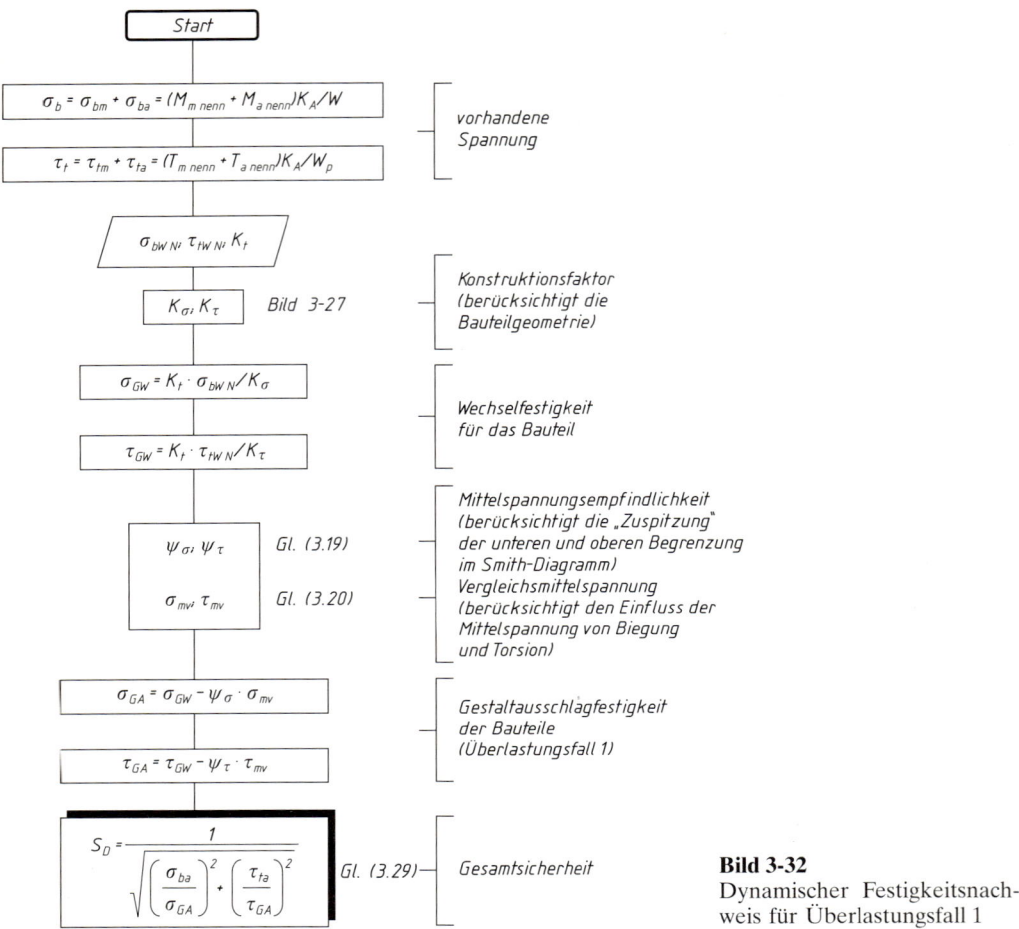

**Bild 3-32** Dynamischer Festigkeitsnachweis für Überlastungsfall 1

derlicher Sicherheitswert $S_{D\,erf}$ angesetzt

$$S_{D\,erf} = S_{D\,min} \cdot S_z \qquad (3.31)$$

$S_{D\,min}$ erforderliche Mindestsicherheit gegen Dauerbruch, Werte s. TB 3-14a
$S_z$ Sicherheitsfaktor zur Kompensierung der Berechnungsvereinfachung, Werte s. TB 3-14c

*Hinweis:* Für den dynamischen Festigkeitsnachweis sind die Momente $M_{nenn} = M_{m\,nenn} \pm M_{a\,nenn}$ und $T_{nenn} = T_{m\,nenn} \pm T_{a\,nenn}$ mit dem Anwendungsfaktor $K_A$ zu multiplizieren. Die höheren, selten auftretenden Maximalwerte $T_{max}$ und $M_{max}$ führen nicht zum Dauerbruch.

### 3.7.4 Festigkeitsnachweis im Stahlbau

Für Stahlbauten sind die erforderlichen Sicherheiten bzw. zulässigen Spannungen nach den Grundnormen DIN 18800 T1 bis T7 behördlich vorgeschrieben. Außer der zzt. gültigen Regelung sind für die Anwendungsgebiete Brückenbau, Kranbahnen, Antennentragwerke, Schornsteine u. a. Fachnormen der „18800er-Reihe" in Vorbereitung. Zulässige Spannungen im Kranbau nach DIN 15018 s. TB 3-3.

## 3.8 Berechnungsbeispiele

■ **Beispiel 3.1:** Zur Durchmesserermittlung der Zugstange aus S275 einer Spannvorrichtung ist überschlägig die zulässige Zugspannung zu ermitteln.

▶ **Lösung:** Das Bauteil wird statisch auf Zug beansprucht. Hierbei ist für S275 die Streckgrenze zur Festlegung der zulässigen Spannung maßgebend. Der Ansatz erfolgt nach Gl. (3.24): $\sigma_{z\,zul} = R_{eN}/S_{F\,min}$. Mit dem Wert $R_{eN} = 275$ N/mm² aus TB 1-1 und einer mittleren erforderlichen Sicherheit $S_{F\,min} = 1{,}5$ (s. zu Gl. (3.24)) wird $\sigma_{z\,zul} = 275/1{,}5$ N/mm² $\approx 183$ N/mm², gerundet $\sigma_{z\,zul} = 180$ N/mm².

*Hinweis:* Bei zu erwartenden großen Durchmessern ist der starke Abfall der Streckgrenze (s. TB 3-11a) zu beachten.

**Ergebnis:** Die zulässige Spannung beträgt $\sigma_{z\,zul} = 180$ N/mm².

■ **Beispiel 3.2:** Für den dargestellten, schwellend auf Biegung beanspruchten Achszapfen aus E295 ist für den Querschnitt $A-B$ die maßgebende Kerbwirkungszahl $\beta_k$ zu ermitteln:
a) überschlägig aus der Richtwerte-Tabelle,
b) genauer nach Schaubild.

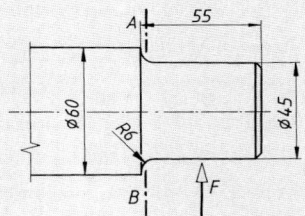

**Bild 3-33** Achszapfen

▶ **Lösung:**
a) Nach TB 3-8 wird für den Übergangsquerschnitt (abgesetzte Welle, Lagerzapfen) nach Zeile 3 für E295 mit $R_{mN} = 490$ N/mm² aus TB 1-1 durch lineare Interpolation gewählt: $\beta_{kb} \approx 1{,}5$.
b) Nach TB 3-9 wird für Biegung $\beta_{kb} = 1 + c_b(\beta_{k(2,0)} - 1)$. Die Zugfestigkeit ist nach Gl. (3.7) $R_m = K_t \cdot R_{mN} = 1{,}0 \cdot 490$ N/mm² mit $K_t$ aus TB 3-11a und $R_{mN}$ aus TB 1-1.
Für $R_m = 490$ N/mm² und $R/d = 6$ mm/45 mm $= 0{,}1333$ wird $\beta_{k(2,0)} \approx 1{,}4$; für $D/d = 60$ mm/45 mm $= 1{,}333$ wird $c_b \approx 0{,}6$. In obige Gleichung eingesetzt wird $\beta_{kb} = 1 + 0{,}6(1{,}4 - 1) = 1{,}24$.
Wird der formzahlabhängige Größeneinfluss bei experimentell ermittelten $\beta_k$-Werten nach Gl. (3.15c) berücksichtigt, ergibt sich mit $\beta_k = \beta_{k\,Probe} \cdot K_{\alpha\,Probe}/K_\alpha = 1{,}24 \cdot 0{,}996/0{,}989 \approx 1{,}25$ ein geringfügig größerer Wert ($K_{\alpha\,Probe}$ für $\beta_{k\,Probe} = 1{,}24$ und $d_{Probe} = 15$ mm aus TB 3-11d; $K_\alpha$ für $\beta_{k\,Probe} = 1{,}24$ und $d = 45$ mm).

**Ergebnis:** Die Kerbwirkungszahl beträgt als Richtwert $\beta_{kb} \approx 1{,}5$ und wird durch eine genauere Berechnung mit $\beta_{kb} \approx 1{,}24$ ermittelt. Der Richtwert ist etwas größer und wird bei der Überschlagsrechnung das Ergebnis zur sicheren Seite hin beeinflussen.

■ **Beispiel 3.3:** Der dargestellte konstruktiv festgelegte Antriebszapfen aus E295 einer Baumaschine ist nachzurechnen. Das Nenndrehmoment $T_{nenn} = 80$ Nm wird schwellend über eine starre Kupplung eingeleitet, wobei antriebsseitig mit mäßigen und abtriebsseitig mit starken Stößen zu rechnen ist. Die Maximalbelastung beträgt $T_{max} = 2{,}5 T_{nenn}$. Der Antriebszapfen ist mit $R_z \approx 12{,}5$ μm bearbeitet.
Die Nachrechnung muss im Einzelnen umfassen
a) den vereinfachten statischen Festigkeitsnachweis oder
b) den statischen Nachweis unter Nutzung der „Tragreserven"
c) den dynamischen Festigkeitsnachweis.

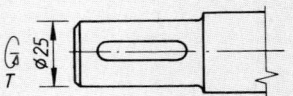

**Bild 3-34** Antriebszapfen

**Allgemeiner Lösungshinweis:** Durch die Einleitung des Drehmoments über die Kupplung wird der Zapfen nur auf Torsion beansprucht. Als gefährdete Querschnitte sind die Nutquerschnittenden anzusehen. Da nur Torsion vorliegt, vereinfacht sich die Berechnung der statischen bzw. dynamischen Gesamtsicherheit.

▶ **Lösung a):** Für den statischen Nachweis ist die Maximalbelastung des Antriebszapfens entscheidend

$$T_{max} = 2{,}5 T_{nenn} = 2{,}5 \cdot 80 \text{ Nm} = 200 \text{ Nm}.$$

Die Sicherheit gegen Fließen ist nach Gl. (3.27) (Bild 3-31)

$$S_F = 1/\sqrt{(\sigma_{b\,max}/\sigma_{bF})^2 + (\tau_{t\,max}/\tau_{tF})^2} = \tau_{tF}/\tau_{t\,max}$$

mit der Bauteilfestigkeit gegen Fließen $\tau_{tF}$ und $\tau_{t\,max} = T_{max}/W_p$.

*Bauteilfestigkeit*
Die Torsionsfließgrenze $\tau_{tF}$ ergibt sich nach Bild 3-31 mit $R_e = K_t \cdot R_{eN} = 1{,}0 \cdot 295 \text{ N/mm}^2 = 295 \text{ N/mm}^2$ aus TB 1-1, $K_t = 1{,}0$ aus TB 3-11a zu

$$\tau_{tF} = 1{,}2 \cdot R_e/\sqrt{3} = 1{,}2 \cdot 295 \text{ N/mm}^2/\sqrt{3} = 204 \text{ N/mm}^2.$$

*Hinweis:* $K_t$ ist für die Streckgrenze $R_e$ zu bestimmen.

*vorhandene Spannung*
Die während des Betriebes zu erwartende maximale Torsionsspannung wird mit dem polaren Widerstandsmoment des durch die Passfeder geschwächten Querschnitts nach TB 11-3

$$W_p = 0{,}2 \cdot d_k^3 = 0{,}2 \cdot 21^3 \approx 1850 \text{ mm}^3$$

bestimmt, mit dem Kerndurchmesser im Passfederquerschnitt

$$d_k = d - t_1 = 25 \text{ mm} - 4 \text{ mm} = 21 \text{ mm}$$

(Nuttiefe $t_1$ aus TB 12-2), zu

$$\tau_{t\,max} = 200 \cdot 10^3 \text{ Nmm}/1850 \text{ mm}^3 = 108 \text{ N/mm}^2.$$

Damit ist die Sicherheit gegen bleibende Verformung (Fließen)

$$S_F = 204 \text{ N/mm}^2/(108 \text{ N/mm}^2) = 1{,}89.$$

Nach TB 3-14a ist die erforderliche statische Mindestsicherheit

$$S_{F\,min} = 1{,}5.$$

**Ergebnis:** $S_F = 1{,}89 > S_{F\,min} = 1{,}5$.

▶ **Lösung b):** Sollen die statischen „Tragreserven" des Werkstoffes voll genutzt werden, ergibt sich mit Gl. (3.10) bis (3.12b) die Bauteilfestigkeit gegen Fließen zu $\tau_{tF} = f_\tau \cdot R_e/K_B = f_\tau \cdot R_e \cdot n_{pl}$
$= 0{,}58 \cdot 295 \text{ N/mm}^2 \cdot 1{,}33 \approx 288 \text{ N/mm}^2$, mit $n_{pl} = \sqrt{R_{p\,max}/R_e} = \sqrt{1050 \text{ N/mm}^2/(295 \text{ N/mm}^2)}$
$= 1{,}89 \leq \alpha_{tp} = 1{,}33$ ($f_\tau$ aus TB 3-2a, $\alpha_{tp}$ aus TB 3-2b).
Damit ist die Sicherheit gegen Fließen nach Gl. (3.27)

$$S_F = 1/\sqrt{(\sigma_{b\,max}/\sigma_{bF})^2 + (\tau_{t\,max}/\tau_{tF})^2} = \tau_{tF}/\tau_{t\,max} = 228 \text{ N/mm}^2/(108 \text{ N/mm}^2) = 2{,}1.$$

Nach TB 3-14a ist die erforderliche statische Mindestsicherheit $S_{F\,min} = 1{,}5$.
Da das Torsionsmoment in die Rechnung linear eingeht, könnte gegenüber Lösung a) der Werkstoff eine um ca. 11 % höhere Torsionsspitze aufnehmen. Der noch erforderliche analog durchzuführende Nachweis gegen Bruch ergibt eine relativ zu $S_{B\,min}$ größere Sicherheit und ist hier weggelassen.

▶ **Lösung c):** Für den dynamischen Nachweis ist das äquivalente Torsionsmoment nach Gl. (3.6) entscheidend

$$T_{eq} = K_A \cdot T_{nenn} = 2{,}0 \cdot 80 \text{ Nm} = 160 \text{ Nm}.$$

Der Anwendungsfaktor wird hierbei aufgrund der zu erwartenden mäßigen bis starken Stöße während des Betriebens der Baumaschine nach TB 3-5a mit $K_A = 2{,}0$ festgelegt.
Die für die weitere Berechnung erforderlichen Festigkeitswerte von E295 sind:
$R_m = K_t \cdot R_{mN} = 1{,}0 \cdot 490 \text{ N/mm}^2 = 490 \text{ N/mm}^2$ und $\tau_{tW} = K_t \cdot \tau_{tWN} = 1{,}0 \cdot 145 \text{ N/mm}^2 = 145 \text{ N/mm}^2$
mit den Normwerten aus TB 1-1 und $K_t = 1{,}0$ aus TB 3-11a.
*Hinweis:* Im Gegensatz zu $R_e$ ist hier $K_t$ für Zugfestigkeit zu verwenden – s. Gl. (3.7) und Gl. (3.9).
Nach Gl. (3.29) (Bild 3-32) ist die Sicherheit gegen Dauerbruch

$$S_D = 1/\sqrt{(\sigma_{ba}/\sigma_{GA})^2 + (\tau_{ta}/\tau_{GA})^2} = \tau_{GA}/\tau_{ta}$$

mit der Gestaltausschlagfestigkeit $\tau_{GA}$ und Ausschlagspannung $\tau_{ta} = T_a/W_p$.

*Gestaltausschlagfestigkeit* $\tau_{GA}$
Für die Berechnung von $\tau_{GA}$ wird der Überlastungsfall 2 ($\kappa$ = konst) angenommen, da reine Schwellbelastung ($\kappa$ = 0) auch bei Überlastung vorliegt. Damit ist nach Gl. (3.18b)

$$\tau_{GA} = \tau_{GW}/(1 + \psi_\tau \cdot \tau_{mv}/\tau_{ta})\,.$$

Die Gestaltwechselfestigkeit $\tau_{GW}$ ist nach Gl. (3.17)

$$\tau_{GW} = \tau_{tW}/K_\tau$$

mit dem Gesamteinflussfaktor $K_\tau = (\beta_{k\tau}/K_g + 1/K_{O\tau} - 1)/K_V$ nach Gl. (3.16).
Mit der Kerbwirkungszahl $\beta_{k\tau} \approx \beta_{k\tau\,Probe} = 1{,}35$ für eine Passfedernut bei $R_m = 490$ N/mm²; dem Oberflächenbeiwert $K_{O\tau} = 0{,}575 \cdot K_{O\sigma} + 0{,}425 = 0{,}575 \cdot 0{,}91 + 0{,}425 \approx 0{,}95$ nach TB 3-10 für $R_z = 12{,}5$ µm und $R_m = 490$ N/mm²; dem Größeneinflussfaktor $K_g = 0{,}92$ für $d = 25$ mm nach TB 3-11c und $K_V = 1$ (keine Oberflächenverfestigung) ist der Gesamteinflussfaktor $K_\tau = (\beta_{k\tau}/K_g + 1/K_{O\tau} - 1)/K_V = (1{,}35/0{,}92 + 1/0{,}95 - 1)/1 = 1{,}52$ und nach Gl. (3.17) die Gestaltwechselfestigkeit

$$\tau_{GW} = \tau_{tW}/K_\tau = 145\text{ N/mm}^2/1{,}52 = 95{,}4\text{ N/mm}^2\,.$$

Da nur Torsion schwellend auftritt, ist $\tau_{mv} = f_\tau \cdot \sigma_{mv} = \tau_{tm} = \tau_{ta}$ (s. Gl. (3.20)) mit $\sigma_{mv} = \sqrt{0 + 3 \cdot \tau_{tm}^2}$ und $f_\tau$ aus TB 3-2, wodurch sich Gl. (3.18b) vereinfacht zu $\tau_{GA} = \tau_{GW}/(1 + \psi_\tau)$. Die Mittelspannungsempfindlichkeit ist nach Gl. (3.19) $\psi_\tau = f_\tau \cdot \psi_\sigma = f_\tau \cdot (a_M \cdot R_m + b_M) = 0{,}58(0{,}00035 \cdot 490 - 0{,}1) = 0{,}0415$ mit $a_M$ und $b_M$ aus TB 3-13. Damit ist $\tau_{GA} = 95{,}4\text{ N/mm}^2/(1 + 0{,}0415) = 91{,}6\text{ N/mm}^2$.

*Ausschlagspannung* $\tau_{ta}$
Da das Torsionsmoment rein schwellend auftritt, ist $T_{tu} = 0$, $T_{to} = T_{eq}$ und somit $T_{tm} = T_{ta} = T_{eq}/2 = 160$ Nm$/2 = 80$ Nm.
Mit $W_p = \pi \cdot d^3/16 = \pi \cdot 25^3/16 = 3068$ mm³ ist

$$\tau_{ta} = 80 \cdot 10^3\text{ Nmm}/3068\text{ mm}^3 = 26{,}1\text{ N/mm}^2\,.$$

(*Hinweis:* Die Berechnung der Spannungen muss mit den in TB 3-9 angegebenen Spannungsgleichungen erfolgen, da sich die $\beta_k$-Werte auf die darin eingesetzten Durchmesser beziehen. Bei der Passfeder gilt $\beta_k$ für den ungeschwächten Durchmesser.)
Die vorhandene Sicherheit gegen Dauerbruch ist dann

$$S_D = 91{,}6\text{ N/mm}^2/(26{,}1\text{ N/mm}^2) = 3{,}5\,.$$

Nach TB 3-14a ist die erforderliche Mindestsicherheit

$$S_{D\min} = 1{,}5\,.$$

**Ergebnis:** $S_D = 3{,}5 > S_{D\min} = 1{,}5$. Die kleinere Sicherheit aus a) und c) ist ausschlaggebend $S_D > S_F = 1{,}89 > S_{F\min} = 1{,}5$. Das Bauteil ist ausreichend bemessen.

■ **Beispiel 3.4:** Für den Übergangsquerschnitt des dargestellten Antriebszapfens aus E335 ist die Sicherheit gegen plastische Verformung und Dauerbruch zu ermitteln. Vom gefährdeten Querschnitt ist ein statisches Torsionsmoment $T = 1700$ Nm sowie ein wechselnd wirkendes Biegemoment $M = 1300$ Nm aufzunehmen. Zur Berücksichtgung der Spannungsschwankungen aufgrund der vorliegenden Betriebsverhältnisse ist mit einem Anwendungsfaktor $K_A \approx 1{,}5$ zu rechnen. Einzelne Spannungsspitzen sollen diesen Wert nur unwesentlich übersteigen. Die Übergangsstelle ist mit $R_z \approx 6{,}3$ µm bearbeitet.

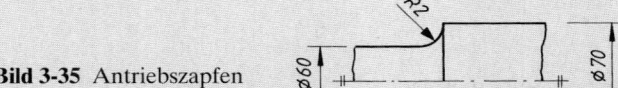

**Bild 3-35** Antriebszapfen

**Allgemeiner Lösungshinweis:** Der Querschnitt wird auf Biegung und Torsion beansprucht (Schub bleibt unberücksichtigt). Zuerst wird der statische Nachweis a), danach der dynamische Nachweis b) geführt. Beim dynamischen Nachweis wird Torsion, da statisch wirkend, nur über die Vergleichsmittelspannung berücksichtigt.

▶ **Lösung a):** Nachrechnung gegen plastische Verformung:
Es wird der vereinfachte Nachweis gegen Fließen nach Bild 3-31 gewählt. Kleinere Belastungsspitzen, die durch den Anwendungsfaktor $K_A$ nicht berücksichtigt werden, können so durch die „Tragreserven" (s. 3.4) aufgenommen werden.

Die Gesamtsicherheit wird nach Gl. (3.27) berechnet, wobei für die vorhandenen Spannungen das maximale Biege- bzw. Torsionsmoment zugrunde zu legen ist (hier gleich den äquivalenten Momenten gesetzt).
Mit den Einzelspannungen $\sigma_{b\,max} \approx 92\,\text{N/mm}^2$ ($M_{max} \approx 1{,}5 \cdot 1300\,\text{Nm} = 1950\,\text{Nm}$, $W = (\pi/32) \cdot (60\,\text{mm})^3 \approx 21\,200\,\text{mm}^3$) und $\tau_{max} \approx 60\,\text{N/mm}^2$ ($T_{max} \approx 1{,}5 \cdot 1700\,\text{Nm} = 2550\,\text{Nm}$, $W_p = 2 \cdot W \approx 42\,400\,\text{mm}^3$), den Fließgrenzen $\sigma_{bF} = 1{,}2 \cdot R_e = 374\,\text{N/mm}^2$ ($R_e = K_t \cdot R_{eN} = 0{,}93 \cdot 335\,\text{N/mm}^2 = 312\,\text{N/mm}^2$ mit $R_{eN}$ aus TB 1-1, $K_t = 0{,}93$ aus TB 3-11a) und $\tau_{tF} = 1{,}2 \cdot R_e/\sqrt{3} = 1{,}2 \cdot 312\,\text{N/mm}^2/\sqrt{3} = 216\,\text{N/mm}^2$ (Gl. s. Bild 3-31) wird die Gesamtsicherheit

$$S_F = 1\Big/\sqrt{\left(\frac{\sigma_{b\,max}}{\sigma_{bF}}\right)^2 + \left(\frac{\tau_{t\,max}}{\tau_{tF}}\right)^2} = 1\Big/\sqrt{\left(\frac{92\,\text{N/mm}^2}{374\,\text{N/mm}^2}\right)^2 + \left(\frac{60\,\text{N/mm}^2}{216\,\text{N/mm}^2}\right)^2} = 2{,}7\,.$$

Nach TB 3-14a ist die erforderliche statische Mindestsicherheit

$S_{F\,min} = 1{,}5\,.$

**Ergebnis:** $S_F = 2{,}7 > S_{F\,min} = 1{,}5$.

▶ **Lösung b):** Nachrechnung gegen Dauerfestigkeit:
Nur Biegung tritt dynamisch auf, die Bauteilsicherheit nach Gl. (3.29) vereinfacht sich damit zu

$$S_D = 1\Big/\sqrt{(\sigma_{ba}/\sigma_{GA})^2 + (\tau_{ta}/\tau_{GA})^2} = \sigma_{GA}/\sigma_{ba}\,.$$

Da die Biegung rein wechselnd auftritt liegt Überlastungsfall 1 (Gl. 3.18a) vor (Mittelspannung bleibt immer 0). Die Torsionsspannung wird hier über die Vergleichsmittelspannung nach Gl. (3.20) berücksichtigt.
Die für die Berechnung erforderlichen Festigkeitswerte von E335 sind: $R_m = K_t \cdot R_{mN} = 1{,}0 \cdot 590\,\text{N/mm}^2 = 590\,\text{N/mm}^2$ und $\sigma_{bW} = K_t \cdot \sigma_{bWN} = 1{,}0 \cdot 290\,\text{N/mm}^2 = 290\,\text{N/mm}^2$ mit den Normwerten aus TB 1-1 und $K_t = 1{,}0$ aus TB 3-11a.

*Gestaltausschlagfestigkeit $\sigma_{GA}$ aus Gl. (3.18a)*
Zunächst wird der *Gesamteinflussfaktor* $K_\sigma$ aus Gl. (3.16) berechnet:
Mit den Einzelwerten für Biegung $\beta_{kb} = 1{,}44$ ($c_b = 0{,}4$, $R_m = 590\,\text{N/mm}^2$, $\beta_{k(2,0)} \approx 2{,}1$) aus TB 3-9a, $K_g = 0{,}86$ aus TB 3-11c, $K_{O\sigma} = 0{,}92$ aus TB 3-10 und $K_V = 1$ (keine Oberflächenverfestigung) wird

$K_\sigma = (\beta_{kb}/K_g + 1/K_{O\sigma} - 1)/K_V = (1{,}44/0{,}86 + 1/0{,}92 - 1)/1 = 1{,}76\,.$

Mit der Gestaltwechselfestigkeit aus Gl. (3.17)

$\sigma_{GW} = \sigma_{bW}/K_\sigma = 290\,\text{N/mm}^2/1{,}76 = 165\,\text{N/mm}^2\,,$

der Mittelspannungsempfindlichkeit $\psi_\sigma = a_M \cdot R_m + b_M = 0{,}00035 \cdot 590 - 0{,}1 \approx 0{,}11$ aus Gl. (3.19) ($a_M$ und $b_M$ aus TB 3-13) und der Vergleichsmittelspannung nach Gl. (3.20)

$\sigma_{vm} = \sqrt{\sigma_{bm}^2 + 3\tau_{tm}^2} = \sqrt{0 + 3 \cdot (60\,\text{N/mm}^2)^2} = 104\,\text{N/mm}^2$

($\tau_{tm} = T_{eq}/W_p$, $T_{eq} = 1{,}5 \cdot 1700\,\text{Nm}$, $W_p = (\pi/16) \cdot (60\,\text{mm})^3 \approx 42\,400\,\text{mm}^3$) wird die Gestaltausschlagfestigkeit

$\sigma_{GA} = \sigma_{GW} - \psi_\sigma \cdot \sigma_{vm} = 165 - 0{,}11 \cdot 104\,\text{N/mm}^2 = 153\,\text{N/mm}^2\,.$

*Ausschlagspannung $\sigma_{ba}$*
Die Biegeausschlagspannung ist mit $W = (\pi/32) \cdot (60\,\text{mm})^3 \approx 21\,200\,\text{mm}^3$

$\sigma_{ba} = \pm M_{eq}/W = 1{,}5 \cdot 1300 \cdot 10^3/21\,200 \approx 92\,\text{N/mm}^2\,.$

Damit ist die Sicherheit

$S_D = 153\,\text{N/mm}^2/92\,\text{N/mm}^2 = 1{,}66\,.$

Nach TB 3-14a ist die erforderliche Mindestsicherheit $S_{D\,min} = 1{,}5$.
**Ergebnis:** $S_D = 1{,}66 > S_{D\,erf} = 1{,}5$. Die kleinere Sicherheit aus a) und b) ist ausschlaggebend $S_F > S_D = 1{,}66 > S_{D\,min} = 1{,}5$. Das Bauteil ist ausreichend bemessen.

## 3.9 Literatur

*Buxbaum, O.:* Betriebsfestigkeit: Sichere und wirtschaftliche Bemessung schwingbruchgefährdeter Bauteile. Düsseldorf: Stahleisen, 1986
*Cottin, D., Puls, E.:* Angewandte Betriebsfestigkeit. 2. Aufl. München: Hanser, 1992
*Dahl, W.* (Hrsg.): Verhalten von Stahl bei schwingender Beanspruchung. Düsseldorf: Stahleisen, 1978
*Dietmann, H.:* Einführung in die Elastizitäts- und Festigkeitslehre. 3. Aufl. Stuttgart: Kröner, 1992
DIN 743: Tragfähigkeitsberechnung von Wellen und Achsen. Berlin: Beuth, 1999
DIN-Taschenbücher 401 bis 405: Gütenormen Stahl und Eisen. Berlin: Beuth, 1998
*Beitz, W.* und *Grote, K.-H.* (Hrsg.): Dubbel. – Taschenbuch für den Maschinenbau. Berlin: Springer, 1997
Forschungskuratorium Maschinenbau FKM (Hrsg.): Rechnerischer Festigkeitsnachweis für Maschinenbauteile. FKM-Richtlinie 154. 3. Aufl. Frankfurt, 1998
*Gudehus, H., Zenner, H.:* Leitfaden für eine Betriebsfestigkeitsrechnung. 3. Aufl. Düsseldorf: Stahleisen, 1995
*Hähnchen, R., Decker, K. H.:* Neue Festigkeitsberechnung für den Maschinenbau. 3. Aufl. München: Hanser, 1967
*Haibach, E.:* Betriebsfestigkeit, Verfahren und Daten zur Bauteilberechnung. Düsseldorf: VDI, 1989
*Hertel, H.:* Ermüdungsfestigkeit der Konstruktionen. Berlin: Springer, 1969
*Hück, M., Thrainer, L., Schütz, W.:* Berechnung von Wöhlerlinien für Bauteile aus Stahl, Stahlguss und Grauguss – Synthetische Wöhlerlinien. Bericht ABF 11 (Verein deutscher Eisenhüttenleute). Düsseldorf: Stahleisen, 1981
*Issler, L., Ruoß, H., Häfele, P.:* Festigkeitslehre – Grundlagen. Berlin: Springer, 1997
*Neuber, H.:* Kerbspannungslehre: Theorie der Spannungskonzentration; genaue Berechnung der Festigkeit. 3. Aufl. Berlin: Springer, 1958
*Niemann, G.:* Maschinenelemente. Band 1. Berlin: Springer, 1981
*Schlottmann, D.:* Auslegung von Konstruktionselementen. Berlin: Springer, 1995
*Steinhilper, W., Röper, R.:* Maschinen- und Konstruktionselemente. Bd. 1. Grundlagen der Berechnung und Gestaltung. Berlin: Springer, 1994
*Radaj, D.:* Ermüdungsfestigkeit: Grundlagen für Leichtbau, Maschinen- und Stahlbau. Berlin: Springer, 1995
*Tauscher, H.:* Dauerfestigkeit von Stahl und Gusseisen. Leipzig: Fachbuchverlag, 1982
VDI-Berichte 1442: Festigkeitsberechnung metallischer Bauteile. Düsseldorf: VDI, 1998
VDI-Richtlinie, VDI 2227E: Festigkeit bei wiederholter Beanspruchung; Zeit- und Dauerfestigkeit metallischer Werkstoffe, insbesondere von Stählen. Berlin: Beuth, 1974
*Wächter, K.* (Hrsg.): Konstruktionslehre für Maschineningenieure. Berlin: Verlag Technik, 1987
*Weißbach, W.:* Werkstoffkunde und Werkstoffprüfung. Braunschweig/Wiesbaden: Vieweg, 1994
*Wellinger, K.* und *Dietmann, H.:* Festigkeitsberechnung: Grundlagen und technische Anwendung. 3. Aufl. Stuttgart: Kröner, 1976
*Zammert, W.:* Betriebsfestigkeitsberechnung. Braunschweig/Wiesbaden: Vieweg, 1985

# 4 Klebverbindungen

## 4.1 Funktion und Wirkung

### 4.1.1 Aufgaben und Einsatz

Kleben (Leimen, Kitten) ist das Verbinden gleicher oder verschiedenartiger metallischer und nichtmetallischer Werkstoffe durch Oberflächenhaftung mittels geeigneter Klebstoffe. Klebverbindungen gehören zu den unlösbaren Verbindungen (Verbindung ist ohne Zerstörung der Klebschicht bzw. der Bauteile nicht lösbar).

*Vorteile:* Verbinden gleicher und verschiedenartiger Werkstoffe; keine ungünstigen Werkstoffbeeinflussungen durch Ausglühen, Aushärten und Oxidieren; keine bzw. nur geringe thermische Werkstoffbeanspruchung und damit geringer Wärmeverzug; dichte, spaltfreie und isolierende Verbindung; keine Oberflächenschädigung; keine Kontaktkorrosion; keine Querschnittsminderung der Bauteile durch Löcher wie bei Schrauben- oder Nietverbindungen und damit z. T. große Gewichtsersparnis; kerbfreies Verbinden der Bauteile; gleichmäßige Kraft- und Spannungsverteilung; schwingungsdämpfend; optisch anspruchsvolle Konstruktionen möglich; Sandwichbauweise ermöglicht hohe Steifigkeit und Gewichtsersparnis (Leichtbau).

*Nachteile:* Meist aufwendige Oberflächenbehandlung der Fügeteile erforderlich; z. T. lange Abbindezeiten bis zur Endfestigkeit der Verbindung; vielfach Flächendruck und Wärme zum Abbinden notwendig; Kriechneigung bei Langzeitbeanspruchung; geringe Schäl-, Warm- und Dauerfestigkeit; empfindlich gegen Schlag- und Stoßbelastung; zerstörungsfreies Prüfen der Verbindung vielfach nicht möglich.

Neben dem problemlosen Kleben nichtmetallischer Werkstoffe, wie Pappe, Papier, Leder, Gummi, Holz, nehmen Klebverbindungen metallischer Werkstoffe aufgrund der Entwicklung immer wirksamerer Klebstoffe und Klebtechnologien anstelle von Niet-, Schweiß- und Lötverbindungen zu. Die Grenzen der Metallklebverbindungen liegen u. a. in der geringeren Warmfestigkeit und den vielfach geringeren Festigkeitswerten der Klebstoffe gegenüber denen der zu verbindenden Bauteile. Das Anwendungsgebiet des Metallklebens erstreckt sich über den gesamten technischen Bereich (Maschinen-, Kraftfahrzeug-, Flugzeug- und Anlagenbau, Elektroindustrie u. a.). Vor allem in der Großserienfertigung kann das Metallkleben fertigungstechnische und somit vielfach auch wirtschaftliche Vorteile bringen, s. hierzu Bild 4-1.

### 4.1.2 Das Wirken der physikalischen Kräfte in der Klebverbindung (Haftmechanismus)

Der Erfolg jeder Klebverbindung ist von den jeweiligen physikalischen Eigenschaften der zu verbindenden Werkstoffe und des Klebstoffes als Verbindungsmittel abhängig, so u. a. von der *Adhäsion*[1] und von der *Kohäsion*[2]. Die Moleküle im Grenzflächenbereich streben zum Zusammenschluss mit gleichen als auch mit ungleichen Molekülen, s. Bild 4-2.

Würden die zu verbindenden Teile im Klebbereich eine Oberflächenrautiefe von $R_{max} \leq 0{,}003$ µm aufweisen, so wäre nach dem einfachen Aufeinanderlegen der Teile ein Trennen auf Zug nur

---
[1] Anziehungskräfte an der Grenzfläche zweier Stoffe.
[2] Kräfte zwischen den Molekülen eines Stoffes.

# www.kleben-in-bremen.de

Unser Slogan **Kleben in Bremen** steht für die Verknüpfung des Angebots zur klebtechnischen Aus- und Weiterbildung mit langjähriger Erfahrung in Forschung und Entwicklung auf dem gesamten Gebiet der Klebtechnik für Industrie und Handwerk.

Das Klebtechnische Zentrum – KTZ im Fraunhofer-Institut für Fertigungstechnik und Angewandte Materialforschung (IFAM) führt folgende Lehrgänge durch:

- **DVS®-EWF-European Adhesive Bonder / DVS®-EWF-Klebpraktiker**
  Dauer: 40 h / Zielgruppe: Facharbeiter/innen (Ausführende Ebene)

- **DVS®-EWF-European Adhesive Specialist / DVS®-EWF-Klebfachkraft**
  Dauer: 120 h / Zielgruppe: Meister, Vorarbeiter (Verbindungsmanagement)

- **DVS®-EWF-European Adhesive Engineer / (Klebfachingenieur)**
  Dauer: 320 h / Zielgruppe: Technische Entscheiderebene

Die Zeugnisse werden europaweit als offizielle DVS®-EWF-Dokumente anerkannt.

Von 1994 bis 2001 wurden in ca. 75 Lehrgängen bereits über 1000 betriebliche Mitarbeiter/innen klebtechnisch qualifiziert und zertifiziert. Der Bereich Klebtechnik des Fraunhofer-Instituts für Fertigungstechnik und Angewandte Materialforschung - IFAM ist nach DIN ISO 9001 zertifiziert, das Klebtechnisches Zentrum – KTZ zusätzlich nach DIN EN 45013 als Bildungseinrichtung akkreditiert.

Die Lehrgänge werden von uns in deutscher und englischer Sprache im IFAM in Bremen durchgeführt, doch bieten wir sie auch alternativ als Firmenseminare an.

Weitere Informationen direkt zur Aus- und Weiterbildung erhalten Sie auf unserer Homepage **www.kleben-in-bremen.de**

Klebtechnisches Zentrum – KTZ
im Fraunhofer Institut für
Fertigungstechnik und Angewandte
Materialforschung - IFAM
Wiener Straße 12, 28359 Bremen

Ansprechpartner:
Prof. Dr. Andreas Groß
Telefon 04 21/22 46 – 4 37
Telefax 04 21/22 46 – 4 30
E-Mail: gss@ifam.fhg.de

Fraunhofer Institut
Fertigungstechnik
Materialforschung

## 4.1 Funktion und Wirkung

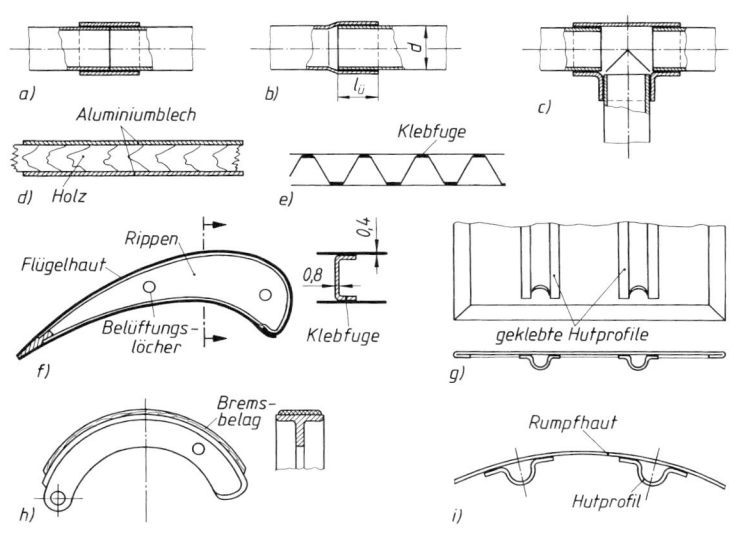

**Bild 4-1**
Ausgeführte Klebverbindungen
a) bis c) Rohrverbindungen,
d) kaschierte Holzplatte,
e) Leichtbauplatte,
f) geklebter Vorflügel eines Sportflugzeuges,
g) Tankdeckel mit aufgeklebten Hutprofilen,
h) Bremsbacke mit aufgeklebtem Bremsbelag,
i) Versteifung einer Flugzeug-Rumpfhaut durch Hutprofile

unter erheblichem Kraftaufwand möglich (z. B. frisch gespaltener Glimmer). Ursache hierfür sind *zwischenmolekulare Kräfte*, deren Reichweite max. 0,003 µm beträgt, s. Bild 4-2b. Da technische Oberflächen selbst bei Feinstbearbeitung Rautiefen von mehr als 0,025 µm aufweisen, ist es Aufgabe des Klebstoffes, in die Oberflächenrauheiten einzudringen und die zwischenmolekularen Kräfte wirksam werden zu lassen. Der Klebstoff muss somit zur Benetzung der freien Flächen anfangs eine geringe Viskosität und Oberflächenspannung haben, nach dem Abbinden dagegen eine große Viskosität, um eine hohe Kohäsion im Klebstoff zu erreichen. Die Klebverbindung ist festigkeitsmäßig daher abhängig von der Adhäsion zwischen Klebstoff und Werkstoff 1, von der Kohäsion des Klebstoffes selbst und der Adhäsion zwischen Klebstoff und Werkstoff 2. Je nach Größe von Adhäsion und Kohäsion wird bei übermäßiger Belastung der Klebverbindung der Bruch an der Grenzfläche, in der Klebstoffschicht oder aber im Bauteil selbst eintreten. Verunreinigte Werkstoffoberflächen (s. Bild 4-2c) verringern insgesamt die Adhäsionskraft, so dass zur Vermeidung von Schmutzeinschlüssen eine sorgfältige Vorbehandlung der Oberfläche *vor* dem Aufbringen des Klebstoffes erfolgen muss (s. hierzu 4.1.4). Adhäsionsfehler einer ausgeführten Klebverbindung sind im Gegensatz zu eventuell vorhandenen Kohä-

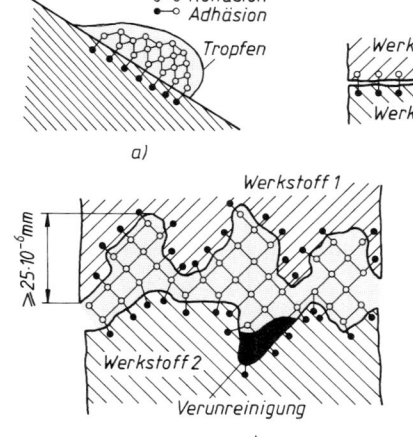

**Bild 4-2**
Physikalische Kräfte in der Klebverbindung
a) Adhäsion und Kohäsion am Beispiel eines Flüssigkeitstropfens auf der schiefen Ebene
b) das Wirken der zwischenmolekularen Kräfte (spezifische Adhäsion)
c) Kräfte in einer Klebverbindung mit bearbeiteten Oberflächen der Bauteile

sionsfehlern, ohne Zerstören der Verbindung nicht feststellbar und damit ein Unsicherheitsfaktor für die Festigkeit der Klebverbindung.

### 4.1.3 Klebstoffarten

Eine Einteilung der Klebstoffe kann entweder nach anwendungstechnischen Kriterien, nach der Art des Abbindemechanismus, des Grundwerkstoffes, der Bindefestigkeit oder anderen Gesichtspunkten erfolgen. In der VDI-Richtlinie 2229 sind die Klebstoffe für das konstruktive Kleben von Metallen mit Metallen und anderen Werkstoffen nach der Art des Abbindens eingeteilt in *physikalisch abbindende* und *chemisch abbindende Klebstoffe*, wobei Überschneidungen möglich sind. So können u. U. Lösungsmittelklebstoffe durch bestimmte Zusätze die Eigenschaften von Reaktionsklebstoffen annehmen und umgekehrt.

#### 1. Physikalisch abbindende Klebstoffe (Lösungsmittel- und Dispersionsklebstoffe)

Diese Klebstoffe sind oft Lösungen von natürlichen oder synthetischen makromolekularen Grundstoffen (z. B. Kunstharzen, Nitrocellulose, Kautschuk) in organischen Lösungsmitteln (insbesondere Kohlenwasserstoffe) bzw. Dispersionsmitteln. Während bei den Lösungsmittelklebstoffen die Grundstoffe als Hauptträger der Klebeeigenschaften in einer flüchtigen Flüssigkeit *aufgelöst* sind, sind diese bei den Dispersionsklebstoffen darin *ungelöst*.

Das Entstehen der Klebschicht beruht auf physikalischen Vorgängen (Ablüften der Lösungsmittel vor dem Fügen, Erstarren der Klebstoffschmelze oder Gelieren bei einem mehrphasigen System), teilweise jedoch auch auf bestimmten chemischen Reaktionen der Grundstoffe, z. B. mit dem Luftsauerstoff. Daher sind diese Klebstoffe besonders zum Verbinden von Metallen mit porösen Werkstoffen, wie Holz, Leder und teilweise auch Kunststoffen, oder von porösen Werkstoffen untereinander geeignet. Das Verbinden von Metallen oder anderen *undurchlässigen* Werkstoffen untereinander mit Lösungsmittelklebstoffen ist nicht zu empfehlen, da bei ihnen die restlose Verflüchtigung des Lösungsmittels, besonders bei größeren Klebflächen, stark behindert oder gar unmöglich ist. Physikalisch abbindende Klebstoffschichten sind thermoplastisch oftmals wärmeempfindlich und haben unter Belastung eine stärkere Kriechneigung und eine geringere Lösungsmittelbeständigkeit als chemisch reagierende Klebstoffe.

*Physikalisch abbindende Klebstoffe* werden unterteilt in:

**Kontaktklebstoffe** (gelöste Kautschuke, mit Harzen und Füllstoffen versehen). Sie werden beidseitig auf die Fügeteiloberflächen aufgetragen und nach dem Ablüften des Lösungsmittels innerhalb der Kontaktklebezeit[1]) werden die Teile unter starkem Druck gefügt.

**Schmelzklebstoffe** werden im geschmolzenen Zustand aufgetragen (meist zwischen 150 °C und 190 °C) und bevor der Klebstoff erstarrt, sind die Teile zu fügen.

**Plastisole** (Dispersionen von PVC zusammen mit Weichmachern, Füllstoffen und Haftvermittlern) sind lösungsmittelfreie Klebstoffe, die bei Temperaturen zwischen 140 °C und 200 °C abbinden.

#### 2. Chemisch abbindende Klebstoffe (Reaktionsklebstoffe)

Die *Reaktionsklebstoffe* sind die technisch wichtigsten Klebstoffe. Es sind hochmolekulare, härtbare Kunstharze (Kohlenwasserstoffverbindungen), von denen die Phenol- und die Epoxidharze die größte Bedeutung haben. Die zunächst noch löslichen und schmelzbaren Harze können unter Einwirkung geeigneter *Katalysatoren* zu unlöslichen und unschmelzbaren Substanzen umgewandelt werden, die sich durch eine ungewöhnlich hohe Haftfestigkeit und innere Festigkeit auszeichnen. Wegen des Zusammenwirkens zweier Stoffe werden sie auch als *Zweikomponentenkleber* bezeichnet, deren eine Komponente der Grundstoff (das Bindemittel), die andere der Härter (Katalysator) ist. Die Abbindereaktion wird durch den Katalysator eingeleitet oder auch

---

[1]) Zeitspanne nach dem Klebstoffauftrag, innerhalb deren ein Kontaktkleben möglich ist.

durch Einwirken erhöhter Temperaturen, Luftfeuchtigkeit oder bei anaerob[1] abbindenden Klebstoffen durch Sauerstoffentzug herbeigeführt. Die Abbindezeit (Vernetzungsdauer), die u. U. mehrere Tage betragen kann, lässt sich durch Zusatz eines *Beschleunigers* als dritte Komponente erheblich verkürzen. Warm abbindende Klebstoffe (bis ca. 200 °C) verfestigen sich bei entsprechenden Arbeitstemperaturen gegenüber den bei Raumtemperatur kaltabbindenden schneller, sie sind jedoch ungeeignet, wenn Einzelteile mit großen Montageteilen zu fügen sind und wenn Klebungen an wärmeempfindlichen Gegenständen vorzunehmen sind. Da das Abbinden der Reaktionsklebstoffe ohne Abspaltung flüchtiger Substanzen vor sich geht, sind sie besonders zum Verbinden von Metallen, Glas, Keramik, Kunststoffen u. a. untereinander und auch mit sonstigen Werkstoffen aller Art geeignet.

*Chemisch abbindende Klebstoffe* werden unterteilt in:

**Polymerisationsklebstoffe** (Ein- oder Zweikomponentensystem). Die Polymerisation wird katalytisch ausgelöst. Bei den anaerob abbindenden Klebstoffen bleibt der Katalysator im flüssigen Klebstoff inaktiv, solange er mit dem Luftsauerstoff in Berührung kommt. Die Reaktionsgeschwindigkeit kann durch die Katalysatormenge oder auch durch Temperaturänderungen beeinflusst werden.

**Polyadditionsklebstoffe** (Ein- oder Mehrkomponentensystem). Diese Klebstoffe entstehen durch die Reaktion von mindestens zwei chemisch unterschiedlichen, reaktionsfähigen Stoffen, die im stöchiometrischen Verhältnis gemischt werden. Grundstoff ist oft Epoxidharz oder Polyurethan.

**Polykondensationsklebstoffe** reagieren unter Abspalten flüchtiger Stoffe bei einem Anpressdruck von $\geq 0{,}4$ N/mm$^2$ (für Metallklebungen meist Klebstoffe auf der Basis eines flüssigen Phenol/Formaldehydharzes und festem Polyvinylformal) und einer Abbindetemperatur von ca. 120 °C bis 160 °C.

## 4.1.4 Herstellen der Klebverbindungen

Wegen der Vielfalt der Klebstoffe mit ihren unterschiedlichen Eigenschaften können nur folgende allgemeine Richtlinien gegeben werden. Im Einzelnen sind die Verarbeitungsvorschriften der Hersteller unbedingt zu beachten!

### Vorbehandlung der Klebflächen

Ein sorgfältiges Vorbereiten (Aktivieren) der Klebflächen vor dem Auftragen des Klebstoffes ist unerlässlich, damit die Adhäsion zwischen Klebstoff und Oberflächen der zu verbindenden Teile voll wirksam werden kann. Dazu gehören gründliches *Säubern* der Klebflächen von Schmutz, Oxidschichten, Rost usw. sowie das *Entfetten* der Oberfläche. Für höhere Ansprüche bei Metallklebverbindungen ist noch eine chemische Behandlung der Klebflächen durch *Beizen* (Ätzen) erforderlich; bei Al und Al-Legierungen werden die Klebflächen nach dem *Picklingsprozess*[2] vorbereitet. Bei Stahl und anderen Schwermetallen erfolgt das Beizen mit Salpetersäure, verdünnter Salzsäure, Chromsäure und anderen Säuren. Bei Kunststoffen genügt das Entfetten der Klebflächen bzw. ein leichtes Abschmirgeln der glatten und harten Oberfläche. Hinweise zur Oberflächenbehandlung s. TB 4-1.

### Klebvorgang

Bei *Lösungsmittelklebstoffen* werden beide Klebflächen mit Klebstoff gleichmäßig, entsprechend der Konsistenz mittels Pinsel, feingezahntem Spachtel o. ä., nach Herstellerangaben bestrichen. Danach soll der größte Teil des Lösungsmittels verdunsten und der Grundstoff sich durch Adhäsion fest mit den Oberflächen verbinden. Wenn der Klebstoff genügend abgebunden hat, werden die Klebflächen unter Druck zusammengefügt und die Verbindung wird jetzt durch Kohäsion der Klebstoffteilchen hergestellt. Wichtig dabei ist der richtige Zeitpunkt des

---

[1] unter Abwesenheit von Luft(-Sauerstoff)
[2] Schwefelsäure-Natriumdichromat-Verfahren

Zusammenfügens der Teile, wobei der Fingertest oft sicherer ist als die Uhrzeit. Das restlose Verflüchtigen des Lösungsmittels und damit das völlige Abbinden des Klebstoffes ist nach ca. ein bis drei Tagen erreicht.

Bei *Reaktionsklebstoffen* wird die Mischung aus den Komponenten nur auf eine der vorbereiteten Klebflächen durch Aufstreichen, Spachteln oder auch durch Aufstreuen (Klebstoff in Pulverform) und Auflegen (Klebfolien) aufgebracht. Die Klebschichtdicke beträgt allgemein 0,1 ... 0,3 mm, was einer Menge von 100 ... 300 g/m² entspricht. Die Teile können, selbst bei größeren Klebflächen, sofort zusammengefügt werden, da ja bei den Reaktionsklebstoffen keine flüchtigen Lösungsmittel verdunsten müssen. Je nach Klebstoff erfolgt das Abbinden unter Wärme oder bei Raumtemperatur mit oder ohne Anpressdruck in wenigen Minuten (bei Warmklebstoffen) oder in mehreren Tagen (bei Kaltklebstoffen), s. auch TB 4-2.

Da die Reaktion unmittelbar nach der Vermischung der Komponenten einsetzt, soll stets nur soviel Klebstoff angesetzt werden, wie während der *Topfzeit*[1] verarbeitet werden kann.

## 4.2 Gestalten und Entwerfen

### 4.2.1 Beanspruchung und Festigkeit

**1. Beanspruchung und Spannungsverlauf**

Klebverbindungen sind konstruktiv so zu gestalten, dass sie möglichst nur auf Scherung und/oder Zug/Druck beansprucht werden. Biege- und Schälbeanspruchungen sollten vermieden werden, da sie ungünstig auf die Klebverbindung wirken, s. hierzu Bild 4-3.

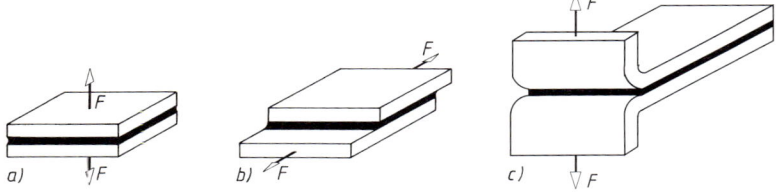

**Bild 4-3** Beanspruchungsarten der Klebverbindungen
a) Zug-/Druckbeanspruchung
b) Scherbeanspruchung
c) Schälbeanspruchung

Ein wesentlicher Vorteil der Klebverbindung – vor allem gegenüber der Nietverbindung – ist u. a. die durch die Beanspruchung hervorgerufene gleichmäßige Spannungsverteilung im *Bauteil*. Bei Klebverbindungen treten weder Querschnittsschwächungen noch schädliche Spannungsspitzen im Bauteil selbst auf, s. Bild 4-4.

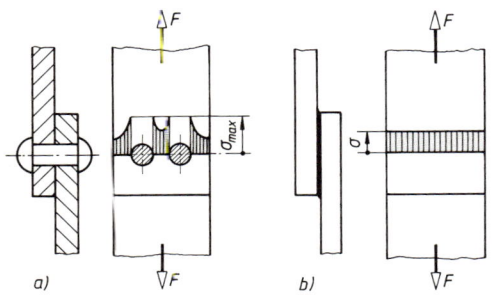

**Bild 4-4**
Spannungsverlauf im Bauteil
a) Nietverbindung
b) Klebverbindung

---

[1] Zeitspanne der Verarbeitungsfähigkeit

## 4.2 Gestalten und Entwerfen

In der *Klebstoffschicht* dagegen können aufgrund des ungleichen elastischen Verhaltens von Klebstoff und Bauteil Schubspannungsspitzen und bei nicht biegesteifen Bauteilen Normalspannungsspitzen auftreten (s. Bild 4-5), die nur durch entsprechendes Gestalten des Bauteils im Bereich der Klebstelle abgebaut werden können. In der Praxis ist somit besonders auf ein *klebgerechtes* Gestalten der zu verbindenden Teile zu achten.

### 2. Festigkeitswerte der Verbindung

#### Bindefestigkeit

Die wichtigste Kenngröße für die Berechnung der Klebverbindungen ist die *Bindefestigkeit (Zug-Scherfestigkeit)* $\tau_{KB}$. Sie ergibt sich aus dem Verhältnis Zerreißkraft (Bruchlast) $F_m$ zur Klebfugenfläche $A_{Kl}$ bei zügiger Beanspruchung zu $\tau_{KB} = F_m / A_{Kl} = F_m / (l_{ü} \cdot b)$ mit der Überlappungslänge $l_ü$ und der Breite der Klebfugenfläche $b$.
Die Bindefestigkeit wird an Prüfkörpern mit einschnittiger Überlappung ermittelt, s. Bild 4-6.
Die Bindefestigkeitswerte sind keine konstanten Größen, sondern sie sind abhängig vom Klebstoff, von Korrosionseinflüssen, von der Temperatur, der Klebschichtdicke, der Oberflächenrauheit, vom Werkstoff der Bauteile u. a. Die in TB 4-2 angegebenen Bindefestigkeitswerte gelten somit nur unter den Voraussetzungen der Prüfbedingungen. Hiervon abweichende Betriebsbedingungen sind durch entsprechende Korrekturbeiwerte zu berücksichtigen (Informationen vom Klebstoffhersteller einholen).

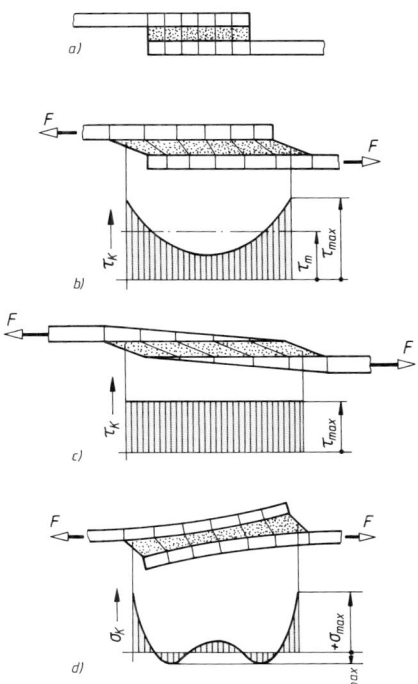

**Bild 4-5** Spannungsverlauf in einer Klebverbindung
a) Verbindung unbelastet
b) Schubspannungsverlauf in der Klebschicht bei biegesteifen, einfach überlappten Bauteilen
c) Bauteile angeschrägt überlappt (konstante Dehnung im Bauteil)
d) Normalspannungsverlauf in der Klebstoffschicht bei nicht biegesteifen Bauteilen

#### Schälfestigkeit

*Schälbeanspruchungen*, s. Bild 4-7, sind für Klebverbindungen festigkeitsmäßig sehr ungünstig und konstruktiv unbedingt zu vermeiden. Die hohen Spannungsspitzen verursachen ein Einreißen der Klebfuge schon bei relativ kleinen Beanspruchungen.
Der Widerstand gegen Schälbeanspruchung in N je mm Klebfugenbreite wird mit *Schälfestigkeit* $\sigma' = F/b$ bezeichnet. Da das Anreißen die etwa drei- bis vierfache Kraft erfordert als das eigentliche fortlaufende Schälen, sind für den Schälbeginn der Begriff *absolute Schälfestigkeit* $\sigma'_{abs}$ und für das fortlaufende Schälen der Begriff *relative Schälfestigkeit* $\sigma'_{rel}$ einge-

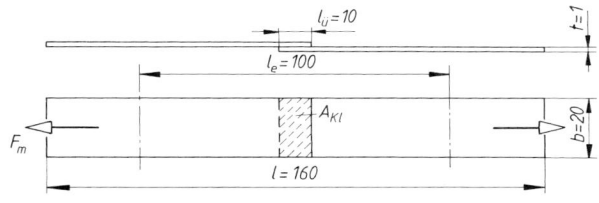

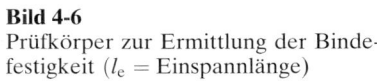

**Bild 4-6**
Prüfkörper zur Ermittlung der Bindefestigkeit ($l_e$ = Einspannlänge)

führt worden. Die Schälfestigkeit wird von ähnlichen Faktoren wie die Bindefestigkeit beeinflusst.

**Beispiel:** Für 1 mm dicke mit Araldit geklebte Bleche ergaben sich bei

| Reinaluminium | $\sigma'_{abs} \approx 5\text{ N/mm}$ |
| Legierung AlMg | $\sigma'_{abs} \approx 25\text{ N/mm}$ |
| Legierung AlCuMg | $\sigma'_{abs} \approx 35\text{ N/mm}$ |

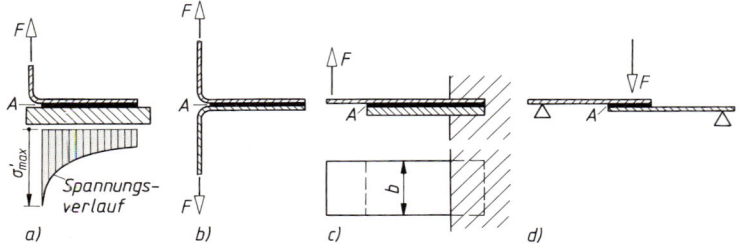

**Bild 4-7**
Schälbeanspruchungen
a) und b) Zugschälung
c) und d) Biegeschälung

**Zeitstands- und Dauerfestigkeit**

Im Gegensatz zu kurzzeitig belasteten Klebverbindungen neigen die mit einer konstanten Dauerlast langzeitig belasteten Verbindungen zu einer plastischen Verformung der Klebschicht. Diese *Kriechneigung* hängt bei Metallklebverbindungen von Belastungshöhe, Temperatur, Eigenschaften der Fügeteile und dem Zustand des ausgehärteten Klebstoffes ab. Bei Zeitstandsbelastungen kann bereits eine wesentlich geringere Last zum Bruch der Verbindung führen als die statische Bruchlast im Kurzzeitversuch. Für geklebte Konstruktionen besteht somit ein Zusammenhang zwischen Belastungshöhe und Lebensdauer (mit zunehmender Last nimmt die Lebensdauer ab). So haben z. B. Versuche an Klebverbindungen mit *SICOMET-Klebstoffen* ergeben, dass eine spezifische Belastung von ca. $0.6 \cdot \tau_{KB}$ über 6000 Stunden ertragen wurde, so dass bei diesen Klebstoffen von einer statischen *Dauerstandsfestigkeit* von $\approx 0.5 \cdot \tau_{KB}$ ausgegangen werden kann. Die Dauerfestigkeit bei dynamischer (schwingender) Belastung ist neben den o. g. Einflussgrößen hauptsächlich von dem Spannungsverhältnis $\kappa = \sigma_u/\sigma_o$ abhängig. Genaue Angaben über Dauerfestigkeitswerte für Klebverbindungen liegen nicht vor und sollten – vor allem in der Großserienfertigung – individuell in Zusammenarbeit mit dem Klebstoffhersteller durch Versuche für den entsprechenden Anwendungsfall ermittelt werden.
Einzelversuche ergaben bei Lastspielzahlen bis zu $N = 10^7$ je nach Art der Beanspruchung und dem Spannungsverhältnis folgende *dynamische Bindefestigkeiten*

$$\begin{aligned}\text{wechselnd:} \quad & \tau_{KlW} \approx (0.2 \ldots 0.4) \cdot \tau_{KB} \\ \text{schwellend:} \quad & \tau_{KlSch} \approx 0.8 \cdot \tau_{KB}\end{aligned} \qquad (4.1)$$

$\tau_{KB}$ Bindefestigkeit nach TB 4-2

### 4.2.2 Einflüsse auf die Festigkeit

**1. Korrosionsbeständigkeit (Verhalten gegen Flüssigkeiten)**

Im Gegensatz zu den Lösungsmittelklebstoffen sind Reaktionsklebstoffe vielfach sowohl gegenüber Lösungsmitteln (z. B. Aceton, Benzin, Alkohol, Äther) als auch gegenüber anderen Flüssigkeiten (z. B. Öl, Wasser, Kochsalzlösungen, Laugen, verdünnten Säuren) beständig. Bei längerer Einwirkung von Wasser jedoch ergeben sich bei einigen Klebstoffarten, besonders bei höheren Temperaturen, Festigkeitsminderungen. Hauptursache hierfür ist die in die Klebschicht eindiffundierende Feuchtigkeit, die das Bindemittel teilweise plastifiziert und somit zu einer Beeinträchtigung der Kohäsion und Adhäsion führt, s. Bild 4-8.

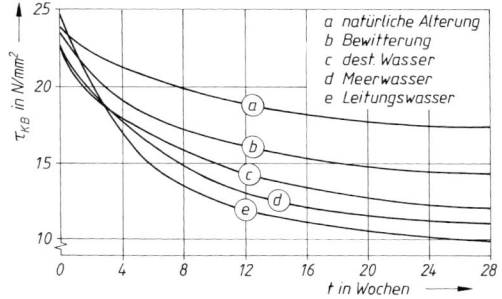

**Bild 4-8** Festigkeitsverhalten von Klebverbindungen bei unterschiedlichen Umwelteinflüssen (Klebstoff: SICOMET-Standardtyp; Material: AlCuMg 2 pl, $100 \times 25 \times 1{,}5$, entfettet und geätzt, 10 mm überlappt)

## 2. Alterungsbeständigkeit

Die Alterungsbeständigkeit von Metallklebungen wird hauptsächlich gekennzeichnet durch die Art des Klebstoffes, die zu verbindenden Werkstoffe, die Oberflächenvorbehandlung und vor allem auch durch die schädlichen Umwelteinflüsse. Warmabbindende Klebstoffe haben gegenüber den kaltabbindenden in der Regel eine bessere Alterungsbeständigkeit. Die höchste Bindefestigkeit ist nach dem Abbinden erreicht, danach stellt sich häufig ein – unter Umständen mehrere Wochen dauernder – Festigkeitsabfall ein, s. auch Bild 4-8.

## 3. Warmfestigkeit

Die Festigkeit von Klebverbindungen ist stark temperaturabhängig. Warmabbindende Klebstoffe zeigen dabei ein günstigeres Verhalten als kaltabbindende. Kurzzeitige Temperaturbeanspruchungen von $+150\ldots+250\,°C$ sind bei einzelnen Klebstoffen unter Berücksichtigung der Festigkeitsminderung möglich (bei speziellen warmfesten Klebstoffen bis ca. $+350\,°C$). Die zulässige Dauertemperatur liegt je nach Klebstoff zwischen $+80\,°C$ und $+150\,°C$ (bei warmfesten Klebstoffen bei max. ca. $+260\,°C$), s. Bild 4-9.

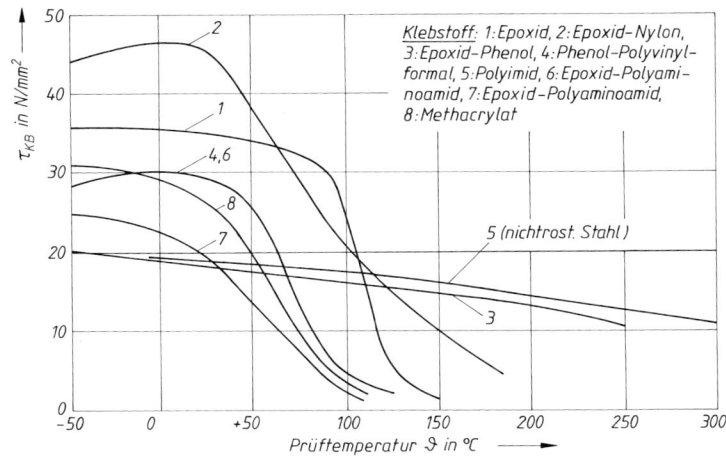

**Bild 4-9** Kurzzeit-Bindefestigkeit von Überlappungsverklebungen (aus VDI-Richtlinie 2229; 1–6 warmabbindende; 7 und 8 kaltabbindende Klebstoffe; Werkstoff AlCuMg 2 pl, 12 mm Überlappungslänge)

## 4.2.3 Gestalten der Klebverbindung

Die Konstruktion von Bauteilen bei Anwendung von Klebverbindungen erfordert die Beachtung einiger Gestaltungsregeln; es muss klebgerecht konstruiert werden. Die Auswahl des Klebstoffes richtet sich nach dem zu klebenden Werkstoff, den Festigkeitsanforderungen, den äußeren Einflüssen (Temperatur, Feuchtigkeit, Korrosion u. a.) sowie nach den vorhandenen Betriebseinrichtungen, wobei die betreffenden Angaben der Hersteller zu beachten sind. Wegen der Vielgestaltigkeit der Klebverbindungen können nur einige allgemeine Gestaltungsregeln genannt werden:

1. Um genügend große Klebflächen zu erhalten, sind möglichst Überlappungsverbindungen zu bevorzugen (Bild 4-10, Zeile 1). Die beste Ausnutzung der Bindefestigkeit bei Leichtmetallen ergibt sich bei einer Überlappungslänge

$$l_\text{ü} \approx 0{,}1 \cdot R_{p0{,}2} \cdot t \quad \text{bzw.} \quad (10 \ldots 20) \cdot t \tag{4.2}$$

$t$, $l_\text{ü}$ s. Bild 4-11

Größere Überlappungen ergeben an den Enden der Verbindung wegen ungleicher Dehnungen von Bauteil und Klebstoff Spannungsspitzen, die die Verbindung stark gefährden,

| | ungünstig | besser | Hinweise |
|---|---|---|---|
| 1 | 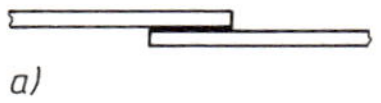 a) | 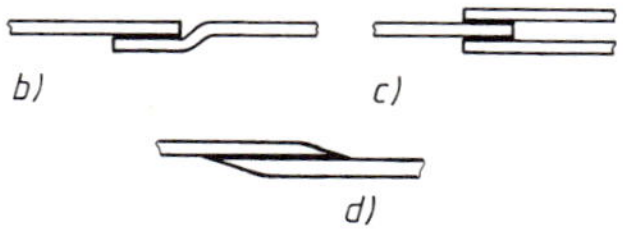 b) c) d) | Überlappungsverbindungen bevorzugen! Sie ergeben günstige Ausnutzung der Bindefestigkeit |
| 2 |  a) |  b) | Zu kleine Klebeflächen bei Stumpfstößen. Schäftung bei b) besser, aber teurer |
| 3 | 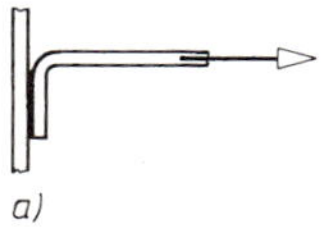 a) | 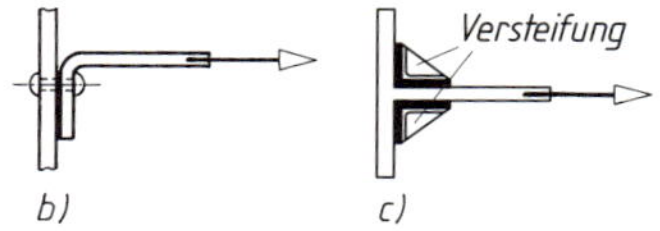 b) c) Versteifung | Schälbeanspruchung vermeiden. Wenn unumgänglich, Heftniete bzw. Schweißpunkte vorsehen. Ausführung c) am besten |
| 4 | 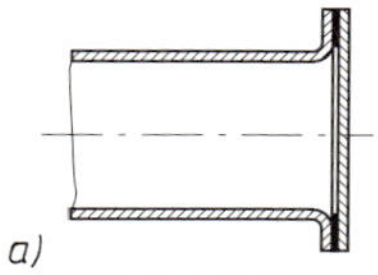 a) | 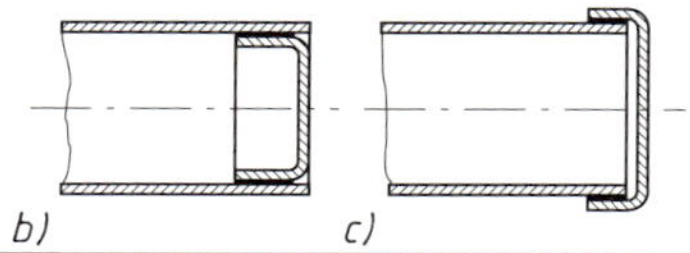 b) c) | Behälterboden. Bei Bodenbelastung ist Verbindung bei a) gefährdet. Ausführungen b) und c) sind klebgerecht |
| 5 | 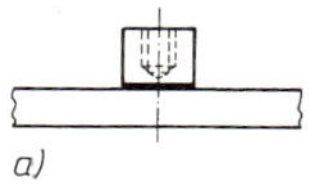 a) | 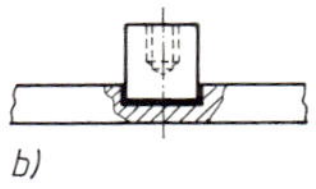 b) | Eingeklebten Zapfen zentrieren (b), um ein Verschieben zu vermeiden |
| 6 | 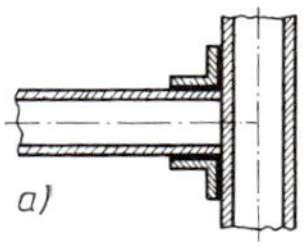 a) | 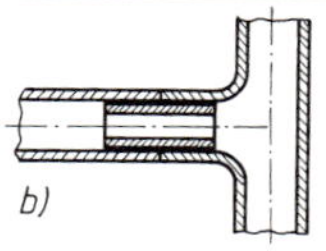 b) | Klebgerechter Rahmenstoß (b). Klebnaht kann hier nur auf Schub beansprucht werden |

**Bild 4-10** Gestaltungsrichtlinien für Klebverbindungen (Beispiele für ausgeführte Klebverbindungen s. Bild 4-1)

s. Bild 4-7. Die Bruchlast wächst nicht im gleichen Maße mit der Überlappungslänge, d. h. die Bindefestigkeit nimmt ab.
2. Stumpfstöße sind wegen zu kleiner Klebfläche kaum anwendbar (Bild 4-10, Zeile 2).
3. Schäftverbindungen, wie sie vielfach bei Lederverklebungen angewendet werden, haben den Vorteil eines ungestörten, glatten Kraftflusses, sind aber wegen zusätzlicher aufwendiger Vorarbeiten (z. B. Fräsen oder Hobeln bei Metallteilen) teuer und bei dünnen Bauteilen ohnehin nicht möglich (Bild 4-10, Zeile 2).
4. Klebverbindungen sind so auszubilden, dass möglichst nur Scher-, Druck- oder (Zug)-beanspruchungen auftreten.
5. Schäl- und Biegebeanspruchungen müssen durch geeignete konstruktive Maßnahmen vermieden werden (Bild 4-10, Zeile 3).
6. Klebstellen, die Witterungs- und Feuchtigkeitseinflüssen ausgesetzt sind, sollten durch Lacküberzüge oder dgl. geschützt werden.

## 4.3 Berechnungsgrundlagen

Die Berechnung von Klebverbindungen erfolgt meist als Nachprüfung konstruktiv gestalteter Verbindungen. Zugbeanspruchte Klebverbindungen (Stumpfstöße, s. Bild 4-10a) sind wegen der oft zu kleinen Klebfläche und damit der geringeren Kohäsion des ausgehärteten Klebstoffes gegenüber der Bauteilefestigkeit zu vermeiden. Ebenso sollten Schäl- und Biegebeanspruchungen durch entsprechende Gestaltung der Verbindung umgangen werden.

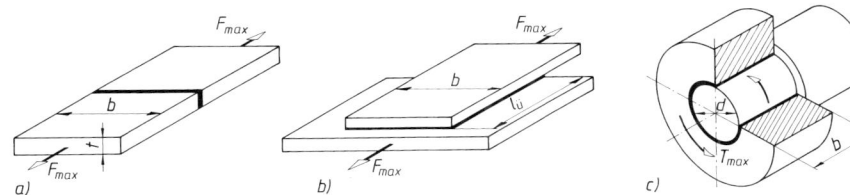

**Bild 4-11** Beanspruchungen der Klebschicht
a) Zugbeanspruchung, b) und c) Schubbeanspruchung

Mit den Bezeichnungen des Bildes 4-11 ergeben sich bei sachgemäßer Vorbehandlung der Fügeflächen und Durchführung der Klebung bei

*Zugbeanspruchung* (Bild 4-11a)

$$F_{max} \leq A_{Kl} \cdot \frac{\sigma_{KB}}{S} = b \cdot t \cdot \frac{\sigma_{KB}}{S} \qquad (4.3)$$

*Schubbeanspruchung* (Bilder 4-11b)

$$F_{max} \leq A_{Kl} \cdot \frac{\tau_{KB}}{S} = b \cdot l_{ü} \cdot \frac{\tau_{KB}}{S} \qquad (4.4)$$

bzw. (Bild 4-11c)

$$T_{max} \leq 0{,}5 \cdot d \cdot A_{Kl} \cdot \frac{\tau_{KB}}{S} = 0{,}5 \cdot b \cdot \pi \cdot d^2 \cdot \frac{\tau_{KB}}{S} \qquad (4.5)$$

| | |
|---|---|
| $F_{max}$ | maximal übertragbare Zug- bzw. Schubkraft |
| $T_{max}$ | maximal übertragbares Drehmoment |
| $A_{Kl}$ | Klebfugenfläche |
| $b$ | Klebfugenbreite |
| $d$ | Wellendurchmesser |
| $l_{ü}$ | Überlappungslänge |

| | |
|---|---|
| $t$ | kleinste Bauteildicke |
| $\tau_{KB} \approx \sigma_{KB}$ | Bindefestigkeit nach TB 4-2 |
| $S$ | Sicherheit, die neben der eigentlichen Sicherheit noch die Unsicherheiten durch die vielen Einflussfaktoren beinhaltet. Man wählt $S \approx 1{,}5\ldots 2{,}5$ (kleinerer Wert, wenn für die Bindefestigkeit die Einflussgrößen bereits berücksichtigt sind, höherer Wert, wenn die Einflussgrößen nicht bekannt sind). |

**Hinweis:** Bei dynamischer Beanspruchung ist $F_{max}$ durch $F_{eq} = K_A \cdot F_{nenn}$ mit dem Anwendungsfaktor $K_A$ nach TB 3-5 zu ersetzen und die Bindefestigkeit mit Gl. (4.1) zu bestimmen.

> Diese vereinfachte Berechnung ergibt lediglich Richtwerte, weil viele Einflussfaktoren vom verwendeten Klebstoff abhängen, die nur schwer zu erfassen sind und somit hier nur überschlägig berücksichtigt sind. In allen Anwendungsfällen sind die Angaben der Klebstoffhersteller maßgebend.

## 4.4 Berechnungsbeispiele

■ **Beispiel 4.1:** Welche ruhende Zugkraft kann die Klebverbindung zweier Al-Rohre (Bild 4-1b) von $d = 30$ mm Außendurchmesser und $l_\text{ü} = 40$ mm Überlappungslänge aufnehmen? Der Klebstoff hat nach Herstellerangaben für diese Überlappungslänge eine Bindefestigkeit $\tau_{KB} \approx 14$ N/mm².

▶ **Lösung:** Nach Gl. (4.4) ist die maximal übertragbare Kraft

$$F_{max} \leq A_{Kl} \cdot \tau_{KB}/S = b \cdot l_\text{ü} \cdot \tau_{KB}/S = 30 \text{ mm} \cdot \pi \cdot 40 \text{ mm} \cdot 14 \text{ N/mm}^2 / 1{,}5$$

$$F_{max} \approx 35\,200 \text{ N} \approx 35 \text{ kN}$$

**Ergebnis:** Die Verbindung kann mit Sicherheit eine Zugkraft von 35 kN aufnehmen.

■ **Beispiel 4.2:** Für die Verbindung eines Zahnrades aus Stahl mit einer Breite $b = 30$ mm und einem Wellenzapfen $d = 20$ mm wurde ein Kaltklebstoff mit einer Bindefestigkeit $\tau_{KB} \approx 20$ N/mm² vorgesehen. Es liegt ein schwellendes Drehmoment $T = 12$ Nm an. Die Betriebsverhältnisse sind mit einem Anwendungsfaktor $K_A = 1{,}3$ zu berücksichtigen. Wie groß ist die Sicherheit gegen Dauerbruch?

▶ **Lösung:** Mit $\tau_{KlSch} \approx 0{,}8 \cdot \tau_{KB} = 0{,}8 \cdot 20 \text{ N/mm}^2 = 16 \text{ N/mm}^2$ nach Gl. (4.1) wird das übertragbare Drehmoment nach Gl. (4.5)

$$T_\text{ü} \approx 0{,}5 \cdot b \cdot \pi \cdot d^2 \cdot \tau_{KlSch} \approx 0{,}5 \cdot 30 \text{ mm} \cdot \pi \cdot (20 \text{ mm})^2 \cdot 16 \text{ N/mm}^2$$

$$T_\text{ü} \approx 301\,600 \text{ Nmm} \approx 301{,}6 \text{ Nm}$$

Die Sicherheit gegen Dauerbruch wird damit

$$S = T_\text{ü}/T_\text{vorh} = T_\text{ü}/(T \cdot K_A) = 301{,}6 \text{ Nm}/(12 \text{ Nm} \cdot 1{,}3) \approx 19{,}3$$

**Ergebnis:** Die Klebverbindung weist eine 19fache Sicherheit gegen Dauerbruch auf.

## 4.5 Literatur

DIN Deutsches Institut für Normung (Hrsg.): Materialprüfnormen für metallische Werkstoffe 3. 3. Aufl. Berlin: Beuth, 1996 (DIN-Taschenbuch 205)

Deutscher Verband für Schweißtechnik (Hrsg.): Kunststoffe, Schweißen und Kleben. Taschenbuch DVS-Merkblätter und -Richtlinien. 5. Aufl. Düsseldorf: DVS, 1993

*Endlich, W.:* Fertigungstechnik mit Kleb- und Dichtstoffen, Praxishandbuch der Kleb- und Dichtstoffverarbeitung. Braunschweig/Wiesbaden: Vieweg, 1995

*Fauner, G., Endlich, W.:* Angewandte Klebtechnik. München: Hanser, 1979

*Habenicht, G.:* Kleben. Braunschweig/Wiesbaden: Vieweg, 1995

## 4.5 Literatur

*Hennemann, O.-D., Brockmann, W., Kollek, H.:* Handbuch Fertigungstechnologie Kleben. München: Hanser, 1992
Loctite Corporation (Hrsg.): Design Handbook 1996/97 German Edition. München: Loctite, 1995
*Matting, A.:* Metallkleben. Berlin: Springer, 1969
*Schliekelmann, R. J.:* Metallkleben-Konstruktion und Fertigung in der Praxis. Düsseldorf: DVS, 1972
Stahl-Informationszentrum (Hrsg.): Kleben von Stahl. Merkblatt 382. Düsseldorf, 1970
VDI-Richtlinie 2229: Metallkleben: Hinweise für Konstruktion und Fertigung. Berlin: Beuth, 1979
VDI-Richtlinie 3821: Kunststoffkleben. Berlin: Beuth, 1978
Prospekte, Kataloge und Handbücher der Firmen Sichel, Hannover; Loctite, München; UHU-Vertrieb GmbH, Brühl (Baden); Beiersdorf AG, Hamburg u. a.

# 5 Lötverbindungen

## 5.1 Funktion und Wirkung

### 5.1.1 Aufgaben und Einsatz

In DIN 8505 wird das Löten definiert als ein thermisches Verfahren zum stoffschlüssigen Fügen und Beschichten von Werkstoffen, wobei eine flüssige Phase durch Schmelzen eines Lotes (Schmelzlöten) oder durch Diffusion an den Grenzflächen (Diffusionslöten) entsteht. Die Schmelztemperatur der Grundwerkstoffe wird dabei nicht erreicht.
Je nach Höhe der Liquidustemperatur, bei der das Lot vollständig flüssig ist, wird unterschieden zwischen *Weichlöten WL* (unter 450 °C), *Hartlöten HL* (über 450 °C) und *Hochtemperaturlöten HTL* (über 900 °C).
Bei Weichtlötverbindungen, z. B. Dosen, Kühler und elektrische Kontakte, stehen dichtende und/oder elektrisch leitende Eigenschaften im Vordergrund. Das Hartlöten wid zum Fügen von höher belasteten Bauteilen verwendet, z. B. Fahrzeugrahmen, Rohrflansche und Auflöten von Hartmetallen. Das Hochtemperaturlöten wird flussmittelfrei im Vakuum oder in einer Schutzgasatmosphäre durchgeführt. Damit werden hohe Füllgrade mit geringen Poren- und Lunkeranteilen erreicht. In vielen Fällen entspricht die Nahtfestigkeit, wie beim Hartlöten, der Festigkeit der Grundwerkstoffe, Anwendungsschwerpunkt ist das Fügen von Stählen, Nickel- und Cobaltlegierungen, z. B. im Gasturbinenbau und in der Vakuumtechnik.
Nach der Art der Lötstelle wird beim Verbindungslöten das *Spalt-* und das *Fugenlöten* unterschieden. Beim Spaltlöten wird ein zwischen den Teilen befindlicher enger Spalt (s. hierzu TB 5-2) durch kapillaren Fülldruck mit Lot gefüllt, beim Fugenlöten mit Hilfe der Schwerkraft dagegen ein weiter Spalt (Fuge >0,5 mm).
Nach der Art der Lotzuführung können das Löten mit angesetztem oder eingelegtem Lot, mit Lotdepot, von lotbeschichteten Teilen und das Tauchlöten unterschieden werden. Nach der Art der Fertigung sind möglich: Handlöten, teilmechanisches, vollmechanisches und automatisches Löten.
Die niedrigen Arbeitstemperaturen ermöglichen beim Weichlöten einen gut steuerbaren Erwärmungsprozess. Das Weichlöten erfolgt hauptsächlich als Flamm-, Kolben- und Ofenlöten. Beim Hartlöten kommt das Flamm- und Induktionslöten in Frage. Eine vollständige Übersicht der nach den Energieträgern eingeteilten Lötverfahren zeigt DIN 8505 T3.
Der Vergleich mit anderen unlösbaren Verbindungen macht die Eigenschaften der Lötverbindungen deutlich und lässt Anwendungsmöglichkeiten erkennen.

*Vorteile:* Es lassen sich unterschiedliche Metalle miteinander verbinden. Wegen verhältnismäßig niedriger Arbeitstemperaturen erfolgt kaum eine schädigende Werkstoffbeeinflussung und kaum ein Zerstören von Oberflächen-Schutzschichten (z. B. von Zinküberzügen bei Weichlötung). Lötstellen sind gut elektrisch leitend. Bauteile werden nicht durch Löcher geschwächt, wie z. B. bei Nietverbindungen, Lötverbindungen sind weitgehend dicht gegen Gase und Flüssigkeiten. Je nach Verfahren sind Lötvorgänge automatisierbar, mehrere Lötungen können gleichzeitig an einem Werkstück hergestellt werden.

*Nachteile:* Größere Lötstellen benötigen viel des meist aus teuren Legierungsmetallen (z. B. Zinn oder Silber) bestehenden Lotes und sind daher unwirtschaftlich. Bei einigen Metallen, besonders bei Aluminium, besteht die Gefahr des elektrolytischen Zerstörens der Lötstelle, da in der Spannungsreihe der Elemente der Abstand zwischen dem Werkstoff und den Legierungsbestandteilen des Lotes groß ist; Aluminium soll darum möglichst geschweißt, genietet oder geklebt werden. Flussmittelreste können zu chemischer Korrosion der Verbindung führen. Die Festigkeit der Lötverbindungen ist geringer als die der Schweißverbindungen. Lötverbindungen benötigen aufwendigere Vorbereitungsarbeiten als Schweißverbindungen.

## 5.1.2 Das Wirken der physikalischen Kräfte in der Lötverbindung

### Gegenseitige Diffusion von Lot und Grundwerkstoff

Im Gegensatz zum Schweißen wird beim Löten der Grundwerkstoff nicht geschmolzen, sondern nur das Lot als Zusatzwerkstoff. Auf metallisch sauberen und auf Arbeitstemperatur gebrachten Metallen als Grundwerkstoff geht der Lottropfen in den Fließzustand über, vergrößert seine Oberfläche, der Grundwerkstoff wird durch das Lot benetzt, welches nach dem Erstarren am Grundwerkstoff haftet. Dabei ist nachweisbar, dass sich in der Lotschicht Bestandteile des Grundwerkstoffes befinden und umgekehrt. Lot und Grundwerkstoff haben sich im Benetzungsbereich legiert, obwohl der Grundwerkstoff im festen Zustand verblieb. Dieser Vorgang wird als *Diffusion* (s. Bild 5-1) bezeichnet. Die Diffusionstiefe beträgt ca. 2 µm bis zu einigen mm und ist abhängig von der Art der beiden Partner. Die Ausbildung der Diffusionszone ist für die Festigkeit der Lötverbindung von entscheidender Bedeutung.

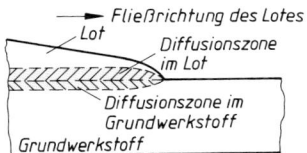

**Bild 5-1** Diffusion von Lot und Grundwerkstoff

### Kapillarer Fülldruck

Flüssige Lote breiten sich nicht nur auf metallisch sauberen und auf Arbeitstemperatur gebrachten Grundwerkstoffen aus, sondern sie fließen auch in die vorhandene enge Spalte. Wie bei der Kapillarwirkung des Wassers steigen flüssige Lote entgegen der Schwerkraft ebenfalls um so höher, je enger der Spalt ist. Diese Eigenschaften des Lotes machen es möglich, das Löten zu automatisieren durch Verwendung von Lotformteilen. Versuche haben ergeben, dass bei engen Spalten bis ~0,3 mm die Steighöhe $h$ ungefähr umgekehrt proportional der Spaltbreite $b$ ist. Bei Spaltbreiten über 0,3 mm sind die Steighöhen dagegen geringer (s. Bild 5-2). Aus der Steighöhe des Lotes kann man auf den kapillaren Fülldruck schließen, der in Bild 5-3 in Abhängigkeit von der Spaltbreite dargestellt ist.

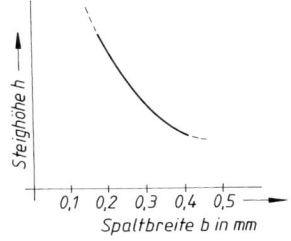

**Bild 5-2** Kapillare Steighöhe in Abhängigkeit von der Spaltbreite

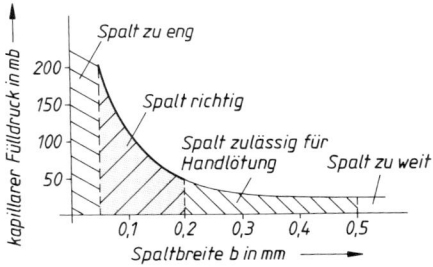

**Bild 5-3** Kapillarer Fülldruck in Abhängigkeit von der Spaltbreite

### 5.1.3 Lotarten und Flussmittel

**Lote**

Lote sind als Zusatzwerkstoffe geeignete Legierungen oder reine Metalle (selten) in Form von z. B. Drähten, Stäben, Formteilen oder Pasten. Im Regelfall kann ein Lot für verschiedenartige Grundwerkstoffe eingesetzt werden.
Für die Lotauswahl sind deshalb neben Art und Behandlungszustand der zu lötenden Grundwerkstoffe meist noch die Betriebstemperatur, die verfügbare Betriebseinrichtung, die Herstellungstoleranzen und die auftretende Beanspruchung zu berücksichtigen.
In TB 5-1 sind die wichtigsten Lote in Lotgruppen zusammengefasst, typische Lote aufgeführt und deren Einsatzbedingungen genannt.

**Hartlote:** Die Silber-Zink-Cadmium-Lote sind niedrigschmelzende Hartlote, die ein werkstück- und werkstoffschonendes Hartlöten bei kurzen Lötzeiten ermöglichen. Hierbei nimmt das Hartlot L-Ag40Cd wegen seiner ausgezeichneten Löteigenschaften eine Sonderstellung ein. Cadmium senkt die Arbeitstemperatur der Hartlote bis herab auf 610 °C. Bei unsachgemäßer Verarbeitung cadmiumhaltiger Lote, besonders bei starker Überhitzung, können jedoch gesundheitsschädliche Cadmiumdämpfe entstehen. Entsprechende Unfallverhütungsvorschriften sind dann unbedingt zu beachten (UVV-VBG15). Muss, wie z. B. in der Lebensmittelindustrie, auf cadmiumhaltige Lote verzichtet werden, so können an ihrer Stelle niedrigschmelzende cadmiumfreie Hartlote wie z. B. L-Ag45Sn und L-Ag44 eingesetzt werden. Die nickel- und manganhaltigen Hartlote L-Ag27 und L-Ag49 werden zum Auflöten von Hartmetallen auf Stahlträger und zum Hartlöten von schwerbenetzbaren Werkstoffen (Wolfram- und Molybdänwerkstoffe) eingesetzt. Die phosphorhaltigen Hartlote (z. B. L-CuP7) können durch den „Selbstfließeffekt" bei Kupferwerkstoffen an der Atmosphäre ohne Flussmittel verarbeitet werden. Für Eisen- und Nickelwerkstoffe sind sie nicht geeignet, da spröde Übergangszonen entstehen. Von den Aluminiumhartloten hat nur das eutektische Lot L-AlSi12 Bedeutung. Die Verarbeitung erfolgt an der Atmosphäre entweder unter Anwendung von Flussmittel oder bei lotbeschichteten Teilen im Salzbad (Kühlerlötungen). Von den Lotherstellern wird empfohlen, bei hoher Zugbeanspruchung L-Ag40Cd, bei hoher Scherbeanspruchung L-Ag44 und bei hoher Biegebeanspruchung L-Ag49 einzusetzen. Treten darüber hinaus noch erhöhte Betriebstemperaturen auf, so empfiehlt sich der Einsatz des Kupferbasislotes L-CuNi10Zn42.

**Hochtemperaturlote:** Die meist verwendeten Lote für das Hochtemperaturlöten sind Nickelbasislote, Gold-, Nickel- und andere Edelmetallote sowie Kupfer- und Kupferbasislote. Sie werden im Vakuum oder unter Schutzgas verarbeitet. Nickelbasislote (DIN 8513 T5) ermöglichen den Einsatz gelöteter Bauteile bei Betriebstemperaturen bis 800 °C. Auf Grund ihrer Zusammensetzung (Ni, Cr, Fe, Si, B, P) sind sie von annähernd gleicher Korrosions- und Temperaturbeständigkeit wie die Chrom-Nickel-Grundwerkstoffe. Die Legierungselemente bilden harte und sehr spröde intermetallische Verbindungen. Die Lote selbst und die Lötstellen sind spröde und können nicht verformt werden. Bei den Loten auf Edelmetallbasis handelt es sich um zink- und cadmiumfreie Lote mit ausgezeichneter Verformbarkeit. Die Lötstellen sind duktil und gut für schwingbeanspruchte Werkstücke geeignet. Entsprechend den Forderungen z. B. der Kern- und Vakuumtechnik nach erhöhter Oxidationsbeständigkeit, hoher Kriechfestigkeit und Beständigkeit gegenüber geschmolzenen Alkalimetallen wurden palladiumhaltige Hochtemperaturlote entwickelt. Sie verfügen über ein gutes Benetzungsvermögen und schließen die Lötbrüchigkeit aus. Trotz ihres hohen Preises haben sie eine gewisse Bedeutung beim Löten schwieriger Werkstoffe wie Wolfram, Tantal und Molybdän.

**Weichlote:** Diese sind nach DIN 1707 eingeteilt in Blei-Zinn- und Zinn-Blei-Lote (Gruppe A), Zinn-Blei-Weichlote mit Kupfer-, Silber- oder Phosphorzusatz (Gruppe B), Sonder-Weichlote (Gruppe C) und Weichlote für Aluminiumwerkstoffe (Gruppe D).
Sie werden nur eingesetzt, wenn keine besonderen Anforderungen vorliegen. Bei Dauerbeanspruchung neigen sie zum Kriechen und sind deshalb für kraftübertragende Lötverbindungen nicht geeignet.

**Flussmittel**

Flussmittel sind nichtmetallische Stoffe in Form von Pasten, Pulvern oder Flüssigkeiten, deren vorwiegende Aufgabe es ist, vorhandene Oxide von der Lötfläche zu beseitigen und ihre Neubildung zu verhindern. Der Schmelzpunkt des Flussmittels muss etwa 50 °C unter dem des Lotes liegen. In erwärmtem Zustand sind Flussmittel zeitlich nur begrenzt wirksam. DIN 8511 ordnet die Flussmittel in Typgruppen und gibt Hinweise über ihre Zusammensetzung und ihre Verwendung (s. auch TB 5-1).
Die **F**lussmittel zum **H**artlöten von **S**chwermetallen (F-SH) enthalten meist Borverbindungen, Chloride, Fluoride und Phosphate. Sie werden nach ihrem Wirktemperaturbereich in vier Typgruppen unterteilt. F-SH1 und F-SH1a (550 °C bis etwa 800 °C), F-SH2 (750 °C bis etwa 1100 °C), F-SH3 (1000 °C bis etwa 1250 °C) und F-SH4 (600 bis etwa 1000 °C, ohne Borverbindungen). Die Flussmittelrückstände der Typgruppen F-SH1, F-SH1a und F-SH4 wirken korrosiv. Sie sollen deshalb abgewaschen oder abgebeizt werden.
Die **F**lussmittel zum **H**artlöten von **L**eichtmetallen (F-LH) werden nach der möglichen Rückstandsentfernung in zwei Typgruppen unterteilt. Sofern das Abwaschen der Flussmittelrückstände möglich ist, sollte F-LH1 (hygroskopische Chloride und Fluoride) verwendet werden. Sonst kann F-LH2 (nicht hygroskopische Fluoride) eingesetzt werden, wenn sichergestellt ist, dass keine Feuchtigkeit an die Lötstelle gelangen kann.
Die **F**lussmittel zum **W**eichlöten von **S**chwermetallen (F-SW) werden nach der Art der zu lötenden Grundwerkstoffe und nach der Möglichkeit der Rückstandsentfernung eingeteilt. Unterschieden werden Flussmittel, deren Rückstände

— Korrosion hervorrufen (F-SW11 bis F-SW13),
— bedingt korrodierend wirken können (F-SW21 bis F-SW28),
— nicht korrodierend wirken (F-SW31 bis F-SW34).

Wenn ein Abwaschen der Flussmittelrückstände möglich ist, wird man F-SW12 (Zinkchlorid) einsetzen. Können die Flussmittelrückstände jedoch nicht entfernt werden, so muss z. B. F-SW31 (Kolophonium) verwendet werden.
Als **F**lussmittel zum **W**eichlöten von **L**eichtmetallen (F-LW) kann bei Löttemperaturen über 300 °C nur F-LW1 (z. B. Zinnchlorid) eingesetzt werden. Die Flussmittel F-LW2 und F-LW3 (z. B. Amine) verkohlen oberhalb 300 °C. Die Flussmittelrückstände müssen entfernt werden.

### 5.1.4 Lötbarkeit

Lötbarkeit ist die Eigenschaft eines Bauteils, durch Löten derart hergestellt werden zu können, dass es die gestellten Forderungen erfüllt (DIN 8514 T1).
Die Eigenschaften eines gelöteten Bauteils werden von einer größeren Anzahl von Einflussfaktoren bestimmt. Ein Beurteilungssystem, in das alle Einflussfaktoren eingeordnet sind, erleichtert die Frage, ob ein Fügeproblem durch Anwenden des Lötens gelöst werden kann. Bei der Fertigungsplanung geht man davon aus, dass die vorgesehenen Grundwerkstoffe, die verfügbaren Fertigungsverfahren und die Betriebsbedingungen des Lötteils die Bezugsgrößen sind, denen alle Einflussfaktoren zugeordnet werden können.
Im Einzelnen sind dabei zu beurteilen und zu bewerten:

— Die *Löteignung* als eine planbare Werkstoffeigenschaft.
— Die *Lötmöglichkeit* als eine planbare Fertigungs- bzw. Verfahrenseigenschaft, bei der auch die Wirtschaftlichkeit eine große Rolle spielt.
— Die *Lötsicherheit* als eine planbare Konstruktionseigenschaft und die sich daraus ergebende Festigkeitseigenschaft.

Zwischen diesen drei Eigenschaften bestehen, wie aus Bild 5-4 ersichtlich, mehr oder weniger starke Abhängigkeiten. Änderungen einer dieser Größen können zu Wechselwirkungen mit den anderen beiden Größen führen. Erhöht sich z. B. die Beanspruchung eines gelöteten Bauteils, so müssen möglicherweise andere Grundwerkstoffe und Lote gewählt werden, für die das ursprünglich vorgesehene Lötverfahren nicht mehr anwendbar ist.

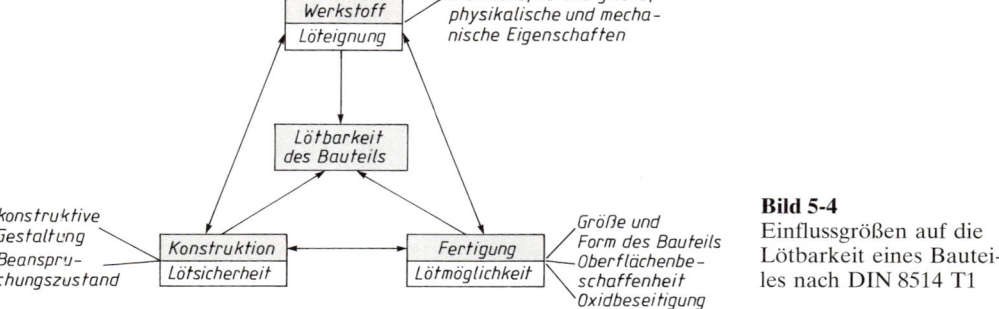

**Bild 5-4**
Einflussgrößen auf die Lötbarkeit eines Bauteiles nach DIN 8514 T1

## 5.1.5 Herstellen der Lötverbindungen
**Löttechnologie**

Das Herstellen jeder Lötverbindung läuft in folgenden Arbeitsgängen ab:
1. Reinigen der Lötflächen von Fremdschichten entsprechend Merkblatt DVS 2606. Sie kann mechanisch und/oder chemisch erfolgen, wobei die Löteignung sowie die Werkstoffeigenschaften nicht nachteilig beeinflusst werden dürfen.
2. Fixieren der zu lötenden Teile unter Beachtung günstiger Spaltbreiten (TB 5-2). In der Serienfertigung Einsatz von Lötvorrichtungen (siehe Merkblatt DVS 2609). Meist auch Zugabe von ein- bzw. angelegtem Lot und Flussmittel.
3. Erwärmen des Lötstoßes und des Lotes auf Löttemperatur. Dabei Oxidbeseitigung durch geeignete Lötatmosphäre oder mit Hilfe von Flussmitteln.
4. Langsames Abkühlen der Lötverbindung.
5. Nachbehandlung der gelöteten Teile. Störende Anlauffarben, Zunder und Flussmittelrückstände werden durch geeignete Verfahren entfernt.
6. Prüfungen zur Sicherung der Qualität gelöteter Bauteile.

Bei verlangter hoher Zuverlässigkeit hartgelöteter Bauteile muss vor dem Löten eine Lötanweisung erstellt werden. Erforderliche Daten werden an Lötproben ermittelt. Für hart- und hochtemperaturgelötete Bauteile der Luft- und Raumfahrt ist DIN 65170 zu beachten.

**Prüfen der Lötverbindungen**

In DIN 8515 T1 sind die bei Hart- und Hochtemperatur-Lötverbindungen möglichen Fehler zusammengestellt. Festgelegt sind Art, Form und Lage dieser Lötfehler. Es sind sechs Fehlergruppen eingeteilt: Risse, Hohlräume, feste Einschlüsse, Bindefehler, Formfehler und sonstige Fehler. Eine Aussage, wie die Fehler in der Praxis zu beurteilen sind und wie sie vermieden werden könnten, ist nicht getroffen.
Zur Sicherung der Qualität und Zuverlässigkeit wichtiger Lötverbindungen sind Prüfungen erforderlich. Sie richten sich nach Bauteil und Lötverfahren. Obligatorisch sind Maß- und Sichtprüfungen. Die Oberflächenrissprüfung (Farbeindring- und Magnetpulververfahren) dient zum Nachweis von Rissen und Poren.
Zum Beurteilen des Füllgrades und innerer Lötfehler wird die Durchstrahlungs- und Ultraschallprüfung eingesetzt. Metallografische Schliffproben sind zum Beurteilen der Übergangszone, Lötnahtbreite, Erosion und des Gefügezustandes geeignet. Für Behälter und Rohrleitungen sind Druck- und Dichtigkeitsprüfungen vorgeschrieben.

## 5.2 Gestalten und Entwerfen

Um eine ausreichende Zuverlässigkeit des gelöteten Bauteils zu gewährleisten (Lötsicherheit), sind eine Reihe von Einflussgrößen zu berücksichtigen und wesentliche Konstruktionsrichtlinien einzuhalten:

## 5.3 Berechnungsgrundlagen

1. Hinsichtlich Lötspalt- und Lötflussverhalten, Kraftübertragung und Fertigungserleichterung ist Bild 5-5 zu beachten. Noch weitergehende Ausführungen für lötgerechtes Gestalten enthält DIN 65169 „Konstruktionsrichtlinien für hart- und hochtemperaturgelötete Bauteile".
2. Lötnähte sollen möglichst auf Schub beansprucht werden.
3. Spannungskonzentration, geometrische Kerbwirkungseffekte und Biegebeanspruchung sind im Lötstoßbereich möglichst zu vermeiden.
4. Die Lötstoßoberfläche soll mit einem Mittenrauhwert $R_a \leq 12{,}5$ µm ausgeführt werden. Kostenerhöhende Feinstbearbeitung ist nicht erforderlich. Liegt durch spanende Bearbeitung eine ausgeprägte Rillenrichtung vor, so soll – besonders bei $R_a \geq 6{,}3$ µm – die Lötung so ausgeführt werden, dass der Rillenverlauf mit der Fließrichtung des Lotes übereinstimmt.
5. Die Lötverbindung muss so konstruiert sein, dass Rückstände von Fluss-, Lötstopp- und Bindemitteln leicht zu beseitigen sind (Hohlräume!).
6. In den Fertigungsunterlagen sind die Lötverbindungen durch symbolische Darstellung nach DIN 1912 T5 zu kennzeichnen. Beispiele für die symbolische Darstellung von häufig vorkommenden Lötnähten zeigt Bild 5-6.
7. Beim Löten von Hohlkörpern, bei denen die Lötnaht ein Luftvolumen abschließt, ist ein vollständiges Füllen des Lötspaltes nur möglich, wenn eine Ausdehnungsmöglichkeit vorgesehen wird (Entlüftungsloch).

| Lfd. Nr. | unzweckmäßig | zweckmäßig | Hinweise |
|---|---|---|---|
| 1 | 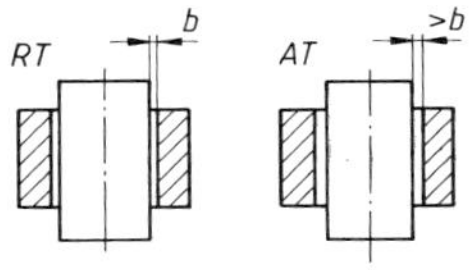 | 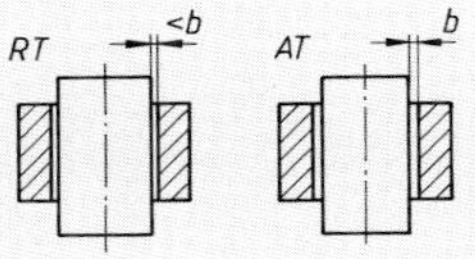 | *Lötspaltverhalten* Die erforderliche Lötspaltbreite $b$ muss bei der Arbeitstemperatur vorhanden sein. Der Lötspalt soll parallel oder in Lötflussrichtung enger werdend verlaufen. |
| 2 | 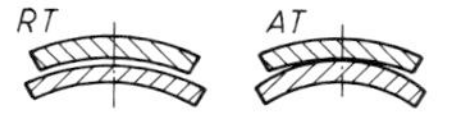 |  | RT = Raumtemperatur AT = Arbeitstemperatur |
| 3 | 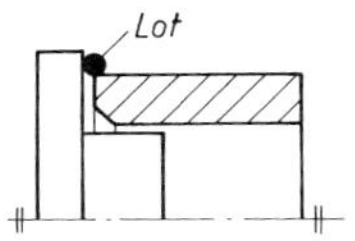 | 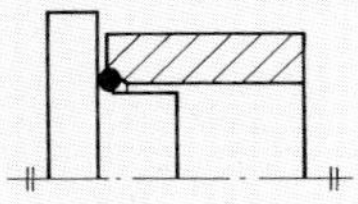 | *Lötflussverhalten* Lötspalt darf nicht unterbrochen werden. Lot kann Spalterweiterung nicht überbrücken. |
| 4 | 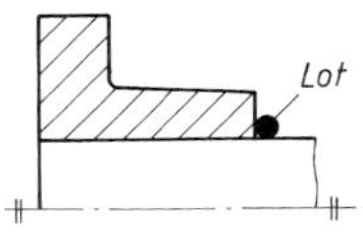 | 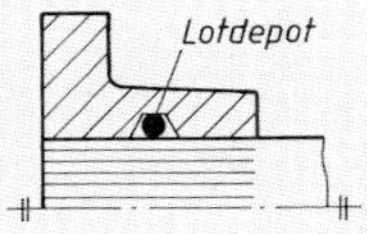 | Lotfließweg wird durch eingelegten Lotdrahtring halbiert. Steigerung der Festigkeit durch achsparallele Rändelspalte. |
| 5 | 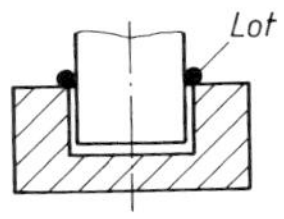 | 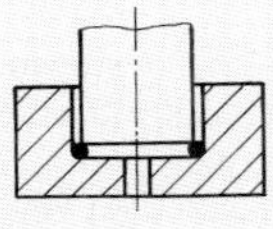 | Lot fließt von innen nach außen, Flussmittel kann entweichen. Zusätzliche Kontrolle über Ausfüllung des Lotspaltes möglich. |

**Bild 5-5** Beispiele für lötgerechte Gestaltung und Ausführung

| Lfd. Nr. | unzweckmäßig | zweckmäßig | Hinweise |
|---|---|---|---|
| 6 | 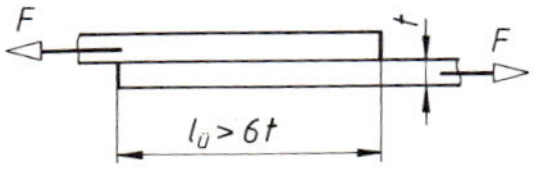 | 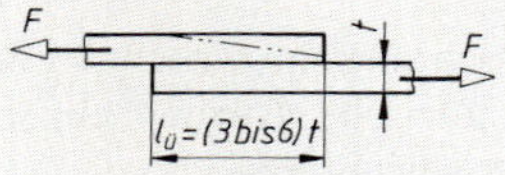 | *Kraftübertragung* Um die Festigkeit des Grundwerkstoffes zu erreichen, genügt: $l_ü = (3 \dots 6)\, t$ Bei hoher Beanspruchung allmählicher Übergang günstiger. |
| 7 | 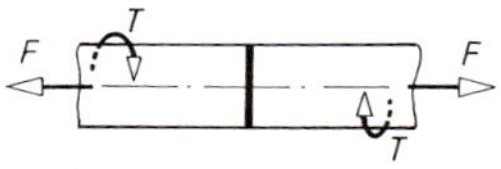 | 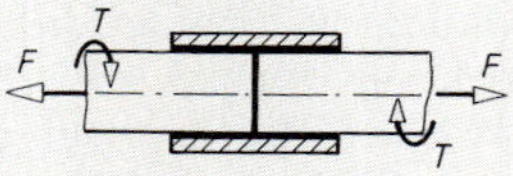 | Erhöhung der Festigkeit durch Vergrößerung der Lötfläche. |
| 8 | 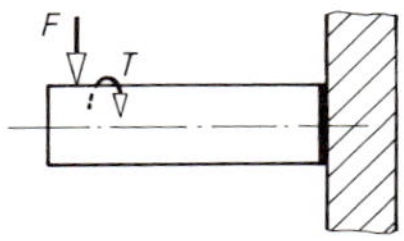 | 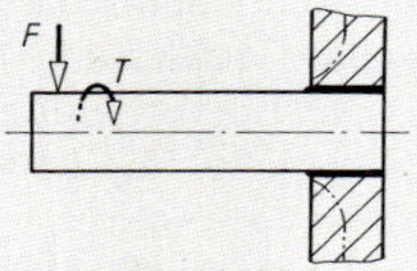 | Steckverbindung bei Biegebeanspruchung (Welle) günstig. Verbesserung der Dauerfestigkeit durch allmählichen Übergang. |
| 9 | 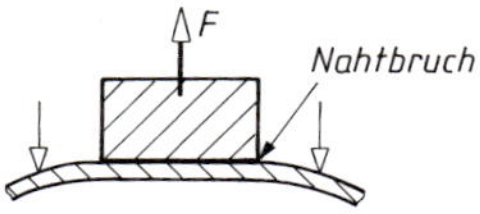 | 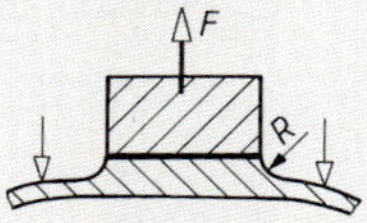 | Durch Steifigkeitserhöhung im Nahtbereich und allmähliche Übergänge können Spannungsspitzen abgebaut und in die Bauteile verlagert werden. |
| 10 | 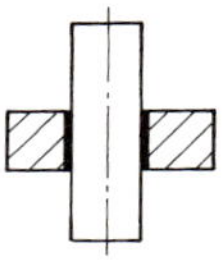 | 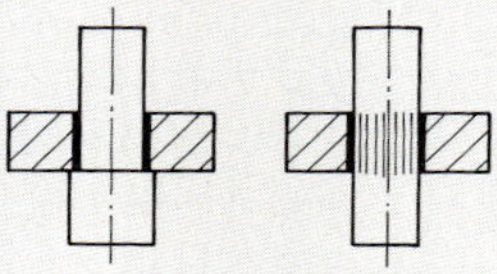 | *Fertigungserleichterung* Beim Löten ohne Vorrichtung Lagesicherung der Bauteile durch Anschläge, Rändelpresssitze und Heftstellen. |
| 11 |  |  | *Entlastung der Lötverbindung* |
| 12 | 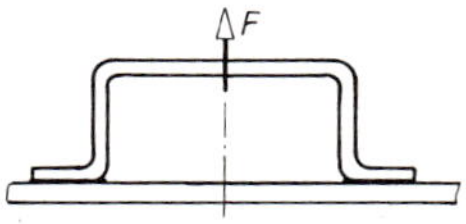 | 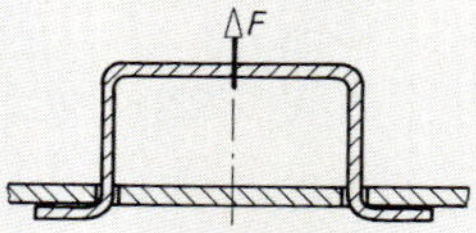 | Bei weichgelöteten Verbindungen Kraftentlastung der Lötnähte durch Formschluss der Bauteile. Lötnähte übernehmen z.B. nur Dichtfunktion. |

**Bild 5-5** (Fortsetzung)

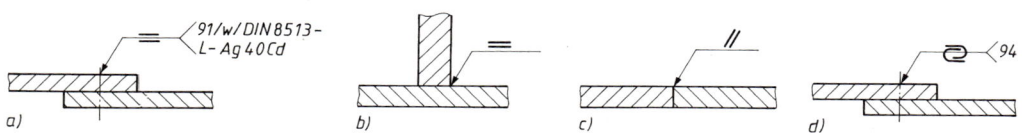

**Bild 5-6** Typische Lötnähte in symbolischer Darstellung nach DIN 1912
a) Überlappstoß mit Flächennaht; hergestellt durch Hartlöten (Kennzahl 91) in Wannenposition w, Lötzusatz DIN 8513-L-Ag40Cd
b) T-Stoß mit Flächennaht
c) Stumpfstoß mit Schrägnaht
d) Falzstoß mit Falznaht; hergestellt durch Weichlöten (Kennzahl 94)

## 5.3 Berechnungsgrundlagen

### 5.3.1 Festigkeitsberechnungen

Lötteile werden meistens zunächst konstruktiv gestaltet und dann die Festigkeit nachgewiesen. Bei Stumpfstößen ($t \geq 1$ mm) gilt bei Belastung durch eine Normalkraft $F$ und unter Berücksichtigung des Anwendungsfaktors $K_A$ für die *Normalspannung* $\sigma_l$ in der Lötnaht

$$\boxed{\sigma_l = \frac{K_A \cdot F}{A_l} \leq \frac{\sigma_{lB}}{S}} \tag{5.1}$$

$A_l$ Lötnahtfläche (s. Bild 5-7)
$\sigma_{lB}$ Zugfestigkeit der Lötnaht nach TB 5-3
$S$ Sicherheit (2...3)

Für die überwiegend ausgeführten Überlappstöße (Bild 5-7a) ergibt sich bei Belastung in der Bauteilebene in der Lötfläche $A_l$ die (mittlere) Scherspannung

$$\boxed{\tau_l = \frac{K_A \cdot F}{A_l} \leq \frac{\tau_{lB}}{S}} \tag{5.2}$$

$K_A$ Anwendungsfaktor nach TB 3-5
$F$ Normalkraft
$A_l$ Lötnahtfläche (s. Bild 5-7)
$\tau_{lB}$ Scherfestigkeit der Lötnaht nach TB 5-3
$S$ Sicherheit (2...3)

Die Überlappungslänge wird meist so gewählt, dass die Lötnaht die gleiche Tragfähigkeit wie die zu verbindenden Bauteile aufweist. Für einen Überlappstoß nach Bild 5-6a) gilt dann:

$$b \cdot t_{\min} \cdot R_m = b \cdot l_{\text{ü}} \cdot \tau_{lB}$$

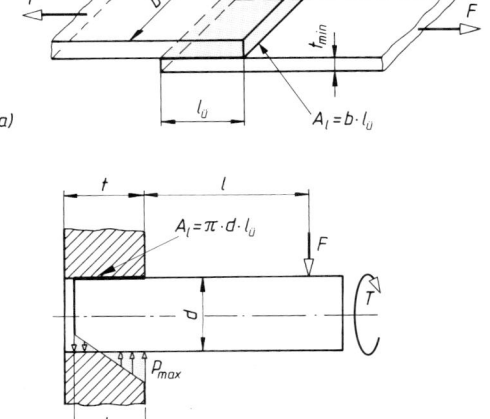

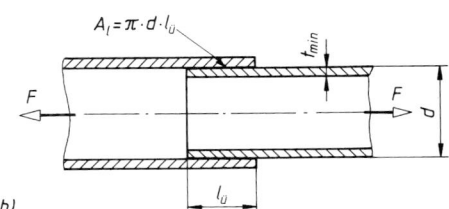

**Bild 5-7**
Beanspruchung von Spaltlötverbindungen
a) Überlappstoß
b) Rohrsteckverbindung
c) Steckverbindung (Vollstab)

Daraus ergibt sich bei vollem Anschluss die *erforderliche Überlappungslänge*

$$\boxed{l_{\ddot{u}} = \frac{R_m}{\tau_{lB}} \cdot t_{min}} \tag{5.3}$$

$R_m$   Zugfestigkeit des Grundwerkstoffs nach TB 1-1
$\tau_{lB}$   Scherfestigkeit der Lötnaht nach TB 5-3
$t_{min}$   kleinste Bauteildicke

Die Gl. (5.3) gilt überschlägig auch für die Überlappungslänge der Rohrverbindung nach Bild 5-6b) und mit $d/4$ anstatt $t_{min}$ auch für die Steckverbindung (Welle) nach Bild 5-6c). Bei Torsionsbelastung von runden Steckverbindungen (Bild 5-7c) nimmt die ringförmige Lötfläche $A_l = \pi \cdot d \cdot l_{\ddot{u}}$ das Torsionsmoment $T$ auf und die auftretende *Torsionsspannung* in Umfangsrichtung beträgt

$$\boxed{\tau_l = \frac{2 \cdot K_A \cdot T_{nenn}}{\pi \cdot d^2 \cdot l_{\ddot{u}}} \leq \frac{\tau_{lB}}{S}} \tag{5.4}$$

$K_A$   Anwendungsfaktor nach TB 3-5)
$T_{nenn}$   zu übertragendes Nenntorsionsmoment
$d$   Durchmesser des Lötnahtringes = Durchmesser des eingelöteten Rundstabes
$l_{\ddot{u}}$   Überlappungslänge (Einstecktiefe)
$\tau_{lB}$   Scherfestigkeit der Lötnaht nach TB 5-3
$S$   Sicherheit (2...3)

Für mit einem Biegemoment $M_b = F \cdot l$ belastete Steckverbindungen entsprechend Bild 5-7c) kann die maximale Pressung in der Lötnaht überschlägig wie für Steckstiftverbindungen nach Gl. (9.19) ermittelt werden. Als Anhaltswert für $p_{zul}$ kann dabei, unter Beachtung der üblichen Sicherheit ($S = 2...3$), die meist aus Versuchen bekannte Zugfestigkeit der Lötverbindung (z. B. nach TB 5-3) herangezogen werden, soweit keine genaueren Werte vorliegen.
Gelötete *Druckbehälter* werden grundsätzlich wie geschweißte nach 6.3.4 berechnet. Nach AD-Merkblatt B0 sind jedoch zusätzlich folgende Festlegungen zu beachten:
Weichgelötete Längsnähte sind an Druckbehältern nicht zulässig. Überlappt weichgelötete Rundnähte an Kupferrohrteilen sind bei einer Überlappungsbreite von mindestens $10t_e$ ($t_e$ = ausgeführte Wanddicke) bis zu einer Wanddicke von 6 mm und bis zu $D_a \cdot p_e \leq 2500$ mm bar zulässig. Auch weichgelötete Verbindungen an Kupferblechen mit durchlaufender Lasche bei einer Laschenbreite $\geq 12t_e$ auf beiden Seiten des Stoßes, einer Wanddicke $\leq 4$ mm und einem zulässigen Betriebsüberdruck $\leq 2$ bar sind möglich. Für die oben genannten Weichlötverbindungen und für alle hartgelöteten Verbindungen kann der Faktor zur Berücksichtigung der Ausnutzung der zulässigen Berechnungsspannungen $v = 0,8$ gesetzt werden.

### 5.3.2 Zulässige Beanspruchung der Lötverbindungen

Die Festigkeit der Lötverbindung hängt ab vom Lot, vom Grundwerkstoff und dessen Vor- und Nachbehandlung, der konstruktiven Gestaltung, vom Lötverfahren und von Überlappung und Lötspalt. Es ist also nicht möglich, von der Eigenfestigkeit des Lotes Rückschlüsse auf die mechanischen Eigenschaften der Lötverbindung zu ziehen. Vergleichbare Festigkeitswerte können nur am Lötteil selbst oder mit Hilfe von standardisierten Proben nach DIN 8525 gewonnen werden. Nach DIN 8525 ermittelte Festigkeitswerte von Hartlötverbindungen siehe in TB 5-3.
Diese Versuchswerte gelten nur für dort angegebene Bedingungen und dürfen nicht einfach als zulässige Spannungen für Lötkonstruktionen übernommen werden. Die zulässigen Scher- und Zugspannungen sind, unter Berücksichtigung der Form und Abmessungen der Lötkonstruktion, durch eine zwei- bis dreifache Sicherheit gegenüber den Versuchswerten zu ermitteln.

## 5.3 Berechnungsgrundlagen

Nach Angabe der Lothersteller kann für Lötverbindungen (Baustähle) bei Raumtemperatur und vorwiegend ruhender Belastung mit folgenden „Faustwerten" gerechnet werden:

Hartlötverbindungen: $\sigma_{l\,zul} = \dfrac{\sigma_{lB}}{S} \approx 200 \text{ N/mm}^2$, $\tau_{l\,zul} = \dfrac{\tau_{lB}}{S} \approx 100 \text{ N/mm}^2$

Weichlötverbindungen: $\tau_{l\,zul} = \dfrac{\tau_{lB}}{S} \approx 2 \text{ N/mm}^2$

Allgemein gilt für die

Zugfestigkeit von Lötverbindungen: $\sigma_l \approx (1{,}5 \ldots 2) \cdot \tau_l$

Aufgrund von Versuchen kann für Hartlötverbindungen bei Baustählen bei dynamischer Belastung festgelegt werden:

Biegewechselfestigkeit: $\sigma_{bW} \approx 160 \text{ N/mm}^2$

Die ermittelten Werte entsprechen 50 bis 75% der Dauerfestigkeit des Grundwerkstoffes.
Die Festigkeit von Hartlötverbindungen sinkt je nach Lot geringfügig bei Langzeitbelastung gegenüber dem Kurzzeitversuch und wird stark beeinflusst durch die Betriebstemperatur und die Schwingspielzahl. Die Festigkeitswerte lassen sich durch begrenztes Nachwärmen während des Lötvorganges deutlich erhöhen. Lötverbindungen mit Ag-, CuZn- und CuNi-Loten an für den Tieftemperatureinsatz geeigneten Grundwerkstoffen (z. B. CrNi-Stähle und Cu-Legierungen) erleiden auch bei tiefen Temperaturen ($-196\,°C$) keine Zähigkeitseinbuße. Ihre Festigkeit entspricht dabei den Werten bei Raumtemperatur.
Hartlötverbindungen sollten beim Einsatz von cadmiumhaltigen Hartloten keinen Betriebstemperaturen über 200 °C und bei cadmiumfreien Hartloten nur bis 300 °C ausgesetzt werden. Für die meisten Hartlötverbindungen gilt bei höheren Betriebstemperaturen in etwa, dass bei 300 °C der Kurzzeitfestigkeitswert die Hälfte des Wertes bei Raumtemperatur erreicht, während die 1000-Stunden-Zeitstandsfestigkeit nur noch ein Zwanzigstel dieses Wertes beträgt.
Die Festigkeitswerte von Lötverbindungen an Werkstoffpaarungen (z. B. S235/CuZn37) liegen in der Regel zwischen den Werten, die für Lötungen an gleichartigen Grundwerkstoffen gelten. Vorsicht ist beim Hartlöten von blei-, aluminium- und siliziumhaltigen Grundwerkstoffen geboten (z. B. Automatenstähle, -messing, Dynamobleche). Bereits kleine Beimengungen dieser Stoffe führen beim Stahlpartner zu Haftzonenschädigungen und damit zu deutlich geringeren Festigkeitswerten. Hartlötverbindungen an Aluminium und Aluminiumlegierungen (z. B. AlMn und AlMnMg) weisen hohe Zug- und Scherfestigkeitswerte auf: $\sigma_{lB} = 100$ bis $200 \text{ N/mm}^2$ und $\tau_{lB} = 50$ bis $100 \text{ N/mm}^2$. Sie erreichen bei Reinaluminium (z. B. Al99,5) die Eigenfestigkeit des Grundwerkstoffes. Das Weichlöten von Alu-Werkstoffen wird wegen der damit verbundenen Schwierigkeiten (Korrosion durch zinkhaltige Lote) kaum angewendet.
Überlappte Weichlötverbindungen (Stähle, Kupfer- und Kupferlegierungen) zeigen im Kurzzeitversuch Scherfestigkeitswerte von 25 bis $35 \text{ N/mm}^2$. Diese fallen mit der Dauer der Belastung, sowie bei steigenden Temperaturen, rasch ab (Kriecherscheinungen). Bei Dauerbeanspruchung (bei Raumtemperaturen) ist die zulässige Scherspannung auf $2 \text{ N/mm}^2$ zu begrenzen.

## 5.4 Berechnungsbeispiel

■ Mit der Längskraft $F$ belastete Kopfbolzen $\varnothing\,12$ mm sollen entsprechend Bild 5-8 in Grundkörper hart eingelötet werden. Bolzen und Grundkörper bestehen aus S235JR.
Zu berechnen sind:
a) Die Überlapplänge $l_{ü}$ (Einstecktiefe), wenn Bolzen und Lötnaht die gleiche Tragfähigkeit aufweisen sollen,
b) die zulässige ertragbare Längskraft $F$, wenn die Verbindung mit dreifacher Sicherheit gegen Bruch ausgelegt werden soll und die Last ruhend und stoßfrei auftritt.

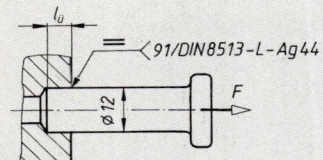

**Bild 5-8** Hart eingelöteter Kopfbolzen

**Lösung a):** Wenn Bolzen und Lötnaht die gleiche Tragfähigkeit aufweisen sollen, beträgt für Steckverbindungen die erforderliche Überlappungslänge nach Gl. (5.3)

$$l_{ü} \approx (R_m/\tau_{lB}) \cdot d/4 \,.$$

Mit der Mindestfestigkeit des Bolzenwerkstoffs S235JR $R_m = 340$ N/mm$^2$ (siehe TB 1-1), der Scherfestigkeit der Hartlötverbindung $\tau_{lB} = 205$ N/mm$^2$ nach TB 5-3 (für Hartlot L-Ag44 und Grundwerkstoff S235JR) und $d = 12$ mm wird

$$l_{ü} \approx (340\,\text{N/mm}^2)/(205\,\text{N/mm}^2) \cdot 12\,\text{mm}/4 = 5\,\text{mm}\,.$$

**Ergebnis:** Die erforderliche Überlappungslänge (Einstecktiefe) beträgt 5 mm.

**Lösung b):** Die übertragbare Längskraft ergibt sich aus Gl. (5.2) zu

$$F = \tau_{lB} \cdot A_l/K_A \cdot S\,.$$

Mit $\tau_{lB} = 205$ N/mm$^2$, $A_l = \pi \cdot 12$ mm $\cdot$ 5 mm $= 188$ mm$^2$, $K_A = 1{,}0$ (stoßfreie Belastung) und $S = 3$ wird dann

$$F = 205\,\text{N/mm}^2 \cdot 188\,\text{mm}^2/(1{,}0 \cdot 3) = 12{,}8\,\text{kN}\,.$$

**Ergebnis:** Die Hartlötverbindung kann bei einer dreifachen Sicherheit eine ruhende Längskraft von 12,8 kN übertragen.

## 5.5 Literatur

DIN, Dt. Inst. für Normung (Hrsg.): Löten, 2. Aufl. Berlin: Beuth, 1989 (DIN-Taschenbuch 196)
Deutsches Kupfer-Institut, Berlin (Hrsg.): Löten v. Kupfer u. Kupferlegierungen (DKI-Info-druck i.3)
Deutscher Verband für Schweißtechnik, Düsseldorf (Hrsg.): Weichlöten in Forschung und Praxis (DVS-Berichte, Band 82 und 104); Hochtemperaturlöten (DVS-Berichte, Band 92); Merkblätter 2601, 2602, 2603, 2604, 2605 und 2607
*Fahrenwaldt, H. J.:* Schweißtechnik, Verfahren und Werkstoffe. Wiesbaden: Vieweg, 1988
*Petrunin, J. E.:* Handbuch für Löttechnik. Berlin: Verlag Technik, 1988
*Ruge, J.:* Handbuch der Schweißtechnik, Band II, III und IV. Berlin: Springer, 1984, 1985, 1988
*Schuler, V.:* Schweißtechnisches Konstruieren u. Fertigen. Wiesbaden: Vieweg, 1992
Stahl-Informationszentrum, Düsseldorf (Hrsg.): Hartlöten von überzugsfreiem Stahl (Merkblatt 237)
*Strauß, R.:* Das Löten für den Praktiker. München: Franzis, 1984
*Wellinger, K., Gimmel, P., Bodenstein, M.:* Werkstoff-Tabellen d. Metalle, 7. Aufl. Stuttgart: Kröner, 1972
*Wuich, W.:* Löten – kurz und bündig. Würzburg: Vogel, 1972
*Zaremba, P.:* Hart- und Hochtemperaturlöten. Düsseldorf: DVS, 1988 (Die Schweißtechnische Praxis, Band 20)
*Zimmermann, K.-F.:* Hartlöten. Düsseldorf: DVS, 1968 (Fachbuchreihe Schweißtechnik, Band 52)
Druckschriften und Handbücher der Lothersteller, z. B. Degussa-Fachzeitschrift „Technik die verbindet"

# 6 Schweißverbindungen

## 6.1 Funktion und Wirkung

### 6.1.1 Wirkprinzip und Anwendung

Beim Verbindungsschweißen werden die Teile am Schweißstoß durch Schweißnähte unlösbar zu einem Schweißteil zusammengefügt. Durch Schweißen von Schweißteilen entstehen Schweißgruppen. Das fertige Bauteil (Schweißkonstruktion) kann aus einer oder mehreren Schweißgruppen bestehen.
Als feste Stoffschlussverbindungen sind Schweißverbindungen besonders geeignet
— zum Übertragen von Kräften, Biege- und Torsionsmomenten,
— zum kostengünstigen Verbinden von Einzelstücken bis zu größten Abmessungen und bei Kleinserien,
— zum Einsatz bei höheren Betriebstemperaturen,
— als instandhaltungsfreundliche Konstruktionen,
— für dichte Fügestellen.
Als Auswahlhilfe soll folgende Gegenüberstellung dienen:

*Vorteile:*
— *gegenüber Gusskonstruktionen:* Gewichtsersparnis durch wesentlich geringere Wanddicken und kleinere Bauteilquerschnitte (Leichtbau). Entbehrliches Gießmodell führt zu geringeren Kosten (wenigstens bei kleinen Stückzahlen) und kürzeren Lieferzeiten. Keine Wanddickenempfindlichkeit. Größere Formsteifigkeit gegenüber Graugussausführung durch größeren E-Modul des Stahls. Schwingungsdämpfung (Werkzeugmaschinen-Gestelle) durch Scheuerplatten-Bauweise (Bild 6-26b) u. U. höher als bei Grauguss. Große konstruktive Gestaltungsfreiheit.
— *gegenüber Niet- und Schraubkonstruktionen:* Gewichtsersparnis durch Wegfall der Überlappungen, Laschen und Niet-(Schrauben-)köpfe. Glatte Wände genügen ästhetischen Ansprüchen und erleichtern Reinigung und Korrosionsschutzmaßnahmen. Keine Schwächung der Stäbe und Bleche durch Niet- oder Schraubenlöcher.
— *allgemein:* Ermöglicht werkstoffsparende, wirtschaftliche Leichtbauweisen.

*Nachteile:*
Da der Schweißvorgang naturgemäß zu Schrumpfungen, hohen inneren Spannungen und Gefügeveränderungen im Nahtbereich führt, kann oft nur mit beträchtlichem Aufwand der Gefahr des Sprödbruches (vgl. 6.1.3-3) und der Rissbildung begegnet werden, was mit hohen Anforderungen an die Qualifikation des Schweißpersonals verbunden ist.
Das Richten „verworfener" Schweißteile ist zeit- und kostenaufwendig. Schweißen auf Baustellen im Stahlbau häufig schwieriger und teurer als Nieten oder Schrauben; Ausrichten der Stäbe bei Fachwerken schwieriger als bei Niet- und Schraubkonstruktionen, bei denen die Stablagen durch die Löcher eindeutig gegeben sind. Kontrolle der häufig verwendeten Kehlnähte kaum möglich.
Im *Stahlbau* hat das Schweißen die Nietverbindung verdrängt, z. B. bei Vollwandträgern von Brücken und Kranen, bei Trägeranschlüssen im Stahlhochbau, bei Blech-, Profilstahl- und besonders bei Rohrkonstruktionen von Konsolen, Gerüsten und Fachwerken.
Im *Kessel-* und *Behälterbau* wird fast nur noch geschweißt. Die Bleche stoßen stumpf gegeneinander; es entstehen glatte Flächen, wodurch sich ein ungestörter Kraftfluss ergibt. Besonders durch automatische Schweißverfahren lassen sich bei Druckbehältern, Rohrleitungen u. dgl. festigkeitsmäßig bessere Verbindungen als beim Nieten erzielen.

| Schweiß-verfahren | Kurzzeichen Kennzahl Bildzeichen | Mögliche Art der Fertigung [1] | Prinzip | Erzeugnisbereich | Besonderheiten Hinweise |
|---|---|---|---|---|---|
| Gasschmelz-schweißen (Gasschweißen) | G 31 | m t v a | Das Schweißbad entsteht durch unmittelbares, örtlich begrenztes Einwirken einer Brenngas-Sauerstoff-Flamme; Wärme und Schweißzusatz werden getrennt zugeführt. | Dünnbleche Rohrleitungen | Geringe Investitionskosten. Günstig für Zwangslagen-schweißung und für beengte Schweißstellen (Zugänglich-keit). Niedrige Schweiß-eigenspannungen. Geeignet für Stumpf- und Ecknähte; ungeeignet für T-Stöße und ungleiche Blechdicken. |
| Lichtbogen-handschweißen | E 111 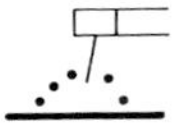 | m t | Der Lichtbogen brennt zwischen einer manuell zugeführten Stab-elektrode (Schweißzusatz) und dem Werkstück. Lichtbogen und Schweißbad werden gegen die Atmosphäre nur durch Gase bzw. Schlacken abgeschirmt, die von der Elektrode stammen. | universell | Geeignet für alle Stoß- und Nahtarten. |
| Unterpulver-schweißen | UP 12  | t v a | Ein oder mehrere Lichtbogen brennen zwischen einer bzw. mehreren ab-schmelzenden Elektroden und dem Werkstück. Lichtbogen und Schweißzone werden durch eine Pulverschicht abgedeckt. Die aus dem Pulver gebildete Schlacke schützt das Schweiß-bad vor der Atmosphäre. | Behälterbau Stahlbau Schiffbau Fahrzeugbau Maschinenbau | Hohe Abschmelzleistung, gute Nahtformung, hohe Röntgensicherheit. Für dicke Bleche und lange Nähte. |
| Schutzgas-schweißen | SG | | Der sichtbare Lichtbogen brennt in einem Schutzgasmantel. | | |
| a) Metall-Inertgas-Schweißen | MIG 131  | t v a | Der Lichtbogen brennt sichtbar zwischen der abschmelzenden Elektrode und dem Werkstück. Als Schutzgase dienen inerte (reaktionsträge) Gase, z.B. Argon, Helium oder ihre Gemische. | Apparatebau Behälterbau Schiffbau Flugzeugbau | Sehr variable Abschmelz-leistung, geringer Verzug. Vorzugsweise für austenitische Stähle und NE-Metalle. Wirtschaft-licher als WIG-Schweißen. |
| b) Metall-Aktivgas-Schweißen | MAG 135 | t v a | Wie MIG-Schweißen. Als Schutz-gase dienen (chemisch) aktive Gase: $CO_2$ und Mischgase. | Alle Industrie-zweige mit metallverarbeiten-des Handwerk. | Vorzugsweise für un- und niedrig legierte Stähle. |
| c) Wolfram-Inertgas-Schweißen | WIG 141  | m t v a | Der Lichtbogen brennt sichtbar zwischen der Wolfram-Elektrode und dem Werkstück. Der Schweißzusatz wird stromlos zugeführt. Als Schutzgase werden Edelgase (meist Argon) verwendet. | Apparatebau Behälterbau Kernreaktorbau Hausgeräte | Für nahezu alle metal-lischen Werkstoffe. Wurzelschweißen dicker Bleche. Hohe Schweiß-geschwindigkeit. |
| Elektronen-strahl-schweißen | EB 76 | t v a | Die Energie eines auf wenige zehntel mm Durchmesser gebündelten Elektronenstrahls wird in Wärme umgewandelt. | Tiefschweißen: Fahrzeugbau Maschinenbau Flugzeugbau Mikroschweißen: Elektronische Bauelemente Feinwerktechnik | Hohe Anlagekosten. Verbindung unterschied-licher Werkstoffe möglich. Mikroschweißung aus-führbar. Fertig bearbeitete Werkstücke können ver-zugsfrei und ohne Nach-bearbeitung zusammen-geschweißt werden. |

[1] $m$ = Handschweißen, $t$ = teilmechanisches Schweißen, $v$ = vollmechanisches Schweißen, $a$ = automatisches Schweißen.

**Bild 6-1** Schmelzschweißverfahren (Auswahl)

## 6.1 Funktion und Wirkung

Im *Maschinenbau* dient das Schweißen im Wesentlichen der Gestaltung, besonders bei Einzelfertigungen oder geringen Stückzahlen, z. B. von Hebeln, Radkörpern, Rahmen, Getriebegehäusen, Schutzkästen, Lagergehäusen, Seiltrommeln und Bandrollen. Neben der *Konstruktionsschweißung* sind noch die *Reparaturschweißung* bei Rissen oder Brüchen, die *Auftragsschweißung* zur Panzerung und Plattierung von Bauteilen oder zur Beseitigung von Verschleißstellen und das mit der Schweißtechnik verbundene *Brennschneiden* zu nennen. Mit Handschneidbrennern und auf Schneidmaschinen mit photoelektrischer oder CNC-Steuerung lassen sich aus Blechtafeln äußerst wirtschaftlich beliebig geformte Bauteile schneiden und deren Schweißfugen vorbereiten. Zum Zwecke der Rationalisierung und Produktivitätserhöhung ist die schweißtechnische Fertigung durch eine zunehmende Mechanisierung des Schweißprozesses gekennzeichnet. Dabei werden neben Vorrichtungen in steigendem Maße Industrieroboter eingesetzt.

### 6.1.2 Schweißverfahren

Eine ausführliche Darstellung der Schweißverfahren gehört nicht in das Gebiet der Maschinenelemente, sondern in das der Fertigungstechnik. Darum sollen nur einige kurze Hinweise über die wichtigsten Schweißverfahren gegeben werden, soweit sie in konstruktiver Hinsicht von Bedeutung sind. Eine allgemeine Übersicht über die Schweißverfahren mit den zugehörigen Begriffserklärungen enthält DIN 1910 (Schweißen; Begriffe, Einteilung der Schweißverfahren).

**1. Schmelzschweißen**

Beim Schmelzschweißen werden die Teile durch örtlich begrenzten Schmelzfluss ohne Anwendung von Kraft mit oder ohne Zusatzwerkstoff vereinigt. Die in der Schweißzone wirkende Arbeit wird von außen durch Energieträger (z. B. Lichtbogen) zugeführt. Nach der Art der Fertigung ist zu unterscheiden zwischen Handschweißen und mechanischem bzw. automatischem Schweißen. Während das Schweißen von Hand die Herstellung auch verwickelter Schweißkonstruktionen ermöglicht, ist das mechanische und automatische Schweißen sehr wirtschaftlich und daher anzustreben. Bild 6-1 gibt eine Übersicht über die gebräuchlichsten Schmelzschweißverfahren.

**2. Pressschweißen**

Beim Pressschweißen werden die Teile unter Anwendung von Kraft ohne oder mit Schweißzusatz vereinigt. Örtlich begrenztes Erwärmen (u. U. bis zum Schmelzen) ermöglicht oder erleichtert das Schweißen. Die in der Schweißzone wirkende Arbeit wird von außen durch Energieträger (z. B. elektrischer Strom) zugeführt. Alle Pressschweißverfahren sind äußerst wirtschaftlich. Die besten Festigkeitswerte werden durch das Abbrennstumpfschweißen erzielt. Bild 6-2 gibt eine Übersicht über die gebräuchlichsten Pressschweißverfahren.

**3. Wahl des Schweißverfahrens**

Der Konstrukteur hat häufig schon beim Entwurf – meist in Zusammenarbeit mit der Werkstatt – über das technisch und wirtschaftlich beste Schweißverfahren zu entscheiden. Dabei sind außer der zu fertigenden Stückzahl, den Güteanforderungen, der Stoßart und den vorhandenen Betriebseinrichtungen besonders der Werkstoff und die Dicke der Bauteile zu berücksichtigen. Bild 6-3 gibt Entscheidungshilfen für einen geeigneten Einsatz gebräuchlicher Schweißverfahren.

### 6.1.3 Auswirkungen des Schweißvorganges

**1. Entstehung der Schrumpfungen und Spannungen**

Die Vorgänge beim Erwärmen und Abkühlen von Schweißteilen lassen sich anschaulich an einem Spannungsgitter-Modell (Bild 6-4a) erläutern.
Wird das Modell gleichmäßig erwärmt, so dehnt es sich dem Gesetz der Wärmedehnung zufolge allseitig aus. Beim Abkühlen schrumpft es wieder und weist bei Raumtemperatur die anfänglichen Maße wieder auf.

| Schweiß-verfahren | Kurzzeichen Kennzahl Bildzeichen | Mögliche Art der Fertigung [1] | Prinzip | Erzeugnisbereich | Besonderheiten Hinweise |
|---|---|---|---|---|---|
| (Widerstands-) Punkt-schweißen | RP 21 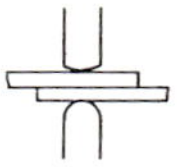 | t v a | Strom und Kraft werden durch Punktschweißelektroden über-tragen. Die aufeinandergepressten Flächen der Werkstücke werden nach ausreichendem Erwärmen unter Druck punktförmig (linsenförmig!) geschweißt. | Blechverarbeitung: Fahrzeugbau Waggonbau Gerätebau Bauindustrie | Sehr wirtschaftliches Verfahren anstelle von Nietungen. |
| Rollennaht-schweißen | RR 22 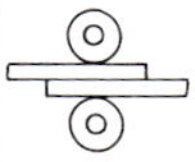 | t v a | Strom und Kraft werden von beiden Werkstückseiten durch ein Rollenelektrodenpaar über-tragen. Die Werkstücke werden an den Stoßflächen nach aus-reichendem Erwärmen unter Druck geschweißt. Je nach Abstand der Schweißpunkte entsteht eine Rollen-Punktnaht oder Rollen-Dichtnaht. | Blechverarbeitung: Karosseriebau Waggonbau Behälterbau | Begrenzt auf einfach ge-formte Bauteile mit gleichen Punktabständen. Arbeitsgeschwindigkeit und Elektrodenstandzeit höher als beim Punkt-schweißen. |
| Abbrenn-stumpf-schweißen | RA 24 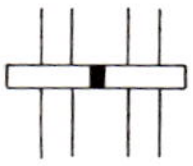 | m t v a | Strom und Kraft werden von Spannbacken übertragen. Die stromdurchflossenen Werkstücke werden unter leichtem Berühren erwärmt, wobei schmelzflüssiger Werkstoff herausgeschleudert wird (Abbrennen). Nach aus-reichendem Erwärmen werden die Werkstücke durch schlag-artiges Stauchen geschweißt. | Stumpfschweißen von Blechbändern zu Felgen und von Rundstählen zu Ketten. Stumpf- und Gehrungs-schweißen von Flach- und Profil-erzeugnissen. Maschinenbau: Achsen, Wellen, Schienen, Werkzeuge | Vorteilhaft zum Schweißen von Kompaktquerschnitten (z.B. Rundstahl) und Groß-oberflächenquerschnitten (z.B. Rohre) bis 100 000 mm$^2$ (bei Stahl). Die Schweiß-stelle kann in der Maschine einer Wärmebehandlung (z.B. Vergüten) unter-zogen werden. |
| Reibschweißen | FR 42 | v a | Die Werkstücke werden an den Stoßflächen durch Reiben erwärmt und unter Anwen-dung von Kraft geschweißt. | Automobil-industrie: Kardanwellen Ventilstößel Antriebsritzel Werkzeug-industrie: Anschäften von Bohrern, Reib-ahlen und Fräsern | Geeignet zum Verbinden unterschiedlicher Werk-stoffe (z.B. GJL-St, Cu-St, Al-St). Mindestens ein Fügeteil muss rotations-symmetrisch sein. |
| Lichtbogen-bolzen-schweißen (mit Hub-, Spitzen- oder Ringzündung) | B (BH, BS, BR) 781 | m t v a | Die Werkstücke, von denen eines ein Bolzen oder bolzenförmig ist, werden nach Anschmelzen der Stoßflächen durch den Lichtbogen unter Anwendung von Kraft ohne Schweißzusatz geschweißt. Die verschiedenen Verfahren unterscheiden sich besonders durch den Zünd-vorgang. | Fassadenbau Stahlverbundbau Stahlbetonbau Maschinenbau Kesselbau Rohrleitungsbau | Bolzenförmige Teile mit rundem, ovalem, quadra-tischem und rechteckigem Querschnitt lassen sich vollflächig in sehr kurzer Zeit hochwertig ver-schweißen. Die Verbindung unterschiedlicher Werk-stoffe ist möglich. |

[1] siehe zu Bild 6-1

**Bild 6-2** Press-Schweißverfahren (Auswahl)

Das aus drei, durch sehr starre Querjoche verbundenen Stäben, bestehende Modell, bei dem der Querschnitt des mittleren Stabes $S_I$ gleich der Summe der Querschnitte der beiden äuße-ren Stäbe $S_{II}$ sein soll (Bild 6-4b), sei zu Beginn des Versuches spannungslos. Erwärmt man nur den mittleren Stab $S_I$ ähnlich wie beim Schweißen in einem schmalen Bereich, so dehnt er sich bis ca. 600 °C stetig aus. Die angrenzenden kalten Querschnitte behindern die Wärme-dehnung, dabei werden die äußeren Stäbe $S_{II}$ elastisch gereckt. Im mittleren Stab $S_I$ entste-hen Druck-, in den äußeren Stäben $S_{II}$ Zugspannungen, die aus Gleichgewichtsgründen gleich groß sind. Wird der mittlere Stab $S_I$ über 600 °C erwärmt, so fällt im Glühbereich die Werk-stofffestigkeit sehr stark ab. Die unter Zugspannung stehenden äußeren Stäbe $S_{II}$ stauchen nun die Glühzone des mittleren Stabes $S_I$ und verkürzen ihn bleibend, während sie sich selbst entspannen.

# 6.1 Funktion und Wirkung

| Werkstoff | | | C-Stahl | | | | | | Legierter Stahl | | | | | GS | | | GJMW GJL GJS GJMB | | | | Al und Al-Legierung | | | | | | Cu und Cu-Legierung | | | | | |
|---|---|---|---|---|---|---|---|---|---|---|---|---|---|---|---|---|---|---|---|---|---|---|---|---|---|---|---|---|---|---|---|---|
| Dickenbereich [1)] | | | 1 | 2 | 3 | 4 | 5 | 6 | 1 | 2 | 3 | 4 | 5 | 6 | 4 | 5 | 6 | 3 | 4 | 5 | 6 | 1 | 2 | 3 | 4 | 5 | 6 | 1 | 2 | 3 | 4 | 5 | 6 |
| Gasschweißen | | | | | | | | | | | | | | | | | | | | | | | | | | | | | | | | | |
| Lichtbogenschweißen | Elektrode | blank | | | | | | | | | | | | | | | | | | | | | | | | | | | | | | | |
| | | umhüllt ohne B [2)] | | | | | | | | | | | | | | | | | | | | | | | | | | | • | | | • | |
| | | umhüllt B | | | | | | | | | | | | | | | | | | | | | | | | | | | | | | | |
| | Schutzgas | UP | | | | | | | | | | | | | | | | | | | | | | | | | | | | | | | |
| | | MIG | | | | | | | | | | | | | | | | | | | | | | | | | | | | | • | • | • |
| | | MAG | | | | | | | | | | | | | | | | | | | | | | | | | | | | | | | |
| | | WIG | | | | | | | | | | | | | | | | | | | | | | | | | | | | | | | |
| Elektronenstrahl | | | | | | | | | | | | | | | | | | | | | | | | | | | | | | | | | |
| Widerstandsschweißen | | Punkt- | | | | | | | | | | | | | | | | | | | | | | | | | | | | | | | |
| | | Rollen- | | | | | | | | | | | | | | | | | | | | | | | | | | • | • | | | | |
| | | Abbrenn- | | | | | | | | | | | | | | | | | | | | | | | | | | | | | | | • |

• nur Cu-Legierungen
[1)] Dickenbereich: 1: $\leq 1$ mm, 2: >1...3 mm, 3: >3...6 mm, 4: >6...15 mm, 5: >15...40 mm, 6: >40 mm.
[2)] s. unter 6.2.1-4

**Bild 6-3** Entscheidungshilfen zur Wahl des geeigneten Schweißverfahrens (s. auch 6.2.1-1)

Bei der nachfolgenden Abkühlung steigt unterhalb von ca. 600 °C die Festigkeit des Werkstoffes im erwärmten Bereich wieder an und der durch die plastische Stauchung verkürzte mittlere Stab $S_I$ beginnt zu schrumpfen; dadurch werden die äußeren Stäbe $S_{II}$ elastisch gestaucht. Bei Raumtemperatur sind die Zugspannungen im mittleren Stab $S_I$ und die Druckspannungen in den äußeren Stäben $S_{II}$ im Gleichgewicht (Bild 6-4c).

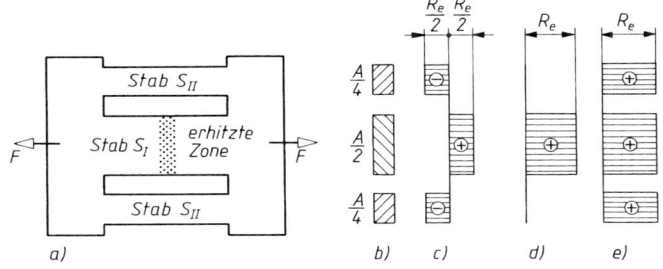

**Bild 6-4** Spannungsgitter-Modell zur Entstehung und zum Abbau von Schweißeigenspannungen.
a) Spannungsgitter-Modell aus elastischem Werkstoff (Stahl),
b) Stabquerschnitte,
c) keine äußere Kraft, Eigenspannungen $\sigma_e = \pm R_e/2$ ($R_e$ = Streckgrenze),
d) äußere Kraft $F$ bewirkt $\sigma = +R_e/2$, Eigenspannungen $\sigma_e = \pm R_e/2$,
e) äußere Kraft $2F$ bewirkt $\sigma = +R_e$, Eigenspannungen $\sigma_e = 0$

Weil beim Schmelzschweißen das Bauteil durch eine stetig bewegte Wärmequelle punktförmig erhitzt wird, lassen sich die beschriebenen Vorgänge modellhaft auf geschweißte Bauteile übertragen. Insoweit die Spannungen ohne Einwirkung äußerer Kräfte vorhanden sind, werden sie als Eigenspannungen bezeichnet. Verteilung und Größe der Eigenspannungen in einem geschweißten $I$-Querschnitt zeigt Bild 6-5. Im Nahtbereich erreichen die Schweißeigenspannungen in der Regel die Streckgrenze $R_e$ des Grundwerkstoffes!

## 2. Auswirkungen der Schweißschrumpfung

Die in jedem geschweißten Bauteil vorhandenen Schrumpfkräfte führen zu Schrumpfungen (Verkürzungen), Eigenspannungen und – abhängig von der Form und Steifigkeit des Bauteiles – zu Änderungen der Querschnittsform und des Achsenverlaufes (Verwerfungen und Verzug).

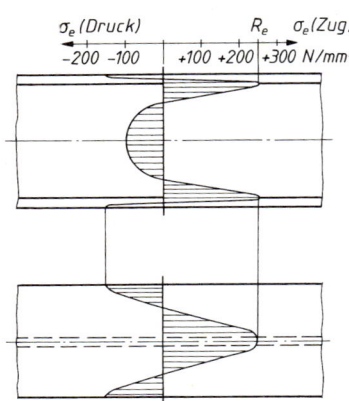 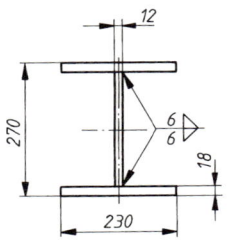

**Bild 6-5**
Verlauf der Längseigenspannung $\sigma_e$ in einem I-Querschnitt aus S235, ohne Wärmenachbehandlung (nach Versuchen)

Bezogen auf die Schweißnaht unterscheidet man drei Bewegungsrichtungen der Schrumpfung: Längs-, Quer- und Winkelschrumpfung. Obwohl diese drei Schrumpfungen stets gleichzeitig wirken, sind sie im Bild 6-6 zum besseren Verständnis einzeln dargestellt. Am Beispiel eines geschweißten T-Querschnitts sind im Bild 6-6 auch einige Anhaltwerte über Einzelgrößen der Schrumpfungen angegeben.

*Hinweis:* Die durch die örtliche Erwärmung bedingte behinderte Wärmeausdehnung führt bei geschweißten Bauteilen stets zu Schrumpfungen, Eigenspannungen und oft zu beträchtlichen Verformungen.

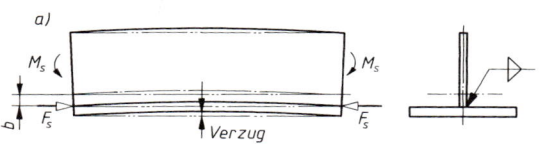

Schrumpfkraft $F_s \approx 6\,kN$ je mm² Nahtquerschnitt
Schrumpfmoment $M_s = F_s \cdot b$
Schrumpfmaß $0,1 \ldots 1\,mm$ je m Nahtlänge

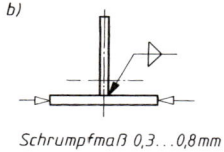 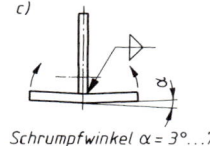

Schrumpfmaß $0,3 \ldots 0,8\,mm$     Schrumpfwinkel $\alpha = 3° \ldots 7°$

**Bild 6-6**
Auswirkungen der Schweißschrumpfung bei mittleren Querschnitten.
a) Längsschrumpfung mit Krümmung,
b) Querschrumpfung,
c) Winkelschrumpfung

## 3. Zusammenwirken von Eigen- und Lastspannungen

Da die Schweißeigenspannungen allein schon die Streckgrenze des Werkstoffes erreichen (vgl. Bild 6-5), soll geklärt werden, welche Sicherheit dem Bauteil bleibt, wenn durch Betriebslasten noch Lastspannungen erzeugt werden. Diese Vorgänge sollen wieder an einem Modell erläutert werden.
Durch die unter 6.1.3-1 beschriebenen Vorgänge beim Erwärmen und Abkühlen seien im Spannungsgitter-Modell (Bild 6-4a) im mittleren Stab $S_I$ Zugeigenspannungen und in den äußeren Stäben $S_{II}$ gleich große Druckeigenspannungen, z. B. in Höhe der halben Streckgrenze $R_e/2$ des Werkstoffes, vorhanden (Bild 6-4c). Wird nun durch eine äußere Zugkraft $F$ in den Stäben eine zusätzliche Zugspannung $R_e/2$ aufgebracht, so ergibt sich im mittleren Stab $S_I$ wegen der bereits vorhandenen Zugeigenspannungen eine Gesamtspannung $R_e$, während die äußeren Stäbe $S_{II}$ wegen der vorhandenen Druckeigenspannung spannungslos werden (Bild 6-4d). Bei wei-

terer Erhöhung der Last $F$ beginnt der mittlere Stab $S_I$ zu fließen, weil dort die Streckgrenze $R_e$ erreicht ist, er dehnt sich bleibend und kann keine weiteren Spannungen mehr aufnehmen, die Streckgrenze wirkt wie ein „Sicherheitsventil". Die äußeren Stäbe $S_{II}$ (halber Modellquerschnitt) müssen nun die weitere Laststeigerung allein tragen und sollen durch die Last $2F$ bis an die Streckgrenze elastisch gedehnt werden (Bild 6-4e). Da nun im ganzen Querschnitt eine gleichmäßig verteilte Zugspannung herrscht, müssen die Eigenspannungen vollständig abgebaut worden sein.

Die bei der Schweißschrumpfung hervorgerufene und für die Eigenspannungen verantwortliche Längendifferenz zwischen den Stäben $S_I$ und $S_{II}$ ist durch Fließen des Stabes $S_I$ beseitigt. Nach der Entlastung sind also keine Eigenspannungen mehr vorhanden.

Der Modellversuch führt zu der Erkenntnis, daß bei gutem Formänderungsvermögen der Bauteile im Nahtbereich die Schweißeigenspannungen durch äußere Lasten teilweise oder vollständig abgebaut werden können. Die Gefahr der Rissbildung und eines vorzeitigen Bruches besteht bei zähen (schweißgeeigneten) Werkstoffen nur, wenn das Formänderungsvermögen durch mehrachsige Spannungszustände, hervorgerufen z. B. durch Schweißeigenspannungen, behindert wird. Die Schweißeigenspannungen sind dann durch Spannungsarmglühen abzubauen (s. 6.2.1-1).

Allgemein gilt für die Schweißbarkeit der Bauteile:

1. Bei überwiegend *ruhender Beanspruchung* (z. B. Stahlhochbau) findet bei Verwendung schweißgeeigneter Grund- und Zusatzwerkstoffe (z. B. S235, S355) unter Last ein Spannungsabbau durch örtliches Fließen statt. Die Tragfähigkeit der Bauteile wird durch die Schweißeigenspannungen nicht gemindert.
2. Bei *dynamischer Beanspruchung*, z. B. im Maschinen- und Kranbau, haben die Schweißeigenspannungen bei Verwendung schweißgeeigneter Grund- und Zusatzwerkstoffe und bei schweißgerechter Gestaltung nur geringen Einfluss auf die Dauerhaltbarkeit. Nur bei kompliziert gestalteten Bauteilen mit starker Kerbwirkung ist Spannungsarmglühen erforderlich. Unbedingt zu beachten ist, dass die Maschinenbauwerkstoffe E295, E335 und E360 nicht für das Lichtbogen- und Gasschmelzschweißen vorgesehen sind, da sie zu Sprödbruch und Aufhärtung neigen.
3. Bei *mehrachsig auftretenden Zugeigenspannungen* können, begünstigt durch tiefe Temperaturen und hohe Verformungsgeschwindigkeit, verformungslose Gewaltbrüche, so genannte *Sprödbrüche*, ausgelöst werden, deren Ausbreitung schlagartig erfolgt.

Maßnahmen zur Verringerung der Eigenspannungen und des Verzuges s. unter 6.2.5.

## 6.2 Gestalten und Entwerfen

### 6.2.1 Schweißbarkeit der Bauteile

Die Schweißbarkeit eines Bauteiles ist nach DIN 8528-1 (Schweißbarkeit metallischer Werkstoffe, Begriffe) gegeben, wenn die erforderliche Belastbarkeit bei ausreichender Sicherheit und Wirtschaftlichkeit gewährleistet ist. Dabei müssen drei Einflussgrößen berücksichtigt werden, von denen jede für sich entscheidend sein kann: der Werkstoff, die Konstruktion und die Fertigung (Bild 6-7). Es ist z. B. sinnlos, die Schweißbarkeit durch einen geeigneteren Werkstoff anzuheben und sie gleichzeitig durch eine Konstruktion mit schlechtem Kraftfluss oder durch eine nicht fachgerechte Fertigung wieder zu schwächen.

#### 1. Schweißeignung der Werkstoffe

Die Schweißeignung eines Werkstoffes ist vorhanden, wenn bei der Fertigung aufgrund der werkstoffgegebenen chemischen, metallurgischen und physikalischen Eigenschaften eine den jeweils gestellten Anforderungen entsprechende Schweißung hergestellt werden kann.

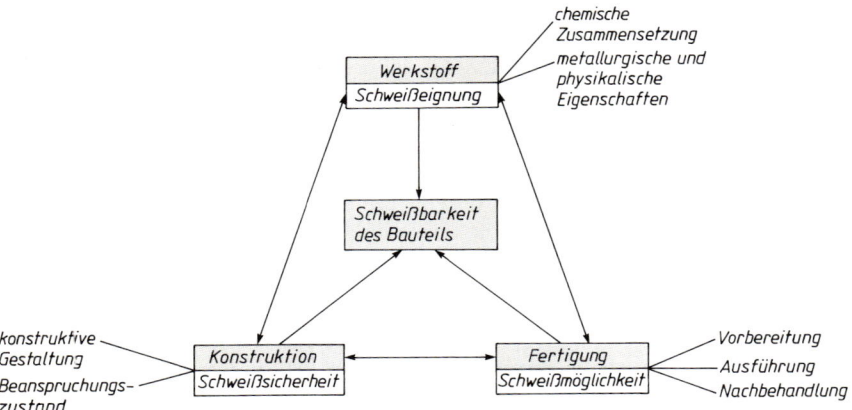

**Bild 6-7** Einflussgrößen auf die Schweißbarkeit eines Bauteils nach DIN 8528-1

**Stähle**
Die Schweißeignung der Stähle ist im Wesentlichen von deren Kohlenstoffgehalt (Aufhärtung), von der Erschmelzungs- und Vergießungsart (Begleitelemente, Seigerungen) und bei legierten Stählen noch von der Menge der Legierungsbestandteile abhängig.
*Allgemein gilt:* Kohlenstoffarme Stähle ($\leq 0{,}22\%$ C) sind gut, kohlenstoffreiche Stähle nur bedingt schweißbar; beruhigt vergossene Stähle (FF) sind den unberuhigt vergossenen (FU) und normal geglühte Stähle (N) den unbehandelten Stahlgüten vorzuziehen.
Bei den un- und niedrig legierten Stählen wird die Schweißeignung hauptsächlich von der Härtungsneigung bestimmt. Durch Vorwärmen des Nahtbereiches kann die Abkühlgeschwindigkeit gesenkt und damit die gefährliche Aufhärtung (Martensitbildung) vermindert werden. *Unlegierte Stähle* sollten bei einem C-Gehalt von 0,2% bis 0,3% auf 100 bis 150 °C, von 0,3% bis 0,45% auf 150 bis 275 °C und von 0,45% bis 0,8% auf 275 bis 425 °C vorgewärmt werden.
Bei *niedrig legierten Stählen* kann zur Beurteilung der Härtungsneigung das Kohlenstoffäquivalent herangezogen werden:

$$\mathrm{CE}\,(\%) = \%\,\mathrm{C} + \frac{\%\,\mathrm{Mn}}{6} + \frac{\%\,\mathrm{Cu} + \%\,\mathrm{Ni}}{15} + \frac{\%\,\mathrm{Cr} + \%\,\mathrm{Mo} + \%\,\mathrm{V}}{5}$$

Für die Schweißbedingungen gilt dann:

- CE bis 0,45 %: Gute Schweißeignung, Vorwärmen erst bei Bauteildicken über 30 mm
- CE = 0,45 % bis 0,6 %: Bedingte Schweißeignung, Vorwärmen auf 100 bis 200 °C
- CE über 0,6 %: Nicht gewährleistete Schweißeignung, Vorwärmen auf 200 bis 350 °C

(Höhere Vorwärmtemperaturen für große Bauteildicken)

*Spannungsarmglühen* geschweißter Bauteile wird erforderlich bei großen Bauteildicken, mehrachsigen Spannungszuständen (Sprödbruchgefahr) und wenn bei nachfolgender spanender Bearbeitung Verzug vermieden werden soll. Beim Glühvorgang wird die Streckgrenze des Werkstoffes herabgesetzt und die elastischen Eigenspannungen durch plastische Verformung beseitigt. Un- und niedrig legierte Stähle werden auf 600 bis 650 °C erwärmt. Die Haltezeit soll je mm Wanddicke 2 Minuten, mindestens aber eine halbe Stunde betragen.
*Unlegierte Baustähle* (DIN EN 10025, s. TB 1-1a) werden in warm geformtem Zustand und normal geglüht eingesetzt. Die Stähle der Gütegruppen JR, JRG1/G2, JO, J2G3/G4 und K2G3/G4 sind zum Schweißen nach allen Verfahren geeignet. Die Schweißeignung verbessert sich bei jeder Sorte von der Gütegruppe JR bis zur Gütegruppe K2. Die zunehmende Sprödbruchsicherheit ist gekennzeichnet durch eine zunehmende gewährleistete Kerbschlagarbeit, verbunden mit einer abnehmenden Übergangstemperatur.

Für die Stähle ohne Gütegruppe S185, E295, E335 und E360 werden keine Angaben zur Schweißeignung gemacht und auch keine Kerbschlagarbeit gewährleistet. Nach der DASt-Richtlinie 009 „Empfehlungen zur Wahl der Gütegruppen für geschweißte Bauteile" kann für jede Schweißaufgabe in Abhängigkeit des Spannungszustandes, der Bedeutung des Bauteils, der Werkstückdicke und der Temperatur eine hinreichend sprödbruchsichere Stahlsorte (Gütegruppe) bestimmt werden.

Schweißgeeignete *Feinkornbaustähle* (DIN EN 10113-2, -3; DIN EN 10028-3, -5, -6; s. TB 1-1b) werden in normal geglühtem (normalisierend gewalztem), thermomechanisch gewalztem und in flüssig vergütetem Zustand im Druckbehälter- und Stahlbau eingesetzt. Sie sind zum Schweißen nach allen üblichen Verfahren geeignet. Voraussetzung für gute Zähigkeit und Rissfreiheit der Verbindung ist beim Schweißen mit umhüllten Stabelektroden und beim UP-Schweißen die Verwendung basischer Zusatz- und Hilfsstoffe. Vorwärmen zwischen 100 und 200 °C ist vielfach angebracht.

Wegen der Gefahr der Kaltrissneigung muss besonders bei vergüteten Feinkornstählen der Wasserstoffgehalt auf kleinste Werte begrenzt werden. Das Wasserstoffarmglühen („Soaken") nach dem Schweißen gilt bei diesen Stählen als Standardwärmebehandlung.

Ausführliche Richtlinien für die schweißtechnische Verarbeitung von Feinkornbaustählen enthält das Stahl-Eisen-Werkstoffblatt 088 (SEW 088). Auf Anforderung liefert der Hersteller Angaben über geeignete Schweißbedingungen, die auf der Grundlage von Schweißverfahrensprüfungen beruhen.

Die *Vergütungsstähle* (DIN EN 10083, s. TB 1-1c) sind alle für Abbrennstumpfschweißen, die Stähle C22, 25CrMo4 und 28Mn6 auch für Schmelz- und Widerstandspunktschweißen geeignet. Wegen des höheren C-Gehaltes ($\leq 0,6\%$) sind beim Schweißen der übrigen Stähle besondere Maßnahmen erforderlich (Vorwärmen, artfremder Zusatzwerkstoff).

Die *Einsatzstähle* (DIN 17210, s. TB 1-1d) sind vor dem Aufkohlen alle zum Schmelzschweißen und Abbrennstumpfschweißen geeignet, jedoch erfordern die höher legierten Stähle 16MnCr5, 20MnCr5, 15CrNi6 und 17CrNiMo6 Vorwärmen und Sonderverfahren.

*Hoch legierte Stähle* werden als nichtrostende, warmfeste, hitzebeständige und kaltzähe Werkstoffe eingesetzt (vgl. TB 1-1i bzw. TB 6-15b). Sie sollen mit möglichst geringer Wärmezufuhr geschweißt werden. Für die schweißtechnische Verarbeitung teilt man sie nach ihrer Gefügeausbildung in ferritische, martensitische und austenitische Stähle ein.

Die *ferritischen* Chromstähle (z. B. X6Cr17) sind grundsätzlich schweißgeeignet (Probleme: Chromstahlversprödung und Kornwachstum). Bei nicht stabilisierten Stählen (ohne Ti oder Nb) langsames Abkühlen oder kurzzeitiges Diffusionsglühen erforderlich.

Die *martensitischen* Stähle (z. B. X20Cr13) sind Lufthärter und daher nur bedingt schweißgeeignet. Diese Stähle werden meist zwischen 300 und 400 °C vorgewärmt und nach dem Schweißen ohne Zwischenabkühlung bei 650 bis 750 °C anlassgeglüht.

Die *austenitischen* Stähle (z. B. X5CrNi18-10) sind grundsätzlich schweißgeeignet (Probleme: Warmrissigkeit und interkristalline Korrosion). Bei stabilisierten Stählen (mit Ti oder Nb) mit weniger als 0,07 % C und üblicher Korrosionsbeanspruchung ist keine Wärmenachbehandlung erforderlich.

Schwefelhaltige Automatenstähle (z. B. X8CrNiS18-9) sollen wegen erhöhter Warmrissgefahr nicht geschweißt werden.

Als Schweißverfahren eignen sich WIG, MIG, E und UP.

**Eisen-Kohlenstoff-Gusswerkstoffe**

Je nach Anwendungsfall wird zwischen *Fertigungsschweißung* (z. B. zur Beseitigung von Gießfehlern), *Instandsetzungsschweißung* (Reparaturschweißung) und *Konstruktionsschweißung* unterschieden. Die Konstruktionsschweißung bietet die Möglichkeit, große und komplizierte Werkstücke in mehrere einfacher zu fertigende Gussteile aufzulösen (Guss-Schweißkonstruktion) oder Gussteile mit Schmiedestücken bzw. Walzprofilen (Guss-Verbund-Schweißkonstruktion) zu verbinden und dadurch die Fertigungskosten zu senken.

*Stahlguss* (DIN 1681, s. TB 1-2g) ist bis auf die Sorte GS-60 gut schweißgeeignet. Bei den Sorten GS-45 und GS-52 kann Vorwärmen erforderlich sein. Die Stahlgusssorten GS-16Mn5 und

GS-20Mn5 (DIN 17182) werden bei besonderen Anforderungen an die Schweißeignung und das Zähigkeitsverhalten eingesetzt.
Zum Schweißen von Vergütungsstahlguss (DIN 17205, s. TB 1-2h), nichtrostendem Stahlguss (DIN 17445, s. TB 1-2i), hitzebeständigem Stahlguss (DIN 17465), hochfestem Stahlguss (SEW 520) und Stahlguss für Druckbehälter (DIN EN 10213-1) zur Verwendung bei Raumtemperatur und erhöhten Temperaturen (DIN EN 10213-2), bei tiefen Temperaturen (DIN EN 10213-3) und aus austenitischen und austenitisch-ferritischen Stahlsorten (DIN EN 10213-4) gelten die gleichen Richtlinien wie für das Schweißen von Walz- und Schmiedestählen entsprechender Zusammensetzung.
DIN EN 10213-1 enthält Bedingungen für Vorwärmen, Zwischenlagen und Spannungsarmglühen. So beträgt z. B. für die Sorte G17CrMo5-5 die Vorwärmtemperatur 150 bis 250 °C, die Zwischenlagentemperatur max. 350 °C, und die Wärmebehandlung soll bei mindestens 650 °C erfolgen.
Beim *entkohlend geglühten (weißen) Temperguss* (GJMW, DIN EN 1562, s. TB 1-2e) ermöglicht die Sorte EN-GJMW-360-12 bei Wanddicken bis 8 mm Fertigungs- und Konstruktionsschweißungen nach allen Schweißverfahren ohne Nachbehandlung.
Bei *nicht entkohlend geglühtem (schwarzen) Temperguss* (GJMB) sind, wie bei den übrigen GJMW-Sorten, Konstruktionsschweißungen bei niedriger Beanspruchung und Fertigungsschweißungen möglich, wenn die geschweißten Teile nachträglich geglüht werden. Bei allen Tempergusssorten lassen sich, wirtschaftlich vertretbar bei Wanddicken unter 8 mm, durch intensiv entkohlende Glühung die Voraussetzungen für Konstruktionsschweißung herstellen.
*Gusseisen mit Lamellengraphit* (GJL, DIN EN 1561, s. TB 1-2a) und *Gusseisen mit Kugelgraphit* (GJS, DIN EN 1563, s. TB 1-2b) werden bei hoher bzw. dynamischer Beanspruchung mit artgleichem Zusatzwerkstoff unter gleichzeitigem Vorwärmen und nachträglicher Wärmebehandlung (Warmschweißen, Güteklasse A), bei geringeren Anforderungen mit artfremdem Zusatzwerkstoff ohne Wärmebehandlung (Kaltschweißen, Güteklasse B) geschweißt.
Für das Schmelzschweißen der Gusswerkstoffe sind folgende Verfahren geeignet: G (nur für Warmschweißen), E, MIG und WIG. Für Gusseisen und Temperguss werden dabei überwiegend Zusatzwerkstoffe nach DIN 8573 verwendet, z. B. FeC-G zu artgleichem oder Ni zu artfremdem Schweißen. Die Hinweise der Merkblätter DVS 0602 und DVS 0603 sind zu beachten.
Die überlieferten Vorbehalte gegen das Schweißen von Gusswerkstoffen sind durch die moderne Schweißtechnologie hinfällig geworden!

**Nichteisenmetalle**
*Aluminium* und dessen Legierungen (s. TB 1-3b) sind unter Schutzgas (WIG und MIG) meist gut schweißbar. In der Wärmeeinflusszone verlieren die nicht aushärtbaren Knetlegierungen (AlMg, AlMn, AlMgMn) ihre durch Kaltverfestigung erzielte hohe Festigkeit bis auf die Werte des Zustandes „weich", aushärtbare Legierungen (AlMgSi, AlZnMg) können die ursprüngliche Festigkeit durch erneute Wärmebehandlung wieder erreichen. Ein günstiges Verhalten zeigt die Legierung ENAW-AlZn4,5Mg1, sie härtet nach dem Schweißen in der Wärmeeinflusszone selbsttätig wieder aus. Zum Schmelzschweißen nicht geeignet sind Legierungen, die Kupfer, Blei oder Wismut enthalten, sowie Druckgussteile. Weitere Hinweise s. Merkblatt DVS 1608.
Bei *Kupferlegierungen* ist die Beurteilung der Schweißeignung wegen vieler oft schwer erfassbarer Einflüsse schwierig. Probleme bereiten oft niedrigsiedende Bestandteile (Zinkausdampfung), Gefahr von Warmrissen und Porenbildung, erhöhte Deckschichtbildung (Al) u. a. Gut geeignet für das Schmelzschweißen mit Schutzgasverfahren sind Kupfer-Zinn-Legierungen (Zinnbronzen), Kupfer-Nickel-Legierungen (z. B. CuNi10Fe1Mn) und Kupfer-Aluminium-Legierungen (Aluminiumbronze, z. B. G-CuAl10Ni). Wenn keine ausreichenden Erfahrungen vorliegen, sind Probeschweißungen zu empfehlen. Bleihaltige Automatenlegierungen werden nicht geschweißt.

**Unterschiedliche Metalle**
Wirtschaftliche Verbundkonstruktionen erfordern oft das Verbindungsschweißen unterschiedlicher Bauteilwerkstoffe und ermöglichen so die optimale Nutzung der jeweiligen Werkstoff-

eigenschaften. Von besonderem Einfluss auf die Schweißeignung ist die Möglichkeit der Legierungsbildung zwischen den beteiligten Werkstoffen, weiterhin deren thermische Ausdehnungskoeffizienten, die Warmrissneigung der Grund- und Zusatzwerkstoffe und das verwendete Schweißverfahren. Viele Metallkombinationen, die auch mit Hilfe geeigneter Schmelzschweißverfahren wie z. B. Lichtbogen- und Elektronenstrahlschweißen, nicht oder nur bedingt schweißbar sind, lassen sich durch Pressschweißen herstellen. Besonders bewährte Verfahren sind das Reibschweißen (FR), das Ultraschallschweißen (US), das Diffusionsschweißem (D) und das Widerstands-Punktschweißen (RP), Bild 6-2.
Innerhalb der eigenen Werkstoffgruppe lassen sich bei Stählen, Kupfer-, Aluminium- und Magnesium-Legierungen in fast jeder Sortenkombination brauchbare Verbindungen durch Schmelzschweißen herstellen. Liegen über die Schweißeignung der zu verbindenden Metalle keine Erfahrungen vor, so helfen oft die Fachliteratur bzw. die Angaben der Werkstofflieferanten oder eigene Versuche weiter. In schwierigen Fällen kann auch ein anderes Fügeverfahren, wie z. B. Kleben oder Löten, zu brauchbaren Ergebnissen führen.

**Thermoplastische Kunststoffe**
Nur die Thermoplaste sind mit oder ohne Zusatz von artgleichem Kunststoff schweißbar. Anwendungsbeispiele sind der chemische Apparatebau und der Rohrleitungsbau (s. DIN 16928, Merkblatt DVS 2205). Dort werden überwiegend Halbzeuge aus Polyvinylchlorid (PVC hart), Polyethylen (PE hart) und Polypropylen (PP) durch Warmgas- oder Heizelementschweißen verarbeitet.

**2. Konstruktionsbedingte Schweißsicherheit**

Die Schweißsicherheit einer Konstruktion ist vorhanden, wenn mit dem verwendeten Werkstoff das Bauteil aufgrund seiner konstruktiven Gestaltung unter den vorgesehenen Betriebsbedingungen funktionsfähig bleibt. Sie wird überwiegend von der *konstruktiven Gestaltung* (z. B. Kraftflussverlauf, s. 6.2.5) und vom *Beanspruchungszustand* (z. B. Art und Größe der Spannungen, s. 6.1.3 und 6.3.1) beinflusst.

**3. Fertigungsbedingte Schweißsicherheit (Schweißmöglichkeit)**

Die Schweißmöglichkeit in einer schweißtechnischen Fertigung ist vorhanden, wenn die an einer Konstruktion vorgesehenen Schweißungen unter den gewählten Fertigungsbedingungen fachgerecht hergestellt werden können. Sie wird überwiegend von der *Schweißvorbereitung* (z. B. Stoßarten, Vorwärmung), der *Ausführung* der Schweißarbeiten (z. B. Schweißfolge) und der *Nachbehandlung* (z. B. Glühen) beeinflusst.

**4. Schweißzusatzwerkstoffe**

Die Zusatzwerkstoffe müssen auf die Grundwerkstoffe, das Schweißverfahren und die Fertigungsbedingungen abgestimmt sein. Während beim Schweißen von unlegierten Stählen und Gusseisen die verlangte Festigkeit oft auch mit Zusatzwerkstoffen erreichbar ist, deren Zusammensetzung wesentlich vom Grundwerkstoff abweicht, muss bei korrosionsbeanspruchten Schweißteilen (meist aus nicht rostendem Stahl oder Al-Legierungen) der Grundsatz der *artgleichen Schweißung* eingehalten werden.
*Gasschweißstäbe* für un- und niedrig legierte Stähle (DIN 8554) sind nach ihrer chemischen Zusammensetzung und der gewährleisteten Kerbschlagarbeit in sieben Klassen (G I bis G VII) eingeteilt. Den allgemeinen Baustählen, Rohrstählen und Kesselblechen sind geeignete Schweißstabklassen zugeordnet.
*Umhüllte Stabelektroden* für unlegierte Stähle und Feinkornstähle (DIN EN 499) werden in der Praxis nach der chemischen Charakteristik der Umhüllung, der Festigkeit des Schweißguts, dem Anwendungsgebiet und der Umhüllungsdicke eingeteilt.
Die am meisten verwendete Elektrode ist rutilumhüllt (Typ R). Sie ist bei guten bis sehr guten mechanischen Eigenschaften in allen Lagen gut verschweißbar und neigt wenig zu Warmrissen. Die basischumhüllte Elektrode (Typ B) wird wegen der hervorragenden Verformbarkeit des

Schweißgutes für dicke Bauteile und starre Konstruktionen benutzt. Sie ist sehr gut für schweißempfindliche Stähle geeignet. Sauer- und zelluloseumhüllte Elektroden (Typ A und C) sind von geringer Bedeutung. Dünn umhüllte Elektroden eignen sich nur für Schweißteile mit geringer ruhender Beanspruchung und für Dünnblechschweißungen, mitteldick umhüllte ergeben gute Zähigkeitswerte, während dick umhüllte Elektroden die besten Eigenschaften aufweisen.

Einzelheiten über Zusatzwerkstoffe für Gusseisen und Temperguss (DIN 8573), warmfeste Stähle (DIN 8575), nichtrostende und hitzebeständige Stähle (DIN 8556), Feinkornbaustähle (DIN 8529), Aluminium- und Aluminiumlegierungen (DIN 1732) sowie Kupfer- und Kupferlegierungen (DIN 1733) s. in ( ) angeführte Normblätter.

*Bezeichnungsbeispiel:* Rutilbasisch umhüllte Stabelektrode (RB) für das Lichtbogenhandschweißen (E), deren Schweißgut eine Mindeststreckgrenze von 420 N/mm$^2$ (42) aufweist und für das eine Mindestkerbschlagarbeit von 47 J bei $-30\,°C$ (3) erreicht wird. Das Schweißgut ist mit 1,1 % Mn und 0,5 % Mo (Mo) legiert.

*Stabelektrode EN 499-E 42 3 Mo RB*

In einem nicht verbindlichen Teil der Normbezeichnung können noch Angaben über Ausbringung, Stromart, Schweißposition und Wasserstoffgehalt gemacht werden.

### 6.2.2 Stoß- und Nahtarten

#### 1. Begriffe

Der *Schweißstoß* ist der Bereich, in dem die Teile durch Schweißen miteinander vereinigt werden. Nach der konstruktiven Anordnung der Teile zueinander (Verlängerung, Verstärkung, Abzweigung) lassen sich die im Bild 6-10 zusammengefassten Stoßarten unterscheiden.

Die *Schweißnaht* vereinigt die Teile am Schweißstoß. Die Nahtart hängt im Wesentlichen von der Stoßart, der Nahtvorbereitung (z. B. Fugenform), dem Werkstoff und dem Schweißverfahren ab. Die Naht muß am Schweißstoß so vorbereitet werden (Fuge, Spalt), dass z. B. bei Stumpfnähten ein gutes Aufschmelzen der Blechkanten, ein gutes Durchschweißen der Wurzel und ein vollkommenes Füllen des Nahtquerschnitts möglich ist. Ausführliche Richtlinien zur Wahl der Fugenform in Abhängigkeit von der Werkstoffart, der Werkstückdicke und vom Schweißverfahren sind in den Normen enthalten (z. B. DIN EN 29692 und DIN 8552, s. Bild 6-11). Die Fugenform für eine HY-(halbe Y-)Naht mit Badsicherung (z. B. Unterlage) zeigt Bild 6-8.

Die Schweißnähte werden durch einzelne Raupen in einer Schweißlage oder in mehreren Schweißlagen aufgebaut. Der Nahtaufbau und die Lagenfolge für eine Y-Naht mit Gegenlage geht aus Bild 6-9 hervor. Je nachdem, ob die Nähte in ihrer Länge ganz oder nur teilweise geschweißt sind, unterscheidet man *nicht unterbrochene* und *unterbrochene* Nähte (Nahtverlauf).

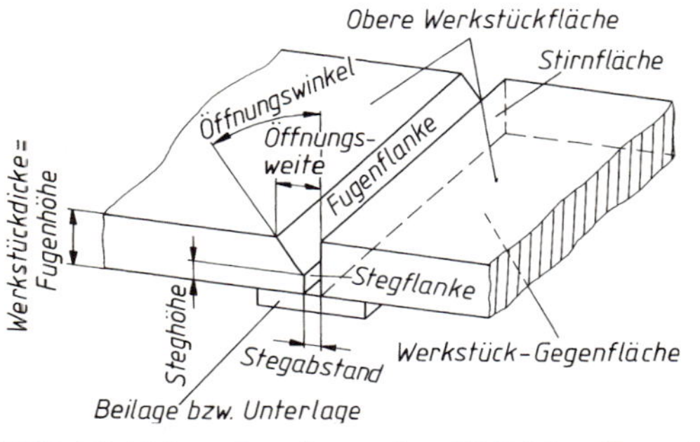

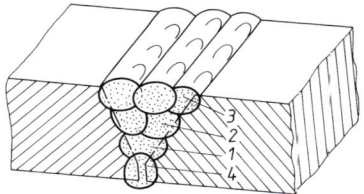

**Bild 6-8** Nahtvorbereitung für HY-Naht. Fugenform und Begriffe nach DIN 1912-1. Badsicherung bleibt nach dem Schweißen am Schweißteil (Beilage) oder wird entfernt (Unterlage)

**Bild 6-9** Nahtaufbau und Lagenfolge für Y-Naht mit Gegenlage. Mittel- und Decklage aus mehreren Raupen. Die Zahlen geben auch die Lagenfolge an.
**1** Wurzellage, **2** Mittellage, **3** Decklage,
**4** Gegenlage

## 6.2 Gestalten und Entwerfen

| Stoßart | Anordnung der Teile [1] | Erläuterung der Stoßart | Geeignete Nahtformen (Symbole) Hinweise |
|---|---|---|---|
| Stumpfstoß |  | Die Teile liegen in einer Ebene. Sie stoßen stumpf gegeneinander. |  人 ‖ V X Y<br>Ungestörter Kraftfluss (bevorzugt anwenden) |
| Parallelstoß |  | Die Teile liegen parallel aufeinander. | 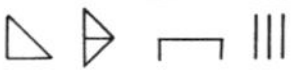 ◺ ▷ ⌐ ‖‖<br>Häufig bei Gurtplatten von Biegeträgern. |
| Überlappstoß |  | Die Teile liegen parallel aufeinander. Sie überlappen sich. |  ◺ ▷<br>Häufig als Stabanschluss im Stahlbau. |
| T-Stoß |  | Die Teile stoßen rechtwinklig (T-förmig) aufeinander. |  ◺ ▷ K<br>Bei Querzugbeanspruchung Maßnahmen erforderlich.[2] |
| Doppel-T-Stoß (Kreuzstoß) |  | Zwei in einer Ebene liegende Teile stoßen rechtwinklig auf ein dazwischenliegendes drittes. |  ◺ ▷ K<br>Bei Querzugbeanspruchung Maßnahmen erforderlich.[2] |
| Schrägstoß |  | Ein Teil stößt schräg gegen ein anderes. | ◺<br>Kehlwinkel ≥ 60°.<br>Bei Querzugbeanspruchung Maßnahmen erforderlich.[2] |
| Eckstoß |  | Zwei Teile stoßen unter beliebigem Winkel aneinander (Ecke). | ◺<br>Weniger belastbar als T-Stoß. |
| Mehrfachstoß |  | Drei oder mehr Teile stoßen unter beliebigem Winkel aneinander. | Erfassen aller Teile schwierig. Für höhere Beanspruchung ungeeignet. |
| Kreuzungsstoß | 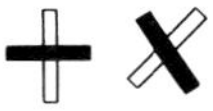 | Zwei Teile liegen kreuzend übereinander. | ◺<br>Vereinzelt im Stahlbau. |

[1] ○ mögliche Lage der Schweißnaht.
[2] Im Querblech Gefahr durch Brüche parallel zur Oberfläche durch Doppelungen oder durch schlechtes Formänderungsvermögen in Dickenrichtung infolge nichtmetallischer Einschlüsse (Terrassenbrüche). Abhilfemaßnahmen: Ultraschallprüfung im Anschlussbereich, Querzugbeanspruchung konstruktiv vermeiden, Vergrößerung der Schweißanschlussfläche, Werkstoffe mit verbesserten Quereigenschaften verwenden (Z-Güten nach Stahl-Eisen-Werkstoffblatt 096 und DIN EN 10164, Symbol für Mindestbrucheinschnürung senkrecht zur Oberfläche von z. B. 15 %: +Z15)

**Bild 6-10** Stoßarten nach DIN 1912-1

| Nahtart | Nahtform (Fugenform) | Werkstück- dicke $t$ | Ausführung | Symbol | Kennzahl | Maße Winkel $\alpha, \beta$ Grad | Maße Spalt $b$ mm | Empfohlener Schweiß- prozess (siehe Bild 6-1) | Relati- ve Her- stell- kosten (Fuge) | Bemerkungen Anwendung |
|---|---|---|---|---|---|---|---|---|---|---|
| Bördelnaht | 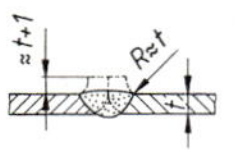 | bis 2 | ein- seitig | ⋏ | 1.1 | – | – | G, E, WIG, MIG, MAG | | Dünnblechschweißung ohne Zusatzwerkstoff |
| I-Naht | 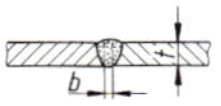 | bis 4 | ein- seitig | ‖ | 1.2 | – | ≈ $t$ | G, E, WIG | 0,5 | Keine Nahtvorbereitung, wenig Zusatzwerkstoff. Bei einseitigem Schweißen sind Wurzel- und Bindefehler nicht auszuschließen. |
| | | bis 8 | beid-[1)] seitig | | 2.2 | – | ≈ $t/2$ | E, WIG (MIG, MAG) | | |
| V-Naht | 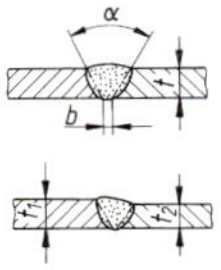 | 3 bis 10 | ein- seitig | V | 1.3 | 40 bis 60 | ≤ 4 | G | 1 | Bei dynamischer Beanspruchung beachten: 1. Wurzel ausarbeiten und gegenschweißen. 2. Bei $t_1 - t_2 > 3$ mm dickeres Teil mit Neigung 1:4 abschrägen (Kraftfluss!) |
| | | 3 bis 40 | beid-[1)] seitig | V (mit Steg) | 2.3.9 | ≈ 60 40 bis 60 | ≤ 3 | E, WIG MIG, MAG | | |
| DV-Naht | 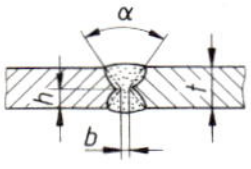 $h = t/2$ | über 10 | beid-[1)] seitig | X | 2.3.3 | ≈ 60 40 bis 60 | 1 bis 4 | E, WIG MIG MAG | 2 | Bei größeren Blechdicken günstiger als V-Naht, da bei gleichem α nur die halbe Schweißgutmenge benötigt wird. Fast keine Winkelschrumpfung bei wechselseitigem Schweißen. Wurzel vor dem Schweißen der Gegenlage ggf. ausarbeiten. |
| Y-Naht | 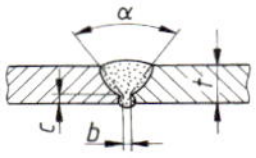 | 5 bis 40 | ein- seitig | Y | 1.5 | ≈ 60 | 1 bis 4 | E, WIG MIG, MAG | 1,5 | Steghöhe $c = 2 \ldots 4$ mm |
| U-Naht | | über 12 | ein- seitig | Y (U) | 1.7 | 8 bis 12 | 1 bis 4 | E, WIG, MIG, MAG | 4 | Steghöhe $c = 3$ mm Vorteilhaft bei unzugänglicher Gegenseite. Vorbereitung teuer (Hobeln). |
| HV-Naht | | 3 bis 10 | ein- seitig | V (halb) | 1.4 | 35 bis 60 | 2 bis 4 | E, WIG, MIG, MAG | 0,7 | Häufig in Verbindung mit einer Kehlnaht beim T-Stoß. Ausführung mit unverschweißtem Steg (HV-Stegnaht) vermindert Fertigungskosten. Steghöhe $c \leq 2$ mm |
| | | 3 bis 30 | beid-[1)] seitig | | 2.4.9 | | 1 bis 4 | | | |
| DHV-Naht (Doppel- HV-Naht, K-Naht) | 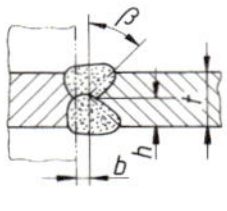 | über 10 | beid-[1)] seitig | K | 2.4.4 | 35 bis 60 | 1 bis 4 | E, WIG, MIG, MAG | 1 | Häufig in Verbindung mit Kehl- nähten beim T-Stoß. Ausführung mit unverschweißtem Mittelsteg (K-Stegnaht) vermindert Fertigungskosten. Flankenhöhe $h = t/2$ oder $t/3$ |

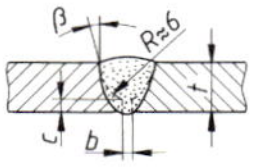

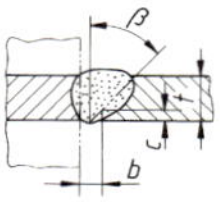

Bezeichnung für Fugenform 2.3.3 für das Metall-Aktivgasschweißen (MAG, 135): Fugenform DIN EN 29692 − 2.3.3 − 135

[1)] Fertigungstechnisch nicht immer auszuführen.
    **Beachte:** Zugänglichkeit, Zwangslage bzw. Wendbarkeit.

**Bild 6-11** Stumpfnahtformen an Stahl und deren Vorbereitung nach DIN EN 29692 (Auswahl)

## 2. Stumpfnaht

Bei der Stumpfnaht stoßen die Bauteile stumpf gegeneinander und bilden einen *Stumpfstoß* mit Schweißfuge. Wenn es die Anordnung der Bauteile zulässt, soll die Stumpfnaht gegenüber der Kehlnaht möglichst bevorzugt werden. Die Stumpfnaht ist bei gleicher Dicke festigkeitsmäßig besser als die Kehlnaht, besonders bei dynamischer Belastung (glatter, ungestörter Kraftfluss, geringere Kerbwirkung). Außerdem ist sie beispielsweise durch Röntgenstrahlen oder Ultraschallwellen leichter und sicherer zu prüfen.

## 6.2 Gestalten und Entwerfen

Als nachteilig muss die teurere Herstellung mancher Fugenformen genannt werden.
In Bild 6-11 sind die wichtigsten Stumpfnahtformen, deren Anwendung und Vorbereitung für Bauteile aus Stahl aufgeführt.
Aus Kostengründen werden bei dickeren Blechen auch nicht durchgeschweißte Stumpfnähte ausgeführt, s. Bild 6-12. Bei der Doppel-I-Naht (Bild 6-12c) wird die rechnerische Nahtdicke $a$ durch eine Verfahrensprüfung festgelegt. Die Spaltbreite $b$ ist verfahrensabhängig, z. B. $b = 0$ bei UP-Schweißung.

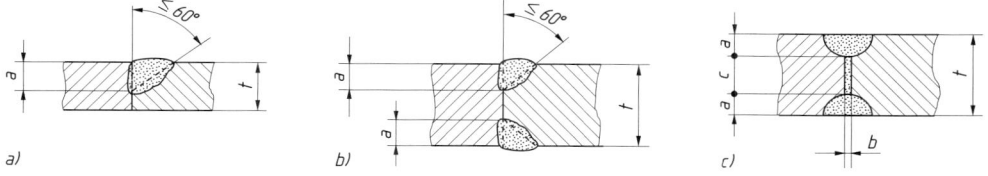

**Bild 6-12** Nicht durchgeschweißte Stumpfnähte nach DIN 18800-1.
a) HY-Naht, b) D(oppel)HY-Naht, c) Doppel-I-Naht ohne Nahtvorbereitung (vollmechanische Naht), $a$ = rechnerische Nahtdicke

### 3. Kehlnaht

Bei der Kehlnaht liegen die Teile in zwei Ebenen rechtwinklig zueinander (z. B. T-, Überlapp- und Eckstoß) und bilden dadurch eine Kehlfuge zur Aufnahme der Schweißnaht (Bild 6-13). Da sie keiner besonderen Vorbereitung bedarf und leicht herstellbar ist, ist sie die wirtschaftlichste Nahtform. Kehlnähte sind durch die Umlenkung des Kraftflusses und durch die starke Kerbwirkung (unverschweißter Spalt, Bild 6-13g und h), besonders bei dynamischer Belastung, festigkeitsmäßig ungünstiger als Stumpfnähte.
Zur Anwendung kommen folgende Nahtformen:
*Flachnaht* (Bild 6-13a) mit wirtschaftlichem Nahtquerschnitt, fast ausschließlich angewandt, günstig für ruhende und dynamische Belastung.
*Hohlnaht* (Bild 6-13b) für dynamisch belastete Bauteile (guter Einbrand, sanfter Nahtübergang, bester Kraftfluss) nur in Wannenlage schweißbar.

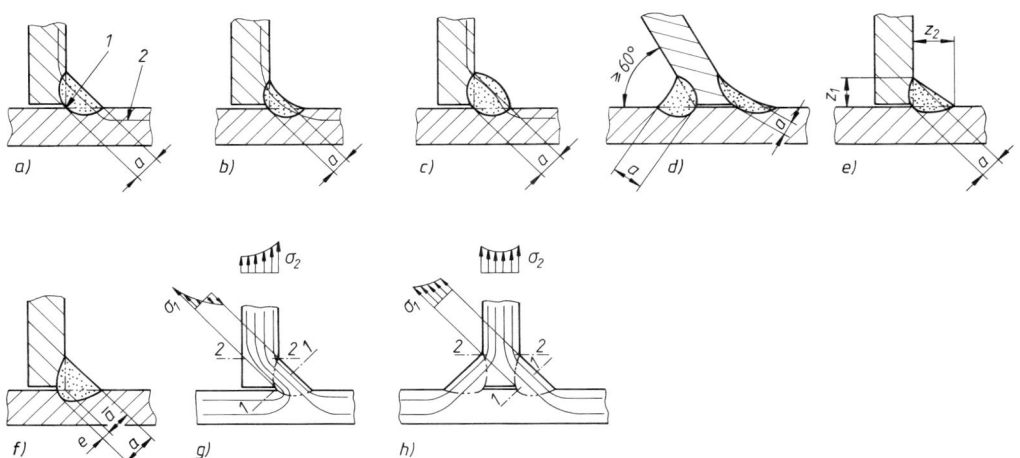

**Bild 6-13** Kehlnähte.
a) Flachnaht (**1** theoretischer Wurzelpunkt, **2** Kraftlinie, $a$ Nahtdicke), b) Hohlnaht, c) Wölbnaht, d) Nahtdicke $a$ am Schrägstoß, e) Nahtdicke $a$ bei ungleichschenkliger Kehlnaht:
$a = 0.5 \cdot \sqrt{2} \cdot z_1 (z_1 < z_2)$, f) Kehlnaht mit tiefem Einbrand: $a = \bar{a} + e$, g) und h) Spannungsverteilung und Kraftfluss in einseitiger Kehlnaht bzw. Doppelkehlnaht

*Wölbnaht* (Bild 6-13c) wird am Eckstoß ausgeführt, leicht herstellbar, aber Nahtquerschnitt und Kraftfluss ungünstig.

*Spitzwinklige Naht* am Schrägstoß (Bild 6-13d) mit Kehlwinkel größer als 60°, kleinerer Kehlwinkel nur zulässig, wenn sichere Wurzelerfassung nachgewiesen wird, häufig bei Rohrknoten von Fachwerken.

*Ungleichschenklige Naht* (Bild 6-13e) mit allmählicher Kraftflussumlenkung bei Stirnkehlnaht am Gurtplattenende bzw. Muffennaht.

Nach der Anordnung unterscheidet man einseitige Kehlnaht (Bild 6-13g), Doppelkehlnaht (Bild 6-13h), Ecknaht, Stirn- und Flankenkehlnaht (Bild 6-40d) beim Stab- und Laschenanschluss und die Halsnaht (Bild 6-39a) beim Biegeträger. Die einseitige Kehlnaht ist nur anzuwenden, wenn die Doppelkehlnaht wegen Unzugänglichkeit nicht ausgeführt werden kann oder die Beanspruchung niedrig liegt. Kehlnähte können mit der Magnetpulver- oder der Farbeindringprüfung auf Risse untersucht werden. Die Durchstrahlungs- und Ultraschallprüfung ist nur bedingt anwendbar (unverschweißter Spalt).

Empfehlungen für die Nahtabmessungen s. 6.3.1-4.1.

## 4. Sonstige Nähte

Als solche werden Nahtformen bezeichnet, die weder der Stumpfnaht noch der Kehlnaht zugeordnet werden können (z. B. Punktnaht) oder Kombinationen aus beiden sind (z. B. HV-Naht mit Kehlnaht).

Im Stahlbau werden die durch- oder gegengeschweißten Nähte nach Bild 6-14a und b am T- und Schrägstoß eingesetzt, um gegenüber Kehlnähten eine Verbesserung der Tragfähigkeit bzw. eine Verringerung des Nahtquerschnittes zu erzielen. Die außen liegenden Kehl- bzw. Doppelkehlnähte werden mit ihrer Nahtdicke für die Festigkeitsberechnung nicht berücksichtigt.

Nicht durchgeschweißte Nähte (Bild 6-14c und d) weisen wegen des unverschweißten Spaltes eine hohe Kerbwirkung auf und sind statisch und vor allem dynamisch weniger belastbar.

Die HY-Naht mit Kehlnaht („versenkte Kehlnaht", Bild 6-14c) ist gegenüber der Kehlnaht wesentlich wirtschaftlicher, da bei gleicher rechnerischer Nahtdicke nur das halbe Schweißvolumen erforderlich ist.

Wegen der rechnerischen Nahtdicke s. 6.3.1-4.1.

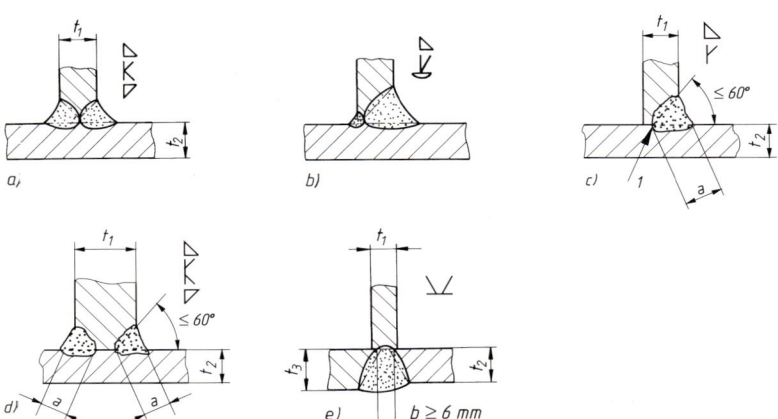

**Bild 6-14** Sonstige (zusammengesetzte) Nähte nach DIN 18800-1.
a) D(oppel)HV-Naht (DHV) mit Doppelkehlnaht (K-Naht),
b) HV-Naht mit Kehlnaht, Kapplage gegengeschweißt,
c) HY-Naht mit Kehlnaht (**1** theoretischer Wurzelpunkt, $a$ = rechnerische Nahtdicke),
d) D(oppel)HY-Naht (K-Stegnaht) mit Doppelkehlnaht,
e) Dreiblechnaht, Steilflankennaht

## 5. Fugenvorbereitung

Die Herstellung der geraden Schweißfugen für V-, HV-, Y- und X-Nähte erfolgt bis zu Blechdicken von ca. 20 mm am wirtschaftlichsten mit Scheren und tragbaren Elektro- oder Druckluftwerkzeugen (Schweißkantenformer). Für größere Blechdicken und bei kurvenförmigen Fugen werden fast ausschließlich thermische Trennverfahren eingesetzt. Das Brennfugen (Fugenhobeln) ermöglicht auch die Herstellung von U-Fugenflanken und das Ausarbeiten der Wurzelseite von Schweißnähten.

Fugen mit gekrümmten Flanken, z. B. für U-Nähte, werden häufig durch Fräsen oder Hobeln hergestellt. Die spanende Fugenvorbereitung ist am wirtschaftlichsten bei Drehteilen oder Werkstücken, bei denen außer der Schweißfuge noch andere Flächen bearbeitet werden müssen.

### 6.2.3 Gütesicherung

**1. Bewertungsgruppen für Lichtbogenschweißverbindungen an Stahl nach DIN EN 25817**

Die Bewertungsgruppen dienen der einheitlichen Bewertung der Nahtqualität in allen Anwendungsbereichen des Lichtbogenschweißens, wie z. B. im Stahlbau, für Druckbehälter und geschweißte Rohrleitungen. Sie schaffen die Voraussetzungen, die Schweißverbindungen als definierte Konstruktionselemente einzusetzen und die gegenseitige Anerkennung von Qualitätsnachweisen durch verschiedene zuständige Stellen zu erreichen.

DIN EN 30042 und DIN EN ISO 13919 enthalten weitere Richtlinien über Bewertungsgruppen für das Schmelz- und Strahlschweißen an Stahl- und Aluminiumwerkstoffen.

Ohne Unterscheidung nach Stumpf- und Kehlnähten werden für die Unregelmäßigkeiten an Schweißverbindungen drei Bewertungsgruppen festgelegt, und zwar niedrig (D), mittel (C) und hoch (B). Die Grenzwerte der Unregelmäßigkeiten (z. B. Poren, Kantenversatz) sind also in der Gruppe D am höchsten, in der Gruppe B am geringsten. Für Stahl ist der Dickenbereich mit 3 bis 63 mm festgelegt.

In der Praxis werden die Bewertungsgruppen durch Anwendernormen (geregelter Bereich, z. B. Kranbau) oder vom Konstrukteur zusammen mit dem Betreiber festgelegt. Sie beziehen sich nur auf die Fertigungsqualität und nicht auf die Gebrauchstauglichkeit der gelieferten Erzeugnisse.

Für *statische* Beanspruchung werden in dem Merkblatt DVS 0705 für 26 Unregelmäßigkeiten und deren Grenzwerte Empfehlungen für die Auswahl von Bewertungsgruppen gegeben, s. TB 6-2.

Je nach Ausnutzung der zulässigen Spannungen werden die Beanspruchungen eingestuft in

- etwa 50 % ($\sigma_{vorh} \leq 0{,}5\sigma_{zul}$)
- etwa 75 % ($0{,}5\sigma_{zul} \leq \sigma_{vorh} \leq 0{,}75\sigma_{zul}$)
- etwa 100 % ($0{,}75\sigma_{zul} \leq \sigma_{vorh} \leq \sigma_{zul}$)

Die Richtwerte für die genannten zulässigen Spannungen für die Schweißverbindungen sind bei

- Stumpfnähten gleich der zulässigen Spannung des Grundwerkstoffs,
- Kehlnähten gleich 65 % der zulässigen Spannung des Grundwerkstoffs.

In TB 6-2 sind auch Vorschläge für die Auswahl einer einheitlichen Bewertungsgruppe für alle Unregelmäßigkeiten ausgeführt, und zwar ohne Sonderbestimmungen, d. h. bei exakter Beibehaltung aller Grenzwerte nach DIN EN 25817, und mit einer Sonderbestimmung für die Änderung des Grenzwertes bei einer Unregelmäßigkeit (Einbrandkerbe) zur Steigerung des Tragverhaltens der Schweißverbindung.

Für die Berechnung der Schwingfestigkeit geschweißter Bauteile nach den Empfehlungen des Internationalen Instituts für Schweißtechnik (IIW) kann das Merkblatt DVS 0705 herangezogen werden. Es enthält für wesentliche Nahtarten Empfehlungen für die Zuordnung der Schwingfestigkeitsklassen nach IIW zu den Unregelmäßigkeiten und den Bewertungsgruppen nach DIN EN 25817.

Für den ungeregelten Bereich sind in Bild 6-15 Empfehlungen für den Einsatz von Bewertungsgruppen für Schweißverbindungen bei schwingender Beanspruchung zusammengestellt.

| Bewertungsgruppe nach DIN EN 25817 | Empfehlungen für den Einsatz im ungeregelten Bereich |
|---|---|
| B (hohe Anforderungen) | – schwingend hoch beanspruchte Schweißnähte<br>– volle Ausnutzung der Dauerfestigkeitswerte<br>– Leichtbaukonstruktionen<br>– hoch beanspruchte bewegte Bauteile<br>– z.B. Hebel, Schwingen, Rahmen, Achsen, Wellen, Läufer, Zugstangen |
| C (mittlere Anforderungen) | – bei mittlerer Schwingbeanspruchung<br>– z.B. Ständer, Rahmen, Gehäuse, Kästen, Maschinengestelle |
| D (niedrige Anforderungen) | – schwingend niedrig beanspruchte Schweißgruppen<br>– z.B. Einsatz für Schweißteile, die auf Steifigkeit bemessen (überdimensioniert) sind, Gestelle, Ständer, Grundplatten, Regale, Vorrichtungskörper |

**Bild 6-15** Empfehlungen für den Einsatz von Bewertungsgruppen für Schweißverbindungen bei schwingender Beanspruchung

## 2. Allgemeintoleranzen für Schweißkonstruktionen nach DIN EN ISO 13920

Allgemeintoleranzen nach DIN EN ISO 13920 für Längen- und Winkelmaße, sowie für Form und Lage, sind auf werkstattüblichen Genauigkeiten basierende zulässige Abweichungen für Nennmaße, die in den Zeichnungen nicht mit Toleranzangaben versehen sind. Sie gelten für Schweißteile, Schweißgruppen und Schweißkonstruktionen, wenn in Fertigungsunterlagen auf diese Norm verwiesen wird. Die Festlegung von je vier Toleranzklassen (A, B, C und D für Längen- und Winkelmaße; E, F, G und H für Geradheit, Ebenheit und Parallelität) nimmt Rücksicht auf die unterschiedlichen Anforderungen in den verschiedenen Anwendungsgebieten (s. TB 6-3). Der Aufwand wächst mit der jeweils höheren Toleranzklasse.

Nach DIN ISO 8015 gelten Maß-, Form- und Lagetoleranzen unabhängig voneinander. Bei einer Wahl der Toleranzklasse B für Längen- und Winkelmaße und Toleranzklasse F für Ebenheit, Geradheit und Parallelität ist z. B. in die Zeichnung einzutragen: DIN EN ISO 13920-BF. Obwohl keine allgemeinen Auswahlempfehlungen für Toleranzklassen getroffen werden können, seien Anhaltswerte genannt: B und F für Aufbauten und Drehgestelle von Schienenfahrzeugen, B/C und F für Getriebeteile und Druckbehälter, B/C/D und F/G/H im allgemeinen Maschinenbau. Stets sollte aber geprüft werden, ob der höhere Fertigungsaufwand die Wahl einer engen Toleranz rechtfertigt.

## 6.2.4 Zeichnerische Darstellung der Schweißnähte nach DIN EN 22553

Schweißnähte sollen unter Beachtung der allgemeinen Zeichenregeln dargestellt werden. Zur Zeichnungsvereinfachung wird empfohlen, für gebräuchliche Nähte die symbolische Darstellung anzuwenden. Wenn die eindeutige Darstellung durch Symbole und Kurzzeichen nicht möglich ist, sind die Nähte gesondert zu zeichnen und vollständig zu bemaßen (vgl. Bild 6-23).

### 1. Symbole

Die verschiedenen Nahtarten werden durch jeweils ein Symbol gekennzeichnet, das im Allgemeinen ähnlich der zu fertigenden Naht ist. Das Symbol soll nicht das anzuwendende Verfahren bestimmen. Die Grundsymbole sind auszugsweise in TB 6-1a angegeben. Falls erforderlich, dürfen Kombinationen von Grundsymbolen angewendet werden. Typische Beispiele zeigt TB 6-1b.

Grundsymbole dürfen durch ein Symbol, das die Form der Oberfläche oder die Ausführung der Naht kennzeichnet, ergänzt werden. Die empfohlenen Zusatzsymbole sind in TB 6-1c angegeben. Beispiele für die Kombinationen von Grundsymbolen und Zusatzsymbolen enthält

TB 6-1e. Ergänzungssymbole geben Hinweise auf den Verlauf der Nähte, s. TB 6-1d. Sie werden im Knickpunkt zwischen Bezugs- und Pfeillinie eingetragen.

## 2. Lage der Symbole in Zeichnungen

Die zeichnerische Verbindung des Symbols mit dem Schweißstoß wird durch ein Bezugszeichen hergestellt. Es besteht aus einer Pfeillinie je Stoß und einer Bezugs-Volllinie mit der dazu parallelen Bezugs-Strichlinie, Bild 6-16. Die Strichlinie kann entweder unter oder über der Volllinie angegeben werden.

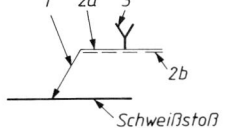

**Bild 6-16**
Bezugszeichen.
**1** Pfeillinie, **2a** Bezugs-Volllinie, **2b** Bezugs-Strichlinie, **3** Symbol

Die Seite des Stoßes, auf die die Pfeillinie hinweist, ist die Pfeilseite. Die andere Seite des Stoßes ist die Gegenseite, s. Bild 6-17. Wenn das Symbol auf die Seite der Bezugs-Volllinie gesetzt wird, dann befindet sich die Schweißnaht (die Nahtoberfläche) auf der Pfeilseite des Stoßes, s. Bild 6-17b.

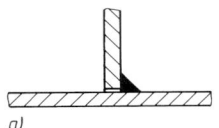 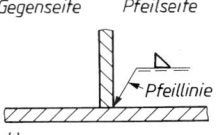 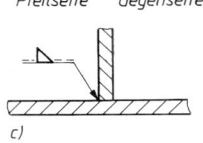

**Bild 6-17** Pfeil- und Gegenseite am Schweißstoß.
a) *T*-Stoß mit Kehlnaht, b) Naht auf der Pfeilseite, c) Naht auf der Gegenseite

Wird dagegen das Symbol auf die Seite der Bezugs-Strichlinie gesetzt, dann befindet sich die Schweißnaht auf der Gegenseite des Stoßes, s. Bild 6-17c. Bei beidseitig angeordneten, symmetrischen Schweißnähten, die durch ein zusammengesetztes Symbol dargestellt werden, entfällt die Strichlinie, z. B. Bild 6-20c.
Die Bezugslinie ist vorzugsweise parallel zur Unterkante der Zeichnung zu zeichnen. Ist dies nicht möglich, kann sie senkrecht eingetragen werden.
Die Richtung der Pfeillinie zur Naht hat bei symmetrischen Nähten keine besondere Bedeutung. Bei unsymmetrischen Nähten (HV-, HY- und HU-Nähte) muss jedoch die Pfeillinie zu dem Teil zeigen, an dem die Fugenvorbereitung vorgenommen wird, s. Bild 6-18.
Um ein zu bearbeitendes Bauteil noch eindeutiger zu kennzeichnen, kann die Pfeillinie auch gewinkelt dargestellt werden, s. Bild 6-18c.

 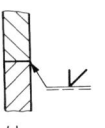 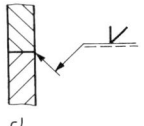

**Bild 6-18**
Lage der Pfeillinie bei unsymmetrischen Nähten

## 3. Bemaßung der Nähte

Das Maß der Nahtdicke wird links vom Symbol, das Maß der Nahtlänge und weitere Längenangaben werden rechts vom Symbol eingetragen, Bild 6-21. Wenn nichts anderes angegeben ist, gelten Stumpfnähte als voll angeschlossen, Bild 6-20a. Fehlende Angaben zur Schweißnahtlänge bedeuten, daß die Naht ununterbrochen über die ganze Länge des Werkstücks verläuft. Für Kehlnähte sind weltweit zwei Methoden der Maßeintragung üblich, Bild 6-19. In Deutschland

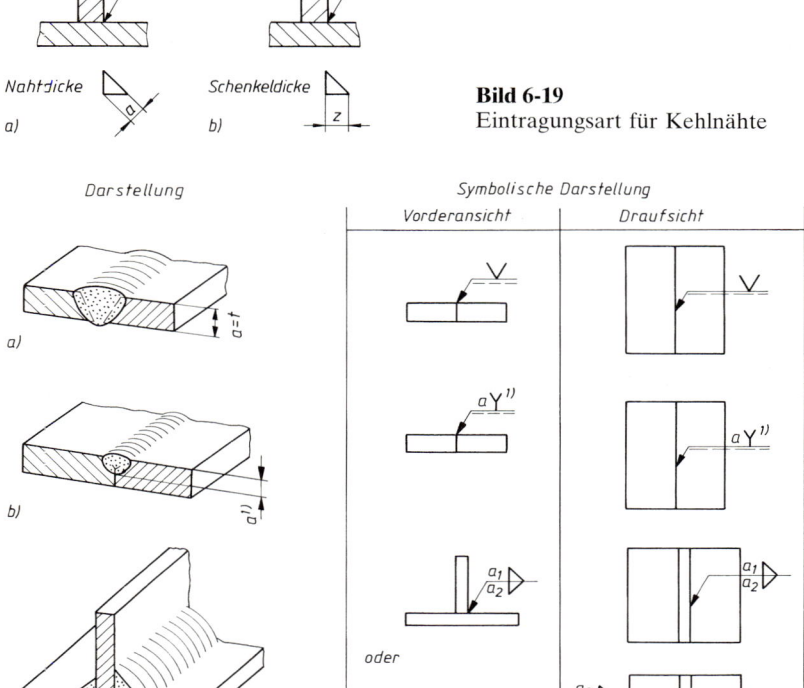

**Bild 6-19** Eintragungsart für Kehlnähte

**Bild 6-20** Bemaßung durchgehender Stumpf- und Kehlnähte.
a) durchgeschweißte V-Naht, b) nicht durchgeschweißte Y-Naht, c) Doppelkehlnaht mit verschiedenen Nahtdicken
(In Zeichnungen sind Nähte nur einmal anzugeben.)

[1] DIN EN 22553 benutzt $s$ als Maßbuchstaben für die Nahtdicke nicht voll durchgeschweißter Stumpfnähte.

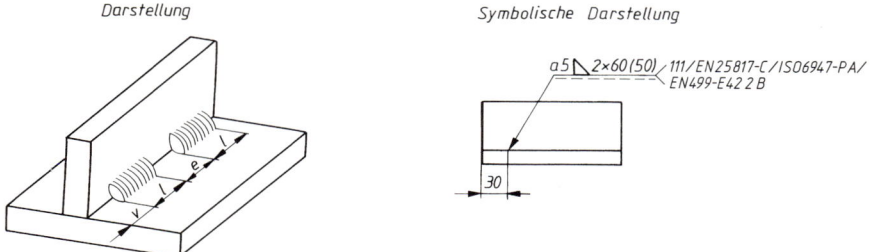

**Bild 6-21** Bemaßung unterbrochener Nähte am Beispiel einer Kehlnaht mit Vormaß und Fertigungsangaben
Erläuterung: $n = 2$ Einzelnähte mit der Nahtdicke $a = 5$ mm, der Einzelnahtlänge $l = 60$ mm mit Nahtabstand $(e) = 50$ mm und Vormaß $v = 30$ mm; hergestellt durch Lichtbogenhandschweißen (Kennzahl 111), geforderte Bewertungsgruppe C nach EN 25817, Wannenposition PA nach DIN EN ISO 6947, verwendete Stabelektrode EN 499-E42 2 B

und anderen europäischen Ländern wird die Nahtdicke $a$ angegeben. Nach DIN 18800-1 ist die rechnerische Nahtdicke $a$ gleich der bis zum theoretischen Wurzelpunkt gemessenen Höhe des einschreibbaren gleichschenkligen Dreiecks. Diese Norm verwendet den Maßbuchstaben $a$ stets für die rechnerische Nahtdicke, unabhängig von der Nahtart. Bei unterbrochenen Nähten wird nach dem Symbol die Anzahl $n$ und die Länge $l$ der jeweiligen Einzelnähte sowie der Nahtabstand ($e$) angegeben. Beginnt die Einzelnaht nicht an der Werkstückkante, so ist das Vormaß $v$ in der Zeichnung anzugeben, Bild 6-21.

## 4. Arbeitspositionen nach DIN EN ISO 6947 und DIN 1912-2

Die Arbeitspositionen werden durch die Lage der Schweißnaht im Raum und die Arbeitsrichtung bestimmt. Sie können mit Hilfe eines Neigungswinkels und eines Drehwinkels genau beschrieben werden. Damit stehen z. B. für das Schweißen mit Robotern alle geometrischen Angaben zur Verfügung. Für die Schweißpraxis wesentliche Hauptpositionen sind mit ihren Kurzzeichen in Bild 6-22 angegeben. Wenn irgend möglich, sollte die PA-Position (Wannenlage) eingesetzt werden. Mit ihr ergeben sich folgende Vorteile: hohe Abschmelzleistung, geringe Fehlerhäufigkeit, gute Nahtausbildung, ergonomisch günstig und geringe Schadstoffimmission.

| Benennung | Beschreibung der Hauptposition | Darstellung | Kurzzeichen nach | |
|---|---|---|---|---|
| | | | DIN 1912-2 | DIN EN ISO 6947 |
| Wannenposition | waagerechtes Arbeiten, Nahtmittellinie senkrecht, Decklage oben **stets anstreben** | 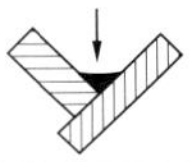 | w | PA |
| Horizontal-Vertikalposition | horizontales Arbeiten, Decklage nach oben **wenn Wannenposition nicht ausführbar** | 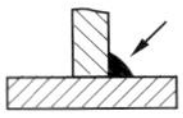 | h | PB |
| Querposition | waagerechtes Arbeiten, Nahtmittellinie horizontal | 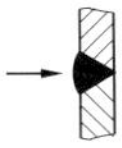 | q | PC |
| Horizontal-Überkopfposition | horizontales Arbeiten, Überkopf, Decklage nach unten | 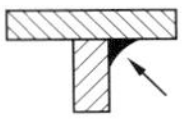 | hü | PD |
| Überkopfposition | waagerechtes Arbeiten, Überkopf, Nahtmittellinie senkrecht, Decklage unten |  | ü | PE |
| Steigposition | steigendes Arbeiten | 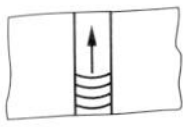 | s | PF |
| Fallposition | fallendes Arbeiten | 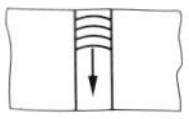 | f | PG |

**Bild 6-22** Beschreibung und Kurzzeichen der Schweißnaht-Hauptpositionen

## 5. Ergänzende Angaben

Diese können erforderlich sein, um bestimmte andere Merkmale der Naht, wie Rundum-Naht, Baustellennaht oder die Angabe des Schweißverfahrens festzulegen, s. TB 6-1d. Außerdem können die Angaben für die Nahtart und die Bemaßung durch weitere Angaben in einer Gabel ergänzt werden, und zwar in folgender Reihenfolge:

- Schweißverfahren durch ISO-Kennzahlen nach DIN EN 24063, Bild 6-1 und 6-2
- Bewertungsgruppe (Nahtgüte) der Schweißverbindung nach DIN EN 25817 oder DIN EN 30042 unter Zuhilfenahme des Merkblattes DVS 0705, s. TB 6-2
- Schweißnaht-Hauptposition nach DIN EN ISO 6947 oder DIN 1912-2, Bild 6-22

— Schweißzusatzwerkstoff nach einschlägigen Normen, z. B. DIN EN 440 und DIN EN 499, s. unter 6.2.1-4

Die einzelnen Angaben sind durch Schrägstriche voneinander abzugrenzen. Bild 6-21 zeigt eine vollständige Schweißnahtangabe. Meist fallen diese zusätzlichen Angaben in die Kompetenz der verantwortlichen Schweißaufsichtsperson.

### 6. Beispiel

Bild 6-23 zeigt die Schweißteil-Zeichnung eines Zahnrades und Bild 6-27 die eines geschweißten Druckbehälters mit symbolhafter Darstellung der Schweißnähte. Hierin sind jedoch nur die für die Kennzeichnung der Schweißnähte erforderlichen Angaben eingetragen. Da die Angaben für die Schweißnähte, z. B. Schweißverfahren, Bewertungsgruppe usw., fast gleich sind, werden diese vereinfacht z. B. über dem Schriftfeld angegeben. In der Praxis brauchen vom Konstrukteur meist nur einige, unbedingt zu beachtende Angaben vermerkt zu werden. Viele Maßnahmen, wie Schweißposition, Nahtfolge u. a., können der Schweißaufsicht überlassen bleiben.

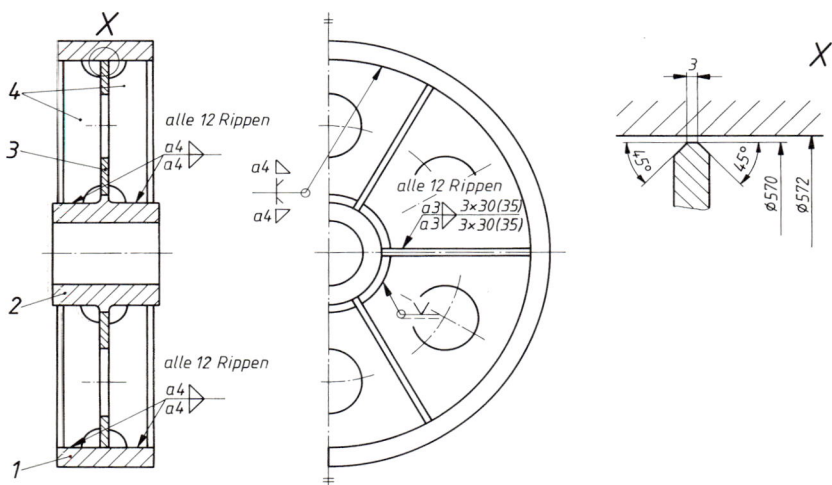

| Schweißverfahren: | vMIG (131, vollmechanisch) für Rundnähte |
|---|---|
| | MAG (135) für Kehlnähte (Rippen) |
| Zusatzwerkstoff: | EN 440 - G3S1 |
| | DIN 8575 - SG CrMo 1 |
| Arbeitsposition: | DIN EN ISO 6947 - PA, - PB |
| Bewertungsgruppe: | DIN EN 25817 - B |
| Vorbereitung: | Kranz und Nabe auf 350 °C vorgewärmt |
| Nachbehandlung: | spannungsarm geglüht |
| Prüfung: | rissgeprüft (Rundnähte) |
| Allgemeintoleranzen: | DIN EN ISO 13920 - BF |
| Tolerierung: | ISO 8015 |

| Pos. | Menge | Benennung | Werkstoff |
|---|---|---|---|
| 1 | 1 | Kranz | 34CrMoS 4 |
| 2 | 1 | Nabe | C35E |
| 3 | 1 | Scheibe | S235JR |
| 4 | 12 | Rippe | S235JR |

**Bild 6-23**
Schweißteil-Zeichnung eines Zahnrades (Rohteil) mit symbolischer Darstellung der Schweißnähte nach DIN EN 22553

### 6.2.5 Schweißgerechtes Gestalten

Die wesentliche Aufgabe beim Errichten von Konstruktionen ist, die für den Verwendungszweck erforderliche Belastbarkeit bei ausreichender Sicherheit und geringen Kosten zu erzie-

## 6.2 Gestalten und Entwerfen

len. Wenn dies gelingt, ist die Schweißbarkeit der Konstruktion oder des Bauteils gewährleistet (nach DIN 8528-1), vgl. 6.2.1.

**1. Allgemeine Konstruktionsrichtlinien**

Die nachstehend aufgeführten Richtlinien sollten bei der Entwurfsarbeit unbedingt beachtet werden. Sie sind entsprechend den die Schweißbarkeit bedingenden Einflussgrößen Werkstoff, Konstruktion und Fertigung geordnet (s. Bild 6-7).

a) Werkstoffgerecht
1. Schweißeignung der Grund- und Zusatzwerkstoffe unbedingt beachten. Bei komplizierten Bauteilen mit Schweißnahtanhäufung nur fließfähige Baustähle verwenden (Feinkornbaustähle, S235 und S355). Hochfeste, teure Stähle bringen bei starker Kerbwirkung im Bereich der Wechselfestigkeit kaum Vorteile.
2. In Hohlkehlen von Walzprofilen aus unberuhigt vergossenen Stählen und in kaltverformten Bereichen von Bauteilen Schweißnähte vermeiden (Alterung, Sprödbruch).

b) Beanspruchungsgerecht
3. Bei der Gestaltung Eigenart der Schweißtechnik beachten. Grundsätzlich Niet-, Guss- oder Schraubenkonstruktionen nicht einfach nachahmen.
4. Einfache Bauelemente wie Flachstähle, Profilstähle, abgekantete Bleche, Rohre und dgl. verwenden.
5. Die sicherste Schweißverbindung, vor allem bei dynamischer Beanspruchung, ist die Stumpfnaht.
6. Ungestörten Kraftlinienfluss anstreben, Kerben und Steifigkeitssprünge vermeiden.
7. Die beste Schweißkonstruktion ist die, bei der am wenigsten geschweißt wird, d. h. möglichst wenig Schweißnähte und möglichst wenig Schweißgut einbringen. Eigenspannungen und Verzug werden dadurch gering gehalten. Wenn Nahtanhäufungen nicht zu vermeiden sind, Einschweißteile aus Stahlguss, Schmiedeteile oder abgekantete Blechteile verwenden.
8. Schweißnähte in den „Spannungsschatten", d. h. an weniger benspructe Stellen der Konstruktion legen. Ist dies nicht möglich, so sind erhöhte Güteanforderungen vorzusehen.
9. Nähte nicht in Passflächen legen.
10. Nahtwurzel nicht in die Zugzone legen (Kerbwirkung).
11. Kehlnähte möglichst doppelseitig und bei dynamischer Belastung als Hohlkehlnähte ausführen.
12. Auf Torsion beanspruchte Bauteile möglichst als geschlossene Hohlquerschnitte ausbilden (Rohr, Kastenquerschnitt).
13. Zur Biegeebene unsymmetrische Profile nur im Schubmittelpunkt belasten oder paarweise zu symmetrischem Trägerprofil zusammensetzen (z. B. U-Stahl, Hinweise TB 1-10).

c) Fertigungsgerecht
14. Lässt sich bei Bauteilen eine Zugbeanspruchung in Dickenrichtung nicht vermeiden, so sind geeignete konstruktive Maßnahmen zu treffen (s. DASt-Richtlinie 014) und Stähle mit der erforderlichen Brucheinschnürung in Dickenrichtung auszuwählen.
15. Die Schweißstellen müssen zugänglich und mit dem gewählten Schweißverfahren einwandfrei ausführbar sein.
16. Stets Schweißen in Wannenposition (waagerechtes Arbeiten, Nahtmittellinie senkrecht, Decklage oben, s. unter PA, Bild 6-22) anstreben.
17. Wirtschaftliches Schweißverfahren wählen, z. B. Punktschweißen bei dünnen Querschnitten, mechanisches oder automatisches Schweißen oft günstiger als Handschweißen u. a.
18. Keine zu hohe Bewertungsgruppe vorschreiben (vgl. 6.2.3-1).
19. Wärmebehandlungen nur dann vorschreiben, wenn die Sicherheit des Bauteiles oder die Bearbeitungsgenauigkeit diese auch wirklich erfordern.
20. Die vorgeschriebenen zerstörungsfreien Nahtprüfungen müssen durchführbar sein. Die Durchstrahlungs- und Ultraschallprüfung ist bei Nähten mit unverschweißtem Spalt (z. B. Kehlnaht) nur bedingt anwendbar.

## 2. Gestaltungsbeispiele

Geschweißte Bauteile setzen sich meist aus immer wiederkehrenden Gestaltungselementen zusammen (z. B. Rippen, Naben, Stabanschlüsse). Bild 6-24 zeigt unter Berücksichtigung der vorstehend aufgestellten Richtlinien einige grundlegende Gestaltungsbeispiele. Weitere Beispiele aus dem Stahl-, Maschinen- und Druckbehälterbau sind in den entsprechenden Kapiteln zu finden.

| Zeile | ungünstig | besser | Hinweise |
|---|---|---|---|
| 1 | 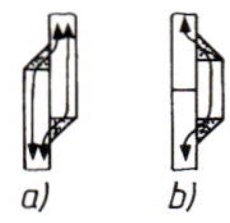 a) b) | 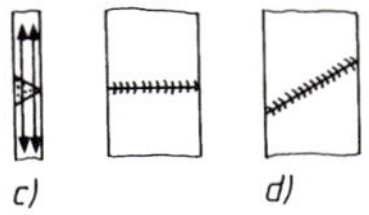 c) d) | Stumpfnähte bevorzugen. Auf ungestörten Kraftfluss achten. Bei (a) und (b) ist Nietverbindung nachgeahmt. |
| 2 | 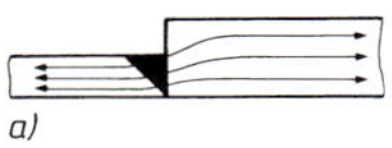 a) | 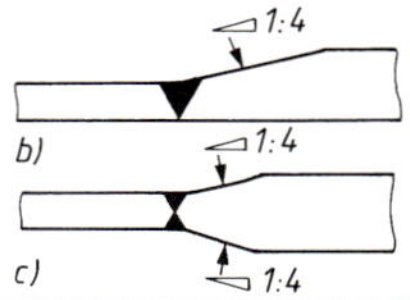 b) c) 1:4 | Bei Stumpfstößen schroffen Wechsel der Blechdicke vermeiden. Günstiger Kraftfluss durch allmählichen Übergang (b und c). Bei hoher Belastung Neigung nicht steiler als 1:4. Zentrischen Stoß bevorzugen (c). |
| 3 | 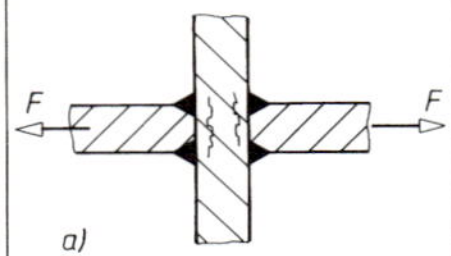 a) | 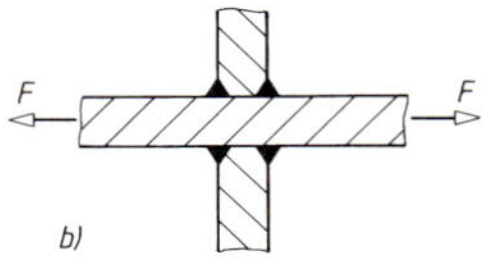 b) | Zugbeanspruchung geschweißter Bleche in Dickenrichtung vermeiden. Gefahr von Terrassenbrüchen durch vermindertes Formänderungsvermögen in Dickenrichtung infolge nichtmetallischer Einschlüsse. |
| 4 | 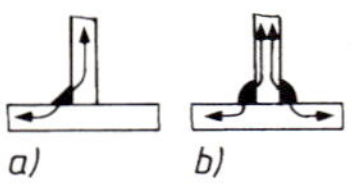 a) b) | 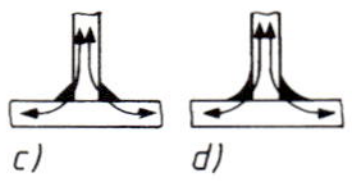 c) d) | Kehlnähte möglichst doppelseitig ausführen. Hohlkehlnähte (d) sind am günstigsten, besonders bei dynamischen Belastungen (geringe Kerbwirkung). |
| 5 | 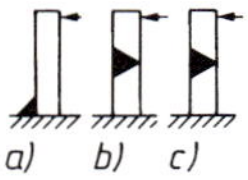 a) b) c) | 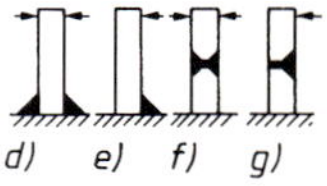 d) e) f) g) | Nahtwurzeln nicht in Zugzonen legen. |
| 6 | 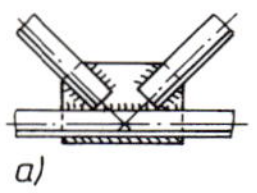 a) | 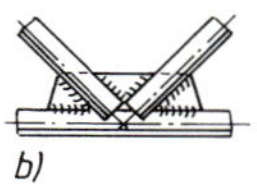 b) | Nicht die Nietverbindung als Vorbild wählen. Knotenbleche mit L- oder T-Stählen möglichst stumpf verschweißen. |
| 7 | 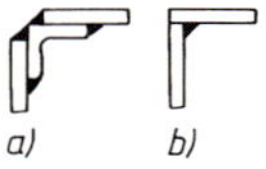 a) b) | 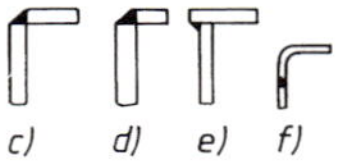 c) d) e) f) | Eckstöße: Bei (a) ist die Nietverbindung nachgeahmt. Dünne Bleche abkanten und stumpf verschweißen (f). |
| 8 | 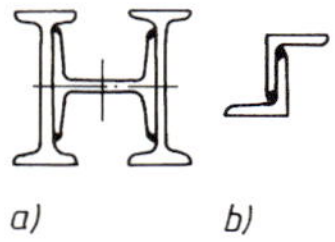 a) b) | 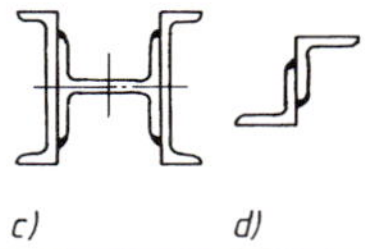 c) d) | Auf gute Zugänglichkeit der Nähte achten. Bei (a) sind die Nähte kaum zugänglich. |
| 9 | 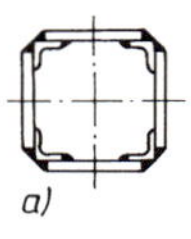 a) | 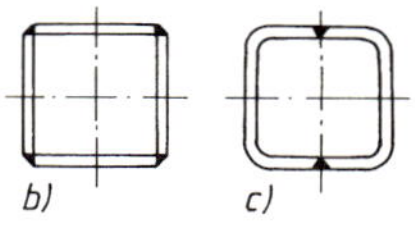 b) c) | Kastenprofil: Ausführung (a) nicht schweißgerecht, Nietkonstruktion war Vorbild, zu viele Nähte, zu teuer. Bei dickeren Blechen nach (b), bei dünneren nach (c) ausführen. |

**Bild 6-24** Gestaltungsbeispiele für Schweißkonstruktionen

| Zeile | ungünstig | besser | Hinweise |
|---|---|---|---|
| 10 | 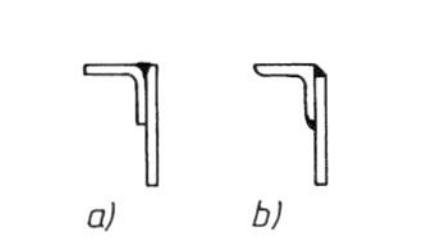 a) b) | 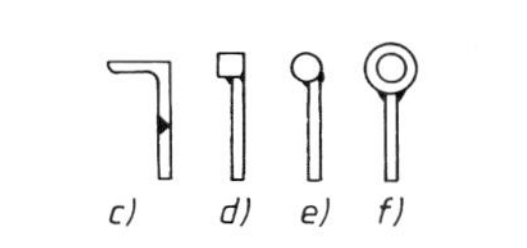 c) d) e) f) | Randversteifungen: Auch hierbei nicht die Nietkonstruktion als Vorbild wählen wie bei (a) und (b). |
| 11 | 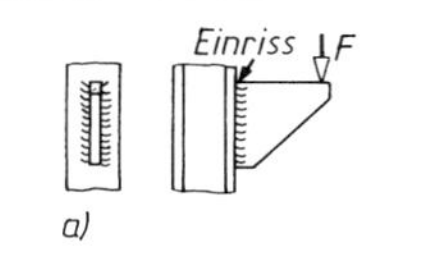 Einriss $\downarrow F$<br>a) | 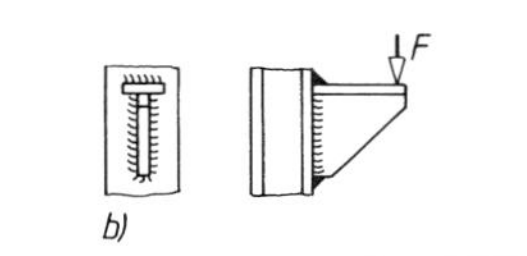 $\downarrow F$<br>b) | Konsol: Einrissgefahr verringern durch richtige Nahtanordnung; durch T-Querschnitt in der Zugzone geringere Spannungen (b). |
| 12 | 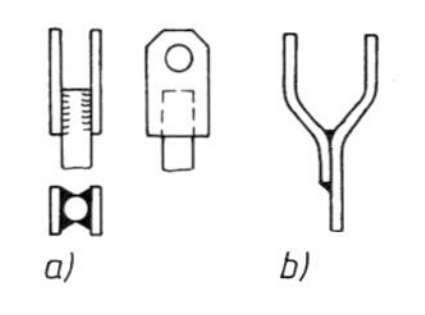 a) b) | 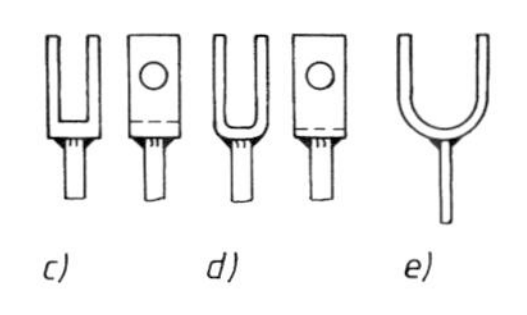 c) d) e) | Gabelköpfe: Ausführung (a) nicht schweißgerecht, Nahtwurzel nicht zugänglich (Öffnungswinkel!) |
| 13 | 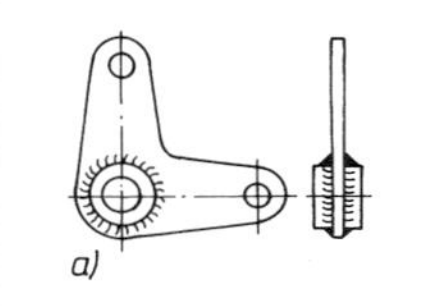 a) | 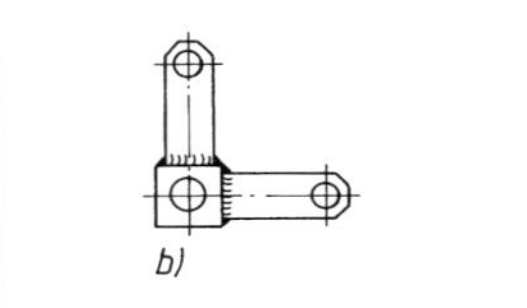 b) | Hebel: Ausführung (a) ist festigkeitsmäßig gut, aber teuer; (b) ist schweißgerecht ausgeführt, billig und einfach |
| 14 | 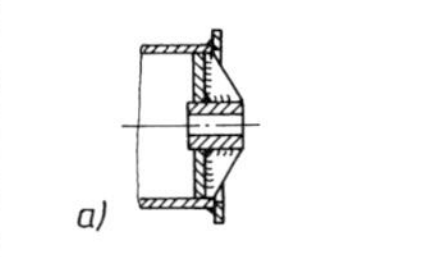 a) | 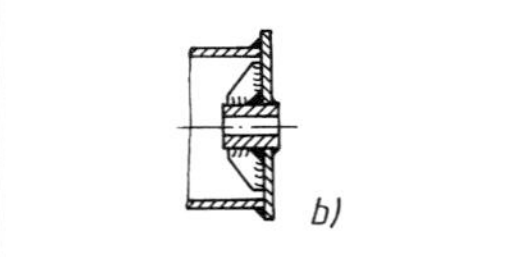 b) | Seiltrommel: Ausführung (b) hat weniger Einzelteile, gefälligeres Aussehen durch glatte Außenflächen. |
| 15 | 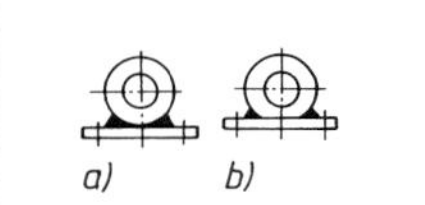 a) b) | 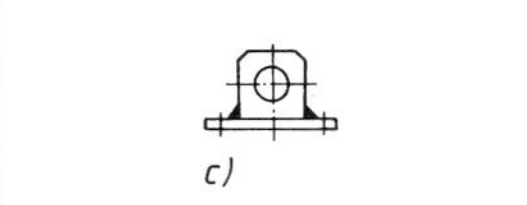 c) | Lager: Ausführung (a) und (b) nicht schweißgerecht, vgl. Zeile 12a, Ausführung (c) ist einfach und billig. |
| 16 | 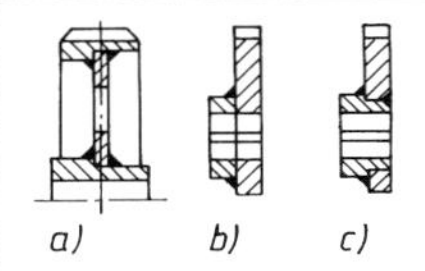 a) b) c) | 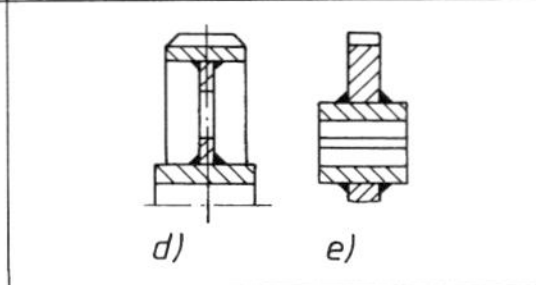 d) e) | Radkörper: Vorarbeiten der Naben bei (a) und (c) möglichst einsparen. Zentrierung der Nabe bei (b) ist schwierig, ferner ist die Bohrung durch Fuge unterbrochen. |
| 17 | 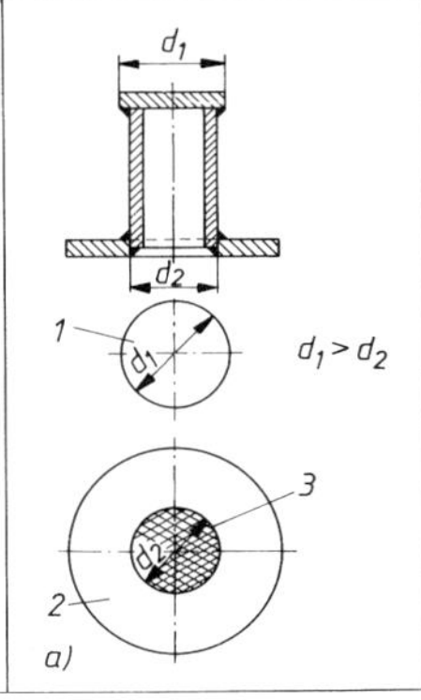 $d_1$ / $d_2$ / $d_1 > d_2$<br>a) | 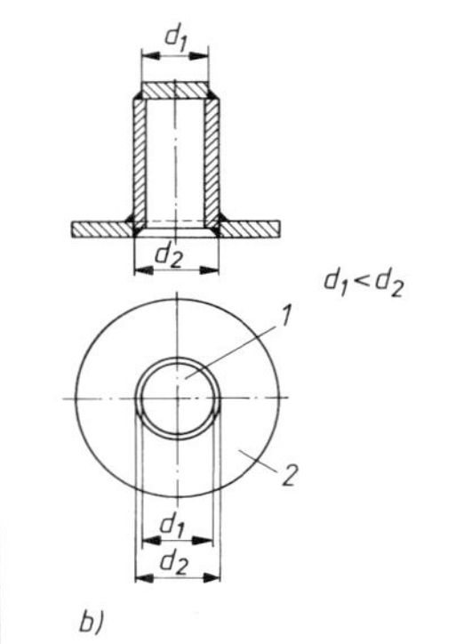 $d_1$ / $d_2$ / $d_1 < d_2$<br>b) | Werkstoffausnutzung: Beim Ausschneiden des Flansches (2) anfallendes Abfallstück (3) kann als Deckel (1) verwertet werden, wenn $d_1 < d_2$ ausgeführt wird. |

**Bild 6-24** (Fortsetzung)

| Zeile | ungünstig | besser | Hinweise |
|---|---|---|---|
| 18 | 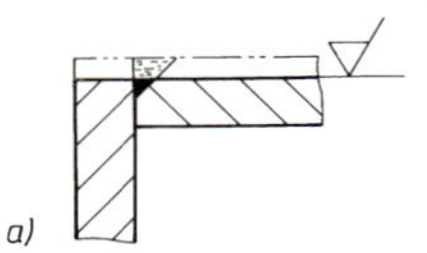 a) | 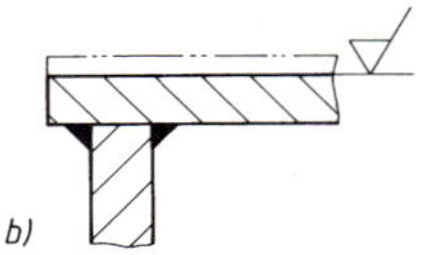 b) | Schweißnähte möglichst nicht in spanend zu bearbeitende Flächen legen. Sonst Naht so tief versenken, daß ausreichende Nahtdicke verbleibt. |
| 19 | 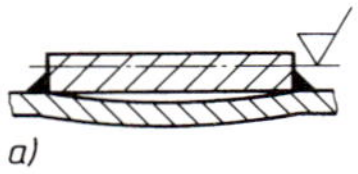 a) | 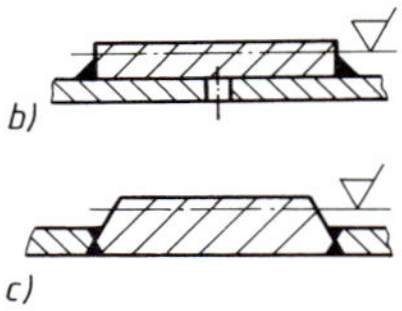 b) c) | Bearbeitungsleisten: Bei dünnen Blechen, Ausführung (a), Ausbeulen infolge Nahtschrumpfung oder durch Ausdehnung der eingeschlossenen Luft beim Spannungsarmglühen. Deshalb Luftloch (b) vorsehen oder Bearbeitungsteil (c) einsetzen (teuer). |
| 20 | 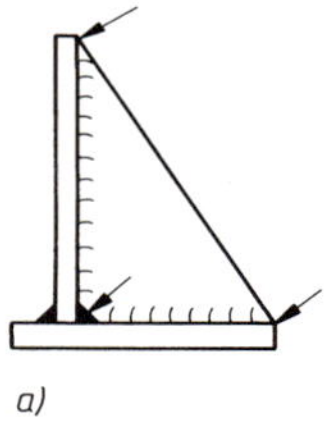 a) | 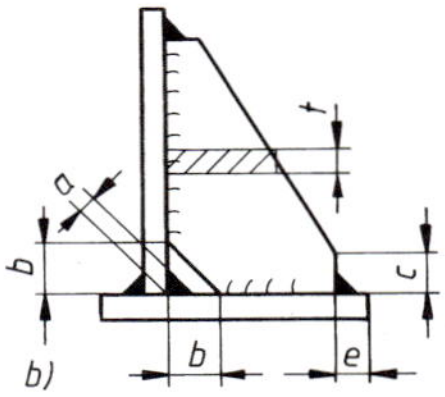 b) | Rippen, Stützbleche: Ecken freischneiden und Überstände vorsehen (b). Bei (a) Nahtanhäufung (Rissgefahr), Einpassarbeit und Abschmelzen der Ecken. Richtwerte: $b \approx a + 1{,}5\,t$ $c \approx t$ $e \approx 2\,a$ |
| 21 | 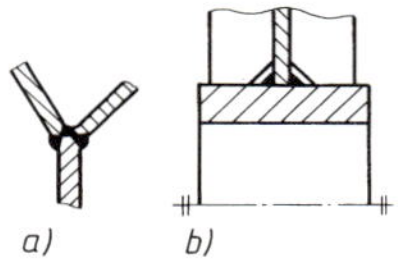 a) b) | 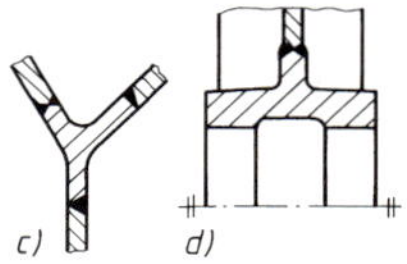 c) d) | Einschweißen von Stahlguss- und Schmiedestücken (c) und (d) bei hoher Beanspruchung zur Vermeidung von Nahtanhäufung und zur Verbesserung des Kraftflusses. Nähte prüfbar. |
| 22 | a) | b) | In kalt geformten Bereichen einschließlich der angrenzenden Bereiche von $5 \times$ Blechdicke darf nur dann geschweißt werden (Reckalterung!), wenn – die Teile vor dem Schweißen normal geglüht werden – bei Baustählen folgende Grenzwerte min $(r/t)$ eingehalten werden: <br> \| max $t$ in mm \| 50 \| 24 \| 12 \| 8 \| 4 \| <br> \| min $(r/t)$ \| 10 \| 3 \| 2 \| 1,5 \| 1 \| |
| 23 | 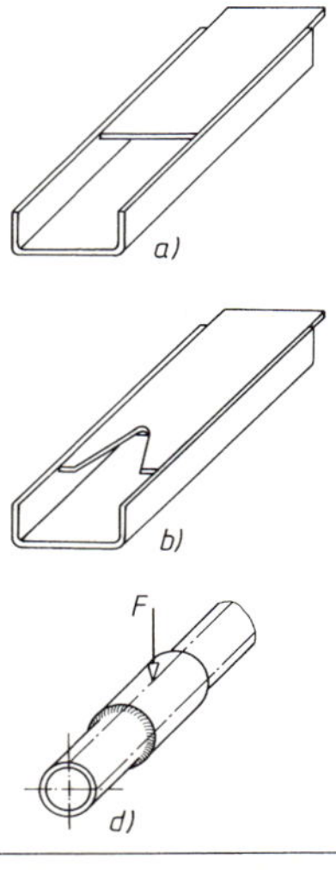 a) b) d) | c) e) | Sprunghafte Querschnitts-(Steifigkeits-)Änderungen (a) und (d) verursachen im Übergangsbereich hohe Spannungsspitzen. Kleines Steifigkeitsgefälle anstreben! Maßnahme (b) bei Torsion nicht ausreichend. |

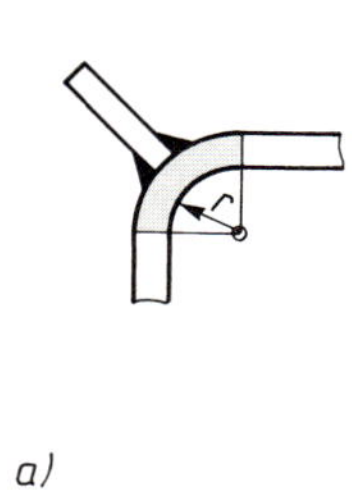

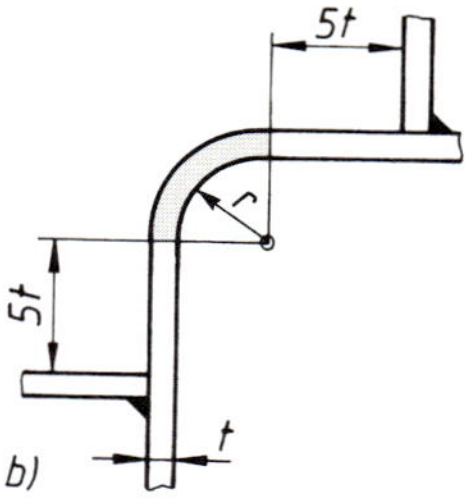

**Bild 6-24** (Fortsetzung)

## 6.2 Gestalten und Entwerfen

| Zeile | ungünstig | besser | Hinweise |
|---|---|---|---|
| 24 | 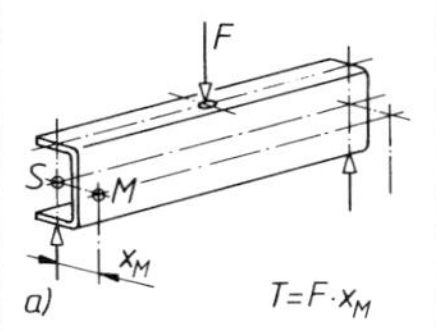 a) $T = F \cdot x_M$ | 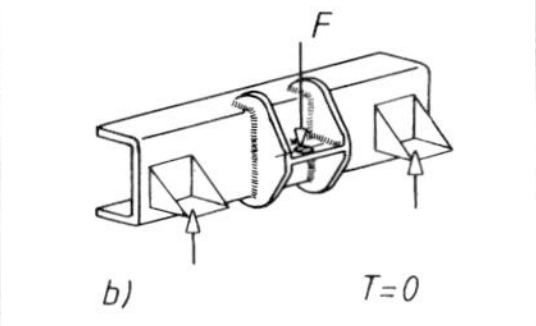 b) $T = 0$ | Werden Profile nicht im Schubmittelpunkt $M$ belastet, z.B. wie bei (a) im Schwerpunkt $S$, so treten zusätzliche Torsions- und Normalspannungen auf. |
| 25 | 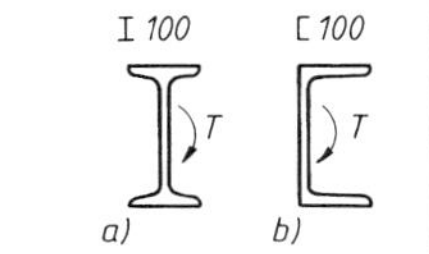 I 100  [ 100<br>a)   b)<br>Verdrehsteifigkeit (-festigkeit) des Bauteils in % von c):<br>0,3 (2,2)   0,5 (3,2) | 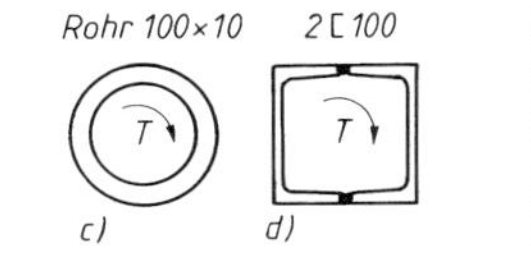 Rohr 100×10  2 [ 100<br>c)   d)<br>100 (100)   83 (89) | Nur geschlossene Querschnitte (c) und (d) sind zur Aufnahme von Torsionsmomenten geeignet, offene Querschnitte (a) und (b) sind verdrehungsweich. |
| 26 | 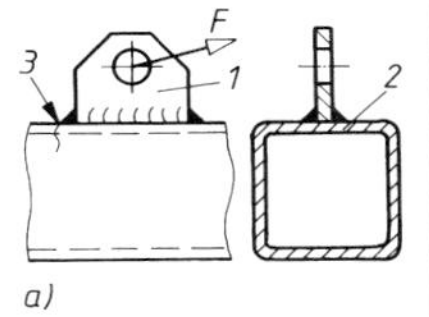 a) | 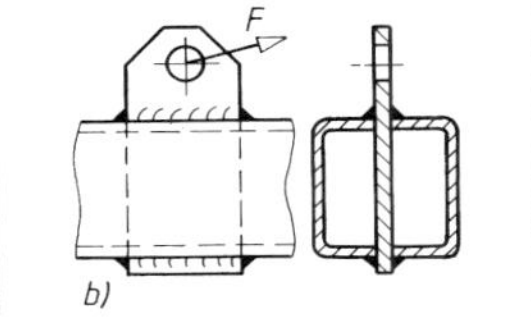 b) | Für einwandfreie Krafteinleitung sorgen. Bei (a) Auge (1) auf biegeweiche Wand des Kastenträgers (2) geschweißt. Risse bei (3). Auge als Kragträger ausbilden und durchstecken, (b). |
| 27 | 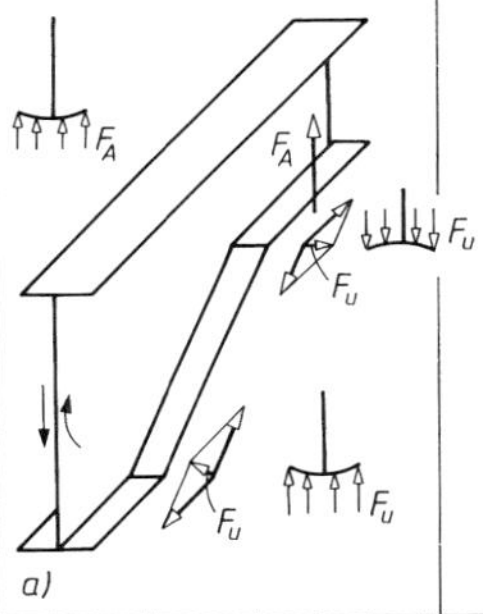 a) | 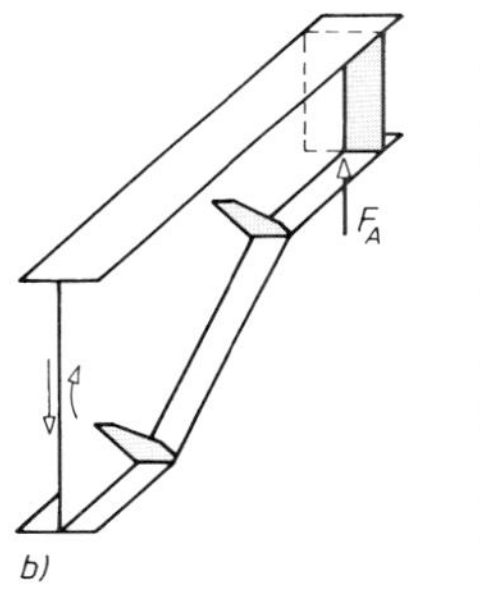 b) | Im Bereich von Krafteinleitungen und -umlenkungen sowie an Knicken und Krümmungen sind Aussteifungen erforderlich. Beim I-Träger mit geknicktem Gurt entstehen Umlenkkräfte $F_u$ (a). Diese beanspruchen den Trägergurt quer zur Trägerachse auf Biegung (a), wenn dies nicht durch Rippen verhindert wird (b). |
| 28 | 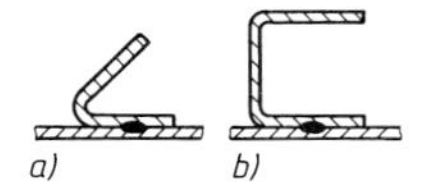 a)  b) | 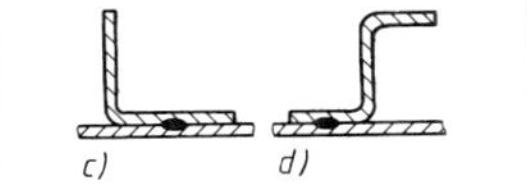 c)  d) | Punktschweißen: Schweißstelle muss für gerade Elektroden zugänglich sein. |
| 29 | 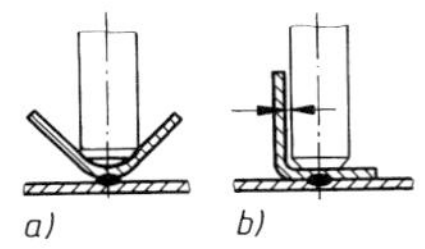 a)  b) | 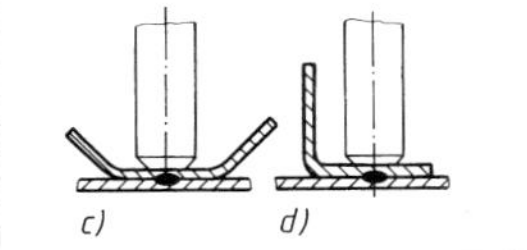 c)  d) | Punktschweißen: Genügend große Auflageflächen für die Elektroden vorsehen. Bei (b) Gefahr des Nebenschlusses. |

**Bild 6-24** (Fortsetzung)

*Beachte:* Eine Konstruktionsaufgabe ist nicht allein durch die rezepthafte Anwendung bekannter Richtlinien und Gestaltungsregeln optimal zu lösen. Sie muss jedes Mal unter Beachtung aller Einflussgrößen (Betriebsbedingungen, Kraftfluss) neu durchdacht werden.

## 3. Vorwiegend ruhend beanspruchte Stahlbauten

Neben den grundsätzlichen Konstruktions- und Gestaltungsrichtlinien sind für geschweißte Stahlbauten noch folgende Hinweise zu beachten:
1. Werden verschiedene Verbindungsmittel in einem Anschluss oder Stoß verwendet, ist auf die Verträglichkeit der Formänderung zu achten. So übertragen z. B. Schraubenverbindungen mit Lochspiel die Kräfte erst nach Überwindung des Lochspiels.
   Daher darf gemeinsame Kraftübertragung angenommen werden bei
   – GVP-Verbindungen und Schweißnähten oder
   – Schweißnähten in einem oder beiden Gurten und Niete und Passschrauben in den übrigen Querschnittsteilen bei vorwiegender Beanspruchung durch Biegemomente um die Querschnitt-Hauptachse ($M_x$, vgl. TB 1-11)
   Die Grenztragfähigkeit der Verbindung ergibt sich dann aus der Summe der Grenztragfähigkeiten der einzelnen Verbindungsmittel.
2. Bei Fachwerkkonstruktionen sollen die Schwerachsen der Stäbe sich mit den Systemlinien decken (Bild 6-25), um zusätzliche Biegebeanspruchung in den Stäben wegen des sonst einseitigen Kraftangriffes zu vermeiden. Daher Ausführung möglichst mit einteiligen, mittig angeschlossenen Stäben (Bild 6-25c).
3. Einzelne Profile dürfen entsprechend den Bildern 6-40c bis f angeschlossen werden. Die daraus entstehenden Exzentrizitäten brauchen beim Festigkeitsnachweis der Schweißverbindung nicht berücksichtigt werden.
   Wird gefordert, dass in der Anschlussebene der Schwerpunkt des Schweißanschlusses auf der Stabschwerlinie liegt, so zerlegt man die von den Nähten aufzunehmende Stabkraft nach dem Hebelgesetz, z. B. in die anteiligen Nahtkräfte $F_{w1}$, $F_{w2}$ und $F_{w3}$, Bild 6-25e, und bemisst damit die einzelnen Nähte. Für den Anschluss mit alleinigen Flankenkehlnähten findet man: $F_{w1} \cdot e = F_{w2} \cdot (b - e)$ oder $l_1 \cdot a_1 \cdot e = l_2 \cdot a_2 \cdot (b - e)$.
4. Geschweißte Tragwerke aus statisch günstigen Hohlprofilen sind leicht, formschön und gut instand zu halten, Bild 6-25d. Die Anschlussnähte der aufgesetzten Hohlprofile werden als Kehlnähte (Bild 6-25d), im Bereich 3 bei Anschlusswinkeln <45° auch als HV-Nähte ausgeführt. Bei großen Eckradien des Gurtstabes und breiten Füllstäben ist Schweißen im Bereich 2 schwierig. Die Schweißnähte brauchen nicht gesondert nachgewiesen zu werden, wenn die Schweißnahtdicke gleich der Wanddicke des aufgesetzten Profiles ist. Für die einzelnen Stäbe wird der übliche Festigkeitsnachweis nach DIN 18800-1 bis -3 geführt, s. 6.3.1-3. Der Nachweis der Knotentragfähigkeit kann nach DIN 18808 bzw. Eurocode 3 erfolgen.
5. Die Berechnung der Schweißnähte ist durch eine ausreichende Bemessung der Bauteile abgegolten, wenn die Schweißnähte den gleichen Querschnitt wie die gestoßenen Bauteile haben und außerdem ihre zulässigen Spannungen gleich groß sind.
   Damit brauchen nach DIN 18801 nicht berechnet zu werden:
   a) Stumpfnähte in Stößen von Stegblechen.
   b) Halsnähte in Biegeträgern, die als HV-Naht, DHV-Naht, HY-Naht und DHY-Naht ausgeführt sind.
   c) Auf Druck beanspruchte Stumpfnähte, HV-Nähte, DHV-Nähte, HY-Nähte, DHY-Nähte und Dreiblechnähte für eine Kraftübertragung von $t_2$ nach $t_3$ (Bild 6-14e).
   d) Auf Zug beanspruchte Stumpfnähte, HV-Nähte, DHV-Nähte, jeweils mit Nachweis der Nahtgüte.
6. Müssen Stumpfstöße in Formstählen ausnahmsweise ausgeführt werden, so sind in den Schweißnähten bei Beanspruchung durch Zug oder Biegezug die zulässigen Spannungen herabzusetzen (s. DIN 18800-1 und DIN 18801).
7. Geschweißte Vollwandträger zeichnen sich gegenüber Walzträgern aus durch niedriges Verhältnis von Werkstoffaufwand zu Tragfähigkeit und durch die Möglichkeit der Querschnittsanpassung an die Belastung. Aus wirtschaftlichen Gründen wird die Trägerhöhe 1/10 bis 1/15 der Trägerlänge gewählt. Bild 6-25g, links: aus Blechen geschweißter Träger mit verstärktem Obergurt, Bild rechts: in Längsrichtung halbierter breiter T-Träger (DIN 1025-2) mit eingeschweißtem Stegblech.

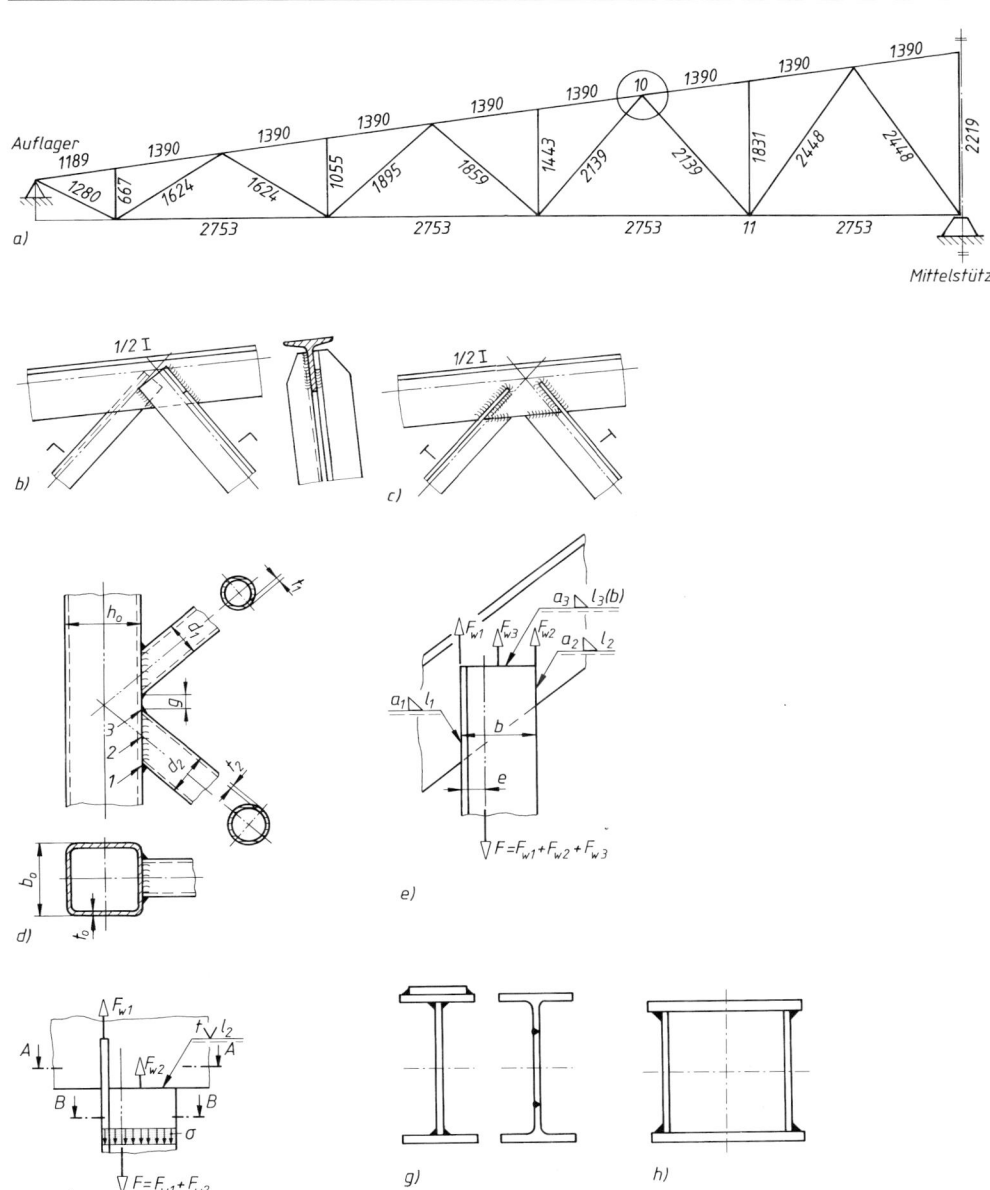

**Bild 6-25** Geschweißte Fachwerke und Träger.
a) System eines Fachwerkes (Dachbinders) mit eingetragenen Systemlinienlängen, b) Knoten mit einteiligen Winkelstählen, c) Knoten mit mittig angeschlossenen T-Stählen, d) unversteifter Knoten aus Hohlprofilen (K-Knoten mit Spalt g), e) Berechnung eines mit dem Schwerpunkt auf der Stabschwerlinie liegenden Schweißanschlusses (Prinzip), f) Berechnung eines mit den anteiligen Kräften angeschlossenen T-Stahles (Prinzip), g) Vollwandträger, h) Kastenträger

8. Geschlossene Kastenträger eignen sich besonders für große Verdrehbeanspruchung. Bild 6-25h zeigt die Normalausführung mit von außen geschweißten Kehlnähten.
9. In einem Tragwerk und in einem Querschnitt dürfen verschiedene Stahlsorten verwendet werden.
10. Wechselt an Stumpfstößen von Querschnittsteilen die Dicke, so sind bei Dickenunterschieden von mehr als 10 mm die vorstehenden Kanten im Verhältnis 1 : 1 oder flacher zu brechen, vgl. Bild 6-24, Zeile 2.
11. Kräfte aus druckbeanspruchten Querschnitten oder Querschnittsteilen dürfen durch Kontakt übertragen werden. Die ausreichende Sicherung der gegenseitigen Lage der zu stoßenden Teile ist nachzuweisen. Dabei dürfen Reibkräfte nicht berücksichtigt werden. Die Stoßflächen der in der Kontaktfuge aufeinander treffenden Teile müssen eben und zueinander parallel sein. Bei Kontaktstößen, deren Lage durch Schweißnähte gesichert wird, darf der Luftspalt nicht größer als 0,5 mm sein.

## 4. Geschweißte Maschinenteile

**Allgemeines**

Das Schweißen im Maschinenbau dient im Wesentlichen der Gestaltung *dynamisch* beanspruchter Maschinenteile. Die Dauerfestigkeit dieser Schweißverbindungen hängt von zahlreichen Einflussgrößen ab, so z. B. vom Werkstoff, der Kerbwirkung, den Eigenspannungen und dem Oberflächenzustand. Diese bedingen eine große Streuung der Dauerfestigkeitswerte selbst für vergleichbare Versuchsreihen, so dass eine Festigkeitsrechnung nur eine Näherungslösung darstellen kann. *Ziel des Konstrukteurs muss es sein, den Kraftfluss richtig zu führen und alle Verbindungen und Übergänge möglichst kerbfrei auszuführen.* So bewirkt z. B. eine Quernaht oder eine endende Längsnaht, auch wenn sie unbelastet ist, bereits einen starken Abfall der Dauerfestigkeit an dieser Stelle. Die Konstruktionsrichtlinien nach 6.2.5-1 sind unbedingt zu beachten. Auch in der Praxis bewährte Schweißkonstruktionen können Vorbild bei der Gestaltung sein (Bild 6-24).
Weiterhin ist zu beachten, dass höherfeste Werkstoffe kerbempfindlich sind und ihre dynamische Festigkeit wesentlich weniger wächst als ihre statische. Der ertragbare Spannungsausschlag ist bei starker Kerbwirkung fast unabhängig von der statischen Festigkeit des Werkstoffs, weshalb auch für Schweißkonstruktionen meist der preiswerte Baustahl S235JRG2 gewählt wird. *Ein hochfester Werkstoff lohnt nur bei höherer Vorspannung oder bei kleinen Lastwechselzahlen*, also im Bereich der Zeitfestigkeit.

**Bauweisen bei Schweißkonstruktionen im Maschinenbau**

In allen Bereichen des Maschinenbaus überwiegen *einfache Schweißteile*, bei denen ein Grundkörper mit Naben, Rippen oder Flanschen verschweißt wird.
Bei der *Trägerbauweise* für Gestelle, Hebel, Balken u. dgl. stellen Träger mit offenem oder geschlossenem Querschnitt das tragende Element dar. Bei Torsionsbeanspruchung werden Kastenträger bevorzugt. Zur Erhöhung der Steifigkeit werden Träger mit offenem Querschnitt verrippt (Diagonalrippen oder Zick-Zack-Steg).
Bei der *Zellenbauweise* werden in kastenförmige Querschnitte zur Bildung von Zellen dünne Versteifungsrippen eingeschweißt (Bild 6-26a). Sie ermöglicht den *Leichtbau starrer Werkzeugmaschinengestelle*. Konstruktiv bedingte Durchbrüche können zu hohem Steifigkeitsverlust führen.
Die *Plattenbauweise* ermöglicht den einfachen Aufbau von kastenförmigen Maschinengestellen mit nutzbarem freiem Innenraum und großer Biege- und Torsionssteifigkeit. Die großen ebenen Blechwände neigen bei Druckbeanspruchung zum Ausbeulen und sind entsprechend auszusteifen (Rippen, zwischengeschweißte Rohre).
Bei der *Scheuerplatten-(Lamellen-)Bauweise*, z. B. für schwere Pressenständer, werden mehrere Blechplatten aufeinander geschichtet und an den Außen- und Durchbruchstellen miteinander verschweißt. Über die Plattenfläche verteilt werden Bolzen eingepresst und diese mit den äußeren Blechen verschweißt (Bild 6-26b). Die bei Belastung in den vorgespannten Fugen auftretende Relativbewegung führt durch die damit verbundene Reibung zu einer „Scheuerwirkung"

## 6.2 Gestalten und Entwerfen

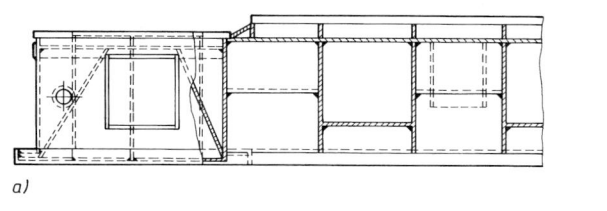
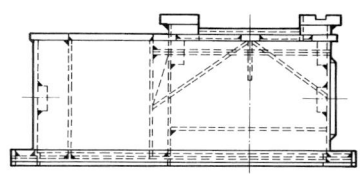
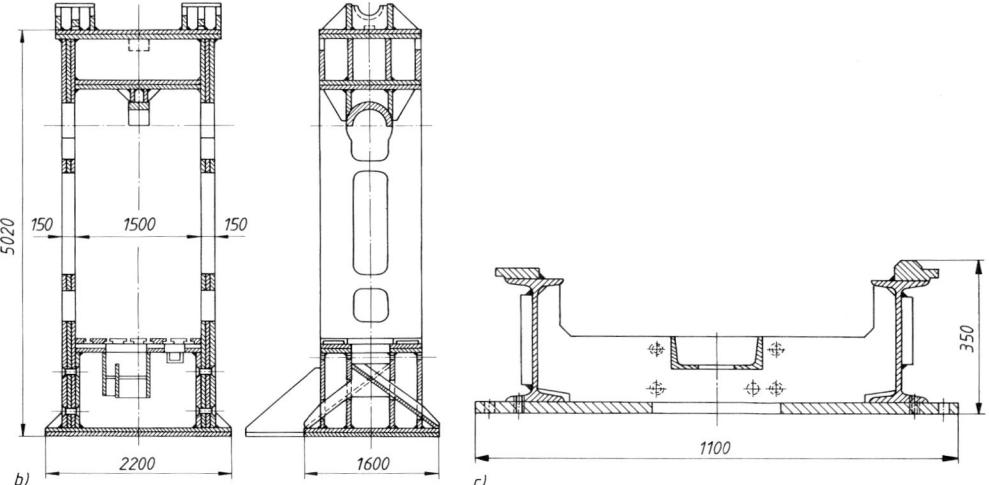

**Bild 6-26** Bauweisen bei Schweißkonstruktionen im Maschinenbau (nach Merkblatt 379 des Stahl-Informationszentrums).
a) Bett eines Waagerechtbohrwerkes in Zellenbauweise,
b) Ständer einer 8000-kN-Exzenterpresse in Scheuerplatten-Bauweise,
c) Fundamentrahmen in Profilbauweise

zwischen den Platten. Bei Schwingungsbelastung kann dadurch eine höhere Dämpfung erzielt werden als bei Gusskonstruktionen. Die Aufteilung in geringe Blechdicken erhöht außerdem die Tragfähigkeit und die Bruchsicherheit (Wanddickenabhängigkeit der Festigkeit, Sprödbruchgefahr).

Bei der *Verbund- oder Gemischtbauweise* werden hoch beanspruchte Teilstücke der Konstruktion als Stahlguss- oder Schmiedestück ausgeführt, um die Nahtbeanspruchung zu senken oder Nahtanhäufung zu vermeiden (Bild 6-24, Zeile 21).

Die *Profilbauweise* unter Verwendung von Walzprofilen (I, U, T) und Blechen ermöglicht beanspruchungsgerechtes Gestalten bei einem Minimum an Schweißarbeit (Bild 6-26c).

*Bauweisen des Leichtmetall-Leichtbaues* s. unter 7.6.1 mit Bild 7-14.

### 5. Druckbehälter

Behälter oder Rohranordnungen, in denen durch die Betriebsweise ein Betriebsüberdruck herrscht oder entstehen kann, der größer als 0,1 bar ist, sind Druckbehälter im Sinne der Druckbehälterverordnung. Verbindliche Vorschriften (Technische Regeln) über Werkstoffe, Herstellung, Berechnung, Ausrüstung, Prüfung und Betrieb enthalten die von der „Arbeitsgemeinschaft Druckbehälter (AD)" aufgestellten AD-Merkblätter[1]. Mit ihrer sinngemäßen Anwendung gilt die ingenieurmäßige Sorgfaltspflicht als erfüllt.

---

[1] Herausgeber: Verband der Technischen Überwachungs-Vereine e. V., Essen.

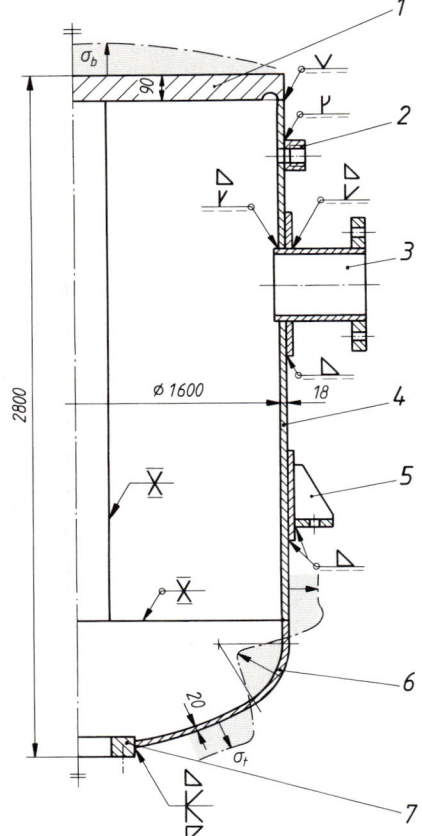

**Bild 6-27**
Geschweißter Druckbehälter mit Nahtsymbolen und Hauptmaßen (Behälterinhalt 5000 $l$, Betriebsdruck 20 bar, Betriebstemperatur 200 °C, Werkstoff X5CrNi18-10).
1 Ebener Boden (Kreisplatte) mit Entlastungsnut (—·— Verlauf der Biegespannung $\sigma_b$)
2 Vorschweißnippel (Aufbohren und Gewindeschneiden nach dem Schweißen)
3 Durchgesteckter Stutzen mit Flansch, Verstärkung des Mantels durch aufgesetzte Scheibe
4 Mantel
5 Tragpratze
6 Klöpperboden (—·— Verlauf der Tangentialspannung $\sigma_t$ über Kugelkalotte – Krempe – zyl. Teil)
7 Blockflansch

Die meisten Druckbehälter sind der Grundform nach dünnwandige, durch Böden geschlossene Hohlzylinder (vgl. Bild 6-27). Die Schüsse des Mantels und die Böden werden mit- bzw. untereinander *ausschließlich durch Stumpfnähte* verbunden. Diese müssen die durch den Betriebsüberdruck, Eigengewichte und Wärmespannungen verursachten Kräfte aufnehmen und absolut dicht sein. Die Längs- und Rundnähte werden nicht als gesonderte Fügeverbindungen berechnet, wie z. B. im Stahlbau, sondern es wird die Ausnutzung der zulässigen Berechnungsspannung in der Schweißnaht durch einen Faktor $v$ berücksichtigt.

**Werkstoffe**
Die Werkstoffe für drucktragende Behälterteile (Bleche, Rohre, Schmiede- und Gussstücke) sind so zu wählen, dass sie in ihren Eigenschaften den mechanischen, thermischen und chemischen Beanspruchungen beim Betrieb genügen. Diese Güteeigenschaften müssen durch entsprechende Prüfungen festgestellt und durch Werksbescheinigungen, Werks- oder Abnahmeprüfzeugnisse (EN 10204) nachgewiesen werden. Im Druckbehälterbau werden überwiegend verformungsfähige Walz- und Schmiedestähle, aber auch Stahlguss und Gusseisen verwendet (s. TB 6-15 und AD-Merkblätter der Reihe W). Außerdem kommen je nach Verwendungszweck auch nicht rostende Stähle, plattierte Bleche, NE-Metalle und nichtmetallische Werkstoffe (glasfaserverstärkte Kunststoffe, Elektrographit, Glas) in Frage.

**Hinweise zur Gestaltung und Ausführung**
Die Gestaltung erfolgt im Wesentlichen nach den vorstehenden Richtlinien unter Beachtung der schweißtechnischen Grundsätze nach DIN 8562, der Ausführungsbeispiele nach DIN 8558 und der AD-Merkblätter Reihe HP.

Zusammenfassend sind bei der Gestaltung und Ausführung von Druckbehältern folgende *Grundsätze* zu beachten:

1. Längs- und Rundnähte sind in der Regel als Stumpfnähte in den Bewertungsgruppen B bzw. C (vgl. unter 6.2.3-1) auszuführen und über den ganzen Querschnitt voll durchzuschweißen.
2. Wenn bei ungleichen Wanddicken ein bestimmter Kantenversatz überschritten wird (s. HP5/1), ist die dickere Wand unter einem Winkel von höchstens 30° auf die dünnere Wand abzuschrägen.
3. Längsnähte bei mehrschüssigen Behältern sind gegeneinander zu versetzen (Bild 6-48).
4. Überlappte Kehlnahtschweißungen sind in der Regel nicht zulässig.
5. Eckstöße mit einem Winkel $\geq 60°$ und mit einseitig geschweißten Nähten sind zu vermeiden.
6. Bohrungen und Ausschnitte sind nach Möglichkeit außerhalb des Bereiches $3 \times$ Wanddicke von Schweißnähten entfernt anzuordnen.
7. An Rändern von Ausschnitten scharfe Kanten vermeiden.

Die Schweißnähte der Anschlussteile zum Einleiten und Übertragen äußerer Kräfte, z. B. für Sättel, Füße, Standzargen, Pratzen und Traglaschen nach DIN 28080 bis DIN 28087, sind so zu bemessen und zu gestalten (z. B. Ecken abrunden), dass diese Zusatzkräfte ohne Schädigung der Behälterwand übertragen werden können. Hinweise zur Berechnung der dabei auftretenden örtlichen Beanspruchung der Behälterwand geben die AD-Merkblätter Reihe S3. Wenn die Zusatzkräfte die Auslegung des Druckbehälters wesentlich beeinflussen, ist ein zusätzlicher Spannungsnachweis zu führen.

*Hinweis:* Die *kleinste Wanddicke* nahtloser, geschweißter oder hartgelöteter Mäntel und Kugeln unter Innendruck ist wie die gewölbter Böden mit 2 mm festgelegt. Bei Aluminium und dessen Legierungen ist eine Wanddicke von mindestens 3 mm erforderlich.

Auf den Fertigungsunterlagen sind auch die entsprechenden Allgemeintoleranzen für Behälter nach DIN 28005 anzugeben.
Für die in dieser Norm nicht im Einzelnen tolerierten Maße gilt als Allgemeintoleranz DIN EN ISO 13920-D, s. TB 6-3.

## 6. Punktschweißverbindungen

### Allgemeine Richtlinien
Beim Punktschweißen werden die aufeinander gepressten flächigen Teile meist linsenförmig geschweißt (Bild 6-46). Das Punktschweißen ist ein sowohl in der Massen- und Serienfertigung als auch in der Einzelfertigung bewährtes wirtschaftliches Fügeverfahren (vgl. Bild 6-2). Gut schweißgeeignet sind unlegierte Stähle mit einem C-Gehalt $\leq 0{,}1\,\%$, also z. B. Bänder und Bleche aus FeP01, FeP03, St2 bis St4 und S235JR. Es können aber auch legierte Stähle, Leichtmetalle, Nickel- und Kupferlegierungen, Werkstoffe mit Überzügen und Beschichtungen sowie Kombinationen zwischen unterschiedlichen Metallen bzw. Stählen punktgeschweißt werden (vgl. Bild 6-3). Beim einschnittigen Punktschweißen (Zweiblechschweißen) können Stahlbleche ab $0{,}1 + 0{,}1$ mm, beim mehrschnittigen Punktschweißen (Mehrblechschweißen) solche bis $20 + 20 + 20$ mm geschweißt werden. In der Praxis überwiegt der Dickenbereich $0{,}5 \ldots 2$ mm. Punktschweißungen an Blechen, Profilen oder sonstigen flächigen Bauelementen können für die Krafteinleitung, die Kraftübertragung, die Positionierung von Teilen sowie für die Herstellung dichter Nähte an Behältern angewandt werden. Ausführungsbeispiele aus verschiedenen Bereichen des Leichtbaues zeigt Bild 6-28.
Je nach Gestaltung der Verbindungen werden die Schweißpunkte im Überlapp- bzw. Parallelstoß durch *Scherzug, Kopfzug, Schälen* oder *Torsion* beansprucht (Bild 6-29). Stets sollte die Beanspruchung auf Scherzug angestrebt werden. Bei der Kopfzugbeanspruchung kann ein Schweißpunkt in der Regel nur ein Drittel der Last wie bei der Scherzugbeanspruchung übertragen.
Im Stahlhochbau ist die Punktschweißung für Kraft- und Heftverbindungen mit vorwiegend ruhender Belastung ab 1,5 mm Bauteildicke zulässig, wenn nicht mehr als 3 Teile durch einen Schweißpunkt verbunden werden (DIN 18801).

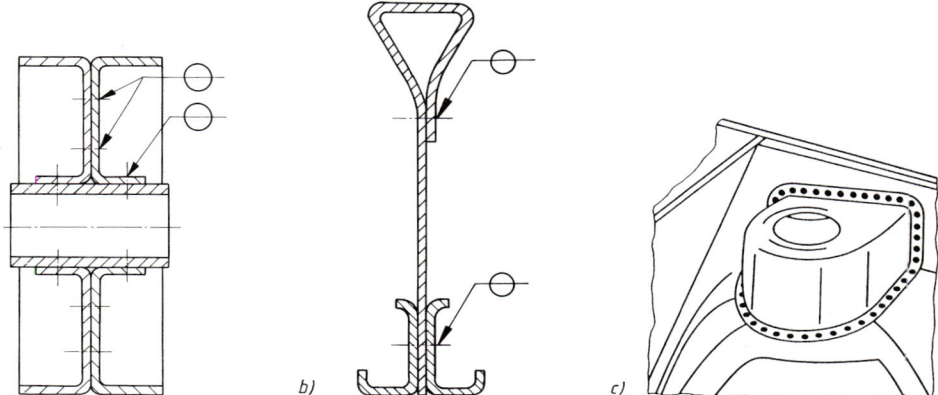

**Bild 6-28** Punktschweißverbindungen im Leichtbau.
a) Scheibenrad aus Rohrabschnitt und zwei gezogenen Blechteilen,
b) Biegeträger aus Kaltprofilen mit torsionssteifem Obergurt,
c) Federbeinaufnahme im Radhaus einer Pkw-Karosserie

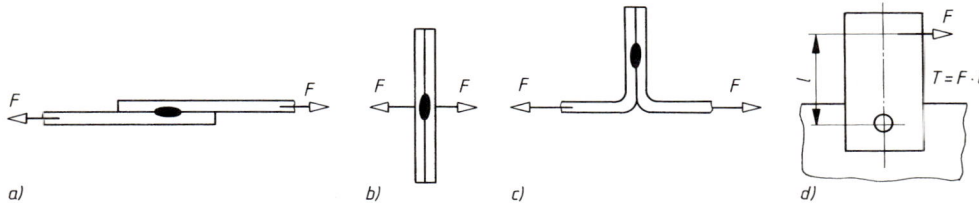

**Bild 6-29** Beanspruchungsarten der Punktschweißungen. a) Scherzug (anzustreben), b) Kopfzug (ungünstig), c) Schälen (vermeiden), d) Torsion bei Einzelpunkt (vermeiden)

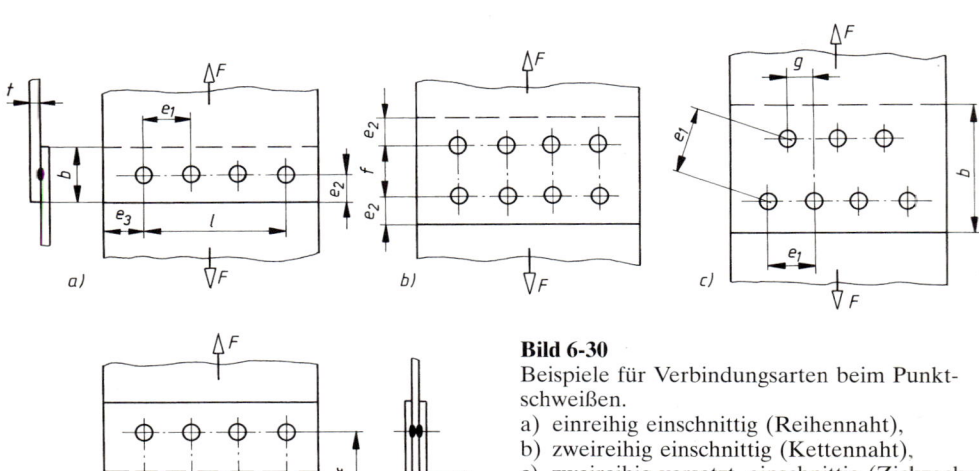

**Bild 6-30**
Beispiele für Verbindungsarten beim Punktschweißen.
a) einreihig einschnittig (Reihennaht),
b) zweireihig einschnittig (Kettennaht),
c) zweireihig versetzt, einschnittig (Zickzacknaht),
d) zweireihig zweischnittig
Wichtige Maße für Punktnähte: $b$ Überlappbreite, $d$ Punktdurchmesser, $e_1$ Punktabstand, $f$ Punktreihenabstand, $g$ Versatz (meist $e_1/2$), $l$ Nahtlänge, $e_2$ bzw. $e_3$ Randabstände in und rechtwinklig zur Kraftrichtung

**Gestaltung der Punktschweißverbindungen**
Beispiele für gebräuchliche Verbindungsarten beim Punktschweißen zeigt Bild 6-30. Für die Abstände der Schweißpunkte untereinander und zum Rand sind im Stahlhochbau die Grenzwerte nach TB 6-4 einzuhalten.
Für die Wahl des Schweißpunktdurchmessers $d$ gelten folgende Richtwerte:

| kleinste Blechdicke $t$ in mm: | 1,5 | 2 | 3 | 4 | 5 |
|---|---|---|---|---|---|
| zugehöriger Punktdurchmesser $d$ in mm: | 5 | 6 | 8 | 10 | 12 |

Durch bereits geschweißte Punkte oder durch Berührung der Stahlteile können Ströme im „Nebenschluss" fließen, wodurch die Größe der Schweißpunkte verringert wird. Diese Eigenart des Punktschweißverfahrens ist bei der Anordnung und Gestaltung der Schweißstelle unbedingt zu berücksichtigen. Weitere Richtlinien s. unter 6.2.5-1 und -2, insbesondere Bild 6-24, Zeilen 28 und 29.
Anzustreben sind symmetrisch ausgeführte Laschenverbindungen (Bild 6-30d). Eine Erhöhung der Tragfähigkeit lässt sich durch kombinierte Punktschweiß-Kleb-Verbindungen erzielen, wobei allerdings mit einer Alterung des Klebers zu rechnen ist.
Ein weiterer Vorteil ist, dass zum Korrosionsschutz im überlappten Bereich auf Punktschweißfarben, Dichtbänder oder Dichtmassen verzichtet werden kann.
Bei mehrschnittigen Verbindungen sind die dünneren Bleche zwischen den dickeren anzuordnen. Blechdickenunterschiede $t_2/t_1 > 4$ sind zu vermeiden.
Im Stahlhochbau sind in Kraftrichtung hintereinander wenigstens zwei Schweißpunkte anzuordnen, nach oben dürfen nur fünf Schweißpunkte hintereinander als tragend in Rechnung gestellt werden. Diese Einschränkung gilt nicht für die Verbindung von Blechen, die vorwiegend Schub in der Blechebene abtragen.

## 6.3 Berechnung von Schweißkonstruktionen

### 6.3.1 Schweißverbindungen im Stahlbau

Durch die Einführung der neuen Stahlbaunorm DIN 18 800 (11.90) und des Eurocode 3 erfolgt die Bemessung der Stahlbauten nach Grenzzuständen mittels Teilsicherheitsbeiwerten und nicht mehr auf der Grundlage zulässiger Spannungen oder globaler Sicherheitsbeiwerte.
Die neuen Begriffe und Formelzeichen werden nicht durchgehend benutzt.[1]

**1. Berechnung der Beanspruchungen (z. B. Schnittgrößen, Spannungen, Durchbiegungen) aus den Einwirkungen (Lasten)**

Es ist der Nachweis zu führen, dass die Beanspruchungen $S_d$ kleiner sind als die Beanspruchbarkeiten $R_d$ des Bauteils. Die Beanspruchungen sind mit den Bemessungswerten der Einwirkungen $F_d$ zu bestimmen.
Nach ihrer zeitlichen Veränderlichkeit werden die Einwirkungen eingeteilt in
− ständige Einwirkungen $G$, z. B. wahrscheinliche Baugrundbewegungen
− veränderliche Einwirkungen $Q$, z. B. Temperaturänderungen und
− außergewöhnliche Einwirkungen $F_A$, z. B. Anprall von Fahrzeugen.
Die Bemessungswerte der Einwirkungen sind die mit dem Teilsicherheitsbeiwert $S_F$ und ggf. mit dem Kombinationsbeiwert $\psi$ vervielfachten charakteristischen Werte $F_k$ der Einwirkungen:
$F_d = S_F \cdot \psi \cdot F_k$.

---

[1] Benutzte Begriffe und Formelzeichen (abweichend von den übrigen Kapiteln): $F$ Einwirkung, allgemeines Formelzeichen ($F$ = force = Kraft), $G/Q/F_A$, ständige/veränderliche/außergewöhnliche Einwirkung, $M$ Widerstandsgröße ($M$ = material), $S_F/S_M(\gamma_F/\gamma_M)$ Teilsicherheitsbeiwert für Einwirkungen/Widerstandsgrößen, $R_d$ Beanspruchbarkeit ($R$ = resistance = Widerstand, $d$ = design = Entwurf), $S_d$ Beanspruchung ($S$ = Stress), Index $k$: charakteristischer Wert (Nennwert) einer Größe.

Als charakteristische Werte der Einwirkungen gelten die Werte der einschlägigen Normen über Lastannahmen, z. B. DIN 1055: Lastannahmen für Bauten.
Für den Nachweis der Tragsicherheit sind Einwirkungskombinationen zu bilden aus

- den ständigen Lasten $G$ und *allen* ungünstig wirkenden veränderlichen Einwirkungen $Q_i$ und
- den ständigen Einwirkungen $G$ und jeweils *einer* der ungünstig wirkenden veränderlichen Einwirkungen $Q_i$.

Für die Bemessungswerte der ständigen Einwirkungen gilt: $G_d = S_F \cdot G_k$, mit $S_F = 1{,}35$.
Für die Bemessungswerte der veränderlichen Einwirkungen gilt bei Berücksichtigung aller ungünstig wirkenden veränderlichen Einwirkungen: $Q_{id} = S_F \cdot \psi \cdot Q_{ik}$, mit $S_F = 1{,}5$ und $\psi = 0{,}9$; und bei Berücksichtigung nur jeweils einer ungünstigen Einwirkung: $Q_{id} = S_F \cdot Q_{ik}$, mit $S_F = 1{,}5$.
Beim Auftreten von außergewöhnlichen Einwirkungen $F_A$ (z. B. Erdbeben, Explosion, Brand), sind Einwirkungskombinationen aus den ständigen Einwirkungen $G$, allen ungünstig wirkenden veränderlichen Einwirkungen $Q_i$ und einer außergewöhnlichen Einwirkung $F_A$ zu bilden. Der Teilsicherheitsbeiwert beträgt dann $S_F = 1{,}0$.
Wenn ständige Einwirkungen Beanspruchungen aus veränderlichen Einwirkungen verringern, z. B. Windsog bei Dächern, so muss mit $S_F = 1{,}0$, $G_d = G_k$ gesetzt werden. Falls Erddruck die vorhandenen Beanspruchungen verringert, gilt für den Bemessungswert des Erddrucks $F_{Ed} = 0{,}6 \cdot F_{Ek}$ ($S_F = 0{,}6$).

## Berechnungsbeispiel

Für einen 5 m langen Einfeldträger mit drei Einwirkungen entsprechend Bild 6-31 sollen die für die Bemessung maßgebenden Beanspruchungen – das Biegemoment in Feldmitte und die Auflagerkraft – ermittelt werden.

a) Charakteristische Werte
Ständige Einwirkungen
$g$   Eigengewicht (Träger und Decke)

$\qquad g_k = 10$ kN/m

Veränderliche Einwirkungen
$q$   Verkehrslasten

$\qquad q_k = 8$ kN/m

$F$   Einzellast aus Hebeeinrichtung

$\qquad F_k = 120$ kN

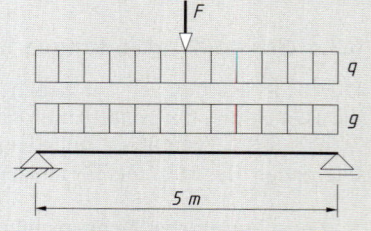

**Bild 6-31** Statisches System und Einwirkungen

b) Bemessungswerte der Einwirkungen
Grundkombination 1: Es werden die ständigen und alle ungünstig wirkenden veränderlichen Einwirkungen berücksichtigt.

$G_d = S_F \cdot G_k$ \qquad mit $S_F = 1{,}35$,

$g_d = 1{,}35 \cdot 10$ kN/m \qquad $= 13{,}5$ kN/m,

$Q_{id} = S_F \cdot \psi \cdot Q_{ik}$ \qquad mit $S_F = 1{,}5$ und $\psi = 0{,}9$,

$q_d = 1{,}5 \cdot 0{,}9 \cdot 8$ kN/m \qquad $= 10{,}8$ kN/m,

$F_d = 1{,}5 \cdot 0{,}9 \cdot 120$ kN \qquad $= 162$ kN.

Grundkombination 2: Es werden die ständigen und die am ungünstigsten wirkende veränderliche Einwirkung – hier die Einzellast – berücksichtigt.

$g_d = 1{,}35 \cdot 10$ kN/m \qquad $= 13{,}5$ kN/m,,

$Q_{id} = S_F \cdot Q_i$ \qquad mit $S_F = 1{,}5$,

$F_d = 1{,}5 \cdot 120$ kN \qquad $= 180$ kN.

**c) Beanspruchungen**
Mit den Bemessungswerten der Einwirkungen werden das Moment in Feldmitte sowie die Auflagerkraft berechnet.
Für Grundkombination 1:

$M = 0{,}125\ (13{,}5\ \text{kN/m} + 10{,}8\ \text{kN/m})\ 5^2\ \text{m}^2 + 162\ \text{kN} \cdot 5\ \text{m}/4 \quad = 278{,}4\ \text{kNm}\,,$

$F_A = (13{,}5\ \text{kN/m} + 10{,}8\ \text{kN/m})\ 5\ \text{m}/2 + 162\ \text{kN}/2 \quad = 141{,}8\ \text{kN}\,.$

Für Grundkombination 2:

$M = 0{,}125 \cdot 13{,}5\ \text{kN/m} \cdot 5^2\ \text{m}^2 + 180\ \text{kN} \cdot 5\ \text{m}/4 \quad = 267{,}2\ \text{kNm}\,,$

$F_A = 13{,}5\ \text{kN/m} \cdot 5\ \text{m}/2 + 180\ \text{kN}/2 \quad = 123{,}8\ \text{kN}\,.$

**Ergebnis:** Die Beanspruchungen der Grundkombination 1 sind für die Bemessung des Trägers maßgebend.

## 2. Nachweisverfahren

Je nachdem, ob die Berechnung der Beanspruchungen und der zugehörigen Beanspruchbarkeiten nach der Elastizitäts- oder der Plastizitätstheorie erfolgt, unterscheidet DIN 18800-1 beim Tragsicherheitsnachweis die drei Verfahren Elastisch-Elastisch, Elastisch-Plastisch und Plastisch-Plastisch.
Die nachfolgenden Ausführungen beschränken sich auf das Nachweisverfahren Elastisch-Elastisch. Grenzzustand der Tragfähigkeit ist dabei der Fließbeginn an der ungünstigsten Stelle des Bauteilquerschnitts. Plastische Reserven werden also nicht berücksichtigt. Die aus den Schnittgrößen (Kräfte, Momente) – ermittelt nach der Elastizitätstheorie mit den Bemessungswerten der Einwirkungen – errechneten Spannungen werden den Grenznormal- bzw. Grenzschubspannungen $R_e/1{,}1$ bzw. $R_e/(1{,}1 \cdot \sqrt{3})$ gegenübergestellt. Sie werden bei den folgenden Nachweisen vereinfachend als „zulässige" Spannungen ausgewiesen. Unter bestimmten Bedingungen ist eine örtlich begrenzte Plastifizierung der Bauteilquerschnitte erlaubt, s. DIN 18800-1.
Beim Verfahren Elastisch-Plastisch ist der durchplastifizierte Querschnitt der Grenzzustand der Tragfähigkeit. Die nach der Elastizitätstheorie aus den Bemessungswerten der Einwirkungen errechneten Schnittgrößen (Längs- und Querkräfte, Biegemomente) werden den Schnittgrößen im vollplastischen Zustand gegenübergestellt.
Beim Verfahren Plastisch-Plastisch werden nach der Fließgelenktheorie plastische Querschnitts- und Systemreserven ausgenutzt. Es ist nur auf statisch unbestimmte Tragwerke (z. B. Durchlaufträger) anwendbar, da nur sie Systemreserven aufweisen.

## 3. Berechnung der Bauteile

Die Berechnung der Bauteile geht der Berechnung der Verbindungsmittel voraus, da deren Abmessungen (z. B. Schweißnahtdicke, Schraubendurchmesser) auch von der Bauteilgröße abhängen. Es sollen hier nur die Berechnungsgrundlagen für Zug- und Druckstäbe von ebenen Fachwerken, einfachen Trägern und konsolartigen Bauteilen behandelt werden. Wegen der Folgen möglicher Querschnittsverluste durch Korrosion (vgl. unter 7.6.6) sind für tragende Bauteile Mindestdicken vorgeschrieben, so z. B. 1,5 mm im Stahlhochbau und zwischen 2 mm und 7 mm im Kranbau, je nach Korrosionsgefährdung. Für geschweißte Bauteile ergibt sich aus der kleinsten zulässigen Kehlnahtdicke $a_{\min} = 2$ mm eine Mindestdicke $t_{\min} = 2\ \text{mm}/0{,}7 \approx 3$ mm.

### 3.1 Einzuhaltende Grenzwerte der Schlankheit $(b/t)_{\text{grenz}}$ von Querschnittsteilen

Um das Beulen voll mittragender gedrückter Flansche und Stege an Schweiß- und Walzprofilen zu vermeiden, ist stets nachzuweisen, dass die Grenzwerte der Schlankheit nach TB 6-7 eingehalten sind

$$b/t \leq (b/t)_{\text{grenz}}$$

Die zur Berechnung der Schlankheit $(b/t)$ notwendigen Maße $b$ und $t$, s. Bilder in TB 6-7, lassen sich mit Hilfe von Profiltabellen (z. B. TB 1-11) bzw. Schweißzeichnungen unter Beachtung der Stegausrundung $R$ bzw. der Kehlnahtdicke $a$ bestimmen. In TB 6-7 sind die maximalen $b/t$-Verhältnisse $(b/t)_{grenz}$ für verschiedene Lagerungsarten der als Plattenstreifen betrachteten Trägerstege und -flansche, für wesentliche Sonderfälle des Spannungsverlaufs und für übliche Baustahlsorten angegeben. Für $b/t > (b/t)_{grenz}$ ist ausreichende Beulsicherheit nach DIN 18800-3 nachzuweisen. Bei Walzprofilen aus S235 sind für Biegung ohne Druckkraft die geforderten $b/t$-Werte für alle praktischen Fälle eingehalten. Das Berechnungsbeispiel 6.1 unter 6.4 zeigt für ein geschweißtes I-Profil den Nachweis ausreichender Bauteildicken.

### 3.2 Zugstäbe

Sie treten zusammen mit Druckstäben als Bauglieder in Fachwerken und Verbänden auf. In dem aus oberem und unterem Begrenzungsstab (Ober- und Untergurt) und den Füllstäben (Vertikal- und Diagonalstäben) bestehenden Fachwerk nach Bild 6-25a werden z. B. jeder zweite Diagonalstab und der Untergurt auf Zug beansprucht. Für die *Tragfähigkeit* der Zugstäbe ist nur die *Werkstofffestigkeit* und die *Querschnittsfläche* maßgebend. Biegeweiche Flach- und Rundquerschnitte werden aber trotzdem kaum verwendet, da ihre Steifigkeit für Bearbeitung, Montage und Transport zu gering ist. Wie für Druckstäbe verwendet man in der Regel Walzprofile, die sich gut an den Knotenpunkten anschließen lassen. Da bei geschweißten Stabanschlüssen *keine Querschnittsschwächung* durch Löcher auftritt, ergibt sich gegenüber geschraubten oder genieteten Zugstäben eine *Werkstoffersparnis* bis zu 20 %.

*Mittig angeschlossene Zugstäbe*
Bei ihnen geht die Schwerachse durch die Anschlussebene mit dem anderen Bauteil (Knotenblech, Gurtsteg) hindurch, wie bei dem Anschluss nach Bild 6-25c oder dem zweiteiligen Stab (Doppelstab), Bild 6-32a. Bei letzterem würden allerdings die Einzelstäbe, hier Winkelstähle, wegen des außermittigen Anschlusses durch das Moment $M_b = 0{,}5F(e + t/2)$ nach innen ausbiegen, was aber durch die eingeschweißten Futterstücke verhindert wird. Die Außermittigkeit gleicht sich also beim Doppelstab durch geringe Zusatzspannungen im Stab selbst und in den Anschlüssen aus und braucht bei der Berechnung nicht berücksichtigt zu werden.
Damit gilt für die vorhandene Zugspannung im Stabquerschnitt

$$\sigma_z = \frac{F}{A} \leq \sigma_{zul} \tag{6.1}$$

$F$    Zugkraft im Stab
$A$    Querschnittsfläche des gesamten Stabes
$\sigma_{zul}$    zulässige Spannung (Grenznormalspannung)
       218 N/mm² für Bauteilwerkstoff S235
       327 N/mm² für Bauteilwerkstoff S355
       berechnet aus: $\sigma_{zul} = R_e/S_M$, mit $R_e$ nach TB 6-5 und $S_M = 1{,}1$

Für die Entwurfsberechnung ergibt sich die erforderliche Stabquerschnittsfläche aus

$$A_{erf} = \frac{F}{\sigma_{zul}} \tag{6.2}$$

$F$, $\sigma_{zul}$    wie zu Gl. (6.1)

Mit der ermittelten Querschnittsfläche $A_{erf}$ wird aus Profiltabellen (s. TB 1-8 bis TB 1-13) ein passender Querschnitt gewählt. Für Gurtstäbe werden dabei häufig T- oder 1/2 I-Profile gewählt, damit die Füllstäbe ohne Knotenbleche angeschlossen werden können (Bild 6-25c). Bei Füllstäben herrschen Winkel- und T-Stähle vor.

*Außermittig angeschlossene Zugstäbe*
Bei diesen fällt die Schwerachse des Stabes erheblich aus der Anschlussebene heraus, wie bei dem U-Stahl Bild 6-32b. Durch das Moment $M_b = F \cdot (e + t/2)$ entsteht eine zusätzliche Biege-

# 6.3 Berechnung von Schweißkonstruktionen

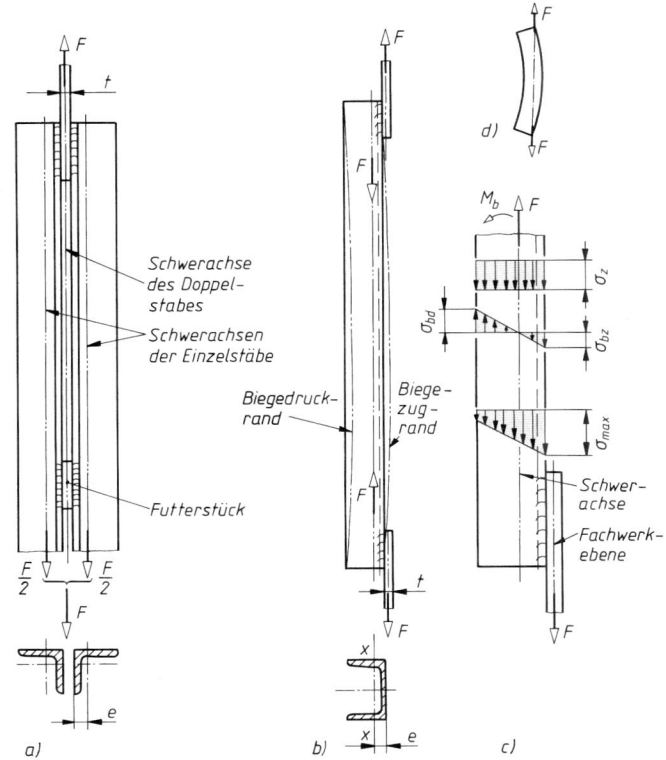

**Bild 6-32**
Zugstäbe.
a) Mittig angeschlossener Doppelwinkel,
b) außermittig angeschlossener U-Stahl,
c) Spannungsverlauf im einseitig angeschlossenen U-Stahl nach b),
d) außermittig gezogenes Gummiband

beanspruchung, die den Stab, hier nach rechts, ausbiegt und nicht ohne weiteres vernachlässigt werden kann. Dieses Ausbiegen lässt sich deutlich an einem außermittig gezogenen Gummiband (Bild 6-32d) zeigen. Außermittig angeschlossene Zugstäbe sind also allgemein auf *Zug und Biegung* zu berechnen.
Eine überschlägige Entwurfsberechnung kann zunächst nur auf Zug erfolgen, da die Biegung vorerst ja nicht erfasst werden kann wegen des noch unbekannten Abstandes $e$ der Außermittigkeit. Dabei kann der noch unbekannte Biegeanteil durch einen Zuschlag zur Stabquerschnittsfläche berücksichtigt werden.
Für ein gewähltes Profil ist zunächst die vorhandene Zugspannung nach Gl. (6.1) zu ermitteln. Die vorhandene Biegespannung ist für den Biegezugrand (Bild 6-32b) zu bestimmen, da sich hier die Zug- und Biegezugspannungen addieren: $\sigma_{bz} = M_b/W_z$.
Mit dem Biegemoment $M_b = F \cdot (e + t/2)$ und dem auf den Biegezugrand bezogenen Widerstandsmoment $W_z = I/e$ ergibt sich die *vorhandene Biegezugspannung am Biegezugrand*:

$$\boxed{\sigma_{bz} = \frac{M_b}{W_z} = \frac{F(e+0{,}5t)\,e}{I}} \tag{6.3a}$$

    $F$  Zugkraft im Stab
    $e$  Abstand der Stab-Schwerachse vom Biegezugrand, normalerweise gleich Abstand der Schwerachse von der Anschlussfläche
    $I$  Flächenmoment 2. Grades des Stabes für die Biegeachse $x-x$ (Bild 6-32b) aus den Profilstahl-Tabellen (s. TB 1-8 bis TB 1-12)

*Hinweis:* Das Widerstandsmoment $W_z$ in Gl. (6.3a) entspricht nicht dem $W$ in den Profiltabellen, mit dem sich die maximale Biegespannung in der äußeren Randfaser errechnet. Die Spannung in dieser Faser (Biegedruckrand) interessiert hier aber nicht, da sich ja für die Zugfaser die maximale Spannung ergibt.

Für die *maximale Spannung am Biegezugrand* (Bild 6-32c) gilt dann:

$$\boxed{\sigma_{max} = \sigma_z + \sigma_{bz} \leq \sigma_{zul}} \tag{6.3b}$$

Dieser Nachweis der Biegespannungen gilt nur, wenn das Biegemoment in der Ebene einer der beiden Hauptachsen des Querschnitts wirkt. Bei Winkel- und Z-Stählen sowie bei beliebigen Querschnitten muss das Biegemoment in Richtung der beiden Hauptachsen zerlegt werden. Die so ermittelten Einzelspannungen sind dann algebraisch zu addieren (schiefe Biegung).

*Hinweis:* Wird bei Winkelstählen die Zugkraft durch unmittelbaren Anschluss eines Winkelschenkels eingeleitet (z. B. Bild 6-40c), so darf die Biegespannung infolge Außermittigkeit unberücksichtigt bleiben, wenn

1. die Flankenkehlnähte mindestens so lang wie die Gurtschenkelbreite sind ($l \geq b$) und
2. die aus der mittig gedachten Längskraft stammende Zugspannung $\sigma_z \leq 0{,}8\sigma_{zul}$ ist.

### 3.3 Druckstäbe

Druckbeanspruchte Stäbe versagen erfahrungsgemäß bei Erreichen der Knicklast. Unter idealen Voraussetzungen handelt es sich um ein Stabilitätsproblem. Erreicht bei Laststeigerung die Druckkraft $F$ eines idealen Stabes den Wert der Knicklast $F_{ki}$ (Eulersche Knicklast), so weicht die Stabachse plötzlich aus. Der ursprünglich gerade Stab knickt aus.

Auf reale Bauteile treffen die idealisierten Voraussetzungen nicht zu. Es treten baupraktisch unvermeidliche Abweichungen (Imperfektionen) auf, so z. B. gekrümmte Stabachsen, nicht gleich bleibende Querschnitte, abweichende Auflagerbedingungen und meist hohe Eigenspannungen.

Dies hat zur Folge, dass beim realen Druckstab mit zunehmender Last von Anfang an Ausbiegungen auftreten. Bei weiterer Steigerung der Druckkraft wird der Stab durchgehend plastifiziert. Damit ist die Traglast $F_{pl}$ des Stabes erreicht. Sie liegt unter der idealen Knicklast $F_{ki}$. Am realen Druckstab liegt also ein Spannungsproblem vor.

Im Stahlbau regelt DIN 18800-2 die Tragsicherheitsnachweise für stabilitätsgefährdete Stäbe und Stabwerke aus Stahl. Sie unterscheidet Biegeknicken und Biegedrillknicken. Beim allgemeinen Fall des Biegedrillknickens treten Verschiebungen in Richtung der Hauptachsen und gleichzeitig Verdrehungen um die Stabachse auf. Diese Verdrehungen müssen berücksichtigt werden. Beim Sonderfall des Biegeknickens treten nur Verschiebungen auf, oder die Verdrehungen dürfen vernachlässigt werden. Nur dieser einfache Nachweis wird behandelt. Er gilt für doppelt-symmetrische, mittig belastete gerade Stäbe und Hohlquerschnitte.

*Grobe Vorbemessung der Druckstäbe*
Zur groben Vorbemessung des gesuchten Querschnitts wird im Stahlbau die folgende „Gebrauchsformel" benutzt.
Die Querschnittswerte des gesuchten Profils müssen danach folgende Bedingungen erfüllen:

$$\boxed{A_{erf} \approx \frac{F}{12} \cdots \frac{F}{10}} \quad \begin{array}{c|c} A_{erf} & F \\ \hline cm^2 & kN \end{array} \tag{6.4a}$$

$$\boxed{I_{erf} \approx 0{,}12 \cdot F \cdot l_k^2} \quad \begin{array}{c|c|c} I_{erf} & F & l_k \\ \hline cm^4 & kN & m \end{array} \tag{6.4b}$$

$F$ Druckkraft im Stab
$l_k$ Knicklänge des Druckstabes

Aus den Profiltabellen der Maßnormen oder entsprechend aus TB 1-8 bis TB 1-13 werden dann entsprechende Profile ausgesucht, wobei zu beachten ist, dass die Querschnittswerte dort *in cm*, d. h. $A$ in $cm^2$, $W$ in $cm^3$ und $I$ in $cm^4$ angegeben werden.

*Biegeknicken einteiliger Druckstäbe*
Für einteilige Druckstäbe mit mittigem Druck erfolgt die Biegeknickuntersuchung in folgenden Schritten:

## 6.3 Berechnung von Schweißkonstruktionen

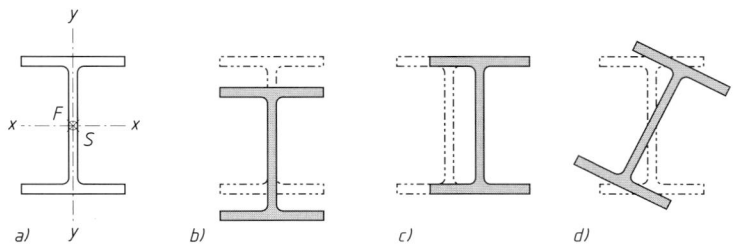

**Bild 6-33** Knickmöglichkeit bei mittig belasteten, doppeltsymmetrischen Querschnitten.
a) Im Schwerpunkt belasteter Querschnitt mit Hauptachsen $x$ und $y$, b) Biegeknicken um $x-x$, c) Biegeknicken um $y-y$, d) Drillknicken (übliche I-Profile sind nicht drillknickgefährdet.)

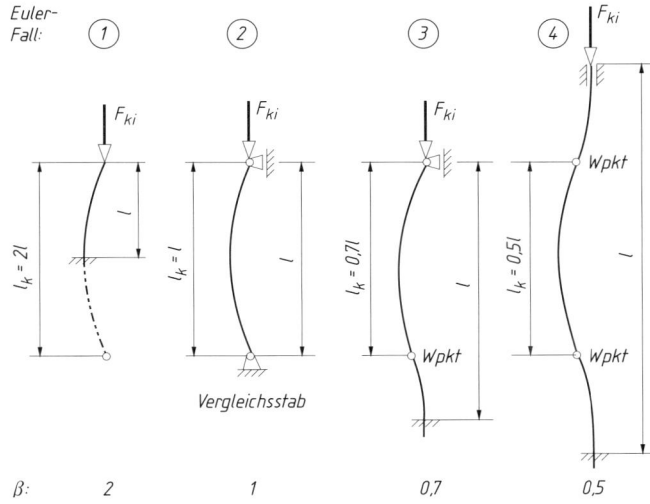

**Bild 6-34**
Knicklängen der vier Euler-Fälle.
Knickbiegelinien mit Wendepunkten (Wpkt), Knicklängen $l_k$ und Knicklängenbeiwerten $\beta = l_k/l$

Stäbe können um die $x$- und die $y$-Achse[1] eines Querschnitts knicken, Bild 6-33. Da die System- und Querschnittsgrößen um beide Achsen oft verschieden sind, ist der Tragfähigkeitsnachweis um beide Hauptachsen zu führen, wenn die maßgebende Achse nicht ohne weiteres erkennbar ist.
Als Maß für die Knickgefährdung wird für die Querschnittsachsen der Schlankheitsgrad gebildet

$$\lambda_{kx} = \frac{l_{kx}}{i_x} \quad (6.5\mathrm{a}) \qquad \lambda_{ky} = \frac{l_{ky}}{i_y} \quad (6.5\mathrm{b})$$

$l_{kx}$, $l_{ky}$    Knicklänge des Stabes für Knicken um die $x$- bzw. $y$-Achse
Vier einfache Fälle für Knicklängen sind in Bild 6-34 angegeben, weitere Fälle können nach DIN 18800-2 berechnet oder der Literatur entnommen werden.
Für Fachwerkstäbe mit unverschieblich festgehaltenen Enden gilt für das Ausweichen
a) in der Fachwerkebene:    $l_k \approx 0{,}9l \approx l_s$,
b) rechtwinklig zur Fachwerkebene: $l_k = l$,
mit $l$ = Systemlänge des Stabes und $l_s$ = Schwerpunktabstand des Anschlusses.

$i_x$, $i_y$    Trägheitsradius des Stabquerschnitts, z. B. aus Profiltabellen TB 1-8 bis TB 1-13
Mit dem Flächenmoment 2. Grades $I_x$ bzw. $I_y$ und der Stabquerschnittsfläche $A$ gilt allgemein: $i_x = \sqrt{I_x/A}$ und $i_y = \sqrt{I_y/A}$

---

[1] Die Bezeichnung der Hauptachsen ist so gewählt, dass bei einteiligen Stäben $I_x > I_y$.

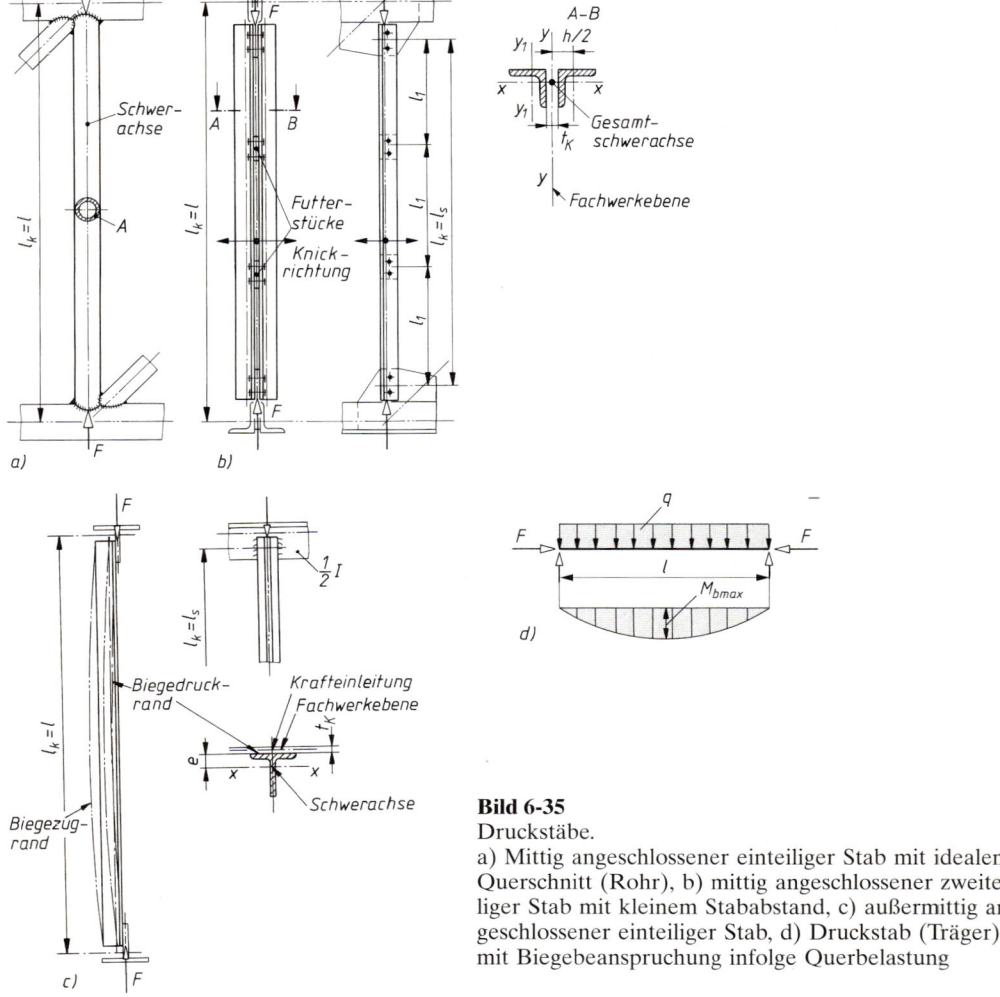

**Bild 6-35**
Druckstäbe.
a) Mittig angeschlossener einteiliger Stab mit idealem Querschnitt (Rohr), b) mittig angeschlossener zweiteiliger Stab mit kleinem Stababstand, c) außermittig angeschlossener einteiliger Stab, d) Druckstab (Träger) mit Biegebeanspruchung infolge Querbelastung

Der Schlankheitsgrad, bei dem die ideale Knickspannung der Streckgrenze des Stabwerkstoffes entspricht, heißt Bezugsschlankheitsgrad

$$\lambda_a = \pi \sqrt{\frac{E}{R_e}} \tag{6.6}$$

$E$  Elastizitätsmodul des Stabwerkstoffes, für Walzstahl $E = 210\,000$ N/mm$^2$
$R_e$  Streckgrenze des Stabwerkstoffs nach TB 6-5

Da $\lambda_a$ nur werkstoffabhängig ist, lässt er sich für die Stahlsorten angeben. Für Erzeugnisdicken $t \leq 40$ mm beträgt $\lambda_a = 92{,}9$ für S235 und $\lambda_a = 75{,}9$ für S355.
Die dimensionslose Darstellung der Knickspannungslinien wird ermöglicht durch den bezogenen Schlankheitsgrad

$$\bar{\lambda}_k = \frac{\lambda_k}{\lambda_a} = \sqrt{\frac{F_{pl}}{F_{ki}}} \tag{6.7}$$

## 6.3 Berechnung von Schweißkonstruktionen

$$\bar{\lambda}_{kx} = \frac{\lambda_{kx}}{\lambda_a} \qquad (6.7\,\text{a})$$

$$\bar{\lambda}_{ky} = \frac{\lambda_{ky}}{\lambda_a} \qquad (6.7\,\text{b})$$

$\lambda_k, \lambda_a$    Schlankheitsgrad und bezogener Schlankheitsgrad nach Gln. (6.5) und (6.6)
$F_{pl}$    Druckkraft im vollplastischen Zustand: $F_{pl} = A \cdot R_e / S_M$
$F_{ki}$    Druckkraft unter der kleinsten Verzweigungslast nach der Elastizitätstheorie:
     $F_{ki} = \pi^2 \cdot E \cdot I / (l_k^2 \cdot S_M)$

Der maßgebende bezogene Schlankheitsgrad ist der größere der beiden Werte $\bar{\lambda}_{kx}$ oder $\bar{\lambda}_{ky}$. Das Verhältnis von idealer Knicklast zur plastischen Druckkraft $F_{pl}$ wird als Abminderungsfaktor $\kappa$ bezeichnet. Dieser lässt sich als Funktion des bezogenen Schlankheitsgrades darstellen, s. TB 6-9. Unter Voraussetzung idealer Annahmen ergibt sich eine bei $\kappa = 1$ abgeschnittene quadratische Hyperbel (Euler-Hyperbel), s. TB 6-9. Für reale Druckstäbe werden die Imperfektionen gewissen Querschnittskategorien (*a* bis *d*) zugeordnet. Mit Hilfe von Traglastberechnungen können dann die sogenannten Europäischen Knickspannungslinien festgelegt werden, s. TB 6-8. Der Abminderungsfaktor $\kappa$ kann TB 6-9 entnommen oder in Abhängigkeit vom bezogenen Schlankheitsgrad $\bar{\lambda}_k$ und der dem jeweiligen Querschnitt nach TB 6-8 zugeordneten Knickspannungslinie (*a* bis *d*) rechnerisch ermittelt werden

$\bar{\lambda}_k \leq 0{,}2$:

$$\kappa = 1 \qquad (6.8\,\text{a})$$

$\bar{\lambda}_k > 0{,}2$:

$$\kappa = \frac{1}{k + \sqrt{k^2 - \bar{\lambda}_k^2}} \qquad (6.8\,\text{b})$$

wobei $k = 0{,}5[1 + \alpha(\bar{\lambda}_k - 0{,}2) + \bar{\lambda}_k^2]$

$\bar{\lambda}_k > 3{,}0$: vereinfachend

$$\kappa = \frac{1}{\bar{\lambda}_k \cdot (\bar{\lambda}_k + \alpha)} \qquad (6.8\,\text{c})$$

$\alpha$    Parameter zur Berechnung des Abminderungsfaktors $\kappa$

| Knickspannungslinie | a | b | c | d |
|---|---|---|---|---|
| $\alpha$ | 0,21 | 0,34 | 0,49 | 0,76 |

$\bar{\lambda}_k$    bezogener Schlankheitsgrad nach Gl. (6.7)

Für $\bar{\lambda}_k \leq 0{,}2$, also $\kappa = 1{,}0$, genügt der einfache Spannungsnachweis.
Für die maßgebende Ausweichrichtung lautet der Tragsicherheitsnachweis

$$F \leq \kappa \cdot F_{pl} \qquad (6.9\,\text{a})$$

oder

$$\frac{F}{\kappa \cdot F_{pl}} \leq 1 \qquad (6.9\,\text{b})$$

$F$    Bemessungswert der Stab-Druckkraft
$F_{pl}$    Druckkraft in vollplastischem Zustand: $F_{pl} = A \cdot R_e / S_M$, mit Stabquerschnittsfläche $A$ (z. B. aus Profiltabellen TB 1-8 bis TB 1-13), Streckgrenze $R_e$ des Stabwerkstoffs nach TB 6-5 und Teilsicherheitsbeiwert $S_M = 1{,}1$
$\kappa$    Abminderungsfaktor nach Gl. (6.8) oder TB 6-9

Bei dünnwandigen, offenen und einfachsymmetrischen Querschnitten ist nach DIN 18800-2 ein Biegedrillknicknachweis zu führen. Bei Druckstabquerschnitten ist auch unbedingt darauf zu achten, dass die Grenzwerte der Schlankheit $(b/t)_{grenz}$ nach 3.1 eingehalten werden.

*Mehrteilige Rahmenstäbe mit geringer Spreizung*
Bei diesen, z. B. aus zwei Winkelprofilen bestehenden Stäben (Bild 6-35b), fällt die *Gesamt*-Schwerachse praktisch mit der Anschlussebene zusammen; sie können gewissermaßen wie mittig angeschlossene einteilige Stäbe behandelt werden. Um eine gemeinsame Tragwirkung zu erreichen, müssen sie durch Bindebleche schubfest verbunden werden.
Mehrteilige Stäbe aus U- und L-Profilen werden bevorzugt in geschraubten Fachwerken eingesetzt, wo sie direkt oder an Knotenbleche angeschlossen werden. Ihre Spreizung $h$ ist dadurch nur wenig größer als die Dicke des Knotenbleches, Bild 6-36. Stäbe aus übereck gestellten Winkeln (Bild 6-37) sind hinsichtlich der Unterhaltung günstiger als Querschnitte nach Bild 6-36. Die Steifigkeit um die stofffreie Achse $(y-y)$ ist größer als die Steifigkeit um die Stoffachse[1] $(x-x)$, so dass nur ein Nachweis mit $\lambda_x = l_{kx}/i_x$ erforderlich ist.

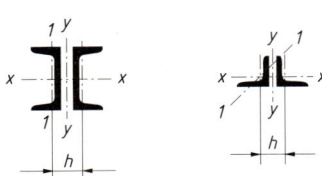

**Bild 6-36**
Mehrteilige Stäbe, deren Querschnitte eine Stoffachse $(x-x)$ haben

Dabei ist der Abstand der Bindebleche so zu wählen, dass der Schlankheitsgrad der Einzelwinkel $\lambda_1 = l_1/i_1 \leq 15$ ist.
Für die Knicklänge des Gesamtstabes darf der Mittelwert der Knicklängen für Ausknicken in und aus der Fachwerkebene gesetzt werden $l_{kx} \approx 0{,}5 \: (l + l_s)$, vgl. Bild 6-35b.
Bei ungleichschenkligen Winkelprofilen ist der maßgebende Schlankheitsgrad anzunehmen mit $\lambda_x \approx 1{,}15 \cdot l_{kx}/i_0$. Hierbei ist $i_0$ der Trägheitsradius des Gesamtstabes bezogen auf die zum langen Winkelschenkel parallele Schwerachse (Bild 6-37b).

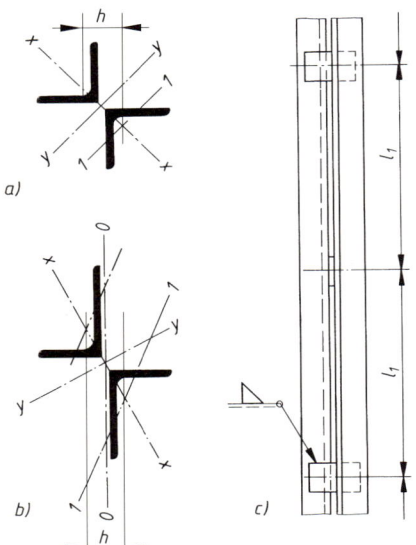

**Bild 6-37**
Druckstab aus zwei übereck gestellten Winkelprofilen.
a) bzw. b) Stabquerschnitt aus gleichschenkligen bzw. ungleichschenkligen Winkelprofilen, c) Anordnung der Bindebleche

---

[1] Die Hauptachse wird als „Stoffachse" bezeichnet, wenn sie alle Einzelstabquerschnitte durchschneidet.

## 6.3 Berechnung von Schweißkonstruktionen

*Druckstäbe mit Biegebeanspruchung*
Druckstäbe werden häufig durch außermittig angreifende Druckkräfte oder durch Querbelastung auf Biegung beansprucht, z. B. Bild 6-35d. Sie sind dann auf Biegeknicken (bzw. Biegedrillknicken) zu untersuchen. Bei Stäben (Trägern) mit geringer Druckkraft $F \leq 0{,}1 \cdot \kappa \cdot F_{pl}$ entfällt der Knicknachweis. Es genügt der Nachweis als Biegeträger. Der Tragsicherheitsnachweis für das Ausknicken in der Momentenebene kann nach dem Ersatzstabverfahren geführt werden

$$\boxed{\frac{F}{\kappa \cdot F_{pl}} + \frac{\beta_m \cdot M}{M_{pl}} + \Delta n \leq 1} \qquad (6.10)$$

$F$    Stabdruckkraft
$F_{pl}$    Druckkraft in vollplastischem Zustand: $F_{pl} = A \cdot R_e / S_M$, mit Stabquerschnittsfläche $A$ (z. B. aus Profiltabellen TB 1-8 bis TB 1-13), Streckgrenze $R_e$ des Stabwerkstoffes nach TB 6-5 und Teilsicherheitsbeiwert $S_M = 1{,}1$
$\kappa$    Abminderungsfaktor nach TB 6-9 in Abhängigkeit von $\bar{\lambda}_k$ nach Gl. (6.7) für die maßgebende Knickspannungslinie nach TB 6-8 und Ausknicken in der Momentenebene
$\beta_m$    Momentenbeiwert für Biegeknicken nach TB 6-10
$M$    größtes im Stab auftretendes Biegemoment
$M_{pl}$    Biegemoment im vollplastischen Zustand, entweder aus Profiltabellen oder aus $M_{pl} = \alpha_{pl} \cdot W \cdot R_e / S_M$, mit dem Formbeiwert $\alpha_{pl} \leq 1{,}25$ (1,14 für Walzträger), dem elast. Widerstandsmoment $W$ (z. B. nach Profiltabellen TB 1-8 bis TB 1-13), der Streckgrenze des Stabwerkstoffs nach TB 6-5 und dem Teilsicherheitsbeiwert $S_M = 1{,}1$
$\Delta n$    Korrekturwert. Es darf $\Delta n = 0{,}1$ gesetzt werden.

$$\Delta n = \frac{F}{\kappa \cdot F_{pl}} \cdot \left(1 - \frac{F}{\kappa \cdot F_{pl}}\right) \cdot \kappa^2 \cdot \bar{\lambda}_k^2 \leq 0{,}1$$

oder vereinfacht
$$\Delta n = 0{,}25 \cdot \kappa^2 \cdot \bar{\lambda}_k^2 \leq 0{,}1$$

Bei doppeltsymmetrischen Querschnitten mit $A_{Steg} \geq 0{,}18 \cdot A$ (was bei üblichen Walzprofilen immer zutrifft) darf $M_{pl}$ durch $1{,}1 M_{pl}$ ersetzt werden, wenn $F > 0{,}2 \cdot F_{pl}$ erfüllt ist.

### 3.4 Knotenbleche

Knotenbleche dienen zum Verbinden der im Knotenpunkt zusammenlaufenden Stäbe. Die Größe ist durch die Gestaltung der Knotenpunkte gegeben, die Dicke $t_K$ soll etwa der Dicke der angeschlossenen Schenkel, Flansche usw. der Stäbe entsprechen:

Die Knotenblechdicke $t_K$ wird etwa gleich oder etwas kleiner als die mittlere Dicke aller im Knotenpunkt zusammenlaufenden Stäbe gewählt.

Bei Doppelstäben ist die Summe der Dicken beider Stäbe als Stabdicke zu betrachten.
Die Tragfähigkeit des Knotenbleches ist im Stahlbau bei großen Stabkräften nachzuprüfen. Bei Füllstabanschlüssen (Diagonal- und Vertikalstäbe) wird dabei vereinfachend angenommen, dass die Stabkraft vom Nahtanfang, bei Schrauben-(Niet-)Anschlüssen von der ersten Schraube (Niet) an sich *unter 30°* nach beiden Seiten ausbreitet (Bild 6-38). Am Nahtende oder der letzten Schraube (Niet) soll dann ein Blechstreifen der „mittragenden Breite" $b$ durch die Stabkraft gleichmäßig beansprucht werden. Damit gilt näherungsweise für die Spannung im Knotenblech:

$$\boxed{\sigma = \frac{F}{b \cdot t_K} \leq \sigma_{zul}} \qquad (6.11)$$

$F$    anzuschließende Stabkraft
$b$    mittragende Breite des Knotenbleches entsprechend Bild 6-38, bei zugbeanspruchten Schrauben-(Niet-)Anschlüssen mit Lochabzug ist dafür zu setzen: $b' = b - d$
$t_K$    Knotenblechdicke
$\sigma_{zul}$    zulässige Spannung (Grenznormalspannung)
     218 N/mm² für Bauteilwerkstoff S235
     327 N/mm² für Bauteilwerkstoff S355
     berechnet aus: $\sigma_{zul} = R_e / S_M$, mit $R_e$ nach TB 6-5 und $S_M = 1{,}1$

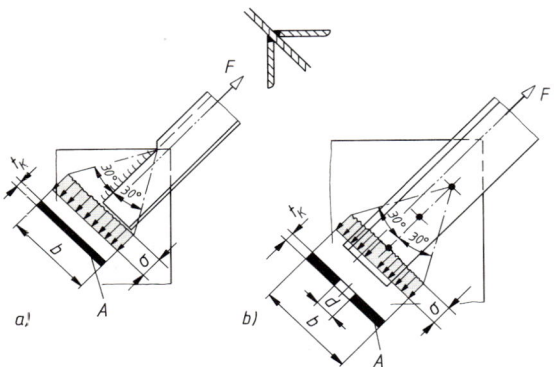

**Bild 6-38**
Überschlägiger Spannungsnachweis für Knotenbleche.
a) beim geschweißten Stabanschluss,
b) beim geschraubten Stabanschluss

## 3.5 Einfache Biegeträger

Für Biegeträger mit gleichzeitiger Beanspruchung durch eine Normalkraft $F_N$ und ein Biegemoment $M_x$, vgl. Bild 6-39, ist für die maßgebende Stelle der Nachweis zu führen

$$\sigma = \frac{F_N}{A} + \frac{M_x}{I_x} y \leq \sigma_{zul} \qquad (6.12)$$

$F_N$    Normalkraft, Längskraft
$M_x$    Biegemoment um die Hauptachse $x$
$A$    Gesamtquerschnittsfläche des Trägers; bei Walzprofilen nach TB 1-10 bis TB 1-12; evtl. unter Berücksichtigung der Lochschwächung im Zugbereich
$I_x$    Flächenmoment 2. Grades für Hauptachse $x$; für Walzprofile nach TB 1-10 bis TB 1-12; evtl. unter Berücksichtigung der Lochschwächung im Zugbereich
$y$    Abstand der betrachteten Querschnittsstelle von der $x$-Achse, z. B. $y = h/2$ für Randfaser, führt zum Sonderfall des Widerstandsmomentes $W_x = I_x/(h/2)$
$\sigma_{zul}$    zulässige Spannung (Grenznormalspannung)
218 N/mm² für Bauteilwerkstoff S235
327 N/mm² für Bauteilwerkstoff S355
berechnet aus: $\sigma_{zul} = R_e/S_M$, mit $R_e$ nach TB 6-5 und $S_M = 1{,}1$
Zweckmäßige Vorzeichenregelung: Zug und Biegezug (+), Druck und Biegedruck (−).

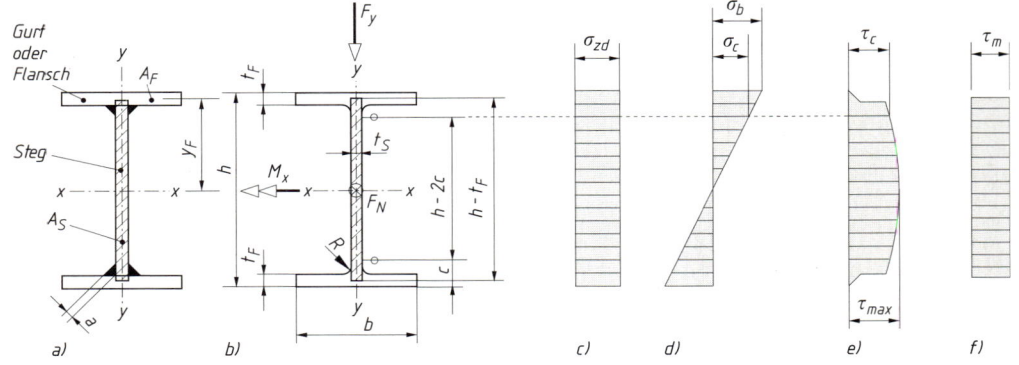

**Bild 6-39** Spannungsverteilung in Biegeträgern.[1]
a) Geschweißter Träger (Blechträger) mit doppeltsymmetrischem I-Querschnitt, b) warmgewalzter I-Träger mit Normalkraft $F_N$, Biegemoment $M_x$ und Querkraft $F_y$, c) Zug-/Druckspannungen infolge $F_N$, d) Biegespannungen infolge $M_x$, e) Schubspannungen infolge der Querkraft $F_y$, f) Mittelwert der Schubspannungen $\tau_m = F_y/A_S$

---

[1] Entsprechend den Profilnormen wird ein ebenes Koordinatensystem mit den Achsen $x$ und $y$ benutzt. DIN 18800 und EC3 benutzen ein räumliches Koordinatensystem mit den Hauptachsen $y$ und $z$ und $x$ in Richtung der Stabachse.

Bei Trägern mit Querkraftbiegung, vgl. Bild 6-39, sind die Schubspannungen im Trägersteg zu berücksichtigen

$$\tau = \frac{F_q \cdot H}{I_x \cdot t} \leq \tau_{zul} \qquad (6.13)$$

$F_q$     Querkraft in der Stegblechebene, z. B. $F_y$ in Bild 6-39
$I_x$     Flächenmoment 2. Grades für Hauptachse $x$, für Walzprofile nach Profiltabellen TB 1-10 bis TB 1-12
$H$     Flächenmoment 1. Grades (statisches Moment) der Querschnittsfläche, welche durch die zu untersuchende Faser vom Querschnitt abgetrennt wird. In Bild 6-39a gilt z. B. für die Berechnung der Halsnähte: $H = A_F \cdot y_F$, mit $A_F$ als angeschlossene Querschnittsfläche und $y_F$ als deren Schwerpunktsabstand von der Schwerachse des Gesamtquerschnitts
$t$     die zugehörige Querschnittsdicke(-breite) der untersuchten Faser; z. B. $t_S$ für das Stegblech oder $2a$ für die Halsnähte, vgl. Bild 6-39a
$\tau_{zul}$     zulässige Schubspannung (Grenzschubspannung)
       126 N/mm² für Bauteilwerkstoff S235
       189 N/mm² für Bauteilwerkstoff S355
       berechnet aus: $\tau_{zul} = R_e/(\sqrt{3} \cdot S_M)$, mit $R_e$ nach TB 6-5 und $S_M = 1,1$

Die Verteilung der Schubspannungen über die Höhe des Querschnitts ist ungleichmäßig, der Größtwert liegt stets in der Schwerachse, Bild 6-39e. Bei I-förmigen Trägern mit ausgeprägten Flanschen ($A_F/A_S > 0,6$, Bild 6-39) darf mit der mittleren Schubspannung gerechnet werden

$$\tau_m = \frac{F_q}{A_S} \leq \tau_{zul} \qquad (6.14)$$

$F_q$     Querkraft in der Stegblechebene
$A_S$     rechnerische Stegfläche als Produkt aus Stegdicke $t_S$ und mittlerem Abstand der Flansche $(h - t_F)$, Bild 6-39
$\tau_{zul}$     zulässige Schubspannung (Grenzschubspannung) wie zu Gl. (6.13)

Für die gleichzeitige Beanspruchung durch Biegung und Querkraft ist ein Vergleichsspannungsnachweis zu führen

$$\sigma_v = \sqrt{\sigma^2 + 3\tau^2} \leq \sigma_{zul} \qquad (6.15)$$

$\sigma, \tau$     Normalspannungen und Schubspannungen an derselben Querschnittsstelle.
       Für Walzprofile liegt die maßgebende Stelle am Beginn der Ausrundung zwischen Steg und Flansch (Bild 6-39b: $\sigma_c$ mit $y = 0,5 (h - 2c)$), bei geschweißten I-Profilen am Trägerhals. Es darf meist mit der mittleren Schubspannung nach Gl. (6.14) gerechnet werden.
$\sigma_{zul}$     zulässige Normalspannung, wie zu Gl. (6.11)

Die mit der Gestaltänderungsenergie-Hypothese (Gln. 3.2a und 6.15) berechneten Vergleichsspannungen eignen sich besonders zur Beurteilung zäher (duktiler) Werkstoffe. Sie wird im Stahlbau für den Nachweis ein- und mehrachsiger Spannungszustände im Bauteilwerkstoff angewandt. Für alle druckbeanspruchten Querschnittsteile ist stets nachzuweisen, dass die Grenzwerte $(b/t)_{grenz}$ nach TB 6-7 eingehalten sind.

## 4. Berechnung der Schweißnähte im Stahlbau

### 4.1 Abmessungen der Schweißnähte

Die rechnerischen Maße der Schweißnähte sind mit der Dicke $a$ und der Länge $l$ gegeben.

**Stumpfnähte**
Die *rechnerische Nahtdicke a* entspricht der Dicke $t$ der zu verbindenden Bauteile, durchgeschweißte Nähte vorausgesetzt. Eine evtl. vorhandene Nahtüberhöhung wird nicht berücksichtigt. Bei verschieden dicken Bauteilen ist die kleinere Dicke maßgebend, also $a = t_{min}$ (Bild 6-11, 3. Zeile, unteres Bild). Wegen des besseren Überganges zum dickeren Teil (Kraft-

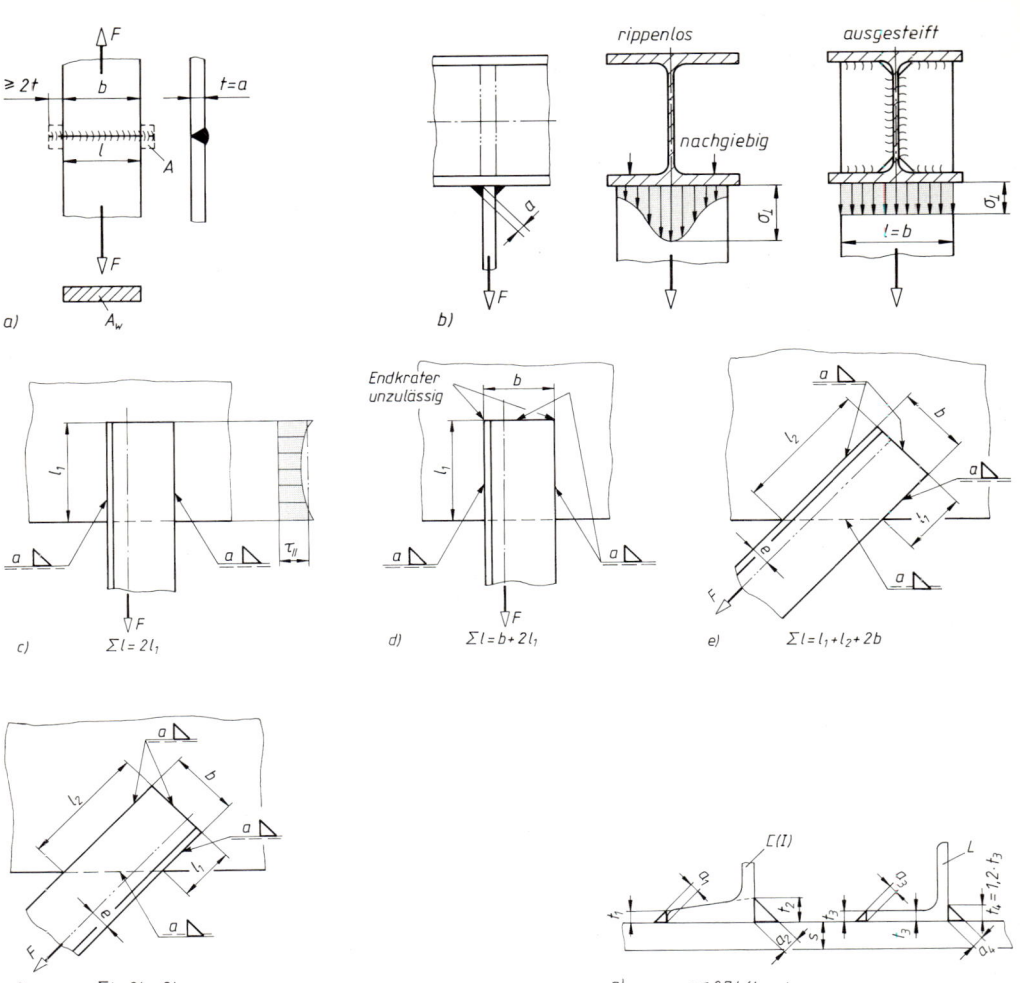

**Bild 6-40** Zug- und schubbeanspruchte Schweißverbindungen im Stahlbau.
a) Zugbeanspruchte Stumpfnaht mit An- und Auslaufstück (A), b) nachgiebige und steife Anschlussebene am Beispiel eines Zuglaschenanschlusses, c) Stabanschluss mit Flankenkehlnähten und Verteilung der Nahtschubspannung, d) Stabanschluss mit Stirn- und Flankenkehlnähten, e) Stabanschluss mit ringsumlaufender Kehlnaht, Schwerachse näher zur längeren Naht, f) Stabanschluss mit ringsumlaufender Kehlnaht, Schwerachse näher zur kürzeren Naht, g) zulässige Flankenkehlnahtdicken an Stab- und Formstählen

fluss!) sind dabei die mehr als 10 mm vorstehenden Kanten im Verhältnis 1:1 oder flacher zu brechen, s. 6.2.5-3.

Die *rechnerische Nahtlänge* $l$ ist ihre geometrische Länge. Sie ist gleich der Breite $b$ des zu schweißenden Bauteiles, wenn durch Hilfsstücke (An- und Auslaufstücke, Bild 6-40a) oder andere geeignete Maßnahmen eine fehlerfreie Ausführung am Nahtanfang und am Nahtende erreicht wird.

**Kehlnähte**

Die *rechnerische Nahtdicke* $a$ ist gleich der bis zum theoretischen Wurzelpunkt gemessenen Höhe des im Nahtquerschnitt einschreibbaren gleichschenkligen Dreiecks (Bild 6-13a bis e). Bei Querschnittsteilen mit Dicken $t \geq 3$ mm sollen folgende Grenzwerte für die Schweißnahtdicke $a$ von Kehlnähten eingehalten werden

$$\boxed{2\,\text{mm} \leq a \leq 0{,}7 t_{\min}} \tag{6.16a}$$

$$\boxed{a \geq \sqrt{t_{\max}} - 0{,}5\,\text{mm}} \qquad \begin{array}{c|c} a & t \\ \hline \text{mm} & \text{mm} \end{array} \tag{6.16b}$$

$a$          Kehlnahtdicke
$t_{\min}$, $t_{\max}$   kleinste bzw. größte anzuschließende Bauteildicke

Bei Handschweißung ist in der Praxis die ausführbare Mindestdicke der Kehlnähte 3 mm. Eine Nahtdicke $a \geq 0{,}7 t_{\min}$ ist bei Doppelkehlnähten festigkeitsmäßig nicht ausnutzbar und bei einseitigen Kehlnähten wegen des unsymmetrischen Anschlusses nicht empfehlenswert. Der Mindestwert nach Gl. (6.16b) vermeidet ein Missverhältnis von Nahtquerschnitt und verbundenen Querschnittsteilen. Bei sorgfältigen Herstellungsbedingungen (z. B. Vorwärmen dicker Querschnittsteile) darf auf die Bedingung nach Gl. (6.16b) verzichtet werden, jedoch sollte für Blechdicken $t \geq 30$ mm die Kehlnahtdicke mit $a \geq 5$ mm gewählt werden.
Für Flankenkehlnähte bei Stab- und Formstählen gilt dabei als kleinste Bauteildicke das theoretische Maß $t$ der Flansch- bzw. Schenkelenden nach Bild 6-40g (sofern $t < s$). An den gerundeten Flansch- oder Schenkelenden wird aus geometrischen Gründen die Nahtdicke nicht größer als halbe Flansch- oder Schenkeldicke ausgeführt, nach Bild 6-40g z. B. $a_3 \approx 0{,}5 t_3$. Da bei Kehlnähten der Nahtquerschnitt (Schweißgutaufwand) proportional mit $a^2$, die Tragfähigkeit aber nur linear mit $a$ wächst, sollten stets dünne Nähte angestrebt werden. Gebräuchliche Nahtdicken mit in ( ) größtzulässiger Bauteildicke: 2 (6) 2,5 (9) 3 (12) 3,5 (16) 4 (20) 4,5 (25) 5 (30) 6 (42) 7 (56) mm usw.
Bei Schweißverfahren, bei denen ein über den theoretischen Wurzelpunkt hinausgehender Einbrand gewährleistet ist, z. B. teil- oder vollmechanischen UP- oder Schutzgasverfahren, darf die rechnerische Nahtdicke um das in einer Verfahrensprüfung zu bestimmende Maß $e$ vergrößert werden ($e$ kleinster wirksamer Einbrand, Bild 6-13f).
Die *rechnerische Nahtlänge* $l$ ist gleich der Länge der Wurzellinie, jedoch zählen Krater und Nahtanfänge bzw. Nahtenden, die die verlangte Nahtdicke nicht erreichen, nicht zur Nahtlänge. Kehlnähte dürfen beim Festigkeitsnachweis nur berücksichtigt werden, wenn ihre Länge $l \geq 6a$, mindestens jedoch 30 mm ist. In unmittelbaren Laschen- und Stabanschlüssen (Bilder 6-40c bis f) darf als rechnerische Schweißnahtlänge $l$ der einzelnen Flankenkehlnähte maximal $150a$ angesetzt werden.
Wenn die rechnerische Schweißnahtlänge $\Sigma l$ nach den Bildern 6-40c bis f bestimmt wird, dürfen die Momente aus den Außermittigkeiten des Schweißnahtschwerpunktes zur Stabachse unberücksichtigt bleiben. Das gilt auch dann, wenn andere als Winkelprofile angeschlossen werden.
Die Begrenzung der rechnerischen Nahtlänge entfällt bei gleichmäßiger Krafteinleitung über die Anschlusslänge, so z. B. bei Querkraftübertragung vom Trägersteg zur Gurtplatte nach Bild 6-42a.

**Sonstige Nähte**
Bei den durch- oder gegengeschweißten Nähten, Bild 6-14a und b, ist die rechnerische Nahtdicke gleich der Dicke des anzuschließenden Teiles ($a = t_1$). Bei den nicht durchgeschweißten Nähten, Bild 6-12 und 6-14c und d, ist die rechnerische Nahtdicke gleich dem Abstand vom theoretischen Wurzelpunkt zur Nahtoberfläche. Die für einen Öffnungswinkel von 60° geltenden $a$-Maße sind jeweils eingetragen. Werden diese HY- und DHY-Nähte mit einem Öffnungswinkel von $< 45°$ ausgeführt, ist das rechnerische $a$-Maß um 2 mm zu verkleinern.
Für die Dreiblechnaht (Steilflankennaht) nach Bild 6-14e gilt für die Nahtdicke bei Kraftübertragung

      von $t_2$ nach $t_3$:       $a = t_2$    (für $t_2 < t_3$)
      von $t_1$ nach $t_2$ und $t_3$:   $a = b$

Als rechnerische Nahtlänge $l$ gilt die Gesamtlänge der Naht.

## 4.2 Festigkeitsnachweis

Die komplizierten Beanspruchungsverhältnisse in Schweißnähten können nur mit einem in der Praxis oft nicht vertretbaren Aufwand rechnerisch erfasst werden. Man rechnet daher nur mit mittleren Spannungen und berücksichtigt die ungleichmäßige Spannungsverteilung durch eine Begrenzung der Nahtlängen und durch niedrige zulässige Spannungen. Eigenspannungen und Spannungsspitzen dürfen bei *schweißgerechter* Ausführung unberücksichtigt bleiben. Nicht zu berechnende Nähte s. unter 6.2.5-3.

Die zu ermittelnden Schweißnahtspannungen lassen sich nach Bild 6-41 unterscheiden in:

- Normalspannungen $\sigma_\perp$ quer zur Nahtrichtung.
  Sie sind maßgebend für die Berechnung der Stumpf- und Kehlnähte.
- Normalspannungen $\sigma_\parallel$ in Nahtrichtung.
  Sie haben geringe Bedeutung und werden bei Stahlbauten mit vorwiegend ruhender Belastung nicht berücksichtigt.
- Schubspannungen $\tau_\perp$ quer zur Nahtrichtung.
  Sie treten in Stirnkehlnähten auf (vgl. Bild 6-40d).
- Schubspannungen $\tau_\parallel$ in Nahtrichtung.
  Sie treten bei Hals- und Flankenkehlnähten und bei Querkraftanschlüssen auf (vgl. Bilder 6-40c und 6-39a).

Für Kehl- und Stumpfnähte können die einzelnen Spannungskomponenten $\sigma_\perp$, $\tau_\parallel$ und $\tau_\perp$ (Bild 6-41) nach den Gln. (6.18) bis (6.20) je für sich berechnet werden. Aus ihnen ist ein Vergleichswert zu bilden

$$\sigma_{wv} = \sqrt{\sigma_\perp^2 + \tau_\parallel^2 + \tau_\perp^2} \leq \sigma_{w\,zul} \tag{6.17}$$

$\sigma_\perp$, $\tau_\parallel$, $\tau_\perp$    Schweißnahtspannungen nach Gln. (6.18) bis (6.20)
$\sigma_{w\,zul}$    zulässige Schweißnahtspannung (Grenzschweißnahtspannung) nach TB 6-6

Für Schweißnähte ist grundsätzlich nachzuweisen, dass der Vergleichswert der vorhandenen Spannungen $\sigma_{wv}$ die zulässige Schweißnahtspannung $\sigma_{w\,zul}$ (Grenzschweißnahtspannung) nicht überschreitet. Die hier als zulässige Spannung $\sigma_{w\,zul}$ bezeichnete Grenzschweißnahtspannung wird mit $R_e$ nach TB 6-5 und dem Beiwert $\alpha_w$ ermittelt, s. TB 6-6.

*Hinweis:*
1. Alle auf Druck beanspruchte und mit nachgewiesener Nahtgüte auf Zug beanspruchte *durchgeschweißte* Stumpfnähte entsprechen der Bauteilfestigkeit und brauchen rechnerisch nicht nachgewiesen werden.
2. Die Schweißnahtspannung $\sigma_\parallel$ in Richtung der Schweißnaht braucht beim Festigkeitsnachweis nicht berücksichtigt werden.

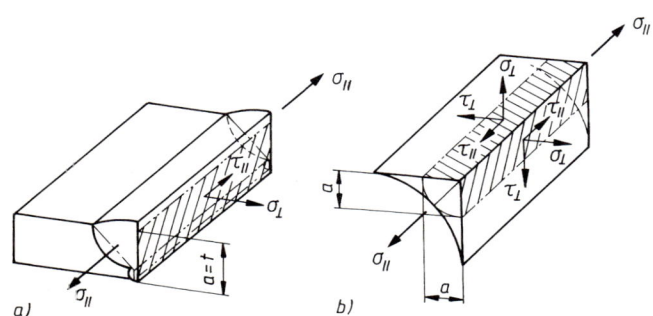

**Bild 6-41**
Kennzeichnung der Schweißnahtspannungen.
a) bei Stumpfnähten,
b) bei Kehlnähten

## 6.3 Berechnung von Schweißkonstruktionen

### Beanspruchung auf Zug, Druck oder Schub
Für jede Beanspruchungsart allein gilt für die *vorhandene Nahtspannung*:

$$\left.\begin{array}{r}\sigma_\perp \\ \tau_\perp \\ \tau_\| \end{array}\right\} = \frac{F}{A_\mathrm{w}} = \frac{F}{\Sigma(a \cdot l)} \leq \sigma_\mathrm{w\,zul} = \tau_\mathrm{w\,zul} \qquad (6.18)$$

$F$ \qquad Zug-, Druck- oder Schubkraft für die Naht
$A_\mathrm{w} = \Sigma(a \cdot l)$ \quad rechnerische Schweißnahtflächen, gleich Summe aller Einzel-Nahtflächen einer Verbindung unter Beachtung der unten genannten Bedingungen; $a$ Nahtdicke und $l$ Nahtlänge, s. unter 6.3.1-4.1
$\sigma_\mathrm{w\,zul}, \tau_\mathrm{w\,zul}$ \quad zulässige Schweißnahtspannung (Grenzschweißnahtspannung) nach TB 6-6

*Hinweis:* Der Ausdruck $\Sigma(a \cdot l)$ umfasst bei der Übertragung von

— *Scherkräften* in Stab- und Laschenanschlüssen alle in der Anschlussebene liegenden Flanken- und Stirnkehlnähte entsprechend den Bildern 6-40c bis f.
— *Querkräften* in Stegblechquerstößen und Trägeranschlüssen nur diejenigen Nähte, die auf Grund ihrer Lage imstande sind, Querkräfte zu übertragen, z. B. bei I-, U-, T- und ähnlichen Profilen nur die Stegnähte, s. Bild 6-42.
— *Kräften senkrecht zur Nahtrichtung* alle Nähte der Schweißverbindung, allerdings unter der Bedingung, dass ggf. durch konstruktive Maßnahmen (Rippen) ein örtliches Nachgeben der Anschlussebene verhindert wird. So ist z. B. beim Anschluss einer Zuglasche an den Flansch eines I-Trägers eine Verteilung der Nahtspannung $\sigma_\perp$ gemäß Bild 6-40b zu erwarten. Der rippenlose Anschluss weist dabei eine sehr ungünstige Spannungsverteilung auf, weil in den äußeren Bereichen die nicht ausgesteiften Trägerflansche nachgeben können und sich der Kraftaufnahme entziehen.

Grundsätzlich wird gefordert, dass die einzelnen Querschnittsteile, z. B. Flansche, Stege, je für sich nach den *anteiligen Kräften angeschlossen werden*. Beim Anschluss eines T-Profils (Bild 6-25f) wird z. B. der Flansch mit der anteiligen Stabkraft $F_{w1}$ über 2 Doppelkehlnähte und der Steg mit der anteiligen Stabkraft $F_{w2}$ über eine Stumpfnaht angeschlossen. Dabei betragen die anteiligen Stabkräfte $F_{w1} = F \cdot (A_1/A)$ und $F_{w2} = F \cdot (A_2/A)$ bzw. mit der Stabspannung $\sigma = F/A$: $F_{w1} = \sigma \cdot A_1$ und $F_{w2} = \sigma \cdot A_2$.

### Auf Biegung und Querkraft beanspruchter Kehlnahtanschluss
Bei biegesteifen Trägeranschlüssen ist darauf zu achten, dass der Schwerpunkt der Schweißnaht-Anschlussfläche $A_\mathrm{w}$ möglichst in der Schwerachse des zu verbindenden Bauteils liegt. Größerer Achsversatz ($\Delta y$ in Bild 6-42b und c) im Stoßbereich ist beim Festigkeitsnachweis zu berücksichtigen.

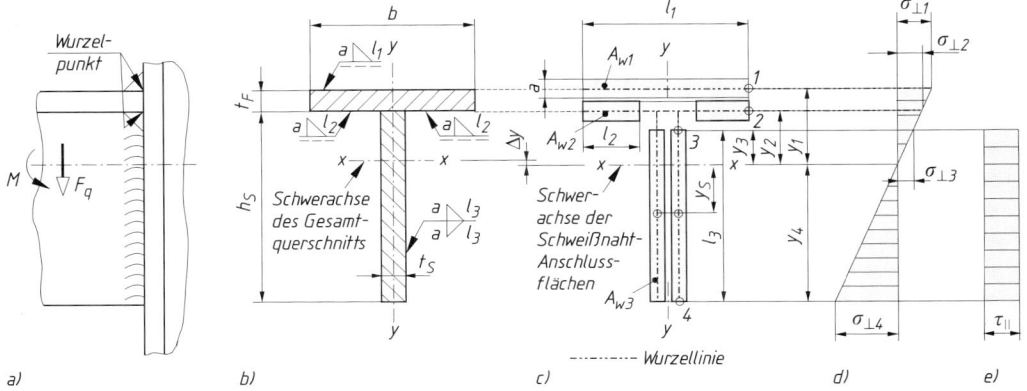

**Bild 6-42** Durch Biegemoment und Querkraft beanspruchter Kehlnahtanschluss.
a) Kehlnahtanschluss mit $M$ und $F_\mathrm{q}$, b) Trägerquerschnitt mit Nahtangaben, c) auf Wurzellinie konzentrierte Schweißnahtflächen $A_\mathrm{w}$ der Kehlnähte, d) Verlauf der Schweißnaht-Biegespannung $\sigma_\perp$, e) mittlere Schweißnaht-Schubspannung $\tau_\|$

Zur Berechnung der Schweißnaht-Flächenmomente 2. Grades $I_w$ sind bei Kehlnähten die Schweißnahtflächen-Schwerachsen an den theoretischen Wurzelpunkten anzusetzen, Bild 6-42c. Für einen Kehlnahtanschluss verlaufen bei Beanspruchung durch ein Biegemoment die Biegespannungen entsprechend Bild 6-42d

$$\sigma_\perp = \frac{M}{I_w} y \leq \sigma_{w\,zul} \tag{6.19}$$

$M$   Biegemoment für Schweißnahtanschluss
$I_w$   Flächenmoment 2. Grades des Nahtquerschnitts, z. B. für Nahtquerschnitt nach Bild 6-42c: $I_{wx} \approx 2 \cdot a \cdot l_3^3/12 + A_{w1} \cdot y_1^2 + 2 \cdot A_{w2} \cdot y_2^2 + 2 \cdot A_{w3} \cdot y_S^2$, wobei $A_{w1} = a \cdot l_1$ usw.
$y$   Abstand der betrachteten Querschnittsstelle von der Schwerachse $x$ der Schweißnaht-Anschlussflächen; z. B. für Randspannung $\sigma_{\perp 1}$: $y = y_1$ oder für die Stegnahtspannung $\sigma_{\perp 3}$: $y = y_3$; für den Sonderfall des Randabstandes $y_4$ erhält man das Widerstandsmoment $W_w = I_w/y_4$
$\sigma_{w\,zul}$   zulässige Schweißnahtspannung (Grenzschweißnahtspannung) nach TB 6-6

Bei Kehlnahtanschlüssen entsprechend Bild 6-42 erfolgt die Querkraftübertragung nur über die Stegnähte. Ähnlich wie bei Biegeträgern darf vereinfachend mit den mittleren Schubspannungen gerechnet werden

$$\tau_\parallel = \frac{F_q}{A_{wS}} \leq \tau_{w\,zul} = \sigma_{w\,zul} \tag{6.20}$$

$F_q$   Querkraft in der Stegblechebene
$A_{wS}$   Schweißnahtfläche des Steganschlusses, z. B. nach Bild 6-42c: $A_{wS} = 2 \cdot A_{w3} = 2 \cdot a \cdot l_3$
$\sigma_{w\,zul}, \tau_{w\,zul}$   zulässige Schweißnahtspannung (Grenzschweißnahtspannung) nach TB 6-6

Da im Stegbereich solcher Anschlüsse Biege- und Schubspannungen gemeinsam auftreten (vgl. Bild 6-42d und e), ist nach Gl. (6.17) der Vergleichswert $\sigma_{wv}$ zu bilden und nachzuweisen, dass für jede Querschnittsstelle $\sigma_{wv} < \sigma_{w\,zul}$. Für den Anschluss nach Bild 6-42 wäre z. B. der Nachweis mit den Randspannungen $\sigma_{\perp 4}$ und $\tau_\parallel$ zu führen: $\sigma_{wv} = \sqrt{\sigma_{\perp 4}^2 + \tau_\parallel^2}$.

Für biegesteife Anschlüsse und Stöße von I-Trägern gelten Sonderregelungen. So darf der Anschluss oder Querstoß von Walzträgern mit I-Querschnitt und I-Trägern mit ähnlichen Abmessungen ohne weiteren Nachweis nach Bild 6-43 ausgeführt werden. Die Regelung darf auch angewandt werden, wenn der rechnerische Nachweis möglicherweise nicht ganz erfüllt ist. Die Unterscheidung mit z. B. $a_F \geq 0{,}5 t_F$ für S235, aber $a_F = 0{,}7 t_F$ für S355, rührt daher, dass für S355 die größere Nahtdicke festigkeitsmäßig erforderlich ist, aber aus schweißtechnischen Gründen nicht überschritten werden darf, vgl. Gl. (6.16a).

Bei Anschlüssen mit doppeltsymmetrischen I-Profilen, die durch Längskraft, Biegemoment und Querkraft beansprucht werden, dürfen die Normalspannungen aus Längskraft und Biegemo-

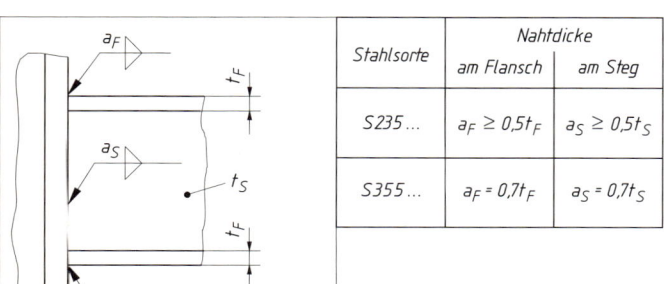

**Bild 6-43**
Trägeranschluss oder -querstoß mit Doppelkehlnahtdicken, bei denen ein rechnerischer Nachweis entfällt

| Stahlsorte | Nahtdicke | |
|---|---|---|
| | am Flansch | am Steg |
| S235... | $a_F \geq 0{,}5 t_F$ | $a_S \geq 0{,}5 t_S$ |
| S355... | $a_F = 0{,}7 t_F$ | $a_S = 0{,}7 t_S$ |

## 6.3 Berechnung von Schweißkonstruktionen

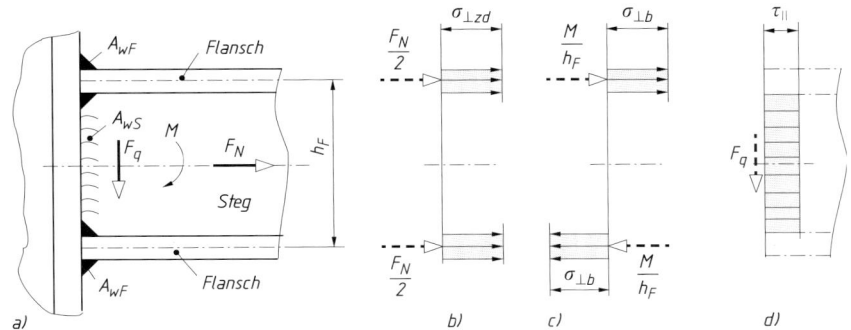

**Bild 6-44** Vereinfachter Nachweis eines biegesteifen Trägeranschlusses.
a) Anschlussgrößen, b) Schweißnaht-Zug-/Druckspannung infolge $F_N/2$, c) Schweißnaht-Zug-/Druckspannung infolge $M/h_F$, d) Schweißnaht-Schubspannung infolge Querkraft $F_q$

ment vereinfacht nur den Flanschnähten zugewiesen werden. Nach Bild 6-44 beträgt dann die Flanschkraft $F_F = F_N/2 + M/h_F$. Mit der Schweißnahtfläche am Flansch $A_{wF}$ erhält man die Flansch-Schweißnahtspannungen

$$\sigma_\perp = \sigma_{\perp zd} + \sigma_{\perp b} = (F_N/2 + M/h_F)/A_{wF} \leq \sigma_{w\,zul} \tag{6.21}$$

$F_N$   Träger-Längskraft
$M$    Biegemoment im Anschlussquerschnitt
$h_F$   Schwerpunktabstand der Flansche
$A_{wF}$  Schweißnahtfläche am Flansch
$\sigma_{w\,zul}$ zulässige Schweißnahtspannung (Grenzschweißnahtspannung) nach TB 6-6

Da die Querkraft von den Stegnähten übertragen wird, kann die Stegbeanspruchung mit Gl. (6.20) nachgewiesen werden.

*Längsnähte von Biegeträgern mit Querkraft*
*Vollwandträger* werden aus Blechen, Flachstählen und Profilen zusammengesetzt (Bild 6-25g und h) und Walzträger oft durch Gurtplatten verstärkt. Da in der Querschnittsfläche wirkende Schubspannungen stets auch in gleicher Größe in Trägerlängsrichtung auftreten, müssen die Verbindungsmittel (Schweißnähte, Schrauben, Niete) die in Trägerlängsrichtung wirkenden Schubspannungen aufnehmen (Bild 6-39a).
Lose aufeinandergeschichtete Teile würden sich unter der Last gegeneinander verschieben (Modellvorstellung: loser Bretterstapel), erst durch schubfeste Verbindung der einzelnen Teile (Verleimen oder Verdübeln der Bretter = steifer Balken) wird eine gemeinsame Tragwirkung erreicht. In Trägerlängsschnitten übernimmt jede Faser die auf sie entfallenden Zug- oder Druckspannungen nur dann, wenn sie von benachbarten Fasern durch Schubspannungen gedehnt oder gestaucht wird.
Für den Festigkeitsnachweis der so genannten Halsnähte gilt die Schubspannungsgleichung (6.13) in der etwas veränderten Form („Dübelformel"): $\tau_\| = F_q \cdot H/(I_x \cdot \Sigma a) \leq \tau_{w\,zul}(\sigma_{w\,zul})$. Zulässige Schweißnahtspannungen s. TB 6-6. Da $\sigma_\|$ nicht berücksichtigt werden muss, entfällt auch der Nachweis des Vergleichswertes nach Gl. (6.17).

### 5. Berechnung der Punktschweißverbindungen

Am Schweißpunkt und in dessen Umgebung treten wegen der schroffen Kraftlinienumlenkung große Spannungsspitzen auf (Bild 6-45). Durch den unverschweißten Spalt ist die Kerbwirkung sehr hoch. Während dadurch die statische Tragfähigkeit kaum beeinträchtigt wird, liegt die Dauerfestigkeit sehr niedrig und kann bei Wechselbeanspruchung bis auf ca. 10 % der statischen Bauteilfestigkeit abfallen. Bei Scherzugbeanspruchung sind der Scherquerschnitt des

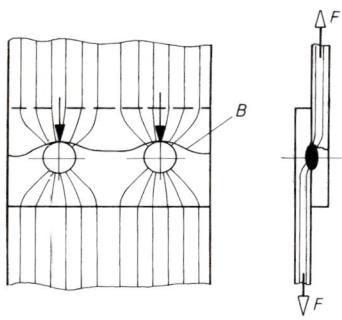

**Bild 6-45**
Kraftlinienverlauf am Schweißpunkt bei Scherzugbeanspruchung. Die Pfeile zeigen auf den möglichen Bruchausgang (B Dauerbruchverlauf)

Punktes, der Blechquerschnitt rund um den Punkt (Herausreißen des Punktes bzw. Ausknöpfen) und der Blechquerschnitt unmittelbar neben den Punkten gefährdet.
Komplizierte Querschnitte, verformungsfähige Bauteile und dynamische Belastung erschweren die Berechnung der Punktschweißverbindungen und erfordern oft zusätzliche Belastungsversuche. Für vorwiegend ruhend belastete Verbindungen im Stahlhochbau wird die Berechnung im Prinzip wie bei Nietverbindungen durchgeführt. Zur Vereinfachung stellt man sich den Schweißpunkt als einen auf Abscheren und Lochleibungsdruck beanspruchten Bolzen mit dem rechnerischen Durchmesser $d$ vor (Bild 6-46). Der Schweißpunktdurchmesser richtet sich nach der kleinsten Blechdicke $t$ der zu verbindenden Teile und darf höchstens mit $5\sqrt{t}$ in die Rechnung eingesetzt werden.

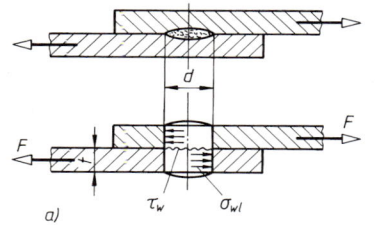
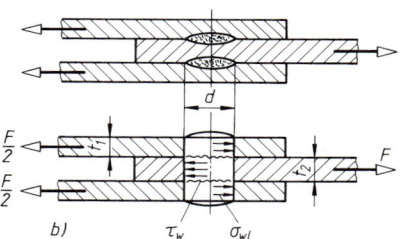

**Bild 6-46** Berechnung der Punktschweißverbindungen. a) einschnittige, b) zweischnittige Verbindung

Damit gilt für die *Scherspannung*

$$\tau_w = \frac{F}{n \cdot m \cdot A} \leq \tau_{w\,zul} \tag{6.22}$$

- $F$ von der Punktnaht aufzunehmende Scherkraft, ermittelt nach dem „alten" Sicherheitskonzept mit den Lastkombinationen H (alle Hauptlasten), HZ (alle Haupt- und Zusatzlasten) und HS (alle Hauptlasten mit nur einer Sonderlast)
- $A$ rechnerischer Querschnitt eines Schweißpunktes; man setzt: $A = d^2 \cdot \pi/4$; mit rechnerischem Schweißpunktdurchmesser $d \leq 5\sqrt{t}$ in mm, wobei $t$ die Dicke des dünnsten Teiles in mm bedeutet; Richtwerte für $d$ s. unter 6.2.5-6
- $n$ Anzahl der Schweißpunkte
- $m$ Schnittigkeit der Verbindung (Bild 6-46)
- $\tau_{w\,zul}$ zulässige Schweißpunkt-Scherspannung in N/mm$^2$ für die Lastkombinationen H, HZ und HS nach DIN 18801

| Lastkombination | Stahlsorte | |
|---|---|---|
| | S235 | S355 |
| H | 104 | 156 |
| HZ | 117 | 175 |
| HS | 135 | 203 |

*Hinweis:* Maßgebend ist die Lastkombination, die zum größten Querschnitt führt

## 6.3 Berechnung von Schweißkonstruktionen

Ein Maß für die Gefährdung des Blechquerschnittes rund um den Schweißpunkt ist auf Grund der Vorstellung des Schweißpunktes als Niet oder Bolzen der Lochleibungsdruck. Bei Überschreitung des zulässigen Lochleibungsdruckes kann der Schweißpunkt aus dem Blech herausgerissen werden. Für den *Lochleibungsdruck* gilt

$$\boxed{\sigma_{wl} = \frac{F}{n \cdot d \cdot t_{min}} \leq \sigma_{wl\,zul}} \tag{6.23}$$

$F, d, n$    wie zu Gl. (6.22)
$t_{min}$    kleinere Dicke der Bauteile (bei zweischnittiger Verbindung, Bild 6-46b, sind die Dicken beider Außenteile zu einer zusammenzufassen)
$\sigma_{wl\,zul}$    zulässiger Lochleibungsdruck in N/mm² für die Lastkombinationen H, HZ und HS nach DIN 18801

| Lastkombination | einschnittig | | zweischnittig | |
|---|---|---|---|---|
| | S235 | S355 | S235 | S355 |
| H | 288 | 432 | 400 | 600 |
| HZ | 324 | 486 | 450 | 675 |
| HS | 374 | 561 | 520 | 780 |

Zur Konstruktion und Bemessung, insbesondere bei dynamischer Belastung, können außerdem die Merkblätter DVS 2902-3, DVS 2923 und DVS 2906, sowie die DASt-Richtlinie 016 herangezogen werden. Für widerstandspressgeschweißte Bauteile in Luft- und Raumfahrtgeräten ist DIN 29 878 anzuwenden.

### 6.3.2 Schweißverbindungen im Kranbau

Nach dem „alten" Sicherheitskonzept werden noch Hauptlasten (H), Zusatzlasten (Z) und Sonderlasten (S) unterschieden. Aus gleichzeitig wirkenden Lasten werden dann Lastfälle gebildet, wobei die spannungserhöhende Wirkung schwingender Massen durch Beiwerte (z. B. Eigenlast- und Hubbeiwert) berücksichtigt wird. Für den ungünstigsten Lastfall lassen sich dann die Kräfte und Momente ermitteln. Wie im Stahlbau können daraus für Bauteile und Schweißnähte die Normal-, Schub- und Vergleichsspannungen berechnet werden, so z. B. mit Gl. (6.12) oder Gl. (6.18). Der allgemeine Spannungsnachweis auf Sicherheit gegen Erreichen der Streckgrenze ist getrennt für die Lastfälle H und HZ mit den zulässigen Spannungen nach TB 3-3 und TB 6-11 zu führen. Diese sind für die vorgesehenen Stahlsorten S235 und S355 und die H-, HZ- und HS-Lastfälle unterschiedlich groß. Maßgebend ist der Lastfall, der zum größten Querschnitt führt.
Für Schweißnähte ist nach DIN 15018 ein vom Stahlbau abweichender Vergleichswert zu bilden. Dabei sind die Spannungen jeweils mit dem Quotienten aus Bauteil- und Schweißnahtspannung zu multiplizieren.
Bei zusammengesetzten ebenen Spannungszuständen beträgt unter Beachtung der Vorzeichen der Schweißnaht-Vergleichswert

$$\boxed{\sigma_{wv} = \sqrt{\bar{\sigma}_\perp^2 + \bar{\sigma}_\parallel^2 - \bar{\sigma}_\perp \cdot \bar{\sigma}_\parallel + 2(\bar{\tau}_\perp^2 + \bar{\tau}_\parallel^2)} \leq \sigma_{z\,zul}} \tag{6.24a}$$

Wirken nur eine Normal- und eine Schubspannung, so gilt für den Vergleichswert

$$\boxed{\sigma_{wv} = \sqrt{\bar{\sigma}_\perp^2 + 2\bar{\tau}_\parallel^2} \leq \sigma_{z\,zul}} \tag{6.24b}$$

$$\bar{\sigma}_\perp = \frac{\sigma_{z\,zul}}{\sigma_{\perp z\,zul}} \cdot \sigma_\perp(z) \quad \text{oder} \quad \bar{\sigma}_\perp = \frac{\sigma_{z\,zul}}{\sigma_{\perp d\,zul}} \cdot \sigma_\perp(d)$$

$$\bar{\sigma}_\parallel = \frac{\sigma_{z\,zul}}{\sigma_{\perp z\,zul}} \cdot \sigma_\parallel(z) \quad \text{oder} \quad \bar{\sigma}_\parallel = \frac{\sigma_{z\,zul}}{\sigma_{\perp d\,zul}} \cdot \sigma_\parallel(d)$$

darin sind:
$\sigma_{z\,zul}$          zulässige Zugspannung im Bauteil nach TB 3-3
$\sigma_{\perp z\,zul}$, $\sigma_{\perp d\,zul}$    zulässige Zug- bzw. Druckspannungen in den Schweißnähten nach TB 6-11
$\sigma_{\perp}$, $\sigma_{\|}$         vorhandene rechnerische Zug- oder Druckspannungen in den Schweißnähten
$\tau_{\perp}$, $\tau_{\|}$          vorhandene rechnerische Schubspannungen in den Schweißnähten

Wenn sich aus den einander zugeordneten Spannungen $\sigma_{\perp}$, $\sigma_{\|}$ und $\tau$ der für Gl. (6.24a) ungünstigste Fall nicht erkennen lässt, müssen die Nachweise getrennt für die Fälle $\sigma_{\perp\,max}$, $\sigma_{|\,max}$, $\tau_{max}$ mit den zugeordneten, hierfür ungünstigsten Spannungen geführt werden.

Bei über $2 \cdot 10^4$ zu erwartende Spannungsspiele ist für Bauteile und Schweißnähte in den Lastfällen H ein Betriebsfestigkeitsnachweis auf Sicherheit gegen Dauerbruch zu führen. Siehe auch unter 7.7.3 und TB 7-5. Einzelheiten s. DIN 15018-1.

### 6.3.3 Berechnung der Schweißverbindungen im Maschinenbau

Die Berechnung dynamisch beanspruchter Schweißverbindungen erfolgt im Prinzip wie im Stahlbau, und zwar meist als *Nachprüfung gefährdeter Nähte* sowie der durch die Anwesenheit einer auch unbelasteten Schweißnaht in der Dauerfestigkeit beeinträchtigten *Bauteilquerschnitte*. Dabei muss nachgewiesen werden, dass die größte in der Naht oder dem Bauteil auftretende Normal-, Schub- oder Vergleichsspannung gleich oder kleiner ist als die zulässige Spannung nach 6.3.3-5. Nicht genauer erfassbare dynamische Lasten (Stöße) werden durch den Anwendungsfaktor $K_A$ erfasst (s. TB 3-5a).

Bei kurzen endlichen Nähten ($L \leq 15a$) ist die ausgeführte *Nahtlänge L* sicherheitshalber um die *Endkrater* zu vermindern. Das sind die nicht vollwertigen Stellen geringerer Güte am Anfang und Ende der Naht, deren Längen gleich der Nahtdicke $a$ gesetzt werden (Bild 6-47a). Die rechnerische, nutzbare Nahtlänge wird damit:

$$\boxed{l = L - 2a} \tag{6.25}$$

Der Endkraterabzug entfällt bei umlaufenden, geschlossenen Nähten (Bild 6-47b und d) oder, wenn eine endkraterfreie Ausführung gewährleistet ist, z. B. durch Auslaufbleche (s. Bild 6-40a).

Kehlnähte sollen mit einer Mindestdicke von 3 mm ausgeführt werden (bei $t < 3$ mm: $a \geq 1{,}5$ mm). Sonst gelten allgemein die gleichen Gesichtspunkte wie im Stahlbau (s. unter 6.3.1-4.1).

#### 1. Ermittlung der angreifenden Belastung

Bei *allgemein-dynamischer Belastung* kann diese – bei Annahme eines sinusförmigen Verlaufs – zerlegt werden in eine ruhende Mittellast (Index m) und einen diese überlagernden Lastausschlag (Index a, Bild 3-6). Die in der Naht oder im Bauteil auftretende Spannung schwankt dabei zwischen der Unterspannung $\sigma_u$ und der Oberspannung $\sigma_o$. Das *Verhältnis* $\kappa$ der unter Beachtung der Vorzeichen (Wechselbereich (−), Schwellbereich (+)) kleinsten zur größten Grenzspannung ist dabei maßgebend für die Art der Beanspruchung und somit auch für die Höhe der zulässigen Spannungen nach 6.3.3-5.

Unter Berücksichtigung des Anwendungsfaktors $K_A$ (s. TB 3-5a) für den Lastausschlag erhält man bei einfacher Beanspruchung durch Längskraft, Biegung, Schub oder Torsion die Grenzwerte für die rechnerische Belastung. So gilt z. B. für ein ruhend auftretendes Biegemoment $M_{bm}$ mit überlagertem Momentausschlag $M_{ba}$:

$$M_{b\,eq\,max} = M_{bm} + K_A \cdot M_{ba} \quad \text{(äquivalente Oberlast)}$$
$$M_{b\,eq\,min} = M_{bm} - K_A \cdot M_{ba} \quad \text{(äquivalente Unterlast)}$$

Sinngemäß erhält man für die anderen Belastungsarten entsprechende Werte. Das Grenzspannungsverhältnis kann bei alleiniger Belastung, z. B. durch Biegung, dann als Quotient der Belastungswerte gebildet werden

$$\kappa = \frac{\sigma_{min}}{\sigma_{max}} = \frac{M_{b\,min}}{M_{b\,max}}$$

## 2. Beanspruchung auf Zug, Druck, Schub oder Biegung

Die in Schweißnähten und Bauteilen vorhandenen Spannungen werden *unter Berücksichtigung des Anwendungsfaktors* wie im Stahlbau ermittelt, und zwar bei Zug-, Druck- und Schubbeanspruchung nach Gl. (6.18) bei Biegebeanspruchung nach Gl. (6.19). Für Bauteile sind dabei die entsprechenden Bauteil-Querschnittswerte zu setzen. Die Nahtlänge $l$ ist ggf. nach Gl. (6.25) zu bestimmen. Für die zulässigen Spannungen gilt TB 6-13.

## 3. Beanspruchung auf Verdrehen (Torsion)

Für verdrehbeanspruchte Schweißnähte und Bauteile gilt für die vorhandene *Verdrehspannung*:

$$\tau_{\|t} = \frac{T_{eq}}{W_{wt}} \leq \tau_{w\,zul} \quad \text{bzw.} \quad \tau_t = \frac{T_{eq}}{W_t} \leq \tau_{zul} \tag{6.26}$$

$T_{eq}$     zu übertragendes Torsionsmoment unter Berücksichtigung des Anwendungsfaktors $K_A$ (s. TB 3-5a)

$W_{wt}, W_t$     Torsionswiderstandsmoment der Naht oder des Bauteiles nach TB 11-3:
– für Kreisquerschnitt $W_t \cong W_p = \frac{\pi}{16}d^3$ (Bild 6-47e, Bauteil)
– für Kreisringquerschnitt $W_{wt} \cong W_p = \pi[(d+a)^4 - (d-a)^4]/[16(d+a)]$
$\approx 2 \cdot A_m \cdot a$ (Bild 6-47c)
– für beliebigen dünnwandigen Hohlquerschnitt nach Bredtscher Formel:
$W_{wt} \approx 2 \cdot A_m \cdot a$ (Bild 6-47c)

$\tau_{w\,zul}, \tau_{zul}$     zulässige Schubspannung für die Schweißnaht bzw. das Bauteil nach TB 6-13

Wenn U-Träger nicht im Schubmittelpunkt belastet werden, entsteht ein zusätzliches Drehmoment und damit zusätzliche Verdrehspannungen, s. TB 1-10 und Bild 6-24, Zeile 24.

## 4. Zusammengesetzte Beanspruchung

Wird ein Querschnitt *gleichzeitig auf Biegung und Längskraft* beansprucht, so können die auftretenden Normalspannungen unmittelbar addiert werden (Bild 6-47c und e). Nach Gl. (6.12) erreicht die resultierende Spannung in der Randfaser ihren Größt- bzw. Kleinstwert. Für die Schweißnähte und die Bauteile gelten dabei die zulässigen Spannungen nach TB 6-13.
In den Naht- und Bauteilquerschnitten von Trägern, Hebeln, Wellen und dgl. treten *Normal- und Schubspannungen* stets gemeinsam auf (ebener Spannungszustand, vgl. Bild 6-47b und d). Da ihre Richtungen senkrecht aufeinander stehen, dürfen die Spannungen nicht arithmetisch addiert, sondern es muss eine *Vergleichsspannung* gebildet werden. Da $\sigma_b$ am Rande den Größtwert erreicht, dort aber $\tau_s$ Null ist, muss die Vergleichsspannung in verschiedenen Höhen nach Gl. (6.27) bzw. (6.28) ermittelt werden, wie es z. B. bei der Berechnung der Halsnähte von Biegeträgern, also am Übergang vom Flansch zum Steg, geboten ist.
Häufig wird auch näherungsweise mit einer mittleren Schubspannung $\tau_m = F_q/A$ gerechnet oder bei stark überwiegendem Biegeanteil, z. B. bei langen Trägern, ihre Wirkung vernachlässigt.
Bei gleichzeitiger Wirkung von Biegenormalspannungen $\sigma_{\perp b}$ und Torsionsschubspannungen $\tau_{\|t}$ treten die Größtwerte gemeinsam in der Randfaser auf (vgl. Bild 6-47c und e). Häufig tritt noch eine Schubspannung $\tau_{\|s}$ aus der Querkraft hinzu, welche in der Schwerlinie zu der resultierenden Schubspannung $\tau_{\|res} = \tau_{\|s} + \tau_{\|t}$ führt.
Bei *allgemein-zusammengesetzter Beanspruchung*, wie z. B. beim Wellenzapfen nach Bild 6-47d, muss für die auf die gleiche Querschnittstelle (z. B. Randfaser) bezogenen Spannungen $\sigma$ und $\tau$ nachgewiesen werden

– für die *Schweißnähte* mit der Normalspannungshypothese die *Vergleichsspannung*

$$\sigma_{wv} = 0{,}5(\sigma_\perp + \sqrt{\sigma_\perp^2 + 4 \cdot \tau_\|^2}) \leq \sigma_{w\,zul} \tag{6.27}$$

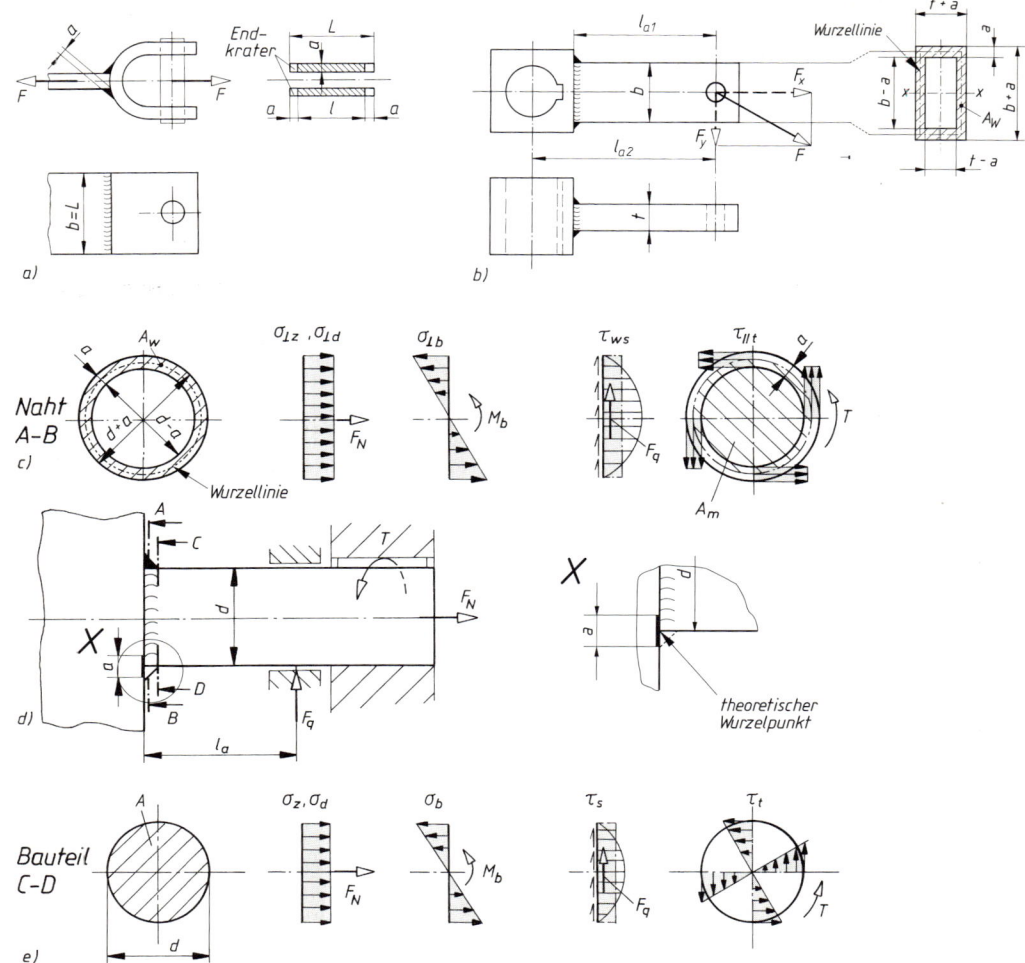

**Bild 6-47** Schweißverbindungen mit Kehlnähten im Maschinenbau.
a) Geschweißte Gabel mit zugbeanspruchten, endlichen Nähten,
b) geschweißter Hebel mit biege-, zug- und schubbeanspruchter umlaufender Naht; Querschnittswerte für Kehlnahtanschluss (Hohlrechteck): Nahtlänge = Länge der Wurzellinie: $l = 2(b+t)$, Nahtfläche: $A_w = 2a(b+t)$, $W_{wx} = [(t+a)(b+a)^3 - (t-a)(b-a)^3]/[6(b+a)]$, $W_{wt} = 2A_m a = 2abt$,
d) geschweißter Wellenzapfen mit allgemein zusammengesetzter Beanspruchung,
c) und e) Spannungsverlauf bei d) in der Kehlnaht und im Anschlussquerschnitt des Bauteiles: Zug oder Druck, Biegung, Schub und Torsion mit $W_{wb} = \pi[(d+a)^4 - (d-a)^4]/[32(d+a)]$ und $W_{wt} = 2 \cdot W_{wb}$

— für *Bauteile* mit der Gestaltänderungsenergiehypothese die *Vergleichsspannung*

(6.28)
$$\sigma_v = \sqrt{\sigma^2 + 3 \cdot \tau^2} \leq \sigma_{zul}$$

$\sigma_\perp$, $\sigma$     Normalspannung oder Summe der Normalspannungen in der Schweißnaht bzw. im Anschlussquerschnitt des Bauteiles

$\tau_\parallel$, $\tau$     Schubspannung oder Summe der Schubspannungen in der Schweißnaht bzw. im Anschlussquerschnitt des Bauteiles

$\sigma_{w\,zul}$, $\sigma_{zul}$     zulässige Spannung für die Schweißnaht bzw. das Bauteil nach TB 6-13

## 6.3 Berechnung von Schweißkonstruktionen

Am einfachsten lässt sich der Festigkeitsnachweis führen, indem man auf die Berechnung einer Vergleichsspannung verzichtet und stattdessen *mit der Überlagerung der Teilbelastungen* rechnet (Festigkeitsellipse). Dabei muss für *zugeordnete Spannungen* in den *Nähten und Bauteilen* stets folgende Bedingung erfüllt sein (s. Berechnungsbeispiel 6.3):

$$\left(\frac{\sigma_\perp}{\sigma_{w\,zul}}\right)^2 + \left(\frac{\tau_\parallel}{\tau_{w\,zul}}\right)^2 \leq 1 \quad \text{bzw.} \quad \left(\frac{\sigma}{\sigma_{zul}}\right)^2 + \left(\frac{\tau}{\tau_{zul}}\right)^2 \leq 1 \tag{6.29}$$

$\sigma_\perp$, $\tau_\parallel$, $\sigma_{w\,zul}$, $\tau_{w\,zul}$ wie zu Gl. (6.27) und entsprechend ohne Index w wie zu Gl. (6.28)

### 5. Zulässige Spannungen im Maschinenbau

Da es für dynamisch beanspruchte Schweißteile im Maschinenbau keine Berechnungsvorschrift gibt, sollen die *zulässigen Spannungen* nach der Druckschrift „Schweißen metallischer Werkstoffe an Schienenfahrzeugen und maschinentechnischen Anlagen" (DS 952 01) der Deutschen Bahn AG bestimmt werden.
Für die Stähle S235 und S355, sowie für schweißgeeignete Aluminiumlegierungen sind die zulässigen Spannungen mit einer *1,5fachen Sicherheit* gegen die Dauerschwingfestigkeit in Abhängigkeit vom Grenzspannungsverhältnis κ in TB 6-13 jeweils grafisch dargestellt. Die κ-Werte kennzeichnen die Beanspruchungsbereiche: reine Wechselfestigkeit (κ = −1), Wechselbereich (−1 < κ < 0), reine Schwellfestigkeit (κ = 0), Schwellbereich (0 < κ < +1) und statische Festigkeit (κ = +1), s. auch 3.3.2.
Den *Linien A bis H* der zulässigen Spannungen sind dabei jeweils Gruppen von Schweißverbindungen gleicher Kerbschärfe zugeordnet. Beispiele für die Ausführung häufig vorkommender Schweißverbindungen und ihre Zuordnung zu den Spannungslinien gibt TB 6-12. Die *Linien A bis F* gelten, geordnet nach zunehmender Kerbschärfe, für Normal- und Vergleichsspannungen (Zug, Druck, Biegung, zusammengesetzte Beanspruchung), die *Linien G und H* für Schubspannungen.
Die zulässigen Spannungen gelten für *ungeschweißte* (ungekerbte) *Bauteile* (Linie A), für die *Schweißnähte* und für das durch die Anwesenheit einer Schweißnaht in seiner Dauerschwingfestigkeit *geschädigte Bauteil* (z. B. Linie C).
Bei Wanddicken über 10 mm ist sowohl bei Stahl als auch bei Aluminiumlegierungen die zulässige Spannung mit dem *Dickenbeiwert b* nach TB 6-14 abzumindern.
Bei der Bestimmung der zulässigen Spannungen kann entsprechend dem Berechnungsbeispiel 6.3 vorgegangen werden.
In DS 952 01 werden noch unterschiedliche zulässige Schweißnahtspannungen für die Stahlsorten S235 und S355 angegeben, vgl. TB 6-13. Es gilt als gesichert, dass bei wechselnder Beanspruchung und starker Kerbwirkung (z. B. Linie F) die zulässigen Schweißnahtspannungen von der statischen Festigkeit der Werkstoffe unabhängig sind. In neuen Regelwerken für die Bemessung von schwingend beanspruchten Schweißkonstruktionen, z. B. nach IIW[1] (Schwingfestigkeitsklassen FAT) und Eurocode 3, werden deshalb für alle schweißgeeigneten Stahlsorten die gleichen Schwingfestigkeitswerte eingesetzt.

### 6.3.4 Berechnung geschweißter Druckbehälter

Tragende Bauteile im Bauwesen und im Maschinenbau sind meist stabartige eindimensionale „Linienträger", deren Abmessungen in zwei Richtungen klein sind (Stabquerschnitt) gegenüber der 3. Richtung, der Stablänge (z. B. Träger und Stäbe im Stahlbau). Dem gegenüber bestehen Mäntel und Böden dünnwandiger Behälter aus zweidimensionalen „Flächentragwerken", bei denen die Abmessungen in einer Richtung, nämlich senkrecht zur Fläche, klein sind gegenüber der Ausdehnung der Fläche. Durch ihre Krümmung können diese Schalen die durch den Betriebsdruck hervorgerufene gleichmäßige Flächenbelastung wie Membranen (vgl. Seifenblase,

---

[1] Internationales Institut für Schweißtechnik

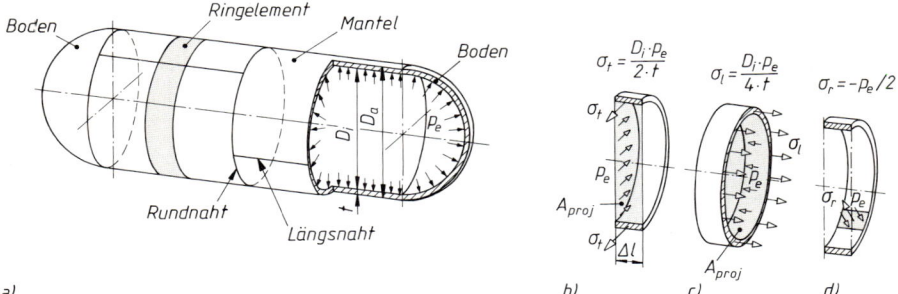

**Bild 6-48** Beanspruchung des Behältermantels durch inneren Überdruck $p_e$.
a) Druckbehälter als geschlossener Hohlzylinder, am Ringelement: b) Tangentialspannung $\sigma_t$, c) Längsspannung $\sigma_l$, d) Radialspannung $\sigma_r$

Luftballon) durch in der Schalenfläche liegende Normalspannungen $\sigma_t$ und $\sigma_l$ abtragen (Bild 6-48). Am Übergang vom Mantel zum Boden sind zusätzliche Biegemomente zu berücksichtigen (vgl. unter 6.3.4-2). Die nachstehenden Berechnungsregeln gelten für überwiegend ruhende Beanspruchung unter *innerem* Überdruck.

### 1. Zylindrische Mäntel und Kugeln

Durch Betrachtung des Gleichgewichts der inneren und äußeren Kräfte an einem Ringelement lassen sich für jede Stelle des dünnwandigen Behältermantels die im Bild 6-48 einzeln dargestellten Spannungen $\sigma_t$, $\sigma_l$ und $\sigma_r$ nachweisen.
Da die Druckkraft auf eine gewölbte Fläche gleich dem Produkt aus dem Druck $p_e$ und der Projektionsfläche $A_{proj}$ ist, ergibt sich mit dem jeweils tragenden Mantelquerschnitt aus den Gleichgewichtsbedingungen

$$2 \cdot \sigma_t \cdot \Delta l \cdot t = p_e \cdot D_i \cdot \Delta l \quad \text{(Bild 6-48b) und}$$

$$\sigma_l \cdot \pi \cdot D_i \cdot t \approx p_e \cdot \frac{D_i^2 \cdot \pi}{4} \quad \text{(Bild 6-48c)}$$

die Tangential-(Zug-)Spannung

$$\sigma_t = \frac{D_i \cdot p_e}{2 \cdot t} \quad \text{(Kesselformel) und}$$

die Längs-(Zug-)Spannung

$$\sigma_l \approx \frac{D_i \cdot p_e}{4 \cdot t}$$

Bei gleicher Nahtdicke ist also die Tangentialspannung $\sigma_t$ in der Längsnaht doppelt so groß wie die Längsspannung $\sigma_l$ in der Rundnaht (Bild 6-48). Zylindrische Behältermäntel reißen unter dem Berstdruck deshalb in Längsrichtung auf!
Beanspruchungsmäßig am günstigsten ist der in jeder Richtung nur durch $\sigma_l$ beanspruchte Kugelbehälter.
Der innere Überdruck $p_e$ erzeugt auf der Mantelinnenfläche außerdem eine radial gerichtete Druckspannung $p_e$, welche bis zur Mantelaußenfläche auf Null abnimmt. Gerechnet wird mit der mittleren Radialspannung $\sigma_r = -p_e/2$ (Bild 6-48d).
Durch den zweiachsigen Zugspannungszustand in der Behälterwand (überlagert durch Schweißeigenspannungen) kann das Verformungsvermögen des Werkstoffs erheblich herabgesetzt werden (Sprödbruchneigung), was im Grenzfall zu verformungslosen Trennbrüchen führen kann. Nach der Schubspannungshypothese wird mit der Differenz der größten und der kleinsten Hauptspannung die Vergleichsspannung

$$\sigma_v = \sigma_{max} - \sigma_{min} = \sigma_t - \sigma_r = \frac{D_i \cdot p_e}{2 \cdot t} + \frac{p_e}{2} \leq \sigma_{zul}$$

## 6.3 Berechnung von Schweißkonstruktionen

Wird hierin $\sigma_{zul} = K/S$ und $D_i = D_a - 2t$ gesetzt, dann ergibt sich unter Berücksichtigung der Wertigkeit der Schweißnaht und mit Zuschlägen – nach entsprechender Umformung – die im AD-Merkblatt B1 für *zylindrische Druckbehälter-Mäntel* (mit $D_a/D_i \leq 1,2$) genannte Formel für die *erforderliche Wanddicke*

$$t = \frac{D_a \cdot p_e}{2\dfrac{K}{S}v + p_e} + c_1 + c_2 \qquad (6.30\,\text{a})$$

Für die günstiger beanspruchte *Kugel* gilt entsprechend für die *erforderliche Wanddicke*

$$t = \frac{D_a \cdot p_e}{4\dfrac{K}{S}v + p_e} + c_1 + c_2 \qquad (6.30\,\text{b})$$

$D_a$    äußerer Mantel- bzw. Kugeldurchmesser
$p_e$    höchstzulässiger Betriebs(über)druck (Berechnungsdruck) (1 N/mm$^2$ = 10 bar = 1 MPa)
$K$    Festigkeitskennwert nach TB 6-15; maßgebend ist der niedrigste der beiden Werte: 0,2 %-Dehngrenze $R_{p0,2/\vartheta}$ (bzw. Streckgrenze) und Zeitstandfestigkeit $R_{m/10^5/\vartheta}$ für 100 000 h (oder falls zutreffend 1 %-Zeitdehngrenze $R_{p1,0/10^5/\vartheta}$), jeweils bei der Berechnungstemperatur nach TB 6-15.
Bei Werkstoffen ohne gewährleistete Streck- oder Dehngrenze ist die Mindestzugfestigkeit $R_m$ bei der Berechnungstemperatur einzusetzen.
$S$    Sicherheitsbeiwert nach TB 6-17
$v$    Faktor zur Berücksichtigung der Ausnutzung der zulässigen Berechnungsspannung in den Schweiß-(Löt-)Nähten (Wertigkeit) nach AD-Merkblätter B0 und HP0: üblich $v = 1,0$, bei verringertem Prüfaufwand $v = 0,85$; für nahtlose Bauteile $v = 1,0$ und für gelötete Verbindungen $v = 0,8$
$c_1$    Zuschlag zur Berücksichtigung von Wanddickenunterschreitungen. Bei Halbzeugen aus ferritischen Stählen Minustoleranz nach den Maßnormen (für Flacherzeugnisse nach TB 1-7), sonst $c_1 = 0$
$c_2$    Abnutzungszuschlag; bei ferritischen Stählen $c_2 = 1$ mm bzw. $c_2 = 0$ bei $t_e \geq 30$ mm, NE-Metallen und austenitischen Stählen; bei starker Korrosion $c_2 > 1$ mm, bei korrosionsgeschützten Stählen (Verbleiung, Gummierung) ist $c_2 = 0$

### 2. Gewölbte Böden

Die beste Werkstoffausnutzung erhält man bei *Halbkugelböden*, die die Druckbelastung gleichmäßig und biegungsfrei durch Membrankräfte abtragen, die schlechteste bei biegebeanspruchten ebenen Böden (vgl. Bild 6-27). Unter gleichen Voraussetzungen ist die Wanddicke eines zylindrischen Mantels doppelt so groß wie die des zugehörigen Kugelbodens.
In Form und Beanspruchung zwischen diesen Grenzfällen liegen die aus einer *Kugelkalotte* (Kugel $R$) und einer *Krempe* (Radius $r$) mit *zylindrischem Bord* (Höhe $h_1$) zusammengesetzten *Klöpper-* und *Korbbogenböden* (Bild 6-49a, s. DIN 28011 und DIN 28013). Wegen ihrer geringeren Bauhöhe und besseren Zugänglichkeit werden sie allgemein dem Halbkugelboden vorgezogen.
Bei diesen Böden wechselt wegen der ungleichmäßigen Krümmung die Spannung, z. B. in der Außenfaser, von Zug im Kalottenteil auf Biegedruck in der Krempe, wodurch es bei kleiner Wanddicke in diesem Bereich zur Faltenbildung kommen kann (Spannungsverlauf $\sigma_t$ im Boden, Bild 6-27). Der Größtwert der Spannung liegt in der Krempe und wird umso größer, je kleiner $r/D_a$ und je größer $R/D_a$ wird. Daher ist der Korbbogenboden günstiger beansprucht als der Klöpperboden. Für beide sind Mindestwerte für $r/D_a$ und die Bordhöhe $h_1$ vorgeschrieben (Bild 6-49a).
Der Kalottenteil des Bodens kann als Teil einer Kugel mit dem Außendurchmesser $D_a = 2(R + t)$ nach Gl. (6.30b) berechnet werden. Wird ein gewölbter Boden aus einem Krempen- und einem Kalottenteil zusammengeschweißt, so muss die Verbindungsnaht einen ausreichenden Abstand $x$ von der Krempe haben (Bild 6-49c).

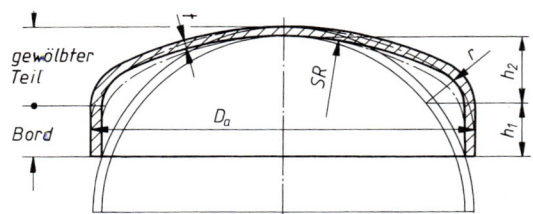

a)

— Klöpperboden: $R = D_a$, $r = 0,1 D_a$, $h_1 \geq 3,5 t$, $h_2 = 0,1935 D_a - 0,455 t$
-·- Korbbogenboden: $R = 0,8 D_a$, $r = 0,154 D_a$, $h_1 \geq 3 t$, $h_2 = 0,255 D_a - 0,635 t$
— Halbkugelboden: $R = r = 0,5 D_i$, $h_1 = 0$

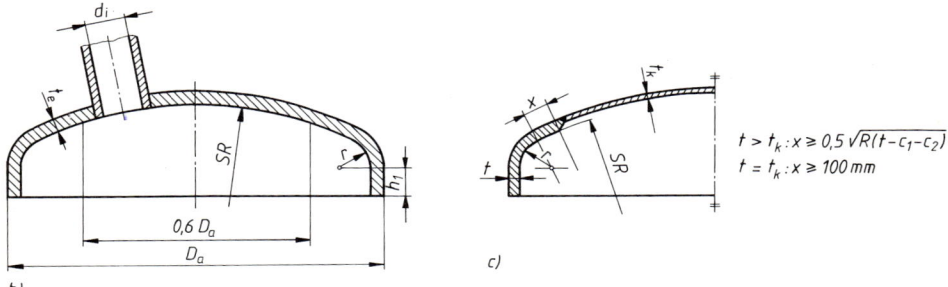

b)  c)

**Bild 6-49** Gewölbte Böden.
a) Übliche Bodenformen mit Abmessungen, b) Boden mit Ausschnitt (Stutzen), c) geschweißter Boden mit Mindestabständen $x$ zwischen Naht und Krempe

Für Vollböden und für Böden mit ausreichend verstärkten Ausschnitten im Scheitelbereich $0,6 D_a$[1] (Bild 6-49b) gilt für die *erforderliche Wanddicke der Krempe*

$$t = \frac{D_a \cdot p_e \cdot \beta}{4 \frac{K}{S} v} + c_1 + c_2 \tag{6.31}$$

$\beta$ Berechnungsbeiwert
Für Halbkugelböden gilt im Bereich $x = 0,5 \sqrt{R(t - c_1 - c_2)}$ neben der Anschlussnaht: $\beta = 1,1$
Für Klöpper- und Korbbogenböden gilt mit $y = (t_e - c_1 - c_2)/D_a$ in den Grenzen $0,001 \leq y \leq 0,1$ bei der

– Klöpperform: $\beta = 1,9 + \dfrac{0,0325}{y^{0,7}} + y$

– Korbbogenform: $\beta = 1,55 + \dfrac{0,0255}{y^{0,625}}$

$v$ Faktor zur Berücksichtigung der Ausnutzung der zulässigen Berechnungsspannung in der Schweißnaht. Bei einteiligen und geschweißten Böden in üblicher Ausführung kann $v = 1,0$ gesetzt werden.
$t_e$ ausgeführte Wanddicke des gewölbten Bodens
$D_a$, $p_e$, $K$, $S$, $c_1$ und $c_2$ wie zu Gl. (6.30)

---

[1] Unverstärkte Ausschnitte und Ausschnitte außerhalb $0,6 D_a$ werden durch einen höheren Berechnungsbeiwert berücksichtigt, s. AD-Merkblatt B3.

## 6.3 Berechnung von Schweißkonstruktionen

Die Wanddicke kann nur iterativ (wiederholend) ermittelt werden, weil der Berechnungsbeiwert β bereis von $t_e$ abhängig ist!
Ausschnitte im Scheitelbereich $0{,}6D_a$ von Klöpper- und Korbbogenböden und im gesamten Bereich von Halbkugelböden sind nach 6.3.4-4 auf ausreichende Verstärkung zu überprüfen.

### 3. Ebene Platten und Böden

Ebene Platten und Böden, die einseitig durch gleichmäßigen Druck belastet werden, erfahren eine *Biegebeanspruchung*, die im Wesentlichen von der Art der Verbindung mit dem Behältermantel abhängt (Bilder 6-27 und 6-50). Sie sind durch die ungünstige Spannungsverteilung werkstoffmäßig schlecht ausgenutzt und sollen nur verwendet werden, wenn *ebene Trenn- oder Abschlussflächen* gefordert werden, z. B. bei Rohrböden und Deckeln.
Für runde ebene Platten und Böden nach Bild 6-50 beträgt die *erforderliche Wanddicke*

$$t = C \cdot D \sqrt{\frac{p_e \cdot S}{K}} + c_1 + c_2 \qquad (6.32)$$

$C$      Berechnungsbeiwert (Einspannfaktor) nach TB 6-18. Allgemein:
$C = 0{,}3 \ldots 0{,}5$, je nach Art der Auflage bzw. Einspannung am Außenrand
$D$      Berechnungsdurchmesser nach Bild 6-50
$p_e, S, K, c_1, c_2$      wie zu Gl. (6.30)

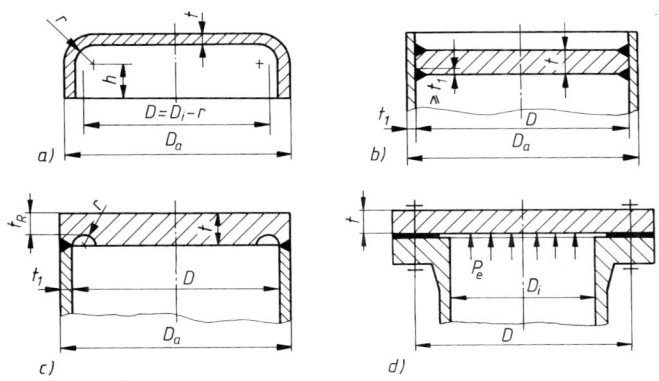

**Bild 6-50**
Runde ebene Platten und Böden (Beispiele).
a) Gekrempter ebener Boden,
b) beidseitig eingeschweißte Platte,
c) ebene Platte mit Entlastungsnut,
d) ebene Platte an einer Flanschverbindung mit durchgehender Dichtung

### 4. Ausschnitte in der Behälterwand

Funktionsbedingt müssen die Behälterwände vielfach durchbrochen werden für vorgeschriebene Öffnungen (Mannlöcher, Besichtigungsöffnungen), für Zu- und Abfuhr des Beschickungsmittels und für Meßeinrichtungen. Diese Verschwächung der Wand durch meist runde Ausschnitte kann oft nur durch entsprechende Verstärkungen ausgeglichen werden und ist festigkeitsmäßig nachzuprüfen.
Geht man davon aus, dass nach Bild 6-51a und b der durch den Innendruck *einwirkenden Kraft* $p_e \cdot A_p$ ($A_p$ = weit schraffierte projizierte Fläche) durch die in der Wand erzeugte *innere Kraft* $\sigma \cdot A_\sigma$ ($A_\sigma$ = eng schraffierte Querschnittsfläche) das *Gleichgewicht* gehalten wird, so gilt die Bedingung

$p_e \cdot A_p = \sigma \cdot A_\sigma$

Als *mittragende Längen* dürfen dabei für den Grundkörper die Länge $b$ und für den Stutzen die Länge $l_S$ angenommen werden, s. zu Gl. (6.33) und Bild 6-51. Bei einem nach innen überstehenden Stutzenteil kann nur der Anteil $l'_S \leq 0{,}5 \cdot l_S$ als tragend gerechnet werden (Bild 6-51a, rechte Bildhälfte).

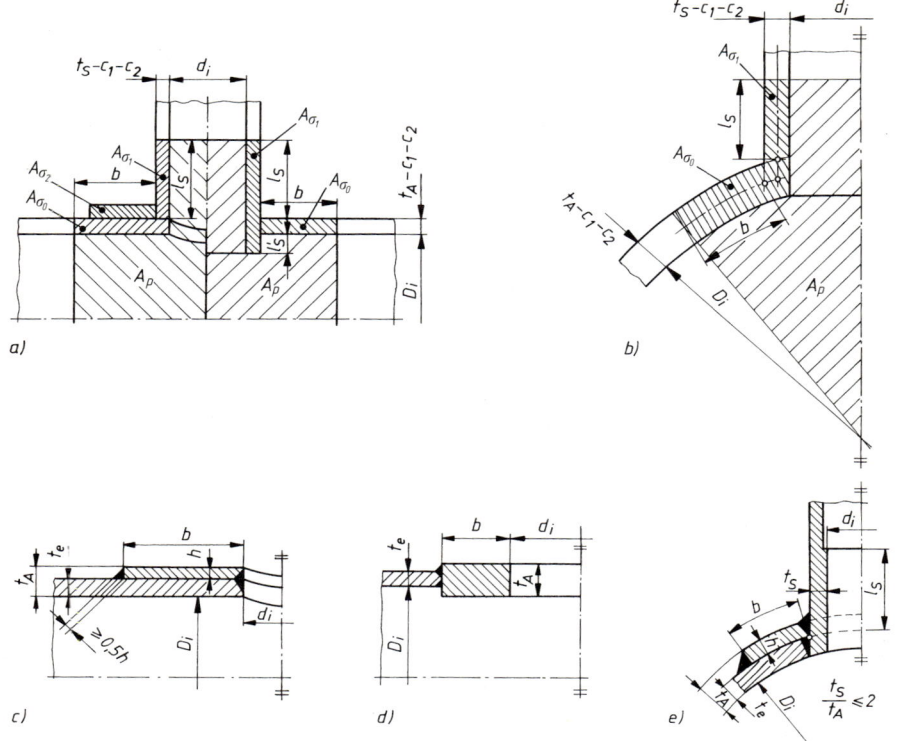

**Bild 6-51** Ausschnitte in Behältern.
a) und b) Berechnungsschema für zylindrische und kugelige Grundkörper, c) aufgesetzte Verstärkung, d) eingesetzte Verstärkung bzw. Blockflansch, e) rohr- und scheibenförmige Verstärkung

Falls die ausgeführte Wanddicke $t_e$ des Mantels geringer ist als die erforderliche Wanddicke am Ausschnitt $t_A$, so kann entweder die gesamte Wanddicke des Grundkörpers auf $t_A$ vergrößert, eine Scheibe auf- oder eingesetzt (Bild 6-51c und d) oder ein Rohr angeschweißt werden. Scheiben- und rohrförmige Verstärkungen dürfen auch gemeinsam zur Ausschnittverstärkung herangezogen werden (Bild 6-51e). Bei scheibenförmigen Verstärkungen soll eine Mindestbreite $b \geq 3 \cdot t_A$ eingehalten werden, die Dicke $t_A$ darf mit höchstens $2 \cdot t_e$ in die Rechnung eingesetzt werden. Führt man wie bei der Wanddickenberechnung als Vergleichsspannung die Schubspannungshypothese $\sigma_v = \sigma_{max} - \sigma_{min}$ ein, so erhält man mit

$$\sigma_{max} = p_e \cdot \frac{A_p}{A_\sigma} \quad \text{und} \quad \sigma_{min} = -\frac{p_e}{2}$$

die allgemeine Festigkeitsbedingung

$$\sigma_v = p_e \left( \frac{A_p}{A_\sigma} + \frac{1}{2} \right) \leq \frac{K}{S} \tag{6.33a}$$

Ist der Festigkeitswert für die Verstärkung $K_1$ bzw. $K_2$ kleiner als der entsprechende Wert für die zu verstärkende Wand $K_0$, so ist die Bemessung z. B. entsprechend Bild 6-51a nach folgender Festigkeitsbedingung durchzuführen

$$\left(\frac{K_0}{S} - \frac{p_e}{2}\right) A_{\sigma_0} + \left(\frac{K_1}{S} - \frac{p_e}{2}\right) A_{\sigma_1} + \left(\frac{K_2}{S} - \frac{p_e}{2}\right) A_{\sigma_2} \geq p_e \cdot A_p \qquad (6.33\,\text{b})$$

$A_p$      druckbelastete projizierte Fläche für zylindrische und kugelige Grundkörper nach Bild 6-51a und b
$A_\sigma$      tragende Querschnittsfläche als Summe der mit den tragenden Längen
$b = \sqrt{(D_i + t_A - c_1 - c_2) \cdot (t_A - c_1 - c_2)}$ und
$l_S = 1{,}25 \sqrt{(d_i + t_S - c_1 - c_2) \cdot (t_S - c_1 - c_2)}$
berechneten Einzelflächen: $A_\sigma = A_{\sigma_1} + A_{\sigma_2} + A_{\sigma_3} + \ldots$ nach Bild 6-51a und b
$p_e, K, S$      wie zu Gl. (6.30)

Die Dicke $t_A$ der durch Ausschnitte geschwächten Behälterwand kann mit Gl. (6.33) nicht unmittelbar, sondern nur durch evtl. mehrfaches Nachrechnen mit angenommenen Querschnittswerten, also iterativ (wiederholend) bestimmt werden. Die hiernach ermittelte Wanddicke darf aber nie kleiner gewählt werden, als für die Behälter ohne Ausschnitte erforderlich ist.

## 6.4 Berechnungsbeispiele

**Beispiel 6.1:** Für einen geschweißten I-Träger (Bild 6-52) aus S235 JR G2 ist der Nachweis ausreichender Bauteildicke bei reiner Biegebeanspruchung durch $M_x$ zu führen.

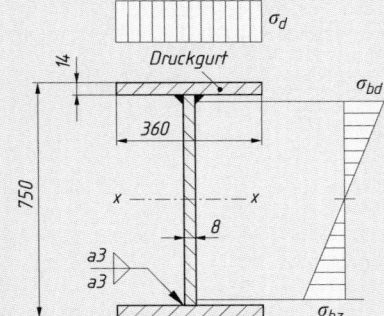

**Bild 6-52**
Geschweißter I-Biegeträger. Querschnitt, Maße und Spannungsverlauf

**Lösung:** Um bis zum Erreichen der elastischen Grenztragfähigkeit sicherzustellen, dass alle Querschnittsteile ausreichend beulsicher sind, ist nach 6.3.1-3.1 nachzuweisen, dass die Grenzwerte $(b/t)_{\text{grenz}}$ eingehalten sind.

Druckgurt: $b = 0{,}5\,(360\,\text{mm} - 8\,\text{mm} - 2 \cdot \sqrt{2} \cdot 3\,\text{mm}) = 171{,}8\,\text{mm}$
$\qquad\qquad t = 14\,\text{mm}$
$\qquad\qquad (t/b)_{\text{vorh}} = 171{,}8\,\text{mm}/14\,\text{mm} = \qquad 12{,}3$
$\qquad\qquad (t/b)_{\text{grenz}} = 13$, nach TB 6-7 (einseitig gelagerter Plattenstreifen, gleichmäßige Druckspannung, Baustahl S235)
Nachweis: $(t/b)_{\text{vorh}} = 12{,}3 < (t/b)_{\text{grenz}} = 13$    d. h. Druckgurt beulsicher
Stegblech: $b = 750\,\text{mm} - 2 \cdot 14\,\text{mm} - 2 \cdot \sqrt{2} \cdot 3\,\text{mm} = 713{,}5\,\text{mm}$
$\qquad\qquad t = 8\,\text{mm}$
$\qquad\qquad (t/b)_{\text{vorh}} = 713{,}5\,\text{mm}/8\,\text{mm} = \qquad 89$
$\qquad\qquad (t/b)_{\text{grenz}} = 133$    nach TB 6-7 (zweiseitig gelagerter Plattenstreifen, $\sigma_d$ und $\sigma_z$ betragsmäßig gleich groß, Baustahl S235)
Nachweis: $(t/b)_{\text{vorh}} = 89 < (t/b)_{\text{grenz}} = 133$    d. h. Stegblech beulsicher

**Beispiel 6.2:** Ein 12 mm dicker Breitflachstahl aus S235 JR G2 ist für eine – aus ständigen und veränderlichen Einwirkungen mit Teilsicherheitsbeiwerten ermittelte – Zug-Kraft $F = 440\,\text{kN}$ stumpf zu stoßen, Bild 6-53. Durch Auslaufbleche (vgl. Bild 6-40a) wird erreicht, dass die Naht auf der ganzen Länge vollwertig ist.

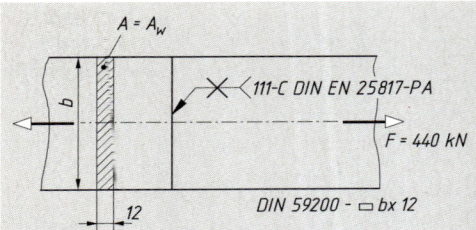

**Bild 6-53**
Stumpfstoß eines zugbeanspruchten Breitflachstahls

Nachzuweisen ist die erforderliche Flachstahlbreite nach der Stahlbauvorschrift DIN 18800-1 bei
a) nicht vorgeschriebener Nahtgüte und
b) vorgeschriebener Nahtgüte.

▶ **Lösung a):** Die zulässige Schweißnahtspannung ist nach TB 6-6 für durchgeschweißte (DV-Naht) auf Zug beanspruchte Nähte ohne Nachweis fehlerfreier Ausführung und Stahlsorte S235JRG2: $\sigma_{w\,zul} = 207\ \text{N/mm}^2$.
Für eine vollwertig ausgeführte Stumpfnaht gilt $a = t$, $l = b$, somit $A_w = A$ und damit $b \cdot a \cdot \sigma_{w\,zul} = F$.
Die erforderliche Stabbreite erhält man aus

$$b = \frac{F}{a \cdot \sigma_{w\,zul}} = \frac{440\,000\ \text{N} \cdot \text{mm}^2}{12\ \text{mm} \cdot 207\ \text{N}} = 177\ \text{mm}.$$

Ausgeführt nach DIN 59200: ☐ 180 × 12.

▶ **Lösung b):** Nahtausführung wie unter a), jedoch mit Nachweis der Freiheit von Fehlern (Durchstrahlung). Nach TB 6-6 muss die Naht nicht nachgewiesen werden. Maßgebend ist die Bauteilfestigkeit. Es genügt ein Spannungsnachweis des Stabes.
Für mittig angeschlossene Zugstäbe gilt Gl. (6.2): $A_{erf} = b \cdot t = F/\sigma_{zul}$. Mit $\sigma_{zul} = 218\ \text{N/mm}^2$ für Bauteilwerkstoff S235 erhält man die Stabbreite

$$b = \frac{F}{t \cdot \sigma_{zul}} = \frac{440\,000\ \text{N} \cdot \text{mm}^2}{12\ \text{mm} \cdot 218\ \text{N}} = 168\ \text{mm}.$$

Ausgeführt nach DIN 59200: ☐ 170 × 12.

*Hinweis:* Der Stabquerschnitt ist 5 % kleiner als ohne Durchstrahlungsprüfung. Die eingesparten Werkstoffkosten sind aber nur bei langen Stäben geringer als der Prüfaufwand.

■ **Beispiel 6.3:** Eine hohle Hebelwelle soll zwischen $F = +12{,}5\ \text{kN}$ und $F = -8\ \text{kN}$ wechselnde Stangenkräfte über gleich lange Hebel von der waagerechten in die senkrechte Ebene umlenken (Bild 6-54). Sie führt dabei nur geringe Schwenkbewegungen aus. Bei der hin- und hergehenden Bewegung treten mittlere Stöße auf. Die Hohlwelle soll aus nahtlosem Stahlrohr DIN 2448−St37.0 ($\cong$ S235)−108×8 und die rundum geschweißten Hebel aus Blech EN 10029−S235JR G2−8A gefertigt werden.
a) Die Hohlwelle ist auf Dauerfestigkeit nachzuprüfen.
b) Die Hebel und Hebelwelle verbindenden Rundnähte sind dauerfest zu bemessen.

▶ **Lösung a):** Zunächst sollen Art und Größe der Beanspruchung ermittelt werden. Durch die wechselnden, in zwei Ebenen wirkenden Stangenkräfte $F$ wird die Welle auf Wechselbiegung und zwischen den Hebelarmen (1) und (2) außerdem auf wechselnde Verdrehung beansprucht (Bild 6-54). Die Lagerkräfte bei $A$ und $B$ lassen sich aus den statischen Gleichgewichtsbedingungen errechnen. Für die größte Kraft $F = 12{,}5\ \text{kN}$ in der waagerechten Ebene folgt aus $\Sigma M_{(A)} = 0$:

$$F_{Bx} = 12{,}5\ \text{kN} \cdot \frac{160\ \text{mm}}{720\ \text{mm}} = 2{,}778\ \text{kN}$$

und aus der Bedingung

$$\Sigma F_x = 0:\quad F_{Ax} = 12{,}5\ \text{kN} - 2{,}778\ \text{kN} = 9{,}722\ \text{kN}.$$

Die Auflagerkräfte in der senkrechten Ebene können aus Symmetriegründen unmittelbar angegeben werden:

$$F_{Ay} = 2{,}778\ \text{kN} \quad \text{und} \quad F_{By} = 9{,}722\ \text{kN}.$$

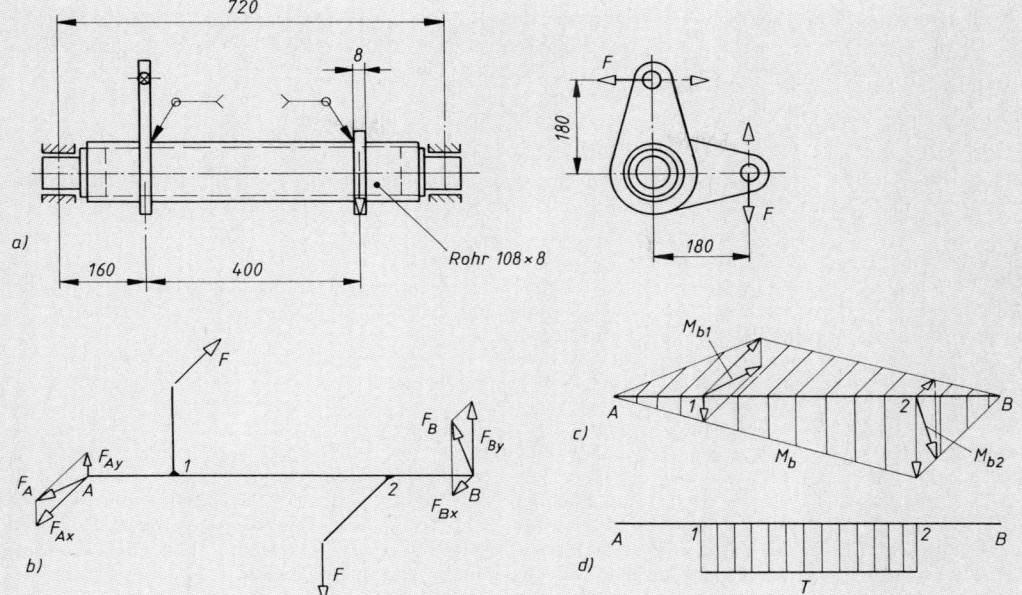

**Bild 6-54** Geschweißte Hebelwelle.
a) Maßskizze, b) Kräfte, c) $M_b$-Verlauf, d) T-Verlauf

Damit gilt für die resultierende Auflagerkraft bei $A$:

$$F_A = \sqrt{F_{Ax}^2 + F_{Ay}^2} = \sqrt{(9{,}722 \text{ kN})^2 + (2{,}778 \text{ kN})^2} = 10{,}11 \text{ kN}.$$

Die resultierende Auflagerkraft bei $B$ ist betragsmäßig gleich groß, also $F_B = 10{,}11$ kN. Nun können die resultierenden Biegemomente in den Krafteinleitungspunkten (1) und (2) bestimmt werden:

$$M_{b1} = M_{b2} = 10{,}11 \text{ kN} \cdot 160 \text{ mm} = 1{,}618 \cdot 10^6 \text{ Nmm}.$$

Mit den Hebelarmen $l = 180$ mm ergibt sich das größte Torsionsmoment zwischen den Krafteinleitungspunkten (1) und (2):

$$T = 12{,}5 \text{ kN} \cdot 180 \text{ mm} = 2{,}25 \cdot 10^6 \text{ Nmm}.$$

Nun können die an den Krafteinleitungspunkten (1) und (2) auftretenden größten Spannungen ermittelt werden. Die bei der Hin- und Herbewegung auftretenden mittleren Stöße werden durch den Anwendungsfaktor berücksichtigt. Nach TB 3-5a wird gewählt: $K_A = 1{,}5$.
Für die vorhandene größte Biegespannung gilt

$$\sigma_b = \frac{K_A \cdot M_b}{W_b}.$$

Mit dem axialen Widerstandsmoment gegen Biegung für den Kreisringquerschnitt

$$W_b \approx \frac{d_a^4 - d_i^4}{10 d_a}$$

ergibt sich mit $d_a = 108$ mm und $d_i = 92$ mm:

$$W_b \approx \frac{108^4 \text{ mm}^4 - 92^4 \text{ mm}^4}{10 \cdot 108 \text{ mm}} = 59\,640 \text{ mm}^3$$

und damit die vorhandene größte Biegespannung bei (1) und (2)

$$\sigma_b = \frac{1{,}5 \cdot 1{,}618 \cdot 10^6 \text{ Nmm}}{59\,640 \text{ mm}^3} = 41 \text{ N/mm}^2.$$

Mit dem polaren Widerstandsmoment gegen Verdrehung
$$W_p = 2 \cdot W_b = 2 \cdot 59\,640\text{ mm}^3 = 119\,280\text{ mm}^3$$
ergibt sich nach Gl. (6.26) die vorhandene größte Verdrehspannung:
$$\tau_t = \frac{K_A \cdot T}{W_p}, \qquad \tau_t = \frac{1{,}5 \cdot 2{,}25 \cdot 10^6\text{ Nmm}}{119\,280\text{ mm}^3} = 28\text{ N/mm}^2.$$
Da die Biege- und Verdrehspannungen gleichzeitig wirken, liegt eine zusammengesetzte Beanspruchung vor, die in Bauteilen durch die Vergleichsspannung nach Gl. (6.28) berücksichtigt wird:
$$\sigma_v = \sqrt{\sigma^2 + 3\tau^2}, \qquad \sigma_v = \sqrt{(41\text{ N/mm}^2)^2 + 3 \cdot (28\text{ N/mm}^2)^2} = 64\text{ N/mm}^2 = \sigma_{max}.$$
Da die zulässigen Spannungen nach 6.3.3-5 vom Grenzspannungsverhältnis $\kappa = \sigma_{min}/\sigma_{max}$ abhängig sind, müsste mit der Kraft $F = 8$ kN noch die Spannung $\sigma_{min}$ ermittelt werden. Im vorliegenden einfachen Beanspruchungsfall kann jedoch gesetzt werden:
$$\kappa = \frac{\sigma_{min}}{\sigma_{max}} = \frac{F_{min}}{F_{max}}, \qquad \kappa = \frac{-8\text{ kN}}{+12{,}5\text{ kN}} = -0{,}64 \text{ (Wechselbereich)}.$$
Zur Bestimmung der maßgebenden Spannungslinie ist aus den Beispielen ausgeführter Schweißverbindungen nach TB 6-12 zunächst die entsprechende Ausführung (Kerbfall) zu ermitteln. Wird zunächst angenommen, dass wie üblich die Hebel mit umlaufenden Doppelkehlnähten an die Hohlwelle angeschlossen werden, so wäre die Linie $F$ maßgebend: „Durchlaufendes Bauteil mit einem durch nichtbearbeitete Kehlnähte aufgeschweißten Bauteil" (Nr. 2). Für Bauteile aus S235JRG2 und $\kappa = -0{,}64$ ergibt sich nach TB 6-13a für die Spannungslinie $F$: $\sigma_{zul} = 45$ N/mm². (Der Dickenbeiwert $b$ nach TB 6-14 braucht nicht berücksichtigt zu werden, da die Bauteildicken nicht über 10 mm liegen.) Damit ist die vorhandene größte Spannung
$$\sigma_{max} = \sigma_v = 64\text{ N/mm}^2 > \sigma_{zul} = 45\text{ N/mm}^2$$
und somit das Bauteil (Hohlwelle) im Bereich der Rundnähte (Doppelkehlnaht) nicht dauerfest.
Eine dauerhafte Ausführung kann auf zwei Wegen erreicht werden:
1. Durch gleichen Nahtanschluss und eine stärkere Welle.
2. Durch einen Nahtanschluss mit geringerer Kerbwirkung bei gleichem Wellenquerschnitt.

Ein Werkstoff mit höherer Festigkeit wäre keine gute Lösung, da bei der hier vorliegenden starken Kerbwirkung die zulässige Spannung im Nahtbereich fast unabhängig von der statischen Werkstofffestigkeit ist (vgl. unter 6.3.3-5). So beträgt z. B. für den S355J2G3 unter den vorliegenden Bedingungen die zulässige Spannung nur $\sigma_{zul} \approx 57$ N/mm² (TB 6-13b).
Wird nun nach 2. eine andere Nahtausführung gewählt, nämlich kerbfrei bearbeitete und auf Risse geprüfte DHV-(K-)Nähte, so gelten die günstigeren zulässigen Spannungen nach Linie $C$:
$$\sigma_{zul} \approx 90\text{ N/mm}^2 > \sigma_{max} = 64\text{ N/mm}^2.$$
Die Hohlwelle ist damit dauerfest.
Der Dauerfestigkeitsnachweis kann auch nach Gl. (6.29) geführt werden:
$$\left(\frac{\sigma}{\sigma_{zul}}\right)^2 + \left(\frac{\tau}{\tau_{zul}}\right)^2 \leq 1.$$
Mit $\sigma_{zul} \approx 90$ N/mm² nach Linie $C$ und $\tau_{zul} \approx 75$ N/mm² nach Linie $G$ lautet die Bedingung
$$\left(\frac{41\text{ N/mm}^2}{90\text{ N/mm}^2}\right)^2 + \left(\frac{28\text{ N/mm}^2}{75\text{ N/mm}^2}\right)^2 \leq 1.$$
Da $0{,}21 + 0{,}14 = 0{,}35 < 1$, ist die Bedingung erfüllt und die Hebelwelle somit dauerfest.
**Ergebnis:** Die Hohlwelle kann, wie entwurfsmäßig vorgesehen, als Rohr $108 \times 8$ ausgeführt werden, wenn die Hebelarme durch kerbfrei bearbeitete und auf Risse geprüfte DHV-Nähte angeschlossen werden.

▶ **Lösung b):** Nach a muss die Rundnaht als DHV-Naht ausgeführt werden. Dadurch sind die Hebel über rechteckige Nahtflächen der Breite $b = 8$ mm und der Länge $l = d \cdot \pi = 108$ mm $\cdot \pi = 339$ mm angeschlossen. Rechnet man das Drehmoment in eine am Hebelarm $d/2$ wirkende Umfangskraft
$$F_u = \frac{T_{eq}}{0{,}5d} = \frac{1{,}5 \cdot 2{,}25 \cdot 10^6\text{ Nmm}}{0{,}5 \cdot 108\text{ mm}} = 62{,}5\text{ kN}$$

um, so kann damit die mittlere Schubspannung in der Naht errechnet werden:

$$\tau_\| = \frac{F_u}{A_w}, \quad \tau_\| = \frac{62\,500\,\text{N}}{8\,\text{mm} \cdot 339\,\text{mm}} = 23\,\text{N/mm}^2.$$

Die zulässige Schubspannung kann nach Linie $H$ mit $\kappa = -0{,}64$ nach TB 6-13a bestimmt werden: $\tau_{w\,zul} \approx 57\,\text{N/mm}^2$. Die Rundnähte sind also weit ausreichend bemessen, da

$$\tau_\| = 23\,\text{N/mm}^2 < \tau_{w\,zul} = 57\,\text{N/mm}^2.$$

**Ergebnis:** Die als DHV-Nähte ausgeführten Rundnähte sind dauerfest, da

$$\tau_\| = 23\,\text{N/mm}^2 < \tau_{w\,zul} = 57\,\text{N/mm}^2.$$

**Beispiel 6.4:** Es soll ein geschweißter Druckbehälter für 3000 $l$ Inhalt bei 12 bar Betriebsüberdruck ausgelegt werden. Die höchste Temperatur des Beschickungsmittels beträgt 50 °C. Die Behälterwand ist unbeheizt. Den Aufbau des Druckbehälters und die Hauptmaße zeigt Bild 6-55. Für alle druckbeanspruchten Teile ist der Werkstoff S235 JR G2 vorgesehen.

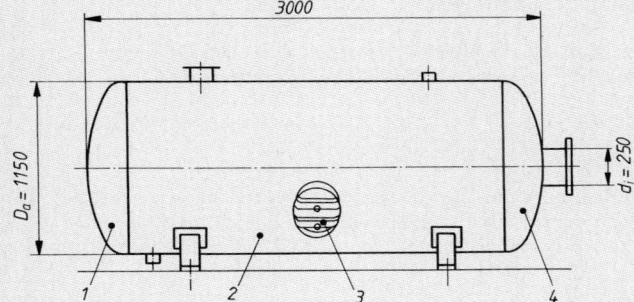

**Bild 6-55** Geschweißter Druckbehälter (12 bar, 3000 $l$).
1 Klöpperboden
2 Mantel
3 Mannloch $300 \times 400$ mm
4 Klöpperboden mit Stutzen

Zu berechnen bzw. zu prüfen sind:
a) die Werkstoffwahl,
b) die erforderliche Wanddicke des Behältermantels (2) bei verringertem Prüfaufwand für die Schweißnähte,
c) die erforderliche Wanddicke des gewölbten Vollbodens in Klöpperform (1),
d) die erforderliche Wanddicke des gewölbten Bodens in Klöpperform mit Stutzenausschnitt $d_i = 250$ mm im Krempenbereich, also außerhalb $0{,}6 D_a$ (dafür gilt $\beta = 1{,}9 + 0{,}933 \cdot z/\sqrt{y}$, mit $z = d_i/D_a$), [1])
e) die Verstärkung des Mannloch-Ausschnitts $300 \times 400$ mm (3) durch einen eingeschweißten Hochkantring $90 \times 15$ mm.
f) die Sicherheit des Mantels und der Böden bei der Wasserdruckprüfung.

**Lösung a):** Nach TB 6-15b sind die unlegierten Baustähle nur bis zu einem Produkt aus innerem Durchmesser des Behälters in mm und Betriebsüberdruck in bar $D_i \cdot p_e \leq 20\,000$ zugelassen. Außerdem ist die Güteeigenschaft durch ein Abnahmeprüfzeugnis 3.1 B zu erbringen. Mit $D_i \approx 1130$ mm (vorläufig angenommen) und $p_e = 12$ bar wird $D_i \cdot p_e = 1130 \cdot 12 = 13\,560 < 20\,000$, der Werkstoff S235 JR G2 ist also zulässig.

**Ergebnis:** Der vorgesehene Baustahl S235 JR G2 mit Abnahmeprüfzeugnis 3.1 B darf als Behälterwerkstoff verwendet werden.

**Lösung b):** Für den geschweißten zylindrischen Behältermantel wird die erforderliche Wanddicke nach Gl. (6.30a) bestimmt:

$$t = \frac{D_a \cdot p_e}{2\dfrac{K}{S} v + p_e} + c_1 + c_2.$$

---

[1]) Bei dem im Bild 6-55 dargestellten Ausschnitt in der Kalotte (Scheitelbereich $0{,}6 D_a$) muss die Verstärkung Gl. (6.33) genügen.

Da die Behälterwandung unbeheizt ist, gilt als Berechnungstemperatur die höchste Temperatur des Beschickungsmittels, also 50 °C (s. TB 6-16). Für diese Temperatur wird nach TB 6-15b der Festigkeitskennwert für den gewählten Baustahl S235 JR G2 bestimmt: $K = 235\,\text{N/mm}^2$ (*Beachte:* Die für 20 °C angegebenen Werte gelten bis 50 °C). Der Sicherheitsbeiwert ist nach TB 6-17 mit $S = 1{,}5$ zu wählen (für Walz- und Schmiedestähle). Wegen des verringerten Prüfaufwandes für die Schweißnähte darf die zulässige Berechnungsspannung in den Nähten nur zu 85 % ausgenutzt werden, somit $v = 0{,}85$. Der Zuschlag zur Berücksichtigung der Wanddickenunterschreitung beträgt nach TB 1-7 für den zu erwartenden Dickenbereich (z. B. warm gewalztes Stahlblech der Klasse A nach EN 10029): $c_1 = 0{,}4\,\text{mm}$. Der Abnutzungszuschlag kann mit $c_2 = 1{,}0\,\text{mm}$ eingesetzt werden. Mit dem äußeren Manteldurchmesser $D_a = 1150\,\text{mm}$ und dem Berechnungsdruck $p_e = 12\,\text{bar} = 1{,}2\,\text{N/mm}^2$ erhält man

$$t = \frac{1150\,\text{mm} \cdot 1{,}2\,\text{N/mm}^2}{2 \cdot \dfrac{235\,\text{N/mm}^2}{1{,}5} \cdot 0{,}85 + 1{,}2\,\text{N/mm}^2} + 0{,}4\,\text{mm} + 1{,}0\,\text{mm} = 5{,}2\,\text{mm} + 1{,}4\,\text{mm} = 6{,}6\,\text{mm}.$$

Damit ergibt sich eine ausgeführte Wanddicke $t_e = 7\,\text{mm}$.

**Ergebnis:** Die Manteldicke (= Stumpfnahtdicke) wird mit $t_e = 7\,\text{mm}$ ausgeführt.

▶ **Lösung c):** Der gewölbte Boden (1) soll einteilig (ungeschweißt) in Klöpperform (Bild 6-49a) ausgeführt werden. Die erforderliche Wanddicke der Krempe ist nach Gl. (6.31) zu berechnen:

$$t = \frac{D_a \cdot p_e \cdot \beta}{4\,\dfrac{K}{S}\,v} + c_1 + c_2\,.$$

Zur Bestimmung des Berechnungsbeiwertes muss die Wanddicke zunächst angenommen werden. Da der Boden im Krempenteil ungünstiger beansprucht wird als der Mantel (s. unter 6.3.4-2), wird $t_e = 9\,\text{mm}$ vorgewählt. Damit und mit den Zuschlägen $c_1 = 0{,}5\,\text{mm}$ (s. TB 1-7)[1)] und $c_2$ wie unter b wird

$$y = \frac{t_e - c_1 - c_2}{D_a}\,, \qquad y = \frac{9\,\text{mm} - 0{,}5\,\text{mm} - 1{,}0\,\text{mm}}{1150\,\text{mm}} = 0{,}00652\,.$$

Dieser Wert liegt im zulässigen Bereich $0{,}001\ldots0{,}1$. Für Vollböden in Klöpperform gilt für den Berechnungswert

$$\beta = 1{,}9 + \frac{0{,}0325}{y^{0{,}7}} + y\,, \qquad \beta = 1{,}9 + \frac{0{,}0325}{0{,}00652^{0{,}7}} + 0{,}00652 = 3{,}0\,.$$

Mit dem Faktor $v = 1{,}0$ für einteilige Böden und den weiteren bereits unter b bestimmten Werten ist somit in der Krempe eine Wanddicke erforderlich von

$$t = \frac{1150\,\text{mm} \cdot 1{,}2\,\text{N/mm}^2 \cdot 3{,}0}{4 \cdot \dfrac{235\,\text{N/mm}^2}{1{,}5} \cdot 1{,}0} + 0{,}5\,\text{mm} + 1{,}0\,\text{mm} = 6{,}6\,\text{mm} + 1{,}5\,\text{mm} = 8{,}1\,\text{mm}.$$

Der Boden kann einteilig mit der Wanddicke $t_e = 9{,}0\,\text{mm}$ ausgeführt werden. Nach Bild 6-49a erhält er dann folgende Abmessungen: $R = D_a = 1150\,\text{mm}$, $r = 0{,}1 \cdot 1150\,\text{mm} = 115\,\text{mm}$, $h_1 \geq 3{,}5 \cdot 9\,\text{mm} \approx 32\,\text{mm}$, $h_2 = 0{,}1935 \cdot D_a - 0{,}455 t = 0{,}1935 \cdot 1150\,\text{mm} - 0{,}455 \cdot 9\,\text{mm} = 218\,\text{mm}$.

*Anmerkung:* Im Kalottenteil des Bodens wäre nach 6.3.4-2 und Gl. (6.30b) mit $D_a \approx 2300\,\text{mm}$ nur eine Wanddicke

$$t = \frac{2300\,\text{mm} \cdot 1{,}2\,\text{N/mm}^2}{4 \cdot \dfrac{235\,\text{N/mm}^2}{1{,}5} \cdot 1{,}0 + 1{,}2\,\text{N/mm}^2} + 1{,}5\,\text{mm} \approx 5{,}9\,\text{mm}$$

erforderlich.
Bei sehr dünnwandigen Böden müsste nach AD-Merkblatt B3 noch geprüft werden, ob der Boden gegen Faltenbildung in der Krempe ausreichend bemessen ist.

**Ergebnis:** Der Klöpperboden (1) wird einheitlich mit der Wanddicke $t_e = 9\,\text{mm}$ ausgeführt.

---

[1)] $c_1 = 0{,}3\,\text{mm}$ nach DIN 28011

## 6.4 Berechnungsbeispiele

**Lösung d):** Die Wanddickenberechnung des Klöpperbodens mit Stutzen (4) erfolgt grundsätzlich wie unter c). Da der Boden durch den Stutzenausschnitt geschwächt ist und somit höher beansprucht wird als der Boden (1), wird eine Wanddicke von $t_e = 11$ mm vorgewählt.

Nach den Angaben zur Gl. (6.31) und zur Aufgabe wird

$$y = \frac{t_e - c_1 - c_2}{D_a}, \quad y = \frac{11 \text{ mm} - 0{,}5 \text{ mm} - 1{,}0 \text{ mm}}{1150 \text{ mm}} = 0{,}00826$$

und

$$z = \frac{d_i}{D_a}, \quad z = \frac{250 \text{ mm}}{1150 \text{ mm}} = 0{,}2174.$$

Bei Klöpperböden mit Ausschnitten im Krempenbereich gilt für den Berechnungswert

$$\beta = 1{,}9 + \frac{0{,}933 \cdot z}{\sqrt{y}}, \quad \text{somit} \quad \beta = 1{,}9 + \frac{0{,}933 \cdot 0{,}2174}{\sqrt{0{,}00826}} = 4{,}13.$$

Mit den übrigen bereits weiter oben festgelegten Werten wird damit nach Gl. (6.31) die erforderliche Wanddicke des Bodens

$$t = \frac{1150 \text{ mm} \cdot 1{,}2 \text{ N/mm}^2 \cdot 4{,}13}{4 \cdot \dfrac{235 \text{ N/mm}^2}{1{,}5} \cdot 1{,}0} + 0{,}5 \text{ mm} + 1{,}0 \text{ mm} = 9{,}1 \text{ mm} + 1{,}5 \text{ mm} = 10{,}6 \text{ mm}.$$

Die vorgewählte Wanddicke war zutreffend, so dass ausgeführt werden kann: $t_e = 11$ mm.

**Ergebnis:** Der Klöpperboden mit unverstärktem Ausschnitt (4) wird mit der Wanddicke $t_e = 11$ mm ausgeführt.

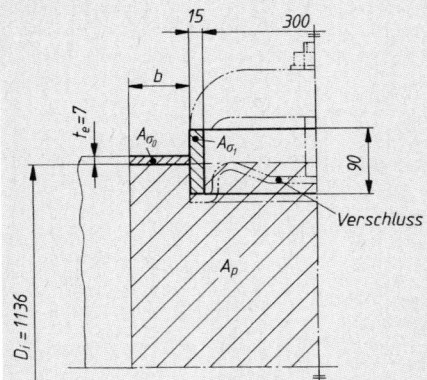

**Bild 6-56**
Berechnungsschema für die Ausschnittverstärkung des Mannloches durch einen Hochkantring $A_{\sigma_1}$

**Lösung e):** Die Verschwächung des Behältermantels durch das ovale Mannloch $300 \times 400$ mm soll durch einen eingeschweißten Hochkantring $\square$ $90 \times 15$ mm ausgeglichen werden. Die Verschwächung wird mit der allgemeinen Festigkeitsbedingung Gl. (6.33a) berücksichtigt

$$\sigma_v = p_e \left(\frac{A_p}{A_\sigma} + \frac{1}{2}\right) \leq \frac{K}{S}.$$

Die Verhältnisse am Ausschnitt gehen aus Bild 6-56 hervor. Zur Berechnung der tragenden Querschnittsfläche $A_\sigma$ darf als mittragende Länge des Mantels gesetzt werden:

$$b = \sqrt{(D_i + t_A - c_1 - c_2) \cdot (t_A - c_1 - c_2)},$$

mit dem Innendurchmesser $D_i = 1150 \text{ mm} - 2 \cdot 7 \text{ mm} = 1136 \text{ mm}$, der Wanddicke $t_A = 7$ mm, sowie $c_1$ und $c_2$ wie unter b wird

$$b = \sqrt{(1136 \text{ mm} + 7 \text{ mm} - 0{,}4 \text{ mm} - 1{,}0 \text{ mm}) \cdot (7 \text{ mm} - 0{,}4 \text{ mm} - 1{,}0 \text{ mm})} = 80 \text{ mm}.$$

Mit den tragenden Einzelflächen

$$A_{\sigma_0} = (t_A - c_1 - c_2) \cdot b = (7 \text{ mm} - 1{,}4 \text{ mm}) \cdot 80 \text{ mm} = 448 \text{ mm}^2$$

und
$$A_{\sigma_1} = 90 \text{ mm} \cdot (15 \text{ mm} - 0{,}6 - 1{,}0) = 1206 \text{ mm}^2$$

($c_1 = 0{,}6$ mm für $t_e = 15$ mm, wenn unteres Grenzabmaß entsprechend Klasse A der EN 10029, s. TB 1-7) wird die tragende Querschnittsfläche

$$A_\sigma = A_{\sigma_0} + A_{\sigma_1} = 448 \text{ mm}^2 + 1206 \text{ mm}^2 = 1654 \text{ mm}^2.$$

Unter der auf der sicheren Seite liegenden Annahme, dass die druckbelastete projizierte Fläche bis zum Innendurchmesser des Mantels reicht (Bild 6-56), wird

$$A_p = (80 \text{ mm} + 15 \text{ mm} - 1{,}6 \text{ mm} + 300 \text{ mm}/2) \cdot \frac{1136 \text{ mm}}{2} = 138251 \text{ mm}^2.$$

Damit gilt

$$\sigma_v = 1{,}2 \text{ N/mm}^2 \left( \frac{138251 \text{ mm}^2}{1654 \text{ mm}^2} + \frac{1}{2} \right) < \frac{235 \text{ N/mm}^2}{1{,}5}, \qquad \sigma_v = 101 \text{ N/mm}^2 < 157 \text{ N/mm}^2.$$

Der Mannloch-Ausschnitt ist durch den eingeschweißten Hochkantring weit ausreichend verstärkt.

**Ergebnis:** Der Mannloch-Ausschnitt ist durch den eingeschweißten Hochkantring weit ausreichend verstärkt, da $\sigma_v = 101 \text{ N/mm}^2 < 157 \text{ N/mm}^2$.

▶ **Lösung f):** Bei der Druckprüfung mit Wasser oder anderen ungefährlichen Flüssigkeiten wird geprüft, ob Druckbehälter oder Druckbehälterteile unter Prüfdruck gegen das Druckprüfmittel dicht sind und keine sicherheitstechnisch bedenklichen Verformungen auftreten. Die Druckprüfung kann auch zum Ausgleich von Spannungsspitzen dienen (vgl. AD-Merkblatt HP 30). Beim Prüfdruck $p' = 1{,}3 p_e$ muss der Druckbehälter eine Sicherheit $S' = 1{,}1$ gegen Fließen ($R_{p0{,}2}$) aufweisen (TB 6-17). Da die Druckprüfung bei Raumtemperatur durchgeführt wird (oder bei höchstens 40 °C), gilt der gleiche Festigkeitskennwert wie oben.
Der Nachweis ausreichender Sicherheit gegen Fließen erfolgt zweckmäßigerweise, indem die maßgebenden Gleichungen nach $S$ umgestellt werden, so gilt z. B. für den Behältermantel mit der umgestellten Gl. (6.30a)

$$S' = \frac{2 \cdot K \cdot v}{\dfrac{D_a \cdot p'}{t_e - c_1 - c_2} - p'}.$$

Mit $p' = 1{,}3 \cdot p_e$ und der ausgeführten Wanddicke $t_e = 7$ mm wird damit die vorhandene Sicherheit beim Prüfdruck

$$S' = \frac{2 \cdot 235 \text{ N/mm}^2 \cdot 0{,}85}{\dfrac{1150 \text{ mm} \cdot 1{,}3 \cdot 1{,}2 \text{ N/mm}^2}{7 \text{ mm} - 0{,}4 \text{ mm} - 1{,}0 \text{ mm}} - 1{,}3 \cdot 1{,}2 \text{ N/mm}^2} = 1{,}25.$$

Die beim Prüfdruck vorhandene Sicherheit $S' = 1{,}25$ ist somit größer als die erforderliche Sicherheit $S'_\text{erf} = 1{,}1$. In der gleichen Weise kann der Nachweis für die Klöpperböden erfolgen, worauf aber hier verzichtet werden soll. Sie sind für die Druckprüfung ebenfalls ausreichend bemessen.

**Ergebnis:** Mantel und Böden des Druckbehälters weisen eine ausreichende Sicherheit bei der Wasserdruckprüfung auf.

*Hinweis:* Die Längs- und Rundnähte des Behälters sind als Stumpfnähte in den Bewertungsgruppen B bzw. C auszuführen (s. unter 6.2.5-5). Der Hochkantring am Mannloch muss mit einer Schweißnaht, deren tragende Dicke mindestens der Behälterwanddicke entspricht (also 7 mm), angeschlossen werden.

## 6.5 Literatur

DIN Deutsches Institut für Normung (Hrsg.): DIN-Taschenbücher, Berlin: Beuth
DIN-Taschenbuch   8 Schweißzusätze, Fertigung, Güte und Prüfung
DIN-Taschenbuch  44 Krane und Hebezeuge 1
DIN-Taschenbuch  69 Stahlhochbau
DIN-Taschenbuch 144 Stahlbau: Ingenieurbau
DIN-Taschenbuch 145 Schweißverbindungen und elektrische Schweißeinrichtungen

## 6.5 Literatur

Fachbuchreihe Schweißtechnik, Düsseldorf: Deutscher Verlag für Schweißtechnik
Band  2 *Malisius, R.:* Wirtschaftlichkeitsfragen der praktischen Schweißtechnik
Band  9 *Erker/Hermsen/Stoll:* Gestaltung und Berechnung von Schweißkonstruktionen
Band 10 *Malisius, R.:* Schrumpfungen, Spannungen und Risse beim Schweißen
Band 12 *Sahmel/Veit:* Grundlagen der Gestaltung geschweißter Stahlkonstruktionen
Band 43 Schweißverbindungen im Kessel-, Behälter- und Rohrleitungsbau
Band 44 *Wirtz:* Das Verhalten der Stähle beim Schweißen. Teil I: Grundlagen, Teil II: Anwendung
Band 55 Die Verfahren der Schweißtechnik
Band 64 *Radaj, D.:* Festigkeitsnachweise. Teil I: Grundverfahren, Teil II: Sonderverfahren
Band 68 Taschenbuch–DVS-Richtlinien–DVS-Merkblätter
Band 73 *Neumann/Röbenack:* Katalog über Schweißverformungen und -spannungen
Band 80 *Neumann, A.:* Schweißtechnisches Handbuch für Konstrukteure. Teil I: Grundlagen, Tragfähigkeit, Gestaltung. Teil II: Stahl-, Kessel- und Rohrleitungsbau. Teil III: Maschinen- und Fahrzeugbau
Band 81 *Hänsch:* Schweißeigenspannungen und Formänderungen an stabartigen Bauteilen. Berechnung und Bewertung
Band 82 *Radaj, D.:* Ermüdungsfestigkeit. Gestaltung und Berechnung von Schweißkonstruktionen
Band 128/4 *Behnisch, H.* (Hrsg.): Kompendium der Schweißtechnik. Bd. 4: Berechnung und Gestaltung von Schweißkonstruktionen

DVS-Berichte. Düsseldorf: Deutscher Verlag für Schweißtechnik
Band 31 Schweißgerechte Gestaltung
Band 39 Konstruktion und Fertigung im Maschinen-, Fahrzeug- und Stahlbau
Band 55 Sicherung der Güte von Schweißverbindungen
Band 56 *Oliver/Ritter:* Wöhlerlinienkatalog für Schweißverbindungen an Baustählen, Teile I bis V
Band 88 Schweißkonstruktion und Betriebsfestigkeit in der Praxis
Band 94 *Ahrens/Zwätz:* Schweißen im bauaufsichtlichen Bereich
Band 95 *Rieberer, A.:* Schweißgerechtes Konstruieren im Maschinenbau: Berechnungs- und Gestaltungsbeispiele

Stahl-Informationszentrum, Düsseldorf (Hrsg.)
Merkblatt 165 Tragwerkslehre für das Bauen mit Stahl
Merkblatt 359 Feuerverzinkungsgerechtes Konstruieren im Stahlbau
Merkblatt 426 Fachwerkträger
Merkblatt 427 Vollwandträger
Merkblatt 449 Geschweißte gewichtsoptimierte I- und Kastenprofile aus St37

*Bobek, K., Heiß, A., Schmidt, F.:* Stahlleichtbau von Maschinen. 2. Aufl. Berlin: Springer, 1955 (Konstruktionsbücher, Bd. 1)
*Buchenau, H., Thiehe, A.:* Stahlhochbau, Teil 1, 23. Aufl., Teil 2, 18. Aufl., Stuttgart: Teubner, 1997
Deutsche Bundesbahn (Hrsg.): DS 804: Vorschrift für Eisenbahnbrücken und sonstige Ingenieurbauwerke (VEI). München 1983
Deutsche Bundesbahn (Hrsg.): DS 95201 bzw. DV 952: Schweißen metallischer Werkstoffe an Schienenfahrzeugen und maschinentechnischen Anlagen. Minden (Westf.), 1991 bzw. 1977
DIN V ENV 1993 Eurocode 3, Bemessung und Konstruktion von Stahlbauten, Teil 1-1: Allgemeine Bemessungsregeln; Bemessungsregeln für den Hochbau; Deutsche Fassung ENV 1993-1-1: 1992
*Dutta, D., Mang, F., Warenier, J.:* Schwingfestigkeitsverhalten geschweißter Hohlprofilverbindungen. Düsseldorf: Stahl-Informationszentrum, 1981 (CIDECT-Monografie Nr. 7)
w>*Fahrenwaldt, H.-J.:* Schweißtechnik: Verfahren und Werkstoffe. Braunschweig/Wiesbaden: Vieweg, 1988
*Fritsch, R., Pasternak, H.:* Stahlbau. Grundlagen und Tragwerke. Braunschweig: Vieweg, 1999
Germanischer Lloyd (Hrsg.): Vorschriften für Klassifikation und Bau von stählernen Seeschiffen. Bd. 1, Klassifikationsvorschriften – Schiffskörper, Hamburg 1992
*Gregor, A.:* Der praktische Stahlbau. Bd. 1, Berechnung der statisch bestimmten Tragwerke, Bd. 4, Trägerbau, Köln-Braunsfeld: Rudolf Müller, $^5$1972, $^6$1973
*Hänchen, R.:* Schweißkonstruktionen. Berechnung und Gestaltung. Berlin, Göttingen, Heidelberg: Springer 1953 (Konstruktionsbücher, Band 12)
*Kahlmeyer, E.:* Stahlbau, Träger – Stützen – Verbindungen. 3. Aufl. Düsseldorf: Werner, 1990
*Klapp, E.:* Apparate- und Anlagentechnik, Berlin: Springer, 1979
*Macherauch, E., Hauk, V.* (Hrsg.): Eigenspannungen: Entstehung – Messung – Bewertung. Bd. 1. Oberursel: Dt. Gesellschaft für Metallkunde, 1983

*Mewes, W.:* Kleine Schweißkunde für Maschinenbauer, Düsseldorf: VDI-Verlag, 1992 (VDI-Reihe Kleine Stahlkunde)
*Petersen, Ch.:* Stahlbau. 4. Aufl. Wiesbaden: Vieweg, 1997
*Ruge, J.:* Handbuch der Schweißtechnik, Bd. I, Werkstoffe, Bd. II, Verfahren und Fertigung, Bd. III, Konstruktive Gestaltung der Bauteile. Bd. IV. Berechnung der Verbindungen. Berlin: Springer, 1990, 1980, 1985, 1988
*Scheermann, H.:* Leitfaden für den Schweißkonstrukteur. 2. Aufl. Düsseldorf: DVS, 1997 (Die Schweißtechnische Praxis, Bd. 17)
*Schuler, V.* (Hrsg.): Schweißtechnisches Konstruieren und Fertigen. Braunschweig, Wiesbaden: Vieweg 1992
*Schwaigerer, S.:* Festigkeitsberechnung von Bauelementen des Dampfkessel-, Behälter- und Rohrleitungsbaues. 4. Aufl., Berlin: Springer, 1990
Deutscher Stahlbau-Verband (Hrsg.): Stahlbau-Handbuch für Studium und Praxis. Bd. 1, Grundlagen, Bd. 2, Stahlkonstruktionen, 2. Aufl., Köln: Stahlbau-Verlags-GmbH, 1982, 1985
*Thum, A., Erker, A.:* Schweißen im Maschinenbau, Teil I, Festigkeit und Berechnung von Schweißverbindungen. Berlin: VDI-Verlag, 1943
*Titze, H., Wilke, H.-P.:* Elemente des Apparatebaues. 3. Aufl., Berlin: Springer, 1992
Verein Deutscher Eisenhüttenleute (Hrsg.): Stahl im Hochbau. Bd. I, Teil 1, Bd. I, Teil 2, Bd. II, Teil 1. 14. Aufl. Düsseldorf: Stahleisen, 1986, 1987, 1990
Vereinigung der Technischen Überwachungs-Vereine, Essen (Hrsg.): AD-Merkblätter. Taschenbuch-Ausgabe 1997, Köln: Heymans, 1997
*Warkenthin, W.:* Tragwerke der Fördertechnik 1. Grundlagen der Bemessung. Braunschweig, Wiesbaden: Vieweg, 1999
Zentrale für Gussverwendung (ZGV), Düsseldorf (Hrsg.): Technische Mitteilungen S2, S3, S4 und S5, sowie VDG-Merkblätter N50, N60 und N70

# 7 Nietverbindungen

## 7.1 Allgemeines

Nieten gehört nach DIN 8593-0 zu den Fertigungsverfahren Fügen, wobei der Formschluss durch Umformen erreicht wird. Die nicht lösbare Verbindung kann nur unter Inkaufnahme einer Beschädigung oder Zerstörung der gefügten Teile wieder gelöst werden.
Nach DIN 8593-5 lassen sich folgende Nietverfahren unterscheiden:
**Nieten** durch Stauchen eines bolzenförmigen Hilfsfügeteils (Niet), s. Bild 7-1a.
**Hohlnieten** durch Umlegen überstehender Teile eines Hohlniets, s. Bild 7-1b.
**Zapfennieten** durch Stauchen des zapfenförmigen Endes an einem der beiden Fügeteile, s. Bild 7-1c.
**Hohlzapfennieten** durch Umlegen überstehender Teile des hohlzapfenförmigen Endes an einem der beiden Fügeteile, s. Bild 7-1d.
**Zwischenzapfennieten** durch Stauchen eines Zwischenzapfens an einem der beiden Fügeteile, s. Bild 7-1e.
Hinsichtlich ihrer Verwendung, Berechnung und konstruktiven Ausführung unterteilt man die Nietverbindungen in:
*feste Verbindungen* (Kraftverbindungen) im Stahlhochbau, Kranbau und Brückenbau bei Trägeranschlüssen, Stützen, Knotenpunkten in Stabfachwerken von Dachbindern und Krantragwerken, bei Vollwandträgern usw., *feste und dichte Verbindungen* im Kessel- und Druckbehälterbau, *vorwiegend dichte Verbindungen* im Behälterbau bei Silos, Einschütttrichtern, Rohrleitungen usw. sowie *Haftverbindungen* (Heftnietung) für Blechverkleidungen im Karosserie-, Waggon- und Flugzeugbau.
Nietverbindungen erfordern einen hohen maschinellen Aufwand bei erheblichen Personalkosten. Wenn technisch möglich, werden sie durch andere unlösbare Verbindungen ersetzt. Im Druckbehälterbau sind sie völlig von Schweißverbindungen und im Stahlbau fast völlig von Schweiß- und Schraubenverbindungen abgelöst worden.

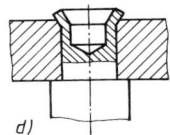

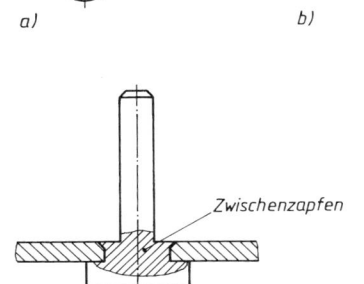

**Bild 7-1**
Nietverfahren nach DIN 8593-5.
a) Nieten
b) Hohlnieten
c) Zapfennieten
d) Hohlzapfennieten
e) Zwischenzapfennieten

Eine Sonderstellung haben Nietverbindungen im Flugzeug- und Leichtbau. Die dort praktizierten hoch automatisierten Nietverfahren finden aber wegen den unterschiedlichen technischen und wirtschaftlichen Voraussetzungen kaum Eingang in andere Bereiche.

*Vorteile gegenüber anderen Verbindungsmitteln:* Keine ungünstigen Werkstoffbeeinflussungen wie Aufhärtungen oder Gefügeumwandlungen beim Schweißen. Kein Verziehen der Bauteile. Ungleichartige Werkstoffe lassen sich verbinden. Nietverbindungen sind leicht und sicher zu kontrollieren und besonders auf Baustellen einfacher und häufig billiger als andere Verbindungen herzustellen und notfalls durch Abschlagen der Köpfe lösbar. Nietverbindungen versagen bei Überlastung und Stoß nicht schlagartig, da sie hohe Deformationsarbeit durch „Setzen" aufnehmen können. Durch moderne Blindnietsysteme sind sehr schnell herstellbare, kostengünstige Verbindungen für höchste Ansprüche auch bei nicht zugänglicher Schließkopfseite möglich.

*Nachteile:* Bauteile werden durch Nietlöcher geschwächt, dadurch größere Querschnitte und allgemein schwere Konstruktionen. Stumpfstöße lassen sich nicht ausführen, Bauteile müssen überlappt oder durch Laschen verbunden werden (keine glatten Wände z. B. bei Behältern, ungünstiger Kraftfluss!). In der Fertigung kostenintensiver als Schweißen.

## 7.2 Die Niete

### 7.2.1 Nietformen

Nach der Ausführung des Nietschaftes unterscheidet man Vollniete mit vollem Schaft, Hohl- und Rohrniete mit hohlem Schaft, Halbhohlniete mit angebohrtem Schaft, Nietzapfen und Blindniete, Bild 7-2. Vollniete werden nach der Form ihres Setzkopfes benannt, z. B. Halbrundniete, Flachsenkniete u. a. Für nur von einer Seite aus zugängliche Nietverbindungen wurden Blindnietsysteme entwickelt, bei denen der Niet von einer Seite aus durchgesteckt und dann geschlossen wird, Bild 7-3. Blindniete werden zunehmend nicht nur als reines Befestigungselement, sondern häufig auch als berechenbares Konstruktionselement eingesetzt.

Beim *Blindniet mit Sollbruchdorn* nach DIN 7337 (Bild 7-2 und 7-3a) ist die Niethülse (1) mit dem nagelähnlichen Nietdorn (2) mit Sollbruchstelle (3) im Lieferzustand unverlierbar zusammengefügt. Beim Setzen des Niets wird durch das Nietgerät der Nietdorn zurückgezogen und gleichzeitig auf der Setzkopfseite gegengehalten. Dabei formt der Dornkopf den Schließkopf aus und presst die Bauteile fest zusammen. Nach Erreichen der erforderlichen Schließkraft reißt der Nietdorn an der Sollbruchstelle ab. Der Dornkopf (4) verbleibt unverlierbar im gesetzten Niet. Für die Konstruktion notwendige Maße und mechanische Eigenschaften s. TB 7-3. Bevorzugtes Einsatzgebiet: Metall- und Fahrzeugbau, Fassadenbau, Gerätebau, Stahlrohrmöbel.

Der *Becher-Blindniet* unterscheidet sich vom Blindniet mit Sollbruchdorn in Aufbau und Verarbeitung nur durch die schließkopfseitig geschlossene, also becherförmig ausgebildete Niethülse. Bevorzugtes Einsatzgebiet: Decken- und Wandverkleidungen, Hohlprofile.

Beim *Durchzieh-Blindniet* (Chobert-Niet, Bild 7-3b) bildet ein zum Nietgerät gehörender Nietdorn mit kegeligem Kopf beim Durchzug durch die kegelige Bohrung der Niethülse zunächst wulstartig den Schließkopf und presst dann bei weiterem Durchzug den Niet in seiner ganzen Einspannlänge vollständig in die Bohrung. Zum Abdichten oder zur Vergrößerung der Scherkraft können Füllstifte eingetrieben werden. Bevorzugtes Einsatzgebiet: Fahrzeugbau, Haushaltsgeräte, unterschiedliche Werkstoffe (Metall und Nichtmetall).

Beim *Blindniet mit Langbruchdorn* (Avdel-Blindniet, Bild 7-3c) weitet beim Durchzug der mit konischem Ansatz versehene Nietdorn die Niethülse bis zur satten Anlage im Bohrloch auf, danach presst der Dornkopf die Bauteile fest zusammen und bildet den Schließkopf. Der Nietdorn reißt an der Sollbruchstelle außerhalb des Setzkopfes ab und wird abgearbeitet. Durch den ganz in der Hülse verbleibenden Nietdorn wird die Scherfestigkeit eines Vollnietes erreicht. Der druckdichte Niet genügt den Sicherheitsanforderungen der Luft- und Raumfahrtindustrie.

Beim *Spreiz-Blindniet* (Bild 7-3d) wird in einen Hohlniet ein Kerbstift eingeschlagen, der die geschlitzten Segmente am Fußende des Nietes auseinanderspreizt, wodurch die zu vernietenden Teile fest zusammengezogen werden. Bevorzugtes Einsatzgebiet: Fahrzeugbau, Containerbau, Dach- und Zaunbefestigungen, Folienbefestigung.

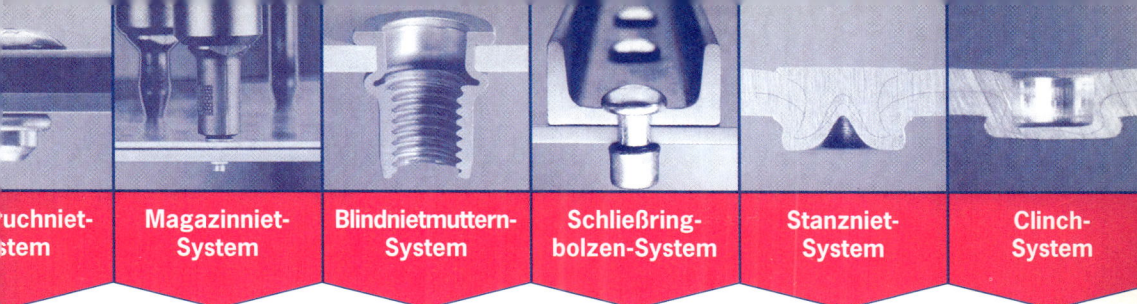

| ruchniet-System | Magazinniet-System | Blindnietmuttern-System | Schließring-bolzen-System | Stanzniet-System | Clinch-System |

# Intelligente Verbindungen für Einzel- und Komplettmontage

So wie das Internet Welten verbindet, verbinden wir Teile zu einem kompletten Produkt. Von der Einzelnietung bis zur Integration in automatische Produktionsprozesse.

Eine Vielzahl von Verbindungssystemen, Verarbeitungsgeräten und Montageplätzen stehen Ihnen zur Verfügung. Mehr darüber erfahren Sie - natürlich bei uns im Internet.

## Avdel®

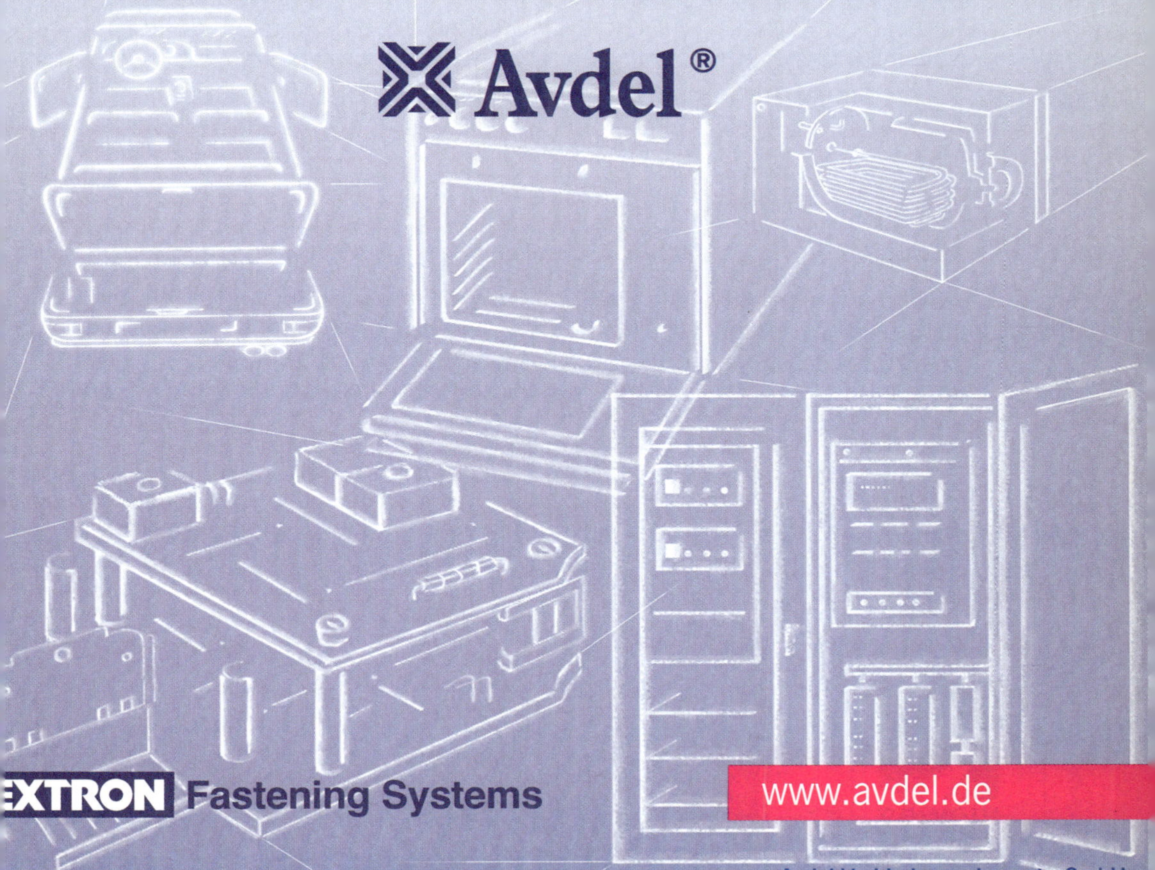

**EXTRON** Fastening Systems

www.avdel.de

Avdel Verbindungselemente GmbH
Klusriede 24 · D-30851 Langenhagen
Tel: (0511) 7288-0 · Fax: (0511) 7288-133
info@avdel.de

# Das Nachschlagewerk zum Maschinenbau

Böge, Alfred (Hrsg.)
## Das Techniker Handbuch
Grundlagen und Anwendungen der Maschinenbau-Technik

Unter Mitarbeit von Böge, Alfred / Kemnitz, Friedrich / Böge, Gert / Weißbach, Wolfgang / Heinz, Wittig / Röthke, Karl-Heinz / Böge, Wolfgang / Schlemmer, Walter / Degering, Karl-Heinz / Ristau, Manfred / Sebulke, Johannes / Küfner, Hans-Jürgen / Ahrberg, Rainer / Voss, Jürgen

16., überarb. Aufl. 2000. XVI, 1720 S. Mit 1800 Abb. u. 306 Tab. und mehr als 3800 Stichwörtern
Geb. DM 158,00 / € 79,00
ISBN 3-528-44053-8

*Inhalt:*
Mathematik - Physik - Mechanik - Festigkeitslehre - Werkstoffkunde - Wärmelehre - Elektrotechnik - Spanlose Fertigung - Zerspantechnik - Werkzeugmaschinen - Betriebswirtschaftslehre - Kraft- und Arbeitsmaschinen - Fördertechnik - Maschinenelemente - Steuerungstechnik - CNC-Technik - SPS

„Kaum ein Ingenieur im Studium oder Beruf kommt ohne Nachschlagewerk aus, das neben Grundlagen der Mathematik, Physik und Mechanik auch Basiswissen der Werkstoffkunde, der Elektro-, Fertigungs- und Steuerungstechnik vermittelt. Diese Anforderungen erfüllt das vorliegende Buch..." *(F&M, 7/99)*

Abraham-Lincoln-Straße 46
65189 Wiesbaden
Fax 0611.7878-420
www.vieweg.de

Stand 1.7.2001
Änderungen vorbehalten.
Die genannten Europreise sind gültig ab 1.1.2002.
Erhältlich im Buchhandel oder im Verlag.

## 7.2 Die Niete

| Bild[1] | Bezeichnung | DIN | Abmessungen[2] mm | Werkstoffe | Verwendungsbeispiele |
|---|---|---|---|---|---|
| 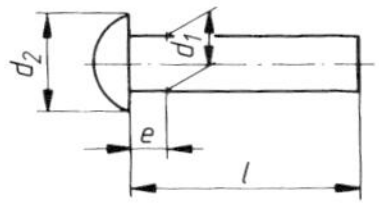 | Halbrundniet | 124 | $d_1 = 10 \ldots 36$ $d_2 \approx 1{,}6\,d_1$ | QSt 32-3 QSt 36-3 | Stahlbau |
| | | 660 | $d_1 = 1 \ldots 8$ $d_2 \approx 1{,}75\,d_1$ | QSt 32-3 QSt 36-3 A2, A4 SF-Cu CuZn 37 Al 99,5 | Metallbau Fahrzeugbau |
| 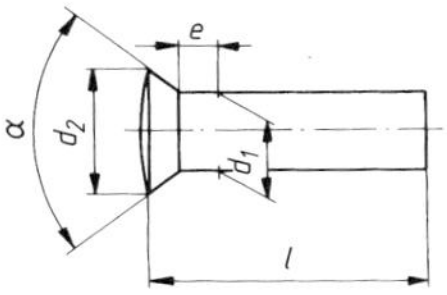 | Senkniet | 302 | $d_1 = 10 \ldots 36$ $\alpha = 75°, 60°, 45°$ | QSt 32-3 QSt 36-3 | Stahlbau |
| 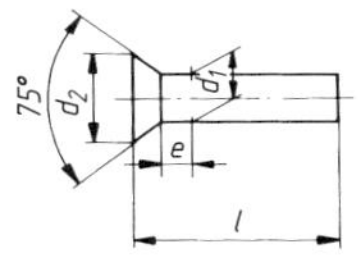 | | 661 | $d_1 = 1 \ldots 8$ $d_2 \approx 1{,}75\,d_1$ | QSt 32-3 QSt 36-3 A2, A4 SF-Cu CuZn 37 Al 99,5 | Metallbau Fahrzeugbau |
| 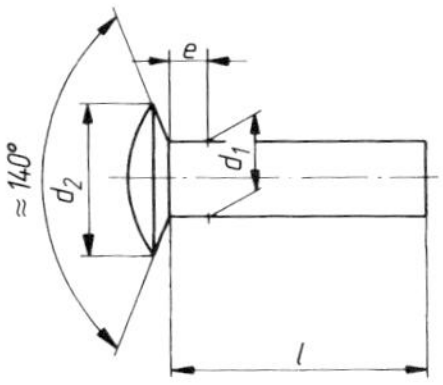 | Linsenniet | 662 | $d_1 = 1{,}6 \ldots 6$ $d_2 \approx 2\,d_1$ | QSt 32-3 QSt 36-3 SF-Cu CuZn 37 Al 99,5 | für Leisten, Beschläge, Trittflächen, Laufgänge; griffige Oberfläche, gefälliges Aussehen |
| 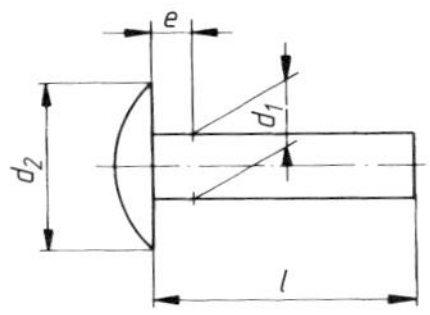 | Flachrundniet | 674 | $d_1 = 1{,}4 \ldots 6$ $d_2 \approx 2{,}25\,d_1$ | QSt 32-3 QSt 36-3 SF-Cu CuZn 37 Al 99,5 | Hautniet im Karosserie- und Flugzeugbau; für Beschläge, Feinbleche, Kunststoffe, Pappe |
| 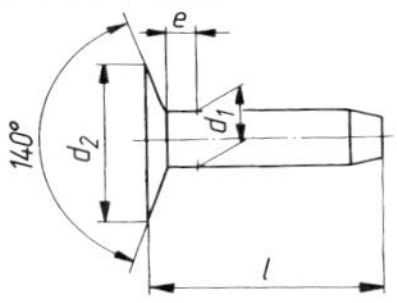 | Flachsenkniet (Riemenniet) | 675 | $d_1 = 3 \ldots 5$ $d_2 \approx 2{,}75\,d_1$ | QSt 32-3 QSt 36-3 SF-Cu Al 99,5 | für Leder-, Gewebe- und Kunststoffriemen, Gurte |
| 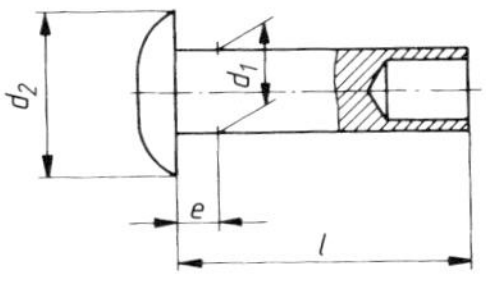 | Halbhohlniet mit Flachrundkopf | 6791 | $d_1 = 1{,}6 \ldots 10$ $d_2 \approx 2\,d_1$ | QSt 32-3 QSt 36-3 SF-Cu CuZn 37 Al 99,5 | zum Verbinden empfindlicher Werkstoffe, wirtschaftlich verarbeitbar durch den Einsatz von Nietmaschinen |
| 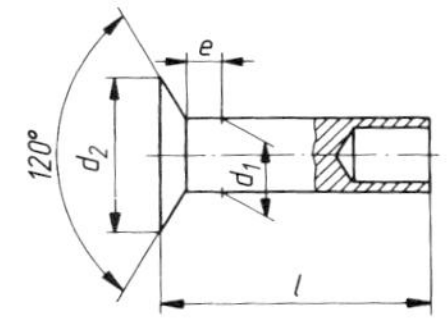 | Halbhohlniet mit Senkkopf | 6792 | $d_1 = 1{,}6 \ldots 10$ $d_2 \approx 2\,d_1$ | QSt 32-3 QSt 36-3 SF-Cu CuZn 37 Al 99,5 | zum Verbinden empfindlicher Werkstoffe, wirtschaftlich verarbeitbar durch den Einsatz von Nietmaschinen |

**Bild 7-2** Gebräuchliche genormte Nietformen

| Bild[1] | Bezeichnung | DIN | Abmessungen[2] mm | Werkstoffe | Verwendungsbeispiele |
|---|---|---|---|---|---|
| 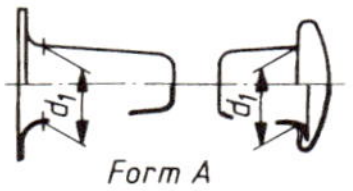 Form A | Hohlniet zweiteilig Form A: offen Form B: geschlossen | 7331 | $d_1 = 2 \ldots 6$ | USt 3 CuZn 37F30 | zum Verbinden von Metallen mit Leder, Kunststoff, Hartpapier usw. und zum Verbinden empfindlicher Metallteile |
| 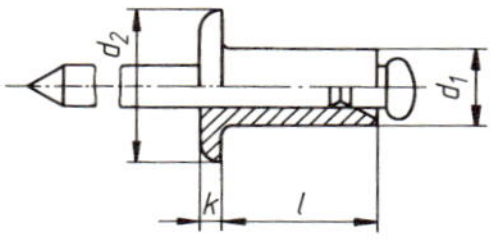 Form A | Blindniet mit Sollbruchdorn Form A: Flachkopf Form B: Senkkopf | 7337 | $d_1 = 2,4 \ldots 6,4$ $d_2 \approx 2\,d_1$ s. TB 7-3 | übliche Kombinationen Niethülse/ Nietdorn: Al/St, Al/A2 St/St A2/St, A2 NiCu/St, A2 CuNi/St, A2 Cu/St, A2 Cu/CuSn | zum Vernieten von Einzelelementen, bei denen die Schließkopfseite im allgemeinen nicht zugänglich ist; schnelle, auch automatische Verarbeitung; hohle Bauteile, Blechbau, Fahrzeugbau, Metallbau, Aluminiumkonstruktionen |
| 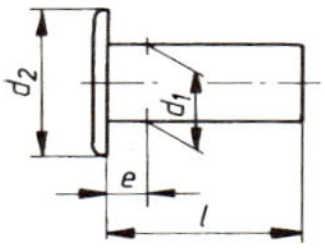 Form A | Niet Form A: Vollniet Form B: Halbhohlniet Form C: Hohlniet | 7338 | $d_1 = 3 \ldots 10$ $d_2 \approx 1,9\,d_1$ | QSt 32-3 QSt 36-3 USt 3, St 4 SF-Cu CuZn 37 Al 99,5 | für Kupplungs- und Bremsbeläge |
| 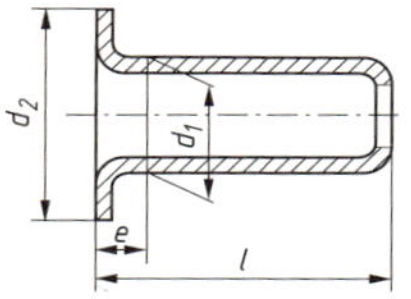 | Hohlniet einteilig (aus Band gezogen) | 7339 | $d_1 = 1,5 \ldots 6$ | USt 3 St 4 Al 99 W8 CuZn 37F30 SF-Cu F22 | zum Verbinden von Metallen mit empfindlichen Werkstoffen (Leder, Gummi, Keramik u.a.) da nur geringe Schließkräfte erforderlich; E-Technik, Blechbau, hohle Bauteile |
| 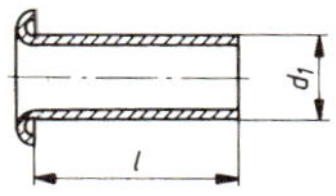 Form B | Rohrniet Form A: mit Flachkopf Form B: mit angerolltem Rundkopf | 7340 | $d_1 = 1 \ldots 10$ | St 35, Al 99,5 CuZn 37F37 SF-Cu F25 | |
| 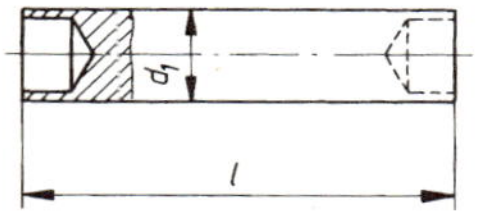 Form A | Nietstift Form A: angebohrt Form B: angesenkt | 7341 | $d_1 = 2,5 \ldots 20$ (h9, h11) | 9SMnPb28K St50K + G | bei großen Klemmlängen, zum Verbinden zusammensteckbarer Teile, als Gelenkstifte und Achsen |

[1] Zwischen der Messebene für den Nenndurchmesser $d_1$ (Maß $e = 0,5d_1$) und dem Nietkopf darf der Nietdurchmesser bis auf den Nietlochdurchmesser ansteigen und gegen das Schaftende bis auf den Nietdurchmesser abfallen.

[2] Genormte Nietdurchmesser $d_1$ und zugehörige Nietlochdurchmesser $d$ in ( ) nach DIN 101: 1 (1,05) 1,2 (1,25) 1,4 (1,45) 1,6 (1,65) 1,7 (1,75) 2 (2,1) 2,5 (2,6) 2,6 (2,7) 3 (3,1) 3,5 (3,6) 4 (4,2) 5 (5,2) 6 (6,3) 7 (7,3) 8 (8,4) darüber s. TB 7-4.

**Bild 7-2** (Fortsetzung)

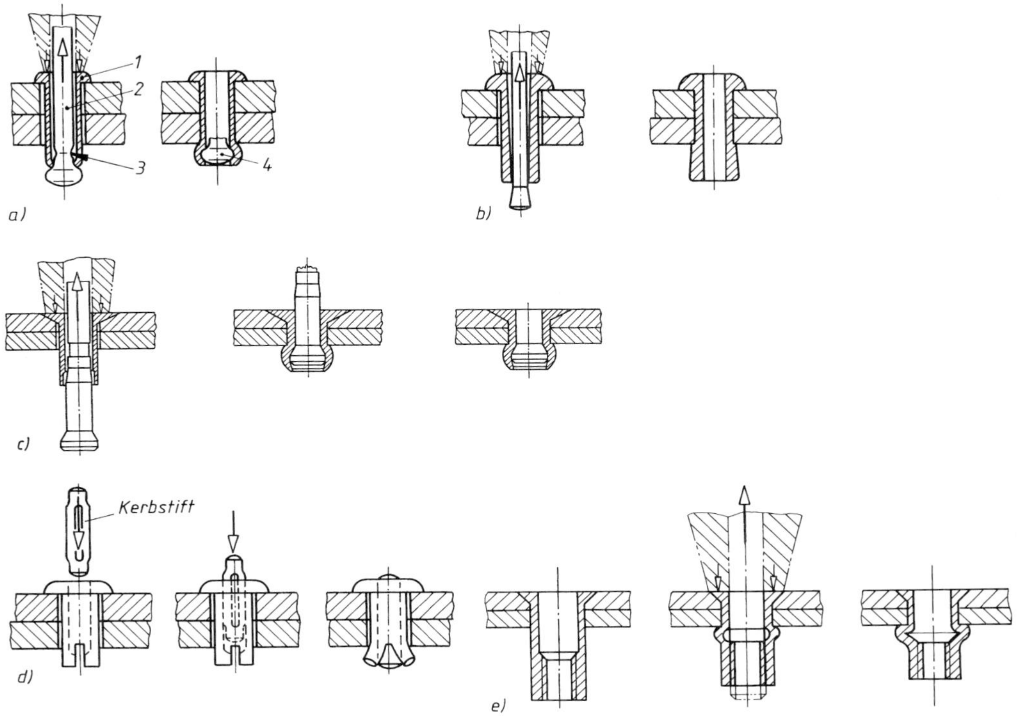

# 7.2 Die Niete

**Bild 7-3** Blindnietsysteme (Auswahl).
a) Blindniet mit Sollbruchdorn nach DIN 7337, b) Durchzieh-Blindniet (Chobert-Blindniet), c) Blindniet mit Langbruchdorn (Avdel-Blindniet), d) Spreiz-Blindniet, e) Blind-Einnietmutter

*Blind-Einnietmuttern* und *-Einnietschrauben* (Bild 7-3e) werden z. B. im Computer- und Schaltgerätebau wie Blindniete zur Verbindung dünner Bleche und Profile eingesetzt und ermöglichen zusätzlich den Anschluss weiterer Teile mittels Mutter oder Schraube.
*Schließringbolzen* (SRB, Bild 7-4a) sind im Prinzip zweiteilige Niete, bei denen der Bolzen wie ein Vollniet von der Setzkopfseite aus durch die Fügeteile gesteckt wird und der Schließkopf durch einen besonderen Schließring gebildet wird. Die mit Flachrund- oder Senkkopf ausgeführten Bolzen bestehen aus einem glatten Schaftteil (Nennklemmlänge 1), Schließrillen (2), in die der Schließring eingepresst wird, der Sollbruchstelle (3) und einem Zugteil (4) mit Zugrillen für das Setzwerkzeug. Der Schließring (5) mit glatt durchgehender Bohrung weist einen kegeligen Ansatz auf, der die Verformung des Ringes erleichtert. Dieser wird mit einem Setzgerät automatisch aufgezogen, indem ein Greifmechanismus über den Zugteil des Bolzens einen großen Anpressdruck erzeugt, durch den sich der Zugkopf des Setzgerätes über den Schließring zieht, bis dieser am Werkstück anliegt. Dabei wird der Schließring plastisch verformt und in die Schließrillen gequetscht. Bei weiterer Erhöhung der Zugkraft reißt der Bolzen an der Sollbruchstelle ab (Bild 7-4b

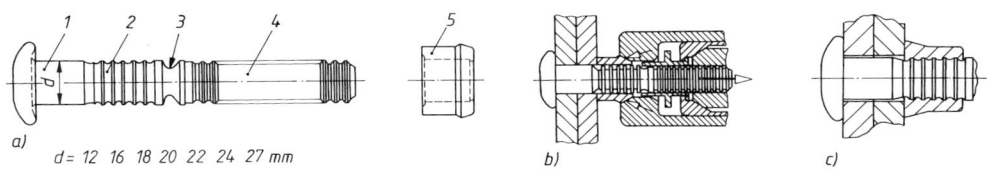

**Bild 7-4** Schließringbolzen.
a) Bolzen mit Schließring, b) Setzvorgang mit Setzwerkzeug, c) fertig gesetzter Schließringbolzen

und c). Die Verbindung kann mit einem Schließringschneider gelöst werden. Verbindungen mit Schließringbolzen gleichen in ihrer Wirkungsweise den Verbindungen mit planmäßig vorgespannten hochfesten Schrauben bzw. warm geschlagenen Nieten. Da Schließringbolzen nicht angezogen werden, erhält der Bolzen im Gegensatz zu den hochfesten Schrauben keine Verdrehbeanspruchung und kann deshalb höher vorgespannt werden. Die SRB-Verbindungen können als gleitfest vorgespannte Verbindungen (GV) oder – bei nicht vorbehandelten Bauteilflächen – als Scher-Lochleibungsverbindungen (SL) ausgelegt werden. Schließringbolzen der Festigkeitsklasse 8.8 dürfen unter vorwiegend ruhender Belastung im Stahlbau und in Aluminiumkonstruktionen eingesetzt werden (DASt-Richtlinie 001, s. TB 3-4). Sie lösen in vielen Einsatzgebieten (z. B. Containerbau, Waggonbau, Transportgeräte) Verbindungen mit Vollnieten und Schrauben ab.

Für viele Befestigungsaufgaben stellt die Fügetechnik mit Blindnieten und Schließringbolzen die wirtschaftlichste Lösung dar. Gegenüber herkömmlichen Nietverbindungen ergeben sich viele Vorteile:
Zeitersparnis durch Einmannarbeit und hohe Setzgeschwindigkeit (bis 1500 Nietungen/Stunde), keine Fachkräfte erforderlich, geräuscharmes Setzen, keine Blechverletzungen durch Hammerschläge und keine versetzten Schließköpfe.

### 7.2.2 Nietwerkstoffe

Grundsätzlich sollte der Niet aus dem gleichen, oder wenigstens aus einem gleichartigen Werkstoff wie die Bauteile bestehen, um eine Zerstörung durch elektrochemische Korrosion und eine Lockerung durch ungleiche Wärmedehnung zu vermeiden. Der Nietwerkstoff muss zur Bildung des Schließkopfes gut verformbar sein und ist meist weicher als der Bauteilwerkstoff. Für genormte Niete sind die Werkstoffe in den jeweiligen Maßnormen festgelegt (s. Bild 7-2). Üblich sind außer Stahl auch Kupfer, Kupfer-Zink-Legierungen, Reinaluminium und Aluminiumlegierungen.
Die Werkstoffe für Niete im Stahlbau, Kranbau und für Aluminiumkonstruktionen sind in den entsprechenden Planungsnormen vorgeschrieben (s. TB 3-3b und TB 3-4b, c).
Bei Blindnieten werden überwiegend Hülsen aus Aluminiumlegierungen (z. B. AlMg3) verarbeitet, üblich sind auch Aluminium, Kupfer, Baustahl, nicht rostender Stahl, Kupferlegierungen und Polyamid.
Der im gesetzten Niet verbleibende Dorn ist meist aus Stahl oder aus dem gleichen Werkstoff wie die Hülse.
Bei Bedarf werden die Niete mit Oberflächenschutz geliefert.

### 7.2.3 Bezeichnung der Niete

Die Bezeichnung der Niete in Stücklisten, bei Bestellungen usw. ist in den jeweiligen Maßnormen festgelegt. Der Vollniet-Nenndurchmesser $d_1$ wird dabei im Abstand $e = d_1/2$ vom Nietkopf gemessen (Bild 7-2).
Bezeichnungsbeispiele:
Halbrundniet nach DIN 124 mit Nenndurchmesser $d_1 = 16$ mm und Länge $l = 36$ mm, aus QSt 36-3 (St):
      Niet DIN 124−16×36−St

Halbhohl-Flachrundniet nach DIN 6791 mit Nenndurchmesser $d_1 = 6$ mm und Länge $l = 20$ mm, aus CuZn37 (CuZn):
      Niet DIN 6791−6×20−CuZn

Nietstift nach DIN 7341, Form A, mit Nenndurchmesser $d_1 = 10$ mm in Toleranzklasse h9 und Länge $l = 40$ mm aus 9SMnPb28K (St):
      Nietstift DIN 7341−A10h9×40−St

Blindniet nach DIN 7337, Form A, mit Durchmesser $d_1 = 4$ mm, Länge $l = 10$ mm, Werkstoff der Niethülse Al-Leg. (Al), blank und Werkstoff des Nietdornes Stahl (St), verzinkt (A1P):
      Blindniet DIN 7337−A4×10−Al−St−A1P

Die Bezeichnung der Sonderniete erfolgt nach der Werknorm der Hersteller.

## 7.3 Herstellung der Nietverbindungen

### 7.3.1 Allgemeine Hinweise

Niet- und Schraubenlöcher sind grundsätzlich zu bohren und zu entgraten. Die Nietlochränder am Setz- und Schließkopf sind zu brechen (Abrundung oder Versenk mit $d/20$), um die Kerbwirkung im geschlagenen Niet zu vermindern und ein gutes Nachfließen des Schaftwerkstoffes in die Bohrung zu ermöglichen (Bild 7-8a). Im Stahl-, Kran- und Brückenbau sollen Niet- und Schraubenlöcher in Bauteilen, die einzeln gebohrt werden, zunächst mit kleinerem Durchmesser hergestellt und nach dem Heften auf den vorgeschriebenen Lochdurchmesser aufgebohrt oder aufgerieben werden. Bei Stahlbauten mit vorwiegend ruhender Beanspruchung dürfen die Niet- und Schraubenlöcher auch gestanzt oder maschinell gebrannt werden. In zugbeanspruchten Bauteilen über 16 mm Dicke und bei nicht vorwiegend ruhender Beanspruchung sind gestanzte Löcher (Haarrißbildung) vor dem Zusammenbau im Durchmesser um mindestens 2 mm aufzureiben. Die Einzelteile sollen möglichst zwangsfrei zusammengebaut werden. Der Schließkopf ist voll auszuschlagen und der geschlagene Niet auf festen Sitz zu prüfen. Beim Auswechseln fehlerhafter Niete sind aufgeweitete Lochwandungen auf den nächstgrößeren Nietlochdurchmesser aufzureiben und Beschädigungen am Bauteil auszubessern.

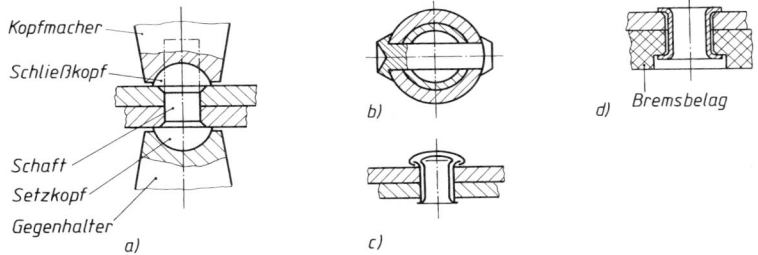

**Bild 7-5** Nietverbindungen.
a) Halbrundniet, b) Nietstiftverbindung, c) Hohlnietverbindung (zweiteilig, offen), d) Hohlnietverbindung (einteilig, Vernietung eines Bremsbelages)

Die Schließkopfbildung kann bei Vollnieten durch *Schlagen* mit dem Niethammer (von Hand, elektrisch, pneumatisch), durch langsames *Pressen* in einem Zug auf der Nietpresse, durch *Rollen* mit einem schnellumlaufenden Rollenpaar und durch *Taumeln* mit einem aus der senkrechten Lage ausgelenkten Nietwerkzeug erfolgen. Das Taumelnieten weist gegenüber den anderen Nietverfahren viele Vorzüge auf: Der Nietwerkstoff hat Zeit zum Fließen, wodurch die Nietzone keinerlei Anrisse, Strukturveränderungen oder Aufhärtung zeigt, galvanische Überzüge bleiben beim Nietvorgang erhalten, Niete und Bauteile brauchen nicht gespannt zu werden, es erfordert nur einfache Nietwerkzeuge und ermöglicht schnelles Arbeiten. Das Verfahren hat für kalt zu formende Voll- und Hohlniete bis 35 mm Durchmesser weite Verbreitung im Maschinen- und Gerätebau gefunden.
Hohl-, Halbhohl- und Rohrniete werden meist gepresst oder gerollt. Die Verarbeitung der Blindniete erfolgt mit Nietzange, Druckschere, pneumatischen bzw. hydraulischen Geräten oder auch automatisch. Die Formen des Setz- und Schließkopfes werden dem Verwendungszweck entsprechend gewählt, s. Verwendungsbeispiele im Bild 7-2 sowie Bild 7-1.
Beim Verbinden von *Formteilen aus Thermoplasten* (PC, POM, ABS) erfolgt das Schließen des Nietkopfes durch Kalt- oder Warmstauchen oder durch Ultraschall. Der Nietschaft ist in der Regel Teil der zu verbindenden Werkstücke (Bild 7-6a). Die beste Verbindung wird durch Spritzgießen der Niete erreicht (Bild 7-6b). Da hierzu ein weiteres Spritzgießwerkzeug benötigt wird, ist dieses Verfahren erst bei großen Stückzahlen lohnend.

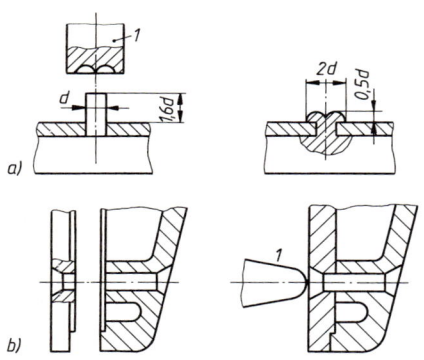

**Bild 7-6**
Kunststoff-Nietverbindungen.
a) Ultraschallnietung eines Ringwulstkopfes
 (**1** Sonotrode = Schallüberträger),
b) spritzgegossener Niet (**1** Anguss)

### 7.3.2 Warmnietung

Stahlniete ab 10 mm Durchmesser werden in hellrotwarmem Zustand geschlagen oder gepresst. Beim Erkalten des Niets schrumpft der Schaft. Die kalten Bauteile behindern die Schrumpfung, so dass sich im Nietschaft eine Schrumpfkraft (Zugkraft) aufbaut, die über Schließ- und Setzkopf die Bauteile zusammenpresst. Bei Belastung quer zur Nietachse (Bild 7-7) verhindern die in den Berührungsflächen der Bauteile auftretenden Reibungskräfte ein Verschieben der Bauteile (Gleitwiderstand). Warm geschlagene Niete werden auch bei dynamischer Belastung der Verbindung nur ruhend auf Zug beansprucht! Sie gleichen in ihrer Wirkungsweise den hochfesten, vorgespannten Schrauben und den Schließringbolzen, was aber bei der Berechnung nicht berücksichtigt wird, weil eine sichere Kraftübertragung durch Reibung nicht gewährleistet werden kann (vgl. unter 7.5.3-3).

Infolge der Durchmesserschrumpfung beim Abkühlen und der Verringerung des Schaftdurchmessers durch die Zugspannungen liegt der Nietschaft nicht an der Lochwandung an. Wird nun die Verbindung über den Reibungswiderstand hinaus belastet, so gleiten die Bauteile gegeneinander, bis der Nietschaft an der Lochwandung anliegt. Dieses Nachgeben der Verbindung nennt man Setzen oder Schlupf. Durch die hohe Arbeitsaufnahme beim Setzen haben Nietverbindungen bei Überlastung oder Stoßlasten große Tragreserven.

### 7.3.3 Kaltnietung

Stahlniete bis 8 mm Durchmesser sowie Niete aus Kupfer, Aluminium und deren Legierungen werden kalt genietet. Durch das Stauchen des Nietschaftes in Achsrichtung füllt dieser das Nietloch vollständig aus und wird dabei radial gegen die Lochwandung gepresst. Es entsteht nur geringer Reibschluss. Bei Belastung legt sich der Nietschaft gegen die Lochwandung und erzeugt dort eine Pressung (Lochleibungsdruck $\sigma_l$), während der Nietschaft in der Schnittebene auf Abscheren beansprucht wird (Bild 7-7 und 7-9). Der kalt geschlagene Niet wirkt also wie ein fest sitzender Zylinderstift. Kalt geschlagene Niete setzen sich weniger als warm geschlagene und erfordern wegen der fehlenden Schrumpfkraft kleinere Kopfdurchmesser und dadurch geringere Schließkräfte.

## 7.4 Verbindungsarten, Schnittigkeit

Je nach der Art, wie die zu vernietenden Bauteile zusammengefügt sind, unterscheidet man *Überlappungs-* und *Laschennietungen* (Bild 7-7). Für die Berechnung ist es wichtig, die Anzahl der *kraftübertragenden Nietreihen* richtig zu erkennen. Als Nietreihen sind stets die senkrecht zur Kraftrichtung stehenden zu zählen. Sicher und einfach läßt sich dieses erkennen, wenn man den *Kraftflussverlauf* verfolgt. Beispielsweise ist die Laschennietung in Bild 7-7d zweireihig, da

# 7.5 Nietverbindungen im Stahl- und Kranbau

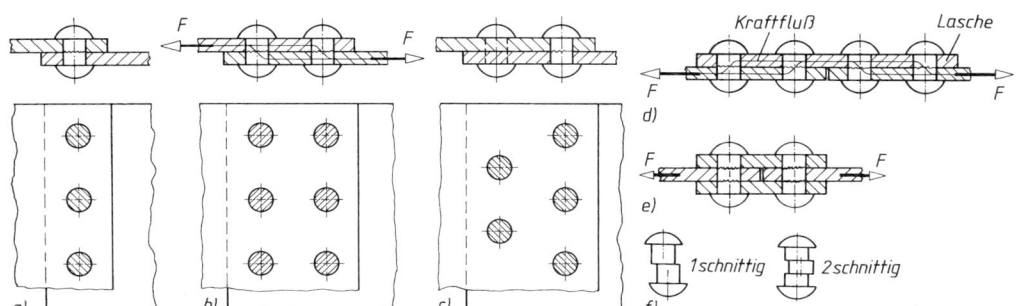

**Bild 7-7** Nietverbindungsarten und Schnittigkeit. a) Überlappungsnietung, einreihig, einschnittig, b) Überlappung, zweireihig-parallel, einschnittig, c) Überlappung, zweireihig-zickzack, einschnittig, d) Laschennietung, zweireihig, einschnittig, e) Doppellaschen, einreihig, zweischnittig, f) Schnittigkeit

die äußere Kraft $F$ von zwei Nietreihen, und nicht von vier aufgenommen wird: Die Kraftflusslinie teilt sich, tritt durch zwei Nietreihen vom Blech auf die Lasche über und ebenso von der Lasche wieder auf das andere Blech. Angenommen jede Nietreihe hat 5 Niete, dann wird die Kraft $F$ von $2 \cdot 5 = 10$ Nieten (und nicht von 20 Nieten) aufgenommen.

Unter *Schnittigkeit* versteht man die Anzahl der beanspruchten bzw. tragenden Querschnitte eines Nietes. Man unterscheidet danach einschnittige, zweischnittige usw. Verbindungen. Das Erkennen der Schnittigkeit ist ebenso wichtig wie das der beanspruchten Nietreihen. Die im Bild 7-7e dargestellte Doppellaschennietung ist einreihig und zweischnittig. Bei 5 Nieten je Reihe wird also die Kraft $F$ von 5 Nieten aufgenommen. Jeder Niet trägt mit 2 Querschnitten, damit wird $F$ von insgesamt $2 \cdot 5 = 10$ Nietquerschnitten aufgenommen.

In einschnittigen Verbindungen (z. B. Überlappungs- und einseitige Laschennietung) führt die exzentrische Kraftübertragung zu zusätzlichen Biegespannungen in den Bauteilen und Nieten sowie zu einer sehr ungleichmäßigen Verteilung des Lochleibungsdruckes (vgl. Bild 7-9 und 7.5.3-6). Die Dauerfestigkeit solcher Verbindungen ist sehr gering. Deshalb sollte stets eine weitgehend *biegungsfreie symmetrische Verbindung*, also z. B. die zweischnittige Doppellaschennietung nach Bild 7-7e, angestrebt werden.

## 7.5 Nietverbindungen im Stahl- und Kranbau

### 7.5.1 Allgemeine Richtlinien

Für die Bemessung, Konstruktion und Herstellung der Nietverbindungen sind für Stahlbauten und stählerne Straßen- und Wegbrücken die neuen Fachgrundnormen und Fachnormen der Reihe DIN 18800 (DIN 18800-1 und -7, DIN 18801 und DIN 18809) und für Krantragwerke DIN 15018 maßgebend. Die auf die Bauteile und Verbindungsmittel einwirkenden Lasten werden in Haupt (H)-, Zusatz (Z)- und Sonderlasten (S) unterteilt und für die Berechnung zu Lastfällen H, HZ oder HS kombiniert. Nach dem Sicherheitskonzept der Stahlbau-Grundnorm erfolgt der Tragsicherheitsnachweis mit den Teilsicherheitsbeiwerten für Einwirkungen (Lasten) und Widerstände (Festigkeit) $S_F$ und $S_M$. Er wird dort grundsätzlich in der allgemeinen Form Beanspruchungen/Beanspruchbarkeiten $\leq 1$ vorgenommen.

### 7.5.2 Berechnung der Bauteile

Hierfür gelten allgemein die gleichen Richtlinien wie für geschweißte und geschraubte Bauteile. Für die Berechnung von Druckstäben s. unter 6.3.1-3.3 und für Zugstäbe bzw. momentbelastete Anschlüsse unter 8.4.3-4 bzw. 8.4.4.

## 7.5.3 Berechnung der Niete und Nietverbindungen

### 1. Niet- und Nietlochdurchmesser[1]

Es sind möglichst nur Halbrundniete nach DIN 124 (im Kranbau auch nach DIN 660) zu verwenden.
Da die wirkliche Beanspruchung des Nietschaftes sehr kompliziert und kaum erfassbar ist, wird der Rohnietdurchmesser in der Praxis nicht berechnet, sondern in Abhängigkeit der Bauteilabmessungen nach Erfahrungswerten gewählt. Die nicht erfassbaren Zusatzspannungen sind durch entsprechende Sicherheiten in den zulässigen Spannungen berücksichtigt.
Bei Stab- und Formstählen (L-, U-Stahl usw.) richtet sich der Rohnietdurchmesser $d_1$ nach den Schenkel- und Flanschbreiten, teilweise auch nach den Dicken, denn der Nietkopf muss ausreichend Platz haben und auch geschlagen werden können. Für diese Stähle sind die größten ausführbaren Lochdurchmesser $d$ und damit die Rohnietdurchmesser in DIN 997 bis 999 festgelegt, s. Profiltabellen TB 1-8 bis TB 1-12.
Für Bleche und sonstige Walzerzeugnisse sind die Rohniet- (und Schrauben-)Durchmesser in Abhängigkeit von der kleinsten Blechdicke nach TB 7-4 zu wählen. In Abhängigkeit von der kleinsten zu verbindenden Blechdicke $t$ wird im Stahlbau der Rohnietdurchmesser auch nach folgender Gebrauchsformel gewählt:

$$\boxed{d_1 \approx \sqrt{50 \cdot t} - 2 \text{ mm}} \qquad \begin{array}{c|c} d_1 & t \\ \hline \text{mm} & \text{mm} \end{array} \tag{7.1}$$

Festgelegt wird der nächstliegende genormte Nietdurchmesser nach DIN 124, s. TB 7-4.
Für alle Niete im Stahlbau mit $d_1 \geq 12$ mm ist der Nietlochdurchmesser $d = d_1 + 1$ mm.

### 2. Nietlänge

Der Rohniet muss so lang sein, dass genügend Werkstoff zum Ausfüllen des Nietloches und zum Bilden des Schließkopfes bleibt. Die Rohniet-Schaftlänge ist also von der Klemmlänge $\Sigma t$, von der Form des Schließkopfes und vom Rohnietdurchmesser $d_1$ abhängig. Bei üblichem Lochdurchmesser ergibt sich die Rohnietlänge (Bild 7-8) aus

$$\boxed{l = \Sigma t + l_{\ddot{u}}} \tag{7.2}$$

$l_{\ddot{u}}$ Überstand; man wählt bei einem Schließkopf als
– Halbrundkopf: bei Maschinennietung $l_{\ddot{u}} \approx (4/3) \cdot d_1$
bei Handnietung $l_{\ddot{u}} \approx (7/4) \cdot d_1$
– Senkkopf: $l_{\ddot{u}} = (0{,}6 \ldots 1{,}0) \cdot d_1$

Je größer die Klemmlänge, umso größer ist der Überstand $l_{\ddot{u}}$ zu wählen bzw. das Lochspiel zu verkleinern, um damit das größere Lochvolumen auszufüllen. Je schlanker der Nietschaft ist,

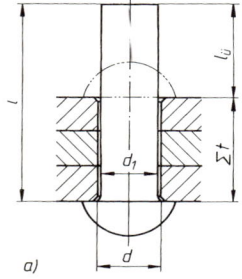
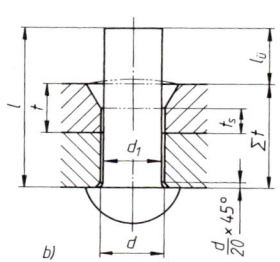

**Bild 7-8**
Klemmlänge $\Sigma t$ und Rohnietlänge $l$.
a) Halbrundkopf als Schließkopf,
b) Senkkopf als Schließkopf
($t_S$ = bei Lochleibung maßgebender Schaftbereich)

---

[1] Niet- und Nietlochdurchmesser werden in den einzelnen Normen mit unterschiedlichen Maßbuchstaben bezeichnet. So z. B. der Nietdurchmesser mit $d_1$, $d_2$ und $d_{Sch}$ (DIN 101 und DIN 18 800-1); der Nietlochdurchmesser mit $d_7$, $d$, $d_L$ und $d_2$ (DIN 101, DIN 18 800-1, DIN 997).

desto unvollständiger kann beim Stauchen des Schaftes das Nietloch ausgefüllt werden. Die *zulässige Klemmlänge* wird deshalb begrenzt
- für Halbrundniete nach DIN 124 auf $\Sigma t \leq 0{,}2d^2$
- für Halbrundniete mit verstärktem Schaft auf $\Sigma t \leq 0{,}3d^2$

mit $d$ in mm als Durchmesser des geschlagenen Niets.
Als endgültige Rohnietlänge $l$ ist die nächstliegende genormte Länge festzulegen (s. TB 7-4). In den Maßnormen der einzelnen Nietformen sind die Nietlängen in Abhängigkeit von Klemmlänge und Schließkopfform bereits festgelegt.

### 3. Tragfähigkeit der Niete

Nietverbindungen gelten in den Berechnungsvorschriften als Scher-Lochleibungs-Passverbindungen (SLP-Verbindungen). Sie werden festigkeitsmäßig also den nicht vorgespannten Passschrauben gleichgesetzt. Das gilt auch für warm geschlagene Niete, da bei ihnen der Reibschluss der Bauteile nicht unbedingt gesichert ist (vgl. unter 7.3.2).
Ungeachtet der wirklichen Spannungsverhältnisse wird für die Berechnung der übertragbaren Kräfte senkrecht zur Nietachse ausschließlich die Beanspruchung auf Abscheren im Niet ($\tau_a$) sowie auf Lochleibung zwischen dem Niet und der Lochwand des zu verbindenden Bauteils ($\sigma_l$) herangezogen. Man geht bei der Berechnung weiterhin davon aus, daß sich alle Niete gleichmäßig an der Kraftübertragung beteiligen und die Spannungen gleichmäßig verteilt sind (vgl. Bild 7-9).

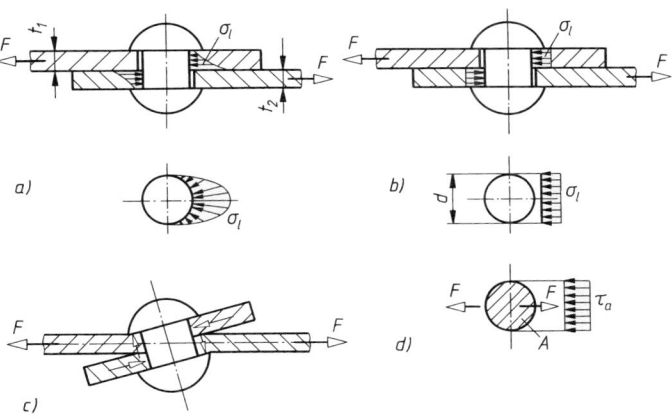

**Bild 7-9** Beanspruchung einer einschnittigen Nietverbindung.
a) wirklicher Verlauf des Lochleibungsdruckes $\sigma_l$, b) und d) rechnerisch angenommener Verlauf der Lochleibungs- und Abscherspannungen $\sigma_l$ und $\tau_a$, c) Verformung unter Last (schematisch)

Bei Senkniet- und Senkschraubenverbindungen treten durch Verbiegen des Senkkopfes größere gegenseitige Verschiebungen der Bauteile auf als bei Verbindungsmitteln ohne Senkkopf. Nach DIN 18800-1 ist deshalb bei der Berechnung des zulässigen Lochleibungsdruckes (Grenzlochleibungskraft) auf der Seite des Senkkopfes anstelle der Bauteildicke $t$ der größere der beiden folgenden Werte einzusetzen: $0{,}8t$ oder $t_S$ (Bild 7-8).
Für die Nachprüfung einer gegebenen Nietverbindung, Bild 7-10, sind die nach Gln. (7.3) und (7.4) berechneten (vorhandenen) Spannungen mit den zulässigen Spannungen zu vergleichen. Aus der Abscher-Hauptgleichung $\tau_a = F/A$ folgt für die Abscherspannung eines Nietes

$$\boxed{\tau_a = \frac{F}{n \cdot m \cdot A} \leq \tau_{a\,zul}} \qquad (7.3)$$

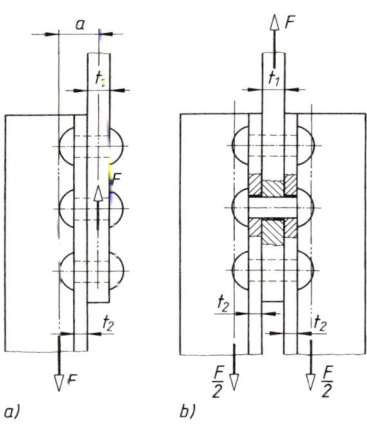
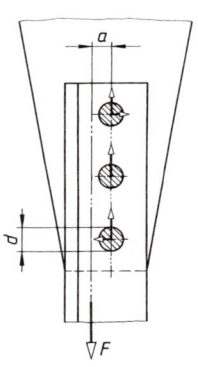

**Bild 7-10**
Stabanschlüsse.
a) einschnittige Nietverbindung,
b) zweischnittige Nietverbindung,
**a** Außermittigkeit, Exzentrizität

Aus der Flächenpressungs-Hauptgleichung $p = \sigma_l = F/A_{\text{proj}} = F/(d \cdot t_{\min})$ folgt für den Lochleibungsdruck eines Nietes

$$\sigma_l = \frac{F}{n \cdot d \cdot t_{\min}} \leq \sigma_{l\,\text{zul}} \tag{7.4}$$

| | |
|---|---|
| $F$ | von der Nietverbindung zu übertragende, dem Lastfall entsprechende Kraft |
| $A = d^2 \cdot \pi/4$ | Querschnittsfläche des geschlagenen Nietes gleich Lochquerschnittsfläche |
| $d$ | Durchmesser des geschlagenen Nietes |
| $n$ | Anzahl der kraftübertragenden Niete |
| $m$ | Anzahl der Scherfugen, $m = 1$ bei einschnittiger Verbindung (Bild 7-10a), $m = 2$ bei zweischnittiger Verbindung (Bild 7-10b) |
| $t_{\min}$ | kleinste Summe der Bauteildicken mit in gleicher Richtung wirkendem Lochleibungsdruck, z. B. bei zweischnittiger Verbindung (Bild 7-10b) der kleinere der beiden Werte $t_1$ oder $2t_2$; bei Senknieten der größere der beiden Werte $0{,}8t$ oder $t_S$ nach Bild 7-8b |
| $\tau_{a\,\text{zul}}, \sigma_{l\,\text{zul}}$ | zulässige Abscherspannung, zulässiger Lochleibungsdruck, abhängig vom Werkstoff der Niete und Bauteile und ggf. vom Lastfall |

– im *Kranbau* (DIN 15 018) für den Allgemeinen Spannungsnachweis nach TB 3-3
– für *Aluminiumkonstruktionen* unter vorwiegend ruhender Belastung (DIN 4113-1) nach TB 3-4, unter Beachtung des Krieheinflusses nach 7.6.4-1
– für *Stahlbauten* nach DIN 18 800-1
  • $\tau_{a\,\text{zul}}$
    180 N/mm² für Nietwerkstoff USt36 ($R_m = 330$ N/mm²)
    202 N/mm² für Nietwerkstoff RSt38 ($R_m = 370$ N/mm²)
    berechnet aus: $\tau_{a\,\text{zul}} = \alpha_a \cdot R_m/S_M$, mit $\alpha_a = 0{,}6$ und $S_M{}^{1)} = 1{,}1$
  • $\sigma_{l\,\text{zul}}$
    Der größtmögliche rechnerische Lochleibungsdruck (Beanspruchbarkeit) wird für die Rand- und Lochabstände $e_1$ und $e_3 = 3d$, $e_2 = 1{,}5d$ und $e = 3{,}5d$ erreicht, s. TB 7-2. Für Bauteildicken $t \geq 3$ mm gilt:
    655 N/mm² für Bauteilwerkstoff S235 ($R_e = 240$ N/mm²)[2]
    982 N/mm² für Bauteilwerkstoff S355 ($R_e = 360$ N/mm²)[2]
    berechnet aus: $\sigma_{l\,\text{zul}} = \alpha_l \cdot R_e/S_M$, mit Abstandsbeiwert max. $\alpha_l = 3{,}0$ und $S_M = 1{,}1$.[1]

---

[1] In DIN 18 800-1 Teilsicherheitsbeiwert der Festigkeiten $\gamma_M$.
[2] Für Erzeugnisdicken 40 mm $< t \leq$ 80 mm betragen die festgelegten Werte der Streckgrenze entsprechend 215 N/mm² und 325 N/mm².

## 7.5 Nietverbindungen im Stahl- und Kranbau

Für kleinere Rand- und Lochabstände bis zu den Mindestwerten nach TB 7-2 ist der Abstandsbeiwert nach den Angaben zu Gl. (8.40) zu berechnen. Die möglichen Werte für $\alpha_l$ liegen zwischen 0,68 und 3,0. Es ist stets zu untersuchen, ob der Randabstand $e_1$ oder der Lochabstand $e$ den kleineren Wert $\alpha_l$ ergibt.

- für den *Betriebsfestigkeitsnachweis* dynamisch beanspruchter Bauteile (DIN 15018-1) s. unter 7.7.3
- für *Kunststoffnietungen* nach TB 7-6 und 7.7.3

Die Tragfähigkeit einer Verbindung wird bestimmt durch die Summe der Tragfähigkeiten der Niete (Schrauben) auf Abscheren oder auf Lochleibung bzw. durch die Tragfähigkeit der anzuschließenden Bauteile. Die kleinere der Tragfähigkeiten ist für die Bemessung maßgebend.

Mit der Abhängigkeit des zulässigen Lochleibungsdruckes von den Rand- oder Lochabständen nach DIN 18800-1 ergeben sich für die einzelnen Niete (Schrauben) eines Anschlusses unterschiedliche Tragfähigkeiten. In der Praxis wird der Nachweis meist für den Niet (Schraube) mit der geringsten Lochleibungstragfähigkeit unter Annahme einer gleichmäßigen Nietkraftaufteilung geführt.

*Hinweis:* Niete sollen nicht planmäßig auf Zug beansprucht werden.

### 4. Maßgebende Beanspruchungsart, optimale Nietausnutzung

Im Kranbau (DIN 15018) stehen in Nietverbindungen der zulässige Lochleibungsdruck $\sigma_{l\,zul}$ und die zulässige Abscherspannung $\tau_{a\,zul}$ für alle Werkstoffe und Lastfälle stets im Verhältnis $\sigma_{l\,zul}/\tau_{a\,zul} = 2{,}5$. Im Stahlbau (DIN 18800-1) ist dieses Verhältnis von der Festigkeit der Bauteile und Niete und den Loch- und Randabständen abhängig. So beträgt z. B. bei Nietverbindungen mit Bauteilen aus S235 und Nieten aus USt36 und voll ausgenutzter Lochleibungstragfähigkeit (durch entsprechend große Rand- und Lochabstände nach TB 7-2) $\sigma_{l\,zul}/\tau_{a\,zul} = 3{,}64$.

Durch Gleichsetzen der Tragfähigkeit eines Niets bei Beanspruchung auf Abscheren und auf Lochleibungsdruck ergibt sich der Grenzwert $t_{lim}$ der Blechdicke, bei der die Nietverbindung gleichzeitig auf Abscheren und Lochleibungsdruck voll ausgenutzt ist. Mit den Gln. (7.3) und (7.4) ergibt sich

$$F_{zul} = A \cdot m \cdot \tau_{a\,zul} = d \cdot t_{min} \cdot \sigma_{l\,zul}$$

entsprechend

$$F_{zul} = \frac{d^2 \cdot \pi}{4} \cdot m \cdot \tau_{a\,zul} = d \cdot t_{min} \cdot \frac{\sigma_{l\,zul}}{\tau_{a\,zul}} \cdot \tau_{a\,zul}$$

und daraus

$$t_{lim} = \frac{d \cdot \pi \cdot m}{4 \cdot \dfrac{\sigma_{l\,zul}}{\tau_{a\,zul}}}$$

Durch Einsetzen von $m = 1$ bzw. 2 und $\sigma_{l\,zul}/\tau_{a\,zul} = 3{,}64$ bzw. 2,5 folgen die Formeln für die Grenzblechdicke

$$t_{lim} = 0{,}216 \cdot d \quad \text{bzw.} \quad 0{,}432 \cdot d$$

für ein- bzw. zweischnittige Verbindungen im Stahlbau bei den oben genannten Bedingungen und

$$t_{lim} = 0{,}314 \cdot d \quad \text{bzw.} \quad 0{,}628 \cdot d$$

für ein- bzw. zweischnittige Verbindungen im Kranbau.

Der in TB 7-4 für jeden Nietdurchmesser berechnete Grenzwert $t_{lim}$ für ein- und zweischnittige Verbindungen des Stahl- und Kranbaus zeigt, bei welcher Blechdicke der Niet rechnerisch optimal ausgenutzt und welche Beanspruchungsart für die Berechnung maßgebend ist.

*Hinweis:* Bei ausgeführten Blechdicken $t_{min} > t_{lim}$ sind die Niete auf Abscheren und bei $t_{min} < t_{lim}$ auf Lochleibungsdruck zu berechnen.

Bei der üblichen Zuordnung der Nietdurchmesser zu den Blechdicken (TB 7-4) ist in der Regel bei einschnittigen Verbindungen das Abscheren und bei zweischnittigen Verbindungen der Lochleibungsdruck maßgebend.

### 5. Erforderliche Nietzahl

Für eine zu bemessende Nietverbindung, also eine Entwurfsberechnung, wird nach der Wahl eines geeigneten Nietdurchmessers nach 7.5.3-1 die Anzahl der erforderlichen Niete durch Umformen der obigen Gleichungen ermittelt.

Aus Gl. (7.3) bzw. (7.4) ergibt sich aufgrund der zulässigen Abscherspannung bzw. dem zulässigen Lochleibungsdruck die jeweils erforderliche Nietzahl

$$\boxed{n_a \geq \frac{F}{\tau_{a\,zul} \cdot m \cdot A}} \qquad (7.5\,\text{a})$$

$$\boxed{n_l \geq \frac{F}{\sigma_{l\,zul} \cdot d \cdot t_{min}}} \qquad (7.5\,\text{b})$$

$F$, $A$, $d$, $m$, $t_{min}$, $\tau_{a\,zul}$ und $\sigma_{l\,zul}$ wie zu Gln. (7.3) und (7.4)

Von den nach den Gln. (7.5) errechneten und ganzzahlig aufgerundeten Nietzahlen ist die größere für die Ausführung maßgebend. Um nicht beide Nietzahlen bestimmen zu müssen, kann nach 7.5.3-4 zuerst die maßgebende Beanspruchungsart ermittelt und damit die treffende Gl. (7.5) ausgesucht werden.

### 6. Stabanschlüsse und Stöße

Die einzelnen Querschnittsteile (z. B. Stege, Flansche) sind im Allgemeinen je für sich nach den *anteiligen* Kräften anzuschließen oder zu stoßen. Anschlüsse und Stöße sind gedrungen auszubilden. In Stößen ist deshalb unmittelbare Stoßdeckung und doppeltsymmetrische Verlaschung anzustreben. Einschnittige Niet-(Schrauben-)Verbindungen sind zu umgehen, da durch die außermittige Kraftübertragung die Verbindung infolge des Momentes $M = F \cdot (t_1 + t_2)/2$ zusätzlich auf Biegung $[\sigma_b \approx 16 \cdot F \cdot (t_1 + t_2)/(\pi \cdot n \cdot d^3)]$ beansprucht und dabei evtl. deformiert wird, Bild 7-10a und 7-9c. Im Kranbau wird dies durch kleinere zulässige Spannungen für einschnittige SLP-Verbindungen auch berücksichtigt (vgl. TB 3-3b).

Die Verbindungsmittel (Niete, Schrauben) eines Anschlusses werden nur gleichmäßig beansprucht, wie unter 3. angenommen, wenn ihr Schwerpunkt auf der Wirkungslinie der anzuschließenden Kraft $F$, also auf der Stabschwerachse liegt. Trifft dies, wie bei den meisten Anschlüssen, nicht zu, so werden Anschluss und Stab durch ein Moment belastet. Das durch die Außermittigkeit (Exzentrizität) $a$ verursachte Moment $M = F \cdot a$ (Bild 7-10a), darf bei Anschlüssen von Zugstäben mit Winkelquerschnitt unberücksichtigt bleiben, wenn die Spannung aus der mittig gedachten Längskraft $0{,}8\sigma_{zul}$ nicht überschreitet (s. Hinweis unter 8.4.3-4). Größere Exzentrizitäten müssen aber beim Nachweis der Verbindung entprechend berücksichtigt werden.

Durch ungleiche Dehnung der Bauteile zwischen den in Kraftrichtung hintereinander liegenden Nieten ergibt sich eine ungleiche Kraftverteilung für die Niete. Die an den Enden sitzenden, äußeren Niete werden stärker beansprucht als die in der Mitte sitzenden, was durch einen „Gummiband-Versuch" (Bild 7-11a) veranschaulicht werden kann. In einem Überlappstoß verteilen sich die von den einzelnen Nieten zu übertragenden Kräfte ungefähr nach Bild 7-11b. Darum dürfen in Kraftrichtung höchstens 5 (Kranbau und Aluminiumkonstruktionen) bzw. 8 (Stahlbau) Niete oder Schrauben hintereinander angeordnet werden. Sind festigkeitsmäßig mehr Niete erforderlich, so sind diese auf mehrere Reihen aufzuteilen, Bild 7-7.

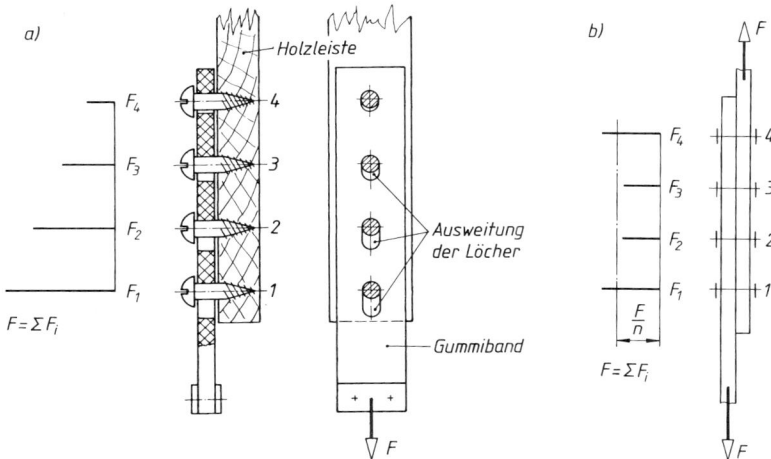

**Bild 7-11** Ungleiche Kraftverteilung in Scherverbindungen.
a) Veranschaulichung durch Zugversuch mit Gummiband, b) Verteilung der Nietkräfte in einem Überlappstoß (schematisch)

Ist dies bei Winkelstählen nicht möglich, so sieht man *Beiwinkel* vor, Bild 7-12. Diese sind entweder an einem Schenkel mit dem 1,5fachen oder an beiden Schenkeln mit dem 1,25fachen der anteiligen Kraft anzuschließen. Mit dem Zuschlag gelten die Exzentrizitäten als abgedeckt. Jedes Querschnittsteil ist mit mindestens 2 Nieten anzuschließen (weil man ein Niet allein nicht vollwertig schlagen kann), außer bei untergeordneten Bauteilen (z. B. Geländer, leichte Vergitterungen). In einer Verbindung dürfen Niete nur zusammen mit Passschrauben verwendet werden.

### 7. Momentbelastete Nietanschlüsse

Die Niete werden hierbei nicht mehr gleichmäßig beansprucht, sondern der am weitesten vom Anschlussschwerpunkt entfernt liegende Niet erhält die größte Kraft. Eine etwaige Berechnung dieser größten Nietkraft erfolgt nach 8.4.4. Diese ist dann für die Nietberechnung nach den Gln. (7.3) und (7.4) maßgebend.

### 7.5.4 Gestaltung der Nietverbindungen

Nach der Ermittlung des Nietdurchmessers und der erforderlichen Nietzahl wird das Nietbild festgelegt. Die genormten Abstände der Löcher untereinander und von den Rändern der Bauteile sind dabei einzuhalten, Bild 7-13. Sie werden in Abhängigkeit vom Lochdurchmesser $d$ und von der Dicke des dünnsten außenliegenden Teils der Verbindung bestimmt, TB 7-2. Der jeweils kleinere Wert ist maßgebend. Rand- und Lochabstände dürfen nicht zu klein sein, damit die zu verbindenden Bauteile nicht ausreißen und genügend Platz zum Schlagen der Niete bzw. Anziehen der Schrauben vorhanden ist. Die Abstände dürfen nicht zu groß sein, damit die

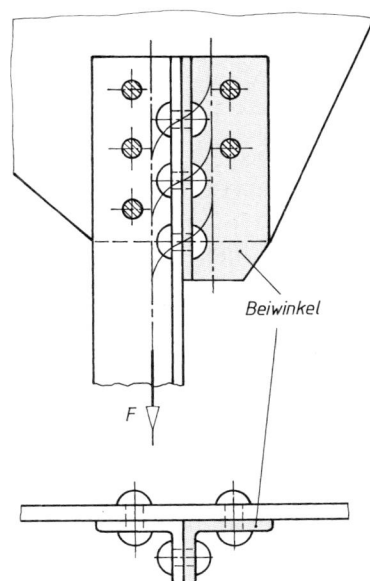

**Bild 7-12** Anschluss eines Stabes durch Beiwinkel.
(Beispiel: $n_{\mathrm{erf}} = 5$ Niete, davon im Tragwinkel 3 und im Beiwinkel 2 bzw. im abstehenden Schenkel $1{,}5 \cdot 2 = 3$)

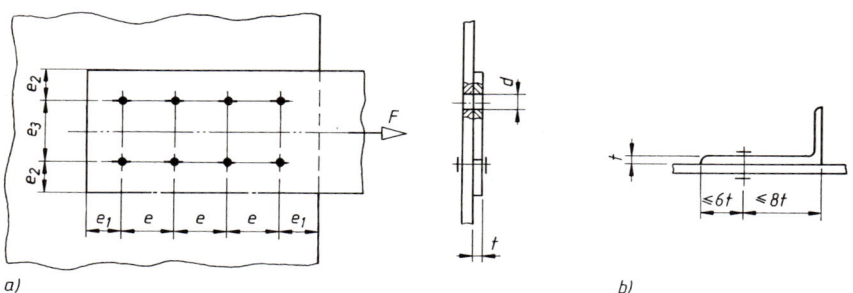

**Bild 7-13** Rand- und Lochabstände von Nieten und Schrauben (Darstellung nach DIN ISO 5845-1).
a) Richtwerte, s. TB 7-2, b) größerer zulässiger Randabstand am versteiften Rand bei Stab- und Formstählen, z. B. 8 t statt 6 t im Stahlbau

Bauteilflächen satt aufeinanderliegen und nicht klaffen (Korrosionsgefahr) bzw. in Druckstäben nicht ausknicken. Nach DIN 18 800-1 gehen die Rand- und Lochabstände in die Berechnung der Lochleibungstragfähigkeit ein.
In Stößen und Anschlüssen werden die Lochabstände zweckmäßigerweise an der unteren Grenze gewählt, um Knotenbleche und Stoßlaschen klein zu halten.
Für Form- und Stabstähle ist die Lage der Löcher in den Schenkeln bzw. Flanschen durch die Anreißmaße in DIN 997 angegeben, TB 1-8 bis TB 1-12. Bei Winkelstählen müssen die in den Schenkeln gegenübersitzenden Niete meist versetzt angeordnet werden, damit genügend Platz für den Döpper bleibt. Mindestversatzmaße siehe DIN 998 und DIN 999. Die Lochteilung in den Stegen der U- und I-Stähle ist nicht vorgeschrieben und kann mit Hilfe der Richtwerte nach TB 7-2 festgelegt werden.
Für Zeichnungen besonders von Metallbau-Konstruktionen (einschließlich Fachwerken, Brücken usw.), Hebe- und Transporteinrichtungen, Behältern usw. gilt für die Darstellung, Bemaßung und Bezeichnung von Löchern, Nieten, Schrauben, Profilen und Blechen DIN ISO 5845-1: Vereinfachte Darstellung von Verbindungselementen für den Zusammenbau mit DIN ISO 5261: Vereinfachte Angabe von Stäben und Profilen, s. TB 7-1.

## 7.6 Nietverbindungen im Leichtmetallbau

### 7.6.1 Allgemeines

Leichtmetalle, insbesondere Aluminium und seine hochfesten Legierungen, ermöglichen Leichtbaukonstruktionen für das Verkehrs- und Bauwesen sowie den Maschinenbau (Bild 7-14a). Dabei wird Nieten gegenüber Schweißen der Vorzug gegeben, wenn die Festigkeit ausgehärteter oder kaltverfestigter Aluminiumlegierungen durch die Schweißwärme beeinträchtigt würde, schweißungeeignete AlCuMg- und AlZnMgCu-Legierungen gefügt werden müssen, Schweißverzug nicht tragbar ist oder verschiedenartige Werkstoffe zu verbinden sind.
Vorherrschend sind die reine *Profilbauweise* (z. B. Tragwerk, Bild 7-14c), die Kombination aus Profilen und Blechen in Form der *Differentialbauweise* (z. B. Wagenkasten, Bild 7-14a) und die *Integralbauweise*, bei welcher „Außenhaut" und Versteifungen als Strangpressprofil zu einem großflächigen Bauelement zusammengefasst sind (z. B. Bordwand, Bild 7-14b). Strangpressprofile ermöglichen die wirtschaftlichste Ausnutzung des Werkstoffes durch Anpassung der Querschnittsform an den Verwendungszweck und an die Beanspruchung. Sie ermöglichen z. B. die Verbindung von Bauteilen nur durch Verklammerung (Bild 7-14b).
Für die Berechnung und bauliche Durchbildung der Konstruktionsteile und Verbindungsmittel gilt im Hochbau bei vorwiegend ruhender Belastung DIN 4113-1 (wird ersetzt durch Eurocode 9).

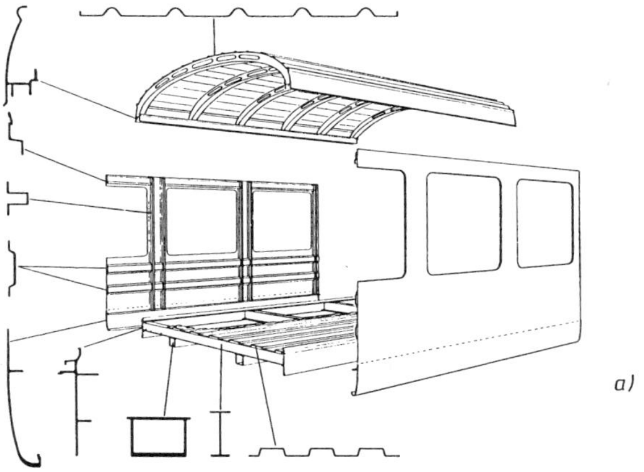

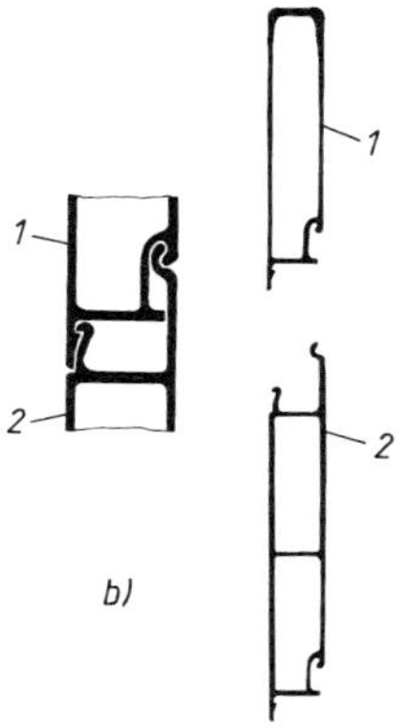

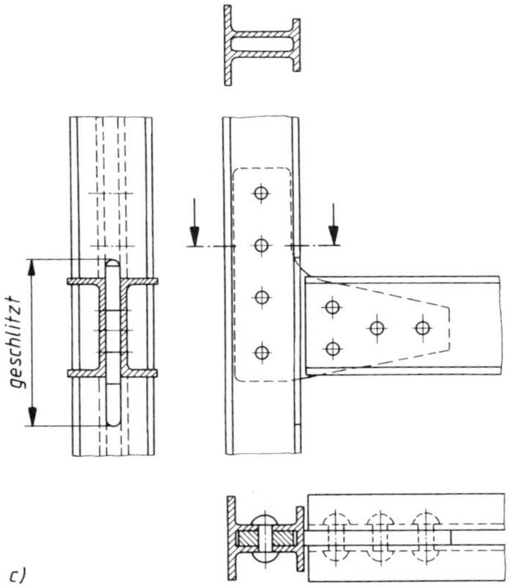

## 7.6 Nietverbindungen im Leichtmetallbau

**Bild 7-14** Aluminiumkonstruktionen.
a) Rohbaukasten eines Eisenbahnwagens in Differentialbauweise, Anteil der Strangpressprofile ca. 70% (Werkbild),
b) LKW-Bordwandsystem aus verklammerten Strangpress-Hohlprofilen in Integralbauweise (Werkbild),
c) Nietanschluss Pfosten (Hohlprofil)-Querträger (Vollprofil) in Profilbauweise

### 7.6.2 Aluminiumniete

Im Leichtmetallbau werden allgemein die auch im Stahl- und Metallbau üblichen, unter 7.2.1 und im Bild 7-2 aufgeführten Nietformen verwendet. Für den Schließkopf werden jedoch vielfach andere Formen als bei Stahlnieten bevorzugt, z. B. der *Tonnen-* oder *Flachkopf* (Bild 7-15a), dessen Bildung eine geringere Kraft als andere Schließkopfformen benötigt und bei dem das sonst genaue Einhalten einer bestimmten Nietschaftlänge nicht erforderlich ist, oder der *Kegelspitz (Konus-)Kopf* (Bild 7-15b), der gegenüber dem Tonnenkopf den Vorteil hat, dass er bes-

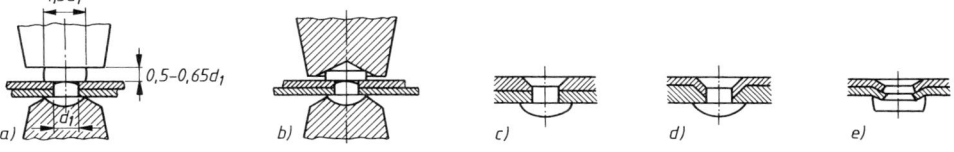

**Bild 7-15** Nietungen im Leichtmetallbau.
a) Tonnen- oder Flachkopf, b) Kegelspitz- oder Konuskopf, c) bis e) Glatthautnietungen

ser zentriert und angepresst ist, jedoch einen entsprechend geformten Döpper und eine größere Kraft zum Bilden benötigt.
Einige *Senk-* oder *Glatthautnietungen* sind in Bild 7-15c bis e gezeigt. Im Übrigen werden auch die sonst üblichen Schließkopfformen (Halbrund-, Linsen-, Flachrundkopf usw.) verwendet.
Ist die Schließkopfseite nur schwer oder gar nicht zugänglich, wie z. B. bei Hohlprofilen oder Rohren, werden die bereits in 7.2.1 beschriebenen und in Bild 7-3 gezeigten Blindniete verwendet. Ihnen wird gegenüber Vollnieten auch bei normalen Nietarbeiten der Vorzug gegeben, da sie sich schnell und sicher verarbeiten lassen.
Aluminiumniete werden nur kalt geschlagen oder gepresst.

### 7.6.3 Werkstoffe

Für Bauteile aus Aluminium-Halbzeug (Bleche, Voll- und Hohlprofile, Rohre, Gesenkschmiedeteile) und Niete sind vorzugsweise die in TB 3-4 aufgeführten Aluminium-Knetlegierungen zu verwenden. Niete und Bauteile sollen wegen der möglichen Zerstörung durch elektrochemische Korrosion unbedingt aus gleichen oder mindestens gleichartigen Werkstoffen bestehen. Bei hochbelasteten Verbindungen dürfen unter Beachtung des Korrosionsschutzes (s. unter 7.6.6) auch Verbindungsmittel aus Stahl (Niete, Schließringbolzen, Schrauben) eingesetzt werden.

### 7.6.4 Berechnung der Bauteile und Niete

#### 1. Allgemeine Richtlinien

Nietverbindungen für Aluminiumkonstruktionen unter vorwiegend ruhender Belastung werden grundsätzlich wie im Stahlbau berechnet, s. 7.5.3-3. Die Abscher- und Lochleibungsspannungen können mit den Gln. (7.3) und (7.4), die erforderliche Nietzahl mit den Gln. (7.5) ermittelt werden, wobei sicherheitshalber mit dem Niet-Nenndurchmesser $d_1$ gerechnet wird. Für vollschäftige Verbindungsmittel gelten dabei die zulässigen Spannungen nach TB 3-4.
Bei Aluminiumkonstruktionen ist wegen des *Kriecheinflusses* zusätzlich zu den Lastfällen H und HZ der Lastfall $H_S$ zu berücksichtigen. Er umfasst alle ständig wirkenden Hauptlasten, d. h. außer der Summe der unveränderlichen Lasten auch *langzeitig* einwirkende Verkehrslasten, wie z. B. Stapel- und Schneelasten. Wenn das aus den Lastfällen $H_S$ und H sich ergebende Verhältnis der Spannungen $\sigma_{H_S}/\sigma_H$ bzw. $\tau_{H_S}/\tau_H$ den Wert 0,5 überschreitet, müssen die in TB 3-4 für Bauteile und Verbindungsmittel genannten zulässigen Spannungen mit dem aus einem Langzeitversuch (1000 Stunden) ermittelten Faktor $c$ abgemindert werden; es gilt dann

$$\sigma_{c\,zul} = c \cdot \sigma_{zul} \quad \text{bzw.} \quad \tau_{c\,zul} = c \cdot \tau_{zul}$$

mit

$$c = 1 - 0{,}4\left(\frac{\sigma_{H_S}}{\sigma_H} - 0{,}5\right) \quad \text{bzw.} \quad 1 - 0{,}4\left(\frac{\tau_{H_S}}{\tau_H} - 0{,}5\right)$$

Der Faktor schwankt zwischen 1,0 und 0,8 und muss auch bei Stabilitätsnachweisen (z. B. Knicken) berücksichtigt werden.
Für Universal- und Senknietverbindungen in der Luftfahrt gelten besondere Vorschriften. Nietrechnungswerte bei statischer Beanspruchung s. Luftfahrtnormen.
Da im Leichtmetallbau ausschließlich kalt genietet wird, ist zu beachten, dass die äußere Kraft fast nur durch den Scherwiderstand und den Lochleibungsdruck des lochausfüllenden Nietschaftes übertragen wird. Bei großen Klemmlängen ist außerdem ein gleichmäßiges Stauchen des Nietschaftes über die Klemmlänge nicht sicher zu erwarten. Dieser Nachteil wird vermieden bei Verwendung von *Schließringbolzen* aus Stahl oder Aluminium (im Flugzeugbau System „hishear" und „hi-lok"), die kalt gesetzt werden und mindestens ebenso große Klemmkräfte wie warm geschlagene Stahlniete bewirken (s. unter 7.2.1).

Bedingt durch den kleinen $E$-Modul der Aluminium-Legierungen (1/3 von Stahl) ist der hohen elastischen Formänderung (z. B. Durchbiegung) und bei Druckstäben der Knickbeanspruchung durch entsprechende Gestaltung der Querschnitte – hohe Flächenmomente 2. Grades durch Verwendung von Hohl- und Abkantprofilen – zu begegnen.

**2. Niet- und Nietlochdurchmesser**

Da bei Aluminiumkonstruktionen der zulässige Lochleibungsdruck $\sigma_{l\,zul}$ vom Bauteilwerkstoff, die zulässige Abscherspannung $\tau_{a\,zul}$ dagegen vom Nietwerkstoff abhängig ist (DIN 4113-1, TB 3-4), steht $\sigma_{l\,zul}/\tau_{a\,zul}$ in keinem festen Verhältnis wie im Kranbau (vgl. 7.5.3-4). Je nach Zuordnung der Bauteil- und Nietwerkstoffe ergibt sich für das optimale Verhältnis Blechdicke zu Nietdurchmesser $t/d$ der gleichzeitig auf Lochleibung und Abscheren voll ausgenutzten Nietverbindung jedes Mal ein anderer Wert.
Der *Nietdurchmesser* $d_1$ wird deshalb in der Praxis in Abhängigkeit von der kleinsten Summe der Bauteildicken $t_{min}$ mit in gleicher Richtung wirkendem Lochleibungsdruck wie folgt gewählt:

$d_1 = 2 \cdot t_{min} + 2$ mm   für einschnittige Verbindungen,

$d_1 = t_{min} + 2$ mm   für zweischnittige Verbindungen.

$t_{min}$ ist bei einschnittigen Nietverbindungen also die Dicke des dünneren Bleches, bei zweischnittigen Nietverbindungen entweder die Dicke des inneren Bleches oder die Summe der Dicken der äußeren Bleche.
Bei Profilen aus Aluminium (Winkel, T, Doppel-T, U) können die Nietdurchmesser wie bei vergleichbaren Stahlprofilen gewählt werden (vgl. TB 1-8 bis TB 1-12). Ihre Abmessungen stimmen jedoch nicht genau überein.
Bei der üblichen Kaltnietung wird mit Rücksicht auf Staucharbeit und Lochfüllung das Nietspiel mit etwa 2% des Nietdurchmessers wesentlich kleiner gehalten als im Stahlbau.
Der *Nietlochdurchmesser* $d$ wird – ab $d_1 = 4$ mm abweichend von den genormten Werten nach Bild 7-2, Fußnote 2 – bis $d_1 = 10$ mm meist nur mit $d = d_1 + 0{,}1$ mm ausgeführt.

**3. Nietlänge**

Die Rohniet-Schaftlänge $l$ wird wie bei Stahlnieten nach Gl. (7.2) bestimmt. Für den *Überstand* $l_{ü}$ wird gesetzt bei einem Schließkopf als Halbrundkopf: $l_{ü} \approx 1{,}5 \cdot d_1$, Senkkopf: $l_{ü} \approx d_1$, Flachkopf: $l_{ü} \approx 1{,}8 \cdot d_1$. Die endgültigen Schaftlängen sind, wie bei Stahlnieten, nach den betreffenden Normen zu wählen. Die Klemmlängen sollen $5 \cdot d_1$ nicht überschreiten.

## 7.6.5 Bauliche Durchbildung

Die Gestaltung der Nietverbindungen im Leichtmetallbau erfolgt nach den gleichen Grundsätzen wie im Stahlbau, s. 7.5.4. Die zulässigen Niet- und Schraubenabstände nach DIN 4113-1 sind TB 7-2 zu entnehmen.
Größere Rand- und Lochabstände sind zulässig, wenn durch geeignete Maßnahmen oder konstruktive Gestaltung die Möglichkeit von Spaltkorrosion ausgeschlossen wird und örtlich keine Beulgefahr besteht. Sind bei breiten Stäben mit mehr als zwei Lochreihen die äußeren Reihen nach TB 7-2 angeordnet, so ist für die inneren Reihen der doppelte Lochabstand zulässig. Nietabstände für Hals- und Kopfniete in Blechträgern außerhalb der Stoßteile dürfen wie bei Heftnieten gewählt werden.
Bauteile und Verbindungsmittel müssen nach DIN 4113-1 folgende *Mindestabmessungen* besitzen:

| | |
|---|---|
| Bleche und Rohrwandungen | 2 mm |
| Stabprofile | Dicke 2 mm, Anschlussschenkelbreite 25 mm |
| Niete und Schließringbolzen | 6 mm Durchmesser |
| Stahlschrauben | 8 mm Durchmesser |
| Aluminiumschrauben | 10 mm Durchmesser |

## 7.6.6 Korrosionsschutz

Wenn die chemischen Eigenschaften der Al-Legierungen auf die vorliegenden Betriebseinflüsse abgestimmt sind, brauchen bei offenen, leicht zugänglichen Konstruktionen keine Schutzmaßnahmen ergriffen werden. Jedoch sind schon bei der Konstruktion folgende Einflüsse zu berücksichtigen:
*Spaltkorrosion* in engen Spalten (0,05 ... 0,4 mm) an Überlappungs- und Verbindungsstellen, verursacht durch örtliche Unterschiede in der Sauerstoffkonzentration. Sie ist nahezu unabhängig von der Beständigkeit des Werkstoffes und tritt bei allen Metallen auf, wenn Feuchtigkeit in Spalte eindringt.
*Schwitzwasserkorrosion* durch die Kondensation von Wasser infolge Taupunktunterschreitung auf Metalloberflächen in geschlossenen und unbelüfteten Bauteilen oder an der Unterseite flächiger Konstruktionen. Konstruktionsregel: Unvermeidbare Hohlräume und Hohlprofile verschließen und „Wassersäcke" vermeiden.
*Kontaktkorrosion* vom Verbund von Metallen mit unterschiedlichem Potential bei Einwirkung eines geeigneten Elektrolyten (Feuchtigkeit). Sie kann auftreten, wenn Bauteile und Verbindungsmittel aus unterschiedlichen Werkstoffen bestehen.
Als mögliche *Schutzmaßnahmen* gegen Spalt- und Kontaktkorrosion dienen *Gesamtanstriche*, um generell den Zutritt von Feuchtigkeit zu unterbinden, das *Neutralisieren* von Anschluss- und Verbindungsflächen durch örtliche Oberflächenbehandlung sowie die Unterbrechung des metallisch leitenden Kontaktes durch *Isolierungsmaßnahmen*, z. B. Beschichtungen aus Zinkchromat, Bitumen oder durch eingelegte Isolierpasten und -binden. Genaue Anweisungen zum Korrosionsschutz enthält DIN 4113-1.
Bild 7-16 zeigt Isolierungsmaßnahmen bei der Vernietung von Bauteilen aus Stahl und Aluminium mit Stahl- oder Aluminiumnieten. Der Nietschaft braucht gegen die Lochwand nicht isoliert zu werden, da kaum zu erwarten ist, dass z. B. Wasser als Elektrolyt an den Nietschaft gelangen kann. Die fertigen Vernietungsstellen sind möglichst noch mit einem Schutzanstrich zu versehen.

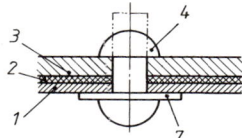 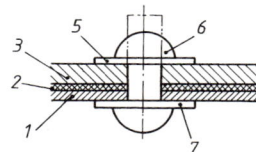

**Bild 7-16** Isolierungsmaßnahmen bei der Vernietung von Aluminium mit Stahl.
**1** Bauteile aus Aluminium, **2** isolierende Zwischenschicht, **3** Bauteile aus Stahl, **4** Stahlniet, **5** verzinkte oder kadmierte Unterlegscheibe, **6** Aluminiumniet, **7** mit oder ohne verzinkte Unterlegscheibe

## 7.7 Nietverbindungen im Maschinen- und Gerätebau

### 7.7.1 Anwendungsbeispiele

Das Nieten ist im Maschinen- und Gerätebau angebracht zur Befestigung und Verbindung von gering belasteten oder schweißungeeigneten Konstruktionselementen, z. B. durch Halbrund- oder Senkniete; zur Verbindung nichtmetallischer Werkstoffe untereinander oder mit Metallen, z. B. durch Riemenniete, Hohlniete, Halbhohlniete und Belagniete; zur Verbindung empfindlicher weicher oder spröder Werkstoffe (Gummi, Kunststoffe, Keramik), z. B. durch Hohl- oder Rohrniete mit geringer Schließkraft; zur Befestigung von teuren Schneidstoffen auf Baustahlträgern, z. B. HSS-Zahnsegmente auf Stammblättern durch Senkniete bei Kreissägen; für Ketten u. a. gelenkartige Verbindungen, z. B. durch Nietstifte. Außerdem werden häufig Sonderniete, überwiegend als Blindniete und Schließringbolzen, eingesetzt, wie unter 7.2.1 beschrieben. Einen Überblick über die Verwendung genormter Nietformen gibt Bild 7-2. Die vorstehend genannten Nietverbindungen werden meist nach konstruktiven Gesichtspunkten gestaltet und bemessen.

## 7.7 Nietverbindungen im Maschinen- und Gerätebau

 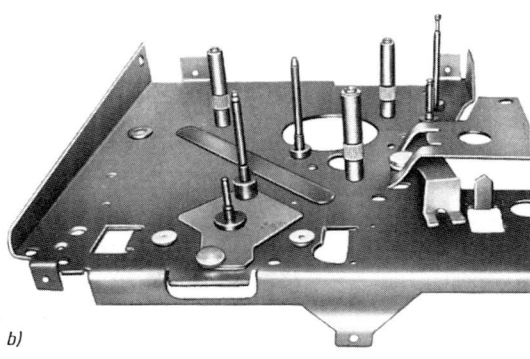

a)   b)

**Bild 7-17** Nietverbindungen im Maschinen- und Gerätebau.
a) Kupplungsscheibe (Werkbild) **1** Halbrundniete, **2** Flachkopfniete, **3** Belagniete, b) Seitenwand für Filmprojektor (Werkbild). Mehrfach-Taumelnieten mit 13 Nietstellen

### 7.7.2 Maßnahmen zur Erhöhung der Dauerfestigkeit

Dynamisch belastete Niet- und Schraubenverbindungen sind stark schwingbruchgefährdet. So gehen im Flugzeugbau 70% der Ermüdungsschäden vom Bohrungsrand der Nietlöcher aus.
Als geeignete Maßnahme zur Lebensdauererhöhung hat sich der Einsatz von mit Übermaß eingepassten Befestigungselementen (Schließringbolzen, im Flugzeugbau als Schraub- oder Passniete bezeichnet) hoher Klemmkraft erwiesen. Mit zunehmender Klemmkraft können größere Kraftanteile zwischen den Blechen durch Reibung übertragen und dadurch die Spannungskonzentration an den Bohrungsrändern verringert werden. Durch den Presssitz wird die ovale Verformung der Bohrungen behindert und an den Lochrändern werden günstig radiale Druckspannungen erzeugt.
Eine weitere Steigerung der Dauerhaltbarkeit ist durch plastisches Aufweiten (Aufdornen) der Bohrungen oder örtliches Kaltverformen der Bleche möglich. Die dadurch erzeugten Druckspannungen überlagern sich den Lastspannungen und reduzieren die Schwingbreite der gefährlichen Zugspannungen.

### 7.7.3 Festigkeitsnachweise

*Vorwiegend ruhend belastete* Kraftverbindungen können nach den Richtlinien des Stahl- und Kranbaues bemessen werden (s. unter 7.5). Die im Maschinen- und Fahrzeugbau weit verbreiteten gewichtssparenden Verbindungen (Leichtbau) aus umgeformten Stahlblechen und Profilen sind häufig *dynamisch belastet* und verlangen eine sorgfältige Festigkeitsberechnung bzw. Dauerfestigkeitsversuche (Bild 7-17a).
Für ihre Berechnung kann der *Betriebsfestigkeitsnachweis* für Krantragwerke (DIN 15 018-1) herangezogen werden. Er gilt bei Kranen für Bauteile ab 2 mm Dicke aus S235 und S355 und für Halbrundniete nach DIN 124 und DIN 660 ab 6 mm Durchmesser. Werkstoffe für die Niete s. TB 3-3b.
Mit den von der geforderten Lebensdauer (Gesamtzahl der Spannungsspiele) und der Häufigkeit der Höchstlast abhängigen zulässigen Wechselspannungen nach TB 7-5 können die gelochten Bauteile aus S235 (Klammerwerte für S355) bemessen werden. Bei schwellender Belastung gelten die 1,6fachen Werte ($\sigma_{Sch\,zul} = 1,\bar{6} \cdot \sigma_{w\,zul}$).

Aus den zulässigen Bauteilspannungen $\sigma_{zul} = \sigma_{w\,zul}$ bzw. $\sigma_{Sch\,zul}$ können dann die zulässigen Scher- und Lochleibungsspannungen bestimmt werden. Es gilt bei

— einschnittigen Verbindungen:

$$\tau_{a\,zul} = 0{,}6 \cdot \sigma_{zul}$$

und

$$\sigma_{l\,zul} = 1{,}5 \cdot \sigma_{zul}$$

— mehrschnittigen Verbindungen:

$$\tau_{a\,zul} = 0{,}8 \cdot \sigma_{zul}$$

und

$$\sigma_{l\,zul} = 2{,}0 \cdot \sigma_{zul}$$

Die Berechnung der vorhandene Spannungen erfolgt dann mit den Gln. (7.3) und (7.4). Zur Berücksichtigung der Betriebsweise sollte bei dynamisch belasteten Verbindungen die von der Verbindung zu übertragende Kraft mit dem Anwendungsfaktor $K_A$ (s. TB 3-5a) multipliziert werden, vgl. Berechnungsbeispiel 7.2.

Bei der *Werkstoffwahl* ist zu beachten, dass im Gebiet der Dauerfestigkeit (über $2 \cdot 10^6$ Spannungsspiele) die zulässigen Spannungen — bedingt durch die starke Kerbwirkung — fast unabhängig von der statischen Werkstofffestigkeit sind. Ein Werkstoff höherer Festigkeit lohnt also nur im Bereich der Zeitfestigkeit (vgl. auch unter 6.2.5-4).

Die oben genannte Dauerfestigkeitsberechnung für Nietverbindungen gilt genauso auch *für Verbindungen mit Passschrauben* der Festigkeitsklasse 4.6 für Bauteile aus S235 bzw. der Festigkeitsklasse 5.6 für Bauteile aus S355, wenn bei Schwellbelastung die Passung H11/h11 und bei Wechselbelastung die Passung H11/k6 eingehalten wird.

Werden *Blindniete* nicht nur zur Befestigung, sondern als kraftübertragende Verbindungselemente eingesetzt, kann die übertragbare Kraft je Niet aus TB 7-3 entnommen werden. Die zulässigen Scher- und Zugkräfte je Niet erhält man durch Berücksichtigung einer ausreichenden Sicherheit $S$. Bei dynamischer Belastung ist die zu übertragende Kraft noch mit dem Anwendungsfaktor $K_A$ (s. TB 3-5a) zu multiplizieren.

Nietverbindungen aus *thermoplastischen Kunststoffen* (Bild 7-6) zeigen ein anderes Tragverhalten wie Metallnietungen. Vor dem Bruch der Verbindung werden diese durch übermäßige Verformung oder Lockern bereits unbrauchbar und müssten eigentlich auf Verformung berechnet werden. Brauchbare Ergebnisse erzielt man in der Praxis, indem die Verbindungen mit den Gln. (7.3) und (7.4) auf Abscheren und Lochleibungsdruck nachgewiesen werden, wobei die zulässigen Spannungen nach TB 7-6 einzuhalten sind. Diese sind so niedrig angesetzt, dass keine störenden Verformungen zu erwarten sind.

## 7.8 Berechnungsbeispiele

**Beispiel 7.1:** Bei dem in Bild 7-18 abschnittsweise wiedergegebenen Aluminium-Fachwerk aus AlMgSi1 F31/F32 bestehen Ober- und Untergurt (Stäbe O und U) aus offenen und die Füllstäbe (Stäbe V und D) aus hohlen Strangpressprofilen. Die Füllstabprofile ermöglichen durch Schlitzen der Stabenden einen knotenblechlosen Nietanschluss. Der Vertikalstab V wird im Lastfall H mit der Druckkraft $F_H = 9{,}6$ kN und im Lastfall $H_S$ mit der Druckkraft $F_{H_S} = 7{,}8$ kN belastet. Seine Querschnittswerte betragen: $A = 7{,}0$ cm$^2$, $I_x = 26{,}8$ cm$^4$ und $I_y = 11{,}2$ cm$^4$. Der Diagonalstab D wird in den Lastfällen H bzw. $H_S$ duch die Zugkräfte $F_H = 13{,}8$ kN bzw. $F_{H_S} = 11$ kN belastet. Seine Querschnittsfläche beträgt $A = 3{,}24$ cm$^2$.
(Die Netzlinien der Stäbe $U$, $V$ und $D$ schneiden sich ausnahmsweise nicht in einem Punkt, sondern 15 mm unter der Schwerachse des Stabes $U$, um Platz für den Anschluss des Stabes $D$ zu gewinnen. Der Stab $U$ erhält dadurch eine zusätzliche Biegebeanspruchung.)

## 7.8 Berechnungsbeispiele

Festigkeitsmäßig nachzuprüfen sind:
a) der Druckstab $V$,
b) der Zugstab $D$,
c) der Nietanschluss des Zugstabes $D$ für Halbrundniete aus AlMg5 F31.

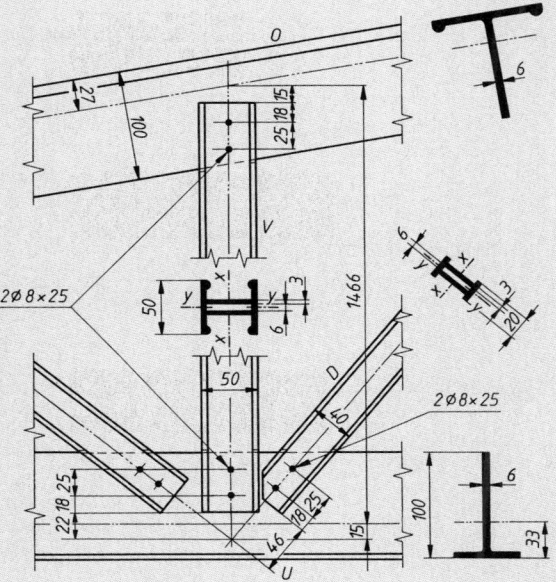

**Bild 7-18**
Genietetes Aluminium-Fachwerk aus Strangpressprofilen

**Lösung a):** Bei dem Vertikalstab $V$ handelt es sich um einen einteiligen Druckstab mit mittiger Belastung. Nach DIN 4113-1 muss der Nachweis gegen Knicken noch mit dem $\omega$-Verfahren (entsprechend der früheren DIN 4114-1) geführt werden:

$$\sigma_\omega = \frac{F \cdot \omega}{A} \leq \sigma_{d\,zul}.$$

Mit dem kleinsten Flächenmoment 2. Grades $I_{min} = I_y = 11{,}2\text{ cm}^4$ ($I_x = 26{,}8\text{ cm}^4$) ist der Stab auf Ausknicken rechtwinklig zur Stabachse $y - y$ (also rechtwinklig zur Fachwerkebene) zu untersuchen. Die rechnerische Knicklänge kann gleich der Netzlinienlänge gesetzt werden: $l_k = l = 146{,}6\text{ cm}$ (Bild 7-18). Mit dem kleinsten Trägheitsradius der Querschnittsfläche $i_{min} = i_y = \sqrt{I_y/A}$, also $i_{min} = \sqrt{11{,}2\text{ cm}^4/7\text{ cm}^2} = 1{,}27\text{ cm}$ ergibt sich der Schlankheitsgrad aus $\lambda = l_k/i_{min}$ zu $\lambda = 146{,}6\text{ cm}/1{,}27\text{ cm} = 115$. Dafür findet man in DIN 4113-1 für das Al-Profil aus AlMgSi1 F31/F32 die Knickzahl $\omega \approx 7{,}3$. Die zulässige Druckspannung ist nach TB 3-4a, Zeile 1, Spalte d: $\sigma_{d\,zul} = 145\text{ N/mm}^2$. Um den Krieicheinfluss zu berücksichtigen, muss nach 7.6.4-1 der Lastfall $H_S$ herangezogen werden.
Da das Verhältnis $\sigma_{H_S}/\sigma_H \cong F_{H_S}/F_H = 7{,}8\text{ kN}/9{,}6\text{ kN} = 0{,}81$ den Wert 0,5 überschreitet, muss die zulässige Spannung mit dem Faktor $c$ abgemindert werden: Mit $c = 1 - 0{,}4(0{,}81 - 0{,}5) \approx 0{,}88$, gilt dann:

$$\sigma_{c\,zul} = 0{,}88 \cdot 145\text{ N/mm}^2 \approx 128\text{ N/mm}^2.$$

Mit diesen Werten wird dann

$$\sigma_\omega = \frac{9600\text{ N} \cdot 7{,}3}{700\text{ mm}^2} = 100\text{ N/mm}^2 < \sigma_{c\,zul} = 128\text{ N/mm}^2.$$

**Ergebnis:** Der Druckstab $V$ ist ausreichend bemessen, da $\sigma_\omega = 100\text{ N/mm}^2 < \sigma_{c\,zul} = 128\text{ N/mm}^2$ ist.

**Lösung b):** Der einteilige Zugstab $D$ ist mittig angeschlossen (s. unter 6.3.1-3.2 und 8.4.3-4). Für die vorhandenen Zugspannungen gilt im geschwächten Stabquerschnitt nach Gl. (8.44):

$$\sigma_z = \frac{F}{A_n} \leq \sigma_{z\,zul}.$$

Unter Berücksichtigung des Nietlochdurchmessers 8.1 mm in den beiden 3 mm dicken Stegen und des 6 mm breiten Schlitzes in den 3 mm dicken Flanschen, gilt für die nutzbare Stabquerschnittsfläche:

$A_n = 324\ mm^2 - 8{,}1\ mm \cdot 3\ mm \cdot 2 - 6\ mm \cdot 3\ mm \cdot 2 \approx 239\ mm^2$.

Mit $\sigma_{Hs}/\sigma_H \cong F_{Hs}/F_H = 11\ kN/13{,}8\ kN = 0{,}80$ gilt nach 7.6.4-1 für den Minderungsfaktor:

$c = 1 - 0{,}4(0{,}80 - 0{,}5) = 0{,}88$.

Mit $\sigma_{z\,zul} = 145\ N/mm^2$ nach TB 3-4a, Zeile 1, Spalte d, wird damit die abgeminderte zulässige Spannung

$\sigma_{c\,zul} = 0{,}88 \cdot 145\ N/mm^2 = 128\ N/mm^2$.

Mit obigen Werten wird dann

$\sigma_z = \dfrac{13\,800\ N}{239\ mm^2} = 58\ N/mm^2 < \sigma_{c\,zul} = 128\ N/mm^2$.

**Ergebnis:** Der Zugstab ist ausreichend bemessen, da $\sigma_z = 58\ N/mm^2 < \sigma_{c\,zul} = 128\ N/mm^2$ ist.

▶ **Lösung c):** Für die Nachprüfung der Nietverbindung sind wie im Stahlbau die Bedingungen der Gln. (7.3) und (7.4) zu erfüllen.
Für die Abscherspannung gilt nach Gl. (7.3):

$\tau_a = \dfrac{F}{n \cdot m \cdot A} \leq \tau_{a\,zul}$.

Mit der Querschnittsfläche des Nietes $A \approx d_1^2 \cdot \pi/4$, also $A = 8^2\ mm^2 \cdot \pi/4 = 50\ mm^2$, der Nietzahl $n = 2$, der Scherfugenzahl (Schnittigkeit) $m = 2$ und der zulässigen Abscherspannung nach TB 3-4b, Zeile 1, Spalte i: $\tau_{a\,zul} = 75\ N/mm^2$, gilt unter Berücksichtigung des Kriecheinflusses (mit $c = 0{,}88$ nach Lösung b): $\tau_{c\,zul} = 0{,}88 \cdot 75\ N/mm^2 = 66\ N/mm^2$ und damit für die vorhandene Abscherspannung

$\tau_a = \dfrac{13\,800\ N}{2 \cdot 2 \cdot 50\ mm^2} = 69\ N/mm^2 > \tau_{c\,zul} = 66\ N/mm^2$.

Für den Lochleibungsdruck gilt nach Gl. (7.4):

$\sigma_l = \dfrac{F}{n \cdot d \cdot t_{min}} \leq \sigma_{l\,zul}$.

Mit $d_1 = 8\ mm$, der maßgebenden kleinsten Bauteildicke $t_{min} = 6\ mm$ und dem zulässigen Lochleibungsdruck nach TB 3-4a, Zeile 3.2, Spalte d: $\sigma_{l\,zul} = 210\ N/mm^2$, unter Berücksichtigung des Kriecheinflusses also $\sigma_{c\,zul} = 0{,}88 \cdot 210\ N/mm^2 = 185\ N/mm^2$, gilt für den vorhandenen Lochleibungsdruck

$\sigma_l = \dfrac{13\,800\ N}{2 \cdot 8\ mm \cdot 6\ mm} = 144\ N/mm^2 < \sigma_{c\,zul} = 185\ N/mm^2$.

**Ergebnis:** Die Nietverbindung ist auf Lochleibung ausreichend bemessen, dagegen wird auf Abscheren die zulässige Spannung geringfügig überschritten.

■ **Beispiel 7.2:** Eine Kettenradscheibe aus Stahlblech E295 mit 76 Zähnen, passend für eine Rollenkette mit 19,05 mm Teilung, soll durch 8 am Umfang angeordnete Halbrundniete mit einer Anbaunabe aus E 295 verbunden werden (Bild 7-19). Das Kettenrad hat unter ständig wechselnder Drehrichtung eine Leistung $P = 1{,}8\ kW$ bei einer Drehzahl $n = 12{,}5\ min^{-1}$ zu übertragen. Die Arbeitsweise des Kettentriebs soll durch den Anwendungsfaktor $K_A = 1{,}5$ berücksichtigt werden.
Die Nietverbindung ist für eine regelmäßige Benutzung bei unterbrochenem Betrieb auszulegen.

▶ **Lösung:** Die Nietverbindung ist dynamisch belastet und soll deshalb nach der Betriebsfestigkeitsrechnung für Krantragwerke ausgelegt werden (s. unter 7.7.3).
Die Niete werden durch die am Lochkreis $d_L = 105\ mm$ wirkende Umfangskraft $F_t$ auf Abscheren und Lochleibungsdruck beansprucht. Diese lässt sich aus dem Nenndrehmoment errechnen. (Die Achskraft soll dabei unberücksichtigt bleiben.)

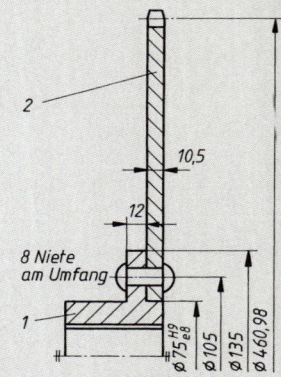

**Bild 7-19** Genietetes Kettenrad
**1** Anbaunabe,
**2** Kettenradscheibe

## 7.8 Berechnungsbeispiele

Mit der Nennleistung $P = 1{,}8\,\text{kW} = 1800\,\text{Nm/s}$ und der Drehzahl $n = 12{,}5\,\text{min}^{-1} = 0{,}208\,\text{s}^{-1}$ erhält man nach Gl. (11.10)

$$T_{\text{nenn}} = \frac{P}{2\pi n} = \frac{1800\,\text{Nm}\,\text{s}^{-1}}{2\cdot\pi\cdot 0{,}208\,\text{s}^{-1}} = 1375\,\text{Nm}.$$

Die bei der Leistungsübertragung auftretenden Stöße werden durch den Anwendungsfaktor berücksichtigt. Mit $K_A = 1{,}5$ gilt entsprechend Gl. (11.11):

$$T = K_A \cdot T_{\text{nenn}}, \qquad T = 1{,}5 \cdot 1375\,\text{Nm} = 2063\,\text{Nm}.$$

Aus der Beziehung $T = F_t \cdot d_L / 2$ folgt für die Umfangskraft:

$$F_t = \frac{2\cdot T}{d_L}, \qquad F_t = \frac{2 \cdot 2063\,\text{Nm}}{0{,}105\,\text{m}} = 39{,}29\,\text{kN}.$$

Da die Nietverbindung einschnittig ist und die Bauteile (Radscheibe und Nabenbund) dick sind, wird Abscheren die maßgebende Beanspruchungsart sein. Die Nietverbindung muss also nach Gl. (7.3) berechnet werden. Zur Bestimmung des erforderlichen Nietdurchmessers soll diese Gl. (7.3) nach der Nietquerschnittsfläche oder besser nach dem Nietdurchmesser umgeformt werden:

$$A_{\text{erf}} = \frac{F}{\tau_{a\,\text{zul}} \cdot n \cdot m} \quad \text{oder} \quad d_{\text{erf}} = \sqrt{\frac{4 \cdot F}{\tau_{a\,\text{zul}} \cdot \pi \cdot n \cdot m}}.$$

Die zulässigen Spannungen können nach 7.7.3 bestimmt werden. Dazu müssen nach TB 7-5 zunächst die zulässigen Wechselspannungen für die Bauteile ermittelt werden. Geht man davon aus, dass der vorliegende Bauteilwerkstoff E 295 festigkeitsmäßig ungefähr dem Werkstoff S355 entspricht, so gilt bei regelmäßiger Benutzung bei unterbrochenem Betrieb und mittlerer Häufigkeit der Höchstlast für die Bauteile:

$$\sigma_{w\,\text{zul}} = 129\,\text{N/mm}^2.$$

Für einschnittige Nietverbindungen gilt damit nach 7.7.3 bei Wechsellast:

$$\tau_{a\,\text{zul}} = 0{,}6 \cdot \sigma_{w\,\text{zul}}, \qquad \tau_{a\,\text{zul}} = 0{,}6 \cdot 129\,\text{N/mm}^2 \approx 75\,\text{N/mm}^2,$$

$$\sigma_{l\,\text{zul}} = 1{,}5 \cdot \sigma_{w\,\text{zul}}, \qquad \sigma_{l\,\text{zul}} = 1{,}5 \cdot 129\,\text{N/mm}^2 \approx 195\,\text{N/mm}^2.$$

Wird angenommen, dass sich die Umfangskraft $F_t = 39{,}29\,\text{kN}$ gleichmäßig auf $n = 8$ Niete verteilt, so wird mit $m = 1$ der erforderliche Nietdurchmesser

$$d_{\text{erf}} = \sqrt{\frac{4 \cdot 39\,290\,\text{N}}{75\,\text{N/mm}^2 \cdot \pi \cdot 8 \cdot 1}} = 9{,}1\,\text{mm}.$$

Nach der Fußnote zu Bild 7-2 bzw. nach TB 7-4 wird ein Rohnietdurchmesser $d_1 = 10\,\text{mm}$ gewählt. Der Nietlochdurchmesser beträgt dann $d = 10{,}5\,\text{mm}$.
Nach Gl. (7.4) soll noch der Lochleibungsdruck kontrolliert werden:

$$\sigma_l = \frac{F}{n \cdot d \cdot t_{\text{min}}} \leq \sigma_{l\,\text{zul}},$$

$$\sigma_l = \frac{39\,290\,\text{N}}{8 \cdot 10{,}5\,\text{mm} \cdot 10{,}5\,\text{mm}} = 45\,\text{N/mm}^2 < \sigma_{l\,\text{zul}} = 195\,\text{N/mm}^2.$$

Die Verbindung ist also auf Lochleibungsdruck weit ausreichend bemessen, was wegen der dicken Bauteile auch zu erwarten war.
Da die Nietwerkzeuge beim Pressen der Niete einen bestimmten Platzbedarf erfordern, sind nach 7.5.4 noch die Niet- und Randabstände zu kontrollieren. Für die gleichmäßig auf dem Lochkreisdurchmesser $d_L = 105\,\text{mm}$ verteilt angeordneten Niete beträgt der Lochabstand $e = d_L \cdot \pi / n$, also $e_1 = 105\,\text{mm} \cdot \pi / 8 = 41{,}2\,\text{mm}$.
Damit ist ausgeführt $e/d = 41{,}2\,\text{mm}/10{,}5\,\text{mm} = 3{,}9$. Da $e = 3 \cdot d \ldots 6 \cdot d$ betragen soll, kann die Verbindung wie vorgesehen ausgeführt werden. Auch der kleinste Randabstand senkrecht zur Kraftrichtung $e_2 = 1{,}5 \cdot d = 1{,}5 \cdot 10{,}5\,\text{mm} \approx 15\,\text{mm}$ ist eingehalten (vgl. Bild 7-19).
Die Ermittlung der Nietlänge erfolgt nach Gl. (7.2): $l = \Sigma t + l_{\ddot{u}}$.
Mit der Klemmlänge $\Sigma t = 12\,\text{mm} + 10{,}5\,\text{mm} = 22{,}5\,\text{mm}$ und dem Überstand der Halbrund-Schließköpfe bei Maschinennietung (angenommen) $l_{\ddot{u}} \approx (4/3) \cdot d_1$, $l_{\ddot{u}} \approx (4/3) \cdot 10\,\text{mm} \approx 13\,\text{mm}$ ergibt sich die Rohnietlänge $l = 22{,}5\,\text{mm} + 13\,\text{mm} \approx 36\,\text{mm}$.

Diese Länge ist nach TB 7-4 auch genormt. Mit dem Nietwerkstoff RSt 44 (für Bauteile aus S355 ≙ E295, vgl. TB 3-3b) lautet nach 7.2.3 die Normbezeichnung der zu verwendenden Halbrundniete nach DIN 124:

Niet DIN 124−10 × 36−RSt 44.

Zuletzt soll noch die zulässige Klemmlänge kontrolliert werden. Nach 7.5.3-2 gilt für Halbrundniete nach DIN 124: $\Sigma t \leq 0{,}2 \cdot d^2$, 10,5 mm + 12 mm $\leq 0{,}2 \cdot 10{,}5^2$ in mm.
Da 22,05 mm ≈ 22 mm, ist die Klemmlänge $\Sigma t = 22{,}5$ mm gerade noch ausführbar.

**Ergebnis:** Für den Nietanschluss sind 8 Niete aus RSt44 und $d_1 = 10$ mm Durchmesser und $l = 36$ mm Länge erforderlich. Normbezeichnung: Niet DIN 124−10 × 36−RSt44.

## 7.9 Literatur und Bildquellenverzeichnis

Aluminium-Zentrale, Düsseldorf (Hrsg.): Aluminium-Taschenbuch. 15. Aufl., Düsseldorf: Aluminium-Verlag, 1996
Aluminium-Zentrale, Düsseldorf (Hrsg.): Aluminium-Tragwerke. Düsseldorf: Aluminium-Verlag, 1972
Aluminium-Zentrale, Düsseldorf (Hrsg.): Aluminium-Merkblätter:
 − K3: Konstruieren mit Aluminium-Profilen
 − K4: Zusammenbau von Aluminium mit anderen Werkstoffen
 − V5: Nieten von Aluminium
Aluminium-Zentrale, Düsseldorf (Hrsg.): Konstruktionstechnik. Düsseldorf: Aluminium-Verlag, 1980 (Der Aluminiumfachmann, Fachkunde Teil 3)
Deutscher Ausschuss für Stahlbau (Hrsg.): DASt-Richtlinie 001: Richtlinien für Verbindungen mit Schließringbolzen im Anwendungsbereich des Stahlhochbaus mit vorwiegend ruhender Belastung. Köln: Stahlbau-Verlags-GmbH, 1970
Deutscher Stahlbau-Verband (Hrsg.): Stahlbau-Handbuch für Studium und Praxis. Bd. 1: Grundlagen; Bd. 2: Stahlkonstruktionen. 2. Aufl. Köln: Stahlbau-Verlags-GmbH, 1982, 1985
DIN Deutsches Institut für Normung (Hrsg.): Mechanische Verbindungselemente 2: Normen über Bolzen, Stifte, Niete, Keile, Stellringe, Sicherungsringe. 6. Aufl. Berlin: Beuth, 1994 (DIN-Taschenbuch 43)
DIN Deusches Institut für Normung (Hrsg.): Stahlhochbau: Normen. 8. Aufl. Berlin: Beuth, 1997 (DIN-Taschenbuch 69)
*Erhard, G., Strickle, E.:* Maschinenelemente aus thermoplastischen Kunststoffen. Bd. 1: Grundlagen und Verbindungselemente. Düsseldorf: VDI, 1974
*Fritsch, R., Pasternak, H.:* Stahlbau. Braunschweig: Vieweg, 1999
*Gregor, A.:* Der praktische Stahlbau. Bd. 1: Berechnung der statisch bestimmten Tragwerke, Bd. 4: Trägerbau. Köln-Braunsfeld: Rudolf Müller, $^5$1972, $^6$1973
*Huth, H.:* Zum Einfluss der Nietnachgiebigkeit mehrreihiger Nietverbindungen auf die Lastübertragungs- und Lebensdauervorhersage. Fraunhofer-Institut für Betriebsfestigkeit (LBF), Darmstadt, Bericht Nr. FB-172 (1984)
*Kennel, E.:* Das Nieten im Stahl- und Leichtmetallbau. München: Hanser, 1951
Norm LN 29730: Nietrechnungswerte bei statischer Beanspruchung für Universal-Nietverbindungen (Luft- und Raumfahrt)
Norm LN 29731: Nietrechnungswerte bei statischer Beanspruchung für Senknietverbindungen (Luft- und Raumfahrt)
Norm DIN 29734 und DIN 29735: Nietrechnungswerte bei statischer Beanspruchung für Blindniete (Luft- und Raumfahrt)
*Petersen, Ch.:* Stahlbau. 3. Aufl. Braunschweig: Vieweg, 1997
*Schwarmann, L.:* Maßnahmen zur Lebensdauererhöhung von Passnietverbindungen. In: Verbindungstechnik 13 (1981), Heft 10, S. 41−45
*Thiele/Lohse:* Stahlbau. Teil 1. 23. Aufl., Teil 2, 18. Aufl., Stuttgart: Teubner, 1997
*Valtinat, G.:* Hochfeste Huck-Bolzen − ein neues Verbindungsmittel im Stahlbau. In: Drahtwelt 55 (1969), Heft 2, S. 96−103
*Valtinat, G.:* Untersuchungen zur Festlegung zulässiger Spannungen und Kräfte bei Niet-, Bolzen- und HV-Verbindungen aus Aluminiumlegierungen. In: Aluminium 47 (1971), Heft 12, S. 735−740
Verein Deutscher Eisenhüttenleute (Hrsg.): Stahl im Hochbau: Handbuch für die Anwendung von Stahl im Hoch- und Tiefbau. Bd. I, Teil 1, 15. Aufl. 1990; Bd. II, Teil 1, 14. Aufl. 1987; Bd. II, Teil 2. Düsseldorf: Stahleisen

## 7.9 Literatur und Bildquellenverzeichnis

Verein Deutscher Ingenieure (Hrsg.): Spektrum der Verbindungstechnik — Auswählen der besten Verbindungen mit neuen Konstruktionskatalogen. Düsseldorf: VDI, 1983 (VDI-Berichte 493)
*Volkersen, O.:* Die Nietkraftverteilung in zugbeanspruchten Nietverbindungen mit konstantem Laschenquerschnitt. In: Luftfahrtforschung 15 (1938), Heft 1/2
Schriften über Aluminiumkonstruktionen, Niete und Nietwerkzeuge folgender Firmen: Aluminium-Walzwerke Singen, Singen; Eduard Hueck, Lüdenscheid; VAW Leichtmetall, Bonn; Wieland-Werke, Ulm; Avdel, Langenhagen/Hannover; Bodmer, Küsnacht-Zürich; Dunkes, Kirchheim-Oetlingen; Gesipa-Blindniettechnik, Mörfelden-Walldorf; Gebr. Happich, Wuppertal/Elberfeld; Alfred Honsel, Fröndenberg/Ruhr; Gebr. Titgemeyer, Osnabrück; Unakerb, Amberg; Verbindungselemente Vertriebsgesellschaft, Fröndenberg/Ruhr; Weber & Ochsenfeld, Hüttental-Weidenau

J. & A. Erbslöh, Wuppertal: Bild 7-14b
Fichtel & Sachs, Schweinfurt: Bild 7-17a
Paul Kocher AG, Biel-Bienne 8 (Schweiz): Bild 7-17b
Schweizerische Aluminium AG, Zürich: Bild 7-14a

# 8 Schraubenverbindungen

## 8.1 Funktion und Wirkung

### 8.1.1 Aufgaben und Wirkprinzip

Die Schraube ist das am häufigsten und vielseitigsten verwendete Maschinen- und Verbindungselement, das gegenüber allen anderen in den weitaus verschiedenartigsten Formen hergestellt und genormt ist. Die Schraubenverbindung beruht auf der Paarung von Schraube bzw. Gewindestift mit Außengewinde und Bauteil mit Innengewinde (meist Mutter), wobei zwischen beiden Formschluss im Gewinde erzielt wird.
Im Gewinde, das als spiralförmige schiefe Ebene gedacht werden kann (s. Bild 8-1), erfolgt bei relativer Verdrehung von Schraube zur Mutter ein Gleiten der Zähne der Schraube auf den Zähnen der Mutter und damit eine Längsbewegung.
Je nach Nutzung dieser Schraubfunktion unterscheidet man:
*Befestigungsschrauben* für die Herstellung von Spannverbindungen. Hier führt die Drehbewegung der Schraube zum Verspannen von (meist) zwei Bauteilen, d. h. kinetische Energie wird in potentielle Energie umgewandelt. Die potentielle Energie kann für Funktionen wie z. B. Kompensierung eines wesentlichen Teiles der Betriebskraft in Schraubenlängsrichtung, Reibschluss zwischen zwei Kupplungshälften, Sicherung der Verbindung gegen Losdrehen, Abdichtung von Trennfugen genutzt werden.
*Bewegungsschrauben* zum Umwandeln von Drehbewegungen in Längsbewegungen bzw. zum Erzeugen großer Kräfte, z. B. bei Spindeln von Drehmaschinen (Leitspindeln), Ventilen, Spindelpressen, Schraubenwinden, Schraubstöcken und Schraubzwingen oder zum Umwandeln von Längsbewegungen in Drehbewegungen (technisch selten genutzt). Das Wirkprinzip entspricht damit dem eines Schraubgetriebes.
*Dichtungsschrauben* zum Verschließen von Einfüll- und Auslauföffnungen, z. B. bei Getrieben, Lagern, Ölwannen und Armaturen; *Einstellschrauben* zum Ausrichten von Geräten und Instrumenten, zum Einstellen von Ventilsteuerungen u. a.; ferner *Messschrauben, Spannschrauben* (Spannschloss) u. a.

### 8.1.2 Gewinde

**1. Gewindearten**

Das Gewinde ist eine profilierte Einkerbung, die längs einer um einen Zylinder gewundenen Schraubenlinie verläuft (Bild 8-1).

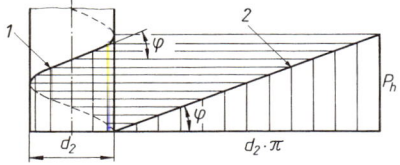

**Bild 8-1**
Entstehung der Schraubenlinie.
**1** Schraubenlinie
**2** abgewickelte Schraubenlinie

# 8.1 Funktion und Wirkung

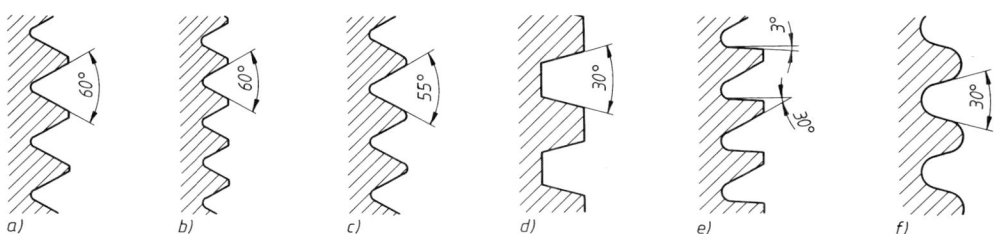

**Bild 8-2** Grundformen der gebräuchlichsten Gewinde.
a) metrisches Gewinde, b) metrisches Feingewinde, c) Whitworth-Rohrgewinde, d) Trapezgewinde, e) Sägengewinde, f) Rundgewinde

Die Art des Gewindes wird durch die Profilform, z. B. Dreieck oder Trapez (Bild 8-2), die Steigung, die Gangzahl (ein- und mehrgängig) und den Windungssinn der Schraubenlinie (rechts- und linksgängig) bestimmt. Begriffe und Definitionen für zylindrische Gewinde sind in DIN 2244 festgelegt.
Die gebräuchlichsten Gewindearten (DIN 202 Gewinde; Übersicht) sind:

1. *Metrisches ISO-Gewinde:* Grundprofil und Fertigungsprofil mit Flankenwinkel 60° (Bild 8-2a und b) sind in DIN 13 T19 festgelegt. Je nach Größe der Steigung unterscheidet man Regel- und Feingewinde.
   *Regelgewinde*, DIN 13 T1: Durchmesserbereich 1 ... 68 mm mit (grober) Steigung 0,25 ... 6 mm. Vorzugsweise angewendet bei Befestigungsschrauben und Muttern aller Art. Abmessungen s. TB 8-1.
   *Feingewinde*, DIN 13 T2 bis 11: Durchmesserbereich 1 ... 1000 mm, geordnet nach Steigungen 0,2 ... 8 mm. Allgemein genügt eine Auswahl nach DIN 13 T12, mit Durchmesserbereich 8 ... 300 mm und zugeordneten Steigungen 1 ... 6 mm. Die hiervon vorzugsweise verwendeten Gewinde mit Hauptabmessungen enthält TB 8-2. Anwendung bei einigen Schrauben und Muttern, besonders bei größeren Abmessungen und hohen Beanspruchungen, bei dünnwandigen Teilen, Gewindezapfen von Wellenenden, bei Mess-, Einstell- und Dichtungsschrauben.

2. *Rohrgewinde* für nicht im Gewinde dichtende Verbindungen, DIN ISO 228: Zylindrisches Innen- und Außengewinde zur mechanischen Verbindung der Teile von Fittings, Hähnen usw. Gewindebezeichnung entspricht der Nennweite (Innendurchmesser) der Rohre in Zoll: G1/16 ... G6 (Nennweite 3 ... 150 mm), Flankenwinkel 55° (Bild 8-2c). Wenn solche Verbindungen druckdicht sein müssen, so kann das erreicht werden durch das Gegeneinanderpressen zweier Dichtflächen außerhalb der Gewinde und, wenn notwendig, durch das Zwischenlegen geeigneter Dichtungen. Whitworth-Rohrgewinde mit zylindrischem Innen- und Außengewinde nach DIN 259 T1 sollen nicht für Neukonstruktionen verwendet werden und sind durch DIN ISO 228, mit geändertem Kurzzeichen, zu ersetzen.
   Für druckdichte Verbindungen bei Rohren, Fittings, Armaturen, Gewindeflanschen usw. wird nach DIN 2999 (R1/16 ... R6) und DIN 3858 (R1/8 ... R1½) die Paarung eines kegeligen Außengewindes (Kegel 1:16) mit einem zylindrischen Innengewinde verwendet. Dabei ist ein Dichtmittel im Gewinde (Hanf oder PTFE-Band) zu benutzen.

3. *Metrisches ISO-Trapezgewinde*, DIN 103: Durchmesserbereich 8 ... 300 mm, wobei jedem Durchmesser bis 20 mm zwei, über 20 mm drei verschieden große Steigungen zugeordnet sind. Gewinde kann ein- oder mehrgängig sein. Flankenwinkel 30° (Bild 8-2d). Bevorzugtes Bewegungsgewinde z. B. für Leitspindeln von Drehmaschinen, Spindeln von Pressen, Ventilen, Schraubstöcken u. dgl. Abmessungen der Vorzugsreihe, s. TB 8-3.
   Flache metrische Trapezgewinde, DIN 380, sind höher belastbar und werden z. B. im Großschieberbau und bei Schraubzwingen verwendet. Trapezgewinde mit Spiel für Bremsspindeln, DIN 263, und gerundete Trapezgewinde für Federspannschrauben, DIN 30 295, finden bei Schienenfahrzeugen Anwendung.

4. *Metrisches Sägengewinde*, DIN 513: Durchmesserbereich 10...640 mm bei Steigungen 2...44 mm. Teilflankenwinkel der tragenden Flanke 3° und der Spielflanke 30° (Bild 8-2e). Gegenüber dem Trapezgewinde höhere Tragfähigkeit durch größeren Radius am Gewindegrund und größere Flankenüberdeckung, geringeres Reibungsmoment und kleinere radiale „Sprengwirkung" im Muttergewinde durch kleineren Teilflankenwinkel von nur 3°, kein Sperren beim Verkanten, da Durchmesser- statt Flankenzentrierung. Axialspiel $a = 0,1 \cdot \sqrt{P}$ ($P$ = Steigung). Anwendung als ein- oder mehrgängiges Bewegungsgewinde bei hohen einseitigen Belastungen, z. B. bei Hub- und Druckspindeln.

Sägengewinde 45°, DIN 2781, im Durchmesserbereich 100...1250 mm für größte Kräfte bei hydraulischen Pressen. Durch Teilflankenwinkel der tragenden Flanke von 0° wird jegliche radiale „Sprengwirkung" in den meist zweiteiligen Muttern vermieden.

5. *Rundgewinde*, DIN 405: Durchmesserbereich 8...200 mm bei $1/10''...1/4''$ Steigung, Flankenwinkel 30° (Bild 8-2f).

Fast keine Kerbwirkung aber nur geringe Flankenüberdeckung ($= 0{,}0835 \times$ Steigung!). Reichlich vorhandenes Fuß- und Kopfspiel lassen starke Verschmutzung zu. Anwendung als Bewegungsgewinde bei rauhem Betrieb, z. B. Kupplungsspindeln von Eisenbahnwagen.

Rundgewinde, DIN 15 403, als Befestigungsgewinde mit größerer Flankenüberdeckung und einem Traganteil der Flankenflächen von mindestens 50% zur dauerfesten Verbindung von Lasthaken und Lasthakenmuttern.

6. Sonstige Gewindearten: *Stahlpanzerrohr-Gewinde*, DIN 40 430, Flankenwinkel 80°, Anwendung in der Elektrotechnik (Rohrverschraubungen). *Elektrogewinde* (früher Edison-Gewinde), DIN 40 400, Anwendung in der Elektrotechnik, z. B. für Lampenfassungen und Sicherungen. Ferner *Spezialgewinde*, z. B. für Blechschrauben, Porzellankappen und Gasflaschen.

## 2. Gewindebezeichnungen

Die abgekürzten Gewindebezeichnungen (Kurzbezeichnungen) sind in den betreffenden Normblättern angegeben und in DIN 202 zusammengefasst. Die Kurzbezeichnung setzt sich normalerweise zusammen aus dem Kennbuchstaben für die Gewindeart und der Maßangabe für den Nenndurchmesser. Zusatzangaben für Steigung oder Gangzahl, Toleranz, Mehrgängigkeit, Kegeligkeit und Linksgängigkeit sind gegebenenfalls anzufügen.

*Beispiele:*

Metrisches ISO-Regelgewinde mit 16 mm Nenn-(gleich Außen-)durchmesser: M16.

Metrisches ISO-Feingewinde mit 20 mm Nenndurchmesser und 2 mm Steigung: M20 × 2.

Metrisches ISO-Trapezgewinde mit 36 mm Nenndurchmesser und 6 mm Steigung: Tr36 × 6; das gleiche Gewinde, zweigängig: Tr36×12P6, worin 12 die Steigung eines Gewindeganges und 6 die Teilung (gleich Abstand der Gewindegänge, gleich Steigung bei eingängigem Gewinde) in mm bedeuten; die Gangzahl ist durch den Quotienten 12/6 = 2 gegeben.

Besondere Anforderungen oder Ausführungen werden durch Ergänzungen zum Kennzeichen angegeben, z. B. für gas- und dampfdichtes Gewinde: M20 dicht, für linksgängiges Gewinde: M30-LH (LH = Left-Hand als internationale Kurzbezeichnung für Linksgewinde).

## 3. Geometrische Beziehungen

Bei der Abwicklung der Schraubenlinie (Bild 8-1) ergibt sich der *Steigungswinkel* φ, bezogen auf den Flankendurchmesser $d_2$ aus:

$$\tan \varphi = \frac{P_h}{d_2 \cdot \pi} \qquad (8.1)$$

$P_h$  Gewindesteigung (gleich Axialverschiebung bei einer Umdrehung)
$d_2$  Flankendurchmesser aus Gewindetabellen, z. B aus TB 8-1 bis TB 8-3

Bei mehrgängigem Gewinde wird die Steigung $P_h = n \cdot P$, wobei $n$ die Gangzahl und $P$ die Teilung des Gewindes bedeuten.

## 8.1.3 Schrauben- und Mutternarten

### 1. Schraubenarten

Die Schrauben unterscheiden sich im wesentlichen durch die Form des Kopfes, welche durch die Art des Kraftangriffs der Schraubwerkzeuge bedingt ist. Als günstige Antriebsformen haben sich bei Außenangriff Sechskant, Vierkant und Zwölfzahn und bei Innenangriff Innensechskant, Innenzwölfzahn, Kreuzschlitz (bis M10) und Schlitz (bis M5) erwiesen.
Schrauben mit ausreichend belastbarem Innenangriff (z. B. Innensechskant) erreichen die kleinsten Kopfdurchmesser und ermöglichen bei ausreichender Festigkeit der zu verspannenden Bauteile die leichteste Bauweise.
Manche Schrauben sind für Sonder- und Zusatzfunktionen ausgelegt. Dazu zählen z. B. gewindefurchende oder gewindebohrende Schrauben oder Schrauben mit Vierkantansatz oder Nase, die ein Mitdrehen beim Anziehen verhindern.
Eine ausführliche Aufzählung aller marktgängiger Schrauben ist hier nicht möglich. TB 8-5 erlaubt einen Überblick über die wesentlichen genormten Schraubenarten. Die zu den Bildern gesetzten Nummern sind die DIN- bzw. ISO-Hauptnummern der betreffenden DIN- bzw. DIN-EN-Normen. Nachfolgend sollen einige gebräuchliche Schraubenarten mit entsprechenden Hinweisen auf Werkstoffe, Ausführungen und Verwendung etwas genauer beschrieben werden.

1. *Sechskantschrauben* nach DIN EN 24014 und DIN EN 24017 (Gewinde annähernd bis Kopf), beide mit Regelgewinde, sowie entsprechend nach DIN EN 28765 und DIN EN 28676, jedoch mit Feingewinde, Produktklassen A und B, normal mit Telleransatz, Festigkeitsklassen 5.6, 8.8, 10.9, sind die im allgemeinen Maschinenbau meist verwendeten Schrauben. Schrauben nach DIN EN 24016 und DIN EN 24018 (Gewinde annähernd bis Kopf), beide mit Regelgewinde, Produktklasse C, Festigkeitsklasse 3.6, 4.6 und 4.8 werden im Blech- und Stahlbau bei geringen Anforderungen verwendet. Sechskant-Passschrauben nach DIN 609 und DIN 610 mit langen bzw. kurzen Gewindezapfen, Produktklassen A und B und Festigkeitsklasse 8.8, mit Schaft mit Toleranzklasse k6 (für Bohrung H7) dienen zur Lagesicherung von Bauteilen und Aufnahme von Querkräften. Die Hauptabmessungen der Schrauben nach DIN EN 24014 und DIN EN 24017 enthält TB 8-8.

2. *Zylinderschrauben* mit Innensechskant nach DIN EN ISO 4762 mit hohem Kopf, Festigkeitsklasse 8.8, 10.9 und 12.9, nach DIN 6912 und 7984 mit niedrigem Kopf mit bzw. ohne Schlüsselführung, Festigkeitsklasse 8.8, alle Produktklasse A, werden verwendet für hochbeanspruchte Verbindungen bei geringem Raumbedarf. Bei versenktem Kopf ergeben sie ein gefälliges Aussehen, ggf. können Schutzkappen gegen Verschmutzung und Korrosion vorgesehen werden (Hauptabmessungen s. TB 8-9).

3. *Zylinder- und Flachkopfschrauben* nach DIN EN ISO 1207 und 1580, *Senk- und Linsensenkschrauben* mit Schlitz nach DIN EN ISO 2009 und 2010 oder entsprechend mit Kreuzschlitz nach DIN EN ISO 7046 (oder DIN 7987) und DIN EN ISO 7047 (DIN 7988), alle meist mit Regelgewinde, Produktklasse A und Festigkeitsklassen 4.8, 5.8, 8.8, A2-70 und CuZn-Leg., werden vielseitig im Maschinen-, Fahrzeug-, Apparatebau u. dgl. verwendet.

4. *Stiftschrauben* nach DIN 835 und DIN 938 bis 940, Produktklasse A, Festigkeitsklassen 5.6, 8.8 und 10.9, werden verwendet, wenn häufigeres Lösen der Verbindung erforderlich ist bei größtmöglicher Schonung von kaum ersetzbaren Innengewinden in Bauteilen, z. B. bei Gehäuseteilen von Getrieben, Turbinen, Motoren und Lagern. Kräftiges Verspannen des Einschraubendes verhindert ein Mitdrehen beim Anziehen und Lösen der Mutter. Die Länge des Einschraubendes $l_e$ richtet sich nach dem Werkstoff, in den es eingeschraubt wird: $l_e \approx d$ bei Stahl und Stahlguss (Schrauben DIN 938), $l_e \approx 1,25 \cdot d$ bei Gusseisen und Cu-Leg. (Schrauben DIN 939), $l_e \approx 2 \cdot d$ bei Al-Leg. (Schrauben DIN 835), $l_e \approx 2,5 \cdot d$ bei Leichtmetallen (Schrauben DIN 940).

5. *Gewindestifte* mit Schlitz nach DIN EN 27434, 27435, 27436 und 24766 (Produktklasse A, Festigkeitsklassen 14H und 22H) oder mit Innensechskant nach DIN 913 bis 916 (A2-70, 45H) werden mit verschiedenen Enden ausgeführt (Spitze, Zapfen, Ringschneide, Kegelkuppe) und dienen hauptsächlich zur Lagesicherung von Bauteilen, z. B. von Radkränzen, Bandagen, Lagerbuchsen u. dgl.

## 2. Mutternarten

Durch die Verwendung von Muttern können Durchsteckverschraubungen ausgeführt werden. Bedingt durch ihre Form ist bei Muttern nur ein Antrieb von außen möglich (z. B. Sechskant und Vierkant). Ein Versagen der Schraubenverbindung kann durch Bruch der Schraube oder durch Abstreifen des Gewindes der Mutter und/oder der Schraube auftreten. Das Abstreifen des Gewindes tritt allmählich ein, ist daher im Vergleich zum Bruch der Schraube schwierig festzustellen und führt zu der Gefahr, dass teilweise unbrauchbar gewordene Teile in den Verbindungen verbleiben. Schraubenverbindungen werden deshalb so ausgelegt, dass ein Versagen nur durch Bruch der Schraube auftritt. Die kritische Mutterhöhe genormter, voll belastbarer Muttern ist $m \geq 0{,}9d$ (vgl. Einschraublängen nach TB 8-15). Eine festigkeitsmäßig sichere Zuordnung von Schraube und Mutter ist gegeben, wenn die Festigkeitsklasse der Mutter der ersten Zahl der Festigkeitsklasse der Schraube entspricht (z. B. Mutter 10, Schraube 10.9). Eine Auswahl der wichtigsten genormten Muttern zeigt TB 8-6. Einige gebräuchliche Mutternarten werden nachfolgend noch etwas genauer beschrieben.

1. Voll belastbare *Sechskantmuttern* Typ 1, DIN EN 24032 (Produktklassen A und B, Festigkeitsklassen 6, 8 und 10) und DIN EN 24034 (C, 4 und 5), sowie niedrige Sechskantmuttern DIN EN 24035 (A und B, 04 und 05) werden zusammen mit Sechskantschrauben (Durchsteckschrauben) am häufigsten verwendet.
2. Hohe und niedrige *Vierkantmuttern*, DIN 557 und 562, werden vorwiegend mit Flachrund- oder Sechskantschrauben mit Vierkantansatz (Schlossschrauben) zum Verschrauben von Holzteilen benutzt.
3. *Hutmuttern*, DIN 917 und 1587 (hohe Form), schließen die Verschraubung nach außen dicht ab, verhindern Beschädigungen des Gewindes und schützen vor Verletzungen.
4. Für häufig zu lösende Verbindungen, z. B. im Vorrichtungsbau, kommen *Flügelmuttern*, DIN 315, und *Rändelmuttern*, DIN 466 und 467, in Frage.
5. *Nut- und Kreuzlochmuttern*, DIN 1804 und 1816, mit Feingewinde dienen vielfach zum Befestigen von Wälzlagern auf Wellen.
6. *Ringmuttern*, DIN 582, werden wie Ringschrauben als Transportösen verwendet.
7. Für Sonderzwecke, z. B. als versenkte Muttern, können *Schlitz- und Zweilochmuttern*, DIN 546 und 547, benutzt werden.

## 3. Sonderformen von Schrauben, Muttern und Gewindeteilen

Neben den genormten „normalen" Schrauben und Muttern seien noch einige in der Praxis häufig verwendete Sonderformen beschrieben.

1. *Dehnschrauben* aus hochfestem Stahl in verschiedenen Ausführungen werden insbesondere bei hohen dynamischen Belastungen verwendet (Bild 8-6, Zeile 5 und 6).
2. Sicherungsschrauben und -muttern mit Verriegelungszähnen oder -rippen an der Auflagefläche (Bild 8-3a und b). Sie können das innere Losdrehmoment blockieren und so zuverlässig gegen selbsttätiges Losdrehen sichern.
3. *Ensat-Einsatzbüchsen* (Bild 8-3c und d) sind Büchsen aus Stahl oder Messing mit Innen- und Außengewinde, die dauerhafte Verschraubungen mit Werkstücken aus Leichtmetall, Plasten oder Holz ermöglichen. Sie schneiden sich mit den scharfen Kanten der Schlitze (oder Querbohrungen) selbst ihr Gewinde in die vorgebohrten Löcher. Sie werden auch für Reparaturen (ausgerissene Gewindelöcher) und häufig zu lösende Schrauben verwendet. Bild 8-3e und f zeigen Einbaubeispiele. Für Holz auch Einschraubmuttern nach DIN 7965.
4. Ähnlich wie die Einsatzbüchse wird die Gewindespule *Heli Coil* angewendet. Die wie eine Schraubenfeder aus Stahl- oder Bronzedraht mit Rhombusquerschnitt gewundene Spule wird in ein mit Spezial-Gewindebohrern gefertigtes Gewinde eingedreht. Innen ergibt sich dann ein normales Gewinde (Bild 8-3g). Als Vorteile sind zu nennen: Abriebfestes Gewinde mit reduzierter Reibung, erhöhte Belastbarkeit sowie Beständigkeit gegen korrosive und thermische Einflüsse, geringes Bauvolumen; ermöglicht Reparatur defekter Gewinde noch dort, wo die umgebende Wand für Ensatbüchsen zu dünn ist.

8.1 Funktion und Wirkung

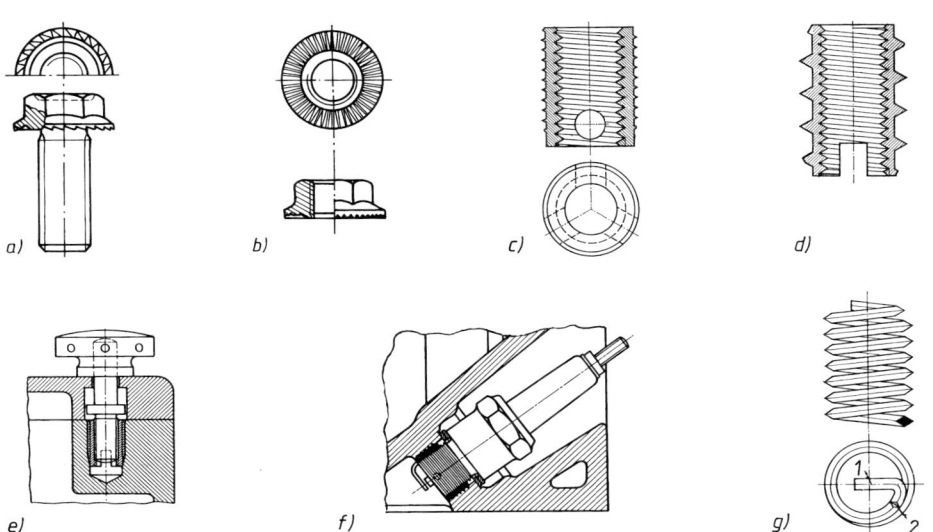

**Bild 8-3** Sonderformen. a) Sperrzahnschraube, b) Sperrzahnmutter, c) und d) Ensat-Einsatzbüchsen für metallische Werkstoffe und für Holz, e) und f) Einbau von Einsatzbüchsen in einer Vorrichtung und zur Aufnahme einer Zündkerze, g) Heli-Coil-Gewindeeinsatz (**1** Mitnehmerzapfen zum Eindrehen, **2** Bruchkerbe)

## 4. Bezeichnung genormter Schrauben und Muttern

Für den Aufbau der Bezeichnung genormter Schrauben und Muttern gilt das Schema nach Bild 8-4. Es ist noch nicht bei allen bestehenden Normen eingehalten, wird sich aber auf längere Sicht auch bei bereits vorhandenen Bezeichnungen durchsetzen.

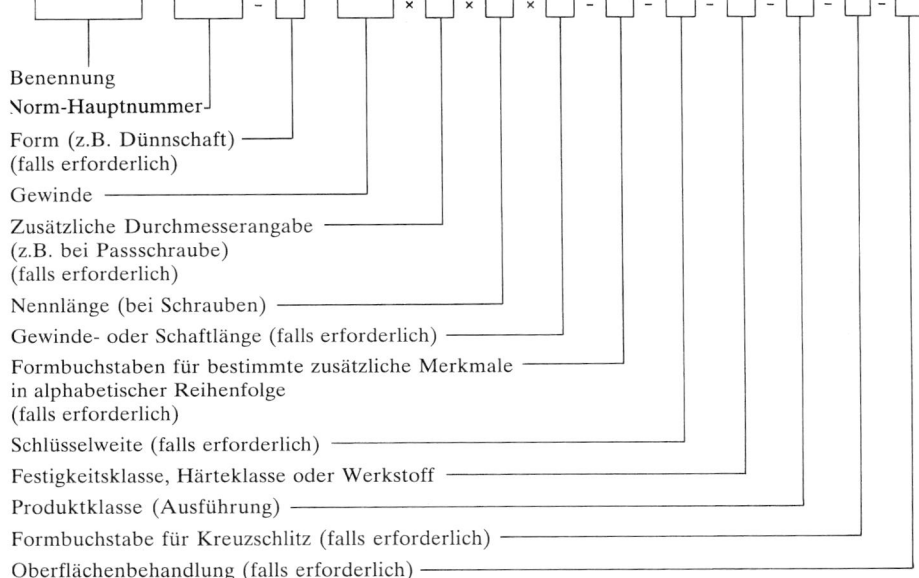

**Bild 8-4** Schema der Bezeichnung genormter Schrauben und Muttern nach DIN 962

Neben dem Bezeichnungssystem für Schrauben und Muttern sind in DIN 962 auch zusätzliche Formen für Schrauben, speziell für Schraubenenden aufgeführt. Die Norm ergänzt damit die bestehenden Produktnormen.
*Bezeichnungsbeispiel* einer Sechskantschraube nach DIN EN 24014 mit Gewinde M12, Nennlänge 50 mm, aus Stahl mit Festigkeitsklasse 8.8:
Sechskantschraube ISO 4014 − M12 × 50 − 8.8
*Bezeichnungsbeispiel* mit zusätzlichen Bestellangaben nach DIN 962:
Sechskantschraube ISO 4014 − B M12 × 50 − KSk To − 8.8 − B
Es bedeuten: B Schaftdurchmesser ≈ Flankendurchmesser, K mit Kegelkuppe, Sk mit Sicherungsloch im Kopf, To ohne Tellersatz, B Produktklasse
*Bezeichnungsbeispiel* einer Sechskantmutter nach DIN EN 24032, Typ 1, mit Gewinde M12, Festigkeitsklasse 8:
Sechskantmutter ISO 4032 − M12 − 8

### 8.1.4 Scheiben und Schraubensicherungen

Diese mitverspannten Elemente sind als „Zubehörteile für Schraubenverbindungen" überwiegend genormt. Eine Zusammenstellung und bildliche Darstellung der nachfolgend beschriebenen Elemente findet sich in TB 8-7.

**1. Scheiben**

Zwischen den Schraubenkopf bzw. die Mutter und die Auflagefläche werden Scheiben gelegt, wenn der Werkstoff der verschraubten Teile sehr weich oder deren Oberfläche rau und unbearbeitet ist oder auch, wenn diese z. B. poliert oder vernickelt ist und nicht beschädigt werden soll. Für Sechskantschrauben und -muttern bzw. Zylinderschrauben bis Festigkeitsklasse 8.8 verwendet man weiche Scheiben (bis Härte 250 HV) in Produktklasse A nach DIN 125 T1 (Form A: ohne Fase, Form B: mit Außenfase) bzw. DIN 433 T1 und bei höherer Flächenpressung harte Scheiben (ab Härte 300 HV) nach DIN 125 T2 (Form A: ohne Außen-, mit Innenfase, Form B: mit Innen- und Außenfase) bzw. nach DIN 433 T2. Vorzugsweise für Sechskantschrauben und -muttern der Produktklasse C reichen weiche Scheiben nach DIN 126 (Härteklasse 100 HV, Produktklasse C) aus. Für Holzverbindungen werden *Vierkant-* oder *runde Scheiben* mit großem Außendurchmesser, DIN 436 und 440, benutzt. Zum Ausgleich der Schrägflächen bei Flanschen von U-, I-Trägern dienen *Vierkantscheiben*, DIN 434 bzw. 435. Die Scheiben für U-Stähle sind durch zwei Rillen, die Scheiben für I-Träger durch eine Rille in der Auflagefläche für den Schraubenkopf bzw. die Mutter gekennzeichnet. Bei Sechskantschrauben für Stahlkonstruktionen (DIN 7968 und 7990) werden *dicke Scheiben* nach DIN 7989 verwendet (s. unter 8.4.2). Für Schraubenverbindungen mit Spannhülse (Bild 9-28 unter Kapitel „Bolzen- und Stiftverbindungen") sind Scheiben mit großem Außendurchmesser nach DIN 7349 vorgesehen.
*Bezeichnungsbeispiel* einer harten Scheibe nach DIN 125 T2 für Sechskantschrauben M16, Form A (ohne Außen-, mit Innenfase), Nenngröße 17 (Lochdurchmesser) und Härteklasse 300 HV:
Scheibe DIN 125 − A17 − 300 HV (s. auch Bild 8-4).

**2. Schraubensicherungen**

Schraubensicherungen sollen die Funktion einer Schraubenverbindung unter beliebig lange wirkender Beanspruchung erhalten. Von der Art der Ausführung und Belastung der Verbindung hängt es ab, ob eine besondere Sicherung notwendig und welche zweckmäßig ist. Aus der Vielzahl gebräuchlicher, meist genormter Sicherungselemente werden die wichtigsten genannt und entsprechend ihrer Funktion in fünf Gruppen zusammengefasst.
*Mitverspannte federnde Sicherungselemente* wirken durch ihre meist axiale Federung, wie z. B. Federringe nach DIN 128, Zahnscheiben nach DIN 6797, Federscheiben nach DIN 137 sowie Spannscheiben nach DIN 6796 bzw. für Kombischrauben nach DIN 6908.
*Formschlüssige Sicherungselemente* sind solche, die durch ihre Form bzw. Verformung den Schraubenkopf oder die Mutter festlegen. Man unterscheidet *nicht mitverspannte* Sicherungen

wie Kronenmuttern mit Splint oder Stift nach DIN 935, 937, 979 (TB 8-6), Drahtsicherungen oder Legeschlüssel und *mitverspannte* Sicherungen wie Sicherungsbleche nach DIN 93 mit Lappen, nach DIN 432 mit Außennase, nach DIN 462 mit Innennase, nach DIN 463 mit 2 Lappen sowie nach DIN 70 952 für Nutmuttern.

*Kraftschlüssige (klemmende) Sicherungselemente* üben beim Verschrauben eine zusätzliche axiale oder radiale Anpresskraft auf die Gewindeflanken aus und bewirken dadurch einen erhöhten Reibungsschluss (Klemmmoment). Hierzu zählen z. B. selbstsichernde Ganzmetallmuttern nach DIN EN ISO 7040 und DIN 6925 mit an 3 Punkten nach innen verformtem Kragen, Sechskantmuttern mit Klemmteil mit nichtmetallischem Einsatz nach DIN EN ISO 7042, 10511, DIN 986 und 6924 für Temperaturen bis 120 °C (TB 8-6). Der *Kraftschluss* kann *nachträglich erzeugt* werden mit Gegenmutter (Kontermutter), wobei die äußere Mutter stärker als die innere festgedreht werden muss, sowie mit Sicherungsmuttern nach DIN 7967 aus Federstahl.

*Sperrende Sicherungselemente* verhindern das Losdrehen durch eine Verzahnung. Bei der Sperrzahnschraube z. B. verhindert ein glatter, innen liegender Telleransatz stärkeres Setzen, während sich die am federnden Außenrand angeordneten radialen Verriegelungszähne in den Gegenwerkstoff eingraben und so gegen ein selbsttätiges Losdrehen der Schraube sperren (Bild 8-3a). Für weiche und empfindliche Oberflächen, bei dünnen Blechen oder gehärtetem Gegenwerkstoff finden gleichartige Federkopfschrauben mit abgerundeten Rippen oder flachen Verriegelungszähnen Verwendung (z. B. Verbus-Ripp- oder Durlok-Schrauben).

*Stoffschlüssige Sicherungselemente* lassen sich durch Verkleben der Gewinde herstellen. Der Klebstoff wird entweder bei der Montage flüssig aufgetragen oder in Mikrokapseln eingeschlossen bereis beim Schraubenhersteller aufgebracht. Die Kapseln bersten während des Einschraubvorganges und geben den Kleber frei. Zu beachten ist, dass die volle Sicherungswirkung erst nach ca. 24 Stunden erreicht wird und bei Betriebstemperaturen über 100 °C verloren geht.

Im Großmaschinen- und Stahlbau werden Schraubenverbindungen auch durch Verformung des Gewindeüberstandes (Meißelhieb) oder durch Schweißpunkte gesichert.

*Wegen der zweckmäßigen Anwendung, des Betriebsverhaltens und der Wirksamkeit der verschiedenen Sicherungselemente, insbesondere unter dynamischer Belastung, s. unter 8.3.10-3 und TB 8-16.*

## 8.1.5 Herstellung, Werkstoffe und Festigkeiten der Schrauben und Muttern

### 1. Herstellung

Für die Herstellung kommen in Frage die spanende Formung und die Kalt- oder Warmumformung. Bei Schrauben ergeben kalt geformte, gerollte Gewinde gegenüber geschnittenen wesentliche Vorteile: höhere Dauerhaltbarkeit, glattere Oberfläche, wirtschaftlichere Fertigung.

Um die Austauschbarkeit von Schrauben und Muttern zu gewährleisten, sind nach DIN 13 T14 und T15 (abgestimmt mit ISO 965/1), Toleranzen für die Abmessungen der Bolzen- und Muttergewinde festgelegt. Vorgesehen sind drei Toleranzklassen: „fein" für Präzisionsgewinde, „mittel" für allgemeine Verwendung und „grob" für Gewinde ohne besondere Anforderungen. Diesen Toleranzklassen sind in Abhängigkeit von Einschraubgruppen bestimmte Toleranzqualitäten und -lagen zugeordnet, wobei auch etwaige galvanische Schutzschichten berücksichtigt sind. Näheres s. Normblätter.

Für Gewinde handelsüblicher Schrauben und Muttern sind Toleranzangaben normalerweise nicht erforderlich.

### 2. Werkstoffe und Festigkeiten

Die Mindestanforderungen an Güte, die Prüfung und Abnahme der Schrauben und Muttern sind in den technischen Lieferbedingungen nach DIN 267 T1 bis T28 festgelegt und beziehen sich auf die fertigen Teile ohne Rücksicht auf Herstellungsverfahren und Aussehen.

Für die Güte der Schrauben und Muttern sind maßgebend:
1. *die Ausführung*, gekennzeichnet durch die Produktklassen A (bisher mittel), B (bisher mittelgrob) und C (bisher grob), wodurch maximale Rautiefen der Oberflächen (Auflage-, Gewinde-, Schlüsselflächen usw.), zulässige Toleranzen (Längenmaße, Kopfhöhen, Schlüsselweiten usw.) sowie Mittigkeit und Winkligkeit festgelegt sind.

2. *die Festigkeitsklasse* für Schrauben und Muttern aus Stahl bis 39 mm Gewindedurchmesser, bei Schrauben gekennzeichnet durch zwei mit einem Punkt getrennte Zahlen. Die erste Zahl (Festigkeitskennzahl) gibt 1/100 der Mindest-Zugfestigkeit $R_\mathrm{m}$ in N/mm², die zweite das 10-fache des Streckgrenzenverhältnisses $R_\mathrm{eL}/R_\mathrm{m}$ bzw. $R_{\mathrm{p}0,2}/R_\mathrm{m}$ an. Für die Festigkeitsklasse, z. B. 5.6, bedeutet die 5: $R_\mathrm{m}/100 = 500/100 = 5$, die 6: $10 \cdot R_\mathrm{eL}/R_\mathrm{m} = 10 \cdot 300/500 = 6$. Das zehnfache Produkt beider Zahlen ergibt die Mindest-Streckgrenze $R_\mathrm{eL}$ in N/mm², also $10 \cdot 5 \cdot 6 = 300\,\mathrm{N/mm^2} = R_\mathrm{eL}$.

*Muttern* werden nach ihrer *Belastbarkeit* in 3 Gruppen eingeteilt:
  a) Muttern für Schraubenverbindungen mit *voller Belastbarkeit* (z. B. DIN EN 24 032, DIN 935). Das sind Muttern mit Nennhöhen $m \geq 0{,}85d$ und Schlüsselweiten bzw. Außendurchmesser $\geq 1{,}45d$. Sie werden mit einer Zahl gekennzeichnet, die 1/100 der auf einen gehärteten Prüfdorn bezogenen Prüfspannung in N/mm² angibt. Diese Prüfspannung ist gleich der Mindestzugfestigkeit einer Schraube, mit der die volle Haltbarkeit erreicht wird, ohne dass die Mutter abstreift.
  b) Muttern für Schraubenverbindungen mit *eingeschränkter Belastbarkeit* (z. B. DIN EN 24 035 und 28 675). Ihre Nennhöhen betragen $m = 0{,}5d \ldots 0{,}8d$. Sie erhalten als Kennzahl ebenfalls die auf den gehärteten Prüfdorn bezogene Prüfspannung. Eine vorangestellte Null weist darauf hin, dass die Gewindegänge vor Erreichen dieser Prüfspannung abstreifen können. Genormt sind die Festigkeitsklassen 04 und 05.
  c) Muttern für Schraubenverbindungen *ohne festgelegte Belastbarkeit* (z. B. DIN 936 über M18). Sie werden mit einer Zahlen-Buchstabenkombination bezeichnet, wobei die Zahl für 1/10 der Mindesthärte nach Vickers und der Buchstabe H für Härte steht. Genormt sind die Festigkeitsklassen 11H, 14H, 17H und 22H.

Für auf Druck beanspruchte Teile mit Gewinde, wie zum Beispiel Gewindestifte nach DIN 551 oder DIN 913, gelten im Prinzip die gleichen Festigkeitsklassen (Härteklassen) wie für Muttern ohne festgelegte Belastbarkeit. Vorgesehen sind die Festigkeitsklassen 14H, 22H, 33H und 45H.

Genormte Festigkeitsklassen, Werkstoffe und mechanische Eigenschaften von Schrauben aus Stahl sind in TB 8-4 zusammengestellt.

Bei der Paarung von Schrauben und Muttern gleicher Festigkeitsklasse (vgl. TB 8-4) entstehen Schraubenverbindungen, bei denen die Muttern an die Haltbarkeit der Schrauben angepasst sind. Dabei können Muttern höherer Festigkeitsklasse im Allgemeinen für Schrauben niedrigerer Festigkeitsklasse verwendet werden.

Sechskant-, Innensechskant- und Stiftschrauben ab 5 mm Gewindedurchmesser und ab Festigkeitsklasse 8.8 (Muttern ab Festigkeitsklasse 6) sind mit dem Kennzeichen der Festigkeitsklasse und einem Herstellerzeichen zu kennzeichnen.

Verbindungselemente aus *rost- und säurebeständigen Stählen* werden mit einer vierstelligen Buchstaben- und Ziffernfolge bezeichnet. Der Buchstabe bezeichnet die Werkstoffgruppe (A, C bzw. F für austenitische, martensitische bzw. ferritische Stähle), die erste Ziffer den Legierungstyp und die beiden angehängten Ziffern die Festigkeitsklasse; z. B. A2-70: austenitischer Stahl, kalt verfestigt, Zugfestigkeit mindestens 700 N/mm².

Außer Stahl kommen für einige Schrauben- und Mutternarten, z. B. Schlitzschrauben, auch Kupfer-Zink-Legierungen (z. B. CU2 $\cong$ CuZn37), Aluminiumlegierungen (z. B. AL4 $\cong$ AlCuMg1) und thermoplastische Kunststoffe in Frage.

## 8.2 Gestalten und Entwerfen

### 8.2.1 Gestaltung der Gewindeteile

Bei der Gestaltung einfacher Gewindeteile und -elemente stehen fertigungstechnische Belange im Vordergrund. Einige grundsätzliche Gestaltungsregeln zeigt Bild 8-5.

## 8.2 Gestalten und Entwerfen

| Zeile | ungünstig | günstig | Hinweise |
|---|---|---|---|
| 1 | 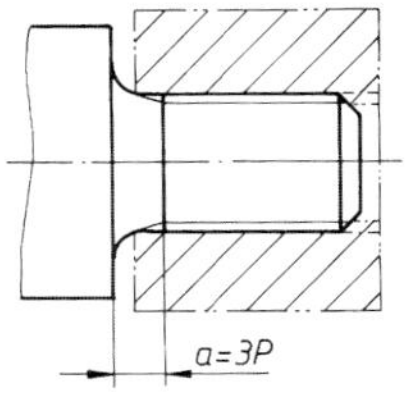 a) $a=3P$ | 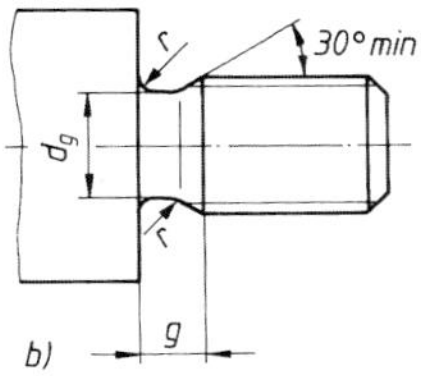 b) 30° min, $d_g$, $g$ <br> Metrische Gewinde: <br> $r = 0{,}5\,P$ <br> $g = 3{,}5\,P\ (2{,}5\,P)$ <br> $d_g = d_3 - 0{,}3\,P$ <br> ($P$ = Steigung, $d_3$ = Kern-Ø) | Gewindefreistiche (Hinterdrehungen) nach DIN 76 [1)] erlauben ein vollständiges Einschrauben bis zur Anlagefläche ohne Ansenkung des Muttergewindes (b). Die max. Breiten $a = 3\,P$ und $g = 3{,}5\,P$ (Regelfall) berücksichtigen die Möglichkeit einer wirtschaftlichen Gewindefertigung mit üblichen Werkzeugen (Walzbacken, Rollköpfe). |
| 2 | 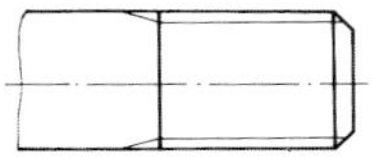 a) | 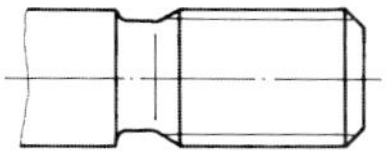 b) | Verbesserung der Dauerhaltbarkeit des Übergangs vom Gewinde zum Schaft durch ausreichend gerundeten Gewindeauslauf (Gewindefreistich nach DIN 76), z.B. von $\sigma_A = 55\ \text{N/mm}^2$ (Ausführung a) auf $\sigma_A = 70\ \text{N/mm}^2$ (Ausführung b). Weitere Erhöhung von $\sigma_A$ durch Festwalzen des Gewindeauslaufs. |
| 3 | 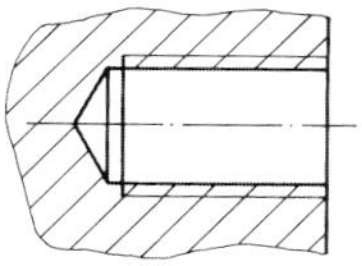 a) | 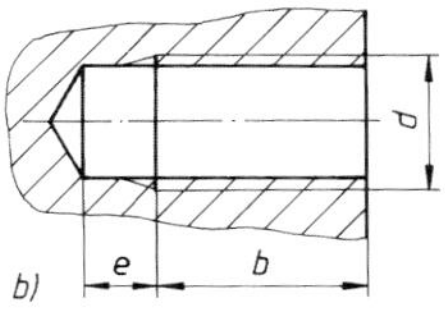 b) 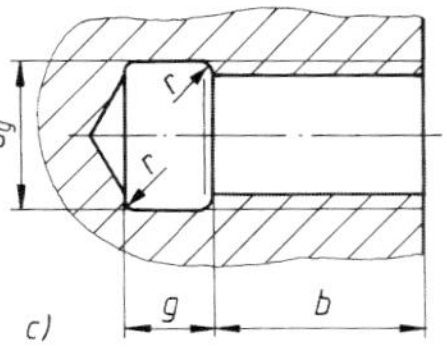 $e$, $b$, $d$ <br> c) $d_g$, $r$, $g$, $b$ <br> Metrische Gewinde: <br> $r = 0{,}5\,P$ <br> $e = 6{,}3\,P$ bis $4\,P$ (Form C) <br> $g = 4\,P\ (2{,}5\,P)$ <br> $d_g = d + (0{,}1 \ldots 0{,}5)$ mm | Gewindegrundlöcher erfordern zusätzlich zur nutzbaren Gewindetiefe $b$ wegen des Gewindebohreranschnitts und als Späneauffangraum noch einen Grundlochüberhang $e$ (b). Maße s. TB 8-8. <br> Bei der Fertigung von großen Innengewinde-Grundlöchern (z.B. durch Gewindedrehen, Schraubschleifen) erhält man durch Gewindefreistiche nach DIN 76 den erforderlichen Werkzeugauslauf (c). |
| 4 | 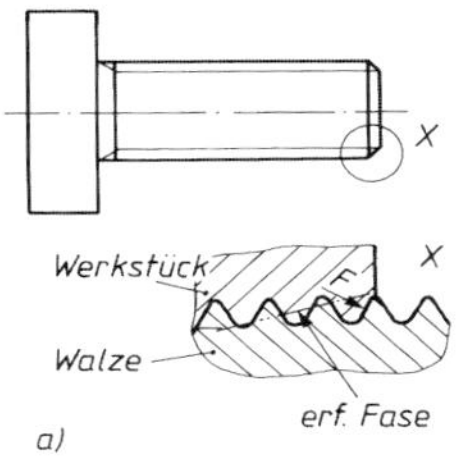 a) Werkstück, Walze, erf. Fase, X | 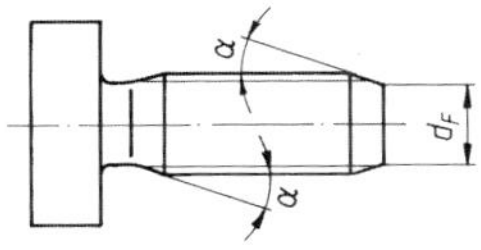 b) $\alpha$, $d_F$, $\alpha$ <br> $d_F = d_3 - 0{,}2$ mm <br> Bauteilfestigkeit $R_m$ in N/mm² / $\alpha$ <br> $< 400$ / 25° <br> $\leq 800$ / 20° <br> $> 800$ / 15° | Bei der spanlosen Fertigung von Außengewinden (Gewindewalzen) Anfasen der Gewindeteile unter den Kerndurchmesser erforderlich (b). Sonst Ausbrechen der Walze durch einseitige axiale Belastung einzelner Zähne (a). |

[1)] Teil 1: für metrische Gewinde, Teil 2: für Withworth-Gewinde, Teil 3: für Trapez-, Sägen-, Rund- und andere Gewinde mit grober Steigung

**Bild 8-5** Gestaltungsbeispiele für Gewindeteile

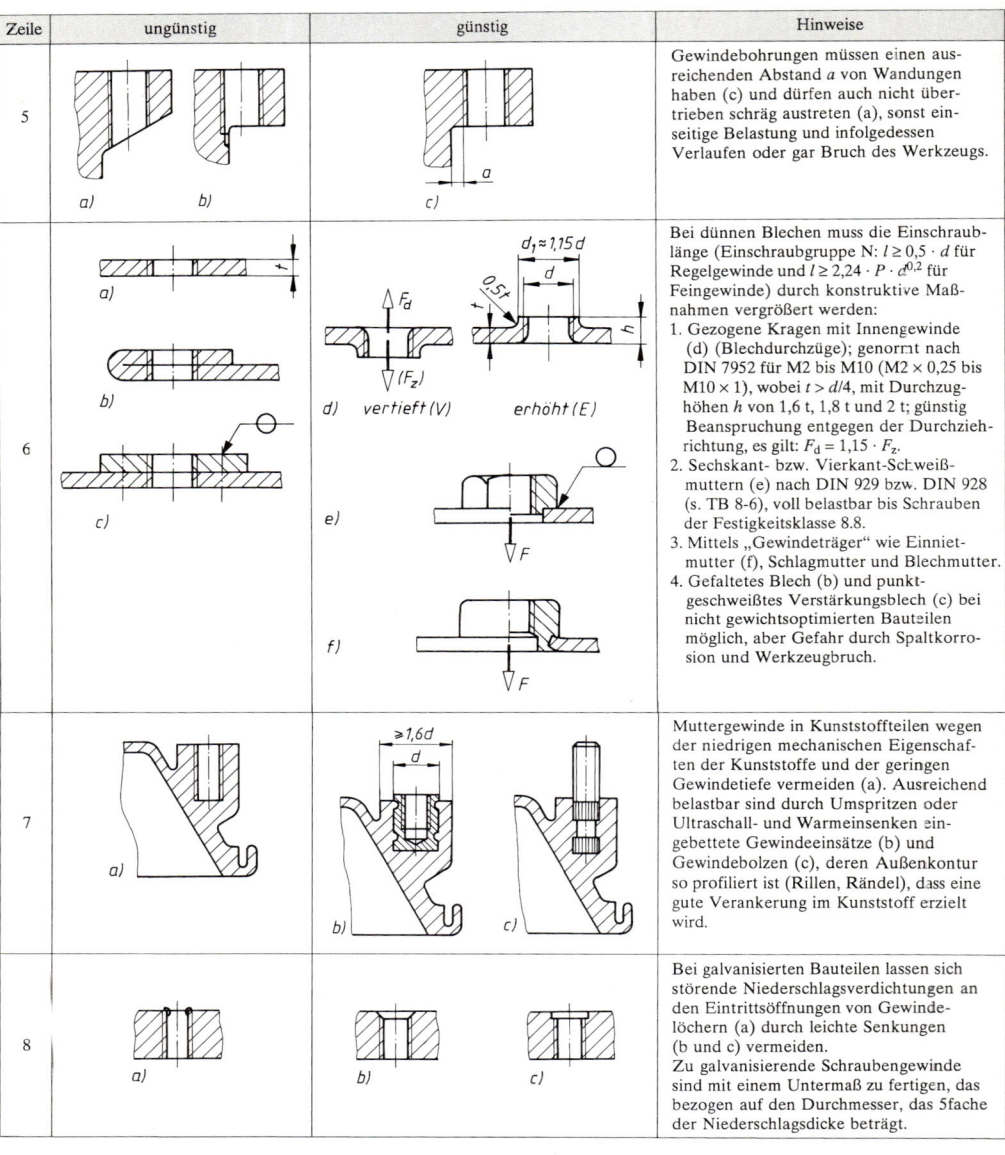

| Zeile | ungünstig | günstig | Hinweise |
|---|---|---|---|
| 5 | a) b) | c) | Gewindebohrungen müssen einen ausreichenden Abstand $a$ von Wandungen haben (c) und dürfen auch nicht übertrieben schräg austreten (a), sonst einseitige Belastung und infolgedessen Verlaufen oder gar Bruch des Werkzeugs. |
| 6 | a) b) c) | d) vertieft (V) erhöht (E) e) f) | Bei dünnen Blechen muss die Einschraublänge (Einschraubgruppe N: $l \geq 0{,}5 \cdot d$ für Regelgewinde und $l \geq 2{,}24 \cdot P \cdot d^{0{,}2}$ für Feingewinde) durch konstruktive Maßnahmen vergrößert werden:<br>1. Gezogene Kragen mit Innengewinde (d) (Blechdurchzüge); genormt nach DIN 7952 für M2 bis M10 (M2 × 0,25 bis M10 × 1), wobei $t > d/4$, mit Durchzughöhen $h$ von 1,6 t, 1,8 t und 2 t; günstig Beanspruchung entgegen der Durchziehrichtung, es gilt: $F_d = 1{,}15 \cdot F_z$.<br>2. Sechskant- bzw. Vierkant-Schweißmuttern (e) nach DIN 929 bzw. DIN 928 (s. TB 8-6), voll belastbar bis Schrauben der Festigkeitsklasse 8.8.<br>3. Mittels „Gewindeträger" wie Einnietmutter (f), Schlagmutter und Blechmutter.<br>4. Gefaltetes Blech (b) und punktgeschweißtes Verstärkungsblech (c) bei nicht gewichtsoptimierten Bauteilen möglich, aber Gefahr durch Spaltkorrosion und Werkzeugbruch. |
| 7 | a) | b) c) | Muttergewinde in Kunststoffteilen wegen der niedrigen mechanischen Eigenschaften der Kunststoffe und der geringen Gewindetiefe vermeiden (a). Ausreichend belastbar sind durch Umspritzen oder Ultraschall- und Warmeinsenken eingebettete Gewindeeinsätze (b) und Gewindebolzen (c), deren Außenkontur so profiliert ist (Rillen, Rändel), dass eine gute Verankerung im Kunststoff erzielt wird. |
| 8 | a) | b) c) | Bei galvanisierten Bauteilen lassen sich störende Niederschlagsverdichtungen an den Eintrittsöffnungen von Gewindelöchern (a) durch leichte Senkungen (b und c) vermeiden.<br>Zu galvanisierende Schraubengewinde sind mit einem Untermaß zu fertigen, das bezogen auf den Durchmesser, das 5fache der Niederschlagsdicke beträgt. |

**Bild 8-5** (Fortsetzung)

## 8.2.2 Gestaltung der Schraubenverbindungen

Bestimmend für die Ausführung sind bei gegebenen Werkstoffen die Platzverhältnisse und die Montagemöglichkeiten, sichere und wirtschaftliche Lösungen erhält man in der Praxis oft durch die Übernahme erprobter Vorgängerlösungen. Der Trend zum Leichtbau und die Produkthaftung erfordern bei Neukonstruktionen eine mehr systematische Vorgehensweise. Dauerfeste Schraubenverbindungen verlangen eine sorgfältige Beachtung der Kerbwirkung und des Kraftflusses in den verspannten Teilen. Bild 8-6 gibt einige Hinweise für das beanspruchungsgerechte Gestalten von hochbeanspruchten Schraubenverbindungen.

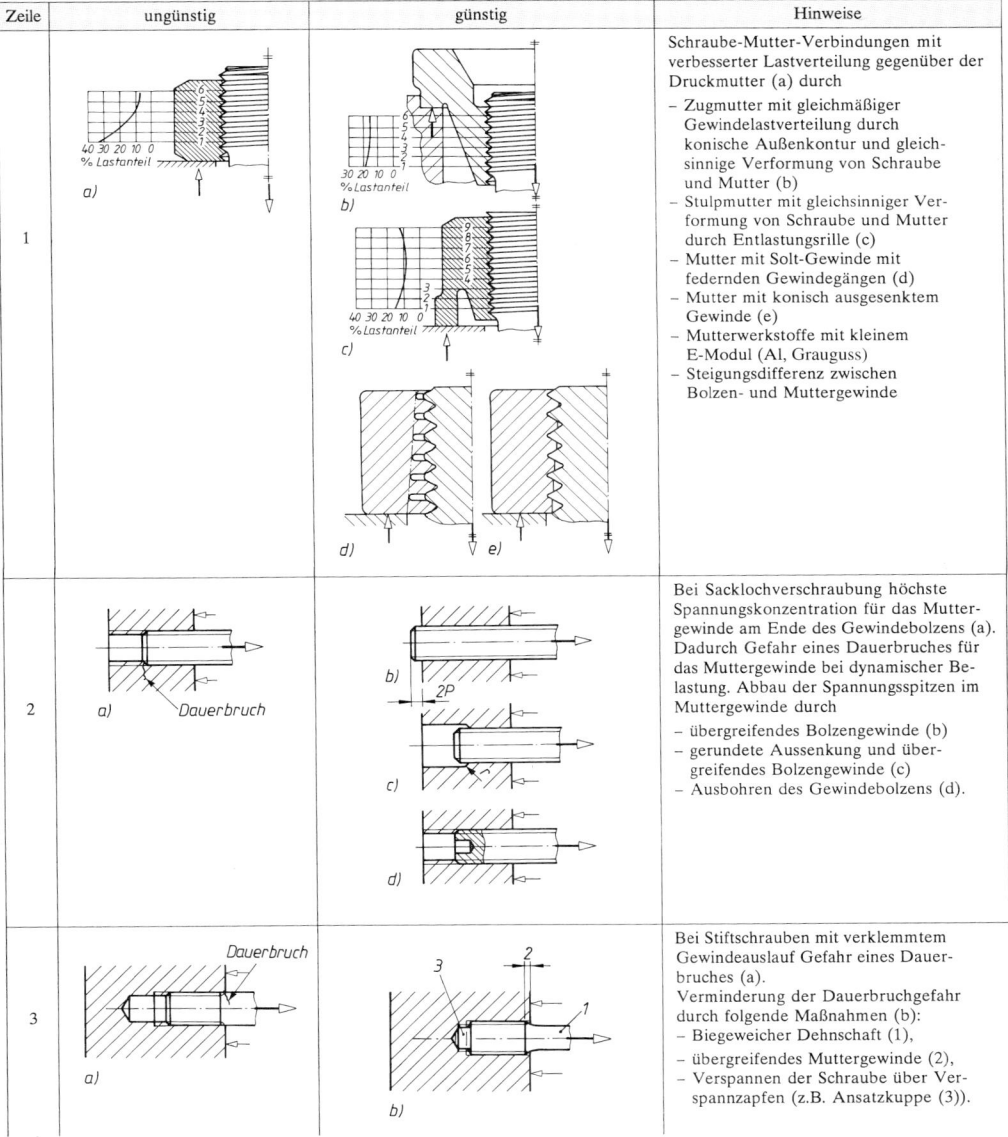

**Bild 8-6** Gestaltungsbeispiele für Schraubenverbindungen

| Zeile | ungünstig | günstig | Hinweise |
|---|---|---|---|
| 4 | 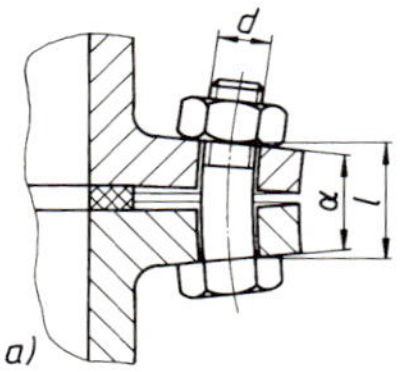 a) 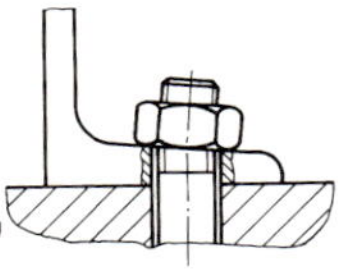 b) | 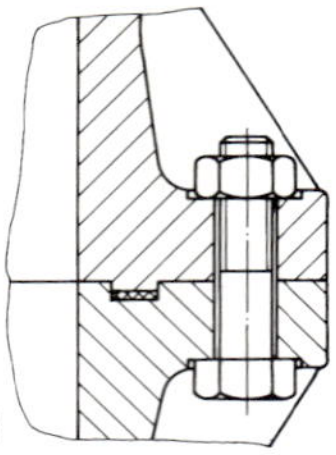 c) 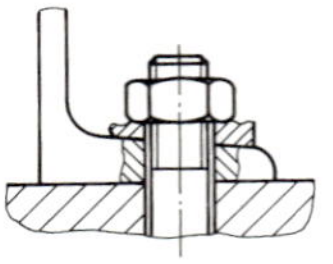 d) 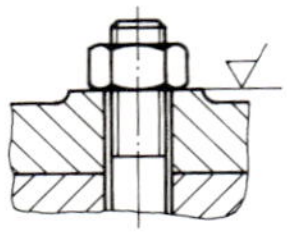 e) | Schraubenköpfe und Muttern müssen eine zur Schraubenachse senkrecht liegende Auflagefläche haben (c, d, e). Sonst zusätzliche Biegespannungen im Schraubenschaft (a): $\sigma_b = \widehat{\alpha} \cdot d \cdot E/(2\,l)$. Bei nicht vermeidbarer schräger Kopfauflage, z.B. durch Bauteildeformation (a), sind biegeweiche Schrauben günstig ($d$ klein, $l$ groß). Ausgleich der Flanschneigung bei Profilen durch Vierkantscheiben, z.B. $U$-Scheiben nach DIN 434 und $I$-Scheiben nach DIN 435 (d). Bei Gussteilen Senkungen nach DIN 74 (c) (s. TB 8-8) oder spanend zu bearbeitende Augen vorsehen (e). |
| 5 | 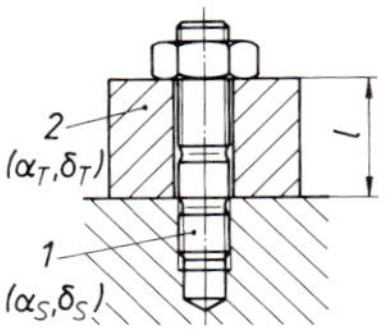 a) | 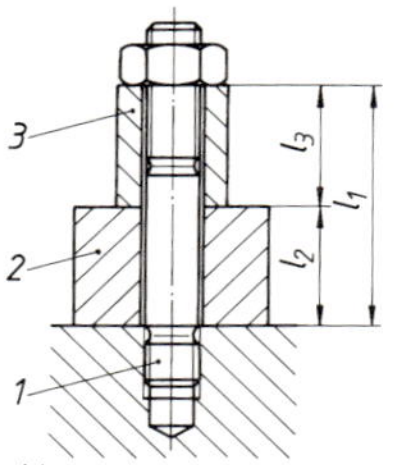 b) 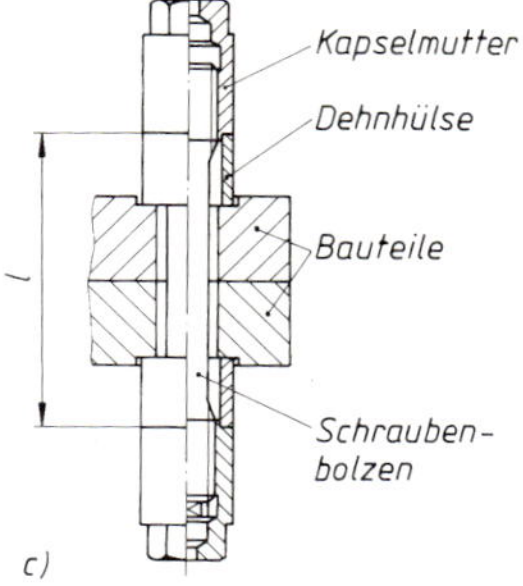 c) | Bestehen Schraube und zu verspannende Bauteile aus verschiedenen Werkstoffen, so bewirkt die unterschiedliche Wärmedehnung bei der Temperaturänderung $\Delta\vartheta$ in der Verbindung (a) eine Vorspannkraftänderung: $$\Delta F_V = \frac{(\alpha_S - \alpha_T) \cdot l \cdot \Delta\vartheta}{\delta_S + \delta_T}$$ ($l$ bei Raumtemperatur) Maßnahmen um $\Delta F_V$ gering zu halten: 1. Für Schraube und verspannte Teile möglichst Werkstoffe mit ähnlichen Ausdehnungskoeffizienten wählen. 2. Ausgleich der thermischen Längenänderung durch entsprechende Werkstoffpaarung (b). Beispiel (b): Für Schraube (1) aus Stahl ($\alpha_1 = 12 \cdot 10^{-6}$ 1/K), Bauteil (2) aus Al.-Leg. ($\alpha_2 = 23 \cdot 10^{-6}$ 1/K) Dehnhülse (3) aus Invarstahl ($\alpha_3 = 1 \cdot 10^{-6}$ 1/K) ergibt sich bei gleichem $\Delta\vartheta$ aus $\alpha_1 \cdot l_1 - \alpha_2 \cdot l_2 - \alpha_3 \cdot l_3 = 0$ die erforderliche Dehnhülsenlänge $l_3 \approx l_2$. 3. Schraube und verspannte Teile mit großen elastischen Nachgiebigkeiten $\delta_S$ und $\delta_T$ ausführen, z.B. Dehnschrauben mit Dehnhülsen nach DIN 2510 (c). Die Dehnlänge soll dabei mindestens $4\,d$ betragen. |
| 6 | 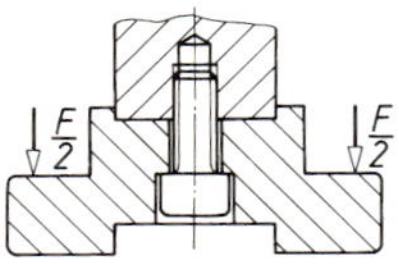 a) | 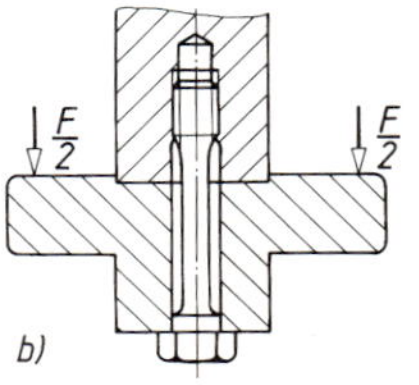 b) | Bei hoher dynamischer Beanspruchung Verbesserung der Dauerhaltbarkeit (b) durch – größere elastische Nachgiebigkeit der Schraube ($\delta_S$ groß) – Verschiebung des Betriebskraftangriffspunktes zur Trennfuge hin ($n$ klein) |

**Bild 8-6** (Fortsetzung)

| Zeile | ungünstig | günstig | Hinweise |
|---|---|---|---|
| 7 | 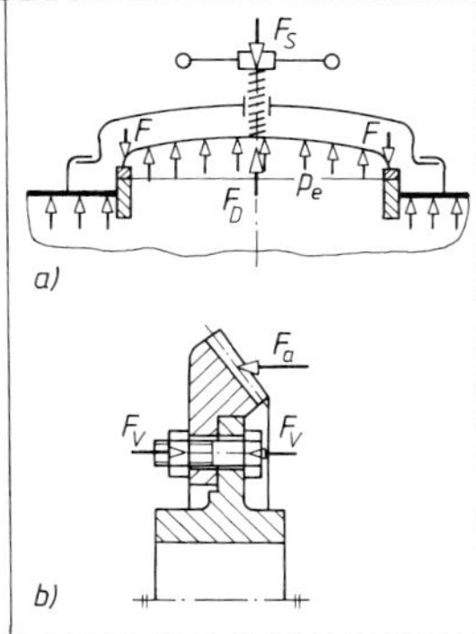 a) / b) | 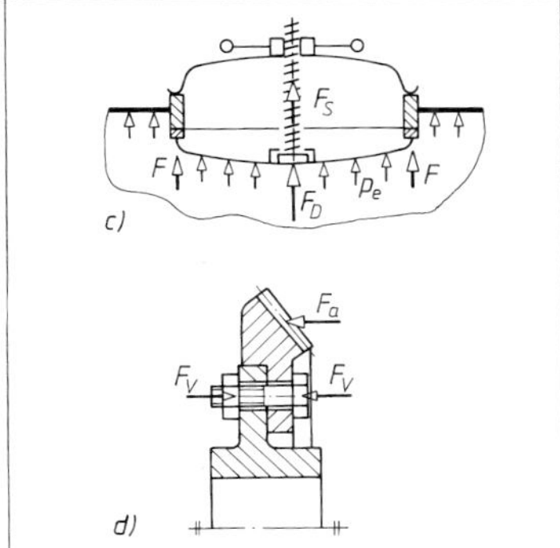 c) / d) | Prinzip der Selbsthilfe anstreben: Beim Mannlochdeckel, schematische Darstellung (c), wird bei innerem Überdruck $p_e$ die Spannschraubenkraft $F_S$ (Ursprungswirkung) durch die gleichgerichtete Deckelkraft $F_D$ (Hilfswirkung) zur Dichtkraft $F$ (Gesamtwirkung) verstärkt. Bei der Kegelradverschraubung (d) unterstützt die Axialkomponente $F_a$ der Zahnkraft die zur reibschlüssigen Drehmomentübertragung erforderliche Schraubenvorspannkraft $F_V$. Anordnungen (a) und (b) selbstschadend. |
| 8 | 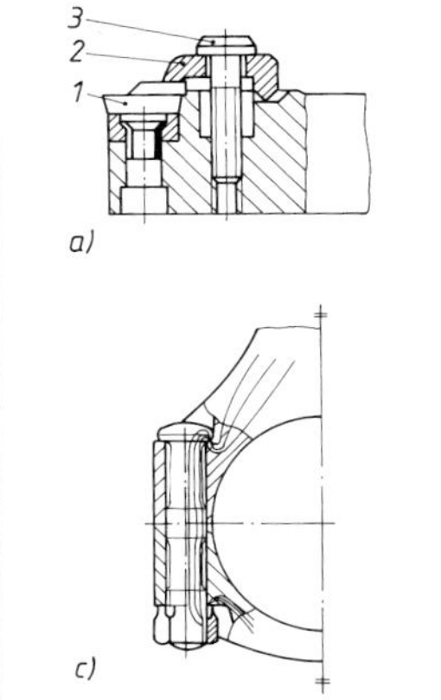 a) / c) | 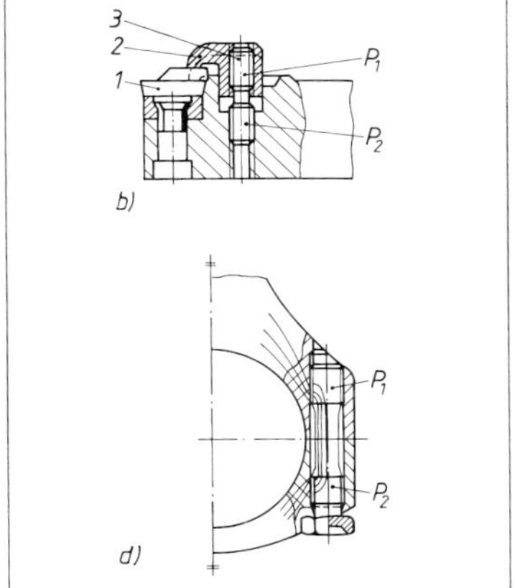 b) / d) | Schrauben mit Differenzgewinde ermöglichen platzsparendes und festes Verspannen (b, d). Die Gewindebolzen werden mit gleicher Gangrichtung aber unterschiedlicher Steigung $P$ ausgeführt. Je kleiner die Steigungsdifferenz, um so größere Spannkräfte sind bei gleichem Anziehmoment erreichbar. Spannungsspitzen an den Kopf- und Mutterauflageflächen (c) werden vermieden, weil die Spannkraft unmittelbar durch Gewinde auf eine große Länge eingeleitet wird (d). (a) und (b): 1 Wendeschneidplatte 2 Klemmfinger 3 Spannschraube |
| 9 | 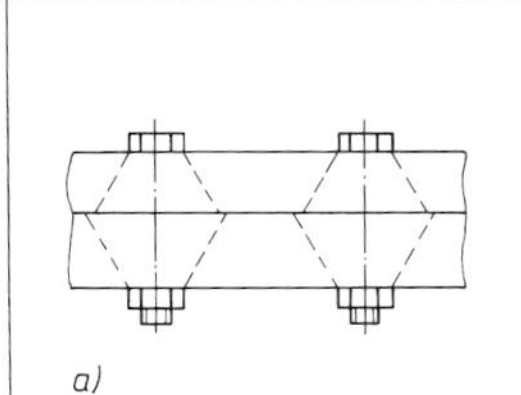 a) | 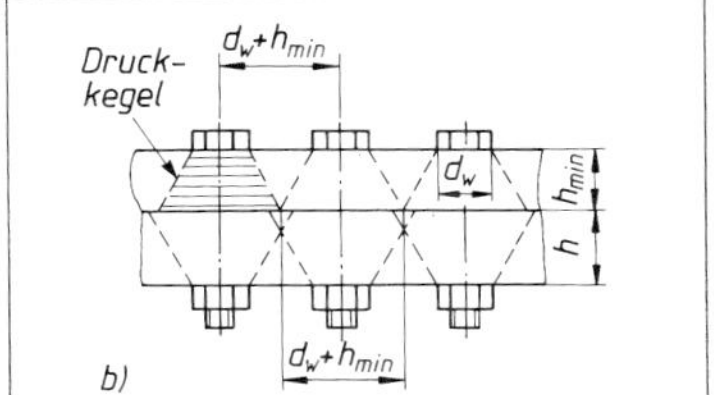 b) | Durch die Überlappung der sich unter der Vorspannkraft im Bauteil ausbildenden Druckkegel (b) ergibt sich in der Trennfuge ein zusammenhängender Kraftfluss. Dies führt zu geringen Schraubenzusatzkräften, guter Abdichtung und Verhinderung von Reibkorrosion. Anzustreben: Schraubenabstand ≈ Bauteilhöhe $= d_w + h_{min}$ |
| 10 | 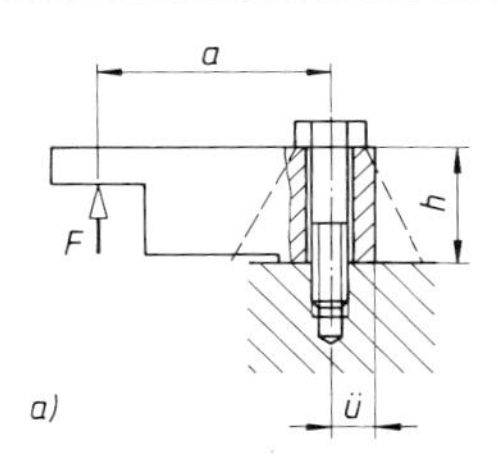 a) | 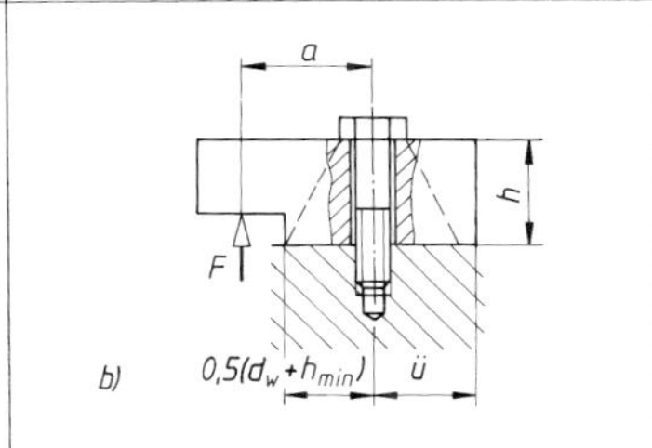 b) $0{,}5(d_w+h_{min})$ Beachte: $ü = h$ | Bei exzentrisch wirkender Betriebskraft $F$ geringe Schraubenzusatzkraft durch – minimale Exzentrizität $a$ (b) – genügend großen Überstand $ü = h$ für volle Stützwirkung (b) – Verlegen des Kraftangriffspunktes zur Trennfuge ($n$ klein). |
| 11 | 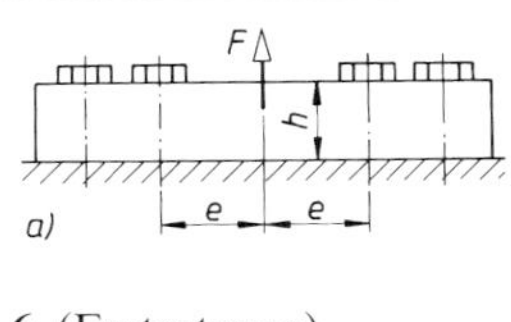 a) | 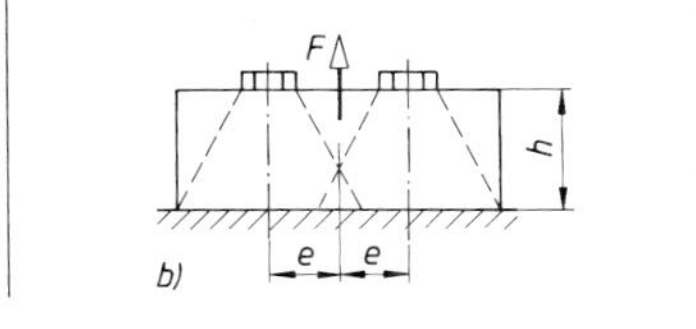 b) | Bei zugbelasteter Balkenverbindung geringe Schraubenzusatzkräfte durch – minimale Exzentrizität $e$ des Kraftangriffs (b) – große Bauteilhöhe $h$ ($I$ groß) – hohe Vorspannkräfte. Äußere Schrauben bei (a) weglassen. Sie liefern keinen Beitrag zur Verringerung der Schraubenzusatzkraft. |

**Bild 8-6** (Fortsetzung)

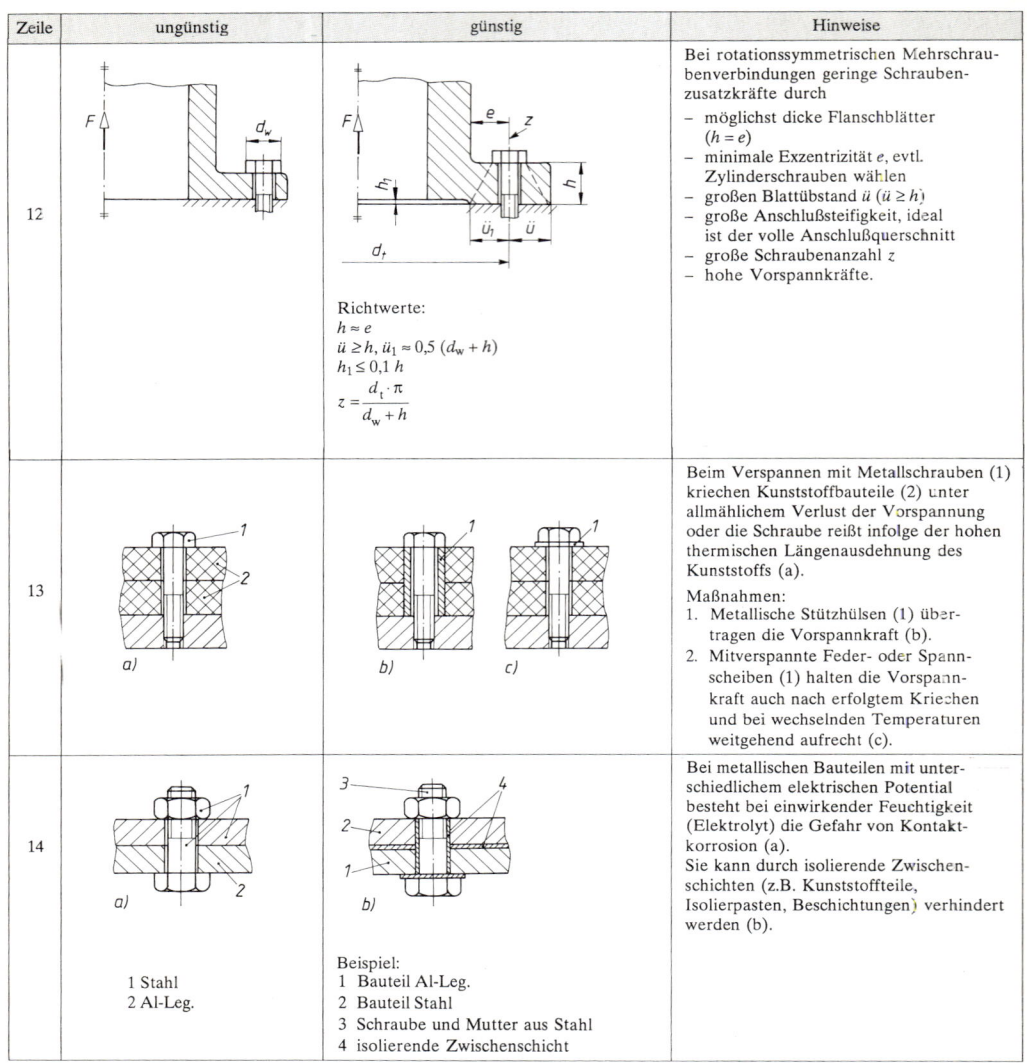

**Bild 8-6** (Fortsetzung)

## 8.2.3 Vorauslegung der Schraubenverbindung

Der für die Auslegung der Schraubenverbindung erforderliche Schraubendurchmesser kann mit Hilfe von TB 8-13 grob vorgewählt werden. Hierbei ist die axial (oder quer) wirkende Betriebskraft $F_B(F_Q)$ auf den nächsthöheren Tabellenwert aufzurunden.
Eine genauere Vorauslegung ist durch auf der sicheren Seite liegende Annahmen mit der Gleichung von Kübler möglich[1]. Aus der Konstruktion sind in der Regel die Betriebskraft $F_B$, die geforderte Klemmkraft $F_{Kl}$ und die Klemmlänge $l_k$ bekannt. Mit dem gewählten Anziehverfahren (Anziehfaktor $k_A$), dem Oberflächen- und Schmierzustand der Schraube (Reduktionsfaktor

---

[1] Kübler, K.-H.: Vereinfachtes Berechnen von Schraubenverbindungen, Verbindungstechnik (1978), Heft 6, S. 29/34, Heft 7/8, S. 35/39

## 8.2 Gestalten und Entwerfen

κ), der Festigkeitsklasse und der Schraubenart (Schaft-, Ganzgewinde- oder Dehnschraube) wird der mindestens erforderliche Spannungs- bzw. Taillenquerschnitt

$$A_s \text{ bzw. } A_T \geq \frac{F_B + F_{Kl}}{\dfrac{R_{p0,2}}{\kappa \cdot k_A} - \beta \cdot E \cdot \dfrac{f_Z}{l_k}} \qquad (8.2)$$

$F_B$      axiale Betriebskraft der Schraube
$F_{Kl}$     geforderte Klemmkraft
$R_{p0,2}$   0,2%-Dehngrenze des Schraubenwerkstoffes nach TB 8-4
$E$       $E$-Modul des Schraubenwerkstoffes, $E \approx 210\,000\,\text{N/mm}^2$ für Stahl
$f_Z$     Setzbetrag, mittlerer Wert: 0,011 mm, genauer nach TB 8-10a
$l_k$     Klemmlänge der verspannten Teile
$k_A$    Anziehfaktor abhängig vom Anziehverfahren nach TB 8-11
$\beta$      Nachgiebigkeitsfaktor der Schraube
        ca. 1,1 für Schaftschrauben (z. B. DIN EN 24014 und DIN EN ISO 4762)
        ca. 0,8 für Ganzgewindeschrauben (z. B. DIN EN 24017)
        ca. 0,6 für Dehnschrauben mit $d_T \approx 0{,}9 d_3$
$\kappa$      Reduktionsfaktor ($= \sigma_{red}/\sigma_{VM}$), abhängig von $\mu_G$ (nach TB 8-12b) und der Schraubenart:

|   | $\mu_G$ | 0,08 | 0,10 | 0,12 | 0,14 | 0,20 |
|---|---|---|---|---|---|---|
| $\kappa$ | Schaftschraube | 1,11 | 1,15 | 1,19 | 1,24 | 1,41 |
|   | Dehnschraube | 1,15 | 1,20 | 1,25 | 1,32 | 1,52 |

Mit dem errechneten Spannungs- bzw. Taillenquerschnitt kann nach TB 8-1 die Gewindegröße bestimmt werden.
Für den Fall, dass auf eine genauere Nachrechnung der Verbindung verzichtet wird, sollte zumindest bei starker dynamischer Belastung der Verbindung die Dauerhaltbarkeit der Schraube überschlägig kontrolliert werden. Für die Ausschlagspannung gilt

$$\pm \sigma_a \approx \pm k \frac{F_{Bo} - F_{Bu}}{A_3} \leq \sigma_A \qquad (8.3)$$

$k$       Faktor zur Berücksichtigung des Bauteilwerkstoffes. Man setze: 0,1 für Stahl, 0,125 für Grauguss, 0,15 für Aluminium
$F_{Bo}$    oberer Grenzwert der axialen Betriebskraft
$F_{Bu}$    unterer Grenzwert der axialen Betriebskraft
$A_3$     Kernquerschnitt des Schraubengewindes aus Gewindetabellen, s. TB 8-1 und TB 8-2
$\sigma_A$     Ausschlagfestigkeit der Schraube, für Festigkeitsklassen 8.8, 10.9 und 12.9 bei schlussvergütetem Gewinde (SV), also im Regelfall: $\pm \sigma_{A(SV)} \approx 0{,}75 \left( \dfrac{180}{d} + 52 \right)$

(Schraubendurchmesser $d$ in mm); bei schlussgewalztem Gewinde s. Gl. (8.22)

In der Entwurfsphase sollte ebenfalls eine Überprüfung der Flächenpressung unter Schraubenkopf bzw. Mutter erfolgen. Näherungsweise gilt

$$p \approx \frac{F_{sp}/0{,}9}{A_p} \leq p_G \qquad (8.4)$$

$F_{sp}$    Spannkraft der Schraube bei 90%iger Ausnutzung der Mindestdehngrenze des Schraubenwerkstoffes, Werte nach TB 8-14
$A_p$    Fläche der Schraubenkopf- bzw. Mutterauflage, bei Sechskant- und Innensechskantschrauben aus TB 8-8 und TB 8-9
$p_G$    Grenzflächenpressung, abhängig vom Werkstoff der verspannten Teile und vom Anziehverfahren, Richtwerte s. TB 8-10

## 8.3 Berechnung von Befestigungsschrauben

Die Berechnung unterscheidet sich in vor- und nicht vorgespannte Verbindungen.
*Nicht vorgespannte Schraubenverbindungen* sind solche, bei denen weder die Schrauben selbst noch diese durch Muttern festgedreht sind; die Schrauben sind also vor dem Angreifen einer äußeren Kraft $F$ unbelastet, d. h. nicht vorgespannt. Diese Verbindungen kommen praktisch nur selten vor, z. B. bei Abziehvorrichtungen oder Spannschlössern (Bild 8-7a).
Bei *vorgespannten Verbindungen* sind die Schrauben vor dem Angreifen einer Betriebskraft $F_B$ durch eine nach dem Festdrehen der Mutter oder der Schraube hervorgerufene Vorspannkraft $F_V$ bereits belastet, d. h. vorgespannt. Solche Verbindungen liegen meist vor, z. B. bei Flansch-, Zylinderdeckelverschraubungen u. dgl. (Bild 8-7c).

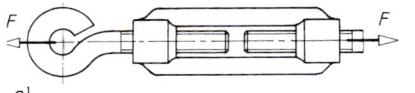
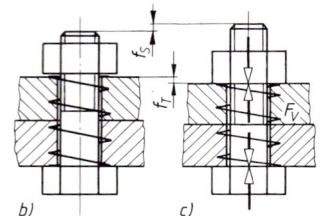
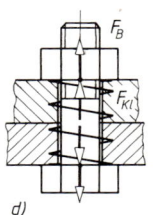

**Bild 8-7** Kräfte an Schraubenverbindungen.
a) nicht vorgespannte Verbindung, b) vorgespannte Verbindung vor dem Festdrehen, c) nach dem Festdrehen (Montagezustand), d) nach Angreifen der Betriebskraft (Betriebszustand)

### 8.3.1 Kraft- und Verformungsverhältnisse bei vorgespannten Schraubenverbindungen

Um Schraubenverbindungen, die hohe Kräfte zu übertragen haben und deren Versagen schwerwiegende Folgen haben kann, rechnerisch und konstruktiv sicher auslegen zu können, müssen die Kräfte und Verformungen an Schrauben und verspannten Teilen untersucht werden.
Grundlage für die folgenden Betrachtungen und Berechnungen ist die VDI-Richtlinie 2230 Bl. 1: Systematische Berechnung hoch beanspruchter Schraubenverbindungen.
Es sollen hier nur Verbindungen mit Stahlschrauben bei relativ starren, gegeneinander liegenden Bauteilen und normalen Temperaturen untersucht werden, wie sie in der Praxis meist vorliegen.

**1. Kräfte und Verformungen im Montagezustand**

Das Prinzip des Kräfte- und Verformungsspieles sei an Bild 8-7 erläutert. Vor dem Festdrehen der Mutter sind Schraube und Bauteile noch unbelastet (Bild 8-7b). Wird die Mutter festgedreht, dann werden die zu verbindenden Teile – zur besseren Anschaulichkeit durch eine Feder ersetzt gedacht – um $f_T$ zusammengedrückt, und gleichzeitig wird die Schraube um $f_S$ verlängert (vorgespannt). In der Verbindung wirkt die axiale Vorspannkraft $F_V$, die als Rückführkraft der elastisch gedehnten Schraube die „Feder" elastisch zusammendrückt und umgekehrt als „Federspannkraft" die Schraube verlängert (*Montagezustand*, Bild 8-7c). Die Vorspannkraft $F_V$ in der Schraube entspricht der Klemmkraft $F_{Kl}$ der Bauteile.
Dieser Vorgang lässt sich durch Kennlinien darstellen, die im elastischen Bereich der Werkstoffe nach dem Hookeschen Gesetz Geraden sind. Die Vereinigung der Kennlinien ergibt das Verspannungsschaubild im Montagezustand (Bild 8-8).
Bild 8-8 zeigt die Verformungskennlinien für die Schraube (a) und für die verspannten Platten (b) und ihre Zusammenführung über die gespiegelte (c) und verschobene Platten-Kennlinie (d) zum Verspannungsschaubild.

## 8.3 Berechnung von Befestigungsschrauben

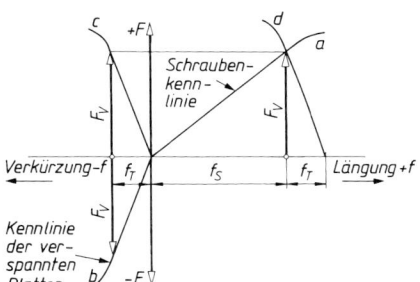

**Bild 8-8**
Kraft-Verformungs-Schaubild (Verspannungsschaubild) für den Montagezustand einer Schraubenverbindung

Für eine mit der Kraft $F_V$ auf Zug beanspruchte Schraube mit dem Querschnitt $A$ gilt nach dem Hookeschen Gesetz ($\varepsilon = \sigma/E$) für die *elastische Längenänderung*

$$f = \varepsilon \cdot l = \frac{l \cdot \sigma}{E} = \frac{F \cdot l}{E \cdot A} \qquad (8.5)$$

Das Verhältnis von Längenänderung $f$ und Kraft $F$ ist die *elastische Nachgiebigkeit*

$$\delta = \frac{1}{C} = \frac{f}{F} = \frac{l}{E \cdot A} \qquad (8.6)$$

Sie ist der Kehrwert der *Federsteifigkeit C* und kennzeichnet die Fähigkeit der Bauteile, sich unter Krafteinwirkung elastisch zu verformen.

*Nachgiebigkeit der Schraube*
Schrauben setzen sich aus einer Anzahl Einzelelemente der Länge $l_i$ und dem Querschnitt $A_i$ zusammen, Bild 8-9. Durch Addition der Nachgiebigkeiten der einzelnen Elemente erhält man die Nachgiebigkeit der gesamten Schraube

$$\delta_S = \delta_K + \delta_1 + \delta_2 + \delta_3 + \ldots + \delta_G + \delta_M \qquad (8.7)$$

Werden die elastischen Nachgiebigkeiten des Schraubenkopfes $\delta_K$ und der Mutterverschiebung $\delta_M$ sowie des eingeschraubten Gewindeteils $\delta_G$ durch Ersatzzylinder der Längen $0{,}4d$ bzw. $0{,}5d$ erfasst, so folgt für die elastische Nachgiebigkeit der Schraube

$$\delta_S = \frac{1}{E_S} \left( \frac{0{,}4d}{A_N} + \frac{l_1}{A_1} + \frac{l_2}{A_2} + \ldots + \frac{0{,}5d}{A_3} + \frac{0{,}4d}{A_N} \right) \qquad (8.8)$$

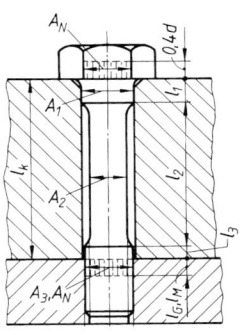

**Bild 8-9** Mitfedernde Einzelelemente einer Dehnschraube

$E_S$   Elastizitätsmodul des Schraubenwerkstoffes, für Stahl: $E_S = 210\,000\,\text{N/mm}^2$
$d$   Gewindeaußendurchmesser (Nenndurchmesser)
$l_i$   Länge des zylindrischen Einzelelements $i$ der Schraube
$A_i$   Querschnittsfläche des zylindrischen Einzelelements $i$ der Schraube, bei nicht eingeschraubtem Gewinde der Kernquerschnitt $A_3$
$A_N$   Nennquerschnitt des Schraubenschaftes, $A_N = \pi \cdot d^2/4$
$A_3$   Kernquerschnitt des Gewindes nach TB 8-1

*Nachgiebigkeit der verspannten Teile*
Schwieriger ist die Ermittlung der elastischen Nachgiebigkeit $\delta_T$ der von der Schraube verspannten Teile, weil zunächst festzustellen ist, welche Bereiche an der Verformung teilnehmen. Wenn die Querabmessungen der verspannten Teile $D_A$ den Kopfauflagedurchmesser $d_w$ überschreiten, verbreitet sich die druckbeanspruchte Zone vom Schraubenkopf bzw. der Mutter ausgehend etwa nach Bild 8-10 zur Trennfuge hin. Dieser Druckkörper kann durch einen Hohlzylinder mit annähernd gleichem Verformungsverhalten ersetzt werden.

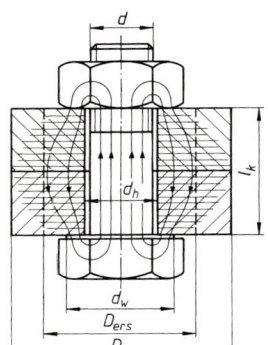

**Bild 8-10**
Gedrückte Bereiche in einer Durchsteckverschraubung (schematisch)

Bei einer flächenmäßigen Ausdehnung der verspannten Teile $d_w \leq D_A \leq d_w + l_k$ ist der Ersatzquerschnitt des Hohlzylinders

$$A_{ers} = \frac{\pi}{4}(d_w^2 - d_h^2) + \frac{\pi}{8} d_w (D_A - d_w)[(x+1)^2 - 1] \qquad (8.9)$$

$d_w$    Außendurchmesser der ebenen Kopfauflage; bei Sechskantschrauben gleich Durchmesser des Telleransatzes oder gleich Schlüsselweite, bei Zylinderschrauben näherungsweise gleich Kopfdurchmesser, s. TB 8-8 und TB 8-9
$D_A$    Außendurchmesser der verspannten Teile (s. Bild 8-10)
$d_h$    Durchmesser des Durchgangsloches, meist nach DIN EN 20273 „mittel", s. TB 8-8
$x$    $\sqrt[3]{\dfrac{l_k \cdot d_w}{D_A^2}}$, wobei $l_k$ Klemmlänge der verspannten Teile

Bei $D_A > d_w + l_k$ kann für die Berechnung von $\delta_T$ der gleiche Ersatzquerschnitt zugrunde gelegt werden wie für die Grenzbedingung $D_A = d_w + l_k$, d. h. ab $D_A = d_w + l_k$ bleibt der Ersatzquerschnitt mit zunehmendem $D_A$ der verspannten Teile annähernd konstant.
Für den selten vorkommenden Fall $D_A < d_w$ gilt $A_{ers} = \pi(D_A^2 - d_h^2)/4$.
Damit ergibt sich, entsprechend Gl. (8.6), die elastische Nachgiebigkeit der verspannten Teile

$$\delta_T = \frac{f_T}{F_V} = \frac{l_k}{A_{ers} \cdot E_T} \qquad (8.10)$$

$l_k$    Klemmlänge der verspannten Teile
$A_{ers}$    Ersatzquerschnitt nach Gl. (8.9)
$E_T$    Elastizitätsmodul der verspannten Teile nach TB 1-2 und TB 1-3, für Stahl:
     $E_T = 210\,000$ N/mm$^2$

## 2. Kräfte und Verformungen bei statischer Betriebskraft als Längskraft

Die Kraft- und Verformungsverhältnisse lassen sich am einfachsten erläutern, wenn zunächst angenommen wird, dass die Krafteinleitung über die äußeren Ebenen der Teile erfolgt (Bild 8-11b). Dieser Grenzfall liegt selten vor, sodass sich die Verhältnisse ggf. ändern können (s. unter 8.3.1-4).
Wirkt die Betriebskraft $F_B$ auf die vorgespannte Verbindung, dann wird die Schraube zunächst auf Zug beansprucht und um $\Delta f_S$ zusätzlich verlängert, die Teile werden um den gleichen Betrag $\Delta f_T$ entspannt, d. h. entsprechend entlastet. Die Vorspannung $F_V$ vermindert sich also auf eine (Rest-)Klemmkraft in den Teilen: $F_{Kl} = F_V - F_{BT}$, wobei $F_{BT}$ der die Teile entlastende Anteil von $F_B$, die Entlastungskraft, bedeutet.
Die (Gesamt-)Schraubenkraft wird dann $F_{Sges} = F_{Kl} + F_B = F_V + F_{BS}$, wobei $F_{BS}$ der die Schraube zusätzlich belastende Anteil von $F_B$, die Zusatzkraft, bedeutet.
Diese Verhältnisse lassen sich aus dem *Verspannungsschaubild* (Bild 8-11c) erkennen.

8.3 Berechnung von Befestigungsschrauben

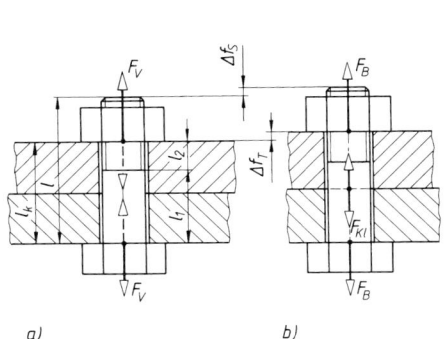 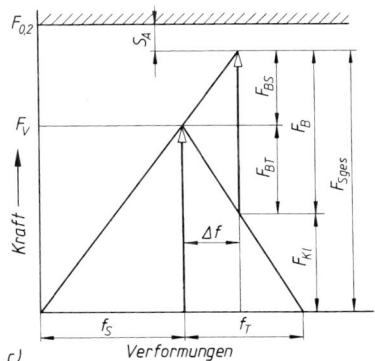

a)   b)   c)

**Bild 8-11** Kräfte und Verformungen an einer vorgespannten Schraubenverbindung.
a) Vorspannungs-(Montage-)Zustand, b) Betriebszustand, c) Verspannungsschaubild

Wegen der beim Festdrehen auftretenden Verdrehbeanspruchung (s. 8.3.6), die sich der Zugbeanspruchung überlagert, muss $F_{S\,ges}$ einen Sicherheitsabstand $S_A$ zur Streckgrenzenkraft $F_S$ bzw. $F_{0,2}$ haben, um bleibende Verformungen zu vermeiden.
Hört die Wirkung von $F_B$ auf, dann stellt sich der ursprüngliche vorgespannte Zustand mit $F_V$ wieder ein.
Aus Ähnlichkeitsbetrachtungen am Verspannungsschaubild und durch Einführung der elastischen Nachgiebigkeiten $\delta_S = f_S/F_V = \Delta f/F_{BS}$ und $\delta_T = f_T/F_V = \Delta f/F_{BT}$ sowie des Kraftverhältnisses $\Phi = F_{BS}/F_B$ lässt sich die *Zusatzkraft für die Schraube* ableiten:

$$F_{BS} = F_B \cdot \frac{\delta_T}{\delta_S + \delta_T} = F_B \cdot \Phi \tag{8.11}$$

Die *Entlastungskraft für die Teile* wird

$$F_{BT} = F_B - F_{BS} = F_B \cdot (1 - \Phi) = F_B \cdot \frac{\delta_S}{\delta_S + \delta_T} \tag{8.12}$$

damit die *Klemmkraft* zwischen den Bauteilen

$$F_{Kl} = F_V - F_{BT} = F_V - F_B \cdot (1 - \Phi) \tag{8.13}$$

und die *Gesamtschraubenkraft*

$$F_{S\,ges} = F_V + F_{BS} = F_{Kl} + F_B \tag{8.14}$$

$F_B$     Betriebskraft in Längsrichtung der Schraube
$\delta_S, \delta_T$     elastische Nachgiebigkeit der Schraube nach Gl. (8.8) bzw. der verspannten Teile nach Gl. (8.10)
$\Phi$     Kraftverhältnis $F_{BS}/F_B$
bei Krafteinleitung über die Schraubenkopf- und Mutterauflage gilt $\Phi_k = \delta_T/(\delta_S + \delta_T)$
und bei Krafteinleitung über die verspannten Teile $\Phi = n \cdot \Phi_k$ nach Gl. (8.17)
$F_V$     Vorspannkraft der Schraube

### 3. Kräfte und Verformungen bei dynamischer Betriebskraft als Längskraft

Bei mit einer dynamischen Zugkraft belasteten vorgespannten Schraubenverbindung schwankt die Betriebskraft $F_B$ zwischen null und einem oberen Grenzwert $F_{Bo}$ oder zwischen einem unteren Grenzwert $F_{Bu}$ und einem oberen Grenzwert $F_{Bo}$ (Bild 8-12a). Entsprechend wird die Schraube dauernd durch eine um eine ruhend gedachte Mittelkraft $F_m$ pendelnde Ausschlag-

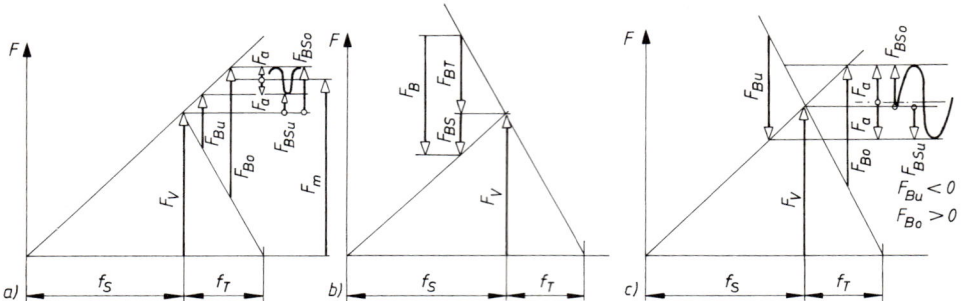

**Bild 8-12** Verspannungsschaubild bei dynamischen Betriebskräften.
a) schwellende Zugkraft, b) Druckkraft, c) wechselnde Zug-Druckkräfte ($F_{Bo} > 0$, $F_{Bu} < 0$)

kraft $F_a$ belastet, deren Größe für die Dauerhaltbarkeit der Schraube von entscheidender Bedeutung ist, s. unter 8.3.3.
Wie aus Bild 8-12 zu erkennen ist, wird die Schraube durch die Zusatzkraft $F_{BS}$ schwingend belastet. Hieraus ergibt sich die *Ausschlagkraft*

$$\pm F_a = \pm \frac{F_{BSo} - F_{BSu}}{2} = \frac{F_{Bo} - F_{Bu}}{2} \cdot \Phi \qquad (8.15)$$

Die ruhend gedachte *Mittelkraft* ergibt sich aus

$$F_m = F_V + \frac{F_{Bo} + F_{Bu}}{2} \cdot \Phi \qquad (8.16)$$

$F_V$     Vorspannkraft der Schraube
$F_{Bo}$, $F_{Bu}$     oberer bzw. unterer Grenzwert der axialen Betriebskraft; bei rein schwellend wirkender Betriebskraft ist $F_{Bu} = 0$
$\Phi$     Kraftverhältnis nach Gl. (8.17)

Ist $F_B$ eine zentrisch angreifende Druckkraft, so ist sie in den Gleichungen mit negativem Vorzeichen einzusetzen. Die Belastung der Schraube nimmt dann ab und die verspannten Teile werden zusätzlich gedrückt, Bild 8-12b. Die Restklemmkraft in der Trennfuge beträgt dann $F_{Kl} = F_V + F_{BT}$.
Bild 8-12c zeigt die Verspannungsverhältnisse bei Zug-Druck-Betriebsbeanspruchung.

## 4. Einfluss der Krafteinleitung in die Verbindung

Im Normalfall wird die Betriebskraft $F_B$ nicht wie die Vorspannkraft $F_V$ durch die äußeren Ebenen der verspannten Teile (Bild 8-13a), sondern irgendwo innerhalb der verspannten Teile in die Verbindung eingeleitet (Bild 8-13b und c).
In diesen Fällen wird dann nur ein Teil des Verspannungsbereiches mit der Länge $n \cdot l_k$ entlastet, die Bauteile wirken dadurch starrer, ihre Kennlinie verläuft steiler. Die außerhalb von $n \cdot l_k$ liegenden Bereiche erfahren eine zusätzliche Belastung und sind der Schraube zuzurechnen, wodurch diese elastischer erscheint, ihre Kennlinie verläuft flacher. Damit werden Zusatzkraft $F_{BS}$ und Ausschlagkraft $F_a$ kleiner (Bild 8-13e).
Daraus ergibt sich, dass durch geeignete konstruktive Maßnahmen die Belastungsverhältnisse günstig beeinflusst werden und die Dauerhaltbarkeit der Schraubenverbindung dadurch erhöht werden kann, dass $F_B$ näher an der Trennfuge eingeleitet wird.
Der durch $F_B$ entlastete Bereich ist kaum exakt zu ermitteln und lässt sich nur aus der Konstruktion abschätzen. Für den *Krafteinleitungsfaktor* setzt man den ungünstigen Grenzwert $n = 1$, wenn eine vereinfachte Rechnung durchgeführt wird oder die Schrauben nur querbeansprucht sind (Bild 8-13a und 8-14a); der andere Grenzwert $n = 0$ (trotz $F_B$ keine Erhöhung der

## 8.3 Berechnung von Befestigungsschrauben

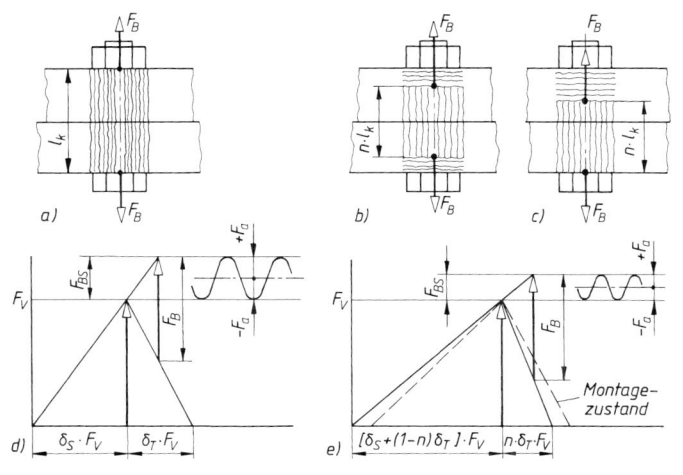

**Bild 8-13**
Krafteinteilung bei verspannten Teilen.
a) Vereinfachter Fall
b) und c) normale Fälle
d) und e) zugeordnete Verspannungsschaubilder

Schraubenkraft, da $F_{BS} = 0$! – andererseits Restklemmkraft zwischen den Bauteilen wird minimal) gilt bei Kraftangriff direkt in der Trennfuge, er ist kaum zu verwirklichen. In der Praxis setzt man im Normalfall $n \approx 0{,}5$ (Bild 8-14c) und in günstigen Fällen auch $n \approx 0{,}3$ (Bild 8-14d).
Damit ändert sich auch das *Kraftverhältnis* (s. Gln. (8.11) bis (8.16)):

$$\Phi = n \cdot \Phi_k \qquad (8.17)$$

$n$    Krafteinleitungsfaktor je nach Krafteinleitung s. Bild 8-14.
$\Phi_k$    vereinfachtes Kraftverhältnis für Krafteinleitung in Ebenen durch die Schraubenkopf- und Mutterauflage aus $\Phi_k = \delta_T/(\delta_S + \delta_T)$

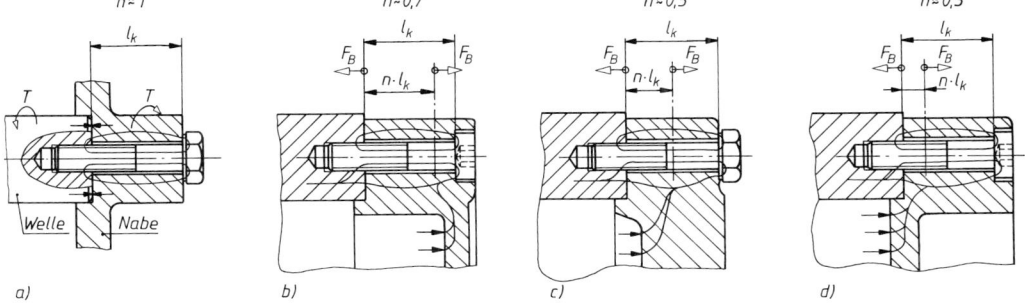

**Bild 8-14** Krafteinleitungsfaktoren für typische Konstruktionsfälle.
a) Querbeanspruchte, reibschlüssige Schraubenverbindung, b) Deckelverschraubung mit weit von der Trennfuge liegendem Kraftangriffspunkt (ungünstig), c) und d) mit näher zur Trennfuge rückendem Kraftangriffspunkt (günstiger).

### 5. Kraftverhältnisse bei statischer oder dynamischer Querkraft

Wirkt die Betriebskraft senkrecht zur Schraubenachse, dann sollen die Schrauben ein Verschieben der Teile verhindern, um die sonst auftretende ungünstige Scherbeanspruchung zu vermeiden. Die statische oder dynamische Querkraft $F_Q$ muss dabei durch Reibungsschluss aufgenommen werden, der durch eine entsprechend hohe Vorspannkraft zwischen den Berührungsflächen der Teile entsteht, wobei die Reibungskraft $F_R \geq F_Q$ sein muss. Die Schrauben werden dann nur noch statisch auf Zug beansprucht (Bild 8-15).

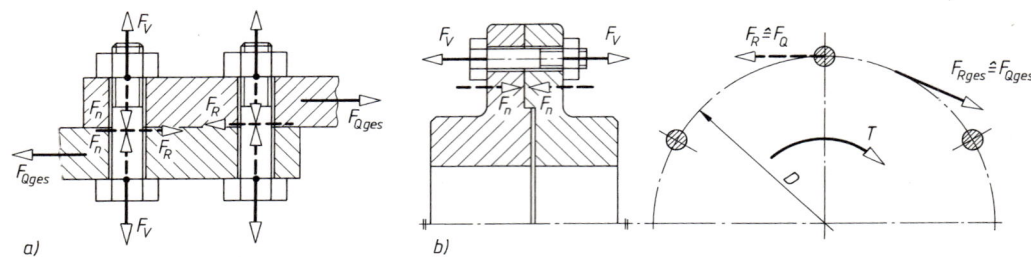

**Bild 8-15** Querbeanspruchte, reibschlüssige Schraubenverbindungen
a) allgemeiner Fall, b) Drehmomentübertragung

Ist ein Drehmoment $T$ durch Reibungsschluss zu übertragen, wie z. B. bei Kupplungsflanschen (Bild 8-15b), dann ergibt sich die Umfangskraft (gleich Gesamt-Querkraft) am Lochkreis mit Durchmesser $D$ aus: $F_{Q\,ges} = 2 \cdot T/D$.
Die erforderliche Klemmkraft (Normalkraft) je Schraube und Reibfläche ergibt sich aus

$$F_{Kl} = \frac{F_{Q\,ges}}{\mu \cdot z} \tag{8.18}$$

$F_{Q\,ges}$    von der Schraubenverbindung aufzunehmende Gesamtquerkraft
$z$    Anzahl der die Gesamtquerkraft aufnehmenden Schrauben
$\mu$    Reibungszahl der Bauteile in der Trennfuge, sicherheitshalber gleich Gleitreibungszahl nach TB 1-14

### 8.3.2 Setzverhalten der Schraubenverbindungen

Die zur Montage einer Verbindung erforderliche Montage-Vorspannkraft $F_{VM}$ wird über die verhältnismäßig kleinen Auflageflächen des Schraubenkopfes bzw. der Mutter und der Gewindeflanken übertragen, sodass hohe Flächenpressungen Kriechvorgänge im Werkstoff auslösen und plastische Verformungen hervorrufen können. Dieses *Setzen der Verbindung* führt zu einem Vorspannkraftverlust $F_Z$, wodurch die Restvorspannkraft gleich Restklemmkraft $F_{Kl}$ soweit abgebaut werden kann, dass die Verbindung gefährdet ist. Neben Art und Höhe der Beanspruchung ist die Größe der Setzbeträge insbesondere von der Festigkeit der Verbindungsteile, ihrer Rauigkeit und elastischen Nachgiebigkeit abhängig.

Die größten Setzungen treten beim Festdrehen auf und werden dabei schon ausgeglichen. Besonders bei dynamischer Belastung kann es jedoch zu weiterem Vorspannkraftverlust kommen, der durch elastische Längenänderung der Schraube aufgefangen werden muss. $F_{VM}$ muss darum so hoch gewählt werden, dass während der Wirkdauer der Betriebskraft $F_B$ die Restvorspannkraft nicht null bzw. nicht kleiner als eine geforderte Dicht- oder Klemmkraft $F_{Kl}$ wird (s. Bild 8-16). Ist der Vorspannkraftverlust $F_Z$ so groß, dass $F_{Kl} = 0$ wird, würden die Teile bei $F_B$ lose aufeinander liegen, d. h. *die Verbindung wäre locker*. Bei schlagartiger Beanspruchung

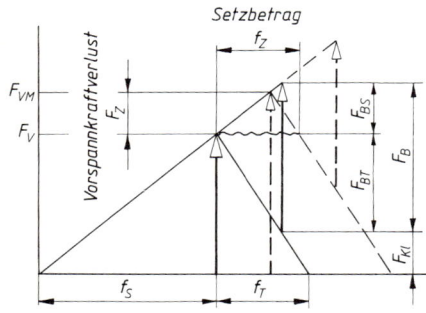

**Bild 8-16**
Darstellung des Vorspannkraftverlustes und des Setzbetrages am Verspannungsschaubild für $n = 1$

können weitere Setzungen entstehen, sodass $F_Z$ zunimmt und wegen wachsender Ausschlagkraft ein Dauerbruch der Schraube eingeleitet wird.
Es ist daher erforderlich, den Vorspannkraftverlust $F_Z$ bei der Berechnung bereits zu berücksichtigen. Der Zusammenhang zwischen $F_Z$ und dem Setzbetrag $f_Z$ ist aus Bild 8-16 zu erkennen. Danach ist

$$\frac{F_Z}{f_Z} = \frac{F_V}{f_S + f_T} = \frac{1}{\delta_S + \delta_T}$$

Unter Berücksichtigung des Kraftverhältnisses $\Phi_k = \delta_T/(\delta_S + \delta_T)$ ergibt sich der Vorspannkraftverlust infolge Setzens

$$\boxed{F_Z = \frac{f_Z}{\delta_S + \delta_T} = \frac{f_Z}{\delta_T}\Phi_k = \frac{f_Z}{\delta_S}(1 - \Phi_k)} \qquad (8.19)$$

$\delta_S$, $\delta_T$ und $\Phi_k$ wie zu den Gln. (8.11) bis (8.14)
$f_Z$ Setzbetrag, Richtwerte s. TB 8-10a, Mittelwert 0,011 mm

Die Höhe der Setzbeträge ist von der Anzahl der Trennfugen und der Oberflächenrauheit abhängig. Bei querbeanspruchten Schrauben sind nach VDI 2230 höhere Setzbeträge zu berücksichtigen.

*Hinweis:* Setzbeträge an nicht massiven, sehr nachgiebigen Verbindungen müssen durch Versuche ermittelt werden.

### 8.3.3 Dauerhaltbarkeit der Schraubenverbindungen

Im Maschinenbau treten meist dynamische Belastungen auf. Zugbeanspruchte Schrauben werden dabei schwingend belastet, wodurch ihre Haltbarkeit durch Kerbwirkung, z. B. am Übergang vom Schaft zum Kopf, insbesondere aber am Gewinde herabgesetzt wird.
Wie bereits unter 8.3.1-3 erläutert, wird die Schraube durch die Zusatzkraft $F_{BS}$ schwingend belastet. Die dadurch gegebene Ausschlagkraft $F_a$ entspricht einer Ausschlagspannung $\sigma_a$, die die Ausschlagfestigkeit $\sigma_A$ der Schraube nicht überschreiten darf. Um die Dauerhaltbarkeit der Schraube zu gewährleisten gilt für die Ausschlagspannung

$$\boxed{\pm\sigma_a = \pm\frac{F_a}{A_3} \leq \sigma_A} \qquad (8.20)$$

$F_a$ Ausschlagkraft nach Gl. (8.15)
$A_3$ Kernquerschnitt des Gewindes aus Gewindetabellen TB 8-1 bzw. TB 8-2
$\sigma_A$ Ausschlagfestigkeit des Gewindes für Festigkeitsklassen 8.8, 10.9 und 12.9 bei

Die Ausschlagfestigkeit des Gewindes ist für die Festigkeitsklassen 8.8, 10.9 und 12.9 bei schlussvergütetem Gewinde (SV), also im Regelfall

$$\boxed{\pm\sigma_{A(SV)} \approx 0{,}75\left(\frac{180}{d} + 52\right)} \qquad (8.21)$$

bei schlußgewalztem Gewinde (SG), teuer

$$\boxed{\pm\sigma_{A(SG)} \approx \left(2 - \frac{F_V}{F_{0,2}}\right)\sigma_{A(SV)}} \qquad (8.22)$$

(Ausschlagfestigkeit $\sigma_A$ in N/mm², Gewindenenndurchmesser $d$ in mm, Vorspannkraft der Schraube $F_V(F_{sp})$ und Schraubenkraft an der Mindestdehngrenze $F_{0,2} = A_s \cdot R_{p0,2}$ in N)

Bei Dauerfestigkeitsversuchen an schlussvergüteten Schrauben zeigte sich, dass deren Ausschlagfestigkeit $\sigma_A$ unabhängig von der Höhe der Mittelspannung fast gleich bleibt, im Gegensatz zu einer normalerweise kleiner werdenden Ausschlagfestigkeit glatter Stäbe bei steigender Mittelspannung, Bild 8-17. Auch wächst die Ausschlagfestigkeit der Schrauben nur wenig mit deren Festigkeitsklasse. Den größten Einfluss haben der Durchmesser und insbesondere die Herstellungsart des Gewindes (schlussvergütet bzw. schlussgewalzt, also kalt verfestigt).

Im Bild 8-17 sind neben dem allgemeinen Dauerfestigkeitsschaubild der Schraube und eines gewindefreien glatten Stabes Spannungsausschläge bei verschiedenen Mittelspannungen $\sigma_m$ für die Schraube im zeitlichen Ablauf dargestellt. Durch die Fließbehinderung im Gewinde (Stützwirkung) liegt die statische Tragfähigkeit der Schraube etwas höher als die des glatten Stabes entsprechender Festigkeit $R'_{p0,2} > R_{p0,2}$).

Zu beachten ist, dass die Dauerhaltbarkeit einer Schraubenverbindung nicht nur durch die Schraube selbst (Werkstoff, Form, Herstellung), sondern auch durch die Verspannungsverhältnisse und die Einschraubbedingungen bestimmt wird.

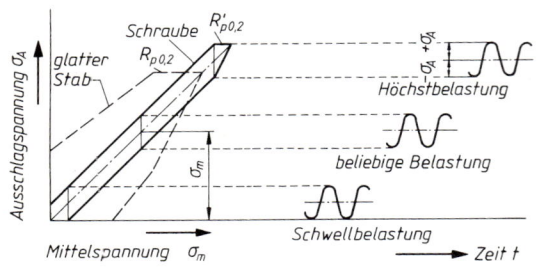

**Bild 8-17**
Dauerfestigkeitsschaubild einer Schraube (schematisch)

### 8.3.4 Anziehen (Festdrehen) der Schraubenverbindung, Anziehdrehmoment

#### 1. Kräfte am Gewinde, Gewindemoment

Die Kraftverhältnisse werden der Einfachheit halber zunächst am Flachgewinde untersucht und zwar an der durch die Abwicklung eines Gewindeganges entstehenden schiefen Ebene mit dem Neigungswinkel gleich Gewindesteigungswinkel $\varphi$. Das Muttergewinde wird durch einen Gleitkörper ersetzt, an dem die Längskraft $F$, die Umfangskraft $F_u$ und die Ersatzkraft $F_e$ als Resultierende der Normalkraft $F_n$ und der Reibungskraft $F_R$ angreifen, deren Krafteck bei Gleichgewicht geschlossen sein muss (Bild 8-18b). Bei „Last heben", entsprechend Festdrehen der Schraube (Bild 8-18b), ergibt sich aus dem Krafteck $F_u = F \cdot \tan(\varphi + \varrho)$. Bei „Last senken", entsprechend Lösen der Schraube (Bild 8-18c), wird $F_u = F \cdot \tan(\varphi - \varrho)$; bei Steigungswinkel $\varphi <$ Reibungswinkel $\varrho$ (Bild 8-18d) wird $(\varphi - \varrho)$ negativ und damit auch $F_u$, d. h. dass $F_u$ zusätzlich zum „Senken" aufgebracht werden muss, was dem Lösen der Schraube mit selbsthemmendem Gewinde entspricht.

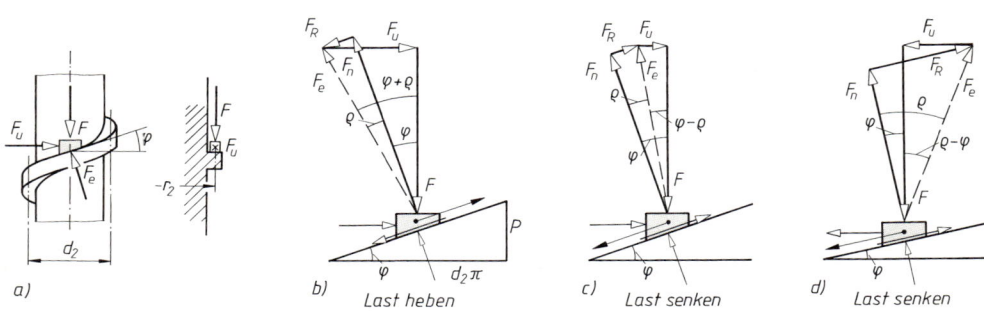

**Bild 8-18** Kräfte am Flachgewinde

## 8.3 Berechnung von Befestigungsschrauben

Die Flanken der genormten Gewinde sind – bis auf das Sägengewinde 45° – zur Gewindeachse um den Teilflankenwinkel geneigt. Ähnlich wie bei Keilnuten muss deshalb die Reibungskraft $F_R$ aus der Normalkomponente der Längskraft $F$ errechnet werden; für symmetrische Gewindeprofile mit dem Teilflankenwinkel $\beta/2$ wird diese $F/\cos(\beta/2)$ (Bild 8-19). Die gleichmäßig am Umfang verteilt wirkende Radialkomponente $F_r$ drückt den Schraubenbolzen zusammen und versucht die Mutter aufzuweiten („Sprengkraft"). Da mit zunehmendem Teilflankenwinkel Normal- und Reibungskraft ansteigen, ergibt sich für Sägen- und Trapezgewinde eine kleine (Bewegungsgewinde!) und für das metrische Gewinde (Spitzgewinde) eine größere Reibungskraft (Befestigungsgewinde!).

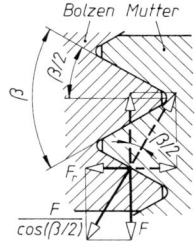

**Bild 8-19**
Kraftkomponenten am metrischen Gewinde (Spitzgewinde)

Die für das nicht genormte Flachgewinde entwickelten Gleichungen können beibehalten werden, wenn an Stelle der Reibungszahl $\mu$ die „Gewinde-Reibungszahl" ($\hat{=}$ Keil-Reibungszahl) $\mu'_G = \mu_G/\cos(\beta/2) = \tan\varrho'$ gesetzt wird.
Mit dem Hebelarm $r_2 = d_2/2$ der Kräfte ergibt sich beim Erreichen der Montage-Vorspannkraft $F_{VM}$, die der Längskraft $F$ entspricht, das *Gewindemoment*

$$M_G = F_u \cdot d_2/2 = F_{VM} \cdot d_2/2 \cdot \tan(\varphi \pm \varrho') \tag{8.23}$$

$F_{VM}$    Montage-Vorspannkraft der Schraube
$d_2$    Flankendurchmesser des Gewindes aus Gewindetabellen TB 8-1 und TB 8-2
$\varphi$    Steigungswinkel des Gewindes aus Gl. (8.1) bzw. TB 8-1 und TB 8-2; für metrisches Gewinde von M4 bis M30 ist $\varphi = 3{,}6°$ bis $2{,}3°$
$\varrho'$    Reibungswinkel des Gewindes, abhängig vom Oberflächenzustand und von der Schmierung, $\varrho'$ aus $\mu'_G = \mu_G/\cos(\beta/2) = 1{,}155 \cdot \mu_G$ bei metrischem Gewinde mit $\beta = 60°$, $\mu_G$ nach TB 8-12b

Das $+$ in ( ) gilt beim Festdrehen, das $-$ beim Lösen der Schraube.

### 2. Anziehdrehmoment

Beim Festdrehen der Schraube ist im letzten Augenblick, also beim Erreichen der Montage-Vorspannung $F_{VM}$, außer dem Gewindemoment noch das Reibungsmoment an der Auflagefläche des Schraubenkopfes bzw. der Mutter, das Auflagereibungsmoment $M_{RA}$ zu überwinden (Bild 8-20). Damit ergibt sich das *Anziehdrehmoment allgemein:*

$$M_A = M_G + M_{RA} = F_{VM} \cdot d_2/2 \cdot \tan(\varphi + \varrho') + F_{VM} \cdot \mu_K \cdot d_K/2$$

oder

$$M_A = F_{VM} \cdot [d_2/2 \cdot \tan(\varphi + \varrho') + \mu_K \cdot d_K/2] \tag{8.24}$$

$F_{VM}$, $d_2$, $\varphi$ und $\varrho'$ wie zu Gl. (8.23)
$\mu_K$    Reibungszahl für die Auflagefläche nach TB 8-12c
$d_K$    wirksamer Reibungsdurchmesser für $M_{RA}$ in der Schraubenkopf- oder Mutterauflage; mit dem Auflagedurchmesser $d_w$ (Kleinstmaß) und dem Lochdurchmesser $d_h$ gilt: $d_K/2 \approx (d_w + d_h)/4$; überschlägig gilt für Sechskant- und Zylinderschrauben: $d_K/2 \approx 0{,}65d$

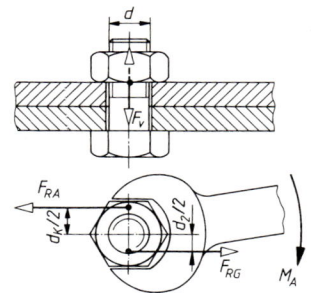

**Bild 8-20**
Reibung am Gewinde und an den Auflageflächen

Wird in Gl. (8.24) für $\tan(\varphi + \varrho') = \dfrac{\tan \varrho' + \tan \varphi}{1 - \tan \varrho' \cdot \tan \varphi}$ gesetzt und hierin $\tan \varrho' = \mu'_G$ und der Nenner $1 - \tan \varrho' \cdot \tan \varphi = 1 - \mu'_G \cdot \tan \varphi \approx 1$ (mit $\tan \varphi < 0{,}06$ für $\varphi \approx 2{,}3 \ldots 3{,}6°$ und selbst mit einem hohen $\mu_G$-Wert wird der Nenner nur wenig kleiner als 1) und wird ferner $d_K/2 = (d_w + d_h)/4$ gesetzt sowie $\mu_G$ und $\mu_K$ durch eine Gesamtreibungszahl $\mu_{ges}$ ersetzt, dann ergibt sich nach Umformen der Gl. (8.24) das *rechnerische Anziehdrehmoment für Befestigungsschrauben* mit metrischem Gewinde (Regel- und Feingewinde) aus

$$M_A = 0{,}5 \cdot F_{VM} \cdot d_2 \cdot \left[ \mu_{ges} \cdot \left( \dfrac{1}{\cos(\beta/2)} + \dfrac{d_w + d_h}{2 \cdot d_2} \right) + \tan \varphi \right] \quad (8.25)$$

$F_{VM}, \varphi, d_2$ wie zu Gl. (8.23)
$d_h$ Durchmesser des Durchgangsloches nach DIN EN 20273, s. TB 8-8
$d_w$ äußerer Auflagedurchmesser des Schraubenkopfes bzw. der Mutter nach den Maßnormen; näherungsweise kann gesetzt werden: $d_w \approx 1{,}4d$ (mit $d$ als Nenndurchmesser der Schraube)
$\mu_{ges}$ Gesamtreibungszahl nach TB 8-12a
$\mu_{ges} \approx 0{,}12$ für unbehandelte, geölte Schrauben; also im Normalfall

Für metrische ISO-Gewinde mit einem Flankenwinkel von 60° und bei Gleichsetzen der Reibungszahlen $\mu_G = \mu_K = \mu_{ges}$ lässt sich Gl. (8.25) auch in folgender Form schreiben

$$M_A = F_{VM}[0{,}159P + \mu_{ges}(0{,}577 d_2 + d_K/2)] \quad (8.26)$$

Wenn die Reibungszahlen im Gewinde und in der Schraubenkopf- bzw. Mutterauflage unterschiedlich sind, gilt nach Gl. (8.24) für metrisches ISO-Gewinde nach entsprechender Umformung für das Anziehdrehmoment allgemein

$$M_A = F_{VM}(0{,}159P + 0{,}577 \cdot \mu_G \cdot d_2 + \mu_K \cdot d_K/2) \quad (8.27)$$

$F_{VM}, d_2, d_K, \mu_G$ und $\mu_K$ wie zu Gl. (8.23) und (8.24)
$P$ Gewindesteigung, für Regelgewinde nach TB 8-1

Gl. (8.27) lässt erkennen, dass nur der kleine Momentenanteil $M_{GSt} = 0{,}159 \cdot F_{VM} \cdot P$ der „schiefen Ebene" (Gewindesteigung) der eigentlichen Erzeugung der Vorspannkraft in der Schraube dient. Der überwiegende Teil (80–90%!) des erforderlichen Anziehdrehmomentes muss bei den meisten Anziehverfahren zur Überwindung der Reibung in der Schraubenkopfbzw. Mutterauflagefläche ($M_{RA}$) und zwischen den Gewindeflanken von Schraube und Mutter ($M_{GR} = 0{,}577 \cdot F_{VM} \cdot \mu_G \cdot d_2$) aufgebracht werden.
Wird der Klammerausdruck in Gl. (8.27) durch den Wert $K \cdot d$ ersetzt, so lässt sie sich in der Form $M_A = F_{VM} \cdot K \cdot d$ schreiben. Für Regelgewinde beträgt der Klammerausdruck bei Sechskantschrauben mit mittleren Abmessungen $K \approx 0{,}022 + 0{,}53 \cdot \mu_G + 0{,}67 \cdot \mu_K$. Die $K$-Werte liegen für die üblichen Reibungszahlen $\mu_G$ und $\mu_K$ von 0,08 bis 0,14 entsprechend zwischen 0,12 und 0,19. Für den Normalfall ($\mu_{ges} \approx 0{,}12$) lässt sich für Befestigungsschrauben das Anziehdreh-

## 8.3 Berechnung von Befestigungsschrauben

moment oft hinreichend genau ermitteln durch die einfache Beziehung

$$\boxed{M_A \approx 0{,}17 \cdot F_{VM} \cdot d} \qquad (8.28)$$

$F_{VM}$ Montagevorspannkraft
$d$ Schraubennenndurchmesser

Meist wird die Vorspannkraft durch Drehen der Mutter oder der Schraube aufgebracht. Der Schraubenbolzen erfährt dabei Zug- und Torsionsbeanspruchungen, welche zu einer resultierenden Gesamtbeanspruchung (Vergleichsspannung) $\sigma_{red}$ zusammengefasst werden können, vgl. 8.3.6. In der Regel werden die Schrauben so hoch vorgespannt, dass $\sigma_{red}$ 90% der Streckgrenze des Schraubenwerkstoffes erreicht. Die dazu erforderlichen Anziehdrehmomente (= Spannmomente) $M_{A\,90} = M_{sp}$ [1]) wurden nach Gl. (8.26) berechnet und lassen sich TB 8-14 entnehmen.

### 8.3.5 Montagevorspannkraft, Anziehfaktor und -verfahren

Die bei der Montage einer Schraube sich ergebende Vorspannkraft unterliegt je nach Reibungsverhältnissen und Anziehmethode einer Streuung zwischen einem Größtwert $F_{V\,max}$ und einem Kleinstwert $F_{V\,min}$, was bei der Auslegung einer Schraubenverbindung entsprechend zu berücksichtigen ist.

Das Anziehen von Hand oder mit Schlagschraubern ohne Einstellkontrollen führt naturgemäß zu den größten Streuungen und sollte darum auf untergeordnete Verbindungen beschränkt bleiben. Bei wichtigen Verschraubungen ist ein kontrolliertes Anziehen (Anziehgeräte s. Bild 8-21) unbedingt erforderlich, um eine verlangte Vorspannkraft möglichst genau zu erreichen:
*Drehmomentgesteuertes Anziehen* mit anzeigenden oder signalgebenden Drehmomentschlüsseln (DIN ISO 6789, Bild 8-21 a). Die dabei auftretende Streuung der Montagevorspannkraft wird im Wesentlichen durch die Streuung des Anziehdrehmomentes und der Gewinde- und Kopfreibung hervorgerufen.

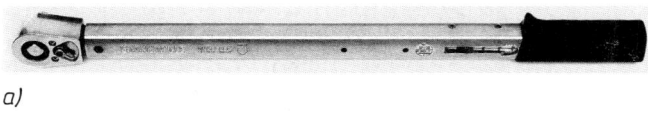

a)

b)

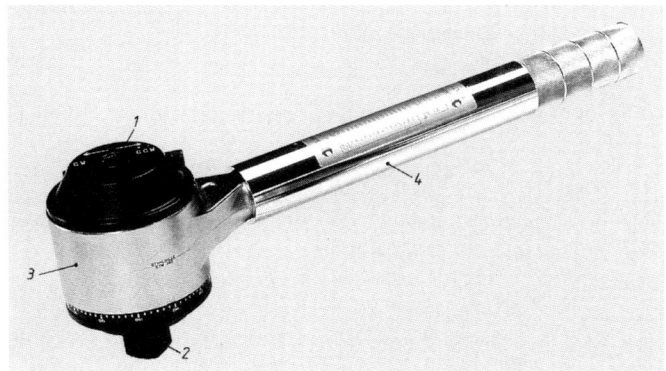

c)

**Bild 8-21**
Schrauben-Anziehgeräte.
a) Signalgebender Drehmomentschlüssel mit Schnellverstellung,
b) Elektronischer Messschlüssel für drehmoment-, drehwinkel- und streckgrenzgesteuertes Anziehen,
c) Kraftvervielfältiger zum drehmoment- und drehwinkelgesteuerten Anziehen (bis 4300 Nm) großer Schraubenverbindungen,
**1** Antrieb (z. B. mit Drehmomentschlüssel), **2** Abtriebsvierkant, **3** Planetengetriebe ($i = 4 \dots 20$),
**4** Abstützarm

---

[1]) Der Index 90 steht für 90%ige Ausnutzung der Mindestdehngrenze des Schraubenwerkstoffes.

*Drehwinkelgesteuertes Anziehen*, bei dem die Schraubenverbindung zunächst auf ein Ausgangsdrehmoment vorgezogen wird, wodurch die zu verschraubenden Bauteile zur Anlage kommen. Von dieser Drehmomentschwelle aus wird die Schraube um einen errechneten Winkel weiterbewegt und in den überelastischen Bereich vorgespannt.

*Streckgrenzgesteuertes Anziehen*, bei dem das Verhältnis von Anziehdrehmoment zu Anziehdrehwinkel stetig gemessen und bei einem Rückgang dieses Wertes auf einen eingestellten Kleinstwert, also beim Erreichen der Schraubenstreckgrenze, der Anziehvorgang beendet wird.

Beim drehwinkel- und streckgrenzgesteuerten Anziehen beeinflussen hauptsächlich Schraubenstreckgrenze und Gewindereibung die Vorspannkraftstreuung.

Ein Maß für die Streuung der Vorspannkraft ist der *Anziehfaktor*

$$k_A = \frac{F_{V\,max}}{F_{V\,min}} > 1$$

Experimentell ermittelte Werte s. TB 8-11.

Um zu gewährleisten, dass eine Mindest-Vorspannkraft, z. B. als geforderte Klemm- oder Dichtungskraft oder als Rest-Vorspannkraft oder als Normalkraft für Reibungsschluss, im Betriebszustand mit Sicherheit erreicht oder eingehalten wird, muss also mit einer max. Vorspannkraft $F_{V\,max} = k_A \cdot F_{V\,min}$ gerechnet werden, die als *Montage-Vorspannkraft* $F_{VM}$ betrachtet werden kann. Um diese zu ermitteln, müssen die verschiedenartigen Aufgaben der Verbindung, die „Verschraubungsfälle", beachtet werden, s. hierzu auch unter 8.3.9-2 und Bild 8-23.

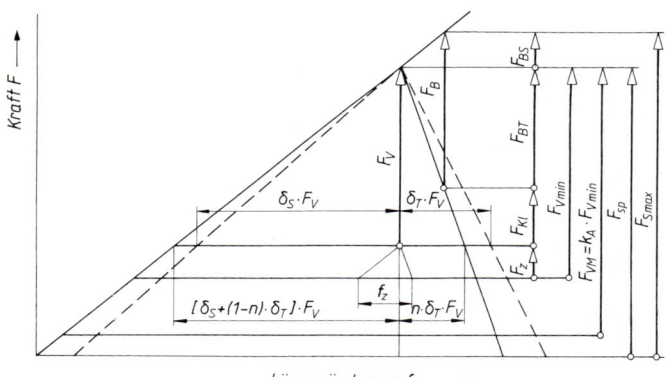

**Bild 8-22**
Verspannungsschaubild mit Hauptdimensionierungsgrößen
--- Montagezustand

Ist eine Betriebskraft $F_B$ in Längsrichtung der Schraube aufzunehmen und außerdem eine bestimmte *Dichtungskraft* gleich *Klemmkraft* $F_{Kl}$ im Betriebszustand gefordert, wie z. B. bei der Deckelverschraubung eines Druckbehälters (Bild 8-23a), dann wird die (theoretische) Mindest-Vorspannkraft entsprechend Gl. (8.13) und Verspannungsschaubild Bild 8-11c

$$F_{V\,min} = F_{Kl} + F_{BT} = F_{Kl} + F_B \cdot (1 - \Phi)$$

und bei Berücksichtigung des Setzens der Verbindung (Bild 8-16 und 8-22) durch $F_Z$ nach Gl. (8.19)

$$F_{V\,min} = F_{Kl} + F_B \cdot (1 - \Phi) + F_Z$$

Unter Berücksichtigung der Streuung der Vorspannkraft beim Anziehen durch den Anziehfaktor $k_A$ wird die *Montage-Vorspannkraft*

$$\boxed{F_{VM} = k_A \cdot F_{V\,min} = k_A[F_{Kl} + F_B \cdot (1 - \Phi) + F_Z]} \tag{8.29}$$

$k_A$    Anziehfaktor, abhängig vom Anziehverfahren; Richtwerte nach TB 8-11
$F_{Kl}$    geforderte Dichtungs- gleich Klemmkraft
$F_B$    statische oder dynamische Betriebskraft in Längsrichtung der Schraube
$\Phi$    Kraftverhältnis nach Gl. (8.17)
$F_Z$    Vorspannkraftverlust nach Gl. (8.19)

## 8.3 Berechnung von Befestigungsschrauben

Ist *nur eine Betriebskraft* $F_B$ in Längsrichtung der Schraube aufzunehmen und eine bestimmte Klemmkraft nicht gefordert, wie z. B. bei der Verschraubung eines Lagers (Bild 8-23b), dann wird

$$\boxed{F_{VM} = k_A[F_B \cdot (1 - \Phi) + F_Z]} \tag{8.30}$$

Ist *allein* eine bestimmte *Klemmkraft* $F_{Kl}$ aufzubringen, z. B. als Dichtungskraft (Bild 8-23c) oder als Spannkraft bei Kegelverbindungen u. dgl. (Bild 8-23f) oder als Normalkraft bei querbeanspruchten Schraubenverbindungen (Bild 8-23d und e), und fehlt eine zusätzliche Betriebskraft $F_B$ in Längsrichtung der Schraube, also bei $F_B = 0$, so wird

$$\boxed{F_{VM} = k_A(F_{Kl} + F_Z)} \tag{8.31}$$

$F_{Kl}$ geforderte Dichtungskraft, Spannkraft oder Normalkraft, bei querbeanspruchten Verbindungen $F_{Kl} \cong F_n$ nach Bild 8-15b

Die zu wählende Schraube (Durchmesser und Festigkeitsklasse) sollte eine zugeordnete Spannkraft $F_{sp} = F_{VM\,90}$ (nach TB 8-14) aufweisen, die mindestens so groß wie die Montage-Vorspannkraft $F_{VM}$ nach Gln. (8.29) bis (8.31) ist.

### 8.3.6 Beanspruchung der Schraube beim Anziehen

Bei den meisten Anziehverfahren wird ein Anziehdrehmoment $M_A$ über den Schraubenkopf oder die Mutter in die Verbindung eingeleitet. Dieses erzeugt die Montagevorspannkraft $F_{VM}$, die eine Montagezugspannung $\sigma_M$ im Schraubenbolzen bewirkt. Infolge des Gewindemomentes $M_G$ wird zusätzlich eine Torsionsspannung $\tau_t$ hervorgerufen. Die aus dem vorliegenden zweiachsigen Spannungszustand resultierende Gesamtbeanspruchung lässt sich mit der Gestaltänderungsenergie-Hypothese $\sigma_{red} = \sqrt{\sigma_M^2 + 3\tau_t^2}$ auf einen gleichwertigen einachsigen Spannungszustand zurückführen.
Für den Fall, dass für die *Vergleichsspannung* $\sigma_{red}$ eine 90%ige Ausnutzung der Mindestdehngrenze $R_{p0,2}$ (bzw.: Mindeststreckgrenze $R_{eL}$) der Schraube zugelassen wird, gilt

$$\boxed{\sigma_{red} = \sqrt{\sigma_M^2 + 3\tau_t^2} \leq 0{,}9 \cdot R_{p0,2}} \tag{8.32}$$

Mit $\tau_t = M_G/W_p$ und $M_G = F_{VM}(0{,}159P + 0{,}577 \cdot \mu_G \cdot d_2)$ nach Gl. (8.27) bzw. (8.23) und $d_0$ als Durchmesser des kleinsten maßgebenden Querschnitts erhält man nach entsprechender Umformung die *Montagezugspannung*

$$\boxed{\sigma_M = \frac{0{,}9 \cdot R_{p0,2}}{\sqrt{1 + 3\left[\dfrac{4}{d_0}(0{,}159P + 0{,}577 \cdot \mu_G \cdot d_2)\right]^2}}} \tag{8.33}$$

$R_{p0,2}$ Mindestdehngrenze (bzw. Mindeststreckgrenze) des Schraubenwerkstoffes nach TB 8-4
$P$ Gewindesteigung, für Regelgewinde nach TB 8-1
$\mu_G$ Reibungszahl im Gewinde nach TB 8-12a, b
$d_2$ Flankendurchmesser des Gewindes aus Gewindetabellen, z. B. aus TB 8-1 und TB 8-2
$d_0$ man setzt für Schaftschrauben den zum Spannungsquerschnitt gehörenden Durchmesser $d_s = (d_2 + d_3)/2$, für Dehnschrauben (Taillenschrauben) den Schaftdurchmesser $d_T \approx 0{,}9 d_3$

Damit können die *Spannkräfte* errechnet werden
- für Schaftschrauben ($d \geq d_s$):

$$F_{sp} = F_{VM\,90} = \sigma_M \cdot A_s = \sigma_M \frac{\pi}{4} \left( \frac{d_2 + d_3}{2} \right)^2 \qquad (8.34\mathrm{a})$$

- für Dehnschrauben ($d_T < d_s$):

$$F_{sp} = F_{VM\,90} = \sigma_M \cdot A_T = \sigma_M (\pi/4)\, d_T^2 \qquad (8.34\mathrm{b})$$

$F_{VM\,90}$   die Montagevorspannkraft, bei welcher 90% der Mindestdehngrenze des Schraubenwerkstoffes ausgenutzt werden
$d_2, d_3$   Flanken- bzw. Kerndurchmesser des Gewindes nach TB 8-1 und TB 8-2
$d_T$   Schaftdurchmesser bei Dehnschrauben (Taillenschrauben), $d_T \approx 0{,}9 d_3$
$d_s$   Durchmesser zum Spannungsquerschnitt $A_s$, also $d_s = (d_2 + d_3)/2$
$\sigma_M$   Montagezugspannung infolge $F_{sp}$ nach Gl. (8.33)

Die Spannkräfte $F_{sp}$ in TB 8-14 wurden unter Berücksichtigung der beim Anziehen wirkenden Zug- und Torsionsspannungen für eine 90%ige Ausnutzung der Mindestdehngrenze nach Gl. (8.34) berechnet. Der Schraubenbolzen weist im Betrieb also noch eine Ausnutzungsreserve von 10% auf. Beim streckgrenz- und drehwinkelgesteuerten Anziehen, also einer 100%igen Ausnutzung der Mindestdehngrenze, müssen die Tabellenwerte für $F_{sp}$ nach TB 8-14 durch 0,9 geteilt werden. Neuere Untersuchungen zeigen, dass nach dem Anziehen infolge elastischer Rückfederung des verspannten Systems die Torsionsspannung abnimmt. Für die Schrauben liegt im Betriebszustand also eine geringere Beanspruchung vor. So ist auch erklärbar, dass Schrauben selbst bei voller Ausnutzung der Mindestdehngrenze während der Montage, im Betrieb noch zusätzlich beansprucht werden können.
Bei allen Anziehverfahren, bei denen im Schraubenbolzen keine Torsionsbeanspruchung auftritt (z. B. hydraulisches und thermisches Anziehen), lassen sich höhere Montagezugspannungen erreichen. Für $\tau_t = 0$ gilt nach Gl. (8.32): $\sigma_{red} = \sigma_M = 0{,}9 R_{p0{,}2}$.

## 8.3.7 Einhaltung der maximal zulässigen Schraubenkraft

Bei mit $F_{sp}$ vorgespannten Schrauben wird die Mindestdehngrenze durch $\sigma_{red} = 0{,}9 \cdot R_{p0{,}2}$ nur zu 90% ausgenutzt. Die Zusatzkraft $F_{BS} = \Phi \cdot F_B$, also der Anteil der Betriebskraft, mit dem die Schraube zusätzlich belastet wird, darf deshalb nicht größer werden als $0{,}1 \cdot R_{p0{,}2} \cdot A_s$.
Die maximal zulässige Schraubenkraft wird nicht überschritten, wenn die Zusatzkraft
- bei Schaftschrauben:

$$F_{BS} = \Phi \cdot F_B \leq 0{,}1 \cdot R_{p0{,}2} \cdot A_s \qquad (8.35\mathrm{a})$$

- bei Dehnschrauben:

$$F_{BS} = \Phi \cdot F_B \leq 0{,}1 \cdot R_{p0{,}2} \cdot A_T \qquad (8.35\mathrm{b})$$

$F_B$   axiale Betriebskraft
$R_{p0{,}2}$   0,2%-Dehngrenze bzw. Streckgrenze entsprechend der Festigkeitsklasse, Werte nach DIN EN 20898 T1 oder nach TB 8-4
$\Phi$   Kraftverhältnis nach Gl. (8.17)
$A_s$   Spannungsquerschnitt des Schraubengewindes nach TB 8-1 und TB 8-2, allgemein:
$$A_s = \frac{\pi}{4} \left( \frac{d_2 + d_3}{2} \right)^2$$
$A_T$   Taillenquerschnitt: $A_T = (\pi/4) \cdot d_T^2$, wobei $d_T \approx 0{,}9 d_3$

## 8.3.8 Flächenpressung an den Auflageflächen

Damit bei maximaler Schraubenkraft an der Auflagefläche zwischen Schraubenkopf bzw. Mutter und verspannten Teilen keine weiteren Fließvorgänge und damit Setzerscheinungen ausgelöst werden, darf die Flächenpressung die Quetschgrenze des verspannten Werkstoffes nicht überschreiten. Da jedoch plastische Verformung der Auflagefläche eine Kaltverfestigung des Werkstoffes bewirkt, sind (Grenz-)Flächenpressungen zulässig, die zum Teil über der Quetschgrenze liegen.
Mit der maximalen Schraubenkraft $F_{S\,max} = F_{sp} + F_{BS} = F_{sp} + \Phi \cdot F_B \approx F_{sp}/0{,}9$ (Bild 8-22) gilt für die Flächenpressung unter der ebenen Kopf- bzw. Mutterauflage

$$p = \frac{F_{sp} + \Phi \cdot F_B}{A_p} \approx \frac{F_{sp}/0{,}9}{A_p} \leq p_G \tag{8.36}$$

- $F_{sp}$    Spannkraft der Schraube bei 90%iger Ausnutzung der Mindestdehngrenze durch $\sigma_{red}$, nach Gl. (8.34) oder nach TB 8-14
- $\Phi$    Kraftverhältnis nach Gl. (8.17)
- $F_B$    axiale Betriebskraft
- $A_p$    Fläche der Schraubenkopf- bzw. Mutterauflage, allgemein aus $A_p \approx \pi/4(d_w^2 - d_h^2)$ mit Auflagedurchmesser $d_w$ (Kleinstmaß) und Durchgangsloch $d_h$; bei Sechskant- und Innensechskantschrauben aus TB 8-8 und TB 8-9
- $p_G$    Grenzflächenpressung, abhängig vom Werkstoff der verspannten Teile und vom Anziehverfahren, Richtwerte s. TB 8-10

Für streckgrenz- und drehwinkelgesteuerte Anziehverfahren, bei denen die tatsächliche (maximale) 0,2%-Dehngrenze ($R_{p0{,}2\,max}/R_{p0{,}2\,min} \approx 1{,}2$) zu 100% ausgenutzt wird, gilt

$$p = 1{,}2 \frac{F_{sp}/0{,}9}{A_p} \leq p_G \tag{8.37}$$

Wird $p > p_G$, müssen Maßnahmen zur Vergrößerung der Auflagefläche getroffen werden (z. B. durch Verwendung von Sechskantschrauben ohne Telleransatz, Schrauben mit Bund oder vergüteten Scheiben) oder Konstruktions- bzw. Werkstoffänderungen durchgeführt werden.

## 8.3.9 Praktische Berechnung der Befestigungsschrauben im Maschinenbau

Form und Größe der Schrauben werden meist nach den konstruktiven Gegebenheiten, Festigkeits- und Produktklasse nach dem Verwendungszweck gewählt. Dabei sind auch noch Gesichtspunkte der Montage, Lagerhaltung und Kosten maßgebend.
Befestigungsschrauben werden nur dann berechnet, wenn größere Kräfte zu übertragen sind und ein etwaiger Bruch schwerwiegende Folgen haben kann (z. B. bei Kraftmaschinen), wenn die Verbindung unbedingt dicht sein muss (z. B. bei Druckbehältern) oder nicht rutschen darf (z. B. bei Kupplungen), oder wenn eine „gefühlsmäßige" Auslegung zu unsicher ist.

### 1. Nicht vorgespannte Schrauben

Diese werden durch eine äußere, meist statische Kraft $F$ auf Zug, selten auf Druck, beansprucht (s. auch unter 8.3). Werden die Schrauben „unter Last" angezogen (z. B. Spannschrauben, Bild 8-7a), so tritt dabei eine zusätzliche Verdrehbeanspruchung auf, die dann durch eine entsprechend kleinere zulässige Zugspannung berücksichtigt wird. Der *erforderliche Spannungsquerschnitt* ergibt sich aus:

$$A_s \geq \frac{F}{\sigma_{z(d)\,zul}} \tag{8.38}$$

- $F$    Zug-(oder Druck-)kraft für die Schraube
- $\sigma_{z(d)\,zul}$    zulässige Zug-(Druck-)spannung; man setzt $\sigma_{z(d)\,zul} = R_{p0{,}2}/S$; Streck- bzw. 0,2%-Dehngrenze $R_{p0{,}2}$ nach TB 8-4, Sicherheit $S = 1{,}5$ bei „Anziehen unter Last", sonst $S = 1{,}25$

Gewählt wird der dem Spannungsquerschnitt $A_s$ nächstgelegene Gewinde-Nenndurchmesser aus den Gewindetabellen TB 8-1 bzw. TB 8-2.
Bei dynamisch beanspruchten Schrauben wird mit Gl. (8.22) außerdem noch deren Dauerhaltbarkeit nachgewiesen. Dabei gilt $F_a = (F_{Bo} - F_{Bu})/2$ oder bei rein schwellender Belastung $F_a = F_{Bo}/2$.

## 2. Vorgespannte Schrauben, Rechnungsgang

Verbindungen mit vorgespannten Schrauben haben verschiedenartige Aufgaben zu erfüllen, daher wird auch deren Berechnung zweckmäßig nach entsprechenden „*Verschraubungsfällen*" durchgeführt. Solche in der Praxis häufig vorliegenden Fälle sind in Bild 8-23 dargestellt, wobei in vereinfachter Weise die „äußeren" Kräfte ($F$, $F_Q$) und „Funktionskräfte" (Dichtungs-, Normal- und Spannkräfte) sowie die sich daraus ergebenden Schraubenkräfte eingetragen sind.

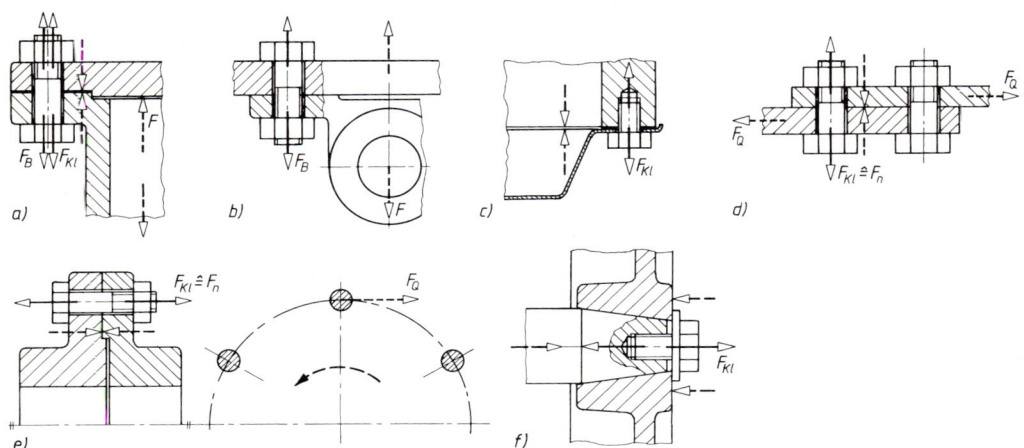

**Bild 8-23** Verschraubungsfälle für vorgespannte Schrauben.
a) bei Längs- und Dichtungskraft, b) bei Längskraft, c) bei alleiniger Dichtungskraft, d) bei Querkraft, e) bei Querkraft aus Drehmoment, f) bei Klemm- oder Spannkraft

*Verschraubungsfall A:* Von der Schraube ist bei Aufrechterhaltung einer Klemm-(Dichtungs-)kraft $F_{Kl}$ eine Betriebskraft $F_B$ als Längskraft aufzunehmen (Bild 8-23a).

A 1. Grobe Vorwahl des Schraubendurchmessers $d$ und der zugehörigen Festigkeitsklasse nach TB 8-13 mit dem der Betriebskraft $F_B$ nächsthöheren Tabellenwert „statisch axial" bzw. „dynamisch axial" und überschlägige Berechnung der Flächenpressung $p$ unter der Kopf- bzw. Mutterauflage nach Gln. (8.36) bzw. (8.37). bei $p > p_G$ müssen die Konstruktionsbedingungen geändert werden.

A 2. Ermittlung der erforderlichen Montage-Vorspannkraft $F_{VM}$ nach Gl. (8.29); danach prüfen, ob $F_{VM} \leq F_{sp}$ nach TB 8-14 und ggf. Schraubendurchmesser oder Festigkeitsklasse korrigieren.

A 3. Erforderliches Anziehdrehmoment $M_A$, genauer nach Gl. (8.26) oder, wenn ausreichend, überschlägig nach Gl. (8.28) bestimmen oder in der Regel einfach mit $M_{sp}$ nach TB 8-14 festlegen: $M_A \approx 0{,}9 M_{sp}$ bei drehmomentgesteuertem Anziehen.

A 4. Nachprüfung der Schraube:
  a) Bei statischer Betriebskraft $F_B$ normalerweise nicht erforderlich, wenn Bedingung $F_{VM} \leq F_{sp}$ nach A 2 erfüllt ist; in unsicheren Fällen, oder wenn $F_{sp}$ nicht bekannt ist, Nachprüfung der Vergleichsspannung $\sigma_{red}$ nach Gl. (8.32); bei Vorspannung gleich $F_{sp}$ Nachprüfung der max. zulässigen Schraubenzusatzkraft nach Gl. (8.35).
  b) Bei dynamischer Betriebskraft $F_B$ zunächst Nachprüfung wie zu a), außerdem die Ausschlagspannung $\sigma_a$ nach Gl. (8.22) prüfen.

A 5. Nachprüfung der Flächenpressung unter Kopf- bzw. Mutterauflage nach Gl. (8.36), bei streckgrenz- und drehwinkelgesteuertem Anziehen nach Gl. (8.37).

*Verschraubungsfall B:* Von der Schraube ist eine Betriebskraft $F_B$ als Längskraft aufzunehmen (Bild 8-23b).

B 1. Grobe Vorwahl wie zu A 1.
B 2. Ermittlung der erforderlichen Montage-Vorspannkraft $F_{VM}$ nach Gl. (8.30), sonst wie zu A 2.
B 3. Erforderliches Anziehdrehmoment $M_A$ wie zu A 3.
B 4. Nachprüfung der Schraube wie zu A 4.
B 5. Nachprüfung der Flächenpressung $p$ wie zu A 5.

*Verschraubungsfall C:* Von der Schraube ist eine alleinige Dichtungskraft gleich Klemmkraft $F_{Kl}$ gleich Spannkraft $F_{sp}$ in Längsrichtung aufzunehmen (Bild 8-23c und f).

C 1. Grobe Vorwahl wie zu A 1, jedoch mit dem der „Betriebskraft $F_B$" = $F_{Kl}$ nächstniedrigen Tabellenwert „statisch axial".
C 2. Ermittlung der erforderlichen Montage-Vorspannkraft $F_{VM}$ nach Gl. (8.31), sonst wie zu A 2.
C 3. Erforderliches Anziehdrehmoment $M_A$ wie zu A 3.
C 4. Nachprüfung der Schraube wie zu A 4a), wobei $F_{Kl}$ einer statischen Betriebskraft $F_B$ entspricht.
C 5. Nachprüfung der Flächenpressung $p$ wie zu A 5.

*Verschraubungsfall D:* Von der Schraube ist eine Querkraft $F_Q$ aufzunehmen (Bild 8-23d und e).

D 1. Grobe Vorwahl wie zu A 1, jedoch mit $F_Q$ „quer".
D 2. Ermittlung der erforderlichen Montage-Vorspannkraft $F_{VM}$ nach Gl. (8.31) mit der Klemmkraft $F_{Kl}$ nach Gl. (8.18), z. B. $F_{VM} = k_A(F_{Q\,ges}/(z \cdot \mu) + F_Z)$, sonst wie zu A 2.
D 3. Erforderliches Anziehdrehmoment $M_A$ wie zu A 3.
D 4. Nachprüfung der Schraube wie zu A 4 entfällt.
D 5. Nachprüfung der Flächenpressung $p$ wie zu A 5.

*Allgemeine Hinweise:* Sonstige Verschraubungsfälle lassen sich meist in einen der oben aufgeführten einfügen und die Schrauben danach ohne Schwierigkeiten berechnen. Wegen der Verschiedenartigkeit der in der Praxis gestellten Aufgaben können die oben aufgeführten Rechenschritte nur als Richtlinie dienen. In manchen Fällen kann durchaus einfacher gerechnet und auf einige Rechenschritte (z. B. 4. und 5.) verzichtet werden; in anderen Fällen, z. B. bei dynamisch hochbelasteten Verbindungen, muss ggf. noch ausführlicher gerechnet werden. Hierzu sind auch die Musterbeispiele unter 8.6 zu beachten.

### 8.3.10 Lösen der Schraubenverbindung, Sicherungsmaßnahmen

#### 1. Losdrehmoment

Das zum Lösen einer vorgespannten Schraubenverbindung erforderliche Losdrehmoment ist normalerweise kleiner als das Anziehdrehmoment, da sich einmal die Montagevorspannkraft $F_{VM}$ wegen des Setzens auf eine „vorhandene" Vorspannkraft $F_V$ verringert hat, zum anderen die mechanischen Zusammenhänge (s. unter 8.3.4-1) ein Lösen begünstigen.
Das erforderliche Losdrehmoment $M_L$ kann, falls erforderlich, nach Gl. (8.24) ermittelt werden, wobei $F_V = F_{VM} - F_Z$ anstelle von $F_{VM}$ und $-\tan\varphi$ anstelle von $+\tan\varphi$ zu setzen sind, mit Vorspannkraftverlust $F_Z$ nach Gl. (8.19).

#### 2. Selbsttätiges Losdrehen, Lockern der Verbindung

Ist eine *dynamisch längsbelastete Verbindung*, auf die kein äußeres Losdrehmoment wirkt, ordnungsgemäß vorgespannt und wird damit ein Lockern verhindert (s. unter 8.3.2), dann kann

normalerweise ein selbsttätiges Losdrehen nicht eintreten, weil die starke Pressung zwischen den Gewindeflanken der Mutter die Selbsthemmung (s. unter 8.5.5) aufrechterhält. Dennoch kann es zu Losdrehvorgängen kommen, die erfahrungsgemäß zum Versagen der Verbindung führen, deren Ursachen untersucht werden sollen.
Nach Untersuchungen zeigte sich, dass bei sehr großem Verhältnis von schwingender Betriebskraft zu Vorspannkraft, insbesondere bei stark verminderter Restvorspannkraft $F_{Kl}$ unter der Druckamplitude der schwingenden Betriebskraft ein teilweises Losdrehen einsetzen kann, wenn radiale (oder auch tangentiale) Gleitbewegungen zwischen den Gewindeflanken wie auch zwischen den Kopf- und Mutterauflageflächen auftreten, und zwar dadurch, dass unter Zugbelastung durch die Kraftkomponenten (Bild 8-18) in der Gewindeverbindung, vor allem nahe der Auflagefläche, Verformungen verursacht werden (Atmen der Mutter). So wird, ähnlich wie eine Gewichtslast auf einer in Schwingungen versetzten schiefen Ebene, die Verschraubung in Umfangsrichtung reibungsfrei, sodass unter der auf die schiefe Ebene des Gewindes wirkenden Kraft $F_V$ eine Komponente in Losdrehrichtung entsteht. Das auftretende innere Losdrehmoment $M_{Li} = -0{,}5 \cdot F_V \cdot d_2 \cdot \tan\varphi$ kann zu einem teilweisen Losdrehen und damit zu einem weiteren Abbau von $F_V$, aber auch zum Stillstand des Vorganges führen, da $M_{Li}$ proportional $F_V$ ist. Andererseits erhöht der Vorspannungsabfall oder gar der vollständige $F_V$-Verlust die Dauerbruchgefahr, weil die gesamte schwingende Betriebskraft $F_B$ die Schraube belastet.
In *dynamisch querbelasteten Verbindungen* (z. B. Tellerrad- oder Schwungradverschraubungen) kann hingegen ein vollständiges selbsttätiges Losdrehen erfolgen, sobald die Klemmkraft in der Verbindung den Reibschluss zwischen den verspannten Teilen nicht mehr aufrechterhalten kann, da dann die auftretenden Querschiebungen der Schraube eine Pendelbewegung aufzwingen, die zu Relativbewegungen im Muttergewinde führt. Sind die Amplituden solcher Verschiebungen groß genug, kommt es auch zum Gleiten unter den Kopf- und Mutterauflageflächen, sodass $M_{Li}$ die Mutter oder Schraube losdreht, sobald die Reibung ausgeschaltet ist.

### 3. Sicherungsmaßnahmen, Anwendung und Wirksamkeit der Sicherungselemente

Nach ihrer Wirksamkeit lassen sich die Sicherungselemente in 3 Gruppen einteilen: *Unwirksame „Sicherungselemente"* (z. B. Federringe und Zahnscheiben); *Verliersicherungen* (z. B. formschlüssige Elemente), die ein teilweises Losdrehen nicht verhindern können, wohl aber das Auseinanderfallen der Schraubenverbindung und *Losdrehsicherungen*, die entweder die Relativbewegung bei Beanspruchung quer zur Schraubenachse verhindern (z. B. Kleber) oder die in der Lage sind, das bei Vibration entstehende innere Losdrehmoment zu blockieren (z. B. Sperrzahnschrauben) um so die Vorspannkraft annähernd zu erhalten.
Als Sicherungsmaßnahmen kommen nach 8.1.4-2 in Frage:
*Mitverspannte federnde Sicherungselemente*, wenn sie im Bereich der Spannkraft der längsbelasteten Schrauben noch nennenswerte Federwege aufweisen, was bei genormten Sicherungen nur für Schrauben niedriger Festigkeitsklassen zutrifft. Für solche axial beanspruchten kurzen Schrauben sind sie dann als Sicherung gegen Lockern brauchbar. Vor ihrer Anwendung muss jedoch gewarnt werden.
*Formschlüssige Sicherungselemente* erhöhen als mitverspannte Elemente durch zusätzliche Setzungen den Vorspannkraftverlust bei längsbeanspruchten Verbindungen; bei querbeanspruchten Verbindungen sind sie nur wirksam, wenn sie bei Aufhebung der Selbsthemmung das Moment in Losdrehrichtung aufnehmen können, sonst können sie zerstört werden. Sie halten in der Regel eine Restvorspannkraft aufrecht und sichern die Verbindung gegen Verlieren.
*Kraftschlüssige Sicherungselemente* durch erhöhten *Reibungsschluss* der Gewindeflanken können meist nur einen Teil des bei Aufhebung der Selbsthemmung entstehenden Losdrehmomentes aufnehmen; $F_V$ fällt ab, bis das Moment in Losdrehrichtung im Gleichgewicht mit dem Klemmmoment steht, das durch Verformung z. B. des Polyamidringes entsteht. Sie zählen zu den Verliersicherungen.
Schrauben und Muttern mit Verriegelungszähnen oder Rippen (Bild 8-3a) können das bei Vibration entstehende innere Losdrehmoment blockieren und die volle Vorspannkraft aufrecht-

erhalten. Die wellenförmigen Rippen sichern selbst auf Bauteilen mit einer Härte von 60 HRC und verhindern eine Beschädigung der Oberfläche.
*Stoffschlüssige Sicherungselemente* verhindern Relativbewegungen, sodass kein inneres Losdrehmoment entsteht. Bei gehärteten Bauteilen häufig an Stelle von Sperrzahnschrauben.
*Konstruktive Maßnahmen*, z. B. Erhöhung der Elastizität der Verbindung, Verminderung der Setzbeträge (s. unter 8.3.2), Vermeidung von Relativbewegungen der Berührungsflächen und Gewinde durch entsprechend hohe Vorspannung.
*Merke:* In der Regel müssen nur sehr kurze Schrauben der unteren Festigkeitsklassen ($\leq 6.8$) in dynamisch längsbelasteten Verbindungen und kurze bis mittellange Schrauben ($l_k/d \leq 5$) aller Festigkeitsklassen in dynamisch querbelasteten Verbindungen gesichert werden.
In TB 8-16 sind gebräuchliche Sicherungselemente, nach Funktion und Wirksamkeit geordnet, zusammengestellt.

## 8.4 Schraubenverbindungen im Stahlbau

### 8.4.1 Anwendung

Schraubenverbindungen im Stahlbau werden aus Gründen des leichteren Transportes und Zusammenbaus auf der Baustelle, z. B. von sperrigen Fachwerkkonstruktionen, oder bei schwer zugänglichen Stellen, wo Nieten oder Schweißen nicht möglich ist, angewendet. Ferner werden Schrauben gegenüber Nieten bei großen Klemmlängen (über 5facher Nenndurchmesser) bevorzugt, und wenn von der Verbindung größere Zugkräfte und stoßartige Lasten zu übertragen sind. Technische und wirtschaftliche Vorteile ergeben sich besonders durch gleitfeste Verbindungen (GV) mit hochfesten vorgespannten Schrauben (HV).

### 8.4.2 Schraubenarten

*Sechskantschrauben*, DIN 7990, Festigkeitsklassen 4.6 und 5.6, mit Sechskantmuttern sollen stets mit 8 mm dicken Futterscheiben (DIN 7989) verwendet werden. Das Gewinde soll dadurch außerhalb der verschraubten Bauteile zu liegen kommen, damit allein der Schaft die Scherkraft und den Lochleibungsdruck überträgt (Bild 8-24a). Durchmesserbereich: M12 bis M30, Löcher stets 1 mm größer als Schaftdurchmesser (s. TB 7-4). Anwendung: Als preiswerte Schrauben ohne Passung (rohe Schrauben) in Scher-Lochleibungsverbindungen bei vorwiegend *ruhender Belastung*.
*Sechskant-Passschrauben*, DIN 7968, Festigkeitsklasse 5.6, mit Sechskantmuttern und Futterscheiben (Bild 8-24b). Der Schraubenschaft mit Toleranzklasse h11 ist 1 mm größer als der Gewindedurchmesser (M12 bis M30) und soll im geriebenen Loch (Toleranzklasse H11) möglichst spielfrei sitzen. Im Kranbau ist bei Wechselbelastung die Passung H11/k6 oder fester vorgeschrieben. Der Schraubenschaft muss über die ganze Klemmlänge reichen.

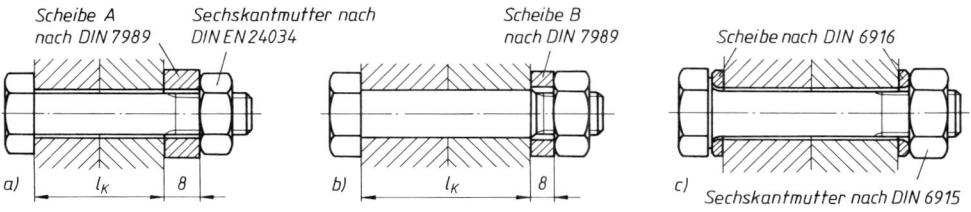

**Bild 8-24** Schrauben für Stahlbau. a) Sechskantschraube DIN 7990, b) Sechskant-Passschraube DIN 7968, c) Sechskantschraube DIN 6914 (HV-Schraube)

Anwendung: Für verschiebungsfreie (schlupffreie) Anschlüsse (SLP-Verbindungen), z. B. biegefeste Stöße, und wenn höhere Tragfähigkeit verlangt wird.

*Sechskantschrauben* mit großen Schlüsselweiten (HV-Schrauben), DIN 6914, für gleitfeste Verbindungen (GV) und Scher-Lochleibungsverbindungen (SL); Festigkeitsklasse 10.9, mit Sechskantmuttern mit großen Schlüsselweiten nach DIN 6915, Festigkeitsklasse 10 und gehärteten Scheiben aus C45 nach DIN 6916 (für I- und U-Stähle Schrägscheiben DIN 6917 und DIN 6918) (Bild 8-24c). Die Garnitur (Schraube, Mutter, Scheiben) muss das Kennzeichen „HV" tragen.

*Sechskant-Passschrauben* mit großen Schlüsselweiten, DIN 7999, Festigkeitsklasse 10.9, mit Muttern nach DIN 6915 und Scheiben nach DIN 6916 bis DIN 6918. Der Schraubenschaft mit Toleranzklasse b11 ist 1 mm größer als der Gewindedurchmesser (M12 bis M30). Sie müssen auf dem Kopf mit „HVP" gekennzeichnet sein, eingesetzt für vorgespannte (GVP) und nicht vorgespannte Verbindungen (SLP).

*Senkschrauben* mit Schlitz, DIN 7969, Festigkeitsklasse 4.6, M10 bis M24, Senkwinkel 75° bzw. 60°, für Scher-Lochleibungsverbindungen.

### 8.4.3 Zug- und Druckstabanschlüsse

#### 1. Gestaltung der Verbindungen

Für die Gestaltung geschraubter Verbindungen gelten sinngemäß die gleichen Richtlinien wie für Nietverbindungen. Verbindungen mit einer Schraube sind zulässig.

Bei GV-Verbindungen kommt man häufig mit kleineren Durchmessern als bei SL-Verbindungen aus. Auch wird bei diesen wegen der günstigen Kraftüberleitung für mehrreihige Verbindungen die rechteckige Schraubenanordnung bevorzugt gegenüber der sonst vorteilhafteren rautenförmigen Anordnung (Bild 8-25b und c).

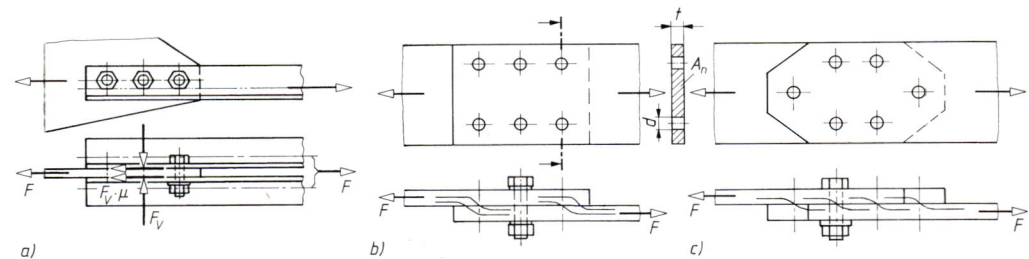

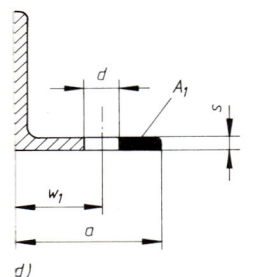

**Bild 8-25**
Geschraubte Stabanschlüsse.
a) Anschluss eines Zugstabes als GV-Verbindung mit Kraftwirkungen,
b) günstige rechteckige Schraubenanordnung,
c) rautenförmige Schraubenanordnungen verringern zwar den Lochabzug, führen aber zu einer Überlastung der ersten Schraube (vermeiden),
d) schwächerer Teil des Nutzquerschnittes $A_1$ bei „Ein-Schraubenanschlüssen" von Zugstäben aus Winkelstählen

#### 2. Scher-Lochleibungsverbindungen

Die Berechnung *quer beanspruchter Schrauben* im Stahlbau erfolgt, wie bei Nieten, auf Abscheren und Lochleibungsdruck (s. auch „Nietverbindungen" unter 7.5.3-3), obgleich die äußeren Kräfte größtenteils oder auch vollkommen durch Reibungsschluss aufgenommen werden. Es

## 8.4 Schraubenverbindungen im Stahlbau

gelten daher für die *vorhandene Abscherspannung* sowie den *vorhandenen Lochleibungsdruck* die entsprechenden Berechnungsgleichungen wie bei Nietverbindungen:

$$\tau_a = \frac{F}{A} \leq \tau_{a\,zul} \qquad (8.39)$$

$$\sigma_l = \frac{F}{d_{Sch} \cdot t_{min}} \leq \sigma_{l\,zul} \qquad (8.40)$$

$F$ \qquad von der Verbindung je Schraube und je Scherfuge bzw. je Bauteildicke zu übertragende Kraft

$A$ \qquad Schaftquerschnittsfläche; Spannungsquerschnitt, wenn das Gewinde in der Trennfuge liegt

$d_{Sch}$ \qquad Schaftdurchmesser bei Sechskantschrauben nach DIN 7990, Passschaftdurchmesser gleich Lochdurchmesser bei Sechskant-Passschrauben nach DIN 7968 und DIN 7999

$t_{min}$ \qquad kleinste Summe der Bauteildicken mit in gleicher Richtung wirkenden Lochleibungsdruck; bei Senkschrauben der größere der beiden Werte $0{,}8t$ oder $t_s$ nach Bild 7-8 b

$\tau_{a\,zul}$, $\sigma_{l\,zul}$ \qquad zulässige Abscherspannung, zulässiger Lochleibungsdruck, abhängig vom Werkstoff der Schrauben und Bauteile u. ggf. vom Lastfall
— im *Kranbau* (DIN 15018) für den Allgemeinen Spannungsnachweis nach TB 3-3b
— für *Aluminiumkonstruktionen* unter vorwiegend ruhender Belastung (DIN 4113-1) nach TB 3-4, unter Beachtung des Krieheinflusses nach 7.6.4-1
— für *Stahlbauten* nach DIN 18800-1

$$\tau_{a\,zul} = \alpha_a \cdot R_m / S_M$$

mit $\alpha_a = 0{,}60$ für Schrauben der Festigkeitsklassen 4.6, 5.6 und 8.8 und $\alpha_a = 0{,}55$ (0,44) für Schrauben der Festigkeitsklasse 10.9 (Scherfuge im Gewinde), Zugfestigkeit des Schraubenwerkstoffs $R_m$ nach TB 8-4 und Teilsicherheitsbeiwert $S_M = 1{,}1$

$$\sigma_{l\,zul} = \alpha_l \cdot R_e / S_M$$

| Abstandsfaktor $\alpha_l$ [1] | Randabstand in Kraftrichtung ist maßgebend | Lochabstand in Kraftrichtung ist maßgebend |
|---|---|---|
| $e_2 \geq 1{,}5 \cdot d$ und $e_3 \geq 3{,}0 \cdot d$ | $\alpha_l = 1{,}1 \cdot e_1/d - 0{,}3$ | $\alpha_l = 1{,}08 \cdot e/d - 0{,}77$ |
| $e_2 = 1{,}2 \cdot d$ und $e_3 = 2{,}4 \cdot d$ | $\alpha_l = 0{,}73 \cdot e_1/d - 0{,}2$ | $\alpha_l = 0{,}72 \cdot e/d - 0{,}51$ |

[1] Für Zwischenwerte von $e_2$ und $e_3$ darf linear interpoliert werden.

— Der größtmögliche rechnerische Lochleibungsdruck wird für die Rand- und Lochabstände $e_1$ und $e_3 = 3d$, $e_2 = 1{,}5d$ und $e = 3{,}5d$ erreicht, s. TB 7-2 und Bild 7-13
— Zur Berechnung von $\alpha_l$ darf der Randabstand in Kraftrichtung $e_1$ höchstens mit $3d$ und der Lochabstand in Kraftrichtung $e$ höchstens mit $3{,}5d$ in Rechnung gestellt werden
— Es ist stets zu untersuchen, ob der Randabstand $e_1$ oder der Lochabstand $e$ den kleineren Wert $\alpha_l$ ergibt
— Streckgrenze $R_e$ der Bauteilwerkstoffe S235 und S355 nach TB 6-5, Teilsicherheitsbeiwert $S_M = 1{,}1$

Die bei einschnittigen ungestützten Verbindungen mit nur einer Schraube mögliche Verformung (s. Bild 7-9c) ist mit einem größeren Sicherheitsbeiwert bei der Lochleibung ($S_M = 1{,}32$) zu berücksichtigen.
Wegen der Wahl der geeigneten *Schraubengröße* bei Entwurfsberechnungen siehe unter 8.4.3-1.
Bei Verbindungen mit Zugbeanspruchung in Richtung der Schraubenachse wird die äußere Belastung rechnerisch ausschließlich den Schrauben zugewiesen. Für den Spannungsnachweis siehe zu Gl. (8.49).
Bei gleichzeitiger Beanspruchung auf Zug und Abscheren sind der Einzelnachweis auf Zug und ein Interaktionsnachweis mit $(\sigma_z/\sigma_{z\,zul})^2 + (\tau_a/\tau_{a\,zul})^2 \leq 1$ unabhängig voneinander zu führen.

### 3. Verbindungen mit hochfesten Schrauben (HV-Schrauben)

Nach DIN 18 800-1 können hochfeste Schrauben als Verbindungsmittel in Scher-Lochleibungs-Verbindungen, gleitfesten vorgespannten Verbindungen sowie in (gleichzeitig) zugfesten Verbindungen verwendet werden.

*Scher-Lochleibungs-Verbindungen* ohne oder mit teilweiser Vorspannung dürfen bei einem Lochspiel von 2 mm *(SL-Verbindungen)* nur für Bauteile mit vorwiegend ruhender Belastung, solche mit hochfesten Passschrauben *(SLP-Verbindungen*, Lochspiel $\leq 0{,}3$ mm) auch für Bauteile mit nicht vorwiegend ruhender Belastung angewendet werden.
Gegenüber den Schrauben nach 8.4.3-2 ergibt sich eine höhere Scher- und (bei Vorspannung) Lochleibungsfestigkeit.
*Gleitfeste Verbindungen* mit vorgespannten Schrauben *(GV-Verbindungen*, Lochspiel $>0{,}3$ bis $\leq 2$ mm) und vorgespannten Passschrauben *(GVP-Verbindungen*, Lochspiel $\leq 0{,}3$ mm) übertragen in den vorbereiteten Berührungsflächen äußere (Quer-)Kräfte ausschließlich bzw. überwiegend durch „flächigen" Reibungsschluss.
Die Berechnung aller Ausführungsformen mit senkrecht zur Schraubenachse beanspruchten HV-Schrauben und HV-Passschrauben erfolgt wie unter 8.4.3-2 auf Abscheren und Lochleibungsdruck nach den Gln. (8.39) und (8.40).
In *gleitfesten Verbindungen* mit planmäßig vorgespannten hochfesten Schrauben (GV-Verbindungen) muss außerdem die zulässige übertragbare Kraft (Grenzgleitkraft) einer Schraube je Reibungsfläche senkrecht zur Schraubenachse nachgewiesen werden (Gebrauchstauglichkeitsnachweis):

$$\boxed{F_{zul} = \mu \cdot \frac{F_V}{1{,}15 \cdot S_M}} \tag{8.41}$$

$F_V$   Vorspannkraft in der Schraube nach TB 8-17
$\mu = 0{,}5$   Reibungszahl der Berührungsflächen nach sorgfältiger Reibflächenvorbereitung, z. B. durch Sandstrahlen, gleitfeste Beschichtungsstoffe u. a.
$S_M$   Teilsicherheitsbeiwert; $S_M = 1{,}0$

Aus der gegebenen Stabkraft $F$ und dem gewählten Schraubendurchmesser lässt sich die zur gleitfesten Kraftübertragung (stets aufzurundende, ganzzahlige) erforderliche Schraubenanzahl bestimmen:

$$\boxed{n \geq \frac{F}{F_V} \cdot \frac{1{,}15 \cdot S_M}{\mu \cdot m}} \tag{8.42}$$

$F$   vom geschraubten Stabanschluss zu übertragende Gesamtkraft
$F_V, S_M, \mu$   wie zu Gl. (8.41)
$m$   Anzahl der Scher- bzw. Reibflächen zwischen den verschraubten Bauteilen

Bei *zugfesten vorgespannten Verbindungen* (z. B. Konsolanschlüsse und Stirnplattenverbindungen) wird die Zugbeanspruchung aus äußerer Belastung rechnerisch ausschließlich den Schrauben zugewiesen. Wegen Verringerung der Klemmkraft infolge der Zugkraft $F_z$ muss die zulässige übertragbare Kraft je Reibungsfläche der vorgespannten Schraube bzw. Passschraube senkrecht zur Schraubenachse in GV- und GVP-Verbindungen im Gebrauchstauglichkeitsnachweis abgemindert werden auf

$$\boxed{F_{zul} = \mu \cdot \frac{F_V - F_z}{1{,}15 \cdot S_M}} \tag{8.43}$$

$F_V, S_M, \mu$   wie zu Gl. (8.41)
$F_z$   in Richtung der Schraubenachse wirkende Zugkraft je Schraube
*Anmerkung:* der Wert 1,15 ist ein Korrekturfaktor für die vereinfachte Annahme der Wirkung der Zugkraft

## 4. Berechnung der Bauteile

Hier gelten allgemein die gleichen Richtlinien wie für genietete und geschweißte Bauteile, s. unter 6.3.1-3.

Bei zugbeanspruchten, gelochten Bauteilen muss beim allgemeinen Spannungsnachweis die *Querschnittsschwächung* berücksichtigt werden.

Für durch Schrauben- oder Nietlöcher geschwächte *Zugstäbe* gilt damit für den Nutzquerschnitt des Stabes

$$\boxed{\sigma_z = \frac{F}{A_n} \leq \sigma_{z\,zul}} \tag{8.44}$$

$F$    Zugkraft im Stab
$A_n$   nutzbare Stabquerschnittsfläche, die sich in der ungünstigsten Risslinie ergibt aus
      $A_n = A - (d \cdot t \cdot z)$
      Hierin sind: $A$ volle, ungeschwächte Querschnittsfläche, $d$ Lochdurchmesser, $t$ Stabdicke, $z$ Anzahl der den Stab schwächenden Löcher (für den Anschluss nach Bild 8-25b ist $z = 2$)
$\sigma_{z\,zul}$   – $R_e/S_M$ im Stahlbau (DIN 18 800-1), mit Streckgrenze $R_e$ nach TB 6-5 und Teilsicherheitsbeiwert $S_M = 1{,}1$
      – nach TB 3-3a beim allgemeinen Spannungsnachweis im Kranbau (DIN 15018-1)
      – $R_m/S$ im nicht geregelten Bereich, mit Zugfestigkeit $R_m$ nach TB 1-1a und Sicherheit $S \approx 2{,}0$

*Hinweis:* Im Stahlbau darf in zugbeanspruchten Querschnitten der Lochabzug entfallen, wenn $A/A_n \leq 1{,}2$ für S235 und $\leq 1{,}1$ für S355 ist. Außerdem darf in Querschnitten mit gebohrten Löchern der geschwächte Querschnitt mit der Zugfestigkeit des Bauteilwerkstoffs bemessen werden: $\sigma_{zul} = R_m/(1{,}25 \cdot S_M)$, mit $R_M$ nach TB 6-5 und $S_M = 1{,}1$.

Bei Entwurfsberechnungen wird die erforderliche volle Stabquerschnittsfläche durch Einführung eines Schwächungsverhältnisses $\upsilon$ überschlägig ermittelt, das das Verhältnis der nutzbaren zur ungeschwächten Querschnittsfläche $A_n/A$ ausdrückt und erfahrungsgemäß $\upsilon \approx 0{,}8$ beträgt. Hiermit ergibt sich dann die *erforderliche ungeschwächte Stabquerschnittsfläche* aus

$$\boxed{A \approx \frac{F}{\upsilon \cdot \sigma_{zul}}} \tag{8.45}$$

$F, \sigma_{zul}$   wie zu Gl. (8.44)
$\upsilon$       Schwächungsverhältnis; erfahrungsgemäß $\upsilon = 0{,}8$, was einem Zuschlag von 25 % entspricht

*Hinweis:* Bei Schweißanschlüssen entfällt die Lochschwächung und damit auch $\upsilon$; es ist also $A_n$ gleich $A$ zu setzen.

Mit der ermittelten Querschnittsfläche $A$ kann z. B. aus den Profilstahltabellen TB 1-8 bis TB 1-12 ein passender Querschnitt mit dem zugehörigen maximalen Lochdurchmesser nach DIN 997 gewählt werden. Für Bleche und Flachstähle enthält TB 7-4 Empfehlungen für die Wahl des Schraubendurchmessers in Abhängigkeit der Materialdicke.
Der Stab ist dann mit Gl. (8.44) nachzuprüfen.

*Hinweis:* Wenn die Zugkraft durch unmittelbaren Anschluss eines Winkelschenkels eingeleitet wird, darf bei Winkelstählen die Biegespannung aus Außermittigkeit unberücksichtigt bleiben, wenn

a) bei Anschlüssen mit mindestens 2 in Kraftrichtung hintereinander liegenden Schrauben die aus der mittig gedachten Längskraft stammende Zugspannung $0{,}8 \cdot \sigma_{zul}$ nicht überschreitet oder
b) bei einem Anschluss mit einer Schraube der Festigkeitsnachweis für den schwächeren Teil des Nutzquerschnittes mit der halben zu übertragenden Kraft geführt wird; nach Bild 8-25d wird $\sigma_z = 0{,}5F/A_1$, mit $A_1 = s(a - w_1 - 0{,}5d)$.

### 8.4.4 Moment(schub)belastete Anschlüsse

Bei diesen geht die Wirkungslinie der resultierenden äußeren Kraft $F$ in größerem Abstand $z$ am Schwerpunkt $S$ der Schraubenverbindung vorbei, wie bei Anschlüssen von Biegeträgern, Konsolblechen u. dgl. (Bild 8-26a). Während die Kraft $F$ bzw. deren Komponenten $F_y$ und $F_x$

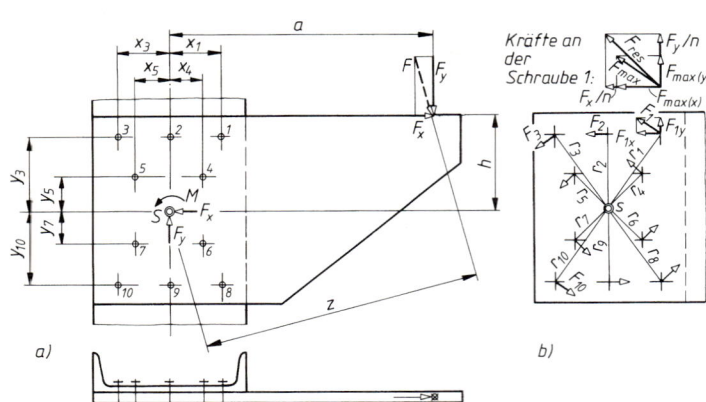

**Bild 8-26**
Moment(schub)belasteter Anschluss.
a) Schraubengruppe mit Belastung und Abständen,
b) Schraubenkräfte infolge Momentbelastung

die Schrauben gleichmäßig beanspruchen, erfahren durch die „Drehwirkung" des Momentes $M = F \cdot z = F_y \cdot a + F_x \cdot h$ die vom Schwerpunkt der Schraubengruppe am weitesten entfernten Schrauben die größte Kraft (Bild 8-26b). Wird davon ausgegangen, dass sich das Bauteil um den Schwerpunkt $S$ der Schraubengruppe drehen will, so gilt mit der Gleichgewichtsbedingung $\Sigma M_{(S)} = 0$ nach Bild 8-26b:

$$M_S = F_1 \cdot r_1 + F_2 \cdot r_2 + \ldots + F_n \cdot r_n.$$

Nimmt man an, dass sich die Reaktionskräfte der Schrauben wie Biegespannungen proportional zu ihrem Abstand vom Schwerpunkt der Schraubengruppe verteilen, so kann oben eingeführt werden:

$$F_2 = F_1 \cdot \frac{r_2}{r_1}, \qquad F_3 = F_1 \cdot \frac{r_3}{r_1} \ldots F_n = F_1 \cdot \frac{r_n}{r_1}.$$

Damit wird

$$M_S = F_1 \cdot \frac{r_1^2}{r_1} + F_1 \cdot \frac{r_2^2}{r_1} + F_1 \cdot \frac{r_3^2}{r_1} + \ldots + F_1 \cdot \frac{r_n^2}{r_1} = \frac{F_1}{r_1} \Sigma r^2.$$

Hieraus ergibt sich für die äußersten Schrauben die größte tangential gerichtete Schraubenkraft:

$$\boxed{F_{\max} = F_1 = \frac{M_S \cdot r_{\max}}{\Sigma r^2} = \frac{M_S \cdot r_{\max}}{\Sigma (x^2 + y^2)}} \qquad (8.46)$$

$M_S$ im Schwerpunkt $S$ der Schraubengruppe wirkendes Anschlussmoment, z. B. nach Bild 8-26a: $M_S = F \cdot z$

$r_{\max}$ Abstand der am weitesten vom Schwerpunkt entfernten Schraube, z. B. nach Bild 8-26b: $r_{\max} = r_1$

$r$ direkte Abstände der Schrauben vom Schwerpunkt der Verbindung

$x, y$ Koordinatenabstände der Schrauben vom Schwerpunkt

Die meist noch auftretenden Normal- und Querkräfte $F_x$ und $F_y$ (Bild 8-26a) werden berücksichtigt, indem man die größte tangential gerichtete Schraubenkraft $F_{\max}$ nach Gl. (8.46) in ihre Komponenten $F_{\max (x)}$ und $F_{\max (y)}$ zerlegt und die auf $n$ Schrauben gleichmäßig verteilten Kraftanteile $F_x/n$ und $F_y/n$ addiert.

Für eine äußere Schraube wird mit der waagerechten Komponente von $F_{\max}$ bei Berücksichtigung der Normalkaft $F_x$

$$\boxed{F_{x\,\text{ges}} = F_{\max} \cdot \frac{y_{\max}}{r_{\max}} + \frac{F_x}{n} = \frac{M_S \cdot y_{\max}}{\Sigma (x^2 + y^2)} + \frac{F_x}{n}} \qquad (8.47\,\text{a})$$

und in gleicher Weise die senkrechte Komponente

$$\boxed{F_{y\,\text{ges}} = F_{\max} \cdot \frac{y_{\max}}{r_{\max}} + \frac{F_y}{n} = \frac{M_S \cdot x_{\max}}{\Sigma (x^2 + y^2)} + \frac{F_y}{n}} \qquad (8.47\,\text{b})$$

## 8.4 Schraubenverbindungen im Stahlbau

Die beiden Komponenten können zur resultierenden Schraubenkraft zusammengesetzt werden (Bild 8-26b)

$$F_{\text{res}} = \sqrt{F_{x\,\text{ges}}^2 + F_{y\,\text{ges}}^2} \tag{8.47c}$$

$M_S, r, x, y$ wie zu Gl. (8.46)
$F_{\max}$ größte tangential gerichtete Schraubenkraft aus der Wirkung des Drehmomentes nach Gl. (8.46)
$F_x, F_y$ auf den Anschluss wirkende Normal- bzw. Querkraft
$n$ Anzahl der Schrauben im Anschluss

In der Praxis wird bei schmalen, hohen Schraubenfeldern der waagerechte Reihenabstand $x$ in den Gln. (8.46) und (8.47) gleich null gesetzt, um den Rechenaufwand zu verringern. In gleicher Weise lassen sich auch momentbelastete Niet- und Punktschweißanschlüsse berechnen.
Mit $F_{\text{res}}$ sind Scher-Lochleibungsverbindungen (rohe Schrauben, Niete, Punktschweißverbindungen) auf Abscheren und Lochleibungsdruck und gleitfeste Verbindungen auf die zulässige übertragbare Kraft je hochfeste Schraube nachzuprüfen.
Die durch Löcher geschwächten Bauteilquerschnitte müssen ggf. noch festigkeitsmäßig nachgeprüft werden.

### 8.4.5 Konsolanschlüsse

Zum Anschluss konsolartiger Bauteile, z. B. an Stützen, Träger u. dgl., können Sechskantschrauben nach DIN 7990, Sechskant-Passschrauben nach DIN 7968 oder hochfeste Schrauben nach DIN 6914 verwendet werden. Durchmesser und Anordnung sind sinngemäß wie bei Nietverbindungen (s. unter 7.5.3-1 und 7.5.4) zu wählen.
Der Anschluss hat außer der Auflagekraft $F$ noch ein Biegemoment $M_b = F \cdot l_a$ aufzunehmen (Bild 8-27). Die Schubwirkung durch $F$ wird von allen Schrauben gleichmäßig aufgenommen, möglichst durch Reibungsschluss. Wegen der Gefahr des Gleitens werden Scher-Lochleibungsverbindungen zunächst mit der Kraft $F$ auf Abscheren und Lochleibung nach den Gln. (8.38) und (8.39) geprüft.
Durch die Kippwirkung von $M_b$ entsteht am unteren Teil der Konsole (Bild 8-27a) eine Pressung, deren Verteilung wohl von der Größe der Schraubenvorspannung beeinflusst wird, sich

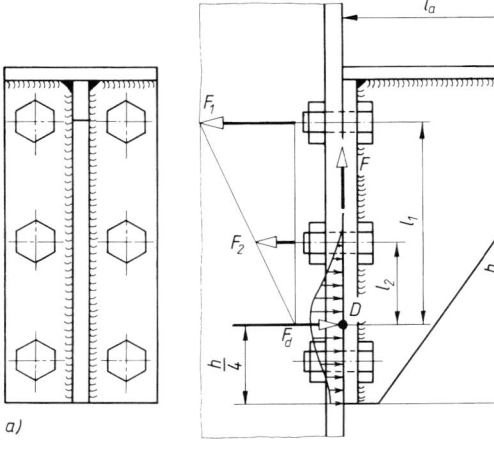
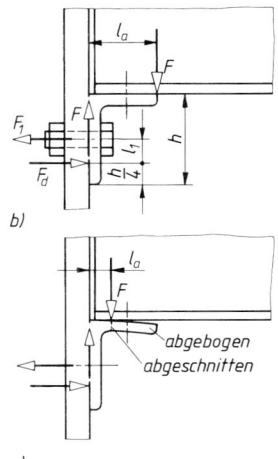

**Bild 8-27**
a) Konsolanschluss mit 6 Schrauben,
b) Winkelanschluss für Trägerauflage,
c) Winkelanschluss mit abgebogenem Auflageschenkel

aber angenähert nach der Darstellung in Bild 8-27a ausbreitet. Als Ersatz für die Pressung kann nach *Steinhardt*[1] eine Druckkraft $F_d$, angreifend im „Druckmittelpunkt" $D$ im Abstand etwa $h/4$ von der Konsolunterkante, angenommen werden. Die Schrauben oberhalb von $D$ haben die Zugkräfte $F_1, F_2 \ldots F_n$ aufzunehmen, die sich wie ihre Abstände $l_1, l_2 \ldots l_n$ von $D$ verhalten: $F_1 : F_2 : \ldots F_n = l_1 : l_2 : \ldots l_n$.
Aus der Bedingung $\Sigma M_{(D)} = 0$ folgt

$$M_b = F \cdot l_a = F_1 \cdot l_1 + F_2 \cdot l_2 + \ldots F_n \cdot l_n.$$

Nach Einsetzen und Umformen ergibt sich bei einer Anzahl $z$ beanspruchter Schrauben ($z = 2$, $F_1 = F_{max}$ in Bild 8-27a) die *größte Zugkraft in einer Schraube*

$$\boxed{F_{max} = \frac{M_b}{z} \cdot \frac{l_1}{l_1^2 + l_2^2 + \ldots l_n^2}} \tag{8.48}$$

Für die am Rand sitzenden, mit $F_{max}$ belasteten Schrauben ist nachzuweisen

$$\boxed{\sigma_z = \frac{F_{max}}{A} \leq \sigma_{z\,zul}} \tag{8.49}$$

$M_b$    Biegemoment für die Verbindung; $M_b = F \cdot l_a$,
$z$    Anzahl der von der größten Zugkraft $F_{max}$ beanspruchten Schrauben
$l_1, l_2 \ldots l_n$    Abstände der zugbeanspruchten Schrauben vom Druckmittelpunkt
$A$    maßgebender Schraubenquerschnitt
     – Kernquerschnitt $A_3$ nach TB 8-1 im Kranbau und für Al-Konstruktionen
     – Spannungs- oder Schaftquerschnit $A_s$ oder $A_{Sch}$ nach TB 8-1 im Stahlbau
$\sigma_{z\,zul}$    zulässige Zugspannung in der Schraube
     – im Stahlbau (DIN 18800-1) der kleinere der beiden Werte $\sigma_{zul} = R_e/(1,1 \cdot S_M)$ bezogen auf $A_{Sch}$ bzw. $\sigma_{zul} = R_m/(1,25 \cdot S_M)$ bezogen auf $A_s$, mit $S_M = 1,1$ und $R_e(R_{p0,2})$ bzw. $R_m$ des Schraubenwerkstoffs (Festigkeitsklasse) nach TB 8-4
     – im Kranbau nach TB 3-3b
     – für Aluminiumkonstruktionen (DIN 4113-1) nach TB 3-4b und c

Bei entsprechend steifen Stirnplatten wird der Anschluss am zweckmäßigsten als zugfeste Verbindung mit planmäßig vorgespannten hochfesten Schrauben ausgeführt.
Die gleiche Berechnung kann auch für die Anschlüsse der Winkelstähle nach Bild 8-27b und c durchgeführt werden. Bei dem Anschluss nach Bild 8-27b wird der Angriffspunkt der Kaft $F$ sicherheitshalber an der Außenkante des Auflageschenkels angenommen. Durch leichtes Abbiegen dieses Schenkels (um $\approx 2$ mm) rückt der Angriffspunkt von $F$ näher an die Anschlussebene, damit werden das Biegemoment $M_b$ und die Schraubenkräfte kleiner (Bild 8-27c). Ähnliche Verhältnisse werden erreicht, wenn der Schenkel vor der Rundung einfach abgeschnitten wird.

## 8.5 Bewegungsschrauben

Bewegungsschrauben dienen zum Umwandeln von Dreh- in Längsbewegungen oder zum Erzeugen großer Kräfte, z. B. bei Leitspindeln von Drehmaschinen, bei Spindeln von Pressen, Ventilen, Schraubenwinden, Schraubstöcken, Schraubzwingen, Abziehvorrichtungen u. dgl. Als „Hubschrauben" haben sie jedoch wegen der zunehmenden Anwendung der Pneumatik und Hydraulik kaum noch Bedeutung.
Als Bewegungsgewinde soll möglichst Trapezgewinde und nur in Ausnahmefällen bei rauem Betrieb mit stoßartiger Beanspruchung, z. B. bei Kupplungsspindeln von Schienenfahrzeugen, Rundgewinde verwendet werden. Für nur in eine Richtung hoch beanspruchte Hubspindeln, z. B. für Hebebühnen, kommt auch Sägengewinde in Frage (s. auch unter 8.1.2-1).
Als Werkstoffe für Spindeln werden insbesondere die Baustähle E295 und E335 verwendet.

---

[1] Bericht in der Zeitschrift „Der Bauingenieur" 1952, Heft 7

## 8.5.1 Entwurf

Bei *kurzen druckbeanspruchten* Bewegungsschrauben ohne Knickgefahr oder *zugbeanspruchten* Bewegungsschrauben ergibt sich der *erforderliche Kernquerschnitt des Gewindes*

$$\boxed{A_3 \geq \frac{F}{\sigma_{d(z)\,zul}}} \tag{8.50}$$

$\sigma_{d(z)\,zul}$    zulässige Druck-(Zug-)spannung; man setzt bei
vorwiegend ruhender Belastung: $\sigma_{d(z)\,zul} = R_e(R_{p0,2})/1{,}5$,
Schwellbelastung: $\sigma_{d(z)\,zul} = \sigma_{zdSch}/2$,
Wechselbelastung: $\sigma_{d(z)\,zul} = \sigma_{zdW}/2$,
$R_e$ bzw. $R_{p0,2}$ sowie $\sigma_{zdSch}$ und $\sigma_{zdW}$ aus TB 1-1

*Lange, druckbeanspruchte* Schrauben oder Spindeln (Bild 8-28), bei denen die Gefahr des Ausknickens besteht, werden zweckmäßig gleich auf Knickung berechnet. Aus der Euler-Knickgleichung ergibt sich der *erforderliche Kerndurchmesser des Gewindes*

$$\boxed{d_3 = \sqrt[4]{\frac{64 \cdot F \cdot S \cdot l_k^2}{\pi^3 \cdot E}}} \tag{8.51}$$

$F$    Druckkraft für die Spindel
$S$    Sicherheit; man wählt zunächst $S \approx 6 \ldots 8$
$l_k$    rechnerische Knicklänge je nach vorliegendem Knickfall; für die Spindeln, Bild 8-28, setze man $l_k \approx 0{,}7 \cdot l$, was dem „Euler-Knickfall" 3 entspricht und allgemein bei geführten Spindeln angenommen werden kann
$E$    Elastizitätsmodul des Spindelwerkstoffes; für Stahl: $E = 2{,}1 \cdot 10^5$ N/mm²

Gewählt wird die dem ermittelten Kernquerschnitt $A_3$ bzw. Kerndurchmesser $d_3$ nächstliegende Gewindegröße aus Gewindetabellen, für Trapezgewinde nach TB 8-3.
Die vorgewählte Spindel ist in jedem Fall auf Festigkeit und meist noch auf Knicksicherheit zu prüfen.

## 8.5.2 Nachprüfung auf Festigkeit

Bewegungsschrauben werden außer auf Druck oder Zug auch noch auf Verdrehung durch das aufzunehmende Drehmoment beansprucht. Bei der Festigkeitsprüfung ist zunächst festzustellen, welche Teile der Schraube oder Spindel welche Beanspruchung aufzunehmen haben, wobei zweckmäßig folgende Fälle unterschieden werden.

*Beanspruchungsfall 1:* Die Längskraft $F$ wirkt in der Spindel, vom Muttergewinde aus betrachtet, auf der anderen Seite als das eingeleitete Drehmoment $T$, z. B. bei der Spindel einer Spindelpresse nach Bild 8-28a.
Dabei wird der eine Teil der Spindel, hier der obere, auf Verdrehung, der andere Teil (mit der Länge $l$) auf Druck bzw. Knickung (oder auch auf Zug) beansprucht, sofern kein nennenswertes zusätzliches (Reibungs-)Moment, z. B. das Lagerreibungsmoment $M_{RL}$ an der Auflage bei $A$, auftritt.
Für den „Verdrehteil" gilt für die *Verdrehspannung:*

$$\boxed{\tau_t = \frac{T}{W_p} \leq \tau_{t\,zul}} \tag{8.52}$$

$T$    Drehmoment für die Spindel nach Gl. (8.55)
$W_p$    polares Widerstandsmoment aus $W_p \approx 0{,}2 \cdot d_3^3$, $d_3$ Gewinde-Kerndurchmesser aus Gewindetabellen, für Trapezgewinde aus TB 8-3
$\tau_{t\,zul}$    zulässige Verdrehspannung; man setzt bei vorwiegend ruhender Belastung: $\tau_{t\,zul} = \tau_{tF}/1{,}5$, bei Schwellbelastung: $\tau_{t\,zul} = \tau_{tSch}/2$, bei Wechselbelastung: $\tau_{t\,zul} = \tau_{tW}/2$; $\tau_{tF}$ nach Bild 3-15; $\tau_{tSch}$ und $\tau_{tW}$ aus TB 1-1 (Umrechnung mit $K_t$ beachten – s. Kapitel 3)

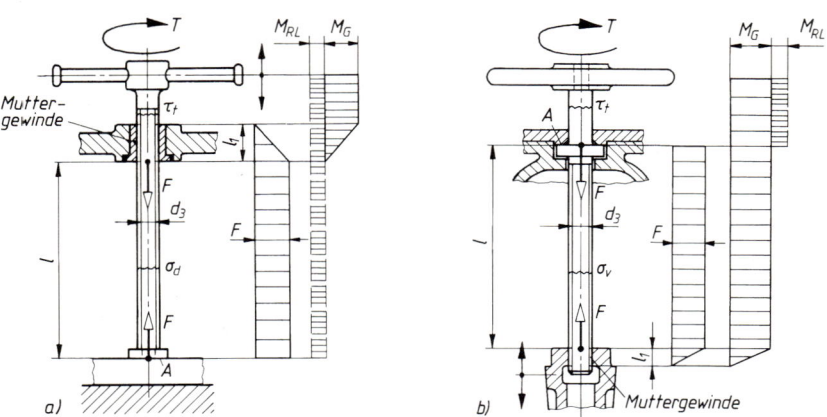

**Bild 8-28** Beanspruchungsfälle bei Bewegungsschrauben mit Verlauf der Längskraft $F$ sowie der Gewinde- und Lagerreibungsmomente $M_G$ und $M_{RL}$ (meist $M_G \gg M_{RL}$).
a) Beanspruchung der Spindel einer Spindelpresse (Fall 1),
b) Beanspruchung der Spindel eines Absperrschiebers (Fall 2)

Für den „Druckteil" („Zugteil") gilt für die *Druck-(Zug-)spannung:*

$$\sigma_{d(z)} = \frac{F}{A_3} \leq \sigma_{d(z)\,zul} \tag{8.53}$$

$F$   Druck-(Zug-)kraft für die Spindel
$A_3$   Kernquerschnitt des Gewindes aus Gewindetabellen, für Trapezgewinde aus TB 8-3
$\sigma_{d(z)\,zul}$   zulässige Druck-(Zug-)spannung wie zu Gl. (8.50); bei großen Spindeldurchmessern ist der Größeneinfluss auf die Festigkeitswerte zu beachten, s. Gl. (3.7)

Bei längeren druckbeanspruchten Spindeln ist dieser Teil unbedingt noch auf Knickung zu prüfen, s. unter 8.5.3.

*Beanspruchungsfall 2:* Die Längskraft $F$ wirkt in der Spindel, vom Muttergewinde aus betrachtet, auf der gleichen Seite wie das eingeleitete Drehmoment $T$, z. B. bei der Spindel eines Absperrschiebers, nach Bild 8-28 b.
Dabei wird der eine Teil der Spindel, hier der obere, auf Verdrehung, der andere Teil (mit der Länge $l$) auf Druck, seltener auf Zug, und Verdrehung beansprucht. Für diesen zu prüfenden Teil der Spindel gilt für die *Vergleichsspannung* nach Gl. (3.5):

$$\sigma_v = \sqrt{\sigma_{d(z)}^2 + 3 \cdot \left(\frac{\sigma_{zul}}{\varphi \cdot \tau_{zul}} \cdot \tau_t\right)^2} \leq \sigma_{d(z)\,zul} \tag{8.54}$$

$\sigma_{d(z)}$   vorhandene Druck-(Zug-)spannung in der Spindel nach Gl. (8.53)
$\sigma_{zul}, \tau_{zul}$   zulässige Spannungen für die vorhandenen Beanspruchungsfälle; für übliche Fälle kann gesetzt werden $\sigma_{zul}/(\varphi \cdot \tau_{zul}) \approx 1$
$\varphi$   Faktor zur Berechnung des Anstrengungsverhältnisses: $\varphi = 1{,}73$
$\tau_t$   vorhandene Verdrehspannung in der Spindel nach Gl. (8.52)
$\sigma_{d(z)\,zul}$   zulässige Spannung wie zu Gl. (8.50)

Bei längeren druckbeanspruchten Spindeln ist dieser Teil unbedingt noch auf Knickung zu prüfen, s. unter 8.5.3.
Das aufzuwendende Drehmoment $T$ entspricht dem Gewindemoment $M_G$ nach Gl. (8.23), sofern keine anderen nennenswerten Reibungsmomente, z. B. das Lagerreibungsmoment $M_{RL}$ an der Spindelauflage oder in der Spindelführung (bei A in Bild 8-28) zu überwinden sind. Das

## 8.5 Bewegungsschrauben

*erforderliche Drehmoment* wird damit

$$T = F \cdot d_2/2 \cdot \tan(\varphi \pm \varrho')$$ (8.55)

- $F$ Längskraft in der Spindel
- $d_2$ Flankendurchmesser des Gewindes aus Gewindetabellen, für Trapezgewinde aus TB 8-3
- $\varphi$ Steigungswinkel des Gewindes aus Gl. (8.1); für eingängiges Trapezgewinde ist $\varphi \approx 3° \ldots 5{,}5°$ (Richtwert)
- $\varrho'$ Gewinde-Gleitreibungswinkel[1]; man setzt bei Spindel aus Stahl und Führungsmutter
  - aus Gusseisen, trocken: $\varrho' \approx 12°$
  - aus CuZn- und CuSn-Legierungen, trocken: $\varrho' \approx 10°$
  - aus vorstehenden Werkstoffen, geschmiert: $\varrho' \approx 6°$
  - aus Spezial-Kunststoff, trocken: $\varrho' \approx 6°$
  - aus Spezial-Kunststoff (s. TB 8-18), geschmiert: $\varrho' \approx 2{,}5°$

Das + in ( ) gilt bei dem für die Berechnung maßgebenden „Anziehen", das − beim „Lösen" der Spindel.

### 8.5.3 Nachprüfung auf Knickung

Lange Spindeln sind außer auf Festigkeit auch auf Knicksicherheit zu prüfen. Zunächst ist festzustellen, ob elastische oder unelastische Knickung vorliegt. Dazu ist der Schlankheitsgrad zu ermitteln. Aus der allgemeinen Gleichung

$$\lambda = \frac{l_k}{i} = \frac{\text{rechnerische Knicklänge}}{\text{Trägheitsradius}}$$

folgt mit

$$i = \sqrt{\frac{I}{A_3}} = \sqrt{\frac{\pi \cdot d_3^4 \cdot 4}{64 \cdot d_3^2 \cdot \pi}} = \frac{d_3}{4}$$

der *Schlankheitsgrad der Spindel*

$$\lambda = \frac{4 \cdot l_k}{d_3}$$ (8.56)

- $l_k$ rechnerische Knicklänge (s. auch zu Gl. (8.51))
- $d_3$ Kerndurchmesser des Gewindes aus Gewindetabellen, für Trapezgewinde aus TB 8-3

Es liegt *elastische Knickung* vor, wenn $\lambda \geq \lambda_0 = 105$ für S235 bzw. $\lambda \geq 89$ für E295 und E335. In diesem Fall ist die *Knickspannung nach Euler*

$$\sigma_K = \frac{E \cdot \pi^2}{\lambda^2} \approx \frac{21 \cdot 10^5}{\lambda^2}$$ (8.57)

Für den *unelastischen Bereich*, d. h. für $\lambda < 105$ ist für S235 die *Knickspannung nach Tetmajer*

$$\sigma_K = 310 - 1{,}14 \cdot \lambda$$ (8.58)

Für den Schlankheitsgrad $\lambda < 89$ wird für E295 und E335

$$\sigma_K = 335 - 0{,}62 \cdot \lambda$$ (8.59)

| $\sigma_K$ | $\lambda$ |
|---|---|
| N/mm² | − |

---

[1] Entsprechende Haftreibungswinkel $\varrho_0'$ sind erfahrungsgemäß 10 bis 40% größer.

*Hinweis:* Im unelastischen Bereich, also bei $\lambda < \lambda_0 = \pi \sqrt{E/\sigma_{dP}}$, gilt allgemein für die Knickspannung (Gleichung der Johnson-Parabel):

$$\sigma_K = \sigma_{dS} - (\sigma_{dS} - \sigma_{dP}) \cdot \left(\frac{\lambda}{\lambda_0}\right)^2$$

Setzt man darin näherungsweise $\sigma_{dS} \approx R_{p0,2}$ bzw. $R_e$ (Quetschgrenze) und $\sigma_{dP} \approx 0{,}8 \cdot \sigma_{dS}$ (Proportionalitätsgrenze), dann lässt sich die Knickspannung, in Ergänzung zu den Gln. (8.58) und (8.59), auch für andere Spindelwerkstoffe als S235 bis E335 bestimmen.

Die Knickspannung muss gegenüber der vorhandenen Spannung eine ausreichende *Sicherheit* haben:

$$\boxed{S = \frac{\sigma_K}{\sigma_{vorh}} \geq S_{erf}} \qquad (8.60)$$

$\sigma_{vorh}$    vorhandene Spannung im druckbeanspruchten Spindelteil; für Beanspruchungsfall 1 ist $\sigma_{vorh} = \sigma_d$ nach Gl. (8.53), für Beanspruchungsfall 2 ist $\sigma_{vorh} = \sigma_v$ nach Gl. (8.54) zu setzen

$S_{erf}$    erforderliche Sicherheit:
bei elastischer Knickung mit $\sigma_K$ nach Gl. (8.57) soll sein: $S_{erf} \approx 3 \ldots 6$ mit zunehmendem Schlankheitsgrad $\lambda$ ($\lambda_{max} = 250$)
bei unelastischer Knickung mit $\sigma_K$ nach Gl. (8.58) bzw. (8.59) soll sein: $S_{erf} \approx 4 \ldots 2$ mit abnehmendem Schlankheitsgrad $\lambda$

*Hinweis:* Bei Schlankheitsgrad $\lambda < 20$ erübrigt sich eine Nachrechnung auf Knickung, es braucht dann nur auf Festigkeit geprüft werden.

### 8.5.4 Nachprüfung des Muttergewindes (Führungsgewinde)

Die Länge $l_1$ des Muttergewindes einer Bewegungsschraube (Bild 8-28) ist so zu bemessen, dass die volle Tragkraft der Schraube bzw. Spindel vom Gewinde der Mutter ohne Schädigung übertragen wird. Dabei ist, im Gegensatz zu Befestigungsschrauben, nicht so sehr die Festigkeit, sondern vielmehr die Flächenpressung der Gewindeflanken entscheidend. Unter der Annahme einer gleichmäßigen Pressung aller Gewindegänge – in Wirklichkeit werden die ersten tragenden Gänge stärker beansprucht – ist die Flächenpressung $p = F/A_{ges}$.
Wird für die Gesamtfläche der tragenden Gewindegänge $A_{ges} = n \cdot A_g$ gesetzt und hierin für die Fläche eines Ganges $A_g = d_2 \cdot \pi \cdot H_1$ und für die Anzahl der Gänge $n = l_1/P$, dann ergibt sich für die *Flächenpressung des Gewindes*

$$\boxed{p = \frac{F \cdot P}{l_1 \cdot d_2 \cdot \pi \cdot H_1} \leq p_{zul}} \qquad (8.61)$$

$F$    von der Spindelführung aufzunehmende Längskraft
$P$    Gewindeteilung gleich Abstand von Gang zu Gang, bei eingängigem Gewinde gleich Steigung, bei mehrgängigem Gewinde ist $P = P_h/n$ mit Steigung $P_h$ und Gangzahl $n$ (s. auch zu Gl. (8.1))
$l_1$    Länge des Muttergewindes
$d_2$    Flankendurchmesser des Gewindes aus Gewindetabellen, für Trapezgewinde aus TB 8-3
$H_1$    Flankenüberdeckung des Gewindes aus Gewindetabellen, für Trapezgewinde aus TB 8-3
$p_{zul}$    zulässige Flächenpressung der Gewindeflanken, Richtwerte s. TB 8-18

Durch Umformung der Gleichung kann mit $p_{zul}$ auch die *erforderliche Mutterlänge* $l_1$ ermittelt werden, wobei wegen der ungleichmäßigen Verteilung der Flächenpressung im Gewinde $l_1 \approx 2{,}5 \cdot d$ (Gewindedurchmesser) nicht überschreiten soll.

### 8.5.5 Wirkungsgrad der Bewegungsschrauben, Selbsthemmung

Der Wirkungsgrad ist das Verhältnis von nutzbarer zu aufgewendeter Arbeit: $\eta = W_n/W_a$. Für eine Spindelumdrehung wird mit $W_n = F \cdot P_h$ und $W_a = F_u \cdot d_2 \cdot \pi = F \cdot \tan(\varphi + \varrho') \cdot d_2 \cdot \pi$ (s. unter 8.3.4-1) der Wirkungsgrad bei Umwandlung von Drehbewegung in Längsbewegung

$$\boxed{\eta \approx \frac{\tan \varphi}{\tan(\varphi + \varrho')}} \tag{8.62}$$

$\varphi$, $\varrho'$ wie zu Gl. (8.55)

Bei Umwandlung von Längsbewegung in Drehbewegung, was nur bei nicht selbsthemmendem Gewinde möglich ist, wird $\eta' = \tan(\varphi - \varrho')/\tan \varphi$.
Gewinde sind *selbsthemmend*, wenn Steigungswinkel $\varphi <$ Reibungswinkel $\varrho'$, wie bei allen Befestigungsgewinden und eingängigen Bewegungsgewinden.
Bei *nicht selbsthemmenden* Gewinden ist $\varphi > \varrho'$, wie bei mehrgängigen Bewegungsgewinden.
Für den Grenzfall $\varphi = \varrho'$ wird, wie aus Gl. (8.62) folgt, der Wirkungsgrad $\eta < 0{,}5$, d. h. bei selbsthemmenden Schraubgetrieben ist stets $\eta < 0{,}5$; umgekehrt ist bei nicht selbsthemmenden Getrieben $\eta > 0{,}5$.
Die Frage, wann Selbsthemmung vorliegt und wann nicht, lässt sich durch folgende „Gedankenbrücke" leicht beantworten:

Selbsthemmend – Befestigungsschraube – *kleiner* Steigungswinkel – Steigungswinkel *kleiner* als Reibungswinkel

Nicht selbsthemmend – Drillbohrer – *größer* Steigungswinkel – Steigungswinkel *größer* als Reibungswinkel

## 8.6 Berechnungsbeispiele

**Beispiel 8.1:** Die Schraubenverbindung zwischen einem zweiteiligen Hydraulikkolben ⌀ 100 mm aus E335 und einer Kolbenstange ⌀ 30 mm aus C35E ist für einen größten Öldruck $p_e = 50$ bar zu berechnen (Bild 8-29). Der Schubmotor (Zylinder) hat stündlich ca. 90 Arbeitstakte auszuführen. Bei Entlastung durch die Betriebskraft $F_B$ soll die Dichtungskraft gleich (Rest-)Klemmkraft noch mindestens $F_{Kl} = 15$ kN betragen. Vorgesehen ist eine unbehandelte Zylinderschraube nach DIN EN ISO 4762, die bei geöltem Gewinde mit einem Drehmomentschlüssel angezogen wird.

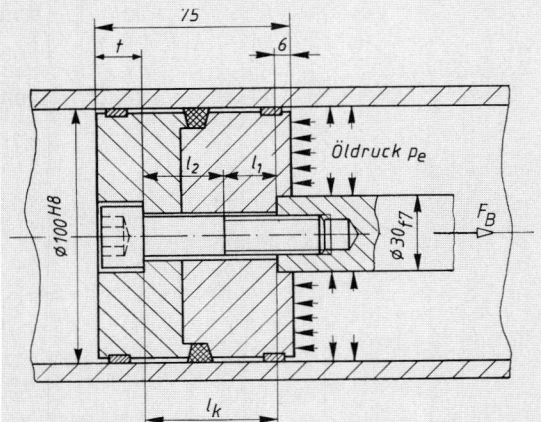

**Bild 8-29**
Hydraulikzylinder.
Verbindung von Kolben und Kolbenstange durch eine zentrale Schraube

**Allgemeiner Lösungshinweis:** Es handelt sich hier um eine vorgespannte Befestigungsschraube, also ist der Berechnungsgang nach den Angaben unter 8.3.9-2 maßgebend. Da von der Schraube eine Betriebskraft $F_B$ aufzunehmen ist und im Betriebszustand außerdem eine Dichtungskraft gleich (Rest-)Klemmkraft $F_{Kl}$ gefordert wird, kommt der „Verschraubungsfall A" für den Berechnungsgang in Frage und zwar bei dynamischer (schwellender) Belastung.

**Lösung:** Unter Vernachlässigung der Reibungs- und Massenkräfte kann die schwellend wirkende Betriebskraft (Kolbenkraft) $F_B = p \cdot A =$ Druck × beaufschlagte Kolbenfläche berechnet werden. Mit der um den Stangenquerschnitt kleineren Kolbenfläche $A = \pi/4\,(D^2 - d^2)/4 = \pi/4\,(10^2 - 3^2)\,\text{cm}^2 = 71{,}5\,\text{cm}^2$ und dem Druck $p = 50\,\text{bar} = 500\,\text{N/cm}^2$ wird die Betriebskraft

$$F_B = 500\,\text{N/cm}^2 \cdot 71{,}5\,\text{cm}^2 = 35\,750\,\text{N} = 35{,}7\,\text{kN}.$$

Mit den Rechenschritten A1., A2. usw. kann jetzt die systematische Schraubenberechnung durchgeführt werden:

**A1.** Die Wahl der geeigneten Festigkeitsklasse erfolgt nach folgenden Gesichtspunkten:

| Festigkeits-klasse | allgemeine Anwendung für | Tragfähig-keit in % | Bruchdehnung in % | Preisver-gleich in % | Aufgrund der Flächenpressung geeignet für |
|---|---|---|---|---|---|
| 8.8 | normale Beanspruchung | 100 | 12 | 100 | alle Baustähle |
| 10.9 | hohe Vorspannkräfte | 140 | 9 | ca. 150 | Baustähle ab E335 |
| 12.9 | höchst-beanspruchte Verbindungen | 168 | 8 | ca. 150 | Vergütungs-stähle |

Gewählt wird (für Kopfauflage aus E335) eine Schaftschraube der Festigkeitsklasse 10.9.
Für die dynamisch axiale (zentrische) Betriebskraft $F_B = 35{,}7\,\text{kN}$ und die Festigkeitsklasse 10.9 wird nach TB 8-13 zunächst grob vorgewählt (mit $F_B$ bis 40 kN): Schaftschraube M16.
Für die gewählte Schraube muss wenigstens überschlägig noch geprüft werden, ob die zulässige Flächenpressung unter dem Schraubenkopf nicht überschritten wird. Nach Gl. (8.4) gilt

$$p \approx \frac{F_{sp}/0{,}9}{A_p} \leq p_G.$$

Mit $F_{sp} = 111\,\text{kN}$ aus TB 8-14 bei $\mu_{ges} \approx 0{,}12$ (TB 8-12a für geölte Schrauben), $A_p = 181\,\text{mm}^2$ nach TB 8-9 oder aus $A_p \approx \pi/4\,(d_w^2 - d_h^2)$ ergibt sich

$$p \approx \frac{111\,000\,\text{N}/0{,}9}{181\,\text{mm}^2} = 681\,\text{N/mm}^2.$$

Die Grenzflächenpressung für E335 beträgt nach TB 8-10 aber nur $p_G \approx 500\,\text{N/mm}^2$. Da die Festigkeitsklasse 10.9 beibehalten werden soll, muss der Kolbenwerkstoff in C45E geändert werden. Bei der nun zugelassenen Grenzflächenpressung $p_G = 700\,\text{N/mm}^2$ sind Kriechvorgänge unter dem Schraubenkopf nicht mehr zu befürchten.

**A2.** Für die erforderliche Montagevorspannkraft gilt nach Gl. (8.29)

$$F_{VM} = k_A [F_{Kl} + F_B(1 - \Phi) + F_Z] \leq F_{sp}.$$

Den Anziehfaktor $k_A$ erhält man entsprechend dem angegebenen Anziehverfahren (Drehmomentschlüssel) aus TB 8-11: $k_A = 1{,}6$.
Für die Ermittlung des Kraftverhältnisses $\Phi = F_{BS}/F_B = \delta_T/(\delta_S + \delta_T)$ sind zunächst die elastische Nachgiebigkeit der Schraube $\delta_S$ und der verspannten Teile $\delta_T$ zu berechnen.
Nach Gl. (8.7) gilt für die elastische Nachgiebigkeit der Schraube

$$\delta_S = \delta_K + \delta_1 + \delta_2 + \delta_G + \delta_M.$$

Nach Bild 8-29 wird mit der Senktiefe $t = 17{,}5\,\text{mm}$ (TB 8-9) und für eine Einschraubtiefe $l_e \approx 1{,}2 \cdot 16\,\text{mm} \approx 19\,\text{mm}$ (TB 8-15) eine $l = 69\,\text{mm} - 17{,}5\,\text{mm} + 19\,\text{mm} \approx 70\,\text{mm}$ lange Schraube erforderlich.
Mit der Gewindelänge $b_1 = 44\,\text{mm}$ (TB 8-9), der Länge des Schaftelementes $l_1 = 70\,\text{mm} - 44\,\text{mm} = 26\,\text{mm}$, der Länge des gewindetragenden Elementes $l_2 = 69\,\text{mm} - 17{,}5\,\text{mm} - 26\,\text{mm} = 25{,}5\,\text{mm}$ und den Querschnitten $A_N = \pi \cdot 16^2\,\text{mm}^2/4 = 201\,\text{mm}^2$ und $A_3 = 144{,}1\,\text{mm}^2$ (TB 8-1) lässt sich die

## 8.6 Berechnungsbeispiele

elastische Nachgiebigkeit der gesamten Schraube nach Gl. (8.8) wie folgt berechnen:

– für Schraubenkopf: $\quad\delta_K = \dfrac{0,4 \cdot 16 \text{ mm}}{210\,000 \text{ N/mm}^2 \cdot 201 \text{ mm}^2} = 0,152 \cdot 10^{-6} \dfrac{\text{mm}}{\text{N}}$

– für glatten Schaft: $\quad\delta_1 = \dfrac{26 \text{ mm}}{210\,000 \text{ N/mm}^2 \cdot 201 \text{ mm}^2} = 0,616 \cdot 10^{-6} \dfrac{\text{mm}}{\text{N}}$

– für nicht eingeschraubtes Gewinde: $\quad\delta_2 = \dfrac{25,5 \text{ mm}}{210\,000 \text{ N/mm}^2 \cdot 144,1 \text{ mm}^2} = 0,843 \cdot 10^{-6} \dfrac{\text{mm}}{\text{N}}$

– für eingeschraubtes Gewinde: $\quad\delta_G = \dfrac{0,5 \cdot 16 \text{ mm}}{210\,000 \text{ N/mm}^2 \cdot 144,1 \text{ mm}^2} = 0,264 \cdot 10^{-6} \dfrac{\text{mm}}{\text{N}}$

– für Muttergewinde: $\quad\delta_M = \dfrac{0,4 \cdot 16 \text{ mm}}{210\,000 \text{ N/mm}^2 \cdot 201 \text{ mm}^2} = 0,152 \cdot 10^{-6} \dfrac{\text{mm}}{\text{N}}$

$$\delta_S = 2,027 \cdot 10^{-6} \dfrac{\text{mm}}{\text{N}}$$

Die elastische Nachgiebigkeit der verspannten Teile wird nach Gl. (8.10) berechnet:

$$\delta_T = \dfrac{l_k}{A_{\text{ers}} \cdot E_T} \ .$$

Bei einer flächenmäßigen Ausdehnung des Kolbens $D_A = 100 \text{ mm} > d_w + l_k = 24 \text{ mm} + 51,5 \text{ mm} = 75,5 \text{ mm}$ gilt mit der Grenzbedingung $D_A = d_w + l_k = 75,5 \text{ mm}$ für den Ersatzquerschnitt nach Gl. (8.9)

$$A_{\text{ers}} = \dfrac{\pi}{4}(d_w^2 - d_h^2) + \dfrac{\pi}{8} d_w (D_A - d_w) \cdot [(x+1)^2 - 1] \ .$$

Mit $d_w \approx 24$ mm, $d_h = 17,5$ mm (DIN EN 20273 mittel, nach TB 8-8), der Grenzbedingung $D_A = d_w + l_k = 75,5$ mm und $x = \sqrt[3]{l_k \cdot d_w / D_A^2} = \sqrt[3]{51,5 \text{ mm} \cdot 24 \text{ mm}/75,5^2 \text{ mm}^2} = 0,6$ erhält man

$$A_{\text{ers}} = \dfrac{\pi}{4}(24^2 \text{ mm}^2 - 17,5^2 \text{ mm}^2) + \dfrac{\pi}{8} 24 \text{ mm} (75,5 \text{ mm} - 24 \text{ mm}) \cdot [(0,6+1)^2 - 1] = 969 \text{ mm}^2$$

und damit

$$\delta_T = \dfrac{51,5 \text{ mm}}{969 \text{ mm}^2 \cdot 210\,000 \text{ N/mm}^2} = 0,253 \cdot 10^{-6} \dfrac{\text{mm}}{\text{N}} \ .$$

Damit kann das Kraftverhältnis $\Phi_k$ für zentrische Krafteinleitung in Ebenen durch die Schraubenkopf- und Mutterauflage (s. zu Gl. (8.11) bis (8.14)) ermittelt werden

$$\Phi_k = \dfrac{\delta_T}{\delta_S + \delta_T} = \dfrac{0,253 \cdot 10^{-6} \text{ mm/N}}{2,027 \cdot 10^{-6} \text{ mm/N} + 0,253 \cdot 10^{-6} \text{ mm/N}} = 0,11 \ .$$

Entsprechend Bild 8-14 wird geschätzt, dass die Krafteinleitungsebenen im Abstand $n \cdot l_k \approx 0,3 l_k$ liegen. Damit wird nach Gl. (8.17) das tatsächliche Kraftverhältnis

$$\Phi = n \cdot \Phi_k = 0,3 \cdot 0,11 = 0,033 \ .$$

Der Vorspannkraftverlust durch Setzen der Verbindung wird nach Gl. (8.19) bestimmt:

$$F_Z = \dfrac{f_Z}{\delta_S + \delta_T} \ .$$

Mit dem Gesamtsetzbetrag nach Gl. (8.20)

$$f_Z \approx 3,29 \left(\dfrac{l_k}{d}\right)^{0,34} \cdot 10^{-3} = 3,29 \left(\dfrac{51,5 \text{ mm}}{16 \text{ mm}}\right)^{0,34} \cdot 10^{-3} \approx 0,005 \text{ mm}$$

wird somit

$$F_Z = \dfrac{0,005 \text{ mm}}{2,027 \cdot 10^{-6} \text{ mm/N} + 0,253 \cdot 10^{-6} \text{ mm/N}} = 2,19 \text{ kN} \ .$$

Mit den vorstehend bestimmten Werten kann nun die Montagevorspannkraft bestimmt werden
$$F_{\text{VM}} = 1{,}6[15\,\text{kN} + 35{,}7\,\text{kN}\,(1 - 0{,}033) + 2{,}19\,\text{kN}] = 82{,}7\,\text{kN}\,.$$

Da $F_{\text{VM}} = 82{,}7\,\text{kN} < F_{\text{sp}} = 111\,\text{kN}$ ist die gewählte Zylinderschraube M16−10.9 weit ausreichend bemessen.

**A3.** Bei drehmomentgesteuertem Anziehen wird mit dem Spannmoment $M_{\text{sp}} = 285\,\text{Nm}$ nach TB 8-14 das erforderliche Anziehdrehmoment
$$M_{\text{A}} = 0{,}9 \cdot M_{\text{sp}} = 0{,}9 \cdot 285\,\text{Nm} \approx 257\,\text{Nm}\,.$$

**A4.** Wenn die Schraube bei der Montage auf $F_{\text{sp}} = 111\,\text{kN}$ vorgespannt wird, ist nach Gl. (8.35a) die Einhaltung der maximalen Schraubenkraft unter der Betriebskraft zu prüfen. Für Schaftschrauben muss dabei sein:
$$\Phi \cdot F_{\text{B}} \leq 0{,}1 \cdot R_{\text{p0,2}} \cdot A_{\text{s}}\,.$$

Mit $R_{\text{p0,2}} = 940\,\text{N/mm}^2$ (Mindestwert nach TB 8-4) und $A_{\text{s}} = 157\,\text{N/mm}^2$ (TB 8-1) lautet die Beziehung
$$0{,}033 \cdot 35\,700\,\text{N} \leq 0{,}1 \cdot 940\,\text{N/mm}^2 \cdot 157\,\text{mm}$$
$$1{,}18\,\text{N} < 14{,}76\,\text{kN}\,.$$

Die Bedingung nach Gl. (8.35a) ist also erfüllt, die maximale Schraubenkraft wird nicht überschritten. Wegen der dynamischen Belastung ist die Schraubenverbindung nach Gl. (8.22) noch auf Dauerhaltbarkeit zu prüfen:
$$\sigma_{\text{a}} = \pm\frac{F_{\text{a}}}{A_3} \leq \sigma_{\text{A}}\,.$$

Mit der Ausschlagkraft nach Gl. (8.15) $F_{\text{a}} = \pm(F_{\text{Bo}} - F_{\text{Bu}}) \cdot \Phi/2$ wird mit $F_{\text{Bo}} = 35{,}7\,\text{kN}$ als oberem Grenzwert, $F_{\text{Bu}} = 0$ als unterem Grenzwert der schwellend wirkenden Betriebskraft und $\Phi = 0{,}033$
$$F_{\text{a}} = \pm\frac{35\,700\,\text{N} - 0}{2}\,0{,}033 = \pm 589\,\text{N}\,.$$

Hiermit und mit dem Kernquerschnitt $A_3 = 144{,}1\,\text{mm}^2$ (TB 8-1) wird die Ausschlagsspannung
$$\sigma_{\text{a}} = \pm\frac{589\,\text{N}}{144{,}1\,\text{mm}^2} = \pm 4\,\text{N/mm}^2\,.$$

Die Ausschlagfestigkeit für schlussvergütete Gewinde M16−10.9 ist nicht vorspannkraftabhängig und beträgt nach den Angaben zu Gl. (8.22)
$$\sigma_{\text{A(SV)}} \approx \pm 0{,}75\left(\frac{180}{d} + 52\right) = \pm 0{,}75\left(\frac{180}{16} + 52\right) = \pm 47\,\text{N/mm}^2\,.$$

Die Schraube ist dauerfest, da $\sigma_{\text{a}} = \pm 4\,\text{N/mm}^2 < \sigma_{\text{A}} = \pm 47\,\text{N/mm}^2$.

**A5.** Abschließend soll die bereits unter A1 überschlägig vorgenommene Berechnung der Flächenpressung unter dem Schraubenkopf genauer ausgeführt werden. Für drehmomentgesteuertes Anziehen gilt nach Gl. (8.36)
$$p = \frac{F_{\text{sp}} + \Phi \cdot F_{\text{B}}}{A_{\text{p}}} \leq p_{\text{G}}\,.$$

Mit den weiter vorn ermittelten Werten ergibt sich
$$p = \frac{111\,\text{kN} + 0{,}033 \cdot 35{,}7\,\text{kN}}{181\,\text{mm}^2} = 620\,\text{N/mm}^2 \leq p_{\text{G}} = 700\,\text{N/mm}^2\,.$$

**Ergebnis:** Für die Verbindung von Kolben und Kolbenstange ist eine Zylinderschraube ISO 4762−M16 × 70−10.9 erforderlich.

■ **Beispiel 8.2:** Für die Verschraubung des Deckels eines Druckbehälters mit eingelegtem Welldichtring (gewellter Ring aus Alu-Blech mit Weichstoffauflage; $d_{\text{a}} = 545\,\text{mm}$, $d_{\text{i}} = 505\,\text{mm}$) sind Festigkeitsklasse und Anzahl der im Entwurf festgelegten Sechskantschrauben M16 *überschlägig* zu ermitteln (Bild 8-30).

## 8.6 Berechnungsbeispiele

Der Behälter hat einen Innendurchmesser $d_i = 500$ mm und steht unter dem konstanten inneren Gasdruck $p_e = 8$ bar. Die höchste Temperatur (Berechnungstemperatur) des Gases beträgt ca. 20 °C.

**Allgemeiner Lösungshinweis.** Obwohl Merkmale des „Verschraubungsfalles A" vorhanden sind, handelt es sich streng genommen um eine exzentrisch verspannte und exzentrisch belastete Schraubenverbindung mit nicht direkt (Dichtung!) aufeinanderliegenden Teilen, an welche hohe sicherheitstechnische Anforderungen gestellt werden. Für derartige Berechnungen an Druckbehältern sind die AD-Merkblätter (Arbeitsgemeinschaft Druckbehälter) maßgebend (hier AD-Merkblatt B7, Schrauben). Diese sind als „Regeln der Technik" anerkannt; bei ihrer sinngemäßen Anwendung gilt im Zweifelsfall die „ingenieurmäßige Sorgfaltspflicht" als erfüllt.
TB 8-13 gestattet auch bei exzentrischem Kraftangriff (nächsthöhere Laststufe wählen!) eine für Entwürfe ausreichend genaue Wahl der Schrauben.

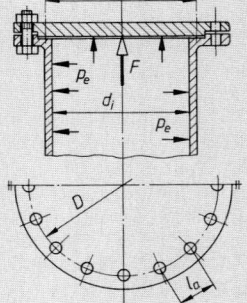

**Bild 8-30** Deckelverschraubung eines Druckbehälters

Konstruktionsregeln für die Gestaltung von Flanschverbindungen:
1. Möglichst große Schraubenzahl ergibt gleichmäßige und sichere Abdichtung ($n \geq 4$).
2. Verhältnis Schraubenabstand zu Lochdurchmesser $l_a/d_h \leq 5$.
3. Schrauben unter M10 sind nicht zulässig.

**Lösung:** Auf Grund der Bedingung $l_a/d_h \leq 5$ wird zunächst die Schraubenzahl festgelegt. Bei normalem Durchgangsloch „mittel" nach TB 8-8 ist $d_h = 17{,}5$ mm und somit der größte zulässige Schraubenabstand $l_a \approx 5 \cdot 17{,}5$ mm $\approx 88$ mm.
Damit ergibt sich bei einem geschätztem Lochkreisdurchmesser $D \approx 570$ mm:
$$n \approx \frac{D \cdot \pi}{l_a} = \frac{570 \text{ mm} \cdot \pi}{88 \text{ mm}} \approx 20.$$
Bei der Berechnung der auf den Deckel wirkenden Druckkraft wird sicherheitshalber davon ausgegangen, dass der Druck bis Mitte Dichtung, also bis zum mittleren Dichtungsdurchmesser $d_m$ wirksam ist. Mit $d_a = 545$ mm und $d_i = 505$ mm wird $d_m = 525$ mm. Für die Druckkraft gilt (unter Beachtung der Beziehung 1 bar = 10 N/cm$^2$):
$$F = p_e \frac{d_m^2 \cdot \pi}{4} = 80 \text{ N/cm}^2 \cdot \frac{52{,}5^2 \text{ cm}^2 \cdot \pi}{4} = 173\,090 \text{ N} \approx 173 \text{ kN}.$$
Die Betriebskraft je Schraube wird dann
$$F_B = \frac{F}{n} = \frac{173 \text{ kN}}{20} = 8{,}65 \text{ kN}.$$
Hierfür kann nun aus TB 8-13 die erforderliche Festigkeitsklasse überschlägig ermittelt werden. In Zeile „stat. axial" müsste bei zentrischem Kraftangriff in der Spalte „bis 10 kN" abgelesen werden, bei exzentrischem Kraftangriff ist aber die nächsthöhere Laststufe zu wählen, es gilt die Spalte „bis 16 kN". Danach werden für den Nenndurchmesser 16 mm (M16) empfohlen: 4.8, 5.6; gewählt wird die gängige Festigkeitsklasse 5.6.

**Ergebnis:** Im Entwurf sind 20 Sechskantschrauben M16 der Festigkeitsklasse 5.6 vorzusehen.
Die Kontrollrechnung nach dem AD-Merkblatt B7 ergibt für den Betriebszustand eine erforderliche Vorspannkraft $F_V \approx 10$ kN und für den Einbauzustand vor der Druckaufgabe eine erforderliche Vorspann-(Vorpress-)Kraft $F_V \approx 27$ kN pro Schraube.
Durch die „Vorpresskraft"
$$F_V \approx 27 \text{ kN} < F_{sp} = 35 \text{ kN (aus } F_{sp(5.6)} = F_{sp(8.8)} \frac{R_{p0.2(5.6)}}{R_{p0.2(8.8)}} = 75 \text{ kN} \frac{300 \text{ N/mm}^2}{640 \text{ N/mm}^2} \approx 35 \text{ kN}$$
mit $F_{sp(8.8)} \approx 75$ kN bei $\mu_{ges} \approx 0{,}12$ nach TB 8-14 und $R_{p0,2}$-Werten nach TB 8-4)

muss die Dichtung soweit verformt werden, dass sie sich den Unebenheiten der Auflageflächen bleibend anpasst.
Bedingt durch die Art der Bemessung sind sowohl für den Betriebs- als auch für den Einbauzustand rechnerisch 20 Schrauben M16 der Festigkeitsklasse 5.6 erforderlich. Der Entwurf kann also unverändert ausgeführt werden!

■ **Beispiel 8.3:** Ein geradverzahnter Stirnradkranz ($m = 4$ mm, $z = 48$) aus C45E soll durch 8 Sechskantschrauben nach DIN EN 24014 ein wechselnd wirkendes Drehmoment $T_{max} = 630$ Nm gleitfest auf einen Nabenkörper aus EN-GJL-250 übertragen (Bild 8-31). Der Lochkreisdurchmesser und die maximale Schraubengröße liegen mit $D = 150$ mm bzw. M12 bereits fest.
Zu ermitteln sind:
a) alle für die konstruktive Ausführung erforderlichen Daten, wenn die mit mikroverkapseltem Klebstoff gesicherten Schrauben mit einem Drehmomentschlüssel angezogen werden,
b) eine geeignete Passung für den Sitz des Zahnkranzes auf dem Nabenkörper (⌀ 120).

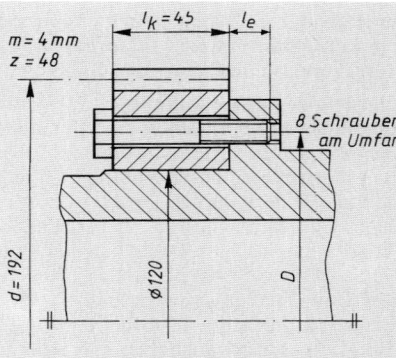

**Bild 8-31** Verschraubung eines Zahnkranzes

**Allgemeiner Lösungshinweis:** Es handelt sich um eine querbeanspruchte Schraubenverbindung, welche wegen des wechselnden Drehmomentes unbedingt auf Reibungsschluss ausgelegt werden sollte. Danach ist für die vorgespannten Schrauben die Berechnung nach 8.3.9-2 maßgebend und zwar der „Verschraubungsfall D".

▶ **Lösung a):** Das Drehmoment $T_{max} = 630$ Nm wird durch die senkrecht zur Zahnflanke (längs der Eingriffslinie) wirkende Zahnkraft (Normalkraft) $F_n$ in das Rad eingeleitet (Bild 8-32). $F_n$ kann in 2 Komponenten, die auf den Teilkreis bezogene Umfangskraft $F_t$ und die Radialkraft $F_r$ zerlegt werden. Für die Umfangskraft gilt

$$F_t = \frac{2 \cdot T}{d} = \frac{2 \cdot 630 \cdot 10^3 \text{ N/mm}}{192 \text{ mm}} = 6563 \text{ N}.$$

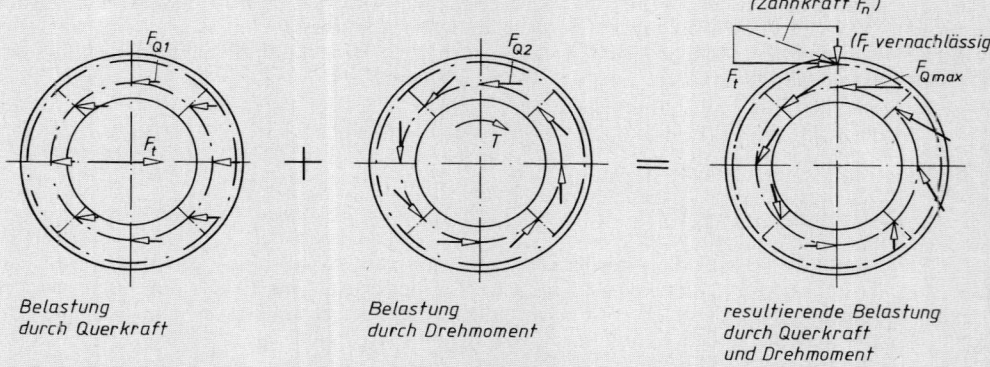

**Bild 8-32** Angenommene Lastverteilung in einer Zahnkranzverschraubung

Die Radialkraft $F_r$ wird im Interesse eines einfachen Lösungsansatzes vernachlässigt (Fehler ca. 6%). Die am Teilkreisdurchmesser angreifende Umfangskraft $F_t$ belastet das „Schraubenfeld" durch die Querkraft $F_t$ und durch das Drehmoment $T_{max}$ (Lastverteilung in Wirklichkeit schwer durchschaubar!). Die von jeder Schraube zu übertragende Querkraft ergibt sich durch „Überlagerung" dieser Kraftwirkungen (Bild 8-32):
Aus Querkraftbelastung:

$$F_{Q1} = \frac{F_t}{n} = \frac{6563 \text{ N}}{8} = 820 \text{ N},$$

aus Momentbelastung:

$$F_{Q2} = \frac{2 \cdot T}{D \cdot n} = \frac{2 \cdot 630 \cdot 10^3 \text{ Nmm}}{150 \text{ mm} \cdot 8} = 1050 \text{ N}.$$

Im Betrieb müssen die nacheinander am Eingriffspunkt der Verzahnung vorbeilaufenden Schrauben bei jeder Umdrehung einmal die größte Querkraft $F_{Q\,max} = 820\,N + 1050\,N = 1870\,N$ aufnehmen (Bild 8-32). Bei zu kleiner Vorspannkraft (durch Setzungen) der Schrauben oder durch unerwartete Spitzenbelastung kann es dann zu örtlichem Gleiten in der Trennfuge kommen. Das dabei auftretende innere Losdrehmoment der Schrauben müsste durch geeignete Sicherungsmaßnahmen aufgenommen werden (z.B. Verkleben des Gewindes).
Die erforderliche Normalkraft als Klemmkraft je Schraube und Reibfläche ergibt sich aus Gl. (8.18) zu

$$F_{Kl} = \frac{F_{Q\,ges}}{\mu \cdot z} \quad \text{bzw.} \quad \frac{F_{Q\,max}}{\mu}.$$

Mit $\mu = 0{,}20$ als Gleitreibungszahl für Stahl auf Grauguss bei trockenen und glatten Fugenflächen nach TB 1-14b wird

$$F_{Kl} = \frac{1870\,N}{0{,}20} = 9{,}35\,kN.$$

Die erforderliche Schraubengröße lässt sich ausreichend genau mit der Überschlagsgleichung Gl. (8.2) bestimmen

$$A_s \geq \frac{F_B + F_{Kl}}{\dfrac{R_{p0,2}}{\kappa \cdot k_A} - \beta \cdot E \cdot \dfrac{f_Z}{l_k}}.$$

Mit der Klemmkraft $F_{Kl} = 9{,}35\,kN$ ($F_B = 0$), der 0,2%-Dehngrenze $R_{p0,2} = 640\,N/mm^2$ für die „normale" Festigkeitsklasse 8.8 (TB 8-4), dem Anziehfaktor $k_A = 1{,}6$ nach TB 8-11 bei Anziehen mit dem Drehmomentschlüssel, dem Reduktionsfaktor $\kappa = 1{,}24$ für $\mu_G = 0{,}14$ bei mikroverkapseltem Klebstoff, dem Nachgiebigkeitsfaktor $\beta \approx 1{,}1$ für Schaftschrauben, dem Setzbetrag $f_Z = 0{,}006\,mm$ und der Klemmlänge $l_k = 45\,mm$ ergibt sich der mindestens erforderliche Spannungsquerschnitt

$$A_s \geq \frac{9350\,N}{\dfrac{640\,N/mm^2}{1{,}24 \cdot 1{,}6} - 1{,}1 \cdot 210\,000\,N/mm^2 \dfrac{0{,}006\,mm}{45\,mm}} = 32\,mm^2.$$

Nach TB 8-1 wird eine Schraube M8−8.8 mit $A_s = 36{,}6\,mm^2$ gewählt.
Mit dem Spannmoment $M_{sp} = 25{,}3\,Nm$ nach TB 8-14 bei Sicherung der Schraube mit mikroverkapseltem Klebstoff ($\mu_{ges} = 0{,}14$ nach TB 8-12) wird das erforderliche Anziehdrehmoment der Schraube

$$M_A \approx 0{,}9 \cdot 25{,}3\,Nm \approx 23\,Nm.$$

Eine Nachprüfung der Flächenpressung unter dem Schraubenkopf erübrigt sich bei 8.8-Schrauben auf vergüteten Bauteilen.

**Ergebnis:** Unter Berücksichtigung der Einschraubtiefe $l_e = 1{,}5 \cdot 8\,mm = 12\,mm$ (TB 8-15, 8.8/Grauguss) sind für die Zahnkranzverschraubung Sechskantschrauben ISO 4014−M8 × 60−8.8 (mit Klebstoffbeschichtung) vorzusehen.

**Lösung b):** Übergangspassung (z. B. H7/k6) um Rundlauf zu gewährleisten.

**Beispiel 8.4:** Für eine Spindelpresse, Bild 8-33, mit einer Druckkraft $F = 100\,kN$ und einer größten Spindellänge $l = 1{,}2\,m$ sind Spindel und Spindelführung zu berechnen.

a) Das erforderliche, nicht selbsthemmende Trapezgewinde der Spindel aus E295 ist zunächst durch überschlägige Berechnung zu ermitteln,
b) die vorgewählte Spindel ist auf Festigkeit nachzuprüfen,
c) die Nachprüfung auf Knickung ist durchzuführen und danach, falls erforderlich oder zweckmäßig, eine Änderung des Spindeldurchmessers vorzunehmen,
d) die erforderliche Länge $l_1$ der Führungsmutter ist festzulegen.

▶ **Lösung a):** Die überschlägige Berechnung und damit die Vorwahl des Spindelgewindes erfolgt nach 8.5.1. Da es sich um eine längere, druckbeanspruchte und damit knickgefährdete Spindel handelt, wird diese gleich auf Knickung nach Gl. (8.51) vorberechnet. Danach ergibt sich der erforderliche Gewinde-Kern-

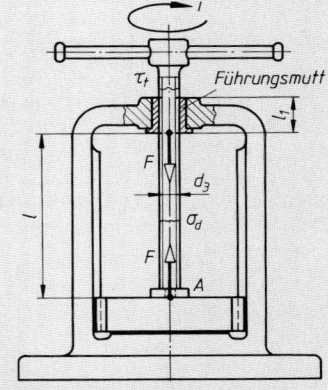

**Bild 8-33** Hand-Spindelpresse

durchmesser

$$d_3 = \sqrt[4]{\frac{64 \cdot F \cdot S \cdot l_k^2}{\pi^3 \cdot E}}.$$

Es werden hierin gesetzt: Druckkraft $F = 10^5$ N, Sicherheit $S = 8$, rechnerische Knicklänge $l_k \approx 0{,}7 \cdot l \approx 0{,}7 \cdot 1200$ mm $= 840$ mm, Elastizitätsmodul für Stahl $E = 2{,}1 \cdot 10^5$ N/mm$^2$; damit wird

$$d_3 = \sqrt[4]{\frac{64 \cdot 10^5 \text{ N} \cdot 8 \cdot 840^2 \text{ mm}^2}{\pi^3 \cdot 2{,}1 \cdot 10^5 \text{ N/mm}^2}} \approx 49 \text{ mm}.$$

Es wird nun aus TB 8-3 ein Trapezgewinde mit dem nächstliegenden Kerndurchmesser gesucht. Danach wird zunächst vorgewählt ein Gewinde mit $d = 60$ mm Nenndurchmesser, $d_3 = 50$ mm Kerndurchmesser und $P = 9$ mm Teilung. Da ein nicht selbsthemmendes Gewinde gefordert ist, wird dieses als dreigängiges gewählt. Die Bezeichnung lautet nach den Angaben zu 8.1.2-2: Tr60 × 27P9.

**Ergebnis:** Vorgewählt wird ein dreigängiges Trapezgewinde: Tr60 × 27P9.

**Lösung b):** Vor der Festigkeitsprüfung ist zunächst zu klären, welcher „Beanspruchungsfall" vorliegt. Nach den Angaben zu 8.5.2 und nach Bild 8-28 ist das eindeutig der „Beanspruchungsfall 1". Damit gilt zunächst für den oberen Teil der Spindel für die Verdrehspannung nach Gl. (8.52):

$$\tau_t = \frac{T}{W_p} \leq \tau_{t\,zul}.$$

Das Drehmoment für die Spindel wird nach Gl. (8.55):

$$T = F \cdot d_2/2 \cdot \tan(\varphi + \varrho').$$

Hier sind: $F = 100$ kN $= 100\,000$ N; Flankendurchmesser aus TB 8-3: $d_2 = 55{,}5$ mm; Steigungswinkel aus Gl. (8.1): $\tan \varphi = P_h/(d_2 \cdot \pi)$, mit $P_h = n \cdot P = 3 \cdot 9$ mm $= 27$ mm wird $\tan \varphi = 27$ mm$/(55{,}5$ mm $\cdot \pi)$ $\approx 0{,}15$ und damit $\varphi \approx 8°30'$; der Gewindereibungswinkel wird $\varrho' = 6°$ gesetzt, geschmiertes Gewinde angenommen. Mit diesen Werten wird

$$T = 100\,000 \text{ N} \cdot 55{,}5 \text{ mm}/2 \cdot \tan(8°30' + 6°) = 2\,775\,000 \text{ Nmm} \cdot \tan 14°30'$$
$$= 717\,660 \text{ Nmm } (\approx 718 \text{ Nm}).$$

Das polare Widerstandsmoment wird $W_p \approx 0{,}2 \cdot d_3^3 = 0{,}2 \cdot 50^3$ mm$^3 = 25\,000$ mm$^3$.

$$\tau_t = \frac{717\,660 \text{ Nmm}}{25\,000 \text{ mm}^3} \approx 29 \text{ N/mm}^2.$$

Diese Spannung ist so gering, dass sich ein Vergleich mit der zulässigen Spannung erübrigt. Für die im unteren Spindelteil auftretende Druckspannung gilt nach Gl. (8.53), wobei ein etwaiges Reibungsmoment $M_{RL}$ in der Spindelführung bei $A$ vernachlässigt wird:

$$\sigma_d = \frac{F}{A_3} \leq \sigma_{d\,zul}.$$

Mit $F = 100\,000$ N und Kernquerschnitt $A_3 = 1963$ mm$^2$ (aus TB 8-3) wird

$$\sigma_d = \frac{100\,000 \text{ N}}{1963 \text{ mm}^2} \approx 51 \text{ N/mm}^2.$$

Auch $\sigma_d$ ist so klein, daß auf den Vergleich mit $\sigma_{d\,zul}$ verzichtet wird.

**Ergebnis:** Die vorgewählte Spindel ist festigkeitsmäßig weit ausreichend bemessen, da die vorhandene Verdrehspannung und Druckspannung wesentlich kleiner als die zulässigen Spannungen sind.

▶ **Lösung c):** Für die Nachprüfung auf Knickung wird zunächst der Schlankheitsgrad nach Gl. (8.56) festgestellt:

$$\lambda = \frac{4 \cdot l_k}{d_3}.$$

Mit der rechnerischen Knicklänge $l_k = 840$ mm (s. unter a)) und dem Kerndurchmesser $d_3 = 50$ mm wird

$$\lambda = \frac{4 \cdot 840 \text{ mm}}{50 \text{ mm}} = 67 < \lambda_0 = 89 \quad \text{für E295}.$$

Damit liegt unelastische Knickung vor, d. h. die Knickspannung muss nach Tetmajer aus Gl. (8.59) ermittelt werden:

$$\sigma_K = (335 - 0{,}62 \cdot \lambda) \, \text{N/mm}^2, \qquad \sigma_K = (335 - 0{,}62 \cdot 67) \, \text{N/mm}^2 \approx 293 \, \text{N/mm}^2.$$

Mit $\sigma_{vorh} \triangleq \sigma_d = 51 \, \text{N/mm}^2$ wird dann die Knicksicherheit nach Gl. (8.60):

$$S = \frac{\sigma_K}{\sigma_d}, \quad S = \frac{293 \, \text{N/mm}^2}{51 \, \text{N/mm}^2} = 5{,}7 \approx 6.$$

Nach Angaben zur Gl. (8.60) wird bei unelastischer Knickung eine erforderliche Sicherheit $S_{erf} \approx 3$ (bei $\lambda \approx 67$) empfohlen. Die vorhandene Sicherheit $S \approx 6$ ist also reichlich hoch. Darum soll das nächst kleinere Trapezgewinde gewählt werden: Tr52 × 24P8.
Damit müsste die Rechnung nun wiederholt werden. Auf die Festigkeitsprüfung kann zweifellos verzichtet werden, da auch hierbei die vorhandenen Spannungen unter den zulässigen bleiben werden. Die Nachprüfung auf Knickung muss jedoch wiederholt werden, wobei aber auf eine detaillierte Rechnung verzichtet werden soll. Entsprechend obigem Rechnungsgang werden:

$$\text{Druckspannung } \sigma_d \approx 69 \, \text{N/mm}^2, \quad \lambda = 78 < \lambda_0 = 89, \quad \sigma_K = 287 \, \text{N/mm}^2, \quad S \approx 4 > S_{erf} = 3\ldots 4.$$

Also auch hier ist die Sicherheit ausreichend.

**Ergebnis:** Es wird endgültig eine Spindel aus E295 mit dreigängigem Trapezgewinde gewählt: Tr52 × 24P8 nach DIN 103.

**Lösung d):** Die Länge $l_1$ der Führungsmutter wird aufgrund der zulässigen Flächenpressung nach Gl. (8.61) ermittelt:

$$l_1 = \frac{F \cdot P}{p_{zul} \cdot d_2 \cdot \pi \cdot H_1}.$$

Es sind: Längskraft $F = 100\,000 \, \text{N}$, Gewindeteilung $P = 8 \, \text{mm}$, zul. Flächenpressung $p_{zul} \approx 10 \, \text{N/mm}^2$ (nach TB 8-18 für Spindel aus Stahl und Mutter aus hier gewählter CuSn-Legierung und Dauerbetrieb), Flankendurchmesser $d_2 = 48 \, \text{mm}$ (aus TB 8-3), Flankenüberdeckung des Gewindes $H_1 = 4 \, \text{mm}$ (aus TB 8-3); hiermit wird

$$l_1 = \frac{100\,000 \, \text{N} \cdot 8 \, \text{mm}}{10 \, \text{N/mm}^2 \cdot 48 \, \text{mm} \cdot \pi \cdot 4 \, \text{mm}} = 132{,}7 \, \text{mm}; \quad \text{ausgeführt } l_1 = 130 \, \text{mm}.$$

Die maximale Länge $l_1 \approx 2{,}5 \cdot d = 2{,}5 \cdot 52 \, \text{mm} = 130 \, \text{mm}$ ist damit allerdings gerade erreicht.

**Ergebnis** Die Länge der Führungsmutter wird $l_1 = 130 \, \text{mm}$.

## 8.7 Literatur

*Bauer, C. O.* (Hrsg.): Handbuch der Verbindungstechnik. München: Hanser, 1991
*Betschon, F.:* Handbuch der Verschraubungstechnik. Grafenau: expert, 1982
*Böllhoff GmbH* (Hrsg.): Technik rund um Schrauben. 2. Aufl. Bielefeld: Böllhoff, 1987
DIN Deutsches Institut für Normung (Hrsg.): DIN-Taschenbücher. Berlin: Beuth
  Gewinde, 8. Aufl. 2000 (DIN-Taschenbuch 45)
  Grundnormen, 2. Aufl. 1991 (DIN-Taschenbuch 193)
  Schrauben. 19. Aufl. 1995 (DIN-Taschenbuch 10)
  Schrauben, Muttern, Technische Lieferbedingungen, 1. Aufl. 1991 (DIN-Taschenbuch 252)
  Schraubwerkzeuge, 8. Aufl. 1995 (DIN-Taschenbuch 41)
  Technische Lieferbedingungen für Schrauben, Muttern und Unterlegteile, 6. Aufl. 1995 (DIN-Taschenbuch 55)
  Zubehörteile für Schraubenverbindungen, 5. Aufl. 1995 (DIN-Taschenbuch 140)
Deutscher Ausschuss für Stahlbau (Hrsg.): DASt-Richtlinie 010: Anwendung hochfester Schrauben im Stahlbau. Köln: Stahlbau-Verlagsgesellschaft, 1974
*Dreger, H.:* Beitrag zur rechnerischen Ermittlung von Krafteinleitungshöhen bei der Berechnung hochbeanspruchter Schraubenverbindungen nach der Richtlinie VDI 2230. In: VDI-Z 124 (1982), Heft 18, S. 85–89
*Esser, J.:* Ermüdungsbruch: Eine Einführung in die neuzeitliche Schraubenberechnung. 21. Aufl. Neuss: Bauer & Schaurte Karcher, 1991

*Galwelat, M., Beitz, W.:* Gestaltungsrichtlinien für unterschiedliche Schraubenverbindungen. In: Konstruktion 33 (1981), Heft 6, S. 213—218
*Grode, H.-P., Kaufmann, M.:* Internationale Gewindeübersicht. 2. Aufl. Berlin, Köln: Beuth, 1988 (Beuth-Kommentare)
*Illgner, K.-H., Blume, D.:* Schrauben-Vademecum. 7. Aufl. Neuss: Bauer & Schaurte Karcher, 1988
*Junker, G., Blume, D.:* Neue Wege einer systematischen Schraubenberechnung. Düsseldorf: Triltsch, 1965
*Kloos, K. H., Thomalla, W.:* Zur Dauerhaltbarkeit von Schraubenverbindungen. In: Verbindungstechnik 11 (1979), Hefte 1 bis 4
*Kübler, K.-H., Mages, W.:* Handbuch der hochfesten Schrauben. Essen: Girardet, 1986
*Kübler, K.-H.:* Vereinfachtes Berechnen von Schraubenverbindungen. In: Verbindungstechnik 10 (1978), Heft 6 und 7/8
*Pfaff H., Thomalla, W.:* Streuung der Vorspannkraft beim Anziehen von Schraubenverbindungen. In: VDI-Z 124 (1982), Heft 18, S. 76—84
*Schineis, M.:* Vereinfachte Berechnung geschraubter Rahmenecken. In: Der Bauingenieur 44 (1969), Heft 12, S. 439—449
*Schneider, W., Kloos, K.-H.:* Haltbarkeit exzentrisch beanspruchter Schraubenverbindungen. In: VDI-Z 126 (1984), Nr. 19, S. 741—750
*Sparenberg, H.:* Mechanische Verbindungselemente: Schrauben, Muttern und Zubehörteile. 1. Aufl. Berlin, Köln: Beuth, 1985 (Beuth-Kommentare)
Stahl-Informations-Zentrum (Hrsg.):
  Berechnung von Regelanschlüssen im Stahlhochbau. 2. Aufl. 1984 (Merkblatt 140)
  Schrauben im Stahlbau. 2. Aufl. 1986 (Merkblatt 322)
  Sicherungen für Schraubenverbindungen. 6. Aufl. 1983 (Merkblatt 302)
Verein Deutscher Ingenieure (Hrsg.): Schraubenverbindungen: beanspruchungsgerecht konstruiert und montiert. Düsseldorf: VDI, 1989 (VDI Berichte 766)
VDI-Richtlinie 2230 T1: Systematische Berechnung hochbeanspruchter Schraubenverbindungen. Zylindrische Einschraubenverbindungen. Düsseldorf: VDI, 1986
Verband der Technischen Überwachungsvereine (Hrsg.):
  AD-Merkblatt B7: Schrauben
  AD-Merkblatt W7: Schrauben und Muttern aus ferritischen Stählen
*Wiegand, H., Kloos, K-H., Thomalla, W.:* Schraubenverbindungen. 4. Aufl. Berlin: Springer, 1988 (Konstruktionsbücher Band 5)

Weitere Informationen z. B. von folgenden Firmen und Institutionen:
Atlas Copco, Essen (Schrauber, Zeitschrift „Druckluftkommentare")
Bauer & Schaurte Karcher, Neuss (Sonderdrucke, Prospekte)
Böllhoff & Co, Bielefeld (Gewindetechnik)
Informations-Zentrum Schrauben, Düsseldorf
Kamax-Werke Rudolf Kellermann, Osterode am Harz (Mitteilungen aus den Kamax-Werken)
Richard Bergner, Schwabach (RIBE-Blauhefte)
Eduard Wille, Wuppertal (Schraubwerkzeuge)

# 9 Bolzen-, Stiftverbindungen und Sicherungselemente

## 9.1 Funktion und Wirkung

Bauteile lassen sich einfach und kostengünstig mit Bolzen, Stiften oder ähnlichen Formteilen verbinden. Diese Verbindungselemente werden sowohl für lose als auch für feste Verbindungen, für Lagerungen, Führungen, Zentrierungen, Halterungen und zum Sichern der Bauteile gegen Überlastung, z. B. als Brechbolzen in Sicherheitskupplungen, verwendet.
Bei losen Verbindungen und auch zur Aufnahme von Axialkräften müssen die Bolzen bzw. die gelagerten oder verbundenen Teile häufig durch Sicherungselemente, wie Splinte, Sicherungsringe oder Querstifte, gegen Verschieben oder Verdrehen gesichert werden.

## 9.2 Bolzen

### 9.2.1 Formen und Verwendung

*Bolzen ohne Kopf* nach DIN EN 22340 (Bild 9-1a und b) und *Bolzen mit Kopf* nach DIN EN 22341 (Bild 9-1c) entsprechen der ISO-Norm (Hauptabmessungen, s. TB 9-2). Sie sind ohne und mit Splintloch (Form A bzw. B) genormt und werden vorwiegend als Gelenkbolzen, z. B. für Stangenverbindungen (Bilder 9-2a und 9-21), verwendet.
*Bolzen mit Kopf und Gewindezapfen* nach DIN 1445 (Bild 9-1d) werden vorwiegend als festsitzende Lager- und Achsbolzen, z. B. für Seil- und Laufrollen (Bild 9-18), benutzt.
Für die Bolzendurchmesser empfehlen die Normen die Toleranzklasse h11 (nach Vereinbarung mit dem Hersteller z. B. auch a11, c11, f8).
Für die Bolzen wählt man meist einen härteren Werkstoff als für die Bauteile, um Fressgefahr und übermäßigen Verschleiß zu vermeiden. Normbolzen werden aus Automatenstahl (Härte 125 bis 245 HV, z. B. 9SMnPb28+C) hergestellt. Hochbelastete Gelenkbolzen werden aus entsprechendem Vergütungs- und Einsatzstahl gefertigt, wärmebehandelt und geschliffen.
Bolzenverbindungen mit Schwenk- bzw. langsamen Umlaufbewegungen arbeiten meist im Bereich der Festkörper- bzw. Mischreibung und sind deshalb durch Fressen bzw. übermäßigen

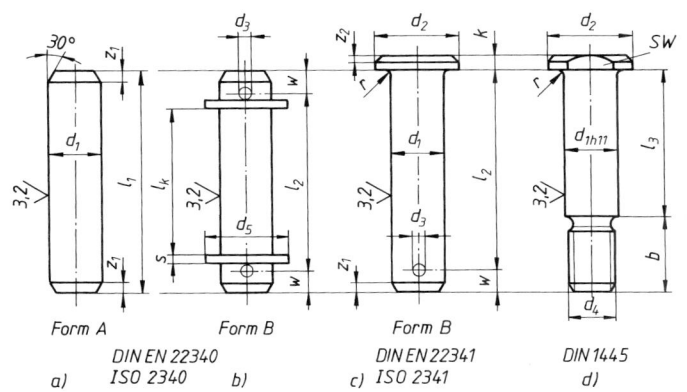

**Bild 9-1**
Bolzenformen
a) Bolzen ohne Kopf
b) Bolzen ohne Kopf und mit Splintlöchern
c) Bolzen mit Kopf und mit Splintloch (Form A ohne Splintloch)
d) Bolzen mit Kopf und mit Gewindezapfen
Maße siehe TB 9-2

Verschleiß (Ausschlagen) gefährdet. Betriebssichere Lösungen lassen sich durch die Wahl geeigneter Gleitpartner nach TB 9-1 finden. Bei weichen Bolzen und Bauteilbohrungen haben sich auch eingebaute gehärtete Spannbuchsen nach DIN 1498 und DIN 1499 (s. Bilder 9-9 und 9-31) bewährt. Bei höheren Anforderungen (extreme Temperaturen, höchste Lagerbelastung, Korrosion u. a.) ermöglicht eine dünne Gleitbeschichtung aus Festschmierstoffen (Graphit, $MoS_2$, PTFE) oft eine wartungsfreie Lebensdauerschmierung. Soll eine Schmierung der Lauffläche mittels Schmiernippel durch den Bolzen hindurch erfolgen, dann sind Schmierlöcher nach DIN 1442 vorzusehen (Bilder 9-17, 9-18 und 9-19).

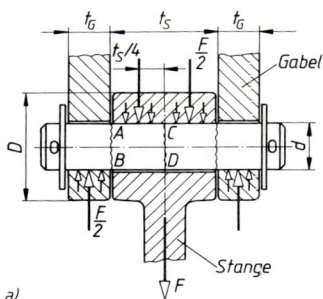
a)

## 9.2.2 Gestalten und Entwerfen der Bolzenverbindungen im Maschinenbau

Bolzenverbindungen sind im Prinzip etwa nach Bild 9-2a gestaltet. Die Bolzen werden dabei auf Biegung, Schub und Flächenpressung beansprucht.
Bei den üblichen Ausführungen (proportional festgelegt) ist erfahrungsgemäß bei nicht gleitenden Flächen (ruhende Gelenke) die *Biegung* und bei gleitenden Flächen (einfache Gleitlager) die *Flächenpressung* für die Bemessung der Verbindung maßgebend.

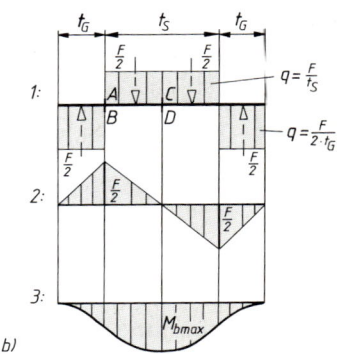
b)

### 1. Einbaufälle und Biegemomente

Der freigemachte Bolzen (Bild 9-2a) stellt einen geraden Biegestab (Träger) dar, der mit der Stangenkraft $F$ belastet wird. Je nach der Passung zwischen dem Bolzen und der Stangen- bzw. Gabelbohrung unterliegt der Bolzen dort verschiedenen *Einspannbedingungen*, die von erheblichem Einfluss auf die Größe der im Bolzen auftretenden Biegemomente sind. Vereinfachend wird eine gleichmäßige Pressungsverteilung über die Bolzenlänge und ein nicht vorhandenes seitliches Spiel des Stangenkopfes angenommen. Der tatsächlich vorliegende Beanspruchungszustand ist nur näherungsweise darstellbar.
Von praktischer Bedeutung sind folgende *Einbaufälle*:

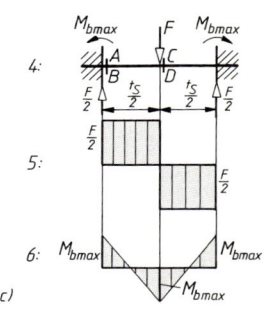
c)

**Einbaufall 1:** *Der Bolzen sitzt in der Gabel und in der Stange mit einer Spielpassung* (Bild 9-2b).

1: Bolzen als frei aufliegender Träger
2: Querkraftfläche
3: Momentenfläche

Der Bolzen kann sich ungehindert verformen. Die Belastung (Stange) und die Stützung (Gabelwangen) erfolgen durch Streckenlasten (vgl. Bild 9-2a).
Das größte Biegemoment wirkt im Bolzenquerschnitt

$$M_{b\,max} = \frac{F \cdot (t_S + 2t_G)}{8}$$

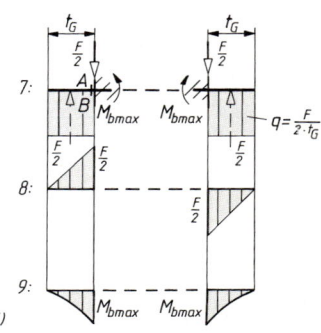
d)

**Bild 9-2** Bolzenverbindung
a) Prinzipielle Gestaltung, b) Einbaufall 1, c) Einbaufall 2, d) Einbaufall 3

**Einbaufall 2:** *Der Bolzen sitzt in der Gabel mit einer Übermaßpassung und in der Stange mit einer Spielpassung* (Bild 9-2c).

4: Bolzen als beidseitig eingespannter Träger
5: Querkraftfläche im Bereich der Stange
6: Momentenfläche im Bereich der Stange

Das Biegemoment ist in den Bolzenquerschnitten $A-B$ und $C-D$ gleich groß:

$$M_{b\,max} = \frac{F \cdot t_S}{8}$$

Die Nachgiebigkeit der Gabelwangen führt statt zu einer starren nur zu einer teilweisen Einspannung. Dies wird bei der Berechnung des Biegemomentes näherungsweise dadurch berücksichtigt, dass die Stangenkraft $F$ als ungünstige mittige Einzellast angesetzt wird.

**Einbaufall 3:** *Der Bolzen sitzt in der Stange mit einer Übermaß- und in der Gabel mit einer Spielpassung* (Bild 9-2d).

7: Bolzen als mittig eingespannter Träger
8: Querkraftfläche im Bereich der Gabel
9: Momentenfläche im Bereich der Gabel

Die aus der Stange ragenden Enden bilden Kragträger. Das größte Biegemoment wirkt im Einspannquerschnitt $A-B$:

$$M_{b\,max} = \frac{F \cdot t_G}{4}$$

Ein Vergleich der Einbaufälle zeigt, dass sich durch Einspannen des Bolzens in der Gabel oder in der Stange die Biegebeanspruchung stark herabsetzen lässt. Dies setzt allerdings starre Bauteile und sehr feste Bolzensitze voraus.

## 2. Festlegen der Bauteilabmessungen

Günstige Stangenkopf- und Gabelwangendicken ergeben folgende Richtwerte für die Maßverhältnisse:
– nicht gleitende Flächen: $t_S/d = 1{,}0$ und $t_G/d = 0{,}5$
– gleitende Flächen: $t_S/d = 1{,}6$ und $t_G/d = 0{,}6$

Diese Richtwerte für $t_S$ und $t_G$ in die Momentengleichungen für die Einbaufälle eingesetzt und die Biegegleichung $\sigma_b \approx M_b / 0{,}1 \cdot d^3$ nach $d$ umgeformt, ergibt für eine angenommene reine Biegebeanspruchung folgende *einfache Bemessungsgleichung* für den *Bolzendurchmesser*

$$\boxed{d \approx k \cdot \sqrt{\frac{K_A \cdot F_{nenn}}{\sigma_{b\,zul}}}} \tag{9.1}$$

$F_{nenn}$  Stangenkraft
$K_A$  Anwendungsfaktor zur Berücksichtigung stoßartiger Belastung nach TB 3-5a
$\sigma_{b\,zul}$  zulässige Biegespannung
  Abhängig von der Mindestzugfestigkeit $R_m = K_t \cdot R_{mN}$ (mit $K_t$ nach TB 3-11a und $R_{mN}$ nach TB 1-1) gilt erfahrungsgemäß: $0{,}3 \cdot R_m$ bei ruhender, $0{,}2 \cdot R_m$ bei schwellender und $0{,}15 \cdot R_m$ bei wechselnder Belastung.
$k$  Einspannfaktor, abhängig vom Einbaufall (Klammerwerte bei Gleitverbindungen)
  $k = 1{,}6\ (1{,}9)$ für Einbaufall 1 (Bolzen lose in Stange und Gabel)
  $k = 1{,}1\ (1{,}4)$ für Einbaufall 2 (Bolzen mit Übermaßpassung in der Gabel)
  $k = 1{,}1\ (1{,}2)$ für Einbaufall 3 (Bolzen mit Übermaßpassung in der Stange)

Genormte Bolzen- bzw. Stiftdurchmesser s. TB 9-2 bzw. TB 9-3.
Die Augen der Stange und Gabel werden, wesentlich abhängig vom Spiel bzw. Übermaß zwischen Bolzen und Bohrung, vergleichsweise hoch beansprucht. Erfahrungsgemäß wählt man für den Augen(Naben)-Durchmesser: $D \approx (2{,}5\ldots3) \cdot d$ für Stahl und GS, $D \approx (3\ldots3{,}5) \cdot d$ für GJL (GG), vgl. Bild 9-2a. Die größeren Werte gelten bei stramm eingepressten Bolzen (Sprengkraft!).

## 9.2.3 Berechnen der Bolzenverbindungen im Maschinenbau

Nach Festlegung eines genormten Bolzendurchmessers, der Bolzenlänge und der endgültigen Abmessungen der Bauteile wird die Verbindung festigkeitsmäßig nachgeprüft.
Für die Biegespannung des Vollbolzens gilt:

$$\sigma_b = \frac{K_A \cdot M_{b\,nenn}}{W} \approx \frac{K_A \cdot M_{b\,nenn}}{0{,}1 \cdot d^3} \leq \sigma_{b\,zul} \quad (9.2)$$

$M_{b\,nenn}$ Biegemoment je nach Einbaufall
$K_A$ Anwendungsfaktor zur Berücksichtigung stoßartiger Belastung nach TB 3-5a
$d$ Bolzendurchmesser
$\sigma_{b\,zul}$ zulässige Biegespannung wie zu Gl. (9.1); bei hoher Kerbwirkung genauer nach Kapitel 3

Im *Einbaufall 3* ist wegen des kleinen Hebelarmes die Biegespannung klein, die Schubspannung aber vergleichsweise groß und kann nicht mehr ohne weiteres vernachlässigt werden.
Bild 9.3 zeigt jedoch, daß die Verteilung der gemeinsam auftretenden Biege- und Schubspannungen günstig ist: In der Randfaser frifft $\sigma_{b\,max}$ mit $\tau = 0$ und in der Nulllinie $\tau_{max}$ mit $\sigma_b = 0$ zusammen.

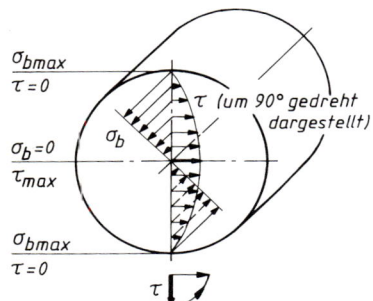

**Bild 9-3**
Spannungsverteilung im Bolzenquerschnitt

Für die *größte Schubspannung* in der *Nulllinie* gilt daher für Vollbolzen:

$$\tau_{max} = \frac{4}{3} \cdot \frac{K_A \cdot F_{nenn}}{A_S \cdot 2} \leq \tau_{a\,zul} \quad (9.3)$$

$F_{nenn}$ Stangenkraft
$K_A$ Anwendungsfaktor zur Berücksichtigung stoßartiger Belastung nach TB 3-5a
$A_S$ Querschnittsfläche des Bolzens
$\tau_{a\,zul}$ zulässige Scherspannung
Abhängig von der Mindestzugfestigkeit $R_m = K_t \cdot R_{mN}$ (mit $K_t$ nach TB 3-11a und $R_m$ nach TB 1-1) gilt erfahrungsgemäß: $0{,}2 \cdot R_m$ bei ruhender, $0{,}15 \cdot R_m$ bei schwellender und $0{,}1 \cdot R_m$ bei wechselnder Belastung.

Bei der Verwendung von *Hohlbolzen* im Leichtbau (z. B. Kolbenbolzen) besteht bei Wanddicken $\leq d/6$ die Gefahr einer unzulässig großen Bolzendeformation (Ovaldrücken und Verklemmen). Die *größte Schubspannung* in der Nulllinie $\tau_{max} = 2 \cdot \tau_m = K_A \cdot F_{nenn}/A_S$ wird hier doppelt so groß als bei der Annahme einer gleichmäßigen Spannungsverteilung und ist deshalb stets nachzuprüfen. Da die Bolzen mit Spiel in den Augen der Stange und/oder Gabel sitzen, besteht bei dynamischer Belastung bzw. Gleitbewegung die Gefahr des vorzeitigen Verschleißes der Bauteile (Ausschlagen). Die *vorhandene mittlere Flächenpressung* ist darum niedrig zu halten und zu prüfen:

$$p = \frac{K_A \cdot F_{nenn}}{A_{proj}} \leq p_{zul} \quad (9.4)$$

$F_\text{nenn}$    Stangenkraft
$K_\text{A}$    Anwendungsfaktor zur Berücksichtigung stoßartiger Belastung nach TB 3-5a
$A_\text{proj}$    projizierte gepresste Bolzenfläche über der die Flächenpressung als gleichmäßig verteilt gedacht werden kann. Die durch den Stangenkopf im mittleren Teil des Bolzens gepresste Fläche ist damit $A_\text{proj} = d \cdot t_\text{S}$, die durch die Gabel gepresste Fläche $A_\text{proj} = 2 \cdot d \cdot t_\text{G}$ (s. Bild 9-2a)
$p_\text{zul}$    zulässige mittlere Flächenpressung
Abhängig von der Mindestzugfestigkeit $R_\text{m} = K_\text{t} \cdot R_\text{mN}$ der gepressten Bauteile (mit $K_\text{t}$ nach TB 3-11a, b und $R_\text{mN}$ nach TB 1-1 bis TB 1-3) gilt bei *nicht gleitenden Flächen*: $0{,}35 \cdot R_\text{m}$ bei ruhender und $0{,}25 \cdot R_\text{m}$ bei schwellender Belastung. Maßgebend ist der festigkeitsmäßig schwächere Werkstoff. Richtwerte bei *niedriger Gleitgeschwindigkeit* s. TB 9-1.

Die Stangenköpfe im Maschinenbau werden prinzipiell wie die Augenstäbe entsprechend Bild 9-4 beansprucht. Bei hochbelasteten zugbeanspruchten Gelenken muss außer dem Stangenquerschnitt unbedingt der am meisten gefährdete Wangenquerschnitt festigkeitsmäßig nachgeprüft werden. Nach Bild 9-4 wirken im Wangenquerschnitt die Zugkraft F/2, und da der Bolzen das Loch nicht satt ausfüllt, wird der Ringbereich in grober Näherung durch $M \approx F(d_L + c)/8$ auf Biegung beansprucht. Scheitel und Wange werden dabei meist gleich breit ausgeführt (Kreisringaugen). Für Stangenköpfe mit Bolzenspiel gilt für die größte Normalspannung im Wangenquerschnitt am Lochrand

$$\boxed{\sigma = \frac{K_\text{A} \cdot F_\text{nenn}}{2 \cdot c \cdot t} + \frac{6 \cdot K_\text{A} \cdot F_\text{nenn} \cdot (d_L + c)}{8 \cdot c^2 \cdot t} = \frac{K_\text{A} \cdot F_\text{nenn}}{2 \cdot c \cdot t} \cdot \left[1 + \frac{3}{2}\left(\frac{d_L}{c} + 1\right)\right] \leq \sigma_\text{zul}} \qquad (9.5)$$

$F_\text{nenn}$    Stangenzugkraft
$K_\text{A}$    Anwendungsfaktor zur Berücksichtigung stoßartiger Belastung nach TB 3-5a
$d_\text{L}$    Lochdurchmesser
$c$    Wangenbreite des Stangenkopfes (vgl. Bild 9-4)
$t$    Dicke des Gabel- bzw. Stangenauges

| | | Stahl | GJL (GG) |
|---|---|---|---|
| $\sigma_\text{zul}$ | statische Belastung | $0{,}5 \cdot R_\text{e}$ | $0{,}5 \cdot R_\text{m}$ |
| | dynamische Belastung | $0{,}2 \cdot R_\text{e}$ | $0{,}2 \cdot R_\text{m}$ |

mit $R_\text{e} = K_\text{t} \cdot R_\text{eN}$ als Streckgrenze (0,2%-Dehngrenze) und $R_\text{m} = K_\text{t} \cdot R_\text{mN}$ als Mindestzugfestigkeit des Stangen- bzw. Gabelwerkstoffs nach TB 1-1 bzw. TB 1-2 und $K_\text{t}$ nach TB 3-10a, b

### 9.2.4 Gestalten und Entwerfen von Bolzenverbindungen nach Stahlbau-Richtlinien

**1. Gestaltung**

Im Stahlbau werden Laschenstäbe mit Bolzen verbunden, wenn häufiges und einfaches Lösen der Verbindung verlangt (z. B. Behelfsbrücken, Gerüste) oder wenn eine Drehfähigkeit gefordert wird (z. B. Zugstangen). Außer Bolzen mit Splint oder Gewindezapfen kommen Schrauben mit und ohne Passschaft zur Anwendung. Bild 9-4 zeigt eine solche Verbindung von Augenlaschen. Diese Form der Bolzenverbindung ist auch im Maschinenbau als Leichtbauausführung anwendbar.

**2. Festlegen der Bauteilabmessungen**

Die Stahlbaunorm DIN 18800-1 gibt für übliche Verbindungen mit Bolzen- und Laschenspiel Richtwerte für Grenzabmessungen an, mit deren Einhaltung ausgewogene Beanspruchungsverhältnisse erreicht werden, s. Gl. (9.6) und Gl. (9.7). Mit der Dicke der Mittellasche

$$\boxed{t_\text{M} \geq 0{,}7 \cdot \sqrt{\frac{F}{R_\text{e} \cdot S_\text{M}}}} \qquad (9.6)$$

kann folgender Lochdurchmesser festgelegt werden

$$\boxed{d_\text{L} \geq 2{,}5 \cdot t_\text{M}} \qquad (9.7)$$

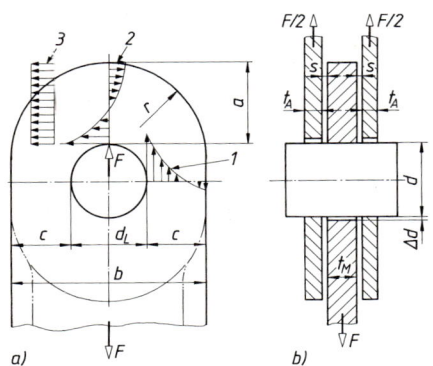

**Bild 9-4**
Bolzenverbindung mit Augenlaschen im Stahlbau
a) Mittellasche, b) Verbindung im Schnitt (schematisch)
Es bedeuten: $a$ Scheitelhöhe, $b$ Zugstabbreite, $c$ Wangenbreite,
$1$ Normalspannungsverlauf in der Wange, $2$ Biegespannungsverlauf im Scheitel, $3$ mittlere Schubspannung im Scheitel

Mit den Richtwerten $c/d_L = 0{,}73$ und $a/d_L = 1{,}06$ lassen sich entsprechend Bild 9-4 die Abmessungen des Laschenauges bestimmen. Für Bolzen mit einem Lochspiel $\Delta d \leq 0{,}1 \cdot d_L$, höchstens jedoch 3 mm, darf auf einen genauen Festigkeitsnachweis verzichtet werden, wenn folgende Grenzabmessungen eingehalten werden:

$$a \geq \frac{F}{2 \cdot t_M \cdot R_e/S_M} + \frac{2}{3} \cdot d_L \tag{9.8}$$

$$c \geq \frac{F}{2 \cdot t_M \cdot R_e/S_M} + \frac{d_L}{3} \tag{9.9}$$

$F$     aus maßgebender Einwirkungskombination ermittelte Stabkraft
$R_e$    Streckgrenze des Bauteilwerkstoffes unter Berücksichtigung der Erzeugnisdicke nach TB 6-5
$S_M$   Teilsicherheitsbeiwert 1,1 (in DIN 18800-1 mit $\gamma_M$ bezeichnet)
$d_L$    Lochdurchmesser (s. Bild 9-4a)
$t_M$    Dicke der Mittellasche (s. Bild 9-4b)
$a$     Scheitelhöhe des Augenstabes (s. Bild 9-4a)
$c$     Wangenbreite des Augenstabes (s. Bild 9-4a)

### 9.2.5 Berechnen der Bolzenverbindungen nach Stahlbau-Richtlinien

Ist ein genauer Festigkeitsnachweis erforderlich (d. i. auch dann der Fall, wenn ein Lochspiel $\Delta d > 0{,}1 \cdot d_L$ vorliegt), dann ist dieser nach der Stahlbaunorm DIN 18800-1 zu führen. Dieser Festigkeitsnachweis für den vorwiegend ruhend belasteten zweischnittigen Gelenkbolzen erfolgt grundsätzlich wie unter 9.2.3 auf Biegung, Schub und Lochleibung (Flächenpressung).
Bei Annahme eines zu beiden Seiten der Mittellasche vorhandenen Laschenspiels $s$ und den Bezeichnungen des Bildes 9-4 ergibt sich das größte Biegemoment in Bolzenmitte

$$M_{b\,max} = \frac{F \cdot (t_M + 2 \cdot t_A + 4 \cdot s)}{8} \tag{9.10}$$

Für die Biegerandspannung muss dann die Bedingung erfüllt sein:

$$\sigma_b = \frac{M_{b\,max}}{W} \leq \sigma_{b\,zul} \tag{9.11}$$

Der Nachweis auf Abscheren darf mit der mittleren Scherspannung geführt werden. Für die zweischnittige Verbindung gilt:

$$\tau_a = \frac{F}{2 \cdot A_S} \leq \tau_{a\,zul} \tag{9.12}$$

Einzuhalten ist auch die zulässige Lochleibungsspannung zwischen Bolzenschaft und Lochwand

$$\sigma_l = \frac{F}{d \cdot t_M} \quad \text{bzw.} \quad \frac{F}{2 \cdot d \cdot t_A} \leq \sigma_{l\,zul} \tag{9.13}$$

Für maßgebende Stellen des Bolzens (Moment- und Querkraftverlauf siehe Bild 9-2b) ist außerdem der Interaktionsnachweis zu führen

$$\left(\frac{\sigma_b}{\sigma_{b\,zul}}\right)^2 + \left(\frac{\tau_a}{\tau_{a\,zul}}\right)^2 \leq 1 \tag{9.14}$$

$t_M$    Dicke der Mittellasche
$t_A$    Dicke der äußeren Laschen, meist $t_A = t_M/2$
$s$     Spiel zwischen Mittel- und Außenlasche
$W$   Widerstandsmoment des Gelenkbolzens. Bei Vollbolzen: $W_b = \pi \cdot d^3/32$
$A_S$   Querschnittfläche des Bolzens. Bei Vollbolzen: $A_S = \pi \cdot d^2/4$
$d$     Bolzendurchmesser
$\sigma_{b\,zul}$   zulässige Biegespannung des Bolzenwerkstoffs = $0{,}8 \cdot R_e/S_M$
$\tau_{a\,zul}$   zulässige Scherspannung des Bolzenwerkstoffs = $\alpha_a \cdot R_m/S_M$, wobei $\alpha_a = 0{,}6$ für Festigkeitsklassen 4.6, 5.6 und 8.8 und $\alpha_a = 0{,}55$ für Festigkeitsklasse 10.9 oder vergleichbare Bolzenwerkstoffe
$\sigma_{l\,zul}$   zulässige Lochleibungsspannung, maßgebend ist der festigkeitsmäßig schwächere Werkstoff (Bolzen oder Lasche) = $1{,}5 \cdot R_e/S_M$
        Streckgrenze $R_e$ und Mindestzugfestigkeit $R_m$ nach TB 6-5 und TB 8-4, Teilsicherheitsbeiwert $S_M = 1{,}1$

Bei Gelenken in Stahlkonstruktionen mit dynamischen Lastanteilen wird empfohlen, die zulässige Lochleibungsspannung nicht voll auszunutzen und den Bolzen zu schmieren ($MoS_2$).

## 9.3 Stifte und Spannbuchsen

### 9.3.1 Formen und Verwendung

Stiftverbindungen werden hergestellt, indem in eine durch alle zu verbindenden Teile gehende Aufnahmebohrung ein Stift mit Übermaß eingedrückt wird. Die entstehende Verbindung ist form- und kraftschlüssig. Stifte dienen zur Sicherung der Lage (Fixierung, Zentrierung) von Bauteilen (Passstifte, Bild 9-23), zur scherfesten Verbindung von Maschinenteilen (Verbindungsstifte, Bild 9-24), zur Halterung von Federn oder „fliegenden" Lagerung von Maschinenteilen (Steckstifte, Bild 9-26), zur Sicherung von Bolzen und Muttern (Sicherungsstifte) und zur Wegbegrenzung von Maschinenteilen (Anschlagstifte).
Bestimmend für den Einsatz der verschiedenen Stiftformen sind die verlangte Fixiergenauigkeit, die Herstellkosten für die Aufnahmebohrung (Passarbeit), die Sitzfestigkeit, die Lösbarkeit und die verlangte Scherkraft. Stifte sollen aus einem *härteren Werkstoff* als die zu verbindenden Bauteile sein. Ungehärtete Stifte werden fast ausschließlich aus Automatenstahl (z. B. 9SMnPb28+C) hergestellt.

**1. Kegelstifte**

*Kegelstifte* mit dem Kegel 1:50 nach DIN EN 22339 (Bild 9-5a) können die bei häufigem Ausbau auftretende Abnutzung bzw. Lochaufweitung ausgleichen und stellen deshalb immer wieder die genaue Lage der Teile zueinander her. Sie werden überwiegend als Passstifte, aber auch als Verbindungsstifte, z. B. als Querstifte bei Stellringen (Bild 9-15b) und Wellengelenken (Bild 9-24), verwendet. Da die Aufnahmebohrung kegelig aufgerieben und der Stift eingepasst werden muss, ist ihre Anwendung kostspielig. Kegelstifte lassen sich leicht lösen, sind aber nicht rüttelfest. Kann der Kegelstift nicht herausgeschlagen werden wie z. B. bei Grundlöchern, so sind *Kegelstifte mit Gewindezapfen* nach DIN EN 28737 (Bild 9-5b) bzw. *mit Innengewinde* nach DIN EN 28736 (Bild 9-5c) zu verwenden, die mittels einer Mutter bzw. Schraube (Festigkeitsklasse 10.9) gelöst werden können (Bild 9-5b).

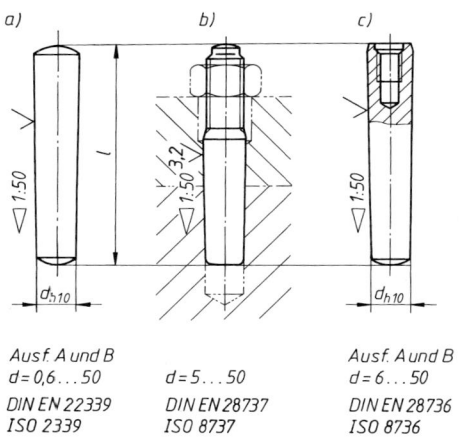

**Bild 9-5**
Kegelstifte
a) für durchgehende Löcher
b) mit Gewindezapfen, für Grundlöcher,
c) mit Innengewinde, für Grundlöcher

Ausf. A und B
$d = 0{,}6 \ldots 50$
DIN EN 22339
ISO 2339

$d = 5 \ldots 50$
DIN EN 28737
ISO 8737

Ausf. A und B
$d = 6 \ldots 50$
DIN EN 28736
ISO 8736

## 2. Zylinderstifte

*Zylinderstifte* nach DIN EN 22338 (ungehärtet) in den Formen $A$ (m6), $B$ (h8) und $C$ (h11) (Bild 9-6a, b und c) sind für Spiel-, Übergangs- und Übermaßpassung geeignet. Ihre Anwendung entspricht den Kegelstiften. Die Formen $B$ und $C$ werden auch für gelenkige Verbindungen verwendet. Das erforderliche Aufreiben der Bohrung macht ihre Anwendung kostspielig. Sie sind schwerer lösbar als Kegelstifte und auch nicht rüttelfest. Durchmesser und Längen s. TB 9-3. Zum Verbinden und Fixieren von hochbeanspruchten und gehärteten Teilen an Vorrichtungen, Spannzeugen und Schneidwerkzeugen kommen *durchgehärtete (Form A)* bzw. *einsatzgehärtete (Form B) Zylinderstifte* nach DIN EN 28734 mit der Toleranzklasse m6 (Bild 9-6d) infrage.

Kann der Zylinderstift nicht herausgeschlagen werden, wie z. B. bei Grundlöchern, so sind *Zylinderstifte mit Innengewinde* nach DIN EN 28733 (ungehärtet) bzw. DIN EN 28735 (gehärtet) erforderlich (Bild 9-6e und f), die mittels Schrauben (Festigkeitsklasse 10.9) lösbar sind. Durch

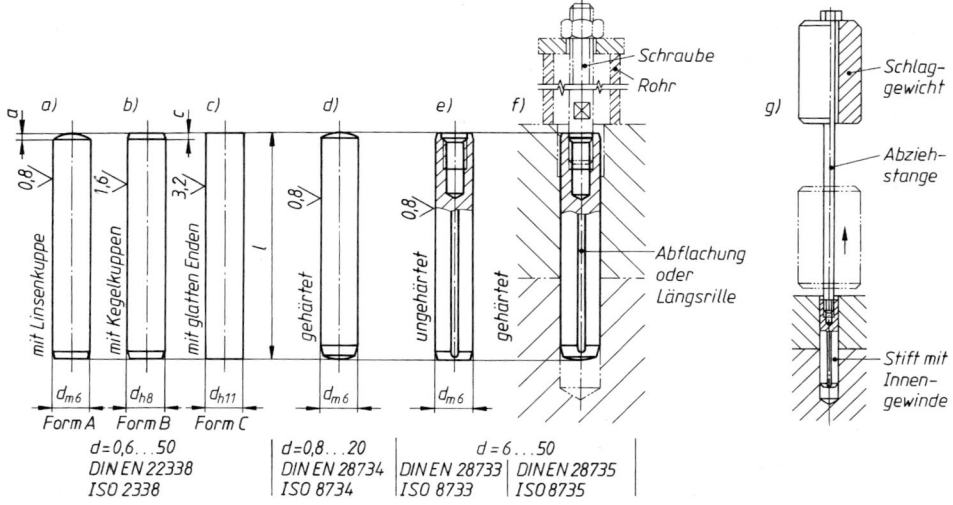

**Bild 9-6** Zylinderstifte
a) bis d) für durchgehende Löcher, e) und f) mit Innengewinde und Abflachung oder Längsrille zur Druckentlastung, für Grundlöcher, f) Lösen eines Stiftes mit Hilfe einer Abziehschraube, g) Lösen eines Stiftes mit Hilfe eines von Hand geführten Schlaggewichtes

## 9.3 Stifte und Spannbuchsen

die Abflachung oder Längsrille am Stiftmantel kann die beim Eindrücken des Stiftes verdrängte Luft (Öl) entweichen. Für die gehärtete Stiftform nach DIN EN 28735 (Bild 9-6f) können außer m6 auch andere Toleranzklassen vereinbart werden, z. B. d6, h8 und k6. Die verschieden ausgeführten Zylinderstifte (Toleranzklasse, Härtezustand) sind durch ihre Kuppenform gekennzeichnet.

### 3. Kerbstifte und Kerbnägel

Im Gegensatz zu den glatten Kegel- und Zylinderstiften sind *Kerbstifte* und *Kerbnägel* (Bild 9-7) am Umfang mit 3 Kerbwulstpaaren versehen, die beim Einschlagen in das nur mit dem Spiralbohrer hergestellte Loch (Toleranzklasse H11) elastisch in die Kerbfurchen zurückgedrängt werden. Die dadurch gegenüber der unbeschädigt bleibenden Bohrlochwandung entstehende radiale Verspannung hält den Kerbstift (Kerbnagel) rüttelfest. Er kann mehrfach wiederverwendet werden. Die Herstellung solcher Verbindungen ist aufgrund der einfachen Arbeitsweise sehr wirtschaftlich.

Kerbstifte werden sowohl als Befestigungs- und Sicherungsstifte an Stelle von Kegel- und Zylinderstiften sowie auch als Lager- und Gelenkbolzen vielseitig verwendet (Bild 9-25 und 9-26). Mit *Kerbnägeln* können gering beanspruchte Teile, wie Rohrschellen und Schilder, einfach und schnell befestigt werden (Bild 9-27).

Kerbstifte werden in der Regel aus Automatenstahl (Härte 125 bis 245 HV, z. B. 9SMnPb28+C) hergestellt. Für Sonderzwecke werden auch andere Stähle (z. B. 45S20+C, X12CrMoS17), Aluminium- und Kupferlegierungen (z. B. AlCuMgPbF37, CuZn38Pb1,5F41) und Kunststoffe (z. B. PVC-hart, PC) sowie andere Ausführungen (z. B. galvanische oder Phosphat-Überzüge) gewählt. Um ein Fressen der Stifte zu verhindern, muss ihre Festigkeit (Härte) größer als die der Bauteile sein. Bei gehärtetem Stahl und Guss ist stets ein Stiftwerkstoff hoher Festigkeit (z. B. 45S20K) zu verwenden.

*Beispiel* für die Bezeichnung eines Zylinderkerbstiftes mit Fase, Nenndurchmesser $d_1 = 5$ mm und Nennlänge $l = 30$ mm, aus Stahl:

Kerbstift ISO 8740−5 × 30−St

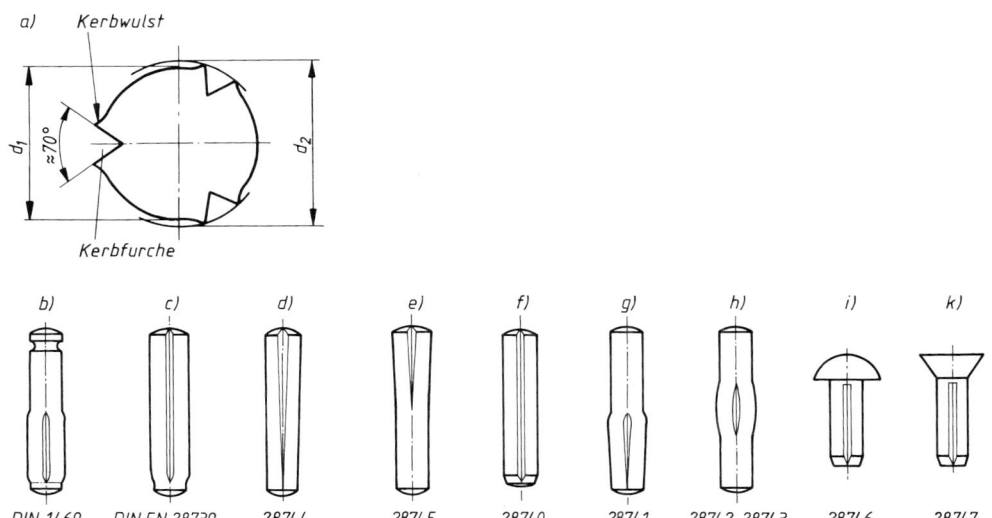

**Bild 9-7** Kerbstifte und Kerbnägel ($d = 1,5$ mm ... 2,5 mm)
a) Kerbprinzip, $d_1$ Stiftdurchmesser (h9 bzw. h11) = Lochdurchmesser (H11), $d_2$ Aufkerbdurchmesser, b) Passkerbstift mit Hals, c) Zylinderkerbstift mit Einführ-Ende, d) Kegelkerbstift, e) Passkerbstift, f) Zylinderkerbstift mit Fase, g) Steckkerbstift, h) Knebelkerbstift, 1/2 bzw. 1/3 der Länge gekerbt, i) Halbrundkerbnagel, k) Senkkerbnagel

## 4. Spannstifte (Spannhülsen)

Spannstifte (Bild 9-8a) werden aus gewalztem Federbandstahl (z. B. 55Si7) gerollt. Die *leichte Ausführung* nach DIN 7346 unterscheidet sich von der *schweren Ausführung* nach DIN EN 28752 nur durch die Wanddicke ($0{,}1 \cdot d$ bzw. $0{,}2 \cdot d$). Die in Längsrichtung geschlitzten Hülsen haben gegenüber dem Lochdurchmesser (gleich Nenndurchmesser) je nach Größe ein Übermaß von $= 0{,}2$ bis $0{,}5$ mm, so dass sich nach dem Eintreiben ein rüttelfester Sitz ergibt. Die Stifte lassen sich leicht austreiben und können mehrfach wieder verwendet werden. Kegelige Stiftenden erleichtern das Einführen in die Aufnahmebohrung. Spannstifte sind zur Aufnahme von Stoß- und Schlagarbeit geeignet. Sie werden ähnlich wie Kerbstifte als Pass-, Befestigungs- und Sicherungsstifte verwendet. Als *Schrauben-* und *Bolzenhülsen (Scherhülsen)* werden sie dort eingesetzt, wo Scherkräfte zu übertragen sind und die Schrauben und Bolzen entlastet und klein gehalten werden sollen (Bild 9-28). Beim Einbau der Stifte ist die Lage des Schlitzes zur Kraftrichtung zu beachten (Bild 9-8b und c). Für große Scherkräfte können aus zwei ineinandergeschobenen Stiften *Verbundspannstifte* gebildet werden (Bild 9-8d).
*Spiral-Spannstifte* nach DIN EN 28750 (Regelausführung), DIN EN 28748 (schwere Ausführung) und DIN EN 28751 (leichte Ausführung) werden durch spiralförmiges Aufwickeln (2 1/4 Windungen) von kaltgewalztem Bandstahl (vergütet auf 420 bis 520 HV) hergestellt (Bild 9-8e). Die Stiftenden sind konisch.
Beim *Connex-Spannstift* (Bild 9-8f) bewirken die versetzt angeordneten Zähne des Schlitzes eine zusätzliche Axialspannung.
Gegenüber Spannstiften mit offenem Schlitz weisen beide Stiftarten folgende Vorteile auf: Erhöhte Sitzfestigkeit, gleich hohe Scherfestigkeit in jeder radialen Richtung, beim automatischen Verstiften tritt kein gegenseitiges Verkrallen der Stifte auf. Sie sind unempfindlich gegen Stoß- und Schlagbeanspruchung und werden als Pass-, Verbindungs- und Gelenkstifte (Achsen) eingesetzt.
Die Aufnahmebohrungen (Toleranzklasse H12) für alle Spannstifte können einfach mit Spiralbohrern hergestellt werden.

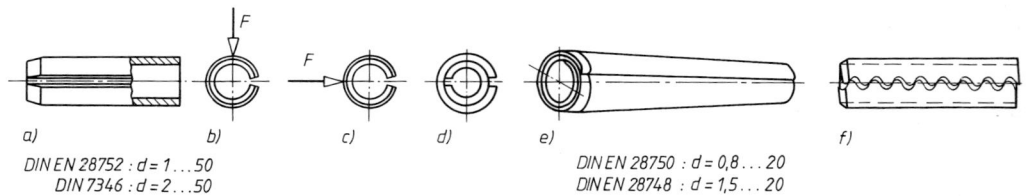

a)
DIN EN 28752 : d = 1...50
DIN 7346 : d = 2...50

DIN EN 28750 : d = 0,8...20
DIN EN 28748 : d = 1,5...20

**Bild 9-8** Spannstifte
a) Spannstift, b) weiche Federung (vermeiden), c) harte Federung, d) Verbundspannstift, e) Spiral-Spannstift, f) Connex-Spannstift

## 5. Spannbuchsen für Lagerungen

*Spannbuchsen* werden aus vergütetem Federbandstahl 55Si7 gerollt, wahlweise mit geradem, pfeilförmigem und schrägem Schlitz (Form G, P und S) ausgeführt und als *Einspannbuchsen für Bohrungen* (DIN 1498, Bild 9-9a) bzw. als *Aufspannbuchsen für Zapfen* (DIN 1499, Bild 9-9b) verwendet. Sie können bei großen Lagerdrücken mit geringen Schwingbewegungen und bei nicht aureichender Schmierung als Lager geeignet sein. Als leicht auswechselbare Verschleißteile erhöhen sie die Lebensdauer von Bauteilen, wie z. B. Bremsgestängen von Schienenfahrzeugen und Gelenken von Baumaschinen (Bild 9-21). Die aufnehmenden Bohrungen bzw. Zapfen werden in den Toleranzklassen H8 bzw. h8 ausgeführt.

*Beispiel* der Bezeichnung einer Einspannbuchse ohne Aussenkung (E) mit pfeilförmigem Schlitz (P) von Bohrung $d_1 = 32$ mm, Außendurchmesser (Nenndurchmesser) $d_2 = 40$ mm und Länge $l = 25$ mm:

Einspannbuchse DIN 1498 – EP32/40 × 25

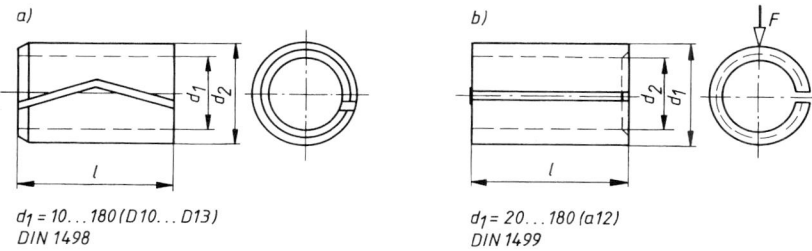

$d_1 = 10...180 (D10...D13)$
DIN 1498

$d_1 = 20...180 (a12)$
DIN 1499

**Bild 9-9** Spannbuchsen für Lagerungen
a) Einspannbuchse ohne Aussenkung (Form E) und mit pfeilförmigem Schlitz (Form P) für Lagerungen mit Umlaufbewegungen, b) Aufspannbuchse mit geradem Schlitz (Form G) für Lagerungen mit Schwenkbewegungen. Schlitz gegenüber der Kraftrichtung um 90° versetzt

## 9.3.2 Berechnung der Stiftverbindungen

Stiftverbindungen, die hauptsächlich der Zentrierung und Lagesicherung von Bauteilen dienen und nur geringe Kräfte aufzunehmen haben, werden nicht berechnet. Der Durchmesser der Stifte wird erfahrungsgemäß in Abhängigkeit von der Größe der zu verbindenden Teile gewählt, wobei die Angaben der betreffenden Normen zu beachten sind. Nur bei größeren Kräften erfolgt eine Festigkeitsprüfung der Verbindung. Stifte, die an Stelle von Bolzen verwendet werden, wie der Kerbstift als Gabelbolzen in Bild 9-25, werden sinngemäß auch wie Bolzen berechnet.
Da eine Festigkeitskontrolle der Spannstifte kaum möglich ist, sind in TB 9-4 die im einschnittigen Scherversuch ermittelten Abscherkräfte solcher Stiftformen gegeben. Diese bilden, je nach Belastungsfall und verlangter Sicherheit entsprechend herabgesetzt, eine aureichend genaue Bemessungsgrundlage für Spannstift-Verbindungen.

### 1. Querstift-Verbindungen

Querstiftverbindungen, die ein Drehmoment zu übertragen haben, wie bei der Hebelnabe (Bild 9-10a), werden bei größeren Kräften auf Abscheren und Flächenpressung nachgeprüft. Nach Bild 9-10a sind nachzuweisen, dass die mittlere *Flächenpressung* $p_N$ *in der Nabenbohrung* die max. mittlere *Flächenpressung* $p_W$ *in der Wellenbohrung* und die *Scherspannung* $\tau_a$ *im Stift* die zulässigen Werte nicht übersteigen:

$$p_N = \frac{K_a \cdot T_{nenn}}{d \cdot s \cdot (d_W + s)} \leq p_{zul} \tag{9.15}$$

$$p_W = \frac{6 \cdot K_A \cdot T_{nenn}}{d \cdot d_W^2} \leq p_{zul} \tag{9.16}$$

$$\tau_a = \frac{4 \cdot K_A \cdot T_{nenn}}{d^2 \cdot \pi \cdot d_W} \leq \tau_{a\,zul} \tag{9.17}$$

$T_{nenn}$ von der Verbindung zu übertragendes Nenndrehmoment
$K_A$ Anwendungsfaktor zur Berücksichtigung stoßartiger Belastung nach TB 3-5a
$d$ Stiftdurchmesser
 Erfahrungsgemäß wird für den Entwurf gewählt: $d = (0{,}2...0{,}3) \cdot d_W$
$d_W$ Wellendurchmesser
$s$ Dicke der Nabenwand
 Erfahrungsgemäß wird für den Entwurf gewählt: $s = (0{,}25...0{,}5) \cdot d_W$ für St- und GS-Naben, $s = 0{,}75 \cdot d_W$ für GJL-(GG-)Naben
$p_{zul}$ zulässige mittlere Flächenpressung wie zu Gl. (9.4), für Kerbstifte gelten 0,7fache Werte
$\tau_{zul}$ zulässige Schubspannung wie zu Gl. (9.3), für Kerbstifte gelten 0,8fache Werte

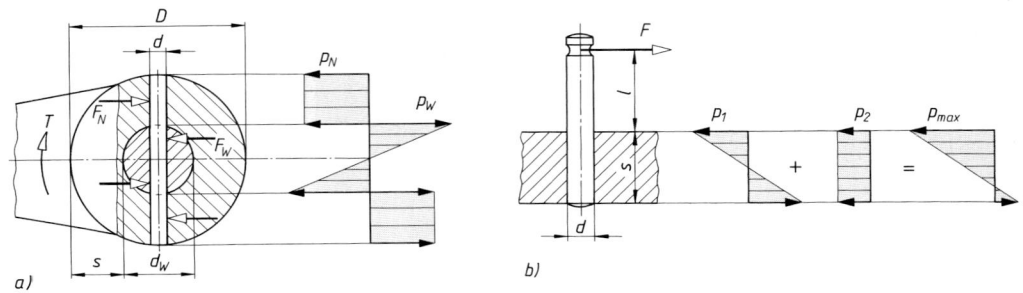
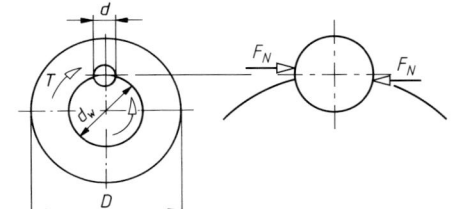

**Bild 9-10**
Kräfte an Stiftverbindungen
a) Querstift
b) Steckstift
c) Längsstift (Rundkeil)

## 2. Steckstift-Verbindungen

Bei Steckstift-Verbindungen nach Bild 9-10b wird der Stift durch das Moment $M_b = F \cdot l$ auf Biegung und durch $F$ als Querkraft auf Schub beansprucht, der praktisch vernachlässigt werden kann. Es ist nachzuweisen, dass die *vorhandene Biegespannung*

$$\sigma_b = \frac{K_A \cdot M_{b\,nenn}}{W} \approx \frac{K_A \cdot M_{b\,nenn}}{0{,}1 \cdot d^3} \leq \sigma_{b\,zul} \qquad (9.18)$$

$M_{b\,nenn}$   Nennbiegemoment
$K_A$   Anwendungsfaktor zur Berücksichtigung stoßartiger Belastung nach TB 3-5a
$d$   Stiftdurchmesser
$\sigma_{b\,zul}$   Zulässige Biegespannung wie zu Gl. (9.1), für Kerbstifte gelten 0,8fache Werte

Ferner tritt in der Bohrung Flächenpressung auf. Diese setzt sich zusammen aus der durch die „Drehwirkung" von $F$ entstehenden Flächenpressung $p_1$ und der durch die Schubwirkung von $F$ entstehenden Flächenpressung $p_2$. Diese ergeben sich nach Bild 9-10b aus

$$p_1 = \frac{F \cdot (l + s/2)}{d \cdot s^2/6} \quad \text{und} \quad p_2 = \frac{F}{d \cdot s}$$

Für die *maximale mittlere Flächenpressung* gilt

$$p_{max} = p_1 + p_2 = \frac{K_A \cdot F_{nenn} \cdot (6 \cdot l + 4 \cdot s)}{d \cdot s^2} \leq p_{zul} \qquad (9.19)$$

$K_A$   Anwendungsfaktor zur Berücksichtigung stoßartiger Belastung nach TB 3-5a
$F_{nenn}$   senkrecht zur Stiftachse wirkende Nennbiegekraft
$l$   Hebelarm der Biegekraft
$s$   Einstecktiefe des Stiftes
$d$   Stiftdurchmesser
$p_{zul}$   zulässige mittlere Flächenpressung wie zu Gl. (9.4), für Kerbstifte gelten die 0,7fachen Werte

## 3. Längsstift-(Rundkeil-)Verbindungen

Längsstift-Verbindungen nach Bild 9-10c, die ein Drehmoment zu übertragen haben, werden auf Flächenpressung und Abscheren des Stiftes beansprucht. Da rechnerisch die mittlere Flächenpressung doppelt so groß wie die Abscherspannung ist, kann die Scherbeanspruchung in Vollstiften vernachlässigt werden, solange $2 \cdot \tau_{a\,zul} \geq p_{zul}$ ist, was für alle üblichen Werkstoffpaarungen zutrifft. Für die *maßgebende mittlere Flächenpressung* in Nabe und Welle gilt bei Anordnung eines Stiftes:

$$p = \frac{4 \cdot K_A \cdot T_{nenn}}{d \cdot d_W \cdot l} \leq p_{zul} \quad (9.20)$$

$T_{nenn}$ von der Verbindung zu übertragendes Nenndrehmoment
$K_A$ Anwendungsfaktor zur Berücksichtigung stoßartiger Belastung nach TB 3-5a
$d$ Stiftdurchmesser
 Erfahrungsgemäß wählt man für den Entwurf $d = (0{,}15 \ldots 0{,}2) \cdot d_W$
$d_W$ Wellendurchmesser
$l$ tragende Stiftlänge, abhängig von der Nabenbreite, üblich $l = (1 \ldots 1{,}5) \cdot d_W$
$p_{zul}$ zulässige mittlere Flächenpressung wie zu Gl. (9.4), für Kerbstifte gelten die 0,7fachen Werte

Bei großen Drehmomenten ist die Anordnung mehrerer Stifte am Umfang zweckmäßig. Um ein Verlaufen der Längsbohrung bei der Fertigung zu vermeiden, sollten Wellen- und Nabenwerkstoff ungefähr die gleiche Härte haben.

## 9.4 Sicherungselemente

Sicherungsringe, Splinte, Achshalter u. a. derartige Elemente dienen der Sicherung von Maschinenteilen gegen axiales Verschieben, z. B. bei Bolzen und Wälzlagern (s. z. B. 14.2.3).

### 9.4.1 Sicherungsringe (Halteringe)[1]

Axial montierbare *Sicherungsringe für Wellen* nach DIN 471 und für *Bohrungen* nach DIN 472 (Bild 9-11a und b) werden federnd in Ringnuten eingesetzt. Der aus der Nut ragende Siche-

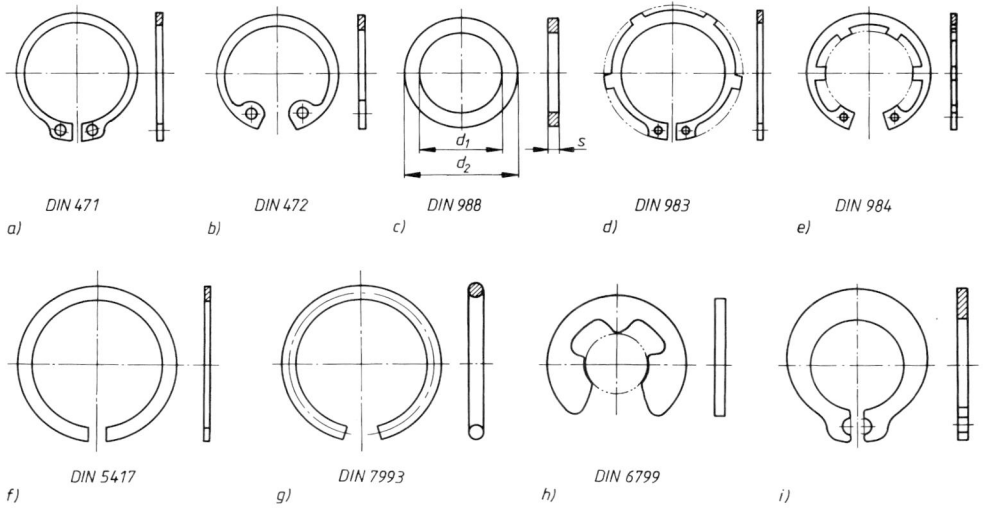

**Bild 9-11** Sicherungselemente
a) Sicherungsring für Wellen, b) Sicherungsring für Bohrungen, c) Pass- bzw. Stützscheibe, d) Sicherungsring mit Lappen für Wellen, e) Sicherungsring mit Lappen für Bohrungen, f) Sprengring für Wälzlager mit Ringnut, g) Runddraht-Sprengring, h) Sicherungsscheibe für Wellen, i) SEEGER-Greifring (selbstsperrend) für Wellen und ohne Nut

---

[1] Die bisherige Benennung „Sicherungsringe" wird beibehalten, obwohl diese Elemente nur zum axialen Halten von Bauteilen auf Wellen oder in Bohrungen dienen und keine Sicherungswirkung haben.

rungsring bildet dann eine axial belastbare Schulter und dient zum Festlegen von Bauteilen (z. B. Wälzlager). Konstruktionsdaten s. TB 9-7.
Durch die besondere Form der aus Federstahl bestehenden Ringe – die radiale Breite verkleinert sich zum freien Ende hin entsprechend dem Gesetz des gekrümmten Trägers gleicher Festigkeit – wird erreicht, dass diese beim Einbau (Spreizen bzw. Zusammenspannen mit Zangen nach DIN 5254 und DIN 5256) sich rund verformen und mit gleichmäßiger radialer Vorspannung in der Ringnut sitzen. Bei einseitiger Kraftübertragung kann die Nut nach der entlasteten Seite abgeschrägt werden. Sie lässt sich dadurch leichter fertigen und ihre Kerbwirkung ist geringer, Bilder 9.12b bis d.

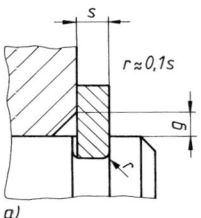
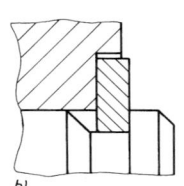
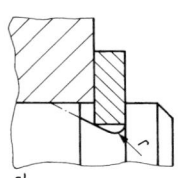
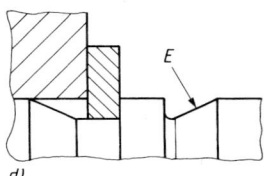

a)    b)    c)    d)

**Bild 9-12** Nutausführungen für Wellen
a) Rechtecknut (Regelausführung), z. B. Anlage mit tragfähigkeitsminderndem Kantenabstand $g$
b) geschrägte Nut (einfacher zu fertigen), z. B. mit Überdeckung des Ringes
c) auf der Lastseite gerundete Nut, z. B. mit üblicher scharfkantiger Anlage, d) mit Entlastungsnut $E$ zur Verbesserung der Dauerfestigkeit

Bei hohen Anforderungen an die Sicherheit kann eine radial formschlüssige Halterung des Ringes durch Überdeckung durch die Nabe vorgenommen werden, s. Bild 9-12b. Wegen der hohen Kerbwirkung der Nuten sollten Sicherungsringe möglichst nur an den biegungsfreien Enden von Bolzen, Achsen oder Wellen angeordnet werden.
Zur axialen Festlegung von Maschinenteilen mit großen Fasen oder Abrundungen verwendet man entweder „gewöhnliche" Sicherungsringe in Verbindung mit *Stützscheiben* nach DIN 988 (Bild 9-11c und TB 9-5) aus Federstahl, welche bei großen Axialkräften ein Umstülpen der Ringe verhindern oder Sicherungsringe mit am Umfang gleichmäßig verteilten *Lappen* nach DIN 983 und DIN 984 (Bild 9-11d und e).
Zum Spielausgleich und zur genauen Lagebestimmung von Maschinenbauteilen haben sich *Passscheiben* nach DIN 988 aus St2K50 bewährt (Bild 9-11c und TB 9-5). Diese werden mit den gleichen Durchmessern wie Stützscheiben und häufig mit diesen zusammen verwendet (Bild 9-30).
Sprengringe (zunächst geschlossene Ringe wurden durch „Sprengen" geöffnet) mit konstanter radialer Breite verformen sich bei der Montage unrund und sind aus Bohrungen oft nur schwer auszubauen. Die Verwendung von Wälzlagern mit Nut in Verbindung mit Sprengringen nach DIN 5417 (Bild 9-11f) bringt die Vorteile einer glatten Gehäusebohrung und kurzer Baulänge mit sich (Bild 9-29). Für untergeordnete Zwecke, insbesondere bei kleinen Axialkräften, können auch *Runddraht-Sprengringe* nach DIN 7993 (Bild 9-11g) verwendet werden. Im Büromaschinen- und Apparatebau werden für kleine Wellendurchmesser radial montierbare *Sicherungsscheiben* (Haltescheiben) nach DIN 6799 (Bild 9-11h) bevorzugt. Sie umschließen den Nutgrund federnd mit Segmenten und bilden eine verhältnismäßig hohe Schulter (Bild 9-26).
Von den zahlreichen Sonderausführungen seien noch die selbstsperrenden Ringe erwähnt, so z. B. der *SEEGER-Greifring* für Wellen ohne Nut (Bild 9-11i). Mit ihm lässt sich das axiale Spiel von Teilen einstellen bzw. Spielfreiheit erreichen. Vor der Anwendung dieser nur durch Reibschluss wirkenden Ringe ist eine gründliche Erprobung ratsam, da die ohnehin kleinen axialen Haltekräfte stark streuen.
Dass sich durch die funktionsgerechte Verwendung von Sicherungsringen oftmals konstruktive Vereinfachungen erzielen und damit Kosten einsparen lassen, zeigt die Wälzlagerung im Bild 9-13. Die Ausführung b) erfordert weniger bearbeitete Flächen, keine Gewinde und ermöglicht eine glatt durchgehende Gehäusebohrung.

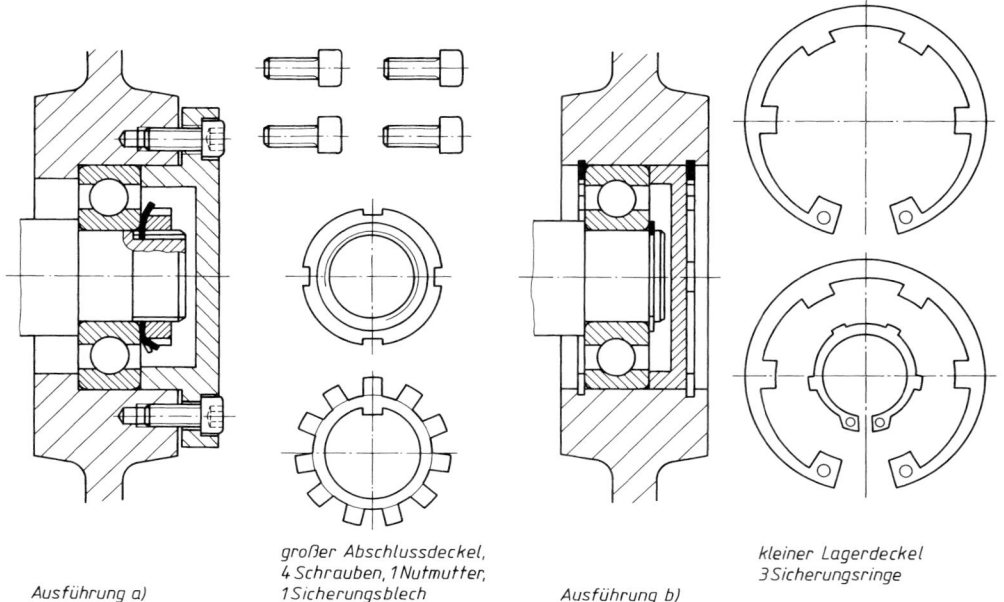

groß er Abschlussdeckel,
4 Schrauben, 1 Nutmutter,
1 Sicherungsblech

Ausführung a)          Ausführung b)

kleiner Lagerdeckel
3 Sicherungsringe

**Bild 9-13** Gestaltungsmöglichkeiten einer Wälzlagerung (Festlager)

## 9.4.2 Splinte und Federstecker

Die einfache und billige Splintsicherung wird vorwiegend bei losen, gelenkartigen Bolzenverbindungen und bei Schraubenverbindungen (Kronenmuttern) angewendet, s. Bilder 9-18 und 9-20. Als Werkstoff für Splinte nach DIN EN ISO 1234 (Bild 9-14a) wird überwiegend weicher Baustahl angewendet; seltener Kupfer, Kupfer-Zink- und Aluminium-Legierungen. Sie dürfen bei wichtigen Verbindungen (z. B. am Kfz) nur einmal verwendet werden.

*Bezeichnung* eines Splintes (z. B. für Bolzen $\varnothing$ 20 mm) von Nenndurchmesser (= Durchmesser des zugehörigen Splintloches) $d = 5$ mm und Länge $l = 32$ mm, aus Stahl (St):

   Splint ISO 1234 – 5 × 32 – St

Aus Federstahldraht hergestellte *Federstecker* nach DIN 11024 (Bild 9-14b) werden meist bei häufig zu lösenden Bolzenverbindungen eingesetzt (z. B. bei Baumaschinen, Kranen, s. Bild 9-21). Sie werden mit dem zu sichernden Bauteil unverlierbar verbunden, z. B. durch eine Kette. Splinte und Federstecker dürfen *nicht zur Kraftübertragung* verwendet werden.
Ihre Abmessungen werden nach den Durchmessern der zu sichernden Bolzen (vgl. TB 9-2) bzw. Schrauben gewählt.

*Bezeichnung* eines Federsteckers für einen Lochdurchmesser $d_1 = 5$ mm als Nenndurchmesser (zugeordnete Bolzendurchmesser $d_2 = 20 \ldots 26$ mm), verzinkt:

   Federstecker DIN 11024-5-verzinkt

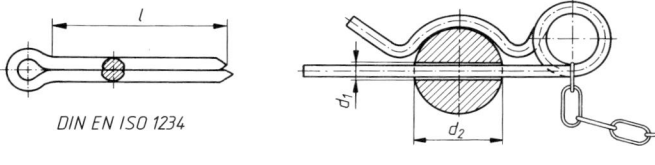

DIN EN ISO 1234

a)          b)          DIN 11024

**Bild 9-14**
Sicherungselemente
a) Splint
b) Federstecker, eingebaut

### 9.4.3 Stellringe

Stellringe nach DIN 705 sollen das axiale Spiel von Wellen, Achsen und Bolzen begrenzen oder lose auf diesen sitzende Teile (Scheiben, Räder u. dgl.) seitlich führen. Die Stellringe werden durch Gewindestifte mit Spitze oder bei größeren Axialkräften durch Kegel- bzw. Kegelkerbstifte (Bild 9-15) oder auch durch Spannstifte befestigt. Bei der *Form C* dient der Gewindestift als Montagehilfe zum Festsetzen des Stellringes beim Bohren des Stiftloches. Stellring-Maße s. TB 9-6. Um mögliche Unfallgefahren auszuschließen, dürfen die Stifte nicht überstehen.

*Bezeichnung* eines Stellringes Form A, mit Bohrung $d_1 = 28$ mm und Gewindestift (aus Automatenstahl 9SMnPb28):

    Stellring DIN 705 – A 28

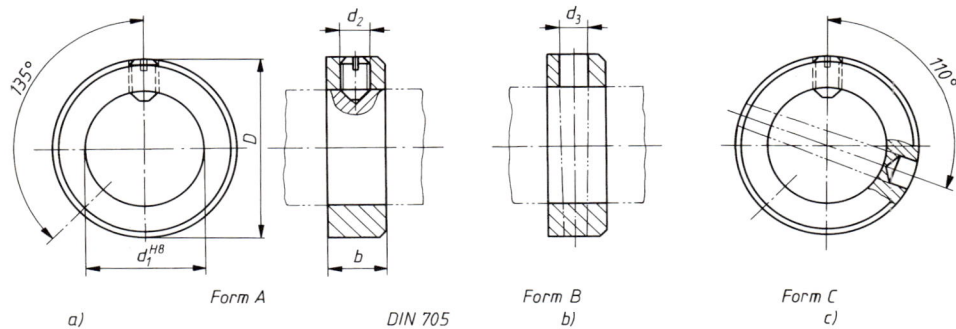

**Bild 9-15** Stellringe (im Lieferzustand)
a) mit Gewindestift (über $d_1 = 70$ mm mit 2 Gewindestiften), b) mit Kegel- bzw. Kegelkerbstift (Spannstift), c) mit Gewindestift als Montagehilfe zum Bohren des Stiftloches

### 9.4.4 Achshalter

Achsen und Bolzen, besonders Rollen- und Trommelachsen von Hebezeugen, werden oft durch Achshalter nach DIN 15058 (Bild 9-16) gleichzeitig gegen Verschieben und Verdrehen gesichert. Sie sind entgegengesetzt oder parallel zur Belastungsrichtung der Achse anzuordnen, damit die Befestigungsschrauben durch die Achskraft nicht beansprucht werden. Bei Achsen mit Durchmesser >100 mm sind zwei einander parallel gegenüberliegende Achshalter vorzusehen.

*Bezeichnung* eines Achshalters (für Achsdurchmesser >40 bis 63 mm) von der Breite $a = 30$ mm und der Dicke $b = 8$ mm aus S235:

    Achshalter DIN 15058 – 30 × 8

Für die Achsdurchmesser 18 mm bis 250 mm sind 6 Achshaltergrößen genormt.

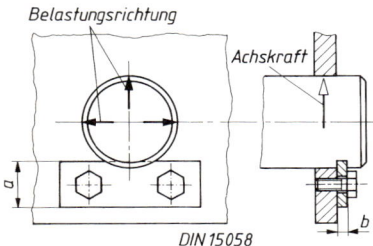

**Bild 9-16** Achshalter

## 9.5 Gestaltungs- und Anwendungsbeispiele

Die folgenden Beispiele zeigen Anwendungen von Verbindungs- und Sicherungselementen, ergänzt durch Hinweise zu Passungen, Anordnungen usw.

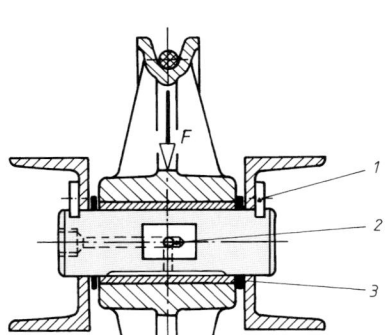

**Bild 9-17** Gleitgelagerte Seilrolle

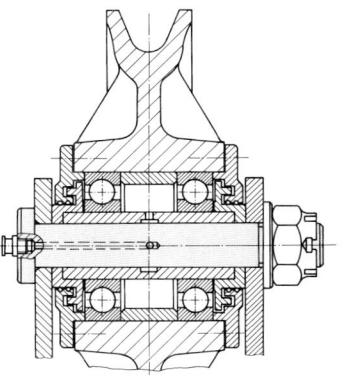

**Bild 9-18** Wälzgelagertes Laufrad einer Seilschwebebahn

Bild 9-17: Seilrolle mit Lagerbuchse aus Kupfer-Zinn-Legierung läuft auf der durch beidseitige Achshalter (1) gesicherten Achse (Bolzen ohne Kopf). Achshalter entgegengesetzt zur Lastrichtung angeordnet. Das radiale Schmierloch (2) liegt, um Kerbwirkung zu vermeiden, in der Biegespannungsnullebene des Bolzens. Anlaufscheiben (3), z. B. nach DIN 15069 aus Kunststoff, verkleinern den Verschleiß an Nabenstirnfläche und Anschlussbauteil. Toleranzklasse z. B. D10 für Buchse und h11 bzw. h9 für Bolzen aus blankem Rundstahl.

Bild 9-18: Bolzen mit Kopf und Gewindezapfen ist durch Kronenmutter mit Splint gesichert. Schmierlöcher nach DIN 1442 gestaltet. Toleranzklasse z. B. h11 für Bolzen und H11 für Tragblechbohrungen.

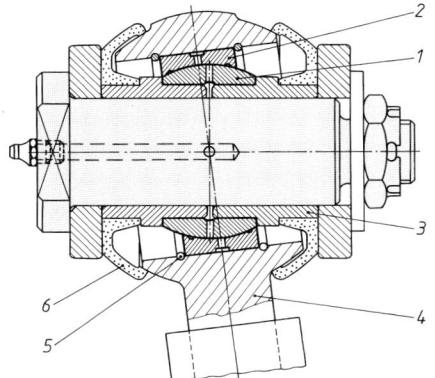

**Bild 9-19** Räumlich einstellbares Lager eines Achslenkers

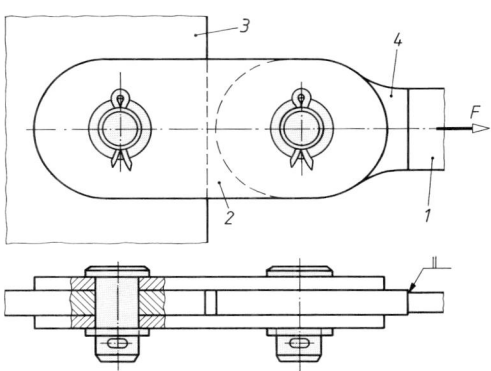

**Bild 9-20** Gelenkverbindung im Stahlbau

Bild 9-19: Der Innenring (1) des Gelenklagers wird über Distanzbuchsen (3) auf Bolzen mit Kopf und Gewindezapfen axial festgelegt. Außenring (2) im Lenker (4) durch Runddraht-Sprengringe (5) axial gesichert. Nachschmierung durch den Bolzen über Ringnut und Schmierlöcher im Innenring. Bei rauhem Betrieb Abdichtung durch Spezialdichtungen (6). Toleranzklasse z. B. j6 für Bolzen, M7 für Lenkerbohrung und H7 für Tragblechbohrungen.

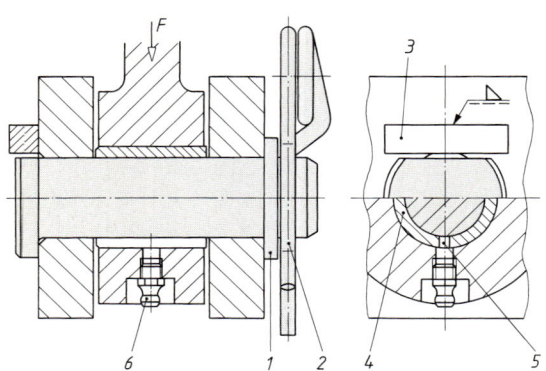
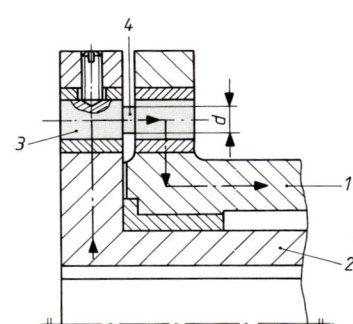

**Bild 9-21** Hochbelastbare, rasch lösbare Gelenk-Bolzenverbindung

**Bild 9-22** Brechbolzen-Sicherheitskupplung

Bild 9-20: Zugband (1) über zwei Laschen (2) gelenkig mit Knotenblech (3) verbunden. Kopfbolzen mittels Scheibe und Splint gesichert. Auge (4) stumpf an Zugband gesichert. Auge (4) stumpf an Zugband geschweißt. Als Lochspiel meist 1 bis 2 mm.

Bild 9-21: Einsatzgehärteter Bolzen mit Kopf, durch Scheibe (1) und Federstecker (2) gegen axiales Verschieben und durch angeschweißte Knagge (3) gegen Verdrehen gesichert. Nabe durch eine Einspannbuchse mit Schlitz (4) vor Verschleiß geschützt. Schlitz (5) liegt in unbelasteter Zone und dient als Schmiernut. Schmierung erfolgt durch Schmiernippel (6). Bolzen ist rasch ohne Hilfsmittel lösbar. Toleranzklasse z. B. h11 für Bolzen, D10 für Einspannbuchsen-Bohrung und H11 für Tragblech-Bohrungen.

Bild 9-22: Flanschnaben (1) und (2) mit mehreren gekerbten Brechbolzen (3) verbunden. Sollbruchquerschnitte (4) so bemessen, dass sie bei der Umfangslast, die dem höchst zulässigen Drehmoment entspricht, abscheren und den Kraftfluß (—·—) unterbrechen. Meist in Verbindung mit anderen Kupplungen.

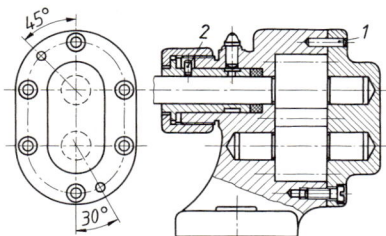
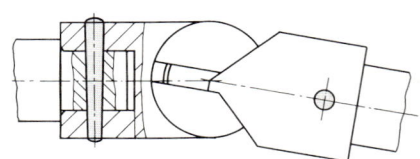

**Bild 9-23** Lagesicherung mit Zylinderstift an einer Zahnradpumpe

**Bild 9-24** Befestigung eines Wellengelenkes

Bild 9-23: Stifte (1) zur Lagesicherung des Gehäusedeckels unsymmetrisch angeordnet, um einen „verdrehten" Einbau des Deckels zu vermeiden. Stift (2) als Führungsstift für Lagerbuchse. Toleranzklasse meist m6 für Stifte und H7 für Bohrungen.

Bild 9-24: Gelenkschaft mit Wellenzapfen durch Querstift verbunden. Außer Kegelstiften auch Kerb- oder Spannstifte geeignet.

Bild 9-25: Hebel auf Schaltwelle durch Zylinderkerbstift (1) als Tangentialstift befestigt. Stange mit Hebel durch Knebelkerbstift (2) gelenkig verbunden. Stiftlöcher einfach mit Spiralbohrer hergestellt (H11). Gabelbohrung z. B. Toleranzklasse D10.

9.5 Gestaltungs- und Anwendungsbeispiele                                                                                   269

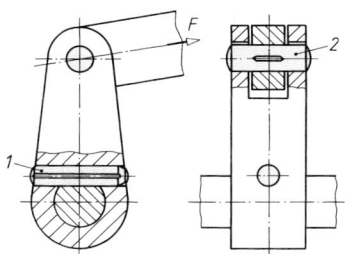
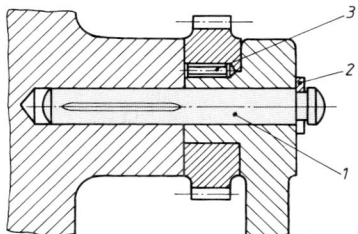

**Bild 9-25** Schalthebel mit Tangential- und Gelenkstift

**Bild 9-26** Lagerung einer Kurbel mit einem befestigten Zahnrad

Bild 9-26: Passkerbstift mit Hals (1) als Kurbelachse. Axiale Sicherung der Kurbelnabe durch Sicherungsscheibe (2). Zahnrad mit Kurbelnabe durch Zylinderkerbstift (3) als Längsstift (Rundkeil) verbunden. Stiftlöcher einfach mit Spiralbohrer hergestellt (H11). Bohrung der Kurbelnabe z. B. Toleranzklasse D10.

Bild 9-27: Befestigung von Schellen für kleinere Rohre, Kabel u. dgl. durch Halbrund- (oder Senk-)Kerbnägel. Löcher einfach mit Spiralbohrer hergestellt (H11). Ungeeignet für Befestigungen in Holz.

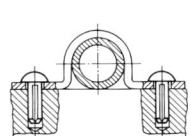
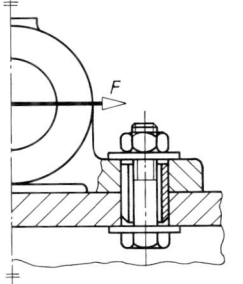

**Bild 9-27** Befestigung von Rohrschellen

**Bild 9-28** Befestigung eines Stehlagers mit Spannstiften

Bild 9-28: Spannstifte (Schwere Ausführung) sichern die Lage und entlasten die Schrauben weitgehend von dynamischer Querbelastung (Schlitzlage möglichst in Kraftrichtung). Eine einwandfreie Mutter- und Schraubenkopfauflage erfordert große Scheiben nach DIN 7349. Aufnahmebohrung (Toleranzklasse H12) mit Spiralbohrer herstellbar.

Bild 9-29: Sprengring (1) sichert Wälzlager mit Nut im Außenring (2) gegen axiales Verschieben (Festlager) im Gehäuse. Sicherungsring mit Lappen (3) legt Welle axial fest (vgl. 14.2.3).

Bild 9-30: Stützscheibe (1) verhindert bei großer Axialkraft $F_a$ ein Umstülpen des Sicherungsringes (3) infolge der großen Rundung am Wälzlagerinnenring. Passscheibe (2) dient zur Einstellung des Axialspieles (vgl. 14.2.3).

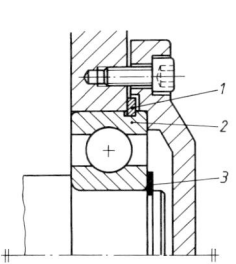
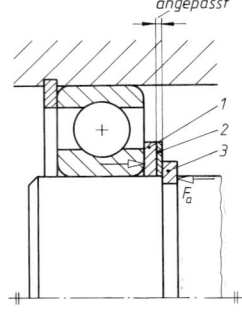

**Bild 9-29** Axiale Festlegung eines Wälzlagers

**Bild 9-30** Axiale Festlegung eines Wälzlagers mit Sicherungsringen

## 9.6 Berechnungsbeispiele

■ **Beispiel 9.1:** Ein Bolzengelenk soll durch eine stark stoßhaft auftretende Kraft $F = 9$ kN schwellend belastet werden. Für Stangen- und Gabelkopf ist der Werkstoff S235 vorgesehen. Als Bolzen soll ein ungehärteter Zylinderstift nach DIN EN 22388 Form B (h8) verwendet werden, der in der Bohrung des Stangenkopfes mit einer Übermaßpassung sitzt. Im Betrieb führt der Bolzen keine Gleitbewegung in der Gabelbohrung aus.
a) Die Hauptabmessungen des Gelenkes ($d$, $t_S$, $t_G$ und $D$; vgl. Bild 9-2) sind durch eine Entwurfsberechnung zu ermitteln. Für den gewählten Bolzen ist die Normbezeichnung anzugeben.
b) Das Gelenk ist auf Abscheren und auf Flächenpressung in der Gabelbohrung zu prüfen.
c) Die Toleranzklasse der Gabel- und Stangenbohrung ist zu wählen.

▶ **Lösung a):** Der erforderliche Bolzendurchmesser wird nach Gl. (9.1) bestimmt.

$$d \approx k \cdot \sqrt{\frac{K_A \cdot F_{nenn}}{\sigma_{b\,zul}}}.$$

Da der Bolzen in der Stange mit einer Übermaßpassung und in der Gabel mit einer Spielpassung sitzt, liegt nach 9.2.2 der Einbaufall 3 vor, für den der Einspannfaktor $k = 1{,}1$ beträgt. Für starke Stöße ergibt sich nach TB 3-5a der mittlere Anwendungsfaktor $K_A = 1{,}8$. Für den Stiftwerkstoff 9SMnPb28+C mit $R_{mN} = 510$ N/mm² (nach TB 1-1, $K_t = 1{,}0$) wird bei schwellender Belastung $\sigma_{b\,zul} = 0{,}2R_m \approx 0{,}2 \cdot 510$ N/mm² $\approx 100$ N/mm². Mit den vorstehenden Werten und der Stangenkraft $F = 9$ kN ergibt sich ein Bolzendurchmesser von

$$d \approx 1{,}1 \cdot \sqrt{\frac{1{,}8 \cdot 9000\,\text{N/mm}^2}{100\,\text{N}}} \approx 14{,}0\,\text{mm}.$$

Nach TB 9-3 wird der Normdurchmesser $d = 16$ mm gewählt.
Mit den der Gl. (9.1) zugrunde liegenden Proportionen $t_S \approx 1{,}0 \cdot d$ und $t_G \approx 0{,}5 \cdot d$ wird die Stangendicke $t_S \approx 1{,}0 \cdot 16$ mm $\approx 16$ mm und die Dicke der Gabelwangen $t_G \approx 0{,}5 \cdot 16$ mm $\approx 8$ mm. Die erforderliche Stiftlänge ergibt sich damit zu $l = 16$ mm $+ 2 \cdot 8$ mm $= 32$ mm. Unter Beachtung der Kuppenhöhe $c \approx 3$ mm (vgl. TB 9-3) wäre eine Stiftlänge $l \approx 32$ mm $+ 2 \cdot 3$ mm $\approx 38$ mm erforderlich. Um den Bolzenüberstand klein zu halten, wird die Normlänge $l = 35$ mm gewählt.
Für die Augen-(Naben-)Durchmesser gelten die unter 9.2.2 zur Entwurfsberechnung genannten Erfahrungswerte. Danach wählt man für das Stangenauge aus Stahl mit eingepresstem Bolzen $D \approx 2{,}5 \cdot d$, mit $d = 16$ mm wird $D \approx 2{,}5 \cdot 16$ mm $= 40$ mm. Das Gabelauge wird mit dem gleichen Durchmesser ausgeführt.
**Ergebnis:** Als Bolzen wird ein Zylinderstift ISO 2338 $-$ B $- 16 \times 35 -$ St gewählt. Das Stangenauge wird 16 mm dick, die Gabelwangen werden 8 mm dick ausgeführt. Die Augen erhalten einen Durchmesser von 40 mm.

▶ **Lösung b):** Für die größte Schubspannung in der Nulllinie des Bolzens gilt nach Gl. (9.3):

$$\tau_{max} \approx \frac{4}{3} \cdot \frac{K_A \cdot F_{nenn}}{A_S \cdot 2} \leq \tau_{a\,zul}.$$

Mit dem bereits unter a) ermittelten Anwendungsfaktor $K_A \approx 1{,}8$, der Bolzenquerschnittsfläche

$$A_S = 16^2\,\text{mm}^2 \cdot \pi/4 \approx 201\,\text{mm}^2$$

und der Stangenkraft $F = 9$ kN wird die größte Schubspannung

$$\tau_{max} = \frac{4}{3} \cdot \frac{1{,}8 \cdot 9000\,\text{N}}{2 \cdot 201\,\text{mm}^2} = 54\,\text{N/mm}^2.$$

Für den Stiftwerkstoff 9SMnPb28+C mit $R_m = 510$ N/mm² wird bei schwellender Belastung

$$\tau_{a\,zul} \approx 0{,}15 \cdot R_m \approx 0{,}15 \cdot 510\,\text{N/mm}^2 \approx 75\,\text{N/mm}^2 > \tau_{max} = 54\,\text{N/mm}^2.$$

Für die mittlere Flächenpressung in der Gabelbohrung gilt nach Gl. (9.4):

$$p = \frac{K_A \cdot F_{nenn}}{A_{proj}} \leq p_{zul}.$$

Mit dem Betriebsfaktor $K_A \approx 1{,}8$, der projizierten gepressten Bolzenfläche (wobei $t_G = (35\,\text{mm} - 2 \cdot 3\,\text{mm} - 16\,\text{mm})/2 = 6{,}5\,\text{mm}$)

$$A_{\text{proj}} = 2 \cdot d \cdot t_G = 2 \cdot 16\,\text{mm} \cdot 6{,}5\,\text{mm} = 208\,\text{mm}^2$$

und der Stangenkraft $F = 9\,\text{kN}$ wird die vorhandene mittlere Flächenpressung

$$p = \frac{1{,}8 \cdot 9000\,\text{N}}{208\,\text{mm}^2} = 78\,\text{N/mm}^2.$$

Für S235 als den festigkeitsmäßig schwächeren Werkstoff gilt mit $R_{mN} = 360\,\text{N/mm}^2$ (nach TB 1-1, $K_t = 1{,}0$) bei schwellender Belastung:

$$p_{\text{zul}} \approx 0{,}25 R_m = 0{,}25 \cdot 360\,\text{N/mm}^2 = 90\,\text{N/mm}^2 > p = 78\,\text{N/mm}^2.$$

**Ergebnis:** Das Bolzengelenk ist ausreichend bemessen, da die größte Schubspannung

$$\tau_{\text{max}} = 54\,\text{N/mm}^2 < \tau_{a\,\text{zul}} = 75\,\text{N/mm}^2$$

und die mittlere Flächenpressung $p = 78\,\text{N/mm}^2 < p_{\text{zul}} = 90\,\text{N/mm}^2$.

**Lösung c):** Der Bolzen soll mit merklichem Spiel in der Gabel und mit Übermaß in der Stange sitzen. Anhand von TB 2-5 wird im System Einheitswelle (glatter Bolzen h8) für die Gabelbohrung die Toleranzklasse F8 und für die Stangenbohrung die Toleranzklasse S7 gewählt.

**Beispiel 9.2:** Eine unter rauhen Betriebsbedingungen arbeitende Laufrolle, welche in der Minute 3 Umdrehungen ausführt, soll nach Bild 9-31 gelagert werden. Wegen der geringen Gleitgeschwindigkeit, verbunden mit unzureichender Schmierung, werden als Gleitpartner verschleißarme Spannbuchsen aus gehärtetem Federstahl eingesetzt. Dazu wird auf den Bolzen DIN 1445 – 30h8 × 92 × 120 – St eine Aufspannbuchse DIN 1499 – AG40/ 30 × 90 aufgezogen und in die Rolle eine Einspannbuchse DIN 1498 – FP40/ 50 × 50 (mit Pfeilschlitz) eingepresst. Durch die Kronenmutter wird der Bolzen nur so weit vorgespannt, dass er sich unter Last nicht verdrehen und verschieben kann.

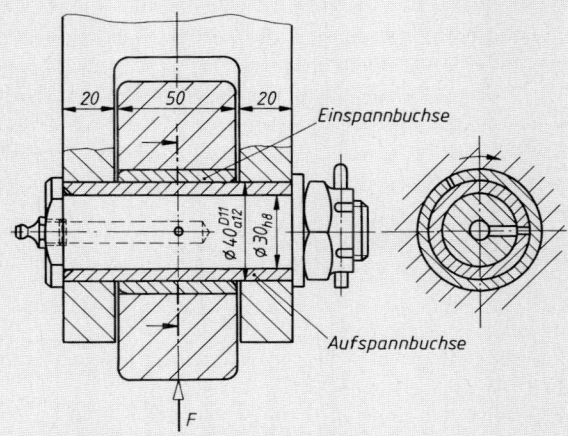

**Bild 9-31** Lagerung einer Laufrolle

Für die lediglich nach konstruktiven Gesichtspunkten ausgelegte Lagerung sind für eine schwellend und mit leichten Stößen auftretende Rollenlast $F = 32\,\text{kN}$ zu prüfen:

a) der Bolzen auf Biegung und
b) die mittlere Flächenpressung (Lagerdruck) zwischen den Spannbuchsen.

**Lösung a):** Da die Aufspannbuchse den Bolzen auf der gesamten Schaftlänge umschließt, beträgt der tragende Bolzendurchmesser 40 mm. Der Verbundbolzen sitzt in der Gabel und in der Rolle mit einer Spielpassung, so dass nach 9.2.2-1 der Einbaufall 1 vorliegt. Danach wird unter Annahme einer Streckenlast und unter Vernachlässigung der geringen Vorspannung durch das Anziehen der Kronenmutter das maximale Biegemoment im Bolzenquerschnitt C–D (Bild 9-2)

$$M_{b\,\text{max}} = \frac{F \cdot (t_S + 2 \cdot t_G)}{8}$$

und damit die Biegespannung nach Gl. (9.2):

$$\sigma_b = \frac{K_A \cdot M_{b\,\text{nenn}}}{0{,}1 \cdot d^3} \leq \sigma_{b\,\text{zul}}.$$

Mit der Rollendicke $t_S = 50$ mm, der Gabelwangendicke $t_G = 20$ mm und der Rollenlast $F = 32$ kN wird das maximale Biegemoment

$$M_{b\,max} = \frac{3{,}2 \cdot 10^4 \text{ N} (50 \text{ mm} + 2 \cdot 20 \text{ mm})}{8} = 3{,}6 \cdot 10^5 \text{ Nmm}.$$

Hiermit und mit dem Anwendungsfaktor $K_A \approx 1{,}1$ für leichte Stöße nach TB 3-5a sowie dem tragenden Bolzendurchmesser $d = 40$ mm wird unter Vernachlässigung der Schmierlöcher die vorhandene Biegespannung in der Randfaser der Aufspannbuchse

$$\sigma_b = \frac{1{,}1 \cdot 3{,}6 \cdot 10^5 \text{ Nmm}}{0{,}1 \cdot 40^3 \text{ mm}^3} \approx 62 \text{ N}\text{mm}^2$$

und in der Randfaser des innen liegenden Bolzens (lineare Verteilung der Biegespannungen nach Bild 9-3)

$$\sigma_b \approx 62 \text{ N/mm}^2 \cdot \frac{15 \text{ mm}}{20 \text{ mm}} \approx 47 \text{ N/mm}^2.$$

Aus $\sigma_{b\,zul} \approx 0{,}2 \cdot R_m$ (wie zu Gl. (9.1)) erhält man bei schwellender Belastung für die Aufspannbuchse aus 55Si7 mit $R_m \approx 1300$ N/mm² (nach DIN 17222 bzw. Herstellerangaben)

$$\sigma_{b\,zul} \approx 0{,}2 \cdot 1300 \text{ N/mm}^2 \approx 260 \text{ N/mm}^2$$

und für den Bolzen aus 9SMnPb28+C mit $R_{mN} = 510$ N/mm² aus TB 1-1

$$\sigma_{b\,zul} \approx 0{,}2 \cdot 510 \text{ N/mm}^2 \approx 100 \text{ N/mm}^2.$$

**Ergebnis:** Der Bolzen mit aufgepresster Aufspannbuchse ist ausreichend bemessen, da die näherungsweise ermittelten Biegespannungen

$$\sigma_b = 62 \text{ N/mm}^2 < \sigma_{b\,zul} \approx 260 \text{ N/mm}^2 \quad \text{bzw.} \quad \sigma_b = 47 \text{ N/mm}^2 < \sigma_{b\,zul} \approx 100 \text{ N/mm}^2.$$

▶ **Lösung b):** Für die mittlere Flächenpressung zwischen den Spannbuchsen gilt nach Gl. (9.4):

$$p = \frac{K_A \cdot F_{nenn}}{A_{proj}} \leq p_{zul}.$$

Die projizierte Fläche ist $A_{proj} = d \cdot t_S$ mit $d = 40$ mm und $t_S = 50$ mm also $A_{proj} = 40$ mm · 50 mm $= 2000$ mm²; hiermit und mit $K_A \approx 1{,}1$ und $F = 32$ kN wird die mittlere Pressung der Gleitfläche

$$p = \frac{1{,}1 \cdot 3{,}2 \cdot 10^4 \text{ N}}{2 \cdot 10^3 \text{ mm}^2} \approx 18 \text{ N/mm}^2.$$

Für die Gleitpartner St gehärtet wird bei Fremdschmierung und Schwellbelastung nach TB 9-1, Zeile 11: $p_{zul} \approx 0{,}7 \cdot 25$ N/mm² $\approx 18$ N/mm² $= p_{vorh}$.

**Ergebnis:** Bei geringer Gleitgeschwindigkeit und Fremdschmierung (Fett) besteht für die Lagerung der Rolle keine Gefahr des Fressens oder vorzeitigen Verschleißes, da die mittlere Flächenpressung $p = 18$ N/mm² den zulässigen Wert nicht überschreitet. Selbst wenn keine Wartung durch Schmierung möglich ist, bleibt die Lagerung funktionsfähig, da die aufeinander gleitenden Spannbuchsen hoch verschleißfest sind.

■ **Beispiel 9.3:** Die Nabe eines Schalthebels aus EN-GJL-200 soll mit einer Welle aus E295 mit $d_W = 20$ mm Durchmesser durch einen Kegelkerbstift nach DIN EN 28744 als Querstift verbunden werden (Bild 9.32). Am Ende des Hebels mit der Länge $l_1 = 60$ mm ist zur Befestigung der Rückstellfeder ein Passkerbstift DIN 1469 – C6 × 25 – St (Kerbstift mit Hals und gerundeter Nut am Ende) eingesetzt, so dass bei $s = 12$ mm die freie Stiftlänge $l_2 = 10$ mm beträgt. Die größte Federkraft $F = 300$ N greift schwellend an. Stöße treten nicht auf.

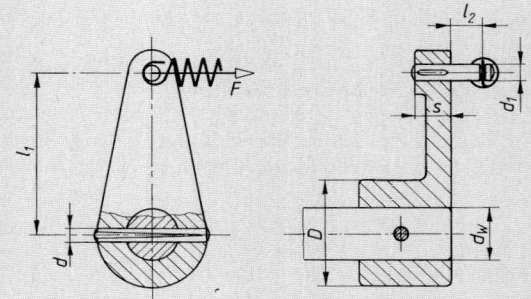

**Bild 9-32** Schalthebel mit Stiftverbindungen

## 9.6 Berechnungsbeispiele

a) Der zum Wellendurchmesser $d_W$ passende (mittlere) Durchmesser $d$ des Querstiftes und dessen Länge $l$ sind festzulegen, wenn der Nabendurchmesser $D = 2 \cdot d_W$ ausgeführt wird. Die Normbezeichnung des Kegelkerbstiftes ist anzugeben.
b) Die Querstiftverbindung ist zu prüfen.
c) Der Passkerbstift ist zu prüfen, für den zunächst ein Durchmesser $d_1 = 6$ mm vorgesehen wird, der ggf. zu ändern ist.
d) Die Flächenpressung für die Steckstift-Verbindung ist zu prüfen.

**Lösung a):** Nach den unter 9.3.2 für Querstift-Verbindungen genannten Erfahrungswerten wird für den Kegelkerbstift als (mittleren) Durchmesser gewählt:

$$d = (0{,}2 \ldots 0{,}3) \, d_W, \qquad d = \beta 0{,}25 \cdot 20 \text{ mm} = 5 \text{ mm}.$$

Bei einem Nabendurchmesser $D = 2 \cdot d_W = 2 \cdot 20 \text{ mm} = 40 \text{ mm}$ wird auch für die Stiftlänge $l = 40$ mm festgelegt.

**Ergebnis:** Es wird ein Kerbstift ISO 8744 – 5 × 40 – St gewählt.

**Lösung b):** Die Querstift-Verbindung wird nach 9.3.2 auf Flächenpressung und Abscheren geprüft. Für die in der Nabenbohrung auftretende mittlere Flächenpressung gilt nach Gl. (9.15):

$$p_N = \frac{K_A \cdot T_{nenn}}{d \cdot s \cdot (d_W + s)} \leq p_{zul}.$$

Das Drehmoment beträgt $T = F \cdot l_1 = 300 \text{ N} \cdot 60 \text{ mm} = 18000$ Nmm. Da keine Stöße auftreten, kann der Anwendungsfaktor $K_A = 1{,}0$ gesetzt werden. Die Dicke der Nabenwand ist $s = (D - d_W)/2 = (40 \text{ mm} - 20 \text{ mm})/2 = 10$ mm. Hiermit und mit dem Stiftdurchmesser $d = 5$ mm wird die vorhandene mittlere Flächenpressung

$$p_N = \frac{1{,}0 \cdot 18000 \text{ Nmm}}{5 \text{ mm} \cdot 10 \text{ mm} \cdot (20 \text{ mm} + 10 \text{ mm})} = 12 \text{ N/mm}^2.$$

Für den festigkeitsmäßig schwächeren Nabenwerkstoff EN-GJL-200 gilt mit $R_m = 200 \text{ N/mm}^2$ ($K_t = 1{,}0$), dem Kerbfaktor 0,7 und schwellender Belastung:

$$p_{zul} \approx 0{,}7 \cdot 0{,}25 \cdot 200 \text{ N/mm}^2 = 35 \text{ N/mm}^2 > p_N = 12 \text{ N/mm}^2.$$

Nun wird die größte in der Wellenbohrung auftretende mittlere Flächenpressung geprüft. Nach Gl. (9.16) gilt hierfür:

$$p_W = \frac{6 \cdot K_A \cdot T_{nenn}}{d \cdot d_W^2} \leq p_{zul}, \qquad p_W = \frac{6 \cdot 1{,}0 \cdot 18000 \text{ Nmm}}{5 \text{ mm} \cdot 20^2 \text{ mm}^2} = 54 \text{ N/mm}^2.$$

Für die festigkeitsmäßig schwächere Welle aus E295 (gegenüber 9SMnPb28+C des Kerbstiftes) wird mit $R_m = R_{mN} = 510 \text{ N/mm}^2$ (nach TB 1-1, $K_t = 1{,}0$) entsprechend:

$$p_{zul} \approx 0{,}7 \cdot 0{,}25 \cdot 510 \text{ N/mm}^2 \approx 90 \text{ N/mm}^2 > p_W = 54 \text{ N/mm}^2.$$

Abschließend wird der Stift noch auf Abscheren nach Gl. (9.17) geprüft:

$$\tau_a = \frac{4 \cdot K_A \cdot T_{nenn}}{d^2 \cdot \pi \cdot d_W} \leq \tau_{a\,zul}, \qquad \tau_a = \frac{4 \cdot 1{,}0 \cdot 18000 \text{ Nmm}}{5^2 \text{ mm}^2 \cdot \pi \cdot 20 \text{ mm}} = 46 \text{ N/mm}^2.$$

Für den Kerbstift aus 9SMnPb28+C gilt mit $R_m = R_{mN} = 510 \text{ N/mm}^2$ (nach TB 1-1, $K_t = 1{,}0$), dem Kerbfaktor 0,8 und schwellender Belastung:

$$\tau_{a\,zul} \approx 0{,}8 \cdot 0{,}15 \cdot 510 \text{ N/mm}^2 \approx 60 \text{ N/mm}^2 > \tau_a = 46 \text{ N/mm}^2.$$

**Ergebnis:** Die Querstiftverbindung ist ausreichend bemessen, da die mittlere Flächenpressung

$$p_N = 12 \text{ N/mm}^2 < p_{zul} \approx 35 \text{ N/mm}^2, \qquad p_W = 54 \text{ N/mm}^2 < p_{zul} \approx 90 \text{ N/mm}^2$$

und auch die Scherspannung $\tau_a = 46 \text{ N/mm}^2 < \tau_{a\,zul} \approx 60 \text{ N/mm}^2$ ist.

**Lösung c):** Der Passkerbstift wird durch die Federkraft $F$, am Hebelarm $l_2$ angreifend, auf Biegung beansprucht. Es ist nachzuweisen, dass nach Gl. (9.18)

$$\sigma_b = \frac{K_A \cdot M_{b\,nenn}}{W} \leq \sigma_{b\,zul}.$$

Mit dem Biegemoment $M_b = F \cdot l_2 = 300 \text{ N} \cdot 10 \text{ mm} = 3000 \text{ Nmm}$, dem Widerstandsmoment des Stiftes $W \approx 0{,}1 \cdot d^3 \approx 0{,}1 \cdot 6^3 \approx 21{,}6 \text{ mm}^3$ und dem Anwendungsfaktor $K_A = 1{,}0$ wird die Biegespannung

$$\sigma_b = \frac{1{,}0 \cdot 3000 \text{ Nmm}}{21{,}6 \text{ mm}^3} = 139 \text{ N/mm}^2.$$

Für den Kerbstift aus 9SMnPb28+C gilt mit $R_m = R_{mN} = 510 \text{ N/mm}^2$ (nach TB 1-1, $K_t = 1{,}0$), dem Kerbfaktor 0,8 und schwellender Belastung:

$$\sigma_{b\,zul} \approx 0{,}8 \cdot 0{,}2 \cdot 510 \text{ N/mm}^2 \approx 80 \text{ N/mm}^2 < \sigma_b = 139 \text{ N/mm}^2.$$

**Ergebnis:** Der Passkerbstift ist zu knapp bemessen, da $\sigma_b = 139 \text{ N/mm}^2 > \sigma_{b\,zul} \approx 80 \text{ N/mm}^2$. Sicherheitshalber wird als Durchmesser $d_1 = 8 \text{ mm}$ gewählt, womit dann $W = 51{,}2 \text{ mm}^3$ und $\sigma_b = 59 \text{ N/mm}^2 < \sigma_{b\,zul} = 80 \text{ N/mm}^2$ werden.

**Lösung d):** Für die in der Bohrung des Hebelendes mit der Dicke $s = 12 \text{ mm}$ auftretende maximale mittlere Flächenpressung gilt nach Gl. (9.19)

$$p_{max} = \frac{K_A \cdot F_{nenn} \cdot (6 \cdot l + 4 \cdot s)}{d \cdot s^2} \leq p_{zul}, \quad p_{max} = \frac{1{,}0 \cdot 300 \text{ N}(6 \cdot 10 \text{ mm} + 4 \cdot 12 \text{ mm})}{8 \text{ mm} \cdot 12^2 \text{ mm}^2} = 28 \text{ N/mm}^2.$$

Die zulässige mittlere Flächenpressung beträgt $p_{zul} \approx 35 \text{ N/mm}^2$ (s. Lösung b)).
**Ergebnis:** Die Verbindung ist ausreichend bemessen, da die maximale mittlere Flächenpressung in der Hebelbohrung $p_{max} = 28 \text{ N/mm}^2 < p_{zul} \approx 35 \text{ N/mm}^2$.

■ **Beispiel 9.4:** Ein Zahnkranz mit $z = 52$ Zähnen, Modul $m = 6 \text{ mm}$, ist mit einem Kranlaufrad $\varnothing$ 315 mm drehfest zu verbinden. Zahnkranzbohrung und Laufradzapfen werden mit einem Fügedurchmesser von 210 mm und der Übergangspassung H7/m6 ausgeführt. nach dem Aufpressen des Zahnkranzes auf das Laufrad wird die Verbindung durch zwei um 180° versetzte Zylinderstifte ISO 2338 – A – 16 × 35 – St als Längsstifte (Rundkeile) gegen Verdrehen gesichert (Bild 9-33). Zahnkranz und Laufrad sind aus GS-52.
Es ist zu prüfen, ob die beiden Längsstifte ein von den Zahnkräften verursachtes, mit leichten Stößen schwellend auftretendes Drehmoment $T = 1060 \text{ Nm}$ übertragen können. Evtl. vorhandener Reibschluß durch die Übergangspassung wird sicherheitshalber nicht berücksichtigt.

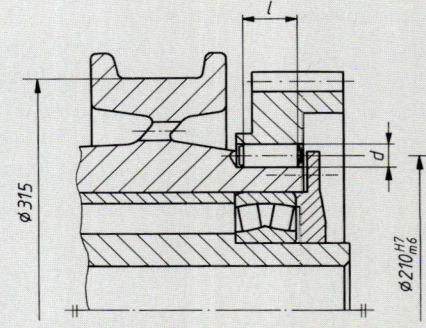

**Bild 9-33** Befestigung eines Zahnkranzes durch Längsstifte

**Lösung:** Die Längsstift-Verbindung wird nach 9.3.2 auf Flächenpressung geprüft. Nach Gl. (9.20) gilt:

$$p = \frac{4 \cdot K_A \cdot T_{nenn}}{d \cdot d_W \cdot l} \leq p_{zul}.$$

Mit dem Anwendungsfaktor $K_A \approx 1{,}35$ (1,2 ... 1,5) für mittlere Stöße nach TB 3-5a und mit 2 Zylinderstiften der tragenden Länge $l = 30 \text{ mm}$ (Kuppenhöhen $a = 2 \text{ mm}$ und $c = 3 \text{ mm}$ nach TB 9-3) wird die vorhandene mittlere Flächenpressung

$$p = \frac{4 \cdot 1{,}35 \cdot 1{,}06 \cdot 10^6 \text{ Nmm}}{2 \cdot 16 \text{ mm} \cdot 210 \text{ mm} \cdot 30 \text{ mm}} = 28 \text{ N/mm}^2.$$

Für die festigkeitsmäßig gleichwertigen Werkstoffe GS-52 und 9SMnPb28+C (Stift) gilt mit $K_t \approx 1{,}0$ bei schwellender Belastung:

$$p_{zul} \approx 0{,}25 \cdot 510 \text{ N/mm}^2 \approx 125 \text{ N/mm}^2 < p = 28 \text{ N/mm}^2.$$

**Ergebnis:** Die Längsstift-Verbindung ist ausreichend bemessen, da die mittlere Flächenpressung $p = 28 \text{ N/mm}^2 < p_{zul} \approx 125 \text{ N/mm}^2$.

## 9.7 Literatur

*Beke, J:* Beitrag zur Berechnung der Spannungen in Augenstäben. Eisenbau 12 (1921), S. 233–244
DIN Deutsches Institut für Normung e. V. (Hrsg.): Bolzen, Stifte, Niete, Keile, Stellringe, Sicherungsringe. 7. Aufl. Berlin: Beuth, 1994 (DIN-Taschenbuch 43)
*Maaß, H.:* Der Kolbenbolzen, ein einfaches Maschinenelement. Düsseldorf: VDI, 1975 (Fortschritt-Berichte VDI-Z, Reihe 1, Nr. 41)
*Mathar, J.:* Über die Spannungsverteilung in Schubstangenköpfen. Forsch.-Arbeit Ing.-Wesen, Heft 306, Düsseldorf: VDI, 1928
*Schmitz, H.:* Theoretische und experimentelle Untersuchungen an Stift-Verbindungen. In: Konstruktion 12 (1960), Heft 1, S. 5–13; Heft 2, S. 83–85
Stahl-Informations-Zentrum (Hrsg.): Stifte und Stiftverbindungen. 3. Aufl. Düsseldorf 1982 (Merkblatt 451)
*Szakacsi, J.:* Berechnung von Stangenköpfen unter Berücksichtigung des Bolzenspiels und der behinderten Verformung. In: Konstruktion 22 (1970), S. 172–178
*Wilms, V.:* Auslegung von Bolzenverbindungen mit minimalem Bolzengewicht. In: Konstruktion 34 (1982), Heft 2, S. 63–70
Firmenschriften: W. Hedtmann KG, Hagen-Kabel (Spannstifte, Spannbuchsen); Muhr und Bender, Attendorn (Spannbuchsen); William Prym-Werke KG, Stolberg (Spiralspannstifte); Schmuziger AG, Wädenswil, Schweiz (Connex-Spannstifte); Seeger-Orbis GmbH, Königstein (Sicherungsringe); Unakerb, Amberg (Kerbstifte)

# 10 Elastische Federn

## 10.1 Funktion und Wirkung

Alle elastischen Körper „federn", d. h. unter Einwirkung einer Kraft $F$ bzw. eines Kraftmomentes $M(T)$ verformen sie sich elastisch. Dabei wird potentielle Energie gespeichert, die bei der Rückfederung unter Berücksichtigung der Reibungsverluste in Form von Arbeit wieder abgegeben werden kann. Je nach Aufgabenstellung wird von der Feder ein kleiner/großer Verformungsweg oder eine kleine/große Dämpfung[1] gefordert. Beides kann erreicht werden durch

— eine entsprechende Werkstoffwahl (z. B. Federstahl, Gummi)
— eine günstige Formgebung (z. B. Federart, Bauabmessungen)
— den Grad der Kompressibilität von Gasen oder Flüssigkeiten (Wahl des Mediums, Bauabmessungen).

Typische Eigenschaften für Federn im technischen Anwendungsbereich entsprechend ihrer Funktion sind

— Gewährleistung des Kraftflusses und der Kraftverteilung (z. B. Federn in Kupplungen und Bremsen, Stromabnehmern bei E-Loks, Kontaktfedern, Spannfedern);
— Speicherung potentieller Energie und Rückfederung (z. B. Federmotoren, Ventilfedern in Verbrennungsmotoren);
— Ausgleich von Wärmeausdehnungen oder Verschleißwegen (z. B. bei Lagern und Kupplungen);
— Dämpfung durch Nutzung innerer oder äußerer Reibung (z. B. Fahrzeugfederung, Motoraufhängung);
— Federn als Schwingungssysteme (z. B. in der Regelungstechnik, Schwingtisch).

### 10.1.1 Federrate, Federkennlinie

Bei der Belastung durch die Kraft $F$ bzw. dem Moment $M(T)$ verschiebt sich der Kraftangriffspunkt um den Federweg $s$ bzw. um den Drehwinkel $\varphi$. Trägt man die Verformung in Abhängigkeit von der Belastung auf, so entsteht das *Federdiagramm*, s. Bild 10-1. Die Kraft-Weg-Linie hierin wird mit *Federkennlinie* bezeichnet.
Das Verhältnis aus Federkraft $F$ und Federweg $s$ (Federmoment $T$ und Verdrehwinkel $\varphi$) – gleich dem Tangens des Neigungswinkels $\alpha$ der Federkennlinie – wird mit *Federrate*[2] $R$ bezeichnet:

$$\text{für Federn mit linearer Kennlinie}$$
$$R = \tan \alpha = \frac{F_1}{s_1} = \frac{F_2}{s_2} = \frac{F_2 - F_1}{s_2 - s_1} \quad \text{bzw.} \quad R_\varphi = \tan \varphi = \frac{T_1}{\varphi_1} = \frac{T_2}{\varphi_2} = \frac{T_2 - T_1}{\varphi_2 - \varphi_1}$$
$$\text{für Federn mit nichtlinearer Kennlinie bzw. allgemein}$$
$$R = \tan \alpha = \frac{\Delta F}{\Delta s} \quad \text{bzw.} \quad R_\varphi = \tan \varphi = \frac{\Delta T}{\Delta \varphi} \tag{10.1}$$

---

[1] Energieentzug durch Reibungsarbeit.
[2] Vielfach auch als Federsteife $c$ bezeichnet; der Kehrwert der Federrate ist die Federnachgiebigkeit $\delta = 1/R$ bzw. $\delta = 1/c$.

# 10.1 Funktion und Wirkung

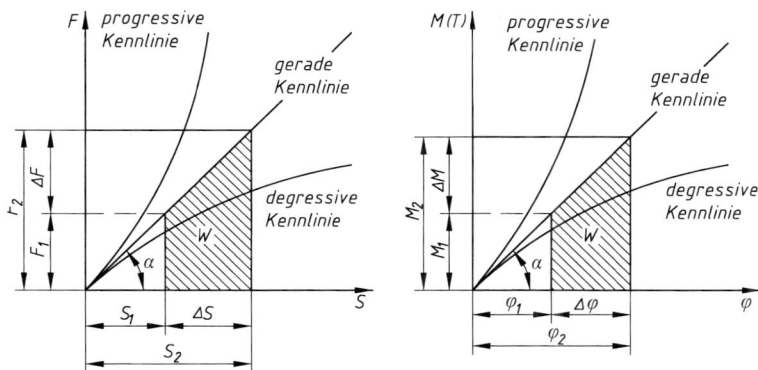

**Bild 10-1** Darstellung der Federkennlinie
a) Kraft-Weg-Kennlinie, b) Moment-Verdrehwinkel-Kennlinie

Die Federrate wird entweder durch die Aufgabenstellung vorgegeben oder beim Entwurf festgelegt.

### 1. Federn mit linearer Kennlinie

Arbeitet eine Feder aus Werkstoffen, für die das Hookesche Gesetz gilt, reibungsfrei, so ist die Kennlinie linear (gerade). Belastung und Verformung sind proportional, d. h. die doppelte Federkraft ergibt auch den doppelten Federweg. Je steiler die Kennlinie verläuft, um so geringer sind bei gleicher Belastung die Verformungen, d. h. um so steifer (härter) ist die Feder.
Gerade oder annähernd gerade Kennlinien zeigen beispielsweise Blattfedern, Drehstabfedern und zylindrische Schraubenfedern.

### 2. Federn mit gekrümmter Kennlinie

Ist die Federrate $R$ über den Arbeitsbereich der Feder veränderlich, so erhält man gekrümmte Kennlinien. Man unterscheidet:
— *progressive* (ansteigend gekrümmte) *Kennlinien*, die anzeigen, dass die Feder mit jeweils steigender Belastung härter wird. Dadurch wird beispielsweise ein Durchschlagen der Feder bei starken Belastungen verhindert und ein schnelles Abklingen von Schwingungen erreicht. Dies ist besonders bei Fahrzeugfedern erwünscht. Solche Kennlinien werden auch mit Sonderausführungen von geschichteten Blattfedern, bei bestimmten Kombinationen von Tellerfedern zu Federsäulen und auch mit kegeligen Schraubendruckfedern erreicht.
— *degressive* (abfallend gekrümmte) *Kennlinien*, die anzeigen, dass mit steigender Belastung die Feder weicher wird. Dies ist erwünscht, wenn nach einer bestimmten Belastung ein weiterer größerer Federweg bei kleinerem Kraftanstieg benötigt wird, wie zum Spiel- und Druckausgleich bei Reglern. Degressive Federung zeigen beispielsweise Gummifedern bei Zugbelastung und Tellerfedern bei bestimmten Bauabmessungen.

Aus messtechnischen Gründen wird bei Federn mit gekrümmten Kennlinien die Federrate mit $R = \Delta F/\Delta s$ bzw. $R_\varphi = \Delta T/\Delta\varphi$ entsprechend Gl. (10.1) angegeben.

### 3. Federsysteme

In vielen Fällen wird es aus praktischen Gründen nicht möglich sein, bestimmte Belastungen und Verformungen nur durch *eine* Feder zu erreichen; oft werden mehrere Federn gleicher oder auch unterschiedlicher Abmessungen *parallel* oder *hintereinander* geschaltet, z. B. zylindrische Schraubendruckfedern (sinnbildlich Bild 10-2).

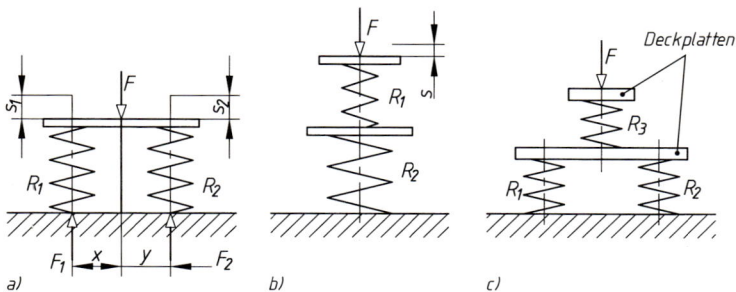

**Bild 10-2** Anordnungsbeispiele von zylindrischen Schraubenfedern
a) Parallelschaltung, b) Reihenschaltung, c) Gemischtschaltung

Die *Federrate* $R_{ges}(R_{\varphi\,ges})$ wird für Federsysteme entsprechend der Anordnung

| | |
|---|---|
| für die Parallelschaltung, Bild 10-2a | $R_{ges} = R_1 + R_2$ |
| für die Reihenschaltung, Bild 10-2b | $\dfrac{1}{R_{ges}} = \dfrac{1}{R_1} + \dfrac{1}{R_2}$ |
| für die Gemischtschaltung, Bild 10-2c | $\dfrac{1}{R_{ges}} = \dfrac{1}{R_1+R_2} + \dfrac{1}{R_3}$ |

(10.2)

Die aufgeführten Gleichungen gelten nur, wenn sich die Deckplatten der Federn bei Belastung durch $F$ parallel zur Ausgangslage ohne Drehung verschieben, d. h. wenn die Wirkungslinien der Federkräfte mit den Federachsen zusammenfallen. Für die Parallelschaltung muss daher gelten (vgl. Bild 10-2a: $F \cdot y - F_1(x+y) = 0$ bzw. $F \cdot x - F_2(x+y) = 0$.

### 10.1.2 Federungsarbeit

Da der Kraftangriffspunkt infolge der Kraft $F$ den Weg $s$ zurücklegt, wird eine Federungsarbeit verrichtet. Diese wird im Federdiagramm durch die unter der Federkennlinie liegende Fläche dargestellt. Die theoretische *Federungsarbeit* ergibt sich aus

für Federn mit gerader Kennlinie:
$$W = \frac{F \cdot s}{2} = \frac{R \cdot s^2}{2} \quad \text{bzw.} \quad W_\varphi = \frac{M(T) \cdot \varphi}{2} = \frac{R_\varphi \cdot \varphi^2}{2}$$
für Federn mit gekrümmter Kennlinie:
$$W = \frac{\Sigma(\Delta F \cdot \Delta s)}{2} \quad \text{bzw.} \quad W_\varphi = \frac{\Sigma(\Delta M \cdot \Delta \varphi)}{2}$$

(10.3)

Die bei Belastung der Feder aufgebrachte Arbeit steht bei Entlastung nur im Idealfall bei Vernachlässigung der Reibungsverluste wieder zur Verfügung.

### 10.1.3 Schwingungsverhalten, Federwirkungsgrad und Dämpfung

Ohne Reibung stellt die Feder mit der Federrate $R(R_\varphi)$ zusammen mit der schwingenden Masse $m$ (Massenträgheitsmoment $J$) ein ungedämpftes Schwingungssystem dar, s. Bild 10-3, mit der *Eigenfrequenz*

für Längsschwinger: $\quad f_{eL} = [1/(2 \cdot \pi)] \cdot \sqrt{R/m}$
für Drehschwinger: $\quad f_{e\varphi} = [1/(2 \cdot \pi)] \cdot \sqrt{R_\varphi/J}$

(10.4)

$R; (R_\varphi)$    Federrate
$m$    die mit der Feder verbundene und Längsschwingungen ausübende Masse
$J$    Massenträgheitsmoment der mit der Feder verbundenen und Drehschwingungen ausübenden Masse $m$

## 10.1 Funktion und Wirkung

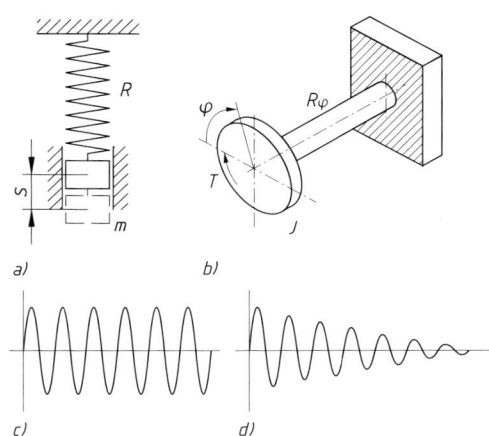

**Bild 10-3**
Einmassen-Schwingungssystem.
a) Längsschwinger, b) Drehschwinger, c) Darstellung der ungedämpften und d) der gedämpften Schwingung

Die Eigenfrequenz ist somit nur abhängig von der abgefederten Masse $m$ (Massenträgheitsmoment $J$) und der Federrate $R(R_\varphi)$, die Auslenkung $s(\varphi)$ selbst hat keinen Einfluss.
Aufgrund der äußeren und inneren Reibung ist jedoch die bei *Belastung* der Feder aufzuwendende Arbeit $W_B$ größer als die bei *Entlastung* der Feder zur Verfügung stehende Federarbeit $W_E$. Die in Wärme umgesetzte Reibarbeit $W_R$ (Verlustarbeit) stellt sich im Federdiagramm als Differenz der beiden Flächen unterhalb der Kennlinie dar, $W_R = W_B - W_E$; die Kennlinie wird zur Hysterese[1], s. Bild 10-4.

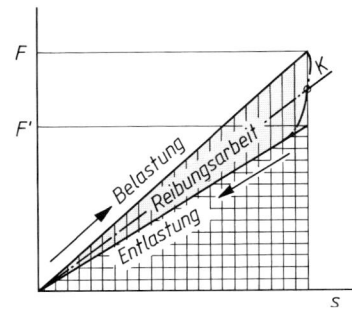

**Bild 10-4**
Federarbeit mit Reibungs-Hysterese (die Mittellinie $K$ entspricht weitgehend der gerechneten Kennlinie)

Das Verhältnis von verfügbarer zu aufgenommener Arbeit ist der *Federwirkungsgrad*

$$\eta_F = \frac{\text{verfügbare Arbeit}}{\text{aufgenommene Arbeit}} = \frac{W_E}{W_B} < 1 \tag{10.5}$$

Der Federwirkungsgrad entscheidet mit über den sinnvollen Einsatz der Feder. Für $\eta_F \approx 1$ ist der Einsatz als Energiespeicher und bei $\eta_F \ll 1$ zur Stoß- und Schwingungsdämpfung vorzusehen. Bei Schwingungsdämpfungen wird vielfach mit dem *Dämpfungswert* gerechnet, der das Verhältnis der Reibarbeit zur gesamten Arbeit angibt, die während einer Schwingung verrichtet wird (eine Be- und Entlastung).

$$\psi = \frac{W_R}{2 \cdot W - W_R} = \frac{1 - \eta_F}{1 + \eta_F} \tag{10.6}$$

Der innere Dämpfungsfaktor für Metallfedern beträgt $\psi \approx 0$, der reibungsabhängige Dämpfungsfaktor bei Metallfedern $0 < \psi < 0{,}4$ (Ringfedern $\psi \approx 0{,}7$), bei Gummifedern bis $\psi > 1$. Wird insgesamt eine größere Dämpfung gewünscht, kann nur die *äußere* Reibung beeinflusst

---
[1] Der Federweg nimmt nach Rücknahme der Kraft nur unverhältnismäßig ab.

werden durch eine entsprechende Gestaltung der Feder bzw. des Umfeldes (z. B. mehrlagige Blattfeder, Ringfeder, Tellerfederpakete). Die *innere* Reibung ist vom Werkstoff abhängig und nicht beeinflussbar.

## 10.2 Gestalten und Entwerfen

Die Berechnung der Feder ist nur iterativ[1]) möglich, da viele Einflussgrößen noch unbekannt und vielfach voneinander abhängig sind und sich erst während der Berechnung ergeben. Unter Beachtung des konstruktiven Umfeldes ist somit die Feder zunächst zu entwerfen mit dem Ziel der *vorläufigen* Festlegung aller die Gestalt bestimmenden Federgrößen wie Federart, Federgröße und Federwerkstoff.

Die *endgültige* Festlegung der Federdaten erfolgt mit dem *Festigkeits-* und *Funktionsnachweis*, für den *alle* Federdaten bereits bekannt sein müssen.

### 10.2.1 Federarten

Die Form der Feder bestimmt wesentlich die Kennlinie (s. 10.1.1), die Beanspruchung und die Baugröße der Feder. Im Bild 10-5 sind die in der Praxis eingesetzten Federn aus Metall entsprechend der Federwerkstoffbeanspruchung aufgeführt. Die einfachen (geraden) Formen weisen kleine Federwege auf, sind also relativ steif. Gewundene bzw. scheibenförmige Federn bauen wesentlich kleiner bei vergleichbarer Kennlinie. Kleine Federwege ergeben sich auch bei auf Zug/Druck beanspruchten Federn gegenüber auf Biegung oder Verdrehung beanspruchten. Die beste Werkstoffausnutzung ist bei Zug/Druck ($\eta_F \approx 1$), die schlechteste bei auf Biegung beanspruchten Federn vorhanden.

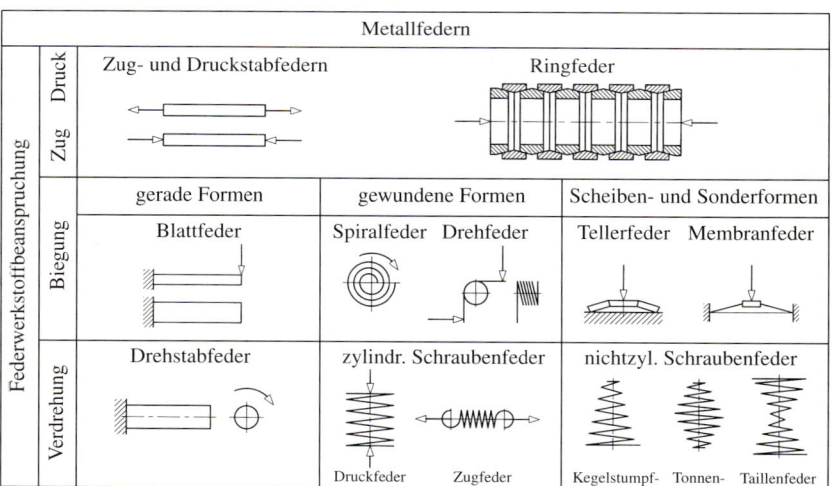

**Bild 10-5** Einteilung der Metallfedern nach der Werkstoffbeanspruchung (nach Meissner)

### 10.2.2 Federwerkstoffe

Für die Wahl des Federwerkstoffes sind nicht nur die mechanischen Anforderungen (z. B. Festigkeit, Kennlinienverlauf), die äußere Form (z. B. Blattfeder, Schraubenfeder), der Platzbedarf und das Gewicht der Feder maßgebend, sondern auch besondere Anforderungen, z. B. hinsichtlich Korrosion, magnetischer Eigenschaften und Wärmebeständigkeit. Da nach dem Hoo-

---

[1]) Sich schrittweise in wiederholten Rechengängen der Lösung annähern.

10.3 Berechnungsgrundlagen und Eigenschaften der Einzelfedern

ke'schen Gesetz ($\sigma = \varepsilon \cdot E$ bzw. $\tau = \gamma \cdot G$) der Federweg $s \sim R_e/E$ bzw. der Verdrehwinkel $\varphi \sim \tau_F/G$ ist, werden für Metallfedern hochfeste Stähle eingesetzt. Festigkeitswerte der Federwerkstoffe enthält TB 10-1.

**1. Federstahl**

Stahl ist der am meisten verwendete Federwerkstoff, da bei diesem die für Federn maßgeblichen Eigenschaften durch chemische Zusammensetzung, Bearbeitung und Wärmebehandlung weitgehend beeinflusst werden können.

**2. Nichteisenmetalle**

Federn aus Nichteisenmetallen kommen im Wesentlichen für niedrigere Beanspruchungen bei besonderen Anforderungen an Korrosion, elektrische bzw. magnetische Eigenschaften und dgl. in Frage.

**3. Nichtmetallische Werkstoffe**

Als nichtmetallischer Werkstoff wird am häufigsten Natur- und synthetischer *Gummi* verwendet, und zwar vorwiegend für Druck- und Schubbeanspruchung zur Dämpfung von Schwingungen, Stößen und Geräuschen, z. B. zur Lagerung von Motoren, in elastischen Kupplungen und bei gummigefederten Laufrädern. Die Härte des Gummis kann durch die Menge der Füllstoffe, besonders bei Schwefel, weitgehend beeinflusst werden. Ebenso werden *Gase* (Gasdruckfedern, z. B. bei PKW-Heckklappen) und Gase auch in Verbindung mit *Flüssigkeiten* (z. B. als Stoßdämpfer) als „Federwerkstoffe" eingesetzt. Für relativ kleine Federkräfte kann auch das durch Magnetwirkung entstehende Luftkissen als Feder verwendet werden.

### 10.2.3 Federgröße (Optimierungsgrundsätze)

Bei der Ermittlung der Federabmessungen lassen sich viele Parameter so verändern, dass die gestellten Forderungen optimal erfüllt werden. Dabei können u. a. Optimierungsziele verfolgt werden hinsichtlich:

— der optimalen Funktionserfüllung,
— der minimalen Federmasse,
— des geringsten Einbauraumes,
— der maximalen Federarbeit,
— der optimalen Werkstoffausnutzung,
— der geringsten Kosten.

Auch werden für die sinnvolle Auswahl der Feder vielfach Beurteilungsfaktoren herangezogen, wie z. B. die Verhältnisse von

— Federarbeit/Federvolumen $\eta_W = W_F/V_F$,
— Federarbeit/Einbauvolumen $\eta'_W = W_F/V_E$,
— Federrate/Federvolumen $\eta_R = R/V_F$,
— Federrate/Einbauvolumen $\eta'_R = R/V_E$.

Im Rahmen dieses Buches wird hierauf nicht näher eingegangen; siehe hierzu die weiterführende Literatur.

## 10.3 Berechnungsgrundlagen und Eigenschaften der Einzelfedern

### 10.3.1 Zug- und druckbeanspruchte Federn

**1. Zugstab**

Bei einer stabförmigen Zugfeder wird bei Belastung das ganze Stabvolumen gleich hoch beansprucht, so dass die Werkstoffausnutzung optimal ist. Der Federweg ergibt sich nach dem Hooke'schen Gesetz aus $s = l \cdot \sigma/E$. Große Federwege lassen sich somit nur mit Federn aus hochfesten Stählen mit großem Streckgrenzwert $R_e$ und großer Ausgangslänge $l$ erreichen. Aufgrund des großen Raumbedarfs, besonders bei größeren Federwegen, kommt jedoch eine Verwendung von Stäben als Zug- oder Druckfedern praktisch kaum in Frage.

### 2. Ringfeder

**Federwirkung**

Im Gegensatz zum Zugstab ist bei der *Ringfeder* eine wesentlich günstigere Raumausnutzung gegeben. Die Ringfeder besteht in der Regel aus geschlossenen Außen- und Innenringen, die mit kegeligen Flächen ineinander greifen (Bild 10-6). Die axiale Druckkraft setzt sich über die Kegelflächen in Zugspannungen für den Außenring und in Druckspannungen für den Innenring um. Infolge elastischer Verformung schieben sich die Ringe ineinander, so dass sich die Federsäule verkürzt, und zwar um so mehr, je größer die Anzahl der Ringe und je kleiner der Kegelwinkel $\gamma$ ist. Dieser soll etwa 12° (bei bearbeiteten) bis 15° (bei unbearbeiteten Ringen) betragen, um ein Steckenbleiben der Ringe bei Entlastung zu vermeiden (Kegelwinkel > Reibungswinkel). Die relativ kleinen Federwege der Einzelringe ergeben addiert den Gesamtfederweg (vgl. auch Kapitel 12 unter „Spannelement-Verbindungen"). Ringfedern müssen mit mindestens 5...10% von $s$ vorgespannt eingebaut werden, um eine stabile Lage der einzelnen Ringe zu gewährleisten.

Die Kennlinie der Ringfeder ist eine Gerade. Sie verläuft bei Entlastung jedoch anders als bei Belastung (s. Bild 10-6b), da ein Zurückfedern erst dann erfolgt, wenn die Federkraft $F$ auf eine bestimmte Entlastungskraft $F_E \approx F/3$ gesunken ist; die zum Einfedern aufgebrachte Energie wird größtenteils als Reibungsarbeit in Wärme umgesetzt.

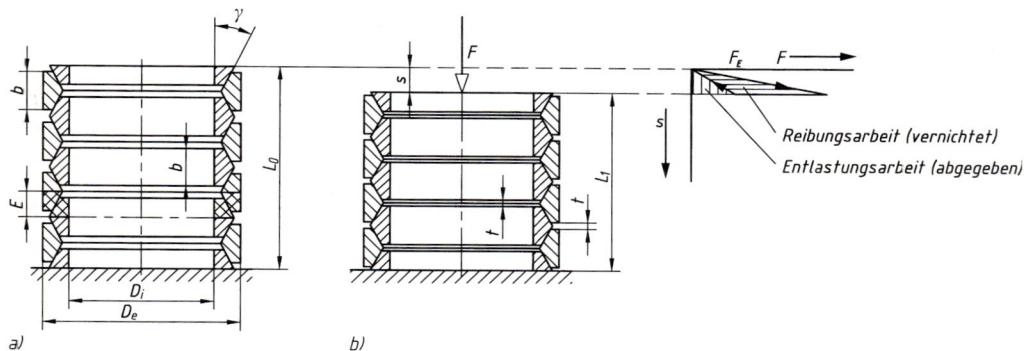

**Bild 10-6** a) unbelastete Ringfedersäule aus $z = 7$ ganzen und 2 halben (=9) Ringen bzw. 8 Elementen ($E$ gilt als ein Element), Ringbreite $b \approx D_e/5$,
b) belastete Feder mit Kennlinie; Sicherheitsspalt $t \approx (D_e + D_i)/200$ bei bearbeiteten Ringen

**Verwendung**

Da durch erhebliche Reibung viel mechanische Energie in (abzuführende) Wärme verwandelt wird und die dadurch bedingte Dämpfung je nach Schmierung bis zu 70% betragen kann, eignen sich Ringfedern besonders als Pufferfedern. Sie werden außerdem als Überlastungsfedern in schweren Pressen, Hämmern und Werkzeugen eingebaut, wobei besonders die hohe Energieaufnahme auf geringstem Raum ausgenutzt werden kann (Bild 10-7). Die Federn sind gegen Feuchtigkeit und Staub zu schützen, um die Schmierung nicht zu gefährden.

Ringfedern werden mit Außendurchmessern $D_e = 18...400$ mm und für Endkräfte von $F_B \approx 5...1800$ kN bei Federwegen $s = 0,4...7,6$ mm je Element geliefert.

**Berechnung**

Die Auslegung der nicht genormten Ringfedern, d. h. die Festlegung der Bauabmessungen, Anzahl der Ringe usw. erfolgt zweckmäßig nach Angaben des Herstellers.

10.3 Berechnungsgrundlagen und Eigenschaften der Einzelfedern

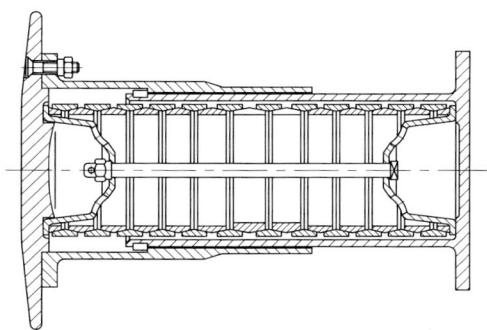

**Bild 10-7** Ringfeder als Hülsenpuffer mit geschlitzten Innenringen zum Erzeugen einer progressiven Kennlinie (Werkbild Ringfeder)

### 10.3.2 Biegebeanspruchte Federn

**1. Einfache Blattfeder**

**Federwirkung, Verwendung**
Die einfache *Rechteck-Blattfeder* (Bild 10-8a) kann als Freiträger mit der Durchbiegung $s$ bei der Belastung $F$ betrachtet werden. Die Biegespannung, deren Höchstwert nur an der Einspannstelle auftritt, nimmt mit wachsendem Abstand von dieser gleichmäßig ab. Die Feder ist damit lediglich an der Einspannstelle festigkeits- und werkstoffmäßig voll ausgenutzt. Sie wird nur bei kleinen Kräften, insbesondere in der Feinwerktechnik, verwendet, z. B. als Kontakt-, Rast- oder Andrückfeder. Die *Dreieck-Blattfeder* (Bild 10-8b) entspricht einem Träger gleicher Festigkeit mit „angeformter" Breite, so dass in jedem Querschnitt die gleiche Biegespannung auftritt. Sie biegt kreisbogenförmig – die Rechteckfeder parabelförmig – durch. Die Federarbeit und damit die Werkstoffausnutzung ist dreimal so groß wie bei der Rechteckfeder (bei gleichem Volumen und gleicher Spannung). Die Vorteile werden aber durch die ungünstige und praktisch kaum verwendbare Form eingeschränkt, so dass auf eine volle Werkstoffausnutzung verzichtet und eine *Trapezform* mit $b$ und $b'$ bevorzugt wird (Bild 10-8b). Aus dieser ist die geschichtete Blattfeder entwickelt worden. Bei der *Parabelfeder* verläuft die Blattstärke nach einer quadratischen Parabel (Bild 10-8c), so dass die Federarbeit und ihre Durchbiegung um $1/3$ größer sind als bei der Dreieckfeder. Nachteilig ist die schwierige und kostspielige Herstellung.

*Beachte:* Die Durchbiegung unter der Kraft $F$ einer Feder hängt ausschließlich von den Abmessungen und der Werkstoffart, nicht aber von der Werkstofffestigkeit ab.

**Berechnung**
Für die Federn in Bild 10-8 folgt mit $M = F \cdot l$ und $W = bh^2/6$ die *Biegespannung* $\sigma_b$ und mit $\sigma_{b\,zul}$ aus TB 10-1 die maximale *Federkraft* $F_{max}$

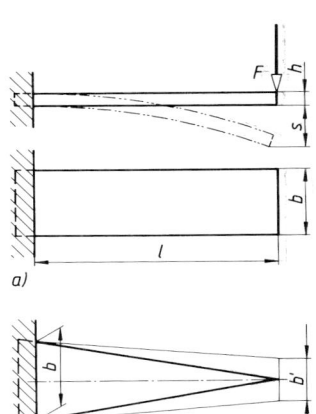

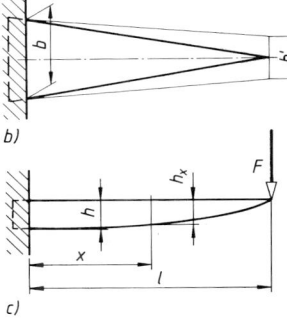

**Bild 10-8** Einarmige Blattfeder
a) Rechteckblattfeder (Ansicht und Draufsicht) mit $h$ und $b$ = konstant,
b) Dreieck- bzw. Trapezfeder mit $h$ = konstant (Draufsicht),
c) Parabelfeder (Ansicht) mit $b$ = konstant, $h_x = h \cdot \sqrt{1 - (x/l)}$

$$\sigma_b = \frac{M}{W} = \frac{6 \cdot F \cdot l}{b \cdot h^2} \leq \sigma_{b\,zul} \quad \text{bzw.} \quad F_{max} = \frac{b \cdot h^2 \cdot \sigma_{b\,zul}}{6 \cdot l} \qquad (10.7)$$

Mit der Federkraft $F$ wird der *Federweg (Durchbiegung)*

$$s = q_1 \cdot \frac{l^3}{b \cdot h^3} \cdot \frac{F}{E} \tag{10.8}$$

$q_1$    Faktor zur Berücksichtigung der Bauform; $q_1 = 4$ für Rechteckfeder, $q_1 = 6$ für Dreieckfeder, $q_1 \approx 4 \cdot [3/(2 + b'/b)]$ für Trapezfeder, $q_1 = 8$ für Parabelfeder.

Mit der Länge $l$ und den Festigkeitswerten ergibt sich der *maximale Federweg $s$* bzw. die *zulässige Federblattdicke $h$*

$$s \leq q_2 \cdot \frac{l^2}{h} \cdot \frac{\sigma_{b\,zul}}{E} \quad \text{bzw.} \quad h_{max} = q_2 \cdot \frac{l^2}{s} \cdot \frac{\sigma_{b\,zul}}{E} \tag{10.9}$$

$q_2$    Faktor zur Berücksichtigung der Bauformen; $q_2 = 2/3$ für Rechteckfeder, $q_2 = 1$ für Dreieckfeder, $q_2 \approx (2/3) \cdot [3/(2 + b'/b)]$ für Trapezfeder, $q_2 = 4/3$ für Parabelfeder.

Wird in die allgemeine Gleichung für die Federungsarbeit $W = F \cdot s/2$ mit $F$ aus Gl. (10.7) und $s = l \cdot \sigma/E$ eingesetzt, dann ergibt sich nach Umformen die *Federungsarbeit*

$$W = q_3 \cdot \frac{V \cdot \sigma^2}{E} \quad \text{bzw.} \quad W_{max} = q_3 \cdot \frac{V \cdot \sigma_{b\,zul}^2}{E} \tag{10.10}$$

$q_3$    Faktor zur Berücksichtigung der Bauform; man setzt $q_3 = 1/18$ für Rechteckfeder, $q_3 = 1/6$ für Dreieckfeder, $q_3 \approx (1/9) \cdot [3/(2 + b'/b)] \cdot [1/(1 + b'/b)]$ für Trapezfeder, $q_3 = 1/6$ für Parabelfeder
$V$    Federvolumen: $V = b \cdot h \cdot l$ für Rechteck-, $V = b \cdot h \cdot l/2$ für Dreieck-, $V = h \cdot l \cdot (b' + b)/2$ für Trapez- oder $V = (2/3) \cdot b \cdot h \cdot l$ für Parabelfeder
$E$    Elastizitätsmodul; Werte aus TB10-1
$b$    Breite des Federblattes; bei der Dreieck- und Trapezfeder maximale Breite
$b'$    Breite am freien Ende der Trapezfeder
$h(h_x)$    Höhe (Dicke im Abstand $x$) der Feder
$l(l_x)$    Länge im Abstand $x$ der Feder
$\sigma_{b\,zul}$    zulässige Biegespannung; Werte aus TB 10-1

*Hinweis:* Die oben genannten Gleichungen gelten (streng genommen) nur für kleinere Federwege.

## 2. Geschichtete Blattfeder

**Entwicklung, Verwendung**

Die geschichtete Blattfeder ergibt sich aus der doppelarmigen Trapezfeder. Bei größerer Belastung und Federung würden sich sehr breite, baulich kaum unterzubringende Federblätter ergeben. Man zerlegt deshalb die Trapezfeder in gleichbreite Streifen und schichtet sie möglichst spaltlos aufeinander (Bild 10-9a). Das obere Hauptblatt ist zur Lagerung an den Enden meist eingerollt (für Schienenfahrzeuge s. DIN 5542). Die gebündelten Federblätter (s. auch DIN 4620) werden in der Mitte durch Spannbügel oder Bunde (Federklammern DIN 4621, Federschrauben DIN 4626) zusammengehalten. Zur Sicherung gegen seitliches Verschieben werden Führungsbügel oder gerippte Federblätter (DIN 1570) verwendet. Nach DIN 5544 werden für Schienenfahrzeuge Parabelfedern eingebaut. Zur Vermeidung von Reibkorrosion sind die gleichlangen, nach einer quadratischen Parabel in den federungswirksamen Bereichen geformten Federn durch Luftspalte voneinander getrennt. Zweistufige Federn bestehen aus einer Hauptfeder und einer Zusatzfeder, die beim Erreichen einer bestimmten Belastung nachträglich eingreift (Bild 10-9b), wodurch ein progressiver Verlauf der Kennlinie entsteht.

Bei geschichteten Blattfedern treten beim Ein- und Ausfedern zwischen den Blättern infolge von Relativbewegungen Reibkräfte auf, so dass die Kennlinie eine Hysterese zeigt (vgl. 10.1.3 mit Bild 10-4). Die Reibung kann reduziert werden durch Verringerung der Lagenzahl, durch Kunststoffplatten an den Enden und häufige Wartung (Schmierung).

## 10.3 Berechnungsgrundlagen und Eigenschaften der Einzelfedern

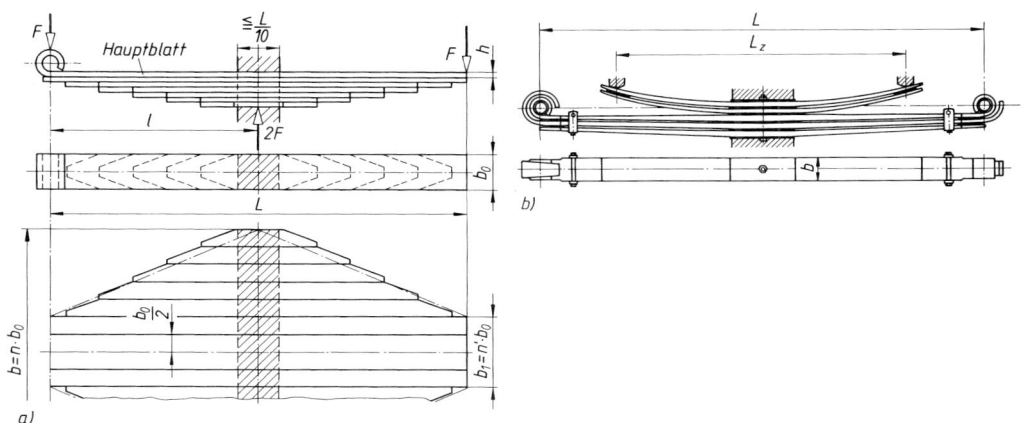

**Bild 10-9** Geschichtete Blattfedern mit gleichlangen Federarmen
a) gedankliche Entstehung aus der Trapezfeder
b) zweistufige Parabelfeder (Haupt- und Zusatzfeder) mit Kunststoffzwischenlagen bei gleichlangen Blättern

**Berechnung**
Für die Berechnung der geschichteten Blattfeder kann als vereinfachte Draufsicht ein Doppeltrapez mit den Grundlinien $b = n \cdot b_0$ und $b_1 = n' \cdot b_0$ gewählt werden (Bild 10-9a, strichpunktiert), wenn $n$ die Gesamtzahl der Blätter und $n'$ die Zahl der Blätter mit der Länge $L$ des Hauptblattes bedeuten. Im Bild 10-9a gilt $n = 7$ Lagen von der Breite $b_0$ und der Stärke $h$, sowie $n' = 2$. Es gelten allgemein die Gleichungen (10.7) und (10.9) für gleiche Blattdicken $h$, wenn $b = n \cdot b_0$ mit $q_1 \approx 4 \cdot [3/(2 + n'/n)] = 12/(2 + n'/n)$ und $q_2 \approx (2/3) \cdot [3/(2 + n'/n)] = 2/(2 + n'/n)$ gesetzt werden. Die Spannung $\sigma_b$ ist um so niedriger zu halten, je kürzer und biegesteifer die Federn sind; $\sigma_{b\,zul} \approx (0{,}4 \ldots 0{,}5) \cdot R_m$ (vgl. auch TB 10-1).
Die Reibung kann wegen der vielen Einflussgrößen (Oberfläche, Schmierung, Federkraft) rechnerisch kaum erfasst werden; sie wird um so geringer, je kleiner $n$ und $h$ und je größer $L$ ist. Erfahrungsgemäß ist die tatsächliche Tragkraft $\approx 2 \ldots 12\%$ höher als die rechnerische. Auf eine Berechnung kann meist verzichtet werden, da die Federn einbaufertig vom Hersteller bezogen werden können.

### 3. Drehfeder

**Federwirkung, Verwendung**
Drehfedern werden im Maschinen- und Apparatebau wie in der Feinmechanik hauptsächlich als Scharnier-, Rückstell- und Andrückfedern verwendet. Sie haben im Wesentlichen die gleiche Form wie zylindrische Schraubenfedern. Die Enden am Umfang des Federkörperdurchmessers sind als Schenkel abgebogen. Diese sind so ausgebildet, dass die Feder durch ein Verdrehen um die Federachse belastet werden kann. Infolge dieser Belastungsart ist die Beanspruchung des Federdrahtes eine Biegebeanspruchung.
Drehfedern werden meist durch Kaltformung aus rundem Federstahldraht nach DIN 17223 bis zu einem Drahtdurchmesser $d = 17$ mm gefertigt. Die zu bevorzugenden $d$ sind TB 10-2 zu entnehmen. Schenkellängen und -formen werden hauptsächlich vom Gesichtspunkt der Übertragung einer äußeren Verdrehkraft $F$ am Hebelarm $H$ bestimmt. Bei jeder Konstruktion ist anzustreben, dass beide Schenkel eindeutig geführt sind (s. Bild 10-10b, c und d) und die Feder *im Windungssinn* belastet wird, so dass die Außenseite der Windungen auf Zug beansprucht ist. Um eine wirtschaftliche Fertigung zu gewährleisten, sollten möglichst einfache Schenkelformen ausgeführt werden, wobei der kleinste innere Biegeradius $r = d$ nicht unterschritten werden soll. Fertigungsgünstig sind tangentiale Schenkel und Federn mit einem *Wickelverhältnis* $w = D/d = 4 \ldots 20$ (Bezeichnung s. Bild 10-10a). Um Reibungskräfte auszuschalten, sollen die

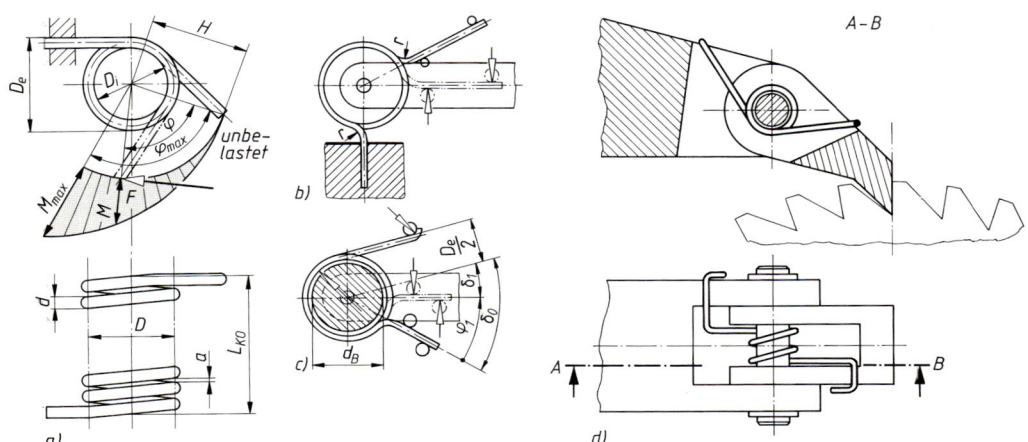

**Bild 10-10** Drehfedern
a) mit kurzen tangentialen Schenkeln, b) mit abgebogenen Schenkeln (gespannter, bewegter Schenkel *Strich-Zweipunkt-Linie*), c) mit Bolzenführung; Schenkelwinkel $\delta_0$ bei unbelasteter, $\delta_1$ bei belasteter Feder dem Drehwinkel $\varphi_1$ zugeordnet, d) als Andrückfeder für eine Sperrklinke

Federn stets mit einem lichten Windungsabstand $a \geq (0{,}24 \cdot w - 0{,}63) \cdot d^{0{,}83}$ oder mit lose anliegenden Windungen gewickelt werden. Wird eine Feder auf einem Bolzen geführt (dies ist besonders bei sehr langen Federkörpern $L_{K0}$ und bei nicht fest eingespanntem Schenkel wegen der Möglichkeit des Ausknickens erforderlich, vgl. Bild 10-10c), muss wegen der Verkleinerung des Innendurchmessers $D_i$ und der Vermeidung von Reibung genügend Spiel zwischen Bolzen und Feder verbleiben. Als Anhalt kann für den Bolzen $d_B \approx (0{,}8 \ldots 0{,}9) \cdot D_i$ gewählt werden.

**Berechnung**[1]
Mit der zulässigen Biegespannung $\sigma_{b\,zul} = f(d, \textit{Drahtwerkstoff})$ nach TB 10-3, dem Korrekturbeiwert $q = f(D/d)$ zur Berücksichtigung der Spannungserhöhung infolge der Drahtkrümmung nach TB 10-4 mit dem abzuschätzenden Windungsdurchmesser $D$ und einem gewählten Werkstoff nach TB 10-2c könnte aus der Beziehung $\sigma_b = q \cdot M/W \leq \sigma_{b\,zul}$ mit $M = F_{max} \cdot H$ und $W = (\pi/32) \cdot d^3$ der Drahtdurchmesser $d$ durch Iteration bestimmt werden. Für die Auslegung einer Drehfeder sind meist der Innendurchmesser $D_i$ des Federkörpers bekannt, so dass für den ersten Entwurf mit der Gebrauchsformel der *Drahtdurchmesser d* überschlägig ermittelt werden kann aus

$$d \approx 0{,}23 \cdot \frac{\sqrt[3]{F_{max} \cdot H}}{1-k} = 0{,}23 \cdot \frac{\sqrt[3]{M}}{1-k} \quad \text{mit} \ k \approx 0{,}06 \cdot \frac{\sqrt[3]{M}}{D_i} \qquad \begin{array}{c|c|c|c} F & H, d, D_i & M & k \\ \hline N & mm & Nmm & 1 \end{array} \quad (10.11)$$

Die endgültige Festlegung des Drahtdurchmessers $d$ nach DIN 2076 (TB 10-2) kann erst nach dem Festigkeitsnachweis erfolgen, s. Gln. (10.15) und (10.16), da hierfür alle Bestimmungsgrößen bekannt sein müssen. Mit $D = D_i + d$, $M = F_{max} \cdot H$, der Drahtlänge $l = D \cdot \pi \cdot n$, dem Flächenmoment 2. Grades $I = (\pi/64) \cdot d^4$ und dem geforderten Drehwinkel $\varphi$ kann aus der Beziehung $\varphi° = (180°/\pi) \cdot (M \cdot l)/(E \cdot I) = (180°/\pi) \cdot (M \cdot D \cdot \pi \cdot n)/[E \cdot (\pi/64) \cdot d^4]$ die Windungszahl $n$ ermittelt werden aus

$$n = \frac{(\pi/64) \cdot \varphi° \cdot E \cdot d^4}{(180°/\pi) \cdot F \cdot H \cdot D \cdot \pi} = \frac{(\pi/64) \cdot \varphi° \cdot E \cdot d^4}{180° \cdot F \cdot H \cdot D} = \frac{(\pi/64) \cdot E \cdot d^4}{180° \cdot R_\varphi \cdot D} \qquad (10.12)$$

Die Windungszahl soll aus fertigungstechnischen Gründen festgelegt werden auf $n = \ldots, 0 \ldots,$ $\ldots, 25 \ldots, 5 \ldots, 75$; s. Bild 10-11.

---
[1] Die Berechnung der Drehfedern ist nach DIN 2088 genormt. Abweichend von DIN 2088 wird nachfolgend der Wirkabstand mit $H$ (anstelle $R$) und der Drehwinkel mit $\varphi$ (anstelle $\alpha$) angegeben.

## 10.3 Berechnungsgrundlagen und Eigenschaften der Einzelfedern

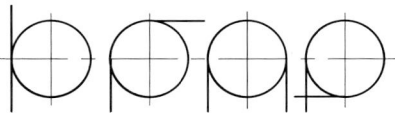

$n=....,0 \quad ....,25 \quad ....,5 \quad ....,75$

**Bild 10-11**
Ausführungsformen von Drehfedern hinsichtlich der Windungszahl

Die *Länge* $L_{K0}$ *des unbelasteten Federkörpers* wird

| bei anliegenden Windungen | $L_{K0} = (n + 1{,}5) \cdot d$ |
| bei Windungsabstand | $L_{K0} = n \cdot (a + d) + d$ |

(10.13)

Mit der Anzahl der federnden Windungen $n$ ergibt sich für den Federkörper (ohne Federschenkel) die *gestreckte Länge l der Windungen*

| bei $(a + d) \leq D/4$ | $l = D \cdot \pi \cdot n$ |
| bei $(a + d) > D/4$ | $l = n \cdot \sqrt{(D \cdot \pi)^2 + (a + d)^2}$ |

(10.14)

Erläuterungen der Formelzeichen s. unter Gl. (10.16)

Für die Nachprüfung der festgelegten Feder gelten die folgenden Berechnungsgleichungen streng genommen nur für Federn mit fest eingespannten, kreisförmig geführten beweglichen Schenkeln ohne Berücksichtigung der Reibung. Vor jeder Berechnung ist zu klären, ob die Feder *ruhend* bzw. selten wechselnd (d. h. mit gelegentlichen Lastwechseln ($N < 10^4$ Lastspiele) während ihrer Lebensdauer) oder *schwingend* beansprucht wird. Bei Drehfedern mit praktisch unbegrenzter Lebensdauer ($N > 10^7$ Lastspiele) sind die Dauerfestigkeitswerte bis $d = 4$ mm nach TB 10-5 zu berücksichtigen, und in den Gleichungen wird dann anstelle $F$ die Schwingkraft $F_h = F_2 - F_1$ (zugeordnet dem Hubwinkel $\varphi_h = \varphi_2 - \varphi_1$) eingesetzt und die Hubspannung $\sigma_h$ bzw. $\sigma_{qh} \leq \sigma_{h\,zul}$ bzw. die Hubfestigkeit $\sigma_H$ ermittelt.
Unter Berücksichtigung der Spannungserhöhung durch die Drahtkrümmung gelten mit dem Spannungsbeiwert $q$ für die *Biegespannung*

$$\sigma_q = q \cdot \frac{M}{W_b} = \frac{q \cdot M}{(\pi/32) \cdot d^3} = \frac{q \cdot F \cdot H}{(\pi/32) \cdot d^3} \leq \sigma_{b\,zul}$$

(10.15)

und aus Gl. (10.12) wird mit $l = D \cdot \pi \cdot n$ für $(a + d) \leq D/4$ und $M = F \cdot H$ der *Verdrehwinkel*

$$\varphi° = \frac{180°}{\pi} \cdot \frac{M \cdot l}{E \cdot I} = \frac{180°}{\pi} \cdot \frac{M \cdot l}{E \cdot (\pi/64) \cdot d^4} = \frac{180°}{\pi} \cdot \frac{M \cdot D \cdot \pi \cdot n}{E \cdot (\pi/64) \cdot d^4}$$

(10.16)

| | |
|---|---|
| $F$ | Federkraft; $F_1, F_2 \ldots$ zugeordnet den Drehwinkeln $\varphi_1, \varphi_2 \ldots$ |
| $H$ | Hebelarm senkrecht zur Federkraft (s. Bild 10-8a) |
| $d$ | Drahtdurchmesser; Werte aus TB 10-2 |
| $D$ | mittlerer Windungsdurchmesser aus $D = D_i + d = D_e - d$ |
| $E$ | Elastizitätsmodul aus TB 10-1 |
| $l$ | Drahtlänge des Federkörpers aus $l = D \cdot \pi \cdot n$, |
| $n \geq 2$ | Anzahl der wirksamen (federnden) Windungen |
| $a$ | Abstand zwischen den wirksamen Windungen der unbelasteten Feder |
| $\sigma_{b\,zul}$ | zulässige Biegespannung vorwiegend ruhender Beanspruchung nach TB 10-3 |
| $q$ | Spannungsbeiwert zur Berücksichtigung der ungleichmäßigen Spannungsverteilung infolge der Drahtkrümmung, abhängig von $w = D/d$ bzw. $r/d$ nach TB 10-4 |

Bei Federn mit wenig Windungen und/oder langen nicht fest eingespannten Schenkeln muss die Schenkeldurchbiegung berücksichtigt werden, wodurch sich der Drehwinkel φ vergrößert auf $\varphi' = \varphi + \beta$. Die *Vergrößerung des Drehwinkels* errechnet sich angenähert aus

$$\beta° \approx 97{,}4° \cdot \frac{F \cdot (4 \cdot H^2 - D^2)}{E \cdot d^4} \quad \text{tangentialer Schenkel}$$

$$\beta° \approx 48{,}7° \cdot \frac{F \cdot (2 \cdot H - D)^3}{E \cdot H \cdot d^4} \quad \text{abgebogener Schenkel}$$

| $F$ | $H, D, d$ | $E$ |
|---|---|---|
| N | mm | N/mm² |

### 4. Spiralfeder

**Federwirkung, Verwendung**

Spiralfedern sind meist aus kaltgewalzten Stahlbändern nach DIN 17222 mit den Abmessungen ($b, h$) nach DIN 1544 hergestellt und nach einer Archimedischen Spirale, gekennzeichnet durch gleichen Windungsabstand $a$, gewunden. Der Windungssinn ist schließend. Alle Federn werden innen und außen eingespannt. Auf Grund ihrer Form ziehen sich jedoch im gespannten Zustand nicht alle Windungen gleichmäßig zusammen. Die einzelnen Windungen sollen sich auch bei arbeitender Feder nicht berühren, so dass Reibungseinflüsse unberücksichtigt bleiben können. Federwirkung und Beanspruchung sind ähnlich wie bei Drehfedern. Spiralfedern werden vorwiegend als Rückstellfedern in Messinstrumenten, als Arbeitsspeicher für Uhrwerke und Spielgeräte sowie in größeren Abmessungen für drehelastische Kupplungen verwendet.

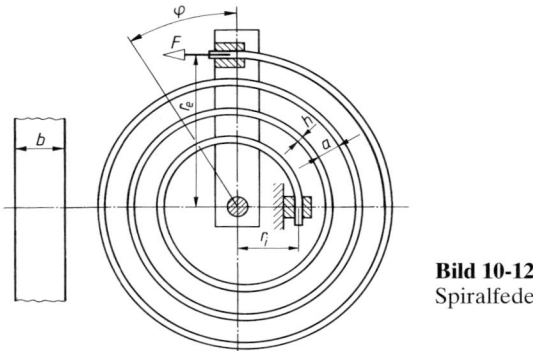

**Bild 10-12**
Spiralfeder

**Berechnung**

Ist in Einzelfällen die Berechnung einer Spiralfeder mit Rechteckquerschnitt notwendig, genügen vielfach nachfolgende Näherungsgleichungen. Bei Federn, deren Windungen sich nicht berühren und deren Enden eingespannt sind, wird mit dem Biegemoment (gleich Drehmoment) $M = F \cdot r_e$ die *Biegespannung* $\sigma_i$ und der *Drehwinkel* φ

$$\boxed{\sigma_i = \frac{M}{W} = \frac{6 \cdot F \cdot r_e}{b \cdot h^2} \leq \sigma_{b\,zul}} \qquad (10.17)$$

$\sigma_{b\,zul}$-Werte nach TB10-1

$$\boxed{\varphi° = \frac{180°}{\pi} \cdot \frac{M \cdot l}{E \cdot I} = \frac{180°}{\pi} \cdot \frac{F \cdot r_e \cdot l}{E \cdot b \cdot h^3/12} = 2 \cdot \frac{180°}{\pi} \cdot \frac{\sigma_i \cdot l}{h \cdot E}} \qquad (10.18)$$

Bei gleichem Windungsabstand $a$ und der Windungszahl $n$ im unbelasteten Zustand ist die *gestreckte Federlänge*

$$l = \frac{\pi \cdot (r_e^2 - r_i^2)}{h + a} \qquad (10.19)$$

## 10.3 Berechnungsgrundlagen und Eigenschaften der Einzelfedern

Bei konstruktiv bedingtem inneren Radius $r_i$ wird der *äußere Radius des Federkörpers*

$$r_e = r_i + n \cdot (h + a) \tag{10.20}$$

Mit dem Federvolumen $V = b \cdot h \cdot l$ ist die aufzuspeichernde *maximale Federungsarbeit*

$$\boxed{W = \frac{1}{6} \cdot \frac{V \cdot \sigma^2}{E} \quad \text{bzw.} \quad W_{max} = \frac{1}{6} \cdot \frac{V \cdot \sigma_{b\,zul}^2}{E}} \tag{10.21}$$

Wird die Spiralfeder so weit gespannt, dass sich ihre Windungen berühren, müssen die Abweichungen durch Versuche bestimmt werden.

### 5. Tellerfeder

**Federwirkung, Verwendung**

Tellerfedern sind schalenförmige Biegefedern (Bild 10-13). Günstige Federungseigenschaften bei guter Werkstoffausnutzung und ein hohes Arbeitsvermögen lassen sich bei Durchmesserverhältnissen $\delta = D_e/D_i = 1{,}7 \ldots 2{,}5$ erreichen. Die Tellerfedern sind nach DIN 2093 genormt (gestuft von $D_e = 8$ mm bis $D_e = 250$ mm). Dabei werden unterschieden: harte Federn der *Reihe A*, weiche Federn der *Reihe B* und besonders weiche Federn der *Reihe C*. Jede Reihe unterscheidet wiederum 3 Gruppen, entsprechend dem Herstellungsverfahren und der Bearbeitung:

Gruppe 1 mit $t \leq 1{,}25$ mm, kaltgeformt; $R_a < 12{,}5$ μm;
Gruppe 2 mit $t = 1{,}25$ bis 6 mm, kaltgeformt, $D_e$ und $D_i$ gedreht $R_a < 6{,}3$ μm bzw. feingeschnitten $R_a < 3{,}2$ μm;
Gruppe 3 mit $t > 6$ mm bis 14 mm, kalt- oder warmgeformt, allseits gedreht $R_a < 12{,}5$ μm; mit Auflageflächen von ca. $D_e/150$ an den Stellen I und III sowie einer reduzierten Tellerdicke $t' \approx 0{,}94 \cdot t$ der Reihen A, B bzw. $t' \approx 0{,}96 \cdot t$ der Reihe C.

Abmessungen der Tellerfedern siehe TB 10-6.

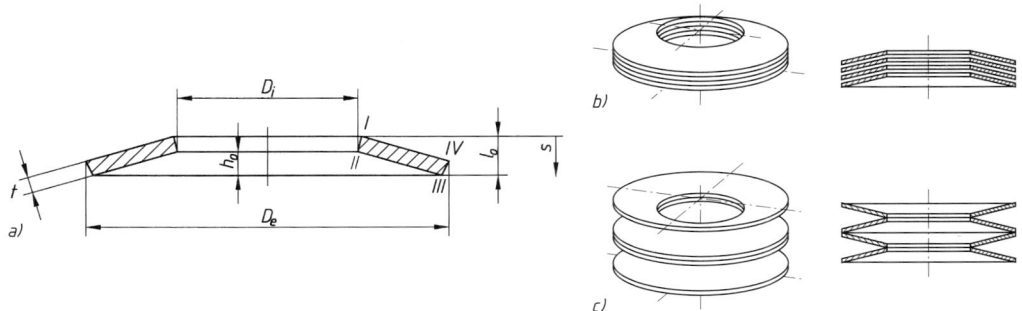

**Bild 10-13** Tellerfeder
a) Einzelfeder im Schnitt, b) *Tellerfederpaket* aus vier Einzeltellern, c) *Tellerfedersäule* aus vier Einzeltellern

Die Federn werden aus kaltgewalztem Stahl nach DIN 17221 und DIN 17222 (z. B. 50CrV4, 51CrMoV4) hergestellt und nach der Wärmebehandlung vorgesetzt[1].
Da die Abstufung der genormten Federabmessungen und somit der Gebauchseigenschaften verhältnismäßig grob ist, werden von den Herstellern zahlreiche Zwischengrößen mit gleichen oder auch abweichenden $D_e$, $D_i$, $t$ bzw. $l_0$ angeboten.

---

[1] Vorbelastung der Feder in Richtung der Betriebsbeanspruchung über den elastischen Bereich des Werkstoffes hinaus, so dass nach Entlastung Eigenspannungen zurückbleiben, die in den Randzonen den Betriebsspannungen entgegengerichtet sind und damit eine günstigere Spannungsverteilung bewirken.

Das Verhältnis $D_e/t$ entscheidet zusammen mit $h_0$ und $t$ über die Belastbarkeit der Feder. $h_0$ muss um so kleiner sein, je größer $t$ ist, damit selbst bei flachgedrückter Feder die zulässige Werkstoffbeanspruchung und ein zulässiges Nachsetzen nicht überschritten werden. Im Allgemeinen gelten bei kleineren (größeren) Werten für $\delta$ jeweils auch die kleineren (größeren) Werte von $D_e/t$ und $h_0/t$. Bei gegebenem $\delta$ wird durch das Verhältnis $h_0/t$ der Kennlinienverlauf des Einzeltellers im Einfederungsbereich bis zur Planlage $s_c \triangleq h_0$ bei $F_c$ bestimmt, wie Bild 10-14 schematisch zeigt.

Kurz vor der Planlage des Einzeltellers steigt die Kennlinie stark progressiv an, weshalb bei zunehmendem $s$ der zur Verfügung stehende theoretische Federweg $s \triangleq s_c = h_0$ nur bis zu 75...80% ausgenutzt werden soll.

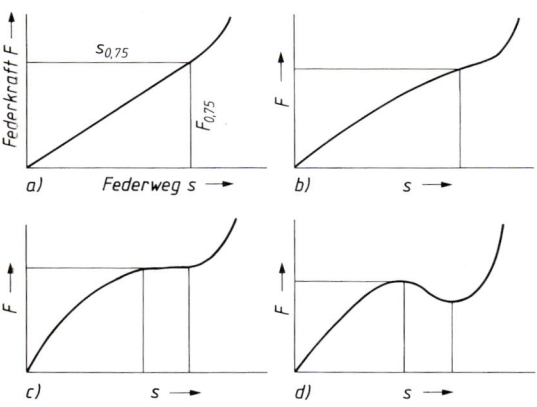

**Bild 10-14**
Kennlinien von Tellerfedern
a) bei $h_0/t \leq 0{,}4$ nahezu linearer Verlauf bis $s_{0,75} \approx 0{,}75 \cdot h_0$
b) bei größeren $h_0/t$ zunehmend degressiver Verlauf
c) bei $h_0/t = 1{,}4$ oberer Kennlinienteil nahezu waagerecht verlaufend, d. h. $F = $ konstant bei zunehmendem $s$,
d) bei $h_0/t > 1{,}4$ nach Erreichen eines Kraftmaximums Kraftabfall mit zunehmendem $s$

**Kombinationsmöglichkeiten von Einzeltellerfedern:** Vielfach reichen einzelne Federelemente nicht aus, um den an Federweg und Federkraft gestellten Anforderungen zu genügen. Deshalb werden Tellerfedern zu *Federpaketen* oder zu *Federsäulen* zusammengesetzt (Bild 10-15).
Federpakete bestehen üblicherweise aus $n = 2\ldots 3(4)$ gleichsinnig geschichteten Einzeltellern; Federsäulen aus $i < 30$ wechselsinnig aneinander gereihten Einzeltellern oder $i < 20$ Federpaketen. Ebenso lässt sich durch wechselsinniges Aneinanderreihen von gleichdicken Tellerfedern zu Federpaketen mit zunehmender Zahl von Einzeltellern bzw. gleicher Zahl von Einzeltellern unterschiedlicher Dicke theoretisch eine progressiv geknickte Kennlinie erreichen (Bild 10-15c). Dabei muss jedoch bei den Säulenteilen 1 und 2 die Zulässigkeit der Spannung der Federn berücksichtigt und durch konstruktive Maßnahmen (Hubbegrenzung durch Zwischenringe oder durch Anschlag) ein Überschreiten von $s_{0,75}$ verhindert werden, s. Bild 10-15d und e.
Bei Platzmangel in Richtung des Federweges kann man durch Auflösung einer Federsäule die gleichen Kraft-Weg-Verhältnisse erzielen, wenn statt einer Säule aus $i$ Paketen zu je $n$ Einzeltellern auch $n$ Säulen zu je $i$ Einzeltellern verwendet werden (Bild 10-16).
Je größer die Länge einer Federsäule ist, desto größer wird mit zunehmender Lastwechselzahl die Neigung zum seitlichen Verschieben von Einzeltellern, wodurch erhebliche Reibung entsteht und nicht kalkulierbare Beanspruchungen auftreten. Daher sollte die Anzahl der Federn gering gehalten und dafür ein größtmöglicher $D_e$ gewählt werden. Außerdem sollten wegen des stabilen Standes und wegen günstiger Krafteinleitung bei gerader $i$ vorzugsweise die Endteller mit $D_e$ und bei ungerader $i$ sollte die Endfeder am bewegten Ende mit $D_e$ an den Endplatten anliegen. (s. Bild 10-17b).
Zu Säulen angeordnete Tellerfedern müssen geführt und bei schwingender Belastung vorgespannt eingebaut werden, um ein seitliches Verrutschen der Teller unter Krafteinwirkung zu verhindern. Meist wird die Führung am $D_i$ durch Bolzen erfolgen (Innenführung), aber gleichwertig ist auch eine Führung am $D_e$ in einer Hülse möglich (Außenführung). Führungsbolzen und Auflageflächen sollen oberflächengehärtet (55 bis 60 HRC) und müssen glatt, möglichst geschliffen sein.

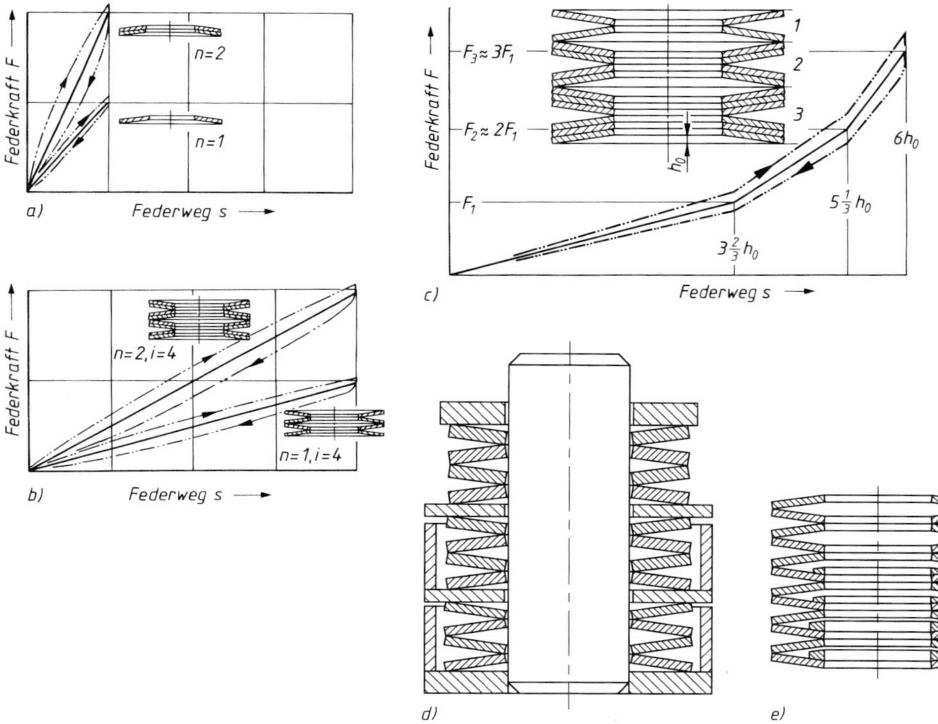

## 10.3 Berechnungsgrundlagen und Eigenschaften der Einzelfedern

**Bild 10-15** Kombinationen von Tellerfedern (Reihe $A$ mit annähernd linearer Kennlinie) unter Berücksichtigung der Reibung (Strich-Zweipunkt-Linien, schematisch)
a) Einzelteller und Federpaket ($n = 2$), b) Federsäulen (für $i = 4$ mit $n = 1$ und $n = 2$), c) Federsäule aus Federpaketen mit zunehmender Tellerzahl gleicher Dicke, d) und e) Beispiele für eine Hubbegrenzung.

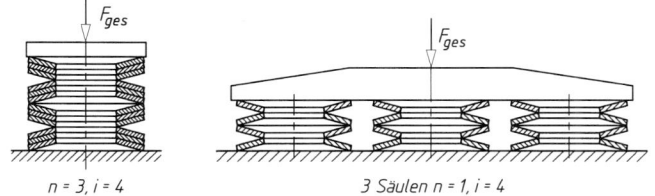

**Bild 10-16** Auflösung einer Federsäule in Teilsäulen (sinnbildliche Darstellung nach DIN ISO 2162)

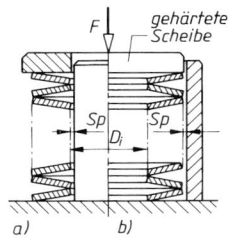

**Bild 10-17**
Einbau von Federsäulen
a) Innenführung durch Bolzen; allgemein dargestellt für anzustrebende gerade Tellerzahl
b) Außenführung durch Hülse; allgemein dargestellt für ungerade Tellerzahl

Um eine einwandfreie Führung zu gewährleisten, ist ein ausreichendes Spiel zwischen Bolzen und $D_i$ bzw. zwischen Hülse und $D_e$ vorzusehen, für das nach DIN 2093 folgende Werte empfohlen werden:

| $D_i$ bzw. $D_e$ | Spiel | $D_i$ bzw. $D_e$ | Spiel |
|---|---|---|---|
| $\leq 16$ mm | $\approx 0{,}2$ mm | $> 31{,}5 \ldots 50$ mm | $\approx 0{,}6$ mm |
| $> 16 \ldots 20$ mm | $\approx 0{,}3$ mm | $> 50 \ldots 80$ mm | $\approx 0{,}8$ mm |
| $> 20 \ldots 26$ mm | $\approx 0{,}4$ mm | $> 80 \ldots 140$ mm | $\approx 1{,}0$ mm |
| $> 26 \ldots 31{,}5$ mm | $\approx 0{,}5$ mm | $> 140 \ldots 250$ mm | $\approx 1{,}6$ mm |

Tellerfedern ergeben eine wesentlich günstigere Raumausnutzung als andere Federarten. Sie eignen sich besonders für Konstruktionen, die große Federkräfte bei kleinen Federwegen verlangen. Wegen ihrer vielseitigen Eigenschaften und der Kombinationsmöglichkeiten von Einzeltellern werden verschiedenste Wirkungen erzielt, so dass ihre Anwendung z. B. im Werkzeug- und Vorrichtungsbau, bei Pressen, im Maschinen- und Apparatebau, Kran- und Brückenbau ständig zunimmt. Ein Einbaubeispiel zeigt Bild 10-18.

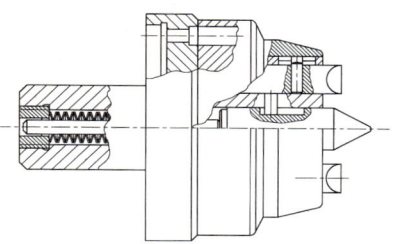

**Bild 10-18**
Einbaubeispiel: stirnseitiger, unter annähernd gleicher Federkraft stehender Mitnehmer für schnellen Werkstückwechsel beim Drehen

**Berechnung**[1]

**Federgeometrie:** Für den Einzelteller werden die zulässigen Federkräfte bei entsprechenden Federwegen in DIN 2093 (TB 10-6) bzw. vom Hersteller angegeben. Für Federkombinationen (Federpakete, Federsäulen) ergeben sich bei Vernachlässigung der Reibung mit den Werten $F$ und $s$ für die Einzelfeder je nach Anordnung der Federn

für das *Federpaket* aus $n$ gleichsinnig geschichteten Einzeltellern

$$\begin{aligned}
\text{Gesamtfederkraft} \quad & F_{ges} = n \cdot F \\
\text{Gesamtfederweg} \quad & s_{ges} = s \\
\text{Pakethöhe unbelastet} \quad & L_0 = l_0 + (n-1) \cdot t \\
\text{Pakethöhe belastet} \quad & L = L_0 - s_{ges}
\end{aligned} \quad (10.22)$$

für die *Federsäule* aus $i$ wechselsinnig aneinandergereihten Federpaketen aus je $n$ Einzelfedern

$$\begin{aligned}
\text{Gesamtfederkraft} \quad & F_{ges} = n \cdot F \\
\text{Gesamtfederweg} \quad & s_{ges} = i \cdot s \\
\text{Säulenlänge unbelastet} \quad & L_0 = i \cdot [l_0 + (n-1) \cdot t] = i \cdot (h_0 + n \cdot t) \\
\text{Säulenlänge belastet} \quad & L = L_0 - s_{ges} = i \cdot (h_0 + n \cdot t - s)
\end{aligned} \quad (10.23)$$

| | |
|---|---|
| $s$ | Federweg je Einzelteller bzw. Paket |
| $F$ | Federkraft je Einzelteller |
| $l_0$ | Bauhöhe der unbelasteten Tellerfeder, s. TB 10-6 |
| $t$ | Dicke der Tellerfeder, s. TB 10-6 |
| $h_0 = l_0 + t$ | lichte Höhe der Tellerfeder, s. TB 10-6 |

[1] Die Berechnung der Tellerfeder ist nach DIN 2092 genormt.

## 10.3 Berechnungsgrundlagen und Eigenschaften der Einzelfedern

**Federkraft:** Für Einzelteller ergeben sich in Anlehnung an DIN 2092 entsprechend einer Näherungsgleichung von Almen-Làszlò mit $D_e$, $h_0$, $t$ aus TB 10-6 die *rechnerische Federkraft für den Federweg s*

$$F = \frac{4 \cdot E}{1 - \mu^2} \cdot \frac{t^4}{K_1 \cdot D_e^2} \cdot K_4^2 \cdot \frac{s}{t} \cdot \left[ K_4^2 \cdot \left( \frac{h_0}{t} - \frac{s}{t} \right) \cdot \left( \frac{h_0}{t} - \frac{s}{2 \cdot t} \right) + 1 \right] \tag{10.24}$$

| $F, F_c$ | $E$ | $D_e, s, t, h_0$ | $\mu, K$ |
|---|---|---|---|
| N | N/mm² | mm | 1 |

- $E$  Elastizitätsmodul; für Federstahl $E = 206 \cdot 10^3$ N/mm² bei Raumtemperatur
- $\mu$  Poissonzahl aus $\mu = \varepsilon_q / \varepsilon$; für Federstahl $\mu \approx 0{,}3$
- $D_e$  Außendurchmesser des Federtellers
- $h_0$  Federweg bis zur Planlage ($h_0'$ für Federn der Gruppe 3), Werte aus TB 10-6
- $t$  Dicke des Einzeltellers ($t'$ für Federn der Gruppe 3), Werte aus TB 10-6
- $s$  Federweg des Einzeltellers
- $K_1$  Kennwert aus TB 10-8a
- $K_4$  Kennwert; $K_4 = 1$ für Federn *ohne* Auflageflächen (Gruppe 1 und 2), für Federn *mit* Auflageflächen (Gruppe 3) wird

$$K_4 = \sqrt{-0{,}5 \cdot c_1 + \sqrt{(0{,}5 \cdot c_1)^2 + c_2}} \quad \text{mit} \tag{10.25}$$

$$c_1 = \frac{(t'/t)^2}{(0{,}25 \cdot l_0/t - t'/t + 0{,}75) \cdot (0{,}625 \cdot l_0/t - t'/t + 0{,}375)}$$

$$c_2 = [0{,}156 \cdot (l_0/t - 1)^2 + 1] \cdot \frac{c_1}{(t'/t)^3}$$

**Federkraft bei Planlage:** Aus Gl. (10.24) wird mit $s = s_c \triangleq h_0$ die *theoretische Federkraft im plattgedrückten Zustand*

$$F_c = \frac{4 \cdot E}{1 - \mu^2} \cdot \frac{h_0 \cdot t^3}{K_1 \cdot D_e^2} \cdot K_4^2 \tag{10.26}$$

Mit der Gl. (10.26) können auch für wirksame Federkräfte $F_1, F_2 \ldots$ zugeordnete Federwege $s_1, s_2 \ldots$ aus dem Verhältnis $F/F_c$ angenähert aus dem Verlauf der *bezogenen rechnerischen Kennlinie* der Tellerfedern, Reihe $A$, $B$, $C$ nach DIN 2093 aus TB 10-8c ermittelt werden.

**Federrate R:** Die Kennlinie der Tellerfeder ist degressiv. Der Verlauf wird durch das Verhältnis $h_0/t$ bestimmt. Die rechnerische Federrate $R = \Delta F / \Delta s$ nimmt mit zunehmender Einfederung ab, s. Bild 10-14. Unter der Voraussetzung einer ungehinderten Verformung kann für den Federweg $s$ die *Federrate R* ermittelt werden aus

$$R = \frac{4 \cdot E}{1 - \mu^2} \cdot \frac{t^3}{K_1 \cdot D_e^2} \cdot K_4^2 \cdot \left( K_4^2 \cdot \left[ \left( \frac{h_0}{t} \right)^2 - 3 \cdot \frac{h_0}{t} \cdot \frac{s}{t} + \frac{3}{2} \cdot \left( \frac{s}{t} \right)^2 \right] + 1 \right) \tag{10.27}$$

**Federungsarbeit W:** Sie ist abhängig vom jeweiligen Einfederungsgrad und lässt sich für die ungehinderte (reibungsfreie) Einfederung $s$ ermitteln aus

$$W = \frac{2 \cdot E}{1 - \mu^2} \cdot \frac{t^5}{K_1 \cdot D_e^2} \cdot K_4^2 \cdot \left( \frac{s}{t} \right)^2 \cdot \left[ K_4^2 \cdot \left( \frac{h_0}{t} - \frac{s}{2 \cdot t} \right) + 1 \right] \tag{10.28}$$

Erläuterungen zu den Gleichungen s. o.

**Tragfähigkeitsnachweis:**

**Rechnerische Lastspannungen σ:** Im Gegensatz zur reinen Biegefeder gibt es im Querschnitt der Tellerfeder keine neutrale Faser, sondern nur einen neutralen Punkt $S$. Nach Almen-Làszlò wird das Verformungsverhalten als eine eindimensionale Stülpung um $S$ angesehen; der Durchmesser des Stülpmittelkreises ist $D_O = (D_e - D_i)/\ln \delta$ (vgl. Bild 10-19).

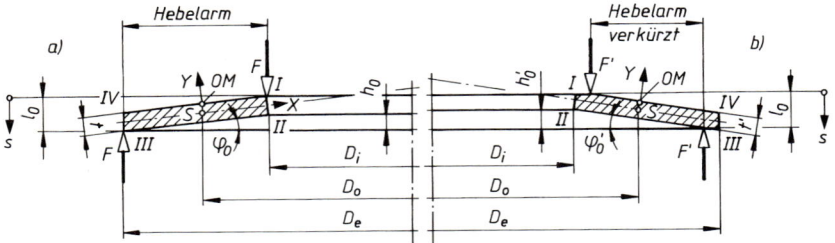

**Bild 10-19** Ausführung von Tellerfedern
a) nach DIN 2093 Gruppe 1 und 2 ohne Auflageflächen, Tellerdicke $t$, Aufstellwinkel $\varphi_0$
b) nach DIN 2093 Gruppe 3 mit Auflageflächen und reduzierter Tellerdicke $t'$, $\varphi_0' > \varphi_0$

Die errechneten Lastspannungen in Tellerumfangsrichtung sind nur Orientierungswerte, d. h. Nominalspannungen, die wegen der Vernachlässigung der durch die Herstellung bedingten Eigenspannungen und Fertigungstoleranzen nicht mit den wirklichen Spannungen übereinstimmen. Für die Beurteilung der Tellerfedern sind die Spannung $\sigma_{OM}$ an der oberen Mantelfläche sowie die Spannungen $\sigma_I \ldots \sigma_{IV}$ an den Stellen I ... IV maßgebend:

$$\sigma_{OM} = -\frac{4 \cdot E}{1 - \mu^2} \cdot \frac{t^2}{K_1 \cdot D_e^2} \cdot K_4 \cdot \frac{s}{t} \cdot \frac{3}{\pi} \qquad (10.29)$$

$$\sigma_{I,II} = -\frac{4 \cdot E}{1 - \mu^2} \cdot \frac{t^2}{K_1 \cdot D_e^2} \cdot K_4 \cdot \frac{s}{t} \cdot \left[ K_4 \cdot K_2 \cdot \left( \frac{h_0}{t} - \frac{s}{2 \cdot t} \right) \pm K_3 \right]$$

$+K_3$ für die Stelle I; $-K_3$ für die Stelle II

$$\sigma_{III,IV} = -\frac{4 \cdot E}{1 - \mu^2} \cdot \frac{t^2}{K_1 \cdot D_e^2} \cdot K_4 \cdot \frac{s}{t} \cdot \frac{1}{\delta} \cdot \left[ K_4 \cdot (K_2 - 2 \cdot K_3) \cdot \left( \frac{h_0}{t} - \frac{s}{2 \cdot t} \right) \mp K_3 \right] \qquad (10.30)$$

$-K_3$ für die Stelle III; $+K_3$ für die Stelle IV

$E, \mu, t, h_0, s, \delta, D_e$ siehe zu Gl. (10.24)
$K_1 \ldots K_3$ Kennwerte aus TB 10-8a, b
$K_4$ Kennwert; für Tellerfedern *ohne* Auflagefläche wird $K_4 = 1$, *mit* Auflagefläche $K_4$ aus Gl. (10.25)

*Hinweis:* Positive Spannungen sind Zugspannungen, negative Spannungen sind Druckspannungen. Setzt man in Gl. (10.30) für $s = h_0 \hat{=} s_c$, so erhält man die Spannung $\sigma_c$ für die Planlage. Mit dem Verhältnis $\sigma/\sigma_c$ können die Spannungen $\sigma$ für jeden Federweg $0 < s \le h_0$ nach TB 10-8d für die Stellen I ... IV und OM bestimmt werden.

*Ruhende Beanspruchung*[1]: Für Werkstoffe nach DIN 17221 und DIN 17222 soll die rechnerische Spannung an der oberen Mantelfläche $\sigma_{OM} \le R_e = 1400 \ldots 1600$ N/mm² betragen. Bei hö-

---

[1] Ruhende Belastung oder selten wechselnde Belastung in größeren Zeitabständen und $N < 10^4$ Lastspiele.

heren Spannungen kann zusätzliches Nachsetzen eintreten. Eine Nachprüfung erübrigt sich bei Einhaltung des Federweges $s \leq s_{0,75}$. Die maximal zulässige Blockspannung $\sigma_{IC} = -2600$ N/mm² für $\delta = 1{,}5$, $\sigma_{IC} = -3400$ N/mm² für $\delta = 2$ und $\sigma_{IC} = -3600$ N/mm² für $\delta = 2{,}5$ darf jedoch nicht überschritten werden.

*Schwingende Beanspruchung*[1]: Sie liegt vor, wenn die Einfederung dauernd zwischen einem Vorspannweg $s_1$ und einem Federweg $s_2$ wechselt. Maßgebend sind die rechnerischen Zugspannungen an der Tellerunterseite, da Brüche stets von den Stellen II oder III ausgehen. Um dem Auftreten von Anrissen an der Querschnittsstelle I (infolge von Zugeigenspannungen aus dem Setzvorgang) vorzubeugen, sind die Federn mit genügend hoher Vorspannung einzubauen. Anzustreben ist erfahrungsgemäß mindestens $\sigma_1 \hateq \sigma_I \approx -600$ N/mm², was einem Vorspannfederweg $s_1 \approx (0{,}15\ldots 0{,}2) \cdot h_0$ entspricht.

Um festzustellen, ob eine Tellerfeder im dauerfesten Bereich ($N \geq 2 \cdot 10^6$ Lastspiele) arbeitet, kann die Hubspannung $\sigma_h = \sigma_2 - \sigma_1$ zwischen dem Federweg $s_2$ bei $F_2$ und dem Vorspannfederweg $s_1$ bei $F_1$ nach der Gl. (10.30) errechnet werden. Aus den Dauer- und Zeitfestigkeitsschaubildern TB 10-9 wird entsprechend der Lastspielzahl $N$ je nach Tellerdicke $t$ für $\sigma_1 = \sigma_u \hateq \sigma_U$ die zugehörige Oberspannung der Dauerschwingfestigkeit $\sigma_O$ ermittelt. Der Einzelteller ist für $N$ Lastspiele dauerfest, wenn sich $\sigma_O > \sigma_2 \hateq \sigma_o$ oder die Dauerhubfestigkeit $\sigma_H = \sigma_O - \sigma_U > \sigma_h$ ergibt. Bei begrenzter Lebensdauer ($N < 2 \cdot 10^6$ Lastspiele) kann aus TB 10-9d für die Wöhlerlinie mit $t$ die ertragbare bzw. zulässige Lastspielzahl $N$ geschätzt werden.

Der dauerfeste Arbeitsbereich der Feder und der zulässige Hub $\Delta s_{zul} = s_{max} - s_1 \geq \Delta s = s_2 - s_1$ (vorhandener Hub) kann aus der $F/s$- und $\sigma$-Kennlinie (Feder- und Spannungskennlinie) anschaulich entsprechend Bild 10-20 bestimmt werden. (Zur Darstellung der Kennlinien werden die Angaben nach TB 10-6a, b, c für einen geeigneten Maßstab verwendet. Dabei können für Federn der Reihe $A$ annähernd lineare Kennlinien angenommen werden.)

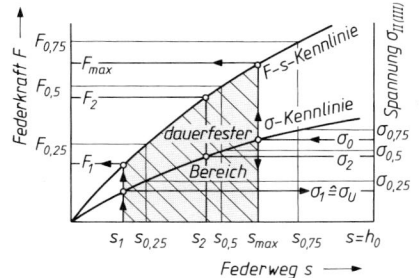

**Bild 10-20**
Feder- und Spannungskennlinie von Tellerfedern zur Feststellung des dauerfesten Arbeitsbereiches ohne Berücksichtigung der Reibung (rechnerische Werte)

Wird die Oberspannung $\sigma_O$ der Dauerschwingfestigkeit für die Lastspielzahl $N$ nach TB 10-9a, b, c eingetragen, dann liegt auch der maximal zulässige Federweg $s_{max}$ für die Federkraft $F_{max}$ fest und damit für den zulässigen Hub $\Delta s_{zul}$. Die Dauerhaltbarkeit der Feder ist für $N$ gewährleistet, wenn $s_2 < s_{max}$ oder $\Delta s < \Delta s_{zul}$.

*Hinweis:* Die Dauer- und Zeitfestigkeitswerte nach TB 10-9 gelten nur bei annähernd sinusförmiger Belastung für $i \leq 10$ und sorgfältiger Führung und Schmierung der Federn; ungünstigere Bedingungen und besonders schlagartige Belastungen vermindern die Lebensdauer. Die Werte dürfen nur unter Berücksichtigung entsprechender Sicherheiten verwendet werden. Wegen des Rechnungsganges s. Berechnungsbeispiele 10.2 und 10.3 im Abschnitt 10.4.

**Reibungseinfluss:** In Gl. (10.24) ist der aus der Reibung entstehende Kraftanteil nicht berücksichtigt. Je nach Kombination der Einzeltellerfedern tritt jedoch bei Ein- und Ausfederung Reibung auf, deren Größe abhängt von der Anzahl der Federn/Paket bzw. Federpakete/Säule, von

---

[1] D. h. praktisch unbegrenzte Lebensdauer bei $N \geq 2 \cdot 10^6$ Lastspielen oder begrenzte Lebensdauer bei $10^4 \leq N < 2 \cdot 10^6$ Lastspielen.

der Oberflächenbeschaffenheit an den Kontaktstellen der Federn und von der Schmierung und ist rechnerisch nur in grober Annäherung erfassbar. Die Reibung bewirkt bei Belastung eine Vergrößerung und bei Entlastung eine Verringerung der errechneten Federkräfte. Die Kennlinie für die Be- und Entlastung weicht umso mehr voneinander ab, je größer die Reibung ist (vgl. Bild 10-15). Nach Bild 10-21 wirkt das Reibungsmoment durch die Reibkraft $\mu \cdot F_B$ bei der Einfederung dem Belastungsmoment entgegen und erhöht somit die erforderliche Einfederungskraft (bei der Ausfederung umgekehrt).

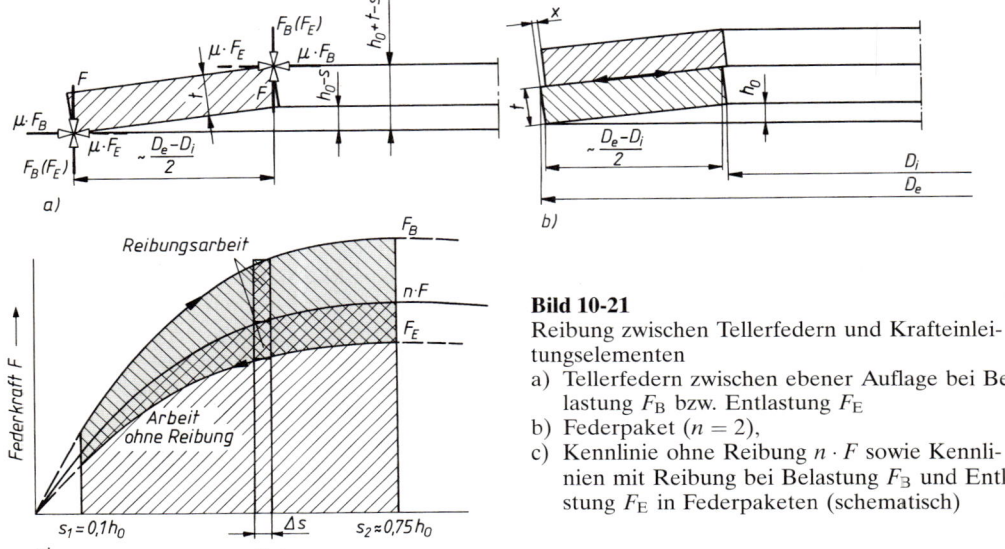

**Bild 10-21**
Reibung zwischen Tellerfedern und Krafteinleitungselementen
a) Tellerfedern zwischen ebener Auflage bei Belastung $F_B$ bzw. Entlastung $F_E$
b) Federpaket ($n = 2$),
c) Kennlinie ohne Reibung $n \cdot F$ sowie Kennlinien mit Reibung bei Belastung $F_B$ und Entlastung $F_E$ in Federpaketen (schematisch)

Für ein Federpaket aus $n$ Federn treten neben der Eckenreibung an den Lasteinleitungsrändern (Faktor $w_R$) auch an den Mantelflächen (Faktor $w_M$) Reibungskräfte auf, die bei der Einfederung eine Krafterhöhung und bei der Ausfederung eine Kraftverminderung zur Folge haben. Bei der *Federsäule* besteht die Neigung zu evtl. Querverschiebungen der Pakete, was zu hohen Abstützkräften am Führungsdorn (-Hülse) führt mit der Folge hoher Reibungsverluste. Dies ist mathematisch nicht exakt erfassbar, so dass hier allein die Mantelreibung in den Paketen berücksichtigt wird.

Unter Berücksichtigung der Reibung können die Federkräfte ermittelt werden aus

$$\text{für ein Federpaket } (s_{ges} = s): \quad F_{ges\,R} \approx F \cdot \frac{n}{1 \mp w_M \cdot (n-1) \mp w_R}$$

$$\text{für Federsäulen } (s_{ges} = i \cdot s): \quad F_{ges\,R} \approx F \cdot \frac{n}{1 \mp w_M \cdot (n-1)}$$

(10.31)

$(-)$ Belastung, $(+)$ Entlastung

$F$ \quad rechnerische Federkraft nach Gl. (10.24)
$n$ \quad Telleranzahl je Federpaket
$w_M, w_R$ \quad Reibungsfaktoren für **M**antel- und **R**andreibung nach TB 10-7, geschätzt entsprechend der jeweiligen Schmierungsart

*Hinweis:* In Gl. (10.31) wird beim *Federpaket* für $n = 1$ das Reibungsverhalten der Einzelfeder wiedergegeben.

## 10.3.3 Drehbeanspruchte Federn aus Metall

### 1. Drehstabfedern

**Federwirkung, Verwendung**

Drehstabfedern sind wegen der leichteren Bearbeitung mit optimaler Oberflächenqualität (schälen, schleifen, polieren) und der besten Werkstoffausnutzung meist Rundstäbe aus warmgewalztem, vergütbarem Stahl nach DIN 17221, vorteilhaft aus 50CrV4, die vorwiegend auf Verdrehung beansprucht werden. Zu diesem Zweck sind sie an einem Ende fest und am anderen drehbar gelagert, so dass der Schaft mit dem Durchmesser $d$ und der federnden Länge $l_f$ durch ein in Richtung seiner Achse wirkendes Moment $T$ elastisch verdrillt werden kann. Für die Einleitung von $T$ werden angestauchte Stabenden (Köpfe) meist mit Kerbverzahnung (DIN 5481, TB 12-4), aber auch mit Vier- oder Sechskant versehen. Eine optimale Werkstoffausnutzung kann nur dann erreicht werden, wenn die Köpfe mit einem Kopfkreisdurchmesser $d_a$ für den Fußkreisdurchmesser $d_f$ des Profils und einem Übergang zum zylindrischen Teil des Schaftes $l_z$ mit ausreichend großem Hohlkehlenradius $r$ so dimensioniert werden, dass alle Stabbereiche gleiche Lebensdauer aufweisen (Bild 10-22a). Dies ist zu erwarten, wenn für $d_f/d \geq 1{,}3$ die Kopflänge $0{,}5 \cdot d_f < l_k < 1{,}5 \cdot d_f$ und die Hohlkehlenlänge $l_h = 0{,}5 \cdot (d_f - d) \cdot \sqrt{4 \cdot r/(d_f - d) - 1}$ beträgt. Bei der freien Schaftlänge $l$ gilt für die federnde Länge $l_f = l - 2(l_h - l_e)$ für die Ersatzlänge $l_e = \nu \cdot l_h$, wenn $\nu$ abhängig von $r/d$ und $d_f/d$ aus TB 10-10a abgelesen wird. Im Anschluss an die Bearbeitung werden die Federn nach dem Vergüten zur Steigerung der Dauerfestigkeit kugelgestrahlt und, falls erforderlich, vorgesetzt. Solche Federn dürfen nur in Vorsetzrichtung beansprucht werden (Kennzeichnung an den Kopfstirnflächen). Die $T/\varphi$-Kennlinie ist eine Gerade (Bild 10-22b).

Ist der Einbauraum zu kurz, kann durch Verwendung mehrerer symmetrisch zur Drehachse angeordneter Einzelstäbe mit rechteckigen bzw. quadratischen Köpfen Abhilfe geschaffen werden; auch gebündelte Rechteckfedern können trotz schlechterer Werkstoffausnutzung verwendet werden. Die Kennlinie eines Stabbündels ist nicht linear.

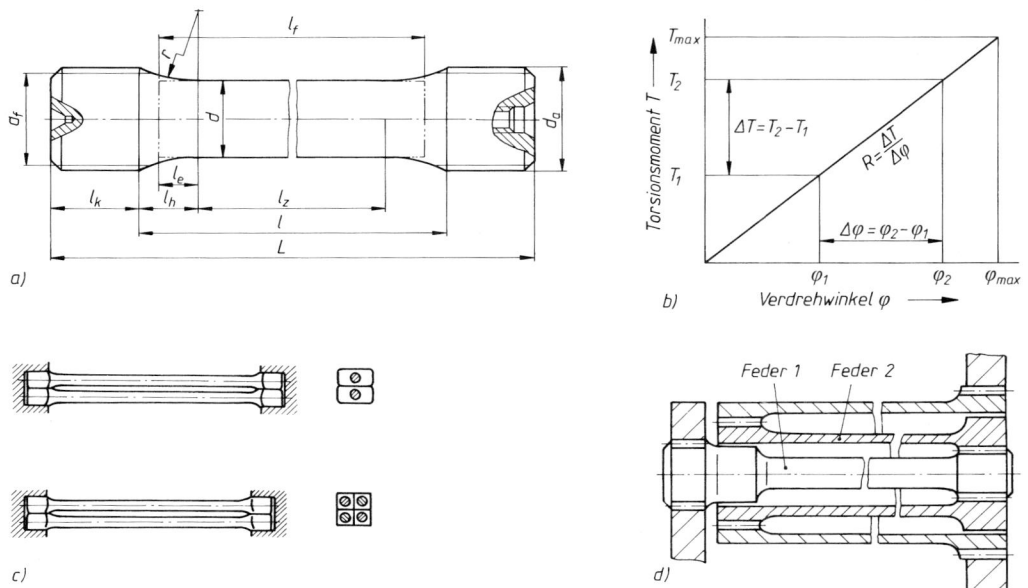

**Bild 10-22** a) Drehstabfeder mit kerbverzahnten Köpfen für die zylindrische Teillänge $l_z$, b) Federkennlinie der Einzelfeder, c) Parallelschaltung aus 2 bzw. 4 Rundstäben, d) Reihenschaltung; Drehstab-Drehrohr (Feder 1 u. 2)

Drehstabfedern werden u. a. in Drehkraftmessern, in nachgiebigen Kupplungen und im Fahrzeugbau zur Fahrgestell- bzw. Achsabfederung verwendet. Sie werden sowohl als Einzelfedern als auch in Kombination mehrerer Stäbe in Parallel- oder Reihenschaltung eingesetzt.

**Berechnung**[1)]
Mit dem polaren Widerstandsmoment $W_p = (\pi/16) \cdot d^3$ gilt für die *Schubspannung* (Verdrehspannung an der Schaftoberfläche)

$$\tau_t = \frac{T}{W_p} = \frac{T}{(\pi/16) \cdot d^3} \leq \tau_{t\,zul} \qquad (10.32)$$

$T$     maximal zu übertragendes Drehmoment
$\tau_{t\,zul}$    zulässige statische Schubspannung. Für die erforderliche Vergütungsfestigkeit 1600 N/mm² $< R_m <$ 1800 N/mm² gilt bei nicht vorgesetzten Stäben $\tau_{t\,zul}$ = 700 N/mm², bei vorgesetzten Stäben $\tau_{t\,zul}$ = 1020 N/mm². Für dynamische Beanspruchung ist die Dauerhubfestigkeit $\tau_H$ maßgebend, siehe TB 10-10b.

Durch das Verdrillen des Stabes wird an seiner Oberfläche eine Gleitung (Schiebung) $\gamma = \tau_t/G = T/(W_p \cdot G) = T \cdot d/(2 \cdot I_p \cdot G)$ hervorgerufen (Schubmodul bzw. Gleitmodul $G$ in N/mm² nach TB 10-1). Mit dem polaren Flächenmoment 2. Grades $I_p = (\pi/32) \cdot d^4$ ergibt sich aus dem Verdrehwinkel im Bogenmaß $\varphi = T \cdot l_f/(G \cdot I_p)$:
der *Verdrehwinkel* in Grad

$$\varphi° = (180°/\pi) \cdot \varphi = \frac{(180°/\pi) \cdot T \cdot l_f}{(\pi/32) \cdot d^4 \cdot G} = \frac{360° \cdot \tau_t \cdot l_f}{\pi \cdot G \cdot d} \qquad (10.33)$$

die *Federrate* allgemein nach Bild 10-22b

$$R = \frac{T}{\varphi°} = \frac{I_p \cdot G}{(180°/\pi) \cdot l_f} = \frac{(\pi/32) \cdot d^4 \cdot G}{(180°/\pi) \cdot l_f} \qquad (10.34)$$

die *Flächenpressung* näherungsweise bei Annahme einer über die Kopflänge konstanten und über den Querschnitt linearen Spannungsverteilung

$$\begin{aligned}
\text{für verzahnte Köpfe} \quad & p \approx \frac{12 \cdot d_a \cdot T}{z \cdot l_k \cdot (d_a^3 - d_f^3)} \leq p_{zul} \\
\text{für Sechskantköpfe} \quad & p \approx \frac{6 \cdot T}{l_k \cdot d_f^2} \leq p_{zul} \\
\text{für Vierkantköpfe} \quad & p \approx \frac{3 \cdot T}{l_k \cdot d_f^2} \leq p_{zul}
\end{aligned} \qquad (10.35)$$

$z$     Zähnezahl (s. TB 12-4)
$p_{zul}$    zulässige Flächenpressung nach TB 12-1b.
sonstige Formelzeichen nach Bild 10-22a.

*Hinweis:* Wird eine Drehstabfeder elastisch verformt und die aufgezwungene Form über längere Zeit konstant gehalten, dann tritt bei konstantem Drehwinkel ein Drehmomentverlust (Relaxation) bzw. bei konstantem Drehmoment eine Drehwinkelvergrößerung (Kriechen) auf.

## 2. Zylindrische Schraubenfedern mit Kreisquerschnitt
### Federwirkung, Verwendung
Die meist aus Runddrähten oder Rundstäben gefertigten zylindrischen Schraubenfedern können als um eine Achse schraubenlinienförmig gewundene Drehstabfedern aufgefasst werden.

---
[1)] Die Berechnung erfolgt in Anlehnung an DIN 2091; aus Gründen der Einheitlichkeit werden einzelne Formelgrößen anders bezeichnet.

## 10.3 Berechnungsgrundlagen und Eigenschaften der Einzelfedern

Sie sind die am häufigsten angewendeten Federn und werden vornehmlich als Druck- oder als Zugfedern verwendet (gute Werkstoffausnutzung).
Die Möglichkeit der Herstellung in kleinsten und größten Bauabmessungen, die Fertigung aus verschiedenartigsten Werkstoffen und wegen weitgehender Beeinflussung des Federungsverhaltens durch entsprechende Festlegung der Federabmessungen sowie durch Zusammenschalten von Federn verschiedener Abmessungen lassen sich praktisch alle Forderungen erfüllen.

**Ausführung**
**Druckfedern:** Je nach dem Fertigungsverfahren werden *kalt-* und *warmgeformte* Federn unterschieden.
Für *kaltgeformte Druckfedern* sind nach DIN 2095 Gütevorschriften für folgende Grenzwerte festgelegt: $d \leq 17$ mm; $D = (D_e + D_i)/2 \leq 200$ mm; $L_0 \leq 630$ mm; $n \geq 2$; Wickelverhältnis $w = D/d = 4 \ldots 20$.
Für *warmgeformte Druckfedern* gelten nach DIN 2096, T1 (bis 5000 Stück als Losgröße):

$d = 8 \ldots 60$ mm,  $D_e \leq 460$ mm;  $L_0 \leq 800$ mm;  $n \geq 3$;
Wickelverhältnis $w = D/d = 3 \ldots 12$.

Kaltgeformte Federn werden meist aus patentiert-gezogenem unlegiertem Federdraht nach DIN 17223 T1 in den Drahtsorten $A, B, C, D$ mit den Maßgenauigkeiten $B$ und $C$, sowie aus vergütetem Federdraht nach DIN 17223 T2 in den Sorten $FD, VD$ (unlegiert und CrV- bzw. SiCr-legiert) hergestellt. Hinweise zur Auswahl der Drahtsorten ergeben sich aus TB 10-2. Zur wesentlichen Verbesserung der Dauerfestigkeitseigenschaften können fertige Federn kugelgestrahlt werden, wodurch deren Lebensdauer stärker erhöht wird als durch Wahl einer besseren Drahtsorte oder einer geeigneten Vergütung. Oberflächenschutz ist für solche Federn besonders zu beachten. Üblicherweise werden Federn geölt oder gefettet geliefert; andere Schutzverfahren sind mit dem Hersteller zu vereinbaren. Für die Ausführung, Toleranzen und Prüfung kaltgeformter Federn sind die Richtlinien nach DIN 2095, für warmgeformte die nach DIN 2096 maßgebend.
Die Federn werden in der Regel rechtssteigend ausgeführt. Zur einwandfreien Überleitung der Federkraft auf die Anschlussteile wird bei kaltgeformten Schraubendruckfedern die Steigung an je einer auslaufenden Windung vermindert, so dass das auslaufende Ende den vollen Querschnitt der folgenden Windung berührt (Bild 10-23). Um bei jeder Federstellung das möglichst axiale Einfedern bei genügend großer Auflagefläche zu erreichen, werden die Drahtenden plangeschliffen. Das Planschleifen der Federenden sollte bei Druckfedern mit $d < 1$ mm oder $w > 15$ aus wirtschaftlichen Gründen unterbleiben.
Kaltgeformte Druckfedern bestehen aus $n \geq 2$ wirksamen federnden Windungen mit in der Regel konstanter Steigung und zusätzlich aus 2 nicht federnden Windungen. Bei warmgeformten Druckfedern mit $n \geq 3$ ist zwischen den angelegten Windungen ein fertigungsbedingter Spalt vorhanden. Die Endwindungen werden auf $d/4$ plangeschliffen oder bei $d > 14$ mm geschmiedet und geschliffen, so dass 3/4 einer Windung an jedem Federende nicht federn.

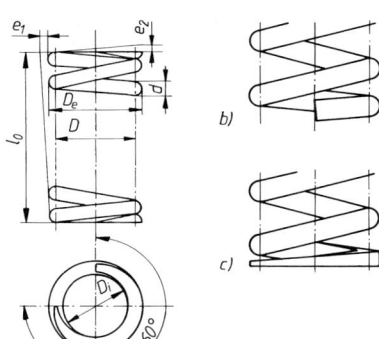

**Bild 10-23**
a) Unbelastete Schraubendruckfeder mit angelegten Federenden geschliffen
b) angelegtes, unbearbeitetes Federende
c) angelegtes, geschmiedetes Federende

Die *Gesamtzahl der Windungen* beträgt daher

$$\begin{array}{ll} \text{bei kaltgeformten Druckfedern} & n_t = n + 2 \\ \text{bei warmgeformten Druckfedern} & n_t = n + 1{,}5 \end{array} \quad (10.36)$$

Bei Druckfedern, besonders solche mit häufigen Lastwechseln, wird empfohlen, dass die Gesamtzahl der Windungen auf 1/2 (bzw. ..., 5) enden soll, d. h. anzustreben sind stets $n_t = 3{,}5 \; 4{,}5 \; 5{,}5 \ldots$ Windungen.

Die Steigung der unbelasteten federnden Windungen soll so gewählt werden, dass bei der größten zulässigen Federkraft immer noch ein Abstand zwischen den federnden Windungen vorhanden ist.

Die *Summe der Mindestabstände* ergibt sich bei kleinster zulässiger Federlänge $L_n$

$$\begin{array}{ll} \text{bei statischer Beanspruchung} & \\ \quad \text{für kaltgeformte Federn} & S_a = [0{,}0015 \cdot (D^2/d) + 0{,}1 \cdot d] \cdot n \\ \quad \text{für warmgeformte Federn} & S_a = 0{,}02 \cdot (D + d) \cdot n \\ \text{bei dynamischer Beanspruchung} & \\ \quad \text{für kaltgeformte Federn} & S'_a \approx 1{,}5 \cdot S_a \\ \quad \text{für warmgeformte Federn} & S'_a \approx 2 \cdot S_a \end{array} \quad (10.37)$$

Bei Unterschreitung von $S_a$ kann die Federkennlinie stark progressiv ansteigen.

Aus fertigungstechnischen Gründen müssen alle Federn auf *Blocklänge* $L_c$ (alle Windungen liegen aneinander) zusammengedrückt werden können. Sie beträgt mit $d_{max} = d + es$ (oberes Grenzabmaß $es$ nach TB 10-2a) für Federn

$$\begin{array}{ll} \text{kaltgeformt, Federenden} \ldots & \\ \quad \text{angelegt und geschliffen} & L_c \leq n_t \cdot d_{max} \\ \quad \text{angelegt und unbearbeitet} & L_c \leq (n_t + 1{,}5) \cdot d_{max} \\ \text{warmgeformt, Federenden} \ldots & \\ \quad \text{angelegt und planbearbeitet} & L_c \leq (n_t - 0{,}3) \cdot d_{max} \\ \quad \text{unbearbeitet} & L_c \leq (n_t + 1{,}1) \cdot d_{max} \end{array} \quad (10.38)$$

Die der größten zulässigen Federkraft $F_n$ zugeordnete *kleinste zulässige Federlänge* $L_n$ muss daher stets sein

$$L_n = L_c + S_a \quad \text{bzw.} \quad L'_n = L_c + S'_a \quad (10.39)$$

Wird eine Druckfeder nach ihrer Fertigung zum ersten Mal zusammengedrückt, so wird nach der Entlastung die ursprüngliche unbelastete Länge nicht wieder erreicht, d. h. die Feder „setzt" sich. Erst nach mehreren weiteren Belastungen „steht" die Feder und behält die als Richtwert geltende *Länge der unbelasteten Feder*

$$L_0 = s_c + L_c = s_n + L_c + S_a \quad \text{bzw.} \quad L'_0 = s_c + L_c = s_n + L_c + S'_a \quad (10.40)$$

$L_c$    Blocklänge (Windungen liegen aneinander) aus Gl. (10.38),
$S_a, S'_a$    Summe der Mindestabstände aus Gl. (10.37),
$s_c$    Federweg im Blockzustand
$s_n$    der Federkraft $F_n$ zugeordneter Federweg

**Zugfedern:** Hierfür sind die Richtlinien nach DIN 2097 maßgebend. Gegenüber den Druckfedern fallen bei Zugfedern die Führungselemente (Dorn, Hülse) weg, ebenso können die Federteller zur Federaufnahme vielfach eingespart werden und es besteht die Möglichkeit der zentrischen Kraftübertragung durch entsprechende Ausführung der Federenden. Nachteilig ist im Gegensatz zu den Druckfedern der meist größere Einbauraum, der sich je nach Ausführung der Federenden ergibt. Zugfedern werden daher zur Verringerung des Vorspannfederweges bis $d = 17$ mm Drahtdurchmesser meist mit (innerer) Vorspannung kaltgeformt, so dass die Windungen aneinander liegen, s. Bild 10-24; sie werden allgemein rechtsgewickelt. Federn mit $d > 17$ mm werden warmgewickelt und sind somit *ohne* Vorspannung; die Windungen brauchen nicht aneinander liegen. Zur Überleitung der Federkraft dienen die Ösen in verschiedenen Ausführungsformen sowie Anschlusselemente, deren Außendurchmesser nicht größer als $D_e$ sein sollten, s. Bild 10-25. Die Ösen sind allgemein parallel mit ganzzahliger $n_t = n$ oder auf ..., 5 endend; um 90° bzw. 270° zueinander versetzt mit $n_t = n$ auf ..., 25 bzw. ..., 75 endend oder, je nach Ösenöffnung, seitlich hochgestellt angeordnet.

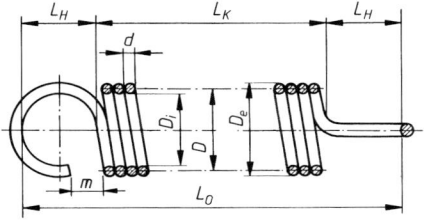

**Bild 10-24**
Darstellung der Zugfeder mit um 90° versetzter ganzer deutscher Öse. $L_H = (0{,}8\ldots1{,}1)\cdot D_i$; Ösenöffnung $m \geq 2\cdot d$

 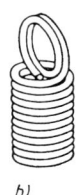  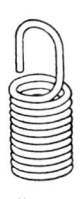   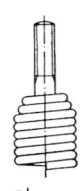

a) b) c) d) e) f) g)

**Bild 10-25** Ösenformen und Anschlusselemente zylindrischer Zugfedern (Auswahl)
a) halbe deutsche Öse ($L_H = (0{,}55\ldots0{,}8)\cdot D_i$), b) doppelte deutsche Öse ($L_H$ s. Bild 10-24), c) ganze deutsche Öse seitlich hochgestellt ($L_H \approx D_i$), d) Hakenöse ($L_H \geq 1{,}5\cdot D_i$ bis $30\cdot d$), e) englische Öse ($L_H \approx 1{,}1\cdot D_i$), f) Haken eingerollt ($n_t = n +$ Anzahl der durch Einrollen nicht federnder Windungen), g) Gewindestopfen ($2\ldots4$ eingeschraubte nicht federnde Windungen)

Mit der Gesamtwindungszahl $n_t$, dem Drahtdurchmesser $d$ und der Ösenlänge $L_H$ ergibt sich die *Länge des unbelasteten Federkörpers* $L_K$ mit eingewundener Vorspannung bzw. die *Federlänge* $L_0$ zwischen den Innenkanten der Ösen (Bild 10-24) aus

$$\boxed{L_K \approx (n_t + 1)\cdot d_{\max} \quad \text{bzw.} \quad L_0 \approx L_K + 2\cdot L_H} \tag{10.41}$$

**Berechnung**
Für *Druck- und Zugfedern* sind wegen rationeller Fertigung zulässige Abweichungen für Abmessungen und Kräfte je nach gefordertem Gütegrad entsprechend den betrieblichen Anforderungen vorgesehen (s. DIN 2095, 2096 und 2097). Zum Einhalten bestimmter Federkräfte und vorgeschriebener zugehöriger Längen muss dem Hersteller ein Fertigungsausgleich eingeräumt werden. Bei einer vorgeschriebenen Federkraft, zugehöriger Länge der gespannten Feder und $L_0$ für Druckfedern (für Zugfedern auch die innere Vorspannkraft $F_0$) sind $n$ und eine der Größen $d, D, D_e, D_i$ freizugeben; bei zwei vorgeschriebenen Federkräften und zugehörigen Längen der gespannten Feder ist auch $L_0$ (für Zugfedern auch $F_0$) freizugeben. Die Werte der freizugebenden Größen sind in der Zeichnung anzugeben und gelten als Richtwerte.

**Zylindrische Schraubendruckfedern mit Kreisquerschnitt:** Die Beanspruchung der Schraubenfedern erfolgt wie bei den Drehstabfedern vorwiegend auf Verdrehung, so dass die Berechnungsgleichungen für Drehstabfedern in entsprechend abgewandelter Form auch für Schraubenfedern gelten (sowohl für Druck- als auch für Zugfedern). Das Prinzip der Schraubenfederberechnung zeigt Bild 10-26, dargestellt für *eine* federnde Windung mit der Drahtlänge $l'$. Werden die mit den Endflächen des Bügels fest verbundenen Hebel mit der Kraft $F$ um den Betrag $s'$ zusammengedrückt, wird der Bügel durch das Moment $T = F \cdot D/2$ auf Verdrehen beansprucht und der Draht um den Betrag $b'$ verdrillt. Mit $W_p = (\pi/16) \cdot d^3$ ist somit sicherzustellen, dass $\tau_{vorh} = T/W_p \approx F \cdot D/(0{,}4 \cdot d^3) \leq \tau_{zul}$ ist. Da $\tau_{zul} = f(d)$ und somit noch nicht bekannt ist, wird der Drahtdurchmesser zunächst überschlägig mit Gl. (10.42) ermittelt.

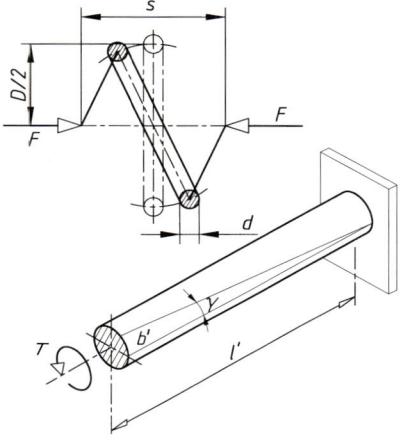

**Bild 10-26**
Halbkreisbügel als Teil der Schrauben-Druckfeder

Sind die Einbauverhältnisse begrenzt durch den Außendurchmesser $D_e$ oder den Innendurchmesser $D_i$, kann beim Entwurf einer kaltgeformten Feder unter Einbeziehung einer Hilfsgröße $k$ (siehe auch unter 10.3-3) mit der größten Federkraft $F$ aus der Gebrauchsformel der *Drahtdurchmesser d angenähert* vorgewählt werden

| Außendurchmesser $D_e$ vorgegeben: $d \approx k_1 \cdot \sqrt[3]{F \cdot D_e}$ | $d, D_e, D_i$ | $F$ | $k$ |
|---|---|---|---|
| Innendurchmesser $D_i$ vorgegeben: $d \approx k_1 \cdot \sqrt[3]{F \cdot D_i} + k_2$ | mm | N | 1 |

(10.42)

$k_1 = 0{,}15$ für Drahtsorten A, B, C, D bei $d < 5$ mm
$k_1 = 0{,}16$ für Drahtsorten A, B, C, D bei $d = 5 \ldots 14$ mm
$k_1 = 0{,}17$ für Drahtsorten FD, VD bei $d < 5$ mm
$k_1 = 0{,}18$ für Drahtsorten FD, VD bei $d = 5 \ldots 14$ mm

$$k_2 \approx \frac{2 \cdot (k_1 \cdot \sqrt[3]{F_{max} \cdot D_i})^2}{3 \cdot D_i}$$

Der so vorgewählte (oder auch vorerst geschätzte Durchmesser) ist festigkeitsmäßig auf Zulässigkeit nachzuprüfen. Für *statisch beanspruchte Druckfedern*[1] wird vereinfacht und genügend genau nur mit dem Drehmoment $T = F \cdot D/2$ (s. Bild 10-26) und dem polaren Widerstandsmoment $W_p = \pi \cdot d^3/16$ gerechnet. Aus der Torsionshauptgleichung $\tau_t = T/W_p \leq \tau_{t\,zul}$ ergibt sich (ohne Berücksichtigung des Einflusses der Drahtkrümmung) für den Belastungszustand 1,2

---

[1] Statische bzw. quasistatische Beanspruchung liegt vor, wenn die Beanspruchung zeitlich konstant bzw. zeitlich veränderlich ist mit kleiner Hubspannung (bis 10% der Dauerhubfestigkeit) bzw. mit größerer Hubspannung bis $N = 10^6$ Lastspielen.

## 10.3 Berechnungsgrundlagen und Eigenschaften der Einzelfedern

($u$, $o$) bzw. den Blockzustand $c$ die *vorhandene Schubspannung*

$$\text{für den Zustand 1,2 } (u, o): \quad \tau_{1,2(u,o)} = \frac{F_{1,2(u,o)} \cdot D/2}{\pi/16 \cdot d^3} \leq \tau_{zul}$$

$$\text{für den Blockzustand } c: \quad \tau_c = \frac{F_c \cdot D/2}{\pi/16 \cdot d^3} \leq \tau_{c\,zul}$$

(10.43)

$F$, $F_c$   Federkraft bzw. Federkraft bei Blocklänge $L_c$
$D$    mittlerer Windungsdurchmesser aus $D = (D_e + D_i)/2 = D_e - d = D_i + d$
$\tau_{zul}$   zulässige Schubspannung für kaltgeformte Federn (TB 10-11a)
$\tau_{c\,zul}$   zulässige Schubspannung bei Blocklänge $L_c$ (TB 10-11b); für warmgeformte Federn $\tau_{c\,zul}$-Werte nach TB 10-11c
Alle Federn müssen auf Blocklänge $L_c$ zusammengedrückt werden können.

Für *dynamisch beanspruchte Druckfedern*[1], s. Bild 10-27, gelten unter Berücksichtigung der durch die Drahtkrümmung entstehenden Spannungserhöhung die *korrigierten Spannungen*

$$\text{korrigierte Schubspannung} \quad \tau_{k1,2} = k \cdot \tau_{1,2} \leq \tau_{kO}$$
$$\text{korrigierte Hubspannung} \quad \tau_{kh} = \tau_{k2} - \tau_{k1} \leq \tau_{kH}$$

(10.44)

$k$    Spannungsbeiwert zur Berücksichtigung der Spannungserhöhung infolge der Drahtkrümmung aus (TB 10-11d)
$\tau_{1,2}$   Schubspannung nach Gl. (10.43)
$\tau_{kO}$   korrigierte Oberspannung; Zeit- oder Dauerfestigkeitswert
$\tau_{kH}$   desgl. korrigierte Hubspannung, Werte aus TB 10-13 bis TB 10-16

*Hinweis:* Auch bei dynamisch beanspruchten Druckfedern muss $\tau_{c\,zul}$ überprüft werden, s. zu Gl. (10.43).

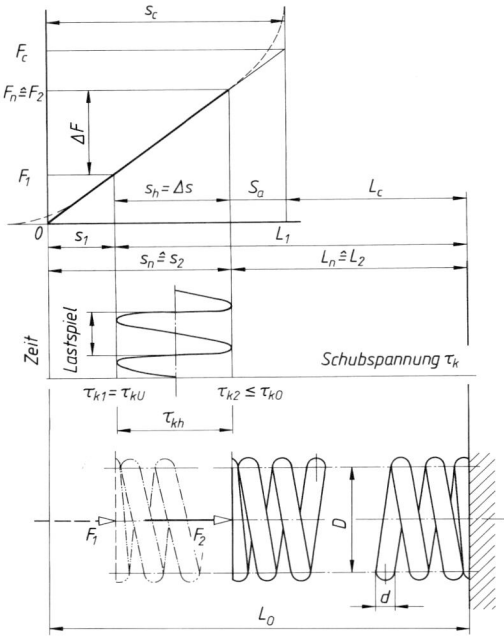

**Bild 10-27**
Schraubendruckfeder mit Belastungsdiagramm

---

[1] Kaltgeformte Federn mit Lastspielzahlen $N \geq 10^7$ bzw. warmgeformte Federn $N \geq 10^6$ im *Dauerfestigkeitsbereich*; und kaltgeformte Federn mit Lastspielzahlen $N < 10^7$ bzw. warmgeformte Federn $N < 10^6$ im *Zeitfestigkeitsbereich*.

Das elastische Verhalten der Feder mit dem festgelegten Drahtdurchmesser $d$ (DIN 2076, TB 10-2a) und dem festgelegten Windungsdurchmesser $D$ (DIN 323 R20′, TB 1-16) wird durch die Windungszahl $n$ bestimmt. Der Federweg $s'$ für eine Windung ergibt sich aus der Verdrillung des gestreckten Federdrahtes von der Länge $l' = D \cdot \pi$ und der Schiebung $\gamma = \tau_t/G = b'/l'$. Hiermit und mit $s'/b' \approx D/d$ (siehe Bild 10-26) werden der Federweg $s = n \cdot s'$ und daraus die *Anzahl der wirksamen Windungen*

$$n' = \frac{G}{8} \cdot \frac{d^4 \cdot s}{D^3 \cdot F} = \frac{G}{8} \cdot \frac{d^4}{D^3 \cdot R_{\text{soll}}} \tag{10.45}$$

Die *Federrate* mit der „sinnvoll" festgelegten Windungszahl $n$ wird

$$R_{\text{ist}} = \frac{G}{8} \cdot \frac{d^4}{D^3 \cdot n} \tag{10.46}$$

und damit die *Federkraft*

$$F = R_{\text{ist}} \cdot s = \frac{G}{8} \cdot \frac{d^4 \cdot s}{D^3 \cdot n} \tag{10.47}$$

bzw. der *Federweg*

$$s = \frac{F}{R_{\text{ist}}} = \frac{8}{G} \cdot \frac{D^3 \cdot n \cdot F}{d^4} \tag{10.48}$$

sowie die *Federungsarbeit*

$$W = \frac{F \cdot s}{2} = \frac{1}{4} \cdot \frac{V \cdot \tau^2}{G} \tag{10.49}$$

$V$    federndes Volumen aus $V = (d^2 \cdot \pi/4) \cdot l$ mit der Drahtlänge $l = D \cdot \pi \cdot n$

Druckbeanspruchte Federn sind auf Knicksicherheit nachzuprüfen. Entsprechend dem Einbaufall kann mit dem Lagerungsbeiwert $\nu$ die Kontrolle auf Knicksicherheit nach TB 10-12 durchgeführt werden.

Bei Druckfedern, die schnellen Belastungsänderungen unterworfen sind (z. B. Ventilfedern), können Resonanzerscheinungen auftreten, die beträchtliche Spannungserhöhungen hervorrufen. Um Dauerbrüche auszuschließen, muss Resonanz zwischen der Frequenz der wechselnden Bewegung des Federendes und der Eigenfrequenz der Feder bzw. einem ganzzahligen Vielfachen vermieden werden. Für das Schwingungssystem nach Bild 10-3 errechnet sich die Eigenfrequenz des Systems nach Gl. (10.4). Hierbei ist $m$ die schwingende Masse für den Längsschwinger, die Federmasse $m_F$ bleibt unberücksichtigt. Für die Berechnung der Eigenfrequenz der Feder mit der Federmasse $m_F$ gilt diese Beziehung somit nicht mehr; hier ist zu unterscheiden u. a. zwischen dem Verhältnis $m/m_F$, den unterschiedlichen Einspannverhältnissen, der evt. vorliegenden Stoßbelastung (Näheres s. weiterführende Literatur).

Für eine an beiden Enden befestigte Druckfeder aus Federstahl ($\varrho = 7{,}85$ kg/dm$^3$, $G \approx 83\,000$ N/mm$^2$) kann jedoch aus folgender Gebrauchsformel die *niedrigere Eigenfrequenz* $f_e$ angenähert errechnet werden

$$f_e \approx 3{,}66 \cdot 10^5 \cdot \frac{d}{n \cdot D^2} \quad \text{bzw.} \quad f_e \approx 13{,}7 \cdot \frac{(\tau_{kh}/k)}{\Delta s} \tag{10.50}$$

| $f_e$ | $d, D, \Delta s$ | $n, k$ | $\tau_{kh}$ | $\varrho$ |
|---|---|---|---|---|
| 1/s | mm | 1 | N/mm$^2$ | kg/dm$^3$ |

$d$              Federdrahtdurchmesser
$D$              mittlerer Windungsdurchmesser
$n$              Anzahl der federnden Windungen
$\tau_{kh} = \tau_{k2} - \tau_{k1}$   Hubspannung
$\Delta s = s_2 - s_1$   Federhub
$k$              Spannungsbeiwert, s. zu Gl. (10.44)

## 10.3 Berechnungsgrundlagen und Eigenschaften der Einzelfedern

Um diese dynamischen Einflüsse auf die Spannung möglichst klein zu halten, ist eine hohe Eigenfrequenz anzustreben bzw. die Feder mit ungleichförmiger Steigung oder, insbesondere bei warmgeformten Federn, mit inkonstantem Stabdurchmesser $D_e$ (progressive Kennlinie) herzustellen.

**Berechnung zylindrischer Schraubenzugfedern mit Kreisquerschnitt:** Die Berechnung der Zugfedern ist nach DIN 2089 T2 genormt. In entsprechend abgewandelter Form gelten für die Zugfedern nach Bild 10-28 die gleichen Berechnungsgleichungen wie für die Druckfedern. Zugfedern sollten nur statisch beansprucht werden, da aufgrund der angebogenen Ösen bzw. Haken eine rechnerische Erfassung der dadurch vorliegenden wirklichen Spannungsverhältnisse nicht möglich und wegen der eng aneinander liegenden Windungen eine Oberflächenverfestigung durch Kugelstrahlen nicht durchführbar ist. Im Gegensatz zu den Druckfedern wird die zulässige Spannung bei Zugfedern mit $\tau_{zul} \approx 0{,}45 \cdot R_m$ niedriger angesetzt (TB 10-19).

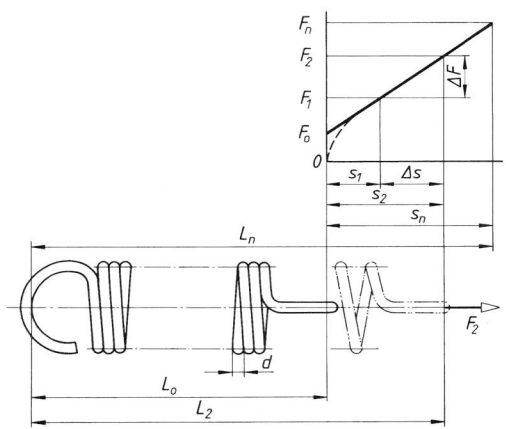

**Bild 10-28**
Schraubenzugfeder mit Belastungsdiagramm

Kaltgeformte Zugfedern werden in der Regel mit (gewünschter) innerer Vorspannung[1] hergestellt, so dass die Windungen stramm aneinander liegen. Bei linearer Kennlinie ist dann für die Zugfeder nach Bild 10-28 mit $d$ nach Gl. (10.42) und festgelegt nach TB 10-2a die *Federrate*

$$R = \frac{\Delta F}{\Delta s} = \frac{F - F_0}{s} = \frac{G \cdot d^4}{8 \cdot D^3 \cdot n} \tag{10.51}$$

Hieraus ergibt sich die zum Öffnen der aneinander liegenden Windungen erforderliche *innere Vorspannkraft*

$$F_0 = F - R \cdot s = F - \frac{G \cdot d^4 \cdot s}{8 \cdot D^3 \cdot n} \tag{10.52}$$

$F$     Federkraft ($F_1, F_2 \ldots$)
$s$     Federweg ($s_1, s_2 \ldots$, zugeordnet den Federkräften)
$D$    mittlerer Windungsdurchmesser, s. zu Gl. (10.43)
$d$     Drahtdurchmesser aus TB 10-2a
$n \geq 3$   Anzahl der federnden (wirksamen) Windungen
$G$    Gleitmodul; Werte aus TB 10-1

Die *erreichbare innere Vorspannkraft* $F_0$ richtet sich nach dem Drahtwerkstoff, dem Drahtdurchmesser $d$, dem Wickelverhältnis $w$ sowie dem Herstellverfahren und kann ermittelt werden aus

$$F_0 \leq \tau_{0\,zul} \cdot \frac{0{,}4 \cdot d^3}{D} \tag{10.53}$$

$\tau_{0\,zul} = \alpha \cdot \tau_{zul}$ mit $\alpha$ entsprechend dem Herstellverfahren nach TB 10-19b und $\tau_{zul}$ nach TB 10-19a.

---
[1] Innere Vorspannkräfte verringern den Vorspannweg $s_1$ und damit die Einbaulänge $L_1$ der Feder.

Sind die Einbauverhältnisse durch den Außendurchmesser $D_e$ vorgegeben, kann die Vorwahl von $d$ näherungsweise nach Gl. (10.42) erfolgen.
Die *Anzahl der federnden Windungen* errechnet sich aus

$$n = \frac{G \cdot d^4 \cdot s}{8 \cdot D^3 \cdot (F - F_0)} \qquad (10.54)$$

Bei gegebener Länge $L_K$ nach Gl. (10.41) des unbelasteten Federkörpers kann als Richtwert für die *Gesamtzahl der Windungen* angenommen werden

$$n_t = \frac{L_K}{d} - 1 \qquad (10.55)$$

Bei Zugfedern mit angebogenen Ösen ist $n_t = n$. Bei Federn mit eingerollten Haken oder mit Einschraubstücken ist $n$ um die Zahl der nicht mitfedernden Windungen kleiner ($n < n_t$).
Für Federn mit innerer Vorspannkraft ist die *Federungsarbeit*

$$W = \frac{(F + F_0) \cdot s}{2} \qquad (10.56)$$

Als Richtlinie für den Rechnungsgang einer Zugfeder diene das Berechnungsbeispiel 10.5.

### 3. Zylindrische Schraubenfedern mit Rechteckquerschnitt

**Federwirkung, Verwendung**
Soll ein größeres Arbeitsvermögen bei vorgegebenem Einbauraum gespeichert werden, werden vielfach Schraubenfedern mit Rechteckquerschnitt eingesetzt. Die Herstellung ist teurer als die der Federn mit Kreisquerschnitt. Federn mit Rechteckquerschnitt sind daher möglichst zu vermeiden und nur dann vorzusehen, wenn Runddrahtfedern die gestellten Anforderungen nicht erfüllen können. Beim Wickeln von Rechteckstäben zu Schraubenfedern ergeben sich starke Verformungen, die eine ungleichmäßige Spannungsverteilung im Querschnitt zur Folge haben. Dadurch ist die Werkstoffausnutzung schlechter, die Raumausnutzung jedoch besser als bei Federn mit Kreisquerschnitt. Federn mit großem Seitenverhältnis $b/h$ bzw. $h/b$, siehe Bild 10-29, sind Runddraht-Federn überlegen, wenn ein möglichst großes Verhältnis $s/L_c$ erzielt werden soll.
Die flachgewickelte Feder (Bild 10-29a) hat gegenüber der hochkantgewickelten Feder (Bild 10-29b) die härtere Federung, d. h. bei gleichem Wickelverhältnis $w = D/b \geq 4$ und gleichem Seitenverhältnis ist für den Federweg $s$ bei gleicher federnder Windungszahl $n$ eine größere Federkraft $F$ erforderlich, weil für $b < h$ der mittlere Windungsdurchmesser $D$ kleiner ausfällt. Bleiben alle übrigen Federdaten gleich, wird die Feder um so weicher, je größer $w$ und damit $D$ ist.

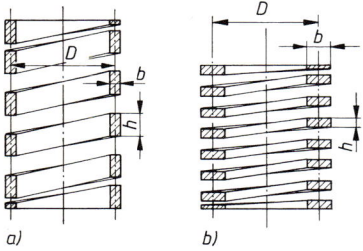

**Bild 10-29**
Schraubendruckfedern mit Rechteckquerschnitt, Seitenverhältnis $b/h$ bzw. $h/b \geq 1$
a) flachgewickelt
b) hochkantgewickelt

**Berechnung**
Die Berechnung ist nach DIN 2090 durchzuführen und soll hier nicht behandelt werden, da zylindrische Schraubenfedern mit Rechteckquerschnitt in der Praxis verhältnismäßig selten vorkommen.

## 4. Kegelige Schraubendruckfedern

### Federwirkung, Verwendung

Kegelstumpffedern werden mit Kreisquerschnitt, seltener mit Rechteckquerschnitt hergestellt (Bild 10-30a und b). Die größere Schubspannung tritt bei $D_2$ auf. Federn mit abnehmendem Rechteckquerschnitt (Bild 10-30c) werden hauptsächlich als Pufferfedern (z. B. bei Eisenbahnwagen) oder für kleinere Kräfte als Doppelkegelfedern bei Zangen und Scheren verwendet. Der Werkstoff solcher Federn ist nicht voll ausgenutzt, da die zulässige Beanspruchung nur im kleinsten Querschnitt erreicht werden kann. Pufferfedern haben jedoch eine gute Raumausnutzung, da sich die einzelnen Windungen ineinander schieben.
Die Kennlinie ist solange eine Gerade, bis die Windungen mit den größeren Durchmessern zu blockieren beginnen; danach verläuft die Kennlinie progressiv.

### Berechnung

Die Berechnung von Kegelstumpffedern ist sehr aufwendig und sollte zweckmäßig dem Hersteller überlassen bleiben.

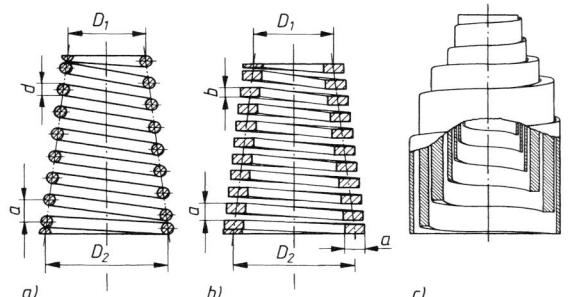

**Bild 10-30**
Kegelige Druckfedern
a) mit Kreisquerschnitt
b) mit Rechteckquerschnitt
c) mit abnehmendem Rechteckquerschnitt (Pufferfeder)

### 10.3.4 Federn aus Gummi

Das Gebiet der Gummifedern kann im Rahmen dieses Buches nicht umfassend behandelt werden. Zweck dieser Darlegung ist eine allgemeine Information über den Werkstoff *Gummi* als Federelement, seinen Eigenschaften und Anwendungsmöglichkeiten.

#### 1. Eigenschaften

Zu den Rohstoffen zur Herstellung der Federelemente aus Gummi gehören bei Naturgummi Kautschuk (Guttapercha, Balata) und bei synthetischem Gummi Kohle und Kalk. Hauptbestandteile sind Kohlenwasserstoffe. Wichtige Bestandteile einer Gummiqualität sind Schwefel, Ruß, Alterungsschutzmittel, Weichmacher und Beschleuniger. Der technische Gummi entsteht durch den Vulkanisationsprozess.
Die Art und Menge der Mischungsbestandteile und deren Verarbeitung bestimmen die Eigenschaften des Gummis. Als Federwerkstoff kommt nur Weichgummi mit einem Schwefelgehalt bis etwa 10% in Frage. Der technische Weichgummi wird nach DIN 53505 durch die Shorehärte unterschieden; eine Kennzahl für den Eindringungswiderstand der Nadel eines Messinstrumentes. Sie liegt etwa zwischen 25 und 85 Einheiten. Die höheren Einheiten entsprechend den härteren Sorten. Gleitmodul $G$ und Elastizitätsmodul $E$ sind unmittelbar von der Shorehärte abhängig, der $E$-Modul außerdem noch von der Form des Federkörpers (Bild 10-31). Die Federkennlinie bei Gummi ist gekrümmt und hat je nach der Art der Beanspruchung einen progressiven oder degressiven Verlauf. Bei Schub- und Verdrehbeanspruchung zeigen Gummifedern eine erheblich höhere Elastizität als bei Zug- und Druckbeanspruchungen. Die Entlastungskennlinie liegt wegen innerer Reibung unter der Belastungskennlinie (Bild 10-32). Die innere Reibung setzt sich in Wärme um, die wegen der schlechten Wärmeleitfähigkeit des Gummis nur langsam abgeführt wird. Dies führt bei schwingender Belastung zu beträchtlicher Temperaturerhöhung und damit zum Härterwerden des Federelements und zur Verminderung der Lebensdauer.

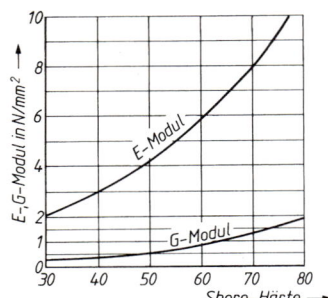 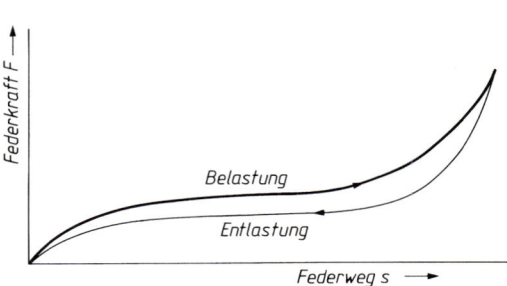

**Bild 10-31** Elastizitäts- und Gleitmodul von Gummi (der E-Modul gilt nur für runde Gummifedern bei $d/h \approx 1$)

**Bild 10-32** Federkennlinie für Gummifedern

Die Verwendungstemperaturen von Gummifedern liegen allgemein im Bereich zwischen $-30\,°C \ldots +80\,°C$. Bei niedrigen Temperaturen wachsen Dämpfung und Federhärte, bei höheren Temperaturen beginnt Gummi, sich chemisch zu zersetzen. Die Lebensdauer wird ferner durch äußere Einwirkungen, z. B. durch Feuchtigkeit und sogar durch Licht, besonders aber durch Öl und Benzin vermindert. Im Allgemeinen ist in dieser Hinsicht synthetischer Gummi beständiger als Naturgummi.

### 2. Ausführung, Anwendung

Gummifedern werden fast ausschließlich in Form einbaufertiger, im Gummi-Metall-Haftverfahren hergestellter Konstruktionselemente verwendet (Bild 10-33). Bei diesen werden die Kräfte reibungsfrei und gleichmäßig ohne örtliche Spannungserhöhungen in den Gummi eingeleitet. Der Gummi ist durch Vulkanisieren oder Kleben mit galvanisch oder chemisch vorbehandelten Metallteilen (Platten oder Hülsen) verbunden, wobei die Haftfähigkeit oft größer ist als die Festigkeit des Gummis selbst.
Neben diesen gebundenen gibt es auch gefügte Gummifedern, bei denen der Gummi zwischen Hülsen mechanisch so fest eingepresst ist, dass allein der Kraftschluss (Reibungsschluss) trägt.
Gummifedern werden hauptsächlich als Druck- und Schubfedern zur Abfederung von Maschinen und Maschinenteilen, zur Dämpfung von Stößen und Schwingungen und zur Minderung von Geräuschen verwendet, z. B. im Kraftfahrzeugbau für die Lagerung von Schwingarmen, Federbolzen, Spurstangen, Bremsgestängen und Stoßdämpfern (Bild 10-33d), zur Aufhängung von Motoren und Kühlern; im Maschinenbau für die Lager von Schwingsieben, Hebeln und anderen schwingenden und pendelnden Teilen.
Bild 10-33 zeigt Beispiele für den Einbau und die Gestaltung von Gummifederungen. Außer den in Bild 10-33 dargestellten Standardformen werden auch Sonderformen der Gummifedern

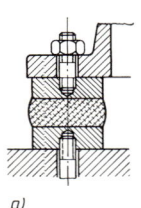 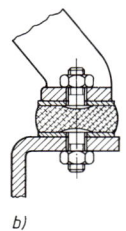 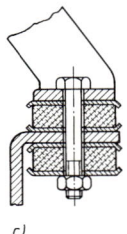 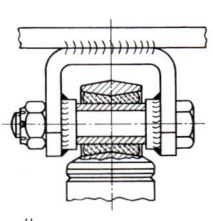

a)  b)  c)  d)

**Bild 10-33** Einbau von Druckfederelementen
a) und b) richtige Befestigungen von Federelementen (Gummi kann ausweichen), c) ungünstige Befestigung (Gummi wird beim Festdrehen der Schraube stark zusammengedrückt), d) Lagerung eines Stoßdämpfers durch ein Formelement.

## 10.3 Berechnungsgrundlagen und Eigenschaften der Einzelfedern

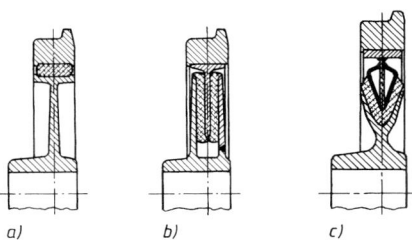
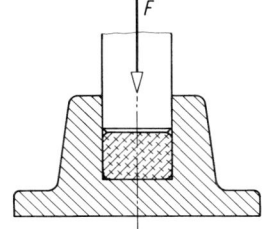

**Bild 10-34**
Gummigefederte Räder für Schienenfahrzeuge
a) druckbeanspruchte und
b) ältere schubbeanspruchte,
c) neuere Ausführung mit Schub-Druck-Elementen

**Bild 10-35** Falsch gestaltete Gummifederung

verwendet, z. B. für elastische Kupplungen, Rohrverbindungen, Gelenke und gummigefederte Räder (Bild 10-34).
Grundsätzlich ist bei allen Gummifedern zu beachten, dass der federnde Gummikörper nie allseitig eingeschlossen werden darf, da Gummi bei Druckbeanspruchung sein Volumen kaum ändert und sich dabei wie ein fester, unelastischer Körper verhalten würde (Bild 10-35). Abschließend sei noch auf die VDI-Richtlinie 2005 hingewiesen, die Hinweise über die Gestaltung und Anwendung von Gummiteilen enthält.

### 3. Berechnung

Allgemein gültige Berechnungsgleichungen für Gummifedern können wegen der sehr unterschiedlichen Eigenschaften, Einflussgrößen und Ausführungsformen kaum gegeben werden. Da Gummifedern meist in Form einbaufertiger Einheiten geliefert werden, sind die Federdaten der Hersteller maßgebend. Für kleinere Verformungen für überschlägige Berechnungen siehe Angaben in Bild 10-36.

| | | | |
|---|---|---|---|
| *Schub-Scheibenfeder* | Schubspannung | $\tau \approx \dfrac{F}{A} = \gamma \cdot G \leq \tau_{zul}$ | |
| | Verschiebungswinkel | $\gamma° \approx \dfrac{180°}{\pi} \cdot \dfrac{\tau}{G} \leq 20°$ | (10.57) |
| | Federweg | $s \approx h \cdot \tan\gamma = \dfrac{h \cdot F}{A \cdot G} < 0{,}35 \cdot h$ | |
| *Schub-Hülsenfeder* | Schubspannung | $\tau \approx \dfrac{F}{A_i} \approx \dfrac{F}{d \cdot \pi \cdot h} \leq \tau_{zul}$ | (10.58) |
| | Federweg | $s \approx \ln\left(\dfrac{D}{d}\right) \cdot \dfrac{F}{2 \cdot \pi \cdot h \cdot G} < 0{,}2 \cdot (D - d)$ | |
| *Drehschubfeder* | Schubspannung | $\tau \approx \dfrac{T}{A_i \cdot r} = \dfrac{T}{2 \cdot \pi \cdot r^2 \cdot h} \leq \tau_{zul}$ | (10.59) |
| | Verdrehwinkel | $\varphi° \approx \dfrac{180°}{\pi} \cdot \dfrac{T}{4 \cdot \pi \cdot h \cdot G} \cdot \left(\dfrac{1}{r^2} - \dfrac{1}{R^2}\right) < 40°$ | |

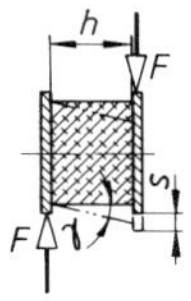

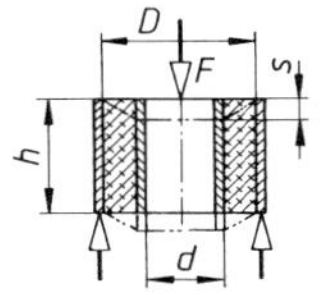

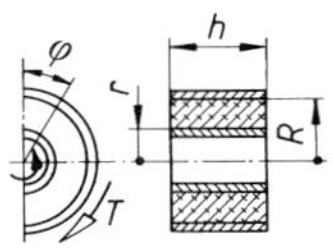

**Bild 10-36** Gummifederelemente mit zugehörigen Berechnungsgleichungen für kleine Verformungen

| | | | |
|---|---|---|---|
| *Drehschub-Scheibenfeder* 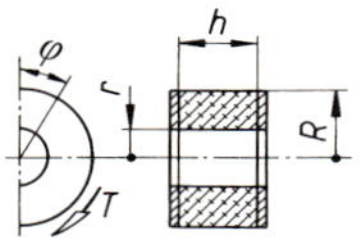 | Schubspannung | $\tau \approx \dfrac{2}{\pi} \cdot \dfrac{T \cdot R}{R^4 - r^4} \leq \tau_{zul}$ | (10.60) |
| | Verdrehwinkel | $\varphi° \approx \dfrac{360°}{\pi^2} \cdot \dfrac{T \cdot h}{(R^4 - r^4) \cdot G} < 20°$ | |
| *Druckfeder* 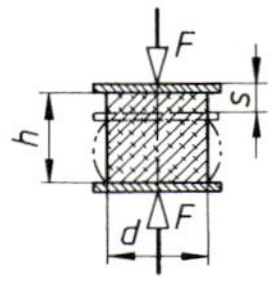 | Druckspannung | $\sigma_d = \varepsilon \cdot E = \dfrac{s}{h} \cdot E$  bzw. $\sigma_d = \dfrac{F}{d^2 \cdot \pi / 4} \leq \sigma_{dzul}$ | (10.61) |
| | Federweg | $s \approx \dfrac{4 \cdot F \cdot h}{d^2 \cdot \pi \cdot E} \leq 0{,}2 \cdot h$ | |

| | |
|---|---|
| $F$ | Federkraft |
| $A, A_i$ | Bindungs- bzw. innere Bindungsfläche zwischen Gummi und Metall |
| $G$ | Gleitmodul des Gummis (TB 10-1 bzw. Bild 10-31) |
| $E$ | Elastizitätsmodul des Gummis (TB 10-1 bzw. Bild 10-31) |
| $h$ | Höhe, Dicke der Feder |
| $T$ | von der Feder zu übertragendes Nenndrehmoment |
| $\varepsilon$ | Dehnung |
| $\tau_{zul}, \sigma_{dzul}$ | zulässige Spannung (TB 10-1) |

**Bild 10-36** (Fortsetzung)

## 10.4 Berechnungsbeispiele

■ **Beispiel 10.1:** Eine Drehfeder mit kurzen, tangentialen Schenkeln $H = 40$ mm für einen Innendurchmesser $D_i = 20$ mm, Windungsabstand $a = 1$ mm, soll bei gelegentlichen Laständerungen durch eine maximale Federkraft $F = 600$ N bis zu einem Drehwinkel $\varphi_{max} \approx 120°$ beansprucht werden.
Für die geeignete Drahtsorte sind die Federabmessungen zu bestimmen, wenn die geringe Schenkeldurchbiegung unberücksichtigt bleibt.

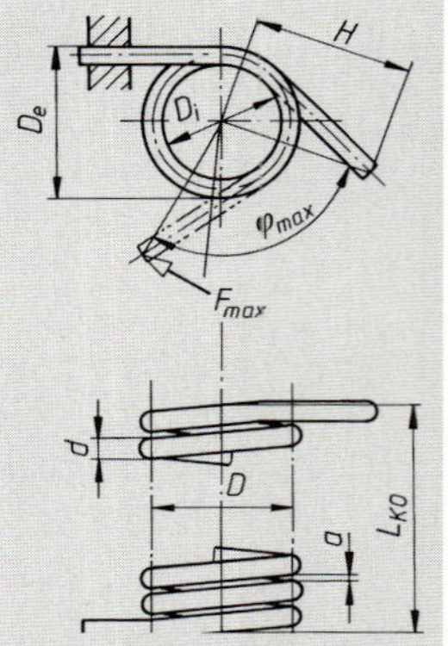

▶ **Lösung:** Für die überwiegend ruhend beanspruchte Feder wird zunächst der Drahtdurchmesser überschlägig nach Gl. (10.11) vorgewählt. Für $M = F_{max} \cdot H = 600$ N $\cdot 40$ mm $= 24 \cdot 10^3$ Nmm und

$$k \approx 0{,}06 \cdot \dfrac{\sqrt[3]{M}}{D_i} = 0{,}06 \cdot \dfrac{\sqrt[3]{24\,000}}{20} \approx 0{,}09$$

ergibt sich der Drahtdurchmesser

$$d \approx 0{,}23 \cdot \dfrac{\sqrt[3]{F \cdot H}}{1 - k} = 0{,}23 \cdot \dfrac{\sqrt[3]{24\,000}}{0{,}91} \approx 7{,}3 \text{ mm}.$$

**Bild 10-37** Darstellung der Drehfeder

Der Drahtdurchmesser wird nach TB 10-2 mit $d = 7$ mm zunächst vorgewählt. Damit wird $D = D_i + d = 20$ mm $+ 7$ mm $= 27$ mm; festgelegt nach DIN 323 (Vorzugszahl, s. TB 1-16) $D = 28$ mm.
*Festigkeitsnachweis:* Mit $q \approx 1{,}25$ (TB 10-4) für $w = D/d = \ldots = 4$ und $F \cdot H = M = 24 \cdot 10^3$ Nmm wird die Biegespannung aus Gl. (10-15)

$$\sigma_q = M \cdot q / ((\pi/32) \cdot d^3) = \ldots \approx 890 \text{ N/mm}^2.$$

Die zulässige Biegespannung beträgt nach TB 10-3 für $d = 7$ mm und Drahtsorte B $\sigma_{bzul} \approx 950$ N/mm². Der Drahtdurchmesser ist mit $d = 7$ mm festigkeitsmäßig somit ausreichend.

*Funktionsverhalten:* Die Anzahl der federnden Windungen aus Gl. (10.16) mit $\varphi° \cong \varphi_{max} = 120°$, $F \cdot H = M = 24 \cdot 10^3$ Nmm, $E = 206 \cdot 10^3$ N/mm², $d = 7$ mm und $D = 28$ mm

$$n = \varphi° \cdot E \cdot d^4 / (3667° \cdot M \cdot D) = \ldots \approx 24{,}1; \quad \text{festgelegt } n = 24{,}5 \text{ Windungen.}$$

Die Länge des unbelasteten Federkörpers wird bei der Feder mit $a = 1$ mm Windungsabstand nach Gl. (10.13)

$$L_{K0} = n \cdot (a + d) + d = \ldots = 203 \text{ mm}.$$

Mit $L_{K0} = 203$ mm und mit $\sigma_{b\,zul} \approx 950$ N/mm² (Drahtsorte B, TB 10-3) wird nach Umstellung der Gl. (10.15)

$$d = \sqrt[3]{\frac{M \cdot q}{(\pi/32) \cdot \sigma_{b\,zul}}} = \ldots = 6{,}85 \text{ mm}; \quad \text{endgültig festgelegt } d = 7 \text{ mm}.$$

Für $a + d = 8$ mm $> D/4 = 7$ und der Windungszahl $n = 24{,}5$ ergibt sich nach Gl. (10.14) die gestreckte Länge des Federkörpers

$$l = n \cdot \sqrt{(\pi \cdot D)^2 + (a + d)^2} = \ldots 2164 \text{ mm}.$$

**Ergebnis:** Vorzusehen ist eine Drehfeder aus Draht DIN 2076-B7 mit 24,5 federnden Windungen, Außendurchmesser $D_e = 35$ mm, Länge des unbelasteten Federkörpers $L_{K0} = 203$ mm und einer konstruktiv bedingten Schenkellänge (Hebelarm) von $H = 40$ mm.

**Beispiel 10.2:** Für eine Spannvorrichtung (Bild 10-38) soll eine Federsäule berechnet werden, die eine vorwiegend ruhende Druckkraft von 2500 N bei einem Federweg von 6 mm aufzunehmen hat. Für den Führungsbolzen ist ein Durchmesser $d = 11{,}8$ mm vorgesehen. Die Berechnung soll ohne Berücksichtigung der Reibung und zum Vergleich mit Berücksichtigung der Reibung durchgeführt werden. Die Federn werden mit Fett geschmiert.

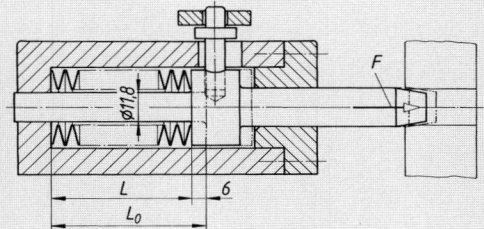

**Bild 10-38**
Tellerfeder für Spannvorrichtung

**Lösung:** Ausgehend vom Bolzendurchmesser $d \approx 11{,}8$ mm kommen nach DIN 2093 (TB 10-6) bei einem Mindestspiel $Sp \approx 0{,}2$ mm in Frage:

Tellerfeder DIN 2093-A25 mit $D_e = 25$ mm, $D_i = 12{,}2$ mm, $F_{0{,}75} = 2910$ N,
$t = 1{,}5$ mm, $h_0 = 0{,}55$ mm  oder

Tellerfeder DIN 2093-B25 mit $D_e = 25$ mm, $D_i = 12{,}2$ mm, $F_{0{,}75} = 868$ N,
$t = 0{,}9$ mm, $h_0 = 0{,}7$ mm und $l_0 = t + h_0 = 1{,}6$ mm.

Die geforderte Federkraft kann aus Überlegungen mit Gl. (10.22) ohne Berücksichtigung der Reibung wie folgt erreicht werden:
1. mit einer Säule aus wechselsinnig aneinandergereihten Tellern der Reihe A
   ($n = 1$ und damit $F_{ges} = F = 2500$ N $< F_{0{,}75} = 2910$ N)
2. mit einer Säule aus wechselsinnig aneinandergereihten Paketen zu je 3 Tellern der Reihe B
   ($n = 3$ und damit $F = F_{ges}/3 = 2500$ N$/3 \approx 833$ N $< F_{0{,}75} = 868$ N).

*Zu 1.* Bei Berücksichtigung der Reibung ergibt sich nach Gl. (10.31) mit $F_{ges\,R} \cong F = 2500$ N, $w_M \approx 0{,}02$, $w_R \approx 0{,}03$ (TB 10-7) die zur Verformung der Einzelfeder (Federpaket mit $n = 1$) zur Verfügung stehende Kraft aus

$$F' = \frac{1}{n} \cdot F_{ges\,R} \cdot [1 - w_M(n-1) - w_R] = \ldots \approx 2425 \text{ N}.$$

Um den zugehörigen Federweg $s$ je Teller nach TB 10-8c ermitteln zu können, muß mit Gl. (10.26) die rechnerische Federkraft in Planlage ermittelt werden mit $E = 206\,000\,\text{N/mm}^2$ (TB 10-1), $\mu \approx 0{,}3$, $h_0 = 0{,}55\,\text{mm}$, $t = 1{,}5\,\text{mm}$, für $\delta = D_e/D_i = 25\,\text{mm}/12{,}2\,\text{mm} = 2{,}05$ nach TB 10-8a $K_1 \approx 0{,}7$, $K_4 = 1$ (für Tellerfedern der Gruppe 1 und 2)

$$F_c = \frac{4 \cdot E}{(1-\mu)^2} \cdot \frac{h_0 \cdot t^3}{K_1 \cdot D_e^2} \cdot K_4^2 = \ldots \approx 3840\,\text{N}\,.$$

Mit $F/F_c = 2425\,\text{N}/3840\,\text{N} \approx 0{,}63$ wird nach TB 10-8c für Reihe A abgelesen $s/h_0 \approx 0{,}61$; damit wird der Federweg je Einzelteller

$$s \approx 0{,}61 \cdot h_0 = \ldots \approx 0{,}34\,\text{mm} < s_{0{,}75}\,.$$

Zum Vergleich wird ohne Berücksichtigung der Reibung mit $F/F_c = 2500\,\text{N}/3840\,\text{N} \approx 0{,}65$ und damit nach TB 10-8c $s/h_0 \approx 0{,}63$ und daraus

$$s \approx 0{,}63 \cdot h_0 = \ldots \approx 0{,}35\,\text{mm}\,.$$

Um den geforderten Federweg $s = 6\,\text{mm}$ einhalten zu können, wird nach Gl. (10.23) die Zahl der wechselsinnig aneinandergereihten Einzelteller unter Berücksichtigung der Reibung (ohne Reibung)

$$i = s_{\text{ges}}/s = 6\,\text{mm}/0{,}34\,\text{mm}\ (0{,}35\,\text{mm}) \approx 17{,}65\ (17{,}14);\quad \text{festgelegt } i = 18\,.$$

Der wirkliche Gesamtfederweg der Säule wird dann

$$s_{\text{ges}} = i \cdot s = 18 \cdot 0{,}34\,\text{mm}\ (0{,}35\,\text{mm}) = 6{,}12\,\text{mm}\ (6{,}3\,\text{mm})\,.$$

Die Länge der unbelasteten Federsäule wird nach Gl. (10.23) mit $i = 18$, $h_0 = 0{,}55\,\text{mm}$, $n = 1$ und $t = 1{,}5\,\text{mm}$

$$L_0 = i \cdot (l_0 + (n-1) \cdot t) = i \cdot (h_0 + n \cdot t) = \ldots \approx 36{,}9\,\text{mm}\,.$$

Die Länge der belasteten Federsäule ergibt sich mit Gl. (10.23)

$$L = L_0 - s_{\text{ges}} = i \cdot (l_0 + (n-1) \cdot t - s) = i \cdot (h_0 + n \cdot t - s) = \ldots \approx 30{,}78\,\text{mm}\ (30{,}6\,\text{mm})\,.$$

*Zu 2.* Bei Berücksichtigung der Reibung ergibt sich für die Reihe B, mit $w_M \approx 0{,}014$, $w_R \approx 0{,}02$ (TB 10-7, Reihe B) mit $n = 3$ der ähnliche Rechengang:
die zur Verformung der Einzelfeder zur Verfügung stehende Kraft mit $F_{\text{ges}\,R} \cong F = 2500\,\text{N}$ aus Gl. (10.31)

$$F' = \frac{1}{n} \cdot F_{\text{ges}\,R} \cdot [1 - w_M(n-1) - w_R] = \ldots \approx 793\,\text{N}\,.$$

Mit $E = 206\,000\,\text{N/mm}^2$ (TB 10-1), $\mu \approx 0{,}3$, $h_0 = 0{,}7\,\text{mm}$, $t = 0{,}9\,\text{mm}$, für $\delta = D_e/D_i = 25\,\text{mm}/12{,}2\,\text{mm} = 2{,}05$ nach TB 10-8a $K_1 \approx 0{,}7$, $K_4 = 1$ (für Tellerfedern der Gruppe 1 und 2)

$$F_c = \frac{4 \cdot E}{(1-\mu)^2} \cdot \frac{h_0 \cdot t^3}{K_1 \cdot D_e^2} \cdot K_4^2 = \ldots \approx 1056\,\text{N}\,.$$

Mit $F/F_c = 793\,\text{N}/1056\,\text{N} \approx 0{,}75$ wird nach TB 10-8c für Reihe B abgelesen $s/h_0 \approx 0{,}65$; damit wird der Federweg je Einzelteller

$$s \approx 0{,}65 \cdot h_0 = \ldots \approx 0{,}46\,\text{mm} < s_{0{,}75}\,.$$

Ohne Berücksichtigung der Reibung mit $F/F_c = (2500/3)\,\text{N}/1056\,\text{N} \approx 0{,}79$ wird nach TB 10-8c $s/h_0 \approx 0{,}72$ abgelesen und daraus

$$s \approx 0{,}72 \cdot h_0 = \ldots \approx 0{,}5\,\text{mm}\,.$$

Die Zahl der wechselsinnig aneinandergereihten Einzelteller unter Berücksichtigung der Reibung (ohne Reibung)

$$i = s_{\text{ges}}/s = 6\,\text{mm}/0{,}46\,\text{mm}\ (0{,}5\,\text{mm}) \approx 13\ (12)\,.$$

Der wirkliche Gesamtfederweg der Säule wird dann

$$s_{\text{ges}} = i \cdot s = 13 \cdot 0{,}46\,\text{mm}\ (= 12 \cdot 0{,}5\,\text{mm}) = 5{,}98\,\text{mm}\ (6{,}3\,\text{mm})\,.$$

Die Länge der unbelasteten Federsäule wird nach Gl. (10.23) mit $i = 13\ (12)$, $h_0 = 0{,}7\,\text{mm}$, $n = 3$ und $t = 0{,}9\,\text{mm}$

$$L_0 = i \cdot (l_0 + (n-1) \cdot t) = i \cdot (h_0 + n \cdot t) = \ldots \approx 44{,}2\,\text{mm}\ (40{,}8\,\text{mm})\,.$$

Die Länge der belasteten Federsäule ergibt sich mit Gl. (10.23)

$$L = L_0 - s_{ges} = i \cdot (l_0 + (n-1) \cdot t - s) = i \cdot (h_0 + n \cdot t - s) = \ldots \approx 38{,}2 \text{ mm} \ (34{,}8 \text{ mm}).$$

**Ergebnis:** Gewählt wird eine Federsäule aus 18 wechselsinnig aneinandergereihten Tellerfedern DIN 2093-A25. Diese Ausführung ist gegenüber der Säule aus Federpaketen zu je $n = 3$ Einzeltellern mit insgesamt 39 (36) Tellerfedern DIN 2093-B25 günstiger, weil weniger Einzelteller benötigt werden; außerdem ist die unbelastete Säule kürzer.

**Beispiel 10.3:** Eine Federsäule aus 10 wechselsinnig aneinandergereihten Tellerfedern DIN 2093-B100 soll zwischen einer Vorspannkraft $F_1 \approx 6000$ N und einer größten Federkraft $F_2 \approx 12\,000$ N schwingend belastet werden. Nach DIN 2092 ist zu prüfen, ob die Federn bei dieser Beanspruchung dauerfest sind ($N = 2 \cdot 10^6$ Lastspiele).

**Lösung:** Mit den Federabmessungen $D_e = 100$ mm, $D_i = 51$ mm (somit $\delta = D_e/D_i = \ldots = 1{,}96$), $t = 3{,}5$ mm, $h_0 = 2{,}8$ mm aus TB 10-6b, $E = 206\,000$ N/mm², $\mu \approx 0{,}3$, $K_1 \approx 0{,}684$ (TB 10-8a) und $K_4 = 1$ (s. zu Gl. (10.24)) wird die Federkraft bei Planlage aus Gl. (10.26)

$$F_c = \frac{4 \cdot E}{(1-\mu)^2} \cdot \frac{h_0 \cdot t^3}{K_1 \cdot D_e^2} \cdot K_4^2 = \ldots \approx 15\,892 \text{ N}.$$

Nach TB 10-8c wird für Reihe B mit $F_1/F_c = 6000$ N$/15\,892$ N $\approx 0{,}38$ abgelesen: $s/h_0 \triangleq s_1/h_0 \approx 0{,}29$; daraus wird der Vorspannfederweg je Einzelteller

$$s_1 = (s_1/h_0) \cdot h_0 = \ldots \approx 0{,}81 \text{ mm} > (0{,}15 \ldots 0{,}2) \cdot h_0.$$

Für $F_2/F_c = 12\,000$ N$/15\,892$ N $\approx 0{,}755$ wird $s_2/h_0 \approx 0{,}67$ abgelesen und

$$s_2 = (s_2/h_0) \cdot h_0 = \ldots \approx 1{,}88 \text{ mm}.$$

Entsprechend Gl. (10.30) wird für die Stelle III (s. Bild 10-19) mit $K_1 \approx 0{,}684$ (TB 10-8a), $K_2 \approx 1{,}208$, $K_3 \approx 1{,}358$ (TB 10-8b), $K_4 = 1$, s. zu Gl. (10.24)

$$\sigma_1 = -\frac{4 \cdot E}{1-\mu^2} \cdot \frac{t^2}{K_1 \cdot D_e^2} \cdot K_4 \cdot \frac{s}{t} \cdot \frac{1}{\delta} \left[ K_4 \cdot (K_2 - 2 \cdot K_3) \cdot \left( \frac{h_0}{t} - \frac{s}{2 \cdot t} \right) - K_3 \right] = \ldots \approx 457 \text{ N/mm}^2$$

dgl. für $s_2 = 1{,}88$ mm wird nach Gl. (10.30) $\sigma_2 \approx 959$ N/mm². Damit ergibt sich die Hubspannung im Betriebszustand

$$\sigma_h = \sigma_2 - \sigma_1 = 959 \text{ N/mm}^2 - 457 \text{ N/mm}^2 \approx 500 \text{ N/mm}^2.$$

Wird nun $\sigma_1 \triangleq \sigma_U = 457$ N/mm² in das Dauerfestigkeitsschaubild (TB 10-9c) übertragen, kann für $t = 3{,}5$ mm die Oberspannung (Grenzspannung) $\sigma_O \approx 1070$ N/mm² abgelesen werden. Die Federn sind dauerfest, da

$$\sigma_O \approx 1070 \text{ N/mm}^2 > \sigma_2 \triangleq \sigma_o \approx 959 \text{ N/mm}^2 \quad \text{bzw.}$$

$$\sigma_H = \sigma_O - \sigma_U = 1070 \text{ N/mm}^2 - 457 \text{ N/mm}^2 = 613 \text{ N/mm}^2 > \sigma_h = 500 \text{ N/mm}^2.$$

**Ergebnis:** Die Tellerfedern DIN 2093-B 100 der Federsäule haben bei schwingender Beanspruchung zwischen den Kräften $F_1 = 6000$ N und $F_2 = 12\,000$ N eine praktisch unbegrenzte Lebensdauer.

*Hinweis:* Das gleiche Ergebnis kann anschaulich durch Aufzeichnen der $F/s$- und $\sigma/s$-Kennlinien entsprechend Bild 10-20 für einen zweckmäßigen Maßstab gefunden werden. Für die angenäherte Darstellung sind die Werte nach TB 10-6b vorgegeben für

$s_{0{,}75} = 0{,}75 \cdot h_0 = 2{,}1$ mm   $F_{0{,}75} = 13\,100$ N   $\sigma_{0{,}75} = 1050$ N/mm²
$s_{0{,}5} = 0{,}5 \cdot h_0 = 1{,}4$ mm   $F_{0{,}5} = 9820$ N   $\sigma_{0{,}5} = 901$ N/mm²
$s_{0{,}25} = 0{,}25 \cdot h_0 = 0{,}7$ mm   $F_{0{,}25} = 5620$ N   $\sigma_{0{,}25} = 402$ N/mm².

Für $F_1$ und $F_2$ können die Federwege $s_1$ und $s_2$ sowie die Zugspannungen $\sigma_1$ und $\sigma_2$ genügend genau abgelesen werden, so dass der Dauerfestigkeitsnachweis wie oben durchgeführt werden kann.

**Beispiel 10.4:** Eine Schraubendruckfeder mit beidseitig geführten Einspannungen wird als Ventilfeder zwischen den Federkräften $F_1 = 400$ N und $F_2 = 600$ N bei einem Hub $\Delta s = 12$ mm schwingend beansprucht (Bild 10-39). Der äußere Windungsdurchmesser soll etwa $D_e = 30$ mm, die gespannte Länge $L_2 \approx 80 \ldots 100$ mm betragen. Die erforderlichen Federdaten sind zu ermitteln.

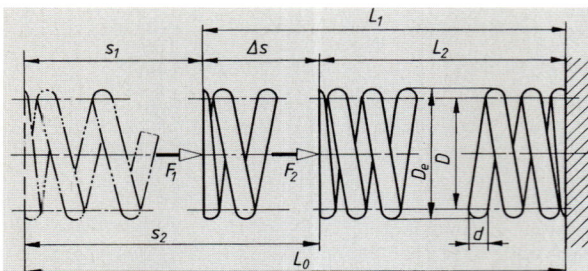

**Bild 10-39**
Schwingend belastete Schrauben-Druckfeder

**Lösung:** Die Berechnung erfolgt auf Dauerfestigkeit. Für unbegrenzte Lebensdauer wird ein vergüteter Ventilfederdraht (VD) nach DIN 17223 (s. TB 10-1 und TB 10-2) gewählt. Zunächst wird der Drahtdurchmesser nach Gl. (10.42) mit $F \cong F_{max} = F_2 = 600$ N, $D_e = 30$ mm und $k_1 \approx 0{,}17$ vorgewählt

$$\pm d \approx k_1 \cdot \sqrt[3]{F \cdot D_e} = \ldots \approx 4{,}46 \text{ mm}.$$

Nach DIN 2076 (TB 10-2) wird vorerst festgelegt $d = 4{,}5$ mm. Damit wird $D = D_e - d = \ldots \approx 25{,}5$ mm; festgelegt $D = 25$ mm (Vorzugszahl nach DIN 323) und damit $D_e = D + d = \ldots 29{,}5$ mm. Für dynamisch belastete Federn wird nach Gl. (10.44) mit der Schubspannung nach Gl. (10.43)

$$\tau_1 = (F_1 \cdot D)/(0{,}4 \cdot d^3) = \ldots \approx 275 \text{ N/mm}^2$$
$$\tau_2 = (F_2 \cdot D)/(0{,}4 \cdot d^3) = \ldots \approx 412 \text{ N/mm}^2$$

und dem Korrekturfaktor $k \approx 1{,}26$ (für $w = D/d = 25$ mm/4,5 mm $\approx 5{,}6$) nach (TB 10-11d) die korrigierte Schubspannung

$$\tau_{k1} = k \cdot \tau_1 = \ldots \approx 347 \text{ N/mm}^2$$
$$\tau_{k2} = k \cdot \tau_2 = \ldots \approx 519 \text{ N/mm}^2.$$

Für die Unterspannung $\tau_{ku} \cong \tau_{k1} = 347$ N/mm² wird nach TB 10-15b für den Draht VD (ungestrahlt) die obere Grenzspannung mit $\tau_{kO} \approx 670$ N/mm² abgelesen. Die Hubfestigkeit beträgt mit $\tau_{kU} \cong \tau_{ku} = \tau_{k1} = 347$ N/mm²

$$\tau_{kH} = \tau_{kO} - \tau_{kU} = 670 \text{ N/mm}^2 - 347 \text{ N/mm}^2 \approx 323 \text{ N/mm}^2$$

und ist damit größer als die auftretende Hubspannung aus

$$\tau_{kh} = \tau_{k2} - \tau_{k1} = 519 \text{ N/mm}^2 - 347 \text{ N/mm}^2 \approx 172 \text{ N/mm}^2.$$

Die Anzahl der federnden Windungen wird aus Gl. (10.45) mit $R_{soll} = \Delta F/\Delta s = (600 - 400)$ N/12 mm $= 16{,}7$ N/mm, $G = 81\,500$ N/mm² (TB 10-1), $d = 4{,}5$ mm und $D = 25$ mm

$$n' = \frac{G}{8} \cdot \frac{d^4}{D^3 \cdot R_{soll}} = \ldots \approx 16; \quad \text{festgelegt } n = 16{,}5.$$

Damit wird die vorhandene Federrate nach Gl. (10.46)

$$R_{ist} = \frac{G}{8} \cdot \frac{d^4}{D^3 \cdot n} = \ldots \approx 16{,}2 \text{ N/mm}$$

und die Gesamtwindungszahl $n_t = n + 2 = 16{,}5 + 2 = 18{,}5$.

*Abmessungen des Federkörpers:*
Blocklänge aus Gl. (10.38) mit $d_{max} = d + A_a = 4{,}5$ mm $+ 0{,}045$ mm $= 4{,}545$ mm (TB 10-2)

$$L_c = n_t \cdot d_{max} = 18{,}5 \cdot 4{,}545 \text{ mm} \approx 84 \text{ mm};$$

Summe der Mindestabstände zwischen den Windungen nach Gl. (10.37) mit $D = 25$ mm, $d = 4{,}5$ mm und $S_a$ für kaltgeformte Federn

$$S_a = (0{,}0015 \cdot (D^2/d) + 0{,}1 \cdot d) \cdot n = \ldots \approx 10{,}86 \text{ mm};$$
$$S'_a \approx 1{,}5 \cdot S_a = \ldots \approx 16{,}5 \text{ mm}.$$

Mit $s_2 = F_2/R_{ist} = 600$ N/16,2 (N/mm) $\approx 37$ mm wird die Länge des unbelasteten Federkörpers aus

$$L_0 \geq s_2 + S_a + L_c = 37 \text{ mm} + 16{,}5 \text{ mm} + 84 \text{ mm} \approx 137 \text{ mm}.$$

## 10.4 Berechnungsbeispiele

Die gespannte Länge wird damit $L_2 = L_0 - s_2 = 137$ mm $- 37$ mm $= 100$ mm. Die gestellte Bedingung $L_2 \approx 80\ldots100$ mm ist damit erfüllt.

*Blockspannung:*
Mit dem Federweg bis zum Blockzustand $s_c = L_0 - L_c = 137$ mm $- 84$ mm $= 53$ mm wird die Blockkraft
$$F_c = R_{ist} \cdot s_c = 16{,}2\text{ N/mm} \cdot 53\text{ mm} = 860\text{ N}$$
und damit wird die Blockspannung aus Gl. (10.43)
$$\tau_c = (F_c \cdot D)/(0{,}4 \cdot d^3) = \ldots \approx 590\text{ N/mm}^2$$
und ist damit kleiner als die zulässige Blockspannung nach TB 10-11b mit $R_m \approx 1800 - 415 \cdot \log d = \ldots \approx 1530$ N/mm² (TB 10-2)
$$\tau_{c\,zul} \approx 0{,}56 \cdot R_m = \ldots \approx 856\text{ N/mm}^2.$$

*Knicksicherheit:*
Nach TB 10-12 wird mit $s_2/L_0 = 37$ mm$/137$ mm $\approx 0{,}27$, $\nu \approx 0{,}5$ (beidseitig geführt) und damit
$$\nu \cdot L_0/D = 0{,}5 \cdot 137\text{ mm}/25\text{ mm} \approx 2{,}74 \text{ die Knicksicherheit bestätigt.}$$

*Merke:* Werden mit der ersten Berechnung die gewünschten und zulässigen Werte nicht erreicht, ist die Rechnung mit geänderten Annahmen zu wiederholen. Eine zweite Berechnung unter Zugrundelegung eines Federdrahtdurchmessers $d = 4{,}25$ mm (4,0 mm) ist zu empfehlen.
**Ergebnis:** Die Schraubendruckfeder aus Draht DIN 2076-VD 4,5 erhält folgende Abmessungen: $D = 25$ mm; $D_e = 29{,}5$ mm; $n_t = 18{,}5$, $L_0 = 137$ mm.

**Beispiel 10.5:** Die Rückholfeder für eine Bremswelle ist zu berechnen. Sie soll mit einer äußeren Vorspannkraft $F_1 = 400$ N bei $s_1 = 20$ mm Federweg eingebaut werden. Der zusätzliche Lüftweg beträgt $s = 50$ mm, wobei eine bestimmte maximale Federkraft $F_2$ erreicht wird. Die Einbaulänge (gleich Abstand von Innenkante zu Innenkante der Ösen) soll $L_1 \approx 250$ mm, der Außendurchmesser der Feder $D_e \approx 50$ mm sein. Zur Aufhängung wird die ganze deutsche Öse mit $L_H \approx 0{,}8 \cdot D_i$ gewählt. Vorgesehen ist eine kaltgeformte zylindrische Schrauben-Zugfeder. Die Beanspruchung tritt vorwiegend statisch auf.
Zu bestimmen sind die noch fehlenden erforderlichen Federdaten und der Federwerkstoff.

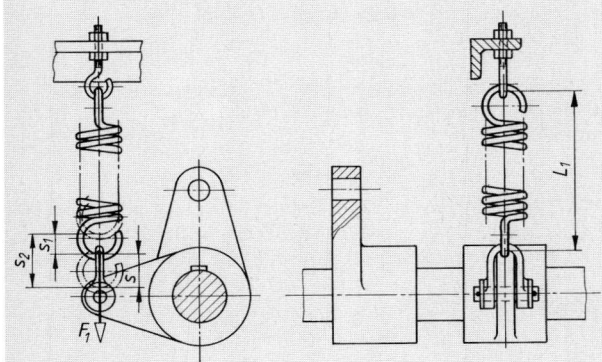

**Bild 10-40**
Rückholfeder einer Bremswelle

**Lösung:** Zunächst wird der Drahtdurchmesser nach Gl. (10.42) vorgewählt. Da die maximale Federkraft noch unbekannt ist, wird sie vorerst ohne Berücksichtigung einer inneren Vorspannkraft ermittelt aus $F_1/s_1 = F_2'/s_2$ und daraus
$$F_2' = F_1/s_1 \cdot s_2 = 400\text{ N}/20\text{ mm} \cdot (20\text{ mm} + 50\text{ mm}) \approx 1400\text{ N}.$$

Die Feder soll, wie allgemein üblich, mit innerer Vorspannkraft hergestellt werden. Dadurch vermindert sich die größte Federkraft $F_2'$ schätzungsweise auf $F_2 \approx 1000$ N. Hiermit wird dann mit $D_e = 50$ mm, $F \triangleq F_2$ und $k_1 = 0{,}16$ ($d > 5$ mm geschätzt) aus Gl. (10.42)
$$d \approx k_1 \cdot \sqrt[3]{F \cdot D_e} = \ldots \approx 5{,}9\text{ mm}; \quad \text{vorgewählt } d = 6{,}3\text{ mm (TB 10-2)}.$$

Der mittlere Windungsdurchmesser wird voläufig aus

$$D = D_e - d = 50 \text{ mm} - 6{,}3 \text{ mm} = 43{,}7 \text{ mm};$$

festgelegt mit $D = 45$ mm (Vorzugswert nach DIN 323 und damit $D_e = 51{,}3$ mm).
Die vorhandene Schubspannung wird nach Gl. (10.43) mit $D = 45$ mm, $d = 6{,}3$ mm und $F \triangleq F_2 = 1000$ N

$$\tau_2 = \frac{F \cdot D}{0{,}4 \cdot d^3} = \ldots \approx 459 \text{ N/mm}^2.$$

Nach TB 10-19a vorläufig festgelegt: Federdraht $A$.
Unter Annahme einer inneren Vorspannkraft $F_0 \approx 250$ N wird die Federrate aus Gl. (10.51) mit $F \triangleq F_1 = 400$ N und $s \triangleq s_1 = 20$ mm

$$R = (F_1 - F_0)/s_1 = \ldots \approx 7{,}5 \text{ N/mm}.$$

Damit kann aus Gl. (10.54) mit $d = 6{,}3$ mm, $D = 45$ mm, $s \triangleq s_1 = 20$ mm, $F \triangleq F_1 = 400$ N, $F_0 = 250$ N und $G = 81\,500$ N/mm² die Anzahl der federnden Windungen bestimmt werden

$$n = \frac{G \cdot d^4 \cdot s}{8 \cdot D^3 \cdot (F - F_0)} = \ldots \approx 23{,}45$$

festgelegt aufgrund der konstruktiven Anordnung (s. Bild 10-40) $n = 23{,}25$.
Die innere Vorspannkraft wird damit nach Gl. (10.52)

$$F_0 = F - R \cdot s = F - \frac{G \cdot d^4 \cdot s}{8 \cdot D^3 \cdot n} = \ldots \approx 248{,}5 \text{ N}.$$

Mit Gl. (10.53) ist die Zulässigkeit der inneren Vorspannkraft $F_0$ nachzuweisen. Setzt man für $\tau_{0\text{zul}} = \alpha \cdot \tau_{\text{zul}}$ mit $\alpha \triangleq \alpha_1 \approx 0{,}2$ (TB 10-19b für $w = D/d = 45 \text{ mm}/6{,}3 \text{ mm} \approx 7{,}2$ und Fertigung auf Wickelbank) und $\tau_{\text{zul}} \approx 530$ N/mm² (TB 10-19a für Draht $A$ bei $d = 6{,}3$ mm), so wird mit $\tau_{0\text{zul}} = \alpha \cdot \tau_{\text{zul}} = 0{,}2 \cdot 530 \text{ N/mm}^2 \approx 115 \text{ N/mm}^2$ die zulässige Vorspannkraft

$$F_0 \leq \tau_{0\text{zul}} \cdot \frac{0{,}4 \cdot d^3}{D} = \ldots \approx 255 \text{ N}.$$

Die Länge des unbelasteten Federkörpers wird mit $n_t = n = 23{,}25$, $d_{\max} = d + A_a = 6{,}3 \text{ mm} + 0{,}06 \text{ mm} = 6{,}36$ *mm* aus Gl. (10.41)

$$L_K \approx (n_t + 1) \cdot d_{\max} = \ldots \approx 154{,}3 \text{ mm} \quad \text{bzw. mit} \quad L_H \approx 0{,}8 \cdot D_i = \ldots \approx 31 \text{ mm}$$

$$L_0 = L_K + 2 \cdot L_H = \ldots \approx 216 \text{ mm}.$$

Abschließend wird noch die tatsächliche Federkraft $F_2$ bei dem Lüftweg $s = 50$ mm, also bei dem größten Federweg $s_2 = s_1 + s = 20 \text{ mm} + 50 \text{ mm} = 70 \text{ mm}$, festgestellt. $F_2$ ergibt sich aus Gl. (10.52) mit $D = 45$ mm, $d = 6{,}3$ mm, $G = 81\,500$ N/mm²

$$F_2 = F_0 + (G \cdot d^4 \cdot s_2)/(8 \cdot D^3 \cdot n) = \ldots \approx 785 \text{ N}.$$

Geschätzt war als Höchstlast $F_2 \approx 1000$ N. An den Abmessungen der Feder ändert sich im vorliegenden Fall nichts. Abschließend sei bemerkt, dass man mit der ersten Rechnung nicht immer die gewünschten und zulässigen Werte erreicht. Die Rechnung muß dann mit anderen Annahmen wiederholt werden.

**Ergebnis:** Die Rückholfeder aus Draht DIN 2076-A6,3 erhält folgende Abmessungen: $D = 45$ mm, $D_e = 51{,}3$ mm, $n = n_t = 23{,}25$, $L_0 = 216$ mm.

## 10.5 Literatur

DIN Deutsches Institut für Normung (Hrsg.): Federn, Normen. Berlin: Beuth 1996 (DIN Taschenbuch 29)

*Almen und Làslò:* „The Uniform-Section Disc-Spring" aus Transaction of American Society of Mechanical Engineers, 58. Jahrgang

*Damerow, E.:* Grundlagen der praktischen Federprüfung. Essen: Giradet, 1950

*Denecke, K.:* Dauerfestigkeitsuntersuchungen an Tellerfedern. Diss. TH Ilmenau 1970

## 10.5 Literatur

*Göbel, E. F.:* Berechnung und Gestaltung von Gummifedern. Berlin/Göttingen/Heidelberg: Springer, 1969
*Gross, S.:* Berechnung und Gestaltung von Metallfedern. Berlin/Göttingen/Heidelberg: Springer, 1960
*Hoesch:* Warmgeformte Federn. Konstruktion und Fertigung. Bochum: W. Stumpf KG, 1987
*Meissner, M.; Wanke, K.:* Handbuch Federn. Berechnung und Gestaltung im Maschinenbau. Berlin: Verlag – Technik, 1988
*Meissner, M.; Schorch, H. J.:* Metallfedern. Grundlagen Werkstoffe, Berechnung und Gestaltung. Berlin/Heidelberg/New York: Springer, 1996
*Niemann, G.; Winter, H.:* Maschinenelemente Band I. Berlin/Heidelberg/New York: Springer, 1981
*Schremmer, G.:* Dynamische Festigkeit von Tellerfedern. Diss TH Braunschweig 1965
*Steinhilper, W.; Röper, R.:* Maschinen- und Konstruktionselemente. Berlin/Heidelberg/New York: Springer, 1994
*Wächter, K.:* Konstruktionslehre für Maschineningenieure. Berlin: Verlag – Technik, 1987
*Wahl, A. M.:* Mechanische Federn. Düsseldorf: Triltsch, 1966
*Wolf, W. A.:* Die Schraubenfeder. Essen: Giradet, 1966
Prospekte, Kataloge und Beiträge der Firmen: *Stahlwerke Brüninghaus*, Werdohl; *Christian Bauer KG*, Welzheim/Württ.; *Muhr & Bender (Mubea)*, Attendorn; *Adolf Schnorr KG*, Maichingen bei Stuttgart; *Continental-Gummiwerke*, Hannover; *Luhn & Pulvermacher*, Hagen-Haspe.

# 11 Achsen, Wellen und Zapfen

## 11.1 Funktion und Wirkung

***Achsen*** sind Elemente zum Tragen und Lagern von Laufrädern, Seilrollen, Hebeln u. ä. Bauteilen (Funktion). Sie werden im wesentlichen durch Querkräfte auf *Biegung*, seltener durch Längskräfte zusätzlich noch auf Zug oder Druck beansprucht. Achsen übertragen im Gegensatz zu Wellen kein Drehmoment. *Feststehende Achsen* (Bild 11-1a), auf denen sich die gelagerten Teile, z. B. Seilrollen, lose drehen, sind wegen der nur ruhend oder schwellend auftretenden Biegung beanspruchungsmäßig günstig. *Umlaufende Achsen* (Bild 11-1b), die sich mit den festsitzenden Bauteilen, z. B. Laufrädern, drehen, werden wechselnd auf Biegung beansprucht, so dass ihre Tragfähigkeit geringer ist als die bei feststehenden Achsen gleicher Größe und gleichem Werkstoff. Hinsichtlich der Lagerung sind sie jedoch vorteilhafter. Ein- und Ausbau, Reinigen und Schmieren der Lager sind bei der hierbei gegebenen Anordnung leichter möglich als in den häufig schwer zugänglichen umlaufenden Radnaben auf feststehenden Achsen.

***Wellen*** (Bild 11-1c) laufen ausschließlich um und dienen dem Übertragen von Drehmomenten (Funktion), die durch Zahnräder, Riemenscheiben, Kupplungen u. dgl. ein- und weitergeleitet werden. Sie werden auf *Torsion* und vielfach durch Querkräfte zusätzlich auf *Biegung* beansprucht. Bestimmte Übertragungselemente, z. B. Kegelräder oder schrägverzahnte Stirnräder, leiten zusätzliche Längskräfte ein, die von der Welle und von den Lagern aufzunehmen sind.

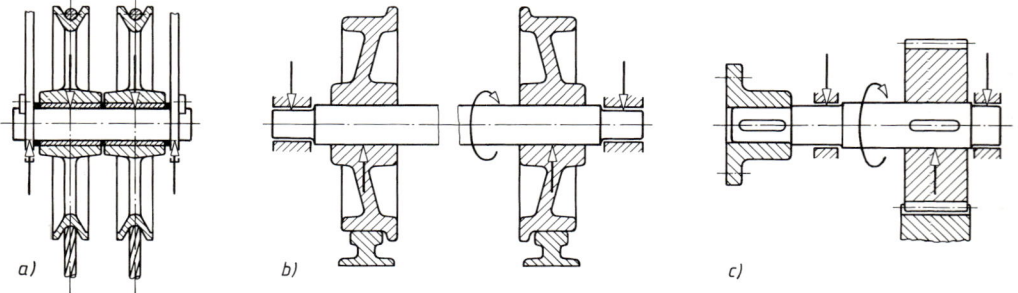

**Bild 11-1** Achsen und Wellen
a) feststehende Achse, b) umlaufende Achse mit Achszapfen, c) Welle mit Wellenzapfen

***Zapfen*** sind die zum Tragen und Lagern (Funktion) dienenden, meist abgesetzten Enden von Achsen und Wellen oder auch Einzelelemente, wie z. B. Spurzapfen und Kurbelzapfen. Sie können zylindrisch, kegelig oder kugelförmig ausgebildet sein (s. Bilder 11-13 und 11-14).
Zu erwähnen sind noch zwei Wellen-Sonderausführungen, die aber in diesem Kapitel nicht weiter behandelt werden.
***Gelenkwellen:*** Sie werden verwendet zum Übertragen von Drehbewegungen zwischen nicht fluchtenden und in ihrer Lage veränderlichen Wellenteilen (Funktion), z. B. im Werkzeugmaschinenbau bei Tischantrieben von Fräsmaschinen, bei Mehrspindelbohrmaschinen und im Kraftfahrzeugbau zur Verbindung von Wechsel- und Achsgetriebe. Sie bestehen aus der An-

triebswelle, den beiden Einfach-Gelenken und der ausziehbaren Zwischenwelle, der Teleskopwelle. Einzelheiten siehe Kapitel 13 „Kupplungen".

**Biegsame Wellen:** Zum Antrieb (Funktion) ortsveränderlicher Maschinen kleiner Leistung, wie Handschleifmaschinen und Handfräsen oder ortsfester Geräte mit starkem Versatz zum Antrieb, wie Tachos, werden vorwiegend biegsame Wellen verwendet. Sie bestehen aus schraubenförmig in mehreren Lagen und mehrgängig gewickelten Stahldrähten (1), die von einem beweglichen Metallschutzschlauch (3) umhüllt und häufig noch durch ein schraubenförmig gewundenes Stahlband (2) verstärkt sind (Bild 11-2).

Die Drehung biegsamer Wellen hat entgegen dem Windungssinn der äußeren Drahtlage zu erfolgen, um ein Abwickeln dieser Lage auszuschließen. Die im Bild 11-2 gezeigte Welle ist für Rechtsdrehung vorgesehen, da die äußere Lage linksgängig gewunden ist. Die Normalausführung ist für Rechtslauf. Die anzuschließenden Teile werden meist durch aufgelötete Muffen verbunden.

Die Anschlussmaße für die Antriebsseite von biegsamen Wellen für Elektromaschinen sind nach DIN 42995, von biegsamen Wellen für Kraftfahrzeuge nach DIN 75532 T1 und T2 genormt.

Das von der biegsamen Welle übertragbare Drehmoment ist abhängig vom Durchmesser der Wellenseele, der Ausführungsart, der Länge, dem kleinsten Biegeradius u. a. Einflussgrößen. Werte sind unter Angabe der Einsatzbedingungen vom Hersteller zu erfragen.

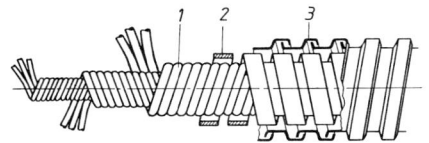

**Bild 11-2**
Biegsame Welle mit Metallschutzschlauch

## 11.2 Gestalten und Entwerfen

### 11.2.1 Gestaltungsgrundsätze

#### 1. Gestaltungsrichtlinien hinsichtlich der Festigkeit

Die äußere Form der Achsen, Wellen und Zapfen wird sowohl durch ihre Verwendung, z. B. als Radachse, Kurbelwelle, Getriebewelle und Lagerzapfen, als auch durch die Anordnung, Anzahl und Art der Lager, der aufzunehmenden Räder, Kupplungen, Dichtungen u. dgl. bestimmt. Die Aufgaben des Konstrukteurs bestehen darin, kleine Abmessungen anzustreben, die Dauerbruchgefahr auszuschalten und eine möglichst einfache und kostensparende Fertigung zu erreichen. Hierfür sind konstruktive Maßnahmen, insbesondere zur Vermeidung gefährdeter Kerbstellen, oft entscheidender als die Verwendung von Stählen höherer Festigkeit.
Folgende Gestaltungsregeln sollten beachtet werden:

1. *Gedrängte Bauweise* mit kleinen Rad- und Lagerabständen anstreben, um kleine Biegemomente und damit kleine Durchmesser zu erreichen. Die mit den Achsen und Wellen zusammenhängenden Bauteile (Radnaben, Lager usw.) können dann ebenfalls kleiner ausgeführt werden, wodurch sich Größe, Gewicht und Kosten der Gesamtkonstruktion wesentlich verringern können (s. auch Bild 11-8).
2. Bei *abgesetzten Zapfen* das Verhältnis $D/d = 1{,}4$ nicht überschreiten. Übergänge gut runden mit $r = d/20 \ldots d/10$ (Bild 11-3a).
3. *Keil- und Passfedernuten bei Umlaufbiegung* nicht bis an die Übergänge heranführen, damit die Kerbwirkungen aus beiden Querschnittsveränderungen wegen erhöhter Dauerbruchgefahr nicht in einer Ebene zusammenfallen (Bild 11-3a). Liegt nur statische Torsion (und statische Biegung) vor, s. Passfederverbindungen (Kap. 12.2.1-1).

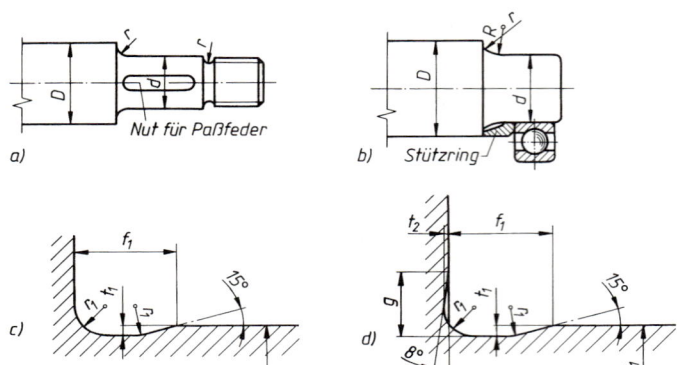

**Bild 11-3**
Gestaltung der Zapfenübergänge.
a) normaler Übergang,
b) Übergang mit Korbbogen
c) und d) Freistich $E$ und $F$ nach DIN 509

4. Festigkeitsmäßig sehr günstig, konstruktiv jedoch nicht immer ausführbar, ist der Übergang mit zwei Rundungsradien, einem *Korbbogen* mit $r \approx d/20$ und $R \approx d/5$ (Bild 11-3b). Bei aufgesetzten Wälzlagern ist hierbei ein Stützring erforderlich, da die Lager nicht direkt an die Wellenschulter gesetzt werden können.
5. *Rundungsradien* nach DIN 250 wählen; Vorzugsreihe (Nebenreihe): 0,2 (0,3) 0,4 (0,5) 0,6 (0,8) 1 (1,2) 1,6 (2) 2,5 (3) 4 (5) 6 (8) 10 (12) 16 (18) 20 usw. nach den Normzahlreihen R5, R10, R20. Bei direkt an den Wellenschultern sitzenden Wälzlagern sind die den Lagern zugeordneten Rundungsradien (auch Schulterhöhen) nach DIN 5418 (s. TB 14-9) zu beachten.
6. *Freistich* vorsehen, wenn ein Zapfen, z. B. für eine Gleitlagerung, geschliffen werden soll, damit die Schleifscheibe freien Auslauf hat (Bild 11-3c, Freistich nach DIN 509, Form E). Soll auch die Absatzfläche geschliffen werden, so kommt ein Freistich nach Bild 11-3d (DIN 509 Form F) in Frage (Werte s. TB 11-4).
7. *Wellenübergänge* ohne Schulter festigkeitsmäßig am günstigsten nach Bild 11-4 ausführen; Rundung $R \approx d/5$. Aufgeschrumpfte Naben von der Übergangsstelle etwas zurücksetzen (Maß $a$) und Bohrungskanten leicht brechen, um die Kerbwirkung klein zu halten.

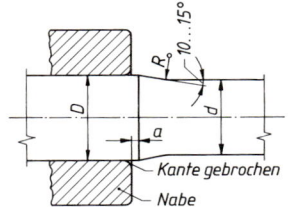

**Bild 11-4**
Wellenübergang ohne Schulter

8. Räder und Scheiben gegen *axiales Verschieben* möglichst durch Distanzscheiben oder -hülsen, Stellringe oder Wellenabsätze (Wellenschultern) und nicht durch Sicherungsringe sichern. Die Nuten für diese Ringe haben eine große Kerbwirkung und erhöhen damit die Dauerbruchgefahr. Sicherungsringe deshalb möglichst nur an den Wellenenden anordnen (Bild 11-5a).

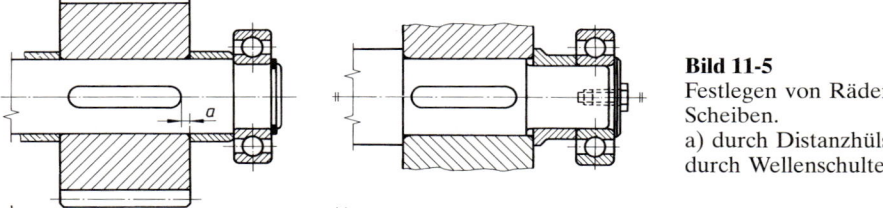

**Bild 11-5**
Festlegen von Rädern bzw. Scheiben.
a) durch Distanzhülsen, b) durch Wellenschultern

9. *Nuten* etwas kürzer als Naben ausführen (Abstand $a > 0$), damit Distanzhülsen einwandfrei an der Nabe anliegen, Einbauungenauigkeiten durch Verschieben der Räder ausgeglichen werden können und die Kerbwirkungen von Nutende und Nabensitz nicht zusammenfallen (Bild 11-5a).
10. *Axiale Führung* der Achsen und Wellen durch Ansatzflächen der Lagerzapfen (Bild 11-6a) oder bei glatter Ausführung z. B. durch Stellringe (Bild 11-6b) an beiden Lagern ($A$ und $B$) sichern. Ausreichend Spiel vorsehen, um ein Verspannen bei Wärmedehnung zu vermeiden und um Einbauungenauigkeiten ausgleichen zu können (bei Wälzlagerung s. Stützlagerung und Fest-Loslagerung im Kapitel 14). Durch die Führung an nur einem Lager ($B_1$) kann ein „Schwimmen" vermieden werden. Bei mehrfacher Lagerung (Bild 11-6c) übernimmt ein Lager ($B$), bei Wälzlagerung das *Festlager*, die axiale Führung, alle anderen Lager, die *Loslager* müssen sich in Längsrichtung frei einstellen können.

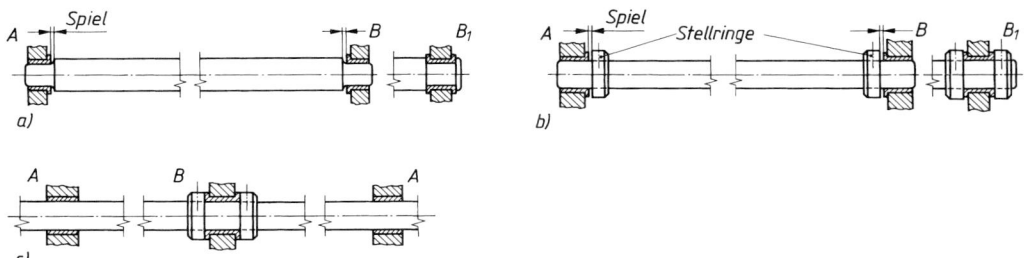

**Bild 11-6** Axiale Führung von Achsen und Wellen.
a) durch Wellenschultern, b) durch Stellringe, c) bei mehrfacher Lagerung

11. Möglichst *Fertigwellen* (s. auch unter 11.2.2-1) verwenden, um Bearbeitungskosten zu sparen.
12. *Feststehende Achsen* wegen günstiger Beanspruchungsverhältnisse gegenüber umlaufenden bevorzugen (s. auch unter 11.2.2-2).
13. Lager dicht an Scheiben und Räder setzen, damit die Durchbiegung der Welle klein bleibt und die kritische Drehzahl hoch liegt (s. unter 11.3.3).
14. Bei hochtourig laufenden und deshalb genauestens auszuwuchtenden Wellen sollen Nuten, Bohrungen u. dgl. *vor* der Endbearbeitung der Oberflächen gefertigt werden, um Druckstellen und Verformungen durch das Einspannen beim Fräsen oder Bohren zu vermeiden.
15. Liegt *Umlaufbiegung* vor, ist eine Erhöhung der Dauerschwingfestigkeit durch Oberflächenverfestigung möglich, z. B. durch Drücken, Kugelstrahlen oder auch Härten (durch Überlagern der Druckeigenspannung und der Betriebsspannung wird die resultierende Mittelspannung in den Druckbereich verlagert, d. h. die „gefährlichere" Zugspannung wird kleiner).

## 2. Gestaltungsrichtlinien hinsichtlich des elastischen Verhaltens

Die Neigung der Achse/Welle in den Lagern kann für die Auswahl der Lager, die Durchbiegung und Neigung kann an den Stellen, wo Bauteile aufgesetzt sind, für deren einwandfreie Funktion bzw. die Genauigkeit der Baugruppe entscheidend sein. Bei längeren Wellen ist evtl. die Verdrehung für die Auslegung entscheidend. Bei hohen Drehzahlen ($n > 1500\,\mathrm{min}^{-1}$) sind Schwingungen des Systems zu beachten (kritische Drehzahl).
Eine genauere rechnerische Ermittlung der Neigung, Durchbiegung und biege- bzw. torsionskritischen Drehzahl ist, besonders bei mehrfach abgesetzten Wellen mit mehreren Scheiben oder Rädern, oft schwierig und zeitaufwendig. In der Praxis werden hierfür Rechnerprogramme eingesetzt; die kritischen Drehzahlen sind, falls erforderlich, wegen der schwer erfassbaren versteifenden Wirkung der Lager, Räder usw. nur durch Versuche genauer ermittelbar.

Allgemein ist eine möglichst *hohe* kritische Drehzahl anzustreben, die mindestens 10 ... 20 % über, oder, wenn dieses nicht zu erreichen ist, ebensoviel unter der Betriebsdrehzahl liegt. Zum Erreichen einer hohen kritischen Drehzahl sind konstruktiv anzustreben:

1. Lager möglichst dicht an umlaufende Scheiben, Räder usw. setzen, um die Durchbiegung klein zu halten.
2. Wellen mit umlaufenden Teilen bei hohen Drehzahlen sorgfältig auswuchten, damit die Fliehkräfte und ihre Wirkungen klein bleiben.
3. Umlaufende Scheiben, Räder, Kupplungen u. dgl. leicht bauen, um ein kleines Massenträgheitsmoment (und auch eine geringere Durchbiegung) zu erhalten.

Zu beachten ist, dass die kritischen Drehzahlen nur von der Gestalt (Masse und Verformung) und dem Werkstoff (nur E-Modul) abhängig sind, nicht von den äußeren Kräften oder der Lage der Welle (liegend oder stehend).

Werden steife Wellen gefordert, z. B. für Spindeln von Werkzeugmaschinen, sind die Wellen kurz zu gestalten oder wenn nicht möglich, als Hohlwellen auszuführen, da Hohlwellen ein deutlich größeres Widerstandsmoment bei gleichem Querschnitt aufweisen.

## 11.2.2 Entwurfsberechnung

### 1. Werkstoffe und Halbzeuge

Für *normal beanspruchte Achsen und Wellen* von Getrieben, Kraft- und Arbeitsmaschinen, Fördermaschinen, Hebezeugen, Werkzeugmaschinen u. dgl. kommen insbesondere die unlegierten Baustähle nach DIN EN 10025, z. B. S235, S275, E295 und E335 in Frage. Für *höher beanspruchte Wellen*, z. B. von Kraftfahrzeugen, Motoren, schweren Werkzeugmaschinen, Getrieben, Turbinen u. dgl. werden vorzugsweise die Vergütungsstähle nach DIN EN 10083, z. B. 25CrMo4, 28Mn6 u. a., bei *Beanspruchung auf Verschleiß* auch die Einsatzstähle nach DIN 17210 (DIN EN 10084), z. B. C15, 17CrNiMo6 u. a. verwendet. Siehe hierzu TB 1-1.

Achsen und Wellen von 1 ... 200 mm Durchmesser können ohne Nacharbeit aus blankem Rundstahl mit gezogener, geschälter oder geschliffener Oberfläche hergestellt werden, und zwar aus Rundstählen nach DIN 668 mit ISO-Toleranzklasse $h11$, nach DIN 670 mit $h8$, nach DIN 671 mit $h9$ oder aus Stahlwellen nach DIN 669 mit ISO-Toleranzklasse $h9$. Ferner werden Rundstähle von 2 ... 80 mm Durchmesser nach DIN 59360, geschliffen und poliert, Toleranzklasse $h7$, und nach DIN 59361, geschliffen und poliert, mit $h6$ geliefert. Für diese Rundstähle und Stahlwellen sind vorzugsweise die Stähle nach DIN 1651 (Automatenstähle, z. B. 9S20+C, 35S20+C usw.) und DIN 1652 (gezogene Stähle, z. B. S235+C, E295+C, C35E+C usw.) vorgesehen. Jedoch können je nach Anforderung auch andere Stahlsorten gewählt werden. Überblick über Rundstahlsorten s. TB 1-6.

Achsen und Wellen mit anderen Toleranzen oder teilweise unbearbeiteter Oberfläche sind zweckmäßig aus warmgewalztem Rundstahl von 5 ... 200 mm Durchmesser nach DIN 1013 zu fertigen, s. TB 1-6. Bei größeren Abmessungen oder besonderen Formen, z. B. Vorderachsen von Kraftfahrzeugen, Kurbelwellen, stärker abgesetzte oder angeformte Achsen und Wellen (s. Bild 11-11), werden sie vorgeschmiedet, gepresst oder auch gegossen.

Werkstoffe und Halbzeuge sollen aus wirtschaftlichen Gründen nicht hochwertiger als unbedingt erforderlich gewählt werden. Nur wenn Raum- und Gewichtsbeschränkungen bei hohen Beanspruchungen zu kleinen Abmessungen zwingen, z. B. bei Kfz-Getrieben, oder wenn besondere Anforderungen an Verschleiß, Korrosion, magnetische Eigenschaften, Warmfestigkeit u. dgl. gestellt werden, sollten entsprechende Werkstoffe wie höherlegierte Vergütungs- und Einsatzstähle oder korrosionsbeständige Stähle verwendet werden. Gegebenenfalls können auch noch Forderungen nach guter Schweiß-, Zerspan- und Schmiedbarkeit für die Werkstoffwahl mitbestimmend sein. Empfehlungen über die für bestimmte Anforderungen und Verwendungszwecke zu wählenden Stähle enthält die Werkstoffauswahl TB 1-1.

## 2. Berechnungsgrundlagen

Achsen und Wellen lassen sich nur unter Einbeziehung der mit diesen verbundenen Bauteilen wie Räder, Lager u. dgl., also unter Zugrundelegung des gesamten Konstruktionsumfeldes gestalten und berechnen, wobei von folgenden Fällen ausgegangen werden kann.

**Fall 1:** Der Einbauraum für die Achse oder Welle ist durch die bereits festliegenden Abmessungen der Gesamtkonstruktion vorgegeben, z. B. für eine Fahrzeugachse durch die Breite des Fahrzeuges (Bild 11-1b) oder für die Antriebswelle eines Kettenförderers durch die aufgrund der Förderleistung bedingte Trogbreite (z. B. $B = 315$ mm in Bild 11-7). In solchen Fällen liegen die Abstandsmaße für Lager, Räder u. dgl. fest oder lassen sich zumindest gut abschätzen, so dass mit den relativ genau zu bestimmenden Biege- und Torsionsmomenten die Achsen bzw. Wellen für den Entwurf schon ausreichend genau berechnet werden können.

**Fall 2:** Der Einbauraum ist nicht vorgegeben, da die Abmessungen der Gesamtkonstruktion im wesentlichen erst durch die vom zunächst noch unbekannten Achsen- bzw. Wellendurchmesser $d$ abhängigen Größen der Radnaben, Lager u. dgl. bestimmt werden müssen, wie z. B. bei der Getriebewelle (Bild 11-8). In solchen Fällen liegen die Lager- und Radabstände und damit auch

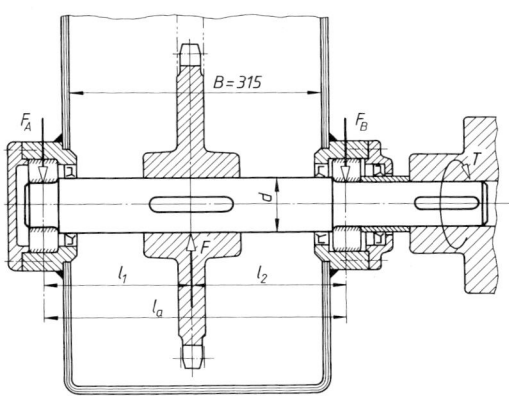

**Bild 11-7** Antriebswelle eines Förderers mit vorgegebenen Einbaumaß (schematisch)

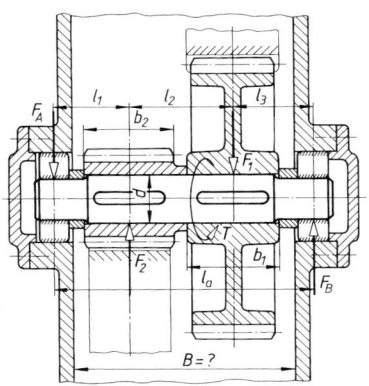

**Bild 11-8** Welle eines Getriebes mit vorerst nicht bekannten Einbaumaßen (schematisch)

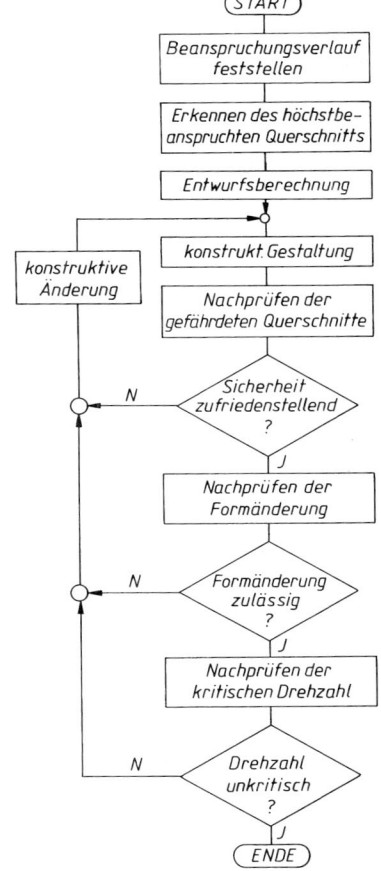

**Bild 11-9** Ablaufplan zur Berechnung von Achsen und Wellen

die Wirklinien der Kräfte noch nicht fest, so dass die Biegemomente auch nicht ermittelt werden können. Hier muss durch eine *Entwurfsberechnung* nach 11.2.2-3 der Durchmesser $d'$ zunächst überschlägig ermittelt werden und damit die Größen der Radnaben, Lager u. dgl. annähernd bestimmt und die Abstandsmaße durch einen Vorentwurf festgelegt werden. Erst danach kann eine „genauere" Berechnung nach 11.3 (meist in der Form der Nachprüfung) erfolgen und anschließend, falls erforderlich, eine entsprechende Korrektur der Abmessungen vorgenommen und der endgültige Entwurf erstellt werden.

Die Vorgehensweise für eine überschlägige rechnerische Auslegung von Achsen und Wellen ist im Bild 11-9 dargestellt.

**Festigkeitsbetrachtungen**

Bei der Berechnung der Achsen und der Wellen werden die äußeren Kräfte (Radkräfte, Lagerkräfte) der Einfachheit halber meist als punktförmig angreifende Kräfte angenommen, wobei deren Wirklinien allgemein durch die Mitten der Angriffsflächen, also der Zahnbreiten, Scheibenbreiten, Lagerbreiten u. dgl. gelegt werden (s. Bilder 11-1 und 11-8). Nur bei der Krafteinleitung über verhältnismäßig lange Naben ist ggf. die Betrachtung als Streckenlast angebracht.

Gewichtskräfte aus den Eigengewichten von Achse bzw. Welle, Rädern usw. können – im Gegensatz zu den Untersuchungen von Verformungen und kritischen Drehzahlen (s. unter 11.3.3) – bei der Festigkeitsberechnung meist vernachlässigt werden.

**Achsen:** Achsen werden auf Biegung und auf Schub beansprucht (s. Bild 11-10a). Wie aus Bild 11-10b zu erkennen ist, hat die Biegespannung $\sigma_b$ (Normalspannung) in der Randzone ihren Maximalwert, während die Schubspannung $\tau_a$ in der Randzone annähernd Null ist. Nach Gl. (3.5) wird die Vergleichsspannung in der Randzone $\sigma_v \approx \sigma \approx \sigma_b$ sein. Zur Biegeachse hin wird der Einfluss der Schubspannung zwar größer, aber infolge der Abnahme der Biegespannung wird die Vergleichsspannung zur Mitte hin für „normale" Anwendungsfälle immer kleiner sein als die Randspannung $\sigma_b$. Nur für kleine Abstände $l_x$, z. B. bei Bolzen, Stiften, evtl. auch bei kurzen Lagerzapfen (s. Bild 11.10) ist der Einfluss der Schubspannung ($\tau_a$) zu berücksichtigen. Allgemein kann gesagt werden, dass bei der Ermittlung des Achsdurchmessers $d$ die Schubspannung vernachlässigt werden kann, wenn $l_x > d$ ist.

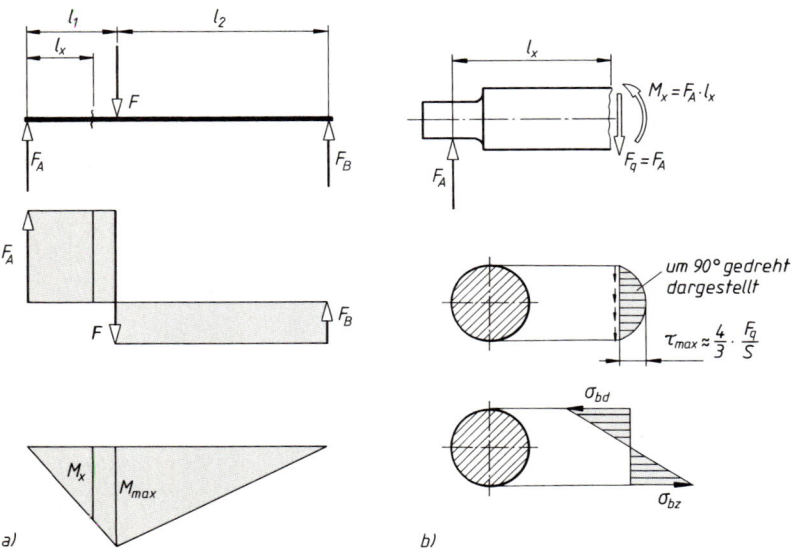

**Bild 11-10** Beanspruchung einer Achse.
a) Querkraft- und Biegemomentenverlauf, b) Schnittgrößen und Spannungsverlauf

## 11.2 Gestalten und Entwerfen

*Zylindrische Achsen:* Bei einer *zylindrischen Achse* muss bei reiner Biegebeanspruchung die Biegehauptgleichung $\sigma_b = M/W \leq \sigma_{b\,zul}$ erfüllt sein. Mit $W = (\pi/32) \cdot d^3$ für den Kreisquerschnitt wird der *Mindestdurchmesser der Achse*

$$d \geq \sqrt[3]{\frac{32 \cdot M}{\pi \cdot \sigma_{b\,zul}}} \approx 2{,}17 \cdot \sqrt[3]{\frac{M}{\sigma_{b\,zul}}} \tag{11.1}$$

bzw. mit $k = d_i/d_a$ und $W = (\pi/32) \cdot (d_a^4 - d_i^4)/d_a = (\pi/32) \cdot d_a^3 \cdot (1 - k^4)$ wird der *Außendurchmesser der Hohlachse*

$$d_a \geq \sqrt[3]{\frac{32 \cdot M}{\pi \cdot (1 - k^4) \cdot \sigma_{b\,zul}}} \approx 2{,}17 \cdot \sqrt[3]{\frac{M}{(1 - k^4) \cdot \sigma_{b\,zul}}} \tag{11.2}$$

sowie der Innendurchmesser der Hohlachse

$$d_i \leq k \cdot d_a \tag{11.3}$$

$M$     größtes Biegemoment
Der Begriff „maximales Biegemoment" ist für den statischen Nachweis vergeben und berücksichtigt die höchste mögliche auch einmalige Belastung; der Begriff „equivalentes Biegemoment" gilt für den dynamischen Nachweis — $M_{eq} = K_A \cdot M_{nenn}$. S. Kap. 3
$\sigma_{b\,zul}$     zulässige Biegespannung. Für Überschlagsrechnungen $\sigma_{b\,zul}$ nach Gl. (3.26)
$k$     angenommenes Durchmesserverhältnis $d_i/d_a$ der Hohlachse, mit Innendurchmesser $d_i$ und Außendurchmesser $d_a$. Das Widerstandsmoment von Hohlachsen (und -wellen) nimmt bei Werten $k \leq 0{,}5$ nur geringfügig bei bereits merklicher Reduzierung der Querschnittsfläche bzw. der Gewichtskraft ab.

*Angeformte Achsen:* Schwere Achsen (und auch Wellen), z. B. für große, hochbelastete Seilscheiben von Förderanlagen werden aus Gründen der Werkstoff- und Gewichtsersparnis häufig einem *Träger gleicher Festigkeit* angeformt. Der nach Gl. (11.1) ermittelte Durchmesser ist theoretisch nur an der Stelle des größten Biegemomentes $M$ erforderlich. An allen anderen Querschnittsstellen könnte der Durchmesser entsprechend der Größe des dort auftretenden Biegemomentes u. U. kleiner sein. Für die im Bild 11-11 dargestellte Seilrollenachse ergibt sich der Durchmesser $d_x$ an der Stelle $x$ mit dem Biegemoment $M_x = F_A \cdot x$ und $\sigma_{b\,zul}$ wie zu Gl. (11.1) aus

$$d_x \geq \sqrt[3]{\frac{32 \cdot M_x}{\pi \cdot \sigma_{b\,zul}}} \approx 2{,}17 \cdot \sqrt[3]{\frac{F_A \cdot x}{\sigma_{b\,zul}}} \tag{11.4}$$

Hiermit ergibt sich ein Rotationskörper, der durch eine kubische Parabel begrenzt ist. Die Achse ist zweckmäßig durch zylindrische oder kegelige Abstufungen so auszubilden, dass ihre Begrenzungskanten die Parabel an keiner Stelle einschneiden, s. Bild 11-11. Die Übergänge sind sanft zu runden, um die Kerbwirkung möglichst klein zu halten.
Ein Gestalten nach diesen Gesichtspunkten lohnt sich jedoch nur bei Achsen größeren Durchmessers, die vor der spanenden Bearbeitung ohnehin vorgeschmiedet werden, und wenn die höheren Fertigungskosten durch Werkstoffeinsparung, durch kleinere und damit preiswertere Lager an den kleineren Achsenden und durch geringere Transport- und Montagekosten sich wieder ausgleichen.
*Achszapfen:* Die Durchmesser $d_1$ von *Lagerzapfen* umlaufender Achsen werden nach der

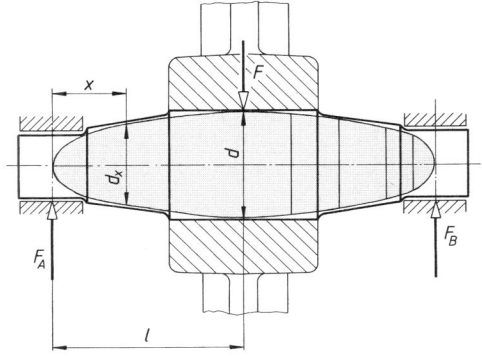

**Bild 11-11** Angeformte Achse

Berechnung des Achsdurchmessers $d$ meist konstruktiv festgelegt und nur in ungünstigsten Fällen ist die Kontrolle des Querschnittes $A-B$ im Bild 11-12 erforderlich. Die Beanspruchung des Lagerzapfens erfolgt vorwiegend wechselnd auf Biegung. Die zusätzliche Schubbeanspruchung kann erfahrungsgemäß vernachlässigt werden.

*Tragzapfen* feststehender Achsen werden wie Lagerzapfen festgelegt und überprüft. Die Beanspruchung erfolgt bei diesen jedoch vorwiegend ruhend oder dynamisch schwellend auf Biegung. Einzelzapfen als *Führungszapfen* (z. B. bei Schwenkrollen, Bild 11-13a), als *Kurbelzapfen* (z. B. bei Kurvenscheiben, Bild 11-13b) und als *Halszapfen* (z. B. bei Kransäulen, Bild 11-13c) werden im wesentlichen auf Biegung durch das Moment $M = F \cdot l$ bzw. $M = F \cdot l/2$ beansprucht und entsprechend wie Lagerzapfen konstruktiv festgelegt und nur in ungünstigen Fällen in den gefährdeten Querschnitten $A-B$ geprüft.

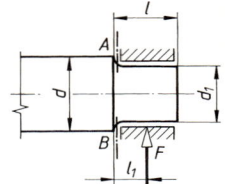

**Bild 11-12** Achszapfen

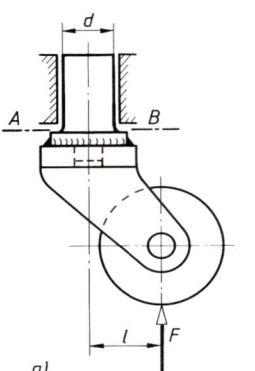
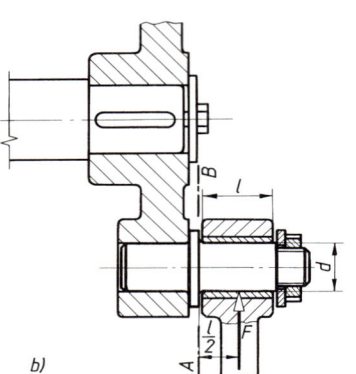
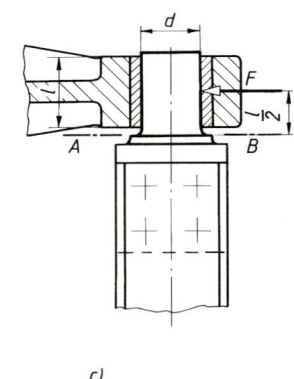

**Bild 11-13** Einzelzapfen.
a) als Führungszapfen, b) als Kurbelzapfen, c) als Halszapfen

Einzelzapfen als *Spur-* oder *Stützzapfen* (z. B. bei Wanddrehkranen, Bild 11-14a) werden auf Flächenpressung und meist noch auf Biegung durch das Moment $M = F_r \cdot l$ beansprucht. Die noch auftretenden Beanspruchungen auf Druck und Schub können vernachlässigt werden. *Kugelzapfen* dienen einer gelenkartigen Lagerung von Achsen, Wellen und Stangen, die räumliche Bewegungen ausführen, z. B. Schubstangen bei Kurbeltrieben von Exzenterpressen (s. Bild 11-14b). Die Beanspruchung erfolgt hauptsächlich auf Flächenpressung: $p = F_a/A \leq p_{zul}$. Als Fläche $A$ gilt die Fläche der Projektion der gepressten Kugelzone.

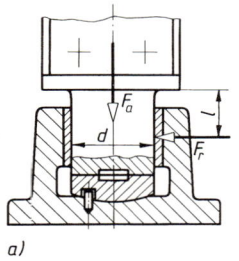
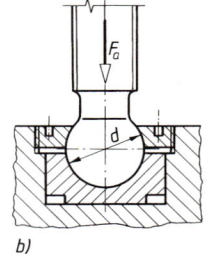

**Bild 11-14** Einzelzapfen.
a) Spur-, b) Kugelzapfen

**Wellen:** Für die Berechnung der Wellenabmessungen sind in erster Linie Höhe und Art der Beanspruchung (Torsion, Torsion und Biegung) maßgebend. In manchen Fällen können jedoch auch die elastische Verformung (Drillwinkel, Durchbiegung), eine geforderte Steifigkeit (z. B.

## 11.2 Gestalten und Entwerfen

bei Werkzeugmaschinen) und etwaige Schwingungen (kritische Drehzahl) für die Bemessung entscheidend sein (s. unter 11.3).

*Torsionsbeanspruchte Wellen:* Reine Torsionsbeanspruchung liegt selten vor, denn häufig tritt noch eine zusätzliche Biegebeanspruchung auf. Wird diese jedoch nur durch die Gewichtskräfte hervorgerufen, dann kann sie meist vernachlässigt werden. Annähernd reine Torsionsbeanspruchung tritt z. B. bei Kardanwellen, bei direkt mit einem Motor oder Getriebe gekuppelten Wellen von Lüftern, Zentrifugen, Kreiselpumpen u. dgl. auf.

Für *Vollwellen mit Kreisquerschnitt* ergibt sich mit $W_p = (\pi/16) \cdot d^3$ aus der Torsionshauptgleichung $\tau_t = T/W_p \leq \tau_{t\,zul}$ der Mindestdurchmesser

$$d \geq \sqrt[3]{\frac{16 \cdot T}{\pi \cdot \tau_{t\,zul}}} \approx 1{,}72 \cdot \sqrt[3]{\frac{T}{\tau_{t\,zul}}} \tag{11.5}$$

*Hohlwellen* werden vorgesehen, wenn eine hohe Starrheit bei möglichst kleiner Masse gefordert wird, z. B. bei Arbeitsspindeln von Dreh- und Fräsmaschinen, bei Gelenkwellen (Bild 11-15) oder wenn z. B. Spann-, Schalt- und Steuerstangen hindurchzuführen sind.

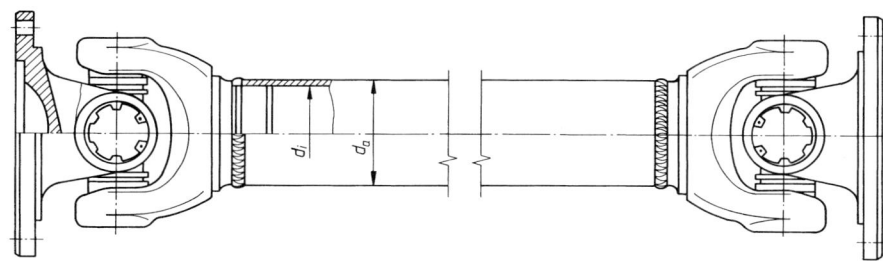

**Bild 11-15** Gelenkwelle in Rohrausführung (Hohlwelle)

Aus der Torsionshauptgleichung lässt sich für *Hohlwellen mit Kreisquerschnitt* für $W_p = (\pi/16) \cdot (d_a^4 - d_i^4)/d_a$ und dem Durchmesserverhältnis $k = d_i/d_a$ und somit $W_p = (\pi/16) \cdot d_a^3 \cdot (1 - k^4)$ der *Außendurchmesser* ermitteln aus

$$d_a \geq \sqrt[3]{\frac{16 \cdot M}{\pi \cdot (1 - k^4) \cdot \tau_{t\,zul}}} \approx 1{,}72 \cdot \sqrt[3]{\frac{T}{(1 - k^4) \cdot \tau_{t\,zul}}} \tag{11.6}$$

$T$    das von der Welle zu übertragende größte Torsionsmoment
$\tau_{t\,zul}$    zulässige Torsionsspannung nach Angaben zu Kapitel 3, Abschnitt 3.7
$k$    s. zu Gl. (11.3)

Der Innendurchmesser $d_i$ wird nach Gl. (11.3) errechnet und sinnvoll festgelegt.

*Gleichzeitig torsions- und biegebeanspruchte Wellen:* Gleichzeitige Torsions- und Biegebeanspruchung liegt bei Wellen am häufigsten vor. Durch das zu übertragende Torsionsmoment werden Torsionsspannungen, durch Riemenzug-, Zahn- oder andere auf die Welle wirkende Kräfte zusätzlich Biege- und auch Schubspannungen hervorgerufen, s. Bild 11-16. Die Schubspannungen sind erfahrungsgemäß jedoch vernachlässigbar klein und müssen nur in extrem ungünstigen Fällen mit in die Berechnung einbezogen werden (s. auch unter Achsen).

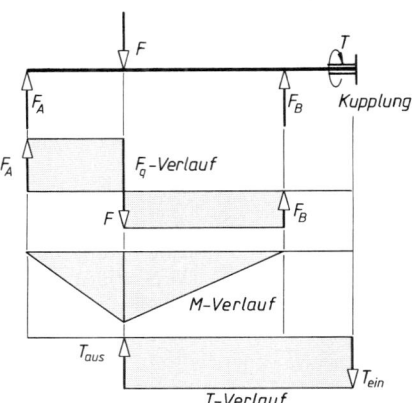

**Bild 11-16** Torsions- und biegebeanspruchte Welle

Die aus Torsion und Biegung zusammengesetzten Beanspruchungen treten allgemein bei Wellen mit Zahnrädern, Riemenscheiben, Hebeln und ähnlichen Übertragungselementen auf, wie z. B. bei Getriebe- und Kurbelwellen. Wie aus Bild 11-16 zu erkennen, liegt im Bereich zwischen der Wirklinie der Kraft $F$ und dem Lager $B$ die größte Beanspruchung (Torsion, Schub, Biegung). Beim Zusammenwirken von Torsion und Biegung (die Schubbeanspruchung soll in nachfolgender Betrachtung vernachlässigt werden) treten die jeweils höchsten Spannungen in den Randfasern auf. Die Gesamtwirkung lässt sich mit der GE-Hypothese nach Gl. (3.5) ermitteln. Setzt man hierin für $\sigma_b = M/W$ und für $\tau_t = T/W_p = T/(2 \cdot W)$ kann das *Vergleichsmoment*[1] berechnet werden aus

$$M_v = \sqrt{M^2 + 0{,}75 \cdot \left(\frac{\sigma_{b\,zul}}{\varphi \cdot \tau_{t\,zul}} \cdot T\right)^2} = \sqrt{M^2 + \left(\frac{\sigma_{b\,zul}}{2 \cdot \tau_{t\,zul}} \cdot T\right)^2} \qquad (11.7)$$

$M$     Biegemoment für den gefährdeten Querschnitt
$T$     von der Welle zu übertragendes Torsionsmoment
$\sigma_{b\,zul}, \tau_{t\,zul}$     zulässige Spannungen für die vorhandenen Beanspruchungsfälle $\sigma_{b\,zul}/(\varphi \cdot \tau_{t\,zul}) \approx 0{,}7$ wenn die Torsion ruhend oder schwellend, die Biegung wechselnd auftritt; $\sigma_{b\,zul}/(\varphi \cdot \tau_{t\,zul}) \approx 1$, wenn Torsion und Biegung im gleichen Belastungsfall auftreten, z. B. beide wechselnd
$\varphi$     Faktor zur Berechnung des Anstrengungsverhältnisses; $\varphi = 1{,}73$

Aus der zu erfüllenden Bedingung $\sigma_v = \sqrt{\sigma_{b\,max}^2 + 3 \cdot (\sigma_{b\,zul}/(\varphi \cdot \tau_{t\,zul}) \cdot \tau_{t\,max})^2} \leq \sigma_{b\,zul}$ kann analog zu den Gln. (11.1) bis (11.4) jeweils der *erforderliche Wellendurchmesser* ermittelt werden. Für *Vollwellen mit Kreisquerschnitt* gilt dann

$$d \geq \sqrt[3]{\frac{32 \cdot M_v}{\pi \cdot \sigma_{b\,zul}}} \approx 2{,}17 \cdot \sqrt[3]{\frac{M_v}{\sigma_{b\,zul}}} \qquad (11.8)$$

und für *Hohlwellen mit Kreisquerschnitt*

$$d_a \geq \sqrt[3]{\frac{32 \cdot M_v}{\pi \cdot (1 - k^4) \cdot \sigma_{b\,zul}}} \approx 2{,}17 \cdot \sqrt[3]{\frac{M_v}{(1 - k^4) \cdot \sigma_{b\,zul}}} \qquad (11.9)$$

$M_v$     Vergleichsmoment (ideelles Biegemoment)
$W$     axiales Widerstandsmoment
$\sigma_{b\,zul}, k$     wie zu Gln. (11.1 und 11.3)

Der Innendurchmesser der Hohlwelle wird nach Gl. (11.3) ermittelt.

*Beachte:* In vielen Fällen lässt sich das Biegemoment vorerst nicht genau ermitteln, da die zu dessen Berechnung erforderlichen Abstände der Lager, Räder u. dgl. sowie teilweise auch deren Kräfte noch unbekannt sind, wie bereits ausführlich unter 11.2.2-2 zu *Fall 2* beschrieben. In solchen Fällen wird der Durchmesser durch eine Entwurfsberechnung zunächst überschlägig ermittelt und nach der konstruktiven Gestaltung entsprechend nachgeprüft, s. unter 11.3.

**Wellenzapfen:** Die nur zur Lagerung dienenden Wellenzapfen, die *Lagerzapfen* (Bild 11.17a) werden wie Achszapfen vorwiegend wechselnd auf Biegung beansprucht und auch wie diese nach 11.3.1 geprüft.

Der *Antriebszapfen* (Bild 11-17b) überträgt ausschließlich das von der Kupplung eingeleitete Torsionsmoment $T$ und wird nur auf Torsion beansprucht. Gefährdet sind der Übergangsquerschnitt $C-D$ und der Nutquerschnitt $E-F$, wobei meist nur der Nutquerschnitt wegen der Schwächung durch die Nuttiefe und auch wegen der häufig höheren Kerbwirkung nach 11.3.1 nachgeprüft zu werden braucht.

Der *Antriebszapfen* (Bild 11-17c) wird im wesentlichen durch das von der Kupplung eingeleitete Torsionsmoment $T$ auf Verdrehung beansprucht. Die durch die Lagerkraft $F$ im Querschnitt $G-H$ zusätzlich entstehende Biegebeanspruchung ist wegen des meist kleinen Abstandes $l_1$, z. B. bei Wälzlagern, im Verhältnis zur Verdrehbeanspruchung gering und kann normalerweise

---

[1] Vergleichbares Biegemoment mit gleicher Wirkung wie Biege- und Torsionsmoment gemeinsam

## 11.2 Gestalten und Entwerfen

vernachlässigt werden. Es braucht also praktisch nur der Nutquerschnitt $I-K$ auf Torsion nach 11.3.1 nachgeprüft zu werden.

Bei dem *Antriebszapfen* (Bild 11-17d) wird das Torsionsmoment $T$ über eine „fliegend" angeordnete Riemenscheibe (oder ein Zahnrad) eingeleitet. Neben der Verdrehbeanspruchung entsteht durch die Scheiben- oder Radkraft $F_2$ für den Übergangsquerschnitt $L-M$ eine nicht mehr zu vernachlässigende Biegebeanspruchung. Unter Zugrundelegung des Vergleichsmomentes $M_v$ ist der Querschnitt $L-M$ und sicherheitshalber auch der überwiegend auf Verdrehung beanspruchte Querschnitt $N-O$ nach 11.3.1 nachzuprüfen.

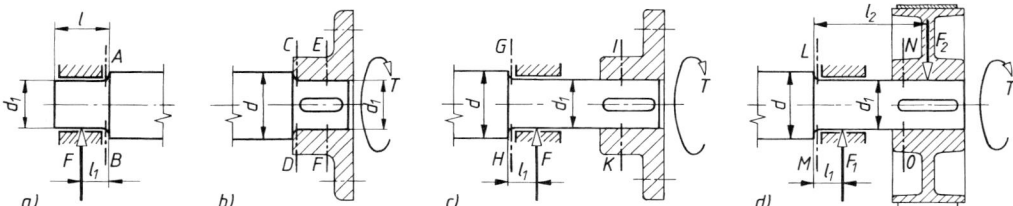

**Bild 11-17** Wellenzapfen.
a) biegebeansprucht, b) torsionsbeansprucht, c) und d) torsions- und biegebeansprucht

**Wellenenden:** Zur Aufnahme von Riemenscheiben, Zahnrädern und Kupplungen sollen möglichst genormte Wellenenden verwendet werden: Zylindrische Wellenenden nach DIN 748 T1 und T3 (s. TB 11-1); kegelige Wellenenden mit langem und kurzem Kegel und Außengewinde nach DIN 1448 (s. TB 11-2); solche mit Innengewinde nach DIN 1449.

### Torsions- und Biegemomente

Für die Dimensionierung der Achsen und der Wellen sind in erster Linie die sich aus der zu übertragenden Leistung und der zugehörigen Drehzahl ergebenden Torsions- und Biegemomente ausschlaggebend. Querkräfte, die sich aus schweren Massen, umlaufenden exzentrischen Massen und anderen von der Achse oder Welle aufzunehmenden Bauteilen (z. B. Steuernocken) ergeben, sind vielfach mit zu berücksichtigen wie auch die z. B. bei Riemenantrieben sich aus der Vorspannung ergebenden Querkräfte, die oftmals um ein vielfaches größer sind als die aus dem Drehmoment resultierende Tangentialkraft (Umfangskraft). Schwierigkeiten bei der genauen Erfassung der von der Achse und Welle aufzunehmenden Kräfte und Momente bereiten die dynamischen Vorgänge der gesamten Leistungsübertragung, wie z. B. Beschleunigen und Abbremsen der Massen, die Art der Antriebs- und Belastungsverhältnisse, z. B. Verbrennungsmotor oder Elektromotor bzw. selten Vollast oder Vollast mit starker Stoßwirkung.

**Torsionsmomente**[1]**:** Aus der Grundbeziehung $P = T \cdot \omega = T \cdot 2 \cdot \pi \cdot n$ wird das zu übertragende *Nenndrehmoment*

$$T_{\text{nenn}} = \frac{P}{2 \cdot \pi \cdot n} \quad (11.10)$$

und mit den in der Praxis üblichen Einheiten sowie unter Berücksichtigung der dynamischen Vorgänge durch den Anwendungsfaktor $K_A$ (s. Bild 3-8) ergibt sich das für die Berechnung maßgebende äquivalente Drehmoment aus der Gebrauchsformel

$$T = T_{\text{eq}} = K_A \cdot T_{\text{nenn}} \approx 9550 \cdot \frac{K_A \cdot P}{n} \quad \begin{array}{c|c|c} T & P & n \\ \hline \text{Nm} & \text{kW} & \text{min}^{-1} \end{array} \quad (11.11)$$

$K_A$    Anwendungsfaktor[2] zur Berücksichtigung dynamischer Vorgänge nach TB 3-5
$P$    größte zu übertragende Nennleistung
$n$    zur Nennleistung $P$ gehörige (kleinste) Drehzahl

---

[1] Nach DIN 1304 wird unterschieden zwischen dem Drehmoment (Kraftmoment) $M$ und dem Torsionsmoment $T$ als inneres Moment. Der Einfachheit halber wird – wie in der weiterführenden Literatur meist üblich – generell als Formelzeichen für das Dreh- und Torsionsmoment $T$ eingesetzt.

[2] Die Festlegung des Anwendungsfaktors muss sehr gewissenhaft vorgenommen werden, denn ein hierbei gemachter Fehler wird durch keine noch so genaue Berechnung wieder wettgemacht.

***Biegemomente:*** Das Ermitteln der von den Achsen und Wellen aufzunehmenden Biegemomente ist oft erheblich aufwendiger und schwieriger als das der Torsionsmomente. Grundsätzlich werden die sich bei der Leistungsübertragung ergebenden Aktionskräfte (Lagerkräfte, Riemenzugkräfte, Zahnkräfte, u. a.) aus dem äquivalenten Torsionsmoment der Gl. (11.11) ermittelt, um auch für die benachbarten Bauteile den schwer erfassbaren Einfluss der dynamischen Vorgänge mit zu berücksichtigen. Für die Berechnung maßgebend ist das größte Biegemoment, dessen Bestimmung an einigen Beispielen gezeigt werden soll. In allen Fällen sind – falls nicht aus vorangegangenen Berechnungen bereits bekannt – die Lagerkräfte zu ermitteln. Der einfachste Fall liegt vor bei nur einer angreifenden Kraft, bei einer Achse z. B. durch eine Seilrolle oder ein Laufrad, bei einer Welle z. B. durch eine Riemenscheibe, s. Bild 11-18. Hier liegt das größte Biegemoment $M$ im Angriffspunkt der Gesamtzugkraft $F$ bei einer Scheibenanordnung zwischen den Lagern; bei „fliegender" Anordnung der Scheibe dagegen im Lager $B$ (Strichlinie).

Aus den statischen Gleichgewichtsbedingungen $\Sigma M_{(A)} = 0$ bzw. $\Sigma M_{(B)} = 0$ lassen sich die Lagerkräfte $F_B$ bzw. $F_A$ ermitteln. Im Bild 11-18 sind der Verlauf von Biegemoment ($M$), Querkraft ($F_Q$) und Torsionsmoment ($T$) dargestellt.

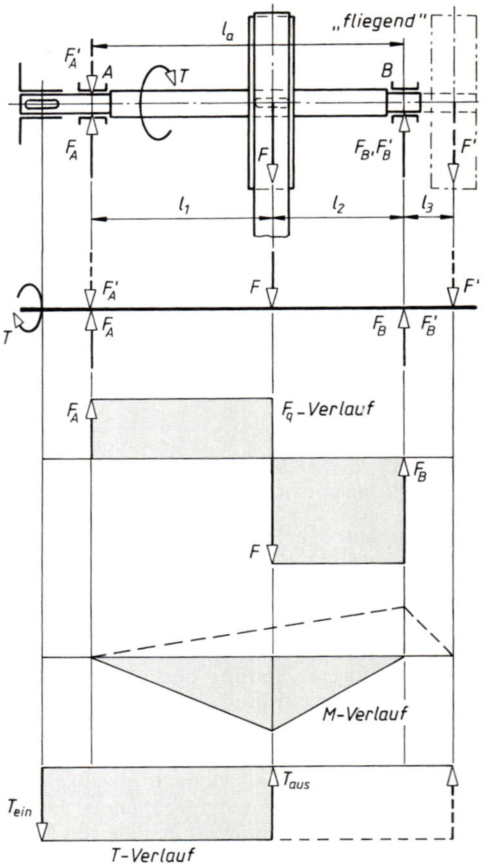

Die Ermittlung der Lagerkräfte und des größten Biegemomentes für Systeme mit mehreren, noch dazu verschieden gerichteten Kräften

**Bild 11-18** Ermittlung der Lagerkräfte und der Biegemomente

wird in den Bildern 11-19 und 11-20 dargestellt. Die Zahnkräfte $F_{bn}$ werden zunächst in ihre Komponenten $F_t$ und $F_r$ zerlegt und auf die Radmitten übertragen, um dann – im Prinzip wie oben angegeben – für jede Kraft einzeln die Reaktionskräfte $F_x$ und $F_y$ für die Lager zu bestimmen, deren Resultierenden die Lagerkräfte $F_{Ar}$ und $F_{Br}$ ergeben.

Bei einer Welle mit Schrägstirnrädern (auch Kegel- und Schneckenräder) wirkt außer den Kräften $F_r$ und $F_t$ noch eine am Radumfang angreifende Axialkraft $F_a$, die in der Welle eine meist vernachlässigbare, in den Lagern jedoch zu berücksichtigende Axialbeanspruchung und durch die „Kippwirkung" noch zusätzliche Radialkräfte hervorruft. Diese ergeben für die Welle ein zusätzliches „Kippmoment". Zur Ermittlung der Lagerkräfte und des größten Biegemomentes verfahre man wie im Bild 11-20 dargestellt.

### 3. Ermittlung des Entwurfsdurchmessers

Im Rahmen des eigentlichen Konstruktionsprozesses werden für die Achsen und Wellen selten punktuell die jeweils erforderlichen Durchmesser errechnet, sondern, ausgehend von dem z. B. nach Bild 11-21 ermittelten *Richtdurchmesser* wird vielfach das Bauteil erst konstruktiv gestaltet und dann auf ausreichende Sicherheit gegenüber statischer und Dauerfestigkeit, der zulässigen Formänderung und evtl. der kritischen Drehzahl nachgeprüft, s. auch Bild 11-9.

Die in 11.2.2-2 aufgeführten Gleichungen zur Durchmesserberechnung setzen voraus, dass u. a. die jeweils zulässige Spannung bereits bekannt ist. Diese kann aber erst nach Vorliegen der

## 11.2 Gestalten und Entwerfen

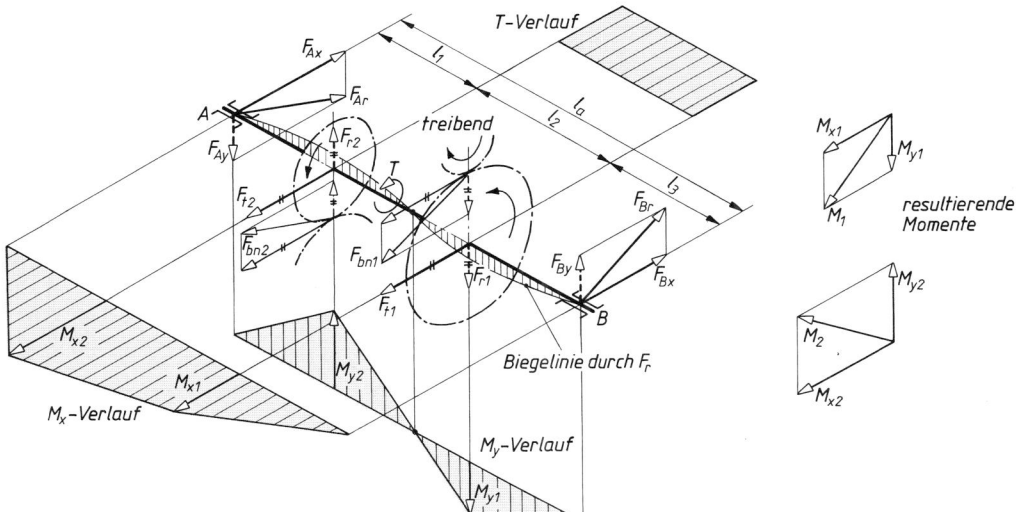

**Bild 11-19** Ermittlung der Lagerkräfte und Biegemomente bei einer Getriebezwischenwelle mit zwei Stirnrädern

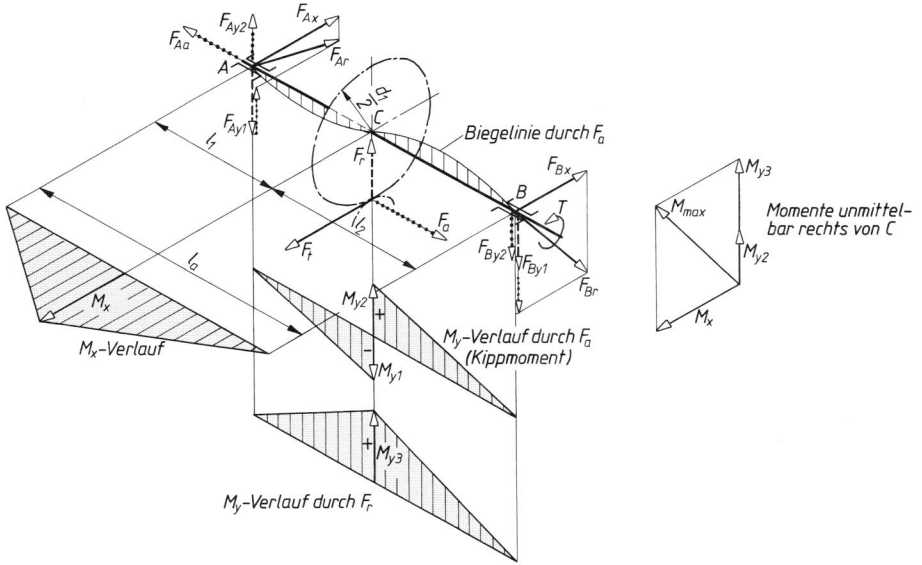

**Bild 11-20** Ermittlung der Lagerkräfte und Biegemomente bei einer Welle mit Schrägstirnrad

entsprechenden Konstruktionsdaten ermittelt werden. So sind erst *nach* der Gestaltung viele z. T. voneinander abhängige Einflussgrößen (Durchmesser, Kerbform, Oberflächenbeschaffenheit) zur Ermittlung der zulässigen Spannung bekannt. Mit der zulässigen Spannung nach den Angaben zu Kapitel 3, Abschnitt 3.7, kann für eine Überschlagsrechnung die Gl. (11.1) modifiziert werden in der Form $d \approx 3{,}4 \cdot \sqrt[3]{M/\sigma_{bD}}$, wobei für $\sigma_{bD}$ der für den vorliegenden Lastfall maßgebende Wert $\sigma_{bSch}$ bzw. $\sigma_{bW}$ des betreffenden Werkstoffes zu setzen ist. Analog sind auch die anderen Gleichungen (11.12) bis (11.17) herzuleiten. Da bei gleichzeitig torsions- und biegebeanspruchten Wellen die Vergleichsspannung nach Gl. (3.5) bzw. das Vergleichsmoment nach

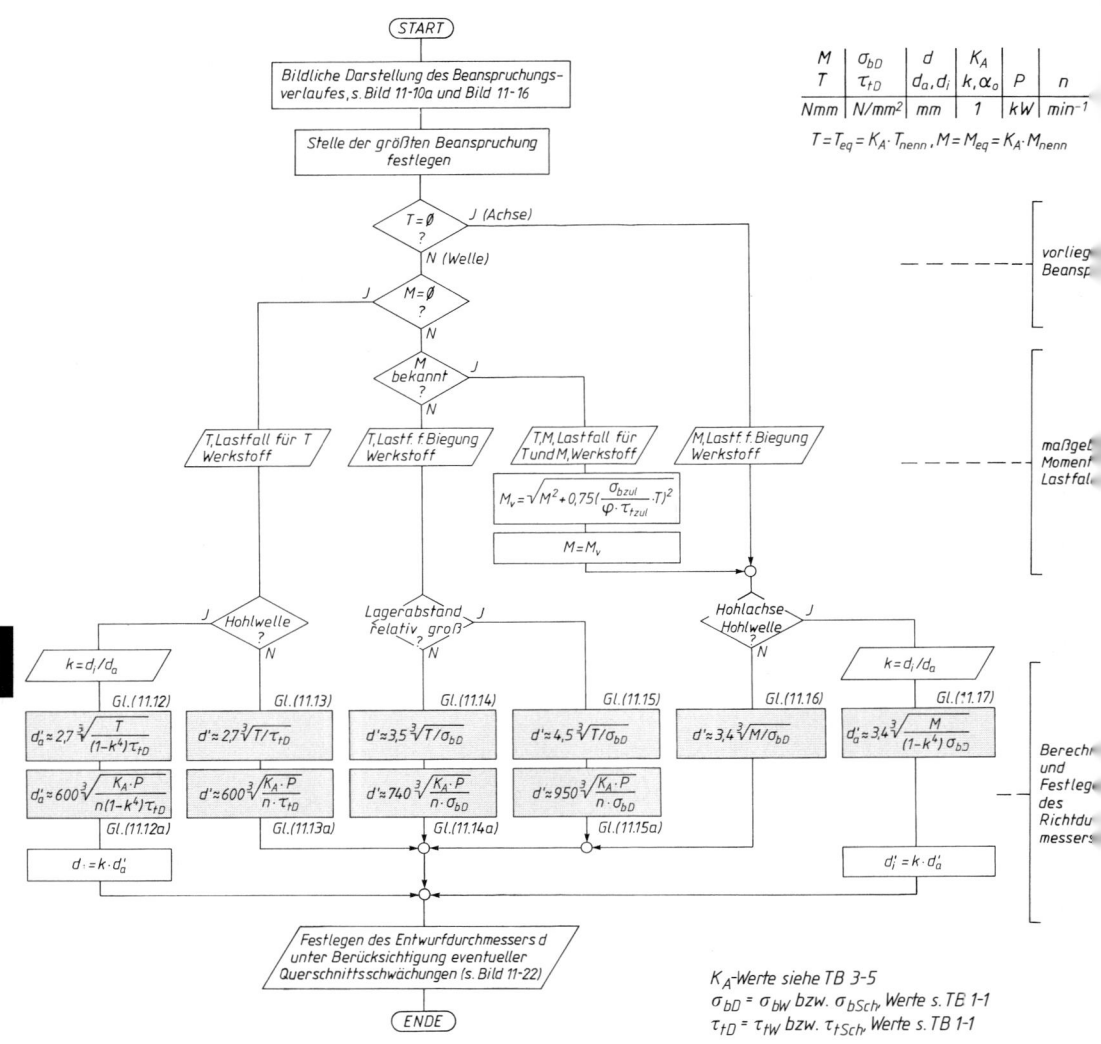

**Bild 11-21** Ablaufplan zur Ermittlung des Richtdurchmessers für Achsen und Wellen

Gl. (11.7) maßgebend ist, wird für die überschlägige Berechnung das meist noch nicht bekannte Biegemoment in Gl. (11.7) als Verhältnis $M/T = 1$ (bzw. $M/T = 2$ bei relativ großen Lagerabständen) angenommen, so dass für Torsion ruhend oder schwellend die Gl. (11.7) ausgedrückt werden kann durch $M_v \approx 1{,}17 \cdot T$ (bzw. $M_v \approx 2{,}1 \cdot T$). Diese Werte für $M_v$ in Gl. (11.8) eingesetzt, ergeben mit $\sigma_{b\,zul} \approx 0{,}25 \cdot \sigma_{bD}$ die im Bild 11-21 angegebenen Gln. (11.14) bzw. (11.15). Wird für $T$ nach Gl. (11.11) $T = 9550 \cdot 10^3 \cdot K_A \cdot (P/n)$ (in Nmm) gesetzt, so ergeben sich für die Überschlagsrechnung die Gln. (11.14a) bzw. (11.15a).

Die mit den Gleichungen nach Bild 11-21 überschlägig ermittelten *Richtdurchmesser* $d'$ sind sinnvoll auf den Entwurfsdurchmesser $d$ aufzurunden unter Beachtung
— der oft genormten Abmessungen von zu montierenden Bauteilen wie Lager, Sicherungselemente und Dichtungen,
— von Herstellungswerkzeugen und Prüfmitteln (Lehren),
— zu erwartender Kerbwirkungen.

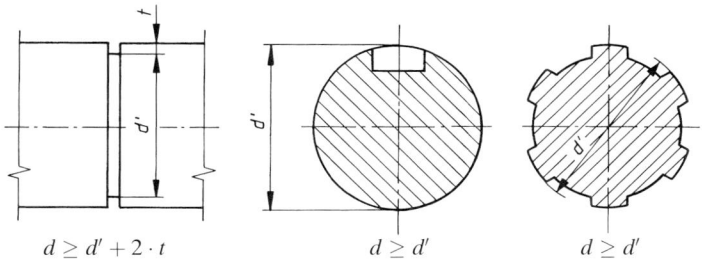

$d \geq d' + 2 \cdot t$ $\quad\quad\quad\quad d \geq d'$ $\quad\quad\quad\quad d \geq d'$

**Bild 11-22** Rechnerisch ermittelter Richtdurchmesser $d'$ und auszuführender Entwurfsdurchmesser $d$

Letzteres wird erreicht, wenn wie in Bild 11-22 der auszuführende Entwurfsdurchmesser gewählt wird ($d'$ entspricht dem Durchmesser $d$ in TB 3-9, auf welchen sich die Kerbwirkungszahlen beziehen).

## 11.3 Kontrollberechnungen

### 11.3.1 Festigkeitsnachweis

Nachdem das Bauteil (Achse, Welle) unter Zugrundelegung des nach Bild 11-21 ermittelten Richtdurchmessers $d'$ mit Berücksichtigung der evtl. vorhandenen Querschnittsschwächungen entworfen und gestaltet ist, kann für die *kritischen Querschnitte*, z. B. Wellenabsätze, Eindrehungen, Gewindefreistiche u. a., der Sicherheitsnachweis geführt werden (s. Kap. 3 unter 3.7). Danach ist für dynamisch belastete Bauteile nicht nur der dynamische Festigkeitsnachweis mit den äquivalenten Momenten (Berücksichtigung des Anwendungsfaktors $K_A$) zu führen, sondern auch der statische Festigkeitsnachweis mit den maximalen Momenten (s. Kap. 3, Bild 3-8), da in Einzelfällen die Sicherheit des statischen Nachweises (besonders, wenn $T_{max}$ viel größer als $T_{eq}$ bei seltenen sehr großen Stößen ist) für die endgültige konstruktive Festlegung des Durchmessers $d$ maßgebend sein kann. Alle für den Sicherheitsnachweis benötigten Angaben sind nach der Gestaltungsphase bekannt bzw. können bestimmt werden.

Bild 11-23 zeigt einen möglichen Ablaufplan zur *vereinfachten* Ermittlung der vorhandenen Sicherheit für den jeweils betrachteten Querschnitt (Vereinfachungen s. unter 3.7.3). Genauere Berechnungen sind mit den Angaben im Kapitel 3.7 durchzuführen, wobei aufgrund des hier z. T. sehr hohen Rechenaufwandes der Einsatz von Maschinenelemente-Berechnungsprogrammen empfehlenswert ist.

### 11.3.2 Elastisches Verhalten

**1. Verformung bei Torsionsbeanspruchung**

Bei längeren Wellen, z. B. Fahrwerkwellen von Laufkranen, Drehwerkwellen von Drehkranen, bei denen der Abstand zwischen den das Torsionsmoment übertragenden Bauteilen, wie Zahnräder, Riemenscheiben und Kupplungen verhältnismäßig groß ist, wird vielfach die Verdrehverformung für die Berechnung maßgebend. Erfahrungsgemäß soll der Verdrehwinkel $\varphi_{zul} \approx 0{,}25° \ldots 0{,}5°$ je m Wellenlänge nicht überschreiten, s. Bild 11-24.
Durch die Verformung wird in der Welle, wie in einer Drehstabfeder, eine Formänderungsarbeit gespeichert. Bei auftretenden Drehmomentenschwankungen wird diese z. T. wieder frei, wodurch Schwingungen erzeugt werden können. Außerdem ergibt ein großer Verdrehwinkel eine kleine Federsteife und damit eine niedrige kritische Drehzahl (s. unter 11.3.3-3).
Der *Verdrehwinkel für glatte Wellen* ergibt sich aus

$$\varphi = \frac{180°}{\pi} \cdot \frac{l \cdot \tau_t}{r \cdot G} = \frac{180°}{\pi} \cdot \frac{T \cdot l}{G \cdot I_t} \quad\quad\quad (11.18)$$

Werden hierin gesetzt: Verdrehwinkel $\varphi = 0{,}25°$, Wellenlänge $l = 1000$ mm, Torsionsspannung $\tau_t = (T/W_p)$ in N/mm², Wellenradius $r = d/2$ in mm, Torsionsmoment $T$ in Nmm nach Gl. (11.11), polares Flächenmoment 2. Grades $I_p = (\pi/32) \cdot d^4$ in mm⁴, Schubmodul (für Stahl) $G = 81\,000$ N/mm², dann ergibt sich für Wellen aus Stahl nach Umformen obiger Gleichung

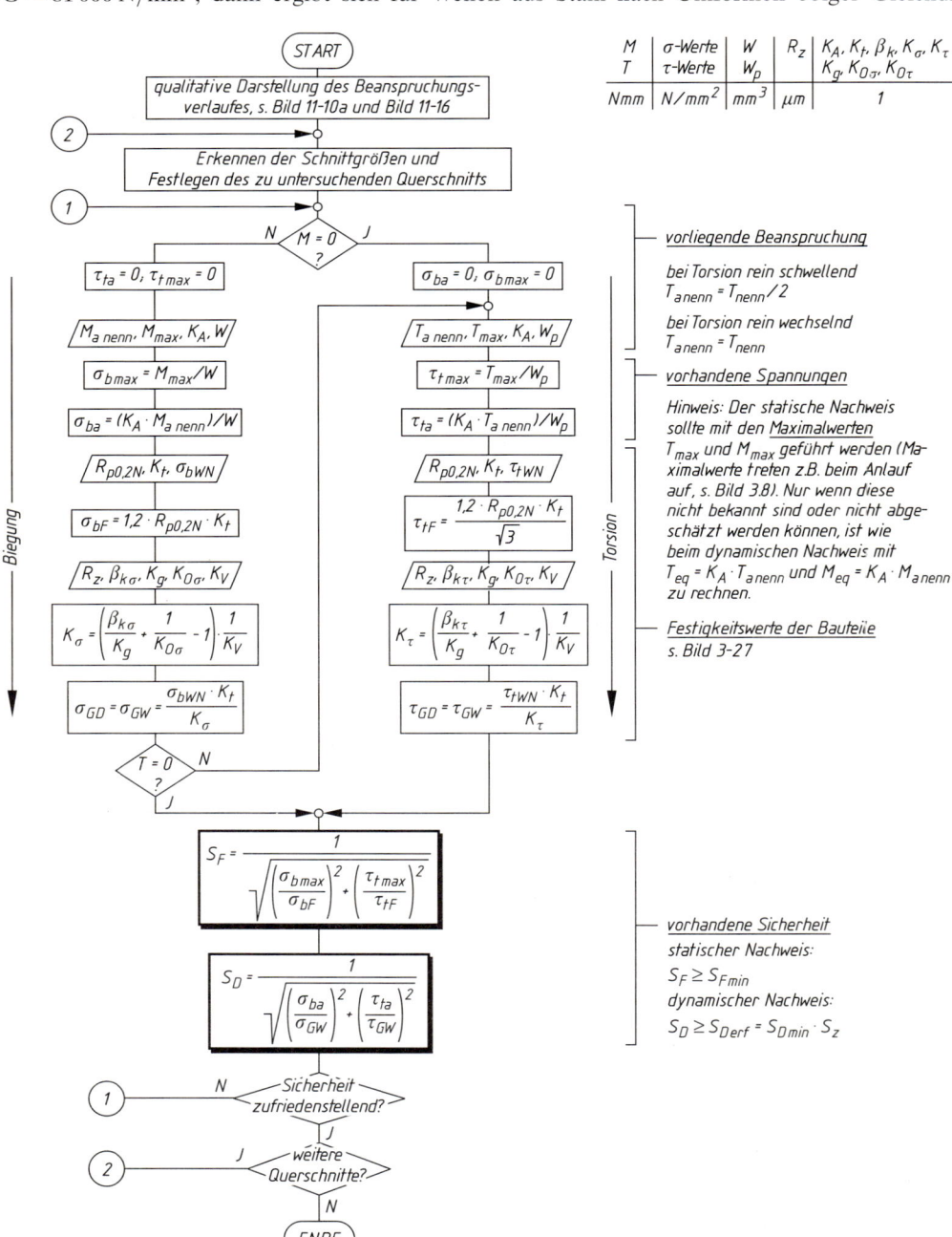

**Bild 11-23** Ablaufplan für einen vereinfachten statischen und dynamischen Sicherheitsnachweis (Erforderliche Sicherheiten nach TB 3-14)

## 11.3 Kontrollberechnungen

unter Berücksichtigung der vorliegenden Betriebsverhältnisse der überschlägige Wellendurchmesser, bei dem ein Verdrehwinkel von 0,25° je m Wellenlänge nicht überschritten wird, aus

$$d \approx 2{,}32 \cdot \sqrt[4]{T} \approx 129 \cdot \sqrt[4]{K_A \cdot \frac{P}{n}} \qquad (11.19)$$

| $d$ | $T$ | $K_A$ | $P$ | $n$ |
|-----|-----|-------|-----|-----|
| mm | Nmm | 1 | kW | min$^{-1}$ |

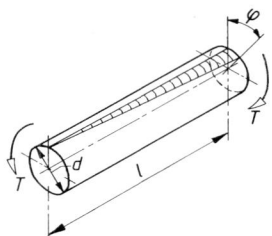

**Bild 11-24** Elastische Verformung bei Torsionsbeanspruchung

Eine anschließende Kontrolle auf Dauerfestigkeit nach 11.3.3 ist erforderlich.
Wellen mit einer Länge, bei der nicht sicher vorauszusehen ist, ob die Festigkeit oder die Formänderung maßgebend ist, können zunächst auf Festigkeit nach 11.2.2 und 11.3.1 berechnet werden. Danach wird der Verdrehwinkel nachgeprüft und nötigenfalls der Durchmesser geändert. Für *abgesetzte Wellen* mit den Durchmessern $d_1, d_2 \ldots d_n$ und den dazugehörigen Längen $l_1, l_2 \ldots l_n$ ergibt sich der *Verdrehwinkel* $\varphi$ angenähert aus

$$\varphi \approx \frac{180°}{\pi} \cdot \frac{(32/\pi) \cdot T}{G} \cdot \Sigma\left(\frac{l}{d^4}\right) \qquad (11.20)$$

$T$, $G$ wie zu Gln. (11.18) und (11.19), $\Sigma(l/d^4) = l_1/(d_1^4) + l_2/(d_2^4) + \ldots l_n/(d_n^4)$

### 2. Verformung bei Biegebeanspruchung

Die Durchbiegung $f$ und die Neigung $\tan \alpha$ im Bild 11-25 werden durch die Art, Größe und Lage der hierfür maßgebenden Kräfte, sowie durch die elastischen Eigenschaften des Wellen- (oder Achsen-)Werkstoffes bestimmt.

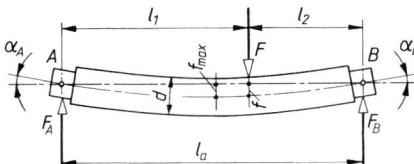

**Bild 11-25** Elastische Verformung bei Biegebeanspruchung

Für einige oft vorkommende Beanspruchungsfälle lassen sich die Verformungen von glatten Wellen oder Achsen nach TB 11-6 ermitteln. Greifen Kräfte in verschiedenen Ebenen an, so sind sie in zweckmäßig gerichtete, z. B. waagerechte und senkrechte, Komponenten zu zerlegen. Die Durchbiegungen in beiden Ebenen ergeben die resultierende Durchbiegung

$$f_{\text{res}} = \sqrt{f_x^2 + f_y^2} \qquad (11.21)$$

$f_x$, $f_y$ Einzeldurchbiegung in $x$- und $y$-Richtung

Entsprechend ergibt sich die resultierende Neigung aus

$$\tan \alpha_{\text{res}} = \sqrt{\tan^2 \alpha_x + \tan^2 \alpha_y} \qquad (11.22)$$

Treten mehrere Beanspruchungsfälle nach TB 11-6 gleichzeitig auf, so addieren sich die Lagerkräfte, Durchbiegungen und Neigungen aus den Einzelfällen.

Schwieriger ist das Ermitteln der Durchbiegung und Neigung abgesetzter Wellen oder Achsen, also bei verschiedenen Durchmessern. In vereinfachter Form wird ein grafisches und ein rechnerisches Verfahren dargestellt, ohne die theoretischen Zusammenhänge näher zu erläutern; hierüber informiere man sich in der einschlägigen Fachliteratur.

**Grafische Ermittlung der Durchbiegung abgesetzter Achsen und Wellen**
Dafür wird zweckmäßig das Verfahren nach *Mohr* angewendet, das am Beispiel einer Achse nach Bild 11-26 erläutert werden soll.

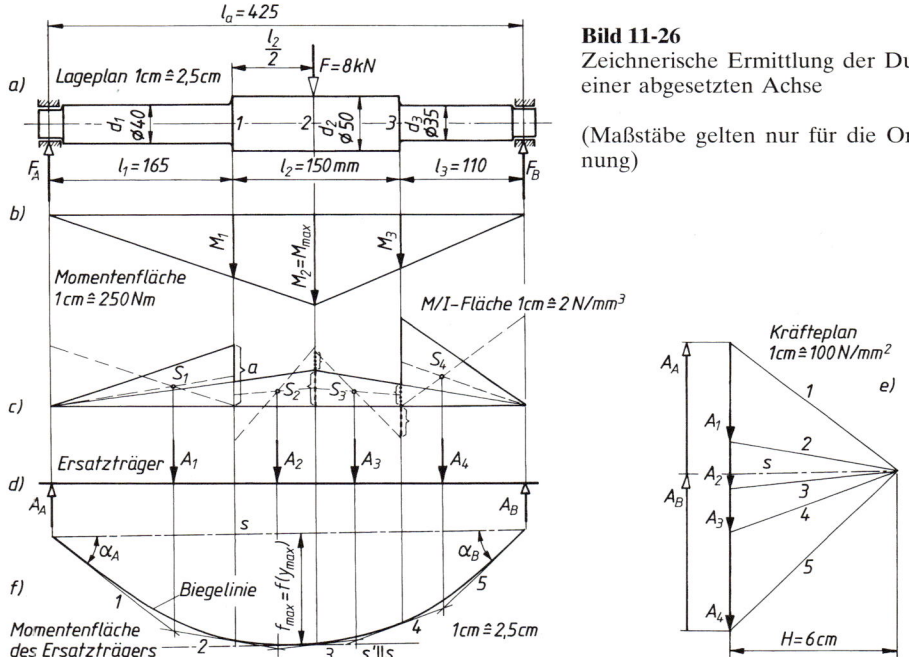

**Bild 11-26**
Zeichnerische Ermittlung der Durchbiegung einer abgesetzten Achse

(Maßstäbe gelten nur für die Originalzeichnung)

*Arbeitsschritte:* Achse maßstäblich aufzeichnen (Lageplan). Lagerkräfte $F_A$ und $F_B$ sowie die Biegemomente für die Querschnitte 1, 2 und 3 bestimmen durch Auswertung der $M$-Fläche. An den Querschnitten 1, 2 und 3 für die Durchmesser $d_1$, $d_2$ und $d_3$ die Flächenmomente 2. Grades $I$ ermitteln. Die Quotienten $M/I$ für jeden Querschnitt berechnen und damit die reduzierte Momentenfläche ($M/I$-Fläche) im geeigneten Maßstab aufzeichnen, dabei die Werte $M/I$ unter den zugehörigen Querschnitten als Ordinaten auftragen (z. B. $a = M_1/I_1$). Größe der Teilflächen $A_1 \ldots A_4$ berechnen (z. B. $A_1 = l_1 \cdot a/2$). Schwerpunkte $S_1 \ldots S_4$ der Teilflächen bestimmen. Damit ist die Lage der Wirklinien der „Kräfte" $A_1 \ldots A_4$ für den „Ersatzträger" gegeben. „Kräfteplan" im geeigneten Maßstab und damit die Momentenfläche des Ersatzträgers zeichnen. Die Hüllkurve stellt die Biegelinie dar und lässt die $f_{max}$-Stelle erkennen.

Unter Berücksichtigung der jeweiligen Maßstäbe ergeben sich die maximale Durchbiegung aus $f_{max} = (1/E) \cdot y_{max} \cdot H$, die Neigungen in den Auflagen $A$ und $B$ aus $\tan\alpha = A_A/E$ bzw. $\tan\beta = A_B/E$ (s. Berechnungsbeispiel 11.3).

**Rechnerische Ermittlung der Durchbiegung abgesetzter Achsen und Wellen**
Für den am häufigsten vorkommenden Fall der zweifach gelagerten, abgesetzten Welle mit einer Punktlast nach Bild 11-27 kann die Durchbiegung unter der Last $F$ wie folgt berechnet werden:
Im Angriffspunkt der Last $F$ denke man sich die Achse bzw. Welle mit den Durchmessern $d_{an}$ bzw. $d_{bn}$ fest eingespannt (zwei Freiträger). Die durch die jeweilige Lagerkraft $F_A$ und $F_B$ hervorgerufene Durchbiegung $f_A$ und $f_B$ wird angelehnt an die allgemeine Beziehung für Freiträger $f = F \cdot l^3/(3 \cdot E \cdot I)$ mit $I = (\pi/64) \cdot d^4$ zunächst für jede Lagerstelle ($A$ und $B$) getrennt nach Gln. (11.23) und (11.24) errechnet. Die Durchbiegung $f$ unter der Last $F$ kann dann nach

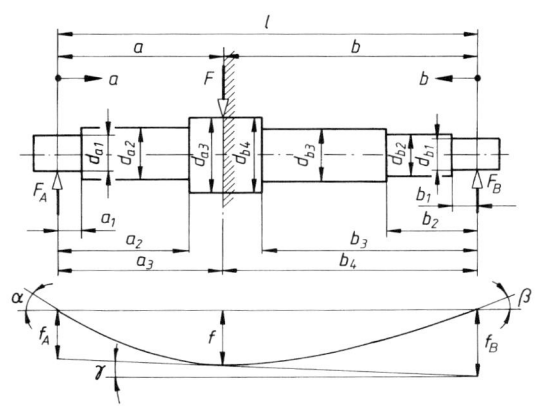

**Bild 11-27**
Zweifach gelagerte, abgesetzte Welle mit einer Punktlast

Gl. (11.25) ermittelt werden

$$f_A = \frac{6{,}79 \cdot F_A}{E} \cdot \left( \frac{a_1^3}{d_{a1}^4} + \frac{a_2^3 - a_1^3}{d_{a2}^4} + \frac{a_3^3 - a_2^3}{d_{a3}^4} + \ldots \right) \tag{11.23}$$

$$f_B = \frac{6{,}79 \cdot F_B}{E} \cdot \left( \frac{b_1^3}{d_{b1}^4} + \frac{b_2^3 - b_1^3}{d_{b2}^4} + \frac{b_3^3 - b_2^3}{d_{b3}^4} + \ldots \right) \tag{11.24}$$

$$f = f_A + \frac{a}{l} \cdot (f_B - f_A) \tag{11.25}$$

Mit $\tan \alpha' \approx \alpha'$ und $\tan \beta' \approx \beta'$ nach Gln. (11.26) sowie mit $r = (f_B - f_A)/l$ (s. Bild 11.27) ergeben sich die Neigungen der Zapfen in den Lagern mit hinreichender Genauigkeit aus den Gln. (11.27)

$$\tan \alpha' \approx \frac{10{,}19 \cdot F_A}{E} \cdot \left( \frac{a_1^2}{d_{a1}^4} + \frac{a_2^2 - a_1^2}{d_{a2}^4} + \ldots \right) \tag{11.26a}$$

$$\tan \beta' \approx \frac{10{,}19 \cdot F_B}{E} \cdot \left( \frac{b_1^2}{d_{b1}^4} + \frac{b_2^2 - b_1^2}{d_{b2}^4} + \ldots \right) \tag{11.26b}$$

$$\tan \alpha \approx \alpha' + \frac{f_B - f_A}{l} \tag{11.27a}$$

$$\tan \beta \approx \beta' - \frac{f_B - f_A}{l} \tag{11.27b}$$

| $f$ | $F$ | $E$ | $a, b, d$ |
|---|---|---|---|
| mm | N | N/mm² | mm |

*Hinweis:* Obige Betrachtungen wurden unter der Annahme punktförmig angreifender Kräfte angestellt, was praktisch jedoch nicht ganz zutrifft. So können versteifende Wirkungen von festsitzenden Naben kaum erfasst werden; die tatsächlichen Durchbiegungen und Neigungen werden somit etwas kleiner sein als die rechnerischen Werte.

Um Funktionsstörungen an Maschinen (Verkanten von Zahnrädern, Kantenpressung in den Lagern u. dgl.) zu vermeiden, sollen die Verformungen die Werte nach TB 11-5 nicht überschreiten.

## 11.3.3 Kritische Drehzahl

### 1. Schwingungen, Resonanz

Wird ein Körper, z. B. ein Federstab (Bild 11-28a), durch eine kurzzeitig wirkende Kraft $F$ elastisch verformt, so wird er nach Aufhören dieser Kraftwirkung durch eine gleich große, aber entgegengesetzt gerichtete Rückstellkraft in *Biegeschwingungen* versetzt. Die Schwingungsfrequenz (Schwingungszahl je Zeiteinheit) ist dabei um so größer, je größer die Elastizität (Federkonstante) und je kleiner die Masse des Körpers ist. Sie ist jedoch unabhängig von der Größe der erregenden Kraft, die nur die *Amplitude* (Weite des Schwingungsausschlages) bestimmt. Alle Körper haben somit eine bestimmte *Eigenfrequenz*. Bei einer einmaligen Erregung werden die Schwingungen durch Luftwiderstand, Reibung oder dgl. allmählich bis zum Stillstand gedämpft. Wird jedoch ein Körper immer wieder durch Kraftstöße im Rhythmus der Eigenfrequenz von neuem angeregt, dann kommt es zur *Resonanz* (Überlagerung der Erregerfrequenz mit der Eigenfrequenz); die Schwingungsausschläge werden nach jedem Anstoß größer, so dass unter Umständen sogar ein Bruch eintreten kann.

Zu gleichen Erscheinungen kann es auch bei *Drehschwingungen* kommen (Bild 11-28b).

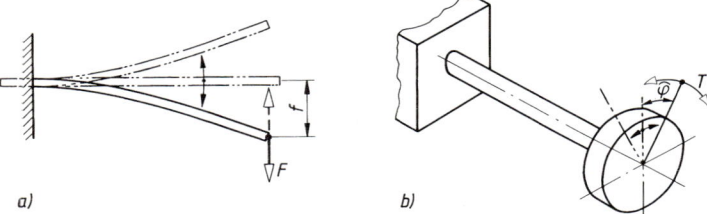

**Bild 11-28** Elastische Schwingungen.
a) Biegeschwingungen, b) Drehschwingungen

### 2. Biegekritische Drehzahl

Bei umlaufenden Wellen (und Achsen) entstehen schwingungserregende Kräfte durch *Unwuchten* der umlaufenden Massen, z. B. der Riemenscheiben, Zahnräder, Kupplungen als auch der Wellen selbst. Eine Unwucht entsteht, wenn der Schwerpunkt der Massen nicht mit der Drehachse zusammenfällt (Exzentrizität). Eine solche Unwucht verursacht an den umlaufenden Massen eine *Fliehkraft* $F_z$ als schwingungserregende Kraft (Bild 11-29).
Anhand einfacher Beispiele soll das grundsätzliche Verhalten umlaufender Wellen dargestellt und erläutert werden.

*Fall 1:* Zweifach gelagerte Welle mit einer Einzelmasse (Bild 11-29). Die gewichtslos gedachte Welle trägt eine Scheibe mit der Masse $m = G/g$, deren Schwerpunkt $S$ um den Betrag $e$ außerhalb der Wellenmitte $M$ liegt. Bei der Winkelgeschwindigkeit $\omega$ wird die Welle durch die Fliehkraft $F_z = m \cdot r \cdot \omega^2 = m \cdot (y + e) \cdot \omega^2$ um den Betrag $y$ ausgelenkt. Bedingt durch den *Verformungswiderstand* (Federsteife) der Welle wirkt dieser Fliehkraft die Rückstellkraft $F_R = c \cdot y$

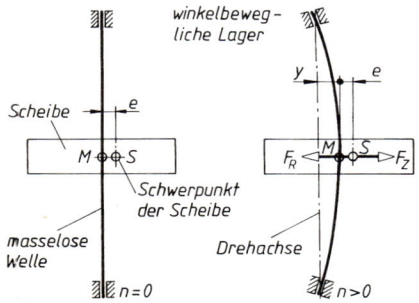

**Bild 11-29**
Entstehung von Biegeschwingungen bei Wellen

entgegen, so dass im Beharrungszustand der Welle Gleichgewicht herrscht: $F_z - F_R = 0$; mit obigen Werten: $m \cdot (y+e) \cdot \omega^2 - c \cdot y = 0$. Die Gleichung umgestellt, ergibt die Auslenkung des Scheibenmittelpunktes $y = (m \cdot e \cdot \omega^2)/(c - m \cdot \omega^2) = e/[c/(m \cdot \omega^2) - 1]$.
Würde in dieser Gleichung die Winkelgeschwindigkeit $\omega$ so erhöht, dass $\omega^2 = c/m$ wird, ergebe sich theoretisch eine unendlich große Auslenkung $y$, die zum Bruch der Welle führen würde. Es kommt zur gefürchteten *Resonanz*. Diese *Eigenkreisfrequenz* (kritische Winkelgeschwindigkeit) ergibt sich somit aus

$$\omega_k = \sqrt{\frac{c}{m}} \qquad (11.28)$$

$c$ Federsteife für elastische Biegung
$m$ Masse der umlaufenden Scheibe

Mit $c = G/f$ und $m = G/g$ wird $\omega_k = 99 \cdot \sqrt{(1/f)}$. Wird für $\omega_k = \pi \cdot n_k/30$ gesetzt, dann ergibt sich aus der Zahlenwertgleichung die *biegekritische Drehzahl* zu

$$n_k \approx 946 \cdot \sqrt{\frac{1}{f}} \qquad \begin{array}{c|c} n_k & f \\ \hline \min^{-1} & mm \end{array} \qquad (11.29)$$

Unter Berücksichtigung der Lagerung oder „Einspannung" wird die *biegekritische Drehzahl* für Achsen und Wellen

$$n_{kb} \approx k \cdot 946 \cdot \sqrt{\frac{1}{f}} \qquad \begin{array}{c|c|c} n_{kb} & k & f \\ \hline \min^{-1} & 1 & mm \end{array} \qquad (11.30)$$

$f$ Durchbiegung an der Stelle der umlaufenden Masse
$k$ Korrekturfaktor für die Art der Lagerung:
  $k = 1$ bei frei gelagerten, d. h. nicht eingespannten, in den Lagern umlaufenden Achsen oder Wellen (Normalfall),
  $k = 1,3$ bei an den Enden eingespannten feststehenden Achsen mit darauf umlaufenden Scheiben, Rädern u. dgl.

*Fall 2:* Zweifach gelagerte Welle mit mehreren Einzelmassen
Für mehrfach gelagerte und mit mehreren Einzelmassen besetzte Wellen (allgemeiner Fall) gilt prinzipiell der gleiche Sachverhalt, jedoch hat die mit $n$ Einzelmassen belegte Welle auch $n$ kritische Drehzahlen. In der Regel interessiert jedoch nur die niedrigste kritische Drehzahl, weil alle anderen ein vielfaches höher liegen.
Eine exakte rechnerische Ermittlung der kritischen Drehzahl ist sehr aufwendig, wenn außer mehreren Scheibenmassen die Welle noch mehrfach gelagert und darüber hinaus nicht glatt, sondern mehrfach abgesetzt ist. Sie wird, wenn erforderlich, meist mit Berechnungsprogrammen durchgeführt.
Zur Ermittlung der kritischen Drehzahl bzw. Winkelgeschwindigkeit von zweifach gelagerten Wellen mit mehreren Drehmassen können folgende Näherungsverfahren angewandt werden.
a) Die maximale Durchbiegung $f_{max}$ wird rechnerisch oder zeichnerisch ermittelt (s. unter 11.3.2-2). Die kleinste (niedrigste) kritische Drehzahl ergibt sich dann (bis zu 5 % zu niedrig) aus Gl. (11.30), wobei $k = 1$ zu setzen ist und $f = f_{max}$ die maximale Durchbiegung an den Stellen der umlaufenden Massen bedeutet (ist nicht identisch mit der maximalen Durchbiegung der Welle).
b) Zunächst werden, jeweils für sich, die kritischen Winkelgeschwindigkeiten (Eigenkreisfrequenzen) $\omega_{k0}$ der Welle allein (häufig vernachlässigbar) und aller Scheiben mit masselos gedachter Welle $\omega_{k1}$, $\omega_{k2}$ ... errechnet. Die niedrigste kritische Winkelgeschwindigkeit der ganzen Welle $\omega_k$ kann nach *Dunkerley* ermittelt werden (meist 5 % bis 10 % zu niedrig) aus

$$\frac{1}{\omega_k^2} = \frac{1}{\omega_{k0}^2} + \frac{1}{\omega_{k1}^2} + \frac{1}{\omega_{k2}^2} + \ldots + \frac{1}{\omega_{kn}^2} \qquad (11.31)$$

Bei Vernachlässigung der Wellenmasse geht durch Einsetzen von $1/\omega^2 = [(30/\pi) \cdot n]^2 = f/g$ dieses „Dunkerleysche Gesetz" über in die o. a. Näherungsgleichung Gl. (11.30) mit $k = 1$ und $f = \Sigma f = f_1 + f_2 + f_3 + \ldots + f_n = f_{max}$. Hierunter ist die maximale Durchbiegung der Welle zu verstehen, die sich an der Stelle einer umlaufenden Masse aus den Einzelbeträgen $f_1, f_2 \ldots f_n$ durch die Einzelmassen $m_1, m_2 \ldots m_n$ an dieser Stelle ergibt.

*Fall 3:* Glatte Wellen ohne Scheiben
Wie im Fall 2 dargelegt, gibt es für ein *n*-Massensystem auch *n* verschiedene kritische Drehzahlen. Denkt man sich die stetig verteilte Eigenmasse der glatten Welle zusammengesetzt aus unendlich vielen kleinen Einzelmassen, so folgt daraus, dass es in diesem Fall unendlich viele kritische Drehzahlen gibt. In den meisten Fällen interessiert nur die kleinste dieser Drehzahlen (Grundfrequenz). Ohne näher auf die mathematischen Zusammenhänge einzugehen, sollen für die praktischen Anwendungsfälle je nach Art der Lagerung Anhaltswerte gegeben werden für *glatte Stahlwellen mit dem Durchmesser d und der Wellenlänge l* jeweils in mm:

a) Feiaufliegende („kugelig gelagerte") Welle (z. B. Pendellager)
   $n_{k1} = 122{,}5 \cdot 10^6 \cdot d/l^2$ in min$^{-1}$;   $n_{k2} = 4 \cdot n_{k1}$;   $n_{k3} = 9 \cdot n_{k1}$;   $n_{k4} = 16 \cdot n_{k1}$   usw.
b) An beiden Enden eingespannte Welle (z. B. bei sehr starren Lagern)
   $n_{k1} = 277{,}7 \cdot 10^6 \cdot d/l^2$ in min$^{-1}$;   $n_{k2} = 2{,}8 \cdot n_{k1}$;   $n_{k3} = 5{,}49 \cdot n_{k1}$;   $n_{k4} = 8{,}9 \cdot n_{k1}$
c) „Fliegende Welle" (ein Ende eingespannt, ein Ende frei)
   $n_{k1} = 43{,}6 \cdot 10^6 \cdot d/l^2$ in min$^{-1}$;   $n_{k2} = 6{,}276 \cdot n_{k1}$;   $n_{k3} = 17{,}55 \cdot n_{k1}$;   $n_{k4} = 34{,}41 \cdot n_{k1}$

Durchbiegungen durch Zahnkräfte, Riemenzugkräfte und sonstige radial auf die Welle wirkenden Kräfte dürfen zur Ermittlung der biegekritischen Drehzahl nicht eingesetzt werden, da sie keine Fliehkräfte verursachen und somit auch keinen Einfluss auf die Höhe der kritischen Drehzahl haben.

*Die biegekritische Drehzahl ist unabhängig von einer späteren etwaigen schrägen oder sogar senkrechten Lage der Welle oder Achse.*

### 3. Verdrehkritische Drehzahl

Zu gefährlichen Drehschwingungen kann es bei Wellen kommen, wenn sie durch Drehmomentenstöße mit einer solchen Frequenz angeregt werden, die mit der Eigenkreisfrequenz der Welle übereinstimmt. Diese Gefahr besteht insbesondere bei Kurbelwellen von Kolbenmaschinen. Drehschwingungsresonanzen können bei konstruktiv ungünstig ausgelegten Antriebssträngen beobachtet werden, wenn sie bei einer bestimmten Drehzahl in starke Schwingungen geraten und diese sich auf die gesamte Maschine übertragen.
Die Erregerfrequenzen sind z. B. bei Verbrennungsmotoren von der Anzahl der Zündungen pro Umdrehung abhängig. Mit der Wellendrehzahl *n* betragen die Erregungsdrehzahlen z. B. für einen 4-Zylinder-Zweitaktmotor (4 Zündungen je Kurbelwellenumdrehung) $4n$, $8n$, $12n$ usw.
Das einfachste Drehschwingungssystem besteht aus zwei durch eine Drehfeder (Welle) verbundene Massen, s. Bild 11-30.

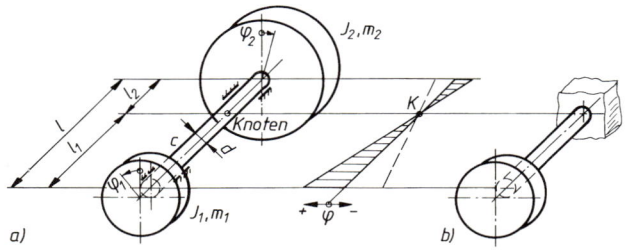

**Bild 11-30**
Drehschwinger.
a) mit zwei Scheibenmassen (Zweimassensystem)
b) Torsionspendel (ein Wellenende fest eingespannt)

## 11.4 Berechnungsbeispiele

*Fall 1:* Torsionspendel
Die Welle ist an einem Ende fest eingespannt (eine Masse ist unendlich groß). Für dieses System beträgt die *Eigenkreisfrequenz*

$$\omega_k = \sqrt{\frac{c_t}{J}} \qquad (11.32)$$

$c_t$ (Dreh-)Federsteife aus $c_t = I_p \cdot G/l$ mit dem polaren Flächenmoment $I_p$ des Wellenquerschnitts (für Kreisflächen ist $I_p = (\pi/32) \cdot d^4$); $G$ Schubmodul; $l$ Länge der Welle.
Besteht eine Welle aus mehreren Absätzen mit verschiedenen Durchmessern, so errechnet sich die Federsteife aus $(1/c_t) = (1/c_{t1}) + (1/c_{t2}) + \ldots + (1/c_{tn})$
$J$ Trägheitsmoment (Massenmoment 2. Grades)

Wird für $\omega_k = (\pi/30) \cdot n_k$; $c_t = T/\bar{\varphi}$; $\bar{\varphi} = (\pi/180°) \cdot \varphi° \approx \varphi°/57{,}3°$ gesetzt, dann ergibt sich die *verdrehkritische Drehzahl* aus

$$n_{kt} = \frac{30}{\pi} \cdot \sqrt{\frac{c_t}{J}} \approx 72{,}3 \cdot \sqrt{\frac{T}{\varphi \cdot J}} \qquad (11.33)$$

| $n_{kt}$ | $c_t$ | $T$ | $\varphi$ | $J$ |
|---|---|---|---|---|
| min$^{-1}$ | Nm | Nm | ° | kg m$^2$ |

$T$ von der Welle zu übertragendes Torsionsmoment
$\varphi$ Verdrehwinkel der Welle nach Gl. (11.18)
$J$ wie zu Gl. (11.32)
z. B. für Vollzylinder (Wellen, Scheiben): $J = (1/8) \cdot m \cdot d^2$;
für Hohlzylinder: $J = (1/8) \cdot m \cdot (d_a^2 + d_i^2)$

*Fall 2:* Welle mit zwei Massen
Für eine Welle mit zwei Massen $m_1$ und $m_2$ und den zugehörigen Trägheitsmomenten $J_1$ und $J_2$ (s. Bild 11-30) gilt die Eigenkreisfrequenz der beiden um den Knotenpunkt $K$ schwingenden Wellenenden

$$\omega_k = \sqrt{c_t \cdot \left(\frac{1}{J_1} + \frac{1}{J_2}\right)} \qquad (11.34)$$

$c_t$, $J_1$ und $J_2$ wie zu Gl. (11.32)

Die Welle hat dieselbe Eigenkreisfrequenz wie die im Knotenpunkt eingespannt gedachten Wellenstücke $l_1$ mit dem Trägheitsmoment $J_1$ bzw. $l_2$ mit $J_2$. Es gilt: $J_1 \cdot l_1 = J_2 \cdot l_2$ und $\varphi_1/l_1 = \varphi_2/l_2$. Auf der Seite der größeren Masse liegt somit der kleinere Ausschlag und der geringere Abstand zum Schwingungsknoten. Das entstehende Torsionsmoment ist wechselnd und über die Wellenlänge konstant. Wird für $\omega_k = n_k \cdot (\pi/30)$, für $c_t = T/\bar{\varphi}$ und für $\bar{\varphi} = (\pi/180°) \cdot \varphi°$ gesetzt, so ergibt sich die *verdrehkritische Drehzahl* aus

$$n_{kt} = \frac{30}{\pi} \cdot \sqrt{c_t \cdot \left(\frac{1}{J_1} + \frac{1}{J_2}\right)} \approx 72{,}3 \cdot \sqrt{\frac{T}{\varphi} \cdot \left(\frac{1}{J_1} + \frac{1}{J_2}\right)} \qquad (11.35)$$

| $n_{kt}$ | $c_t$ | $\varphi$ | $T$ | $J$ |
|---|---|---|---|---|
| min$^{-1}$ | Nm | ° | Nm | kg m$^2$ |

*Fall 3:* Wellen mit mehr als zwei Drehmassen
Systeme mit mehr als zwei Drehmassen besitzen mehrere Eigenkreisfrequenzen. Die Berechnung derartiger Systeme ist sehr aufwendig, so dass hier darauf verzichtet werden soll. Die kritischen Drehzahlen werden mit Programmen oder auch experimentell ermittelt. Allgemein soll nur gesagt werden, dass ein System mit $n$ Massen (also $n-1$ Wellenabschnitten) auch $n-1$ verschiedene Eigenkreisfrequenzen hat.

## 11.4 Berechnungsbeispiele

■ **Beispiel 11.1:** Der auf Biegung und Torsion beanspruchte Wellenabsatz einer Getriebewelle aus E335 in Bild 11-31 (Rohteildurchmesser $d = 110$ mm) soll überschlägig nachgerechnet werden. Bereits bekannt sind das Biegemoment mit $M_{nenn} = 2600$ Nm und das Torsionsmoment $T_{nenn} = 3400$ Nm. Aufgrund der sehr häufigen An- und Abschaltvorgänge wird das Torsionsmoment schwellend angenommen. Der Anwendungsfaktor wird mit $K_A \approx 1{,}3$ geschätzt.

**Allgemeiner Lösungshinweis:** Um schnell eine Aussage zu den vorhandenen Sicherheiten zu erhalten wird die Berechnung stark vereinfacht durchgeführt. Eine genauere Nachrechnung ist z. B. mit dem Excelprogramm auf der CD möglich. Da keine genaueren Angaben vorliegen wird der statische Nachweis mit $M_{max} = M_{eq}$ und $T_{max} = T_{eq}$ durchgeführt. Zuerst werden die Festigkeitswerte der Welle ermittelt, danach die statische und dynamische Sicherheit.

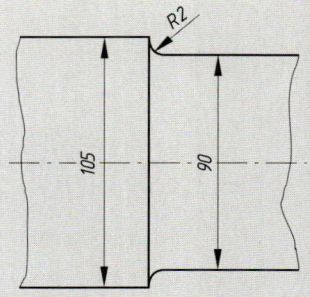

**Bild 11-31**
Wellenabsatz einer Getriebewelle

*Erforderliche Festigkeitswerte:*

| Probestab (Werte aus TB 1-1) | | | | Bauteildurchmesser (Rohling: $d = 110$ mm) | | | |
|---|---|---|---|---|---|---|---|
| $R_{mN}$ | $R_{eN}$ | $\sigma_{bWN}$ | $\tau_{tWN}$ | $R_m$ | $R_e$ | $\sigma_{bW}$ | $\tau_{tW}$ |
| | | | | $K_t = 0{,}99$ | $K_t = 0{,}86$ | $K_t = 0{,}99$ | $K_t = 0{,}99$ |
| 590 N/mm² | 335 N/mm² | 290 N/mm² | 180 N/mm² | 584 N/mm² | 288 N/mm² | 287 N/mm² | 178 N/mm² |

Umrechnung mit dem technologischen Größeneinflussfaktor $K_t$ aus TB 3-11a mit Gl. (3.7) bzw. (3.9).

*Statischer Nachweis:* Mit den Gleichungen des Ablaufplanes nach Bild 11-23 ergibt sich:

| | | | | |
|---|---|---|---|---|
| $W = \pi \cdot d^3/32$ $= 71569$ mm³ | $M_{max} \approx M_{o\,eq}$ $= K_A \cdot M_{nenn}$ $= 3380$ Nm | $\sigma_{b\,max} = M_{max}/W$ $= 47{,}2$ N/mm² | $\sigma_{bF} = 1{,}2 \cdot R_e$ $= 346$ N/mm² | $S_F = \dfrac{1}{\sqrt{\left(\dfrac{\sigma_{b\,max}}{\sigma_{bF}}\right)^2 + \left(\dfrac{\tau_{t\,max}}{\tau_{tF}}\right)^2}}$ $= 4{,}85$ |
| $W_p = \pi \cdot d^3/16$ $= 143139$ mm³ | $T_{max} \approx T_{o\,eq}$ $= K_A \cdot T_{nenn}$ $= 4420$ Nm | $\tau_{t\,max} = T_{max}/W_p$ $= 30{,}9$ N/mm² | $\tau_{tF} = 1{,}2 \cdot R_e/\sqrt{3}$ $= 200$ N/mm² | |

Die Berechnung der Spannungen erfolgt immer mit den größten auftretenden Momenten.

**Ergebnis:** Die Sicherheit gegen die Fließgrenze ist entsprechend der Mindestsicherheit $S_{F\,min} = 1{,}5$ nach TB 3-14 ausreichend.

*Dynamischer Nachweis:* Der dynamische Nachweis erfolgt ebenfalls nach Bild 11-23. Zusätzlich wird vereinfachend der Konstruktionsfaktor für Biegung auch für Torsion verwendet (Ergebnis liegt auf der sicheren Seite da $\beta_{k\sigma} > \beta_{k\tau}$ und $K_{0\sigma} < K_{0\tau}$). Die Berechnung erfolgt mit den Ausschlagspannungen. Bei schwellend angenommener Torsion gilt damit $T_a = T_{nenn}/2$.

| | | | | |
|---|---|---|---|---|
| $M_{a\,ec} = K_A \cdot M_a$ $= K_A \cdot M_{nenn}$ $= 3380$ Nm | $\sigma_{ba} = M_{a\,eq}/W$ $= 47{,}2$ N/mm² | $K_\sigma = \left(\dfrac{\beta_{k\sigma}}{K_g} + \dfrac{1}{K_{0\sigma}} - 1\right)$ $\times \dfrac{1}{K_V} = 1{,}89$ | $\sigma_{GW} = \sigma_{bW}/K_\sigma$ $= 152$ N/mm² | $S_D = \dfrac{1}{\sqrt{\left(\dfrac{\sigma_{ba}}{\sigma_{GW}}\right)^2 + \left(\dfrac{\tau_{ta}}{\tau_{GW}}\right)^2}}$ $= 2{,}85$ |
| $T_{a\,eq} = K_A \cdot T_a$ $= 2210$ Nm | $\tau_{ta} = T_{a\,eq}/W_p$ $= 15{,}4$ N/mm² | $K_\tau \approx K_\sigma$ vereinfachend gesetzt | $\tau_{GW} = \tau_{tW}/K_\tau$ $= 94$ N/mm² | |

Die Werte für den Konstruktionsfaktor $K$ werden mit den Tabellen TB 3-9 bis TB 3-12 bestimmt. Die Kerbwirkungszahl ist nach TB 3-9a $\beta_{k\sigma} \approx \beta_{k\sigma\,(Probe)} = 1 + c_b(\beta_{k\sigma(2{,}0)} - 1) = 1 + 0{,}4(2{,}25 - 1) = 1{,}5$ (Bei kleinen Kerbwirkungszahlen kann $\beta_{k\sigma} \approx \beta_{k\sigma\,(Probe)}$ gesetzt werden). Der Größeneinflussfaktor ergibt sich nach TB 3-11c zu $K_g = 0{,}83$, der Oberflächeneinflussfaktor mit $R_z = 6{,}3$ µm zu $K_{0\sigma} = 0{,}92$. Der Oberflächenverfestigungsfaktor ist nach TB 3-12 bei größeren Bauteilen ($d > 40$ mm) immer 1 zu setzen.

# 11.4 Berechnungsbeispiele

**Ergebnis:** Mit $S_{D\,erf} = 1{,}5$ und $S_z = 1{,}2$ für Biegung wechselnd, Torsion schwellend nach TB 3-14a und c wird die erforderliche Sicherheit

$$S_{D\,erf} = S_{D\,min} \cdot S_z = \ldots = 1{,}8\,.$$

Die vorhandene Bauteilsicherheit gegen dynamische Beanspruchung ist damit ausreichend.

**Beispiel 11.2:** Für die Antriebswelle aus E295 des Becherwerkes nach Bild 11-32a sind die Durchmesser zu berechnen und festzulegen. Aufgrund der Fördermenge $Q = 50$ t/h Getreide und der Förderhöhe $h = 30$ m ergab sich die erforderliche Leistung des Getriebemotors von $P = 7{,}5$ kW bei $n = 80$ min$^{-1}$. Der Wirkungsgrad des Getriebes ist mit $\eta = 80\,\%$ anzunehmen. Die Betriebsbedingungen sind durch den Anwendungsfaktor $K_A \approx 1{,}2$ zu berücksichtigen. Aus konstruktiven Überlegungen wurden bereits der Gurtscheibendurchmesser mit $D_S = 800$ mm und der Lagerabstand mit $l_a = 560$ mm festgelegt. Untersuchungen ergaben unter Nennbelastung eine die Welle radial belastende Gesamtkraft aus Eigengewichten und Gewicht des Fördergutes von

$$F_{ges} = F_1 + F_2 \approx 9{,}2\ \text{kN}\,.$$

Im einzelnen sind

a) der Durchmesser $d$ der Antriebswelle überschlägig zu berechnen und nachfolgend auf Festigkeit zu prüfen.
b) der Durchmesser $d_1$ des Wellenzapfens zum Aufnehmen der Kupplung konstruktiv festzulegen und nachzuprüfen.

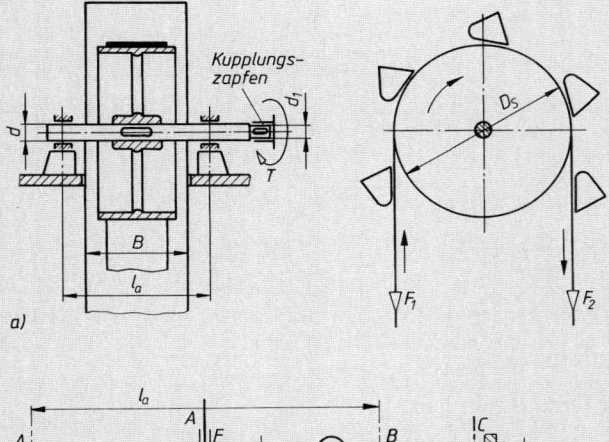

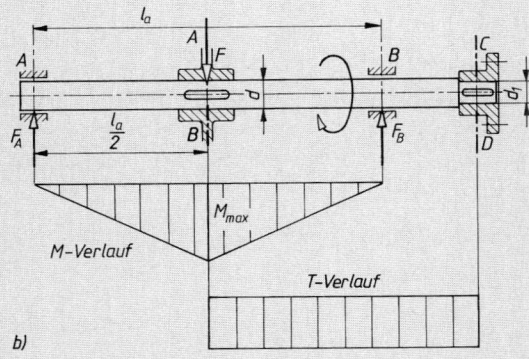

**Bild 11-32**
Antriebswelle eines Becherwerkes.
a) Darstellung des Becherwerkes
b) Antriebswelle mit Darstellung der Beanspruchungsverläufe

**Allgemeine Lösungshinweise:** Es gilt der Fall 1 nach 11.2.2-2, da der Abstand zwischen den Lagern bekannt ist. Durch die Einleitung des Drehmomentes über die Kupplung wird der Wellenzapfen nur auf Torsion beansprucht.
Zwischen dem Lager $B$ und der Stelle $A-B$ liegt, die Querkraft vernachlässigt, zusammengesetzte Beanspruchung aus Biegung und Torsion, zwischen $A-B$ und Lager $A$ nur Biegebeanspruchung vor. Die Berechnung des Entwurfsdurchmessers erfolgt nach Gl. (11.16) im Bild 11-21 mit den Werten aus den Belastungen an der Stelle $A-B$.

Der Festigkeitsnachweis der Welle ist statisch und dynamisch für den Querschnitt $A-B$ zu führen, da hier neben der Torsionsspannung die größte Biegespannung vorliegt und durch die Passfedernut Querschnittsschwächung bzw. Kerbeinfluss vorhanden ist.

Der Festigkeitsnachweis des Wellenzapfens ist wegen der statisch wirkend angenommenen Torsion nur statisch für den durch die Passfedernut geschwächten Querschnitt $C-D$ erforderlich.

▶ **Lösung a):** *Entwurfsdurchmesser:* Mit der von der Welle zu übertragenden Leistung

$$P = P_{\text{Motor}} \cdot \eta_{\text{Getriebe}} = 7{,}5 \text{ kW} \cdot 0{,}8 = 6 \text{ kW}$$

ergibt sich das von der Welle zu übertragende äquivalente Drehmoment nach Gl. (11.11)

$$T_{\text{eq}} = 9550 \cdot K_A \cdot P/n = 9550 \cdot 1{,}2 \cdot 6/80 \approx 860 \text{ Nm}.$$

Das äquivalente Biegemoment ist

$$M_{\text{eq}} = K_A \cdot M = K_A \cdot F_{\text{ges}} \cdot \frac{l_a}{4} = 1{,}2 \cdot 9200 \text{ N} \cdot \frac{0{,}56 \text{ m}}{4} \approx 1546 \text{ Nm}.$$

Mit Gl. (11.7) wird das Vergleichsmoment (Biegung wechselnd, Torsion schwellend bzw. statisch)

$$M_v = \sqrt{M_{\text{eq}}^2 + 0{,}75 \cdot (\alpha_0 \cdot T_{\text{eq}})^2} = \sqrt{(1546 \text{ Nm})^2 + 0{,}75 \cdot (0{,}7 \cdot 860 \text{ Nm})^2} \approx 1632 \text{ Nm}.$$

Mit $\sigma_{bD} = \sigma_{bWN} = 245 \text{ N/mm}^2$ für E295 aus TB 1-1 ergibt die Gl. (11-16) im Bild 11-21 für die Antriebswelle einen Richtdurchmesser

$$d' \approx 3{,}4 \cdot \sqrt[3]{M_v/\sigma_{bD}} = 3{,}4 \cdot \sqrt[3]{1632 \cdot 10^3 \text{ Nmm}/245 \text{ N/mm}^2} \approx 64 \text{ mm}.$$

Konstruktiv wird unter Berücksichtigung der genormten Lagerdurchmesser zunächst $d = 65 \text{ mm}$ festgelegt.

*Statischer Nachweis:* Der Ablauf des Nachweises erfolgt nach Bild 11-23. Mit maximaler Belastung ist zu rechnen, wenn gegebenenfalls das Becherwerk mit vollgefüllten Bechern anlaufen muss. Ist keine Anlaufkupplung (s. Kapitel 13) vorgesehen, kann das Anlaufdrehmoment des Motors, ein Mehrfaches des Nenndrehmoments (s. Motorenkatalog), wirksam werden. Für das Beispiel wird $T_A \approx 2{,}5 \cdot T_{\text{nenn}}$ angenommen. Damit ergibt sich

$$T_{\max} = 2{,}5 \cdot 9550 P/n = 2{,}5 \cdot 9550 \cdot 6/80 \approx 1790 \text{ Nm},$$

$$M_{\max} = 2{,}5 \cdot F_{\text{ges}} \cdot l_a/4 = 2{,}5 \cdot 9200 \text{ N} \cdot 0{,}56 \text{ m}/4 \approx 3220 \text{ Nm}.$$

Mit $d_{\text{rechn}} = d' - t_1 = 65 \text{ mm} - 7 \text{ mm} = 58 \text{ mm}$ ($t_1$ nach TB 12-2) werden nach TB 11-3 die Widerstandsmomente

$$W \approx 0{,}012 \cdot (D + d)^3 \approx 0{,}012 \cdot (d' + d)^3 \approx 0{,}012 \cdot (65 \text{ mm} + 58 \text{ mm})^3 \approx 22\,330 \text{ mm}^3,$$

$$W_p \approx 0{,}2 \cdot d^3 \approx 0{,}2 \cdot (58 \text{ mm})^3 \approx 39\,000 \text{ mm}^3$$

und damit die Maximalspannungen

$$\sigma_{b\max} = M_{\max}/W = 3220 \cdot 10^3 \text{ Nmm}/22\,330 \text{ mm}^3 \approx 144 \text{ N/mm}^2,$$

$$\tau_{t\max} = T_{\max}/W_p = 1790 \cdot 10^3 \text{ Nmm}/39\,000 \text{ mm}^3 \approx 46 \text{ N/mm}^2.$$

Für den Werkstoff E295 ist nach TB 1-1 $R_{p0,2N} = 295 \text{ N/mm}^2$ und für $d = 65 \text{ mm}$ ist nach TB 3-11 $K_t \approx 0{,}92$ (Streckgrenze). Es ergeben sich dann die Fließgrenzen

$$\sigma_{bF} = 1{,}2 \cdot R_{p0,2N} \cdot K_t = 1{,}2 \cdot 295 \text{ N/mm}^2 \cdot 0{,}92 \approx 326 \text{ N/mm}^2,$$

$$\tau_{tF} = (1{,}2 \cdot R_{p0,2N} \cdot K_t)/\sqrt{3} \approx 326 \text{ N/mm}^2/\sqrt{3} \approx 188 \text{ N/mm}^2.$$

Mit den Maximalspannungen und den Werten der Fließgrenzen wird die Sicherheit gegen die Fließgrenze

$$S_F = \frac{1}{\sqrt{\left(\dfrac{\sigma_{b\max}}{\sigma_{bF}}\right)^2 + \left(\dfrac{\tau_{t\max}}{\tau_{tF}}\right)^2}} = \frac{1}{\sqrt{\left(\dfrac{144 \text{ N/mm}^2}{326 \text{ N/mm}^2}\right)^2 + \left(\dfrac{46 \text{ N/mm}^2}{188 \text{ N/mm}^2}\right)^2}} \approx 1{,}98.$$

**Ergebnis:** Die Sicherheit gegen die Fließgrenze ist entsprechend des Mindestwertes $S_{F\min} = 1{,}5$ nach TB 3-14 ausreichend.

*Dynamischer Nachweis:* Der Berechnungsablauf erfolgt nach Bild 11-23. Wegen der getroffenen Annahme (Torsion statisch wirkend) wird mit der um $S_z$ erhöhten Mindestsicherheit nach Gl. (3.31) gerechnet. Die Gl. (3.29) für die Bauteilsicherheit vereinfacht sich zu

$$S_D = \frac{1}{\sqrt{\left(\frac{\sigma_{ba}}{\sigma_{GD}}\right)^2}} = \frac{\sigma_{GD}}{\sigma_{ba}}.$$

Hierfür sind $\sigma_{ba}$, $K_\sigma$ und $\sigma_{GD}$ zu ermitteln.
Für die rein wechselnd wirkende Biegung mit $M_{eq} \approx 1546 \cdot 10^3$ Nmm und $W = d^3 \cdot \pi/32$ = $(65\,\text{mm})^3 \cdot \pi/32 \approx 26\,960\,\text{mm}^3$ wird $\sigma_{ba} = (K_A \cdot M_a)/W = M_{eq}/W = \ldots \approx 57{,}3\,\text{N/mm}^2$ (die Passfedernut wird durch $\beta_k$ berücksichtigt).
Für die Passfedernut, Nutform N1, ist nach TB 3-9b mit $R_m = R_{mN} \cdot K_t = 470\,\text{N/mm}^2$ ($R_{mN} = 470\,\text{N/mm}^2$ aus TB 1-1, $K_t = 1$ aus TB 3-11a) die Kerbwirkungszahl $\beta_{k\sigma} = \beta_{k\sigma(\text{Probe})}$ $\cdot K_{\alpha\sigma\,\text{Probe}}/K_{\alpha\sigma} \approx 1{,}75$ (Gl. 3.15c) ($K_{\alpha\sigma\,\text{Probe}}/K_{\alpha\sigma} \approx 1$ nach TB 3-11d).
Wird die Oberflächenrauheit an der Schnittstelle mit $R_z = 12{,}5\,\mu\text{m}$ festgelegt, ergibt sich nach TB 3-10 ein Oberflächeneinflussfaktor $K_{O\sigma} \approx 0{,}91$ und für Biegung sowie $d = 65$ mm wird nach TB 3-11c der Größeneinflussfaktor $K_{g\sigma} \approx 0{,}85$.
Nach Gl. (3.16) wird mit $K_V = 1{,}0$ (keine Oberflächenverfestigung) der Gesamteinflussfaktor

$$K_\sigma = \left(\frac{\beta_{k\sigma}}{K_{g\sigma}} + \frac{1}{K_{O\sigma}} - 1\right) \cdot \frac{1}{K_V} = \ldots \approx 2{,}16.$$

Mit $K_t = 1{,}0$ nach TB 3-11a (Zugfestigkeit) und $\sigma_{bWN} = 245\,\text{N/mm}^2$ nach TB 1-1 für E295 wird die Gestaltfestigkeit

$$\sigma_{GD} = \frac{\sigma_{bWN} \cdot K_t}{K_\sigma} = \frac{245\,\text{N/mm}^2 \cdot 1{,}0}{2{,}16} \approx 113\,\text{N/mm}^2.$$

Damit ergibt sich eine Bauteilsicherheit

$$S_D = \sigma_{GD}/\sigma_{ba} = 113\,\text{N/mm}^2/57{,}3\,\text{N/mm}^2 \approx 1{,}97.$$

Mit $S_{D\min} = 1{,}5$ nach TB 3-14 und $S_z = 1{,}2$ für Biegung wechselnd, Torsion statisch s. Anmerkung zu Gl. (3.31) wird die erforderliche Sicherheit

$$S_{D\,\text{erf}} = S_{D\min} \cdot S_z = \ldots = 1{,}8.$$

**Ergebnis:** Die vorhandene Bauteilsicherheit gegen dynamische Beanspruchung ist damit ausreichend.

▶ **Lösung b):** Der Durchmesser des Antriebszapfens zur Aufnahme der Kupplung wird rein konstruktiv auf $d_1 = 60$ mm (Normzahl nach TB 1-16) abgesetzt. Damit ist eine genügend große Wellenschulter als Anlagefläche für die Kupplung vorhanden. Das Verhältnis ist mit $D/d = d/d_1 = \ldots \approx 1{,}08 < 1{,}4$ nach 11.2.1-1
*Statischer Nachweis:* Ablauf der Berechnung nach Bild 11-23.
Für den Querschnitt $C-D$ (Rundquerschnitt mit Passfedernut) wird mit $d_{\text{rechn}} = d_1 - t_1$ = 60 mm − 7 mm = 53 mm ($t_1$ nach TB 12-2) nach TB 11-3 das Widerstandsmoment

$$W_p \approx 0{,}2 \cdot d^3 = 0{,}2 \cdot d_{\text{rechn}}^3 \approx \ldots \approx 29\,775\,\text{mm}^3.$$

Mit $T_{\max} = 1790 \cdot 10^3$ Nmm (s. Lösung a)) wird die Maximalspannung

$$\tau_{t\,\max} = T_{\max}/W_p = \ldots \approx 60\,\text{N/mm}^2.$$

Da nur Torsionsspannung vorliegt, ergibt sich mit $\tau_{tF} \approx 188\,\text{N/mm}^2$ (s. Lösung a)) die Sicherheit gegen die Fließgrenze aus

$$S_F = \frac{1}{\sqrt{\left(\frac{\tau_{t\,\max}}{\tau_{tF}}\right)^2}} = \tau_{tF}/\tau_{t\,\max} = 188\,\text{N/mm}^2/60\,\text{N/mm}^2 \approx 3{,}1 > S_{F\min} = 1{,}5 \text{ nach TB 3-14}.$$

**Ergebnis:** Die vorhandene Sicherheit ist ausreichend.

■ **Beispiel 11.3:** Eine Welle aus E 295 + C mit $d = 60$ mm Durchmesser hat ein Drehmoment $T = 750$ Nm bei $n = 630$ min$^{-1}$ zu übertragen (Bild 11-33). Der Lagerabstand beträgt $l_a \approx 2{,}4$ m, die Abstände $l_1 \approx 2{,}1$ m, $l_2 = 0{,}3$ m, $l_3 = 150$ mm. Die Gewichtskraft der Welle wurde mit $G_w = 600$ N, die der Riemenscheibe mit $G_s = 500$ N ermittelt.
Zu ermitteln sind:
a) Die Durchbiegungen $f_1(x)$ und $f_2(x)$ der Welle durch die Gewichtskräfte $G_w$ und $G_s$ und die sich hieraus ergebende Gesamtdurchbiegung $f_{ges}(x)$,
b) die biegekritische Drehzahl $n_{kb}$ für das System,
c) die Verdrehwinkel $\varphi°$ der Welle bei Belastung.

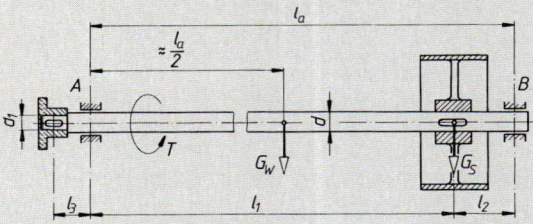

**Bild 11-33**
Antriebswelle

▶ **Lösung a):** Bei dieser und den folgenden Berechnungen bleiben die Gewichtskraft der Kupplungszapfen und der Kupplung wegen ihres geringen Einflusses unberücksichtigt.
Nach TB 11-6, Zeile 4 kann für die Gewichtskraft $G_w$ und nach Zeile 2 für die Gewichtskraft $G_s$ die jeweilige Durchbiegung der Welle in der Form $f_1 = f(x)$ bzw. $f_2 = f(x)$ rechnerisch ermittelt werden. Die Gesamtdurchbiegung der Welle an der Stelle $x$ ergibt sich durch Addition der Einzeldurchbiegungen

$$f_{ges}(x) = f_1(x) + f_2(x).$$

Setzt man in die angegebenen Gleichungen nach TB 11-6 für $F' = G_w/l_a = 600$ N/2400 mm $= 0{,}25$ N/mm, $E = 210\,000$ N/mm², $I = (\pi/64) \cdot d^4 = \ldots \approx 636\,172$ mm⁴ und $l \cong l_a = 240$ mm, dann beträgt die Durchbiegung durch das Eigengewicht der Welle

| $x$ mm | 0 | 200 | 400 | 600 | 800 | 1000 | 1200 | 1400 | 1600 | 1800 | 2000 | 2100 | 2200 | 2400 |
|---|---|---|---|---|---|---|---|---|---|---|---|---|---|---|
| $f_1(x)$ mm | 0 | 0,213 | 0,409 | 0,576 | 0,703 | 0,782 | 0,808 | 0,782 | 0,703 | 0,576 | 0,409 | 0,314 | 0,213 | 0 |

bzw. die Durchbiegung durch das Scheibengewicht mit $F \cong G_s = 500$ N, $a \cong l_1 = 2100$ mm, $b \cong l_2 = 300$ mm, $l \cong l_a = 2400$ mm, $E$ und $I$ s. o.

| $x$ mm | 0 | 200 | 400 | 600 | 800 | 1000 | 1200 | 1400 | 1600 | 1800 | 2000 | 2100 | 2200 | 2400 |
|---|---|---|---|---|---|---|---|---|---|---|---|---|---|---|
| $f_2(x)$ mm | 0 | 0,088 | 0,172 | 0,248 | 0,314 | 0,364 | 0,396 | 0,405 | 0,388 | 0,341 | 0,26 | 0,206 | 0,143 | 0 |

Damit wird die Gesamtdurchbiegung $f_{ges}(x) = f_1(x) + f_2(x)$

| $x$ mm | 0 | 200 | 400 | 600 | 800 | 1000 | 1200 | 1400 | 1600 | 1800 | 2000 | 2100 | 2200 | 2400 |
|---|---|---|---|---|---|---|---|---|---|---|---|---|---|---|
| $f_{ges}(x)$ mm | 0 | 0,301 | 0,581 | 0,824 | 1,017 | 1,146 | 1,204 | 1,187 | 1,091 | 0,917 | 0,669 | 0,52 | 0,356 | 0 |

**Ergebnis:** Durch Aufzeichnen der Werte $f_{ges}(x)$ ergibt sich die maximale Durchbiegung $f_{max} \approx 1{,}21$ mm.

▶ **Lösung b):** Mit der nur aus den Gewichtskräften sich ergebenden maximalen Durchbiegung an der Stelle einer umlaufenden Masse $f_{max} \approx 1{,}204$ mm wird die biegekritische Drehzahl nach Gl. (11.29) für die in den Lagern frei umlaufende Welle ($k = 1$)

$$n_{kb} \approx k \cdot 946 \cdot \sqrt{(1/f)} = \ldots \approx 862 \text{ min}^{-1}.$$

**Ergebnis:** Die biegekritische Drehzahl beträgt etwa 860 min$^{-1}$. Da die Betriebsdrehzahl mit $n = 630$ min$^{-1} < n_{bk}$, besteht keine Gefahr der Resonanz.

▶ **Lösung c):** Zur Ermittlung des Verdrehwinkels $\varphi$ der Welle darf nur der Wellenabschnitt berücksichtigt werden, der das Drehmoment überträgt, also hier der Teil von der Kupplung bis zur Riemenscheibe. Der etwas kleinere Durchmesser $d_1$ des Kupplungszapfens gegenüber dem Wellendurchmesser $d$

ist von geringem Einfluss und soll bei der Berechnung unberücksichtigt bleiben. Nach Gl. (11.18) wird mit $T = 750 \cdot 10^3$ Nmm, $l = l_1 + l_3 = 2250$ mm, Gleitmodul $G = 8100$ N/mm², polarem Flächenmoment $I_p = (\pi/32) \cdot d^4 = \ldots \approx 1272 \cdot 10^3$ mm⁴, der Verdrehwinkel

$$\varphi° = (180°/\pi) \cdot T \cdot l/(G \cdot I_p) = \ldots \approx 0{,}95°.$$

**Beispiel 11.4:** Für die mit $F = 8$ kN belastete abgesetzte Welle nach Bild 11-34a sind die Durchbiegung $f$ sowie die Neigungen $\tan \alpha$ und $\tan \beta$ in den Lagerstellen $A$ und $B$ rechnerisch mit den unter 11.3.2-2 angegebenen Beziehungen zu ermitteln.

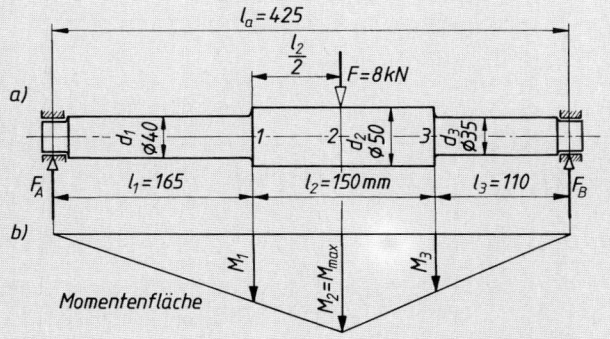

**Bild 11-34**
Ermittlung der Durchbiegung einer abgesetzten Achse

**Lösung:** Rechnerisch kann die Durchbiegung unter der Last $F$ sowie die Neigungen in den Lagern $A$ und $B$ mit den Gln. (11.23) bis (11.27) ermittelt werden. Mit $F_A = 3482$ N, $F_B = 4518$ N, $E = 210\,000$ N/mm², $a_1 = 165$ mm, $a_2 = (165 + 150/2)$ mm $= 240$ mm, $d_{a1} = 40$ mm, $d_{a2} = 50$ mm wird nach Gl. (11.23) $f_A = \ldots \approx 0{,}3657$ mm; mit $b_1 = 110$ mm, $b_2 = (110 + 150/2) = 185$ mm, $d_{b1} = 35$ mm, $d_{b2} = 50$ mm wird nach Gl. (11.24) $f_B = \ldots \approx 0{,}2464$ mm. Nach Gl. (11.25) wird die Durchbiegung unter der Last

$$f = f_A + a/l \cdot (f_B - f_A) = \ldots \approx \ldots \approx 0{,}3 \text{ mm}.$$

Nach Gl. (11.26a) wird $\tan \alpha' = \ldots \approx 0{,}002\,618$ und analog nach Gl. (11.26b) $\tan \beta' = \ldots \approx 0{,}002\,543$. Mit der Korrektur $r = (f_B - f_A)/l = -0{,}000\,28$ wird die Neigung im Lager $A$ nach Gl. (11.27a) $\tan \alpha \approx \alpha' + r = \ldots \approx 0{,}002\,337$ und analog die Neigung im Lager $B$ nach Gl. (11.27b) $\tan \beta \approx \beta' - r = \ldots \approx 0{,}002\,824$.

*Hinweis:* Obige Betrachtungen wurden unter der Annahme punktförmig angreifender Kräfte angestellt, was praktisch jedoch nicht ganz zutrifft. So können versteifende Wirkungen von festsitzenden Radnaben kaum erfasst werden. so dass die tatsächlichen Durchbiegungen und Neigungen etwas kleiner sein werden als die ermittelten Werte.

**Ergebnis:** Für die Achse ergeben sich die größte Durchbiegung $f_{max} \approx 0{,}3$ mm; die Neigungen $\tan \alpha \approx 0{,}0023$ und $\tan \beta = 0{,}0028$.

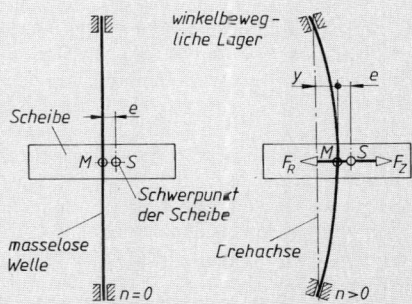

**Bild 11-35** Zweifach gelagerte Welle mit Einzelmasse

**Beispiel 11.5:** Für die im Bild 11.35 dargestellte zweifach gelagerte Welle mit einer Einzelmasse ist die Abhängigkeit der relativen Auslenkung $y/e$ (s. unter 11.3.3.2, Fall 1) von der relativen Winkelgeschwindigkeit $\omega/\omega_k$ darzustellen.

**Lösung:** Die im o. a. Abschnitt entwickelte Beziehung $y = e/[(\omega_k/\omega)^2 - 1]$ wird zweckmäßig umgeformt in

$$(y/e) = 1/[(\omega_k/\omega)^2 - 1] = \omega^2/(\omega_k^2 - \omega^2) = (\omega/\omega_k)^2/(1 - (\omega/\omega_k)^2.$$

In einer Wertetabelle werden für ($\omega/\omega_k$)-Werte die entsprechenden ($y/e$)-Werte zusammengestellt.

| $\omega/\omega_k$ | 0 | 0,5 | 0,8 | 0,9 | 1 | 1,1 | 1,3 | 2 | 3 | $\infty$ |
|---|---|---|---|---|---|---|---|---|---|---|
| $(\omega/\omega_k)^2$ | 0 | 0,25 | 0,64 | 0,81 | 1 | 1,21 | 1,69 | 4 | 9 | $\infty$ |
| $1-(\omega/\omega_k)^2$ | 1 | 0,75 | 0,36 | 0,19 | 0 | $-0,21$ | $-0,69$ | $-3$ | $-8$ | $-\infty$ |
| $\dfrac{y}{e} = \dfrac{(\omega/\omega_k)^2}{1-(\omega/\omega_k)^2}$ | 0 | 0,33 | 1,77 | 4,26 | $\infty$ | $-5,76$ | $-2,45$ | $-1,33$ | $-1,13$ | $-1$ |

Trägt man die ermittelten Werte in das Schaubild ein (Bild 11-36), so wird deutlich, dass bei $\omega/\omega_k = 1$ die relative Auslenkung ($y/e$) unendlich groß wird, d. h. wenn Eigenkreisfrequenz und die Erregerfrequenz gleich groß sind, kommt es zur gefürchteten Resonanz!
Im überkritischen Bereich dagegen ($\omega/\omega_k > 1$) wird ($y/e$) im Betrag wieder kleiner, die Welle läuft ruhiger. Das negative Vorzeichen weist darauf hin, dass im überkritischen Bereich der Abstand zwischen Drehachse und dem Scheibenschwerpunkt $S$ mit steigender Drehzahl kleiner wird; im Grenzfall $\omega = \infty$ wird $y = -e$, die Drehachse geht durch den Schwerpunkt der Scheibe. Die Welle zentriert sich selbst.

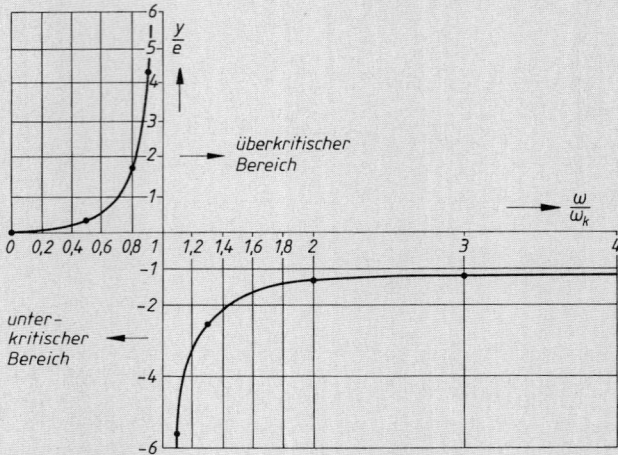

**Bild 11-36** Resonanzkurve der umlaufenden Welle mit einer Einzelmasse

## 11.5 Literatur

*ten Bosch:* Berechnung der Maschinenelemente. Berlin: Springer, 1953
*Decker, K. H.:* Maschinenelemente. München: Hanser, 1998
*Dubbel:* Taschenbuch für den Maschinenbau. Berlin: Springer, 1997
*Fronius, St.:* Maschinenelemente, Antriebselemente. Berlin: Verlag Technik, 1982
*Hähnchen, R., Decker, K. H.:* Neue Festigkeitsberechnung für den Maschinenbau. München: Hanser, 1967
*Klotter, K.:* Technische Schwingungslehre. Berlin: Springer, 1978
*Köhler, Rögnitz:* Maschinenteile. Stuttgart: Teubner, 1995
*Kollmann, G.:* Welle-Nabe-Verbindungen. Berlin: Springer, 1984
*Niemann, G.:* Maschinenelemente Bd. 1. Berlin: Springer, 1981
*Schmidt, F.:* Berechnung und Gestaltung von Wellen. Berlin: Springer, 1967
*Steinhilper, W., Röper, R.:* Maschinen- und Konstruktionselemente. Berlin: Springer, 1988
*Wächter, K.:* Konstruktionslehre für Maschineningenieure. Berlin: Verlag Technik, 1987

# 12 Elemente zum Verbinden von Wellen und Naben

## 12.1 Funktion und Wirkung

Über die zahlreichen und vielgestaltigen Verbindungen von Wellen und Achsen mit den Naben von Laufrädern, Zahnrädern, Seilrollen, Hebeln und ähnlichen Bauteilen müssen die auf die Bauteile wirkenden Kräfte/Momente übertragen werden (*Funktion*). Je nach Art der Kraftübertragung (*Wirkprinzip*) lassen sich die Verbindungen unterteilen in:

1. *Formschlüssige Verbindungen,* bei denen die Verbindung durch bestimmte Formgebung (z. B. durch Keilwellenprofil, Kerbverzahnung und Polygonprofil) oder durch zusätzliche Elemente (z. B. Passfeder, Gleitfeder oder Querstift) als „Mitnehmer" hergestellt wird. Die Kraftübertragung erfolgt an den Wirkflächen durch Flächenpressung. An den Bauteilen tritt oft erhöhte Kerbwirkung auf. Als Zusatzfunktion ist die Realisierung von Relativbewegungen außerhalb der Belastungsrichtung möglich, z. B. Verschieberäder in Getrieben.
2. *Reibschlüssige Verbindungen,* bei denen die Kraftübertragung reibschlüssig durch Aufklemmen und Aufpressen erfolgt (z. B. Pressverband, Kegelsitz, besondere Spannelemente). Es gilt das Coulombsche Reibungsgesetz.
3. *Vorgespannte formschlüssige Verbindungen,* die eine Kombination von Reib- und Formschlussverbindungen darstellen und vorwiegend durch Keile verschiedener Formen hergestellt werden. Zu diesen sind auch die z. B. durch Passfedern zusätzlich gesicherten Klemmverbindungen zu zählen.
4. *Stoffschlüssige Verbindungen,* bei denen die Verbindung durch Stoffschluss erfolgt (z. B. Kleben, Löten und Schweißen). Das Lösen dieser Verbindungen ist vielfach nur durch Zerstörung möglich. Die Beanspruchungen in der Verbindung sind nach den Gesetzen der Festigkeitslehre zu ermitteln.

**Auswahl der Welle-Nabe-Verbindung**
Maßgebend für die Wahl der geeigneten Verbindungsart sind die Anforderungen, die an die Verbindung gestellt werden (Pflichtenheft). Bild 12-1 zeigt in einer Übersicht die typischen Eigenschaften und Merkmale von Welle-Nabe-Verbindungen. Der Konstrukteur ist vielfach zur Kompromißlösung gezwungen und nicht immer fällt die Entscheidung eindeutig für eine einzige Verbindungsart aus. In diesem Fall können Kosten- und Beschaffungsgründe für die Festlegung der Verbindung ausschlaggebend sein. Hinsichtlich der Leistungsdaten sind die neuesten Ausgaben der Normen und der Firmenschriften ausschlaggebend; ebenso sollte bei komplizierten Beanspruchungsfällen der Rat des jeweiligen Herstellers eingeholt werden.

## 12.2 Formschlüssige Welle-Nabe-Verbindungen

### 12.2.1 Pass- und Scheibenfederverbindungen

#### 1. Gestalten und Entwerfen

Pass- und Scheibenfederverbindungen sind gebräuchliche Formschlussverbindungen für Riemenscheiben, Zahnräder, Kupplungen u. dgl. mit Wellen bei vorwiegend einseitig wirkenden Drehmomenten (Passfederverbindungen mit Einschränkung auch bei wechselnden oder stoßbehafteten Drehmomenten). Sie sind einfach montier- bzw. demontierbar.

| geeignet, wenn ... gefordert | Welle-Nabe-Verbindungen | | | | | | | | | | | | | | | | | | | | | |
|---|---|---|---|---|---|---|---|---|---|---|---|---|---|---|---|---|---|---|---|---|---|---|
| | a | b | c | d | e | f | g | h | i | j | k | l | m | n | o | p | q | r | s | t | u | v |
| Übertragung großer einseitiger Drehmomente | 4 | 4 | 4 | 3 | 4 | 4 | 2 | 3 | 0 | 0 | 2 | 2 | 4 | 2 | 4 | 4 | 4 | 2 | 1 | 3 | 4 | 4 |
| – wechselnder und stoßhafter Drehmomente | 4 | 4 | 4 | 3 | 4 | 4 | 2 | 3 | 0 | 0 | 2 | 2 | 3 | 2 | 3 | 3 | 4 | 0 | 0 | 1 | 4 | 4 |
| Aufnahme hoher Axialkräfte | 4 | 4 | 4 | 2 | 3 | 3 | 2 | 3 | 1 | 1 | 2 | 2 | 4 | 0 | 0 | 0 | 0 | 1 | 3 | 4 | 4 | 4 |
| Nabe axial zu verschieben[1] | 0 | 0 | 0 | 0 | 0 | 0 | 0 | 0 | 0 | 0 | 0 | 0 | 0 | 2 | 4 | 4 | 2 | 2 | 0 | 0 | 0 | 0 |
| Nabe axial unter Last zu verschieben[1] | 0 | 0 | 0 | 0 | 0 | 0 | 0 | 0 | 0 | 0 | 0 | 0 | 0 | 2 | 4 | 2 | 2 | 0 | 0 | 0 | 0 | 0 |
| Nabe in Drehrichtung versetzbar | 3 | 3 | 4 | 4 | 4 | 4 | 4 | 4 | 4 | 4 | 0 | 0 | 0 | 2 | 2 | 2 | 0 | 0 | 0 | 0 | 0 | 0 |
| Verbindung nachstellbar | 0 | 0 | 4 | 4 | 4 | 4 | 0 | 4 | 4 | 4 | 1 | 3 | 0 | 0 | 0 | 0 | 0 | 0 | 0 | 0 | 0 | 0 |
| geringer Fertigungsaufwand | 4 | 4 | 2 | 2 | 2 | 2 | 3 | 4 | 4 | 4 | 2 | 2 | 1 | 3 | 1 | 1 | 1 | 2 | 2 | 3 | 3 | 2 |
| geringer Montageaufwand | 2 | 2 | 4 | 4 | 4 | 4 | 4 | 4 | 4 | 3 | 3 | 4 | 3 | 3 | 3 | 3 | 3 | 4 | 2 | 2 | 2 | 2 |
| gute Wiederverwendbarkeit | 1 | 1 | 4 | 4 | 4 | 4 | 4 | 4 | 4 | 4 | 2 | 3 | 4 | 4 | 4 | 4 | 4 | 2 | 2 | 2 | 2 | 0 |
| Selbstzentrierung der Verbindung | 4 | 4 | 4 | 0 | 4 | 4 | 0 | 4 | 0 | 2 | 0 | 3 | 3 | 4 | 4 | 4 | 4 | 2 | 2 | 2 | | |
| geringe Unwucht | 4 | 4 | 4 | 2 | 3 | 3 | 1 | 3 | 0 | 0 | 0 | 3 | 2 | 3 | 3 | 4 | 1 | 1 | 3 | 3 | 3 | |
| geringe Kerbwirkung auf Welle[2] | 1 | 1 | 2 | 2 | 3 | 3 | 2 | 2 | 3 | 4 | 1 | 0 | 1 | 0 | 0 | 1 | 3 | 1 | 0 | 4 | 4 | 1 |

(4) sehr gut geeignet ... (0) nicht geeignet bzw. entfällt

**Reibschlüssige Verbindungen**
a  Querpressverband
b  Längspressverband
c  Kegelpressverband
d  Kegelspannring
e  Kegelspannsatz
f  Schrumpfscheibe
g  Sternscheibe
h  Druckhülse
i  hydraulische Spannbuchse
j  Toleranzring
k  Klemmverbindung
l  Keilverbindung
m  Kreiskeilverbindung

**Formschlüssige Verbindungen**
n  Pass- und Gleitfeder
o  Keilwelle
p  Zahnwelle
q  Polygonprofil
r  Längsstift
s  Querstift

**Stoffschlüssige Verbindungen**
t  Klebverbindung
u  Lötverbindung
v  Schweißverbindung

[1] bei Spielpaarung
[2] die Kerbwirkung kann durch günstige Gestaltung z.T. reduziert werden

**Bild 12-1** Auswahlmatrix für geeignete Welle-Nabe-Verbindungen

**Formen**
Die Formen und Abmessungen der Passfedern sind (abhängig vom Wellendurchmesser) nach DIN 6885 genormt (s. TB12-2a). Die „normale", meist verwendete *hohe Form* der Passfeder mit runden Stirnflächen nach DIN 6885 T1 (Form A) zeigt Bild 12-2a. Von den zahlreichen anderen Ausführungsformen sind in Bild 12-2b und c die geradstirnige Form, DIN 6885 (Form B), und die Ausführung mit Halte- und Abdrückschrauben (Form E) dargestellt, die insbesondere für Gleitfedern in Frage kommt. Für Werkzeugmaschinen sind Passfedern mit gleichen Formen und Abmessungen vorgesehen, jedoch bei größerer Wellennut- und kleinerer Nabennuttiefe, s. DIN 6885 T2.

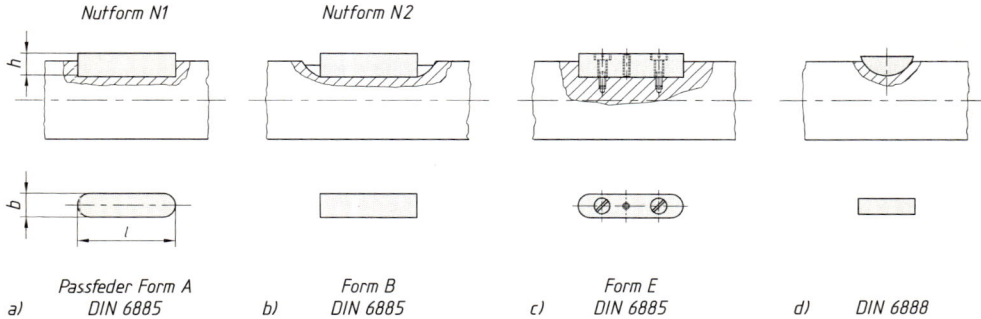

**Bild 12-2** Passfederformen. a) Rundstirnige Passfeder, b) geradstirnige Passfeder, c) rundstirnige Form für Halte- und Abdrückschrauben, d) Scheibenfeder

# Das ganze Wissen der Technik

Böge, Alfred (Hrsg.)
**Vieweg Lexikon Technik**
Maschinenbau, Elektrotechnik, Datentechnik. Nachschlagewerk für berufliche Aus-, Fort- und Weiterbildung
Unter Mitarbeit von Bleyer, Uwe / Ahrberg, Rainer / Voss, Jürgen / Gierens, Heribert / Sieg-Söder, Uwe / Döring, Peter / Schlemmer, Walter / Böge, Wolfgang / Heinz, Wittig / Sebulke, Johannes / Ristau, Manfred / Kemnitz, Arnfried / Schröder, Michael / Meyer-Kirk, Harald / Küfner, Thomas / Küfner, Hans-Jürgen / Böge, Gert / Böge, Alfred / Weißbach, Wolfgang
Mit einem Vorwort von Karl-Heinz Degering.
2. Aufl. 1998. VI, 542 S. Mit 750 Abb. und 4800 Stichwörtern deutsch/ englisch und einer Stichwortliste englisch/ deutsch
Geb. DM 118,00 / € 59,00
ISBN 3-528-14959-0

*Inhalt:*
Mathematik - Physik - Chemie - Werkstoffe - Mechanik - Festigkeit - Wärmelehre - Elektrotechnik - Elektronik - Spanlose Fertigung - Zerspantechnik - Werkzeugmaschinen - Robotik - Betriebswirtschaft - Fördertechnik - Maschinenelemente - Steuerungstechnik - CNC-Technik - PC-Technik - Informatik

In über 4000 Stichwörtern definieren und erläutern 19 Fachleute aus Industrie und Lehre Begriffe aus den Gebieten Maschinenbau, Elektrotechnik, Elektronik und Informatik. Die Texte sind gegliedert in: - Stichwort mit englischer Übersetzung - Begriffsbestimmung - Erläuterungen mit Zeichnungen - Formeln - Beispiele - Verwendungshinweise - Tabellen - DIN-Hinweise - Verweise zu verwandten Begriffen Studierenden ist das Lexikon gerade beim Selbststudium eine Hilfe, um bei fächerübergreifenden Aufgabenstellungen treffsichere Informationen nachschlagen zu können. Dem Praktiker bietet es aktuelles Grundlagen- und Anwendungswissen auch aus benachbarten Gebieten, um bei Arbeiten an Projekten mitdenken und mitreden zu können.

Abraham-Lincoln-Straße 46
65189 Wiesbaden
Fax 0611.7878-420
www.vieweg.de

Stand 1.7.2001
Änderungen vorbehalten.
Die genannten Europreise sind gültig ab 1.1.2002.
Erhältlich im Buchhandel oder im Verlag.

## 12.2 Formschlüssige Welle-Nabe-Verbindungen

Für längsbewegliche Naben wird die Passfeder mit entsprechenden Toleranzen zur *Gleitfeder*, z. B. bei Verschieberädern in Getrieben und Spindelführungen bei Werkzeugmaschinen. Bei kleineren Drehmomenten wird die Scheibenfeder nach DIN 6888 verwendet (Bild 12-2d), insbesondere im Feingerätebau als Lagesicherung bei Kegelverbindungen (auf Kosten des sicheren Reibschlusses, Ausführungen unter 12.3.2 beachten!) sowie im Kraftfahrzeugbau.
Die in der Wellen- und Nabennut sitzende, als „Mitnehmer" wirkende Passfeder trägt, im Gegensatz zum baulich ähnlichen (Nuten-)Keil, nur mit den Seitenflächen, die Rückenfläche hat Spiel (Bild 12-3).
Als Werkstoff für Passfedern ist für normale Ansprüche C45+Q vorgesehen; andere Werkstoffe sind nach Vereinbarung mit dem Hersteller ebenfalls möglich.

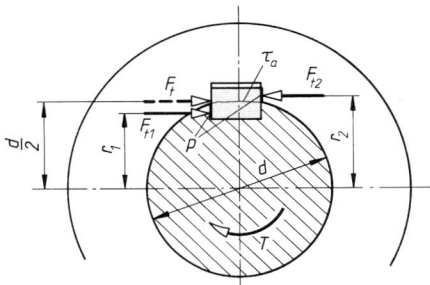

**Bild 12-3**
Kräfte an der Passfederverbindung

### Gestaltung

Auf die Gestaltung der Verbindung haben die Kraftverteilung über die Nabe und die Art der zu übertragenden Kräfte Einfluss.
Bild 12-4 zeigt die bei unterschiedlichen Nabenausführungen auftretende Kraftverteilung auf das Übertragungselement Passfeder. Bei Ausführung a) muss vor allem der unmittelbare Bereich neben der Wellenschulter die Kräfte übertragen; bei der Ausführung c) wird ein größerer Bereich der zur Verfügung stehenden Passfederlänge an der Kraftübertragung beteiligt. Noch günstigere Verhältnisse könnten erreicht werden, wenn die Verdrillsteifigkeit der Nabe reduziert und dem elastischen Verhalten der Welle angepasst wird (Strichlinie Ausführung c). Die wirkliche Verteilung der Flächenpressung ist rechnerisch nur schwer zu erfassen. Der Konstrukteur sollte in Kenntnis dieser Verhältnisse einen günstigen Kompromiss wählen zwischen einer gleichmäßigeren Verteilung der Flächenpressung einerseits und dem zu erwartenden Biegemoment am Wellenabsatz andererseits durch Vergrößerung des Wirkabstandes $l_w$.
In Bild 12-5 sind Gestaltungsmöglichkeiten der Passfederanordnung aufgezeigt. Wirkt nur statische Torsion, ist eine Ausführung der Verbindung nach Bild 12-5a am günstigsten, liegt statische Biegung vor ist die Nutform N2 (Scheibenfräsernut) sowie der Einsatz von Passfedern Form E vorteilhaft, die Lage der Nut hat keinen Einfluss auf die Festigkeit.
Bei (quasi-)statischer Torsion und Umlaufbiegung (Regelfall) sollte die Verbindung entsprechend Bild 12-5b gestaltet werden, d. h. die Passfeder sollte etwas kürzer als die Nabe sein und einen ausreichenden Abstand zum Wellenabsatz haben ($a/b \geq 0{,}5$). Die Nutform N2 und die Passfeder Form E weisen geringere Kerbwirkung auf gegenüber Nutform N1 (Fingerfräser) und

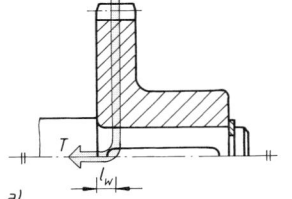
a)

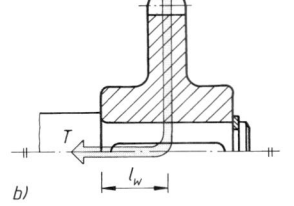
b)

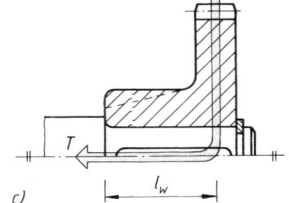
c)

**Bild 12-4** Kraftverteilung bei unterschiedlicher Nabenausführung

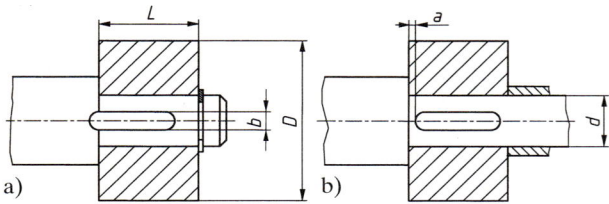

**Bild 12-5**
Gestaltung von Passfederverbindungen.
a) bei statischer Torsion und Biegung,
b) bei Torsion und Umlaufbiegung

Passfeder Form A. Vor allem technologische Maßnahmen (z. B. Nitrieren) können zu erheblichen Verbesserungen der Dauerfestigkeit der Verbindungsteile führen.
Die tragende Federlänge sollte $l' \leq 1{,}3 \cdot d$ sein, s. zu Gl. (12.1). Die Sicherung der Nabe gegen axiales Verschieben kann bei kleineren Axialkräften durch einen Gewindestift, bei größeren Kräften durch Stellringe, Distanzhülsen oder Wellenschultern, oder an Wellenenden auch durch Sicherungsringe erfolgen, s. Bild 12-5.
Die *Nabenabmessungen* $D$ und $L$ werden erfahrungsgemäß in Abhängigkeit vom Wellendurchmesser gewählt nach TB 12-1.
Bei statischer Torsion und Biegung sind je nach Nabenanordnung auf Wellenenden oder auf längeren Wellen enge oder weite Übergangspassungen (leichter Einbau) zu wählen, bei Umlaufbiegung sollte die von der Fertigung her größtmögliche Übermaßpassung (Erhöhung der Dauerfestigkeit – bei spröden Werkstoffen nicht zulässig!) gewählt werden, s. TB 12-2b.
Die Toleranzklassen des für die Herstellung der Federn benutzten Keilstahles (DIN 6880) sind: Höhe h11 (teilweise h9), Breite h9. Toleranzklassen für die Nutbreite s. TB 12-2b.

## 2. Berechnung

Passfederverbindungen brauchen im Allgemeinen nicht berechnet zu werden, wenn kein wechselndes Drehmoment vorliegt und die zum Wellendurchmesser gehörigen Passfeder- und üblichen Nabenabmessungen nach TB 12-1 gewählt sind. Nur bei kurzen Federn ($l < 0{,}9 \cdot d$) ist eine Nachprüfung der Flächenpressung an den Seitenflächen (Tragflächen) der Nuten des festigkeitsmäßig schwächeren Teiles (meist Nabe) erforderlich. Die ebenfalls auftretende Scherspannung ist bei Normabmessungen unkritisch.
Unter Vernachlässigung der Unterschiede zwischen Tangentialkraft $F_t$ und den Anpresskräften $F_{t1}$ und $F_{t2}$ wird nach Bild 12-3 bei Vernachlässigung von Fasen oder Radien bei der Bestimmung der tragenden Flächen die *vorhandene mittlere Flächenpressung*:

$$p_m \approx \frac{F_{t,eq} \cdot K_\lambda}{h' \cdot l' \cdot n \cdot \varphi} \approx \frac{2 \cdot T_{eq} \cdot K_\lambda}{d \cdot h' \cdot l' \cdot n \cdot \varphi} \leq p_{zul} \qquad (12.1)$$

| | |
|---|---|
| $F_{t,eq} = K_A \cdot F_{t\,nenn}$ | äquivalente Tangentialkraft am Fugendurchmesser $d$ |
| $T_{eq} = K_A \cdot T_{nenn}$ | zu übertragendes äquivalentes Nenndrehmoment |
| $K_A$ | Anwendungsfaktor nach TB 3-5 |
| $K_\lambda$ | Lastverteilungsfaktor: $K_\lambda = 1$ für Überschlagsrechnung (Methode C); $K_\lambda$ nach TB 12-2c (Methode B) |
| $n$ | Anzahl der Passfedern; Regelfall $n = 1$, Ausnahme $n = 2$ |
| $\varphi$ | Tragfaktor zur Berücksichtigung des ungleichmäßigen Tragens beim Einsatz mehrerer Passfedern: $\varphi = 1$ bei $n = 1$, $\varphi \approx 0{,}75$ bei $n = 2$ |
| $h' \approx 0{,}45 \cdot h$ | tragende Passfederhöhe; Werte für $h$ aus TB 12-2a |
| $p_{zul}$ | zulässige Flächenpressung des „schwächeren" Werkstoffes; Methode C: $p_{zul} = R_e/S_F$ bzw. $= R_m/S_B$ (bei sprödem Werkstoff); Richtwerte für $S_F (S_B)$ nach TB 12-1; $R_e = K_t \cdot R_{eN}$; $R_m = K_t \cdot R_{mN}$ s. Gl. (3.7) Methode B: $p_{zul} = f_S \cdot f_H \cdot R_e/S_F$ bzw. $= f_S \cdot R_m/S_B$ (bei sprödem Werkstoff) mit Stützfaktor $f_S$ und Härteeinflussfaktor $f_H$; Werte nach TB 12-1 und TB 12-2d |
| $l'$ | tragende Passfederlänge (nur der prismatische Teil der Passfeder trägt) rundstirnige Passfederformen (A, E, C): $l' = l - b$ mit $b$ nach TB 12-2a (Form A) geradstirnige Passfederformen (B, D, F ... J): $l' = l$. |

*Hinweis:* Der Nachweis ist auch für das maximale Spitzendrehmoment $T_{max}$ zu führen. Hier gelten höhere zulässige Werte, die über einen Lastspitzenhäufigkeitsfaktor $f_L$ berücksichtigt werden können (z. B. bei bis zu $10^3$ Lastspitzen ist das 1,3 bis 1,5-fache (kleiner Wert für spröde, großer Wert für zähe Werkstoffe) der dauernd ertragbaren Flächenpressung zulässig). Außerdem kann bei Presspassungen das reibschlüssig übertragbare Drehmoment berücksichtigt werden.
Bei wechselnd wirkendem Drehmomenten ist eine Berechnung nach DIN 6892, Methode B erforderlich, wobei das reibschlüssig übertragbare Drehmoment zu berücksichtigen und die zulässigen Flächenpressungen durch einen Lastrichtungswechselfaktor $f_W$ zu verringern sind (s. DIN).
Aufgrund der ungleichmäßigen Flächenbelastung wegen der relativen Verdrilung von Welle und Nabe sollte, unabhängig von der wirklichen Federlänge $l$, bei Methode C nur mit einer tragenden Länge $l' \leq 1,3 \cdot d$ gerechnet werden. Gleiches gilt sinngemäß für Keil- und Kerbzahnwellen.

Die vereinfachte Berechnung nach Methode B berücksichtigt näherungsweise die inhomogene Kraftverteilung und unterschiedliche Kraftein- und Kraftableitungsverhältnisse bei Passfederverbindungen nach Bild 12-4 durch einen Lastverteilungsfaktor.

### 12.2.2 Keil- und Zahnwellenverbindungen

#### 1. Gestalten und Entwerfen

**Keilwellenverbindungen**

Keilwellenprofile werden als drehstarre Verbindungen von Welle und Nabe (z. B. bei Antriebswellen von Kraftfahrzeugen) und als längsbewegliche Verbindungen (z. B. Verschieberädergetriebe von Werkzeugmaschinen) überall dort eingesetzt, wo aufgrund der zu übertragenden größeren, wechselnden und stoßartigen Drehmomente der Einsatz von Pass- und Gleitfedern nicht in Betracht kommt.
Im Maschinenbau (einschl. Kfz-Bau) werden Keilwellenprofile nach DIN ISO 14 (leichte und mittlere Reihe) sowie DIN 5464 (schwere Reihe) eingesetzt. Wenn genauer Rundlauf gefordert wird ist *Innenzentrierung* (hohe Zentriergenauigkeit), bei stoßhaftem Betrieb oder wechselnden Drehmomenten dagegen *Flankenzentrierung* zu wählen, s. Bild 12-6. *Außenzentrierung* ist nicht üblich. Die Naben sind, je nach vorgesehener Toleranz, relativ zur Keilwelle festgelegt oder verschiebbar angeordnet (vgl. TB 12-3b). Bei Schiebesitz ist Ölschmierung zu bevorzugen. Keilwellenprofile werden mit Scheibenfräsern oder wirtschaftlicher im Abwälzverfahren hergestellt.

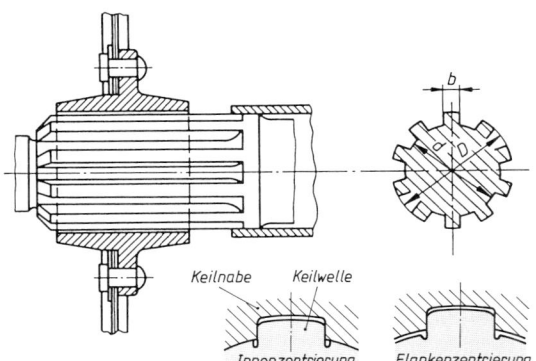

**Bild 12-6**
Keilwellenverbindung

**Zahnwellenverbindungen**

Im Gegensatz zu den Keilwellen sind die Mitnehmer bei den Zahnwellen entweder als dreieckförmige Zähne beim *Kerbzahnprofil* nach DIN 5481 (meist flankenzentriert) oder als Zahnprofil mit Evolventenflanken als *Evolventenzahnprofil* nach DIN 5480 (entweder flanken- oder außenzentriert) ausgebildet, s. Bild 12-7. Die Profile werden in der Regel im Abwälzverfahren hergestellt. Zahnwellenprofile können aufgrund der vielen „Zähne" große und stoßhaft wirken-

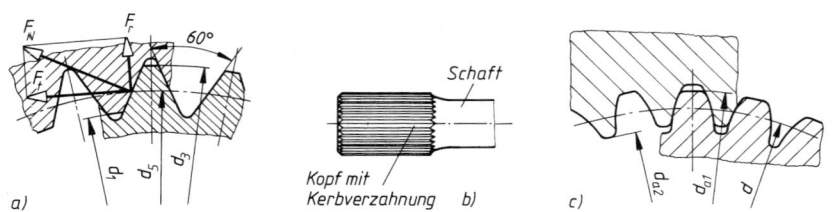

**Bild 12-7** Zahnwellenprofile. a) Kerbzahnprofil, b) Drehstabfeder mit Kerbverzahnung, c) Evolventenzahnprofil

de Drehmomente übertragen. Die größere Zähnezahl erlaubt eine feinere Verstellmöglichkeit in Drehrichtung. Gegenüber den Keilwellenverbindungen werden Welle und Nabe weniger geschwächt, sodass sie im Durchmesser kleiner und auch in der Länge kürzer ausgeführt werden können. Nachteilig sind die durch die schrägen Zahnflanken entstehenden Radialkomponenten $F_r$, die eine Aufweitung schwacher Naben bewirken können.
Das Kerbzahnprofil wird vorwiegend für feste Verbindungen verwendet (z. B. bei Achsschenkeln und Drehstabfedern in Kraftfahrzeugen) und eignet sich nicht für Schiebesitze; das Evolventenzahnprofil für leicht lösbare, verschiebbare oder auch feste Verbindungen.
Die *Nabenabmessungen* sind für den Entwurf nach TB 12-1 zu wählen.

## 2. Berechnung[1]

Eine Berechnung von *Keilwellenverbindungen* ist bei ausreichendem Wellendurchmesser (maßgebend ist der Kerndurchmesser) und normalen Nabenabmessungen (s. TB 12-1) nicht erforderlich. Nur bei sehr kurzen Naben ist eine Nachprüfung der Flächenpressung an den „Keil"-Flächen zweckmäßig. Mit der Annahme, dass durch nicht zu vermeidende Herstellungsungenauigkeiten nur $\approx 75\%$ der „Keile" tragen, wird die *vorhandene mittlere Flächenpressung*

$$p_m \approx \frac{2 \cdot K_A \cdot T_{nenn}}{d_m \cdot L \cdot h' \cdot 0{,}75 \cdot n} \leq p_{zul} \qquad (12.2)$$

$T_{nenn}$ zu übertragendes Nenndrehmoment
$K_A$ Anwendungsfaktor nach TB 3-5
$d_m$ mittlerer Profildurchmesser aus $d_m = (D + d)/2$ mit $D$ und $d$ nach TB 12-3a
$L$ Nabenlänge gleich tragende Keillänge
$h'$ tragende Keilhöhe; unter Berücksichtigung der Fase $f$ wird $h' = (D - d)/2 - 2 \cdot f$ $\approx 0{,}4 \cdot (D - d)$
$n$ Anzahl der Keile aus TB 12-3a
$p_{zul}$ zulässige Flächenpressung des „schwächeren" Werkstoffes (meist Nabe). Anhaltswerte für $p_{zul}$ nach TB 12-1

*Hinweis:* $L \leq 1{,}3 \cdot d$ wählen, siehe Hinweis zur Gleichung (12.1)

Bei der *Zahnwellenverbindung* kommt, wie bei der Keilwellenverbindung, eine Nachprüfung auf Flächenpressung nach Gl. (12.2) in Frage. Abweichend von den hierin benutzten Größen sind entsprechend den in DIN 5480 bzw. DIN 5481 und im Bild 12-7 angegebenen zu setzen: für

$d_m = d_5 = d$  Teilkreisdurchmesser der Verzahnung
$h' \approx 0{,}5[d_{a1} - (d_{a2} + 0{,}16 \cdot m)]$  für das Evolventenzahnprofil DIN 5480
$h' \approx 0{,}5(d_3 - d_1)$  für das Kerbzahnprofil DIN 5481

(Werte aus TB 12-4 oder den jeweiligen DIN-Normen entnehmen).

---

[1] Genauere Berechnung s. DIN 5466 T1 (Entwurf 1997).

## 12.2.3 Polygonverbindungen

### 1. Gestalten und Entwerfen

Polygonprofile sind Unrundprofile und werden sowohl im Bereich des allgemeinen Maschinenbaus als auch im Werkzeugmaschinen-, Kraftfahrzeug- und Flugzeugbau sowie in der Elektroindustrie eingesetzt. Sie sind zum Übertragen von stoßartigen Drehmomenten geeignet und werden vorgesehen für lösbare Verbindungen, Schiebesitze und für Presspassungen. Die Verbindungen sind selbstzentrierend, d. h. bei Verdrehung gleicht sich ein evtl. vorhandenes Spiel symmetrisch aus. Polygonprofile sind hinsichtlich der Kerbwirkung vielfach günstiger als andere Formschlussverbindungen (bei Gleitsitzen kann mit $\beta_k \approx 1$ gerechnet werden). Außerdem ist ihre Herstellung, die allerdings Spezialmaschinen erfordert, einfacher, genauer und preiswerter als die der Keil- und Zahnwellen.

Die Grundform des *Profils P3G* nach DIN 32711 ist ein gleichseitiges Dreieck, dessen Seiten und Ecken derart gerundet sind, dass ein sogenanntes „Gleichdick" entsteht (Bild 12-8a). Dieses Profil wird vorzugsweise angewendet, wenn das Nabenprofil geschliffen werden soll. Die P3G-Profile sind ungeeignet für unter Last längsverschiebbare Verbindungen.

Die Grundform des *Profils P4C* nach DIN 32712 ist ein Quadrat, dessen Ecken von einem konzentrischen Kreiszylinder angeschnitten sind (Bild 12-8b). Dieses Profil ist besonders für Verbindungen geeignet, die unter Last (Drehmoment) längsverschiebbar sein sollen. Gegenüber dem Profil P3G ergeben sich günstigere Beanspruchungsverhältnisse zwischen Welle und Nabe. Abmessungen und Vorzugspassungen der Polygonprofile s. TB 12-5.

Für den Entwurf können Richtwerte für die Nabenabmessungen TB 12-1 entnommen werden.

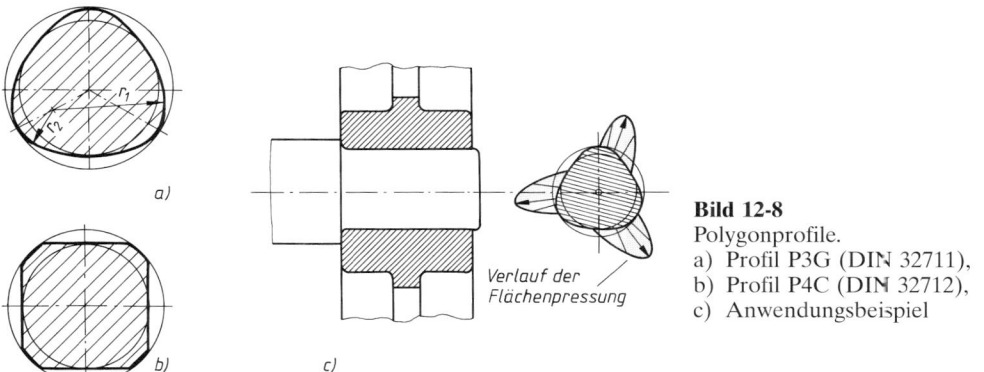

**Bild 12-8** Polygonprofile.
a) Profil P3G (DIN 32711),
b) Profil P4C (DIN 32712),
c) Anwendungsbeispiel

### 2. Berechnung

Die Berechnung der Verbindung erfolgt in Anlehnung an die DIN 32711 bzw. DIN 32712. Mit hinreichender Genauigkeit wird die *vorhandene mittlere Flächenpressung*

$$\text{Profil P3G} \quad p_m \approx \frac{K_A \cdot T_{nenn}}{l' \cdot (0{,}75 \cdot \pi \cdot e_1 \cdot d_1 + 0{,}05 \cdot d_1^2)} \leq p_{zul}$$

$$\text{Profil P4C} \quad p_m \approx \frac{K_A \cdot T_{nenn}}{l' \cdot (\pi \cdot e_r \cdot d_r + 0{,}05 \cdot d_r^2)} \leq p_{zul}$$

(12.3)

$T_{nenn}$    zu übertragendes Nenndrehmoment
$K_A$    Anwendungsfaktor nach TB 3-5
$e_r = (d_1 - d_2)/4$    rechnerische Exzentergröße
$d_r = d_2 + 2e_r$    rechnerischer theoretischer Durchmesser
$d_1, d_2, e$    Profilgrößen, Werte aus TB 12-5
$l'$    tragende Profillänge ($\approx$ Nabenlänge $L$)
$p_{zul}$    zul. Pressung, Werte nach TB 12-1.

Die *Mindest-Nabenwandstärke* kann errechnet werden aus

$$s \geq c \cdot \sqrt{\frac{K_A \cdot T_{nenn}}{\sigma_{z\,zul} \cdot L}}$$

| $s, L$ | $T_{nenn}$ | $\sigma_{z\,zul}$ | $K_A, c$ |
|---|---|---|---|
| mm | Nmm | N/mm² | 1 |

(12.4)

$c$     Profilfaktor; Richtwerte für das
Profil P3G:    $c \approx 1{,}44$ für $d_4 \leq 35$ mm
                 $c \approx 1{,}2$    für $d_4 > 35$ mm
Profil P4C:    $c \approx 0{,}7$
$L$     Nabenlänge
$\sigma_{z\,zul}$    zulässige Spannung ($= R_e/S_F$ bzw. $R_m/S_B$); Anhaltswerte für $S_F(S_B)$ aus TB 12-1; $R_e = K_t \cdot R_{eN}$; $R_m = K_t \cdot R_{mN}$ s. Gl. (3.7).

### 12.2.4 Stirnzahnverbindungen

Bauteile, deren Herstellung in einem Stück schwierig und unwirtschaftlich ist oder die aus verschiedenen Werkstoffen bestehen (z. B. Verbindung von Zahnrädern aus hochwertigen Stählen mit Wellenenden; Zahnräder verschiedener Werkstoffe untereinander), können durch eine an den Stirnflächen angebrachte Plan-Kerbverzahnung starr und zentrisch miteinander verbunden werden (Bild 12-9a).
Die axiale Verspannung der durchweg hohl ausgebildeten (Naben-)Teile erfolgt durch Schrauben, wie bei der Verbindung des Kegelrades mit dem Wellenende nach Bild 12-9b.
Die Stirnverzahnung zeichnet sich aus durch hohe Teilgenauigkeit, Selbstzentrierung und Verschleißfestigkeit. Sie wird vielfach im Werkzeugmaschinenbau sowie in vielen Bereichen des allgemeinen Maschinenbaues verwendet.
Eine Berechnung der Stirnverzahnung erfolgt zweckmäßig nach Angaben des Herstellers.

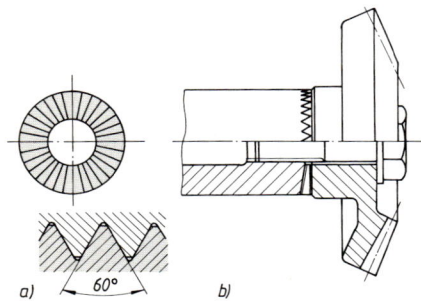

**Bild 12-9**
Stirnverzahnung (Hirthverzahnung).
a) Grundform.
b) Anwendungsbeispiel: Verbindung eines Kegelrades mit einer Welle

### 12.2.5 Stiftverbindungen

Stiftverbindungen als Welle-Nabe-Verbindungen eignen sich nur für das Übertragen kleiner, stoßfreier Drehmomente. Sie werden als *Quer-* und *Längsstiftverbindungen* ausgeführt, s. Bild 12-10.
Die Berechnung von Stiftverbindungen s. unter Kapitel 9.

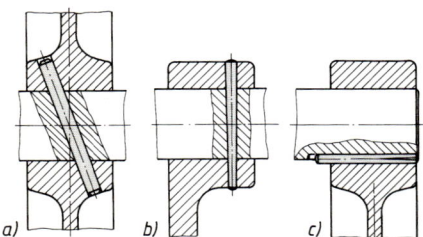

**Bild 12-10**
Stiftverbindungen.
a), b) Querstiftverbindungen.
c) Längsstiftverbindung

## 12.3 Kraftschlüssige Welle-Nabe-Verbindungen

### 12.3.1 Zylindrische Pressverbände

**1. Gestalten und Entwerfen**

Pressverbände entstehen durch das Fügen von Teilen, die vor dem Zusammenbau ein Übermaß $Ü$ haben. Dadurch wird eine über den Fugenumfang gleichmäßige Fugenpressung $p_F$ und damit eine Haftkraft zur Übertragung wechselnder und stoßartiger Drehmomente und Längskräfte erzeugt. Pressverbände werden vorwiegend für nicht zu lösende Verbindungen verwendet (z. B. Schwungräder, Riemenscheiben, Kupplungen mit Wellen, Lauf- und Zahnkränze mit Radkörpern und Lagerbuchsen in Gehäusen). Ein Verstellen der Teile nach dem Fügen ist nicht mehr möglich.
Die Verbindungen sind preiswert und einfach herzustellen. Bei glatten Wellen entstehen je nach Pressung hohe Kerbwirkungen an den Übergangsstellen, die möglichst durch konstruktive Maßnahmen wie Verstärkung der Welle am Nabensitz (um ca. 10…20%), durch Kaltumformung oder Oberflächenhärtung der Welle zu vermindern sind (Bild 12-11).
Je nach Art des Zusammenfügens unterscheidet man:

– *Längspressverbände*, bei denen die Teile kalt in Längsrichtung ineinander gepresst werden. Wichtig ist eine Abfasung am Wellenende, um beim Fügen ein Wegschaben von Werkstoff zu verhindern (Fasenwinkel maximal 5° und Fasenlänge $l_e \approx \sqrt[3]{D_F}$, mit $D_F$ als Fugendurchmesser). Volle Haftkraft ist erst nach einer gewissen „Sitzzeit" ($\approx 24$ h) erreicht. Wegen Glättung der Fugenflächen beim Einpressen (möglichst mit Öl) ist die Haftkraft geringer als bei vergleichbaren Querpressverbänden.
– *Querpressverbände* als *Schrumpfpressverbände*, bei denen vor dem Fügen die Nabe erwärmt (in Öl, in elektrisch oder gasbeheizten Öfen) und auf die Welle aufgeschrumpft wird oder als *Dehnpressverbände*, bei denen die Welle unterkühlt (in Trockeneis bei $\approx -78\,°C$ oder in verflüssigtem Stickstoff bei $\approx -196\,°C$) und in das Außenteil gefügt wird.
– *Ölpressverbände*, bei denen Öl unter hohem Druck zwischen die meist schwach kegeligen Fugenflächen gepresst wird. Die Nabe weitet sich und kann mit geringem Kraftaufwand gefügt werden. Anwendung u. a. für den Ein- und Ausbau schwerer Wälzlager. Hydraulisch gefügte Verbände sollten erst nach erfolgtem Ölfilmabbau (bis ca. 2 h) beansprucht werden. Bei zylindrischen Passflächen lässt sich dieses Verfahren nur zum *Lösen* des Pressverbandes anwenden (Drucköl-Pressverbände siehe DIN 15055).

Richtwerte für die Abmessungen aufgepresster Naben s. TB 12-1.
Pressverbände werden vorwiegend schwellend oder wechselnd durch Torsion und vielfach zusätzlich durch Umlaufbiegung schwingend beansprucht. Eine optimale konstruktive Gestaltung

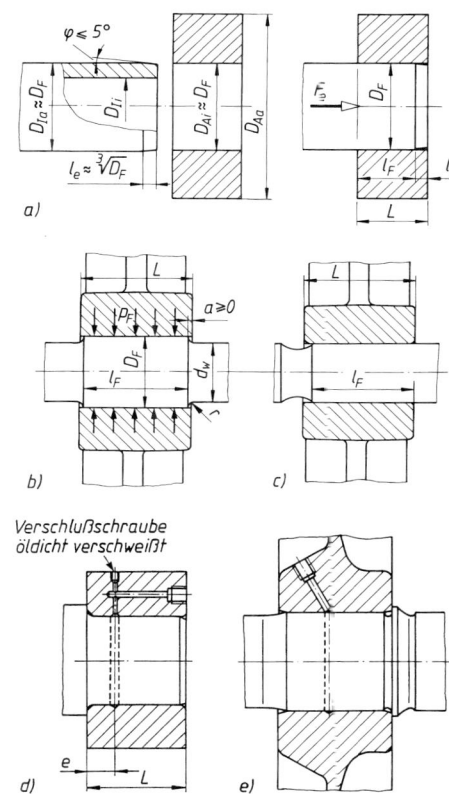

**Bild 12-11** Pressverbände. a) *Längspressverband vor* und *nach* dem Fügen, b) *Querpressverband* auf verstärkter Welle, c) Entlastungskerbe in der Welle, d) *Ölpressverband* auf Wellenende mit Ringnut in der Welle für $L \leq 100$ mm, $e \approx (0,3…0,4)L$, e) *Ölpressverband* mit Wellenbund als Nabenanlage und Ringnut in der Nabe

und Ausführung der Verbindung setzt eine Reduzierung der schädigenden Einflüsse voraus. Im Einzelnen sind zu beachten:

- die *Kerbwirkung* im Randzonenbereich. Günstige Verhältnisse sind zu erwarten, wenn nach Bild 12-11 die Werte $D_F/d_w \approx 1{,}1$ und $r/(D_F - d_w) \approx 2$ sowie der Randabstand $a \geq 0$ eingehalten werden. ($a < 0$ wirkt sich nachteilig aus und sollte vermieden werden);
- die *Verformungssteifigkeit*. Die Verbindung sollte relativ verformungssteif ausgebildet werden (Naben *ohne* äußere Entlastungskerben ausführen), da sich anderenfalls durch die schwingenden Momente am Fugenrand ein örtliches Mikrogleiten einstellen kann, das auf den Fügeflächen Erscheinungen der Reibkorrosion (Entstehung von Mikrorissen) hervorruft;
- *Vollwellen* sind günstiger als Hohlwellen. Hohlwellen sind bei großen wechselnden oder umlaufenden Biegemomenten zu vermeiden;
- *keine Nuten* oder Einstiche im Innen- und Außenteil innerhalb des Pressverbandes vorsehen; *Passfedern sind unbedingt zu vermeiden*;
- der *Elastizitätsmodul* der Nabe sollte kleiner oder gleich der Welle sein; eventuell Ring zwischen Welle und Nabe anordnen;
- der *Haftbeiwert* ist in den Fügeflächen möglichst hochzuhalten (z. B. bei Querpressverbänden durch Entfetten vor der Montage). Bei Längspressverbänden sollte die Fugenfläche leicht eingeölt sein, da hier insbesondere bei elastisch-plastischen Verformungen die Gefahr des Passungsrostes besteht. Große Haftbeiwerte lassen sich auch durch kleine $R_z$ der Fügeflächen (z. B. durch Läppen) erreichen;
- bei Einpressen von Teilen in Grundlöcher Entlüftungsbohrung vorsehen.

Bei zusätzlicher Verwendung eines Klebstoffes (z. B. Loctite) kann das übertragbare Drehmoment erhöht werden infolge der Vergrößerung des Tragflächenanteils durch Aushärtung des Klebstoffes in den Rautiefen.

## 2. Berechnung[1)]

Bei der Berechnung einfugiger Pressverbände geht man von der Überlegung aus, dass beim Fügen der mit Übermaß $Ü$ versehenen zylindrischen Teile (Welle und Nabe) eine Fugenpressung $p_F$ entsteht, die sowohl in der Nabe als auch in der Welle Spannungen in radialer und tangentialer Richtung hervorruft (s. Bild 12-12) und somit die Kraftübertragung durch Reibschluss ermöglicht.

Für die rein elastische Pressung können diese Spannungen mit den *Durchmesserverhältnissen* $Q_A = (D_F/D_{Aa}) < 1$ bzw. $Q_I = (D_{Ii}/D_F) < 1$ bei einem Innenteil als Hohlwelle ermittelt werden

*für das Außenteil*

$$\boxed{\sigma_{tAi} = p_F \cdot \frac{1 + Q_A^2}{1 - Q_A^2} \ ; \quad \sigma_{tAa} = p_F \cdot \frac{1 + Q_A^2}{1 - Q_A^2} - p_F \ ; \quad |\sigma_{rAi}| = |p_F|}$$ (12.5)

*für das Innenteil*

$$\boxed{-\sigma_{tIi} = p_F \cdot \frac{1 + Q_I^2}{1 - Q_I^2} + p_F = \frac{2 \cdot p_F}{1 - Q_I^2} \ ; \quad -\sigma_{tIa} = p_F \cdot \frac{1 + Q_I^2}{1 - Q_I^2} \ ; \quad |\sigma_{rIa}| = |p_F|}$$ (12.6)

Die gefährdeten Stellen des Pressverbandes sind nach Bild 12-12 entweder am Außenteil innen oder bei dünnwandigen Hohlwellen am Innenteil innen. Die an den betreffenden Stellen auftretenden Tangential- und Radialspannungen $\sigma_t$ und $\sigma_r$ können unter Beachtung der Vorzeichen zu einer Vergleichsspannung zusammengefasst werden. Nach DIN 7190 wird hierzu die Schubspannungshypothese SH $\sigma_v = 2\tau_{max} = \sqrt{(\sigma_t - \sigma_r)^2 + 4\tau^2}$ ($\tau$ vernachlässigbar klein) verwendet. Da diese mit dem Verhalten elastischer Metalle schlechter übereinstimmt als die Gestaltände-

---

[1)] Zur Kennzeichnung der zu fügenden Teile werden folgende Indizes benutzt: $A$ (Außenteil, z. B. Nabe); $I$ (Innenteil, z. B. Welle); $a$ (außen); $i$ (innen); $t$ (tangential); $r$ (radial); $F$ (Fuge).

## 12.3 Kraftschlüssige Welle-Nabe-Verbindungen

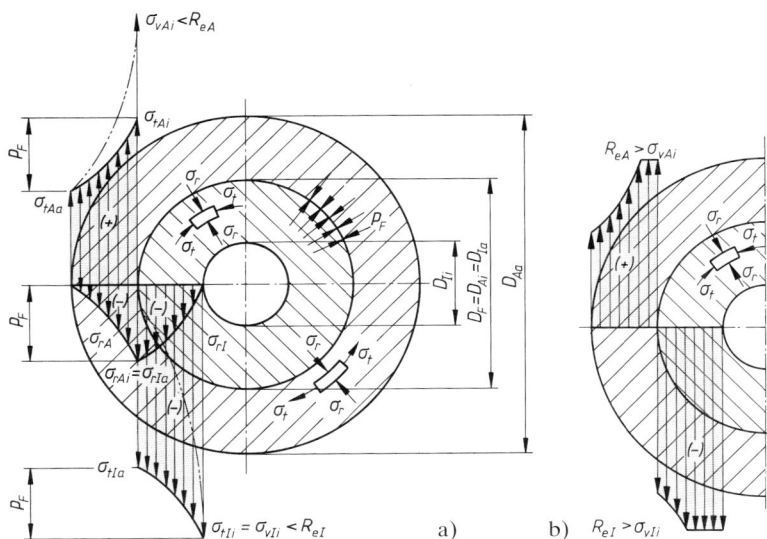

**Bild 12-12** Spannungsverlauf im Pressverband. a) elastischer Pressverband, b) elastisch-plastischer Pressverband

rungsenergiehypothese GEH, wird die Fließgrenze nach der GEH mit $\tau_{max} \leq \tau_F = R_e/\sqrt{3}$ eingesetzt (MSH)[1], sodass sich für elastische Pressverbände die Bedingungen ergeben

$$\text{für das Außenteil:} \quad \sigma_{vAi} = \frac{2 \cdot p_F}{1-Q_A^2} \leq \frac{2}{\sqrt{3}} \cdot \frac{R_{eA} \text{ (bzw. } R_{p\,0,2A})}{S_{pA}}$$

$$\text{für das Innenteil:} \quad \sigma_{vIi} = \sigma_{tIi} = \left|-\frac{2 \cdot p_F}{1-Q_I^2}\right| \leq \frac{2}{\sqrt{3}} \cdot \frac{R_{eI} \text{ (bzw. } R_{p\,0,2I})}{S_{pI}}$$

(12.7)

$R_e$ (bzw. $R_{p\,0,2}$)  Streckgrenze oder 0,2-Dehngrenze der Werkstoffe des Außen- bzw. des Innenteiles; bei spröden Werkstoffen z. B. bei Gusseisen mit Lamellengrafit ist $R_e$ durch $R_m$ zu ersetzen; $R_e = K_t \cdot R_{eN}$; $R_m = K_t \cdot R_{mN}$ s. Gl. (3.7);

$Q_A = D_F/D_{Aa}$, $Q_I = D_{Ii}/D_F$  Durchmesserverhältnisse;

$p_F$  Flächenpressung im Fugenbereich;

$S_P$  Sicherheit gegen plastische Verformung: bei duktilen Werkstoffen: $S_p \approx 1 \ldots 1,3$; bei spröden Werkstoffen ist $S_P \approx 2 \ldots 3$ zu setzen

*Hinweis:* $R_e$ (bzw. $R_m$) ist von den Rohteilabmessungen abhängig. Bei Graugussteilen kann z. B. die größte Bauteildicke des Gussrohteiles entscheidend sein, bei gewalzten Zahnradrohlingen z. B. die Bauteildicke $t$ nach TB 3-11e.

Für die *Vollwelle als Innenteil* mit $Q_I = 0$ wird $\sigma_{vI} = -p$ (Die Tangentialspannung ist bei der Vollwelle überall $\sigma_{tI} = -p$).

Bei der Auslegung von Pressverbänden sollte sicherheitshalber mit der kleineren *Rutschkraft* $F_R$ gerechnet werden, wenn auch zum ersten Lösen des Pressverbandes die anfangs aufzubringende *Lösekraft* $F_L$ größer ist ($F_R \approx 0,66 \cdot F_L$).

Zur sicheren Übertragung der äußeren Kräfte wird unter Berücksichtigung der jeweiligen Betriebsverhältnisse die *Rutschkraft* in *Längs-, Umfangs-* bzw. *resultierender Richtung* ange-

---

[1] Die modifizierte Schubspannungshypothese MSH wird verwendet, da mit ihr auch elastisch-plastische Pressverbände einfach berechnet werden können.

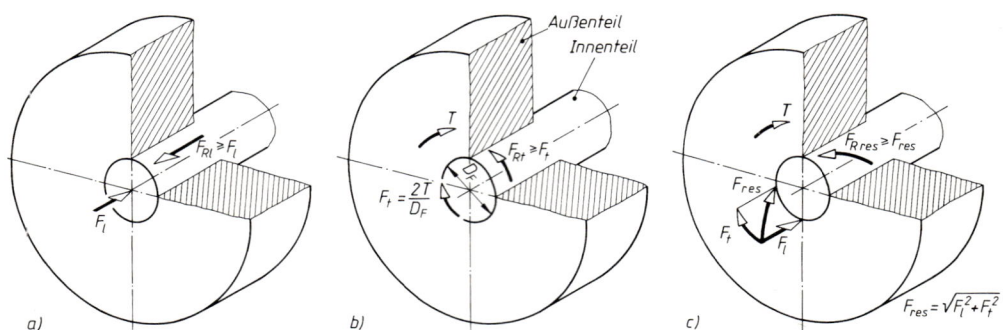

**Bild 12-13** Vom Pressverband zu übertragende Kräfte (schematische Darstellung der Kraftwirkungen).
a) Längskraft, b) Umfangskraft (Tangentialkraft), c) resultierende Kraft

nommen, s. Bild 12-13:

$$F_{Rl} = (K_A \cdot S_H) \cdot F_l \quad \text{bzw.} \quad F_{Rt} = (K_A \cdot S_H) \cdot F_t \quad \text{bzw.} \quad F_{R\,res} = (K_A \cdot S_H) \cdot F_{res} \qquad (12.8)$$

$K_A$  Anwendungsfaktor zur Berücksichtigung der dynamischen Betriebsverhältnisse; Werte nach TB 3-5
$S_H$  Haftsicherheit; $S_H \approx 1{,}5 \ldots 2$

Mit der nach Gl. (12.8) ermittelten Rutschkraft ergibt sich die *kleinste erforderliche Fugenpressung*

$$p_{Fk} = \frac{F_{Rl}}{A_F \cdot \mu}; \quad p_{Fk} = \frac{F_{Rt}}{A_F \cdot \mu}; \quad p_{Fk} = \frac{F_{R\,res}}{A_F \cdot \mu} \qquad (12.9)$$

$A_F = D_F \cdot \pi \cdot l_F$  Fugenfläche
$\mu$  Haftbeiwert für Rutschen, Werte nach TB 12-6a

Die elastischen Formänderungen der zu fügenden Bauteile zum Erzeugen dieses Fugendruckes werden nach dem Hooke'schen Gesetz $\varepsilon = \sigma/E$ ermittelt. Mit der Querdehnzahl $\nu = 1/m = \varepsilon_q/\varepsilon < 1$ wird die relative Dehnung des Außenteiles an der Innenseite in tangentialer Richtung

$$\varepsilon_{Ai} = \frac{p_F}{E_A} \cdot \left( \frac{1 + Q_A^2}{1 - Q_A^2} + \nu_A \right) \qquad (12.10)$$

und analog die (negative) Dehnung des Innenteils an der Außenseite

$$-\varepsilon_{Ia} = \frac{p_F}{E_I} \cdot \left( \frac{1 + Q_I^2}{1 - Q_I^2} - \nu_I \right) \qquad (12.11)$$

Mit diesen Beziehungen lässt sich unter Berücksichtigung des Vorzeichens für $\varepsilon_{Ia}$ das absolute Haftmaß (wirksames Übermaß) berechnen aus $Z = D_F(\varepsilon_{Ai} + \varepsilon_{Ia})$.
Für die kleinste Fugenpressung ergibt sich mit der Hilfsgröße

$$K = \frac{E_A}{E_I} \left( \frac{1 + Q_I^2}{1 - Q_I^2} - \nu_I \right) + \frac{1 + Q_A^2}{1 - Q_A^2} + \nu_A \qquad (12.12)$$

das *kleinste Haftmaß*

$$Z_k = \frac{p_{Fk} \cdot D_F}{E_A} \cdot K \qquad (12.13)$$

$\nu$  Querdehnzahl, Werte nach TB 12-6b
$E$  Elastizitätsmodul, Werte nach TB 12-6b
$K$  Hilfsgröße. Für gebräuchliche Werkstoffe kann der $K$-Werte für Vollwellen ($Q_I = 0$) dem Diagramm TB 12-7 entnommen werden.

## 12.3 Kraftschlüssige Welle-Nabe-Verbindungen

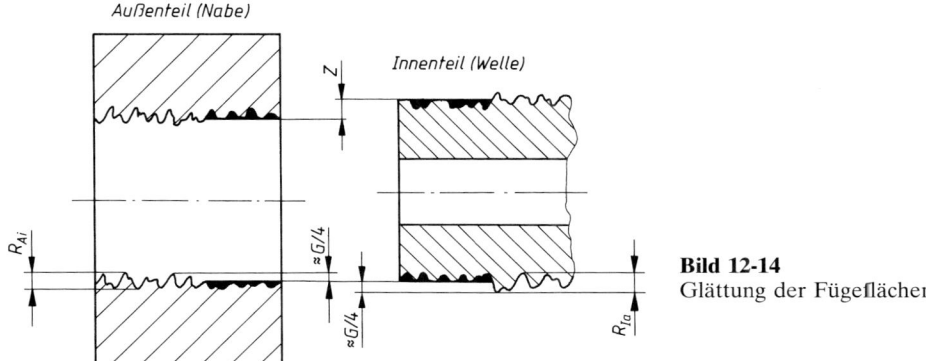

**Bild 12-14**
Glättung der Fügeflächen

Da sich durch den Fügevorgang die mit den Rautiefen $R_z$ vorhandenen Oberflächen der zu fügenden Bauteile teils durch elastische, teils durch plastische Verformung der Rauigkeiten glätten (Bild 12-14), ist das kleinste Haftmaß (wirksames Übermaß) als Übermaß nicht ausreichend. Die beim Fügen auftretende *Glättung G* der Oberflächen am Fugendurchmesser beträgt erfahrungsgemäß

$$G \approx 0{,}8 \cdot (R_{zAi} + R_{zIa}) \tag{12.14}$$

$R_{zAi}, R_{zIa}$ gemittelte Rautiefen $R_z$ der Fugenflächen des Außen- bzw. des Innenteiles; Werte nach TB 2-12

Damit ergibt sich das vor dem Fügen messbare *kleinste Übermaß* aus

$$\ddot{U}_u = Z_k + G \tag{12.15}$$

Aus der Bedingung, dass beim Fügen der Bauteile die auftretende Vergleichsspannung $\sigma_{vAi}$ im Außenteil innen und bei Hohlwellen auch $\sigma_{vIi}$ im Innenteil innen den Grenzwert des Werkstoffes nicht überschreiten darf, ergibt sich nach Gl. (12.7) die *größte zulässige Flächenpressung*

$$\begin{aligned}
\text{für das Außenteil:} \quad & p_{Fg} \leq \frac{R_{eA}\,(\text{bzw. } R_{p\,0{,}2A})}{S_{pA}} \cdot \frac{1 - Q_A^2}{\sqrt{3}} \\
\text{für das hohle Innenteil:} \quad & p_{FgI} \leq \frac{R_{eI}\,(\text{bzw. } R_{p\,0{,}2I})}{S_{pI}} \cdot \frac{1 - Q_I^2}{\sqrt{3}} \\
\text{für das volle Innenteil:} \quad & p_{FgI} \leq \frac{R_{eI}\,(\text{bzw. } R_{p\,0{,}2I})}{S_{pI}} \cdot \frac{2}{\sqrt{3}}
\end{aligned} \tag{12.16}$$

$R_e$ (bzw. $R_{p\,0{,}2}$), $Q_A$, $Q_I$, $S_p$ wie zu Gl. (12.7)

Für die weitere Berechnung ist stets der kleinere Wert $p_{Fg}$ oder $p_{FgI}$ maßgebend. Hiermit ergibt sich das *größte zulässige Haftmaß* (wirksames Übermaß) aus

$$Z_g = \frac{p_{Fg} \cdot D_F}{E_A} \cdot K \tag{12.17}$$

und somit das *vor dem Fügen messbare größte zulässige Übermaß*

$$\ddot{U}_o = Z_g + G \tag{12.18}$$

Mit den Übermaßen $\ddot{U}_o$ und $\ddot{U}_u$ liegt die mögliche Maßschwankung, die *Passtoleranz* $P_T$ fest, s. Bild 12-15:

$$P_T = \ddot{U}_o - \ddot{U}_u \tag{12.19}$$

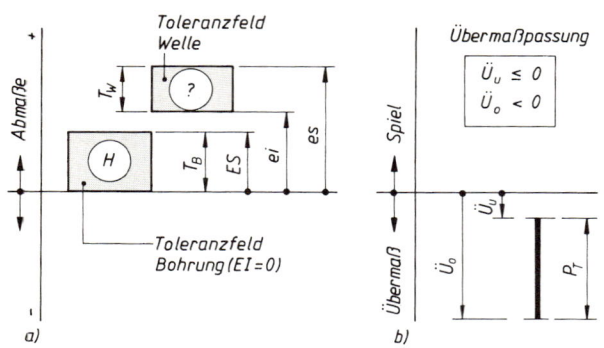

**Bild 12-15**
a) Darstellung der Passtoleranz $P_T$
b) Lage der Toleranzfelder für Welle und Bohrung für das System Einheitsbohrung

Nach ISO werden für die Wahl der Passung aus Gründen der Lehrenbegrenzung folgende Paarungen bei Einheitsbohrung empfohlen:
1. Bohrung H6 mit Welle des 5. Toleranzgrades,
2. Bohrung H7 mit Welle des 6. Toleranzgrades,
3. Bohrung H8 mit Welle des 7. Toleranzgrades,
4. Bohrungen H8, H9 usw. mit Wellen der gleichen Toleranzgrade.

Für die Wahl wird die *Passtoleranz* $P_T$ in *Bohrungs-* und *Wellentoleranz* aufgeteilt:

$$P_T = T_B + T_W \tag{12.20}$$

Bei Paarungen 1. bis 3. gilt: $T_B \approx 0{,}6 \cdot P_T$, bei 4: $T_B \approx 0{,}5 \cdot P_T$.
Aus TB 2-1 wird dann für den betreffenden Nennmaßbereich die Toleranz herausgesucht, die sicherheitshalber unterhalb der berechneten Toleranz $T_B$ liegt bzw. ihr am nächsten kommt. Damit sind die Grundtoleranz und somit das Toleranzfeld der Bohrung festgelegt.
Für die *H*-Bohrung (System *Einheitsbohrung*) ist das untere Abmaß $EI = 0$, das obere Abmaß $ES = T_B$.
Für die Wellentoleranz $T_W$ liegt zunächst das untere Abmaß fest: $ei = ES + \ddot{U}_u$; das obere Abmaß wird dann $es = ei + T_W$ bzw. $es = EI + \ddot{U}_o$ (s. Bild 12-15).
Aus den Abmaßtabellen TB 2-2 und TB 2-3 wird hiermit für den betreffenden Nennmaßbereich die zu den berechneten Abmaßen $ei$ und $es$ nächstgrößere oder nächstliegende Toleranz der Welle festgelegt, wobei die Empfehlungen zu Gl. (12.19) möglichst einzuhalten sind.
Bei elastischen Pressverbänden soll sein:

$$P_{T(\text{berechnet})} \geq (T_{B(\text{gewählt})} + T_{W(\text{gewählt})}).$$

*Hinweis:* Wird $P_{T(\text{berechnet})} < (T_{B(\text{gewählt})} + T_{W(\text{gewählt})})$, ist ein Pressverband im elastisch-plastischen Bereich der Werkstoffe möglich. Dies zieht ein Absinken der Spannungen $\sigma_{tAi}$ bzw. $\sigma_{tIi}$ nach sich, was vorteilhaft zum Abbau der Spannungsspitzen beiträgt, d. h. besonders bei Stahlverbindungen wird eine gleichmäßigere Spannungsverteilung erreicht. Entsprechend dem Werkstoffverhalten könnte $P_T$ größer bis z. B. Toleranzgrad 11 festgelegt werden. Davon wird besonders dann Gebrauch gemacht, wenn die Berechnung eine unwirtschaftlich kleine Passtoleranz $P_T$ ergibt, d. h. es müssten Toleranzgrade kleiner als 5 oder kleine Oberflächenrauigkeiten gewählt werden. Für Kleinbetriebe sind daher solche elastisch-plastischen Pressverbände einfacher herzustellen auch in Bezug auf die Einhaltung der Oberflächengüten.
Berechnung der elastisch-plastisch beanspruchten Pressverbände s. DIN 7190.
Mit der gewählten Passung sind die wirklichen Übermaße $\ddot{U}'_u = ei - ES$; $\ddot{U}'_o = es - EI$ bzw. die wirklichen Haftmaße $Z'_k = \ddot{U}'_u - G$ und $Z'_g = \ddot{U}'_o - G$ gegeben.
Da bei elastischer Presspassung zwischen Spannung und Dehnung ein linearer Zusammenhang besteht, können mit den Beziehungen $p'_{Fk}/p_{Fk} = Z'_k/Z_k$ bzw. $p'_{Fg}/p_{Fg} = Z'_g/Z_g$ die wirklichen Fugenpressungen $p'_{Fk}$ und $p'_{Fg}$ sowie die wirkliche Rutschkraft $F'_R = p'_{Fk} \cdot A_F \cdot \mu$ (s. Gl. 12.9) und die rechnerische wirkliche Haftsicherheit $S'_H = F'_R / (K_A \cdot F)$ berechnet werden.

## 12.3 Kraftschlüssige Welle-Nabe-Verbindungen

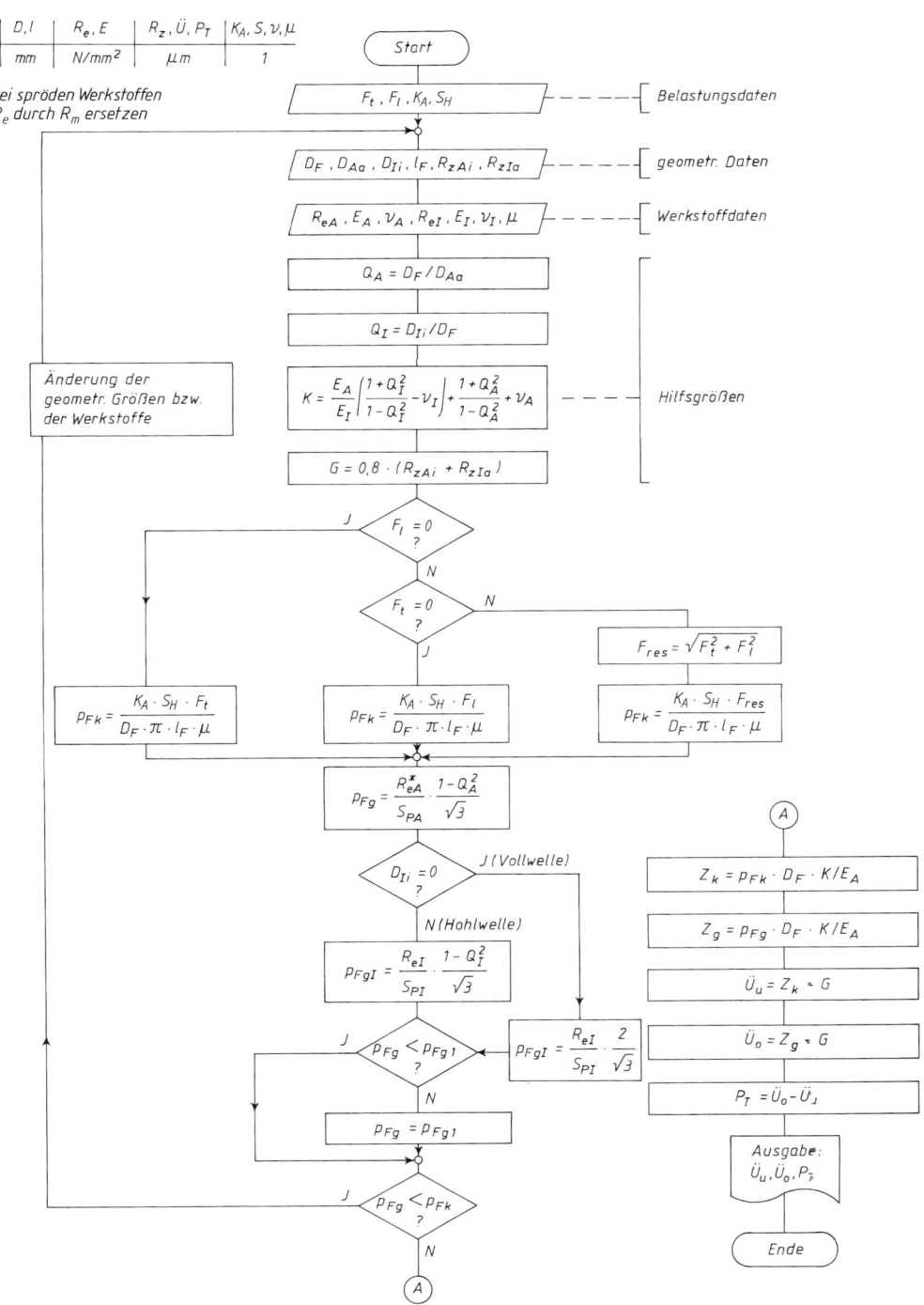

**Bild 12-16** Ablaufplan zur Bestimmung der Übermaße $\ddot{U}_u$ und $\ddot{U}_o$ für elastische Pressverbände

Die Ermittlung des von einem gegebenen Pressverband maximal übertragbaren Drehmoments wird durch Umstellen der o. a. Gleichungen möglich. Dabei ist von dem zulässigen Fugendruck des „schwächeren" Werkstoffes auszugehen (s. zu Gl. (12.16)).
Vorstehende Berechnungsgleichungen gelten nur für zylindrische Bauteile und mit gleichbleibendem Durchmesser $D_{Aa}$. Bei *Pressverbänden mit unterschiedlichen Außenteildurchmessern* $D_{Aa}$ (s. Bild 12-17) wird zweckmäßig für jede Teillänge ($l_{F1} \ldots l_{Fn}$) mit den jeweils zugehörigen Außendurchmessern ($D_{Aa1} \ldots D_{Aan}$) des Außenteiles das übertragbare Moment ($T_1 \ldots T_n$) einzeln ermittelt und anschließend zum Gesamtmoment addiert zu $T_{ges} = T_1 + T_2 + \ldots T_n$.

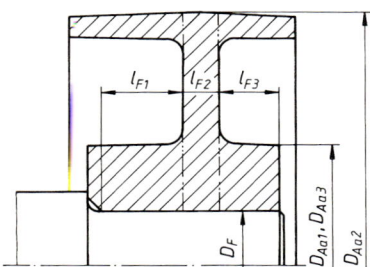

**Bild 12-17**
Pressverband mit unterschiedlichen Nabendurchmessern

### 3. Angaben zur Herstellung von Pressverbänden

*Längspressverband*
Für die gewählte Passung errechnet sich die *größte Einpresskraft*

$$F_e = A_F \cdot p'_{Fg} \cdot \mu_e \qquad (12.21)$$

$p'_{Fg}$    *wirkliche größte Fugenpressung*, sie ergibt sich aus $p'_{Fg} = Z'_g \cdot p_{Fg}/Z_g$ = $(\ddot{U}'_o - G) \cdot p_{Fg}/Z_g$, worin $\ddot{U}'_o$ das wirklich vorhandene Größtübermaß ist
$A_F = D_F \cdot \pi \cdot l_F$    Fugenfläche
$\mu_e$    Haftbeiwert für Lösen, Werte nach TB 12-6a

Die Einpressgeschwindigkeit sollte $v \leq 2$ mm/s betragen.

*Querpressverband*
Für das Fügen ist durch Erwärmen des Außenteiles bzw. Unterkühlen des Innenteils, bei großen Übermaßen durch Kombinieren beider Verfahren, das erforderliche Übermaß sowie ein zusätzliches Spiel für die Montage (um ein Haften während der Montage auszuschließen) zu erreichen. Die erforderliche Fügetemperatur des Außenteils errechnet sich bei in der Regel bekannter Fügetemperatur des Innenteiles zu

$$\vartheta_A \approx \vartheta + \frac{\ddot{U}'_o + S_u}{\alpha_A \cdot D_F} + \frac{\alpha_I}{\alpha_A}(\vartheta_I - \vartheta) \qquad (12.22)$$

$\vartheta$    Raumtemperatur
$\vartheta_I$    Fügetemperatur des Innenteils (s. 12.3.1-1.)
$\ddot{U}'_o$    wirklich vorhandenes Größtübermaß
$S_u$    kleinstes notwendiges Einführspiel aus $S_u = D_F/1000$ oder vorteilhaft $S_u = \ddot{U}'_o/2$
$\alpha_A, \alpha_I$    Längenausdehnungskoeffizienten, Werte s. TB 12-6

Die Temperatur soll bei gleichmäßigem Erwärmen wegen erhöhtem Festigkeitsabbau je nach Werkstoff bestimmte Grenzwerte nicht überschreiten (s. TB 12-6c).

### 4. Drehzahleinfluss bei Pressverbänden

Bei rotierenden Pressverbindungen wird mit steigender Drehzahl $n$ der Fugendruck $p_F$ durch die Fliehkraft $F_z = m \cdot r \cdot \omega^2$ abgebaut, sodass die übertragbaren Kräfte kleiner werden. Die *Grenzdrehzahl* (Fugendruck $p_F = 0$) kann für Vollwellen und wenn $E_A = E_I$; $\nu_A = \nu_I = \nu$ sowie

## 12.3 Kraftschlüssige Welle-Nabe-Verbindungen

$\varrho_A = \varrho_I = \varrho$ ist, bei Vorliegen rein elastischer Beanspruchungen berechnet werden zu

$$n_g = \frac{2}{\pi \cdot D_{Aa}} \sqrt{\frac{2 \cdot p'_{Fk}}{(3+\nu) \cdot (1-Q_A^2) \cdot \varrho}} \approx 29 \cdot 10^6 \cdot \sqrt{\frac{p'_{Fk}}{D_{Aa}^2 \cdot (1-Q_A^2) \cdot \varrho}} \qquad (12.23\text{a})$$

bzw. mit der Gebrauchsformel bei Stahlnaben zu

$$n_g \approx 34 \cdot 10^4 \sqrt{\frac{p'_{Fk}}{D_{Aa}^2 \cdot (1-Q_A^2)}} \qquad \begin{array}{c|c|c|c} n_g & D_{Aa} & Q_A & p'_{Fk} \\ \hline \text{min}^{-1} & \text{mm} & 1 & \text{N/mm}^2 \end{array} \qquad (12.23\text{b})$$

$p'_{Fk}$   wirkliche kleinste Fugenpressung bei $n = 0$
$D_{Aa}$   Außendurchmesser des Außenteiles
$\varrho$   Dichte des Naben- und Wellenwerkstoffes, Werte nach TB 12-6b
$\nu$   Querdehnzahl, Werte nach TB 12-6b

Damit ergibt sich für die Betriebsdrehzahl $n$ das *übertragbare Drehmoment* $T_n$ aus

$$T_n = T \left[ 1 - \left( \frac{n}{n_g} \right)^2 \right] \qquad (12.24)$$

$T$   übertragbares Drehmoment bei $n = 0$ (liegt den vorstehenden Berechnungsgleichungen zugrunde)

Der Einfluss der Fliehkraft macht sich jedoch erst bei relativ hohen Betriebsdrehzahlen bemerkbar, sodass bei „normalen" Verhältnissen der Verlust $\Delta T = T - T_n$ durch die vorgesehenen Sicherheitsbeiwerte (Haftsicherheit, Rutschkraft anstelle Lösekraft, Anwendungsfaktor) erfasst wird.

### 12.3.2 Kegelpressverbände
#### 1. Gestalten und Entwerfen

Kegelverbindungen werden zum Befestigen von Rad-, Scheiben- und Kupplungsnaben vorwiegend auf Wellenenden, von Werkzeugen (z. B. Bohrern) in Arbeitsspindeln und von Wälzlagern (mit Spann- oder Abziehhülsen) auf Wellen verwendet. Sie gewährleisten einen genau zentrischen Sitz, wodurch eine hohe Laufgenauigkeit und damit Laufruhe erreicht wird. Ein nachträgliches axiales Verschieben oder Nachstellen ist jedoch nicht möglich.
Die Neigung des Kegels wird durch das *Kegelverhältnis* $C$ (Werte für $C$ siehe TB 12-8) angegeben (s. Bild 12-18)

$$C = \frac{1}{x} = \frac{D_1 - D_2}{l} \qquad (12.25)$$

Der *Kegel-Neigungswinkel* $\alpha/2$ (*Einstellwinkel*) errechnet sich aus

$$\tan\left(\frac{\alpha}{2}\right) = \frac{D_1 - D_2}{2 \cdot l} \qquad (12.26)$$

$D_1, D_2$   großer bzw. kleiner Kegeldurchmesser
$l$   Kegellänge

Mit Rücksicht auf Herstellungswerkzeuge und Lehren sollen möglichst genormte Kegel verwendet werden, z. B. für *Radnaben* und dgl.: kegelige Wellenenden mit $C = 1:10$ und Außengewinde nach DIN 1448 (TB 11-2), solche mit Innengewinde nach DIN 1449; für *Werkzeuge*: metrische Werkzeugkegel mit $C = 1:20$ und Morsekegel mit $C = 1:19,212$ bis $1:20,02$ nach DIN 228. Nähere Angaben und sonstige Kegel s. TB 12-8. Die Selbsthemmung bei Kegelpressverbänden liegt etwa beim Kegelverhältnis $C \leq 1:5$.
Bei der Herstellung des Außen- und Innenkegels können selbst bei gleichem Einstellwinkel herstellungsbedingte Abweichungen (innerhalb der zulässigen Toleranz) auftreten, die die Be-

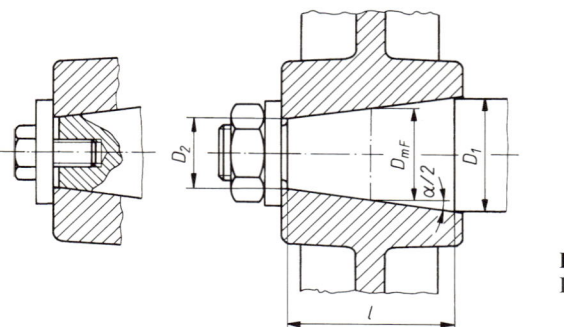

**Bild 12-18**
Kegelverbindungen

rechnungsergebnisse beeinflussen. Im Gegensatz zu DIN 1448 (s. TB 11-2) sollten bei richtig ausgelegten Kegelpressverbänden *keine* zusätzlichen Passfedern vorgesehen werden, da bei der ersten Belastung der Verbindung durch das Drehmoment $T$ das verspannte Außenteil sich schraubenförmig auf das Innenteil aufschiebt. Passfedern würden diesen natürlichen Vorgang behindern und somit *keine* reibschlüssige Verbindung ermöglichen. Zusätzliche Passfedern könnten lediglich zur Lagesicherung vom Außen- zum Innenteil dienen, jedoch auf Kosten des sicheren Reibschlusses. Kegelverbindungen sollten leicht geölt montiert werden. Nach der ersten Belastung durch das Drehmoment $T$ ist die zur Erzeugung der Aufpresskraft vorgesehene Schraube bzw. Mutter entsprechend nachzuziehen.

## 2. Berechnung

Die nachfolgenden Überlegungen gehen davon aus, dass für den Idealfall die Einstellwinkel ($\alpha/2$) (s. Bild 12-18) für das Außen- und Innenteil gleich groß sind und keine herstellungsbedingten Abweichungen aufweisen (Toleranz $T = 0$).
Kegelverbindungen (Kegelpressverbände) werden durch das axiale Verspannen von Außen- und Innenteil mittels Schraube, Mutter oder beim thermischen Fügen durch kontrolliertes Aufschieben des erwärmten Außenteiles hergestellt. Die axiale Relativverschiebung $a$ (Aufschub) der zu fügenden Teile führt zu Querdehnungen und damit zum Aufbau eines entsprechenden Fugendruckes $p_F$ in den Wirkflächen, s. Bild 12-19.
Der Aufschubweg $a$ wird unter Berücksichtigung der Glättung $G$ nach Gl. (12.14) bestimmt von dem zu übertragenden Drehmoment ($a_{min}$) sowie durch den zulässigen Fugendruck (Flächenpressung) des „schwächsten" Bauteiles ($a_{max}$) und ergibt sich nach Bild 12-19 aus:

$$a_{min} = \frac{\ddot{U}_u/2}{\tan(\alpha/2)} = \frac{(Z_k + G)/2}{\tan(\alpha/2)} \ ; \quad a_{max} = \frac{\ddot{U}_o/2}{\tan(\alpha/2)} = \frac{(Z_g + G)/2}{\tan(\alpha/2)} \quad (12.27)$$

Mit $D_F = D_{mF}$ (mittlerer Fugendurchmesser) kann mit den Gleichungen für den zylindrischen Pressverband der Aufschub $a$ ermittelt werden.

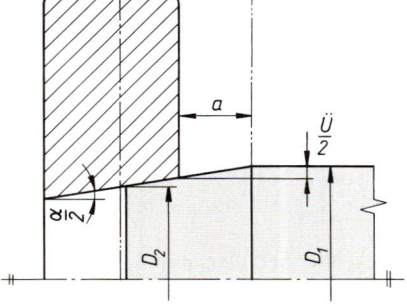

**Bild 12-19**
Verschiebeweg zum Erzeugen des erforderlichen Fugendruckes

## 12.3 Kraftschlüssige Welle-Nabe-Verbindungen

Wird in Gl. (12.13) für $p_{Fk} \triangleq p_{rFk} = p_{Fk}/\cos(\alpha/2)$ (kleinste radiale Fugenpressung) gesetzt, so wird mit der Hilfsgröße $K$ nach Gl. (12.12) das *kleinste Haftmaß* $Z_k$ und analog für $p_{Fg} \triangleq p_{rFg} = p_{Fg}/\cos(\alpha/2)$ mit $p_{Fg}$ nach Gl. (12.16) das *größte zulässige Haftmaß* $Z_g$

$$Z_k = \frac{p_{Fk} \cdot D_{mF} \cdot K}{E_A \cdot \cos(\alpha/2)} ; \quad Z_g = \frac{p_{Fg} \cdot D_{mF} \cdot K}{E_A \cdot \cos(\alpha/2)} \tag{12.28}$$

$D_{mF}$    mittlerer Kegel-Fugendurchmesser aus $D_{mF} = (D_1 + D_2)/2$
$K$    Hilfsgröße; Berechnung nach Gl. (12.12) oder aus TB 12-7

*Hinweis:* Bei $(\alpha/2) = 0$ und somit $\cos(\alpha/2) = 1$ liegen die Verhältnisse des zylindrischen Pressverbandes vor!

Bild 12-20 zeigt eine Kegelverbindung mit den an dieser wirkenden Kräften, die zur Vereinfachung der Betrachtung am mittleren Kegelumfang konzentriert dargestellt werden. Bei Reibungsschluss ist das Reibungsmoment $M_R \geq$ dem äußeren Drehmoment $T$. Mit der auf den mittleren Kegelumfang bezogenen Umfangs-Reibungskraft

$$F_{Rt} = F_R = F_N \cdot \mu$$

wird

$$M_R = F_R \cdot D_{mF}/2 = F_N \cdot \mu \cdot D_{mF}/2 \geq T .$$

Hieraus ergibt sich die *erforderliche Anpresskraft* gleich Normalkraft $F_N \geq 2 \cdot T/(\mu \cdot D_{mF})$. Nach Bild 12-20 ist mit $F_{res}$ (Resultierende aus $F_N$ und $F_R$)

$$\sin(\alpha/2 + \varrho) = F_e/F_{res} \quad \text{und} \quad F_{res} = F_N/\cos\varrho .$$

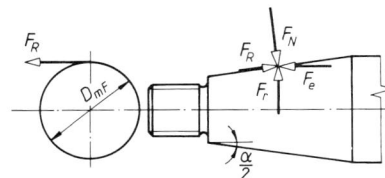

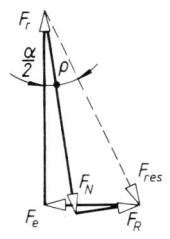

**Bild 12-20**
Kräfte am Kegel

Mit $F_N = 2 \cdot T/(\mu \cdot D_{mF})$ und $\mu = \tan\varrho = \sin\varrho/\cos\varrho$ wird somit unter Berücksichtigung der Betriebsverhältnisse die zur sicheren Übertragung des Drehmoments $T = T_{nenn}$ *erforderliche Einpresskraft*

$$F_e \geq \frac{2 \cdot K_A \cdot S_H \cdot T_{nenn}}{D_{mF} \cdot \mu} \cdot \frac{\sin(\varrho + \alpha/2)}{\cos\varrho} = \frac{2 \cdot K_A \cdot S_H \cdot T_{nenn}}{D_{mF}} \cdot \frac{\sin(\varrho + \alpha/2)}{\sin\varrho} \tag{12.29}$$

$T_{nenn}$    von der Verbindung zu übertragendes Nenndrehmoment
$K_A$    Anwendungsfaktor nach TB 3-5
$S_H$    Haftsicherheit; $S_H \approx 1, 2 \ldots 1,5$
$\alpha/2$    Kegelneigungswinkel (Einstellwinkel) nach Gl. (12.26); genormte Kegelwinkel $\alpha$ nach DIN 254, s. TB 12-8
$D_{mF}$    mittlerer Kegel-Fugendurchmesser aus $D_{mF} = (D_1 + D_2)/2$
$\varrho$    Reibungswinkel aus $\tan\varrho = \mu$; mit dem Haftbeiwert $\mu$ gegen Rutschen je nach Schmierzustand der Fugenflächen, Werte s. TB 12-6a.

Für den nach DIN 254 genormten Kegel mit $C = 1:10$ kann mit $\alpha \approx 6°$ und $\varrho \approx 3°\ldots6°$ (entsprechend $\mu_e \approx 0{,}05\ldots0{,}1$) für Überschlagsrechnungen die Einpresskraft angenähert aus $F_e \approx (3\ldots4) \cdot K_A \cdot S_H \cdot T_{nenn}/D_{mF}$ ermittelt werden.

Die in der Fugenfläche wirkende Fugenpressung $p_F$ wird durch die Einpresskraft bestimmt, mit der die zu fügenden Teile aufeinander geschoben werden. Da sich die Einpresskraft bei Kegelverbindungen annähernd gleichmäßig über den Fugenumfang verteilt, kann aus $p_F = F_N/A_F = F_N/(D_{mF} \cdot \pi \cdot l_F)$ mit $l_F = l/\cos(\alpha/2)$ und $F_N = F_e \cdot \cos\varrho/\sin(\varrho + \alpha/2)$, s. Bild 12-19, die *Fugenpressung* ermittelt werden aus

$$p_F = \frac{F_e \cdot \cos\varrho \cdot \cos(\alpha/2)}{D_{mF} \cdot \pi \cdot l \cdot \sin(\varrho + \alpha/2)} \qquad (12.30)$$

Mit $F_e$ aus Gl. (12.29) und $\tan\varrho = \mu$ (Haftbeiwert gegen Rutschen) ergibt sich die *kleinste erforderliche Fugenpressung* zu

$$p_{Fk} = \frac{2 \cdot K_A \cdot S_H \cdot T_{nenn} \cdot \cos(\alpha/2)}{D_{mF}^2 \cdot \pi \cdot \mu \cdot l} \leq p_{Fg} \qquad (12.31)$$

Das von der Kegelverbindung *maximal übertragbare Nenndrehmoment* kann somit ermittelt werden aus

$$T_{nenn} \leq \frac{p_{Fg}}{K_A \cdot S_H} \cdot \frac{D_{mF}^2 \cdot \pi \cdot \mu \cdot l}{2 \cdot \cos(\alpha/2)} \qquad (12.32)$$

$F_e$    axiale Einpresskraft nach Gl. (12.29) bzw. die Montagevorspannkraft
$K_A$, $S_H$, $T_{nenn}$, $(\alpha/2)$, $D_{mF}$ wie zu Gl. (12.29)
$\mu$    Haftbeiwert gegen Rutschen je nach Schmierzustand der Fugenflächen, Werte s. TB 12-6a
$l$    tragende Kegellänge
$p_{Fg}$    zulässige Fugenpressung nach Gl. (12.16) mit $Q_A = D_{mF}/D_{Aa}$ bzw. $Q_I = D_{Ii}/D_{mF}$ bzw. überschlägig aus TB 12-1.

*Hinweis*: Ist $(\alpha/2) = 0$ liegt ein zylindrischer Pressverband vor!

Die vorstehenden Berechnungsgleichungen gelten für Kegel-Pressverbände unter folgenden Einschränkungen:

– Die Wandstärke des Außenteiles (z. B. Radnabe) ist konstant. Vielfach vorhandene Stege und Rippen ändern das elastische Verhalten des Radkörpers und somit auch die Spannungsverteilung in der Radnabe;
– Drehzahl $n = 0$. Mit zunehmender Drehzahl wirken die sich aufbauenden Fliehkräfte dem Fugendruck entgegen und vermindern damit das übertragbare Drehmoment. Dies ist besonders bei hohen Drehzahlen zu berücksichtigen (s. hierzu auch unter 12.3.1-4).

### 12.3.3 Spannelement-Verbindungen

**1. Kegelspannelemente**

**Anwendung und Gestaltung**

Kegelspannelemente sind reibschlüssige, lösbare Welle-Nabe-Verbindungen und können als mechanische Querpressverbände angesehen werden mit einem wesentlich geringeren Einfluss der Toleranzen und Oberflächenrauigkeiten gegenüber den zylindrischen Pressverbänden. Durch axiales Verspannen werden die konischen Ringe aus Federstahl so stark radial verformt, dass es nach Überwindung des Passungsspiels zum Aufbau einer hohen Anpresskraft (Fugendruck $p_F$) zwischen Spannelement und Nabe bzw. Welle kommt, die den erforderlichen Reibschluss zwischen Welle und Nabe bewirkt. Das Kegelspannelement ist vom Wirkprinzip her ein Kegelpressverband, s. Bild 12-21. Im Gegensatz zu diesem kann die Lage der Nabe axial und tangential frei festgelegt werden. Um ein einfaches und schnelles Lösen der Verbindung zu

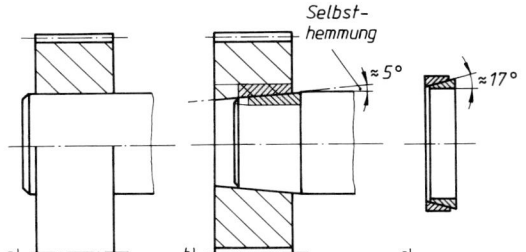

**Bild 12-21**
Entwicklung des Kegelspannelementes.
a) zylindrischer Pressverband
b) Kegelpressverband
c) Kegel-Spannelement

gewährleisten, wurden anfangs Ringe mit Kegelwinkel über der Selbsthemmung (z. B. $\beta \approx 17° > \varrho$ bei $\mu = 0{,}15$) gewählt. Diese axial relativ elastischen Verbindungen (mit etwas anderen Abmessungen auch als Ringfedern verwendet – s. Kapitel 10) belasten die axialen Verspannelemente im Betrieb und können zu größeren Setzerscheinungen und damit Lockern der Verbindung führen (Passungsrostgefahr). Selbsthemmende Kegelspannverbindungen belasten die axialen Verspannelemente dagegen im Betrieb nicht. Sie bauen auf Grund des kleineren Kegelwinkels radial kleiner bzw. die Konusfläche kann größer ausgelegt werden, wodurch die Verbindung besser zentriert und die Verkantgefahr von Außen- zu Innenring geringer ist. Bei ihnen müssen Möglichkeiten der Demontage vorgesehen werden (in der Regel Abdrückschrauben).

Zur axialen Verspannung der Verbindung (axiale Verspannelemente) sind zwei Lösungen handelsüblich:

– ein oder mehrere *Spannelemente* werden meist über einen Druckring (Druckflansch) verspannt, der mit Schrauben gegen die Nabe oder Welle gezogen wird (Bild 12-22). Die Nabe oder Welle wird durch die erforderlichen Gewindebohrungen geschwächt.
– *Kegel-Spannsätze* (Bild 12-23). Die zum Verspannen verwendeten Schrauben (Bild 12-23b und c) bzw. Muttern (Bild 12-23a) sind im Spannsatz integriert.[1] Gewindebohrungen in Nabe oder Welle sind hier nicht erforderlich, in der Regel aber ein größerer Einbauraum.

Kegelspannelemente eignen sich zur Übertragung statischer, wechselnder oder stoßartig wirkender Kräfte und Momente.
Richtwerte für den Entwurf der Nabenabmessungen können TB 12-1 entnommen werden.

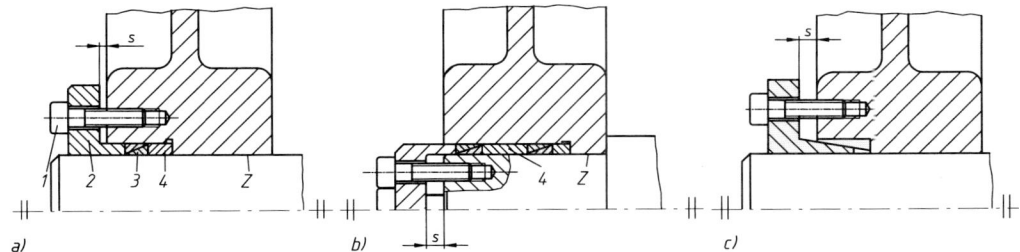

**Bild 12-22** Verbindungen mit Spannelementen. a) nabenseitig verspannte Verbindung mit einem Spannelement, b) wellenseitig verspannt mit zwei Elementen, c) nabenseitig verspannt mit geschlitztem Außenelement
1 Spannschrauben   4 Distanzbuchse
2 Druckring          Z Zentrierung
3 Spannelement      s Spannweg (einschließlich Sicherheitsabstand)

---

[1] Das Verspannen erfolgt z. T. auch hydraulisch (schnellere Montage und Demontage). Der Außenring ist hierbei mehrteilig mit Druckkammer ausgebildet und muss gegen den Innenring entsprechend abgestützt sein.

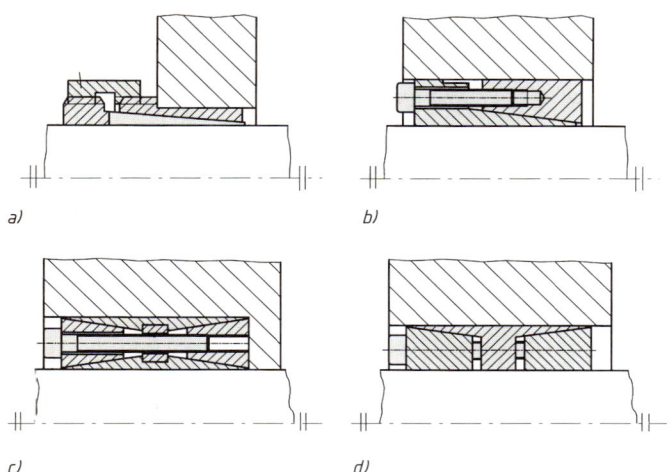

**Bild 12-23**
Beispiele für Kegel-Spannsätze.
a) Spannbuchse BIKON-LOCK
b) Konus-Spannelement RINGSPANN RLK 130
c) Konus-Spannelement RINGSPANN RLK 400
d) Spannsatz DOBIKON 1012
(Werkbilder)

*Spannelemente*
Herkömmliche Spannelemente werden über einen separaten Druckring bzw. -flansch verspannt. Ein Spannelement besteht hier aus zwei geschlossenen konischen, innen bzw. außen zylindrischen Stahlringen (Bild 12-21c) mit relativ großen Neigungswinkeln der konischen Flächen ($\beta \approx 17°$), die sich bei Wegfall der Axialverspannung von selbst lösen, sodass ein etwaiger Ausbau keine Schwierigkeiten bereitet. Die Elemente sind nicht selbstzentrierend, sodass die Zentrierung über die Nabe erfolgen muss.
Selbstzentrierende Spannelemente lassen sich mit kleineren Kegelwinkeln realisieren, wobei auf Grund der dann auftretenden Selbsthemmung der Außen- oder Innenring und der Druckring zur Demontierbarkeit aus einem Teil gefertigt werden müssen (Bild 12-22c).
Die Spannelemente werden vorzugsweise bei kleinen radialen Einbaumaßen eingesetzt und können bei sachgemäßer Verwendung beliebig oft wiederverwendet werden. Wird über den inneren Ring verspannt, ist die Verspannkraft etwas kleiner, die Nabe verschiebt sich aber geringfügig in axiale Richtung. Bei längeren Naben ist eine Distanzbuchse zwischen den Spannelementen zur besseren symmetrischen Verspannung vorteilhaft (Bild 12-22b), das Moment sollte über das letzte Spannelement mit der kleinsten Flächenpressung von der Nabe auf die Welle geleitet werden.
Bestimmte Toleranzen für Welle und Nabenbohrung brauchen nicht unbedingt eingehalten zu werden, jedoch haben sich in der Praxis an den Fugenflächen folgende Toleranzklassen bewährt:

für Wellendurchmesser $d \leq 40$ mm: Welle h6, Nabenbohrung H7
für Wellendurchmesser $d > 40$ mm: Welle h8, Nabenbohrung H8

Für die Oberflächen an den Sitzstellen der Ringe werden Rautiefen $R_z \leq 16$ µm empfohlen.

*Kegel-Spannsätze*
Kegel-Spannsätze werden als einbaufertige Einheiten entsprechend der Anwendungsvielfalt von der Industrie in unterschiedlichen Bauformen angeboten, s. Bild 12-23. Kegel-Spannsätze sind bei ausreichender Konusfläche und Herstellgenauigkeit (besonders bei Spannsätzen mit vier konischen Flächen (Bild 12-23c) aufwendig) selbstzentrierend, weisen eine hohe Rundlaufgenauigkeit auf und können beliebig oft wiederverwendet werden.
Die konischen Ringe der Spannsätze sind meist geschlitzt. Hierdurch können größere Passungsspiele als bei den ungeschlitzten Spannelementen überbrückt werden, was relativ große Toleranzen zulässt, andererseits aber das Eindringen von Feuchtigkeit ermöglicht. Empfohlen werden an den Pressflächen die Toleranzen für die Welle h8 und für die Nabenbohrung H8. Rautiefen s. Spannsätze oben.

## 12.3 Kraftschlüssige Welle-Nabe-Verbindungen

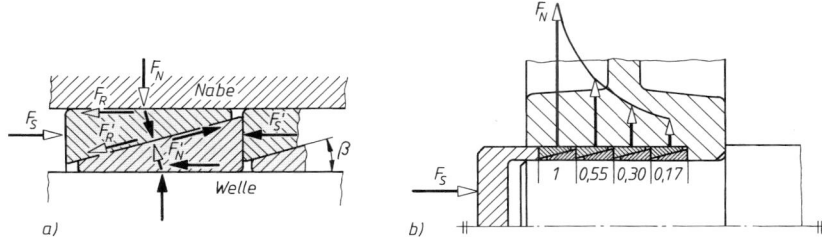

**Bild 12-24** Kräfte in der Spannverbindung. a) Kräfte am Spannelement (Innenring: ausgefüllte Pfeile), b) Verteilung der Anpresskräfte

### Berechnung
*Verbindungen mit Spannelementen*
Bild 12-24a zeigt die an einem Spannelement wirkenden Kräfte. Das von der Verbindung übertragbare Drehmoment ist weitgehend von der axialen Spannkraft $F_{sp}$ abhängig, die sich aus der Kraft zur Überwindung des Passungsspieles und der zum eigentlichen Klemmen erforderlichen Kraft zusammensetzt. Diese Kraft ist rechnerisch nur schwer erfassbar, da sie sowohl vom vorhandenen Passungsspiel als auch von den Reibungsverhältnissen abhängt; sie darf auch nicht beliebig groß sein, sondern richtet sich nach der zulässigen Fugenpressung an der Radnabe (bei Hohlwellen kann u. U. auch die Pressung an der Welle maßgebend sein). In der Praxis werden die Spannkräfte und die übertragbaren maximalen Drehmomente und Axialkräfte selten berechnet, sondern Tabellen entnommen, die vom Hersteller aufgrund von Versuchen erstellt wurden. TB 12-9 enthält erforderliche Spannkräfte und übertragbare Kräfte/Momente für ein Spannelement bei einer Flächenpressung von 100 N/mm² zwischen Spannelement und Welle.
Bei mehreren hintereinandergeschalteten Elementen nach Bild 12-24 nehmen bei einem Neigungswinkel $\beta \approx 17°$ der konischen Flächen und einer Reibungszahl $\mu \approx 0{,}12$ für geölte Elemente deren Anpresskräfte $F_N$ stark ab, etwa im Verhältnis 1 : 0,55 : 0,30 : 0,17. Damit erhöhen sich die Tabellenwerte bei gleicher Anpresskraft nur wenig, sodass sich ein Hintereinanderschalten von mehr als 3 Elementen kaum lohnt.
Das von der Verbindung *übertragbare Drehmoment* $T_{ges}$ bzw. *die übertragbare Axialkraft* $F_{a\,ges}$ ergibt sich zu

$$\boxed{\begin{aligned} T_{ges} &= T_{Tab} \cdot f_n \geq T_{eq} \\ F_{a\,ges} &= F_{a\,Tab} \cdot f_n \geq F_{a,eq} \end{aligned}} \tag{12.33}$$

Sind gleichzeitig ein Drehmoment $T_{eq}$ und eine Axialkraft $F_{a,eq}$ zu übertragen, so muss sichergestellt sein, dass das *resultierende Moment* $T_{res}$ nach Gl. (12.34) kleiner als das übertragbare Moment $T_{ges}$ ist, da sonst die Verbindung durchrutscht:

$$\boxed{T_{ges} = T_{Tab} \cdot f_n \geq T_{res} \approx \sqrt{T_{eq}^2 + \left(F_{a,eq} \cdot \frac{D_F}{2}\right)^2}} \tag{12.34}$$

$T_{eq} = K_A \cdot T_{nenn}$ zu übertragendes äquivalentes Drehmoment
$F_{a,eq} = K_A \cdot F_{a\,nenn}$ zu übertragende äquivalente Axialkraft
$D_F$ Wellendurchmesser = Innendurchmesser des Spannelementes
$T_{Tab}, F_{a\,Tab}$ von einem Element übertragbares Drehmoment bzw. übertragbare Axialkraft nach Herstellerangaben bei angegebenem Fugendruck; Werte nach TB 12-9 z. B. gelten für $p_W \approx 100$ N/mm²
$f_n$ Anzahlfaktor, abhängig von der Anzahl $n$ der hintereinandergeschalteten Elemente:

| Anzahl der Elemente | 1 | 2 | 3 | 4 |
|---|---|---|---|---|
| Faktor $f_n$ bei geölten Elementen | 1 | 1,55 | 1,85 | 2,02 |

Um die in die Gln. (12.33) bzw. (12.34) einzusetzenden Tabellenwerte in der Verbindung zu erreichen, müssen die Spannelemente mit einer Gesamtspannkraft $F_S = F_o + F_{So}$ axial verspannt werden. Diese setzt sich aus der erforderlichen Spannkraft $F_o$ zur Überwindung des Einbauspiels $S_o$ (Höchstspiel, s. auch 2.2.1) zwischen Spannelement, Welle und Nabe sowie der Spannkraft $F_{So}$ zum Aufbau des angegebenen Fugendruckes zusammen (Werte z. B. aus TB 12-9).
Die Spannkraft $F_S$ kann gegenüber dem Tabellenwert erhöht oder verringert werden. Die Tabellenwerte $T$, $F_a$, $p_W$ und $p_N$ ändern sich etwa proportional mit $F_S$, wobei die größte zulässige Fugenpressung nicht überschritten werden darf

$$\frac{F'_S}{F_S} = \frac{T_{eq}}{T_{ges}} = \frac{p'_N}{p_N} = \frac{p'_W}{p_W} \leq \frac{p_{Fg}}{p_N} \tag{12.35}$$

$F'_S$, $p'_N$, $p'_W$    in der Verbindung tatsächlich realisierte Werte
$T_{eq}$, $T_{ges}$    s. Gl. (12.34)
$p_N$, $p_W$    s. Gl. (12.36)
$p_{Fg}$    größte zulässige Fugenpressung nach Gl. (12.16) mit den Verhältnissen $Q_A = D/D_{Aa}$ (Außendurchmesser des Spannelementes/Außendurchmesser der Radnabe) bzw. $Q_I = D_{Ii}/D_F$ (Innendurchmesser der Hohlwelle/Wellendurchmesser)

Die Anzahl der erforderlichen Schrauben ergibt sich zu $i = F'_S/F_V \approx F'_S/F_{sp}$ mit $F_{sp}$ aus TB 8-14 (s. Kapitel 8). Üblich sind Schrauben der Güte 8.8 bis 12.9.
Auftretende Kippkräfte mindern die Übertragungsfähigkeit der Elemente und Spannsätze. Eine rechnerische Erfassung der dann vorliegenden Verhältnisse ist schwierig und es sollte der Rat des Herstellers eingeholt werden, wenn das Kippmoment $M_K > 0,25 \cdot T_{res}$ ist.
Da im Gegensatz zu den Kegelpressverbänden die Spannelemente nur einen Teil der Nabe elastisch verformen und die erforderlichen Bohrungen die Nabe bzw. Welle schwächen, kann der *Außendurchmesser der Radnaben* $D_{Aa}$ sowie der *Innendurchmesser der Welle* $D_{Ii}$ bei Hohlwellen überschlägig unter Vernachlässigung der Radialspannungen berechnet werden mit

$$D_{Aa} \geq D \cdot \sqrt{\frac{R_{eA} + p_N \cdot C}{R_{eA} - p_N \cdot C}} + d \quad \text{bzw.} \quad D_{Ii} \geq D_F \cdot \sqrt{\frac{R_{eI} - 2p_W \cdot C}{R_{eI}}} - d \tag{12.36}$$

$D$    Außendurchmesser des Spannelements (TB 12-9)
$D_F$    Außendurchmesser der Welle
$R_{eA}$, $R_{eI}$    Streckgrenze des Naben- bzw. Wellenwerkstoffes; bei spröden Werkstoffen ist ersatzweise $0,5 \cdot R_m$ zu setzen; $R_e = K_t \cdot R_{eN}$; $R_m = K_t \cdot R_{mN}$ s. Gl. (3.7)
$p_N$, $p_W$    örtliche Fugenpressung an der Nabenbohrung bzw. an der Welle im Bereich des Spannelementes, Werte nach Herstellerangaben bzw. aus TB 12-9; siehe auch Berechnungsbeispiel 12.3
$C$    Faktor zur Berücksichtigung der Nabenlänge;
   $C \approx 1$ wenn Nabenlänge = Spannsatzbreite,
   $C \approx 0,6$ wenn Nabenlänge $\geq 2 \cdot$ Spannsatzbreite und Schrauben in Welle
   $C \approx 0,8$ wenn Nabenlänge $\geq 2 \cdot$ Spannsatzbreite und Schrauben in Nabe
$d$    Zuschlag zur Berücksichtigung der Querschnittsschwächung durch die Gewindebohrungen für die Spannschrauben im Nabenquerschnitt bzw. in der Welle; $d \approx$ Gewinde-Nenndurchmesser

*Kegel-Spannsätze*
Für die einbaufertigen Kegel-Spannsätze werden von den Herstellern die maximal übertragbaren Kräfte/Momente sowie die erforderlichen Anzugsmomente für die Schrauben angegeben, sodass keine Berechnungen erforderlich sind. Zu beachten sind nur die Aussagen zu den Gln. (12.33) und (12.34) (mit $f_n = 1$), sowie evtl. eine Überprüfung der Nabenabmessungen.

### 2. Schrumpfscheiben und Außen-Spannsätze
**Ausführung und Gestaltung**
Schrumpfscheibe (Bild 12-25a) und Außen-Spannsatz (Bild 12-25b) bzw. Kombinationen (Bild 12-25c) sind vom Aufbau her Kegel-Spannsätze, bei denen beim Anziehen der Spann-

# Welle-Nabe-Verbindung

## Entwicklung • Konstruktion • Beratung • Vertrieb

### s Unternehmen

.ON-Technik GmbH entwickelt seit 1972 neue, lösbare Kegel-Spannsysteme. Die Basis sird der zylindrische- und gel-Pressverband mit zwei korrespondierenden Konusflächen (BIKON = 2 Konen).

heute wurden auf diesem Gebiet seitens BIKON-Technik GmbH weltweit mehr als 90 Patente erlangt.

ch unsere nahezu 30-jährige Entwicklungs-, Beratungs- und Vertriebstätigkeit wird ein anwendungsbezogenes ahrungswissen für technisch-wirtschaftliche Lösungen angeboten.

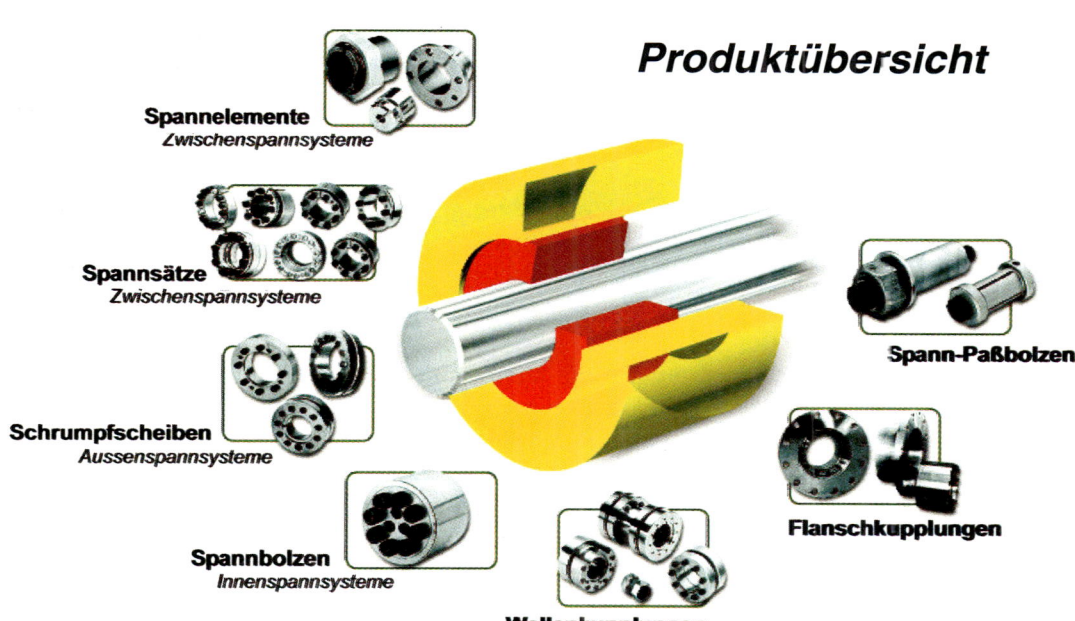

**Produktübersicht**

- **Spannelemente** — Zwischenspannsysteme
- **Spannsätze** — Zwischenspannsysteme
- **Schrumpfscheiben** — Aussenspannsysteme
- **Spannbolzen** — Innenspannsysteme
- **Spann-Paßbolzen**
- **Flanschkupplungen**
- **Wellenkupplungen**

### Produktpalette

Die Produktpalette umfasst Innen-, Zwischen- und Aussenspannsysteme, Flansch- sowie Wellenkupplungen und eine Vielzahl von Sonderkonstruktionen für Wellendurchmesser von 6 bis über 1000 Millimeter.

**anschanschluß FAHPS**

ellendurchmesser: d = 540 mm
triebsleistung: 2 x 2500 kW

**DOBIKON 2000 (Spannbolzen)**

Befestigung Blattverstellung in Windkraftanlage

**DOBIKON 1012 (Spannsatz)**

Befestigung Zahnrad

KON-Technik GmbH • Herzogstrasse 18 • 41516 Grevenbroich (Germany)
l. 02182-9006 • Fax 02182-60778 • E-Mail info@bikon.de • Internet http://www.bikon.com

# Crash-Kurs Englisch

Jayendran, Ariacutty
**Englisch für Maschinenbauer**
Lehr- und Arbeitsbuch
3., überarb. u. erw. Aufl. 2000. VIII, 228 S. Mit 90 Abb.
Br. DM 49,80 / € 24,90
ISBN 3-528-24942-0

*Inhalt:*
Enthält 24 Kapitel, die jeweils ein bestimmtes Gebiet des Maschinenbaus behandeln mit anschließenden Übungen und Tabellen des verwendeten Fachvokabulars. Vokabelglossar und Lösungen zu den Übungen finden sich am Buchende.

Das Buch wendet sich an alle, die technisches Englisch, bezogen auf Maschinenbau, lernen wollen. Es ist jedoch nicht für absolute Anfänger geeignet. Schulenglisch wird vorausgesetzt. Das Buch eignet sich sowohl für einen einsemestrigen Lehrkurs als auch für das Selbststudium. Durch verbessertes Bildmaterial und durchgesehene Texte wurde das Buch den Bedürfnissen der Benutzer noch besser angepasst.

*Die Autoren:*
Prof. Dr. Ariacutty Jayendran, M. Sc. Ph. D. London, Chartered Engineer/ MIEE London. Jetzt emeritiert, zuvor Prof. der Physik an den Universitäten Khartoum, Sudan und Colombo, Sri Lanka.

Abraham-Lincoln-Straße 46
65189 Wiesbaden
Fax 0611.7878-420
www.vieweg.de

Stand 1.7.2001
Änderungen vorbehalten.
Die genannten Europreise sind gültig ab 1.1.2002.
Erhältlich im Buchhandel oder im Verlag.

## 12.3 Kraftschlüssige Welle-Nabe-Verbindungen

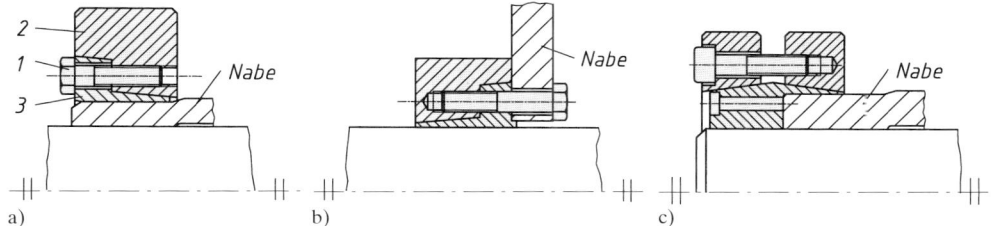

**Bild 12-25** a) Schrumpfscheibe HSD, b) Außen-Spannsatz Typ AS, c) Kombination von Schrumpfscheibe und Außen-Spannsatz (Schrumpfscheibe DOBIKON 2019)

schrauben (1) der relativ steife Außenring (2) den dünnen konischen Innenring (3) gegen die Nabe bzw. Welle drückt. Bei den außen auf der Nabe sitzenden Schrumpfscheiben muss das Passungsspiel zwischen Welle und Nabe überwunden und die zur Kraftübertragung notwendige Pressung an der Welle aufgebracht werden. Bei den direkt auf der Welle sitzenden Außen-Spannsätzen entfällt das Zusammenpressen der Nabe, dafür müssen sie im Gegensatz zur Schrumpfscheibe das Drehmoment bzw. die Axialkraft von der seitlich angeflanschten Nabe auf die Welle übertragen.
Je nach Größe des zu übertragenden Drehmomentes bzw. der zu übertragenden Axialkraft werden von den Herstellern mehrere Baureihen angeboten für Wellendurchmesser von $d = 10 \ldots > 700$ mm.

**Berechnung**
Für die Berechnung gelten sinngemäß die Aussagen zu den Kegel-Spannsätzen.

### 3. Sternscheiben

Sternscheiben aus gehärtetem Federstahl sind dünnwandige Ringscheiben, die abwechselnd von ihrem inneren und äußeren Rand ausgehende radiale Schlitze aufweisen, s. Bild 12-26. Durch eine von außen eingeleitete Axialkraft wird durch Flachdrücken der Scheibe der Außendurchmesser vergrößert und der Innendurchmesser verkleinert und damit eine spielfreie und dauerhafte Verbindung ermöglicht. Zur Erhöhung des übertragbaren Drehmomentes können bis zu 25 Sternscheiben axial hintereinander geschaltet werden. Da sie selbst nicht zentrieren, ist die Zentrierung der Bauteile durch eine entsprechende konstruktive Gestaltung der Verbindung sicherzustellen, s. Bild 12-26b. Die Berechnung der Verbindung ist nach Herstellerangaben durchzuführen.

### 4. Druckhülsen

Druckhülsen sind Reibschlusselemente aus federhartem Stahl mit zylindrischer Außenfläche und Bohrung. Sie eignen sich für eine schnelle und genaue Verbindung von Maschinenteilen. Die zum axialen Verspannen der Druckhülse, zum Überwinden des Passungsspieles und zum

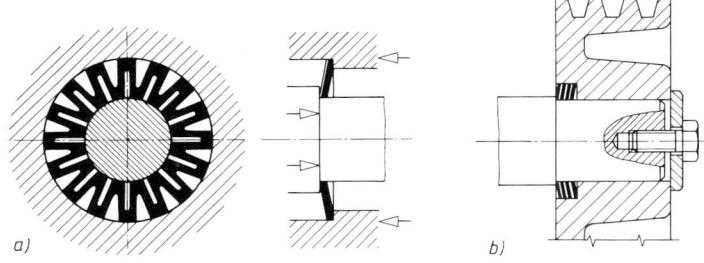

**Bild 12-26** Sternscheibe. a) Grundelement, b) Einbaubeispiel: mit Sternscheiben befestigte Keilriemenscheibe (Werkbild)

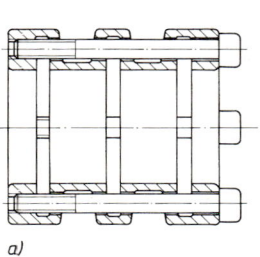 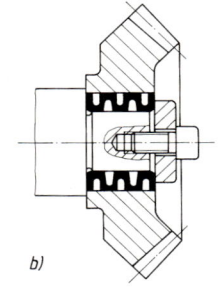

**Bild 12-27**
Druckhülsen.
a) Druckhülse mit Spannschrauben,
b) Einbaubeispiel: mit Druckhülse (ohne eigene Spannschrauben) befestigtes Kegelrad (Werkbild)

Aufbau des erforderlichen Fugendruckes erforderliche Spannkraft wird je nach Ausführung entweder von den benachbarten Bauteilen oder aber von den eingebauten Spannschrauben aufgebracht, s. Bild 12-27. Für den Einbau empfiehlt der Hersteller Toleranzen für die Welle h5/h6, für die Nabenbohrung H6/H7. Die Berechnung erfolgt nach Herstellerangaben.

### 5. Hydraulische Spannbuchsen

Hydraulische Spannbuchsen, z. B. ETP-Spannbuchsen, bestehen aus einem doppelwandigen mit Fluid gefüllten Hohlzylinder aus gehärtetem Stahl. Beim Spannen wird mittels ein oder mehreren Schrauben ein Kolben gegen das Fluid gedrückt. Dieses drückt die Mantelflächen gleichmäßig gegen die Welle und die Nabe, wodurch eine gute Zentrierung, d. h. hohe Rundlaufgenauigkeit erreicht wird, s. Bild 12-28. Es können relativ hohe Drehmomente übertragen werden, die dem Herstellerkatalog entnehmbar sind. Zu beachten ist der unterschiedliche Temperaturausdehnungskoeffizient des Fluids in der Spannbuchse und des Buchsen- bzw. Welle/Nabe-Werkstoffes. Die ETP-Spannbuchse darf deshalb nur bis +85 °C eingesetzt werden.
Montage und Demontage der Spannbuchsen sind einfach und wirtschaftlich, das Schraubenanzugsmoment gegenüber den Kegelspannsätzen wesentlich geringer, da keine Reibung überwunden werden muss. Sie sind für Toleranzfelder der Welle h8 bis k6 sowie der Bohrung H7 ausgelegt.

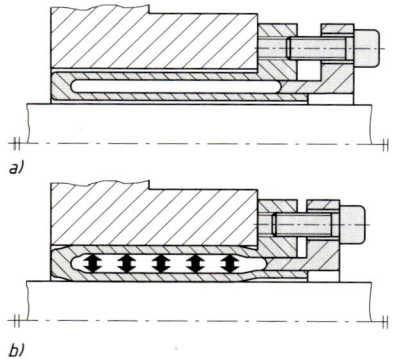

**Bild 12-28**
ETP-Spannbuchse.
a) ungespannt (Ein-, Ausbau),
b) verspannt (während Betrieb)

### 6. Toleranzring

Toleranzringe sind geschlitzte Ringe aus dünnem Blech mit vielen gleichmäßig auf dem Umfang verteilten Längssicken, s. Bild 12-29a, b. Die umlaufenden flachen Ränder liegen je nach Bauart entweder am Außen- oder am Innendurchmesser des Ringes an, s. Bild 12-29c. Sie ermöglichen die Überbrückung relativ großer Passungsspiele und eine einfache und wirtschaftliche Montage. Aufgrund ihrer Konstruktion sind die übertragbaren Drehmomente relativ klein. Ist ein genauer Rundlauf gefordert, so muß die Zentrierung durch die zu verbindenden Bau-

## 12.3 Kraftschlüssige Welle-Nabe-Verbindungen

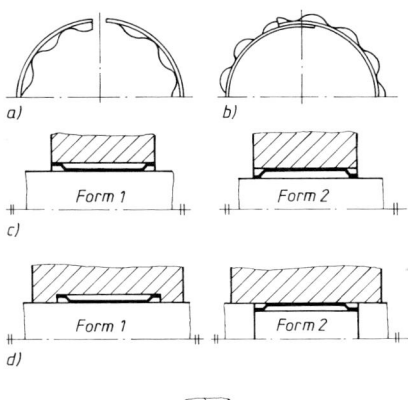
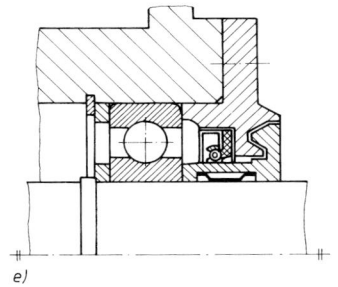

**Bild 12-29**
Toleranzring.
a) und b) Grundelement,
c) freier Einbau,
d) zentrierter Einbau,
e) Einbaubeispiel: Befestigung eines Labyrinthringes auf einer Welle (Werkbild)

teile erfolgen, s. Bild 12-29d. Die Auslegung der Verbindungen mit Toleranzringen erfolgt zweckmäßig nach den Herstellerangaben.

### 12.3.4 Klemmverbindung

**1. Gestalten und Entwerfen**

Die Klemmverbindung wird vorwiegend bei Riemen-, Gurtscheiben und Hebeln angewendet, die auf glatte, längere Wellen aufzubringen oder bei geteilter Ausführung nachträglich zwischen Lager zu setzen sind oder in Längs- und Drehrichtung einstellbar sein sollen. Aufzuklemmende Scheiben sind geteilt, Naben von Hebeln einseitig geschlitzt. Das Aufklemmen sollte mit Durchsteckschrauben (Einsatz von Passschrauben vermeiden) erfolgen (Bild 12-30), die möglichst nah an der Welle anzuordnen sind (kurze Kraftwege). Klemmverbindungen eignen sich zur Übertragung kleiner bis mittlerer nur gering schwankender Drehmomente. Bei größeren Drehmo-

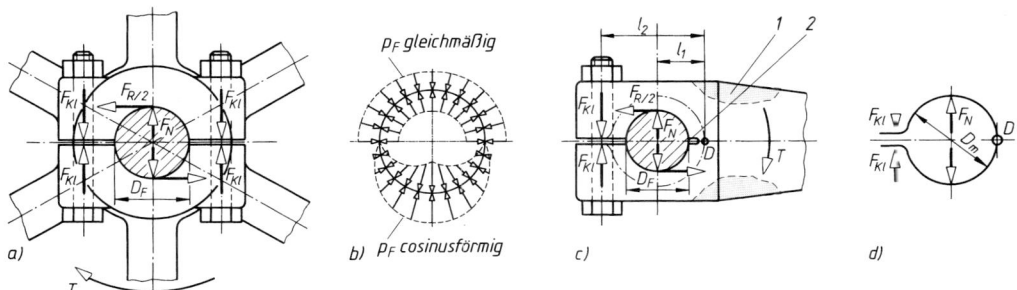

**Bild 12-30** Klemmverbindungen. a) und b) Scheibennabe, c) und d) Hebelnabe

menten wird die Verbindung häufig noch durch Passfedern oder Tangentkeile zusätzlich gesichert, die auch zur Lagesicherung dienen können (s. unter 12.3.5-1 und Bild 12-32).
Die *Nabenabmessungen* werden erfahrungsgemäß nach TB 12-1 festgelegt. Zusätzliche gestalterische Maßnahmen bei geschlitzten Naben (s. Bild 12-30c gestrichelte Bereiche **1** und **2**) bringen keine (Verlängerung des Schlitzes auf die andere Nabenseite **2**) bzw. nur geringe (äußere Ausnehmungen **1**) Erhöhungen der Klemmkraft der Schraube, die zur Erzeugung des Rutschmomentes erforderlich ist.
Bei *geteilten Scheiben* ist eine *Übergangspassung mit geringem Passmaß* nach TB 2-4 zu wählen; bei *geschlitzten*, aufzuschiebenden *Hebelnaben* ist eine *enge Spielpassung* zweckmäßig, z. B. H7/g6.

## 2. Berechnung

Der wirksamste Reibungsschluss ergibt sich bei einer über den ganzen Fugenumfang gleichmäßig verteilten Fugenpressung $p_F$. Dieser z. B. bei Kegelverbindungen und Pressverbänden gegebene Zustand lässt sich bei geteilten Scheiben mit einer vorgesehenen engen Übergangspassung nur annähernd erreichen, während bei der geschlitzten Hebelnabe mit einer empfohlenen engen Spielpassung (Naben werden zusätzlich auf Biegung beansprucht) eine überwiegend linienförmige Pressung zu erwarten ist. In beiden Fällen muss Reibungsschluss gewährleistet sein, sodass die am Fugenumfang übertragbare Reibkraft $F_R$ gleich oder größer ist als die durch das äußere Drehmoment $T$ dort wirkende Tangentialkraft $F_t$.

**Geteilte Scheibennabe**
Bei einer gleichmäßigen Flächenpressung gilt analog dem Pressverband (Gl. (12.8) und (12.9)) für die *kleinste erforderliche Fugenpressung*

$$p_{Fk} = \frac{F_{Rt}}{A_F \cdot \mu} \geq \frac{2 \cdot K_A \cdot T_{nenn} \cdot S_H}{\pi \cdot D_F^2 \cdot l_F \cdot \mu} \cdot K \leq p_{F zul} \tag{12.37}$$

Die den tatsächlichen Verhältnissen besser entsprechende cosinusförmige Verteilung der Flächenpressung (Bild 12-30b) wird mit dem Korrekturfaktor $K$ berücksichtigt.
Beim Anziehen wird durch die Schrauben die Pressung $p = F_{Kl} \cdot n/A_{proj}$ auf die Welle erzeugt. Wird diese in Gl. (12.37) eingesetzt, ergibt sich die von jeder Schraube aufzubringende *Klemmkraft* zu

$$F_{Kl} \geq \frac{2 \cdot K_A \cdot T_{nenn} \cdot S_H \cdot K}{n \cdot \pi \cdot D_F \cdot \mu} \tag{12.38}$$

$T_{nenn}$ von der Klemmverbindung zu übertragendes Nenndrehmoment
$K_A$ Anwendungsfaktor zur Berücksichtigung der dynamischen Betriebsverhältnisse nach TB 3-5
$S_H$ Haftsicherheit; $S_H \approx 1{,}5\ldots 2$
$\mu$ Haftbeiwert (Reibwert) nach TB12-6a (Querpresspassung)
$D_F$ Fugendurchmesser = Wellendurchmesser
$l_F$ Fugenlänge
$n$ Anzahl der Schrauben
$K$ Korrekturfaktor für die Flächenpressung; $K = 1$ für gleichmäßige Flächenpressung
$K = \pi^2/8$ für cosinusförmige Flächenpressung
$K = \pi/2$ für linienförmige Berührung
$p_{F zul}$ zulässige Fugenpressung des „schwächeren" Werkstoffs; Anhaltswerte nach TB 12-1.

Da bei der Montage der Verbindung in der Schraube die Vorspannkraft $F_{VM} > F_{Kl}$ wirkt, ergibt sich für den Montagezustand die *tatsächliche Flächenpressung* aus

$$p_F = \frac{n \cdot F_{VM}}{D_F \cdot l_F} \leq p_{F zul} \tag{12.39}$$

$F_{VM}$ Montagevorspannkraft der Schraube nach Kapitel 8 „Schraubenverbindungen"

## 12.3 Kraftschlüssige Welle-Nabe-Verbindungen

**Geschlitzte Hebelnabe**
Die geschlitzte Hebelnabe (Bild 12-30c) kann als „Schelle"[1] mit dem Gelenk $D$ angesehen werden, deren Durchmesser $D_m$ etwa dem mittleren Nabendurchmesser entspricht (Bild 12-30d). Für den ungünstigen Fall der linienförmigen Pressung ergibt sich aus der Beziehung $M_R = F_{Rt} \cdot D_F/2 = F_N \cdot \mu \cdot D_F \geq K_A \cdot T_{nenn}$ die *erforderliche Anpresskraft je Nabenhälfte*

$$F_N \geq \frac{K_A \cdot T_{nenn}}{D_F \cdot \mu} \qquad (12.40)$$

Mit $F_N = F_{Kl} \cdot l_2/l_1$ (s. Bild 12-30c) wird bei $n$ Schrauben mit einer Haftsicherheit $S_H$ die *erforderliche Klemmkraft* je Schraube

$$F_{Kl} \geq \frac{K_A \cdot T_{nenn} \cdot S_H \cdot l_1}{n \cdot D_F \cdot \mu \cdot l_2} \qquad (12.41)$$

$l_1, l_2$ \qquad Abstände der Kräfte $F_N$, $F_{Kl}$ vom „Drehpunkt" $D$
$K_A, T_{nenn}, n, D_F, S_H$ und $\mu$ \quad wie zu Gl. (12.38)

Für den Montagezustand ergibt sich die *tatsächliche Flächenpressung* aus

$$p_F = \frac{n \cdot F_{VM}}{D_F \cdot l_F} \cdot \frac{l_2}{l_1} \leq p_{Fzul} \qquad (12.42)$$

Erläuterungen der Formelzeichen s. unter Gl. (12.38) und (12.41).

## 12.3.5 Keilverbindungen

### 1. Gestalten und Entwerfen

**Anwendung**
Keile werden zum festen Verbinden von Wellen und Naben vorwiegend schwerer Scheiben, Räder, Kupplungen u. dgl. bei Großmaschinen, Baggern, Kranen, Landmaschinen, schweren Werkzeugmaschinen (Stanzen, Schmiedehämmer), also bei rauhem Betrieb und wechselseitigen, stoßhaften Drehmomenten verwendet.
Im Gegensatz zur Passfeder trägt der Keil mit der unteren und der oberen Fläche (Anzugsfläche mit Neigung 1 : 100); die Seitenflächen haben geringes Spiel (Nutbreite hat Toleranz D10, Keilbreite h9 bei gleichen Nennmaßen). Die Kräfte werden also im Wesentlichen durch Reibungsschluss übertragen; falls dieser aber überwunden wird, bei Nutenkeilen auch noch durch deren Seitenflächen, also durch Formschluss.

*Vorteile* gegenüber Passfederverbindungen: Keilverbindungen ergeben einen unbedingt sicheren und festen Sitz der Naben; eine zusätzliche Sicherung gegen axiales Verschieben ist nicht erforderlich.
*Nachteile:* Verkanten und außermittiger Sitz der Naben durch das einseitige Eintreiben des Keiles; jeder Keil muss eingepasst werden (zusätzliche Kosten); das Lösen, besonders von Nasenkeilen, ist schwierig, bei älteren Verbindungen kaum mehr möglich (Gefahr des „Festrostens"); bei zu kräftigem Eintreiben besteht die Gefahr des Reißens, besonders bei Naben aus Grauguss.

**Keilformen**
Wie bei Passfedern sind Höhe und Breite der Keile in Abhängigkeit vom Wellendurchmesser genormt. Die Hauptabmessungen sind in TB 12-2a zusammengestellt. Je nach den durch die Bauverhältnisse gegebenen Einbaumöglichkeiten sind verschiedene Keilformen zu verwenden.
*Nasenkeile* nach DIN 6887 kommen in Frage, wenn die Verbindung nur von einer Seite zugänglich ist (Bild 12-31a). Die „Nase" dient zum Ein- und Austreiben, sie darf wegen der Unfallge-

---

[1] In Wirklichkeit handelt es sich um ein Problem der elastischen Formänderung, die zu einer Dreipunktanlage führt. Da die Abweichung zur beim Gelenk vorhandenen Zweipunktanlage nicht sehr groß ist, kann die Aufgabe auf eine statische zurückgeführt werden.

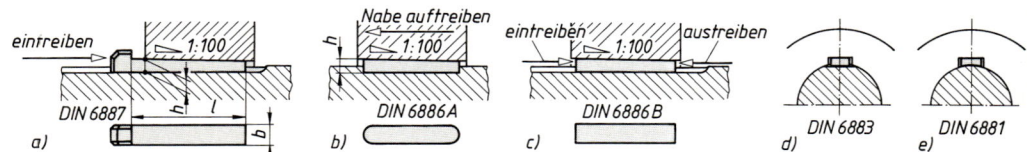

**Bild 12-31** Keilformen. a) Nasenkeil, b) Einlegekeil, c) Treibkeil, d) Flachkeil, e) Hohlkeil

fahr nicht am Wellenende herausragen. Die Wellennut muss zum Einführen des Keiles eine ausreichende Länge haben (s. auch Bild 12-33).
Bei *Nasenflachkeilen,* DIN 6884, hat die Welle an der Stelle der Nut nur eine Abflachung. Bei *Nasenhohlkeilen,* DIN 6889, ist die untere Fläche entsprechend dem Wellendurchmesser gerundet. Sie ergeben also eine reibschlüssige Verbindung, da nur die Nabe genutet ist. Beide Keilarten sind nur für kleinere Drehmomente geeignet.
*Einlegekeile* nach DIN 6886, Form A, mit runden Stirnflächen liegen wie eine Passfeder in der Wellennut (Bild 12-31 b). Hierbei muss die Nabe aufgetrieben bzw. die Welle mit Keil in die Nabenbohrung eingeführt werden.
Der *Treibkeil* nach DIN 6886, Form B, mit geraden Stirnflächen wird verwendet, wenn die Verbindungsstelle von beiden Seiten zugänglich ist, der Keil also von der einen Seite eingetrieben und von der anderen Seite ausgetrieben werden kann (Bild 12-31 c).
Wie der Nasenkeil ist auch der Treibkeil als *Flachkeil* (DIN 6883) und als *Hohlkeil* (DIN 6881) vorgesehen (Bild 12-31 d und e).
Als *Rundkeile* an Stirnflächen können auch Längsstifte verwendet werden. Schwere, meist geteilte und aufgeklemmte Naben werden bei hohen, wechselseitigen und stoßhaften Drehmomenten häufig noch durch *Tangentkeile* nach DIN 268 und DIN 271 gesichert. Sie werden, wie Bild 12-32 zeigt, paarweise unter 120° versetzt so eingebaut, dass die Keilkräfte $F$ nicht den Schrauben-Klemmkräften $F_{Kl}$ entgegenwirken.
Als *Werkstoff* ist C45+Q vorgesehen; andere Werkstoffe nach Vereinbarung.
*Normbezeichnung* eines Nasenkeiles mit Breite $b = 18$ mm, Höhe $h = 11$ mm und Länge $l = 125$ mm: *Nasenkeil DIN 6887−18×11×125.*

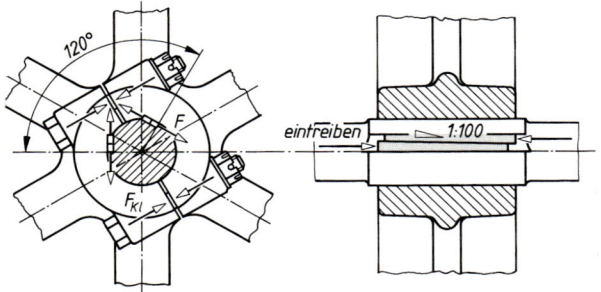

**Bild 12-32** Tangentkeilverbindung

**Gestaltung**
Bild 12-33 zeigt die Gestaltung einer Nasenkeilverbindung. Bei einzutreibenden Nutenkeilen, also auch bei Treibkeilen, ist eine ausreichende Wellennutlänge zum einwandfreien Einführen in die Nut vorzusehen:

*freie Nutlänge $a \approx$ Keillänge $l \approx$ Nabenlänge $L$.*

Ein Sichern der Keile gegen selbsttätiges Lösen ist im Allgemeinen nicht erforderlich. Nur bei starken Erschütterungen ist eine zusätzliche Sicherung angebracht. Die in Bild 12-33 gezeigte preiswerte Keilsicherung aus Stahlblech wird einfach in die Nut eingeschlagen und lässt sich auch leicht wieder lösen.

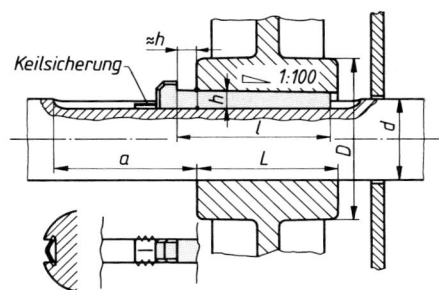

**Bild 12-33**
Gestaltung einer Keilverbindung (Nasenkeilverbindung mit Keilsicherung)

Keile sind stets leicht geölt einzutreiben, um ein Fressen und Festrosten zu vermeiden. Zwischen Welle und Nabe ist eine enge *Übergangs-* oder *leichte Übermaßpassung* zu wählen, um das Verkanten und außermittige „Sitzen" der Nabe möglichst zu vermeiden, z. B.: H7/k6, m6, n6 bei Einheitsbohrung; K7, N7/h6, h8 bei Einheitswelle. Je weiter eine Nabe über die Welle zu schieben ist, umso leichter soll der Sitz sein, um den Einbau nicht unnötig zu erschweren.
Die *Nabenabmessungen* $D$ und $L$ werden in Abhängigkeit vom Wellendurchmesser gewählt nach TB 12-1.

### 2. Berechnung
Eine Berechnung der Keilverbindung ist kaum möglich und praktisch auch nicht erforderlich. Das übertragbare Drehmoment ist weitgehend von der Eintreibkraft des Keiles abhängig und daher rechnerisch nur schwer zu erfassen. Erfahrungsgemäß überträgt eine normal gestaltete Keilverbindung mit genormten Keilabmessungen (TB 12-2a) und üblichen Nabengrößen (TB 12-1) auch mit Sicherheit das von der Welle aufzunehmende Drehmoment.

## 12.3.6 Kreiskeil-Verbindung

### 1. Gestalten und Entwerfen
Wie bei Polygonprofilen sind bei der Kreiskeil-Verbindung Welle und Nabenbohrung Unrundprofile, die aufeinander abgestimmt sind, Bild 12-34. Die Welle weist mindestens zwei sogenannte Kreiskeile auf, die die Form logarithmischer Spiralen haben. Durch diese Form kommt es beim Verdrehen der Nabe zur Welle zum gleichmäßigen Anlegen der Kreiskeile der Nabe an die der Welle und danach zum Aufbau einer gleichmäßigen Flächenpressung wie bei Pressverbänden. Damit können Kräfte und Momente in Dreh- und Längsrichtung übertragen werden. Das übertragbare Drehmoment beträgt ca. 60 % (bis 80 %) des Fügemomentes und liegt etwa in der Größe von Pressverbänden. Wenn die Nabe nur begrenzte Fügetemperaturen zulässt, z. B. bei einsatzgehärteten Stahlnaben, kann es über dem von Querpressverbänden liegen. Vorteilhaft sind die kleineren Montage- und Demontagezeiten, nachteilig die höheren Herstellungskosten gegenüber Pressverbänden. Bei Anordnung von drei Kreiskeilen auf der Welle ist die Verbindung selbstzentrierend. Mit höherer Anzahl von Keilen wird der Rundlauf bei dünnwandigen Naben verbessert, die nutzbare Umfangsfläche zur Übertragung der Kräfte und Momente aber verringert. Zwei Keile werden nur bei Spezialanwendungen eingesetzt, z. B. als

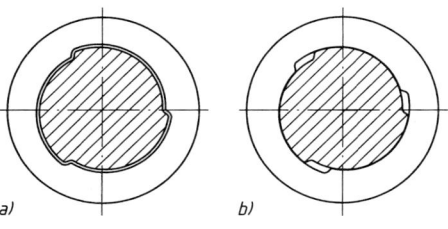

**Bild 12-34**
Kreiskeilverbindung. a) Montagestellung. b) Betriebszustand (verkeilt)

Türscharnier, wo die Keile bremsend und als Endanschlag wirken. Das Montagespiel und die Steigung der Keilspirale, üblich sind Steigungen zwischen 1:20 und 1:200, richten sich nach dem Anwendungsfall. Ein größeres Montagespiel erleichtert die Montage, verringert aber die nutzbare Umfangsfläche für die Kraftübertragung. Über das Montagemoment ist die sich in der Verbindungsfuge aufbauende Flächenpressung kontrollierbar.

Die Kreiskeil-Verbindung wird eingesetzt in der Antriebstechnik, z. B. zur Befestigung von Zahnrädern, Nocken und Riemenscheiben, als Verbindungselement, z. B. zur Schnellverbindung zweier Teile oder als Passzentrierstift, als Schnellspannsystem, z. B. für Werkzeugaufnahmen und längenverstellbare Stative.

**2. Berechnung**

Die Berechnung ist wegen der vom Verdrehwinkel, üblich sind 10 bis 20 Grad, dem Steigungswinkel der Keilspirale, dem Montagespiel (Passung) und der Anzahl der Keile abhängigen Größe der tragenden Fügefläche relativ aufwendig. Da diese Größen je nach Anwendungsfall zu wählen sind, sollte der Hersteller hier herangezogen werden.

## 12.4 Stoffschlüssige Welle-Nabe-Verbindungen

Zu den stoffschlüssigen Verbindungen zählen die *geklebten*, *gelöteten* und *geschweißten* Welle-Nabe-Verbindungen. Sie kommen vielfach dann zum Einsatz, wenn aus konstruktiven Gründen die Nabenbreite besonders klein gehalten werden muss. Der Nachteil dieser Verbindungen besteht vor allem in ihrer schlechten Lösbarkeit zu Reparatur- und Wartungszwecken; das Lösen der stoffschlüssigen Verbindungen ist außer bei Kleb- und Weichlötverbindungen nur durch Zerstören möglich. Die Anwendbarkeit dieser Verbindungsart ist dadurch stark eingeschränkt. Die Berechnung dieser Verbindungen siehe unter den entsprechenden Abschnitten des Lehrbuches.

## 12.5 Berechnungsbeispiele

■ **Beispiel 12.1:** Eine Keilriemenscheibe aus EN-GJL-250 soll mit einer Welle aus E295 durch einen Querpressverband (Schrumpfverband) verbunden werden (Bild 12-35). Der Wellendurchmesser wurde mit $d = 80$ mm festgelegt; das zu übertragende äquivalente Drehmoment beträgt $T_{eq} = K_A \cdot T_{Nenn} = 1200$ Nm.

Zu berechnen sind:
a) die erforderlichen Toleranzklassen für Bohrung und Welle;
b) die zum Aufbringen der Nabe erforderliche Fügetemperatur.

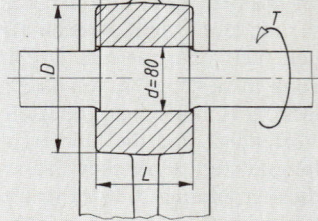

**Bild 12-35**
Aufgeschrumpfte Riemenscheibe

▶ **Lösung a):** Zunächst sind die zur Berechnung noch fehlenden Abmessungen und Daten festzulegen bzw. zu ermitteln:
*Fugendurchmesser* $D_F = d = 80$ mm;
*Umfangskraft* $F_t = T_{eq}/(d/2) = 1200 \cdot 10^3$ Nmm/80 mm/2 $= 30 \cdot 10^3$ N;
*Außendurchmesser des Außenteils* gleich Nabendurchmesser (Stützwirkung der Radarme vernachlässigt) wird nach TB 12-1 festgelegt:
für die Übermaßpassung und Graugussnabe wird gewählt $D_{Aa} = D \approx 2{,}4 \cdot 80$ mm $\approx 190$ mm;
*Innendurchmesser des Innenteils* $D_{Ii} = 0$ (Vollwelle);
*Fugenlänge* $l_F$ wird etwas kleiner als die Nabenlänge $L$ ausgeführt;
*Nabenlänge* $L$ vorgewählt aus TB 12-1 mit $L \approx 1{,}4 \cdot d = 1{,}4 \cdot 80$ mm $= 112$ mm, festgelegt $L = 120$ mm und $l_F = 115$ mm s. Bild 12-34.

## 12.5 Berechnungsbeispiele

Mit diesen Werten kann die systematische Berechnung durchgeführt werden:
Nach Gl. (12.8) wird die *Rutschkraft* mit $K_A = 1$ (bereits bei $F_t$ berücksichtigt) und $S_H \approx 1{,}5$

$$F_{Rt} = K_A \cdot S_H \cdot F_t = 1 \cdot 1{,}5 \cdot 30 \cdot 10^3 \text{ N} = 45 \cdot 10^3 \text{ N}.$$

Mit der Fugenfläche $A_F = D_F \cdot \pi \cdot l_F = 80 \text{ mm} \cdot \pi \cdot 115 \text{ mm} = 28\,900 \text{ mm}^2$ und dem Haftbeiwert $\mu \approx 0{,}16$ (TB 12-6 für Grauguss, trocken, Schrumpfpassung) wird nach Gl. (12.9) die *kleinste erforderliche Fugenpressung*

$$p_{Fk} = F_{Rt}/(A_F \cdot \mu) = 45\,000 \text{ N}/(28\,900 \text{ mm}^2 \cdot 0{,}16) \approx 9{,}7 \text{ N/mm}^2.$$

Mit den Querdehnzahlen $\nu_I \approx 0{,}3$, $\nu_A \approx 0{,}25$ (TB 12-6), den Durchmesserverhältnissen $Q_I = 0$ (Vollwelle), $Q_A = D_F/D_{Aa} = 80 \text{ mm}/190 \text{ mm} \approx 0{,}42$ und den Elastizitätsmodulen $E_I \approx 210\,000 \text{ N/mm}^2$, $E_A \approx 115\,000 \text{ N/mm}^2$ (TB 1-2) wird nach Gl. (12.12) die Hilfsgröße

$$K = \frac{E_A}{E_I}\left(\frac{1+Q_I^2}{1-Q_I^2} - \nu_I\right) + \frac{1+Q_A^2}{1-Q_A^2} + \nu_A = \ldots = 2{,}06.$$

Damit wird nach Gl. (12.13) das *kleinste Haftmaß* (wirksames Übermaß)

$$Z_k = p_{Fk} \cdot D_F \cdot K/E_A = \ldots \approx 0{,}014 \text{ mm} = 14 \text{ µm}.$$

Nach Gl. (12.14) beträgt für die angenommenen Beträge $R_{zAi} = R_{zIa} \approx 6{,}3$ µm die *Glättung*

$$G \approx 0{,}8(R_{zAi} + R_{zIa}) = \ldots \approx 10 \text{ µm}.$$

Damit ergibt sich das vor dem Fügen messbare *Mindestübermaß* aus Gl. (12.15)

$$\ddot{U}_u = Z_k + G = 14 \text{ µm} + 10 \text{ µm} = 24 \text{ µm}.$$

Mit $R_m = K_t \cdot R_{mN} = 0{,}72 \cdot 250 \text{ N/mm}^2 = 180 \text{ N/mm}^2$ ($K_t \approx 0{,}72$ aus TB 3-11b, wobei von einer Rohteilabmessung $d \approx D_{Aa} - D_F = 110 \text{ mm}$ ausgegangen wird, s. Hinweis zu Gl. (12.7) und TB 3-11e; $R_{mN}$ aus TB 1-2) und $Q_A = 0{,}42$ (s. o.) ergibt sich die *größte zulässige Fugenpressung* aus Gl. (12.16) mit $S_{PA} = 2$

$$p_{Fg} \leq R_m \cdot (1 - Q_A^2)/\sqrt{3}/S_{PA} = \ldots = 42{,}8 \text{ N/mm}^2$$

und somit aus Gl. (12.17) das *größte zulässige Haftmaß* (wirksames Übermaß)

$$Z_g = p_{Fg} \cdot D_F \cdot K/E_A = \ldots = 0{,}061 \text{ mm} = 61 \text{ µm}.$$

Daraus ergibt sich das *Höchstübermaß* aus Gl. (12.18)

$$\ddot{U}_o = Z_g + G = 61 \text{ µm} + 10 \text{ µm} = 71 \text{ µm}.$$

Nach Gl. (12.19) wird die *Passtoleranz*

$$P_T = \ddot{U}_o - \ddot{U}_u = 71 \text{ µm} - 24 \text{ µm} = 47 \text{ µm}.$$

Für die Bohrung wird gewählt (System Einheitsbohrung)

$$T_B \approx 0{,}6 \cdot P_T = 0{,}6 \cdot 47 \text{ µm} \approx 28 \text{ µm}.$$

Nach TB 2-1 wird für $N = 50 \ldots 80$ mm der Toleranzgrad 6 mit der Grundtoleranz $IT = 19$ µm festgelegt. Die Abmaße der Bohrung betragen damit

$$EI = 0; \quad ES = IT = 19 \text{ µm}.$$

Für die Wellentoleranz $T_W$ liegt zunächst das untere Abmaß fest:

$$ei = ES + \ddot{U}_u = 19 \text{ µm} + 24 \text{ µm} = 43 \text{ µm};$$

das obere Abmaß der Welle wird dann

$$es = ei + T_W \text{ bzw. } es = EI + \ddot{U}_o = 0 + 71 \text{ µm} = 71 \text{ µm}.$$

Aus TB 2-2 wird für den Nennmaßbereich >65 ... 80 mm für $ei = 43$ µm die Feldlage r mit $ei' = 43$ µm festgelegt. Für die sich daraus ergebende Wellentoleranz $T_W = es - ei' = 71 \text{ µm} - 43 \text{ µm} = 28$ µm wird nach TB 2-1 der Toleranzgrad 6 ($IT = 19$ µm) gewählt.

**Ergebnis:** Die Bohrung erhält die Toleranzklasse H6, die Welle r6.

**Lösung b):** Die zum Fügen erforderliche Temperaturdifferenz zwischen Nabe und Welle errechnet sich mit dem *vorhandenen Größtübermaß*

$$\ddot{U}_o' = es' - EI = (ei' + T_W) - EI = (43 \text{ µm} + 19 \text{ µm}) - 0 = 62 \text{ µm},$$

dem Einführspiel $S_u \approx \ddot{U}'_o/2 = 31$ µm, dem Längenausdehnungskoeffizient für die Nabe aus Grauguss $\alpha_A = 10 \cdot 10^{-6}$ 1/K (TB 12-6) und $\vartheta_I = \vartheta$ (keine Unterkühlung) aus Gl. (12.22)

$$\Delta\vartheta = \vartheta_A - \vartheta = \frac{\ddot{U}'_o + S_u}{\alpha_A \cdot D_F} + \frac{\alpha_I}{\alpha_A}(\vartheta_I - \vartheta) = \ldots \approx 116\,°C.$$

Bei einer angenommenen Raumtemperatur $\vartheta = 20\,°C$ ist die Radnabe zu erwärmen auf die Fügetemperatur

$$\vartheta_A = \vartheta + \Delta\vartheta = 20\,°C + 116\,°C \approx 140\,°C.$$

**Ergebnis:** Zum Fügen der Passteile muss das Außenteil (Radnabe) bei der angenommenen Umgebungstemperatur von $20\,°C$ auf die erforderliche Fügetemperatur $\vartheta_A = 140\,°C$ erwärmt werden.

■ **Beispiel 12.2**
Die im Bild 12-36 dargestellte Kegelverbindung eines Zahnrades aus Vergütungsstahl ($R_{p0,2} = 600\,N/mm^2$) mit dem Ende einer Getriebewelle mit $D_1 = 60$ mm und der Fugenlänge $l = 50$ mm ist zu berechnen. Die zu übertragende Leistung beträgt $P = 7,5$ kW bei $n = 80$ min$^{-1}$. Die dynamischen Betriebsverhältnisse sind mit dem Anwendungsfaktor $K_A \approx 1,2$ zu berücksichtigen.
Zu berechnen bzw. zu ermitteln sind:
a) die erforderliche axiale Einpresskraft zum Erreichen einer sicheren reibschlüssigen Verbindung,
b) die mit der Einpreßkraft sich einstellende Fugenpressung zwischen Welle und Zahnrad,
c) der für die Montage der Verbindung messbare Mindestaufschub $a_{min}$ und der maximal zulässige Aufschub $a_{max}$, wenn der Nabenaußendurchmesser $D_{Aa} \approx 2 \cdot D_{mF}$ ausgeführt wird und die Rautiefen an den Fugenflächen jeweils $R_z = 10$ µm betragen.

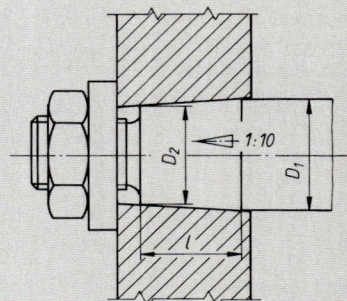

**Bild 12-36** Kegelpressverband

▶ **Lösung a):** Die erforderliche Einpresskraft wird nach Gl. (12.29)

$$F_e \geq \frac{2 \cdot K_A \cdot S_H \cdot T_{nenn}}{D_{mF}} \cdot \frac{\sin(\varrho + \alpha/2)}{\sin \varrho} = \ldots \approx 67 \cdot 10^3\,N = 67\,kN$$

mit den Einzelwerten
– Nenndrehmoment aus der Zahlengleichung $T_{nenn} = 9550 \cdot P/n = 9550 \cdot 7,5/80 \approx 896$ Nm,
– Haftsicherheit $S_H \approx 1,2$ s. zu Gl. (12.29),
– Kegelneigungswinkel (Einstellwinkel) aus TB 12-8: für $C = 1:10$ wird $(\alpha/2) \approx 2,85°$,
– Reibwinkel $\varrho = \arctan \mu = \arctan 0,1 = 5,7°$ mit Haftbeiwert $\mu_e \approx 0,1$ (TB 12-6, Längspressverband, trocken),
– mittlerer Kegel-Fugendurchmesser $D_{mF}$ mit $D_2$ aus
$D_2 = D_1 - 2 \cdot l \cdot \tan(\alpha/2) = 60$ mm $- 2 \cdot 50$ mm $\cdot \tan 2,85° \approx 55$ mm
$D_{mF} = (D_1 + D_2)/2 = (60$ mm $+ 55$ mm$)/2 = 57,5$ mm.

**Ergebnis:** Die erforderliche Einpresskraft beträgt unter Berücksichtigung der Haftsicherheit $S_H = 1,2$ und der Betriebsverhältnisse $F_e = 67$ kN.

▶ **Lösung b):** Die in der Pressfuge bei der Montage vorhandene Fugenpressung aus Gl. (12.30)

$$p_F = \frac{F_e \cdot \cos \varrho \cdot \cos(\alpha/2)}{D_{mF} \cdot \pi \cdot l \cdot \sin(\varrho + \alpha/2)} = \ldots \approx 50\,N/mm^2$$

mit den Einzelwerten
– Einpresskraft $F_e = 67 \cdot 10^3$ N (s. o.),
– Fugendurchmesser $D_{mF} = 57,5$ mm (s. o.),
– Kegellänge $l = 50$ mm (Aufgabenstellung),
– Kegelneigungswinkel $(\alpha/2) = 2,85°$ (s. o.),
– Reibwinkel $\varrho = 5,7°$ (s. o.).

**Ergebnis:** Mit der Einpresskraft $F_e = 67$ kN ist eine Fugenpressung von $p_F \approx 50\,N/mm^2$ zu erwarten.

## 12.5 Berechnungsbeispiele

**Lösung c):** Unter der Voraussetzung, dass die Kegelneigungswinkel für das Außen- und das Innenteil gleichgroß sind, kann der Mindestaufschub errechnet werden aus Gl. (12.27)

$$a_{min} = (\ddot{U}_u/2)/\tan(\alpha/2) = (Z_k + G)/(2 \cdot \tan(\alpha/2)) = \ldots \approx 502\,\mu m$$

mit der Glättung nach Gl. (12.14)

$$G \approx 0{,}8 \cdot (R_{zAi} + R_{zIa}) = 0{,}8 \cdot (10\,\mu m + 10\,\mu m) = 16\,\mu m$$

und dem Mindesthaftmaß nach Gl. (12.28)

$$Z_k = p_{Fk} \cdot D_{mF} \cdot K/(E_A \cdot \cos(\alpha/2)) = \ldots \approx 0{,}037\,mm = 37\,\mu m$$

mit den Einzelwerten
- Fugenpressung $p_{Fk} \hat{=} p_F = 50\,N/mm^2$ (s. o.),
- mittlerer Fugendurchmesser $D_{mF} = 57{,}5\,mm$ (s. o.),
- Kegelneigungswinkel $\alpha/2 = 2{,}85°$ (s. o.),
- Hilfsgröße $K$ aus Gl. (12.12) mit den Durchmesserverhältnissen $Q_A = D_{mF}/D_{Aa} = 0{,}5$, $Q_I = 0$, $E_A = E_I = 210\,000\,N/mm^2$ und der Querdehnzahl $\nu_A = \nu_I \approx 0{,}3$ (TB 12-6b)

$$K = \frac{E_A}{E_I}\left(\frac{1+Q_I^2}{1-Q_I^2} - \nu_I\right) + \frac{1+Q_A^2}{1-Q_A^2} + \nu_A = \ldots = 2{,}67$$

der maximal zulässige Aufschub $a_{max}$ aus Gl. (12.27)

$$a_{max} = (\ddot{U}_o/2)/\tan(\alpha/2) = (Z_g + G)/(2 \cdot \tan(\alpha/2)) = \ldots \approx 1900\,\mu m = 1{,}9\,mm$$

mit der Glättung $G = 16\,\mu m$ (s. o.) und dem größtzulässigen Haftmaß aus Gl. (12.28)

$$Z_g = p_{Fg} \cdot D_{mF} \cdot K/(E_A \cdot \cos(\alpha/2)) = \ldots \approx 0{,}173\,mm$$

mit den Einzelwerten
- $D_{mF} = 57{,}5\,mm$, $K = 2{,}67$, $(\alpha/2) = 2{,}85°$ siehe oben,
- maximal zulässige Fugenpressung aus Gl. (12.16) mit $Q_A = 0{,}5$, $R_{p\,0,2} = 600\,N/mm^2$ und der Sicherheit gegen plastische Verformung $S_{pA} \approx 1{,}1$

$$p_{Fg} \leq \frac{R_{eA}\,(bzw.\,R_{p0,2A})}{S_{pA}} \cdot \frac{1-Q_A^2}{\sqrt{3}} = \ldots \approx 236\,N/mm\,.$$

**Ergebnis:** Der Aufschub muss $0{,}5\,mm \leq a \leq 1{,}9\,mm$ betragen.

## Beispiel 12.3

Eine Keilriemenscheibe aus EN-GJL-200 soll mit dem Wellenende der Spindel aus E335 einer Werkzeugmaschine durch Spannelemente reibschlüssig verbunden werden (Bild 12-37). Die zu übertragende Leistung beträgt $P = 25\,kW$ bei einer kleinsten Drehzahl $n = 100\,min^{-1}$.
Aufgrund der vorliegenden Betriebsverhältnisse ist mit einem Anwendungsfaktor $K_A \approx 1{,}1$ zu rechnen. Die Spannelemente sollen wellenseitig durch Zylinderschrauben mit Innensechskant nach DIN EN ISO 4762 verspannt werden. Der Durchmesser des Wellenendes beträgt $d_1 = 80\,mm$.

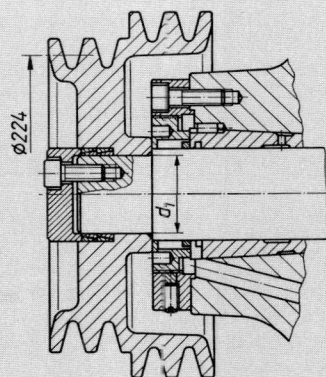

**Bild 12-37**
Befestigung einer Keilriemenscheibe mit Spannelementen

Zu berechnen sind:
a) die erforderliche Anzahl $n$ der Spannelemente,
b) die für die Berechnung der Spannschrauben aufzubringende Spannkraft,
c) der erforderliche Mindestnabendurchmesser.

**Lösung a):** Das von der Verbindung zu übertragende Nenndrehmoment ist mit der Gebrauchsformel

$$T_{nenn} = 9550 \cdot P/n = 9550 \cdot 25/100 = 2388\,Nm\,.$$

Durch Umstellen der Gl. (12.33) nach dem Anzahlfaktor $f_n$ und mit dem übertragbaren Drehmoment $T_{Tab} = 1810$ Nm für $p_W = 100$ N/mm² aus TB 12-9 für das Spannelement 80 × 91 kann die Anzahl der erforderlichen Spannelemente ermittelt werden aus:

$$f_n \geq (K_A \cdot T_{nenn})/T_{Tab} = 1{,}1 \cdot 2388 \text{ Nm}/1810 \text{ Nm} = 1{,}45\,.$$

Nach den Angaben zu Gl. (12.34) würden 2 Spannelemente ausreichen, die zusammen ein Drehmoment

$$T_{ges} = 1{,}55 \cdot T_{Tab} = 1{,}55 \cdot 1810 \text{ Nm} \approx 2800 \text{ Nm} > 2388 \text{ Nm}$$

übertragen können.

**Ergebnis:** Es sind zwei Spannelemente RfN 8006−80×91 erforderlich.

▶ **Lösung b):** Die von den Schrauben aufzubringende Vorspannkraft beträgt nach Gl. (12.35) $F'_S = F_S \cdot T_{eq}/T_{ges} = 251 \text{ kN} \cdot 1{,}1 \cdot 2388 \text{ Nm}/2800 \text{ Nm} \approx 235 \text{ kN}$ mit $F_S = F_o + F_{So} = 48 \text{ kN} + 203 \text{ kN} = 251$ kN nach TB 12-9 und $T_{eq} = K_A \cdot T_{nenn}$.

▶ **Lösung c):** Der Mindestdurchmesser der Radnabe wird nach Gl. (12.36) errechnet. Hierin ist $D = 91$ mm (TB 12-9), für $R_{eA}$ ist $0{,}5 \cdot R_m = 0{,}5 \cdot K_t \cdot R_{mN} \approx 80$ N/mm² ($K_t \approx 0{,}79$ aus TB 3-11b, wobei von einer Rohteilabmessung = Stegbreite $t$ von 35 mm und damit $d = 2t = 70$ mm nach TB 3-11e ausgegangen wird; $R_{mN} = 200$ N/mm² aus TB 1-2), für $p_N$ ist $p'_N = p_N \cdot T_{eq}/T_{ges} = 87{,}9$ N/mm² · 1,1 · 2388 Nm/2800 Nm ≈ 82,5 N/mm² mit $p_N = 87{,}9$ N/mm² aus TB 12-9 und für $C \approx 0{,}6$ nach Angaben zur Gl. (12.36) zu setzen. Da die Radnabe nicht durch Gewindebohrungen zur Aufnahme der Spannschrauben geschwächt wird, ist $d = 0$. Damit wird der Mindestnabendurchmesser

$$D_{Aa} \geq D \cdot \sqrt{\frac{R_{eA} + p_N \cdot C}{R_{eA} - p_N \cdot C}} + d = \ldots \approx 188 \text{ mm}\,.$$

**Ergebnis:** Die konstruktive Ausführung der Keilriemenscheibe sieht im Bereich der Spannelemente einen genügend großen „Außendurchmesser" vor, sodass der errechnete Mindestwert $D_{Aa} = 188$ mm eingehalten wird.

## 12.6 Literatur und Bildquellennachweis

*Altmiks, K.:* Untersuchung des Festigkeits- und Verformungsverhaltens geklebter Welle-Nabe-Verbindungen. Braunschweig/Wiesbaden: Westdeutscher Verlag, 1982
*Dietz, P.:* Lastaufteilung und Zentrierverhalten von Zahn-, Keilwellenverbindungen. In Konstruktion 31, (1979), Heft 7 und 8
*Beitz, W.; Grote, K.-H.* (Hrsg.): Dubbel − Taschenbuch für den Maschinenbau. Berlin: Springer, 1997
*Kittsteiner, H. J.:* Die Auswahl und Gestaltung von kostengünstigen Welle-Nabe-Verbindungen. München: Hanser, 1989
*Kollmann, F. G.:* Welle-Nabe-Verbindungen: Gestaltung, Auslegung. Berlin: Springer, 1984
*Köhler, E.* und *Frei, H.:* Konstruktion von Klemmverbindungen mit geschlitzter Nabe. In Konstruktionspraxis 6, (1995) Heft 5
*Niemann, G.:* Maschinenelemente, Bd. I. Berlin: Springer, 1981
*Wilcke, E.:* Die Kreiskeilverbindung: Eine Alternative zu herkömmlichen Welle-Nabe-Verbindungen. In Antriebstechnik 37, (1998), Heft 8
Prospekte, Kataloge und Beiträge der Firmen: Bikon-Technik, Grevenbroich; Kühl GmbH, Schlierbach; Lenze GmbH, Waiblingen, Ringfeder GmbH, Krefeld; Ringspann GmbH, Bad Homburg; Stüwe GmbH, Hattingen; Deutsche Star GmbH, Schweinfurt; Spieth-Maschinenelemente GmbH, Esslingen

**Bildquellennachweis**
Bikon-Technik GmbH, Grevenbroich, Bild 12-23a, d und 12-25c
Lenze GmbH, Waiblingen, Bild 12-28
Ringfeder GmbH, Krefeld, Bild 12-26
Ringspann GmbH, Bad Homburg, Bild 12-23b, c
Spieth-Maschinenelemente GmbH, Esslingen, Bild 12-27
Deutsche Star GmbH, Schweinfurt, Bild 12-29
Stüwe GmbH, Hattingen, Bild 12-25a, b
Kühl GmbH, Schlierbach, Bild 12-34

# Ideal zum Selbststudium

Böswirth, Leopold
**Technische Strömungslehre**
Lehr- u. Übungsbuch
3., verb. Aufl. 2000. XIV, 280 S. Mit 132 Abb. u. 34 Tab.
Br. DM 58,00 / € 29,00
ISBN 3-528-24925-0

*Inhalt:*
Bernoullische Gleichung - Impulssatz - Räumliche reibungsfreie Strömungen - Reibungsgesetz für Fluide - Ähnlichkeit von Strömungen - Grenzschicht - Rohrströmung und Druckverlust - Widerstand umströmter Körper - Strömung an Tragflächen - Lösung zwei- und dreidimensionaler Strömungsprobleme mit Computern

Dieses Lehr- und Übungsbuch betont die Darstellung der physikalischen Grundlagen und setzt diese mit der Alltagserfahrung in Beziehung. Neben diesem Hauptteil des Buches liegt ein breiteres Schwergewicht auf dem Beispiel- und Übungsbereich. Durchgerechnete Beispiele und Aufgaben zur selbstständigen Lösung bieten dem Lernenden eine gute Lernerfolgskontrolle.

*Der Autor:*
Dr. techn. Leopold Böswirth, Prof. i.R./Höhere Technische Bundes-Lehr- und Versuchsanstalt Mödling/Österreich

Abraham-Lincoln-Straße 46
65189 Wiesbaden
Fax 0611.7878-420
www.vieweg.de

Stand 1.7.2001
Änderungen vorbehalten.
Die genannten Europreise sind gültig ab 1 1.2002.
Erhältlich im Buchhandel oder im Verlag.

# mayr®
**Ihr zuverlässiger Partner**

Chr. Mayr GmbH + Co. KG
Eichenstraße 1
87665 Mauerstetten
Telefon 08341/804-0
Fax 08341/804421
http://www.mayr.de
eMail: info@mayr.de

# Qualität ist weltweit gefragt

Die permanente Weiterentwicklung der seit Jahrzehnten bewährten Antriebselemente und zahlreiche Neuentwicklungen halten unsere marktorientierte Produktpalette immer auf dem aktuellsten Stand.
Das Spektrum reicht von Wellenausgleichskupplungen über Sicherheitskupplungen und elektromagnetische Kupplungen beziehungsweise Bremsen bis hin zu elektrischen Komplettantrieben und hochdynamischen Servoantrieben mit Steuerungs- und Regelungssystemen, die selbst komplexe Bewegungsabläufe problemlos beherrschen.

## Sicherheitskupplungen
## Wellenkupplungen
## Sicherheitsbremsen
## Servoantriebe/Steuerungen

Bei Überlastkupplungen sind wir europaweit Marktführer und bieten mit einem breitgefächerten Produktprogramm hochwertiger Antriebs- und Steuerungskomponenten ganzheitliche Antriebslösungen, auf die zahlreiche renommierte Maschinenhersteller vertrauen.

Kundennähe, fachkompetente Beratung, Qualität und Service haben schon immer maßgebend zum heutigen Image unseres Unternehmens beigetragen.
Wir gehören in allen wichtigen Industrie-Regionen auf der ganzen Welt zu den besten Adressen in der mechanischen und elektrischen Antriebstechnik.

## Qualität · Erfahrung · Kompetenz

www.mayr.de

# 13 Kupplungen und Bremsen

## 13.1 Funktion und Wirkung von Kupplungen

Kupplungen dienen vor allem zur Übertragung von Rotationsenergie (Drehmomenten, Drehbewegungen) zwischen zwei Wellen oder einer Welle mit einem auf ihr drehbeweglich sitzenden Bauteil, z. B. Zahnrad. Neben dieser Hauptfunktion (Leitungsfunktion) können Kupplungen folgende Zusatzfunktionen haben:
Ausgleich von radialen, axialen und winkligen Wellenverlagerungen sowie Drehmomentstöße mildern oder dämpfen (Ausgleichsfunktion); Ein- und Ausschalten der Drehmomentübertragung (Schaltfunktion).

**Leitungsfunktion**
Das Drehmoment, auch in Verbindung mit Längs- und Querkräften wird durch Form- und/oder Kraftschluss an einer oder mehreren Wirkflächen übertragen, wobei zwischengeschaltete Elemente eine große Variation der Eigenschaften zulassen.
Kraftfluss kann erreicht werden durch Reibung (mögliche Reibflächenanordnungen siehe z. B. Bild 13-34), elektromagnetisch oder hydrodynamisch.

**Ausgleichsfunktion**
Fluchtungs- oder Lagefehler von Wellen zueinander sollen ausgeglichen, Stöße bzw. Schwingungen gemildert oder gedämpft werden. Ursache von Fluchtungs- oder Lagefehler können u. a. elastische Verformungen der Wellen und Lager unter Belastung, unterschiedliche Erwärmung der Maschinenteile und Ausrichtfehler bei der Montage sein. Der Versatz kann *axial, radial, winklig* oder *in Drehrichtung* sein (Bild 13-1) und durch Gelenke bzw. formschlüssige Schiebesitze als bewegliche Zwischenglieder oder elastische Elemente ausgeglichen werden.

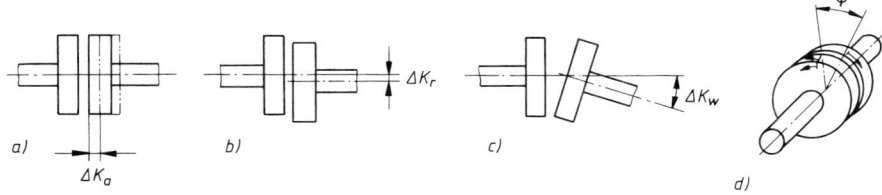

**Bild 13-1** Möglicher Versatz der Kupplungshälften bei nachgiebigen Kupplungen (schematisch).
a) Axiale Nachgiebigkeit $\Delta K_a$, b) radiale Nachgiebigkeit $\Delta K_r$, c) winklige Nachgiebigkeit $\Delta K_w$, d) Drehnachgiebigkeit (Verdrehwinkel $\varphi$ = Drehmoment $T$/Drehfedersteife $C_T$)

Die Wirkung elastischer Elemente in Drehrichtung zeigt Bild 13-2. Die s*toßmildernde* (Linie 2) bzw. *stoßdämpfende Wirkung* (Linie 3) wird erreicht durch Energiespeicherung, wobei bei den stoßdämpfenden Elementen zusätzlich zur Speicherung ein Teil der Energie durch Reibung in Wärme umgesetzt wird. Energiespeichernde Elemente sind elastische Federn, deren Eigenschaften und Berechnung in Kapitel 10 erfolgt.
Durch Kombination der vier Versatzmöglichkeiten (axial, radial, winklig und in Drehrichtung) mit der möglichen Steifigkeit des Zwischengliedes (starr, elastisch nachgiebig oder beweglich) können verschiedene Kupplungsmöglichkeiten gefunden werden.

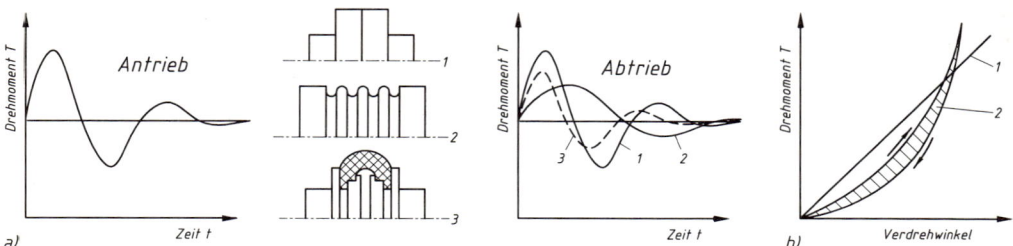

**Bild 13-2** Drehnachgiebigkeit von Kupplungen (schematisch).
a) Zeitlicher Verlauf von T vor und nach der Kupplung bei: **1** drehstarrer Kupplung, z. B. Scheibenkupplung; **2** stoßmildernder Kupplung, z. B. Metallbalgkupplung; **3** stoßdämpfender Kupplung, z. B. hochelastische Wulstkupplung, b) Drehfederkennlinie: **1** linear ansteigend, z. B. für metallelastische Kupplung ohne Dämpfung; **2** progressiv gekrümmte Be- und Entlastungskurve, z. B. für elastische Bolzenkupplung mit Dämpfung (schraffierte Fläche = Dämpfungsarbeit).

**Schaltfunktion**
Bei Schaltkupplungen ist zusätzlich das Schalten zu betrachten, welches *fremdbetätigt* (durch Signal von außen) oder *selbstschaltend* erfolgen kann. Zum Selbstschalten kann genutzt werden das Drehmoment (Sicherheitskupplung), die Drehzahl (Fliehkraftkupplung), die Drehrichtung (Freilauf, Überholkupplung).
Auch hier kann durch Kombination der für das Aufbringen der Schaltkraft nutzbaren physikalischen Effekte (energiespeichernde Feder, Fliehkraft, hydraulische, pneumatische, elektromagnetische Kraft) sowie derer zur Momentübertragung (Reibung, elektromagnetisch, hydrodynamisch) die für die jeweilige Aufgabe angepasste Kupplung ausgewählt bzw. entwickelt werden.
Zusätzlich ist zu entscheiden, ob die Kupplung nur *trennbar* (Trennen ist immer möglich, Verbinden nur in Ruhe oder bei Synchronlauf) oder *schaltbar* (Trennen und Verbinden sind immer möglich) ausgeführt sein muss.
Bild 13-3 (nach VDI-Richtlinie 2240) zeigt eine mögliche Einteilung von Kupplungen nach ihren Funktionen und Wirkprinzipien.
Bild 13-58 enthält eine Übersicht der in 13.3 und 13.4 beschriebenen marktgängigen Kupplungen mit Angaben bzgl. ihrer Eignung sowie Angaben physikalischer Eigenschaften.

## 13.2 Berechnungsgrundlagen zur Kupplungsauswahl

Die folgenden Berechnungsgrundlagen beziehen sich nicht auf die Berechnung der Kupplungsbauteile, sondern auf die Auswahl einer geeigneten Bauart und Größe aus der Vielzahl der von den Herstellern angebotenen einbaufertigen Kupplungen.

### 13.2.1 Anlaufdrehmoment, zu übertragendes Kupplungsmoment

Für die Auswahl einer geeigneten Kupplung sind das zu übertragende Drehmoment und die Betriebsweise des Antriebes, z. B. bestehend aus Antriebsmaschine – Getriebe – Arbeitsmaschine (s. hierzu Bild 13-4), maßgebend. Ohne Berücksichtigung von Wirkungsgraden gelten für die Drehmomente folgende Beziehungen:

$$\frac{T_2}{T_2} \approx \frac{n_1}{n_2} = \frac{\omega_1}{\omega_2} = i \qquad (13.1)$$

$T_1, T_2$    Drehmoment der Antriebsmaschine, Arbeitsmaschine
$n_1, n_2$    Drehzahl der Antriebsmaschine, Arbeitsmaschine
$\omega_1, \omega_2$    Winkelgeschwindigkeit der Antriebsmaschine, Arbeitsmaschine

13.2 Berechnungsgrundlagen zur Kupplungsauswahl

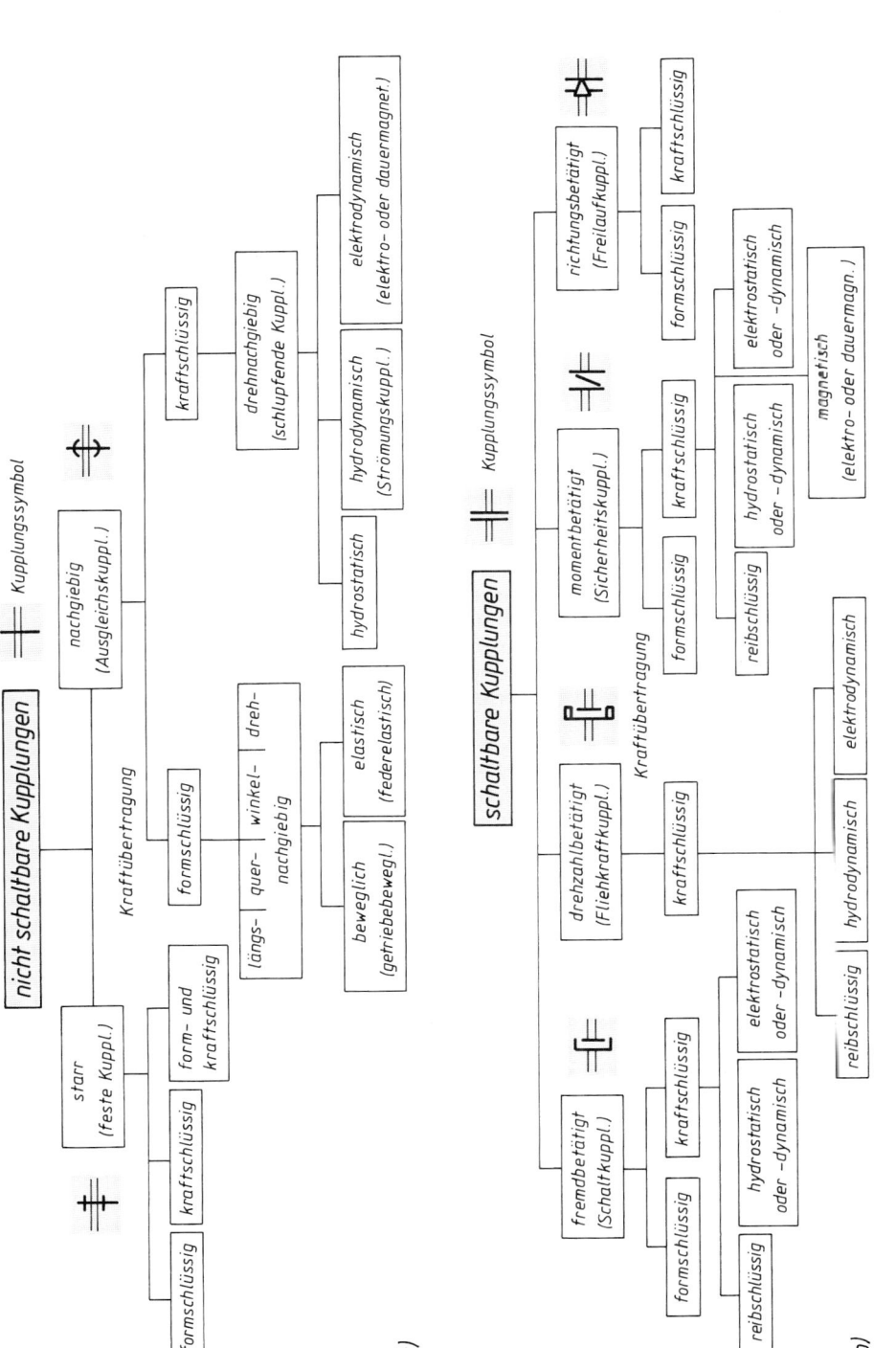

**Bild 13-3** Systematische Einteilung der Kupplungen. Kupplungssymbole. a) Nicht schaltbare Kupplungen, b) schaltbare Kupplungen

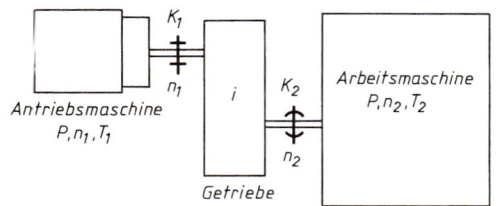

**Bild 13-4**
Schema eines Antriebes ($K_1$ und $K_2$ Kupplungen, Symbole s. Bild 13-3)

Von der Antriebsmaschine sind zwei Drehmomente zu erbringen:
1. das *Lastdrehmoment* $T_L$, welches sich aus der Belastung der Arbeitsmaschine und aus den Reibkräften des Antriebes ergibt,
2. das *Beschleunigungsdrehmoment* $T_a$, welches für die Beschleunigung aller zu bewegenden Massen des Antriebes erforderlich ist (s. unter 13.2.2).

Während der Anfahrzeit ist damit das von der Antriebsmaschine aufzubringende größte *Anlaufdrehmoment*

$$T_{an} = T_L + T_a \qquad (13.2)$$

$T_L$  Lastdrehmoment aus allen Belastungs- und Reibungsmomenten der Arbeitsmaschine
$T_a$  Beschleunigungsdrehmoment aller zu bewegenden Massen des Antriebes; s. unter 13.2.2

Nach dem Anfahren hat die Antriebsmaschine nur noch das Lastdrehmoment $T_L$ der Arbeitsmaschine aufzubringen, d. h. im Betriebszustand herrscht Gleichgewicht zwischen dem Lastdrehmoment und dem Antriebsdrehmoment (nach Bild 13-6 Betriebspunkt B als Schnittpunkt der Kennlinien von Antriebs- (E) und Arbeitsmaschine (A)).

### 13.2.2 Beschleunigungsdrehmoment, Trägheitsmoment

Wird eine Masse $m$, z. B. der Tisch einer Werkzeugmaschine nach Bild 13-5a, durch eine Antriebs-(Spindel-)Kraft $F_{an}$ in der Zeit $t_a$ von $v_1$ auf $v_2$ geradlinig beschleunigt und wirkt ihr eine hemmende Kraft $F_L$ (z. B. Reibungs- und Schnittkräfte) entgegen, so gilt mit der gleichmäßigen Beschleunigung $a = (v_2 - v_1)/t_a$ für die Beschleunigungskraft das newtonsche Gesetz:

$$F_a = F_{an} - F_L = m \cdot a = m(v_2 - v_1)/t_a \,.$$

Wird entsprechend eine Drehmasse mit dem Trägheitsmoment $J$ in der Zeit $t_a$ von der Winkelgeschwindigkeit $\omega_1$ auf die Winkelgeschwindigkeit $\omega_2$ gleichmäßig beschleunigt, so gilt mit der

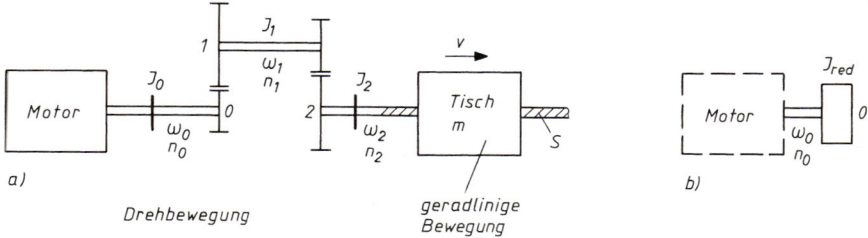

**Bild 13-5** Reduziertes Trägheitsmoment $J_{red}$ eines Antriebes.
a) Schema eines Tischantriebes: Wellen 0, 1 und 2 bewegen über die Gewindespindel $S$ die Tischmasse $m$ mit der Geschwindigkeit $v$, b) bei gleichbleibender kinetischer Energie auf die Motorwelle reduziertes Trägheitsmoment $J_{red}$ des Antriebes

## 13.2 Berechnungsgrundlagen zur Kupplungsauswahl

Winkelbeschleunigung $\alpha = (\omega_2 - \omega_1)/t_a$, unter Berücksichtigung der Gl. (13.2) für das *Beschleunigungsdrehmoment*

$$T_a = T_{an} - T_L = J \cdot \alpha = J \cdot \frac{\omega_2 - \omega_1}{t_a} \qquad (13.3)$$

| | |
|---|---|
| $T_{an}$ | Anlaufdrehmoment der Antriebsmaschine, z. B. mittleres Anlaufdrehmoment nach Bild 13-6e |
| $T_L$ | das auf die Drehzahl $n$ der Antriebsmaschine reduzierte Lastdrehmoment aus $T_L = T_L' \cdot n'/n$, worin $T_L'$ das Lastdrehmoment der Arbeitsmaschine mit der Drehzahl $n'$ ist |
| $J$ | Trägheitsmoment der gesamten Anlage, s. auch Gl. (13.4) |
| $\alpha$ | Winkelbeschleunigung |
| $\omega_1, \omega_2$ | Winkelgeschwindigkeit zu Beginn und Ende des Beschleunigungsvorganges, z. B. aus $\omega = \pi \cdot n/30$ |
| $t_a$ | Beschleunigungszeit |

Wird der Antrieb aus dem Stillstand heraus gleichmäßig beschleunigt, ist also $\omega_1 = 0$, so gilt: $T_a = J \cdot \omega_2/t_a$.

*Hinweis:* Die Gleichung gilt für jede Stelle des Antriebes, wenn die dort auftretenden Werte (z. B. $T_{an}$ und $T_L$) eingesetzt werden. Da die zu berechnende Kupplung meist auf der Motorwelle sitzt, müssen alle Werte auch auf diese bezogen werden. Bei gleichmäßig verzögerter Bewegung (Brems- oder Auslaufvorgang) wird $\alpha$ negativ.

In Antrieben gemäß Bild 13-5a treten meist Drehmassen (z. B. Zahnräder) mit verschiedenen Winkelgeschwindigkeiten und geradlinig bewegte Massen (z. B. Maschinentische) gemeinsam auf. Unter der Voraussetzung, dass ihre kinetische Energie erhalten bleibt, lässt sich die Wirkung aller Massen auf ein einziges Trägheitsmoment $J_0$ mit der Winkelgeschwindigkeit $\omega_0$ zurückführen (reduzieren).
Die kinetische Energie einer Drehmasse ist allgemein $W = J \cdot \omega^2/2$. Soll nach Bild 13-5a z. B. das Trägheitsmoment $J_1$ der sich mit der Winkelgeschwindigkeit $\omega_1$ drehenden Welle 1 auf die sich mit der Winkelgeschwindigkeit $\omega_0$ drehenden Motorwelle 0 reduziert werden, so gilt: $W = J_1 \cdot \omega_1^2/2 = J_0 \cdot \omega_0^2/2$, also wird das reduzierte Trägheitsmoment

$$J_0 = J_1 \left(\frac{\omega_1}{\omega_0}\right)^2 = J_1 \left(\frac{n_1}{n_0}\right)^2 = \frac{J_1}{i^2}.$$

Trägheitsmomente werden also quadratisch mit dem Verhältnis der Winkelgeschwindigkeiten oder Drehzahlen bzw. den Übersetzungen $i$ umgerechnet (reduziert). Wird das reduzierte Trägheitsmoment auf eine höhere Winkelgeschwindigkeit bezogen, so wird es mit der Übersetzung quadratisch kleiner und umgekehrt.
Soll eine mit der Geschwindigkeit $v$ geradlinig bewegte Masse $m$ (z. B. Maschinentisch) durch ein gleichwertiges Trägheitsmoment $J$ bei der Winkelgeschwindigkeit $\omega$ ersetzt werden, so ergibt sich mit $W = m \cdot v^2/2 = J \cdot \omega^2/2$ das reduzierte Trägheitsmoment $J_{red} = m \cdot (v/\omega)^2$.
Das meist auf die Motorwelle (Kupplungswelle) reduzierte Trägheitsmoment des gesamten Antriebes (vgl. Bild 13-5) wird dann

$$J_{red} = J_0 + J_1 \left(\frac{\omega_1}{\omega_0}\right)^2 + J_2 \left(\frac{\omega_2}{\omega_0}\right)^2 + \ldots + m_1 \left(\frac{v_1}{\omega_0}\right)^2 + m_2 \left(\frac{v_2}{\omega_0}\right)^2 + \ldots \qquad (13.4)$$

| | |
|---|---|
| $J_0$ | Trägheitsmoment der mit der Winkelgeschwindigkeit $\omega_0$ (z. B. Motor-Winkelgeschwindigkeit) umlaufenden Drehmasse, auf die alle anderen Trägheitsmomente bezogen (reduziert) werden sollen |
| $J_1, J_2 \ldots$ | Trägheitsmomente der mit $\omega_1, \omega_2 \ldots$ umlaufenden Drehmassen |
| $\omega_0$ | Winkelgeschwindigkeit auf die alle Massen bezogen (reduziert) werden sollen |
| $\omega_1, \omega_2 \ldots$ | Winkelgeschwindigkeiten der Drehmassen $J_1, J_2 \ldots$ |
| $m_1, m_2 \ldots$ | geradlinig bewegte Massen |
| $v_1, v_2 \ldots$ | Geschwindigkeiten der geradlinig bewegten Massen $m_1, m_2$ |

*Hinweise:* Die Trägheitsmomente von Kupplungen, Riemenscheiben, Getrieben, Läufern von E-Motoren, Pumpen und Gebläsen sind den Katalogen der Hersteller, teilweise aus TB 13-1 bis TB 13-7 und TB 16-21 zu entnehmen.

Trägheitsmoment für Vollzylinder: $\quad J = m \cdot d^2/8$
Trägheitsmoment für Hohlzylinder: $\quad J = m(d_a^2 + d_i^2/8)$
Verschiebesatz für Trägheitsmoment: $\quad J_x = J + m \cdot e^2$

### 13.2.3 Betriebsverhalten von Antriebs- und Arbeitsmaschinen

Als Antriebsmaschinen werden am häufigsten Elektromotoren verwendet. Darum soll hier das Verhalten insbesondere von diesen und den damit gekuppelten Arbeitsmaschinen beim Anfahren und im Betriebszustand betrachtet werden und zwar zweckmäßig anhand der *Drehmoment-Drehzahl-Kennlinien* (*T-n*-Kennlinien) nach Bild 13-6.
Ein Motor ist so auszulegen, dass er im Betriebspunkt *B* bei seiner Nenndrehzahl $n_N$ mit seinem Nenndrehmoment $T_N$ belastet wird.
Alle Nebenschlussmotoren, Käfig- und Schleifringläufer, haben Kennlinien (E) nach Bild 13-6a und b. Nach dem Einschalten unter Last entwickeln diese das Anlaufdrehmoment $T_{an} \approx (1{,}5\ldots2) \cdot T_N$, die Drehzahl *n* steigt an. Das Drehmoment nimmt zu bis zum Kippdrehmoment $T_{ki} \approx (2\ldots3) \cdot T_N$ als Maximaldrehmoment, wodurch der Motor beschleunigt und nach Überschreiten von $T_{ki}$ mit dem Nenndrehmoment $T_N$ und der Nenndrehzahl $n_N$ stabil arbeitet. Bei weiterer Steigerung von *n* nimmt das Motordrehmoment schnell ab, die Drehzahl steigt auf die Leerlauf-(Synchron-)drehzahl $n_S$ an.
Gleich- und Wechselstrom-Reihenschlussmotoren haben Kennlinien nach Bild 13-6c, bei denen $T_{an} = T_{ki} \approx (2{,}5\ldots3) \cdot T_N$ ist. Das Drehmoment nimmt bei steigender Drehzahl ab, bei Leerlauf würden solche Motoren „durchgehen".
Bei Arbeitsmaschinen hängt der Kennlinienverlauf (A) von der Art des Betriebes ab. Bei konstanter oder nahezu konstanter Hub-, Reibungs- und Formänderungsarbeit ist auch $T_L$ konstant (Bild 13-6a) und $P \sim n$.

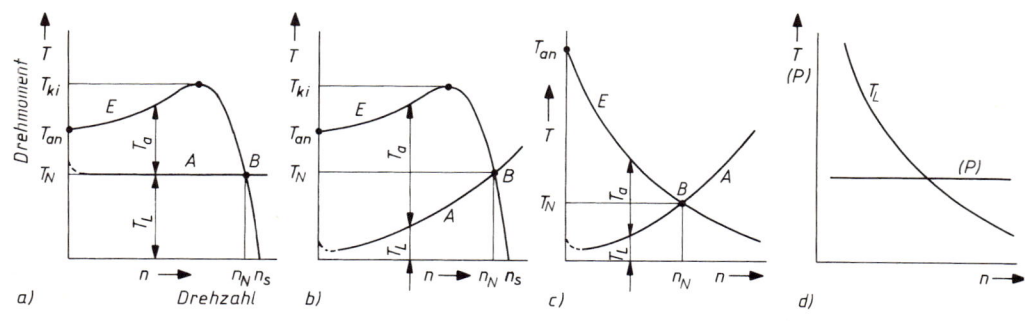

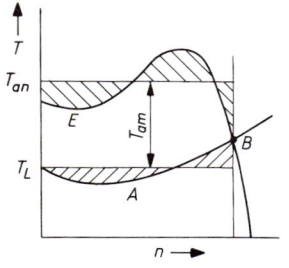

**Bild 13-6**
Drehmoment-Drehzahl-Kennlinien von Elektromotoren (E) und Arbeitsmaschinen (A).
a) Drehstrom-Nebenschlussmotor mit Käfigläufer und Fördermaschine
b) Drehstrom-Nebenschlussmotor mit Schleifringläufer und Lüfter (Ventilator)
c) Wechselstrom-Reihenschlussmotor und Kreiselpumpe
d) Kennlinie (Drehmoment- und Leistungsverlauf *T* und *P*) einer Wickelmaschine mit konstanter Material-Zugkraft und -Geschwindigkeit oder einer Plandrehmaschine mit konstantem Spanquerschnitt
e) Bestimmung des mittleren Beschleunigungsdrehmomentes

## 13.2 Berechnungsgrundlagen zur Kupplungsauswahl

Bei Lüftern, Gebläsen, Zentrifugen, Rührwerken, Kreiselpumpen und -kompressoren, Fahrzeugen und Fördermaschinen mit hohen Geschwindigkeiten steigen bei Überwindung von Luft- und Flüssigkeitswiderständen $T_L \sim n^2$ und $P \sim n^3$ an (Bild 13-6b und c).
Bei Arbeitsmaschinen, die eine konstante Antriebsleistung $P$ erfordern, wie z. B. Wickelmaschinen mit gleichbleibender Materialzugkraft und -geschwindigkeit, nimmt das Drehmoment proportional mit der Drehzahl ab: $T_L \sim 1/n$ (Bild 13-6d).
Die Werte für Nenndrehzahlen, Anlauf- und Kippdrehmomente sind in den Motoren-Katalogen angegeben (s. TB 16-21).

### 13.2.4 Kupplungsdrehmoment

**1. Stoßfreies Anfahren mit konstantem Drehmoment**

Die Antriebsmaschine sei mit der Arbeitsmaschine über eine nichtschaltbare Kupplung verbunden (Bild 13-7).
Wenn während des Anfahrens noch kein Lastdrehmoment $T_L$ vorhanden ist, dient das von der Antriebsmaschine abgegebene Drehmoment $T_A$ dazu, die gesamten Drehmassen zu beschleunigen. Mit $J_A$ als Trägheitsmoment der Antriebsseite und $J_L$ als Trägheitsmoment der Lastseite, jeweils einschließlich der Kupplungsanteile $J_1$ bzw. $J_2$, gilt nach Gl. (13.3) für die Winkelbeschleunigung: $\alpha = T_A/(J_A + J_L)$.

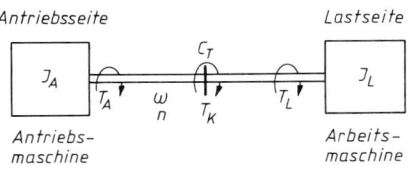

**Bild 13-7**
Antrieb schematisch als Zweimassensystem

Die Kupplung beschleunigt beim *Anfahren ohne Last* die Drehmasse $J_L$ und muß dabei ein Drehmoment aufnehmen von

$$T_K = \alpha \cdot J_L = \frac{J_L}{J_A + J_L} T_A \qquad (13.5)$$

$\alpha$ Winkelbeschleunigung
$J_A, J_L$ Trägheitsmoment der Antriebsseite, Lastseite
$T_A$ Drehmoment der Antriebsmaschine

Läuft die *Anlage unter Last* an, so dient das von der Antriebsmaschine abgegebene Drehmoment $T_A$ dazu, $J_A$ und $J_L$ zu beschleunigen und außerdem das Lastdrehmoment $T_L$ zu überwinden. Mit $T_A = \alpha \cdot (J_A + J_L) + T_L$ wird $\alpha = (T_A - T_L)/(J_A + J_L)$.
Die Kupplung beschleunigt beim *Anfahren mit Last* die Drehmasse $J_L$ und überwindet das Lastdrehmoment $T_L$, sodass

$$T_K = \alpha \cdot J_L + T_L = \frac{J_L}{J_A + J_L}(T_A - T_L) + T_L = \frac{J_L}{J_A + J_L} T_A + \frac{J_A}{J_A + J_L} T_L \qquad (13.6)$$

$T_L$ Lastdrehmoment
$\alpha, J_A, J_L, T_A$ wie zu Gl. (13.5)

Die Größe des Kupplungsdrehmoments $T_K$ hängt also vom Verhältnis der Trägheitsmomente $J_A$ und $J_L$ ab. Ist $J_A$ groß im Verhältnis zu $J_L$, beschleunigt also ein großer Motor eine kleine Anlage, so wird das Kupplungsdrehmoment $T_K$ klein und nähert sich dem Wert $T_L$. Hat dagegen ein kleiner Motor eine große Anlage zu beschleunigen (Schweranlauf), so wird $T_K \approx T_A$.
Die oben genannte Voraussetzung, dass $T_A$ konstant ist, trifft bei ausgeführten Anlagen nie zu, da beim Anfahren und Reversieren Drehmoment- und Geschwindigkeitsstöße auftreten.

## 2. Drehmomentstoß

Beim Einschalten eines Drehstrommotors treten Drehmomentschwingungen auf. Das Drehmoment im Luftspalt des Motors schwingt entsprechend der Netzfrequenz mit 50 Hz. Damit kein Aufschwingen (Resonanz) stattfindet, muss die Eigenkreisfrequenz[1] der Anlage genügend weit von der erregenden Drehmomentschwingung entfernt liegen. Läuft ein Käfigläufermotor mit dem Kippdrehmoment $T_{ki}$ lastfrei an, so ergibt sich für ein Zweimassensystem (Bild 13-7) mit der Eigenkreisfrequenz $\omega_e$ und der Wirkzeit $t$ des Drehmomentstoßes für die Kupplung ein *antriebsseitiges Stoßdrehmoment*

$$T_{KS} = \frac{J_L}{J_A + J_L} T_{ki}[1 - \cos(\omega_e \cdot t)].$$

Setzt man für den Klammerwert $[1 - \cos(\omega_e \cdot t)]$ den Stoßfaktor $S_A$, so erhält man

$$T_{KS} = \frac{J_L}{J_A + J_L} T_{ki} \cdot S_A.$$

Für $\omega_e \cdot t = \pi$, also $\cos \pi = -1$, ergibt sich der Größtwert $S_{A\,max} = (1 - \cos \pi) = 2$. Für die üblichen Anfahrstöße wird meist mit dem Stoßfaktor $S_A = 1,8$ gerechnet. Dieser Stoßfaktor tritt sowohl bei drehstarren als auch bei drehelastischen Kupplungen auf. Er wird bei einem Geschwindigkeitsstoß meist noch überschritten.

Tritt während des Anfahrens zusätzlich ein lastseitiges Stoßdrehmoment $T_{LS}$ auf, so wird entsprechend Gl. (13.6) für die Kupplung das *beidseitige Stoßdrehmoment*

$$\boxed{T_{KS} = \frac{J_L}{J_A + J_L} T_{ki} \cdot S_A + \frac{J_A}{J_A + J_L} T_{LS} \cdot S_L} \tag{13.7}$$

$J_A, J_L$   Trägheitsmoment der Antriebsseite, Lastseite
$T_{ki}$   Spitzenwert der nichtperiodischen Drehmomentstöße auf der Antriebsseite, bei Elektromotoren das Kippdrehmoment
$T_{LS}$   Spitzenwert der nichtperiodischen Drehmomentstöße auf der Lastseite (z. B. bei Laständerungen oder Bremsungen)
$S_A, S_L$   Stoßfaktor der Antriebsseite, Lastseite. Für übliche Anfahrstöße kann $S_A = S_L = 1,8$ eingesetzt werden.

## 3. Geschwindigkeitsstoß

Ein Geschwindigkeitsstoß entsteht, wenn die Kreisfrequenz der zu kuppelnden Drehmassen unterschiedlich groß ist. Er wird meist durch Drehspiel in der Kupplung bzw. in den Antriebselementen verursacht, z. B. Flankenspiel der Zahnräder.
Um die Auswirkung der schwer erfassbaren Geschwindigkeitsstöße klein zu halten, sollten bei schwerem Schaltbetrieb absolut drehspielfreie Kupplungen mit hoher Elastizität und guter Dämpfung eingesetzt werden (z. B. Wulstkupplung nach Bild 13-29).

## 4. Periodisches Wechseldrehmoment

Bei Antrieben mit periodischer Drehmomentschwankung (Kolbenmaschinen, Sägegatter) kann die Anlage zu Drehschwingungen angeregt werden. Im Resonanzfall (Erregerfrequenz = Eigenfrequenz) kann die Schwingungsbelastung zur Zerstörung der Antriebselemente führen. Deshalb sind Massenverteilung und elastische Kupplung in einer Anlage so aufeinander abzustimmen, dass Betriebsfrequenz und Resonanzfrequenz weit genug auseinander liegen.

---

[1] Bei Sinusschwingungen sind Formelzeichen und Zahlenwerte von Kreisfrequenz ($2\pi$-faches der Periodenfrequenz) in s$^{-1}$ und Winkelgeschwindigkeit (Quotient aus ebenem Winkel und Zeitspanne gleiche $2\pi$-faches der Drehzahl) in rad/s gleich.

## 13.2 Berechnungsgrundlagen zur Kupplungsauswahl

Für ein aus Antriebsmaschine (Trägheitsmoment $J_A$), Arbeitsmaschine (Trägheitsmoment $J_L$) und elastischer Kupplung (Drehfedersteife $C_{T\,dyn}$) bestehendes Zweimassensystem gilt nach Bild 13-7 für die *Eigenkreisfrequenz*

$$\omega_e = \sqrt{C_{T\,dyn} \frac{J_A + J_L}{J_A \cdot J_L}} \qquad \begin{array}{c|c|c} J_A, J_L & C_{T\,dyn} & \omega_e \\ \hline \text{kg m}^2 & \text{Nm/rad} & \text{s}^{-1} \end{array} \qquad (13.8)$$

$J_A, J_L$    Trägheitsmoment der Antriebsseite, Lastseite; bezogen auf die Kupplungswelle
$C_{T\,dyn}$    dynamische Drehfedersteife der elastischen Kupplung nach Herstellerangaben (s. auch TB 13-4 und TB 13-5)

Da das erregende Wechseldrehmoment $T_i$ i-fach während einer Umdrehung auftreten kann, z. B. bei Dieselmotoren, wird mit $i$ Schwingungen pro Umdrehung die *kritische Kreisfrequenz* (Resonanz-Kreisfrequenz)

$$\omega_k = \frac{\omega_e}{i} \qquad (13.9)$$

$\omega_e$    Eigenkreisfrequenz der Anlage nach Gl. (13.8)
$i$    Anzahl der Schwingungen je Umdrehung (Ordnungszahl), z. B. bei Verbrennungsmotoren Anzahl der Zündungen je Umdrehung (bei Zweitaktmotoren: $i \triangleq$ Zylinderzahl, bei Viertaktmotoren: $i \triangleq$ halbe Zylinderzahl)

Die Beanspruchung der elastischen Kupplung wird günstiger, wenn die Betriebskreisfrequenz $\omega > \sqrt{2} \cdot \omega_k$ ist.

Das von der Antriebs- oder Arbeitsmaschine in das Schwingungssystem eingeleitete periodische Wechseldrehmoment $T_i$ facht in Resonanznähe gefährlich große Wechseldrehmomente an. Diese Vergrößerung des erregenden Drehmomentes wird durch den Vergrößerungsfaktor $V$ angegeben, welcher in Resonanznähe den Wert des Resonanzfaktors $V_R$ annimmt. Beim Durchfahren der Resonanz wird das sich in der Kupplung einstellende Wechseldrehmoment umso kleiner, je größer die Dämpfung der elastischen Kupplung ist. Die verhältnismäßige Dämpfung $\psi$ bestimmt sich aus dem Verhältnis der Dämpfungsarbeit zur elastischen Formänderungsarbeit einer Schwingungsperiode. Bei gummielastischen Kupplungen kann mit $\psi = 0{,}8 \ldots 2$ gerechnet werden, abhängig von Werkstoff, Temperatur, Einsatzdauer u. a. Resonanzfaktor $V_R$ und verhältnismäßige Dämpfung $\psi$ werden durch Versuche ermittelt und von den Kupplungsherstellern angegeben (vgl. TB 13-4 und TB 13-5).

Mit dem Drehmoment $T_{Ai}$ bei meist antriebsseitiger Schwingungserregung (z. B. Dieselmotor) und dem von der verhältnismäßigen Dämpfung $\psi$ und dem Kreisfrequenzverhältnis $\omega/\omega_k$ abhängigen Vergrößerungsfaktor $V$ ist das *in der Kupplung auftretende Wechseldrehmoment*

$$T_w = \pm T_{Ai} \cdot \frac{J_L}{J_A + J_L} \cdot V \qquad (13.10)$$

$J_A, J_L$    Trägheitsmoment der Antriebsseite, Lastseite; bezogen auf die Kupplungswelle
$\pm T_{Ai}$    von der Antriebsseite ausgehender Drehmomentausschlag (Amplitude), nach Angaben der Hersteller z. B. von Dieselmotoren
$V$    Vergrößerungsfaktor (vgl. TB 13-4 und TB 13-5)
in Resonanznähe: $V_R \approx 2\pi/\psi$, mit $\psi$ als verhältnismäßige Dämpfung
außerhalb der Resonanz:

$$V \approx \frac{1}{\left| \left( \dfrac{\omega}{\omega_k} \right)^2 - 1 \right|}$$

mit $\omega$ als Betriebskreisfrequenz und $\omega_k$ als kritische Kreisfrequenz nach Gl. (13.9).

## 13.2.5 Auslegung nachgiebiger Wellenkupplungen

Eine Kupplung ist dann optimal ausgelegt, wenn sie leicht montierbar, wartungsfreundlich und kostengünstig ist, während der erwarteten Lebensdauer unter den vorgesehenen Belastungs- und Betriebsbedingungen ohne Schaden arbeitet und keine unnötigen Lastreserven besitzt.

> Die Lösung schwieriger Kupplungsprobleme, insbesondere bei schweren Antrieben mit elastischen oder schaltbaren Kupplungen unter extremen Betriebsbedingungen soll man unbedingt den Herstellern überlassen. Den Prospekten liegen häufig Fragebogen bei, oder es können solche angefordert werden, die alle für die richtige Auswahl von Kupplungsart und -größe erforderlichen Fragen enthalten.

### 1. Nach Herstellerangaben

Im Maschinenbau werden die nachgiebigen Wellenkupplungen häufig unmittelbar auf die Welle der Drehstrommotoren gesetzt. Die meisten Kupplungshersteller geben für diesen Fall eine für normale Betriebsbedingungen ausreichende größenmäßige Zuordnung der Kupplungen zu den Motoren an (vgl. TB 16-21). Bei stark ungleichförmigen Antrieben muss die Eignung der Kupplung rechnerisch nachgeprüft werden.

### 2. Mit Hilfe von Anwendungsfaktoren

In der Praxis lassen sich die zur genaueren Kupplungsbestimmung erforderlichen Betriebsdaten wie Lastdrehmomente, Trägheitsmomente und andere betrieblich bedingten Einflussgrößen häufig nur schwer rechnerisch erfassen. Die Hersteller geben darum in ihren Katalogen zur Wahl einer geeigneten Kupplungsgröße Sicherheits-(Anwendungs-)faktoren an, die sowohl die Art der Antriebs- und der Arbeitsmaschine (z. B. Elektromotor, Turbine bzw. Ventilator, Zentrifuge, Werkzeugmaschine usw.), die Art des Betriebes (z. B. gleichmäßiger Betrieb bei kleineren zu beschleunigenden Massen), die tägliche Betriebsdauer und ggf. noch sonstige Einflüsse berücksichtigen. Hiermit kann die Kupplungsgröße dann angenähert ermittelt werden mit dem *fiktiven (angenommenen) Kupplungsdrehmoment*

$$T'_K = T_N \cdot K_A \leq T_{KN} \tag{13.11}$$

$T_N$    von der Kupplung zu übertragendes Nenndrehmoment aufgrund der gegebenen Betriebsdaten, z. B. bei Leistung $P$ und Drehzahl $n$ aus $T_N = 9550 P/n$ (vgl. Gl. (11.11))

$K_A$    Anwendungsfaktor aus Katalogen der Hersteller oder auch allgemein nach Richter-Ohlendorf aus TB 3-5b

$T_{KN}$    Nenndrehmoment der Kupplung nach Angaben der Hersteller; s. auch TB 13-2 bis TB 13-5

Dieses auf Erfahrung gestützte Verfahren erfordert wenig Rechenaufwand, berücksichtigt aber die bei stark ungleichförmigen Antrieben gefährlichen Drehschwingungen nicht und arbeitet im Allgemeinen mit zu hoch angesetzten Sicherheitsfaktoren. Soll eine wirtschaftlich optimale Kupplung gefunden werden, muss die Auslegung nach DIN 740 T2 erfolgen.

### 3. Nach der ungünstigsten Lastart (DIN 740 T2)

Nach 13.2.4 gilt der nachstehende Rechnungsgang unter der häufig anzutreffenden Voraussetzung, dass die Kupplung das einzig drehelastische Glied in der Anlage ist und sich diese drehschwingungsmäßig auf ein Zweimassensystem reduzieren lässt.
Anfahrhäufigkeit, Festigkeitsminderung der elastischen Elemente mit steigender Betriebstemperatur und Frequenzabhängigkeit des Dauerwechseldrehmomentes werden durch die Faktoren $S_A$, $S_t$ und $S_z$ (s. TB 13-8) zugunsten einer einfachen Auslegung so angegeben, als würden sie eine Änderung der Kupplungsbelastung bewirken. Verbindliche Angaben über die Faktoren $S_A$, $S_t$ und $S_z$ bleiben den Kupplungsherstellern überlassen.
Die für eine einsatzgerechte Auslegung nachgiebiger Kupplungen erforderlichen Kennwerte sind in DIN 740 T2 definiert und von den Herstellern anzugeben (s. auch TB 13-2 bis TB 13-5).

## 13.2 Berechnungsgrundlagen zur Kupplungsauswahl

Neben dem zulässigen Versatz der Kupplungshälften und den Federsteifen sind dies vor allem
- das im gesamten Drehzahlbereich dauernd übertragbare Nenndrehmoment $T_{KN}$ (gleich Baugröße der Kupplung nach DIN 740 T1);
- das kurzzeitig mehr als 100000 Mal als schwellender Drehmomentstoß im gleichen Drehsinn oder mehr als 50000 Mal als wechselnder Drehmomentstoß übertragbare Maximaldrehmoment $T_{K\,max} \approx 3 T_{KN}$, wobei die Kupplungstemperatur 30 °C nicht überschreiten darf;
- das frequenzabhängige Dauerwechseldrehmoment $\pm T_{KW} \approx 0{,}4 T_{KN}$ als Ausschlag der dauernd zulässigen periodischen Drehmomentschwankung bei einer Frequenz von 10 Hz ($\omega \approx 63\ \text{s}^{-1}$) und einer Grundlast bis zum Nenndrehmoment $T_{KN}$.

Die Baugröße der Kupplung wird über fiktive Drehmomente $T'_K$ bestimmt, welche unter Berücksichtigung der an- und abtriebsseitigen Trägheitsmomente (Massenverteilung) und der Faktoren $S_A$, $S_t$ und $S_z$ mit der auftretenden Belastung berechnet werden. Aus den Herstellerkatalogen bzw. den Kupplungstabellen ist dann eine Kupplung zu wählen, deren zulässige Drehmomente in jedem Betriebszustand *über* den nach den Gleichungen (13.12) bis (13.15) berechneten fiktiven Drehmomenten liegen müssen. Zur endgültigen Auslegung gehört ferner die Nachprüfung auf zulässige Wellenverlagerungen nach den Gleichungen (13.16) und die Kontrolle der daraus entstehenden Momente und Rückstellkräfte auf die benachbarten Bauteile nach den Gleichungen (13.17).

### 3.1. Belastung durch das Nenndrehmoment

$$T'_K = T_{LN} \cdot S_t \leq T_{KN} \qquad (13.12)$$

$T_{LN}$    Nenndrehmoment der Lastseite, als Größtwert des aus Leistung und Drehzahl errechneten Lastdrehmomentes der Arbeitsmaschine
$S_t$    Temperaturfaktor nach TB 13-8b
$T_{KN}$    Nenndrehmoment der Kupplung, nach Herstellerangaben bzw. TB 13-2 bis TB 13-5

### 3.2. Belastung durch Drehmomentstöße (vgl. 13.2.4-2)

Antriebsseitiger Stoß (z. B. Anfahren mit Drehstrommotor):

$$T'_K = \frac{J_L}{J_A + J_L} \cdot T_{AS} \cdot S_A \cdot S_z \cdot S_t \leq T_{K\,max} \qquad (13.13\text{a})$$

Lastseitiger Stoß (z. B. bei Laständerungen und Bremsungen):

$$T'_K = \frac{J_A}{J_A + J_L} \cdot T_{LS} \cdot S_L \cdot S_z \cdot S_t \leq T_{K\,max} \qquad (13.13\text{b})$$

Beidseitiger Stoß (z. B. Anfahren mit Drehstrommotor bei veränderlicher Last):

$$T'_K = \left( \frac{J_L}{J_A + J_L} \cdot T_{AS} \cdot S_A + \frac{J_A}{J_A + J_L} \cdot T_{LS} \cdot S_L \right) \cdot S_z \cdot S_t \leq T_{K\,max} \qquad (13.13\text{c})$$

$T_{AS}$    Stoßdrehmoment der Antriebsseite, bei Drehstrommotoren das Kippdrehmoment $T_{ki}$ (vgl. TB 16-21)
$T_{LS}$    Stoßdrehmoment der Lastseite
$T_{K\,max}$    Maximaldrehmoment der Kupplung, nach Herstellerangaben bzw. TB 13-2 bis TB 13-5
$J_A, J_L$    Trägheitsmoment der Antriebsseite, Lastseite (bezogen auf die Kupplungswelle)
$S_A, S_L$    Stoßfaktor der Antriebsseite, Lastseite. Für übliche Anfahrstöße kann $S_A = S_L = 1{,}8$ eingesetzt werden.
$S_z, S_t$    Anlauffaktor, Temperaturfaktor nach Herstellerangaben bzw. TB 13-8a und b

Kupplungen mit Verdrehspiel können durch einen Geschwindigkeitsstoß zusätzlich belastet werden (vgl. 13.2.4-3).

## 3.3. Belastung durch ein periodisches Wechseldrehmoment

Für das Durchfahren der Resonanz gilt
- bei antriebsseitiger Schwingungserregung (z. B. Antrieb durch Dieselmotor):

$$\boxed{T'_K = \frac{J_L}{J_A + J_L} \cdot T_{Ai} \cdot V_R \cdot S_z \cdot S_t \leq T_{K\max}} \qquad (13.14a)$$

- bei lastseitiger Schwingungserregung (z. B. durch Kolbenverdichter):

$$\boxed{T'_K = \frac{J_A}{J_A + J_L} \cdot T_{Li} \cdot V_R \cdot S_z \cdot S_t \leq T_{K\max}} \qquad (13.14b)$$

Für die Betriebsfrequenz muss das fiktive Wechseldrehmoment noch mit dem Dauerwechseldrehmoment der gewählten Kupplung verglichen werden. Es gilt
- bei antriebsseitiger Schwingungserregung:

$$\boxed{T'_K = \frac{J_L}{J_A + J_L} \cdot T_{Ai} \cdot V \cdot S_t \cdot S_f \leq T_{KW}} \qquad (13.15a)$$

- bei lastseitiger Schwingungserregung:

$$\boxed{T'_K = \frac{J_A}{J_A + J_L} \cdot T_{Li} \cdot V \cdot S_t \cdot S_f \leq T_{KW}} \qquad (13.15b)$$

$\pm T_{Ai}, \pm T_{Li}$    erregendes Drehmoment (Ausschlag der periodischen Drehmomentschwankung $i$-ter Ordnung) auf der Antriebsseite bzw. Lastseite

$T_{K\max}, \pm T_{KW}$    Maximaldrehmoment, Dauerwechseldrehmoment der Kupplung nach Herstellerangaben bzw. TB 13-2 bis TB 13-5

$J_A, J_L, V, V_R$    wie zu Gl. (13.10)

$S_z, S_t, S_f$    Anlauffaktor, Temperaturfaktor, Frequenzfaktor nach Angaben der Kupplungshersteller bzw. TB 13-8

Mit Hilfe der Gleichungen (13.8) und (13.9) ist stets zu prüfen, ob die kritische Kreisfrequenz außerhalb des Betriebs-Kreisfrequenz-Bereiches liegt. In der Regel sollte $\omega/\omega_k > \sqrt{2}$ sein, sonst ist eine Kupplung mit anderer Drehfedersteife zu wählen.

## 3.4 Belastung durch Wellenverlagerungen

Während axiale Verlagerungen nur statische Kräfte in den Kupplungen erzeugen, ergeben radiale und winklige Verlagerungen Wechselbelastungen, die u. U. berücksichtigt werden müssen. Es sind folgende Bedingungen einzuhalten (s. Bild 13-1):

$$\boxed{\Delta K_a \geq \Delta W_a \cdot S_t} \qquad (13.16a)$$

$$\boxed{\Delta K_r \geq \Delta W_r \cdot S_t \cdot S_f} \qquad (13.16b)$$

$$\boxed{\Delta K_w \geq \Delta W_w \cdot S_t \cdot S_f} \qquad (13.16c)$$

| $\Delta K_a, \Delta K_r$ | $\Delta K_w$ | $\Delta W_a, \Delta W_r$ | $\Delta W_w$ | $S_t, S_f$ |
|---|---|---|---|---|
| mm | rad | mm | rad | 1 |

$\Delta K_a, \Delta K_r, \Delta K_w$    zulässiger axialer, radialer und winkliger Versatz der Kupplungshälften nach Angaben der Kupplungshersteller bzw. TB 13-2, TB 13-4 und TB 13-5

$\Delta W_a, \Delta W_r, \Delta W_w$    maximal auftretende axiale, radiale und winklige Verlagerung der Wellen

$S_t, S_f$    Temperaturfaktor, Frequenzfaktor nach Angaben der Kupplungshersteller bzw. TB 13-8b, TB 13-8c

## 13.2 Berechnungsgrundlagen zur Kupplungsauswahl

Durch Verlagerungen entstehen mit den Kupplungsfederwerten $C_a$, $C_r$ und $C_w$ Rückstellkräfte und -momente, die die benachbarten Bauteile (Wellen, Lager) belasten.

Axiale Rückstellkraft:

$$\boxed{F_a = \Delta W_a \cdot C_a} \tag{13.17a}$$

Radiale Rückstellkraft:

$$\boxed{F_r = \Delta W_r \cdot C_r} \tag{13.17b}$$

Winkliges Rückstellmoment:

$$\boxed{M_w = \Delta W_w \cdot C_w} \tag{13.17c}$$

| $F_a, F_r$ | $M_w$ | $C_a, C_r$ | $C_w$ |
|---|---|---|---|
| N | Nm | N/mm | Nm/rad |

$\Delta W_a$, $\Delta W_r$, $\Delta W_w$ wie zu Gl. (13.16)
$C_a$, $C_r$, $C_w$ Axialfedersteife, Radialfedersteife, Winkelfedersteife nach Angaben der Kupplungshersteller bzw. TB 13-2 und TB 13-5

*Hinweis:* Die von den Kupplungsherstellern angegebenen Nachgiebigkeiten $\Delta K$ stellen Maximalwerte dar. Sie dürfen meistens nicht gleichzeitig durch Wellenversatz $\Delta W_a$, $\Delta W_r$ und $\Delta W_w$ entsprechender Größe ausgenutzt werden (vgl. Beispiel 13.2).

### 13.2.6 Auslegung von schaltbaren Reibkupplungen

Bei schaltbaren Kupplungen ist insbesondere auf kleine Schaltkräfte, kurze Wege der Wärmeabfuhr mit großen Abstrahlflächen, Einstell- und Nachstellmöglichkeit des Grenzdrehmomentes sowie Wartungsfreundlichkeit zu achten.

#### 1. Anlaufvorgang

Der Anlaufvorgang einer aus Antriebsmaschine, fremdbetätigter Reibkupplung und Arbeitsmaschine bestehenden Anlage (vgl. Bild 13-7) läßt sich schematisch nach Bild 13-8 beschreiben.

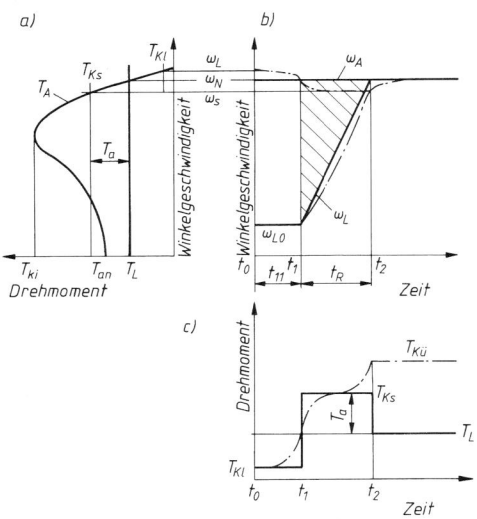

**Bild 13-8**
Schematische Darstellung des Schaltvorganges einer reibschlüssigen Kupplung (Strichpunktlinien: annähernd wirklicher Verlauf).
a) Drehmomentverlauf von Antriebsmaschine, Kupplung und Arbeitsmaschine
b) Hochlaufverhalten des Antriebes
c) zeitlicher Verlauf des Kupplungsdrehmomentes

Beim Einschalten der Kupplung zum Zeitpunkt $t_0$ ist die Antriebsseite bereits auf die Winkelgeschwindigkeit $\omega_A$ hochgelaufen, während die Lastseite mit der Winkelgeschwindigkeit $\omega_{L0}$ in gleicher Drehrichtung umläuft. Nach der bauartbedingten Verzögerungszeit $t_{11}$ (Ansprechverzug) beginnt die Antriebsseite die Lastseite mit der Differenz zwischen dem schaltbaren Drehmoment der Kupplung $T_{Ks}$ und dem Lastdrehmoment $T_L$ zu beschleunigen: $T_a = T_{Ks} - T_L$ (Bild 13-8c). Während der Rutschzeit $t_R = t_2 - t_1$ gleiten die Reibflächen der Kupplung mit der relativen Winkelgeschwindigkeit $\omega_A - \omega_L$ aufeinander (Bild 13-8b). Solange die Kupplung rutscht, ist das Kupplungsdrehmoment gleich dem schaltbaren Drehmoment $T_{Ks}$. Dabei darf die Rutschzeit nicht zu lange dauern, weil die Kupplung sonst zu stark erwärmt wird.

## 2. Drehmomente bei Reibkupplungen

Bei Reibkupplungen ist zu unterscheiden zwischen dem schaltbaren und dem übertragbaren Drehmoment. Das schaltbare (dynamische) Drehmoment $T_{Ks}$ kann bei schlupfender Kupplung, also während des Anlaufs, weitergeleitet werden; mit dem *übertragbaren* (statischen) *Drehmoment* $T_{Kü}$ dagegen kann die Kupplung belastet werden, ohne dass Schlupf eintritt. Sie sind durch die Reibzahlen der jeweiligen Reibstoffpaarung bestimmt ($\mu/\mu_0 \approx T_{Ks}/T_{Kü}$). Von den Kupplungsherstellern werden die Nenndrehmomente $T_{KNs}$ und $T_{KNü}$ angegeben, die von den Kupplungen in jedem zulässigen Betriebszustand sicher erreicht werden (s. TB 13-6 und TB 13-7). Allerdings sind die Nenndrehmomente verschiedener Kupplungshersteller nicht ohne weiteres vergleichbar, da die eingesetzten Sicherheitsfaktoren voneinander abweichen.

Meist nicht zu vermeiden ist das über die ausgeschaltete Kupplung weitergeleitete Leerlauf- oder Restdrehmoment $T_{Kl}$.

## 3. Bestimmung der Kupplungsgröße

Für die Größenbestimmung einer Reibkupplung kann das schaltbare oder übertragbare Drehmoment, die geforderte Schaltzeit oder die zulässige Erwärmung der Kupplung maßgebend sein.

Die Bestimmung der Kupplungsgröße geschieht zunächst nach dem Drehmoment. Bei Lastschaltungen sollte das schaltbare Drehmoment $T_{Ks}$ in der Regel mindestens doppelt so groß sein wie das Lastdrehmoment $T_L$, damit genügend Reserve für die Beschleunigung der Drehmassen bleibt.

Unter der Voraussetzung, dass $T_A$, $T_L$ und $T_{Ks}$ während des Schaltvorganges konstant sind und die Rutschzeit (Beschleunigungszeit) $t_R$ bekannt ist, errechnet sich aus der Beziehung $T_{Ks} = T_a + T_L = \alpha \cdot J_L + T_L$ nach 13.2.4-1 das erforderliche *schaltbare Drehmoment* der Kupplung

$$\boxed{T_{Ks} = J_L \frac{\omega_A - \omega_{L0}}{t_R} + T_L \leq T_{KNs}} \qquad (13.18)$$

- $J_L$    Trägheitsmoment der Lastseite, reduziert auf die Kupplungswelle
- $\omega_A$    Winkelgeschwindigkeit der Kupplungswelle auf der Antriebsseite
- $\omega_{L0}$    Winkelgeschwindigkeit der Kupplungswelle auf der Abtriebs-(Last-)Seite vor dem Schalten
- $t_R$    Rutschzeit (Beschleunigungszeit)
- $T_L$    Lastdrehmoment bezogen auf die Kupplungswelle
- $T_{KNs}$    schaltbares Nenndrehmoment der Kupplung, nach Herstellerangaben bzw. TB 13-6 und TB 13-7

Bei entgegengesetzter Drehrichtung der An- und Abtriebsseite, z. B. bei Reversierbetrieb, tritt an Stelle von ($\omega_A - \omega_{L0}$) der Ausdruck ($\omega_A + \omega_{L0}$).

Bei fehlendem Lastdrehmoment $T_L$ und Beschleunigung der Arbeitsmaschine aus der Ruhe ($\omega_{L0} = 0$) wird nach Gl. (13.18) das notwendige schaltbare Drehmoment einfach $T_{Ks} = J_L \cdot \omega_A / t_R$.

## 13.2 Berechnungsgrundlagen zur Kupplungsauswahl

Bei gegebenem schaltbaren Nenndrehmoment der Kupplung $T_{KNs}$ wird nach Gl. (13.18) die auftretende *Rutschzeit* (Beschleunigungszeit)

$$\boxed{t_R = \frac{J_L}{T_{KNs} - T_L}(\omega_A - \omega_{L0})} \qquad (13.19)$$

$J_L$, $T_{KNs}$, $T_L$, $\omega_A$, $\omega_{L0}$ wie zu Gl. (13.18)

Nach abgeschlossenem Schaltvorgang muss die Reibungskupplung die betriebsmäßig auftretenden Drehmomente ohne Schlupf übertragen können (außer sie dient gleichzeitig als Sicherheitskupplung). Bei gleichförmigen Antrieben kann das erforderliche übertragbare Drehmoment $T_{Kü}$ nach dem Nenndrehmoment der Antriebs- bzw. Arbeitsmaschine bestimmt werden. Bei ungleichförmigen Antrieben sind die auftretenden Maximaldrehmomente zu berücksichtigen, so z. B. das Kippdrehmoment bei Drehstrom-Asynchronmotoren oder das Wechseldrehmoment bei Kolbenmaschinen (vgl. 13.2.4).
Wenn das zu übertragende maximale Drehmoment $T_{Kü}$ nicht ohne weiteres bestimmt werden kann, so hilft man sich in der Praxis mit Anwendungsfaktoren (vgl. 13.2.5-2).
Gl. (13.11) gilt dann entsprechend: $T'_K = T_N \cdot K_A \leq T_{KNü}$, mit $T_{KNü}$ als übertragbarem Nenndrehmoment der Kupplung, z. B. nach TB 13-6 und TB 13-7.
Abschließend wird die *Wärmebelastung der Kupplung* geprüft.
Bei einmaliger Schaltung geht man davon aus, dass die Kupplung die während des Schaltvorganges in Wärme umgesetzte Schaltarbeit speichern kann und sich bis zur nächsten Schaltung wieder auf die Umgebungstemperatur abkühlt.
Mit dem schaltbaren Drehmoment $T_{KNs}$ und dem aus der gemittelten Differenz der Winkelgeschwindigkeiten $(\omega_A - \omega_{L0})/2$ in der Rutschzeit $t_R$ errechneten Drehwinkel $\varphi = 0{,}5(\omega_A - \omega_{L0}) t_R$ wird, nach der Gleichung für die Dreharbeit $W = T \cdot \varphi$, die bei *einmaliger Schaltung anfallende Schaltarbeit*

$$\boxed{W = 0{,}5 T_{KNs}(\omega_A - \omega_{L0}) t_R = 0{,}5 J_L (\omega_A - \omega_{L0})^2 \frac{T_{KNs}}{T_{KNs} - T_L} < W_{zul}} \qquad (13.20)$$

$W_{zul}$     zulässige Schaltarbeit der Kupplung nach Angaben der Kupplungshersteller bzw. TB 13-6 und TB 13-7
$J_L$, $T_{KNs}$, $T_L$, $\omega_A$, $\omega_{L0}$, $t_R$ wie zu Gl. (13.18)

Diese Arbeit entspricht im Bild 13-8b der schraffierten Fläche. Bei fehlendem Lastdrehmoment $T_L$ und Beschleunigung der Arbeitsmaschine aus der Ruhe ($\omega_{L0} = 0$) wird nach Gl. (13.20) die anfallende Schaltarbeit pro Schaltung

$$W = 0{,}5 \cdot T_{KNs} \cdot \omega_A \cdot t_R = 0{,}5 \cdot J_L \cdot \omega_A^2 \,.$$

*Hinweis:* Die Gleichung (13.20) gilt in der Form nur bei gleicher Drehrichtung der An- und Abtriebsseite. Liegt entgegengesetzte Drehrichtung vor (z. B. Wendegetriebe), so ist $\omega_{L0}$ mit negativem Vorzeichen einzusetzen.

Für Dauerschaltungen wird die Gleichung für die Einzelschaltungen (13.20) mit der Schaltzahl $z_h$ pro Stunde multipliziert. Damit wird die *pro Stunde anfallende Schaltarbeit*

$$\boxed{W_h = W \cdot z_h < W_{h\,zul}} \qquad (13.21)$$

$W$     Schaltarbeit für Einzelschaltung nach Gl. (13.20)
$z_h$     Schaltzahl
$W_{h\,zul}$     zulässige Schaltarbeit der Kupplung bei Trocken- bzw. Nasslauf, nach Angaben der Kupplungshersteller bzw. TB 13-6 und TB 13-7

Beim Schalten der Kupplung wird ca. die Hälfte der zugeführten Energie in Wärme verwandelt. Voraussetzung für die von den Kupplungsherstellern angegebene zulässige Schaltarbeit ist deshalb eine gute Wärmeabfuhr. Im Trockenlauf geschieht dies durch gute Luftzirkulation bzw.

zusätzliche Ventilation. Im Nasslauf erfolgen Kühlung und Schmierung durch Spritzöl oder Ölnebel. Für Lamellenkupplungen mit großer Wärmebelastung oder hohen Leerlaufdrehzahlen wird Innenölung empfohlen (Bild 13-41b und Bild 13-43). Ein durch das Lamellenpaket fließender Ölstrom von 0,1 bis 0,5 l/min, je nach Baugröße, reicht meist aus.

## 13.3 Nicht schaltbare Kupplungen

Nicht schaltbare Kupplungen sind entweder als vollkommen starre (feste) Kupplungen oder als nachgiebige Kupplungen (Ausgleichskupplungen) ausgeführt (s. Bild 13-3a).

### 13.3.1 Starre Kupplungen

Starre Kupplungen weisen keinerlei Nachgiebigkeit auf und verbinden die Wellenenden genau zentrisch. Mit ihnen werden vorwiegend Wellenstücke zu langen, durchgehenden Wellensträngen verbunden, z. B. Transmissionswellen und Fahrwerkswellen von Kranen. Starre Kupplungen unterliegen keinem Verschleiß, sind wartungsfrei und für beide Drehrichtungen verwendbar. Drehmomentstöße und Schwingungen werden ungedämpft übertragen. Schon geringfügige Verlagerungen der Wellen führen zu unkontrollierbaren Zusatzbeanspruchungen in der Kupplung, in den Wellen und den Wellenlagern.

> Starre Kupplungen nur anordnen, wenn fluchtende Wellenlage gewährleistet ist.

**Scheibenkupplung**
Die Scheibenkupplungen nach DIN 116 (s. Bild 13-9) eignen sich für hochbeanspruchte Wellen, bei denen Stöße, wechselnde Belastung und axiale Kräfte auftreten oder große Einzelkräfte die Wellen vorwiegend auf Biegung beanspruchen.
Die Kupplungshälften sind gegenseitig zentriert, bei der Form B mittels geteiltem Zentrierring. Die Herausnahme dieses Zentrierringes gestattet den Ein- und Ausbau der zu kuppelnden Bauteile ohne axiales Verschieben derselben.
Die dreh- und biegesteife Verbindung der Kupplungshälften erfolgt durch Passschrauben, die so hoch vorzuspannen sind, dass das Drehmoment reibschlüssig übertragen wird.
Bei senkrechtem Einbau, z. B. an Rührerwellen, wird die Scheibenkupplung mit Axialdruckscheiben nach DIN 28 135 versehen (Form C, Bild 13-9c). Sind die Durchmesser der zu kuppelnden Wellen verschieden groß, so ist die der dickeren Welle entsprechende Kupplung zu wählen.

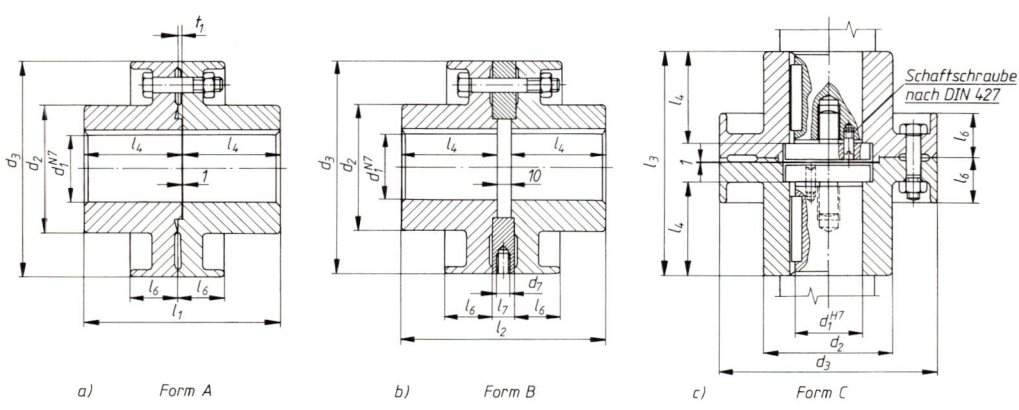

**Bild 13-9** Scheibenkupplungen nach DIN 116.
a) Form A mit Zentrieransatz, b) Form B mit zweiteiliger Zwischenscheibe (Zentrierring), c) Form C mit Ausdrehung für Axialdruckscheiben nach DIN 28 135 (für $d_1$ bis 160 mm). Maße s. TB 13-1

info@ortlinghaus.com     www.ortlinghaus.com

**Ortlinghaus** SEIT 1898
■ DIE TECHNIK DER KONTROLLIERTEN MOMENTE

# ■ Lamellen, Kupplungen, Bremsen und Systeme für...

### Pressenbau
Transferpressen
Bodymaker
Schraubenpressen
CNC-Stanzen

### Landwirtschaft
Zapfwellen
Traktoren
Mähdrescher
Achsen

### Schiffstechnik
Schiffsgetriebe
Ankerwinden
Jet-Antriebe

### Wickeltechnik
Kunststoff- und
Papierverarbeitung
Beschichtungen
Verpackungs-maschinen

### Baumaschinen
Bagger
Radlader
Walzen
Krane

### Fördertechnik
Fahrantriebe, Hubwerke
Winden, Aufzüge, Flurförderer

**Ortlinghaus-Werke GmbH**
Postfach 14 40
42907  Wermelskirchen
Kenkhauser Str. 125
42929 Wermelskirchen
Deutschland
Phone   +49 21 96 85-0
Fax     +49 21 96 8 55-4 44

**Ortlinghaus - Lamellen
Kupplungen. Bremsen. Systeme**

# Konstruktionswissen für das Studium

Hintzen, Hans / Laufenberg, Hans / Kurz, Ulrich
**Konstruieren, Gestalten, Entwerfen**
Ein Lehr- und Arbeitsbuch für das Studium der Konstruktionstechnik
2000. XIV, 368 S. über 400 Abb. sowie zahlr. Tafeln und Tab. und einem Anhang
Br. DM 54,00 / € 27,00
ISBN 3-528-03841-1

*Inhalt:*
Methodisches Konstruieren - Werkstoffgerechtes Gestalten - Festigkeitsgerechtes Gestalten - Fertigungsgerechtes Gestalten - Recyclinggerechtes Gestalten

Dieses Buch ist die erweiterte und vollständige Neufassung des bisherigen Fachbuchs Konstruieren und Gestalten und vermittelt die Grundlagen der Konstruktionstechnik. Es macht vertraut mit den Analyse- und Syntheseverfahren des methodischen Konstruierens und mit dem Gestalten von Maschinenbauelementen. Praxisorientiert werden technische und wirtschaftliche Kriterien bei der Auswahl von Werkstoffen und der Bauteilfertigung dargestellt. Neu aufgenommen wurden die Kapitel recyclinggerechtes und montagegerechtes Gestalten.

*Die Autoren:*
Hans Hintzen, Studiendirektor, ist an der Fachschule Technik in Essen tätig. Hans Laufenberg ist Studiendirektor an der Fachschule Technik in Mönchengladbach. Ulrich Kurz ist Oberstudiendirektor an der Fachschule Technik in Esslingen.

Abraham-Lincoln-Straße 46
65189 Wiesbaden
Fax 0611.7878-420
www.vieweg.de

Stand 1.7.2001
Änderungen vorbehalten.
Die genannten Europreise sind gültig ab 1.1.2002.
Erhältlich im Buchhandel oder im Verlag.

## 13.3 Nicht schaltbare Kupplungen

Die mit der Bohrungstoleranz N7 bzw. H7 ausgeführten Kupplungsnaben werden mit einer Übergangspassung auf die zu verbindenden Wellenenden gesetzt (z. B. N7/h8 bzw. H7/k6) und mit einer Passfeder gegen Verdrehen gesichert, bei stoßhaften wechselseitigen Drehmomenten auch aufgekeilt oder aufgeschrumpft und auf der Welle nachgedreht. Bei Kupplungen mit Bohrungen $d_1 > 100$ mm wird die Anwendung von Pressverbänden empfohlen (Berechnung s. 12.3.1).

**Schalenkupplung**
Schalenkupplungen nach DIN 115 (s. Bild 13-10) werden ähnlich wie Scheibenkupplungen eingesetzt, sind aber nicht so hoch belastbar, lassen sich dafür einfacher ein- und ausbauen.
Die Halbschalen werden auf die zu verbindenden Wellenenden gelegt und reibschlüssig mit diesen durch die in Taschen angeordneten Schrauben verspannt. Die Schrauben werden in wechselnder Durchsteckrichtung angeordnet, um Unwuchten zu vermeiden. Ab 55 mm Wellendurchmesser werden Passfedern (keine Keile!) zum sicheren Übertragen des Drehmomentes vorgesehen.
Für sicherheitstechnische Anforderungen sind die Kupplungen mit zusätzlichem Stahlblechmantel lieferbar (Kennzeichnung AS, BS, CS, s. Bild 13-10).

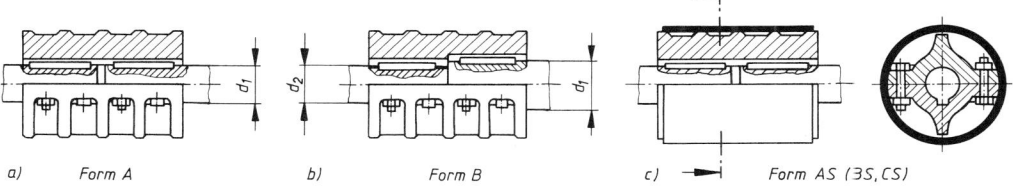

**Bild 13-10** Schalenkupplungen nach DIN 115.
a) Form A für Wellenenden mit gleichen Durchmessern, b) Form B für Wellenenden mit verschiedenen Durchmessern, c) mit Stahlblechmantel; Form AS (BS, CS)

**Stirnzahnkupplungen**
Die platz- und gewichtssparende Plan-Kerbverzahnung (z. B. Voith-Hirth-Verzahnung) überträgt große Drehmomente und übernimmt gleichzeitig die Zentrierung der Teile (Bild 12-9). Näheres ist unter 12.2.4 ausgeführt.

### 13.3.2 Nachgiebige Kupplungen (Ausgleichskupplungen)

Nachgiebige Kupplungen sollen Fluchtungs- und Lagefehler der zu kuppelnden Wellen ausgleichen (s. Ausgleichsfunktion unter 13.1). Je nach Bauart weisen sie eine oder mehrere Nachgiebigkeiten auf, die sich im Betrieb überlagern können. Der zulässige axiale, radiale und winklige Versatz der Kupplungshälften $\Delta K_a$, $\Delta K_r$ und $\Delta K_w$ (vgl. Bild 13-1 a bis c) wird von den Kupplungsherstellern angegeben (s. auch TB 13-3, 13-4 und 13-5) und darf von den im Betrieb auftretenden Wellenverlagerungen $\Delta W$ (vgl. Gl. (13.16)) nicht überschritten werden. Der Ausgleich der Verlagerungen erfolgt im Allgemeinen nicht kräftefrei, es entstehen Rückstellkräfte und -momente, die die Kupplung selbst und die Wellen und Lager zusätzlich belasten (vgl. 13.2.5–3.4). Nachgiebige Wellenkupplungen sind in DIN 740 T1 aufgeführt.

**1. Getriebebewegliche (drehstarre) Kupplungen**

Drehstarre Kupplungen übertragen Drehmomente und leiten Drehmomentstöße und damit Schwingungen ungedämpft weiter. Meist gleiten die Kupplungshälften bzw. -teile aufeinander, was eine Schmierung der Gleitflächen erfordert; andernfalls tritt übermäßiger Verschleiß auf.

*Klauenkupplung*
Bei der Klauenkupplung tragen die Kupplungshälften stirnseitig drei (oder fünf) Klauen, welche wechselseitig in entsprechende Lücken der anderen Kupplungshälfte eingreifen (Bild 13-11 b).

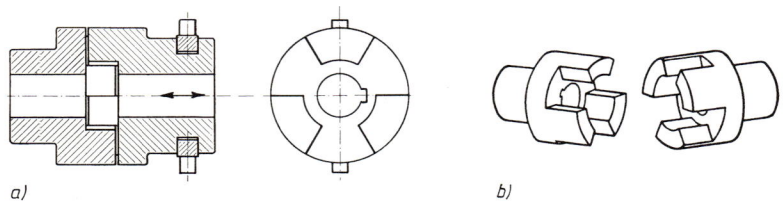

a)                    b)

**Bild 13-11** Klauenkupplung.
a) trennbar, b) nicht trennbar (schaltbar) ausgeführt

Die Klauenkupplung ermöglicht eine Längsverlagerung der Welle, z. B. hervorgerufen durch Erwärmung oder Einbauungenauigkeit, und wird deshalb in lange Wellenstränge eingebaut (Ausdehnungskupplung).

*Kreuzscheiben-Kupplung*
Den Kreuzscheibenkupplungen liegt das Doppelschleifengetriebe mit zwei Dreh- und zwei benachbarten Schubgelenken zugrunde (Bild 13-12a). Der rechtwinklige Kreuzschieber (3) gleitet in den Schleifen (1) und (2), die gleichförmig um zwei parallele Achsen vom Abstand $\Delta K_r$ umlaufen. Die Drehbewegung wird auch dann winkelgetreu übertragen, wenn sich der Achsabstand $\Delta K_r$ während des Betriebes ändert.
Werden die Schleifen (1) und (2) als Naben mit stirnseitiger Quernut und der Kreuzschieber (3) als Scheibe mit zwei um 90° versetzten Leisten ausgeführt, die in die Nabennuten passen, so entsteht die Grundform der Oldham-Kupplung (Bild 13-12b). Diese eignet sich zum Ausgleich geringer axialer und radialer Wellenverlagerungen.
Bei der Ringspann-Ausgleichskupplung (Bild 13-12c) greifen die Mitnehmernocken der beiden gleichen Nabenteile (Stahl oder Grauguss) um 90° zueinander versetzt in entsprechende Schlitze der aus verschleißfestem Kunststoff bestehenden Zwischenscheibe ein. Durch Stütznokken wird eine zusätzliche winklige Nachgiebigkeit erreicht. Es treten keine nennenswerten Rückstellkräfte auf.

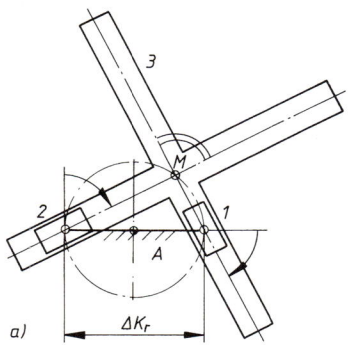

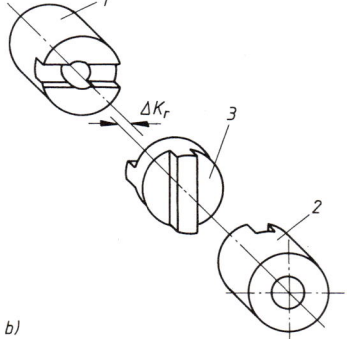

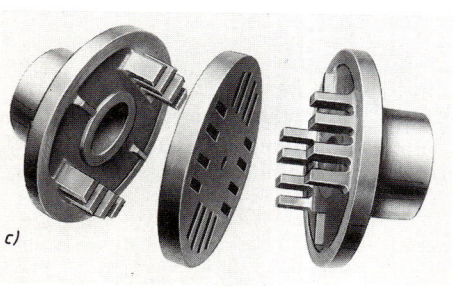

**Bild 13-12**
Kreuzscheiben-Kupplungen.
a) Prinzipdarstellung
b) (Doppelschleifengetriebe) Oldham-Kupplung
c) Ringspann-Ausgleichskupplung (Werkbild)

## 13.3 Nicht schaltbare Kupplungen

*Parallelkurbel-Kupplung*

Die Schmidt-Kupplung (Bild 13-13) eignet sich zur Verbindung extrem radial verlagerter Wellen auf kürzestem Raum. Sie besteht aus der ortsfesten Lagerscheibe (1), der Mittelscheibe (2) und der radial verstellbaren Lagerscheibe (3). Die Scheiben sind untereinander über Bolzen mit gleich langen Lenkern so verbunden, dass zwei hintereinander angeordnete Parallelkurbelgetriebe entstehen und die Drehbewegung winkelgetreu übertragen wird. Die Wellen sind sowohl in Ruhe, als auch während des Betriebes und unter Last, radial nach allen Seiten innerhalb der zulässigen Grenzwerte $\Delta K_r = (0{,}25 \ldots 0{,}95) \cdot 2l$ verstellbar ($l$ Lenkerlänge). Die Kupplung darf aus kinematischen Gründen weder in der Strecklage noch in der neutralen Lage (fluchtende Wellen) betrieben werden. Für einen gegebenen radialen Versatz behält die Mittelscheibe (2) ihre Lage im Raum bei, sie rotiert also zentrisch, sodass keine Unwucht erzeugt wird.

Die Schmidt-Kupplung eignet sich z. B. für den Antrieb von Walzen und Bodenverdichtern, für den stufenlosen radialen Vorschub von rotierenden Werkzeugen (unabhängig vom Antriebsmotor) und bei Wellensträngen zur Umgehung von Hindernissen.

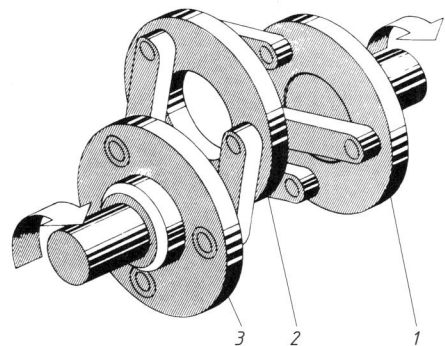

**Bild 13-13**
Parallelkurbel-Kupplung (Schmidt-Kupplung, Werkbild)

*Biegenachgiebige Ganzmetallkupplung* (Membran- bzw. Ringkupplung, auch Thomas-Kupplung genannt)

Die Nachgiebigkeit der Kupplungen wird durch flexible Elemente (s. Bild 13-14a) erreicht. Ein solches Element besteht aus einem wechselseitig mit zwei Scheiben (1) verschraubten Lamellenpaket (2). Die Scheiben werden jeweils mit den Kupplungsnaben (3) bzw. dem Zwischenstück (4) verschraubt. Bei axialen bzw. winkligen Wellenverlagerungen verformen sich die Lamellen, dabei wirken die Unterlegscheiben (5) als Distanzstücke. Die Doppelkupplung (Bild 13-14b) gleicht

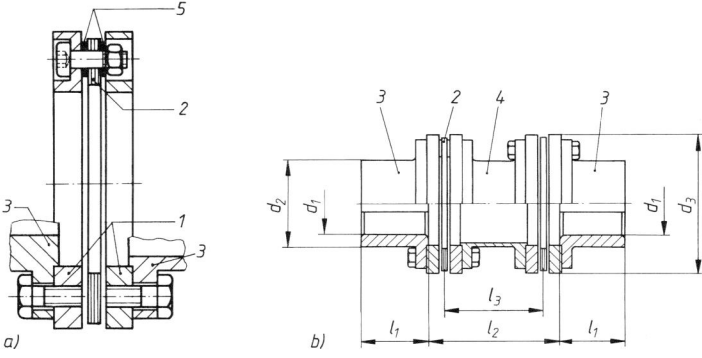

**Bild 13-14** Biegenachgiebige Ganzmetallkupplung. (Thomas-Kupplung, Werkbild). a) Flexibles Element (Bauform 900), b) Kupplung aus zwei flexiblen Elementen und Zwischenstück (Bauform 901). Maße s. TB 13-2

auch radiale Wellenverlagerungen aus. Die Ausgleichskupplungen sind wartungs-, verschleiß- und spielfrei (kein Ausschlagen!) und auch bei höheren Temperaturen (bis 270 °C) einsetzbar. Sie sind empfindlich gegen Stoßbelastung und bauen größer als Zahnkupplungen. Sie werden bei Turbomaschinen, Hubschraubern und im allgemeinen Maschinenbau eingesetzt. Hauptmaße und Auslegungsdaten dieser Kupplungen s. TB 13-2.

*Zahnkupplungen*
Die allseitig frei beweglichen Zahnkupplungen sind zur Übertragung großer Drehmomente und hoher Drehzahlen geeignet. Bei der Zahnkupplung nach Bild 13-15d greift die bogenförmig und ballig ausgebildete Verzahnung der Kupplungsnaben (1) axial verschiebbar und allseitig winkelbeweglich in die gerade Innenverzahnung der Hülse (2).
Die übliche Ausführung als Doppelkupplung ermöglicht den Ausgleich von radialen Wellenverlagerungen. Zur Überbrückung großer Abstände sowie zum Ausgleich größerer Radialverlagerungen werden die Kupplungshälften durch Zwischenstücke verbunden. Da die Zahnflanken bei Ausgleichsbewegungen aufeinander gleiten, müssen sie geschmiert werden (meist Öl- oder Fettvorratsschmierung). Kunststoffe (z. B. Hülse aus Polyamid) ergeben wartungsfreie, gegen Öl und Chemikalien beständige Zahnkupplungen von geringem Trägheitsmoment und Gewicht. Die Zahnkupplung nach Bild 13-15d ist zur Begrenzung des Drehmomentes mit einem Brechbolzenteil (3) ausgestattet (Näheres unter 13.4.2).

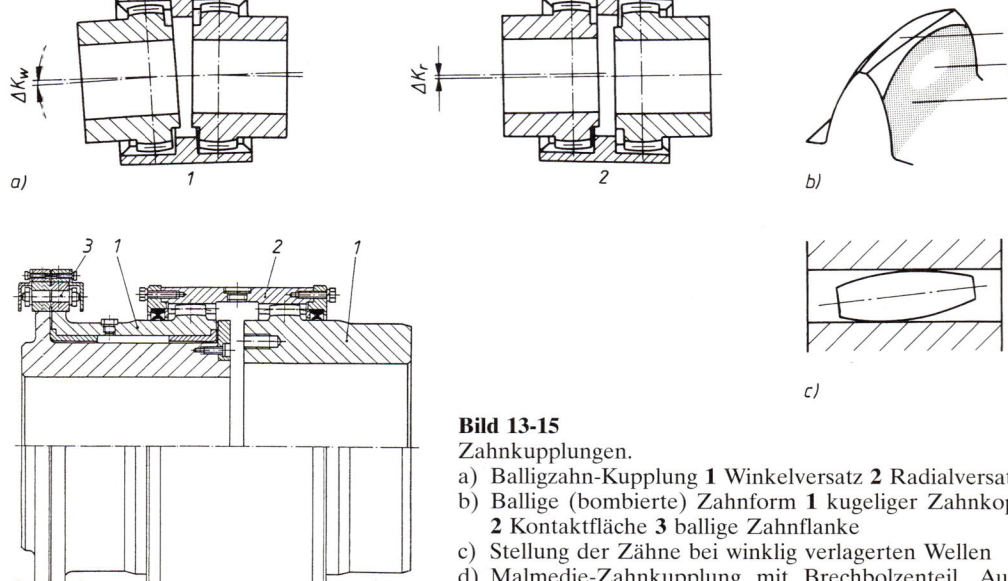

**Bild 13-15**
Zahnkupplungen.
a) Balligzahn-Kupplung **1** Winkelversatz **2** Radialversatz
b) Ballige (bombierte) Zahnform **1** kugeliger Zahnkopf **2** Kontaktfläche **3** ballige Zahnflanke
c) Stellung der Zähne bei winklig verlagerten Wellen
d) Malmedie-Zahnkupplung mit Brechbolzenteil, Ausführung BVZ (Werkbild)

*Gelenke und Gelenkwellen*
Gelenke und Gelenkwellen können Drehmomente auch zwischen winklig zueinander stehenden Wellen übertragen.
Das Bild 13-16 zeigt schematisch ein *Kreuzgelenk* (Kardangelenk). Beim Umlauf beschreiben die Gelenklager sphärische Bahnen. Dadurch wird die Winkelgeschwindigkeit $\omega_1$ der Welle 1 nicht gleichförmig, sondern sinusförmig auf die Welle 2 übertragen, d. h. der Drehwinkel $\varphi_1$ ist beim Umlauf gegenüber $\varphi_2$ abwechselnd vor- und nachlaufend (Kardanfehler, s. Bild 13-17b)).

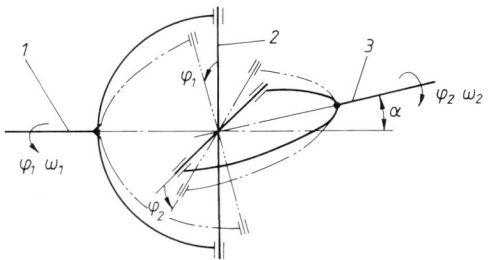

**Bild 13-16**
Einfaches Kreuzgelenk (schematisch).
**1** treibende Welle
**2** Zwischenglied (Kreuz),
**3** getriebene Welle
$\omega_1$, $\omega_2$ Winkelgeschwindigkeiten der An- bzw. Abtriebswelle; $\alpha$ Ablenkungswinkel;
$\varphi_1$, $\varphi_2$ Drehwinkel der An- bzw. Abtriebswelle

Es gilt: $\tan \varphi_2 = \tan \varphi_1 / \cos \alpha$

$$\boxed{\omega_2 = \frac{\cos \alpha}{1 - \cos^2 \varphi_1 \cdot \sin^2 \alpha} \cdot \omega_1} \qquad (13.22)$$

$\omega_1$, $\omega_2$   Winkelgeschwindigkeit der Welle 1 bzw. 2
$\varphi_1$, $\varphi_2$   Drehwinkel der Welle 1 bzw. 2
$\alpha$   Ablenkungswinkel zwischen An- bzw. Abtriebswelle

Die Grenzwerte sind:

$$\omega_{2\,max} = \frac{\omega_1}{\cos \alpha}\,; \qquad \omega_{2\,min} = \omega_1 \cdot \cos \alpha$$

Der Kardanfehler kann durch ein in Z- oder W-Anordnung eingebautes zweites Gelenk (s. Bild 13-18) ausgeglichen werden. Dabei sind folgende Bedingungen einzuhalten:

1. Alle Wellenteile (1, 2 und 3) müssen in einer Ebene liegen.
2. Die Ablenkwinkel $\alpha$ der beiden Gelenke müssen gleich groß sein.
3. Die inneren Gelenkgabeln müssen in einer Ebene liegen.

Die Drehzahlen der Gelenkwellen sind wegen der ungleichförmig umlaufenden Zwischenwelle begrenzt (Laufruhe, Biegeschwingungen).
Das Ablenken des Drehmomentes $T$ bewirkt in den Gelenken Momentenkomponenten, welche die Welle auf Biegung beanspruchen und die Lager belasten (Bild 13-19). Diese Biegemomente $M$ ändern sich periodisch und erreichen beim Drehwinkel $\varphi_1 = 90°$ bei der Z- und W-Anordnung den Größtwert $M = T \cdot \tan \alpha$ (Bild 13-19a). Bei der W-Anordnung wirkt außerdem bei $\varphi_1 = 0°$ auf die Zwischenwelle das größte Biegemoment $M = 2 \cdot T \cdot \sin \alpha$ und entsprechend auf das Gelenk der An- und Abtriebswelle die Kraft $F = 2 \cdot T \cdot \sin \alpha / l$ (Bild 13-19b).
*Wellengelenke* nach DIN 808 sind als Einfach- und Doppelgelenke genormt (Bild 13-20) und eignen sich zur Übertragung kleiner Drehmomente. Sie werden für Drehzahlen bis 1000 min$^{-1}$ mit Gleitlagern, für höhere Drehzahlen bevorzugt mit Nadel-

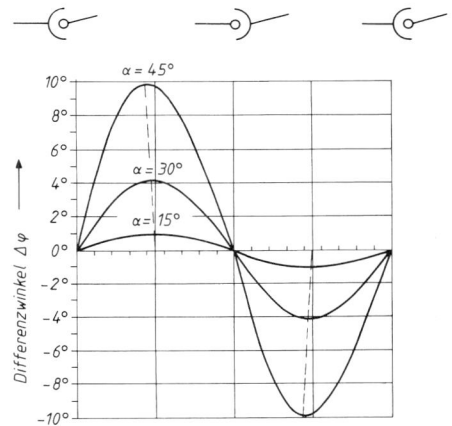

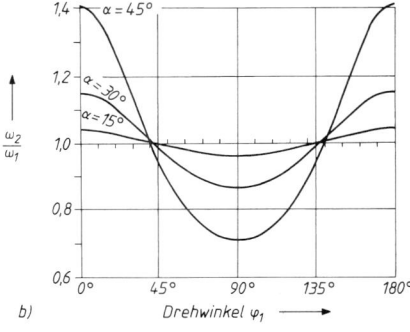

**Bild 13-17** Kardanfehler. Verlauf des
a) Differenzwinkels $\Delta \varphi = \varphi_2 - \varphi_1$,
b) der Winkelgeschwindigkeit $\omega_2$

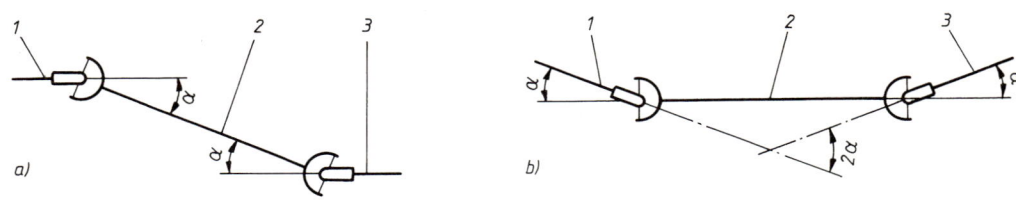

**Bild 13-18** Hintereinander geschaltete Kreuzgelenke (Doppelgelenke) zur gleichförmigen Bewegungsübertragung (schematisch).
a) Z-Anordnung, b) W-Anordnung **1** Antriebswelle, **2** Zwischenwelle, **3** Abtriebswelle

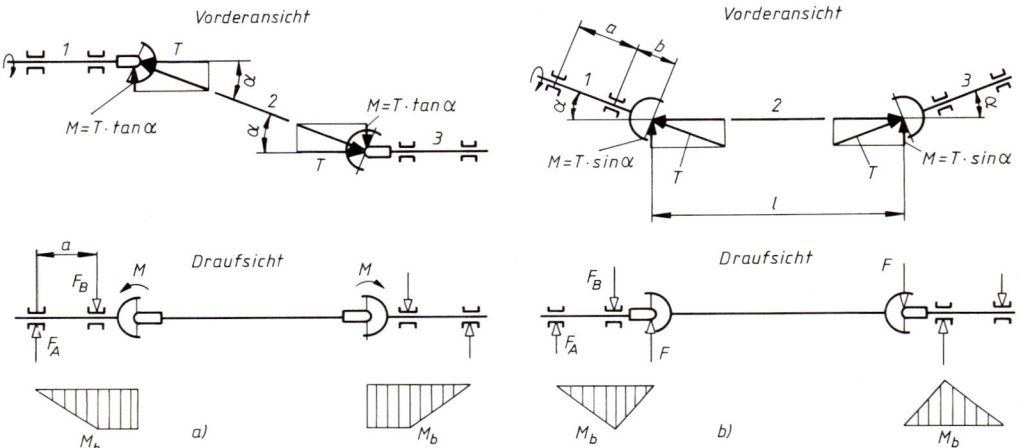

**Bild 13-19** Biegemomente und Lagerkräfte bei Kreuzgelenkwellen (schematisch).
a) Z-(W-)Anordnung beim Wellendrehwinkel $\varphi_1 = 90°$ (270°), b) W-Anordnung beim Wellendrehwinkel $\varphi_2 = 0°$ (180°), **1** Antriebswelle, **2** Zwischenwelle, **3** Abtriebswelle

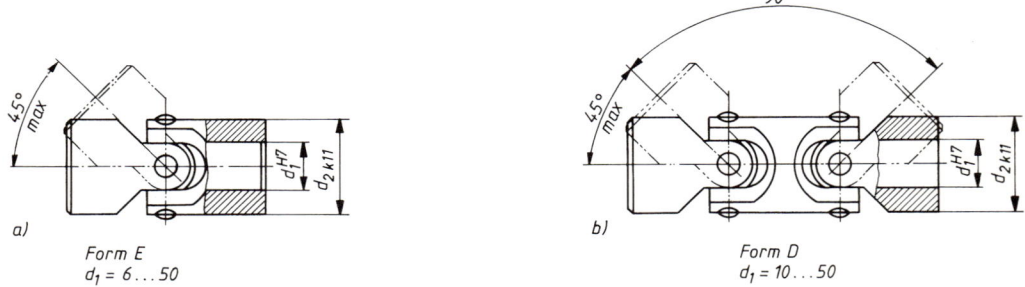

**Bild 13-20** Wellengelenke nach DIN 808.
a) Einfach-Wellengelenk Form E, b) Doppel-Wellengelenk Form D

lagern ausgeführt. Der größte Ablenkungswinkel beträgt 45° (bei Doppelgelenken 90°). Ihre Befestigung auf der Welle erfolgt mit Querstift, Passfeder oder Vierkant.
Für größere Drehmomente kommen *Kreuzgelenkwellen* zur Anwendung (Bild 13-21). Die Zapfenkreuze der Gelenke sind mit nachschmierbaren abgedichteten Nadellagern versehen (Bild 13-21c). Der Wellenanschluss erfolgt über Rundflansche durch vorgespannte Schrauben. Verändern während des Betriebes die Gelenke ihre Lage, so werden Gelenkwellen mit Längenausgleich eingesetzt (Bild 13-21a). Der teleskopartige Längenausgleich wird oft kunststoffbeschich-

## 13.3 Nicht schaltbare Kupplungen

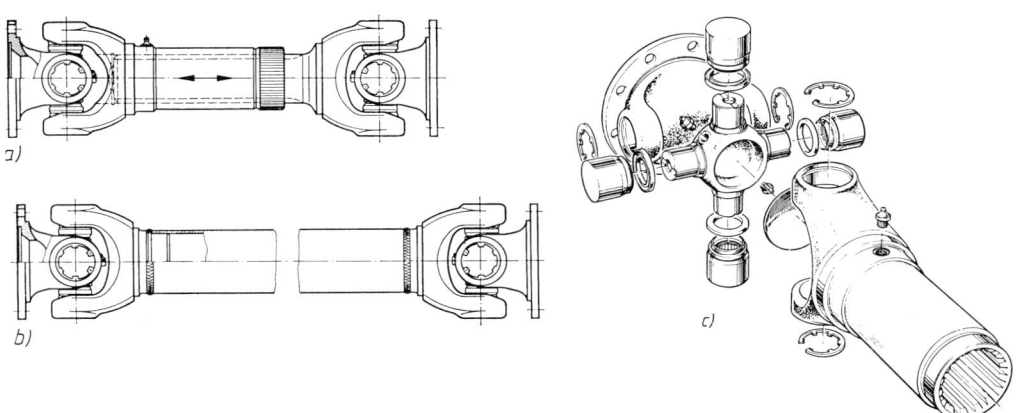

**Bild 13-21** Gelenkwellen (Werkbild). a) mit Längenausgleich, b) ohne Längenausgleich in Rohrausführung, c) konstruktiver Aufbau des Gelenkes

tet, um den Reibwert der Verzahnung gering zu halten und um Wartungsfreiheit zu erreichen. Bei der Kreuzgelenkwelle ohne Längenausgleich (Bild 13-21b) werden die Gelenke durch ein angeschweißtes Stahlrohr (kleine Masse) verbunden und ausgewuchtet.
*Gleichlaufgelenke* (Bild 13-22) sind schwerer und teurer als Kreuzgelenke, sie übertragen aber die Drehbewegung gleichförmig (homokinetisch) und bauen bei Ablenkungswinkeln bis ca. 45° sehr kurz. Sie haben im Kfz-Bau die Kreuzgelenke fast verdrängt und finden zunehmend Anwendung im allgemeinen Maschinenbau (z. B. Werkzeugmaschinen, Walzen- und Pumpenantriebe).
Bedingung für Gleichlauf zwischen An- und Abtriebswelle bei beliebigem Ablenkungswinkel ist, dass die Bewegung der beiden Gelenkteile spiegelbildlich zur winkelhalbierenden Ebene (Gleichlaufebene) erfolgt (Bild 13-22 a).

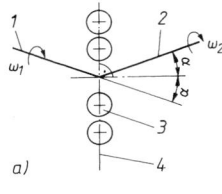

**Bild 13-22**
Gleichlaufgelenke (Wälzgelenke).
a) Spiegelbildliche Lage der An- und Abtriebswelle zur „Gleichlaufebene"
**1** Antriebswelle, **2** Abtriebswelle, **3** kraftübertragende Kugeln, **4** „Gleichlaufebene"
b) Gleichlaufgelenkwelle mit Längenausgleich (Werkbild)
**1** Achszapfen, **2** Kugelnabe, **3** Kugel, **4** Kugelkäfig, **5** Faltenbalg, **6** Welle, **7** Gelenkstück

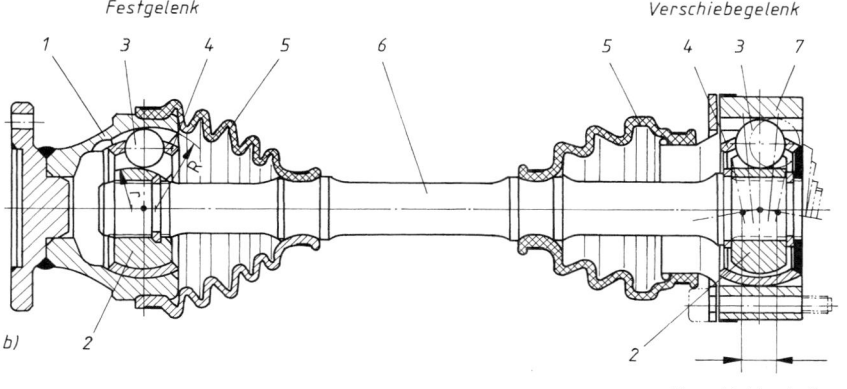

Beim Festgelenk nach Bild 13-22b wird der glockenförmige Achszapfen (1) mit der Kugelnabe (2) durch sechs im Käfig (4) geführte Kugeln (3) verbunden. Die Mittelpunkte der Radien für die Kugellaufbahnen $R$ und $r$ im Achszapfen und in der Kugelnabe sind nach entgegengesetzten Richtungen um gleiche Beträge versetzt, wodurch die Einstellung der Kugeln in der Gleichlaufebene erzwungen wird.

Verschiebegelenke nach Bild 13-22b gestatten neben der gleichförmigen Übertragung von Drehbewegungen unter Ablenkungswinkeln auch eine Verschiebung der Abtriebs- und Antriebswelle zueinander bzw. Längenänderungen der kompletten Gelenkwelle. Gegenüber dem Längenausgleich mit axial gegeneinander gleitender Profilwelle und Profilnabe (vgl. Bild 13-21a) treten bei der Verschiebung über Kugeln (rollende Reibung) geringere Reibungskräfte und kleinerer Verschleiß auf. Die mit Gleichlauf-Verschiebegelenken erreichbaren Ablenkungswinkel sind allerdings auf ca. 18° begrenzt.

Das Verschiebegelenk (Bild 13-22b) besteht aus einem ringförmigen Gelenkstück (7), der Kugelnabe (2), dem Kugelkäfig (4) und sechs Kugeln (3). Die Kugelbahnen sind schraubenförmig in Gelenkstück und Kugelnabe so eingearbeitet, dass sich ihre Bahnen kreuzen und damit in jeder Stellung die Lage der das Drehmoment übertragenden Kugeln in der Gleichlaufebene fixiert ist.

## 2. Drehnachgiebige Kupplungen

Drehnachgiebige Kupplungen haben die Aufgabe, Drehmomentstöße zu mildern bzw. zu dämpfen (s. 13.1).

### 2.1 Metallelastische Kupplungen

Ihr Aufbau und ihre Funktionsweise wird durch die verwendete Feder bestimmt. Die meist lineare Federkennlinie wird häufig durch entsprechende Maßnahmen in eine progressive geändert (vgl. 10.1.1). Durch Reibung in den Federelementen weisen Metallfeder-Kupplungen vereinzelt ein gutes Dämpfungsvermögen auf; sie sind ölfest und temperaturbeständig.

Bei der *Schlangenfeder-Kupplung* (Bild 13-23a) erfolgt die Kraftübertragung durch schlangenförmig gewundene Stahlfedern (4), die in die nutenförmige Verzahnung der beiden Kupplungsscheiben (1 und 2) eingelegt werden. Diese Nuten erweitern sich zur Mitte der Kupplung hin. Dadurch wird die freie Stützweite der Stahlfeder mit steigendem Drehmoment verkürzt (vgl. Bild 13-23b) und die Kupplung erhält eine progressive Drehfederkennlinie. Bei großen Stoßdrehmomenten kommen die Stahlfedern an den Nutflanken voll zur Anlage, die Kupplung verliert dann ihre Drehnachgiebigkeit und verhält sich wie eine drehstarre Kupplung. Ein geteiltes Federgehäuse (3) erlaubt den Ein- und Ausbau von Wellen ohne deren axiale Verschiebung und nimmt das Schmierfett auf.

Die *Schraubenfederkupplung* (Bild 13-24) besteht aus zwischen den Kupplungsnaben (1) in Umfangsrichtung vorgespannten Schraubendruckfedern (4), die sich über schwenkbare Führungs-

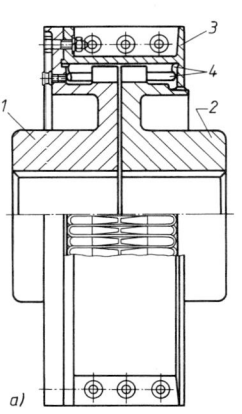
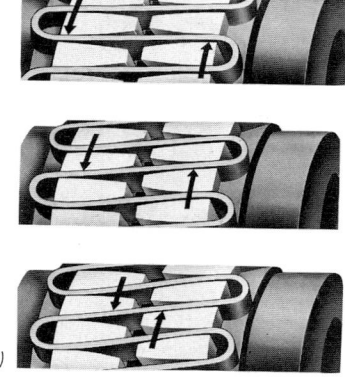

**Bild 13-23**
Schlangenfederkupplung (Werkbild).
a) Bibby-Kupplung mit waagerecht geteiltem Federgehäuse (Bauart WB)
b) Elastische Verformung der Federn bei Halblast, Normallast und Stoßlast (von oben nach unten)

13.3 Nicht schaltbare Kupplungen

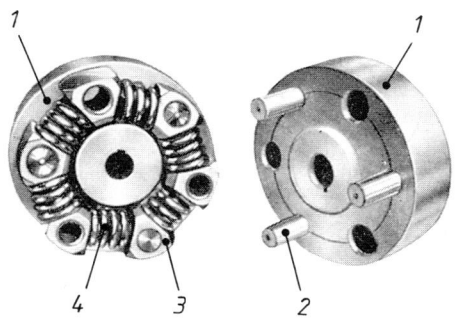
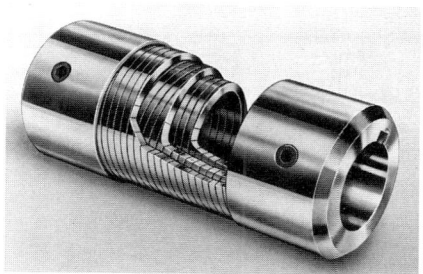
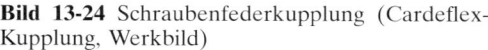

**Bild 13-24** Schraubenfederkupplung (Cardeflex-Kupplung, Werkbild)

**Bild 13-25** Mehrlagen-Schraubenfeder-Kupplung (Simplaflex-Kupplung, Bauform MM, Werkbild)

körper (3) und Mitnehmerbolzen (2) wechselseitig an den Naben abstützen. Durch Hintereinanderschalten der verdrehspielfreien, allseitig verlagerungsfähigen und robusten Kupplungen lassen sich elastische Gelenkwellen ausführen.

Bei der *Mehrlagen-Schraubenfeder-Kupplung* (Bild 13-25) ist der aus drei gegenläufigen Schraubenfedern gewundene Federkörper in die Anschlussnaben eingelötet. Da sich bei der Übertragung des Drehmomentes immer zwei Federlagen aufeinander abstützen können, sind die Kupplungen für beide Drehrichtungen verwendbar und weisen ein gutes Dämpfungsvermögen auf. Sie zeichnen sich ferner durch einen kleinen Außendurchmesser, glatte Oberfläche und völlige Wartungsfreiheit aus.

## 2.2 Gummielastische Kupplungen mittlerer Elastizität

Dabei handelt es sich überwiegend um Bolzen- oder Klauenkupplungen mit auf Druck beanspruchten elastischen Zwischenelementen. Sie weisen einen kleinen Verdrehwinkel und geringe Dämpfung auf. Sie eignen sich in einfachen Antrieben (z. B. Ventilatoren, Kreiselpumpen) zum Ausgleich von Anfahrstößen und Wellenverlagerungen, erlauben relativ große axiale Verlagerungen, sind wartungsfrei und arbeiten auch nach der Zerstörung der elastischen Elemente noch durchschlagsicher (wichtig bei Hubwerken, Aufzugsantrieben). Diese preisgünstigen Kupplungen sind dank ihrer progressiven Drehfederkennlinie robust und hoch überlastbar.

Die *elastische Klauenkupplung* (Bild 13-26) überträgt das Drehmoment über elastische Pakete aus Perbunan, die sich in gleichmäßig auf dem Umfang verteilten Taschen der einen Kupplungshälfte befinden. In die Zwischenräume greifen die entsprechend ausgebildeten Finger der anderen Kupplungshälfte ein. Für Reversierbetrieb und bei starken Drehmomentstößen kann durch Einbau erhöhter Pakete das schädliche Drehspiel ausgeschaltet werden. Eine dreiteilige Bauart gestattet das Auswechseln der elastischen Elemente und den radialen Ausbau der Kupplungswelle, ohne dass die An- oder Abtriebsseite verschoben werden muss.

Die elastische Klauenkupplung (Bild 13-27) besteht aus zwei Kupplungshälften mit konkav ausgebildeten Klauen, die in die Zwischenräume eines Sternes aus Vulkolan greifen. Die Zähne des Sternes sind ballig gestaltet, um bei Wellenverlagerungen Kantenpressung zu vermeiden.

Bei der *elastischen Bolzenkupplung* (Bild 13-28) greifen die in einem Kupplungsflansch befestigten Bolzen mit ihren axial vorgespannten Profilhülsen in entsprechende Bohrungen des anderen Kupplungsflansches ein. Mehrere verschieden tiefe Rillenprofile am Umfang der Hülsen bewirken eine progressive Drehfederkennlinie, ein gutes Arbeitsvermögen und bei Wellenverlagerungen nur geringe Rückstellkräfte. Profilhülsen mit unterschiedlichen elastischen Eigenschaften erlauben eine Abstimmung der Kupplung auf den jeweiligen Belastungsfall.

## 2.3 Gummielastische Kupplungen hoher Elastizität

Diese Kupplungen übertragen das Drehmoment spielfrei über wulst-, scheiben- oder ringförmige Gummielemente. Da Drehmomentstöße durch die große Dämpfung rasch abgebaut werden,

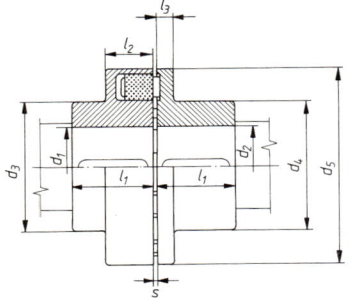

**Bild 13-26** Elastische Klauenkupplung (N-Eupex-Kupplung, Bauform B, Werkbild). Maße und Auslegungsdaten s. TB 13-3

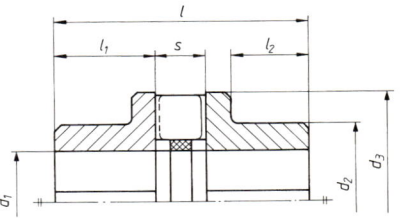

**Bild 13-27** Elastische Klauenkupplung (Hadeflex-Kupplung, Bauform XW1, Werkbild). Maße und Auslegungsdaten s. TB 13-4

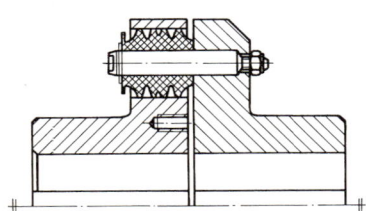

**Bild 13-28** Elastische Bolzenkupplung

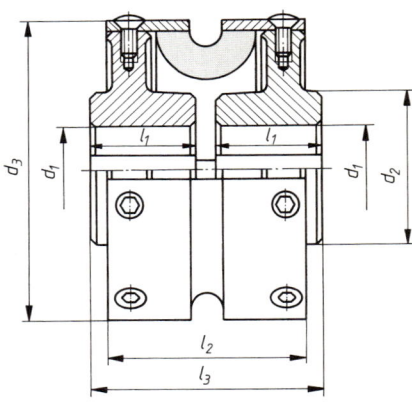

**Bild 13-29** Hochelastische Wulstkupplung (Radaflex-Kupplung, Bauform 300, Werkbild). Maße und Auslegungsdaten s. TB 13-5

eignen sich diese Kupplungen für stark ungleichförmige Antriebe (z. B. Kolbenmaschinen, Pressen). Durch ihre hohe Elastizität können sie große Wellenverlagerungen ausgleichen. Die Drehfederkennlinien sind linear, bei Zwischenring-Kupplungen meist leicht progressiv.

Die *hochelastische Wulstkupplung* (Bild 13-29) überträgt Drehmomente über auf Stahlhalbschalen vulkanisierte, nach innen gewölbte Gummihalbreifen. Die Halbschalen werden mit den Naben verschraubt und ermöglichen eine einfache Montage.

Bei der *hochelastischen Scheibenkupplung* (Bild 13-30) ist eine kegelförmige Gummischeibe an Nabe und Flansch der Kupplung vulkanisiert. Durch unterschiedliche Gummisorten kann die Drehfederkennlinie verändert werden.

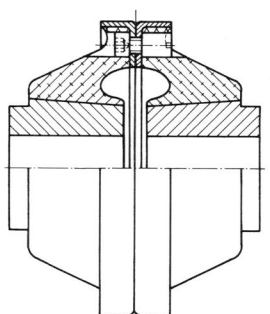 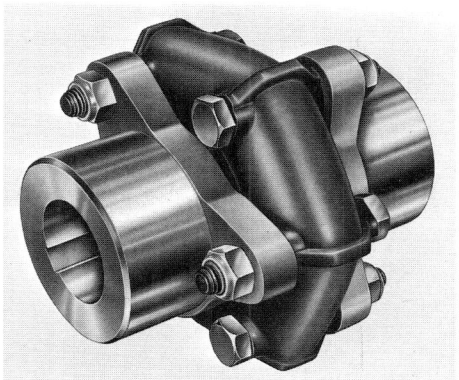

**Bild 13-30** Hochelastische zweiseitige Scheibenkupplung (Kegelflex-Kupplung, Werkbild)

**Bild 13-31** Hochelastische Zwischenring-Kupplung (Werkbild)

Die *hochelastische Zwischenring-Kupplung* (Bild 13-31) überträgt das Drehmoment über einen vier-, sechs- oder achteckigen Ring, welcher wechselseitig mit den beiden Stahl-Flanschnaben verschraubt ist. Der hochelastische Zwischenring aus zylindrischen Gummikörpern, mit an den Eckpunkten einvulkanisierten Stahlblechhülsen, wird beim Einbau radial vorgespannt. Dadurch treten auch bei Belastung keine für Gummi ungünstigen Zugspannungen auf, außerdem besitzt auf Druck beanspruchter Gummi ein großes Arbeitsvermögen.

## 13.4 Schaltbare Kupplungen

Schaltbare Kupplungen dienen dem betrieblichen Unterbrechen und Wiederherstellen der Verbindung von Antriebsteilen und bilden die umfangreichste Gruppe innerhalb der Kupplungen. Sie lassen sich nach folgenden Gesichtspunkten gliedern:
1. Nach *Art ihrer Betätigung* (vgl. Bild 13-3b) in fremdbetätigte Kupplungen (z. B. mechanisch, elektromagnetisch, hydraulisch und pneumatisch betätigt) als eigentliche Schaltkupplungen und selbsttätig schaltende, d. h. drehzahl-, moment- oder richtungsbetätigte Kupplungen entsprechend als Fliehkraft-, Sicherheits- oder Freilaufkupplungen, womit auch schon ihre Funktionen (Einsatzgebiete) festgelegt sind.
2. Nach der *Art ihrer Kraftübertragung* bzw. des Schlusses in formschlüssige, kraftschlüssige und reibschlüssige Kupplungen (vgl. Bild 13-3b). Da Reibungskupplungen äußere Anpresskräfte erfordern, werden sie häufig unter den kraftschlüssigen Kupplungen aufgeführt.
3. Nach ihrer *konstruktiven Gestaltung* in Klauenkupplungen, Zahnkupplungen, Lamellenkupplungen usw.

Die magnetischen und hydrodynamischen Kupplungen, welche zur Aufrechterhaltung der Funktion einen gewissen Schlupf erfordern (Schlupfkupplungen), lassen sich bei den kraftschlüssigen Kupplungen einordnen. Sie werden in den Abschnitten 13.4.5 und 13.4.6 gesondert behandelt. Aus der Vielzahl dieser Kupplungen können hier nur einige typische Bauformen exemplarisch beschrieben werden.

### 13.4.1 Fremdbetätigte Kupplungen (Schaltkupplungen)

#### 1. Formschlüssige Schaltkupplungen

Formschlüssige Schaltkupplungen sind nur trennbar (s. 13.1), d. h. sie lassen sich nur bei (annäherndem) Stillstand oder Synchronlauf und nur in bestimmten Stellungen der Kupplungshälf-

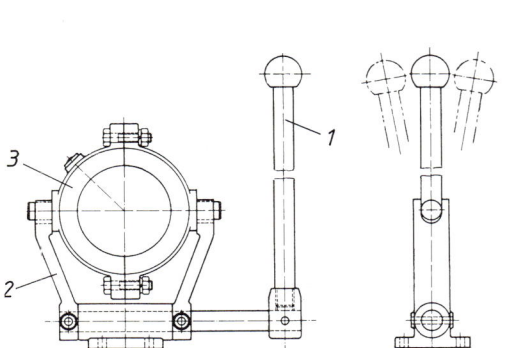

**Bild 13-32** Kupplungsschalter.
**1** Handhebel, **2** Schaltgabel, **3** Schaltring
(Seitenansicht ohne Schaltring dargestellt)

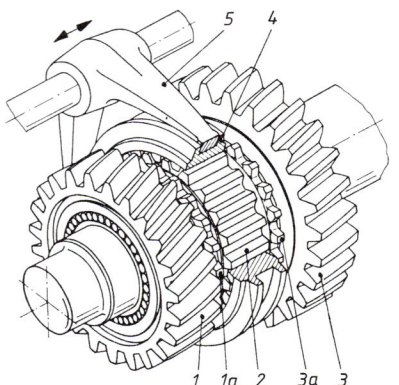

**Bild 13-33** Schaltbare Zahnkupplung im ZF-Allklauengetriebe (Werkbild)

ten zueinander kuppeln. Sie lassen sich unter Last entkuppeln, wenn die durch die Umfangskraft (Drehmoment) bedingten Reibkräfte dies zulassen. Die Betätigung erfolgt meistens mechanisch über Gleitmuffe, Schaltring und Schaltgabel (vgl. Bild 13-32). Die verschiebbare Kupplungshälfte wird auf die zeitweise stillstehende Welle gesetzt, um Verschleiß und Erwärmung zu vermeiden.

Bei der *trennbaren Klauenkupplung* (Bild 13-11a) erfolgt das Ein- und Entkuppeln durch mittels Gleitfedern geführtes axiales Verschieben einer Kupplungshälfte um etwas mehr als die Klauenhöhe. Das Einkuppeln wird durch abgerundete oder abgeschrägte Klauen erleichtert.

*Schaltbare Zahnkupplungen* nach Bild 13-33 werden in Kraftfahrzeuggetrieben verwendet. Die zu kuppelnden Zahnräder (1) und (3), die je mit einem Kupplungszahnkranz (1a) und (3a) versehen sind, sitzen drehbar (lose) auf der Welle, während das Kupplungszahnrad (2) fest mit der Welle verbunden ist. Die Kupplung wird betätigt, indem die innenverzahnte Kupplungsmuffe (4) durch die Schaltgabel (5) nach rechts oder links verschoben wird.

Das Schalten während des Betriebes wird durch Gleichlaufeinrichtungen (Synchronisierung) erleichtert, die im Prinzip aus vorgeschalteten Kegelkupplungen bestehen. Eine Schaltsperre (Synchronsperre) sorgt dafür, dass erst bei völligem Gleichlauf die Muffe (4) über die Verzahnung (1a oder 3a) geschoben werden kann und damit Welle und Zahnrad (1 oder 3) formschlüssig verbunden sind.

## 2. Kraft-(Reib-)schlüssige Schaltkupplungen

Die reibschlüssigen Schaltkupplungen lassen sich im Betrieb unter Last schalten. Sie können ein Drehmoment nur übertragen, wenn auf die Reibflächen eine der Größe des Drehmomentes entsprechende Normal-(Anpress-)Kraft wirkt. Nachteilig ist die beim Einschalten (Rutschen) entstehende Reibungswärme und der unvermeidbare Verschleiß der Reibungsflächen. Je nach Form (eben, kegelig oder zylindrisch) und Anzahl der Reibungsflächen unterscheidet man Einflächen-, Zweiflächen-(Einscheiben-), Mehrflächen-(Lamellen-), Kegel- und Zylinderkupplungen (Bild 13-34). Die Kupplungen bestehen aus einem Betätigungsteil (z. B. Magnetspule) und einem Kraftübertragungsteil (z. B. Lamellen). Nach dem Aufbau unterscheidet man die Gehäuseausführung (Betätigungs- und Kraftübertragungsteil bilden mit dem Außenmitnehmer eine Einheit) und die Trägerausführung (Betätigungs- und Kraftübertragungsteil bilden mit dem Innenmitnehmer oder Träger eine Einheit). Außerdem wird noch zwischen Nass- und Trockenlauf unterschieden, je nachdem ob die Reibflächen geölt werden oder trocken laufen müssen (Reibungszahl!). Als Reibstoffpaarungen werden für Nasslauf meist Stahl/Stahl und Stahl/Sinterbronze und für Trockenlauf Stahl (Grauguss)/Reibbelag und Stahl/Sinterbronze eingesetzt.

## 13.4 Schaltbare Kupplungen

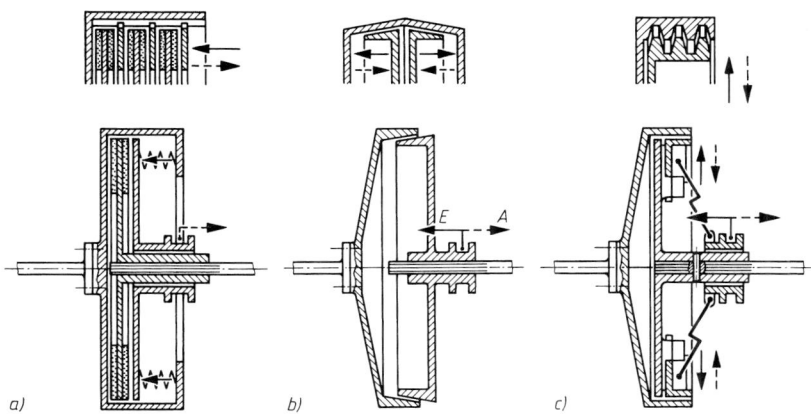

**Bild 13-34** Einteilung der reibschlüssigen Schaltkupplungen nach der Form der Reibflächen. a) Scheibenkupplung (Ein-, Zwei- oder Mehrflächenkupplung), b) Kegelkupplung, c) Zylinder-(Backen-)Kupplung, E Einschalten (Kuppeln), A Ausschalten (Entkuppeln).

### 2.1 Mechanisch betätigte Schaltkupplungen

Bei mechanisch betätigten Schaltkupplungen wird die für den Reibungsschluss notwendige Anpresskraft meist über selbstsperrende Hebelsysteme oder Federn aufgebracht. Diese einfachste Art der Betätigung ist anwendbar, wenn keine Fernsteuerung verlangt wird und die Schaltgenauigkeit ausreicht.

*Zweiflächen-Kupplung*

Bei der Zweiflächen-(Einscheiben-)Kupplung mit Rastung nach Bild 13-35 a wird das Drehmoment von der Mitnehmerscheibe (2) über eine Zahn- oder Bolzenverbindung in die Reib-

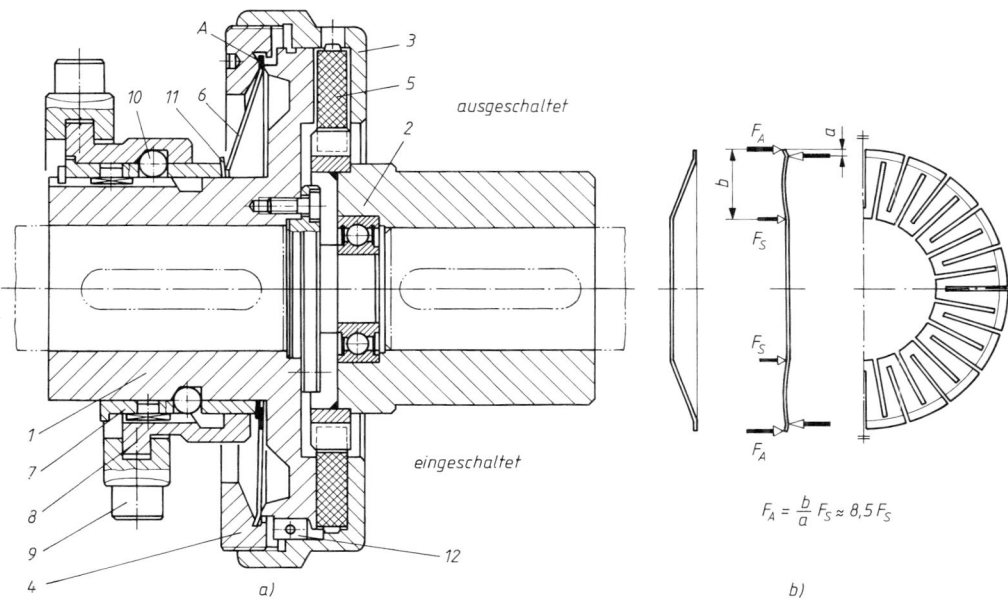

**Bild 13-35** Mechanisch betätigte Zweiflächen-(Einscheiben-)Kupplung (Werkbild). a) Ringspann-Schaltkupplung mit Rastung (Bauform KSW) in ausgeschaltetem (oben) und eingeschaltetem (unten) Zustand, b) Ringspann-Anpressfeder mit an ihr wirkender Schalt-($F_S$) und Anpresskraft ($F_A$).

$$F_A = \frac{b}{a} F_S \approx 8{,}5 F_S$$

scheibe (5) eingeleitet. Beim Einkuppeln wird der Kupplungsring (3) über den Einstellring (4) durch die Anpressfeder (6) nach links gedrückt und damit gegen die Reibscheibe (5) und die Kupplungsnabe (1) gepresst. Die Anpressfeder wird mittels Schaltring (9) über die Schaltmuffe (8), die Schaltbuchse (7) und die Tellerfeder (11) verspannt (eingeschalteter Zustand) oder entlastet, wobei die Kugeln (10) in den jeweiligen Endstellungen in Ringnuten einrasten und dadurch den Schaltring entlasten. Das Ein- und Nachstellen der Kupplung erfolgt über den in den Kupplungsring eingeschraubten Einstellring.

Gegenüber Lamellenkupplungen haben Zweiflächenkupplungen den Vorteil, dass die anfallende Reibungswärme besser gespeichert und abgeführt werden kann und das Leerlaufmoment kleiner ist. Sie bauen allerdings größer und sind teurer.

*Lamellenkupplungen*

Die Lamellenkupplungen (z. B. Bild 13-36) haben heute den größten Anwendungsbereich. Durch mehrere hintereinandergeschaltete, abwechselnd mit den Kupplungshälften verbundene Reibscheiben (Lamellen) wird die Anzahl der Reibungsflächen und damit in gleichem Maße das übertragbare Drehmoment erhöht. Ihre Vorteile gegenüber allen anderen Bauarten sind ihre kleineren Abmessungen und ihr günstiger Preis. Nachteilig ist, dass sie keine großen Wärmemengen speichern und abgeben können und dass stets ein kleines Leerlaufdrehmoment auftritt.

Bei der Sinus-Lamellenkupplung (Bild 13-36) trägt der mit der Welle durch eine Passfeder verbundene Innenmitnehmer (1) eine Außenverzahnung, in die die Zähne der gehärteten und in Umfangsrichtung gewellten Sinus-Innenlamellen (3) eingreifen. Die in gleicher Weise mit dem Außenmitnehmer (2) verbundenen Außenlamellen (4) sind entweder gehärtete und plangeschliffene Stahllamellen (Nasslauf) oder Stahllamellen mit Sinterbelag. Das Kuppeln erfolgt durch Verschieben der Schaltmuffe (5) über drei im Innenmitnehmer angeordnete Winkelhebel (6). Diese drücken mit ihren kurzen Enden auf das Lamellenpaket und bewirken den Reibschluss zwischen den Lamellen. Die federnde Ausbildung der Kupplungshebel verhindert einen stärkeren Drehmomentabfall bei Lamellenverschleiß und vermeidet häufiges Nachstellen der Kupplung.

Die Sinus-Lamellen bewirken durch ihre Federwirkung ein weiches Kuppeln, da während des Schaltvorganges eine stetige Vergrößerung der Reibungsflächen durch allmähliches Abflachen der Sinuslinie bis zum Tragen der ganzen Fläche erfolgt.

Ein sicheres Entkuppeln wird durch die Eigenfederung der Sinus-Lamellen bewirkt, die im Leerlauf der Kupplung nur Linienberührung haben, sodass Leerlaufmitnahme, Erwärmung und Verschleiß unbedeutend sind.

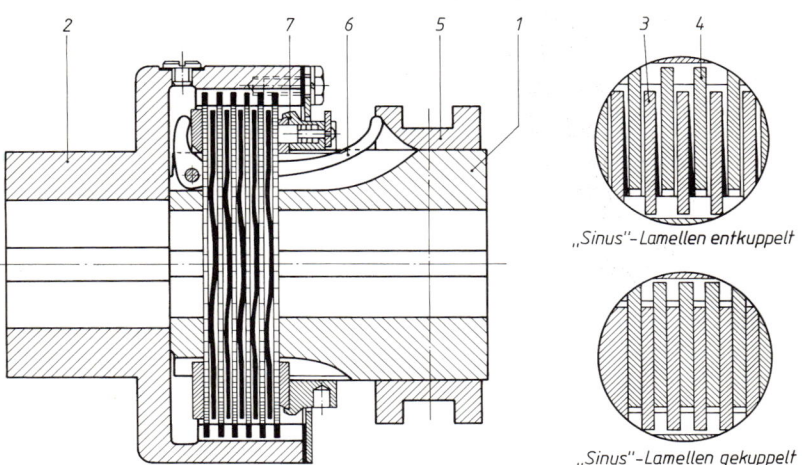

**Bild 13-36** Mechanisch betätigte Sinus-Lamellenkupplung (Werkbild)

## 13.4 Schaltbare Kupplungen

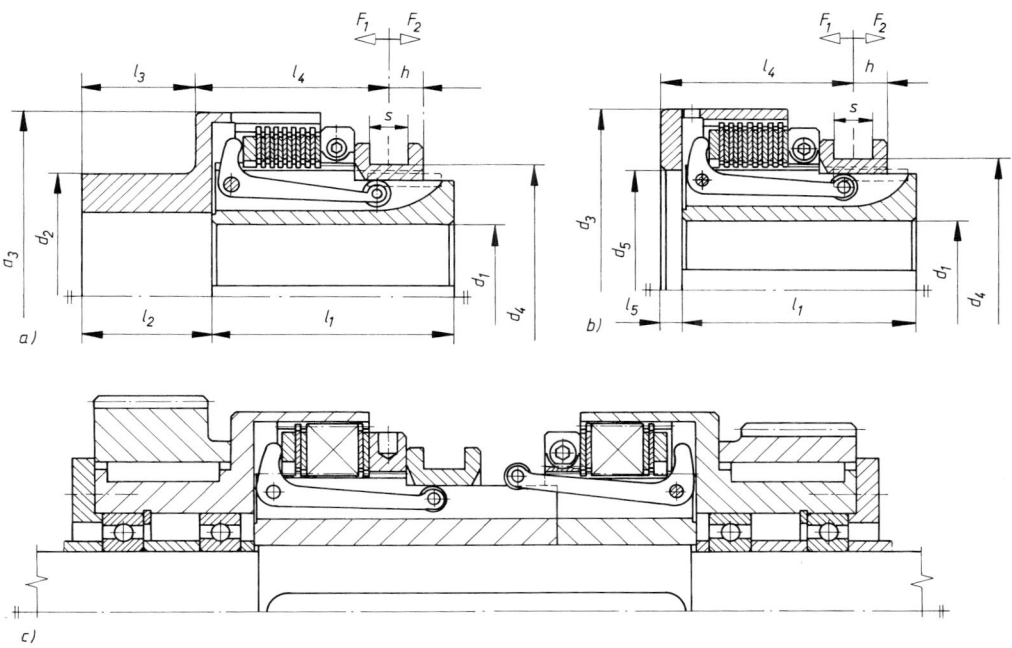

**Bild 13-37** Mechanisch betätigte BSD-Lamellen-Kupplungen (Werkbild).
a) mit Nabengehäuse (Bauform 493), b) mit Topfgehäuse (Innenflansch, Bauform 491), c) Doppelkupplung mit Nabengehäuse in einem Wendegetriebe. Maße und Auslegungsdaten zu a) und b) s. TB 13-6.

Die Stellmutter (7) dient zur Einstellung des Drehmomentes und zur Verschleißnachstellung. Mechanisch betätigte Lamellenkupplungen mit verschieden gestalteten Außengehäusen als lose Außenmitnehmer zeigt Bild 13-37a bis c. Betätigungsteil und Kraftübertragungsteil der Kupplung bilden mit dem Innenmitnehmer eine Einheit. Bei der Doppelkupplung (Bild 13-37c) sind zwei Einfachkupplungen mit Nabengehäuse zu einer Einheit verbunden. Wahlweise kann die eine oder die andere Kupplung geschaltet werden.

*Reibungsring-Kupplung*
Eine Kombination von Kegel- und Zylinder-Reibungskupplung stellt die Reibungsring-Kupplung mit schwimmendem Keilreibring dar (Bild 13-38). Sie verfügt durch die weit außen liegenden Reibflächen über eine gute Wärmeabführung und benötigt durch die kegelförmigen Reibflächen geringe Schaltkräfte.

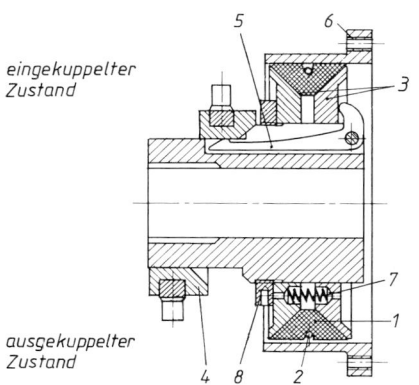

**Bild 13-38**
Mechanisch betätigte Reibungsring-Kupplung (Conax-Kupplung, Bauart STA, Werkbild)

Das Kuppeln erfolgt wie bei den mechanischen Lamellenkupplungen durch Verschieben der Schaltmuffe (4) über die Winkelhebel (5), die die Tellerscheiben (3) zusammendrücken und dabei den in Segmente geteilten Reibring (1) nach außen gegen den Kupplungsmantel (6) pressen und damit Reibschluss herstellen. Beim Entkuppeln drücken die Druckfedern (7) die Tellerscheiben auseinander und die Zugfeder (2) den Reibring nach innen. Ein- und Nachstellen der Kupplung erfolgt über den Gewindering (8). Durch die Konusflächen erfolgt eine Zentrierung der beiden Kupplungshälften.

Kupplungen dieser Bauart („Doppelkonus-Kupplungen") werden auch mit hydraulischer und pneumatischer Betätigung ausgeführt und überwiegend für Trockenlauf im allgemeinen Maschinenbau eingesetzt.

*2.2 Elektromagnetisch betätigte Kupplungen*

Bei den elektromagnetisch betätigten Kupplungen handelt es sich meist um Einscheiben-, Lamellen- oder Zahnkupplungen, bei welchen eine stromdurchflossene Spule ein magnetisches Feld aufbaut, dessen Kraftwirkung die für den Reibschluss erforderliche Anpresskraft aufbringt (*arbeitsbetätigt*) oder die durch Federkraft geschlossene Kupplung öffnet (*ruhebetätigt*). Ruhebetätigte Kupplungen werden dann gewählt, wenn die Kupplung fast ständig eingeschaltet ist oder wenn bei Stromausfall die Drehmomentübertragung nicht unterbrochen werden darf (z. B. bei Hubwerken). Unterschieden werden zwei Grundformen: Kupplungen mit magnetisch durchflutetem und solche mit magnetisch nicht durchflutetem Kraftübertragungsteil. Bei letzteren wird durch die Magnetkraft eine Ankerscheibe angezogen, welche die auf sie ausgeübte Kraft an dem mechanischen Kraftübertragungsteil abstützt und dadurch Reibschluss bewirkt. Zwischen Ankerscheibe und Magnetkörper verbleibt in eingeschaltetem Zustand ein Luftspalt (deshalb auch "Luftspaltkupplung", vgl. Bild 13-41a).

Nach der Art der Stromzuführung werden Kupplungen mit Schleifringen und schleifringlose Kupplungen unterschieden, letztere mit stillstehendem Magnetkörper (z. B. Bild 13-39).

Die elektromagnetische Betätigung wird am häufigsten verwendet. Sie ermöglicht den Bau fernbedienbarer Kupplungen mit kleinem Bauvolumen, welche sich besonders für die Automation eignen. Nachteilig sind die Wärmeentwicklung durch die Magnetspule, die Magnetisierung der Umgebung und der dauernde Stromverbrauch während des Betriebes.

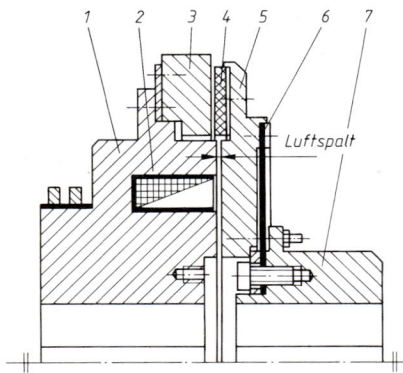

**Bild 13-39**
Elektromagnetisch betätigte Schleifring-Einflächen-Kupplung mit Luftspalt und Membran (Bauform MBA, Werkbild)

*Einflächenkupplung*

Trocken laufende Einflächenkupplungen *mit Luftspalt* und *Schleifring* haben sich bei hoher Wärmebelastung im gesamten Maschinenbau und insbesondere bei Antrieben mit Dieselmotoren (z. B. Notstromaggregatebau) bewährt. Sie arbeiten ohne Leerlaufdrehmoment. Der sich durch Verschleiß verkleinernde Luftspalt muss nachgestellt werden.

Bei der Einflächenkupplung nach Bild 13-39 ist der Magnetkörper (1) mit Spule (2) und Reibring (3) auf der Antriebswelle befestigt. Durch Erregen der Spule wird die über die Stahlmembran (6) und Nabe (7) mit der Abtriebswelle verbundene Ankerscheibe (5) gegen den Reibring

Den MAGNETISMUS haben wir zwar nicht erfunden, aber wir nutzen die KRAFT DES MAGNETISMUS seit 90 Jahren in unseren Komponenten.

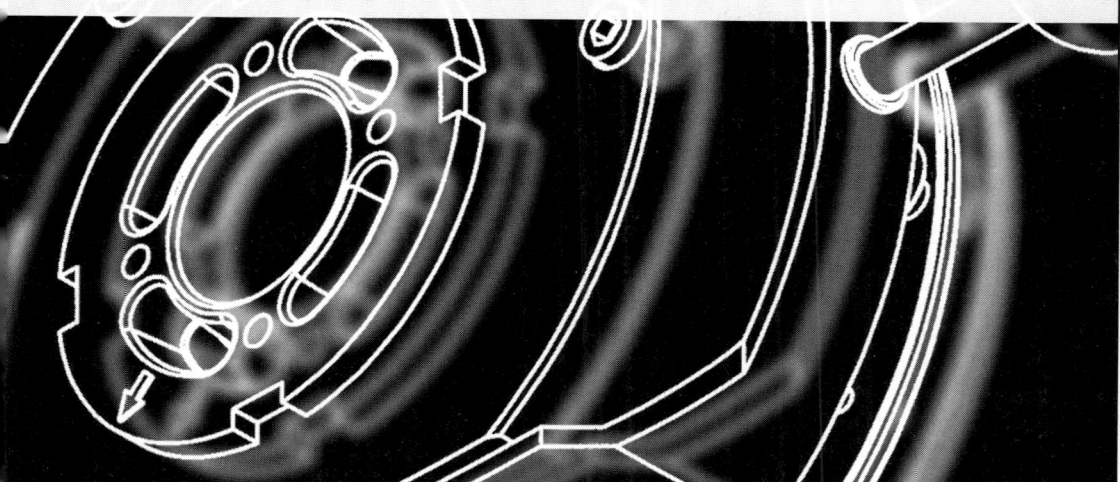

**BINDER Kupplungs- und Bremssysteme**
elektromagnetisch, pneumatisch und hydraulisch

# www.KendrionAT.de

Kendrion Binder Magnete GmbH
Mönchweilerstrasse 1 • D-78048 VS-Villingen
Tel. 0 77 21/ 877-0 • Fax 0 77 21/ 877-490
E-Mail: dialog@KendrionAT.de

KENDRION BINDER IS A SCHUTTERSVELD COMPANY

# Physikalisch-technische Zusammenhänge

Hirsch, Andreas
**Werkzeugmaschinen Grundlagen**
Lehr- und Übungsbuch
2000. X, 369 S. Mit 413 Abb. u. 27 Tab.
Br. DM 58,00 / € 29,00
ISBN 3-528-04950-2

*Inhalt:*
Anforderungen und Beurteilung - Baugruppen und Bauarten spanender und umformender Werkzeugmaschinen - Abtragende Werkzeugmaschinen - Flexible Fertigungseinrichtungen

Grundlagen, Aufbau, Anwendung und Bewertung von Werkzeugmaschinen im Ingenieurstudium zu vermitteln ist ohne Beispiele nicht möglich. Leicht verständlich, aber ohne unzulässige Vereinfachung, werden mit übersichtlichen Prinzipskizzen, Übersichtsdiagrammen und nachvollziehbaren mathematischen Beschreibungen die physikalisch-technischen Zusammenhänge erläutert.

*Der Autor*
Dr.-Ing. Andreas Hirsch lehrt an der TU Chemnitz-Zwickau und an der FH Gießen-Friedberg Werkzeugmaschinen, Konstruktion und Übersichtsveranstaltungen für Wirtschaftsingenieure.

Abraham-Lincoln-Straße 46
65189 Wiesbaden
Fax 0611.7878-420
www.vieweg.de

Stand 1.7.2001
Änderungen vorbehalten.
Die genannten Europreise sind gültig ab 1.1.2002.
Erhältlich im Buchhandel oder im Verlag.

gezogen und überträgt damit reibschlüssig das Drehmoment. Bei Unterbrechung des Stromes drücken Membran (6) und zusätzliche Rückholfeder die Ankerscheibe (5) zurück.
Der auf der Ankerscheibe (5) befestigte Reibbelag (4) ist zweiteilig und daher leicht austauschbar. Der Luftspalt ist über Beilegscheiben oder Gewinde zwischen Magnetkörper (1) und Reibring (3) einstellbar.
Einflächenkupplungen *ohne Luftspalt* werden meist in schleifringloser Ausführung gebaut. Da der Reibschluss unmittelbar über die Polflächen erfolgt, werden sie auch als Polflächen-Reibkupplungen bezeichnet. Sie haben einen einfachen Aufbau, kurze Schaltzeiten und sind wartungsfrei. Sie werden als Kleinstkupplungen z. B. in Büromaschinen, Tonbändern und EDV-Anlagen, in größeren Ausführungen z. B. in Genauigkeitsschaltungen bei Werkzeugmaschinen und als Lüfterkupplung im Kfz-Bau eingesetzt.
Bei der Einflächenkupplung nach Bild 13-40 zur Verbindung zweier Wellen ist der stillstehende Magnetkörper (1) durch ein Kugellager auf der Rotornabe (5) zentriert und mit dem Halteblech (4) gegen Verdrehen gesichert. Der Rotor (6) weist zwei magnetisch gegeneinander isolierte Polflächen auf, zwischen denen der Reibbelag (7) liegt. Er ist mit der Rotornabe (5) verschraubt.

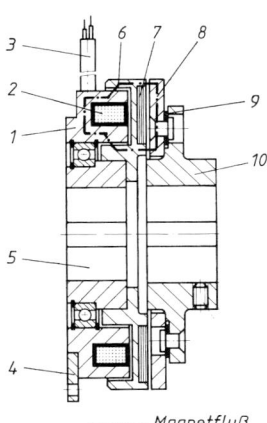

**Bild 13-40**
Elektromagnetisch betätigte schleifringlose Einflächenkupplung ohne Luftspalt (Bauform 160, Werkbild)

— · — Magnetfluß

Die Verbindung zwischen Ankerscheibe (8) und Ankernabe (10) über die Membranfeder (9) erfolgt drehspielfrei durch Niete. Die Kupplung eignet sich daher zur Übertragung von Wechseldrehmomenten (kein Ausschlagen wie bei Kupplungen mit Verzahnungen!). Zur Reduzierung magnetischer Streuflüsse sind beide Naben (5 und 10) aus einer hochfesten Al-Cu-Legierung hergestellt.
Bei Erregung des Magneten (2) mit Gleichstrom über das Anschlusskabel (3) entsteht im Magnetkörper (1) ein magnetischer Fluss, der über die Luftspalte radial in den Rotor (6) eindringt und sich in der Ankerscheibe (8) schließt. Diese wird nun luftspaltlos gegen die Pole und den Reibbelag (7) gepresst. In stromlosem Zustand holt die Membranfeder (9) die Ankerscheibe (8) zurück.

*Lamellenkupplung*
Bei der Lamellenkupplung mit *nicht durchfluteten Lamellen* bleibt im eingeschalteten Zustand zwischen Magnetkörper und Ankerscheibe ein Luftspalt, sie wird deshalb häufig als „Luftspaltkupplung" bezeichnet. Da die Lamellen magnetisch nicht durchflutet werden, kann die Reibstoffpaarung beliebig gewählt und die Kupplung auch im Trockenlauf betrieben werden. Bei Verschleiß der Lamellen muss der sich verkleinernde Luftspalt nachgestellt werden.
Bei der Kupplung nach Bild 13-41a wird der Kraftfluss zwischen den Kupplungshälften über die auf dem Innenmitnehmer (1) sitzenden Innenlamellen (9) und die auf dem Außenmitnehmer (3) sitzenden Außenlamellen (10) erreicht. Der Reibschluß zwischen den Lamellen er-

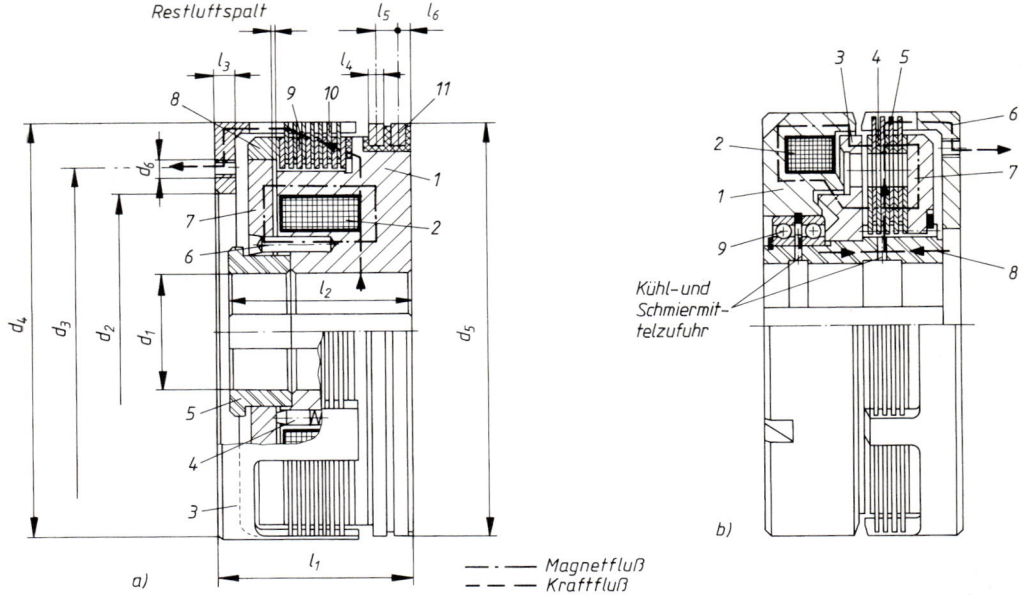

**Bild 13-41** Elektromagnetisch betätigte Lamellenkupplungen (Werkbild).
a) mit magnetisch nicht durchfluteten Lamellen und Schleifring, Bauform 100, b) mit magnetisch durchfluteten Lamellen ohne Schleifring, Bauform 137. Maße und Auslegungsdaten s. TB 13-7

folgt, indem bei Erregung der Magnetspule (2) durch über die Schleifringe (11) zugeführten Gleichstrom ein Magnetfeld entsteht, das die Ankerscheibe (7) mit der Stellmutter (8) anzieht. Hierzu ist die Ankerscheibe beweglich auf der Buchse (5) gelagert und gegen Verdrehen mit Zylinderstiften (6) gesichert. Im stromlosen Zustand wird die Ankerscheibe mittels federbeaufschlagter Druckbolzen (4) von den Lamellen weggedrückt und damit der Kraftfluss unterbrochen.

Die Kupplung mit *magnetisch durchfluteten Lamellen* bedingt magnetisierbare Stahllamellen. Damit kann sie in der Regel nur im Nasslauf betrieben werden. Bei Lamellenverschleiß braucht sie nicht nachgestellt zu werden. Die schleifringlose Ausführung (Bild 13-41b) benötigt als zusätzliches Bauelement eine Leitscheibe (3) zur Umlenkung der Feldlinien vom stillstehenden Magnetkörper (1) in das umlaufende Lamellenpaket. Dafür entfällt die Wartung der Schleifbürsten.

Bei der schleifringlosen Kupplung nach Bild 13-41b wird der Kraftfluss von der Antriebswelle über die Nabe mit Außenverzahnung (8) und den darauf geführten gehärteten Innenlamellen (4) auf die in Umfangsrichtung gewellten Außenlamellen (5), die auf den gehärteten Fingern der Außenmitnehmer (6) sitzen, weitergeleitet. Der Außenmitnehmer wird mit dem Abtriebsteil (z. B. Zahnrad) verschraubt.

Bei Erregung der Magnetspule (2) entsteht infolge der magnetischen Durchflutung in den Reibungsflächen der Lamellen der für den Reibschluss erforderliche Anpressdruck. Die in der Außenverzahnung der Nabe mit gelagerter Ankerscheibe (7) hat nur die Aufgabe, den Magnetfluss zu führen. Hierzu dient auch die mittige Unterbrechung der Lamellen und Leitscheibe, die stegförmig miteinander verbundene Polflächen bilden. Die Kugellager (9) trennen den stillstehenden Magnetkörper (1) von der umlaufenden Nabe (8).

*Zahnkupplung*

Die elektromagnetisch betätigten Zahnkupplungen übertragen das Drehmoment über eine Stirnverzahnung (Bild 13-42b). Obwohl sie Merkmale der formschlüssigen Kupplungen aufweisen (Schalten im Stillstand bzw. Synchronlauf) rechnet man sie zu den kraftschlüssigen Kupp-

## 13.4 Schaltbare Kupplungen

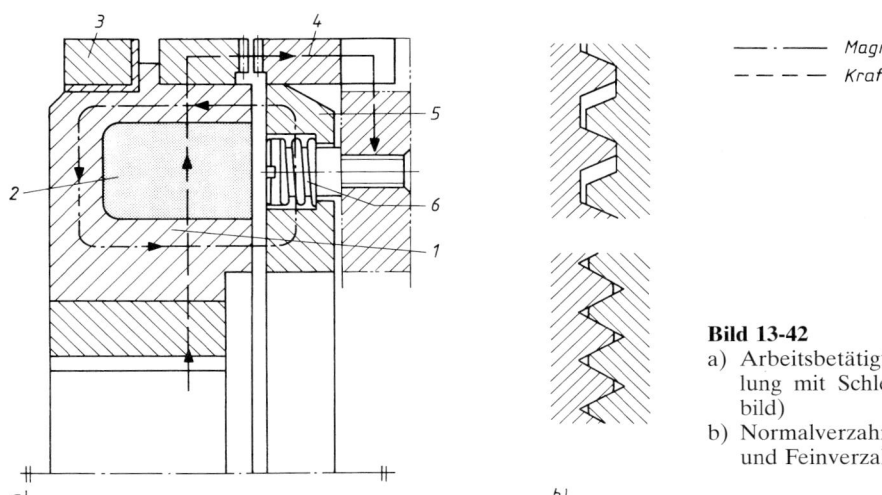

**Bild 13-42**
a) Arbeitsbetätigte Zahnkupplung mit Schleifring (Werkbild)
b) Normalverzahnung (oben) und Feinverzahnung (unten)

lungen, weil sie zur Kraftübertragung eine Schließkraft benötigen. Gegenüber Lamellenkupplungen gleicher Abmessung können sie wesentlich größere Drehmomente übertragen und weisen kein Leerlaufdrehmoment auf. Bei der Ausführung mit Normalverzahnung (Trapezverzahnung, Bild 13-42 b oben) liegt geringes Umfangsspiel vor, sodass die Kupplung auch bei kleinen Drehzahldifferenzen eingeschaltet werden kann. Ausgeschaltet werden kann sie bei jeder Drehzahl und unter Last. Zahnkupplungen können nass oder trocken betrieben werden, sind wartungsfrei und eignen sich z. B. für genaue Steuerungen bei Werkzeugmaschinen.
Die Schleifring-Zahnkupplung nach Bild 13-42 a wird durch die Magnetkraft der im Magnetkörper (1) eingegossenen Spule (2) über den Schleifring (3) eingeschaltet und durch die Federkraft der Druckfedern (6) ausgeschaltet (arbeitsbetätigt). Der Kraftfluss erfolgt über den am Magnetkörper befestigten Zahnkranz zum Gegenzahnkranz (4), der mit der Ankerscheibe (5) und über sechs Außenmitnehmer (Klauen) mit dem Abtriebsteil (z. B. Zahnrad) verbunden ist.

### 2.3 *Hydraulisch und pneumatisch betätigte Kupplungen*

Hydraulisch betätigte Kupplungen werden überwiegend als Lamellenkupplungen und vereinzelt als Kegelkupplungen ausgeführt. Hydraulisch betätigte Lamellenkupplungen zeichnen sich aus durch geringe Abmessungen, Fernbedienbarkeit, Steuerbarkeit des Drehmomentes, Eignung für hohe Drehzahlen und hohe Schalthäufigkeit, geringes Leerlaufdrehmoment und selbsttätige Verschleißnachstellung.
Ihre Anwendung bietet sich bei Maschinen mit ohnehin vorhandenem Ölversorgungssystem an. Sie werden häufig in Verbindung mit Hydromotoren eingesetzt, so z. B. in Baumaschinen, Raupen- und Schienenfahrzeugen und in Hubwerken. Häufig verwendet man sie auch in den Getrieben großer Werkzeugmaschinen.
Eine *hydraulisch betätigte Lamellenkupplung* zeigt Bild 13-43 a. Durch Beaufschlagung des Kolbens (2) mit Drucköl wird das Lamellenpaket (3) zusammengepresst, wodurch Innen- und Außenmitnehmer (1 und 4) reibschlüssig verbunden werden. Bei Entlastung des Kolbens vom Öldruck wird der Kolben durch die Druckfeder (7) zurückgedrückt und die Kupplung ausgeschaltet. Die von dem schrägverzahnten Zahnrad (5) verursachte axiale Zahnkraft wird von dem zwischen Topfgehäuse (Außenmitnehmer) (4) und Innenmitnehmer (1) angeordneten Axialgleitlager (6) aufgenommen.
Das Drucköl wird über die Bohrung (9), das Schmier- bzw. Kühlöl über Bohrung (10) zugeführt, die Abdichtung erfolgt durch die Buchse (8).
Eine Lamellenkupplung die *sowohl hydraulisch als auch pneumatisch* betätigt werden kann und bei der das Druckmittel über das feststehende Zylindergehäuse radial von außen zugeführt wird, zeigt Bild 13-43 b.

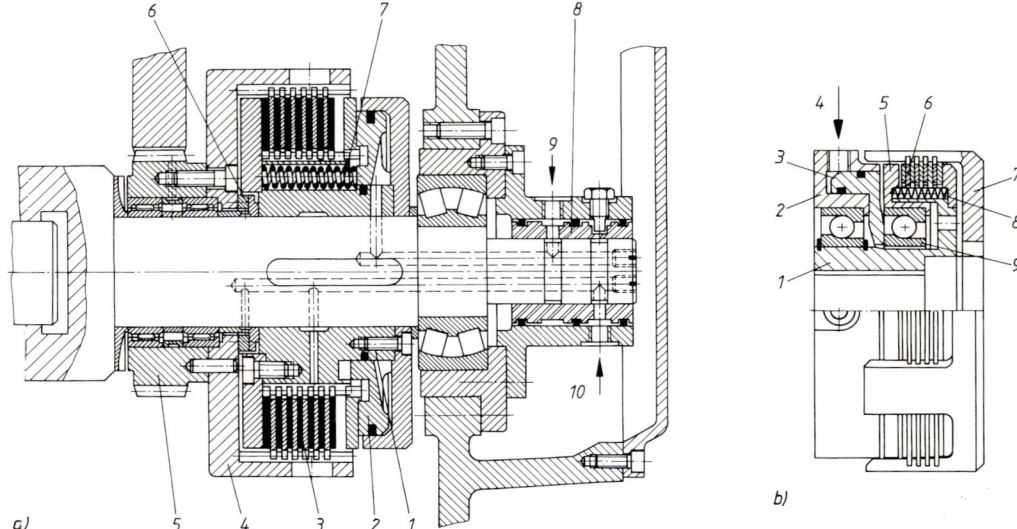

**Bild 13-43** Druckmittelbetätigte Lamellenkupplung. a) Hydraulisch betätigte Lamellenkupplung mit Öleinführung (Werkbild), b) Hydraulisch oder pneumatisch betätigte Lamellenkupplung mit radialer Druckmittelzufuhr von außen (Werkbild)

Auf dem antriebseitigen Innenmitnehmer (1) sind jeweils über Schrägkugellager das Zylindergehäuse (2) und die Druckplatte (5) gelagert. Wird dem Druckraum über eine flexible Zuführungsleitung, welche das Zylindergehäuse auch gegen Verdrehung sichert, Druckmittel (4) zugeführt, so drückt der Kolben (3) über das Schrägkugellager (9) und die Druckplatte (5) das Lamellenpaket (6) zusammen. Innen- und Außenmitnehmer (1 und 7) sind dann reibschlüssig verbunden. Beim Abschalten des Druckes wird der Kolben durch die Lüftfedern (8) in seine Ausgangsstellung gebracht und damit der Reibschluss unterbrochen.

*Pneumatisch* betätigte Kupplungen werden als Scheiben-, Kegel- und Zylinderkupplungen ausgeführt. Sie gleichen den hydraulisch betätigten Kupplungen und schalten besonders schnell und genau. Druckluftkupplungen werden eingesetzt, wenn kurze Schaltzeiten gefordert werden oder große Massen beschleunigt und verzögert werden müssen. Sie haben bei Pressen, Scheren, Holzbearbeitungs- und Baumaschinen große Verbreitung gefunden.

Bei der *Luftreifen-Kupplung*, Bild 13-44, überträgt ein aufblähbarer Gummireifen (3) das Drehmoment. Dieser ist am Träger (4) anvulkanisiert und trägt an seinem inneren Umfang Reibschuhe (2) mit aufgeklebten Reibbelägen. Durch Befüllen des Reifens mit Druckluft werden die Reibbeläge gegen die Reibtrommel (1) gepresst.

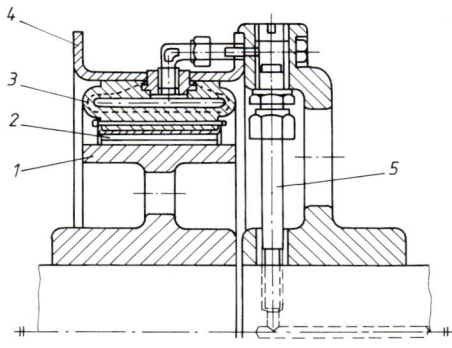

**Bild 13-44**
Pneumatisch betätigte Zylinderkupplung (Nachgiebige Luftreifen-Kupplung, Bauform SI, Werkbild)

Die Druckluft wird über Bohrungen in der Welle und über Rohrleitungen (5) zugeführt. Im ausgeschalteten Zustand ist zwischen Reibtrommel und Reibbelägen stets ein großer Luftspalt vorhanden.

Wesentliche Vorzüge sind: Übertragung großer Drehmomente, gute Wärmeabfuhr, Aufnahme von Wellenverlagerungen, kein Nachstellen erforderlich und Steuerung des Drehmomentes über den Luftdruck.

### 13.4.2 Momentbetätigte Kupplungen (Sicherheitskupplungen)

Die momentbetätigten Kupplungen werden durch das zu übertragende Drehmoment betätigt. Wird das eingestellte Drehmoment überschritten, so unterbrechen formschlüssige Sicherheitskupplungen den Kraftfluss ganz, während reibschlüssige Sicherheitskupplungen den Kraftfluss auf das schaltbare Drehmoment begrenzen. Wenn durch längeres Rutschen Gefahr (Wärme, Verschleiß) für die Kupplung besteht, so müssen sie durch Endschalter, Drehzahlwächter oder ähnliche Einrichtungen geschützt werden, welche den Antrieb stillsetzen.

Geeignet sind grundsätzlich alle Kupplungen, die eine genaue Einstellung des Schaltdrehmomentes zulassen, also auch die in den folgenden Kapiteln beschriebenen Fliehkraft- und Induktionskupplungen sowie die hydrodynamischen Kupplungen. Aus Sicherheitsgründen werden die Kupplungen meist so ausgeführt, dass das eingestellte Höchstdrehmoment vom Betreiber der zu schützenden Anlage nicht ohne weiteres verändert (erhöht!) werden kann.

Elastische Kupplungen und Zahnkupplungen werden häufig mit einem *Brechbolzenteil* als Sollbruchstelle ausgerüstet (vgl. Bild 13-15 d). Dazu werden zwei im Kraftfluss liegende Flanschnaben am Umfang durch gekerbte Brechbolzen miteinander verbunden. Diese sind nach dem größten zu übertragenden Drehmoment bemessen. Wird dieses überschritten, so werden die Bolzen im Kerbquerschnitt abgeschert und dadurch der Kraftfluss vollständig unterbrochen; die Kupplung kann ohne Schaden leer weiterlaufen. Nachteilig ist, dass das Drehmoment wegen der starken Streuung der Festigkeitswerte der Bolzenwerkstoffe nur ungenau bestimmt werden kann und die Anlage zum Auswechseln der gebrochenen Bolzen jedes Mal stillgelegt werden muss.

Die *Rutschnabe* nach Bild 13-45 ist eine trocken laufende *Zweiflächen-Sicherheitskupplung*, welche unmittelbar auf das Wellenende der Getriebe und Motoren gesetzt wird. Auf dem Nabenteil (1) befindet sich zwischen schwimmend angeordneten Reibbelägen (2) das zu kuppelnde Antriebselement (3). Dieses wird direkt auf der mit einem Dauergleitschutz behandelten Nabe oder – bei häufigem Rutschen – mittels einer Gleitbuchse (4) gelagert.

Die einstellbaren Schraubenfedern (5) pressen die Reibflächen mit der notwendigen Vorspannkraft zusammen. Durch Ändern der Anzahl der Federn sind verschiedene Drehmomente einstellbar. Die Kennlinie der verwendeten Schraubenfedern verläuft so flach, dass selbst bei starker Belagabnutzung die Anpresskraft und damit das Drehmoment kaum abfallen und eine Nachstellung nicht erforderlich ist.

Bei kraftschlüssigen *Sperrkörper-Sicherheitskupplungen* dienen Kugeln oder Bolzen als Sperrkörper.

Bei der Kugelratsche nach Bild 13-46 wird das Drehmoment von der als Kugelscheibe ausgebildeten Nabe (6) über die Sperrkörper (4) auf den Flansch (5) übertragen, an den ein abtriebsseitiges Bauteil (z. B. ein Zahnrad) angeschraubt werden kann. Bei Überschreiten des mit der Mutter (1) einstellbaren Grenzmomentes drücken die Sperrkörper (4) die Tellerfedern (2) zusammen und rutschen aus den Vertiefungen des Flansches (5), die Kupplung rutscht durch. Über die Scheibe (3) kann ein Endschalter (7) betätigt werden zum Stilllegen des Motors.

Bei der *Anlauf- und Überlastkupplung* nach Bild 13-47 wird das Drehmoment vom Nockenteil (3), das mit seinen zwei Paar gegenüberliegenden Nocken zwischen die beiden Mitnehmerringe (2) eingreift, über die Mitnehmerringe und Segmente mit Reibbelag (5) auf das Schalenteil (1) übertragen. Die zwei Druckfedern (4) drücken im Ruhezustand die Mitnehmerringe und Segmente mit Reibbelag gegen das Schalenteil (Reibschluss). Im Betrieb wirkt das über das Nockenteil eingeleitete Drehmoment der Federkraft entgegen, indem es die gegenseitig geführten Mitnehmerringe zusammendrückt, sodass die Segmente entlastet werden. Die Kupplung rutscht durch,

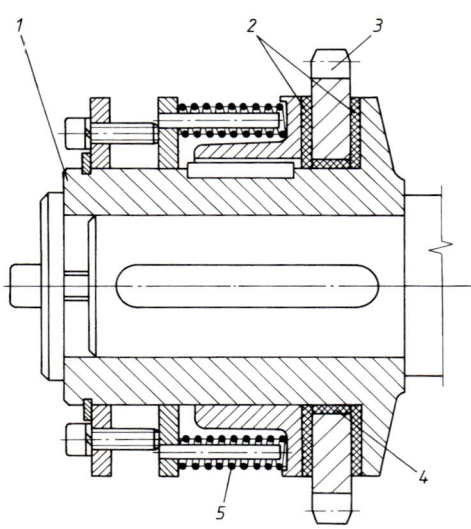
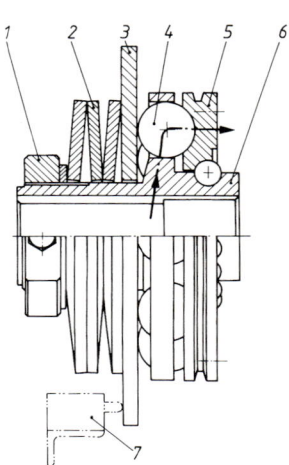

**Bild 13-45** Zweiflächen-Sicherheitskupplung (Werkbild).
Rimostat-Rutschnabe mit eingebautem Kettenrad auf der Arbeitswelle eines Getriebemotors

**Bild 13-46** Sperrkörper-Sicherheitskupplung (Werkbild).
Kugelratsche mit Endschalter (Kraftfluss)

wenn sich die Wirkung der Federn und deren Entlastung durch das äußere Drehmoment aufheben. Dadurch ist das Haft- und Rutschmoment annähern gleich groß und das übertragbare Drehmoment unterscheidet sich kaum vom schaltbaren Drehmoment (Rutschdrehmoment). Das Rutschdrehmoment kann durch Einbau verschieden starker Federn verändert werden.

Die *Klauen-Sicherheitskupplung* (ESKA-Kupplung) nach Bild 13-48 bewirkt eine vollständige Trennung des Kraftflusses bei Überlastung.

Im Normalbetrieb wird das Drehmoment von der Nabe (6) über eine Verzahnung auf den Ring (4), von diesen über abgeschrägte Klauen (3) auf den Kupplungsflansch (1) übertragen. Der Ring wird durch am Nabenabsatz anliegende, in abgeschrägten Ringen geführte Kugeln axial fixiert.

Bei Überlastung werden die angeschrägten Klauen auseinandergedrückt, dadurch der Ring axial verschoben und die Kugeln durch die Schräge angehoben. Der Kupplungsflansch (1) ist dadurch von dem anderen Kupplungsteil vollständig getrennt und kann sich frei in dem Gleitlager (2) drehen.

Das Einstellen des Abschaltdrehmomentes erfolgt über den Ring (5). Zum Wiedereinrücken werden die Klauen in eine markierte Lage und durch Verschieben des gesamten Außenteils die Kugeln wieder in die Ausgangslage gebracht.

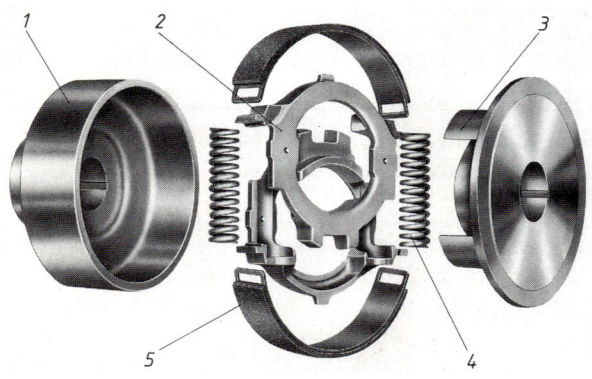

**Bild 13-47**
Zylinder-Sicherheitskupplung (Werkbild)

## 13.4 Schaltbare Kupplungen

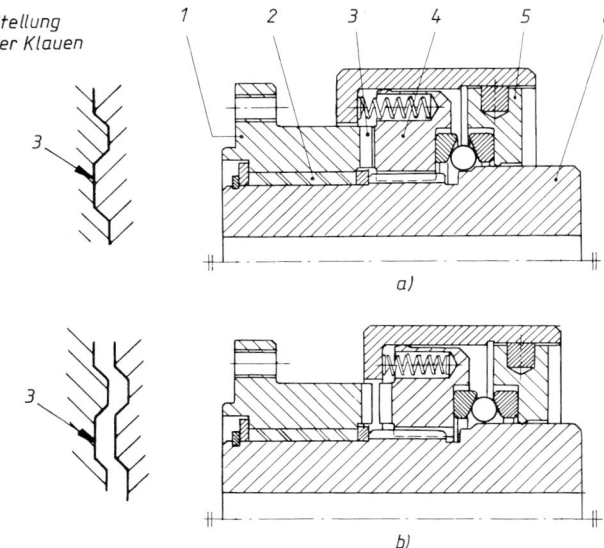

**Bild 13-48**
Klauen-Sicherheitskupplung (Werkbild).
a) Normalbetrieb (eingeschaltet)
b) Überlastung (ausgeschaltet)

### 13.4.3 Drehzahlbetätigte Kupplungen (Fliehkraftkupplungen)

Bei drehzahlbetätigten Kupplungen sind auf der Antriebsseite radial bewegliche Massen (Fliehgewichte) angeordnet, welche unter dem Einfluss der Fliehkraft auf der Abtriebsseite die zur reibschlüssigen Übertragung eines Drehmomentes erforderliche Anpresskraft erzeugen. Das übertragbare Drehmoment steigt mit der Antriebsdrehzahl quadratisch (parabelförmig) an. Sie werden vorwiegend als *Anlaufkupplungen* bei Antrieben von Arbeitsmaschinen verwendet, bei denen ein hohes Anlaufdrehmoment wegen großer zu beschleunigender Massen erforderlich ist, z. B. bei Antrieben von Zentrifugen, Zementmühlen, schweren Fahrzeugen, Förderanlagen u. dgl. Wegen des durch die Arbeitsweise der Fliehkraftkupplungen gegebenen lastfreien Anlaufes der Antriebsmaschinen können für solche Antriebe die kostengünstigen, schnelllaufenden Verbrennungsmotoren und Drehstrom-Käfigläufer-Motoren eingesetzt werden. Diese brauchen nicht für die kurzzeitige hohe Anlaufleistung ausgelegt zu werden, da sie erst nach Erreichen einer bestimmten Drehzahl selbsttätig und allmählich einkuppeln. Sie schützen ferner die Antriebsmaschine vor Überlastung. Fliehkraftkupplungen arbeiten nur bei ausreichend hoher Antriebsdrehzahl wirtschaftlich.

Bei der *Fliehkörper-Kupplung* nach Bild 13-49 sind Fliehkörper (2) auf der Profilnabe (1) gelagert. Sie werden durch Zugfedern (3) über Belagbügel (4) zusammengehalten und axial

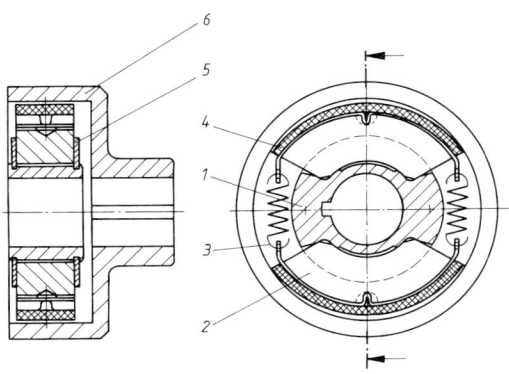

**Bild 13-49**
Fliehkörper-Kupplung mit Servowirkung (Suco-Fliehkraft-Kupplung, Werkbild)

durch Scheiben (5) gesichert. Beginnt die Antriebsseite zu rotieren, so überwinden bei genügend hoher Drehzahl die Fliehkörper die Federkraft, wandern dabei radial nach außen und werden gegen den Innendurchmesser der auf der Abtriebsseite angeordneten Glocke (6) gepresst, wodurch diese mitgenommen wird. Die Form der Profilnabe bewirkt eine Erhöhung der Anpresskraft der Fliehkörper an die Glocke (Servowirkung) und erhöht dadurch die Leistung der Kupplung auf rund das Fünffache. Wenn die Drehzahl abfällt, holen die Zugfedern die Fliehkörper zurück, sodass An- und Abtriebsseite vollständig voneinander getrennt sind. Durch Veränderung der Federkraft kann die Einschaltdrehzahl beeinflusst werden.

### 13.4.4 Richtungsbetätigte Kupplungen (Freilaufkupplungen)

Freilaufkupplungen, kurz Freiläufe genannt, sind Maschinenelemente, deren An- und Abtriebsteil in einer Drehrichtung gegeneinander frei beweglich (Leerlaufrichtung) und in der anderen gekoppelt sind (Sperrrichtung).
Sie werden verwendet als *Rücklaufsperre* bei Pumpen und Becherwerken; als *Überholkupplung* in Zweimotorenantrieben zur Trennung des Hilfsantriebes vom Hauptantrieb bei $n_1 > n_2$, sowie bei Hubschrauberantrieben und Fahrradnaben und als *Schrittschaltwerk* in Vorschubeinrichtungen bei Verpackungs-, Textil- und Landmaschinen.
Die Übertragungsglieder zwischen An- und Abtriebsteil arbeiten entweder formschlüssig (z. B. Klinkenfreilauf, Bild 13-50a) oder reibschlüssig (z. B. Klemmrollenfreilauf, Bild 13-50b).
*Formschlüssige* Klinkenfreilaufkupplungen haben gezahnte Sperrräder und Klinken, die durch Eigengewicht oder Federbelastung selbsttätig einfallen (vgl. Bild 13-50a). Wenn eine an der Zahnspitze fassende Klinke sicher in die Zahnlücke gedrückt werden soll und dabei die Reibungskraft $\mu \cdot F_N$ zu überwinden ist, muss die Normalkraft $F_N$ im Winkel $\alpha > \arctan \mu$ zur Klinkenkraft $F$ stehen. Meist wird $\alpha = 14 \ldots 17°$ ausgeführt.

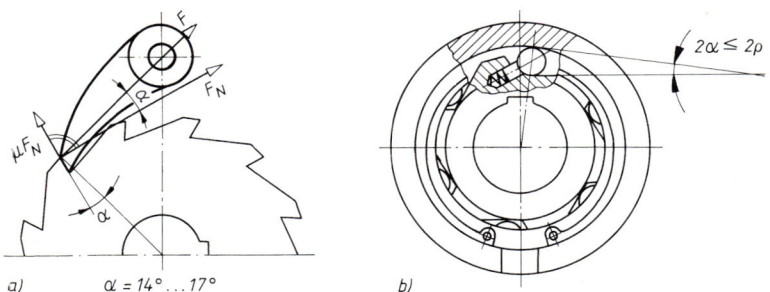

**Bild 13-50** Grundformen richtungsbetätigter Kupplungen. a) Formschlüssig (Klinkenfreilauf), b) reibschlüssig (Klemmrollenfreilauf)

Der Klinkenfreilauf kann seiner Nachteile wegen (Klappergeräusche, Verschleiß, toter Gang) nur bei langsam laufenden Antrieben mit geringen Anforderungen an die Schaltgenauigkeit eingesetzt werden.
Die *reibschlüssigen* Freilaufkupplungen zeichnen sich gegenüber den formschlüssigen durch einwandfreie Funktion in jeder Stellung (Klemmbereitschaft), Geräuschlosigkeit, Eignung für hohe Drehzahlen und geringen Verschleiß aus.
Bei *radialer* Kraftübertragung werden Klemmrollen oder Klemmkörper zwischen dem Innen- und Außenring angeordnet (vgl. Bild 13-50b). Wird nach Bild 13-51a und b der Außenring der Klemmfreilaufkupplung im Uhrzeigersinn gedreht (linkes Bild), so stellen die Klemmelemente eine reibschlüssige Verbindung zwischen Innen- und Außenring her. Aufgrund der Gleichgewichtsbedingungen am Klemmelement müssen die dort angreifenden Kräfte $F$ auf derselben Wirkungslinie liegen, die durch die Berührungspunkte $A$ und $B$ geht. Damit lassen sie sich in

## 13.4 Schaltbare Kupplungen

Normalkräfte $F_N$ und Tangentialkräfte $F_T$ zerlegen, die durch den Klemmwinkel α festgelegt sind. Eine selbsthemmende Wirkung ist nur möglich, wenn der Klemmwinkel kleiner ist als der Reibungswinkel, also unter der Bedingung tan α < μ. Bei Stahl mit der Reibungszahl μ ≈ 0,1 ergibt sich ein Klemmwinkel α = 3 ... 4°. Die Klemmelemente werden meist durch Federn in Eingriffsbereitschaft gehalten (Bild 13-51 a).

Wird der Freilaufaußenring in Leerlaufdrehrichtung gedreht, so ruft bei einem Klemmrollenfreilauf nach Bild 13-51a (rechtes Bild) die Federkraft $F_f$ die Reaktionskräfte $F_{Na}$ und $F_{Ni}$ hervor. Der dadurch verursachte Bewegungswiderstand im Leerlauf wird als „Schleppmoment" bezeichnet. Bei leerlaufendem Innenring wirkt zusätzlich noch die Reaktion zur Fliehkraft $F_F$ der Rolle in Richtung $F_{Na}$. Reibung und Verschleiß sind also bei leerlaufendem Außenring am geringsten.

Zur Ausschaltung des Leerlaufverschleißes können die Klemmflächen durch Flieh-, Reib- oder hydrodynamische Kräfte abgehoben werden. Das in Bild 13-51c gezeigte Abheben mittels Fliehkraft ist nur anwendbar, wenn der Außenring gleichmäßig umläuft, im abgehobenen Zustand keine Eingriffsbereitschaft des Freilaufes verlangt wird und im gesperrten Zustand die Drehzahl unter der Abhebedrehzahl bleibt, also z. B. bei Rücklaufsperren. Beim fliehkraftabhebenden Klemmkörperfreilauf nach Bild 13-51c liegt der Schwerpunkt S des Klemmkörpers so, dass er von der Fliehkraft $F_F$ entgegen der Anfederkraft $F_f$ gedreht wird. Bedingung für das Abheben des Klemmkörpers vom Innenring um den Abhebeweg $s = 0,1 ... 0,2$ mm ist: $F_F \cdot b > F_f \cdot a$.

Grundsätzlich müssen alle Freilaufkupplungen ohne eigene Lagerung zusätzlich zentriert werden (vgl. Bild 13-52b). Klemmfreiläufe sind ausreichend zu schmieren (keine Graphit- oder Molybdändisulfid-Zusätze!).

Bild 13-52b zeigt den Antrieb der Zuführung einer Richtmaschine. Da die Richtrollen sich schneller drehen als die dargestellten Zuführrollen, verhindert eine Freilaufkupplung das „Durchziehen" des Antriebes der Zuführung.

Ob für den jeweiligen Anwendungsfall ein Klemmkörper- oder ein Klemmrollenfreilauf vorzuziehen ist, lässt sich nicht allgemein beantworten. In der Regel liegen die Vorteile des Klemmkörperfreilaufs in der (bei gleicher Größe) etwas höheren Drehmomentaufnahme, die des Klemmrollenfreilaufs in größerer Robustheit.

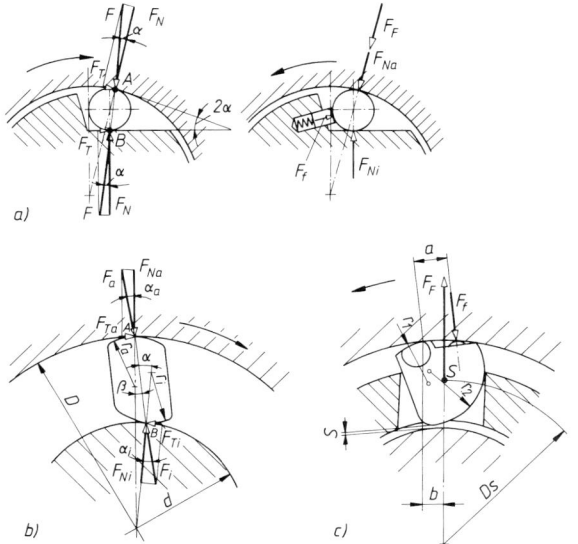

**Bild 13-51**
Prinzip der Klemmfreilaufkupplungen.
a) Klemmrollenfreilauf im Sperr- (links) bzw. Leerlaufzustand (rechts)
b) Klemmkörperfreilauf,
c) fliehkraftabhebender Klemmkörperfreilauf

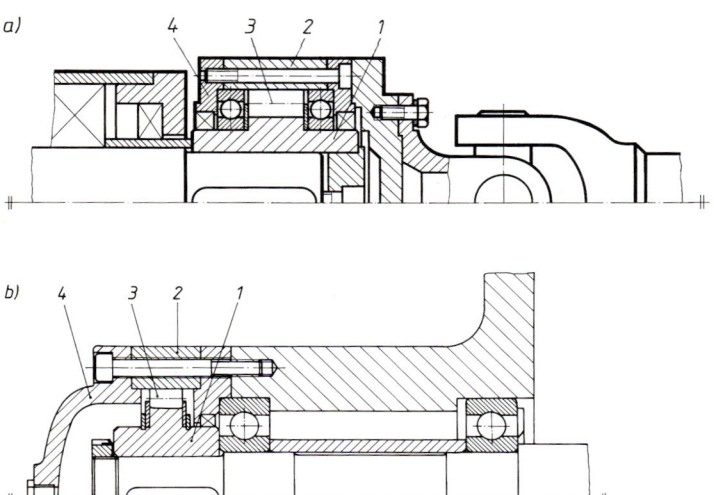

**Bild 13-52** Aufbau und Einsatz von Klemmrollen-Freiläufen (Werkbild).
a) Als Rücklaufsperre mit eigener Lagerung in einem Schwenkwerk
b) als Überholkupplung ohne eigene Lagerung in einer Richtmaschine
**1** Sperrrad mit Klemmrampen, **2** glatter Außenring, **3** einzeln angefederte Klemmrollen, **4** Deckel

### 13.4.5 Induktionskupplungen

Induktionskupplungen übertragen das Drehmoment durch rotierende Magnetkräfte (Drehfeldkupplungen). Sie arbeiten im Prinzip wie Drehstrommotoren. Nach Bild 13-53 besteht eine Induktionskupplung aus den durch einen Arbeitsluftspalt voneinander getrennten Kupplungshälften Ankerring (1) sowie Polkörper (2) mit den wechselseitig angeordneten Polfingern (vgl. Bild 13-54a) und der Erregerspule (3). Die Eigenschaften der Kupplung werden durch den Aufbau des Ankerringes – gepolt oder glatt – bestimmt. Die Anordnung der Kupplungsteile zueinander kann sich je nach Bauform unterscheiden. Bei umlaufender Spule wird der Erregerstrom durch Schleifringe (4) zugeführt. Wird die Spule erregt, so bildet sich ein magnetisches Feld aus, dessen Kraftlinienverlauf im Bild 13-53 strichpunktiert dargestellt ist. Das Drehmoment $T_K$ wird ohne mechanische Berührung der Kupplungshälften und damit verschleißfrei mittels magnetischen Kraftschluss übertragen.

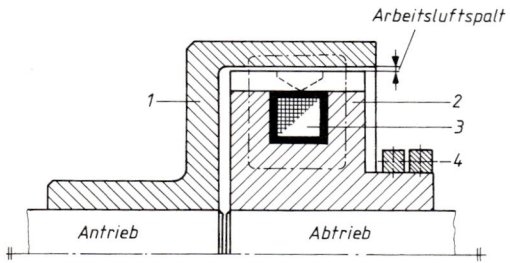

**Bild 13-53**
Prinzip einer Induktionskupplung

#### 1. Synchronkupplung

Das Hauptmerkmal dieser Induktionskupplung mit *gepoltem Ankerring* ist die Eigenschaft, dass sie sowohl dynamisch (mit Schlupf) als auch statisch (schlupffrei) ein Drehmoment übertragen kann. Das wird durch gleiche Anzahl von Polen im Ankerring und Polfingern am Polkörper erreicht (vgl. Bild 13-54b).

## 13.4 Schaltbare Kupplungen

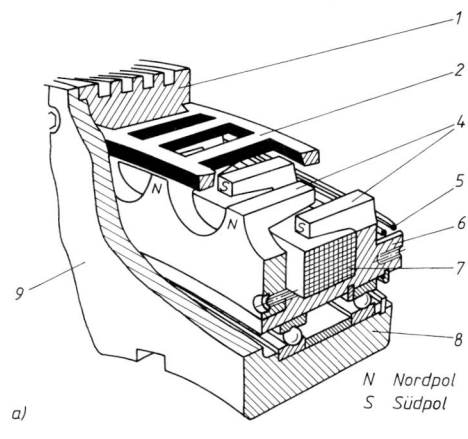

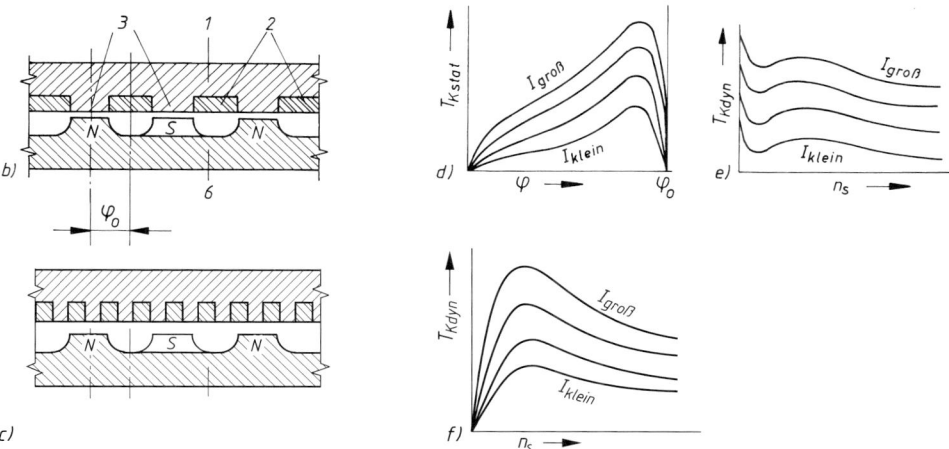

**Bild 13-54**
Induktionskupplung als Synchronkupplung (Werkbild) und Asynchronkupplung.
a) Aufbau
b) Stellung der Pole von Ankerring (1) und Spulenkörper (6) zueinander für Synchronlauf bei unbelasteter Synchronkupplung
c) Polverteilung bei der Asynchronkupplung
d) statisches Kupplungsmoment $T_{K\,stat}$ der Synchronkupplung in Abhängigkeit vom Verdrehwinkel $\varphi$ und vom Erregerstrom $I$ (schematisch)
e) dynamisches Kupplungsmoment $T_{K\,dyn}$ der Synchronkupplung in Abhängigkeit von der Schlupfdrehzahl $n_s$ und vom Erregerstrom $I$ (schematisch)
f) Kupplungsmoment $T_{K\,dyn}$ der Asynchronkupplung in Abhängigkeit von $n_s$ und $I$ (schematisch)

Bild 13-54a zeigt den Aufbau einer Synchronkupplung. Er entspricht im Wesentlichen der Prinzipskizze Bild 13-53. Die Antriebsseite besteht aus der Ankerringnabe (8), welche über einen Flansch (9) mit dem Ankerring (1) verschraubt ist. Der Ankerring trägt zwischen den Polen (3) (Bild 13-54b) elektrisch gut leitende und an den Stirnflächen leitend verbundene Ankerstäbe (2) (wie bei Asynchronmotoren mit Käfigläufer). Der auf der Ankernabe gelagerte Spulenkörper (6) mit der Erregerspule (7) bildet die Abtriebsseite der Kupplung.
Wird der Spule über die Schleifringe (5) Gleichstrom zugeführt, so stellt sich in unbelastetem Zustand der Magnetkreis so ein, dass der magnetische Widerstand ein Minimum wird. Die Pole von Spulenkörper und Ankerring stehen sich gemäß Bild 13-54b gegenüber. Es herrscht stabiles Gleichgewicht. Bei Belastung der Kupplung durch ein Drehmoment verschieben sich die Pole von Spulenkörper und Ankerring entsprechend den statischen Kennlinien (Bild 13-54d) gegeneinander. Das übertragbare Drehmoment steigt bis zum Erreichen des von der Erregung abhängigen Kippdrehmoments an und fällt gegen null ab, sobald Spulenkörper und Ankerring um $\varphi_0$ zueinander versetzt sind.
Die Synchronkupplung hat in statischem Zustand also die Eigenschaft einer drehelastischen Kupplung.
Ist zwischen den beiden Kupplungshälften der Synchronkupplung ein Drehzahlunterschied (z. B. beim Anlauf) vorhanden, so ändert sich die Größe des magnetischen Flusses im Rhythmus der Überdeckung der Pole. Dadurch wird in den Stäben des Ankerringes ein elektrischer

Strom induziert, der ein sekundäres Magnetfeld aufbaut, das den Spulenkörper in Drehrichtung mitnimmt. Dabei wird auf den Spulenkörper ein dynamisches Drehmoment ausgeübt, das von dem Drehzahlunterschied (Schlupfdrehzahl $n_s$) zwischen An- und Abtriebsseite abhängt und mit der Größe des Erregerstromes veränderlich ist (vgl. Bild 13-54e). Das dynamische Drehmoment (bei Schlupf) ist kleiner als das statische Drehmoment (bei Synchronlauf).

Die Synchronkupplung kann als *Anlauf- und Sicherheitskupplung* eingesetzt werden. Da sie gegenüber Reibkupplungen mehr Schaltarbeit aufnehmen kann und viel weniger temperaturempfindlich ist, eignet sie sich sehr gut für lange Anlaufvorgänge, wie sie beim Beschleunigen von großen Massen, also bei Rührwerken, Zentrifugen u. a. auftreten, weniger gut bei hoher Schalthäufigkeit wegen der relativ großen Massenträgheitsmomente. Der Anfahrvorgang kann durch entsprechende Einstellung des Erregerstromes zeitlich beliebig gestaltet werden.

### 2. Asynchron- und Wirbelstromkupplung

Abweichend von der Synchronkupplung beträgt bei Asynchronkupplungen die Anzahl der Pole im Polring ein Vielfaches der Anzahl der Polfinger des Spulenkörpers (Bild 13-54c). Die Wirbelstromkupplung besitzt im Ankerring keine Pole. Beide Kupplungsarten besitzen nur ein dynamisches Moment, sie können damit nur bei Schlupf ein Moment übertragen. Die Größe des Drehmomentes hängt ab von der Schlupfdrehzahl $n_s$ und dem eingestellten Erregerstrom $I$. Die anfallende große Schlupfwärme wird zweckmäßig abgeführt, indem die Verbindung zwischen Ankerring und Ankerringnabe als Lüfterrad ausgebildet wird (Bild 13-55a).

Die Drehmomentkennlinie der Asynchronkupplung zeigt Bild 13-54f, die der Wirbelstromkupplung Bild 13-55. Aufgrund des Kennlinienverlaufes eignen sich beide Kupplungen gut als Anlaufkupplung und zur Drehzahlsteuerung bzw. -regelung, die Asynchronkupplung außerdem als Überlastungsschutz, die Wirbelstromkupplung als Wickelkupplung bei Draht-, Papier- oder Stoffwicklern (weiche Kennlinie).

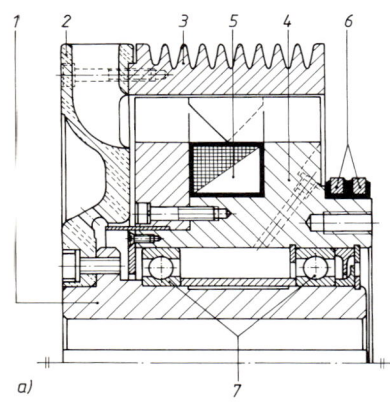

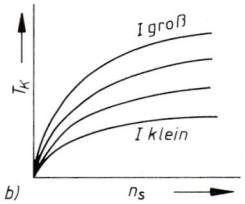

**Bild 13-55**
Induktionskupplung als Wirbelstromkupplung (Werkbild).
a) Aufbau: **1** Nabe, **2** Lüfterrad, **3** Ankerring, **4** Spulenkörper, **5** Spule, **6** Schleifring, **7** Lager
b) Kupplungsdrehmoment $T_K$ in Abhängigkeit von der Schlupfdrehzahl $n_s$ und vom Erregerstrom $I$ (schematisch)

### 13.4.6 Hydrodynamische Kupplungen

#### 1. Mit konstanter Füllung

Bei der hydrodynamischen Kupplung, häufig auch Strömungs-, Turbo- oder Föttingerkupplung genannt, wird das Drehmoment durch die dynamische Wirkung einer umlaufenden Flüssigkeit übertragen. Das Prinzip der hydrodynamischen Kraftübertragung kann am Flüssigkeitskreislauf nach Bild 13-56a erläutert werden. Die Pumpe (1) ist mit der Turbine (2) durch eine Rohrleitung und einen gemeinsamen Behälter verbunden. Die Pumpe wandelt die zugeführte mechanische Energie in kinetische Energie (Strömungsenergie) um, welche in der Turbine in mechanische Energie rückgewandelt wird und an der Welle verfügbar ist. Föttinger (1877 bis 1945) beschränkte die im Kreislauf liegenden Teile auf die Laufräder von Pumpe und Turbine und schuf damit die hydrodynamische Kupplung in gedrängter Bauweise und hohem Wirkungsgrad (Bild 13-56b).

## 13.4 Schaltbare Kupplungen

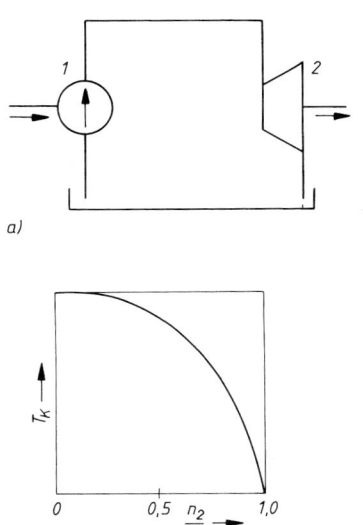

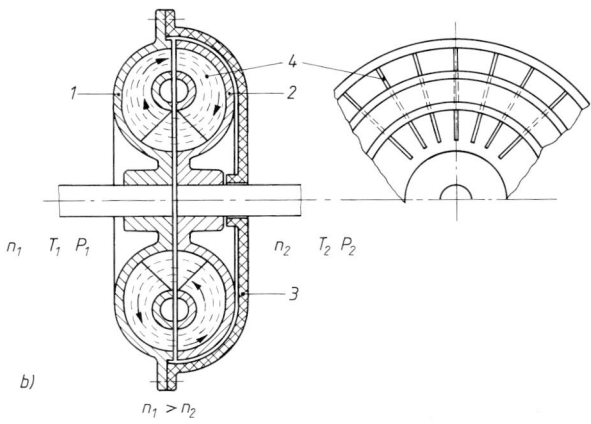

**Bild 13-56** Hydrodynamische Kupplung.
a) Entstehungsprinzip (Schaltbild)
b) schematischer Längsschnitt
c) Drehmoment-Kennlinie (schematisch)

In ihrer einfachsten Form besteht die Kupplung (Bild 13-56b) aus dem antriebsseitigen Pumpenrad (Primärteil 1) mit Abschlußschale (3) und dem abtriebsseitigen Turbinenrad (Sekundärteil 2). Die Schaufeln (4) der Räder stehen radial und achsparallel und bilden Strömungskanäle. Wird das Pumpenrad der zu 50 ... 80 % mit Mineralöl gefüllten Kupplung angetrieben, so führt das Öl einen Kreislauf in der radialen Schnittebene (Pfeile in Bild 13-56b) und eine Umfangsbewegung in der Drehrichtung aus. Das durch die Pumpe in Drehrichtung beschleunigte Öl gibt beim Durchströmen des Schaufelgitters der langsamer laufenden Turbine seine kinetische Energie an diese ab, die Turbine wird angetrieben. Abgesehen von minimalen äußeren Luftventilationsverlusten ist das Antriebsdrehmoment gleich dem Abtriebsdrehmoment: $T_K = T_1 \approx T_2$.
Der Kreislauf des Öles bleibt erhalten, solange eine Drehzahldifferenz (Schlupf) $n_1 - n_2$ zwischen Pumpe und Turbine besteht. Bei Synchronlauf ($n_1 = n_2$) heben sich die Fliehkräfte im Pumpenrad und die Gegenfliehkräfte im Turbinenrad auf; damit findet kein Flüssigkeitskreislauf mehr statt und das Drehmoment wird null.
Bei gegebener Antriebsdrehzahl $n_1$ ändert sich das übertragbare Drehmoment $T_K$ mit dem Schlupf $s = (n_1 - n_2)/n_1$ (Bild 13-56c – Sekundärkennung). Bei gleichbleibendem Schlupf $s$ steigt das übertragbare Drehmoment $T_K$ mit dem Quadrat, die übertragbare Leistung $P$ mit der 3. Potenz der Antriebsdrehzahl (Primärkennung). Die Kupplung wird in der Regel so ausgelegt, dass beim Nenndrehmoment der Schlupf 2 ... 3 % beträgt. Der Wirkungsgrad liegt dann bei 97 ... 98 %.
Die hydrodynamische Kupplung mit *konstanter Füllung* wird vorwiegend als Anlauf- und Sicherheitskupplung sowie zur Stoß- und Schwingungsdämpfung eingesetzt.

### 2. Mit veränderlicher Füllung

Die Größe des übertragbaren Drehmomentes ist nicht nur vom Schlupf, sondern auch von der Menge der kreisenden Flüssigkeit (Füllungsgrad) abhängig. Bei hydrodynamischen Kupplungen mit veränderlicher Füllung (Stellkupplungen oder Turboregelkupplungen) kann die Füllung während des Betriebes beliebig zwischen voller Füllung und Entleerung verändert werden. Dadurch ist die Übertragungsfähigkeit der Kupplung einstellbar und gestattet beim Fahren gegen die Lastkennlinie die stufenlose Drehzahlregelung der Arbeitsmaschine (z. B. Gebläse, Förderbandantriebe, Rührwerke).
Bild 13-57 zeigt eine hydrodynamische Kupplung mit veränderlicher Füllung und getrennt angetriebener Füllpumpe.

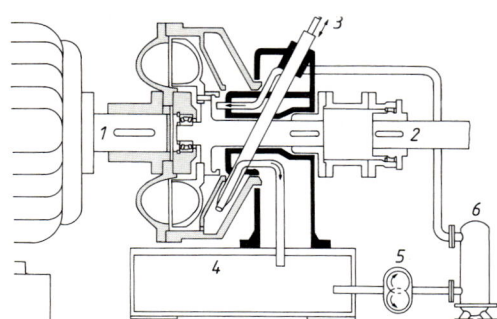

**Bild 13-57**
Turboregelkupplung (Werkbild)

Eine ständig mitlaufende Zahnradpumpe (5) fördert Betriebsflüssigkeit aus dem Ölsammelbehälter (4) in den Arbeitskreislauf. Die Höhe des Flüssigkeitsspiegels im Arbeitsraum (und damit die Übertragungsfähigkeit der Kupplung) wird durch die radiale Stellung eines verschiebbar angeordneten Schöpfrohres (3) bestimmt. Arbeits- und Schöpfraum sind kommunizierend verbunden. Das Schluckvermögen des Schöpfrohres ist erheblich größer als die Fördermenge der Pumpe. Dadurch werden für Steuer- und Regelvorgänge kurze Reaktionszeiten erreicht. Die Betätigung des Schöpfrohres erfolgt je nach Einsatzzweck von Hand oder vollautomatisch. Die in der Kupplung anfallende Schlupfwärme muss (sofern die Eigenkühlung nicht ausreicht) über einen Wärmetauscher (6) abgeführt werden.

## 13.5 Hinweise für Einsatz und Auswahl von Kupplungen

1. Bild 13-58 gibt einen Überblick über die physikalischen Eigenschaften und die Eignung aller unter 13.3 und 13.4 beschriebenen Kupplungen. Nach einem vorliegenden Anforderungsprofil kann daraus, ähnlich wie nach Bild 13-3, eine geeignete Kupplungsbauart systematisch ausgewählt werden.
   *Beispiel:* Ausgleichskupplung zwischen Drehstrommotor und Kolbenverdichter mit folgendem Anforderungsprofil: axial nachgiebig – radial nachgiebig – winkelnachgiebig – schwingungsdämpfend – wartungsfrei – radial (ohne axiales Verschieben der gekuppelten Wellen und Maschinen) montierbar – Nenndrehmoment $T_{KN}$ = 250 Nm.
   Nach Bild 13-58 erfüllen z. B. die hochelastische Wulstkupplung (vgl. Bild 13-29) und die hochelastische Zwischenringkupplung (vgl. Bild 13-31) alle Anforderungen.

2. Ist es in manchen Anwendungsfällen nicht möglich, den gestellten Anforderungen mit *einer* Kupplung gerecht zu werden, so werden mehrere Kupplungen mit entsprechenden Eigenschaften kombiniert. Nach der Anordnung im Kraftfluss des Antriebes unterscheidet man:
   a) Die *Reihenschaltung* (Bild 13-59a), bei der das Drehmoment konstant bleibt und die Kupplungseigenschaften sich addieren. Von dieser Anordnung macht man häufig bei Antrieben mit stoßartiger Belastung und unvermeidlichen Wellenverlagerungen Gebrauch, indem man auf die Seite, von der die Stöße und Wellenverlagerungen zu erwarten sind, eine Ausgleichskupplung vor die empfindliche Schaltkupplung setzt.
   b) Die *Parallelschaltung* (Bild 13-59b), bei der sich die Drehmomente addieren und die Kupplungseigenschaften erhalten bleiben. So angeordnet können Schaltkupplungen mit kleinen Kupplungsdurchmessern und kurzen Schaltzeiten erzielt werden (große elektromagnetisch betätigte Lamellenkupplungen benötigen oft lange Schaltzeiten!). Eine reibschlüssige mit einer formschlüssigen Schaltkupplung parallelgeschaltet ergibt eine Synchronkupplung. Nachdem über die reibschlüssige Kupplung Gleichlauf der An- und Abtriebsseite erreicht ist, kann die formschlüssige Kupplung geschaltet werden und das volle Drehmoment synchron übernehmen.
   c) *Gemischte Schaltung*, bei der z. B. parallelgeschaltete Schalt- oder Anlaufkupplungen durch in Reihe geschaltete Ausgleichskupplungen ergänzt werden.

## 13.5 Hinweise für Einsatz und Auswahl von Kupplungen

| Lfd. Nr. | Bauart | Bild-Nr. | drehstarr | größte Nachgiebigkeit axial $\Delta K_a$ mm | größte Nachgiebigkeit radial $\Delta K_r$ mm | größte Nachgiebigkeit winklig $\Delta K_w$ ° | Verdrehwinkel $\varphi$ ° | schlupfend | schaltbar unter Last | fernbedienbar | steuerbar | wartungsfrei | Schmierzwang | radial montierbar | schwingungsdämpfend | feste Kupplung | Ausgleichskupplung | Schaltkupplung | Anlaufkupplung | Sicherheitskupplung | Freilaufkupplung | Stellkupplung | Drehmomentbereich Nm | typische Einsatzmerkmale |
|---|---|---|---|---|---|---|---|---|---|---|---|---|---|---|---|---|---|---|---|---|---|---|---|---|
| 1 | Scheibenkupplung [4] | 13-9 | x | | | | | | | | | x | | (x) | | x | | | | | | | 46...118000 | hochbeanspruchte Wellen |
| 2 | Schalenkupplung | 13-10 | x | | | | | | | | | x | | x | | x | | | | | | | 25...40000 | lange Wellen |
| 3 | Stirnzahnkupplung | 12-9 | x | | | | | | | | | x | | | | x | | | | | | | [1] | hochbeanspruchte Wellen |
| 4 | Klauenkupplung | 13-11 | x | [1] | | | | | | | | x | | | | | x | | | | | | [1] | Ausdehnungskupplung |
| 5 | Oldham-Kupplung | 13-12b | x | [1] | 5 | 3 | | | | | | | | | | | x | | | | | | [1] | querverlagerte Wellen |
| 6 | Ringspann-Ausgleichkupplung | 13-12c | x | [1] | [1] | 3 | | | | | | | x | x | | | x | | | | | | 2...8000 | querverlagerte Wellen |
| 7 | Parallelkurbel-Kupplung | 13-13 | x | 2 | [1] | 0,75 | | | | | | | | x | | | x | | | | | | 1...250000 | extrem querverlagerte Wellen |
| 8 | Biegenachgiebige Ganzmetallkupplung [4] | 13-14 | x | 4,8 | 5,4 | 1 | | | | | | x | | x | | | x | | | | | | 100...213000 | höhere Temperaturen |
| 9 | Zahnkupplung | 13-15d | x | [1] | [1] | 45 | | | | | | | x | x | | | x | | | (x) | | | 250...200000 | große Drehmomente |
| 10 | Wellengelenk | 13-20a | x | [1] | [1] | 40 | | | | | | (x) | x | x | | | x | | | | | | ...2000 | größere winklige bzw. allseitige Wellenverlagerungen; z.B. Kfz, Werkzeugmaschinen |
| 11 | Kreuzgelenkwelle | 13-21 | x | [1] | [1] | 40 | | | | | | (x) | x | x | | | x | | | | | | 135...3,2·10⁶ | |
| 12 | Gleichlaufgelenkwelle | 13-22b | x | [1] | [1] | 40 | | | | | | | x | x | | | x | | | | | | 580...40000 | |
| 13 | Schlangenfederkupplung | 13-23 | | 15 | 3 | 1,25 | 1,2 | | | | | x | | x | x | | | x | | | | | | 18...5·10⁶ | gleichförmige und ungleichförmige Antriebe; Wellenverlagerungen |
| 14 | Schraubenfederkupplung | 13-24 | | 150 | 30 | 2 | 5 | | | | | x | | (x) | x | | | x | | | | | | 10...2·10⁶ | |
| 15 | Mehrlagen-Schraubenfeder-Kupplung | 13-25 | | [1] | 3,5 | 6 | 4 | | | | | x | | | | | | x | | | | | | 5...900 | |
| 16 | Elastische Klauenkupplung [4] | 13-26 | | 5 | [1] | [1] | 2,5 | | | | | x | | (x) | x | | | x | | | | | | 19...3900 | |
| 17 | Elastische Klauenkupplung [4] | 13-27 | | 6 | 1,2 | 0,7 | 1,5 | | | | | x | | x | x | | | x | | | | | | 30...9000 | |
| 18 | Elastische Bolzenkupplung | 13-28 | | 1,2 | 3 | 0,7 | 3 | | | | | x | | x | x | | | x | (x) | | | | | 40...15000 | |
| 19 | Hochelastische Wulstkupplung [4] | 13-29 | | 4 | 4 | 4 | 17 | | | | | x | | x | x | | | x | | | | | | 16...1000 | |
| 20 | Hochelastische Scheibenkupplung | 13-30 | | [1] | [1] | [1] | 20 | | | | | x | | x | x | | | x | | | | | | 8...3500 | stark ungleichförmige Antriebe; Verlegung der Resonanzdrehzahl |
| 21 | Hochelastische Zwischenring-Kupplung | 13-31 | | 14 | 3 | 4 | 6 | | | | | x | | x | x | | | x | | | | | | 25...3600 | |

**Bild 13-58** Anhaltswerte zur Kupplungsauswahl

| Nr. | Bezeichnung | Bild | | | | | | | | | 1) | |
|---|---|---|---|---|---|---|---|---|---|---|---|---|
| 22 | Schaltbare Zahnkupplung | 13-33 | | | | | | | x | | 15...7160 | Kfz-Getriebe |
| 23 | Zweiflächen-Kupplung | 13-35 | x | | | | | | x | (x) | 20...5300 | robuste Antriebe |
| 24 | Sinus-Lamellenkupplung | 13-36 | x | | | | | | x | (x) | 40...29000 | universell |
| 25 | BSD-Lamellen-Kupplung 4) | 13-37 | x | | | | | | x | (x) | 100...5000 | ohne Wellenzentrierlager |
| 26 | Reibungsring-Kupplung | 13-38 | x | (x) | | | | | x | | 160...10000 | robuste Antriebe |
| 27 | Schleifring-Einflächen-Kupplung | 13-39 | | x | | | | | x | (x) | 8...1300 | kurze Schaltzeichen |
| 28 | Polflächen-Kupplung | 13-40 | x | x | | | | | x | | 55...22000 | universell |
| 29 | Elektromagnet-Lamellen-Kupplung 4) | 13-41a | x | x | | | | | x | (x) | 63...8000 | Nasslauf, nachstellbar |
| 30 | Elektromagnet-Lamellen-Kupplung | 13-41b | x | x | | | | | x | | 20...16000 | kleines Einbauvolumen |
| 31 | Elektromagnet-Zahnkupplung | 13-42a | x | x | (x) | | | | | (x) | 100...75000 | kleines Einbauvolumen |
| 32 | Hydraul. Lamellenkupplung | 13-43a | x | x | (x) | | | | x | | 20...400 | kurze Schaltzeiten |
| 33 | Pneum. Lamellenkupplung | 13-43b | x | x | (x) | | | | x | (x) | 210...63000 | robuste Antriebe |
| 34 | Luftreifen-Kupplung | 13-44 | 1) | 1) | 1) | | | (x) | x | | | |
| 35 | Zweiflächen-Sicherheitskupplung | 13-45 | | x | | | | | x | (x) | 2...6000 | durch Überlastung oder Blockierung gefährdete Anlagen |
| 36 | Sperrkörper-Sicherheitskupplung | 13-46 | | x | | | | | x | | 140...2100 | |
| 37 | Zylinder-Sicherheitskupplung | 13-47 | | x | | | | | | (x) | 19...3500 | |
| 38 | Klauen-Sicherheitskupplung | 13-48 | | x | | | | | x | | 20...2800 | |
| 39 | Fliehkörper-Kupplung | 13-49 | | x | | | x | | x | | ...1850 | Schweranläufe durch Kurzschlußläufer- oder Verbrennungsmotoren |
| 40 | Klemmrollenfreilauf | 13-52 | | | | x | | | | x | ...150000 | Rücklaufsperre u.a. |
| 41 | Synchronkupplung | 13-54 | (x) | x | x | | (x) | | x | | 1,5...850 | Schweranläufe |
| 42 | Wirbelstromkupplung | 13-55 | x | x | x | | (x) | | x | | 1,7...760 | Wickelantriebe |
| 43 | Hydrodynamische Kupplung | 13-56b | x | | | | | | x | | ...25000 | ungleichförmige Antriebe |
| 44 | Turboregelkupplung | 13-57 | x | x | x | | (x) | | x | | ...140000 | stufenlose Drehzahlregelung |

1) Werte abhängig von den jeweiligen Betriebsverhältnissen (Firmenangaben)
2) für jeweils maximale Baugröße
3) Wellen und Maschinen können ohne axiales Verschieben ein- und ausgebaut werden
4) Hauptmaße und Auslegungsdaten s. Tabellenbuch

**Bild 13-58** (Fortsetzung)

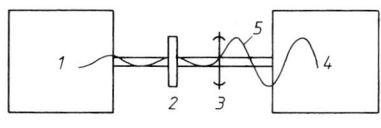 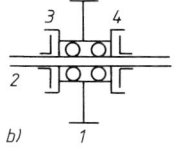

**Bild 13-59** Kupplungskombinationen (schematisch).
a) Reihenschaltung (z. B. zur Dämpfung von Drehschwingungen) **1** Drehstrommotor, **2** Schaltkupplung, **3** hochelastische Kupplung, **4** Kolbenverdichter, **5** periodische Drehmomentschwankung,
b) Parallelschaltung (z. B. zur Übertragung großer Drehmomente) **1** Zahnrad, **2** durchgehende Welle, **3**, **4** Kupplungen

3. Um Gewicht, Abmessungen und Preis der Kupplung gering zu halten, sollte diese möglichst dort eingebaut werden, wo das Drehmoment klein und die Drehzahl hoch ist, in der Regel also auf der Motorwelle.
4. Kupplungen sollen das Auswechseln ihrer Verschleißteile (z. B. Gummielemente) sowie der benachbarten Wellen und Maschinen ermöglichen, ohne dass letztere dabei axial verschoben werden müssen (Eigenschaft „radial montierbar" nach Bild 13-58).
5. Bei Lamellenkupplungen sind die Kupplungsteile durch entsprechende Anordnung der Lager genau zu zentrieren und zueinander axial unverschiebbar zu fixieren (vgl. Bild 13-43a).
6. Wellen sind dicht neben den Kupplungen zu lagern und bei Einsatz nichtausgleichender Kupplungen zur Gewährleistung der Kupplungslebensdauer genauestens auszurichten. Unbedingt Ausrichtkontrolle durchführen! Genau fluchtende Wellen sind die wichtigste Voraussetzung zur Gewährleistung der Kupplungslebensdauer.
7. In Antrieben mit Reibkupplungen sind ggf. ausreichende Inspektionsöffnungen vorzusehen, damit die Reibbeläge nachgestellt und ausgewechselt werden können.
8. Maschinenanlagen sollen möglichst auf einem Fundament aus einer Werkstoffart aufgestellt werden, weil sonst temperaturbedingte Höhenunterschiede und damit radiale Wellenverlagerungen unvermeidbar sind.
9. Bei der Anordnung momentbetätigter Kupplungen in Anlagen mit schaltbaren Getrieben ist die Kupplung auf der Motorseite anzuordnen, wenn eine konstante Leistung begrenzt werden soll, und auf der Abtriebsseite des Getriebes, wenn ein konstantes Drehmoment begrenzt werden soll (z. B. Vorschubantrieb von Werkzeugmaschinen).
10. Überstehende Kupplungsteile sind zu vermeiden oder wenigstens abzudecken (vgl. Maschinenschutzgesetz).

## 13.6 Bremsen

### 13.6.1 Funktion und Wirkung

Bremsen haben die Funktionen: Verzögern sich bewegender Massen (Regel- oder Stoppbremse); Erzeugen eines Gegenmomentes für Antriebsaggregate (Leistungsbremse) oder Festhalten einer Last (Haltebremse).
Diese Funktionen können wie bei der Kupplung realisiert werden durch
– Moment leiten und
– Schalten (Trennen oder Verbinden).

**Leitungsfunktion**
Im Gegenteil zu den Kupplungen, bei denen sich beide Teile der Wirkpaarung drehen, erfolgt bei den Bremsen die Drehmomentübertragung zwischen einem beweglichen und einem fest mit dem Maschinen- bzw. Anlagengehäuse verbundenen Bauteil, welches das Gegenmoment aufnimmt (s. z. B. Bild 13-60). Ein verlustfreies Leiten ist damit nur im Stillstand möglich (als Haltemoment).

**Schaltfunktion**

Alle bei Kupplungen nutzbaren physikalischen Effekte zur Krafterzeugung und Übertragung können auch bei Bremsen verwendet werden. Damit ist jede kraftschlüssige Kupplung als Bremse ausführbar, d. h. Bild 13-3 kann auch für die Einteilung von Bremsen verwendet werden. Da bei Bremsen der Schaltvorgang (Bremsung) wesentlich länger als bei Kupplungen dauern kann, ist die Umwandlung der kinetischen Energie der sich bewegenden Bauteile durch Reibung in Wärmeenergie und deren Abführung besonders zu beachten. Eine Einteilung der Bremsen erfolgt daher oft auch nach der Art der Energieumwandlung in mechanische Bremsen (z. B. Backenbremse, Scheibenbremse), hydrodynamische Bremsen (z. B. Strömungsbremse, Wasserwirbelbremse) und elektrische Bremsen (z. B. Motorbremse, Induktionsbremse).

### 13.6.2 Berechnung

Die Berechnung der für die Auswahl der Bremse wichtigen Größen, das erforderliche Bremsmoment, die Bremszeit und die Wärmebelastung erfolgt analog der Berechnung bei Schaltkupplungen in 13.2.6.
Hiernach ergibt sich das *erforderliche* (schaltbare) *Bremsmoment* zu

$$T'_{Br} = J_L \frac{\omega_A}{t_R} \pm T_L \leq T_{Br} \tag{13.23}$$

$J_L$     Trägheitsmoment der Lastseite, reduziert auf die Bremswelle
$\omega_A$     Winkelgeschwindigkeit der Bremswelle
$t_R$     Rutschzeit (Bremszeit)
$T_L$     Lastdrehmoment bezogen auf die Bremswelle
$T_{Br}$     in der Bremse erzeugtes Bremsmoment

Beim Einsetzen des Lastdrehmomentes ist auf die Wirkrichtung von $T_L$ zu achten, z. B. ist bei Hubwerken $T_L$ negativ beim Heben der Last (Last bremst mit ab), positiv beim Absenken der Last einzusetzen. Das sich aus der Konstruktion der Bremse ergebende Bremsmoment $T_{Br}$ muss mindestens so groß sein wie das erforderliche Bremsmoment $T'_{Br}$, einschließlich aller dynamischen Wirkungen. Für Haltebremsen sollte aus Sicherheitsgründen $T_{Br} \geq 2 \cdot T'_{Br}$ gewählt werden.
Zur Berechnung der Bremszeit und Wärmebelastung sind in die Gl. (13.19) und (13.20) $T_{Br}$ für $T_{KNs}$ und $\omega_{L0} = 0$ einzusetzen.

### 13.6.3 Bauformen

Da viele Bremsen fast baugleich mit Kupplungen sind, wird im Folgenden vor allem auf Besonderheiten bei Bremsen eingegangen.
Bei den überwiegend eingesetzten *mechanischen Bremsen* wird wie bei den reibschlüssigen Schaltkupplungen das Drehmoment über Reibflächen nach dem Reibungsgesetz übertragen.
Bild 13-60 zeigt die prinzipiell mögliche Anordnung der Reibflächen. Die Anpresskraft wird über mechanische Hebelsysteme, hydraulisch, pneumatisch, elektromagnetisch oder über Federn erzeugt. Die Bremsflächen können dabei axial oder radial zueinander bewegt werden. Je nach Bauart sind sie als Haltebremse, Stopp- und Regelbremse oder Leistungsbremse einsetzbar.
*Haltebremsen* sollen das unbeabsichtigte Anlaufen von Wellen aus dem Stillstand verhindern. Sie sind so konstruiert, dass im Ruhezustand die bewegliche Bremsfläche, in der Regel durch Federn (oder Dauermagnete), gegen die feststehende Bremsfläche gedrückt und beim Anlaufen meist selbständig gelöst wird. Bild 13-61 zeigt eine nach diesem Prinzip arbeitende Kegelbremse (als Stopp- und Haltebremse verwendet), bei der durch die kegelige Form des Stators (1) beim Einschalten die Magnetkraft den Anker (2) nach links zieht und damit die Bremse löst. Wird der Strom unterbrochen, drückt die Druckfeder (3) über den drehbar gelagerten

## 13.6 Bremsen

| Betätigungs-richtung | Radial | | | | Axial | | |
|---|---|---|---|---|---|---|---|
| Reibkörper-paarung | Backen Zylinder | | Band Zylinder | | Scheibe Scheibe | Kegel Kegel | Scheibe Backen |
| Grundmodell | Außenbacken-bremse | Innenbacken-bremse | Außenband-bremse | Innenband-bremse | Vollscheiben-bremse | Kegel-bremse | Teilscheiben-bremse |
| Konstruktions-prinzip | | | | | | | |

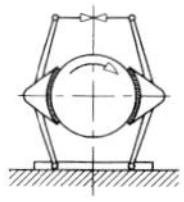

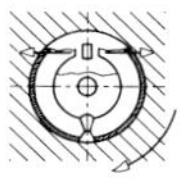

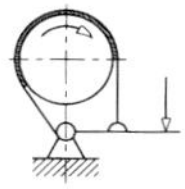

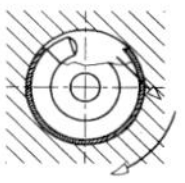

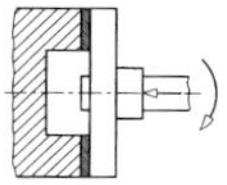

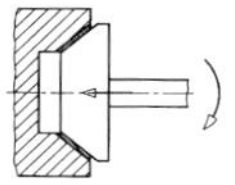

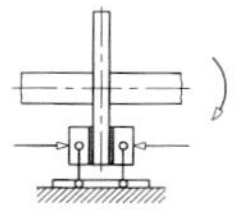

**Bild 13-60** Reibungsbremsen, prinzipieller Aufbau

Dämpfer (4) die Motorwelle (5) und damit die Bremsscheibe (6) gegen das Bremsgehäuse (7). Die Anlage wird abgebremst und im Stillstand gehalten.

Reine Haltebremsen eignen sich nur bedingt zum Verzögern auslaufender Bewegungen bis zum Stillstand. Gegenüber Regelbremsen sind sie für größere Bremskräfte (größere Anpresskräfte) bei nur geringer zulässiger Reibleistung (kleinerer zulässiger Verschleißweg) ausgelegt. Ihr Einsatz erfolgt z. B. im Hebezeug-, Aufzugs- und Bergbau als Sicherheitsbremse, im allgemeinen Maschinenbau als (Not-)Stopp- und Haltebremse.

Die *Stopp- und Regelbremse* soll eine bestimmte Wellendrehzahl konstant halten sowie in kurzer Zeit die Welle zum Stillstand bringen, einschließlich einem gewollten Notstopp. Als Stopp- und Regelbremse werden am häufigsten Scheiben- und Backenbremsen eingesetzt. Bild 13-62 zeigt eine Trommel-Außenbackenbremse, die für raue Betriebsverhältnisse geeignet ist, z. B. in Kran-, Förder- und Walzwerksanlagen. Bild 13-63 zeigt eine Innenbackenbremse mit symmetrischen Backen (Simplexbremse). Die Backen können auch gleichsinnig (Duplexbremse) oder mit Anlenkung der zweiten Backe an die erste (Servobremse) ausgebildet sein. Ihr Einsatz erfolgt vor allem in Fahrzeugen, Flurförderern und Baggern.

*Vollbelag-Scheibenbremsen* (der Reibbelag ist als voller Kreis- oder Kegelmantelring ausgebildet), als Ein- oder Mehrflächen-(Lamellen-)bremsen ausgeführt, werden verstärkt in Antriebssystemen aufgrund zunehmenden Automatisierungsgrades und kurzer Taktzeiten eingesetzt. Oft ist die Bremse als Anbau- oder Einbaubremse direkt mit dem Antriebsmotor verbunden (*Bremsmotor*, s. z. B. Bild 13-61) oder bildet eine Einheit mit einer fast baugleichen Kupplung als Schrittmodul zum Positionieren und Takten. Bei Letzterem trennt die Kupplung den Antrieb ab und die Bremse bringt die Anlage schnell und positionsgenau zum Halt (z. B. bei hohen Geschwindigkeiten von Webmaschinen oder großen Massen bei Pressen, Stanzen).

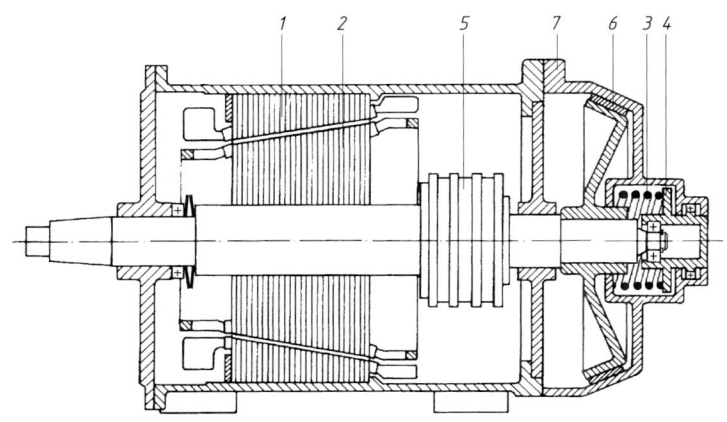

**Bild 13-61**
Verschiebeankermotor mit Kegelbremse (schematisch)

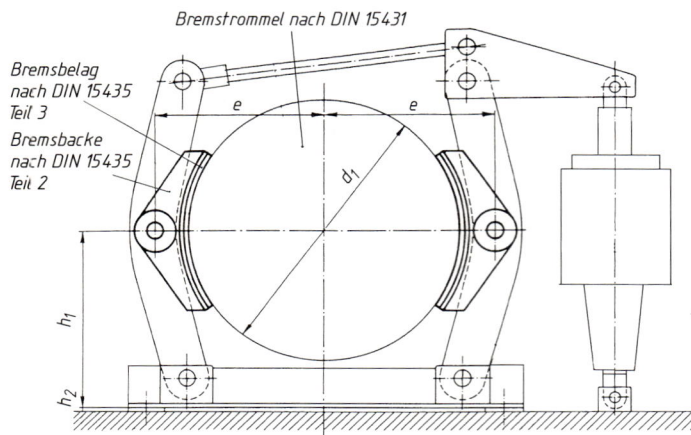

**Bild 13-62**
Trommel-Außenbackenbremse (nach DIN)

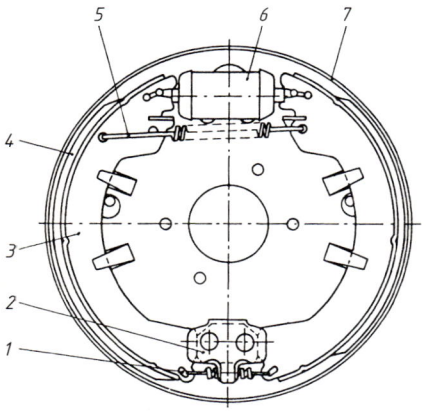

**Bild 13-63**
Innenbackenbremse (Symplexbremse) mit hydraulischer Betätigung.
**1**, **5** Zugfeder, **2** Backenlagerung mit Wälzgelenken,
**3** Bremsbacke, **4** Reibbelag, **6** Hydraulikzylinder,
**7** Bremstrommel

Bild 13-64 zeigt eine elektromagnetisch betätigte Kupplungs-Bremseinheit. Durch wechselseitiges Schalten von Kupplungs- und Bremsspule wird das Drehmoment über Reibschluss übertragen. Kupplung (rechts) und Bremse (links) sind hier arbeitsstrombetätigt, d. h. bei eingeschalteter Spule (1) bzw. (2) wird die Ankerscheibe (3) bzw. (4) gegen den Bremsbelag (5) bzw. (6) gedrückt. Bei der Kupplung wird das Moment von der Nabe (7) über die Ankerscheibe (3) auf die mit der Welle (8) verbundene Mitnehmerscheibe (9) übertragen, beim Bremsen wird die Welle (8) über Mitnehmerscheibe (9), Ankerscheibe (4) gegen ist das Gehäuse (10) abgebremst. Im stromlosen Zustand löst eine Membranfeder die Kupplung bzw. Bremse. Bild 13-64b zeigt die Bremse einzeln, hier ruhestrombetätigt. Die Schraubenfedern (1) drücken die Ankerscheibe (2) gegen den Rotor mit Bremsbelägen (3) und die feststehende Maschinenwand (4). Die mit dem Rotor über die Zahnnabe verbundene Welle wird abgebremst. Beim Einschalten der Spule wird die Ankerscheibe durch die Magnetkraft gegen den Spulenträger (5) gezogen. Die Bremse ist frei, die Welle kann durchlaufen.

*Teilbelag-Scheibenbremsen* (an kreisförmige, glatte Bremsscheibenringe greifen seitlich eine oder mehrere Bremszangen oder -sattel mit Doppelbacken an, s. Bild 13-65) werden zunehmend anstelle von Backen- und Bandbremsen vor allem bei langen Bremszeiten, wie sie bei Fahrzeugen und Fördermaschinen vorkommen, eingesetzt. Gegenüber der Doppelbackenbremse haben sie ein kleineres Massenträgheitsmoment, geringen Platzbedarf und eine bessere Wärmeabfuhr, die beträchtlich höheren zulässigen Flächenpressungen führen zu einer geringe-

13.6 Bremsen

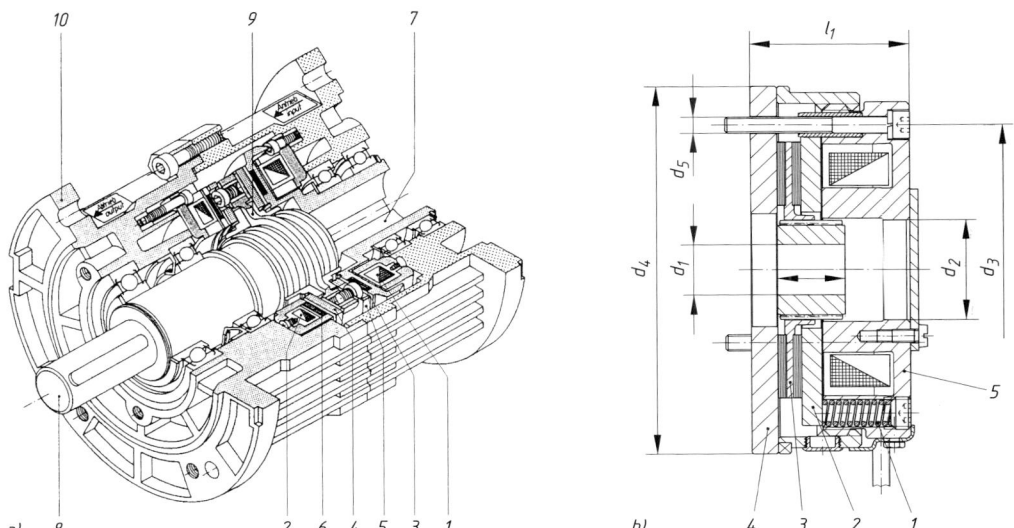

**Bild 13-64** a) Kupplungs-Bremseinheit, elektromagnetisch (ROBA-Takt Schrittmodul – Werkbild), b) ROBA-Stopp Positionierbremse (Werkbild)

ren Streuung der Reibzahl (exakteres Bremsen), die Reibbeläge sind schneller austauschbar. Zu beachten sind aber die höheren Preise und die Biegebeanspruchung der Bremswelle. Die Bremsscheibe kann für höhere Kühlleistung selbstlüftend ausgeführt werden, s. Bild 13-65b (bei Kurzzeitbetrieb, wie z. B. bei Sicherheitsbremsen, ist die massive Scheibe wegen des größeren Wärmespeichervermögens besser).

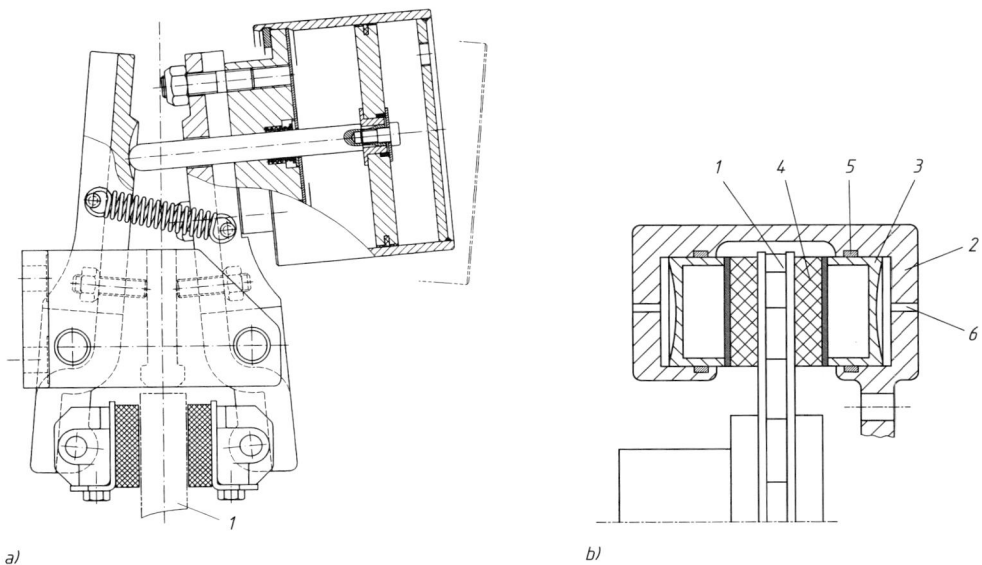

**Bild 13-65** Scheibenbremse.
a) mit Bremszange, pneumatisch betätigt (Typ DV30PA, Werkbild), b) mit Bremssattel und innenbelüfteter Bremsscheibe: **1** Bremsscheibe, **2** Bremssattel, **3** Druckkolben, **4** Bremsbelag, **5** Dichtung, **6** Ölzufuhr

Als verschleißfreie Regelbremse mit Haltemoment eignen sich Induktionsbremsen mit Synchronlauf (auch Hysteresebremse genannt) dort, wo Zugkräfte sehr fein und exakt reguliert werden müssen.

*Leistungsbremsen* (hierzu zählen vor allem Prüfstandsbremsen, aber auch Bremsen zum Lastsenken und Fahrzeugbremsen beim Bergabfahren) sind für größere Bremsleistungen auszulegen. Daher werden neben mechanischen Bremsen oft verschleißfreie elektrische Bremsen (Induktionsbremsen), Strömungs- und Wasserwirbelbremsen eingesetzt. Die in Bild 13-55 abgebildete Wirbelstromkupplung kann z. B. als Bremse eingesetzt werden, indem der Spulenträger fest mit einer Maschinenwand verbunden wird. Bei stromdurchflossener Spule werden im Ankerring Wirbelströme induziert, die ein Bremsmoment entgegen der Drehrichtung erzeugen. Dem Vorteil der leichten Ableitung der anfallenden Energie steht die stark drehzahlabhängige Bremswirkung entgegen.

*Strömungsbremsen* werden vor allem zum Abbremsen größerer Kräfte wegen der Sicherheit vor Überhitzung bei längeren Bremsstrecken und des weichen Einsetzens der Bremsung eingesetzt. Wird bei einer hydromechanischen Kupplung das abtriebsseitige Turbinenrad (s. auch Bild 13-56) fest mit dem Gehäuse verbunden entsteht aus der Kupplung die hydromechanische Bremse, auch *Strömungsbremse* genannt. Das Bremsmoment wird über die Füllmenge der Bremse mit Öl geregelt.

Bild 13-66 zeigt eine pendelnd gelagerte *Wasserwirbelbremse* mit Schlagstiften. Die Abbremsung der Rotorwelle erfolgt durch die an den Stiften des Gehäuses sich bildenden Wasserwirbel; die hierbei entstehende Wärme wird über das Gehäuse, bei größerer Wärmemenge über einen Wasserkühlkreislauf abgeleitet. Das Bremsmoment kann über die Federkraft abgelesen werden und ist über die Wassermenge regulierbar.

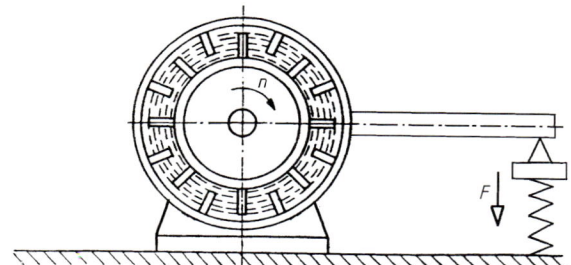

**Bild 13-66**
Wasserwirbelbremse (schematisch)

## 13.7 Berechnungsbeispiele

**Beispiel 13.1:** Ein Bandförderer wird nach Bild 13-67 durch einen Drehstrom-Käfigläufer-Motor (Baugröße 160L) mit $P = 15$ kW und $n = 1460$ min$^{-1}$ über ein Kegelstirnradgetriebe mit der Übersetzung $i = 22,4$ angetrieben. Die bereits ermittelten Durchmesser der Wellenenden der Antriebsstation sind in das Bild 13-67 eingetragen. Die Umgebungstemperatur beträgt +45 °C. Weitere Betriebsdaten sind nicht bekannt.

Für die Kupplung $K_1$ zwischen Drehstrommotor und Getriebe und die Kupplung $K_2$ zwischen Getriebe und Antriebstrommel ist jeweils

a) eine geeignete Bauart zu wählen, wobei montagemäßig bedingt, geringe radiale, axiale und winklige Wellenverlagerungen unvermeidbar sind und, betrieblich bedingt, mit kleineren Drehmomentschwankungen durch etwaige stoßweise Förderung zu rechnen ist;

b) die Baugröße zu bestimmen, wobei eine tägliche Laufzeit von 8 Stunden anzunehmen ist.

▶ **Lösung a):** Zunächst steht fest, dass es sich um nicht schaltbare Kupplungen handelt. Zum Ausgleich der unvermeidbaren Wellenverlagerungen kommen nachgiebige, also Ausgleichskupplungen in Frage. Nach Bild 13-3a können nun systematisch Kupplungen mit den geforderten Eigenschaften ausgewählt werden: nichtschaltbare Kupplungen – nachgiebig – formschlüssig – längs-, quer-, winkel-, drehnach-

## 13.7 Berechnungsbeispiele

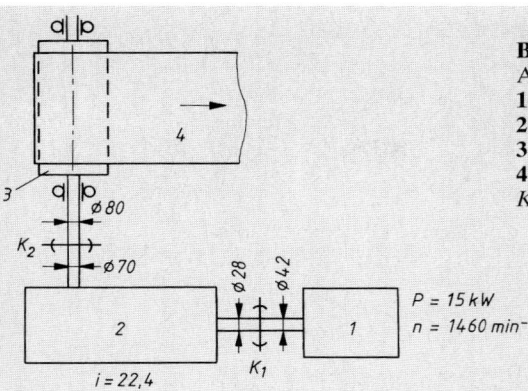

**Bild 13-67**
Antriebsstation eines Bandförderers (schematisch)
1 Antriebsmotor
2 Kegelstirnradgetriebe
3 Antriebstrommel
4 Förderband
$K_1$, $K_2$ Kupplungen

giebig – elastisch. Nach den Anhaltswerten zur Kupplungsauswahl (Bild 13-58) wird nun eine marktgängige Bauart festgelegt. In Frage kommen elastische Bolzen- und Klauenkupplungen. Sie erfüllen alle gestellten Anforderungen und sind außerdem noch wartungsfrei und schwingungsdämpfend. Für die Kupplungen $K_1$ und $K_2$ wird jeweils eine elastische Klauenkupplung gewählt, z. B. eine N-Eupex-Kupplung nach Bild 13-26 bzw. TB 13-3.

**Ergebnis:** Für die Kupplungen $K_1$ und $K_2$ wird jeweils eine elastische Klauenkupplung gewählt, z. B. eine N-Eupex-Kupplung.

**Lösung b):** Da keine genauen Betriebsdaten (z. B. Lastdrehmoment, Trägheitsmomente) vorliegen und wohl nur schwer zu ermitteln sind, muss die Kupplungsgröße nach Herstellerangaben bzw. mit Hilfe von Anwendungsfaktoren bestimmt werden (s. 13.2.5-1 bzw. 13.2.5-2).

*Kupplung $K_1$*
Für die auf dem Wellenende des Drehstrommotors sitzende N-Eupex-Kupplung $K_1$ gibt nach TB 16-21 der Kupplungshersteller für die Motorbaugröße 160L die Baugröße 110 an. Diese Baugröße reicht bei normalen Betriebsbedingungen aus, sie soll aber mit Hilfe des Anwendungsfaktors geprüft werden. Nach Gl. (13.11) wird das fiktive Kupplungsdrehmoment

$$T'_K = T_N \cdot K_A \leq T_{KN}.$$

Mit $P = 15$ kW und $n = 1460$ min$^{-1}$ ergibt sich das Nenndrehmoment aus

$$T_N = 9550 \frac{P}{n} = 9550 \frac{15}{1460} = 98 \text{ Nm}.$$

Der Anwendungsfaktor wird nach Richter-Ohlendorf (TB 3-5b) ermittelt und zwar für den vorliegenden Betriebsfall nach Bild 13-68 anhand des eingezeichneten Linienzuges. Danach ergibt sich für Antrieb Elektromotor – Anlauf leicht – Belastung Volllast, mäßige Stöße – Kupplung – tägliche Laufzeit 8 h: $K_A \approx 1{,}7$.
Damit wird das fiktive Kupplungsdrehmoment

$$T'_K = 98 \text{ Nm} \cdot 1{,}7 \approx 167 \text{ Nm}.$$

Nach TB 13-3 ist damit die vom Hersteller zugeordnete N-Eupex-Kupplung Größe B110 mit $T_{KN} = 160$ Nm gerade noch vertretbar. Auch der Bohrungsbereich $\leq 48$ mm der Kupplungsnaben passt zu den Durchmessern 28 mm und 42 mm der zu verbindenden Wellen.

*Kupplung $K_2$*
Das Nenndrehmoment der Kupplung $K_2$ ergibt sich, ohne Berücksichtigung des Wirkungsgrades des Getriebes, aus Gl. (13.1) zu $T_2 = i \cdot T_1$. Mit dem Nenndrehmoment der Antriebsseite $T_1 = 98$ Nm und der Übersetzung des Getriebes $i = 22{,}4$ wird

$$T_2 = 22{,}4 \cdot 98 \text{ Nm} \approx 2195 \text{ Nm}.$$

Mit dem oben ermittelten Anwendungsfaktor $K_A \approx 1{,}7$ wird damit das fiktive Drehmoment der Kupplung $K_2$

$$T'_K = 2195 \text{ Nm} \cdot 1{,}7 \approx 3730 \text{ Nm}.$$

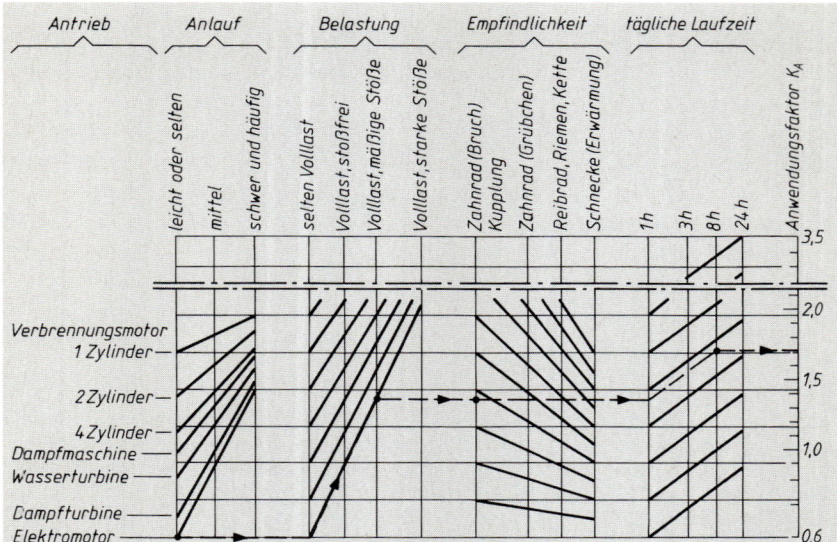

**Bild 13-68** Ermittlung des Anwendungsfaktors zur Auswahl der Kupplungsgröße

Damit ist nach TB 13-3 geeignet: N-Eupex-Kupplung Bauform B, Baugröße 280 mit $T_{KN} = 3900$ Nm. Auch bleiben die Durchmesser 70 mm bzw. 80 mm der zu verbindenden Wellen unter der maximal zulässigen Nabenbohrung von 110 mm.

**Ergebnis:** Für die vorgesehenen N-Eupex-Kupplungen, Bauform B, wird für die Kupplung $K_1$ die Baugröße 110 und für die Kupplung $K_2$ die Baugröße 280 gewählt.

■ **Beispiel 13.2:** Für die Ganzmetallkupplung (Thomas-Kupplung) der Baugröße 100, Bild 13-69a, ist zu ermitteln:
a) ob eine alleinige radiale Wellenverlagerung $\Delta W_r = 1{,}4$ mm zulässig ist,
b) die bei der Wellenverlagerung nach a) auftretende radiale Rückstellkraft $F_r$,
c) welchen radialen und winkligen Versatz die Kupplung bei einem bereits vorhandenen axialen Versatz von 1,2 mm noch kompensieren kann.

**Lösung a):** Nach Gl. (13.16b) ist folgende Bedingung einzuhalten:

$$\Delta K_r \geq \Delta W_r \cdot S_t \cdot S_f.$$

Für die hier vorliegende Ganzmetallkupplung kann der Temperaturfaktor $S_t$ und der nur für gummielastische Kupplungen geltende Frequenzfaktor $S_f$ jeweils gleich 1 gesetzt werden (vgl. TB 13-8). Nach TB 13-2 weist die Thomas-Kupplung, Baugröße 100, einen zulässigen radialen Versatz $\Delta K_r = 2{,}0$ mm auf. Damit ist die Bedingung nach Gl. (13.16b) erfüllt:

$$2{,}0 \text{ mm} > 1{,}4 \text{ mm} \cdot 1 \cdot 1.$$

**Ergebnis:** Für eine Thomas-Kupplung der Baugröße 100 ist eine alleinige radiale Wellenverlagerung $\Delta W_r = 1{,}4$ mm zulässig.

▶ **Lösung b):** Die radiale Rückstellkraft beträgt nach Gl. (13.17b)

$$F_r = \Delta W_r \cdot C_r.$$

Für die Thomas-Kupplung, Baugröße 100, beträgt die Radialfedersteife $C_r = 520$ N/mm (TB 13-2). Mit der auftretenden radialen Wellenverlängerung $\Delta W_r = 1{,}4$ mm ergibt sich eine radiale Rückstellkraft

$$F_r = 1{,}4 \text{ mm} \cdot 520 \text{ N/mm} \approx 730 \text{ N}.$$

**Ergebnis:** Bei einer radialen Wellenverlagerung $\Delta W_r = 1{,}4$ mm beträgt die radiale Rückstellkraft $F_r \approx 730$ N. Sie belastet die Wellen und die der Kupplung benachbarten Lager.

## 13.7 Berechnungsbeispiele

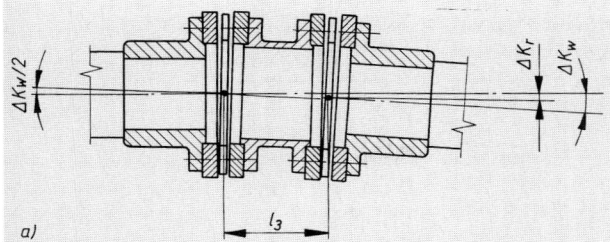

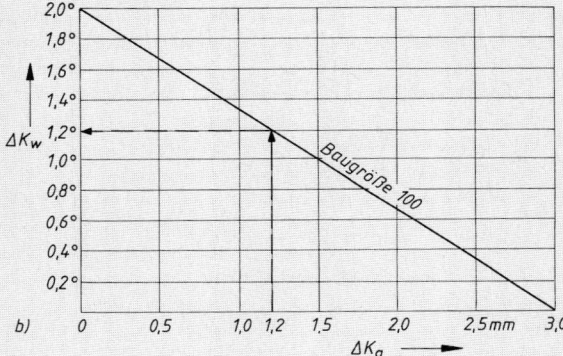

**Bild 13-69**
Ganzmetallkupplung (Thomas-Kupplung)
a) Bauform 923 mit winkligem und radialem Versatz der Kupplungshälften
b) Abhängigkeit der winkligen Nachgiebigkeit $\Delta K_w$ vom axialen Versatz $\Delta K_a$ für die Kupplungsgröße 100

**Lösung c):** Nach Bild 13-69a ist die radiale Nachgiebigkeit der Thomas-Kupplung eine Funktion des zulässigen winkligen Versatzes der Kupplungshälften $\Delta K_w/2$ sowie des Abstandes $l_3$ zwischen den beiden Lamellenpaketen. Es gilt: $\Delta K_r = l_3 \cdot \tan \Delta K_w/2$. Bei der im TB 13-2 für die Baugröße 100 genannten radialen Nachgiebigkeit $\Delta K_r = 2$ mm ist jedes Lamellenpaket bereits um $\Delta K_w/2 = 1°$ gebeugt. Ein zusätzlicher axialer Versatz $\Delta K_a$ wäre nicht zulässig. Wird ein axialer Versatz $\Delta K_a = 1{,}2$ mm in Anspruch genommen, so reduziert sich der Wert für $\Delta K_w$ und damit auch für $\Delta K_r$ ungefähr nach Bild 13-69b. Durch Auftragen der jeweils für sich allein zulässigen Werte $\Delta K_w = 2°$ und $\Delta K_a = 3$ mm wird bei einem vorhandenen axialen Versatz $\Delta K_a = 1{,}2$ mm der abgeminderte winklige Versatz $\Delta K_w = 1{,}2°$ gefunden (eingezeichneter Linienzug). Der zugehörige radiale Versatz kann damit nach der oben angegebenen Beziehung bestimmt werden. Mit dem Abstand $l_3 = 116$ mm ergibt sich

$$\Delta K_r = 116 \text{ mm} \cdot \tan 0{,}6° \approx 1{,}2 \text{ mm}.$$

**Ergebnis:** Bei einem bereits vorhandenen axialen Versatz von 1,2 mm kann die Thomas-Kupplung, Baugröße 100, noch einen radialen Versatz $\Delta K_r \approx 1{,}2$ mm und einen winkligen Versatz $\Delta K_w \approx 1{,}2°$ ausgleichen.

**Beispiel 13.3:** Am Rollgang[1] eines Walzgerüstes nach Bild 13-70 sollen die Arbeitsrollen (3) jeweils durch Getriebemotoren (1) angetrieben werden. Diese haben eine Leistung $P = 3$ kW bei einer Drehzahl $n = 118$ min$^{-1}$. Die anteilige Masse (4) des zu fördernden Walzgutes beträgt $m' = 800$ kg je Rolle. Eine geeignete nichtschaltbare Kupplung (2) zwischen Getriebemotor und Rolle ist auszulegen.
a) Eine geeignete wartungsfreie Kupplungsart ist zu wählen, wobei allseitige Wellenverlagerungen nicht zu vermeiden und Stöße zu dämpfen sind. Die Umgebungstemperatur der Kupplung kann während des Betriebes bis auf +60 °C ansteigen.
b) Zunächst soll die Belastung durch das Nenndrehmoment festgestellt und danach eine entsprechende Baugröße gewählt werden. Als Nenndrehmoment der Lastseite soll dabei das durch Reibschluss zwischen Rolle und Walzgut begrenzte Drehmoment gesetzt werden ($\mu \approx 0{,}15$).

---

[1] Schwere Rollenförderer, vorwiegend in Walzwerken, zum Transport des Walzgutes zu und von den Walzen bzw. zu den Scheren, Sägen und zum Lager.

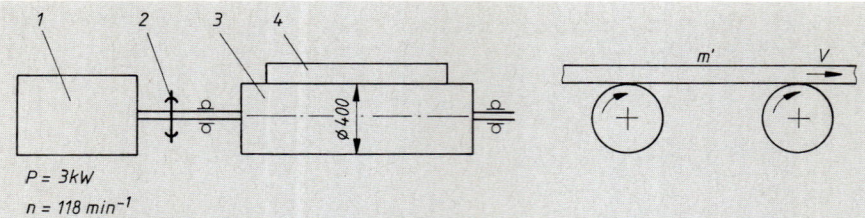

**Bild 13-70** Rollgangantrieb (schematisch).
**1** Getriebemotor, **2** Kupplung, **3** Rolle, **4** Walzgut

c) Die nach b) bemessene Kupplung soll unter Beachtung folgender Betriebsdaten auf Belastung durch Anfahrstöße geprüft werden:
 – Stoßdrehmoment = Kippdrehmoment des Drehstrommotors = 2,4 × Nenndrehmoment des Drehstrommotors
 – Reversierbetrieb mit 80 Drehrichtungswechseln in der Stunde
 – Trägheitsmoment des Getriebemotors ca. 1,7 kg m$^2$ und der Arbeitsrolle ca. 6,1 kg m$^2$, jeweils bezogen auf die Kupplungswelle.

d) Abschließend ist noch zu prüfen, ob eine zu erwartende radiale Wellenverlagerung von 1,5 mm von der Kupplung ausgeglichen werden kann und welche Rückstellkraft hierbei ggf. auftritt.

**Lösung a):** Zum Ausgleich nicht vermeidbarer Wellenverlagerungen und zur Dämpfung von Stößen kommt eine nachgiebige, also eine Ausgleichskupplung in Frage. Nach Bild 13-3a kann nun systematisch gewählt werden: nicht schaltbare Kupplung – nachgiebig – formschlüssig – längs-, quer-, winkel-, drehnachgiebig – elastisch. Wegen der laufend wechselnden Drehrichtung (Reversierbetrieb) sollte eine absolut spielfreie Kupplung mit hoher Elastizität und guter Dämpfung gewählt werden (s. 13.2.4-3). Nach Bild 13-58 findet man unter Berücksichtigung der Anforderungen „wartungsfrei" und „schwingungsdämpfend" und den entsprechenden Hinweisen auf die Einsatzmerkmale, dass gummielastische Kupplungen hoher Elastizität allen gestellten Anforderungen genügen (vgl. auch 13.3.2-2.3). Gewählt wird eine hochelastische Wulstkupplung (Radaflex-Kupplung) nach Bild 13-29. Für die mit Reifen aus Naturgummi (NR) ausgestattete Radaflex-Kupplung ist auch die auftretende Temperatur von max. +60 °C noch zulässig (TB 13-8b).

**Ergebnis:** Gewählt wird eine hochelastische Wulstkupplung mit elastischen Elementen aus Naturgummi (Radaflex-Kupplung).

▶ **Lösung b):** Die Reibungskraft $F_R = \mu \cdot F_N = \mu \cdot m' \cdot g$ am Rollenumfang begrenzt das übertragbare Drehmoment auf das Nenndrehmoment der Lastseite

$$T_{LN} = F_R \cdot \frac{d}{2} = \mu \cdot m' \cdot g \cdot \frac{d}{2}.$$

Mit $\mu \approx 0{,}15$, $m' = 800$ kg, $g = 9{,}81$ m/s$^2$ und $d = 0{,}4$ m beträgt das Nenndrehmoment der Lastseite damit

$$T_{LN} = 0{,}15 \cdot 800 \text{ kg} \cdot 9{,}81 \frac{\text{m}}{\text{s}^2} \cdot \frac{0{,}4 \text{ m}}{2} = 235 \text{ Nm}.$$

Da eine wirtschaftlich optimale Kupplungsgröße gefunden werden soll, erfolgt die Auslegung nach der ungünstigsten Lastart (s. 13.2.5-3). Für die Belastung durch das Nenndrehmoment der Lastseite gilt nach Gl. (13.12)

$$T'_K = T_{LN} \cdot S_t \leq T_{KN}.$$

Mit dem oben bestimmten Nenndrehmoment und dem Temperaturfaktor $S_t = 1{,}4$ für Kupplungsreifen aus NR bei $t = +60$ °C (TB 13-8b) wird das fiktive Kupplungsdrehmoment

$$T'_K = 235 \text{ Nm} \cdot 1{,}4 = 330 \text{ Nm}.$$

## 13.7 Berechnungsbeispiele

Danach ist aus TB 13-5 eine Radaflex-Kupplung mit einem Nenndrehmoment $T_{KN} \geq 330$ Nm auszuwählen. Gewählt wird somit die Baugröße 40 (Bauform 300) mit folgenden Daten:

| | |
|---|---|
| Nenndrehmoment | $T_{KN} = 400$ Nm |
| Maximaldrehmoment | $T_{K\,max} = 3 \cdot 400$ Nm $= 1200$ Nm |
| Trägheitsmoment der Kupplungshälften | $J_1 = J_2 = 0{,}175$ kg m²/2 $\approx 0{,}09$ kg m². |

**Ergebnis:** Nach dem Nenndrehmoment wird eine Radaflex-Kupplung der Baugröße 40 gewählt.

**Lösung c):** Bei Antrieben mit Drehstrommotoren treten beim Anfahren Drehmomentstöße auf (s. 13.2.4-2). Nach Gl. (13.13a) gilt dabei für den antriebsseitigen Stoß

$$T'_K = \frac{J_L}{J_A + J_L} \cdot T_{AS} \cdot S_A \cdot S_z \cdot S_t \leq T_{K\,max}.$$

Das auf die Motor-(Kupplungs-)Welle reduzierte Trägheitsmoment der Lastseite $J_L$ wird nach Gl. (13.4) berechnet. Für das mit der Geschwindigkeit $v$ bewegte Walzgut der Masse $m'$ ergibt sich dabei ein auf die Winkelgeschwindigkeit ω der Kupplungswelle reduziertes Trägheitsmoment

$$J_{red} = m \left(\frac{v}{\omega}\right)^2.$$

Mit der anteiligen Masse des zu fördernden Walzgutes je Rolle $m' = 800$ kg, der Walzgutgeschwindigkeit $v = d \cdot \pi \cdot n = 0{,}4$ m $\cdot \pi \cdot 118/60$ s $= 2{,}47$ m/s und der Winkelgeschwindigkeit der Kupplungswelle ω $= 2 \cdot \pi \cdot n = 2 \cdot \pi \cdot 118/60$ s $= 12{,}36$ s$^{-1}$ wird

$$J_{red} = 800 \text{ kg} \cdot \left(\frac{2{,}47 \text{ m/s}}{12{,}36 \text{ s}^{-1}}\right)^2 \approx 32 \text{ kg m}^2.$$

Mit den mit ω umlaufenden Einzelträgheitsmomenten der Kupplungshälfte und der Rolle ergibt sich das gesamte Trägheitsmoment der Lastseite zu

$$J_{red} = 0{,}09 \text{ kg m}^2 + 6{,}1 \text{ kg m}^2 + 32 \text{ kg m}^2 = 38{,}19 \text{ kg m}^2.$$

Damit und mit dem Trägheitsmoment der Antriebsseite $J_A = 1{,}7$ kg m² $+ 0{,}09$ kg m² $= 1{,}79$ kg m², dem Stoßdrehmoment der Antriebsseite $T_{AS} = 2{,}4 \cdot T_{AN} = 2{,}4 \cdot 243$ Nm $= 583$ Nm (mit $T_{AN}$ in Nm aus $9550 \cdot 3/118 = 243$), dem Stoßfaktor der Antriebsseite $S_A = 1{,}8$, dem Anlauffaktor $S_z = 1{,}3$ für $z = 80 \cdot 2 = 160$ (wegen Reversierbetrieb) nach TB 13-8a und dem Temperaturfaktor $S_t = 1{,}4$ ergibt sich für den antriebsseitigen Stoß ein fiktives Drehmoment

$$T'_K = \frac{38{,}19 \text{ kg m}^2}{1{,}79 \text{ kg m}^2 + 38{,}19 \text{ kg m}^2} \cdot 583 \text{ Nm} \cdot 1{,}8 \cdot 1{,}3 \cdot 1{,}4 \approx 1824 \text{ Nm} > T_{K\,max} = 1200 \text{ Nm}.$$

Die nach dem Nenndrehmoment ausgewählte Kupplung ist zu klein; es wird die nächste Baugröße gewählt.
Die Baugröße 63 hat nach TB 13-5 folgende Daten:

| | |
|---|---|
| Nenndrehmoment | $T_{KN} = 630$ Nm |
| Maximaldrehmoment | $T_{K\,max} = 3 \cdot 630$ Nm $= 1890$ Nm |
| Trägheitsmoment der Kupplungshälften | $J_1 = J_2 = 0{,}309$ kg m²/2 $\approx 0{,}15$ kg m². |

Durch die größere Kupplung ändert sich das Verhältnis der Trägheitsmomente $J_L/(J_A + J_L)$ und damit das oben errechnete fiktive Drehmoment kaum, es kann deshalb unmittelbar mit dem neuen Maximaldrehmoment der Kupplung verglichen werden:

$$T'_K = 1823 \text{ Nm} < T_{K\,max} = 1890 \text{ Nm}.$$

Die Baugröße 63 reicht aus.

**Ergebnis:** Wegen der großen Drehmomentstöße ist für die vorgesehene Radaflex-Kupplung endgültig die Baugröße 63 zu wählen:

**Lösung d):** Für radiale Wellenverlagerungen ist nach Gl. (13.16b) folgende Bedingung einzuhalten:

$$\Delta K_r \geq \Delta W_r \cdot S_t \cdot S_f.$$

Die gewählte Radaflex-Kupplung (Baugröße 63) weist nach TB 13-5 eine radiale Nachgiebigkeit $\Delta K_r = 3{,}5$ mm auf.

Mit der maximal auftretenden radialen Verlagerung der Wellen $\Delta W_r = 1{,}5$ mm, dem Temperaturfaktor $S_t = 1{,}4$ und dem Frequenzfaktor $S_f = 1{,}0$ (für $\omega = 12{,}36$ s$^{-1}$ $< 63$ s$^{-1}$, s. TB 13-8c) lautet die Gl. (13.16b) somit

$$3{,}5 \text{ mm} > 1{,}5 \text{ mm} \cdot 1{,}4 \cdot 1{,}0 = 2{,}1 \text{ mm}.$$

Eine radiale Wellenverlagerung von 1,5 mm ist somit ohne weiteres zulässig.
Die radiale Rückstellkraft beträgt nach Gl. (13.17b)

$$F_r = \Delta W_r \cdot C_r.$$

Die gewählte Radaflex-Kupplung (Baugröße 63) weist eine Radialfedersteife von $C_r = 280$ N/mm auf (TB 13-4).
Bei einer auftretenden Wellenverlagerung $\Delta W_r = 1{,}5$ mm wird die radiale Rückstellkraft

$$F_r = 1{,}5 \text{ mm} \cdot 280 \text{ N/mm} \approx 0{,}4 \text{ kN}.$$

**Ergebnis:** Eine radiale Verlagerung der Wellen von 1,5 mm ist zulässig. Die dadurch verursachte radiale Rückstellkraft beträgt ca. 0,4 kN.

■ **Beispiel 13.4:** Ein Zweizylinder-Viertakt-Dieselmotor mit der Nennleistung $P = 25$ kW und der Drehzahl $n = 1500$ min$^{-1}$ treibt über eine nicht schaltbare Kupplung eine Arbeitsmaschine an. Nach Angaben der Hersteller beträgt das erregende Wechseldrehmoment 0,5. Ordnung des Dieselmotors $T_{A0,5} = \pm 360$ Nm und das mittlere Lastdrehmoment der Arbeitsmaschine $T_{LN} = 140$ Nm. Das Trägheitsmoment des Dieselmotors ist 5,1 kg m$^2$, das der Arbeitsmaschine 1,8 kg m$^2$. Der Maschinensatz läuft höchstens 10-mal in der Stunde an. Die Umgebungstemperatur der Kupplung beträgt bis zu $+50\,°$C.
a) Eine geeignete Kupplungsart ist zu wählen.
b) Die Kupplung ist den Betriebsverhältnissen entsprechend auszulegen.

▶ **Lösung a):** In Antrieben mit Kolbenmaschinen treten periodische Drehmomentschwankungen auf, welche den Maschinensatz zu u. U. gefährlichen Drehschwingungen anregen können (s. 13.2.4-4). Die für diesen stark ungleichförmigen Antrieb zu wählende nichtschaltbare Kupplung hat also vor allem die Aufgabe, Drehschwingungen zu dämpfen und die Resonanzfrequenz weit genug unter die Betriebsfrequenz zu senken. Außerdem sind betrieblich bedingte geringe Wellenverlagerungen auszugleichen. Nach Bild 13-3a kann nun systematisch gewählt werden: nicht schaltbare Kupplung – nachgiebig – formschlüssig – längs-, quer-, winkel-, drehnachgiebig – elastisch. Nach den Anhaltswerten zur Kupplungsauswahl (Bild 13-58) wird nun eine marktgängige Bauart festgelegt. In Frage kommen gummielastische Kupplungen hoher Elastizität. Sie erfüllen alle gestellten Anforderungen und sind außerdem noch wartungsfrei und radial montierbar, d. h., dass Wellen und Maschinen ohne axiales Verschieben ein- und ausgebaut werden können. Gewählt wird z. B. eine hochelastische Wulstkupplung (Radaflex-Kupplung) nach Bild 13-29.

**Ergebnis:** Gummielastische Kupplungen hoher Elastizität erfüllen alle Anforderungen. Gewählt wird z. B. eine hochelastische Wulstkupplung (Radaflex-Kupplung).

▶ **Lösung b):** Beim Einsatz elastischer Kupplungen in Drehschwingungssystemen mit periodischem Wechseldrehmoment ist eine sorgfältige Berechnung der auftretenden Belastung für die Kupplung und den gesamten Maschinensatz unbedingt erforderlich (vgl. unter a). Die Auslegung der Kupplung kann also nur nach der ungünstigsten Lastart erfolgen (s. 13.2.5-3). In besonders schwierigen Fällen wird man sie den Kupplungsherstellern überlassen.
Da keine Drehmomentstöße auftreten und die Wellenverlagerungen unerheblich sind, wird die Kupplung nach dem Nenndrehmoment bzw. dem periodischen Wechseldrehmoment ausgelegt.
Nach Gl. (13.12) gilt für die Belastung durch das Nenndrehmoment

$$T_K' = T_{LN} \cdot S_t \leq T_{KN}.$$

Mit dem Temperaturfaktor $S_t = 1{,}4$ nach TB 13-8b (für $t = +50\,°$C und Kupplungsreifen aus Naturgummi), und dem Nenndrehmoment der Lastseite $T_{LN} = 140$ Nm ergibt sich ein fiktives Drehmoment

$$T_K' = 149 \text{ Nm} \cdot 1{,}4 = 196 \text{ Nm}.$$

Danach ist aus TB 13-5 eine Radaflex-Kupplung mit einem Nenndrehmoment $T_{KN} \geq 196$ Nm auszuwählen. Gewählt wird somit die Baugröße 25 (Bauform 300) mit folgenden Daten:

| | |
|---|---|
| Nenndrehmoment | $T_{KN} = 250$ Nm |
| Maximaldrehmoment | $T_{K\,max} = 3 \cdot 250$ Nm $= 750$ Nm |
| Dauerwechseldrehmoment | $T_{KW} = \pm 0,4 \cdot 250$ Nm $= \pm 100$ Nm |
| Drehfedersteife | $C_{T\,dyn} = 1364$ Nm/rad (bei $T_{KN}$) |
| verhältnismäßige Dämpfung | $\psi = 1,2$ |
| Trägheitsmoment je Kupplungshälfte | $J_1 = J_2 = 0,08$ kg m²/2 $= 0,04$ kg m² |
| maximale Drehzahl | $n_{max} = 2000$ min$^{-1}$ |

Für das schnelle Durchfahren der Resonanz gilt bei antriebsseitiger Schwingungserregung nach Gl. (13.14 a)

$$T'_K = \frac{J_L}{J_A + J_L} \cdot T_{Ai} \cdot V_R \cdot S_z \cdot S_t \leq T_{K\,max}.$$

Mit dem Trägheitsmoment der Lastseite $J_L = 1,8$ kg m² + 0,04 kg m² = 1,84 kgm²; dem Trägheitsmoment der Antriebsseite $J_A = 5,1$ kg m² + 0,04 kg m² = 5,14 kg m²; dem erregenden Wechseldrehmoment 0,5. Ordnung $T_{A0,5} = \pm 360$ Nm; dem Vergrößerungsfaktor in Resonanznähe $V_R \approx 2\pi/1,2 \approx 5,2$ (nach Legende zu Gl. (13.10), mit $\psi = 1,2$ als verhältnismäßige Dämpfung); dem Anlauffaktor $S_z = 1,0$ (für $z = 10 < 120$ Anläufe je Stunde, nach TB 13-8a) und dem Temperaturfaktor $S_t = 1,4$ wird somit das fiktive Wechseldrehmoment in Resonanz

$$T'_K = \frac{1,84 \text{ kg m}^2}{5,14 \text{ kg m}^2 + 1,84 \text{ kg m}^2} \cdot 360 \text{ Nm} \cdot 5,2 \cdot 1,0 \cdot 1,4 = 691 \text{ Nm} < T_{K\,max} = 750 \text{ Nm}.$$

Die nach dem Nenndrehmoment ausgewählte Kupplungsgröße 25 ist also auch für das Durchfahren der Resonanz ausreichend bemessen.

Als nächstes ist zu prüfen, ob die Resonanz außerhalb der Betriebsfrequenz liegt. Unter der Voraussetzung, dass die Kupplung praktisch das einzig drehelastische Glied des Antriebes ist, gilt nach Gl. (13.8) für die Eigenkreisfrequenz

$$\omega_e = \sqrt{C_{T\,dyn} \cdot \frac{J_A + J_L}{J_A \cdot J_L}} = \sqrt{1364 \text{ Nm/rad} \cdot \frac{5,14 \text{ kg m}^2 + 1,84 \text{ kg m}^2}{5,14 \text{ kg m}^2 \cdot 1,84 \text{ kg m}^2}} = 31,7 \text{ s}^{-1\ 1)}$$

Mit der Ordnungszahl $i = 0,5$ für den Zweizylinder-Viertaktmotor ($i$ weicht hier von der unter Gl. (13.9) angegebenen Regel, $i =$ halbe Zylinderzahl, bauartbedingt ab!) wird nach Gl. (13.9) die kritische Kreisfrequenz

$$\omega_k = \frac{\omega_e}{i} = \frac{31,7 \text{ s}^{-1}}{0,5} = 63,4 \text{ s}^{-1}, \quad \text{entsprechend} \quad n_k = 605 \text{ min}^{-1}.$$

Mit $\omega/\omega_k = n/n_k = 1500$ min$^{-1}$/605 min$^{-1} \approx 2,5 > \sqrt{2}$ liegt die erregende Frequenz (Betriebsfrequenz) weit genug über der Eigenfrequenz und ermöglicht einen ruhigen Lauf der Arbeitsmaschine (vgl. 13.2.5-3.3).

Abschließend ist die Dauerwechselfestigkeit der Kupplung nachzuweisen. Nach Gl. (13.15a) gilt bei antriebsseitiger Schwingungserregung

$$T'_K = \frac{J_L}{J_A + J_L} \cdot T_{Ai} \cdot V \cdot S_t \cdot S_f \leq T_{KW}.$$

Mit dem Vergrößerungsfaktor außerhalb der Resonanz

$$V \approx \frac{1}{\left|\left(\frac{\omega}{\omega_k}\right)^2 - 1\right|} = \frac{1}{\left|\left(\frac{157 \text{ s}^{-1}}{63,4 \text{ s}^{-1}}\right)^2 - 1\right|} = \frac{1}{5,14} \approx 0,19$$

---

[1] Wird unter der Wurzel für $N \to$ kg m s$^{-2}$ und für rad $\to 1$ gesetzt, so ergibt sich $\omega_e$ in s$^{-1}$.

(nach Legende zu Gl. (13.10), mit $\omega = 157\,\text{s}^{-1}$ bzw. $\omega_k = 63{,}4\,\text{s}^{-1}$ als Betriebskreisfrequenz bzw. kritische Kreisfrequenz); dem Frequenzfaktor bei

$$\omega = 157\,\text{s}^{-1} > 63\,\text{s}^{-1} : S_f = \sqrt{\frac{\omega}{63\,\text{s}^{-1}}} = \sqrt{\frac{157\,\text{s}^{-1}}{63\,\text{s}^{-1}}} \approx 1{,}6$$

nach TB 13-8c und den bereits oben bestimmten Werten wird das fiktive Wechseldrehmoment der Kupplung

$$T'_K = \frac{1{,}84\,\text{kg m}^2}{5{,}14\,\text{kg m}^2 + 1{,}84\,\text{kg m}^2} \cdot 360\,\text{Nm} \cdot 0{,}19 \cdot 1{,}4 \cdot 1{,}6 = 40\,\text{Nm} < T_{KW} = \pm 100\,\text{Nm}.$$

Die Kupplung ist dauerfest, da das errechnete fiktive Wechseldrehmoment unter dem zulässigen Dauerwechseldrehmoment liegt.

**Ergebnis:** Es wird eine Radaflex-Kupplung der Baugröße 25 gewählt.

■ **Beispiel 13.5:** Ein Drehstrom-Asynchronmotor, Baugröße 132M, treibt über eine elektromagnetisch betätigte Lamellenkupplung eine Werkzeugmaschine an. Der Motor läuft bei ausgeschalteter Kupplung an und bleibt während des Betriebes dauernd eingeschaltet. Er leistet $P = 7{,}5$ kW bei $n = 1445\,\text{min}^{-1}$. Mit der auf der Motorwelle sitzenden, nasslaufenden Kupplung sollen 115 Schaltungen pro Stunde ausgeführt werden. Dabei ist jedes Mal das (auf die Kupplungswelle reduzierte) Trägheitsmoment der Arbeitsmaschine $J_L = 0{,}23\,\text{kg m}^2$ innerhalb von 1 s aus dem Stillstand auf $n = 1445\,\text{min}^{-1}$ zu beschleunigen. Während der Anlaufzeit beträgt das (auf die Kupplungswelle bezogene) Lastdrehmoment der Arbeitsmaschine $T_L = 22\,\text{Nm}$, nach dem Schalten erhöht es sich auf 50 Nm.
Die Kupplungsgröße ist zu bestimmen.

▶ **Lösung:** Maßgebend für die Größenbestimmung von schaltbaren Reibkupplungen können nach 13.2.6.-3 sein:
– Das schaltbare Drehmoment während des Anlaufs.
– Das übertragbare Drehmoment im Betrieb.
– Die Wärmebelastung der Kupplung.

Das erforderliche schaltbare Drehmoment der Kupplung kann nach Gl. (13.18) bestimmt werden:

$$T_{Ks} = J_L \frac{\omega_A - \omega_{L0}}{t_R} + T_L \leq T_{KNs}.$$

Mit dem auf die Kupplungswelle reduzierten Trägheitsmoment der Arbeitsmaschine (ohne Kupplungsanteil) $J_L = 0{,}23\,\text{kg m}^2$, der Winkelgeschwindigkeit der Antriebsseite

$$\omega_A = 2 \cdot \pi \cdot n = 2 \cdot \pi \cdot \frac{1445}{60}\,\text{s} = 151{,}2\,\text{s}^{-1},$$

der Winkelgeschwindigkeit der Abtriebsseite zu Beginn des Anlaufes $\omega_{L0} = 0$, der geforderten Beschleunigungszeit $t_R \leq 1\,\text{s}$ und dem Lastdrehmoment $T_L = 22\,\text{Nm}$ wird das erforderliche schaltbare Drehmoment hiermit

$$T_{Ks} = 0{,}23\,\text{kg m}^2 \cdot \frac{151{,}2\,\text{s}^{-1} - 0\,\text{s}^{-1}}{1\,\text{s}} + 22\,\text{Nm} \approx 57\,\text{Nm}.$$

Damit ist z. B. nach TB 13-7 bei Nasslauf eine elektromagnetisch betätigte Lamellenkupplung der Baugröße 6,3 zu wählen.
Sie hat folgende Daten:

| | |
|---|---|
| schaltbares Nenndrehmoment | $T_{KNs} = 63\,\text{Nm}$ |
| übertragbares Nenndrehmoment | $T_{KNü} = 90\,\text{Nm}$ |
| zulässige Schaltarbeit/Schaltung | $W_{zul} = 50 \cdot 10^3\,\text{Nm}$ |
| zulässige Schaltarbeit pro Stunde (Dauerschaltung bei Nasslauf) | $W_{h\,zul} = 50 \cdot 10^3 \cdot 20 = 10^6\,\text{Nm/h}$ |
| maximal zulässige Drehzahl (Trägheitsmomente vernachlässigbar klein) | $n_{max} = 3000\,\text{min}^{-1}$ |

Da die Kupplung nach dem Anlaufvorgang nur mit einem Lastdrehmoment $T_L = 50$ Nm belastet wird, ist das übertragbare Nenndrehmoment $T_{KNü} = 90$ Nm der Baugröße 6,3 ausreichend.
Bei Überlastung der Arbeitsmaschine kann der vorgesehene Drehstrom-Asynchronmotor das 3,1fache seines Nenndrehmomentes abgeben (s. TB 16-21: $T_{ki}/T_N = 3{,}1$ für die Baugröße 132M). Bei einem Motor-Nenndrehmoment $T_N = 9550 \cdot 7{,}5/1445 \approx 50$ Nm beträgt also sein Kippdrehmoment $T_{ki} = 3{,}1 \cdot 50$ Nm $= 155$ Nm (vgl. Bild 13-8a). Bei $T_K > 90$ Nm rutscht die Kupplung bereits durch und schützt so die Maschine vor Überlastung.
Abschließend ist die Wärmebelastung der Kupplung mit Hilfe der Gl. (13.20) und Gl. (13.21) zu prüfen.
Mit dem schaltbaren Nenndrehmoment der gewählten Kupplung $T_{KNs} = 63$ Nm und den bereits oben genannten Daten wird nach Gl. (13.19) die tatsächlich auftretende Rutschzeit (Beschleunigungszeit) beim Anlauf

$$t_R = \frac{J_L}{T_{KNs} - T_L}(\omega_A - \omega_{L0}) = \frac{0{,}23 \text{ kg m}^2}{63 \text{ Nm} - 22 \text{ Nm}}(151{,}2 \text{ s}^{-1} - 0 \text{ s}^{-1}) \approx 0{,}85 \text{ s}.$$

Die bei einmaliger Schaltung anfallende Schaltarbeit beträgt nach Gl. (13.20)

$$W = 0{,}5 \cdot T_{KNs}(\omega_A - \omega_{L0}) \, t_R < W_{zul}.$$

Mit dem schaltbaren Nenndrehmoment $T_{KNs} = 63$ Nm, den Winkelgeschwindigkeiten

$$\omega_A = 151{,}2 \text{ s}^{-1} \quad \text{und} \quad \omega_{L0} = 0 \text{ s}^{-1},$$

sowie der Rutschzeit $t_R = 0{,}85$ s erhält man

$$W = 0{,}5 \cdot 63 \text{ Nm}(151{,}2 \text{ s}^{-1} - 0 \text{ s}^{-1}) \, 0{,}85 \text{ s} = 4048 \text{ Nm} < W_{zul} = 50 \cdot 10^3 \text{ Nm}.$$

Mit $z_h = 115$ Schaltungen pro Stunde wird nach Gl. (13.21) noch die stündlich anfallende Schaltarbeit geprüft

$$W_h = W \cdot z_h = 4048 \text{ Nm} \cdot 115/\text{h} \approx 0{,}466 \cdot 10^6 \text{ Nm/h} < W_{h\,zul} = 10^6 \text{ Nm/h}.$$

Die gewählte Kupplungsgröße ist wärmemäßig nicht ausgelastet. Besondere Maßnahmen zu besserer Wärmeabfuhr sind nicht erforderlich.

**Ergebnis:** Gewählt wird eine elektromagnetisch betätigte BSD-Lamellenkupplung der Baugröße 6,3.

**Beispiel 13.6:** An den Antriebsmotor (Elektromotor mit $P = 1{,}5$ kW bei $n = 1500 \text{ min}^{-1}$) einer Arbeitsmaschine soll an das freie Wellenende einer Positionierbremse zum taktmäßigen Abbremsen der Arbeitsmaschine angeflanscht werden, s. Bild 13-71. Das Lastdrehmoment der Arbeitsmaschine ist laut Herstellerangaben $T_{LA} = 30$ Nm bei $n_{LA} = 450 \text{ min}^{-1}$ (Arbeitsdrehzahl). Die Drehzahl der Arbeitsmaschine wird über einen Keilriementrieb realisiert. Das Trägheitmoment der kleinen Keilriemenscheibe ist $J_{K1} = 0{,}003$ kg m$^2$, das der großen Keilriemenscheibe $J_{K2} = 0{,}09$ kg m$^2$, das des Motor-Läufers $J_M = 0{,}00383$ kg m$^2$ und das der Arbeitsmaschine $J_{LA} = 0{,}25$ kg m$^2$. Die Bremse soll für 20 Bremsungen pro Minute ausgelegt werden.
Es ist die Baugröße der Bremse zu bestimmen.

**Lösung:** Bei der Bestimmung der Bremsengröße kann wie bei Schaltkupplungen vorgegangen werden (s. auch Beispiel 13.5). Maßgebend für die Baugröße sind:
– Das Bremsmoment während des Bremsens (Schaltens) und
– die Wärmebelastung der Bremse.

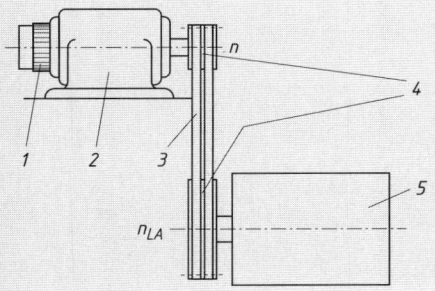

**Bild 13-71**
Antriebsschema der Arbeitsmaschine.
**1** Antriebsmotor
**2** Bremse
**3** Riementrieb
**4** Keilriemenscheiben
**5** Arbeitsmaschine

Da keine Bremszeit vorgegeben ist, erfolgt die Auswahl der Bremsengröße vereinfacht aus dem abzubremsenden Motor-Nenndrehmoment

$$T_{Br} \geq T_N = 9550 \frac{P}{n} = 9550 \frac{1{,}5}{1500} = 9{,}55 \, \text{Nm} \,.$$

Damit ist nach TB 13-9 geeignet: Positionierbremse ROBA-stopp Baugröße 5 mit einem Bremsmoment $T_{Br} = 12$ Nm.

*Anmerkung:* Das Lastmoment wirkt hier bremsend, d. h. die Berechnung liegt auf der sicheren Seite. Wirkt das Lastmoment entgegen dem Bremsmoment, z. B. beim Lastabsenken von Winden, muss es bei der Berechnung unbedingt berücksichtigt werden.
Bei Forderung einer bestimmten Bremszeit erfolgt die Baugrößenauswahl nach Gl. (13.23). Das Bremsmoment sollte aber aus Sicherheitsgründen nicht unter dem Motor-Nenndrehmoment liegen.
Die Wärmebelastung der Kupplung kann mit den Gl. (13-20) und Gl. (13-21) erfolgen. Hierzu erfolgt zunächst die Berechnung der erforderlichen Bremszeit mit Gl. (13.19) (mit $T_{Br}$ für $T_{KNs}$ und $\omega_{L0} = 0$) oder durch Umstellung von Gl. 13.23:

$$t_R = \frac{J_L \cdot \omega_A}{T_{Br} \pm T_L}$$

Das auf die Bremswelle = Motorwelle reduzierte Trägheitsmoment des gesamten Antriebsstranges ergibt sich mit Gl. (13.4) zu

$$\begin{aligned}J_{red} &= J_L = J_{Br} + J_M + J_{K1} + (J_{K2} + J_{LA}) \cdot \left(\frac{n_{LA}}{n}\right)^2 \\ &= 0{,}000\,068 \, \text{kg m}^2 + 0{,}003\,83 \, \text{kg m}^2 + 0{,}003 \, \text{kg m}^2 + (0{,}09 + 0{,}25) \, \text{kg m}^2 \left(\frac{450 \, \text{min}^{-1}}{1500 \, \text{min}^{-1}}\right)^2 \\ &= 0{,}0375 \, \text{kg m}^2\end{aligned}$$

mit dem Trägheitsmoment der Bremse $J_{Br} = 0{,}000\,068$ kg m² aus TB 13-9.
Das auf die Bremswelle bezogene Lastdrehmoment der Arbeitsmaschine ist $T_L = T_{LA}/i = 30 \, \text{Nm}/3{,}33 = 9$ Nm, bei $i = n/n_{LA} = 1500 \, \text{min}^{-1}/450 \, \text{min}^{-1} = 3{,}33$; die Winkelgeschwindigkeit der Bremswelle $\omega_A = \pi \cdot n/30 = \pi \cdot 1500/30 = 157 \, \text{s}^{-1}$.
Damit wird die Bremszeit

$$t_R = \frac{0{,}0375 \, \text{kg m}^2 \cdot 157 \, \text{s}^{-1}}{12 \, \text{Nm} + 9 \, \text{Nm}} \approx 0{,}28 \, \text{s} \,,$$

wobei das Lastmoment bremsend wirkt und damit mit positivem Vorzeichen eingesetzt werden muss. Die Reibarbeit (Schaltarbeit) pro Bremsung beträgt nach Gl. (13.20)

$$W = 0{,}5 \cdot T_{Br} \cdot \omega_A \cdot t_R = 0{,}5 \cdot 12 \, \text{Nm} \cdot 157 \, \text{s}^{-1} \cdot 0{,}28 \, \text{s} \approx 264 \, \text{Nm} < W_{zul} = 1000 \, \text{Nm} \,.$$

Die Reibleistung (= anfallende Schaltarbeit pro Stunde) wird mit $z_h = 20 \cdot 60 = 1200$ Bremsungen (Schaltungen) pro Stunde

$$W_h = W \cdot z_h = 264 \, \text{Nm} \cdot 1200/\text{h} \approx 0{,}317 \cdot 10^6 \, \text{Nm}/\text{h} = 88 W < W_{h\,zul} = 105 W \,.$$

Die gewählte Bremse ist für den vorgesehenen Einsatz geeignet, da die zulässigen Werte (aus TB 13-9) nicht überschritten werden.

**Ergebnis:** Gewählt wird eine Positionierbremse der Baugröße 5.

## 13.8 Literatur und Bildquellennachweis

*Bederke, H.-J., Ptassek, R., Rothenbach, G., Vaske, P.:* Elektrische Antriebe und Steuerungen. 2. Aufl. Stuttgart: Teubner, 1975 (Moeller, Leitfaden der Elektrotechnik, Bd. VIII)
Desch KG (Hrsg.): Antriebstechnik. Antriebstechnische Informationen für den Konstrukteur. Firmenschriften, Arnsberg
*Fuest, K:* Elektrische Maschinen und Antriebe. Braunschweig: Vieweg, 1989
*Dittrich, O., Schumann, R.:* Kupplungen. Mainz: Krausskopf, 1974 (Krausskopf-Taschenbücher „antriebstechnik", Bd. II)
*Kümmel, F.:* Elektrische Antriebstechnik. Theoretische Grundlagen, Bemessung und regelungstechnische Gestaltung. Berlin: Springer, 1971

*Kümmel, F.:* Elektrische Antriebstechnik. Aufgaben und Lösungen. Berlin: Springer, 1979
*Niemann, G., Winter, H.:* Maschinenelemente. Bd. III. Schraubrad-, Kegelrad-, Schnecken-, Ketten-, Riemen-, Reibradgetriebe, Kupplungen, Bremsen, Freiläufe, 2. Aufl. Berlin: Springer. 1986
*Peeken, H., Troeder, C.:* Elastische Kupplungen. Ausführungen, Eigenschaften, Berechnungen. Berlin: Springer, 1986 (Konstruktionsbücher, Bd. 33)
*Pelezewski, W.:* Elektromagnetische Kupplungen. Braunschweig: Vieweg, 1971
*Schalitz, A.:* Kupplungs-Atlas. Bauarten und Auslegung von Kupplungen und Bremsen, 4. Aufl. Ludwigsburg: Georg Thum, 1975
*Scheffler, M.:* Grundlagen der Fördertechnik – Elemente und Triebwerke. Braunschweig/Wiesbaden: Vieweg, 1994
SEW-EURODRIVE (Hrsg.): Handbuch der Antriebstechnik. München: Hanser, 1980
*Stübner, K, Rüggen, W.:* Kupplungen. Einsatz und Berechnung. München: Hanser, 1980
VDI-Berichte Nr. 299: Die Wellenkupplung als Systemelement. Auslegung – Einsatz – Erfahrungen, Düsseldorf: VDI, 1977
VDI-Richtlinie 2240: Wellenkupplungen. Systematische Einteilung nach ihren Eigenschaften (VDI-Handbuch Konstruktion). 1971
VDI-Richtlinie 2241 Blatt 1: Schaltbare fremdbetätigte Reibkupplungen und -bremsen. Begriffe, Bauarten, Kennwerte, Berechnungen (VDI-Handbuch Konstruktion). 1982
*Volk, P.:* Antriebstechnik in der Metallverarbeitung. Einführung in die Automatisierung. Berlin: Springer, 1966
*Winkelmann, S., Harmuth, H.:* Schaltbare Reibkupplungen. Grundlagen, Eigenschaften, Konstruktionen. Berlin: Springer, 1985 (Konstruktionsbücher, Bd. 34)

## Bildquellennachweis
Chr. Mayr GmbH & Co. KG, Mauerstetten, Bild 13-64
Desch Antriebstechnik GmbH & Co. KG, Arnsberg , Bilder 13-27, 13-38
Flender AG, Bocholt, Bild 13-26
Hochreuter & Baum GmbH Maschinenfabrik, Ansbach, Bild 13-24
Kauermann KG, Düsseldorf, Bilder 13-30, 13-44
Kendrion Binder Magnete GmbH, Villingen-Schwenningen, Bild 13-43 b
Lenze GmbH & Co. KG, Extertal, Bild 13-25
GKN Löbro GmbH, Offenbach/Main, Bild 13-22 b
M.A.T. Malmedie Antriebstechnik GmbH, Solingen, Bilder 13-15 d, 13-23, 13-48
Metalluk, Bauscher GmbH & Co. KG, Bamberg, Bild 13-50
Ortlinghaus-Werke GmbH, Wermelskirchen, Bilder 13-31, 13-36, 13-43 a
P.I.V. Antrieb Werner Reimers GmbH & Co. KG, Bad Homburg, Bild 13-47
Rexnord Antriebstechnik GmbH, Dortmund, Bilder 13-14, 13-29, 13-37, 13-40, 13-41, 13-52
Ringspann GmbH, Bad Homburg, Bilder 13-12, 13-35, 13-45, 13-65
Robert Scheuffele GmbH & Co. KG, Bissingen/Bietigheim, Bild 13-49
Schmidt-Kupplung GmbH, Wolfenbüttel, Bild 13-13
Spicer Gelenkwellenbau GmbH & Co. KG (GWB), Essen, Bild 13-21
Stromag AG, Unna, Bilder 13-39, 13-54, 13-55
Voith Turbo GmbH & Co. KG, Crailsheim, Bild 13-57
GKN Walterscheid GmbH, Lohmar, Bild 13-46
ZF Zahnradfabrik Friedrichshafen AG, Friedrichshafen, Bilder 13-33,13-42

# 14 Wälzlager und Wälzlagerungen

## 14.1 Funktion und Wirkung

### 14.1.1 Aufgaben und Wirkprinzip

Lager haben die Aufgabe, relativ zueinander bewegliche, insbesondere drehbewegliche Teile in Maschinen und Geräten abzustützen und zu führen und die wirkenden äußeren Kräfte (quer, längs und/oder schräg zur Bewegungsachse) aufzunehmen und auf Fundamente, Gehäuse oder ähnliche Bauteile zu übertragen (Funktion). Die gestaltete Baugruppe wird als *Lagerung* bezeichnet.

Wellen bzw. Achsen sollten möglichst zweifach gelagert werden, da dann die Reaktionskräfte in den Lagern statisch bestimmbar sind. Meist greifen die äußeren Kräfte zwischen den Lagern an (vgl. 11.2.2-2.). Ein Kraftangriff außerhalb der Lager ergibt eine *fliegende Lagerung*. Bereits bei einer einfachen Lagerung ist eine notwendige Verschiebbarkeit der Welle bzw. Achse in einem Lager, dem *Loslager*, gegenüber dem *Festlager* zu berücksichtigen. Diese Verschiebbarkeit ist nötig, um Toleranzen, unterschiedliche Wärmedehnungen und Belastungsverformungen der Bauteile auszugleichen. Werden größere Durchbiegungen bzw. Fluchtungsfehler erwartet, sind winklig einstellbare Lager oder sonstige elastische Glieder vorzusehen.

Ergibt sich bei festliegendem Wellen- oder Achsdurchmesser eine zu große Durchbiegung, ist eine Lagerung mit mehr als zwei Lagern vorzusehen. Die Lagerkräfte für diesen statisch unbestimmten Fall lassen sich zwar berechnen, die tatsächlich auftretenden werden aber durch die Genauigkeit bei der Fertigung bzw. beim Ausrichten bei der Montage beeinflusst und können daher von den errechneten abweichen. Das gilt auch beim Zusammenschalten zweier Maschinen, jedoch kann hier auch eine ausgleichende Kupplung (s. Kapitel 13) vorgesehen werden.

Die im Lager zwischen den bewegten Teilen unter Last auftretende Reibung wird durch kleine Berührungsflächen und Schmierstoffe (bei Wälzlagern und -führungen), durch große Gleitflächen mit trennenden Fluiden (bei Gleitlagern und -führungen) oder durch Magnetfelder, die die Welle/Achse in Schwebe halten, gering gehalten, s. hierzu Bild 14-1.

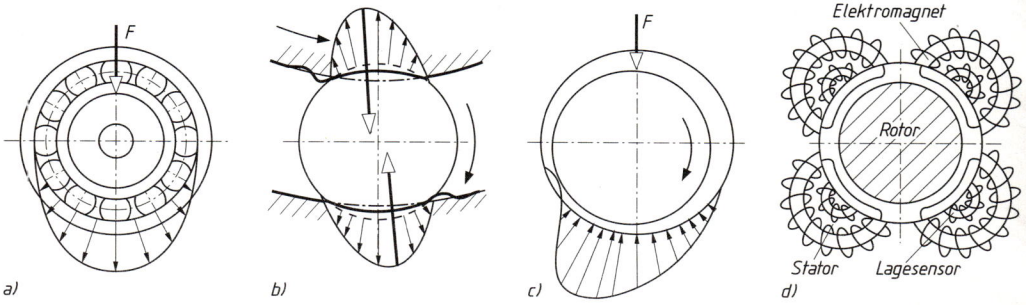

**Bild 14-1** Wirkprinzipien bei Lagern
a) Lastverteilung beim Wälzlager, b) Druckverteilung und Verformung an einem Wälzkörper, c) Druckverteilung bei einem Gleitlager, d) prinzipieller Aufbau eines Magnetlagers

# Ein Buch ist Theorie.
# INA ist die Praxis!

In Kapitel 14 dieses Buches findet sich auch ein kleiner Absatz über Nadellager. Und damit auch etwas über INA. Denn damit haben wir einmal angefangen: Das klassische Käfig-Nadellager ist eine INA-Kreation aus dem Jahre 1949.

Heute sind Wälzlager viel mehr als nur einfache Maschinenelemente. Deshalb entwickeln wir mehr und mehr System-Komponenten auf Wälzlagerbasis, die eine Vielzahl von Aufgaben übernehmen können. Sie lagern, transportieren, stützen oder messen – und das oft gleichzeitig.

Und weil hinter diesen komplexen Systemen auch eine äußerst komplexe Theorie steht, gibt es medias® professional – die Auswahl- und Berechungssoftware von INA. Im Internet oder auf CD. Übrigens auch für Studenten, die Wälzlager auslegen sollen.

Spicken Sie unter www.ina.com!

**INA Wälzlager Schaeffler oHG**
**91072 Herzogenaurach**
*info@ina.com*

INA *Technik kreativ*

# Standardwerk Werkstoffe

Weißbach, Wolfgang
**Werkstoffkunde und Werkstoffprüfung**
Ein Lehr- und Arbeitsbuch für das Studium
Unter Mitarbeit von Bleyer, Uwe
13., neu bearb. Aufl. 2000. XVI, 378 S. über 300 Abb., 300 Tafeln und einer CD-ROM mit mechan. und physik. Eigenschaften der Stähle
Br. mit CD-ROM DM 52,00 / € 26,00
ISBN 3-528-04019-X

*Inhalt:*
Grundlegende Begriffe und Zusammenhänge - Metalle und Legierungen - Legierung Eisen-Kohlenstoff - Stahlerzeugung und Stahlsorten - Stoffeigenschaft ändern - Oberflächentechnik - Eisen-Gusswerkstoffe - Legierte Stähle - Nichteisenmetalle - Pulvermetallurgie - Kunststoffe - Festigkeitsbeanspruchung - Korrosionsbeanspruchung - Tribologische Beanspruchung - Verbundstrukturen und Verbundwerkstoffe - Werkstoffprüfung - Systematische Bezeichnung der Werkstoffe

Für die dreizehnte Auflage des mittlerweile zum Standardwerk über Werkstoffkunde und Werkstoffprüfung gewordenen Lehrbuchs wurden der zweite Abschnitt 'Metalle und Legierungen' völlig neu gestaltet und die theoretischen Grundlagen vertieft, um den Anforderungen der Fachhochschulen besser gerecht zu werden. In den anderen Abschnitten wurden Normen aktualisiert, insbesondere DIN EN-Normen für Aluminium-Gusslegierungen sowie Kupfer und Kupferlegierungen. Eine CD-ROM mit mechanischen und physikalischen Eigenschaften der Stähle liegt bei.

Abraham-Lincoln-Straße 46
65189 Wiesbaden
Fax 0611.7878-420
www.vieweg.de

Stand 1.7.2001
Änderungen vorbehalten.
Die genannten Europreise sind gültig ab 1.1.2002.
Erhältlich im Buchhandel oder im Verlag.

## 14.1.2 Einteilung der Lager

Lager lassen sich nach folgenden wesentlichen Kriterien einteilen:

1. Wirkprinzip: in *Gleitlager*, s. Bild 14-2a (Gleitbewegung zwischen Lager und gelagertem Teil), in *Wälzlager*, s. Bild 14-2b (Wälzbewegung der zwischen den Laufbahnen angeordneten Wälzkörper) und in *Magnetlager*, s. Bild 14-1d (berührungsfreies Trennen durch Magnetkraft)
2. Richtung der Lagerkraft F: in *Radiallager* (Bild 14-3a) und in *Axiallager* (Bild 14-3b)
3. Funktion: in *Festlager* (Aufnahme von Längskräften in beiden Richtungen und Querkräften), in *Stützlager* (Aufnahme von Längskräften nur in einer Richtung und Querkräften) und in *Loslager* (Aufnahme nur von Querkräften und Verschiebungsmöglichkeit in Längsrichtung), s. 14.2.1
4. Bauform: in Stehlager (Bild 14-45), Augenlager, Flanschlager (Bild 14-46), Gelenk- bzw. Pendellager (z. B. Pendelrollenlager, s. Bild 14-14b), Einbaulager
5. Montagemöglichkeit: in geteilte (z. B. Stehlager, s. Bild 14-45) und ungeteilte (z. B. Flanschlager, s. Bild 14-46) bzw. zerlegbare Lager (z. B. Axial-Rillenkugellager, s. Bild 14-3b)

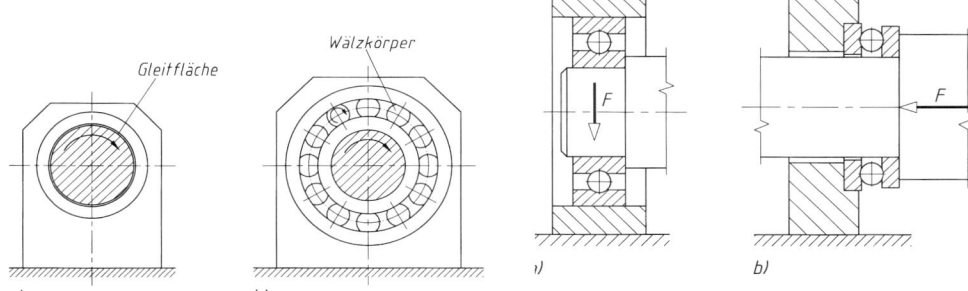

**Bild 14-2** a) Gleitlager, b) Wälzlager

**Bild 14.3** a) Radiallager, b) Axiallager

## 14.1.3 Richtlinien zur Anwendung von Wälzlagern

*Vorteile:* Richtig eingebaut laufen Wälzlager fast reibungslos, weshalb das Anlaufmoment nur unwesentlich größer ist als das Betriebsmoment (wesentlicher Vorteil bei Antrieben!); der Schmierstoffverbrauch ist gering; sie sind anspruchlos in Pflege und Wartung; sie benötigen keine Einlaufzeit; die weitgehende Normung gestattet ein leichtes Beschaffen und Austauschen von Ersatzlagern.

*Nachteile:* Sie sind, besonders im Stillstand und bei kleinen Drehzahlen, empfindlich gegen Erschütterungen und Stöße; ihre Lebensdauer und die Höhe der Drehzahl ist begrenzt; die Empfindlichkeit gegenüber Verschmutzung erfordert vielfach einen hohen Abdichtungsaufwand (Verschleißstellen, Leistungsverlust).

Verbindliche Regeln dafür, wann Gleit- und wann Wälzlager anzuwenden sind, lassen sich kaum geben. Für die Wahl sind einmal die Vor- und Nachteile entscheidend, zum anderen die betrieblichen Anforderungen wie Größe und Art der Belastung, Höhe der Drehzahl, geforderte Lebensdauer und die im praktischen Betrieb gesammelten Erfahrungen.
*Wälzlager* werden bevorzugt für

1. möglichst wartungsfreie und betriebssichere Lagerungen bei normalen Anforderungen, wie z. B. bei Getrieben, Motoren, Werkzeugmaschinen, Fördermaschinen, Fahrzeugen
2. Lagerungen, die aus dem Stillstand und bei kleinen Drehzahlen und hohen Belastungen reibungsarm arbeiten sollen und bei sich ändernden Drehzahlen, z. B. bei Kranhaken, Spindelführungen, Drehtürmen, Fahrzeugantrieben.

## 14.1.4 Ordnung der Wälzlager

### 1. Aufbau der Wälzlager, Wälzkörperformen, Werkstoffe

Wälzlager bestehen aus Rollbahnelementen – bei Radiallagern dem Außenring (1) und dem Innenring (2), bei Axiallagern der Wellenscheibe (1) und der Gehäusescheibe (2) – und den dazwischen angeordneten Wälzkörpern (3) (s. Bild 14-4). Die Wälzkörper sind meist mit einem Käfig (4) zu einem Wälzkörperkranz zusammengefasst, werden damit auf gleichmäßigen Abstand gehalten und an der gegenseitigen Berührung gehindert. Der Wälzlagerkranz erleichtert bei zerlegbaren Lagern den Einbau.

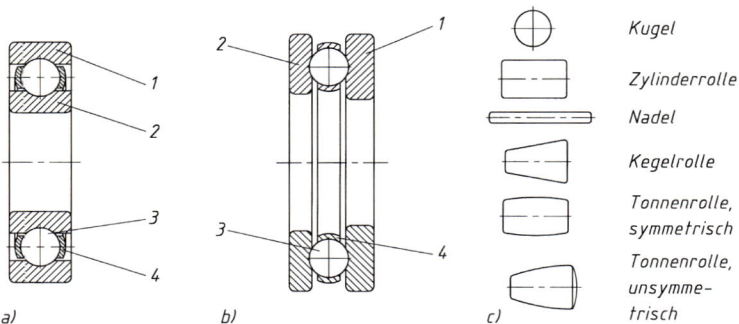

**Bild 14-4** Aufbau und Bestandteile eines Wälzlagers
a) Radiallager, b) Axiallager, c) Wälzkörperformen

Die zwecks Aufnahme sehr großer Punkt- bzw. Linienlasten (Spannungen bis 4600 N/mm$^2$) gehärteten und geschliffenen Ringe bzw. Scheiben (Rollbahnen poliert) und Wälzkörper bestehen aus Wälzlagerstahl (z. B. 100Cr6 nach DIN 17230), in Sonderfällen aus legiertem Einsatzstahl, unmagnetischem oder rostfreiem Stahl oder aus keramischen Werkstoffen. Neuere Wälzlagerstähle sind **L**ow **N**itrogen **S**teel (LNS) für sehr harte, ermüdungs- und verschleißfeste Randschichten bei weichem und zähem Kern und Cronidur 30 (extrem korrosionsbeständig, hohe Warmhärte). Die Käfige werden bei kleinen Lagern aus Stahl- oder Messingblech gepresst. Bei großen Lagern werden Massivkäfige aus Stahl oder Messing, bei Nadellagern aus Leichtmetall, für geräuscharmen Lauf auch aus Kunststoff verwendet.

### 2. Grundformen der Wälzlager, Druckwinkel, Lastwinkel

Die Grundformen unterscheiden sich nach der Art der Wälzkörper in Kugellager, Zylinderrollenlager, Nadellager, Kegelrollenlager und Tonnenlager.
Ein wesentliches Merkmal der Lager ist der *Druckwinkel* α (Berührungswinkel), s. Bild 14-5. Das ist der Nennwinkel zwischen der Radialebene (senkrecht zur Lagerachse) und der Drucklinie. Die Lage der Drucklinie ist von der Gestaltung der Rollbahnen und der Wälzkörper ab-

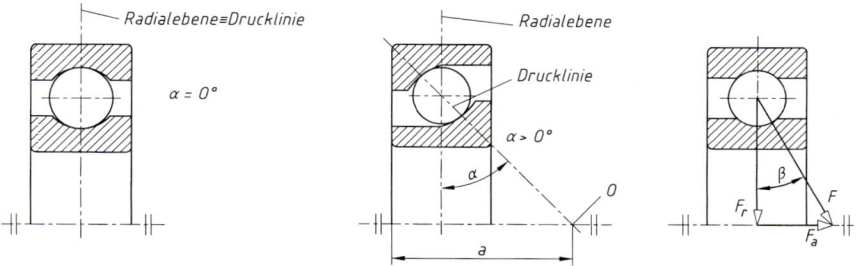

**Bild 14-5** Darstellung des Druckwinkels α, Lastwinkels β und Abstandsmaßes *a* am Radiallager

## 14.1 Funktion und Wirkung

hängig, s. Bild 14-5. Daraus resultierend haben die Radiallager einen Druckwinkel zwischen $\alpha = 0° \ldots 45°$ und die Axiallager einen Druckwinkel zwischen $\alpha > 45° \ldots 90°$.
Die Drucklinie ist die Wirkungslinie, auf der eine äußere Lagerkraft von einem Rollbahnelement über die Wälzkörper auf das andere Rollbahnelement übertragen wird. Die Drucklinie schneidet im Punkt 0 die Wälzlagerachse (Druckmittelpunkt). Die Lage des Druckmittelpunkts 0 wird für die betreffenden Lager als Abstandsmaß $a$ (s. Bilder 14-5, 14-7, 14-8 und 14-13) in den Herstellerkatalogen (s. auch TB 14-1a und b) angegeben (Bezugspunkt für die Lagerkräfte, vgl. Bild 14-36).
Wirken auf Wälzlager kombiniert radiale und axiale Kräfte, wird das Verhältnis Axialkraft $F_a$ zur Radialkraft $F_r$ durch den Lastwinkel $\beta$ (Richtung der resultierenden Lagerkraft $F$; s. Bild 14-5) gekennzeichnet. Zu beachten ist, dass bei Radiallagern mit größerem Druckwinkel $\alpha$ infolge der Ablenkung des Kraftflusses im Lager nicht vernachlässigbare innere Axialkräfte (s. Bild 14-36c) wirken, die das Lager zusätzlich belasten, ferner, dass sich bei manchen Lagerbauformen (z. B. Rillenkugellager) der Druckwinkel $\alpha$ unter einer Belastung ändert.
Um die Tragfähigkeit eines Lagers voll zu nutzen, sollte eine Lagerbauform mit einem Druckwinkel $\alpha$ gewählt werden, der nicht wesentlich vom Lastwinkel $\beta$ abweicht.

### 3. Standardbauformen der Wälzlager, ihre Eigenschaften und Verwendung
**Rillenkugellager (DIN 625)**
Das einreihige (Radial-)Rillenkugellager (Bild 14-6) ist selbsthaltend (unzerlegbar), wegen seines einfachen Aufbaus das preiswerteste und der vielfältigen Eignung das meist verwendete Wälzlager.

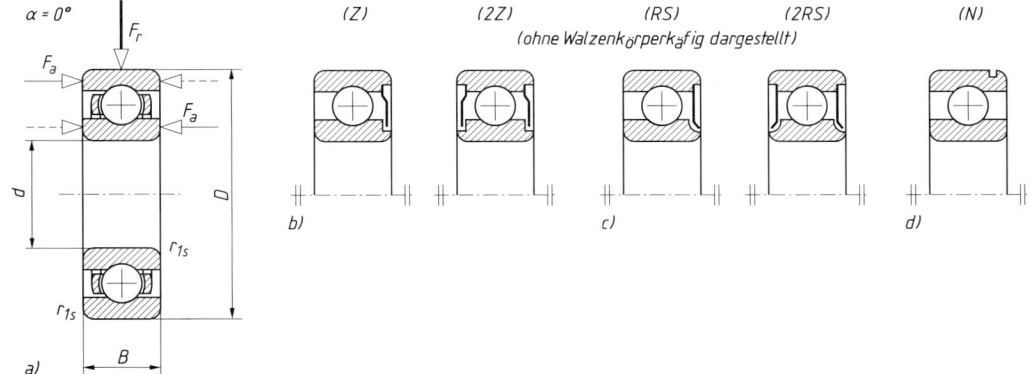

**Bild 14-6** Rillenkugellager – Bauformen, Maßangaben, Belastbarkeit
a) Regelausführung, b) mit Abdeckscheiben (Z, 2Z), c) mit Dichtscheiben (RS, 2RS), d) mit Ringnut (N)
Die Maß- und Belastbarkeitsangaben gelten auch für b, c und d
Die dargestellten Kraftpfeile geben die möglichen Belastbarkeiten, die unterschiedliche Dicke der Pfeile vergleichsweise die Höhe der Belastbarkeit an. Dies gilt auch für alle folgenden Wälzlagerabbildungen

Die Kugeln schmiegen sich eng an die verhältnismäßig tiefen Laufrillen, wodurch das Lager neben relativ hohen Radialkräften $F_r$ auch beträchtliche Axialkräfte $F_a$ in beiden Richtungen aufnehmen kann. Insbesondere bei hohen Drehzahlen eignet es sich besser zur Aufnahme von Axialkräften als ein Axial-Rillenkugellager. Einige Rillenkugellager werden zwecks Verhinderung des Eindringens von Verunreinigungen auch mit Deckscheiben (Z, 2Z) und des Austritts von Schmiermittel mit Dichtscheiben (RS, 2RS), mit Ringnut am Außenring (N) zur raumsparenden axialen Festlegung im Gehäuse mit Sprengring (DIN 5417, s. hierzu auch Bild 14-29b) geliefert. Rillenkugellager sind starre Lager, können also keine Wellenverlagerungen ausgleichen und verlangen deshalb genau fluchtende Lagerstellen.

*Verwendung:* universell auf allen Gebieten des Maschinen- und Fahrzeugbaus. Zweireihige Rillenkugellager mit Füllnuten werden für Verhältnisse $F_a/F_r \leq 0{,}3$ nur in besonderen Fällen, z. B. im Landmaschinenbau verwendet.

### Einreihiges Schrägkugellager (DIN 628)

Beim selbsthaltenden (nicht zerlegbaren) einreihigen Schrägkugellager (Bild 14-7) hat jeder Ring eine niedrige und eine hohe Schulter. Die Laufrillen auf der hohen Schulterseite sind so ausgeführt, dass im Normalfall der Druckwinkel $\alpha = 40°$ ist (Sonderausführungen: $\alpha = 15°$ und $25°$ und auch zerlegbar). Es kann neben Radialkräften aufgrund der größeren Kugelanzahl höhere Axialkräfte in einer Richtung (hin zur hohen Schulter) aufnehmen als ein Rillenkugellager. Infolge der Rollbahnneigung werden bei Radialbelastung axiale Reaktionskräfte erzeugt, die bei der Auslegung zu berücksichtigen sind (s. Bild 14-36). Wegen der nur einseitigen axialen Belastbarkeit sind im Allgemeinen zwei Lager in entgegengesetzter Richtung einzubauen (s. Bild 14-36). Oft werden die Lager paarweise nach Richtung der Drucklinien, und zwar in O-, X- oder Tandemanordnung, eingebaut, s. 14.2.1-2.

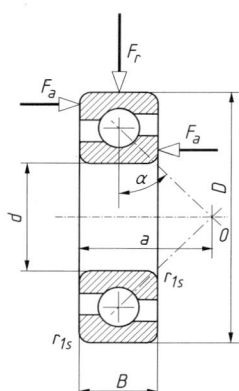

**Bild 14-7**
Einreihiges Schrägkugellager

### Vierpunktlager (DIN 628)

Das *Vierpunktlager* (Bild 14-8a) ist eine Sonderbauform des Schrägkugellagers mit $\alpha \approx 35°$. Die Laufbahnen bestehen aus zwei in der Mitte spitz zusammenlaufenden Kreisbögen, so dass die Kugeln diese an vier Punkten berühren. Der geteilte Innenring ermöglicht es, mehr Kugeln unterzubringen, wodurch bei geringerer Baubreite eine hohe radiale und eine besonders hohe axiale Tragfähigkeit in beiden Richtungen erreicht wird.
*Verwendung:* Spindellagerungen bei Werkzeugmaschinen, Fahrzeuggetrieben, Rad- und Seilrollenlagerungen.

### Zweireihiges Schrägkugellager (DIN 628)

Das zweireihige Schrägkugellager (Bild 14-8b) entspricht im Aufbau einem Paar spiegelbildlich zusammengesetzter einreihiger Schrägkugellager (O-Anordnung) mit $\alpha \approx 25°$ bzw. $35°$ ($45°$ bei geteiltem Innenring) und ist radial und in beiden Richtungen axial hoch belastbar.
*Verwendung:* Lagerungen von möglichst kurzen, biegesteifen Wellen bei größeren Radial- und Axialkräften, z. B. Schneckenwellen, Wellen mit Schrägstirnrädern oder Kegelrädern, Fahrzeugachsen.

### Schulterkugellager (DIN 615)

Das Schulterkugellager (Bild 14-8c) ist ein zerlegbares Lager, dessen abnehmbarer Außenring nur eine Schulter hat. Der Innenring ist ähnlich dem eines Rillenkugellagers ausgebildet. Die Tragfähigkeit ist infolge der gegebenen Schmiegungsverhältnisse in radialer und einseitig axialer Richtung relativ gering. Die Lager sind deshalb allgemein nur bis 30 mm Bohrung genormt.
*Verwendung:* Lagerungen in Messgeräten, kleinen elektrischen Maschinen, Haushaltsgeräten u. ä.

14.1 Funktion und Wirkung

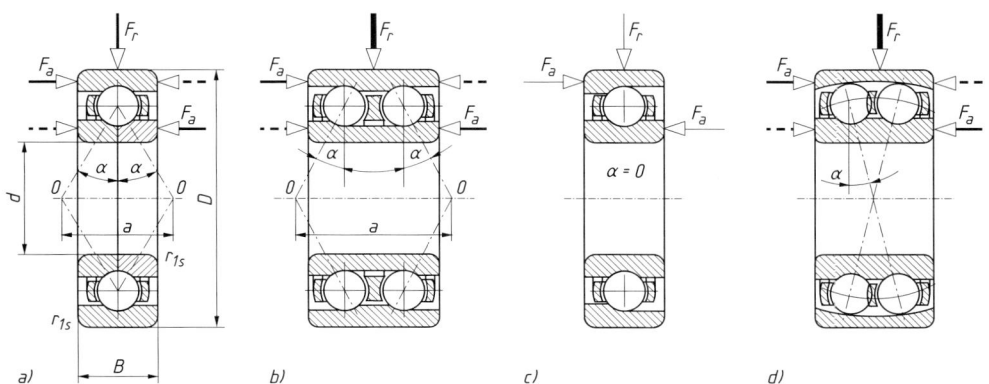

**Bild 14-8** Weitere Kugellagerarten
a) Vierpunktlager, b) zweireihiges Schrägkugellager, c) Schulterkugellager, d) Pendelkugellager

### Pendelkugellager (DIN 630)
Das Pendelkugellager mit $\alpha \approx 15°$ (Bild 14-8d) ist ein zweireihiges Lager mit zylindrischer oder kegeliger Bohrung ($\triangleleft$ 1:12), das durch die hohlkugelige Laufbahn im Außenring winklige Wellenverlagerungen und Fluchtfehler bis ca. 4° Schiefstellung ausgleichen kann; es ist radial und in beiden Richtungen axial belastbar, wird vorwiegend in Steh- und Flanschlagergehäusen und zwecks einfachen Ein- und Ausbaus häufig mit Spann- oder Abziehhülsen eingesetzt (s. Bild 14-45 und 14-46).
*Verwendung:* Lagerungen, bei denen Einbauungenauigkeiten bzw. größere Wellendurchbiegungen auftreten können, wie z. B. bei Transmissionen, Förderanlagen, Landmaschinen u. dgl.

### Zylinderrollenlager (DIN 5412)
Die radiale Tragfähigkeit der zerlegbaren Zylinderrollenlager ist durch die linienförmige Berührung zwischen den Rollen und Rollbahnen größer als bei gleichgroßen Kugellagern (Berührung punktförmig!). Axial dagegen sind sie nicht oder nur gering belastbar; sie verlangen genau fluchtende Lagerstellen. Nach Anordnung der Borde unterscheiden sich die Bauarten N und NU mit bordfreiem Außen- bzw. Innenring (Bild 14-9a, b) zur Verwendung als Loslager, die Bauart NJ (Bild 14-9c) als Stützlager, die Bauarten NUP mit Bordscheibe und NJ mit Winkelring (Bild 14-9d, e) als Festlager oder als Führungslager zur axialen Wellenführung in beiden Richtungen.

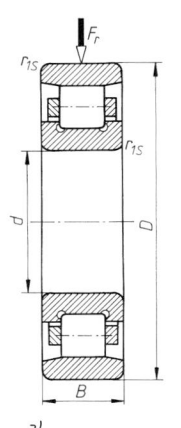
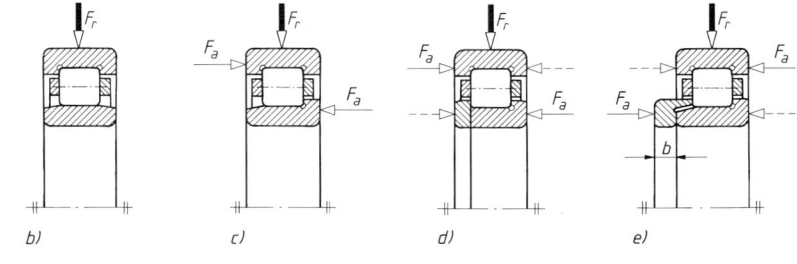

**Bild 14-9**
Zylinderrollenlager
a) Bauart N (Innenbordlager), b) Bauart NU (Außenbordlager), c) Bauart NJ (Stützlager), d) Bauart NUP mit loser Bordscheibe (Führungslager), e) Bauart NU mit Winkelring (Führungslager)

Zylinderrollenlager werden konventionell vollrollig oder käfiggeführt geliefert. Vollrollige Lager haben eine *höhere Tragfähigkeit* als käfiggeführte *(infolge geringerer Rollenzahl etwa 85 ... 65%)*, ihre Grenzdrehzahl ist jedoch infolge größerer Reibungswärme geringer (etwa 50%). Innovativ wurde das Zylinderrollenlager mit Scheibenkäfig (s. Bild 14-10) entwickelt, das eine gute Lösung zu den o. g. Vor- und Nachteilen bildet.
*Verwendung:* in Getrieben, Elektromotoren, für Achslager von Schienenfahrzeugen, für Walzenlagerungen (Walzwerke); allgemein für Lagerungen mit hohen Radialbelastungen und als Loslager.

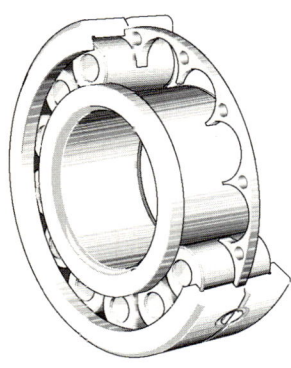

**Bild 14-10**
Zylinderrollenlager mit Scheibenkäfig

**Nadellager**
Das Nadellager DIN 617 (Bild 14-11a) stellt eine Sonderbauform des Zylinderrollenlagers dar. Bei der Käfigausführung werden die Nadeln auf Abstand und achsparallel gehalten. Geliefert werden Nadellager mit und ohne Innenring, Nadelkränze (DIN 5405, Bild 14-11c), Nadelhülsen (DIN 618, Bild 14-11d), Nadelbüchsen (DIN 618, Bild 14-11e) und kombinierte Nadel-Axial-Rillenkugellager DIN 5429 (Bild 14-11b). Bis auf letzteres können Nadellager nur Radialkräfte übertragen. Nadellager zeichnen sich durch kleine Baudurchmesser (kleinste Bauabmessungen sind mit Nadelkränzen erzielbar), größere radiale Starrheit gegenüber anderen Wälzlagerbauformen und durch geringere Empfindlichkeit gegen stoßartige Belastungen aus. Laufen die Nadeln direkt auf der Welle bzw. im Gehäuse, müssen deren Laufflächen mit einer Härte 58 ... 65 HRC und einer entsprechenden Genauigkeit sowie Oberflächengüte ($R_a \leq 0{,}2\ \mu m$) ausgeführt sein.
*Verwendung:* vorwiegend bei kleineren bis mittleren Drehzahlen und Pendelbewegungen, z. B. bei Pleuellagerungen, Kipphebellagerungen, Spindellagerungen, für Schwenkarme, Pendelachsen (Kraftfahrzeuge) u. dgl., allgemein bei radial begrenztem Einbauraum.

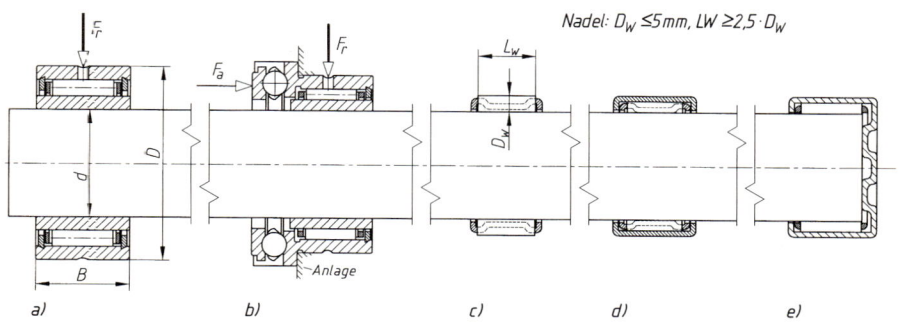

**Bild 14-11** Nadellager (Welle/Achse wegen Größenvergleich angedeutet)
a) Nadellager mit Innenring, b) kombiniertes Nadel- und Axialkugellager, c) Nadelkranz, einreihig, d) Nadelhülse. e) Nadelbüchse

## CARB-Lager
Mit Zylinderrollen- und Nadellagern lassen sich auf einfachste Weise Loslager gestalten. Sie erfordern aber fluchtgenaue Lagerstellen, da sonst hohe Kantenpressungen zwischen den Rollkörpern und Laufbahnen auftreten, die zu hohem Verschleiß an diesen führen. Das CARB-Lager (**C**ompact **A**ligning **R**oller **B**earing), s. Bild 14-12, löst das Problem der Schiefstellung. Die Rollen des CARB-Lagers sind länger als Zylinderrollen und ballig mit einem wesentlich größerem Radius als bei Pendelrollen ausgeführt. Damit vereint das CARB-Lager Eigenschaften des Zylinderrollen-, des Nadel- und des Pendelrollenlagers. CARB-Lager ermöglichen einen *Ausgleich von Schiefstellungen*, erlauben *Axialverschiebungen*, haben eine *hohe radiale Tragfähigkeit*, weisen eine *geringe Querschnittshöhe* (kompaktere Bauweise möglich) und eine *geringe Reibung* auf, laufen *sehr ruhig* und verursachen *geringe Schwingungen*. Innen- bzw. Außenring erfordern *keinen Schiebesitz*, damit werden ein Wandern der Ringe und ein Bilden von Passungsrost ausgeschlossen. Zu beachten ist jedoch der wesentlich höhere Preis dieser Lager.
*Verwendung:* in Konstruktionen, bei denen das CARB-Lager Einsparungen an Kosten durch kompaktere, leichtere und nachgiebigere Bauweise ermöglicht, die den höheren Preis des Lagers ausgleichen, z. B. bei Trockenwalzenlagerungen in Papiermaschinen.

**Bild 14-12**
CARB-Lager

## Kegelrollenlager (DIN 720)
Die Laufbahnen der Ringe von Keglrollenlagern (Bild 14-13) sind Kegelmantelflächen, deren verlängerten Mantellinien sich, kinematisch bedingt, in einem Punkt auf der Lagerachse schneiden. Für Kegelrollenlager sind nach DIN ISO 355 sechs Druckwinkelbereiche, gekenn-

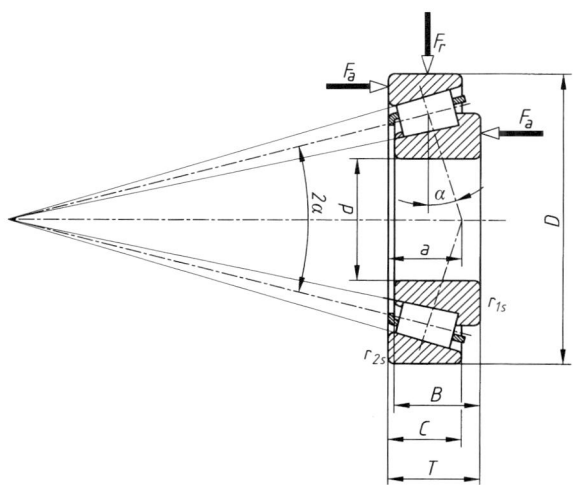

**Bild 14-13**
Kegelrollenlager

zeichnet durch die Winkelreihen 2 bis 7, festgelegt (2: 10°...13°52′, 3: 13°52′...15°59′, 4: 15°59′...18°55′, 5: 18°55′...23°, 6: 23°...27°, 7: 27°...30°). Kegelrollenlager sind radial und axial hoch belastbar. Der bordlose und somit abnehmbare Außenring (Lager also nicht selbsthaltend) ermöglicht einen leichten Ein- und Ausbau der Lager. Kegelrollenlager werden paarweise spiegelbildlich zueinander eingebaut (X- oder O-Anordnung, s. Bild 14-21). Infolge der Rollbahnneigung erzeugen radiale Kräfte innere axiale Reaktionskräfte (s. 14.3.2-3), die bei der Lagerberechnung unbedingt zu berücksichtigen sind. Das Lagerspiel muß ein- und nötigenfalls nachgestellt werden.
*Verwendung:* Radnabenlagerungen von Fahrzeugen, Lagerungen von Seilscheiben, Spindellagerungen von Werkzeugmaschinen, Wellenlagerungen von Schnecken- und Kegelradgetrieben.

## Tonnen- und Pendelrollenlager (DIN 635)
Das einreihige *Tonnenlager* (Bild 14-14a) ist winkeleinstellbar (bis zu 4° aus der Mittellage) und eignet sich besonders dort, wo hohe stoßartige Radialkräfte auftreten und Fluchtfehler ausgeglichen werden müssen. Die axiale Belastbarkeit ist gering.
*Pendelrollenlager* (Bild 14-14b) besitzen zwei Reihen symmetrischer Tonnenrollen und sind für höchste radiale und axiale Belastung geeignet. Durch die hohlkugelige Laufbahn des Außenringes sind die Lager winkeleinstellbar (0,5°, bei niedriger Belastung bis 2° aus der Mittellage) und können winklige Wellenverlagerungen sowie Fluchtfehler der Lagersitzstellen ausgleichen. Pendelrollenlager werden auch in verstärkter Ausführung (Kennzeichen E) angeboten, die am Innenring keinen Mittelbord besitzen, wodurch längere Tonnenrollen und damit höhere Tragzahlen möglich werden. Tonnen- und Pendelrollenlager sind nicht zerlegbar und werden mit zylindrischer und mit kegeliger Bohrung ($\triangleleft$ 1:12) geliefert.
*Verwendung:* für Schwerlastlaufräder, Seilrollen, Schiffswellen, Ruderschäfte, Kurbelwellen und sonstige hochbelastete Lagerungen.

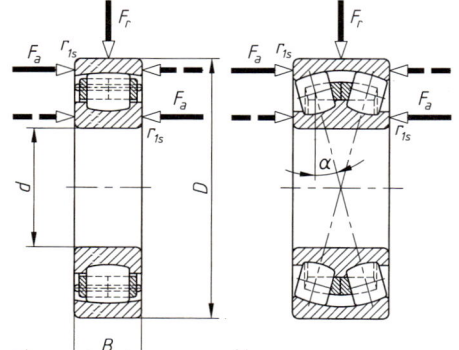

**Bild 14-14**
a) Tonnenlager
b) Pendelrollenlager

## Axial-Rillenkugellager (DIN 711, 715)
Das *einseitig wirkende Axial-Rillenkugellager* (Bild 14-15a) besteht aus einer Wellenscheibe (1) mit dem Durchmesser $d_w$ und einer Gehäusescheibe (2) mit $d_g > d_w$. In den Rillen dieser Scheiben läuft ein Kugelkranz. Diese Lager nehmen hohe Axialkräfte in nur einer Richtung auf.
Das *zweiseitig wirkende Axial-Rillenkugellager* (Bild 14-15b) besteht aus der Wellenscheibe (1), zwei Gehäusescheiben (2) und zwei Kugelkränzen. Diese Lager nehmen hohe Axialkräfte in beiden Richtungen auf.
Beide Lager eignen sich nicht für radiale Belastung und weniger bei hohen Drehzahlen (die wirkenden Fliehkräfte auf den Kugelkranz führen zu ungünstigen Laufverhältnissen). Der Druckwinkel beträgt $\alpha = 90°$. Die Gehäusescheiben haben in der Regelausführung ebene Auflageflächen, es gibt sie aber auch mit kugeligen Auflageflächen (3) und mit zusätzlichen Unterlagscheiben (4) (Kennzeichen U) zum Ausgleichen von Winkelfehlern, s. Bild 14-15c).

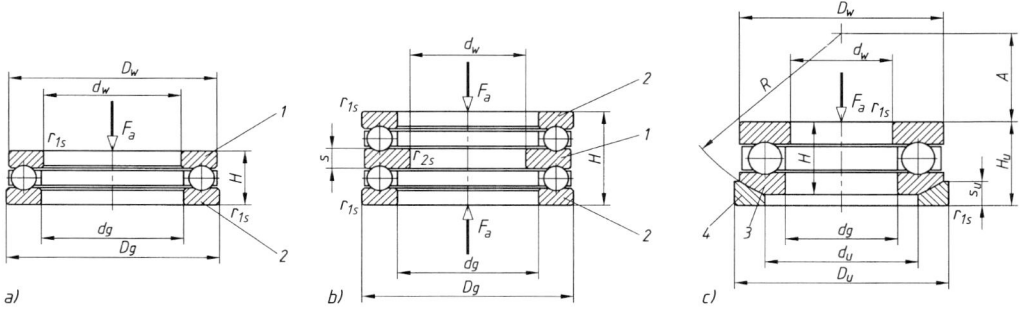

**Bild 14-15** Axial-Rillenkugellager
a) einseitig wirkend, b) zweiseitig wirkend, c) einseitig wirkend mit kugeliger Gehäusescheibe (4) und kugeliger Unterlagscheibe (5)

*Verwendung:* bei hohen Axialkräften, die von Radiallagern nicht mehr aufgenommen werden können, sowie bei Lagerungen mit hohen Axial- und geringen Radialkräften, wo ein Radiallager nicht sinnvoll ist, z. B. Bohrspindeln, Reitstockspitzen, Schnecken- und Schraubentriebe.

**Axial-Pendelrollenlager (DIN 728)** (Bild 14-16)
Bei diesem Lager erfolgt die Druckübertragung zwischen den Scheiben und den Tonnen unter $\approx 45°$ zur Lagerachse, sodass neben hohen Axialkräften auch begrenzt Radialkräfte ($F_r \leq 0{,}55 F_a$) aufgenommen werden können. Das Lager kann sich pendelnd einstellen und dadurch Fluchtfehler ausgleichen (mögliche Schiefstellung bis 2°).
*Verwendung:* Spurlager bei Kransäulen, Drucklager bei Schiffsschrauben und Schneckenwellen.

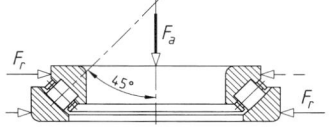

**Bild 14-16** Axial-Pendelrollenlager

## 4. Weitere Bauformen

### Sonderbauformen
Neben den Standardbauformen bieten die Wälzlagerhersteller noch eine Vielzahl von Sonderbauformen (z. B. UFK-Lager, Axial-Schrägkugellager) an, siehe hierzu Wälzlagerkataloge[1]. Zunehmend werden Lager auf den konkreten Einsatzfall abgestimmt, z. B. in Pkw-Vorderachsen. Oft liefern die Wälzlagerhersteller Lagerungseinheiten, bei denen die Lager in die entsprechenden Funktionsbauteile integriert sind, z. B. Radlagerungen, Wasserpumpen, Riemenspanner. Für den Anwender bringt dies Vorteile bezüglich einer geringeren Anzahl von Einzelteilen bei gleichzeitiger Gewichtseinsparung, kleinerem Bauvolumen sowie Kosteneinsparungen auf Grund des geringeren Aufwands für Fertigung, Kontrolle und Montage. Die Lagerungseinheiten werden vom Hersteller meist auf Lebensdauer geschmiert und abgedichtet, sodass die Zuverlässigkeit gesteigert und oft auch Dauerfestigkeiten erzielt werden, s. hierzu 14.3.5.

### Hybridwälzlager, Keramikwälzlager
Bei besonderen Ansprüchen an die Lagerung ist der Einsatz von Lagern mit Wälzkörpern aus Keramik (Hybridlager) bzw. von Voll-Keramikwälzlagern möglich. Als Werkstoff wird zur Zeit hauptsächlich Siliziumnitrid, selten Zirkonoxid, verwendet.

---

[1] Wälzlagerkatalog wird im folgenden Text mit WLK bezeichnet.

*Hybridlager* werden vorzugsweise bei hohen Drehzahlen (geringere Fliehkräfte der Wälzkörper durch geringere Dichte) und bei erschwerten Schmierbedingungen angewendet. *Keramikwälzlager* können aufgrund ihrer Werkstoffeigenschaften vorteilhaft bei folgenden Bedingungen eingesetzt werden: hohe Temperaturen (beständig und tragfähig bis über 1000 °C), Korrosion (chemisch beständig gegenüber nahezu allen Substanzen), Verschleiß (extrem verschleißfest durch eine Härte von 80 HRC), Trockenlauf (Schmierung durch Umgebungsmedien wie Wasser, Säuren, Laugen ist möglich), Leichtlauf (40% geringeres Reibmoment als bei Stahllagern), Leichtbau (60% geringeres spezifisches Gewicht als bei Stahllagern) sowie bei geforderter Isolation (unmagnetisch und elektrisch nicht leitend).

*Keramikwälzlager* können in einer vorhandenen Konstruktion nicht einfach gegen Wälzlager aus Stahl getauscht werden, wenn hoher Temperatureinfluss vorliegt. Die wesentlich geringere Wärmedehnung von Keramik erfordert entsprechende konstruktive Maßnahmen zum Ausgleich der Längenänderungen der anderen Bauteile (z. B. Wellen, Achsen, Gehäuse).

Zu beachten ist ferner, daß die statischen und dynamischen Tragzahlen sowohl der Hybrid- als auch der Keramikwälzlager niedriger sind als die der Wälzlager aus Stahl.

## 5. Baumaße und Kurzzeichen der Wälzlager

Die äußeren Abmessungen der Radiallager, Kegelrollenlager und Axiallager sind in Maßplänen nach DIN 616 und DIN ISO 355 (metrische Kegelrollenlager), übereinstimmend mit ISO 15, ISO 355 und ISO 104, festgelegt. Danach sind jedem Nenndurchmesser $d$ bzw. $d_W$ der Lagerbohrung (= Wellendurchmesser) bei Radiallagern mehrere Außendurchmesser $D$ und Breitenmaße $B$ des Innen-/Außenringes (vgl. Bild 14-6a), bei Axiallagern mehrere Außendurchmesser $D_g$ der Gehäusescheibe und Bauhöhen $H$ (vgl. Bild 14-15) zugeordnet.

Die Zuordnung erfolgt in Maßreihen, gekennzeichnet durch eine zweiziffrige Zahl. Die erste Zahl gibt die Breiten- bzw. Höhenreihe, die zweite Zahl die Durchmesserreihe an.

Bild 14-17 zeigt schematisch für eine Bohrung $d$ die Querschnitte der gebräuchlichsten Maßreihen der Radiallager (außer Kegelrollenlager) im Verhältnis zueinander.

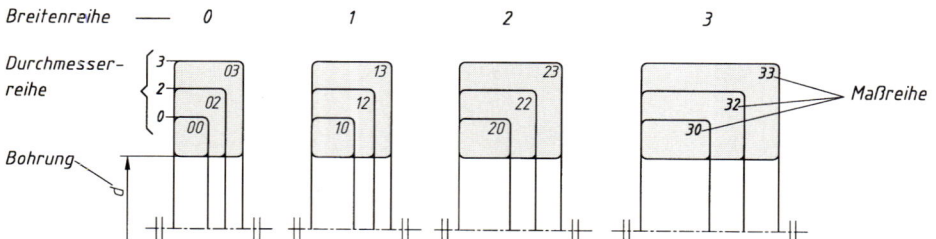

**Bild 14-17** Aufbau der Maßpläne für Radiallager

Lagerbauformen mit gleicher Bohrung und Maßreihe sind gegenseitig austauschbar, d. h. sie haben gleiche Abmessungen bei unterschiedlicher Tragfähigkeit.

Die Maße der Ring- bzw. Scheibenabfasung sind als Kantenabstände $r_{1s}$ (in radialer Richtung) und $r_{2s}$ (in axialer Richtung) in DIN 5418 festgelegt (s. TB 14-9). Mit diesen Maßen ist die erforderliche Schulterhöhe bei Wellen und Gehäusen zu bestimmen.

Genormte Wälzlager werden durch Kurzzeichen nach DIN 623 gekennzeichnet. Sie setzen sich aus dem *Basiszeichen* und möglichen Zusatzzeichen in Form von *Vorsetz-* und/oder *Nachsetzzeichen* zusammen. Das *Basiszeichen* besteht aus den Zeichen für die *Lagerreihe* (Zeichen für die Lagerart + Maßreihe) und der *Bohrungskennzahl* (BKZ). Die BKZ 00, 01, 02, 03 entsprechen in Reihenfolge den Bohrungen $d = 10, 12, 15, 17$ mm. Für $d = 20 \ldots 480$ mm ergibt sich die BKZ aus $d/5$, vor die bis $d = 45$ mm eine Null vorgesetzt wird. Die Lagerbohrungen $d = 0,6 \ldots 9$ mm werden unmittelbar, die Lagerbohrungen $d = 22, 28, 32$ und $\geq 500$ mm durch Schrägstrich getrennt an das Zeichen der Lagerreihe angefügt. Bild 14-18 zeigt den Aufbau der Bezeichnung.

## 14.1 Funktion und Wirkung

| Benennung | Norm-Nr. | Identifizierung ||||||
|---|---|---|---|---|---|---|---|
| | | \multicolumn{6}{c}{Merkmale-Gruppen der Kurzzeichen} ||||||
| | | Vorsetzzeichen | Basiszeichen |||| Nachsetzzeichen |
| Bsp. Pendelrollenlager | Bsp. DIN 635 | • Einzelteile • Werkstoffe | Lagerreihe |||  Lagerbohrung | • Innere Konstruktion • Äußere Form • Käfigausführung • Genauigkeit • Lagerluft • Abdichtung • Wärmebehandlung u. a. |
| | | | Lagerart | Maßreihe || | |
| | | | | Breiten-/ Höhenreihe | Durchmesserreihe | | |
| | | | 2 | 2 | 3 | 16 | |

**Bild 14-18** Aufbau der Bezeichnung (Basiszeichen für das nachfolgende Bezeichnungsbeispiel)

Durch *Vorsetzzeichen* werden in der Regel Einzelteile von vollständigen Lagern (Ringe, Käfige) gekennzeichnet. So bedeutet das Vorsetzzeichen **K**: Käfig mit Wälzkörper, z. B. KNU 207: Käfig mit Rollen des Zylinderrollenlagers NU 207.

Durch *Nachsetzzeichen* werden zusätzliche Angaben über Abweichungen der inneren Konstruktion, über die äußere Form, Abdichtung, Käfigausführung, Toleranzen, Lagerluft sowie Wärmebeständigkeit ausgedrückt. So bedeuten z. B. **P6**: Lager mit erhöhter Maß-, Form- und Laufgenauigkeit (höher als PN) der ISO-Toleranzklasse 6; z. B. **C2**: Lagerluft kleiner als CN; z. B. **P53**: Toleranzklasse P5 und Lagerluft C3, die Ziffern für die Genauigkeit und die Lagerluft können zusammengefasst werden, Buchstabe C entfällt; z. B. **MA**: Massivkäfig aus Kupfer-Zink-Legierung mit Führung auf dem Außenring. Weitere Angaben und nähere Einzelheiten siehe DIN 623 bzw. WLK.

*Bezeichnungsbeispiel* nach DIN 616 für Pendelrollenlager DIN 635-22316:

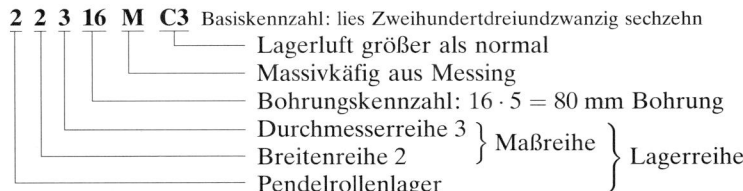

Die Kennzeichnung der Kegelrollenlager nach DIN ISO 355 weicht von der nach DIN 616 ab. Einzelheiten siehe DIN ISO 355 oder WLK.

*Bezeichnungsbeispiel:*

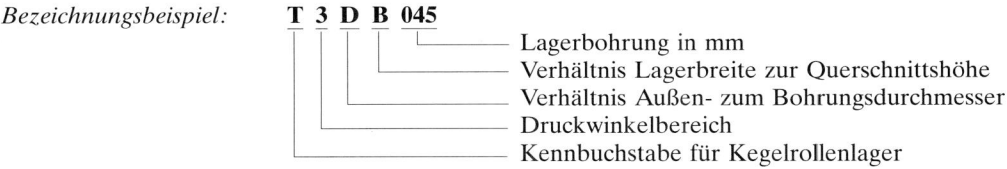

Es bedeuten: **3**: $13°52'\ldots15°59'$; **D**: $D/d^{0,77} = 4{,}4\ldots4{,}7$; **B**: $T/(D-d)^{0,95} = 0{,}50\ldots0{,}68$

Tabelle TB 14-1 enthält für gebräuchliche Durchmesser- und Maßreihen die Maße $d$, $D$, $B$, $r_{1s}$, $r_{2s}$ für Radiallager (a) sowie $d$, $D$, $B$, $C$, $T$, $r_{1s}$, $r_{2s}$ für Kegelrollenlager (b) und $d_w$, $D_g$, $H$, $r_{1s}$, $r_{2s}$ für Axiallager (c).

## 14.2 Gestalten und Entwerfen von Wälzlagerungen

### 14.2.1 Lageranordnung

Die zu bevorzugenden zweifachen Lagerungen, die dem statisch bestimmten Träger mit einem Festlager und einem Loslager in der Technischen Mechanik entsprechen, können grundsätzlich als *Fest-Loslagerung* oder als *Stützlagerung*, unterteilt in die *schwimmende Lagerung* und die *angestellte Lagerung* gestaltet werden.

**1. Fest-Los-Lagerung** (Bild 14-19)

Das *Festlager* kann Radialkräfte und in beiden Richtungen axiale Kräfte aufnehmen. Hierfür können nur Lager angewendet werden, die in sich nicht verschiebbar sind, wobei deren Ringe gegen axiales Verschieben auf der Welle (Achse) und im Gehäuse gesichert werden müssen (s. Bilder 14-28 und 14-29).
Das *Loslager* kann nur Radialkräfte aufnehmen und lässt zum Ausgleich von Wärmedehnungen bzw. zur Kompensierung von Fertigungstoleranzen ein axiales Verschieben zu. Das axiale Verschieben ist einfach durch Nadel-, CARB- oder Zylinderrollenlager der Bauform N bzw. NU (Außen- und Innenring sind zueinander verschiebbar) realisierbar. Selbsthaltende (nicht zerlegbare) Lager als Loslager vorgesehen erfordern einen Schiebesitz des punktbelasteten Ringes.

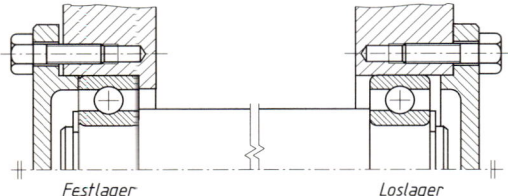

**Bild 14-19**
Fest-Los-Lagerung

**2. Stützlagerung**

Bei dieser Lagerung teilt sich die Radialkraft wie bei der Fest-Los-Lagerung auf die zwei Lager auf, während jedes der beiden Lager nur in einer Richtung eine Axialkraft aufnehmen kann. Ein solches Lager wird als Stützlager bezeichnet. Die Stützlagerung kann als *schwimmende Lagerung* oder als *angestellte Lagerung* ausgeführt werden.

**Schwimmende Lagerung** (Bild 14-20): Diese Lagerung ist eine fertigungsgünstige Lösung und kann angewendet werden, wenn keine enge axiale Führung der Welle oder Achse gefordert wird.
Bei dieser Lagerung werden bei Verwendung zweier selbsthaltender Lager, diese auf der Welle oder Achse und im Gehäuse spiegelbildlich axial so gesichert, dass jeweils ein Lager ein Axialspiel $S$ in eine Richtung, das andere Lager in die andere Richtung durch einen Schiebesitz am punktbelasteten Lagerring zulässt. Bei Verwendung von Zylinderrollenlager der Bauform NJ erfolgt der Längenausgleich innerhalb des Lagers, die Ringe dürfen dann keinen Schiebesitz haben. Die beiden Lager der *schwimmenden Lagerung* nehmen jeweils nur in einer Richtung Axialkräfte (Führungskräfte) auf. Das Axialspiel $S$ ist nach konstruktiven Bedingungen festzulegen, bei Verwendung von Zylinderrollenlagern ist das mögliche Axialspiel durch die Bauform eingeschränkt.

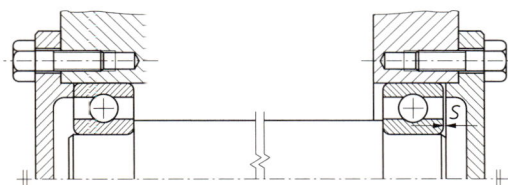

**Bild 14-20**
Schwimmende Lagerung

**Angestellte Lagerung** (Bild 14-21): Bei dieser Lagerung werden zwei Schrägkugellager oder zwei Kegelrollenlager spiegelbildlich angeordnet. Durch z. B eine Mutter oder einen Gewindering wird ein Lagerring axial bis auf ein funktionsbedingtes Spiel (enge axiale Führung) oder eine notwendige Vorspannung *angestellt*. Die Lage ist anschließend geeignet zu sichern (Sicherungsring, Splint, Kleben o. ä.). Die *angestellte Lagerung* wird z. B. angewendet bei Radnabenlagerungen (s. Bild 14-44), Spindellagerungen bei Werkzeugmaschinen u. dgl.
Die Anstellung kann in O- oder X-Anordnung erfolgen (s. Bild 14-21). Bei der O-Anordnung zeigen die Kegelspitzen der Drucklinien nach außen, bei der X-Anordnung nach innen, wodurch sich unterschiedliche Stützabstände $A$ der Auflagerreaktionen ergeben (s. Bild 14-21 und 14-36). Die O-Anordnung weist ein geringeres Kippspiel als die X-Anordnung auf. Bei der Wahl der Anordnung ist die sich unterschiedlich auswirkende Wärmedehnung zu beachten.

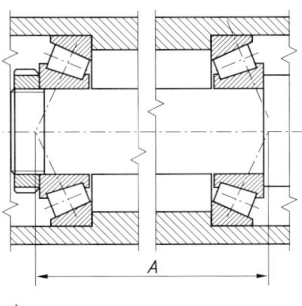
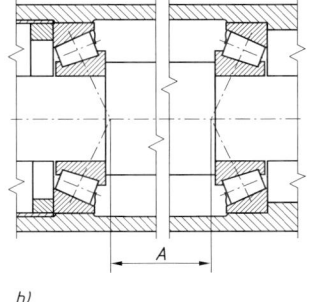

**Bild 14-21**
Angestellte Lagerungen
a) O-Anordnung
b) X-Anordnung

a)   b)

### 3. Lagerkombinationen

Festlager und Stützlager können auch aus zwei Lagern gebildet werden (kleinere Bauweise; geringere Reibungswärme). Die Kraftzuordnung muss hierbei eindeutig sein. Bild 14-22a zeigt z. B. ein Festlager, bestehend aus einem Zylinderrollenlager zur Aufnahme radialer Kräfte und einem Vierpunktlager zur Aufnahme axialer Kräfte (durch die Hinterdrehung kann dieses Lager keine radialen Kräfte aufnehmen). Die gleiche Kraftaufteilung wird durch die Kombination eines reinen Radiallagers und einem Axiallager erreicht (s. Bild 14-22b). Das Axiallager muss hierbei angestellt werden (z. B. Passring). Bei einreihigen Axiallagern ist keine Anstellung erforderlich (s. z. B. Bild 14-41). Andere Kombinationen sind auch möglich.

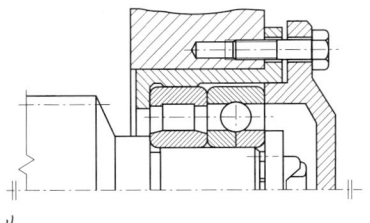
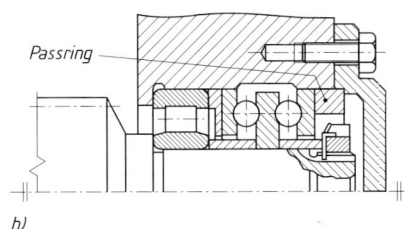

a)   b)

**Bild 14-22** Festlager, bestehend aus a) Zylinderrollenlager und Vierpunktlager, b) Zylinderrollenlager und Axial-Rillenkugellager

In Bild 14-23 besteht das Fest- bzw. Stützlager aus zwei baugleichen Lagern (Lagerpaar, z. B. Schrägkugellager) in O-, X- bzw. Tandemanordnung (s. hierzu auch Bilder 14-33 und 14-43). Die Lager sollten dann paarweise bestellt werden.
Die X- bzw. O-Anordnung (Bild 14-23a, b) kann Axialkräfte in beiden Richtungen aufnehmen. Die O-Anordnung ergibt bei Kippmomenten eine starre Lagerung und neigt bei Wärmedifferenzen während des Betriebes weniger zum Verspannen der Ringe (Axialspiel vorsehen!).

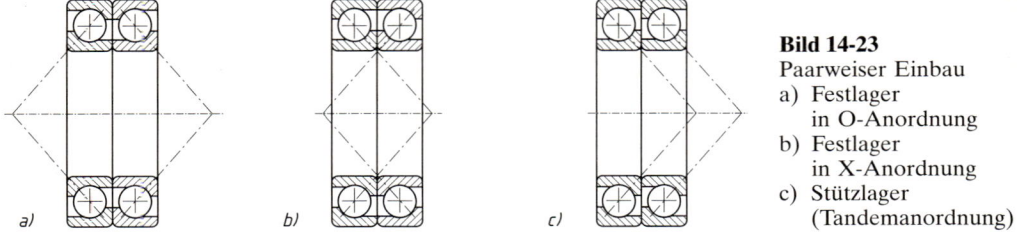

**Bild 14-23**
Paarweiser Einbau
a) Festlager
in O-Anordnung
b) Festlager
in X-Anordnung
c) Stützlager
(Tandemanordnung)

Die Tandemanordnung kann vorgesehen werden, wenn eine einseitige Axialkraft so groß ist, dass sie von einem Lager nicht aufgenommen werden kann. Das Lagerpaar ist dann gegen ein drittes, entgegengesetztes Lager anzustellen.

Zu beachten ist grundsätzlich, dass nur Fest-Loslagerungen oder Stützlagerungen (Stützlagerpaar) statisch bestimmt sind.

### 4. Mehrfache Lagerung

Bei mehrfacher Wellenlagerung darf wegen der Herstellungstoleranzen, des verspannungsfreien Einbaus und der möglichen auftretenden Wärmedehnungen nur ein Lager, das *Festlager*, die Welle in Längsrichtung führen und etwaige Axialkräfte aufnehmen, alle anderen Lager müssen sich als *Loslager* in Längsrichtung frei einstellen können (vgl. Bild 11-6c).

### 14.2.2 Lagerauswahl

Geeignete Wälzlager für gegebene Betriebsverhältnisse und Anforderungen an die Lagerung können nach den in 14.1.3-3. beschriebenen Eigenschaften und Merkmalen, nach den in Bild 14-24 aufgeführten Anforderungs- und Ausführungskriterien oder mittels PC-Auswahlprogrammen der Wälzlagerhersteller ausgewählt werden.

| Anforderungen/Ausführung | Wälzlagerbauformen |||||||||||||||||||
|---|---|---|---|---|---|---|---|---|---|---|---|---|---|---|---|---|---|---|
| | a | b | c | d | e | f | g | h | i | k | l | m | n | o | p | q | r |
| radial belastbar | 3 | 3 | 3 | 3 | 1 | 3 | 4 | 4 | 4 | 4 | 4 | 4 | 4 | 0 | 0 | 1 |
| axial belastbar | 2 | 3[1] | 3 | 3 | 3 | 1 | 0 | 2[1] | 2 | 0 | 4[1] | 4 | 2 | 3 | 3[1] | 3[1] |
| Längenausgleich im Lager | 0 | 0 | 0 | 0 | 0 | 0 | 4 | 2[1] | 0 | 2 | 0 | 0 | 0 | 0 | 0 | 0 |
| Längenausgleich durch Schiebesitz | 2 | 2[2] | 2 | 2 | 0 | 2 | 0 | 0 | 2[5] | 0 | 0 | 2 | 2 | 0 | 0 | 0 |
| Lager selbsthaltend | j | j | j | 0 | j | 0 | 0 | 0 | 0 | 0 | 0 | j | j | 0 | 0 | 0 |
| Festlager | 3 | 4[2] | 4 | 3 | 3 | 2 | 0 | 2[2] | 3 | 0 | 0 | 4 | 3 | 0 | 0 | 0 |
| Loslager | 2 | 2[2] | 2 | 2 | 0 | 2 | 4 | 2[1] | 1 | 4 | 0 | 1 | 2 | 2 | 0 | 0 |
| schwimmende Lagerung | 4 | 4 | 0 | j | 0 | 3 | 0 | 2 | 0 | 0 | 4 | 0 | 2 | 2 | 3[1] | 4 | 4 |
| Einstellen eines Lagerspiels | 0 | 0 | 0 | 0 | 0 | 0 | 0 | 0 | 0 | j | 3 | 0 | 0 | 0 | j | j | j |
| Ausgleich von Fluchtfehlern | 1 | 0 | 0 | 0 | 0 | 4 | 0 | 0 | 0 | 0 | 0 | 4 | 4 | 2[6] | 2[6] | 4 |
| hohe Drehzahlen | 4 | 4[3] | 3 | 2 | 1 | 3 | 4 | 3[4] | 3[4] | 2[4] | 2 | 1 | 2 | 2 | 2 | 1 | 1 |
| hohe Steifigkeit | 2 | 3[2] | 3 | 3 | 2 | 1 | 3 | 3 | 3 | 3 | 4 | 2 | 4 | 3 | 2 | 2 | 3 |
| geringe Reibung | 4 | 3 | 2 | 2 | 3 | 3 | 3[4] | 3[4] | 3[4] | 2 | 2 | 2 | 2 | 2 | 1 | 1 |
| geräuscharmer Lauf | 4 | 3 | 2 | 1 | 1 | 2 | 1 | 1 | 1 | 1 | 1 | 1 | 1 | 0 | 0 | 1 |
| mit Kegelbohrung lieferbar | 0 | 0 | 0 | 0 | 0 | j | j | 0 | 0 | 0 | 0 | j | j | 0 | 0 | 0 |

| | | | |
|---|---|---|---|
| a | Rillenkugellager | g | Zylinderrollenlager N, NU | n | Tonnenlager |
| b | Schrägkugellager, einreihig | h | Zylinderrollenlager NJ | o | Pendelrollenlager |
| c | Schrägkugellagerpaar, je einreihig | i | Zylinderrollenlager NUP | p | Axial-Rillenkugellager, einseitig |
| d | Schrägkugellager, zweiseitig | k | Nadellager | q | Axial-Rillenkugellager, zweiseitig |
| e | Vierpunktlager | l | Kegelrollenlager | r | Axial-Pendelrollenlager |
| f | Pendelkugellager | m | Kegelrollenlagerpaar | | |

| | | | | | |
|---|---|---|---|---|---|
| 4 | sehr gut geeignet | 0 | nicht geeignet/nein | [3] | vermindert bei paarweisem Einbau |
| 3 | gut geeignet | j | ja | [4] | bei geringer Axialbelastung |
| 2 | geeignet/möglich | [1] | nur in einer Richtung | [5] | nur am Außenring |
| 1 | Eignung eingeschränkt | [2] | bei paarweisem Einbau | [6] | mit kugeligen Stützflächen |

**Bild 14-24** Entscheidungshilfen für die Auswahl der Wälzlager

> *Beachte:* Das Rillenkugellager sollte wegen seiner hohen Laufgenauigkeit, des niedrigen Preises und wegen des günstigen Einbauraumes bevorzugt werden. Nur wenn die gestellten Anforderungen nicht erfüllt werden, ist ein geeigneteres Lager zu wählen

### 14.2.3 Gestaltung der Lagerungen

#### 1. Tolerierung der Anschlussbauteile

Toleranzen und Messverfahren für die Maß- und Formgenauigkeit der Wälzlager sind international festgelegt und nach DIN 620 genormt (s. auch WLK). Die Bohrungsdurchmesser $d$, Außendurchmesser $D$ und die Breite $B$ haben grundsätzlich Minustoleranzen, d. h. das Nennmaß ist immer das zulässige Größtmaß. Nach DIN 620 sind abweichend von den ISO-Toleranzklassen für $d$ das Toleranzfeld $KB$ und für $D$ das Toleranzfeld $hB$ (Ball-Bearing) festgelegt.

Wichtig für den Einbau der Wälzlager ist die Befestigung der Ringe bzw. Scheiben auf der Welle/Achse und in der Gehäusebohrung. Sie dürfen auf den Gegenstücken unter Belastung, besonders tangential, nicht rutschen. Die Befestigung wird am sichersten und einfachsten durch die richtige Wahl einer Passung erreicht, die durch entsprechende ISO-Toleranzklassen für Wellen und Bohrungen bestimmt wird. Bild 14-25 zeigt schematisch die Lage der gebräuchlichen ISO-Toleranzfelder für Wellen und Bohrungen zur Bohrungstoleranz $KB$ und zur Außendurchmessertoleranz $hB$ der Wälzlager.

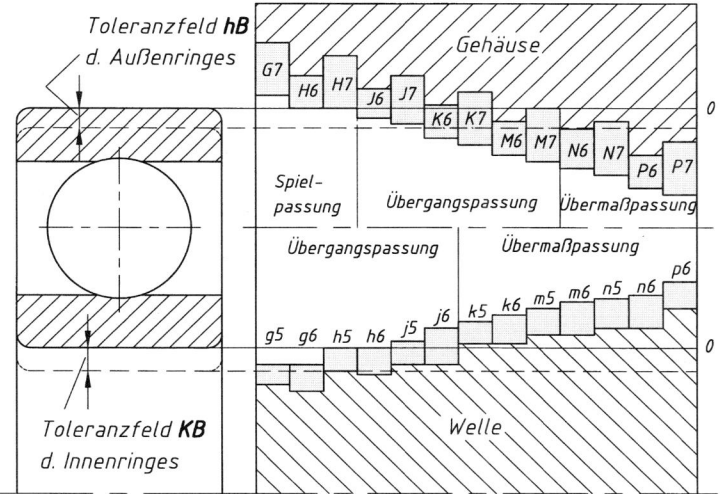

**Bild 14-25** Darstellung der Wäzlagertoleranzen KB und hB und der Wellen- und Gehäusetoleranzklassen nach ISO

Ein strammer Sitz auf bzw. in möglichst formgenauen und starren Gegenstücken gibt den verhältnismäßig dünnen Ringen auf ihrem ganzen Umfang eine gute Unterstützung, so dass die Tragfähigkeit und damit die Lebensdauer der Lager voll ausgenutzt werden können. Stramme Sitze vermindern aber gleichzeitig das Radialspiel (d. i. die Lagerluft als Maß, um das sich ein Ring gegenüber dem anderen radial verschieben lässt) im eingebauten Zustand, wodurch ein einwandfreier Lauf beeinträchtigt wird (in diesem Falle Lager mit vergrößerter Lagerluft einbauen, s. hierzu 14.1.3-5.). Entscheidend für die Wahl der Passung sind Größe und Art der Wälzlager, die Belastung, die axiale Verschiebemöglichkeit von Loslagern und insbesondere die *Umlaufverhältnisse*. Hierunter wird die relative Bewegung eines Lagerringes zur Lastrichtung verstanden. Es wird unterschieden:

*Umfangslast:* Der Ring läuft relativ zur Lastrichtung um (Ring läuft um, Last steht still oder Ring steht still, Last läuft um), d. h. während einer Umdrehung wird der ganze Umfang des Ringes einmal beansprucht.

*Punktlast:* Der Ring steht relativ zur Lastrichtung still (Ring steht still, Last steht still oder Ring und Last laufen mit gleicher Drehzahl um), d. h. es wird ständig derselbe Punkt der Laufbahn belastet. Ein Ring mit Umfangslast würde beim losen Sitz „wandern", d. h. sich fortlaufend abwälzen oder bei stoßartigen Belastungen auch rutschen (s. Bild 14-26). Beschädigungen der Sitzflächen sind dann unvermeidlich. Dagegen neigt ein lose sitzender Ring unter Punktbelastung, in Bild 14-26 der Innenring, nicht zum „Wandern". Die Umlaufverhältnisse sind meist leicht zu erkennen und werden bei den Beispielen ausgeführter Lagerungen in 14.4 besonders herausgestellt.

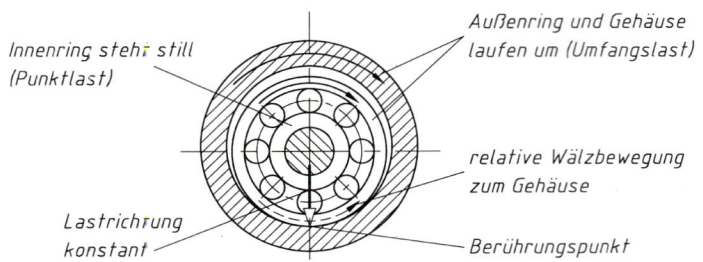

**Bild 14-26** Wandern des lose sitzenden Ringes mit Umfangslast

*Einbauregel: Der Ring mit Umfangslast muss festsitzen, der Ring mit Punktlast kann lose (oder auch fest) sitzen.*

Für die *Wahl der Passung* gilt allgemein: Der Ring mit Umfangslast soll mit zunehmender Belastung und Lagergröße sowie zunehmenden Stößen eine enge Übergangs- bis mittlere Übermaßpassung, der Ring mit Punktlast kann eine enge Spiel- bis weite Übergangspassung erhalten. Neben der Lagergröße spielt auch die Lagerart eine Rolle. Große Lager werden meist, vor allem auf der Welle, strammer gepasst als kleine Lager; Rollenlager erhalten einen strammeren Sitz als Kugellager. Um die Gefahr des Verspannens zu vermeiden, ist bei geteilten Gehäusen für den Außenring das Toleranzfeld H, höchstens J (bei Leichtmetallgehäusen K) angebracht. Die Befestigung des Außenringes in einer Stahlbuchse (Lagertopf) kann bei geteiltem Gehäuse oder Leichtmetallgehäuse bzw. aus Montagegründen vorteilhaft sein (s. Bild 14-27a, Zahnradmontage). Die Buchse sollte bei ungeteiltem Gehäuse einen Außendurchmesser von mindestens $1{,}12 \cdot D$, bei geteiltem Gehäuse von mindestens $1{,}15 \cdot D$ ($D$ = Außendurchmesser des Lagers) haben und lose gepasst werden; axial wird sie durch einen Bund, Flansch, Deckel oder Sprengring festgelegt.

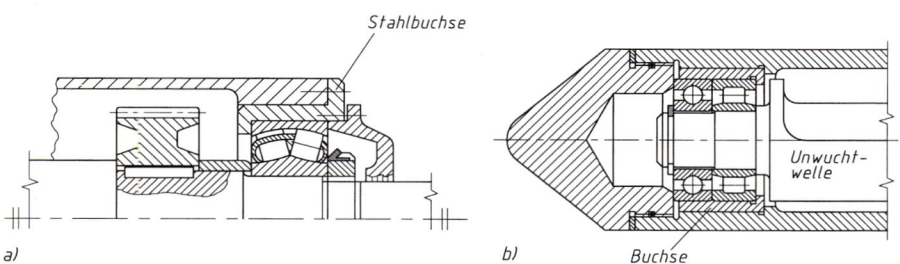

**Bild 14-27** Befestigung der Außenringe in Buchsen
a) wegen der Zahnradmontage, b) zur Erleichterung des Ein- und Ausbaus (Darstellung: Rüttlerflasche zur Betonverdichtung)

## 14.2 Gestalten und Entwerfen von Wälzlagerungen

Richtlinien für die Auswahl von Wellentoleranzen (allgemein Toleranzgrad 6) und Gehäusetoleranzen (allgemein Toleranzgrad 7) sind nach DIN 5425 in TB 14-8 angegeben oder aus WLK zu entnehmen.

*Hinweis:* Ein Wälzlager funktioniert nur so gut (oder so schlecht) wie sorgfältig es eingebaut wurde. Für Sonderfälle, z. B. Lagerungen mit hoher Genauigkeit, hoher Stoßbelastung, schwierigem Ein- und Ausbau, bei besonderen Temperaturverhältnissen u. ä. wird zweckmäßig eine Beratung mit dem Wälzlagerhersteller empfohlen.

### 2. Konstruktive Gestaltung der Lagerstelle

Dem Passungscharakter ist die Rauheit der Passflächen zuzuordnen. DIN 5425 empfiehlt: Toleranz IT7 für Durchmesser bis $d = 80$ mm $R_z = 10$ µm[1]), $d > 80\ldots500$ mm $R_z = 16$ µm; IT6 bis $d = 80$ mm $R_z = 6{,}3$ µm, $d > 80\ldots500$ mm $R_z = 10$ µm; IT5 bis $d = 80$ mm $R_z = 4$ µm, $d > 80\ldots500$ mm $R_z = 6{,}3$ µm. Bei höherer Qualitätsanforderung sind kleinere $R_z$-Werte anzustreben. In Gehäusen mit losem Passungscharakter sind bis 1,5fach größere Werte zugelassen.

Zur *axialen Festlegung* des Lagerringes reicht eine stramme Passung nur aus, wenn keine oder nur kleine Axialkräfte zu übertragen sind. Lagerringe mit strammer Passung müssen i. Allg. einseitig an eine Wellen- bzw. Gehäuseschulter oder einen Bund anliegen (Bild 14-28a). Die *Anschlussmaße* nach DIN 5418 (s. TB 14-9 oder WLK) sind zu beachten. Der Radius $r_{as}$, $r_{bs}$ an der Welle bzw. dem Gehäuse muss kleiner als der Kantenabstand $r_{1s}$, $r_{2s}$ des Lagers sein (s. TB 14-9a, Maße $r_{1s}$, $r_{2s}$ s. TB 14-1 oder WLK); die Schulterhöhe $h$ ist so groß vorzusehen, dass die seitliche Anlage genügt, aber auch das Ansetzen von Abziehvorrichtungen an den Lagerinnenring möglich ist; andererseits soll der Maximalwert den 1,5fachen Wert nach DIN 5418 nicht überschreiten. Bei Axiallagern soll die Schulter mindestens bis zur Mitte der Wellen- bzw. Gehäusescheibe reichen. Bei Zylinder- und Kegelrollenlagern, deren Ringe einzeln eingebaut werden können, sind eine Reihe von Maßen zu beachten, die je nach Lagerreihe der Norm oder den WLK (s. TB 14-1a, b) entnommen werden können; dgl. gilt für Lager mit Spann- und Abziehhülsen (Bild 14-28e, f). Beim *Festlager* müssen sowohl der Innenring als auch der Außenring auf der Welle und im Gehäuse axial festgelegt werden (vgl. auch 9.4.1). Der Innenring wird auf der der Wellenschulter gegenüberliegenden Seite durch eine Nutmutter (DIN 981, Kurzeichen KM mit Gewindebohrungskennzahl) und ein Sicherungsblech (DIN 5406, Kurzzeichen MB mit Bohrungskennzahl) oder durch eine an der Stirnseite der Welle angeschraubte Scheibe oder durch Sicherungs- bzw. Sprengringe festgelegt (s. Bild 14-28b, c, d); häufig werden auch Abstands- oder Zwischenhülsen oder Stütz- bzw. Passscheiben (s. Bild 9-30 und TB 9-5) angeordnet. Werden Spannhülsen (DIN 5415, Kurzzeichen H mit Spannhülsenreihe und Bohrungskennzahl), besonders bei Pendellagern mit kegeliger Bohrung, verwendet, sind größere Wellentoleranzen (h7 ... h9, zulässige Abweichung von der Zylinderform IT5 bzw. IT6)

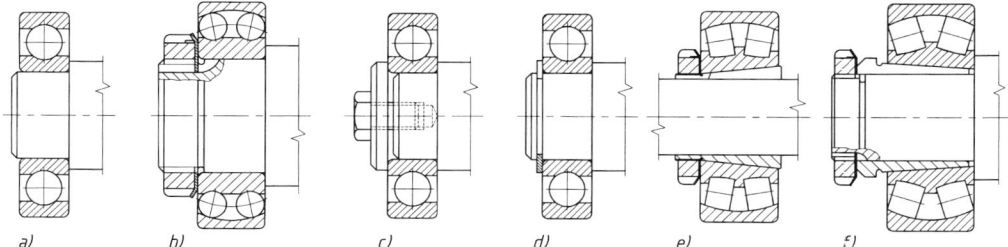

**Bild 14-28** Befestigung der Lager auf Wellen
a) durch leichte Übermaßpassung, b) durch Wellenmutter, c) durch angeschraubte Scheibe, d) durch Sicherungsring (bei Axialkräften Sicherungsring mit Lappen, DIN 983, s. 9.4.1), e) durch Spannhülse, f) durch Abziehhülse

---

[1]) $R_z$ mittlere Rauheit (gemittelte Rautiefe), s. DIN 4768, Teil 1 (vgl. Abschnitt 2.3.1).

möglich. Spann- bzw. Abziehhülsen und Wälzlager gleicher Bohrungskennzahl passen zueinander (Bild 14-28e, f und Maße s. TB 14-1d, e).
Der Außenring wird meist durch den Zentrieransatz des Lagerdeckels gegen einen Sicherungsring mit Lappen oder Absatz in der Gehäusebohrung geklemmt (Bild 14-29a). Bei beschränkten Raumverhältnissen, z. B. im Fahrzeugbau, ermöglichen ein Lager mit Ringnut und ein Sprengring eine einfache axiale Festlegung (Bild 14-29b und Bild 9-29).

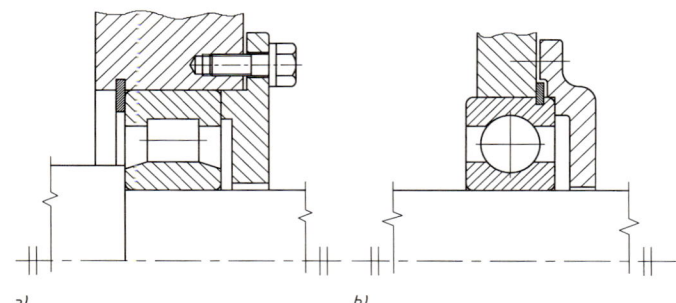

**Bild 14-29**
Befestigung von Außenringen in Gehäusebohrungen
a) durch Zentrieransatz des Lagerdeckels und Sicherungsring
b) durch Ringnut und Sprengring

Beim *Loslager* mit einem *selbsthaltenden Lager* muss der punktbelastete Ring durch einen losen Sitz axial verschiebbar sein. Bei Zylinderrollenlagern der Bauform N und NU erfolgt das axiale Verschieben im Lager, ein weiteres Verschieben der Ringe auf der Welle oder im Gehäuse muss durch eine entsprechende Sicherung vermieden werden.
Erlaubt die Welle eine geringe Axialverschiebung, z. B. bei Getriebewellen, werden häufig auch beide Lager als *Loslager* mit geringem seitlichen Spiel ausgebildet. Die Gehäusebohrungen können dann kostengünstig in einem Arbeitsgang durchgehend glatt gebohrt werden (Bild 14-40). Bei *zerlegbaren, paarweise einzubauenden Lagern*, z. B. Schrägkugellager und Kegelrollenlager, sowie bei Axial-Rillenkugellagern ist eine sorgfältige axiale Anstellung wichtig. Sie darf weder zu straff noch zu lose sein. Die Einbaubeispiele in Bild 14-30 zeigen das axiale An- und Nachstellen eines Kegelrollenlagerpaares (Achslager) sowie eines zweiseitig wirkenden Axial-Rillenkugellagers durch Muttern (M). Eine Lagesicherung (L) der Mutter ist erforderlich (z. B. durch Splint, Klebstoff im Gewinde, Sicherungsblech o. ä.).
Auch zum schnelleren und einfachen Ausbau der Lager, z. B. wegen eines notwendigen Austausches, sind gegebenenfalls geeignete konstruktive Maßnahmen zu treffen. Mögliche Demontagetechnologien sind den WLK zu entnehmen. Die konstruktive Gestaltung ist diesen Technologien individuell anzupassen.

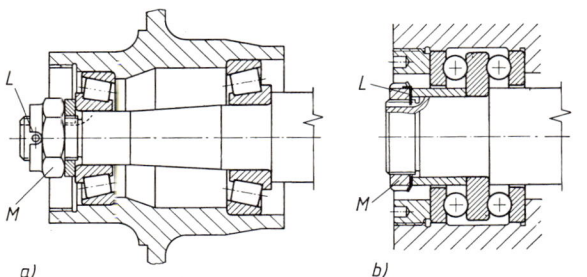

**Bild 14-30**
Axiale Festlegung von Wälzlagern
a) eines Kegelrollenlagerpaares
b) eines zweiseitig wirkenden Axial-Rillenkugellagers

## 14.2.4 Schmierung der Wälzlager

Die Schmierung soll eine unmittelbare metallische Berührung zwischen Wälzkörpern, Lagerringen und Käfig verhindern und deren Oberflächen vor Verschleiß und Korrosion schützen. Voraussetzung hierfür ist, dass bei allen Betriebszuständen die Funktionsflächen stets ausreichend Schmierstoff erhalten. Die Wirksamkeit der Schmierung beeinflusst wesentlich die Gebrauchsdauer der Wälzlager (vgl. 14.3.5).

## 14.2 Gestalten und Entwerfen von Wälzlagerungen

Wälzlager können mit Schmierfett, Öl oder Festschmierstoff (Sonderfälle) geschmiert werden. Die Art der Schmierung und des Schmiermittels richtet sich wesentlich nach der Höhe der Beanspruchung der Drehzahl und der Betriebstemperatur des Lagers.
Vor dem Entwurf einer Lagerung muss die Schmierungsart entschieden werden, da die Gestaltung der Gehäuse, insbesondere die Schmiermittelzufuhr, von der Art des Schmiermittels, der Lagerabdichtung und den Nachschmierfristen abhängt. Auswahlkriterium ist zunächst der *Drehzahlkennwert* $n \cdot d_m$ in $10^6$ mm/min mit der Betriebsdrehzahl $n$ und dem mittleren Lagerdurchmesser $d_m = (D + d)/2$. Die *Höchstdrehzahlen*, s. 14.3.6 bzw. WLK, der einzelnen Lager sind zu beachten.

### 1. Fettschmierung

Die Fettschmierung wird bei Drehzahlkennwerten $n \cdot d_m < 0{,}5 \cdot 10^6$ mm/min (bis $1{,}3 \cdot 10^6$ bei Sonderfetten) bevorzugt. Sie erfordert eine geringe Wartung und schützt meist ausreichend gegen Verschmutzung, so dass einfache und billige Lagerabdichtungen gestaltbar sind.
Zur Schmierung von Wälzlagern werden meist *Calcium-, Natrium-, Aluminium- und Lithiumseifenfette* (in DIN 51825 genormt) angewendet. Die Wahl der Fettsorte erfolgt nach der Gebrauchstemperatur, dem Verhalten gegen Feuchtigkeit, dem Dichteverhalten und der Konsistenz (Charaktereigenschaft des Fettes, ohne zu kleben streichfähig und leicht plastisch verformbar zu sein), die stark von der Viskosität des Grundöles abhängt.
Nach ihrer Konsistenz sind Schmierfette in NLGI[1])-Klassen eingeteilt und in DIN 51818 genormt (s. TB 15-8b). Für Wälzlager kommen i. Allg. die NLGI-Klassen 1...3 in Frage.
Als grober Anhalt kann nach Lagerart sowie der Einbau- und Betriebsbedingungen gelten:
NLGI-Klasse 1: gute Förderbarkeit des Fettes gewünscht. NLGI-Klasse 2: für Nadel-, Rollen- und Kugellager mit $d < 50$ mm sowie geringes Anlaufmoment und gefordertes geringes Laufgeräusch. NLGI-Klasse 3: für Rollen- und Kugellager mit $d > 50$ mm, senkrechte und schräge Einbaulage sowie geforderte gute Abdichtwirkung.
Maßgebende Eigenschaften der wichtigsten Wälzlagerfette sind (GT = Gebrauchstemperatur):

Calciumseifenfette:     GT $(-30)$ $-20...+50$ $(130)$ °C, wasserabweisend
Aluminiumseifenfette:   GT $(-30)$ $-20...+70$ $(150)$ °C, gute Dichtwirkung gegen Wasser
Natriumseifenfette:     GT $(-30)$ $-20...+100$ $(130)$ °C, nicht beständig gegen Wasser
Lithiumseifenfette:     GT $(-40)$ $-20...+130$ $(170)$ °C, gegen Wasser bis 90 °C beständig

Calcium- und Lithiumseifenfette mit EP[2])-Zusätzen (Hochdruckzusätze, meist Bleiverbindungen) werden zur Schmierung hochbelasteter Wälzlager benutzt (s. einschlägige Literatur). Lithiumseifenfett mit Siliconöl hat bessere Temperatureigenschaften (Klammerwerte), ist jedoch geringer belastbar.
Die für die Lagerung erforderliche *Fettmenge* richtet sich nach der Drehzahl. Grundsätzlich sind die Lager selbst voll mit Fett auszustreichen, um damit alle Funktionsteile sicher zu schmieren. Dagegen soll der Lagergehäuseraum unterschiedlich mit Fettvorrat gefüllt werden, um zu große Walkarbeit, Reibung und Erwärmung zu vermeiden. Es wird empfohlen, den Gehäuseraum

bei $n/n_g < 0{,}2$         vollzufüllen
bei $n/n_g = 0{,}2...0{,}8$  zu einem Drittel zu füllen (Grenzdrehzahl $n_g$ für Fettschmierung
bei $n/n_g > 0{,}8$          leer zu lassen.         nach WLK)

Das natürliche Altern und Verschmutzen des Fettes erfordert es, dieses in bestimmten Zeitabständen, der Schmierfrist, zu erneuern. Die Schmierfrist hängt wesentlich von der Fettsorte, der Konstruktion der Lagerung sowie von betrieblichen Größen und Einflüssen ab. Erforderliche Schmierfristen in Betriebsstunden für bestimmte Bedingungen können u. a. nach Herstellerunterlagen errechnet oder aus Diagrammen bestimmt werden.

---

[1]) National Lubricating Grease Institute (USA)
[2]) Extreme Pressure

Ist die Schmierfrist größer als die Lebensdauer des Wälzlagers oder größer als die Überholzeit der Baugruppe, wird *Dauerschmierung* angewendet, d. h. das Lager erhält beim Einbau eine einmalige Fettfüllung, wie z. B. Rillenkugellager mit Deck- oder Dichtscheiben (vgl. 14.2.3 Bild 14-6). Ist häufiges Nachschmieren erforderlich, z. B. bei starker Verschmutzung oder Wassereinwirkung, ist am Lagergehäuse ein Schmierloch mit Schmiernippel (DIN 71412, 3402, 3404, 3405) unmittelbar neben der Außenring-Seitenfläche vorzusehen (Bild 14-31). Um beim Nachschmieren den Fettaustritt sicherzustellen, sind ausreichend bemessene Gehäuseräume oder Fettaustrittspalte vorzusehen. Die Gefahr des Heißlaufens von Lagern durch Überschmieren, insbesondere bei hohen Drehzahlen, und damit Betriebsunterbrechung kann sicher und einfach durch Einbauen eines Fettmengenreglers (Bild 14-31b) vermieden werden. Er besteht aus einer mit der Welle umlaufenden Reglerscheibe $R$, die mit dem Gehäusedeckel einen schmalen radialen Spalt bildet. Überschüssiges und verbrauchtes Fett wird von der Scheibe in den Spalt mitgenommen, in den Ringkanal am Deckel geschleudert und durch eine Auslassöffnung $A$ nach unten gedrängt.

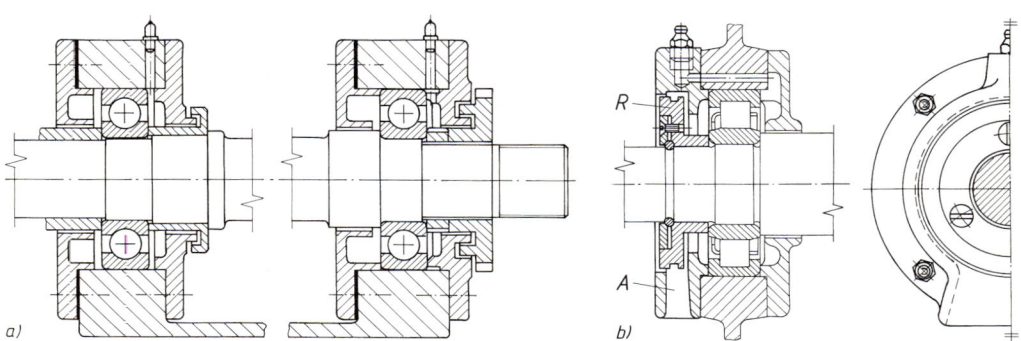

**Bild 14-31** Schmierungsbeispiele
a) Fettzuführung über Schmiernippel, b) Lagergehäuse mit Fettmengenregler für waagerechte Wellen

## 2. Ölschmierung

Wälzlager werden ölgeschmiert, wenn hohe Drehzahlen bzw. mittlere Drehzahlen bei höheren Belastungen bzw. die Betriebstemperatur keine Fettschmierung mehr zulassen oder wenn das Öl zur Wärmeabfuhr (Kühlung) dient oder dort, wo bereits benachbarte Bauteile ölgeschmiert werden, z. B. Zahnräder in Getriebegehäusen (vgl. bild 14-42). Die auszuwählende Ölsorte richtet sich nach den Erfordernissen der Bauteile, ohne dass sich Nachteile für die Wälzlager ergeben. Zur Schmierung der Wälzlager eignen sich Öle auf Mineralbasis, die die Mindestanforderungen nach DIN 51501 erfüllen; zu bevorzugen sind jedoch solche mit besserer Alterungsbeständigkeit nach DIN 51517. Eine wesentliche Eigenschaft ist die *kinematische Viskosität* $\nu$ in $mm^2/s$ bzw. $m^2/s$ (Näheres hierzu s. Kapitel 15). Damit sich nach der Theorie der elastohydrodynamischen Schmierung (EHD-Theorie) zwischen den Berührungsflächen des Lagers ein ausreichender Schmierfilm bilden kann, muss entsprechend der Drehzahl $n$ und dem mittleren Lagerdurchmesser $d_m = (D + d)/2$ eine Bezugsviskosität $\nu_1$ in $mm^2/s$ nach TB 14-11 vorhanden sein.
Bei der Wahl der Ölsorte empfiehlt es sich, mit Rücksicht auf die Lebensdauer des Lagers ein Öl auszusuchen, dessen Betriebsviskosität $\nu$ bei Betriebstemperatur $\vartheta$ in °C höher ist als die Bezugsviskosität $\nu_1$. Beim Viskositätsverhältnis $\nu/\nu_1 > 1$ sollte, bei $\nu/\nu_1 < 0{,}4$ muss ein Öl mit EP-Zusätzen (Hochdruckzusätze) verwendet werden.
Unter normalen Bedingungen, d. h. bei Raumtemperatur, Tragsicherheit $C/P > 10$ und Drehzahlen $n < n_{\vartheta r}$ (thermische Bezugsdrehzahl $n_{\vartheta r}$ nach WLK), genügt Öl mit $\nu = 12$ $mm^2/s$.
Die *Ölbad*- oder *Öltauchschmierung* (Bild 14-32a) ist die einfachste Schmierung für waagerecht gelagerte Wellen bei $n \cdot d_m \leq 0{,}5 \cdot 10^6$ mm/min und $n/n_g < 0{,}4$ ($n_g$ s. oben).
Das Öl wird von den umlaufenden Lagerteilen mitgenommen, im Lager verteilt und fließt dann wieder in das Ölbad zurück. Das Öl soll bei stillstehendem Lager etwa mittig des untersten

## 14.2 Gestalten und Entwerfen von Wälzlagerungen

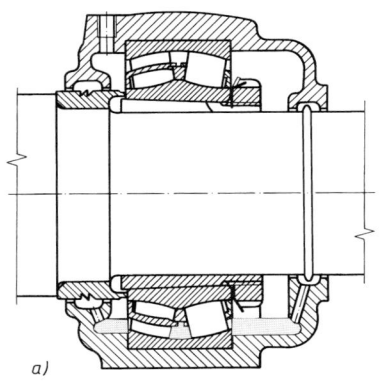

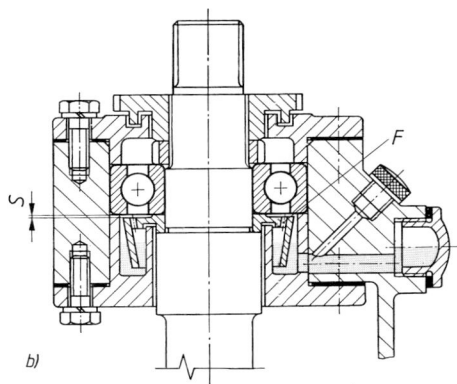

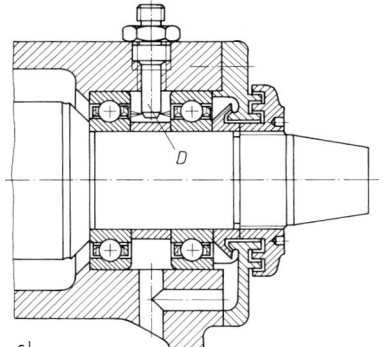

**Bild 14-32**
Ölschmierverfahren
a) Ölbad- oder Öltauchschmierung
b) Spritz-(Schleuder)Ölschmierung ($F$ Förderscheibe mit Zulauföffnungen; $S$ Spalt, von dessen Weite die zugeführte Ölmenge abhängt)
c) Öleinspritzschmierung ($D$ Düse)

Wälzkörpers stehen (bei Getriebegehäusen die Eintauchtiefe der Zahnräder beachten). Bei Drehzahlen $n > 5000$ min$^{-1}$ sind, um unzulässiges Erwärmen ($> 80\,°C$) zu vermeiden, die sparsame *Tropfölschmierung* ($n/n_g < 1$) oder die *Spritz-* bzw. *Schleuderölschmierung* (Bild 14-32b) mit Förderscheibe günstig.
Die *Öleinspritzschmierung* (Bild 14-32c) ist bei schwierigen Betriebsbedingungen ($n \cdot d_m > 0{,}8 \cdot 10^6$ mm/min) besonders wirksam. Das Öl wird von der Seite mittels Düsen in den Spalt zwischen Innenring und Käfig gespritzt (Strahlgeschwindigkeit $\geq 15$ m/s).
Die *Ölumlauf-* oder *Öldurchlaufschmierung* wird angewendet, wenn $n \cdot d_m \leq 0{,}8 \cdot 10^6$ mm/min ist und wenn Eigen- und Fremdwärme abgeführt werden soll, um häufige Ölwechsel zu vermeiden. Der Ölumlauf wird durch eine Pumpe aufrechterhalten, jedoch muss das Lager teilweise in einem Ölbad stehen, um das Schmieren während des Anlaufs bzw. bei Pumpenausfall zu gewährleisten. Das Öl durchläuft das Lager, wird im Filter gereinigt und wieder zum Lager, evtl. über Kühler, zurückgeführt. Das zurücklaufende Öl soll möglichst eine Temperatur $\vartheta \leq 70\,°C$ haben. Die konstruktive Anordnung der Schmierbohrungen zeigt Bild 14-33.
Bei der *Ölnebelschmierung* wird Öl fein zerstäubt mit Druckluft ($0{,}5\ldots1$ bar) der Lagerstelle zugeführt. Das Verfahren gestattet dosierbare Ölmengen und wird bei schnelllaufenden Lagerungen mit $n \cdot d_m \leq 1 \cdot 10^6$ mm/min (z. B. Schleifspindellager) oft angewendet.

### 3. Feststoffschmierung

Sie wird angewendet, wenn eine Schmierung mit Fett oder Öl unerwünscht bzw. unzulässig ist, z. B. Wälzlager bei tiefen und hohen Temperaturen, im Vakuum, bei radioaktiver Strahlung oder wenn die Gefahr des Beschlagens, z. B. bei optischen Systemen, durch Schmierstoffverdunstung besteht.

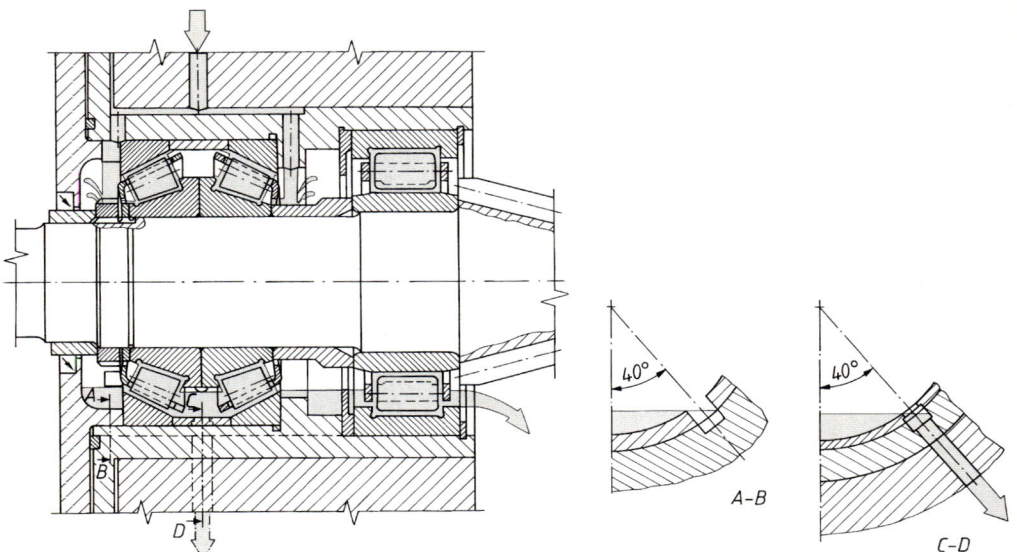

**Bild 14-33** Konstruktive Anordnung der Schmierbohrungen bei Ölschmierung (Empfehlung nach Arbeitsblatt 2.4.1 der Gesellschaft für Tribologie)

Die wichtigsten Festschmierstoffe sind Graphit, Molybdändisulfid ($MoS_2$) und Polytetraflourethylen (PTFE). Sie werden als Trockenschicht aufgebracht, wobei zur besseren Bindung die Lagerflächen gebeizt oder phosphatiert werden sollten.
Eine andere Möglichkeit bilden 2...4 µm dünne Gleitlackschichten, die einen entsprechenden Vorrat an Festschmierstoff enthalten. Sie werden für Lagerungen bei niedrigen Drehzahlen eingesetzt. Sind bei Lagerungen die Gesetzmäßigkeiten der hydrodynamischen Schmiertheorie nicht erfüllbar, werden Festschmierstoffe in Form von Suspensionen (Kombination von Pulver mit Trägerölen bzw. Fetten) für hochbelastete Wälzlager, insbesondere Rollenlager, bei niedrigen Drehzahlen verwendet.

## 14.2.5 Lagerabdichtungen

Die Betriebssicherheit und die Gebrauchsdauer von Wälzlagerungen hängen sehr von der Wirksamkeit des Abdichtens gegen das Eindringen von Schmutz und Feuchtigkeit und gegen einen Verlust des Schmiermittels ab. Fremdkörper, die in das Lager eindringen, führen beim Überrollen an den Rollkörpern und Laufbahnen zu Eindrückungen und als Folge zu erhöhten Laufgeräuschen und zu einer geminderten Gebrauchsdauer. Schmirgelnde Verunreinigungen dagegen führen zum Verschleiß, wodurch sich das Lagerspiel vergrößert. Dies mindert die Laufgenauigkeit und damit die Funktion des Lagers. Eindringendes Wasser, Dämpfe und ätzende Flüssigkeiten setzen die Wirksamkeit des Schmiermittels herab bzw. heben sie völlig auf und greifen korrodierend die Rollkörper und Laufbahnen an. Eine Abdichtung gegen diese Einflüsse ist deshalb notwendig, wobei die Art der Abdichtung von den äußeren Betriebsbedingungen (Schmutzanfall, Feuchtigkeit, ätzende Medien), der geforderten Lebensdauer und der Funktion sowie der Drehzahl des Lagers abhängig ist.
Mögliche konstruktive und genormte Abdichtungen sowie konstruktive Erfordernisse werden in Kapitel 19 behandelt. Darüber hinaus bieten die Wälzlagerhersteller einige Rillenkugellager mit Abdichtung an. Diese wird in Form von *Deckscheiben* (nicht berührende Dichtungen, s. Bild 14-6b) oder *Dichtscheiben* (berührende Dichtungen, s. Bild 14-6c) ausgeführt. Diese Lager werden bei der Herstellung mit einem nach Herstellervorschriften geprüften Qualitätsfett

gefüllt und sind somit einbaufertig. Zu beachten sind die geringeren Höchstdrehzahlen dieser Lager.

### 14.2.6 Vorauswahl der Lagergröße

Zur Vorauswahl der Lagergröße kann die *erforderliche dynamische Tragzahl C* (s. hierzu 14.3.2) nach Gl. 14.1 ermittelt werden

$$\boxed{C_{erf} \geq P \cdot \frac{f_L}{f_n}} \quad \begin{array}{c|c} P, C & f_L, f_n \\ \hline N, kN & - \end{array} \quad (14.1)$$

$P$     dynamische Lagerbelastung
$f_L$    dynamische Kennzahl (Lebensdauerfaktor), s. TB 14-7 oder WLK, Richtwerte s. Bild 14-35
$f_n$    Drehzahlfaktor, s. TB 14-4 oder WLK

Die für das Wälzlager *einzusetzende Lebensdauer* wird erfahrungsgemäß gewählt. Bestimmend sind dabei die Art der Maschine, die Dauer ihres Einsatzes und die verlangte Betriebssicherheit. Für häufig vorkommende Betriebsfälle gibt TB 14-7 bzw. die WLK $L_{10h}$- bzw. $f_L$-Werte an. Bei der Vorauswahl kann für die Lagerbelastung $P$ häufig überschlägig nur die größere Kraftkomponente (Axial- oder Radialkraft) eingesetzt werden.
Liegt nur statische Belastung vor (s. 14.3.1), ist die vorläufige Lagerauswahl über die *statische Tragzahl* $C_0$ nach Gl. 14.2 vorzunehmen.

$$\boxed{C_0 = P_0 \cdot f_s} \quad (14.2)$$

$P_0$    statische Lagerbelastung
$f_s$     statische Kennzahl (Richtwerte s. unten)
       Richtwerte: $f_s = 0,5 \ldots 1,0$ bei ruhigem, erschütterungsfreiem Betrieb bzw. geringen Anforderungen (Einstell- und Schwenkbewegungen)
                 $f_s = 1,0 \ldots 1,5$ bei normalem Betrieb und Anforderungen an die Laufruhe
                 $f_s = 1,5 \ldots 2,5$ bei Stößen und Erschütterungen sowie hohen Anforderungen an die Laufgenauigkeit und bei Axial-Rillenkugellagern
                 $f_s \geq 4$           bei Axial-Pendelrollenlagern

Die der erforderlichen Tragzahl $C$ oder $C_0$ entsprechende Lagergröße wird aus TB 14-2 oder aus dem WLK abgelesen.

## 14.3 Berechnung der Wälzlager

Die erforderliche Wälzlagerart und -größe wird von den Anforderungen an die Tragfähigkeit, Lebensdauer und Betriebssicherheit bestimmt.
Nach dem Betriebsverhalten, nicht nach der Wirkungsweise der Belastung, wird zwischen der *statischen* und der *dynamischen Tragfähigkeit* unterschieden.

### 14.3.1 Statische Tragfähigkeit

Ein Wälzlager gilt als statisch beansprucht, wenn es unter einer Belastung stillsteht, kleine Pendelbewegungen ausführt oder sich mit einer Drehzahl $n \leq 10 \, \text{min}^{-1}$ dreht. Für diese Betriebszustände ist eine solche Belastung noch zulässig, die maximal eine plastische Gesamtverformung an den Wälzkörpern (Abplattung) und Laufbahnen (Eindrückungen) hervorruft, welche die geforderten Laufeigenschaften des Lagers nicht beeinträchtigen.

Der Nachwis für ein ausreichend tragfähiges Lager ist die *statische Kennzahl* $f_s$

$$f_s = \frac{C_0}{P_0} \tag{14.3}$$

$C_0$ statische Tragzahl nach TB 14-2 bzw. WLK
$P_0$ statisch äquivalente Belastung des Lagers
$f_s$ statische Kennzahl
  angestrebte Werte: s. Richtwerte unter Gl. 14.2

**1. Statische Tragzahl $C_0$**

Die *statische Tragzahl* $C_0$ ist eine rein radiale (bei Axiallagern eine rein axiale) Lagerbelastung, die bei stillstehenden Lagern an der höchstbeanspruchten Berührungsstelle zwischen Wälzkörper und Rollbahn eine bleibende Verformung von 0,01% des Wälzkörperdurchmessers hervorruft; sie wird in Listen der Wälzlagerhersteller bzw. ist in TB 14-2 angegeben.

**2. Statisch äquivalente Belastung**

Die *statisch äquivalente* (= gleichwertige) *Belastung* $P_0$ ist eine rechnerische, rein radiale Belastung bei Radiallagern bzw. rein axiale und zentrische Belastung bei Axiallagern, die an den Wälzkörpern und Rollbahnen die gleiche plastische Verformung bewirkt, wie die tatsächlich wirkende kombinierte Belastung. Sie ergibt sich, ausgenommen für die Axial-Pendelrollenlager, allgemein aus

$$P_0 = X_0 \cdot F_{r0} + Y_0 \cdot F_{a0} \tag{14.4}$$

$F_{r0}$ statische radiale Lagerkraft
$F_{a0}$ statische axiale Lagerkraft
$X_0$ statischer Radialfaktor nach TB 14-3b bzw. WLK
$Y_0$ statischer Axialfaktor nach TB 14-3b bzw. WLK

Bei nur radial belasteten Lagern, also bei $F_{a0} = 0$, wird $P_0 = F_{r0}$, bei nur axial belasteten Lagern, also bei $F_{r0} = 0$, wird $P_0 = F_{a0}$. Für radial und axial beanspruchte *Axial-Pendelrollenlager* wird

$$P_0 = F_{a0} + 2{,}7 \cdot F_{r0} \tag{14.5}$$

### 14.3.2 Dynamische Tragfähigkeit

Die dynamische Tragfähigkeit eines Wälzlagers wird vom Ermüdungsverhalten des Lagerwerkstoffes bestimmt. Der Zeitraum bis zum Auftreten von Ermüdungserscheinungen ist die *Lebensdauer* des Wälzlagers. Sie ist abhängig von der Belastung, den Betriebsbedingungen und der statistischen Zufälligkeit des ersten Schadenseintritts. Die äußeren Kräfte werden zwischen den Ringen bzw. Scheiben und den Wälzkörpern (Punkt- oder Linienberührung) über, durch elastische Verformung entstehende, sehr kleine Kontaktflächen übertragen. Übersteigen die örtlichen Spannungen der überrollten Werkstoffbereiche ständig die ertragbare Spannung, entstehen zuerst unter der Werkstoffoberfläche sehr feine Risse, die sich bei weiterer Beanspruchung bis zur Oberfläche fortsetzen und zur Bildung von feinen Poren, Pittings bzw. Grübchen genannt, führen. Die Zerstörung schreitet danach sehr rasch fort. Schälungen (schollenartige Ausbröckelungen, meist am Innenring, s. Bild 14-34) größerer Rollbahnteile treten auf. Die Folgen sind gestörte Abrollverhältnisse, Erschütterungen und zunehmendes Laufgeräusch. Letzten Endes kann es zum Gewaltbruch des Ringes kommen.
Da die Grübchenbildung Lagerausfall bedeutet, ist die *Ermüdungslaufzeit* – die Laufzeit, bis diese Ermüdungsschäden auftreten – von Interesse. Untersuchungen an einer größeren Anzahl offensichtlich gleicher Lager auf gleichen Prüfständen unter gleichen Betriebsbedingungen

**Bild 14-34**
Schälung am Innenring

(Drehzahl, Schmierung, Belastung) zeigten bis zum Auftreten der ersten Ermüdungserscheinungen weit gestreute Laufzeiten. Deshalb sind die Aussagen über die Ermüdungslaufzeit von Wälzlagern statistischen Charakters; es sind also nur Wahrscheinlichkeitsangaben über die Ermüdungslaufzeit eines Lagerkollektivs möglich.

### 1. Bestimmungsgrößen nach DIN ISO 281

Die statistische Lebensdauer, die *nominelle Lebensdauer* $L_{10}$, ist die Anzahl der Umdrehungen oder bei unveränderlicher Drehzahl die Anzahl der Stunden, die 90% einer größeren Menge offensichtlich gleicher Lager (Kollektiv) erreichen oder überschreiten, bevor erste Ermüdungserscheinungen auftreten. Die Erlebenswahrscheinlichkeit entspricht 90%, die Ausfallwahrscheinlichkeit 10% (10% der Lager fallen vorher aus).
Die *dynamische Tragzahl* $C$ ist für Radiallager bei umlaufendem Innenring und stillstehendem Außenring eine rein radiale (für Axiallager rein axiale) Belastung unveränderlicher Größe und Richtung, bei der 90% eines Kollektivs offensichtlich gleicher Lager eine nominelle Lebensdauer von $10^6$ Umdrehungen bzw. 500 Laufstunden bei konstanter Drehzahl von $33\,^1/_3$ min$^{-1}$ erreichen. Sie ist eine Lagerkonstante, wird von den Wälzlagerherstellern durch zahlreiche Versuche ermittelt und in Listen herausgegeben (s. TB 14-2).
Die *dynamisch äquivalente (= gleichwertige) Belastung* $P$ ist eine rechnerische, in Größe und Richtung konstante Radiallast, bei Axiallagern zentrische Axiallast, die die gleiche Lebensdauer ergibt wie die, die das Lager unter der tatsächlich vorliegenden kombinierten Belastung erreicht.

### 2. Lebensdauergleichung nach DIN ISO 281

Durch Versuche ergab sich zwischen den Bestimmungsgrößen nach 1. die folgende Gleichung für die *nominelle Lebensdauer* in $10^6$ Umdrehungen bzw. in Betriebsstunden

$$\boxed{L_{10} = \left(\frac{C}{P}\right)^p \quad \text{bzw.} \quad L_{10h} = \frac{10^6 \cdot L_{10}}{60 \cdot n}} \quad \begin{array}{|c|c|c|c|} \hline L_{10} & L_{10h} & C, P & n \\ \hline 10^6 \text{ Umdr.} & \text{h} & \text{kN} & \text{min}^{-1} \\ \hline \end{array} \quad (14.6)$$

$L_{10}$; $L_{10h}$    nominelle Lebensdauer
$C$    dynamische Tragzahl, aus TB 14-2 oder WLK
$P$    dynamisch äquivalente Lagerbelastung nach 14.3.2-3
$p$    Lebensdauerexponent: Kugellager $p = 3$; Rollenlager $p = 10/3$
$n$    Drehzahl des Lagers

Der Wert $C/P$ wird als Tragsicherheit bezeichnet.

Werden in Gl. (14.6) die $10^6$ Umdrehungen durch die Werte 500 h und $33\,^1/_3\,\text{min}^{-1}$ ersetzt, ergibt sich

$$L_{10} = \left(\frac{C}{P}\right)^p = \frac{L_{10h} \cdot n \cdot 60}{500 \cdot 33\frac{1}{3} \cdot 60} \quad \text{oder} \quad \frac{C}{P} \cdot \sqrt[p]{\frac{33\frac{1}{3}}{n}} = \sqrt[p]{\frac{L_{10h}}{500}}$$

Hierin sind

$$\sqrt[p]{\frac{33\frac{1}{3}}{n}} = f_n = \text{Drehzahlfaktor;} \quad \sqrt[p]{\frac{L_{10h}}{500}} = f_L = \text{Lebensdauerfaktor}$$

Die umgeformte Zahlenwertgleichung ergibt für normale Anwendungsfälle ohne Berücksichtigung eventueller Minderungen (s. 14.3.3) die dimensionslose *Kennzahl der dynamischen Beanspruchung*

$$\boxed{f_L = \frac{C}{P} \cdot f_n} \tag{14.7}$$

Der Drehzahlfaktor $f_n$ ist abhängig von der Drehzahl $n$ in $\text{min}^{-1}$ für Kugel- oder Rollenlager aus TB 14-4 oder aus WLK ablesbar.
Als Nachweis für die ausreichende Laufzeit eines Wälzlagers kann die errechnete dynamische Kennzahl $f_L$ einem Richtwert (s. Bild 14-35) oder einem angestrebten Wert (Erfahrungswert aus bewährten Lagerungen) gegenübergestellt werden.
Anzustrebende $f_L$-Werte in Abhängigkeit von Lagerungsfällen siehe TB 14-7.
Für die errechnete dynamische Kennzahl kann nach TB 14-5 oder nach WLK die nominelle Lebensdauer $L_{10h}$ der Kugel- bzw. Rollenlager in Betriebsstunden bestimmt werden (da es sich um statistische Werte handelt, sind diese sinnvoll zu runden!).
Die Werte $f_L$ und $L_h$ sind nur vergleichbare Kenngrößen mit bewährten Lagerungen. Falls notwendig sind in einer erweiterten Lebensdauerberechnung auch die Einflüsse von Schmierung, Sauberkeit im Schmierspalt und Temperatur zu berücksichtigen.

| Betriebsart | Betriebsablauf wird durch Lagerwechsel | |
|---|---|---|
| | sehr gestört | weniger gestört |
| Aussetzbetrieb | $f_L$ = 2 ... 3,5 | $f_L$ = 1 ... 2,5 |
| Zeitbetrieb (~8h) | $f_L$ = 3 ... 4,5 | $f_L$ = 2 ... 4 |
| Dauerbetrieb | $f_L$ = 4 ... 5,5 | $f_L$ = 3,5 ... 5 |

**Bild 14-35**
Richtwerte für die Kennzahl $f_L$

## 3. Bestimmen der dynamisch äquivalenten Lagerbelastung ($P$ und $n$ = konstant)

Die dynamisch äquivalente (= gleichwertige) Lagerbelastung (Definition s. 14.3.2-1.) ergibt sich, ausgenommen für die Axial-Pendelrollenlager, aus

$$\boxed{P = X \cdot F_r + Y \cdot F_a} \tag{14.8}$$

$F_r$ radiale Lagerkraft
$F_a$ axiale Lagerkraft
$X$ Radialfaktor, der den Einfluss der Größe des Verhältnisses von Radial- und Axialkraft berücksichtigt; Werte aus TB 14-3a und 14-2 bzw. aus WLK
$Y$ Axialfaktor zum Umrechnen der Axialkraft bei Radiallagern in eine äquivalente Radialkraft; Werte aus TB 14-3a und TB 14-2 bzw. aus WLK

Bei nur radial belasteten Radiallagern, also bei $F_a = 0$, wird $P = F_r$; bei nur axial belasteten Axiallagern, also bei $F_r = 0$, wird $P = Y \cdot F_a$.
$P$ wird bei einreihigen Radiallagern erst beeinflusst, wenn $F_a/F_r > e$ als Grenzwert abhängig vom inneren Aufbau des Lagers ist; bei zweireihigen Radiallagern gilt dies schon für $F_a/F_r < e$. Bei

## 14.3 Berechnung der Wälzlager

Rillenkugellagern stellt sich unter $F_a$ für $F_a/F_r > e$ ein Druckwinkel $\alpha > 0°$ ein, so dass bei normaler Lagerluft $X = 0,56$ ist und $e$ sowie $Y$ vom Verhältnis $F_a/C_0$ abhängig sind (vgl. TB 14-3).
Bei *einreihigen Schrägkugel- und Kegelrollenlagern* bewirkt eine Radialkraft $F_r$, bedingt durch den Druckwinkel $\alpha$ (s. 14.1.3-2.), eine zusätzliche innere Axialkraftkomponente, wodurch sie instabil werden. Daher werden diese Lager allgmein in O- bzw. X-Anordnung (Bild 14-21) eingebaut, so dass sich beide Lager gegenseitig abstützen. Die Axialkraftkomponenten wirken dann jeweils als äußere Kraft $F_a$ auf das Gegenlager. Hat die Lagerung (s. Bild 14-36) zusätzlich eine Axialkraft $F_a$ aufzunehmen, dann ist das Lager zu ermitteln, auf das die resultierende Axialkraft wirkt. Das Lager, das unabhängig von den inneren Axialkräften die äußere Axialkraft $F_a$ aufnimmt, wird als Lager „I", das andere als Lager „II" gekennzeichnet. Diese Lager werden durch die Axialkräfte $F_{aI}$ und $F_{aII}$ belastet, die sich bei Berücksichtigung des Vorzeichens aus $F_a$ und der Axialkomponente des Gegenlagers ergeben. Die äquivalenten Belastungen $P_I$ bzw. $P_{II}$ werden entsprechend $F_{aI}/F_{rI} > e$ bzw. $F_{aII}/F_{rII} > e$ nach Gl. (14.8) errechnet, je nachdem, wie die Verhältnisse der Kräfte nach Bild 14-36c) erfüllt sind.

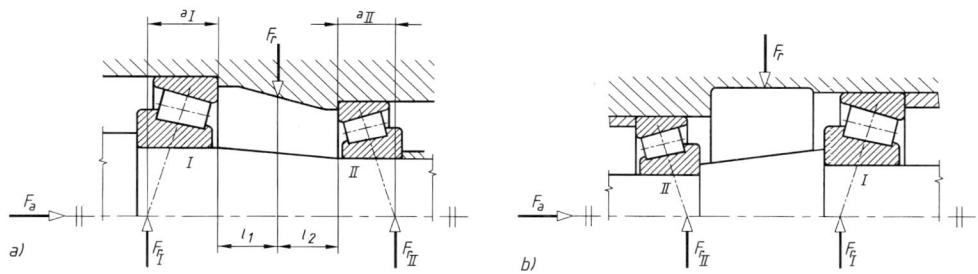

| Kräfteverhältnisse | bei Berechnungen einzusetzende Axialkräfte $F_{aI}$ und $F_{aII}$ | |
|---|---|---|
| | Lager I | Lager II |
| 1. $\dfrac{F_{rI}}{Y_I} \leq \dfrac{F_{rII}}{Y_{II}}$;  $F_a \geq 0$ | $F_{aI} = F_a + 0,5 \dfrac{F_{rII}}{Y_{II}}$ | — |
| 2. $\dfrac{F_{rI}}{Y_I} > \dfrac{F_{rII}}{Y_{II}}$;  $F_a > 0,5 \left(\dfrac{F_{rI}}{Y_I} - \dfrac{F_{rII}}{Y_{II}}\right)$ | $F_{aI} = F_a + 0,5 \dfrac{F_{rII}}{Y_{II}}$ | — |
| 3. $\dfrac{F_{rI}}{Y_I} > \dfrac{F_{rII}}{Y_{II}}$;  $F_a \leq 0,5 \left(\dfrac{F_{rI}}{Y_I} - \dfrac{F_{rII}}{Y_{II}}\right)$ | — | $F_{aII} = 0,5 \cdot \dfrac{F_{rI}}{Y_I} - F_a$ |

c) $\qquad\qquad$ $Y$-Werte s. TB 14-2 und TB 14-3

**Bild 14-36** Lagerkräfte bei Kegelrollenlagern
a) O-Anordnung, b) X-Anordnung, c) Tabelle zur Ermittlung der Axialkräfte (gelten näherungsweise auch für einreihige Schrägkugellager)

Voraussetzung für die Ermittlung der Kräfte ist, dass die Lager im Betriebszustand spielfrei ohne Verspannung sind.
Die Radialkräfte $F_{rI}$ und $F_{rII}$ sind auf die Druckmittelpunkte zu beziehen, also die Abstände $a_I$ und $a_{II}$ zu beachten (in den WLK bzw. in TB 14-1 als Abstandsmaß $a$ enthalten). $F_{rI}$ und $F_{rII}$ ergeben sich aus der Gleichgewichtsbedingung $\Sigma M = 0$, z. B. für $F_{rII}$ in Bild 14-36a aus $F_r(a_I + l_1) = F_{rII}(a_I + a_{II} + l_1 + l_2)$. Die Axialfaktoren $Y_I$, $Y_{II}$ sind entsprechend $Y$ des jeweiligen Lagers aus TB 14-2, TB 14-3 oder WLK zu entnehmen.
Für radial und axial belastete *Axial-Pendelrollenlager* gilt

$$\boxed{P = F_a + 1,2 \cdot F_r} \qquad (14.9)$$

Bei Axial-Pendelrollenlagern muss jedoch $F_r \leq 0,55 \cdot F_a$ sein, um die zentrische Lage der Scheiben nicht zu gefährden.

## 4. Bestimmen der dynamisch äquivalenten Lagerbelastung ($P$ und $n \neq$ konstant)

Die Ermittlung der äquivalenten Belastung nach den Gln. (14.8) und (14.9) setzt eine konstante Belastung bei einer annähernd konstanten Drehzahl voraus. Bei vielen Lagerungen ändern sich jedoch zeitlich Belastung und Drehzahl regellos oder zyklisch. Die äquivalente Belastung ist in diesen Fällen aus den zeitanteiligen Belastungs- und Drehzahlwerten zu ermitteln. Bei regellos wirkenden Belastungen und Drehzahlen ist ein entsprechend geeignetes statistisches Kollektiv zu erstellen, welches dann wie ein Belastungs- bzw. Drehzahlzyklus behandelt werden kann. Ändern sich Belastung und Drehzahl *periodisch* (s. Bild 14-37), dann wird der Kurvenverlauf durch eine Reihe von Einzelbelastungen und -drehzahlen mit einer entsprechenden Wirkungsdauer $q$ in % angenähert und zunächst für die einzelnen Laststufen 1, 2 ... n die äquivalenten Belastungen $P_1$, $P_2$ ... $P_n$ aus jeweils $F_a$ und $F_r$ ermittelt.

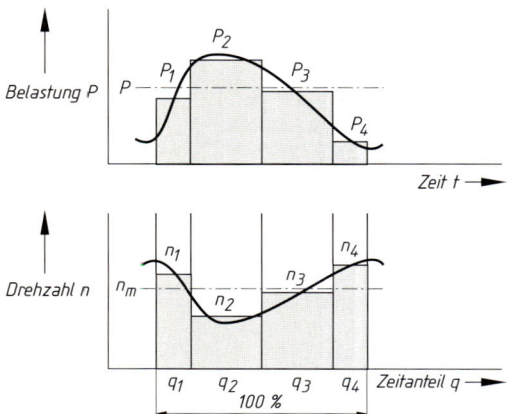

**Bild 14-37**
Periodischer Belastungs- und Drehzahlzyklus

Für den Belastungszyklus ergibt sich dann die *dynamisch äquivalente Belastung P* aus

$$P = \left( P_1^{\,p} \cdot \frac{n_1}{n_m} \cdot \frac{q_1}{100\%} + P_2^{\,p} \cdot \frac{n_2}{n_m} \cdot \frac{q_2}{100\%} + \ldots + P_n^{\,p} \cdot \frac{n_n}{n_m} \cdot \frac{q_n}{100\%} \right)^{1/p} \quad (14.10)$$

| | |
|---|---|
| $P_1, P_2 \ldots P_n$ | dynamisch äquivalente Teilbelastungen aus $F_{r1}$, $F_{a1}$; $F_{r2}$, $F_{a2}$; ...; $F_{rn}$, $F_{an}$ |
| $p$ | Lebensdauerexponent wie in Gl. (14.6); näherungsweise kann für Rollenlager auch $p = 3$ gesetzt werden |
| $n_1, n_2 \ldots n_n$ | zugehörige konstante Drehzahlen |
| $n_m$ | mittlere Drehzahl s. Gl. (14.11) |
| $q_1, q_2 \ldots q_n$ | Wirkungsdauer der einzelnen Betriebszustände in % |

mit der mittleren Drehzahl $n_m$ aus

$$n_m = n_1 \cdot \frac{q_1}{100\%} + n_2 \cdot \frac{q_2}{100\%} + \ldots + n_n \cdot \frac{q_n}{100\%} \quad (14.11)$$

Angaben wie zu Gl. (14.10)

Bei *veränderlicher Belastung* und *konstanter Drehzahl* wird aus Gl. (14.10) mit $p = 3$

$$P = \left( P_1^{\,p} \cdot \frac{q_1}{100\%} + P_2^{\,p} \cdot \frac{q_2}{100\%} + \ldots + P_n^{\,p} \cdot \frac{q_n}{100\%} \right)^{\frac{1}{p}} \quad (14.12)$$

Angaben wie zu Gl. (14.10)

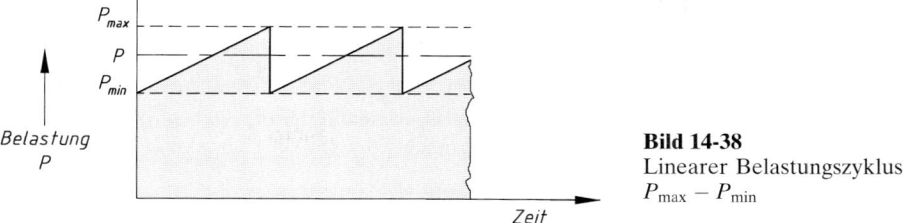

**Bild 14-38**
Linearer Belastungszyklus
$P_{max} - P_{min}$

Nimmt bei *konstanter Drehzahl* die Belastung von einem Kleinstwert $P_{min}$ auf einen Größtwert $P_{max}$, wie in Bild 14-38 dargestellt, linear zu (z. B. bei Pressenantrieben), dann ergibt sich näherungsweise die *äquivalente Belastung P* aus

$$P = \frac{P_{min} + 2P_{max}}{3} \qquad (14.13)$$

### 14.3.3 Minderung der Lagertragzahlen $C$ und $C_0$

*Einfluss der Betriebstemperatur:* Wälzlager können i. Allg. bis 120 °C, kurzzeitig bis 150 °C ohne Einfluss auf die Lagertragzahlen eingesetzt werden. Lager, die dauernd höheren Temperaturen ausgesetzt sind, müssen stabilisiert sein (Nachsetzzeichen S1...S3). Die Stabilisierung ist mit einem Härteabfall verbunden. Für diese Lager sind die Tragzahlen $C_T = C \cdot f_T$ einzusetzen. Für $f_T$ gilt: bei 200 °C (S1) $f_T = 0,9$; bei 250 °C (S2) $f_T = 0,75$; bei 300 °C (S3) $f_T = 0,6$ (s. auch TB 14-6a).

*Einfluss der Härte* der Laufflächen bei Direktlagerung: Bei Direktlagerung (Einsatz von Zylinderrollen- oder Nadellager ohne Innen- bzw. Außenring) müssen die Laufflächen der Welle bzw. des Gehäuses eine Härte von min. 58 HRC haben, damit die volle Tragzahl eingesetzt werden kann. Bei geringerer Härte gilt $C_H = C \cdot f_H$ bzw. $C_{0H} = C_0 \cdot f_H$ mit den Härteeinflussfaktoren $f_H = 0,95$ bei 57 HRC; $f_H = 0,9$ bei 56 HRC; $f_H = 0,85$ bei 55 HRC; $f_H = 0,81$ bei 54 HRC; $f_H = 0,77$ bei 53 HRC; $f_H = 0,73$ bei 52 HRC; $f_H = 0,69$ bei 51 HRC; $f_H = 0,65$ bei 50 HRC (s. auch TB 14-6a).

### 14.3.4 Erreichbare Lebensdauer – modifizierte Lebensdauerberechnung

Die nominelle Lebensdauer (s. 14.3.2-2.) berücksichtigt nur die Belastungsbedingungen. Sie ergibt proportionale und damit auch bei geringer Belastung begrenzte Werte (Bild 14-39, Linie a). Auswertungen von Erfahrungen und Versuche haben jedoch gezeigt, dass die Lebensdauer mit abnehmender Belastung exponentiell zunimmt und bei einer an den Rollkontakten hervorgerufenen Hertzschen Pressung von 2500 N/mm² Maximalwerte erreicht (s. Bild 14-39, Kurve b). Erfüllen die Betriebsbedingungen dabei noch die Voraussetzungen der vollständigen Trennung der Rollkontakte durch einen Schmierfilm und höchster Sauberkeit im Schmierspalt, dann sind die Wälzlager sogar dauerfest. Praktisch sind Wälzlager aus üblichen Wälzlagerstählen dauer-

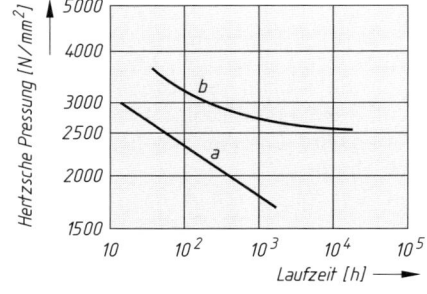

**Bild 14-39**
Ermüdungslebensdauer
a) rechnerisch ermittelt
b) Versuchsergebnisse

fest, wenn die Hertzsche Pressung an den Rollkontakten $\leq 2000\,\text{N/mm}^2$ bei Punkt- und $\leq 1500\,\text{N/mm}^2$ bei Linienberührung ist. Daraus ergibt sich ein Belastungsverhältnis $f_s^* = C_0/P_0^* \geq 8$ als Einschätzungskriterium, wobei $P_0^*$ die statisch äquivalente Belastung der dynamischen Betriebsbelastung (also $P_0^* = X_0 \cdot F_r + Y_0 \cdot F_a$) ist.
Diesem Sachverhalt entspricht die erweiterte Lebensdauergleichung, die von den Wälzlagerherstellern aus der modifizierten Lebensdauergleichung nach DIN ISO 281 abgeleitet wurde.

$$L_{\text{na}} = a_1 \cdot a_{23} \cdot L_{10} \quad \text{bzw.} \quad L_{\text{nah}} = a_1 \cdot a_{23} \cdot L_{10h} \tag{14.14}$$

$L_{\text{na}}, L_{\text{nah}}$    erreichbare (modifizierte) Lebensdauer in $10^6$ Umdrehungen bzw. Stunden
$a_1$    Faktor für die Ausfallwahrscheinlichkeit
$a_{23}$    zusammengefasster Faktor für den Werkstoff und die Betriebsbedingungen
       (in DIN ISO 281 sind die Faktoren einzeln aufgeführt; es ist $a_{23} = a_2 \cdot a_3$)
$L_{10}, L_{10h}$    nominelle Lebensdauer in $10^6$ Umdrehungen bzw. Stunden nach Gl. (14.6)

*Faktor $a_1$:* Im Normalfall wird mit einer Ausfallwahrscheinlichkeit von 10% gerechnet. Hierfür ist $a_1 = 1$. Soll die Ausfallwahrscheinlichkeit geringer sein, ist $a_1 < 1$, soll sie größer sein, ist $a_1 > 1$ festzulegen. Es gilt

| Ausfallwahrscheinlichkeit in % | 50 | 30 | 10 | 5 | 4 | 3 | 2 | 1 |
|---|---|---|---|---|---|---|---|---|
| Ermüdungslaufzeit | $L_{50}$ | $L_{30}$ | $L_{10}$ | $L_{5a}$ | $L_{4a}$ | $L_{3a}$ | $L_{2a}$ | $L_{1a}$ |
| Faktor $a_1$ | 5 | 3 | 1 | 0,62 | 0,53 | 0,44 | 0,33 | 0,21 |

*Faktor $a_{23}$:* Dieser Faktor berücksichtigt durch das Viskositätsverhältnis $\kappa$ (s. hierzu 14.2.4-2., Werte aus WLK bzw. TB 14-10) den Einfluss der Schmierfilmbildung, durch die Bestimmungsgröße $K$ (s. WLK bzw. TB 14-11) den Einfluss von Belastung, Lagerbauart und Schmierstoff und durch den Sauberkeitsfaktor $s$ (s. WLK bzw. TB 14-13) den Einfluss der Sauberkeit im Schmierspalt. Mit $\kappa$ und $K$ ist aus TB 14-12 der Basiswert $a_{23\text{II}}$ bestimmbar. Der Bereich II ist für die Praxis der wichtigste und gilt für normale Sauberkeit. Mit $K > 6$ ist nur der Bereich III erreichbar. In diesem Fall sollte durch Verbesserung der Verhältnisse ein kleinerer Wert $K$ und damit der definierte Bereich II angestrebt werden. Der Faktor $s$ ist aus TB 14-13 für das Belastungsverhältnis $f_s^*$ (s. 14.3.4) und dem Grad der Sauberkeit (V) zu bestimmen.
Mit $a_{23\text{II}}$ und $s$ ergibt sich $a_{23} = a_{23\text{II}} \cdot s$.
*Erreichbare Lebensdauer bei veränderlichen Betriebsbedingungen:* Ändern sich die Belastung, die Drehzahl und andere, die Lebensdauer beeinflussenden Größen, dann ist für jede prozentuale Wirkungsdauer $q$ mit konstanten Bedingungen die erreichbare Lebensdauer $L_{\text{nah}\,1} \ldots L_{\text{nah}\,n}$ zu bestimmen. Für die Gesamtbetriebszeit ergibt sich dann die erreichbare Lebensdauer

$$L_{\text{nah}} = \frac{100}{\dfrac{q_1}{L_{\text{nah}\,1}} + \dfrac{q_2}{L_{\text{nah}\,2}} + \ldots + \dfrac{q_n}{L_{\text{nah}\,n}}} \tag{14.15}$$

## 14.3.5 Gebrauchsdauer

Die Gebrauchsdauer ist die Laufzeit, während der das Lager den Anforderungen entsprechend zuverlässig funktioniert. Sie wird begrenzt durch den Ausfall des Lagers infolge Ermüdung (s. 14.3.4) oder Verschleiß oder auch durch eine kürzere Gebrauchsdauer des Schmierstoffs. Im letzteren Fall wird jedoch in der Regel der Schmierstoff gewechselt.
Bei besonders schmutzanfälligen und korrosionsgefährdeten Lagern oder in Fällen, bei denen eine ordnungsgemäße Wartung der Lager nicht erwartet werden kann (z. B. Baumaschinen), ist die Gebrauchsdauer des Lagers kleiner als die Ermüdungslaufzeit, da solche Lager durch unzulässig hohen Verschleiß früher ausfallen können als durch Werkstoffermüdung.

Der Verschleiß bewirkt ein Aufrauhen der Rollbahnflächen und ein allmähliches Vergrößern des Radialspiels. Die Folge ist eine Verstärkung des Laufgeräusches und eine Beeinträchtigung der Laufeigenschaften durch die geringer werdende Führungsgenauigkeit. Eine genaue Berechnung der Verschleißlaufzeit ist nicht möglich.

Anmerkung: Die vorstehend aufgeführten Berechnungsgleichungen gelten nicht für die Keramikwälzlager und die Hybridlager. Bei Verwendung dieser Lager sind die speziellen Berechnungsunterlagen der Hersteller zu benutzen.

### 14.3.6 Höchstdrehzahlen

Wälzlager laufen im Allgemeinen betriebssicher und lassen die Gebrauchsdauer erwarten, solange eine Höchstdrehzahl (Bezugsdrehzahl) nicht überschritten wird. Diese ist abhängig von Bauart und Größe der Lager und von der Schmierungsart.
Von den Wälzlagerherstellern werden *kinematisch zulässige Drehzahlen* und *thermische Bezugsdrehzahlen* angegeben (s. WLK).
Maßgebend für die *kinematisch zulässige Drehzahl* können die Festigkeitsgrenze der Lagerbauteile, vor allem des Käfigs, die Geräuschentwicklung oder die Gleitgeschwindigkeit von berührenden Dichtungen sein. Diese Drehzahl sollte auch bei günstigen Einbau- und Schmierbedingungen nicht, im Ausnahmefall nur nach Rücksprache mit dem Wälzlagerhersteller, überschritten werden.
Die *thermische Bezugsdrehzahl* $n_{\vartheta r}$ ist ein Kennwert für die Drehzahleignung der Wälzlager unter einheitlichen Bezugsbedingungen. Sie ist nach EDIN 732-1 definiert als die Drehzahl, bei der sich die Bezugstemperatur 70 °C einstellt. Die Bezugsbedingungen (s. DIN 732 bzw. WLK) sind bezüglich der Viskositäts- und Schmierungsverhältnisse so gewählt, dass sie für Öl- und Fettschmierung gleiche Bezugsdrehzahlen ergeben. Weichen die Betriebsbedingungen von den Bezugsbedingungen ab, ist die *thermisch zulässige Betriebsdrehzahl* $n_{zul}$ zu ermitteln.

$$n_{zul} = f_N \cdot n_{\vartheta r}$$

$f_N$   Drehzahlverhältnisfaktor, Ermittlung s. WLK
$n_{\vartheta r}$   thermische Bezugsdrehzahl, s. WLK

## 14.4 Gestaltungsbeispiele für Wälzlagerungen

An einigen Gestaltungsbeispielen sollen die sich aus den vorliegenden Anforderungen ergebenden konstruktiven Merkmale herausgestellt werden.
Dabei werden folgende Abkürzungen benutzt:
Umfangslast bzw. Punktlast für den Innenring: U.f.I. bzw. P.f.I.
Punktlast bzw. Umfangslast für den Außenring: P.f.A. bzw. U.f.A.
Welle: We; Wellendurchmesser: $d$
Gehäusebohrung: Bo; Bohrungsdurchmesser: $D$

**Kranlaufrad-Lagerung** (Bild 14-40)
*Kräfte:* hohe Radial-, kleinere Axialkraft (durch Verkanten, Beschleunigungs- und Bremskräfte der Laufkatze).
*Ausführung:* zwei schwimmend angeordnete Pendelrollenlager durch Axialspiel $S$ am Innenring.
*Passungen:* Es liegen P.f.I. und U.f.A. vor, daher Innenringe auf Buchse verschiebbar, Außenringe fest; nach TB 14-8 gewählt: We. (Buchse) h6 oder g6, Bo. N7.
*Schmierung:* Vorratschmierung mit Fett, Nachschmieren mittels Schmiernippel durch eine Zuführbohrung.
*Dichtung:* gegen Eindringen von Schmutz und gegen Fettverlust Spaltdichtung, bei stärkerer Verschmutzung und Feuchtigkeit Rillendichtung oder Radialdichtring (s. Kap. 19).

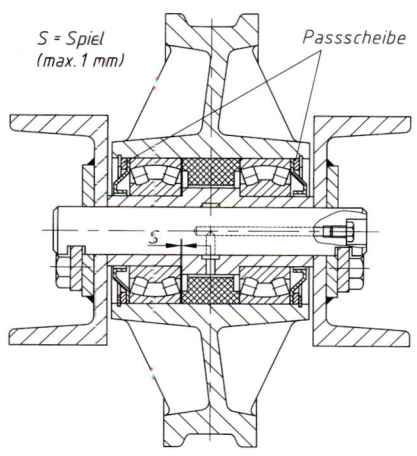

**Bild 14-40**
Lagerung eines Kranlaufrades

**Fußlagerung einer Drehkransäule** (Bild 14-41)
*Kräfte:* sehr große Axialkraft durch Hubmasse und Eigengewicht des Kranes, sehr große Radialkraft durch Kippmoment aus Hubmasse und Eigengewicht des Kranauslegers.
*Ausführung:* Kombination eines praktisch wirksamen Festlagers aus Radial-Pendelrollenlager und Axial-Pendelrollenlager. Konstruktiv ist zu beachten, dass der Schnittpunkt der Drucklinien des Radial-Pendelrollenlagers gleichzeitig der Radiusmittelpunkt der Lauffläche des Axial-Pendelrollenlagers sein muss (Distanzring entsprechend maßlich festlegen!).
*Passungen:* 1. Radial-Pendelrollenlager: Last am Ausleger dreht sich mit der Kransäule, damit liegen U.f.A. und P.f.I. vor, Verschiebbarkeit des Innenringes nicht erforderlich. Für $d = 150$ mm wird nach TB 14-8 gewählt: We. h6, Bo. P7.
2. Axial-Pendelrollenlager: Radiallast aus Hubmasse und Eigengewicht des Auslegers dreht sich mit der Kransäule, damit U.f. für die Gehäusescheibe und P.f. für die Wellenscheibe. Damit wird nach TB 14-8 für $d = 140$ mm gewählt: We. g6 (j6), Bo. K7.
*Schmierung:* Fett-Vorratsschmierung.
*Dichtung:* Bei Hallenkranen Filzring (eventuell auch Rillendichtung) gegen Eindringen von Schmutz. Bei Kranen im Freien V-ring gegen zusätzliches Eindringen von Feuchtigkeit (Regenwasser).

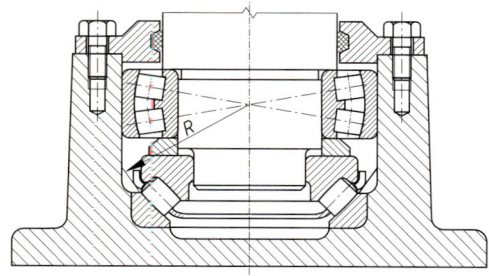

**Bild 14-41**
Lagerung einer Drehkransäule

**Lagerung einer Getriebe-Antriebswelle** (Bild 14-42)
*Kräfte:* radiale und axiale Lagerbelastungen durch Zahnkräfte am Schrägstirnrad.
*Ausführung:* einfach und kostengünstig. Beide Lager mit geringem seitlichen Spiel (schwimmende Lagerung). Geeignet bei konstanter Drehrichtung.
*Passungen:* Es liegen U.f.I. und P.f.A. vor, also kann der Außenring lose sitzen und in Bo. verschiebbar sein; nach TB 14-8 wird (für $d$ bis 100) gewählt: Bo. H7, We. k6.
*Schmierung:* mit Getriebeöl; die Lager sind zum Getriebeinneren offen.

14.4 Gestaltungsbeispiele für Wälzlagerungen

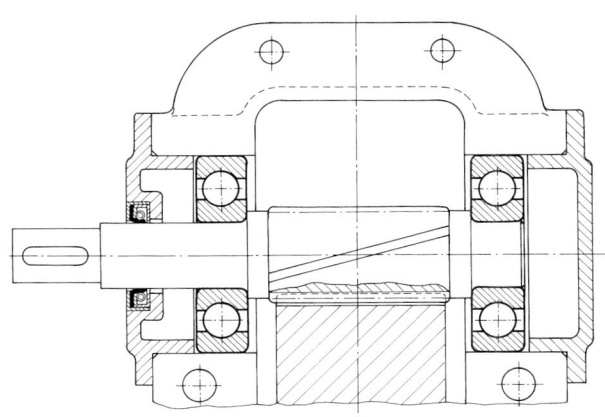

**Bild 14-42**
Lagerung einer Getriebewelle
(nach FAG)

*Abdichtung:* gegen Ölverlust nach außen und geringe Verschmutzung nach innen durch Radialdichtring.

**Schneckengetriebe-Lagerung** (Bild 14-43)
*Kräfte:* Schneckenwelle hauptsächlich axial, vergleichsweise gering dagegen radial; Schneckenradwelle überwiegend radial.
*Ausführung:* Das Festlager der Schneckenwelle besteht aus zwei Schrägkugellagern in X-Anordnung, was ermöglicht, die Außenringe (P.f.A.) anzustellen; außerdem ist die Lagerung weniger starr und unempfindlicher gegen Fluchtfehler. Als Loslager ist ein Zylinderrollenlager Reihe NU eingebaut. Die Schneckenradwelle besitzt als Festlager ein Rillenkugellager und als Loslager ein Zylinderrollenlager.
*Passungen:* Es liegen U.f.I. und P.f.A. vor, Außenringe können lose sitzen; entsprechend TB 14-8 werden für $d < 100$ mm gewählt: Schneckenwelle: Schrägkugellager We. j5, Bo. J6 (geringe Lagerluft); Zylinderrollenlager We. k5, Bo. J6. Schneckenradwelle: Rillenkugellager We. k5, Bo. K6; Zylinderrollenlager We. k5, Bo. J6.
*Schmierung:* Öltauchschmierung, Ölstand bis Teilkreis der Schnecke.
*Dichtung:* Radial-Wellendichtringe verhindern Ölaustritt und Eindringen von Verunreinigungen.

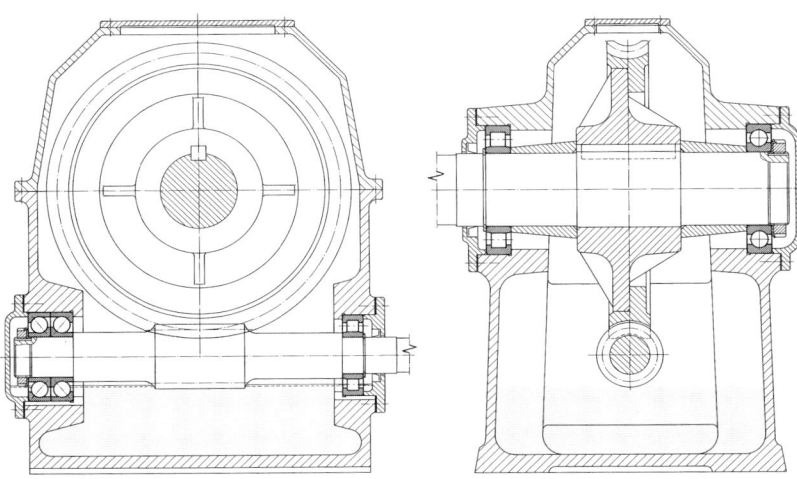

**Bild 14-43** Schneckengetriebe (Werkbild)

**Radlagerung einer Baumaschine** (Bild 14-44)
*Kräfte:* hohe Radial-, mittlere bis hohe Axialkraft (bei Kurvenfahrt).
*Ausführung:* zwei zueinander spiegelbildlich eingebaute Kegelrollenlager, die mittels Kronenmutter $K$ an- bzw. nachgestellt werden.
*Passungen:* Es liegen P.f.I. und U.f.A. vor, also können die Innenringe lose auf der Achse sitzen und verschiebbar sein, die Außenringe müssen fest sitzen; nach TB 14-8 wird für $d < 100$ mm gewählt: We. k6 (m6), Bo. N7 (K7).
*Schmierung:* Fett-Vorratschmierung.
*Dichtung:* gegen Eindringen von Wasser und Schmutz (Schmutz von außen und Bremsstaub) und gegen Fettverlust durch Radialdichtring und Schutzkappe.

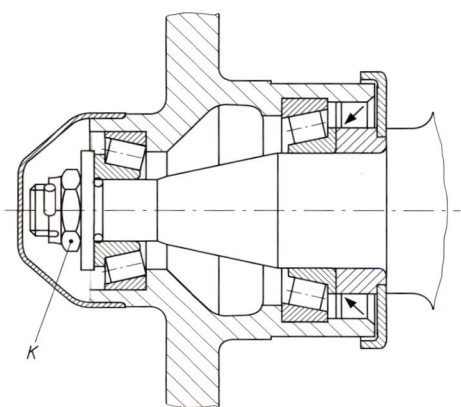

**Bild 14-44**
Radlagerung einer Baumaschine

## 14.5 Wälzgelagerte Bauelemente

Neben den reinen Wälzlagern werden von den Wälzlagerherstellern noch eine Reihe wälzgelagerte Bauelemente geliefert, von denen nachfolgend einige aufgeführt werden.

**1. Lagergehäuseeinheiten** (Bild 14-45 und 14-46)

Die am meisten angewendeten Lagergehäuseeinheiten sind *Steh- und Flanschlager*. Die *Stehlager*-Gehäuse in *geteilter* Ausführung und meist aus Grauguss sind übereinstimmend mit ISO-Empfehlungen für Pendellager mit kegeliger Bohrung und Spannhülse nach DIN 736 (Kurzzei-

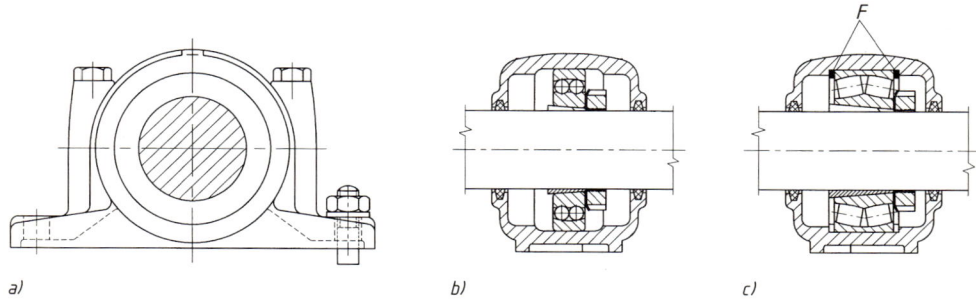

**Bild 14-45** Stehlager
a) mit Pendelkugellager (Loslager), b) mit Pendelrollenlager (Festlager)

## 14.5 Wälzgelagerte Bauelemente

chen SN 5, Durchmesserreihe 2) bzw. DIN 737 (SN 6, Durchmesserreihe 3), mit zylindrischer Bohrung nach DIN 738 (SN 2, Durchmesserreihe 2) bzw. DIN 739 (SN 3, Durchmesserreihe 3) für die Hauptmaße genormt. Bezeichnung z. B.: *Stehlagergehäuse DIN 737−SN 610* (Ausführung SN 6, Bohrungskennzahl 10 des dazu passenden Wälzlagers, d. h. Bohrung 50 mm).
Das Bild 14-45 zeigt ein Stehlagergehäuse, Schnittbild a) mit Pendelkugellager als Loslager (Außenring im Gehäuse verschiebbar), Schnittbild b) mit Pendelrollenlager als Festlager (Außenring durch Festringe $F$ axial festgelegt). Die Schmierung erfolgt i. Allg. mit Fett durch Vorrat. Die Abdichtung gegen Fettverlust und Verschmutzung erfolgt durch Filzringe. Abdichtungen mittels Zweilippendichtring, Radialdichtring und Labyrinth sind möglich.
Die Stehlager sind als Endlager (einseitig offen) oder als Zwischenlager (beidseitig offen) lieferbar.
*Passungen:* Normal liegt U.f.I. vor; nach TB 14-8 wird für Lager mit Hülsenbefestigung gewählt: We. (meist gezogen) h8, h9 oder h11.
Die *Flanschlager* (Bild 14-46) werden in verschiedenen Bauformen geliefert. Die Ausführungen sind analog denen der Stehlager, jedoch ungeteilt.

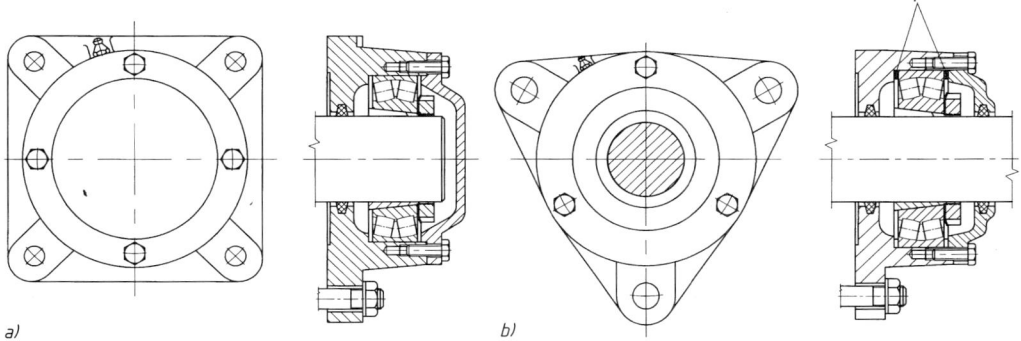

a)  b)

**Bild 14-46** Flanschlager − Ausführungsbeispiele
a) mit 4 Befestigungslöchern und Pendelrollenlager als Loslager, Endlagerausführung, b) mit 3 Befestigungslöchern und Pendelrollenlager als Festlager, Zwischenlagerausführung

### 2. Laufrollen (Bild 14-47)

Laufrollen sind wie Wälzlager aufgebaut, haben jedoch einen verstärkten Außenring. Dieser kann zylindrisch (Bild 14-47a), ballig (ohne Bild), mit Führungsnut (Bild 14-47b) oder mit Spurkranz 14-47c) ausgebildet sein. Es werden einreihige (Bild 14-47c) und zweireihige (Bild 14-47a und b) Ausführungen sowie Ausführungen mit Bolzen der verschiedensten Art, wie z. B. in Bild 14-47a und ohne Bolzen wie in Bild 14-47b und c, geliefert.

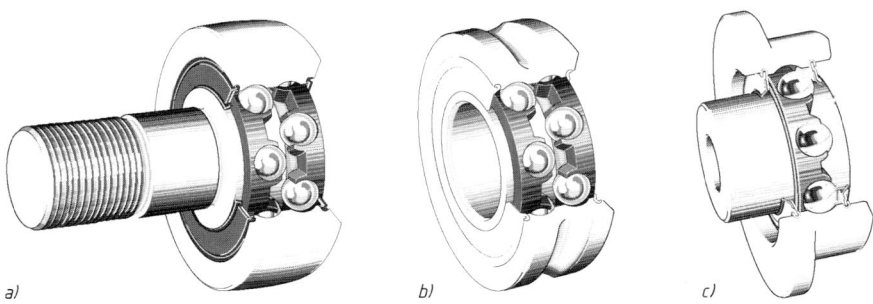

a)  b)  c)

**Bild 14-47** Laufrollen
a) mit zylindrischem Außenring und Bolzen, b) Außenring mit Führungsnut, c) Außenring mit Spurkranz

## 3. Drehverbindungen (Bild 14-48)

Drehverbindungen werden angewendet, wenn große Kippmomente (z. B. bei Drehwerken) abzustützen oder konstruktiv große Lagerungsdurchmesser erforderlich sind. Sie werden einbaufertig mit Flansch, Zentrierring und Anschlussbohrungen geliefert.

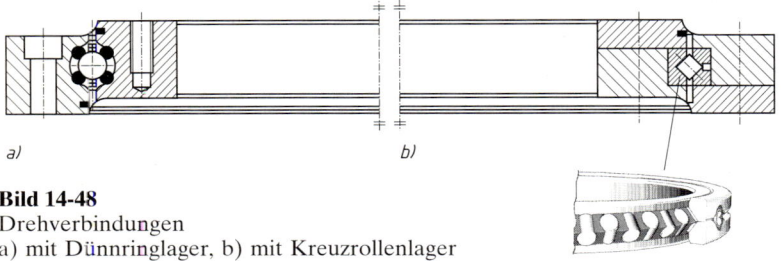

**Bild 14-48**
Drehverbindungen
a) mit Dünnringlager, b) mit Kreuzrollenlager

## 4. Kugelhülsen (Bild 14-49)

Kugelhülsen dienen der reibungsarmen und stick-slip-freien Längsführung zylindrischer Teile (Wellen, Achsen, Stangen). Diese zylindrischen Teile können dabei selbst das bewegte Element sein, sie können aber auch als Führungsträger (Führungswelle, -achse, -stange) dienen. Die Wälzführung erfolgt durch mehrere am Umfang der Hülse angeordnete Kugelumlaufeinheiten. Die Kugelhülsen werden in geschlossener (Bild 14-49b) und in offener (Bild 14-49c) sowie in nicht abgedichteter, in einseitig oder zweiseitig abgedichteter Form geliefert. Die Kugelhülsen werden in entsprechende Aufnahmebohrungen eingepresst.

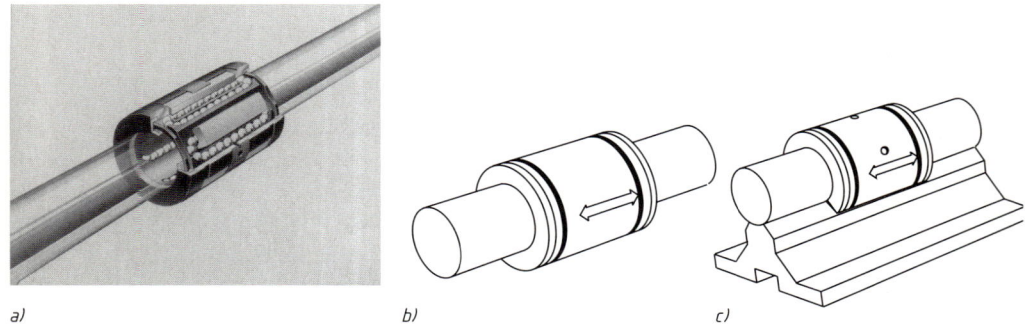

**Bild 14-49** Kugelhülsen
a) Funktionsdarstellung, b) Führung mit geschlossener Kugelhülse, c) Führung mit offener Kugelhülse

## 5. Linearwälzführungen (Bild 14-50)

Linearwälzführungen dienen der reibungsarmen und stick-slip-freien Längsführung prismatischer Teile. Sie werden mit Kugeln, Zylinderrollen oder Nadeln ausgeführt. Vorteile dieser Linearwälzführungen gegenüber Gleitführungen sind niedrige Verschiebekräfte, hohe Verschiebegeschwindigkeit und sehr geringer Verschleiß.
Es werden zwei Grundprinzipien unterschieden, und zwar die Ausführungen mit *umlaufenden* (Bild 14-50a) und *nicht umlaufenden* (Bild 14-50b) *Wälzkörpern*.
Linearwälzführungen werden auch zu *ein-, zwei- und dreiachsigen Rolltischen* zusammengebaut geliefert.

## 14.5 Wälzgelagerte Bauelemente

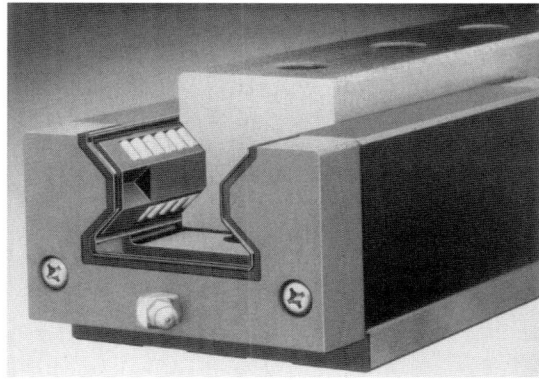

a)  b)

**Bild 14-50** Linearwälzführungen
a) mit umlaufenden Wälzkörpern, b) mit nichtumlaufenden Wälzkörpern

### 6. Linearantriebseinheiten (Bild 14-51)

Linearantriebseinheiten dienen der Umwandlung einer Antriebs-Drehbewegung in eine Linearbewegung des Abtriebs. In diesen Linearantriebseinheiten sind die verschiedensten Wälzbauelemente enthalten, wie Linearkugellager (2) zur Längsführung, Stützrollen (3) zur Querführung, Wälzlagerungen der Antriebs- bzw. Umlenkrolle (6) und der Antriebswelle (9). Bild 14-51 a) zeigt einen Zahnriementrieb (4), Bild 14-51 b) einen Zahnstangentrieb bestehend aus Antriebsritzel (7) und Zahnstange (8). (1) zeigt eine Platte zur Aufnahme des zu bewegenden Maschinenteils, (5) das Stützprofil.

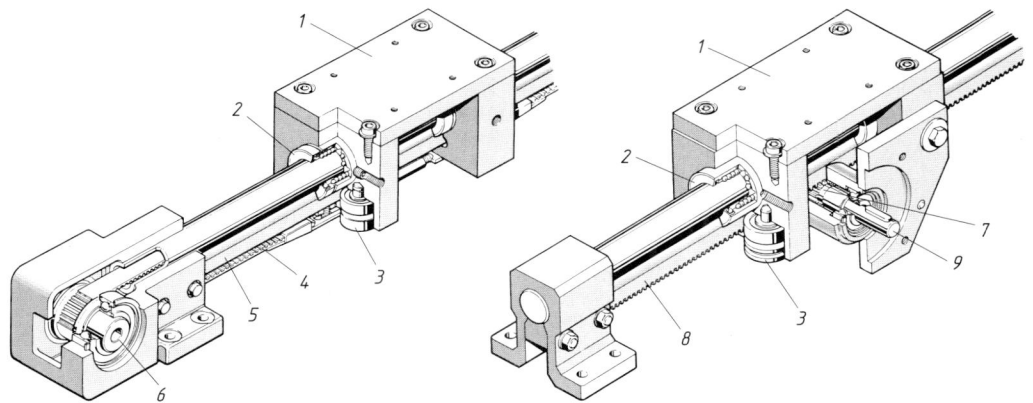

**Bild 14-51** Linearantriebseinheiten
a) mit Zahnriementrieb, b) mit Zahnstangentrieb

### 7. Kugelgewindetrieb (Bild 14-52)

Der Kugelgewindetrieb gehört als Bauelement zu den Bewegungsschrauben (s. Kap. 8). Anstelle der Gleitreibung in den Gewindegängen tritt Rollreibung durch die Kugelführung. Die Gewindeprofile sind wie Kugellagerlaufbahnen geformt und sind innerhalb der Mutter mit Kugeln gefüllt. An den Enden der Mutter gehen die Gewindegänge in tangential verlaufende Bohrungen über, durch die die Kugeln zurückgeführt werden. Kugelgewindetriebe zeichnen sich durch Spielfreiheit bei Bewegungsumkehr und durch gleichförmigen Bewegungsablauf (stick-slip-frei) aus.

*Anwendung:* bei Kraftfahrzeuglenkungen, bei Vorschubantrieben (Lietspindelführung) von Werkzeugmaschinen und anderen Spindelführungen, wo keine Selbsthemmung gefordert wird.

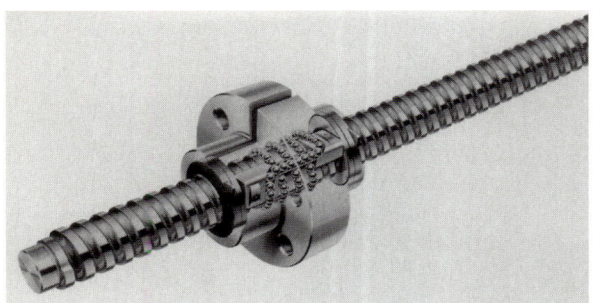

**Bild 14-52**
Kugelgewindetrieb

## 14.6 Berechnungsbeispiele

■ **Beispiel 14.1:** Zu prüfen ist, ob das Rillenkugellager DIN 625-6209 bei $F_r = 5$ kN (Radialkraft), $F_a = 2$ kN (Axialkraft) und $n = 250$ min$^{-1}$ eine Lebensdauer von mindestens 10 000 h erreicht.

▶ **Lösung:** Zunächst wird die äquivalente Lagerbelastung nach Gl. (14.8) berechnet:

$$P = X \cdot F_r + Y \cdot F_a$$

Radialfaktor $X$ und Axialfaktor $Y$ ergeben sich aus TB 14-3a bzw. aus WLK. Für das Verhältnis

$$\frac{F_a}{C_0} = \frac{2\,\text{kN}}{20{,}4\,\text{kN}} \approx 0{,}1$$

mit $C_0 = 20{,}4$ kN aus TB 14-2 bzw. WLK wird nach TB 14-3a $e \approx 0{,}29$. Mit

$$\frac{F_a}{F_r} = \frac{2\,\text{kN}}{5\,\text{kN}} = 0{,}4 > e = 0{,}29 \quad \text{wird} \quad X = 0{,}56 \quad \text{und} \quad Y = 1{,}5 \quad \text{und damit}$$

$$P = 0{,}56 \cdot 5\,\text{kN} + 1{,}5 \cdot 2\,\text{kN} \approx 5{,}8\,\text{kN}.$$

Die nominelle Lebensdauer in Betriebsstunden kann aus Gl. (14.6)

$$L_{10h} = \frac{10^6}{60 \cdot n} \cdot \left(\frac{C}{P}\right)^p \quad \text{mit} \quad p = 3 \quad \text{für Rillenkugellager errechnet werden}.$$

Nach TB 14-2 ist die dynamische Tragzahl für das Rillenkugellager 6209: $C = 31$ kN. Damit wird

$$L_{10h} = \frac{10^6}{60\,\text{min} \cdot \text{h}^{-1} \cdot 250\,\text{min}^{-1}} \cdot \left(\frac{31\,\text{kN}}{5{,}8\,\text{kN}}\right)^3 \approx 10\,200\,\text{h}.$$

Beachte: $L_{10h}$-Werte sinnvoll runden!
Die Bestimmung der Lebensdauer kann auch nach Gl. (14.7) mit der Kennzahl der dynamischen Beanspruchung erfolgen:

$$f_L = \frac{C}{P} \cdot f_n.$$

Für $n = 250$ min$^{-1}$ wird nach TB 14-4 für Kugellager der Drehzahlfaktor $f_n \approx 0{,}51$ abgelesen. Damit wird

$$f_L = \frac{31\,\text{kN}}{5{,}8\,\text{kN}} \cdot 0{,}51 \approx 2{,}72.$$

Nach TB 14-5 ergibt sich für Kugellager $L_{10} \approx 10\,000$ h. Die Ergebnisse stimmen praktisch überein.
**Ergebnis:** Die verlangte Lebensdauer von mindestens 10 000 h wird gerade erreicht.

■ **Beispiel 14.2:** Eine Lagerung mit Kegelrollenlagern (Bild 14-53) wird wie folgt maximal belastet:

    Lager I:  Radialkraft    $F_{rI} = 6{,}8$ kN
             Axialkraft     $F_a = 1{,}6$ kN
    Lager II:  Radialkraft   $F_{rII} = 5{,}2$ kN

## 14.6 Berechnungsbeispiele

Als Lager I ist ein Kegelrollenlager DIN 720-30210 A und als Lager II ein Kegelrollenlager DIN 720-30207 A vorgesehen. Welche Lebensdauer in Betriebsstunden kann für die Lager I und II erwartet werden, wenn die Welle mit $n = 750$ min$^{-1}$ umläuft?

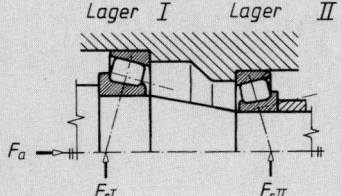

**Bild 14-53**
Lagerkräfte bei O-Anordnung der Kegelrollenlager

**Lösung:** Aus TB 14-2
für Lager I mit $d = 50$ mm: $C_I = 80$ kN; $e_I = 0{,}42$ $Y_I = 1{,}43$
für Lager II mit $d = 35$ mm: $C_{II} = 54$ kN; $e_{II} = 0{,}37$; $Y_{II} = 1{,}6$
Nach Bild 14-36c gilt

$$\frac{F_{rI}}{Y_I} = \frac{6{,}8\,\text{kN}}{1{,}43\,\text{kN}} \approx 4{,}76\,\text{kN} > \frac{F_{rII}}{Y_{II}} = \frac{5{,}2\,\text{kN}}{1{,}6\,\text{kN}} \approx 3{,}25\,\text{kN},$$

$$F_a \approx 1{,}6\,\text{kN} > 0{,}5\left(\frac{F_{rI}}{Y_I} - \frac{F_{rII}}{Y_{II}}\right) = 0{,}5\,(4{,}76 - 3{,}25)\,\text{kN} \approx 0{,}755\,\text{kN}.$$

Somit wird

$$F_{aI} = F_a + 0{,}5 \cdot \frac{F_{rII}}{Y_{II}} = 1{,}6\,\text{kN} + 0{,}5 \cdot 3{,}25\,\text{kN} \approx 3{,}23\,\text{kN}.$$

Da

$$\frac{F_{aI}}{F_{rI}} = \frac{3{,}23\,\text{kN}}{6{,}8\,\text{kN}} \approx 0{,}48 > e_I = 0{,}42,$$

ergibt sich mit $X_I = 0{,}4$ aus TB 14-3a bzw. WLK die dynamisch äquivalente Lagerbelastung für das Lager I nach Gl. (14.8)

$$P_I = X_I \cdot F_{rI} + Y_I \cdot F_{aI},$$
$$P_I = 0{,}4 \cdot 6{,}8\,\text{kN} + 1{,}43 \cdot 3{,}23\,\text{kN} \approx 7{,}34\,\text{kN}.$$

Nach Gl. (14.7) wird mit $f_n = 0{,}39$ für Rollenlager aus TB 14-4 die Kennzahl der dynamischen Beanspruchung

$$f_{LI} = \frac{C_I}{P_I} \cdot f_n = \frac{80\,\text{kN}}{7{,}34\,\text{kN}} \cdot 0{,}39 \approx 4{,}25.$$

Diesem Wert entspricht nach TB 14-5: $L_{10h} \approx 60\,000$ h.
Für Lager II gilt: $P_{II} = F_{rII} = 5{,}2$ kN, weil nach TB 14-3a mit $F_{aII} = 0{,}5 \cdot F_{rII}/Y_{II} \approx 1{,}625$ kN und $F_{aII}/F_{rII} \approx 0{,}31 < e_{II}$, $X_{II} = 1$ und $Y_{II} = 0$ ist. Damit wird

$$f_{LII} = \frac{C_{II}}{P_{II}} \cdot f_n = \frac{54\,\text{kN}}{5{,}2\,\text{kN}} \cdot 0{,}39 \approx 4{,}05.$$

Diesem Wert entspricht nach TB 14-5 für Rollenlager: $L_{10h} \approx 52\,000$ h.

**Ergebnis:** Das Kegelrollenlager 30210 A läßt eine Lebensdauer $L_{10h} \approx 60\,000$ h, das Kegelrollenlager 30207 A eine Lebensdauer $L_{10h} \approx 52\,000$ h erwarten.

**Annahme:** Auf das Kegelrollenlager 30210 A mit $C = 80$ kN, $e = 0{,}42$ und $Y = 1{,}43$ sowie auf das Kegelrollenlager 30207 A mit $C = 54$ kN, $e = 0{,}37$ und $Y = 1{,}6$ nach Bild 14-53 wirken nur die Radialkräfte $F_{rI} = 6{,}8$ kN und $F_{rII} = 1{,}5$ kN. Welche Lebensdauer in Betriebsstunden ergibt sich in diesem Falle für die Lager I und II bei der Drehzahl $n = 750$ min$^{-1}$?

**Lösung:** Nach Bild 14-36c ist

$$\frac{F_{rI}}{Y_I} = \frac{6{,}8\,\text{kN}}{1{,}43} \approx 4{,}76\,\text{kN} > \frac{F_{rII}}{Y_{II}} = \frac{1{,}5\,\text{kN}}{1{,}6} \approx 0{,}94\,\text{kN}.$$

Da $F_a = 0$, gilt für Zeile 3, Bild 14-36c

$$F_{aI} = 0{,}5 \cdot \frac{F_{rI}}{Y_I} \approx 0{,}5 \cdot \frac{6{,}8\,\text{kN}}{1{,}43} \approx 2{,}38\,\text{kN} = F_{aII}.$$

Für das Lager I wird

$$\frac{F_{aI}}{F_{rI}} = \frac{2{,}38\,\text{kN}}{6{,}8\,\text{kN}} \approx 0{,}35 < e_I = 0{,}42,$$

somit ist nach TB 14-3 $X_I = 1$ und $Y_I = 0$ zu setzen, also $P_I = F_{rII} = 6{,}8\,\text{kN}$. Nach Gl. (14.7) ergibt sich mit $f_n = 0{,}39$ (Beispiel 14.2) die Kennzahl der dynamischen Beanspruchung

$$f_{LI} = \frac{C_I}{P_I} \cdot f_n = \frac{80\,\text{kN}}{6{,}8} \cdot 0{,}39 \approx 4{,}6.$$

Für diesen Wert ist nach TB 14-5 für Rollenlager: $L_{10h} = 80\,000\,\text{h}$.
Für das Lager II gilt

$$\frac{F_{aII}}{F_{rII}} = \frac{2{,}38\,\text{kN}}{1{,}5} \approx 1{,}59 > e_{II} = 0{,}37,$$

somit sind nach TB 14-3 $X_{II} = 0{,}4$ und TB 14-2 $Y_{II} = 1{,}6$ und die dynamisch äquivalente Belastung wird

$$P_{II} = X_{II} \cdot F_{rII} + Y_{II} \cdot F_{aII} = 0{,}4 \cdot 1{,}5\,\text{kN} + 1{,}6 \cdot 2{,}38\,\text{kN} \approx 4{,}41\,\text{kN}.$$

Die Kennzahl der dynamischen Beanspruchung wird

$$f_{L2} = \frac{C_2}{P_2} \cdot f_n = \frac{54}{4{,}41} \cdot 0{,}39 \approx 4{,}78.$$

Der Wert entspricht nach TB 14-5 für Rollenlager: $L_{10h} \approx 95\,000\,\text{h}$.

**Ergebnis:** Wenn nur Radialkräfte wirken, lässt das Kegelrollenlager DIN 720-302 10 A eine Lebensdauer $L_{10h} \approx 80\,000\,\text{h}$, das Kegelrollenlager DIN 720-302 07 A eine Lebensdauer $L_{10h} \approx 95\,000\,\text{h}$ erwarten.

**Beispiel 14.3:** Das Laufrad einer Materialseilbahn mit $D_L = 250\,\text{mm}$ (s. Bild 14-54) nimmt bei der Drehzahl $n = 270\,\text{min}^{-1}$ eine Radialkraft $F_r = 8\,\text{kN}$ auf. In axialer Richtung treten am Radumfang Führungskräfte auf, die im ungünstigen Fall zu 20% von $F_r$ geschätzt und vom Lager A aufgenommen werden sollen.
Das Laufrad soll mit zwei Kegelrollenlagern DIN 720-303 06 A geführt werden, die wegen der größeren Stützbasis in O-Anordnung einzubauen sind (vgl. 14.2.1-3. Standard-Bauformen). Zwischen den Lageraußenringen ist eine Buchse mit einer Länge von 65 mm angeordnet (desgl. entsprechend zwischen den Innenringen).
Zu prüfen ist, ob das ungünstiger beanspruchte Lager A den für Förderseilscheiben anzustrebenden Lebensdauerfaktor $f_L$ erreicht.

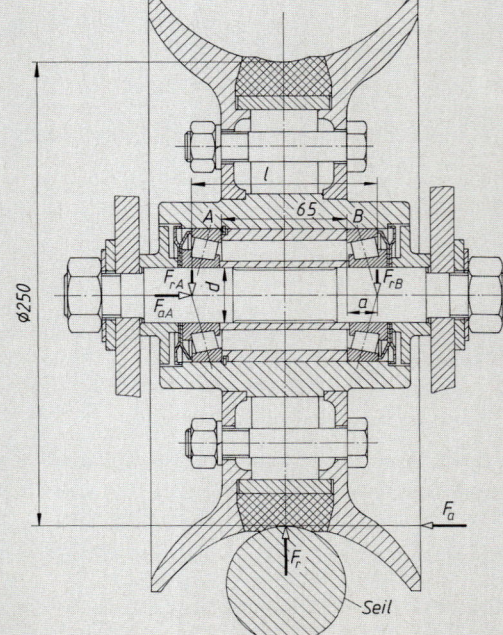

**Bild 14-54**
Laufrad einer Materialseilbahn (Werkbild)

## 14.6 Berechnungsbeispiele

**Lösung:** Aus TB 14-1b sind die Abmessungen für $d = 30$ mm entsprechend der Kennzahl der Lagerbohrung:

$D = 72$ mm, $B = 19$ mm, $C = 16$ mm, $T = 20{,}75$ mm, $a = 15$ mm, $r_{1s} = r_{2s} = 1{,}5$ mm.

Damit ergeben sich mit $l = 65 + 2 \cdot 15 = 95$ mm die Radialkräfte mit $F_a = 0{,}2 \cdot F_r = 0{,}2 \cdot 8 = 1{,}6$ kN für das Lager A:

$$F_{rA} = \frac{F_r}{2} + F_a \cdot \frac{D_L}{2l} = 4 + 1{,}6 \, \frac{250}{2 \cdot 95} \approx 6{,}1 \text{ kN};$$

für das Lager B:

$$F_{rB} = \frac{F_r}{2} - F_a \cdot \frac{D_L}{2l} = 4 - 1{,}6 \, \frac{250}{2 \cdot 95} \approx 1{,}9 \text{ kN}.$$

Nach TB 14-2 ergeben sich zunächst für die beiden gleichen Kegelrollenlager DIN 720-303 06 A die Daten: Tragzahl $C = 60$ kN, Grenzwert $e = 0{,}31$, $Y = 1{,}9$.
Da bei radialer Beanspruchung axiale Reaktionskräfte auftreten, muss nach Bild 14-36 mit $Y \cong Y_I = Y_{II}$ für das Lager A bei $F_{rA} \cong F_{rI}$ und für das Lager B bei $F_{rB} \cong F_{rII}$ geprüft werden

$$\frac{F_{rI}}{Y_I} \cong \frac{F_{rA}}{Y} = \frac{6{,}1}{1{,}9} \approx 3{,}2 > \frac{F_{rII}}{Y_{II}} \cong \frac{F_{rB}}{Y} = \frac{1{,}9}{1{,}9} = 1,$$

außerdem

$$F_a = 1{,}6 \text{ kN} > 0{,}5 \left(\frac{F_{rI}}{Y_I} - \frac{F_{rII}}{Y_{II}}\right) = 0{,}5 \, (3{,}2 - 1) = 1{,}1 \text{ kN für Zeile 2}.$$

Daher muss die Axialkraft

$$F_{aA} \cong F_{aI} = F_a + 0{,}5 \, \frac{F_{rII}}{Y_{II}} = 1{,}6 + 0{,}5 \cdot 1 = 2{,}1 \text{ kN}$$

bei der Berechnung berücksichtigt werden.
Die dynamisch äquivalente Lagerbeanspruchung nach Gl. (14.8) ergibt sich für

$$\frac{F_{aA}}{F_{rA}} = \frac{2{,}1}{6{,}1} \approx 0{,}34 > e = 0{,}31 \quad \text{mit} \quad X = 0{,}4 \text{ nach TB 14-3}.$$

Lager A: $P_A = 0{,}4 \cdot F_{rA} + 1{,}9 \cdot F_{aA} = 0{,}4 \cdot 6{,}1 + 1{,}9 \cdot 2{,}1 = 6{,}43$ kN.
Mit $f_n \approx 0{,}53$ für $n = 270$ min$^{-1}$ (nach TB 14-4 bzw. nach Katalog) wird die Kennzahl der dynamischen Beanspruchung nach Gl. (14.7)

$$f_L = \frac{C}{P_A} \cdot f_n = \frac{60}{6{,}43} \cdot 0{,}53 \approx 4{,}95.$$

Nach TB 14-5 ergibt sich daraus eine nominelle Lebensdauer: $L_{10h} \approx 90\,000$ Betriebsstunden.
Nach TB 14-7 ist für Lagerungen von Förderseilscheiben ein Lebensdauerfaktor $f_L = 4 \ldots 4{,}5$ anzustreben. Das entspricht bei Rollenlagern einer nominellen Lebensdauer von $32\,000 \ldots 70\,000$ h. In diesem Zeitraum werden die Laufräder von Seilbahnen i. Allg. gewechselt.

**Ergebnis:** $f_{L\text{anzustr.}} \approx 4 \ldots 4{,}5 < f_{L\text{err}} \approx 4{,}95$. Das Lager ist damit ausreichend dimensioniert. Ein kleineres Lager sollte nicht gewählt werden, da die Lager von Förderseilmaschinen Verschmutzungen ausgesetzt sind und die tatsächlich erreichbare Lebensdauer (s. 14.3.4) somit niedriger sein wird als $90\,000$ Betriebsstunden.

**Beispiel 14.4:** Für die Abtriebswelle eines Universal-Geradstirnradgetriebes (Bild 14-55) sind geeignete Wälzlager zu bestimmen. Aus Festigkeitsberechnung und Entwurf ergaben sich: Wellendurchmesser $d = 60$ mm, Zapfendurchmesser $d_1 = 50$ mm; Lagerabstände $l = 310$ mm, $l_1 = 120$ mm, $l_2 = 190$ mm; maximale Radkraft $F = 10{,}6$ kN Teilkreisdurchmesser $d = 364$ mm; Wellendrehzahl $n = 315$ min$^{-1}$. Die Betriebsverhältnisse sind relativ günstig.

**Lösung:** Zunächst ist zu entscheiden, welche Lagerbauformen für die vorliegenden Betriebsverhältnisse in Frage kommen. Grundsätzlich sollen zuerst immer Rillenkugellager in Erwägung gezogen werden (s. auch zu 14.2.2); im vorliegenden Fall sprechen auch keine Gründe dagegen. Falls die Radialbelastung zu groß ist – Axialkräfte treten hier nicht auf, kommen auch Zylinderrollenlager in Frage.

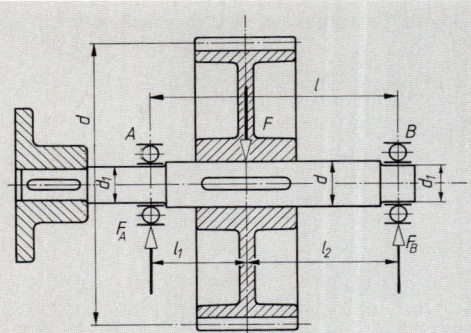

**Bild 14-55**
Wälzgelagerte Antriebswelle

Die Berechnung wird zunächst für Rillenkugellager durchgeführt. Aus der Bedingung $\Sigma M_{(B)} = 0$ folgt

$$F_A = \frac{F \cdot l_2}{l}, \quad F_A = \frac{10{,}6 \text{ kN} \cdot 19 \text{ cm}}{31 \text{ cm}} = 6{,}5 \text{ kN}.$$

Aus $\Sigma F = 0$ ergibt sich $F_B = F - F_A$, $F_B = 10{,}6 \text{ kN} - 6{,}5 \text{ kN} = 4{,}1 \text{ kN}$.
Für das am stärksten und zwar nur radial beanspruchte Lager A wird die äquivalente Lagerbeanspruchung nach Gl. (14.8): $P = F_r$.
Mit $F_r \cong F_A = 6{,}5 \text{ kN}$ wird $P = 6{,}5 \text{ kN}$.
Aus Gl. (14.7) ergibt sich die erforderliche dynamische Tragzahl:

$$C = \frac{P \cdot f_L}{f_n}.$$

Eine ausreichende nominelle Lebensdauer wird nach TB 14-7, Zeile 5 für Universalgetriebe mit $L_{10h} \geq 20000$ h gewählt; hierfür ist nach TB 14-5 für Kugellager die Kennzahl der dynamischen Beanspruchung $f_L \approx 3{,}5$.
Für die Drehzahl $n = 315 \text{ min}^{-1}$ ist nach TB 14-4 (Kugellager) $f_n \approx 0{,}47$. Somit wird

$$C = \frac{6{,}5 \text{ kN} \cdot 3{,}5}{0{,}47} \approx 48 \text{ kN}.$$

Das praktisch gleiche Ergebnis könnte auch aus Gl. (14.6) mit $p = 3$ für Kugellager errechnet werden. Für die Lagerbohrung $d \cong d_1 = 50$ mm, also für Bohrungskennziffer 10, ist nach TB 14-2 geeignet: Rillenkugellager DIN 625-6310 mit $C = 62$ kN.
Aus Gründen einer einfachen und billigen Fertigung (gleiche Gehäusebohrungen, Abmessungen nach TB 14-1) würde auch für die Lagerstelle B zweckmäßig das gleiche Lager gewählt werden. Bei der Ausführung ist zu beachten, dass ein Lager als Fest-, das andere als Loslager auszubilden ist (s. unter 14.2.1-1).
Bei Ausführung mit Zylinderrollenlagern ändert sich im Prinzip an der Berechnung nichts. Jedoch werden dann nach TB 14-5 für Rollenlager: $f_L \approx 3{,}1$ und nach TB 14-4 für Rollenlager: $f_n \approx 0{,}51$. Hiermit wird die erforderliche Tragzahl $C \approx 39{,}5$ kN.
Nach TB 14-2 (Abmessungen nach TB 14-1) kann für $d \cong d_1 = 50$ mm gewählt werden:
Zylinderrollenlager DIN 5412-NU210E mit $C = 64$ kN als Loslager bzw.
Zylinderrollenlager DIN 5412-NUP210E als Festlager (Führungslager, s. Bild 14-9d).
Ein Vergleich der Hersteller-Preislisten zeigt einen nur geringen Vorteil zugunsten des Rillenkugellagers. Allerdings lassen die Zylinderrollenlager mit einer höheren Tragzahl gegenüber der erforderlichen eine noch höhere Lebensdauer erwarten.

**Ergebnis:** Für die Lagerung kommen in Frage: Rillenkugellager DIN 625-6310 mit $D = 110$ mm, $B = 27$ mm. oder Zylinderrollenlager DIN 5412-NU210E bzw. NUP210E mit $D = 90$ mm, $B = 20$ mm.

■ **Beispiel 14.5:** Für Hals- und Spurlager eines Wanddrehkranes (Bild 14-56a) sind geeignete Wälzlager zu bestimmen.
Höchstlast $F_L = 25$ kN, Eigengewichtskraft $f_G = 5$ kN, Ausladung $l_1 = 3{,}2$ m, Schwerpunktabstand $l_2 = 0{,}9$ m, Lagerabstand $l_3 = 3{,}5$ m.

## 14.6 Berechnungsbeispiele

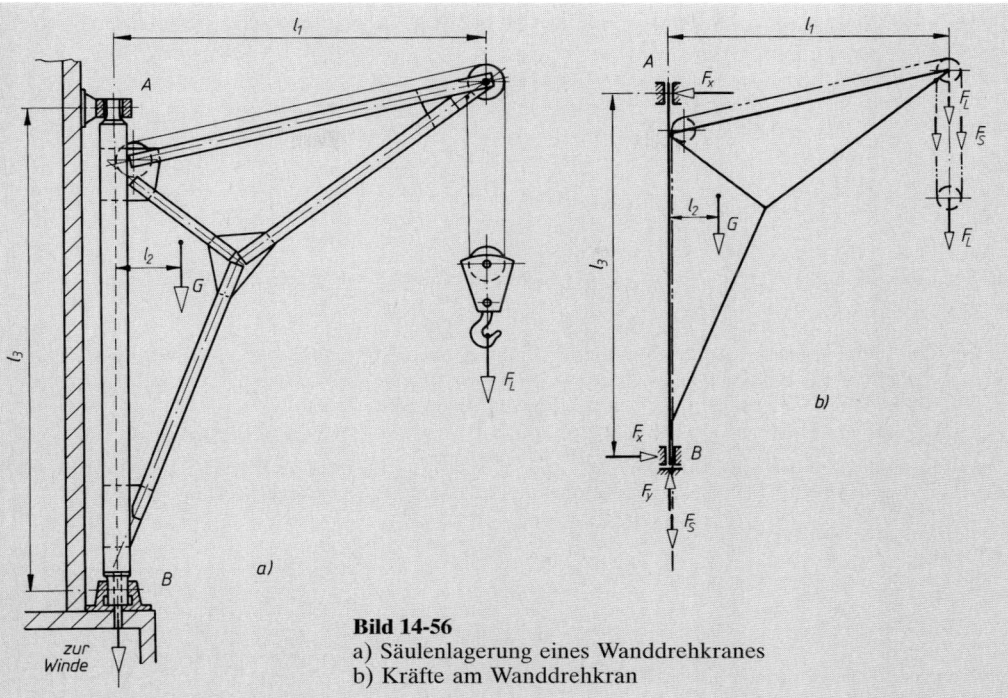

**Bild 14-56**
a) Säulenlagerung eines Wanddrehkranes
b) Kräfte am Wanddrehkran

Zu berechnen bzw. durchzuführen sind:
a) Lagerkräfte
b) Wälzlager für den Halszapfen A
c) Wälzlager für den Spurzapfen B
d) Entwurf des Hals- und Spurlagerrings

**Lösung a):** Das Halslager nimmt nur Radialkräfte, hier Horizontalkräfte, das Spurlager Radial- und Axialkräfte auf.
Lager A:
Nach dem Kräftebild 14-56b ergibt sich aus der Bedingung $\Sigma M_{(B)} = 0$ die Radialkraft

$$F_x = \frac{F_L \cdot l_1 + F_G \cdot l_2}{l_3}, \quad F_x = \frac{25 \text{ kN} \cdot 3{,}2 \text{ m} + 5 \text{ kN} \cdot 0{,}9 \text{ m}}{3{,}5 \text{ m}} = 24{,}1 \text{ kN}.$$

Lager B:
Die Kräfte $F_x$ bilden ein Kräftepaar, damit ist auch für Lager B die Radialkraft $F_x = 24{,}1$ kN.
Da das Hubseil durch die Mitte der Säule (Doppelprofil) und des Spurlagers hindurchgeht, ist auch die Seilzugkraft $F_S$ als äußere Kraft vom Lager mit aufzunehmen. Damit wird die Axialkraft $F_y = F_L + F_G + F_S$.
Unter Vernachlässigung des Wirkungsgrades der Seilrollen ist

$$F_S = \frac{F_L}{2} \approx \frac{25 \text{ kN}}{2} \approx 12{,}5 \text{ kN},$$

damit

$$F_y = 25 \text{ kN} + 5 \text{ kN} + 12{,}5 \text{ kN} = 42{,}5 \text{ kN}.$$

**Ergebnis:** radiale Lagerkraft $F_x = 24{,}1$ kN, axiale Lagerkraft $F_y = 42{,}5$ kN.

**Lösung b):** Hals- und Spurlager führen nur kleine Pendelbewegungen aus und sind deshalb als statisch belastete Wälzlager zu betrachten. Es kommen nur Pendellager in Frage, da die Lagerstellen nicht genau fluchtend eingestellt werden können.

Für das nur radial belastete Lager A ergibt sich die äquivalente statische Lagerbeanspruchung nach Gl. (14.14):

$$P_0 = F_r.$$

Radialkraft $F_r \hat{=} F_x = 24{,}1$ kN, damit

$$P_0 = 24{,}1 \text{ kN}.$$

Die erforderliche statische Tragzahl wird nach Gl. (14.2):

$$C_0 = P_0 \cdot f_s.$$

Zur Berücksichtigung etwaiger Stöße wird der Sicherheitsfaktor $f_s = 1{,}5$ gewählt, damit wird

$$C_0 = 24{,}1 \text{ kN} \cdot 1{,}5 \approx 36{,}2 \text{ kN}.$$

Vor der Wahl eines Lagers wird der Zapfendurchmesser $d = 45$ mm zunächst geschätzt, wobei gleichzeitig zu beachten ist, dass sich hierzu auch ein Lager mit der erforderlichen Tragzahl finden lässt. Der Zapfen ist dann auf Festigkeit zu prüfen. Gewählt wird nach TB 14-2:
Tonnenlager DIN 635-202 09 mit $C_0 = 54$ kN und $d = 45$ mm, $D = 85$ mm, $B = 19$ mm.
*Nachprüfung des Zapfens* (Bild 14-57): Der Zapfen wird auf Biegung und Schub beansprucht. Bei einer Lagerbreite $B \hat{=} b = 19$ mm ergibt sich für die Ansatzstelle eine Biegespannung

$$\sigma_b = \frac{M_b}{W} = \frac{F_x \cdot \frac{B}{2}}{0{,}1 \cdot d^3},$$

$$\sigma_b = \frac{24{,}1 \text{ kN} \cdot 0{,}95 \text{ cm}}{0{,}1 \cdot 4{,}5^3 \text{ cm}^3} \approx 2{,}52 \text{ kN/cm}^2 = 25{,}2 \text{ N/mm}^2.$$

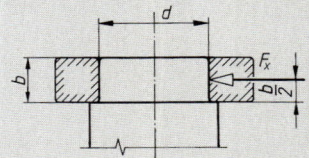

**Bild 14-57** Nachprüfung des Halszapfens

Die kleine Biegespannung erübrigt eine weitere Berechnung. Der Zapfen ist also bruchsicher.

**Ergebnis:** Als Halslager wird gewählt: Tonnenlager DIN 636-302 09.

▶ **Lösung c):** Der Spurzapfen muss wegen der Seildurchführung hohl ausgebildet werden. Die Lagerung wird hier zweckmäßig konstruktiv entworfen und dann nachgeprüft. Für einen zu erwartenden Seildurchmesser $d_S \approx 12\ldots15$ mm werden die Zapfenbohrung $d_i = 25$ mm, der Zapfendurchmesser $d_a = 60$ mm ausgeführt (Bild 14-59). Die einfachere Lagerung mit nur einem Axial-Pendelrollenlager ist wegen des Verhältnisses

$$\frac{F_{r0}}{F_{a0}} \hat{=} \frac{F_x}{F_y} = \frac{24{,}1 \text{ kN}}{42{,}5 \text{ kN}} \approx 0{,}57 > 0{,}55$$

nicht möglich (s. Bemerkung unter Gl. 14.3). Es muss deshalb ein kombiniertes Lager aus einem Radial- und einem Axiallager gestaltet werden (s. Bild 14-59).
Für den sich aus dem Entwurf ergebenden Hülsenaußendurchmesser $d_H = 70$ mm wird als Radiallager nach TB 14-2 gewählt: Tonnenlager DIN 635-202 14 mit $C_0 = 129$ kN und $d = 70$ mm, $D = 125$ mm, $B = 24$ mm.
Als Axiallager kommt ein einseitig wirkendes Lager mit Lagerbohrung der Wellenscheibe $d_w = 70$ mm in Frage; gewählt wird: Axial-Rillenkugellager DIN 711-532 14 mit U214, $C_0 = 160$ kN und $d = 70$ mm bei $H_u = 32$ mm.
*Nachprüfung der Lager:* Statische Tragzahl nach Gl. (14.2) für das Tonnenlager:

$$f_s = \frac{C_0}{P_0} = \frac{C_0}{F_{r0}} = \frac{129 \text{ kN}}{24{,}1 \text{ kN}} \approx 5{,}4 > f_{s\,\text{erf}} = 1{,}5.$$

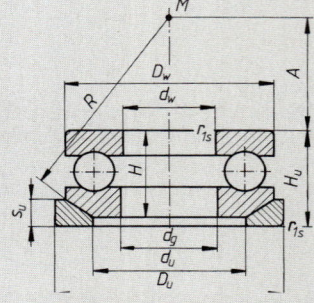

**Bild 14-58** Lager mit kugeliger Gehäusescheibe und Unterlagscheibe

für das Axial-Rillenkugellager:

$$f_s = \frac{C_0}{P_0} = \frac{C_0}{F_{a0}} = \frac{160 \text{ kN}}{42{,}5 \text{ kN}} \approx 3{,}8 > f_{s\,\text{erf}} = 1{,}5.$$

## 14.6 Berechnungsbeispiele

Die Lager sind also ausreichend bemessen.
Die Festigkeitsnachprüfung des Spurzapfens erübrigt sich ebenso wie die des Halszapfens.

**Ergebnis:** Als Radiallager wird gewählt: Tonnenlager DIN 635-202 14, als Axiallager: Axial-Rillenkugellager DIN 711-532 14 mit U214.

**Lösung d):** Bild 14-59 zeigt den Entwurf von Hals- und Spurlager. Das Tonnenlager des Halszapfens ist zum Ausgleich unvermeidlicher Höhenunterschiede in Längsrichtung mit dem Außenring frei verschiebbar.
Bei der Gestaltung des Spurlagers ist zu beachten, dass sich beide Lager um den gemeinsamen Drehpunkt $M$ zum Ausgleich der Fluchtfehler einstellen können (Maße aus TB 14-1c bzw. Katalog). Die Axialkraft wird vom Zapfen auf das Axiallager durch die Wellenschulter über den Innenring des Tonnenlagers und den Druckring (1) übertragen.
Zum Reinigen und Schmieren wird der Deckel (2) nach oben geschoben. Das Lager wird durch ein Labyrinth (3) abgedichtet, dessen Gänge zweckmäßig mit Fett gefüllt werden.

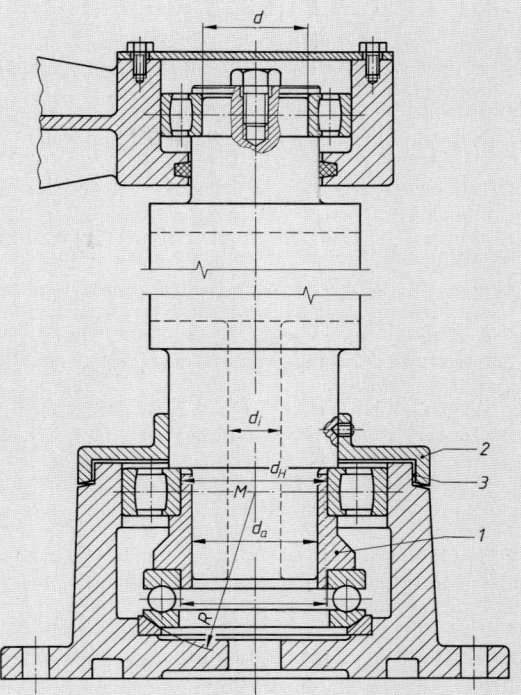

**Bild 14-59** Entwurf des Hals- und Spurlagers

**Beispiel 14.6:** Ein Zylinderrollenlager DIN 5412-NU318 soll bei einer Drehzahl $n = 500$ min$^{-1}$ eine konstante Radialkraft $F_r = 50$ kN aufnehmen. Das Lager soll mit Mineralöl ohne Additive geschmiert werden, das bei Betriebstemperatur eine Viskosität $\nu = 38$ mm$^2$/s aufweist, wobei durch einen vorhandenen Ölfilter und durch gute Abdichtung eine hohe Sauberkeit des Schmiermittels gewährleistet ist. Wie groß ist die modifizierte Lebensdauer in Betriebsstunden, wenn eine Erlebenswahrscheinlichkeit von 98% gefordert wird?

**Lösung:** Für das radialbeanspruchte Lager gilt nach 14.3.2-3., Bestimmen der dynamisch äquivalenten Lagerbelastung, $P = F_r = 50$ kN; nach TB 14-2 ist für das Lager $C = 315$ kN, $C_0 = 345$ kN, außerdem nach TB 14-1a) für Maßreihe 03, $d = 90$ mm, $D = 190$ mm und $B = 43$ mm.
Die modifizierte Lebensdauer wird nach Gl. (14.14) berechnet:

$$L_{nah} = a_1 \cdot a_{23} \cdot L_{10h} = a_1 \cdot a_{23} \cdot \frac{10^6}{60 \cdot n} \left(\frac{C}{P}\right)^p \quad \text{mit} \quad p = 10/3 \quad \text{für Rollenlager.}$$

Entsprechend der Erlebenswahrscheinlichkeit von 98% = 2% Ausfallwahrscheinlichkeit wird der Beiwert $a_1 = 0{,}33$ (s. unter Gl. (14.15)). Mit $d_m = (D + d)/2 = (190 + 90)/2 = 140$ mm ergibt sich für $n = 500$ min$^{-1}$ aus TB 14-10b die Bezugsviskosität $\nu_1 \approx 21$ mm$^2$/s. Bei einem Viskositätsverhältnis $\kappa = \nu/\nu_1 = 38/21 \approx 1{,}8$ und der Kennzahl $f_s^* = C_0/P_0^* = 345$ kN/50 kN $\approx 6{,}9$ ergibt sich nach TB 14-11a) für Zylinderrollenlager (Kurve b) ein Wert $K_1 \approx 0{,}68$ und nach TB 14-11b) für Schmieröl ohne Additive ein Wert $K_2 \approx 0{,}7$. Mit diesen Werten wird die Bestimmungsgröße $K = K_1 + K_2 = 0{,}68 + 0{,}7 = 1{,}38$. Mit $K = 1{,}38$ und $\kappa = 1{,}8$ wird nach TB 14-12 $a_{23\mathrm{II}} \approx 2$. Nach TB 13-13a) ist für erhöhte Sauberkeit $V = 0{,}5$ und mit den Werten $f_s^* \approx 6{,}9$ und $\kappa \approx 1{,}8$ der Sauberkeitsfaktor $s \approx 2$. Damit wird nach 14.3.4 der Faktor $a_{23} = a_{23\mathrm{II}} \cdot s = 2 \cdot 2 = 4$ und es ergibt sich eine modifizierte Lebensdauer von

$$L_{nah} = 0{,}33 \cdot 4 \cdot \frac{10^6}{60 \cdot 500} \left(\frac{315}{50}\right)^{10/3},$$

$$L_{nah} \approx 20\,000 \text{ h}.$$

**Ergebnis:** Die modifizierte Lebensdauer des Zylinderrollenlagers DIN 5412-NU318 beträgt bei einer Erlebenswahrscheinlichkeit von 98% rund 20 000 Betriebsstunden.

## 14.7 Literatur und Bildquellennachweis

*Brändlein, J., Eschmann, P., Hasbargen, L., Weigand, K.:* Die Wälzlagerpraxis, Vereinigte Fachverlage GmbH, Mainz, Dritte Auflage 1995
*Dahlke, H.:* Handbuch der Wälzlagertechnik, Vieweg-Verlag, Wiesbaden 1994
DIN-Taschenbuch 24: Wälzlager – Grundnormen, 7. Aufl., Beuth-Vertrieb GmbH, Berlin/Köln/Frankfurt 1995
DIN-Taschenbuch 264: Wälzlager – Produktnormen, 1. Aufl., Beuth-Vertrieb GmbH, Berlin/Köln/Frankfurt 1995
*Eschmann, P.:* Das Leistungsvermögen der Wälzlager, Springer-Verlag, Berlin/Göttingen/Heidelberg 1964
*Hampp, W.:* Wälzlagerungen (Konstruktionshandbücher) Springer-Verlag, Berlin 1971
INA – Technisches Taschenbuch, INA Wälzlager Schaeffler KG, Herzogenaurach 1992
*Niemann, G.:* Maschinenelemente, Bd. 1, Springer-Verlag, Berlin 1982
*Palmgren, A.:* Grundlagen der Wälzlagertechnik, Francksche Verlagsbuchhandlung, Stuttgart 1964
Prospekte und Kataloge der Firmen Deutsche Star GmbH, Schweinfurt; FAG OEM und Handel AG, Schweinfurt; Franke GmbH, Aalen; GEROBEAR, Wemhöner & Popp oHG, Herzogenrath; INA Lineartechnik oHG, Homburg/Saar; INA Schaeffler Wälzlager oHG, Homburg/Saar; INA Wälzlager Schaeffler KG, Herzogenaurach; NSK Kugellager GmbH Ratingen; Schneeberger GmbH, Gräfenau; SKF Verkauf Maschinenbau und Handel, Schweinfurt; WMH Herion GmbH Zahnradfabrik, Pfaffenhofen/Ilm
Deutsche Star GmbH, Schweinfurt: Bild 14-52
FAG OEM und Handel AG, Schweinfurt: Bilder 14-31a), 14-42, 14-43, 14-54
INA Lineartechnik oHG Homburg/Saar: Bild 14-49
INA Schaeffler Wälzlager oHG, Homburg/Saar: Bild 14-47
INA Wälzlager Schaeffler KG, Herzogenaurach: Bilder 14-14, 14-28, 14-54
NSK Kugellager GmbH, Ratingen: Bild 14-50a)
SKF Verkauf Maschinenbau und Handel, Schweinfurt: Bild 14-12
Schneeberger GmbH, Gräfenau: Bild 14-50b)
WMH Herion GmbH Zahnradfabrik, Pfaffenhofen/Ilm: Bilder 15-51

# Bessere Gleitlager.
# Online berechenbar.

igus® iglidur®G: Hervorragende Verschleisswerte mit weichen Wellen noch einmal halbiert.

Versuchsbedingungen senden wir gerne zu.

iglidur® ist ein Programm wartungsfreier Gleitlagerwerkstoffe aus Polymeren. 18 unterschiedliche Werkstoffe stehen zur Auswahl und versprechen immer die optimale Lösung für Ihre Lageraufgabe. Testen Sie iglidur® und die rasche Verfügbarkeit ab Lager.

■ Quickinfo:
## www.igus.de

Gerhard Baus   Tel. 02203-9649-128   Fax 02203-9649-334
info@igus.de   Bestell-Service: Mo.-Fr. 8-20 Uhr  Sa. 8-12 Uhr

# 15 Gleitlager

## 15.1 Funktion und Wirkung

### 15.1.1 Wirkprinzip

Gleitlager sind Lager, bei denen die Relativbewegung zwischen Welle und Lagerschale bzw. einem Zwischenmedium eine Gleitbewegung ist, vgl. 14.1.1 (Bild 14-1c und d).
Nach der Art der Tragkrafterzeugung unterscheidet man hydrodynamisch und hydrostatisch wirkende Gleitlager. Hydrostatische Gleitlager arbeiten nach dem Prinzip der externen Druckerzeugung, d. h. der notwendige Schmierstoffdruck wird außerhalb des Lagers durch eine Pumpe erzeugt.
Bei der dynamischen (internen) Druckerzeugung baut sich ein tragender Schmierfilm allein durch die Relativbewegung zwischen Welle und Lagerschale auf. In hybriden Lagern werden externe und interne Tragkrafterzeugung kombiniert, so z. B. in Gleitlagern mit hydrostatischer Anfahrhilfe.
Ein weiteres Merkmal ist das tragende Zwischenmedium. Hier lassen sich Gase, Öle, Fette, Wasser, Festschmierstoffe, ferromagnetische Suspensionen und Magnetfelder unterscheiden. Ohne Zwischenmedium arbeiten Trockenlager.
Ohne Berührung, Schmierstoff und Verschleiß arbeiten die Magnetlager. Bei der aktiven elektromagnetischen Lagerung misst ein Sensor die Abweichung des Rotors von seiner Referenzlage. Aus der Messung wird ein Regelsignal abgeleitet, das über einen Steuerstrom in einem Stellmagneten Kräfte erzeugt, die den Rotor gerade in der Schwebe halten. Die eingebaute Software ermöglicht den „intelligenten" Einsatz dieser berührungsfreien Lager.
Im Kapitel Gleitlager werden – mit Ausnahme der hydrostatischen Axiallager – nur die im Maschinenbau vorherrschenden hydrodynamischen Gleitlager behandelt.

### 15.1.2 Anordnung der Gleitflächen

Beim Radiallager gleitet die drehende Welle auf Gleitflächen in einer feststehenden Lagerschale bzw. beim Axiallager ein mit der Welle drehender Laufring auf einem feststehenden Lagerring, vgl. Bild 15-1.
Es werden auch zu Baueinheiten zusammengefasste Kombinationen von Axial- und Radiallagern, sogenannte Axial-Radial-Gleitlager ausgeführt, um die Lage der Welle durch ein Festlager zu bestimmen und eine raumsparende Konstruktion zu erreichen (vgl. Bilder 15-30 und 15-35).

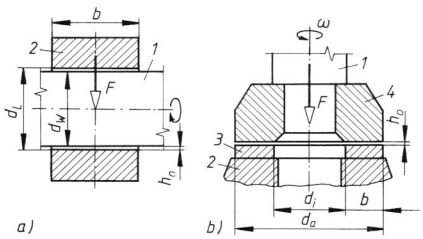

**Bild 15-1**
Gleitlagerarten.
a) Radiallager, b) Axiallager
Welle 1 mit Wellendurchmesser $d_W$, Lagerinnendurchmesser $d_L$ (Lagerschale 2), Axiallagerring 3 mit Außendurchmesser $d_a$ und Innendurchmesser $d_i$, Laufring 4, tragende Lagerbreite $b$, kleinste Spalthöhe $h_0$ (Schmierfilm), Lagerkraft $F$

Durch einen Spielraum zwischen Welle und Lager, dessen Größe durch das Lagerspiel $s = d_L - d_W$ gekennzeichnet ist, wird die Beweglichkeit der Gleitteile bei Radiallagern ermöglicht. Bei Axiallagern ergibt sich ein Lagerspiel erst, wenn die Lagerung zwei über eine gemeinsame Welle zugeordnete Axialgleitflächen aufweist (Bild 15-2). Die Summe der gegenüberliegenden Gleitflächenabstände ist das Lagerspiel $s = h_1 + h_2$.

Der durch das Lagerspiel vorhandene Raum zwischen den Gleitflächen wird als Gleitraum bezeichnet, der meist schmierstoffgefüllt ist. Innerhalb des durch den Gleitraum vorhandenen Bewegungsspielraums der Welle darf im Betrieb die kleinste Schmierspalthöhe $h_0$ einen zulässigen Grenzwert $h_{0\,zul}$ nicht unterschreiten, um störungsfreies Gleiten zu erreichen (s. Gl. 15.8)). Die Größe der Lagerkraft $F$ in N bestimmt in erster Linie die Hauptabmessungen der Lager (s. Angaben zu Bild 15-1). Im Maschinenbau übliche Lager werden meist für stationären Betrieb ausgelegt, bei dem $F$ nach Größe und Richtung konstant ist (statisch beanspruchte Lager). Der instationäre Betrieb ist durch zeitliche Änderung von $F$ hinsichtlich der Größe oder hinsichtlich Größe und Richtung gekennzeichnet (dynamisch beanspruchte Lager z. B. bei Kurbeltrieben).

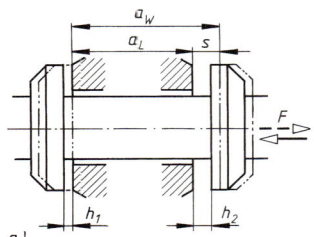 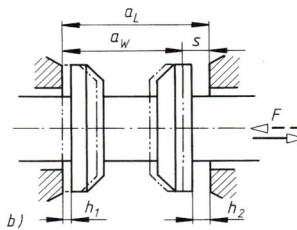

**Bild 15-2**
Lagerspiel beim Axiallager, schematisch.
a) mit zwei umschließenden festen Gleitflächen
b) mit zwei eingeschlossenen festen Gleitflächen, bei Abstand $a_L$ der festen und $a_W$ der drehenden Gleitflächen

### 15.1.3 Reibungszustände

Alle Lager zeigen im Betrieb Reibungskräfte, die der Gleitbewegung Widerstand entgegensetzen und dabei Wärme erzeugen, die als Reibungswärme abzuführen ist.
Bei der Gleitreibung ist zwischen den bewegten Teilen kein, wenig oder genügend viel Schmierstoff vorhanden, der durch seine Menge den Reibungszustand, aber auch den Verschleiß bestimmt.
Das Reibungsverhalten wird durch die Reibungszahl $\mu = F_R/F$ beschrieben. Sie drückt aus, wie groß die der Bewegung entgegengerichtete Reibungskraft $F_R$ im Verhältnis zur Lagerkraft $F$ (Andrückkraft) ist und hängt nicht von der Größe der Berührungsfläche, sondern von den stofflichen Eigenschaften der Gleitflächen und deren Oberflächenbeschaffenheit (Rautiefen der bearbeiteten Gleitflächen, vgl. 2.3) ab. Bei unmittelbarer Berührung der Gleitflächen ist *Festkörperreibung* vorhanden. Absolut trockene Gleitflächen ergeben je nach Werkstoffarten Reibungszahlen $\mu \geq 0{,}3$. Der dabei auftretende Verschleiß (Abrieb) nimmt mit der Rauheit der Flächen zu (vgl. Bild 15-3a). Der Verschleiß leitet den Fressvorgang ein, durch den unter starker Wärmeentwicklung die Gleitflächen fortschreitend bis zum Stillstand der Bewegung zerstört werden.
Schon geringes Benetzen trockener Gleitflächen genügt, um die Reibung beträchtlich zu mindern (Grenzreibung $\mu < 0{,}3$).
Bester Schutz vor Gleitflächenschäden und hoher Reibung ist die Verhinderung der unmittelbaren Berührung der bearbeiteten Gleitflächen. Dies wird erreicht, wenn in den Gleitraum Schmierstoff (fest, flüssig, gasförmig) eingebracht wird, der auf Grund des Lagerspiels die Gleitflächen soweit auseinanderdrängt, daß die Festkörperreibung verschwindet. Werden flüssige Schmierstoffe verwendet, herrscht *Flüssigkeitsreibung*, wenn $h_0 \geq h_{0\,zul} \geq \Sigma(R_z + W_t)$ für die Summe der gemittelten Rautiefen $R_z$ und der Wellentiefen (Welligkeit) $W_t$ von Welle und Lagerschale beträgt (vgl. Bild 15-3b). Durch den trennenden Schmierfilm können sich je nach Schmierstoffart bis zu 100-fach niedrigere Reibungszahlen, allgemein $\mu = 0{,}005\ldots 0{,}001$ ergeben. Bei Flüssigkeitsreibung spielen die Werkstoffe der Gleitflächen scheinbar keine Rolle (vgl. zu Gl. (15.4)).
Die Trennung der Gleitflächen und damit ein verschleißfreier Lauf wird um so leichter erreicht, je kleiner die Oberflächenrauigkeiten, also je besser die Gleitflächen bearbeitet sind. Nach Entschärfung der Rauigkeitsspitzen kann die kleinste Spalthöhe $h_0$ bei Vollschmierung (Flüssig-

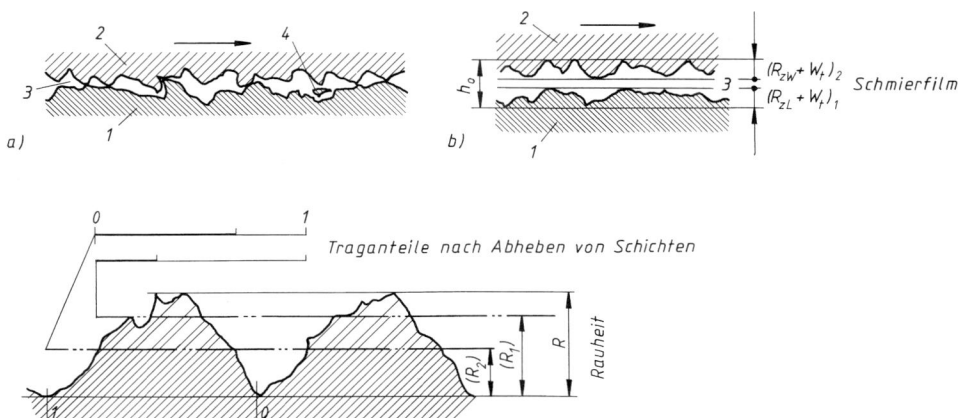

**Bild 15-3** Rauheit der Gleitflächen.
a) bei Festkörperreibung **1** Lagerschale, **2** Welle, **3** Gleitraum, **4** Abrieb
b) bei Flüssigkeitsreibung mit trennendem Schmierfilm, Rauheit $(R_{zL} + W_t)_1$ der Lagerschale und $(R_{zW} + W_t)_2$ der Welle, vorhandene kleinste Schmierspalthöhe $h_0$
c) Rauheit und Traganteil, ursprüngliche Einzelrauheiten $R$, Rauheiten $(R_1)$ $(R_2)$ nach Entschärfung der Rauigkeitsspitzen bei $W_t = 0$ mit Traganteilen im Profilschnitt

keitsreibung) sehr klein sein, wenn bei hohem Traganteil $R_{zW} \leq 2\,\mu\text{m}$ für Wellen und $R_{zL} \leq 1\,\mu\text{m}$ für eingelaufene Lagergleitflächen angenommen werden (vgl. TB 2-13). Die Kräfte, die die Gleitflächen auseinanderdrängen, müssen im Schmierstoff wirken, von dem der Gleitraum erfüllt ist. Damit der zwischen den Gleitflächen bei Vollschmierung vorhandene Schmierfilm die auftretenden Lagerkräfte übertragen kann, muss sich durch entsprechende Gestaltung und Bewegung der Gleitflächen und/oder der Kraft im Schmierstoff ein Druck aufbauen, der den äußeren Kräften das Gleichgewicht hält. Der notwendige Druck im Schmierstoff wird entweder unabhängig vom Bewegungszustand der Welle durch eine Pumpe außerhalb des Lagers als *hydrostatischer Druck* erzeugt, die den Schmierstoff in den Gleitraum presst, so dass sich darin ein Druckfeld ausbilden kann, das bei entsprechender Anordnung und genügend hohem Eintrittsdruck die Gleitflächen bis auf die kleinste Spalthöhe $h_0$ auseinanderdrängt, *oder* der Druck kann im Gleitraum selbst durch Schmierstoffstauungen als *hydrodynamischer Druck* erreicht werden, wenn der an den Gleitflächen haftende Schmierstoff von der mit genügend großer Geschwindigkeit drehenden Welle mitgenommen und in enger werdende Gleiträume gedrängt wird, wodurch Drucksteigerung im Schmierstoff entsteht und die Gleitflächen bis auf $h_0$ angehoben werden. Man unterscheidet daher Gleitlager mit hydrostatischer und hydrodynamischer Schmierung.
Werden infolge von nicht ausreichendem Flüssigkeitsdruck im Schmierstoff die Gleitflächen unvollständig getrennt, herrscht *Mischreibung*, also eine Mischung aus Festkörper- und Flüssigkeitsreibung mit $\mu \leq 0{,}1$. Entsprechend dem Anteil der Festkörperreibung tritt mehr oder weniger Verschleiß auf, so dass beim Durchlaufen dieses Reibungszustandes an die Gleitwerkstoffe noch einige Anforderungen hinsichtlich des Gleit- und Verschleißverhaltens gestellt werden müssen (vgl. 15.3.1).
*Damit Gleitlager auf die Dauer betriebssicher arbeiten, muss im Betrieb Flüssigkeitsreibung vorhanden sein, wenn als Schmierstoff Schmieröl verwendet wird. Der Schmierstoff ist dann, ähnlich wie die Wälzkörper im Wälzlager, das eigentlich tragende Element.*

### 15.1.4 Schmierstoffeinflüsse

Flüssiger Schmierstoff kann seine Aufgabe nur dann vollkommen erfüllen, wenn er einen zusammenhängenden Schmierfilm bildet und an den Gleitflächen haftet, damit auch bei hohen Drücken ein Wegquetschen oder Abstreifen des Schmierfilms nicht ohne weiteres möglich ist.

Die Haftfähigkeit ist eine Eigenschaft, die von der Zusammensetzung des Schmierstoffes und der Gleitwerkstoffe abhängt.

Schmieröle setzen einer gegenseitigen Verschiebung ihrer Teilchen bzw. Schichten einen Widerstand entgegen. Das Maß für den Widerstand, die innere Reibung, ist die *Viskosität* (Zähigkeit).

Werden zwei parallel geführte Gleitflächen $A = l \cdot b$ in m² durch Schmieröl mit der Viskosität $\eta$ im Abstand $h$ in m getrennt, so wirkt einer Gleitgeschwindigkeit $u$ in m/s der bewegten Fläche im Schmierfilm eine Scherkraft $F_t$ (Verschiebekraft) in N entgegen. Im Gleitraum herrscht also eine reine Scherströmung.

Als Folge des Haftens ist die Geschwindigkeit im Schmierfilm $u = 0$ an der stillstehenden Gleitfläche (z. B. Lagerschale 1); sie nimmt gegen die bewegte Fläche hin (z. B. Welle 2) linear bis $u$ zu (vgl. Bild 15-4).

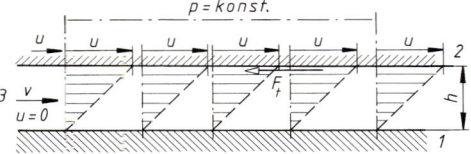

**Bild 15-4**
Geschwindigkeitsverteilung bei parallelen Gleitflächen (z. B. **1** Lagerschale, **2** Welle) im Gleitraum **3** mit dem Abstand $h$ (Schmierspalthöhe); $u$ Gleitgeschwindigkeit, $v$ mittlere Geschwindigkeit; bei reiner Scherströmung $p =$ konst.

Nach Newton ergibt sich für Schmierstoffschichten eine angenähert konstante Schubspannung $\tau = F_t/A = \eta \cdot u/h = \eta \cdot D$ in N/m², wenn $D = u/h$ in m · s⁻¹/m = s⁻¹ das Geschwindigkeitsgefälle ausdrückt. Da der Druck $p$ konstant bleibt, können kaum Kräfte $F$ von der Flüssigkeit getragen werden. Die von $D$ unabhängige Proportionalitätskonstante $\eta$ heißt *dynamische Viskosität*.

Aus dem Newtonschen Schubspannungsansatz wird $\eta = \tau/D$, deren Einheit $1$ N · m⁻²/s⁻¹ = 1 Ns/m² = 1 Pa s (Pascalsekunde) ist.

Als kleinere Einheit ist die Milli-Pascalsekunde gebräuchlich:

$$1 \text{ mPa s} = 10^{-3} \text{ Pa s (früher 1 cP)}^{1)} = 10^{-3} \text{ Ns/m}^2 = 10^{-9} \text{ Ns/mm}^2.$$

Danach hat eine Flüssigkeit die dynamische Viskosität $\eta = 1$ Pa s, wenn zwischen zwei parallelen Gleitflächen im Abstand $h = 1$ m bei einem Unterschied der Strömungsgeschwindigkeit $u = 1$ m/s die Schubspannung $\tau = 1$ N/m² = 1 Pa (Pascal) herrscht.

Die dynamische Viskosität $\eta$ kann direkt mit dem Kugelfallviskosimeter (DIN 53015) ermittelt werden, bei dem eine kalibrierte Kugel durch ein kalibriertes, mit Prüföl gefülltes Glasrohr sinkt. Gemessen wird die Zeit, die zum Durchfallen einer markierten Prüfstrecke gebraucht wird.

Verbreitet ist jedoch zur verhältnismäßig einfachen Messung das Kapillarviskosimeter (DIN 51562), bei dem aus einem besonders gestalteten Gefäß mit festgelegtem Auslaufröhrchen (Kapillare) eine bestimmte Menge Öl fließt. Gemessen wird die Ausflusszeit. Da das Ausfließen unter dem Eigengewicht erfolgt, ist die Ausflusszeit auch von der Dichte $\varrho$ in kg/m³ (g/cm³) abhängig.

Ermittelt wird danach die *kinematische Viskosität* $\nu = \eta/\varrho$, deren Einheit

$$\frac{\text{Ns/m}^2}{\text{kg} \cdot \text{m}^{-3}} = \frac{\text{kg m}}{\text{s}^2} \cdot \frac{\text{s}}{\text{m}^2} \cdot \frac{\text{m}^3}{\text{kg}} = \frac{\text{m}^2}{\text{s}} \quad \text{ist, wenn} \quad 1 \text{ N} = 1 \text{ kg m/s}^2.$$

Als kleinere Einheit ist gebräuchlich: $1 \text{ mm}^2/\text{s} = 10^{-6} \text{ m}^2/\text{s}$ (früher 1 cSt)[2)].

Die Viskosität der Schmieröle wird mit zunehmender Temperatur $\vartheta$ in °C (bzw. K) kleiner und mit steigendem Druck $p$ in bar größer. Die Abhängigkeit von der Temperatur ist stärker als vom Druck. Der Druckeinfluss kann vernachlässigt werden, weil die Lagerberechnung mit dem Mittelwert der Viskosität im Schmierfilm nur eine Näherungslösung darstellt, so dass dies als zusätzliche Sicherheit zu betrachten ist.

---

[1)] Centipoise (sprich Zentipoas): 1 P (sprich Poas) = 100 cP = 0,1 Pa s.
[2)] Centistokes (sprich Zentistouks): 1 St (sprich Stouks) = 100 cSt = $10^{-4}$ m²/s.

## 15.1 Funktion und Wirkung

Das *Viskosität-Temperatur*-Verhalten für Markenöle, in der Regel Mineralöle (Raffinate aus Rohöl-Destillaten), wird in *V-T*-Diagrammen vom Hersteller angegeben. Wegen der Abweichungen zwischen gleichwertigen Ölen verschiedener Firmen, aber auch verschiedener Lieferungen eines Herstellers ist es zweckmäßig, Vergleichsdiagramme (vgl. TB 15-9) zu verwenden.
Die *V-T*-Diagramme nach Ubbelohde-Walther (Niemann) zeigen bei einer logarithmischen Achsenteilung für $\eta$ und einer linearen Teilung für $\vartheta$ nach einer speziellen Funktion gerade Linien. Die Steilheit der *V-T*-Geraden, zu deren Darstellung mindestens $\eta$-Werte bei zwei verschiedenen Temperaturen bekannt sein müssen, ist ein Maß für die Temperaturabhängigkeit der Öle. Zur Bewertung ist in DIN ISO 2909 die Berechnung des Viskositätsindex *VI* festgelegt, der eine willkürliche Einordnung von Ölen zwischen Sorten mit geringer und starker Temperaturabhängigkeit wiedergibt. Danach weisen *VI*-Werte um 100 und darüber auf einen sehr flachen *V-T*-Geradenverlauf, d. h. auf eine relativ geringe Änderung von $\eta$ mit steigender $\vartheta$ hin. Je mehr sich *VI* dem Wert null nähert, umso steiler verlaufen die Geraden, d. h. umso schlechter ist das *V-T*-Verhalten.
Die ISO-Viskositätsklassifikation für flüssige Industrie-Schmierstoffe nach DIN 51519 definiert 18 Viskositätsklassen ISO VG2 bis ISO VG 1500, deren gerundeter Zahlenwert die Mittelpunktsviskosität in mm²/s bei 40 °C für die zulässigen Grenzen ±10 % des Wertes ausdrückt. Die Klassifikation enthält jedoch keine Angaben über eine Qualitätsbewertung. Für *VI* = 100 ist im TB 15-9 das *V-T*-Verhalten dargestellt, so dass $\eta_\text{eff}$ bei $\vartheta_\text{eff}$ für die Klassen entnommen werden kann, wenn keine besonderen Angaben des Schmierstoff-Herstellers zur Verfügung stehen.
Zur Auswahl von Schmierstoffen für Gleitlager gibt es entsprechend DIN 51502 (Bezeichnung der Schmierstoffe) u. a. Schmieröle L-AN (Normalschmieröle) nach DIN 51501 mit 11 Typen AN5 bis AN680, die sich als reine Mineralöle für Schmierzwecke ohne höhere Anforderungen bei Schmierstellen mit Durchlauf- und Umlaufschmierung eignen. Die Stufung der Typen erfolgt wie nach DIN 51519. Diese Öle sind zu verwenden, wenn die Dauertemperatur beim Ablaufen aus der Schmierstelle 50 °C nicht übersteigt und die Temperatur beim Zufließen in die Schmierstelle mindestens 10 °C höher ist als der Pourpoint (Fließgrenze).
Da Mineralöle bei höheren Temperaturen schneller altern, ist es wirtschaftlicher, bei höheren Anforderungen für Umlaufschmierung Schmieröle C mit 11 Typen C7 bis C680 bzw. Schmieröle CL mit 10 Typen CL5 bis CL460 für erhöhten Korrosionsschutz bzw. Schmieröle CLP mit 8 Typen CLP46 bis CLP680 für Herabsetzen des Verschleißes im Mischreibungsgebiet und Erhöhung der Belastbarkeit, alle nach DIN 51 517, zu verwenden (s. auch 14.2.4-2 Ölschmierung).
Für die genannten Ölsorten sind im TB 15-8a $\nu_{40}$, Flammpunkt und Pourpoint, sowie ein Vergleich mit früheren Schmierölen N enthalten.
Auch die Dichte $\varrho$ der Schmieröle ist von der Temperatur und vom Druck abhängig. Unter Vernachlässigung des Druckeinflusses gilt mit den üblichen Dichten $\varrho_{15} = 800 \ldots 980$ kg/m³ bei 15 °C für $\varrho$ bei $\vartheta$ °C rechnerisch angenähert

$$\boxed{\varrho = \varrho_{15}[1 - 65 \cdot 10^{-5}(\vartheta - 15)]} \quad \begin{array}{c|c} \varrho, \varrho_{15} & \vartheta \\ \hline \text{kg/m}^3 & °C \end{array} \quad (15.1)$$

Das Viskositäts-Temperatur-Verhalten der Schmierstoffe lässt sich messtechnisch ermitteln und durch Gleichungen der Form $\eta = K_1 \cdot \exp[K_2/(\vartheta + K_3)]$ beschreiben. In dieser Zahlenwertgleichung sind $\eta$ die dynamische Viskosität in Pa s, die Konstanten $K_1$, $K_2$ und $K_3$ sind durch Versuche ermittelte schmierstoffspezifische Größen und $\vartheta$ die Temperatur in °C.
Für Mineralöle kann die dynamische Viskosität $\eta_\vartheta$ bei der Temperatur $\vartheta$ näherungsweise aus den ISO-Viskositätsklassen (s. TB 15-8a) ermittelt werden

$$\boxed{\ln \frac{\eta_\vartheta}{K} = \left(\frac{159,\!56}{\vartheta + 95\,°C} - 0{,}1819\right) \cdot \ln \frac{\varrho \cdot VG}{10^6 \cdot K}} \quad \begin{array}{c|c|c|c} \eta_\vartheta, K & \varrho & VG & \vartheta \\ \hline \text{Pa s} & \text{kg/m}^3 & \text{mm}^2/\text{s} & °C \end{array} \quad (15.2)$$

$\eta_\vartheta$   dynamische Viskosität bei der Temperatur $\vartheta$
$K$   $0{,}18 \cdot 10^{-3}$ Pa s (Konstante)
$\varrho$   Dichte des Schmieröles (Mittelwert: $\varrho = 900$ kg/m³)
$VG$   Viskositätsklasse nach DIN 51519, z. B. ISO VG 100 (definiert sind 18 Viskositätsklassen im Bereich von 2 bis 1500 mm²/s bei 40 °C, s. TB 15-8a)
$\vartheta$   Betriebstemperatur des Schmieröls

Der Viskositätsverlauf der ISO-Normöle ist für eine mittlere Dichte $\varrho = 900$ kg/m³ in TB 15-9 dargestellt. Mehrbereichsöle haben gegenüber reinen Mineralölen einen flacheren Viskositäts-Temperatur-Verlauf. Syntheseöle erreichen solche flachen Verläufe auch ohne strukturviskose Zusätze.
Für die Ermittlung der Lagertemperatur aus der Wärmebilanz (vgl. 15.4.1-2 insbesondere Gln. (15.15), (15.24) und (15.34)) ist die Kenntnis der spezifischen Wärmekapazität $c$ in J/(kg °C) erforderlich. Aus TB 15-8c ist ein linearer Zusammenhang für $\varrho$ zwischen $c$ und $\vartheta$ erkennbar.

### 15.1.5 Hydrodynamische Schmierung

#### 1. Schmierkeil

Sie wird überwiegend bei Gleitlagern angewendet, weil im Gegensatz zur hydrostatischen Schmierung keine zusätzliche Einrichtung erforderlich ist und ein geometrisch günstiger Gleitraum leicht erzeugt werden kann (vgl. 15.1.5-2). Die Möglichkeit, einen Schmierfilmdruck selbsttätig unmittelbar im Gleitraum zu erzeugen und damit eine Tragfähigkeit zu erzielen, beruht darauf, dass sich der schmierstoffgefüllte Gleitraum in Bewegungsrichtung verengt. Es entsteht wie bei parallel geführten Gleitflächen (Bild 15-4) auch im keilförmigen Gleitraum eine Scherströmung. Wird vorausgesetzt, dass jeder Gleitraumquerschnitt stets von der gleichen Schmierstoffmenge durchströmt wird, dann muss die mittlere Schmierstoffgeschwindigkeit $v$ bei Querschnittsverengung zunehmen und bei Erweiterung abnehmen. Das Geschwindigkeitsgefälle $D$ kann daher über der Spalthöhe nicht geradlinig verlaufen, im Bereich der Verengung zeigt sich ein konvexer, bei Erweiterung ein konkaver Geschwindigkeitsverlauf wie im Bild 15-5 durch $v$-Strichlinien dargestellt ist ($v = u = 0$ bei 1, $v = u$ bei 2).

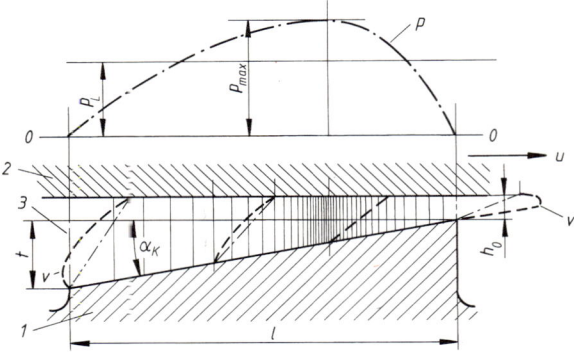

**Bild 15-5**
Hydrodynamische Druck- und Geschwindigkeitsverteilung im Keilspalt mit der wirksamen Länge $l$ (Staufeldlänge) und Tiefe $t$ bei Gleitgeschwindigkeit $u$ (mittlerer Längsschnitt durch die Gleitflächen). Keilneigungswinkel $\alpha_K$, Strömungsgeschwindigkeit des Schmierstoffs $v$, mittlerer Schmierfilmdruck $p_L$, feststehender Teil 1, bewegter Teil 2, Gleitraum 3, Gleitgeschwindigkeit $u$

Das Geschwindigkeitsgefälle $D$ ändert sich somit von Schicht zu Schicht und davon abhängig auch die Schubspannungen $\tau = \eta \cdot D$, die den Druckspannungen infolge Stauungen durch die Gleitraumverengung (Stauraum) das Gleichgewicht halten. Der Schmierfilmdruck $p$ nimmt bis nahe vor der kleinsten Spalthöhe $h_0$ des Staufeldes bis $p_{max}$ zu, dahinter wieder ab. Im Bild 15-5 werden die Schmierstoffdrücke im Bereich des Staufeldes durch die Dichte der senkrechten Schraffur im Gleitraum versinnbildlicht und der Druckverlauf $p$ im mittleren Längsschnitt darüber strichpunktiert dargestellt. Aus dem $p$-Verlauf ergibt sich ein konstanter mittlerer Druck $p_L$ über die Staufeldlänge $l$. Bei genügend hohem Druck $p_L$ werden die Gleitflächen abgehoben, so dass hydrodynamisches Tragen bei Flüssigkeitsreibung eintritt. Dieser Zustand hängt jedoch vom Maß $h_0$ der kleinsten Spalthöhe und von der Rauheit der Gleitflächen ab (vgl. 15.1.3 Reibungszustände). Günstige Verhältnisse hinsichtlich Tragkraft und Reibungsverhalten ergeben sich bei $h_0/t \approx 0,6 \ldots 1,0$ (vgl. 15.4.2-2 Axial-Gleitlager, Bild 15-44a).

#### 2. Druckverteilung und Tragfähigkeit

Beim vollumschließenden Radialgleitlager unter Wirkung einer Lagerkraft $F$ liegt die Welle (2) im Stillstand ($n = 0$) längs einer Mantellinie gleich Lagerbreite $b$ in der Lagerschale (1) auf

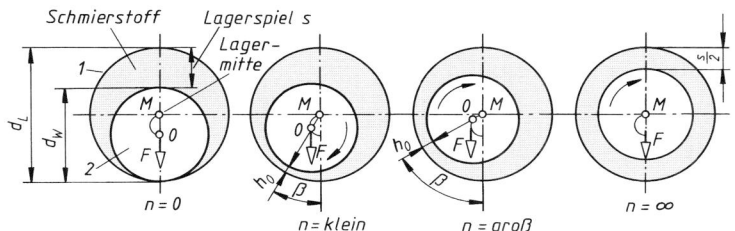

**Bild 15-6** Lage der Wellenmitte 0 im Stillstand (tiefste Wellenlage) und bei steigender Drehzahl $n$ (schematisch), $\beta$ Verlagerungswinkel der kleinsten Spalthöhe $h_0$

(Bild 15-6). Die wegen des Lagerspiels $s = d_L - d_W$ vorhandene exzentrische Lage der Wellenmitte 0 gegenüber der Mitte der Lagerbohrung $M$ beträgt $s/2$ (Bild 15-6 bei $n = 0$). Der mit Schmieröl gefüllte Gleitraum hat einen sichelartigen Querschnitt.
Beginnt sich die Welle zu drehen, versucht sie zunächst unter dem Einfluss der Festkörperreibung entgegen dem Drehsinn an der Lagerschale hochzuwandern. Durch die Drehung wird jedoch infolge Haftung sogleich Schmieröl in den sichelartigen Spalt zwischen Welle und Lagerschale hineingezogen. Je größer die Wellendrehzahl $n$ und damit die Gleitgeschwindigkeit $u$ wird, umso mehr Öl wird dem im Drehsinn enger werdenden Schmierspalt zugeführt, womit infolge Stauungen auch der hydrodynamische Druck $p$ ansteigt, der die Welle anhebt und der Lagerkraft entgegenwirkt.
Die Reibung nimmt ab; es wird das Gebiet der Mischreibung durchfahren. Hebt sich die Welle um das Maß $h_0 \geq h_{0\,\text{zul}}$, ist Flüssigkeitsreibung vorhanden. Dabei wird die Wellenmitte 0 im Umlaufsinn aus der Lagerbohrungsmitte $M$ verlagert, so dass sich gegenüber der Stillstandslage die Exzentrizität $e = s/2 - h_0$ verringert. Mit weiter steigender Drehzahl $n$ nähert sich die Wellenmitte 0 (abgesehen von zusätzlichen Bewegungen durch Schwingbeanspruchungen) auf einer halbkreisähnlichen Bahn immer mehr der Lagerbohrungsmitte $M$. $h_0$ wird größer, weil die Exzentrizität $e$ sich verkleinert, wodurch die Tragfähigkeit verringert und eine unstabile Wellenlage verursacht wird. Bei $n = \infty$ würde die Wellenmitte 0 mit der Bohrungsmitte $M$ zusammenfallen. Wie bei parallel geführten Gleitflächen (vgl. Bild 15-4) im Abstand $s/2 \mathrel{\widehat{=}} h_0$ kann bei zentrischem Lauf keine oder nur eine sehr geringe Lagerkraft $F$ aufgenommen werden. Für das vollumschließende Radialgleitlager (360°-Lager) zeigt Bild 15-7 schematisch die Verlagerung der Wellenmitte 0 um die Exzentrizität $e$ unter Einwirkung der konstanten Lagerkraft $F$ bei der Drehzahl $n$ und den Verlauf der Schmierfilmdrücke $P$ (strichpunktiert).
Die Druckentwicklung beginnt dort, wo hinter der ölzuführenden Schmiernut ($E$) die Spaltverengung fortschreitet. Der Druck $p$ steigt an, sein Anstieg wird vor der tiefsten Lagerstelle

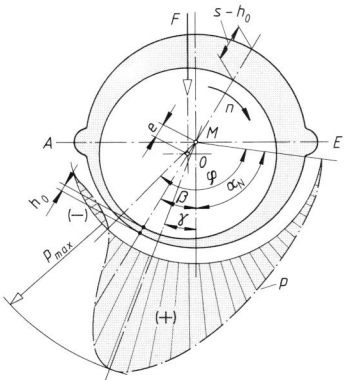

**Bild 15-7**
Druckverteilung entlang des Radiallagerumfanges bei konstanter Kraftrichtung $F$, schematisch

durch den Schmiernutwinkel $\alpha_N$, gekennzeichnet. Das Druckmaximum $p_{max}$ liegt um den Winkel $\gamma$ nach der tiefsten Lagerstelle, also vor der kleinsten Spalthöhe $h_0$; dahinter nimmt $p$ ab. Durch den $h_0$ zugeordneten Verlagerungswinkel $\beta$ in Bezug auf die tiefste Stelle bzw. auf die Wirkungslinie von $F$ und die Exzentrizität $e$ ist die jeweilige, dem Betriebszustand zugeordnete Lage der Wellenmitte 0 beschrieben. Die gesamte Druckzone (+) ist durch den Erstreckungswinkel $\varphi$ gekennzeichnet; sie soll möglichst groß sein, damit hohe Tragkräfte erzielt werden.

Manchmal ist nach der Druckzone eine leichte Unterdruckbildung (−) zu beobachten. Insbesondere bei Lagern, die unter erhöhtem Umgebungsdruck arbeiten, ist Unterdruck möglich, solange die spezifische Lagerbelastung in Höhe des Umgebungsdruckes liegt (vgl. zu Gl. (15.4)). Eine Schmiernut $N$ in der Druckzone (Bild 15-8) unterbricht den Druckverlauf, wodurch die Tragkräfte beträchtlich vermindert werden, so dass bei gleicher Lagerkraft $F$ das Gleitlager statt bei Flüssigkeitsreibung im Bereich der Mischreibung laufen kann.

*Schmiernuten sollen daher stets vor der Druckzone liegen.*

Dies gilt jedoch nicht unbedingt bei Lagern für sehr kleine Drehzahlen oder für solche Fälle, bei denen Flüssigkeitsreibung ohnehin nicht zu erreichen ist. Beachte auch Erläuterungen zu Bild 15-3.

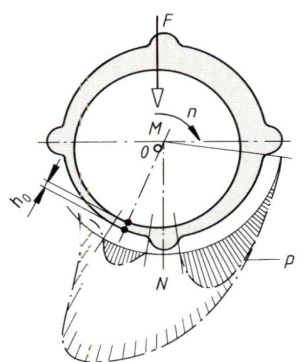

**Bild 15-8**
Durch Nut gestörter Druckverlauf

Grundsätzlich ist der Zustand der Flüssigkeitsreibung umso leichter zu erreichen, je kleiner die Lagerkraft $F$ und das Lagerspiel $s$ bzw. je größer die Drehzahl $n$ und die Zähigkeit $\eta$ des Schmierstoffes sind.

Im Lager fließt der Schmierstoff nicht nur in Gleitrichtung, sondern bei endlicher Breite $b$ auch seitlich ab (Seitenfluss), wodurch ein Druckverlust und damit ein Verlust an Tragkraft verbunden ist. Dieser Vorgang ist auch nützlich, weil ein Großteil des durch Reibung erwärmten Schmierstoffs aus dem Gleitraum fließt und bei Vollschmierung neuer, kühlerer Schmierstoff höherer Viskosität zugeführt werden muss. Gegenüber dem unendlich breiten Lager mit dem

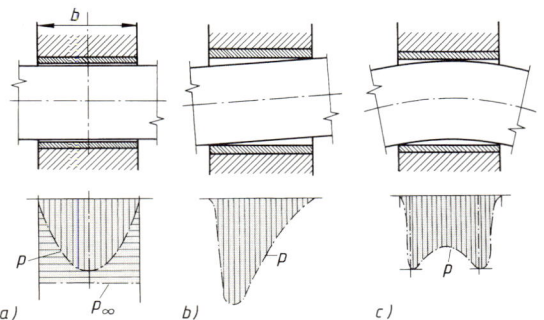

**Bild 15-9**
Schmierfilmdruckverlauf.
a) $p_\infty$ im seitlich unbegrenzten bzw. $p$ im begrenzten Gleitraum mit tragender Lagerbreite $b$,
b) bei schief stehender (verkanteter) Welle,
c) bei gekrümmter Welle (Durchbiegung)

Druckverlauf $p_\infty$ = konstant fällt der bei endlicher Breite auf $p$ verringerte Druck bei gleichbleibender Exzentrizität $e$ (bzw. $h_0$ = konstant) von der Mitte $b$ nach beiden Seiten annähernd parabelförmig auf den Umgebungsdruck ab (Bild 15-9a). Bedingt durch die Fertigung bzw. Montage und den Betrieb können Druckverlaufänderungen $p$ über $b$ bei Verkantung der Welle (Bild 15-9b) und bei Wellenkrümmung (Bild 15-9c) auftreten.
Um eine günstige Öldruckverteilung quer zur Bewegungsrichtung und damit entsprechend große Tragkraft zu erreichen, muss ein paralleler Schmierspalt über $b$ angestrebt werden (vgl. Bild 15-9a). Diese Forderung nach gleichmäßiger Spalthöhe wird durch starre Gleitflächen und einen zur Kraftrichtung symmetrischen Bau der Lager erreicht (Bild 15-10a). Unsymmetrische Anordnung der Gleitflächen bedingt Schiefstellung und damit ungleiche Schmierfilmhöhen und die Gefahr des Kantentragens (Bild 15-10b), d. h. $h_0$-Veränderung und hoher $p$ über $b$ (Gefahr des Heißlaufens und Verschleißes).

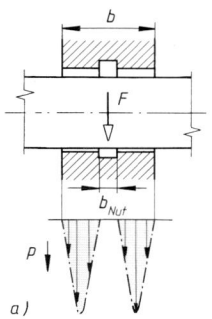 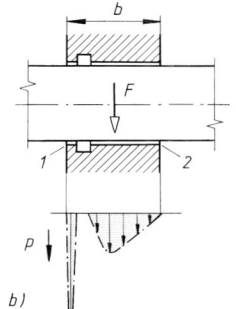

**Bild 15-10**
Druckverlauf über der Breite $b$.
a) Bei Lager mit umlaufender Nut $b_{Nut}$ in der Mitte,
b) unsymmetrische Ausführung, einseitig umlaufende Nut: Welle oder Lager so verformt, dass bei 1 Spalt enger als bei 2, wodurch bei großer $F$ die Zerstörung dort beginnen kann

## 15.2 Anwendung

Hydrodynamische Gleitlagerungen eignen sich
— für verschleißfreien Dauerbetrieb
— bei hohen Drehzahlen und Belastungen
— zur Aufnahme stoßartiger Belastung
— als geteilte Lager
— für Lager mit großem Durchmesser

Gasgeschmierte Lager (hydrodynamisch und hydrostatisch) ohne störende Schmierstoffe finden Anwendung in der Pharma-, Nahrungs- und Genussmittel-Industrie, aber auch in der Raumfahrttechnik und bei Turbomaschinen. Wassergeschmierte Lager findet man bei Unterwasserpumpen und -turbinen.
Trockenlauflager (ohne oder mit Festschmierstoff) sind thermisch belastbar und haben als wartungsarme Lagerungen eine weite Verbreitung gefunden bei Kfz, Nfz, Baumaschinen, Strahltriebwerken, Drosselklappen, Armaturen und Geräten.
Hydrostatische Gleitlagerungen werden eingesetzt
— für verschleißfreie und reibungsarme Lager bei niedriger Drehzahl (z. B. große Antennen, Werkzeugmaschinen)
— für verschleißfreie Präzisionslagerungen

Magnetlager finden derzeit Anwendung bei Werkzeug- und Turbomaschinen und in der Vakuumtechnik. Sie eignen sich vorzugsweise
— für berührungslosen Betrieb
— für einstellbare Steifigkeit und Dämpfung
— für hohe Drehzahlen bei mittlerer Traglast
— für hohe Laufgenauigkeit

## 15.3 Gestalten und Entwerfen

### 15.3.1 Gleitlagerwerkstoffe

**1. Tribologisches Verhalten**

Da bei Gleitlagern die Reibungszustände eine besondere Rolle spielen, wird für den Dauerbetrieb die Trennung der Gleitflächen (Flüssigkeitsreibung) angestrebt (vgl. 15.1.2). Das Zusammenwirken der Gleitflächenwerkstoffe ist zunächst von untergeordneter Bedeutung, sofern die Lagerwerkstoffe den Druck aushalten, der durch Schmierstoff auf die Gleitflächen übertragen wird. Es wird jedoch im Betrieb immer Zustände geben, bei denen, insbesondere beim An- und Auslauf von Maschinen, durch Aussetzen der Schmierung, durch falschen Schmierstoff oder durch andere Einflüsse, Misch- oder gar Festkörperreibung auftritt (vgl. 15.3.2 Gestaltungs- und Betriebseinflüsse).

Mit der Forschung über Reibung, Schmierung und Verschleiß sowie über deren Beherrschung beschäftigt sich die Tribologie[1].

Zur Charakterisierung des tribologischen Verhaltens der Gleitlager-Werkstoffe werden zahlreiche Begriffe verwendet, die (mit Ausnahme der mechanischen Belastungsgrenze und des Verschleißwiderstandes) durch keine zahlenmäßigen Angaben ausgedrückt werden können. Nach DIN 50282 werden folgende Begriffe für allgemeine Gleiteigenschaften gebraucht:

*Belastbarkeit* als Belastung (mittlere Flächenpressung $p_L$), die ein Geitwerkstoff dauernd unter einer bestimmten Beanspruchungsart ertragen kann, ohne die *mechanische Belastungsgrenze* (maximal mögliche Belastung, oberhalb der ein Versagen durch Auftreten einer unzulässigen bleibenden Verformung oder Bruch eintritt) und einen bestimmten Verschleißbetrag zu überschreiten. Die zu erwartende Gebrauchsdauer wird durch einen zulässigen Verschleißbetrag begrenzt. *Schmiegsamkeit* eines Lagerwerkstoffes ist die Fähigkeit sich den Beanspruchungen durch elastische und/oder plastische Verformungen ohne bleibende Schädigung anzupassen (Anpassung an unvermeidliche Unvollkommenheiten des Gleitraums, auch Unempfindlichkeit gegen Verkantungen). Die *Anpassungsfähigkeit* beschreibt den Ausgleich durch Schmiegung und Verschleiß.

Das *Einlaufverhalten* ist die Fähigkeit, die erhöhte Anfangsreibung und den Anfangsverschleiß durch Anpassung nach kurzer Zeit herabzusetzen. Die *Einbettfähigkeit* beschreibt die Fähigkeit Schmutzteilchen, insbesonders harte Teilchen in die Laufschicht aufzunehmen.

Der *Verschleißwiderstand* kennzeichnet die Eigenschaft, wie der Lagerwerkstoff infolge tribologischer Beanspruchung auf die Abtrennung kleiner Teilchen reagiert und *der Verschleißwiderstand*, ob er Widerstand gegen Bildung von adhäsiven Bindungen mit dem Gegenwerkstoff zeigt (Fressunempfindlichkeit).

Das *Notlaufverhalten* ist die Fähigkeit, beim Auftreten unvorhergesehener ungünstiger Schmierbedingungen noch ein Gleiten zeitlich begrenzt aufrecht zu erhalten.

Der *Riefenbildungswiderstand* erfasst den Widerstand gegen Bildung von Riefen und Kratzern an der Oberfläche des Gegenwerkstoffes (vgl. Verschleißwiderstand).

Bild 15-11 kann als grobe Hilfe für die Auswahl von Gleitlagerwerkstoffen dienen. Erkennbar ist, dass ein einzelner Lagerwerkstoff alle Anforderungen nicht vollkommen erfüllen kann. Die Oberflächengüte von Wellen- und Lagerwerkstoff sowie die Härte beeinflussen die Gleiteigenschaften ebenso wie der Schmierstoff, dessen Viskosität mit der Betriebstemperatur veränderlich ist. Hohe Beanspruchung und Gleitgeschwindigkeit erfordern besondere Werkstoffkombinationen, z. B. Dreistofflager, wobei die Laufschichtdicke bestimmend ist.

Eine Übersicht über alle Anwendungsgebiete ist kaum möglich. Es werden daher nur typische Anwendungsfälle genannt, wobei auch trotz sorgfältiger Auswahl der Werkstoffe unter Berücksichtigung der Betriebsanforderungen Lagerschäden nicht vollständig ausgeschlossen werden können, da fertigungsbedingte Formabweichungen, Montagefehler bis hin zu außergewöhnlichen Betriebszuständen nicht immer überschaubar sind. Da eine ausführliche Behandung der

---

[1] tribos (griechisch) reiben

| Forderung nach | Guss-eisen | Sinter-metall | CuSn-Guss- bzw. Knetlegie-rungen | G-CuPb-Legie-rungen | PbSn-Legie-rungen | Kunst-stoffe | Holz | Gummi | Kohle Graphit |
|---|---|---|---|---|---|---|---|---|---|
| Gleiteigenschaften | 2 | 2 | 3 | 4 | 4 | 4 | 4 | 4 | 4 |
| Notlaufverhalten | 2 | 4 | 2 | 3 | 3 | 4 | 1 | 0 | 4 |
| Verschleißwiderstand | 4 | 2 | 4 | 2 | 1 | 2 | 1 | 0 | 1 |
| stat. Tragfähigkeit | 4 | 2 | 3 | 1 | 1 | 1 | 0 | 0 | 1 |
| dyn. Belastbarkeit | 3 | 1 | 3 | 1 | 1 | 1 | 0 | 0 | 0 |
| hoher Gleitgeschwindigkeit | 1 | 0 | 3 | 4 | 4 | 0 | 0 | 0 | 3 |
| Unempfindlichkeit gegen Kantenpressung | 0 | 0 | 3 | 3 | 4 | 4 | 3 | 4 | 2 |
| Einbettfähigkeit | 0 | 0 | 3 | 3 | 4 | 3 | 3 | 4 | 3 |
| Wärmeleitfähigkeit | 2 | 2 | 3 | 2 | 1 | 0 | 0 | 0 | 3 |
| kleiner Wärmedehnung | 4 | 4 | 3 | 2 | 2 | 0 | 1 | 0 | 4 |
| Beständigkeit gegen hohe Temperaturen | 2 | 2 | 2 | 0 | 0 | 0 | 0 | 4 | 4 |
| Öl-(Fett-) Schmierung | 4 | 4 | 4 | 4 | 4 | 4 | 4 | 2 | 4 |
| Wasserschmierung | 0 | 0 | 0 | 0 | 0 | 4 | 4 | 4 | 4 |
| Trockenlauf | 0 | 0 | 0 | 0 | 0 | 4 | 0 | 0 | 4 |

4 sehr gut geeignet
3 gut geeignet
2 geeignet/möglich
1 Eignung eingeschränkt
0 nicht geeignet

**Bild 15-11** Richtlinien zur Wahl von Gleitlagerwerkstoffen

Gleitlagerwerkstoffe den vorliegenden Rahmen sprengen würde (s. Literaturhinweise), sollen nur einige wesentliche Gesichtspunkte für die Anwendungsfälle betrachtet werden (vgl. auch TB 15-6).
Als Wellenwerkstoff kommt praktisch nur Stahl in Frage (vgl. TB 1-1). In den meisten Fällen genügen unlegierte Stähle nach DIN EN 10025 bzw. unlegierte und niedrig legierte Einsatzstähle nach DIN 17210 wegen des Verschleißes und der Oberflächenhärte bzw. bei größeren Querschnitten Vergütungsstähle nach DIN EN 10083. Bei größerer Härte des Lagerwerkstoffs ist ein Wellenwerkstoff höherer Festigkeit vorzusehen. Das Härteverhältnis zwischen Lagerwerkstoff und Welle soll etwa 1:3 bis 1:5 betragen. Der Lagerwerkstoff muss also stets weicher und nachgiebiger sein, um den Verschleiß aufzunehmen und Kantenpressung abbauen zu können (vgl. zu Bild 15-9).

**2. Lagerwerkstoffe**

In Frage kommen meist Nichteisenmetall-Legierungen mit unterschiedlichen physikalischen und mechanischen Eigenschaften, in manchen Fällen Gusseisen mit Lamellengraphit (GJL) und Nichtmetalle, von denen die Formgebung der Lagerschalen bzw. Stützkörper abhängig ist. Ausreichende Formbeständigkeit des Werkstoffes unter Beanspruchung garantieren die 0,2 %-Grenze $R_{p0,2}$ und der $E$-Modul bzw. die Brinell-Härte HB.
Allgemein werden unterschieden:
*Massivlager*, die als einfachste Ausführungen aus einem einzigen Lagerwerkstoff hoher Festigkeit bestehen. Vorwiegend werden hierfür Gusseisen (GJL) bzw. CuSn- und CuSnZn-Gusslegierungen als Form- oder Strangguss (DIN ISO 4382) verwendet bzw. als Massivbuchsen (Schalen) aus gezogenem Rohr- oder Bandmaterial gefertigt und in den Lagerkörper eingepresst (Bild 15-12; s. auch 15.3.4).
*Verbundlager*, bei denen eine Lagerwerkstoffschicht auf einen Stützkörper aus Stahl, Stahlguss oder Gusseisen aufgegossen wird. Die Bindung erfolgt form- oder stoffschlüssig (Bild 15-13).

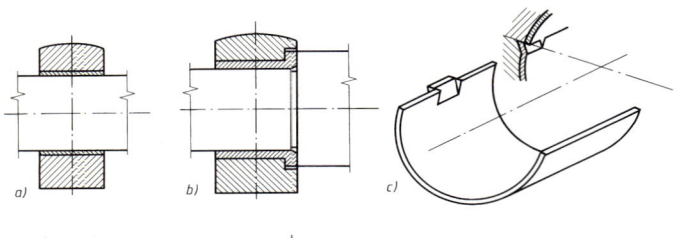

**Bild 15-12**
Lagerbuchsen und -schalen.
a) Massivbuchse (DIN 1850, DIN ISO 4379-1),
b) Massivbuchse mit einseitiger Axialgleitfläche,
c) Lagerhalbschale mit Haltenase

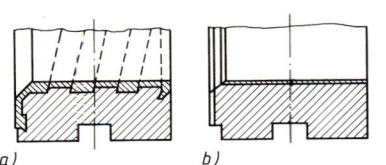

**Bild 15-13**
Durch Aufgießen hergestellte Lagermetallschichten (s. DIN 38).
a) formschlüssig mit Verklammerungsnuten,
b) stoffschlüssig-metallurgische Bindung mit dem Stützkörper

Höchste Anforderungen (z. B. bei Verbrennungsmotoren) können an Lager gestellt werden, die aus 3 oder mehr Schichten (Drei- oder Mehrstofflager) bestehen (vgl. auch Bild 15-14 und 15-24). Dabei wird auf eine St-Stützschale ein hochfester Lagerwerkstoff aufgebracht, der mit einer dünnen, weichen Gleitschicht (Pb, Sn, galvanisch) zur Beschleunigung des Einlaufvorganges überzogen ist. Beim Versagen dieser dünnen, einige µm starken Schicht, ist der Lagerwerkstoff die Notlaufschicht.

a) *Gusseisen mit Lamellengraphit* (DIN EN 1561) hat bei ausreichenden Gleiteigenschaften einen großen Verschleißwiderstand, ist aber wegen seiner hohen Härte kaum einbettungsfähig und empfindlich gegen Stöße und Kantenpressung. Geeignet sind EN-GJL-150 und -200 nur für geringe, EN-GJL-250 und -300 für höhere Anforderungen (Perlitguss). Erforderlich sind gehärtete und feinstbearbeitete Wellen. Verwendung für niedrig beanspruchte einfache Lager bei $u = 0{,}1 \ldots 3$ m/s (z. B. Transmissions- und Triebwerkslager, Landmaschinenlager).

b) *Sintermetalle* werden aus Fe, Cu, Sn, Zn und Pb-Pulver mit und ohne Graphitzusatz, vorgepresst und danach bei $\approx 750 \ldots 1000\,°C$ gesintert bzw. warmgepresst. Ihr mehr oder weniger feinporiges Gefüge nimmt bis zu 35 % seines Volumens Öl auf und führt es im Betrieb infolge Erwärmung und Saugwirkung den Gleitflächen zu. Im Stillstand (Abkühlung) nehmen die Poren durch Kapillarwirkung das Öl wieder auf.
Sie haben bei sehr gutem Notlaufverhalten (Selbstschmierung) geringere Festigkeit als metallische Lagerwerkstoffe, sind empfindlich gegen Stöße und Kantenpressung und eignen sich für geringe Gleitgeschwindigkeit ($u < 1$ m/s) bzw. für Schwingbewegung bei niedriger Beanspruchung (z. B. Lager in Hebemaschinen, Landmaschinen, Schaltgestängen bzw. -rädern, s. Bild 15-28).

c) *Kupferlegierungen* enthalten mehr als 50 % Cu. Durch Zulegieren weicher Metalle (Pb, Sn, Zn, Al) werden die Gleiteigenschaften verbessert. Sie werden als Guss- und Knetlegierung verwendet (vgl. TB 15-6).
Kupfer-Zinn- und Kupfer-Zinn-Zink-Gusslegierungen (DIN ISO 4382-1, DIN 1705) haben gute Gleiteigenschaften und gutes Notlaufverhalten mit großem Verschleißwiderstand. Sie sind für hohe und stoßhafte Beanspruchungen geeignet. Wegen der relativ großen Härte darf keine Kantenpressung auftreten, die Welle muss gehärtet, die Lagerbohrung feinstbearbeitet sein. Als Knetlegierung (DIN ISO 4382-2) werden sie für Buchsen verwendet.
Kupfer-Blei-Zinn-Gusslegierungen (DIN ISO 4382-1, DIN 1716) sind als Lagerwerkstoff mit sehr guten Gleiteigenschaften und gutem Notlaufverhalten bei hohen Beanspruchungen, auch bei größerer Kantenpressung, insbesondere für Verbundlager verwendbar.
Kupfer-Aluminium-Gusslegierungen (DIN ISO 4382-1, DIN 1714) werden für Lager bei sehr hohen Stoßbeanspruchungen mit gutem Verschleißwiderstand verwendet (gute Schmierung erforderlich).

d) *Blei- und Zinn-Legierungen* (s. TB 15-6) enthalten als Pb-Gusslegierung zur Erhöhung der Härte Zusätze von Sb, As, als Sn-Gusslegierung solche von Sb und Cu. Sie haben hervorragende Gleiteigenschaften, auch bei nicht gehärteten Wellen, und gutes Notlaufverhalten, sind für hohe

Gleitgeschwindigkeit, aber nur einige für stoßhafte Beanspruchung, und durch ihre Weichheit unempfindlich gegen Kantenpressung. Sie eignen sich als Lager-Werkstoffe für Verbundlager (DIN ISO 4381) bzw. als Schichtverbundwerkstoff (DIN ISO 4383) bis zu Betriebstemperaturen von ca. 110 °C bei $u > 15$ m/s (z. B. Pleuellager).

e) *Kunststoffe bzw. Kunstharzpressstoffe* ohne bzw. mit Füllstoffen kommen für Gleitlager vor allem im Bereich des Trockenlaufs oder der Mangelschmierung voll zur Geltung; bei hydrodynamischer oder hydrostatischer Schmierung insbesondere, wenn andere Werkstoffe gegenüber andern Schmiermitteln nicht beständig sind. Nachteilig sind im Allgemeinen die niedrige Wärmeleitfähigkeit, die Temperaturabhängigkeit der Eigenschaften (Druckfestigkeitsabnahme, Änderung des Gleitverhaltens), große Wärmedehnung und Feuchtigkeitsaufnahme (Spielminderung) sowie das Kriechen unter Langzeitbeanspruchung (Verformung des Lagers).
Verwendet werden thermoplastische und duroplastische Kunststoffe, meist Polyamide (Kurzzeichen PA, Nylon), aber auch Polyoxymethylen (POM), Polytetrafluorethylen (PTFE, Teflon), Hartgewebe (DIN 7735) als Lagerbuchsen bzw. -schalen, deren Wanddicke wegen der Wärmeabfuhr möglichst klein ausgeführt werden soll (s. DIN 1850, Teil 5 und 6). Eine Auswahl der als Gleitlagerwerkstoff hauptsächlich geeigneten thermoplastischen Kunststoffe enthält DIN ISO 6691, s. TB 15-6. Bei Verbundlagern wird auf einen Stahlstützkörper eine poröse Schicht (ca. 0,3 mm dick) aus CuSn-Pulver auf Cu-Schicht gesintert. Die Poren werden in einem Walzverfahren vollständig mit einer Mischung aus PTFE und Pb-Pulver ausgefüllt und damit gleichzeitig eine Deckschicht (ca. 20 µm) aufgebracht. Anschließend wird diese Mischung ausgesintert (Bild 15-14).

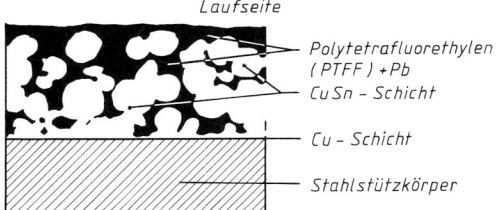

**Bild 15-14**
Schnitt durch ein Kunststoff-Verbundlager (vergrößert)

Ähnlich werden auch Verbundlager auf der Basis PTFE/MoS$_2$ hergestellt. Die Lagerlauffläche soll möglichst nicht nachgearbeitet, allenfalls das Spiel geringfügig durch Kalibrieren korrigiert werden. Die Lager sind empfindlich gegen Kantenpressung und werden bei höheren Drücken und niedrigen Gleitgeschwindigkeiten in der Feinmechanik, aber auch im allgemeinen Maschinenbau verwendet.

f) *Holz*, meist Pressholz, ist ein billiger Werkstoff für gering belastete Lager. Klötze aus Birke, Linde oder Espe werden mit Naßdampf bei ≈100 °C gedämpft, in Formen gepresst, auf ≈10 % Wassergehalt getrocknet und bearbeitet. Man setzt sie ein z. B. bei Lagern in Textilmaschinen und Zwischenlagern bei Transportschnecken.

g) *Gummi* hat sich bei wassergeschmierten Lagern in Pumpen bewährt.

h) *Kunstkohle*, gasgeglüht und elektrographitiert, als poröser keramischer Werkstoff wird verwendet, wo mit Rücksicht auf die Umgebung mineralische Schmierstoffe unzulässig sind und andere Lagerwerkstoffe wegen Korrosionsgefahr nicht in Frage kommen. Als einbaufertige Lager (Buchsen DIN 1850, Teil 4) eignen sie sich insbesondere im chemischen Apparatebau bei hohen Temperaturen.

## 15.3.2 Gestaltungs- und Betriebseinflüsse

Der größte im Lager auftretende Schmierfilmdruck $p_{max}$ hängt von der Lagergestaltung ab. Die Lagerbreite $b$ muss so groß sein, dass $p_{max}$ ohne schädliche Verformung der Gleitflächen aufgenommen werden kann; aber nicht größer, weil die Gefahr des Kantentragens bei schmalen Lagern geringer ist.

Einen wesentlichen Einfluss auf die Tragfähigkeit und Erwärmung eines Radiallagers mit dem Innendurchmesser $d_L$ übt das praktisch übliche *Breitenverhältnis* (relative Lagerbreite) aus

$$\frac{b}{d_L} = 0{,}2 \ldots 1 \ldots (1{,}5) \tag{15.3}$$

Für Lager mit hoher Drehzahl $n_W$ bzw. Gleitgeschwindigkeit $u_W$ und niedriger Lagerkraft $F$ werden größere Werte, bei normaler Ausführung $b/d_L = 0{,}5 \ldots 1$, empfohlen; für solche mit niedriger $n_W$ bzw. $u_W$ und hoher $F$ sind die kleineren Werte $b/d_L < 0{,}5$ anzuwenden. Bei schmaler Ausführung fließt seitlich mehr Schmierstoff ab, der Schmierstoffdurchsatz steigt und die Wärmeabfuhr wird dadurch besser.

Bei Lagern mit $b/d_L > 1$ bis ca. 1,5 wird der seitliche Ölabfluss erschwert. Wegen längeren Verweilens des Öles steigt die Erwärmung, wodurch die Viskosität $\eta$ und damit auch die Tragfähigkeit sinkt; außerdem wächst die Verkantungsempfindlichkeit.

Da der Druckverlauf $p$ im Gleitraum ungleichmäßig verteilt ist, gilt als Kriterium zur Beurteilung der mechanischen Beanspruchung der Lagerwerkstoffe die Lagerkraft bezogen auf die Projektion der Lagerfläche, die *spezifische Lagerbelastung* (mittlerer Lagerdruck bzw. mittlere Flächenpressung)

$$p_L = \frac{F}{b \cdot d_L} \leq p_{L\,zul} \tag{15.4}$$

    $F$    Lagerkraft
    $b, d_L$    Lagerbreite, Lagerinnendurchmesser
    $p_{L\,zul}$    zulässige spezifische Lagerbelastung nach TB 15-7 (TB 15-6)
    *Hinweis:* 1 bar = $1{,}0 \text{ N/cm}^2 = 0{,}1 \text{ N/mm}^2 = 10^5 \text{ Pa} = 0{,}1 \text{ MPa}$

$p_{L\,zul}$ ist als maximaler Richtwert ein Erfahrungswert für die Lagerwerkstoff-Gruppe, der neben der Legierungszusammensetzung noch von der Herstellungsart der Lagermetall-Schichtdicke, vom Gefüge u. a. beeinflusst wird, s. TB 15-7 (TB 15-6). Für den speziellen Fall sind jedoch Herstellerangaben maßgebend.

Die stärksten Verformungen im Gleitlager treten aufgrund von $p_{max}$ auf, wobei je nach Exzentrizität und Breitenverhältnis $p_{max} = (2 \ldots 10) \cdot p_L$ betragen kann.

Die Quetschgrenze etwa entsprechend $R_{p0,2} \geq p_{max} \approx 6 \cdot p_L$ des Lagerwerkstoffes kann für Lager, bei denen keine Verkantungen auftreten, nur bedingt als brauchbare Bezugsgrenze angesehen werden, weil geringe Verformungen der Gleitflächen sich nicht nachteilig auf das Betriebsverhalten der Lagerung auswirken; außerdem liegt $R_{p0,2}$ umso höher, je geringer die Schichtdicke des Lagerwerkstoffes ist (vgl. 15.3.1 Gleitlagerwerkstoffe). Vorteilhaft wird $p_{L\,zul}$ nach bewährten Konstruktionen festgesetzt. Den Einfluss der Lagerbreite $b$ auf die Druckverteilung $p$ bei gleichem Lagerspiel bzw. gleicher $h_0$ zeigt Bild 15-15.

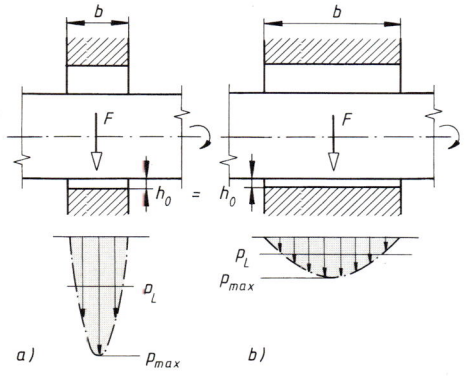

**Bild 15-15**
Einfluss der Lagerbreite $b$ auf die Belastbarkeit.
a) $b$ klein: $p_{max}$ bzw. $p_L$ groß → $\eta$ groß
    große Wärmeabfuhr – niedrige Lagertemperatur, Verkantungsempfindlichkeit klein,
b) $b$ groß: $p_{max}$ bzw. $p_L$ klein → $\eta$ klein
    kleine Wärmeabfuhr – hohe Lagertemperatur, Verkantungsempfindlichkeit groß

## 15.3 Gestalten und Entwerfen

Je größer $F$ ist, umso geringer wird $h_0$ unter sonst gleichen Voraussetzungen, und umso kleiner muss auch $b$ sein, um den Einfluss der Verkantungen bzw. Durchbiegungen am Lager im Verhältnis zu $h_0$ unwesentlich zu machen (vgl. Bild 15-9).

Bild 15-16 zeigt bei gleicher Lagerbreite $b$ den Einfluss des Lagerspiels $s$ bzw. der kleinsten Schmierspalthöhe $h_0$ auf den Druckverlauf bzw. auf das Druckmaximum $p_{max}$.

Es ist erkennbar, dass ein kleines Lagerspiel $s$ und damit eine kleine Schmierspalthöhe $h_0$ ein gleichmäßiges Tragen über $b$ und daher geringeres $p_{max}$ bei gleicher spezifischer Lagerbelastung $p_L$ bzw. hohe Tragfähigkeit bewirken (vgl. Bild 15-16a).

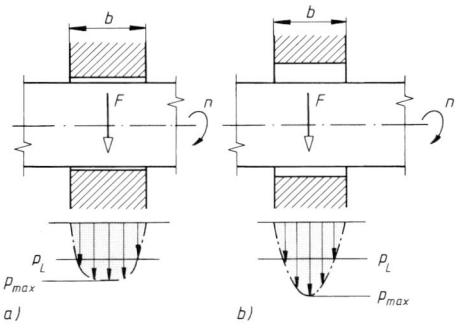

**Bild 15-16**
Einfluss des Lagerspiels auf den Druckverlauf bzw. $p_{max}$.
a) kleines Spiel $s$ bzw. kleine $h_0$,
b) großes Spiel $s$ bzw. große $h_0$; $p_L = $ const.

*Allgemein ist für eine große Lagerkraft F und kleine Gleitgeschwindigkeit u bzw. Drehzahl n ein kleines Lagerspiel s, für eine kleine F und große u bzw. n ein großes s erforderlich.*

Sind $u$ bzw. $n$, $F$ und $s$ gegeben, wird $h_0$ durch die Auswahl des Schmierstoffes beeinflusst. Je niedriger die dynamische Viskosität $\eta$, d. h. je dünnflüssiger der Schmierstoff ist, umso kleiner ist $h_0$. Für einen bestimmten Schmierstoff hängt $h_0$ auch von der Lagertemperatur ab (vgl. 15.1.4 Schmierstoffeinflüsse).

Allgemein erfordern hohe $u$ bzw. $n$ kleines $s$ und niedrige $p_L$ dünnflüssige Schmierstoffe, geringe $u$ bzw. $n$, großes $s$ und hohe $p_L$ dickflüssige Schmierstoffe. Weil die Tragfähigkeit mit kleiner werdender $h_0$ steigt, stellt sich bei jeder Lagerkraftänderung ein Gleichgewicht zwischen der Kraft aus der Summe aller vertikalen Schmierstoffdruckkomponenten $-F$ und der Lagerkraft $+F$ ein. Kleines $s$ bzw. kleine $h_0$ kann jedoch nur ausgenutzt werden, wenn die Gleitflächen geometrisch genau sind und sich gut einander anpassen (vgl. 15.3.1-1 Gleitlagerwerkstoffe), da sonst hohe Reibungsverluste und damit hohe Lagererwärmung auftreten. Damit ein Lager auf die Dauer betriebssicher arbeitet, muss der Wert von $h_0$ so groß sein, dass im Betriebszustand keine metallische Berührung zwischen den Gleitflächen vorhanden ist, um möglichst geringe Störanfälligkeit durch möglichst geringen Verschleiß und thermische Überbeanspruchung durch entstehende Reibungswärme zu vermeiden.

Grundlegende Versuche von *Stribeck* zur Reibung in einem bestimmten Gleitlager ergaben die im Bild 15-17 dargestellten Kurven im Zusammenhang zwischen Drehzahl $n$ und Reibungszahl $\mu$ bei jeweils konstanten Werten für $p_L$ und $\eta$. Diese Reibungskurven (Stribeck-Kurven) zeigen ausgehend vom Stillstand mit steigender $n$ das schnelle Absinken von $\mu$, bedingt durch die sich immer besser ausbildende Schmierstoffschicht. Zunächst wird das Gebiet der Mischreibung durchlaufen. $\mu$ sinkt bis auf ein Minimum in den Ausklinkpunkten $A(A', A'')$ je nach $p_L$ und $\eta$) ab, die jenen Betriebszuständen entsprechen, bei denen für die kleinste Spalthöhe $h_0$ keine metallische Berührung der Gleitflächen bei einer fiktiven Übergangsdrehzahl $n_{ü}$ (z. B. für $p_L$ und $\eta$ mittel) mehr stattfindet.

Die Auslegung eines Lagers im Ausklinkpunkt ist unsicher, da der Bereich der kleinsten $\mu$ sehr klein ist. Schon bei einer geringen Drehzahländerung kann das Lager im Mischreibungsgebiet laufen. Soll ein Lauf im Bereich der Flüssigkeitsreibung gewährleistet sein, muss das Lager bei einer Betriebsdrehzahl $n > n_{ü}$ arbeiten, die für gleiche $p_L$ und $\eta$ hinreichend rechts vom Ausklinkpunkt liegt. Nach dem Minimum im Ausklinkpunkt steigt $\mu$ mit steigender $n$ aufgrund der Flüssigkeitsreibung wieder an, so dass für hohe $n$, besonders bei kleiner $p_L$ und großer $\eta$, sich

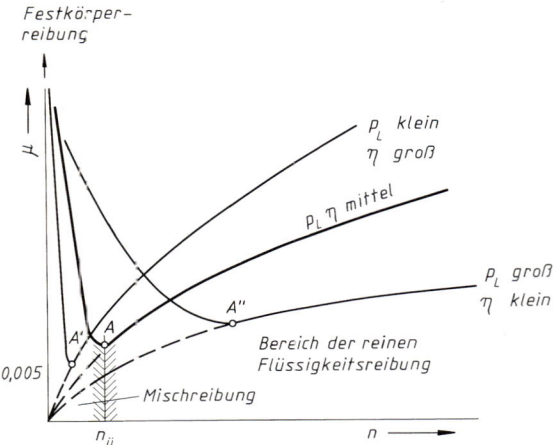

**Bild 15-17**
Stribeck-Kurven (schematisch). Reibungszahl µ abhängig von der Drehzahl $n$ bei jeweils gleichbleibender $p_L$ und $\eta$; Ausklinkpunkte $A$, $A'$, $A''$

µ-Werte ergeben, die nahezu jenen bei Misch- oder gar Festkörperreibung entsprechen. Die obere Betriebsgrenze ist durch die maximal zulässige Lagertemperatur festgelegt, da die durch den Reibungsvorgang erzeugte Wärme das Lager aufheizt, so dass sich bei thermischer Überbeanspruchung Schäden am Gleitwerkstoff einstellen können (vgl. 15.4.1). Eine Vorausbestimmung von $n_ü$ bereitet erhebliche Schwierigkeiten (s. unter „Hinweis").
Treten keine Störeinflüsse (Unwuchten, Schwingungen, Formabweichungen, Montagefehler usw.) auf und sind die Betriebsbedingungen genau erfasst, dann kann bei unverkanteten und nicht durchgebogenen Wellen bei neuen Lagern $h_0 \geq h_{0\,zul} = \Sigma(R_z + W_t)$ für Welle und Lagerschale günstiger nachgewiesen werden (vgl. 15.1.3 Reibungszustände).
Nach einem geeigneten Einlauf über längere Zeit mit allmählicher Kraftsteigerung oder Drehzahlabsenkung kann infolge Glättung der Oberflächen mit $h_{0\,zul} \geq \Sigma R_a$ gerechnet werden. Die Kombination harte Wellenoberfläche gegen weiche Lageroberfläche begünstigt den Einlaufvorgang; bei ähnlicher Härte der Gleitflächen erhöht sich die Fressgefahr. Da außerdem die Abmessungen und die Gleitgeschwindigkeit von Einfluss sind, können Erfahrungswerte für $h_{0\,zul}$ aus TB 15-16 entnommen werden, wobei für Wellen $R_{zW} \leq 4\,\mu m$ und für eingelaufene Lagergleitflächen $R_{zL} \leq 1\,\mu m$ angenommen werden.
Beim freien Auslauf einer Maschine ergibt sich die Umkehrung des Anlaufvorganges. Ist beim Abstellen der Maschine der Schmierstoff nicht sehr warm geworden und sinkt die Lagerkraft $F$ mit dem Auslauf, dann ist das Durchlaufen des Mischreibungsgebietes kurz und ungfährlich. Ist aber der Schmierstoff nach längerer, höherer Krafteinwirkung sehr warm geworden und verschwindet die Kraft erst kurz vor dem Stillstand, d. h. erstreckt sich bei $\eta' < \eta$ der Auslauf über längere Zeit, dann besteht Gefahr für die Lager, wenn der Übergang in die Mischreibung bei relativ hoher Übergangsdrehzahl $n_ü$ erfolgt (s. Bild 15-18). In diesem Fall ist es ratsam, den Maschinenauslauf durch einen Bremsvorgang abzukürzen bzw. das Lager während des Auslaufs hydrostatisch zu betreiben (vgl. 15.1.3).

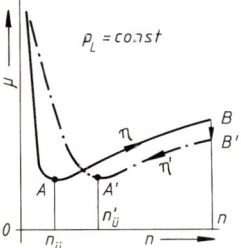

**Bild 15-18**
Stribeck-Kurven (schematisch) für An- und Auslauf bei stationärem Betriebszustand $B-B'$

## 15.3 Gestalten und Entwerfen

*Hinweis:* Es war stets das Bestreben die Drehzahl zu kennen, bei der der Übergang von Misch- in Flüssigkeitsreibung, also die vollkommene Trennung der Gleitflächen beim Anlauf ($n_{\ddot{u}}$) oder umgekehrt der Übergang von Flüssigkeits- in Mischreibung beim Auslauf ($n'_{\ddot{u}}$) erfolgt (Bild 15-18), weil dadurch die Tragfähigkeit eines Lagers bei $p_L$ = konstant bestimmt ist. Allgemein interessiert die höhere und damit ungünstigere Übergangsdrehzahl $n'_{\ddot{u}}$, da diese unbedingt noch unter der Betriebsdrehzahl $n$ liegen muss, wenn ein sicherer Lauf im Bereich der Flüssigkeitsreibung gewährleistet sein soll.
*Vogelpohl* empfiehlt unter bestimmten Voraussetzungen als Zahlenwertgleichung angenähert für die Übergangsdrehzahl

$$n'_{\ddot{u}} \approx \frac{0{,}1 \cdot F}{C_{\ddot{u}} \cdot \eta_{\text{eff}} \cdot V_L} \qquad \begin{array}{c|c|c|c|c} n'_{\ddot{u}} & F & V_L & C_{\ddot{u}} & \eta_{\text{eff}} \\ \hline \min^{-1} & N & dm^3 & 1 & mPa\,s \end{array}$$

Darin sind die dynamische Viskosität $\eta_{\text{eff}}$ bei der Temperatur $\vartheta_{\text{eff}}$ und das Lagervolumen $V_L = (\pi d_L^2/4) \cdot b$ einzusetzen.
Die Übergangskonstante $C_{\ddot{u}}$ lässt sich experimentell bestimmen und ist hauptsächlich von $p_L$ und $\psi_B$ abhängig (vgl. zu Gl. (15.5)). Wegen des nur engen Bereichs von $\psi_B$ ist der Einfluss von $p_L$ wesentlich größer. Nach Untersuchungen schwankt bei 1 N/mm² < $p_L$ < 10 N/mm² der $C_{\ddot{u}}$-Wert im Bereich von 1 bis 8, bei $p_L$ > 10 N/mm² wird $C_{\ddot{u}} \gg 6$, wodurch die Ermittlung von $n'_{\ddot{u}}$ sehr unsicher ist.
Überschlägig kann mit $C_{\ddot{u}} = 1$ für gute Werkstattarbeit und geeignetem Werkstoff gerechnet werden, was eine zusätzliche Sicherheit bedeutet, da die tatsächliche $n'_{\ddot{u}}$ dann normalerweise niedriger liegen dürfte. Empfohlen wird danach ein Drehzahlverhältnis $n/n'_{\ddot{u}} \geq 3$ für $u \leq 3$ m/s und $n/n'_{\ddot{u}} \geq u$ (als Zahlenwert) für $u > 3$ m/s.
Da die mit der exakten Lösung ermittelte kleinste Schmierspalthöhe $h_0$ (s. Gl. (15.8)) in sehr enger Beziehung zur Oberflächenrauigkeit steht, ist es zweckmäßiger $n'_{\ddot{u}}$ durch $h_0$ zu ersetzen und mit $h_0 > h_{0\,\text{zul}}$ Flüssigkeitsreibung (Vollschmierung) nachzuweisen (vgl. 15.4.1-4). Die kleinste zulässige Schmierspalthöhe $h_{0\,\text{zul}} \triangleq h_{\min\,\text{zul}}$ kann tatsächlich mit der ersten Berührung zwischen den Rauigkeitsspitzen von Welle und Lagerschale beschrieben werden, wobei es ohne Bedeutung ist, ob der Mischreibungsbeginn durch Drehzahlsenkung, Krafterhöhung oder Temperatursteigerung erreicht wird. Die Oberflächen sollen so gut hergestellt werden, dass nur eine kurze Einlaufzeit zum Erreichen der Vollschmierung erforderlich ist (vgl. Bild 15-3).

### 15.3.3 Schmierstoffversorgung der Gleitlager

#### 1. Schmierungsarten

*Ölschmierung* ist für Gleitlager aller Arten bei kleinen bis höchsten Drehzahlen und Belastungen vorherrschend. Vorwiegend werden Mineralöle verwendet. Angaben über Eigenschaften von genormten Schmierölen (s. 15.1.4) enthält die Auswahl im TB 15-8a. Zusätze, z. B. von Molybdändisulfid, verbessern die Schmiereigenschaften durch Erhöhung der Haftfähigkeit und Glättung der Gleitflächen. Sie haben sich besonders bei Sparschmierung und hohen Temperaturen bewährt.
*Fettschmierung* wird nur bei Lagern mit sehr kleinen Drehzahlen und Pendelbewegungen sowie stoßartigen Belastungen angewendet, bei denen Flüssigkeitsreibung nicht zu erreichen ist; z. B. bei Pressen, Hebezeugen, Landmaschinen. Fett hat hierbei den Vorteil, sich besser und länger im Lager zu halten und gleichzeitig gegen Verschmutzung zu schützen. Verwendet werden Schmierfette nach DIN 51825 (s. TB 15-8b).
*Wasserschmierung* hat sich bei Lagern aus Holz, Kunststoffen und Gummi bewährt, z. B. bei Walzen- und Pumpenlagern. Vorteilhaft kann die etwa zwei- bis dreimal so hohe Kühlwirkung des Wassers gegenüber der des Öles bei hochbelasteten Walzenlagern sein.
*Trockenschmierung* mit Festschmierstoffen wie Molybdändisulfid oder Graphit wird häufig bei hohen Temperaturen, zur Notlaufschmierung und zur einmaligen Schmierung bei langsam laufenden Lagern, bei Gelenken, Führungen und sonstigen Gleitstellen angewendet (vgl. unter 9.2.1). Die Festschmierstoffe werden meist als Pasten, seltener in Pulverform, verwendet und direkt auf die Gleitflächen aufgetragen.
*Lager ohne Fremdschmierung* haben Gleitwerkstoffe wie Kunstkohle (s. 15.3.1-2h), Kunststoffe als Verbundlager (s. 15.3.1-2e) oder Kombinationen von NE-Metallen verschiedener Härte, die selbst Schmiereigenschaften besitzen. In allen Fällen ist Verschleiß unvermeidbar und die Reibverlustleistung wird wegen $\mu \geq 0{,}3$ groß. Ihre Einsatzgrenzen werden durch die Wärmeleitfähigkeit und Wärmedehnung gesetzt.

*Luft- bzw. Gasschmierung* beschränkt sich wegen der nur geringen Belastbarkeit und der notwendigen relativ hohen Drehzahlen auf Lager für den Instrumenten- und Apparatebau wegen der geringen Reibungsverluste, sowie für Lager der pharmazeutischen, nahrungs- und genussmittelverarbeitenden Industrie, wenn keine Verunreinigungen durch Schmierstoffe auftreten dürfen. Gase (Luft, $CO_2$, $N_2$) sind jedoch kompressibel, d. h. ihre Dichte ist druckabhängig; außerdem steigt ihre Viskosität mit dem Druck und gering mit der Temperatur.

**2. Schmierverfahren und Schmiervorrichtungen**

Bei der *Durchlaufschmierung* kommt das Schmiermittel (Öl oder Fett) nur einmal zur Wirkung, da es die Gleitstelle nur einmal durchläuft und dann meist nicht wieder verwendet wird. Wegen der Unwirtschaftlichkeit wird diese Schmierung nur für gering beanspruchte, einfache Lager (Haushalts-, Büromaschinen und dgl.) verwendet und dort, wo andere Schmierverfahren nicht möglich sind (schwingende Lagerstellen, Gelenke) oder wo wegen Verunreinigung das Schmiermittel nicht wieder zu verwenden ist.

*Öl-Schmiervorrichtung für Durchlaufschmierung:* Handschmierung am einfachsten durch *offene Öllöcher* (Verschmutzungsgefahr!) oder durch *Öler* verschiedener Ausführungen nach DIN 3410 (Bild 15-19a bis c) für kurzzeitig laufende Lager. Selbsttätige Schmierung durch *Tropföler* (Bild 15-19e) mit sichtbarer regulierbarer Ölabgabe: Durch Schwenken des Knopfes um 90° wird Nadel (1) gehoben und Zulauföffnung freigegeben; durch Drehen der Mutter (2) wird Hubhöhe der Nadel und damit Zulaufmenge des Öles eingestellt; ferner durch *Dochtöler* (Bild 15-19d), die die Saugfähigkeit eines Dochtes benutzen, um gleichzeitig kleine Ölmengen aus einem Gefäß zur Schmierstelle zu fördern und durch automatische Schmierstoffgeber: Der Spendedruck wird entweder durch eine elektrochemische Reaktion (Bild 15-19f: 1 Aktivierungsschraube mit Gaserzeuger, 2 Elektrolytflüssigkeit, 3 Öl bzw. Fett) oder durch einen elektromechanischen Antrieb erzeugt.

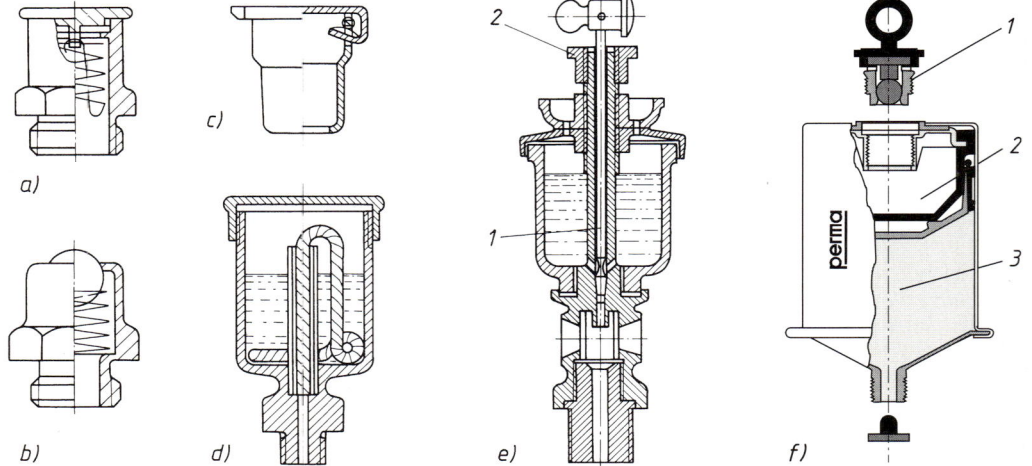

**Bild 15-19** Öl-Schmiervorrichtungen. a) Einschraub-Deckelöler, b) Einschraub-Kugelöler, c) Einschlag-Klappdeckelöler, d) Dochtöler, e) Tropföler, f) automatische Schmierstoffgeber (Werkbild)

*Fett-Schmiervorrichtungen: Staufferbüchse* nach DIN 3411 (Bild 15-20a) und *Schmiernippel* für Hand-, Fuß- und automatische Schmierpressen: Kegelschmiernippel (Bild 15-20c und d), mit formschlüssiger Verbindung zum Pressenmundstück, sollen gegenüber Flach- und Trichterschmiernippeln bevorzugt werden; *Fettbüchse* (Bild 15-20e) für selbsttätige Schmierung: Durch federbelastete Scheibe (1) wird das Fett ständig nachgedrückt, durch Regulierschraube (2) die Fettmenge eingestellt.

Bei der *Umlaufschmierung* wird das Schmiermittel durch ein Förderorgan fortlaufend der Schmierstelle zugeführt. Der Umlauf kann dabei so bemessen sein, dass das Schmiermittel nöti-

## 15.3 Gestalten und Entwerfen

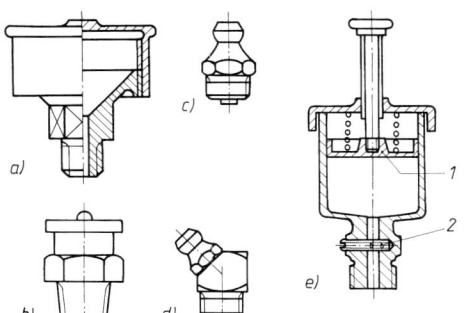

**Bild 15-20**
Fett-Schmiervorrichtungen.
a) Staufferbüchse
b) Flach-Schmiernippel
c) und d) Kegel-Schmiernippel
e) Fettbüchse

genfalls gleichzeitig zur Kühlung dient. Die Umlaufschmierung ist das gebräuchlichste Schmierverfahren bei Gleitlagern aller Art.

*Schmiervorrichtungen für drucklose Umlaufschmierung:* Bei Steh-, Flansch- und Einbaulagern mit mittleren Gleitgeschwindigkeiten (bis $u \approx 7 \ldots 10$ m/s) und waagerechten Wellen wird die *Ringschmierung* am häufigsten angewendet. Feste Schmierringe (bis $u \approx 10$ m/s), die sich mit der Welle drehen, (Bild 15-27b) oder lose Schmierringe (bis $u \approx 7$ m/s), die sich auf der Welle abwälzen (Bild 15-27c), fördern das Öl aus einem Vorratsraum an die Gleitflächen. Die diesen von den Ringen zugeführten Ölmengen lassen sich wegen der vielartigen Einflussgrößen (Ringabmessungen, Ölviskosität, Gleitgeschwindigkeit u. a.) nur schwer ermitteln. Grobe Anhaltswerte aus Versuchen an bestimmten Lagern gibt Bild 15-21. Lose Schmierringe können nach DIN 322 bemessen werden. TB 15-4 enthält die wichtigsten Abmessungen und Einbaumaße.

| Gleitgeschwindigkeit $u$ in m/s | | 1 | 2 | 3 | 4 | 5 | 6 |
|---|---|---|---|---|---|---|---|
| Ölvolumenstrom $\dot{V}$ in dm³/min | für losen Ring | 0,13 | 0,16 | 0,17 | 0,18 | 0,18 | – |
| | für festen Ring mit Abstreifer | 0,45 | 0,38 | 0,33 | 0,3 | 0,28 | 0,28 |

**Bild 15-21** Anhaltswerte für den durch Schmierringe den Gleitflächen zufließenden Ölvolumenstrom

Die *Ölbadschmierung*, bei der die gleitenden Flächen in Öl laufen, wird oft bei Spurlagern und einbaufertigen Zweiringlagern ähnlich Bild 15-28 verwendet. Bei der *Tauchschmierung* tauchen die zu schmierenden Teile in Öl ein und fördern oder schleudern es an die Schmierstelle; Anwendung bei Kurbellagern in Kurbelgehäusen und bei Zahnradgetrieben.
Die *Druckumlaufschmierung* mittels Kolben- oder Zahnradpumpen ist die sicherste und leistungsfähigste bei hochbelasteten Lagern von Turbinen, Generatoren und Werkzeugmaschinen. Sie kann für einzelne Lager oder als Zentralschmierung für ganze Maschinen ausgebildet sein, bei der mit einer Pumpe über einstellbare Verteiler oder durch einstellbare Einzelpumpen den Schmierstellen eine dosierte Schmierstoffmenge zugeführt wird. Der ablaufende Schmierstoff wird gesammelt und abgeleitet.
Weitere praktische Hinweise für die Schmierung von Gleitlagern enthält DIN 31692.

### 3. Schmierstoffzuführung

Zur Durchführung der Schmierung sind im Lagerkörper Bohrungen und Kanäle einzuarbeiten, die den Schmierstoff bis zum Gleitraum leiten. Im Gleitflächenbereich sind Schmierlöcher, Schmiernuten oder andere Freiräume vorzusehen, die den Schmierstoff im Gleitraum verteilen. Bei hydrodynamisch geschmierten Lagern soll der Schmierstoff stets außerhalb der belasteten Gleitflächenzone, in der Regel in einer Ebene senkrecht zur Lagerkraftrichtung zugeführt werden (s. 15.1.5-2 zu Bild 15-8).
Schmierlöcher können in Verbindung mit Schmiernuten bzw. mit Schmiertaschen für größere Schmierräume angebracht werden. Sie sind nach DIN 1591 festgelegt (s. TB 15-5).

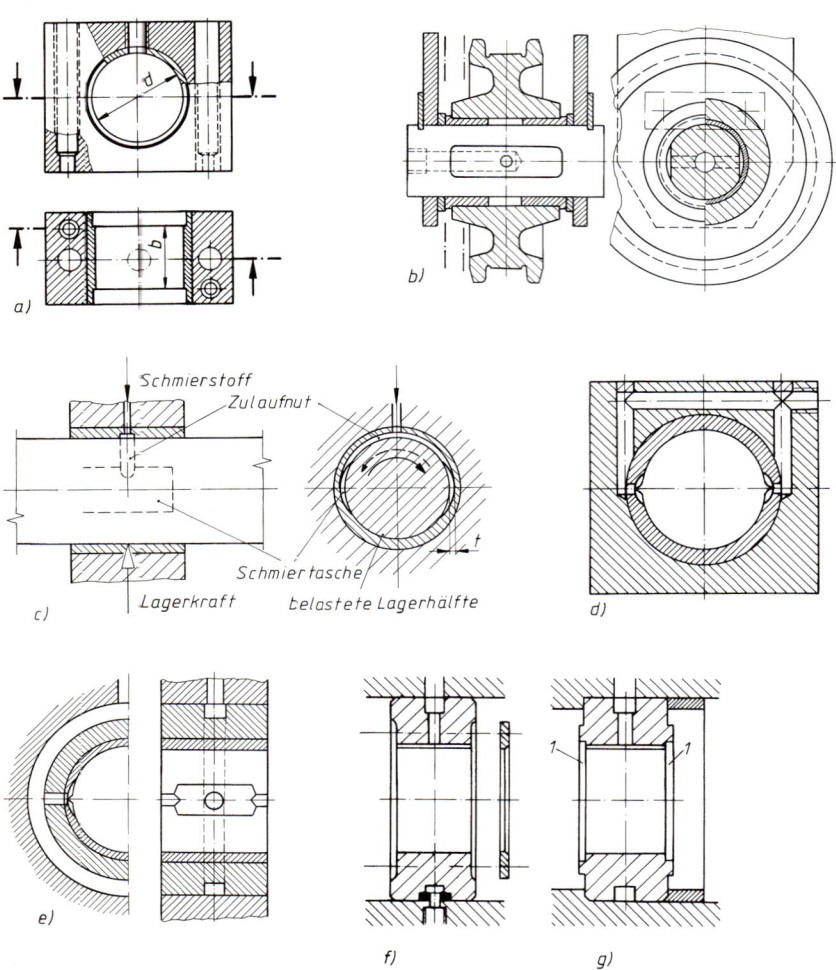

**Bild 15-22** Schmierstoffzuführung.
a) Blocklager mit Schmierloch, b) Laufrollenlagerung mit Schmiernut (Abflachung) im stillstehenden Bolzen, c) Lager mit Zulaufnut und zwei Schmiertaschen, d) Blocklager mit zwei Nuten durch Bohrungen an Zuführungsstelle angeschlossen, e) Lager mit Ringnut und zwei Schmiertaschen mit reduziertem Nutquerschnitt, f) Einbau-Loslager mit durchgehender Nut und Drosselring, g) Einbau-Festlager mit durchgehender Nut und Ringspalte 1 an den Lagerenden

Oft genügt ein Schmierloch bzw. eine Schmiernut, stets an jenem Teil der Lagerung, der relativ zur Richtung der Lagerkraft stillsteht (vgl. Bild 15-22a, s. auch Bild 9-20). Wellen für Links- und Rechtslauf erhalten zwei Schmiertaschen mit Zulaufnut (vgl. Bild 15-22c), dsgl. sind bei geteilten Lagern zwei Schmiernuten an den Teilfugen zweckmäßig. Anzustreben ist dann, dass nur ein Anschluss für die Schmierstoffzufuhr vorhanden ist (vgl. Bild 15-22d, e). Reichlich gehaltene Nutquerschnitte (Schmiertaschen) sollen nahe dem Lagerrand auf etwa 1/4 reduziert werden, um ein druckloses Abfließen von Öl zu verhindern (vgl. Bild 15-22e). Durchgehende Nuten können auch mit anzuschraubendem Drosselring abgeschlossen werden (vgl. Bild 15-22f). Festlager erhalten zur ausreichenden Versorgung der Axialgleitflächen stets durchgehende Nuten, wobei Ringspalte am Außenrand oder dahinter Öl erfassen und dem austretenden Öl ein Hindernis bilden (vgl. Bild 15-22g).

## 15.3.4 Gestaltung der Radial-Gleitlager

Für die Gestaltung der Radial-Gleitlager sind die Art der Anordnung und die betrieblichen Verhältnisse maßgebend:
Ausführung als Augen-, Flansch- oder Stehlager je nach Anordnung (Bild 15-25); in geteilter oder ungeteilter Ausführung je nach Ein- und Ausbaumöglichkeiten, als Starr- oder Pendellager (Bilder 15-27b und c) je nach Fluchtgenauigkeit der Lagerstellen und der Größe der Wellendurchbiegung.

**1. Lagerbuchsen, Lagerschalen**

Der Lagerwerkstoff (vgl. 15.3.1) ist meist in Form ungeteilter Buchsen oder geteilter Schalen im Lagergehäuse untergebracht.
*Buchsen* werden in die Bohrungen ungeteilter Lagergehäuse eingepresst oder auch eingeklebt. Möglichst sind genormte Buchsen nach DIN 1850, Teil 2 bis 6 und DIN ISO 4379-1 (Bild 15-23a; Abmessungen s. TB 15-2a) bzw. für Flansch- und Augenlager nach DIN 8221 (Bild 15-23c) oder gerollte Buchsen nach DIN 1494, Teil 1 bis 4 bzw. Einspannbuchsen nach DIN 1498 oder Aufspannbuchsen nach DIN 1499 für Lagerungen (vgl. 9.3.1-5 mit Bild 9-9) zu verwenden.

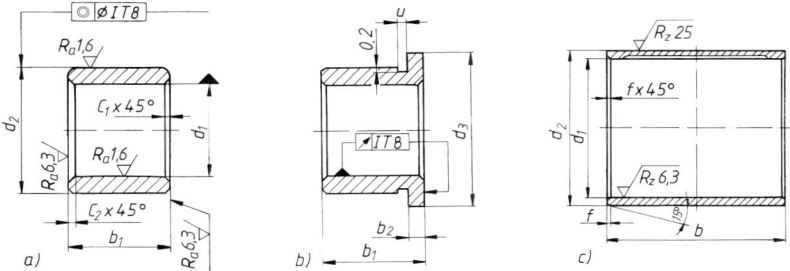

**Bild 15-23** Lagerbuchsen. a) Gleitlagerbuchse DIN ISO 4379-1, Form C, b) Gleitlagerbuchse DIN ISO 4379-1, Form F, c) Buchse DIN 8221 für Gleitlager nach DIN 502, 503, 504 für $d_1 = 25 \ldots 180$ mm

Nach DIN ISO 4379-1 gelten die Angaben für glatte, massive Buchsen (Form C) und Buchsen mit Bund (Form F) vor allem aus Cu-Guss- bzw. Knetlegierungen für die zum Einbau eine vereinbarte Einpressfase von 15° (Y) bzw. ohne Bezeichnung von 45° an den Enden angedreht wird. Für Buchsen aus Sintermetall, Kunstkohle und Kunststoff sind ähnliche Formen bei etwas anderen Abmessungen vorgesehen (DIN 1850-3 bis -6). Schmierlöcher, Schmiernuten und Schmiertaschen sind nach DIN 1591 (vgl. 15.3.3-3 mit TB 15-5) genormt. Ausführungsformen der Schmierstoffzuführung und -verteilung für Gleitlagerbuchsen s. DIN 1850-2.
Buchsen meist aus G-CuSn7ZnPb für Flanschlager DIN 502 (2 Schrauben), DIN 503 (4 Schrauben) und Augenlager DIN 504 werden nach DIN 8221 (Bild 15-23c; s. Abmessungen TB 15-2b) gewählt (s. auch 15.3.4-2, Bild 15-25).
*Lagerschalen* können einbaufertig mit Lagerstützkörper aus Stahl (S235, C10, C15 u. a.) und Lagermetallausguss (z. B. PbSb15Sn10) gemäß DIN 38 (vgl. 15.3.1-2 Lagerwerkstoffe) ungeteilt nach DIN 7473 oder geteilt nach DIN 7474 bezogen werden. Sie werden ab Bohrung $d_1 = 50$ mm bis 710 mm, H7, als Loslager mit oder ohne Bund (Form A oder C, Bild 15-24a, c) oder als Festlager mit Bund (Form B, Bild 15-24b) mit Schmiertaschen nach DIN 7477 (Form K oder L) ausgeführt (Abmessungen siehe TB 15-3).
Für Stehlagergehäuse nach DIN 31 690 (vgl. Bild 15-26c) sind Lagerschalen ohne (Nr. 4) und mit Schmierringschlitz (Nr. 5) für Umlaufölschmierung bzw. mit Schmierringschlitz ohne Umlaufölschmierung (Nr. 6) ab $d_1 = 60 \ldots 1120$ mm, H7, mit Lagermetallausguss genormt (Bild 15-24d). Bezeichnung für Nr. 5, $d_1 = 180$ mm: Lagerschale DIN 31690−5×180 (Abmessungen s. Norm).
Oft werden Lagerschalen als Verbundlager (vgl. zu Bild 15-13) ausgebildet, z. B. mit Stützschale aus Stahl, Notlaufschicht aus G-CuPb-Legierung und Laufschicht ($10 \ldots 30$ μm) galvanisch aufgebracht (Bild 15-24e).

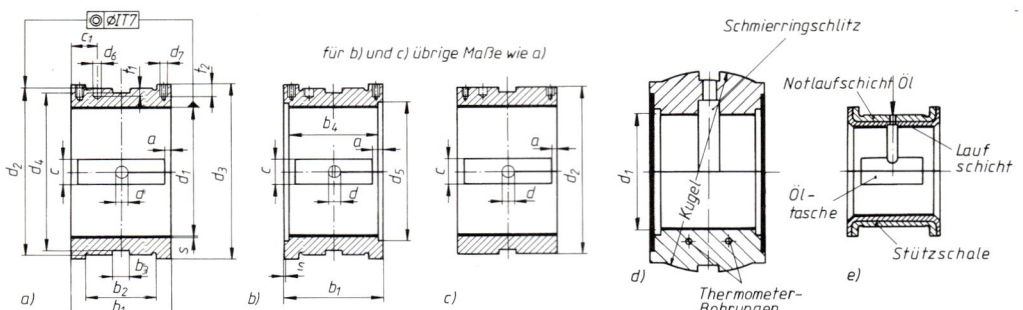

**Bild 15-24** Lagerschalen (Maße und Bezeichnungen s. TB 15-3).
a) Loslager mit Bund (links DIN 7473 ungeteilt, rechts DIN 7474 geteilt, Form A),
b) Festlager mit Bund (übrige Maße wie a), Form B,
c) Loslager ohne Bund (übrige Maße wie a), Form C,
d) Lagerschale für Gehäusegleitlager DIN 31690,
e) Mehrstoff-Lagerschale

## 2. Gestaltungsbeispiele

Die Konstruktion der Radiallager richtet sich nach den Anwendungen, aus denen sich bestimmte Bauformen entwickelt haben.

Zunächst seien die wichtigsten genormten Lager genannt:

*Flanschlager*, DIN 502, Befestigung mit 2 Schrauben (Bild 15-25a) Form A mit Buchse DIN 8221, Form B ohne Buchse, Bohrung $d_1 = 25 \ldots 70$ (80) mm (Maße s. TB 15-1a) und DIN 503, Befestigung mit 4 Schrauben (Bild 15-25b) Form B mit Buchse DIN 8221, Form D ohne Buchse, Bohrung $d_1 = 35$ (45) $\ldots$ 180 mm (Maße s. TB 15-1b).

*Augenlager*, DIN 504 (Bild 15-25c) Form A mit Buchse DIN 8221 und Form B ohne Buchse, Bohrung $d_1 = 20$ (25) $\ldots$ 180 mm (Maße s. TB 15-1c).

*Deckellager* L, DIN 505 (Bild 15-25d) Befestigung mit 2 Schrauben, Bohrung $d_1 = 25 \ldots 150$ mm mit Lagerschale M aus G-CuSn-Legierung DIN 1705 (Maße s. TB 15-1d) und Deckellager A, DIN 506, Befestigung mit 4 Schrauben, Bohrung $d_1 = 55 \ldots 300$ mm mit Lagerschale C aus G-CuSn-Legierung (Maße s. Norm). Alle Lagerkörper der genannten Lager sind, sofern nicht anders vereinbart, aus EN-GJL-200.

Ferner sind *Steh-Gleitlager* für den allgemeinen Maschinenbau DIN 118 (Bild 15-26a), Form G mittlere und Form K schwere Bauform für Wellendurchmesser $d_1 = 25 \ldots$ (140) 180 mm (Maße s. TB 15-1e) mit zugehöriger Sohlplatte DIN 189, $l_1 = 290 \ldots 910$ mm (Bild 15-26b), sowie *Gehäusegleitlager* DIN 31690 (Bild 15-26c) für Lagerschalen nach Bild 15-24d genormt (Maße für Wellendurchmesser $d_1 = 50 \ldots 1120$ mm s. Norm), die für Ring- und Umlaufölschmierung und mit oder ohne Kühlrippen ausgeführt werden.

Als Konstruktionsbeispiel werden im Bild 15-27 Lagerschalen DIN 7473 (vgl. Bild 15-24a, b) für die Wellenlagerung in einem Zahnradgetriebegehäuse gezeigt.

Ein *starres Stehlager* mit Schmierung durch festen Schmierring zeigt Bild 15-27b. Das Öl wird von dem mit der Welle umlaufenden Schmierring (1) durch Ölabstreifer (2) in Seitenräume (3) gefördert und tritt durch Löcher (4) zwischen die Gleitflächen. Ölfangrillen (5) fangen das seitlich ausströmende Öl ab und führen es wieder in den Vorratsraum zurück. Die Laufschicht besteht aus Blei-Zinn-Lagermetall (z. B. PbSb15Sn10 s. TB 15-6). Das Lager verlangt genau fluchtende Wellen.

Zum Ausgleich von Fluchtfehlern und zur Vermeidung von Kantenpressungen, wie sie sich bei der Lagerung längerer Wellen ergeben können, sind *Pendellager* (Bild 15-27c) angebracht. Das dargestellte Lager ist ein Ringschmierlager mit losem Schmierring.

Ein *Einbau-Sintermetall-Lager* mit Vorratsschmierung zeigt Bild 15-28. Die ballige Auflage der Sinterbuchse im Gehäuse gestattet den Ausgleich kleinerer Wellenverlagerungen. Der Wellenzapfen trägt eine gehärtete Stahlbuchse.

15.3 Gestalten und Entwerfen

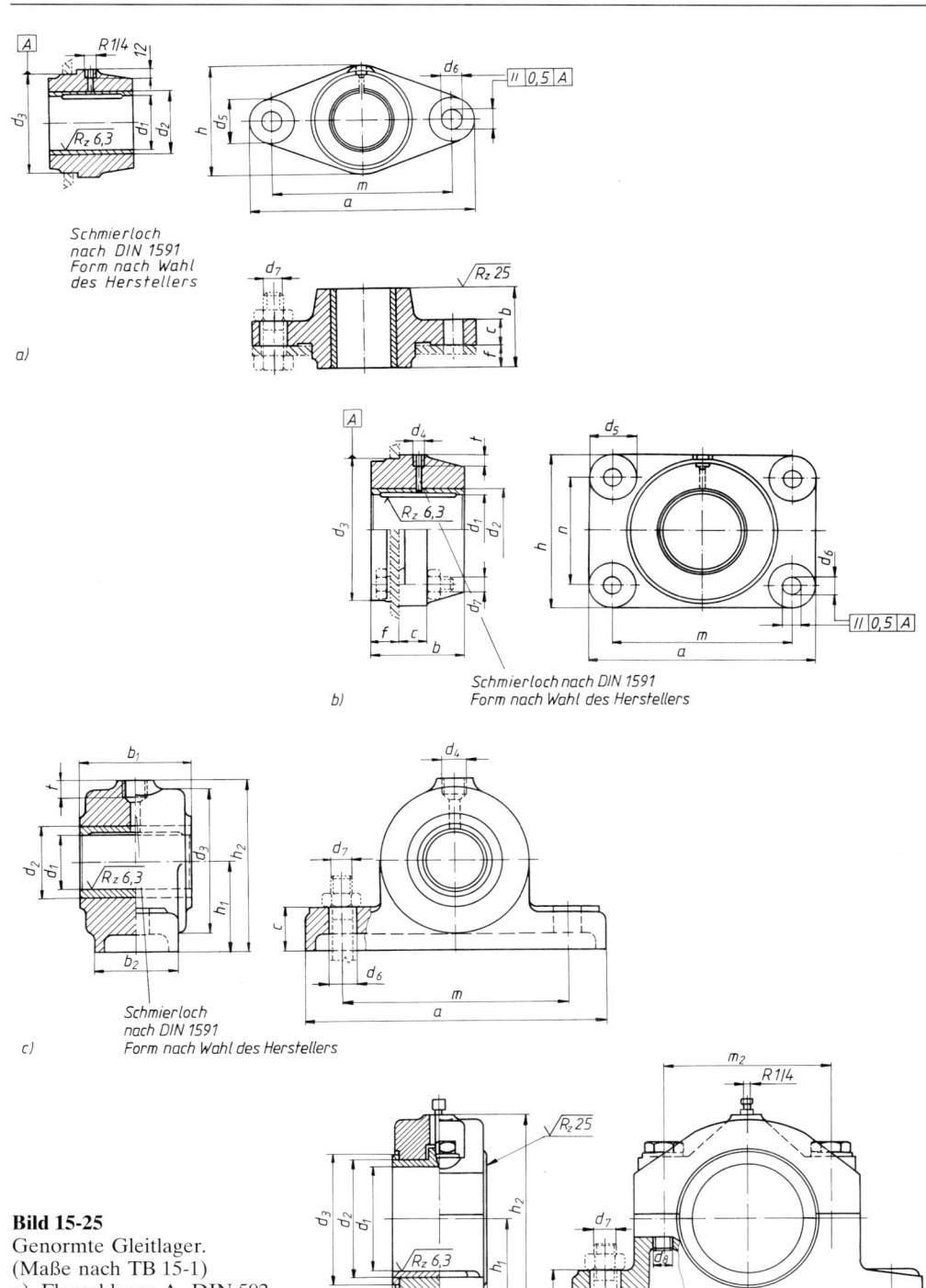

**Bild 15-25**
Genormte Gleitlager.
(Maße nach TB 15-1)
a) Flanschlager A, DIN 502
b) Flanschlager B, DIN 503
c) Augenlager A, DIN 504
d) Deckellager L, DIN 505
   mit Lagerschale M

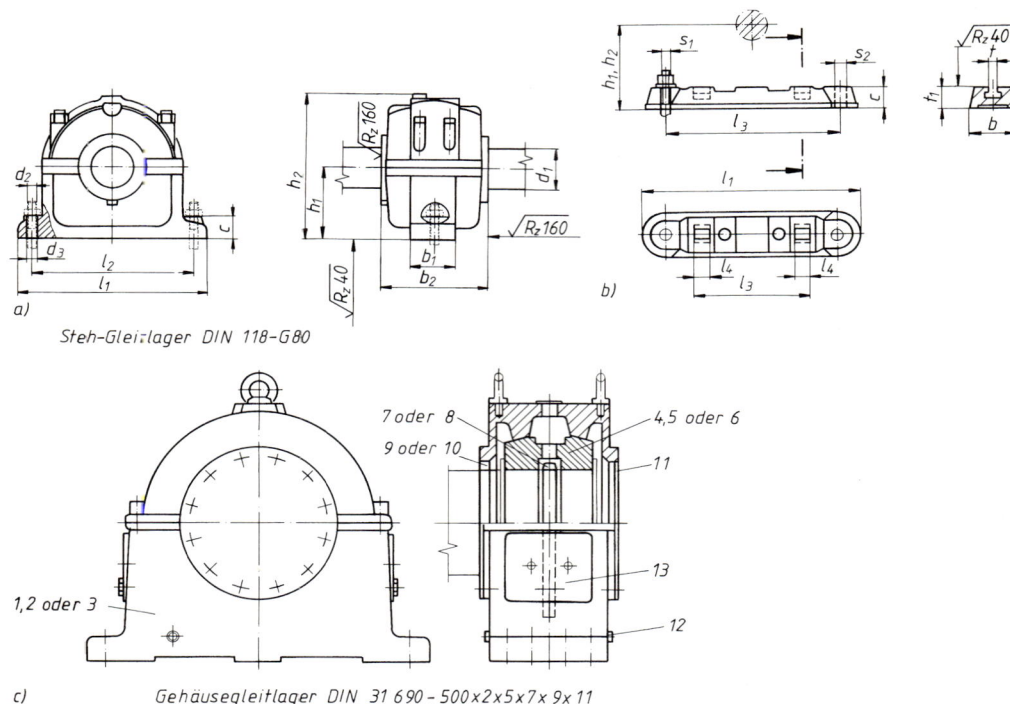

| Lfd. Nr. | Benennung | Bemerkung |
|---|---|---|
| 1 | Stehlagergehäuse | ohne Kühlrippen, für Ringschmierung |
| 2 | Stehlagergehäuse | ohne Kühlrippen, für Umlaufölschmierung |
| 3 | Stehlagergehäuse | mit Kühlrippen, für Ringschmierung |
| 4 | Lagerschale | ohne Schmierringschlitz, für Umlaufölschmierung |
| 5 | Lagerschale | mit Schmierringschlitz, für Umlaufölschmierung |
| 6 | Lagerschale | mit Schmierringschlitz, ohne Umlaufölschmierung |
| 7 | Schmierring | ungeteilt |
| 8 | Schmierring | geteilt |
| 9 | Lagerdichtung | geteilt |
| 10 | Lagerdichtung | ungeteilt |
| 11 | Abschlussdeckel | ungeteilt |
| 12 | Verschlussschraube | DIN 908 nach Größe R1/2, R/4, R1 |
| 13 | Ölstandanzeiger | nach Größe mit R1, R1 1/2, R2, R2 1/2 |

**Bild 15-26** a) Steh-Gleitlager DIN 118 mit Bezeichnung, z. B. Form G, $d_1 = 80$ mm, b) Sohlplatte DIN 189 zu a gehörig, c) Gehäusegleitlager DIN 31690 mit Stückliste und Bezeichnung, z. B. $d_1 = 500$ mm und lfd. Nrn. (s. auch Seiten- und Mittelflanschlager DIN 31693 und DIN 31694)

Zur Überwindung des kritischen Mischreibungsbereiches werden schwere Lager, z. B. von Turbinen und Generatoren, mit einer *Hochdruck-Anfahrvorrichtug* versehen (Bild 15-29). Vor dem Anlaufen wird Öl unter hohem Druck in die belastete Lagerhälfte (bei 1) gepresst, wodurch die Welle angehoben wird. Das Lager läuft mit *hydrostatischer Schmierung* an. Nach Erreichen der Übergangsdrehzahl läuft es mit hydrodynamischer Schmierung (durch Schmierring 2) weiter, nachdem die Druckschmierung eingestellt ist.

## 15.3 Gestalten und Entwerfen

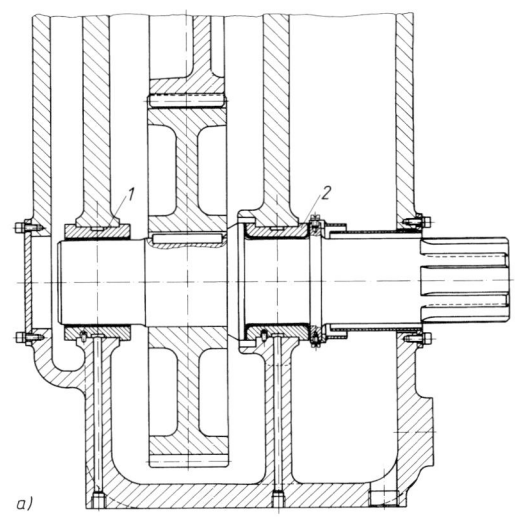

a)

**Bild 15-27**
a) Getriebelager
   **1** Loslager, **2** Festlager,
   beide mit Bund (DIN 7473)
b) Starres Stehlager mit festem Schmierring,
c) Pendellager mit losem Schmierring
   DIN 322

b)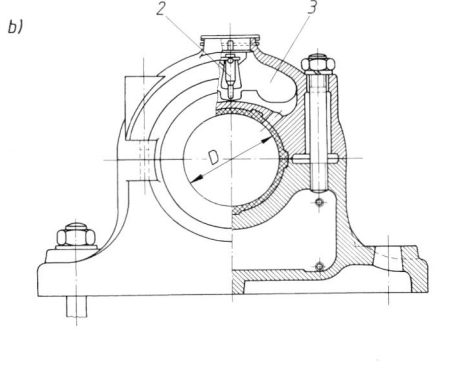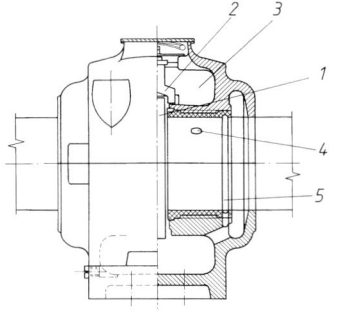

c)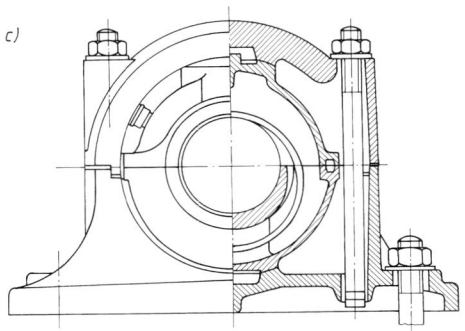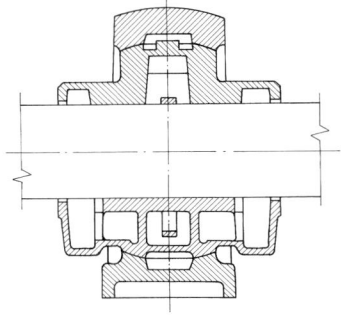

Da bei hydrodynamisch geschmierten zylindrischen Gleitlagern die Wellenlage von der Größe der Lagerkraft und der Drehzahl abhängt (vgl. zu Bildern 15-6 und 15-16), und bei kleiner relativer Exzentrizität ($\varepsilon \rightarrow 0$) selbst erregte Schwingungen entstehen können, muss bei hohen Drehzahlen $n$ bzw. Umfangsgeschwindigkeiten $u$ (bis über 100 m/s) das Lagerspiel relativ groß gewählt werden, da sonst die Erwärmung zu groß und $e$ zu klein wird. Dadurch sinkt aber die Führungsgenauigkeit der Lager. Lagerungen mit erforderlicher Führungsgenauigkeit (z. B. bei

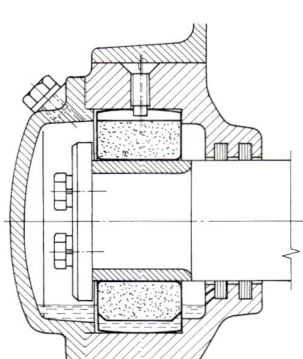 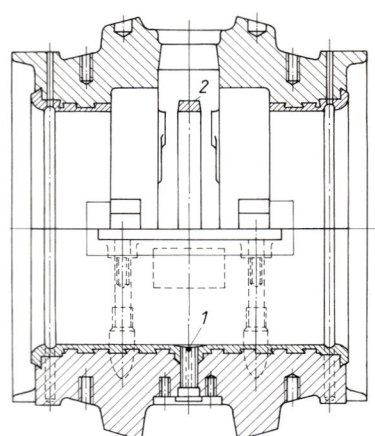

**Bild 15-28** Einbau-Sintermetall-Lager

**Bild 15-29** Schweres Ringschmierlager mit Hochdruck-Anfahrvorrichtung

Werkzeugmaschinenspindeln, Turbinenwellen) und hoher Drehzahl werden daher als Mehrflächengleitlager (MF-Lager, vgl. auch zu Bild 15-37) ausgeführt. Angewendet werden meist zwei Bauformen: *MF-Lager mit eingearbeiteten Staufeldern* (Bild 15-30a), bei denen auf Grund der Druckentwicklung in den Staufeldern die Welle in ein Kraftfeld eingespannt ist, das nach außen nicht wirksam wird und auch im unbelasteten Zustand erhalten bleibt; im belasteten Zustand verändern sich diese stabilisierenden Drücke nur wenig. Vor den sichelförmigen Schmierspalten wird der Schmierstoff aus dem Gleitraum gedrängt, so dass der Schmierstoffdurchsatz höher als bei einfachen Lagern ist, wodurch bessere Kühlung erreicht wird. Somit können auch kleinere Lagerspiele gewählt werden. Von Firmen werden einbaufertige MF-Radiallager ohne und mit einseitigem oder beidseitigem Axiallager, ungeteilt oder geteilt bis $d_L = 30$ mm mit 3 Gleitflächen, über $d_L = 30$ mm mit 4 Gleitflächen für $b/d_L = 0,5; 0,75; 1$ geliefert, die der Maschinenkonstruktion angepasst werden können (Bild 15-30b). MF-Radialgleitlager mit optimal einstellbarem Lagerspiel haben sich bei der Forderung nach hoher Rundlaufgenauigkeit und Laufruhe bei Spindellagerungen bewährt, Bild 15-30d.

*MF-Lager mit Kippsegmenten* (Bild 15-30c) bestehen aus beweglichen Segmenten (Sg) aus C10 bzw. S235 mit Lagermetalldicke $s = 1 \ldots 3,5$ mm und aus dem die Segmente führenden Käfig $K$ aus G-AlSi8Cu3. Diese Teile bilden eine Einheit, so dass die Segmente nicht aus dem Käfig fallen. Im eingebauten Zustand stützen sich die Segmente mit ihrem Rücken in der Bohrung des Gehäuses ab. Der Kipp-Punkt ist in die Segmentmitte gelegt, so dass die Lager unabhängig von der Wellendrehrichtung verwendet werden können. Die Lagermaße entsprechen meist den Lagerschalen nach DIN 7474. Die Lager werden mit 4 (bzw. 5) Segmenten für normzahlgestufte Bohrungen $d = 50 \ldots 400$ mm und $b/d_L = 0,75 \ldots 1$ ausgelegt, wobei sich die Kraft im Wesentlichen auf einem oder auf zwei Segmenten abstützen kann. Umfangsgeschwindigkeiten bis über 100 m/s sind beherrschbar. Der Raum zwischen der Gehäusebohrung und der Welle wird zu einem Druckraum (Vordruck ca. 1 bar), durch den Frischöl unter Druck immer an einer Segmentlücke über eine Ringnut zugeführt wird (Bild 15-30e). In der Praxis liegt das Keinstspiel meist nicht über 1,5‰.

## 15.3.5 Gestaltung der Axial-Gleitlager

Die einfachste Ausführung stellt das *Ring-Spurlager* mit ebener Kreisring-Lauffläche (s. Bild 15-40) dar. Diese Bauart ist nur für geringe Drehzahlen oder Pendelbewegungen geeignet (s. auch unter 15.4.2-1). Die Schmierung erfolgt meist mit Fett, bei mittleren Drehzahlen auch mit Öl (Ölbad oder Umlaufschmierung). Bei Umlaufschmierung wird das Öl durch die Mitte der Spurplatte zugeführt und tritt durch Radial- oder Spiralnuten zwischen die Gleitflächen (Bild 15-31). Flüssigkeitsreibung ist wegen fehlender Anstellflächen nicht zu erreichen.

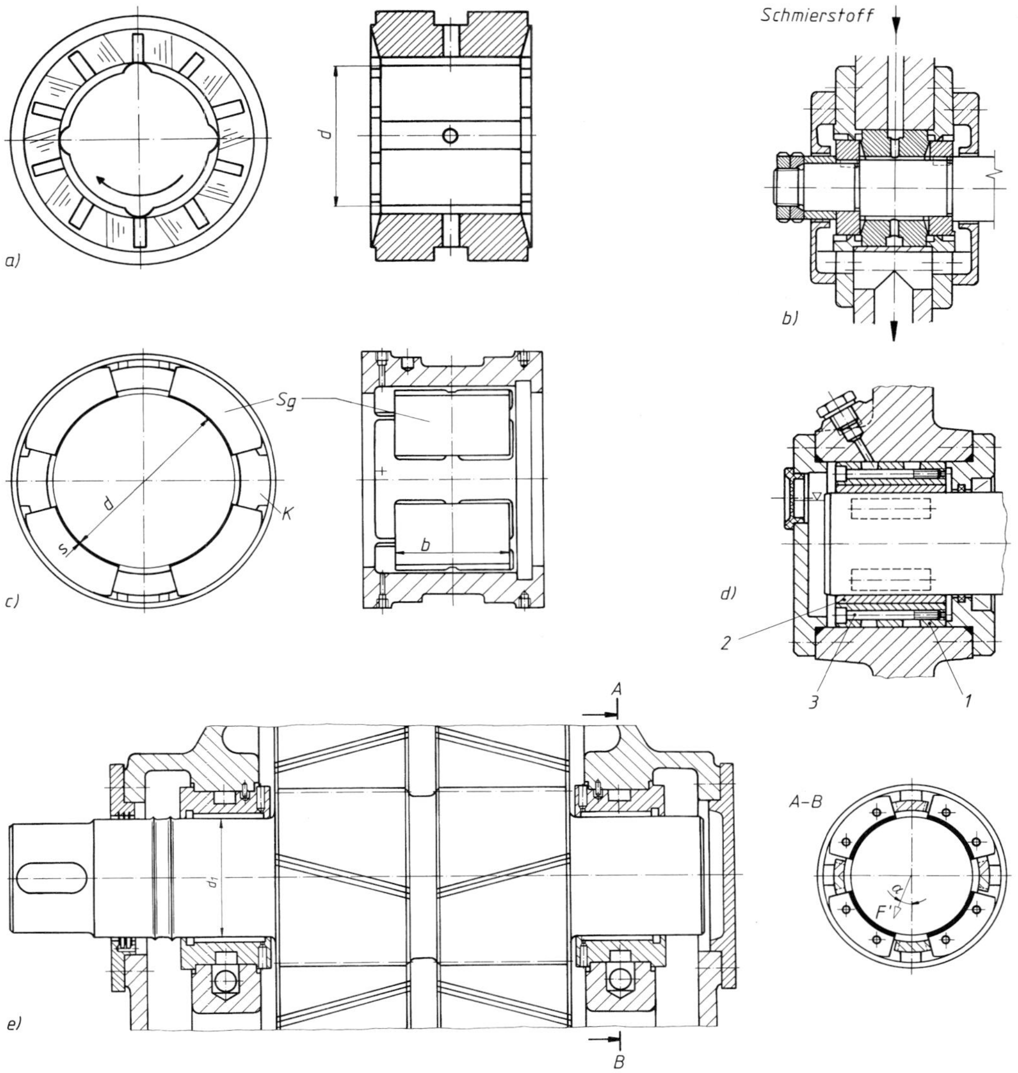

15.3 Gestalten und Entwerfen

**Bild 15-30** a) MF-Gleitlager mit beidseitigem Axiallager, b) Einbaubeispiel, c) Radial-Kippsegment-Gleitlager (Werkbild), d) spieleinstellbares Mehrflächen-Radialgleitlager (Bauart Spieth) mit Tauchschmierung, **1** profilierte Stahlhülse, **2** Lagerbuchse (Cu-Sn-Leg.), **3** Spannschrauben, e) Getriebe-Einbaubeispiel mit Kippsegment-Lagern (Werkbild)

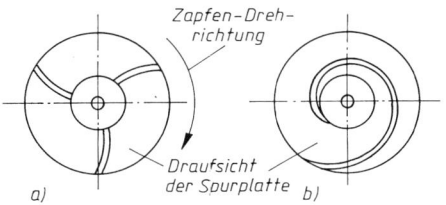

**Bild 15-31**
Anordnung der Schmiernuten bei Ring-Spurlagern.
a) Radialnuten
b) Spiralnut

Um unabhängig vom Bewegungszustand Flüssigkeitsreibung auch bei veränderlichen Axialkräften zu erhalten, werden *hydrostatische Lager* ausgeführt (vgl. 15.4.2-1). Ohne den Pumpenzuführdruck bei Kraftänderung abzuändern, wird die in den Gleitraum mündende Bohrung als hydraulische Drossel (1) ausgebildet (Bild 15-32a), so dass $p_Z > p_T$ ist. Die Bauformen solcher Lager werden wesentlich durch die Ausbildung der Schmiertaschen bestimmt. Diese sind entlang einer ebenen Ringfläche am Wellenende angebracht (vgl. Bild 15-41). Für durchgehende Wellen können ringförmige Schmiertaschen angewendet werden, für die mit Rücksicht auf mögliche Schiefstellung der Welle mehrere Taschen mit je einer Drossel vorgesehen sind (Bild 15-32b).

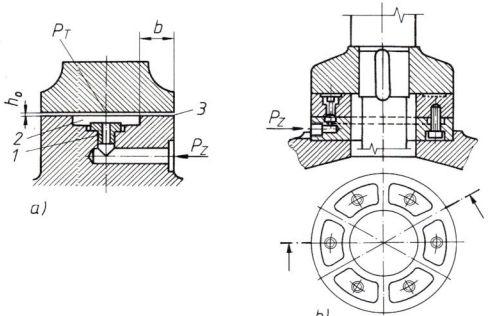

**Bild 15-32**
Hydrostatische Lager.
a) mit Eingangsdrossel 1; Schmiertasche 2; Gleitraumbereich 3; $b \approx 0{,}25 d_a$ Gleitringbreite; Zuführdruck $p_Z$; Taschendruck $p_T$,
b) für durchgehende Welle mit mehreren Eingangsdrosseln und Schmiertaschen

Hydrodynamische Schmierung wird für größere Axialkräfte und höhere Drehzahlen durch Einbau feststehender geschlossener *Axiallagerringe* mit eingearbeiteten Keilflächen (vgl. 15.4.2-2a mit Bild 15-43) erreicht. Die Fertigung (Feinkopieren) verlangt hohe Genauigkeit. Zwecks Einheitlichkeit und zur Vereinfachung der Berechnung sind diese flachen Scheiben nach DIN 31 697 für Innendurchmesser $d_1 = 31{,}5 \ldots 355$ mm gemäß R20, $d_1 = 375 \ldots 500$ mm gemäß R40 festgelegt (Bild 15-33a, c). Druckflächen-Durchmesser $d_2$, Außendurchmesser $d_3$ sind für verschiedene Ringhöhen $h$ ebenfalls nach Normzahlen gestuft. Den Einbau eines Ringes bei senkrechter Welle zeigt Bild 15-33d, den eines beiderseits wirkenden Ringes bei waagerechter Welle Bild 15-33e. Aus Montagegründen werden sie auch geteilt ausgeführt (Bild 15-33b).

Um Fertigungsschwierigkeiten zu vermeiden, werden die meisten Axialgleitlager als Kippsegment-Lager ausgeführt (vgl. 15.4.2-2b mit Bild 15-43).

Die Einbaumaße der Segment-Axiallager sind nach DIN 31 696, außenzentriert (Form A) oder innenzentriert (Form B) mit $d_1 = 100 \ldots 355$ mm gemäß R20 und $d_1 = 375 \ldots 1000$ mm gemäß R40 normzahlgestuft festgelegt (Bild 15-34a).

Bezeichnung mit $d_1 = 250$ mm, $d_2 = 400$ mm: Segment-Axiallager DIN 31 696 $-$ A250 $\times$ 400 UR (vgl. Bild 15-34a). Die Abstützung der Segmente kann sehr verschieden sein.

Bei der Standardbauart sind die Segmente im Gehäuse oder auf einem Tragring (ungeteilt oder geteilt) mit Haltestiften befestigt (Bild 15-34b).

Alle Tragringe können mit Ausgleichsringen versehen sein (Bild 15-34c), damit bei der Montage Fertigungstoleranzen durch Nacharbeit ausgleichbar sind. Die meist ebenen Segmente bilden mit ihrer Halterung eine Einheit und werden mit Kippkanten oder mit gehärteten Kugeldruckstücken ausgeführt.

Die Getriebewelle im Bild 15-34d zeigt ein Radial- und Axiallager, dessen Kippsegmente mit Kugeldruckstücken versehen sind. Um die axiale Bewegungsmöglichkeit der Welle innerhalb eines gewissen Spiels zu begrenzen, wird das Axiallager mit Doppeltragring eingebaut.

Ein *kombiniertes Lager* für hohe Radial- und Axialkräfte in beiden Richtungen ist das Schiffswellenlager (Bild 15-35). Die Axialkraft wird vom Wellenbund (1) je nach Richtung auf einen der beiden Mehrgleitflächen-Druckringe (2) übertragen, die durch Tellerfedern (3) spielfrei gegen den Bund gedrückt werden. Bei diesem Lager benutzt man die Umlaufschmierung durch eine Pumpe. Das seitlich austretende Öl wird durch Spritzringe (4) und Filzringe (nicht dargestellt) abgefangen und aus dem Fangraum durch Rohre (5) in den Sammelraum (6) geführt.

## 15.3 Gestalten und Entwerfen

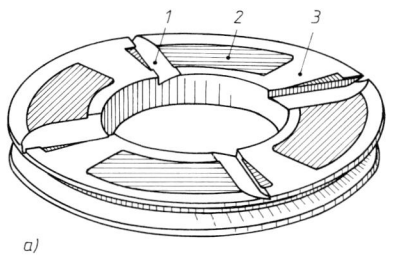
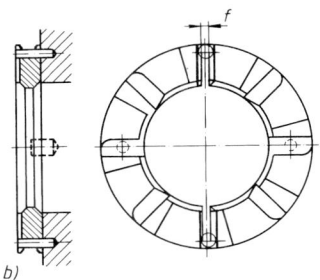
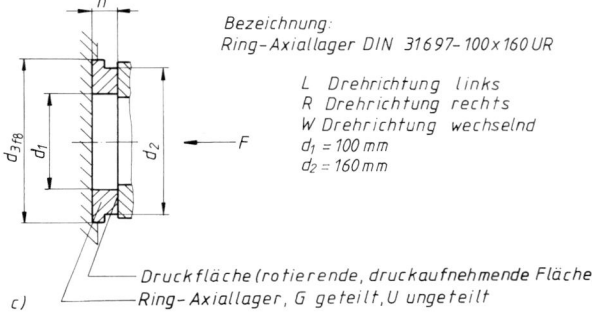
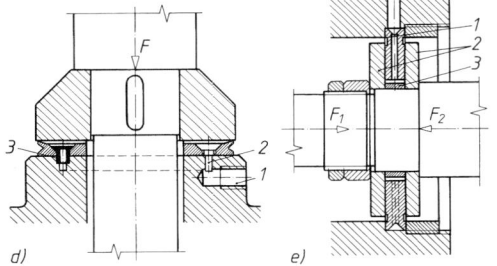

**Bild 15-33**
Ring-Axiallager (Einscheiben-Spurlager),
a) für eine Drehrichtung:
  **1** Schmiernut
  **2** Keilfläche
  **3** ebene Rastfläche
b) geteilte Ausführung mit Stiftsicherung gegen Mitdrehen und Verhinderung des Ölaustritts (f)
c) Lagerabmessung DIN 31 697
d) Einbau des Ringes bei senkrechter Welle:
  **1** Ölzufuhr
  **2** Ringnut
  **3** Hohlschraube
e) Einbau eines beiderseits wirkenden Ringes
  **1** bei waagerechter Welle zwischen Stahllaufringen
  **2** fest mit Welle verbunden
  **3** Distanzring

Zur Aufnahme höchster Axialkräfte (bis nahezu 10 MN!) bei senkrechten Wellen, z. B. von Wasserturbinen (Francis- und Kaplan-Turbinen), werden *Kippsegment-Lager* (Bild 15-36) eingesetzt. Der aus hochwertigem Stahl bestehende Laufring (1) ist mit dem auf der Welle festsitzenden Tragring (2) verschraubt. Die den Spurring bildenden Kippsegmente (3) aus Stahl mit einer Weißmetall-Lauffläche liegen kippbeweglich auf elastischen Unterlegscheiben, die auch gleichzeitig geringe Abweichungen der Höhenlage ausgleichen sollen. Durch die zwischen den „angestellten" Segmentflächen und dem Tragring sich bildenden Schmierkeile entsteht nach Erreichen der Übergangsdrehzahl Flüssigkeitsreibung.
Das Öl tritt nach Durchlaufen eines Kühlers durch den Filter (4) und die Düsen (5) ins Lager und läuft durch die Rohrleitung (6) der Pumpe zu (Umlaufschmierung).

## 15.3.6 Lagerdichtungen

Bei Gleitlagern erschwert die Seitenströmung das Eindringen von Fremdkörpern in das Lager. Trotzdem erfordert die betriebssichere Funktion eine ausreichende Abdichtung des Lagerinnenraumes.
Das Wandern von Schmieröl entlang der Welle kann bereits durch einfache Maßnahmen verhindert bzw. erschwert werden, z. B. durch mitlaufende Spritzringe, durch scharfkantige Rillen

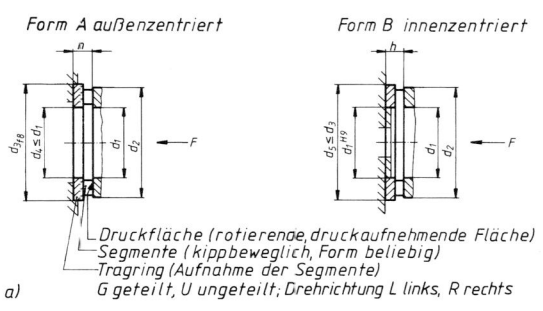

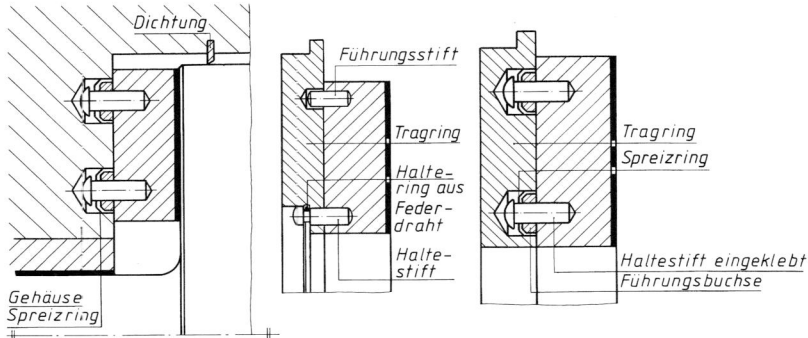

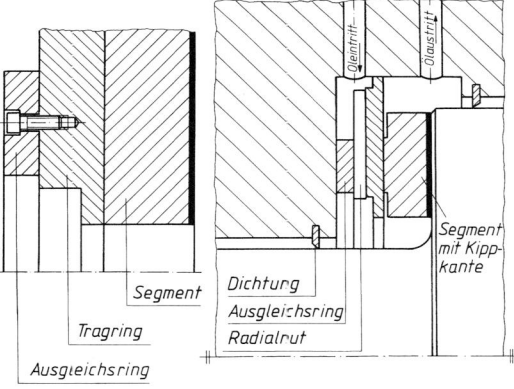

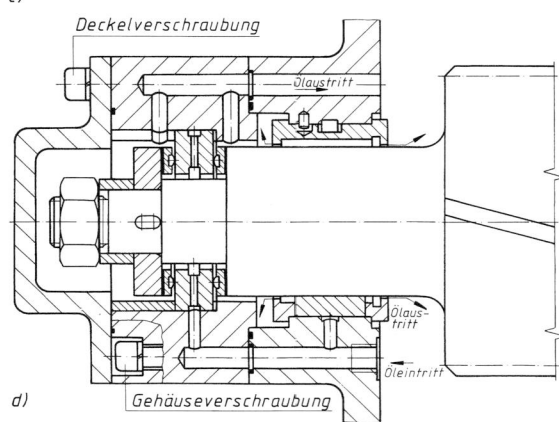

**Bild 15-34**
Axial-Kippsegment-Lager.
a) Einbaumaße nach DIN 31 696
b) Standardbauart ohne Tragring, mit Tragring und Haltering für kleinere Lager sowie mit Tragring und Spreizringhalterung
c) Ausgleichsring mit plangeläpptem Tragring und Konstruktion mit Ölein- und -austritt
d) Einbaubeispiel mit Doppeltragring für Segmente mit Kugeldruckstücken und Ölkreislauf
Bilder b, c, d Werkbilder

## 15.3 Gestalten und Entwerfen

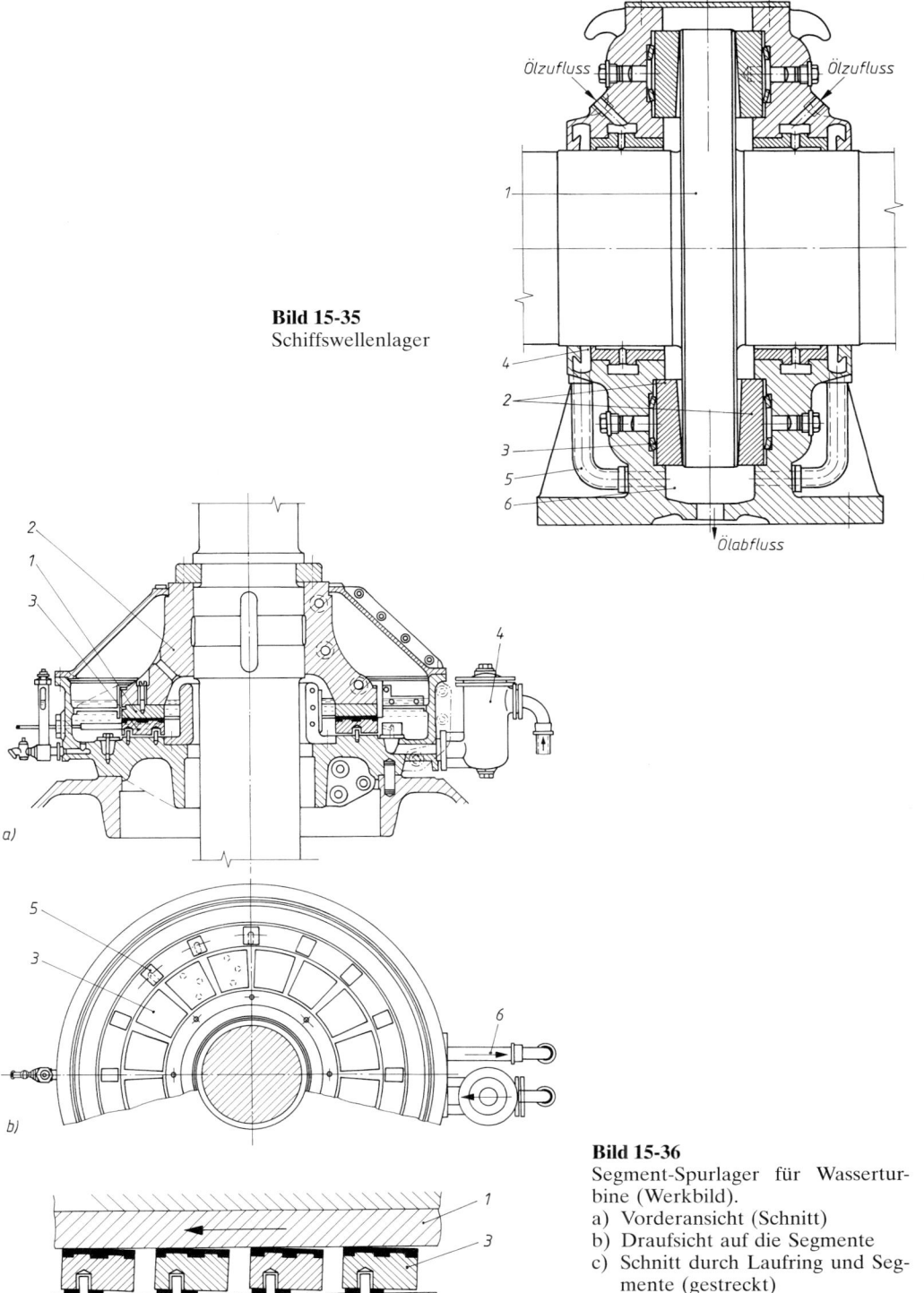

**Bild 15-35**
Schiffswellenlager

**Bild 15-36**
Segment-Spurlager für Wasserturbine (Werkbild).
a) Vorderansicht (Schnitt)
b) Draufsicht auf die Segmente
c) Schnitt durch Laufring und Segmente (gestreckt)

entlang der Welle, Ölfangrillen oder Kapillarringspalte am Ende der Lagerbohrung (z. B. (5) in Bild 15-27b).
Allen berührungsfreien Dichtungen ist gemeinsam, dass sie bei ruhender Welle undicht sind. Ihre volle Dichtwirkung erreichen sie erst oberhalb einer Mindestdrehzahl.
Bis zu mittleren Gleitgeschwindigkeiten werden die gleichen berührenden Dichtungen eingesetzt wie bei Wälzlagern, z. B. Radialwellendichtringe, V-Ringe und Filzringe.
Gebräuchliche Dichtungsausführungen s. Kapitel 19.

## 15.4 Berechnungsgrundlagen

### 15.4.1 Berechnung der Radialgleitlager

Die Berechnung wird grundsätzlich mit den numerischen Lösungen der reynoldsschen Differentialgleichung als Grundgleichung der hydrodynamischen Schmiertheorie im Sinne von DIN 31652[1)] für vollumschließende (360°-)Radiallager (Kreiszylinderlager) bzw. für halbumschließende (180°-)Radiallager bei Vollschmierung durchgeführt. Bei der Lösung wird u. a. vorausgesetzt, dass der im Abschnitt 15.1.4 erwähnte newtonsche Schubspannungsansatz gilt, wobei im Schmierspalt laminare Strömung ohne Änderung der Viskosität herrscht, außerdem die Gleitflächen vollkommen glatt und starr sind und der Schmierspalt über die Lagerbreite parallel verläuft (vgl. Bild 15-9a). Der Schmierstoffeintrittsdruck ist gering gegenüber dem mittleren hydrodynamischen Druck, so dass die infolge reiner Drehung der Welle fließende Schmierstoffmenge (Schmierstoffdurchsatz) der Gleitgeschwindigkeit proportional sein soll.

Unter Berechnung eines Lagers mit Flüssigkeitsreibung ist die rechnerische Ermittlung der Funktionsfähigkeit anhand von Betriebskennwerten (Relativwerte) aus den Lagerabmessungen und Betriebsbedingungen zu verstehen, wobei die Kennwerte mit zulässigen Werten verglichen werden.

Mit der Näherungslösung der reynoldsschen Gleichung ergeben sich Ähnlichkeitsgrößen, mit denen die Schmierspalthöhe, die Reibungszahl, die Wärmebilanz und der Schmierstoffdurchsatz ermittelbar sind. Bei gleichen Ähnlichkeitsgrößen hinsichtlich der Lagergröße, der Betriebsbedingungen und der Geometrie für verschiedene Betriebszustände haben Lager gleiche Betriebskennwerte. Aus den Ähnlichkeitsgrößen sind die Betriebskennwerte bestimmbar, die zur Beurteilung der Funktionsfähigkeit dienen.

**1. Betriebskennwerte (Relativwerte)**

Zweckmäßigerweise wird bei Berechnungen mit dimensionslosen Kennwerten, sogenannten Relativwerten, gearbeitet, die untereinander verknüpft Vereinfachungen mit Ähnlichkeitsgrößen ergeben.
Neben der relativen Lagerbreite gleich Breitenverhältnis $b/d_L$ nach Gl. (15.3) werden folgende Relativwerte verwendet:

**a) Relatives Lagerspiel**

allgemein $\boxed{\psi = \dfrac{s}{d_L} = \dfrac{d_L - d_W}{d_L} \approx \dfrac{d_L - d_W}{d_W}}$ (15.5)

Entsprechend dem Größt- und Kleinstspiel (vgl. 2.2.1) schwankt auch $\psi$ zwischen einem Größt- und Kleinstwert. Bei einem zu erwartenden mittleren absoluten Lagerspiel $s = 0{,}5(s_{max} + s_{min})$ ist daher $\psi$ gleichfalls als Mittelwert zu betrachten, die wie $s$ von der Drehzahl $n_W$ bzw. von der Gleitgeschwindigkeit $u_W$ oder Winkelgeschwindigkeit $\omega_{eff}$ und von der spezifischen Lagerbelastung $p_L$ (vgl. 15.3.2) abhängig ist.

---

[1)] Herleitung der reynoldsschen Gleichung siehe 15.6, Literatur.

Maßgebend für die Berechnung ist jedoch nicht das Einbau-Lagerspiel $s_E$ (Fertigungsspiel, Kaltspiel) bei 20 °C, sondern das Betriebslagerspiel $s_B$ (Warmspiel) bei der der effektiven dynamischen Viskosität $\eta_{\text{eff}}$ zugrunde liegenden effektiven Temperatur $\vartheta_{\text{eff}}$ (>50 °C), das je nach Lagerbauart und Werkstoff meist kleiner als $s_E$ ist.

*Hinweis:* Für die Ermittlung des Einbau-Lagerspiels $s_E$ müssen die unteren und oberen Abmaße der Lagerbohrung $EI$, $ES$ bzw. der Welle $ei$, $es$ bekannt sein. Damit ergeben sich $s_{E\max} = (d_L + ES) - (d_W + ei)$ und $s_{E\min} = (d_L + EI) - (d_W + es)$ für die Temperatur der Umgebungsluft $\vartheta_U = 20\,°C$, so dass relativ $\psi_E = 0{,}5 \cdot (s_{E\max} + s_{E\min})/d_L$ ist. Die Lagerspieländerung $\Delta s$ kann bei der effektiven Lagertemperatur $\vartheta_{\text{eff}}$ ermittelt werden:

$$\Delta s_{\max} = [(d_L + ES) \cdot \alpha_L - (d_W + ei) \cdot \alpha_W] \cdot (\vartheta_{\text{eff}} - 20°)$$

und

$$\Delta s_{\min} = [(d_L + EI) \cdot \alpha_L - (d_W + es) \cdot \alpha_W] \cdot (\vartheta_{\text{eff}} - 20°)$$

Hierbei bedeuten $\alpha_L$ der Längenausdehnungsbeiwert der Lagerschale bzw. des Lagergehäuses und $\alpha_W$ der Welle (Werte s. TB 15-6 bzw. TB 12-6b). Das Betriebslagerspiel wird $s_{B\max} = s_{E\max} + \Delta s_{\max}$ und $s_{B\min} = s_{E\min} + \Delta s_{\min}$, womit sich das mittlere relative Betriebslagerspiel $\psi_B = 0{,}5(s_{B\max} + s_{B\min})/d_L$ berechnen lässt. Dsgl. ergibt sich $\psi_B = \psi_E + \Delta\psi$, wenn die Spieländerung $\Delta\psi = (\alpha_L - \alpha_W) \cdot 10^{-6} \times (\vartheta_{\text{eff}} - 20°)$ ist.
Da $\Delta s$ jedoch wesentlich von der Gestaltung des Lagers abhängt (Lager mit freier Ausdehnungsmöglichkeit bzw. Lager in starren Maschinenrahmen), ist, insbesondere bei geringem Temperaturunterschied, zu überlegen, ob nicht aufgrund der Toleranzen das *Einbau-Lagerspiel gleich dem Betriebslagerspiel* zu setzen ist, zumal die Spieländerungsrechnung kaum wirklichkeitsgetreu ausfallen wird (vgl. 15.5, Beispiel 15.1). Bei dünnem Lagermetallausguss kann die Wärmeausdehnung der Schale vernachlässigt werden.

Die Werte des relativen Lagerspiels im Betriebszustand als Dezimalbruch schwanken etwa zwischen $\psi_B = 0{,}5 \cdot 10^{-3}$ bei großer $F$ und niedriger $n_W$ und $\psi_B = 3 \cdot 10^{-3}$ bei kleiner $F$ und hoher $n_W$, also zwischen 0,5‰ und 3‰; in erster Näherung genügt zunächst $\psi_B = 1 \cdot 10^{-3}$ bzw. 1‰. Entsprechend den Erläuterungen zu Bild 15-16 kann bei fehlenden Lagertoleranzen als Richtwert ein *mittleres relatives Einbau- bzw. Betriebslagerspiel* $\psi_E$ bzw. $\psi_B$ abhängig von der Umfangsgeschwindigkeit der Welle $u_W$ in m/s vorgewählt werden:

$$\boxed{\psi_E \text{ bzw. } \psi_B \approx 0{,}8 \sqrt[4]{u_W} \cdot 10^{-3}} \qquad \begin{array}{c|c} \psi_E,\ \psi_B & u_W \\ \hline 1 & \text{m/s} \end{array} \qquad (15.6)$$

Dafür können bei vergleichbaren bewährten Ausführungen nach TB 15-10a die unteren Werte bei weichem Lagerwerkstoff (niedriger $E$-Modul) für relativ hohe $p_L$ und niedriger $\eta_{\text{eff}}$ sowie $b/d_L \leq 0{,}8$, die oberen Werte bei hartem Lagerwerkstoff (höherer $E$-Modul) für relativ niedrige $p_L$ und hohe $\eta_{\text{eff}}$ sowie $b/d_L \geq 0{,}8$ gewählt werden. Im Zweifelsfall sind die oberen Werte vorzuziehen.
Wird $d_W$ berücksichtigt, kann $\psi_E$ in ‰ nach der Normzahl-Auswahlreihe 0,56 bis 3,15‰ aus TB 15-10b erfahrungsgemäß gewählt werden. Im TB 15-11 sind nach DIN 31698 entsprechend $\psi_E$ die Wellenabmaße sowie für $H$-Lagerbohrungen bei mittlerem Lagerspiel und arithmetischem Mittel des Nennmaßbereiches die erforderlichen Größt- und Kleinstspiele aufgeführt.

*Hinweis:* Werden ISO-Passungen zur Festlegung eines bestimmten Spiels benutzt, sollen die Toleranzfelder der Welle und Bohrung soweit auseinander liegen, dass in jedem Fall mindestens 80 % des angestrebten Spiels erreicht werden. Günstiger ist es, wenn die obere Grenze der Wellentoleranz um die Größe des erwünschten Spiels von der unteren Grenze der Bohrungstoleranz entfernt liegt. Dabei kann u. U. eine Überschreitung des angestrebten Spiels in Kauf genommen werden, solange es noch innerhalb der unter TB 15-10a angegebenen Grenze bleibt.
Die Streuungen von Toleranzfeldern für ISO-Passungen bei $\psi_E$ ist im TB 15-12 angegeben. Man erkennt, dass bei kleinem $d_L$ und engem Lagerspiel Qualitäten erreicht werden, die kaum noch herstellbar sind. Die Spanne zwischen kleinstem und größtem Lagerspiel erfordert oft eine Nachprüfung des Betriebsverhaltens.

**b) Relative Exzentrizität**
Nach Bild 15-6 bzw. 15-7 verlagert sich die Welle je nach Wellendrehzahl $n_W$ bzw. Gleitgeschwindigkeit $u_W$ oder Winkelgeschwindigkeit $\omega_{\text{eff}}$ um die Exzentrizität $e = 0{,}5 \cdot s - h_0$ mit

einem bestimmten Verlagerungswinkel β. Die relative Exzentrizität ist

allgemein
$$\varepsilon = \frac{e}{0{,}5 \cdot s} = \frac{e}{0{,}5 \cdot d_L \cdot \psi} \tag{15.7}$$

Damit läßt sich aus $h_0 = 0{,}5 \cdot s - e$ durch Einsetzen von $s$ aus Gl. (15.5) und $e$ aus Gl. (15.7) für das relative Lagerspiel im Betriebszustand $\psi_B$ die *kleinste Schmierspalthöhe* ermitteln:

$$h_0 = 0{,}5 \cdot d_L \cdot \psi_B (1 - \varepsilon) \cdot 10^3 \geq h_{0\,\text{zul}} \tag{15.8}$$

| $h_0, h_{0\,\text{zul}}$ | $d_L$ | $\psi_B, \varepsilon$ |
|---|---|---|
| μm | mm | 1 |

$d_L$     Lagerdurchmesser (Nennmaß)
$\psi_B$     relatives Lagerspiel (vgl. Gl. (15.5))
$\varepsilon$     relative Exzentrizität (errechnet, meist $\varepsilon = f(So, b/d_L)$ aus TB 15-13 ablesbar)
$h_{0\,\text{zul}}$     zulässiger Grenzrichtwert für $h_0$ in Abhängigkeit von $d_W$ und $u_W$ nach TB 15-16 (beachte zugehörige Überschrift), sonst $h_0 > h_{0\,\text{zul}} \triangleq h_{\text{min zul}} = \Sigma(R_z + W_t)$ bei unverkanteter und nicht durchgebogener Welle

Gleichzeitig kann angenähert die Winkellage β° der $h_0$ bzw. in Bezug auf die Wirkungslinie der Lagerkraft $F$, d. i. der *Verlagerungswinkel* β° abhängig von ε und $b/d_L$, aus TB 15-15a und b bei ungestörtem Druckaufbau für reine Drehung entnommen werden (vgl. Erläuterungen zu Bildern 15-6 und 15-7). Für vollumschließende (360°-)Lager (a) und bei halbumschließenden (180°-)Lagern (b) sind unterschiedliche Winkel β° abzulesen (beachte Erläuterungen zu Gl. (15.9)).

### c) Sommerfeldzahl

Bei Vollschmierung ergibt sich bei reiner Drehung der Welle die Reibung nur aus den Verschiebekräften $F_t$ gleich Reibungskräften $F_R$ des Schmierstoffs am Wellenumfang.
Wird der Sonderfall angenommen, dass sich die Welle in einem 360°-Lager bei $n = \infty$ in der Lagermitte M befindet (vgl. Bild 15-6), dann ist der Schmierstoffdruck an jeder Stelle gleich, weshalb das Lager in diesem Betriebszustand kaum eine Kraft aufnehmen kann.
Aus dem allgemeinen newtonschen Schubspannungsansatz (vgl. 15.1.4) $\tau = F_t/A = F_t/(d \cdot \pi \cdot b)$ bzw. $\tau = \eta \cdot u/h$ bzw. mit $h = 0{,}5 \cdot s$ und $u = 0{,}5 \cdot d \cdot \omega$, wird $\tau = \eta \cdot \omega/\psi$, wenn nach Gl. (15.5) $\psi = s/d$ für den Nenndurchmesser $d$ gilt. Die Reibungskraft ergibt sich daraus: $F_R \cong F_t = \tau \cdot d \cdot \pi \cdot b = \eta \cdot (\omega/\psi) \cdot d \cdot \pi \cdot b$. Ist mit einer nur sehr geringen Lagerkraft $F$ (bei sehr geringer Abweichung von der Lagermitte M) die Reibungszahl für Flüssigkeitsreibung $\mu = F_R/F$ $\cong F_t/F = F_t/(p \cdot b \cdot d)$ mit allgemein $F$ aus Gl. (15.4), so erhält man nach Einsetzen von $F_t$ die Petroffsche Gleichung: $\mu = \eta \cdot \omega \cdot d \cdot \pi \cdot b/(p \cdot b \cdot d \cdot \psi) = \eta \cdot \omega \cdot \pi/(p \cdot \psi)$. Als *Reibungskennzahl* gilt für den Sonderfall allgemein: $\mu/\psi = \eta \cdot \omega \cdot \pi/(p \cdot \psi^2)$ (vgl. zu d, Reibungskennzahl).
Aus der Reibungskennzahl kann mit $\mu/\psi = \pi/So$ eine dimensionslose Ähnlichkeitsgröße, die *Sommerfeldzahl* ermittelt werden, wenn Formelzeichen und Betriebskennwerte Anwendung finden:

$$So = \frac{p_L \cdot \psi_B^2}{\eta_{\text{eff}} \cdot \omega_{\text{eff}}} = \frac{F \cdot \psi_B^2}{b \cdot d_L \cdot \eta_{\text{eff}} \cdot \omega_{\text{eff}}} \tag{15.9}$$

| $So, \psi_B$ | $p_L$ | $F$ | $\eta_{\text{eff}}$ | $\omega_{\text{eff}}$ | $b, d$ |
|---|---|---|---|---|---|
| 1 | N/mm² | N | Ns/mm² | 1/s | mm |

$p_L$     spezifische Lagerbelastung nach Gl. (15.4)
$F$     Lagerkraft
$\psi_B$     mittleres relatives Lagerspiel als Dezimalbruch bei $\vartheta_{\text{eff}}$ (s. zu Gl. (15.8))
$\eta_{\text{eff}}$     effektive dynamische Viskosität bei $\vartheta_{\text{eff}}$ nach TB 15-9
$\omega_{\text{eff}} = 2\pi \cdot n_w$     effektive Winkelgeschwindigkeit
$b, d_L$     Lagerbreite, Lagerdurchmesser

Die Sommerfeldzahl $So$ als Lagerkennzahl ist für das Betriebsverhalten aller Radiallager kennzeichnend. Die einzelnen Größen spiegeln deutlich das hydrodynamische Druckverhalten und damit die Tragfähigkeit wieder:

$p_L \sim 1/\psi_B^2$,     d. h. $p_L$ ist proportional dem Quadrat des reziproken relativen Lagerspiels bzw. jede Spielverkleinerung wirkt sich quadratisch auf die Steigerung der Tragfähigkeit aus.

## 15.4 Berechnungsgrundlagen

$p_L \sim \eta_{eff}$, d. h. $p_L$ ist proportional zur Viskosität bzw. jede $\eta$-Erhöhung ergibt eine Tragfähigkeitssteigerung.

$p_L \sim \omega_{eff}$, d. h. $p_L$ ist proportional der Winkelgeschwindigkeit (Drehzahl, Gleitgeschwindigkeit) bzw. jede Drehzahlerhöhung bringt eine Tragfähigkeitssteigerung.

*Gleitlager sind danach hydrodynamisch ähnlich, wenn sie bei gleicher Lage des Schmierstoffeintritts (Schmiernut u. dgl.) die gleiche So und gleiches Breitenverhältnis $b/d_L$, d. h. gleiche $h_0$ im Verhältnis zum Lagerspiel und die gleiche Reibungskennzahl $\mu/\psi_B$ haben.*

Die Temperatur des Schmierstoffs $\vartheta_{eff} \cong \vartheta_0$ einer Richttemperatur im Lager muss für den ersten Entwurf angenommen und aus ihr $\eta_{eff}$ ermittelt werden (vgl. TB 15-9). Da die Lagerkraft $F$ und die Wellendrehzahl $n_W$ und damit $\omega_{eff}$ bekannt sind, kann So mit dem für den jeweiligen Anwendungsfall festgelegten $\psi_B$ (vgl. zu Gl. (15.5) und Gl. (15.6)) bestimmt werden.
Mit So und $b/d_L$ kann die relative Exzentrizität $\varepsilon$ vollumschließender (360°-)Lager aus TB 15-13a bzw. b gefunden werden; dsgl. gilt auch näherungsweise für halbumschließende (180°-)Lager, da nur im Bereich niedriger $\varepsilon$ mit geringen Abstrichen der Genauigkeit zu rechnen ist. Mit Hilfe von Gl. (15.8) ergibt sich dann die kleinste Schmierspalthöhe $h_0 \geq h_{0zul}$. Der Verlagerungswinkel $\beta° = f(\varepsilon, b/d_L)$ kann aus TB 15-15 für 360°-Lager (a) und 180°-Lager (b) geschätzt werden.

*Hinweis: Das Diagramm TB 15-15b ist auch für 360°-Lager zugrunde zu legen, bei denen die Schmierstoffzufuhr seitlich, d. h. um 90° gedreht zur Lastrichung erfolgt, vgl. Bilder im TB 15-18b 3 bis 6, s. auch Bild 15-22c, d.*

Schon aus dem ermittelten Wert der So kann ein Einblick in das Verhalten des Lagers gewonnen werden. Im Diagramm des TB 15-13b ist im Bereich *B* bei So $\geq 1$ und $\varepsilon = 0,6 \ldots 0,95$ ein störungsfreier Betrieb des Lagers gesichert. Im Bereich *C* bei So $> 10$ und $\varepsilon = 0,95 \ldots 1,0$ können bei normaler Oberflächenausführung wegen zu geringer $h_0$ bzw. zu kleiner relativer Spalthöhe $h_0/(0,5 \cdot d_L \cdot \psi_B) = 1 - \varepsilon \leq 0,4$ aus Gl. (15.8) Verschleißerscheinungen durch Mischreibung auftreten. Im Bereich *A* bei So $< 1$ und $\varepsilon < 0,6$ bzw. $(1 - \varepsilon) > 0,4$ sind wegen mangelhafter Radialführung der Welle durch Instabilität bedingte Störungen nicht ausgeschlossen. Für So $\leq 0,3$ kann die Welle im Lager zu Schwingungen durch Ölfilm-Wirbel (Oil-whip) angeregt werden, insbesondere bei Lagern mit geringer $F$ und hoher $n_w$, wodurch die Zerstörung des Lagers eingeleitet wird. Eine Änderung kann durch Verkleinern des $b/d_L$ ($p_L$ wird erhöht!) oder/und von $\eta_{eff}$ des Schmierstoffes erreicht werden; andernfalls müssen am Lagerumfang mehrere sichelförmige Schmierspalte angeordnet, d. h. Mehrflächengleitlager (MF-Lager, vgl. zu Bild 15-30) ausgeführt werden, deren Gleitraum mehrere Stauräume enthält, über denen sich Druckfelder ausbilden, die stabilisierend wirken (Bild 15-37). 4 bis 6 Staufelder bei MF-Lagern werden auch mit Kippsegmenten für Präzisionsmaschinen verwendet (s. zu Bild 15-30c, d).
Auf die Berechnung der Mehrflächengleitlager wird im Rahmen des Buches verzichtet. Geeignete Unterlagen finden sich in der Literatur (s. 15.6).

### d) Reibungskennzahl

Die Viskosität $\eta_{eff}$ des Schmierstoffes und damit seine Temperatur $\vartheta_{eff}$ ist von entscheidender Bedeutung für das Verhalten des Lagers. Die im Lager entwickelte Wärme ist eine Folge der an der mit $\omega_{eff}$ drehenden Welle wirkenden Verschiebekraft $F_t$, die durch $\eta_{eff}$ des Schmierstoffes im Lager und außerdem durch den zu $h_0$ unsymmetrischen Druckaufbau hervorgerufen

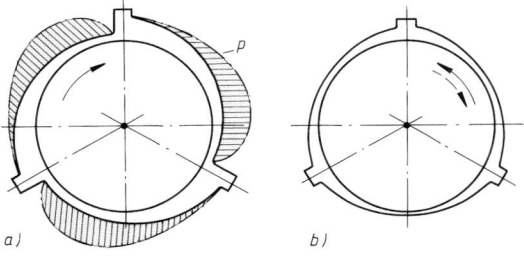

**Bild 15-37**
Gleitraumformen bei Mehrflächengleitlagern (schematisch).
a) MF-Lager für eine Drehrichtung,
b) MF-Lager für beide Drehrichtungen.
  Herstellung der 2 bis 4 Staufelder durch besondere Arbeitsverfahren bei Spezialfirmen

wird. Somit gilt nicht mehr wie beim Sonderfall der zentrischen Wellenlage $\tau = \eta \cdot \omega/\psi$ (vgl. c, Sommerfeldzahl), sondern wegen der Exzentrizität $\tau = f(\eta \cdot \omega/\psi)$, woraus sich für die Reibungskennzahl $\mu/\psi = f(1/So)$ allgemein ergibt. Ist $So$ und $\beta$ bekannt wird

$$\frac{\mu}{\psi_B} = \frac{\pi}{So \cdot \sqrt{1-\varepsilon^2}} + \frac{\varepsilon}{2} \cdot \sin\beta$$

für das 360°-Lager errechenbar oder kann abhängig von $\varepsilon$ und $b/d_L$ aus TB 15-14 für das 360°-Lager (a) bzw. auch für das 180°-Lager (b) angenähert abgelesen werden. Durch Multiplikation des ermittelten Wertes mit $\psi_B$ kann die Reibungszahl $\mu$ bestimmt werden.

*Hinweis:* Im Gegensatz zum Hinweis unter c wird für 360°-Lager mit seitlicher Schmierstoffzufuhr $\mu/\psi_B$ errechnet oder auch aus TB 15-14a angenähert abgelesen.

Für ein bestimmtes Lager mit $\psi$ = konstant fallen alle Reibungskurven (vgl. zu Bild 15-17) in einer einzigen Kurve zusammen, wenn entsprechend Gl. (15.9) $\mu$ über $\eta \cdot \omega/p$ (dimensionslos!) aufgetragen wird (Bild 15-38). Die untere Betriebsgrenze ist durch die Nähe zum Ausklinkpunkt $A$ für $(\eta \cdot \omega/p)_{ü}$ mit $(\eta \cdot \omega/p)_{min}$ gekennzeichnet. Bei störungsfreiem Betrieb wird sie für unveränderte Betriebsbedingungen bei sinkender $\eta$ erreicht. Bei steigender $\eta$ ist wegen zunehmender Reibungsverluste die obere Grenze $(\eta \cdot \omega/p)_{max}$ gegeben, weil bei deren Überschreitung wärmebedingte Schäden der Lagerung nicht ausgeschlossen werden können.

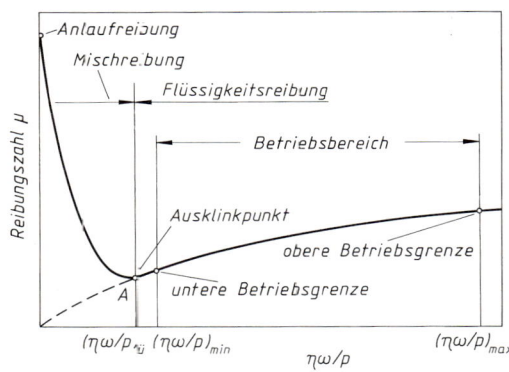

**Bild 15-38**
Reibungskurve und Betriebsbereich eines Gleitlagers (schematisch)

Mit der Reibungszahl $\mu$ als Dezimalbruch aus oder mit der Reibungskennzahl $\mu/\psi_B$ kann der im Beharrungszustand entstehende Wärmestrom, die *Reibungsverlustleistung* ermittelt werden:

$$P_R = \mu \cdot F \cdot u_w = \mu \cdot F \cdot \frac{d_W}{2} \cdot \omega_{eff} \approx \mu \cdot F \cdot d_W \cdot \pi \cdot n_w = (\mu/\psi_B) \cdot F \cdot d_W \cdot \pi \cdot n_w \cdot \psi_B \quad (15.10)$$

| $P_R$ | $F$ | $d_W$ | $n_w$ | $u_w$ | $\mu$ | $\omega_{eff}$ | $\psi_B$ |
|---|---|---|---|---|---|---|---|
| Nm/s, W | N | m | 1/s | m/s | 1 | 1/s | 1 |

| | |
|---|---|
| $F$ | Lagerkraft |
| $u_w = d_W \cdot \pi \cdot n_w$ | Wellenumfangsgeschwindigkeit |
| $\omega_{eff} = 2\pi \cdot n_w$ | effektive Winkelgeschwindigkeit |
| $d_W$ | Wellendurchmesser |
| $\psi_B$ | mittleres relatives Lagerspiel bei $\vartheta_{eff}$ |

Wird in diese Gleichung allgemein für den Lager-Nenndurchmesser $d$ aus Gl. (15.4) die Lagerkraft $F = p_L \cdot d \cdot b$ und darin für die spezifische Lagerbelastung $p_L = So \cdot \eta \cdot \omega/\psi^2$ entsprechend aus Gl. (15.9) eingesetzt, ergibt sich $P_R = (\mu/\psi) \cdot So \cdot b \cdot d^2 \cdot \eta \cdot \omega^2/(2\psi)$.
Daraus ist erkennbar, dass $P_R$ für ein statisch belastetes Radiallager mit $\omega^2$ und der 3. Potenz der linearen Lagerabmessungen $(b \cdot d^2)$ steigt.
Für bestimmte Anwendungen ist es zweckmäßig, wenn die Reibungskennzahl $\mu/\psi_B = f(So, b/d_L)$ dargestellt wird (vgl. TB 15-14c für vollumschließende Lager). Damit kann festgelegt werden,

## 15.4 Berechnungsgrundlagen

dass die Abhängigkeit vom Breitenverhältnis $b/d_L$ nur geringfügig ist; außerdem ist erkennbar, dass für statisch leicht belastete Lager, mit z. B. $So = 0,1$, sich recht hohe $\mu/\psi_B$-Werte ergeben, während hoch belastete Lager, mit $So = 10$, niedrige $\mu/\psi_B$-Werte aufweisen.
Die im Lager entstehende $P_R$ wird im Gleitraum in Wärme umgesetzt, die nach außen abgeführt werden muss, damit sich im Beharrungszustand keine unzulässig hohe Temperatur einstellt.

### 2. Wärmebilanz

Beim Betrieb eines Lagers mit Flüssigkeitsreibung erhöht sich die Temperatur im Schmierstoff so lange, bis die Wärmeabgabe nach außen der Reibungsverlustleistung $P_R$ entspricht. Die Reibungswärme geht durch Konvektion (Mitführung) vom Schmierstoff teils in die Lagerschale (Buchse), teils in die Welle, von wo sie in das Lagergehäuse und an dessen Oberfläche bzw. an die freie Wellenoberfläche geleitet und von dort durch Konvektion und Strahlung an die Umgebung abgegeben wird. Dabei stellt sich die Temperatur sowohl im Schmierstoff als auch im Lager auf einen bestimmten mittleren Wert $\vartheta_L$ ein, der den zulässigen Wert $\vartheta_{L\,zul}$ entsprechend dem Lagerwerkstoff und dem gewählten Schmierstoff nicht überschreiten darf (vgl. TB 15-17). Diese mittlere Temperatur ergibt sich aus der Wärmebilanz, d. h. aus dem Wärmegleichgewicht zwischen den im Lager entstehenden und den aus dem Lager abgeführten Wärmeströmen. Entsprechend Gl. (15.10) gilt allgemein

$$\boxed{P_R = P_\alpha + P_c} \tag{15.11}$$

Darin sind für die Praxis ausreichend genau (nach Newton) der über das Lagergehäuse und die Welle *durch Konvektion abgeführte Wärmestrom*

$$\boxed{P_\alpha = \alpha \cdot A_G(\vartheta_m - \vartheta_U)} \quad \begin{array}{c|c|c|c} P_\alpha & \alpha & A_G & \vartheta_m, \vartheta_U \\ \hline \text{Nm/s, W} & \text{Nm/(m}^2\cdot\text{s}\cdot{}^\circ\text{C)}; \text{W/(m}^2\cdot{}^\circ\text{C)} & \text{m}^2 & {}^\circ\text{C} \end{array} \tag{15.12}$$

$\alpha = 15\ldots 20$ effektive Wärmeübergangszahl zwischen Lagergehäuse und Umgebungsluft bei freier Konvektion, d. h. Luftgeschwindigkeit bis $w = 1{,}2$ m/s. Der untere Wert gilt für Lager im Maschinenverband

$\alpha = 7 + 12\sqrt{w}$ Erfahrungswert bei Anblasung des Gehäuses mit $w > 1{,}2$ m/s, wobei $w$ in m/s und $\alpha$ in W/(m$^2 \cdot {}^\circ$C)

$A_G = \pi[0{,}5(d^2 - d_L^2) + d \cdot b_L]$ wärmeabgebende äußere Oberfläche für zylindrische Lager mit Lageraußendurchmesser $d$ (Gehäusedurchmesser), Lagerinnendurchmesser $d_L$ (Nennmaß), Lagerbreite $b_L$ (Gehäusebreite)

$A_G = \pi H(L + 0{,}5H)$ für Stehlager mit Gesamthöhe $H$ und Breite (Gehäuselänge) $L$ (z. B. Bild 15-26a: $H \stackrel{\wedge}{=} h_2$, $L \stackrel{\wedge}{=} b_2$)

$A_G \approx 20 b \cdot d_L$ für Lager im Maschinenverband (z. B. Turbinenlager) mit Lagerbreite $b$ und Lagerinnendurchmesser $d_L$

$\vartheta_m \stackrel{\wedge}{=} \vartheta_L$ mittlere Lagertemperatur

$\vartheta_U = -20^\circ \ldots +40\,^\circ\text{C}$ üblich 20 °C, Temperatur der Umgebungsluft

und der *vom Schmierstoff abgeführte Wärmestrom*

$$\boxed{P_c = \dot{V} \cdot \varrho \cdot c(\vartheta_a - \vartheta_e)} \quad \begin{array}{c|c|c|c} P_c & \dot{V} & \varrho \cdot c & \vartheta_a, \vartheta_e \\ \hline \text{Nm/s, W} & \text{m}^3/\text{s} & \text{N/(m}^2\cdot{}^\circ\text{C)}; \text{J/(m}^3\cdot{}^\circ\text{C)} & {}^\circ\text{C} \end{array} \tag{15.13}$$

$\dot{V} = \dot{V}_D + \dot{V}_{pZ}$ der gesamte Schmierstoffdurchsatz, wenn $\dot{V}_D$ der Schmierstoffdurchsatz infolge Förderung durch Wellendrehung und $\dot{V}_{pZ}$ der Schmierstoffdurchsatz infolge Zufuhrüberdrucks $p_Z$ bedeuten (vgl. 15.4.1-3, Schmierstoffdurchsatz)

$\varrho \cdot c = 1{,}8 \cdot 10^6$ für die raumspezifische Wärme üblicher Wert; genauere Werte nach TB 15-8c für bekannte Angaben

$\vartheta_a \leq 100\,^\circ\text{C}$ Schmierstoff-Austrittstemperatur, sonst schneller Ölalterung (chemische Veränderung – Minderung durch Additive)

$\vartheta_e = 30^\circ \ldots 80\,^\circ\text{C}$ Schmierstoff-Eintrittstemperatur je nach Lagerbauart und Ausführung des Ölkühlers

*Hinweis:* Der Vorgang der Wärmeübertragung vom Schmierstoff über die Lager- und Wellenteile an die Umgebung ist erheblich verwickelter. Die vereinfachte Betrachtung zum Wärmeübergang reicht jedoch in der Praxis aus, wenn angenommen wird, dass die im Schmierstoff vorhandene Temperatur $\vartheta_{\text{eff}}$ zur Ermittlung der *So*-Zahl zwischen $\vartheta_e$ und $\vartheta_a$ liegen dürfte und dass zwischen $\vartheta_{\text{eff}}$ und der Lagertemperatur $\vartheta_L$ ein Temperaturgefälle vorhanden ist.

Zur Ermittlung der Lagertemperatur $\vartheta_m$ wird unterschieden

a) Natürliche Kühlung

Die Wärme wird durch Konvektion und Strahlung an die umgebende Luft abgegeben. Aus Gl. (15.12) ergibt sich mit Gl. (15.11) für $P_R = P_\alpha$ die *Lagertemperatur*

$$\boxed{\vartheta_L \cong \vartheta_m = \vartheta_U + \frac{P_R}{\alpha \cdot A_G}} \quad \begin{array}{c|c|c|c} \vartheta_L, \vartheta_m, \vartheta_U & P_R & \alpha & A_G \\ \hline °C & \text{Nm/s; W} & \text{Nm/(m}^2 \cdot \text{s} \cdot °\text{C)} & \text{m}^2 \end{array} \quad (15.14)$$

Da das Temperaturgefälle im Lager erfahrungsgemäß gering ist, kann auch $\vartheta_L = \vartheta_{\text{eff}}$ gesetzt werden. Da die *So*-Zahl nach Gl. (15.9) mit $\eta_{\text{eff}}$ bei $\vartheta_{\text{eff}}$ bestimmt wird, ist beim Entwurf zunächst eine Richttemperatur $\vartheta_0 \cong \vartheta_{\text{eff}} = \vartheta_U + \Delta\vartheta = 40° \ldots 100\,°C$ (üblich $\Delta\vartheta \approx 20\,°C$) anzunehmen. Die Richttemperatur muss dann so lange geändert werden, bis der Unterschied zwischen der neuen Richttemperatur $\vartheta_{0\text{neu}} = (\vartheta_{0\text{alt}} + \vartheta_m)/2$ und dem absoluten Wert $|\vartheta_m - \vartheta_0| \leq 2\,°C$ beträgt, d. h. die Richttemperatur nahezu mit dem Ergebnis $\vartheta_L \approx \vartheta_0$ übereinstimmt (vgl. Berechnungsschema Bild 15-39 bzw. Beispiel 15.1, Lösung d). Bei höherer $\eta_{\text{eff}}$ kann jeweils mit $\psi_B = \psi_E + \Delta\psi$ gerechnet werden (s. Hinweis zu 15.4.1-1 a).

Dieses Rechenverfahren wird Iteration genannt, d. h. aus der Näherungslösung einer Gleichung wird durch wiederholte Anwendung des gleichen Rechenverfahrens eine Folge von Näherungswerten gewonnen, die der Lösung immer näher kommen.

Danach muss geprüft werden, ob $\vartheta_L \leq \vartheta_{L\text{zul}}$ ist (vgl. TB 15-17). Wird $\vartheta_L > \vartheta_{L\text{zul}}$, kann durch Wahl eines anderen Schmierstoffs oder durch Konstruktionsänderung versucht werden die Betriebsfähigkeit zu erreichen.
Andernfalls ist eine zusätzliche Kühlung erforderlich.

b) Rückkühlung des Schmierstoffs

Beträgt der durch natürliche Kühlung abgeführte Wärmestrom $P_\alpha < 0{,}25 P_R$, kann $P_\alpha$ gegenüber $P_c$ vernachlässigt werden, was eine zusätzliche Sicherheit bedeutet. Die Wärmeabfuhr erfolgt mittels Druckumlaufschmierung durch den Schmierstoff. Somit ergibt sich aus Gl. (15.13) mit Gl. (15.10) und (15.11) für $P_R = P_c$ die *Lagertemperatur*

$$\boxed{\vartheta_L \cong \vartheta_a = \vartheta_e + \frac{P_R}{\dot{V} \cdot \varrho \cdot c}} \quad \begin{array}{c|c|c|c} \vartheta_L, \vartheta_a, \vartheta_e & P_R & \dot{V} & \varrho \cdot c \\ \hline °C & \text{Nm/s; W} & \text{m}^3/\text{s} & \text{N/(m}^2 \cdot °\text{C); J/(m}^3 \cdot °\text{C)} \end{array} \quad (15.15)$$

$P_R$ Reibungsverlustleistung nach Gl. (15.10)
$\dot{V}$ gesamter Schmierstoffdurchsatz (vgl. unter Gl. (15.13) sowie Gl. (15.18))
$\varrho \cdot c = 1{,}8 \cdot 10^6$ raumspezifische Wärme (s. zu Gl. (15.13))
$\vartheta_e, \vartheta_a$ Schmierstoff-Ein- und -Austrittstemperatur (s. zu Gl. (15.13))

Zunächst wird, wie zu Gl. (15.14), eine Richttemperatur $\vartheta_0 \cong \vartheta_{a0} = \vartheta_e + \Delta\vartheta$ angenommen, wenn üblich $\Delta\vartheta \approx 20\,°C$, so daß mit $\vartheta_{\text{eff}} = 0{,}5(\vartheta_e + \vartheta_{a0})$ für $\eta_{\text{eff}}$ aus TB 15-9 gerechnet wird. Damit ergibt sich $\vartheta_L \approx \vartheta_0$. Bei Abweichung $\vartheta_0$ von $\vartheta_a$ ist mit $\vartheta_{a0\text{neu}} = 0{,}5(\vartheta_{0a\text{alt}} + \vartheta_a)$ und $\vartheta_{\text{eff}} = 0{,}5(\vartheta_e + \vartheta_{a0\text{neu}})$ für $\eta_{\text{eff}}$ zu rechnen und durch Iteration die Temperatur so lange zu ändern, bis der absolute Wert $|\vartheta_{a0} - \vartheta_a| \leq 2\,°C$ beträgt. Für $\vartheta_{\text{eff}}$ kann jeweils mit $\psi_B = \psi_E + \Delta\psi$ gerechnet werden (vgl. 15.5, Beispiel 15.2, Lösung a bzw. s. Hinweis zu 15.4.1-1 a); s. allgemeines Berechnungsschema Bild 15-39.
Bei großer Lagerkraft und hoher Drehzahl wird zweckmäßig mit $\vartheta_{\text{eff}} = (2\vartheta_a + \vartheta_e)/3$ bis $\vartheta_{\text{eff}} = \vartheta_a$ gerechnet.

Danach muß wieder geprüft werden, ob $\vartheta_L \leq \vartheta_{L\text{zul}}$ ist (vgl. TB 15-17). Wird $\vartheta_L > \vartheta_{L\text{zul}}$ und $h_0 < h_{0\text{zul}}$ (vgl. zu Gl. (15.8)), ist das Lager neu zu dimensionieren, ein anderer Schmierstoff oder zusätzliche Kühlung erforderlich. Durch Vergrößerung der Lageroberfläche mit Kühlrip-

## 15.4 Berechnungsgrundlagen

pen kann die Wärmeabgabe wesentlich gesteigert werden, so dass ein Schmierstoffkühler außerhalb des Lagers gespart wird. In manchen Fällen wird auch mittels eines Gebläses durch Erhöhung der Luftgeschwindigkeit $w$ (s. zu Gl. (15.12)) die Wärmeübergangszahl $\alpha$ verbessert (s. auch zu Gl. 15.18)).

### 3. Schmierstoffdurchsatz

Soll der dem Lager zugeführte Schmierstoff zur Abführung eines Teils der Lagerreibungswärme benutzt werden, muss die Größe des Schmierstoffdurchsatzes bekannt sein.
Jedes Lager hat schon einen natürlichen Schmierstoffdurchlauf, wenn der unter dem Druck des tragenden Schmierfilms seitlich heraustretende Schmierstoff im weitesten Schmierspalt wieder zufließen kann (Seitenfluss, vgl. vor Bild 15-9). Für den durch Wellendrehung geförderten Schmierstoff lässt sich für ein vollumschließendes (360°-)Lager eine dimensionslose Kennzahl, der *bezogene* bzw. *relative Schmierstoffdurchsatz* $\dot{V}_{D\,rel} = \dot{V}_D/(d_L^3 \cdot \psi_B \cdot \omega_{eff}) = 0{,}25[(b/d_L) - 0{,}223(b/d_L)^3] \cdot \varepsilon$ errechnen. Für halbumschließende (180°-)Lager gelten Werte aus TB 15-18a. Daraus ergibt sich der *Schmierstoffdurchsatz infolge Förderung durch Wellendrehung (Eigendruckentwicklung)*

$$\boxed{\dot{V}_D = \dot{V}_{D\,rel} \cdot d_L^3 \cdot \psi_B \cdot \omega_{eff}}$$

| $\dot{V}_D$ | $\dot{V}_{D\,rel}$ | $d_L$ | $\psi_B$ | $\omega_{eff}$ |
|---|---|---|---|---|
| m³/s | 1 | m | 1 | s⁻¹ |

(15.16)

$d_L$  Lagerinnendurchmesser (Nennmaß)
$\psi_B$  mittleres relatives Betriebslagerspiel bei $\eta_{eff}$ (s. 15.4.1-1a unter Hinweis)
$\omega_{eff}$  effektive Winkelgeschwindigkeit
$\dot{V}_{D\,rel}$  relativer Schmierstoffdurchsatz: $\dot{V}_{D\,rel} = 0{,}25[(b/d_L) - 0{,}223(b/d_L)^3] \cdot \varepsilon$

Wird ein Lager zu heiß, d. h. ist die Lagertemperatur $\vartheta_L > \vartheta_{L\,zul}$, muss $\vartheta_L$ durch Erhöhung des Schmierstoffdurchsatzes herabgesetzt werden. Dies geschieht dadurch, dass dem Lager der Schmierstoff durch eine Pumpe unter einem Zuführüberdruck $p_Z$ zugeführt wird. Der Schmierstoff fließt zum größten Teil gleich aus der Lageroberschale ab, wird also nicht für den Druckaufbau benötigt.
Auch für diesen Fall lässt sich eine dimensionslose Kennzahl, der *bezogene* bzw. *relative Schmierstoffdurchsatz* infolge Zuführdruck $\dot{V}_{pZ\,rel} \approx \dot{V}_{pZ} \cdot \eta_{eff}/(d_L^3 \cdot \psi_B^3 \cdot p_Z)$ bestimmen. Entscheidend ist dabei jedoch die Art der Schmierstoffzufuhr und -verteilung, die Einfluss auf das betriebssichere Arbeiten des Lagers hat (vgl. 15.1.5-2).
Je nach Art des Zuführungselementes, d. h. Schmierlöcher, Schmiernuten (Ringnut) und Schmiertaschen (s. 15.3.3-3) ergeben sich unterschiedliche $\dot{V}_{pZ\,rel}$-Werte, die nach TB 15-18b (entsprechend DIN 31652-2) errechnet werden können.
Damit wird unter vereinfachender Berücksichtigung des Verlagerungswinkels $\beta$ (s. unter Gl. (15.8)) der *Schmierstoffdurchsatz infolge Zuführdrucks*

$$\boxed{\dot{V}_{pZ} = \frac{\dot{V}_{pZ\,rel} \cdot d_L^3 \cdot \psi_B^3}{\eta_{eff}} \cdot p_Z}$$

| $\dot{V}_{pZ}$ | $\dot{V}_{pZ\,rel}$ | $d_L$ | $\psi_B$ | $\eta_{eff}$ | $p_Z$ |
|---|---|---|---|---|---|
| m³/s | 1 | m | 1 | Pa s | Pa |

(15.17)

$d_L$, $\psi_B$  wie zu Gl. (15.16)
$\eta_{eff}$  effektive dynamische Viskosität bei $\vartheta_{eff}$
$p_Z$  Schmierstoffzuführdruck, üblich $p_Z = 0{,}05\ldots 0{,}2$ MPa (0,5…2 bar)
$\dot{V}_{pZ\,rel}$  relativer Schmierstoffdurchsatz nach TB 15-18b

Bei vollumschließenden (360°-)Lagern mit Druckschmierung ist dann der *gesamte Schmierstoffdurchsatz*

$$\boxed{\dot{V} = \dot{V}_D + \dot{V}_{pZ}}$$

(15.18)

vgl. zu Gl. (15.13) bzw. Gl. (15.15)

Da der Schmierstoffdurchsatz bei schnelllaufenden, hochbelasteten Lagern mit Druckumlaufschmierung größer ist als bei Lagern mit natürlicher Kühlung, kann die Lagertemperatur $\vartheta_L$ in erträglichen Grenzen gehalten werden, wenn der abfließende Schmierstoff in einem außerhalb des Lagers liegenden Kühler rückgekühlt wird (vgl. nach Gl. (15.15) und (15.16)). Damit der Viskositätsabfall dann nicht zu groß wird, soll die Temperaturdifferenz $(\vartheta_a - \vartheta_e)$ = 10° ... 15 °C, maximal 20 °C betragen. Entsprechend Gl. (15.15) ist der Kühlöldurchsatz $\dot{V}_k = P_R/(\varrho\ c(\vartheta_a - \vartheta_e))$ in m³/s, wenn $P_R$ in Nm/s und für $c \cdot \varrho = 1670 \cdot 10^3$ N/(m² · °C) zunächst als Mittelwert eingesetzt wird.

## 4. Berechnungsgang

Die Berechnung der Funktionsfähigkeit statisch belasteter Radial-Gleitlager im hydrodynamischen Betrieb beschränkt sich auf zylindrische Lager, insbesondere voll-(360°), aber auch halb- (180°)umschließend, bei denen keine Störeinflüsse wie Unwuchten, Schwingungen, Formabweichungen durch die Fertigung, Montageungenauigkeiten, Schmierstoffverschmutzung u. dgl. vorhanden sind.
Vorausgesetzt werden Vollschmierung und Steifigkeit der Gleitpartner; ferner soll eine Bewegung senkrecht zu den Gleitflächen, die sich der Wellendrehung überlagert und einen zusätzlichen Verdrängungsdruck im Schmierfilm erzeugt, unberücksichtigt bleiben. Die Schmierstoffzufuhrstelle soll so angeordnet sein, dass der Druckaufbau im Schmierstoff nicht gestört wird (vgl. Bild 15-7 bis 15-10).
Meist werden die Lagerkraft $F$, die Betriebsdrehzahl $n_w$ und die Temperatur der Umgebungsluft $\vartheta_U$ (notfalls geschätzt) bekannt sein. Vielfach ist auch die Schmierstoffsorte (Viskositätsklasse) nicht frei wählbar und als gegeben anzusehen.
In der Praxis wird der erforderliche Wellendurchmesser $d_W$ nach Berechnung, Konstruktion oder freie Wahl bestimmt. Mit dem Lagerbohrungsdurchmesser $d_L$ und dem Wellendurchmesser $d_W$ müssen die Fertigungstoleranzen und Oberflächenrauigkeiten bekannt sein, weil sie zu einer Beeinflussung des Lagerspiels (vgl. 15.4.1-1a) führen und die Tragfähigkeit, die Reibung sowie die Erwärmung (vgl. 15.1.5-2) beeinträchtigen.
Mit einem gewählten Breitenverhältnis $b/d_L$ (vgl. 15.3.2) und den konstruktiven Außenabmessungen des Lagers liegt auch die wärmeabgebende Fläche des Lagers $A_G$ fest (vgl. zu Gl. (15.12)). Nach Festlegung des Gleitlagerwerkstoffes (vgl. 15.3.1) wird die Berechnung meist in Form einer Nachprüfung für die gegebene Konstruktion durchgeführt. Nachgeprüft wird

a) zunächst die *mechanische Beanspruchung* mit $p_L \leq p_{L\,zul}$ nach Gl. (15.4), vgl. 15.3.2.
b) danach die *thermische Beanspruchung* (Wärmebilanz, vgl. 15.4.1-2), wobei zunächst der einfachere Fall der Wärmeabfuhr durch Konvektion (natürliche Kühlung) untersucht wird (vgl. Gln. (15.12) und (15.14)). Dafür wird eine Richttemperatur $\vartheta_0$ für $\vartheta_{eff}$ angenommen, mit der die effektive dynamische Viskosität $\eta_{eff}$ nach TB 15-9 zu ermitteln ist.
Mit dem mittleren relativen Betriebslagerspiel $\psi_B$ (vgl. 15.4.1-1a) und den übrigen Lagerdaten lässt sich der wichtigste Kennwert $So$ nach Gl. (15.9) ermitteln (vgl. 15.4.1-1c). Für $So$ und $b/d_L$ kann aus TB 15-13 die relative Exzentrizität $\varepsilon$ (vgl. 15.4.1-1b) gefunden werden. Abhängig von $\varepsilon$ und $b/d_L$ ergibt sich aus der Reibungskennzahl $\mu/\psi_B$ rechnerisch mit geschätztem $\beta°$ nach TB 15-15 oder angenähert aus TB 15-14 die Reibungszahl $\mu$, womit die Reibungsverlustleistung $P_R$ aus Gl. (15.10) errechnet wird. Die Lagertemperatur $\vartheta_L \cong \vartheta_m$ kann durch Iteration nach Gl. (15.14) ermittelt werden bis $\vartheta_L \approx \vartheta_0$ erreicht und $\vartheta_L \leq \vartheta_{L\,zul}$ ist. Der dazu erforderliche Schmierstoffdurchsatz $\dot{V}_D$ infolge Wellendrehung wird nach Gl. (15.16) ermittelt.
Ist die natürliche Kühlung nicht ausreichend, muss Druckumlaufschmierung vorgesehen werden (s. zu Gln. (15.13) und (15.15)).
c) die *Verschleißgefährdung*, wobei nachzuweisen ist, dass nach Gl. (15.8) $h_0 \geq h_{0\,zul} = \Sigma(R_z + W_t)$ ohne Einlauf bzw. $h_{0\,zul} = \Sigma R_a$ nach Einlauf (vgl. Erläuterungen zu Bild 15-17) ist.

Soll ein Lager in mehreren Betriebszuständen laufen, so ist der auf die Dauer ungünstigste Betriebszustand nachzuprüfen.
Das Berechnungsschema im Bild 15-39 erleichtert den Ablauf der Rechnung bei der Nachprüfung (s. auch 15.5, Berechnungsbeispiele – Grundbeispiele 15.1 und 15.2). Eine Umstellung des Berechnungsablaufs ist jedoch ohne weiteres möglich.

## 15.4 Berechnungsgrundlagen

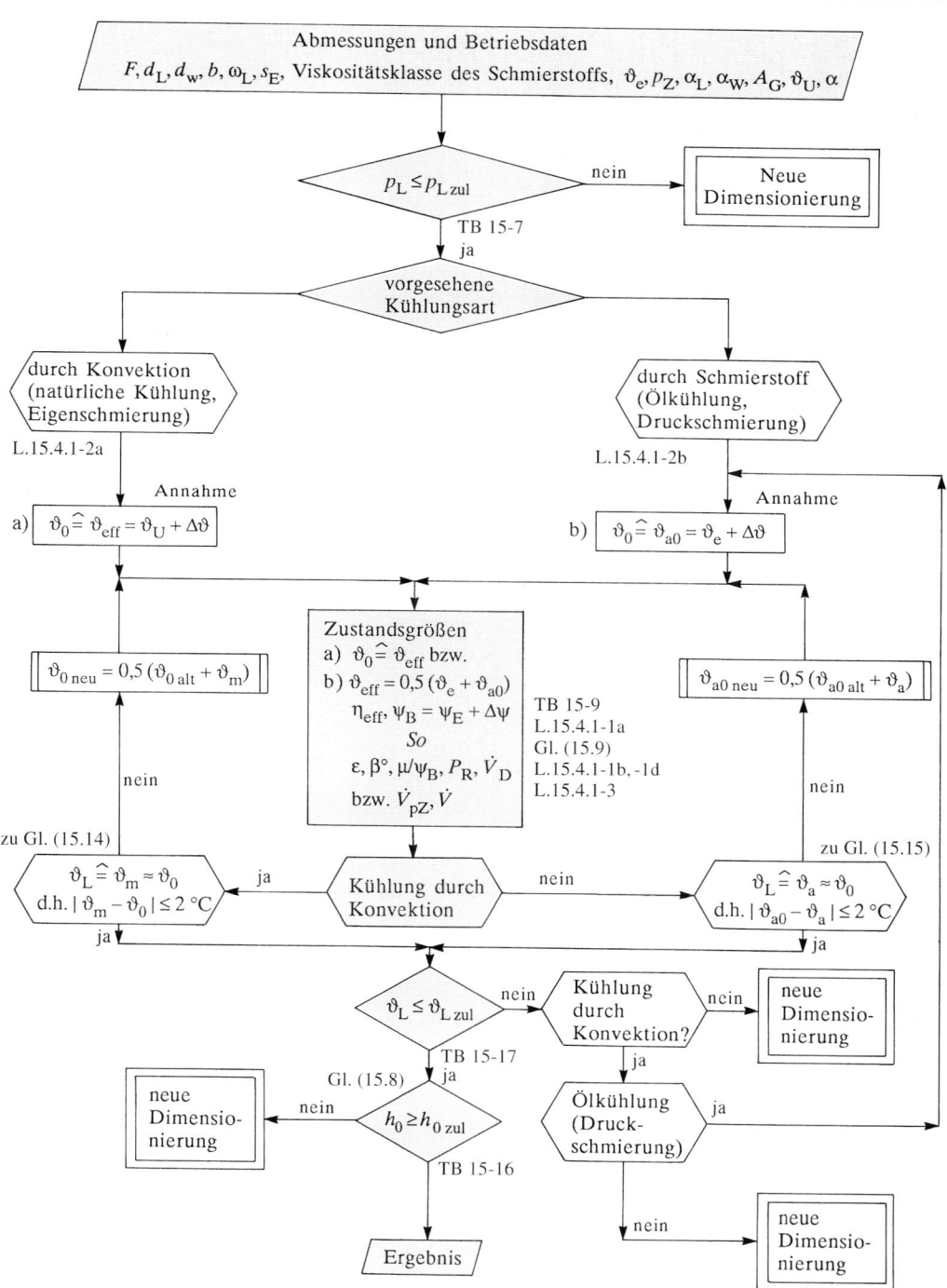

**Bild 15-39** Berechnungsschema für hydrodynamische Radialgleitlager im stationären Betrieb mit Angabe der Gleichung (Gl.) bzw. des Abschnitts im Lehrbuch (L.) und Tabellenbuch (TB)

*Hinweis:* Lager, bei denen sich eine Nut über 180° am Umfang mit Nutbreite $b_\text{Nut}$ erstreckt, bestehen aus 2 getrennten Gleitflächen, auf die jeweils die halbe Lagerkraft wirkt. Bei der Berechnung kann diese Halbierung mit Ersatzabmessungen umgangen werden, wenn $d'_\text{L} = d_\text{L} \cdot \sqrt{2}$ und $b' = (b - b_\text{Nut}) \cdot 0{,}5 \cdot \sqrt{2}$ bei Ermittlung von $p_\text{L}$ nach Gl. (15.4) und bei $So$ nach Gl. (15.9) eingesetzt werden.

Für den Schmierstoffdurchsatz infolge Wellendrehung gilt dann die Gleichung

$$\dot{V}_\text{D} = \left(\frac{d_\text{L}}{200}\right)^3 \cdot \psi_\text{B} \cdot \frac{\pi \cdot n_\text{w}}{30} \cdot 120[b'/d'_\text{L} - 0{,}223(b'/d'_\text{L})^3] \cdot \varepsilon \quad \text{in l/min},$$

wenn $d_\text{L}$ sowie $b'$, $d'_\text{L}$ in mm und $n_\text{w}$ in 1/min einzusetzen ist.

Für dynamisch belastete Radialgleitlager, bei denen eine instationäre Bewegung durch eine veränderliche Lagerkraft verursacht wird, z. B. Welle mit Unwucht, Kurbelwellenlager, oder nicht konstanter Winkelgeschwindigkeit, z. B. beim Pleuellager eines Verbrennungsmotors, oder bei Gleitgeschwindigkeiten über 25 m/s, z. B. bei Turbomaschinen, reicht diese Berechnung nicht aus, weil bei diesen Lagerungen u. a. die Stabilitätskriterien und die Verdrängungswirkung berücksichtigt werden müssen. Dsgl. erfordern Mehrflächengleitlager (vgl. zu Bild 15-37) einen aufwendigeren Rechengang. Berechnungsverfahren finden sich in der einschlägigen Literatur (s. 15.6).

### 15.4.2 Berechnung der Axialgleitlager

Axiallager sind Gleitlager rotierender Wellen zur Aufnahme von Axialkräften und zur Führung in axialer Richtung (vgl. Bild 15-1b). Sie treten seltener in Erscheinung als Radiallager, weil ausgesprochene Axialkräfte nur in Sonderfällen, z. B. bei senkrecht gelagerten Turbinenwellen oder bei waagerecht gelagerten Schiffswellen zur Aufnahme des Schraubenschubs, allgemein bei Strömungsmaschinen, auftreten und kleinere Axialkräfte ohne weiteres von Radiallagern mit Axialgleitfläche (Anlaufbund) aufgenommen werden können.

Im Allgemeinen werden ausgeführt

#### 1. Spurlager mit ebenen Spurplatten

Die einfachste, praktisch jedoch kaum verwendete Form des Axial-Gleitlagers ist das *Voll-Spurlager* mit ebener Spurplatte. Beim Laufen verteilt sich der Druck hyperbolisch über der Spurfläche (volle Kreisfläche) und wird in der Mitte theoretisch unendlich groß, was zum starken Verschleiß und schnellen Heißlaufen führen würde (eingezeichneter Druckverlauf in den Bildern 15-40 und 15-41).

Beim *Ring-Spurlager* ist durch einen Hohlraum in der Mitte der Ring-Spurplatte die Druckspitze vermieden (Bild 15-41). Es wird bei kleinen Dreh- oder Pendelbewegungen oder bei mittleren Drehzahlen und geringen Belastungen verwendet.

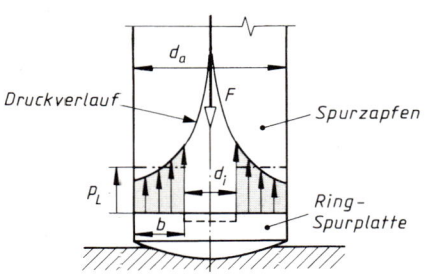

**Bild 15-40** Einfaches Spurlager (schematisch)

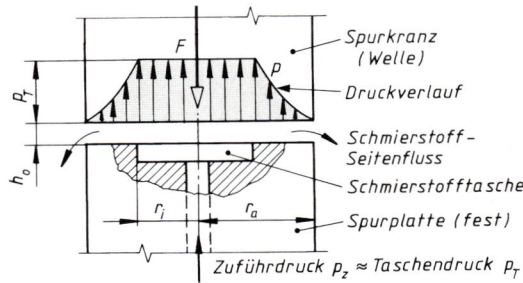

**Bild 15-41** Schema eines hydrostatischen ebenen Spurlagers

## 15.4 Berechnungsgrundlagen

Mit $d_a = 2r_a$ und $d_i = 2r_i$ bzw. mittlerem Durchmesser $d_m = (d_a + d_i)/2 = r_a + r_i$ und $b = (d_a - d_i)/2 = r_a - r_i$ ergibt sich die *mittlere Flächenpressung*

$$p_L = \frac{F}{\pi(r_a^2 - r_i^2)} = \frac{F}{d_m \cdot \pi \cdot b} \leq p_{L\,zul} \qquad (15.19)$$

$F$     axiale Lagerkraft
$r_a, r_i, d_m, b$     Abmessungen
$p_{L\,zul}$     zulässige mittlere Flächenpressung nach TB 9-1 bzw. Herstellerangabe

Wegen des parallelen Spaltes ist Flüssigkeitsreibung unter Last nur zu erreichen durch *hydrostatische Schmierung*, bei der das Schmiermittel mittels einer Pumpe unter hohem Druck zwischen die Gleitflächen gebracht wird, wodurch sich die Gleitflächen voneinander abheben. Allgemein muss zur Erzeugung eines hydrostatischen Schmierfilms der Schmierstoffzuführdruck $p_Z$ etwa 2 bis 4mal so groß wie die mittlere Flächenpressung $p_L$ sein.
Der Schmierstoff wird zentral in eine kreiszylindrische Nut, die Schmierstofftasche, gedrückt. Er fließt von der Tasche radial nach außen ab und gewährleistet so eine zusammenhängende Schmierstoffschicht von der Höhe $h_0$.
Die kleinste zulässige Schmierspalthöhe $h_{0\,zul}$ ist weitgehend von der Genauigkeit und Art der Herstellung sowie von der Montage abhängig. Damit bei Axiallagern die erforderliche Spalthöhe $h_0$ nicht unzulässig groß festgelegt wird, weil die Pumpenantriebsleistung mit $h_0^3$ ansteigt, soll (nach Drescher) erfahrungsgemäß gelten

$$h_{0\,zul} \approx (5 \ldots 15) \cdot (1 + 0{,}0025 \cdot d_m) \qquad \begin{array}{c|c} h_{0\,zul} & d_m \\ \hline \mu m & mm \end{array} \qquad (15.20)$$

Der Faktor 5 setzt beste Herstellung und sorgfältigste Montage voraus.
Da der Druck $p$ von innen nach außen bis auf null abnimmt, ist zur Aufrechterhaltung einer vorgesehenen $h_0 > h_{0\,zul}$ bei einem Taschendruck $p_T$ (= Zuführdruck $p_Z$) ein *Schmierstoffvolumenstrom* erforderlich, der aus dem Druckverlauf errechenbar ist

$$\dot{V} = \frac{\pi \cdot h_0^3 \cdot p_T}{6 \cdot \eta_{eff} \cdot \ln(r_a/r_i)} \qquad \begin{array}{c|c|c|c} h_0, r_a, r_i & p_T, p_Z & \eta_{eff} & \dot{V} \\ \hline cm & N/cm^2 & Ns/cm^2 & cm^3/s \end{array} \qquad (15.21)$$

$h_0$     kleinste Schmierspalthöhe
$r_a, r_i$     äußerer, innerer Radius der Ring-Spurplatte
$p_T \approx p_Z$     Taschendruck $\approx$ Zuführdruck
$\eta_{eff}$     dynamische Viskosität des Schmierstoffs bei der Temperatur $\vartheta_{eff}$

Wird $\dot{V}$ berücksichtigt, kann aus der Geometrie der Lagerfläche und dem Druckverlauf die *Tragfähigkeit* ermittelt werden

$$F = \frac{\pi}{2} \cdot \frac{r_a^2 - r_i^2}{\ln(r_a/r_i)} \cdot p_T = \frac{3\dot{V} \cdot \eta_{eff}}{h_0^3} \cdot (r_a^2 - r_i^2) \qquad (15.22)$$

$r_a, r_i, h_0, p_T$ und $\eta_{eff}$ wie in Gl. (15.21)

Für die gegebene Lagerkraft $F$ in N kann damit der erforderliche Taschendruck $p_T(\approx p_Z)$ in N/cm² bzw. bar errechnet werden.
Bei einer Wellendrehzahl $n_w$ ergibt sich mit dem Reibungsmoment $T_R$ die *Reibungsleistung*

$$P_R = T_R \cdot \omega_{eff} = \frac{\pi}{2} \cdot \frac{\eta_{eff} \cdot \omega_{eff}^2}{h_0} \cdot (r_a^4 - r_i^4) \qquad \begin{array}{c|c|c|c} P_R & \eta_{eff} & \omega_{eff} & r, h_0 \\ \hline Ncm/s;\ 10^{-2}\ Nm/s & Ns/cm^2 & s^{-1} & cm \end{array}$$

$$(15.23)$$

$h_0, r_a, r_i$ und $\eta_{eff}$     wie Gl. (15.21)
$\omega_{eff} = \pi \cdot n_w/30$     Winkelgeschwindigkeit

Für den Pumpenwirkungsgrad $\eta_P = 0{,}5 \ldots 0{,}95$ je nach Bauart lässt sich mit der Pumpenleistung $P_P = \dot{V} \cdot p_Z/\eta_P$ in Nm/s bzw. W bei einem Zuführdruck $p_Z = p_T + p_V$ (Rundwert, da Druckverlust $p_{\dot{V}}$ relativ gering) die *Schmierstofferwärmung* bestimmen (vgl. Gl. (15.15))

$$\Delta\vartheta = \vartheta_a - \vartheta_e = \frac{P_R + P_P}{c \cdot \varrho \cdot \dot{V}}$$

| $P_R, P_P$ | $\varrho$ | $c$ | $\dot{V}$ | $\vartheta$ |
|---|---|---|---|---|
| Nm/s; W | kg/m³ | J/(kg °C); Nm/(kg °C) | m³/s | °C |

(15.24)

$P_R$  Reibungsleistung nach Gl. (15.23)
$P_P$  Pumpenleistung aus $P_P = \dot{V} \cdot p_Z/\eta_P$, mit $\eta_P = 0{,}5 \ldots 0{,}95$
$\varrho$  Schmierstoffdichte, im Mittel $\varrho \approx 900$ kg/m³
$c$  spezifische Wärmekapazität des Schmierstoffes nach TB 15-8c
$\dot{V}$  Schmierstoffvolumenstrom

Damit wird bei Berücksichtigung der Reibungs- und Pumpenleistung in Nm/s bzw. W als Verlustleistung die *Reibungszahl* (vgl. Gl. (15.10))

$$\mu = \frac{4(P_R + P_P)}{\bar{F} \cdot \omega_{\text{eff}}(d_a + d_i)}$$

(15.25)

Den allgemeinen Rechengang zeigt das Berechnungsbeispiel 15.3 im Abschnitt 15.5.

*Hinweis:* Wirkt die Lagerkraft nicht zentrisch, kommt es zum Kippen des Spurkranzes und der Schmierstoff fließt nach der Seite der Schmierspalterweiterung ab; die andere Seite wird nicht angehoben (metallische Berührung!).
Daher sollte bei der Konstruktion hydrostatischer Lager mehr als eine Schmiertasche mit jeweils eigener Schmierstoffzufuhr vorgesehen werden, wodurch sich gemäß Kraftverteilung unterschiedliche Drücke einstellen können (Mehrflächen-Axiallager), oder durch Einbau von Regelventilen (Drossel) in die Schmierstoff-Zufuhrleitungen das Kippen dadurch vermieden werden kann, dass auf der Seite der größeren Spalthöhe der Schmierstoffzufluss gedrosselt wird.
Zur Berechnung der Mehrflächen-Axiallager (dsgl. Radiallager) wird auf die einschlägige Literatur verwiesen (s. 15.6).

Hydrostatische Axiallager eignen sich trotz großem konstruktiven Aufwand für größere Axialkräfte, die bereits im Stillstand und bei kleinen An- und Auslaufgeschwindigkeiten aufgenommen werden müssen (z. B. bei Zentrifugen-, Turbinen- und Generatorlagern).

## 2. Einscheiben- und Segment-Spurlager

Für größere Tragkräfte bei höheren Drehzahlen werden Axiallager eingebaut, die hydrodynamisch geschmiert werden (vgl. 15.1.5). Man unterscheidet

a) *Einscheiben-Spurlager*, die aus einem feststehenden Axiallagerring (vgl. Bild 15-1b) bestehen, in dessen feinstbearbeitete Gleitfläche mehrere in Drehrichtung verengende Keilflächen eingearbeitet werden, die durch radial verlaufende Schmiernuten voneinander getrennt sind. Um hohe Flächenpressung an den Kanten bei Stillstand bzw. An- und Auslauf zu vermeiden, sind parallel zur Lauffläche Rastflächen vorgesehen. Für wechselnden Drehsinn müssen zwei Keilflächen eingearbeitet werden, wodurch ungünstigere Tragfähigkeitsverhältnisse durch kürzere Keilflächen in Kauf genommen werden müssen (s. Bild 15-42).

b) *Segment-Spurlager* stellen die tragfähigste Form der Axiallager dar. Die feststehende, ringförmige Lagerfläche wird in einzelne kippbewegliche Segmente (Klötze) unterteilt. Diese sind durch Kippkanten, Zapfen oder Kugeln in Bewegungsrichtung hinter der Mitte unterstützt, so dass sie sich bei drehender Welle schräg stellen und zwischen ihnen und der Wellenscheibe (Laufring) ein keilförmiger Schmierspalt $h_0$ entsteht. Für jede Lagerkraft und Drehzahl bildet sich der richtige Schmierkeil von selbst. Im Stillstand sind die Segmente gleichzeitig Rastfläche. Die einzelnen Klötze müssen gegen Mitnahme in Umfangsrichtung und gegen seitliches Verschieben, z. B. durch Stifte, gesichert sein (s. Bild 15-43). Diese Art der Axiallager wird vor allem bei größeren Maschinen eingesetzt.

Die Grundlagen für die Berechnung der Einscheiben- und Segment-Spurlager sind die gleichen wie bei Radiallagern, nur die geometrischen Verhältnisse sind unterschiedlich (s. Bild 15-44a).

15.4 Berechnungsgrundlagen 541

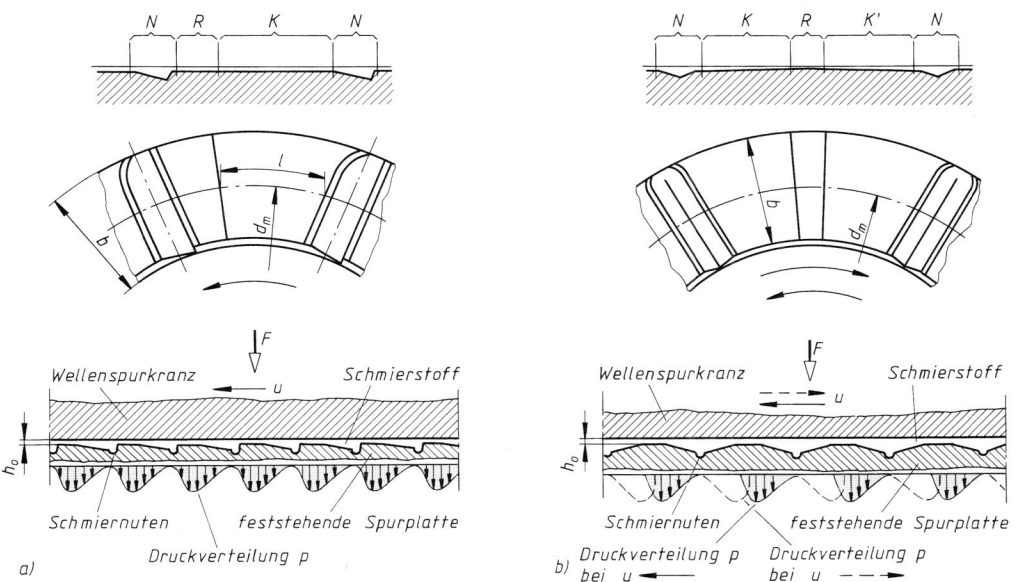

**Bild 15-42** Abschnitte aus Axiallagerringen (feststehende Spurplatte).
a) für eine Drehrichtung,
b) für wechselnde Drehrichtung, jeweils mit eingearbeiteten Keilflächen $K$, $K'$, Schmiernuten $N$, Rastflächen $R$ und Schmierstoff-Druckverteilung am Umfang $d_m \cdot \pi$ bei radialer Ringbreite $b$

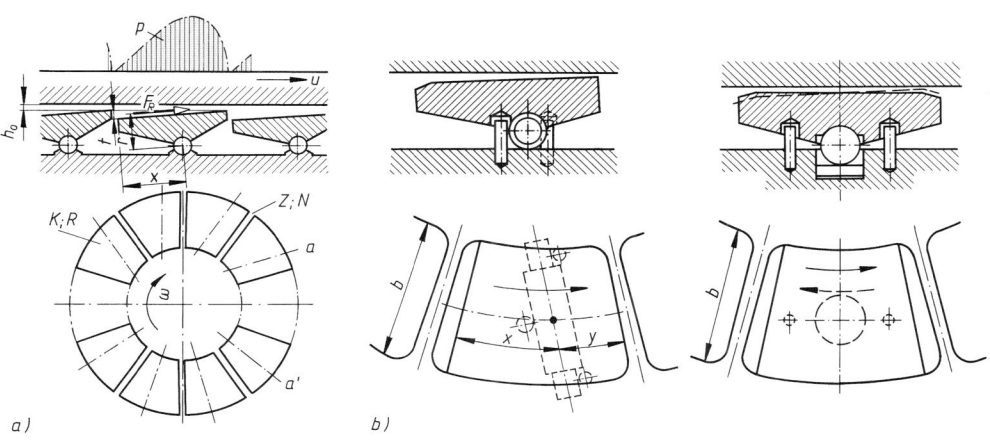

**Bild 15-43** Kippbewegliche Segmente bei Axiallagern. a) Anordnung der Klötze mit Keilflächen $K$, Schmiernuten $N$, Rastflächen $R$, Zwischenräume $Z$; Kippachse $a$ parallel zur Austrittskante und $a'$ radial; Keiltiefe $t$ und Lage der Kippachse $x$, Hebelarm $r$ der Reibungskraft $F_R$ und Druckverlauf $p$, b) Abstützung der Klötze für eine bzw. wechselnde Drehrichtung (z. B. Rolle bzw. Kugel)

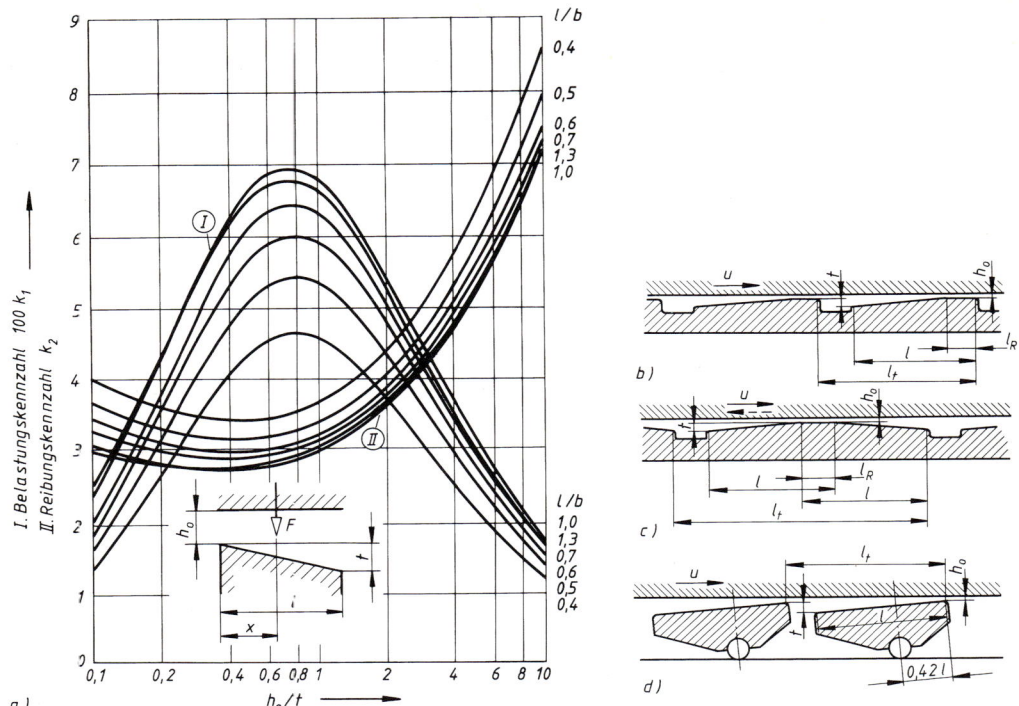

**Bild 15-44** a) Belastungs- und Reibungskennzahlen für den Schmierkeil ohne Rastfläche, b) Gleitraum-Abmessungen für eingearbeitete Keilflächen bei einer Drehrichtung, c) dsgl. bei wechselnder Drehrichtung, d) bei kippbeweglichen Segmenten

Bei der Dimensionierung eines Axiallagers sind die Abmessungen so aufzuteilen, dass die dimensionslose *Belastungskennzahl* $k_1$ (ähnlich *So* bei Radiallagern) einen passenden konstanten Wert annimmt

$$k_1 = \frac{p_L \cdot h_0^2}{\eta_{eff} \cdot u_m \cdot b}$$

| $p_L$ | $b, d, h_0$ | $\eta_{eff}$ | $u_m$ |
|---|---|---|---|
| N/m²; Pa | m | Ns/m² | m/s |

(15.26)

$p_L$     mittlere Flächenpressung nach Gl. (15.30)
$h_0$     kleinste Schmierspalthöhe
$\eta_{eff}$    dynamische Viskosität des Schmierstoffs bei $\vartheta_{eff} = 50° \ldots 60\,°C$
$u_m = d_m \cdot \pi \cdot n_w$    mittlere Umfangsgeschwindigkeit für den mittleren Durchmesser
$\phantom{u_m} = 0{,}5 \cdot d_m \cdot \omega_{eff}$    $d_m = 0{,}5(d_a + d_i)$ (vgl. Bild 15-1b) und der Wellendrehzahl $n_w$ bzw. Winkelgeschwindigkeit $\omega_{eff} = 2\pi \cdot n_w$ in 1/s bzw. mit $n_w$ in 1/min, $\omega_{eff} = \pi \cdot n_w/30$ in 1/s
$b = 0{,}5(d_a - d_i)$    radiale Lagerring- bzw. Segmentbreite (vgl. Bild 15-1b)

Im Bild 15-44a sind die Belastungskennzahlen $100 \cdot k_1$ für den Schmierkeil ohne Rastfläche bei verschiedenem Seitenverhältnis $l/b$ aufgetragen.
Günstige Werte liegen danach für relative Schmierspalthöhen $h_0/t = 0{,}5 \ldots 1{,}2$ bei Seitenverhältnissen $l/b = 0{,}7 \ldots 0{,}8$ (kleine Lager bis 1,2), wenn für die Länge des Keilspalts bzw. des Segments $l$ auf dem mittleren Durchmesser $d_m$ gemessen wird (vgl. Bild 15-44b mit Bild 15-42a). Für $l = b$ wird bei $h_0/t \approx 0{,}8$ die optimale Belastungskennzahl $k_1 \approx 0{,}069$ erreicht. Bei kippbaren Segmenten ist dies für einen Abstand des Unterstützungspunktes $x = 0{,}42 \cdot l$ von der ablaufenden Kante gegeben (vgl. Bild 15-43b und 15-44d).

## 15.4 Berechnungsgrundlagen

Im Bild 15-44a ist für die gleichen Verhältnisse auch die *Reibungskennzahl* $k_2$ eingetragen

$$k_2 = \mu \sqrt{\frac{p_L \cdot b}{\eta_{eff} \cdot u_m}} \tag{15.27}$$

$p_L$, $b$, $\eta_{eff}$ und $u_m$ wie zu Gl. (15.26)

Die kleinste Reibungskennzahl $k_2 \approx 2{,}7$ wird für $l/b = 1$ bei $h_0/t \approx 0{,}4$ erreicht. Für praktisch günstige Seitenverhältnisse $l/b = 0{,}7 \ldots 1{,}3$ und relative Schmierspalthöhen $h_0/t = 0{,}2 \ldots 1{,}0$ kann zunächst angenähert $k_2 \approx 3$ gesetzt werden, so daß sich aus Gl. (15.27) für die *Reibungszahl* als Näherungsgleichung ergibt

$$\mu \approx 3 \sqrt{\frac{\eta_{eff} \cdot u_m}{p_L \cdot b}} \tag{15.28}$$

Mit dem gewählten $l/b$ und einer vorgesehenen üblichen Anzahl der Keilflächen bzw. Segmente $z = 4$, 5, 6, 8, 10 oder 12 (16) kann aus der *Keilspalt*- bzw. *Segmentteilung* $l_t = 1{,}25 \cdot l = \pi \cdot d_m / z$, die wegen der radialen Schmiernuten größer sein muss als die Spaltbzw. Segmentlänge $l = \sqrt{F/(p_L \cdot z) \cdot (l/b)}$ in m (s. zu Gl. (15.30), (vgl. Bilder 15-44 und 15-42) ein passender *mittlerer Lagerdurchmesser* errechnet werden

$$d_m = 1{,}25 l \cdot z / \pi \tag{15.29}$$

Damit ist der Lageraußendurchmesser $d_a = d_m + b$ sowie Innendurchmesser $d_i = d_m - b$ ermittelbar, wobei $d_i > d$ (Wellendurchmesser) sein muss, wenn das Lager innerhalb des Wellenstranges liegt. Für eingearbeitete Keilflächen wird im Allgemeinen die *Länge der Rastfläche* $l_R = 0{,}25 \cdot l$ ausgeführt.

Liegen die Konstruktionsmaße fest, wird zunächst die in den Gln. (15.26) und (15.27) auftretende *mittlere Flächenpressung* bestimmt

$$p_L = \frac{F}{z \cdot l \cdot b} = \frac{1{,}25 \cdot F}{\pi \cdot d_m \cdot b} \approx \frac{0{,}4 \cdot F}{d_m \cdot b} \leq p_{L\,zul} \tag{15.30}$$

$l$     Segmentlänge, vgl. Bild 15-44b und 15-42
$b, d_m$     s. Gl. (15.26)
$F$     Lagerkraft
$p_{L\,zul}$     zulässige mittlere Flächenpressung, üblich $10 \ldots 40 \cdot 10^5$ N/m² bei Sn- und Pb-Legierungen; allgemein höhere Werte für Teillast bzw. gehärtete Wellen und niedrige Gleitgeschwindigkeit und niedrige Werte für Vollast, An- und Auslauf bzw. ungehärtete Wellen und hohe Gleitgeschwindigkeit (vgl. TB 15-7)

Durch Verknüpfung der Gln. (15.26) und (15.30) ergibt sich die *kleinste Schmierspalthöhe*

$$h_0 = \sqrt{\frac{k_1 \cdot z \cdot l \cdot b^2 \cdot u_m \cdot \eta_{eff}}{F}} > h_{0\,zul} \tag{15.31}$$

| $h_0, l, b$ | $u_m$ | $F$ | $\eta_{eff}$ |
|---|---|---|---|
| m | m/s | N | Ns/m² |

$h_{0\,zul}$     nach Gl. (15.20)

Mit den Gln. (15.27) und (15.30) wird entsprechend Gl. (15.10) allgemein die *Reibungsverlustleistung* errechenbar

$$P_R = \mu \cdot F \cdot u_m = k_2 \sqrt{\eta_{eff} \cdot u_m^3 \cdot z \cdot l \cdot F} \tag{15.32}$$

| $P_R$ | $u_m$ | $l$ | $F$ | $\eta_{eff}$ |
|---|---|---|---|---|
| Nm/s; W | m/s | m | N | Ns/m² |

Erfahrungsgemäß ergibt sich zur Aufrechterhaltung der Flüssigkeitsreibung für $z$ Keilflächen bzw. Segmente der *gesamte erforderliche Schmierstoffvolumenstrom*

$$\dot{V}_{ges} = 0{,}7 \cdot b \cdot h_0 \cdot u_m \cdot z \tag{15.33}$$

Durch $\dot{V}_{ges}$ muß $P_R$ abgeführt werden. Wird der kleine an der Lageroberfläche abgeführte Wärmestrom vernachlässigt, kann entsprechend Gl. (15.15) die *Erwärmung des Schmierstoffs* ermittelt werden

$$\Delta\vartheta = \vartheta_a - \vartheta_e = \frac{P_R}{\dot{V}_{ges} \cdot \varrho \cdot c} = \frac{k_2}{0{,}7\sqrt{k_1}} \cdot \frac{F}{z \cdot c \cdot \varrho \cdot b^2} \tag{15.34}$$

| $\Delta\vartheta$ | $P_R$ | $\dot{V}_{ges}$ | $\varrho$ | $c$ | $F$ | $b$ |
|---|---|---|---|---|---|---|
| °C | Nm/s | m³/s | kg/m³ | Nm/(kg °C) | N | m |

Werte wie in den Gln. (15.24), (15.26) bzw. (15.30)
$\vartheta_e, \vartheta_a$  Ein- und Austrittstemperatur des Schmierstoffs

Da $\eta_{eff}$ mit zunehmender Temperatur abnimmt, sollte $\Delta\vartheta \leq 20\,°C$ sein; andernfalls muss zur zusätzlichen Kühlung des Lagers ein Kühlöldurchsatz $\dot{V}_k = P_R/(\varrho \cdot c \cdot \Delta\vartheta)$ in m³/s vorgesehen werden.

Um die durch Wärmeeinflüsse und mechanische Beanspruchung auftretende Verformung klein zu halten, wird für in einem Punkt unterstützte kippbewegliche Segmente eine Dicke $h_{seg} = 0{,}25\sqrt{b^2 + l^2}$ empfohlen.

Den Berechnungsgang für hydrodynamisch arbeitende Axiallager mit kippbeweglichen Segmenten zeigt Beispiel 15.4 im Abschnitt 15.5.

## 15.5 Berechnungsbeispiele

■ **Beispiel 15.1:** Gegeben ist ein vollumschließendes Radialgleitlager mit den Abmessungen

$$d_L = 125{,}00^{\,+0{,}04}_{\phantom{+}0}\ \text{mm}\,,\quad b = 120\ \text{mm}\,.$$

Als Gleitwerkstoff ist eine Sn-Legierung vorgesehen. Die Welle aus E335 hat einen Durchmesser

$$d_W = 124{,}84^{\,\ \ 0}_{-0{,}04}\ \text{mm}\,.$$

Die wärmeabgebende Oberfläche wurde aus der Konstruktionszeichnung mit $A_G = 0{,}4\,\text{m}^2$ für eine effektive Wärmeübergangszahl $\alpha = 20\,\text{W}/(\text{m}^2\,°\text{C})$ bei reiner Konvektion bestimmt.
Aufzunehmen ist die Lagerkraft $F = 30\,\text{kN}$ bei einer Wellendrehzahl $n_w = 500\,\text{min}^{-1}$.
Verwendet wird als Schmierstoff ISO VG 46 DIN 51519.
Nach dem Berechnungsschema Bild 15-39, sind für hydrodynamische Schmierung zu bestimmen bzw. zu prüfen:
a) die mechanische Beanspruchung,
b) die Zustandsgrößen $\eta_{eff}$ für eine zunächst angenommene Richttemperatur $\vartheta_0 = 40\,°C$ bei $\vartheta_U = 20\,°C$ und das relative Betriebslagerspiel $\psi_B$ in ‰ mit $s_E \approx s_B$ wegen geringen Temperaturunterschieds,
c) die Ähnlichkeitsgröße $So$ sowie die Zustandsgrößen $\varepsilon$, $\mu$ und die Reibungsverlustleistung $P_R$ in W,
d) die Lagertemperatur $\vartheta_L$ durch Iteration bei natürlicher Kühlung für $\psi_B = $ konst.,
e) der Kennwert $h_0$ in µm wegen Verschleißgefährdung, wobei für die Welle die Rautiefe $R_{ZW} = 4\,\text{µm}$ und für die eingelaufene Lagergleitfläche $R_{zL} = 1\,\text{µm}$ angenommen wird.
f) den Schmierstoffdurchsatz $\dot{V}_D$ in dm³/min infolge Förderung durch Wellendrehung.

▶ **Lösung a):** Nach Gl. (15.4) wird die spezifische Lagerbelastung

$$p_L = \frac{F}{b \cdot d_L}\,,\qquad p_L = \frac{30 \cdot 10^3\,\text{N}}{120\,\text{mm} \cdot 125\,\text{mm}} = 2\,\text{N}/\text{mm}^2\,.$$

Für die Lagerwerkstoff-Gruppe Sn- und Pb-Legierungen gilt nach TB 15-7 erfahrungsgemäß als maximaler Grenzrichtwert $p_{L\,zul} \approx 5\,\text{N}/\text{mm}^2 \gg p_L$.

## 15.5 Berechnungsbeispiele

**Lösung b):** Danach kann bei einer Temperatur der Umgebungsluft $\vartheta_U = 20\,°C$ für die Drehzahl $n_w = 500\,\text{min}^{-1}$ zunächst die Richttemperatur $\vartheta_0 = 40\,°C$ angenommen werden. Damit ergibt sich nach TB 15-9 für die effektive dynamische Viskosität $\eta_{\text{eff}} \approx 42\,\text{mPa s} = 42 \cdot 10^{-9}\,\text{Ns/mm}^2$.
Da für die Lagerabmessungen die Toleranzen gegeben sind, kann das maximale und minimale Einbau-Lagerspiel nach Abschnitt 15.4.1-1a unter Hinweis errechnet werden:

$s_{E\max} = (d_L + ES) - (d_W + ei) = (125{,}00 + 0{,}04)\,\text{mm} - [124{,}84 + (-0{,}04)]\,\text{mm}$,

$s_{E\max} = 125{,}04\,\text{mm} - 124{,}80\,\text{mm} = 0{,}24\,\text{mm}$ und

$s_{E\min} = (d_L + EI) - (d_W + es) = (125{,}00 + 0)\,\text{mm} - (124{,}84 + 0)\,\text{mm} = 0{,}16\,\text{mm}$.

Wegen des geringen Temperaturunterschieds kann $s_{B\max} \approx s_{E\max}$ und $s_{B\min} \approx s_{E\min}$ gesetzt werden, so dass das konstante mittlere relative Betriebslagerspiel wird

$$\psi_B \cong \psi_E = \frac{s_{E\max} + s_{E\min}}{2 \cdot d_L} = \frac{(0{,}24 + 0{,}16)\,\text{mm}}{2 \cdot 125\,\text{mm}} = 0{,}0016 \cong 1{,}6 \cdot 10^{-3} \cong 1{,}6\,\permil.$$

**Lösung c):** Mit den ermittelten Werten und der effektiven Winkelgeschwindigkeit

$$\omega_{\text{eff}} = 2 \cdot \pi \cdot n_w = 2 \cdot \pi \cdot \frac{500}{60}\,\frac{1}{\text{s}} = 52{,}36\,\frac{1}{\text{s}}$$

ergibt sich nach Gl. (15.9) die Sommerfeldzahl

$$So = \frac{p_L \cdot \psi_B^2}{\eta_{\text{eff}} \cdot \omega_{\text{eff}}} = \frac{2\,\text{N/mm}^2 \cdot 1{,}6^2 \cdot 10^{-6}}{42 \cdot 10^{-9}\,\text{Ns/mm}^2 \cdot 52{,}36\,\frac{1}{\text{s}}} \approx 2{,}3.$$

Für $b/d_L = 120\,\text{mm}/125\,\text{mm} = 0{,}96$ läßt sich mit $So = 2{,}3$ aus TB 15-13a die relative Exzentrizität ablesen: $\varepsilon \approx 0{,}73$.
Sie liegt entsprechend 15.4.1-1c, unter Hinweis, im störungsfreien Bereich B. Damit ergibt sich rechnerisch mit $\beta \approx 42°$ aus TB 15-15a oder aus TB 15-14c für $\varepsilon \approx 0{,}73$ und $b/d_L = 0{,}96$ die Reibungskennzahl $\mu/\psi_B \approx 2{,}2$, woraus die Reibungszahl errechnet wird:

$$\mu = 2{,}2 \cdot \psi_B = 2{,}2 \cdot 1{,}6 \cdot 10^{-3} = 3{,}52 \cdot 10^{-3}.$$

Nach Gl. (15.10) wird mit der Wellenumfangsgeschwindigkeit

$$u_w = 0{,}5 \cdot d_W \cdot \omega_{\text{eff}} = 0{,}5 \cdot 124{,}84 \cdot 10^{-3}\,\text{m} \cdot 52{,}36\,\frac{1}{\text{s}} = 3{,}27\,\frac{\text{m}}{\text{s}},$$

so dass sich die Reibungsverlustleistung ergibt

$$P_R = \mu \cdot F \cdot u_w = 3{,}52 \cdot 10^{-3} \cdot 30 \cdot 10^3\,\text{N} \cdot 3{,}27\,\text{m/s} \approx 345\,\text{W}\,[\text{Nm/s}].$$

**Lösung d):** Für natürliche Kühlung lässt sich mit den gegebenen und ermittelten Werten nach Gl. (15.14) die Lagertemperatur errechnen:

$$\vartheta_L \cong \vartheta_m = \vartheta_U + \frac{\mu \cdot F \cdot u_w}{\alpha \cdot A_G} = 20\,°C + \frac{3{,}52 \cdot 10^{-3} \cdot 30 \cdot 10^3\,\text{N} \cdot 3{,}27\,\text{m/s}}{20\,(\text{Nm/s})/(\text{m}^2 \cdot °C) \cdot 0{,}4\,\text{m}^2} \approx 63\,°C.$$

Da $|\vartheta_m - \vartheta_0| = 63\,°C - 40\,°C = 23\,°C > 2\,°C$ beträgt, muss durch Iteration als neue Richttemperatur gewählt werden:

$$\vartheta_{0\,\text{neu}} = \frac{\vartheta_{0\,\text{alt}} + \vartheta_m}{2} = \frac{40\,°C + 63\,°C}{2} = 51{,}5\,°C.$$

Dafür wird nach TB 15-9 bei vorgesehenem Schmierstoff ISO VG 46 die effektive dynamische Viskosität $\eta_{\text{eff}} \approx 25\,\text{mPa s} = 25 \cdot 10^{-9}\,\text{Ns/mm}^2$ abgelesen.
Bei konstantem $\psi_B = 1{,}6 \cdot 10^{-3}$ ergibt sich die neue Sommerfeldzahl

$$So = \frac{2\,\text{N/mm}^2 \cdot 1{,}6^2 \cdot 10^{-6}}{25 \cdot 10^{-9}\,\text{Ns/mm}^2 \cdot 52{,}36\,\text{s}^{-1}} \approx 3{,}91.$$

Aus TB 15-13a wird bei $b/d_L \approx 0{,}96$ und $So \approx 3{,}91$ die neue relative Exzentrizität $\varepsilon \approx 0{,}82$ abgelesen, die wieder im Bereich B liegt.
Damit ist rechnerisch mit $\beta \approx 35°$ aus TB 15-15a oder aus TB 15-14a die Reibungskennzahl $\mu/\psi_B \approx 1{,}64$ ermittelbar, so dass die Reibungszahl $\mu = 1{,}64 \cdot \psi_B = 1{,}64 \cdot 1{,}6 \cdot 10^{-3} = 2{,}62 \cdot 10^{-3}$ wird.

Nach Gl. (15.10) ergibt sich die neue Reibungsverlustleistung
$$P_R = \mu \cdot F \cdot u_w = 2{,}62 \cdot 10^{-3} \cdot 30 \cdot 10^3 \text{ N} \cdot 3{,}27 \text{ m/s} \approx 257 \text{ Nm/s (bzw. W)}.$$
Unter gleichen Bedingungen wird nach Gl. (15.14) die neue Lagertemperatur
$$\vartheta_L \cong \vartheta_m = \vartheta_U + \frac{P_R}{\alpha \cdot A_G} = 20\,°C + \frac{257 \text{ W}}{20 \text{ W/(m}^2 \cdot °C) \cdot 0{,}4 \text{ m}^2} \approx 52{,}1\,°C.$$
Da nun $|\vartheta_m - \vartheta_{0\,neu}| < 2\,°C$ wird die Iteration abgebrochen. Die Stabilisierung ist etwa erreicht, weil außerdem entsprechend TB 15-17 gilt
$$\vartheta_L \approx \vartheta_{eff} = 52\,°C < \vartheta_{L\,zul} = 90\,°C.$$
Die natürliche Kühlung reicht aus.

▶ **Lösung e):** Mit Gl. (15.8) wird die kleinste Schmierspalthöhe
$$h_0 = 0{,}5 \cdot d_L \cdot \psi_B (1 - \varepsilon) = 0{,}5 \cdot 125 \text{ mm} \cdot 1{,}6 \cdot 10^{-3} (1 - 0{,}82) = 0{,}018 \text{ mm} = 18\,\mu\text{m}.$$
Wird für die Welle $R_z \leq 4\,\mu\text{m}$ und für die eingelaufene Lagergleitfläche $R_z \leq 1$ angenommen, gilt $h_0 = 18\,\mu\text{m} > h_{0\,zul} = 7\,\mu\text{m}$ (zulässig nach TB 15-16 für $d_W = 124{,}84$ mm bei $u_w = 3{,}27$ m/s).

▶ **Lösung f):** Für den Schmierstoff infolge Förderung durch Wellendrehung wird zunächst der relative Schmierstoffdurchsatz $\dot{V}_{D\,rel} = 0{,}156$ bei $\varepsilon \approx 0{,}82$ und $b/d_L = 0{,}96$ errechnet (15.4.1-3). Nach Gl. (15.16) ergibt sich damit
$$\dot{V}_D = \dot{V}_{D\,rel} \cdot d_L^3 \cdot \psi_B \cdot \omega_{eff} \cdot 60 \cdot 10^{-6} = 0{,}156 \cdot 12{,}5^3 \text{ cm}^3 \cdot 1{,}6 \cdot 10^{-3} \cdot 52{,}36\,\text{s}^{-1}$$
$$= 25{,}5\,\frac{\text{cm}^3}{\text{s}} = 1{,}53 \text{ dm}^3/\text{min}.$$

**Ergebnis:** Unter Vernachlässigung des durch den Schmierstoff abgeführten Wärmestromes ist das hydrodynamisch geschmierte, vollumschließende Radialgleitlager weder mechanisch und thermisch noch durch Verschleiß gefährdet, sofern die Funktionsfähigkeit nicht durch Störeinflüsse wie Fertigungs- und Montageungenauigkeiten, Unwuchten u. a. für den vorliegenden Betriebszustand beeinträchtigt wird.

■ **Beispiel 15.2:** Das vollumschließende Radialgleitlager mit den gleichen Daten wie Beispiel 15.1 soll bei einer Wellendrehzahl $n_w = 2000$ min$^{-1}$ stationär betrieben werden, wenn mit dem mittleren relativen Einbau-Lagerspiel $\psi_E = 1{,}6$‰ gerechnet wird. Als Lagermetall ist PbSb15Sn10 nach DIN ISO 4381 vorgesehen.
Zu bestimmen bzw. zu prüfen sind (s. Berechnungsschema Bild 15-39):
a) die thermische Beanspruchung des Lagers durch Iteration, wenn der gleiche Schmierstoff unter Druck $p_Z = 3$ bar über eine Schmierlochbohrung $d_0 = 4$ mm entgegengesetzt zur Lastrichtung bei einer Eintrittstemperatur $\vartheta_e = 30\,°C$ zugeführt wird,
b) der Schmierstoffdurchsatz bei stabiler Lagertemperatur in dm$^3$/min,
c) die Verschleißgefährdung, wobei für Welle und Lagerfläche gleiche Annahmen wie zu Beispiel 15.1e getroffen werden.

▶ **Lösung a):** Für die Drehzahl $n_w = 2000$ min$^{-1}$ = $33{,}33\,\text{s}^{-1}$ ergibt sich zunächst die Wellenumfangsgeschwindigkeit $u_w = d_W \cdot \pi \cdot n_w = 124{,}84 \cdot 10^{-3}$ m $\cdot \pi \cdot 33{,}33\,\text{s}^{-1} \approx 13{,}07$ m/s und die effektive Winkelgeschwindigkeit $\omega_{eff} = 2 \cdot \pi \cdot n_w = 2 \cdot \pi \cdot 33{,}33\,\text{s}^{-1} = 209{,}4\,\text{s}^{-1}$.
Für die Richttemperatur
$$\vartheta_0 \cong \vartheta_{a0} = \vartheta_e + \Delta\vartheta = 30\,°C + 20\,°C = 50\,°C$$
ergibt sich mit
$$\vartheta_{eff} = 0{,}5 \cdot (\vartheta_e + \vartheta_{a0}) = 0{,}5 (30\,°C + 50\,°C) = 40\,°C,$$
womit für den Schmierstoff ISO VG 46 DIN 51519 $\eta_{eff} \approx 42 \cdot 10^{-9}$ Ns/mm$^2$ aus TB 15-9 abgelesen wird. Mit $\psi_E = 1{,}6 \cdot 10^{-3}$ und für $\alpha_L = 24 \cdot 10^{-6}$ 1/°C aus TB 15-6, $\alpha_W = 11 \cdot 10^{-6}$ 1/°C aus TB 12-6 wird mit der Spieländerung
$$\Delta\psi = (\alpha_L - \alpha_W) \cdot 10^{-6} \cdot (\vartheta_{eff} - 20\,°C) = (24 - 11) \cdot 10^{-6} \cdot \frac{1}{°C} \cdot 20\,°C = 0{,}26 \cdot 10^{-3}$$
das mittlere relative Betriebslagerspiel
$$\psi_B = \psi_E + \Delta\psi = 1{,}6 \cdot 10^{-3} + 0{,}26 \cdot 10^{-3} = 1{,}86 \cdot 10^{-3}.$$

## 15.5 Berechnungsbeispiele

In Gl. (15.9) eingesetzt ergibt sich die Sommerfeldzahl

$$So = \frac{p_L \cdot \psi_B^2}{\eta_{eff} \cdot \omega_{eff}} = \frac{2 \text{ N/mm}^2 \cdot 1{,}86^2 \cdot 10^{-6}}{42 \cdot 10^{-9} \text{ Ns/mm}^2 \cdot 209{,}4 \text{ s}^{-1}} \approx 0{,}78 \, .$$

Aus TB 15-13a kann mit $So$ und $b/d_L = 0{,}96$ abgelesen werden: $\varepsilon \approx 0{,}49$ und aus TB 15-15a wird der Verlagerungswinkel angenähert $\beta \approx 58°$. Damit wird rechnerisch $\mu/\psi_B \approx 4{,}83$ (s. Lehrbuch 15.4.1-1d Reibungskennzahl) oder nur angenähert aus TB 15-14a bzw. c, so dass $\mu = 4{,}83 \cdot 1{,}86 \cdot 10^{-3} \approx 9{,}0 \cdot 10^{-3}$ wird. Nach Gl. (15.10) ist die Reibungsverlustleistung

$$P_R = \mu \cdot F \cdot u_w = 9{,}0 \cdot 10^{-3} \cdot 30 \cdot 10^3 \text{ N} \cdot 13{,}07 \text{ m/s} \approx 3530 \text{ Nm/s (bzw. W)} \, .$$

Bei Druckschmierung muss zunächst der gesamte Schmierstoffdurchsatz für $p_Z = 3$ bar $= 0{,}3$ N/mm² entsprechend Gl. (15.18) ermittelt werden.
Nach Gl. (15.16) wird der Schmierstoffdurchsatz infolge Förderung durch Wellendrehung (Eigendruckentwicklung) mit dem relativen Schmierstoffdurchsatz $\dot{V}_{D\,rel} \approx 0{,}09$ für $b/d_L \approx 0{,}96$ und $\varepsilon \approx 0{,}49$ errechnet

$$\dot{V}_D = \dot{V}_{D\,rel} \cdot d_L^3 \cdot \psi_B \cdot \omega_{eff} = 0{,}09 \cdot 125^3 \text{ mm}^3 \cdot 1{,}86 \cdot 10^{-3} \cdot 209{,}4 \text{ s}^{-1} \approx 68460 \text{ mm}^3/\text{s} \, .$$

Nach Gl. (15.17) ist der Schmierstoffdurchsatz infolge Zuführdruck mit dem relativen Schmierstoffdurchsatz für Lager mit Öleintrittsbohrung $d_0$ in der Oberschale $\dot{V}_{pZ\,rel} \approx 0{,}053$ aus TB 15-18b-1 für $d_0/b = 4/120 \approx 0{,}033$ und $\varepsilon \approx 0{,}49$ mit $q_L \approx 1{,}21$ und $p_Z = 0{,}3$ N/mm²

$$\dot{V}_{pZ} = \frac{\dot{V}_{pZ\,rel} \cdot d_L^3 \cdot \psi_B^3}{\eta_{eff}} \cdot p_Z = \frac{0{,}053 \cdot 125^3 \cdot 1{,}86^3 \cdot 10^{-9}}{42 \cdot 10^{-9} \text{ Ns/mm}^2} \cdot 0{,}3 \text{ N/mm}^2 \approx 4760 \text{ mm}^3/\text{s} \, ,$$

so dass der gesamte Schmierstoffdurchsatz nach Gl. (15.18) wird

$$\dot{V} = \dot{V}_D + \dot{V}_{pZ} = 68460 \text{ mm}^3/\text{s} + 4760 \text{ mm}^3/\text{s} = 73220 \text{ mm}^3/\text{s} \, .$$

Damit ergibt sich nach Gl. (15.15) für $\vartheta_e = 30\,°C$ die Lagertemperatur

$$\vartheta_L \cong \vartheta_a = \vartheta_e + \frac{P_R}{\dot{V} \cdot \varrho \cdot c} = 30\,°C + \frac{3530 \cdot 10^3 \text{ Nmm/s}}{73220 \text{ mm}^3/\text{s} \cdot 1{,}8 \text{ N}/(\text{mm}^2 \cdot °C)} \approx 57\,°C \, .$$

Da der absolute Wert $|\vartheta_{a0} - \vartheta_a| = |50\,°C - 57\,°C| = 7\,°C > 2\,°C$ ist, wird durch Iteration die neue Richttemperatur

$$\vartheta_{a0\,neu} = 0{,}5(\vartheta_{a0\,alt} + \vartheta_a) = 0{,}5(50\,°C + 57\,°C) = 53{,}5\,°C \, ,$$

so dass $\vartheta_{eff} = 0{,}5(\vartheta_e + \vartheta_{a0\,neu}) = 0{,}5(30\,°C + 53{,}5\,°C) \approx 41{,}8\,°C$ ist, womit aus TB 15-9 für den Schmierstoff $\eta_{eff} \approx 38 \cdot 10^{-9}$ Ns/mm² abgelesen wird. Mit $\psi_E = 1{,}6 \cdot 10^{-3}$ und für $\alpha_L - \alpha_W = (24-11) \cdot 10^{-6}$ wird

$$\Delta\psi = (24-11) \cdot 10^{-6} \cdot 21{,}8 \approx 0{,}28 \cdot 10^{-3} \quad \text{und} \quad \psi_B = \psi_E + \Delta\psi = 1{,}88 \cdot 10^{-3} \, .$$

In Gl. (15.9) eingesetzt ergibt sich

$$So = \frac{2 \text{ N/mm}^2 \cdot 1{,}88^2 \cdot 10^{-6}}{38 \cdot 10^{-9} \text{ Ns/mm}^2 \cdot 209{,}4 \text{ s}^{-1}} \approx 0{,}89$$

und aus TB 15-13a kann für $b/d_L = 0{,}96$ die relative Exzentrizität $\varepsilon \approx 0{,}52$ abgelesen werden, so dass aus TB 15-15a der Verlagerungswinkel $\beta \approx 56°$ angenähert bestimmt ist. Damit wird rechnerisch $\mu/\psi_B \approx 4{,}35$ und $\mu \approx 8{,}18 \cdot 10^{-3}$. Nach Gl. (15.10) ergibt sich die Reibungsverlustleistung

$$P_R = 8{,}18 \cdot 10^{-3} \cdot 30 \cdot 10^3 \text{ N} \cdot 13{,}07 \text{ m/s} \approx 3207 \text{ W} \, .$$

Wieder werden der Schmierstoffdurchsatz infolge Eigendruckentwicklung mit $\dot{V}_{D\,rel} \approx 0{,}099$ für $b/d_L = 0{,}96$ und $\varepsilon = 0{,}52$ nach Gl. (15.16) errechnet

$$\dot{V}_D = \dot{V}_{D\,rel} \cdot d_L^3 \cdot \psi_B \cdot \omega_{eff} = 0{,}099 \cdot 125^3 \text{ mm}^3 \cdot 1{,}88 \cdot 10^{-3} \cdot 209{,}4 \text{ s}^{-1} \approx 76120 \text{ mm}^3/\text{s}$$

und nach Gl. (15.17) der Schmierstoffdurchsatz infolge Zuführdrucks mit $\dot{V}_{pZ\,rel} \approx 0{,}056$ aus TB 15-18b-1 für $b/d_0 = 30$, $q_L \approx 1{,}21$ und $p_Z = 0{,}3$ N/mm² bestimmt

$$\dot{V}_{pZ} = \frac{0{,}056 \cdot 125^3 \text{ mm}^3 \cdot 1{,}88^3 \cdot 10^{-9}}{38 \cdot 10^{-9} \text{ Ns/mm}^2} \cdot 0{,}3 \text{ N/mm}^2 \approx 5737 \text{ mm}^3/\text{s} \, ,$$

so dass nach Gl. (15.18) der gesamte Schmierstoffdurchsatz wird

$$\dot{V} = \dot{V}_D + \dot{V}_{pZ} = 76120 \text{ mm}^3/\text{s} + 5737 \text{ mm}^3/\text{s} = 81857 \text{ mm}^3/\text{s} \, .$$

Damit ergibt sich nach Gl. (15.15) für $\vartheta_e = 30\,°C$ die Lagertemperatur

$$\vartheta_L \cong \vartheta_a = \vartheta_e + \frac{P_R}{\dot{V} \cdot \varrho \cdot c} = 30\,°C + \frac{3207 \cdot 10^3\,\text{Nmm/s}}{81\,857\,\text{mm}^3/\text{s} \cdot 1{,}8\,\text{N}/(\text{mm}^2 \cdot °C)} \approx 51{,}8\,°C\,.$$

Da der absolute Wert $|\vartheta_{a0\,\text{neu}} - \vartheta_a| = |53{,}5\,°C - 51{,}8\,°C| = 1{,}7\,°C < 2\,°C$, wird die Iteration abgebrochen, denn mit $\vartheta_L \approx 52\,°C < \vartheta_{L\,\text{zul}} = 100\,°C$ nach TB 15-17 ist die Lagertemperatur stabil.

▶ **Lösung b):** Der gesamte Schmierstoffdurchsatz ist somit nach Gl. (15.18)

$$\dot{V} = 81\,857\,\text{mm}^2/\text{s} \cdot 60 \cdot 10^{-6} \approx 4{,}91\,\text{dm}^3/\text{min}\,.$$

▶ **Lösung c):** Nach Gl. (15.8) wird die kleinste Schmierspalthöhe

$$h_0 = 0{,}5 \cdot d_L \cdot \psi_B (1 - \varepsilon) \cdot 10^3 = 0{,}5 \cdot 125\,\text{mm} \cdot 1{,}88 \cdot 10^{-3} \cdot (1 - 0{,}52) \cdot 10^3 = 56{,}4\,\mu\text{m}\,.$$

Da $h_0 = 56{,}4\,\mu\text{m} \gg h_{0\,\text{zul}} = 9\,\mu\text{m}$, liegt nach TB 15-16 keine Verschleißgefährdung vor, wenn für die Welle $R_{zW} \leq 4\,\mu\text{m}$ und die eingelaufene Lagergleitfläche $R_{zL} \leq 1\,\mu\text{m}$ angenommen wird.

*Hinweis:* Würde z. B. für Welle und Lagergleitfläche je $R_z = 4\,\mu\text{m}$ bzw. nach Einlauf je $R_a = 0{,}4\,\mu\text{m}$ bei $W_t = 0$ betragen kann mit $h_{0\,\text{zul}} \cong h_{0\,\text{min}} = \Sigma (R_z + W_t) = 8\,\mu\text{m}$ bzw. $h_{0\,\text{zul}} = \Sigma R_a = 0{,}8\,\mu\text{m}$ (vgl. Hinweis nach Bild 15-18 letzter Absatz) gerechnet werden.

**Ergebnis:** Das Lager mit den gleichen Daten wie Beispiel 15.1 kann bei einer Betriebsdrehzahl $n_w = 2000\,\text{min}^{-1}$ mit Druckumlaufschmierung laufen, wobei aber entsprechend TB 15-13b (vgl. vor Bild 15-37) Neigung zur Instabilität besteht.

■ **Beispiel 15.3:** Ein einfaches hydrostatisch arbeitendes ebenes Spurlager (vgl. Bild 15-41) soll eine axiale Lagerkraft $F = 500\,\text{kN}$ bei einer Wellendrehzahl $n_w = 750\,1/\text{min}$ aufnehmen. Der Außendurchmesser des Wellenspurkranzes beträgt $d_a = 2r_a = 400\,\text{mm}$, der Innendurchmesser der Spurplatte $d_i = 2r_i = 250\,\text{mm}$. Als Schmierstoff wird Mineralöl ISO VG 68 bei $\vartheta_{\text{eff}} = 55\,°C$, $\varrho = 860\,\text{kg/m}^3$ verwendet.

Zu ermitteln sind:

a) der Schmierstoffvolumenstrom in dm³/min bei einer gewählten Schmierspalthöhe $h_0 = 150\,\mu\text{m}$,
b) der erforderliche Zuführdruck $p_Z \approx$ Taschendruck $p_T$ in bar,
c) die Reibungs- und Pumpenleistung in W für einen Pumpenwirkungsgrad $\eta_P = 0{,}5$ und bei Berücksichtigung des Druckverlustes,
d) die Schmierstofferwärmung in °C, die 70 °C nicht überschreiten soll!

▶ **Lösung a):** Für $F = 500 \cdot 10^3\,\text{N}$ ergibt sich aus Gl. (15.22) mit $\eta_{\text{eff}} = 31\,\text{mPa s} = 31 \cdot 10^{-7}\,\text{Ns/cm}^2$ aus TB 15-9 für Öl ISO VG 68 bei $\vartheta_{\text{eff}} = 55\,°C$

$$\dot{V} = \frac{F \cdot h_0^3}{3 \cdot \eta_{\text{eff}}(r_a^2 - r_i^2)} = \frac{500 \cdot 10^3\,\text{N} \cdot 0{,}015^3\,\text{cm}^3}{3 \cdot 31 \cdot 10^{-7}\,\text{Ns/cm}^2(20^2 - 12{,}5^2)\,\text{cm}^2} = 744{,}42\,\text{cm}^3/\text{s} = 44{,}7\,\text{dm}^3/\text{min}\,.$$

**Ergebnis:** Der notwendige Ölvolumenstrom muss $\dot{V} = 44{,}7\,\text{dm}^3/\text{min}$ betragen.

▶ **Lösung b):** Aus Gl. (15.22) bzw. (15.21) wird ohne Berücksichtigung des Druckverlustes errechnet

$$p_Z \approx p_T = \frac{2 \cdot F \cdot \ln r_a/r_i}{\pi (r_a^2 - r_i^2)} \quad \text{bzw.} \quad \frac{6 \cdot \dot{V} \cdot \eta_{\text{eff}} \cdot \ln r_a/r_i}{\pi \cdot h_0^3}$$

$$p_Z = \frac{2 \cdot 500 \cdot 10^3\,\text{N} \cdot 0{,}47}{\pi (20^2 - 12{,}5^2)\,\text{cm}^2} = 613{,}8\,\text{N/cm}^2 \approx 61\,\text{bar}\,.$$

**Ergebnis:** Der erforderliche Zuführdruck des Öles ist $p_Z \approx 61\,\text{bar}$.

▶ **Lösung c):** Mit der Winkelgeschwindigkeit

$$\omega_{\text{eff}} = 2 \cdot \pi \cdot n_w = 2 \cdot \pi \cdot 12{,}5\,\text{s}^{-1} = 78{,}54\,\frac{1}{\text{s}}$$

wird nach Gl. (15.23) die Reibungsleistung

$$P_R = \frac{\pi \cdot \eta_{\text{eff}} \cdot \omega_{\text{eff}}^2}{2 \cdot h_0} (r_a^4 - r_i^4) = \frac{\pi \cdot 31 \cdot 10^{-7} \text{ Ns/cm}^2 \cdot 78{,}54^2 \cdot \text{s}^{-2}}{2 \cdot 0{,}015 \text{ cm}} \cdot (20^4 - 12{,}5^4) \text{ cm}^4 = 271\,511 \text{ Ncm/s},$$

$$P_R = 2715 \text{ W}.$$

Die Pumpenleistung ergibt sich, wenn infolge Druckverlust mit $p_Z = 70$ bar $= 700$ N/cm$^2$ gerechnet wird, aus

$$P_P = \frac{\dot{V} \cdot p_Z}{\eta_P} = \frac{744{,}42 \text{ cm}^3/\text{s} \cdot 700 \text{ N/cm}^2}{0{,}5} = 1\,042\,188 \text{ Ncm/s} \approx 10\,422 \text{ W}.$$

**Ergebnis:** Die Reibungsleistung beträgt $P_R = 2715$ W, die Pumpenleistung bei Berücksichtigung des Druckverlustes $P_P \approx 10\,422$ W.

**Lösung d):** Die Schmierstofferwärmung lässt sich nach Gl. (15.24) mit $c = 2050$ Nm/(kg·°C) aus TB 15-8c für $\varrho = 860$ kg/m$^3$ bei $\vartheta_{\text{eff}} = 55$ °C errechnen

$$\Delta\vartheta = \frac{P_R + P_P}{c \cdot \varrho \cdot \dot{V}} = \frac{(2715 + 10\,422) \text{ Nm/s}}{2050 \text{ Nm/(kg·°C)} \cdot 860 \text{ kg/m}^3 \cdot 744{,}42 \cdot 10^{-6} \text{ m}^3/\text{s}} \approx 10 \text{ °C}.$$

**Ergebnis:** Das Öl erwärmt sich um ca. 10 °C auf rund 65 °C. In der Praxis werden wegen der Wärmeverluste etwa 8 °C erreicht, so dass 70 °C sicher nicht überschritten werden.

**Beispiel 15.4:** Das hydrodynamisch arbeitende Axiallager ohne zusätzliche Kühlung (Bild 15-45 nach Vogelpohl) mit $z = 10$ kippbeweglichen Segmenten hat einen Außendurchmesser $d_a = 330$ mm und einen Innendurchmesser $d_i = 170$ mm der Spurplatte. Es soll eine Lagerkraft $F = 32$ kN bei der Drehzahl $n = 200$ 1/min aufnehmen.

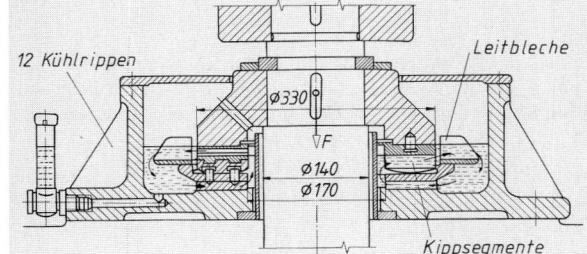

**Bild 15-45**
Axiallager ohne zusätzliche Kühlung mit Kippsegmenten für eine senkrechte Welle. Das große Gehäuse bietet eine ausreichende Fläche und Ölfüllung zur Wärmeabgabe. Leitbleche verhindern ein Mitdrehen der Füllung und sichern den radialen Ölumlauf.

Verwendet werden soll ein Schmierstoff der Viskositätsklasse ISO VG 100 DIN 51519, Dichte 860 kg/m$^3$ bei der geschätzten effektiven Temperatur $\vartheta_{\text{eff}} = 60$ °C. Als Gleitwerkstoff wird eine CuPbSn-Legierung aufgebracht.
Zu ermitteln bzw. zu prüfen sind:

a) die Segmentbreite, Segmentlänge, Segmentdicke sowie die Segmentteilung und das Seitenverhältnis,
b) die Zulässigkeit der kleinsten Schmierspalthöhe $h_0$ in μm,
c) der gesamte erforderliche Schmierstoffvolumenstrom $\dot{V}_{\text{ges}}$ in dm$^3$/min,
d) die Schmierstofferwärmung.

**Lösung a):** Wie zu Gl. (15.26) gilt für die Segmentbreite

$$b = 0{,}5(d_a - d_i) = 0{,}5(330 \text{ mm} - 170 \text{ mm}) = 80 \text{ mm}.$$

Mit dem mittleren Lagerdurchmesser $d_m = 0{,}5(d_a + d_i) = 0{,}5(330 \text{ mm} + 170 \text{ mm}) = 250$ mm lässt sich aus Gl. (15.29) die Segmentlänge errechnen

$$l = \frac{d_m \cdot \pi}{1{,}25 \cdot z} = \frac{250 \text{ mm} \cdot \pi}{1{,}25 \cdot 10} = 62{,}83 \text{ mm} \approx 63 \text{ mm},$$

womit sich ergibt:

die Segmentdicke (s. unter Gl. (15.34))  $h_{seg} = 0{,}25 \sqrt{b^2 + l^2} = 0{,}25 \sqrt{80^2 + 63^2} = 25$ mm,

die Segmentteilung (s. über Gl. (15.29))  $l_t = 1{,}25 \cdot l = 1{,}25 \cdot 63 = 78{,}75$ mm  und

das Seitenverhältnis  $l/b = 63/80 \approx 0{,}79$.

▶ **Lösung b):** Aus TB 15-9 wird zunächst bei $\vartheta_{eff} = 60\,°C$ für den Schmierstoff der Viskositätsklasse ISO VG 100 abgelesen: $\eta_{eff} = 34$ mPas $= 34 \cdot 10^{-3}$ Ns/m². Für $l/b \approx 0{,}79$ bei $h_0/t = 1$ ergibt sich aus Bild 15-44a die Belastungskennzahl $100 \, k_1 \approx 6{,}5$ bzw. $k_1 = 0{,}065$, so dass mit

$$u_m = \pi \cdot d_m \cdot n_W = \pi \cdot 0{,}25 \text{ m} \cdot 3{,}33 \text{ s}^{-1} = 2{,}62 \text{ m/s}$$

die kleinste Schmierspalthöhe nach Gl. (15.31) errechnet werden kann.

$$h_0 = \sqrt{\frac{k_1 \cdot l \cdot b^2 \cdot u_m \cdot \eta_{eff}}{F}},$$

$$h_0 = \sqrt{\frac{0{,}065 \cdot 10 \cdot 63 \cdot 10^{-3} \text{ m} \cdot 80^2 \cdot 10^{-6} \text{ m}^2 \cdot 2{,}62 \text{ m/s} \cdot 34 \cdot 10^{-3} \text{ Ns/m}^2}{32 \cdot 10^3 \text{ N}}} = 27 \cdot 10^{-6} \text{ m},$$

$h_0 = 27$ μm $> h_{0\,zul} \approx 10(1 + 0{,}0025 \cdot 250) \approx 16$ μm

nach Gl. (15.20) im Mittel bei der Keiltiefe $t = 27$ μm, d. h. für $h_0/t = 1$.
Das gleiche Ergebnis wird aus Gl. (15.26) mit Gl. (15.30) erreicht, wenn

$$p_Z = \frac{F}{z \cdot l \cdot b} = \frac{32 \cdot 10^3 \text{ N}}{10 \cdot 63 \cdot 10^{-3} \text{ m} \cdot 80 \cdot 10^{-3} \text{ m}} = 6{,}35 \cdot 10^5 \text{ N/m}^2 \approx 0{,}6 \text{ N/mm}^2 < p_{L\,zul}$$

für den Gleitwerkstoff eingesetzt wird.

▶ **Lösung c):** Nach Gl. (15.33) wird der gesamte Schmierstoffvolumenstrom

$$\dot{V}_{ges} = 0{,}7 \cdot b \cdot h_0 \cdot u_m \cdot z = 0{,}7 \cdot 80 \cdot 10^{-3} \text{ m} \cdot 27 \cdot 10^{-6} \text{ m} \cdot 2{,}62 \text{ m/s} \cdot 10 = 39{,}6 \cdot 10^{-6} \text{ m}^3/\text{s},$$

$\dot{V}_{ges} = 2{,}38$ dm³/min .

▶ **Lösung d):** Zunächst wird aus Bild 15-44a für $l/b \approx 0{,}79$ bei $h_0/t = 1$ die Reibungskennzahl $k_2 \approx 3{,}1$ abgelesen. Mit der Öldichte $\varrho = 860$ kg/m³ bei $\vartheta_{eff} = 60\,°C$ lässt sich aus TB 15-8c die spezifische Wärmekapazität $c = 2080$ Nm/(kg·°C) bestimmen, so dass sich nach Gl. (15.34) die Schmierstofferwärmung errechnen lässt:

$$\Delta\vartheta = \frac{k_2}{0{,}7 \cdot \sqrt{k_1}} \cdot \frac{F}{z \cdot c \cdot \varrho \cdot b^2},$$

$$\Delta\vartheta = \frac{3{,}1 \cdot 32 \cdot 10^3 \text{ N}}{0{,}7 \cdot \sqrt{0{,}065} \cdot 10 \cdot 2080 \text{ Nm/(kg} \cdot °C) \cdot 860 \text{ kg/m}^3 \cdot 80^2 \cdot 10^{-6} \text{ m}^2} = 4{,}9\,°C \approx 5\,°C.$$

**Ergebnis:** Der Schmierstoffvolumenstrom $\dot{V}_{ges} = 2{,}38$ dm³/min ist ausreichend, da die sich einstellende Temperaturerhöhung von rund 5 °C wegen der Stütz- bzw. Kühlrippen am Lagergehäuse wahrscheinlich noch kleiner sein wird. Eine Iterationsrechnung wegen η-Änderung infolge Temperaturerhöhung ist nicht erforderlich.

## 15.6 Literatur

*Bartz, W. J.* (Hrsg.): Gleitlagertechnik. Grafenau: expert, 1981

*Beitz, W., Grote, K.-H.* (Hrsg.): Dubbel – Taschenbuch für den Maschinenbau. 19. Aufl. Berlin: Springer, 1997

*Czichos, H., Habig, K.-H.:* Tribologie-Handbuch: Reibung und Verschleiß. Braunschweig: Vieweg, 1992

DIN, Dt. Institut für Normung (Hrsg.): Gleitlager 1: Maße, Toleranzen, Qualitätssicherung, Lagerschäden. 3. Aufl. Berlin: Beuth, 1991 (DIN-Taschenbuch 126)

DIN, Dt. Institut für Normung (Hrsg.): Gleitlager 2: Werkstoffe, Prüfung, Berechnung, Begriffe. 2. Aufl. Berlin: Beuth, 1991 (DIN-Taschenbuch 198)

## 15.6 Literatur

DIN, Dt. Institut für Normung (Hrsg.): Schmierstoffe: Eigenschaften und Anforderungen. 4. Aufl. Berlin: Beuth, 1996 (DIN-Taschenbuch 192)
Dow Corning GmbH, München: Molykote. 1990 – Firmenschrift
*Gersdorfer, O.:* Das Gleitlager. Wien: Industrie und Fachbuch R. Bohmann, 1954
Goldschmidt AG, Essen: Gleitlagertechnik. 1992 – Firmenschrift
*Lang, O. R., Steinhilper, W.:* Gleitlager. Berlin: Springer, 1978
*Leyer, A.:* Theorie des Gleitlagers bei Vollschmierung (Blaue TR-Reihe, Heft 46). Bern: Hallwag, 1967
*Sassenfeld, H., Walther, A.:* Gleitlagerberechnung. VDI-Forschungshefte Nr. 441. Düsseldorf: VDI, 1954
*Schweitzer, G., Traxler, A., Bleuler, H.:* Magnetlager: Grundlagen, Eigenschaften und Anwendungen berührungsfreier, elektromagnetischer Lager. Berlin: Springer, 1993
*Steinhilper, W., Röper, R.:* Maschinen- und Konstruktionselemente 3. Berlin: Springer, 1994
*Tepper, H., Schopf, E.:* Gleitlager: Konstruktion, Auslegung, Prüfung mit Hilfe von DIN-Normen. Berlin: Beuth, 1985 (Beuth-Kommentare)
VDI-Richtlinie 2204-1: Auslegung von Gleitlagern; Grundlagen. Düsseldorf: VDI, 1992
VDI-Richtlinie 2204-2: Auslegung von Gleitlagern; Berechnung
VDI-Richtlinie 2204-3: Auslegung von Gleitlagern; Kennzahlen und Beispiele für Radiallager
VDI-Richtlinie 2204-4: Auslegung von Gleitlagern; Kennzahlen und Beispiele für Axiallager
VDI-Richtlinie 2202: Schmierstoffe und Schmiereinrichtungen für Gleit- und Wälzlager. Düsseldorf: VDI, 1970
*Vogelpohl, G.:* Betriebssichere Gleitlager. Band 1: Berechnungsverfahren für Konstruktion und Betrieb. 2. Aufl. Berlin: Springer, 1967
*Weber, W.:* Berechnungsschema für Gleitlager. 4. Aufl. 1985, BÖGRA, Solingen – Firmenschrift

Prospekte und Kataloge von Firmen (Auswahl):
  Alfametall, Düsseldorf; Braunschweiger Hüttenwerk, Braunschweig; Elektro Thermit, Essen; Federal Mogul (Glyco), Wiesbaden; GLACIER-IHG, Heilbronn; igus, Köln; Kolbenschmidt, St. Leon Rot; MAAG Gear, Zürich; perma-tec, Euerdorf; RENK, Hannover; Sartorius, Göttingen; Spieth-Maschinenelemente, Esslingen; ZOLLERN BHW-Gleitlager, Herbertingen

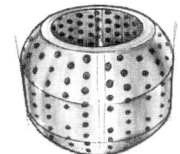

**www.amtag.de • info@amtag.de**

Seit mehr als 25 Jahren sind wir Hersteller und Lieferant von wartungfreien, wartungsarmen, fett- und ölgeschmierten Gleitlagern aller Art.

**Standardtypen nach DIN und ISO aus Vorrat lieferbar.**

Humboldtstr. 86 • 40237 Düsseldorf • Germany
Tel.: +49 (211) 96809-0 • Fax: +49 (211) 96809-33

   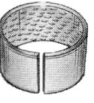

** Wir sind zertifiziert nach DIN EN ISO 9002 **

# 16 Riementriebe

## 16.1 Funktion und Wirkung

### 16.1.1 Aufgaben und Wirkprinzip

Riementriebe sind Zugmittelgetriebe, bei denen das biegeweiche elastische Zugmittel „Riemen" rein reibschlüssig (bei z. B. Flach-, Keil- und Keilrippenriemen) oder mit zusätzlichem Formschluss (bei z. B. Synchronriemen[1]) die Umfangskraft als Zugkraft von der Antriebs- zur Abtriebswelle überträgt *(Funktion);* die Lage der Wellen kann parallel oder unter beliebigem Winkel im größeren Abstand zueinander sein. Außer zur Leistungsübertragung werden vorwiegend die Flachriemen auch als Transportgurte zum Weiterleiten von Schütt- und Stückgütern eingesetzt.

*Vorteile gegenüber Zahnradgetrieben und Kettentrieben:* elastische Kraftübertragung; geräuscharmer, stoß- und schwingungsdämpfender Lauf; einfacher, preiswerter Aufbau; Überbrückung größerer Wellenabstände (Wellenmittenabstände); keine Schmierung erforderlich; kein bzw. geringer Wartungsaufwand; größere Übersetzungen in einer Stufe realisierbar; geringes Leistungsgewicht; hohe Umfangsgeschwindigkeiten.

*Nachteile gegenüber Zahnradgetrieben und Kettentrieben:* der durch die Dehnung des Riemens bedingte Schlupf bei Flachriemen, Keil- und Keilrippenriemen lässt keine konstante Übersetzung zu; größere Wellenbelastung; größerer Platzbedarf gegenüber leistungsmäßig vergleichbaren Zahnradgetrieben und Kettentrieben; begrenzter Temperaturbereich; Umwelteinflüsse (Staub, Öl, Feuchtigkeit u. a.) haben Einfluss auf das Reibungsverhalten; durch Reibung mögliche elektrostatische Aufladung (u. U. elektrisch leitende Ausführung vorschreiben).

### 16.1.2 Riemenaufbau und Riemenwerkstoffe

Bei der Auslegung eines Riementriebes muss sowohl die Wahl der *Riemenart* als auch besonders bei Flachriemen die des *Riemenwerkstoffes* so getroffen werden, dass die für den entsprechenden Einsatz geforderten Kriterien hinsichtlich der Antriebs- und Abtriebsbedingungen erfüllt werden, so z. B.

– hohe *Zerreißfestigkeit* des Zugmittels zur Erzeugung hoher Vorspannungen bzw. zur Übertragung großer Umfangskräfte (Tangentialkräfte),
– gutes *Reibverhalten* zwischen Riemen und Scheibe zur Erzeugung eines guten Kraftschlusses bei kleinen Vorspannkräften (außer bei Zahnriemen),
– *Unempfindlichkeit gegenüber Umwelteinflüssen,* z. B. Staub, Öle und andere Chemikalien, Temperaturunterschiede.

Im technischen Anwendungsbereich werden grundsätzlich drei Arten von Antriebsriemen unterschieden: *Flach-, Keil-* und *Synchronriemen.* Der innere Aufbau der in der modernen Antriebstechnik eingesetzten Flachriemen ist im Prinzip der gleiche wie der Aufbau der Keil-, Keilrippen- und Synchronriemen. Während Zugstränge aus Polyester, Polyamid oder auch Stahl- und Glasfasern zur Aufnahme der im Riemen wirkenden Zugkräfte dienen, werden Elastomere

---

[1] Die Bezeichnung *Synchronriemen* ist in DIN 7721 festgelegt; im allgemeinen Sprachgebrauch wird vielfach auch die Bezeichnung *Zahnriemen* verwendet.

# 16.1 Funktion und Wirkung

bei den Flach- und Keilriemen als Reibfläche (bei Flachriemen u. a. auch Chromleder) zur Kraftübertragung und bei Synchronriemen als Werkstoff für die Riemenzähne eingesetzt.

## 1. Flachriemen

### Lederriemen
Riemen aus reinem Leder können unter optimalen Bedingungen höhere Reibungswerte erreichen als solche aus anderen Werkstoffen; in der Antriebstechnik wurden sie jedoch von den leistungsfähigeren *Mehrschicht-* oder *Verbundriemen* weitestgehend verdrängt.

### Geweberiemen (Textilriemen)
Als Gewebe- bzw. Textilriemen bezeichnet man Riemen, die aus organischen Stoffen (Baumwolle, Tierhaare, Naturseide u. a.) bzw. aus synthetischen Stoffen (Kunstseide, Nylon u. a.) gewebt sind. Nachteilig ist die höhere Kantenempfindlichkeit (Rissgefahr!). In der Antriebstechnik ohne Bedeutung.

### Kunststoffriemen
Riemen aus Kunststoff (Nylon, Perlon u. a.) besitzen eine hohe Festigkeit und sind praktisch bei konstanter Temperatur fast dehnungslos. Sie werden aber selten verwendet, weil wegen des schlechten Reibungsverhaltens nur wenige Eigenschaften eines guten Antriebs erfüllt werden können.

### Mehrschicht- oder Verbundriemen
Für die Übertragung kleiner und großer Leistungen werden heutzutage die Flachriemen als *Mehrschicht-* oder *Verbundriemen* ausgeführt, die aus Polyamid-Zugelementen kombiniert mit adhäsiven Laufschichten bestehen. Durch Verstrecken der Zugelemente in Längsrichtung lassen sich hohe Zugfestigkeitswerte von $R_m = 450 \ldots 600 \text{ N/mm}^2$, hohe $E$-Modul und damit geringe Dehnungen (spannungshaltende Elastizität) erreichen. Die von diesen Hochleistungsriemen übertragbaren Leistungen werden von den Herstellerfirmen bis $P = 6 \text{ kW/mm}$ angegeben. Sie sind in Längsrichtung sehr flexibel und unempfindlich gegen Schmiermittel sowie atmosphärischen Einflüssen. Ein kleiner Schlupf ergibt neben gutem Wirkungsgrad (bis 98 %) und langer Lebensdauer eine genauere Einhaltung sogar großer Übersetzungen (bis 1 : 20) bei kleinen Wellenabständen. Da die Riemen dünn und schmal ausgeführt werden können und sich auch für hohe Geschwindigkeiten eignen, verdrängen sie in vielen Fällen die Keilriementriebe. Von großer Bedeutung sind auch *Mehrschicht-* und *Verbundriemen*, bei denen Kunststoffe und Leder fest miteinander verbunden sind. Sie bestehen in der Regel aus zwei oder mehreren Schichten und zwar aus einer Chromleder-Laufschicht ($L$) wegen des guten Reibverhaltens und einer Zugschicht aus Kunststoff ($Z$) wegen der hohen Zugfestigkeit und der geringen Dehnung. Außerdem kann eine Schutz- oder Deckschicht ($D$) aus Chromleder (bei beidseitiger Beanspruchung, z. B. Mehrscheibenantrieb) oder aus imprägniertem Textilgewebe bei einseitiger Beanspruchung aufgebracht werden, s. Bild 16-1.

*Hinweis:* Flachriemen werden, soweit sie nicht endlos lieferbar sind (wie z. B. bei hohen Geschwindigkeiten mit endlosen Polyestercordfäden als Zugelement) bzw. dies nicht erforderlich ist, meistens durch Kleben oder Schweißen (bei Kunststoffriemen) verbunden. Von der Verbindungsart hängt im Wesentlichen die zulässige Kraftübertragung und die Lebensdauer ab.

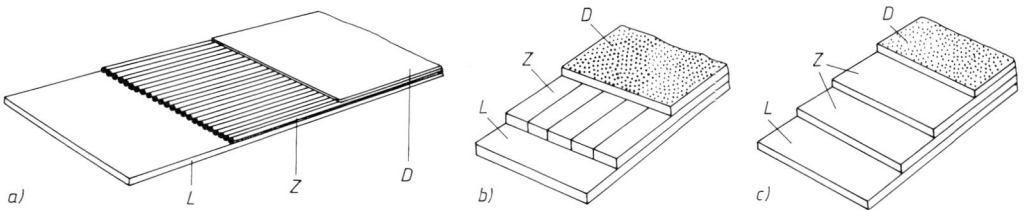

**Bild 16-1** Aufbau eines Mehrfach-Flachriemens.
a) Kordriemen, b) Bandriemen mit zusammengesetzten Zugbändern, c) Bandriemen mit breiten Zugbändern ($D$ Deck-, $Z$ Zug-, $L$ Laufschicht)

## 2. Keilriemen

Keilriemen unterscheiden sich von den Flachriemen durch ihre trapezförmige (keilförmige) Querschnittsform. Sie bestehen aus einer *Zugschicht* (eine oder mehrere Lagen endlos gewickelter Kordfäden aus Polyesterfasern), dem *Kern* (meist aus hochwertiger Kautschukmischung) und der *Umhüllung* aus gummierten Baumwollgewebe oder Synthetikgewebe (mit Ausnahme der Keilriemen in *flankenoffener* Ausführung). Je nach Anwendungszweck und entsprechend dem technischen Fortschritt haben sich in den letzten Jahren mehrere Bauformen herausgebildet. So werden u. a. *Normal-, Schmal-, Breit-, Doppel-* und *Verbundkeilriemen* unterschieden, s. Bild 16-2. Zum Erreichen einer größeren Flexibilität des Riemens werden Keilriemen vielfach in *gezahnter Ausführung* eingesetzt, wodurch u. U. kleinere Scheibendurchmesser $d$ möglich sind. Bei Belastung zieht sich der Keilriemen in die trapezförmige Rille der Scheibe (Keilwinkel 32°...38°, bei Keilrippenriemen 40°) hinein und erzeugt durch die Keilwirkung an den beiden Flanken den zur Kraftübertragung erforderlichen Reibschluss, s. Bild 16-3. Dabei darf der Keilriemen selbst nicht auf dem Rillengrund aufliegen. Dadurch, dass bereits bei geringer Vorspannung große Normalkräfte zwischen Scheibe und Riemen auftreten und somit ein guter Kraftschluss eintritt, ergeben sich die Vorteile des Keilriemens wie z. B. kleinere Lagerbelastungen gegenüber dem Flachriemen und sicherer Betrieb selbst bei kleinen Umschlingungswinkeln $\beta$. Bedingt durch die größere Walkarbeit und die damit verbundene größere Erwärmung des Riemens ist der Wirkungsgrad gegenüber dem Flachriemen kleiner. Keilriemen werden mit wenigen Ausnahmen endlos hergestellt und meist in genormten Längen geliefert. Für die Auslegung der Keilriemengetriebe ist somit der Wellenabstand nicht frei wählbar, ebenso sind aus Montagegründen bestimmte konstruktive Vorkehrungen zu treffen. *Verbundkeilriemen* bestehen aus bis zu 5 parallel angeordneten längengleichen Keilriemen (Normal- oder Schmalkeilriemen), die mit einer Deckplatte miteinander verbunden sind. Dadurch ist gegenüber den einzeln angeordneten Keilriemen eine Reduzierung der häufig nicht

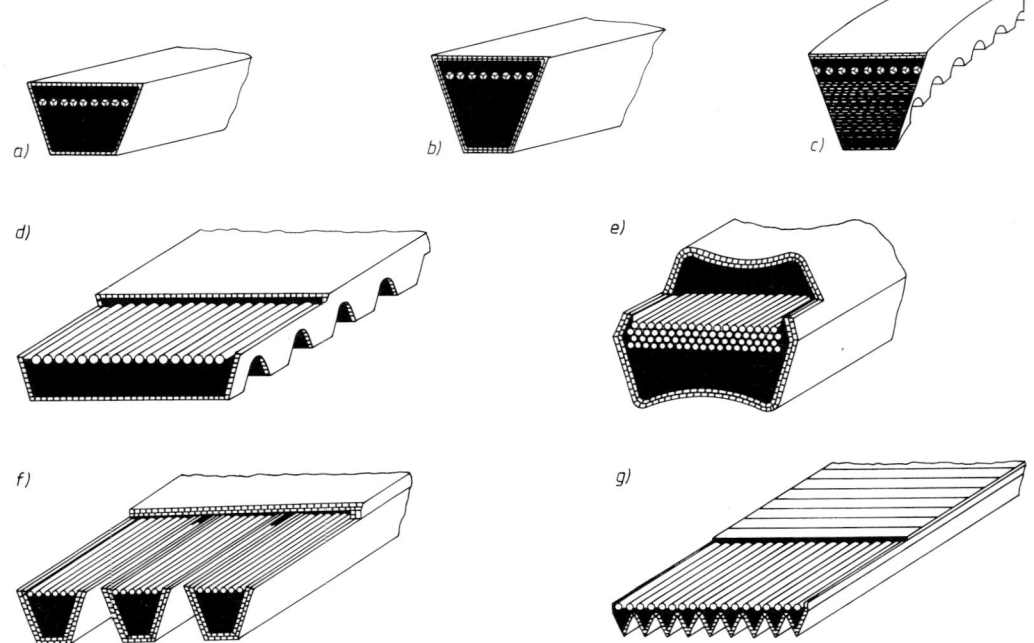

**Bild 16-2** Keilriemen-Ausführungsarten.
a) Normalkeilriemen, b) Schmalkeilriemen, c) Schmalkeilriemen flankenoffen, gezahnt, d) Breitkeilriemen (gezahnt), e) Doppelkeilriemen, f) Verbundkeilriemen, g) Keilrippenriemen

## 16.1 Funktion und Wirkung

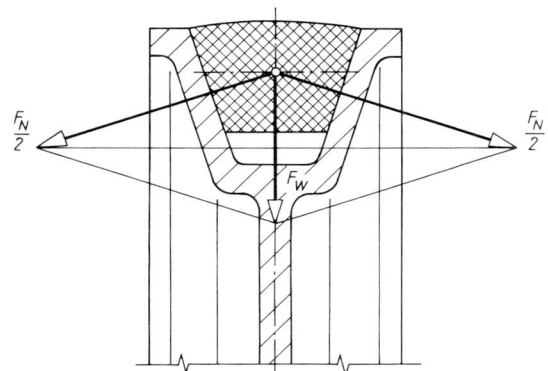

**Bild 16-3**
Kräfte am Keilriemen

zu vermeidenden Riemenschwingungen möglich, was somit zu einem besseren Betriebsverhalten führt.
Typische Eigenschaften und Anwendungsbereiche der einzelnen Keilriemenarten sind in TB 16-2 aufgeführt.

### 3. Keilrippenriemen

Der *Keilrippenriemen* (Bild 16-2g) vereint in sich die Vorteile des Flachriemens mit denen des Keilriemens. Er ist sehr biegsam und läuft auch bei hohen Geschwindigkeiten leise und vibrationsfrei. Die Leistung wird durch Reibschluss der keilförmigen Rippen mit den Rillen der Scheiben übertragen. Der Riemen trägt auf seiner ganzen Breite gleichmäßig, ein Verdrehen in den Rillen ist ausgeschlossen und damit wird ein Abspringen von der Scheibe verhindert. Durch die geringe Biegesteife sind hohe Übersetzungen zu erreichen. Die Ausführung der großen Scheibe als Flachscheibe ist möglich, ebenfalls die Ausführung in einer Breite bis zu 75 Rippen! Im Angebot sind Keilrippenriemen, die bis 80 °C hitzebeständig, elektrisch leitfähig und bedingt ölresistent sind. Typische Eigenschaften und der Anwendungsbereich der Keilrippenriemen sind im TB 16-2 aufgeführt.

### 4. Synchronriemen (Zahnriemen)

Der *Synchronriemen* ist ein formschlüssiges Antriebselement. Entsprechend der vorgesehenen Teilung $p$ besitzt der Synchronriemen in gleichmäßigen Abständen *Zähne*, die in die jeweiligen Zahnlücken der Riemenscheibe eingreifen und somit den Formschluss herstellen. Der in der Regel endlos gefertigte Synchronriemen besteht aus den über die gesamte Riemenbreite angeordneten Zugelementen aus Stahl oder Glasfasern, dem Riemenkörper aus Gummi- oder Elastomermischungen, der auch gleichzeitig die Zähne einschließt, sowie vielfach ein Polyamidgewebe zum dauerhaften Schutz der Zähne, s. Bild 16-4.

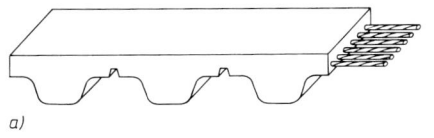
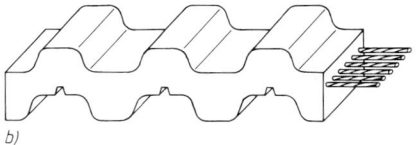
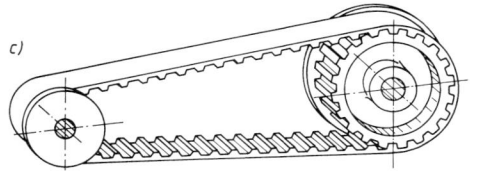

**Bild 16-4**
Synchronriemen mit trapezförmigem Zahnprofil.
a) einfachverzahnt
b) doppeltverzahnt
c) Synchronriementrieb mit einseitiger Bordscheibe

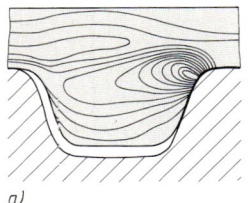 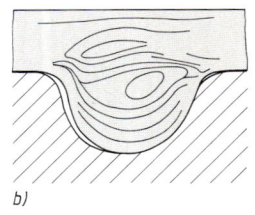

**Bild 16-5**
Spannungsverteilung im Synchronriemen.
a) Trapezzahn
b) Halbrundprofil-(HTD) Zahn

Neben der Ausführung des Synchronriemens mit trapezförmigen Zahnprofilen (DIN 7721) wurde für die Übertragung großer Drehmomente bei kleinen Umfangsgeschwindigkeiten der *HTD-Zahnriemen* (High Torque Drive) mit Halbrundprofil entwickelt, s. Bild 16-5. Dieser Synchronriemen zeichnet sich durch eine besonders günstige Spannungsverteilung unter Last aus und besitzt bei gleichen Bauabmessungen eine etwas höhere Leistungsfähigkeit gegenüber dem herkömmlichen Synchronriemen nach DIN 7721.

Die *Vorteile* des Synchronriemens im Vergleich zu den Flach- und Keilriemen sind der synchrone Lauf ($i$ = konstant), der hohe Wirkungsgrad (bis $\eta = 0{,}99$), die geringe Vorspannung und damit kleinere Lagerbelastungen. Mehrwellenantriebe sowie Antriebe, bei denen Gegenbiegung auftritt, sind aufgrund der hohen Flexibilität ebenso wie Winkeltriebe mit geschränkten (verdrillten) Synchronriemen möglich.

*Nachteilig* dagegen ist in erster Linie die teure Fertigung (besonders der Scheiben), die Empfindlichkeit gegenüber Fremdkörpern und die stärkeren Laufgeräusche, bedingt durch das Aufschlagen des Zahnkopfes der Scheibe in den Zahngrund des Riemens. Synchronriemen sind sehr empfindlich gegenüber Belastungsüberschreitungen (Gleitschlupf ist nicht möglich). Zur Führung des Synchronriemens sind mindestens 2 Bordscheiben an den Zahn-(Riemen-)Scheiben vorzusehen, die wechselseitig an beiden Scheiben oder beidseitig an die kleine Scheibe angebracht werden (s. hierzu auch Bild 16-14a und c, b). Eigenschaften und Anwendungsbereiche s. TB 16-3.

## 16.2 Gestalten und Entwerfen

### 16.2.1 Bauarten und Verwendung

Bedingt duch die typischen Eigenschaften der einzelnen Riemenarten können Riementriebe für die unterschiedlichsten Aufgaben sowohl in der Antriebstechnik als auch in der Fördertechnik eingesetzt werden. Je nach Ausführung werden Riementriebe unterschieden hinsichtlich der

**1. Wahl der Riemenart**

– *Flachriemen:* einfache Bauart; besonders geeignet für große Wellenabstände, hohe Riemengeschwindigkeiten (bis $v = 100$ m/s) und Mehrscheibenbetrieb; Übertragung größter Umfangskräfte möglich;
– *Keilriemen:* für große Übersetzungen bei kleinen Wellenabständen; überwiegend eingesetzt für mittlere Leistungen im allgemeinen Maschinenbau;
– *Keilrippenriemen:* für große Übersetzungen bei kleinen Wellenabständen; hohe Riemengeschwindigkeiten (bis $v = 60$ m/s), kleine Scheibendurchmesser; hohe Biegefrequenzen (bis 200 l/s), hohe Flexibilität erlaubt kompakte Bauweise;
– *Synchronriemen:* gewährleisten ein konstantes Übersetzungsverhältnis; hohe Positioniergenauigkeit z. B. beim Antrieb in der Robottechnik; für leichte und schwere Antriebe universell einsetzbar, Leistungsübertragung bis über 200 kW, geringe Vorspannung gewährleistet geringere Lagerbelastung, in geschränkter Anordnung einsetzbar. Höhere Fertigungskosten der gezahnten Riemenscheiben gegenüber den Flach- und Rillenscheiben.

Eine genaue Abgrenzung des Einsatzgebietes zwischen Flach-, Keil- und Keilrippenriemen gibt es für den normalen Anwendungsbereich in der Antriebstechnik nicht. Bei hohen Umfangs-

## 16.2 Gestalten und Entwerfen

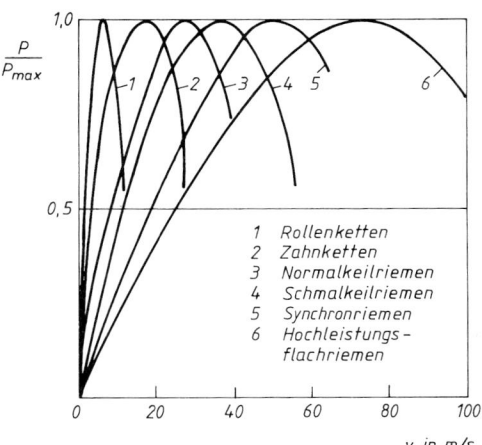

**Bild 16-6**
Einsatzbereiche der Zugmittel in Abhängigkeit von der Umfangsgeschwindigkeit

geschwindigkeiten ($v \geq 50$ m/s) dagegen ist z. B. der Mehrschicht-Flachriemen dem Keil- und Keilrippenriemen eindeutig überlegen (s. Bild 16-6). Synchronriemen zeichnen sich hauptsächlich durch die formschlussbedingte, übersetzungskonstante ($i =$ konstant) Kraftübertragung aus und werden vorzugsweise auch dort eingesetzt, wo dieser Vorteil zum Tragen kommt, z. B. Nockenwellenantrieb beim Verbrennungsmotor.

### 2. Riemenführung

– *offene Riementriebe*, s. Bild 16-7a: in waagerechter, schräger und senkrechter Anordnung; einfacher Aufbau,
– *gekreuzte (geschränkte) Riementriebe*, s. Bild 16-7b: in waagerechter, schräger und senkrechter Anordnung für entgegengesetzten Drehsinn der Scheiben; Berührung der Riemen ist wegen der Zerstörungsgefahr möglichst zu vermeiden (für Keil- und Keilrippenriemen nicht geeignet),
– *halb gekreuzte (geschränkte) Riementriebe*, s. Bild 16-7c: zur Kraftübertragung bei sich kreuzenden Wellen (zylindrische Scheiben vorsehen; Konstruktionsmaße beachten, s. Bild 16-7c),
– *Winkeltriebe*, s. Bild 16-7d: zur Kraftübertragung bei sich schneidenden Wellen (Leitrollen möglichst groß ausführen, damit die Biegebeanspruchung des Riemens klein bleibt),
– *Mehrfachantriebe*, s. Bild 16-7e und f: zur Kraftübertragung von meist einer Antriebs- auf mehrere Abtriebsscheiben.

### 3. Vorspannmöglichkeiten

– *Dehnspannung* (Bild 16-8a): Die stumpfe Riemenlänge ist kleiner als es dem festen Wellenabstand $e$ entspricht, sodass er beim Auflegen elastisch gedehnt wird. Dies genügt vielfach bei Wellenabständen unter 5 m, auch bei schräger bzw. senkrechter Anordnung.
– *Spannrollen* (Bild 16-8b): Spannrollen mit Gewichts- oder Federbelastung drücken zum Spannen in der Nähe der kleinen Scheibe von außen auf das Leertrum und vergrößern den Umschlingungsbogen $\beta$. Die Anordnung eignet sich für größere Triebe mit festem Wellenabstand. Ein Drehrichtungswechsel ist ausgeschlossen.
– *Spannschiene*: Oft genügt es, den Antriebsmotor mit der Riemenscheibe zum Spannen des Riemens auf Spannschienen mit Hilfe von Stellschrauben zu verschieben (Bild 16-8c).
– *Spannschlitten*: Ein selbsttätiges Spannen erfolgt duch Gewichtsstücke oder Federn, was häufig auch bei Bandförderern angewandt wird (Bild 16-8d).
– *Spannwippe* (Bild 16-8e): Der Motor sitzt auf einer um $D$ drehbaren Wippe. Bei angegebener Drehrichtung bewirkt das Rückdrehmoment $T_r$ des Motors ein selbsttätiges Spannen

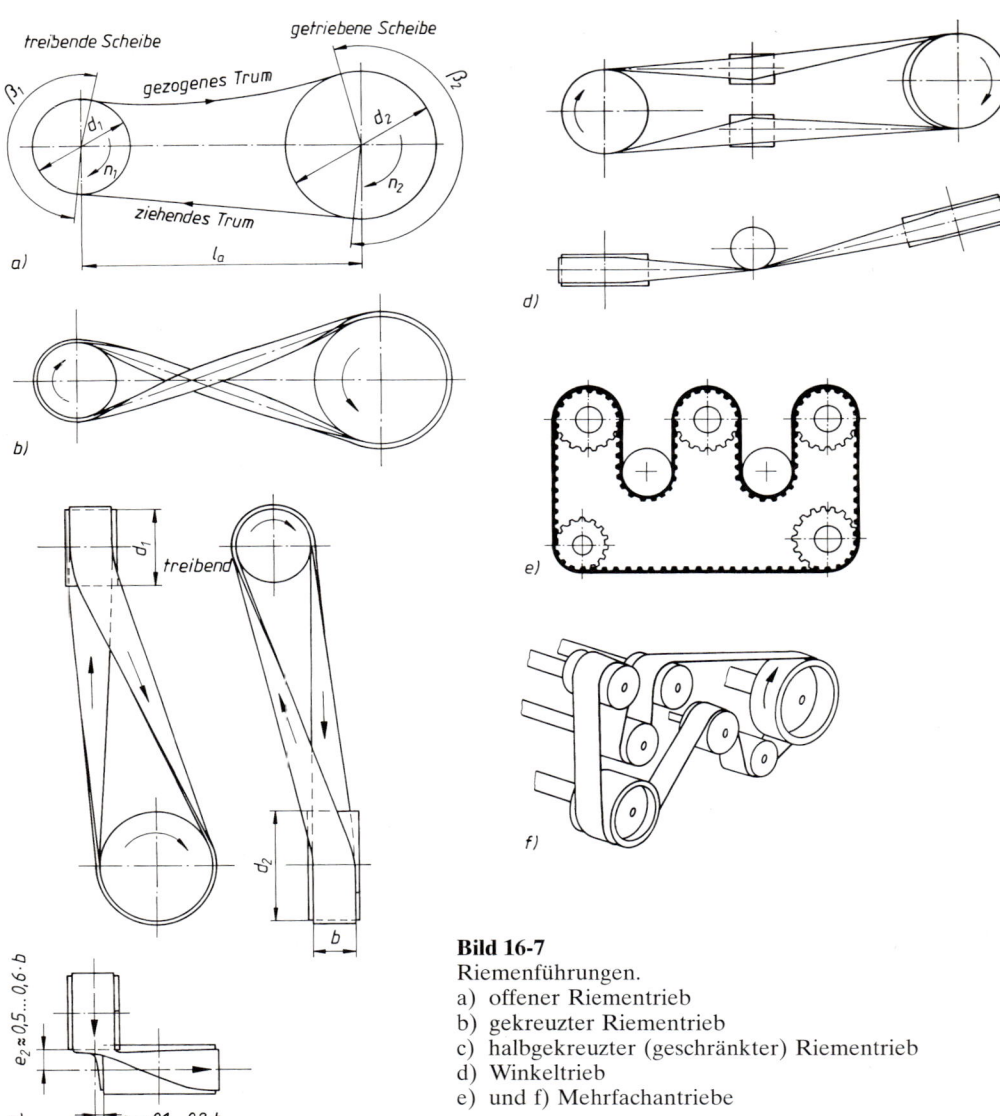

**Bild 16-7**
Riemenführungen.
a) offener Riementrieb
b) gekreuzter Riementrieb
c) halbgekreuzter (geschränkter) Riementrieb
d) Winkeltrieb
e) und f) Mehrfachantriebe

des Riemens, das sich schwankenden Drehmomenten zudem anpasst und so ein rutschfreies Arbeiten des Triebes gewährleistet (neigt zu Schwingungen, bei Neukonstruktionen vermeiden).

– *Schwenkscheibe* (Bild 16-8f): Bei feststehendem Antriebsmotor ($M$) ist die Riemenscheibe als Schwenkscheibe ($S$) ausgebildet, in die ein Zahnradpaar ($z_1$ und $z_2$) eingebaut ist, sodass sich auch große Übersetzungen ins Langsame erzielen lassen. Das Schwenken der Riemenscheibe (im Bild um $D$ nach links) und damit das Spannen des Riemens wird durch die Umfangskraft des auf der Motorwelle sitzenden, im gleichen Sinn sich drehenden und treibenden Ritzels $z_1$ bewirkt.

Der Vorteil dieser selbstspannenden Einrichtungen überwiegt vielfach die anfallenden Mehrkosten, denn sie schonen Riemen und Lager, erfordern kein Nachspannen und sind bei größter Betriebssicherheit wartungsfrei.

## 16.2 Gestalten und Entwerfen

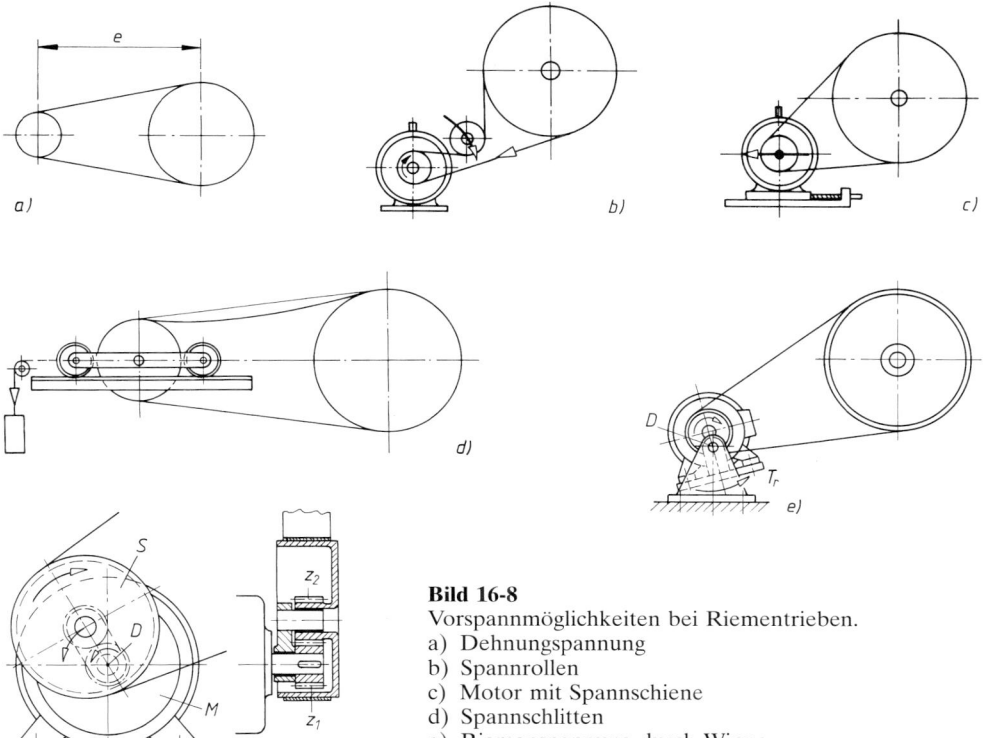

**Bild 16-8**
Vorspannmöglichkeiten bei Riementrieben.
a) Dehnungspannung
b) Spannrollen
c) Motor mit Spannschiene
d) Spannschlitten
e) Riemenspannung durch Wippe
f) Riemenspannung durch Schwenkscheibe

### 4. Verstell- bzw. Schaltgetriebe

- *Stufenscheibengetriebe*, Bild 16-9a, sowohl in offener als auch gekreuzter Anordnung zur stufenweisen Änderung der Übersetzung $i$ durch Umlegen des Riemens auf ein anderes Scheibenpaar. Da der Wellenabstand unverändert bleibt, müssen die Scheibendurchmesser so gewählt werden, dass sich für jede Stufe die gleiche Riemenlänge ergibt. Der Schaltvorgang erfolgt im Stillstand.
- *Kegelscheibengetriebe*, Bild 16-9b, zur stufenlosen Änderung der Übersetzung durch Verschieben des Riemens auf der Kegelscheibe während des Betriebes mittels Gabel. Beide Scheiben müssen das gleiche Kegelverhältnis aufweisen, da bei konstantem Wellenabstand für jede Stellung des Riemens die Riemenlänge gleich sein muss.
- *Keilscheiben-Verstellgetriebe*, Bild 16-9c, zur stufenlosen Änderung der Übersetzung durch Veränderung der Richtdurchmesser beider Scheiben (der Wellenabstand bleibt unverändert) oder einer Scheibe bei einer Festscheibe (Wellenabstand muss entsprechend angepasst werden).
- *Ausrückgetriebe*, Bild 16-9d, zur Unterbrechung des Kraftflusses während des Betriebes durch Umlegen des Riemens von der mit der angetriebenen Welle fest verbundenen Scheibe (Festscheibe) auf die „lose" auf der Welle sitzenden Scheibe (Losscheibe).

### 16.2.2 Ausführung der Riementriebe

#### 1. Allgemeine Gesichtspunkte

Die konstruktive Durchbildung der Einzelteile eines Riementriebes ist für dessen Leistungsfähigkeit und Lebensdauer ebenso wichtig wie die Wahl der Riemenart, der Riemensorte und

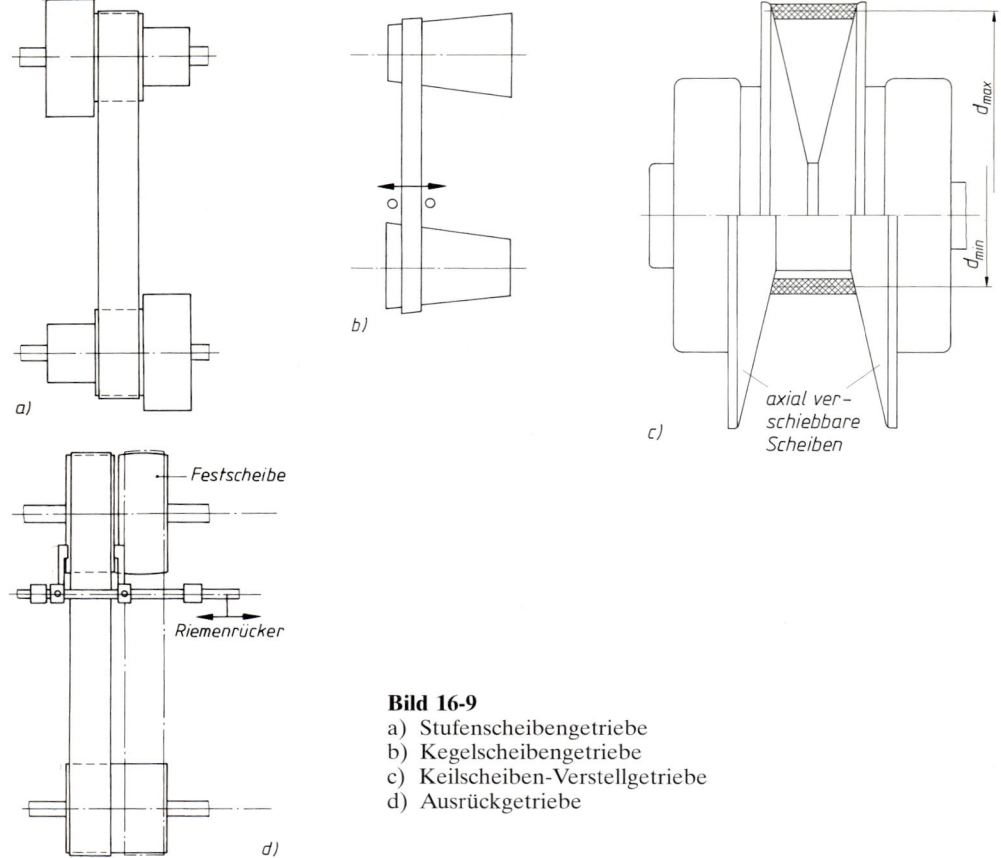

**Bild 16-9**
a) Stufenscheibengetriebe
b) Kegelscheibengetriebe
c) Keilscheiben-Verstellgetriebe
d) Ausrückgetriebe

des Riemenprofils. Vorbedingung für einen ruhigen Lauf ist das Zusammenfallen der Mitte des auflaufenden Riemens mit der Scheibenmitte, besonders bei gekreuzten oder halbgekreuzten Riemen (s. auch Bild 16-7), das genaue Ausrichten von Wellen und Scheiben sowie ein genauer Rundlauf der Scheiben.

Für die optimale Auslegung eines Getriebes sind auch die Ausführung und Fertigung der Riemenscheiben (Kosten!) und die Oberflächenbearbeitung, besonders die der Lauffläche mit entscheidend (raue Oberflächen vermindern aufgrund des Dehnschlupfes die Lebensdauer des Riemens erheblich, s. unter 16.3.1-2). Zu beachten ist, dass kleine Scheibendurchmesser hohe Biegespannungen im Riemen hervorrufen und somit die Leistungsfähigkeit des Riemens vermindern; ebenso werden die Trumkräfte $F_t = T/(d/2)$ und somit die Wellen- und Lagerkräfte mit kleinerem Durchmesser größer. Konstruktiv ist darauf zu achten, dass der erforderliche Spannweg zur Vergrößerung des Achsabstandes nur selten identisch ist mit dem Verstellweg des für den Motor vorgesehenen Spannschlittens.

## 2. Hauptabmessungen der Riemenscheiben

Die Hauptabmessungen der Riemenscheiben, wie Durchmesser und Kranzbreite, die Maße für die Rillenprofile und teilweise auch für Naben, sind weitgehend genormt. Dagegen bleiben Maße und auch Ausführungen von Einzelheiten wie Arme, Böden u. dgl. vielfach dem Hersteller überlassen. Die Laufflächen der Scheiben müssen frei von Schutzanstrichen sein.

## 16.2 Gestalten und Entwerfen

### Flachriemenscheiben
Hauptabmessungen der Flachriemenscheiben sind nach DIN 111 in Übereinstimmung mit ISO 99 und ISO 100 genormt. Werte für den Außendurchmesser $d$, die Kranzbreite $B$, die Wölbhöhe $h$ und die zulässige größte Riemenbreite $b$ s. TB 16-9.

### Normalkeilriemenscheiben
Hauptabmessungen sind nach DIN 2217 T1 u. T2, ISO 255, ISO 4183 genormt. Werte für Richtdurchmesser $d_d$ und Rillenprofil s. TB 16-13.

### Schmalkeilriemenscheiben
Hauptabmessungen sind nach DIN 2211 Blatt 1 u. Blatt 2, ISO 4183 genormt. Werte für Richtdurchmesser $d_d$ und Rillenprofil s. TB 16-13.

### Keilrippenriemenscheiben
Hauptabmessungen sind nach DIN 7867, ISO 9282 genormt (s. TB 16-14).

### Synchronriemenscheiben
Hauptabmessungen sind nach DIN 7721 T2, DIN/ISO 5294 genormt.

### 3. Werkstoffe und Ausführung der Riemenscheiben

Als *Werkstoff* wird Gusseisen *(GJL-150, GJL-200)*, bei hochbeanspruchten Scheiben und hohen Drehzahlen Stahlguss *(GS-38, GS-45)* oder Stahl verwendet. Weniger beanspruchte Scheiben werden auch aus Leichtmetall gegossen oder aus Holz oder Kunststoff gefertigt.

*Ausführungen:* Kleine Scheiben werden kostengünstig aus dem Vollen gedreht oder gegossen und bis zu einem Durchmesser $d = 355$ mm als Bodenscheiben ausgeführt (Bild 16-10). Große Scheiben werden mit Armen versehen (Anzahl der Arme aus $z \approx 0{,}15 \cdot \sqrt{d(\mathrm{mm})} \geq 4$ Bild 16-11). Die Arme haben elliptischen Querschnitt (Achsenverhältnis 1:2), der sich vom Kranz zur Nabe im Verhältnis $\approx 4{:}5$ vergrößert. Die Nabenabmessungen werden nach TB 12-1 festgelegt. Die

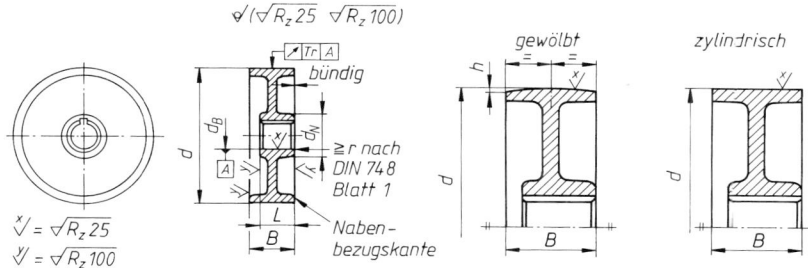

**Bild 16-10** Bodenscheiben

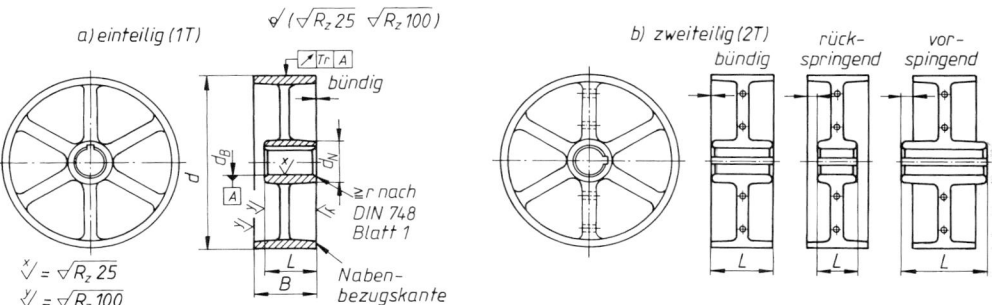

**Bild 16-11** Armscheiben. a) einteilige Ausführung, b) zweiteilige Ausführung

äußere Dicke des Kranzes soll $s \approx d/300 + 2\,\text{mm} \geq 3\,\text{mm}$ sein. Die Lauffläche soll möglichst glatt (geschliffen) sein, um den durch den Dehnschlupf entstehenden Verschleiß klein zu halten. Geteilte Scheiben (Bild 16-11b) lassen sich nachträglich zwischen Lagerstellen setzen und erleichtern dadurch den Ein- und Ausbau.

Um bei Flachriementrieben das außermittige Laufen bzw. Ablaufen des Riemens von der Scheibe zu verhindern, wird eine Scheibe mit gewölbter Lauffläche versehen (Bild 16-10). Zur Schonung des Riemens soll die größere Scheibe gewölbt sein, aus wirtschaftlichen Gründen wird jedoch häufig die kleinere Scheibe mit Wölbung ausgeführt. Bei Riemengeschwindigkeiten $v > 20\,\text{m/s}$ sowie bei Trieben mit senkrecht stehenden Wellen (waagerecht liegende Scheiben) müssen beide Scheiben gewölbt sein. Durch die Wölbung wird die Riemenspannung in der Scheibenmitte erhöht und der Riemen dadurch auf die Scheibenmitte zentriert. Bei geringen Stückzahlen oder Einzelfertigungen wird häufig die Schweißkonstruktion bevorzugt (Bild 16-12), wobei möglichst einfache Einzelteile zu verwenden sind.

Verschiedene Ausführungsformen von Keil- und Keilrippenriemen zeigt Bild 16-13, für Synchronriemenscheiben Bild 16-14.

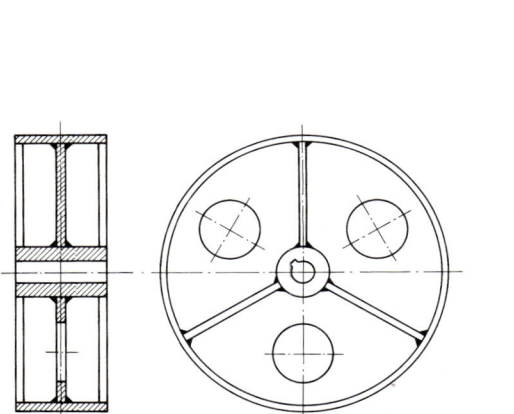

**Bild 16-12** Geschweißte Flachriemenscheibe

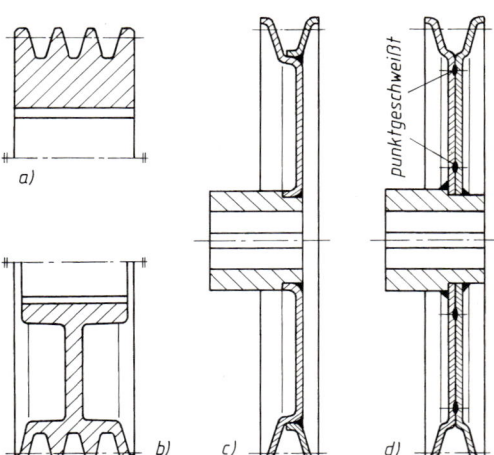

**Bild 16-13** Ausführungsformen von Keilriemenscheiben.
a) Vollscheibe, b) Bodenscheibe (gegossen), c) gelötete Scheibe, d) geschweißte Scheibe

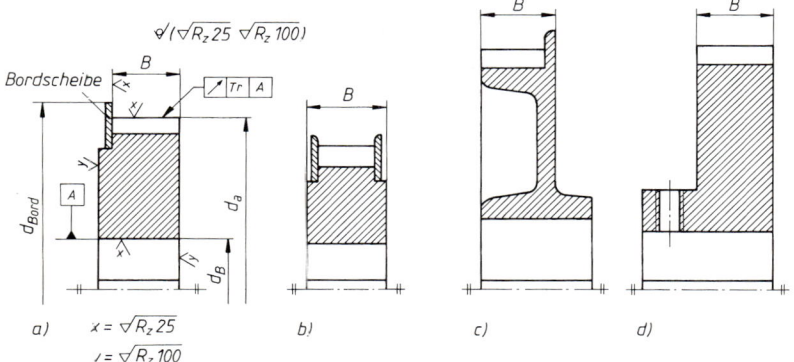

**Bild 16-14** Ausführungsformen von Synchronriemenscheiben.
a) und c) mit 1 Bordscheibe, b) mit 2 Bordscheiben, d) ohne Bordscheibe

## 16.3 Auslegung der Riementriebe

### 16.3.1 Theoretische Grundlagen zur Berechnung der Riementriebe

Nachfolgend sollen hier nur die Berechnungsgrundlagen am Beispiel eines offenen Riementriebes mit einem Flachriemen (homogener Riemenwerkstoff vorausgesetzt) vorgestellt werden (für Mehrschichtriemen aus unterschiedlichen Materialien und somit unterschiedlichen physikalischen Eigenschaften gelten nachfolgende Ausführungen nur bedingt; diese Riemen sind nach den Angaben des Herstellers auszulegen). Grundsätzlich kann auch in Abwandlung für Keil- und Keilrippenriementriebe von gleichen theoretischen Beziehungen ausgegangen werden (maßgebend ist hier der theoretische Reibwert $\mu' = \mu/[\sin(\alpha/2)]$ mit dem Scheibenrillenwinkel $\alpha$).

**1. Kräfte am Riementrieb**

Riementriebe können eine Leistung nur dann übertragen, wenn die *Reibkraft* $F_R$ zwischen Riemen und Scheibe mindestens gleich oder größer ist als die zu übertragende *Umfangskraft* $F_t$

$$\boxed{F_R = \mu \cdot F_N \geq F_t \quad \text{bzw.} \quad F_R = \mu' \cdot F_N \geq F_t} \tag{16.1}$$

$\mu, \mu'$  Reibungszahl für den umspannten Scheibenbogen, abhängig von der Riemenart, der Scheibenoberfläche und vielfach von der Riemengeschwindigkeit; für Keil- und Keilrippenriemen ist mit $\mu' = \mu/[\sin(\alpha/2)]$ zu rechnen, wobei $\alpha$ der Rillenwinkel der Scheibe nach TB 16-13 und TB 16-14 ist; Anhaltswerte für $\mu$ nach TB 16-1

$F_N$  notwendige Anpresskraft (Normalkraft), die durch eine entsprechende Vorspannkraft $F_v$ des Riemens erreicht wird; sie beeinflusst die auftretende Wellenkraft $F_w$ je nach Bauart des Getriebes

Wird die treibende Scheibe $d_1$ durch ein Drehmoment $T$ angetrieben, dann ist die von der Scheibe auf den Riemen zu übertragende Umfangskraft (Bild 16-15) $F_t = T/(d_1/2) = 2 \cdot T_1/d_1$.
Da die getriebene Scheibe $d_2$ durch die vorhandene Reibkraft bewegt wird, gilt für den Grenzfall $F_R = F_t$ bei gleichförmigem langsamen Lauf die Gleichgewichtsbedingung für den Punkt $M_1$:

$$F_t \cdot (d_1/2) + F_2 \cdot (d_1/2) - F_1 \cdot (d_1/2) = 0$$

woraus sich die *Umfangskraft (Nutzkraft)* errechnet

$$\boxed{F_t = F_1 - F_2} \tag{16.2}$$

Demnach kann der Riementrieb nur Leistung übertragen, wenn die Spannkraft im ziehenden Riementrum (Lasttrum) $F_1(>F_t)$ größer ist als im gezogenen Riementrum (Leertrum) $F_2(<F_t)$. Diese Entlastung des Leertrums zeigt sich vielfach in einem Durchhang (Strichlinie in Bild 16-15).
Nimmt man an, dass der Riemen auf dem ganzen Umschlingungsbogen $\beta_1$ voll an der Kraftübertragung beteiligt ist, dann kann das Verhältnis der Trumkräfte bzw. Trumspannungen mit

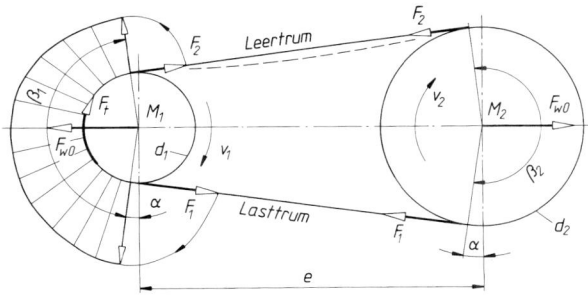

**Bild 16-15**
Kräfte am offenen Riementrieb

der *Eytelweinschen Beziehung* bestimmt werden:

$$\frac{F_1}{F_2} = \frac{\sigma_1}{\sigma_2} = e^{\mu \widehat{\beta}_1} = m \qquad (16.3)$$

e = 2,718 ... Basis des natürlichen Logarithmus
μ      (mittlere) Reibungszahl zwischen Riemen und Scheibe. Richtwerte nach TB 16-1 (für Keil- und Keilrippenriemen μ')
$\widehat{\beta}_1 = \dfrac{\pi \cdot \beta_1^\circ}{180^\circ}$   Umschlingungsbogen der kleinen Scheibe
m      Trumkraftverhältnis

Setzt man in Gl. (16.2) für $F_2 = F_1/m$, so ergibt sich die *übertragbare Umfangskraft* (Nutzkraft)

$$F_t = F_1 - \frac{F_1}{m} = F_1 \cdot \frac{m-1}{m} = F_1 \cdot \kappa \qquad (16.4)$$

$\kappa = (m-1)/m$   Ausbeute, abhängig von μ und β; Werte s. TB 16-4

*Hinweis:* Mit einem Riementrieb wird umso mehr Nutzkraft übertragen, je größer der Ausbeutewert ist (d. h. große Reibwerte und große Umschlingungswinkel anstreben).

Beim Umlauf des Riemens werden weiterhin Fliehkräfte wirksam, die den Riemen stärker dehnen, sodass die Anpresskraft an der Scheibe und damit das Übertragungsvermögen ungünstig verändert werden, sofern dies nicht durch besondere Maßnahmen (Spannrolle, selbstspannende Antriebe) verhindert wird. Diese zusätzliche Riemenbeanspruchung darf bei größeren Riemengeschwindigkeiten nicht außer Acht gelassen werden. Der Anteil der *Fliehkraft* $F_z$ lässt sich mit Hilfe der allgemeinen Fliehkraftgleichung errechnen:

$$\boxed{F_z = A_S \cdot \varrho \cdot v^2 \cdot 10^{-3}} \quad \begin{array}{c|c|c|c} F_z & A_S & \varrho & v \\ \hline N & mm^2 & kg/dm^3 & m/s \end{array} \qquad (16.5)$$

$A_S$   Riemenquerschnitt
$\varrho$    Dichte des Riemenwerkstoffes, Anhaltswerte nach TB 16-1
$v$    Riemengeschwindigkeit

Um zu gewährleisten, dass die nach Gl. (16.1) erforderliche Bedingung $F_R \geq F_t$ erfüllt ist, muss für jeden Betriebszustand eine ausreichend hohe Anpresskraft vorhanden sein, die durch eine entsprechende Dehnung (Vorspannung) des Riemens erreicht wird. Diese Vorspannkräfte müssen als radial wirkende Kräfte auch von der Welle und von den Lagern aufgenommen werden und sollten somit nicht unnötig groß sein. Diese *Wellenbelastung* $F_w$ kann nach Bild 16-16 grafisch ermittelt oder auch berechnet werden.

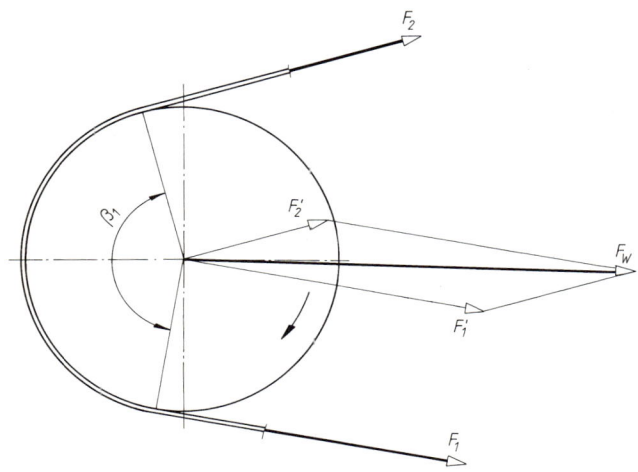

**Bild 16-16**
Ermittlung der Wellenbelastung $F_w$

## 16.3 Auslegung der Riementriebe

Nach dem Cosinussatz wird $F_w = \sqrt{F_1^2 + F_2^2 - 2F_1 \cdot F_2 \cdot \cos \beta_1}$. Wird nach Gl. (16.3) für $F_2 = F_1/m$ und nach Gl. (16.4) für $F_1 = F_t \cdot m/(m-1)$ gesetzt, so ergibt sich nach Umstellung die *Wellenbelastung im Betriebszustand*

$$F_w = F_t \cdot \frac{\sqrt{m^2 + 1 - 2 \cdot m \cdot \cos \beta_1}}{m - 1} = k \cdot F_t \qquad (16.6)$$

$F_t$           vom Riemen zu übertragende Umfangskraft
$m = e^{\mu \hat{\beta}_1}$    Trumkraftverhältnis mit e, μ, $\hat{\beta}_1$ wie zu Gl. (16.3)
$\beta_1$           Umschlingungswinkel an der kleinen Scheibe
$k = f(\beta_1, \mu)$   Werte nach TB 16-5

Diese Wellenbelastung gewährleistet im Betriebszustand somit den notwendigen Anpressdruck zwischen Riemen und Scheibe zur kraftschlüssigen Übertragung der Umfangskraft. Die Wellenbelastung im Ruhezustand ist um den Betrag der Fliehkraft nach Gl. (16.5), die den Riemen von der Scheibe abzuheben versucht, größer, sodass sich die *theoretische Wellenbelastung im Ruhezustand* ergibt aus

$$F_{w0} = F_w + F_z = k \cdot F_t + F_z \qquad (16.7)$$

$k, F_t$   wie zu Gl. (16.6)
$F_z$      Fliehkraft nach Gl. (16.5)

*Hinweis:* In der Literatur wird vielfach mit dem *Durchzugsgrad* gerechnet.
$$\Phi = 1/k = (m-1)/\sqrt{m^2 + 1 - 2 \cdot m \cdot \cos \beta_1}$$

### 2. Dehn- und Gleitschlupf, Übersetzung

Aufgrund der unterschiedlichen Trumkräfte $F_1$ und $F_2$ erfährt der Riemen wegen der unterschiedlichen Trumspannungen $\sigma_1$ und $\sigma_2$ ($\sigma = F/A_S$) beim Lauf über die Scheiben auch verschieden große Dehnungen. Der Dehnungsausgleich verursacht eine relative Bewegung des Riemens auf den Scheiben, was glatte Oberflächen voraussetzt, um einen schnellen Riemenverschleiß zu vermeiden. Dieser Dehnungsausgleich (der stark gedehnte Riemen beim Auflaufen auf die Scheibe „kriecht" wieder zusammen) wird als *Dehnschlupf*[1] bezeichnet, dessen Größe von den elastischen Eigenschaften des Riemens und vom Unterschied der Spannkräfte der Riementrume abhängt. Wird im Betrieb die Umfangskraft größer als die Reibkraft ($F_t > F_R$), so beginnt der Riemen auf der Scheibe zu rutschen (zu gleiten). Dieser *Gleitschlupf* hat eine besonders zerstörungsfördernde Wirkung für den Riemen und darf nur kurzzeitig (z. B. bei Überbelastung) geduldet werden.

Während der Gleitschlupf durch geeignete Maßnahmen (Erhöhung der Vorspannkräfte, Vergrößerung des Umschlingungswinkels u. a.) vermeidbar ist, lässt sich der Dehnschlupf bei den in der Antriebstechnik verwendeten Riemen auf Grund ihrer Dehnfähigkeit nicht vermeiden. Je nach den elastischen Eigenschaften der einzelnen Riemenarten wird der Dehnschlupf auch das Übersetzungsverhältnis $i$ in geringem Maße beeinflussen. Die Geschwindigkeit der getriebenen Scheibe $v_2 = d_2 \cdot \pi \cdot n_2$ wird gegenüber der treibenden Scheibe $v_1 = d_1 \cdot \pi \cdot n_1$ um den Betrag der Schlupfdehnung zurückbleiben. Bezeichnet man den *Schlupf* mit

$$\psi = (v_1 - v_2) \cdot 100/v_2 \quad (\%) \qquad (16.8)$$

---

[1] Der Dehnschlupf ist eine typische Eigenschaft aller *kraftschlüssigen* Riementriebe und macht eine winkelgenaue Übertragung des Drehmoments unmöglich.

so ergibt sich unter Berücksichtigung der meist zu vernachlässigenden Riemendicke $t$ (bei Keil- und Keilrippenriemen die Profilhöhe $h$) die *tatsächliche Übersetzung*

$$i = \frac{n_1}{n_2} = \frac{d_2 + t}{d_1 + t} \cdot \frac{100}{100 - \psi} \qquad (16.9)$$

$n_1, n_2$      Drehzahl der treibenden bzw. getriebenen Scheibe
$d_1, d_2$      Durchmesser der treibenden bzw. getriebenen Scheibe
$t$      Riemendicke

Ist für einen praktischen Anwendungsfall das Einhalten einer bestimmten Übersetzung Voraussetzung (z. B. Antrieb der Nockenwelle beim Verbrennungsmotor), so sind Flachriemen wie auch die Keil- und Keilrippenriemen aufgrund der vorgenannten Bedingungen nicht geeignet.

In allen anderen Fällen kann die *Übersetzung* ermittelt werden aus

$$i \approx \frac{n_1}{n_2} = \frac{d_2}{d_1} \qquad (16.10)$$

$n_1, n_2$ und $d_1, d_2$    wie zu Gl. (16.9)

Die *Übersetzung* bei Riemengetrieben wählt man:

| | | |
|---|---|---|
| für Flachriementriebe | | |
| | offene Ausführung | $i \leq 6$ |
| | mit Spannrollen | bis 15 |
| | in Sonderfällen | bis 20 |
| für Keilriementriebe | | bis 20 |
| für Keilrippenriementriebe | | bis 40 |
| für Synchronriementriebe | | bis 10 |

### 3. Spannungen, elastisches Verhalten

Die größte Belastung des Riemens tritt auf an der Auflaufstelle ($A_1$) des Lasttrums an der kleinen Scheibe, s. Bild 16-17. Dabei setzt sich die im Riemenquerschnitt (homogener Riemenwerkstoff und volle Gültigkeit der Eytelweinschen Beziehung vorausgesetzt) auftretende maximale Spannung $\sigma_{ges}$ aus mehreren sich überlagernden Einzelspannungen zusammen.

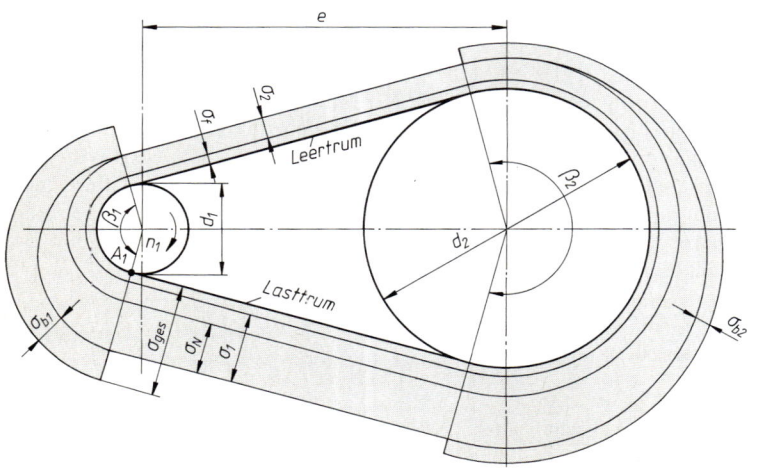

**Bild 16-17**
Spannungen am offenen Riementrieb

## 16.3 Auslegung der Riementriebe

### Zugspannung
Die im Lasttrum auftretende Trumspannung als reine *Zugspannung* ergibt sich aus

$$\sigma_1 = \frac{F_1}{A_S} = \frac{F_t}{\kappa \cdot A_S} \qquad (16.11)$$

| | |
|---|---|
| $F_1$ | Trumkraft im Lasttrum |
| $F_t$ | Umfangskraft |
| $A_S = b \cdot t$ | Riemenquerschnitt |
| $\kappa$ | Ausbeute wie zu Gl. (16.4) |

### Biegespannung
Im Bereich zwischen der Auflauf- und der Ablaufstelle der Scheiben 1 und 2 wird durch das Krümmen des Riemens eine Biegespannung $\sigma_b$ hervorgerufen, die umso größer wird, je kleiner der Scheibendurchmesser $d$ und je größer die Riemendicke $t$ ist. Nach den Regeln der Elastizitätslehre kann die auftretende *Biegespannung* ermittelt werden aus

$$\sigma_b = E_b \cdot \varepsilon_b \approx E_b \cdot (t/d) \qquad (16.12)$$

| | |
|---|---|
| $E_b$ | idealer Elastizitätsmodul; Werte nach TB 16-1 |
| $t/d$ | Verhältnis Riemendicke $t$ zum kleinen Scheibendurchmesser $d$ Werte nach TB 16-1. Eine Überschreitung der angegebenen zulässigen Werte verringert die Lebensdauer und übertragbare Leistung. |

### Fliehkraftspannung
Durch die Umlenkung der Riemenmasse an den Scheiben ist vom Riemen zusätzlich die Fliehkraft $F_z$ nach Gl. (16.5) aufzunehmen, die besonders bei höheren Riemengeschwindigkeiten nicht außer Acht gelassen werden darf. Die dadurch im Riemenquerschnitt auftretende *Fliehkraftspannung* errechnet sich aus

$$\sigma_f = \frac{F_z}{A_S} = \varrho \cdot v^2 \cdot 10^{-3} \qquad \begin{array}{c|c|c|c|c} \sigma_f & F_z & A_S & \varrho & v \\ \hline \text{N/mm}^2 & \text{N} & \text{mm}^2 & \text{kg/dm}^3 & \text{m/s} \end{array} \qquad (16.13)$$

$A_S, \varrho, v$ wie zu Gl. (16.5)

Die *Gesamtspannung* im Lasttrum an der Auflaufstelle $A_1$ der kleinen Scheibe ist dann

$$\sigma_{ges} = \sigma_1 + \sigma_b + \sigma_f \leq \sigma_{z\,zul} \qquad (16.14)$$

$\sigma_{z\,zul}$ zulässige Riemenspannung; ca.-Werte nach TB 16-1

Bei geschränkten Riementrieben, s. Bild 16-7, erhöht sich die Gesamtspannung um den Betrag der *Schränkspannung* $\sigma_S$, die sich durch die zusätzliche Dehnung der Randfaser ergibt. Näherungsweise kann gesetzt werden $\sigma_S \approx E \cdot (b/e)^2$ für gekreuzte und $\sigma_S \approx E \cdot b \cdot d_2/(2 \cdot e^2)$ für halbgekreuzte Riemen mit dem Wellenabstand $e$ in mm.

Mit den Trumkräften $F_1$ und $F_2$ ergibt sich nach Umwandlung der Gln. (16.2), (16.4) und (16.11) die *Nutzspannung*

$$\sigma_N = \sigma_1 - \sigma_2 = \sigma_1 \cdot \kappa \qquad (16.15)$$

$\kappa$ wie zu Gl. (16.4)

Durch Einsetzen der Gl. (16.14) in Gl. (16.15) erhält man die maßgebende *Nutzspannung*, aus der sich die zu übertragende Nutzleistung ermitteln lässt

$$\sigma_N = \sigma_1 \cdot \kappa = (\sigma_{z\,zul} - \sigma_b - \sigma_f) \cdot \kappa \qquad (16.16)$$

*Hinweis:* Bei einem Riementrieb ist die Nutzspannung umso größer, je höher $\sigma_{z\,zul}$ (hochfester Riemenwerkstoff), je kleiner $\sigma_b$ (große Scheibendurchmesser), je kleiner $\sigma_f$ (kleine Riemenmasse) ist.

## 4. Übertragbare Leistung, optimale Riemengeschwindigkeit

Aus der allgemeinen Beziehung $P = F \cdot v$ lässt sich mit $F = \sigma \cdot A_S = \sigma \cdot b \cdot t$ die übertragbare Nutzleistung errechnen. Setzt man nach Gl. (16.16) für $\sigma$ die Nutzspannung $\sigma_N = (\sigma_{zzul} - \sigma_b - \sigma_f) \cdot \kappa$ und hierin nach den Gln. (16.12) und (16.13) für $\sigma_b = E_b \cdot (t/d_1)$ bzw. $\sigma_f = \varrho \cdot v^2 \cdot 10^{-3}$, so wird die *übertragbare Leistung*

$$P = [\sigma_{zzul} - E_b \cdot (t/d_1) - \varrho \cdot v^2 \cdot 10^{-3}] \cdot \kappa \cdot b \cdot t \cdot v \cdot 10^{-3} \qquad (16.17)$$

| P | $\sigma_{zul}, E_b$ | $t, d_1, b$ | $\varrho$ | $v$ | $\kappa$ |
|---|---|---|---|---|---|
| kW | N/mm² | mm | kg/dm³ | m/s | 1 |

$\sigma_{zul}$   zulässige Riemenspannung nach TB 16-1 bzw. 16-6 (s. Fußnote 2)
$E_b$   Elastizitätsmodul für Biegung nach TB 16-1
$t$   Riemendicke
$d_1$   Durchmesser der kleinen Riemenscheibe
$\varrho$   Dichte des Riemenwerkstoffes, Werte nach TB 16-1
$\kappa$   Ausbeute, s. zu Gl. (16.4); Werte nach TB 16-4
$b$   Riemenbreite
$v$   Riemengeschwindigkeit

Nach Gl. (16.17) ist somit $P = f(v)$ bei sonst annähernd konstanten Größen. Bei kleinen Riemengeschwindigkeiten ist der Einfluss der Fliehkraftspannung $\sigma_f$ relativ klein, sodass die übertragbare Leistung $P$ mit steigender Riemengeschwindigkeit bis auf den Maximalwert $P_{max}$ (bei der optimalen Geschwindigkeit $v_{opt}$) zunimmt und dann bis auf Null wieder abfällt. Ab einer bestimmten Grenzgeschwindigkeit wird somit der Betrag der zulässigen Spannung $\sigma_{zzul}$ überwiegend durch die Fliehkraftspannung $\sigma_f$ aufgezehrt, sodass eine Leistungsübertragung nicht mehr möglich ist. Die *optimale Riemengeschwindigkeit* ($P/P_{max} = 1$, s. Bild 16-6) kann ermittelt werden aus

$$v_{opt} = \sqrt{\frac{10^3 \cdot [\sigma_{zzul} - E_b \cdot (t/d_1)]}{3 \cdot \varrho}} = \sqrt{\frac{10^3 \cdot (\sigma_{zzul} - \sigma_b)}{3 \cdot \varrho}} \qquad (16.18)$$

$\sigma_{zzul}, E_b, t, d_1, \varrho$   wie zu Gl. (16.17)

### 16.3.2 Praktische Berechnung der Riementriebe

Die nachfolgend dargestellte Vorgehensweise für die Auslegung von Riementrieben beschränkt sich auf offene 2-Scheiben-Riementriebe mit $i \geq 1$ sowohl für den Flachriementrieb als auch für die Riementriebe mit Keil- und Keilrippenriemen sowie Synchronriemen. Grundsätzlich sollte, um optimale Bedingungen zu erreichen, die Auslegung für den praktischen Anwendungsfall nach den Berechnungsunterlagen des jeweiligen Riemenherstellers erfolgen, da die im Tabellenanhang angegebenen Zahlenwerte nicht für alle Hersteller gelten und gegenüber der Norm z. T. erhebliche Unterschiede bei den Leistungsangaben bestehen. Die Normenangaben beziehen sich vielfach nur auf Riemen- und Scheibenabmessungen und haben nur beschränkt Aussage hinsichtlich Leistung und Qualität. Die für die Keil-, Keilrippen- und Synchronriemen unterschiedlichen bisherigen Bezeichnungen[1] werden in den nachfolgenden Berechnungsgleichungen aus Gründen der Vereinheitlichung nach aktuellen Normenbezeichnungen umgestellt. Die Berechnung kann für alle Riemenarten allgemein nach dem im Bild 16-18 dargestellten Ablaufplan durchgeführt werden.

---

[1] Z. B. wird für den Wirkdurchmesser $d_w$, Bezugsdurchmesser $d_b$, Richtdurchmesser $d_r$ einheitlich der *Richtdurchmesser* $d_d$ eingeführt.

## 16.3 Auslegung der Riementriebe

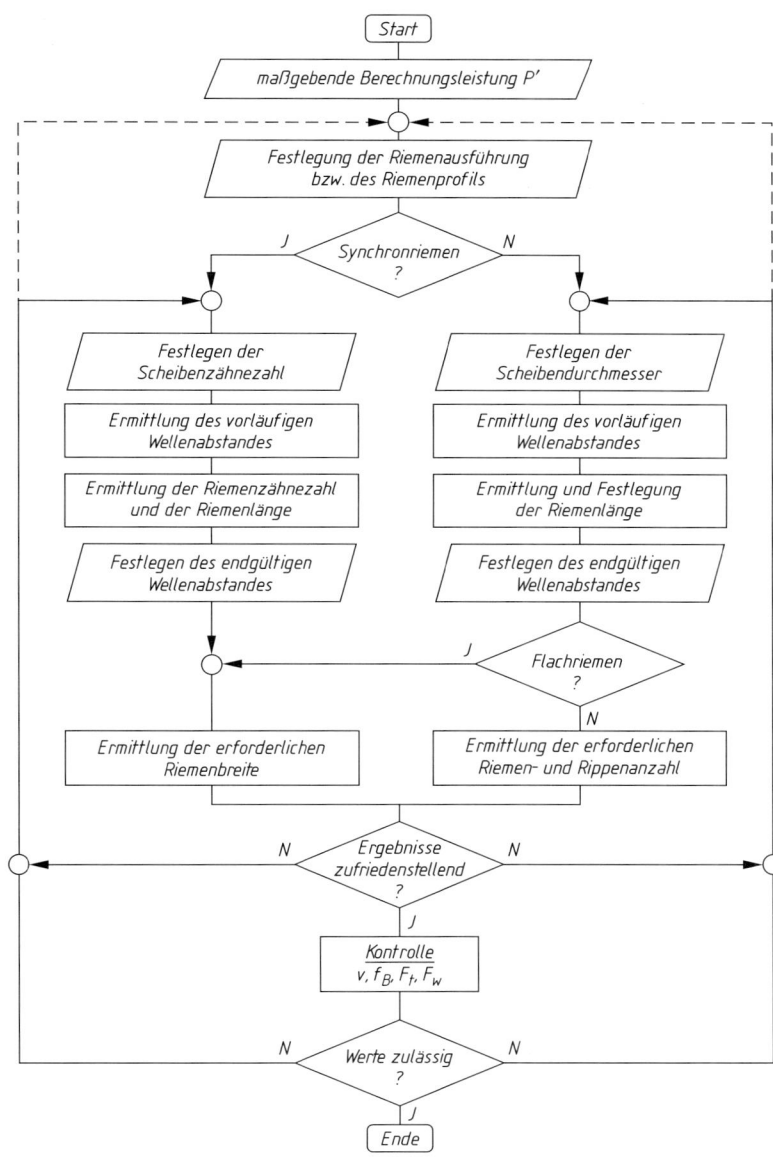

**Bild 16-18** Ablaufplan zum Berechnen von Riementrieben

### Berechnungsschritte

#### 1. Riemenwahl

Für die Entscheidung, welche *Riemenart* (Flach-, Keil-, Keilrippen- oder Synchronriemen) zum Einsatz kommen soll, sind u. a. die Einsatzbedingungen, die zu erwartenden Umwelteinflüsse, eventuell auch Montagegründe (endlose Riemen erfordern vielfach aufwendigere Konstruktionen), Kostenaufwand unter Berücksichtigung des gesamten Konstruktionsumfeldes zu beachten. Hinsichtlich der besonderen Eigenschaften der einzelnen Riemenarten siehe unter 16.2.1.

Die jeweilige *Profilgröße* (beim Extremultus-Flachriemen der *Riementyp*) wird durch die zu übertragende Leistung unter Berücksichtigung des Anwendungsfaktors $P' = K_A \cdot P_{nenn}$ [1] und der Drehzahl $n_1$ bestimmt (s. TB 16-11 und TB 16-18) bzw. beim Extremultusriemen nach TB 16-8 ist der Riemen-*Typ* $= f(\beta_1, d_1)$. Im Grenzfall zwischen zwei möglichen Profilgrößen wird zur endgültigen Festlegung des Profils die Berechnung mit beiden Größen empfohlen.

## 2. Geometrische und kinematische Beziehungen

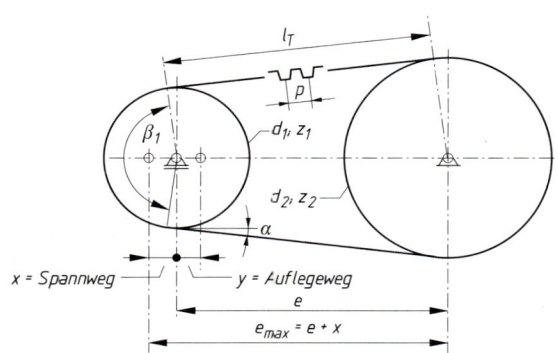

| | |
|---|---|
| an | antriebsseitig |
| ab | abtriebsseitig |
| 1 | antriebsseitig |
| 2 | abtriebsseitig |
| g | groß |
| k | klein |
| d | Richtgröße u. a. bei Riemenlänge, Scheibendurchmesser (bei Keil-, Keilrippen- und Synchronriemen) |

**Bedeutung der für die nachfolgenden Formeln verwendeten Indizes**

| | |
|---|---|
| $d$ | Durchmesser der Riemenscheibe |
| $l_T$ | Trumlänge |
| $\beta$ | Umschlingungswinkel |
| $\alpha$ | Trumneigungswinkel |
| $e$ | Wellenmittenabstand |
| $z$ | Zähnezahl der Synchronriemenscheibe |
| $p$ | Teilung des Synchronriemens |

**Bild 16-19** Geometrische Beziehungen am Riementrieb

### Übersetzung $i$

Das Übersetzungsverhältnis ist eine aufgabenmäßig vorgegebene Größe, die mit den genormten Scheibendurchmessern nicht immer eingehalten werden kann. Eine „genaue" Übersetzung ist auch vielfach nicht zwingend erforderlich, sodass unter Vernachlässigung der durch den Dehnschlupf (Ausnahme der formschlüssige Synchronriementrieb) bedingten geringen Abweichung, s. 16.3.1-2, das *Übersetzungsverhältnis* ermittelt wird aus

$$i = \frac{n_{an}}{n_{ab}}; \quad i \approx \frac{d_{ab}}{d_{an}} = \frac{d_{dg}}{d_{dk}} \quad \text{bzw.} \quad i = \frac{z_{ab}}{z_{an}} = \frac{z_2}{z_1} = \frac{z_g}{z_k} \tag{16.19}$$

### Scheibendurchmesser

Die Grenzwerte der Scheibendurchmesser sind abhängig von der gewählten Riemenart und der Profilgröße. Selbst wenn eine kompakte Bauweise des konstruktiven Umfeldes gefordert ist, sollte nur in Ausnahmefällen für die kleine Riemenscheibe der zum jeweiligen Riementyp vorgesehene kleinste Scheibendurchmesser $d_{dk}$ entsprechend den Angaben im Tabellenbuch gewählt werden. Generell sind kleine Scheibendurchmesser jedoch zu umgehen, da mit diesen die Riementriebe in der Regel auf Grund der höheren Wellenbelastung und damit verbunden auch die Verwendung größerer Lager kostenintensiver bauen und auf Grund der größeren Kraft im Lasttrum breitere Flach- und Synchronriemen, eine größere Anzahl der Keilriemen bzw. Rippen beim Keilrippenriemen erforderlich sind.

---

[1] Der Anwendungsfaktor berücksichtigt die erschwerten Betriebsbedingungen und wird vom Riemenhersteller angegeben (vielfach in unterschiedlicher Größe). Wenn keine Angaben bzw. Erfahrungswerte vorliegen, kann $K_A$ nach TB 3-5 als Ungefährwert entnommen werden.

## 16.3 Auslegung der Riementriebe

Nach Wahl des Durchmessers der kleinen Scheibe $d_k(d_{dk})$ bzw. beim Synchronriementrieb der Zähnezahl $z_k$ ergibt sich der *Durchmesser der großen Scheibe* aus

$$d_g = i \cdot d_{dk} \quad \text{bzw.} \quad d_{dg} = i \cdot d_{dk} \quad \text{bzw.} \quad i \cdot \frac{p}{\pi} \cdot z_k \tag{16.20}$$

$p$      beim Synchronriemen die Riementeilung
$z_k$     beim Synchronriementrieb die Zähnezahl der kleinen Scheibe

**Wellenabstand**

*ungefährer Wellenabstand $e'$:* Der Wellenabstand ist in vielen Fällen konstruktiv vorgegeben. Hierbei ist — wie auch bei der freien Wahl des Wellenabstandes — darauf zu achten, dass sinnvolle Grenzwerte eingehalten werden: Der Wellenabstand muss einerseits so groß sein, dass sich die Scheiben nicht berühren (bei den Synchronscheiben sind die Durchmesser der Bordscheiben maßgebend), andererseits sind bei zu großen Abständen unerwünschte Trumschwingungen möglich, bei denen die Schwingungsamplituden benachbarte Maschinenteile berühren können. Sofern keine konstruktiv bedingten Vorgaben bestehen, sollten folgende Grenzwerte eingehalten werden

$$\begin{aligned} &\text{bei Flachriemen:} & 0{,}7 \cdot (d_g + d_k) &\leq e' \leq 2 \cdot (d_g + d_k) \\ &\text{bei Keil- und Keilrippenriemen:} & 0{,}7 \cdot (d_{dg} + d_{dk}) &\leq e' \leq 2 \cdot (d_{dg} + d_{dk}) \\ &\text{bei Zahnriemen:} & 0{,}5 \cdot (d_{dg} + d_{dk}) + 15\,\text{mm} &\leq e' \leq 2 \cdot (d_{dg} + d_{dk}) \end{aligned} \tag{16.21}$$

*endgültiger Wellenabstand $e$:* erst mit der festgelegten Riemenlänge, s. zu Gl. (16.23), ergibt sich der *endgültige Wellenmittenabstand* aus

$$e \approx \frac{L_d}{4} - \frac{\pi}{8} \cdot (d_{dg} + d_{dk}) + \sqrt{\left[\frac{L_d}{4} - \frac{\pi}{8} \cdot (d_{dg} + d_{dk})\right]^2 - \frac{(d_{dg} - d_{dk})^2}{8}} \tag{16.22}$$

$L_d$      Riemenrichtlänge (bei Flachriemen $L$); festgelegter Wert,
$d_{dk,g}$   Scheiben-Richtdurchmesser (bei Flachriemen $d_{k,g}$), bei Synchronriementrieben wird
         $d_{dk,g} = (p/\pi) \cdot z_{k,g}$

**Riemenlänge**

Mit den bereits festgelegten Konstruktionsdaten kann zwar die theoretische Riemenlänge ($L'$, $L'_d$) ermittelt werden, die aber im Regelfall nicht als endgültige Länge ($L$, $L_d$) festgelegt werden kann, da mit Ausnahme des Flachriemens die Riemen vielfach in festen Längenabstufungen (meist nach DIN 323 R40) als endlose Riemen vorrätig sind.

Die *theoretische Riemenlänge* ist zu errechnen aus

$$\begin{aligned} &\text{Flachriemen:} & L' &= 2 \cdot e + \frac{\pi}{2} \cdot (d_g + d_k) + \frac{(d_g - d_k)^2}{4 \cdot e} \\ &\text{übrige Riemen:} & L'_d &= 2 \cdot e + \frac{\pi}{2} \cdot (d_{dg} + d_{dk}) + \frac{(d_{dg} - d_{dk})^2}{4 \cdot e} \end{aligned} \tag{16.23}$$

*Festlegung der Riemenlänge $L$, $L_d$:* Flachriemen werden aus Meterware hergestellt. $L = L'$ ist somit zwar möglich, es sollte jedoch auch hier ein sinnvoller Wert für $L$ festgelegt werden. Bei „festen" Wellenabständen ist zur Erzeugung der erforderlichen Dehnung die Riemenlänge als Bestelllänge entsprechend zu verkleinern auf die Länge $L = L' \cdot (100 - \varepsilon_1)/100$ mit $\varepsilon_1$ nach TB 16-8.
*Keil- und Keilrippenriemen:* hier ist für $L_d$ die am nächsten kommende Normlänge (nach Normzahlreihe R40) bzw. nach Herstellerangaben (gegenüber der Norm vielfach eine wesentlich feinere Stufung) vorzusehen; bei nach Innenlänge $L_i$ bemaßten Riemen (Normalkeilriemen) ist das Korrekturmaß zu beachten; $L_i = L_d - \Delta L$ mit der Längendifferenz $\Delta L$ aus TB 16-12.
*Synchronriemen:* die Festlegung erfolgt mit der Riemenzähnezahl $z_R$ aus $L_d = z_R \cdot p$ mit $z_R \approx z'_R = L'_d/p$ und der Teilung $p$ (TB 16-19).

**Umschlingungswinkel an der kleinen Scheibe**
Der Umschlingungswinkel $\beta_1$ bestimmt gemeinsam mit dem Reibwert $\mu(\mu')$ die Ausbeute und damit die Nutzkraft des Riementriebs, siehe zu Gl. 16.4. Große Umschlingungswinkel erfordern zudem eine geringere Anpresskraft und damit eine geringere Wellenbelastung.

Bei vorgegebenen Scheibendurchmessern und Wellenabständen ergibt sich der *Umschlingungswinkel* aus

$$\boxed{\beta_1 = 2 \cdot \arccos\left(\frac{d_g - d_k}{2 \cdot e}\right) = 2 \cdot \arccos\left(\frac{d_{dg} - d_{dk}}{2 \cdot e}\right) = 2 \cdot \arccos\left(\frac{p/\pi \cdot (z_g - z_k)}{2 \cdot e}\right)} \quad (16.24)$$

**Spann- und Verstellwege $x$, $y$**
Zur Übertragung des Drehmoments muss durch *Dehnen* (Spannen) des Riemens der erforderliche Anpressdruck aufgebracht werden, um den Kraftschluss zu ermöglichen. Zur Erzeugung der erforderlichen Vorspannung $\sigma$ wird aus der Beziehung $\sigma = \varepsilon \cdot E$ die notwendige Dehnung $\varepsilon = \sigma/E = (F/A_S)/E$. In der Regel wird diese Dehnung durch Vergrößerung des Wellenabstandes gegenüber seinem errechneten Wert $e$ oder mittels einer eigenen Spannvorrichtung, s. 16.2.1-3, erreicht. Bei festen Wellenabständen kann bei Flachriementrieben auch die stumpfe Riemenlänge als Bestelllänge entsprechend verkleinert werden um das Maß $\Delta L = \varepsilon \cdot L$ (Vorteil der individuellen Konfektionierung des Riemens).

Zur Vergrößerung des Wellenabstandes $e$ um den erforderlichen (Spann-)Betrag ist konstruktiv das Spannen des Riemens durch Sicherstellen eines genügend großen Spannweges zu ermöglichen. Wenn herstellerseits keine besonderen Hinweise vorliegen, kann der Bereitstellungsweg zum Spannen, der *Verstellweg $x$* erfahrungsgemäß ermittelt werden aus[1]

$$\boxed{\begin{array}{ll} \text{Flachriemen:} & x \geq 0{,}03 \cdot L \\ \text{Keil-, Keilrippenriemen:} & x \geq 0{,}03 \cdot L_d \\ \text{Synchronriemen:} & x \geq 0{,}005 \cdot L_d \end{array}} \quad (16.25)$$

Zum zwanglosen Auflegen des Riemens (insbesondere bei Keil-, Keilrippen- und Synchronriemen) muss konstruktiv eine Verringerung des Wellenabstandes um den *Auflegeweg $y$* vorgesehen werden:

$$\boxed{\begin{array}{ll} \text{Flachriemen:} & y \geq 0{,}015 \cdot L \\ \text{Keil-, Keilrippenriemen:} & y \geq 0{,}015 \cdot L_d \\ \text{Synchronriemen:} & y \geq (1 \ldots 2{,}5) \cdot p \end{array}} \quad (16.26)$$

$L$, $L_d$ festgelegte Riemenlänge
$p$ Riementeilung

### 3. Leistungsberechnung

Nach Festlegen der geometrischen Größen des Riementriebes erfolgt die Leistungsberechnung. Bei Flach- und Synchronriemen ist für den gewählten Riementyp die erforderliche *Riemenbreite*, bei Keil- und Keilrippenriemen die erforderliche *Strang-* bzw. *Rippenzahl* entsprechend der maximal zu übertragenden Umfangskraft einerseits und der jeweils zulässigen spezifischen Umfangskraft andererseits zu ermitteln. Die für die einzelnen Riemen angegebenen zulässigen spezifischen Belastungen beruhen auf Versuchsergebnissen unter bestimmten Bedingungen ($d_d$, $L_d$, $\beta_1$), sodass diese zulässigen Werte für die konstruktiv vorliegenden Bedingungen mit

---
[1] Der übliche Begriff *Spannweg* ist im Zusammenhang mit der Gl. (16.25) irreführend, die hier aufgeführten Erfahrungswerte geben lediglich eine ausreichende Verstellbarkeit des Wellenabstandes an zum Spannen des Riemens.

16.3 Auslegung der Riementriebe

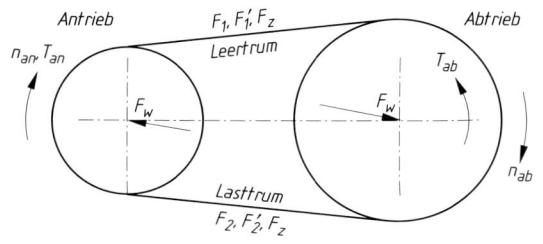

$F_1$ Trumkraft im Lasttrum
$F_1'$ $F_1$ ohne Fliehkraft
$F_2$ Trumkraft im Leertrum
$F_2'$ $F_2$ ohne Fliehkraft
$F_0$ Trumkraft des gespannten Riemens im Stillstand
$F_t$ Umfangskraft ($F_t = F_1' - F_2'$)
$F_w$ Wellenkraft (Spannkraft)
$F_{w0}$ Wellenkraft im Stillstand (Vorspannkraft)
$K_A$ Anwendungsfaktor
$P$ zu übertragende Leistung
$P'$ Berechnungsleistung $P' = K_A \cdot P$
$T_{an}$ Antriebsmoment
$T_{ab}$ Abtriebsmoment
$v$ Riemengeschwindigkeit
$n_{an}$ Antriebsdrehzahl
$n_{ab}$ Abtriebsdrehzahl

**Bild 16-20** Kräfte, Momente und Bewegungsgrößen am Riementrieb

entsprechenden Faktoren „korrigiert" werden müssen. Schwer zu erfassen sind die wirklich vorherrschenden Betriebsbedingungen, die u. a. durch den Anwendungsfaktor $K_A$ erfasst werden.

**Umfangskraft $F_t$**
Unter Berücksichtigung der dynamischen Betriebsverhältnisse wird die *größte zu übertragende Umfangskraft*

$$F_t = \frac{P'}{v} = \frac{K_A \cdot P_{nenn}}{v} = \frac{K_A \cdot T_{nenn}}{(d_d/2)} \tag{16.27}$$

$P'$, $P_{nenn}$ Berechnungsleistung, zu übertragende Leistung
$K_A$ Anwendungsfaktor, wenn keine Herstellerangaben vorliegen, $K_A$ nach TB 3-5
$d_d$ Scheibenrichtdurchmesser (bei Flachriemen $d$)
$v$ Riemengeschwindigkeit aus $v = d_d \cdot \pi \cdot n$

**Riemenbreiten, Riemenanzahl**
*Flachriemen:* Für den Mehrschichtflachriemen *Extremultus* wird mit der spezifischen Umfangskraft $F_t' = f(d_1, \beta_1, \text{Riementyp})$ aus TB 16-8 die *rechnerische Riemenbreite*

$$b' = F_t/F_t' \tag{16.28}$$

Nach TB 16-9 wird für den rechnerischen Wert $b'$ die nächstgrößere Riemenbreite $b$ und die zugehörige Scheibenbreite $B$ festgelegt.
*Keilriemen, Keilrippenriemen:* Zur sicheren Übertragung der Berechnungsleistung $P' = K_A \cdot P$ ist nach Festlegung des Riemenprofils die *erforderliche Anzahl der Keilriemen* bzw. die *erforderliche Rippenanzahl* zu ermitteln aus

$$z \geq \frac{P'}{(P_N + \ddot{U}_z) \cdot c_1 \cdot c_2} = \frac{K_A \cdot P_{nenn}}{(P_N + \ddot{U}_z) \cdot c_1 \cdot c_2} \tag{16.29}$$

$K_A$ Anwendungsfaktor zur Berücksichtigung der dynamischen Betriebsverhältnisse; wenn keine Herstellerangaben vorliegen, sind Werte nach TB 3-5 anzunehmen
$P_{nenn}$ die vom Keilriementrieb zu übertragende Nennleistung
$P_N$ die von *einem* Keilriemen bzw. von *einer* Rippe übertragbare Nennleistung; Werte nach TB 16-15
$\ddot{U}_z$ Übersetzungszuschlag für $i > 1$; Werte nach TB 16-16
$c_1$ Winkelfaktor; Werte für $\beta_1 \leq 180°$ nach TB 16-17
$c_2$ Längenfaktor, der die Leistungsänderung bei Abweichung der tatsächlichen Richtlänge $L_d$ von der „Riemenbezugslänge" berücksichtigt; Werte nach TB 16-17

*Hinweis:* $P_N$ ist der ermittelte Prüfstandswert bei $i = 1$, $\beta_1 = \beta_2 = 180°$ und der Riemenbezugslänge $L$. Von diesen Bedingungen abweichende Werte werden durch Korrekturfaktoren berücksichtigt.

$Ü_z$ berücksichtigt die Leistungserhöhung, die sich bei $i > 1$ durch die geringere Biegebeanspruchung bei der Riemenumlenkung an der großen Scheibe gegenüber den Prüfstandsbedingungen ergibt.

$c_1$ ist das Verhältnis der Ausbeute $\kappa_{(\beta_1)}$ für den vorliegenden (realen) Riementrieb zur Ausbeute $\kappa_{(180°)}$ unter Prüfstandsbedingungen mit $\kappa = (m-1)/m$ und $m = e^{\mu\beta}$, $c_1$ ist somit auch vom Reibwert $\mu$ ($\mu'$) abhängig!

$c_2$ berücksichtigt die gegenüber den Prüfstandsbedingungen abweichende Biegewechselzahl (kleinere bei $L_d > L_N$ bzw. größere bei $L_d < L_N$). Bei gleicher Lebensdauer wird die Nennleistung des Riemens geringfügig größer bzw. kleiner.

Ergibt die Berechnung Mehrsträngigkeit, sollte aus Kosten-, Montage-, Austausch- und Belastungsgründen der *Verbundkeilriemen* (Kraftbänder, bestehend aus mehreren Keilriemen, die durch eine Deckplatte miteinander verbunden sind, Herstelleranfrage) oder der *Keilrippenriemen* in Erwägung gezogen werden.

**Synchronriemen:** Bei Synchronriemen erfolgt die Kraftübertragung durch *Formschluss*. Maßgebend für die Höhe der übertragbaren Kraft ist die zulässige Flächenpressung an den Zahnflanken sowie die Anzahl der sich im Eingriff befindlichen Zähne $z_e$. Aufgrund unvermeidlicher Teilungsfehler können maximal nur 12 Zähne als tragend angesehen werden.

Die *eingreifende Zähnezahl* $z_e$ ergibt sich aus

$$z_e = \frac{z_k \cdot \beta_k°}{360°} \leq 12 \tag{16.30}$$

Mit $z_e \leq 12$ und der aus Versuchen ermittelten übertragbaren spezifischen Leistung $P_{spez}$ (je mm Riemenbreite und Zahn) nach TB 16-20, kann aus der Berechnungsleistung $P'$ bei Nenndrehzahl für den Synchronriemen die *erforderliche Mindestbreite* ermittelt werden aus

$$b \geq \frac{P'}{z_k \cdot z_e \cdot P_{spez}} = \frac{K_A \cdot P_{nenn}}{z_k \cdot z_e \cdot P_{spez}} \tag{16.31}$$

bzw. mit dem aus Versuchen ermittelten übertragbaren *spezifischen Drehmoment* $T_{spez}(M_{spez})$ (je mm Riemenbreite und Zahn) aus dem größten Drehmoment bei entsprechend zugeordneter Drehzahl (zu beachten ist dabei das oft bedeutend größere Anlaufdrehmoment bei $n = 0$)

$$b \geq \frac{T_{max}(M_{max})}{z_k \cdot z_e \cdot T_{spez}(M_{spez})} \tag{16.32}$$

| | $b$ | $K_A, z_k, z_e$ | $P_{nenn}$ | $P_{spez}$ | $T_{max}(M_{max})$ | $T_{spez}(M_{spez})$ |
|---|---|---|---|---|---|---|
| | mm | 1 | kW | kW/mm | Nm | Nm/mm |

$K_A$ — Anwendungsfaktor nach TB 3-5, s. zu Gl. (16.29). Bei Übersetzungen ins Schnelle ($i < 1$) ist $K'_A = K_A + c$ mit $c \approx 0{,}46 \cdot (1-i) \geq 0$ anzunehmen

$P_{nenn}, T_{max}, M_{max}$ — vom Synchronriemen zu übertragende Nennleistung bzw. größtes zu übertragendes Drehmoment

$P_{spez}, M_{spez}$ — vom Synchronriemen übertragbare spezifische Leistung bzw. spezifisches Drehmoment; Werte nach TB 16-20

$z_k$ — Zähnezahl der kleinen Synchronscheibe

$z_e$ — eingreifende Zähnezahl nach Gl. (16.30)

Maßgebend ist die aus den Gln. (16.31) und (16.32) größere Riemenbreite $b$.

### 4. Vorspannung; Wellenbelastung

Zur Erzeugung des erforderlichen Kraftschlusses muss der Riemen gespannt (gedehnt) werden. Die Vorspannkraft $F_v$ (Trumkraft) wird mit $F'_1$ und $F'_2$ für den Stillstand ($n = 0$) $F_v = (F'_1 + F'_2)/2$ und die dann von der Welle aufzunehmende theoretische Kraft $F'_w = F'_1 + F'_2$. Wie unter 16.3.1-1 ausgeführt, versuchen die Fliehkräfte $F_z$ im Betriebszustand den Riemen von der Scheibe abzuheben. Da aber auch dann der erforderliche Anpressdruck noch vorhan-

## 16.4 Berechnungsbeispiele

den sein muss, ist bei $n = 0$ eine um den Fliehkraftanteil größere Vorspannkraft im Riementrum $F_v = [(F'_1 + F_z/2) + (F'_2 + F_z/2)]/2 = (F_z + F'_1 + F'_2)/2$ bzw. mit dem Riemenquerschnitt $A_S$, dem Elastizitätsmodul $E$ und der Dehnung $\varepsilon_{ges}$ (einschließlich der Fliehkraftdehnung) aus $F_v = A_S \cdot E \cdot \varepsilon_{ges}$ notwendig (homogener Riemenwerkstoff vorausgesetzt). Die Wellenbelastung im Stillstand ist also größer als im Betriebszustand!

Für die *Wellenbelastung im Betriebszustand* wird allgemein

$$F_w = \sqrt{F'^2_1 + F'^2_2 - 2 \cdot F'_1 \cdot F'_1 \cdot \cos\beta_1} \approx k \cdot F_t \tag{16.33}$$

$F'_1, F'_2$  Trumkräfte im Last- und Leertrum (jeweils ohne Fliehkraftanteil)
$\beta_1$  Umschlingungswinkel an der kleinen Scheibe in °
$k$  Kraftverhältnis; Werte nach TB 16-5

Die Wellenbelastung im Stillstand ergibt sich analog mit den um den Fliehkraftanteil $F_z$ nach Gl. (16.5) erhöhten Trumkräften aus Gl. (16.7).

Für den *Extremultus Mehrschichtriemen* wird nach Angaben des Herstellers die *Wellenbelastung im Stillstand*

$$F_{w0} = \varepsilon_{ges} \cdot k_1 \cdot b' = (\varepsilon_1 + \varepsilon_2) \cdot k_1 \cdot b' \tag{16.34}$$

| $F_{w0}$ | $\varepsilon, \varepsilon_1, \varepsilon_2$ | $k_1$ | $b'$ |
|---|---|---|---|
| N | % | 1 | mm |

$\varepsilon_1$  erforderliche (Kraftschluss-)Dehnung des Riemens im Stillstand; Werte nach TB 16-8
$\varepsilon_2$  durch die Fliehkraft bewirkte zusätzliche Dehnung; Werte nach TB 16-10
$k_1$  Faktor zur Berücksichtigung des Riementyps; z. B. *Riementyp* 14 $\stackrel{\wedge}{=} k_1 = 14$; s. TB 16-6
$b'$  Riemenbreite nach Gl. (16.28)

Da die zu übertragende Umfangskraft $F_t = F_1 - F_2$ und das Kraftverhältnis $F_1/F_2 = e^{\mu\beta_1}$ ist, wird ersichtlich, dass sowohl die (während der Riemenlebensdauer veränderliche und von den Umwelteinflüssen abhängige) Reibzahl $\mu(\mu')$ als auch der Umschlingungswinkel $\beta_1$ die Höhe der Wellenbelastung $F_w$ mitbestimmen; die exakte Berechnung der Wellenbelastung ist für den praktischen Anwendungsfall somit kaum möglich. Für Überschlagsberechnungen können zur Auslegung des Konstruktionsumfeldes (z. B. für die Wellen- und Lagerdimensionierung) für die Ermittlung der *Wellenbelastung* nachfolgende Beziehungen angegeben werden:

Flachriemen: $\quad F_{w0} = k \cdot F_t \approx (1{,}5 \ldots 2{,}0) \cdot F_t$
Keil- und Keilrippenriemen: $\quad F_{w0} = k \cdot F_t \approx (1{,}3 \ldots 1{,}5) \cdot F_t$ (16.35)
Synchronriemen: $\quad F_{w0} = k \cdot F_t \approx 1{,}1 \cdot F_t$

Hierbei sind bei den Flach-, Keil- und Keilrippenriemen die kleineren Werte für $k$ für große Umschlingungswinkel $\beta_1$ und große Reibwerte $\mu(\mu')$ einzusetzen und umgekehrt. In kritischen Fällen sind die Werte für $k$ noch zu erhöhen! Sitzt die Riemenscheibe auf dem Wellenzapfen eines E-Motors, muss im Einzelfall geprüft werden, ob diese Belastung von der Welle aufgenommen werden kann; die Hersteller der Elektro-Motoren weisen z. B. die jeweils zulässige Radialbelastung – abhängig von der Bauart, Drehzahl und Ausführung des Motors – in ihren Katalogen aus, s. TB 16-21.

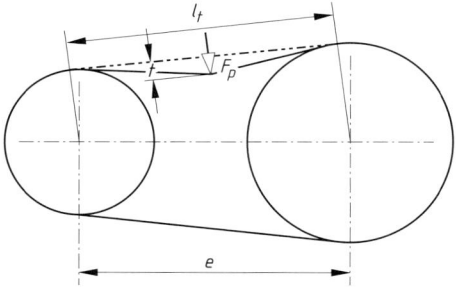

**Bild 16-21** Einstellung der Vorspannkraft mit Hilfe der Trumeindrücktiefe

Die Kontrolle, ob die notwendige Spannkraft bei der Wellenbelastung nach Gl. (16.7) bzw. für den Extremultusriemen nach Gl. (16.34) bei der Montage des Riemens erreicht wurde, kann (annähernd) entweder durch Messen der Riemendehnung $\Delta L = \varepsilon_{ges} \cdot L$ oder durch Messen der Eindrücktiefe $t$ durch die Prüfkraft $F_P$ (s. Bild 16-21) des mit $F_v$ vorgespannten Trums nach Herstellerangaben erfolgen.

### 5. Kontrollabfragen

Nach der konstruktiven Auslegung der Riementriebe ist gegebenenfalls nachzuweisen, dass zulässige Grenzwerte hinsichtlich der Riemengeschwindigkeit, der Biegefrequenz und der Riemenzugkraft nicht überschritten werden:

**Riemengeschwindigkeit:** Da mit zunehmender Riemengeschwindigkeit aufgrund des Fliehkraftanteils die übertragbare Leistung merklich abnimmt, s. Bild 16-6 und wie in TB 16-15 angedeutet, ist ein Einsatz des Riemens über den Wert $P/P_{max} = 1$ hinaus nicht sinnvoll. Der Riemenhersteller gibt für den individuellen Riementyp und -größe sinnvolle Grenzwerte für $v_{zul}$ an, anderenfalls sind Richtwerte für $v_{max}$ nach TB 16-1 (Flachriemen), TB 16-2 (Keil- und Keilrippenriemen) und TB 16-19 (Synchronriemen) anzunehmen. Die auf den Wirkdurchmesser $d_w$ bezogene *Riemengeschwindigkeit* beträgt

$$\boxed{v = d_w \cdot \pi \cdot n \leq v_{max}} \tag{16.36}$$

$d_w$   Wirkdurchmesser
      Flachriemen:           $d_w = d + t$ ($t$ für Extremultus-Riemen s. TB 16-6)
      Keilriemen:             $d_w = d_d$
      Keilrippenriemen:    $d_w = d_d + 2h_b$ ($h_b$ nach TB 16-14)
      Synchronriemen:     $d_w = d_d$
$n$   Drehzahl
$v_{max}$   maximale Riemengeschwindigkeit nach Herstellerangaben (Anhaltswerte s. auch TB 16-1, TB 16-2 und TB 16-3; die Anhaltswerte gelten nur unter günstigsten Bedingungen. Für den Individualfall wird Herstelleranfrage empfohlen!)

**Biegefrequenz:** Die Riemenlebensdauer wird auch durch die Höhe der Biegefrequenz bestimmt. Hohe Frequenzen führen vor allem bei kleinen Scheibendurchmessern aufgrund größerer Walkarbeit zu höheren Temperaturen, wodurch sowohl die Lebensdauer herabgesetzt als auch der Wirkungsgrad des Riementriebes gemindert wird. Dies ist besonders bei Gegenbiegung des Riemens (z. B. beim Einsatz von Spannrollen) zu beachten. Die *Biegefrequenz* errechnet sich aus

$$\boxed{f_B = \frac{v \cdot z}{L} \leq f_{B\,zul}} \tag{16.37}$$

$v$   Riemengeschwindigkeit
$z$   Anzahl der überlaufenden Scheiben, für die offene 2-Scheibenausführung ohne Spannrolle ist $z = 2$
$L_d$   festgelegte Riemenlänge (bei Flachriemen stumpfe Länge $L$)
$f_{B\,zul}$   zulässige Biegefrequenz, (allgemeine Angaben nach TB 16-1, TB 16-2 bzw. TB 16-3; die Anhaltswerte gelten nur unter günstigsten Bedingungen; für den Individualfall wird Herstelleranfrage empfohlen!). Für den Extremultus-Riemen wird herstellerseits angegeben mit $k = 1$ für die Ausführung G und $k = 0{,}7$ für die Ausführung L mit dem Scheibenbezugsdurchmesser $d_{1N}$ nach TB 16-6 $f_{B\,zul} \approx k \cdot (5800/d_{1N}) \cdot (d_1/d_{1N})^3$. (Für genauere Werte ist die Herstelleranfrage unerlässlich).

**Riemenzugkraft:** Bei möglicher Überbeanspruchung des Riementriebs (z. B. Anfahren unter Last) muss sichergestellt sein, dass der Riemen nicht zerstört wird. Während bei den Flach-, Keil- und Keilrippenriemen der Riemen unter erschwerten Bedingungen zu gleiten beginnt, muss beim Synchronriemen aufgrund des Formschlusses die erhöhte Last von den Zugsträngen aufgenommen werden. Insofern ist beim Synchronriemen mit $F_{max} = T_{max}/(d_d/2)$ zusätzlich der Nachweis zu führen, dass $F_{max} \leq F_{zul}$ ist mit $F_{zul}$ nach TB 16-19c.

## 16.4 Berechnungsbeispiele

**Beispiel 16.1:** Der Antrieb eines Sauglüfters ist als Flachriementrieb (Siegling-Extremultus) auszulegen (Bild 16-22). Der vorgesehene Drehstrommotor 180M hat eine Antriebsleistung $P = 18{,}5$ kW bei einer Drehzahl $n_1 = n_k = 1450\ \text{min}^{-1}$, die Lüfterdrehzahl $n_2 = n_g \approx 800\ \text{min}^{-1}$. Aus baulichen Gründen kann der Durchmesser $d_g$ der Riemenscheibe auf der Lüfterseite maximal 500 mm betragen, der Wellenabstand $e' \approx 800$ mm. Als Betriebsverhältnisse sollen hier angenommen werden: mittlerer Anlauf, stoßfreie Volllast, tägliche Betriebsdauer $\approx 8$ h.

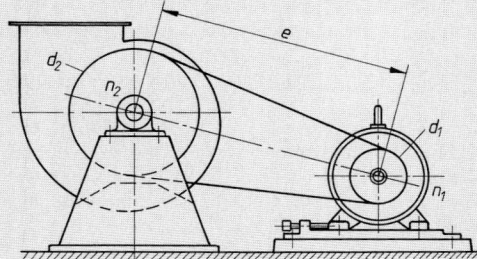

**Bild 16-22**
Lüfterantrieb

**Lösung:** Die Berechnung erfolgt nach dem im Bild 16-18 dargestellten Ablaufplan.

a) **Festlegen der Riemenausführung:** Für den vorliegenden üblichen Antrieb wird nach TB 16-6 die Ausführung *80LT* gewählt.

b) **Wahl der Scheibendurchmesser:** Für den gewählten Riemen könnte hinsichtlich der Biegewilligkeit des Extremultusriemens nach TB 16-7 für $P/n_1 = 18{,}5/1450 = 0{,}0128$ kW min$^{-1}$ ein Scheibendurchmesser $d = 180$ mm gewählt werden. Zur Vermeidung hoher Umfangskräfte und damit auch großer Wellenkräfte wird für den Scheibendurchmesser $d_1 = d_k = 280$ mm vorgesehen. Damit wird der Durchmesser der Lüfterscheibe

$$d_g = i \cdot d_k = (n_1/n_2) \cdot d_k = (1450\ \text{min}^{-1}/800\ \text{min}^{-1}) \cdot 280\ \text{mm} = 507\ \text{mm}.$$

Nach DIN 111, s. TB 16-9, wird $d_g = 500$ mm festgelegt. Damit wird die Lüfterdrehzahl

$$n_2 = n_g = n_1 \cdot (d_k/d_g) = \ldots \approx 812\ \text{min}^{-1}.$$

c) **Vorläufiger Wellenabstand:** Der Wellenabstand ist mit $e \approx 800$ mm bereits vorgegeben. Dieser Wert liegt auch innerhalb des Erfahrungsbereiches nach Gl. (16.21):

$$0{,}7 \cdot (d_g + d_k) \leq e' \leq 2 \cdot (d_g + d_k) = \ldots = 546\ \text{mm} \ldots 1560\ \text{mm}.$$

d) **Riemenlänge:** Nach Gl. (16.23) wird die stumpfe Riemenlänge mit $d_1 = d_k = 280$ mm, $d_2 = d_g = 500$ mm, $e = 800$ mm

$$L'_d \approx 2 \cdot e + \frac{\pi}{2} \cdot (d_g + d_k) + \frac{(d_g - d_k)^2}{4 \cdot e} = \ldots = 2840\ \text{mm}.$$

Die Riemenlänge wird mit $L = 2800$ mm festgelegt.

e) **Tatsächlicher Wellenabstand:** Mit $L = 2800$ mm, $d_k = 280$ mm und $d_g = 500$ mm wird nach Gl. (16.22)

$$e_{\text{vorh}} \approx \frac{L_d}{4} - \frac{\pi}{8} \cdot (d_g + d_k) + \sqrt{\left(\frac{L_d}{4} - \frac{\pi}{8} \cdot (d_g + d_k)\right)^2 - \frac{(d_g - d_k)^2}{8}} = \ldots \approx 780\ \text{mm}.$$

f) **Umschlingungswinkel:** Der Umschlingungswinkel an der kleinen Scheibe wird nach Gl. (16.24)

$$\beta_1 = 2 \cdot \arccos \cdot \left(\frac{d_g - d_k}{2 \cdot e}\right) = \ldots \approx 164°.$$

g) **Wahl des Riementyps:** Für $d_k = 280$ mm und $\beta_1 \approx 164°$ wird nach TB 16-8 der *Riementyp 28* gewählt. Gleichzeitig wird die übertragbare spezifische Tangentialkraft $F'_t \approx 32$ N/mm abgelesen.

h) **Riemenbreite:** Mit der zu übertragenden Umfangskraft unter Berücksichtigung des Anwendungsfaktors $K_A \approx 1{,}3$ nach TB 3-5 nach Gl. (16.27)

$$F_t = \frac{P'}{v} = \frac{K_A \cdot P_{nenn}}{v} = \frac{K_A \cdot P_{nenn}}{d_k \cdot \pi \cdot n_k} = \ldots \approx 1130 \text{ N}$$

wird die rechnerische Riemenbreite nach Gl. (16.28) mit $F'_t \approx 32 \text{ N/mm}$

$$b' = F_t/F'_t = \ldots \approx 35 \text{ mm}.$$

Nach TB 16-9 bzw. DIN 111 wird $b = 40$ mm und die zugeordnete kleinste Kranzbreite $B = 50$ mm festgelegt.

i) **Wellenbelastung:** Nach Gl. (16.34) wird für den Extremultusriemen mit $k_1 = 28$, $b' = 35$ mm, $\varepsilon_1 \approx 2{,}2$, ($\varepsilon_2$ ist vernachlässigbar gering) die Wellenbelastung im Stillstand $F_{w0} = \varepsilon_{ges} \cdot k_1 \cdot b'$ = $(\varepsilon_1 + \varepsilon_2) \cdot k_1 \cdot b' = \ldots \approx 2160$ N. Damit ist das Kraftverhältnis $k = F_{w0}/F_t = \ldots \approx 2$.
Nach TB 16-21 ist für den gewählten Motor eine auf die Wellenmitte bezogene zulässige Wellenbelastung von 2150 N angegeben. Dieser Wert wird hier geringfügig überschritten. Nach Rücksprache mit dem Motorenhersteller könnte eventuell auch ein Motor mit verstärkter Lagerung eingesetzt werden. Eine weitere Möglichkeit zur Verminderung der Wellenbelastung ist der Einsatz größerer Scheibendurchmesser (hier allerdings nur bei Inkaufnahme der Vergrößerung des Wellenabstandes).

j) **Riemengeschwindigkeit:** Mit der Riemendicke $t = 3{,}6$ mm nach TB 16-6b für die Riemenausführung 80 *LT Typ 28* wird mit $d_k = 280$ mm, somit $d_{wk} = d_k + t$, und $n_k = (1450/60) \text{ s}^{-1}$ nach Gl. (16.36)

$$v = d_{wk} \cdot \pi \cdot n_k = \ldots \approx 20 \text{ m/s} < v_{max} \approx 60 \text{ m/s}$$

nach TB 16-10; die zulässige Riemengeschwindigkeit wird nicht überschritten.

k) **Biegefrequenz:** Die im Betrieb vorhandene Biegefrequenz ist nach Gl. (16.37) mit $v = 20$ m/s, $z = 2$ Scheiben und der Riemenlänge $L = 2800$ mm $f_B = v \cdot z/L = \ldots \approx 14 \text{ s}^{-1}$. Die zulässige Biegefrequenz für die Ausführung $G$ mit dem Scheibenbezugsdurchmesser $d_{1N} = 2800$ mm nach TB 16-6b und $k \approx 1$ wird

$$f_{B\,zul} \approx k \cdot (5800/d_{1N}) \cdot (d_1/d_{1N})^3 = \ldots \approx 15 \text{ s}^{-1};$$

der zulässige Wert wird nicht überschritten.

■ **Beispiel 16.2:** Der Antrieb des Sauglüfters mit den Daten nach Beispiel 16.1 und Bild 16-22 ist als Schmalkeilriemen-Trieb auszulegen.

▶ **Lösung:** Die Berechnung erfolgt in Anlehnung an dem im Bild 16-18 dargestellten Ablaufplan.
a) **Wahl des Keilriemenprofils:** Mit der Berechnungsleistung aus $K_A = 1{,}3$ und $P_{nenn} = 18{,}5$ kW

$$P' = K_A \cdot P_{nenn} = \ldots \approx 24 \text{ kW}$$

und der Antriebsdrehzahl $n_1 = 1450 \text{ min}^{-1}$ wird nach TB 16-11 gewählt der Schmalkeilriemen-Profil *SPA*.
b) **Scheibendurchmesser:** Für das Profil *SPA* wird mit gleicher Begründung wie zum Beispiel 16.2 angegeben der Scheibenrichtdurchmesser mit $d_{dk} = 200$ mm gewählt. Damit ergibt sich der Scheibendurchmesser am Lüfter mit

$$d_{dg} = i \cdot d_{dk} = (n_k/n_g) = \ldots \approx 363 \text{ mm};$$

gewählt nach TB 1-16 (R20) $d_{dg} = 355$ mm. Die Drehzahl der Lüfterscheibe wird somit $n_2 = n_g = n_1 \cdot (d_{dk}/d_{dg}) = \ldots \approx 817 \text{ min}^{-1}$.
c) **Riemenlänge:** Mit $e' = 800$ mm, $d_{dk} = 200$ mm und $d_{dg} = 355$ mm wird die Richtlänge nach Gl. (16.23)

$$L'_d = 2 \cdot e + \frac{\pi}{2} \cdot (d_{dg} + d_{dk}) + \frac{(d_{dg} - d_{dk})^2}{4 \cdot e} = \ldots \approx 2480 \text{ mm}.$$

Nach TB 16-12 bzw. TB 1-16 (R 40) festgelegt: $L_d = 2500$ mm.
d) **Wellenabstand:** Mit $L_d = 2500$ mm, $d_{dk} = 200$ mm, $d_{dg} = 355$ mm wird nach Gl. (16.22)

$$e \approx \frac{L_d}{4} - \frac{\pi}{8} \cdot (d_{dg} + d_{dk}) + \sqrt{\left(\frac{L_d}{4} - \frac{\pi}{8} \cdot (d_{dg} + d_{dk})\right)^2 - \frac{(d_{dg} - d_{dk})^2}{8}} = \ldots \approx 810 \text{ mm}.$$

Der Verstellweg zum Spannen nach Gl. (16.25) für Keilriemen $x \geq 0{,}03 \cdot L_d = \ldots \approx 75$ mm, der Verstellweg zum Auflegen nach Gl. (16.25) für Keilriemen $y \geq 0{,}015 \cdot L_d = \ldots \approx 38$ mm; festgelegt: $y = 40$ mm.
e) **Umschlingungswinkel an der kleinen Scheibe:** Mit $e = 810$ mm, $d_{dk} = 200$ mm, $d_{dg} = 355$ mm wird nach Gl. (16.24)

$$\beta_1 = 2 \cdot \arccos \cdot \left(\frac{d_{dg} - d_{dk}}{2 \cdot e}\right) = \ldots \approx 176°.$$

## 16.4 Berechnungsbeispiele

f) **Anzahl der Schmalkeilriemen:** Mit der Berechnungsleistung $P' = 24$ kW, s. unter a), der Nennleistung $P_N \approx 9{,}7$ kW/Riemen nach TB 16-15b für $d_{dk} = 200$ mm und $n_k = 1450$ min$^{-1}$, dem Übersetzungszuschlag $Ü_z \approx 0{,}45$ kW/Riemen nach TB 16-16b für $i \approx 1{,}78$, dem Winkelfaktor $c_1 \approx 0{,}99$ nach TB 16-17a für $\beta_1 = 176°$ und $c_2 \approx 1$ nach TB 16-17c für Profil *SPA* und $L_d = 2500$ mm wird nach Gl. (16.29)

$$z \geq \frac{P'}{(P_N + Ü_z) \cdot c_1 \cdot c_2} = \ldots \approx 2{,}4; \quad \text{festgelegt: } z = 3.$$

Bestellangabe: *1 Satz Schmalkeilriemen DIN 7753 – 3 × SPA 2500*.

*Hinweis:* Da die Berechnung Mehrsträngigkeit ergab, sollte der *Verbundkeilriemen* in Erwägung gezogen werden, s. zu Gl. (16.29).

g) **Wellenbelastung:** Mit $P' = 24$ kW, $d_{dk} = 200$ mm, $n_k = 1450$ min$^{-1}$ wird nach Gl. (16.27) die Umfangskraft

$$F_t = \frac{P'}{v} = \frac{K_A \cdot P_{nenn}}{v} = \frac{K_A \cdot P_{nenn}}{d_{dk} \cdot \pi \cdot n_k} = \ldots \approx 1600 \text{ N}$$

und damit wird für Keilriemen nach Gl. (16.35) überschlägig

$$F_{w0} = k \cdot F_t \approx (1{,}3 \ldots 1{,}5) \cdot F'_t = \ldots \approx 2080 \text{ N} \ldots 2400 \text{ N}.$$

Es besteht die Gefahr der Überschreitung des zulässigen Wertes $F_{w\,\text{zul}}$, s. zu Beispiel 16.1; eine Anfrage beim Motorenhersteller wird empfohlen! Eine Alternativlösung könnte auch die Ausführung mit der Profilgröße *SPZ* sein mit $d_{dk} = 160$ mm und $z = 5$ Riemen (s. TB 16-21).

h) **Riemengeschwindigkeit:** Mit $d_{dk} = 200$ mm und $n_k = 1450$ min$^{-1}$ nach Gl. (16.36)

$$v = d_{dk} \cdot \pi \cdot n_k = \ldots \approx 15 \text{ m/s};$$

die zulässige Riemengeschwindigkeit $v_{max} \approx 42$ m/s nach TB 16-2 wird nicht überschritten (die Anhaltswerte gelten nur unter günstigsten Bedingungen; für den Individualfall wird Herstelleranfrage empfohlen!)

l) **Biegefrequenz:** Die im Betrieb vorhandene Biegefrequenz ist nach Gl. (16.37) mit $v = 15$ m/s, $z = 2$ Scheiben und der Riemenlänge $L = 2500$ mm $f_B = v \cdot z / L_d = \ldots \approx 12 \text{ s}^{-1} \leq f_{B\,max} \approx 100 \text{ s}^{-1}$ nach TB 16-2; der zulässige Wert wird nicht überschritten (die Anhaltswerte gelten nur unter günstigsten Bedingungen; für den Individualfall wird Herstelleranfrage empfohlen!)

**Beispiel 16.3:** Der Antrieb des Sauglüfters nach Beispiel 16.1 und Bild 16-22 ist mit einem Keilrippenriemen auszulegen.

**Lösung:** Die Berechnung erfolgt in Anlehnung an den im Bild 16-18 dargestellten Ablaufplan.

a) **Wahl des Keilrippenriemens:** Mit der Berechnungsleistung aus $K_A = 1{,}3$ und $P_{nenn} = 18{,}5$ kW

$$P' = K_A \cdot P_{nenn} = \ldots \approx 24 \text{ kW} \quad \text{und der Antriebsdrehzahl } n_1 = 1450 \text{ min}^{-1}$$

wird nach TB 16-11c gewählt der Keilrippenriemen, Profil *PM*.

b) **Scheibendurchmesser:** Für das Profil *PM* wird mit gleicher Begründung wie zum Beispiel 16.2 angegeben der Scheibenrichtdurchmesser mit $d_{dk} = 224$ mm gewählt. Damit ergibt sich der Scheibendurchmesser am Lüfter mit

$$d_{dg} = i \cdot d_{dk} = (n_k/n_g) = \ldots \approx 406 \text{ mm};$$

gewählt nach TB 1-16 (R20) $d_{dg} = 400$ mm. Die Drehzahl der Lüfterscheibe wird somit $n_2 = n_g = n_1 \cdot (d_{dk}/d_{dg}) = \ldots \approx 812$ min$^{-1}$.

c) **Riemenlänge:** Mit $e' \approx 800$ mm, $d_{dk} = 224$ mm und $d_{dk} = 400$ mm wird die Richtlänge nach Gl. (16.23)

$$L'_d \approx 2 \cdot e + \frac{\pi}{2} \cdot (d_{dg} + d_{dk}) + \frac{(d_{dg} - d_{dk})^2}{4 \cdot e} = \ldots \approx 2590 \text{ mm}.$$

Nach TB 1-16 (R 40) festgelegt: $L_d = 2500$ mm.

d) **Wellenabstand:** Mit $L_d = 2500$ mm, $d_{dk} = 224$ mm, $d_{dg} = 400$ mm wird nach Gl. (16.22)

$$e \approx \frac{L_d}{4} - \frac{\pi}{8} \cdot (d_{dg} + d_{dk}) + \sqrt{\left(\frac{L_d}{4} - \frac{\pi}{8} \cdot (d_{dg} + d_{dk})\right)^2 - \frac{(d_{dg} - d_{dk})^2}{8}} = \ldots \approx 755 \text{ mm}.$$

Der Verstellweg zum Spannen nach Gl. (16.25) für Keilriemen $x \geq 0{,}03 \cdot L_d = \ldots \approx 75$ mm der Verstellweg zum Auflegen nach Gl. (16.25) für Keilriemen $y \geq 0{,}015 \cdot L_d = \ldots \approx 38$ mm; festgelegt $y = 40$ mm.

e) **Umschlingungswinkel an der kleinen Scheibe:** Mit $e = 755$ mm, $d_{dk} = 224$ mm, $d_{dg} = 400$ mm wird nach Gl. (16.24)

$$\beta_1 = 2 \cdot \arccos\left(\frac{d_{dg} - d_{dk}}{2 \cdot e}\right) = \ldots \approx 167°.$$

f) **Rippenanzahl:** Mit der Berechnungsleistung $P' = 24$ kW, s. unter a), der Nennleistung $P_N \approx 9{,}6$ kW/Rippe nach TB 16-15c für $d_{dk} = 224$ mm und $n_k = 1450$ min$^{-1}$, dem Übersetzungszuschlag $\ddot{U}_z \approx 0{,}95$ kW/Riemen nach TB 16-16b für $i = 1{,}79$, dem Winkelfaktor $c_1 \approx 0{,}97$ nach TB 16-17a für $\beta_1 = 167°$ und $c_2 = 0{,}9$ nach TB 16-17c für Profil PM und $L_d = 2500$ mm wird nach Gl. (16.29)

$$z \geq \frac{P'}{(P_N + \ddot{U}_z) \cdot c_1 \cdot c_2} = \ldots \approx 2{,}6;$$

festgelegt: $z = 3$.
Bestellangabe: *Keilrippenriemen DIN 7867-3PM 2500.*

g) **Wellenbelastung:** Mit $P' = 24$ kW, $d_{dk} = 224$ mm, $n_k = 1450$ min$^{-1}$ wird nach Gl. (16.27)

$$F_t = \frac{P'}{v} = \frac{K_A \cdot P_{nenn}}{v} = \frac{K_A \cdot P_{nenn}}{d_{dk} \cdot \pi \cdot n_k} = \ldots \approx 1750 \text{ N}$$

wird für Keilrippenriemen nach Gl. (16.35) überschlägig die Wellenbelastung

$$F_{w0} = k \cdot F_t \approx (1{,}3 \ldots 1{,}5) \cdot F_t = \ldots \approx 2275 \text{ N} \ldots 2625 \text{ N}.$$

Es besteht die Gefahr der Überschreitung des zulässigen Wertes $F_{wzul}$, s. zu Beispiel 16.1; eine Anfrage beim Motorenhersteller wird empfohlen bzw. Berechnung wiederholen mit einem größeren Scheibendurchmesser $d_{dk}$!

h) **Riemengeschwindigkeit:** Mit $d_{dk} = 224$ mm, $n_k = 1450$ min$^{-1}$ und $h_0 = 5$ mm für Profil PM nach TB 16-14 wird nach Gl. (16.36)

$$v = d_w \cdot \pi \cdot n = (d_{dk} + 2 \cdot h_0) \cdot \pi \cdot n_k \ldots \approx 17{,}8 \text{ m/s};$$

die zulässige Riemengeschwindigkeit $v_{max} \approx 30$ m/s nach TB 16-14 wird nicht überschritten (die Anhaltswerte gelten nur unter günstigsten Bedingungen, für den Individualfall wird Herstelleranfrage empfohlen!)

i) **Biegefrequenz:** Die im Betrieb vorhandene Biegefrequenz ist nach Gl. (16.37) mit $v = 17{,}8$ m/s, $z = 2$ Scheiben und der Riemenlänge $L = 2500$ mm $f_B = v \cdot z/L_d = \ldots \approx 14{,}2$ s$^{-1} \leq f_{B\,max} \approx 200$ s$^{-1}$; die zulässige Biegefrequenz nach TB 16-2 wird nicht überschritten (die Anhaltswerte gelten nur unter günstigsten Bedingungen; für den Individualfall wird Herstelleranfrage empfohlen!).

■ **Beispiel 16.4:** Für den Antrieb einer Spezial-Bohrmaschine mit einer konstanten Spindeldrehzahl $n_2 = 1000$ min$^{-1}$ ist ein geeigneter Synchronriementrieb auszulegen. Zum Antrieb wird ein Synchronmotor mit $P = 1{,}5$ kW bei $n_1 = 3000$ min$^{-1}$ vorgesehen. Aus konstruktiven Gründen soll der Wellenabstand $e' \approx 290$ mm und die Zahnscheibendurchmesser maximal 200 mm betragen. Erschwerte Betriebsbedingungen sind nicht zu erwarten; $K_A \approx 1$.

▶ **Lösung:** Die Berechnung erfolgt in Anlehnung an den im Bild 16-18 dargestellten Ablaufplan.
a) **Wahl des Riemenprofils:** Mit der Berechnungsleistung aus $K_A = 1$ und $P_{nenn} = 1{,}5$ kW

$$P' = K_A \cdot P_{nenn} = \ldots \approx 1{,}5 \text{ kW}$$

und der Antriebsdrehzahl $n_1 = 3000$ min$^{-1}$ wird nach TB 16-18 gewählt: Profil *T5*.

b) **Festlegen der Zähnezahl:** Mit Rücksicht auf den Durchmesser der Motorwelle wird (frei) gewählt: $z_k = 38$ Zähne. Damit wird $z_g = z_k \cdot n_1/n_2 = \ldots \approx 114$ Zähne.

c) **Scheibendurchmesser:** Mit $p = 5$ mm wird nach Gl. (16.20)

$$d_{ck} = (p/\pi) \cdot z_k = \ldots \approx 60{,}48 \text{ mm} \quad \text{und} \quad d_{dk} = (p/\pi) \cdot z_g = \ldots \approx 181{,}44 \text{ mm}.$$

d) **Riemenlänge:** Mit $e' \approx 290$ mm, $d_{dk} = 60{,}48$ mm und $d_{dg} = 181{,}44$ mm wird die Richtlänge nach Gl. (16.23)

$$L'_d \approx 2 \cdot e + \frac{\pi}{2} \cdot (d_{dg} + d_{dk}) + \frac{(d_{dg} - d_{dk})^2}{4 \cdot e} = \ldots \approx 973 \text{ mm}.$$

Die rechnerische Zähnezahl des Synchronriemens beträgt $z'_R = L'_d/p = \ldots \approx 194{,}5$ Zähne. Nach TB 16-19d wird festgelegt: $z_R = 198$ Zähne. Damit wird die Riemenrichtlänge: $L_d = z_R \cdot p = \ldots \approx 990$ mm.

e) **Wellenabstand:** Mit $L_d = 990$ mm, $d_{dk} = 60{,}48$ mm, $d_{dg} = 181{,}44$ mm wird nach Gl. (16.22)

$$e \approx \frac{L_d}{4} - \frac{\pi}{8} \cdot (d_{dg} + d_{dk}) + \sqrt{\left(\frac{L_d}{4} - \frac{\pi}{8} \cdot (d_{dg} + d_{dk})\right)^2 - \frac{(d_{dg} - d_{dk})^2}{8}} = \ldots \approx 299 \text{ mm}.$$

Erfahrungsgemäß sollte der Wellenabstand in den Grenzen $e' \approx (0{,}5 \ldots 2) \cdot (d_{dk} + d_{dg}) = \ldots \approx 121 \ldots 484$ mm liegen. Der Verstellweg zum Spannen nach Gl. (16.25) für Synchronriemen $x \geq 0{,}005 \cdot L_d = \ldots \approx 5$ mm. Mit der Teilung $p = 5$ mm wird der Verstellweg zum Auflegen nach Gl. (16.25) für Synchronriemen $y \geq (1 \ldots 2{,}5) \cdot p = \ldots \approx 5 \ldots 12{,}5$ mm. Festgelegt werden für $x = 5$ mm; $y = 12$ mm.

f) **Umschlingungswinkel an der kleinen Scheibe:** Mit $e = 299$ mm, $d_{dk} = 60{,}48$ mm, $d_{dg} = 181{,}44$ mm wird nach Gl. (16.24)

$$\beta_1 = 2 \cdot \arccos \cdot \left(\frac{d_{dg} - d_{dk}}{2 \cdot e}\right) = \ldots \approx 156°.$$

g) **Riemenbreite:** Mit der eingreifenden Zähnezahl nach Gl. (16.28) $z_e = (z_1 \cdot \beta_1°)/360° = \ldots \approx 16$ (Folgerechnung also mit $z_e = 12$, s. zu Gl. (16.30). Mit $P_{spez} \approx 3{,}1 \cdot 10^{-4}$ kW/mm nach TB 16-20 für das Profil $T5$, $P = 1{,}5$ kW, $K_A = 1$ wird die erforderliche Riemenbreite aus der Leistungsbetrachtung nach Gl. (16.31)

$$b' \geq \frac{P'}{z_1 \cdot z_e \cdot P_{spez}} = \frac{K_A \cdot P}{z_1 \cdot z_e \cdot P_{spez}} = \ldots \approx 10{,}6 \text{ mm};$$

nach Gl. (16.32) wird mit $M = 9550 \cdot P/n \approx 4{,}8$ Nm, $M_{spez} \approx 2 \cdot 10^{-3}$ Nm/mm bei $n = 0$

$$b' \geq \frac{M}{z_1 \cdot z_e \cdot M_{spez}} = \ldots \approx 6 \text{ mm};$$

festgelegt wird für die Riemenbreite $b = 12$ mm.

h) **Riemengeschwindigkeit:** Mit $d_{dk} = 60{,}48$ mm, $n_k = 3000$ min$^{-1}$ wird die Riemengeschwindigkeit

$$v = d_{dk} \cdot \pi \cdot n_k = \ldots \approx 9{,}5 \text{ m/s};$$

die zulässige Riemengeschwindigkeit $v_{zul} \approx 80$ m/s nach TB 16-18a wird somit nicht überschritten (die Anhaltswerte gelten nur unter günstigsten Bedingungen; für den Individualfall wird Herstelleranfrage empfohlen!).

i) **Wellenkraft:** Mit $P' = 1{,}5$ kW, $v = 9{,}5$ m/s wird nach Gl. (16.27) die Umfangskraft

$$F_t = \frac{P'}{v} = \ldots \approx 0{,}16 \text{ kN} = 160 \text{ N} < F_{zul} \approx 370 \text{ N}$$

mit $F_{zul}$ nach Tb 16-19 für $b = 12$ mm und Profil $T5$ und damit nach Gl. (16.35) $F_{w0} = 1{,}1 \cdot F_t = \ldots \approx 243$ N.

k) **Biegefrequenz:** Die im Betrieb vorhandene Biegefrequenz ist nach Gl. (16.37) mit $v = 9{,}5$ m/s, $z = 2$ Scheiben und der Riemenlänge $L_d = 990$ mm $f_B = v \cdot z/L_d = \ldots \approx 20$ s$^{-1}$; der zulässige Wert $f_{B \max} \approx 200$ s$^{-1}$ nach TB 16-3 wird nicht überschritten (die Anhaltswerte gelten nur unter günstigsten Bedingungen; für den Individualfall wird Herstelleranfrage empfohlen!).

Bestellangabe: *Synchronriemen 12 T5/990* (12 mm Breite $b$, $T5 = $ Riemenprofil mit $P = 5$ mm Teilung, 990 mm Richtlänge $L_d = $ Bestelllänge).

## 16.5 Literatur

*Arntz-Optibelt-Gruppe*, (Hrg.): Keilriemen, eine Monographie. Essen: Ernst Heyer, 1972
*Dubbel:* Taschenbuch für den Maschinenbau. 18. Auflage. Berlin: Springer, 1995
*Fronius, St.* (Hrg.): Maschinenelemente, Antriebselemente. Berlin: Verlag-Technik, 1971
*Krause, W., Nagel, T., Schenk, W.:* Synchronriemengetriebe, Antriebstechnik 31 (1992) Nr. 4
*Niemann, G., Winter, H.:* Maschinenelemente, Bd. III, Schraubrad-, Kegelrad-, Schnecken-, Ketten-, Riemen-, Reibradgetriebe, Kupplungen, Bremsen, Freiläufe, 2. Aufl. Berlin: Springer, 1986
VDI-Richtlinie 2758: Riemengetriebe. Düsseldorf: VDI, 1993

Weitere Information und Schriften der Firmen:
Arntz-Optibelt, Höxter
Contitech, Antriebssysteme GmbH, Hannover
Hilger u. Kern GmbH, Antriebstechnik, Mannheim
Siegling GmbH, Hannover;
Wilhelm Hermann Müller GmbH & Co. KG, Hannover

# 17 Kettentriebe

## 17.1 Funktion und Wirkung

### 17.1.1 Aufgaben und Einsatz

Kettentriebe werden wegen ihrer Zuverlässigkeit und Wirtschaftlichkeit vielseitig für Leistungsübertragungen verwendet, z. B. bei Fahrzeugen, im Motorenbau, bei Landmaschinen, Werkzeug- und Textilmaschinen, bei Holzbearbeitungsmaschinen, Druckereimaschinen und im Transportwesen.

Kettentriebe nehmen hinsichtlich ihrer Eigenschaften, des Bauaufwandes, der übertragbaren Leistung und der Anforderung an Wartung eine Mittelstellung zwischen den Riemen- und Zahnradtrieben ein. Kettentriebe gehören wie Riementriebe zu den *Zugmitteltrieben* und werden wie diese bei größeren Wellenabständen an parallelen, möglichst waagerechten Wellen verwendet. Von einem treibenden Rad können auch mehrere Räder mit gleichen oder entgegengesetztem Drehsinn über eine Kette angetrieben werden.

*Vorteile* gegenüber Riementrieben: Formschlüssige und schlupffreie Leistungsübertragung und damit konstante Übersetzung. Geringere Lagerbelastungen, da Ketten ohne Vorspannung laufen. Sie sind unempfindlich gegen hohe Temperaturen, Feuchtigkeit und Schmutz. Es ergeben sich kleinere Bauabmessungen bei gleichen Leistungen.

*Nachteile:* Unelastische, starre Kraftübertragung, gekreuzte Wellen sind nicht möglich. Kettentriebe sind teurer als leistungsmäßig vergleichbare Riementriebe. Schwingungen durch ungleichförmige Kettengeschwindigkeit infolge des Polygoneffektes (s. Abschnitt 17.1.5).

### 17.1.2 Kettenarten, Ausführung und Anwendung

Die zahlreichen Kettenarten können zweckmäßig eingeteilt werden in

1. *Gliederketten*, die als Rundglieder- oder Stegketten meist als Hand- und Lastketten bei Hebezeugen und in der Fördertechnik Verwendung finden.
2. *Gelenkketten*, die in verschiedenen Ausführungen auch als Lastketten, Förderketten, insbesondere aber als Getriebeketten infrage kommen.

Für Kettentriebe werden vor allem *Stahlgelenkketten* verwendet, von denen die wichtigsten, genormten Arten beschrieben werden sollen. (Bauformen und Benennung von Ketten und Kettenteilen s. DIN 8194.)

**Bolzenketten**

Bolzenketten stellen die einfachste und billigste Bauart der Gelenkketten dar. Ihre Laschen (z. B. aus E335) drehen sich unmittelbar auf vernieteten bzw. versplinteten Bolzen (z. B. aus E295).

Zu ihnen gehören die *Gallketten* nach DIN 8150 mit mehreren Außen- und Innenlaschen je Glied (Bild 17-1a), ferner die *Fleyerketten* nach DIN 8152 (Bild 17-1b) sowie die *Ziehbankketten* nach DIN 8156 (ohne Buchsen) und DIN 8157 (mit Buchsen) (Bild 17-1c und d).

Eine Sonderstellung nimmt bei den Bolzenketten die *Zahnkette* ein (nicht genormt). Die Zahnketten unterscheiden sich von den vorgenannten Kettenarten dadurch, dass sich hakenförmige

## 17.1 Funktion und Wirkung

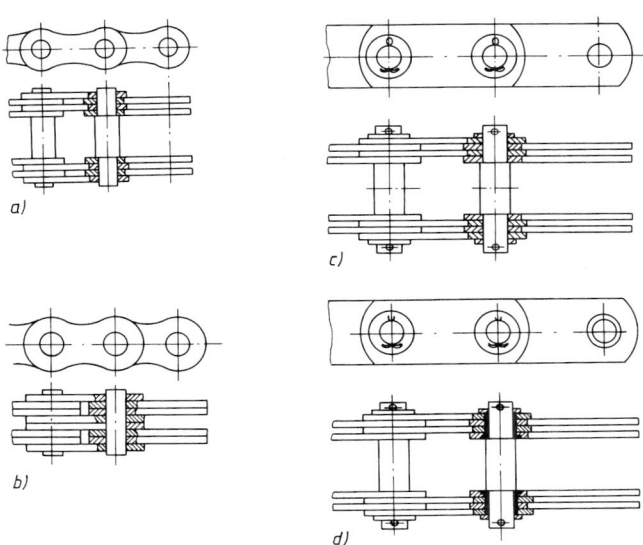

**Bild 17-1**
Bolzenketten
a) Gallkette
b) Fleyerkette
c) Ziehbankkette ohne Buchsen
d) Ziehbankkette mit Buchsen

Laschenpakete mit je 2 Zähnen aus vergütetem Stahl gegen passende Flanken zweier benachbarter Zahnlücken des Kettenrades legen, so dass Eingriff und Austritt der Kette aus den Rädern ohne Gleitbewegung vor sich geht (Bild 17-2e). Die seitliche Führung wird bei entsprechender Ausbildung der Kettenräder durch Führungslaschen meist in der Mitte des Kettenstranges (Bild 17-2a) oder aber auch an beiden Kettenseiten (Bild 17-2b) erreicht. Zur Verringerung des Verschleißes in den Gelenken werden verschiedene Bauformen (Bild 17-2c bis e) hergestellt.

Der Anwendungsbereich der Zahnketten überschneidet sich mit dem der Buchsen- und Rollenketten, wobei für die Kettenwahl neben konstruktiven Gesichtspunkten vielfach Gewicht und Preis ausschlaggebend sind.

Außer den erwähnten Ketten wird neben den zahlreichen genormten Arten auch eine Reihe von Sonderausführungen, z. B. Förder- und Transportketten gefertigt, die den Katalogen der Hersteller zu entnehmen sind.

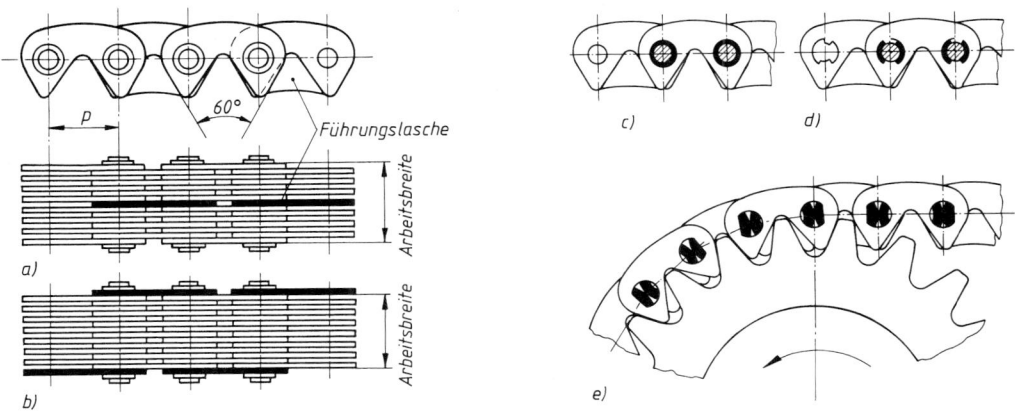

**Bild 17-2** Zahnketten. a) mit Innenführung, b) mit Außenführung, c) mit runden Zapfen und Lagerhülsen, d) mit runden Zapfen und Lagerschalen, e) mit Wiegegelenkzapfen (Westinghouse)

## Buchsenketten

Buchsenketten (Bild 17-3) haben im Vergleich zu Bolzenketten eine höhere Verschleißfestigkeit, da ihre Innenlaschen auf Buchsen gepresst sind, die beweglich auf den mit den Außenlaschen fest verbundenen Bolzen sitzen. Die Flächenpressung ist dadurch erheblich geringer als bei Bolzenketten. Die Laschen sind meist aus E355, die Bolzen aus einsatzgehärtetem Stahl C15. Sie sind geeignet für $v \leq 5$ m/s.

Buchsenketten werden für kleine Teilungen ($p$) nach DIN 8154, DIN 8164 ausgeführt (Bild 17-3a). Ebenfalls zu den Buchsenketten zählen die *Förderketten mit Vollbolzen (ohne Rollen)* (Bild 17-3b) nach DIN 8165, DIN 8167, DIN 8175, DIN 8176; *Förderketten mit Vollbolzen (mit Rollen)* (Bild 17-3c) nach DIN 8165, DIN 8167, DIN 8176; *Förderketten mit Hohlbolzen (mit und ohne Rollen)* (Bild 17-3d und e) nach DIN 8168; *Förderketten mit Befestigungslaschen* nach DIN 8165, DIN 8167, DIN 8168, DIN 8175.

Neben den genormten Buchsenketten gibt es auch Sonderausführungen für spezielle Anwendungsbereiche.

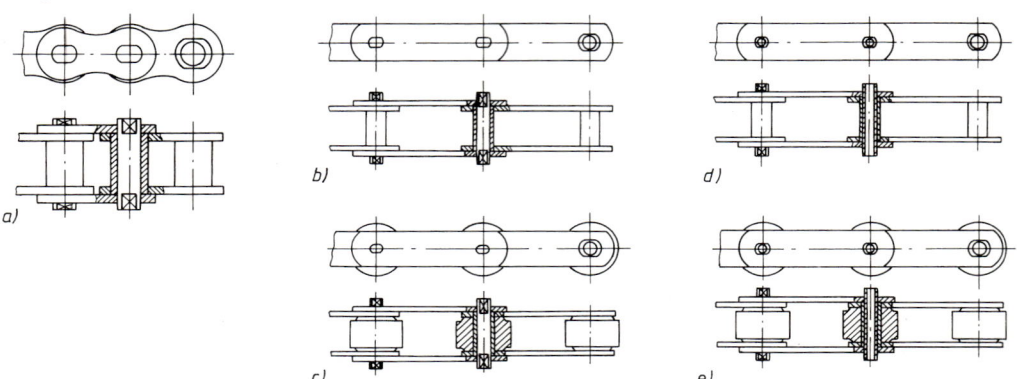

**Bild 17-3** Buchsenketten. a) Buchsenkette, b) Förderkette mit Vollbolzen, ohne Rollen, c) Förderkette mit Vollbolzen, mit Rolle, d) Förderkette mit Hohlbolzen, ohne Rolle, e) Förderkette mit Hohlbolzen, mit Rolle

## Rollenketten

Den *Rollenketten* kommt wegen des fast unbeschränkten Anwendungsbereichs die größte Bedeutung zu, obwohl sie die teuerste Ausführung der Stahlgelenkketten darstellen. Sie unterscheiden sich von den Buchsenketten durch eine auf den Buchsen gelagerte, gehärtete und geschliffene (Schon-)Rolle zur Verschleiß- und Geräuschminderung (Bild 17-4).

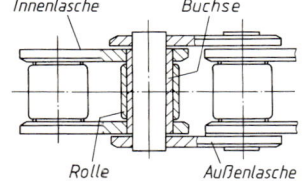

**Bild 17-4** Rollenkette, schematische Darstellung des Kettengelenks

In normaler Ausführung werden Rollenketten nach DIN 8187 (europäische Bauart) und nach DIN 8188 (amerikanische Bauart) sowie nach ISO/R606 aus legierten Stählen als Einfach- und Mehrfach-Rollenketten (Bild 17-5a und b) hergestellt, wodurch ihr Anwendungsbereich als Antriebsketten auf große Leistungen (>1000 kW) und hohe Kettengeschwindigkeiten (bis 30 m/s) erweitert wird. Als Förderketten werden *Rollenketten mit Befestigungslaschen* nach DIN 8187 und DIN 8188 (Bild 17-5c), *langgliedrige Rollenketten* nach DIN 8181, DIN 8189 (Bild 17-5d) sowie die *Rotarykette* nach DIN 8182 (Bild 17-5e) eingesetzt, wobei die Kettengeschwindigkeit meist unter 3 m/s liegt.

## 17.1 Funktion und Wirkung

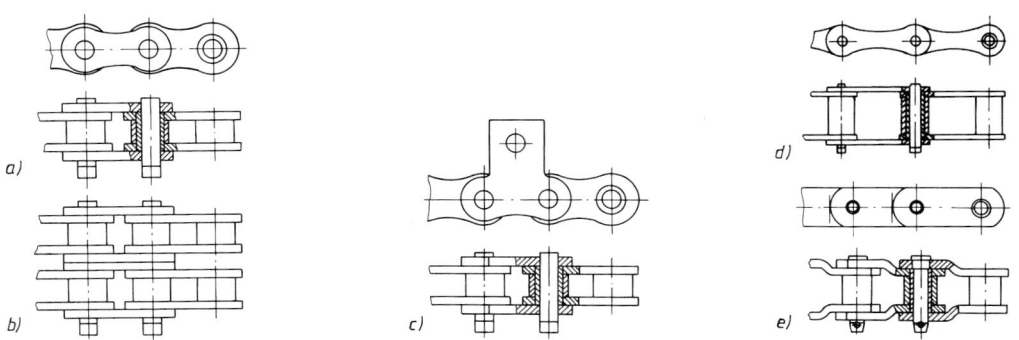

**Bild 17-5** Rollenketten. a) Einfach-, b) Zweifach-Rollenkette, c) Rollenkette mit Befestigungslasche, d) Langgliedrige Rollenkette, e) Rotarykette

Wo mit mangelhafter Schmierung zu rechnen ist oder diese wegen schlechter Zugänglichkeit kaum möglich ist oder wo aus betrieblichen Gründen, z. B. bei Maschinen in der Nahrungsmittelindustrie, auf Schmierung ganz verzichtet werden muss, werden zweckmäßig *Rollenketten mit Buchsen aus Kunststoff* (meist Polyamid) eingesetzt (Bild 17-6).

Bei Ketten mit Stahlbuchsen würde sich bei fehlender Schmierung ein die Lebensdauer erheblich verkürzender, starker Verschleiß in den Gelenken ergeben. Dagegen zeigen die mit Polyamid-Trockengleitlagern vergleichbaren Gelenke mit Kunststoffbuchsen, selbst bei völligem Trockenlauf, einen nur geringen Verschleiß und damit eine hohe Lebensdauer. Selbstverständlich ist ihre Belastbarkeit dabei begrenzt und liegt unter der von geschmierten Rollenketten mit Stahlbuchsen.

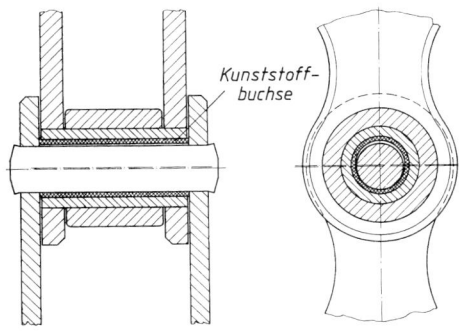

**Bild 17-6**
Rollenkette, Ausführung mit Kunststoffbuchse

### Sonderbauformen

Im Verwendungsbereich der Förder- und Lastketten wurden von den Herstellerfirmen eine Vielzahl von Spezialketten entwickelt, von denen nur die genormten Ausführungen im Bild 17-7 dargestellt sind.

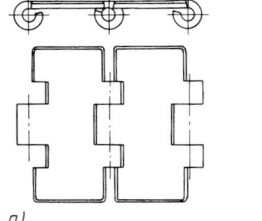 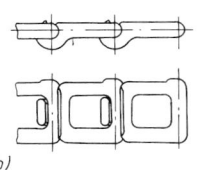 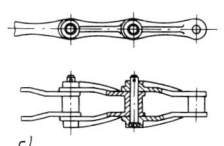

**Bild 17-7** Ketten in Sonderausführung. a) Scharnierbandkette nach DIN 8153, b) zerlegbare Gelenkkette aus Temperguss nach DIN 686, c) Stahlbolzenkette nach DIN 654

### 17.1.3 Kettenräder

Zu einem Kettentrieb gehören mindestens zwei Kettenräder, die von der Kette umschlungen werden.
In ihrem Aufbau sind die Kettenräder für alle Stahlgelenkketten grundsätzlich gleich, lediglich die Verzahnung ist, entsprechend der jeweils verwendeten Kette, unterschiedlich.
Die Verzahnung der Kettenräder muss so ausgeführt sein, dass die Kette nahezu reibungslos in die Verzahnung eingreift und dass eine während des Betriebes auftretende Kettenlängung, die erfahrungsgemäß ≈2% beträgt, entsprechend berücksichtigt wird, um Sicherheit, Laufruhe und Lebensdauer des Triebes zu gewährleisten. Kettenräder können vorteilhaft vom Kettenhersteller bezogen werden.
Die Verbindung der Kettenräder mit den Wellen erfolgt mit einer der möglichen Wellen-Naben-Verbindungen entsprechend Kapitel 12.
Die Führung der Kette erfolgt im Allgemeinen durch das Eingreifen der Zähne des Kettenrades in die Kettenglieder (z. B. Rollenkette, s. Bild 17-8a). Lediglich bei der Zahnkette ist eine zusätzliche Innen- bzw. Außenführung (s. Bild 17-8b bzw. c) erforderlich.

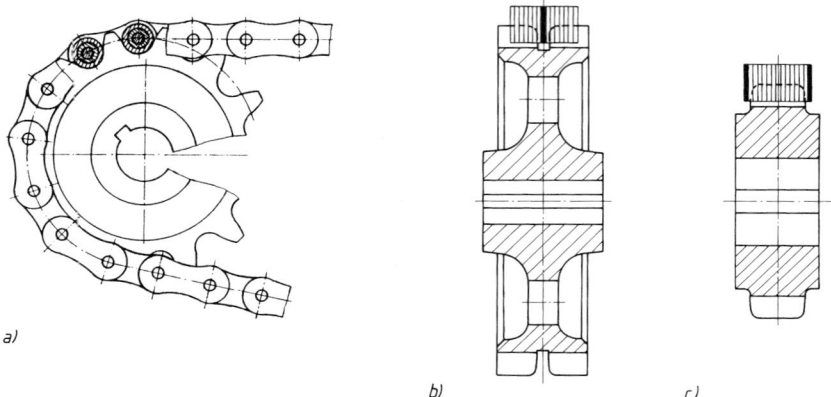

**Bild 17-8** Führung der Kette. a) bei Rollenkette durch Eingriff der Zähne, b) bei Zahnkette durch Innenlasche, c) bei Zahnkette mit Außenlasche

### 17.1.4 Verbindungsglieder für Rollenketten

Vorzugsweise werden Rollenketten in offenen Strängen mit der Länge $l = X \cdot p$ ($X$ = Anzahl der Kettenglieder, $p$ = Teilung der Kette) geliefert. Bei *gerader* Gliederzahl $X$ sind die Endglieder stets Innenglieder. Die Verbindung zur endlosen Kette kann durch Außenglieder (Steckglieder) mit Niet-, Splint-, Feder-, Draht- oder Schraubverschluss hergestellt werden (Bild 17-9). Endlose Ketten werden normalerweise nur auf ausdrücklichen Wunsch geliefert.

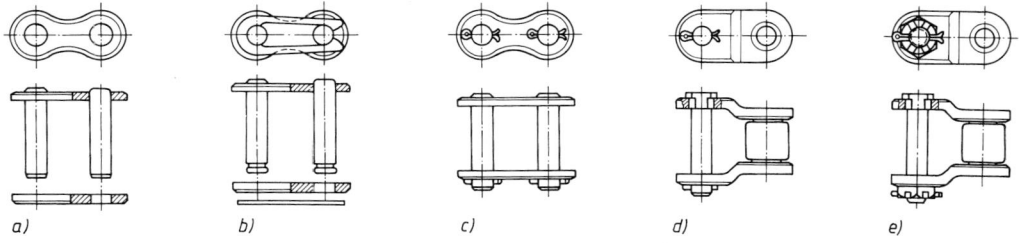

**Bild 17-9** Verbindungsglieder. a) Nietglied (Außenglied), b) Steckglied mit Federverschluss, c) Steckglied mit Splintverschluss, d) gekröpftes Glied mit Splintverschluss, e) gekröpftes Glied mit Schraubverschluss

# 17.1 Funktion und Wirkung

Gekröpfte Verbindungsglieder, die bei *ungerader* Gliederzahl erforderlich werden, sollten wegen ihrer geringeren Tragfähigkeit vermieden werden.

## 17.1.5 Mechanik der Kettentriebe

Die Kette umschlingt die Räder in Form eines Vielecks. Daraus ergibt sich, dass der wirksame Raddurchmesser zwischen $d_{max} \cong d$ und $d_{min} \cong d \cdot \cos \tau/2$ ($\tau/2$ halber Teilungswinkel) und entsprechend die Kettengeschwindigkeit zwischen $v_{k\,max} = v_k$ und $v_{k\,min} = v_k \cdot \cos \tau/2$ schwanken (s. Bild 17-10).

Die Kettengeschwindigkeit ändert sich periodisch, wobei mit kleiner werdender Zähnezahl des Kettenrades die Höhe des prozentualen Geschwindigkeitsunterschiedes zunimmt. Trägt man die Ungleichförmigkeit in Abhängigkeit von der Zähnezahl des Kettenrades auf (Bild 17-11), so erkennt man, dass bei $z = 16$ die Ungleichförmigkeit bereits 2 %, bei $z = 20$ lediglich 1,2 % beträgt, bei $z < 16$ dagegen stark zunimmt.

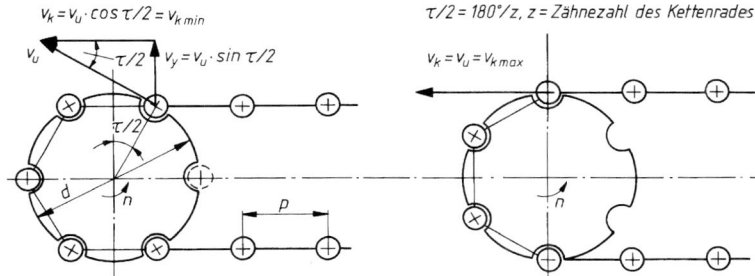

**Bild 17-10** Polygoneffekt beim Kettentrieb

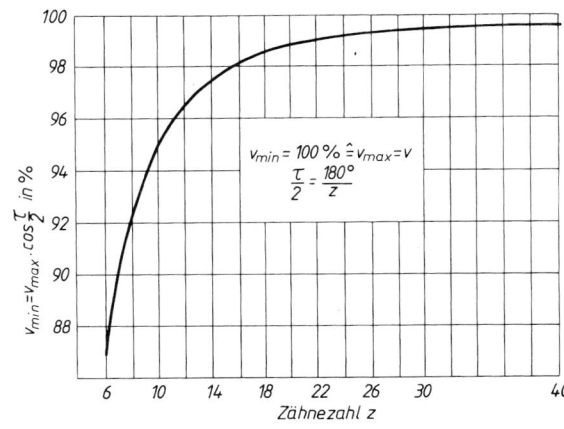

**Bild 17-11** Ungleichförmigkeit der Kettengeschwindigkeit

Die Ungleichförmigkeit der Kettenfortschrittsgeschwindigkeit (*Vieleckwirkung* bzw. *Polygoneffekt*) führt nicht nur zu einem unruhigen Lauf der Kette und im Resonanzbereich zu Schwingungen (Längs- und Querschwingungen), sondern kann durch die damit einhergehende Massenbeschleunigung und -verzögerung der Kette ($a_{max} = p \cdot \omega^2/2$ in m/s$^2$ mit $\omega$ in 1/s und Teilung $p$ in m) im Resonanzbereich theoretisch zu hohen Zusatzkräften und damit zur vorzeitigen Zerstörung der Kette führen. Aufgrund der hohen Elastizität der Kette ist der Polygoneffekt für die praktische Auslegung der Kette jedoch unbedeutend, wenn $z \geq 19$ und bei höheren Geschwindigkeiten eine kleine Teilung $p$ vorgesehen wird. Kettenräder mit $z < 17$ sollten nur bei Handbetrieb oder langsam laufenden Ketten vorgesehen werden.

## 17.2 Gestalten und Entwerfen von Rollenkettentrieben

Die Berechnungen für Rollenkettentriebe sind in DIN 8195 genormt. Bei der Berechnung eines Kettentriebes sind neben der zu übertragenden Leistung, den gewünschten Drehzahlen, dem Übersetzungsverhältnis und dem Wellenabstand auch die Belastungsart, die Umgebungseinflüsse, wie Schmutz, Betriebstemperatur usw., sowie die Schmierverhältnisse zu beachten. Für die verlangten Betriebsdaten wird die Übersetzung $i$ möglichst mit handelsüblichen Standard-Kettenrädern festgelegt (s. unter 17.2.2).
Für Triebe mit anderen Ketten gilt Analoges.

### 17.2.1 Verzahnungsangaben

Für Rollenketten nach DIN 8187 und 8188 ist die Verzahnung nach DIN 8196 genormt (s. Bild 17-12 und TB 17-2).

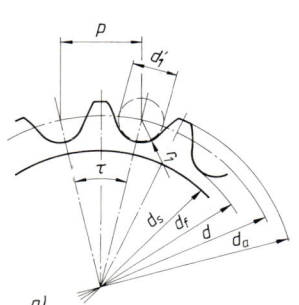

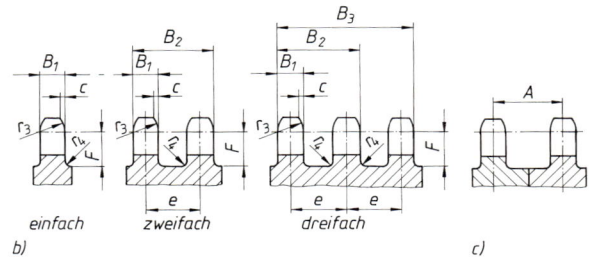

Bezeichnung einer Verzahnung für ein Kettenrad mit 21 Zähnen für eine Zweifachrollenkette 10B-2 nach DIN 8187: Verzahnung DIN 8196-21 Z 10B-2.

**Bild 17-12** Ausführung der Verzahnung der Kettenräder für Rollenketten nach DIN 8187 und 8188. a) Zahnlückenprofil, b) Zahnbreitenprofil, c) Abstand $A$ zweier Räder bei zwei Einfach-Ketten

Für die Kettentriebe ist mit der Teilung $p$ und der Zähnezahl $z$ die *mittlere Übersetzung*

$$i = \frac{n_1}{n_2} = \frac{z_2}{z_1} = \frac{d_2}{d_1} \qquad (17.1)$$

$n_1, n_2$    Drehzahl des treibenden bzw. des getriebenen Kettenrades
$z_2, z_1$    Zähnezahl des getriebenen bzw. des treibenden Rades
$d_2, d_1$    Teilkreisdurchmesser des getriebenen bzw. des treibenden Rades nach Gl. (17.3)

der *Teilungswinkel*

$$\tau = \frac{360°}{z} \qquad (17.2)$$

der *Teilkreisdurchmesser*

$$d = \frac{p}{\sin \frac{\tau}{2}} = \frac{p}{\sin \left( \frac{180°}{z} \right)} \qquad (17.3)$$

der *Fußkreisdurchmesser*

$$d_\mathrm{f} = d - d_1' \qquad (17.4)$$

der *Kopfkreisdurchmesser*

$$d_\mathrm{a} = d \cdot \cos \frac{\tau}{2} + 0.8 d_1' \qquad (17.5)$$

der *Durchmesser der Freidrehung*

$$d_\mathrm{s} = d - 2 \cdot F \qquad (17.6)$$

    $d$     Teilkreisdurchmesser nach Gl. (17.3)
    $d_1'$     Rollendurchmesser; Werte nach TB 17-1
    $F$     erforderliches Mindestmaß für die Freidrehung; Werte nach TB 17-2

Die Maße für die *Breiten* $B_1$, $B_2$, $B_3$, für den *Ausrundungsradius* $r_4$, für den *Abstand* $e$ bei mehrsträngigen Ketten und für den *Mittenabstand* $A$ bei getrennten Kettensträngen können aus TB 17-2 entnommen werden.
Der *Zahnfasenradius* sollte $r_3 \geq p$ und die *Zahnfasenbreite* $c = 0{,}1 \ldots 0{,}15 \cdot p$ ausgeführt werden.

## 17.2.2 Festlegen der Zähnezahlen für die Kettenräder

In Frage kommen meist Kettenräder mit folgenden Zähnezahlen:

$z = 11 \ldots 13$   bei $v < 4$ m/s, $p < 20$ mm und Trumlängen über 50 Glieder für weniger empfindliche Antriebe, aber auch bei kurzlebigen Ketten und bei beschränktem Bauraum
$z = 14 \ldots 16$   bei $v < 7$ m/s für mittlere Belastungen
$z = 17 \ldots 25$   bei $v < 24$ m/s, günstig für Kleinräder
$z = 30 \ldots 80$   üblich für Großräder
$z = 80 \ldots 120$   obere Grenze für Großräder
$z$ bis 150   möglich, aber nicht zu empfehlen, da bei Verwendung der üblichen Kleinräder mit zunehmendem Verschleiß der Eingriff der Kette mehr und mehr an den Zahnköpfen erfolgt.

Somit sind die erreichbaren Übersetzungen $i = n_1/n_2 = z_2/z_1 = d_2/d_1$ begrenzt. Normal ist $i < 7$, möglich $i = 10$ bei niedrigen Kettengeschwindigkeiten.

für Kleinräder   (13)  (15)  17  19  21  23  25   ( )-Werte möglichst vermeiden.
für Großräder    38   57   76  95  114

Selbstverständlich können auch, falls erforderlich, beliebige andere Zähnezahlen verwendet werden. Vorteilhaft wirken sich stets Trumlängen aus, die gleich einem ganzen Vielfachen der Kettenteilung entsprechen. *Ungerade Zähnezahlen* sind zu *bevorzugen*, um beim Lauf ein häufiges, verschleißförderndes Zusammentreffen eines Kettengliedes mit der gleichen Zahnlücke zu vermeiden.

*Beachte:* Übersetzungen ins Schnelle (kleines Rad getrieben) sind ungünstig und sollten daher möglichst vermieden werden.

## 17.2.3 Gestalten der Kettenräder

Die Form der Räder wird wesentlich durch die Zähnezahl und die übertragbare Leistung bestimmt. Welche Ausführungsart in Frage kommt, hängt von konstruktiven Gegebenheiten, oft auch von der Stückzahl oder der Auswechselbarkeit ab.
Bild 17-13 zeigt verschiedene Ausführungsformen der Kettenräder. Kleinräder werden als Scheibenräder, Großräder ebenfalls als Scheibenräder oder bei großen Durchmessern mit Armen ausgeführt.
Ein Rad für Zahnketten mit Innenführung zeigt Bild 17-8b, mit Außenführung Bild 17-8c.
Kettenräder werden meist aus Stahl, Stahlguss, Temperguss, Grauguss, aber auch aus Kunststoff gefertigt.

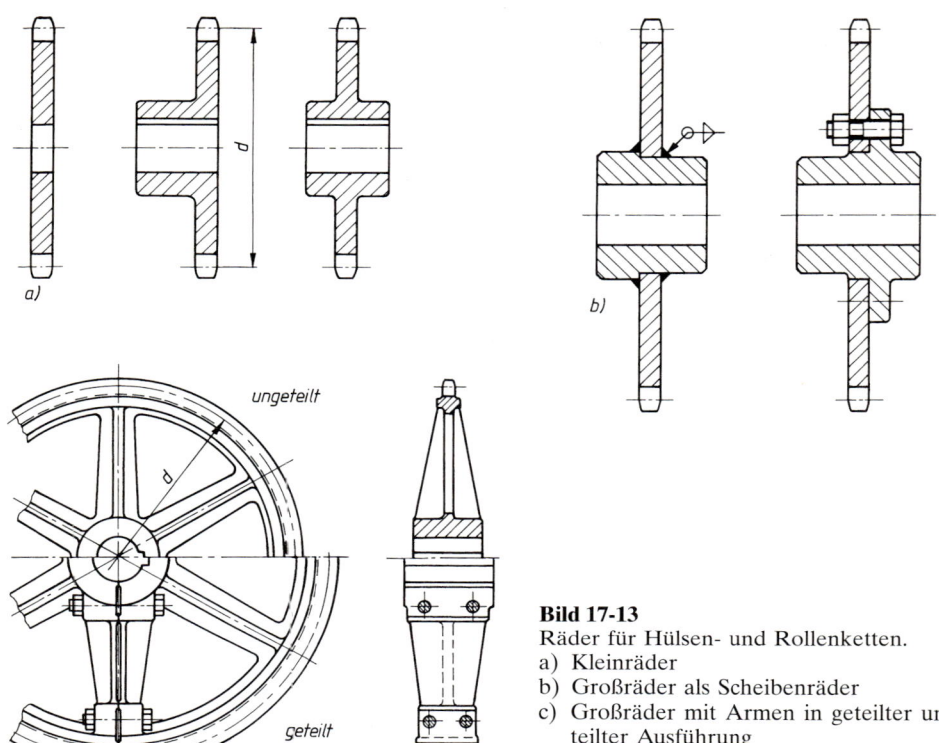

**Bild 17-13**
Räder für Hülsen- und Rollenketten.
a) Kleinräder
b) Großräder als Scheibenräder
c) Großräder mit Armen in geteilter und ungeteilter Ausführung

Für Radkörper, die gegossen, geschmiedet, geschweißt oder gedreht werden, wird bei Kleinrädern unter 30 Zähnen Stahl höherer Festigkeit (z B. E355) bis zu Kettengeschwindigkeiten von ≈ 7 m/s, bei höheren Geschwindigkeiten Vergütungs- oder Einsatzstahl verwendet. Großräder werden für mittlere Geschwindigkeiten aus Gusseisen oder Stahlguss, für höhere Geschwindigkeiten aus Vergütungsstahl gefertigt.

## 17.2.4 Kettenauswahl

Die Wahl der geeigneten Kettengröße und -ausführung (Einfach- oder Mehrfach-Rollenkette) erfolgt mit Hilfe des Leistungsdiagramms nach DIN 8195 (s. TB 17-3), wobei die Linien im Diagramm jeweils die obere Grenze für den Kettentrieb darstellen und für folgende Voraussetzungen gelten:

– Kettentrieb mit zwei fluchtenden Kettenrädern auf parallelen, horizontalen Wellen
– Zähnezahl des Kleinrades $z_1 = 19$
– Übersetzung $i = 3$
– Kettenlänge von $X = 100$ Gliedern
– ausreichende Schmierung (s. unter 17.2.9)
– gleichförmiger Betrieb ohne Überlagerung äußerer dynamischer Kräfte
– 15 000 Betriebsstunden Lebenserwartung
– maximal 3% Längung der Kette durch Verschleiß

Für diese Betriebsverhältnisse entspricht die „Diagrammleistung" $P_D$ der Antriebsleistung $P_1$. Meist liegen jedoch hiervon abweichende Verhältnisse vor, so dass die für die Kettenwahl maßgebende Diagrammleistung $P_D$ unter Berücksichtigung der Einflussgrößen zunächst zu ermitteln ist aus

$$P_D \approx \frac{K_A \cdot P_1 \cdot f_1}{f_2 \cdot f_3 \cdot f_4 \cdot f_5 \cdot f_6} \tag{17.7}$$

$P_1$ Antriebsleistung; es ist auch $P_1 = P_2/\eta$, wenn für die verlangte Abtriebsleistung ein durchschnittlicher Wirkungsgrad des Kettentriebes $\eta = 0{,}98$ angenommen wird
$K_A$ Anwendungsfaktor zur Berücksichtigung stoßartiger Belastung nach TB 3-5
$f_1$ Faktor zur Berücksichtigung der Zähnezahl nach TB 17-5
$f_2$ Korrekturfaktor zur Berücksichtigung der unterschiedlichen Wellenabstände; Werte nach TB 17-5
$f_3$ Korrekturfaktor zur Berücksichtigung der Kettengliedform; $\tilde{f}_3 = 0{,}8$ bei Ketten mit gekröpftem Verbindungsglied, sonst $f_3 = 1$
$f_4$ Korrekturfaktor zur Berücksichtigung der von der Kette zu überlaufenden Räder. Mit $n$ Kettenrädern wird $f_4 = 0{,}9^{(n-2)}$; für den normalen Kettentrieb mit $n = 2$ wird $f_4 = 1$
$f_5$ Korrekturfaktor zur Berücksichtigung der von $L_n = 15\,000$ h abweichenden Lebensdauer; $f_5 \approx (15\,000/L_h)^{1/3}$
$f_6$ Korrekturfaktor zur Berücksichtigung der Umweltbedingungen, Werte nach TB 17-7
$(f_2 \cdot f_3 \cdot f_4 \cdot f_5 \cdot f_6) = 1$ für Überschlagsrechnungen

Vielfach kann man zwischen Einfach-Ketten mit größerer Teilung und Mehrfach-Ketten mit kleinerer Teilung wählen. Mehrfach-Ketten ermöglichen aufgrund der kleineren Teilung bei gleicher Zähnezahl der Kettenräder kleinere Raddurchmesser, wodurch der vielfachen Forderung nach kompakter Bauweise Rechnung getragen werden kann. Kettentriebe mit kleiner Teilung und großer Zähnezahl erzeugen weniger Geräusch und Schwingungen als Ketten großer Teilung beim Lauf über Räder mit kleinerer Zähnezahl.
Übersetzungen $i > 3$ sowie Kettenlängen $X > 100$ Glieder lassen allgemein bei sonst gleichen Voraussetzungen eine größere Lebensdauer erwarten, während für $i < 3$ und $X < 100$ Glieder sowie bei Kettentrieben mit 3 und mehr Kettenrädern eine niedrigere Lebensdauer als die dem Leistungsdiagramm zugrunde gelegte Lebensdauer von 15 000 Betriebsstunden erwartet werden kann.
Eine Nachprüfung der mit Hilfe des Leistungsdiagramms gewählten Kette erübrigt sich, wenn der auftretende Stützzug $F_s$ in ungünstigen Fällen durch entsprechende Maßnahmen (s. unter 17.2.8) abgebaut wird. Die auftretende Fliehzugkraft $F_z$ ist bereits in den Werten des Leistungsdiagramms berücksichtigt.

### 17.2.5 Gliederzahl, Wellenabstand

Die Laufruhe wird durch einen kleineren Wellenabstand verbessert. Größere Wellenabstände ergeben einen geringeren Verschleiß. Der *günstigste Wellenabstand* liegt zwischen

$$a = (30 \ldots 50) \cdot p \tag{17.8}$$

Er soll jedoch einen Umschlingungswinkel von mindestens 120° ermöglichen. Vorteilhaft ist eine *Einstellmöglichkeit* von etwa $1{,}5 \cdot p$ durch Verschieben eines Kettenrades bzw. durch Verwendung von Hilfseinrichtungen (s. unter 17.2.8).
Von besonderer Bedeutung ist der Zusammenhang zwischen dem Wellenabstand $a$, der Anzahl der Kettenglieder $X$ bei gegebener Kettenteilung $p$ und den gewählten Zähnezahlen der Kettenräder $z_1$ und $z_2$.
Nach DIN 8195 wird für den gewünschten Wellenabstand $a_0$ zunächst die *Gliederzahl* angenähert errechnet:

$$X_0 \approx 2\frac{a_0}{p} + \frac{z_1 + z_2}{2} + \left(\frac{z_2 - z_1}{2 \cdot \pi}\right)^2 \cdot \frac{p}{a_0} \tag{17.9}$$

$a_0$ soll dabei so gewählt werden, dass sich durch Runden eine gerade Gliederzahl (z. B. 80 oder 82, nicht 81) der Kette ergibt, um gekröpfte Verbindungsglieder, besonders an hoch belasteten Ketten, zu vermeiden, deren Tragfähigkeit nur etwa 80% der von geraden Gliedern beträgt.

Mit der ermittelten Gliederzahl kann der *tatsächliche Wellenabstand* bestimmt werden aus

$$a = \frac{p}{4} \cdot \left[ \left( X - \frac{z_1 + z_2}{2} \right) + \sqrt{\left( X - \frac{z_1 + z_2}{2} \right)^2 - 2 \cdot \left( \frac{z_2 - z_1}{\pi} \right)^2} \right] \qquad (17.10)$$

    $p$     Kettenteilung  
    $X$     Gliederzahl der Kette  
    $z_1, z_2$   Zähnezahlen der Kettenräder

Die Ermittlung der Gliederzahl $X$ bei einem Kettentrieb, bei dem die Kette über mehrere Kettenräder läuft (s. Bild 17-14), ist zeichnerisch oft einfacher als die mathematische Berechnung und ausreichend genau. Durch maßstabgerechtes Aufzeichnen des Antriebes (Maßstab 1:1 oder größer) lassen sich die einzelnen Teillängen $l_1$, $l_2$ usw. ebenso wie die Bogenlängen $b_1$, $b_2$ abmessen bzw. errechnen aus $b = r \cdot \text{arc } \alpha$, wobei der Winkel $\alpha$ der Zeichnung zu entnehmen ist. Die *Gesamtlänge* der Kette ergibt sich dann aus der *Addition* der *Teillängen*

$$L \approx l_1 + l_2 + \ldots + b_1 + b_2 + \ldots \qquad (17.11)$$

    $l_1, l_2$   Teillängen  
    $b_1, b_2$   Bogenlängen aus $b = r \cdot \text{arc } \alpha$

Die erforderliche Gliederzahl der Kette wird dann

$$X \approx \frac{L}{p} \qquad (17.12)$$

wobei das Ergebnis auf eine gerade Gliederzahl aufzurunden ist.

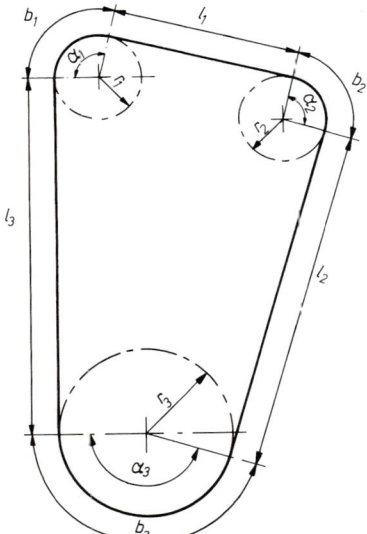

**Bild 17-14**  
Kettentrieb mit 3 Kettenrädern

## 17.2.6 Anordnung der Kettentriebe

Der einwandfreie Lauf des Kettentriebes wird wesentlich durch die zweckmäßige Anordnung, sorgfältige Montage und richtige Schmierung bestimmt. Am häufigsten wird wegen des einfachen Aufbaus und seiner Anspruchslosigkeit der Zweiradantrieb verwendet (Bild 17-15).
Günstig ist die waagerechte oder schräge Anordnung bis zu 60° Neigung gegen die Waagerechte, wenn das Lasttrum oben liegt, weil sich dann der Stützzug, d. h. die Belastung in Längsrichtung der Kette durch den Einfluss des Eigengewichts vorteilhaft auswirkt und die Kette gut in die Verzahnung eingeführt wird. Bei Kettentrieben mit einer Neigung zur Waagerechten größer als 60° muß durch geeignete Hilfsmittel für die notwendige Kettenspannung gesorgt werden (s. unter 17.2.8).

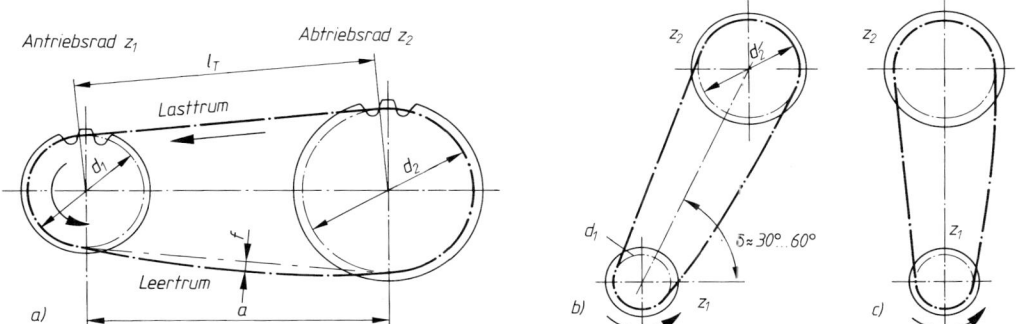

**Bild 17-15** Anordnung der Kettentriebe. a) waagerecht, b) schräg, c) senkrecht (ungünstig!)

## 17.2.7 Durchhang des Kettentrums

Infolge der Vieleckwirkung der Kettenräder ändern sich beim Lauf auch die Trumlängen periodisch, weshalb ein Durchhang des Leertrums der Kette gefordert werden muss.
Bezieht man den *Durchhang f* als Abstand des am weitesten durchhängenden Kettengliedes von der geraden Verbindung der beiden Aufhängepunkte auf die Länge des gespannten Trums $l_T$ (Bild 17-18), so ergibt sich der *relative Durchhang*

$$f_{rel} = \frac{f}{l_T} \; ; \qquad f_{rel} = \frac{f}{l_T} \cdot 100 \; \text{in} \, \% \qquad (17.13)$$

Er soll normal 1 … 3% betragen, um zusätzliche Kettenbelastungen zu vermeiden. Nicht eingelaufene Ketten können einen Durchhang von etwa 1% von $a$ haben, denn der anfänglich stärkere Verschleiß ergibt dann den gewünschten Wert. Bei zu großem $f_{rel}$ wird der Umschlingungswinkel der Kette um die Räder verringert, so dass bei zu kleinem Stützzug ein Springen der Kette über die Verzahnung eintreten kann.

## 17.2.8 Hilfseinrichtungen

Über ein Antriebsrad können unabhängig vom Bauraum auch mehrere Räder angetrieben werden, sofern für genügend große Umschlingungswinkel (mindestens 120°) gesorgt wird (Mehrradkettentriebe, Bild 17-16a).
Die Kettenlänge wird für solche Getriebe meist zeichnerisch bestimmt und dann wird die erforderliche Gliederzahl ermittelt.

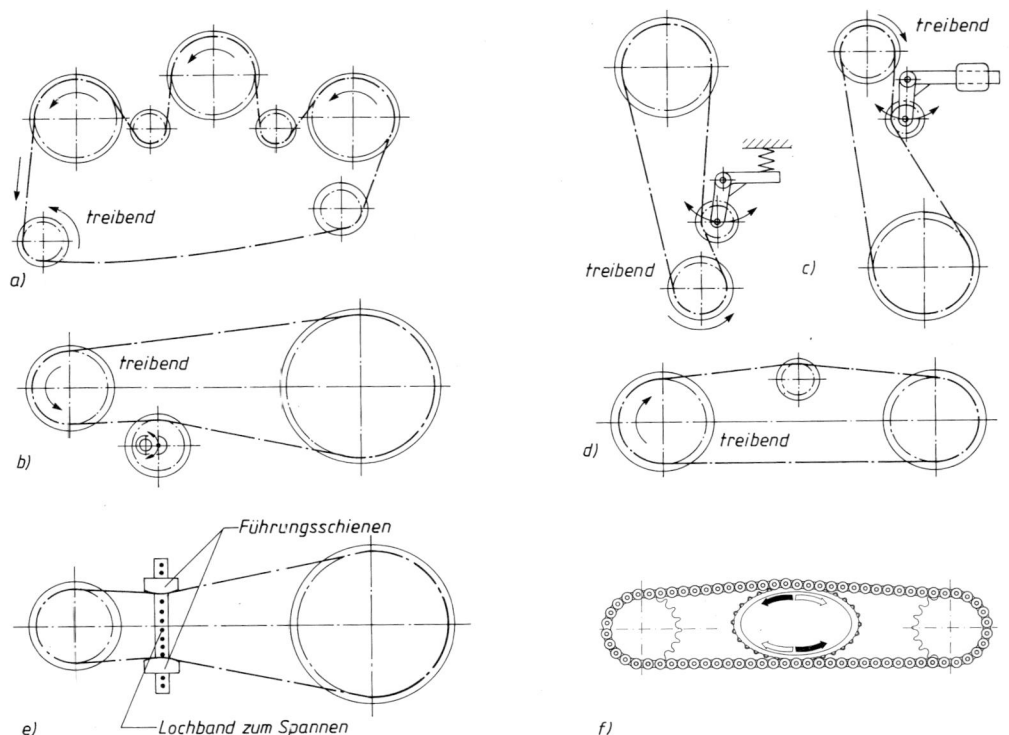

**Bild 17-16** Kettentriebe mit Hilfseinrichtungen.
a) Antrieb mit Leiträdern (Umlenkräder), b) exzentrisches Spannrad, c) Spannräder mit Feder bzw. Gegengewicht, d) Stützrad (Spannrad), e) Kettenspannsystem Optichain-CC (Fa. Optibelt), f) Roll-Ring (Ebert Kettenspanntechnik GmbH)

Zahlreiche Hilfseinrichtungen, wie Leiträder oder Leitschienen, Stützräder oder Spannräder (am Leertrum), dienen zur Führung der Kettentrume (Bild 17-16b bis e). Sie sollen neben der Regulierung des Umschlingungswinkels auch die Stützlage besonders bei größeren Achsabständen aufnehmen, Kettenschwingungen vermeiden und eine gewisse Einstellbarkeit u. a. nach Verschleiß sowie bei ungünstigen, z. B. senkrechten Anordnungen, gewährleisten (Bild 17-17).

*Allgemeine Voraussetzungen für die Montage sind in jedem Falle, dass die Wellen und Kettenräder wellenparallel und schlagfrei laufen und die Ketten nicht zu straff gespannt sind.*

Der als ROLL-RING bezeichnete Kettenspanner (s. Bild 17-16f) basiert auf einem rotationselastokinetischem Prinzip und realisiert drei Funktionen. Erstens spannt er die Kette, zweitens sichert er die Kettenlage in der Zugarbeit und drittens lässt sich das Kettenspannelement so auslegen, dass es die Spannkraft und die Dämpfung in der Antriebsarbeit regelt.
Der ROLL-RING wird von Hand durch Zusammendrücken zur Ellipse verspannt und in diesem Zustand in den Kettentrieb eingesetzt. Durch teilweises Rückfedern nach dem Loslassen des Roll-Ringes erfolgt die Spannung der Kette.
Die Dimensionierung der Produktreihe der ROLL-RING-Kettenspanner erfolgt durch den Hersteller für genormte Rollenketten nach der statistischen Häufigkeit der Zähnezahlen der Kettenräder.
Optimiert sind sie für die Vorzugszähnezahlen. Sie brauchen deshalb vom Anwender nicht eingestellt zu werden.

## 17.2 Gestalten und Entwerfen von Rollenkettentrieben

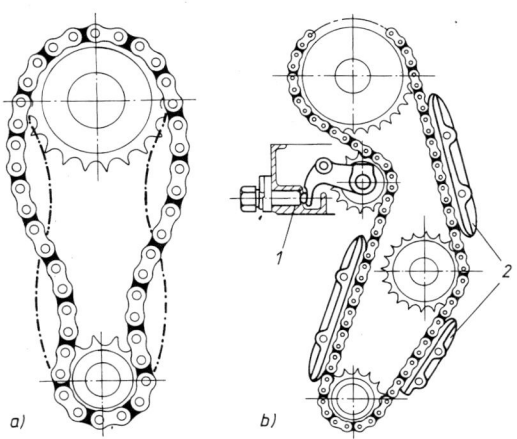

**Bild 17-17**
a) Darstellung einer „schwingenden" Kette
b) Kettenspannung und Schwingungsdämpfung
1 hydraulisch betätigtes Spannrad
2 Schwingungsdämpfer

### 17.2.9 Schmierung und Wartung der Kettentriebe

Eine sorgfältige und wirksame Schmierung der Kette ist Voraussetzung zum Erreichen der dem Leistungsdiagramm (TB 17-3) zugrunde gelegten Lebensdauer von 15 000 Betriebsstunden. Die Art der Schmierung richtet sich nach der Kettengeschwindigkeit (TB 17-8) und muss umso intensiver sein, je größer diese ist.
Schmiermittel hoher Viskosität haben wohl eine größere Haftfähigkeit und sind geräusch- und schwingungsdämpfend, gewährleisten aber nicht immer eine ausreichende Schmierung der Gleitstellen zwischen Bolzen und Buchse (Hülse). Nach DIN 8195 ist entsprechend der Umgebungstemperatur eine bestimmte Viskositätsklasse zu wählen:

| Umgebungstemperatur in °C | $-5 < t < +25$ | $25 < t < 45$ | $45 < t < 65$ |
|---|---|---|---|
| Viskositätsklasse des Schmieröls | SAE 30 | SAE 40 | SAE 50 |

Vielfach müssen Schutzkästen oder dgl. angebracht werden, die u. U. gleichzeitig als Ölbehälter verschleißfördernden Schmutz fernhalten, unbeabsichtigte Berührung verhindern, aber auch geräuschdämpfend wirken können.
Wie schon unter 17.1.2 erwähnt, können *Rollenketten mit Kunststoffbuchsen* auch ohne jede Schmierung laufen und eine ausreichende Lebensdauer erreichen. Jedoch zeigen diese Ketten während des Einlaufens eine stärkere Verschleißlängung als die „normalen" Rollenketten, so dass sie anfangs öfter nachgespannt werden müssen. Nach einer bestimmten Einlaufzeit wird unter gleichen Betriebsbedingungen die Längung dann sogar kleiner als bei Stahlbuchsenketten.
Wenn die Kette entsprechend den vorliegenden Betriebsbedingungen richtig ausgewählt und sorgfältig eingebaut wurde und die entsprechend der Kettengeschwindigkeit empfohlene Schmierung gewährleistet ist, benötigt der Kettentrieb verhältnismäßig wenig Wartung. Diese beschränkt sich bei geschützten Antrieben auf eine regelmäßige (meist jährliche) Reinigung des Ölbehälters sowie die Erneuerung der Ölfüllung. Offene Kettentriebe sind je nach Verschmutzung spätestens alle 3 bis 6 Monate mit Petroleum, Dieselöl, Trichloräthylen oder Tetrachlorkohlenstoff zu reinigen. Die Kette ist auf evtl. vorhandene schadhafte Glieder zu untersuchen, die gegebenenfalls auszutauschen sind. Ebenfalls sind die Kettenräder vor dem Wiederauflegen der Kette gründlich zu reinigen und bei starkem Verschleiß durch neue Räder zu ersetzen.

> *Niemals neue Ketten auf abgenutzte Kettenräder legen!*

## 17.3 Berechnung der Kräfte am Kettentrieb

Die rechnerische Kettenzugkraft im Lasttrum (gleich Umfangskraft am Kettenrad), die sich aus der allgemeinen Beziehung $P = F_t \cdot v$ ermitteln lässt, wird im Betriebszustand von zusätzlichen Kräften überlagert, die sich aus der Eigenart des Kettentriebes ergeben. Die resultierende Betriebskraft im Lasttrum wird hauptsächlich durch folgende Einzelkräfte bestimmt:

**1.** (statische) *Kettenzugkraft* $F_t$ aus der Leistungsberechnung

$$\boxed{F_t = \frac{P_1}{v} = \frac{T_1}{d_1/2}} \tag{17.14}$$

$P_1$    Antriebsleistung
$v$    Kettengeschwindigkeit aus $v = d_1 \cdot \pi \cdot n_1$
$T_1$    Antriebsmoment
$d_1$    Teilkreisdurchmesser des Antriebsrades

*Hinweis:* Bedingt durch die Vieleckwirkung der Verzahnung ist der wirksame Radius ($d/2$) veränderlich (s. Bild 17-10), so dass der rechnerische Wert für $F_1$ mit kleiner werdender Zähnezahl geringfügig größer werden kann.

**2.** *Fliehzug* $F_z$, der sich als Gegenkraft zur Fliehkraft sowohl für den Last- als auch den Leertrum ergibt und bei Kettengeschwindigkeiten $v > 7$ m/s nicht mehr vernachlässigt werden darf. Die Werte für $F_z$ können u. U. die Werte der statischen Kettenzugkraft überschreiten. Die Fliehzugkraft ergibt sich aus

$$\boxed{F_z = q \cdot v^2} \qquad \begin{array}{c|c|c} F_z & q & v \\ \hline N & kg/m & m/s \end{array} \tag{17.15}$$

$q$    Längen-Gewicht der Kette nach DIN bzw. TB 17-1
$v$    Kettengeschwindigkeit, s. zu Gl. (17.14)

**3.** *Stützzug* $F_s$, der besonders bei größeren Kettenteilungen und längeren, nicht abgestützten Trume beachtet werden muss. Der Wert für den Stützzug hängt ab von dem Durchhang des Leertrums, dessen Länge und Gewichtskraft. Nimmt man an, dass die Belastung des durchhängenden Trums nur über der Horizontalprojektion der aufgespannten Kettenlinie wirkt, so kann unter Berücksichtigung der waagerechten Komponente der *Stützzug bei annähernd waagerechter Lage des Leertrums* ($\psi \approx 0°$, s. Bild 17-18) berechnet werden aus

$$\boxed{F_s \approx \frac{F_G \cdot l_T}{8 \cdot f} = \frac{q \cdot g \cdot l_T}{8 \cdot f_{rel}}} \qquad \begin{array}{c|c|c|c|c|c} F_s, F_G & l_T & q & g & f & f_{rel} \\ \hline N & m & kg/m & m/s^2 & m & 1 \end{array} \tag{17.16}$$

$F_G = q \cdot g \cdot l_T$    Gewichtskraft des Kettentrums
$f$    Durchhang der Kette
$f_{rel} = \dfrac{f}{l_T}$    relativer Durchhang nach Gl. (17.11)

Bei *geneigter Lage des Leertrums* ($\psi > 0°$) wird der Stützzug am oberen und unteren Kettenrad bei gleichem $f_{rel}$ kleiner (Bild 17-18).
Allgemein stellt man sich eine Getriebeanordnung vor, bei der das Verhältnis der Leertrumlänge auf dem durchhängenden Bogen gemessen zum Abstand $l_T$ der beiden Aufhängepunkte $A_1$ und $A_2$ des Leertrums ebenso groß ist wie bei einem Kettentrieb mit horizontaler Lage des Leertrums (Bild 17-18b).
Für den Neigungswinkel $\psi$ der Verbindungslinie der beiden Aufhängepunkte $A_1$ und $A_2$, der sich aus der Neigung $\delta$ der Achsmitten gegen die Waagerechte und aus dem Trumneigungswinkel $\varepsilon_0$ aus $\sin \varepsilon_0 = (d_2 - d_1)/(2 \cdot a)$ (s. Bild 17-18) zu $\psi = \delta - \varepsilon_0$ ergibt, können in Abhängigkeit des relativen Durchhangs $f_{rel}$ des Leertrums der *Stützzug am oberen Kettenrad* aus

$$\boxed{F_{so} \approx q \cdot g \cdot l_T \cdot (F'_s + \sin \psi)} \tag{17.17}$$

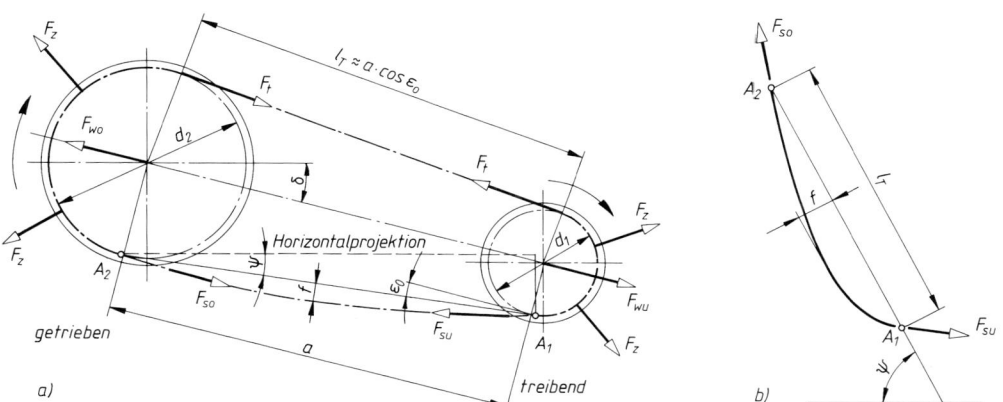

**Bild 17-18** Kräfte an der Kette und an den Kettenrädern

der *Stützzug am unteren Kettenrad* aus

$$F_{su} \approx q \cdot g \cdot l_T \cdot F'_s \tag{17.18}$$

$q, g, l_T$ wie zu Gl. (17.16)
$F'_s$ spezifischer Stützzug nach TB 17-4
$\psi$ Neigungswinkel aus $\psi = \delta - \varepsilon_0$ (s. Bild 17-18) mit $\varepsilon_0$ aus $\sin \varepsilon_0 = (d_2 - d_1)/(2 \cdot a)$

berechnet werden.
Die Stützzüge belasten die Lager zusätzlich. Unter Berücksichtigung des Anwendungsfaktors $K_A$ und Vernachlässigung der Vieleckwirkung (s. unter 17.1.5) ergibt sich die *Wellenbelastung bei annähernd waagerechter Lage des Leertrums*

$$F_w \approx F_t \cdot K_A + 2 \cdot F_s \tag{17.19}$$

$F_t$ Kettenzugkraft in N nach Gl. (17.14)
$F_s$ Stützzug nach Gl. (17.16)
$K_A$ Anwendungsfaktor zur Berücksichtigung stoßartiger Belastung nach TB 3-5

Bei *geneigter Lage des Leertrums* ergeben sich mit $F_{so}$ und $F_{su}$ an Stelle von $F_s$ die Wellenbelastungen $F_{wo}$ und $F_{wu}$ (s. Bild 17-18).
Die *resultierende Betriebskraft* im Lasttrum der Kette ergibt sich somit bei annähernd waagerechter Lage des Leertrums unter Berücksichtigung ungünstiger Betriebsverhältnisse

$$F_{ges} = F_t \cdot K_A + (F_z + F_s) \tag{17.20}$$

*Bei geneigter Lage des Leertrums* ist $F_{so}$ an Stelle von $F_s$ zu setzen.
Gleitschienen aus Stahl oder Kunststoff, die die Kette unterstützen und außerdem exakt führen, können die zusätzliche Kettenbelastung durch den Stützzug verhindern, ebenso die durch den Polygoneffekt auftretenden Schwingungen der Kette verringern (s. auch 17.2.8).

## 17.8 Berechnungsbeispiele

Der Antrieb eines Bandförderers soll durch einen Getriebemotor über einen Kettentrieb erfolgen. Der Getriebemotor hat eine Leistung $P_1 = 3$ kW und die Abtriebsdrehzahl $n_1 = 125$ min$^{-1}$. Die Drehzahl der Bandrolle beträgt $n_2 \approx 50$ min$^{-1}$. Der Wellenabstand soll $a_0 \approx 1000$ mm betragen, die Wellenmitten des Getriebes sind um den Winkel $\delta \approx 40°$ zur Waagerechten geneigt.
Für den zu erwartenden Einsatz des Bandförderers sind folgende Betriebsbedingungen anzunehmen: mittlerer Anlauf, Volllast mit mäßigen Stößen, tägliche Laufzeit 8 h. Für eine entsprechende Schmierung des Kettentriebes wird gesorgt.

Zu berechnen bzw. festzulegen sind:

a) die Zähnezahlen $z_1$ und $z_2$ der Kettenräder
b) eine geeignete Rollenkette nach DIN 8187
c) die vorzusehende Schmierungsart
d) die Wellenbelastung $F_w$

▶ **Lösung a):** Zunächst wird die Übersetzung aufgrund der Drehzahlen ermittelt nach Gl. (17.1)

$$i = \frac{n_1}{n_2}, \quad i = \frac{125 \text{ min}^{-1}}{50 \text{ min}^{-1}} = 2,5.$$

Bei dieser Übersetzung liegen aus den unter 17.2.2 genannten Zähnezahlen für Standard-Rollenketten am nächsten: $z_1 = 23$ für das Kleinrad, $z_2 = 57$ für das Großrad.
Die tatsächliche Übersetzung wird dann:

$$i' = \frac{z_2}{z_1} = \frac{57}{23} \approx 2,48, \quad \text{also} \quad i' \approx i = 2,5.$$

**Ergebnis:** Als Zähnezahlen werden gewählt für das treibende Kleinrad $z_1 = 23$, für das getriebene Großrad $z_2 = 57$.

▶ **Lösung b):** Die Wahl der Kettengröße wird mit Hilfe des Leistungsdiagramms (TB 17-3) vorgenommen. Da jedoch die hier vorliegenden Betriebsbedingungen von den Diagramm-Bedingungen abweichen, muss die erforderliche Diagrammleistung nach Gl. (17.7) ermittelt werden:

$$P_D \approx \frac{K_A \cdot P_1 \cdot f_1}{f_2 \cdot f_3 \cdot f_4 \cdot f_5 \cdot f_6}.$$

Der Anwendungsfaktor $K_A$ wird entsprechend den vorliegenden Betriebsbedingungen nach TB 3-5 $K_A \approx 1,6$. Zur Berücksichtigung der Zähnezahl wird nach TB 17-5 für $z_1 = 23$ der Faktor $f_1 \approx 0,8$ abgelesen. Der Achsabstandsfaktor $f_2$ wird zunächst 1 gesetzt, da die Kettenteilung noch unbekannt ist, $f_3 = 1$, da gerades Verbindungsglied vorgesehen wird; $f_4 = 1$ für $n = 2$; $f_5 = 1$ für eine angenommene Lebensdauer $L_h = 15000$ h; $f_6 \approx 0,7$ nach TB 17-7, da ein staubfreier Betrieb nicht vorausgesetzt werden kann. Damit wird die Diagrammleistung

$$P_D \approx \frac{1,6 \cdot 3 \text{ kW} \cdot 0,8}{1 \cdot 1 \cdot 1 \cdot 0,7} \approx 5,5 \text{ kW}.$$

Für diese Leistung und für $n_1 = 125 \text{ min}^{-1}$ wird nach Diagramm TB 17-3 gewählt: Rollenkette Nr. 16 B, 1fach mit der Bezeichnung: Rollenkette DIN 8187 – 16 B1.
Für den vorzusehenden Achsabstand $a_0 \approx 1000$ mm ergibt sich eine Kettengliederzahl nach Gl. (17.9)

$$X_0 \approx 2 \cdot \frac{a_0}{p} + \frac{z_1 + z_2}{2} + \left(\frac{z_2 - z_1}{2 \cdot \pi}\right)^2 \cdot \frac{p}{a_0}.$$

Für die gewählte Rollenkette 16B beträgt nach TB 17-1 die Teilung $p = 25,4$ mm; damit

$$X_0 \approx 2 \cdot \frac{1000 \text{ mm}}{25,4 \text{ mm}} + \frac{23 + 57}{2} + \left(\frac{57 - 23}{2 \cdot \pi}\right)^2 \cdot \frac{25,4 \text{ mm}}{1000 \text{ mm}} = 119,5 \text{ Glieder}.$$

Gewählt wird nach den Empfehlungen unter 17.2.5 eine gerade Gliederzahl $X = 120$.
Hiermit wird der tatsächliche Achsabstand nach Gl. (17.10)

$$a = \frac{p}{4} \cdot \left[\left(X - \frac{z_1 + z_2}{2}\right) + \sqrt{\left(X - \frac{z_1 + z_2}{2}\right)^2 - 2 \cdot \left(\frac{z_2 - z_1}{\pi}\right)^2}\right],$$

$$a = \frac{25,4 \text{ mm}}{4} \cdot \left[\left(120 - \frac{23 + 57}{2}\right) + \sqrt{\left(120 - \frac{23 + 57}{2}\right)^2 - 2 \cdot \left(\frac{57 - 23}{\pi}\right)^2}\right]$$

$$= 1006,6 \text{ mm} \approx 1007 \text{ mm}.$$

**Ergebnis:** Einfach-Rollenkette Nr. 16B mit 120 Gliedern; Normbezeichnung: Rollenkette DIN 8187 – 16B – 1 × 120.

**Lösung c):** Die Art der Schmierung ist abhängig von der Kettengeschwindigkeit $v$ und der Kettengröße (s. TB 17-8). Die Kettengeschwindigkeit ergibt sich aus $v = d_1 \cdot \pi \cdot n_1$; der Teilkreisdurchmesser des Kleinrades wird nach Gl. (17.3):

$$d_1 = \frac{p}{\sin\frac{\tau}{2}} = \frac{p}{\sin\left(\frac{180°}{z_1}\right)} = \frac{25{,}4 \text{ mm}}{\sin\left(\frac{180°}{23}\right)} = 186{,}54 \text{ mm}.$$

Hiermit und mit $n_1 = 125 \text{ min}^{-1}$ wird

$$v = \frac{0{,}18654 \cdot \pi \cdot 125}{60} \approx 1{,}22 \text{ m/s}.$$

Nach TB 17-8 wird für $v = 1{,}22$ m/s und die Kettengröße Nr. 16B Tropfschmierung (Bereich 2) empfohlen.

**Ergebnis:** Zur Schmierung der Rollenkette ist Tropfschmierung vorzusehen.

**Lösung d):** Die Wellenbelastung $F_w$ wird infolge der Schräglage des Kettentriebes am oberen Rad etwas größer als am unteren Rad, und zwar entsprechend dem Unterschied zwischen $F'_{so}$ und $F'_{su}$. Für das obere Rad wird somit nach Gl. (17.19) mit $F_{so}$ aus Gl. (17.17)

$$F_w \approx F_t \cdot K_A + 2 \cdot F_{so}.$$

Die Tangentialkraft aus Gl. (17.14)

$$F_t = \frac{P_1}{v} = \frac{3000}{1{,}22} \approx 2460 \text{ N}.$$

Der Stützzug am oberen Kettenrad wird nach Gl. (17.17)

$$F_{so} \approx q \cdot g \cdot l_T \cdot (F'_s + \sin\psi) \quad \text{mit}$$

$q = 2{,}7$ kg/m nach TB 17-1; $g = 9{,}81$ m/s²; $l_T \approx a \cdot \cos\varepsilon_0$ mit $\varepsilon_0$ aus $\sin\varepsilon_0 = (d_2 - d_1)/(2 \cdot a)$; nach Gl. (17.3)

$$d_2 = \frac{p}{\sin\left(\frac{180°}{z_2}\right)} = \frac{25{,}4 \text{ mm}}{\sin\left(\frac{180°}{57}\right)} = 461{,}08 \text{ mm}; \qquad d_1 = 186{,}54 \text{ mm (s. Lösung c)}$$

$$\sin\varepsilon_0 = \frac{461{,}08 \text{ mm} - 186{,}54 \text{ mm}}{2 \cdot 1007 \text{ mm}} \approx 0{,}14,; \qquad \varepsilon_0 \approx 7{,}8°$$

und hiermit die Trumlänge $l_T \approx 1007 \text{ mm} \cdot \cos 7{,}8° \approx 998$ mm. Für den Neigungswinkel des Leertrums $\psi = \delta - \varepsilon_0 = 40° - 7{,}8° = 32{,}2°$ wird der spezifische Stützzug bei einem „normalen" relativen Durchhang $f_{rel} = 2\%$ nach TB 17-4

$$F'_s \approx 5$$

und damit der Stützzug

$$F_{so} \approx 2{,}7 \cdot 9{,}81 \cdot 0{,}998 \cdot (5 + \sin 32{,}2) \approx 146 \text{ N}.$$

Gegenüber der Umfangskraft ist der Stützzug $F_{so}$ relativ klein und hätte hier ohne Bedenken vernachlässigt werden können.
Unter Berücksichtigung des Anwendungsfaktors $K_A \approx 1{,}6$ (s. unter Lösung b) wird die Wellenbelastung am oberen Rad

$$F_{wo} \approx 2460 \cdot 1{,}6 + 2 \cdot 146 \approx 4228 \text{ N}.$$

**Ergebnis:** Für das obere Rad wird die Achskraft $F_{wo} \approx 4228$ N.

## 17.5 Literatur

*Arnold* und *Stolzenberg:* Handbuch der Kettentechnik, Einbeck 1989
Hersteller von Stahlgelenkketten (Hrsg.): Stahlgelenkketten (Zusammenstellung von Sonderdrucken div. Zeitschriften zum Thema Stahlgelenkketten). o. J.
*Niemann, G., Winter, H.:* Maschinenelemente, Bd. III, Springer Berlin 1986
*Rochner, H.-G.:* Stahlgelenkketten und Kettentriebe. Berlin 1962
*Zollner, H.:* Kettentriebe. Hanser München 1966
Firmenschriften: Arnold und Stolzenberg, Einbeck; Wippermann Jr., Hagen; Arntz-Optibelt, Höxter. Ebert Kettenspanntechnik GmbH, Freiroda

# 18 Elemente zur Führung von Fluiden (Rohrleitungen)

## 18.1 Funktionen, Wirkungen und Einsatz

Rohrleitungen dienen zur Führung von flüssigen, gasförmigen und feinen festen Stoffen. Wenn Verbindungen leicht lösbar sein sollen oder die Anschlussstellen gegeneinander beweglich sein müssen, werden statt der starren Rohre Schläuche verwendet. In Systemen aus Rohrleitungen, Apparaten und Behältern übernehmen Armaturen als Rohrleitungsteile die Funktion des Stellens und Schaltens.

Das Fortleiten der Durchflussstoffe (Fluide) in den Rohrleitungsanlagen erfolgt entweder durch Absaugen (negativer Überdruck), durch Ausnutzung eines Höhenunterschieds zwischen Anfangs- und Endpunkt der Leitung (Gefälle) oder durch Pumpen bzw. Gebläse (Fremdenergie). Die Strömungsenergie erzeugt einen Volumenstrom mit entsprechender Geschwindigkeit und gewünschtem Druck. Außer der mechanischen und thermischen Beanspruchung der Rohrleitung sind die Rückwirkungen des Strömungssystems auf das Rohrnetz und die Umgebung (Halterungen) zu beachten. Abhängig von der Verlegungs- und Einbauart sind Isolations- und Korrosionsschutzmaßnahmen zu treffen.

Bei Produktionsanlagen werden Rohrleitungen innerhalb der Produktionsstätte benötigt. Zum Fortleiten und Verteilen von Stoffen (Wasser, Gas, Öl) werden Rohrleitungs-Verteilungssysteme in Form von Rohrnetzen eingesetzt. Außer dem einfachen Strahlennetz werden wegen der hohen Betriebssicherheit zum Versorgen mehrerer Verbraucher Ringnetze oder vermaschte Netze ausgeführt.

Im Apparatebau werden Rohrleitungen auch für den Ablauf chemischer und physikalischer Prozesse herangezogen (Kühlung, Mischung, chem. Reaktionen).

Mit Hilfe von Trägermedien (Luft, Wasser) können in Rohrleitungen auch Feststoffe transportiert werden. Die pneumatische und die hydraulische Förderung dient zum Transport feiner Materialien (Getreide, Sand, Schlamm, Zement). Fließfähiges Material (z. B. Beton) kann mittels Feststoffpumpen (Betonpumpen) durch Rohrleitungen über weite Strecken transportiert werden.

In hydraulischen Systemen haben Rohrleitungen die Aufgabe, Hydroaggregate untereinander und mit Verbrauchern zu verbinden. Die dabei verwendeten Präzisionsstahlrohre und Rohrverschraubungen müssen den hohen Drücken, der Pulsation und den Vibrationen Stand halten, denen sie ausgesetzt sind. Auslegungsdaten s. TB 18-11.

## 18.2 Bauformen

### 18.2.1 Rohre

Hinsichtlich Werkstoff, Rohrart, Benennung und Einsatzbereich gilt allgemein die Übersicht nach DIN 2410, TB 18-1. Die Wahl der richtigen Rohrart und des geeigneten Rohrwerkstoffs, unter Beachtung der Regelwerke, ist zusammen mit der Berechnung der Rohre (vgl. 18.4) mitentscheidend für die Betriebssicherheit der Anlage. Als Rohrquerschnittform wird überwiegend die Kreisfläche benutzt.

**Nahtlose und geschweißte Stahlrohre** (s. auch TB 18-1) ermöglichen eine gleichzeitige Verwendung des Rohres als Leitung und als Bauelement. Bedingt durch die hohe Festigkeit und Zähigkeit der Rohrstähle kann bei großer Sicherheit gegen Bruch immer leicht gebaut werden. Sie können im Betrieb oder auf der Baustelle durch Schweißen gefügt werden. Dies garantiert eine gute Werkstoffausnutzung, schnelle Herstellung und große Wirtschaftlichkeit. Geschweißte Rohrleitungsverbindungen sind durch ihre Verformungsfähigkeit dynamischen und thermischen Beanspruchungen am besten gewachsen. Flanschverbindungen sind nur bei Armaturen und Messstellen nötig.

Das Anwendungsgebiet der nahtlosen und geschweißten Rohre überschneidet sich. Gegenüber den nahtlosen haben geschweißte Rohre den Vorteil, dass sie auch mit kleineren Wanddicken noch wirtschaftlich hergestellt werden können. Mit zunehmender Wanddicke kommt das nahtlose Stahlrohr zum Einsatz. Zur Verhinderung der Korrosion sind bei Rohren aus un- und niedriglegierten Stählen entsprechende Schutzmaßnahmen erforderlich. Außer Schutzüberzügen (z. B. aus Zink) werden bei erdverlegten Leitungen Rohrumhüllungen und -auskleidungen aus Bitumen, Kunststoff (z. B. PE) oder Zementmörtel aufgebracht. Maße und statische Werte von nahtlosen und geschweißten Stahlrohren und ein Bestellbeispiel siehe TB 1-13.

**Präzisionsstahlrohre** (s. auch TB 18-1 und TB 18-11) werden aus nahtlosen oder geschweißten Vorrohren durch Kaltwalzen oder Kaltziehen erzeugt. Dies bewirkt eine hohe Maßgenauigkeit und eine Glättung der Oberfläche bei gleichzeitiger Kaltverfestigung. Werden Rohre beim Verarbeiter noch kaltgeformt oder als Leitungen schwellend beansprucht, so müssen sie nach der letzten Kaltverformung geglüht werden (Lieferzustand GBK und NBK).

**Gewinderohre** (s. auch TB 18-1), nahtlos oder geschweißt, werden schwarz, verzinkt oder mit nichtmetallischem Schutzüberzug geliefert. Die Rohre sind in den Abmessungen auf das Whitworth-Rohrgewinde nach DIN 2999 (Kegel 1 : 16, R1/8 bis R6) abgestimmt. Sie werden als mittelschwere oder schwere Gewinderohre für alle Installationszwecke (Gas, Wasser, Heizung) eingesetzt.

**Nichtrostende Stahlrohre nach DIN EN ISO 1127.** Diese Norm enthält Festlegungen für nahtlose und geschweißte Rohre aus austenitischen, ferritischen und martensitischen nicht rostenden Stählen („Edelstahl Rostfrei"). Dabei finden vorwiegend die austenitischen Stähle X5CrNi18-10 und X5CrNiMo17-12-2 Verwendung. Außendurchmesser und Wanddicken wurden aus ISO 4200 ausgewählt.

**Druckrohre aus duktilem Gusseisen** (s. auch TB 18-1) für Gas- und Wasserleitungen werden als Muffen- oder Flanschenrohre ausgeführt. Die Nenngusswanddicke der Rohre in mm wird nach der Formel $t = K(0,5 + 0,001 \, DN)$ festgelegt, wobei $K$ 8, 9, 10, 11, 12 ... betragen kann. Dabei sind als kleinste Wanddicke 6 mm für Rohre und 7 mm für Formstücke gefordert. Die Wanddickenklasse $K$ berücksichtigt Innendruck und äußere Belastungen. Technische Anforderungen wie Längsbiegefestigkeit, Ringsteifigkeit und Überdeckungshöhen s. Anhänge zu EN 545 und EN 969. Die Rohre erhalten in der Regel eine Zementmörtelauskleidung. Der Innenschutz muss bei Trinkwasserleitungen den geltenden lebensmittelrechtlichen Vorschriften entsprechen. Als Außenschutz kommen je nach Bodengruppe in Frage: PE- oder Zementmörtel-Umhüllung, Zinküberzug oder bituminöser Überzug. Dabei sind unbedingt die DVGW-Arbeitsblätter zu beachten.

**Kupferrohre** nach DIN 1754, nahtlosgezogen, Außendurchmesser 3 mm bis 419 mm bei zugeordneten Wanddicken von 0,5 mm bis 4 mm, aus sauerstofffreien Kupfersorten (üblich SF-Cu F30) für Rohrleitungen mit sehr guter Schweißbarkeit, Hartlötbarkeit und Wasserstoffbeständigkeit. Für Installationen von Wasser-, Gas- und Ölleitungen auch Leitungsrohre nach DIN EN 1057. Wegen ihrer hohen Korrosionsbeständigkeit, leichten Verformbarkeit (Kaltbiegen) und Lötbarkeit vorteilhaft für Heizungsanlagen, Hauswasserleitungen, Schmierölleitungen (kein anhaftender Zunder oder Rost), in der Lebensmittelindustrie und Kältetechnik.

**Aluminium-Rundrohre;** nahtlos gezogen nach DIN 1795 mit bis 3 bis 350 mm Außendurchmesser und 0,5 bis 16 mm Wanddicke; nahtlos stranggepresst nach DIN 9107 mit 10 bis 450 mm Außendurchmesser und 1 bis 35 mm Wanddicke; aus Al und Al-Knetlegierungen nach DIN 1746 (z. B. Al99,5W7, AlMg4,5MnF27). Durch geringe Dichte, guter Verformbarkeit und Schweißbarkeit, guter Beständigkeit gegen neutrale, schwach sauere und schwach basische Stoffe sowie guter Festigkeit und Zähigkeit bei tiefen Temperaturen vielseitige Verwendung im Fahrzeug- und Apparatebau und in der Lebensmittelindustrie.

*Beispiel für Bestellbezeichnung:*
1500 kg nahtlos gezogene Rundrohre von Außendurchmesser 40 mm und der Wanddicke 3 mm, der Toleranzzuordnung *A* (Regelfall) und in 2500 mm Festlänge aus AlMg3F25:

1500 kg Rohr DIN 1795 − 40 × 3 × 2500 fest − AlMg3F25.

**Hartbleirohre** nach DIN 1262 aus Blei-Antimon-Legierungen („Rohrblei", z. B. PbSb1As). Chemisch ist Blei gegen eine Vielzahl von Säuren und Salzlösungen beständig, vor allem gegen Schwefelsäure. Bei hohem Antimongehalt (>1%) nur für Nicht-Trinkwasser-Leitungen. „Weiches" Wasser greift Blei an: Vergiftungsgefahr. Rohre dann innen verzinnen.

**Kunststoffrohre** finden wegen ihrer Korrosionsbeständigkeit, leichten Verarbeitbarkeit und geringen Gewichtes im Rohrleitungsbau steigende Anwendung.
Rohre aus **PVC-hart** nach DIN 8061/8062 mit Fittings bis DN 150. Die Verbindung erfolgt durch Kleben, Muffen oder Flansche.
Rohre aus **PE-hart** nach DIN 8074/8075 mit Formstücken bis DN 400. Die Verbindung erfolgt durch Heizelement-Stumpfschweißung, Elektro-Schweißmuffen oder Flansche. Sie werden wegen ihrer höheren Schlagfestigkeit oft den PVC-Rohren vorgezogen.
Rohre aus **PP** nach DIN 8077/8078 werden wegen ihrer Wärmebeständigkeit in der Abwassertechnik bevorzugt. Kurzzeitig sind Temperaturen bis 100 °C zulässig.
Für jeden Außendurchmesser verschiedene Wanddicken durch 4 bis 6 Rohr-Reihen. Dauernd zulässige Zugspannungen 5 N/mm$^2$ für PP und Hart-PE und 10 N/mm$^2$ für PVC hart bei 20 °C. Zulässiger Betriebsdruck bei 20 °C bis 16 bar.
Bei Verlegung im Erdreich PE-hart- und PP-Rohre wegen ihrer Elastizität bevorzugen. Biegeradien 25- bis 50-mal Außendurchmesser. Bei oberirdischer Verlegung auf genügende Elastizität zur Aufnahme der Wärmedämmung achten und Auflagerabstände wesentlich kleiner als bei Stahlleitungen ausführen.

## 18.2.2 Schläuche

**Schläuche,** als flexible, rohrförmige Halbzeuge aufgebaut aus mehreren Schichten und Einlagen, sind erforderlich für bewegliche, leicht lösbare Verbindungen, die keine Rückwirkung auf die angeschlossenen Aggregate ausüben.
DIN 20 066 für fertig montierte Schlauchleitungen enthält Angaben über die für die Auswahl und Zuordnung von Schläuchen und Armaturen wichtigsten Merkmale sowie die wichtigsten Einbau- und Anschlussmaße.
Genormt sind Schläuche mit Textileinlage nach DIN 20 018 (für Wasser) und DIN 20 021, mit Drahtgeflechteinlage nach DIN 20 022, mit Drahtspiraleinlage nach DIN 20 023 bei hoher dynamischer Belastung und Kunststoffschläuche mit Textileinlage nach DIN 24 951-2.

## 18.2.3 Formstücke

Formstücke sind Bauteile von Rohrleitungsanlagen, z. B. Rohrbogen, Fittings, Abzweig- und Verbindungsstücke, Reinigungsstücke, Wasserabscheider usw., die oft hohen Beanspruchungen unterliegen und entsprechend dem Verwendungszweck aus nahtlosem Stahlrohr oder als Schmiedestücke, in Stahlguss oder duktilem Gusseisen gefertigt sind.
Kunststoff-Rohrleitungsteile wie Bogen, *T*-Stücke, Abzweige, Kreuze, Muffen, Nippel, Reduzierstücke, Verschraubungen usw. sind genormt für PVC-hart-Fittings in DIN 8063-1 bis -12 für Klebverbindungen, für PP-Fittings in DIN 16 962-1 bis -13 für Heizelement-, Muffen- und Stumpfschweißung und für PE-Fittings in DIN 16 963-1 bis -15 für Heizelement-Muffenschweißung, Heizwendel- und Stumpfschweißung.

## 18.2.4 Armaturen

Eine Armatur ist ein Rohrleitungsteil, das in Systemen aus Rohrleitungen, Behältern, Apparaten und Maschinen die Funktion des Schaltens und Stellens ausübt (DIN 3211). Dabei wird unter Schalten verstanden, dass der Abschlusskörper im Wesentlichen die beiden Stellungen

"geschlossen" oder "offen" einnimmt (Auf-Zu). Beim Stellen kann der Abschlusskörper funktionsbedingt auch Zwischenstellungen einnehmen. Die Grundbauarten sind definiert durch die Arbeitsbewegung ihres Abschlusskörpers und durch die Strömung im Abschlussbereich.
Der Werkstoff für Gehäuseteile wird entsprechend dem Rohrleitungsinhalt, der Betriebstemperatur und dem Betriebsdruck unter Berücksichtigung der Technischen Regeln z. B. nach DIN 3339 gewählt. Die Gehäuse werden überwiegend gegossen, bestehen meist aus Gusseisen und bei hohen Anforderungen auch aus Stahlguss und Cu-Legierungen. Kunststoffgehäuse (PVC, PP, PA) gewinnen in der Chemie und bei Wasseraufbereitungsanlagen immer breitere Verwendung.
Für die wesentlichen Armaturenarten liegen Bauartnormen vor: DIN 3352 für Schieber, DIN 3354 für Klappen, DIN 3356 für Ventile, DIN 3357 für Kugelhähne und DIN 3359 für Membranarmaturen. Sie geben Aufschluss über den Bereich genormter Nennweiten und Nenndruckstufen, über die Formen, die Raumbedarfsmaße, Werkstoffe und Ausrüstung sowie über Anforderungen und Prüfung. Als Bezeichnung für eine genormte Armatur gelten die Nennweite, die Nenndruckangabe sowie eine Schlüsselnummer und ein Typkurzzeichen.

*Beispiel:* Bezeichnung eines Absperrventils von Nennweite 100 für Nenndruck 16, aus Gusseisen (Schlüsselnummer 2), Durchgangsform, Oberteil gerade und Flanschanschluss (A), Bauform und Ausrüstung nach Typ-Kurzzeichen 02 aus EN-GJL-250 (A):

$$\text{Ventil DIN 3356} - 100 \text{ PN16} - 2 \text{ A } 02 \text{ A}$$

Bild 18-1 soll durch Vergleich der kennzeichnenden Merkmale die Auswahl der Armaturen erleichtern.

| Merkmal | Ventil | Schieber | Hahn | Klappe |
|---|---|---|---|---|
| Baulänge | groß | klein | mittel | klein |
| Bauhöhe | mittel | groß | klein | klein |
| Strömungswiderstand | mäßig | niedrig | niedrig | mäßig |
| Eignung für Richtungswechsel der Strömung | bedingt | gut | gut | gut |
| Öffnungs- bzw. Schließzeit | mittel | lang | kurz | mittel |
| Verstellkraft | mittel | klein | klein | schwankend |
| Verschleiß des Sitzes | gering | mäßig | hoch | gering |
| Einsatz | mittlere DN | größte DN | mittlere DN | größte DN |
|  | höchste PN | mittlere PN | mittlere PN | kleine PN |
| Eignung für Stellvorgänge | sehr gut | schlecht | mäßig | gut |
| Molchung | nicht möglich | möglich | möglich | nicht möglich |

**Bild 18-1** Richtlinien zur Auswahl der Armaturen

## 1. Ventile

Der Abschlusskörper, ein Ventilteller, ein Ventilkegel (30...60°) oder ein Kolben, bewegt sich geradlinig und längs zur Strömung durch Abheben vom Sitz um den Hub $h = d_i/4$ und wird durch eine Gewindespindel, durch Federkraft oder durch den Leitungsinhalt betätigt. Die Sitzbreite wird allgemein bei ebenen Dichtflächen $(0,04...0,1)\,d_i$, bei kegeligen $(0,02...0,05)\,d_i$ ausgeführt (Bild 18-2a).
Die Durchflussrichtung ist meist gegen die Unterfläche des Abschlusskörpers gerichtet. Zwecks sicherer Abdichtung muss die Sitzkraft $F_S$ größer sein als die Betriebskraft $F_B = p \cdot d_i^2 \cdot \pi/4$, und damit $F_S \approx (1{,}25...1{,}5)\,F_B$.
Da Ventile nur bis $F_B \approx 40$ kN leicht bedienbar sind, wird bei höheren Belastungen die umgekehrte Strömungsrichtung gewählt, was jedoch zum Öffnen des Ventils den Einbau einer Umführung oder eines *Entlastungsventils* (Doppelsitz, Kolben) erforderlich macht.
Sind Ventile zwischen in einer Richtung liegende Rohrleitungsabschnitte eingebaut, heißen sie *Durchgangsventile*, während sie zwischen unter 90° zusammenstoßenden Leitungsabschnitten eingebaut als *Eckventile* bezeichnet werden.

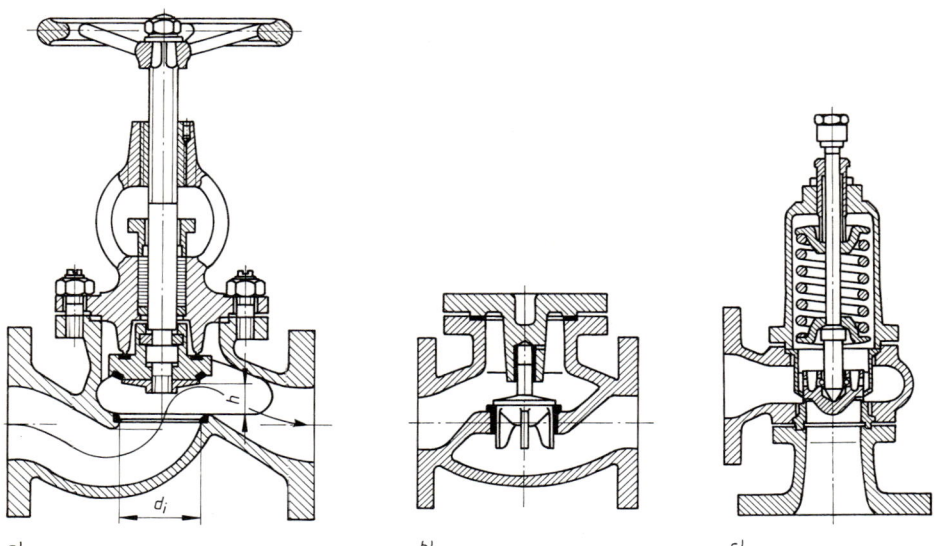

**Bild 18-2** Ventile. a) Absperrventil, b) Rückschlagventil, c) federbelastetes Sicherheitsventil

Nach ihren Aufgaben unterscheidet man:

*Absperrventile* (Bild 18-2a) zur Unterbrechung des Durchflussstromes,

*Rückschlagventile* (Bild 18-2b) zur Verhinderung des Rückströmens durch selbsttätiges Schließen beim Ausbleiben des Durchflusses,

*Sicherheitsventile* (Bild 18-2c) zum Schutz von Rohrleitungen, Behältern usw. bei Überschreiten des festgelegten Höchstdruckes durch selbsttätiges Öffnen.

*Hinweis:* Da der Abschlusskörper im Strömungsweg liegt, sind größere Druckverluste trotz strömungstechnischer Gestaltung schwer zu vermeiden. Außerdem muss bei hohen Drücken mit großen Kräften zur Ventilbetätigung gerechnet werden.

## 2. Schieber

Schieber werden für Gas, Druckluft, Wasser und Dampf mit DN 20 ... 1000 und nach Form des Gehäuses als Flach-, Oval- oder Rundschieber ausgeführt. Für größere Leitungsabmessungen werden nur Schieber verwendet.

Die Bewegung des Abschlusskörpers erfolgt geradlinig quer zur Strömung. Als Abschlusskörper dient beim *Keilschieber* ein ungeteilter, starrer, geführter Keil, der zusätzlich durch den Spindeldruck auf die Dichtflächen gepresst wird (Bild 18-3a). Beim *Plattenschieber* sind es lose Platten, die durch den Druck des Leitungsinhalts oder meist durch dazwischenliegende Druck- bzw. Spreizstücke oder Kugeln angepresst werden, so dass die Spindeldichtung entlastet ist. Die lose Anordnung der Platten im Plattenhalter ermöglicht einen Ausgleich bei Temperaturänderungen, so dass Klemmen vermieden wird (Bild 18-3b).

Die Dichtflächen aus eingewalzten oder aufgeschweißten Ringen sind beim Parallelplattenschieber parallel, beim Keilplattenschieber gegeneinander geneigt. Leitrohre am unteren Ende des Plattenhalters ergeben eine einwandfreie, wirbellose Führung des Durchflussstromes. Durch stetige Abnahme des Durchflussquerschnittes nach innen (Einziehung) erhält man besonders bei hohen Drücken kleine Bauteile und Kräfte. Gegenüber Ventilen gestatten Schieber bei Freigabe des gesamten Querschnitts einen verlustarmen Durchfluss in beiden Richtungen. Durch feinstufige Teilöffnung kann die Durchflussmenge einfach und genau eingestellt werden. Wegen des erforderlichen größeren Hubes ergeben sich, insbesondere bei Handbedienung, längere Öffnungs- und Schließzeiten. Die Herstellungskosten der Schieber sind hoch.

## 18.2 Bauformen

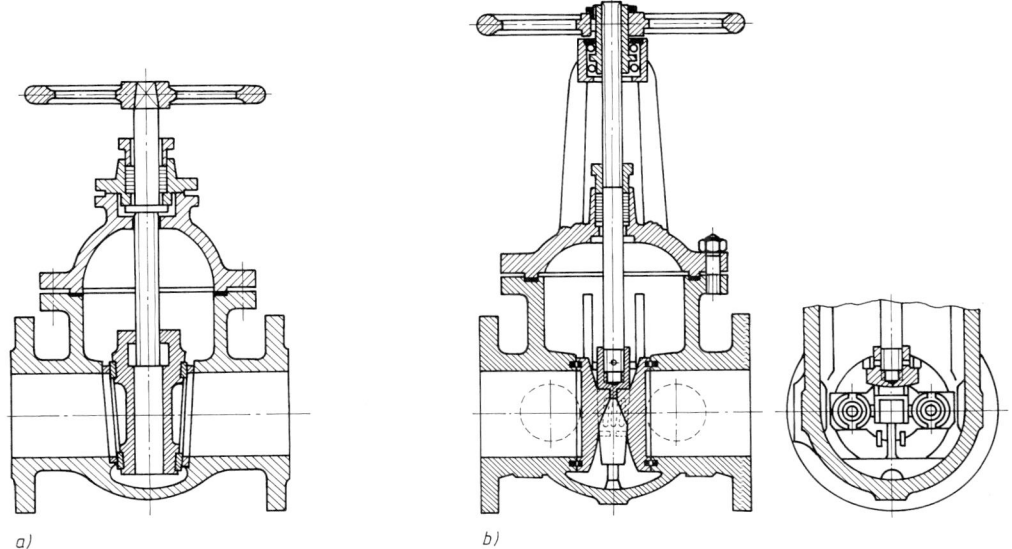

**Bild 18-3** Absperrschieber. a) Keilschieber, b) Parallel-Plattenschieber

Nachteilig ist die schlechtere Zugänglichkeit der Dichtflächen, wodurch auch die Instandhaltung erschwert wird.

### 3. Hähne

Bei Hähnen bewegt sich der Abschlusskörper drehend um eine Achse quer zur Strömung und wird in Offenstellung durchströmt. Beim Kegelhahn ist der Abschlusskörper ein kegeliges Küken (Kegel 1:6) mit einem Durchgang in Form eines hochstehenden Ovals, Bild 18-4a. Die metallisch dichtenden Küken sind in das Gehäuse eingeschliffen und werden mit einem besonderen Hahnfett geschmiert. Bei hohen Drücken und Temperaturen oder aggressiven Medien werden Schmierhähne angewendet, Bild 18-4b.

Hähne weisen eine Reihe von Vorteilen auf: einfache robuste Bauweise, geringer Durchflusswiderstand, geringer Platzbedarf, schnelle Schließ- und Umschaltmöglichkeit und Ausbildung

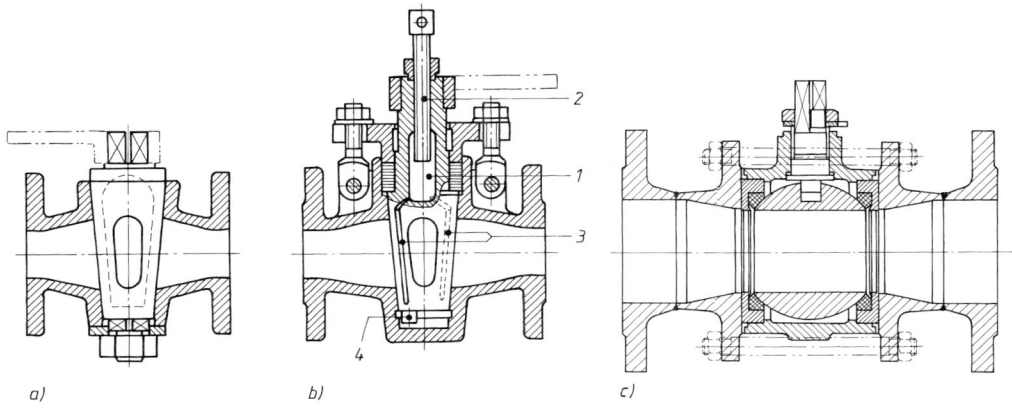

**Bild 18-4** Hähne. a) einfacher Durchgangshahn, b) Schmierhahn (**1** Schmierkammer, **2** Schmierspindel, **3** Schmiernuten, **4** Anschlag), c) Kugelhahn

mit mehreren Anschlussstutzen. Da die Dichtflächen immer aufeinander gleiten, verschleißen sie rasch und werden undicht. Zum Betätigen sind große Drehmomente nötig, bei längeren Stillstandszeiten neigen sie zum Blockieren.

Eine wesentliche Weiterentwicklung stellt der Kugelhahn dar, Bild 18-4c. Sein Abschlusskörper ist eine Kugel mit zylindrischer Bohrung. In geöffnetem Zustand weist er praktisch keinen Strömungswiderstand auf. Kugelhähne mit Volldurchgang bzw. reduziertem Durchgang sind genormt von DN 4 bis DN 500 für PN 4 bis PN 400.

### 4. Klappen

Bei Klappen bewegt sich der Abschlusskörper (Scheibe) drehend um eine Achse quer zur Strömung. Der Abschlusskörper ist in Offenstellung umströmt. Die Klappe nach Bild 18-5 mit zentrischer Lagerung kann als Absperr- und Drosselklappe eingesetzt werden. Sie haben einen geringen Platzbedarf und werden bis zu den größten Nennweiten gebaut. Der Antrieb kann über Handhebel, Handgetriebe, elektrischen Schwenkantrieb oder pneumatisch erfolgen. Für die Sicherung der Leitungsanlagen gegen Zurückfließen des Mediums werden Rückschlagklappen eingesetzt. Dabei wird die Klappenscheibe von der Strömung angehoben. Bei zurückfließendem Medium oder Druckumkehr schließt die Klappe selbsttätig.

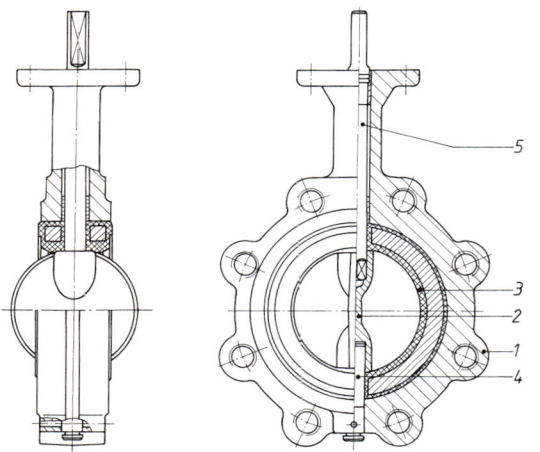

**Bild 18-5**
Absperrklappe.
1 Gehäuse
2 Klappenscheibe
3 Futter mit Einsatzring (auswechselbar)
4 Lagerzapfen
5 Antriebswelle

## 18.3 Gestalten und Entwerfen

### 18.3.1 Nenndruck und Nennweite

Für die Ausführung von Rohrleitungsanlagen bestehen zahlreiche Vorschriften und Normen. Grundlage für die Normung der Rohre und Armaturen sind die nach DIN 2401 festgelegten Nenndruckstufen und die nach DIN 2402 gestuften Nennweiten.

Der **Nenndruck** (Kurzzeichen PN) ist dabei die Bezeichnung für eine ausgewählte Druck-Temperatur-Abhängigkeit, die zur Normung von Bauteilen herangezogen wird. Die Nenndrücke sind nach Normzahlen gestuft, TB 18-3. Der Nenndruck wird ohne Einheit angegeben. Der Zahlenwert des Nenndrucks für ein genormtes Bauteil aus dem in der Norm genannten Werkstoff gibt den zulässigen Betriebsüberdruck (PB) in bar bei 20 °C an. Bauteile desselben Nenndrucks haben bei gleicher Nennweite gleiche Anschlussmaße. Bild 18-6 verdeutlicht die Druck-Temperatur-Zusammenhänge. Das schraffierte Feld darf nicht außerhalb der Grenzen zulässigen Betriebsüberdrucks, tiefster anwendbarer Temperatur und höchster anwendbarer Temperatur liegen. Für den Bereich der Fluidtechnik enthält DIN 24312 weitere Begriffe und dort bevorzugte Druckwerte.

## 18.3 Gestalten und Entwerfen

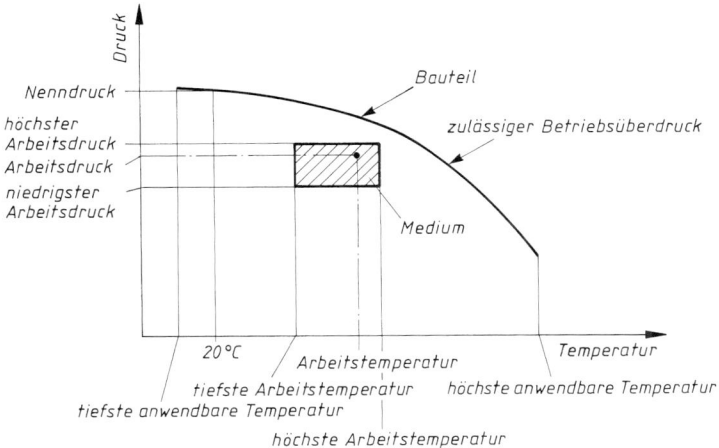

**Bild 18-6** Zusammenhänge von Nenndruck, zulässigem Betriebsüberdruck und Temperatur nach DIN 2401-1

Der Prüfdruck (PP) ist in Bild 18-6 nicht darstellbar, da er an keine bestimmte Temperatur gebunden ist (z. B. Prüfung mit Wasser oder Dampf), wechselnde Beziehungen zum Nenndruck haben kann (Festigkeits- oder Dichtheitsprüfung) und vom Prüfmedium abhängig sein kann. Nach Möglichkeit wird die Innendruckprüfung mit Wasser bei Raumtemperatur durchgeführt. Der Prüfdruck ist in den jeweiligen Regelwerken für Rohrleitungen und Armaturen festgelegt, z. B. DIN 4279, DIN 28 600, DIN 3230 und AD-Merkblatt A4, und beträgt in der Regel 1,5 × Nenndruck. In Wasserversorgungssystemen werden noch zul. Bauteilbetriebsdruck (PFA), höchster zul. Bauteilbetriebsdruck (PMA) und zul. Bauprüfdruck (PEA) unterschieden, s. EN 805 und EN 545.

Die **Nennweite** (Kurzzeichen DN) ist eine Kenngröße, die bei Rohrleitungssystemen als kennzeichnendes Merkmal zueinander passender Teile, z. B. von Rohren und Armaturen, benutzt wird. Die Nennweiten nach TB 18-4 haben keine Einheit und dürfen nicht als Maßeintragung benutzt werden, da sie nur annähernd den lichten Durchmessern in mm der Rohrleitungsteile entsprechen. Bei gegebenem Außendurchmesser der Rohre, Formteile und Armaturen können die lichten Durchmesser nämlich je nach den zur Ausführung gelangenden Wanddicken gegenüber der Kenngröße der Nennweite Unterschiede aufweisen.

### 18.3.2 Rohrverbindungen

Bei der Verbindung einzelner Rohrleitungsteile zu einer funktionsfähigen Leitung kann man zwischen lösbaren und unlösbaren Verbindungen unterscheiden. Zu den lösbaren Verbindungen gehören die Flansch- und Muffenverbindungen und die Rohrverschraubungen. Unlösbare Verbindungen lassen sich durch Schweißen, Löten, Walzen, Sicken und Kleben herstellen. Die Verbindungen sollen die Festigkeit der Grundrohre aufweisen, müssen dicht und wirtschaftlich herstellbar sein.

#### 1. Schweißverbindungen für Stahlrohre

Geschweißte Rohrverbindungen haben eine solche Bedeutung erlangt, dass an modernen Rohranlagen andere Verbindungsarten die Ausnahme bilden. Fehlerfrei ausgeführte Schweißnähte weisen die Festigkeit und Lebensdauer der Grundrohre auf, sie bleiben unverändert dicht, beanspruchen nur geringen Platz, sind temperaturbeständig und ermöglichen damit die zuverlässigste und wirtschaftlichste Verbindung.

Die Rohre werden möglichst stumpf (Kraftfluss!) oder überlappt, also mittels Kehlnähten, verbunden. Voraussetzung für die Güte der Stumpfschweißnaht ist das genaue Zusammenpassen der Rohre, eine einwandfreie Zentrierung der Rohrenden gegeneinander und ggf. eine

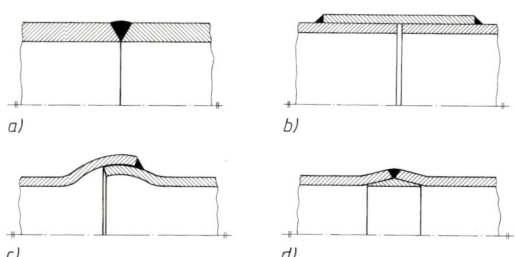

**Bild 18-7** Geschweißte Rohrverbindungen.
a) Stumpfnaht, beste Ausführung
b) Überschiebmuffe, vorteilhaft bei Reparaturen, vermeidet Zerstörung des Innenschutzes durch die Schweißnähte
c) Kugelschweißmuffe, ermöglicht Achsabwinklungen bis 10°
d) Nippelschweißmuffe, erlaubt vollkommene Durchschweißung der V-Naht ohne Querschnittsverengung durch Schweißansätze

Schweißkantenvorbereitung, die ein sicheres Legen der Wurzellage erlaubt. Beispiele für die Gestaltung von Schweißverbindungen an Rohrleitungen und Behältern gibt DIN 8558, siehe Bild 18-7 und 6.2.5-5. Richtlinien für die Schweißnahtvorbereitung (Fugenformen) sind, abgestimmt mit DIN EN 29692 (Bild 6-11) in DIN 2559 zu finden.
Gas- und Lichtbogenschweißen sind die beim Verbindungsschweißen von Rohrleitungen am meisten eingesetzten Verfahren. Bis etwa DN 100 ist das Gasschmelzschweißen das wirtschaftlichste Verfahren. Immer breitere Verwendung finden daneben die Schutzgasschweißverfahren MIG, MAG und WIG. Wenn, wie bei Rohren mit kleinen und mittleren Durchmessern, die Nahtrückseite nicht zugänglich ist, muss zur Erzeugung einwandfreier Wurzellagen und zur Vermeidung von Zunderbildung (Betriebsstörungen!) Formiergas eingeleitet oder mit Einlegeringen gearbeitet werden, Bild 18-7d. Die Prüfung der Schweißnähte erfolgt mit den üblichen zerstörungsfreien Prüfverfahren. Dampf-, Fernheiz- und frei verlegte Ölleitungen erfordern ab größeren Nennweiten eine Wärmebehandlung auf der Baustelle, die z. B. aus Vorwärmen, Spannungsarmglühen und Normalisieren bestehen kann.

## 2. Flanschverbindungen

Als lösbare Verbindungen werden Flanschverbindungen vielfach durch Schweißverbindungen ersetzt und noch dort eingesetzt, wo Trennstellen vorgesehen werden müssen (z. B. Anschluss an Armaturen und Pumpen) oder wo aus Sicherheitsgründen nicht geschweißt werden darf.
Die Verbindung besteht aus den beiden Flanschen, der eingelegten Dichtung und den für das Zusammenpressen erforderlichen Schrauben und Muttern. Alle Teile sind weitgehend genormt. Gusseisen- und Stahlgussrohre haben fest angegossene Flansche (Bild 18-8a) mit kegeligem Übergang vom Rohr zum Flansch (DIN 2530...2535 bis PN 40 und DIN 2543...2551 bis PN 400). Bei Stahlrohren werden die Flansche als Vorschweißflansche (DIN 2627...2638 bis PN 400, Bild 18-8b), Gewindeflansche (DIN 2558, 2561 und 2566 bis PN 16, Bild 18-8c) oder Lötflansche (DIN 2573 und 2576 bis PN 10, Bild 18-8d) mit den Rohrenden verbunden. Lose Flansche (für Bördelrohre DIN 2641, 2642 bis PN 10 oder mit Bund DIN 2641, 2642, 2655 und 2656 bis PN 40, Bild 18-8e) für leichte Montage und Anpassmöglichkeit an vorhandene Rohrflansche.
Durch die Maßnormen können Flansche gleicher Nennweite und gleichen Nenndruckes unabhängig von ihrer Bauform verbunden und gegeneinander ausgetauscht werden. Dadurch ist es möglich, Rohre aller Werkstoffe (GJL, St, NE-Metalle) beliebig miteinander zu verbinden.

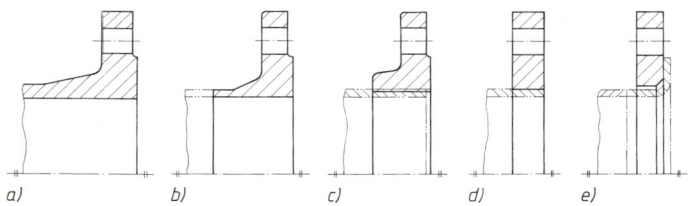

**Bild 18-8** Genormte Flansche. a) Gusseisen- und Stahlgussflansch, b) Vorschweißflansch, c) Gewindeflansch mit Ansatz, d) glatter Flansch zum Löten oder Schweißen, e) loser Flansch für Bördelrohr

## 18.3 Gestalten und Entwerfen

Jeder Flansch erhält eine durch 4 teilbare Anzahl von Schraubenlöchern, die so anzuordnen sind, dass sie symmetrisch zu den beiden Hauptachsen liegen und dass in diese Achsen keine Bohrungen fallen.

Anschlussmaße der Flansche für PN 6, PN 40 und PN 63 siehe TB 18-2. Die Dichtungen müssen zum Ausgleich von Dichtflächenungenauigkeiten elastisch sein, dabei aber auch den mechanischen und thermischen Einwirkungen standhalten; außerdem wird Beständigkeit gegenüber dem Leitungsinhalt gefordert. Verwendet werden überwiegend Weichdichtungen aus It-Werkstoffen, Metall-Weichstoffdichtungen und Metalldichtungen nach DIN 2690 bis 2698. Näheres zur Dichtungstechnik siehe unter 19.2.

Flansche mit glatten Dichtleisten sind am preiswertesten und ermöglichen einen leichten Ein- und Ausbau, Bild 18-8. Nut- und Federflansche weisen die beste Dichtwirkung auf und werden bei hohen Drücken und Vakuum eingesetzt, besonders aber dort, wo austretende Medien Schäden verursachen könnten (Vergiftung, Brand), Bild 18-9a. Nachteilig ist die erschwerte Montage, da die anschließenden Rohrteile um das Maß der Feder auseinandergerückt werden müssen. Ähnliches gilt für Flansche mit Vor- und Rücksprung nach Bild 18-9b, aber keine Anwendung für Vakuum. Bei der Profildichtung nach Bild 18-9c liegt ein Rundgummiring in der *V*-förmigen Nut des Vorsprungflansches. Die Funktionen Dichten und Verbinden sind getrennt.

Für hohe Drücke werden Flansche mit Abschrägung für Membran-Schweißdichtungen (DIN 2695, Bild 19-4b) und mit Eindrehung für Linsendichtungen (DIN 2696) eingesetzt. Die Auswahl der Schrauben und Muttern ist nach DIN 2507 vorzunehmen.

*Hinweis:* Soweit Flanschnormen bestehen, erübrigt sich eine Festigkeitsberechnung für Flansche und Schrauben, da die Abmessungen für bestimmte PN und DN festgelegt sind. In allen übrigen Fällen ist ein Festigkeitsnachweis nach DIN V 2505 zu führen, s. unter 19.2.2.

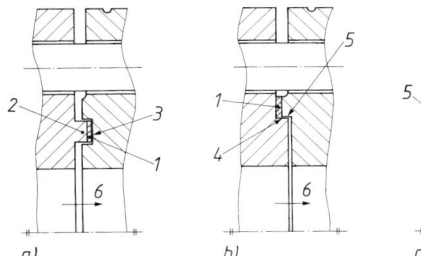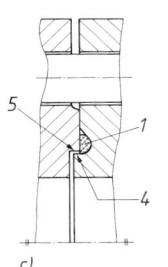

**Bild 18-9**
Formen der Dichtflächen bei Flanschverbindungen (vgl. EN 1541-1)
a) Feder und Nut nach DIN 2512
b) Vor- und Rücksprung nach DIN 2513
c) Vorsprung mit Eindrehung und Rücksprung nach DIN 2514
**1** Dichtring, **2** Feder, **3** Nut, **4** Vorsprung, **5** Rücksprung, **6** Strömungsrichtung

### 3. Rohrverschraubungen

Eine häufige und bewährte Verbindungsart für Versorgungsleitungen in der Hausinstallation ist die mittels Gewinderohren und Temperguss- bzw. Stahlfittings DIN EN 10242 bzw. DIN 2980. Man verwendet dabei ausschließlich das Whitworth-Rohrgewinde DIN 2999 mit zylindrischem Innen- und kegeligem Außengewinde (Kegel 1:16), Bild 18-10. Diese Gewindeverbindung ist

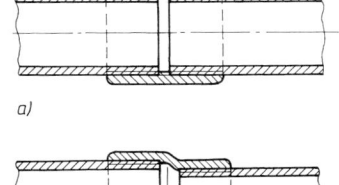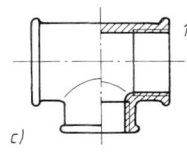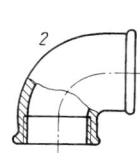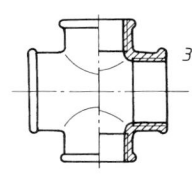

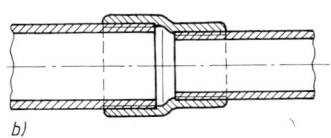

**Bild 18-10**
Schraubverbindungen mit Fittings.
a) Verbindung gleichgroßer Rohre
b) Verbindung verschieden großer Rohre durch reduzierte Muffe
c) Fittings **1** T-Stück, **2** Bogen, **3** Kreuzstück

so ausgelegt, dass die Dichtwirkung zum größten Teil durch die metallische Pressung der Gewindeflanken gegeneinander erreicht wird. Wenn nötig, darf ein geeignetes Dichtmittel (Kunststoffbänder, Hanf, Vlies) im Gewinde verwendet werden, um eine dichte Verbindung sicherzustellen. Bei allseitigem Rechtsgewinde gelten derartige Schraubverbindungen als unlösbar.

In den Leitungsnetzen der bei hohen Drücken (bis 630 bar) arbeitenden Ölhydraulik werden Rohrverschraubungen entsprechend den Bildern 18-11 und 18-12 benutzt. Die Abdichtung erfolgt über metallischen Kontakt oder elastisch durch O-Ringe, s. Bild 18-11. Die Haltefunktion übernehmen Schneidringe oder Bördel oder Kegel zusammen mit der Überwurfmutter, vgl. Bild 18-11. Bei hohen Drücken und starken dynamischen Belastungen (Druckspitzen, mechanische Schwingungen) haben sich weichdichtende Schweißkegelverschraubungen (Bild 18-11d) besonders bewährt. Durch die O-Ring-Abdichtung und den Wegfall eines Schneidrings erreicht man auch bei extremen Betriebsverhältnissen absolute Dichtheit der Verbindung bei hoher Biegewechsel- und Druckimpulsfestigkeit. Metallisch dichtende Bördelverschraubungen (Bild 18-11b) kommen im Mitteldruckbereich der Hydraulik zum Einsatz. Bei der flachdichtenden Bördelverschraubung 90° ist zu beachten, dass sie keine Fluchtungsfehler ausgleichen kann (Bild 18-11c). Auf der Grundlage des genormten 24°-Grundkörpers mit genormter Überwurfmutter wurden neue Verschraubungen entwickelt, so z. B. Schneidringe mit Weichdichtung und Formkopf mit/ ohne Weichdichtung.

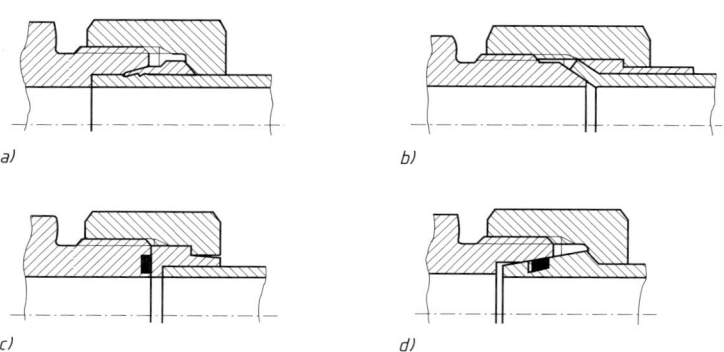

**Bild 18-11** Rohrverschraubungen nach ISO 8434 für Hydraulikanlagen (Rohraußendurchmesser 6 bis 38 mm, bis PN 630). a) Schneidring, Dichtkegel 24° (DIN 2353), b) Bördel, Dichtkegel 37°, c) flachdichtend mit O-Ring (Bördel oder Endstück 90°), d) Schweiß-(Dicht-)Kegel 24° mit O-Ring (DIN 3865)

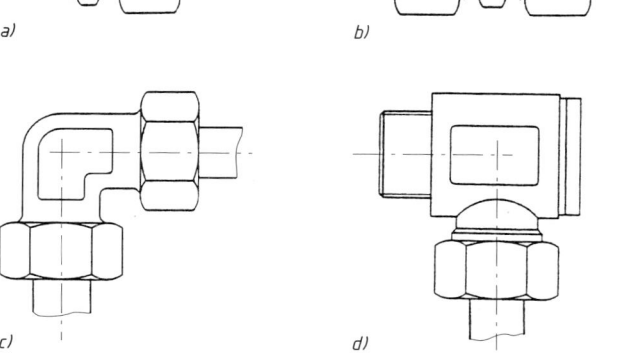

**Bild 18-12**
Verschraubungsarten.
a) Gerade Einschraubverschraubung
b) gerade Verbindungs-Verschraubung
c) Winkelverschraubung
d) Schwenkverschraubung

Hydraulikrohre werden an Hydraulikgeräte mittels Einschraubzapfen und -löcher angeschlossen (Bild 18-12a). DIN 3852 sieht für zylindrisches und kegeliges Einschraubgewinde das Metrische Feingewinde und das Whitworth-Rohrgewinde vor (TB 18-11).
Die Abdichtung sollte durch einen elastomeren Dichtring erfolgen. In Rohrleitungsnetzen erfolgt die Verbindung der Rohre miteinander durch Verbindungsverschraubungen (Gerade-, Winkel-, T- und Kreuzform) und ggf. durch Schott- und Einschweißverschraubungen, s. Bild 18-12b und c. Wegen des erforderlichen Anziehdrehmomentes sind bei Rohraußendurchmesser über 38 mm Flanschverbindungen üblich.

**4. Muffenverbindungen**

Elastische Muffenverbindungen werden für Gusseisenrohre bei Gas- und Wasserleitungen (siehe TB 18-1) und bei Kunststoffrohren eingesetzt. Starre Muffenverbindungen (z. B. Stemmmuffen) werden seltener angewandt. Schweißmuffen siehe unter 18.3.2-1.
Bei der Steckmuffen-Verbindung, Bild 18-13a, wird ein Gummidichtring (2) in die Muffe (1) eingelegt. Nach dem Einfahren des glatten Rohrendes in die Muffenkammer wird durch Verformen des Dichtringes die radiale Dichtpressung erzielt.
Bei der Schraubmuffen-Verbindung wird das feste Einpressen des Gummidichtringes (3) durch einen Schraubring (2) bewirkt, Bild 18-13b.
Bei der Stopfbuchsenmuffen-Verbindung wird ein Gummidichtring (3) unter dem Druck des Stopfbuchsenrings (2) wie eine Stopfbuchsenpackung in die Dichtfuge gepresst, Bild 18-13c.
Alle genannten Ausführungen gestatten Winkelabweichungen und können Längsverschiebungen aufnehmen. Sie ermöglichen daher die Ausführung sanfter Krümmungen ohne Formstücke und verhindern Rohrbrüche bei Senkungen des Erdreichs. Zur Aufnahme von Längskräften müssen die Leitungen allerdings entsprechend gesichert werden. Auch mit temperaturempfindlichem Innenschutz versehene Rohre lassen sich schonend (keine Wärme!), einfach und schnell verlegen.

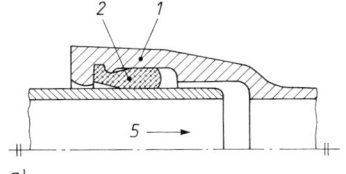

a)

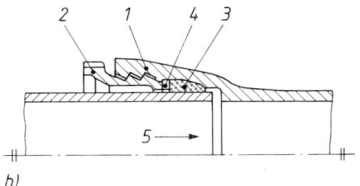

b)

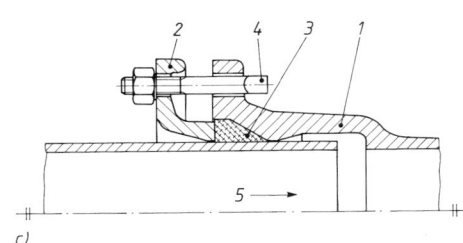

c)

**Bild 18-13** Muffenverbindungen für Druckrohre aus duktilem Gusseisen.
a) Steckmuffen-Verbindung nach DIN 28 603
  (**1** Steckmuffe, **2** Dichtring)
b) Schraubmuffen-Verbindung nach DIN 28 601
  (**1** Schraubmuffe, **2** Schraubring, **3** Dichtring, **4** Gleitring)
c) Stopfbuchsenmuffen-Verbindung nach DIN 28 602
  (**1** Stopfbuchsenmuffe, **2** Stopfbuchsenring, **3** Dichtring, **4** Hammerschraube mit Mutter, **5** Strömungsrichtung)

## 18.3.3 Dehnungsausgleicher

Rohrleitungen sind infolge Temperaturänderungen des Leitungsinhalts oder der Umgebung Längenänderungen unterworfen, die durch eine elastische Gestaltung der Rohrleitung ausgeglichen werden müssen. Ist die Leitung gerade und fest eingespannt, so muss die entstehende Rohrkraft (Zug oder Druck) von den Festpunkten aufgenommen werden. Der Extremwert der Längsspannungen im Rohr beträgt dann $\sigma_\vartheta = E \cdot \alpha \cdot \Delta\vartheta$, bei Stahlrohren sind das ca.

2,5 N/mm² je K Temperaturdifferenz. Überschlägig lässt sich die von der Rohrlänge unabhängige Rohrkraft für beliebige Rohrwerkstoffe ermitteln aus:

$$\boxed{F_\vartheta \approx E \cdot \alpha \cdot \Delta\vartheta \cdot A \quad \text{in N}} \tag{18.1}$$

- $E$   Elastizitätsmodul des Rohrwerkstoffes in N/mm² nach TB 1-1 bis TB 1-4
- $\alpha$   thermischer Längenausdehnungskoeffizient in K⁻¹ des Rohrwerkstoffes
  Baustahl: $12 \cdot 10^{-6}$ K⁻¹; warmfeste und nichtrostende Stähle sowie Cu: $17 \cdot 10^{-6}$ K⁻¹; Al-Leg.: $24 \cdot 10^{-6}$ K⁻¹; Kunststoffe: zwischen $50 \cdot 10^{-6}$ K⁻¹ bei tiefen und max. $200 \cdot 10^{-6}$ K⁻¹ bei hohen Temperaturen (80 °C)
- $\Delta\vartheta$   Temperaturdifferenz in K zwischen Einbau und Betriebszustand
- $A$   Rohrwandquerschnitt in mm², z. B. aus TB 1-13

Anzustreben ist natürlicher Dehnungsausgleich durch Richtungswechsel der verlegten Rohre. Hierbei wird die Ausdehnung der geraden Strecke durch Ausbiegung des rechtwinkligen Rohrschenkels aufgenommen, Bild 18-14a. Die Festpunkte sollten möglichst an den Armaturen angeordnet werden. Größere Längenänderungen können durch Dehnungsausgleicher aufgenommen werden, die zwischen den Festpunkten anzuordnen sind, Bild 18-14b. Bewährt haben sich Dehnungsbogen in $U$- oder Lyra-Form, die aus dem gleichen Werkstoff wie das Rohr bestehen. Sie sind betriebssicher und wartungsfrei, aber sehr platzaufwendig. Um die entstehenden Kräfte, Biegemomente und Drehmomente auf ein erträgliches Maß zu reduzieren, werden die Rohre mit Vorspannung entgegen der Wärmedehnung montiert. Üblich ist eine Vorspannung von 50% der zu erwartenden Kraft. Hochbeanspruchte Leitungen müssen in Bezug auf die Wärmedehnung genau berechnet werden.

Bei großen Rohrleitungen und bei beengten Platzverhältnissen müssen die Wärmedehnungen von besonderen Elementen aufgenommen werden (künstlicher Dehnungsausgleich). Einfachstes Element ist die Linse (Bild 18-14c), die zu mehreren Elementen zusammengesetzt einen Metallbalg ergibt. Stopfbuchsen-Dehnungsausgleicher können große Dehnwege ausgleichen, Bild 18-14d.

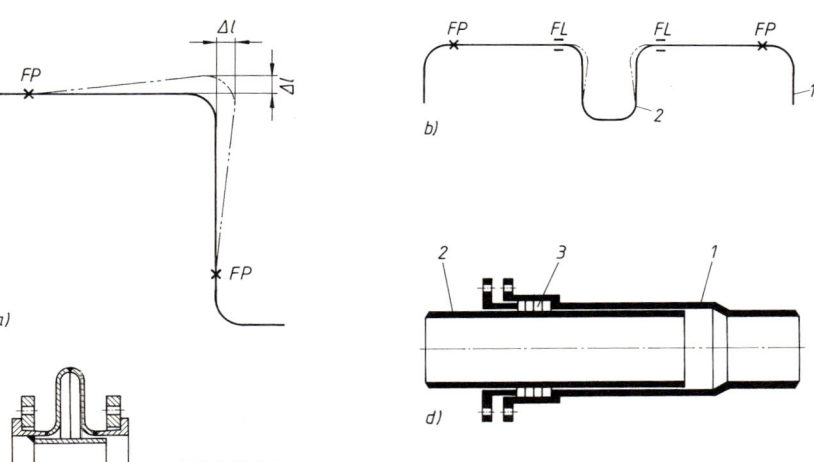

**Bild 18-14**
Dehnungsausgleicher.
a) Rohrschenkelausgleicher (schematisch)
b) Rohrleitung mit Dehnungsausgleicher in U-Form (U-Bogen) und Anordnung der Fest- und Lospunkte (**1** Rohrleitung, **2** U-Bogen, **FP** Festpunkt, **FL** Führungslager = Lospunkt)
c) Linsenausgleicher
d) Stopfbuchsen-Dehnungsausgleicher, schematisch (**1** Hülsrohr, **2** Degenrohr, **3** Stopfbuchse)

## 18.3.4 Rohrhalterungen

Sie müssen das Betriebsgewicht der Leitung und in Festpunkten auch Kräfte und Momente aus der Wärmedehnung aufnehmen. Die *Abstände* zwischen den Unterstützungspunkten können für Stahlrohrleitungen nach folgender Faustformel festgelegt werden:

$$L = k \cdot d_i^{0{,}67}$$

| $L$ | $k$ | $d_i$ |
|---|---|---|
| m | 1 | mm |

(18.2)

$d_i$ Rohrinnendurchmesser
$k$ Faktor für die Rohrausführung
  – für leeres ungedämmtes Rohr: $k = 0{,}3$
  – für gefülltes (Wasser) und gedämmtes Rohr: $k = 0{,}2$

Festpunkte dienen zur Fixierung der Leitung in Dehnungsrichtung und müssen für die auftretenden Längskräfte starr genug ausgeführt werden, Bild 18-15a. Rohrunterstützungen leiten die Gewichtskräfte auf die Auflage ab und sind meist als Führungslager (Lospunkt) ausgebildet, Bild 18-15b. Rohraufhängungen gibt es in vielen Ausführungsformen, Bild 18-15c und 18-15d. Als Lospunkte haben sie die Aufgabe, das Leitungsgewicht zu tragen und die Einstellung des Gefälles zu ermöglichen. Zur Herstellung können genormte Rohrschellen (DIN 3567), Rundstahlbügel (DIN 3570), Hängeanker (DIN 3575) sowie Trägerklauen (DIN 3576) und Klemmplatten (DIN 3568) verwendet werden.

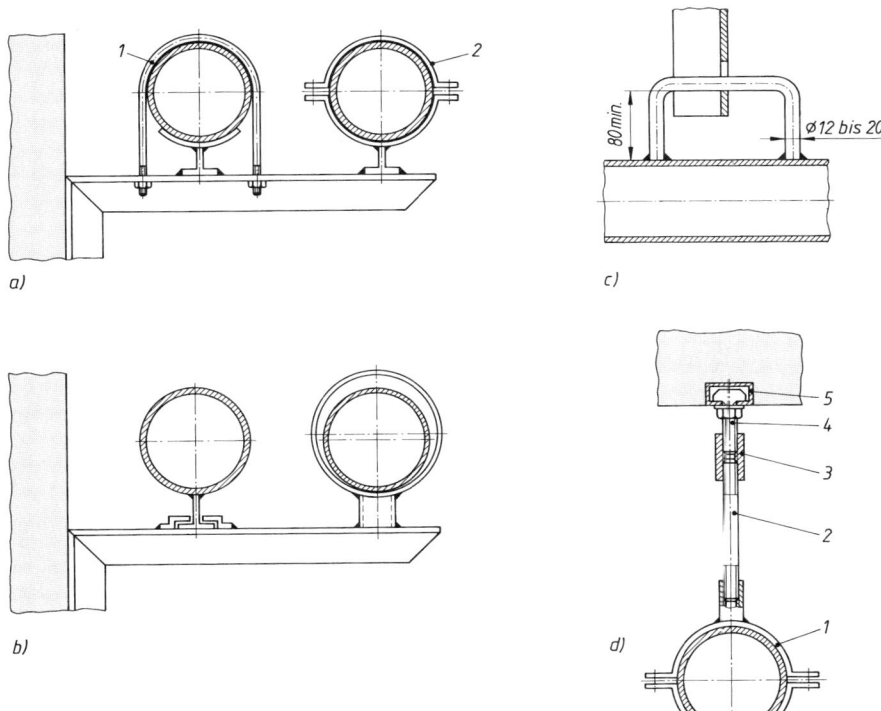

**Bild 18-15** Rohrabstützungen und Befestigungen.
a) Rohrbefestigung (Festpunkt) mit Rundstahlbügel (1) und Rohrschelle (2)
b) Rohrunterstützung (Lospunkt), als Führungslager ausgebildet
c) Rohraufhängung mit U-förmigem Rundstahlbügel
d) Deckenaufhängung mit Gewindestange
  (**1** Schelle, **2** Gewindestange, **3** Gewindemuffe, **4** Hammerschraube, **5** Montageschiene)

### 18.3.5 Gestaltungsrichtlinien für Rohrleitungsanlagen

**1. Betriebssicherheit:**

— Alle Rohrleitungsteile müssen den Sicherheitsvorschriften entsprechen.
— Bei der Werkstoffwahl sind die Forderungen der Regelwerke zu beachten.
— Korrosionsschutz ausführen und sichern. Für Innenschutz u. U. lebensmittelrechtliche Bestimmungen beachten.
— Die Auswechslung einzelner Teile soll ohne Betriebsunterbrechung möglich sein.
— Zum Schutz der Anlagen sind Sicherheitsventile, Rückschlagklappen, Entlüftungs- und Entwässerungseinrichtungen u. dgl. einzusetzen.
— Wirksamen Ausgleich der Wärmedehnung realisieren.
— Rohrleitungsteile ausreichend abstützen. Auftretende Kräfte sicher ableiten (Fest- und Lospunkte, Halterungen, Rohrleitungsbrücken und -schwellen, Auflager und Einbettung).
— Rohrleitungen mit ausreichendem Gefälle ausführen. Gefälle bei Wasserleitungen 5 mm/m, Luftleitungen (ungetrocknet) 20 mm/m.
— Eindeutige Markierung und Kennzeichnung.

**2. Wirtschaftlichkeit:**

— Kurze und möglichst gerade Rohrleitungen anstreben.
— Strömungstechnisch günstige Armaturen und Formstücke verwenden.
— Günstige Strömungsgeschwindigkeit wählen, siehe TB 18-5.
— Wärme- und kälteführende Rohrleitungen dämmen um Energieverluste zu begrenzen.
— Erweiterungsmöglichkeiten vorsehen.

**3. Instandhaltung:**

— Rohrleitungen übersichtlich und leicht zugänglich ausführen.
— Montage- und Demontagemöglichkeiten vorsehen.
— Durch Umschaltmöglichkeiten Voraussetzungen für Reparatur ohne Stillsetzung der Anlage schaffen.

### 18.3.6 Darstellung der Rohrleitungen

Zur einfachen Darstellung von Leitungsplänen sind in DIN 2429 graphische Symbole für Rohrleitungen, Armaturen und Stellantriebe festgelegt.
Zur Kennzeichnung nicht erdverlegter Rohrleitungen nach dem Durchflussstoff ist DIN 2403 heranzuziehen.
Genormte Rohrleitungskurzzeichen nach DIN 2406 dienen zur schnellen und eindeutigen Verständigung zwischen Rohrleitungsbetreibern und Planungs- bzw. Montagefirmen.

## 18.4 Berechnungsgrundlagen

### 18.4.1 Rohrquerschnitt und Druckverlust

Bei der Planung von Rohrleitungen wird zunächst die Nennweite festgelegt. Dabei ist nach meist vorgegebenem Volumenstrom $\dot{V}$ die Strömungsgeschwindigkeit $v$ je nach Art der Anlage so zu wählen, dass sich niedrige Rohrleitungs- und Betriebskosten ergeben.
Aus der Durchflussgleichung für inkompressible Medien $\dot{V} = A \cdot v = \dot{m}/\varrho =$ konstant ergibt sich bei gegebenem Volumen- bzw. Massenstrom für kreisförmige Rohre der Mittelwert der Strö-

## 18.4 Berechnungsgrundlagen

mungsgeschwindigkeit

$$v = \frac{4}{\pi} \cdot \frac{\dot{V}}{d_i^2} = \frac{4}{\pi} \cdot \frac{\dot{m}}{\varrho \cdot d_i^2} \quad \text{in m/s} \tag{18.3}$$

oder bei gewählter Strömungsgeschwindigkeit der erforderliche Rohrinnendurchmesser

$$d_i = \sqrt{\frac{4}{\pi} \cdot \frac{\dot{V}}{v}} = \sqrt{\frac{4}{\pi} \cdot \frac{\dot{m}}{\varrho \cdot v}} \quad \text{in m} \tag{18.4}$$

$\dot{V}$    Volumenstrom in m³/s
$v$    Strömungsgeschwindigkeit in m/s, Richtwerte nach TB 18-5
$\dot{m}$    Massenstrom in kg/s
$\varrho$    Dichte des Medium in kg/m³, abhängig von Druck und Temperatur; Anhaltswerte s. TB 18-9

Danach kann ein Rohr mit der entsprechenden lichten Weite (Innendurchmesser bzw. Nennweite) aus den Rohrnormen ausgewählt werden (TB 18-1 und TB 1-13).
Der wirtschaftliche Rohrdurchmesser hängt über die Anlage- und Betriebskosten auch stark vom Druckverlust $\Delta p$ ab, der durch die Reibung des strömenden Stoffes und durch Stromablösungen und Wirbel in Rohrleitungselementen entsteht. Er stellt eine verbrauchte Leistung dar, die von Pumpen und Verdichtern aufgebracht werden muss. Ein natürliches Druckgefälle steht nur bei abfallenden Wasserleitungen oder bei ansteigenden Gasleitungen ($\varrho_{Gas} < \varrho_{Luft}$) zur Verfügung.
Bei inkompressibler, also raumbeständiger Fortleitung wird bei geraden kreisförmigen Rohrleitungen ohne Einbauten der Druckverlust

$$\Delta p = \lambda \cdot \frac{l}{d_i} \cdot \frac{\varrho}{2} \cdot v^2 \quad \text{in Pa}^{1)} \; [\text{N/m}^2,\, \text{kg/(m} \cdot \text{s}^2)] \tag{18.5}$$

Die durch Rohrleitungselemente (Rohrerweiterungen und -verengungen, Rohrumlenkungen, Absperrorgane) verursachten Druckverluste betragen

$$\Delta p = \Sigma \zeta \cdot \varrho \cdot v^2 / 2 \quad \text{in Pa} \tag{18.6}$$

Unter Berücksichtigung des geodätischen Höhenunterschiedes $\Delta h$ bei nicht horizontal verlaufenden Leitungen erhält man die allgemeine Berechnungsformel für den *gesamten Druckverlust*

$$\Delta p = \frac{\varrho \cdot v^2}{2} \left( \frac{\lambda \cdot l}{d_i} + \Sigma \zeta \right) \pm \Delta h \cdot g \cdot (\varrho - \varrho_{Luft}) \quad \text{in Pa} \tag{18.7}$$

$d_i, v$    wie zu Gln. (18.3) und (18.4)
$l$    Länge der Rohrleitung in m
$\lambda$    Rohrreibungszahl nach TB 18-8 bzw. Gln. (18.9) bis (18.11)
$\zeta$    Widerstandszahl, abhängig vom Rohrleitungselement; Richtwerte s. TB 18-7
$\Delta h$    Unterschied der geodätischen Höhe zwischen Anfangs- und Endpunkt der Leitung in m
$\varrho, \varrho_{Luft}$    Dichte des Mediums bzw. der Umgebungsluft in kg/m³; Anhaltswerte s. TB 18-9
$g$    Fallbeschleunigung 9,81 m/s²

*Hinweis:* Im 2. Glied der Gleichung gilt das positive Vorzeichen für aufsteigende und das negative Vorzeichen für abfallende Leitungen. Bei $\varrho < \varrho_{Luft}$ (z. B. Niederdruckgasleitungen) ergibt sich für aufsteigende Leitungen ein Druckgewinn (Auftrieb), bei abfallenden Leitungen entsprechend ein Druckverlust.

---

[1] Die SI-Einheit des Druckes ist das Pascal (Pa). 1 bar = 0,1 MPa = 0,1 N/mm² = 10⁵ Pa.

Die Strömungsform ist abhängig von der Reynolds-Zahl

$$Re = \frac{v \cdot d_i}{\nu} = \frac{v \cdot d_i \cdot \varrho}{\eta} \tag{18.8}$$

$d_i$, $\varrho$, $v$ wie zu Gln. (18.3) und (18.4)
$\eta$ dynamische Viskosität in Pa s bzw. kg/(m · s), stark temperaturabhängig, Anhaltswerte s. TB 18-9b; für Schmieröle s. TB 15-9
$\nu$ kinematische Viskosität in m²/s ($\eta/\varrho$), temperatur- und bei Gasen auch druckabhängig; Anhaltswerte s. TB 18-9a

Die kritische Reynolds-Zahl $Re_{krit} = 2320$ kennzeichnet den Übergang von der laminaren zur turbulenten Strömung. Der Reibungseinfluss wird durch die Rohrreibungszahl $\lambda$ erfaßt, der von der Reynolds-Zahl $Re$ und von der relativen Rauigkeit $d_i/k$ abhängen kann, vgl. TB 18-8.
Bei laminarer Strömung ($Re < 2320$, z. B. Ölleitungen) ist die Rohrreibungszahl unabhängig von der Rauigkeit der Rohrwand

$$\lambda = \frac{64}{Re} \tag{18.9}$$

Im turbulenten Strömungsgebiet steigt die Rohrreibungszahl sprunghaft an und verläuft für völlig glatte Rohre ($k = 0$) entsprechend der Näherungsformel $\lambda \approx 0{,}309/[\lg(Re/7)]^2$.
In den meisten Anwendungsfällen liegen Rohre mit vollkommen *rauer Wand* vor, bei denen die Rauigkeitserhebungen $k$ größer sind als die Dicke der viskosen Unterschicht. Die Rohrreibungszahl $\lambda$ ist nur abhängig von $d_i/k$ und es gilt oberhalb der Grenzkurve $\lambda = [(200 d_i/k)/Re]^2$ (vgl. TB 18-8) die Beziehung

$$\lambda = \frac{1}{\left(2\lg\dfrac{d_i}{k} + 1{,}14\right)^2} \tag{18.10}$$

Im *Übergangsgebiet* zwischen vollrauem und glattem Verhalten der Rohrwand hängt die Rohrreibungszahl sowohl von $d_i/k$ als auch von $Re$ ab:

$$\frac{1}{\sqrt{\lambda}} = -2\lg\left(\frac{2{,}51}{Re \cdot \sqrt{\lambda}} + \frac{1}{3{,}71\dfrac{d_i}{k}}\right) \tag{18.11}$$

*Hinweis:* Bei der Berechnung des Druckverlustes muss erst die für den vorliegenden Strömungsfall zu erwartende Reynolds-Zahl nach Gl. (18.8) ermittelt werden. Danach ist die Rauigkeitshöhe $k$ je nach Rohrart und Zustand der Rohrinnenwand nach TB 18-6 abzuschätzen. Mit $Re$ und $d_i/k$ kann dann die Rohrreibungszahl mit guter Näherung aus TB 18-8 abgelesen oder mit Hilfe der Gln. (18.9) bis (18.11) rechnerisch bestimmt werden.

Bei Gas- und Dampfleitungen liegt eine kompressible, also raumveränderliche Fortleitung vor, bei der sich die Dichte des strömenden Stoffes durch die Expansion infolge des Druckabfalls verändert. Ist der Druckverlust und damit die Expansion gering, wie z. B. bei Niederdruck-Gasleitungen, so liefert auch bei einem kompressiblen Stoffstrom die Gl. (18.7) ausreichend genaue Ergebnisse.
Für Rohrleitungen mit abgestuften Durchmessern sind die Druckverluste für jede Teilstrecke gesondert zu ermitteln und zu addieren.
Hohe Strömungsgeschwindigkeiten ergeben zwar kleine Leitungsdurchmesser, aber einen hohen Druckverlust, da dieser mit dem Quadrat der Strömungsgeschwindigkeit wächst. Die Strömungsgeschwindigkeit ist innerhalb der Grenzen nach TB 18-5 umso kleiner zu wählen, je niedriger der Druckverlust gehalten werden soll. Der Druckverlust nimmt umgekehrt propor-

## 18.4 Berechnungsgrundlagen

tional der 5. Potenz des Leitungsdurchmessers zu. So steigt z. B. – unter sonst gleichen Bedingungen – bei einem halb so großen Leitungsdurchmesser der Druckverlust auf das 32fache an!

### 18.4.2 Berechnung der Wanddicke gegen Innendruck

**1. Stahlrohre**

Für die Berechnung der Stahlrohre gegen Innendruck gelten grundsätzlich die gleichen Überlegungen wie für die Berechnung der Druckbehältermäntel unter 6.3.4-1. Für Stahlrohrleitungen, die nicht in den Geltungsbereich der Regelwerke für Dampfkessel und Druckbehälter (TRD, AD) fallen, beträgt nach DIN 2413, Berechnung der Wanddicke gegen Innendruck, die erforderliche Wanddicke (Bestellwanddicke, Nennwanddicke)

$$t = t_v + c_1 + c_2 \qquad (18.12)$$

$t_v$    rechnerische Wanddicke ohne Zuschläge nach Gln. (18.13) bzw. (18.14)
$c_1$    Zuschlag zum Ausgleich der zulässigen Wanddickenunterschreitung in mm. Sofern er mit $c_1'$ in % angegeben ist, gilt

$$t = (t_v + c_2)\frac{100}{100 - c_1'}$$

Nahtlose Stahlrohre nach DIN 1629 und DIN 1630: $c_1' = 9\%$ bis $15\%$ der Wanddicke, abhängig vom Rohraußendurchmesser und der Normalwanddicke
Geschweißte Stahlrohre nach DIN 1626 und DIN 1628:
$t \le 3$ mm: $c_1 = 0{,}25$ mm; $3$ mm $< t \le 10$ mm: $c_1 = 0{,}35$ mm; $t > 10$ mm: $c_1 = 0{,}5$ mm

$c_2$    Zuschlag für Korrosion bzw. Abnutzung. Bei ferritischen Stählen im Allgemeinen 1 mm. Entfällt, wenn weder Korrosion nach Verschleiß zu erwarten sind.

Für Rohrleitungen mit *vorwiegend ruhender Beanspruchung bis 120 °C Berechnungstemperatur* (Geltungsbereich I, häufigster Fall) ergibt sich als Nachweis gegen Fließen die rechnerische Wanddicke

$$t_v = \frac{d_a \cdot p_e}{2\dfrac{K}{S} \cdot v_N} \qquad (18.13)$$

Rohrleitungen für *schwellende Beanspruchung* (Geltungsbereich III) sind über die rechnerische Wanddicke $t_v$ nach Gl. (18.13) gegen Fließen und nach Gl. (18.14) gegen Zeitschwingbruch bzw. Dauerbruch zu berechnen. Die jeweils größere Wanddicke ist maßgebend.

$$t_v = \frac{d_a}{\dfrac{2\sigma_{\text{Sch zul}}}{p_{\max} - p_{\min}} - 1} \qquad (18.14)$$

$d_a$    Rohraußendurchmesser
$p_e$    Berechnungsdruck als größter innerer Überdruck unter Beachtung aller Betriebszustände, z. B bei auftretenden Druckstößen $p_e = p_N + \Delta p$, mit $p_N$ als Nenn-(Anlagen-)Druck und $\Delta p$ als Druckänderung durch Druckstöße
$p_{\max} - p_{\min}$    Schwingbreite einer Druckschwingung, wobei im Regelfall mit einem vollen Druckanstieg von $p_{\min} = 0$ (Steuerleitung drucklos) auf den Höchstdruck der Anlage $p_{\max} = p_N + \Delta p$ zu rechnen ist, mit $p_N$ als Nenndruck und $\Delta p$ als Druckstoß nach Gl. (18.17) bzw. Gl. (18.18)
$K$    Streckgrenze $R_e(R_{p0,2})$ des Rohrwerkstoffes bei 20 °C (s. TB 1-1 und TB 6-15b). Bei Sonderstählen mit hohem Streckgrenzenverhältnis $R_e/R_m$ darf höchstens eingesetzt werden:
$K = 0{,}7 R_m$ bei unvergüteten und $K = 0{,}8 R_m$ bei vergüteten Stählen (Festigkeitskennwerte siehe auch in den Technischen Lieferbedingungen für Rohre DIN 1626, 1628, 1629 und DIN 1630)

| $S$ | Sicherheitsbeiwert nach DIN 2413-1 | | | |
|---|---|---|---|---|
| | Bruchdehnung des Rohrwerkstoffes $A_5$ | Abnahmeprüfzeugnis nach EN 10204 | | Klammerwerte für erdverlegte Rohrleitungen in Gebieten ohne besondere zusätzliche Beanspruchung. |
| | | mit | ohne | |
| | ≥25% | 1,5 (1,4) | 1,7 | |
| | 20% | 1,6 (1,5) | 1,75 | |
| | 15% | 1,7 (1,6) | 1,8 | |

$v_N$     Wertigkeit der Längs- bzw. Schraubenliniennaht
$v_N = 0{,}9$ für geschweißte Rohre nach DIN 1626 (Regelfall)
$v_N = 1{,}0$ für geschweißte Rohre nach DIN 1628 und bei entsprechender Vereinbarung nach DIN 1626 sowie für nahtlose Stahlrohre

$\sigma_{Sch\,zul}$    zulässige Dauerschwellfestigkeit bei Berechnung gegen *Dauerbruch* aus $\sigma_{Sch\,D}/1{,}5$
Richtwerte für $\sigma_{Sch\,D}$ ($> 2 \cdot 10^6$ Lastspiele):
- 225 N/mm² für Präzisionsstahlrohre nach DIN 2391 bzw. DIN 2393 aus S235 G2T(St 35) NBK bzw. S235 JR(St 37-2) NBK
- 236 N/mm² für warmgewalzte Rohre aus S355 GT(St 52.4)
- 180 N/mm² für geschweißte Stahlrohre mit bearbeiteter Naht
- 120 N/mm² für geschweißte Stahlrohre mit unbearbeiteter Naht (unabhängig vom Grundwerkstoff)
- Wöhlerlinien für nahtlose und HF-geschweißte Stahlrohre nach TB 18-10

zulässige Beanspruchung gegen *Zeitschwingbruch* aus Wöhlerlinien; für nahtlose und HF-geschweißte Stahlrohre z. B. nach TB 18-10, abgelesen für die Bruchlastspielzahl $n_B = S_L \cdot n$, mit $n$ als in der gesamten Betriebszeit zu erwartenden Lastspielzahl und $S_L = 2$ bis 10 als Lastspielsicherheit; bei bekannten Lastkollektiven genügt $S_L = 5$

Rohrleitungen für *vorwiegend ruhende Beanspruchung und über 120 °C Berechnungstemperatur* werden mit der Warmstreckgrenze bzw. der Zeitstandfestigkeit bemessen (Geltungsbereich II nach DIN 2413).

## 2. Gussrohre

Für Muffenrohre aus duktilem Gusseisen ($R_m = 420$ N/mm²) für Wasser- und Gasleitungen gilt nach EN 545 und EN 969 für den höchsten *zulässigen Bauteilbetriebsdruck*

$$\boxed{\text{PFA} = \frac{20 \cdot t \cdot R_m}{d_m \cdot S_F} \leq 64 \text{ bar}} \qquad \begin{array}{c|c|c|c} \text{PFA} & t, d_m & R_m & S_F \\ \hline \text{bar} & \text{mm} & \text{N/mm}^2 & 1 \end{array} \qquad (18.15)$$

$t$     Mindestrohrwanddicke
$d_m$   mittlerer Rohrdurchmesser ($d_a - t$)
$R_m$   Mindestzugfestigkeit des duktilen Gusseisens ($R_m = 420$ N/mm²)
$S_F$    Sicherheitsfaktor ($S_F = 3$)

Neben dem Innendruck müssen bei der Festigkeitsberechnung ggf. noch Zusatzbeanspruchungen berücksichtigt werden, so z. B. Kraftwirkungen aus behinderter Wärmedehnung, Biegung aus Streckenlasten (Eigengewicht) oder aus Krümmung der Rohrachse bei der Verlegung sowie aus Wärmespannungen bei ungleichmäßiger Temperaturverteilung über die Wanddicke.

## 3. Berücksichtigung von Druckstößen

Durch Änderung der Strömungsgeschwindigkeit $\Delta v$ durch einen Regelvorgang (z. B. Schließen eines Schiebers) tritt auf der Zuströmseite ein positiver Druckstoß $+\Delta p$ und auf der Abströmseite ein negativer Druckstoß $-\Delta p$ auf. Er pflanzt sich wellenförmig mit Schallgeschwindigkeit von der Entstehungsstelle nach beiden Seiten fort und wird an Unstetigkeitsstellen (Behälter, Rohrknoten, Leitungsende) der Rohrleitung reflektiert. Für den Weg von z. B einem Abschlussorgan zu einem Behälter und zurück benötigt eine Druckwelle die Reflexionszeit

$$\boxed{t_R = 2 \cdot l/a} \qquad (18.16)$$

$l$    Länge des Rohrleitungsabschnitts
$a$   Fortpflanzungsgeschwindigkeit einer Druckwelle, s. auch unter Gl. (18.17)

Wesentliche Einflussgrößen auf die Höhe eines Druckstoßes $\Delta p$ sind die Länge $l$ des maßgebenden Rohrleitungsabschnitts, die Schließzeit $t_S$ des Absperrorgans, die Strömungsgeschwindigkeit $v$ und die Fortpflanzungsgeschwindigkeit $a$ der Druckwelle im Medium.
Wenn die Strömungsgeschwindigkeit plötzlich von $v_1$ auf $v_2 = 0$ in einer sehr kurzen Schließzeit $t_S < t_R$ reduziert wird, beträgt der maximale Druckstoß (Joukowsky-Stoß)

$$\boxed{\Delta p = \varrho \cdot a \cdot \Delta v \quad \text{in Pa}} \tag{18.17}$$

$\varrho$    Dichte des Durchflussstoffes in kg/m³
$a$    Fortpflanzungsgeschwindigkeit einer Druckwelle in m/s
     Richtwerte: $v = 1000$ m/s für Wasser und dünnflüssige Öle in dünnwandigen Leitungen, für verhältnismäßig dickwandige Hydraulikleitungen gilt als Mittelwert $v = 1300$ m/s
$\Delta v$    Änderung der Strömungsgeschwindigkeit durch einen Regelvorgang in m/s (kann positiv oder negativ sein)

Bei einer Verlängerung der Schließzeit auf mehrere Reflexionszeiten ($t_S \gg t_R$) kann eine erhebliche Reduzierung des Druckstoßes erreicht werden. Bei kurzen Leitungen der Länge $l < a \cdot t_S/2$ und linearem Schließgesetz des Absperrorgans kann mit einer Stoßabminderung gerechnet werden

$$\boxed{\Delta p = \varrho \cdot a \cdot \Delta v \cdot \frac{t_R}{t_S} \quad \text{in Pa}} \tag{18.18}$$

$\varrho$, $a$, $\Delta v$ s. zu Gl. (18.17)
$t_R$    Reflexionszeit bei Druckstoß in s, s. Gl. (18.16)
$t_S$    Schließzeit des Absperr- bzw. Steuerorgans in s

Da es nicht möglich ist, allgemein gültige Formeln aufzustellen, gelten die Gleichungen (18.17) und (18.18) nur näherungsweise. Die Druckstöße sind vor allen Dingen in Flüssigkeitsleitungen wegen der großen Dichte des Mediums sorgfältig zu beachten.
Auch negative Druckstöße sind gefährlich, da es durch Unterdruckbildung zum Einbeulen dünner Rohrwandungen oder zu Wasserschlägen kommen kann. Wenn es die Sicherheit der Anlage erfordert sind druckstoßdämpfende Maßnahmen zu ergreifen, z. B Rückschlagklappen mit ölhydraulischen Bremsen, Pumpen mit großen Schwungmassen oder Sicherheitstanks.
Bei der Berechnung von Rohren gegen Verformen und gegen Schwingbruch ist die Druckerhöhung durch den Druckstoß stets zu berücksichtigen, s. Gleichungen (18.13) und (18.14).

## 18.5 Berechnungsbeispiele

**Beispiel 18.1:** Für eine wasserhydraulische Hochdruckanlage ist die Wanddicke für ein warmgefertigtes nahtloses Stahlrohr aus S355 GT(St 52.4, $A_5 = 21\%$) mit 60,3 mm Außendurchmesser (DN 40) zu bestimmen, wenn der Nenndruck der Anlage $p_N = 250$ bar beträgt und durch die Betriebsweise zusätzliche Druckstöße mit $\Delta p = 60$ bar auftreten. Im Betrieb sind mehr als $2 \cdot 10^6$ Druckwechsel zu erwarten.

**Lösung:** Bedingt durch die schwellende Beanspruchung sind die Rohre nach DIN 2413, Geltungsbereich III, gegen Fließen und gegen Dauerschwingbruch zu berechnen. Die größere sich ergebende Rohrwanddicke ist zu wählen.
**Berechnung gegen Verformen (Fließen)**
Für die rechnerische Wanddicke gilt bei der Berechnung gegen Fließen die Gl. (18.13):

$$t_v = \frac{d_a \cdot p_e}{2 \dfrac{K}{S} v_N} \cdot$$

Mit den Gleichungsdaten
- Rohraußendurchmesser $d_a = 60{,}3$ mm
- Berechnungsdruck $p_e = 250$ bar $+ 60$ bar $= 310$ bar $= 31$ N/mm$^2$
- Streckgrenze des Rohrwerkstoffes S355 GT (St 52.4) nach DIN 1630 bzw. TB 1-1: $R_e = 355$ N/mm$^2$
- Sicherheitsbeiwert $S = 1{,}6$ (Bruchdehnung $A_5 = 21$%, mit Abnahmeprüfzeugnis)
- Wertigkeit $v_N = 1{,}0$ da nahtloses Rohr

wird

$$t_v = \frac{60{,}3 \text{ mm} \cdot 31 \text{ N/mm}^2}{2 \, \dfrac{355 \text{ N/mm}^2}{1{,}6} \, 1{,}0} = 4{,}2 \text{ mm}.$$

**Berechnung gegen Schwingbruch**
Für die rechnerische Wanddicke gilt bei der Berechnung gegen Dauerbruch Gl. (18.14):

$$t_v = \frac{d_a}{\dfrac{2 \cdot \sigma_{\text{Sch zul}}}{p_{\max} - p_{\min}} - 1}.$$

Mit den Gleichungsdaten
- Rohraußendurchmesser $d_a = 60{,}3$ mm
- zulässige Dauerschwellfestigkeit für S355 GT (St 52.4): $\sigma_{\text{Sch zul}} = 236$ N/mm$^2$/1,5 = 157 N/mm$^2$
- Maximaldruck $p_{\max} = 250$ bar $+ 60$ bar $= 310$ bar $= 31$ N/mm$^2$
- Minimaldruck $p_{\min} = 0$ (voller Druckanstieg)

wird

$$t_v = \frac{60{,}3}{\dfrac{2 \cdot 157 \text{ N/mm}^2}{31 \text{ N/mm}^2} - 1} = 6{,}6 \text{ mm}.$$

Maßgebend ist die Berechnung gegen Dauerbruch, da $t_v = 6{,}6$ mm $> t_v = 4{,}2$ mm. Mit dem Zuschlag für Korrosion $c_2 = 1$ mm und bei einer zu erwartenden Wanddickenunterschreitung nach DIN 1630 von $c'_1 = 10$% wird die auszuführende Wanddicke nach Gl. (18.12)

$$t = (6{,}6 \text{ mm} + 1 \text{ mm}) \frac{100}{100 - 10} = 8{,}4 \text{ mm}.$$

Nach DIN 2448 (Maßnorm) wird die nächstliegende Wanddicke $t = 8{,}8$ mm gewählt (s. TB 1-13).

**Ergebnis:** Gewählt wird ein Rohr DIN 2448−60,3 × 8,8 DIN 1630−S355 GT, Bescheinigung EN 10204−3.1B.

■ **Beispiel 18.2:** Von einem Erdbehälter sollen 300 m$^3$/h Wasser von 10 °C durch eine mit Zementmörtel ausgekleidete 280 m lange Leitung aus geschweißten Stahlrohren in einen Speicherbehälter gedrückt werden. Der senkrechte Abstand zwischen Pumpe und Einmündung des Rohres in den Speicherbehälter beträgt 8 m, die Saughöhe 2 m. Als Einbauten sind 2 Durchgangsventile, eine Rückschlagklappe und 3 Krümmer 60° ($R = 2d$) vorgesehen.
Welche Abmessungen müssen die zu bestellenden geschweißten Stahlrohre aufweisen, wenn eine Pumpenleistung von 15 kW nicht überschritten werden darf?

▶ **Lösung:** In der Praxis sind meist Volumenstrom und zulässiger Druckabfall (oder Leistung) gegeben. Da die theoretischen Beziehungen keine explizite Lösung der Aufgabe zulassen, wird zunächst mit einer angenommenen Strömungsgeschwindigkeit ein Rohrdurchmesser berechnet und dafür der Druckabfall bestimmt. Führt die Berechnung nicht zum gewünschten Ergebnis, so muss sie mit einem anderen Durchmesser wiederholt werden.
Mit der für Wasser-Hauptleitungen wirtschaftlichen Geschwindigkeit $v = 1$ bis 2 m/s (s. TB 18-5) und dem gegebenen Volumenstrom von 300 m$^3$/h $= 0{,}0833$ m$^3$/s erhält man nach Gl. (18.4) den vorläufigen Rohrinnendurchmesser

$$d_i = \sqrt{\frac{4 \cdot \dot{V}}{\pi \cdot v}} = \sqrt{\frac{4 \cdot 0{,}0833 \text{ m}^3/\text{s}}{\pi \cdot 1{,}5 \text{ m/s}}} = 0{,}266 \text{ m} = 266 \text{ mm}.$$

## 18.5 Berechnungsbeispiele

Nach TB 18-4 wird die nächstliegende Nennweite DN 250 gewählt. Zunächst wird danach ein mögliches Rohr mit Normalwanddicke aus DIN 2458 gewählt: Rohr DIN 2458 – S235 JR – 273 × 5. Wenn ungefähr 3 mm Zementmörtel aufgebracht werden, beträgt die Strömungsgeschwindigkeit nach Gl. (18.3)

$$v = \frac{4}{\pi} \cdot \frac{\dot{V}}{d_i^2} = \frac{4 \cdot 0{,}0833 \text{ m}^3/\text{s}}{\pi \cdot (0{,}257 \text{ m})^2} = 1{,}6 \text{ m/s}.$$

Die kinematische Viskosität für Wasser von 10 °C beträgt nach TB 18-9a: $\nu = 1{,}307 \cdot 10^{-6} \text{ m}^2/\text{s}$. Damit wird die den Strömungszustand kennzeichnende Reynolds-Zahl nach Gl. (18.8)

$$Re = \frac{v \cdot d_i}{\nu} = \frac{1{,}6 \text{ m/s} \cdot 0{,}257 \text{ m}}{1{,}307 \cdot 10^{-6} \text{ m}^2/\text{s}} = 314\,600.$$

Nach TB 18-6 beträgt die mittlere Rauigkeitshöhe von mit Zementmörtel ausgekleideten Stahlrohren $k \approx 0{,}18$ mm. Damit ist $d_i/k = 257$ mm/0,18 mm $= 1428$ und die Rohrreibungszahl nach TB 18-8: $\lambda \approx 0{,}019$.
Da der Wert unter der Grenzkurve, also im Übergangsgebiet liegt, ist $\lambda$ sowohl von $d_i/k$ als auch von $Re$ abhängig und es gilt Gl. (18.11).
Damit lässt sich der Druckverlust durch Reibung nach Gl. (18.5) für das gewählte Rohr berechnen

$$\Delta p = \frac{\lambda \cdot l}{d_i} \cdot \frac{\varrho \cdot v^2}{2} = \frac{0{,}019 \cdot 280 \text{ m}}{0{,}257 \text{ m}} \cdot \frac{999{,}7 \text{ kg/m}^3 \,(1{,}6 \text{ m/s})^2}{2} = 26\,490 \text{ Pa}.$$

Die Widerstandszahlen der Einbauten lassen sich nach TB 18-7 wie folgt ansetzen:

| | |
|---|---|
| 1 Rohreinlauf als vorstehendes Rohrstück | $\zeta = 3$ |
| 1 Auslauf (Ausströmung ins Freie) | $\zeta = 1$ |
| 2 Durchgangsventile zu je $\zeta = 5$ | $\zeta = 10$ |
| 1 Rückschlagklappe | $\zeta = 0{,}8$ |
| 3 Krümmer 60°, glatt, zu je $\zeta = 0{,}7 \cdot 0{,}14$ | $\zeta = 0{,}3$ |
| | $\Sigma\zeta = 15{,}1$ |

Der Druckverlust durch Rohrteile beträgt nach Gl. (18.6) damit

$$\Delta p = \Sigma\zeta \cdot \varrho \cdot v^2/2 = 15{,}1 \cdot 999{,}7 \text{ kg/m}^3 \cdot (1{,}6 \text{ m/s})^2/2 = 19\,320 \text{ Pa}.$$

Unter Berücksichtigung des Druckverlustes zur Überwindung des geodätischen Höhenunterschieds

$$\Delta p = (\varrho - \varrho_{\text{Luft}}) \cdot g \cdot \Delta h = (999{,}7 - 1{,}3) \text{ kg/m}^3 \cdot 9{,}81 \text{ m/s}^2 \cdot 10 \text{ m} = 97\,940 \text{ Pa}$$

wird der von der Pumpe aufzubringende Druck:

$$26\,490 \text{ Pa} + 19\,320 \text{ Pa} + 97\,940 \text{ Pa} = 143\,750 \text{ Pa}.$$

Bei einer Antriebsleistung von 15 kW und einem Wirkungsgrad von 0,7 beträgt der von der Pumpe aufzubringende Druck aber nur

$$p = \frac{\eta \cdot P}{\dot{V}} = \frac{0{,}7 \cdot 15\,000 \text{ Nm/s}}{0{,}0833 \text{ m}^3/\text{s}} \approx 126\,000 \text{ Pa}.$$

Zur Erzielung eines kleineren Druckabfalls wird der Berechnungsgang für die nächstgrößere Nennweite DN 300 wiederholt. Für ein angenommenes Rohr DIN 2458 – S235 JR – 323,9 × 5,6 mit $d_i = 323{,}9$ mm $- 2(5{,}6 + 3)$ mm $\approx 307$ mm ergeben sich folgende Druckverluste

| | | |
|---|---|---|
| – durch Reibung | $\Delta p =$ | 10 960 Pa |
| – durch Einbauten | $\Delta p =$ | 9 550 Pa |
| – durch geodätischen Druck | $\Delta p =$ | 97 940 Pa |
| | erforderlicher Druck $=$ | 118 450 Pa $<$ 126 000 Pa |

Es muß eine Leitung DN 300 verlegt werden.
Abschließend soll die Berechnung der Wanddicke gegen Innendruck durchgeführt werden. Für vorwiegend ruhende Beanspruchung wird die auszuführende Wanddicke nach den Gln. (18.13) und (18.12) bestimmt (Geltungsbereich I).

In die Gl. (18.13) sind einzusetzen:
- $d_a = 323{,}9$ mm (gewähltes geschweißtes Rohr nach DIN 2458)
- $p_e = 118\,450$ Pa $\approx 0{,}12$ N/mm², als max. möglicher innerer Überdruck
- $K = R_e = 235$ N/mm², als Streckgrenze des Rohrwerkstoffes S235 JR (DIN 1626 bzw. TB 1-1)
- $S = 1{,}6$ Sicherheitszahl für Werkstoff mit $A_5 \approx 21\%$
- $v_N = 0{,}9$ (Prüfklasse B vorausgesetzt, Regelfall)

Damit ergibt sich die rechnerische Wanddicke

$$t_v = \frac{323{,}9 \text{ mm} \cdot 0{,}12 \text{ N/mm}^2}{2 \dfrac{235 \text{ N/mm}^2}{1{,}6} \cdot 0{,}9} = 0{,}15 \text{ mm}.$$

Mit $c_1 = 0{,}25$ mm für $t < 3$ mm und dem Korrosionszuschlag $c_2 = 1$ mm ergibt sich nach Gl. (18.12) die Bestellwanddicke

$$t = 0{,}15 \text{ mm} + 0{,}25 \text{ mm} + 1 \text{ mm} = 1{,}4 \text{ mm}.$$

Die Normalwanddicke 5,6 mm nach DIN 2458 ist wesentlich größer als die nach DIN 2413 geforderte auszuführende Wanddicke $t = 1{,}4$ mm. Unter Beachtung des Preises und der Liefermöglichkeit wird z. B. folgende Abmessung mit Vorzugswanddicke bestellt:

Rohr DIN 2458 – 323,9 × 4 DIN 1626 – S235 JR (St 37.0)
Bescheinigung EN 10 204 – 3.1 B, Berechnungsspannung 90%.

## 18.6 Literatur

*Armbruster, W., Reuter, G.* (Hrsg.): Prozessrohrleitungen. 1. Aufl. Essen: Vulkan, 1988 (Jahrbuch)
*Behnisch, H.; Schiemann, W.* u. a.: Schweißverbindungen im Kessel-, Behälter- und Rohrleitungsbau. Düsseldorf: DVS, 1966 (Fachbuchreihe Schweißtechnik Bd. 43)
Beratungsstelle für Stahlverwendung, jetzt Stahl-Informationszentrum (Hrsg.): Verbinden von Rohren und Verlegen von Fernleitungen. Düsseldorf, 1965 (Merkblatt 208)
Beratungsstelle für Stahlverwendung, jetzt Stahl-Informationszentrum (Hrsg.): Verwendung und Berechnung innendruckbeanspruchter Stahlrohre. Düsseldorf, 1961 (Merkblatt 220)
*Böswirth, L., Schüller, O.:* Beispiele und Aufgaben zur technischen Strömungslehre. 2. Aufl. Braunschweig/Wiesbaden: Vieweg, 1985
*Böswirth, L.:* Technische Strömungslehre. 2. Aufl. Braunschweig/Wiesbaden: Vieweg, 1995
*Buhrke, H., Kecke, H. J., Richter, H.:* Strömungsförderer. Braunschweig/Wiesbaden: Vieweg, 1989
DIN, Deutsches Institut für Normung (Hrsg.): DIN-Taschenbücher. Berlin: Beuth
  Gussrohrleitungen. 6. Aufl. 1998 (DIN-Taschenbuch 9)
  Industriearmaturen. 2. Aufl. 1987 (DIN-Taschenbuch 182)
  Rohre, Rohrleitungsteile und Rohrverbindungen aus duroplastischen Kunststoffen. 2. Aufl., 1989 (DIN-Taschenbuch 171)
  Rohrleitungssysteme (graphische Symbole) 3. Aufl. 1995 (DIN-Taschenbuch 170)
  Rohrleitungsteile aus thermoplastischen Kunststoffen. 4. Aufl. 1990 (DIN-Taschenbuch 52)
  Schlauchleitungen. 3. Aufl. 1994 (DIN-Taschenbuch 174)
  Stahlrohrleitungen 1. Normen für Maße und technische Lieferbedingungen. 7. Aufl. 1994 (DIN-Taschenbuch 15)
  Stahlrohrleitungen 2. Normen für Planung und Konstruktion. 3. Aufl. 1996 (DIN-Taschenbuch 141)
  Stahlrohrleitungen 3. Zubehör und Prüfung. 4. Aufl. 1996 (DIN-Taschenbuch 142)
  Wasserversorgung. Rohre und Formstücke, Rohrnetz und Zubehör (DIN-Taschenbücher 62 und 160)
DIN, Dt. Inst. für Normung (Hrsg.): Flansche und Werkstoffe: Normen und Tabellen. 4. Aufl. Berlin: Beuth, 1998
DIN, Dt. Inst. für Normung (Hrsg.): Tabellenbuch für den Rohrleitungsbau. Berlin: Beuth, 1993
*Eck, B.:* Technische Strömungslehre. Bd. 1: Grundlagen. Bd. 2: Anwendungen. 8. Aufl. Berlin: Springer, 1978
Fachgemeinschaft Armaturen im VDMA u. a. (Hrsg.): 3 R international (Rohre – Rohrleitungsbau – Rohrleitungstransport). Essen: Vulkan (Fachzeitschrift)

Fachgemeinschaft Armaturen im VDMA (Hrsg.): Industriearmaturen. Bauelemente der Rohrleitungstechnik. 2. Aufl. Essen: Vulkan, 1988 (Jahrbuch)
*Feurich, H.:* Rohrnetzberechnung. 3. Aufl. Düsseldorf: Kramer, 1973
*Gersten, K.:* Einführung in die Strömungsmechanik. 6. Aufl., Braunschweig: Vieweg, 1991
*Häfele, C. H.:* Absperrarmaturen und Sicherheitsarmaturen für Dämpfe und heiße Gase. Köln: TÜV Rheinland, 1978
*Herning, F.:* Stoffströme in Rohrleitungen. 4. Aufl. Düsseldorf: VDI, 1966
*Jenkner, H. u. a.:* Berechnung von Stahlrohrleitungen für strömende Flüssigkeiten. Düsseldorf. Beratungsstelle für Stahlverwendung (Stahl-Informationszentrum), 1969 (Merkblatt 220)
*Kecke, H. J., Kleinschmidt, P.:* Industrie-Rohrleitungsarmaturen. Düsseldorf: VDI, 1994
*Klein, Schanzlin & Becker AG* (Hrsg.): Armaturen-Handbuch. 3. Aufl. Frankenthal (Pfalz), 1965
*Knoblauch, H.-J. u. a.:* Das Stahlrohr in der Hausinstallation. Düsseldorf: Beratungsstelle für Stahlverwendung (Stahl-Informationszentrum), 1978 (Merkblatt 305)
Kunststoffrohr-Handbuch. 2. Aufl. Essen: Vulkan, 1984
*Langheim, F., Reuter, G., von Hof, F.-C.* (Hrsg.): Rohrleitungstechnik. 3. Aufl. Essen: Vulkan, 1987 (Jahrbuch)
*Neukircher, J., Schmidt, H.-J., Ullmann, H.:* Rohrleitungen und Rohrleitungsarmaturen. 4. Aufl. Leipzig: VEB, 1975
*Neumann, A.:* Schweißtechnisches Handbuch für Konstrukteure. Teil 2: Stahl-, Kessel- und Rohrleitungsbau. 5. Aufl. Düsseldorf: DVS, 1988 (Fachbuchreihe Schweißtechnik, Bd. 80, Teil II)
*Piwinger, F.* (Hrsg.): Stellgeräte und Armaturen für strömende Stoffe. Düsseldorf: VDI, 1971
*Prandtl, L., Oswatitsch, K., Wieghardt, K.:* Führer durch die Strömungslehre. 9. Aufl. Braunschweig: Vieweg, 1990
*Richter, H.:* Rohrhydraulik. Ein Handbuch zur praktischen Strömungsberechnung. 5. Aufl. Berlin: Springer, 1971
*Sigloch, H.:* Technische Fluidmechanik. 2. Aufl. Düsseldorf: VDI, 1991
*Schmidt, D.:* Stahlrohr-Handbuch. 10. Aufl. Essen: Vulkan, 1986
Tabellenbuch für den Rohrleitungsbau. 12. Aufl. Essen: Vulkan, 1987
*Volk, W.:* Absperrorgane in Rohrleitungen. Berlin: Springer, 1959 (Konstruktionsbücher Bd. 18)
*Wagner, W.:* Rohrleitungstechnik. 6. Aufl. Würzburg: Vogel, 1993
*Zoebl, H., Kruschik, J.:* Strömung durch Rohre und Ventile. Wien: Springer, 1978
*Zollinger, R. M.:* Armaturen: Normen zur Entscheidungshilfe bei Fertigung und Verwendung. 1. Aufl. Berlin: Beuth, 1984 (Beuth-Kommentar)

**Technische Regelwerke**

Deutscher Verein von Gas- und Wasserfachmännern DVGW (Hrsg.): DVGW-Regelwerke Gas und Wasser. Eschborn
Hauptverband der gewerblichen Berufsgenossenschaften (Hrsg.): Technische Regeln Druckbehälter (TRB). Sankt Augustin
Kunststoffrohr-Verein e. V. (Hrsg.): Arbeitsblätter, Richtlinien für Kunststoffrohre. Bonn
Technische Vereinigung für Schraubenverbindungen und Gewinderohre TVSG (Hrsg.): Arbeitsblätter, Mitteilungen, Sonderdrucke. Düsseldorf
Vereinigung der Technischen Überwachungs-Vereine e. V., Essen (Hrsg.): AD-Merkblätter
Technische Regeln für brennbare Flüssigkeiten (TRbF)
Technische Regeln für Dampfkessel (TRD) und sicherheitstechnische Richtlinien (SR)
Technische Regeln Druckgase (TRG)
VdTÜV-Merkblätter und Werkstoffblätter
Firmenschriften: Armaturen-Ring ARF, Frankfurt/Main; Armaturen-Vertriebsgesellschaft Alms mbH, Ratingen; Argus, Ettlingen; Bopp & Reuther, Mannheim; Eckardt AG, Stuttgart; Erhard Armaturen, Heidenheim/Brenz; Euromatic, Oststeinbek/Hamburg; Klinger Armaturen, Idstein/Taunus; Sempell AG, Korschenbroich; VAG-Armaturen, Mannheim; Witzenmann, Pforzheim

# 19 Dichtungen

## 19.1 Funktion und Wirkung

Die Hauptfunktion von Dichtungen ist das Trennen von zwei funktionsmäßig verschiedenen Räumen gleichen oder unterschiedlichen Druckes, damit kein Austausch fester, flüssiger oder gasförmiger Medien zwischen diesen stattfinden kann oder dieser zumindest in zulässigen Grenzen liegt (zulässiger Leckverlust). Anwendungen sind zum Beispiel: Verhindern des Verlustes an Betriebsstoffen (z. B. Ölaustritt aus Lagern, Luft aus Pneumatikleitungen), Vermeidung des Eindringes von Verschmutzungen (z. B. in Lager), Verhinderung des Vermischens verschiedener Betriebsstoffe (z. B. von Lagerfett und Lauge in Waschmaschinen).
Für die erreichbare Dichtheit ist es wichtig, ob

- die Dichtung zwischen ruhenden Dichtflächen (ruhenden Bauteilen) erfolgen muss *(statische Dichtungen)*; die Räume sind vollkommen getrennt. Die Abdichtung erfolgt stets mit Berührungsdichtungen.
- eine Relativbewegung der Dichtflächen (zwischen bewegten Bauteilen) vorliegt *(dynamische Dichtung)*; die Räume sind längs der Fläche eines sich drehenden oder hin- und hergehenden Maschinenelements (Welle, Stange) miteinander verbunden. Die Abdichtung kann als Berührungsdichtung oder durch einen schmalen Spalt zwischen den Dichtflächen berührungsfrei erfolgen.

Bei ruhenden Bauteilen wird im Sinne einer *„technischen Dichtheit"* für flüssige und gasförmige Medien verlustlose Dichtheit gefordert, außer Diffusionsverlusten bei gasförmigen Medien.
Bei bewegten Bauteilen sind drei Undichtheitswege möglich, Bild 19-1: zwischen Gehäuse und Dichtung (wirkt wie statische Dichtung), Welle und Dichtung und durch die Dichtung selbst (Diffusionsverluste). Zwischen Welle und Dichtung wirkt ein Flüssigkeitsfilm reibungs- und damit verschleißmindernd und ist damit erwünscht, obwohl er zu geringem Leckverlust (auch als Leckmengenrate oder Lässigkeit bezeichnet) führt.
Insbesondere bei hohen Drücken und Temperaturen ist ein hoher Dichtungsaufwand erforderlich. Es ist daher eine zulässige Leckmengenrate so festzulegen, dass die Funktionssicherheit und Umweltverträglichkeit gewährleistet werden und eine wirtschaftlich günstige Lösung möglich ist.

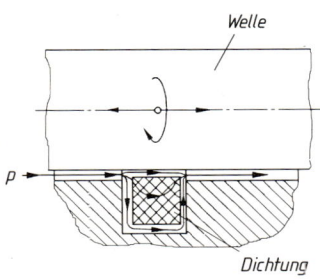

**Bild 19-1**
Undichtheitswege bei dynamischen Berührungsdichtungen

# Der NILOS-Ring

## Zusätzliche Dichtigkeit für Wälzlager

Der NILOS-Ring ist die ideale Lösung für Ihr Dichtproblem:

- Robuste, verschleißarme Metalldichtung für extreme Einsatzbedingungen
- Einsetzbar in nahezu jede existierende Konstruktion durch geringe Bauhöhe
- Wesentliche Standzeitverlängerung selbst bei hochwertigen Lagern mit bereits integrierter Dichtung
- Hervorragende Dichtwirkung auch bei Hochtemperatureinsätzen bis 400 °C

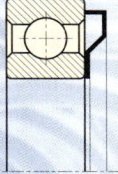
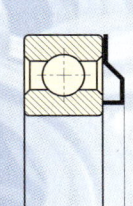

Dicht seit über 50 Jahren.
In nahezu allen Bereichen:

- **Fördertechnik**
- **Landmaschinentechnik**
- **Elektrowerkzeuge**
- **Elektromotoren**
- **Getriebetechnik**
- **Fahrzeugtechnik**

Unser erfahrenes Team steht Ihnen bei Fragen zu Auswahl oder Verfügbarkeit jederzeit gern zur Verfügung.

**Ziller GmbH & Co. KG**
Reisholzstraße 15
D-40721 Hilden
Tel.: 02103/951-300
Fax: 02103/951-309
E-mail: contact@NILOS-Ring.com

# Standardlehrwerk zur Technischen Mechanik

Alfred Böge
**Technische Mechanik**
Statik - Dynamik -
Fluidmechanik – Festigkeitslehre
25., überarb. Aufl. 2001.
XVIII, 412 S. mit 547 Abb.,
21 Arbeitsplänen, 16 Lehrbeisp.,
40 Übungen und 15 Tafeln.
(Viewegs Fachbücher der Technik)
Geb. DM 52,00 / € 26,00
ISBN 3-528-05010-1

Alfred Böge,
Walter Schlemmer
**Aufgabensammlung
Technische Mechanik**
16., überarb. Aufl. 2001. XII, 216 S.
mit 516 Abb. und 907 Aufg.
(Viewegs Fachbücher der Technik)
Br. DM 42,00 / € 21,00
ISBN 3-528-05011-X

Alfred Böge
**Formeln und Tabellen
Technische Mechanik**
18., überarb. u. erw. Aufl. 2000.
VI, 54 S. (Viewegs Fachbücher der
Technik) Br. DM 24,80 / € 12,40
ISBN 3-528-44012-0

Alfred Böge, Walter Schlemmer
**Lösungen zur
Aufgabensammlung
Technische Mechanik**
10., überarb. Aufl. 1999. IV, 200 S. mit
743 Abb. Diese Aufl. ist abgestimmt
auf die 15. Aufl. der Aufgaben-
sammlung TM. (Viewegs Fachbücher
der Technik) Br. DM 39,80 / € 19,90
ISBN 3-528-94029-8

Abraham-Lincoln-Straße 46
65189 Wiesbaden
Fax 0611.7878-420
www.vieweg.de

Stand 1.7.2001
Die genannten Europreise sind gültig ab 1.1.2002
Änderungen vorbehalten.
Erhältlich im Buchhandel oder im Verlag.

## 19.1 Funktion und Wirkung

Für eine wirksame Dichtung ist eine Anpassung der Dichtflächen aneinander, zumindest auf einer Dichtlinie notwendig. An die angrenzenden Bauteile resultieren daraus von der Dichtung abhängige Forderungen hinsichtlich Oberflächenrauheit, Form- und Lagetoleranzen und evtl. Einbauraum-Tolerierung und Oberflächenhärte. Außerdem ist zu beachten, dass sich unter Betriebsbedingungen die Einbauverhältnisse verändern können, z. B. durch Durchbiegung der Welle, unterschiedliche Wärmeausdehnung, Verschleiß der Dichtlaufflächen, elastisch/plastische Verformung der Bauteile und Dichtung. Die richtige Auswahl einer Dichtung beschränkt sich also nicht nur auf die Eignung der Dichtung für die vorhandenen Betriebsbedingungen (die unmittelbar an der Dichtung herrschen) und abzudichtenden Medien, sondern muss als Funktionselement im Zusammenwirken mit den angrenzenden Bauelementen betrachtet werden. Hierzu kommen noch Forderungen aus Fertigung und Montage. Immerhin zeigen z. B. Erfahrungen und Schadensanalysen bei statischen Dichtungen, dass nur ca. 10 % der aufgetretenen Schäden auf dem Versagen des *Dichtelementes*, aber 90% auf dem Versagen der *Dichtverbindung* beruhen.

Zu beachten sind auch die oft schwerwiegenden Folgen des Versagens einer Dichtverbindung. In Bild 19-2 sind die wesentlichen Einflüsse auf die Dichtungsauswahl zusammengefasst.

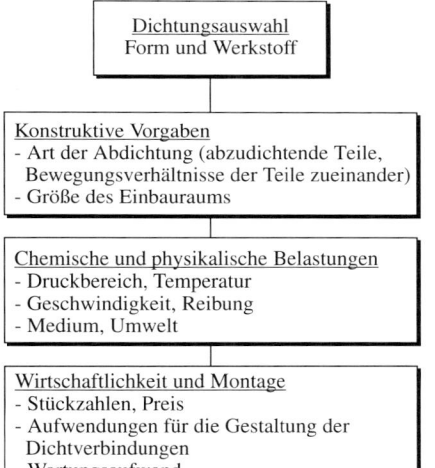

**Bild 19-2**
Kriterien für die Dichtungsauswahl

Wichtige Eigenschaften von Dichtungswerkstoffen sind die Temperaturbeständigkeit, s. TB 19-9c für einige Kunststoffe, die Härte (Widerstand gegen druckbedingte Verformung), Druckverformungsrest[1], Elastizität, chemische Widerstandsfähigkeit, Quellen, Alterung, Gleitfähigkeit und Abriebverhalten.

Eine Einteilung der Dichtungen erfolgt in der Regel danach, ob zwischen den Dichtflächen eine funktionsmäßig bedingte Relativbewegung stattfindet (dynamische Dichtungen) oder nicht (statische Dichtungen). Eine mögliche weitere Unterteilung zeigt Bild 19-3.

Da aufgrund der vielfältigen Anforderungen an eine Dichtverbindung eine Vielzahl an Bauarten und -formen, Dichtungswerkstoffen und -mitteln entwickelt wurden, sollte für die Auslegung der Dichtung die Erfahrung der Hersteller unbedingt genutzt werden.

Einige wesentliche Vertreter der im Maschinenbau angewendeten Dichtungen werden im Folgenden behandelt.

---

[1] Nach DIN 53517 gibt der Druckverformungsrest (DVR) an, wieviel der Verformung einer Probe nach deren Entlastung erhalten bleibt (Grad der plastischen Verformung). Je kleiner der DVR, desto geeigneter ist der Werkstoff zum Dichten.

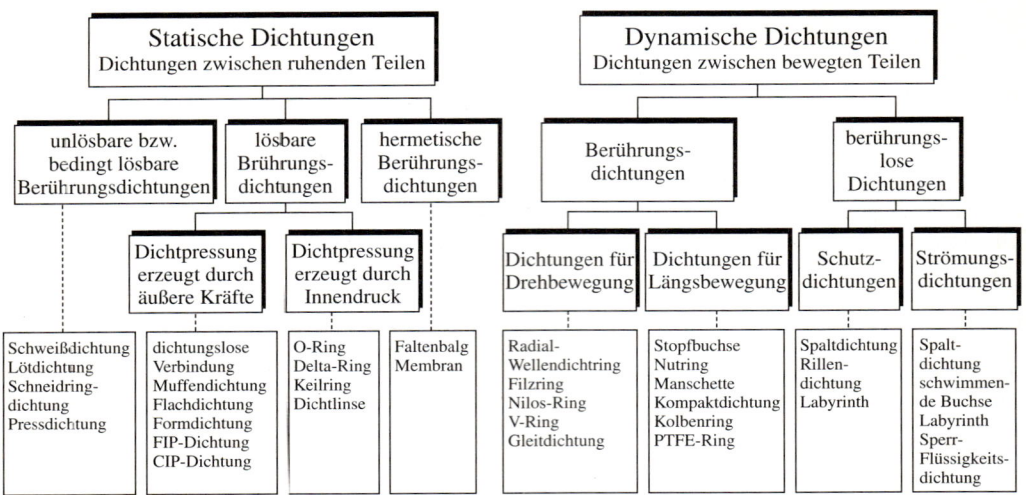

**Bild 19-3** Einteilung von Dichtungen

## 19.2 Berührungsdichtungen zwischen ruhenden Bauteilen (Statische Dichtungen)

Die Dichtwirkung zwischen zueinander in der Dichtfläche nicht bewegten Bauteilen kann je nach Anforderungen mit oder ohne Dichtelement durch lösbare, bedingt lösbare oder unlösbare Verbindungen ausgeführt werden.

### 19.2.1 Unlösbare Berührungsdichtungen

Zu den unlösbaren Dichtungen zählen die *Dichtschweißung* vor allem im Rohrleitungs- und Behälterbau und die *Lötung* von Muffenverbindungen (beides Stoffschlussdichtungen) sowie *Pressdichtungen* (z. T. auch lösbar), z. B. durch Aufwalzen von Rohren hergestellt, und *Schneidendichtungen* (beides Formschlussdichtungen). Bei diesen Dichtungen ist völlige technische Dichtheit erreichbar.
Bild 19-4 zeigt typische Rohrschweißverbindungen, wobei unterschieden wird, ob die Schweißnaht wie in Bild 19-4a die Rohrkräfte aufnehmen muss (die Dichtfunktion ist nur Nebenfunktion) oder die auftretenden Rohrkräfte über Flanschschrauben, Klammern (Bild 19-4b und c) usw. aufgenommen werden, die Schweißnaht also im Nebenschluss liegt. Letztere Verbindungen können durch Abschleifen der äußeren Schweißnaht gelöst werden (deshalb auch bedingt lösbare Verbindungen).

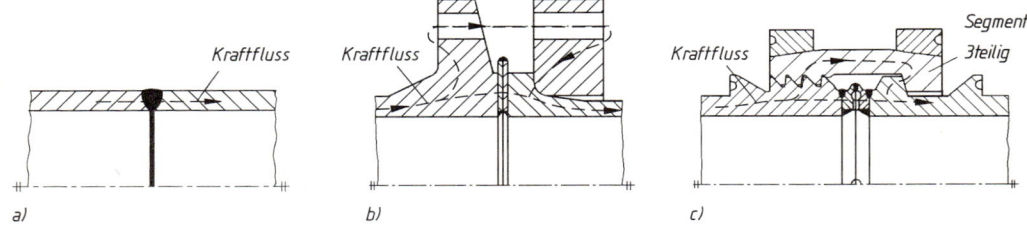

**Bild 19-4** Rohrschweißverbindungen. a) Schweißnaht im Kraftfluss (Hauptschluss), b) Membranschweißdichtung nach DIN 2695 (Schweißnaht im Nebenschluss), c) Schweißringdichtung mit Klammerverschluss

## 19.2 Berührungsdichtungen zwischen ruhenden Bauteilen (Statische Dichtungen)

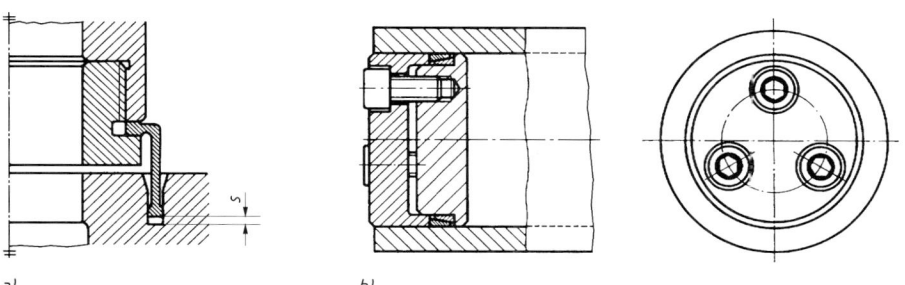

**Bild 19-5** Pressdichtungen. a) mit Dichtring, b) mit Ringfederelementen (Rohrverschluss – Werkbild)

Bild 19-5a zeigt eine *Pressdichtung* mit Dichtring, Bild 19-5b mit Ringspannelementen (als lösbare Verbindung). Der Dichtring in Bild 19-5a wird in den Längsspalt eingepresst und lässt durch das Spiel $s$ geringe Verschiebungen der Bauteile zu (z. B. infolge Wärmeausdehnungen). Diese Dichtungen werden wie Welle-Nabe-Verbindungen berechnet. Schneidendichtungen sind z. B. die Schneidringverschraubung (s. Bild 18-11).

### 19.2.2 Lösbare Dichtungen

*Lösbare Berührungsdichtungen* können so konstruktiv gestaltet werden, dass die volle Dichtpressung hauptsächlich durch äußere Kräfte, z. B. über Schrauben, bereits bei der Montage erfolgt (z. B. Bild 19-7a und b) oder der Betriebsdruck die bei der Montage leicht vorzuspannende Dichtung gegen die Dichtfläche drückt und so die volle Dichtpressung erzeugt (selbsttätige Dichtungen, z. B. Bild 19-13). Zu ihnen gehören die Berührungsdichtungen ohne Dichtelement, die Flächen- und Muffendichtungen, sowie Formdichtungen wie z. B. der O-Ring. Muffendichtungen werden in 18.3.2-4 behandelt.

**Berührungsdichtungen ohne Dichtelement**

*Lösbare Berührungsdichtungen ohne Dichtelement* sind nur mit sehr hohen Anpresskräften und Oberflächengüten (geschliffen, geläppt, tuschiert) realisierbar, da die Dichtwirkung die plastische Anpassung der rauen Oberflächen (der Welligkeit und Rauheit) aneinander erfordert. Anwendungen sind Flanschverbindungen und geteilte Gehäuse, die hohen Temperaturen und Drücken ausgesetzt sind und geringe Dichtheitsanforderungen haben. Die Flansche müssen sehr verformungssteif mit vielen Schrauben (kleine Teilung) ausgeführt werden. Um die erforderlichen sehr hohen Vorspannkräfte zu minimieren, werden die Dichtflächen oft schmal ausgeführt. Noch vorteilhafter aber sehr teuer sind ballig ausgeführte Dichtleisten, die die Gegenfläche vor dem Anpressen nur linienförmig berühren (Bild 19-6).
Vorteilhaftere Verhältnisse ergeben sich auch bei Hilfsdichtungen wie Öl oder Grafit, die die Mikrounebenheiten infolge Adhäsion abdichten, z. B. bei Ventilsitzen von Verbrennungsmotoren und Armaturen.

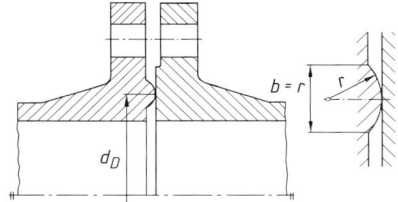

**Bild 19-6** Dichtungslose Verbindung mit balliger Dichtleiste

**Flächendichtungen**
Bei den Flächendichtungen wird ein „weiches" Dichtelement oder Dichtungsmaterial, das sich den Oberflächen gut anpasst, zwischen die abzudichtenden Flächen gebracht, wodurch die erforderliche Anpresskraft und die Forderungen an die Oberflächengüte wesentlich verringert werden können.

Als *Dichtungstypen* kommen in Frage die vorgeformten Feststoffdichtungen, viskos aufgetragene Dichtungssysteme, Dichtkitte oder integrierte elastomere Dichtungen.
Die Auswahl des Dichtungswerkstoffes und der Dichtungsart erfolgt im Wesentlichen nach
- den zu erwartenden Betriebsbelastungen der Dichtung,
- der konstruktiven Gestaltung der abzudichtenden Verbindung,
- den technologischen Forderungen an das Dichtungssystem und die Montage sowie
- wirtschaftlichen Kriterien wie Stückzahlen, Kosten, Lagerhaltung.

In den Regelwerken (DIN, AD-Merkblätter) ist die Auslegung der Dichtung meist ein Teil der Flanschauslegung und erfolgt mit Hilfe von Dichtungskennwerten. Diese *Dichtungskennwerte* beschreiben im Wesentlichen das Abdichtvermögen (Formänderungswiderstand, Stoffundurchlässigkeit), die Betriebsdruckbelastbarkeit und Rückfederung der Dichtung, die Kriechneigung, die Temperatur- und chemische Beständigkeit.

*Vorgeformte Dichtungen* sind Flach- oder Formdichtungen (s. TB 19-1a). Am gebräuchlichsten sind Weichstoffdichtungen, z. B. aus Papier und Pappe, Kork, Gummi, Faserstoffen oder Kunststoffen. Reicht ihre Beständigkeit gegenüber den abzudichtenden Medien nicht aus, werden Mehrstoffdichtungen oder Metallweichstoffdichtungen eingesetzt, bei denen das elastische Dichtmaterial durch eine metallische Hülle geschützt wird oder metallische Einlagen eine Stützfunktion ausüben. Bei sehr großen Belastungen (höhere Drücke, Temperaturen) werden Hartstoffdichtungen (Al, Cu, Weicheisen) eingesetzt, die meist als Formdichtung ausgebildet sind, um durch kleine Anpressflächen die erforderlichen Anpressdrücke klein zu halten.

Bild 19-7 zeigt verschieden ausgeführte Flanschformen für Weichstoff- und Hartstoffdichtungen. Bei den Flanschen mit Vor- und Rücksprung (Bild 19-7b) oder Eindrehungen (Bild 19-7c und d) unterstützt die Formgebung der Flansche die Dichtung gegen die Gefahr des Herausdrückens bei höheren Drücken. Flansche mit glatter Dichtleiste (Bild 19-7a) und höheren Drücken erfordern sehr dünne Dichtungen.

Wird die Dichtung im Nebenschluss angeordnet (Bild 19-7c), ist eine Selbstverstärkung der Dichtwirkung im Betrieb meist erforderlich, da die Verformung der Dichtung bis zum Anliegen der Flansche meist nicht zum Dichten ausreicht, s. auch weiter unten.

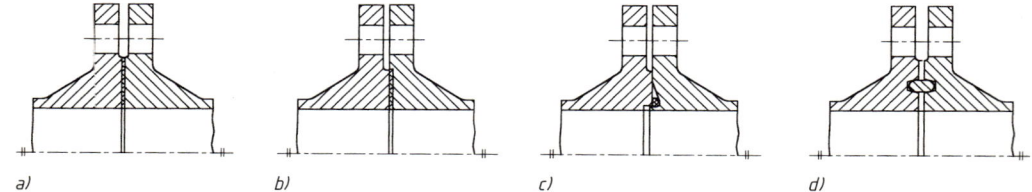

a)  b)  c)  d)

**Bild 19-7** Ausführungsformen von Flanschen. a) bis c) offen bzw. geklammert für Weichstoffdichtungen, a) und d) für Hartstoffdichtungen

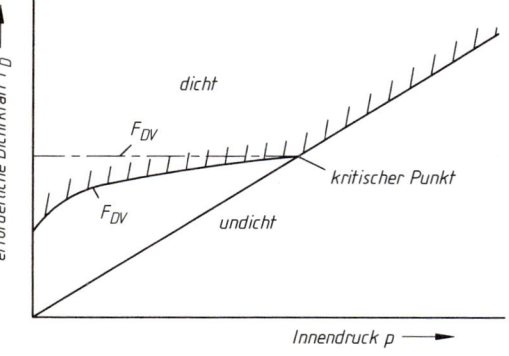

**Bild 19-8**
Abhängigkeit der Dichtkräfte in Flanschverbindungen vom Innendruck

## 19.2 Berührungsdichtungen zwischen ruhenden Bauteilen (Statische Dichtungen)

Um die Dichtheit einer Verbindung im Hauptschluss zu erreichen, muss diese so stark vorgepresst werden, bis die Oberflächenunebenheiten und Rauheiten der Dichtfläche durch vollplastisches Fließen völlig gegeneinander angepasst sind. Hierzu ist die Dichtungskraft zum Vorverformen $F'_{DV}$ erforderlich (Bild 19-8). Die Kraft ist durch Versuche zu ermitteln. Bei diesen wird eine Flanschdichtung (Bild 19-9) mit einer Schraubenkraft vorgespannt und danach der Innendruck $p$ solange erhöht, bis die Dichtung undicht wird. Durch schrittweise Änderung der Schraubenkraft wird die Kurve $F'_{DV}$ bestimmt, die ab dem Punkt $F_{DV}$ (Bild 19-8) linear mit dem Innendruck $p$ ansteigt. Der Kurvenverlauf vor dem kritischen Punkt zeigt, dass bereits bei kleinen Innendrücken hohe Vorspannkräfte $F'_{DV}$ für eine dichte Verbindung erforderlich sind.

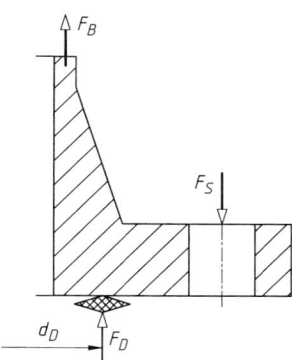

**Bild 19-9** Kräfte am Flansch

Bis auf Niederdruckdichtungen wird für die Berechnung von Flanschverbindungen vereinfacht $F_{DV}$ für $F'_{DV}$ verwendet (Bei Niederdruckdichtungen liegt $p$ unterhalb des kritischen Punktes, damit ist diese Vereinfachung nicht gerechtfertigt). Die *Vorverformungskraft* $F_{DV}$ ergibt sich zu

$$F_{DV} = \pi \cdot p \cdot d_D \cdot k_0 \cdot K_D \tag{19.1}$$

$d_D$ mittlerer Durchmesser der Dichtung
$k_0$ Wert für Wirkbreite der Dichtung, Werte nach TB 19-1a
$K_D$ Formänderungswiderstand der Dichtung, Werte nach TB 19-1a und c

Ist durch die Vorverformungskraft die Dichtheit in der Dichtfläche durch die plastische Anpassung der Unebenheiten und Rauheiten erreicht, muss bei steigendem Innendruck durch eine *Betriebsdichtungskraft* dieser Druck sicher aufgenommen werden:

$$F_{DB} \geq \pi \cdot p \cdot d_D \cdot k_1 \cdot S_D \tag{19.2}$$

$p$ Innendruck
$d_D$ mittlerer Durchmesser der Dichtung
$k_1$ fiktive Wirkbreite der Dichtung, Werte nach TB 19-1a
$S_D$ Sicherheitsbeiwert, für Weichdichtungen $S_D = 1{,}5$ und Metalldichtungen $S_D = 1{,}3$

Mit den Gleichungen (19.1) und (19.2) können die für die Dichtverbindung *erforderlichen Gesamtschraubenkräfte* $F_{S\,ges}$ errechnet werden

zur sicheren Vorverformung der Dichtung

$$F_{S\,ges} = i \cdot F_V \geq F_{DV} \tag{19.3}$$

zum sicheren Abdichten im Betrieb

$$F_{S\,ges} = i \cdot F_{S\,max} = B_1 \cdot F_{SB} = B_1(F_B + B_2 \cdot F_{DB}) \tag{19.4}$$

$i$ Anzahl der Schrauben
$F_V$ Vorspannkraft pro Schraube
$F_{S\,max}$ max. Schraubenkraft
$B_1$ berücksichtigt das Absinken der Schraubenkraft im Betrieb infolge von Setzerscheinungen; bei $d \leq 500$ mm ist $B_1 \approx 1{,}2$; bei $d > 500$ mm ist $B_1 \approx 1{,}4$ zu setzen
$B_2$ Faktor zum Berücksichtigen des Kriechens von Weichstoffdichtungen in Abhängigkeit von der Temperatur, Werte nach TB 19-1b
$F_B$ durch den Innendruck verursachte Entlastungskraft der Dichtung: $F_B = p \cdot \pi \cdot d_D^2 / 4$ mit $d_D$ mittlerer Durchmesser der Dichtung

Für die Schraubenauslegung ist die größere der beiden Kräfte entscheidend.
Bild 19-10 zeigt das Verspannungsschaubild für die Schraubenverbindungen von Flanschen mit den entsprechenden Schraubenkräften.

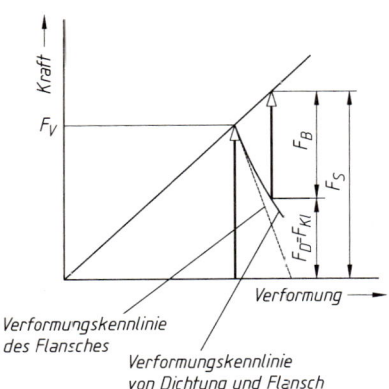

**Bild 19-10**
Verspannungsschaubild (vereinfacht) für Schraubenverbindungen mit Dichtung in der Trennfuge

Auf die Dichtung darf maximal die Kraft $V \cdot F_{DV}$ wirken, um die Druckfestigkeit des Dichtungsmaterials nicht zu überschreiten, d. h. es muss gelten

$$F_{DV} \leq F_{S\,ges} \leq V \cdot F_{DV} \tag{19.5}$$

$V$     Grenzlastfaktor, Werte nach TB 19-1a
$F_{DV}$   Vorverformungskraft

*Viskos aufgetragene Dichtmassen* können in die FIP (Formed-In-Place)- und die CIP (Cured-In-Place)-Flächendichtungen unterteilt werden.
Bei der *FIP-Flächendichtung* werden unmittelbar nach dem Dichtmassenauftrag die Bauteile gefügt. Die durch das Fügen gleichmäßig verteilte Dichtmasse härtet nach dem Fügen aus und bildet eine dauerhafte Dichtung, die ohne Vorverformungskraft nur durch die Adhäsion zwischen Dichtmasse und Fügepartner dichtet.
Bei der *CIP-Flächendichtung* wird die Dichtmasse in exakten Raupen auf einen Fügepartner aufgetragen und mit UV-Licht ausgehärtet. Die Dichtwirkung zum anderen Fügepartner muss wie bei den vorgeformten Dichtungen durch ausreichenden Druck erzeugt werden. Da die Dichtung mit einem Fügepartner fest verbunden ist, kann sie zu den integrierten elastomeren Dichtungen gezählt werden. *Integrierte elastomere Dichtungen* können auch durch Aufvulkanisieren der Dichtung (kostenintensive Form und temperaturbeständige Werkstoffe erforderlich) oder dem Vergießen eines Kunststoffträgerwerkstoffes und des elastomeren Dichtungswerkstoffes in einer kombinierten Gussform hergestellt werden, Bild 19-11.
Wichtig bei Flächendichtungen ist neben der Dichtung auch die Gestaltung der Flansche.
Die Abdichtung zwischen zwei Fügepartnern, über die größere Kräfte geleitet werden, z. B. Getriebegehäuse, Zylinderkopf an Motorblock oder anderen Anbaugruppen von Verbren-

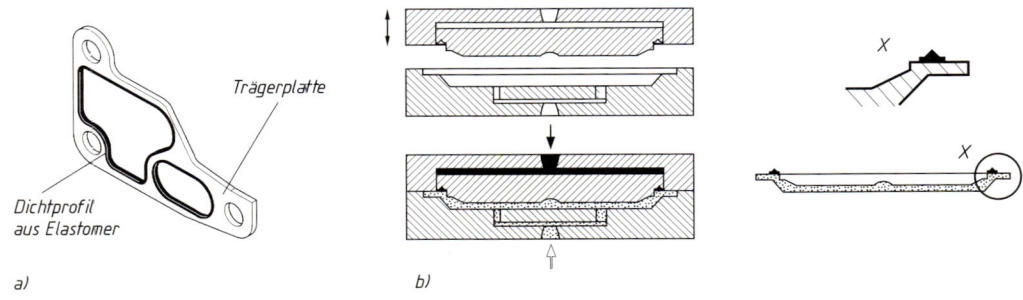

**Bild 19-11** Integrierte Dichtungen. a) anvulkanisierte Dichtung (Werkbild), b) kombiniertes Gussverfahren

## 19.2 Berührungsdichtungen zwischen ruhenden Bauteilen (Statische Dichtungen)

nungsmotoren, setzt steife Flansche, ebene Oberflächen ($R_a = 0,8$ bis $3,2$ μm, Planheit kleiner 0,1 mm über eine Länge von 400 mm) und einen möglichst gleichmäßigen Pressungsverlauf entlang der Dichtungslinie voraus. Bei üblicherweise eingesetzten Schraubenverbindungen baut sich in den Flanschen ein Druckbereich mit einem Druckwinkel von 45° auf, der einen optimalen Schraubenabstand von $D_A = d_w + 2 \cdot h_{min}$ ergibt (s. Bild 19-12a). Die Verbindungslinie zwischen den Schrauben sollte im Druckbereich der Flansche liegen, Bild 19-12b und c.

**Bild 19-12** Schraubenanordnung bei steifen Flanschen. a) optimaler Schraubenabstand, b) ungünstige Anordnung, c) günstige Anordnung (Werkbild)

Sind keine steifen Flansche notwendig, z. B. bei Schutzgehäusen wie Abschlussdeckel von Getriebe, Abdeckung von Kettentrieben, oder steife Flansche nicht realisierbar, müssen sehr flexible Dichtungen eingesetzt werden, die eine Mindestdicke benötigen.

### Selbsttätige Dichtungen
Bei den selbsttätigen Dichtungen wird durch kleinere äußere Kräfte die Dichtung zum Anliegen gebracht. Der Betriebsdruck verstärkt die Dichtwirkung. Bild 19-13 zeigt als Beispiel den vielfach im Behälterbau bei großen Drücken eingesetzten *Delta-Ring*. Bei Weichstoffdichtungen kann ein Stützring erforderlich werden, der das Fließen der Dichtung in den Dichtspalt verhindert (s. z. B. Bild 19-26d).

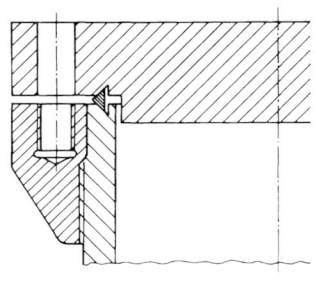
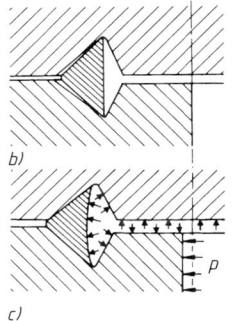

**Bild 19-13**
Selbsttätige Dichtung mit Deltaring.
a) Einbauzustand
b) unbelastet
c) bei Betriebsdruck

### O-Ringe
Rundringe, kurz O-Ringe genannt, sind die am vielseitigsten eingesetzten statischen Dichtungen. Ihr Einsatz erfolgt bis zu sehr hohen Drücken (1000 bar und mehr). Sie können auch als dynamische Dichtungen (bei mäßigen Geschwindigkeiten und begrenzten Drücken) eingesetzt werden (s. 19.3).
Für die Aufnahme werden meist Rechtecknuten vorgesehen. Deren Flächeninhalt soll ca. 25 % größer als der O-Ringquerschnitt sein, damit der Druck an einer möglichst großen O-Ringfläche angreifen kann und ein geringes Quellen des O-Ringes möglich ist. Die Nuttiefe muss kleiner als der O-Ringdurchmesser sein, damit der Ring eine Vorpressung erhält. TB 19-2b enthält Richtwerte für übliche Abmessungen von Rechtecknuten bei radialer und bei axialer Verfor-

mung, von Dreiecknut und Trapeznut. Die Rechtecknut ist der Dreiecknut vorzuziehen, da die für die Dichtfunktion unbedingt erforderliche Einhaltung der Tolerierung bei der Dreiecknut schwierig und damit teuer ist. Die Trapeznut wird verwendet, wenn der O-Ring durch die Nut festgehalten werden soll. Maße für O-Ringe nach DIN 3771 s. TB 19-2a.

Ist ein Spalt zwischen den beiden Fügepartnern, so muss darauf geachtet werden, dass der Druck den O-Ring nicht in den Spalt drückt. TB 19-3 zeigt zulässige Spaltweiten in Abhängigkeit vom Betriebsdruck und der Härte des O-Rings beim statischen bzw. dynamischen Dichtfall. Durch auf der druckabgewandten Seite angeordnete Stützringe können die Anwendungsgrenzen wesentlich erhöht werden.

O-Ringe werden auch mit anderen Querschnitten angeboten, z. B. der *Quadring* zum Verringern der Verdrillgefahr. Durch die kleinere Reibung ist er auch für höhere Geschwindigkeiten geeignet.

O-Ringe dürfen bei der Montage nicht über Gewinde, scharfe Kanten usw. gezogen werden, um Beschädigungen zu vermeiden. Wenn möglich sind Einbauschrägen von 15° vorzusehen.

## Hermetische Dichtungen

Hermetische Dichtungen sind Dichtungen mit einem hochelastischen Glied (Faltenbalg oder Membran), das den Relativbewegungen von Maschinenteilen ohne Gleiten folgen kann. Die Dichtung ist statisch am ruhenden Gehäuse und am bewegten Maschinenteil eingespannt und kann damit absolut dicht gestaltet werden. Sie ist reibungs-, verschleiß- und wartungsfrei und eignet sich besonders für kleine Hubbewegungen zum Abdichten giftiger, feuergefährlicher, explosiver oder sehr wertvoller Betriebsstoffe, als Vakuumdichtung und Schutzdichtung. Als Werkstoff werden Gummi, gewebeverstärkter Gummi, Kunststoffe, Leder, Messing, Tombak oder nicht rostender Stahl verwendet.

Bild 19-14a zeigt einen *Metallfaltenbalg* in einer Gleitringdichtung (einzelne Membranbleche sind außen und innen miteinander verschweißt, wodurch eine kurze Bauform entsteht), Bild 19-14b in einer vakuumdichten Wellendurchführung als Rollbalg. Bei dieser Konstruktion wird die Drehbewegung über eine Zwischenwelle mit Taumelbewegung übertragen, um schwer abzudichtende Gleitflächen zu vermeiden.

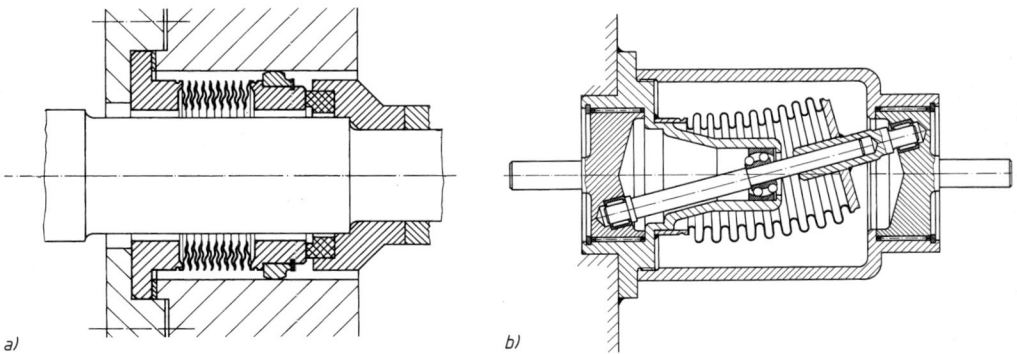

**Bild 19-14** Metallfaltenbalg.
a) in einer Gleitringdichtung, b) in einer vakuumdichten Wellendurchführung (Werkbilder)

*Faltenbälge* als Schutzdichtungen werden bei axialbeweglichen Schubstangen, Antriebs- und Schaltgelenken, Spindeln, Gleitführungen usw. zum Schutz vor eindringendem Schmutz oder Spritzwasser und Austritt von Schmiermitteln ohne wesentlichen Druckunterschied zwischen innen und außen eingesetzt. Bild 19-15 zeigt die Abdichtung einer Hinterachsgelenkwelle.

*Membrandichtungen* werden als Flach- und Wellmembran in Mess- und Regelgeräten und Pumpen, als dünnwandige, flexible Rollmembran in hydraulischen und pneumatischen Regel- und Steuergeräten eingesetzt (Bild 19-16).

VICTOR REINZ – the better solution

## Ihr starker Partner, wenn es um Dichtungen für statische Anwendungen geht

Unter dem Markennamen VICTOR REINZ bieten wir Ihnen ein breites Spektrum an modernsten Dichtungswerkstoffen mit unterschiedlichen chemischen und physikalischen Eigenschaften für viele Anwendungsbereiche: Motoren, Getriebe, Abgassysteme, Kompressoren, Rohrleitungen, Pumpen, Apparate u.v.a.

Selbstverständlich entwickeln wir für Sie auch maßgeschneiderte Lösungen in Form einbaufertiger Dichtungen, die unsere Anwendungsingenieure genau den konstruktiven Gegebenheiten anpassen. Unser Know-how begründet sich in der jahrzehntelangen Erfahrung bei der Entwicklung innovativer Dichtsysteme für die internationale Automobilindustrie.

- Mehr-Lagen-Stahl-Dichtungen
- Sicken-Dichtungen
- Flachdicht- und Einlegeringe
- Siebdruckdichtungen
- Spiralgrafit-Dichtungen mit Innen- und Außenring
- asbestfreie Dichtungsmaterialien auf Basis synthetischer Fasern mit und ohne Metallarmierung
- Weichstoffmaterialien auf Zelluosebasis und Kork
- Grafitmaterialien
- PTFE-Materialien
- Abschirmteile gegen Hitze und Lärm
- Modulare Kunststoffhaubensysteme

Um auch weiterhin die Nr. 1 zu bleiben, suchen wir ständig junge, motivierte und kreative Nachwuchskräfte mit Engagement und brillianten Ideen. Besuchen Sie uns im Internet unter www.reinz.de

**REINZ-Dichtungs-GmbH & Co. KG**
Telefon +49 (0)731 70 46-0
Telefax +49 (0)731 71 90 89
Internet: http://www.reinz.de

Solutions made by
**VICTOR REINZ®**

People Finding A Better Way

www.innovationsregion-ulm.de

# Das Standardwerk der Ingenieurmathematik

Lothar Papula
**Mathematik für Ingenieure und Naturwissenschaftler 1**
Ein Lehr- und Arbeitsbuch für das Grundstudium
9., verb. Aufl. 2000. XXII, 670 S. mit zahlr. Beisp. aus Naturwissenschaft und Technik,
485 Abb. und 303 Übungsaufg. mit ausführl. Lösungen
(Viewegs Fachbücher der Technik) Br. DM 54,00 / € 27,00
ISBN 3-528-84236-9

Lothar Papula
**Mathematik für Ingenieure und Naturwissenschaftler 2**
Ein Lehr- und Arbeitsbuch für das Grundstudium
9., verb. Aufl. 2000. XX, 800 S. mit 377 Abb., zahlr. Beisp. aus Naturwissenschaft
und Technik, 377 Abb. und 310 Übungsaufg. mit ausführl. Lösungen
(Viewegs Fachbücher der Technik) Br. DM 58,00 / € 29,00
ISBN 3-528-84237-7

Lothar Papula
**Mathematik für Ingenieure und Naturwissenschaftler 3**
Vektoranalysis, Wahrscheinlichkeitsrechnung, Mathematische Statistik,
Fehler- und Ausgleichsrechnung
4., verb. Aufl. 2001. XXI, 832 S. mit 548 Abb., zahlr. Beisp. aus Naturwissenschaft
und Technik und 284 Übungsaufg. mit ausführl. Lös.
(Viewegs Fachbücher der Technik) Br. DM 62,00 / € 31,00
ISBN 3-528-34937-9

Lothar Papula
**Mathematische Formelsammlung**
Für Ingenieure und Naturwissenschaftler
6., durchges. Aufl. 2000. XXVI, 411 S. mit zahlr. Abb., Rechenbeisp.
und einer ausführl. Integraltafel.
(Viewegs Fachbücher der Technik) Br. DM 48,00 / € 24,00
ISBN 3-528-54442-2

Abraham-Lincoln-Straße 46
65189 Wiesbaden
Fax 0611.7878-420
www.vieweg.de

Stand 1.7.2001
Änderungen vorbehalten.
Die genannten Europreise sind gültig ab 1.1.2002.
Erhältlich im Buchhandel oder im Verlag.

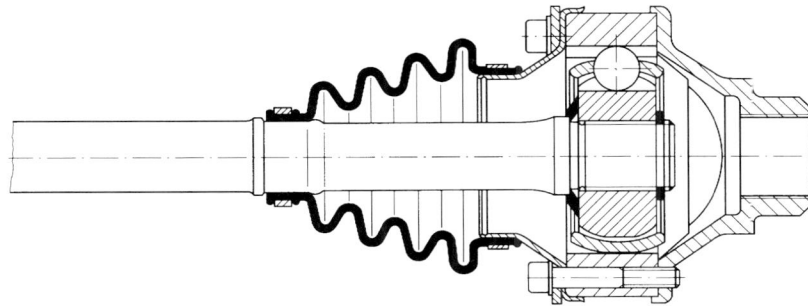

**Bild 19-15** Gummielastischer Faltenbalg zur Abdichtung einer Hinterachsgelenkwelle (Werkbild)

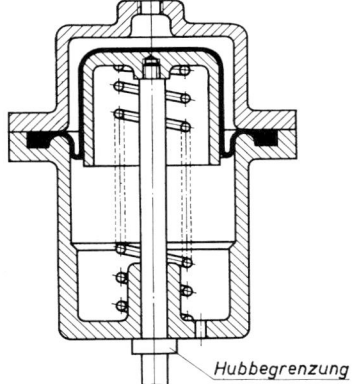

**Bild 19-16** Rollmembran in einem Steuerkolben (Werkbild)

## 19.3 Berührungsdichtungen zwischen relativ bewegten Bauteilen (Dynamische Dichtungen)

### 19.3.1 Dichtungen für Drehbewegungen

Die Art der Dichtung wird wesentlich bestimmt durch die abzudichtende Druckdifferenz. Treten keine bzw. nur kleine Druckdifferenzen auf, wie es bei Lagerdichtungen meistens der Fall ist, kommen Radialwellendichtringe und Filzringe für radiale Dichtflächen, federnde Abdeckscheiben, V-Ringe und bei starker Schmutzbelastung axiale Laufringdichtungen zum Einsatz. Konstruktionsrichtlinien für diese Dichtungen sind in TB 19-9a zusammengefasst. Bei abzudichtenden Räumen mit unterschiedlichen Drücken werden seitlich abgestützte Radialwellendichtringe mit verstärkter Dichtlippe, die teureren axialen Gleitringdichtungen oder Stopfbuchsen eingesetzt.

**Abdichtungen gegen radiale Flächen**
*Radial-Wellendichtringe* (RWDR) sind die am häufigsten eingesetzten Dichtungen bei fett- und ölgeschmierten Wälzlagern. Diese Ringe zeichnen sich durch hohe Dichtwirkung und Lebensdauer aus. Sie dichten statisch gegenüber dem Gehäuse durch den meist kunststoffumhüllten Metallring (V) und gegenüber der rotierenden Welle mit der Dichtlippe (D), die in der Regel durch eine Schlauchfeder (F) leicht und gleichmäßig gegen die Welle gedrückt wird (Bild 19-17b). Einbaubeispiele zeigt Bild 19-18. Die Dichtlippe soll immer zum Medium gerichtet sein, gegen das abgedichtet wird[1]; in Bild 19-18a gegen Austreten des Schmiermittels (normale Lage), in

---
[1] Durch die Form der Dichtlippe entsteht im Dichtspalt eine hydrodynamische Förderwirkung von der Luft- zur Flüssigkeitsseite unabhängig von der Drehrichtung, die die Dichtwirkung erhöht und eine Flüssigkeitsreibung begünstigt.

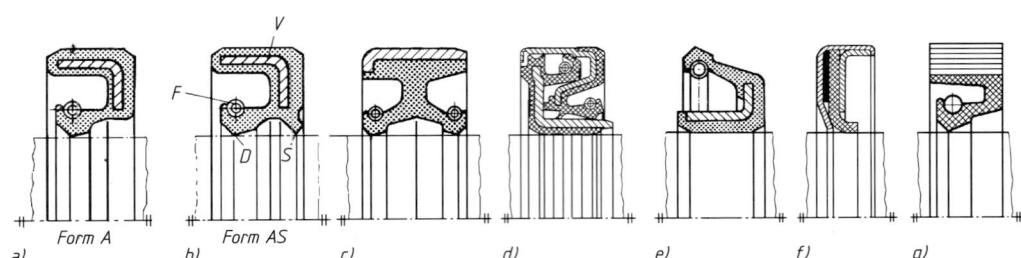

**Bild 19-17** Bauformen der Radial-Wellendichtringe. a) und b) nach DIN 1760 ohne (Form A) und mit Staublippe (Form AS), c) mit Metallsitz und zwei Dichtlippen zum Trennen zweier unterschiedlicher Medien, d) Kassettendichtung für sehr große Schmutzbelastung, e) außendichtend vorzugsweise für umlaufende Außenteile, f) für höhere Drücke und mit PTFE-Dichtlippe, g) mit Gewebeeinlage anstelle Metallring für große Durchmesser (auch geteilt)

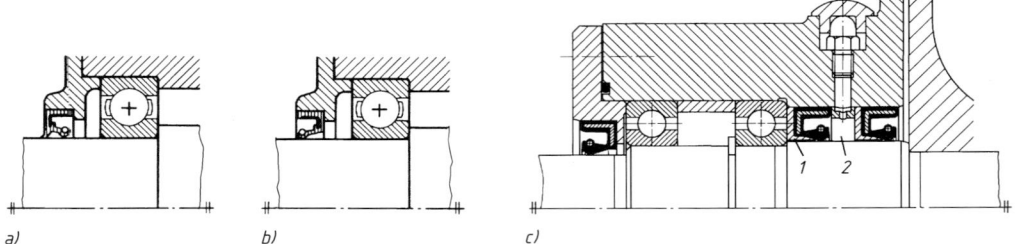

**Bild 19-18** Einbaubeispiele für RWDR mit Abdichtung gegen: a) Schmiermittelaustritt, b) vorzugsweise Spritzwassereintritt, c) Wasser mit leichter Druckbeaufschlagung: **1** Stützring, **2** Fettfüllung

Bild 19-18b hauptsächlich gegen Eindringen von Spritzwasser u. dgl. und in Bild 19-18c gegen Eindringen von Wasser bei kleinem Druck (die Fettkammer dient zur Schmierung der Dichtlippe und dichtet mit ab). Eine besonders bei Rundheits- und Rundlaufabweichungen oder Schwingungen der Welle erforderliche zusätzliche Dichtwirkung kann durch Dichtlippen mit Drall erreicht werden (kleine Stollen werden auf der Luftseite der Lippe angeformt).
Verschiedene Bauformen der Dichtringe zeigt Bild 19-17: Form A nur mit Dichtlippe ($D$), Form AS mit Dicht- und Staublippe ($S$) nach DIN 1760 sowie nicht genormte Formen aus der umfangreichen Palette der Dichtungshersteller. Die Normringe bestehen aus einem Mantel (einschließlich Lippen) aus Elastomeren (Kunststoffe auf Kautschuk-Basis) und einem Versteifungsring ($V$) aus Metall, meist Stahl. Die Wahl des Elastomeres richtet sich nach der Art des abzudichtenden Mediums, dessen Temperatur und der Umfangsgeschwindigkeit der Welle (s. TB 19-4b). Abmessungen s. TB 19-4a.
Die wichtigsten Einbaurichtlinien zeigt Bild 19-19a. Entscheidend für die Lebensdauer der Ringe ist eine möglichst glatte, drallfrei geschliffene oder polierte, gehärtete (45 ... 55 HRC) Wellenoberfläche und eine Schmierung der Dichtlippe, z. B. im Einbaubeispiel Bild 19-18c durch die Fettfüllung, die bei Form AS auch zwischen den Lippen möglich ist. Für den Einbau der Ringe (Welle leicht eingeölt) soll die Gehäusebohrung eine leichte Anfasung erhalten. In Einbaurichtung $Y$ bzw. $Z$ muss an der Welle eine Anfasung bzw. Rundung vorgesehen werden oder es sind Einbauhülsen zu verwenden (Bild 19-19b), um eine Beschädigung der Ringe zu vermeiden. Da der Dichtring sehr empfindlich gegenüber Lageabweichungen der Welle zur Bohrung ist, sollte er möglichst nahe am Lager angeordnet werden.
Der *Filzring* nach DIN 5419 (Bild 19-20) ist mit einem quadratischen Weichpackungsring vergleichbar. Durch die konisch auszuführende Nut mit 7° Seitenwinkel wird der Ring axial am Ringgrund zusammengedrückt und hierdurch nach innen gegen die Welle gedrückt. Der Ring darf am Ringgrund nicht anliegen, um Wärmeausdehnungen zu ermöglichen. Der beim Einbau

19.3 Berührungsdichtungen zwischen relativ bewegten Bauteilen (Dynamische Dichtungen) 635

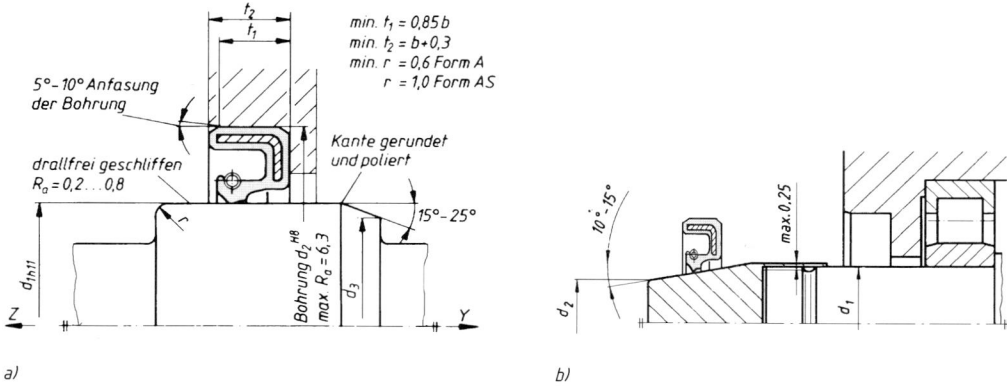

**Bild 19-19** Einbau von Radial-Wellendichtringen. a) Gestaltung von Welle und Bohrung, b) Einbau mit Einbauhülse

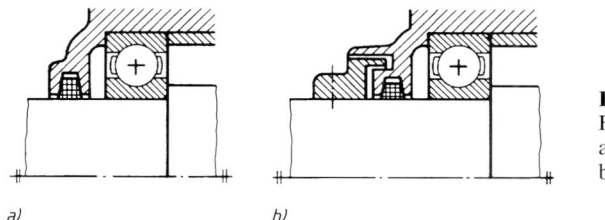

**Bild 19-20**
Filzringdichtung.
a) als Hauptdichtung
b) als Zusatzdichtung

leicht zu ölende Filzring speichert das Öl in seinen Poren und gibt es im Betrieb ab (hierdurch gute Notlaufeigenschaften). Durch seine hohe Elastizität ist eine gute Anpassung an die Welle auch bei Unrundheit und Schiefstellung gegeben.
Filzringe werden verwendet bei Gleitgeschwindigkeiten (Umfangsgeschwindigkeit der Welle) bis $\approx 4$ m/s und bei Temperaturen bis $\approx 100\,°C$. Bei höheren Temperaturen werden sie steif und unelastisch und verlieren damit ihre Dichtwirkung, höhere Gleitgeschwindigkeiten führen zum Verkleben. Deshalb werden hier grafitierte Ringe oder Ringe aus speziellen Kunststoffen eingesetzt. Angewendet werden Filzringe z. B. bei Motoren, Getrieben, Steh- und Flanschlagern (Bild 14-45) und vielfach als Feindichtung hinter Labyrinthen (Bild 19-20b). Abmessungen s. TB 19-5.

### Abdichtung gegen axiale Flächen
Raumsparende Dichtungen bei Fettschmierung sind die *federnden Abdeckscheiben* (Bild 19-21), die je nach Lagergestaltung mit dem Innen- oder Außenring festgespannt werden und sich leicht federnd gegen den anderen Ring legen. Nach einer Einlaufzeit mit Verschleiß bildet sich ein sehr enger Spalt, so dass danach eine berührungsfreie Abdichtung vorliegt. Durch Verwendung von zwei Federscheiben kann ein zusätzlicher Fettraum geschaffen werden, der den Schutz gegen eindringende Verunreinigungen verbessert. Beim Einbau der Federscheiben ist auf ausreichende Zentrierung durch die Welle bzw. Bohrung zu achten. Die mit dem äußeren

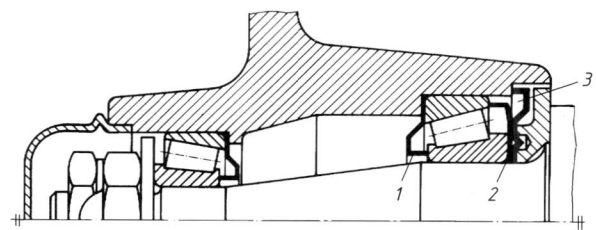

**Bild 19-21**
Federnde Abdeckscheiben (Werkbild):
**1** am Innenring schleifend, **2** am Außenring schleifend, **3** mit Fettkammer

Wälzlagerring verspannte Scheibe ist zu bevorzugen, da hier das Fett weniger herausschleudern kann. Abmessungen s. TB 19-7.

In Form und Wirkung ähnlich sind die in eine Ausnehmung des Außenringes eingepressten Abdeckscheiben (Bild 14-6b) oder die ähnlich gestalteten Dichtscheiben (Bild 14-6c), bei denen gegen den Innenring anliegende Dichtlippen das Lager nach außen dicht schließen. Solche Lager werden, bereits mit Fett gefüllt, von den Wälzlagerherstellern auch serienmäßig geliefert (s. a. Kapitel 14).

**V-Ringe** sind einfach aufgebaute Lippendichtungen aus weichem Gummi, deren Dichtlippe infolge elastischer Verformung axial gegen eine Gehäusefläche drückt (Bild 19-22). Die (plane) Dichtfläche sollte feingedreht ($R_a = 0,4$ bis 2,5 µm je nach Medium und Geschwindigkeit) ohne radiale Bearbeitungsriefen sein, die Welle kann dagegen rau sein (Ring hält besser). Bei der Montage darf der Ring stark gedehnt werden und kann damit problemlos über scharfe Kanten, Nuten, Gewinde etc. geführt werden. Durch ein bestimmtes Untermaß sitzt der Ring fest und dichtet gegen die Welle ab. Bei hohen Umfangsgeschwindigkeiten ($v \approx 12$ m/s) hebt die Fliehkraft die Pressung gegen die Welle auf. Fast gleichzeitig ($v \approx 15$ m/s) hebt die Dichtlippe von der Gehäusefläche ab und es bildet sich ein radialer Dichtspalt. Durch Überschieben eines Halteringes mit Vorspannung (Bild 19-22b) kann der V-Ring bis 30 m/s als Spaltring verwendet werden, der Gamma-Ring durch den bereits anvulkanisierten Metallmantel (Bild 19-22c) bis ca. 20 m/s.

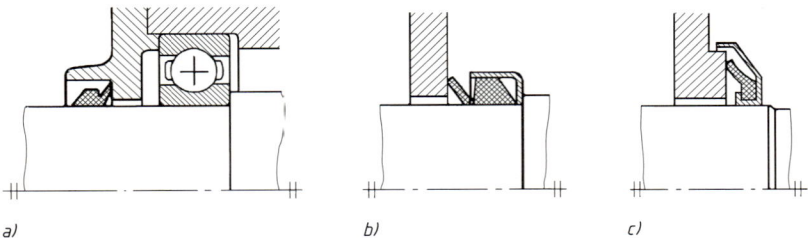

**Bild 19-22** V-Ringe. a) Grundform, b) mit Haltering, c) Gamma-Ring

Die axiale Lippe wirkt als Schleuderscheibe gegen Schmutz, Spritzwasser usw. Fluchtungsfehler infolge Parallelversatz bis über 1 mm und Winkelversatz bis einige Grad können überbrückt werden; eine axiale Abstützung kann dann erforderlich sein. Aufgrund ihrer Eigenschaften sind V-Ringe sehr gut zum Abdichten von z. B. Pendelrollenlagern und Gelenkköpfen als äußere Schutzdichtung (Vordichtung), in Labyrinthen als Feindichtung (kleinbauend) und, innen angeordnet, bei Ölschmierung geeignet. Abmessung s. TB 19-6.

Eine sehr aufwendige und damit teure Dichtung ist die *axiale Gleitringdichtung* zum Abdichten rotierender Wellen gegenüber Flüssigkeiten, Laugen, Gasen usw. Ihr prinzipieller Aufbau ist aus Bild 19-23a zu ersehen. Die dynamische Dichtung erfolgt zwischen dem mit der Welle rotierenden Gleitring (1) und dem ruhenden Gegenring (2) auf einer axialen Gleitfläche. Die zwei O-Ringe (3) und (4) dichten statisch zwischen Welle und Gleitring (1) bzw. zwischen Gegenring (2) und Gehäuse (5), wobei der O-Ring (4) gleichzeitig den Gegenring elastisch gegen Verdrehen sichert. Die Druckfeder (6) überträgt das Drehmoment auf den rotierenden Gleitring (1), sorgt für den erforderlichen Anpressdruck zwischen den Dichtringen und gleicht unterschiedliche Wärmeausdehnungen und Verschleiß aus. Anstelle der O-Ringe zur Abdichtung des Gleitrings zur Welle werden auch Membranen, Faltenbälge (Bild 19-14a) oder Nutringe eingesetzt. Vielfach sind zusätzliche Verdrehsicherungen für Gleit- und Gegenring erforderlich.

Für die feinstbearbeiteten, polierten Gleitflächen ($R_a = 0,015$ bis 0,35 µm) werden verschiedene Werkstoffe, meist Kunstkohle, Kunststoffe, Keramik, Metallkarbide, Metalle oder Spezialgrauguss verwendet, wobei eine Kombination harte gegen weiche Lauffläche (gute Einlaufeigenschaft), bei Medien mit abrasiven Stoffen eine Kombination hart/hart bevorzugt wird. Es herrscht meist Mischreibung vor (µ = 0,05 bis 0,1). Zum Verringern der Reibung bei Flüssig-

19.3 Berührungsdichtungen zwischen relativ bewegten Bauteilen (Dynamische Dichtungen) 637

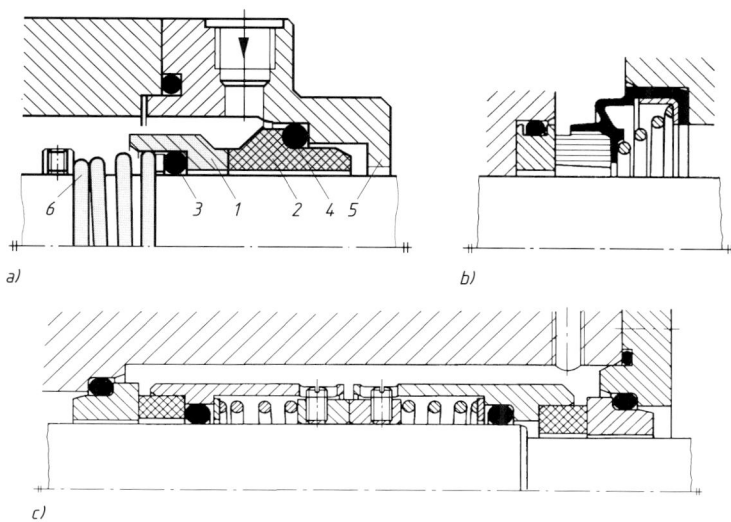

**Bild 19-23** Axial-Gleitringdichtung. a) mit Welle umlaufend, nicht entlastet, Innenanordnung, b) stationär, nicht entlastet, mit Welle umlaufend, c) doppeltwirkend, die dem Medium abgewandte Seite druckentlastet durch Wellenabsatz (Werkbilder)

keitsdichtung werden auch in die Gleitflächen Ausnehmungen eingearbeitet, die zur Bildung von hydrodynamischen Keilspalten führen (Reibwert $\mu = 0{,}01$ bis $0{,}001$) oder bei Gasabdichtung wird durch Bohrungen zwischen die Gleitflächen Kühl- oder Sperrflüssigkeit gepresst, wodurch ein hydrostatischer Spalt entsteht.

Gleitringdichtungen werden einfach- oder doppeltwirkend, druckentlastet (durch Wellenabsätze oder Hülsen wird die Druckfläche auf den Gleitring kleiner gehalten als die Gleitlauffläche) oder nicht druckentlastet, umlaufend oder stationär, in Innen- oder Außenanordnung ausgeführt. Bild 19-23 zeigt hierzu Beispiele.

Gleitringdichtungen werden eingesetzt bei Temperaturen von $-220\,°\text{C}$ bis $450\,°\text{C}$, Drücken vom Vakuum bis 450 bar, Umfangsgeschwindigkeiten bis über 100 m/s.

In Verbindung mit ihren geringen Leckverlusten (meist unsichtbar infolge Verdunstung), hoher Betriebssicherheit und Lebensdauer ergibt sich ein sehr breites Einsatzgebiet z. B. in Pumpen, Kompressoren/Verdichtern, Rührwerken, Mühlen, Haushaltsgeräten.

*Laufwerkdichtungen* sind vom Aufbau her einfache Axialgleitringdichtungen mit harten verschleißfesten Laufflächen, die zum Schutz von Fahrwerken bei sehr hohen Verschmutzungen, z. B. in Baumaschinen, Traktoren, Raupenfahrzeugen, eingesetzt werden (Bild 19-24).

Die dynamische Abdichtung erfolgt axial zwischen den metallischen Gleitflächen von zwei Gleitringen (1), die im abgebildeten Beispiel durch dicke elastische O-Ringe gegeneinandergepresst werden. Ein O-Ring (2) dichtet den Spalt zwischen Gleitring und feststehendem Gehäuse ab und hält den Gleitring fest, der andere O-Ring (3) nimmt den Gleitring (1) elastisch mit der Welle mit. Bei der vorzuziehenden Ölschmierung der Dichtfläche sind Gleitgeschwindigkeiten bis 10 m/s, bei Fettschmierung bis 3 m/s erreichbar. Durch die axialen Gleitflächen sind große Mittenabweichungen, durch die elastischen O-Ringe erhebliche Winkelabweichungen und selbsttätiger Verschleißausgleich möglich.

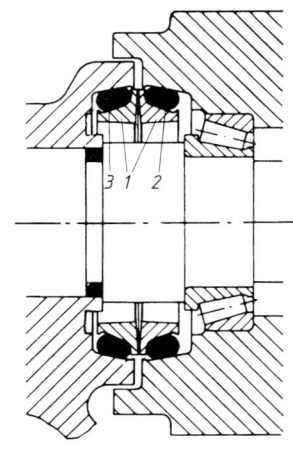

**Bild 19-24** Laufwerkdichtung

## 19.3.2 Dichtungen für Längsbewegung ohne oder mit Drehbewegung

**Stopfbuchsen**
Stopfbuchsen sind die ältesten bekannten Dichtungen für bewegte Maschinenteile. Sie bestehen aus Weichstoffpackungen oder einzelnen elastischen Packungsringen mit vorwiegend quadratischem Querschnitt, die in einen Ringraum „gestopft" werden. Durch axiale Verspannung mittels Brille (1) über Schrauben (2) wird die Packung (3) gegen die Dichtflächen gepresst, Bild 19-25a. Der Betriebsdruck drückt die Packung gegen die Brille und erzeugt so den für die Dichtung erforderlichen Anpressdruck durch elastische und plastische Verformung der Ringe. Als Ringe werden meist Weichstoffpackungen aus Natur- und Kunststofffasern, Metall-Weichstoffpackungen und Weichmetallpackungen eingesetzt (Bild 19-25c). Über eine Schmierlaterne (4) kann Schmiermittel zugeführt oder auch Sperr- oder Kühlflüssigkeit eingebracht werden.
Stopfbuchsen werden für hin- und hergehende Bewegungen (Kolbenstangen), für drehende und schiebende Bewegungen (Ventilspindeln) und bei drehenden Wellen (z. B. Pumpen) eingesetzt, insbesondere wenn hohe Drücke und Temperaturen bei gleichzeitig relativ kleinen Gleitgeschwindigkeiten vorliegen. Bei höheren Gleitgeschwindigkeiten bestehen infolge Reibung, Erwärmung und Verschleiß schlechte Dichtfähigkeit und Überhitzungsgefahr und damit hoher Wartungsaufwand. Zur Verbesserung der Dichtwirkung und Lebensdauer führen hier ballige Brilleneindruckstücke (kein Klemmen bei schiefem Anziehen der Brille) und Federanpressung der Brille (Bild 19-25b). Im Gegensatz zu Gleitringdichtungen (plötzlicher Ausfall) werden Stopfbuchsen allmählich undicht.
Empfohlene Abmessungen der Packungen s. TB 19-8, Oberfläche der Wellen feingedreht oder geschliffen ($R_a \leq 0,8$ μm), evtl. gehärtet oder hartverchromt (geringerer Verschleiß).

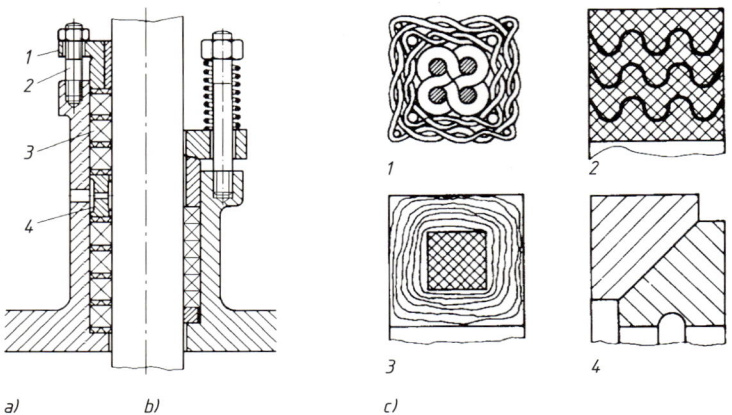

**Bild 19-25** Stopfbuchsen. a) Aufbau mit Schmierlaterne, b) mit selbsttätiger Nachstellung über Federn, c) Stopfbuchspackungen: **1** Geflechtpackung, **2** und **3** Metall-Weichstoffpackungen, **4** Weichmetallpackung (Kegelpackung)

**Formdichtungen**
Die vorwiegend in der Pneumatik und Hydraulik eingesetzten Formdichtungen werden in Lippen- und Kompaktdichtungen unterteilt. Im Zylinder angeordnet werden sie auch als *Stangendichtung*, im Kolben eingebaut als *Kolbendichtung* bezeichnet, Bild 19-26. Sie sind selbsttätige Berührungsdichtungen, die nach der Montage durch Eigenelastizität oder eine Ringfeder an den abzudichtenden Flächen anliegen, der Betriebsdruck verstärkt die Anpressung. Sie werden vorwiegend aus gummielastischen Werkstoffen hergestellt mit z. T. anvulkanisierten Stütz- oder Führungsringen und Gewebematerial.
Bei den *Lippendichtungen*, zu diesen zählen die *Nutringe* und *Manschetten* (Bild 19-26), wird nur die Dichtlippe bei der Montage verformt, wodurch sich eine verhältnismäßig kleine Vorpressung und Reibung ergibt. Diese Dichtungen werden vorwiegend bei kleineren Drücken

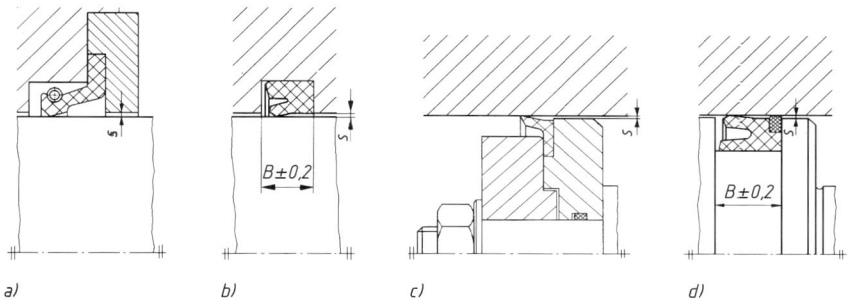

**Bild 19-26** Lippendichtungen. a) Hutmanschette mit Feder, b) Nutring, c) Topfmanschette, d) Nutring mit Backring

eingesetzt. Durch beim Nutring anvulkanisierten Stützring (Backring), der eine Spaltextrusion verhindert, sind größere Drücke erreichbar, ebenso durch Hintereinanderanordnung mehrerer Nutringe zu Dachmanschettensätzen, wodurch eine Kompaktdichtung entsteht (Bild 19-27c).
Die ein geschlossenes Profil besitzenden *Kompaktdichtungen* (Bild 19-27) werden bei der Montage zusammengepresst und erzeugen damit hohe Anpress- und Reibungskräfte. Ihr Anwendungsbereich liegt vorwiegend im Hochdruckbereich.

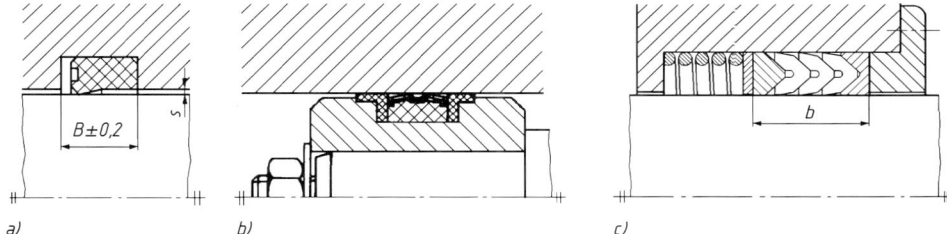

**Bild 19-27** Kompaktdichtungen. a) Grundtyp, b) Kolbendichtung mit Führungsbackringen, c) Dachmanschettensatz

Um die Reibung und damit den Verschleiß gering zu halten, ist eine Schmierung der Gleitflächen erforderlich. Diese wird durch die im Dichtspalt herrschende Schleppströmung erreicht, d. h. ein durch die Adhäsion an der Gleitfläche haftender Schmierfilm drückt die Lippe beim Vorwärtshub von der Dichtfläche, beim Rückwärtshub wird ein Teil dieses Films abgestreift. Der verbleibende Teil führt zu einem bestimmten Leckverlust. Neben der Anpresskraft ist die Zähigkeit des Schmieröls, die Gleitgeschwindigkeit, die Oberflächengüte und die Form der Dichtlippe für die Größe des nicht abgestreiften Schmierfilms verantwortlich.
Bei Pneumatikdichtungen erfolgt in der Regel eine einmalige Schmierung bei der Montage. Die Dichtlippe darf deshalb den Dichtfilm nicht abstreifen, während bei Hydraulikdichtungen der Schmierfilm möglichst gut abgestreift werden soll. Hieraus resultieren unterschiedliche Dichtlippenformen, Bild 19-28.
Häufig in Verbindung mit Lippendichtungen wird ein *Abstreifring* eingesetzt, Bild 19-29. Dieser verhindert, dass Schmutz an die empfindliche Dichtlippe gelangt und diese beschädigt.
Formdichtungen sind vorwiegend für Längsbewegungen bei Gleitgeschwindigkeiten $v \leq 0{,}5$ m/s und Temperaturen an der Dichtlippe bis 100 °C, Dichtungen aus PTFE bis 260 °C geeignet. Zulässige Drücke: Nutringe bis 400 bar, Manschetten bis 60 bar.
Nutringe werden mit axialem Spiel ($\leq 0{,}3$ mm), Kompaktdichtungen mit leichter Vorspannung eingebaut. Die zulässige Spaltweite richtet sich nach Werkstoffhärte, Betriebsdruck und Abstützung durch Backring (Extrusionsgefahr). Die Gleitflächen sollten geschliffen, gehohnt oder glattgewalzt sein ($R_a \leq 0{,}4$ µm), die Nut gedreht oder geschliffen ($R_a \leq 1{,}6$ µm).

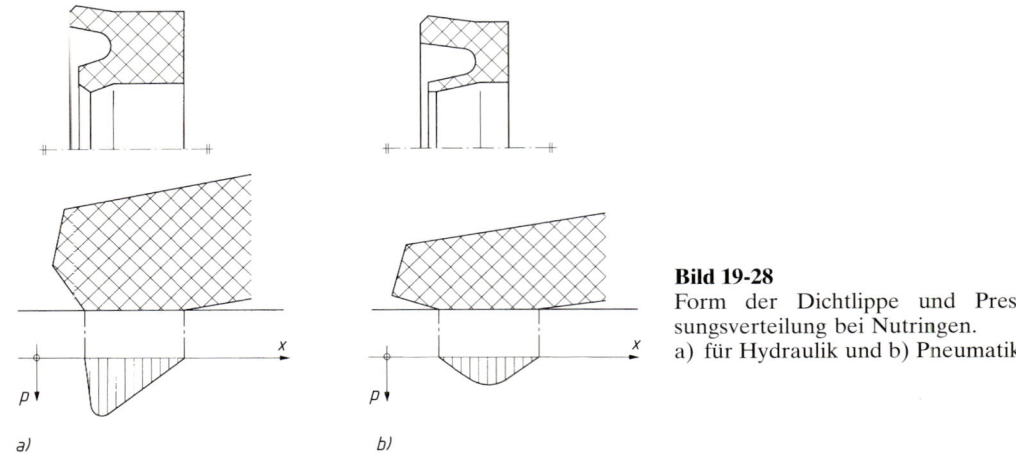

**Bild 19-28**
Form der Dichtlippe und Pressungsverteilung bei Nutringen.
a) für Hydraulik und b) Pneumatik

### Ringdichtungen

Zu den Ringdichtungen gehören die Kolbenringe und PTFE-Ringe.

*Kolbenringe* sind meist einfach radial geschlitzte rechteckige Ringe aus in der Regel Sondergrauguss, die durch die Eigenfederung dicht an der Zylinderwand anliegen. Die wirksame Dichtpressung wird wie bei den Formdichtungen durch den Betriebsdruck erzielt. Sie werden vorwiegend in Verbrennungsmotoren und bei dynamisch hochbelasteten Kolben- und Stangendichtungen eingesetzt. Neben der Druckabdichtung werden sie auch als Führungs- und in Sonderbauform als Ölabstreifring eingesetzt.

*PTFE-Ringe* bestehen aus einem Laufring aus PTFE, der von einem O-Ring, der im Nutgrund liegt, angepresst wird, Bild 19-29. Wie bei den Kolbenringen ist die Reibung auch bei hohen Drücken sehr niedrig. Deshalb und da der Anlauf auch bei schlechterer Schmierung ruckfrei erfolgt (kein Stick-Slip-Effekt), verdrängen sie zunehmend die Manschettendichtungen.

Der Nachteil der Ringdichtungen ist der gegenüber den Formdichtungen relativ große Leckverlust, der durch entsprechende Formgebung etwas verringert werden kann. Wenn geringe Leckverluste gefordert werden, werden häufig Dichtsysteme eingesetzt, z. B. eine Kombination von Abstreifer, Nutring als Sekundärdichtung, PTFE-Ring als Hauptdichtung und Führungsring, Bild 19-29. Der PTFE-Ring dichtet den Druck ab, der dann nur mit geringem Druck beaufschlagte Nutring sorgt für das Abstreifen des Ölfilms, und der Abstreifer schützt die Dichtungen vor Verschmutzung. Da nicht metallische Dichtungen keine Führung von Wellen, Kolben bzw. Stangen übernehmen dürfen, sind ein oder zwei Führungsringe immer erforderlich.

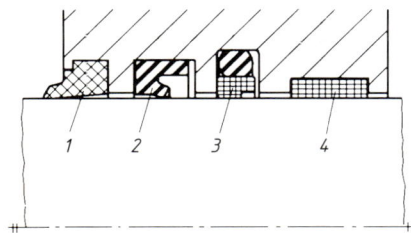

**Bild 19-29**
Dichtsystem.
1 Abstreifer, 2 Nutring, 3 PTFE-Ring, 4 Führungsring

## 19.4 Berührungsfreie Dichtungen zwischen relativ bewegten Bauteilen

Bei berührungsfreien Dichtungen wird die Dichtwirkung enger Spalten ausgenutzt. Durch das verschleiß- und reibungsfreie Arbeiten haben solche Dichtungen eine unbegrenzte Lebensdauer. Gegenüber Berührungsdichtungen ist allerdings mit höheren Leckverlusten aufgrund des

19.4 Berührungsfreie Dichtungen zwischen relativ bewegten Bauteilen    641

Spaltes zu rechnen. Die Konstruktion des Spaltes ist damit wesentlich für die Dichtwirkung. Der Einsatz der Dichtungen erfolgt vorwiegend zur Abdichtung von Achsen und Wellen mit hohen Drehzahlen ohne Druckunterschied (berührungsfreie Schutzdichtungen) oder mit Druckunterschied (Strömungsdichtungen). Mit entsprechendem Aufwand können berührungsfreie Dichtungen auch weitgehend dicht ausgeführt werden. Hierzu zählen Dichtungen mit Sperrflüssigkeit, Magnetflüssigkeitsdichtungen, Sperrluftdichtungen und Fanglabyrinth-Dichtungen.

**Berührungsfreie Schutzdichtungen**
Sie werden vorwiegend bei fettgeschmierten Lagern verwendet. Das von selbst in den Spalt eindringende und von außen durch Zuführungslöcher eingepresste Fett unterstützt die Dichtwirkung. Die *einfache Spaltdichtung* (Bild 19-30a) genügt dort, wo nur mit geringer Verschmutzung zu rechnen ist. Wirksamer ist die *Rillendichtung* (Bild 19-30b), bei der radial umlaufende Rillen das Fett besser halten. Sie wird bei Lagern, beispielsweise von Ventilatoren, Elektromotoren und Spindeln von Werkzeugmaschinen, angewendet. Bei Ölumlaufschmierung sind Spritzkanten, Spritzringe oder auch schraubenförmig ausgebildete Rillen erforderlich, wobei der Windungssinn je nach Drehrichtung der Welle so sein muss, dass austretendes Öl wieder ins Lager zurückgefördert wird. Die *Labyrinthdichtung* ist am wirksamsten. Die mit Fett gefüllten Gänge verhindern selbst bei schmutzigstem Betrieb das Eindringen von Fremdkörpern. Bei ungeteilten Gehäusen wird die Dichtung axial gestaltet (Bild 19-30d), bei geteilten möglichst radial (Bild 19-30c), da sich hierin das Fett besser hält. Die Anwendung ist sehr vielseitig, z. B. bei elektrischen Fahrmotoren, Zementmühlen, Schleifspindeln und Achslagern.
Labyrinthdichtungen lassen sich auch preiswert und platzsparend aus handelsüblichen Dichtlamellen aus gepresstem Stahlblech oder mit Kolbenringen aufbauen (Bild 19-30e). Die Dichtwirkung kann dabei mit der Zahl der eingesetzten Lamellensätze bzw. Kolbenringe nach Bedarf variiert werden. Konstruktionsrichtlinien für diese Dichtungen sind in TB 19-9b zusammengefasst.

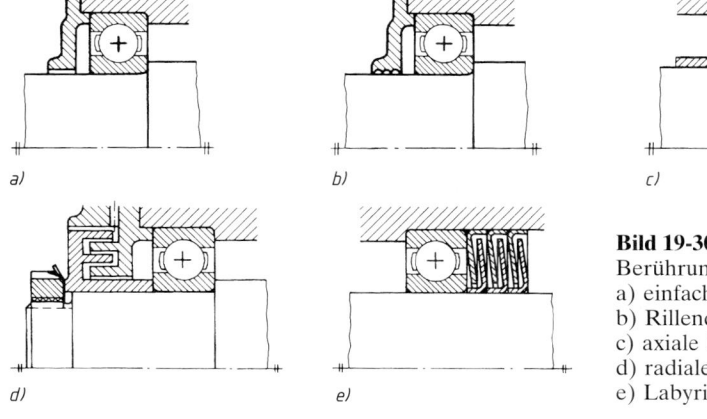

**Bild 19-30**
Berührungsfreie Schutzdichtungen.
a) einfache axiale Spaltdichtung
b) Rillendichtung
c) axiale Labyrinthdichtung
d) radiale Labyrinthdichtung
e) Labyrinth mit Dichtungslamellen

**Strömungsdichtungen**
Strömungsdichtungen werden z. B. bei Turboverdichtern, Dampf- und Wasserturbinen, Gebläsen und Kreiselpumpen eingesetzt. Bei diesen kommt es infolge des Druckunterschiedes zwischen den abzudichtenden Räumen zu einer Spaltströmung mit Druckabbau infolge Flüssigkeitsreibung, die bei laminarer Strömung im konzentrischen *einfachen Spalt* eine *Leckmenge V* verursacht von

$$V = \frac{(p_1 - p_2) \cdot s^3 \cdot \pi \cdot d_\mathrm{m}}{12 \cdot \eta \cdot l} \tag{19.6}$$

$p_1, p_2$   Druck vor bzw. nach dem Spalt
$s$       Spaltweite
$d_\mathrm{m}$   mittlerer Spaltdurchmesser
$\eta$      dynamische Viskosität des durchströmenden Mediums
$l$       Spaltlänge

Aus der Gleichung geht hervor, dass die Spaltweite mit der 3. Potenz den größten Einfluss auf die Leckmenge hat. Da die Spaltweite nicht beliebig klein (meist 0,1 bis 0,2 mm) ausgeführt werden kann (Fertigungsungenauigkeit, Verformungen und Wärmeausdehnungen im Betrieb müssen z. B. beachtet werden), können bereits kleinere Druckunterschiede bei kleinen Leckverlusten sehr lange Spalte erforderlich machen. Einfache radiale und axiale Spalte werden bei inkompressiblen Flüssigkeiten innerhalb von Pumpen, Strömungskupplungen u. ä. ausgeführt. Aufwendiger, aber kürzer bauen Labyrinth- und Labyrinthspaltdichtungen. Auch werden federnde (schwimmende) Buchsen eingesetzt (Bild 19-31a), die sich selbst zentrieren und damit kleinere Spalte zulassen.

Bei den *Labyrinthdichtungen* wird an jeder Drosselstelle (Bild 19-31b) an den engen Spalten Druckenergie in Geschwindigkeitsenergie umgewandelt, in den erweiterten Kammern dahinter wird diese Geschwindigkeitsenergie nahezu vollständig in Reibungswärme durch Verwirbelung und Stoß umgesetzt. Die Leckmenge hängt also wesentlich von der Anzahl der hintereinander geschalteten Drosselstellen sowie der Labyrinthgeometrie ab.

Aus Montagegründen, bei größeren axialen Verschiebungen oder geringeren Anforderungen an die Dichtheit (z. B. innerhalb von Turbinen) werden auch Labyrinthspaltdichtungen (das Labyrinth ist nur einseitig ausgebildet), z. B. Bild 19-31c, eingesetzt. Absolute Dichtheit ist durch eine zusätzliche Flüssigkeitssperrung erreichbar.

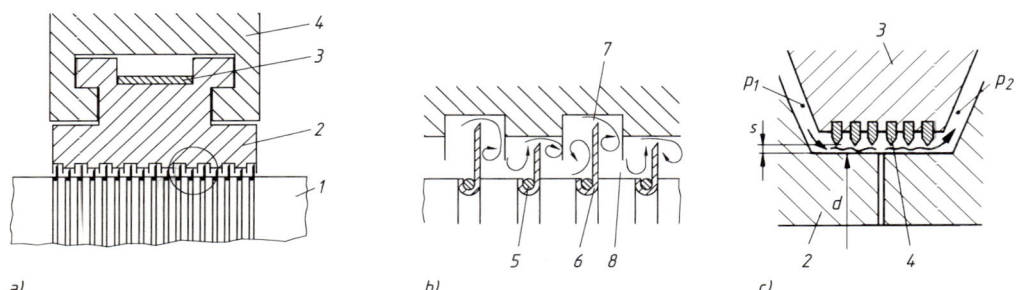

**Bild 19-31** Strömungsdichtung an einer Dampfturbine. a) Teil der Abdichtung des Turbinengehäuses am Wellendurchmesser: **1** Welle, **2** federnde Buchse, **3** Feder, **4** Gehäuse, b) Ausschnitt: **5** Stemmdraht, **6** Drosselblech, **7** Spalt (Drosselstelle), **8** Ringkammer, c) Abdichtung des Leitrades gegen die Welle: **2** Laufrad auf Welle, **3** Leitrad, **4** Messingscheiben

## 19.5 Literatur und Bildquellennachweis

*Ebertshäuser, H.:* Dichtungen in der Fluidtechnik. München: Resch, 1987
*Haberhauer, H., Bodenstein, F.:* Maschinenelemente. Berlin: Springer, 1996
*Köhler, G., Rögnitz, H.:* Maschinenteile. Stuttgart: Teubner 1992
*Pahl, G., Beitz, W.:* Konstruktionslehre. Berlin: Springer, 1997
*Reuter, F. W.:* Dichtungen in der Verfahrenstechnik. München: Resch, 1987
*Schmid, E.:* Handbuch der Dichtungstechnik. Grafenau/Württ.: Expert, 1981
*Schuller, R., Trossin, H.-J., Gartner, J.:* Randbedingungen zum Einsatz statischer Dichtungen. Konstruktion 50 (1998) H. 9, S. 23–26
*Steinhilper, W., Röper, R.:* Maschinen- und Konstruktionselemente 3. Berlin: Springer, 1994
*Trudnovsky, K.:* Berührungsdichtungen. Berlin: Springer, 1975
*Trudnovsky, K.:* Berührungsfreie Dichtungen. Düsseldorf: VDI, 1981
*Trudnovsky, K.:* Schutzdichtungen. Düsseldorf: VDI, 1977

Firmenschriften: Burgmann Dichtungswerke GmbH & Co., Wolfratshausen (Gleitringdichtungen), Elring Kunststoff-Technik GmbH, Bietigheim-Bissingen (RWDR), Freudenberg Dichtungs- und Schwingungstechnik KG, Weinheim (RWDR, Simmerring®, Formdichtungen), Forsheda Stefa GmbH, Maintal (V-Ring, Gamma-Ring), AE Goetze GmbH, Burscheid (Gleitringdichtungen), Loctide European Group, München (Dichtmassen), Martin Merkel GmbH & Co. KG, Hamburg (Formdichtungen), Parker Hannifin GmbH, Bietigheim-Bissingen (Formdichtungen), Ringfeder GmbH, Krefeld. SKF GmbH, Schweinfurt (V-Ring), Ziller & Co., Hilden (Nilos-Ringe), Witzenmann GmbH Metallschlauch-Fabrik, Pforzheim (Metallfaltenbalg)

# 20 Zahnräder und Zahnradgetriebe (Grundlagen)

## 20.1 Funktion und Wirkung

Zahnradgetriebe bestehen aus einem oder mehreren Zahnradpaaren, die vollständig oder teilweise von einem Gehäuse umschlossen sind (geschlossene bzw. offene Getriebe). Sie zeichnen sich aus durch eine kompakte Bauweise und einen relativ hohen Wirkungsgrad. Nachteilig dagegen sind u. a. die durch den Formschluss bedingte *starre* Kraftübertragung (elastische Kupplung vorsehen) sowie die bei hohen Drehzahlen möglichen unerwünschten Schwingungen (u. a. durch bessere Verzahnungsqualität reduzierbar). Eine Übersicht der wichtigsten Getriebearten mit den typischen Merkmalen zeigt Bild 20-1.

| | Getriebeart | | Funktionsfläche | Lage der Achsen | Kontaktart | Näheres s. Kapitel |
|---|---|---|---|---|---|---|
| Wälzgetriebe | Stirnradgetriebe | 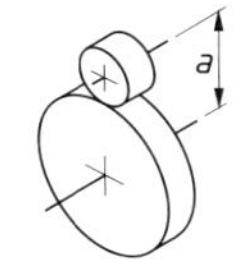 | Zylinder | parallel $\Sigma = 0$ $a > 0$ | Linie | 21 |
| | Kegelradgetriebe | 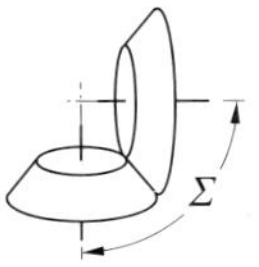 | Kegel | sich schneidend $\Sigma > 0$ (meist $\Sigma = 90°$) $a = 0$ | Linie | 22 |
| Schraubwälzgetriebe | Stirnradschraubgetriebe | 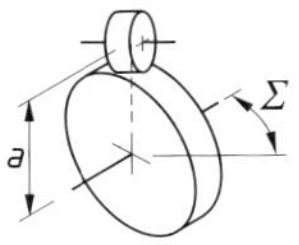 | Zylinder | sich kreuzend $\Sigma > 0$ $a > 0$ | Punkt | 23 |
| | Kegelradschraubgetriebe | 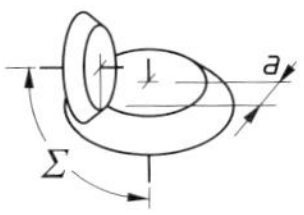 | Kegel | sich kreuzend $\Sigma = 90°$ $a > 0$ | Punkt | – |
| Schraubgetriebe | Schneckengetriebe | 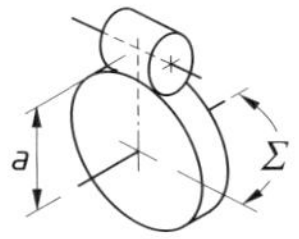 | Zylinder und Globoid [1] | sich kreuzend $\Sigma = 90°$ $a > 0$ | Linie | 23 |

[1] Radpaarungen: Zylinderschnecke/Zylinderschneckenrad; Zylinderschnecke/Globoidschneckenrad Globoidschnecke/Globoidschneckenrad

**Bild 20-1** Getriebebauarten

Die Aufgaben der *gleichförmig*[1] übersetzenden Zahnradgetriebe (Funktion) können sein
— die schlupflose Übertragung einer Leistung oder einer Drehbewegung bei konstantem Übersetzungsverhältnis,
— die Wandlung des Drehmoments oder der Drehzahl,
— die Änderung der Drehrichtung zwischen Antriebs- und Abtriebswelle,
— die Bestimmung der Wellenlage (Antriebs-/Abtriebswelle) zueinander.

### 20.1.1 Zahnräder und Getriebearten

#### 1. Zahnräder

Die Zahnräder bestehen aus einem Radkörper mit gesetzmäßig gestalteten Zähnen. Entsprechend einer vereinbarten Blickrichtung hat jeder Zahn eine Rechts- und Linksflanke mit jeweils bestimmter Krümmung (Bild 20-2a). Die Arbeitsflanken eines Radpaares berühren sich im Eingriffspunkt (Wälzpunkt), der während des Eingriffes auf dem Profil wandert. Die Verzahnung eines gegebenen Rades bestimmt die Verzahnung des Gegenrades. Die Zähne eines auf einer Welle befestigten Zahnrades greifen bei Drehung der Welle nacheinander in die entsprechenden Zahnlücken des Gegenrades. Zwischen den Rückflanken (die den Arbeitsflanken gegengerichteten Flanken) ist Flankenspiel vorhanden (Bild 20-2b).

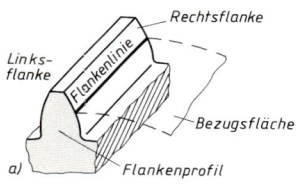
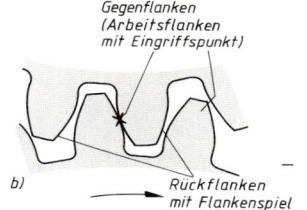

**Bild 20-2**
a) Zahn mit Flankenprofil, Rechts- und Linksflanke, Flankenlinie
b) Flankenarten an Flankenprofilen eines Radpaares

Gedachte Flächen um die Radachsen eines Radpaares, die als unverzahnte Flächen bei Drehung die gleichen Relativbewegungen wie die Zahnräder ausführen, heißen *Funktionsflächen*. Es sind Rotationsflächen (Wälzflächen), die sich berühren und aufeinander abwälzen (Bild 20-3). Beim Null-Rad[2] ist die Funktionsfläche gleichzeitig Bezugsfläche, auf welche die geometrischen Bestimmungsgrößen der Verzahnung bezogen werden. Den allgemeinsten Fall von Zahnradpaaren bilden die *Hyperboloidräder*[3], von denen sich alle Zahnradpaarungen in vereinfachter Form ableiten lassen, z. B. werden die Kehlräder Zylinderräder bei $\Sigma = 0$ und $a > 0$, die hyperbolischen Kegelräder zu „einfachen" Kegelrädern bei $a = 0$ und $\Sigma > 0$. s. Bild 20-1.

#### 2. Getriebearten

Eine Baugruppe aus einem oder mehreren Zahnradpaaren ist ein *Zahnradgetriebe*, in dem Größe und/oder Richtung von Drehbewegung und Drehmoment in einer oder mehreren Getriebestufen umgeformt werden. Nach der gegenseitigen Lage der Radachsen bzw. der Wellen eines Zahnradpaares und nach der Richtung der Flanken werden nach DIN 868 als Getriebebauarten die *Wälzgetriebe* und *Schraubwälzgetriebe* unterschieden, siehe Übersicht Bild 20-1.

---

[1] Zahnräder mit rotationssymmetrischen und zur Radachse zentrischen Bezugsflächen bewirken eine *gleichförmige*, Zahnräder mit unrunden oder exzentrischen Bezugsflächen dagegen eine *periodisch sich ändernde* Drehbewegungsübertragung.
[2] Null-Räder sind Zahnräder ohne Profilverschiebung ($V = 0$) im Gegensatz zu den V-Rädern ($V <> 0$).
[3] Unter einem Hyperboloid versteht man den Körper, der durch Drehung einer Hyperbel um ihre Achse entsteht.

## 20.1 Funktion und Wirkung

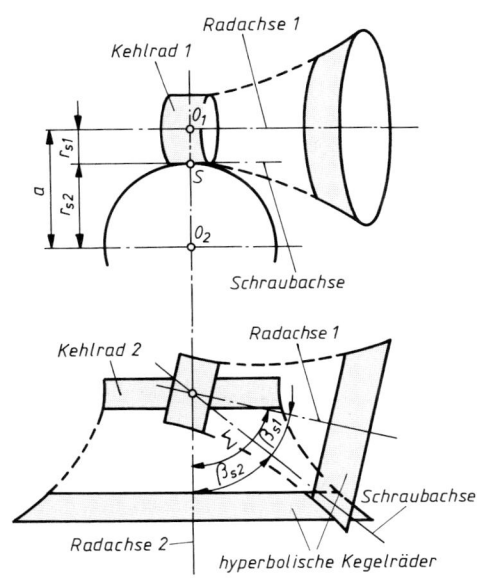

**Bild 20-3**
Funktionsflächen der Hyperboloidräder
(dargestellt sind 2 Radpaare)

**Wälzgetriebe**
Hierzu zählen Getriebe, bei denen in den Funktionsflächen reines Wälzen auftritt. Zu ihnen gehören Radpaare, deren Radachsen (Wellen) in einer Ebene liegen, also parallel sind oder sich schneiden; der Kontakt ist linienförmig. Dies sind

— *Stirnradgetriebe* (Bild 20-4): Paarung zweier außenverzahnter Stirnräder, deren Funktionsflächen Wälzzylinder sind. Der Grenzfall ist die *Zahnstange* mit unendlich großem Durchmesser und einer ebenen Funktionsfläche, gepaart mit einem außenverzahnten Ritzel; $i = \infty$. Die Räder werden mit *Gerad-, Schräg-* oder *Doppelschräg-* bzw. *Pfeilverzahnung* (je nach Verlauf der Zahnflankenlinien) ausgeführt; Übersetzung je Radpaar $i \leq 6$ ($i_{max} \approx 8\ldots10$). Raumsparende Stirnradgetriebe werden auch als Innenradpaar ausgeführt, bei denen ein außenverzahntes Ritzel mit einem innenverzahnten Rad (Hohlrad) im gleichen Drehsinn laufen (nur axial montierbar)[1].

— *Kegelradgetriebe* (Bild 20-5): Paarung zweier Kegelräder mit Gerad- oder Schrägverzahnung, deren Funktionsflächen Wälzkegel sind und deren Radachsen sich im Achsenschnittpunkt schneiden. Die Zahnflanken berühren sich linienförmig; Übersetzung bis $i_{max} \approx 6$. Der Grenzfall eines außenverzahnten Kegelrades ist das *Kegelplanrad*, dessen Funktionsfläche eine Ebene senkrecht zur Radachse ist. Gepaart mit einem Kegelrad ergibt sich ein Kegelplanradgetriebe.

**Schraubwälzgetriebe**
Schraubwälzgetriebe sind Paarungen verzahnter Räder, deren Radachsen sich nicht in einer Ebene kreuzen. Ihre Funktionsflächen sind *Hyperboloide*, die sich bei Drehung unter gleichzeitigem Gleiten (Verschieben) längs ihrer gemeinsamen Berührungslinie (Schraubenachse) aufeinander abwälzen, s. Bild 20-3 und Bild 20-1.
Die Verzahnungen der beiden Räder liegen in den hyperbolischen Funktionsflächen. Die Zahnräder können als hyperbolische Stirnräder (Kehlräder 1, 2) oder als hyperbolische Kegelräder ausgeführt werden. Da die Funktionsflächen gekrümmt sind, werden in der Praxis die Verzahnungen an Zylinder- bzw. Kegelflächen angenähert. Man unterscheidet:

---

[1] Große Übersetzungsverhältnisse lassen sich raumsparend mit Planetengetrieben (Umlaufgetriebe) erreichen, bei denen ein umlaufender Steg mit Planetenrädern um ein Sonnenrad läuft.

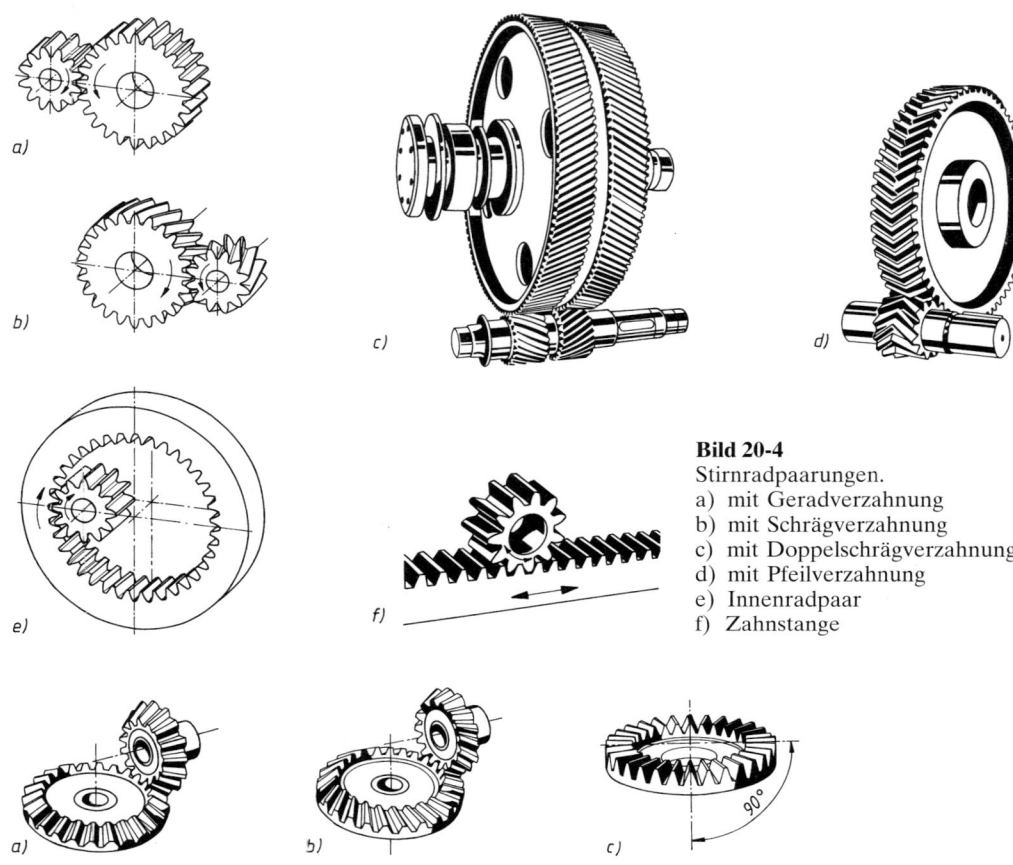

**Bild 20-4** Stirnradpaarungen.
a) mit Geradverzahnung
b) mit Schrägverzahnung
c) mit Doppelschrägverzahnung
d) mit Pfeilverzahnung
e) Innenradpaar
f) Zahnstange

**Bild 20-5** Kegelradpaarungen. a) Kegelradpaar mit Geradverzahnung, b) mit Schrägverzahnung, c) Kegelplanrad

– *Stirnrad-Schraubgetriebe* (Bild 20-6a): Sind bei genügend großem Abstand $a$ die Kehlhalbmesser $r_{s1}$ und $r_{s2}$ der Schraubflächen hinreichend groß (Bild 20-3), werden in einem schmalen Bereich um den Schraubpunkt $S$ die Hyperboloide durch Zylinderflächen angenähert. Die Verzahnung solcher Stirnschraubräder haben nur Punktberührung. Der Berührpunkt erweitert sich unter Betriebsbedingungen zu einer Berührfläche. Deshalb eignen sich solche Getriebe nur für kleine Leistungen und für Übersetzungen bis $i_{max} = 5$.
– *Kegelrad-Schraubgetriebe* (Bild 20-6b): Bei kleinem Achsabstand $a$ (Achsversetzung z. B. bei Kfz-Getrieben) werden solche Teile der Schraubwälzflächen für den Zahneingriff herangezogen, die vom Schraubpunkt $S$ genügend weit entfernt sind, so dass diese Teile durch Kegelflächen angenähert werden können, deren Zahneingriff sich über nahezu die gesamte Zahnbreite erstreckt (vgl. Bild 20-3). Solche meist bogenverzahnte Kegelschraubräder werden *Hypoidräder* genannt. Bei der Paarung dieser Räder kreuzen sich die Radachsen vielfach rechtwinklig; der Kontakt ist linienförmig.
– *Schneckenrad-Getriebe* (Bild 20-6c und d) als reine Schraubgetriebe mit sich rechtwinklig kreuzenden Radachsen bestehen aus einem Zahnrad mit zylindrischer oder globoidischer Funktionsfläche, der *Schnecke*, und dem dazu passenden globoidischen Gegenrad, dem *Schneckenrad*. Die Verzahnungen von Schnecke und Schneckenrad haben in einem Eingriffsfeld Linienberührung; Übersetzung von $i_{min} \approx 5$ bis $i_{max} \approx 60$, in Ausnahmefällen bis $i_{max} \approx 100$ und mehr.

20.1 Funktion und Wirkung

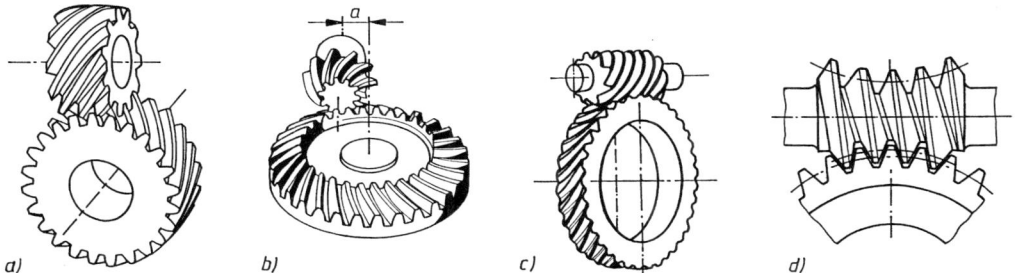

**Bild 20-6** Schraubwälzpaarungen. a) Stirnrad-Schraubgetriebe, b) Kegelrad-Schraubgetriebe (Hypoidradpaar), c) Zylinderschnecken-Getriebe (Zylinderschnecke und Globoidschneckenrad), d) Globoidschnecken-Getriebe (Globoidschnecke und Globoidschneckenrad)

## 20.1.2 Verzahnungsgesetz

Die Voraussetzungen für den gleichmäßigen Lauf eines Zahnradpaares sind eine stets konstant bleibende Übersetzung $i = \omega_1/\omega_2$. Kommt ein treibender Zahn in Eingriff, so fängt zuerst sein Fuß an, sich mit dem Kopf des getriebenen Rades (Kopfkreis $K_2$) im Eingriffspunkt $B$ zu berühren (Bild 20-7a). Das treibende Rad 1 dreht sich mit der Winkelgeschwindigkeit $\omega_1$, das getriebene Rad 2 mit der Winkelgeschwindigkeit $\omega_2$, wenn sich die beiden Wälzkreise $W_1$ und $W_2$ im Wälzpunkt $C$ berühren. Im Verlauf der Drehung wandert der Eingriffspunkt $B$ auf dem Zahnprofil, und zwar stets auf der gemeinsamen Normalen $n-n$ bis zum Wälzpunkt $C$ (Bild 20-7b) und anschließend darüber hinaus bis zum Ende des Eingriffs am Kopf (Bild 20-7c) des treibenden Rades (Kopfkreis $K_1$).
Der Eingriffspunkt $B$ hat vom Mittelpunkt $M_1$ des treibenden Rades den Abstand $R_1$, vom Mittelpunkt $M_2$ des getriebenen Rades den Abstand $R_2$. Bei der Drehung der Räder bewegen sich die den beiden Flanken zugeteilten „Punkthälften" $B_1$ und $B_2$ um $M_1$ und $M_2$ mit den Umfangsgeschwindigkeiten $v_1 = \omega_1 \cdot R_1$ (senkrecht auf $R_1$) und $v_2 = \omega_2 \cdot R_2$ (senkrecht auf $R_2$). Da $v_1$ bei gleichbleibender $\omega_1$ mit zunehmendem Abstand $R_1$ wächst (Bild 20-7a, b, c), kann die Drehbewegung nur dann gleichförmig übertragen werden, wenn die treibende Flanke im getriebenen Rad (Gegenrad) auf Zahnflankenpunkte trifft, deren Umfangsgeschwindigkeit $v_2$ mit Abstand $R_2$ im selben Verhältnis kleiner wird, wie die des treibenden Rades wächst. Es gilt daher $i = \omega_1/\omega_2 = (v_1/R_1)/(v_2/R_2) = (v_1/R_1) \cdot (R_2/v_2)$.

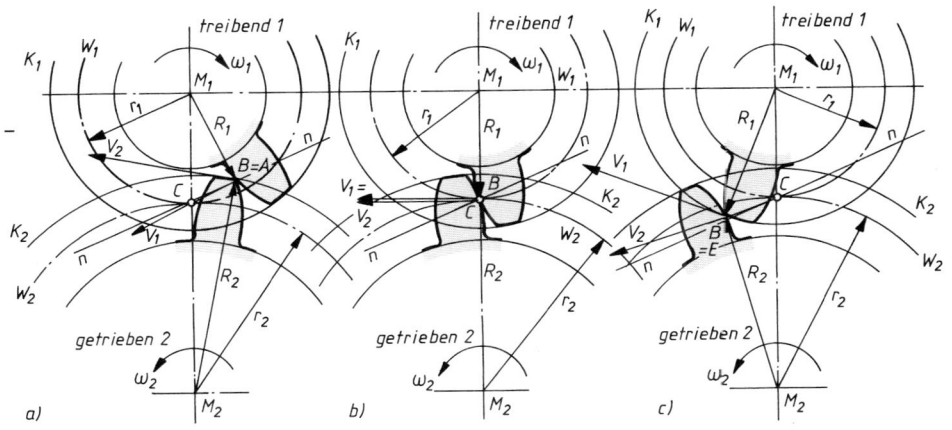

**Bild 20-7** Eingriffsstellungen und Umfangsgeschwindigkeiten. a) bei Beginn $(v_1 < v_2)$, b) in der Mitte $(v_1 = v_2)$, c) am Ende des Eingriffs $(v_1 > v_2)$

Findet die Flankenberührung im Wälzpunkt $C$ statt (Bild 20-7b), ist $R_1 = r_1$ (Halbmesser des Wälzkreises $W_1$) bzw. $R_2 = r_2$ (Halbmesser des Wälzkreies $W_2$), dann muss $v_1 = v_2$ sein, so dass gilt $i = \omega_1/\omega_2 = R_2/R_1 = r_2/r_1$.

Werden in einem beliebigen Eingriffspunkt $B$ (Bild 20-8) die Umfangsgeschwindigkeiten $v_1$ und $v_2$ in ihre Komponenten $v_{t1}$ und $v_{t2}$ in Richtung der gemeinsamen Tangente $t-t$ und in Richtung der dazugehörigen Normale $n-n$ in die Komponenten $v_{n1}$ und $v_{n2}$ zerlegt und sind die Radien $r_{n1}$ im Fußpunkt $T_1$ bzw. $r_{n2}$ im Fußpunkt $T_2$ senkrecht auf der Normalen $n-n$, die durch den Wälzpunkt $C$ geht, dann müssen auch die Umfangsgeschwindigkeiten $v_{n1} = \omega_1 \cdot r_{n1}$ und $v_{n2} = \omega_2 \cdot r_{n2}$ gleichgerichtet und gleich groß sein. Nach den Gesetzen der Kinematik bleiben die Flanken dann in dauernder Berührung. Wäre $v_{n1} > v_{n2}$ müsste sich die treibende Flanke in die getriebene Flanke eindrücken, bei $v_{n1} < v_{n2}$ würden sich die Flanken voneinander abheben.

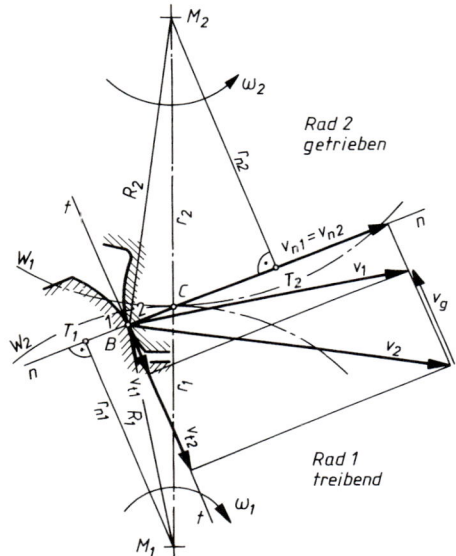

**Bild 20-8**
Geschwindigkeitsvektoren beim Zahneingriff

Das Dreieck $M_1T_1B$ und das Dreieck, gebildet aus den Geschwindigkeitsvektoren $v_{n1}$ und $v_1$ mit dem Eckpunkt $B$, sind ähnlich, wie das Dreieck $M_2T_2B$ und das Dreieck aus $v_{n2}$ und $v_2$ mit dem Eckpunkt $B$, so dass gilt $v_{n1}/v_1 = r_{n1}/R_1$ bzw. $v_{n2}/v_2 = r_{n2}/R_2$. Geht die Normale $n-n$ durch den Wälzpunkt $C$, ist $v_{n1} = v_{n2}$ und es wird $r_{n1} \cdot (v_1/R_1) = r_{n2} \cdot (v_2/R_2)$ bzw. $r_{n1} \cdot \omega_1 = r_{n2} \cdot \omega_2$. Damit ist auch $\omega_1/\omega_2 = r_{n2}/r_{n1}$ und somit folgt für die Übersetzung eines Radpaares

$$\boxed{i = \frac{\omega_1}{\omega_2} = \frac{R_1}{R_2} = \frac{r_{n2}}{r_{n1}} = \frac{r_2}{r_1}} \qquad (20.1)$$

Das *Verzahnungsgesetz* lautet danach:

> *Die Verzahnung ist zur Übertragung einer Drehbewegung mit konstanter Übersetzung dann brauchbar, wenn die gemeinsame Normale $n-n$ in jedem Eingriffspunkt (Berührpunkt) $B$ zweier Zahnflanken durch den Wälzpunkt $C$ geht.*

Die Komponenten $v_{t1}$ und $v_{t2}$ der Umfangsgeschwindigkeiten $v_1$ und $v_2$ in Richtung der gemeinsamen Tangente $t-t$ in $B$ besagen, dass neben der Wälzbewegung gleichzeitig eine Gleitbewegung der Zahnflanken aufeinander erfolgt. Der Unterschied dieser Tangentialgeschwindigkeiten ist die relative Gleitgeschwindigkeit $v_g = v_{t2} - v_{t1}$ (Bild 20-8). $v_g$ ändert sich proportional mit dem Abstand $\overline{BC}$ und ist im Wälzpunkt $C$ gleich null, weil dort $R_1 = r_1$ und $R_2 = r_2$, ferner $v_1 = v_2$ und

## 20.1 Funktion und Wirkung

$v_{t1} = v_{t2}$, so dass $v_g = 0$ ist, d. h. im Wälzpunkt $C$ tritt kein Gleiten, sondern reines Wälzen auf. Ihre Maximalwerte erreicht die Geschwindigkeit im Fußeingriffspunkt $v_g = v_{t2} - v_{t1}$ bzw. im Kopfeingriffspunkt $v_g = v_{t1} - v_{t2}$, d. h. ab Wälzpunkt $C$ ändert $v_g$ die Richtung (Bild 20-7a, c). Die Bahn, die der Eingriffspunkt $B$ vom Beginn über $C$ bis zum Ende des Eingriffs beschreibt, wird als *Eingriffslinie* bezeichnet. Sie ist somit der geometrische Ort aller Eingriffspunkte $B$, deren gemeinsame Normale $n-n$ durch den Wälzpunkt $C$ geht.

*Zwei Flankenprofile (Flanke 1 und Gegenflanke 2) können nur dann zusammenarbeiten, wenn sie die gleichen Eingriffslinien haben, deren Verlauf durch das Verzahnungsgesetz festgelegt ist.*

Als *Eingriffsstrecke* wird der ausgenutzte Teil $\overline{AE}$ der Eingriffslinie benannt. Sie wird begrenzt durch den Kopfkreis $K_2$ zu Beginn ($A$) (Bild 20-7a) und durch den Kopfkreis $K_1$ am Ende ($E$) des Eingriffs (Bild 20-7c).

### 20.1.3 Flankenprofile und Verzahnungsarten

Als Flankenprofil ist jede beliebige Kurvenform möglich, sofern für sie das Verzahnungsgesetz zutrifft. In der Praxis haben jedoch nur solche Kurven als Flankenprofile Bedeutung, die besonders einfache Eingriffslinien ergeben und deren Flanken sich mit höchster Genauigkeit mit verhältnismäßig einfachen Mitteln fertigen lassen. Hierfür eignen sich die zyklischen Kurven oder Rollkurven, die entstehen, wenn Kreise auf einer Geraden oder auf- bzw. ineinander ohne Gleiten abrollen, bzw. wenn eine Gerade sich ohne Gleiten wälzt.

#### 1. Zykloidenverzahnung

*Zykloiden sind Kurven, die von einem Punkt P eines Rollkreises beschrieben werden, der auf einer Wälzgeraden oder auf bzw. in einem Wälzkreis abrollt* (Bild 20-9).

Rollt ein Kreis auf einer Geraden ab, entsteht die *Orthozykloide* (Bild 20-9a). Die *Epizykloide* entsteht durch Abrollen eines Rollkreises auf einem Wälzkreis (Bild 20-9b). Die *Hypozykloide* wird durch Abrollen eines Rollkreises im Innern eines größeren Wälzkreises erzeugt (Bild 20-9c).

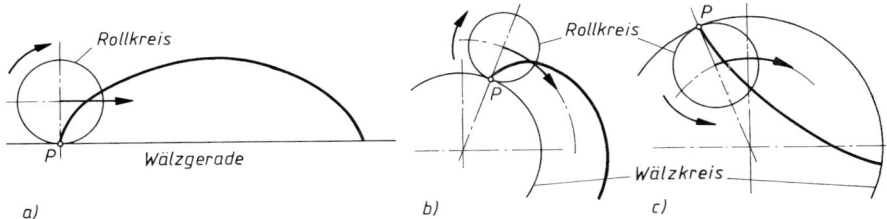

**Bild 20-9** Zykloiden. a) Orthozykloide, b) Epizykloide, c) Hypozykloide

Bei der Zykloidenverzahnung liegen die beiden *Rollkreise* mit den Durchmessern $\delta_1$ und $\delta_2$ innerhalb der Wälzkreise $W$ mit den Durchmessern $d_1$ und $d_2$ (Bild 20-10a). Sie berühren sich im Wälzpunkt $C$ und bilden die Eingriffslinie für die Rechts- und Linksflanken. Die Rollkreisdurchmesser könnten beliebig gewählt werden, erfahrungsgemäß ergeben sich jedoch günstige Eingriffsverhältnisse, wenn jeweils $\delta \approx 0{,}3 \cdot d$ ist.
Nach dem Verzahnungsgesetz müssen zwei Arbeitsflanken (Kopfflanke des einen und Fußflanke des anderen Rades) bei Berührung eine gemeinsame Normale durch den Wälzpunkt $C$, jeweils unter einem anderen Winkel, haben. Das ist nur dann der Fall, wenn die Zahnflanken durch gleiche Rollkreise erzeugt werden: Durch Abrollen des Rollkreises 2 auf dem Wälzkreis $W_1$ entsteht die Kopfflanke $k_1$ bis zum Zahnkopf $K_1$ (Kopfkreis des Rades 1) als *Epizykloide*, durch Abrollen es Rollkreises 2 im Wälzkreis $W_2$ entsteht die mit $k_1$ zusammenarbeitende Fuß-

flanke $f_2$ als *Hypozykloide*. Entsprechend werden die Flanken $k_2$ und $f_1$ durch den Rollkreis 1 erzeugt (Bild 20-10a).

Für ein zykloidenverzahntes Zahnstangengetriebe liefert die *Orthozykloide* die Kopfflanke der Zahnstange, wenn der Rollkreis auf dem Wälzkreis oben nach rechts und die Fußflanke der Zahnstange, wenn der Rollkreis unten nach links abrollt (Bild 20-10b).

Bei der Zykloidverzahnung setzt sich die Eingriffslinie als Kreisbögen der Rollkreise 1 und 2 zusammen. Die Eingriffsstrecke beginnt bei Rechtsdrehung des treibenden Rades 1 mit dem Eingriff in $A$ und endet in $E$ (Punktlinie im Bild 20-10a). Diesen Punkten entsprechen auf den Fußflanken die Fußpunkte $F_1$ und $F_2$. In der ersten Eingriffsphase wälzen also die Flankenteile $F_1C$ und $K_2C$, in der zweiten Phase die Teile $CK_1$ und $CF_2$ aufeinander ab. Aus deren unterschiedlichen Längen geht hervor, dass neben der Wälzbewegung gleichzeitig noch eine Gleitbewegung erfolgen muss.

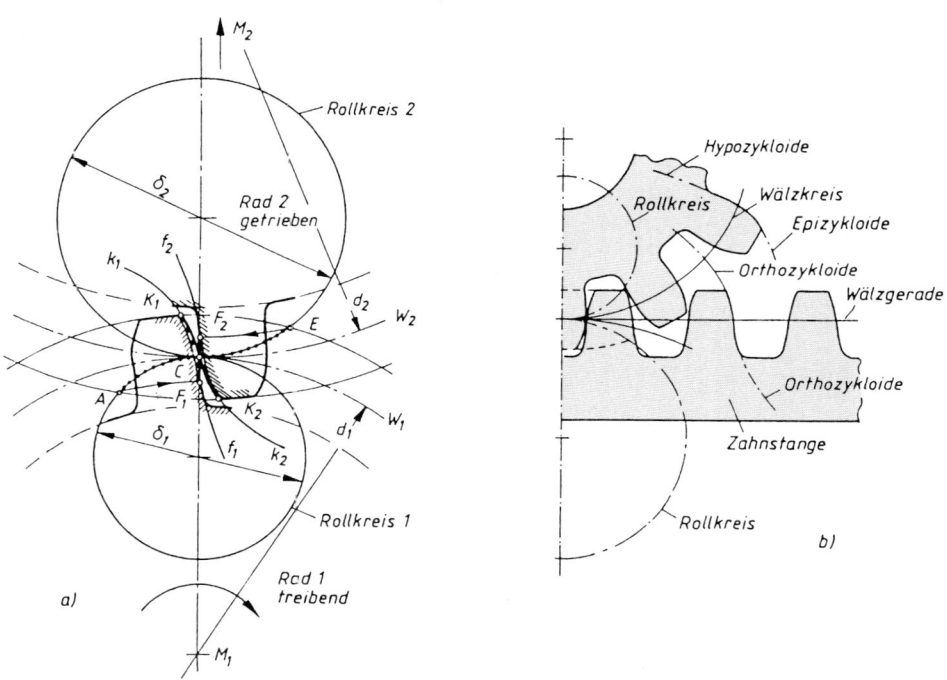

**Bild 20-10** a) Zykloidenverzahnung eines außenverzahnten Stirnradpaares, b) zykloidenverzahntes Zahnstangengetriebe

Bei der Zykloidenverzahnung steht immer ein *konvex* gekrümmtes Flankenprofil $k_1$ und $k_2$ mit einem *konkav* gekrümmten Flankenprofil $f_1$ und $f_2$ im Eingriff, so dass sich eine besonders günstige Anschmiegung der Zahnflanken ergibt. Dadurch wird die Flankenpressung und die Abnutzung geringer, die Belastbarkeit höher; außerdem lassen sich Räder mit kleinen Zähnezahlen ($z = 3$) verwirklichen. Da das Flankenprofil stets aus dem Zusammenwirken zweier Räder entsteht, gehört ein Räderpaar arbeitsmäßig zusammen. Satz- oder Schieberäder für Wechselräder- oder Schaltgetriebe sind aber nur möglich, wenn sie gleiche Rollkreise haben. Wegen des Wechsels der Flankenkrümmung im Wälzpunkt $C$ muss der Abstand $(\overline{M_1M_2})$ genau eingehalten werden, da schon kleine Ungenauigkeiten den Zahneingriff stören. Die Herstellung der Verzahnung ist schwierig und teuer, da die Werkzeuge keine geraden Schneidkanten haben. Die Nachteile beschränken die Verwendung der zykloidverzahnten Räder auf Sondergebiete z. B. in der Feinwerktechnik.

## 2. Triebstockverzahnung

Wird bei der Zykloidenverzahnung der Rollkreisdurchmesser 2 des Rades $\delta_2 = 0{,}5 \cdot d_2$ gewählt, läuft die Fußflanke gerade in radialer Richtung. Die Zähne werden innerhalb der Wälzkreise schwächer, die Tragfähigkeit damit geringer und die Gleit- sowie die Abnutzungsverhältnisse schlechter. Bei $\delta = d$ geht die, die Fußflanke der Räder bildende Hypozykloide in einem Punkt über, der mit der Epizykloide des Gegenrades zusammenarbeitet (Punktverzahnung). Der Eingriff erfolgt nur noch an der Kopfflanke.

Um die Abnutzung zu verringern, wird der Punkt durch einen *Triebstock* (Bolzen) mit Durchmesser $d_B$ erweitert (Bild 20-11). Die Kopfflanken der Zähne des treibenden Rades (Ritzels) mit dem Teilkreisdurchmesser $d_1$ werden durch die Äquidistante[1] der Epizykloide gebildet, die der Bolzenmittelpunkt durch Abrollen des Wälzkreises (Teilkreis) $d_2$ auf dem Teilkreis $d_1$ beschreibt. Geht das die Bolzen tragende Triebstockrad in eine Triebstock-Zahnstange über, dann gehen die Epizykloiden des Ritzels und ihre Äquidistanten in Evolventen über.

Triebstockverzahnung wird bei großen Übersetzungen angewendet, z. B. bei Krandrehwerken, Karussels und als „Zahnstangengetriebe" bei Stauschützen.

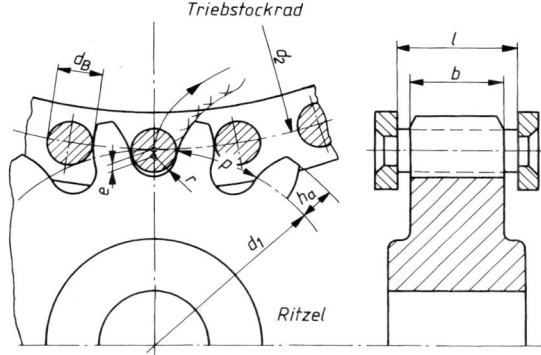

**Bild 20-11**
Triebstockverzahnung

**Richtmaße für den Entwurf.** Mit dem Modul $m$ in mm und der Teilung $p = m \cdot \pi$ in mm ergeben sich bzw. sind zu wählen:

| | | | |
|---|---|---|---|
| kleinste Zähnezahl | $z_1$ | 8...12 | – |
| Umfangsgeschwindigkeit auf dem Teilkreis | $v$ | 0,2...1 | m/s |
| Zahnkopfhöhe | $h_a$ | $\approx m \cdot (1 + 0{,}03 \cdot z_1)$ | mm |
| Bolzendurchmesser | $d_B$ | $\approx 1{,}67 \cdot m$ | mm |
| Zahnbreite | $b$ | $\approx 3{,}3 \cdot m$ | mm |
| Bolzenlänge | $l$ | $\approx (b + m + 5)$ | mm |
| Lückenradius | $r$ | $\approx 0{,}5 \cdot d_B + 0{,}02 \cdot m$ | mm |
| Mittelpunktabstand | $e$ | $\approx 0{,}15 \cdot m$ | mm |
| Flankenspiel | $j$ | $\approx 0{,}04 \cdot m$ | mm |

---

[1] Kurve gleichen Abstandes.

## 3. Evolventenverzahnung

*Kreisevolventen sind Kurven, die ein Punkt einer Geraden beschreibt, die auf einem Kreis, dem Grundkreis, abrollt* (Bild 20-12).

Die *Evolventenverzahnung* zeigt die Stirnprofile des Zahnrades als Teile von Evolventen (Bild 20-12b). Bei einem außenverzahnten Stirnradpaar ist entsprechend dem Verzahnungsgesetz die *Eingriffslinie* eine Gerade $n-n$ (Rollgerade), die beide *Grundkreise* der Räder in den Punkten $T_1$ und $T_2$ tangiert (Bild 20-13).
Werden die im Eingriff stehenden Zähne der Räder 1 und 2 so gedreht dargestellt, dass die Arbeitsflanken (durch Doppellinien gekennzeichnet) sich im Wälzpunkt $C$ berühren, dann bildet die gemeinsame Flankentangente $t-t$ mit der Mantellinie $\overline{M_1M_2}$ den *Eingriffswinkel* α. Da die Eingriffslinie $n-n$ senkrecht auf der gemeinsamen Tangente $t-t$ steht, ist der Eingriffswinkel auch der Winkel zwischen der gemeinsamen Tangente an die Wälzkreise $W_1$ und $W_2$ in $C$, der Wälzgeraden $M-M$ (senkrecht zu $\overline{M_1M_2}$) und der Eingriffslinie $n-n$.
Während des Eingriffs wälzen in der ersten Phase die Flankenteile $F_1C$ und $K_2C$, in der zweiten Phase die Flankenteile $CK_1$ und $CF_2$ miteinander.
Alle Eingriffspunkte wandern auf der Eingriffslinie $n-n$, die dabei jeweils senkrecht auf den berührenden Arbeitsflanken steht und durch $C$ geht.
Die Lage der Zähne für den als Vollinie eingezeichneten Drehsinn zu Beginn $A$ und am Ende $E$ des Eingriffs sind durch Strichlinien dargestellt; die Schnittpunkte der Eingriffslinie mit den Kopfkreisen des Rades 2 bei $A$ ($F_1$ und $K_2$ fallen zusammen) und des Rades 1 bei $E$ ($K_1$ und $F_2$ fallen zusammen) grenzen die Eingriffsstrecke ab (Punktstrecke $\overline{AE}$ im Bild 20-13). Die *Eingriffsstrecke* $g_\alpha = g_f + g_a$ wird durch $C$ in die Eintritt-Eingriffsstrecke gleich Fußeingriffsstrecke $g_f$ und die Austritt-Eingriffsstrecke gleich Kopfeingriffsstrecke $g_a$ unterteilt. Die Projektion von $g_\alpha$ auf $M-M$ kann als *Eingriffslänge* $\overline{A'E'}$ bezeichnet werden.

*Hinweis:* Die Lage der Eingriffslinie (Vollinie $n-n$) als geometrischer Ort aller gemeinsamen Berührungspunkte zweier im Eingriff befindlicher Zahnflanken ist vom Drehsinn der Räder bestimmt, s. Bild 20-13 (Strichlinie $n'-n'$ für umgekehrten Drehsinn).

Da die rechtwinkligen Dreiecke $M_1CT_1$ und $M_2CT_2$ einander ähnlich sind, gilt mit den Wälzkreisradien $r_1 = d_1/2$ und $r_2 = d_2/2$ sowie den Grundkreisen $r_{b1} = d_{b1}/2$ und $r_{b2} = d_{b2}/2$ die

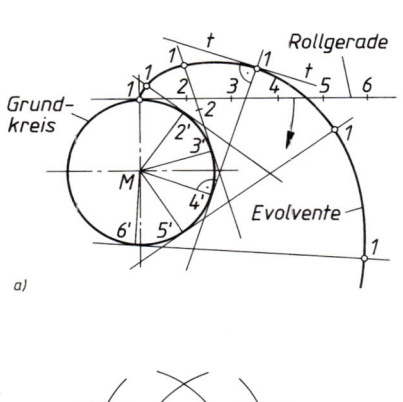

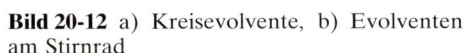

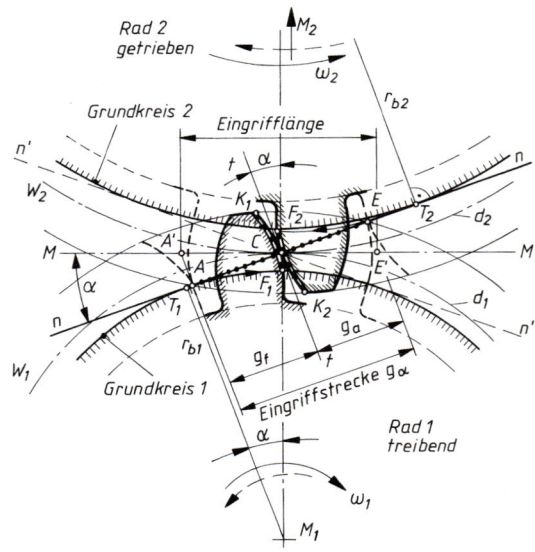

**Bild 20-12** a) Kreisevolvente, b) Evolventen am Stirnrad

**Bild 20-13** Evolventen-Außenverzahnung eines Null-Radpaares

Beziehung $\cos \alpha = r_{b1}/r_1 = r_{b2}/r_2$, so dass entsprechend Gl. (20.1) die Übersetzung $i = \omega_1/\omega_2 = r_2/r_1 = r_{b2}/r_{b1} = d_{b2}/d_{b1}$ ist, d. h. $i$ ist auch abhängig von der Größe der Grundkreishalbmesser bzw. -durchmesser. Weil die Eingriffslinie eine Gerade ist und die Form der Stirnprofile von Lagenänderungen der Grundkreise nicht beeinflusst wird, sind Evolventenverzahnungen unempfindlich gegen Achsabstandsänderungen eines Radpaares.

> *Im Maschinenbau wird fast ausschließlich die Evolventenverzahnung verwendet, da die Herstellung der Zahnräder relativ einfach und kostengünstig ist.*

### 20.1.4 Bezugsprofil, Herstellung der Evolventenverzahnung

Das *Bezugsprofil* nach DIN 867 (Bild 20-14) ist ein durch Vereinbarung festgelegtes Profil einer Zahnstange (Planverzahnung), das vorzugsweise im allgemeinen Maschinenbau für Stirnräder mit Evolventenverzahnung nach DIN 3960 für Modul $m_n = 1 \ldots 70$ mm angewendet werden soll. Die Flanken des Bezugsprofils schließen mit der Normalen zur Profilbezugslinie $P-P$ den Profilwinkel $\alpha_p$ gleich Eingriffswinkel $\alpha = 20°$ ein.

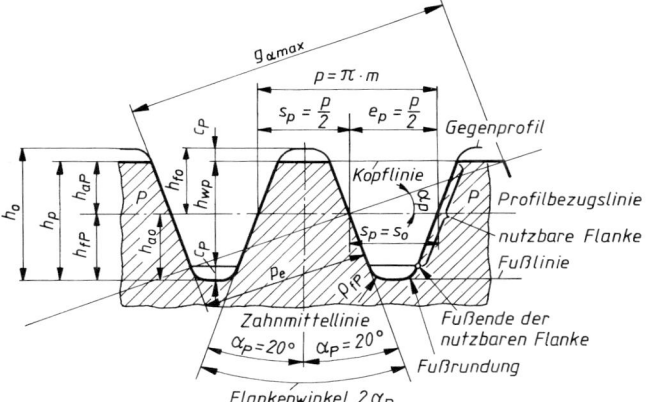

**Bild 20-14**
Bezugsprofil mit Gegenprofil für Stirnräder, Werkzeugprofil mit Index 0

Die Maße am Bezugsprofil sind festgelegt durch den Modul $m_n$[1] und die Profilbezugslinie: auf $P-P$ werden die *Teilung* $p$, die *Zahndicke* $s_P$ und die *Lückenweite* $e_P$ angegeben; auf $P-P$ bezogen werden die *Kopfhöhe* $h_{aP} = m$ und die *Fußhöhe* $h_{fP} = m + c_P$, die zusammen die *Zahnhöhe des Bezugsprofils* $h_P = 2 \cdot m + c_P$ ergeben. Die nutzbare Zahnflanke ist durch die gemeinsame Zahnhöhe $h_{wP} = 2 \cdot m$ bestimmt.
Mit dem Gegenprofil ergibt sich das *Bezugsprofil von Verzahnungswerkzeugen* (*Index 0*), das sich in der *Kopfhöhe* $h_{a0}$ und gegebenenfalls in der *Zahndicke* $s_0$ unterscheidet. $h_{a0}$ muss um das *Kopfspiel* $c_P$ größer sein als das Bezugsprofil des Zahnrades. $s_0$ ist gleich oder gegebenenfalls um eine Bearbeitungszugabe am Werkstück kleiner als die des Bezugsprofils des Zahnrades. Eine Bearbeitungszugabe ist für nachfolgende Arbeitsgänge (Schlichtfräsen, Schleifen oder Schaben der Verzahnung) erforderlich. DIN 3972 unterscheidet für Verzahnwerkzeuge die Bezugsprofile I und II für Fertigbearbeitung ($s_0 \cong s_P$, für I $h_{a0} = 1{,}167 \cdot m$, für II $h_{a0} = 1{,}25 \cdot m$), III für Vorbearbeitung zum Schleifen oder Schaben und IV für Vorbearbeitung zum Schlichten. Die Kopfrundung $\varrho_{a0}$ der Fräserzähne ist mit etwa $0{,}25 \cdot m$ festgelegt (nähere Einzelheiten s. Norm). Sie bewirkt die Ausrundung des Zahnfußes am Zahnrad. Der Kopfkreis des Zahnrades wird durch das Verzahnungswerkzeug nicht bearbeitet.
Durch das Abspanen der Bearbeitungszugabe $t_n$ entsteht beim Schleifen bzw. Schaben normalerweise eine Kerbe am Zahnfuß, die von der gerundeten Kopfkante des Werkzeuges erzeugt wird (Bild 20-15a). Dies lässt sich vermeiden durch Freiarbeiten des Zahnfußes bei Vorbearbeitung mittels *Protuberanz-Wälzfräser* (Bild 20-15b).

---

[1] Der Index $n$ weist auf die Darstellung im Normalschnitt hin. Bei Geradverzahnung ist $m_n = m$.

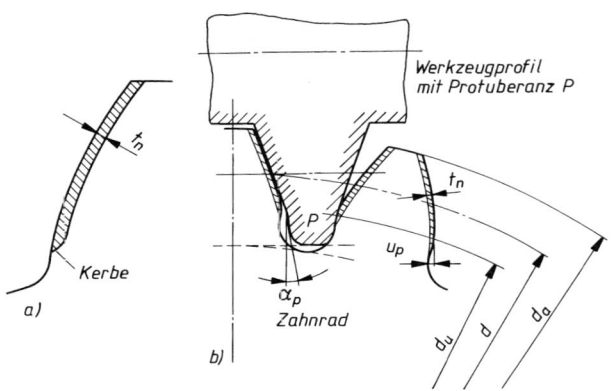

**Bild 20-15**
a) Zahnflanke nach Abspanen der Bearbeitungszugabe $t_n$
b) Abspanen mit *Protuberanz*-Wälzfräser

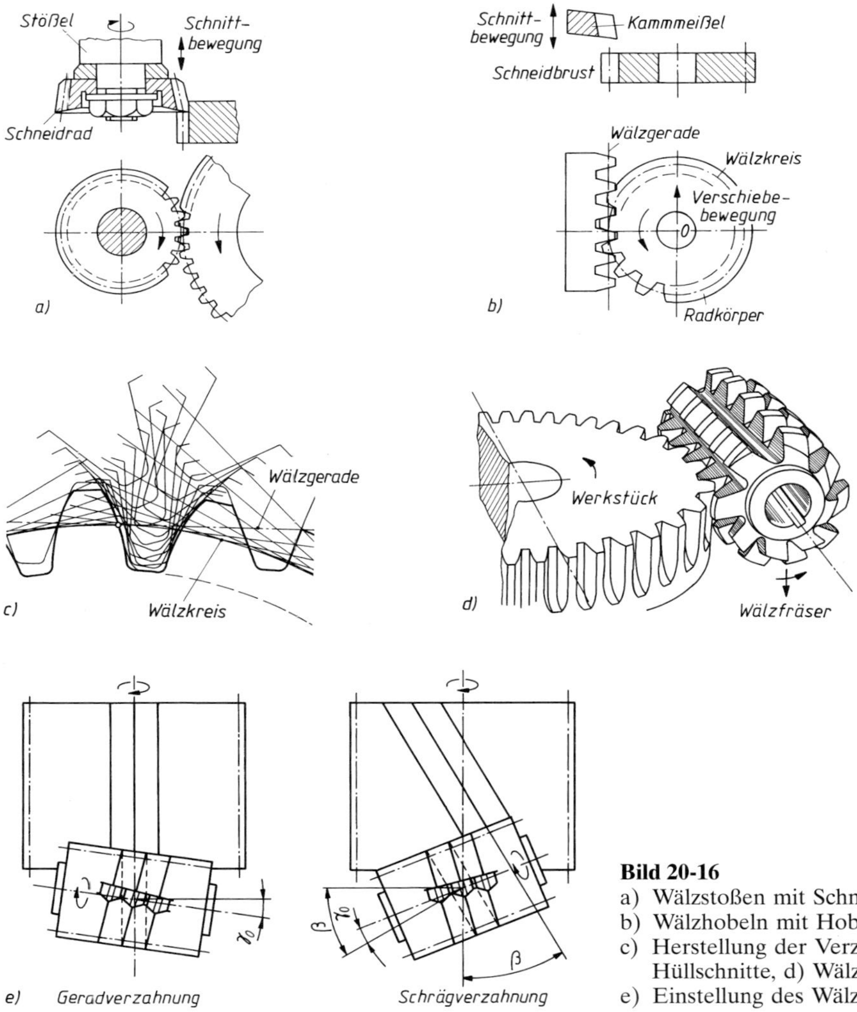

**Bild 20-16**
a) Wälzstoßen mit Schneidrad
b) Wälzhobeln mit Hobelkamm
c) Herstellung der Verzahnung durch Hüllschnitte, d) Wälzfräsen
e) Einstellung des Wälzfräsers

Zahnräder können je nach Größe, Werkstoff und Verwendungszweck auf verschiedene Weise hergestellt werden. Die industrielle Fertigung kennt spanlose Verfahren (z. B. Gießen, Pressen, Sintern) oder zur Erfüllung hoher Qualitätsanforderungen die spanenden Verfahren (z. B. Wälzhobeln, Wälzstoßen, Wälzfräsen). Die meisten Verzahnmaschinen arbeiten nach dem Wälzverfahren; Werkzeuge und Werkstück wälzen so miteinander wie zwei ihnen entsprechende fertigverzahnte Räder in einem Getriebe. Das Werkzeug erzeugt dadurch im Werkstück die Zahnlücken, s. Bild 20-16.

Zur Verbesserung der Zahnflankenoberfläche und der Verzahnungsgenauigkeit werden ungehärtete Räder maschinell geschabt, s. Bild 20-17a. Wird das Rad nach dem Schaben gehärtet, ist der Härteverzug zu berücksichtigen. Verzahnungsschleifen wird als Fertigbearbeitungsverfahren bei gehärteten Rädern angewendet, um maßgenaue und feine, widerstandsfähige Oberflächen zu erhalten, s. Bild 20-17b.

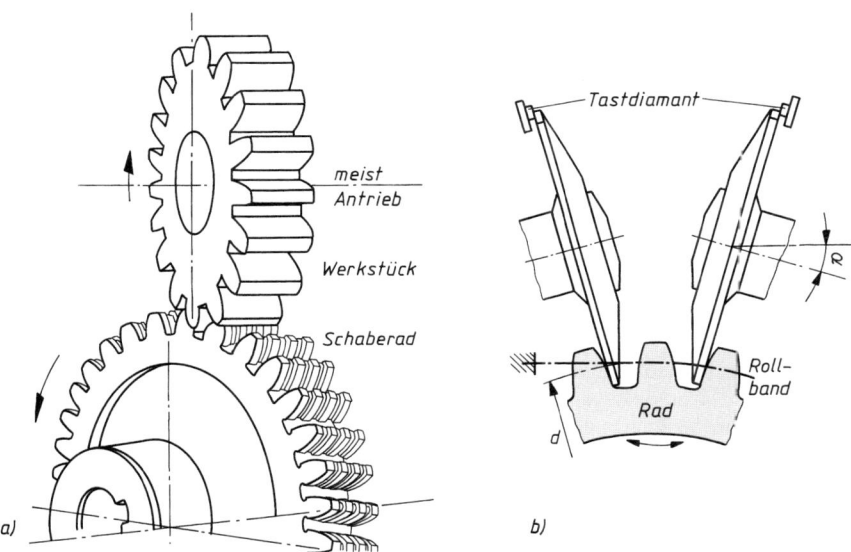

**Bild 20-17** a) Schaben der Zahnflanken (Kreuzungswinkel 5°...15°), b) Schleifen der Zahnflanken (Rollband-Wälzgerade Scheiben ortsfest unter $\alpha = 20°$ um Achsen drehend, Rad wälzt schnell mit langsamer Hubbewegung über Zahnbreite)

## 20.2 Zahnradwerkstoffe

Für die Herstellung von Zahnrädern eignen sich viele Werkstoffe, von denen die Stähle jedoch aus technischen und wirtschaftlichen Gründen die größte Bedeutung haben.

Bei der Werkstoffauswahl ist für ungehärtete Zahnflanken aus gleicher Werkstoffart von Ritzel und Rad gleiche Härte wegen der Fressgefahr unbedingt zu vermeiden; ein möglichst großer Härteunterschied der Stähle wirkt sich auf Dauer günstig hinsichtlich des Verschleißes aus. Sobald die Zahnflanken des Radpaares gehärtet und geschliffen sind, ist diese Maßnahme, wie auch bei Gusseisen, überflüssig; auch bei Paarung eines gehärteten und geschliffenen Ritzels mit einem ungehärteten Rad wirkt die Kaltverfestigung während der zahlreichen Überrollungen günstig.

Ritzel (Kleinräder) sollen wegen der größeren Beanspruchung bei höheren Drehzahlen stets aus festerem Werkstoff als Großräder hergestellt werden. Sie werden meist aus Stahl (St), Großräder dagegen je nach Beanspruchung aus Gusseisen mit Lamellengraphit (GJL) bzw. mit Kugelgraphit (GJS), Stahlguß (GS) oder Stahl (St) gefertigt. Für größere Getriebe werden Großräder mit vergüteten oder gehärteten Zähnen häufig mit einem Zahnkranz (Bandage) aus entsprechendem Stahl versehen, der auf den Radkörper (z. B. aus GJL) aufgeschrumpft wird.

Für die Wahl üblicher Zahnradwerkstoffe siehe TB 20-1, TB 20-2 bzw. TB 1-1 (vergl. auch DIN 3990 T5). Folgende Hinweise sollten beachtet werden:

*Gusseisen mit Lamellengraphit* (GJL, DIN EN 1561) eignet sich für kleine Belastungen und Drehzahlen ($v < 2$ m/s), insbesondere bei komplizierten Radformen mit größerem Modul; GJL ist leicht zerspanbar, geräuschdämpfend, aber stoßempfindlich.

*Gusseisen mit Kugelgraphit* (GJS, DIN EN 1563) geeignet für größere Beanspruchungen mit Eigenschaften zwischen GJL und GS ist verschleißfester; Wärmebehandlung ist möglich.

*Schwarzer Temperguss* (GJMB, DIN EN 1562) für kleine Abmessungen, höhere Festigkeit und Zähigkeit gegenüber GJL.

*Stahlguss* (GS, DIN 1681) insbesondere bei großen Abmessungen; gegenüber GJL schwer vergießbar (Gussspannungen und Lunker infolge höherer Schwindung); kostengünstiger als gewalzte oder geschmiedete Räder; wärmebehandlungsfähig.

*Stähle* werden am meisten für mittel- und hochbeanspruchte Zahnräder verwendet. Da die für die Werkstoffwahl und -behandlung maßgebende Beanspruchung auf den Zahnfuß und die Zahnflanken beschränkt ist, werden neben den Stählen mit gleichmäßigen Eigenschaften über den Querschnitt (z. B. allgemeine Baustähle sowie legierte und unlegierte Vergütungsstähle) auch solche verwendet, bei denen die festigkeitssteigernde Behandlung auf die kritischen Stellen begrenzt werden kann. Letztere können im Sammelbegriff der *Stähle für Oberflächenhärtung (Randschichthärtung)* zusammengefasst werden, da sie eine harte, verschleißfeste Oberfläche unter Beibehaltung eines relativ zähen Kerns zulassen.

Die Dauerfestigkeitswerte der Zahnradwerkstoffe aus Versuchen mit Prüfrädern unter Standard-Betriebsbedingungen (für die Biege-Nenn-Dauerfestigkeit $\sigma_{Flim}$ über mindestens $3 \cdot 10^6$ Lastwechsel und für die Flankenpressung $\sigma_{Hlim}$ über mindestens $5 \cdot 10^7$ Lastwechsel) schwanken wegen Unregelmäßigkeiten der chemischen Zusammensetzung, des Gefüges und der Wärmebehandlung sehr stark. Bei Wechselbeanspruchung (z. B. bei Zwischenrädern) kann $0,7 \cdot \sigma_{Flim}$ eingesetzt werden. Ähnliche Schwankungen treten bei $\sigma_{Hlim}$-Werten auf, die für $R_z = 3$ μm an den Flanken, $v = 10$ m/s, eine Ölviskosität $v_{50} = 100$ mm$^2$/s und Verzahnungsqualität 4...6 gelten. Bei ungeschliffenen Verzahnungen sind die $\sigma_{Hlim}$-Werte mit 0,85 zu multiplizieren. Nähere Einzelheiten s. DIN 3990 T2 und T5.

## 20.3 Schmierung der Zahnradgetriebe

Durch Schmierung soll innerhalb der vorliegenden Druck-, Gleitgeschwindigkeits- und Temperaturverhältnisse die unvermeidliche Zahnflankenreibung auf ein Mindestmaß herabgesetzt werden, denn sie ist verantwortlich für die Flankenabnützung, die Getriebeerwärmung und das Getriebegeräusch. Verminderte Zahnflankenreibung verbessert auch den Wirkungsgrad, der allerdings noch von der Zahnbelastung, der Umfangsgeschwindigkeit, der Verzahnungsqualität und der Oberflächenbeschaffenheit der Zahnflanken beeinflusst wird. Sowohl die Schmierung und die Versorgung der Lager mit Schmierstoff als auch die Funktionskontrolle der Dichtungen sind bei Neubauten bei voller Drehzahl zu erproben.

Das einwandfreie Arbeiten eines Getriebes hängt wesentlich vom Schmierstoff ab und von der Art wie er der Verzahnung zugeführt wird. Vorzuziehen ist ein flüssiger Schmierstoff, damit die Bildung eines möglichst tragfähigen Schmierfilms zwischen den im Eingriff befindlichen Zahnflanken entstehen kann und die im Zahneingriff und in den Lagern bei Kraftübertragung entstehende Reibungswärme abgeführt wird.

Zum Aufbau eines tragfähigen Schmierfilms ist neben einer ausreichenden Viskosität, einer Spaltverengung in Bewegungsrichtung noch eine Relativbewegung erforderlich. Diese Bedingungen sind aber beim Zahneingriff nicht optimal, denn bei Verzahnungen überlagern sich Gleit- und Wälzbewegungen. Bei Wälzgetrieben tritt zwar eine Komponente der Gleitgeschwin-

## 20.3 Schmierung der Zahnradgetriebe

digkeit in Zahnhöhenrichtung (vgl. zu Bild 20-8) auf, sie ist jedoch im Wälzpunkt $C$ gleich null und nimmt in Fuß- und Kopfrichtung zu. Bei Schraubwälzgetrieben (vgl. 20.1-2) ist noch eine Komponente in Flankenrichtung vorhanden, so dass auch im Wälzpunkt ein Gleitgeschwindigkeitsanteil gegeben ist. Dabei ändert sich die Gleitgeschwindigkeit ebenfalls in Zahnhöhenrichtung. Durch diese „wischende" Bewegung wird der Aufbau eines unter Druck stehenden Schmierfilms erheblich behindert. Entscheidend für die Beanspruchung des Schmierfilms ist daher das Verhältnis von Gleit- zu Wälzgeschwindigkeit.

Da für Zahnradpaarungen bei jedem Eingriff ein Schmierfilm neu aufgebaut werden muss (bei schnell laufenden Getrieben in sehr kurzer Zeit), laufen Zahnräder meist bei Mischreibung, wobei nur ein Teil der Zahnnormalkraft vom hydrodynamischen Schmierfilmdruck und der Rest unmittelbar von den Flankenberührungsstellen übertragen wird, für die aber aus Festigkeitsgründen nicht immer eine den Gleitvorgang begünstigende Werkstoffpaarung verwendet werden kann. Somit fällt dem Getriebeschmierstoff vor allem die Aufgabe zu, die Gleitbewegungen zu begünstigen, um den Verschleiß herabzusetzen, die Fressgefahr zu verringern und gleichzeitig eine übermäßige Erwärmung zu unterbinden. Dabei gilt für die Wahl flüssiger Schmierstoffe allgemein:

> *Je kleiner die Umfangsgeschwindigkeit und je größer die Wälzpressung sowie die Rauigkeit der Zahnflanken sind, um so höher muss die Viskosität sein. Eine höhere Viskosität bewirkt eine größere hydrodynamische Tragfähigkeit und Belastbarkeit, und somit auch eine höhere Fresslastgrenze, bei der Riefenbildung oder Fressen der Zahnflanken einsetzt.*

Für zahlreiche Getriebe genügen reine Mineralöle. Dort, wo höhere Anforderungen[1] und eine geringere Viskosität erwünscht ist, werden diese durch mild oder stark wirkende *EP*-Zusätze (**E**xtreme **P**ressure)[2] ausgeglichen, wobei stets zu berücksichtigen ist, dass sie sich auf die Anforderungen der anderen vom gleichen Schmierstoff zu versorgenden Maschinenelemente (Lager, Dichtungen, Kupplungen usw.) sowie auf die zulässige Erwärmung des Getriebes nicht nachteilig auswirken (max. Getriebetemperatur 80 °C).

DIN 51509 gibt Richtwerte zur *Auswahl von Schmierölen* für Zahnradgetriebe (Wälz- und Schraubwälzgetriebe) *ohne* und *mit* verschleißverringernden Wirkstoffen. In TB 20-5 sind die bevorzugt verwendeten Schmieröle für die verschiedenen Viskositätsbereiche angegeben, wobei für *SAE*-(Kraftfahrzeuge) und *ISO*-Qualitätsklassen nur ein ungefährer Vergleich möglich ist.

Für die Auswahl der Schmierstoffart sind die Umfangsgeschwindigkeit der Getrieberäder, die zu übertragende Leistung, die Konstruktion sowie die konzipierte Lebensdauer (Zeit- oder Dauergetriebe) entscheidend. Bei zweistufigen Getrieben ist die Umfangsgeschwindigkeit der 2. Stufe, bei dreistufigen Getrieben (entsprechend bei mehrstufigen) ein Mittelwert der Umfangsgeschwindigkeit der 2. und 3. Stufe zugrunde zu legen.

Lediglich bei offenen oder geschlossenen, aber nicht öldichten Getrieben werden unter Berücksichtigung der Umfangsgeschwindigkeit *Schmierfette* oder *Schmierstoffe* als pastöse bis zähflüssige Schmierstoffe ($v_{100} > 225$ mm$^2$/s), auch mit verschleißverringernden Wirkstoffen und zur Erleichterung der Anwendung mit Lösungsmittel eingesetzt. Richtwerte für den Einsatz verschiedener Schmierstoffarten, abhängig von der Umfangsgeschwindigkeit und der Art der Schmierung, enthält TB 20-6.

Bei *Auftragsschmierung* (bis $v_t = 2{,}5$ m/s) wird der Schmierstoff von Hand mittels eines Pinsels oder Spachtels bei stillstehendem Getriebe aufgebracht (möglichst Abdeckhaube vorsehen).

Die *Sprühschmierung* (bis $v_t = 4$ m/s) soll die Auftragsschmierung ersetzen, um der Forderung einer weniger aufwendigen Wartung zu begegnen. Sie kann aber nur vorgesehen werden, wenn keine Kühlung durch den Schmierstoff notwendig ist. Von einer Pumpe, oft kombiniert mit

---

[1] bei hohen Stoßbelastungen, ungünstigen Gleitverhältnissen (Hypoidgetriebe), hohen Dauertemperaturen und bei Getrieben, bei denen durch häufiges Anfahren und Abbremsen oft im Mischreibungsgebiet gefahren wird.

[2] Nachteilig können sich bei EP-Zusätzen u. a. die höhere Aggressivität gegen Buntmetalle (z. B. Gleitlager) und Dichtungen auswirken.

einem Behälter, wird der Schmierstoff einer Düse zugeführt. Meist ist ein Zumessventil zwischengeschaltet, so dass Schmierstoff in der richtigen Menge in den gewünschten zeitlichen Zwischenräumen auf die Zahnflanken gelangt.

Die *Tauchschmierung* (bis $v_t = 8\,\text{m/s}$ mit Fließfett, bis $v_t = 15\,\text{m/s}$ mit Öl, bei Getrieben $>400\,\text{kW}$ sowie Gleitlager- und Vertikalgetrieben über $8\,\text{m/s}$ Spritzschmierung vorsehen) ist wegen ihrer Einfachheit und Zuverlässigkeit am weitesten verbreitet. Dabei tauchen die Zahnräder oder ein Hilfsrad in die Schmierstofffüllung ein, was ein schmierstoffdichtes Getriebe voraussetzt. Die Fliehkraftbeschleunigung soll dabei $v^2/r = 550\,\text{m/s}^2$ ($r$ Halbmesser des tauchenden Rades) nicht überschreiten, da sonst die Planschverluste zu groß werden und eine unzulässig hohe Getriebeerwärmung nach sich ziehen; außerdem besteht die Gefahr, dass Schmierstoff von den Flanken geschleudert wird und Ölschäumen auftritt. Bei Stirnrädern mit Modul $m$ soll die Eintauchtiefe $t = (3\ldots 6) \cdot m$ für $v < 5\,\text{m/s}$ und $t = (1\ldots 3) \cdot m$ für $v > 12\,\text{m/s}$ betragen[1]. Bei Kegelrädern muss die gesamte Radbreite $b$ eintauchen.

*Spritzschmierung* (bis $v_t = 25\,\text{m/s}$) wird bei größeren Umfangsgeschwindigkeiten eingesetzt, wobei Öl mittels einer Pumpe über Düsen, meist radial, kurz vor oder unmittelbar in den Zahneingriff, bei sehr hohen Umfangsgeschwindigkeiten wegen der hohen Erwärmung und zur besseren Kühlung auch hinter dem Zahneingriff, eingespritzt wird. Die Förderdrücke (Überdrücke) liegen meist zwischen 1 und 3,5 bar, in Einzelfällen bis 10 bar.

DIN 51509 gibt Richtwerte zur Ermittlung der erforderlichen Getriebeölviskosität für Wälz- und Schraubwälzgetriebe abhängig von einem *Kraft-Geschwindigkeits-Faktor* an, für die eine angenommene Umgebungstemperatur von ca. $\vartheta = 20\,°\text{C}$ gelten. Für den überschlägig ermittelten Kraft-Geschwindigkeits-Faktor $k_s/v$ wird die Viskosität nach TB 20-7 abgelesen. Gewählt wird ein Öl der nächstliegenden Viskositätsklasse.

Für *Wälzgetriebe (Stirn- und Kegelradgetriebe)* wird der Faktor

$$\boxed{\frac{k_s}{v} \approx \left(3 \cdot \frac{F_t}{b \cdot d_1} \cdot \frac{u+1}{u}\right) \cdot \frac{1}{v}} \qquad \begin{array}{c|c|c|c} k_s/v & F_t & b, d & u & v \\ \hline \dfrac{\text{N/mm}^2}{\text{m}}\ \text{bzw.}\ \dfrac{\text{MPas}}{\text{m}} & \text{N} & \text{mm} & - & \text{m/s} \end{array} \qquad (20.2)$$

| | |
|---|---|
| $F_t$ | Umfangskraft |
| $b$ | Zahnbreite |
| $d_1$ | Teilkreisdurchmesser ($d_{v1}$ bei Kegelrädern) |
| $u$ | Zähnezahlverhältnis; $u = \dfrac{z_{\text{Großrad}}}{z_{\text{Kleinrad}}} \geq 1$ |
| $v$ | Umfangsgeschwindigkeit |

für *Schraubwälzgetriebe (Schneckengetriebe und Stirn- und Kegelrad-Schraubräder)*

$$\boxed{\frac{k_s}{v} = \frac{T_2}{a^3 \cdot n_s}} \qquad \begin{array}{c|c|c|c} k_s/v & T_2 & a & n_s \\ \hline \text{N}\cdot\text{min/m}^2 & \text{Nm} & \text{m} & \text{min}^{-1} \end{array} \qquad (20.3)$$

| | |
|---|---|
| $T_2$ | Ausgangsdrehmoment |
| $a$ | Achsabstand |
| $n_s$ | Schneckendrehzahl |

## 20.4 Getriebewirkungsgrad

Um eine bestimmte Abtriebsleistung $P_2 = T_2 \cdot \omega_2$ zu gewährleisten, muss wegen des Leistungsverlustes (durch Reibung verursacht) eine größere Antriebsleistung $P_1 = T_1 \cdot \omega_1$ eingeleitet werden. Das Verhältnis Abtriebsleistung/Antriebsleistung wird als *Gesamtwirkungsgrad*

---

[1] Angaben beziehen sich auf den Betriebszustand.

## 20.4 Getriebewirkungsgrad

definiert

$$\eta_{ges} = \frac{\text{abgegebene Leistung}}{\text{zugeführte Leistung}} = \frac{P_{ab}}{P_{an}} = \frac{P_2}{P_1} = \frac{T_2 \cdot \omega_2}{T_1 \cdot \omega_1} = \frac{T_2}{T_1 \cdot i} < 1 \qquad (20.4)$$

$T_1$ bzw. $T_2$   An- bzw. Abtriebsmoment
$\omega_1$ bzw. $\omega_2$   Winkelgeschwindigkeit
$i$   Gesamtübersetzung des Getriebes

Die Leistungsverluste entstehen durch das Wälzgleiten der Zahnflanken ($\eta_Z$), durch Lagerreibung ($\eta_L$), Wellendichtungen ($\eta_D$) und Schmierung (z. B. durch Planschwirkung der Räder bei Tauchschmierung).
Der *Gesamtwirkungsgrad* wird damit

$$\eta_{ges} = \eta_Z \cdot \eta_{L\,ges} \cdot \eta_{D\,ges} \qquad (20.5)$$

Für *Lagerung* und *Dichtung* können erfahrungsgemäß folgende Mittelwerte eingesetzt werden:

*Lagerung* einer Welle mit zwei Wälzlagern (Gleitlagern): $\eta_L \approx 0{,}99$ $(0{,}97)$
*Dichtung* einer Welle einschließlich Schmierung: $\eta_D \approx 0{,}98$.
(bei *zwei* Wellen wird z. B. $\eta_{L\,ges} = \eta_L \cdot \eta_L = \eta_L^2$ bzw. $\eta_{D\,ges} = \eta_D \cdot \eta_D = \eta_D^2$).

Zahnradpaarungen mit geringem Gleitanteil (Stirnrad- und Kegelradgetriebe) weisen einen relativ hohen Verzahnungswirkungsgrad $\eta_Z$ auf, jene mit hohem Gleitanteil (Stirnradschraubgetriebe und Schneckengetriebe) dagegen niedrige.
Als *Verzahnungswirkungsgrade* können je Zahneingriffsstelle bei bearbeiteten Zähnen gesetzt werden für:

Gerad-Stirnradgetriebe   $\eta_Z$ bis $0{,}99$
Kegelradgetriebe   $\eta_Z$ bis $0{,}98$
Stirnrad-Schraubgetriebe   $\eta_Z \approx 0{,}50 \ldots 0{,}95$ (siehe weiter unten)
Schneckengetriebe   $\eta_Z \approx 0{,}20 \ldots 0{,}97$ (siehe weiter unten)
(Entsprechend der Getriebestufenanzahl wird $\eta_{Z\,ges} = \eta_Z^1$, $\eta_Z^2$, $\eta_Z^3$ usw. )

so wird z. B. für ein einstufiges Gerad-Stirnradgetriebe (ein Radpaar mit bearbeiteten Zähnen, zwei Wellen mit Wälzlagern und Dichtungen, qualitativ hochwertige Ausführung der Verzahnung und der Lagerung) der Gesamtwirkungsgrad $\eta_{ges} = \eta_Z^1 \cdot \eta_L^2 \cdot \eta_D^2 \leq 0{,}99 \cdot 0{,}98 \cdot 0{,}96 \approx 0{,}93$.
Bei *Schräg-Stirnradgetrieben* können die Wirkungsgrade ca. $1\ldots 2\%$ kleiner gegenüber den der Geradverzahnung angenommen werden aufgrund erhöhter Reibungsverluste in den Lagern (Axialkraft!) und etwas höherer Zahnreibung durch das „Ineinanderschrauben" der Zähne.
Beim *Schraubradgetriebe* wird $\eta_Z$ vorwiegend durch die Schrägungswinkel $\beta_1$ und $\beta_2$ sowie den Keilreibungswinkel $\varrho'$ bestimmt (s. Kapitel 23) und kann annähernd ermittelt werden aus

$$\begin{aligned} \text{für } (\beta_1 + \beta_2) < 90°: \quad & \eta_Z = \frac{\cos(\beta_2 + \varrho') \cdot \cos \beta_1}{\cos(\beta_1 - \varrho') \cdot \cos \beta_2} \\ \text{für } (\beta_1 + \beta_2) = 90°: \quad & \eta_Z = \frac{\tan(\beta_1 - \varrho')}{\tan \beta_1} \end{aligned} \qquad (20.6)$$

$\beta_1$, $\beta_2$   Schrägungswinkel
$\varrho'$   Keilreibungswinkel; für $\mu \approx 0{,}05 \ldots 0{,}1$ und $\alpha_n = 20°$ ist $\varrho' \approx 3° \ldots 6°$.

Der beste Wirkungsgrad für das Schraubgetriebe wird erreicht, wenn $\beta_1 - \beta_2 = \varrho'$ oder mit $\Sigma = \beta_1 + \beta_2 = 90°$ (Achsenwinkel) $\beta_1 = (\Sigma + \varrho')/2$ und $\beta_2 = (\Sigma - \varrho')/2$ gewählt wird. Darum sollte der Schrägungswinkel $\beta_1$ des treibenden Rades immer größer sein als der des getriebenen Rades. Selbsthemmung liegt vor, wenn $\eta_Z < 0{,}5$ wird (vgl. Selbsthemmung bei Schrauben). Eine Bewegungsübertragung ist überhaupt nur möglich, wenn $\beta_2 < \Sigma - \varrho'$ ist. Der Gesamtwirkungsgrad wird nach Gl. (20.5) bestimmt.

Bei *Schneckengetrieben* wird der Wirkungsgrad der Verzahnung – ähnlich wie bei Schrauben – vom Steigungswinkel γ und vom Keilreibungswinkel $\varrho'$ bestimmt. So ergibt sich der *Verzahnungswirkungsgrad für das Schneckengetriebe*

$$\text{bei treibender Schnecke} \quad \eta_Z = \frac{\tan \gamma_m}{\tan (\gamma_m + \varrho')}$$

$$\text{bei treibendem Schneckenrad} \quad \eta'_Z = \frac{\tan (\gamma_m - \varrho')}{\tan \gamma_m}$$

(20.7)

$\gamma_m$  Mittensteigungswinkel der Schnecke (s. Kapitel 23)
$\varrho'$  (Keil-)Reibungswinkel; $\tan \varrho' = \mu'$ Keilreibungszahl, die von der Form und Oberflächengüte der Flanken, von der Gleitgeschwindigkeit $v_g$ und den Schmierverhältnissen abhängt. Für Schnecke aus St und Rad aus GJL ist bei Fettschmierung und $v_g$ bis 3 m/s: $\mu' \approx 0{,}1$ ($\varrho' \approx 6°$). Für andere Paarungen bei Ölschmierung s. TB 20-8 für die Gleitgeschwindigkeit $v_g = v_1/\cos \gamma_m \approx d_{m1} \cdot \pi \cdot n_1/\cos \gamma_m$.

Der Gesamtwirkungsgrad wird nach Gl. (20.5) ermittelt. Selbsthemmung tritt bei Schneckengetrieben ein, wenn $\gamma_m < \varrho'$ und somit der Wirkungsgrad $\eta_Z < 0{,}5$ wird, ein Antrieb über das Schneckenrad ist dann nicht mehr möglich. Für Überschlagsrechnung und Entwurf kann der Gesamtwirkungsgrad zunächst nach TB 20-5 angenommen werden.

## 20.5 Konstruktionshinweise für Zahnräder und Getriebegehäuse

### 20.5.1 Gestaltungsvorschläge

#### 1. Stirnräder

Ritzel werden durchweg als Vollräder (Bild 20-18a) ausgeführt. Bei einem Teilkreisdurchmesser $d \leq 1{,}8 \cdot d_{sh} + 2{,}5 \cdot m$ ($d_{sh}$ Wellendurchmesser, $m$ Modul) werden Ritzel und Welle aus einem Stück als Ritzelwelle ausgebildet (Bild 20-18b). Die Ritzelbreite $b_1$ soll möglichst etwas größer als die des Großrades $b_2$ sein, um evtl. Einbauungenauigkeiten ausgleichen und „Versetzungen" vermeiden zu können. Die Zähne (auch die des Großrades) sind seitlich abzuschrägen oder leicht ballig auszubilden, da besonders die Zahnecken bruchempfindlich sind.

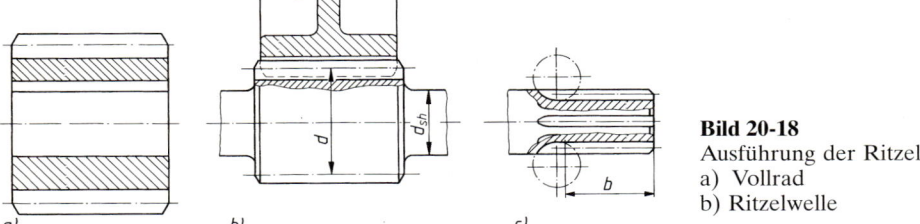

**Bild 20-18**
Ausführung der Ritzel.
a) Vollrad
b) Ritzelwelle

Großräder werden bei Einzelfertigungen oder kleinen Stückzahlen bei $d_a > 700$ mm als Schweißkonstruktionen hergestellt, s. Bild 20-19.
Bei größeren Stückzahlen werden Großräder meist in Gusskonstruktion ausgeführt, s. Bild 20-20. Räder mit einem Teilkreisdurchmesser $d \approx (6 \ldots 8) \cdot d_{sh}$ ($d_{sh}$ Wellendurchmesser) werden als Scheibenräder (Bild 20-20a), größere mit Armen verschiedener Querschnittsformen ausgebildet (Bild 20-20b bis e).
Die unsymmetrische Ausbildung (Bild 20-20b) wird vielfach bei „fliegender" Anordnung, d. h. bei einer Anordnung am Wellenende vorgesehen, wobei die linke Scheibenseite die außenliegende sein soll. Die Abmessungen der Radkörper werden erfahrungsgemäß festgelegt. Eine Festigkeitsnachprüfung der Arme ist normalerweise nicht erforderlich. Eine etwaige Nachprü-

## 20.5 Konstruktionshinweise für Zahnräder und Getriebegehäuse

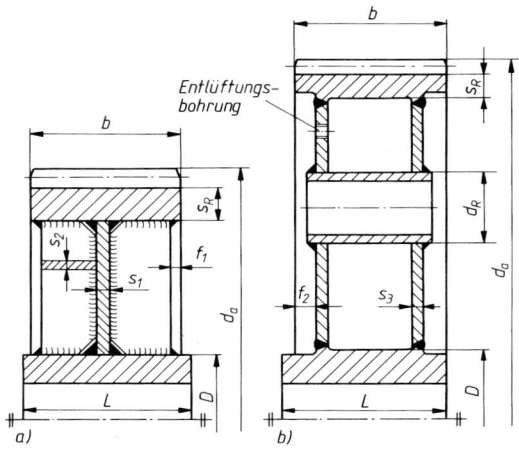

**Bild 20-19**
Ausführung der Großräder in Schweißkonstruktion. $s_1 \approx (1\ldots 2) \cdot m$, $s_2 \approx 0{,}7 \cdot m$, $s_3 \approx (0{,}8\ldots 1{,}5) \cdot m$, $f_1 \approx 1{,}5 \cdot s_1$, $f_2 \approx 0{,}15 \cdot b$, $s_R \geq 3{,}5 \cdot m$; Nabenabmessungen $D$ und $L$ siehe TB 12-1.
a) Einscheibenrad bis $b/d_a \approx 0{,}2$; je nach Größe des Rades 4…8 seitliche Rippen erforderlich, wenn Schrägungswinkel $\beta > 10°$. Bei $\beta < 10°$ kann auf die Rippen verzichtet werden, $s_1$ in diesem Fall größer wählen
b) Zweischeibenrad, Ausführung zweckmäßig ab $b/d_a \approx 0{,}2$; je nach Radgröße 4…8 Versteifungsrohre anordnen. Entlüftungsbohrung nach Spannungsarmglühen zuschrauben

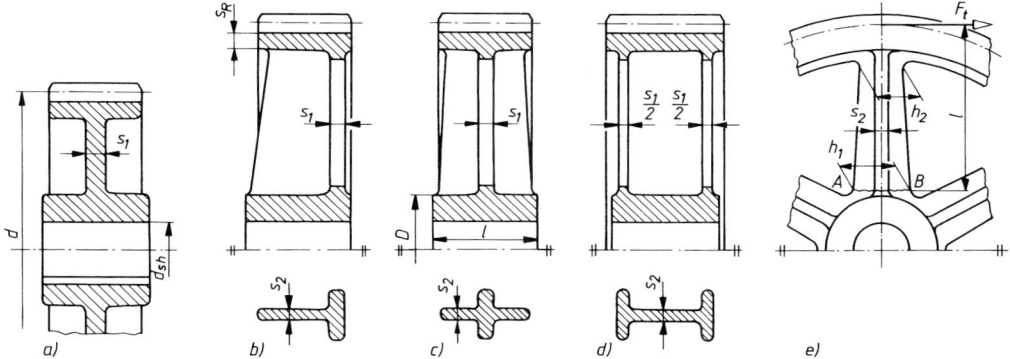

**Bild 20-20** Ausführungsformen und Abmessungen der Großräder in Gußkonstruktion. a) Scheibenrad, b) bis e) Räder mit Armen

fung erfolgt unter der Annahme, dass ein Viertel der Anzahl der Arme das Drehmoment überträgt und nur die in der Drehebene liegenden Querschnittsteile (mit der Dicke $s_1$) tragen. Für den gefährdeten Querschnitt $A-B$ ergibt sich das Biegemoment aus $M = F_t \cdot l/(0{,}25 \cdot z_A)$

Anzahl der Arme: $z_A \approx 1/8 \cdot \sqrt{d} \geq 4$; üblich $z_A = 4\ldots 8$; ($d$ Teilkreisdurchmesser)
Armquerschnitt: $s_1 \approx (1{,}8\ldots 2{,}2) \cdot m$, $s_2 \approx 1{,}8 \cdot m$; ($m$ Modul)
$h_1 \approx (4\ldots 6) \cdot s_1$, $h_2 \approx (3\ldots 5) \cdot s_1$ (bzw. konstruktiv festlegen)
Kranzdicke: $s_R \approx (3{,}5\ldots 4{,}2) \cdot m$
Nabenabmessungen $D$ und $L$ s. TB 12-1.

Bei Hochleistungsgetrieben wird vielfach aus Festigkeitsgründen der Zahnkranz aus hochwertigem Werkstoff hergestellt und auf den Radkörper aus GJL aufgeschrumpft (s. Bild 20-21).

### 2. Kegelräder

Wie bei den Stirnrädern werden bei den Kegelrädern die Ritzel als Vollräder aufsteckbar oder als Ritzelwelle ausgeführt, s. Bild 20-22.
Die Großräder können entsprechend der zu erwartenden Stückzahl und den Anforderungen an den Werkstoff des Verzahnungsteils in den verschiedensten Ausführungsformen hergestellt werden, Beispiele s. Bild 20-23.

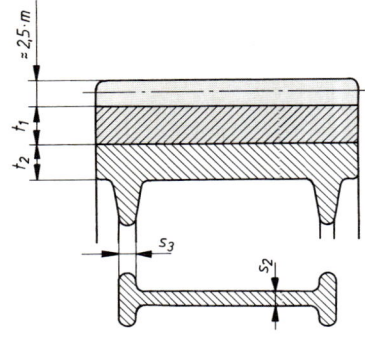

**Bild 20-21**
Radkörper aus GJL mit aufgeschrumpftem Zahnkranz
Zahnkranz:   $t_1 \approx (0{,}04 \ldots 0{,}08) \cdot d$; (d Teilkreisdurchmesser)
Radkörper:   $t_2 \approx t_1$
Armquerschnitt: $s_2 \approx 1{,}8 \cdot m$; (m Modul); $s_3 \approx (1 \ldots 1{,}2) \cdot m$

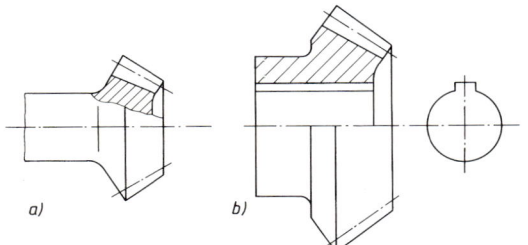

**Bild 20-22**
Ausführung der Kegelradritzel.
a) Ritzelwelle
b) Vollrad

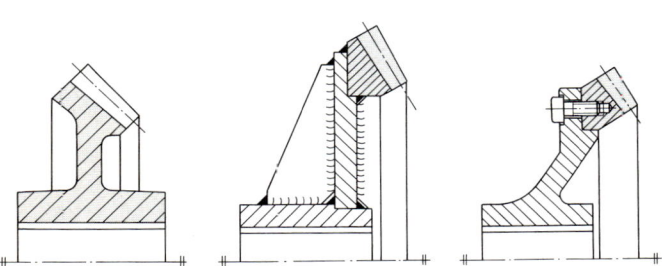

**Bild 20-23**
Ausführungsformen der Kegelräder.
a) Guss-
b) Schweiß-
c) Schraubausführung.
   Nabenabmessungen nach TB 12-1

*Hinweis:* Bei der Montage der Kegelräder ist darauf zu achten, dass die Axiallage der Räder zueinander eingestellt und gesichert werden. Die genaue Axiallage wird u. a. durch Distanzscheiben (Passscheiben) erreicht, die konstruktiv vorgesehen werden und deren genaue Dicke bei der Montage festgestellt wird.

## 3. Schnecken und Schneckenräder

Wie bei den Stirnrädern werden die Schnecken als Schneckenwellen mit $d_{m1} \approx 1{,}5 \cdot d_{sh}$ ($d_{sh}$ Wellendurchmesser) oder als Aufsteckschnecken mit $d_{m1} \geq 2 \cdot d_{sh}$ hergestellt. Die Schneckenräder werden aus Wirtschaftlichkeitsgründen vielfach in geteilter Form ausgeführt, indem der Zahnkranz aus z. B. CuSn-Legierung mit dem Radkörper aus GJL, GS oder St verbunden wird, s. Bild 20-24.

## 4. Getriebegehäuse

Entsprechend der zu erwartenden Stückzahl werden die Getriebegehäuse entweder als Schweiß- oder auch als Gusskonstruktion hergestellt (Ölwannen vielfach aus Blech im Tiefziehverfahren). Schweißkonstruktionen sind vielfach leichter und stoßunempfindlicher. Sie werden für Einzelfertigungen und für sehr kleine Stückzahlen angewendet. Bei größeren Stückzahlen sind Schweißkonstruktionen hinsichtlich der Wirtschaftlichkeit den Gusskonstruktionen unter-

20.5 Konstruktionshinweise für Zahnräder und Getriebegehäuse    663

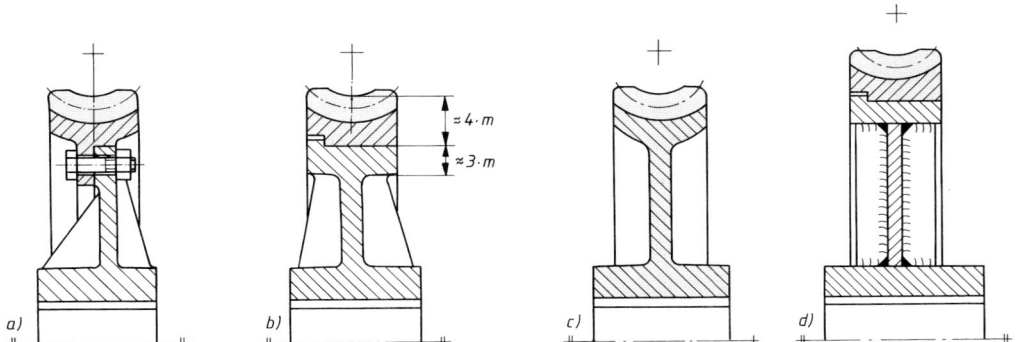

**Bild 20-24** Ausführungsformen der Schneckenräder. a) Zahnkranz verschraubt, b) Zahnkranz aufgeschrumpft, c) Ausführung in Guss, d) Zahnkranz aufgeschrumpft, Radkörper in Schweißkonstruktion

legen. Graugusskonstruktionen zeichnen sich durch hohe Geräuschdämpfung und Steifigkeit aus. Schweißkonstruktionen sollten zur Versteifung verrippt und spannungsarm geglüht werden. Kleine Gehäuse werden vielfach *ungeteilt* mit entsprechendem Gehäusedeckel und seitlichen Einbauöffnungen, größere Gehäuse mit *waagerechter Teilfuge* in Wellenebene ausgeführt. Im Teilfugenflansch sind mindestens zwei Passstifte mit $d \approx 0{,}8 \cdot d_2$ ($d_2$ Flanschschraubendurchmesser, s. Bild 20-25), 2 Gewinde für Abdrückschrauben sowie bei schweren Gehäusen zum Transportieren entsprechende Transportösen und zur Kontrolle der Schmierung Ölschaugläser sowie Öleinfüll-, Ölablassschrauben und an der höchsten Stelle des Gehäuses eine Entlüftungseinrichtung vorzusehen. Der Abstand der Radstirnseiten von der Gehäusewand soll wegen Ungenauigkeiten im Guss mindestens 10 mm betragen. Allgemeine Gestaltungsrichtlinien sind im Bild 20-25 zusammengestellt.

## 20.5.2 Darstellung, Maßeintragung

### 1. Zeichnerische Darstellung

Für die zeichnerische Darstellung von Zahnrädern und Zahnräderpaaren gelten die Angaben nach DIN ISO 2203, die auszugsweise in den Bildern 20-26 und 20-27 wiedergegeben sind. Die Angaben gelten sowohl für Teilzeichnungen als auch für Gesamtzeichnungen. Mit Ausnahme der Schnittdarstellungen wird das Zahnrad jeweils als ein ganzes Teil ohne einzelne Zähne dargestellt. Die Bezugsfläche wird als schmale Strichpunktlinie hinzugefügt. In den Gesamtzeichnungen müssen verdeckte Körperkanten nicht dargestellt werden, wenn sie für die Eindeutigkeit der Zeichnung nicht notwendig sind (s. Bild 20-27).

### 2. Maßeintragung

Für die Maßeintragung und die erforderlichen Angaben in Zeichnungen und bei Bestellungen ist für *Stirnräder* DIN 3966 T1, für *Kegelräder* DIN 3966 T2 und für *Schneckengetriebe* DIN 3966 T3 maßgebend. Neben den Maßangaben zur Herstellung des Radkörpers und Angaben über Form- und Lagetoleranzen sowie der Oberflächenbeschaffenheit, die alle in der Zeichnung unmittelbar am Werkstück angegeben werden, müssen für die Herstellung der Verzahnung und für die Einstellung der Verzahnungsmaschine weitere Rechengrößen angegeben werden, die zweckmäßig tabellarisch aufgeführt werden. Diese Tabelle wird in der Regel auf dem Zeichnungsblatt stehen oder als besonderes Blatt der Zeichnung beigegeben (s. TB 20-10 bis TB 20-13). Vielfach sind darüber hinaus noch Angaben zur Auswahl des Verzahnungswerkzeuges und zum Prüfen der Verzahnung erforderlich, die im Bedarfsfall dem Hersteller mitzuteilen sind.

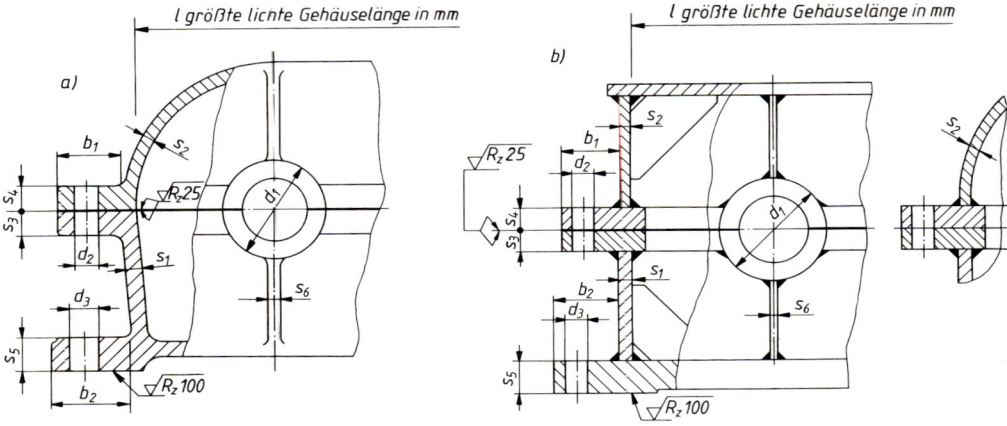

| Bauteil | | | Gusskonstruktion | Schweißkonstruktion |
|---|---|---|---|---|
| Gehäusewerkstoff | | | GJL, GJS, GS | S235JR, S355JO |
| Wanddicke Unterkasten Oberkasten Mindestwerte für die Wanddicke Höchstwerte für die Wanddicke | | $s_1$ $s_2$ $s_{1,2\,min}$ $s_{1,2\,max}$ | $(0{,}005\ldots 0{,}01)\cdot l + 6\,mm$[1] $(0{,}5\ldots 0{,}8)\cdot s_1$ GJL, GJS 8 mm, GS 12 mm 50 mm | $(0{,}004\ldots 0{,}005)\cdot l + 4\,mm$ $(0{,}5\ldots 0{,}8)\cdot s_1$ 4 mm 25 mm |
| Flansch | Flanschdicke Flanschbreite | $s_3 \approx s_4$ $b_1$ | $(1{,}3\ldots 1{,}6)\cdot s_1$ $\approx 3\cdot s_1 + 10\,mm$ | $2\cdot s_1$ $\approx 4\cdot s_1 + 10\,mm$ |
| Flanschschrauben | Durchmesser | $d_2$ | $\approx 1{,}2\cdot s_1$ | $\approx 1{,}5\cdot s_1$ |
| | Abstand | $l_F$ | $\approx (6\ldots 10)\cdot d_2$ (je nach Dichtigkeitsforderung) | |
| Fußleistendicke a) durchgehend mit Ausnehmung b) durchgehend ohne Ausnehmung | | $s_5$ | $\approx 3\cdot s_1$ $\approx 1{,}8\cdot s_1$ | $\approx 3{,}5\cdot s_1$ |
| Fußleistenbreite | | $b_2$ | $\approx 3{,}5\cdot s_1 + 15\,mm$ | $\approx 4{,}5\cdot s_1 + 10\,mm$ |
| Versteifungs- und Kühlrippen | | $s_6$ | $\approx 0{,}7\cdot s_1$ der zu versteifenden Wand | |
| Außendurchmesser der Lagergehäuse | | $d_1$ | $\approx (1{,}2\ldots 1{,}4)\cdot$ Lageraußendurchmesser | |
| Fundamentschrauben, Durchmesser | | $d_3$ | $\approx 1{,}6\cdot s_1$ | $\approx 2\cdot s_1$ |

[1] $l$ = größte lichte Gehäuselänge

**Bild 20-25** Empfehlungen für Gehäuseabmessungen. a) Graugusskonstruktion, b) Schweißkonstruktion

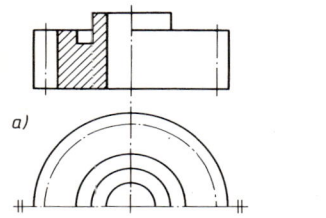
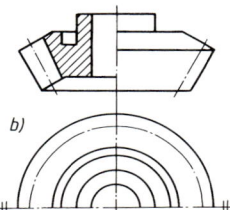
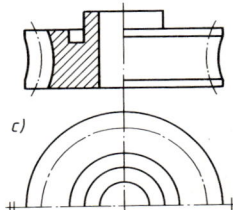

**Bild 20-26** Darstellung der Zahnräder. a) Stirnrad, b) Kegelrad, c) Schneckenrad

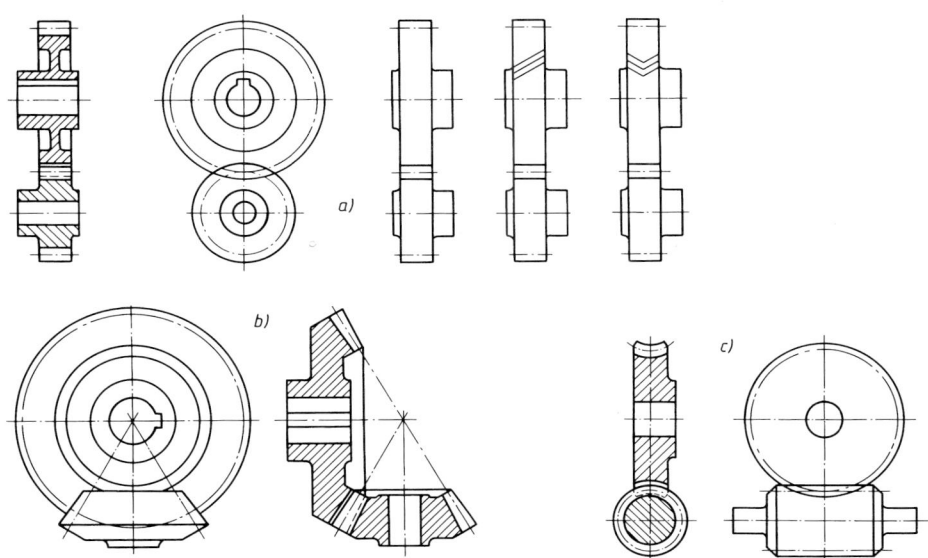

**Bild 20-27** Darstellung der Zahnradpaare. a) Stirnrad mit außenliegendem Gegenrad (Gerad-, Schräg-, Pfeilverzahnung), b) Kegelradpaarung mit Achsenschnittpunkt, c) Schnecke und Schneckenrad

## 20.6 Literatur

*Bartz, W. J.:* Schäden an geschmierten Maschinenelementen. Expert-Verlag, Grafenau o. J.
*Böge, A.* (Hrsg.): Arbeitshilfen und Formeln für das technische Studium, Bd. 2 Konstruktion. Friedr. Vieweg & Sohn Verlagsgesellschaft, Braunschweig 1991
*Dietrich, G.:* Berechnung von Stirnrädern mit geraden und schrägen Zähnen. VDI-Verlag, Düsseldorf 1952
DIN-Taschenbuch 106: Normen über Verzahnungsterminologie. Beuth-Verlag, Berlin 1987
DIN-Taschenbuch 123: Normen für die Zahnradfertigung. Beuth-Verlag, Berlin 1988
DIN-Taschenbuch 173: Normen über Zahnradkonstruktionen. Beuth-Verlag, Berlin 1986
*Dittrich, O., Schumann, R.:* Anwendungen der Antriebstechnik, Bd. 3, Krauskopf-Verlag GmbH, Mainz 1974
*Dubbel:* Taschenbuch für den Maschinenbau, 18. Auflage. Springer-Verlag Berlin 1995
*Dudley/Winter:* Zahnräder. Springer-Verlag, Berlin/Göttingen/Heidelberg 1961
*Franke, W. D.:* Schmierstoffe und ihre Anwendung. C. Hanser-Verlag, München
*Fronius, St.* (Hrsg.): Maschinenelemente. Antriebstechnik. VEB Verlag Technik, Berlin 1971
*Haberhauer/Bodenstein:* Maschinenelemente. Gestaltung, Berechnung, Anwendung. Springer-Verlag, Berlin 1996
*Kämpf, P., Kreisel, H.:* Berechnung und Hertellung von Zahnrädern. Fachbuchverlag, Leipzig 1956
*Keck, K. F.:* Zahnradpraxis. Verlag Oldenburg, München 1958
*Krumme, W.:* Klingelberg-Palloid-Zahnräder, Berechnung, Herstellung und Einbau. Springer-Verlag, Berlin/Göttingen/Heidelberg 1950
*Köhler/Rögnitz:* Maschinenteile, Teil 2, B. G. Teubner, Stuttgart 1992
*Linke, H.:* Stirnradverzahnung. Berechnung. Werkstoffe. Fertigung. Carl Hanser-Verlag München Wien 1996
*Loomann, J.:* Zahnradgetriebe, Grundlagen, Konstruktionen, Anwendungen in Fahrzeugen. Springer-Verlag, Berlin 1988
Maag-Taschenbuch. Maag-Zahnräder AG, Zürich/Schweiz 1985
Mobil Oil AG (Hrsg.): Stationäre Zahnradgetriebe. Schmierung und Wartung. Selbstverlag, Hamburg. o. Jahreszahl

*Niemann, G., Winter, H.:* Maschinenelemente. Springer-Verlag, Berlin 1989
*Reitor/Hohmann:* Konstruieren von Getrieben. E. Giradet-Verlag, Essen 1983
*Roth, K.:* Zahnradtechnik, Bd. 1 und Bd. 2. Springer-Verlag, Berlin 1989
SEW-Eurodrive GmbH, Handbuch der Antriebstechnik. C. Hanser-Verlag, München o. Jahreszahl
*Siebert, H.:* Zahnräder, Krauskopf-Verlag. Wiesbaden 1962
*Thomas, A. K.:* Die Tragfähigkeit der Zahnräder. Carl Hanser-Verlag, München 1957
*Trier, H.:* Die Zahnformen der Zahnräder. Springer-Verlag, Berlin/Göttingen/Heidelberg 1954
*Trier, H.:* Die Kraftübertragung durch Zahnräder. Springer-Verlag, Berlin/Göttingen/Heidelberg 1962
VDI-Bericht 626: Sichere Auslegung von Zahnradgetrieben. VDI-Verlag, Düsseldorf 1987
*Weck, M.:* Schneckenradwälzfräsen, Westdeutscher Verlag, Opladen 1977. (Forschungsberichte des Landes Nordrhein-Westfalen; Nr. 2688; Fachgruppe Maschinenbau/Verfahrenstechnik)
*Weinhold/Krause:* Das neue Toleranzsystem für Stirnradverzahnungen. VEB Verlag Technik, Berlin 1981
*Widmer, E.:* Berechnungen von Zahnrädern und Getriebe-Verzahnungen. Birkhäuser-Verlag, Stuttgart 1981
*Zirpke, E.:* Zahnräder. VEB Fachbuchverlag Leipzig 1985

# 21 Außenverzahnte Stirnräder

## 21.1 Geometrie der Geradstirnräder mit Evolventenverzahnung

### 21.1.1 Begriffe und Bestimmungsgrößen

Zur Herstellung der Evolventenverzahnung durch Abwälzen des Werkzeuges auf dem Wälzkreis sind die Grundgrößen nach DIN 867, DIN 868, DIN 3960 bzw. DIN 3998 entsprechend Bild 21-1 festgelegt.

Die *Zähnezahl* $z$ eines Rades ist die auf dem vollen Radumfang *ganzzahlig* aufgehende Anzahl der Zähne; bei der Zahnstange ist $z = \infty$.

Die *Zahnbreite* $b$ ist der Abstand der beiden Stirnflächen auf der *Bezugsfläche*, auf die als eine gedachte Fläche die Bestimmungsgrößen der Verzahnung bezogen werden. In der Regel sind die *Wälzzylinder* der Stirnräder gleichzeitig Bezugsfläche und werden dann als *Teilzylinder* und das Stirnrad als *Nullrad* bezeichnet. Ein Stirnschnitt des Teilzylinders ergibt den *Teilkreis* mit dem *Teilkreisdurchmesser* $d$ als geometrisch gedachte Größe. Auf dem Teilkreis ist die *Teilkreisteilung* $p$ als Länge des Teilkreisbogens zwischen zwei aufeinanderfolgenden Rechts- und Linksflanken festgelegt.

Aus dem Teilkreisumfang eines Rades $U = d \cdot \pi = z \cdot p$ lässt sich der *Teilkreisdurchmesser* errechnen

$$d = z \cdot \frac{p}{\pi} = z \cdot m \tag{21.1}$$

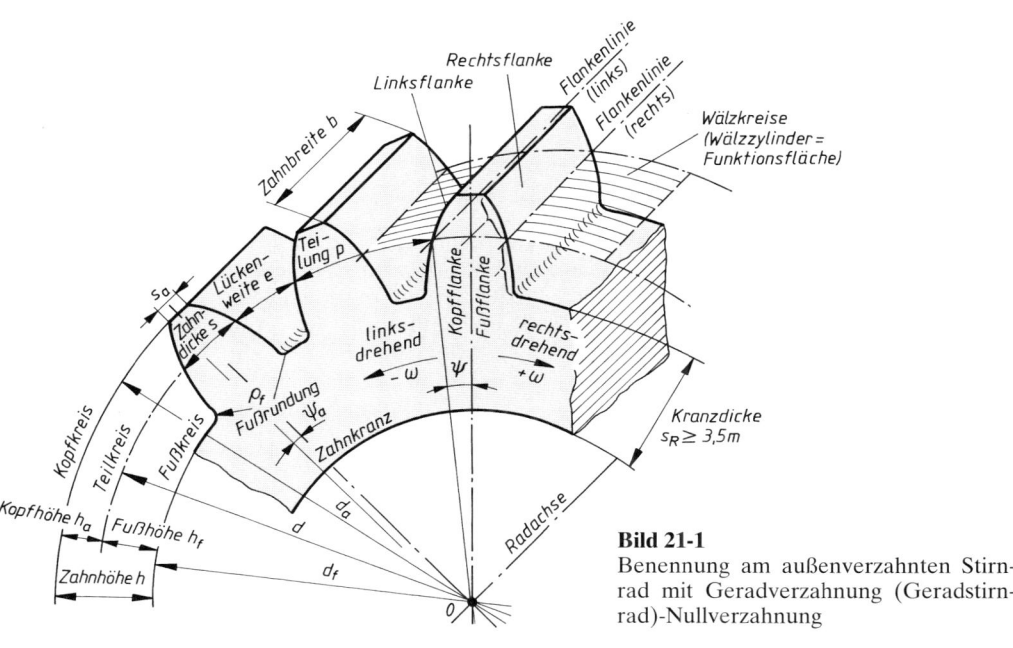

**Bild 21-1**
Benennung am außenverzahnten Stirnrad mit Geradverzahnung (Geradstirnrad)-Nullverzahnung

Der *Modul m* ist somit eine teilungsabhängige Größe mit der Einheit mm, auf die alle übrigen Größen der Verzahnung bezogen werden. Ein Zahnradpaar muss stets die gleiche Teilung und damit auch den gleichen Modul haben. Grundsätzlich können Zahnräder mit jedem Modul hergestellt werden. Um jedoch die Werkzeughaltung einzuschränken und die Austauschbarkeit der Zahnräder zu erleichtern, sind die Modul-Werte nach DIN 780 genormt, s. TB 21-1.

Die *Zahndicke s* und die *Lückenweite e* ergänzen sich als Bogenmaße zu $p = s + e$. Als *Zahndicken-Halbwinkel* $\psi = s/d$ wird das Verhältnis der Zahndicke $s$ am Teilkreis zum Teilkreisdurchmesser $d$ bezeichnet, wenn $s = p/2$. Mit der Zahndicke $s_a$ am Kopfkreis $d_a$ ergibt sich der Zahndickenhalbwinkel $\psi_a = s_a/d_a$ am Kopfkreis. Mit dem *Eingriffswinkel* $\alpha$ ergibt sich aus der Beziehung $\cos \alpha = r_b/r = d_b/d$ (Bild 21-2) der *Grundkreisdurchmesser*

$$\boxed{d_b = d \cdot \cos \alpha = z \cdot m \cdot \cos \alpha} \tag{21.2}$$

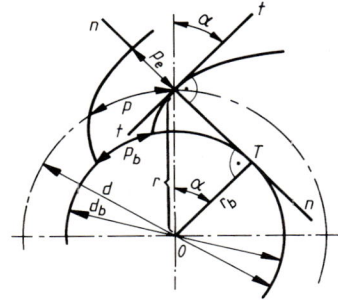

**Bild 21-2**
Teilungen beim Geradstirnrad

Da die Ursprungspunkte der Zahnflankenevolvente auf dem Grundkreis liegen, wird die Länge des Grundkreisbogens zwischen den Ursprungspunkten zweier aufeinander folgender Rechts- und Linksflanken als *Grundkreisteilung* $p_b$ bezeichnet. Sie lässt sich aus dem Grundkreisumfang $U_b = d_b \cdot \pi = z \cdot p_b$ und den o. a. Beziehungen ermitteln

$$\boxed{p_b = \frac{d_b \cdot \pi}{z} = p \cdot \cos \alpha} \tag{21.3}$$

Die Entfernung der Eingriffspunkte von zwei aufeinanderfolgenden gleichliegenden Zahnflanken auf der Eingriffslinie $n-n$ ist mit Gl. (21.3) die *Eingriffsteilung*

$$\boxed{p_e \triangleq p_b = p \cdot \cos \alpha = \pi \cdot m \cdot \cos \alpha} \tag{21.4}$$

Für ein einwandfreies Zusammenarbeiten zweier Zahnräder muss $p_e$ zwingend übereinstimmen. Die Krümmung der Zahnflanken (Evolventenzahnform) wird vom Teilkreisdurchmesser $d$ (bzw. Zähnezahl $z$) und vom Eingriffswinkel $\alpha$ (bzw. Grundkreisdurchmesser $d_b$) bestimmt. Bei $z = \infty$ wird die Krümmung $= 0$ (gerade Flanken, Zahnstange); die Krümmung wächst mit abnehmender Zähnezahl.

## 21.1.2 Verzahnungsmaße der Nullräder

Wird bei der Erzeugung der Verzahnung die Profilbezugslinie $P-P$ des Werkzeuges auf dem Teilkreis abgerollt, entsteht ein Zahnrad mit Nullverzahnung (die Wälzgerade $M-M$ fällt mit der Profilbezugslinie $P-P$ zusammen, Bild 21-3). Hat das Gegenrad ebenfalls Nullverzahnung, so ist der Betriebseingriffswinkel gleich Erzeugungseingriffswinkel $\alpha$ und die Erzeugungs-Wälzkreise gleich Teilkreise $d_{1,2}$ sind auch Betriebswälzkreise, die sich im Wälzpunkt $C$ berühren (*Null-Radpaar*).

## 21.1 Geometrie der Geradstirnräder mit Evolventenverzahnung

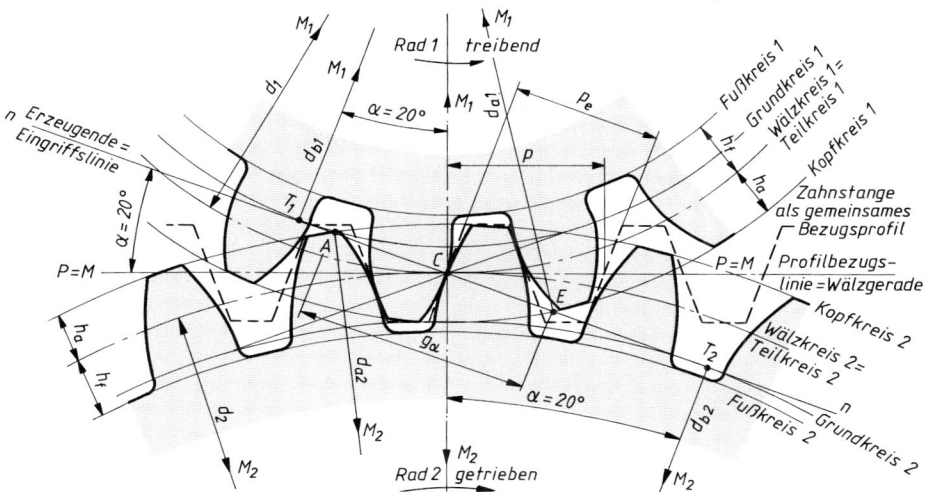

**Bild 21-3** Null-Radpaar: Paarung zweier außenverzahnter Nullräder mit gemeinsamem Bezugsprofil

Die *Zahnabmessungen* sind durch das Bezugsprofil nach DIN 867 (Bild 20-14) mit dem Kopfspiel $c$ als Nennmaße bestimmt:

$$\begin{aligned} \text{Zahnkopfhöhe} \quad & h_a = h_{aP} = m \\ \text{Zahnfußhöhe} \quad & h_f = h_{fP} = m + c \\ \text{Zahnhöhe} \quad & h = h_a + h_{fP} = 2m + c \end{aligned} \tag{21.5}$$

Damit ergeben sich als Nennmaße für das außenverzahnte Null-Radpaar mit den Teilkreisdurchmessern $d_1$ und $d_2$ (Index 1 Rad 1 treibend, Index 2 Rad 2 getrieben) die *Kopfkreisdurchmesser*

$$d_{a1,2} = d_{1,2} + 2 \cdot h_a = m \cdot (z_{1,2} + 2) \tag{21.6}$$

und die *Fußkreisdurchmesser* mit $c = 0{,}25 \cdot m$ (Bezugsprofil II, s. u. 20.1.4)

$$d_{f1,2} = d_{1,2} - 2 \cdot h_f = m \cdot (z_{1,2} - 2{,}5) \tag{21.7}$$

Der *Null-Achsabstand* ergibt sich aus der Summe der Teilkreishalbmesser der außenverzahnten Nullräder

$$a_d = \frac{d_1 + d_2}{2} = \frac{m}{2} \cdot (z_1 + z_2) \tag{21.8}$$

*Hinweis:* Beim geradverzahnten Null-Radpaar muß gelten $2a_d/m = z_1 + z_2 = ganzzahlig$. Beliebig vorgeschriebene Achsabstände können somit nicht immer mit einem Null-Radpaar eingehalten werden.

Da beim Null-Radpaar die Umfangsgeschwindigkeit beider Räder am Teilkreis gleich ist, gilt

$$v = d_1 \cdot \pi \cdot n_1 = d_2 \cdot \pi \cdot n_2 \quad \text{bzw.} \quad d_1 \cdot n_1 = d_2 \cdot n_2 \, .$$

Daraus folgt, dass die *Übersetzung* durch das Verhältnis der Teilkreisdurchmesser und somit auch durch das Zähnezahlverhältnis ausgedrückt werden kann:

$$i = \frac{\omega_1}{\omega_2} = \frac{n_1}{n_2} = \frac{d_2}{d_1} = \frac{z_2}{z_1} \tag{21.9}$$

Mit $z_2 \geq z_1$ wird das *Zähnezahlverhältnis* $z_{\text{Großrad}}/z_{\text{Kleinrad}}$

$$u = \frac{z_2}{z_1} \geq 1 \tag{21.10}$$

Somit gilt: Übersetzung ins Langsame $i = u > 1$; Übersetzung ins Schnelle $i = 1/u < 1$

Bei gegebener Übersetzung ins Langsame ($i = u$) lassen sich für einen gewünschten Null-Achsabstand $a_d$ die *Teilkreisdurchmesser* für Ritzel 1 und Rad 2 errechnen

$$\begin{aligned} d_1 &= m \cdot z_1 = d_{a1} - 2 \cdot m = \frac{z_1 \cdot d_{a1}}{z_1 + 2} = \frac{2 \cdot a_d}{1 + u} \\ d_2 &= m \cdot z_2 = d_{a2} - 2 \cdot m = \frac{z_2 \cdot d_{a2}}{z_2 + 2} = \frac{2 \cdot a_d \cdot u}{1 + u} \end{aligned} \tag{21.11}$$

*Hinweis:* Beim Zahnstangengetriebe ist $a_d = d_1/2$ und $u = \infty$.

### 21.1.3 Eingriffsstrecke, Profilüberdeckung

Um eine gleichförmige Kraft- und Bewegungsübertragung eines außenverzahnten Null-Radpaares zu gewährleisten, muss bereits ein neuer Zahn im Eingriff sein, wenn der vorhergehende Zahn außer Eingriff kommt, d. h. es muss stets das ausgenutzte Stück der Eingriffslinie $n-n$ (begrenzt durch die Kopfkreise des Radpaares), die *Eingriffsstrecke* $g_\alpha = \overline{AE}$ größer als die Eingriffsteilung $p_e$ sein (Bild 21-3). Es gilt beim geradverzahnten Null-Radpaar für die *Eingriffsstrecke* rechnerisch aus $\overline{AE} = \overline{T_1E} + \overline{T_2A} - \overline{T_1T_2}$

$$g_\alpha = \tfrac{1}{2}\left(\sqrt{d_{a1}^2 - d_{b1}^2} + \sqrt{d_{a2}^2 - d_{b2}^2}\right) - a_d \cdot \sin\alpha \tag{21.12}$$

$d_{a1}, d_{a2}$     Kopfkreisdurchmesser n. Gl. (21.6)
$d_{b1}, d_{b2}$     Grundkreisdurchmesser n. Gl. (21.2)
$a_d$     Null-Achsabstand nach Gl. (21.8)
$\alpha = \alpha_P = 20°$     Eingriffswinkel (Profilwinkel) nach DIN 867

Das Verhältnis der Eingriffsstrecke $g_\alpha$ zur Eingriffsteilung $p_e$ ist die *Profilüberdeckung*

$$\varepsilon_\alpha = \frac{g_\alpha}{p_e} = \frac{0{,}5\left(\sqrt{d_{a1}^2 - d_{b1}^2} + \sqrt{d_{a2}^2 - d_{b2}^2}\right) - a_d \cdot \sin\alpha}{\pi \cdot m \cdot \cos\alpha} \tag{21.13}$$

Sie ist der zeitliche Mittelwert der Anzahl der im Eingriff befindlichen Zahnpaare (überschlägige Ermittlung von $\varepsilon_\alpha$ s. TB 21-2). Mit Rücksicht auf Toleranzen und Verformungen soll $\varepsilon_\alpha \geq 1{,}1$, möglichst $>1{,}25$ sein, um eine Unterbrechung der Bewegungsübertragung zu vermeiden. $\varepsilon_\alpha = 1{,}25$ bedeutet, dass während der Eingriffsdauer eines Zahnpaares zu 25% ein zweites Zahnpaar im Eingriff ist.

*Hinweis:* $g_\alpha$ und damit $\varepsilon_\alpha$ werden umso kleiner, je stärker die Krümmung der beiden Kopfkreise ist. Beim außenverzahnten Null-Radpaar ergäbe sich theoretisch ein Größtwert für $\varepsilon_\alpha$, wenn zwei Zahnstangen mit unendlich großer Krümmung „im Eingriff" wären. Eine Nachprüfung von $\varepsilon_\alpha$ ist bei Null-Radpaaren normalerweise nicht erforderlich.

### 21.1.4 Profilverschiebung (Geradverzahnung)

#### 1. Anwendung

Profilverschobene Evolventenverzahnung wird hauptsächlich zur Vermeidung von Unterschnitt bei kleinen Zähnezahlen verwendet, ferner zum Erreichen eines durch bestimmte Einbauverhältnisse vorgegebenen Achsabstandes, zur Erhöhung der Tragfähigkeit und ggf. zur Erhöhung des Überdeckungsgrades.

## 2. Zahnunterschnitt, Grenzzähnezahl

Das Unterschreiten einer bestimmten Zähnezahl, der *Grenzzähnezahl* $z_g$, führt beim Erzeugen der Verzahnung eines Null-Rades zu *Unterschnitt* an den Zahnflanken, d. h. die relative Kopfbahn des erzeugenden Werkzeuges (Hüllkurve $b$, Bild 21-4a mit $z = 9$ Zähnen) schneidet einen Teil (Strecke $\overparen{FH}$) der normalerweise am Eingriff beteiligten Evolvente außerhalb des Grundkreises ab. Damit verbunden ist eine Kürzung der Eingriffsstrecke von $\overline{A'E}$ auf $\overline{A''E}$, die zur Verringerung der Profilüberdeckung $\varepsilon_\alpha$ und somit zur Verschlechterung der Eingriffsverhältnisse führt. Gleichzeitig werden der Zahnfuß geschwächt und damit die Bruchgefahr vergrößert.
Arbeitet das Rad mit $z_g$ und einer Zahnstange (nicht Werkzeug) zusammen (Zahnstangengetriebe, vgl. Bild 20-4f), dann ist im rechtwinkligen Dreieck $M_1CA'$ die Strecke $\overline{A'C} = \overline{M_1C} \cdot \sin \alpha = d_1/2 \cdot \sin \alpha$ und im rechtwinkligen Dreieck $CA'D$ wird $\overline{CD} = h_a = m = \overline{A'C} \cdot \sin \alpha = (d_1/2) \cdot \sin^2 \alpha$. Mit $d_1/2 = z_1 \cdot m/2$ ist somit $h_a = z_1 \cdot (m/2) \cdot \sin^2 \alpha$ und die Grenzzähnezahl $z_1 \triangleq z_g = 2 \cdot h_a/(m \cdot \sin^2 \alpha)$. Da $h_a = m$ ist, ergibt sich die *theoretische Grenzzähnezahl* für $\alpha = 20°$ aus

$$\boxed{z_g = \frac{2}{\sin^2 \alpha} \approx 17} \tag{21.14}$$

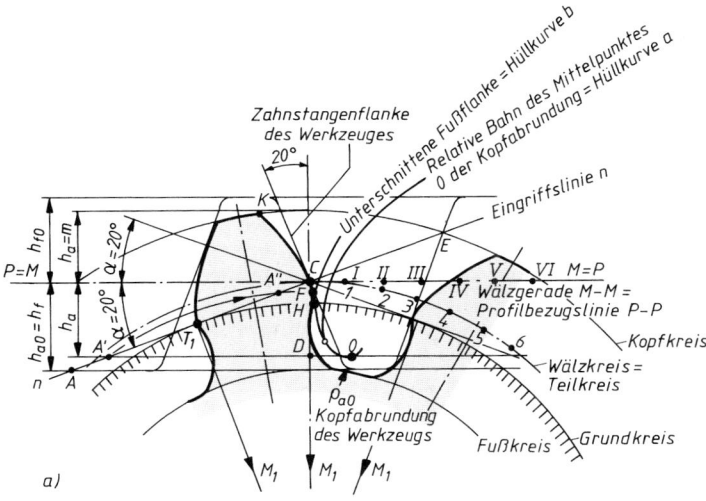

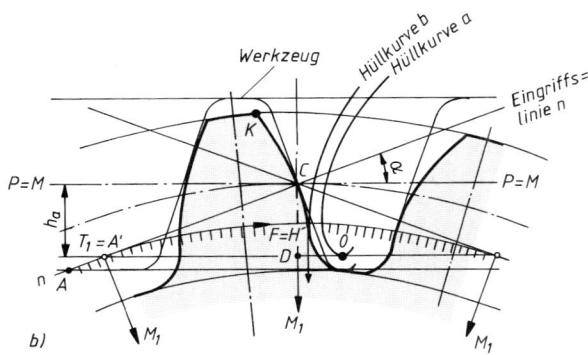

**Bild 21-4**
Unterschnitt.
a) Entstehung des Unterschnitts
b) Darstellung zur Ermittlung der Grenzzähnezahl $z_g$

Eine wirkliche Gefährdung der Eingriffsverhältnisse ergibt sich jedoch erst bei der *praktischen Grenzzähnezahl* $z'_g = 14$.
Beim Zusammenarbeiten eines Ritzels mit $z_1 < z'_g$ und eines Rades mit $z_2 > z'_g$ steht der unterschnittene Flankenteil der Ritzelzähne für den Eingriff nicht mehr zur Verfügung, so dass die Kopfflanke des Rades nur mit dem Punkt $F$ der Flanke des Ritzels (vgl. Bild 21-4a) zur Anlage kommt. Da $g_\alpha < p_e$ und $\varepsilon_\alpha < 1$ werden kann, wird die Bewegungsübertragung ungleichmäßig; außerdem unterliegt die Flanke am Punkt $F$ starker Abnutzung.

*Hinweis:* Um Eingriffsstörungen bei Außenverzahnung zu vermeiden, darf der Kopfkreis des Gegenrades die Eingriffslinie nicht außerhalb der Tangentenpunkte $T_1$ und $T_2$ schneiden (vgl. Punkte $A$ und $E$ auf $n-n$ Bild 21-3).

Zur Vermeidung von Unterschnitt könnte z. B. die Kopfhöhe $h_{a0}$ um den Teil verkleinert werden, der den Unterschnitt hervorruft. Dadurch würden sich gedrungene, kurze Zähne hoher Festigkeit ergeben. Zum anderen könnte der Eingriffswinkel $\alpha$ vergrößert werden, wodurch die Grenzzähnezahl $z_g$ herabgesetzt wird, s. Gl. (21.14). Beide Verfahren würden jedoch andere Verzahnungswerkzeuge erfordern, was denkbar unwirtschaftlich wäre. Zweckmäßiger ist daher die *Profilverschiebung*, die ohne Änderung der üblichen Werkzeuge ausgeführt werden kann.
Bei der Evolventen-Verzahnung können unter gleichen Bedingungen auch andere Zahnformen erzeugt werden, wenn das Werkzeug (Profilbezugslinie $P-P$) um einen bestimmten Betrag $V$ vom Teilkreis (Wälzgerade $M-M$ durch den Wälzpunkt $C$) „verschoben" wird. Mit dem Profilverschiebungsfaktor $x$ (in Teilen des Moduls) wird die Größe der *Profilverschiebung* ausgedrückt

$$\boxed{V = x \cdot m} \tag{21.15}$$

Der *Profilverschiebungsfaktor* $x$ ist *positiv*, wenn das Werkzeug (Profilbezugslinie $P-P$) vom Teilkreis in Richtung zum Kopfkreis des Zahnrades (Bild 21-5), *negativ* in Richtung zum Fußkreis verschoben wird.

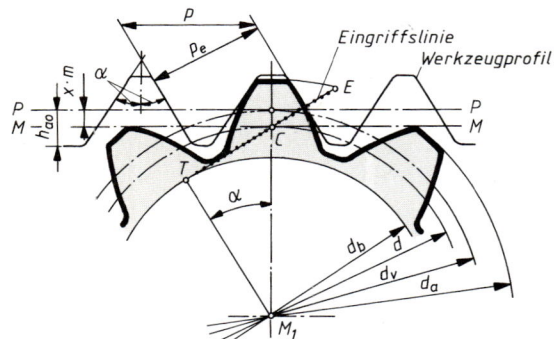

**Bild 21-5**
Außenverzahntes Rad mit positiver Profilverschiebung

Bild 21-6 zeigt zum Vergleich die Zahnform in Abhängigkeit von der Profilverschiebung. Danach werden je nach Art der Profilverschiebung unterschieden:

— *Nullräder*, bei denen *keine* Profilverschiebung vorgenommen worden ist. Die Profilbezugslinie $P-P$ deckt sich mit der Wälzgeraden $M-M$ und berührt den Teilkreis im Wälzpunkt $C$. Erzeugungswälzkreis gleich Betriebswälzkreis fallen zusammen (Bild 21-6a). Es gilt als Nennmaß für die Zahndicke auf dem Teilkreis $s = p/2 = e$ Lückenweite.
— *V-Räder* sind Zahnräder *mit* Profilverschiebung. Bei gleichem Grundkreis sind der Teilkreis, der Erzeugungswälzkreis und die Teilung gegenüber den entsprechenden Nullrädern unverändert.
— $V_{plus}$-*Räder* haben *positive* Profilverschiebung, wodurch sich Kopf- und Fußkreis vergrößern. Es werden die Zahndicken am Teilkreis $s > p/2$ und die Zahnlückenweite $e < p/2$. Dadurch kann Unterschnitt vermieden und die Tragfähigkeit der Zähne erhöht werden.

— $V_{minus}$-*Räder* haben negative Profilverschiebung. Kopf- und Fußkreis verkleinern sich entsprechend der Verschiebung. Es werden die Zahndicke am Teilkreis $s < p/2$ und die Zahnlückenweite $e > p/2$. Dadurch wächst die Unterschnittgefahr; außerdem wird der Zahnfuß geschwächt und die Tragfähigkeit vermindert (Bild 21-6c).

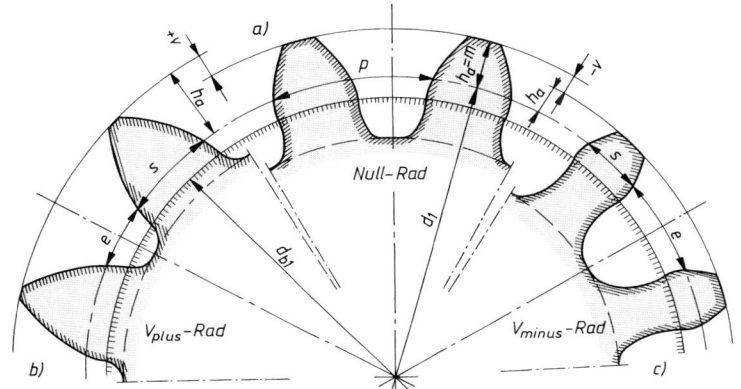

**Bild 21-6**
Zahnform in Abhängigkeit von der Profilverschiebung
a) beim Nullrad
b) bei positiver Verschiebung
c) bei negativer Verschiebung

Unterschnitt lässt sich vermeiden, wenn für das erzeugende Werkzeug mit der Kopfhöhe $h_{a0}$ und dem Kopfkanten-Rundungshalbmesser $\varrho_{a0}$ (Bild 21-4) ein *Mindest-Profilverschiebungsfaktor*

$$x_{\min} = [2 \cdot (h_{a0} - \varrho_{a0} \cdot (1 - \sin \alpha)) - z \cdot m \cdot \sin^2 \alpha]/(2 \cdot m)$$

theoretisch nicht unterschritten wird (der errechnete Wert darf bei geringem, nicht schädlichem Unterschnitt meist noch um maximal 0,017 vermindert werden). Für V-Räder mit $z \neq z_g$ kann der Grenzwert $x$ des beginnenden Unterschnitts nach Bild 21-4b ($T_1 = A'$ für Nullräder) bestimmt werden. Wird

$$\overline{CD} = (d_1/2) \cdot \sin^2 \alpha = (m/2) \cdot z \cdot \sin^2 \alpha = h_a - x \cdot m = m - x \cdot m = m \cdot (1 - x)$$

gesetzt (s. vor Gl. (21.14)), wird $z = (2/\sin^2 \alpha) \cdot (1 - x) = z_g \cdot (1 - x)$. Mit der praktischen Grenzzähnezahl $z'_g = 14$ ergibt sich damit der *Grenzwert* $x$ für den Unterschnittbeginn mit $(+)$ für $z < z'_g$ und $(-)$ für $z > z'_g$ aus

$$\boxed{x_{\text{grenz}} = \frac{z'_g - z}{z_g} = \frac{14 - z}{17}} \qquad (21.16)$$

### 3. Spitzgrenze und Mindestzahndicke am Kopfkreis

Mit positiver Profilverschiebung ist stets eine Verringerung der Zahnkopfdicke verbunden, da die Zahnflanken durch den vergrößerten Kopfkreis weiter nach außen gezogen werden, s. Bild 21-6. Bei einer bestimmten Größe der Profilverschiebung $V$ bzw. des Profilverschiebungsfaktors $+x$ laufen die Flankenevolventen am Kopfkreis zur Spitze zusammen, es tritt *Spitzenbildung* ein. Für den praktischen Betrieb sollte jedoch die Kopfdicke des Zahnes den Wert $s_a \geq 0{,}2 \cdot m$ und bei gehärteten Zähnen $s_a \geq 0{,}4 \cdot m$ nicht unterschreiten, s. auch 21.1.5. Da der Unterschnitt einerseits und die Spitzbildung andererseits die ausführbare Zähnezahl $z$ für außenverzahnte Räder begrenzen, können aus TB 21-12 die Bereichsgrenzen durch die Spitzbildung bzw. Mindestzahnkopfdicken (Kurven 1), durch Unterschnitt (Gerade 2, Strichlinie praktische Grenze) und durch Mindestkopfkreisdurchmesser $d_a = d_b + 2 \cdot m$ (Gerade 3) in Abhängigkeit von $z$ und $x$ festgestellt werden.

## 4. Paarung der Zahnräder, Getriebearten

$V$-Räder und Null-Räder können beliebig zu Getrieben zusammengesetzt werden, ohne dass Eingriffs- und Abwälzverhältnisse dadurch gestört werden. Je nach Paarung der Räder unterscheidet man:

— *Nullgetriebe* bei Paarung zweier Nullräder mit Null-Achsabstand $a_d$ (Gl. (21.8)). Die Teilkreise berühren sich im Wälzpunkt $C$. Anwendung bei Getrieben aller Art mit mittleren Belastungen und Drehzahlen, aber Zähnezahlen $z_1 > z'_g$ und $z_2 > z'_g$.
— *V-Null-Getriebe* bei Paarung eines $V_{plus}$-Rades mit einem $V_{minus}$-Rad gleicher positiver und negativer Profilverschiebung (Bild 21-7a). Die Profilverschiebungssumme $\Sigma x = x_1 + x_2 = 0$, bzw. $+x_1 = -x_2$. Die Teilkreise berühren sich im Wälzpunkt $C$, sind daher zugleich Wälzkreise, so dass der Achsabstand gleich dem Null-Achsabstand $a_d$ ist (s. zu Gl. (21.8)). Normalerweise wird das Ritzel als $V_{plus}$-Rad gewählt, insbesondere wenn dessen Zähnezahl $z_1 < z'_g = 14$ oder dessen Tragfähigkeit erhöht und der des Rades angeglichen werden soll. Um dabei am $V_{minus}$-Rad keinen Unterschnitt zu erhalten, muss $z_1 + z_2 \geq 2 \cdot z'_g = 28$ sein. Anwendungen bei Getrieben mit größeren Übersetzungen und höheren Belastungen.
— *V-Getriebe*, bei denen ein $V$-Rad mit einem Nullrad oder $V$-Räder mit unterschiedlicher Profilverschiebung gepaart sind, wobei das Ritzel möglichst eine positive Profilverschiebung erhält. Die Teilkreise berühren sich nicht, sie sind nicht mehr mit den Betriebswälzkreisen identisch, Achsabstand $a$ ungleich $a_d$, meist $a > a_d$, dgl. wird der Betriebseingriffswinkel $\alpha_w > \alpha = 20°$ (Bild 21-7b). Anwendung, wenn bei vorgeschriebener Übersetzung ein konstruktiv bedingter Achsabstand durch Null- oder $V$-Null-Getriebe mit genormten Moduln nicht erreicht wird, oder wenn eine hohe Tragfähigkeit beider Räder durch positive Verschiebung für hochbelastete Getriebe oder wenn ein hoher Überdeckungsgrad durch negative Verschiebung für besonders gleichförmigen und ruhigen Lauf erreicht werden soll. In allen Fällen kann durch bestimmte Aufteilung der Profilverschiebungen bei Ritzel und Rad annähernd gleiche Tragfähigkeit erreicht werden, siehe TB 21-5.

## 5. Rad- und Getriebeabmessungen bei $V$-Außenradpaaren

Die *Grundkreis-* und *Teilkreisdurchmesser* bleiben unverändert: $d_b = d \cdot \cos \alpha$ und $d = m \cdot z$, siehe Gl. (21.2) und (21.1).

Infolge der Profilverschiebung $V$ vergrößern bzw. verkleinern sich der *Kopf-* und *Fußkreisdurchmesser* $d_a$ und $d_f$ gegenüber dem Nullrad um den Betrag $2 \cdot V$ ($V$ vorzeichengerecht einsetzen!):

$$\boxed{d_a = d + 2 \cdot h_a + 2 \cdot V = d + 2 \cdot (m + V)} \tag{21.17}$$

$$\boxed{d_f = d - 2 \cdot h_f + 2 \cdot V = d - 2 \cdot [(m + c) - V]} \tag{21.18}$$

$c$ Kopfspiel; für Werkzeug mit Bezugsprofil II wird $c = 0{,}25 \cdot m$

Das Nennmaß der *Zahndicke* $s$ und der *Lückenweite* $e$ auf dem Teilkreis vergrößert bzw. verkleinert sich um den Betrag $2 \cdot V \cdot \tan \alpha = 2 \cdot x \cdot m \cdot \tan \alpha$ ($V$ vorzeichengerecht einsetzen!)

$$\boxed{s = \frac{p}{2} + 2 \cdot V \cdot \tan \alpha = m \cdot \left( \frac{\pi}{2} + 2 \cdot x \cdot \tan \alpha \right)} \tag{21.19}$$

$$\boxed{e = \frac{p}{2} - 2 \cdot V \cdot \tan \alpha = m \cdot \left( \frac{\pi}{2} - 2 \cdot x \cdot \tan \alpha \right)} \tag{21.20}$$

Da beim außenverzahnten $V$-Radpaar nicht mehr die Teilkreise, sondern die Betriebswälzkreise mit gleicher Umfangsgeschwindigkeit aufeinander abrollen, gilt mit den Wälzkreisdurchmessern $d_{w1}, d_{w2}$: $v = d_{w1} \cdot \pi \cdot n_1 = d_{w2} \cdot \pi \cdot n_2$, so dass $i = n_1/n_2 = d_{w2}/d_{w1} = d_2/d_1 = d_{b2}/d_{b1}$.

## 21.1 Geometrie der Geradstirnräder mit Evolventenverzahnung

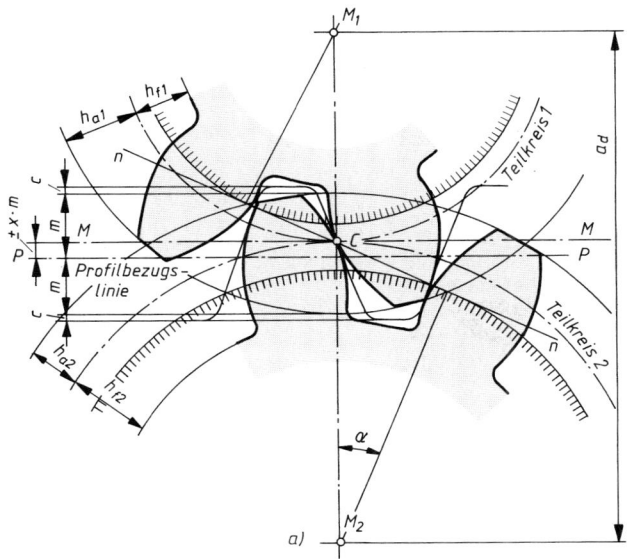

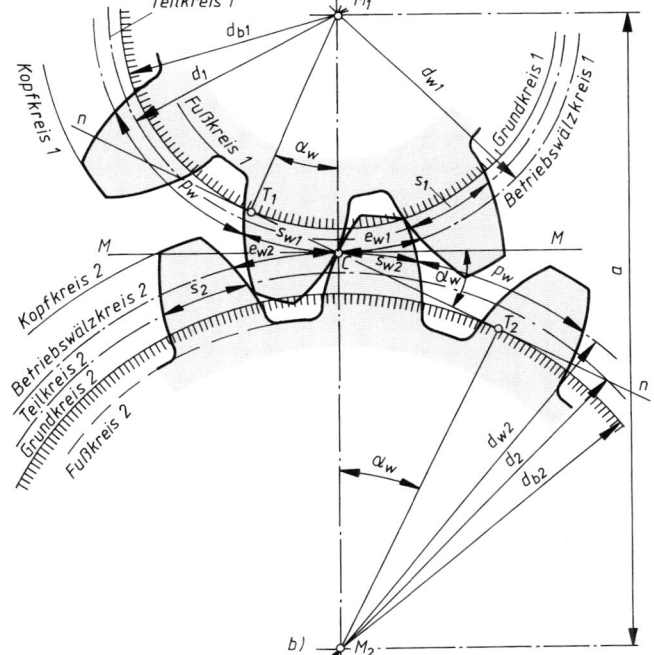

**Bild 21-7**
Außenverzahnte Geradstirnradpaare bei spielfreiem Eingriff
a) *V*-Null-Getriebe
b) *V*-Getriebe

Nach Bild 21-8 (vgl. Bild 21-7b) ergibt sich mit dem Betriebseingriffswinkel $\alpha_w \neq \alpha = 20°$ aus $\cos \alpha_w = d_{b1}/d_{w1} = d_{b2}/d_{w2} = d_1 \cdot \cos\alpha/d_{w1} = d_2 \cdot \cos\alpha/d_{w2}$ und dem Null-Achsabstand $a_d$ nach Gl. (21.8) der *Achsabstand* bei *spielfreiem Eingriff*

$$a = \frac{d_{w1} + d_{w2}}{2} = \frac{d_1 + d_2}{2} \cdot \frac{\cos\alpha}{\cos\alpha_w} = a_d \cdot \frac{\cos\alpha}{\cos\alpha_w} \tag{21.21}$$

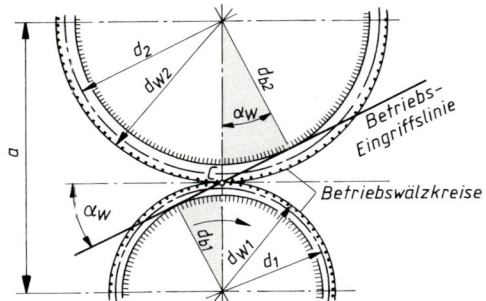

**Bild 21-8**
Betriebseingriffswinkel $\alpha_w$ und Achsabstand $a$ bei $V$-Getrieben

Damit lässt sich der Teilkreisabstand $y \cdot m = a - a_d$ ermitteln, wenn darin $y = 0{,}5 \cdot (z_1 + z_2) \cdot [(\cos \alpha / \cos \alpha_w) - 1]$ ist.
Ist ein bestimmter Achsabstand $a$ gegeben, errechnet sich nach Gl. (21.21) der Betriebseingriffswinkel $\alpha_w$ aus $\cos \alpha_w = (a_c/a) \cdot \cos \alpha$, womit sich die *Betriebswälzkreisdurchmesser* für Ritzel 1 und Rad 2 errechnen lassen:

$$d_{w1} = \frac{d_1 \cdot \cos \alpha}{\cos \alpha_w} = \frac{2 \cdot a}{1+u} = \frac{2 \cdot z_1}{z_1 + z_2} \cdot a \quad (21.22)$$

$$d_{w2} = \frac{d_2 \cdot \cos \alpha}{\cos \alpha_w} = 2a - d_{w1} = \frac{2 \cdot a \cdot u}{1+u} = \frac{2 \cdot z_2}{z_1 + z_2} \cdot a \quad (21.23)$$

Für störungsfreien Eingriff muss ein ausreichendes Kopfspiel $c = a - 0{,}5 \cdot (d_{a1} + d_{f2}) = a - 0{,}5 \cdot (d_{a2} + d_{f1})$ vorhanden sein. Soll ein Mindestkopfspiel eingehalten oder das dem Bezugsprofil der Räder entsprechende Kopfspiel erhalten bleiben, müssen in manchen Fällen die Kopfhöhen verkürzt bzw. die Kopfkreisdurchmesser verkleinert werden. Dann beträgt mit dem Kopfhöhenfaktor $k^*$ die erforderliche *Kopfhöhenänderung* vorzeichengerecht (negativer Wert)

$$k = k^* \cdot m = a - a_d - m \cdot (x_1 + x_2) \quad (21.24)$$

$x_1, x_2$     Profilverschiebungsfaktor des Ritzels 1 und des Rades 2
$k^* = y - \Sigma x$     Kopfhöhenänderungsfaktor, wenn $y$ der Teilkreisabstandsfaktor aus $y \cdot m = a - a_d$ und daraus $y = [(z_1 + z_2)/2] \cdot [(\cos \alpha / \cos \alpha_w) - 1]$ ist.

Damit ergeben sich die Kopfkreisdurchmesser mit Gl. (21.17)

$$\begin{aligned} d_{a1} &= d_1 + 2 \cdot m + 2 \cdot V_1 + 2 \cdot k = d_1 + 2 \cdot (m + V_1 + k) \\ d_{a2} &= d_2 + 2 \cdot m + 2 \cdot V_2 + 2 \cdot k = d_2 + 2 \cdot (m + V_2 + k) \end{aligned} \quad (21.25)$$

*Hinweis:* Auf die Kopfhöhenänderung kann wegen Geringfügigkeit häufig verzichtet werden, weil sie durch die zur Erzeugung des Flankenspiels notwendige tiefere Zustellung des Verzahnungswerkzeuges ausgeglichen wird, so dass das Kopfspiel nur wenig bzw. in zulässigen Grenzen geändert wird.

Nach Gl. (21.13) gilt mit Gl. (21.17) und (21.2) bei Geradverzahnung für die *Profilüberdeckung*

$$\varepsilon_\alpha = \frac{0{,}5 \left( \sqrt{d_{a1}^2 - d_{b1}^2} + \sqrt{d_{a2}^2 - d_{b2}^2} \right) - a \cdot \sin \alpha_w}{\pi \cdot m \cdot \cos \alpha} \quad (21.26)$$

*Hinweis:* Gegenüber Null-Getrieben (Gl. (21.13)) wird bei $V_{plus}$-Getrieben $\alpha_w > \alpha$, somit $\varepsilon_\alpha$ kleiner und bei $V_{minus}$-Getrieben $\alpha_w < \alpha$, somit $\varepsilon_\alpha$ größer. Stets sollte $\varepsilon_\alpha \geq 1{,}1$ sein. Eine überschlägige Ermittlung von $\varepsilon_\alpha = \varepsilon_1 + \varepsilon_2$ ist mit TB 21-2b für $\alpha_w$ aus TB 21-3 möglich.

## 21.1.5 Evolventenfunktion und ihre Anwendung bei *V*-Getrieben

Die Evolventenfunktion gestattet die genaue Berechnung von Abmessungen am Zahnrad und Getriebe, die für Konstruktion, Herstellung und Prüfung wichtig sind, z. B. Zahndicken, Lückenweiten, Achsabstand.

Nach Bild 21-9 ist der Evolventenursprungspunkt $U$ auf dem Grundkreis mit dem Radius $r_b = d_b/2$. In einem beliebigen Punkt $Y$ ist die Evolvente um den Profilwinkel $\alpha_y$ gegen den Radius $r_y = d_y/2$ geneigt.

Es gilt $\cos \alpha_y = d_b/d_y = (d/d_y) \cdot \cos \alpha$ mit $\alpha = 20°$ (s. Gl. (21.2)). Der durch $U$ und den Berührpunkt $T$ der Tangente vom Punkt $Y$ an den Grundkreis bestimmte Zentriwinkel ist der Wälzwinkel $\xi_y = \tan \alpha_y$ der Evolvente. Da der Grundkreisbogen $\widehat{UT} = r_b \cdot \xi_y = \overline{YT} = r_b \cdot \tan \alpha_y$ ist, wird die Winkeldifferenz $\xi_y - \alpha_y = \tan \alpha_y - \widehat{\alpha}_y = \text{inv } \alpha_y$ (sprich: Involut alpha-ypsilon) mit dem Bogen $\widehat{\alpha}_y = \pi \cdot \alpha°/180°$ die Evolventenfunktion des Winkels $\alpha_y$ genannt. Der Zahlenwert von $\text{inv } \alpha_y$ ist gleich der Radialprojektion der Evolvente $UY$ auf dem Einheitskreis (Radius $r_0 = 1$). Werte von $\text{inv } \alpha$ s. TB 21-4.

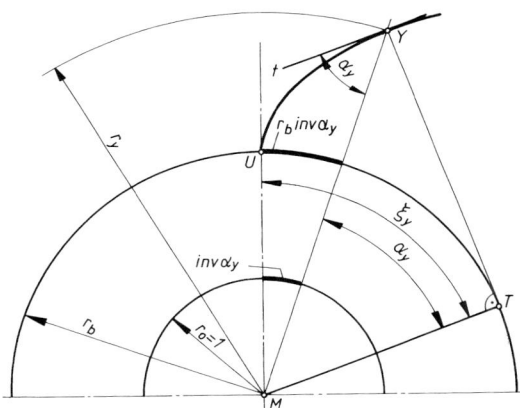

**Bild 21-9**
Darstellung der Evolventenfunktion

### 1. Anwendung der Evolventenfunktion

a) *Bestimmung der Zahndicke $s_y$ bzw. der Lückenweite $e_y$ am beliebigen Radius $r_y = d_y/2$.*
Nach Bild 21-10 sind die Bogen $\widehat{a} = r_b \cdot (\text{inv } \alpha_y - \text{inv } \alpha)$, $\widehat{b} = \widehat{a} \cdot r/r_b$, $\widehat{c} = \widehat{s} - 2\widehat{b}$; hiermit wird die Zahndicke

$$s_y = c \cdot r_y/r = (s - 2b) \cdot r_y/r.$$

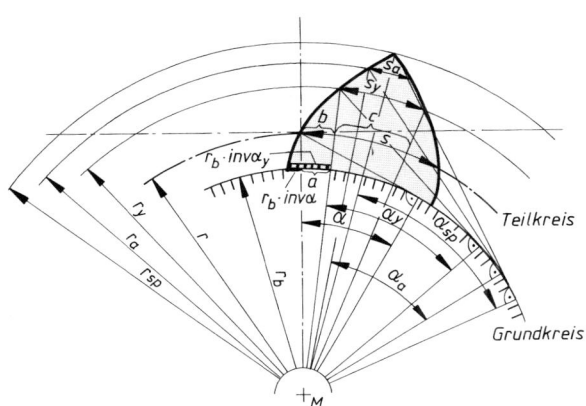

**Bild 21-10**
Anwendung der Evolventenfunktion bei Bestimmung der Zahndicke

Wird hierin n. Gl. (21.19) die Zahndicke auf dem Teilkreis $s = (p/2) + 2 \cdot x \cdot m \cdot \tan \alpha = (m \cdot \pi/2) + 2 \cdot x \cdot m \cdot \tan \alpha$ sowie $b$ und $a$ eingesetzt, dann ergibt sich nach Umformen mit Gl. (21.1) $r = d/2$ und Gl. (21.2) $r_b = d_b/2$ das *Nennmaß der Zahndicke am beliebigen Durchmesser* $d_y$

$$s_y = d_y \cdot \left( \frac{\pi + 4 \cdot x \cdot \tan \alpha}{2 \cdot z} + \text{inv } \alpha - \text{inv } \alpha_y \right) = d_y \cdot \left( \frac{s}{d} + \text{inv } \alpha - \text{inv } \alpha_y \right) \tag{21.27}$$

$\alpha_y$   Profilwinkel aus $\cos \alpha_y = d \cdot \cos \alpha / d_y$
$s/d$   Zahndickenhalbwinkel $\psi$ (s. zu Bild 21-1)

Damit lässt sich z. B. die *Zahndicke am Kopfkreisdurchmesser* $d_a = 2 \cdot r_a$ mit dem Profilwinkel $\alpha_a$ aus $\cos \alpha_a = d \cdot \cos \alpha / d_a$

$$s_a = d_a \cdot \left( \frac{s}{d} + \text{inv } \alpha - \text{inv } \alpha_a \right) \geq s_{a\,\text{min}} \tag{21.28}$$

$s_{a\,\text{min}}$   Mindestzahndicke am Kopfkreis; $s_{a\,\text{min}} \approx 0{,}2 \cdot m$ bzw. bei gehärteten Zähnen $0{,}4 \cdot m$

oder die *Spitzgrenze* ($s_a = 0$) mit dem Durchmesser, an dem der Zahn spitz wird, errechnen

$$d_{sp} = \frac{d \cdot \cos \alpha}{\cos \alpha_{sp}} \tag{21.29}$$

$\alpha_{sp}$ ergibt sich für $s/d + \text{inv } \alpha - \text{inv } \alpha_{sp} = 0$ aus $\text{inv } \alpha_{sp} = s/d + \text{inv } \alpha$.

Ähnlich kann die *Lückenweite* $e_y$ am beliebigen Durchmesser $d_y$ errechnet werden:

$$e_y = d_y \cdot \left( \frac{\pi - 4 \cdot x \cdot \tan \alpha}{2 \cdot z} - \text{inv } \alpha + \text{inv } \alpha_y \right) = d_y \cdot \left( \frac{e}{d} - \text{inv } \alpha + \text{inv } \alpha_y \right) \tag{21.30}$$

$e/d = \eta$   Zahnlückenhalbwinkel

Damit lässt sich auch z. B. die Grundlückenweite $e_b = p_b - s_b$ mit der Grundzahndicke $s_b$ entsprechend aus Gl. (21.27) und die Grundkreisteilung $p_b$ mit Gl. (21.3) ermitteln.

b) *Bestimmung des Betriebseingriffswinkels* $\alpha_w$ *für den Achsabstand* $a$ *und der Summe der Profilverschiebungsfaktoren* $\Sigma x = (x_1 + x_2)$.
Für flankenspielfreien Eingriff muss die Summe der Zahndicken $s_{w1} = e_{w2}$ und $s_{w2} = e_{w1}$ auf den Betriebswälzkreisen $d_{w1}$, $d_{w2}$ gleich der Teilung $p_w = s_{w1} + e_{w1} = e_{w2} + s_{w2}$ am Wälzkreis (s. Bild 21-7b) sein. Mit Gl. (21.27) und entsprechend Gl. (21.1) wird $p_w = s_{w1} + s_{w2} = d_{w1} \cdot \pi/z_1 = d_{w1} \cdot (s_1/d_1 + \text{inv } \alpha - \text{inv } \alpha_w) + d_{w2} \cdot (s_2/d_2 + \text{inv } \alpha - \text{inv } \alpha_w)$. Die Gleichung durch $d_{w1}$ dividiert und aus $p_w = d_{w1} \cdot \pi/z_1$, für $d_{w2}/d_{w1} = z_2/z_1 = d_2/d_1$ gesetzt, ergibt mit $z_1 = z_2 \cdot (d_1/d_2)$ und durch Umformen $\text{inv } \alpha_w = [z_1(s_1 + s_2) - \pi \cdot d_1]/[d_1(z_1 + z_2)] + \text{inv } \alpha$.
Wird $s_1$, $s_2$ nach Gl. (21.19) eingesetzt, lässt sich nach Umformen schreiben

$$\text{inv } \alpha_w = 2 \cdot \frac{x_1 + x_2}{z_1 + z_2} \cdot \tan \alpha + \text{inv } \alpha \tag{21.31}$$

$\alpha_w$ wird aus der Evolventenfunktionstabelle TB 21-4 abgelesen. Damit kann der Achsabstand $a$ für V-Getriebe nach Gl. (21.21) bzw. $d_{w1}$ und $d_{w2}$ nach Gl. (21.22) und (21.23) errechnet werden.
Ist ein bestimmter Achsabstand $a$ vorgegeben, wird mit $\alpha_w$ aus Gl. (21.21) die erforderliche *Summe der Profilverschiebungsfaktoren* errechnet:

$$\Sigma x = x_1 + x_2 = \frac{\text{inv } \alpha_w - \text{inv } \alpha}{2 \cdot \tan \alpha} \cdot (z_1 + z_2) \tag{21.32}$$

## 2. Summe der Profilverschiebungsfaktoren und ihre Aufteilung

Ist ein *bestimmter Achsabstand* zweier Zahnräder aus konstruktiven Gründen gegeben, so kann dieser häufig nur durch zweckmäßig an beiden Rädern vorzunehmende Profilverschiebung erreicht werden. Die Summe der Profilverschiebungsfaktoren wird dann nach Gl. (21.32) ermittelt.

*Besondere Anforderungen* an Tragfähigkeit oder Überdeckungsgrad können ebenfalls durch Profilverschiebung, zweckmäßig an beiden Rädern, erfüllt werden, s. TB 21-5 (Empfehlung nach DIN 3992).

Bei der Aufteilung der Profilverschiebungsfaktoren ist anzustreben, die Zahnfußtragfähigkeit beider Räder möglichst einander anzugleichen, gleichzeitig ist aber auch zu vermeiden, dass es bei Ritzeln mit kleinen Zähnezahlen zur Unterschnittgefahr kommt. Die Aufteilung kann nach TB 21-6 (Empfehlung nach DIN 3992) oder für $u = z_{\text{Großrad}}/z_{\text{Kleinrad}} \geq 1$ nach Gl. (21.33) vorgenommen werden (Grenzen nach TB 21-12 beachten).

$$\boxed{x_1 \approx \frac{x_1 + x_2}{2} + \left(0{,}5 - \frac{x_1 + x_2}{2}\right) \cdot \frac{\lg u}{\lg \frac{z_1 \cdot z_2}{100}}} \tag{21.33}$$

$z_1$, $z_2$ Zähnezahlen Ritzel und Rad; bei Schrägverzahnung sind die Zähnezahlen $z_{n1}$ und $z_{n2}$ der jeweiligen Ersatzräder einzusetzen, siehe unter 21.2.4.

*Hinweis:* Der Profilverschiebungsfaktor $x_1$ braucht nur ungefähr bestimmt zu werden; entscheidend ist, dass mit $x_2 = (x_1 + x_2) - x_1$ die $\Sigma x = (x_1 + x_2)$ eingehalten wird!

## 3. 0,5-Verzahnung

Bei der 0,5-Verzahnung erhält *jedes* Zahnrad, unabhängig von der Zähnezahl, eine positive Profilverschiebung mit dem Profilverschiebungsfaktor $x = +0{,}5$ und damit wird $V = 0{,}5 \cdot m$. Diese Verzahnung ist nach DIN 3994 genormt und gilt für geradverzahnte Stirnräder mit Zähnezahlen $z \geq 8$. Die 0,5-Verzahnung hat eine höhere Tragfähigkeit als die Null-Verzahnung. Die Übersetzung soll möglichst ins Langsame erfolgen.

### 21.1.6 Berechnungsbeispiele (Geometrie der Geradverzahnung)

■ **Beispiel 21.1:** Ein Geradstirnrad mit $z = 80$, Bezugsprofil DIN 867 soll mit 0,5-Verzahnung ($x_1 = +0{,}5$) gefertigt werden. Zur Herstellung wird ein Wälzfräser mit Bezugsprofil DIN 3972-II × 4 verwendet ($m = 4$ mm).
Zu bestimmen sind unter Vernachlässigung der Kopfkürzung $k$ die Verzahnungsmaße $d$, $d_a$ und $d_f$, die Zahnabmessungen $h_a$, $h_f$, $h$ sowie die Nennmaße für die Zahndicke $s$ und die Lückenweite $e$ auf dem Teilkreis.

▶ **Lösung:** Nach Gl. (21.1) wird der Teilkreisdurchmesser

$$d = m \cdot z = 4 \text{ mm} \cdot 80 = 320 \text{ mm}.$$

Mit $V = x \cdot m = 0{,}5 \cdot 4$ mm $= 2$ mm und $k = 0$ (ohne Kopfhöhenänderung) wird nach Gl. (21.17) der Kopfkreisdurchmesser

$$d_a = d + 2 \cdot m + 2 \cdot V = 320 \text{ mm} + 2 \cdot 4 \text{ mm} + 2 \cdot 2 \text{ mm} = 332 \text{ mm}.$$

Der Fußkreisdurchmesser nach Gl. (21.18) mit dem Kopfspiel $c = 0{,}25 \cdot m = 0{,}25 \cdot 4$ mm $= 1$ mm aus

$$d_f = d - 2(m + c) + 2 \cdot V = 320 \text{ mm} - 2(4 \text{ mm} + 1 \text{ mm}) + 2 \cdot 2 \text{ mm} = 314 \text{ mm}.$$

Die Zahnabmessungen ergeben sich aus

$$h_a = (d_a - d)/2 = (332 \text{ mm} - 320 \text{ mm})/2 = 6 \text{ mm};$$
$$h_f = (d - d_f)/2 = (320 \text{ mm} - 314 \text{ mm})/2 = 3 \text{ mm};$$

und

$$h = h_a + h_f = 6 \text{ mm} + 3 \text{ mm} = 9 \text{ mm}.$$

Nach Gl. (21.19) gilt für das Nennmaß der Zahndicke

$$s = m[(\pi/2) + 2 \cdot x \cdot \tan \alpha] = 4\,\text{mm} \cdot [(\pi/2) + 2 \cdot 0{,}5 \cdot \tan 20°] = 7{,}74\,\text{mm}$$

und für das Nennmaß der Lückenweite nach Gl. (21.20)

$$e = m[(\pi/2) - 2 \cdot x \cdot \tan \alpha] = 4\,\text{mm} \cdot [(\pi/2) - 2 \cdot 0{,}5 \cdot \tan 20°] = 4{,}83\,\text{mm}\,.$$

■ **Beispiel 21.2:** Ein Schaltgetriebe mit geradverzahntem Schieberäderblock hat zwei Übersetzungen. Für die erste Stufe mit dem Ritzel $z_1 = 18$ soll die Übersetzung ins Langsame $i_1 = u_1 = 2{,}78$, für die zweite Stufe mit dem Ritzel $z_3 = 29$, $i_2 = u_2 = 1{,}45$ betragen; alle Zahnräder des Getriebes werden mit Modul $m = 3$ mm ausgeführt.

a) Es ist zunächst zu prüfen, ob ein Null-Getriebe ausgeführt werden kann. Ist dies nicht möglich, soll zweckmäßig für ein Radpaar positive Profilverschiebung gewählt werden. Die Summe der Profilverschiebungsfaktoren $\Sigma x$ ist zu errechnen und sinnvoll aufzuteilen,

b) die Teil-, Kopf- und Fußkreise der Räder sind zu berechnen; vorgesehenes Werkzeug-Bezugsprofil nach DIN 3972-II $\times 3$ ($m = 3$ mm).

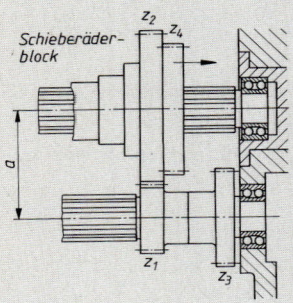

**Bild 21-11**
Schaltgetriebe mit Schieberäderblock

▶ **Lösung a):** Da jeweils eine Übersetzung ins Langsame vorliegt, gilt nach Gl. (21.10)

$$i_1 = u_1 = z_2/z_1 = 2{,}78 \quad \text{und} \quad i_2 = u_2 = z_4/z_3 = 1{,}45\,.$$

Damit ergeben sich die Zähnezahlen für den Schieberäderblock

$$z_2 = u_1 \cdot z_1 = 2{,}78 \cdot 18 = 50 \quad \text{und} \quad z_4 = u_2 \cdot z_3 = 1{,}45 \cdot 29 = 42\,.$$

Bei Ausführung als Null-Getriebe sind nach Gl. (21.8)

$$a_{d1} = (m/2) \cdot (z_1 + z_2) = (3\,\text{mm}/2) \cdot (18 + 50) = 102\,\text{mm}$$

und

$$a_{d2} = (m/2) \cdot (z_3 + z_4) = (3\,\text{mm}/2) \cdot (29 + 42) = 106{,}5\,\text{mm}\,.$$

Die Null-Achsabstände sind verschieden, daher ist das Schaltgetriebe als Null-Getriebe nicht ausführbar. Zweckmäßig wird daher der kleinere Achsabstand $a_{d1}$ dem Achsabstand $a_{d2}$ angeglichen, so dass positive Profilverschiebung erforderlich ist. Aus Gl. (21.32) ergibt sich für das Radpaar $z_1$, $z_2$ die Summe der Profilverschiebungsfaktoren

$$\Sigma x = x_1 + x_2 = (\text{inv } \alpha_w - \text{inv } \alpha) \cdot (z_1 + z_2)/(2 \cdot \tan \alpha)\,.$$

Hierin ist der Betriebseingriffswinkel $\alpha_w$ noch unbekannt, der sich mit $a_d \,\hat{=}\, a_{d1} = 102$ mm bei einem Eingriffswinkel $\alpha = 20°$ für das Null-Getriebe und mit $a \,\hat{=}\, a_{d2} = 106{,}5$ mm aus Gl. (21.21) errechnet:

$$\cos \alpha_w = (a_{d1}/a) \cdot \cos \alpha = (102\,\text{mm}/106{,}5\,\text{mm}) \cdot \cos 20° = 0{,}899\,987 \text{ und daraus } \alpha_w = 25{,}8436°\,.$$

Mit diesem Winkel wird nach Gl. (21.32)

$$\Sigma x = (\text{inv } 25{,}8436° - \text{inv } 20°) \cdot (18 + 50)/(2 \cdot \tan 20°)$$
$$= (0{,}0333 - 0{,}014\,904) \cdot 68/(2 \cdot 0{,}363\,97) = +1{,}72\,.$$

Nach Gl. (21.33) wird $x_1 \approx +0{,}7$. Da mit diesem Wert die Mindest-Kopfdicke $s_a \geq 0{,}2 \cdot m$ nach TB 21-12 nicht erreicht wird, soll $x_1 = 0{,}7$ festgelegt werden und damit wird

$$x_2 = \Sigma x - x_1 = 1{,}72 - 0{,}7 = +1{,}02\,.$$

Mit den $x_1$- und $x_2$-Werten ergeben sich die Profilverschiebungen nach Gl. (21.15) für die Fertigung
- des Ritzels 1: $V_1 = +x_1 \cdot m = +0{,}70 \cdot 3$ mm $= +2{,}1$ mm
- des Rades 2: $V_2 = +x_2 \cdot m = +1{,}02 \cdot 3$ mm $= +3{,}06$ mm.

▶ **Lösung b):** Mit den Gln. (21.1), (21.6), (21.7), (21.17) und (21.18) ergeben sich für das V-Radpaar $z_{1,2}$ und das Null-Radpaar $z_{3,4}$ ohne Kopfhöhenänderung:

Ritzel $z_1$: $\quad d_1 = m \cdot z_1 = 3$ mm $\cdot 18 = 54$ mm

$\qquad\qquad d_{a1} = d_1 + 2 \cdot m + 2 \cdot V_1 = \ldots = 64{,}2$ mm

$\qquad\qquad d_{f1} = d_1 - 2{,}5 \cdot m + 2 \cdot V_1 = \ldots = 50{,}7$ mm

Rad $z_2$: $\quad d_2 = m \cdot z_2 = 3$ mm $\cdot 50 = 150$ mm

$\qquad\qquad d_{a2} = d_2 + 2 \cdot m + 2 \cdot V_2 = \ldots = 162{,}12$ mm

$\qquad\qquad d_{f2} = d_2 - 2{,}5 \cdot m + 2 \cdot V_2 = \ldots = 148{,}62$ mm

Ritzel $z_3$: $\quad d_3 = m \cdot z_3 = 3$ mm $\cdot 29 = 87$ mm

$\qquad\qquad d_{a3} = d_3 + 2 \cdot m + 2 \cdot V_3 = \ldots = 93$ mm

$\qquad\qquad d_{f3} = d_3 - 2{,}5 \cdot m + 2 \cdot V_3 = \ldots = 79{,}5$ mm

Rad $z_4$: $\quad d_4 = m \cdot z_4 = 3$ mm $\cdot 42 = 126$ mm

$\qquad\qquad d_{a4} = d_4 + 2 \cdot m + 2 \cdot V_4 = \ldots = 132$ mm

$\qquad\qquad d_{f4} = d_4 - 2{,}5 \cdot m + 2 \cdot V_4 = \ldots = 118{,}5$ mm

*Hinweis:* Ritzel $z_3$ und Rad $z_4$ haben als Nullradpaar ein Kopfspiel $c = 0{,}25 \cdot m = 0{,}25 \cdot 3$ mm $= 0{,}75$ mm. Das vorhandene Kopfspiel für das V-Radpaar $z_{1,2}$ beträgt

$$c = a - 0{,}5 \cdot (d_{a1} + d_{f2}) = \ldots = 0{,}09 \text{ mm}.$$

Dieses Kopfspiel ist nicht ausreichend. Das Radpaar wird mit Kopfhöhenänderung nach Gl. (21.24) gefertigt:

$$k = k^* \cdot m = a - a_d - m \cdot \Sigma x = 106{,}5 \text{ mm} - 102 \text{ mm} - 3 \text{ mm} \cdot 1{,}72 = -0{,}66 \text{ mm}.$$

Somit wird

$$d_{a1} = (d_1 + 2 \cdot m + 2 \cdot V_1) + 2 \cdot k = \ldots = 62{,}88 \text{ mm}$$
$$d_{a2} = (d_2 + 2 \cdot m + 2 \cdot V_2) + 2 \cdot k = \ldots = 160{,}8 \text{ mm}.$$

Damit wird das vorhandene Kopfspiel

$$c = a - 0{,}5 \cdot (d_{a1} + d_{f2}) = \ldots = 0{,}75 \text{ mm}.$$

Dieser Wert entspricht dem üblichen Kopfspiel $c \cong 0{,}25 \cdot m$, s. o.

## 21.2 Geometrie der Schrägstirnräder mit Evolventenverzahnung

### 21.2.1 Grundformen, Schrägungswinkel

Die Zähne sind auf dem Radzylinder schraubenförmig gewunden. Der Flankenlinienverlauf in der Wälzebene ist durch den *Schrägungswinkel* β bestimmt. Der Steigungswinkel γ und der Schrägungswinkel β ergänzen sich zu 90° (Bild 21-12). Bei der Paarung von Rädern zu einem Stirnradgetriebe müssen die Zähne des einen Rades rechtssteigend, die des Gegenrades linkssteigend bei gleichem Schrägungswinkel ausgeführt sein. Die Begriffe rechts- und linkssteigend sind wie rechts- und linksgängig beim Gewinde anzuwenden. Die Zähne des Rades in Bild 21-12a sind danach linkssteigend.

*Vorteile gegenüber geradverzahnten Stirnrädern:* ruhigerer Lauf, da Eingriff und Ablösung der Zähne allmählich erfolgen und mehr Zähne gleichzeitig im Eingriff sind (größerer Überdeckungsgrad). Sie sind daher für höhere Drehzahlen besser geeignet. Ferner sind die Schrägzähne etwas höher belastbar als Geradzähne mit gleichen Abmessungen und unempfindlicher gegen Zahnformfehler.

*Nachteile:* Durch die Schrägung der Zähne entstehen unter Belastung Axialkräfte, die zusätzliche Belastungen für Welle und Lager bedeuten und damit höhere Reibungsverluste und somit einen etwas geringeren Wirkungsgrad ergeben. Bei gleicher Zähnezahl und gleichem Modul werden Raddurchmesser und Achsabstände mit zunehmendem Schrägungswinkel größer als bei Geradstirnrädern.

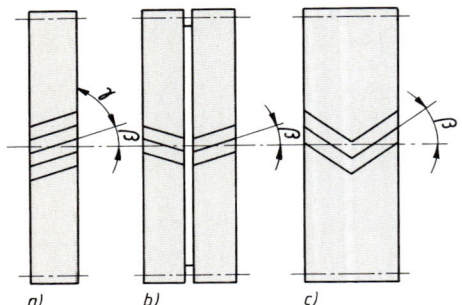

**Bild 21-12**
Stirnräder
a) mit Einfach-Schrägverzahnung
b) mit Doppelschrägverzahnung mit Aussparung in der Mitte für den Werkzeugauslauf
c) mit Pfeilverzahnung

Die Axialkraft lässt sich durch *Doppelschräg-* oder *Pfeilverzahnung* aufheben. Die Räder können gegenüber denen mit einfacher Schrägverzahnung doppelt so breit ausgeführt werden und sind besonders für große Getriebe geeignet. Bei Pfeilverzahnung soll die Winkelspitze aus Festigkeitsgründen im Drehsinn vorauslaufen, da sie die Kräfte bei Eingriffsbeginn aufnimmt; außerdem wird das Schmiermittel aus der Winkelspitze gedrängt, so dass kein Stau auftritt. Die Herstellung der Pfeilzähne (mit Schaftfräser oder mit besonders geschliffenem, in einem bestimmten Rhythmus zusammenarbeitenden Paar Schneidräder) ist schwieriger und aufwendiger. Damit die von β abhängige Axialkraft einerseits nicht zu groß und andererseits die Laufruhe der Getriebe gewährleistet ist, wird zweckmäßig gewählt:

bei *Einfach- und Doppelschrägverzahnung*    $\beta \approx 8° \ldots 20°$
bei *Pfeilverzahnung*    $\beta \approx 30° \ldots 45°$.

In DIN 3978 werden Schrägungswinkel β in Abhängigkeit genormter Normalmoduln (Moduln im Normalschnitt) von 1 bis 14 mm gemäß DIN 780 für alle Fertigungsverfahren zur Anwendung empfohlen, siehe TB 21-1.
Schrägverzahnte Stirnräder werden vorwiegend bei hohen Drehzahlen und großen Belastungen verwendet, z. B. für Universalgetriebe, Schiffsgetriebe, Getriebe in Werkzeugmaschinen und Kraftfahrzeugen.

### 21.2.2 Verzahnungsmaße

Bei Schrägverzahnung ist zu unterscheiden zwischen dem für die Eingriffsverhältnisse maßgebenden *Stirnschnitt S–S* senkrecht zur Radachse und dem für die Herstellung und das Werkzeug maßgebenden *Normalschnitt N–N* senkrecht zu den Flankenlinien, die beide den Schrägungswinkel β am Teilzylinder einschließen (Bild 21-13). Das *Stirnprofil* zeigt reine Evolventen, das *Normalprofil* nur angenähert. Die Größen werden im Stirnschnitt mit dem Index *t*, im Normalschnitt mit dem Index *n* bezeichnet.
Für die *Normalteilung* $p_n$ und die *Stirnteilung* $p_t$ bzw. den *Normalmodul* $m_n$ und den *Stirnmodul* $m_t$ gilt der Zusammenhang

$$\cos \beta = \frac{p_n}{p_t} = \frac{m_n \cdot \pi}{m_t \cdot \pi} = \frac{m_n}{m_t} \qquad (21.34)$$

Die Zahnlücken mit der Zahnlückenweite $e_t = p_t/2$ bzw. $e_n = p_n/2$ werden durch Verzahnungswerkzeuge mit $m_n$ für gleiche Zahnhöhenabmessungen wie bei Geradstirnrädern herausgearbeitet, so dass die Zahndicken $s_t = p_t/2$ bzw. $s_n = p_n/2$ bei Nullrädern entstehen. Es gilt auch $\cos \beta = s_n/s_t = e_n/e_t$ und $p_t = s_t + e_t$; $m_n \mathrel{\hat=} m$ nach DIN 780, TB 21-1. Dsgl. gilt für den *Normal-*

21.2 Geometrie der Schrägstirnräder mit Evolventenverzahnung

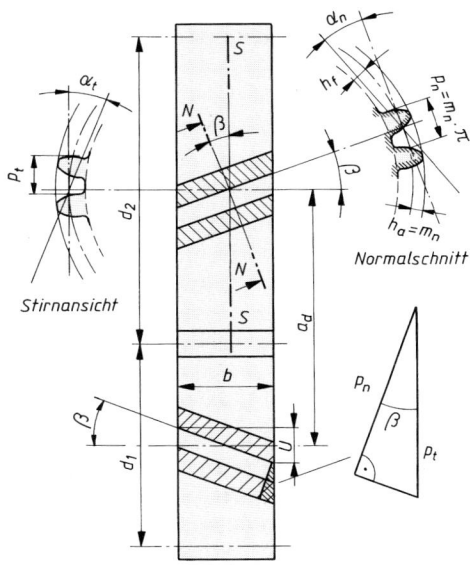

**Bild 21-13**
Zusammenhang der Größen im *Stirnschnitt S–S* und im *Normalschnitt N–N* für schrägverzahnte Nullräder

eingriffswinkel $\alpha_n$ und den Stirneingriffswinkel $\alpha_t$

$$\cos \beta = \frac{\tan \alpha_n}{\tan \alpha_t} \qquad (21.35)$$

worin $\alpha_t > \alpha_n = 20° \,\widehat{=}\, \alpha_p$ als Profilwinkel des Bezugsprofils nach DIN 867 ist, s. Bild 20-14. Der Zusammenhang zwischen $\beta$ am Teilzylinder und dem *Grundschrägungswinkel* $\beta_b$ am Grundzylinder (im Stirnschnitt Grundkreis) ist

$$\begin{aligned}
\tan \beta_b &= \tan \beta \cdot \cos \alpha_t \\
\sin \beta_b &= \sin \beta \cdot \cos \alpha_n \\
\cos \beta_b &= \frac{p_{bn}}{p_{bt}} = \cos \beta \cdot \frac{\cos \alpha_n}{\cos \alpha_t} = \frac{\sin \alpha_n}{\sin \alpha_t}
\end{aligned} \qquad (21.36)$$

Die *Grundkreisteilung* $p_{bt}$ und die *Grundzylinder-Normalteilung* $p_{bn}$ gleich *Stirneingriffsteilung* $p_{et}$ und *Normaleingriffsteilung* $p_{en}$ sind

$$\begin{aligned}
p_{bt} &\,\widehat{=}\, p_{et} = p_t \cdot \cos \alpha_t \\
p_{bn} &\,\widehat{=}\, p_{en} = p_n \cdot \cos \alpha_n
\end{aligned} \qquad (21.37)$$

Da der Teilkreis-, Grundkreis-, Kopfkreis- und Fußkreisdurchmesser an der Stirnfläche des Rades festgestellt wird, ergeben sich wie bei geradverzahnten Nullrädern für außenverzahnte Schrägstirnräder als Nullräder der *Teilkreisdurchmesser*

$$d = z \cdot m_t = z \cdot \frac{m_n}{\cos \beta} \qquad (21.38)$$

der *Grundkreisdurchmesser*

$$d_b = d \cdot \cos \alpha_t = z \cdot \frac{m_n \cdot \cos \alpha_t}{\cos \beta} \qquad (21.39)$$

der *Kopfkreisdurchmesser* für $h_a = m_n$ und $c = 0{,}25 \cdot m_n$ siehe auch Gl. (21.17)

$$d_a = d + 2 \cdot h_a = d + 2 \cdot m_n = m_n \cdot \left(2 + \frac{z}{\cos \beta}\right) \qquad (21.40)$$

der *Fußkreisdurchmesser* für $h_f = 1{,}25 \cdot m_n$

$$d_f = d - 2 \cdot h_f = d - 2{,}5 \cdot m_n \qquad (21.41)$$

sowie der *Null-Achsabstand* für das Radpaar

$$a_d = \frac{d_1 + d_2}{2} = m_t \cdot \frac{(z_1 + z_2)}{2} = \frac{m_n}{\cos \beta} \cdot \frac{(z_1 + z_2)}{2} \qquad (21.42)$$

### 21.2.3 Eingriffsverhältnisse, Gesamtüberdeckung

Das Maß für die Schrägstellung der Zähne bezogen auf die Radbreite $b$ ist der als Bogen auf dem Teilkreis gemessene Sprung $U$ (Bild 21-14a). Denkt man sich das schraffierte Dreieck vom Teilzylinder abgewickelt und in die Ebene gestreckt, dann wird der *Sprung*

$$U = b \cdot \tan \beta \qquad (21.43)$$

$b$ Zahnbreite, bei Berechnung festzulegen.

Für die Beurteilung der Eingriffsverhältnisse ist die *Stirnansicht* (Stirnschnitt) der Räder maßgebend. Bei Rechtsdrehung des Rades (1) kommt die Zahnflanke 1 in $A$ als Schnittpunkt der Stirneingriffslinie $n_t - n_t$ mit dem Kopfkreis $K_2$ des Gegenrades (2) zum Eingriff. Wenn die

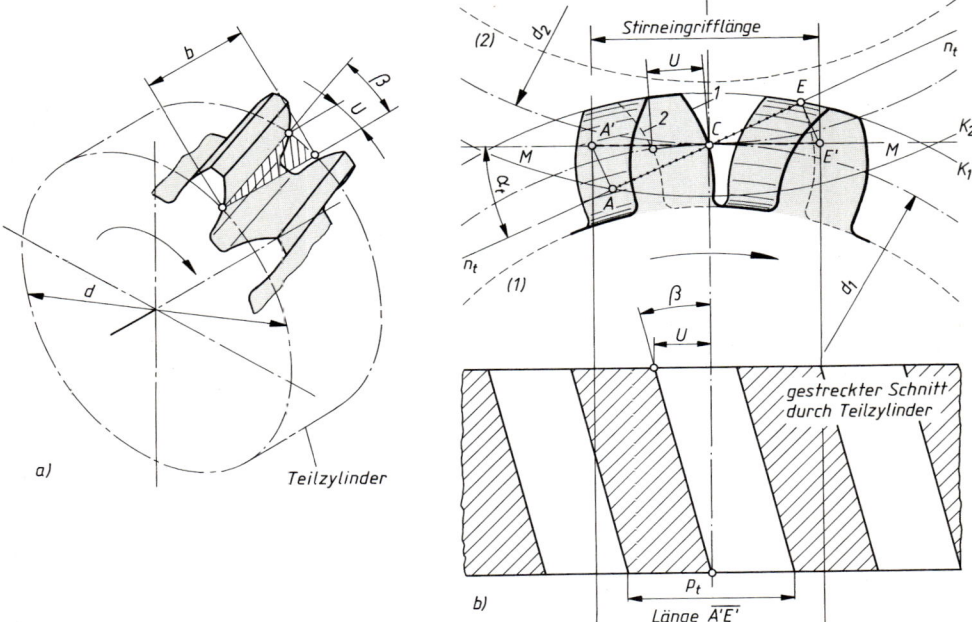

**Bild 21-14** a) Sprung $U$ bei Schrägverzahnung, b) Eingriffsverhältnisse bei schrägverzahnten Null-Rädern

## 21.2 Geometrie der Schrägstirnräder mit Evolventenverzahnung

Zahnflanke 1 den Eingriff in $E$ beendet, legt die Flanke 2 des gleichen Zahnes noch den „Sprung-Weg" $U$ (bezogen auf den Teilkreis) bis zum Eingriffsende zurück. Die auf die Wälzgerade $M-M$ (Profilbezugslinie) bezogene Stirneingriffslänge $\overline{A'E'}$ ist daher um den Sprung $U$ größer. Mit der *Sprungüberdeckung*

$$\boxed{\varepsilon_\beta = \frac{U}{p_t} = \frac{b \cdot \tan \beta}{p_t} = \frac{b \cdot \sin \beta}{\pi \cdot m_n} \geq 1} \tag{21.44}$$

$b$   Zahnbreite; bei unterschiedlichen Breiten ist der kleinere (überdeckende) Wert maßgebend.

und der *Profilüberdeckung*

$$\boxed{\varepsilon_\alpha = \frac{g_\alpha}{p_{et}} = \frac{0{,}5 \cdot \left(\sqrt{d_{a1}^2 - d_{b1}^2} + \sqrt{d_{a2}^2 - d_{b2}^2}\right) - a_d \cdot \sin \alpha_t}{\pi \cdot m_t \cdot \cos \alpha_t}} \tag{21.45}$$

ergibt sich die *Gesamtüberdeckung*

$$\boxed{\varepsilon_\gamma = \varepsilon_\alpha + \varepsilon_\beta} \tag{21.46}$$

$\varepsilon_\gamma$ gibt an, wie viele Zähne ganz oder teilweise gleichzeitig im Mittel am Eingriff beteiligt sind. Bei $\varepsilon_\beta = 1$ oder ganzzahlig ergibt sich ein ununterbrochener Eingriffsbeginn, der sich infolge gleichmäßiger Beanspruchung geräuschmindernd auswirkt.

### 21.2.4 Profilverschiebung (Schrägverzahnung)

Bei Schrägverzahnung ist nur selten Profilverschiebung zur Vermeidung von Unterschnitt erforderlich. Für die Anwendung, Begriffe, Berechnung usw. gilt im Prinzip das Gleiche wie bei der Geradverzahnung.

#### 1. Ersatzzähnezahl, Grenzzähnezahl

Nach Bild 21-15 erscheint im Normalschnitt $N-N$ durch den Wälzpunkt $C$ der Teilkreis als Ellipse mit dem Krümmungsradius $r_n = d/(2 \cdot \cos^2 \beta)$ und den Achsen $2a_n = d/\cos \beta$ und $2b_n = d$. Für die folgenden Berechnungen wird in $C$ ein gedachtes Geradstirnrad mit dem Teil-

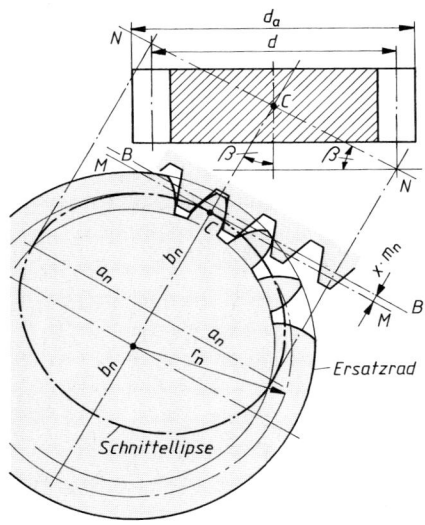

**Bild 21-15**
Ersatzrad als gedachtes Geradstirnrad

kreisdurchmesser $d_n = 2r_n = z \cdot m_n$ als Ersatzrad zugrunde gelegt. Dieses Ersatzrad hat bei einer Zähnezahl $z$ des Schrägstirnrades die *Ersatzzähnezahl*

$$z_n = \frac{d_n}{m_n} = \frac{d}{\cos^2 \beta_b \cdot m_n} = \frac{z}{\cos^2 \beta_b \cdot \cos \beta} \approx \frac{z}{\cos^3 \beta} \qquad (21.47)$$

Für das Ersatzrad wird mit $z_n = z_{gn} = z_g = 17$ wie bei Geradstirnrädern die *theoretische Grenzzähnezahl* $z_{gt} \approx z_{gn} \cdot \cos^3 \beta$ abgeleitet. Wird $z_n = z'_{gn} = z'_g = 14$ gesetzt, ergibt sich für Schrägstirnräder die *praktische Grenzzähnezahl*

$$z'_{gt} \approx z'_{gn} \cdot \cos^3 \beta = 14 \cdot \cos^3 \beta \qquad (21.48)$$

$z_{gt}$ und $z'_{gt}$ werden mit wachsendem $\beta$ kleiner. Wie die Grenzzähnezahl liegt auch die Spitzgrenze mit größer werdendem $\beta$ niedriger als bei Geradstirnrädern. Für $z_{n\,min} = z_{min} = 7$ ergibt sich die *Mindestzähnezahl* $z_{t\,min} \approx z_{n\,min} \cdot \cos^3 \beta = 7 \cdot \cos^3 \beta$, s. Bild 21-16.

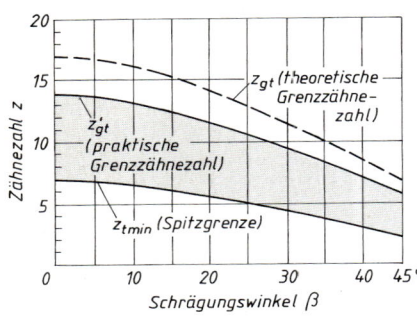

**Bild 21-16**
Grenz- und Mindestzähnezahlen für Schrägstirnräder

## 2. Profilverschiebungsfaktoren

Entsprechend Gl. (21.15) wird die erforderliche *Profilverschiebung*

$$V = x \cdot m_n \qquad (21.49)$$

bzw. der *praktische Mindest-Profilverschiebungsfaktor* entsprechend Gl. (21.16)

$$x_{grenz} = \frac{z'_g - z_n}{z_g} = \frac{14 - z_n}{17} \qquad (21.50)$$

## 3. Rad- und Getriebeabmessungen für *V*-Radpaarungen

Schrägstirnräder können wie Geradstirnräder zu Null-Getrieben sowie zu *V*-Null-Getrieben oder auch zu *V*-Getrieben zum Erreichen eines bestimmten Achsabstandes oder bei besonderen Anforderungen an Tragfähigkeit oder Profilüberdeckung zusammengesetzt werden.
Bei *V-Plus-* und *V-Minus-Rädern* gelten sinngemäß die Angaben und Gleichungen wie bei Geradstirnrädern.
Die Nennmaße der *Stirnzahndicke* $s_t$ bzw. der *Normalzahndicke* $s_n$ auf dem Teilkreis ergeben sich aus

$$s_t = \frac{s_n}{\cos \beta} = \frac{p_t}{2} + 2 \cdot V \cdot \tan \alpha_t = m_t \cdot \left( \frac{\pi}{2} + 2 \cdot x \cdot \tan \alpha_n \right) \qquad (21.51)$$

$$s_n = s_t \cdot \cos \beta = \frac{p_n}{2} + 2 \cdot V \cdot \tan \alpha_n = m_n \cdot \left( \frac{\pi}{2} + 2 \cdot x \cdot \tan \alpha_n \right) \qquad (21.52)$$

## 21.2 Geometrie der Schrägstirnräder mit Evolventenverzahnung

Das Nennmaß der *Stirnzahndicke* $s_{yt}$ am *beliebigen Durchmesser* $d_y$ errechnet sich aus

$$s_{yt} = d_y \cdot \left( \frac{\pi + 4 \cdot x \cdot \tan \alpha_n}{2 \cdot z} + \text{inv } \alpha_t - \text{inv } \alpha_{yt} \right) = d_y \cdot \left( \frac{s_t}{d} + \text{inv } \alpha_t - \text{inv } \alpha_{yt} \right) \qquad (21.53)$$

$\alpha_{yt}$      Profilwinkel aus $\cos \alpha_{yt} = d \cdot \cos \alpha_t / d_y$
$s_t/d = \psi$    Zahndickenhalbwinkel $\psi = (\pi + 4 \cdot x \cdot \tan \alpha_n)/(2 \cdot z)$, (s. zu Bild 21-1)

Das Nennmaß der *Stirnzahndicke* $s_{yn}$ am *beliebigen Durchmesser* $d_y$ ergibt sich dann aus
$s_{yn} = s_{yt} \cdot \cos \beta_y$ mit $\beta_y$ am Durchmesser $d_y$ aus $\tan \beta_y = \tan \beta \cdot \cos \alpha_t / \cos \alpha_{yt}$.
Bei *V*-Getrieben wird der *Achsabstand bei spielfreiem Eingriff*

$$a = \frac{d_{w1} + d_{w2}}{2} = \frac{d_1 + d_2}{2} \cdot \frac{\cos \alpha_t}{\cos \alpha_{wt}} = a_d \cdot \frac{\cos \alpha_t}{\cos \alpha_{wt}} \quad \text{bzw.} \quad \cos \alpha_{wt} = \cos \alpha_t \cdot \frac{a_d}{a} \qquad (21.54)$$

$d_{w1}, d_{w2}$    Betriebswälzkreisdurchmesser der Räder entsprechend Gl. (21.22) und (21.23), wenn $\alpha = \alpha_t$ und $\alpha_w = \alpha_{wt}$ gesetzt wird
$d_1, d_2$      Teilkreisdurchmesser nach Gl. (21.38)
$\alpha_t$         Stirneingriffswinkel aus Gl. (21.35)
$\alpha_{wt}$       Betriebseingriffswinkel im Stirnschnitt aus Gl. (21.55)
$a_d$        Null-Achsabstand aus Gl. (21.42).

Für einen bestimmten Wert $\Sigma x = (x_1 + x_2)$ wird mit Hilfe der Evolventenfunktion der *Betriebseingriffswinkel* $\alpha_{wt}$ ermittelt aus

$$\text{inv } \alpha_{wt} = 2 \cdot \frac{x_1 + x_2}{z_1 + z_2} \cdot \tan \alpha_n + \text{inv } \alpha_t \qquad (21.55)$$

Die zum Erreichen eines bestimmten Achsabstandes *a* erforderliche *Summe der Profilverschiebungsfaktoren* aus

$$\Sigma x = x_1 + x_2 = \frac{\text{inv } \alpha_{wt} - \text{inv } \alpha_t}{2 \cdot \tan \alpha_n} \cdot (z_1 + z_2) \qquad (21.56)$$

Die Aufteilung von $\Sigma x$ in $x_1$ und $x_2$ wird in Abhängigkeit von $z_r$ wie bei Geradstirnrädern vorgenommen.

*Hinweis:* Ein bestimmter Achsabstand *a* kann bei Schrägstirnrädern auch ohne Profilverschiebung mit einem entsprechenden Schrägungswinkel $\beta$ erreicht werden.

Bei *V*-Getrieben wird die *Profilüberdeckung (im Stirnschnitt)*

$$\varepsilon_\alpha = \frac{0{,}5 \cdot \left( \sqrt{d_{a1}^2 - d_{b1}^2} + \sqrt{d_{a2}^2 - d_{b2}^2} \right) - a \cdot \sin \alpha_{wt}}{\pi \cdot m_t \cdot \cos \alpha_t} \qquad (21.57)$$

und damit die *Gesamtüberdeckung* $\varepsilon_\gamma = \varepsilon_\alpha + \varepsilon_\beta$.

### 21.2.5 Berechnungsbeispiele (Geometrie der Schrägverzahnung)

■ **Beispiel 21.3:** Für die Eingangsstufe eines Getriebes ist ein Schrägstirnradpaar vorgesehen. Aufgrund der Belastungsdaten sind hierfür festgelegt: Ritzelzähnezahl $z_1 = 26$, Radzähnezahl $z_2 = 86$, Schrägungswinkel $\beta = 15°$, Zahnbreiten $b_1 = b_2 = 50$ mm.
a) Die Nennabmessungen der beiden Nullräder und der Null-Achsabstand sind für das Werkzeug-Bezugsprofil DIN 3972-II × 4 zu ermitteln;
b) der Gesamtüberdeckungsgrad ist anzugeben.

▶ **Lösung a):** Die Teilkreisdurchmesser nach Gl. (21.38):

$$d_1 = m_t \cdot z_1 = (m_n/\cos \beta) \cdot z_1 = (4 \text{ mm}/\cos 15°) \cdot 26 = 107{,}67 \text{ mm},$$
$$d_2 = m_t \cdot z_2 = (m_n/\cos \beta) \cdot z_2 = (4 \text{ mm}/\cos 15°) \cdot 86 = 356{,}14 \text{ mm}.$$

Mit $\alpha_t$ aus Gl. (21.35) $\alpha_t = \arctan(\tan \alpha_n/\cos \beta) = \arctan(\tan 20°/\cos 15°) = 20{,}6469°$ wird der Grundkreisdurchmesser nach Gl. (21.39):

$$d_{b1} = d_1 \cdot \cos \alpha_t = 107{,}67 \text{ mm} \cdot \cos 20{,}6469° = 100{,}75 \text{ mm},$$
$$d_{b2} = d_2 \cdot \cos \alpha_t = 356{,}14 \text{ mm} \cdot \cos 20{,}6469° = 333{,}27 \text{ mm};$$

die Kopfkreisdurchmesser nach Gl. (21.40):

$$d_{a1} = m_n \cdot (2 + z_1/\cos \beta) = 4 \text{ mm} \cdot (2 + 26/\cos 15°) = 115{,}67 \text{ mm},$$
$$d_{a2} = m_n \cdot (2 + z_2/\cos \beta) = 4 \text{ mm} \cdot (2 + 86/\cos 15°) = 364{,}14 \text{ mm};$$

die Fußkreisdurchmesser nach Gl. (21.41)

$$d_{f1} = d_1 - 2{,}5 \cdot m_n = 107{,}67 \text{ mm} - 2{,}5 \cdot 4 \text{ mm} = 97{,}67 \text{ mm},$$
$$d_{f2} = d_2 - 2{,}5 \cdot m_n = 356{,}14 \text{ mm} - 2{,}5 \cdot 4 \text{ mm} = 346{,}14 \text{ mm};$$

der Null-Achsabstand des Radpaares aus Gl. (21.42)

$$a_d = m_n \cdot (z_1 + z_2)/(2 \cdot \cos \beta) = 4 \text{ mm} \cdot (26 + 86)/(2 \cdot \cos 15°) = 231{,}90 \text{ mm}.$$

▶ **Lösung b):** Der Überdeckungsgrad $\varepsilon_\gamma$ setzt sich bei der Schrägverzahnung zusammen aus der Profilüberdeckung $\varepsilon_\alpha$ und der Sprungüberdeckung $\varepsilon_\beta$. Nach Gl. (21.44) wird die Sprungüberdeckung

$$\varepsilon_\beta = b \cdot \sin \beta/(\pi \cdot m_n) = 50 \text{ mm} \cdot \sin 15°/(\pi \cdot 4 \text{ mm}) \approx 1{,}03;$$

die Profilüberdeckung nach Gl. (21.45) mit $m_t = m_n/\cos \beta$ wird mit obigen Verzahnungsdaten

$$\varepsilon_\alpha = \frac{0{,}5 \cdot \left(\sqrt{d_{a1}^2 - d_{b1}^2} + \sqrt{d_{a2}^2 - d_{b2}^2}\right) - a_d \cdot \sin \alpha_t}{\pi \cdot m_t \cdot \cos \alpha_t} = \ldots \approx 1{,}65.$$

Der Gesamtüberdeckungsgrad beträgt somit $\varepsilon_\gamma = 1{,}03 + 1{,}65 \approx 2{,}7$.

■ **Beispiel 21.4:** Nach den Zeichnungsangaben (entsprechend DIN 3966) wird ein Schrägstirnpaar mit dem Normalmodul $m_n = 5$ mm, Ritzel $z_1 = 20$, Profilverschiebungsfaktor $x_1 = +0{,}4$; Rad $z_2 = 97$, Profilverschiebungsfaktor $x_2 = +0{,}2389$, Radbreiten $b_1 = b_2 = 70$ mm mit dem Schrägungswinkel $\beta = 9{,}8969°$ entsprechend DIN 3978 (Schrägungswinkelreihe 2) ausgeführt.
Für das Getriebe sind zu ermitteln:
a) die Teilkreisdurchmesser $d_1$, $d_2$ und die Kopfkreisdurchmesser $d_{a1}$ und $d_{a2}$;
b) der Achsabstand $a$;
c) Die Nennmaße der Normalzahndicken $s_{n1}$, $s_{n2}$.

▶ **Lösung a):** Nach Gl. (21.38) ergeben sich die Teilkreisdurchmesser

$$d_1 = z_1 \cdot m_n/\cos \beta = 20 \cdot 5 \text{ mm}/\cos 9{,}8969° = 101{,}51 \text{ mm},$$
$$d_2 = z_2 \cdot m_n/\cos \beta = 97 \cdot 5 \text{ mm}/\cos 9{,}8969° = 492{,}33 \text{ mm}.$$

Mit Gl. (21.49) wird

$$V_1 = x_1 \cdot m_n = +0{,}4 \cdot 5 \text{ mm} = 2 \text{ mm} \quad \text{und} \quad V_2 = x_2 \cdot m_n = +0{,}2389 \cdot 5 \text{ mm} = 1{,}1945 \text{ mm}.$$

Damit ergeben sich nach Gl. (21.17) mit $m_n$ anstelle $m$ die Kopfkreisdurchmesser

$$d_{a1} = d_1 + 2 \cdot m_n + 2 \cdot V_1 = 101{,}51 \text{ mm} + 2 \cdot 5 \text{ mm} + 2 \cdot 2 \text{ mm} = 115{,}51 \text{ mm},$$
$$d_{a2} = d_2 + 2 \cdot m_n + 2 \cdot V_2 = 492{,}51 \text{ mm} + 2 \cdot 5 \text{ mm} + 2 \cdot 1{,}1945 \text{ mm} = 504{,}72 \text{ mm}.$$

▶ **Lösung b):** Für das $V$-Getriebe wird der Achsabstand nach Gl. (21.54) $a = a_d \cdot \cos \alpha_t/\cos \alpha_{wt}$. Zunächst wird nach Gl. (21.42) der Null-Achsabstand errechnet:

$$a_d = (d_1 + d_2)/2 = (101{,}51 \text{ mm} + 492{,}33 \text{ mm})/2 = 296{,}92 \text{ mm}.$$

Danach wird aus Gl. (21.35) errechnet
$$\tan \alpha_t = \tan \alpha_n / \cos \beta = \tan 20° / \cos 9{,}8969° = 0{,}36947,$$
so dass $\alpha_t = 20{,}2777°$ beträgt.
Damit wird nach Gl. (21.55) der Betriebseingriffswinkel $\alpha_{wt}$ aus
$$\text{inv } \alpha_{wt} = 2 \cdot \Sigma x / \Sigma z \cdot \tan \alpha_n + \text{inv } \alpha_t = 2 \cdot (0{,}4 + 0{,}2389)/(20 + 97) \cdot \tan 20° + \text{inv } 20{,}2777°$$
$$= 0{,}01953.$$
Mit TB 21-4 wird ermittelt $\alpha_{wt} \approx 21{,}816°$.
Der Achsabstand ergibt sich mit den eingesetzten Werten zu
$$a = 296{,}92 \text{ mm} \cdot \cos 20{,}2777° / \cos 21{,}816° = 300 \text{ mm}.$$

▶ **Lösung c):** Nach Gl. (21.52) ergeben sich die Normalzahndicken aus
$$s_{n1} = m_n \cdot [(\pi/2) + 2 \cdot x_1 \cdot \tan \alpha_n] = 5 \text{ mm} \cdot [(\pi/2) + 2 \cdot 0{,}4 \cdot \tan 20°] = 9{,}31 \text{ mm},$$
$$s_{n2} = m_n \cdot [(\pi/2) + 2 \cdot x_2 \cdot \tan \alpha_n] = 5 \text{ mm} \cdot [(\pi/2) + 2 \cdot 0{,}2389 \cdot \tan 20°] = 8{,}72 \text{ mm}.$$

## 21.3 Toleranzen, Verzahnungsqualität

### 21.3.1 Flankenspiele und Zahndickenabmaße

Nach DIN 868 bzw. DIN 3960 ist das Flankenspiel $j$ der zwischen den Rückflanken eines Radpaares vorhandene Abstand bei Berührung der im Eingriff stehenden Arbeitsflanken. Es ist erforderlich zum Ausgleich von Herstellungs- und Einbauungenauigkeiten sowie wegen der Schmierung und wegen etwaiger Wärmedehnungen im Betrieb.
Zu kleines Flankenspiel, insbesondere bei Erwärmung der Räder im Betrieb oder bei ungenauer Ausführung der Räder und des Achsabstandes, kann ein Klemmen der Zähne zur Folge haben; zu großes Flankenspiel, besonders bei wechselnder Kraftrichtung, kann zusätzliche Beanspruchung und Geräuschbildung verursachen.
Nach Bild 21-17 werden unterschieden
a) das *Normalflankenspiel* $j_n$ als kürzester Abstand in Normalrichtung zwischen den Rückflanken eines Radpaares, wenn sich die Arbeitsflanken berühren. Allgemein gilt $j_n = j_t \cdot \cos \alpha_n \cdot \cos \beta$ (bei Geradverzahnung ist $\alpha_n = \alpha$ und $\beta = 0°$ zu setzen). Je nach Verwendungszweck und Qualität (s. TB 21-7) kann als Richtlinie gelten: $j_n \approx 0{,}05 + (0{,}025 \ldots 0{,}1) \, m_n$.
b) das *Drehflankenspiel* $j_t$, das im Stirnschnitt die Länge des Wälzkreisbogens ist, um den sich jedes der beiden Räder bei festgehaltenem Gegenrad von der Anlage der Rechtsflanken bis zur Anlage der Linksflanken drehen lässt. Es gilt: $j_t = j_n / (\cos \alpha_t \cdot \cos \beta_b)$ (s. Hinweis zu a);

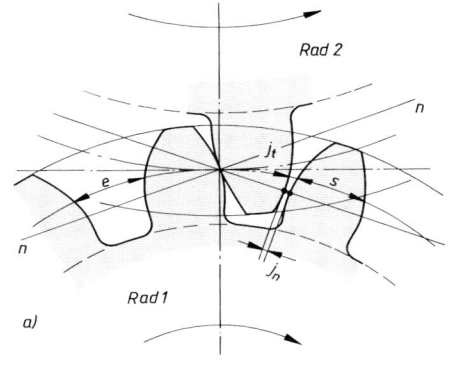
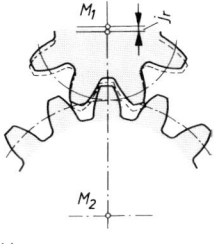

**Bild 21-17**
Flankenspiele.
a) Normalflankenspiel $j_n$ und Drehflankenspiel $j_t$
b) Radialspiel $j_r$

c) das *Radialspiel* $j_r$ als Differenz des Achsabstandes zwischen dem Betriebszustand und demjenigen des spielfreien Eingriffs. Es gilt: $j_r = j_n/(2 \cdot \sin \alpha_{wt} \cdot \cos \beta_b) = j_t/(2 \cdot \tan \alpha_{wt})$ (s. Hinweis zu a).

Da als Getriebe-Passsystem das Passsystem des Einheitsachsabstandes (spielfreier Zustand) festgelegt ist, sind für die Paarung zweier Zahnräder negative Zahndickenabmaße erforderlich (vgl. DIN 3961).
Nach DIN 3967 sagt der Wert des Flankenspiels nichts über die Verzahnungsqualität aus, wenn auch die verschiedenen Qualitäten bestimmte Abmaße der Zahndicke verlangen, s. TB 21-8.
Für stirnverzahnte Räder ergibt sich aus den Zahndickenabmaßen $A_{sne}$, $A_{sni}$ (Normalschnitt) bzw. $A_{ste}$, $A_{sti}$ (Stirnschnitt) und den Achsabstandsabmaßen $A_a$ der Radpaarung das *maximale* bzw. *minimale theoretische Drehflankenspiel*

$$j_{t\,max} = -\Sigma A_{sti} + \Delta j_{ae} = -\frac{\Sigma A_{sni}}{\cos \beta} + \Delta j_{ae}$$
$$j_{t\,min} = -\Sigma A_{ste} + \Delta j_{ai} = -\frac{\Sigma A_{sne}}{\cos \beta} + \Delta j_{ai}$$
(21.58)

Die *oberen Zahndickenabmaße* $A_{sne}$ sind abhängig vom Teilkreisdurchmesser $d$ und der Abmaßreihe – in der Regel für Rad 1 und 2 aus der gleichen Abmaßreihe – aus TB 21-8a zu entnehmen. Die Abmaßreihe h (entsprechend Lage des Toleranzfeldes) grenzt an die Nulllinie, die Abmaßreihe a liegt davon am weitesten entfernt; je weiter die Abmaßreihe von der Nulllinie entfernt ist, umso größer wird das Flankenspiel (Bild 21-18).

Die *unteren Zahndickenabmaße* $A_{sni}$ werden mit der Zahndickentoleranz $T_{sn}$ aus TB 21-8b bestimmt (allgemein $T = A_e - A_i$). Da die Zahndickenabmaße stets negativ sind, ist $T_{sn}$ abhängig vom Teilkreisdurchmesser $d$ und von der Toleranzreihe 21 bis 30 (mit steigender $T_{sn}$) von $A_{sne}$ abzuziehen.

*Hinweis:* $T_{sn}$ sollte sich nach den Fertigungsmöglichkeiten richten und muss mindestens doppelt so groß sein wie die zulässige Zahndickenschwankung $R_s$ nach DIN 3962 aus TB 21-8c. Allgemein werden zu kleine $T_{sn}$ die Einhaltung der Verzahnungsqualität ungünstig beeinflussen. Vorzuziehen sind daher die Toleranzreihen 24 bis 27. Normalerweise werden die Abmaße und Toleranzen aufgrund vorliegender Erfahrungen gewählt, s. TB 21-8d.

Die *Spieländerung durch die Achsabstandstoleranz* beträgt

$$\Delta j_a \approx 2 \cdot A_a \cdot \frac{\tan \alpha_n}{\cos \beta}$$
(21.59)

Bei Außenradpaarungen ist für $\Delta j_{ai}$ das untere Achsabstandsmaß $A_{ai}$ und für $\Delta j_{ae}$ das obere Achsabstandsmaß $A_{ae}$ aus TB 21-9 einzusetzen.
Nach DIN 3964 werden die Achsabstandsabmaße für die Toleranzfelder js5 bis js11, abhängig vom Nennmaß des Achsabstandes $a$ und von der Achs-

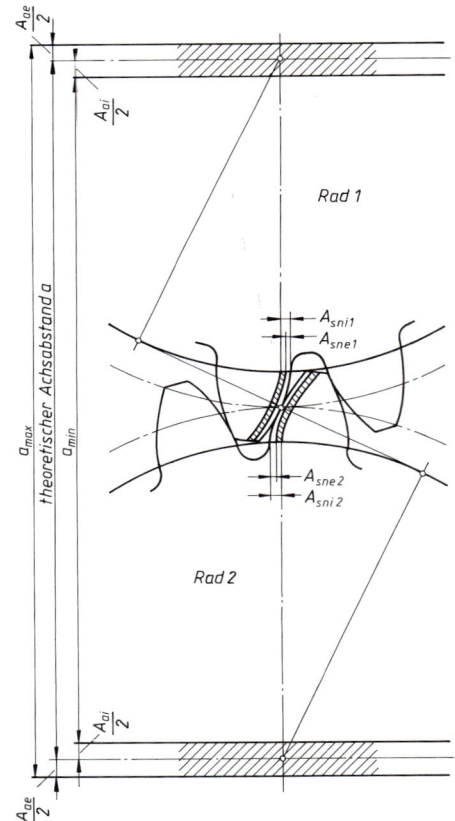

**Bild 21-18** Zahndickenabmaß und Achsabstandsabmaße einer Radpaarung

lage-Genauigkeitsklasse 1 bis 12, verwendet. Die Achslage-Genauigkeitsklasse berücksichtigt die Verzahnungsqualität, muss aber nicht unbedingt übereinstimmen. Allgemein gilt für jedes Rad $A_{sne} \leq A_{ai}$.

*Hinweis:* Im Gegensatz zu den ISO-Rundpassungen kann aber das Abnahme- bzw. Betriebsflankenspiel nicht direkt aus den Abmaßen berechnet werden, da eine Reihe von Einflüssen spielverändernd wirken. Solche Einflüsse sind, außer der Achsabstandstoleranz des Gehäuses, die Erwärmung von Rädern und Gehäuse, Unparallelität der Bohrungsachsen im Gehäuse, Verzahnungs-Einzelabweichungen, Lage, Form- und Maßabweichungen der Bauelemente, Elastizität der Konstruktion unter Last. Die Berücksichtigung der spielverändernden Einflüsse sowie die verschiedenen Prüfverfahren werden in DIN 3967 erläutert.

### 21.3.2 Prüfmaße für die Zahndicke

Unter Berücksichtigung der unvermeidlichen Verzahnungsabweichungen bedient man sich mittelbarer Messverfahren, mit deren Messwerten sich die Zahndicke überprüfen lässt. Es ist zweckmäßig, das Nennmaß mit den Abmaßen in Zeichnungen anzugeben (vergl. DIN 3966 bzw. TB 20-10).
Bei Stirnrädern, insbesondere für Werkstattkontrollen, wird meist die *Zahnweite* $W_k$ gemessen, weil die Messung einfach und bezugsfrei ist, d. h. sie ist nicht auf die Radachse bezogen.
Nach DIN 3960 ist $W_k$ bei einem Außenrad der über $k = 2, 3, 4, 5$ usw. Zähne gemessene Abstand zweier paralleler Ebenen (z. B. zwei tellerförmige Messstücke an Schraublehre), die je eine Rechts- und Linksflanke im evolventischen Teil der Zahnflanken berühren (Bild 21-19). Da die Teilungs- und Profilabweichungen in die Messung eingehen, ist aus mehreren Messungen an verschiedenen Stellen ein Mittelwert zu bilden.

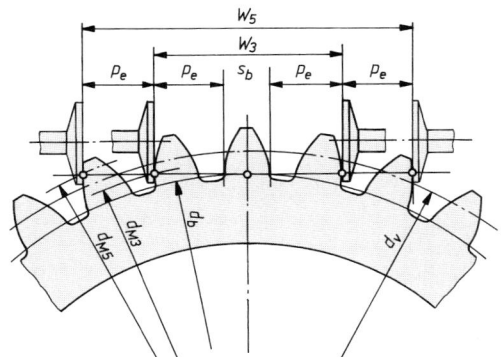

**Bild 21-19**
Messung der Zahnweite $W_3$ ($k = 3$) und $W_5$ ($k = 5$) mit Messkreisdurchmessern $d_{M3}$ und $d_{M5}$

$W_k$ setzt sich aus mehreren Eingriffsteilungen $p_e$ und einer Zahndicke $s_b$ auf dem Grundkreisdurchmesser $d_b$ zusammen. Bei Schrägstirnrädern wird die Zahnweite über mehrere Zähne im Normalschnitt (senkrecht zum Zahnverlauf) gemessen. Es gilt $W_k = (k-1) \cdot p_e + s_b$, so dass durch Einsetzen der Werte $p_e \cong p_b$ und $s_b$ sich für Stirnräder mit $\alpha_n = 20°$ das *Zahnweiten-Nennmaß* ergibt

$$W_k = m_n \cdot \cos \alpha_n \cdot [(k - 0{,}5) \cdot \pi + z \cdot \mathrm{inv}\,\alpha_t] + 2 \cdot x \cdot m_n \cdot \sin \alpha_n \qquad (21.60)$$

Zur Erzielung des Flankenspiels wird $W_k$ um das untere bzw. das obere Zahnweitenmaß $A_{wi} = A_{sni} \cdot \cos \alpha_n$ bzw. $A_{we} = A_{sne} \cdot \cos \alpha_n$ verringert (auf ganze μm runden).
Die *Messzähnezahl* $k$ ist so zu wählen, dass die Messebenen die Zahnflanken nahe der halben Zahnhöhe berühren, so dass (auf ganze Zahl gerundet) gilt

$$k = z_n \cdot \frac{\alpha_n°}{180°} + 0{,}5 \geq 2 \qquad (21.61)$$

In Abhängigkeit von der Zähnezahl $z_n$ (Zähnezahl des Ersatzstirnrades, bei Geradverzahnung $z_n = z$) und dem Profilverschiebungsfaktor $x$ kann $k$ aus TB 21-10 entnommen werden.

*Hinweis:* Damit bei der Messung von $W_k$ bei Schrägstirnrädern die parallelen Flächen des Messgerätes (vgl. Bild 21-19) senkrecht zum Zahnverlauf anliegen, muss das Rad eine Mindestzahnbreite von $b \geq b_{min} = W_k \cdot \sin\beta_b + b_M \cdot \cos\beta_b$ haben mit $b_M > 1{,}2 + 0{,}018 \cdot W_k$. Weitere Prüfmethoden (Messungen der Zahndickensehnen bzw. durch in Zahnlücken eingelegte Kugeln oder Rollen) für die Zahndicke werden in DIN 3960 angegeben.

### 21.3.3 Berechnungsbeispiele (Toleranzen, Verzahnungsqualität)

■ **Beispiel 21.5:** Für das Schaltgetriebe des Beispiels 21.2 ist mit den errechneten Werten das theoretische Drehflankenspiel $j_{t\,min}$ und $j_{t\,max}$ nach DIN 3967 für das Radpaar $z_{1,2}$ zu bestimmen, wenn es erfahrungsgemäß mit Verzahnungsqualität und Toleranzfeld 8cd26 sowie für den Achsabstand $a$ das Toleranzfeld js8 ausgeführt werden soll.

▶ **Lösung:** Nach 21.3.1 sind zunächst aus TB 21-8a und b die Zahndickenabmaße für cd26 zu bestimmen:

Ritzel 1 mit $d_1 = 54$ mm:   $A_{sne1} = -70$ µm;

Rad 2   mit $d_2 = 150$ mm:   $A_{sne2} = -95$ µm;

$T_{sn1} = 60$ µm $> 2 \cdot R_s = 2 \cdot 22$ µm $= 44$ µm;

$T_{sn2} = 80$ µm $> 2 \cdot R_s = 2 \cdot 28$ µm $= 56$ µm (aus TB 21-8c für $m = 3$ mm; Verzahnunggsqualität richtig gewählt).

Somit werden mit $A_{sni} = A_{sne} - T_{sn}$ für Ritzel und Rad

$A_{sni1} = -70$ µm $- 60$ µm $= -130$ µm,   $A_{sni2} = -95$ µm $- 80$ µm $= -175$ µm.

Danach sind die Achsabstandsabmaße für $a = 106{,}5$ mm mit Toleranzfeld js8 aus TB 21-9 festzustellen:

$A_{ae} = +27$ µm,   $A_{ai} = -27$ µm.

In beiden Fällen gilt:

$A_{sne1}$ bzw. $A_{sne2} < A_{ai}$.

Nach Gl. (21.59) wird die Spieländerung durch die Achsabstandstoleranz mit $\alpha_n = \alpha = 20°$ und $\beta = 0°$ (Geradverzahnung) errechnet zu

$\Delta j_{ai} \approx 2 \cdot A_{ai} \cdot \tan\alpha_n / \cos\beta = 2 \cdot (-27\,\mu m) \cdot \tan 20° = -20$ µm

$\Delta j_{ae} \approx 2 \cdot A_{ae} \cdot \tan\alpha_n / \cos\beta = 2 \cdot (+27\,\mu m) \cdot \tan 20° = +20$ µm.

Damit ergibt sich nach Gl. (21.58) das minimale bzw. maximale theoretische Flankenspiel

$j_{t\,min} = -\Sigma A_{sne} + \Delta j_{ae} = -(-70\,\mu m + (-95\,\mu m)) + (-20\,\mu m) = 145$ µm

$j_{t\,max} = -\Sigma A_{sni} + \Delta j_{ai} = -(-130\,\mu m + (-175\,\mu m)) + 20\,\mu m = 325$ µm.

Das theoretische Flankenspiel von $j_{t\,min} = 145$ µm bis $j_{t\,max} = 325$ µm ändert sich noch durch spielverändernde Einflüsse (s. DIN 3967).

■ **Beispiel 21.6:** Für die Fertigung eines Radpaares (s. Beispiel 21.4) mit $z_1 = 20$, $z_2 = 97$, Modul $m_n = 5$ mm, Schrägungswinkel $\beta = 9{,}8969°$ (entsprechend DIN 3978, Schrägungswinkelreihe 2), $x_1 = +0{,}4$, $x_2 = +0{,}2389$, $d_1 = 101{,}51$ mm, $d_2 = 492{,}33$ mm, der Normalzahndicke $s_{n1} = 9{,}31$ mm, $s_{n2} = 8{,}72$ mm und dem Achsabstand $a = 300$ mm wurden nach DIN 3967 die Verzahnungsqualität und Zahndickentoleranz für das Ritzel 6cd27, für das Rad 7cd26 und nach DIN 3964 für die Achsabstandsabmaße js7 vorgesehen.
Zu ermitteln ist das theoretische Flankenspiel $j_{t\,min}$ und $j_{t\,max}$.

▶ **Lösung:** Zunächst wird aus TB 21-8c die zulässige Zahndickenschwankung bei $m_n = 5$ mm abgelesen:

für das Ritzel bei $d > 50 \ldots 125$ mm, Qualität 6 mit $R_{s1} = 14$ µm,

für das Rad   bei $d > 280 \ldots 500$ mm, Qualität 7 mit $R_{s2} = 25$ µm.

Danach aus TB 21-8a die oberen Zahndickenabmaße für die Abmaßreihe cd für das Ritzel und Rad abgelesen:

$$A_{sne1} = -70\,\mu m \quad \text{und} \quad A_{sne2} = -130\,\mu m$$

und aus TB 21-8b die Zahndickentoleranzen für das Ritzel mit Toleranzreihe 27 und das Rad mit Toleranzreihe 26:

$$T_{sn1} = 100\,\mu m > 2 \cdot R_{s1} = 28\,\mu m,$$
$$T_{sn2} = 100\,\mu m > 2 \cdot R_{s2} = 50\,\mu m,$$

so dass die unteren Zahndickenabmaße sind

$$A_{sni1} = -170\,\mu m \quad \text{und} \quad A_{sni2} = -230\,\mu m.$$

Damit werden die Normalzahndicken für das

Ritzel $\quad s_{n1\,max} = s_{n1} + A_{sne1} = 9{,}31\,mm + (-0{,}07\,mm) = 9{,}24\,mm,$

$\quad\quad\quad s_{n1\,min} = s_{n1} + A_{sni1} = 9{,}31\,mm + (-0{,}17\,mm) = 9{,}14\,mm,$

Rad $\quad s_{n2\,max} = s_{n2} + A_{sne2} = 8{,}72\,mm + (-0{,}13\,mm) = 8{,}59\,mm,$

$\quad\quad\quad s_{n2\,min} = s_{n2} + A_{sni2} = 8{,}72\,mm + (-0{,}23\,mm) = 8{,}49\,mm.$

Für die Ermittlung des theoretischen Flankenspiels nach Gl. (21.58) wird zunächst die Summe der Zahndickenabmaße bestimmt:

$$\Sigma A_{sne} = (-70\,\mu m) + (-130\,\mu m) = -200\,\mu m,$$
$$\Sigma A_{sni} = (-170\,\mu m) + (-230\,\mu m) = -400\,\mu m$$

und die Umrechnung in den Stirnschnitt

$$\Sigma A_{ste} = \Sigma A_{sne}/\cos\beta = -200\,\mu m/\cos 9{,}8969° = -203\,\mu m,$$
$$\Sigma A_{sti} = \Sigma A_{sni}/\cos\beta = -400\,\mu m/\cos 9{,}8969° = -406\,\mu m.$$

Danach sind aus TB 21-9 für $a = 300js7$ die Achsabstandsmaße festzustellen:

$$A_{ae} = +26\,\mu m, \quad A_{ai} = -26\,\mu m, \quad \text{so dass gilt:} \quad A_{sne1} < A_{ai} \text{ und } A_{sne2} < A_{ai}.$$

Nach Gl. (21.59) wird die Spieländerung durch die Achsabstandstoleranz

$$\Delta j_{ai} = 2 \cdot A_{ai} \cdot \tan\alpha_n/\cos\beta = 2 \cdot (-26\,\mu m) \cdot \tan 20°/\cos 9{,}8969° = -19\,\mu m,$$
$$\Delta j_{ae} = 2 \cdot A_{ae} \cdot \tan\alpha_n/\cos\beta = 2 \cdot (+26\,\mu m) \cdot \tan 20°/\cos 9{,}8969° = +19\,\mu m,$$

so dass sich das minimale und das maximale theoretische Flankenspiel nach Gl. (21.58) ergibt aus

$$j_{t\,min} = -\Sigma A_{ste} + \Delta j_{ai} = -(-203\,\mu m) + (-19\,\mu m) = 184\,\mu m$$

und

$$j_{t\,max} = -\Sigma A_{sti} + \Delta j_{ai} = -(-406\,\mu m) + (+19\,\mu m) = 425\,\mu m.$$

## 21.4 Entwurfsberechnung

Die Hauptabmessungen eines Radpaares (Zähnezahlverhältnis, Teilkreisdurchmesser, Modul, Radbreite u. a.) müssen vorerst erfahrungsgemäß gewählt oder überschlägig nach Erfahrungsgleichungen festgelegt werden. Grundlage für die Entwurfsarbeit ist das Pflichtenheft, das alle Angaben hinsichtlich der Getriebeausführung (z. B. Getriebebauform, Anschlußverhältnisse Motor → Getriebe → Arbeitsmaschine, An- und Abtriebsdrehzahlen, Baugröße, Leistungs- und sonstige Betriebs- und Fertigungsdaten) enthalten sollte.

### 21.4.1 Vorwahl der Hauptabmessungen

#### 1. Wellendurchmesser $d_{sh}$ zur Aufnahme des Ritzels

Entsprechend den Leistungsdaten ist der *Entwurfsdurchmesser* $d'_{sh}$ nach Bild 11-21 überschlägig zu errechnen. Dabei ist die Art der Krafteinleitung (Kupplung, Riemenscheibe oder direkt über

Flanschmotor) zu beachten. Eine endgültige Festlegung des Durchmessers kann erst nach Vorliegen der Verzahnungs- und Belastungsdaten erfolgen.

## 2. Übersetzung $i$, Zähnezahlverhältnis $u$

Die Übersetzung bzw. das Zähnezahlverhältnis eines einstufigen Stirnradgetriebes soll maximal $i = u = 6(8)$ nicht überschreiten, da sich anderenfalls zu ungünstige Abmessungen des Großrades und eine stärkere Abnutzung der Ritzelzähne gegenüber den (vielen) Zähnen des Rades ergeben. Größere Übersetzungen werden in zwei oder mehrere Stufen aufgeteilt, wobei zu entscheiden ist, ob die einzelnen Stufen hintereinander oder nebeneinander (koaxial) liegen sollen (Pflichtenheft). Allgemein hat eine quadratische Getriebebauform ein geringeres Gewicht und geringere Kosten.

Für ein $n$-stufiges Getriebe mit den Einzelübersetzungen $i_1$, $i_2$, $i_3$ usw. wird die *Gesamtübersetzung* bzw. das *Gesamtzähnezahlverhältnis*

$$i = i_1 \cdot i_2 \cdot \ldots \cdot i_n \quad \text{bzw.} \quad u = u_1 \cdot u_2 \cdot \ldots \cdot u_n \tag{21.62}$$

Setzt man hierin für $i_1 = n_1/n_2$, für $i_2 = n_2/n_3$ und für $i_n = n_n/n_{n+1}$ kann die Übersetzung auch durch $i = n_1/n_{n+1} = n_{an}/n_{ab}$ angegeben werden bzw. mit $i_1 = z_2/z_1$, $i_2 = z_4/z_3$, $i_3 = z_6/z_4$ wird $i = (z_2 \cdot z_4 \cdot z_6 \cdot \ldots)/(z_1 \cdot z_3 \cdot z_5 \cdot \ldots)$.

Allgemein werden Getriebe bis $i \approx 35$ (max. 45) in zwei, bei $35 < i < 150$ (200) in drei Stufen aufgeteilt, sofern keine baulichen oder sonstige zwingende Gründe eine andere Aufteilung erforderlich machen. Die Wahl der einzelnen Stufen kann nach TB 21-11 erfolgen. Ganzzahlige Einzelübersetzungen sind möglichst zu vermeiden, damit immer wieder andere Zähne zum Eingriff kommen und eine gleichmäßige Abnutzung erreicht wird.

## 3. Ritzelzähnezahl $z_1$

Radpaare laufen umso ruhiger, je größer die Ritzelzähnezahl $z_1$ ist. Andererseits ergeben kleine $z_1$ bei annähernd gleichem Raddurchmesser aufgrund des größeren Moduls eine größere Zahnfußfestigkeit sowie größere und damit unempfindlichere Zahnabmessungen; die Bearbeitungskosten sind jedoch aufgrund des größeren Zerspanungsvolumens höher. Vorteilhaft werden bei kleinen $i(u)$ größere $z_1$ gewählt. Bei $z_1 < z'_g = 14$ tritt Unterschnitt auf bzw. ist eine positive Profilverschiebung erforderlich. Die Zähnezahl $z_1$ sollte auch so gewählt werden, dass mit $z_2$ des Rades eine gegebene $i(u)$ möglichst genau eingehalten wird. Insbesondere sollten $z_1$ und $z_2$ so gewählt werden, dass sie keinen gemeinsamen Teiler haben, um ein periodisches Laufverhalten zu vermeiden (Schwingungen, Abnutzung). Anhaltswerte für Ritzelzähnezahlen $z_1$ s. TB 21-13.

## 4. Zahnradbreite $b$

Anzustreben sind große Zahnbreiten, da sich hierfür breite Flanken-Berührungszonen und damit geringere Flankenpressungen ergeben. Voraussetzungen dafür aber sind eine hohe Verzahnungsqualität, Verdrillsteifigkeit des Ritzels und genaue, parallele Wellenlagerungen, um eine gleichmäßige Anlage der Zahnflanken auf der ganzen Breite zu erreichen. Die Zähne des Ritzels sollen möglichst etwas breiter als die des Rades sein, um Einbauungenauigkeiten in Axialrichtung ausgleichen zu können. Herstellungs- und Einbauungenauigkeiten sowie Verlagerung der Räder unter Last führen dazu, dass die Zähne nicht auf ihrer ganzen Breite voll tragen. Zur Vermeidung der Kantenbruchgefahr sind die Zähne der Radpaare an den Enden zur Entlastung 10° bis 30° bei $b > 10 \cdot m$ mit etwa $m$, bei $b < 10 \cdot m$ mit etwa $1 + 0,1 \cdot m$ tief abzuschrägen, ebenso können die Zähne mit einer leichten Balligkeit ausgeführt werden.

Mit den Verhältniswerten (*Durchmesser-Breitenverhältnis* $\psi_d$ und dem *Modul-Breitenverhältnis* $\psi_m$ aus TB 21-14) wird, je nach Art der Ritzellagerung, der Steifigkeit der Gesamtkonstruktion und der Verzahnungsqualität, die Zahnbreite $b_1$ des *Ritzels* aus $b_1' = \psi_d \cdot d_1$ und $b_1'' = \psi_m \cdot m$ überschlägig ermittelt und sinnvoll festgelegt.

## 5. Schrägungswinkel β, Steigungsrichtung der Zahnflanken

Der Schrägungswinkel wird zweckmäßig so festgelegt, dass die Sprungüberdeckung $\varepsilon_\beta \approx 1 \ldots 1{,}2$ beträgt, was einerseits für Laufruhe günstig ist, andererseits der Forderung nach nicht allzu hoher Axialkraft nachkommt. Die Flankenrichtung ist so zu wählen, dass die zusätzliche Axialkraft von dem Lager mit der kleineren Radialbelastung aufgenommen wird. Es ist zu beachten, dass bei gleichem Schrägungswinkel β die Flankenrichtung von Ritzel und Rad ungleich ist (rechts- und linkssteigend). Für die Wahl des Schrägungswinkels β wird empfohlen:

bei Einfach- und Doppelschrägverzahnung $\quad \beta \approx 8° \ldots 20°$
bei Pfeilverzahnung $\quad \beta \approx 30° \ldots 45°$.

## 6. Modul

Der Modul $m$ als *die* geometriebestimmende Größe der Verzahnung kann je nach Vorgabe nach Bild 21-20 ermittelt werden.

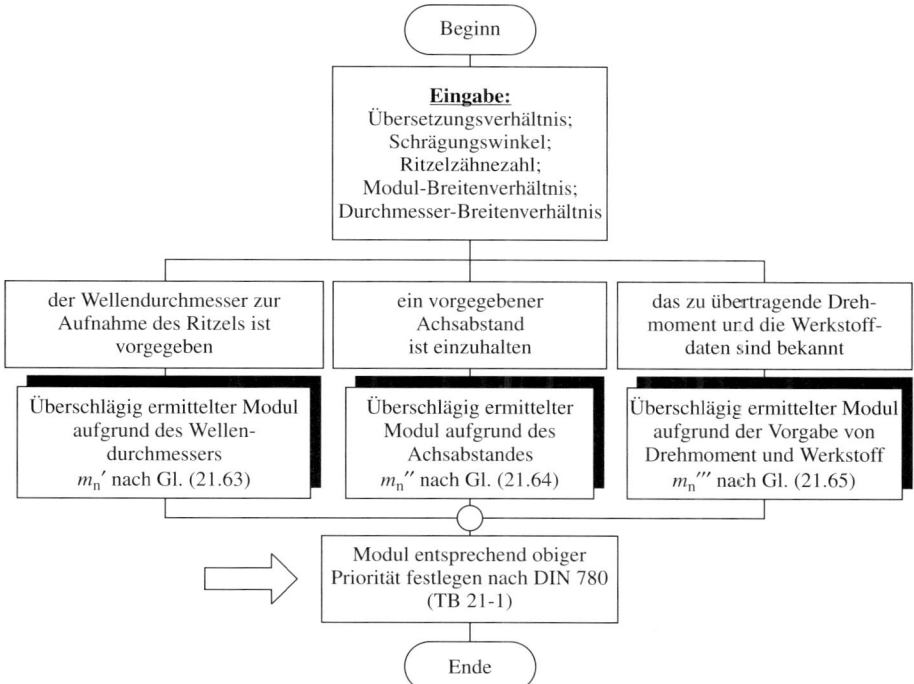

**Bild 21-20** Vorgehensplan zur Modulbestimmung

*a) Durchmesser $d_{sh}$ ist bekannt:* Ritzel werden meist als *Vollräder* ausgeführt (Bild 21-21, obere Hälfte), die bei kleineren und einseitig zu übertragenden Drehmomenten meist mit Passfeder auf die Welle aufgesetzt werden. Bei höheren und wechselnden Beanspruchungen sind Wellen- und Nabenprofile (Keilprofile, Verzahnungen) oder auch Pressverbände erforderlich. Bei größerem $i(u)$ und für eine besonders kompakte Bauweise können Ritzel und Welle aus einem Stück als *Ritzelwelle* (Bild 21-21, untere Hälfte) ausgebildet werden.

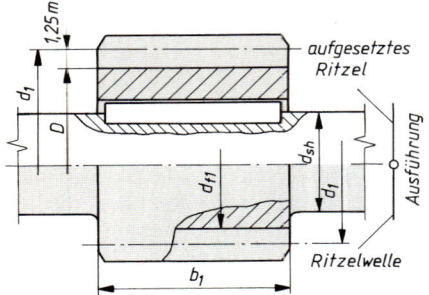

**Bild 21-21**
Ritzelausführungen.
a) aufgesetztes Ritzel (obere Hälfte)
b) Ritzelwelle (untere Hälfte)

Je nach Ausführung kann der Modul überschlägig ermittelt werden

| Ausführung Ritzel auf Welle | $m'_n \approx \dfrac{1{,}8 \cdot d_{sh} \cdot \cos\beta}{(z_1 - 2{,}5)}$ |
|---|---|
| Ausführung als Ritzelwelle | $m'_n \approx \dfrac{1{,}1 \cdot d_{sh} \cdot \cos\beta}{(z_1 - 2{,}5)}$ |

(21.63)

b) *Achsabstand a ist vorgegeben.* Aus der Beziehung $a \approx (m_t/2) \cdot (z_1 + z_2)$ mit $i(u) = z_2/z_1$ und $m_t = d_1/z_1$ kann der Modul für den einzuhaltenden Achsabstand $a$ mit der Ritzelzähnezahl $z_1$ zunächst angenähert berechnet werden aus

$$m''_n \approx \frac{2 \cdot a \cdot \cos\beta}{(1+i) \cdot z_1}$$

(21.64)

Eine anschließende Verzahnungskorrektur ist in den meisten Fällen erforderlich.

c) *Leistungsdaten und Zahnradwerkstoffe sind bekannt:* Sind das zu übertragende Betriebsmoment aus $T_1 = K_A \cdot T_{1\,\text{nenn}}$ und die Zahnradwerkstoffe bekannt, so kann der Modul überschlägig bestimmt werden für Stirnräder je nach Ausführung der Zahnflanken

| Zahnflanken gehärtet: | $m'''_n \approx 1{,}85 \cdot \sqrt[3]{\dfrac{T_1 \cdot \cos^2\beta}{z_1^2 \cdot \psi_d \cdot \sigma_{F\,\text{lim}1}}}$ |
|---|---|
| ungehärtet bzw. vergütet: | $m'''_n \approx \dfrac{95 \cdot \cos\beta}{z_1} \cdot \sqrt[3]{\dfrac{T_1}{\psi_d \cdot \sigma_{H\,\text{lim}}^2} \cdot \dfrac{u+1}{u}}$ |

(21.65)

$\psi_d$      Durchmesser-Breitenverhältnis nach TB 21-14a
$\sigma_{F\,\text{lim}1}$      Zahnfußfestigkeit für den *Ritzel-Werkstoff* nach TB 20-1 und TB 20-2
$\sigma_{H\,\text{lim}}$      Flankenfestigkeit des *weicheren* Werkstoffes nach TB 20-1 und TB 20-2
$u = z_2/z_1 \geq 1$      Zähnezahlverhältnis

Der Modul $m_n$ wird nach DIN 780 aus TB 21-1 vorläufig festgelegt. Sind mehrere Vorgaben (Wellendurchmesser, Achsabstand, Leistungsdaten und Werkstoff) zu erfüllen, so ist entsprechend der Priorität festzulegen; u. U. kann durch Variation von $z_1$, $\beta$, $\psi_d$ oder Werkstoff eine mögliche Angleichung erreicht werden. Die endgültige Festlegung des Moduls erfolgt bei dem Tragfähigkeitsnachweis.

## 21.4.2 Vorgehensweise zur Ermittlung der Verzahnungsgeometrie

Für die konstruktive Auslegung einer Zahnradstufe ist im Bild 21-22 ein allgemeiner Berechnungsablauf für den Eingriffswinkel $\alpha = 20°$ dargestellt. Die so ermittelten Zahnräder sind anschließend auf Tragfähigkeit nachzuprüfen.

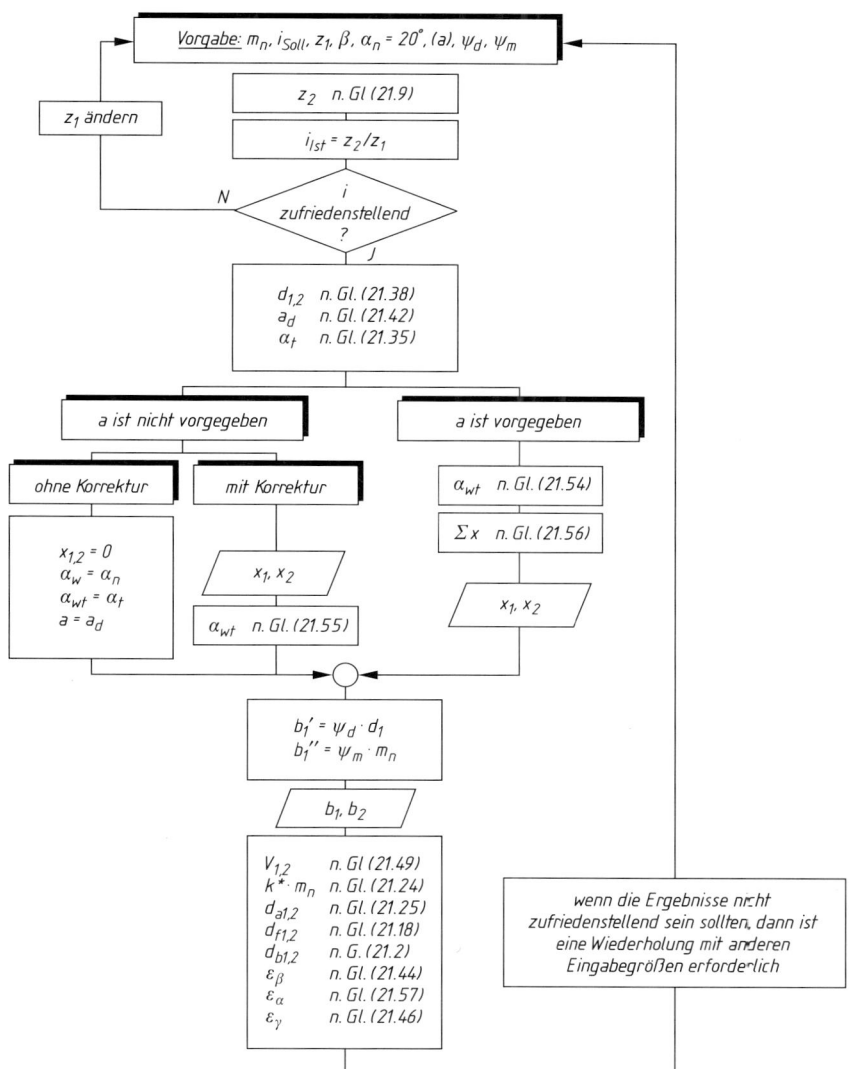

**Bild 21-22** Vorgehensplan zur Berechnung der Verzahnungsgeometrie für Stirnräder

## 21.5 Tragfähigkeitsnachweis

### 21.5.1 Schadensmöglichkeiten an Zahnrädern

Die Beanspruchungsgrenze für Zahnräder ist durch die Tragfähigkeit bestimmt. Nach DIN 3979 werden bei Zahnrädern im Wesentlichen drei Schadensfälle unterschieden, die die Beanspruchungsgrenze bestimmen:

- *Zahnbruch* aufgrund zu hoher Biegebeanspruchung im Zahnfuß,
- *Zahnflankenermüdung* aufgrund der Werkstoffermüdung,
- *Fressen* aufgrund der gemeinsamen Wirkung von Pressung und Gleitgeschwindigkeit.

## 1. Zahnbruch

Der Bruch eines Zahnes bedeutet im Allgemeinen das Ende der Lebensdauer des Getriebes. Insbesondere gehärtete Zähne brechen ganz oder teilweise aus (meist am Zahnfuß), wenn die ertragbare Beanspruchung überschritten wird. Nach dem Bruchaussehen kann auf die Schadensursache geschlossen werden (Gewalt- bzw. Dauerbruch). Die durch die zulässige Beanspruchung bestimmte Tragfähigkeit heißt *Zahnfuß-Tragfähigkeit*.

## 2. Ermüdungserscheinungen an den Zahnflanken

Beim Überschreiten der ertragbaren Pressung der miteinander in Eingriff kommenden Zähne lösen sich Teile der Zahnflanken heraus, so dass nach einer genügend großen Anzahl Überrollungen grübchenartige Vertiefungen (Pittings) entstehen. Die Grübchenbildung ist eine Ermüdungserscheinung des Werkstoffes infolge dauernder Be- und Entlastungen, die erst dann als unzulässig angesehen wird, wenn sie bei unveränderten Betriebsbedingungen mit wachsender Laufzeit zunimmt bzw. die Grübchen größer werden (Bild 21-23). Die durch die zulässige Flankenpressung bestimmte Tragfähigkeit ist die *Grübchen-Tragfähigkeit*.

**Bild 21-23**
Fortschreitende Grübchenbildung an Stirnradflanken

## 3. Fressen

Durch die gemeinsame Wirkung von Pressung und hoher Gleitgeschwindigkeit und der daraus folgenden Temperaturerhöhung (Warmfressen) oder bei örtlich hohen Pressungen und niedrigen Gleitgeschwindigkeiten ($v < 4$ m/s) reißt der Schmierfilm zwischen den Zahnflanken ab oder wird durchbrochen (Kaltfressen), so dass metallische Flächen unmittelbar aufeinander reiben, was zu kurzzeitigen örtlichen Verschweißungen der Flanken führen kann. Es zeigen sich streifenförmige aufgeraute Bänder (Gallings) in Zahnhöhenrichtung mit stärkster Ausprägung am Zahnkopf und Zahnfuß. Eine zu große Rauigkeit der Flankenoberfläche, zu geringes Flankenspiel, ein ungeeigneter Schmierstoff u. a. Flankenschäden können bei entsprechender Pressung und Gleitgeschwindigkeit Fressen einleiten. Insbesondere bei schnelllaufenden Getrieben kann Fressen zum Ansteigen der Temperatur, der Zahnkräfte sowie des Geräusches und schließlich wegen der starken Flankenschäden zum Zahnbruch führen. Die Tragfähigkeit, die sich aus der Forderung nach ausreichender Sicherheit gegen Fressen ergibt, ist die *Fress-Tragfähigkeit*.

Da durch geeignete Werkstoffwahl, sorgfältige Wartung und Schmierung bzw. ordnungsgemäßes Einlaufen des Getriebes Fressen weitgehend vermieden werden kann, beschränkt sich die Berechnung meist auf die *Zahnfuß-* und *Grübchentragfähigkeit*, und zwar als Nachrechnung dieser, da hierfür alle Verzahnungsdaten bekannt sein müssen.

## 21.5.2 Kraftverhältnisse

### 1. Kräfte am Gerad-Stirnradpaar

Bei der Kraftübertragung durch Zahnräder liegt der ungünstigste Fall dann vor, wenn nur *ein* Zahnpaar im Eingriff steht und die treibende Arbeitsflanke des Rades 1 gegen die getriebene Arbeitsflanke des Rades 2 gedrückt wird. Die Richtung der im Berührungspunkt übertragenen Zahnkraft ist die Profilnormale $n-n$ durch den Wälzpunkt $C$. Die Zahnkraft $F_{bn1}$ wird als Einzelkraft in der Mitte der Zahnbreite $b$ angenommen. Sie löst eine Gegenkraft $F_{bn2}$ aus, die an der Zahnflanke des getriebenen Rades 2 wirken muss. Die Zahnkräfte $F_{bn1,2}$ werden zweckmäßig auf der Wirklinie $n-n$ nach $C$ verschoben (Bild 21-24) und in Tangential- und Radialkomponenten ($F_t$, $F_r$) zerlegt. Die Tangentialkomponenten wirken als Umfangskraft $F_{t2}$ am getriebenen Rad 2 in dessen Drehrichtung und als Umfangskraft $F_{t1}$ am treibenden Rad 1 entgegen dessen Drehrichtung.

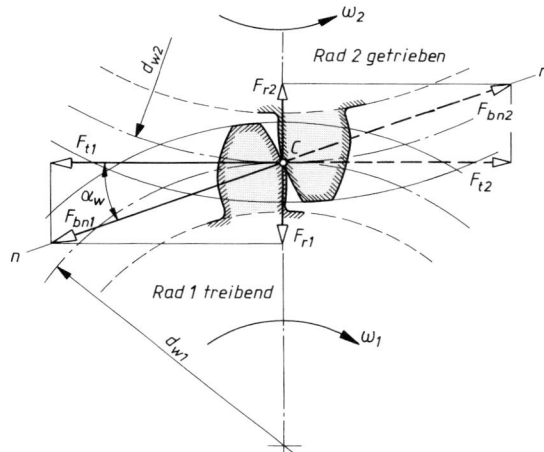

**Bild 21-24**
Kräfte am Geradstirnradpaar

Mit den Wälzkreisdurchmessern $d_{w1}$ und $d_{w2}$ (bei Null- und V-Null-Getrieben $d_{w1,2} = d_{1,2}$) gilt für das *Nenndrehmoment*

$$T_1 = F_{t1} \cdot \frac{d_{w1}}{2} \quad \text{bzw.} \quad T_2 = F_{t2} \cdot \frac{d_{w2}}{2} \tag{21.66}$$

Da für den Entwurf eines Getriebes die zu übertragende Leistung $P$ in kW (ohne Berücksichtigung der Reibungsverhältnisse) und die Antriebsdrehzahl $n_1$ in min$^{-1}$ oder die Abtriebsdrehzahl $n_2$ bzw. die Übersetzung $i = \omega_1/\omega_2 = n_1/n_2 = d_{w2}/d_{w1} \approx T_2/T_1$ gegeben ist, lässt sich aus der allgemeinen Beziehung $T = P/\omega$ bzw. mit $\omega$ in min$^{-1}$ und $P$ in kW das Nenndrehmoment aus der Zahlenwertgleichung $T = 9550 \cdot P/n$ und die *Nenn-Umfangskraft* am Betriebswälzkreis ermitteln aus

$$F_{t1,2} = F_{bn1,2} \cdot \cos \alpha_w = \frac{2 \cdot T_{1,2}}{d_{w1,2}} \tag{21.67}$$

Damit werden die Zahnkräfte (*Zahnnormalkraft* senkrecht auf Flanke und Gegenflanke im Berührpunkt)

$$F_{bn1,2} = \frac{F_{t1,2}}{\cos \alpha_w} \tag{21.68}$$

Die Radialkomponenten, die als *Radialkräfte* stets zur jeweiligen Radmitte hin wirken, sind

$$F_{r1,2} = F_{t1,2} \cdot \tan \alpha_w \qquad (21.69)$$

Am getriebenen Rad 2 wirken gleich große bzw. unter Berücksichtigung des Wirkungsgrades $\eta$ entsprechend kleinere Kräfte.

### 2. Kräfte am Schräg-Stirnradpaar

Die Zahnkraft $F_{bn}$ wird wie beim Geradstirnrad als Einzelkraft im Wälzpunkt $C$ senkrecht zur Berührlinie in der Mitte der Zahnbreite angenommen. Während $F_{bn}$ bei Geradverzahnung senkrecht zur Radachse steht, schneidet sie bei Schrägverzahnung mit dem Schrägungswinkel $\beta$ unter dem Winkel $90° - \beta$ die Radachse. $F_{bn}$ wird daher in drei senkrecht zueinander stehende Komponenten zerlegt: die *Umfangskraft* $F_t$, die *Radialkraft* $F_r$ und die *Axialkraft* $F_a$ (Bild 21-25a).
Wie beim Geradstirnradpaar gilt nach Bild 21-25b:

- im Stirnschnitt $S-S$ wirkt am treibenden Rad 1 die Umfangskraft $F_{t1}$ entgegen dem Drehsinn, am getriebenen Rad 2 die Umfangskraft $F_{t2}$ im Drehsinn;
- die zugehörigen Radialkräfte $F_{r1}$, $F_{r2}$ sind am jeweiligen Rad 1, 2 zum Radmittelpunkt hin gerichtet;
- die Richtungen der Axialkräfte $F_{a1}$, $F_{a2}$ ergeben sich aus den jeweiligen Neigungen der Umfangskraft-Komponenten $F_{tn1}$, $F_{tn2}$ im Normalschnitt $N-N$.

Die *Nenn-Umfangskraft* im Stirnschnitt am Wälzzylinder ergibt sich aus dem Nenndrehmoment für das teibende Rad 1 bzw. getriebene Rad 2

$$F_{t1,2} = \frac{2 \cdot T_{1,2}}{d_{w1,2}} \qquad (21.70)$$

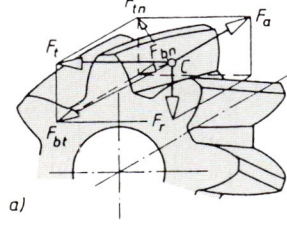

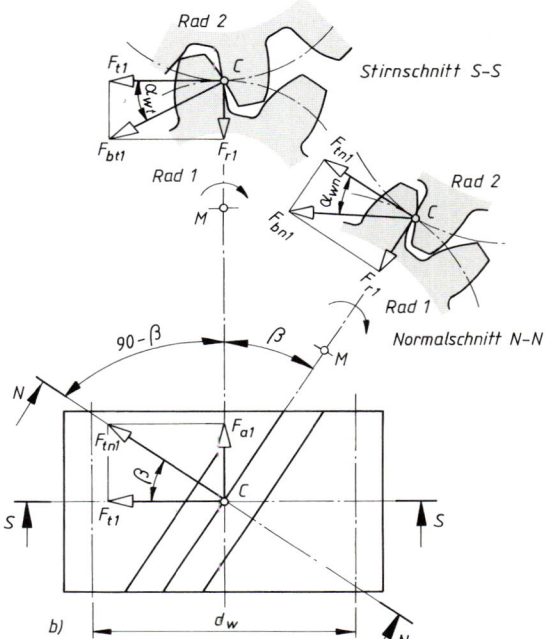

**Bild 21-25**
a) räumliche Darstellung der Zahnkräfte $F_{bn}$ und ihrer Komponenten
b) Kräfte am treibenden Rad 1 im Stirnschnitt $S-S$ und im Normalschnitt $N-N$

Aus dem Normalschnitt $N-N$ (Bild 21-25b) folgt $F_{r1,2} = F_{tn1,2} \cdot \tan \alpha_{wn}$ und mit $F_{tn1,2} = F_{t1,2}/\cos \beta$ und $\alpha_{wn} = \alpha_n$ wird die *Radialkraft*

$$\boxed{F_{r1,2} = \frac{F_{t1,2} \cdot \tan \alpha_n}{\cos \beta}} \tag{21.71}$$

und die *Axialkraft* aus

$$\boxed{F_{a1,2} = F_{t1,2} \cdot \tan \beta} \tag{21.72}$$

Am getriebenen Rad 2 wirken gleich große bzw. unter Berücksichtigung des Wirkungsgrades η entsprechend kleinere Kräfte.

### 21.5.3 Belastungseinflussfaktoren

Um die auf die Verzahnung einwirkenden Kräfte möglichst wirklichkeitsgetreu rechnerisch erfassen zu können, werden den Nennwerten der auftretenden Beanspruchungen Einflussfaktoren beigegeben, die auf Forschungsergebnissen und Betriebserfahrungen beruhen. Dabei werden generell unterschieden:

a) Faktoren, die durch die Verzahnungsgeometrie und die Eingriffsverhältnisse festgelegt sind,
b) Faktoren, die viele Einflüsse berücksichtigen und/oder als unabhängig voneinander behandelt werden, sich aber in nicht genau bekanntem Ausmaß gegenseitig beeinflussen.

Für die Ermittlung der Einflussfaktoren werden nach DIN 3990 T1 verschiedene Methoden bestimmt, die bei Bedarf durch zusätzliche Indices A bis E gekennzeichnet werden und je nach Anforderung für verschiedene Anwendungsgebiete gelten. Bei der selten angewendeten **Methode A** werden die Faktoren durch genaue Messung und/oder umfassende mathematische Analyse des zu betrachtenden Systems ermittelt (alle Getriebe- und Belastungsdaten müssen bereits bekannt sein); bei der **Methode B** wird die vereinfachende Annahme getroffen, dass jedes Zahnradpaar ein einziges elementares Massen- und Federsystem bildet und der Einfluss anderer Getriebestufen unberücksichtigt bleibt; die **Methode C** ist eine von B abgeleitete Methode mit zusätzlicher Vereinfachung (Radpaar läuft im unterkritischen Drehzahlbereich, Vollscheiben aus St. u. a.); bei **Methode D** und **Methode E** werden gegenüber C weitere Vereinfachungen und Annahmen gemacht, so z. B. eine konstante Linienbelastung von 350 N/mm. Im Streitfall ist die Methode A gegenüber Methode B und diese gegenüber Methode C usw. maßgebend.

Da im Entwurfsstadium noch nicht alle Daten zur Verfügung stehen können, wird nachfolgend die Tragfähigkeitsberechnung in Anlehnung an die Mehtode C dargestellt, da die meisten Industriegetriebe im unterkritischen Bereich laufen (Bezugsdrehzahl $N = n_1/n_{E1} \leq 0{,}85$ mit der Ritzeldrehzahl $n_1$ und dessen Resonanzdrehzahl $n_{E1}$). Dies trifft zu, wenn $0{,}01 \cdot z_1 \cdot v_t \cdot (u^2/(1+u^2))^{0{,}5} < 10$ m/s ist (s. DIN 3990 T1, ebenso bei $v_t > 10$ m/s). Einflussfaktoren sind zu einem gewissen Grad voneinander abhängig und müssen daher folgerichtig nacheinander bestimmt werden.

*Anwendungsfaktor (Betriebsfaktor) $K_A$:* Er soll diejenigen äußeren Zusatzkräfte berücksichtigen, die den betreffenden An- und Abtriebsmaschinen eigen sind, zwischen denen das Getriebe geschaltet ist, und die als Stöße, Drehmomentschwankungen und Belastungsspitzen auftreten. Nach Möglichkeit sollten die Werte auf Grund von Messungen und Erfahrungen mit ähnlichen Anlagen festgelegt werden. Grobe Anhaltswerte für $K_A$ aus TB 3-5.

*Dynamikfaktor $K_v$:* Er erfasst die inneren dynamischen Zusatzkräfte, die unter Belastung durch Verformung der Zähne, Radkörper und sämtlicher anderer kraftübertragender Elemente des Getriebes entstehen und Abweichungen von der theoretischen Zahnform verursachen. Bei genügend steifen Elementen wirken die im Eingriff befindlichen Zähne dabei als elastische Federn mit unterschiedlicher Steifigkeit, so dass Verzahnungsabweichungen zu mehr oder weniger großen Schwingungen führen, die diese Zusatzkräfte hervorrufen.

Für den unterkritischen Drehzahlbereich kann der *Dynamikfaktor* rechnerisch bestimmt werden aus

$$K_v = 1 + \left(\frac{K_1 \cdot K_2}{K_A \cdot (F_t/b)} + K_3\right) \cdot K_4$$

| $K_v, K_A, K_1 \ldots K_3$ | $F_t/b$ | $K_4$ |
|---|---|---|
| – | N/mm | m/s |

(21.73)

$K_{1\ldots3}$     Faktoren nach TB 21-15
$K_A \cdot (F_t/b)$     Linienbelastung je mm Zahnbreite; für $K_A \cdot (F_t/b) < 100$ N/mm ist $K_A \cdot (F_t/b) = 100$ N/mm mit $F_t$ nach Gl. (21.67) zu setzen
$K_4$     $= 0{,}01 \cdot z_1 \cdot v_t \cdot \sqrt{u^2/(1+u^2)} \leq 10$ m/s mit $v_t = d_{w1} \cdot \pi \cdot n_1$ in m/s und $u = z_2/z_1 \geq 1$; (bei $K_4 \geq 10$ m/s Berechnung nach DIN 3990 T1)

**Breitenfaktoren $K_{H\beta}$ und $K_{F\beta}$:** Sie berücksichtigen die Auswirkungen ungleichmäßiger Kraftverteilung über die Zahnbreite auf die Flankenbeanspruchung ($K_{H\beta}$) bzw. auf die Zahnfußbeanspruchung ($K_{F\beta}$). Ursache sind die Flankenlinienabweichungen, die sich im belasteten Zustand infolge von Montage- und elastischen Verformungen ($f_{sh}$) sowie Herstellungsabweichungen ($f_{ma}$) einstellen. Für die mittlere Linienbelastung $F_m/b$ (s. hierzu den Hinweis zu Gl. (21.75)) ist mit $F_{\beta y}$ nach Gl. (21.78) sowohl $K_{H\beta}$ als auch $K_{F\beta}$ aus TB 21-18 angenähert ablesbar; rechnerisch ergeben sich $K_{H\beta}$ und $K_{F\beta}$ aus

$$\text{für die Zahnflanke:} \quad K_{H\beta} = 1 + \frac{10 \cdot F_{\beta y}}{(F_m/b)} \quad \text{wenn} \quad K_{H\beta} \leq 2$$

$$K_{H\beta} = 2 \cdot \sqrt{\frac{10 \cdot F_{\beta y}}{(F_m/b)}} \quad \text{wenn} \quad K_{H\beta} > 2$$

$$\text{für den Zahnfuß:} \quad K_{F\beta} = K_{H\beta}^{N_F}$$

(21.74)

unter Einbeziehung der nachfolgenden Einflussgrößen:

$f_{sh}$ *Flankenlinienabweichung durch Verformung* kann in erster Näherung aus Erfahrungen mit ausgeführten Getrieben nach TB 21-16a ermittelt werden. Für Neukonstruktionen wird unter Vernachlässigung der Lager-, Gehäuse-, Radwellen- und Radkörperverformungen näherungsweise die *Flankenlinienabweichung durch Verformung*

$$f_{sh} \approx 0{,}023 \cdot (F_m/b) \cdot \left[|1 + K' \cdot (l \cdot s/d_1^2) \cdot (d_1/d_{sh})^4 - 0{,}3| + 0{,}3\right] \cdot (b/d_1)^2$$

(21.75)

| $f_{sh}$ | $(F_m/b)$ | $d_{sh}, d_1, b_1, l, s$ | $K'$ |
|---|---|---|---|
| µm | N/mm | mm | – |

$(F_m/b)$     $= K_v \cdot (K_A \cdot F_t/b)$ mittlere Linienbelastung mit dem kleineren Wert von $b_1$ und $b_2$. Für $(K_A \cdot F_t/b) < 100$ N/mm und $F_t$ ist Hinweis zu Gl. (21.73) zu beachten,
$K'$     Faktor zur Berücksichtigung der Ritzellage zu den Lagern, abhängig von $s$ und $l$; Werte n. TB 21-16b; für $s = 0$ wird $[\,] = 1$
$d_{sh}$     Wellendurchmesser an der Stelle des Ritzels
$d_1$     Teilkreisdurchmesser des Ritzels.

$f_{ma}$ *herstellungsbedingte Flankenlinienabweichung* (Differenz der Flankenlinien einer Radpaarung, die im Getriebe ohne wesentliche Belastung im Eingriff ist) ist von der Verzahnungsqualität und der Radbreite sowie von den vorgesehenen Korrekturmaßnahmen (z. B. Einläppen der Flanken) abhängig und ist zu ermitteln aus

$$f_{ma} = c \cdot f_{H\beta} \approx c \cdot 4{,}16 \cdot b^{0{,}14} \cdot q_H$$

| $f_{ma}, f_{H\beta}$ | $c, q_H$ | $b$ |
|---|---|---|
| µm | – | mm |

(21.76)

$c = 0{,}5$     für Radpaare mit Anpassungsmaßnahmen, z. B. Einläppen oder Einlaufen bei geringer Last, einstellbare Lager oder entsprechende Flankenlinien-Winkelkorrektur,
$c = 1{,}0$     für Radpaare ohne Anpassungsmaßnahmen,
$f_{H\beta}$     Flankenlinien-Winkelabweichung nach TB 21-16c; oder auch mit dem kleineren Wert $b_1, b_2$ in mm angenähert aus $f_{H\beta} \approx 4{,}16 \cdot b^{0{,}14} \cdot q_H$ mit $q_H$ nach TB 21-15.

## 21.5 Tragfähigkeitsnachweis

$F_{\beta x}$ wirksame *Flankenlinienabweichung vor dem Einlaufen*

$$F_{\beta x} \approx f_{ma} + 1{,}33 \cdot f_{sh} \geq F_{\beta x\,min} \qquad (21.77)$$

$F_{\beta x\,min}$ = größerer Wert aus $0{,}005 \cdot (F_m/b)$ bzw. $0{,}5 \cdot f_{H\beta}$ mit $(F_m/b)$ s. Anmerkung zu Gl. (21.75) und $f_{H\beta}$ s. Anmerkung zu Gl. (21.76).

Dieser Betrag vermindert sich um den Einlaufbetrag $y_\beta$ nach (TB 21-17), so dass *nach* dem Einlaufen die *wirksame Flankenlinienabweichung* beträgt

$$F_{\beta y} = F_{\beta x} - y_\beta \qquad (21.78)$$

Der Exponent zur Ermittlung des Breitenfaktors für den Zahnfuß aus

$$N_F = (b/h)^2 / [1 + b/h + (b/h)^2] \qquad (21.79)$$

$(b/h)$ = das Verhältnis Zahnbreite zu Zahnhöhe. Für $(b/h)$ ist der kleinere Wert von $(b_1/h_1)$ und $(b_2/h_2)$, für $(b/h) < 3$ ist $(b/h) = 3$ und für $(b/h) > 12$ ist $K_{F\beta} = K_{H\beta}$ einzusetzen.

***Stirnfaktoren (Stirnlastaufteilungsfaktor) $K_{F\alpha}$ und $K_{H\alpha}$:*** Sie berücksichtigen die Auswirkungen ungleichmäßiger Kraftaufteilung auf mehrere gleichzeitig im Eingriff befindliche Zahnpaare infolge der wirksamen Verzahnungsabweichungen auf die Zahnfußbeanspruchung ($K_{F\alpha}$) bzw. Flankenpressung ($K_{H\alpha}$). Für den Entwurf können $K_{H\alpha}$ und $K_{F\alpha}$ TB 21-19 entnommen werden. Rechnerisch ergeben sich die Werte näherungsweise aus

$$\begin{aligned}\text{für}\quad \varepsilon_\gamma \leq 2 \quad &K_{H\alpha} = K_{F\alpha} \approx \frac{\varepsilon_\gamma}{2} \cdot \left(0{,}9 + \frac{0{,}4 \cdot c_\gamma \cdot (f_{pe} - y_\alpha)}{F_{tH}/b}\right) \geq 1 \\ \text{für}\quad \varepsilon_\gamma > 2 \quad &K_{H\alpha} = K_{F\alpha} \approx 0{,}9 + 0{,}4 \cdot \sqrt{\frac{2 \cdot (\varepsilon_\gamma - 1)}{\varepsilon_\gamma}} \cdot \frac{c_\gamma \cdot (f_{pe} - y_\alpha)}{F_{tH}/b}\end{aligned} \qquad (21.80)$$

| $K_{H\alpha}, K_{F\alpha}, \varepsilon_\gamma$ | $f_{pe}, y_\alpha$ | $F_{tH}$ | $b$ | $c_\gamma$ |
|---|---|---|---|---|
| – | µm | N | mm | N/(mm · µm) |

$\varepsilon_\gamma$ Gesamtüberdeckung, $\varepsilon_\gamma = \varepsilon_\alpha + \varepsilon_\beta$
$c_\gamma$ Eingriffssteifigkeit (Zahnsteifigkeit). Anhaltswerte in N/(mm · µm): $c_\gamma \approx 20$ bei St und GS; $\approx 17$ bei GJS; $\approx 12$ bei GJL; für Radpaarungen mit unterschiedlichen Werkstoffen ist ein Mittelwert anzunehmen, z. B. $c_\gamma \approx 16$ N/(mm · µm) bei St/GJL.
$f_{pe}$ Größtwert der Eingriffsteilungs-Abweichung aus
$f_{pe} \approx [4 + 0{,}315 \cdot (m_n + 0{,}25 \cdot \sqrt{d})] \cdot q'_H$; Werte für $q'_H$ aus TB 21-19b.
$y_\alpha$ Einlaufbetrag; Werte n. TB 21-19c
$F_{tH}$ maßgebende Umfangskraft, $F_{tH} = F_t \cdot K_A \cdot K_{H\beta} \cdot K_v$

*Grenzbedingungen für $K_{H\alpha}$:* Wird nach den Gl. (21.80) $K_{H\alpha} > \varepsilon_\gamma/(\varepsilon_\alpha \cdot Z_\varepsilon^2)$, so ist $K_{H\alpha} = \varepsilon_\gamma/(\varepsilon_\alpha \cdot Z_\varepsilon^2)$ zu setzen und für $K_{H\alpha} < 1{,}0$ der Grenzwert $K_{H\alpha} = 1$ mit dem Überdeckungsfaktor für die Grübchentragfähigkeit $Z_\varepsilon = \sqrt{(4 - \varepsilon_\alpha)/3 \cdot (1 - \varepsilon_\beta) + \varepsilon_\beta/\varepsilon_\alpha}$; für $\varepsilon_\beta > 1$ ist $\varepsilon_\beta = 1$ zu setzen.
*Grenzbedingungen für $K_{F\alpha}$:* Wird nach obigen Gleichungen $K_{F\alpha} > \varepsilon_\gamma/(\varepsilon_\alpha \cdot Y_\varepsilon)$, so ist $K_{F\alpha} = \varepsilon_\gamma/(\varepsilon_\alpha \cdot Y_\varepsilon)$ zu setzen mit dem Überdeckungsfaktor für die Zahnfußtragfähigkeit $Y_\varepsilon = 0{,}25 + 0{,}75/\varepsilon_{\alpha n}$ mit $\varepsilon_{\alpha n} \approx \varepsilon_\alpha/\cos^2\beta$; für $K_{F\alpha} < 1$ gilt $K_{F\alpha} = 1$.

**Gesamtbelastungseinfluss:**
Für die Tragfähigkeitsberechnung ergibt sich damit der Belastungseinfluss für die

$$\begin{aligned}\text{Zahnfußtragfähigkeit:} \quad &K_{F\,ges} = K_A \cdot K_v \cdot K_{F\alpha} \cdot K_{F\beta} \\ \text{Grübchentragfähigkeit:} \quad &K_{H\,ges} = \sqrt{K_A \cdot K_v \cdot K_{H\alpha} \cdot K_{H\beta}}\end{aligned} \qquad (21.81)$$

## 21.5.4 Nachweis der Zahnfußtragfähigkeit

### 1. Auftretende Zahnfußspannung

Am stärksten ist der Zahnfuß gefährdet, wenn die längs der Eingriffslinie wirkende Zahnkraft $F_{bn}$ am Zahnkopf unter dem Kraftangriffswinkel $\alpha_{Fan}$ angreift (Bild 21-26), wobei angenommen wird, dass *ein* Zahn die gesamte Kraft aufnimmt. Als Berechnungsquerschnitt wird die Rechteckfläche mit dem Abstand zwischen den Berührpunkten $BB'$ der 30°-Tangenten an die Fußausrundung, die Sehne $s_{Fn}$ und die Zahnbreite $b$ zugrunde gelegt.

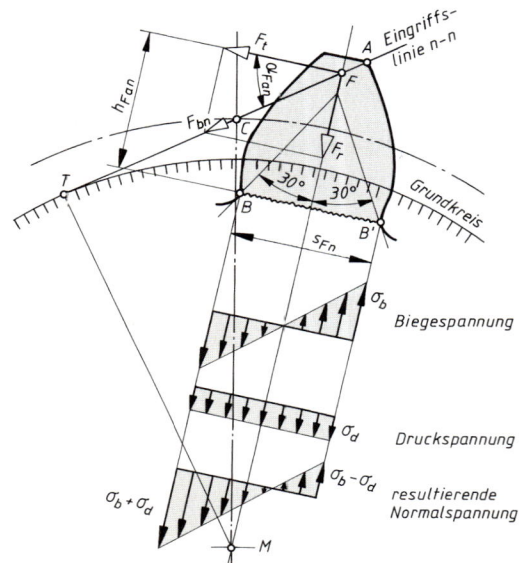

**Bild 21-26**
Verlauf der Normalspannungen am Zahnfuß bei Kraftangriff am Zahnkopf

Wird $F_{bn}$ in die Komponenten $F'_t$ und $F'_r$ zerlegt, ist erkennbar, dass $F'_r$ Druckspannungen $\sigma_d$ und $F'_t = F_{bn} \cdot \cos \alpha_{Fan}$ mit dem Wirkabstand $h_{Fan}$ Biegespannungen $\sigma_b$ sowie außerdem Schubspannungen $\tau$ hervorruft. Bild 21-26 zeigt den Verlauf der Normalspannungen $\sigma_b$ und $\sigma_d$. Versuche haben ergeben, dass sich das Ergebnis der Zusammensetzung der Einzelspannungen zu einer Vergleichsspannung nur unerheblich ändert, wenn $\sigma_d$ und $\tau$ vernachlässigt werden. Damit wird die Berechnung mit hinreichender Genauigkeit allein mit der reinen Biegespannung durchgeführt, wobei die vernachlässigten Spannungen, die Kerbwirkung, die Kraftaufteilung auf mehrere Zähne und bei Schrägverzahnung die längere Berührlinie durch nachfolgend erläuterte Korrekturfaktoren berücksichtigt werden:

**Formfaktor $Y_{Fa}$:** Mit $M = F_{bn} \cdot d_b/2 = F_t \cdot d/2$ wird die *Biegespannung*

$$\sigma_b = M/W = (6 \cdot F_{bn} \cdot \cos \alpha_{Fan} \cdot h_{Fan})/(b \cdot s_{Fn}^2)$$

und auf den Teilkreis bezogen

$$\sigma_b = (6 \cdot F_t \cdot \cos \alpha_{Fan} \cdot h_{Fan})/(\cos \alpha \cdot b \cdot s_{Fn}^2).$$

Wird mit $m$ erweitert, ist

$$\sigma_b = F_t/(b \cdot m) \cdot [6 \cdot m \cdot h_{Fan} \cdot \cos \alpha_{Fan}/(s_{Fn}^2 \cdot \cos \alpha)] = F_t/(b \cdot m) \cdot Y_{Fa}.$$

Der *Formfaktor* $Y_{Fa}$ für den Kraftangriff am Zahnkopf berücksichtigt somit den Einfluss der Zahnform auf $\sigma_b$ und ist unabhängig vom Gegenrad. Er ergibt sich für das Bezugsprofil II aus TB 21-20a. Für Verzahnungen mit Kopfkürzung ist die Veränderung vernachlässigbar gering.

## 21.5 Tragfähigkeitsnachweis

***Spannungskorrekturfaktor*** $Y_{Sa}$**:** Er berücksichtigt die spannungserhöhende Wirkung der Fußausrundung $\varrho_F$ (Kerbe), da am Zahnfuß nicht nur Biegespannung auftritt (s. o.). $Y_{Sa}$ gilt nur in Verbindung mit $Y_{Fa}$. Werte können für das Bezugsprofil II aus TB 21-20b entnommen werden (für andere Bezugsprofile s. DIN 3990 T3).

***Überdeckungsfaktor*** $Y_\varepsilon$**:** Mit $Y_\varepsilon = 0{,}25 + 0{,}75/\varepsilon_{an}$ (s. auch Ermittlung des Stirnfaktors $K_{F\alpha}$) wird der Kraftangriff am Zahnkopf auf die maßgebende Kraftangriffsstelle umgerechnet, wobei $\varepsilon_{an} \approx \varepsilon_\alpha/\cos^2\beta < 2$ gilt (bei Geradverzahnung wird $\beta = 0°$).

***Schrägenfaktor*** $Y_\beta$**:** Er berücksichtigt den Unterschied in der Zahnfußbeanspruchung zwischen der Schrägverzahnung und der zunächst für die Berechnung zugrundegelegten Geradverzahnung im Normalschnitt, womit der Einfluss der schräg über die Flanke verlaufenden Berührlinie erfasst wird. $Y_\beta$-Werte nach TB 21-20c.

Mit den genannten Einflussfaktoren kann näherungsweise die *örtliche Zahnfußspannung* ermittelt werden aus

$$\sigma_{F0} = \frac{F_t}{b \cdot m_n} \cdot Y_{Fa} \cdot Y_{Sa} \cdot Y_\varepsilon \cdot Y_\beta \qquad (21.82)$$

$F_t$ Umfangskraft n. Gl. (21.70)
$b$ Zahnbreite, bei ungleichen Breiten höchstens Überstand von Modul $m$ je Zahnende mittragend, allgemein $b_2 < b_1$
$m_n$ Modul im Normalschnitt nach DIN 780 (bei Geradverzahnung $m_n = m$)
$Y_{Fa}, Y_{Sa}, Y_\varepsilon, Y_\beta$ Erläuterung s. o.

Damit ergibt sich unter Berücksichtigung der Belastungseinflussfaktoren die *Zahnfußspannung*, jeweils getrennt für das Ritzel $\sigma_{F1}$ und das Rad $\sigma_{F2}$, aus

$$\begin{aligned}\sigma_{F1} &= \sigma_{F01} \cdot K_{F\,ges1} \leq \sigma_{FP1} \\ \sigma_{F2} &= \sigma_{F02} \cdot K_{F\,ges2} \leq \sigma_{FP2}\end{aligned} \qquad (21.83)$$

$\sigma_{F0}$ örtliche Zahnfußspannung n. Gl. (21.82)
$K_{F\,ges}$ resultierender Belastungseinfluss n. Gl. (21.81).

### 2. Zulässige Zahnfußspannung $\sigma_{FP}$

Die Biege-Beanspruchbarkeit des Werkstoffes wird aus Versuchen an Prüfrädern im Pulsationsprüfstand ermittelt, s. a. unter Kapitel 20.2. Die gegenüber dem „idealen" Prüfrad vorliegenden Verhältnisse müssen durch entsprechende Korrekturfaktoren berücksichtigt werden:

***Spannungskorrekturfaktor*** $Y_{ST}$**:** berücksichtigt den Unterschied zwischen der Biege-Nenn-Dauerfestigkeit $\sigma_{F\,lim}$ des Standardprüfrades und der Biege-Nenn-Dauerschwellfestigkeit $\sigma_{FE}$ einer ungekerbten Probe unter der Annahme voller Elastizität: $\sigma_{FE} = \sigma_{F\,lim} \cdot Y_{ST}$. Nach DIN 3990T1 wird $Y_{ST} = 2$.

***Lebensdauerfaktor*** $Y_{NT}$**:** berücksichtigt die gegenüber dem Dauerfestigkeitswert $\sigma_{F\,lim}$ vorliegenden Werte im Zeitfestigkeitsbereich. Für eine Lastwechselanzahl $N_L > 3 \cdot 10^6$ (Industriegetriebe) wird $Y_{NT} = 1$; für $N_L < 3 \cdot 10^6$ s. TB 21-21a.

***relative Stützziffer*** $Y_{\delta\,relT}$**:** berücksichtigt die Kerbempfindlichkeit des Werkstoffes als Verhältnis der Stützziffern des zu berechnenden Zahnrades $Y_\delta$ und des Prüfrades $Y_{\delta T}$ und gibt an, um welchen Betrag die Spannungsspitze über der Dauerfestigkeit bei Bruch liegt. Bei praktisch halbrunden Fußrundungen sowohl am Zahn- als auch am Prüfrad wird der relative Einfluss unerheblich und die Stützwirkung kann mit $Y_{\delta\,relT} \approx 1$ vernachlässigt werden; Werte für $Y_{\delta\,relT}$ nach TB 21-21b.

***relativer Oberflächenfaktor*** $Y_{R\,relT}$**:** berücksichtigt den Einfluss der Oberflächenbeschaffenheit in der Fußrundung, bezogen auf die Verhältnisse am Standardprüfrad. Bei gleicher Herstellung von Zahn- und Prüfrad wird der relative Einfluss der Zahnfuß-Oberflächenbeschaffenheit unerheblich und kann vielfach mit $Y_{R\,relT} \approx 1$ vernachlässigt werden; Werte für $Y_{R\,relT}$ aus TB 21-21c.

***Größenfaktor $Y_X$:*** berücksichtigt den Einfluss der Modul-Größe auf die Zahnfußfestigkeit. Für $m < 5$ mm wird $Y_X = 1$; für $m > 5$ mm s. TB 21-21 d.

Mit den Korrekturfaktoren ergibt sich somit die *zulässige Zahnfußspannung* aus

$$\sigma_{FP} = \frac{\sigma_{F\,lim} \cdot Y_{ST} \cdot Y_{NT}}{S_{F\,min}} \cdot Y_{\delta\,relT} \cdot Y_{R\,relT} \cdot Y_X \tag{21.84}$$

oder mit obigen Vereinfachungen ($Y_{ST} = 2$, $Y_{\delta\,rel} = Y_{R\,rel} \approx 1$)

$$\sigma_{FP} \approx 2 \cdot \frac{\sigma_{F\,lim} \cdot Y_{NT} \cdot Y_X}{S_{F\,min}} \tag{21.85}$$

$\sigma_{F\,lim}$    Zahnfuß-Biegenenndauerfestigkeit der Prüfräder nach TB 20-1 u. TB 20-2
$Y_{ST}$, $Y_{NT}$, $Y_{\delta\,relT}$, $Y_{R\,relT}$, $Y_X$ s. Erläuterungen oben
$S_{F\,min}$    Mindestsicherheitsfaktor für die Fußbeanspruchung. Je genauer alle Einflussfaktoren erfasst werden, desto geringer kann $S_{F\,min}$ sein. Als Anhalt gilt $S_{F\,min} = (1)\ldots 1{,}4\ldots 1{,}6$, im Mittel 1,5; bei hohem Schadensrisiko bzw. hohen Folgekosten bis $>3$.

## 21.5.5 Nachweis der Grübchentragfähigkeit

### 1. Auftretende Flankenpressung

Die Berechnung der Grübchentragfähigkeit basiert auf der Flankenpressung $\sigma_H$ im Wälzpunkt. Grundlage ist die von *Hertz* entwickelte Gleichung bei der Pressung zweier ruhender zylindrischer Walzen (Bild 21-27).

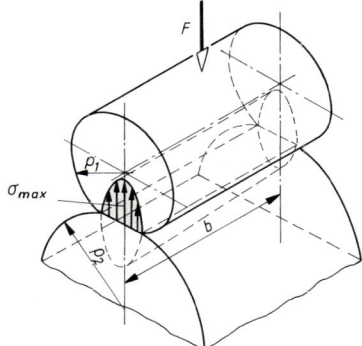

**Bild 21-27**
Pressung zweier Walzen

Werden die Walzen mit den Krümmungsradien $\varrho_1$, $\varrho_2$ und der Breite $b$ durch eine Normalkraft $F$ belastet, ergibt sich nach *Hertz* die in der Pressungszone auftretende *maximale Pressung* (Walzenpressung) aus

$$\sigma_{H\,max} = \sqrt{\frac{1}{2 \cdot \pi \cdot (1 - \nu^2)} \cdot \frac{F \cdot E}{b \cdot \varrho}} = \sqrt{0{,}175 \cdot \frac{F \cdot E}{b \cdot \varrho}} \tag{21.86}$$

$\nu$    Poisson-Zahl; für Stahl, Gusseisen, Leichtmetall wird $\nu \approx 0{,}3$
$E$    $= (2 \cdot E_1 \cdot E_2)/(E_1 + E_2)$ der reduzierte Elastizitätsmodul aus $1/E = 0{,}5 \cdot (1/E_1 + 1/E_2)$
$\varrho$    $= (\varrho_1 \cdot \varrho_2)/(\varrho_1 + \varrho_2)$ der reduzierte Krümmungsradius aus $1/\varrho = 1/\varrho_1 + 1/\varrho_2$

## 21.5 Tragfähigkeitsnachweis

Nach Bild 21-28 gilt für eine beliebige Eingriffsstellung $Y$ der Zähne der Geradstirnräder mit den Betriebswälzkreisradien $r_{w1} = d_{w1}/2$, $r_{w2} = d_{w2}/2$ der Betriebseingriffswinkel $\alpha_w$ aus $\sin\alpha_w = (\varrho_{y1} + \varrho_{y2})/(r_{w1} + r_{w2})$. Damit und mit den Grundkreisradien $r_{b1} = d_{b1}/2$, $r_{b2} = d_{b2}/2$ werden $\varrho_{y1} = r_{b1} \cdot \tan\alpha_{y1}$ bzw. $\varrho_{y2} = r_{b2} \cdot \tan\alpha_{y2} = u \cdot r_{b1} \cdot \tan\alpha_{y2}$. Somit ist

$$\varrho_y = (\varrho_{y1} \cdot \varrho_{y2})/(\varrho_{y1} + \varrho_{y2}) = (r_{b1}\cdot\tan\alpha_{y1}\cdot u\cdot r_{b1}\cdot\tan\alpha_{y2})/[(u+1)\cdot r_{w1}\cdot\sin\alpha_w]$$
$$= (u\cdot r_{b1}^2\cdot\tan\alpha_{y1}\cdot\tan\alpha_{y2})/[(u+1)\cdot r_{w1}\cdot\sin\alpha_w].$$

Mit dem Teilkreisradius $r_1 = d_1/2$ ist der Wälzkreisradius $r_{w1} = r_1 \cdot \cos\alpha/\cos\alpha_w$ und $r_{b1} = r_1 \cdot \cos\alpha$, so dass

$$\varrho_y = \frac{u\cdot r_1^2\cdot\cos^2\alpha\cdot\tan\alpha_{y1}\cdot\tan\alpha_{y2}\cdot\cos\alpha_w}{(u+1)\cdot r_1\cdot\cos\alpha\cdot\sin\alpha_w} = \frac{d_1\cdot u\cdot\cos\alpha\cdot\tan\alpha_{y1}\cdot\tan\alpha_{y2}}{2\cdot(u+1)\cdot\tan\alpha_w}$$

Wird dieser Wert in die Gl. (21.86) eingesetzt, ergibt sich mit $F \cong F_{bn} = F_t/\cos\alpha$ die *Pressung für eine beliebige Eingriffsstellung Y*

$$\sigma_{HY} = \sqrt{0{,}175 \cdot \frac{F_t \cdot E}{b\cdot d_1} \cdot \frac{u+1}{u} \cdot \frac{2\cdot\tan\alpha_w}{\cos^2\alpha\cdot\tan\alpha_{y1}\cdot\tan\alpha_{y2}}}$$

und mit $\alpha_{y1} = \alpha_{y2} = \alpha_w$ wird für Geradstirnräder die *Pressung im Wälzpunkt C*

$$\sigma_{HC} = \sqrt{0{,}175 \cdot \frac{F_t\cdot E}{b\cdot d_1}\cdot\frac{u+1}{u}\cdot\frac{2}{\cos^2\alpha\cdot\tan\alpha_w}}$$
$$= \sqrt{\frac{F_t}{b\cdot d_1}\cdot\frac{u+1}{u}}\cdot\sqrt{\frac{2}{\cos^2\alpha\cdot\tan\alpha_w}}\cdot\sqrt{0{,}175\cdot E} = \sqrt{\frac{F_t}{b\cdot d_1}\cdot\frac{u+1}{u}}\cdot Z_H\cdot Z_E \qquad (21.87)$$

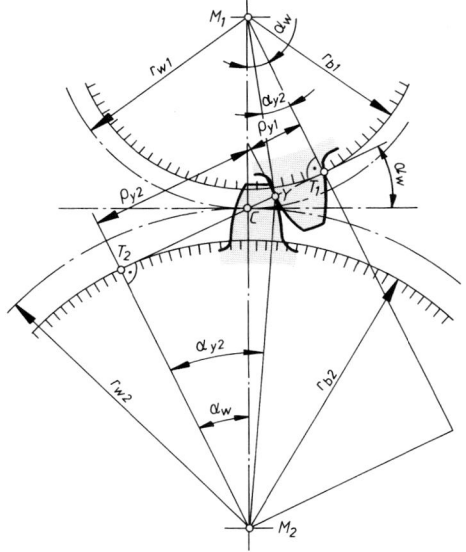

**Bild 21-28**
Krümmungsradien der Flanken $\varrho_{y1}$, $\varrho_{y2}$ in beliebiger Eingriffsstellung $Y$ mit den Profilwinkeln $\alpha_{y1}$ und $\alpha_{y2}$

Nach der *Hertz*schen Gleichung (21.86) werden die wirklichen Verhältnisse bei Zahnrädern nur angenähert erfasst, da die Krümmungsradien der Flanken veränderlich sind, außerdem Flankenreibung auftritt und die Schmierung unberücksichtigt bleibt. Diese und weitere Einflüsse sollen durch nachfolgend erläuterte Korrekturfaktoren berücksichtigt werden:

**Zonenfaktor $Z_H$:** berücksichtigt die Flankenkrümmung im Wälzpunkt;
$Z_H = \sqrt{2\cdot\cos\beta_b/(\cos^2\alpha_t\cdot\tan\alpha_{wt})}$, (bei Geradverzahnung wird $\beta_b = 0°$, $\alpha_t = \alpha$, $\alpha_{wt} = \alpha_w$); Werte für $Z_H$ aus TB 21-22a.

***Elastizitätsfaktor $Z_E$:*** berücksichtigt den Einfluss der E-Moduln der Ritzel- und Radwerkstoffe auf die *Hertz*sche Pressung. Mit $E = (2 \cdot E_1 \cdot E_2)/(E_1 + E_2)$ und $\nu \approx 0{,}3$ (s. zu Gl. (21.86)) wird $Z_E = \sqrt{0{,}175 \cdot E}$. Werte für relevante Werkstoffpaarungen aus TB 21-22b.

***Überdeckungsfaktor $Z_\varepsilon$:*** berücksichtigt den Einfluss der Lastaufteilung auf mehrere am Eingriff beteiligte Flankenpaare auf die rechnerische *Hertz*sche Pressung. Für Geradverzahnung wird $Z_\varepsilon = \sqrt{(4 - \varepsilon_\alpha)/3}$; bei Schrägverzahnung wird für $\varepsilon_\beta \geq 1$, $Z_\varepsilon = \sqrt{1/\varepsilon_\alpha}$; bei $\varepsilon_\beta < 1$ ist $Z_\varepsilon = \sqrt{(4 - \varepsilon_\alpha)/3 \cdot (1 - \varepsilon_\beta) + \varepsilon_\beta/\varepsilon_\alpha}$; Werte aus TB 21-22c.

***Schrägenfaktor $Z_\beta$:*** erfasst die Verbesserung der Tragfähigkeit auf Flankenpressung mit zunehmendem Schrägungswinkel: $Z_\beta = \sqrt{\cos \beta}$.

Mit diesen Einflussgrößen ergibt sich für Stirnräder der *Nennwert für die Flankenpressung* im Wälzpunkt C

$$\sigma_{H0} = \sigma_{HC} \cdot Z_\varepsilon \cdot Z_\beta = Z_H \cdot Z_E \cdot Z_\varepsilon \cdot Z_\beta \cdot \sqrt{\frac{F_t}{b \cdot d_1} \cdot \frac{u+1}{u}} \qquad (21.88)$$

$F_t$            Nennumfangskraft
$b$             Zahnbreite, bei ungleicher Breite der Räder die kleinere Zahnbreite
$d_1$           Teilkreisdurchmesser des Ritzels
$u = z_2/z_1 \geq 1$    Zähnezahlverhältnis; beim Zahnstangengetriebe wird $u = \infty$, so dass $(u+1)/u = 1$ ist
$Z_H, Z_E, Z_\varepsilon, Z_\beta$    Einflussfaktoren; Erläuterung s. o.

und mit dem Belastungseinflussfaktor nach Gl. (21.81) wird für beide Räder die auftretende *Flankenpressung am Wälzkreis*

$$\sigma_H = \sigma_{H0} \cdot K_{H\,ges} \leq \sigma_{HP} \qquad (21.89)$$

## 2. Zulässige Flankenpressung $\sigma_{HP}$

Gegenüber den Bedingungen bei der Ermittlung der Dauerfestigkeitswerte $\sigma_{H\,lim}$ müssen die in der Regel vorliegenden „anderen" Voraussetzungen durch entsprechende Korrekturfaktoren berücksichtigt werden. So z. B. durch den

***Schmierstofffaktor $Z_L$:*** für Mineralöle abhängig von der Nennviskosität $\nu$ bei 50° bzw. 40° nach TB 21-23a (keine Empfehlung für $\nu$-Wahl!). Mit $C_{ZL} = \sigma_{H\,lim}/4375 + 0{,}6357$ für $850 \text{ N/mm}^2 \leq \sigma_{H\,lim} \leq 1200 \text{ N/mm}^2$ bzw. $C_{ZL} = 0{,}83$ für $\sigma_{H\,lim} < 850 \text{ N/mm}^2$ und $C_{ZL} = 0{,}91$ für $\sigma_{H\,lim} > 1200 \text{ N/mm}^2$ wird $Z_L \approx C_{ZL} + [4 \cdot (1 - C_{ZL})]/(1{,}2 + 134/\nu_{40})^2$.

***Geschwindigkeitsfaktor $Z_v$:*** berücksichtigt den Einfluss der Umfangsgeschwindigkeit auf die Flankentragfähigkeit. Werte aus TB 21-23b. Mit $C_{Zv} = C_{ZL} + 0{,}02$ wird mit $v$ in m/s $Z_v \approx C_{Zv} + [2 \cdot (1 - C_{Zv})]/\sqrt{0{,}8 + 32/v}$.

***Rauheitsfaktor $Z_R$:*** abhängig von der relativen Rautiefe bezogen auf einen Achsabstand von 100 mm erfasst den Einfluss der Flanken-Oberflächenbeschaffenheit auf die Grübchentragfähigkeit. Werte aus TB 21-23c. Mit $R_{z100} = 0{,}5 \cdot (R_{z1} + R_{z2}) \cdot (100/a)^{1/3} > 4\,\mu\text{m}$ für Achsabstand $a$ in mm und $C_{ZR} = 0{,}32 - 0{,}0002 \cdot \sigma_{H\,lim}$ für $850 \text{ N/mm}^2 \leq \sigma_{H\,lim} \leq 1200 \text{ N/mm}^2$ bzw. $C_{ZR} = 0{,}15$ für $\sigma_{H\,lim} < 850 \text{ N/mm}^2$ und $C_{ZR} = 0{,}08$ für $\sigma_{H\,lim} > 1200 \text{ N/mm}^2$ wird $Z_R \approx (3/R_{z100})^{C_{ZR}}$. Bei gegebenem Mittenrauwert $R_a$ kann zur Ermittlung von $Z_R$ näherungsweise gesetzt werden: $R_z \approx 6 \cdot R_a$.

***Lebensdauerfaktor $Z_{NT}$:*** berücksichtigt eine höhere zulässige Pressung, wenn in Zeitgetrieben eine begrenzte Lebensdauer gefordert wird. Stehen keine Versuchswerte zur Verfügung, können $Z_{NT}$-Werte aus TB 21-23d angenähert abgelesen werden. In diesem Fall gilt $Z_v = Z_L = Z_R = Z_W = Z_X = 1$.

## 21.5 Tragfähigkeitsnachweis

***Werkstoffpaarungsfaktor $Z_W$:*** berücksichtigt die Zunahme der Flankenfestigkeit eines Rades aus Baustahl, Vergütungsstahl oder GJS bei Paarung mit einem gehärteten Ritzel und glatten Flanken $R_z \leq 6\,\mu m$. $Z_W = 1{,}2 - (HB - 130)/1700$. Für $HB < 130$ wird $Z_W = 1{,}2$, für $HB > 470$ wird $Z_W = 1$ gesetzt; s. TB 21-23e.

***Größenfaktor $Z_X$:*** berücksichtigt den Einfluss der Zahnabmessungen. Für randgehärtete bzw. nitrierte Stähle können Anhaltswerte für $m > 10$ mm bzw. $m > 8$ mm aus TB 21-21d (Strichlinie) entnommen werden.

*Hinweis:* Bei Radpaarungen sind $Z_L$, $Z_v$, $Z_R$ stets für den weicheren Werkstoff zu bestimmen. Für Industriegetriebe gilt $Z_L \cdot Z_v \cdot Z_R = 0{,}85$ für wälzgefräste, -gehobelte oder gestoßene Verzahnungen; $Z_L \cdot Z_v \cdot Z_R = 0{,}92$ für nach dem Verzahnen geschliffene oder geschabte Zähne mit $R_{z100} > 4\,\mu m$; $Z_L \cdot Z_v \cdot Z_R = 1$ für geschliffene oder geschabte Verzahnung mit $R_{z100} \leq 4\,\mu m$.

Mit den Korrekturfaktoren wird die (jeweils getrennt für das Ritzel und das Rad ermittelte) *zulässige Flankenpressung*

$$\boxed{\sigma_{HP} = \frac{\sigma_{H\lim} \cdot Z_{NT}}{S_{H\min}} \cdot (Z_L \cdot Z_v \cdot Z_R) \cdot Z_W \cdot Z_X} \tag{21.90}$$

$\sigma_{H\lim}$    Dauerfestigkeitswert als Grenze der dauernd ertragbaren Pressung für einen gegebenen Werkstoff, der über $N_L \geq 5 \cdot 10^7$ Lastwechsel ertragen werden kann. Richtwerte für übliche Werkstoffe aus TB 20-1 und TB 20-2

$Z_{NT}, Z_L, Z_v, Z_R, Z_W, Z_X$ Einflussfaktoren; Erläuterung s. o.

$S_{H\min}$    geforderte Mindestsicherheit für Grübchentragfähigkeit. Als Anhalt kann gesetzt werden $S_{H\min} \approx (1) \ldots 1{,}3$, bei hohem Schadensrisiko bzw. hohen Folgekosten $S_{H\min} \geq 1{,}6$

### 21.5.6 Berechnungsbeispiele (Tragfähigkeitsnachweis)

■ **Beispiel 21.7:** Für ein mit der Propellerwelle gekoppeltes einstufiges geradverzahntes Getriebe, das mit einem Zweizylinder-Verbrennungsmotor starr verbunden ist, sind entsprechend der Entwurfsvorlage folgende Daten bekannt:
$m = 7$ mm, Bezugsprofil DIN 867 ($\alpha = 20°$), $a = 307$ mm, $\varepsilon_\alpha \approx 1{,}4$, Verzahnungsqualität 7, Werkstoff (Ritzel und Rad) für geschliffene Zähne $R_z = 4\,\mu m$ 42CrMo4 induktionsgehärtet (einschließlich Zahnfuß) auf 55HRC mit $\sigma_{F\lim} = 300\,N/mm^2$ und $\sigma_{H\lim} = 1200\,N/mm^2$.

Ritzel:    $z_1 = 15$,    $d_1 = 105$ mm,    $d_{b1} = 98{,}668$ mm,    $d_{w1} = 107{,}093$ mm,    $d_{a1} = 125{,}154$ mm,
          $x_1 = 0{,}5$,    $b_1 = 46$ mm;

Rad:      $z_2 = 71$,    $d_2 = 497$ mm,    $d_{b2} = 467{,}027$ mm,    $d_{w2} = 506{,}907$ mm,    $d_{a2} = 516{,}006$ mm,
          $x_2 = 0{,}418$,    $b_2 = 44$ mm.

Gerechnet wird mit einem Nenn-Antriebsdrehmoment $T_1 = 750$ Nm. Entsprechend den Herstellervorschriften wird zur Berücksichtigung von Drehmomentschwankungen und Stößen das Produkt aus Anwendungs- und Dynamikfaktor $K_A \cdot K_v \approx 1{,}4$ eingesetzt.
Zu ermitteln ist
a) die Zahnfuß-Tragfähigkeit für $N_L \approx 3 \cdot 10^6$ Lastwechsel bei $S_{F\min} = 1{,}5$,
b) die Grübchen-Tragfähigkeit für $N_L \approx 3 \cdot 10^6$ Lastwechsel bei $S_{H\min} = 1{,}2$.

▶ **Lösung a):** Die Nenn-Umfangskraft aus Gl. (21.67) mit $d_{w1} = 107{,}093$ mm und $T_1 = 750 \cdot 10^3$ N/mm ergibt sich mit $F_t = 14\,006$ N.
Da keine weiteren Getriebeabmessungen bekannt sind, wird die Flankenlinienabweichung $f_{sh}$ erfahrungsgemäß nach TB 21-16a für $b_{\min} \cong b_2 = 44$ mm, $F_t/b_2 \approx 318$ N/mm für $b > 40 \ldots 10$ mm mit 8 μm bei Verzahnungsqualität 7 festgelegt. Für diese Qualität ergibt sich die Herstellabweichung

$$f_{ma} = c \cdot 4{,}16 \cdot b^{0{,}14} \cdot q_H = 1 \cdot 4{,}16 \cdot 44^{0{,}14} \cdot 1{,}85 \approx 13\,\mu m.$$

Damit ist die vor dem Einlaufen wirksame Flankenlinienabweichung nach Gl. (21.77)

$$F_{\beta x} = f_{ma} + 1{,}33 \cdot f_{sh} = 13 + 1{,}33 \cdot 8 \approx 23{,}7\,\mu m.$$

Wird aus TB 21-17 entsprechend dem Werkstoff IF der Einlaufbetrag $y_\beta = 0{,}15 \cdot F_{\beta x} = 3{,}6\,\mu m$ ermittelt, ergibt sich nach dem Einlaufen die wirksame Flankenlinienabweichung

$$F_{\beta y} = F_{\beta x} - y_\beta = 23{,}7\,\mu m - 3{,}6\,\mu m \approx 20\,\mu m.$$

Damit können für $F_m/b_2 = (K_A \cdot K_v) \cdot F_t/b_2 = 1{,}4 \cdot 14\,006\,\text{N}/44\,\text{mm} \approx 446\,\text{N/mm}$ nach Gl. (21.74) die Breitenfaktoren mit $K_{H\beta} \approx 1{,}45$ (für die Grübchentragfähigkeit) und $K_{F\beta} \approx 1{,}3$ (für die Zahnfußtragfähigkeit) ermittelt werden. Die Stirnfaktoren sind gemäß TB 21-19a für Qualität 7 gehärtet: $K_{F\alpha} = K_{H\alpha} = 1$. Somit ergeben sich für den Gesamtbelastungseinfluss für die Zahnfuß- und Zahnflankenbeanspruchung nach Gl. (21.81)

$$K_{F\,\text{ges}} = K_A \cdot K_v \cdot K_{F\alpha} \cdot K_{F\beta} = (1{,}4) \cdot 1 \cdot 1{,}3 \approx 1{,}82$$

$$K_{H\,\text{ges}} = \sqrt{K_A \cdot K_v \cdot K_{H\alpha} \cdot K_{H\beta}} = \sqrt{(1{,}4) \cdot 1 \cdot 1{,}45} \approx 1{,}43$$

Die örtlichen Zahnfußspannungen nach Gl. (21.82) für das

*Ritzel:* $\sigma_{F01} = F_t/(b_1 \cdot m_n) \cdot Y_{Fa1} \cdot Y_{Sa1} \cdot Y_\varepsilon = \ldots \approx 150\,\text{N/mm}^2$

mit $Y_{Fa1} \approx 2{,}32$ (TB 21-20a), $Y_{Sa1} \approx 1{,}99$ (TB 21-20b), $Y_\varepsilon = 0{,}25 + 0{,}75/\varepsilon_{an} = 0{,}25 + 0{,}75/1{,}38 \approx 0{,}79$ (s. über Gl. (21.82));

*Rad:* $\sigma_{F02} = F_t/(b_2 \cdot m_n) \cdot Y_{Fa2} \cdot Y_{Sa2} \cdot Y_\varepsilon = \ldots \approx 158\,\text{N/mm}^2$

mit $Y_{Fa2} \approx 2{,}12$ (TB 21-20a), $Y_{Sa2} \approx 2{,}08$ (TB 21-20b), $Y_\varepsilon \approx 0{,}25 + 0{,}75/\varepsilon_{an} = 0{,}25 + 0{,}75/1{,}38 \approx 0{,}79$ (s. o.).

Unter Berücksichtigung der Belastungseinflussfaktoren ergeben sich nach Gl. (21.83) die Zahnfußspannungen

*Ritzel:* $\sigma_{F1} = \sigma_{F01} \cdot K_{K\,\text{ges}} = 150\,\text{N/mm}^2 \cdot 1{,}82 \approx 273\,\text{N/mm}^2$;

*Rad:* $\sigma_{F2} = \sigma_{F02} \cdot K_{K\,\text{ges}} = 158\,\text{N/mm}^2 \cdot 1{,}82 \approx 285\,\text{N/mm}^2$.

Die zulässige Zahnfußspannung wird nach Gl. (21.85) für das

*Ritzel:* $\sigma_{FP1} = \sigma_{F\lim 1} \cdot Y_{ST} \cdot Y_{NT1} \cdot Y_{\delta\,\text{rel}\,T1} \cdot Y_{R\,\text{rel}\,T1} \cdot Y_X/S_{F\min} = \ldots \approx 425\,\text{N/mm}^2$

mit $\sigma_{F\lim 1} = 300\,\text{N/mm}^2$, $Y_{ST} = 2$, $Y_{NT1} = 1$ (TB 21-21a), $Y_{\delta\,\text{rel}\,T1} = 1{,}02$ (TB 21-20b), $Y_{R\,\text{rel}\,T} = 1{,}05$ (TB 21-21c), $Y_X = 1$ (TB 21-21d), $S_{F\min} = 1{,}5$ (s. zu Gl. (21.85));

*Rad:* $\sigma_{FP1} = \sigma_{FP2} = 425\,\text{N/mm}^2$ da gleiche Werkstoffe.

**Ergebnis:** Aufgrund der errechneten Zahnfuß-Tragfähigkeit ergeben sich bei Wahl des Werkstoffs Vergütungsstahl 42CrMo4 induktionsgehärtet auf 55HRC für das Ritzel $\sigma_{F1} = 273\,\text{N/mm}^2 < \sigma_{FP} = 425\,\text{N/mm}^2$ und für das Rad $\sigma_{F2} = 285\,\text{N/mm}^2 < \sigma_{FP} = 425\,\text{N/mm}^2$.

▶ **Lösung b):** Nach Gl. (21.88) ist der Nennwert für die Flankenpressung im Wälzpunkt C

$$\sigma_{H0} = Z_H \cdot Z_E \cdot Z_\varepsilon \cdot \sqrt{F_t/(b_2 \cdot d_1) \cdot (u+1)/u} = \ldots \approx 785\,\text{N/mm}^2$$

mit $Z_H = 2{,}32$ (TB 21-22a) für $\beta = 0°$ und $(x_1 + x_2)/(z_1 + z_2) = 0{,}010\,67$, $Z_E = 189{,}9\sqrt{\text{N/mm}^2}$ (TB 21-22b) für Stahl mit Stahl, $Z_\varepsilon = 0{,}93$ (TB 21-22c) für $\varepsilon_\alpha \approx 1{,}4$, $F_t = 14\,006\,\text{N}$, $b_2 = 44\,\text{mm}$, $d_1 = 105\,\text{mm}$, $u = i = 4{,}733$.

Nach Gl. (21.89) wird die Flankenpressung für Ritzel und Rad

$$\sigma_H = \sigma_{H0} \cdot K_{H\,\text{ges}} = 785\,\text{N/mm}^2 \cdot 1{,}425 \approx 1128\,\text{N/mm}^2.$$

Die zulässige Flankenpressung wird nach Gl. (21.90)

$$\sigma_{HP} = \sigma_{H\lim} \cdot Z_{NT} \cdot (Z_L \cdot Z_v \cdot Z_R) \cdot Z_W \cdot Z_X = \ldots \approx 1230\,\text{N/mm}^2$$

mit $\sigma_{H\lim} = 1200\,\text{N/mm}^2$, $Z_{NT} = 1{,}23$ (TB 21-23d), $(Z_L \cdot Z_v \cdot Z_R) = 1$ (TB 21-23a, b, c), $Z_W = 1$ (TB 21-23e), $Z_X = 1$ (TB 21-21d), $S_{H\min} \approx 1{,}2$.

**Ergebnis:** Für den gewählten Werkstoff ist für die Pressung

$$\sigma_H = 1128\,\text{N/mm}^2 < \sigma_{HP} = 1230\,\text{N/mm}^2.$$

Das Getriebe ist für $N_L = 3 \cdot 10^6$ Lastwechsel nicht gefährdet.

## 21.5 Tragfähigkeitsnachweis

■ **Beispiel 21.8:** Die Zahnfuß- und Grübchentragfähigkeit eines einsatzgehärteten Schrägstirnradpaares mit geschliffenen Zähnen ($R_z = 4\,\mu m$), das mittig zwischen den Lagern angeordnet ist, sind für eine Nennleistung $P = 22$ kW bei gleichmäßigem Lauf der Antriebsmaschine mit $n_1 = 1400$ min$^{-1}$ und mäßigen Stößen der getriebenen Maschine
a) auf Zahnbruchsicherheit
b) auf Grübchensicherheit
für $N_L = 5 \cdot 10^6$ Lastwechsel zu überprüfen.
Aus Angaben in der Zeichnung nach DIN 3966 T1 sind bekannt: $m_n = 2$ mm, Bezugsprofil DIN 867 ($\alpha = 20°$), $\beta = 24°$, $a = 74$ mm, $\varepsilon_\alpha = 1{,}42$, $\varepsilon_\beta = 1{,}07$, $\varepsilon_\gamma = 2{,}49$, Verzahnungsqualität 6, Werkstoff (Ritzel und Rad) 16MnCr5 einsatzgehärtet auf 60HRC und geschliffen mit $\sigma_{Flim} = 450$ N/mm$^2$ und $\sigma_{Hlim} = 1450$ N/mm$^2$;

*Ritzel:* $z_1 = 33$, $d_1 = 72{,}246$ mm, $d_{b1} = 67{,}115$ mm, $d_{w1} = 72{,}895$ mm, $d_{a1} = 76{,}890$ mm, $x_1 = 0{,}17$, $b_1 = 17{,}5$ mm;

*Rad:* $z_2 = 34$, $d_2 = 74{,}435$ mm, $d_{w2} = 75{,}104$ mm, $d_{b2} = 69{,}149$ mm, $d_{a2} = 79{,}073$ mm, $x_2 = 0{,}169$, $b_2 = 16{,}5$ mm.

▶ **Lösung:**
Mit der Nennleistung $P = 22$ kW bei der Drehzahl $n_1 = 1400$ min$^{-1}$ wird das Nenndrehmoment
$$T_1 = 9550 \cdot P/n_1 = 9550 \cdot 22/1400 = 150 \text{ Nm und damit die Nenn-Umfangskraft}$$
$$F_{t1} = T_1/(d_{w1}/2) = 150 \cdot 10^3 \text{ Nmm}/(72{,}895 \text{ mm}/2) = 4116 \text{ N ermittelt.}$$

Nach Abschnitt 21.5.3 werden die Belastungseinflussfaktoren bestimmt: Aus TB 3-5 ist für die vorliegenden Betriebsverhältnisse der Anwendungsfaktor $K_A = 1{,}25$. Der Dynamikfaktor nach Gl. (21.73)
$$K_v = 1 + [K_1 \cdot K_2/(K_A \cdot (F_t/b)) + K_3] \cdot K_4 = \ldots \approx 1{,}05$$
mit $K_1 = 8{,}5$, $K_2 = 1$, $K_3 = 0{,}0087$ (jeweils aus TB 21-15), $K_4 \approx 1{,}265$ m/s mit $v_t \approx 5{,}34$ m/s (s. zu Gl. (21.73)), $K_A = 1{,}25$ (s. o.), $F_t = 4116$ N, $b = 16{,}5$ mm.
Die Flankenlinienabweichung durch Verformung kann nach Gl. (21.75) für $s = 0$ (der Wert in der eckigen Klammer wird 1, da mittige Radanordnung) vereinfacht ermittelt werden aus
$$f_{sh} \approx 0{,}023 \cdot (F_m/b) \cdot (b/d_1)^2 = \ldots \approx 0{,}4\,\mu m$$
mit $F_m/b = K_v \cdot K_A \cdot F_t/b = 1{,}05 \cdot 1{,}25 \cdot 4116$ N/16,5 mm $\approx 327{,}41$ N/mm, $(b_1/d_1)^2 = (16{,}5$ mm$/72{,}246$ mm$)^2 \approx 0{,}052$.
Die Herstellabweichung nach Gl. (21.76) für die 6. Qualität mit $q_H = 1{,}32$ (TB 21-15)
$$f_{ma} = 4{,}16 \cdot b^{0{,}14} \cdot q_H = 4{,}16 \cdot 16{,}5^{0{,}14} \cdot 1{,}32 \approx 8\,\mu m.$$
Damit ist die vor dem Einlaufen wirksame Flankenlinienabweichung nach Gl. (21.77)
$$F_{\beta x} = f_{ma} + 1{,}33 \cdot f_{sh} = 8 + 1{,}33 \cdot 0{,}4 \approx 8{,}66\,\mu m.$$
Wird aus TB 21-17 entsprechend dem Werkstoff IF der Einlaufbetrag $y_\beta = 0{,}15 \cdot F_{\beta x} = 1{,}3\,\mu m$ ermittelt, ergibt sich nach dem Einlaufen die wirksame Flankenlinienabweichung
$$F_{\beta y} = F_{\beta x} - y_\beta = 8{,}66\,\mu m - 1{,}3\,\mu m \approx 7{,}4\,\mu m.$$
Damit können für $F_m/b_2 = K_A \cdot K_v \cdot F_t/b_2 = 1{,}25 \cdot 1{,}05 \cdot 4116$ N/16,5 mm $\approx 327$ N/mm nach Gl. (21.74) die Breitenfaktoren mit $K_{H\beta} \approx 1{,}22$ (für die Grübchentragfähigkeit) und $K_{F\beta} \approx 1{,}16$ (für die Zahnfußtragfähigkeit) ermittelt werden. Die Stirnfaktoren sind gemäß TB 21-19a für Qualität 6 gehärtet: $K_{F\alpha} = K_{H\alpha} = 1$. Somit ergeben sich für den Gesamtbelastungseinfluss für die Zahnfuß- und Zahnflankenbeanspruchung nach Gl. (21.81)
$$K_{Fges} = K_A \cdot K_v \cdot K_{F\alpha} \cdot K_{F\beta} = 1{,}25 \cdot 1{,}05 \cdot 1 \cdot 1{,}16 \approx 1{,}53$$
$$K_{Hges} = \sqrt{K_A \cdot K_v \cdot K_{H\alpha} \cdot K_{F\beta}} = \sqrt{1{,}25 \cdot 1{,}05 \cdot 1 \cdot 1{,}22} \approx 1{,}27.$$
Die örtlichen Zahnfußspannungen nach Gl. (21.82) für das

*Ritzel:* $\sigma_{F01} = F_t/(b_1 \cdot m_n) \cdot Y_{Fa1} \cdot Y_{Sa1} \cdot Y_\varepsilon = \ldots \approx 272$ N/mm$^2$

mit $Y_{Fa1} \approx 2{,}3$ (TB 21-20a) für $z_{n1} = 43{,}3$, $Y_{Sa1} \approx 1{,}85$ (TB 21-20b), $Y_\varepsilon \approx 0{,}25 + 0{,}75/\varepsilon_{\alpha n}$
$= 0{,}25 + 0{,}75/1{,}66 \approx 0{,}69$ (s. über Gl. (21.82));

*Rad:* $\sigma_{F02} = F_t/(b_2 \cdot m_n) \cdot Y_{Fa2} \cdot Y_{Sa2} \cdot Y_\varepsilon = \ldots \approx 290$ N/mm$^2$

mit $Y_{Fa2} \approx 2{,}29$ (TB 21-20a) für $z_{n2} = 44{,}6$, $Y_{Sa2} \approx 1{,}87$ (TB 21-20b), $Y_\varepsilon \approx 0{,}69$ (s. o.).
Unter Berücksichtigung der Belastungseinflussfaktoren ergeben sich nach Gl. (21.83) die Zahnfußspannungen

    *Ritzel:*    $\sigma_{F1} = \sigma_{F01} \cdot K_{F\,ges} = 272\,\text{N/mm}^2 \cdot 1{,}53 \approx 416\,\text{N/mm}^2$ ;

    *Rad:*      $\sigma_{F2} = \sigma_{F02} \cdot K_{F\,ges} = 290\,\text{N/mm}^2 \cdot 1{,}53 \approx 444\,\text{N/mm}^2$ .

Die zulässige Zahnfußspannung wird nach Gl. (21.84) für das

    *Ritzel:*    $\sigma_{FP1} = \sigma_{F\,lim1} \cdot Y_{ST} \cdot Y_{Nt1} \cdot Y_{\delta\,rel\,T1} \cdot Y_{R\,rel\,T1} \cdot Y_X / S_{F\,lim} = \ldots \approx 618\,\text{N/mm}^2$

mit $\sigma_{F\,lim1} = 450\,\text{N/mm}^2$, $Y_{ST} = 2$, $Y_{NT1} = 1$ (TB 21-21a), $Y_{\delta\,rel\,T1} = 1$ (TB 21-21b), $Y_{R\,rel\,T1} = 1{,}03$ (TB 21-21c), $Y_X = 1$ (TB 21-21d), $S_{F\,min} = 1{,}5$ (s. zu Gl. (21.85));

    *Rad:*      $\sigma_{FP1} = \sigma_{FP2} = 618\,\text{N/mm}^2$ da gleiche Werkstoffe.

**Ergebnis:** Aufgrund der errechneten Zahnfuß-Tragfähigkeit ergeben sich bei Wahl des Werkstoffes Vergütungsstahl 42CrMo4 induktionsgehärtet auf 55HRC für das Ritzel $\sigma_{F1} = 416\,\text{N/mm}^2 < \sigma_{FP} = 618\,\text{N/mm}^2$ und für das Rad $\sigma_{F2} = 444\,\text{N/mm}^2 < \sigma_{FP} = 618\,\text{N/mm}^2$.

▶ **Lösung b):** Nach Gl. (21.88) ist der Nennwert für die Flankenpressung im Wälzpunkt C

     $\sigma_{H0} = Z_H \cdot Z_E \cdot Z_\varepsilon \cdot \sqrt{F_t/(b_2 \cdot d_1) \cdot (u+1)/u} = \ldots \approx 884\,\text{N/mm}^2$

mit $Z_H = 2{,}25$ (TB 21-22a) für $\beta = 24°$ und $(x_1 + x_2)/(z_1 + z_2) = 0{,}005\,052$, $Z_E = 189{,}8\,\sqrt{\text{N/mm}^2}$ (TB 21-22b) für Stahl mit Stahl, $Z_\varepsilon = 0{,}83$ (TB 21-22c) für $\varepsilon_\alpha \approx 1{,}42$, $F_t = 4117\,\text{N}$, $b_2 = 16{,}5\,\text{mm}$, $d_1 = 72{,}246\,\text{mm}$, $u = i = 1{,}0303$.

Nach Gl. (21.89) wird die Flankenpressung für Ritzel und Rad

     $\sigma_H = \sigma_{H0} \cdot K_{H\,ges} = 884\,\text{N/mm}^2 \cdot 1{,}27 \approx 1122\,\text{N/mm}^2$ .

Die zulässige Flankenpressung wird nach Gl. (21.90)

     $\sigma_{HP} = \sigma_{H\,lim} \cdot Z_{NT} \cdot (Z_L \cdot Z_v \cdot Z_R) \cdot Z_W \cdot Z_X / S_{H\,min} = \ldots \approx 1350\,\text{N/mm}^2$

mit $\sigma_{H\,lim} = 1450\,\text{N/mm}^2$, $Z_{NT} = 1{,}2$ (TB 21-23d), $Z_L = 1$, $Z_v = 0{,}97$, $Z_R = 0{,}96$, (TB 21-23a, b, c), $Z_W = 1$ (TB 21-23e), $Z_X = 1$ (TB 21-23d), $S_{H\,min} \approx 1{,}2$.

**Ergebnis:** Für den gewählten Werkstoff ist für die Pressung

     $\sigma_H = 1122\,\text{N/mm}^2 < \sigma_{HP} = 1350\,\text{N/mm}^2$ .

Das Getriebe ist für $N_L = 3 \cdot 10^6$ Lastwechsel nicht gefährdet.

# 22 Kegelräder und Kegelradgetriebe

## 22.1 Grundformen, Funktion und Verwendung

Kegelräder mit Gerad-, Schräg- und Bogenzähnen dienen zum Übertragen von Drehbewegungen und Drehmomenten in Wälzgetrieben mit sich schneidenden bzw. sich kreuzenden Achsen, s. Bilder 20-5 und 22-1.
Normalerweise schneiden sich die Achsen in einem Punkt ($M$) unter dem beliebigen Achsenwinkel $\Sigma$, meist jedoch $\Sigma = 90°$. Bei Kegelrädern mit sich kreuzenden Achsen (Hypoidgetriebe) geht die Ritzelachse im Abstand $a$ an der Radachse vorbei; s. Bilder 20-6 b, 22-1 d.

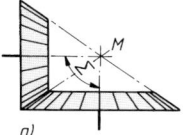 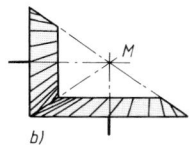 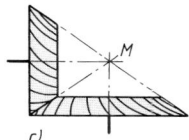 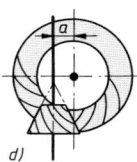

**Bild 22-1** Grundformen der Kegelradgetriebe.
a) mit Geradzähnen, b) mit Schrägzähnen, c) mit Bogenzähnen, d) versetzte Kegelräder

*Geradverzahnte* Kegelräder werden vorwiegend bei kleineren Drehzahlen verwendet, z. B. für Getriebe von handbetätigten Hebezeugen, Schützenwinden, Hebeböcken oder für Universalgetriebe mit kleineren Leistungen (normal bis $v_t \approx 6$ m/s, bei geschliffenen Zähnen bis ca. $v_t \approx 20$ m/s).
*Schrägverzahnte* Kegelräder laufen wegen des größeren Überdeckungsgrades ruhiger und geräuschärmer als geradverzahnte. Sie werden bei höheren Leistungen und Drehzahlen z. B. für Universalgetriebe, für schnelllaufende Eingangsstufen bei mehrstufigen Winkelgetrieben und für Getriebe von Werkzeugmaschinen verwendet (gefräst oder gehobelt bis $v_t \approx 40$ m/s, geschliffen bis $v_t \approx 60$ m/s, extrem bis $v_t \approx 100$ m/s).
*Bogenverzahnte* Kegelräder werden bevorzugt eingesetzt bei besonders hohen Anforderungen an Laufruhe und Zahnfußtragfähigkeit. Aufgrund der Flankengeometrie tragen bogenverzahnte Kegelräder nur auf einem Teil der Zahnbreite und sind unempfindlich gegenüber Achsverlagerungen. Sie werden z. B. in Hochleistungsgetrieben und Ausgleichsgetrieben von Kraftfahrzeugen ($v_t \approx 30$ m/s; geschliffen bis ca. $v_t \approx 60$ m/s) verwendet.
Kegelradgetriebe erfordern größte Sorgfalt bei der Fertigung, dem Einbau (Zustellung der Räder) und der Lagerung, da hiervon Laufruhe und Lebensdauer weitgehend abhängen. Für bogenverzahnte Kegelräder sind Berechnung und Auslegung nach den Vorschriften des Maschinenherstellers durchzuführen.

## 22.2 Geometrie der Kegelräder

### 22.2.1 Geradverzahnte Kegelräder

Der Bewegungsablauf zweier zusammenarbeitender Kegelräder entspricht dem Abwälzen zweier Kegel, der *Teilkegel*, deren Spitzen normalerweise im Achsenschnittpunkt $M$ zusammenfallen, s. Bild 22-2. Die gemeinsame Mantellinie hat die Länge (Spitzentfernung) $R_e$. Die Kegel mit den

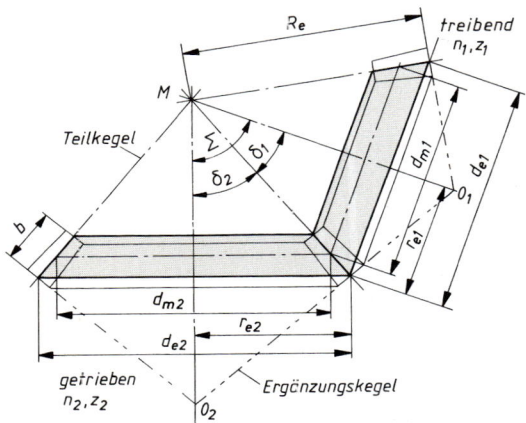

**Bild 22-2**
Geometrische Beziehungen am Kegelradgetriebe

Spitzen $O_1$ und $O_2$, deren Mantellinien rechtwinklig zu denen der Teilkegel liegen, sind die *Ergänzungs-* oder *Rückenkegel*. Auf diese werden die Abmessungen der Zähne (Teilung, Zahnhöhe usw.) bezogen. Die Achsen bilden mit den Teilkegel-Mantellinien die *Teilkegelwinkel* $\delta_1$ und $\delta_2$. Der *Achsenwinkel* ist

$$\Sigma = \delta_1 + \delta_2 \tag{22.1}$$

### 1. Übersetzung, Zähnezahlverhältnis, Teilkegelwinkel

Die Übersetzung ist allgemein $i = n_1/n_2 = d_2/d_1 = r_2/r_1 = z_2/z_1$. Setzt man hierin für die Größen $d$ und $r$ die entsprechenden Größen des äußeren Teilkegels (Index $e$), so folgt aus Bild 22-2 $i = d_{e2}/d_{e1} = r_{e2}/r_{e1}$; ebenso wird $\sin \delta_1 = r_{e1}/R_e$ und $\sin \delta_2 = r_{e2}/R_e$. Werden beide Gleichungen durcheinander dividiert, ergibt sich $\sin \delta_2/\sin \delta_1 = r_{e2}/r_{e1}$ und damit die *Übersetzung* aus

$$i = \frac{n_1}{n_2} = \frac{d_2}{d_1} = \frac{r_2}{r_1} = \frac{z_2}{z_1} = \frac{\sin \delta_2}{\sin \delta_1} \tag{22.2}$$

bzw. das Zähnezahlverhältnis

$$u = \frac{z_{\text{Rad}}}{z_{\text{Ritzel}}} \geq 1 \tag{22.3}$$

Aus der Beziehung $\Sigma = \delta_1 + \delta_2$ und $u = \sin \delta_2/\sin \delta_1 \geq 1$ wird der *Teilkegelwinkel des treibenden Rades* für einen beliebigen Achsenwinkel $\Sigma \leq 90°$

$$\tan \delta_1 = \frac{\sin \Sigma}{u + \cos \Sigma} \tag{22.4}$$

und für $\Sigma > 90°$

$$\tan \delta_1 = \frac{\sin(180° - \Sigma)}{u - \cos(180° - \Sigma)} \tag{22.5}$$

Für den Achsenwinkel $\Sigma = \delta_1 + \delta_2 = 90°$ errechnet sich der Teilkegelwinkel des *treibenden Ritzels* bzw. des *getriebenen Rades* aus $\tan \delta_1 = 1/u$ bzw. $\tan \delta_2 = u$.

### 2. Allgemeine Radabmessungen

Bei der Kegelradverzahnung sind nach DIN 3971 die Nennmaße eindeutig festgelegt durch den Teilkegel und durch die Verzahnung des *Bezugs-Planrades*, gegebenenfalls durch die Profilver-

## 22.2 Geometrie der Kegelräder

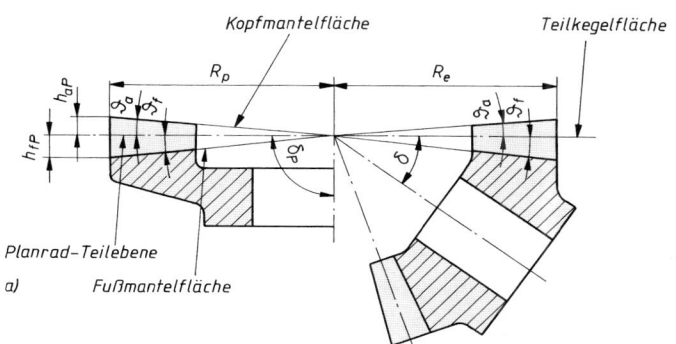

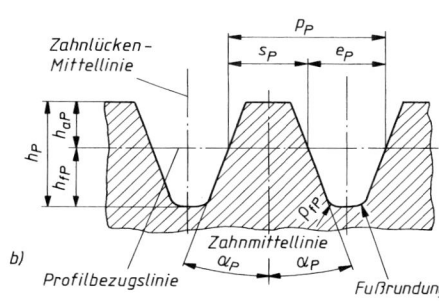

$p_p = m_p \cdot \pi$ *Planradteilung*

$s_p = \dfrac{m_p \cdot \pi}{2}$ *Zahndicke auf dem Planrad-Teilkreis*

$e_p = \dfrac{m_p \cdot \pi}{2}$ *Lückenweite auf dem Planrad-Teilkreis*

$\alpha_p = 20°$ *Flankenwinkel*
$h_p = 2 \cdot m_p + c_p$ *Zahnhöhe*
$h_{ap} = m_p$ + *Zahnkopfhöhe*
$h_{fp} = m_p + c_p$ *Zahnfußhöhe*
$c_p = (0{,}1 \dots 0{,}3) \cdot m_p$ *Kopfspiel*
$\rho_{fp} =$ *Fußrundungshalbmesser*

**Bild 22-3** Bezugs-Planrad. a) Planrad mit Kegelrad, b) Bezugsprofil entsprechend DIN 867

schiebung. Unter Bezugs-Planrad ist das Kegelrad zu verstehen, das bei der Paarung mit einem Gegenrad anstelle des betrachteten Kegelrades treten könnte, s. Bild 22-3a. Es bildet, ähnlich wie die Zahnstange bei den Stirnrädern, die Grundlage bei der Kegelradherstellung und ist gekennzeichnet durch die Planradzähnezahl $z_p$, den Modul $m_p$, das Bezugsprofil, die Größen in der Planrad-Teilebene und die Kopf- und Fußmantelfläche. Das für Kegelräder üblicherweise verwendete Bezugsprofil entspricht dem Bezugsprofil für Stirnräder nach DIN 867 (vgl. Bild 20-14), wobei sich die Profilbezugslinie nach DIN 867 in der Planrad-Teilebene befindet, wenn keine Profilverschiebung vorliegt, s. Bild 22-3b.
Die Radabmessungen nach Bild 22-4 werden auf den äußeren Teilkegel (Index e) bezogen, da hier die Zahnform annähernd gleich ist der einer virtuellen[1] Ersatz-Stirnradverzahnung (Index $v$) mit den Radien $r_{v1} = d_{v1}/2$ und $r_{v2} = d_{v2}/2$, s. Bild 22-5.
Mit dem *äußeren Modul* $m_e$ ergeben sich folgende Größen:
*äußerer Teilkreisdurchmesser* als größter Durchmesser des Teilkegels

$$\boxed{d_e = z \cdot m_e = d_m + b \cdot \sin \delta} \tag{22.6}$$

*mittlerer Teilkreisdurchmesser*

$$\boxed{d_m = z \cdot m_m = z \cdot m_e \cdot \dfrac{R_m}{R_e} = d_e - b \cdot \sin \delta} \tag{22.7}$$

$m_e$    *äußerer Modul*; wird (wie auch der mittlere Modul $m_m$) vielfach bei der Festlegung der Radabmessungen als Norm-Modul nach DIN 780, s. TB 21-1 festgelegt. Bei der Berechnung der Tragfähigkeit ist $m_m$ maßgebend, $m_m = m_e \cdot R_m / R_e$

---

[1] virtuell = scheinbar vorhanden

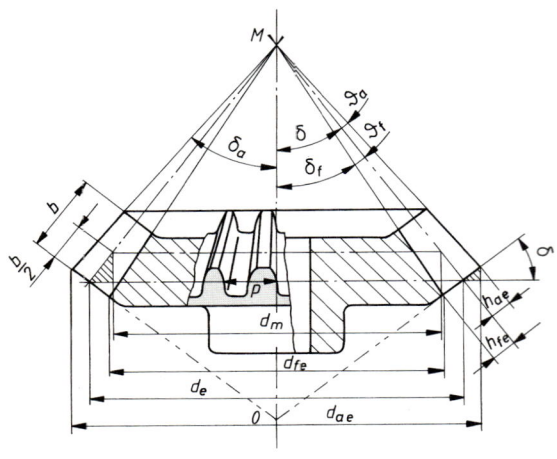

**Bild 22-4**
Abmessungen am geradverzahnten Kegelrad

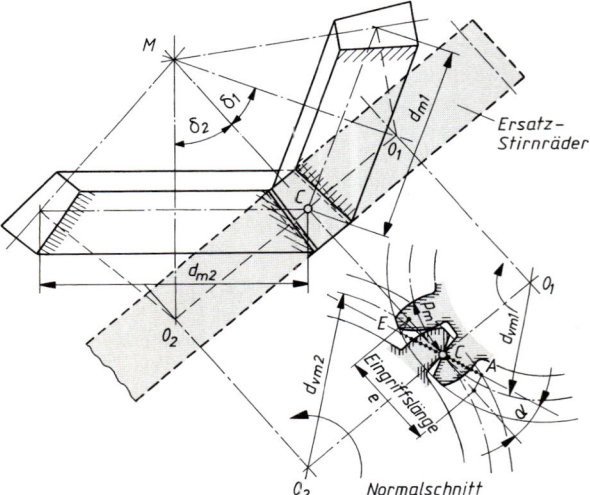

**Bild 22-5**
Ersatz-Stirnräder für Kegelräder

*äußere Teilkegellänge* gleich Mantellinienlänge der Teilkegel des vom äußeren Teilkreis begrenzten Teilkegels

$$R_\mathrm{e} = \frac{d_\mathrm{e}}{2 \cdot \sin \delta} \geq 3 \cdot b \tag{22.8}$$

    $b$    Zahnbreite nach Gl. (22.11)

*mittlere Teilkegellänge* gleich Mantellinienlänge des vom mittleren Teilkreis begrenzten Teilkegels

$$R_\mathrm{m} = \frac{d_\mathrm{m}}{2 \cdot \sin \delta} = R_\mathrm{e} - \frac{b}{2} \tag{22.9}$$

*innere Teilkegellänge* gleich Mantellinienlänge des vom inneren Teilkreis begrenzten Teilkegels

$$R_\mathrm{i} = \frac{d_\mathrm{i}}{2 \cdot \sin \delta} = R_\mathrm{e} - b \tag{22.10}$$

*Zahnbreite*; Empfehlungen für die Grenzwerte, von denen der kleinere Wert nicht überschritten werden sollte

$$\boxed{\begin{aligned} b &\leq R_e/3 \\ b &\leq 10 \cdot m_e \\ b &\approx 0{,}15 \cdot d_{e1} \cdot \sqrt{u^2+1} \end{aligned}} \tag{22.11}$$

*äußere Zahnkopf-, Zahnfuß- und Zahnhöhe*

$$\boxed{\begin{aligned} h_{ae} &= m_e \\ h_{fe} &\approx 1{,}25 \cdot m_e \\ h_e &\approx 2{,}25 \cdot m_e \end{aligned}} \tag{22.12}$$

*Kopfkreisdurchmesser* als größter Durchmesser des Radkörpers

$$\boxed{d_{ae} = d_e + 2 \cdot h_{ae} \cdot \cos\delta = m_e \cdot (z + 2 \cdot \cos\delta)} \tag{22.13}$$

*Kopfkegelwinkel*

$$\boxed{\delta_a = \delta + \vartheta_a} \tag{22.14}$$

$\vartheta_a$ *Kopfwinkel* gleich Winkel zwischen Mantellinie des Teil- und des Kopfkegels aus $\tan\vartheta_a = h_{ae}/R_e = m_e/R_e$

*Fußkegelwinkel*

$$\boxed{\delta_f = \delta - \vartheta_f} \tag{22.15}$$

$\vartheta_f$ *Fußwinkel* gleich Winkel zwischen Mantellinie des Teil- und des Fußkegels aus $\tan\vartheta_f = h_{fe}/R_e \approx 1{,}25 \cdot m_e/R_e$

### 3. Eingriffsverhältnisse

Zur Beurteilung der Eingriffsverhältnisse werden die Kegelräder auf gleichwertige Ersatz-Stirnräder (Index *v*) zurückgeführt, deren Teilkreisradien gleich den Längen der auf die Zahnmitte bezogenen Mantellinien der Ergänzungskegel $\overline{CO_1}$ und $\overline{CO_2}$ sind. Damit ergeben sich $d_{v1} = d_{m1}/\cos\delta_1$ und $d_{v2} = d_{m2}/\cos\delta_2$ sowie $d_{vma} = d_{vm} + 2m_m$. Die zugehörigen *Zähnezahlen der Ersatz-Stirnräder* sind: $z_{v1} = z_1/\cos\delta_1$ und $z_{v2} = z_2/\cos\delta_2$ oder allgemein

$$\boxed{z_v = \frac{z}{\cos\delta}} \tag{22.16}$$

$z$ Zähnezahl des Kegelrades
$\delta$ Teilkegelwinkel

Im Normalschnitt (Bild 22-5) zeigt sich näherungsweise eine „normale" Evolventenverzahnung mit der Teilung $p_m = m_m \cdot \pi$ mit dem Eingriffswinkel $\alpha_v = \alpha_n = \alpha (= 20°)$ und mit $\overline{AE}$ die Eingriffsstrecke $g_\alpha$. Das Verhältnis der Eingriffsstrecke $g_\alpha$ zur Eingriffsteilung $p_e$ ist die Profilüberdeckung $\varepsilon_\alpha = g_\alpha/p_e$ (s. Gln. (21.4) und (21.13) mit den Größen der Ersatzverzahnung, Index *v*). Da die Zähnezahl $z_v$ des Ersatzstirnrades stets größer ist als die Zähnezahl $z$ des eigentlichen Kegelrades, ist die Profilüberdeckung eines Kegelradgetriebes größer als die eines Stirnradgetriebes mit gleichen Zähnezahlen. Um günstige Bewegungsabläufe und ruhigen Lauf zu erhalten, sollte $\varepsilon_\alpha \geq 1{,}25$ sein. Auf die rechnerische Ermittlung von $\varepsilon_\alpha$ nach Gl. (21.13) kann für Nullräder in den meisten Fällen verzichtet werden. Eine schnelle, ungefähre Ermittlung von $\varepsilon_\alpha$ kann nach TB 21-2a durchgeführt werden in Abhängigkeit von der Ritzelzähnezahl des Ersatzstirnrades $z_{v1}$ und dem Zähnezahlverhältnis $u$. Bei der rechnerischen Ermittlung von $\varepsilon_\alpha$ nach Gl. (21.13) sind die Abmessungen der Ersatzstirnräder in die Gleichung einzusetzen.

**4. Grenzzähnezahl und Profilverschiebung**

Zur Ermittlung der Grenzzähnezahl wird ebenso das Ersatz-Stirnrad mit der zugehörigen Zähnezahl $z_v$ nach Gl. (22.16) herangezogen. Wird $z_v = z'_g = 14$ gesetzt (Grenzzähnezahl des Gerad-Stirnrades), dann wird die *praktische Grenzzähnezahl für geradverzahnte Kegelräder*

$$\boxed{z'_{gk} \approx z'_g \cdot \cos \delta = 14 \cdot \cos \delta} \tag{22.17}$$

Die Grenzzähnezahlen der Kegelräder werden mit wachsendem Teilkegelwinkel $\delta$ kleiner und liegen unter denen der Stirnräder. Bei Zähnezahlen $z < z'_{gk}$ ist zur Vermeidung von Zahnunterschnitt eine *Profilverschiebung* erforderlich von

$$\boxed{V = +x_h \cdot m} \tag{22.18}$$

Der *Profilverschiebungsfaktor* wird entsprechend Gl. (21.16)

$$\boxed{x_h = \frac{14 - z_v}{17} = \frac{14 - (z/\cos \delta)}{17}} \tag{22.19}$$

Zur Vermeidung von Spitzenbildung an profilverschobenen Zähnen darf eine *Mindestzähnezahl* $z_{\min K}$ nicht unterschritten werden. Sie ist gegenüber der Mindestzähnezahl $z_{\min} = 7$ für Stirnräder im gleichen Verhältnis kleiner als $z'_{gK}$ zu $z'_g$; $z_{\min K} = z_{\min} \cdot \cos \delta = 7 \cdot \cos \delta$.
Beispiele für Grenz- und Mindestzähnezahlen:

| $\delta \approx$ | < 15° | 20° | 30° | 38° | 45° |
|---|---|---|---|---|---|
| $z'_{gK}$ | 14 | 13 | 12 | 11 | 10 |
| $z_{\min K}$ | 7 | 7 | 6 | 6 | 5 |

Das Großrad soll möglichst eine gleichgroße negative Profilverschiebung $-V$ erhalten, d. h. es soll möglichst ein *V-Null-Getriebe* angestrebt werden; anderenfalls würden sich andere Betriebsabwälzkegel mit veränderten Kegelwinkeln ergeben, was einer Änderung der Übersetzung $i$ gleichbedeutend wäre. V-Null-Getriebe sind möglich, sofern $z_{v1} + z_{v2} \geq 28$, da sonst Unterschnitt des Großrades durch $-V$ auftritt.

## 22.2.2 Schrägverzahnte Kegelräder

Wie bei den Schrägstirnrädern muß auch bei der Paarung zweier schräg- oder bogenverzahnter Kegelräder das eine rechts-, das andere linkssteigend ausgeführt werden, wobei der Schrägungssinn von der Kegelspitze aus betrachtet festgelegt ist.
Die Verzahnung und der Verlauf der Flankenlinien lassen sich durch die Planverzahnung des dem Kegelrad zugeordneten Planrades eindeutig erkennen und festlegen. Das Planrad ist eine ebene verzahnte Scheibe, die mit dem Kegelrad die Teilkegellänge $R_e$, die Zahnbreite $b$, den Verlauf der Flankenlinien und die sonstigen Zahndaten gemeinsam hat (Bild 22-6).
Im Normalschnitt durch die Zahnmitte ergibt sich die mittlere Normalteilung $p_{mn} = m_{mn} \cdot \pi$, außen die Normalteilung $p_{en} = m_{en} \cdot \pi$ (Normalmodul $m_{en}$ vielfach gleich Norm-Modul nach DIN 780). Am mittleren Planradkreis mit dem Radius $R_m$ wird die mittlere Stirnteilung $p_{mt} = m_{mt} \cdot \pi$, an der äußeren Stirnfläche $p_t = m_t \cdot \pi$ gemessen.
Der Schrägungswinkel $\beta_e$ bzw. $\beta_m$ ($\approx 10° \ldots 30°$) ist der Winkel zwischen der Radialen und der Zahnflankentangente außen bzw. am mittleren Planraddurchmesser. Zweckmäßig wird $\beta_m$ vorgegeben. Die Schrägung der Zähne, bezogen auf die Zahnbreite $b$, ist durch den Sprungwinkel $\varphi$ festgelegt.

## 22.2 Geometrie der Kegelräder

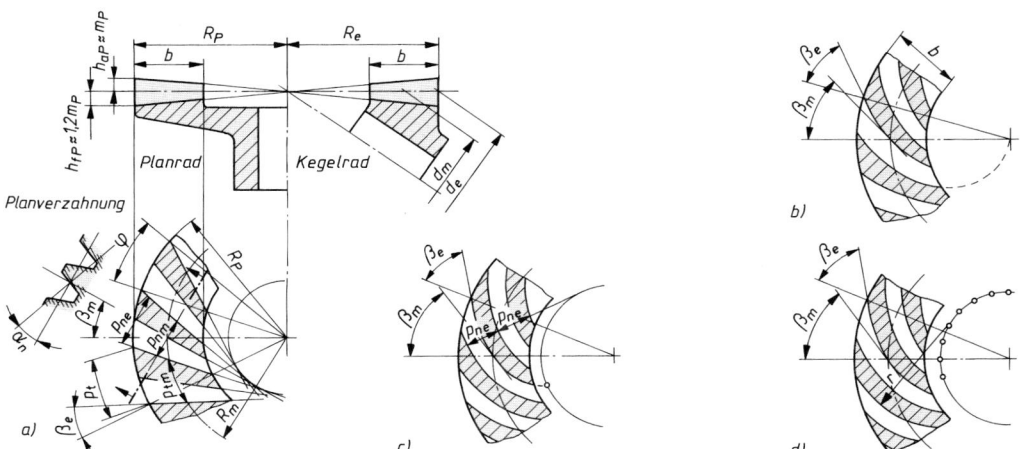

**Bild 22-6** Flankenformen schräg- und bogenverzahnter Kegelräder. a) Schrägzähne, b) Spiralzähne, c) Evolventen-Bogenzähne, d) Kreisbogenzähne

Die Evolventen-Bogenzähne (Bild 22-6c) zeigen im Gegensatz zu den anderen über die ganze Breite die gleiche Normalteilung $p_n$, da ihre Bogenform durch äquidistante[1)] Evolventen erzeugt ist. Diese Verzahnung bildet die Grundform der *Klingelnberg-Palloidverzahnung*, bei der jedoch die Teilkegelspitzen nicht mit dem Schnittpunkt der Radachsen zusammenfallen (Bild 22-7). Durch die Herstellung bedingt sind die Außenflanken der Zähne stärker gekrümmt als die Innenflanken. Durch diese Balligkeit werden Radverlagerungen ausgeglichen und die Laufruhe erhöht. Die Zähne sind überall gleich hoch.

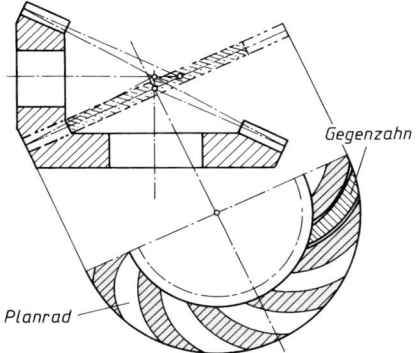

**Bild 22-7**
Klingelnberg-Palloidverzahnung

### 1. Übersetzung, Zähnezahlverhältnis

Für die Übersetzung $i$ und das Zähnezahlverhältnis $u$ gelten die gleichen Beziehungen wie für Geradzahn-Kegelräder (siehe unter 22.2.1).

### 2. Radabmessungen

Für die Festlegung der Radabmessungen können die Schrägzahn-Kegelräder (sinngemäß wie bei den Geradzahn-Kegelrädern) durch schrägverzahnte Ersatz-Stirnräder im Normalschnitt (bezogen auf Mitte Zahnbreite, Index $m$) mit dem Schrägungswinkel $\beta_{vm} = \beta_m$, der Ersatzzähnezahl $z_{vn} \approx z_v/\cos^3 \beta_m = z_{1,2} \cdot \cos \delta_{2,1}/\cos^3 \beta_m$, dem Teilkreisdurchmesser $d_{v1,2} = d_{m1,2}/\cos \delta_{1,2}$ ersetzt werden.

---
[1)] abstandsgleich

Abweichend zu den Beziehungen für geradverzahnte Kegelräder ergeben sich für schrägverzahnte Kegelräder mit dem Schrägungswinkel $\beta_m$ an der mittleren Teilkegellänge bzw. $\beta_e$ an der äußeren Teilkegellänge:

*äußerer Teilkreisdurchmesser* als größter Durchmesser des Teilkegels

$$d_e = z \cdot m_{et} = z \cdot \frac{m_{en}}{\cos \beta_e} \tag{22.20}$$

*mittlerer Teilkreisdurchmesser*

$$d_m = d_e - b \cdot \sin \delta = z \cdot \frac{m_{mn}}{\cos \beta_m} \tag{22.21}$$

$m_{mn}, m_{en}$     *mittlerer Modul* im Normalschnitt wird (wie auch der *äußere Modul* $m_{en}$) vielfach bei der Festlegung der Radabmessungen sowie bei der Berechnung der Tragfähigkeit bei schrägverzahnten Kegelrädern als Norm-Modul nach DIN 780 (TB 21-1) festgelegt

*Zahnbreite*; Empfehlungen für die Grenzwerte, von denen der kleinere Wert nicht überschritten werden sollte

$$\begin{aligned} b &\leq R_e/3 \\ b &\leq 10 \cdot m_{en} \\ b &\approx 0{,}15 \cdot d_{e1} \cdot \sqrt{u^2 + 1} \end{aligned} \tag{22.22}$$

*mittlere Zahnkopf-, Zahnfuß- und Zahnhöhe*

$$\begin{aligned} h_{am} &= m_{mn} \\ h_{fm} &\approx 1{,}25 \cdot m_{mn} \\ h_m &\approx 2{,}25 \cdot m_{mn} \end{aligned} \tag{22.23}$$

*mittlerer Kopfkreisdurchmesser*

$$d_{am} = d_m + 2 \cdot h_{am} \cdot \cos \delta \tag{22.24}$$

*äußerer Kopfkreisdurchmesser* als größter Durchmesser des Radkörpers

$$d_{ae} = d_{am} \cdot \frac{R_e}{R_m} \tag{22.25}$$

*mittlerer Fußkreisdurchmesser*

$$d_{fm} = d_m - 2 \cdot h_{fm} \cdot \cos \delta \tag{22.26}$$

*äußerer Fußkreisdurchmesser*

$$d_{fe} = d_{fm} \cdot \frac{R_e}{R_m} \tag{22.27}$$

$R_e, R_m$.     Teilkegellängen nach Gln. (22.8) und (22.9)

### 3. Eingriffsverhältnisse

Durch die Schrägung der Zähne ist der Überdeckungsgrad bei Schrägzahn- bzw. Bogenzahn-Kegelrädern größer als der bei vergleichbaren Geradzahn-Kegelrädern.

Analog zu den Schrägstirnrädern, s. Bild 21-14, wird für die Ersatz-Verzahnung die (auf den mittleren Stirnschnitt bezogene) *Gesamtüberdeckung* gebildet aus

$$\varepsilon_{v\gamma} = \varepsilon_{v\alpha} + \varepsilon_{v\beta} \tag{22.28}$$

$\varepsilon_{v\alpha}$ Profilüberdeckung der Ersatzverzahnung; Werte können mit hinreichender Genauigkeit nach TB 21-2 bzw. rechnerisch mit den Abmessungen der schrägverzahnten Ersatzverzahnnung nach Gl. (21.45) ermittelt werden;
$\varepsilon_{v\beta}$ Sprungüberdeckung nach Gl. (22.29)

mit der *Sprungüberdeckung* aus

$$\varepsilon_{v\beta} \approx \frac{b_e \cdot \sin \beta_m}{m_{mn} \cdot \pi} \tag{22.29}$$

$b_e \approx 0{,}85 \cdot b$  effektive Zahnbreite (bei unterschiedlichen Zahnbreiten ist der kleinere Wert für $b$ maßgebend)

*Die Zähnezahl des schrägverzahnten Ersatz-Stirnrades* errechnet sich aus

$$z_{vn} \approx \frac{z_v}{\cos^3 \beta_m} = \frac{z}{\cos \delta \cdot \cos^3 \beta_m} \tag{22.30}$$

### 4. Grenzzähnezahl und Profilverschiebung

Die Grenzzähnezahl liegt unter der für geradverzahnte Kegelräder. Wird in Gl. (22.30) die Ersatz-Zähnezahl $z_{vn} = z'_g = 14$ gesetzt, dann ergibt sich nach Umwandlung der Gleichung die *kleinste praktische Grenzzähnezahl für schrägverzahnte Kegelräder*

$$z'_{gK} \approx z'_g \cdot \cos \delta \cdot \cos^3 \beta_m = 14 \cdot \cos \delta \cdot \cos^3 \beta_m \tag{22.31}$$

## 22.3 Entwurfsberechnung[1)]

Die Angaben gelten für Null- und *V*-Null-Getriebe mit einem Achsenwinkel $\Sigma = 90°$. Die Hauptabmessungen der Kegelräder müssen vorerst erfahrungsgemäß gewählt oder überschlägig nach Näherungsgleichungen festgelegt werden.

### 1. Wellendurchmesser $d_{sh}$ zur Aufnahme des Ritzels

Entsprechend den Leistungsdaten ist der *Entwurfsdurchmesser* $d'_{sh}$ nach Bild 11-21 überschlägig zu errechnen. Dabei ist die Art der Krafteinleitung (Kupplung, Riemenscheibe oder direkt über Flanschmotor) zu beachten. Eine endgültige Festlegung des Durchmessers kann erst nach Vorliegen der Verzahnungs- und Belastungsdaten erfolgen.

### 2. Übersetzung, Zähnezahlverhältnis

Die Übersetzung bzw. das Zähnezahlverhältnis eines Kegelradgetriebes soll $i = u \approx 6$ nicht überschreiten, da sich anderenfalls zu ungünstige Abmessungen des Großrades und eine stärkere Abnutzung der Ritzelzähne gegenüber den (vielen) Zähnen des Rades ergeben. Größere Getriebeübersetzungen werden vielfach kombiniert mit Stirnradstufen ausgeführt.

### 3. Zähnezahl

Ritzelzähnezahl $z_1$ in Abhängigkeit von der Übersetzung $i$ bzw. dem Zähnezahlverhältnis $u$ nach TB 22-1 wählen. Darauf achten, dass bei der Festlegung von $z_2$ die vorgegebene Übersetzung möglichst genau eingehalten wird.

---

[1)] Siehe hierzu auch die Angaben in 21.4.1.

## 4. Schrägungswinkel

Bei schrägverzahnten Kegelrädern *Schrägungswinkel* $\beta_m \approx (10° \ldots 30°)$ festlegen[1]. Bei Geradverzahnung ist $\beta_m = 0$.

## 5. Zahnbreite

*Zahnbreite* $b$ aus $b \approx \psi_d \cdot d_{m1}$ festlegen mit dem Breitenverhältnis $\psi_d = b/d_{m1}$ nach TB 22-1. Dabei Grenzen für $b$ nach Gl. (22.22) möglichst nicht überschreiten.

## 6. Zahnradwerkstoffe und Verzahnungsqualität

Bei der Wahl geeigneter Zahnradwerkstoffe für Kegelräder gilt sinngemäß das gleiche wie unter Kapitel 20.2 ausgeführt. Festigkeitswerte gebräuchlicher Zahnradwerkstoffe s. TB 20-1 und TB 20-2. Die Verzahnungsqualität wird wie bei den Stirnrädern (s. Kapitel 21.3) in Abhängigkeit vom Verwendungszweck und der Umfangsgeschwindigkeit am Teilkreis $v = d_{m1} \cdot \pi \cdot n_1$ gewählt. Wenn keine Erfahrungswerte vorliegen, können die Angaben in TB 21-7 als Richtlinie gelten.

## 7. Modul

Der Modul ist *die* geometriebestimmende Größe. Eine überschlägige Ermittlung kann nach Bild 22-8 erfolgen. Beim nachfolgenden Tragfähigkeitsnachweis kann der so vorgewählte Modul entweder bestätigt oder entsprechend korrigiert werden.
Je nach Vorgabe sind zwei Lösungswege zu unterscheiden:

a) *Der Durchmesser $d_{sh}$ der Welle für das Ritzel ist bereits bekannt* oder wird überschlägig ermittelt (z. B. nach Bild 11-21). Für diesen Fall wird entsprechend der Ritzelausführung der *Modul*

$$\text{Ausführung Ritzel/Welle} \quad m'_m \geq \frac{(2{,}4 \ldots 2{,}6) \cdot d_{sh}}{z_1}$$

$$\text{Ausführung als Ritzelwelle} \quad m'_m \geq \frac{1{,}25 \cdot d_{sh}}{z_1}$$

(22.32)

b) *Leistungsdaten und Zahnradwerkstoff sind bekannt:* Für $T_1 = K_A \cdot T_{1\,nenn}$ kann mit $\sigma_{F\,lim}$ bzw. $\sigma_{H\,lim}$ der vorgewählten Zahnradwerkstoffe nach TB 20-1 bzw. TB 20-2 der *Modul* mit einer aus der „Hertzschen Wälzpressung" (s. unter 21.5.5) hergeleiteten vereinfachten Gleichung ermittelt werden

$$\text{Zahnflanken gehärtet} \quad m''_m \approx 3{,}75 \cdot \sqrt[3]{\frac{T_1 \cdot \sin \delta_1}{z_1^2 \cdot \sigma_{F\,lim1}}}$$

$$\text{Zahnflanken nicht gehärtet} \quad m''_m \approx \frac{205}{z_1} \cdot \sqrt[3]{\frac{T_1 \cdot \sin \delta_1}{\sigma_{H\,lim}^2 \cdot u}}$$

(22.33)

| $m_m, d_{sh}$ | $T_1$ | $\sigma_{F\,lim}, \sigma_{H\,lim}$ | $\delta$ | $z_1, u$ |
|---|---|---|---|---|
| mm | Nmm | N/mm² | ° | 1 |

$T_1$ vom treibenden Rad zu übertragendes größtes Drehmoment; bei ungünstigen Betriebsverhältnissen $T_1 = T_{1\,nenn} \cdot K_A$ mit dem *Nenndrehmoment* und dem Anwendungsfaktor $K_A$ n. TB 3-5

$\delta_1$ Teilkegelwinkel des treibenden Ritzels nach Gl. (22.4)

$z_1$ Zähnezahl des treibenden Ritzels

$\sigma_{F\,lim}$ Zahnfußfestigkeit; Werte nach TB 20-1 u. TB 20-2

$\sigma_{H\,lim}$ Flankenfestigkeit des *weicheren* Werkstoffes; Werte nach TB 20-1 u. TB 20-2

---

[1] Hinsichtlich der Festlegung des Schrägungswinkels (Spiralwinkels) s. weiterführende Literatur.

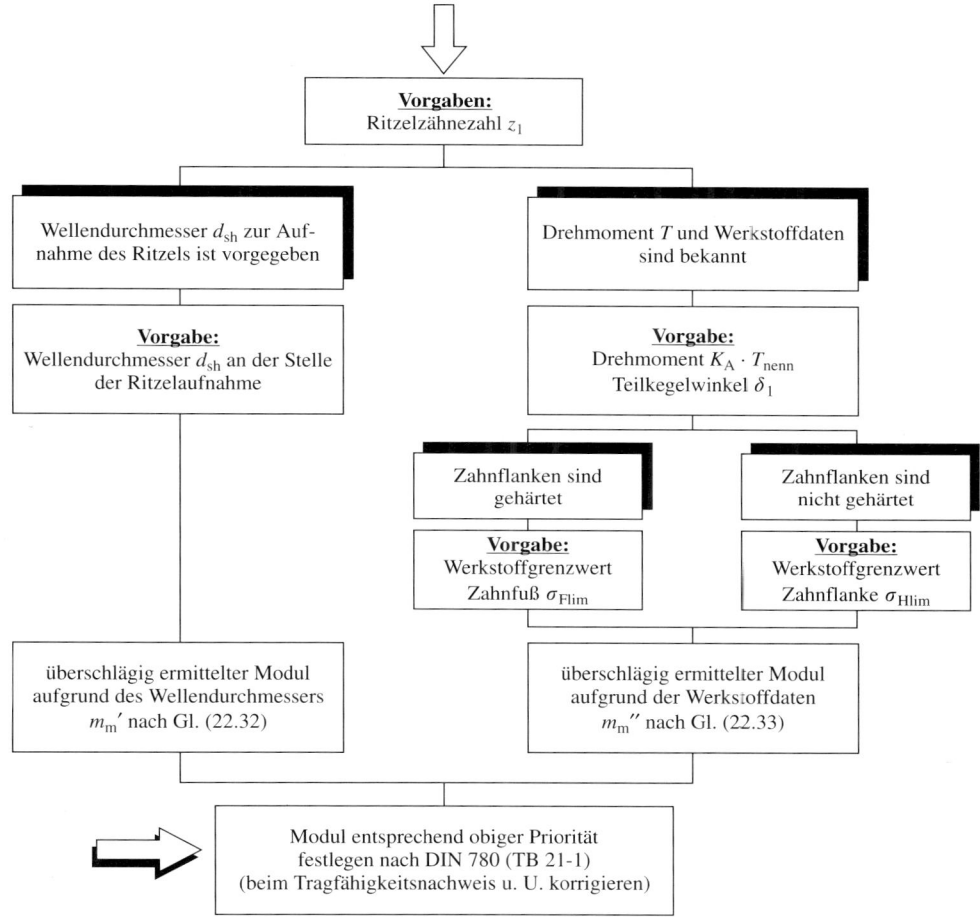

**Bild 22-8** Vorgehensplan zur überschlägigen Modulbestimmung für Kegelräder

Mit dem festgelegten nächstliegenden Norm-Modul $m \mathrel{\hat{=}} m_m$ nach DIN 780 (TB 21-1) werden die genauen Rad- und Getriebeabmessungen berechnet. Anhand eines ersten Entwurfs ist zu prüfen, ob mit den vorgewählten Abmessungen eine einwandfreie *konstruktive* Ausbildung insbesondere des Ritzels gegeben ist. Ein anschließender Tragfähigkeitsnachweis zur Bestätigung der festgelegten Werte ist zu führen.

## 22.4 Tragfähigkeitsnachweis

Die Tragfähigkeitsberechnung für Kegelräder ist nach DIN 3991 T1 bis T3 genormt. Nachfolgend ist ein vereinfachter Tragfähigkeitsnachweis dargestellt; eine genauere Berechnung ist nach DIN 3991 in Verbindung mit DIN 3990 durchzuführen.

### 22.4.1 Kraftverhältnisse

Zur Untersuchung der Kraftverhältnisse werden die Ersatz-Stirnräder zugrunde gelegt. Sie müssen ebenfalls auf den *Normalschnitt* durch die Mitte der Zähne entsprechend der Angriffsstelle der Kräfte bezogen werden (Bild 22-9).

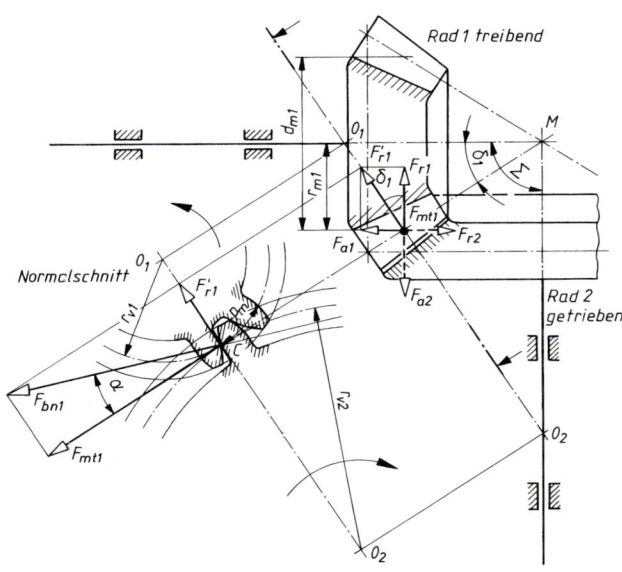

**Bild 22-9**
Kraftverhältnisse am geradverzahnten Kegelradpaar ($\Sigma = 90°$)

Die Kräfte werden zunächst für das treibende Rad 1 eines Kegelradpaares mit dem meist vorliegenden Achsenwinkel $\Sigma = 90°$ untersucht.

Die senkrecht zur Zahnflanke in Richtung der Eingriffslinie wirkende Zahnkraft $F_{bn1}$ wird in die Normal-Radialkraft $F'_{r1}$ und in die Umfangskraft $F_{mt1}$ zerlegt. Im Aufriss (Bild 22-9) wirkt $F_{mt1}$ senkrecht zur Bildebene und erscheint als Punkt. $F'_{r1}$ wird wiederum in die Radialkraft $F_{r1}$ und in die Axialkraft $F_{a1}$ zerlegt.

Ausgangsgröße für die Berechnung der Zahnkräfte ist die am mittleren Teilkreisdurchmesser $d_{m1}$ angreifende *Nennumfangskraft* aus

$$F_{mt1} = \frac{T_{1\,nenn}}{d_{m1}/2} \tag{22.34}$$

$T_{1\,nenn}$ vom treibenden Rad (Ritzel) zu übertragendes Nenndrehmoment
$d_{m1}$ mittlerer Teilkreisdurchmesser n. Gl. (22.7) oder aus Gl. (22.9)

Für $\Sigma = \delta_1 + \delta_2 = 90°$ wird für geradverzahnte Kegelräder mit der Normal-Radialkraft $F'_{r1} = F_{mt1} \cdot \tan \alpha$ nach Bild 22-9 die *Axialkraft*

$$F_{a1} = F'_{r1} \cdot \sin \delta_1 = F_{mt1} \cdot \tan \alpha \cdot \sin \delta_1 \tag{22.35}$$

und die *Radialkraft*

$$F_{r1} = F'_{r1} \cdot \cos \delta_1 = F_{mt1} \cdot \tan \alpha \cdot \cos \delta_1 \tag{22.36}$$

$\alpha$ Eingriffswinkel, meistens $\alpha = \alpha_n = 20°$
$\delta_1$ Teilkegelwinkel des treibenden Rades

Setzt man die Radialkraft und die Axialkraft ins Verhältnis, so ist $F_{r1}/F_{a1} = \cos \delta_1 / \sin \delta_1 = 1/\tan \delta_1 = i$ und damit wird bei $\Sigma = 90°$ auch

$$F_{r1} = F_{a1} \cdot i \tag{22.37}$$

Unter Vernachlässigung des Wirkungsgrades der Verzahnungsstelle ist die *Umfangskraft des getriebenen Rades 2*

$$\boxed{F_{mt2} = F_{mt1}}$$ (22.38)

Aus Bild 22-9 ist ersichtlich, dass bei dem Achsenwinkel $\Sigma = 90°$ die *Axialkraft des einen Rades gleich (aber entgegengerichtet) der Radialkraft des anderen Rades* ist und umgekehrt:

$$\boxed{F_{a2} = F_{r1} \quad \text{und} \quad F_{r2} = F_{a1}}$$ (22.39)

Allgemein gilt für gerad- und schrägverzahnte Kegelräder mit einem beliebigen Achsenwinkel $\Sigma$ und dem Schrägungswinkel $\beta_m$ unter Berücksichtigung der Dreh- und der Flankenrichtung:

*Axialkraft*

$$\boxed{\begin{aligned} &\text{für das treibende Rad (Ritzel)} \\ &F_{a1} = \frac{F_{mt}}{\cos \beta_m} \cdot (\sin \delta_1 \cdot \tan \alpha_n \pm \cos \delta_1 \cdot \sin \beta_m) \\ &\text{für das getriebene Rad} \\ &F_{a2} = \frac{F_{mt}}{\cos \beta_m} \cdot (\sin \delta_2 \cdot \tan \alpha_n \mp \cos \delta_2 \cdot \sin \beta_m) \end{aligned}}$$ (22.40)

*Radialkraft*

$$\boxed{\begin{aligned} &\text{für das treibende Rad (Ritzel)} \\ &F_{r1} = \frac{F_{mt}}{\cos \beta_m} \cdot (\cos \delta_1 \cdot \tan \alpha_n \mp \sin \delta_1 \cdot \sin \beta_m) \\ &\text{für das getriebene Rad} \\ &F_{r2} = \frac{F_{mt}}{\cos \beta_m} \cdot (\cos \delta_2 \cdot \tan \alpha_n \pm \sin \delta_2 \cdot \sin \beta_m) \end{aligned}}$$ (22.41)

*Hinweis:* In den vorstehenden Gleichungen gilt für den Klammerausdruck das obere Zeichen + bzw. −, wenn Dreh- und Flankenrichtung gleich sind, und das untere Zeichen, wenn ungleich.

Diese Kräfte sind sinngemäß wie bei den Schrägstirnrädern maßgebend für die Ermittlung der Lagerkräfte und Biegemomente an Wellen mit Kegelrädern. Es ist jedoch zu beachten, dass diese Kräfte unter Zugrundelegung des Nenndrehmomentes ermittelt werden, so dass ggf. extreme Betriebsbedingungen durch den Anwendungsfaktor $K_A$ nach TB 3-5 zu berücksichtigen sind.

## 22.4.2 Nachweis der Zahnfußtragfähigkeit

Die nachfolgenden Berechnungsgleichungen gelten für die in der Praxis am häufigsten vorkommenden Null- und *V*-Null-Getriebe.
Nach Festlegung der Hauptabmessungen und Werkstoffe für Ritzel und Rad muss nachgeprüft werden, ob die vorgesehenen Zahnradwerkstoffe festigkeitsmäßig den Anforderungen genügen. Wie bei den Gerad- und Schrägstirnrädern ist auch bei den Kegelrädern die Spannung im Zahnfuß für Ritzel und Rad getrennt nachzuweisen.
Für die Nachprüfung werden die Ersatz-Stirnräder mit $z_{vn1,2}$ (Zähnezahl im Normalschnitt) zugrunde gelegt.

In Anlehnung an die Gl. (21.83) errechnet sich die *im Zahnfuß auftretende größte Spannung* näherungsweise aus

$$\sigma_F = \sigma_{F0} \cdot K_A \cdot K_v \cdot K_{F\alpha} \cdot K_{F\beta} \leq \sigma_{FP} \tag{22.42}$$

$\sigma_{F0}$    durch das statische Nenndrehmoment hervorgerufene örtliche Zahnfußspannung der fehlerfreien Verzahnung nach Gl. (22.43)
$K_A$    Anwendungsfaktor, Werte aus TB 3-5
$K_v$    Dynamikfaktor zur Berücksichtigung der inneren dynamischen Kräfte, Anhaltswerte nach Gl. (21.73) mit $(F_t/b) \cong (F_{mt}/b_e) \geq 100$ N/mm, $v_t \cong v_{mt}$ und $K_{1\ldots3}$ nach TB 22-2
$K_{F\alpha}$    Einflußfaktor zur Berücksichtigung der Kraftaufteilung auf mehrere Zähne bei der Zahnfußbeanspruchung, Werte aus TB 21-19
$K_{F\beta}$    Einflußfaktor zur Berücksichtigung der Kraftaufteilung über die Zahnbreite ($K_{F\beta}$) bei der Zahnfußbeanspruchung. Für Industriegetriebe kann gesetzt werden
      $K_{F\beta} \approx 1{,}65$    bei beidseitiger Lagerung von Ritzel *und* Tellerrad
      $K_{F\beta} \approx 1{,}88$    bei *einer* fliegenden und *einer* beidseitigen Lagerung
      $K_{F\beta} \approx 2{,}25$    bei fliegender Lagerung von Ritzel *und* Tellerrad

$$\sigma_{F0} = \frac{F_{mt}}{b_{eF} \cdot m_{mn}} \cdot Y_{Fa} \cdot Y_{Sa} \cdot Y_\beta \cdot Y_\varepsilon \cdot Y_K \tag{22.43}$$

| $\sigma_{F0}$ | $F_{mt}$ | $b_{eF}, m_{mn}$ | $Y \ldots$ |
|---|---|---|---|
| N/mm² | N | mm | 1 |

$F_{mt}$    Nenn-Umfangskraft am Teilkegel
$b_{eF}$    effektive Zahnreite (Fuß, Index F) aus $b_{eF} \approx 0{,}85 \cdot b$ mit $b$ nach Gl. (22.22); bei unterschiedlichen Breiten ist der kleinere Wert einzusetzen
$m_{mn}$    Normal-Modul in Mitte Zahnbreite
$Y_{Fa}$    Formfaktor zur Berücksichtigung der Zahnform auf die Biegenennspannung; Werte aus TB 21-20a für die Zähnezahl des Ersatzstirnrades $z_{vn} = z/(\cos^3 \beta_m \cdot \cos \delta)$
$Y_{Sa}$    Spannungskorrekturfaktor zur Berücksichtigung u. a. der spannungserhöhenden Wirkung der Kerbe durch die Fußrundung; Werte aus TB 21-20b für die Zähnezahl des Ersatzstirnrades $z_{vn}$ (s. zu $Y_{Fa}$)
$Y_\varepsilon$    Überdeckungsfaktor aus $Y_\varepsilon = 0{,}25 + 0{,}75/\varepsilon_{van}$ mit $\varepsilon_{van} \approx \varepsilon_{v\alpha}/\cos^2 \beta_{vb}$ und $\beta_{vb} = \arcsin(\sin \beta_m \cdot \cos \alpha_n)$ bzw. aus TB 22-3; für $\varepsilon_{van} \geq 2$ ist $\varepsilon_{van} = 2$ zu setzen
$Y_\beta$    Schrägenfaktor; Werte aus TB 21-20c
$Y_K$    Kegelradfaktor, berücksichtigt den Einfluß der von Stirnrädern abweichenden Zahnform bei Kegelrädern; allgemein $Y_K = 1$
Nähere Erläuterungen zu den einzelnen Faktoren s. Abschnitt 21.5.4

Die zulässige *Zahnfußspannung* $\sigma_{FP}$ hängt ab vom Werkstoff, von der Wärmebehandlung, dem Herstellverfahren, der Lebensdauer und der geforderten Sicherheit gegen Zahnbruch. $\sigma_{FP}$ kann aufgrund von Erfahrungswerten festgelegt oder aber aus Lauf- und Pulsatorversuchen an Prüfzahnrädern ermittelt werden und ist jeweils getrennt für Ritzel und Rad zu bestimmen. Für die meisten Anwendungsfälle kann vereinfacht gesetzt werden

$$\sigma_{FP} = \frac{\sigma_{F\lim}}{S_{F\min}} \cdot Y_{St} \cdot Y_{\delta\,relT} \cdot Y_{R\,relT} \cdot Y_X = \frac{\sigma_{FG}}{S_{F\min}} \tag{22.44}$$

$\sigma_{F\lim}$    Zahnfuß-Biegenenndauerfestigkeit der Prüfräder, Werte aus TB 20-1 und TB 20-2
$S_{F\min}$    Mindestsicherheitsfaktor; für Dauergetriebe $\approx 1{,}5 \ldots 2{,}5$; für Zeitgetriebe $\approx 1{,}2 \ldots 1{,}5$
$Y_{St}, Y_{\delta\,relT}, Y_{R\,relT}, Y_X$ s. zu Gl. (21.84). Hier sind die Werte der jeweiligen Ersatzverzahnung einzusetzen.

## 22.4.3 Nachweis der Grübchentragfähigkeit

Wie bei der Ermittlung der Zahnfußtragfähigkeit wird bei der Tragfähigkeitsberechnung der Zahnflanken als äquivalente Stirnradverzahnung die Ersatzverzahnung zugrunde gelegt. Für geradverzahnte Kegelräder genügt im Allgemeinen, die *Hertzsche Pressung* im Wälzpunkt $C$

nachzuweisen. In Anlehnung an die Gln. (21.86) bis (21.89) wird

$$\sigma_H = \sigma_{H0} \cdot \sqrt{K_A \cdot K_v \cdot K_{H\alpha} \cdot K_{H\beta}} \leq \sigma_{HP} \tag{22.45}$$

$\sigma_{H0}$      durch das statische Nenndrehmoment hervorgerufener Nennwert der Flankenpressung nach Gl. (22.46)
$K_A, K_v$      s. zu Gl. (22.42)
$K_{H\alpha}, K_{H\beta}$      Einflussfaktoren zur Berücksichtigung der Kraftaufteilung auf mehrere Zähne ($K_{H\alpha}$) bzw. über die Zahnbreite ($K_{H\beta}$) bei der Zahnflankenbeanspruchung. $K_{H\alpha}$ nach TB 21-19, $K_{H\beta} \approx K_{F\beta}$ s. zu Gl. (22.42)

$$\sigma_{H0} = Z_H \cdot Z_E \cdot Z_\varepsilon \cdot Z_\beta \cdot Z_K \cdot \sqrt{\frac{F_{mt}}{d_{v1} \cdot b_{eH}} \cdot \frac{u_v + 1}{u_v}} \tag{22.46}$$

| $\sigma_{H0}$ | $F_{mt}$ | $d_{v1}, b_{eH}$ | $Z_E$ | $Z\ldots, u_v$ |
|---|---|---|---|---|
| N/mm² | N | mm | $\sqrt{N/mm^2}$ | 1 |

$F_m$      Nenn-Umfangskraft am Teilkegel in Mitte Zahnbreite
$b_{eH}$      effektive Zahnbreite (Flanke, Index $H$); allgemein $b_{eH} \approx 0{,}85 \cdot b$, s. Hinweise zu Gl. (22.43)
$d_{v1}$      Teilkreisdurchmesser des Ritzels der Ersatz-Stirnradverzahnung aus $d_{v1} = d_{m1}/\cos\delta_1$
$u_v$      Zähnezahlverhältnis der Ersatzverzahnung; $u_v = z_{v2}/z_{v1} \geq 1$, für $\Sigma = \delta_1 + \delta_2 = 90°$ wird $u_v = u^2$
$Z_H$      Zonenfaktor (der Ersatz-Stirnradverzahnung) nach TB 21-22a, für $\beta = \beta_m$ und $z = z_v$;
$Z_E$      Elastizitätsfaktor zur Berücksichtigung der werkstoffspezifischen Größen; Werte aus TB 21-22b
$Z_\varepsilon$      Überdeckungsfaktor (der Ersatz-Stirnradverzahnung), für $\varepsilon_\alpha = \varepsilon_{v\alpha}$ und $\varepsilon_\beta = \varepsilon_{v\beta}$; Ermittlung s. zu Gl. (21.88)
$Z_\beta$      Schrägenfaktor; $Z_\beta \approx \sqrt{\cos\beta_m}$
$Z_K$      Kegelradfaktor; allgemein $Z_K \approx 1$, in günstigen Fällen (bei geeigneter und angepasster Höhenballigkeit) $Z_K \approx 0{,}85$

Die *zulässige Hertzsche Pressung* $\sigma_{HP}$ wird vom Werkstoff, der Wärmebehandlung und dem Herstellverfahren, der geforderten Lebensdauer und der Sicherheit bestimmt. $\sigma_{HP}$ ist jeweils getrennt für Ritzel und Rad zu ermitteln. Vereinfacht kann für Dauergetriebe gesetzt werden:

$$\sigma_{HP} = \frac{\sigma_{H\lim}}{S_{H\min}} \cdot Z_L \cdot Z_v \cdot Z_R \cdot Z_X = \frac{\sigma_{HG}}{S_{H\min}} \tag{22.47}$$

$\sigma_{H\lim}$      Dauerfestigkeitswert für Flankenpressung; Werte aus TB 20-1 und TB 20-2
$Z_L$      Schmierstofffaktor; Werte aus TB 21-23a
$Z_v$      Geschwindigkeitsfaktor; Werte aus TB 21-23b
$Z_R$      Rauigkeitsfaktor; Werte aus TB 21-23c
$Z_X$      Größenfaktor; Werte aus TB 21-23d
$S_{H\min}$      Mindestsicherheitsfaktor gegen Grübchenbildung; für Dauergetriebe $\approx 1{,}2\ldots 1{,}5$, für Zeitgetriebe $\approx 1\ldots 1{,}2$

## 22.5 Berechnungsbeispiele für Kegelradgetriebe

■ **Beispiel 22.1:** Für den Antrieb eines Schneckenförderers ist ein geradverzahntes Kegelradgetriebe als Anbaugetriebe vorgesehen (Bild 22-10). Der Antrieb erfolgt durch einen Getriebemotor mit einer Leistung $P_1 = 3$ kW und der Drehzahl $n_1 \approx 250$ min$^{-1}$ über eine elastische Kupplung. Die Schneckendrehzahl beträgt $n_2 \approx 80$ min$^{-1}$, der Achsenwinkel des Kegelradgetriebes ist $\Sigma = 90°$. Der Schaftdurchmesser zur Aufnahme des Ritzels wurde mit 35 mm festgelegt.
Die Hauptabmessungen des Getriebes sind für eine kompakte Bauweise zu ermitteln.

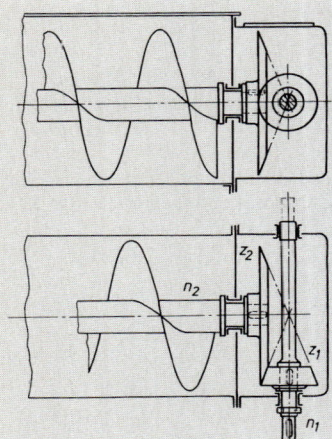

**Bild 22-10**
Kegelradgetriebe zum Antrieb eines Schneckenförderers

▶ **Lösung:** Das Übersetzungsverhältnis errechnet sich aus
$$i = u = n_1/n_2 = 250 \text{ min}^{-1}/80 \text{ min}^{-1} \approx 3{,}125.$$
Damit wird nach Gl. (22.4) der Teilkegelwinkel $\delta_1$ mit dem Achsenwinkel $\Sigma = 90°$
$$\delta_1 = \arctan(\sin\Sigma/(u + \cos\Sigma) = 17{,}745° \quad \text{und} \quad \delta_2 = \Sigma - \delta_1 = \ldots = 72{,}255°$$
(diese Winkel sind endgültig).
Als Ritzelzähnezahl wird nach TB 22-1 $z_1 = 16$ gewählt; damit wird
$$z_2 = i \cdot z_1 = 3{,}125 \cdot 16 = 50.$$
Für ein aufzusetzendes Ritzel, das hier aufgrund der konstruktiven Gegebenheiten vorzusehen ist, wird der Modul überschlägig nach Gl. (22.32)
$$m'_m \geq (2{,}4 \ldots 2{,}6) \cdot d_{sh}/z_1 = \ldots = 5{,}25 \ldots 5{,}7 \text{ mm}; \text{ vorläufig festgelegt: Modul } m_m \approx m_e = 6 \text{ mm}.$$
Mit $z \cdot m_m = d_m$ erfolgt aus Gl. (22.32) der mittlere Teilkreisdurchmesser aus
$$d_{m1} \approx (2{,}4 \ldots 2{,}6) \cdot d_{sh} = (2{,}4 \ldots 2{,}6) \cdot 35 \text{ mm} = 84 \ldots 91 \text{ mm}.$$
Mit dem Breitenverhältnis $\psi_d \approx 0{,}5$ nach TB 22-1 wird die Zahnbreite
$$b \approx \psi_d \cdot d_{m1} = 0{,}5 \cdot (84 \ldots 91) \text{ mm} = 42 \ldots 46 \text{ mm}.$$
Festgelegt wird $b = 45$ mm. Hierbei ist zu beachten, dass die Bedingung $R_e \geq 3 \cdot b$ nach Gl. (22.8) erfüllt ist.
Der äußere Teilkreisdurchmesser wird aus Gl. (22.6)
$$d'_e \approx d_{m1} + b_1 \cdot \sin\delta_1 = (84 \ldots 91) \text{ mm} + 45 \text{ mm} \cdot \sin 17{,}745° = 98 \ldots 105 \text{ mm}$$
und damit kann die äußere Teilkegellänge nach Gl. (22.8) ermittelt werden.
$$R'_e \approx d'_e/(2 \cdot \sin\delta) = (98 \ldots 105) \text{ mm}/(2 \cdot \sin 17{,}45°) = 160 \text{ mm} \ldots 172 \text{ mm}.$$
Die Bedingung $R_e \geq 3 \cdot b = 3 \cdot 45$ mm $= 135$ mm wird also in jedem Fall erfüllt.
Zur endgültigen Festlegung der Zahnradabmessungen wird der *äußere Modul* aus Gl. (22.6) ermittelt und nach DIN 780 (TB 21-1) festgelegt
$$m_e = d_{e1}/z_1 = (98 \ldots 105) \text{ mm}/16 = 6{,}1 \text{ mm} \ldots 6{,}6 \text{ mm}; \quad \text{endgültig festgelegt } m_e = 6 \text{ mm}.$$
Damit ergeben sich die endgültigen Kegelradabmessungen:
äußerer Teilkreisdurchmesser aus Gl. (22.6)
$$d_{e1} = z_1 \cdot m_e = 16 \cdot 6 \text{ mm} = 96 \text{ mm}, \qquad d_{e2} = z_2 \cdot m_e = 50 \cdot 6 \text{ mm} = 300 \text{ mm};$$
äußere Teilkegellänge Gl. (22.8)
$$R_e = d_{e1}/(2 \cdot \sin\delta_1) = 96 \text{ mm}/(2 \cdot \sin 17{,}745°) = 157{,}49 \text{ mm};$$
Zahnkopf-, Zahnfuß- und Zahnhöhe nach Gl. (22.12)
$$h_{ae} = m_e = 6 \text{ mm}; \quad h_{fe} = 1{,}25 \cdot m_e = \ldots = 7{,}5 \text{ mm}; \quad h_e = 2{,}25 \cdot m_e = \ldots = 13{,}5 \text{ mm};$$

## 22.5 Berechnungsbeispiele für Kegelradgetriebe

äußerer Kopfkreisdurchmesser nach Gl. (22.13)

Ritzel: $d_{ae1} = m_e \cdot (z_1 + 2 \cdot \cos \delta_1) = 6 \text{ mm} \cdot (16 + 2 \cdot \cos 17{,}745°) = 107{,}43 \text{ mm}$

Rad: $d_{ae2} = m_e \cdot (z_2 + 2 \cdot \cos \delta_2) = 6 \text{ mm} \cdot (50 + 2 \cdot \cos 72{,}255°) = 303{,}66 \text{ mm}$

mittlerer Teilkreisdurchmesser n: Gl. (22.7)

Ritzel: $d_{m1} = d_{e1} - b \cdot \sin \delta_1 = 96 \text{ mm} - 45 \text{ mm} \cdot \sin 17{,}745° = 82{,}29 \text{ mm}$

Rad: $d_{m2} = d_{e2} - b \cdot \sin \delta_2 = 300 \text{ mm} - 45 \text{ mm} \cdot \sin 72{,}255° = 257{,}14 \text{ mm}$

mittlerer Modul aus Gl. (22.7)

$m_m = d_{m1}/z_1 = 82{,}29 \text{ mm}/16 = 5{,}143 \text{ mm}$

Kopfwinkel nach Angaben zu Gl. (22.14)

$\vartheta_a = \arctan(m_e/R_e) = \arctan(6 \text{ mm}/157{,}49 \text{ mm}) = 2{,}182°$

Fußwinkel nach Angaben zu Gl. (22.15)

$\vartheta_f = \arctan(1{,}25 \cdot m_e/R_e) = \arctan(1{,}25 \cdot 6 \text{ mm}/157{,}49 \text{ mm}) = 2{,}726°$

Kopfkegelwinkel nach Gl. (22.14)

Ritzel: $\delta_{a1} = \delta_1 + \vartheta_a = 17{,}745° + 2{,}182° = 19{,}927°$

Rad: $\delta_{a2} = \delta_2 + \vartheta_a = 72{,}255° + 2{,}182° = 74{,}437°$

Fußkegelwinkel nach Gl. (22.15)

Ritzel: $\delta_{f1} = \delta_1 - \vartheta_f = 17{,}745° - 2{,}726° = 15{,}019°$

Rad: $\delta_{f1} = \delta_2 - \vartheta_f = 72{,}255° - 2{,}726° = 69{,}529°$.

■ **Beispiel 22.2:** Für das Ritzel des im Beispiel 22.1 dargestellten Kegelradgetriebes ist mit den dort ermittelten und festgelegten Größen der Tragfähigkeitsnachweis zu führen. Für Ritzel und Rad wurde als Werkstoff 34CrMo4 (umlaufgehärtet) mit $\sigma_{F\lim} \approx 200 \text{ N/mm}^2$ und $\sigma_{H\lim} \approx 1000 \text{ N/mm}^2$ sowie die Verzahnungsqualität 9 vorgesehen. Aufgrund der vorliegenden Betriebsbedingungen ist mit einem Anwendungsfaktor $K_A \approx 1{,}25$ zu rechnen.

▶ **Lösung:** Für die Tragfähigkeitsberechnung sind die jeweiligen Ersatz-Stirnräder zugrunde zu legen mit den Zähnezahlen nach Gl. (22.16)

Ritzel: $z_{v1} = z_1/\cos \delta_1 = 16/\cos 17{,}745° = 16{,}8$

Rad: $z_{v2} = z_2/\cos \delta_2 = 50/\cos 72{,}255° = 164$.

Mit $T_1 = 9550 \cdot P/n_1 = 9550 \cdot 3/250 = 114{,}6 \text{ Nm}$ und mit $d_{m1} = 0{,}08229 \text{ m}$ wird die Nennumfangskraft an mittleren Teilkreisdurchmesser nach Gl. (22.34)

$F_{mt1} = T_1/(d_{m1}/2) = 2 \cdot 114{,}6 \text{ Nm}/0{,}08229 \text{ m} = 2785{,}44 \text{ N} \approx 2786 \text{ N}$.

**Zahnfußtragfähigkeit:** Zur Berücksichtigung der dynamischen Zusatzkräfte wird nach Gl. (21.73) mit $K_1 = 58{,}43$, $K_2 = 1{,}065$, $K_3 = 0{,}019$ nach TB 22-2 und $K_4 \approx 0{,}16$

$K_v = 1 + (K_1 \cdot K_2/(K_A \cdot F_{mt}/b) + K_3) \cdot K_4 = \ldots \approx 1{,}08$.

Die örtliche Biegespannung nach Gl. (22.43) mit den Einflussgrößen $F_{mt} = 2786 \text{ N}$, $b_{eF} \approx 0{,}85 \cdot b = \ldots = 38{,}5 \text{ mm}$, $m_m = 5{,}143 \text{ mm}$, $Y_{FA} \approx 3{,}1$ (TB 21-20a), $Y_{Sa} \approx 1{,}56$ (TB 21-20b), $Y_\varepsilon \approx 0{,}71$ (TB 22-3) für $\varepsilon_{v\alpha} \approx 1{,}63$ (TB 21-2), $Y_\beta \approx 1$ (TB 21-20c), $Y_K = 1$ s. zu Gl. (22.43)

$\sigma_{F0} = (F_{mt}/(b_{eF} \cdot m_m)) \cdot Y_{Fa} \cdot Y_{Sa} \cdot Y_\beta \cdot Y_\varepsilon \cdot Y_K = \ldots \approx 48 \text{ N/mm}^2$.

Damit wird die Biegespannung am Zahnfuß nach Gl. (22.42) mit dem Faktor $K_{F\alpha} \approx 1{,}2$ (TB 21-19a), $K_{F\beta} \approx 1{,}88$ s. zu Gl. (22.42), $K_A = 1{,}25$, $K_v \approx 1{,}08$

$\sigma_F = \sigma_{F0} \cdot K_A \cdot K_v \cdot K_{F\alpha} \cdot K_{F\beta} = \ldots \approx 148 \text{ N/mm}^2$.

Die Grenzspannung wird nach Gl. (22.47) mit $\sigma_{F\lim} = 200 \text{ N/mm}^2$, $Y_{ST} = 2$ s. zu Gl. (22.44), $Y_{\delta\text{rel}T} \approx 0{,}96$ (TB 21-21b), $Y_{R\text{rel}T} \approx 0{,}95$ für $R_z = 10 \text{ μm}$ (TB 21-21c), $Y_X \approx 0{,}98$ (TB 21-21d)

$\sigma_{FG} = \sigma_{F\lim} \cdot Y_{ST} \cdot Y_{\delta\text{rel}T} \cdot Y_{R\text{rel}T} \cdot Y_X = \ldots \approx 358 \text{ N/mm}^2$.

Somit beträgt die Sicherheit gegen Zahnbruch

$S_{F\,vorh} = \sigma_{FG}/\sigma_F = \ldots \approx 2{,}5$

und ist damit ausreichend.
**Grübchentragfähigkeit:** Mit den Einflussfaktoren $Z_H = 2{,}5$ (TB 21-22a), $Z_E = 189{,}8\sqrt{\text{N/mm}^2}$ (TB 21-22b), $Z_\varepsilon \approx 0{,}89$ (TB 21-22c), $Z_\beta = 1$ ($\beta_m = 0°$) und $Z_K = 1$ siehe zu Gl. (22.46) sowie $F_{mt} = 2786$ N, $d_{v1} = z_{v1} \cdot m_m = 16{,}8 \cdot 5{,}143$ mm $\approx 86{,}4$ mm, $b_{eH} \approx b_{eF} \approx 0{,}85 \cdot b = 0{,}85 \cdot 45$ mm $\approx 38{,}5$ mm, $u_v = z_{v2}/z_{v1} = 164/16{,}8 \approx 9{,}76$ wird der Nennwert der Flankenpressung nach Gl. (22.46)

$\sigma_{H0} = Z_H \cdot Z_E \cdot Z_\varepsilon \cdot Z_K \cdot \sqrt{F_{mt}/(d_{v1} \cdot b_{eH}) \cdot (u_v + 1)/u_v} = \ldots \approx 406$ N/mm$^2$.

Die maximale Pressung im Wälzpunkt wird nach Gl. (22.45) unter Berücksichtigung der Kraftfaktoren $K_A \approx 1{,}25$, $K_v \approx 1{,}08$, $K_{H\alpha} \approx 1{,}2$ (TB 21-19), $K_{H\beta} \approx K_{F\beta} \approx 1{,}88$ s. o.

$\sigma_H = \sigma_{H0} \cdot \sqrt{K_a \cdot K_v \cdot K_{H\alpha} \cdot K_{H\beta}} = \ldots \approx 708$ N/mm$^2$.

Der Grenzwert der Flankenpressung nach Gl. (22.47) wird mit $\sigma_{H\,lim} = 1000$ N/mm$^2$ und den Einflussfaktoren $Z_L = 1$ (TB 21-23a), $Z_v \approx 0{,}95$ (TB 21-23b) für $v_t \approx 1{,}08$ m/s, $Z_R \approx 0{,}9$ (TB 21-23c), $Z_X \approx 1$ (TB 21-23d)

$\sigma_{HG} = \sigma_{H\,lim} \cdot Z_L \cdot Z_v \cdot Z_R \cdot Z_X = \ldots \approx 855$ N/mm$^2$

so dass die Sicherheit gegen Grübchenbildung

$S_{H\,vorh} = \sigma_{HG}/\sigma_H = 855$ N/mm$^2$/708 N/mm$^2 \approx 1{,}2$ beträgt.

**Ergebnis:** Der vorgewählte Ritzelwerkstoff garantiert eine ausreichende Sicherheit hinsichtlich der Zahnfuß- als auch der Grübchensicherheit.

■ **Beispiel 22.3:** Zur Ermittlung des Durchmessers der Eingangswelle sowie zur Bestimmung der geeigneten Wälzlager zur Lagerung der Eingangswelle des Winkelgetriebes mit $i = 3{,}8$ und $\Sigma = 90°$ sind die Lagerkräfte zu ermitteln, die Biegemomente zu errechnen und schematisch darzustellen. Die vom Getriebe zu übertragende Antriebsleistung beträgt $P_1 = 16$ kW bei $n_1 = 960$ min$^{-1}$.
Das Moment wird über eine drehelastische Kupplung eingeleitet; ungünstige Betriebsbedingungen sind nicht zu erwarten.
Aus einer vorangegangenen Berechnung ergaben sich aus dem Entwurf nach Bild 22-11 für das Ritzel folgende Verzahnungsdaten: Zähnezahl $z_1 = 15$, Geradverzahnung mit dem Eingriffswinkel $\alpha = 20°$, Breite $b = 50$ mm, mittlerer Teilkreisdurchmesser $d_{m1} = 102{,}72$ mm, Teilkegelwinkel $\delta_1 = 14{,}74°$.

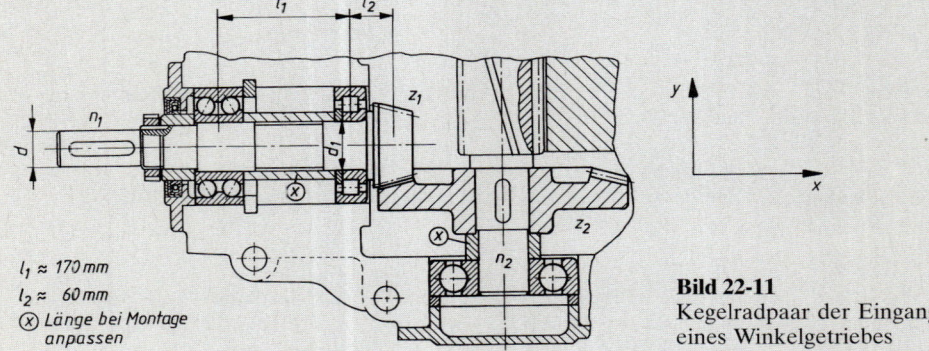

$l_1 \approx 170$ mm
$l_2 \approx 60$ mm
ⓧ Länge bei Montage anpassen

**Bild 22-11**
Kegelradpaar der Eingangsstufe eines Winkelgetriebes

Zu ermitteln bzw. darzustellen sind:
a) die an dem Ritzel auftretenden Kräfte,
b) die in den Lagern der Antriebswelle wirkenden Kräfte,
c) das maximale Biegemoment und der Biegemomentenverlauf für die Antriebswelle.

▶ **Lösung a):** Da keine erschwerten Antriebsbedingungen zu erwarten sind, wird für die Ermittlung der Lagerkräfte mit dem Anwendungsfaktor $K_A = 1$ gerechnet, so dass die am mittleren Teilkreis wirkende Umfangskraft sich aus Gl. (22.34) ergibt

$F_{mt1} = T_{1\,nenn}/(d_{m1}/2)$.

## 22.5 Berechnungsbeispiele für Kegelradgetriebe

Mit dem Nenndrehmoment $T_{1\,\text{nenn}} = 9550 \cdot P_1/n_1 = 9550 \cdot 16/960 = 159{,}2$ Nm und $d_{m1} = 102{,}72$ mm wird

$$F_{mt1} = 159{,}2 \cdot 10^3 \text{ Nmm}/(102{,}72 \text{ mm}) = 3100 \text{ N}.$$

Mit dem Eingriffswinkel $\alpha = 20°$ und dem Teilkegelwinkel $\delta_1 = 14{,}74°$ wird nach Gl. (22.35) die Axialkraft

$$F_{a1} = F_{mt1} \cdot \tan\alpha \cdot \sin\delta_1 = 3100 \text{ N} \cdot \tan 20° \cdot \sin 14{,}74° = 290 \text{ N}$$

und nach Gl. (22.36) die Radialkraft

$$F_{r1} = F_{mt1} \cdot \tan\alpha \cdot \cos\delta_1 = 3100 \text{ N} \cdot \tan 20° \cdot \cos 14{,}74° = 1091 \text{ N} \approx 1100 \text{ N}.$$

**Ergebnis:** Für das Ritzel ergeben sich die Zahnkräfte: Umfangskraft $F_{mt1} = 3100$ N; Axialkraft $F_{a1} = 290$ N, Radialkraft $F_{r1} = 1100$ N.

▶ **Lösung b):** Zur Ermittlung der von den Lagern A und B aufzunehmenden Kräfte (hervorgerufen durch die drei Zahnkräfte) wird das räumlich wirkende Kräftesystem (s. Bild 22-12a) in zwei Teilsysteme zerlegt (Bild 22-12b und c). Für die $x, y$-Ebene ergibt sich mit der Versatzkraft $F'_{mt1} = F_{mt1}$ (s. Bild 22-12e) nach Bild 22-12b für das Lager B aus $\Sigma M_{(A)} = 0 = F_{mt1} \cdot l + F_{Bx} \cdot l_1$ und daraus

$$F_{Bx} = F_{mt1} \cdot l/l_1 = 3100 \text{ N} \cdot 230 \text{ mm}/170 \text{ mm} = 4194 \text{ N} \approx 4200 \text{ N}$$

und die Lagerkraft $F_{Ax}$ aus $\Sigma F_y = 0 = -F_{Ax} + F_{Bx} - F_{mt1}$:

$$F_{Ax} = F_{Bx} - F_{mt1} = 4194 \text{ N} - 3100 \text{ N} = 1094 \text{ N} \approx 1100 \text{ N}.$$

Für die $x, y$-Ebene wird nach Bild 22-12c mit $r_{m1} = d_{m1}/2 = 102{,}72$ mm$/2 = 51{,}36$ mm aus der Beziehung $\Sigma M_{(A)} = 0 = -F_{a1} \cdot r_{m1} + F_{r1} \cdot l - F_{By} \cdot l_1$ die Lagerkraft

$$F_{By} = (F_{r1} \cdot l - F_{a1} \cdot r_{m1})/l_1 = (1100 \cdot 230 - 290 \cdot 51{,}36) \text{ Nmm}/170 \text{ mm} = 1400 \text{ N}$$

und analog die Lagerkraft $F_{Ay}$ aus $\Sigma M_{(B)} = 0$

$$F_{Ay} = (F_{r1} \cdot l_2 - F_{a1} \cdot r_{m1})/l = (1100 \cdot 60 - 290 \cdot 51{,}36) \text{ Nmm}/170 = 300 \text{ N}.$$

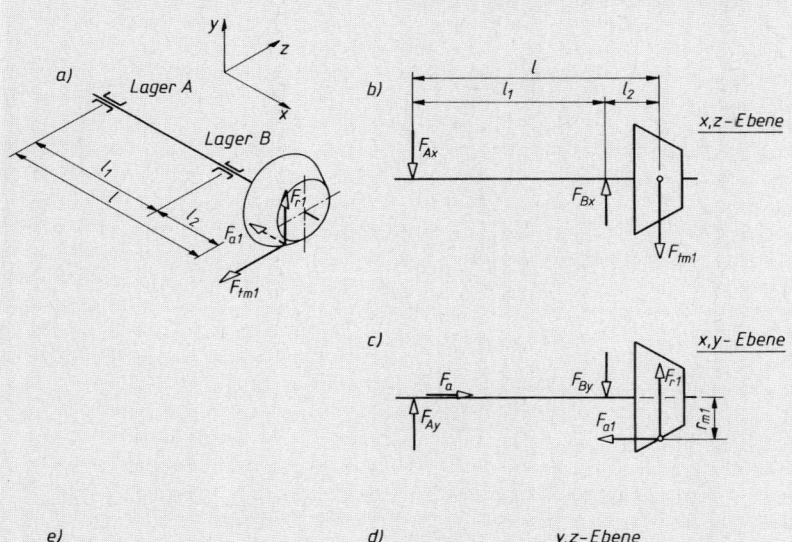

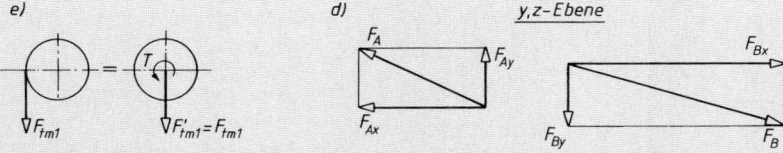

**Bild 22-12** Skizzen zur Ermittlung der Lagerkräfte. a) räumliche Darstellung der am Kegelrad wirkenden Kräfte, b) Teil-Lagerkräfte in der $x, z$-Ebene, c) Teil-Lagerkräfte in der $x, y$-Ebene, d) geometrische Addition der Teilkräfte, e) schematische Darstellung der „Versatzkräfte"

Die resultierende radiale Lagerbelastung aus

$$F_A = \sqrt{F_{Ax}^2 + F_{Ay}^2} = \sqrt{(1100\,\text{N})^2 + (300\,\text{N})^2} = 1140\,\text{N}$$

$$F_B = \sqrt{F_{Bx}^2 + F_{By}^2} = \sqrt{(4200\,\text{N})^2 + (1400\,\text{N})^2} = 4427\,\text{N}\,.$$

Die Axialkraft wird vom Lager A aufgenommen, da dieses Lager als Festlager vorgesehen ist.

**Ergebnis:** Für das Lager A (Festlager) beträgt die Radialbelastung $F_{Ar} = F_A = 1140\,\text{N}$ und die Axialbelastung $F_{Aa} = F_a = 290\,\text{N}$; für das Lager B (Loslager) die Radialbelastung $F_{Br} = F_B = 4427\,\text{N}$.

▶ **Lösung c):** Zur Ermittlung des maximalen Biegemomentes und zur Darstellung des M-Verlaufs wird zweckmäßig wie unter b) das System in zwei Teilsysteme ($x,z$-Ebene und $x,y$-Ebene) zerlegt, s. Bild 22-13).

Der Biegemomentenverlauf in der $x,z$-Ebene ist in Bild 22-13a dargestellt. Das maximale Biegemoment $M_x$ an der Stelle B errechnet sich aus

$$M_{x\,max} = F_{mt1} \cdot l_2 = 3100\,\text{N} \cdot 60\,\text{mm} = 186 \cdot 10^3\,\text{Nmm}$$

bzw. mit dem in der Lösung b) errechneten Wert der Teil-Lagerkraft $F_{Ax}$

$$M_{x\,max} = F_{Ax} \cdot l_1 = 1094\,\text{N} \cdot 170\,\text{mm} = 186 \cdot 10^3\,\text{Nmm}\,.$$

in der $x,y$-Ebene (Bild 22-13b) ist es sinnvoll, die aus den Zahnkräften resultierenden Reaktionskräfte in den Lagern A und B sowie den jeweiligen $M$-Verlauf wiederum einzeln zu betrachten (Bild 22-13b und c). Die algebraische Addition der Teilsysteme ergibt dann den Biegemomentenverlauf in der $x,y$-Ebene (Bild 22-13d). Im Einzelnen wird:

das durch die Radialkraft hervorgerufene Biegemoment am Lager B aus

$$M_{y1\,max} = F_{r1} \cdot l_2 = 1100\,\text{N} \cdot 60\,\text{mm} = 66 \cdot 10^3\,\text{Nmm},$$

das durch die Axialkraft bewirkte Biegemoment am Lager B aus

$$M_{y2\,max} = F_{a1} \cdot r_{m1} = 290\,\text{N} \cdot 51,36\,\text{mm} = 14,9 \cdot 10^3\,\text{Nmm}\,.$$

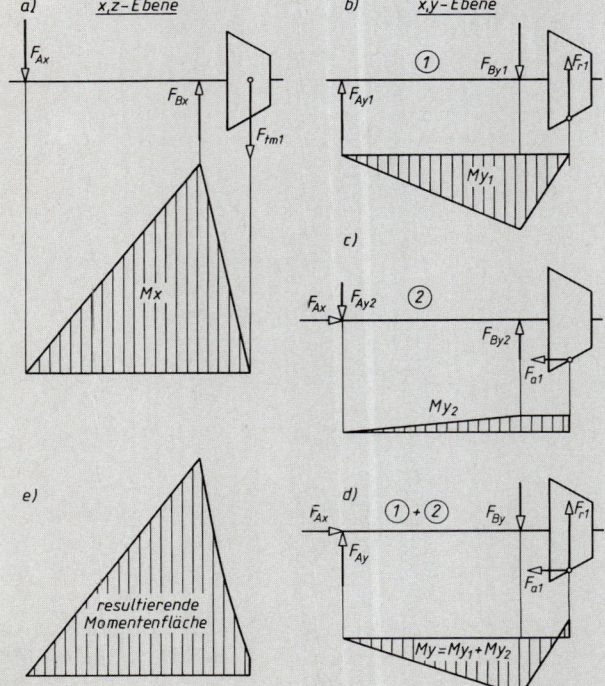

**Bild 22-13**
Schematische Darstellung der $M$-Flächen
a) $M_x$-Fläche in der $x,y$-Ebene
b) und c) Teil-Flächen in der $x,y$-Ebene
d) resultierende $M_y$-Fläche in der $x,y$-Ebene
e) resultierende $M$-Fläche aus beiden Teilebenen

Dieses Moment wirkt in unveränderter Größe im Bereich zwischen dem Lager B und Radmitte (theoretisch), s. Bild 22-13c. Das größte Biegemoment in der $x,y$-Ebene im Lager B ergibt sich durch Addition

$$M_{y\,max} = M_{y1\,max} - M_{y2\,max} = 66 \cdot 10^3 \text{ Nmm} - 14{,}9 \cdot 10^3 \text{ Nmm} = 51{,}4 \cdot 10^3 \text{ Nmm}.$$

Offensichtlich wird auch im Lager B das maximale resultierende Biegemoment zu erwarten sein, das sich durch die geometrische Addition der Einzelmomente ergibt (s. Bild 22-13e)

$$M_{max} = \sqrt{M_{x\,max}^2 + M_{y\,max}^2} = \sqrt{(196 \cdot 10^3 \text{ Nmm})^2 + (51{,}4 \cdot 10^3 \text{ Nmm})^2}$$
$$\approx 193 \cdot 10^3 \text{ Nmm} = 193 \text{ Nm}.$$

Das maximale Moment kann für die Lagerstelle B auch ermittelt werden aus

$$M_{max} = F_{Ar} \cdot l_1 = 1140 \text{ N} \cdot 170 \text{ mm} \approx 193 \cdot 10^3 \text{ Nmm} = 193 \text{ Nm}.$$

# 23 Schraubrad- und Schneckengetriebe

## 23.1 Schraubradgetriebe

### 23.1.1 Funktion und Wirkung

Schrägstirnräder mit verschiedenen Schrägungswinkeln ($\beta_1 \neq \beta_2$) aber mit gleicher Teilung und gleichem Eingriffswinkel im Normalschnitt ergeben gepaart ein Schraubradgetriebe, sie werden zu Schraubrädern (s. Kapitel 20, Bild 20-6a). Die Radachsen kreuzen sich unter dem Winkel $\Sigma$ (meist $\Sigma = 90°$). Dadurch findet neben dem Wälzgleiten noch ein Schraubgleiten der Zähne statt, d. h. die Zähne schieben sich wie bei einem Schraubengewinde aneinander vorbei. Bei $\Sigma < 45°$ sollte ein Rad rechts- das andere linkssteigend, bei $\Sigma > 45°$ müssen beide Räder gleichsinnig steigend verzahnt sein. Durch das Kreuzen der Räder berühren sich die Zahnflanken nur noch punktförmig wie die Zylinderflächen gekreuzter Reibräder.

*Vorteile* gegenüber anderen Getrieben: Schraubräder können axial verschoben werden, ohne den Eingriff zu gefährden. Im Gegensatz zu Kegelrad- und Schneckengetrieben ist also eine genaue Zustellung der Räder nicht erforderlich (einfacher Einbau!).

*Nachteile:* Schraubräder haben eine geringere Tragfähigkeit, einen höheren Verschleiß und einen wesentlich kleineren Wirkungsgrad als Stirnrad-, Kegelrad- oder Schneckengetriebe.

Schraubradgetriebe werden selten und nur bei kleineren Leistungen und Übersetzungen $i = 1$ bis höchstens 5 verwendet, z. B. für den Antrieb von Zündverteilerwellen bei Kraftfahrzeugmotoren (Räder verbinden waagerechte Nockenwelle mit senkrechter Verteilerwelle bei $i = 1$ in Viertaktmotoren).

### 23.1.2 Geometrische Beziehungen

#### 1. Übersetzungen

Da die Zähne der Räder eines Schraubradgetriebes meist unterschiedliche Schrägungswinkel haben, kann die Übersetzung zunächst nicht direkt durch die Teilkreisdurchmesser sondern nur durch die Drehzahlen und Zähnezahlen ausgedrückt werden: $i = n_1/n_2 = z_2/z_1$. Der Normalmodul beider Räder muss gleich sein. Nach Gl. (21.38) sind die Teilkreisdurchmesser $d_1 = z_1 \cdot m_n / \cos \beta_1$, $d_2 = z_2 \cdot m_n / \cos \beta_2$. Hieraus ergibt sich nach Umformen die *Übersetzung*

$$i = \frac{n_1}{n_2} = \frac{z_2}{z_1} = \frac{d_2 \cdot \cos \beta_2}{d_1 \cdot \cos \beta_1} \tag{23.1}$$

$n_1, n_2$    Drehzahl der Räder
$z_1, z_2$    Zähnezahl der Räder
$d_1, d_2$    Teilkreisdurchmesser der Räder
$\beta_1, \beta_2$    Schrägungswinkel der Zähne
Index 1 für treibendes, Index 2 für getriebenes Rad

#### 2. Schrägungswinkel[1]

Die Summe der Schrägungswinkel im Schraubpunkt $S$ (s. Kapitel 20, Bild 20-3) ergibt den *Achsenwinkel* $\Sigma$ (Bild 23-1).

---

[1] Für Null- bzw. V-Null-Verzahnung wird $\beta_{s1,2} = \beta_{1,2}$ und $d_{s1,2} = d_{1,2}$.

## 23.1 Schraubradgetriebe

$$\Sigma = \beta_{s1} + \beta_{s2} \tag{23.2}$$

Der Schrägungswinkel $\beta_{s1}$ des treibenden Rades soll größer sein als der des getriebenen Rades $\beta_{s2}$, um einen möglichst hohen Wirkungsgrad zu erreichen (s. unter Kapitel 20.4). Bei $\Sigma = 90°$ ergibt sich mit $\beta_{s1} \approx 48\ldots51°$ und $\beta_{s2} \approx 42\ldots39°$ der beste Wirkungsgrad.

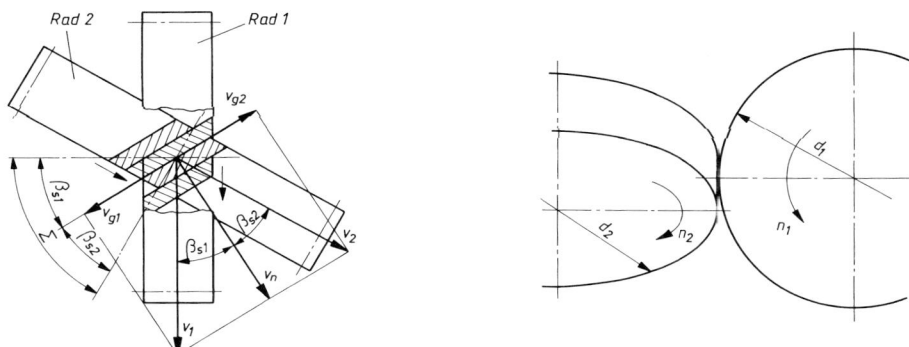

**Bild 23-1** Geschwindigkeitsverhältnisse am Schraubradgetriebe

### 3. Geschwindigkeitsverhältnisse

Die Geschwindigkeit $v_n$ der Zähne in Richtung des Normalschnittes, d. h. senkrecht zur Flankenrichtung muss für beide Räder gleich sein, da die Zähne ja nicht ineinander eindringen können (Bild 23-1). $v_n = v_1 \cdot \cos\beta_{s1}$ und $v_n = v_2 \cdot \cos\beta_{s2}$. $v_n$ ist die gemeinsame Komponente der Umfangsgeschwindigkeit der Räder am Teilkreis (Bild 23-1), die sich ergeben aus: $v_1 = d_1 \cdot \pi \cdot n_1$, $v_2 = d_2 \cdot \pi \cdot n_2$. Die Komponenten der Umfangsgeschwindigkeiten in Richtung der Zahnflanken sind die Einzelgleitgeschwindigkeiten $v_{g1} = v_1 \cdot \sin\beta_{s1}$ und $v_{g2} = v_2 \cdot \sin\beta_{s2}$. Aus der Summe der Einzel-Gleitgeschwindigkeiten ergibt sich die *Gleitgeschwindigkeit der Flanken zueinander*

$$v_g = v_{g1} + v_{g2} = v_1 \cdot \sin\beta_{s1} + v_2 \cdot \sin\beta_{s2} \tag{23.3}$$

### 4. Radabmessungen, Achsabstand

Die Abmessungen der Schraubenräder werden wie die der Schrägstirnräder nach den Gln. (21.38...21.41) bestimmt. Dabei sind die verschiedenen Schrägungswinkel zu beachten. Der *Achsabstand* errechnet sich aus

$$a = \frac{d_{s1} + d_{s2}}{2} = \frac{m_n}{2} \cdot \left( \frac{z_1}{\cos\beta_{s1}} + \frac{z_2}{\cos\beta_{s2}} \right) \tag{23.4}$$

### 23.1.3 Eingriffsverhältnisse

Der Normalschnitt (Bild 23-2b) zeigt das normale Verzahnungsbild mit der Normalteilung $p_n$ und dem Normaleingriffswinkel $\alpha_n = 20°$. Der Eingriff erfolgt längs der Eingriffslinie zwischen $A$ und $E$. Die Punkte $A$ und $E$ ergeben, in das Bild 23-2a projiziert, die Eingriffsstrecke in der Normalschnittebene. Um die wirklich am Eingriff beteiligten Flankenlängen zu erhalten, werden die Punkte $A$ und $E$ entsprechend den Drehebenen beider Räder auf deren Flanken projiziert. Es ergeben sich auf der Flanke des Rades 1 die Punkte $A'$ und $E'$ und auf der Flanke des Rades 2 die Punkte $A''$ und $E''$. Bei Beginn des Eingriffs fällt $A'$ des Rades 1 mit $A''$ des Rades 2

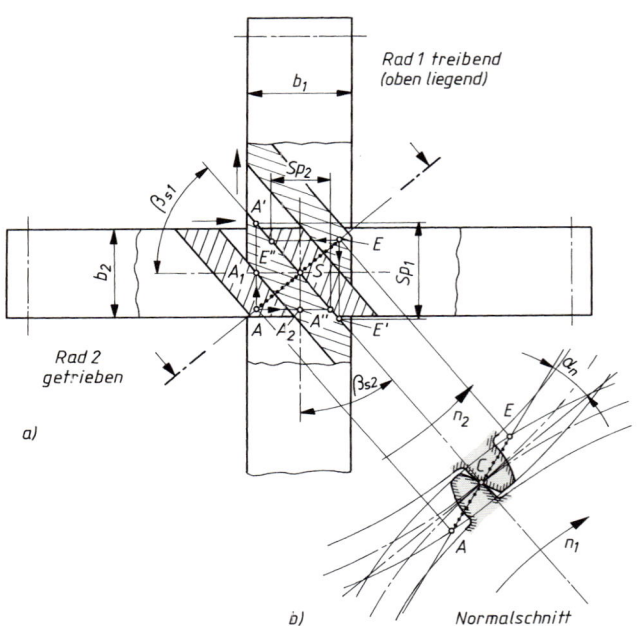

**Bild 23-2**
Eingriffsverhältnisse beim Schraubradgetriebe
a) Draufsicht der Verzahnungsstelle mit dem Schraubpunkt $S$
b) Normalschnitt; das Bild zeigt einen Schnitt in der Wälzebene mit dem Wälzpunkt $C$, die Zähne denke man sich in die Ebene gestreckt

in $A$ zusammen. Ebenso fallen bei Eingriffsende die Punkte $E'$ und $E''$ in $E$ zusammen. Da außerhalb der Strecke $\overline{AE}$ kein Eingriff stattfindet, ist damit auch die Mindestbreite der Räder gegeben. Sie muss mindestens gleich der doppelten Länge von Strecke $\overline{CA_1}$ für Rad 1 und $\overline{CA_2}$ für Rad 2 sein, da diese Strecken im Allgemeinen größer sind (wie auch hier) als die entsprechenden vom Punkt $E$ aus ($\overline{CA} > \overline{CE}$). Eine größere Breite der Räder wäre also zwecklos.

Der Überdeckungsgrad $\varepsilon$ setzt sich ähnlich wie bei Schrägzahn-Stirnradgetrieben aus der Profil- und der Sprungüberdeckung zusammen und ist im Allgemeinen ausreichend groß.

## 23.1.4 Kraftverhältnisse (Null-Verzahnung)

Bei der Untersuchung der Kraftverhältnisse ist die durch das Schraubgleiten entstehende Reibkraft in Richtung der Zahnflanken zu berücksichtigen. Bild 23-3 zeigt die an den Rädern wirkenden Kräfte. Die Verhältnisse sollen zunächst nur für das *treibende Rad 1* untersucht werden: Die senkrecht zur Zahnflanke wirkende Zahnkraft (Normalkraft) $F_{bn1}$ wird in die Normalkomponente $F'_{bn1}$ senkrecht zur Zahnflankenrichtung und in die Radialkomponente (Radialkraft) $F_{r1}$ zerlegt (Bild 23-3b). In der Draufsicht der Verzahnungsstelle (Bild 23-3a, Rad 1 liegt über Rad 2) erscheint die Radialkraft als Punkt, sie steht senkrecht zur Zeichenebene. Die Normalkomponente $F'_{bn1}$ wird unter Berücksichtigung der in Zahnflankenrichtung entgegen der Bewegung des Zahnes wirkenden Reibkraft $F_{R1}$ in die Umfangskraft $F_{t1}$ und die Axialkraft $F_{a1}$ zerlegt. Im Kräfteplan (Bild 23-3c) werden $F'_{bn1}$ und $F_{R1}$ durch die Ersatzkraft $F_{e1}$ ersetzt, die mit $F'_{bn1}$ den Keilreibungswinkel $\varrho'$ einschließt. Genau genommen müsste an Stelle von $F'_{bn1}$ die Normalkraft $F_{bn1}$ gesetzt werden, was aber durch $\varrho'$ an Stelle von $\varrho$ (Reibungswinkel) ausgeglichen wird (vgl. Kapitel 8, Kraftverhältnisse an der Schraube). Rechnerisch geht man von der *Nenn-Umfangskraft* aus:

$$\boxed{F_{t1} = \frac{T_1}{(d_1/2)}} \tag{23.5}$$

$T_1$ vom treibenden Rad 1 zu übertragendes Nenndrehmoment
$d_1$ Teilkreisdurchmesser des Rades 1; s. Gl. (21.38)

## 23.2 Schneckengetriebe

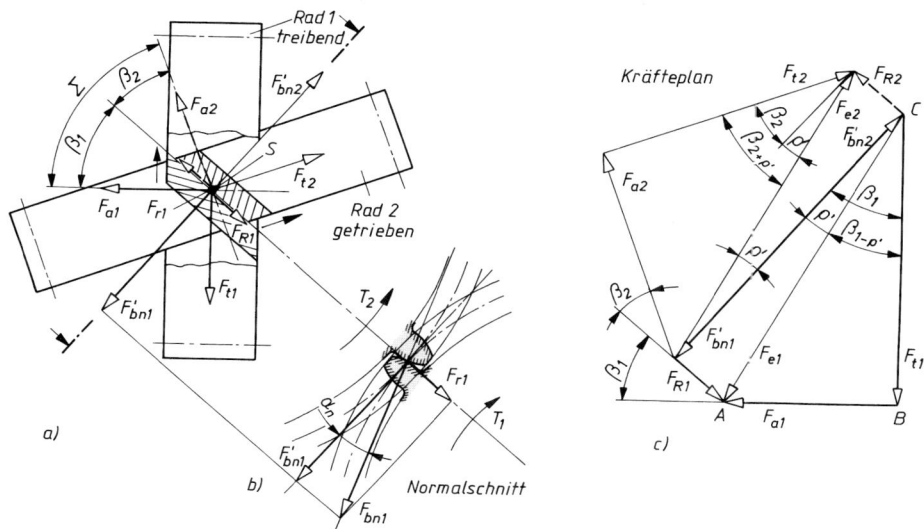

**Bild 23-3** Kraftverhältnisse am Schraubradgetriebe (Null-Verzahnung, $\beta_s = \beta$)

Aus dem Krafteck $ABC$ (Bild 23-3) folgt die *Axialkraft*

$$F_{a1} = F_{t1} \cdot \tan(\beta_1 - \varrho') \qquad (23.6)$$

$\beta_1$  Schrägungswinkel der Zähne des Rades 1
$\varrho'$  Keilreibungswinkel; für $\mu \approx 0{,}05 \ldots 0{,}1$ und für $\alpha_n = 20°$ ist $\varrho' \approx 3 \ldots 6°$

Die Radialkraft wird mit $F'_{bn1}$ aus Bild 23-3b berechnet, wobei $F'_{bn1}$ über $F_{e1}$ durch $F_{t1}$ aus dem Kräfteplan Bild 23-3c ausgedrückt wird. Die *Radialkraft* wird damit

$$F_{r1} = F_{t1} \cdot \frac{\tan \alpha_n \cdot \cos \varrho'}{\cos(\beta_1 - \varrho')} \qquad (23.7)$$

Auf die Herleitung der entsprechenden Kräfte am getriebenen Rad 2 soll im Einzelnen verzichtet werden. Aus dem dargestellten Kräfteplan (Bild 23-3c) ergeben sich die *Nenn-Umfangskraft*

$$F_{t2} = F_{t1} \cdot \frac{\cos(\beta_2 + \varrho')}{\cos(\beta_1 - \varrho')} \qquad (23.8)$$

und die *Axialkraft*

$$F_{a2} = F_{t2} \cdot \tan(\beta_2 + \varrho') \qquad (23.9)$$

Die *Radialkraft für Rad 2* wird unter Vernachlässigung der geringen Abwälzgleitreibung

$$F_{r2} \approx F_{r1} \qquad (23.10)$$

*Hinweis:* Die ermittelten Kräfte resultieren aus dem rechnerischen *Nenn-Drehmoment* $T_1$. Zur Erfassung extremer Betriebsbedingungen sind diese ggf. durch den Anwendungsfaktor $K_A$ nach TB 3-5 zu berücksichtigen.

## 23.1.5 Berechnung der Getriebeabmessungen (Null-Verzahnung)

Für die Berechnung sind zweckmäßig zwei Fälle zu unterscheiden:

*Fall 1: Der Achsenwinkel Σ, die Übersetzung i und die zu übertragende Leistung $P_1$ sind gegeben:*
Man wählt zunächst die *Zähnezahl* $z_1$ des treibenden Rades in Abhängigkeit von $i$ nach TB 23-1. Die *Zähnezahl* $z_2$ des getriebenen Rades wird damit $z_2 = i \cdot z_1$. Den *Schrägungswinkel der Zähne des treibenden Rades* bestimmt man aus $\beta_1 = (\Sigma + \varrho')/2$; mit $\varrho' \approx 5°$ (s. zu Gl. (23.6)). Der *Schrägungswinkel der Zähne für das getriebene Rad* wird dann $\beta_2 = \Sigma - \beta_1$. In Abhängigkeit von der Leistung und Drehzahl ermittelt man auf Grund eines Belastungskennwertes den *Teilkreisdurchmesser des treibenden Rades* aus

$$d_1' \approx 120 \cdot \sqrt[3]{\frac{K_A \cdot P_1 \cdot z_1^2}{c \cdot n_1 \cdot \cos^2 \beta_1}} \quad (23.11)$$

| $d_1'$ | $P$ | $n_1$ | $c$ | $K_A, z_1$ | $\beta$ |
|---|---|---|---|---|---|
| mm | kW | min$^{-1}$ | N/mm$^2$ | 1 | ° |

$K_A$     Anwendungsfaktor nach TB 3-5
$P_1$     vom treibenden Rad zu übertragende Nennleistung
$n_1$     Drehzahl des treibenden Rades
$c$      Belastungskennwert nach TB 23-2

Der *Normalmodul* der Räder ergibt sich aus $m_n' = d_1' \cdot \cos \beta_1 / z_1$; gewählt wird der nächstliegende Norm-Modul nach DIN 780, TB 21-1. Mit dem festgelegten Norm-Modul $m_n$ werden dann die endgültigen Rad- und Getriebeabmessungen ermittelt. Die *Radbreite* $b$ wähle man $b \approx 10 \cdot m_n$.

*Fall 2: Der Achsenwinkel Σ, die Übersetzung i und der Achsabstand a sind gegeben:*
Wie unter Fall 1 werden zunächst die *Zähnezahlen* $z_1$ und $z_2$ festgelegt. Der *Teilkreisdurchmesser des treibenden Rades* wird mit dem Verhältnis $y$ nach TB 23-1 überschlägig ermittelt: $d_1 \approx y \cdot a$. Hiernach bestimmt man *den Schrägungswinkel für das getriebene Rad* (Null-Verzahnung) aus:

$$\tan \beta_2 \approx \left( \frac{2 \cdot a}{d_1} - 1 \right) \cdot \frac{1}{i \cdot \sin \Sigma} - \frac{1}{\tan \Sigma} \quad (23.12)$$

Für $\Sigma = 90°$ wird $\tan \beta_2 \approx (2 \cdot a - d_1)/i \cdot d_1$; $\beta_2$ kann auf volle Grade gerundet werden. Für das treibende Rad wird damit $\beta_1 = \Sigma - \beta_2$.
Der *Normal-Modul* $m_n$ wird wie unter Fall 1 ermittelt und zum Norm-Modul gerundet. Danach berechnet man den endgültigen *Teilkreisdurchmesser des treibenden Rades* $d_1 = m_n \cdot z_1 / \cos \beta_1$. Bei genauer Einhaltung des gegebenen Achsabstandes $a$ muss nun mit den bisher festgelegten Daten der Schrägungswinkel des getriebenen Rades $\beta_2$ „korrigiert" werden. Der genaue *Schrägungswinkel* ergibt sich durch Umformen der Gl. (23.4) aus

$$\frac{1}{\cos \beta_2} = \frac{2 \cdot a}{m_n \cdot z_2} - \frac{1}{i \cdot \cos \beta_1} \quad (23.13)$$

Damit können dann die noch fehlenden Rad- und Getriebeabmessungen ermittelt werden. Eine etwaige Nachprüfung der übertragbaren Leistung $P_1$ kann durch Umformen der Gl. (23.11) vorgenommen werden.

## 23.2 Schneckengetriebe

### 23.2.1 Funktion und Wirkung

Schneckengetriebe sind Zahnradgetriebe mit im Allgemeinen rechtwinklig gekreuzten Achsen ($\Sigma = 90°$). Schneckengetriebe bestehen aus der meist treibenden *Schnecke* (*Zylinderschnecke* bzw. *Globoidschnecke*) und dem zugehörigen *Schneckenrad* (s. Kapitel 20, Bilder 20-6c und d). Im Gegensatz zu den Schraubwälzgetrieben aus Schrägstirnrädern, die sich in einem Punkt berühren, findet die Berührung von Schnecke und Schneckenrad in Linien innerhalb eines Ein-

## 23.2 Schneckengetriebe

griffsfeldes statt. Schnecken haben einen oder mehrere Zähne, die wie Gänge von Schrauben unter gleichbleibender Steigung um die Schneckenachse gewunden sind. Die Zähnezahl $z_1$ der Schnecke ist die Anzahl der in einem Stirnschnitt geschnittenen Zähne. Je nach Flankenrichtung unterscheidet man rechts- und linkssteigende Schnecken, wobei die rechtssteigende Flankenrichtung die bevorzugte ist (s. auch DIN 3975 Begriffe und Bestimmungsgrößen für Zylinderschneckengetriebe mit Achsenwinkel 90° sowie DIN 3976 Zylinderschnecken; Zuordnung von Achsabständen und Übersetzungen in Schneckenradsätzen).

*Vorteile* gegenüber anderen Zahnradgetrieben: Schneckengetriebe haben geräuscharmen und dämpfenden Lauf und sind bei gleichen Leistungen und Übersetzungen kleiner und leichter auszuführen. Aufgrund der Linienberührung sind Flächenpressung und Abnutzung geringer als bei Stirnrad-Schraubgetrieben. Mit einer Stufe sind Übersetzungen, normalerweise nur ins Langsame, bis $i_{max} \approx 100$ möglich, in Sonderfällen z. B. bei Teilgetrieben noch höhere.

*Nachteile:* Die Gleitbewegung der Zahnflanken bewirkt stärkeren Verschleiß, eine höhere Verlustleistung und einen geringeren Wirkungsgrad gegenüber Stirnrad- und Kegelradgetrieben; hohe Axialkräfte, besonders bei der Schnecke, erfordern stärkere Wellenlagerungen. Schneckengetriebe sind empfindlich gegen Veränderungen des Achsabstandes.

### 1. Ausführungsformen und Herstellung

Schnecke und Schneckenrad können zylindrische oder globoidische Form haben. Danach unterscheidet man:

*Zylinderschneckengetriebe* aus zylindrischer Schnecke und Globoidschneckenrad (Bild 23-4a) als das am häufigsten verwendete Schneckengetriebe.

*Globoidschnecken-Zylinderradgetriebe* aus Globoidschnecke und Zylinderschneckenrad (Bild 23-4b), das wegen der teuren Schneckenherstellung nur selten verwendet wird.

*Globoidschneckengetriebe* aus Globoidschnecke und Globoidschneckenrad (Bild 23-4c), das wegen der teuren Herstellung nur für Hochleistungsgetriebe verwendet werden soll.

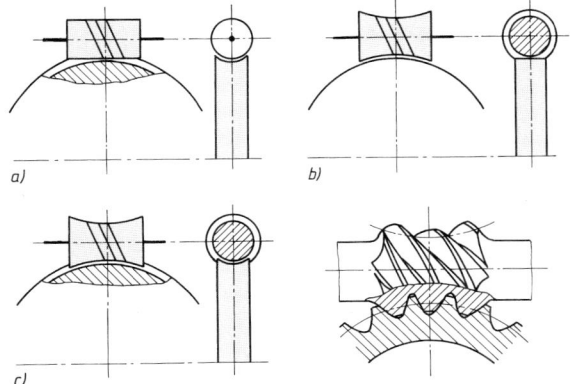

**Bild 23-4**
Schneckengetriebe
a) Zylinderschneckengetriebe
b) Globoidschnecken-Zylinderradgetriebe
c) Globoidschneckengetriebe

Je nach der durch das Herstellverfahren entstehenden Flankenform unterscheidet man bei den meist verwendeten Zylinderschnecken ($Z$):

*ZA-Schnecke,* bei der die Schneckenzähne im Achsschnitt das geradflankige Trapezprofil zeigen (Bild 23-5a). Die Flankenform entsteht, wenn ein trapezförmiger Drehmeißel so angestellt wird, dass seine Schneiden im Axialschnitt liegen. Mit entsprechend profiliertem Werkzeug kann die Flankenform auch durch Fräsen oder Schleifen hergestellt werden.

*ZN-Schnecke,* bei der sich das Trapezprofil im Normalschnitt zeigt (Bild 23-5b). Das Werkzeug (Drehmeißel, Schaftfräser, kleiner Scheibenfräser) ist entsprechend dem Mittensteigungswinkel $\gamma_m$ geschwenkt.

*ZK-Schnecke*, bei der die Flanken gekrümmt sind (Kurve). An Stelle des Drehmeißels, Bild 23-5c, ist ein rotierendes Werkzeug (Scheibenfräser, Schleifscheibe) entsprechend dem Mittensteigungswinkel geschwenkt. Die Stärke der Krümmung ist dabei vom Werkzeugdurchmesser abhängig. Wegen wirtschaftlicher Fertigung häufig verwendet.

*ZI-Schnecke*, bei der sich im Normalschnitt eine normale Evolvente ergibt (Bild 23-5d). ZI-Schnecken können auch als Schrägstirnräder mit großem Schrägungswinkel β betrachtet werden. Die Profilerzeugung erfolgt mit einem Drehmeißel oder Wälzfräser. ZI- Schnecken haben aufgrund der wirtschaftlichen Fertigung die größte Bedeutung erlangt.

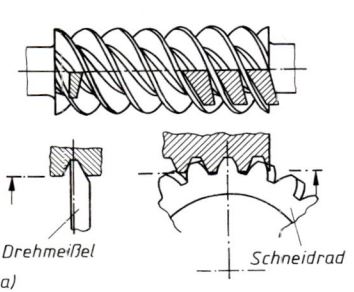
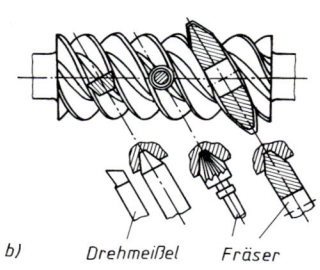
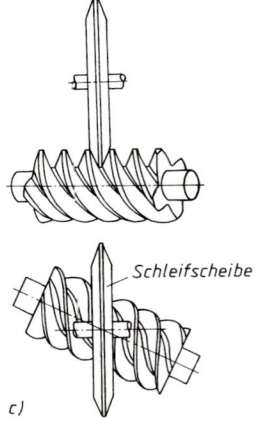
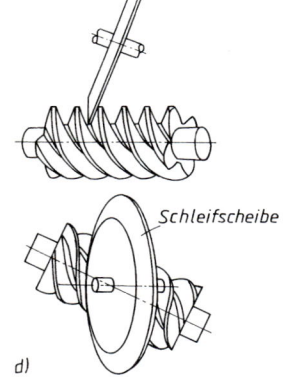

**Bild 23-5** Ausführungsformen der Schnecken
a) *ZA*-Schnecke
b) *ZN*-Schnecke
c) *ZK*-Schnecke
d) *ZI*-Schnecke

## 2. Verwendung

Schneckengetriebe werden als Universalgetriebe für große Übersetzungen bei höchsten Leistungen und Antriebsdrehzahlen verwendet, z. B. für Aufzüge, Winden, Drehtrommeln und Krane, ferner zum Antrieb von Band- und Schneckenförderern, für Flaschenzüge und als Lenkgetriebe bei Kraftfahrzeugen.

## 23.2.2 Geometrische Beziehungen bei Zylinderschneckengetrieben mit $\Sigma = 90°$ Achsenwinkel[1]

### 1. Übersetzung

Die Übersetzung wird bei Schneckengetrieben nicht nur durch die Drehzahlen und Zähnezahlen, sondern bei Kraftgetrieben (z. B. Flaschenzügen) häufig auch durch die Drehmomente aus-

---

[1] Siehe auch DIN 3975, Begriffe und Bestimmungen für Zylinderschneckengetriebe mit Achsenwinkel 90°.

## 23.2 Schneckengetriebe

gedrückt. Unter Berücksichtigung des Wirkungsgrades wird die *Übersetzung i* bzw. das *Zähnezahlverhältnis u* bei treibender Schnecke

$$i = u = \frac{n_1}{n_2} = \frac{z_2}{z_1} = \frac{T_2}{T_1 \cdot \eta_g} \qquad (23.14)$$

$n_1, n_2$    Drehzahl der Schnecke, des Schneckenrades
$z_1, z_2$    Zähnezahl der Schnecke, des Schneckenrades
$T_1, T_2$    Drehmoment der Schnecke, des Schneckenrades
$\eta_g$    Gesamtwirkungsgrad des Schneckengetriebes nach Kapitel 20, Gl. (20.5)

Allgemein gilt: Mindestübersetzung $i_{min} \approx 5$, Höchstübersetzung $i_{max} \approx 50\ldots 60$. Bei $i > 60$ ergeben sich ungünstige Bauverhältnisse und ein hoher Verschleiß der Schnecke. Wegen des gleichmäßigeren Verschleißes soll bei einer mehrgängigen Schnecke $i$ möglichst keine ganze Zahl sein. Günstige Bauverhältnisse ergeben sich mit den Werten nach TB 23-3.

### 2. Abmessungen der Schnecke

Die Zähne sind auf dem Schneckenzylinder schraubenförmig gewunden. Der *Mittensteigungswinkel* $\gamma_m$ (üblich $\approx 15°\ldots 25°$) ist der Winkel zwischen der Zahnflankentangente am Mittenkreis $d_{m1}$ und der Senkrechten zur Achse.
Aus der Abwicklung eines Schneckenganges (Bild 23-6d) ergibt sich der *Mittensteigungswinkel* aus

$$\tan \gamma_m = \frac{p_{z1}}{d_{m1} \cdot \pi} \qquad (23.15)$$

$p_{z1} = z_1 \cdot p_x$    Steigungshöhe gleich Windungsabstand eines Zahnes im Achsschnitt, $z_1$ Zähnezahl der Schnecke, $p_x$ Axialteilung
$d_{m1}$    Mittenkreisdurchmesser der Schnecke

Im *Axialschnitt* (Index $x$) wird die *Axialteilung* $p_x = m \cdot \pi$ (genauer $p_x = m_x \cdot \pi$), im *Normalschnitt* (Index $n$) die *Normalteilung* $p_n = m_n \cdot \pi$ gemessen, mit $m_n$ Normalmodul. Für Schnecken (im Axialschnitt) und für Schneckenräder (im Stirnschnitt) gelten die Axialmoduln nach DIN 780, T2 (s. TB 23-4).

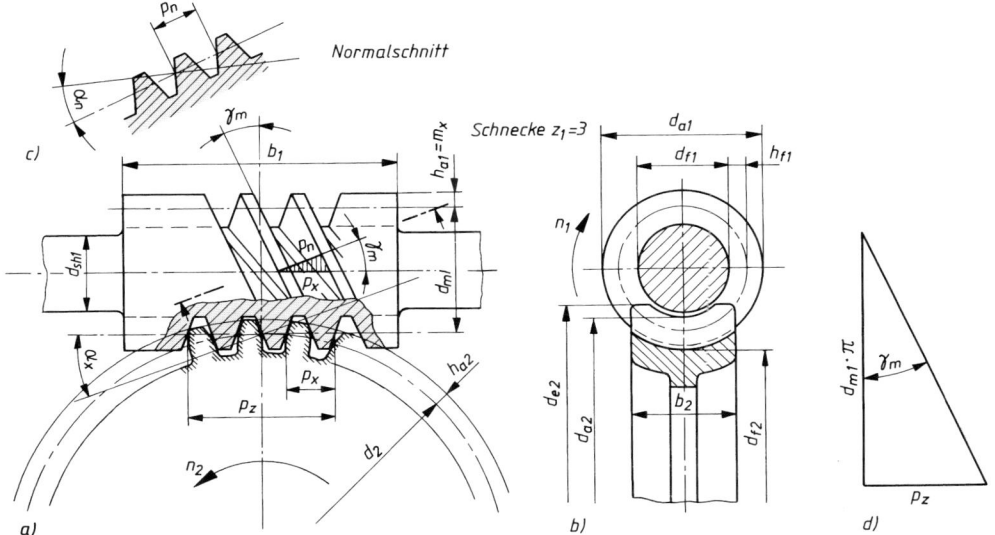

**Bild 23-6** Geometrische Beziehungen am Schneckengetriebe mit $z_1 = 3$

Nach Bild 23-6a (schraffiertes Dreieck) ist

$$\boxed{p_n = p_x \cdot \cos \gamma_m \quad \text{bzw.} \quad m_n = m \cdot \cos \gamma_m} \tag{23.16}$$

Aus Gl. (23.15) folgt $d_{m1} = p_{z1}/(\tan \gamma_m \cdot \pi)$. Wird $p_{z1} = z_1 \cdot p_x = z_1 \cdot m \cdot \pi$ und aus Gl. (23.16) $m = m_n / \cos \gamma_m$ gesetzt, dann wird der *Mittenkreisdurchmesser der Schnecke*

$$\boxed{d_{m1} = \frac{z_1 \cdot m}{\tan \gamma_m} = \frac{z_1 \cdot m_n}{\sin \gamma_m}} \tag{23.17}$$

Beim Entwurf gilt als Richtwert $d_{m1} \approx 0{,}4 \cdot a$ (s. unter 23.2.5). Der Mittenkreisdurchmesser kann nach konstruktiven Gesichtspunkten frei gewählt werden; Normwerte und Vorzugsreihen s. DIN 3976.

Das Verhältnis $d_{m1}/m = z_1/\tan \gamma_m = q$ wird als *Formzahl* bezeichnet. Mit zunehmender Größe von $q$ wird der Schneckendurchmesser und damit auch das Widerstandsmoment gegen Durchbiegung größer; gleichzeitig nimmt jedoch die Gleitgeschwindigkeit zu, was einen größeren Verschleiß und geringeren Wirkungsgrad bedingt. Erfahrungsgemäß sollte $6 \leq q < 17$ (vorzugsweise $q \approx 10$) gewählt werden.

Mit der *Kopfhöhe* $h_{a1} = m$ und der *Fußhöhe* $h_{f1} \approx 1{,}25 \cdot m$ wird der *Kopfkreisdurchmesser*

$$\boxed{d_{a1} = d_{m1} + 2 \cdot m} \tag{23.18}$$

der *Fußkreisdurchmesser*

$$\boxed{d_{f1} \approx d_{m1} - 2{,}5 \cdot m} \tag{23.19}$$

Die *Zahnbreite* $b_1$ (Schneckenlänge) soll so groß ausgeführt werden, dass alle Berührungspunkte der Schneckenzahnflanken zum Tragen kommen. Dies ist für ein Schneckengetriebe *ohne* Profilverschiebung gegeben, wenn

$$\boxed{b_1 \geq 2 \cdot m \cdot \sqrt{z_2 + 1}} \tag{23.20}$$

$z_2$ Zähnezahl des Schneckenrades

Bei der Ausführung als *Schneckenwelle*, bei der Schnecke und Welle ein Teil bilden, soll der *Schnecken-Mittenkreisdurchmesser* etwa sein:

$$\boxed{d_{m1} \approx 1{,}4 \cdot d_{sh} + 2{,}5 \cdot m} \tag{23.21}$$

Bei *aufgesetzter Schnecke* muss sein

$$\boxed{d_{m1} \geq 1{,}8 \cdot d_{sh} + 2{,}5 \cdot m} \tag{23.22}$$

$d_{sh}$ Schneckenwellendurchmesser, der zunächst überschlägig ermittelt werden kann (s. Bild 11-21).

## 3. Abmessungen des Schneckenrades

Das Schneckenrad ist das globoidische Gegenrad zu einer bestimmten Schnecke. Der Modul $m$ (Stirnmodul $m_t$) eines Schneckenrades ist bei einem Achsenwinkel $\Sigma = 90°$ gleich dem Modul (Axialmodul $m_x$) der zugehörigen Schnecke. Die Flankenrichtung des Schneckenrades ist die gleiche wie die der zugehörigen Schnecke. Rechtssteigende Flanken sind zu bevorzugen.

Der *Teilkreisdurchmesser*, der zugleich der Durchmesser des Wälzzylinders ist, ergibt sich aus

$$\boxed{d_2 = m \cdot z_2} \tag{23.23}$$

der *Kopfkreisdurchmesser*

$$d_{a2} = d_2 + 2 \cdot m \tag{23.24}$$

der *Fußkreisdurchmesser*

$$d_{f2} \approx d_2 - 2{,}5 \cdot m \tag{23.25}$$

der *Außendurchmesser des Außenzylinders*

$$d_{e2} \approx d_{a2} + m \tag{23.26}$$

Die *Breite der Schneckenräder* wird je nach Werkstoff festgelegt (s. Bild 23-7); man wähle für Räder aus

$$\begin{array}{l} \text{GJL, GJS, CuSn-Legierung:} \\ b_2 \approx 0{,}45 \cdot (d_{a1} + 4 \cdot m) \\ \text{Leichtmetallen:} \\ b_2 \approx 0{,}45 \cdot (d_{a1} + 4 \cdot m) + 1{,}8 \cdot m \end{array} \tag{23.27}$$

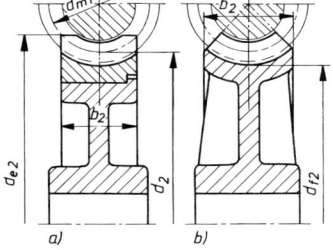

**Bild 23-7**
Ausführung und Abmessungen der Schneckenräder.
a) Räder aus GJL, GJS oder CuSn-Legierungen
b) Räder aus Leichtmetallen

### 4. Achsabstand

Wie bei Stirnradgetrieben ergibt sich aus den Bestimmungsgrößen für Schnecke und Schneckenrad der *Achsabstand* aus

$$a = \frac{d_{m1} + d_2}{2} \tag{23.28}$$

### 23.2.3 Eingriffsverhältnisse

Für die Beurteilung der Eingriffsverhältnisse ist der *Axialschnitt* maßgebend, wobei sich der Schneckeneingriff auf den Eingriff einer Zahnstange zurückführen lässt. Sofern die Übersetzung $i \leq 5$ bei einer Zähnezahl des Schneckenrades $z_2 \approx 20\ldots30$ nicht unterschritten wird, besteht keine Gefährdung der Eingriffsverhältnisse und keine Gefahr des Zahnunterschnitts. Auf eine Untersuchung kann normalerweise verzichtet werden. Profilverschiebung wird nur ausnahmsweise dann vorgenommen, wenn es zum Erreichen eines gegebenen Achsabstandes erforderlich ist. Für den Eingriffswinkel im Normalschnitt wird $\alpha_n = 20°$ empfohlen. Hiermit ergibt sich der *Eingriffswinkel im Axialschnitt* aus

$$\tan \alpha_x = \frac{\tan \alpha_n}{\cos \gamma_m} \tag{23.29}$$

$\alpha_n$    Normaleingriffswinkel, vorzugsweise $\alpha_n = 20°$
$\gamma_m$    Mittensteigungswinkel

## 23.2.4 Kraftverhältnisse

### 1. Kräfte an der Schnecke

Bild 23-8 zeigt die Kraftwirkungen sowohl an der treibenden Schnecke als auch am getriebenen Schneckenrad. Bei der Betrachtung geht man von der senkrecht auf die Zahnflanke in Richtung der Eingriffsnormalen wirkende Zahnkraft $F_{n1}$ aus (Bild 23-8b, Normalschnitt $N-N$). Hervorgerufen durch diese Normalkraft $F_{n1}$ wirkt längs der Flankenlinie die Reibkraft $\mu \cdot F_{n1}$. Die Ersatzkaft $F_{e1}$ als Resultierende aus $F_{n1}$ und $\mu \cdot F_{n1}$ ist gegenüber der Normalkraft $F_{n1}$ um den Reibungswinkel $\varrho$ geneigt (Bild 23-8b, Schnitt $A-A$) Wird die Normalkraft $F_{n1}$ zerlegt (s. Schnitt $N-N$), so erhält man die Kräfte $F_{r1} = F_{n1} \cdot \sin \alpha_n$ und $F'_{n1} = F_{n1} \cdot \cos \alpha_n$, deren Projektionen sich in der Draufsicht ergeben zu $F'_{n1}$ und $F'_{e1}$. Sie schließen den (Keil-)Reibungswinkel $\varrho'$ ein, der sich aus der Beziehung ergibt

$$\tan \varrho' = \frac{\mu \cdot F_{n1}}{F'_{n1}} = \frac{\mu \cdot F_{n1}}{F_{n1} \cdot \cos \alpha_n} = \frac{\mu}{\cos \alpha_n} = \mu'$$

Zur Erfassung der Kräfte an der treibenden Schnecke geht man rechnerisch aus von der *Umfangskraft*

$$\boxed{F_{t1} = \frac{(K_A) \cdot T_1}{d_{m1}/2} = \frac{2 \cdot (K_A) \cdot T_1}{d_{m1}}} \qquad (23.30)$$

$T_1$ Nenndrehmoment der Schnecke
$d_{m1}$ Mittenkreisdurchmesser
$K_A$ Anwendungsfaktor zur Erfassung etwaiger extremer Betriebsverhältnisse, Werte nach TB 3-5

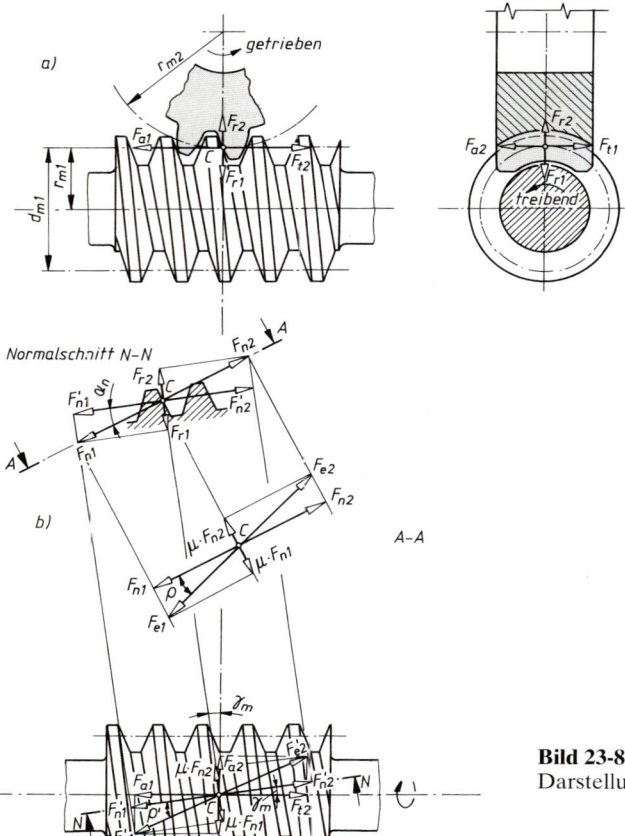

**Bild 23-8**
Darstellung der Kräfte an der Schnecke

## 23.2 Schneckengetriebe

Aus dem Bild 23-8 ergeben sich folgende Kräfte:
*Axialkraft*

$$\boxed{F_{a1} = \frac{F_{t1}}{\tan(\gamma_m + \varrho')}} \qquad (23.31)$$

$\gamma_m$    Mittensteigungswinkel der Schnecke
$\varrho'$    Reibungswinkel, s. Kapitel 20 zu Gl. (20.7)

*Radialkraft*

$$\boxed{F_{r1} = \frac{F_{t1} \cdot \cos\varrho' \cdot \tan\alpha_n}{\sin(\gamma_m + \varrho')}} \qquad (23.32)$$

$\alpha_n$    Eingriffswinkel im Normalschnitt, üblich $\alpha_n = 20°$

### 2. Kräfte am Schneckenrad

Die Kräfte am getriebenen Schneckenrad sind im Bild 23-8 dargestellt. Die *Umfangskaft am Rad* ist gleich, aber entgegengerichtet der Axialkraft an der Schnecke

$$\boxed{F_{t2} = F_{a1}} \qquad (23.33)$$

Ebenso ist die *Radialkraft am Schneckenrad*

$$\boxed{F_{r2} \approx F_{r1}} \qquad (23.34)$$

und die *Axialkraft am Schneckenrad*

$$\boxed{F_{a2} \approx F_{t1}} \qquad (23.35)$$

### 23.2.5 Entwurfsberechnung für Schneckengetriebe

#### 1. Vorwahl der Hauptabmessungen

Bei den Schneckengetrieben sind die Hauptabmessungen vorerst erfahrungsgemäß zu wählen bzw. durch Näherungsgleichungen überschlägig festzulegen. Dabei unterscheidet man zweckmäßig folgende Anwendungsfälle:

*Fall 1: Der Achsabstand a und das Zähnezahlverhältnis u bzw. das Übersetzungsverhältnis i sind bekannt.*

Zunächst wird die *Zähnezahl* $z_1$ der Schnecke gewählt nach TB 23-3 bzw. ermittelt aus

$$\boxed{z_1 \approx \frac{1}{u} \cdot (7 + 2{,}4 \cdot \sqrt{a})} \qquad (23.36)$$

$u = i$    Zähnezahlverhältnis bzw. Übersetzungsverhältnis
$a$    Achsabstand in mm

Mit der auf die nächste ganze Zahl gerundeten Zähnezahl $z_1$ wird die *Zähnezahl* $z_2$ des Schneckenrades festgelegt mit $z_2 = u \cdot z_1$.
Der *vorläufige Mittenkreisdurchmesser der Schnecke* ergibt sich aus

$$\boxed{d_{m1} \approx \psi_a \cdot a} \qquad (23.37)$$

$\psi_a = \dfrac{d_{m1}}{a}$    Durchmesser-Achsabstandsverhältnis; man wähle $\psi_a \approx 0{,}5 \ldots 0{,}3$

Der *vorläufige Teilkreisdurchmesser des Schneckenrades* wird ermittelt aus

$$d_2 = 2 \cdot a - d_{m1} \tag{23.38}$$

Hiermit wird der *Stirnmodul* des Schneckenrades gleich *Axialmodul* der Schnecke ($\Sigma = 90°$!) $m_t \triangleq m_x = m = d_2/z_2$; festgelegt wird der nächstliegende Norm-Modul nach DIN 780T2, TB 23-4. Mit $m_t$ ergeben sich dann der *endgültige Teilkreisdurchmesser* des Schneckenrades $d_2 = m \cdot z_2$ und der *Mittenkreisdurchmesser* der Schnecke $d_{m1} = 2 \cdot a - d_2$.
Durch Umformen der Gl. (23.17) ergibt sich der *Mittensteigungswinkel* $\gamma_m$ der Schneckenzähne gleich *Schrägungswinkel* β des Schneckenrades aus

$$\tan \gamma_m = \tan \beta = \frac{z_1 \cdot m}{d_{m1}} \tag{23.39}$$

Damit können dann die weiteren Abmessungen nach 23.2.2 festgelegt werden. Erforderlichenfalls ist zu prüfen, ob die Bedingungen für $d_{m1}$ nach Gl. (23.21) bzw. (23.22) erfüllt sind.

*Fall 2:* Das Abtriebsmoment $T_2$ bzw. die Abtriebsleistung $P_2$ sowie die Drehzahl $n_2$ und das Zähnezahlverhältnis $u$ sind bekannt, ein bestimmter Achsabstand $a$ ist nicht gefordert.

Für diesen Fall ermittelt man zunächst den ungefähren Achsabstand nach Gl. (23.40) und legt $a$ fest nach DIN 323, Reihe R10, s. TB 1-16

$$a \approx 750 \cdot \sqrt[3]{\frac{T_2}{\sigma_{H\,lim}^2}} \approx 16 \cdot 10^3 \cdot \sqrt[3]{\frac{P_2}{n_2 \cdot \sigma_{H\,lim}^2}}$$

| $a$ | $T_2$ | $\sigma_{H\,lim}$ | $P_2$ | $n_2$ |
|---|---|---|---|---|
| mm | Nm | N/mm² | kW | min⁻¹ |

(23.40)

$T_2$    vom Schneckenrad abzugebendes Drehmoment; bei gegebenem Drehmoment $T_1$ der Schnecke ist $T_2 = T_1 \cdot u \cdot \eta_g$; Gesamtwirkungsgrad $\eta_g$ zunächst nach TB 20-9
$P_2$    vom Schneckenrad abzugebende Leistung; bei gegebener Leistung $P_1$ der Schnecke ist $P_2 = P_1 \cdot \eta_g$
$n_2$    Drehzahl des Schneckenrades
$\sigma_{H\,lim}$    Dauerfestigkeitswert als Grenze der dauernd ertragbaren Pressung für einen gegebenen Werkstoff; Werte nach TB 20-4

Die Weiterrechnung erfolgt wie im Fall 1 mit Gl. (23.36).

## 2. Werkstoffvorwahl

Wegen des zusätzlichen Schraubgleitens der Zähne kommt der Auswahl der Werkstoffe für Schnecke und Schneckenrad besondere Bedeutung zu. Die Werkstoffe müssen gute Gleiteigenschaften zueinander aufweisen, genügend verschleißfest sein und eine gute Wärmeleitfähigkeit haben. Für Schnecken wird allgemein Stahl vorgesehen (hierzu Kapitel 20, Abschnitt 20.2), für Schneckenräder dagegen überwiegend Kupfer-Zinn-Legierungen, vielfach auch Gusseisen und Aluminium-Legierungen (s. TB 20-3).

## 23.2.6 Tragfähigkeitsnachweis

Wegen der andersgearteten Bewegungsverhältnisse der Zahnflanken aufeinander kann die Berechnungsweise für Stirn- und Kegelradgetriebe nicht ohne weiteres auf Schneckengetriebe angewendet werden. So wird bei diesen die Tragfähigkeit weitgehend von der Werkstoffpaarung beeinflusst; ebenso ist die durch die Flankenreibung hervorgerufene Erwärmung von besonderer Bedeutung, z. B. auch für die konstruktive Ausbildung des Getriebegehäuses. Die nachfolgenden Berechnungen beziehen sich auf den meist vorliegenden Achsenwinkel $\Sigma = 90°$.

## 1. Flanken-Tragfähigkeit

Nach der Vorwahl der Getriebeabmessungen wird zunächst die Zulässigkeit der *Wälzpressung* geprüft. Nach Niemann ergibt sich die *Sicherheit gegen Grübchenbildung* aus

$$S_H = \frac{\sigma_{H\,lim} \cdot Z_h \cdot Z_N}{Z_E \cdot Z_p \cdot \sqrt{1000 \cdot (T_2 \cdot K_A)/a^3}} \geq S_{H\,min} \tag{23.41}$$

| $S_H$ | $a$ | $T_2$ | $\sigma_{H\,lim}$ | $K_A, Z \ldots$ |
|---|---|---|---|---|
| 1 | mm | Nm | N/mm² | 1 |

$T_2$    das vom Rad abzugebende Nenn-Drehmoment aus $T_2 = 9550 \cdot P_2/n_2$
$\sigma_{H\,lim}$    Wälzfestigkeit des Radwerkstoffes nach TB 20-4
$Z_E$    Elastizitätsfaktor; Werte nach TB 20-4; Fußnote beachten
$Z_h$    Lebensdauerfaktor, abhängig von der Lebensdauer $L_h$; Werte nach TB 23-5
$Z_N$    Lastwechselfaktor, abhängig von der Drehzahl $n_2$; Werte nach TB 23-6
$Z_p$    Kontaktfaktor; Werte nach TB 23-7
$K_A$    Anwendungsfaktor (Betriebsfaktor); Anhaltswerte für $K_A$ s. TB 3-5; $K_A = 1$, wenn bei der Ermittlung von $T_2$ ungünstige Betriebsbedingungen bereits erfasst wurden
$a$    Achsabstand
$S_{H\,min}$    Mindestsicherheit gegen Grübchenbildung. Man wählt, je nach Genauigkeit der der Berechnung zugrundegelegten Angaben und der evtl. Folgen im Schadensfall $S_{H\,min} \approx 1 \ldots 1{,}3$

## 2. Zahnfuß-Tragfähigkeit

Die *Sicherheit gegenüber Zahnfußbruch am Rad* ergibt sich aus

$$S_F = \frac{U_{lim} \cdot m \cdot b_2}{F_{t2} \cdot K_A} \geq S_{F\,min} \tag{23.42}$$

| $S_F$ | $F_{t2}$ | $U_{lim}$ | $m, b_2$ | $K_A$ |
|---|---|---|---|---|
| 1 | N | N/mm² | mm | 1 |

$U_{lim}$    Belastungsgrenzwert des Radwerkstoffes nach TB 20-4
$m$    Modul
$b_2$    Radbreite nach Gl. (23.27)
$F_{t2}$    Nenn-Umfangskraft am Schneckenrad nach Gl. (23.33)
$K_A$    Anwendungsfaktor; Werte nach TB 3-5, s. Anmerkung zur Gl. (23.41)
$S_{F\,min}$    Mindestsicherheit gegen Zahnfußbruch; man wähle $S_{F\,min} \geq 1$

## 3. Kontrolle auf Erwärmen[1)]

Neben der Überprüfung des Schneckenrades auf Flanken- und Zahnfußtragfähigkeit ist noch sicherzustellen, dass die durch die Flanken- und Lagerreibung sowie durch die Planschwirkung des Schmieröls entstehende Wärmemenge nicht zu einer unzulässigen Temperaturerhöhung des Getriebes führt. Die auftretende Reibungswärme muss durch geeignete Maßnahmen wie z. B. Kühlrippen am Gehäuse oder Blasflügel auf der Schneckenwelle abgeführt werden, um bei hochbelasteten Schneckengetrieben die Temperatur innerhalb des zulässigen Grenzwertes ($\vartheta_{grenz} \approx 80\,°C$) zu halten.

Die *Temperatursicherheit* kann überschläglich ermittelt werden aus

$$S_\vartheta = \frac{\vartheta_{grenz}}{\vartheta} \approx \left(\frac{a}{10}\right)^2 \cdot \frac{q_1 \cdot q_2 \cdot q_3 \cdot q_4}{136 \cdot P_1} \geq 1 \tag{23.43}$$

| $S_\vartheta$ | $\vartheta$ | $a$ | $P_1$ | $q \ldots$ |
|---|---|---|---|---|
| 1 | °C | mm | kW | 1 |

$a$    Achsabstand
$q_1$    Kühlbeiwert zur Berücksichtigung der Art der Kühlung (mit/ohne zusätzliche(r) Kühlung), der prozentualen Einschaltdauer $ED$ und der Drehzahl $n_1$ der Schnecke; Werte für $q_1$ nach TB 23-8

---

[3)] Der Nachweis der Temperatursicherheit ist äußerst aufwendig und kann hier nur in vereinfachter Form dargestellt werden.

$q_2$  Übersetzungsbeiwert nach TB 23-9
$q_3$  Werkstoffpaarungsbeiwert nach TB 23-10
$q_4$  Bauartbeiwert zur Berücksichtigung der konstruktiven Ausführung des Schneckengetriebes; Werte nach TB 23-11
$P_1$  die vom Schneckengetriebe zu übertragende Nenn-Leistung

### 4. Durchbiegung der Schneckenwelle

Um den einwandfreien Eingriff der Verzahnung zu gewährleisten, ist neben der sorgfältigen Ausführung der Lagerung von Schnecke und Rad auch sicherzustellen, dass die durch die Radialkraft $F_{r1}$ und die Umfangskraft $F_{t1}$ (s. Bild 23-9) hervorgerufene Verformung (Durchbiegung) der Schneckenwelle möglichst klein bleibt. Konstruktiv kann dies erreicht werden durch große Durchmesser der Schneckenwelle und kleine Lagerabstände.
Die *Durchbiegesicherheit* ergibt sich aus

$$S_D = \frac{f_{\text{grenz}}}{f_{\text{max}}} \geq (0{,}5\ldots)\,1 \tag{23.44}$$

$f_{\text{grenz}}$  zulässige Durchbiegung der Schneckenwelle; als Erfahrungswert kann gewählt werden $0{,}004 \cdot m$ für gehärtete und $0{,}01 \cdot m$ für vergütete Schnecken

$f_{\text{max}}$  Durchbiegung der Schnecke. Unter Annahme, dass die Schnecke in der Mitte zwischen den Lagern liegt und das Flächenmoment 2. Grades der Schneckenwelle konstant ist, kann annähernd gesetzt werden $f_{\text{max}} \approx \dfrac{F_1 \cdot l_1^3}{48 \cdot E \cdot I}$ mit $F_1 = \sqrt{F_{r1}^2 + F_{t1}^2}$, $l_1 \approx 1{,}5 \cdot a$ und $I = \dfrac{\pi}{64} \cdot d^4$ mit $d \approx d_{sh1}$ bzw. $d \approx d_{m1}$ je nach Ausführung der Schnecke.

## 23.2.7 Berechnungsbeispiele

■ **Beispiel 23.1:** Das Schneckengetriebe eines Zählwerkes soll eine Übersetzung $i = u = 35$ und aus Einbaugründen einen Achsabstand $a = 40$ mm haben. Der Achsenwinkel beträgt $\Sigma = 90°$. Die vom Getriebe zu übertragende Leistung ist gering und für die Berechnung bedeutungslos. Die Hauptabmessungen der Schnecke und des Schneckengetriebes sind zu ermitteln.

▶ **Lösung:** Zunächst wird die Ausführungsform des Getriebes nach den Angaben unter 23.2.1 festgelegt. Die Anforderungen an Leistung sind gering, es wird jedoch ein möglichst spielfreier, genauer Lauf verlangt. Daher wird ein Zylinderschneckengetriebe vorgesehen mit *zylindrischer I-Schnecke* und *Globoidschneckenrad*.
Die Hauptabmessungen werden nach 23.2.2 ermittelt und zwar bei vorgegebenem Achsabstand nach „Fall 1". Zunächst wird nach Gl. (23.36) die Zähnezahl der Schnecke ermittelt:

$$z_1 \approx \frac{1}{u}\,(7 + 2{,}4\,\sqrt{a}) = \frac{1}{35}\,(7 + 2{,}4\,\sqrt{40}) = 0{,}6, \quad \text{gewählt} \quad z_1 = 1.$$

Für das Schneckenrad wird dann $z_2 = u \cdot z_1 = 35 \cdot 1 = 35$. Der vorläufige Mittenkreisdurchmesser der Schnecke nach Gl. (23.37) mit einem gewählten Durchmesser-Achsabstandsverhältnis $\psi_a \approx 0{,}35$

$$d_{m1} \approx \psi_a \cdot a = 0{,}35 \cdot 40 \text{ mm} = 14 \text{ mm}.$$

Damit wird nach Gl. (23.38) der vorläufige Teilkreisdurchmesser des Schneckenrades

$$d_{m2} = 2 \cdot a - d_{m1} = 2 \cdot 40 \text{ mm} - 14 \text{ mm} = 66 \text{ mm}.$$

Damit kann nun der Stirnmodul des Schneckenrades gleich Axialmodul der Schnecke ($\Sigma = 90°$) bestimmt werden

$$m_t \triangleq m_x = m = \frac{d_2}{z_2} = \frac{66 \text{ mm}}{35} \approx 1{,}8 \text{ mm};$$

nach DIN 780 T2 (TB 23-4) festgelegt:

$$m_t = m_x = 2 \text{ mm}.$$

## 23.2 Schneckengetriebe

Somit ergeben sich die endgültigen Abmessungen für Schnecke und Schneckenrad:
Teilkreisdurchmesser des Schneckenrades aus

$$d_2 = m \cdot z_2 = 2\,\text{mm} \cdot 35 = 70\,\text{mm}$$

Mittenkreisdurchmesser der Schnecke aus

$$d_{m1} = 2 \cdot a - d_2 = 2 \cdot 40\,\text{mm} - 70\,\text{mm} = 10\,\text{mm}.$$

Der Mittensteigungswinkel $\gamma_m$ der Schnecke gleich Schrägungswinkel $\beta$ des Schneckenrades nach Gl. (23.39)

$$\tan \gamma_m = \tan \beta = \frac{z_1 \cdot m}{d_{m1}} = \frac{1 \cdot 2\,\text{mm}}{10\,\text{mm}} = 0{,}2; \qquad \gamma_m = \beta \approx 11{,}3°.$$

Die noch fehlenden Hauptabmessungen werden nach 23.2.2 ermittelt:
Der Kopfkreisdurchmesser $d_{a1}$ der Schnecke aus Gl. (23.18)

$$d_{a1} = d_{m1} + 2 \cdot m = 10\,\text{mm} + 2 \cdot 2\,\text{mm} = 14\,\text{mm},$$

der Fußkreisdurchmesser $d_{f1}$ der Schnecke aus Gl. (23.19)

$$d_{f1} \approx d_{m1} - 2{,}5 \cdot m = 10\,\text{mm} - 2{,}5 \cdot 2\,\text{mm} = 5\,\text{mm}.$$

Die Schneckenbreite (Schneckenlänge) $b_1$ aus Gl. (23.20)

$$b_1 \geq 2 \cdot m \cdot \sqrt{z_2 + 1} = 2 \cdot 2\,\text{mm} \cdot \sqrt{35 + 1} = 24\,\text{mm}; \quad \text{ausgeführt} \quad b_1 = 25\,\text{mm}.$$

Für das Schneckenrad wird der Kopfkreisdurchmesser $d_{a2}$ aus Gl. (23.24)

$$d_{a2} = d_2 + 2 \cdot m = 70\,\text{mm} + 2 \cdot 2\,\text{mm} = 74\,\text{mm}.$$

Das Schneckenrad soll aus Leichtmetall hergestellt werden in der Ausführung etwa nach Bild 23-7. Hierfür wird als Radbreite nach Gl. (23.27) empfohlen:

$$b_2 \approx 0{,}45(d_{a1} + 4 \cdot m) + 1{,}8 \cdot m = 0{,}45(14\,\text{mm} + 4 \cdot 2\,\text{mm}) + 1{,}8 \cdot 2\,\text{mm} = 13{,}5\,\text{mm};$$

ausgeführt wird $b_2 = 15\,\text{mm}$.
Der Außendurchmesser $d_{e2}$ des Rades wird zweckmäßig konstruktiv ermittelt und festgelegt.

■ **Beispiel 23.2:** Es ist ein Schneckengetriebe mit obenliegender Schnecke und einem Achsenwinkel $\Sigma = 90°$ (s. Bild 23-9) für eine Abtriebsleistung $P_2 \approx 5\,\text{kW}$ und eine Übersetzung von $n_1 = 960\,\text{min}^{-1}$ auf $n_2 \approx 50\,\text{min}^{-1}$ auszulegen. Das Getriebe soll eine Volllast-Lebensdauer von $L_h = 10000$ erreichen. Die prozentuale Einschaltdauer beträgt $ED \approx 30\%$. Der Antrieb erfolgt über einen E-Motor; die Arbeitsweise der anzutreibenden Maschine ist gleichmäßig.
a) Die Hauptabmessungen des Getriebes sind festzulegen.
b) Geeignete Werkstoffe für Schnecke und Schneckenrad sind zu ermitteln.
c) Eine überschlägige Kontrolle auf Erwärmung ist durchzuführen.
d) Die Durchbiegung der Schneckenwelle ist überschlägig zu ermitteln und ihre Zulässigkeit zu prüfen.

▶ **Lösung a):** Zunächst wird die Ausführungsform nach den Angaben zu 23.2.1 festgelegt. Danach wird ein Zylinderschneckengetriebe mit zylindrischer Schnecke (wegen der wirtschaftlichen Fertigung zweckmäßig als ZK-Schnecke) und mit Globoidschneckenrad gewählt.
Für das hier vorliegende Leistungsgetriebe werden die Hauptabmessungen nach 23.2.5, „Fall 2", vorgewählt.
Vorerst wird nach TB 23-3 für die Übersetzung

$$i = \frac{960\,\text{min}^{-1}}{50\,\text{min}^{-1}} = 19{,}2$$

die Zähnezahl $z_1$ der Schnecke mit $z_1 = 2$ gewählt. Damit wird $z_2 = i \cdot z_1 = 19{,}2 \cdot 2 = 38{,}4$; gewählt $z_2 = 38$.
Nach Gl. (23.40) wird der ungefähre Achsabstand ermittelt:

$$a \approx 16 \cdot 10^3 \cdot \sqrt[3]{P_2/(n_2 \cdot \sigma_{H\lim}^2)}$$

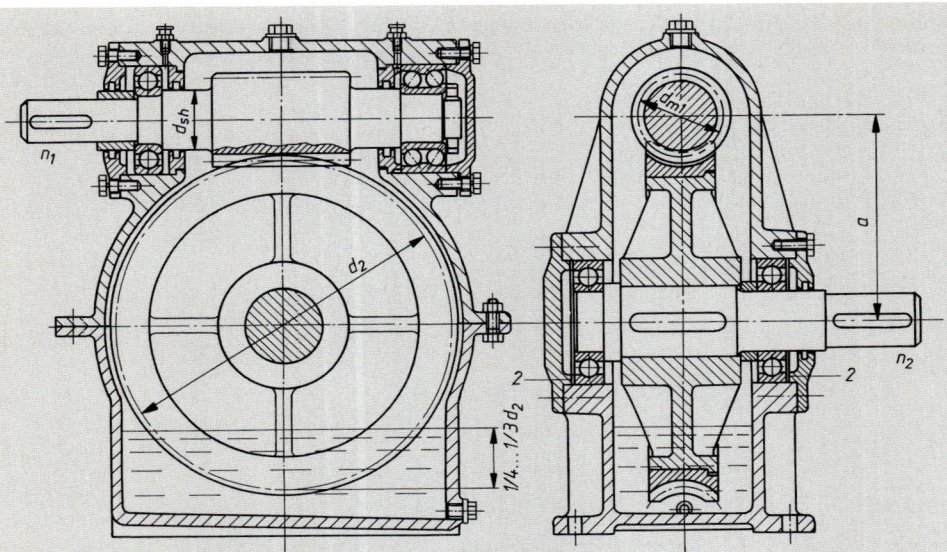

**Bild 23-9** Universal-Schneckengetriebe mit oben liegender Schnecke (2 = Passchrauben)

mit $P_2 = 5$ kW und $n_2 \approx 50$ min$^{-1}$. Wenn an dieser Stelle der Wert für $\sigma_{H\,lim}$ noch nicht bekannt ist, da der Werkstoff des Schneckenrades noch nicht festgelegt wurde, so kann dennoch überschlägig $\sigma_{H\,lim} = 400$ N/mm² nach TB 20-4 für eine vorgewählte Werkstoffpaarung St/G-CuSn angenommen werden. Damit wird

$$a \approx 16 \cdot 10^3 \cdot \sqrt[3]{P_2/(n_2 \cdot \sigma_{H\,lim}^2)} = 16 \cdot 10^3 \sqrt[3]{5/(50 \cdot 400^2)} \approx 137 \text{ mm};$$

festgelegt nach DIN 323, R20 $a = 140$ mm.
Der Mittenkreisdurchmesser der Schnecke kann nun nach Gl. (23.37) mit Hilfe des Erfahrungswertes $\psi_a = d_{m1}/a \approx 0{,}35$ (s. zu Gl. (23.37)) überschlägig ermittelt werden:

$$d_{m1} \approx \psi_a \cdot a = 0{,}35 \cdot 140 \text{ mm} \approx 49 \text{ mm}.$$

Damit ergibt sich ein vorläufiger Teilkreisdurchmesser des Schneckenrades nach Gl. (23.38)

$$d_2 = 2 \cdot a - d_{m1} = 2 \cdot 140 \text{ mm} - 49 \text{ mm} = 231 \text{ mm}.$$

Aus diesem Teilkreisdurchmesser lässt sich jetzt der Modul errechnen, der für fast alle Verzahnungsdaten maßgebend ist. Nach Gl. (23.23) wird

$$m = \frac{d_2}{z_2} = \frac{231 \text{ mm}}{38} \approx 6{,}1 \text{ mm};$$

nach DIN 780 T2, TB 23-4 wird gewählt: $m = m_x = 6{,}3$ mm. Damit ergeben sich folgende Abmessungen:
Teilkreisdurchmesser des Schneckenrades nach Gl. (23.23)

$$d_2 = m \cdot z_2 = 6{,}3 \text{ mm} \cdot 38 = 239{,}4 \text{ mm};$$

Kopfkreisdurchmesser des Schneckenrades nach Gl. (23.24)

$$d_{a2} = d_2 + 2 \cdot m = 239{,}4 \text{ mm} + 2 \cdot 6{,}3 \text{ mm} = 252 \text{ mm};$$

Fußkreisdurchmesser nach Gl. (23.25)

$$d_{f2} \approx d_2 - 2{,}5 \cdot m = 239{,}4 \text{ mm} - 2{,}5 \cdot 6{,}3 \text{ mm} = 223{,}65 \text{ mm}.$$

Außendurchmesser des Außenzylinders nach Gl. (23.26)

$$d_{e2} \approx d_{a2} + m = 252 \text{ mm} + 6{,}3 \text{ mm} = 258{,}3 \text{ mm}.$$

Der Mittenkreisdurchmesser $d_{m1}$ der Schnecke für den nach DIN 323 festgelegten Achsabstand $a = 140$ mm aus Gl. (23.38)

$$d_{m1} = 2 \cdot a - d_2 = 2 \cdot 140 \text{ mm} - 239{,}4 \text{ mm} = 40{,}6 \text{ mm};$$

## 23.2 Schneckengetriebe

Kopfkreisdurchmesser der Schnecke nach Gl. (23.18)

$d_{a1} = d_{m1} + 2 \cdot m = 40{,}6 \text{ mm} + 2 \cdot 6{,}3 \text{ mm} = 53{,}2 \text{ mm};$

Fußkreisdurchmesser nach Gl. (23.19)

$d_{f1} \approx d_{m1} - 2{,}5 \cdot m = 40{,}6 \text{ mm} - 2{,}5 \cdot 6{,}3 \text{ mm} = 24{,}85 \text{ mm}.$

Die Breite (Länge) der Schnecke nach Gl. (23.20)

$b_1 \geq 2 \cdot m \cdot \sqrt{z_2 + 1} = 2 \cdot 6{,}3 \text{ mm} \cdot \sqrt{38 + 1} = 78{,}7 \text{ mm} \approx 80 \text{ mm}.$

Für den vorgewählten Schneckenradwerkstoff wird nach Gl. (23.27)

$b_2 \approx 0{,}45 \cdot (d_{a1} + 4 \cdot m) = 0{,}45(53{,}2 \text{ mm} + 4 \cdot 6{,}3 \text{ mm}) = 35{,}28 \text{ mm};$ festgelegt $b_2 = 35 \text{ mm}.$

Mit den festgelegten Abmessungen ergibt sich der Mittensteigungswinkel der Schneckenzähne gleich Schrägungswinkel der Schneckenradzähne nach Gl. (23.39)

$\tan \gamma_m = \tan \beta = \dfrac{z_1 \cdot m}{d_{m1}} = \dfrac{2 \cdot 6{,}3 \text{ mm}}{40{,}6 \text{ mm}} = 0{,}31;\qquad \gamma_m = 17{,}24°.$

▶ **Lösung b):** Nach TB 20-3 wird die Werkstoffpaarung vorgewählt: Schnecke aus Vergütungsstahl, gehärtet und geschliffen, Schneckenrad aus G-CuSn. Um die erforderlichen Mindestfestigkeitswerte $\sigma_{H\,\text{lim}}$ und $U_{\text{lim}}$ des Radwerkstoffes zu bestimmen, damit gezielt ein geeigneter Werkstoff ausgewählt werden kann, stellt man zweckmäßig die Gln. (23.41) und (23.42) nach diesen Festigkeitsgrößen um. So ergibt sich für den Werkstoff eine Mindest-Wälzfestigkeit von

$\sigma_{H\,\text{lim}} \geq \dfrac{S_{H\,\text{lim}} \cdot Z_E \cdot Z_P}{Z_h \cdot Z_N} \sqrt{1000 \cdot T_2 \cdot \dfrac{K_A}{a^3}}$

mit $S_{H\,\text{min}}\ 1 \ldots 1{,}3$ und

$Z_E = 152\ \sqrt{\text{N/mm}^2}$ nach TB 20-4;

$Z_P \approx 3{,}1$ nach TB 23-7 für $\dfrac{d_{m1}}{a} = \dfrac{40{,}6 \text{ mm}}{140 \text{ mm}} = 0{,}29;$

$Z_h \approx 1{,}16$ nach TB 23-5 für $L_h = 10\,000$ h;

$T_2 = 9550 \cdot \dfrac{P_2}{n_2} = 9500 \cdot \dfrac{5}{50} = 955 \text{ Nm};$

$K_A = 1$ (keine erschwerten Bedingungen)

$\sigma_{H\,\text{lim}} \geq \dfrac{(1 \ldots 1{,}3) \cdot 152 \cdot 3{,}1}{1{,}16 \cdot 0{,}78} \cdot \sqrt{1000 \cdot 955 \cdot \dfrac{1}{140^3}} \approx 310 \ldots 400 \text{ N/mm}^2.$

Für den Belastungskennwert $U_{\text{lim}}$ ist zur Sicherstellung der Zahnfußfestigkeit ein Mindestwert erforderlich von

$U_{\text{lim}} \geq \dfrac{F_{t2} \cdot K_A \cdot S_{F\,\text{lim}}}{m \cdot b_2}$ mit $S_{F\,\text{lim}} \approx 1 \ldots 1{,}3;$

$F_{t2} = \dfrac{T_2}{d_2/2} = \dfrac{955 \cdot 10^3 \text{ Nmm}}{239{,}4 \text{ mm}/2} \approx 8000 \text{ N};$

$U_{\text{lim}} \geq \dfrac{8000 \text{ N} \cdot 1 \cdot (1 \ldots 1{,}3)}{6{,}3 \text{ mm} \cdot 35 \text{ mm}} \approx 36 \ldots 47 \text{ N/mm}^2.$

Nach TB 20-4 gewählt für $\sigma_{H\,\text{lim}} \geq 310 \ldots 400 \text{ N/mm}^2$ und $U_{\text{lim}} \geq 36 \ldots 47 \text{ N/mm}^2$: *Radwerkstoff* G-CuSn10Zn mit $U_{\text{lim}} = 165 \text{ N/mm}^2$ und $\sigma_{H\,\text{lim}} = 350 \text{ N/mm}^2$. Für die *Schnecke* wird nach TB 20-4 gewählt: Vergütungsstahl C45 gehärtet und geschliffen.

▶ **Lösung c):** Zur überschlägigen Kontrolle, ob die angegebene Leistung übertragen werden kann, ohne dass sich das Getriebe unzulässig erwärmt ($\vartheta_{\text{max}} \approx 80\,°\text{C}$), ist nachzuweisen, dass die Temperatursicherheit $S_\vartheta \geq 1$ ist. Nach Gl. (23.43) wird

$S_\vartheta = \left(\dfrac{a}{10}\right)^2 \cdot \dfrac{q_1 \cdot q_2 \cdot q_3 \cdot q_4}{136 \cdot P_1} \geq 1$

$a = 140$ mm; $q_1 \approx 9{,}5$ nach TB 23-8a für $n_1 = 960$ min$^{-1}$ und $ED = 30\%$; $q_2 \approx 0{,}7$ nach TB 23-9 für $i = u = 19$; $q_3 \approx 1$ nach TB 23-10; $q_4 \approx 0{,}8$ nach TB 23-11 für oben liegende Schnecke:

$$P_1 = \frac{P_2}{\eta_g} \quad \text{mit} \quad \eta_g = \eta_Z \cdot \eta_L;$$

setzt man für den Wirkungsgrad der Verzahnung (s. Kapitel 20, Gl. 20.7)

$$\eta_Z = \frac{\tan \gamma_m}{\tan (\gamma_m + \varrho')}$$

mit $\gamma_m = 17{,}24°$ (s. o.), $\varrho' \approx 2°$ bei $v_g = d_{m1} \cdot \pi \cdot n_1 = 0{,}0406 \cdot \pi \cdot 960/60$ 1/s $\approx 2$ m/s nach TB 20-8, also

$$\eta_Z = \frac{\tan 17{,}24°}{\tan (17{,}24° + 2°)} = 0{,}89$$

und für den Wirkungsgrad der Wälzlagerung $\eta_L = \eta_{L1} \cdot \eta_{L2} = 0{,}97 \cdot 0{,}97 \approx 0{,}94$ (siehe zu Gl. (20.5)), dann wird $\eta_{ges} = 0{,}89 \cdot 0{,}94 \approx 0{,}84$ und damit

$$P_1 = \frac{5 \text{ kW}}{0{,}84} \approx 6 \text{ kW}.$$

Die Temperatursicherheit wird dann

$$S_\vartheta = \left(\frac{140}{10}\right)^2 \cdot \frac{9{,}5 \cdot 0{,}7 \cdot 1 \cdot 0{,}8}{136 \cdot 6} \approx 1{,}3$$

das bedeutet, dass sich das Getriebe nicht unzulässig erwärmt und somit keine besonderen Vorkehrungen getroffen werden müssen zur Wärmeabführung (wie z. B. Gebläse).

▶ **Lösung d):** Die Durchbiegung der Schneckenwelle hat negative Auswirkungen auf die Eingriffsverhältnisse der Verzahnung. Es muss daher sichergestellt sein, dass eine erfahrungsgemäß unschädliche Durchbiegung nicht überschritten wird. Die Durchbiegesicherheit nach Gl. (23.44) wird für vergütete Schnecke

$$S_D \approx \frac{f_{grenz}}{f_{max}} \quad \text{mit} \quad f_{grenz} \approx 0{,}01 \cdot m = 0{,}01 \cdot 6{,}3 \text{ mm} = 0{,}063 \text{ mm}.$$

Die maximale Durchbiegung kann vereinfacht ermittelt werden aus

$$f_{max} \approx \frac{F_1 \cdot l_1^3}{48 \cdot E \cdot I} \quad \text{mit} \quad F_1 = \sqrt{F_{r1}^2 + F_{t1}^2}.$$

Das Flächenmoment 2. Grades

$$I = \frac{P}{64} \cdot d^4$$

und der Lagerabstand $l_1 \approx 1{,}5 \cdot a$.
Nach Gl. (23.30) wird

$$F_{t1} = \frac{2000 \cdot T_1(K_A)}{d_{m1}} \quad \text{mit} \quad T_1 = 9550 \cdot \frac{P_1}{n_1} = 9550 \cdot \frac{6}{960} \approx 60 \text{ Nm},$$

$K_A = 1$; $d_{m1} = 40{,}6$ mm folgt

$$F_{t1} = \frac{2000 \cdot 60 \cdot 1}{40{,}6} \approx 3000 \text{ N}.$$

Die Radialkraft an der Schnecke nach Gl. (23.32)

$$F_{r1} = \frac{F_{t1} \cdot \cos \varrho' \cdot \tan \alpha_n}{\sin (\gamma_m + \varrho')}$$

mit $\alpha_n = 20°$; $\varrho'$ und $\gamma_m$ s. o.

$$F_{r1} = \frac{3000 \text{ N} \cdot \cos 2° \cdot \tan 20°}{\sin (17{,}24° + 2°)} \approx 3300 \text{ N}.$$

Damit wird die von der Schneckenwelle aufzunehmende resultierende Radialkraft

$$F_1 = \sqrt{(3300 \text{ N})^2 + (3000 \text{ N})^2} \approx 4500 \text{ N}.$$

## 23.2 Schneckengetriebe

Mit $l_1 \approx 1{,}5 \cdot a = 1{,}5 \cdot 140 \text{ mm} = 210 \text{ mm}$, konstruktiv festgelegt $l_1 = 200 \text{ mm}$; maßgebender Durchmesser $d = 30 \text{ mm}$ und somit

$$I = \frac{\pi}{64} \cdot d^4 = \frac{\pi}{64} \cdot (30 \text{ mm})^4 \approx 40 \cdot 10^3 \text{ mm}^4$$

sowie $E = 210 \cdot 10^3 \text{ N/mm}^2$ wird die zu erwartende Durchbiegung der Schneckenwelle

$$f_{\max} \approx \frac{4500 \text{ N} \cdot (200 \text{ mm})^3}{48 \cdot 210 \cdot 10^3 \text{ N/mm}^2 \cdot 40 \cdot 10^3 \text{ mm}^4} \approx 0{,}09 \text{ mm}.$$

Damit ist die Durchbiegesicherheit

$$S_D = \frac{0{,}063 \text{ mm}}{0{,}09 \text{ mm}} \approx 0{,}7.$$

Eine *ausreichende* Sicherheit nach Gl. (23.44) ist somit nicht gegeben.

# Sachwortverzeichnis

**A**bbrennstumpfschweißen 96
Abdeckscheibe, federnde 635
Abdichtung gegen axiale Fläche 636
– – radiale Fläche 633
abgeleitete Reihe 4
abgesetzte Achse 336
– –, rechnerische Ermittlung der Durchbiegung 336
– Welle 336
Abmaß 22
– oberes 22
– unteres 22
Abminderungsfaktor 135
Abnutzungszuschlag 153, 617
Absperrventil 604
Abstrahieren 14
Abstreifring 639
Achsabstand 571, 591, 669, 675, 735, 743
Achsabstandstoleranz, Stirnradgetriebe 690
Achse 318
–, abgesetzte 336
–, Ablaufplan für Entwurfsberechnung 332
–, – – Konstruktionsfaktor 57
–, – – vereinfachten Festigkeitsnachweis 332
–, angeformte 325
–, Durchbiegung 335 ff.
–, feststehende 318
–, umlaufende 318
–, zylindrische 325
Achsenwinkel, Kegelradgetriebe 713
–, Schraubradgetriebe 734
Achshalter 266
AD-Merkblatt 123
Allgemeintoleranz für Schweißkonstruktion 110
Alterungsbeständigkeit 77
Aluminiumniet 183
Aluminium-Rundrohr 601
Anforderungsliste 11
angeformte Achse 325
angestellte Lagerung 462, 463
Anisotropie 44
Anlaufdrehmoment 386, 388

Anlaufkupplung 423, 428
Anschluss, momentbelasteter 233
–, schubbelasteter 233
Anstrengungsverhältnis 41
Antriebsleistung 590
Antriebszapfen 328
Anwendungsfaktor $K_A$ 42, 64, 148, 701
Anziehdrehmoment 219
Anziehen der Schraubenverbindung 218
–, drehmomentgesteuert 221
–, drehwinkelgesteuert 222
–, streckgrenzgesteuert 222
Anziehfaktor 222
Anziehverfahren 221
äquivalente Kraft 42
– Oberlast 148
– Unterlast 148
äquivalentes Drehmoment 42
arbeitsbetätigte Kupplung 416
Arbeitsposition (Schweißen) 113
Arbeitswelt, Humanisierung 1
Armatur 602
Armaturenart 603
Asynchronkupplung 428
ATV-Arbeitsblätter 2
Aufbau der Wälzlager 452
Auflegeweg (Riemen) 572
Auftragsschmierung 657
Augenlager 451, 518
Augenstab 255
Ausarbeiten 12
Ausarbeitungsphase 15
Ausbeute (Riementrieb) 564
Ausfallwahrscheinlichkeit 480
Ausgleichskupplung 401
Auslegung der Riementriebe 563
– nachgiebiger Wellenkupplung 394
– schaltbarer Reibkupplung 397
Ausrückgetriebe 559
Ausschlagfestigkeit 217
Ausschlagkraft 214
Ausschlagspannung 209, 217

Außen-Spannsatz 372
Außenzentrierung 353
äußere Teilkegellänge 716
äußerer Fußkreisdurchmesser 720
– Kopfkreisdurchmesser 720
– Teilkreisdurchmesser 715, 720
äußeres Modul 715
außermittig angeschlossener Zugstab 130
austenitischer Stahl 101
Auswahl der Dichtung 625
– – Welle-Nabe-Verbindung 349
– einer Kupplung 430
Auswahlreihe 4
Auswirkung des Schweißvorgangs 95
axiale Fläche, Abdichtung 636
– Führung 321
– Labyrinthdichtung 641
Axialfedersteife 397
Axial-Gleitlager 522, 538
–, Berechnung 538
–, -Kippsegment-Lager 526
Axialzahnkraft 701, 724, 737, 745
Axialkraftkomponente, innere (Kegelrollenlager) 477
Axiallager 451
Axial-Pendelrollenlager 459
– -Rillenkugellager 458
Axialschnitt (Zahnrad) 741
–, Eingriffswinkel 743
Axial-Schrägkugellager 459
Axialteilung 741

**B**ackenbremse 435
Basiselement der DVA 18
Basiszeichen 460
Bauelemente, wälzgelagerte 484
Baumaße der Wälzlager 460
Baustahl, unlegierter 100
Bauteilbetriebsdruck, zulässiger 618
Bauteildauerfestigkeit 58
Bauteilfestigkeit 37, 57

# Bewährte Antriebselemente
## aus der Praxis

**Spezialkupplungen · Sondergetriebe · Projektierung und Bau kompletter Antriebe**

### CARDEFLEX®
Elastische, allseitig verlagerungsfähige **Cardeflex**-Kupplungen für Drehmomente bis $3 \cdot 10^6$ Nm.

### HOFLEX®
Drehstarre, allseitig verlagerungsfähige **Hoflex**-Ganzstahlzahnkupplungen für Drehmomente bis $2 \cdot 10^6$ Nm.

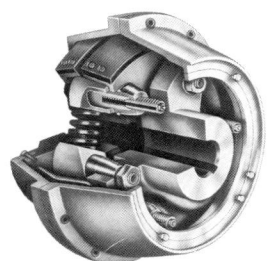

### ELSI®
Elastische, allseitig verlagerungsfähige Sicherheits-Rutschkupplungen **Elsi** für Drehmomente bis $3 \cdot 10^6$ Nm.

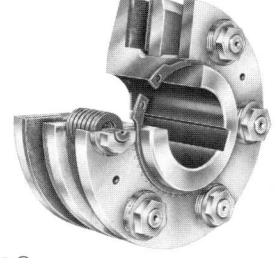

### RUNA®
**Runa**-Rutschnaben mit Momenthaltecharakteristik für Drehmomente bis $5 \cdot 10^5$ Nm.

### DOKO®
**Doko**-Doppelkonus-Spannelemente Taumelschlagarm, für Drehmomente von $1 \cdot 10^7$ Nm.

### ÜBERHOL
Einseitig wirkende Überholklauenkupplungen für Drehmomente bis $5 \cdot 10^5$ Nm.

# HOCHREUTER & BAUM GmbH
# MASCHINENFABRIK

Würzburger Landstr. 32 · D-91522 Ansbach
Postfach/P.O. Box 1451 · D-91505 Ansbach
Tel./Phone 09 81/8 50 15
Telefax 09 81/8 50 14
e-mail hochreuterbaum@t-online.de

Bauteil, Schweißbarkeit 99
–, Spannungsverteilung im gekerbten 52
–, – – nicht gekerbten 52
Bauteilfestigkeit, dynamische 51
–, statische 50
– gegen Bruch 50
– gegen Fließen 50
Bauteilgröße, Einfluss auf die Bauteilfestigkeit 55
Bauteilwechselfestigkeit 57
Beanspruchung, Berechnung bei Schweißnähten 127
– der Schraube beim Anziehen 223
–, Kennzahl der dynamischen 476
–, Kennzahl der statischen 474
–, zeitlicher Verlauf 40
–, zusammengesetzte 39, 149
Beanspruchungsart 37, 38, 41
Beanspruchungsdauer 44
Beanspruchungsgeschwindigkeit 44
Beanspruchungs-Zeit-Verlauf 41
Bearbeitungsleiste 118
Becher-Blindniet 168
Befestigungsschraube 194
Behälterwand, Ausschnitt 155
Beiwinkel 181
Belastung 37, 478
– von Lagern 478
–, allgemein-dynamische (Schweißverbindung) 148
–, dynamisch äquivalente 475
–, statisch äquivalente 474
–, veränderliche 478
Belastungsart 37
Belastungseinflussfaktoren 701
Belastungsgrenzwert 747
Belastungskennwert 738
Belastungszyklus, linearer 479
–, periodischer 478
Bemaßung der Schweißnaht 111
Berechnung der Achsen/Wellen, Entwurf 332
– – –, Festigkeitsnachweis 333
– – –, Verformung 333
– – –, kritische Drehzahl 338
– – Bolzenverbindung im Maschinenbau 254
– – – nach Stahlbau-Richtlinie 256
– – Beanspruchung (Stahlbau) 127
– des Kegelpressverbands 366
– der Keilwellenverbindung 354
– – Klebverbindung 79
– – Klemmverbindung 376

– – Lötverbindung 89
– – Nabenabmessung 355
– – Passfederverbindung 352
– – Punktschweißverbindung 145
– – Radialgleitlager 528
– – Rohrwanddicke gegen Innendruck 617
– – Schweißkonstruktion 127
– – Stiftverbindung 261
– – Zahnwellenverbindung 354
– des Kegelspannelements 371
– geschweißter Druckbehälter 151
– des Pressverbandes 358
Berührungsdichtung 626
–, bedingt lösbare 626
–, hermetische 626
–, lösbare 626 f.
–, unlösbare 626
– ohne Dichtelement 627
– zwischen bewegten Bauteilen 633
– – ruhenden Bauteilen 626
berührungsfreie Dichtung 626, 640
– Schutzdichtung 641
Beschleunigungsdrehmoment 388, 389
Betriebsdichtungskraft 629
Betriebseingriffswinkel 668
Betriebsfaktor 42
Betriebsfestigkeit 48
Betriebsfestigkeitsnachweis (Krantragwerke) 187
Betriebskreisfrequenz 393
Betriebslagerspiel (Gleitlager) 529
Betriebstemperatur, Einfluss auf Festigkeit 45
–, – – Lagerlebensdauer 479
–, – – Gleitlagerspiel 529
–, – – Ölviskosität 501
Betriebswälzkreis 668
Beulen 37, 39, 129
Bewegungsschraube 194, 236
–, Entwurf 237
–, Nachprüfung auf Festigkeit 237
–, Nachprüfung auf Knickung 239
–, Wirkungsgrad 241
Bewertung 16
–, Bewertungsfaktor 16
–, Punktbewertung 15
–, technische 16
Bewertungsgruppe 109
Bewertungsverfahren 15
Bezeichnung genormter Muttern 199

– – Schrauben 199
– Niet 172
Beziehung, geometrische 570
–, kinematische 570
bezogenes Spannungsgefälle 54
Bezugsdrehzahl, thermische 481
Bezugs-Planrad 714
Bezugsschlankheitsgrad 134
Bezugszeichen 111
Biegebeanspruchung, Druckstab 137
–, Verformung bei 335
Biegefließgrenze 45
Biegefrequenz 576
Biegeknicken, einteiliger Druckstab 132
biegekritische Drehzahl 338
biegenachgiebige Ganzmetallkupplung 403
Biegeschwingung 338
Biegespannung 38, 567
Biegeträger mit Querkraft,
– – Längsnahtberechnung 145
–, geschweißt 138
Biegewechselfestigkeit 91
biegsame Welle 319
Biegung 38
–, Wechselfestigkeitswert 50
Bindeblech 136
Bindefestigkeit 75
Blattfeder 283
–, Dreieckblattfeder 283
–, geschichtete 284
–, Parabelfeder 283
–, Rechteckblattfeder 283
–, Trapezblattfeder 283
Bleilegierung 508
Blind-Einnietmutter 171
– -Einnietschraube 171
Blindniet mit Langbruchdorn 171
– – Sollbruchdorn 171
Blocklänge 300
Blockspannung 295
Bohrungskennzahl 460
Bolzen 251
– mit Kopf und mit Gewindezapfen 251
– – – und mit Splintloch 251
– ohne Kopf 251
– – – und mit Splintloch 251
Bolzenform 251
Bolzenkette 582
Bolzenkupplung, elastische 409
Bolzenquerschnitt, Spannungsverteilung 254
Bolzenverbindung 251, 268

# Sachwortverzeichnis

– Berechnung 254, 256
–, Entwerfen 252, 255
–, Gestalten 252, 255
Bördelnaht 106
Bredtsche Formel 149
Breite des Schneckenrads 743
Breitenfaktor 702
Breitenreihe 460
Breitenverhältnis 510, 722
Breitkeilriemen 554
Bremse, Bauformen 434ff.
–, Berechnung 434
–, Bremsmoment 434
–, Bremszeit 434
–, Funktion 433f.
–, mechanische 434
–, Wärmebelastung 434
Bremsmotor 435
Bremszeit 434
Brinellhärte 45
Bruchmechanik 37
Bruch, Bauteilfestigkeit 50
Buchsenkette 584

CARB-Lager 457
CEN 2
Chromstahl, ferritischer 101
CIP (Cured-In-Place) 630
Connex-Spannstift 260

**D**achmanschettensatz 639
Dämpfung 276, 386, 393
Dämpfungsfaktor 279
Datenverarbeitungsanlage (DVA) 18
Dauerbruch 46
Dauerfestigkeit 47, 76
Dauerfestigkeitsschaubild (DFS) 48
– nach Goodman 49
– – Haigh 49
– – Moore-Kommers-Jasper 49
– – Smith 49, 59
Dauerhaltbarkeit der Schraubenverbindung 217
Dauerschmierung 470
Deckellager 518
Deckscheibe 453
degressive Kennlinie 277
Dehngrenze 42
Dehnschlupf 565
Dehnschraube 198, 206
Dehnspannung 557
Dehnungsausgleicher 611
Dehnungsbogen 612
Delta-Ring 631
Dezimalklassifikation 3
DHV-Naht 106
Dichtfläche bei Flanschverbindung 609

Dichtheit, technische 624
Dichtkraft in Flanschverbindung 628
Dichtlamelle 641
Dichtmasse, viskos aufgetragene 630
Dichtscheibe 453, 636
Dichtsystem 640
Dichtung 624
–, Auswahl 625
–, Backring 639
–, berührungsfreie 626, 640
–, dynamische 624, 626, 633
–, CIP (Cured-In-Place) 630
–, Delta-Ring 631
–, Diffusionsverlust 624
–, Einteilung 626
–, FIP (Formed-In-Place) 630
– für Drehbewegung 633
– – Längsbewegung 638
– mit Sperrflüssigkeit 641
–, hermetische 632
–, integrierte elastomere 630
–, selbsttätige 631
–, statische 624, 626
Dichtungsauswahl, Kriterien 625
Dichtungskennwert 628
Dichtungsschraube 194
Dichtungswerkstoffe, Eigenschaften 625
Dickenbeiwert (Schweißen) 151
Differentialbauweise 182
Differentialgewinde 207
Diffusion 83
Diffusionsverlust 624
DIN-Normen 1
Direktlagerung 479
Dispersionsklebstoff 72
Doppelkeilriemen 554
Doppel-T-Stoß 105
Drahtdurchmesser 286
Drahtsicherung 201
Drehfeder 286
Drehfedersteife 393
Drehflankenspiel 689, 690
Drehmoment, äquivalentes 42
–, übertragbares 398
– bei Reibkupplung 398
– -Drehzahl-Kennlinie 390
drehmomentgesteuertes Anziehen 221
Drehmomentstoß 392, 395
Drehnachgiebigkeit einer Kupplung 386, 408
Drehschwinger 340
Drehschwingung 338
Drehstabfeder 297
–, Berechnung 298
Drehverbindung 486

drehwinkelgesteuertes Anziehen 222
Drehzahl
–, biegekritische 338
–, kinematisch zulässige 481
–, kritische 338
–, veränderliche 478
–, verdrehkritische 340f.
drehzahlbetätigte Kupplung 423
Drehzahleinfluss beim Pressverband 364
Drehzahlfaktor 473, 476
Drehzahlkennwert 469
Dreieck-Blattfeder 283
Druck 38
–, Wechselfestigkeitswert 50
Druckbehälter 123
–, allgemeine Festigkeitsbedingung 156
–, Abnutzungszuschlag 153
–, Ausschnitte im 156
–, gelötete 90
–, geschweißter, Berechnung 151
–, ebene Platte 155
–, ebener Boden 155
–, gewölbter Boden 154
–, erforderliche Wanddicke 153
–, Zuschlag bei Wanddickenunterschreitung 153
Druckfeder 299
–, kaltgeformte 299
–, Summe der Mindestabstände 300
Druckhülse 373
Druckmittelpunkt 453
Druckrohr aus duktilem Gusseisen 601
Druckspannung 38
Druckstab 132
– mit Biegebeanspruchung 137
Druckstoß 618
Druckumlaufschmierung 515
Druckverlust 538, 614, 615
Druckverteilung 502
Druckwinkel 452, 477
Dübelformel 145
Dunkerleysches Gesetz 339
Duplexbremse 435
Durchbiegesicherheit 748
Durchbiegung, grafische Ermittlung 336
–, rechnerische Ermittlung 336
Durchdringungskerbe 54
Durchgangsventil 603
Durchhang des Kettentrums 593

–, relativer 593
Durchzieh-Blindniet 168
Durchzugsgrad 565
DVGW-Merkblätter 2
DVS-Merkblätter 2
DV-Naht 106
Dynamikfaktor 701
dynamisch äquivalente Lagerbelastung 476, 478
– Bauteilfestigkeit 51
– Dichtung 624, 626, 633
– Kennzahl 473
– Tragfähigkeit 474
– Tragzahl 473, 475
– Viskosität 500
dynamischer Festigkeitsnachweis 63, 64, 333
– Festigkeitswert 45

Eckstoß 105
Eckventil 603
effektive Wärmeübergangszahl 533
Eigenkreisfrequenz 339, 393
Eigenschaften von Dichtungswerkstoffen 625
– – Klebverbindungen 76
– – Loten 84
– – Schmierstoffen 469
– – Schweißzusatzwerkstoffen 103
Einbau von Radial-Wellendichtring 635
Einbaulager 451
Einbau-Lagerspiel 462, 529
– -Sintermetall-Lager 518
Einflächenkupplung 416
Einflussfaktor, Bauteilgröße 55
– der Oberflächenrauheit 55
–, Oberflächenverfestigung 56
Einflussfaktoren auf Bauteildauerfestigkeit 51
– bei Zahnrad-Tragfähigkeitsberechnung 701
Eingriffsteilung 668, 670
Eingriffsverhältnis 717, 720
Einheitsbohrung, Passsystem 28
Einheitswelle, Passsystem 28
Einlaufverhalten 506
Einlegekeil 378
Einpresskraft 367
einreihiges Schrägkugellager 454
Einscheiben-Spurlager 540
Einspannbedingung 252
Einspannbuchse 260
Einteilung der Dichtungen 626
– – Federn 280
– – Getriebe 643

– – Kupplungen 387
– – Lager 451
– – Maschinenelemente
– – Schraubenverbindungen 194
– – Welle/Nabe-Verbindungen 349
Einwirkung (Last) 127
Einwirkungskombination 128
Eisen-Kohlenstoff-Gusswerkstoff 101
elastische Bolzenkupplung 409
– Klauenkupplung 409
– Längenänderung 211
– Nachgiebigkeit 211
Elastizitätsfaktor 708, 747
Elastizitätsgrenze 42
elektromagnetisch betätigte Kupplung 416
Elektronenstrahlschweißen 94
Ensat-Einsatzbüchse 198
Entwurfsdurchmesser, Ermittlung 330
Euler, Knickspannung 239
Exzentrizität, relative 529f.
Entlastungskerbe 54, 55
Entwerfen 12
– von Achsen, Wellen 322
– – Bewegungsschrauben 237
– – Bolzenverbindung 252, 255
– – Lötverbindungen 86
– – Riementrieben 556
– – Rollenkettentrieben 588
– – Schraubenverbindungen 208
– – Wälzlagerungen 462
erforderliche Nietzahl 180
– Sicherheit 37, 60
– Wanddicke 617
Ergänzungskegel 714
Ergänzungssymbol 111
Ermüdungsbruch 46
Ermüdungsfestigkeitsnachweis 63
Ermüdungslaufzeit 480
Ermüdungslebensdauer 479
erreichbare Lebensdauer 479
Ersatzquerschnitt 212
Ersatzrad 686
Ersatzstabverfahren 137
Ersatzzähnezahl 685
Erzeugungseingriffswinkel 668
Erzeugungs-Wälzkreis 668
ETP-Spannbuchse 374
Evolventenzahnprofil 353, 354
Evolventen-Bogenzahn 719
Evolventenfunktion 677
Evolventenverzahnung 652
experimentell bestimmte Kerbwirkungszahl 54
exzentrisches Spannrad 594
Exzentrizität, relative 529f.

Eytelweinsche Beziehung 564

Fachwerk, geschweißtes 121
Fallposition 113
Faltenbalg 632
Federart 280
Federdiagramm 276
Federkennlinie 276
Federkraft 283, 293
– bei Planlage 293
Federn 280ff.
–, Berechnungsgrundlagen 281
–, biegebeansprucht 283
–, Blattfeder 283
–, drehbeansprucht 297
–, Drehfeder 285
–, Drehstabfeder 297
–, druckbeanspruchte 281
–, Federarten 280
–, Federdiagramm 276
–, Federkennlinie 276
–, Federrate 276
–, Federsysteme 277
–, Federwerkstoffe 280
–, Funktion 276
–, Gemischtschaltung 278
–, Gestaltung 280
–, kegelige Schraubendruckfeder 307
–, Parallelschaltung 278
–, Reihenschaltung 278
–, Ringfeder 282
–, Schraubenfeder 298
–, Spiralfeder 288
–, Tellerfeder 289ff.
–, zugbeanspruchte 281
–, zylindrische Schraubenfeder 298
federnde Abdeckscheibe 635
Federpaket 292
Federrate R 276, 293, 298
Federring 200
Federsäule 292
Federscheibe 200
Federstecker 265
Federsystem 277
Federungsarbeit 278, 284, 293
Federwerkstoff 280
Federwirkungsgrad 278, 279
Feingewinde 195
Feinkornbaustahl, schweißgeeigneter 101
ferritischer Chromstahl 101
fertigungsbedingte Schweißsicherheit 103
Fertigungserleichterung 88
Fertigungsschweißung 101
Fertigungsverfahren 9
Festforderung 11

## Sachwortverzeichnis

Festigkeitsbedingung, allgemeine (Druckbehälter) 156
–, praktische 61
Festigkeitshypothese 39
Festigkeitskennwert 153
Festigkeitsklasse 202
Festigkeitsnachweis
–, allgemeiner 37
–, dynamischer 63 f.
– im Stahlbau 64
–, statischer 62
– von Lötverbindungen 89
– – Schweißverbindungen 142
– – Achsen, Wellen 333
Festigkeitswert, dynamischer 45
–, statischer 42
Festkörperreibung 498
Festlager 450
Festlegen, Zähnezahl 589
Fest-Los-Lagerung 462
feststehende Achse 318
Feststoffschmierung 471
Fettmenge 469
Fettschmierstoff 513
Fettschmierung 469, 513
Filzring 634
FIP (Formed-In-Place) 630
Fitting 609
Flachdichtung 628
Flächendichtung 627
Flächenmaßstab 5
Flächenpressung 39, 298
– an der Auflagefläche 209, 225
– des Gewindes 240
Flächentraganteil 31
Flachkeil 378
Flachkopfschraube 197
Flachriemen 553 ff.
Flachriemenscheibe 561
Flachrundniet 169
Flachsenkniet 169
Flankenlinienabweichung 702
flankenoffene Ausführung 554
Flankenpressung 706, 708
Flankenprofil 649
Flankenspiel 689
Flankenzentrierung 353
Flansch, loser 608
– bei Flächendichtung, Gestaltung 630
Flanschlager 451, 518
Flanschverbindung 608
–, Dichtfläche 609
–, Dichtkraft 628
Fleyerkette 582
fliegende Lagerung 450
Fliehkörper-Kupplung 423
Fliehkraft 338, 564
Fliehkraftkupplung 421, 423

Fliehkraftspannung 567
Fliehzug 596
Fließen, Bauteilfestigkeit 50
Fließgrenze 44, 45
Flügelmutter 198
Flüssigkeitsreibung 498
Flussmittel 84, 85
Förderkette 584
Forderung 13
Formänderung, elastische 42
–, plastische 42
Formdichtung 628, 638
Formfaktor 704
Formgebung 9
formschlüssige Schaltkupplung 411
– Welle-Nabe-Verbindung 349
formschlüssiges Sicherungselement 200, 228
Formstück 602
Formtoleranz 24
Formzahl 53
–, plastische 51
formzahlabhängiger Größeneinflussfaktor 54, 56
Fortpflanzungsgeschwindigkeit, Druckwelle 619
Freidrehung, Durchmesser 589
Freilaufkupplung 424
fremdbetätigte Kupplung 411
Fressen 697
Fress-Tragfähigkeit 698
Fugenlöten 82
Fugenvorbereitung 109
Führung, axiale 321
– der Kette 586
Führungsgewinde 240
Führungsring 640
Führungszapfen 326
Fülldruck, kapillarer 83
Funktion, Achsen, Wellen 318
–, Bremsen 433
–, Dichtungen 624
–, Federn 276
–, Kupplungen 385
–, Riementrieb 552
–, Rohrleitungen 600
–, Schraubenverbindung 194
–, Wälzlager 450
–, Welle-Nabe-Verbindung 349
–, Zahnradgetriebe 644
Funktionalität 8
Funktionsfläche 644
Fußhöhe 742
Fußkegelwinkel 717
Fußkreisdurchmesser 588, 669, 684, 720, 742, 743

**Galling** 698

Gallkette 582
Gamma-Ring 636
Ganzmetallkupplung, biegenachgiebige 403
Ganzmetallmutter, selbstsichernde 201
gasgeschmiertes Lager 505
Gasschmelzschweißen 94
Gebrauchsdauer 480
Gebrauchstauglichkeitsnachweis 232
Gebrauchswert 9
– -Kosten-Diagramm 9
GEH (Gestaltungsänderungsenergiehypothese) 39, 150
Gehäusegleitlager 518
gekreuzter Riementrieb 557
gekröpftes Verbindungsglied 587
Gelenk 255, 404
Gelenkbolzen 251
–, zweischnittiger 256
Gelenkkette 582
Gelenklager 451
Gelenkverbindung 268
– im Stahlbau 267
Gelenkwelle 318, 404, 407
gelötete Druckbehälter 90
Gemischtschaltung 278
gemittelte Rautiefe 29
Genauigkeitslager 461
geometrische Beziehung 570
geometrischer Größeneinflussfaktor 55
Geradstirnrad 667
geradverzahntes Kegelrad 713
Gesamtbelastungseinfluss 703
Gesamteinflussfaktor 56
gesamter Druckverlust 615
– erforderlicher Schmierstoffvolumenstrom 544
– Schmierstoffdurchsatz 535
Gesamtfunktion 13
Gesamtschraubenkraft 213, 629
Gesamtsicherheit 60, 61
Gesamtspannung im Lasttrum 567
Gesamtüberdeckung 685, 721
Gesamtwirkungsgrad 659
Gesamtzahl der Windung 300
geschichtete Blattfeder 284
geschlitzte Hebelnabe 377
geschränkter Riementrieb 557
geschweißtes Fachwerk 121
– Stahlrohr 600
Geschwindigkeitsfaktor 708

Geschwindigkeitsstoß 392
Gestaltabweichung 29, 30
Gestaltänderungsenergiehypothese 39, 150
Gestaltausschlagfestigkeit 58, 59
Gestaltdauerfestigkeit 57, 58
Gestalten der Bolzenverbindung 252, 255
– – Flansche bei Flächendichtung 630
– – Keilverbindung 378
– – Keilwellenverbindung 353
– – Kettenräder 590
– – Klebverbindung 74, 78
– – Klemmverbindung 375
– – Lötverbindung 86
– – Nietverbindung 181
– – Passfederverbindung 351
– – Punktschweißverbindung 127
– – Schraubenverbindung 205, 230
– des Gehäuses von Getrieben 662
– – – Gewindeteils 202
– – – Kegelspannelements 368
– – – Kettenrades 589
– – – Längspressverbands 357
– – – Ölpressverband 357
– – – Querpressverband 357
– – – Rollenkettentriebes 588
– – – Riemenscheiben 561, 562
– – – Schrumpfpressverband 357
– – – Zahnrades 660
–, schweißgerechtes 114, 116
Gestaltfamilie 18
Gestaltfestigkeit 51
–, Ermittlung 57
Gestaltungsbeispiele für axiale Sicherung von Lagern 265
– – Gewindeteile 203
– – Klebverbindungen 78
– – Lötverbindungen 87
– – Schraubenverbindungen 205
– – Schweißkonstruktionen 116
– – Wälzlagerungen 481
Gestaltungsrichtlinie für Achsen, Wellen 55, 320
– – Rohrleitungsanlagen 614
Gestaltwechselfestigkeit 57
geteilte Scheibennabe 376
Getriebeart 644
Getriebebauarten, Kegelradgetriebe 643
–, Kegelradschraubgetriebe 643
–, Schneckengetriebe 643
–, Stirnradgetriebe 643
–, Stirnradschraubgetriebe 643
Getriebegehäuse 662

–, Gehäuseabmessungen 662
Getriebekette 582
Getriebe-Passsystem 690
getriebebewegliche Kupplung 401
Getriebewelle 319
Getriebewirkungsgrad 658
Gewaltbruch 43, 46
Geweberiemen 553
Gewinde, geometrische Beziehung 196
–, Flächenpressung 240
Gewindeart 194
Gewindebezeichnung 196
Gewindeflansch 608
Gewindefreistich 203
Gewindemoment 218
Gewindeteil, Gestaltung 202
Gewinderohr 601
Gewindestifte 197
Glatthautnietung 184
Glättung 361
Gleichlaufgelenk 407
Gleitfeder 351
gleitfeste Verbindung 232
Gleitgeschwindigkeit 735
Gleitlager 450, 497
–, Gestaltung 517, 522
–, Gleitfläche 498
–, Gleitflächenrauheit 499
–, Reibungskennzahl 531, 543
–, Reibungsleistung 539
–, Reibungszustand 498
–, relative Exzentrizität 529
–, relatives Lagerspiel 528
–, Ringschmierung 515
–, Rückkühlung des Schmierstoffs 534
–, Schmierstoffdurchsatz 533, 535
–, Schmierungsart 513
–, Schmierverfahren 514
–, Schmierungsvorrichtung 514
–, Sommerfeldzahl 530
–, Verlagerungswinkel 530
–, Wärmebilanz 533
Gleitlagerart 497
Gleitlagerwerkstoff 506, 507
Gleitraum 498
Gleitringdichtung 636, 637
Gleitschlupf 565
Gliederkette 582
Globoidschnecke 738, 739
Globoidschneckengetriebe 739
Globoidschneckenrad 739
Globoidschnecken-Zylinderradgetriebe 739
Goodman, DFS 49
grafische Ermittlung der Durchbiegung 336

Grenzdrehzahl 364
Grenzflächenpressung 225
Grenzmaß 22
Grenzschweißnahtspannung 144
Grenzschwingspielzahl 47
Grenzspannungslinie 47
Grenzspannungsverhältnis 148
Grenzstückzahl 9
Grenzwert der Schlankheit 129
Grenzzähnezahl, Kegelradgetriebe 718, 721
–, Stirnradgetriebe 671, 685
Größeneinflussfaktor, formzahlabhängiger 54, 56
–, geometrischer 55
–, technologischer 44, 49, 55
Größenfaktor 706, 709
Grübchen-Tragfähigkeit 698, 706
Grundabmaß 22
Grundbeanspruchungsart 38
Grundform der Wälzlager 452
Grundkreis 652
Grundkreisdurchmesser 668, 683
Grundkreisteilung 668, 683
Grundreihe 3
Grundtoleranz 22
Grundtoleranzgrad 22
Grundzylinder-Normalteilung 683
gruppengeometrische Reihe 4
gummielastische Kupplung 409
Gummifeder 307
–, Berechnung 309
–, Berechnungsbeispiele 310
–, E-Modul 308
–, Federkennlinie 308
Gusseisen mit Lamellengraphit 102
Gussrohr 618
Gütesicherung, Schweißverbindungen 109
GVP-Verbindung 232
GV-Verbindung 232

Haftmaß 360, 361
Hahn 605
Haigh, DFS 49
Halbhohlniet 169
Halbkugelboden 153, 154
Halbrundkerbnagel 259
Halbrundniet 169
halbumschließendes Lager 530
Halszapfen 326

**Komplette Hydrauliksysteme**

**Einschraubventile**
*Wegeventile*
*Druckventile*
*Stromventile*
*Sperrventile*

**Steuerblöcke**

**Aggregate**

**Drehdurchführungen**

**Sonderzylinder**

Hinter diesem Zeichen steht TRIES. Fachlich versiert, innovativ

**Hydraulikpartner für innovative Produktideen**

**TRIES**
GmbH + Co. KG
Hydraulik-
Elemente Ehingen
Röntgenstraße 10
D-89584 Ehingen
Fon: 07391.5809-0
Fax: 07391.5809-50
e-Mail: info@tries.de
http://www.tries.de

Zertifiziert nach DIN EN ISO 9001

Haltebremsen 434
Haltering 263
Handkette 582
Hartbleirohr 602
Härte, Einfluss auf Lagertragzahl 479
Hartlot 84
Hartlöten 82
Hartstoffdichtung 628
Hebelnabe, geschlitzte 377
Heli-Coil-Gewindeeinsatz 198, 199
hermetische Berührungsdichtung 626, 632
Herstellung der Klebverbindung 73
– – Evolventenverzahnung 653
– – Nietverbindung 173
– – Schraube, Mutter 201
– von Pressverband 364
– – Schneckengetriebe 739
High Torque Drive 556
Hirthverzahnung 356
hochelastische Scheibenkupplung 410
– Wulstkupplung 410
– Zwischenring-Kupplung 411
Höchstdrehzahl 481
Höchstmaß 22
Hochtemperaturlot 84
Hochtemperaturlöten 82
Höhenreihe 460
Hohlbolzen 254
Hohlkeil 378
Hohlniet 167, 170
Hohlwelle 327
Hohlzapfennieten 167
Hubwinkel 287
Humanisierung der Arbeitswelt 1
Hutmanschette 639
Hutmutter 198
HV-Naht 106
– -Schraube 232
Hybridwälzlager 459
Hydraulikdichtung 639
hydraulisch betätigte Kupplung 419
hydraulische Spannbuchse 374
hydrodynamische Kupplung 428
– Schmierung 502
Hyperboloidrad 644
Hypoidgetriebe 713
Hysterese 279

I-Naht 106
Induktionsbremse 438
Induktionskupplung 421
Instandsetzungsschweißung 101

Integralbauweise 182
Interaktionsnachweis 231
ISO-Gewinde, metrisches 195
– -Passsystem 28
– -Viskositätsklassifikation 501
Istmaß 22

kaltgeformte Druckfeder 299
Kaltnietung 174
kapillarer Fülldruck 83
Kardanfehler 405
Kardangelenk 404
Kegel-Neigungswinkel 365
Kegelkerbstift 259
Kegelpressverband 365
–, Anpresskraft 367
–, Aufschubweg 366
–, Berechnung 366
–, Einpresskraft 367
–, Gestaltung 365
Kegelrad 661
–, zeichnerische Darstellung 660, 665
Kegelradfaktor 727
Kegelradgetriebe 643, 713
–, Entwurfsberechnung 721
–, Getriebewirkungsgrad 659
–, Grübchentragfähigkeit 726
–, Radabmessungen 714
–, Schrägverzahnung 718
–, Übersetzung 714
–, Zahnfußtragfähigkeit 725
Kegelrad-Schraubgetriebe 646
Kegelrollenlager 457
–, Berechnung 477
–, innere Axialkraftkomponente 477
Kegelscheibengetriebe 559
Kegelspannelement 368
–, Berechnung 371
–, Gestaltung 368
Kegel-Spannsatz 369, 370
Kegelstift 257
Kegelstumpffeder 307
Kehlnaht 140
Keilform 377
Keilreibungswinkel 660
Keilriemen 554
– in gezahnter Ausführung 554
Keilrippenriemen 555
Keilrippenriemenscheibe 561
Keilscheiben-Verstellgetriebe 559
Keilschieber 604
Keilverbindung 377
–, Gestaltung 378
Keilwellenprofil 353
–, Flankenzentrierung 353
–, Innenzentrierung 353

Keilwellenverbindung, Berechnung 354
–, Gestaltung 353
Kennlinie, degressive 277
–, progressive 277
Kennzahl, dynamische 473, 476
–, statische 473, 474
Keramikwälzlager 459
Kerbempfindlichkeit 53
Kerbform 52
Kerbformzahl 53, 54
Kerbnagel 259
Kerbprinzip 259
Kerbstift 259
Kerbverzahnung 354
Kerbwirkung 51
–, Durchdringungskerbe 54
–, Entlastungskerbe 54, 55
Kerbwirkungszahl 54
–, experimentell bestimmte 54
Kerbzahnprofil 353, 354
Kettenarten 582
Kettenauswahl 590
Kettennaht 126
Kettenräder 586
–, Gestalten der 589
–, Zähnezahlen 589
Kettentrieb 582
–, Anordnung des 593
–, Berechnungsbeispiele 597
–, Bolzenketten 582
–, Buchsenketten 584
–, Fleyerketten 582
–, Fliehzug 596
–, Funktion 582
–, Gallketten 582
–, Gelenkketten 582
–, Gliederketten 582
–, Hilfseinrichtung 593
–, Kettenarten 582
–, Kettengliederzahl 591
–, Kettenspanner 591
–, Mechanik der 587
–, Rollenketten 584
–, Stützzug 596
–, Trumneigungswinkel 596
–, Verzahnungsangaben 588
–, Wellenabstand 591
–, Zahnketten 582
–, Ziehbankketten 582
–, Kettenauswahl 590
Kettentrum, Durchhang 593
Kettenzugkraft 596
kinematisch zulässige Drehzahl 481
kinematische Viskosität 470, 500
Kippen 39
Klappen 606

Klauenkupplung 401
–, elastische 409
–, trennbare 412
Klauen-Sicherheitskupplung 422
Klebfläche, Vorbehandlung 73
Klebstoffarten 72
Klebverbindung 70
–, Alterungsbeständigkeit 77
–, Bindefestigkeit 75, 76
–, Gestalten 78
–, Herstellung 73
–, Korrosionsbeständigkeit 76
–, Schälfestigkeit 75
–, Warmfestigkeit 77
–, Wirken der Kräfte 70
Klebvorgang 73
Klemmkörperfreilauf 425
Klemmkraft 213, 216
Klemmlänge 176
Klemmrollenfreilauf 424
Klemmverbindung 375
–, Berechnung 376
–, Gestaltung 375
Klinkenfreilauf 424
Klöpperboden 154
Knebelkerbstift 259
Knickbiegelinie 133
Knicken 37, 39
Knicklänge 133
Knickspannung nach Euler 239
– – Tetmajer 239
Knickspannungslinie 135
–, europäische 135
Knotenblech 137
Kohlenstoffäquivalent 100
Kolbendichtung 638
Kolbenring 640
Kombinationsbeiwert 127
Kompaktdichtung 639
Konsolanschluss 235
Konstruktionsfaktor 50, 56
–, Ablaufplan zur Berechnung 57
Konstruktionsgrundsatz 8f.
–, Bearbeitung 8
–, Bedienung 10
–, Fertigungsverfahren 8
–, Formgebung 8
–, Funktionalität 8
–, Montage 10
–, Sicherheit 8
–, umweltgerecht 10
–, Versand 10
–, Wartung 10
–, Werkstoffwahl 8
Konstruktionskatalog 14
Konstruktionskennwert 37, 51
Konstruktionsmethodik 11
Konstruktionsprozess 11

Konstruktionsschweißung 101
Kontaktfaktor 747
Kontaktklebstoff 72
Kontaktkorrosion 186
Konvektion, abgeführter Wärmestrom 533
Konzeptvariante 14
Konzipieren 12
Kopfbahn, relative 671
Kopfhöhe 742
Kopfhöhenänderung 676
Kopfhöhenfaktor 676
Kopfkegelwinkel 717
Kopfkreisdurchmesser 589, 669, 684, 717, 742, 743
–, äußerer 720
–, mittlerer 720
Kopfspiel 676
Kopfzug 125
Korbbogenboden 154
Kraft, äquivalente 42
Kräfte am Geradstirnradpaar 699
–, Kegelradpaar 723
–, Kettentrieb 596
– – offenen Riementrieb 563
– – Schneckenrad 745
– – Schrägstirnradpaar 700
– an der Schnecke 744
– – Konsolanschluss 235
– – momentbelasteten Anschluss 233
– in Schraubenverbindung 212, 221
Krafteinleitungsfaktor 214
Kraftmaßstab 6
kraftschlüssige Schaltkupplung 412
– Welle-Nabe-Verbindung 357
kraftschlüssiges Sicherungselement 201, 228
Kraftverhältnis am Stirnradpaar 699
–, Kegelradpaar 723
–, in Schraubenverbindung 213, 215
–, Schneckengetriebe 744
Kranbau, Festigkeitsnachweis 64
–, Nieten 175
–, Schraubenverbindung 229
–, Schweißverbindung 147
Kreuzgelenk 404, 406
Kreuzgelenkwelle 406
Kreuzlochmutter 198
Kreuzscheiben-Kupplung 402
kritische Drehzahl 338
Kugel, Druckbehälter 153
Kugelgewindetrieb 487
Kugelhahn 606

Kugelhülse 486
Kugelratsche 422
Kugelschweißmuffe 608
Kugelumlaufeinheit 486
Kugelzapfen 326
Kühlöldurchsatz 544
Kühlung, natürliche 534
Kunststoffriemen 553
Kunststoffrohr 602
Kunststoffteil, Muttergewinde 204
Kunststoff-Verbundlager 509
Kupferlegierung 508
Kupferrohr 601
Kupplung 385
–, Anlaufdrehmoment 386, 388
–, Anlaufvorgang 397
–, arbeitsbetätigte 416
–, Auslegung nachgiebiger 394
–, – schaltbarer Reibkupplung 397
–, Ausgleichsfunktion 385
–, Auswahl 430
–, Beschleunigungsdrehmoment 388f.
–, Drehmomentstoß 392, 395
–, Drehnachgiebigkeit 408
–, drehzahlbetätigt 423
–, Eigenkreisfrequenz 393
–, Einsatz 430
–, Einteilung 387
–, elektromagnetisch betätigte 416
–, fremdbetätigte 411
–, Funktion 385
–, Geschwindigkeitsstoß 392
–, getriebebewegliche 401
–, gummielastische 409
–, hydraulisch betätigte 419
–, hydrodynamische 428
–, metallelastische 408
–, momentbetätigte 421
–, nachgiebige 401
–, nicht schaltbare 387, 400
–, pneumatisch betätigte 419
–, Radialfedersteife 397
–, Resonanz 393
–, richtungsbetätigte 424
–, ruhebetätigte 416
–, schaltbare 387, 411
–, schaltbares Drehmoment 398
–, Stoßbelastung 395
–, stoßdämpfende Wirkung 385
–, stoßmildernde Wirkung 385
–, Wärmebelastung 399

–, Wechseldrehmoment 392, 396
– Wirkung 385
Kupplungsauswahl, Berechnungsgrundlage 386
Kupplungs-Bremseinheit 436
Kupplungsdrehmoment 391
Kupplungskombination 433
Kupplungssymbol 387
Kurbelwelle 319
Kurbelzapfen 326
Kurzzeichen der Wälzlager 460

Labyrinthdichtung, axiale 641
–, radiale 641
Lager, gasgeschmiertes 505
–, halbumschließendes 530
–, selbsthaltend 462, 468
–, vollumschließendes 530
Lageranordnung 462
Lagerauswahl 464
Lagerbelastung, dynamisch äquivalente 476, 478
–, dynamische 473
–, spezifische 510
–, statische 473
Lagerbuchse 517
Lagerdichtung 525
Lagergehäuseeinheit 484
Lagergröße, Vorauswahl 473
Lagerkombination 463
Lagerlauffläche 509
Lagerluft 461
Lagermetallausguss 517
Lagerreihe 460
Lagerschale 517
Lagerspiel, relatives 528
Lagerstelle, konstruktive Gestaltung 467
Lagerstützkörper 517
Lagertemperatur 534
Lagertragzahl, Einfluss der Betriebstemperatur 479
–, – Härte 479
–, Minderung 479
Lagerung, angestellte 462 f.
–, mehrfache 464
–, schwimmende 462
–, Stützlagerung 462
Lagerzapfen 319
Lagetoleranz 25
Lamellenkupplung 414, 417, 419
laminare Strömung 616
Längenänderung, elastische 211
Längenmaßstab 5
langgliedrige Rollenkette 584
Längsnaht von Biegeträger mit Querkraft 145
Längspressverband 364

–, Gestaltung 357
Längsschrumpfung 98
Längsstift 262
Längsstift-Verbindung 262
Laschennietung 174
Laschenstab 255
Lässigkeit 624
Lastkette 582
Lastkollektiv 48
Lastspannung 294
Lasttrum 563
Lastwechselfaktor 747
Lastwinkel 452, 453
Lastrum, Gesamtspannung 567
Laufrolle 485
Laufwerkdichtung 637
Lebensdauer, erreichbare 479
–, – bei veränderlicher Betriebsbedingung 480
–, modifizierte 479
–, nominelle 475
Lebensdauerexponent 473
Lebensdauerfaktor 476, 705, 708, 747
Lebensdauergleichung 475
Leckmenge 641
Leckmengenrate 624
Leckverlust 624
Lederriemen 553
Leertrum 563
–, geneigte Lage 596
Leichtmetallbau, Nietverbindung 182
Leistungsbremse 438
Leistungsverlust 659
Leitungsfunktion 385, 433
Leistung, übertragbare 568
Lichtbogenbolzenschweißen 96
Lichtbogenhandschweißen 94
Linearantriebseinheit 487
linearer Belastungszyklus 479
Linearwälzführung 486
Linsenniet 169
Lippendichtung 638
Lochabstand 182
Lochleibungsdruck 147, 178, 231
Losdrehen, selbsttätiges 227
Losdrehsicherung 228
Loslager 450
Lösungskatalog 14
Lösungskombination 14
Lösungsmittelklebstoff 72
Lösungsvariante 14
Lot 83
Lotart 84
Lötbarkeit 85
Lotdepot 87
Löteignung 85
Lötflansch 608

Lötflussverhalten 87
Lötmöglichkeit 85
Lötsicherheit 85, 86
Lötspaltverhalten 87
Löttechnologie 86
Lötverbindung 82
–, Berechnungsbeispiel 91
–, Berechnungsgrundlagen 89
–, Diffusion 83
–, Entlastung 88
–, Flussmittel 84
–, Gestaltung 86
–, Hartlote 84
–, Herstellen der 86
–, Hochtemperaturlote 84
–, Kapillarwirkung 83
–, Lotarten 84
–, Lötbarkeit 85
–, Lote 84
–, Prüfung 86
–, Wirken der Kräfte 83
–, Weichlote 84
–, zulässige Beanspruchung 90
Lötverfahren 82
Lückenweite 668, 674
Lufreifen-Kupplung 420

Magnetflüssigkeitsdichtung 641
Magnetlager 450, 497, 505
Manschette 638
martensitischer Stahl 101
Maschinenelement 1
Massenstrom 615
Massivlager 507
Maßplan, Aufbau 460
Maßtoleranz 21, 22
maximale Spitzenkraft 42
maximales Spitzenmoment 42
mechanisch betätigte Schaltkupplung 413
mechanisches Bremsen 434
Mehrfachantrieb 557
mehrfache Lagerung 464
Mehrfachstoß (Schweißen) 105
Mehrflächengleitlager 522
Mehrlagen-Schraubenfeder-Kupplung 409
Mehrschichtriemen 553
Mehrstofflager 508
Mehrsträngigkeit, Keilriemen 574
mehrteiliger Rahmenstab 136
Membrandichtung 632
Messzähnezahl 691
metallelastische Kupplung 408
Metallfaltenbelag 632

Sachwortverzeichnis

metrisches ISO-Gewinde 195
– Sägengewinde 196
Minderung der Lagertragzahl 479
Mindestabstand, Summe 300
Mindestforderung 11
Mindestmaß 22
Mindestsicherheit 61, 62, 64
Mindestzahndicke 673
Mischreibung 499
Mittelspannung 39
Mittelspannungsempfindlichkeit 58, 59
Mittenkreisdurchmesser 742
–, vorläufiger 745
Mittenrauwert 29
Mittensteigungswinkel 741, 746
mittig angeschlossener Zugstab 130
– Schubspannung 139, 144
– Teilkegellänge 716
– Übersetzung 588
mittlerer Fußkreisdurchmesser 720
– Kopfkreisdurchmesser 720
– Teilkreisdurchmesser 715, 720
mittleres Modul 715
modifizierte Lebensdauerberechnung 479
Modul 668, 695, 696
–, äußeres 715
–, mittleres 715
momentbelasteter Anschluss 233
momentbetätigte Kupplung 421
Montage 10
Montagevorspannkraft 221, 222
Montagezugspannung 223
Moore-Kommers-Jasper, DFS 49
Muffenverbindung 611
Muttergewinde im Kunststoffteil 204
–, Nachprüfung 240
Mutter, Herstellung 201
–, Bezeichnung genormter 199
Mutternarten 198

Nabenabmessung 352, 354, 357
nachgiebige Kupplung 401
Nachgiebigkeit der Schraube 211
– des verspannten Teils 211
–, elastische 211
Nachsetzzeichen 460
Nadellager 456
Nahtarten 104
Nahtaufbau 104
Naht, Bemaßung 111
–, ungleichschenklige 108

Nahtdicke, rechnerische 140
Nahtlänge, nutzbare 148
–, rechnerische 141
nahtloses Stahlrohr 600
Nahtvorbereitung 104
Nasenflachkeil 378
Nasenhohlkeil 378
Nasenkeil 377
natürliche Kühlung 534
Nenndruck 606
Nennmaß 22
Nennspannung 38
Nennumfangskraft 724
Nennweite 607
nicht entkohlend geglühter Temperguss 102
– schaltbare Kupplung 387, 400
– vorgespannte Schraubenverbindung 210, 225
Nichteisenmetall 102
nichtrostendes Stahlrohr 601
Niet 168
Nietausnutzung, optimale 179
Niet, Bezeichnung 172
Nietform 167
Nietlänge 176
Nietstift 170
Nietverbindung 167
–, Gestaltung 181
–, Herstellung 173
– im Leichtmetallbau 182
–, Rand- und Lochabstände 182
Nietverfahren 167
Nietwerkstoff 172
Nietzahl, erforderliche 180
Nippelschweißmuffe 608
nominelle Lebensdauer 475
Normalbeanspruchung 38
Normaleingriffsteilung 683
Normalflankenspiel 689
Normalkeilriemen 554
Normalkeilriemenscheibe 561
Normalmodul 682
Normalschnitt 741
Normalspannung 39
Normalspannungshypothese 39, 149
Normalteilung 682, 741
Normalzahndicke 686
Normung 1
Normzahl 3
Notlaufverhalten 506
Null-Achsabstand 669, 684
Nullgetriebe 674
Nulllinie 22
Nullrad 668, 672
Nullverzahnung 668
Nutmutter 198
Nutring 638, 639

nutzbare Nahtlänge 148
NZ-Diagramm 6

oberes Abmaß 22
Oberflächenangabe 32
Oberflächengüte 55
Oberflächenfaktor, relativer 705
Oberflächenrauheit, Einflussfaktor 55
Oberflächenrautiefe 31
Oberflächenverfestigungsfaktor 56
Oberlast, äquivalente 148
Oberspannung 39
offener Riementrieb 557
Ölbadschmierung 470, 515
Oldham-Kupplung 402
Öldurchlaufschmierung 471
Öleinspritzschmierung 471
Ölnebelschmierung 471
Ölpressverband, Gestaltung 357
Ölschmierung 470, 513
Öltauchschmierung 470
Ölumlaufschmierung 471
optimale Nietausnutzung 179
– Riemengeschwindigkeit 568
O-Ring 631
Orthozykloide 649
Ösenform 301

Palloidverzahnung 719
Parallelkurbel-Kupplung 403
Parallelschaltung 278
Parallelstoß 105
Passfederverbindung 349
– Berechnung 352
–, Gestaltung 351
Passkerbstift 259
Passscheibe 263
Passtoleranz 27
Passung 26
Passungsauswahl 28
Pendelkugellager 455
Pendellager 451
Pendelrollenlager 458
Pfeillinie 111
Pfeilverzahnung 682
Pitting 698
Planen 12
Planlage 290
–, Federkraft 293
Planrad 718
Planraddurchmesser 718
Planverzahnung 718
plastische Formänderung 42
– Formzahl 51
– Stützzahl 50, 51
Plastisole 72

Platte, ebene 155
Plattenbauweise 122
Plattenschieber 604
Pneumatikdichtung 639
pneumatisch betätigte Kupplung 419
Poisson-Zahl 706
Polyadditionsklebstoff 73
Polygoneffekt 587
Polygonverbindung 355
Polykondensationsklebstoff 73
Polymerisationsklebstoff 73
Präzisionsstahlrohr 601
Pressdichtung 626, 627
Press-Schweißverfahren 96
Pressverband, Berechnung 358
–, Drehzahleinfluss 364
–, Herstellung 364
–, zylindrischer 357
Profilbauweise 123
Profilbezugslinie 653
Profilschnitt 29
Profilüberdeckung 670, 685, 687
Profilverschiebung, Kegelradgetriebe 718
–, Schrägstirnrad 686
–, 0,5-Verzahnung 679
Profilverschiebungsfaktor 672, 686
Profilwinkel 653
progressive Kennlinie 277
Protuberanz-Wälzfräser 653
PTFE-Ring 640
Punktbewertung 15
Punktbewertungsskala 15
Punktlast 466
Punktschweißen 96
Punktschweißverbindung 125
–, Berechnung 145
–, Gestaltung 127

**Q**uadring 632
Qualitätssicherung 1
Querkraftbiegung 139
Querkraft, Kraftverhältnis bei dynamischer 215
–, – – statischer 215
Querkraftschub 38
Querposition 113
Querpressverband 364
Querschrumpfung 98
Querstift 262
– -Verbindung 261
Querzugbeanspruchung 105
Quetschgrenze 45

Radialgleitlager, Berechnung 528
Radialkraft 701, 724, 737, 745
Radiallager 451

Radialspiel 690
Radial-Wellendichtring 633, 634
– – –, Einbau 634f.
Rahmenstab, mehrteiliger 136
Rändelmutter 198
Rauheitsfaktor 708
Rautiefe 29
–, gemittelte 29
Reaktionsklebstoff 72
rechnerische Nahtdicke 140
– Nahtlänge 141
Rechteck-Blattfeder 283
recycling gerecht 10
reduziertes Trägheitsmoment 388, 389
Reflexionszeit 618, 619
Regelbremse 435
Reibkupplung, Auslegung schaltbarer 397
–, Drehmoment 398
reibschlüssige Schaltkupplung 412
Reibschweißen 96
Reibungsbremsen 435
Reibungseinfluss 295
Reibungskennzahl 531, 543
Reibungsleistung 539
Reibungsring-Kupplung 415
Reibungsverlustleistung 532
Reibungszahl 540, 563
Reibungszustand 498
Reihe, abgeleitete 4
–, gruppengeometrische 4
–, zusammengesetzte 4
Reihennaht 126
Reihenschaltung 278
relative Exzentrizität 529
– Kopfbahn 671
– Stützziffer 705
relativer Durchhang 593
– Oberflächenfaktor 705
relatives Lagerspiel 528
Resonanz 338, 339
– -Kreisfrequenz 393
resultierende Spannung 39, 40
Reynolds-Zahl 616
richtungsbetätigte Kupplung 424
Riefenbildungswiderstand 506
Riemenanzahl 573
Riemenart, Wahl 556
Riemenaufbau 552
Riemenbreite 573
Riemenführung 557
Riemengeschwindigkeit 564, 576
–, optimale 568
Riemen, Hauptabmessung 560
–, Reibkraft 563
–, Vorspannung 574

Riemenlänge 571
Riemenscheibe, Ausführung 561
–, Werkstoff 561
Riementrieb 552
–, Ausbeute 564
–, Ausführung 559
–, Auslegung 563
–, Bauarten 556
–, Berechnungsbeispiele 577
–, Biegefrequenz 576
–, Dehnschlupf 565
–, Durchzugsgrad 565
–, elastisches Verhalten 566
–, Flachriemen 553
–, gekreuzter 557
–, geometrische Beziehungen 570
–, geschränkter 557
–, Gestaltung 556
–, Gleitschlupf 565
–, halb gekreuzter 557
–, Keilriemen 554
–, Keilrippenriemen 555
–, kinematische Beziehungen 570
–, Nutzkraft 563
–, offener 557
–, optimale Geschwindigkeit 568
–, praktische Berechnung 568
–, Riemenanzahl 573
–, Riemenaufbau 552
–, Riemenbreite 573
–, Riemenführung 557
–, Riemengeschwindigkeit 576
–, Riemenlänge 571
–, Riemenwahl 569
–, Riemenwerkstoff 552
–, Schaltgetriebe 559
–, Scheibendurchmesser 570
–, Spannungen 566
–, Spannweg 572
–, Synchronriemen 555
–, Übersetzung 570
–, übertragbare Leistung 568
–, Verstellgetriebe 559
–, Verstellweg 572
–, Verwendung 556
–, Vorspannmöglichkeiten 557
–, Vorspannung 574
–, Wahl der Riemenart 556
–, Wellenabstand 571
–, Wellenbelastung 565, 574
–, Wirkprinzip 552
Riemenwerkstoff 552
Riemenzugkraft 576
Rillendichtung 641
Rillenkugellager 453
Ringdichtung 640

# Das Standardwerk der Ingenieurmathematik

Lothar Papula
**Mathematik für Ingenieure und Naturwissenschaftler 1**
Ein Lehr- und Arbeitsbuch für das Grundstudium
9., verb. Aufl. 2000. XXII, 670 S. mit zahlr. Beisp. aus Naturwissenschaft und Technik, 485 Abb. und 303 Übungsaufg. mit ausführl. Lösungen
(Viewegs Fachbücher der Technik)
Br. DM 54,00 / € 27,00
ISBN 3-528-84236-9

Lothar Papula
**Mathematik für Ingenieure und Naturwissenschaftler 2**
Ein Lehr- und Arbeitsbuch für das Grundstudium
9., verb. Aufl. 2000. XX, 800 S. mit 377 Abb., zahlr. Beisp. aus Naturwissenschaft und Technik, 377 Abb. und 310 Übungsaufg. mit ausführl. Lösungen
(Viewegs Fachbücher der Technik)
Br. DM 58,00 / € 29,00
ISBN 3-528-84237-7

Lothar Papula
**Mathematik für Ingenieure und Naturwissenschaftler 3**
Vektoranalysis, Wahrscheinlichkeitsrechnung, Mathematische Statistik,
Fehler- und Ausgleichsrechnung
4., verb. Aufl. 2001. XXI, 832 S. mit 548 Abb., zahlr. Beisp. aus Naturwissenschaft und Technik und 284 Übungsaufg. mit ausführl. Lös.
(Viewegs Fachbücher der Technik)
Br. DM 62,00 / € 31,00
ISBN 3-528-34937-9

Stand 1.7.2001
Änderungen vorbehalten.
Die genannten Europreise sind gültig ab 1.1.2002.
Erhältlich im Buchhandel oder im Verlag.

Abraham-Lincoln-Straße 46
65189 Wiesbaden
Fax 0611.7878-420
www.vieweg.de

Ringfeder 282
Ringmutter 198
Ringschmierung 515
Ring-Spurlager 522, 538
Ritzelzähnezahl 694
Rohnietdurchmesser 176
Rohraufhängung 613
Rohrgewinde 195
Rohrhalterung 613
Rohrleitung 600
–, Armaturen 602
–, Berechnungsgrundlagen 614
–, –, Hähne 605
–, –, Klappen 606
–, –, Schieber 604
–, –, Ventile 603
–, Darstellung 614
–, Dehnungsausgleicher 611
–, Flanschverbindungen 608
–, Muffenverbindungen 611
–, Rohre 600
–, Rohrhalterungen 613
–, Rohrverschraubungen 609
–, Schläuche 602
–, Schweißverbindungen 607
Rohrleitungsanlagen, Gestaltungsrichtlinie 614
Rohrniet 170
Rohrreibungszahl 616
Rohrschelle 613
Rohrschenkelausgleicher 612
Rohrstreckverbindung 89
Rohrverbindung 607
Rohrverschraubung 609
Rollbalg 632
Rollenkette 584
Rollenkette, langgliedrige 584
–, Verbindungsglied 586
Rollenkettentrieb, Entwerfen 588
–, Gestalten 588
–, Gliederzahl 591
Rollennahtschweißen 96
Roll-Ring 594
Rolltisch 486
Rotationsfläche 644
Rückenkegel 714
Rückflanke 644
Rückkühlung des Schmierstoffs 534
Rücklaufsperre 424
Rückschlagklappe 606
Rückschlagventil 604
ruhebetätigte Kupplung 416
Ruhezustand 565
Rundgewinde 196
Rundkeil 262, 378
– -Verbindung 262
Rundring 631
Rundwertreihe 4

Rutschnabe 421
Rutschzeit 399

Sägengewinde, metrisches 196
Schälen 125
Schalenkupplung 401
Schälfestigkeit 75
Schaltarbeit 399
schaltbare Kupplung 387, 411
– Zahnkupplung 412
schaltbarer Drehmoment der Kupplung 398
Schaltfunktion 386, 434
Schaltgetriebe 559
Schaltkupplung 411
–, formschlüssige 411
–, kraftschlüssige 412
–, mechanisch betätigte 413
–, reibschlüssige 412
–, Rutschzeit 399
–, Schaltarbeit 399
–, Wärmebelastung 399
Scheibe 200
Scheibenbremse 435, 437
Scheibenkupplung 400
–, hochelastische 410
Scheibennabe, geteilte 376
Scherfestigkeit 91
Scherfließgrenze 45
Scher-Lochleibungs-Passverbindung 177
– -Lochleibungsverbindung 230, 232
Scherspannung 38, 146
Scherzug 125
Scherzugbeanspruchung 146
Scheuerplattenbauweise 122
Schieber 604
Schlangenfeder-Kupplung 408
Schlankheit 129
–, Grenzwert 129
Schlankheitsgrad 133
– der Spindel 239
Schlauch 602
Schleuderölschmierung 471
Schließringbolzen 171
Schließzeit 619
Schmalkeilriemen 554
Schmalkeilriemenscheibe 561
Schmelzklebstoff 72
Schmelzschweißverfahren 94
Schmidt-Kupplung 403
Schmiegsamkeit 506
Schmierfett 657
Schmierfilmdruckverlauf 504
Schmierhahn 605
Schmierkeil 502
Schmiernut 504, 515
Schmieröl 501
Schmierspalthöhe, kleinste 530

Schmierstoff 657
Schmierstoffdurchsatz 533, 535
–, gesamter 535
Schmierstoffeinfluss 499
Schmierstofferwärmung 540
Schmierstofffaktor 708
Schmierstoff, Rückkühlung 534
Schmierstoffversorgung 513
Schmierstoffvolumenstrom 539, 544
Schmierstoffzuführung 515
Schmiertasche 515
Schmierung 656
– der Kette 595
– – Wälzlager 468
–, hydrodynamische 499, 502, 528, 540
–, hydrostatische 499, 539
Schmierungsart 513
Schnecke 738
–, Kraft 744
Schneckengetriebe 643, 738
–, Abmessungen 741
–, Eingriffsverhältnisse 743
–, Getriebewirkungsgrad 659
–, Kraftverhältnisse 744
–, Tragfähigkeitsnachweis 746
Schnecken-Mittenkreisdurchmesser 742
Schneckenrad 738
–, Breite 743
– -Getriebe 646
–, Kraft 745
Schneckenwelle 742
Schneidendichtung 626
Schnittigkeit 175
Schrägenfaktor 705, 708
Schrägkugellager, einreihiges 454
–, zweireihiges 454
Schrägstirnrad 681
Schrägstoß 105
Schrägungswinkel 681, 695, 738
Schraube, Beanspruchung beim Anziehen 223
–, Bezeichnung genormter 199
–, Herstellung 201
–, Nachgiebigkeit 211
–, nicht vorgespannte 225
–, vorgespannte 226
Schraubenart 197
Schraubendruckfeder 302
Schraubenfederkupplung 408
Schraubenfeder 298
–, Ausführung 299
–, Blocklänge 303

## Lösbare und nicht lösbare Verbindungen von Blechen: Stanznieten, Durchsetzfügen oder Schrauben. Wirtschaftlich, sicher und perfekt.

Ganz gleich, ob Sie vorlackierte Bleche zu Waschmaschinen, Garagentoren oder Leuchten verarbeiten: Böllhoff bietet Ihnen das komplette Programm für mechanisches Fügen und Schrauben einschließlich aller Einbaugeräte aus einer Hand. Hohe Wirtschaftlichkeit, Prozesssicherheit und eine zuverlässige, reproduzierbare Qualität sind die entscheidenden Verfahrensvorteile.

Als der internationale Dienstleister in der Verbindungs- und Montagetechnik mit eigenen Produktionsstätten sind wir mit anwendungstechnischer Beratung und kundennahem Service Ihr Partner. Kompetent, freundlich, zuverlässig.

Wir stellen aus:
SCHWEISSEN & SCHNEIDEN, Essen
12.–18. 09. 2001
Halle 2.0, Stand 2-03
MOTEK, Sinsheim
25.–28. 09. 2001
Halle 3, Stand 3304

## BÖLLHOFF

Böllhoff Systemtechnik
Mechanisches Fügen und Schrauben
Archimedesstraße 1–4 · D-33649 Bielefeld
Tel. (05 21) 44 82-595 · Fax (05 21) 44 82 297
www.boellhoff.de · fuegetechnik@boellhoff.de

–, Blockspannung 303
–, Blockzustand 303
–, Druckfeder 299
–, Federwirkung 298
–, mit Rechteckquerschnitt 306
–, Verwendung 298
–, Vorspannkraft 305
–, Zugfeder 300
Schraubensicherung 200, 228
Schraubenverbindung 194
–, Anziehen 218
–, Dauerhaltbarkeit 217
–, Festdrehen 218
–, Gestaltung 205, 230
– im Stahlbau 229
–, nicht vorgespannte 210, 215
–, Setzverhalten 216
–, Vorauslegung 208
–, Wirkprinzip 194
Schraubenzugfeder 304
–, innere Vorspannkraft 305
Schraubenzusatzkraft 207, 208
Schraubgleiten 734
Schraubpunkt 734
Schraubradgetriebe 734
Schraubwälzgetriebe 644, 645
Schrumpfpressverband, Gestaltung 357
Schrumpfscheibe 372
Schub 38
schubbelasteter Anschluss 233
Schubspannung, große 254
– im Trägersteg 139
–, mittlere 139
Schubspannungshypothese 39
Schulterkugellager 454
Schutzdichtung, berührungsfreie 641
Schutzgasschweißen 94
Schweißbarkeit der Bauteile 99
Schweißeigenspannung 98
Schweißeignung der Werkstoffe 99
Schweißen, Arbeitsposition 113
–, Druckbehälter, allgemeine Festigkeitsbedingung 156
schweißgeeigneter Feinkornbaustahl 101
schweißgerechtes Gestalten 114
– –, allgemeine Konstruktionsrichtlinien 115
– –, Gestaltungsbeispiele 116
– – von Druckbehältern 123
– – – Maschinenbauteilen 122
– – – Punktschweißverbindungen 125
– – – Stahlbauten 120
Schweißkonstruktion, Allgemeintoleranz 110

–, Berechnung 127
– im Maschinenbau 122
Schweißmöglichkeit 100, 103
Schweißnaht 104
–, Abmessungen 139, 143, 148, 150, 153
zeichnerische Darstellung 110
– -Hauptpositionen 113
–, Nahtarten 106
–, Stoßarten 105
– -Vergleichswert 147
Schweißnaht-Position 113
Schweißschrumpfung 97
Schweißsicherheit 100
–, fertigungsbedingte 103
–, konstruktionsbedingte 103
Schweißstoß 104
Schweißteil-Zeichnung 114
Schweißverbindung 93
–, Druckbehälter 151
– für Stahlrohr 607
– im Kranbau 147
– – Maschinenbau 148
– – Stahlbau 127
Schweißverfahren, geeignete 97
Schweißvorgang, Auswirkung 95
Schweißzusatzwerkstoff 103
Schwellbeanspruchung 41
Schwellfestigkeit 47
Schwenkscheibe 558
schwimmende Lagerung 462
Schwingfestigkeit 48
Schwingfestigkeitsklasse 109
Schwingkraft 287
Schwingspiel 39, 40
Schwingspielzahl 47
Schwitzwasserkorrosion 186
s-Diagramm 16
Sechskantmutter 198
Sechskant-Passschraube 229, 230
Sechskantschraube 197, 229, 230
SEEGER-Greifring 263
Segment-Axiallager 524
– -Spurlager 527, 540
selbsthaltendes Lager 468
Selbsthemmung 241
selbstsichernde Ganzmetallmutter 201
selbsttätige Dichtung 631
selbsttätiges Losdrehen 227, 228
Senkkerbnagel 259
Senkniet 169
Senkschraube 197, 230
Servobremse 435
Setzbetrag 217
Setzverhalten der Schrauben-

verbindung 216
Sicherheit 8, 60
–, erforderliche 37, 60
–, vorhandene 37, 60
Sicherheitsfaktor 64
Sicherheitskupplung 421, 428
Sicherheitsnachweis, dynamischer 64
–, statischer 50, 63
Sicherheitsventil 604
Sicherungsblech 201
Sicherungselement 251, 263
–, formschlüssiges 200, 228
–, kraftschlüssiges 201, 228
–, mitverspanntes federndes 200, 228
–, sperrendes 201
–, stoffschlüssiges 201, 229
–, Wirksamkeit 228
Sicherungsmaßnahme 228
Sicherungsring 263
Sicherungsscheibe 263
Simplexbremse 435
Sintermetall 508
SLP-Verbindung 232
SL-Verbindung 232
Smith, DFS 49, 59
Sohlplatte 520
Sollbruchstelle 10
Sommerfeldzahl 530
Spaltdichtung, einfache 641
Spaltextrusion 639
Spaltkorrosion 186
Spaltlöten 82
Spannbuchse 257, 260
–, hydraulische 374
Spannelement 370
– -Verbindung 368
Spannhülse 260
Spannkraft 223, 224
Spannrad, exzentrisches 594
– mit Feder 594
Spannrolle 557
Spannscheibe 200
Spannschiene 557
Spannschlitten 557
Spannstift 260
Spannung 566
–, resultierende 39
–, vorhandene 37, 61
–, zulässige 61
–, zusammengesetzte 40
Spannungsamplitude 39
Spannungsarmglühen 100
Spannungs-Dehnungs-Diagramm 43
– – -Verlauf 44
Spannungsgefälle 45, 52, 56
–, bezogenes 54
Spannungsgitter-Modell 95

**perma-tec GmbH & Co. KG**

# High Performance in Lubrication Technology

(Ein Beispiel aus der Produktpalette)

NET

**perma NET** ist das erste zentral programmierbare und überwachbare Einzelpunktschmiersystem der Welt. Die High-Tech-Lösung für Ihr Tribomanagement.

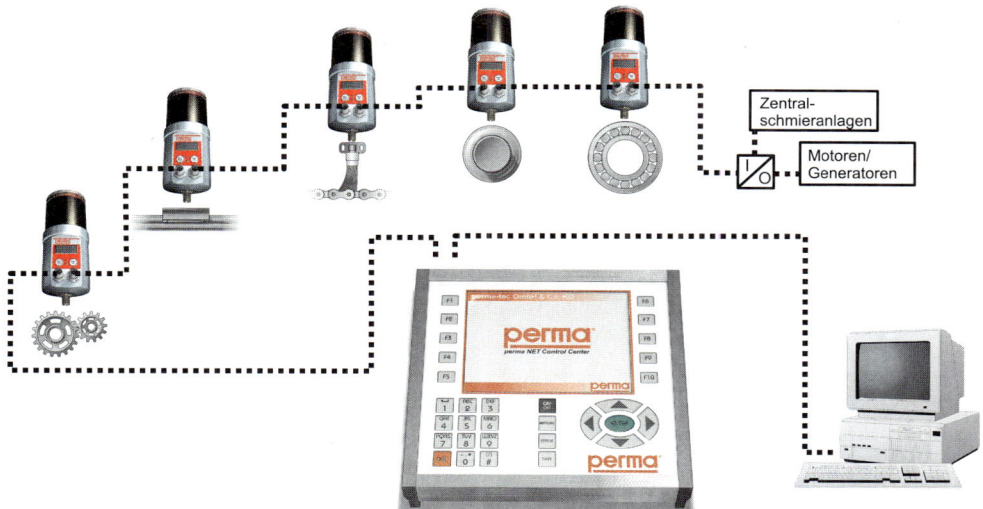

- Der Schmierstoff ist direkt an der Schmierstelle
- Transportiert werden nur Informationen
- bis zu 100 Netzwerkteilnehmer
- bis zu 1000 Meter Kabellänge

**Die intelligenten Schmierlösungen**

perma-tec GmbH & Co. KG
Postfach 62 • D-97715 Euerdorf
Tel. (0 97 04) 6 09-0 • Fax-50
www.perma-tec.de
email: perma@t-online.de

**perma**

Schmiersysteme

Spannungskorrekturfaktor 705
Spannungslinie 151
Spannungsquerschnitt 224
–, erforderlicher 209
Spannungsverhältnis 39
Spannungsverteilung im Bolzenquerschnitt 254
– – gekerbten Bauteil 52
– – nicht gekerbten Bauteil 52
Spannweg 572
Spannwippe 557
sperrendes Sicherungselement 201
Sperrflüssigkeit, Dichtung 641
Sperrkörper-Sicherheitskupplung 421
Sperrluftdichtung 641
Sperrzahnmutter 199
Sperrzahnschraube 199, 201
spezifische Lagerbelastung 510
Spielpassung 27
Spindel, Schlankheitsgrad 239
Spiralfeder 288
Spiral-Spannstift 260
Spitzenkraft, maximale 42
Spitzenmoment, maximales 587
Spitzgrenze 673, 678
Splint 265
Spreiz-Blindniet 168
Spritzölschmierung 471
Spritzschmierung 658
Sprödbrüche 99
Sprühschmierung 657
Sprungüberdeckung 685, 721
Spurlager 538
Spurzapfen 326
Stabelektrode, umhüllte 103
Stahl, austenitischer 101
–, martensitischer 101
Stahlbau, Festigkeitsnachweis 64
–, Bolzenverbindung 255
–, Einwirkungen 127
–, Gebrauchstauglichkeitsnachweis 232
–, Gelenkverbindung 267
–, Nieten 175
–, Schraubenverbindung 229
–, Schweißen 120, 127
–, Teilsicherheitsbeiwert 127, 231
–, Tragsicherheitsnachweis 128, 132
Stahlguss 102
Stahlrohr, geschweißtes 600
–, nahtloses 600
–, nichtrostendes 601
–, Schweißverbindung 607
Stangendichtung 638
Stangenkopf 255

Stärke-Diagramm 16
starre Kupplung 400
statisch äquivalente Belastung 474
statische Bauteilfestigkeit 50
– Dichtung 624, 626
– Kennzahl 473
– Lagerbelastung 473
– Tragfähigkeit 473
– Tragzahl 473, 474
statischer Festigkeitsnachweis 62, 333
– Festigkeitswert 42
– Konstruktionsfaktor 50
– Sicherheitsnachweis 50
– Werkstoffkennwert 45
Steckkerbstift 259
Steckmuffen-Verbindung 611
Steckstift 262
– -Verbindung 262
Steckverbindung 89
Steh-Gleitlager 518
Stehlager 451
Stehlagergehäuse 517
Steigposition 113
Steigungswinkel 196, 681
Stellring 266
Sternscheibe 373
Stift 257
Stiftschraube 197
Stiftverbindung 251, 356
–, Berechnung 261
Stirneingriffsteilung 683
Stirneingriffswinkel 683
Stirnfaktor 703
Stirnlastaufteilungsfaktor 703
Stirnmodul 682
Stirnradgetriebe 643
–, Belastungseinflussfaktoren 701
–, Berechnungsbeispiele 687
–, Drehflankenspiel 689
–, Getriebewirkungsgrad 659
–, Grübchentragfähigkeit 706
–, Kraftverhältnisse 699
–, Normalflankenspiel 689
–, Radialspiel 690
–, Tragfähigkeitsnachweis 697 ff.
–, Übersetzung 694
–, Zahnfußtragfähigkeit 704
–, Zahnweite 691
Stirnrad, Rauheitsfaktor 708
Stirnrad-Schraubgetriebe 646
Stirnradschrägverzahnung 681
–, Berechnungsbeispiele 687
–, Gesamtüberdeckung 685
–, Getriebeabmessungen 686
–, Grundschrägungswinkel 683
–, Normaleingriffsteilung 683
–, Normalschnitt 683

–, Pfeilverzahnung 682
–, Profilüberdeckung 685
–, Sprungüberdeckung 685
–, Stirneingriffsteilung 683
–, Stirnschnitt 683
–, Verzahnungsmaße 682
Stirnteilung 682
Stirnverzahnung 356
Stirnzahndicke 686
Stirnzahnkupplung 401
Stirnzahnverbindung 356
stoffschlüssige Welle-Nabe-Verbindung 379
stoffschlüssiges Sicherungselement 201, 229
Stopfbuchse 638
Stopfbuchsenmuffen-Verbindung 611
Stopfbuchspackung 638
Stoppbremse 435
Stoß, antriebsseitiger 395
–, beidseitiger 395
–, lastseitiger 395
Stoßarten 104 f.
stoßdämpfende Wirkung 385
Stoßfaktor 392
stoßmildernde Wirkung 385
Schraubmuffen-Verbindung 611
Streckgrenze 42, 45
streckgrenzgesteuertes Anziehen 222
Stribeck-Kurve 512
Strömung, laminare 616
Strömungsbremse 438
Strömungsdichtung 641
Strömungsgeschwindigkeit 614
Stufenscheibengetriebe 559
Stufensprung 3
Stulpmutter 205
Stumpfnaht 106, 139
Stumpfstoß 105
Stützfunktion 53
Stützlager 451
Stützlagerung 462
Stützrad 594
Stützring 639
Stützscheibe 263
Stützwirkung 45, 51
Stützzahl 54
–, plastische 50 f.
Stützzapfen 326
Stützziffer, relative 705
Stützzug 596
– am oberen Kettenrad 596
– – unteren Kettenrad 597
– bei annähernd waagerechter Lage des Leertrums 596
Symbol 110

Synchronkupplung 426
Synchronriemen 555
–, doppeltverzahnt 555
–, einfachverzahnt 555
Synchronriemenscheibe 561
Synchronriementriebe, Berechnung 568 ff.
System Einheitsbohrung 28
– Einheitswelle 28

Tangentialbeanspruchung 38
Tangentialschnitt 29
Tangentialspannung 39
Tangentkeil 378
Tauchschmierung 658
technische Dichtheit 624
Technisches Regelwerk 2
technologischer Größeneinflussfaktor 44, 49, 55
Teilbelag-Scheibenbremse 436
Teilkegellänge, äußere 716
–, innere 716
–, mittlere 716
Teilkegelwinkel 714
Teilkreisdurchmesser 588, 667, 683, 738
–, äußerer 715, 720
–, mittlerer 715, 720
Teilkreisteilung 667
Teilsicherheitsbeiwert 127
Teilungswinkel 588
Teilzylinder 667
Tellerfeder 289
–, Federkraft bei Planlage 293
–, Federpaket 289
–, Federrate 293
–, Federsäule 289
–, Federungsarbeit 293
–, Federwirkung 289
–, Kennlinie 290
–, Reibungseinfluss 295
–, Tragfähigkeitsnachweis 294
Tellerfederpaket 289
Tellerfedersäule 289
Temperatursicherheit 747
Temperguss 102
Terrassenbruch 105
Tetmajer, Knickspannung 239
thermische Bezugsdrehzahl 481
Thomas-Kupplung 403
Toleranz 21, 689
Toleranzfaktor 22
Toleranzfeld 22
Toleranzklasse 22, 24
Toleranzring 374
Toleranzsystem 24
Tonnenlager 458
Topfmanschette 639
Torsion 38
–, Wechselfestigkeitswert 50

Torsionsfließgrenze 45
Torsionspendel 340
Torsionsspannung 38
Trägerbauweise 122
Trägersteg, Schubspannung 139
Tragfähigkeit, dynamische 474
–, statische 473
Tragfähigkeitsnachweis 697
Trägheitsmoment 388, 390
–, reduziertes 388 f.
Tragsicherheit 475
Tragsicherheitsnachweis 129, 135
Tragzahl, dynamische 473, 475
–, statische 473 f.
Tragzapfen 326
Trapezfeder 284
Trapezgewinde 195
Treibkeil 378
Triebstockverzahnung 651
Trockenlauflager 505
Trockenschmierung 513
Tropfölschmierung 471
Trumeindrücktiefe 575
Trumkraftverhältnis 564
Trumneigungswinkel 596
Trumspannung 567
T-Stoß 105
Turboregelkupplung 429, 430
Typung 5

Überdeckungsfaktor 705, 708
Überdeckungsgrad 736
Übergangsdrehzahl 512
Übergangspassung 27
Überholkupplung 424
Überkopfposition 113
Überlappstoß 89, 105
Überlappungslänge 89
Überlappungsnietung 174
Überlastungsfall 58, 59
Überlebenswahrscheinlichkeit 48
Übermaß 27, 361
Übermaßpassung 27
Überschiebmuffe 608
Übersetzung 566, 570, 588, 669, 694, 740
übertragbares Drehmoment 398
Übertragungselement 1
UFK-Lager 459
Umfangskraft 563, 573, 700, 737, 744
–, übertragbare 564
Umfangslast 466
umhüllte Stabelektrode 103
Umlaufverhältnisse 465
Umschlingungswinkel 572
umweltgerecht 10

U-Naht 106
ungleichschenklige Naht 108
unlegierter Baustahl 100
unlösbare Berührungsdichtung 626
unteres Abmaß 22
Unterlast, äquivalente 148
Unterpulverschweißen 94
Unterschnitt 671
Unterspannung 39

Variante 11
Ventil 603
Verbindungselement 1
Verbindung, gleitfeste 232
–, zugfeste 232
Verbindungsglied für Rollenkette 586
–, gekröpftes 587
Verbundbauweise 123
Verbundkeilriemen 554
Verbundlager 507
Verbundriemen 553
Verbundspannstift 260
verdrehkritische Drehzahl 340, 341
Verdrehwinkel 298, 335
Verformung bei Biegebeanspruchung 335
– – Torsionsbeanspruchung 333
Vergleichsmittelspannung 60
Vergleichsspannung 39, 41
Vergleichsspannungsnachweis 139, 149
Verlagerungswinkel 530
Verliersicherung 228
Versand 10
Verschleißwiderstand 506
Verschraubungsfälle für vorgespannte Schraube 226
Verspannungsschaubild 212
– mit Dichtung 630
Verstellgetriebe 559
Verstellweg 572
Verzahnungsangabe 588
Verzahnungsart 649
Verzahnungsgesetz 647
Verzahnungsmaß 682
Verzahnungsqualität 689
Verzahnungswirkungsgrad 659
V-Getriebe 674, 677
–, 0,5-Verzahnung 679
Vierkantmutter 198
Vierkantscheibe 200
Vierpunktlager 454
viskos aufgetragene Dichtmasse 630
Viskosität 500

–, dynamische 500
–, kinematische 470, 500
Viskositätsindex 501
Viskositätsklasse 501
Viskositäts-Temperatur-Verhalten 501
$V_{minus}$-Rad 673
V-Naht 106
V-Null-Getriebe 674
Vollbelag-Scheibenbremse 435
Voll-Spurlager 538
vollumschließendes Lager 530
Volumenmaßstab 5
Volumenstrom 614
vorgespannte Schraube 226
vorhandene Sicherheit 37, 60
– Spannung 37, 61
Vorschweißflansch 608
Vorsetzzeichen 460
Vorspannkraft, innere 305
Vorspannkraftverlust 217
Vorspannmöglichkeit 557
Vorverformungskraft 629
$V_{plus}$-Rad 672
V-Rad 672
V-Radpaarung 686
V-Ring 636

**W**älzfestigkeit 747
Wälzfläche 644
Wälzführung 450
wälzgelagerte Bauelemente 484
Wälzgeschwindigkeit 657
Wälzgetriebe 644, 645
Wälzlager, Anwendung 451
–, Aufbau 452
–, Auswahl 464
–, Baumaße 460
–, Berechnung 437
–, Dichtung 472
–, Gebrauchsdauer 480
–, Grundformen 452
–, Höchstdrehzahl 481
–, Hybridwälzlager 459
–, Keramikwälzlager 459
–, Kurzzeichen 460
–, Lagerbelastung 476
–, Lebensdauer, nominelle 475
–, –, modifizierte 479
–, Schmierung 468
–, Standardbauform 453
Wälzkörperform 452
Wälzkreis 667
Wälzlagerung 450
–, angestellte Lagerung 463
–, Fest-Loslagerung 462
–, Gestaltung 465
–, Gestaltungsbeispiele 481
–, Lagerkombination 463

–, Stützlagerung 462
Wälzpunkt 668
Wälzzylinder 667
Wanddicke gegen Innendruck, Berechnung 617
–, erforderliche 617
Wannenposition 113
Wärmebelastung, Bremse 434
– Kupplung 399
Wärmebilanz 533
Wärmestrom 533
–, Konvektion abgeführter 533
–, Schmierstoff, abgeführter 533
Wärmeübergangszahl, effektive 533
Warmfestigkeit 77
Warmnietung 174
Wartung 10
Wasserschmierung 513
Wasserwirbelbremse 438
Wechselbeanspruchung 41
Wechselfestigkeit 47, 50
Wechseldrehmoment, periodisches 392, 396
Weichlot 84
Weichlöten 82
Weichstoffdichtung 628
Welle 318
– abgesetzte 336
–, Ablaufplan für dynamischen Festigkeitsnachweis 64
–, – – Entwurfsberechnung 332
–, – – Konstruktionsfaktor 57
–, – – vereinfachten Festigkeitsnachweis 332
–, biegekritische Drehzahl 339
–, verdrehkritische Drehzahl 341
–, Torsionspendel 341
Wellenabstand 571, 591
Wellenbelastung bei Zugmitteltrieb 564, 574, 597
Welle-Nabe-Verbindung, Auswahl 349
–, formschlüssige 349
–, kraftschlüssige 357
–, stoffschlüssige 379
Wellenabstand, günstiger 591
Wellenende 329
Wellengelenk 405
Wellenkupplung, Auslegung nachgiebiger 394
Wellenübergang 320
Wellenverlagerung 396
Wellenzapfen 328
Welligkeitsmessstrecke 31
Werkstoffe für Federn 280
– – Lagerbuchsen 517
– – Lote 84
– – Niete 172, 184

– – Schrauben 201
– – Wälzlager 452, 459
– – Zahnräder 655, 746
–, Schweißeignung 99
Werkstoffkennwert 37, 42, 45
Werkstoffpaarungsfaktor 709
Werkstoffwahl 9
Windungsdurchmesser 286
Windung, Gesamtzahl 300
Winkelfedersteife 397
Winkelschrumpfung 98
Winkeltrieb 557
Wirbelstromkupplung 428
Wirkungsgrad, Bewegungsschraube 241
–, von Federn 279
–, Getriebe 658
Wirtschaftlichkeit 9
Wöhlerlinie 47
Wölbnaht 108
Wulstkupplung, hochelastische 410
Wunsch 13

**Y**-Naht 106

**Z**ahnbreite 667, 717, 720, 742
Zahnbruch 697, 698
Zahndicke 668, 674
Zahndickenabmaß 689
Zähnezahl 589, 667, 745
Zähnezahlverhältnis 670, 694, 741
Zahnflankenermüdung 697
Zahnfußspannung 704, 726
Zahnfuß-Tragfähigkeit 698
Zahnkette 582
– mit Außenführung 589
– – Innenführung 589
Zahnkupplung 404, 418
–, schaltbare 412
Zahnnormalkraft 699
Zahnrad 643
Zahnradbreite 694
Zahnradgetriebe 643
Zahnradwerkstoff 655
Zahnscheibe 200
Zahnstange 645
Zahnunterschnitt 671
Zahnweite 691
Zahnweiten-Nennmaß 691
Zahnwellenverbindung 353
Zahndicken-Halbwinkel 668
Zapfen 318
Zapfennieten 167
Zapfenübergang 320
ZA-Schnecke 739
Zeitfestigkeit 47
Zeitstandsfestigkeit 76, 91

Zellenbauweise 122
zerlegbares Lager 468
Zickzacknaht 126
Ziehbankkette 582
Zinnlegierung 508
ZI-Schnecke 740
ZK-Schnecke 740
ZN-Schnecke 739
Zonenfaktor 707
Zug 38, 45, 50
Zugfeder 300
zugfeste Verbindung 232
Zugfestigkeit 44, 45, 91
Zugmitteltrieb 552, 582
Zugspannung 38, 567
Zugstab 130, 281
–, außermittig angeschlossener 130
–, mittig angeschlossener 130
Zugversuch 42
zulässige Spannung 61, 62
zulässiger Bauteilbetriebsdruck 618
zusammengesetzte Beanspruchung 39, 149
– Reihe 4
– Spannung 40
Zweiflächen-Kupplung 413
Zwischenringkupplung, hochelastische 411
Zwischenzapfennieten (Verfahren) 167

Zykloidverzahnung 649
Zylinderkerbstifte 259
Zylinderrollenlager 455
Zylinderschnecke 738, 739
Zylinderschneckengetriebe 739
Zylinderschraube 197
Zylinder-Sicherheitskupplung 422
Zylinderstift 258
zylindrische Achse 325
– Schraubenfeder 298
zylindrischer Druckbehälter-Mantel 153
– Pressverband 357

## Der Click für smart Mechanical Engineering
### www.web2cad.com

**Das Web-Kompetenzzentrum für innovative Lösungen im Maschinenbau**

Zukunftweisende Lösungen erwarten Sie im B-to-B Portal für Mechanical Engineering web2cad.com. So hält die Portalsite die weltweit größte kostenlose CAD-Bibliothek im Internet "PowerParts on Web" und ausgesuchte Titel zu den Themen der Branche bereit. Zusätzlich zu Ausschreibungsplattformen für Ingenieurbüros und Fertigungsunternehmen finden sich hier spezielle Online-Foren inkl. CAD-Support, Bauteilberechnungen uvm.

**Komplexe Komponenten einfach verkaufen - online**

Der Vertrieb und Verkauf von Maschinenbauteilen muss neben erstklassiger Qualität detaillierte, aktuelle Informationen an den Einkäufer liefern. Mit web2CAD CatalogCreator nutzen Sie die perfekte E-Business-Software zur eigenen Erstellung elektronischer Produktkataloge. Auch wenn Sie kein Multimedia-Spezialist sind - die innovative Lösung eignet sich optimal für den mittelständischen Maschinenbau.

web2CAD AG
Emailfabrikstraße 12 · D-92224 Amberg
Tel. 09621/700-0 · Fax 09621/700-100
info@web2cad.com · www.web2cad.com